수험생의 변화 3

감탄 답이색을 만나기 전
공부하는 방법을 잘 몰라서 시험이 두려웠던 나

감탄 답이색을 만난 후
공부하는 방법을 깨우쳐 어떤 시험이든 자신있는 나

4 성공 SUCCESS

감탄 답이색 소방설비기사 수험서는...

공부하는 방식에 대한 영감을 드립니다
공부 스트레스에서 해방되세요

단권

① 과년도문제권　② 과년도해설권　③ 재분류문제권　④ 재분류해설권

합권 실제판매 교재

총 4권 통합본 ①②③④

총 2권 과년도 ①②

총 2권 재분류 ③④

총 1권 단권 ②

감탄답이색 교재 살펴보기

과년도[문제권]

실제시험과 동일한 서체와 느낌으로 문제만 보면서 풀어보고 싶었지?
문제 풀 때... 정답, 해설 보이니까 짜증났지?

과년도[해설권]

해설권이라고 해설만 있는지 알았지?
답이색 해설권은 문제와 함께 완벽한 독학용 해설을 동시에 볼 수 있어

재분류[문제권]

문제 풀 때... 정답, 해설 보이니까 짜증났지? 재분류된 문제만 깔끔하게 수록
쓸모없는 이론은 전부 빼고, 기출문제에 등장하는 이론만 정리했어!
소방유체역학 이론 사이에 있는 문제만 풀어봐도 합격

재분류[해설권] ④

공부를 쉽게하는 단위별로 모아 모아서 보니까 진~~짜 빠르지?

소방원론 문제 재분류
이해하면서 공부할 문제 / 암기하면서 공부할 문제 / 계산하면서 공부할 문제

소방유체역학 문제 재분류
계산 없는 단순 암기형 / 전반적으로 쉬운 계산형 / 다소 어려운 계산형 / 복잡하고 어려운 계산형

소방관계법규 문제 재분류
문장이 답인 문제 / 단어가 답인 문제 / 숫자가 답인 문제

소방기계시설의 구조 및 원리 문제 재분류
문장이 답인 문제 / 단어가 답인 문제 / 숫자가 답인 문제

①②③④ 통합본교재 활용법

최근 7년간 기출된 모든문제... 재분류 [문제권+해설권]

1단계 재분류[해설권]
공부를 쉽게하는 단위별로 모아 모아서 보니까 진~~짜 빠르지?
재분류된 문제와, 완벽한 독학용 해설을 동시에 보면서 이해와 동시에 암기한다

2단계 재분류[문제권]
문제 풀 때... 정답, 해설 보이니까 짜증났지?
1단계에서 익힌 문제를, 기억을 떠올리며 문제만 보고 직접 풀어본다(테스트 과정)

3단계 재분류[해설권]
빈출문제만 딱 모아, 시험당일 아침에 이것만 봐도 합격
3회이상 빈출된 기출문제들만 모아서 답이색문제로 한 눈에 집중 암기한다

최근 7년간 기출문제 년도별... 과년도 [문제권+해설권]

4단계 과년도[문제권]
실제시험과 동일한 서체와 느낌으로 문제만 보면서 풀어보고 싶었지?
실전과 동일한 느낌으로 시간을 엄수하여 문제를 풀어본다.(최종 테스트 과정)

5단계 과년도[해설권]
문제 중요도에 따른 별표 / 어떻게 공부해야 할지 알려주는 아이콘까지...
문제와 함께 완벽한 독학용 해설을 동시에 보면서 답을 맞춰보고 틀린부분을 체크한다.

6단계 합격하여 자격증을 받는다

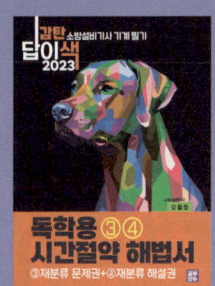

③④ 재분류교재 활용법

1단계 재분류[해설권]
공부를 쉽게하는 단위별로 모아 모아서 보니까 진~~짜 빠르지?
재분류된 문제와, 완벽한 독학용 해설을 동시에 보면서 이해와 동시에 암기한다

2단계 재분류[문제권]
문제 풀 때... 정답, 해설 보이니까 짜증났지?
1단계에서 익힌 문제를, 기억을 떠올리며 문제만 보고 직접 풀어본다(테스트 과정)

3단계 재분류[해설권]
빈출문제만 딱 모아, 시험당일 아침에 이것만 봐도 합격
3회이상 빈출된 기출문제들만 모아서 답이색문제로 한 눈에 집중 암기한다

①② 과년도교재 활용법

1단계 과년도[해설권]
문제 중요도에 따른 별표 / 어떻게 공부해야 할지 알려주는 아이콘까지...
완벽한 독학용 해설을 통해 문제를 충분히 이해하면서 쉽게 암기한다

2단계 과년도[문제권]
문제 풀 때... 정답, 해설 보이니까 짜증났지?
1단계에서 익힌 문제를, 기억을 떠올리며 문제만 보고 직접 풀어본다(테스트 과정)

3단계 과년도[해설권]
별표문제만... 시험전날 벼락치기로도 합격
기출문제에 표시된 별표 많은 문제들 순서로 다시한번 집중 암기한다

1. 난관에 직면한 수험생

교재 잘못사면 만나는... vs vs

 이해안되는 아리송한 놈

내용만 많고 복잡한 놈

 불친절하고 부실한 놈

모든 수험생의 **진짜 고민**
가정, 직장, 인간관계 사이에서 공부시간을 어떻게 확보하나?

2. 수험생이 원하는 교재

이해하기 어렵고, 복잡하고, 부실해서... 보는 내내~ 힘겨운 교재가 아닌...

글이 쉽게 읽혀져서 독학도 가능하고, 또 중요한 문제도 잘 정리돼 있어서
결국 **내 시간의 손해를 잡아주는**

딱 내 취향인 교재!!

3. 공감

- 인생에서 어떤 자격증을 취득할지 선정하는 고민도 참 만만치 않았을텐데...
  막상 공부하려고 수험서를 찾아보니 수험서가 너무 많아서 뭘 사야할지도 막막하시죠?

- 근데, 혹시 교재를 잘못 고른다면... 공부를 더 어렵게 만들고, 시간이 더 많이 걸리며,
  공부에 대한 재미와 흥미를 잃어서, 결국 나태함에 빠져 불합격하지 않을까 두렵지는 않으세요?

- 그래서 고르고 골라서 교재를 구매했는데... 혹시 이 교재로 내가 혼자 공부할 수 있나?
  이런 막연함도 있으시죠?

4. 공부한수 출판사와 수험생의 감탄답이색 대화

공부한수

감탄 답이색 교재는 독학용 시간절약 해법서로서
총4권으로 분류되어 있는데...최근 7년간 기출된 모든 문제를... 재분류해 놓은 **재분류 문제권**과 **해설권**이 있고
그리고, 회차별로 구성해 놓은 **과년도 문제권**과 **해설권**이 있어

> 과년도[①문제권+②해설권]   재분류[③문제권+④해설권]

영희쌤수험생

그러니까...
재분류 문제권, 해설권...과년도 문제권 해설권...
이렇게 4권이라는 거네~

공부한수

맞아~ 여기서 특이한 점은...
기존의 수험서는 문제 풀 때... 정답, 해설 보이니까 짜증났잖아?
근데, 감탄답이색은 **실제시험과 동일한 서체와 느낌으로** 문제만 보면서 풀어볼수 있어~ 놀랍지?

> 재분류[문제권] 문제 풀 때... 정답, 해설 보이니까 짜증났지?
> 과년도[문제권] 실제시험과 동일한 서체와 느낌으로 문제만 보면서 풀어보고 싶었지?

영희쌤수험생

아 정말?
문제풀 때 종이 같은 걸로 가리면서 풀고 그랬잖아
이거 정말 편하겠다~

공부한수

맞아~ 근데 더 놀라운건... **기존의 수험서는 해설권**이라고 하면 **해설만 있잖아?**
해설만 있으면 다른책의 문제하고 맞춰봐야 해서... 이거 증말 짜증나지 않았니?
하지만 감탄답이색은 **해설권에 문제와 해설이 동시에 실려있어~**

> 재분류[해설권] 공부를 쉽게하는 단위별로 모아 모아서 보니까 진~~짜 빠르지?
> 과년도[해설권] 문제 중요도에 따른 별표 / 어떻게 공부해야 할지 알려주는 아이콘까지...

영희쌤수험생

그러니까... 한권에는 문제만 있고, 다른 권에는 문제와 해설이 동시에 실려있다는 거네?
문제만 있는 책을 하나 더 주는 거구나?
와 이거 획기적인데?

공부한수

그 정도로 감탄하기에는 아직 일러~~
더 감탄스러운건 재분류에 대한 컨셉인데... 말로만 들으면 잘 모르니까...
이미지로 한번 보여줄게~

> 재분류[해설권] 계산없는 단순암기형/쉬운계산형/이해하면서 공부하면 더 쉬운형 등등으로 모아 모아서 재분류된 문제와, 완벽한 독학용 해설을 동시에 보면서 이해와 동시에 암기한다.

그래 그래 빨리 보여줘~

5. 감탄 답이색 재분류 미리보기

답이색 밑줄 해설의 예

21년-4회
문장이 답인 문제 ★★★

64 <u>옥내소화전</u>설비 화재안전기준에 따라 옥내소화전설비의 <u>표시등 설치기준</u>으로 옳은 것은?

① 가압송수장치의 기동을 표시하는 표시등은 옥내소화전함의 상부 또는 그 직근에 설치한다.

② 가압송수장치의 기동을 표시하는 표시등은 <u>녹색등</u>으로 한다.
　　　　　　　　　　　　　　　　　　　　　　　　적색등

③ 자체소방대를 구성하여 운영하는 경우 가압송수장치의 기동표시등을 <u>반드시 설치해야 한다.</u>
　　　　　　　　　　　　　　　　　　　　　　　　　　　　　　　　설치하지 않을 수 있다.

④ 옥내소화전설비의 위치를 표시하는 표시등은 함의 <u>하부</u>에 설치하되, 소방청장이 고시하는 「표시등의 성능인증 및 제품검사의 기술기준」에 적합한 것으로 할 것
　　　　　　　　　　　　　　　　　　　　　상부

1. 옥내소화전 함의 **위치**를 표시하는 표시등(위치표시등) ➔ 함의 **상부**에 설치
2. 가압송수장치의 **기동**을 표시하는 표시등(기동표시등) ➔ 함의 상부 또는 그 직근에 설치하되 **적색등**
3. **자체소방대**를 구성하여 운영하는 경우 ➔ 가압송수장치의 기동표시등을 설치하지 **않을 수** 있다.

옥내소화전 함(외부)

옥내소화전 함(내부)

방수구(앵글밸브)

이해하면서 공부하면 더 쉬운 문제

20년-3회
이해하면서 공부 할 문제 ★★

02 다음 중 고체 가연물이 덩어리보다 가루일 때 연소되기 쉬운 이유로 가장 적합한 것은?
① 발열량이 작아지기 때문이다.   ② 공기와 접촉면이 커지기 때문이다.
③ 열전도율이 커지기 때문이다.   ④ 활성에너지가 커지기 때문이다.

연소의 3요소는 가연물, 산소공급원(산화제), 점화원인데, 그 중 가연물(=환원제=환원성물질)은 산소와 반응하여 연소를 일으키게 하는 물질로서, 연소시 덩어리보다 가루일 때, 가연물의 표면적이 넓어져(큰덩어리보다 작은덩어리 여러개가 더 연소가 쉽다) 공기와 접촉면이 커지기 때문에 연소가 되기 쉬운 조건에 해당한다.

함께공부

가연물이 되기 쉬운 조건 = 연소가 잘 되기 위한 구비조건(불에 잘 타는 조건)
• 산화반응의 화학적 활성이 클 것
• 산소와 화학적으로 친화력이 클 것
• 열전도율이 낮을(작을) 것 = 열의 축적이 용이할 것 (열전도율이 낮아야 열의 축적이 쉽다)
• 발열량이 클 것
• 표면적이 넓을(클) 것 (큰덩어리보다 작은덩어리 여러개가 더 연소가 쉽다)
• 활성화에너지가 작을 것 (어떤 물질을 활성으로 만드는 에너지 즉 활성화에너지가 작아야 반응하기 쉬워지며, 반응하기 쉬워야 연소가 쉽게 된다)
※ 활성화에너지 : 점화에너지로서 반응시 필요한 최소한의 에너지를 의미한다. 예를 들면 언덕이 활성화에너지이다. 즉, 높은 언덕은 넘어 가기 어렵고(활성화 에너지가 커서 반응하기 어렵고), 낮은 언덕은 넘어 가기 쉽다(활성화 에너지가 작아서 반응하기 쉽다)고 이해하면 된다.

16년-1회
이해하면서 공부 할 문제 ★★★

12 제거소화의 예가 아닌 것은?
① 유류화재 시 다량의 포를 방사한다.
② 전기화재 시 신속하게 전원을 차단한다.
③ 가연성가스 화재 시 가스의 밸브를 닫는다.
④ 산림화재 시 확산을 막기 위하여 산림의 일부를 벌목한다.

제거소화란 가연물을 제거하여 소화하는 방법으로서 ②는 점화원인 전기를 차단하기 위해 전원을 제거하는 것이고, ③은 가스공급관의 밸브를 닫아서 가연물인 가스를 제거하는 것이며, ④는 가연물인 산림의 일부를 제거하는 것이다.
①은 질식소화(가연물이 연소할 때 공기 중의 산소농도를 15%이하로 떨어뜨려 연소를 중단시키는 소화 방법)의 방법으로서, 유류인 가연물을 포(거품)로 덮으면 산소가 차단되어 질식소화 된다.

함께공부

제거소화의 구체적인 예
① 촛불의 화염을 입김으로 불어 끄는 것
② 부채를 이용하여 촛불을 바람으로 끄는 것
③ 산불화재 시 벌목하는 행위
④ 가스화재 시 밸브 및 콕크를 잠그는 행위
⑤ 유전화재 시 폭약을 사용해, 폭풍에 의하여 가연성 증기를 날려 보내는 것
⑥ 전기화재 시 전원을 차단하는 것

단순하게 암기만하면 되는 문제

17년-2회
암기하면서 공부 할 문제 ★

07 질식소화 시 공기 중의 산소농도는 일반적으로 약 몇 vol% 이하로 하여야 하는가?
① 25　　　　　② 21　　　　　③ 19　　　　　④ 15

- 물리적 소화의 방법 : 연소의 3요소인 가연성가스(가연물), 산소, 열(점화원)의 양적 변화를 통해 연소를 중단시켜 소화하는 방법
- 질식소화 : 가연물이 연소할 때 공기 중의 산소농도(일반적으로 21%)를 떨어뜨려 (보통 15% 이하) 연소를 중단시키는 소화 방법

17년-1회
암기하면서 공부 할 문제 ★★

05 1기압, 100℃에서의 물 1g의 기화잠열은 약 몇 cal 인가?
① 425　　　　　② 539　　　　　③ 647　　　　　④ 734

- 100℃의 물 1[kg]을 100℃의 수증기로 변화시키는데 필요한 열량(에너지)은 (기화열은) 539 [kcal]가 필요하다.
   = 100℃의 물 1[g]을 100℃의 수증기로 변화시키는데 필요한 열량(에너지)은 (기화열은) 539 [cal]가 필요하다.
   = 물의 기화잠열(증발잠열)은 539 [kcal/kg (cal/g)]이다.
※ [g]은 [cal]로, [kg]은 [kcal]로 단위를 맞춰주면 된다.

함께 공부

잠열[潛熱, latent heat] - 숨은열
- 융해와 기화(증발) 등 상 전이 과정에서 가해진 열은, 물질의 온도변화에는 사용되지 않고, 상태변화에만 사용된다. 이와 같이 상 전이 과정에서 흡수되는 열을 잠열이라 한다.
- 예를 들면, 물을 가열하면 100℃에서 끓기 시작하지만, 그 이상 아무리 가열해도 완전히 수증기가 될 때까지 100℃를 넘지 않는다. 또한 얼음을 가열해도 완전히 녹을 때까지는 0℃ 이상으로 되지 않는다. 이와 같이 기화 중인 물이나, 융해 중인 얼음에 가해진 숨은 열은, 물(액체)을 수증기(기체)로 바꾸고, 얼음(고체)을 물(액체)로 바꾸기 위해서만 소비되며 온도를 상승시키지는 않는다.
- 물의 기화잠열 : 539 [kcal/kg (cal/g)]　　　• 물의 융해잠열 : 80 [kcal/kg (cal/g)]

유체역학의 계산없는 단순암기형 문제

19년-4회
계산 없는 단순 암기형 ★★★★★

22 다음 유체 기계들의 압력 상승이 일반적으로 큰 것부터 순서대로 바르게 나열한 것은?

① 압축기(compressor) > 블로어(blower) > 팬(fan)
② 블로어(blower) > 압축기(compressor) > 팬(fan)
③ 팬(fan) > 블로어(blower) > 압축기(compressor)
④ 팬(fan) > 압축기(compressor) > 블로어(blower)

송풍기(공기)의 압력에 의한 분류 ☞ 압축기(compressor) > 블로어(blower) > 팬(fan)
- 팬(Fan) : $0.1 kgf/cm^2$ [10kPa] 미만, 일반적으로 송풍기라 함은 팬(Fan)을 의미한다.
- 블로어(Blower) : $0.1 kgf/cm^2$ [10kPa] 이상 ~ $1 kgf/cm^2$ [100kPa] 미만
- 압축기(compressor) : $1 kgf/cm^2$ [100kPa] 이상

16년-4회
계산 없는 단순 암기형 ★★★★★

39 유체에 관한 설명 중 옳은 것은?

① 실제유체는 유동할 때 마찰손실이 생기지 않는다. (생긴다)
② 이상유체는 높은 압력에서 밀도가 변화하는 유체이다. (변화하지 않는)
③ 유체에 압력을 가하면 체적이 줄어드는 유체는 압축성 유체이다.
④ 압력을 가해도 밀도변화가 없으며 점성에 의한 마찰손실만 있는 유체가 이상유체이다. (점성이 없어 마찰손실도 없는)

액체와 기체를 총칭하여 유체라 한다.
- **압축성 유체**
  - 주위의 변화(온도, 압력 등)에 따라 **밀도(부피, 체적)가 변하는**(줄어드는) 유체
  - 일반적으로 **기체**에 어떤 힘이 작용하면, 밀도(부피)가 쉽게 변해 압축성 유체로 분류한다.
  - 만약 **액체에 강한 힘이 작용**하여 약간의 밀도(부피)가 변하는 경우라면 그 액체도 압축성 유체로 볼 수 있다.
    예시> 수압철판속의 수격작용, 디젤엔진에 있어서 연료 수송관의 충격파
- **비압축성 유체**
  - 주위의 변화(온도, 압력 등)에도 **밀도(부피, 체적)의 변화가 없는** 유체
  - 일반적으로 **액체**는 자유롭게 모양을 바꿀 수 있으나, 어떤 힘이 작용하여도 밀도(부피)가 잘 변하지 않아 비압축성 유체로 분류한다.
  - 만약 **기체에 아주 약한 힘이 작용**하여 밀도(부피)의 변화가 없는 경우라면 그 기체도 비압축성 유체로 볼 수 있다.
    예시> 달리는 물체 주위의 기류, 건물 둘레를 흐르는 기류

함께공부

- **유체**
  - 액체와 기체를 총칭하여 유체라 한다.
  - 일반적으로 형상이 정해져 있지 않으며 변형이 쉽고 흐르는 성질을 갖고 있다.
  - 유체에 외력(전단력)이 작용하면 연속적으로 변형을 일으키는 물질이다.
  - 유체에 외력(전단력)을 제거하여도 곧 바로 평형을 이루지 못하고 계속하여 변형을 일으키는 물질이다.
  - ※ **전단력(마찰력)** : 작용하는 면에 대해 평행하게 작용하는 힘이며, 마찰력이라고도 한다.
  - ※ **응력** : 유체에 힘(외력)이 가해질 때, 유체 내부에서는 그 형태를 유지하기 위해 저항하려는 힘이 발생한다. 이 저항을 응력이라 한다. 응력은 하중의 종류에 따라서 인장응력, 수직응력, 전단응력 등으로 구분한다.
- **실제유체** : 점성(끈끈한 정도)를 가지는 모든 유체(점성 유체)로서 **마찰손실이 발생**한다. 따라서 실체유체는 유체에 마찰력(전단력)을 가할 수 있으므로, 그 유체에서는 전단응력이 발생하게 된다.
- **이상유체**
  - 점성이 없어 마찰손실이 발생하지 않는 **비점성** 유체
  - 압력이 작용하여도 밀도(부피)의 변화가 없는 **비압축성**(압축되지 않는) 유체
  - 즉 이상유체는 실제 존재하지 않는 가상유체로서, **비점성·비압축성** 유체이다.

유체역학의 계산없는 단순공식형 문제

22년-1회
계산 없는 단순 공식형 ★★★

23 그림과 같이 대기압 상태에서 V의 균일한 속도로 분출된 직경 D의 원형 물제트가 원판에 충돌할 때 원판이 U의 속도로 오른쪽으로 계속 동일한 속도로 이동하려면 외부에서 원판에 가해야 하는 힘 F는? (단, ρ는 물의 밀도, g는 중력가속도이다.)

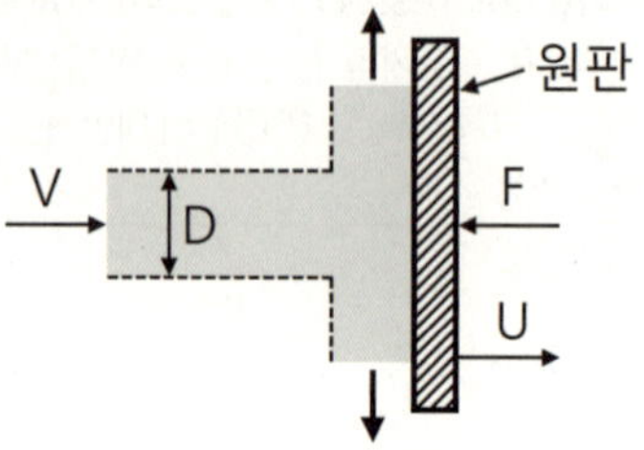

① $\dfrac{\rho \pi D^2}{4}(V-U)^2$ ② $\dfrac{\rho \pi D^2}{4}(V+U)^2$

③ $\rho \pi D^2 (V-U)(V+U)$ ④ $\dfrac{\rho \pi D^2 (V-U)(V+U)}{4}$

이동평판(이동원판)에 작용하는 힘 ➡ 평판이 뒤로 이동하는 경우 [물제트에 대해 뒤로 이동하는 속도를 빼주면 된다]

$F(N) = \rho(밀도, kg/m^3) \cdot Q(유량, m^3/\text{sec}) \cdot V(유속, m/\text{sec})$

$\quad\quad\quad = \rho \cdot A(단면적, m^2) \cdot V^2(m/\text{sec})^2 \quad *Q = A \cdot V$ 이므로... V가 2개가 되어 V^2

$\quad\quad\quad = \rho [kg/m^3] \times \dfrac{\pi D^2}{4}[m^2] \times (V-U)^2[(m/\text{sec})^2] = \dfrac{\rho \pi D^2}{4}(V-U)^2 \quad *$뒤로 이동하는 속도 U를 빼준다.

$\quad\quad * V$: 방사속도 $* U$: 원판이 뒤로 이동하는 속도

18년-4회
계산 없는 단순 공식형 ★★★

24 이상기체의 정압비열 Cp와 정적비열 Cv와의 관계로 옳은 것은? (단, R은 이상기체 상수이고, k는 비열이다.)

① $C_P = \dfrac{1}{2} C_V$ ② $C_P < C_V$ ③ $C_P - C_V = R$ ④ $\dfrac{C_V}{C_P} = k$

정압비열(C_P)과 정적비열(C_V)의 관계
- 정압비열(C_P) : 보통의 비열로서 압력을 일정하게 한 상태에서 비열을 측정한 것
- 정적비열(C_V) : 체적을 일정하게 한 상태에서 비열을 측정한 것
- $C_P - C_V = R (=$ 특정기체정수 = 특정기체상수) *특정한 어떤 기체의 상수
- 비열비$(k) = \dfrac{C_P}{C_V} > 1$ (항상 1보다 크다) ∴ 정압비열(C_P) > 정적비열(C_V)
- **비열**이란 어떤 물질(물) 1kg의 온도를 1℃(K)만큼 올리는 데 필요한 열의 양[1kcal(4.184kJ)]이다. 비열이 크면 그 물질의 온도를 높이기 어렵다. 따라서 물은 비열이 크므로 화염 등의 열을 더 많이 빼앗아 올 수 있어 소화약제로 사용되고 있다.

암기팁! $C_P - C_V = R$ ➡ 이상기체 상태방정식의 PV=nRT 식과 순서가 동일하다. PV=R

유체역학의 전반적으로 쉬운계산형 문제

16년-1회
전반적으로 쉬운 계산형 ★★

36 수두 100 mmAq로 표시되는 압력은 몇 Pa인가?

① 0.098　　　　② 0.98　　　　③ 9.8　　　　④ 980

표준대기압을 이용한 단위환산
수두단위의 표준대기압은 10332 mmH$_2$O(=mmAq 아쿠아)이고, 파스칼(Pa) 단위의 표준대기압은 101325 Pa 이다.
$100\,mmAq \times \dfrac{101325\,Pa}{10332\,mmAq} = 980.69\,Pa$

표준대기압 단위의 종류

1. 단위면적당 작용하는 힘의 단위에 따라 생성된 표준대기압의 종류　$P = \dfrac{F}{A}$

$\begin{aligned}
1\,atm &= 1.0332\,kgf/cm^2 = 10332\,kgf/m^2 \\
&= 101325\,N/m^2\,(Pa,\,파스칼) = 101.325\,kN/m^2\,(kPa,\,킬로\,파스칼) = 0.101325\,MN/m^2\,(MPa,\,메가\,파스칼) \\
&= 14.7\,\ell bf/in^2\,(= PSI) \\
&= 1.01325\,bar\,(바) = 1013.25\,mbar\,(밀리바)　*1\,bar = 10^{-5}\,N/㎡\,(Pa) = 1.01325\,bar
\end{aligned}$

2. 유체의 비중량에 따라 생성된 표준대기압의 종류　$P = \gamma \cdot h$

- $h = \dfrac{P}{\gamma} = \dfrac{10332\,kgf/m^2}{물의\,비중량\,1000\,kgf/m^3} = 10.332\,mH_2O\,(mAq) = 10332\,mmH_2O\,(mmAq)$

- $h = \dfrac{P}{\gamma} = \dfrac{10332\,kgf/m^2}{수은의\,비중량\,13,600\,kgf/m^3} = 0.76\,mHg = 760\,mmHg = 29.92\,inHg$

17년-1회
전반적으로 쉬운 계산형 ★★

39 대기의 압력이 1.08 kgf/cm²였다면 게이지 압력이 12.5 kgf/cm²인 용기에서 절대압력(kgf/cm²)은?

① 12.50　　　　② 13.58　　　　③ 11.42　　　　④ 14.50

절대압력은 완전진공을 기준으로 하여 측정한 실제압력이며, 대기압을 고려한(계산한) 압력을 말한다. 따라서 문제 조건상 용기의 절대압력은… 용기내 게이지 압력에… 용기밖 대기의 압력을 합한 압력이… 그 용기의 실제압력인 절대압력에 해당한다.
대기압력 1.08 kgf/cm² + 게이지압력 12.5 kgf/cm² = 절대압력 13.58 kgf/cm²

절대압, 게이지압, 진공압의 구분

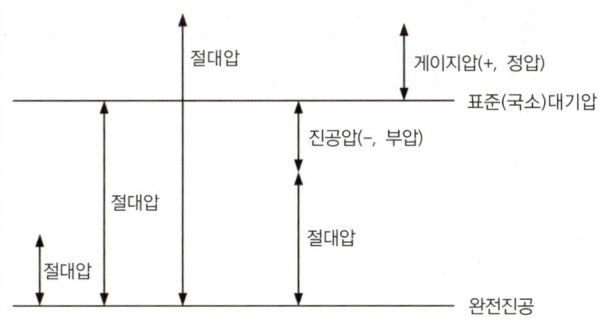

- **절대압력**
  - 완전진공을 기준으로 하여 측정한 압력
  - 완전진공(기압계 "0")으로부터 측정한 실제압력
  - 대기압을 고려한(계산한) 압력
- **게이지(계기)압력**
  - 대기압을 "0"으로 본 압력
  - 완전진공에서 대기압까지를 "0"으로 보고 대기압보다 높은 압력을 측정한 압력
  - 국소대기압을 기준으로 한 압력으로 압력계가 지시하는 압력 [정압, (+)압력]
- **진공압력**
  - 대기압보다 작은(낮은) 압력
  - 진공계가 지시하는 압력 [부압, (−)압력]

그냥 보기만 해도 한눈에 외워지는 컬러도식화
[문제핵심어 색표시, 답에 색표시]

16년-2회
문장이 답인 문제 ★★★

74 물분무소화설비를 설치하는 주차장의 배수설비 설치기준으로 틀린 것은?
① 차량이 주차하는 장소의 적당한 곳에 높이 10cm 이상의 경계턱으로 배수구를 설치한다.
② 40m 이하마다 기름분리장치를 설치한다.
③ 차량이 주차하는 바닥은 배수구를 향하여 100분의 1 이상의 기울기를 유지한다.
　　　　　　　　　　　　　　　　　　　　　100분의 2 이상
④ 가압송수장치의 최대송수능력의 수량을 유효하게 배수할 수 있는 크기 및 기울기로 설치한다.

- **물분무 소화설비** : 물을 안개모양으로 방사해 가스와 비슷한 형태를 가지므로, 전기의 부도체(전기가 통하지 않는 물체 = 비전도성)로서 전기시설물에 설치가 가능한 자동식 수계소화설비
- **가압송수장치** : 압력을 가해서(가압) 물을 이송하는(송수) 장치로서 그 종류로는 **펌프**(전동기 또는 내연기관과 연결된 원심펌프), **고가수조**(높은 곳에 설치된 수조), **압력수조**(강한 공기압 이용), **가압수조**(압력수조의 간소화 설비) 등의 방식이 있다.

스프링클러설비는 배수설비 대상이 아니지만, **물분무설비가 배수설비 대상인 이유는**… 물분무설비는 **유류화재에도 적응성**이 있어, 유류화재시 물과 기름이 혼합된 액체가 바닥으로 흐르면서, 연소면 확대우려가 있기 때문에 이를 신속하고 효과적으로 제거하기 위함이며, **국내의 경우는 차고 또는 주차장의 경우에만 배수시설을 요구**하고 있다.

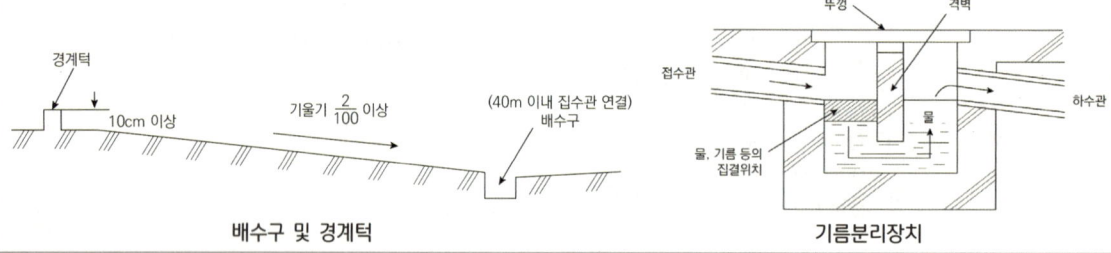

배수구 및 경계턱　　　　　　　　기름분리장치

17년-2회
숫자가 답인 문제

77 내림식사다리의 구조기준 중 다음 (　) 안에 공통으로 들어갈 내용은?

> 사용 시 소방대상물로부터 (　)cm 이상의 거리를 유지하기 위한 유효한 돌자를 횡봉의 위치마다 설치하여야 한다. 다만, 그 돌자를 설치하지 아니하여도 사용 시 소방대상물에서 (　)cm 이상의 거리를 유지할 수 있는 것은 그러하지 아니하다.

① 15　　　　② 10　　　　③ 7　　　　④ 5

- **피난사다리** : 화재시 긴급대피에 사용하는 사다리
- **고정식**(수납식/접는식/신축식) : 건축물의 외·내벽에 고정되어 있어서 피난자가 상시 사용가능한 상태로 고정
- **올림식**(접는식/신축식) : 건물의 한 부분에 기대거나 걸쳐(올려 받쳐) 세워서 사용
- **내림식**(와이어로프식/체인식/하향식 피난구용 내림식사다리) : 복도 끝에 접어둔 상태로 두었다가, 사용시 창틀 등에 걸어 내린 후 사용

돌자란 사다리의 횡봉(가로봉)마다 설치되는 것으로서… 사다리가 벽과 너무 붙어 있다면 발로 횡봉을 밟을 수가 없으므로, **사다리와 벽을 이격시켜주기 위해 튀어나온 부분**을 말한다.
내림식사다리는 사용시 소방대상물로부터 **10㎝ 이상의 거리를 유지하기 위한 유효한 돌자를 횡봉의 위치마다** 설치하여야 한다. 다만, 그 돌자를 설치하지 아니하여도 사용시 소방대상물에서 10㎝ 이상의 거리를 유지할 수 있는 것은 그러하지 아니하다.

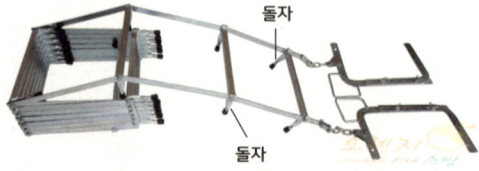

17년-2회
숫자가 답인 문제 ★★

68 스프링클러설비의 교차배관에서 분기되는 지점을 기점으로 한쪽 가지배관에 설치되는 헤드의 개수는 최대 몇 개 이하인가? (단, 방호구역 안에서 칸막이 등으로 구획하여 헤드를 증설하는 경우와 격자형 배관방식을 채택하는 경우는 제외한다.)

① 8 ② 10 ③ 12 ④ 15

- **스프링클러설비** : 화재발생시 화재를 자동으로 감지하여 피난을 위한 경보를 발하고, 습식·건식·준비작동식·일제살수식 밸브가 개방되면, 유수의 흐름으로 인하여 펌프가 기동되고, 개방된 헤드를 통해 소화수를 방수하여 소화하는 자동식 수계소화설비
- **배관의 종류** : 배관이란 물이 이송되는 관을 말한다.
  - **주배관** : 각 층을 수직으로 관통하는 수직배관(입상관)
  - **수평주행배관** : 교차배관에 급수하는 배관
  - **교차배관** : 직접 또는 수직배관을 통하여 가지배관에 급수하는 배관
  - **가지배관** : 헤드가 설치되어 있는 배관

교차배관에서 분기되는 지점을 기점으로 한 쪽 가지배관에 설치되는 헤드의 개수는 **8개 이하**로 하여야 한다.
(반자 아래와 반자속의 헤드를 하나의 가지배관 상에 병설하는 경우에는 반자 아래에 설치하는 헤드의 개수)
→ 8개를 초과하여 설치하게 되면… 가지배관의 **구경이 너무 커져**, 가지배관으로 인한 **살수장애를 초래**할 수 있으며… 또한 배관의 길이가 너무 길어져 압력손실이 증가하므로 인해, 헤드에서 필요한 방수압에 도달하기 어려워지기 때문이다.

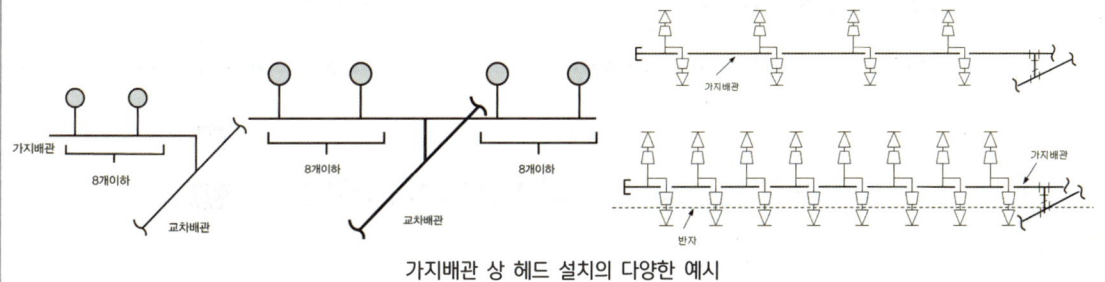

가지배관 상 헤드 설치의 다양한 예시

17년-2회
숫자가 답인 문제

73 축압식 분말소화기 지시압력계의 정상 사용압력 범위 중 상한 값은?

① 0.68 MPa ② 0.78 MPa ③ 0.88 MPa ④ 0.98 MPa

가압방식(가스사용)에 의한 분말소화기의 분류
1. 축압식 분말소화기
   - 소화기 용기 내부에 추진가스를 함께 충전
   - 추진가스는 주로 질소를 사용하며, 질소가스로 인해 습기침투가 어려워 응고현상이 적다.
   - 용기 내부의 압력을 확인하기 위해 압력계를 설치하며, 사용압력은 0.7~0.98MPa(녹색정상)
2. 가압식 분말소화기
   - 소화기 내부 또는 외부에 별도의 가압용기 설치
   - 추진가스는 주로 이산화탄소(CO_2)를 사용하며, 용기내에 압축가스가 없는 관계로 습기가 침투되어 응고현상 발생
   - 용기 내부에 압력이 걸려있지 않아 압력계 미설치

축압식 분말소화기의 **녹색** 정상범위의 압력 → **0.7** MPa [하한값] ~ **0.98** MPa [상한값]

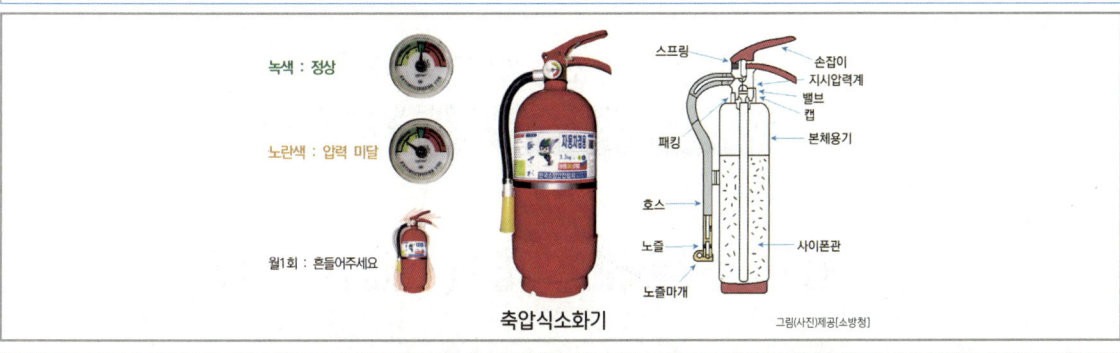

축압식소화기

6. 교재를 잘 못 선택한다면~ 어떤일이 생길까?

첫 번째 시간의 손실 을 가져오고...

두 번째는 시간의 손해 도 가져오며...

세 번째 역시 시간의 낭비 를 가져옵니다.

그리고 정~말~ 중요한 또 하나!!
보는 내내~~~ 정~~말 힘이듭니다.

7. 수험생의 변화

감탄 답이색을 만나기 전
공부하는 방법을 잘 몰라서 시험이 두려웠던 나

⋮

감탄 답이색을 만난 후
공부하는 방법을 깨우쳐 어떤 시험이든 자신있는 나

8. 성공

감탄 답이색 소방설비기사 수험서는
공부하는 방식에 대한 영감을 드립니다

공부 스트레스에서 해방되세요

시험필승전략

첫째, 60점만 맞으면 합격한다.

 **둘째,** 공부는 딱 60점만 맞을 수 있게 공부한다.

셋째, 60점 공부? 절대 불안하지 않다!! 왜냐하면 우리에겐 찍기가 있으니까~

넷째, 모르는 문제는 절대적으로 한 번호로만 찍는다.

다섯째, 헷갈리는 문제도 모르는 문제이다. 그냥 한 번호로만 찍는다. 반드시!!

여섯째, 한 번호로 찍을 때, 푼 문제 중에서 가장 적게 나온 번호로 찍는다.

 **일곱째,** 너무 쉽게 합격!!

소방설비기사 시험이란?

• 응시절차 안내

1	필기원서접수	Q-net을 통한 인터넷 원서접수
		필기접수 기간내 수험원서 인터넷 제출
		사진(6개월 이내에 촬영한 3.5cm*4.5cm, 120*160픽셀 사진파일(JPG) 수수료 전자결제
		시험장소 본인 선택(선착순)
2	필기시험	수험표, 신분증, 필기구(흑색 싸인펜등) 지참
3	합격자 발표	Q-net을 통한 합격확인(마이페이지 등)
		응시자격 제한종목(기술사, 기능장, 기사, 산업기사, 서비스 분야 일부종목)은 사전에 공지한 시행계획 내 응시자격 서류제출 기간 이내에 반드시 응시자격 서류를 제출하여야 함
4	실기원서 접수	실기접수기간내 수험원서 인터넷(www.Q-net.or.kr) 제출
		사진(6개월 이내에 촬영한 3.5cm*4.5cm픽셀 사진파일JPG, 수수료(정액)
		시험일시, 장소 본인 선택(선착순)
5	실기시험	수험표, 신분증, 필기구 지참
6	최종합격자발표	Q-net을 통한 합격확인(마이페이지 등)
7	자격증 발급	(인터넷)공인인증 등을 통한 발급, 택배가능 (방문수령)사진(6개월 이내에 촬영한 3.5cm*4.5cm 사진) 및 신분확인서류

• 응시자격

등급	응시자격
기사	1. 산업기사 등급 이상의 자격을 취득한 후 응시하려는 종목이 속하는 동일 및 유사 직무분야에서 1년 이상 실무에 종사한 사람 2. 기능사 자격을 취득한 후 응시하려는 종목이 속하는 동일 및 유사 직무분야에서 3년 이상 실무에 종사한 사람 3. 응시하려는 종목이 속하는 동일 및 유사 직무분야의 다른 종목의 기사 등급 이상의 자격을 취득한 사람 4. 관련학과의 대학졸업자등 또는 그 졸업예정자 5. 3년제 전문대학 관련학과 졸업자등으로서 졸업 후 응시하려는 종목이 속하는 동일 및 유사 직무분야에서 1년 이상 실무에 종사한 사람 6. 2년제 전문대학 관련학과 졸업자등으로서 졸업 후 응시하려는 종목이 속하는 동일 유사 직무분야에서 2년 이상 실무에 종사한 사람 7. 동일 및 유사` 직무분야의 기사 수준 기술훈련과정 이수자 또는 그 이수예정자 8. 동일 및 유사 직무분야의 산업기사 수준 기술훈련과정 이수자로서 이수 후 응시하려는 종목이 속하는 동일 및 유사 직무분야에서 2년 이상 실무에 종사한 사람 9. 응시하려는 종목이 속하는 동일 및 유사 직무분야에서 4년 이상 실무에 종사한 사람 10. 외국에서 동일한 종목에 해당하는 자격을 취득한 사람
산업기사	1. 기능사 등급 이상의 자격을 취득한 후 응시하려는 종목이 속하는 동일 및 유사 직무분야에 1년 이상 실무에 종사한 사람 2. 응시하려는 종목이 속하는 동일 및 유사 직무분야의 다른 종목의 산업기사 등급 이상의 자격을 취득한 사람 3. 관련학과의 2년제 또는 3년제 전문대학졸업자 등 또는 그 졸업예정자 4. 관련학과의 대학졸업자 등 또는 그 졸업예정자 5. 동일 및 유사 직무분야의 산업기사 수준 기술훈련과정 이수자 또는 그 이수예정자 6. 응시하려는 종목이 속하는 동일 및 유사 직무분야에서 2년 이상 실무에 종사한 사람 7. 고용노동부령으로 정하는 기능경기대회 입상자 8. 외국에서 동일한 종목에 해당하는 자격을 취득한 사람

• 기본정보

1. 개요
건물이 점차 대형화, 고층화, 밀집화되어 감에 따라 화재발생시 진화보다는 화재의 예방 과 초기진압에 중점을 둠으로써 국민의 생명, 신체 및 재산을 보호하는 방법이 더 효과 적인 방법이다. 이에 따라 소방설비에 대한 전문인력을 양성하기 위하여 자격제도 제정

2. 수행직무
소방시설공사 또는 정비업체 등에서 소방시설공사의 설계도면을 작성하거나 소방시설공 사를 시공, 관리하며, 소방시설의 점검·정비와 화기의 사용 및 취급 등 방화안전관리 에 대한 감독, 소방계획에 의한 소화, 통보 및 피난 등의 훈련을 실시하는 방화관리자 의 직무수행

3. 진로 및 전망
- 소방공사, 대한주택공사, 전기공사 등 정부투자기관, 각종 건설회사, 소방전문업체 및 학계, 연구소 등으로 진출할 수 있다.
- 산업구조의 대형화 및 다양화로 소방대상물(건축물·시설물)이 고층·심층화되고, 고압가스나 위험물을 이용한 에너지 소비량의 증가 등으로 재해발생 위험요소가 많아지면서 소방과 관련한 인력수요가 늘고 있다. 소방설비 관련 주요 업무 중 하나인 화재관련 건수와 그로 인한 재산피해액도 당연히 증가할 수 밖에 없어 소방관련 인력에 대한 수요는 증가할 것으로 전망된다.

• 시험정보

1. 시행처 한국산업인력공단

2. 수수료
- 필기 : 19,400원 / - 실기 : 22,600원
- 원서접수시간은 원서접수 첫날 10:00부터 마지막 날 18:00까지 임.
- 필기시험 합격예정자 및 최종합격자 발표시간은 해당 발표일 09:00임.
- 주말 및 공휴일, 공단창립기념일(3.18)에는 실기시험 원서 접수 불가
- 상기 기사(산업기사, 서비스) 필기시험 일정은 종목별, 지역별로 상이할수 있음
  [접수 일정 전에 공지되는해당 회별 수험자 안내(Q-net 공지사항 게시)] 참조 필수

3. 관련학과 대학 및 전문대학의 소방학, 건축설비공학, 기계설비학, 가스냉동학, 공조냉동학 관련학과

4. 시험과목
- 필기 : 1. 소방원론 2. 소방유체역학 3. 소방관계법규 4. 소방기계시설의 구조 및 원리
- 실기 : 소방기계시설 설계 및 시공실무

5. 검정방법
- 필기 : 객관식 4지 택일형 과목당 20문항(과목당 30분)
- 실기 : 필답형(3시간, 100점)

6. 합격기준
- 필기 : 100점을 만점으로 하여 과목당 40점 이상, 전과목 평균 60점 이상
- 실기 : 100점을 만점으로 하여 60점 이상

- **공학용 계산기 기종 허용군**

  허용군 외 공학용계산기를 사용하고자 하는 경우, 수험자가 계산기 메뉴얼 등을 확인하여 직접 초기화(리셋) 및 감독위원 확인 후 사용가능

연번	제조사	허용기종군	비고
1	카시오 (CASIO)	FX-901~999	
2	카시오 (CASIO)	FX-501~599	
3	카시오 (CASIO)	FX-301~399	
4	카시오 (CASIO)	FX-80~120	
5	샤프 (SHARP)	EL-501~599	
6	샤프 (SHARP)	EL-5100, EL-5230 EL-5250, EL-5500	
7	유니원(UNIONE)	UC-600E, UC-400M, UC-800X	
8	캐논(Canon)	F-715SG, F-788SG, F-792SGA	
9	모닝글로리 (MORNING GLORY)	ECS-101	

  * 허용군 내 기종번호 말미의 영어 표기(ES, MS, EX 등)은 무관
  * 사칙연산만 가능한 일반계산기는 기종 상관없이 사용 가능
  * 직접 초기화가 불가능한 계산기는 사용 불가

- **수험자 유의사항**

  1. **CBT 필기시험**
     ① CBT 시험이란 인쇄물 기반 시험인 PBT와 달리 컴퓨터 화면에 시험문제가 표시되어 응시자가 마우스를 통해 문제를 풀어나가는 컴퓨터기반의 시험을 말합니다. (CBT체험 바로가기)
     ② 입실 전 본인좌석을 반드시 확인 후 착석하시기 바랍니다.
     ③ 전산으로 진행됨에 따라, 안정적 운영을 위해 입실 후 감독위원 안내에 적극 협조하여 응시하여 주시기 바랍니다.
     ④ 최종 답안 제출 시 수정이 절대 불가하오니 충분히 검토 후 제출 바랍니다.
     ⑤ 제출 후 본인 점수 확인완료 후 퇴실 바랍니다.

  2. **필답형 실기시험 수험자 유의사항**
     ① 문제지를 받는 즉시 응시 종목의 문제가 맞는지 확인하셔야 합니다.
     ② 답안지 내 인적사항 및 답안작성(계산식 포함)은 검정색 필기구만을 계속 사용하여야 합니다.
     ③ 답안정정 시에는 두 줄(=)을 긋고 다시 기재하거나 수정테이프를 사용(수정액, 수정스티커는 사용 불가)하여야 하며, 두 줄로 긋지 않거나 수정테이프를 사용하지 않은 답안은 정정하지 않은 것으로 간주합니다.
     ④ 계산문제는 반드시 '계산과정'과 '답'란에 정확히 기재하여야 하며 계산과정이 틀리거나 없는 경우 0점 처리됩니다.
     ※ 연습이 필요 시 연습란을 이용하여야 하며, 연습란은 채점대상이 아닙니다.
     ⑤ 계산문제는 최종결과 값(답)에서 소수 셋째자리에서 반올림하여 둘째 자리까지 구하여야 하나 개별 문제에서 소수처리에 대한 별도 요구사항이 있을 경우, 그 요구사항에 따라야 합니다.
     ⑥ 답에 단위가 없으면 오답으로 처리됩니다.(단, 문제의 요구사항에 단위가 주어졌을 경우는 생략되어도 무방합니다)
     ⑦ 문제에서 요구한 가지 수 이상을 답란에 표기한 경우, 답란기재 순으로 요구한 가지 수만 채점합니다.

- **년도별 검정현황**

종목명	연도	필기			실기		
		응시	합격	합격률(%)	응시	합격	합격률(%)
소방설비기사(기계분야)	2021	17,736	9,048	51%	17,709	5,753	32.5%
소방설비기사(기계분야)	2020	14,623	7,546	51.6%	15,862	3,076	19.4%
소방설비기사(기계분야)	2019	18,030	8,223	45.6%	12,024	3,620	30.1%
소방설비기사(기계분야)	2018	15,757	4,515	28.7%	8,812	3,349	38%
소방설비기사(기계분야)	2017	13,524	3,891	28.8%	8,603	2,981	34.7%
소방설비기사(기계분야)	2016	11,418	4,168	36.5%	7,936	2,092	26.4%
소방설비기사(기계분야)	2015	8,924	3,295	36.9%	6,424	1,393	21.7%
소방설비기사(기계분야)	2014	7,543	2,934	38.9%	5,684	1,430	25.2%
소방설비기사(기계분야)	2013	8,310	2,414	29%	6,303	433	6.9%
소방설비기사(기계분야)	2012	9,397	2,586	27.5%	6,193	1,389	22.4%
소방설비기사(기계분야)	2011	10,138	3,754	37%	7,243	1,135	15.7%
소방설비기사(기계분야)	2010	10,479	2,847	27.2%	7,004	1,146	16.4%
소방설비기사(기계분야)	2009	11,309	4,912	43.4%	7,975	3,179	39.9%
소방설비기사(기계분야)	2008	10,659	4,657	43.7%	10,547	1,708	16.2%
소방설비기사(기계분야)	2007	11,413	5,575	48.8%	10,786	2,789	25.9%
소방설비기사(기계분야)	2006	14,115	6,202	43.9%	9,183	2,243	24.4%
소방설비기사(기계분야)	2005	10,722	3,614	33.7%	6,091	1,623	26.6%
소방설비기사(기계분야)	2004	7,027	2,857	40.7%	4,611	810	17.6%
소방설비기사(기계분야)	2003	5,210	1,912	36.7%	4,038	830	20.6%
소방설비기사(기계분야)	2002	4,581	1,733	37.8%	3,945	679	17.2%
소방설비기사(기계분야)	2001	5,707	2,523	44.2%	5,517	227	4.1%
소방설비기사(기계분야)	1982~2000	83,524	38,301	45.9%	70,709	13,340	18.9%
소 계		310,146	127,507	41.1%	243,199	55,225	22.7%

- **2023년 기사정기검정 시행계획**

회별	필기시험			응시자격 서류제출 (필기합격자결정)	실기시험		
	원서접수 (휴일제외)	시험시행	합격(예정)자 발표		원서접수 (휴일제외)	시험시행	합격자 발표
제1회	1. 10 ~ 1. 13 〈2월까지 응시자격을 갖춘 자〉	2. 13 ~2. 28	3. 21	2. 13 ~3. 31	3. 28 ~3. 31	4. 22 ~5. 7	6. 9
	1. 16 ~ 1. 19 〈3월부터 응시자격을 갖춘자〉	3. 1 ~3. 15			3. 28 ~3. 31	4. 22 ~5. 7	
제2회	4. 17 ~4. 20	5. 13 ~6. 4	6. 14	5. 15 ~6. 23	6. 27 ~6. 30	7. 22 ~8. 6	1차: 8. 17/ 2차: 9. 1
제3회	6. 19 ~6. 22	7. 8 ~7. 23	8. 2	7. 10 ~8. 11	9. 4 ~9. 7	10. 7 ~10. 20	1차: 11. 1/ 2차: 11. 15
제4회	8. 7 ~8. 10	9. 2 ~9. 17	9. 22	9. 4 ~10. 6	10. 10 ~10. 13	11. 4 ~11. 17	1차: 11. 29/ 2차: 12. 13

과목별 출제분석

- 표안의 수치는 과년도 문제를... 공부단위별로, 재분류한 문제수입니다

년도	회차	소방원론			소방유체역학					소방관계법규			소방기계구조		
		이해	암기	계산	암기	쉬운	어려운	복잡한	포기할	문장	단어	숫자	문장	단어	숫자
2016	1회	9	11	0	7	6	1	6	0	8	10	2	12	6	2
	2회	11	8	1	8	8	0	1	3	3	13	4	3	9	8
	4회	11	7	2	6	10	1	0	3	4	11	5	8	2	10
2017	1회	11	7	2	7	10	1	0	2	8	7	5	7	2	11
	2회	8	8	4	5	9	4	0	2	7	10	3	8	3	9
	4회	9	9	2	5	12	1	0	2	8	9	3	5	3	12
2018	1회	7	12	1	9	7	1	1	2	7	8	5	8	3	9
	2회	8	11	1	4	12	3	0	1	9	6	5	2	3	15
	4회	10	8	2	7	6	3	1	3	5	8	7	5	4	11
2019	1회	7	13	0	6	9	2	1	2	9	4	7	6	3	11
	2회	10	6	4	6	9	1	1	3	4	10	6	7	5	8
	4회	10	9	1	8	9	2	0	1	6	10	4	5	3	12
2020	1·2회	9	11	0	5	9	3	0	3	6	8	6	6	4	10
	3회	7	12	1	6	10	1	1	2	7	11	2	6	1	13
	4회	10	9	1	4	8	1	1	6	4	13	3	7	2	11
2021	1회	10	10	0	9	8	1	0	2	6	9	5	7	4	9
	2회	10	6	4	5	12	0	1	2	7	11	2	9	3	8
	4회	11	8	1	6	9	2	1	2	8	5	7	12	2	6
2022	1회	9	10	1	7	7	1	0	5	14	5	1	6	3	11
	2회	12	8	0	7	9	0	1	3	5	8	7	5	4	11
	4회	9	9	2	14	3	1	2	0	7	8	5	8	4	8
문제수 합계		198	192	30	141	182	30	18	49	142	184	94	142	73	205
문제수 비율		47%	46%	7%	34%	43%	7%	4%	12%	34%	44%	22%	34%	17%	49%

왜 공부한수의 소방설비기사 강의여야 하는가?

현실적인 문제

항상 **시간**이 부족하다 / 공부만 하려면 **피곤**하고 졸린다 / 혼자 공부가 **가능**할까?
혼자 공부하면 **나태**해진다 / 혼자 **집중**하기 어렵다 / 끈기력은 금방 **바닥**난다

수험생들이 강의를 신청하는 이유

이해는 책으로 충분하다(워낙 상세한 해설 때문에~~)
하지만... 시간이 항상 부족하다. **그리고...** 노력하는 것은 생각보다 어렵다!
그래서... 유능한 강사와 함께라면, 나의 시간과 노력을 줄여주지 않을까?

유튜브 QR코드

공부한수 오철호의 강의목표

하나. 문제별로 어떻게 공부해야 쉬운지... 공부요령을 전수한다.

 수강생에게 듣고 싶은 말
이렇게도 쉽게 공부할 수 있겠구나~

하나. 넘치거나 모자라지 않게... 딱 적당한! 설명을 통해 이해시킨다.

 수강생에게 듣고 싶은 말
강의가 딱 내 스타일이네~

하나. 문제를 여러번 반복시켜 암기시킨다.
강의시간에 이해하고, 나중에 혼자 다시 공부해서 암기해야 하는 패턴을 깬다.

 수강생에게 듣고 싶은 말
강의를 통해서도 암기가 가능하네~

합격시까지 시청보장!!
왜? 반드시 빠른 시일내에 최소한의 노력으로 합격할거니까~~

  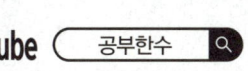  studyskill.kr
공부한수강의 QR코드
스마트폰으로 스캔하세요

수험생의 소중한 시간을 아껴주는 공부한수

studyskill.kr

답이색 2023

소방설비기사 기계
과년도 문제집
필기

오철호

목차

- 2016년 제1회 소방설비기사(기계분야) 필기시험 ·· 1
- 2016년 제2회 소방설비기사(기계분야) 필기시험 ·· 11
- 2016년 제4회 소방설비기사(기계분야) 필기시험 ·· 21
- 2017년 제1회 소방설비기사(기계분야) 필기시험 ·· 31
- 2017년 제2회 소방설비기사(기계분야) 필기시험 ·· 43
- 2017년 제4회 소방설비기사(기계분야) 필기시험 ·· 55
- 2018년 제1회 소방설비기사(기계분야) 필기시험 ·· 65
- 2018년 제2회 소방설비기사(기계분야) 필기시험 ·· 77
- 2018년 제4회 소방설비기사(기계분야) 필기시험 ·· 89
- 2019년 제1회 소방설비기사(기계분야) 필기시험 ·· 101
- 2019년 제2회 소방설비기사(기계분야) 필기시험 ·· 111
- 2019년 제4회 소방설비기사(기계분야) 필기시험 ·· 123
- 2020년 제1·2회 소방설비기사(기계분야) 필기시험 ·· 133
- 2020년 제3회 소방설비기사(기계분야) 필기시험 ·· 143
- 2020년 제4회 소방설비기사(기계분야) 필기시험 ·· 155
- 2021년 제1회 소방설비기사(기계분야) 필기시험 ·· 167
- 2021년 제2회 소방설비기사(기계분야) 필기시험 ·· 177
- 2021년 제4회 소방설비기사(기계분야) 필기시험 ·· 187
- 2022년 제1회 소방설비기사(기계분야) 필기시험 ·· 199
- 2022년 제2회 소방설비기사(기계분야) 필기시험 ·· 211
- 2022년 제4회 소방설비기사(기계분야) 필기시험 ·· 223

2016년 제1회 소방설비기사(기계분야)

본 지면은 CBT시험의 컴퓨터 화면과 비슷하게 구성한 화면입니다.

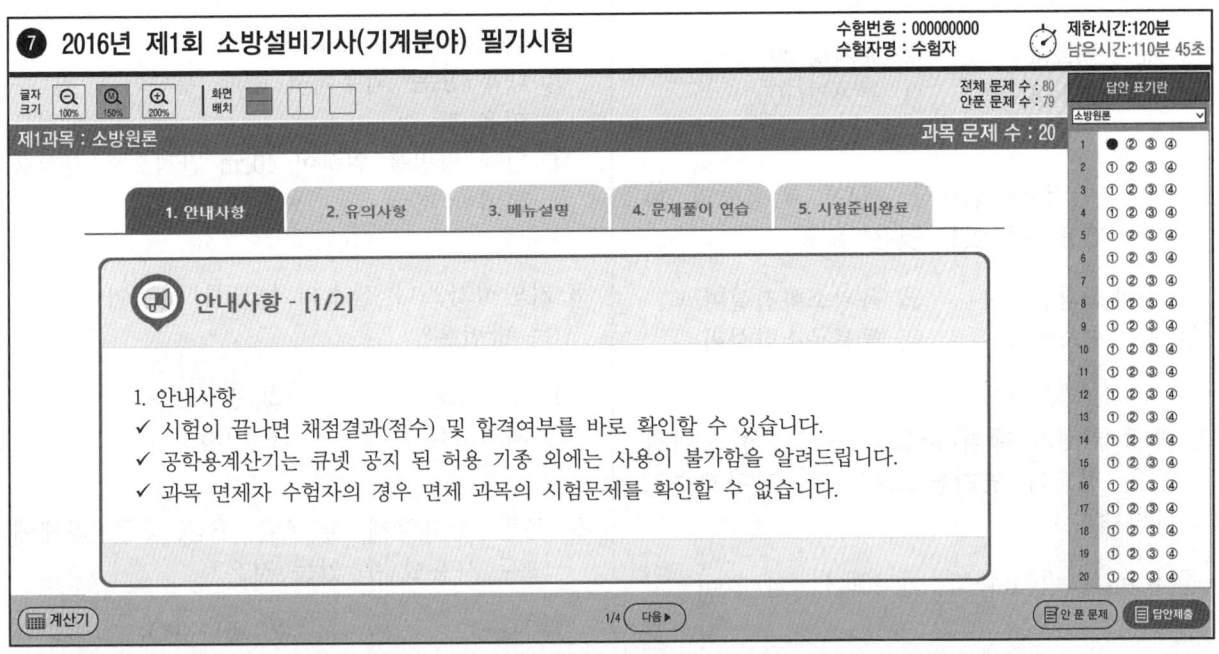

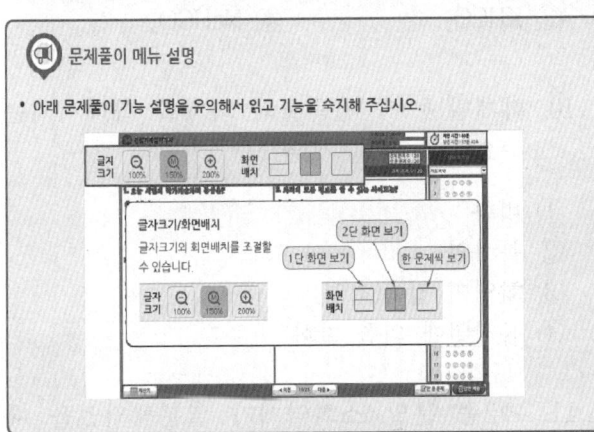

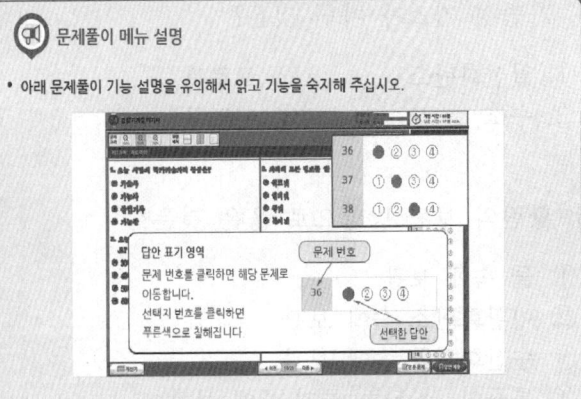

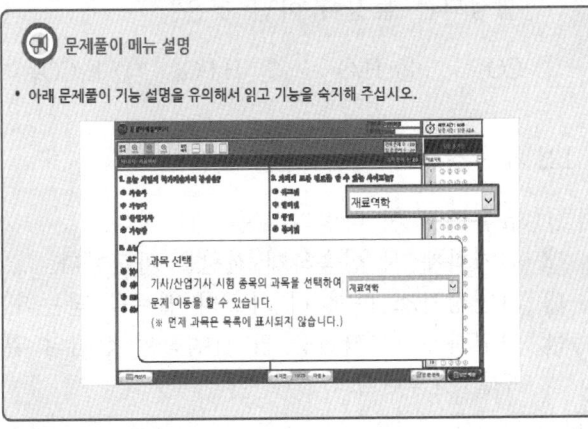

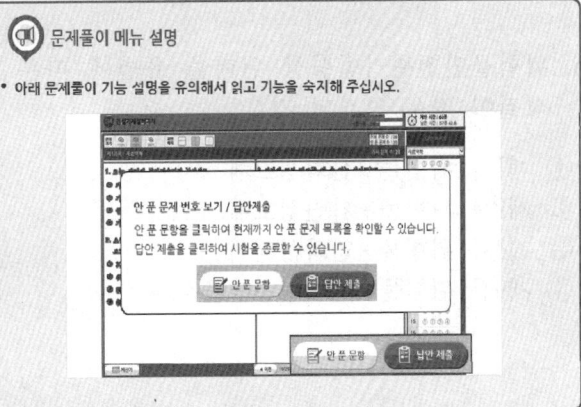

제1과목 : 소방원론

1. 증기비중의 정의로 옳은 것은? (단, 보기에서 분자, 분모의 단위는 모두 g/mol 이다.)

   ① 분자량/22.4
   ② 분자량/29
   ③ 분자량/44.8
   ④ 분자량/100

2. 위험물안전관리법령상 제4류 위험물의 화재에 적응성이 있는 것은?

   ① 옥내소화전설비
   ② 옥외소화전설비
   ③ 봉상수소화기
   ④ 물분무소화설비

3. 화재 최성기 때의 농도로 유도등이 보이지 않을 정도의 연기농도는? (단, 감광계수로 나타낸다.)

   ① $0.1m^{-1}$
   ② $1m^{-1}$
   ③ $10m^{-1}$
   ④ $30m^{-1}$

4. 가연성 가스가 아닌 것은?

   ① 일산화탄소
   ② 프로판
   ③ 수소
   ④ 아르곤

5. 황린의 보관 방법으로 옳은 것은?

   ① 물 속에 보관
   ② 이황화탄소 속에 보관
   ③ 수산화칼륨 속에 보관
   ④ 통풍이 잘 되는 공기 중에 보관

6. 위험물안전관리법령상 위험물 유별에 따른 성질이 잘못 연결된 것은?

   ① 제1류 위험물 - 산화성고체
   ② 제2류 위험물 - 가연성고체
   ③ 제4류 위험물 - 인화성액체
   ④ 제6류 위험물 - 자기반응성물질

7. 무창층 여부를 판단하는 개구부로서 갖추어야 할 조건으로 옳은 것은?

   ① 개구부 크기가 지름 30cm의 원이 내접할 수 있는 것
   ② 해당 층의 바닥면으로부터 개구부 밑 부분까지의 높이가 1.5m 인 것
   ③ 내부 또는 외부에서 쉽게 부수거나 열 수 있을 것
   ④ 창에 방범을 위하여 40cm 간격으로 창살을 설치할 것

8. 가연성가스나 산소의 농도를 낮추어 소화하는 방법은?

   ① 질식소화
   ② 냉각소화
   ③ 제거소화
   ④ 억제소화

9. 분말 소화약제 중 A급, B급, C급 화재에 모두 사용할 수 있는 것은?

   ① Na_2CO_3
   ② $NH_4H_2PO_4$
   ③ $KHCO_3$
   ④ $NaHCO_3$

10. 화재발생 시 건축물의 화재를 확대시키는 주요인이 아닌 것은?

    ① 비화
    ② 복사열
    ③ 화염의 접촉(접염)
    ④ 흡착열에 의한 발화

11. 제2종 분말 소화약제가 열분해되었을 때 생성되는 물질이 아닌 것은?

    ① CO_2
    ② H_2O
    ③ H_3PO_4
    ④ K_2CO_3

12. 제거소화의 예가 아닌 것은?

    ① 유류화재 시 다량의 포를 방사한다.
    ② 전기화재 시 신속하게 전원을 차단한다.
    ③ 가연성가스 화재 시 가스의 밸브를 닫는다.
    ④ 산림화재 시 확산을 막기 위하여 산림의 일부를 벌목한다.

13. 공기 중에서 수소의 연소범위로 옳은 것은?
   ① 0.4 ~ 4 vol%   ② 1 ~ 12.5 vol%
   ③ 4 ~ 75 vol%   ④ 67 ~ 92 vol%

14. 건물화재 시 패닉(panic)의 발생원인과 직접적인 관계가 없는 것은?
   ① 연기에 의한 시계 제한
   ② 유독가스에 의한 호흡 장해
   ③ 외부와 단절되어 고립
   ④ 불연내장재의 사용

15. 일반적인 자연발화의 방지법으로 틀린 것은?
   ① 습도를 높일 것
   ② 저장실의 온도를 낮출 것
   ③ 정촉매 작용을 하는 물질을 피할 것
   ④ 통풍을 원활하게 하여 열축적을 방지할 것

16. 이산화탄소(CO_2)에 대한 설명으로 틀린 것은?
   ① 임계온도는 97.5℃ 이다.
   ② 고체의 형태로 존재할 수 있다.
   ③ 불연성가스로 공기보다 무겁다.
   ④ 상온, 상압에서 기체 상태로 존재한다.

17. 공기 중의 산소의 농도는 약 몇 vol% 인가?
   ① 10   ② 13   ③ 17   ④ 21

18. 화학적 소화방법에 해당하는 것은?
   ① 모닥불에 물을 뿌려 소화한다.
   ② 모닥불을 모래로 덮어 소화한다.
   ③ 유류화재를 할론 1301로 소화한다.
   ④ 지하실 화재를 이산화탄소로 소화한다.

19. 목조건축물에서 발생하는 옥외출화 시기를 나타낸 것으로 옳은 것은?
   ① 창, 출입구 등에 발염 착화한 때
   ② 천장 속, 벽 속 등에서 발염 착화한 때
   ③ 가옥구조에서는 천장면에 발염 착화한 때
   ④ 불연천장인 경우 실내의 그 뒷면에 발염 착화한 때

20. 화재 발생 시 주수소화가 적합하지 않은 물질은?
   ① 적린   ② 마그네슘 분말
   ③ 과염소산칼륨 ④ 유황

제2과목 : 소방유체역학

21. 펌프의 입구 및 출구측에 연결된 진공계와 압력계가 각각 25mmHg 와 260kPa 을 가리켰다. 이 펌프의 배출 유량이 0.15m³/s 가 되려면 펌프의 동력은 약 몇 kW가 되어야 하는가? (단, 펌프의 입구와 출구의 높이 차는 없고, 입구측 관직경은 20cm, 출구측 관직경은 15cm 이다.)
   ① 3.95   ② 4.32   ③ 39.5   ④ 43.2

22. 펌프에 대한 설명 중 틀린 것은?
   ① 회전식 펌프는 대용량에 적당하며 고장 수리가 간단하다.
   ② 기어 펌프는 회전식 펌프의 일종이다.
   ③ 플런저 펌프는 왕복식 펌프이다.
   ④ 터빈 펌프는 고양정, 대용량에 적합하다.

23. 어떤 밸브가 장치된 지름 20cm인 원관에 4℃의 물이 2m/s 의 평균속도로 흐르고 있다. 밸브의 앞과 뒤에서의 압력차이가 7.6kPa 일 때, 이 밸브의 부차적 손실계수 K와 등가길이 L_e은? (단, 관의 마찰계수는 0.02이다.)
   ① K = 3.8, L_e = 38m   ② K = 7.6, L_e = 38m
   ③ K = 38, L_e = 3.8m   ④ K = 38, L_e = 7.6m

24. 안지름 30cm인 원관 속을 절대압력 0.32MPa, 온도 27℃인 공기가 4kg/s로 흐를 때 이 원관속을 흐르는 공기의 평균 속도는 약 몇 m/s인가? (단, 공기의 기체상수 R = 287 J/kg·K 이다.)

① 15.2 ② 20.3 ③ 25.2 ④ 32.5

25. 국소대기압이 102kPa 인 곳의 기압을 비중 1.59, 증기압 13kPa 인 액체를 이용한 기압계로 측정하면 기압계에서 액주의 높이는?

① 5.71m ② 6.55m ③ 9.08m ④ 10.4m

26. 이상기체 1kg를 35℃로부터 65℃까지 정적 과정에서 가열하는데 필요한 열량이 118kJ 이라면 정압비열은? (단, 이 기체의 분자량은 4이고 일반기체상수는 8.314 kJ/kmol·K 이다.)

① 2.11 kJ/kg·K ② 3.93 kJ/kg·K
③ 5.23 kJ/kg·K ④ 6.01 kJ/kg·K

27. 경사진 관로의 유체흐름에서 수력기울기선의 위치로 옳은 것은?

① 언제나 에너지선보다 위에 있다.
② 에너지선보다 속도수두 만큼 아래에 있다.
③ 항상 수평이 된다.
④ 개수로의 수면보다 속도수두 만큼 위에 있다.

28. A, B 두 원관 속을 기체가 미소한 압력차로 흐르고 있을 때 이 압력차를 측정하려면 다음 중 어떤 압력계를 쓰는 것이 가장 적절한가?

① 간섭계   ② 오리피스
③ 마이크로마노미터 ④ 부르동 압력계

29. 그림과 같이 속도 V인 유체가 정지하고 있는 곡면 깃에 부딪혀 θ의 각도로 유동방향이 바뀐다. 유체가 곡면에 가하는 힘의 x, y 성분의 크기를 |Fx|와 |Fy|라 할 때 |Fy| / |Fx|는? (단, 유동 단면적은 일정하고, 0°< θ <90° 이다.)

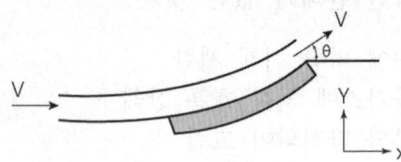

① $\dfrac{1-\cos\theta}{\sin\theta}$ ② $\dfrac{\sin\theta}{1-\cos\theta}$
③ $\dfrac{1-\sin\theta}{\cos\theta}$ ④ $\dfrac{\cos\theta}{1-\sin\theta}$

30. 안지름 50mm인 관에 동점성계수 2×10^{-3} cm²/s 인 유체가 흐르고 있다. 층류로 흐를 수 있는 최대유량은 약 얼마인가? (단, 임계레이놀즈수는 2,100으로 한다.)

① 16.5 cm³/s ② 33 cm³/s
③ 49.5 cm³/s ④ 66 cm³/s

31. Newton의 점성법칙에 대한 옳은 설명으로 모두 짝지은 것은?

【보기】
가. 전단응력은 점성계수와 속도기울기의 곱이다.
나. 전단응력은 점성계수에 비례한다.
다. 전단응력은 속도기울기에 반비례한다.

① 가, 나 ② 나, 다
③ 가, 다 ④ 가, 나, 다

32. 전체 질량이 3,000kg 인 소방차의 속력을 4초만에 시속 40km에서 80km로 가속하는데 필요한 동력은 약 몇 kW 인가?

① 34 ② 70 ③ 139 ④ 209

33. 관의 단면적이 0.6m² 에서 0.2m²로 감소하는 수평 원형 축소관으로 공기를 수송하고 있다. 관 마찰손실은 없는 것으로 가정하고 7.26N/s의 공기가 흐를 때 압력 감소는 몇 Pa 인가? (단, 공기 밀도는 1.23kg/m³이다.)

① 4.96　② 5.58　③ 6.20　④ 9.92

34. 물의 압력파에 의한 수격작용을 방지하기 위한 방법으로 옳지 않은 것은?

① 펌프의 속도가 급격히 변화하는 것을 방지한다.
② 관로 내의 관경을 축소시킨다.
③ 관로 내 유체의 유속을 낮게 한다.
④ 밸브 개폐시간을 가급적 길게 한다.

35. 그림과 같이 반경 2m, 폭(y방향) 4m의 곡면 AB가 수문으로 이용된다. 이 수문에 작용하는 물에 의한 힘의 수평성분(x방향)의 크기는 약 얼마인가?

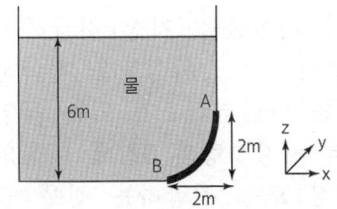

① 337kN　② 392kN　③ 437kN　④ 492kN

36. 수두 100 mmAq로 표시되는 압력은 몇 Pa인가?

① 0.098　② 0.98　③ 9.8　④ 980

37. 기체의 체적탄성계수에 관한 설명으로 옳지 않은 것은?

① 체적탄성계수는 압력의 차원을 가진다.
② 체적탄성계수가 큰 기체는 압축하기가 쉽다.
③ 체적탄성계수의 역수를 압축률이라 한다.
④ 이상기체를 등온압축 시킬 때 체적탄성계수는 절대압력과 같은 값이다.

38. ∅150mm 관을 통해 소방용수가 흐르고 있다. 평균유속이 5m/s이고 50m 떨어진 두 지점 사이의 수두손실이 10m 라고 하면 이 관의 마찰계수는?

① 0.0235　② 0.0315　③ 0.0351　④ 0.0472

39. 직경 2m인 구 형태의 화염이 1MW의 발열량을 내고 있다. 모두 복사로 방출될 때 화염의 표면 온도는? (단, 화염은 흑체로 가정하고, 주변온도는 300K 스테판-볼츠만 상수는 5.67X10⁻⁸ W/m² · K⁴)

① 1090K　② 2619K　③ 3720K　④ 6240K

40. 안지름이 15cm 인 소화용 호스에 물이 질량유량 100kg/s로 흐르는 경우 평균유속은 약 몇 m/s 인가?

① 1　② 1.41　③ 3.18　④ 5.66

제3과목 : 소방관계법규

41. 소방용수시설 저수조의 설치기준으로 틀린 것은?

① 지면으로부터의 낙차가 4.5m 이하일 것
② 흡수부분의 수심이 0.3m 이상일 것
③ 흡수관의 투입구가 사각형의 경우에는 한 변의 길이가 60cm 이상일 것
④ 흡수관의 투입구가 원형의 경우에는 지름이 60cm 이상일 것

42. 화재의 예방 및 안전관리에 관한 법령상 관리의 권원이 분리되어 있는 특정소방대상물의 관계인은 소유권, 관리권 및 점유권에 따라 각각 소방안전관리자를 선임해야 한다. 이 때 법에서 규정하고 있는 관리의 권원이 분리된 특정소방대상물에 해당하지 않는 것은?

① 지하가
② 지하층을 포함한 층수가 11층 이상의 건축물
③ 복합건축물로서 연면적 3만제곱미터 이상인 건축물
④ 판매시설 중 도매시장, 소매시장 및 전통시장

43. 종합점검의 경우 점검인력 1단위가 하루 동안 점검할 수 있는 특정소방대상물의 연면적 기준으로 옳은 것은?

① 12,000㎡ ② 10,000㎡
③ 8,000㎡ ④ 6,000㎡

44. 화재현장에서의 피난 등을 체험할 수 있는 소방체험관의 설립·운영권자는?

① 시·도지사
② 소방청장
③ 소방본부장 또는 소방서장
④ 한국소방안전원장

45. 제3류 위험물 중 금수성 물품에 적응성이 있는 소화약제는?

① 물 ② 강화액
③ 팽창질석 ④ 인산염류분말

46. 소방서의 종합상황실 실장이 서면·팩스 또는 컴퓨터통신 등으로 소방본부의 종합상황실에 보고하여야 하는 화재가 아닌 것은?

① 사상자가 10인 발생한 화재
② 이재민이 100인 발생한 화재
③ 관공서·학교·정부미도정공장의 화재
④ 재산피해액이 10억원 발생한 화재

47. 시·도의 조례가 정하는 바에 따라 지정수량 이상의 위험물을 임시로 저장·취급할 수 있는 기간(㉠)과 임시저장 승인권자(㉡)은?

① ㉠ 30일 이내, ㉡ 시·도지사
② ㉠ 60일 이내, ㉡ 소방본부장
③ ㉠ 90일 이내, ㉡ 관할소방서장
④ ㉠ 120일 이내, ㉡ 소방청장

48. 소방시설관리업의 등록을 취소해야 하는 사유에 해당하지 않는 것은?

① 거짓으로 등록을 한 경우
② 등록기준에 미달하게 된 경우
③ 다른 사람에게 등록증을 빌려준 경우
④ 등록의 결격사유에 해당하게 된 경우

49. 소방시설업의 등록권자로 옳은 것은?

① 국무총리
② 시·도지사
③ 소방서장
④ 한국소방안전원장

50. ( ) 안의 내용으로 알맞은 것은?

【보기】
다량의 위험물을 저장·취급하는 제조소 등으로서 ( ) 위험물을 취급하는 제조소 또는 일반취급소가 있는 동일한 사업소에서 지정수량의 3천배 이상의 위험물을 저장 또는 취급하는 경우 당해 사업소의 관계인은 대통령령이 정하는 바에 따라 당해 사업소에 자체소방대를 설치하여야 한다.

① 제1류 ② 제2류 ③ 제3류 ④ 제4류

51. 화재의 예방 및 안전관리에 관한 법령상 소화기구, 소방용수시설 또는 그 밖에 소방에 필요한 설비 등의 설치명령을 위반한 자의 과태료는?

① 100만원 이하 ② 200만원 이하
③ 300만원 이하 ④ 500만원 이하

52. 가연성가스를 저장·취급하는 시설로서 1급 소방안전관리대상물의 가연성가스 저장·취급 기준으로 옳은 것은?

① 100톤 미만
② 100톤 이상 ~ 1,000톤 미만
③ 500톤 이상 ~ 1,000톤 미만
④ 1,000톤 이상

53. 연면적이 500m² 이상인 위험물 제조소 및 일반취급소에 설치하여야 하는 경보설비는?

① 자동화재탐지설비   ② 확성장치
③ 비상경보설비   ④ 비상방송설비

54. 방염처리업의 종류가 아닌 것은?

① 섬유류 방염업
② 합성수지류 방염업
③ 합판·목재류 방염업
④ 실내장식물류 방염업

55. 특정소방대상물의 관계인이 소방안전관리자를 해임한 경우 재선임 신고를 해야 하는 기준은? (단, 해임한 날부터를 기준일로 한다.)

① 10일 이내   ② 20일 이내
③ 30일 이내   ④ 40일 이내

56. 소방시설공사업자의 시공능력평가 방법에 대한 설명 중 틀린 것은?

① 시공능력평가액은 실적평가액 + 자본금평가액 + 기술력평가액 + 경력평가액 ± 신인도평가액 으로 산출한다.
② 신인도평가액 산정 시 최근 1년간 국가기관으로부터 우수시공업자로 선정된 경우에는 3% 가산 한다.
③ 신인도평가액 산정 시 최근 1년간 부도가 발생된 사실이 있는 경우에는 2%를 감산한다.
④ 실적평가액은 최근 5년간의 연평균공사실적액을 의미한다.

57. 자동화재탐지설비를 설치하여야 하는 특정소방대상물의 기준으로 틀린 것은?

① 지하구
② 지하가 중 터널로서 길이 700m 이상인 것
③ 교정시설로서 연면적 2,000m² 이상인 것
④ 복합건축물로서 연면적 600m² 이상인 것

58. 소방시설공사의 착공신고 시 첨부서류가 아닌 것은?

① 공사업자의 소방시설공사업 등록증 사본
② 공사업자의 소방시설공사업 등록수첩 사본
③ 해당 소방시설공사의 책임시공 및 기술관리를 하는 기술인력의 기술등급을 증명하는 서류 사본
④ 해당 소방시설을 설계한 기술인력자의 기술자격증 사본

59. 소방시설등에 대한 자체점검에 관한 설명으로 옳지 않은 것은?

① 작동점검은 소방시설등을 인위적으로 조작하여 소방시설이 정상적으로 작동하는지를 점검하는 것이다.
② 종합점검은 설비별 주요 구성 부품의 구조기준이 화재안전기준과 건축법 등 관련 법령에서 정하는 기준에 적합한 지 여부를 점검하는 것이다.
③ 종합점검에는 작동점검의 사항이 해당되지 않는다.
④ 종합점검은 관리업에 등록된 소방시설관리사 또는 소방안전관리자로 선임된 소방시설관리사 및 소방기술사 1명 이상을 점검자로 한다.

60. 시·도지사가 설치하고 유지·관리하여야 하는 소방용수시설이 아닌 것은?

① 저수조   ② 상수도
③ 소화전   ④ 급수탑

제4과목 : 소방기계시설의 구조 및 원리

61. 옥외소화전의 구조 등에 관한 설명으로 틀린 것은?

① 지하용 소화전의 소화용수가 통과하는 유효단면적은 밸브시트 단면적의 120% 이상이어야 한다.
② 밸브의 개폐는 핸들을 좌회전할 때 열리고 우회전할 때 닫히는 구조이어야 한다.
③ 지상용 소화전의 토출구 방향은 수평 또는 수평에서 아랫방향으로 30° 이내이어야 한다.
④ 지상용 소화전은 지면으로부터 길이 600mm 이상 매몰될 수 있어야 하며, 지면으로부터 높이 0.5m 이상 1m 이하로 노출될 수 있는 구조이어야 한다.

62. 스프링클러헤드의 감도를 반응시간지수(RTI)값에 따라 구분할 때 RTI값이 50 초과 80 이하일 때의 헤드 감도는?

① Fast response   ② Special response
③ Standard response ④ Quick response

63. 물분무소화설비 가압송수장치의 1분당 토출량에 대한 최소기준으로 옳은 것은? (단, 특수가연물을 저장 취급하는 특정소방대상물 및 차고·주차장의 바닥면적은 $50m^2$이하인 경우는 $50m^2$를 적용한다.)

① 차고 또는 주차장의 바닥면적 $1m^2$ 당 10 L를 곱한 양 이상
② 특수가연물을 저장·취급하는 특정소방대상물의 바닥면적 $1m^2$ 당 20 L를 곱한 양 이상
③ 케이블 트레이, 케이블 덕트는 투영된 바닥면적 $1m^2$ 당 10 L를 곱한 양 이상
④ 절연유 봉입 변압기는 바닥면적을 제외한 표면적을 합한 면적 $1m^2$ 당 10 L를 곱한 양 이상

64. 펌프의 토출관에 압입기를 설치하여 포 소화약제 압입용펌프로 포 소화약제를 압입시켜 혼합하는 방식은?

① 라인 프로포셔너방식
② 펌프 프로포셔너방식
③ 프레져 프로포셔너방식
④ 프레져사이드 프로포셔너방식

65. 액화천연가스(LNG)를 사용하는 아파트 주방에 주방용 자동소화장치를 설치할 경우 탐지부의 설치위치로 옳은 것은?

① 바닥 면으로부터 30cm 이하의 위치
② 천장 면으로부터 30cm 이하의 위치
③ 가스차단장치로부터 30cm 이상의 위치
④ 소화약제 분사 노즐로부터 30cm 이상의 위치

66. 지하구의 화재안전기준에 따른 연소방지설비의 설치기준에 대한 설명 중 틀린 것은?

① 연소방지설비전용헤드를 2개 사용하는 경우 배관의 구경은 40mm 이상으로 한다.
② 소방대원의 출입이 가능한 환기구·작업구마다 지하구의 양쪽방향으로 살수헤드를 설정하되, 한쪽 방향의 살수구역의 길이는 3m 이상으로 할 것
③ 환기구 사이의 간격이 350m를 초과할 경우에는 350m 이내마다 살수구역을 설정할 것
④ 헤드간의 수평거리는 연소방지설비 전용헤드의 경우에는 2m 이하, 스프링클러헤드의 경우에는 1.5m 이하로 할 것

67. 경사강하식구조대의 구조에 대한 설명으로 틀린 것은?

① 구조대 본체는 강하방향으로 봉합부가 설치되어야 한다.
② 입구틀 및 취부틀의 입구는 지름 50cm 이상의 구체가 통과할 수 있어야 한다.
③ 손잡이는 출구부근에 좌우 각3개 이상 균일한 간격으로 견고하게 부착하여야 한다.
④ 구조대 본체의 활강부는 낙하방지를 위해 포를 2중 구조로 하거나 또는 망목의 변의 길이가 8cm 이하인 망을 설치하여야 한다.

68. 제연방식에 의한 분류 중 아래의 장·단점에 해당하는 방식은?

【보기】
장점 : 화재 초기에 화재실의 내압을 낮추고 연기를 다른 구역으로 누출시키지 않는다.
단점 : 연기 온도가 상승하면 기기의 내열성에 한계가 있다.

① 제1종 기계제연방식
② 제2종 기계제연방식
③ 제3종 기계제연방식
④ 밀폐방연방식

69. 분말소화설비에서 사용하지 않는 밸브는?

① 드라이밸브   ② 클리닝밸브
③ 안전밸브   ④ 배기밸브

70. 스프링클러설비 또는 옥내소화전설비에 사용되는 밸브에 대한 설명으로 옳지 않은 것은?

① 펌프의 토출측 체크밸브는 배관 내 압력이 가압송수장치로 역류되는 것을 방지한다.
② 가압송수장치의 후드밸브는 펌프의 위치가 수원의 수위보다 높을 때 설치한다.
③ 입상관에 사용하는 스윙체크밸브는 아래에서 위로 송수하는 경우에만 사용된다.
④ 펌프의 흡입측배관에는 버터플라이밸브의 개폐표시형밸브를 설치하여야 한다.

71. 바닥면적이 400m² 미만이고 예상제연구역이 벽으로 구획되어 있는 배출구의 설치 위치로 옳은 것은? (단, 통로인 예상제연구역을 제외한다.)

① 천장 또는 반자와 바닥사이의 중간 윗부분
② 천장 또는 반자와 바닥사이의 중간 아래 부분
③ 천장, 반자 또는 이에 가까운 부분
④ 천장 또는 반자와 바닥사이의 중간 부분

72. 17층의 사무소 건축물로 11층 이상에 쌍구형 방수구가 설치된 경우, 14층에 설치된 방수기구함에 요구되는 길이 15m의 호스 및 방사형 관창의 설치 개수는?

① 호스는 5개 이상, 방사형 관창은 2개 이상
② 호스는 3개 이상, 방사형 관창은 1개 이상
③ 호스는 단구형 방수구의 2배 이상의 개수, 방사형 관창은 2개 이상
④ 호스는 단구형 방수구의 2배 이상의 개수, 방사형 관창은 1개 이상

73. 이산화탄소 소화설비에서 방출되는 가스 압력을 이용하여 배기덕트를 차단하는 장치는?

① 방화셔터   ② 피스톤릴리져댐퍼
③ 가스체크밸브   ④ 방화댐퍼

74. 피난기구의 설치 및 유지에 관한 사항 중 옳지 않은 것은?

① 피난기구를 설치하는 개구부는 서로 동일직선상의 위치에 있을 것
② 피난기구를 설치한 장소에는 가까운 곳의 보기 쉬운 곳에 피난기구의 위치를 표시하는 발광식 또는 축광식표지와 그 사용방법을 표시한 표지(외국어 및 그림 병기)를 부착할 것
③ 피난기구는 소방대상물의 기둥·바닥·보 기타 구조상 견고한 부분에 볼트조임·매입·용접 기타의 방법으로 견고하게 부착할 것
④ 피난기구는 계단·피난구 기타 피난시설로부터 적당한 거리에 있는 안전한 구조로 된 피난 또는 소화활동상 유효한 개구부에 고정하여 설치할 것

75. 특고압의 전기시설을 보호하기 위한 수계 소화설비로 물분무소화설비의 사용이 가능한 주된 이유는?

① 물분무소화설비는 다른 물 소화설비에 비해서 신속한 소화를 보여주기 때문이다.
② 물분무소화설비는 다른 물 소화설비에 비해서 물의 소모량이 적기 때문이다.
③ 분무상태의 물은 전기적으로 비전도성이기 때문이다.
④ 물분무입자 역시 물이므로 전기전도성이 있으나 전기 시설물을 젖게 하지 않기 때문이다.

76. 포소화약제의 저장량 계산 시 가장 먼 탱크까지의 송액관에 충전하기 위한 필요량을 계산에 반영하지 않는 경우는?

① 송액관의 내경이 75mm 이하인 경우
② 송액관의 내경이 80mm 이하인 경우
③ 송액관의 내경이 85mm 이하인 경우
④ 송액관의 내경이 100mm 이하인 경우

77. ( ) 안에 들어갈 내용으로 알맞은 것은?

【보기】
이산화탄소 소화설비 이산화탄소 소화약제의 저압식 저장용기에는 용기내의 온도가 (㉠)에서 (㉡)의 압력을 유지할 수 있는 자동냉동장치를 설치할 것

① ㉠ : 0℃ 이상, ㉡ : 4Mpa
② ㉠ : -18℃ 이하, ㉡ : 2.1Mpa
③ ㉠ : 20℃ 이하, ㉡ : 2Mpa
④ ㉠ : 40℃ 이하, ㉡ : 2.1Mpa

78. 분말소화설비 배관의 설치기준으로 옳지 않은 것은?

① 배관은 전용으로 할 것
② 배관은 모두 스케줄 40 이상으로 할 것
③ 동관을 사용하는 경우의 배관은 고정압력 또는 최고사용압력의 1.5배 이상의 압력에 견딜 수 있는 것을 사용할 것
④ 밸브류는 개폐위치 또는 개폐방향을 표시한 것으로 할 것

79. 스프링클러설비 배관의 설치기준으로 틀린 것은?

① 급수배관의 구경은 25mm 이상으로 한다.
② 수직배수관의 구경은 50mm 이상으로 한다.
③ 지하매설배관은 소방용 합성수지 배관으로 설치할 수 있다.
④ 교차배관의 최소구경은 65mm 이상으로 한다.

80. 소화기구 및 자동소화장치의 화재안전기준상 소화기구의 소화약제별 적응성 중 C급 화재에 적응성이 없는 소화약제는?

① 마른 모래
② 할로겐화합물 및 불활성기체 소화약제
③ 이산화탄소 소화약제
④ 중탄산염류 소화약제

2016년 제2회 소방설비기사(기계분야)

본 지면은 CBT시험의 컴퓨터 화면과 비슷하게 구성한 화면입니다.

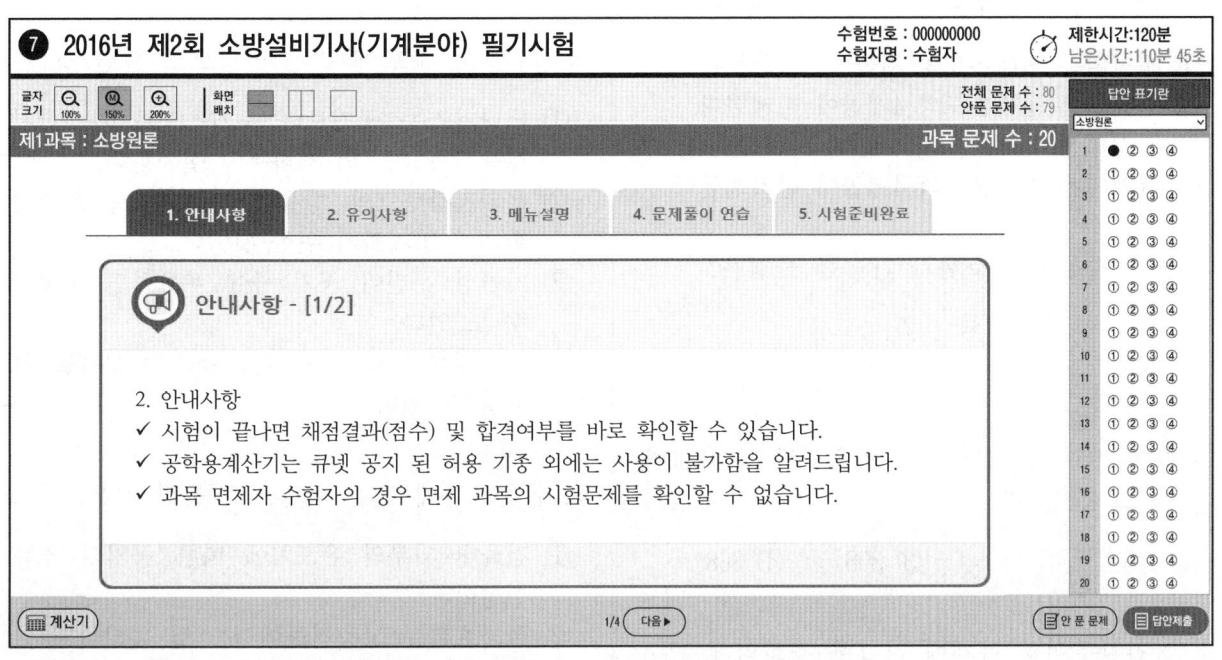

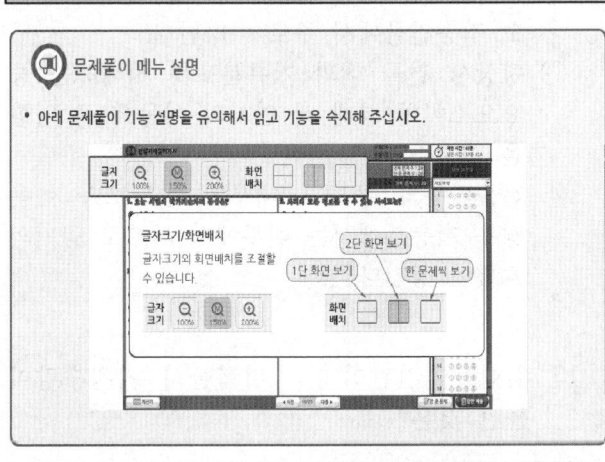

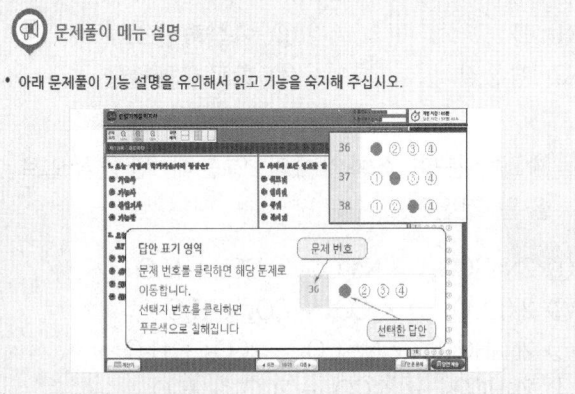

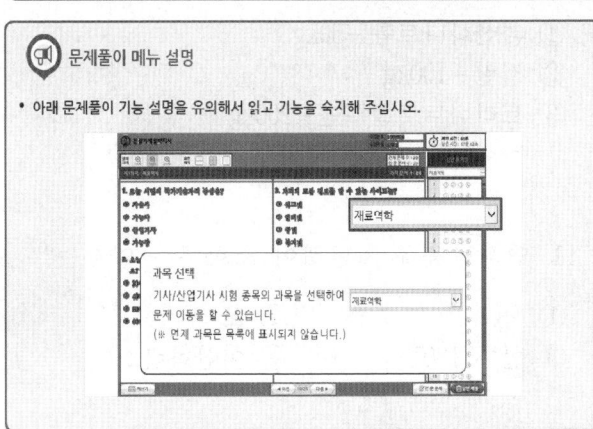

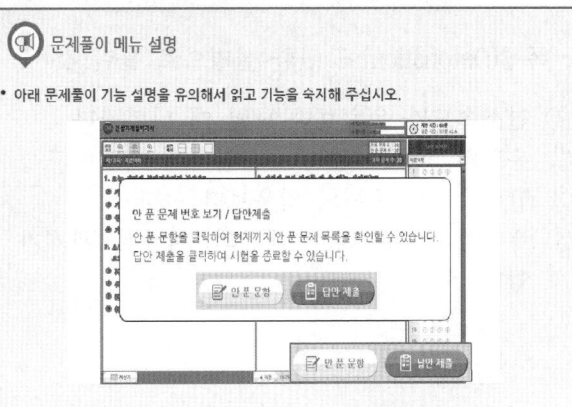

제1과목 : 소방원론

1. 스테판-볼쯔만의 법칙에 의해 복사열과 절대온도와의 관계를 옳게 설명한 것은?

   ① 복사열은 절대온도의 제곱에 비례한다.
   ② 복사열은 절대온도의 4제곱에 비례한다.
   ③ 복사열은 절대온도의 제곱에 반비례한다.
   ④ 복사열은 절대온도의 4제곱에 반비례한다.

2. 물을 사용하여 소화가 가능한 물질은?

   ① 트리메틸알루미늄 ② 나트륨
   ③ 칼륨   ④ 적린

3. 화씨 95도를 켈빈(Kelvin)온도로 나타내면 약 몇 K 인가?

   ① 178   ② 252   ③ 308   ④ 368

4. 알킬알루미늄 화재에 적합한 소화약제는?

   ① 물   ② 이산화탄소
   ③ 팽창질석   ④ 할로겐화합물

5. 제1종 분말 소화약제의 열분해 반응식으로 옳은 것은?

   ① $2NaHCO_3 \rightarrow Na_2CO_3 + CO_2 + H_2O$
   ② $2KHCO_3 \rightarrow K_2CO_3 + CO_2 + H_2O$
   ③ $2NaHCO_3 \rightarrow Na_2CO_3 + 2CO_2 + H_2O$
   ④ $2KHCO_3 \rightarrow K_2CO_3 + 2CO_2 + H_2O$

6. 폭굉(Detonation)에 관한 설명으로 틀린 것은?

   ① 연소속도가 음속보다 느릴 때 나타난다.
   ② 온도의 상승은 충격파의 압력에 기인한다.
   ③ 압력상승은 폭연의 경우보다 크다.
   ④ 폭굉의 유도거리는 배관의 지름과 관계가 있다.

7. 화재의 종류에 따른 표시 색 연결이 틀린 것은?

   ① 일반화재 - 백색   ② 전기화재 - 청색
   ③ 금속화재 - 흑색   ④ 유류화재 - 황색

8. 화재 및 폭발에 관한 설명으로 틀린 것은?

   ① 메탄가스는 공기보다 무거우므로 가스탐지부는 가스기구의 직하부에 설치한다.
   ② 옥외저장탱크의 방유제는 화재 시 화재의 확대를 방지하기 위한 것이다.
   ③ 가연성 분진이 공기 중에 부유하면 폭발할 수도 있다.
   ④ 마그네슘의 화재 시 주수 소화는 화재를 확대할 수 있다.

9. 굴뚝효과에 관한 설명으로 틀린 것은?

   ① 건물내·외부의 온도차에 따른 공기의 흐름현상이다.
   ② 굴뚝효과는 고층건물에서는 잘 나타나지 않고 저층건물에서 주로 나타난다.
   ③ 평상시 건물 내의 기류분포를 지배하는 중요요소이며 화재 시 연기의 이동에 큰 영향을 미친다.
   ④ 건물외부의 온도가 내부의 온도보다 높은 경우 저층부에서는 내부에서 외부로 공기의 흐름이 생긴다.

10. 위험물안전관리법상 위험물의 지정수량이 틀린 것은?

    ① 과산화나트륨 - 50kg
    ② 적린 - 100kg
    ③ 트리니트로톨루엔 - 200kg
    ④ 탄화알루미늄 - 400kg

11. 연쇄반응을 차단하여 소화하는 약제는?

    ① 물   ② 포
    ③ 할론 1301   ④ 이산화탄소

12. 화재 발생 시 인간의 피난 특성으로 틀린 것은?

① 본능적으로 평상시 사용하는 출입구를 사용한다.
② 최초로 행동을 개시한 사람을 따라서 움직인다.
③ 공포감으로 인해서 빛을 피하여 어두운 곳으로 몸을 숨긴다.
④ 무의식 중에 발화 장소의 반대쪽으로 이동한다.

13. 에스테르가 알칼리의 작용으로 가수분해되어 알코올과 산의 알칼리염이 생성되는 반응은?

① 수소화 분해반응   ② 탄화 반응
③ 비누화 반응   ④ 할로겐화 반응

14. 위험물에 관한 설명으로 틀린 것은?

① 유기금속화합물인 사에틸납은 물로 소화할 수 없다.
② 황린은 자연발화를 막기 위해 통상 물속에 저장한다.
③ 칼륨, 나트륨은 등유 속에 보관한다.
④ 유황은 자연발화를 일으킬 가능성이 없다.

15. 블레비(BLEVE) 현상과 관계가 없는 것은?

① 핵분열
② 가연성액체
③ 화구(Fire ball)의 형성
④ 복사열의 대량 방출

16. 소화기구는 바닥으로부터 높이 몇 m 이하의 곳에 비치하여야 하는가? (단, 자동확산소화기를 제외한다.)

① 0.5   ② 1.0   ③ 1.5   ④ 2.0

17. 제4류 위험물의 화재 시 사용되는 주된 소화방법은?

① 물을 뿌려 냉각한다.
② 연소물을 제거한다.
③ 포를 사용하여 질식 소화한다.
④ 인화점 이하로 냉각한다.

18. 증발잠열을 이용하여 가연물의 온도를 떨어뜨려 화재를 진압하는 소화방법은?

① 제거소화   ② 억제소화
③ 질식소화   ④ 냉각소화

19. 분말소화약제 중 담홍색 또는 황색으로 착색하여 사용하는 것은?

① 탄산수소나트륨
② 탄산수소칼륨
③ 제1인산암모늄
④ 탄산수소칼륨과 요소와의 반응물

20. 건축물의 내화구조 바닥이 철근콘크리트조 또는 철골철근콘크리트조인 경우 두께가 몇 cm 이상이어야 하는가?

① 4   ② 5   ③ 7   ④ 10

제2과목 : 소방유체역학

21. 배연설비의 배관을 흐르는 공기의 유속을 피토정압관으로 측정할 때 정압단과 정체압단에 연결된 U자관의 수은 기둥 높이차가 0.03m 이었다. 이 때 공기의 속도는 약 몇 m/s 인가? (단, 공기의 비중은 0.00122, 수은의 비중 13.6이다.)

① 81   ② 86   ③ 91   ④ 96

22. 펌프 입구의 진공계 및 출구의 압력계 지침이 흔들리고 송출유량도 주기적으로 변화하는 이상 현상은?

① 공동현상(cavitation)
② 수격작용(water hammering)
③ 맥동현상(surging)
④ 언밸런스(unbalance)

23. 동일한 성능의 두 펌프를 직렬 또는 병렬로 연결하는 경우의 주된 목적은?

① 직렬: 유량 증가, 병렬: 양정 증가
② 직렬: 유량 증가, 병렬: 유량 증가
③ 직렬: 양정 증가, 병렬: 유량 증가
④ 직렬: 양정 증가, 병렬: 양정 증가

24. 액체가 일정한 유량으로 파이프를 흐를 때 유체속도에 대한 설명으로 틀린 것은?

① 관 지름에 반비례한다.
② 관 단면적에 반비례한다.
③ 관 지름의 제곱에 반비례한다.
④ 관 반지름의 제곱에 반비례한다.

25. 매끈한 원관을 통과하는 난류의 관마찰계수에 영향을 미치지 않는 변수는?

① 길이 ② 속도 ③ 직경 ④ 밀도

26. 온도 20℃의 물을 계기압력이 400kPa인 보일러에 공급하여 포화수증기 1kg을 만들고자 한다. 주어진 표를 이용하여 필요한 열량을 구하면? (단, 대기압은 100kPa, 액체상태 물의 평균비열은 4.18 kJ/kg·K 이다.)

포화압력 (kPa)	포화온도 (℃)	수증기의 증발엔탈피 (kJ/kg)
400	143.63	2133.81
500	151.86	2108.47
600	158.85	2086.26

① 2,640 ② 2,651 ③ 2,660 ④ 2,667

27. 구조가 상사한 2대의 펌프에서, 유동상태가 상사할 경우 2대의 펌프 사이에 성립하는 상사법칙이 아닌 것은? (단, 비압축성유체인 경우이다.)

① 유량에 관한 상사법칙
② 전양정에 관한 상사법칙
③ 축동력에 관한 상사법칙
④ 밀도에 관한 상사법칙

28. 질량 4kg의 어떤 기체로 구성된 밀폐계가 열을 받아 100kJ의 일을 하고, 이 기체의 온도가 10℃ 상승하였다면 이 계가 받은 열은 몇 kJ인가? (단, 이 기체의 정적비열은 5kJ/kg·K, 정압비열은 6kJ/kg·K 이다.)

① 200 ② 240 ③ 300 ④ 340

29. 다음 보기는 열역학적 사이클에서 일어나는 여러 가지의 과정이다. 이들 중, 카르노(Carnot) 사이클에서 일어나는 과정을 모두 고른 것은?

【보기】
㉠ 등온 압축 ㉡ 단열 팽창
㉢ 정적 압축 ㉣ 정압 팽창

① ㉠
② ㉠,㉡
③ ㉡,㉢,㉣
④ ㉠,㉡,㉢,㉣

30. 프루드(Froude)수의 물리적인 의미는?

① 관성력/탄성력   ② 관성력/중력
③ 압축력/관성력   ④ 관성력/점성력

31. 표면적이 $2m^2$이고 표면 온도가 60℃인 고체 표면을 20℃의 공기로 대류 열전달에 의해서 냉각한다. 평균 대류 열전달계수가 30 W/m^2·K라고 할 때 고체표면의 열손실은 몇 W인가?

① 600 ② 1,200 ③ 2,400 ④ 3,600

32. 그림과 같은 수조에 0.3m × 1.0m 크기의 사각 수문을 통하여 유출되는 유량은 몇 m³/s 인가? (단, 마찰손실은 무시하고 수조의 크기는 매우 크다고 가정한다.)

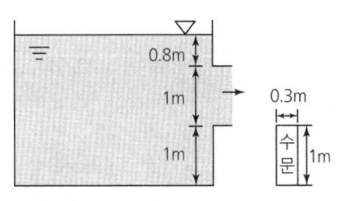

① 1.3 ② 1.5 ③ 1.7 ④ 1.9

33. 그림과 같이 평형상태를 유지하고 있을 때 오른쪽 관에 있는 유체의 비중 [S]은? (단, 물의 밀도는 1,000kg/m³ 이다.)

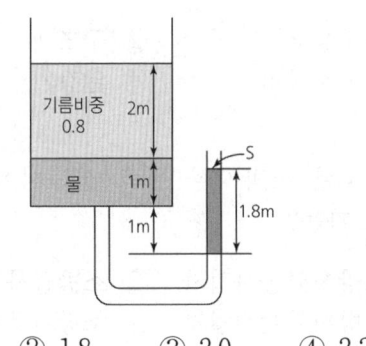

① 0.9 ② 1.8 ③ 2.0 ④ 2.2

34. 출구 지름이 50mm인 노즐이 100mm의 수평관과 연결되어 있다. 이 관을 통하여 물(밀도 1,000kg/m³)이 0.02m³/s의 유량으로 흐르는 경우, 이 노즐에 작용하는 힘은 몇 N 인가?

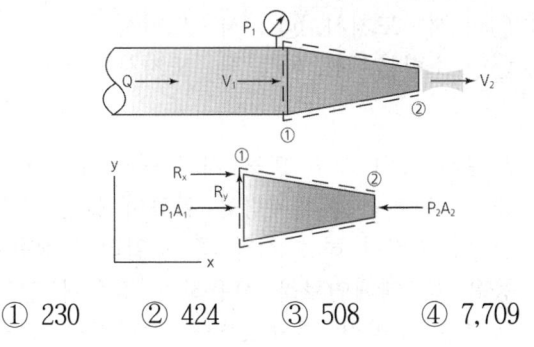

① 230 ② 424 ③ 508 ④ 7,709

35. 호수 수면 아래에서 지름 d인 공기 방울이 수면으로 올라오면서 지름이 1.5배로 팽창 하였다. 공기방울의 최초 위치는 수면에서부터 몇 m 되는 곳인가? (단, 이 호수의 대기압은 750mmHg, 수은의 비중은 13.6, 공기방울 내부의 공기는 Boyle의 법칙에 따른다.)

① 12.0 ② 24.2 ③ 34.4 ④ 43.3

36. 부차적 손실계수가 5인 밸브가 관에 부착되어 있으며 물의 평균유속이 4m/s 인 경우, 이 밸브에서 발생하는 부차적 손실수두는 몇 m 인가?

① 61.3 ② 6.13 ③ 40.8 ④ 4.08

37. 지름의 비가 1 : 2인 2개의 모세관을 물 속에 수직으로 세울 때 모세관현상으로 물이 관속으로 올라가는 높이의 비는?

① 1 : 4 ② 1 : 2 ③ 2 : 1 ④ 4 : 1

38. 다음 중 동점성계수의 차원을 옳게 표현한 것은? (단, 질량 M, 길이 L, 시간 T로 표시한다.)

① $[ML^{-1}T^{-1}]$ ② $[L^2T^{-1}]$
③ $[ML^{-2}T^{-2}]$ ④ $[ML^{-1}T^{-2}]$

39. 지름이 400mm인 베어링이 400rpm 으로 회전하고 있을 때 마찰에 의한 손실동력은 약 몇 kW 인가? (단, 베어링과 축 사이에는 점성계수가 0.049 N·s/m²인 기름이 차 있다.)

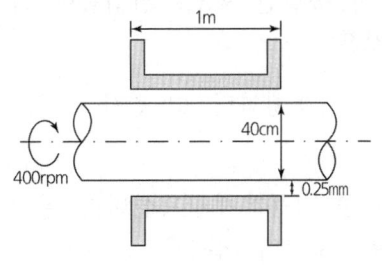

① 15.1 ② 15.6 ③ 16.3 ④ 17.3

40. 폭 1.5m, 높이 4m인 직사각형 평판이 수면과 40°의 각도로 경사를 이루는 저수지의 물을 막고 있다. 평판의 밑변이 수면으로부터 3m 아래에 있다면, 물로 인하여 평판이 받는 힘은 몇 kN인가? (단, 대기압의 효과는 무시한다.)

① 44.1 ② 88.2 ③ 101 ④ 202

제3과목 : 소방관계법규

41. 특급 소방안전관리대상물의 범위가 아닌 것은? (단, 동·식물원, 철강 등 불연성 물품을 저장·취급하는 창고, 위험물 저장 및 처리시설 중 제조소등과 지하구는 제외한다.)

① 50층 이상(지하층은 제외)이거나 지상으로부터 높이가 200미터 이상인 아파트
② 30층 이상(지하층을 포함)이거나 지상으로부터 높이가 120미터 이상인 특정소방대상물(아파트는 제외)
③ 연면적이 10만제곱미터 이상인 특정소방대상물(아파트는 제외)
④ 가연성 가스를 1천톤 이상 저장·취급하는 시설

42. 특정소방대상물의 근린생활시설에 해당되는 것은?

① 전시장 ② 기숙사 ③ 유치원 ④ 의원

43. 다음 중 그 성질이 자연발화성 물질 및 금수성 물질인 제3류 위험물에 속하지 않는 것은?

① 황린 ② 황화린 ③ 칼륨 ④ 나트륨

44. 다음 중 자동화재탐지설비를 설치해야 하는 특정소방대상물은?

① 길이가 1.3km인 지하가 중 터널
② 연면적 600m²인 볼링장
③ 연면적 500m²인 복합건축물
④ 지정수량 100배의 특수가연물을 저장하는 창고

45. 소방시설업 등록사항의 변경신고 사항이 아닌 것은?

① 상호 ② 대표자
③ 보유설비 ④ 기술인력

46. 옥내주유취급소에 있어서 당해 사무소 등의 출입구 및 피난구와 당해 피난구로 통하는 통로·계단 및 출입구에 설치해야 하는 피난설비는?

① 유도등 ② 구조대
③ 피난사다리 ④ 완강기

47. 완공된 소방시설 등의 성능시험을 수행하는 자는?

① 소방시설공사업자 ② 소방공사감리업자
③ 소방시설설계업자 ④ 소방기구제조업자

48. 소방의 역사와 안전문화를 발전시키고 국민의 안전의식을 높이기 위하여 ㉠소방박물관과 ㉡소방체험관을 설립 및 운영할 수 있는 사람은?

① ㉠ : 소방청장, ㉡ : 소방청장
② ㉠ : 소방청장, ㉡ : 시·도지사
③ ㉠ : 시·도지사, ㉡ : 시·도지사
④ ㉠ : 소방본부장, ㉡ : 시·도지사

49. 보일러 등의 설비 또는 기구 등의 위치·구조 및 관리와 화재예방을 위하여 불을 사용할 때 지켜야 하는 사항 중 보일러에 경유·등유 등 액체연료를 사용하는 경우에 연료탱크는 보일러 본체로부터 수평거리 최소 몇 m 이상의 간격을 두어 설치해야 하는가?

① 0.5 ② 0.6 ③ 1 ④ 2

50. 위험물 제조소에서 저장 또는 취급하는 위험물에 따른 주의사항을 표시한 게시판 중 화기엄금을 표시하는 게시판의 바탕색은?

① 청색 ② 적색 ③ 흑색 ④ 백색

51. 화재발생 우려가 크거나 화재가 발생할 경우 피해가 클 것으로 예상되는 지역에 대하여 화재의 예방 및 안전관리를 강화하기 위해 일정한 구역을 화재예방강화지구로 지정할 수 있는 권한을 가진 사람은?

① 시·도지사
② 소방청장
③ 소방서장
④ 소방본부장

52. 소방시설공사업자가 소방시설공사를 하고자 하는 경우 소방시설공사 착공신고서를 누구에게 제출해야 하는가?

① 시·도지사
② 소방청장
③ 한국소방시설협회장
④ 소방본부장 또는 소방서장

53. 연소 우려가 있는 건축물의 구조에 대한 기준 중 다음 보기(㉠), (㉡)에 들어갈 수치로 알맞은 것은?

【보기】
건축물 대장의 건축물 현황도에 표시된 대지경계선 안에 둘 이상의 건축물이 있는 경우로서 각각의 건축물이 다른 건축물의 외벽으로부터 수평거리가 1층에 있어서는 (㉠)m 이하, 2층 이상의 층에 있어서는 (㉡)m 이하이고 개구부가 다른 건축물을 향하여 설치된 구조를 말한다.

① ㉠ 5, ㉡ 10
② ㉠ 6, ㉡ 10
③ ㉠ 10, ㉡ 5
④ ㉠ 10, ㉡ 6

54. 소방안전교육사는 누가 실시하는 시험에 합격하여야 하는가?

① 소방청장
② 행정안전부장관
③ 소방본부장 또는 소방서장
④ 시·도지사

55. 다음 중 위험물별 성질로서 틀린 것은?

① 제1류 : 산화성 고체
② 제2류 : 가연성 고체
③ 제4류 : 인화성 액체
④ 제6류 : 인화성 고체

56. 소방시설 설치 및 관리에 관한 법령상 소방시설 등에 대한 자체점검 중 종합점검 대상기준으로 옳지 않은 것은?

① 제연설비가 설치된 터널
② 노래연습장으로서 연면적이 2,000㎡ 이상인 것
③ 물분무등소화설비가 설치된 연면적 3,000㎡ 이상인 특정소방대상물(제조소등은 제외)
④ 소방대가 근무하지 않는 국공립학교 중 연면적이 1,000㎡ 이상인 것으로서 자동화재탐지설비가 설치된 것

57. 위력을 사용하여 출동한 소방대의 화재진압·인명구조 또는 구급활동을 방해하는 행위를 한 자에 대한 벌칙 기준은?

① 100만원 이하의 벌금
② 300만원 이하의 벌금
③ 3년 이하의 징역 또는 3천만원 이하의 벌금
④ 5년 이하의 징역 또는 5천만원 이하의 벌금

58. 소방용수시설 중 저수조 설치시 지면으로부터 낙차 기준은?

① 2.5m 이하
② 3.5m 이하
③ 4.5m 이하
④ 5.5m 이하

59. 신축·증축·개축·재축·대수선 또는 용도변경으로 해당 특정소방대상물의 소방안전관리자를 신규로 선임하는 경우 해당 특정소방대상물의 관계인은 특정소방대상물의 사용승인일로부터 며칠 이내에 소방안전관리자를 선임하여야 하는가?

① 7일   ② 14일   ③ 30일   ④ 60일

60. 형식승인을 얻어야 할 소방용품이 아닌 것은?

① 감지기   ② 휴대용 비상조명등
③ 소화기   ④ 방염액

제4과목 : 소방기계시설의 구조 및 원리

61. 물분무소화설비에서 압력수조를 이용한 가압송수장치의 압력수조에 설치하여야 하는 것이 아닌 것은?

① 맨홀   ② 수위계
③ 급기관   ④ 수동식 공기압축기

62. 특정소방대상물에 따라 적응하는 포소화설비의 종류 및 적응성에 관한 설명으로 틀린 것은?

① 소방기본법시행령 별표2의 특수가연물을 저장·취급하는 공장에는 호스릴포소화설비를 설치한다.
② 완전 개방된 옥상주차장으로 주된 벽에 없고 기둥뿐이거나 주위가 위해방지용 철주 등으로 둘러쌓인 부분에는 호스릴포소화설비 또는 포소화전설비를 설치할 수 있다.
③ 차고에는 포워터스프링클러설비·포헤드설비 또는 고정포방출설비, 압축공기포소화설비를 설치한다.
④ 항공기 격납고에는 포워터스프링클러설비·포헤드설비 또는 고정포방출설비, 압축공기포소화설비를 설치한다.

63. 다음에서 설명하는 기계 제연방식은?

【보기】
화재시 배출기만 작동하여 화재장소의 내부압력을 낮추어 연기를 배출시키며 송풍기는 설치하지 않고 연기를 배출시킬 수 있으나 연기량이 많으면 배출이 완전하지 못한 설비로 화재초기에 유리하다.

① 제1종 기계 제연방식
② 제2종 기계 제연방식
③ 제3종 기계 제연방식
④ 스모크타워 제연방식

64. 분말소화설비가 작동한 후 배관 내 잔여분말의 청소용(Cleaning)으로 사용되는 가스로 옳게 연결된 것은?

① 질소, 건조공기   ② 질소, 이산화탄소
③ 이산화탄소, 아르곤   ④ 건조공기, 아르곤

65. 개방형 스프링클러설비에서 하나의 방수구역을 담당하는 헤드 개수는 몇 개 이하로 설치해야 하는가? (단, 1개의 방수구역으로 한다.)

① 60   ② 50   ③ 40   ④ 30

66. 수동으로 조작하는 대형소화기 B급의 능력단위는?

① 10 단위 이상   ② 15 단위 이상
③ 20 단위 이상   ④ 30 단위 이상

67. 저압식 이산화탄소 소화설비 소화약제 저장용기에 설치하는 안전밸브의 작동압력은 내압시험압력의 몇 배에서 작동하는가?

① 0.24 ~ 0.4   ② 0.44 ~ 0.6
③ 0.64 ~ 0.8   ④ 0.84 ~ 1

68. 스프링클러 설비의 배관에 대한 내용 중 잘못된 것은?

① 수직배수배관의 구경은 65mm 이상으로 하여야 한다.
② 급수배관 중 가지배관의 배열은 토너먼트 방식이 아니어야 한다.
③ 교차배관의 청소구는 교차배관 끝에 개폐밸브를 설치한다.
④ 습식스프링클러설비 또는 부압식 스프링클러설비 외의 설비에는 헤드를 향하여 상향으로 가지배관의 기울기를 250분의 1 이상으로 한다.

69. 가솔린을 저장하는 고정지붕식의 옥외탱크에 설치하는 포소화설비에서 포를 방출하는 기기는 어느 것인가?

① 포워터 스프링클러헤드
② 호스릴 포 소화설비
③ 포 헤드
④ 고정포 방출구(폼 챔버)

70. 백화점의 7층에 적응성이 없는 피난기구는?

① 구조대   ② 피난용트랩
③ 피난교   ④ 완강기

71. 특별피난계단의 계단실 및 부속실 제연설비의 화재안전기준 중 급기풍도 단면의 긴변의 길이가 1,300mm 인 경우, 강판의 두께는 몇 mm 이상이어야 하는가?

① 0.6   ② 0.8   ③ 1.0   ④ 1.2

72. 경사강하식 구조대의 구조 기준 중 입구틀 및 취부틀의 입구는 지름 몇 cm 이상의 구체가 통과할 수 있어야 하는가?

① 50   ② 60   ③ 70   ④ 80

73. 폐쇄형헤드를 사용하는 연결살수설비의 주배관을 옥내소화전설비의 주배관에 접속할 때 접속부분에 설치해야 하는 것은? (단, 옥내소화전설비가 설치된 경우이다.)

① 체크밸브   ② 게이트밸브
③ 글로브밸브   ④ 버터플라이밸브

74. 물분무소화설비를 설치하는 주차장의 배수설비 설치기준으로 틀린 것은?

① 차량이 주차하는 장소의 적당한 곳에 높이 10cm 이상의 경계턱으로 배수구를 설치한다.
② 40m 이하마다 기름분리장치를 설치한다.
③ 차량이 주차하는 바닥은 배수구를 향하여 100분의 1 이상의 기울기를 유지한다.
④ 가압송수장치의 최대송수능력의 수량을 유효하게 배수할 수 있는 크기 및 기울기로 설치한다.

75. 차고 또는 주차장에 설치하는 분말소화설비의 소화약제는?

① 탄산수소나트륨을 주성분으로 한 분말
② 탄산수소칼륨을 주성분으로 한 분말
③ 인산염을 주성분으로 한 분말
④ 탄산수소칼륨과 요소가 화합된 분말

76. 개방형헤드를 사용하는 연결살수설비에서 하나의 송수구역에 설치하는 살수헤드의 최대 개수는?

① 10   ② 15   ③ 20   ④ 30

77. 다음 중 할로겐화합물 및 불활성기체 소화설비를 설치할 수 없는 위험물 사용 장소는? (단, 소화성능이 인정되는 위험물은 제외한다.)

① 제1류 위험물을 사용하는 장소
② 제2류 위험물을 사용하는 장소
③ 제3류 위험물을 사용하는 장소
④ 제4류 위험물을 사용하는 장소

78. 바닥면적이 1,300m²인 관람장에 소화기구를 설치할 경우, 소화기구의 최소 능력단위는? (단, 주요구조부가 내화구조이고, 벽 및 반자의 실내에 면하는 부분이 불연재료이다.)

① 7단위 ② 9단위 ③ 10단위 ④ 13단위

79. 스프링클러설비의 펌프실을 점검하였다. 펌프의 토출측 배관에 설치되는 부속장치 중에서 펌프와 체크밸브(또는 개폐밸브) 사이에 설치할 필요가 없는 배관은?

① 기동용 압력챔버 배관
② 성능시험 배관
③ 물올림장치 배관
④ 릴리프밸브 배관

80. 옥외소화전설비의 호스접결구는 특정소방대상물의 각 부분으로부터 하나의 호스접결구까지의 수평거리는 몇 m 이하인가?

① 25 ② 30 ③ 40 ④ 50

2016년 제4회 소방설비기사(기계분야)

본 지면은 CBT시험의 컴퓨터 화면과 비슷하게 구성한 화면입니다.

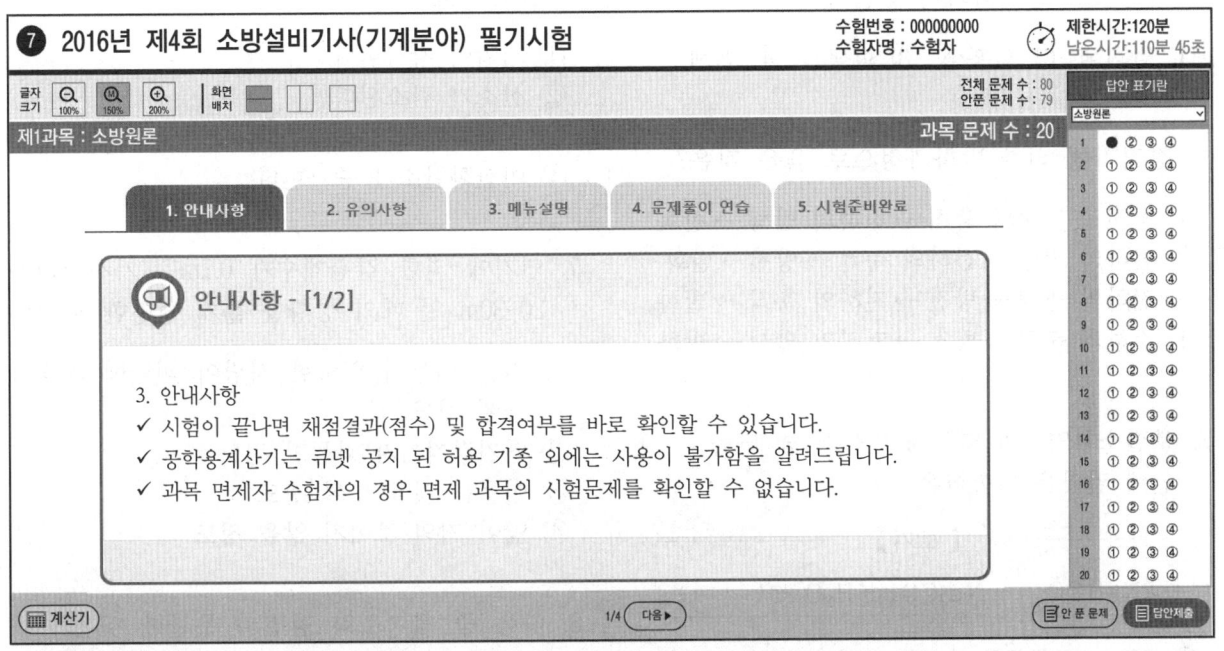

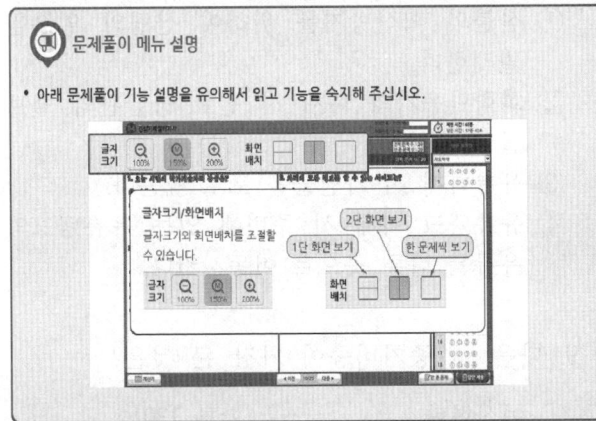

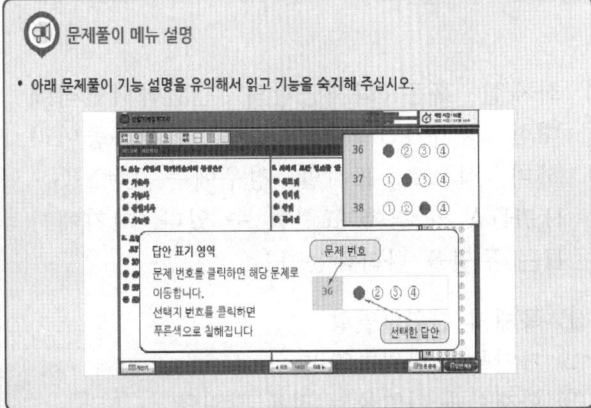

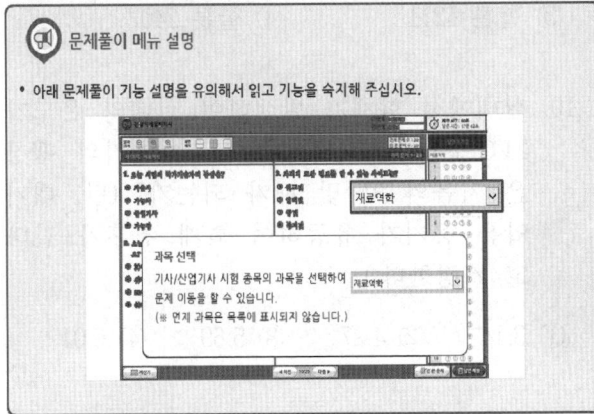

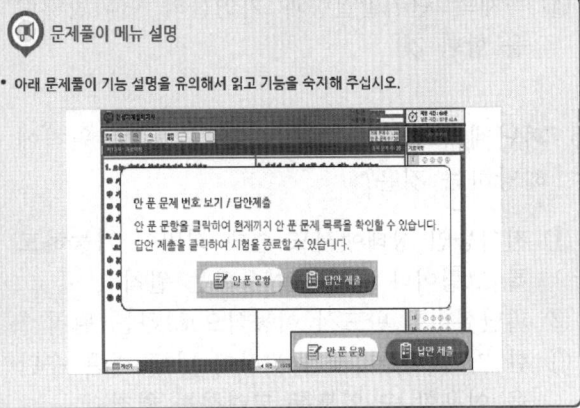

제1과목 : 소방원론

1. 제1종 분말소화약제인 탄산수소나트륨은 어떤색으로 착색되어 있는가?

   ① 담회색 ② 담홍색 ③ 회색 ④ 백색

2. 정전기에 의한 발화과정으로 옳은 것은?

   ① 방전 → 전하의 축적 → 전하의 발생 → 발화
   ② 전하의 발생 → 전하의 축적 → 방전 → 발화
   ③ 전하의 발생 → 방전 → 전하의 축적 → 발화
   ④ 전하의 축적 → 방전 → 전하의 발생 → 발화

3. 분말소화약제의 열분해 반응식 중 다음 (   ) 안에 알맞은 화학식은?

   【보기】
   $2NaHCO_3 \rightarrow Na_2CO_3 + H_2O + ($ $)$

   ① CO ② CO_2 ③ Na ④ Na_2

4. 화재실 혹은 화재공간의 단위바닥면적에 대한 등가가연물량의 값을 화재하중이라 하며 식으로 표시할 경우에는 Q=Σ(G_t·H_t)/H·A 와 같이 표현할 수 있다. 여기에서 H는 무엇을 나타내는가?

   ① 목재의 단위발열량
   ② 가연물의 단위발열량
   ③ 화재실내 가연물의 전체 발열량
   ④ 목재의 단위발열량과 가연물의 단위발열량을 합한 것

5. 피난계획의 일반원칙 중 Fool proof 원칙에 해당하는 것은?

   ① 저지능인 상태에서도 쉽게 식별이 가능하도록 그림이나 색채를 이용하는 원칙
   ② 피난설비를 반드시 이동식으로 하는 원칙
   ③ 한 가지 피난기구가 고장이 나도 다른 수단을 이용할 수 있도록 고려하는 원칙
   ④ 피난설비를 첨단화된 전자식으로 하는 원칙

6. 밀폐된 내화건물의 실내에 화재가 발생했을 때 그 실내의 환경변화에 대한 설명 중 틀린 것은?

   ① 기압이 강하한다.
   ② 산소가 감소된다.
   ③ 일산화탄소가 증가한다.
   ④ 이산화탄소가 증가한다.

7. 연기에 의한 감광계수가 $0.1m^{-1}$, 가시거리가 20~30m 일 때의 상황을 옳게 설명한 것은?

   ① 건물 내부에 익숙한 사람이 피난에 지장을 느낄 정도
   ② 연기감지기가 작동할 정도
   ③ 어두운 것을 느낄 정도
   ④ 앞이 거의 보이지 않을 정도

8. 다음 중 제거소화 방법과 무관한 것은?

   ① 산불의 확산방지를 위하여 산림의 일부를 벌채한다.
   ② 화학반응기의 화재 시 원료 공급관의 밸브를 잠근다.
   ③ 유류화재 시 가연물을 포로 덮는다.
   ④ 유류탱크 화재 시 주변에 있는 유류탱크의 유류를 다른 곳으로 이동시킨다.

9. 다음 중 증기비중이 가장 큰 것은?

   ① 이산화탄소 ② 할론 1301
   ③ 할론 1211 ④ 할론 2402

10. 실내에서 화재가 발생하여 실내의 온도가 21℃에서 650℃로 되었다면, 공기의 팽창은 처음의 약 몇 배가 되는가? (단, 대기압은 공기가 유동하여 화재 전후가 같다고 가정한다.)

    ① 3.14 ② 4.27 ③ 5.69 ④ 6.01

11. 니트로셀룰로오스에 대한 설명으로 틀린 것은?

① 질화도가 낮을수록 위험성이 크다.
② 물을 첨가하여 습윤시켜 운반한다.
③ 화약의 원료로 쓰인다.
④ 고체이다.

12. 조연성가스로만 나열되어 있는 것은?

① 질소, 불소, 수증기
② 산소, 불소, 염소
③ 산소, 이산화탄소, 오존
④ 질소, 이산화탄소, 염소

13. 칼륨에 화재가 발생할 경우에 주수를 하면 안되는 이유로 가장 옳은 것은?

① 산소가 발생하기 때문에
② 질소가 발생하기 때문에
③ 수소가 발생하기 때문에
④ 수증기가 발생하기 때문에

14. 건축물의 화재성상 중 내화 건축물의 화재 성상으로 옳은 것은?

① 저온 장기형
② 고온 단기형
③ 고온 장기형
④ 저온 단기형

15. 할로겐화합물 및 불활성기체 소화약제 중 HCFC-22를 82% 포함하고 있는 것은?

① IG-541
② HFC-227ea
③ IG-55
④ HCFC BLEND A

16. 보일 오버(Boil over)현상에 대한 설명으로 옳은 것은?

① 아래층에서 발생한 화재가 위층으로 급격히 옮겨 가는 현상
② 연소유의 표면이 급격히 증발하는 현상
③ 기름이 뜨거운 물 표면 아래에서 끓는 현상
④ 탱크 저부의 물이 급격히 증발하여 기름이 탱크 밖으로 화재를 동반하여 방출하는 현상

17. 위험물안전관리법상 위험물의 적재 시 혼재기준 중 혼재가 가능한 위험물로 짝지어진 것은? (단, 각 위험물은 지정수량의 10배로 가정한다.)

① 질산칼륨과 가솔린
② 과산화수소와 황린
③ 철분과 유기과산화물
④ 등유와 과염소산

18. 자연발화의 예방을 위한 대책이 아닌 것은?

① 열의 축적을 방지한다.
② 주위 온도를 낮게 유지한다.
③ 열전도성을 나쁘게 한다.
④ 산소와의 접촉을 차단한다.

19. 할로겐 화합물 소화설비에서 Halon 1211 약제의 분자식은?

① CBr_2ClF
② CF_2BrCl
③ CCl_2BrF
④ BrC_2ClF

20. 물의 물리·화학적 성질로 틀린 것은?

① 증발잠열은 539.6 cal/g으로 다른 물질에 비해 매우 큰 편이다.
② 대기압하에서 100℃의 물이 액체에서 수증기로 바뀌면 체적은 약 1603배 정도 증가한다.
③ 수소 1분자와 산소 1/2분자로 이루어져 있으며 이들 사이의 화학결합은 극성 공유결합이다.
④ 분자간의 결합은 쌍극자-쌍극자 상호작용의 일종인 산소결합에 의해 이루어진다.

제2과목 : 소방유체역학

21. 유체에 관한 설명 중 옳은 것은?
 ① 실제유체는 유동할 때 마찰손실이 생기지 않는다.
 ② 이상유체는 높은 압력에서 밀도가 변화하는 유체이다.
 ③ 유체에 압력을 가하면 체적이 줄어드는 유체는 압축성 유체이다.
 ④ 압력을 가해도 밀도변화가 없으며 점성에 의한 마찰손실만 있는 유체가 이상유체이다.

22. 송풍기의 풍량 $15m^3/s$, 전압 540Pa, 전압효율이 55%일 때 필요한 축동력은 몇 kW인가?
 ① 2.23 ② 4.46 ③ 8.1 ④ 14.7

23. 직경 50cm의 배관 내를 유속 0.06m/s의 속도로 흐르는 물의 유량은 약 몇 L/min 인가?
 ① 153 ② 255 ③ 338 ④ 707

24. 공기의 온도 T_1에서의 음속 c_1과 이보다 20K 높은 온도 T_2에서의 음속 c_2의 비가 $c_2/c_1=1.05$이면 T_1은 약 몇 도인가?
 ① 97K ② 195K ③ 273K ④ 300K

25. 다음 계측기 중 측정하고자 하는 것이 다른 것은?
 ① Bourdon 압력계 ② U자관 마노미터
 ③ 피에조미터 ④ 열선풍속계

26. 열전도도가 0.08W/m·K인 단열재의 고온부가 75℃, 저온부가 20℃ 이다. 단위 면적당 열손실이 $200W/m^2$인 경우의 단열재 두께는 몇 mm 인가?
 ① 22 ② 45 ③ 55 ④ 80

27. 그림과 같은 원형관에 유체가 흐르고 있다. 원형관 내의 유속분포를 측정하여 실험식을 구하였더니 $V = V_{max}\dfrac{(r_0^2 - r^2)}{r_0^2}$이었다. 관 속을 흐르는 유체의 평균속도는 얼마인가?

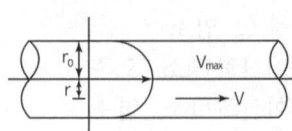

 ① $\dfrac{V_{max}}{8}$ ② $\dfrac{V_{max}}{4}$ ③ $\dfrac{V_{max}}{2}$ ④ V_{max}

28. 부차적 손실계수 K = 40인 밸브를 통과할 때의 수두손실이 2m 일 때, 이 밸브를 지나는 유체의 평균 유속은 약 몇 m/s인가?
 ① 0.49 ② 0.99 ③ 1.98 ④ 9.81

29. 두 개의 견고한 밀폐용기 A, B가 밸브로 연결되어 있다. 용기 A에는 온도 300K, 압력 100kPa의 공기 $1m^3$, 용기 B에는 온도 300K, 압력 330kPa의 공기 $2m^3$가 들어있다. 밸브를 열어 두 용기 안에 들어있는 공기(이상기체)를 혼합한 후 장시간 방치하였다. 이 때 주위 온도는 300K로 일정하다. 내부 공기의 최종압력은 약 몇 kPa인가?
 ① 177 ② 210 ③ 215 ④ 253

30. 지름이 15cm인 관에 질소가 흐르는데, 피토관에 의한 마노미터는 4cmHg의 차를 나타냈다. 유속은 약 몇 m/s 인가? (단, 질소의 비중은 0.00114, 수은의 비중은 13.6, 중력가속도는 $9.8m/s^2$ 이다.)
 ① 76.5 ② 85.6 ③ 96.7 ④ 105.6

31. 그림과 같은 곡관에 물이 흐르고 있을 때 계기압력으로 P₁이 98 kPa이고, P₂가 29.42 kPa이면 이 곡관을 고정 시키는데 필요한 힘은 몇 N 인가? (단, 높이차 및 모든 손실은 무시한다.)

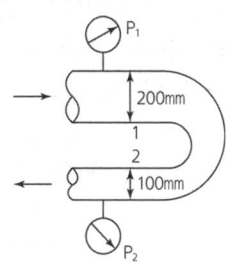

① 4141　② 4314　③ 4565　④ 4744

32. 그림과 같이 수족관에 직경 3m의 투시경이 설치되어 있다. 이 투시경에 작용하는 힘은 약 몇 kN인가?

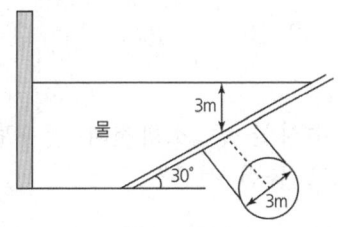

① 207.8　② 123.9　③ 87.1　④ 52.4

33. 화씨온도 200°F는 섭씨온도(℃)로 약 얼마인가?

① 93.3 ℃　　　② 186.6 ℃
③ 279.9 ℃　　　④ 392 ℃

34. 공동현상(Cavitation)의 발생 원인과 가장 관계가 먼 것은?

① 관내의 수온이 높을 때
② 펌프의 흡입 양정이 클 때
③ 펌프의 설치 위치가 수원보다 낮을 때
④ 관내의 물의 정압이 그때의 증기압보다 낮을 때

35. 소화펌프의 회전수가 1450rpm일 때 양정이 25m, 유량이 5m³/min 이었다. 펌프의 회전수를 1740rpm으로 높일 경우 양정(m)과 유량(m³/min)은? (단, 회전차의 직경은 일정하다.)

① 양정 : 17, 유량 : 4.2
② 양정 : 21, 유량 : 5
③ 양정 : 30.2, 유량 : 5.2
④ 양정 : 36, 유량 : 6

36. 안지름이 0.1m인 파이프 내를 평균유속 5m/s 로 물이 흐르고 있다. 길이 10m 사이에서 나타나는 손실수두는 약 몇 m인가? (단, 관마찰계수는 0.013 이다.)

① 0.7　② 1　③ 1.5　④ 1.7

37. 베르누이의 정리 ($\frac{P}{\rho} + \frac{V^2}{2} + gZ = \text{Constant}$) 가 적용되는 조건이 될 수 없는 것은?

① 압축성의 흐름이다.
② 정상 상태의 흐름이다.
③ 마찰이 없는 흐름이다.
④ 베르누이 정리가 적용되는 임의의 두 점은 같은 유선상에 있다.

38. 절대온도와 비체적이 각각 T, v인 이상기체 1kg이 압력이 P로 일정하게 유지되는 가운데 가열되어 절대온도가 6T까지 상승되었다. 이 과정에서 이상기체가 한 일은 얼마인가?

① Pv　② 3Pv　③ 5Pv　④ 6Pv

39. 직경이 D인 원형 축과 슬라이딩 베어링 사이에(간격=t, 길이=L)에 점성계수가 μ인 유체가 채워져 있다. 축을 ω의 각속도로 회전시킬 때 필요한 토크를 구하면? (단, t ≪ D)

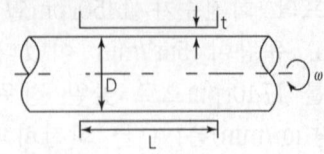

① $T = \mu\dfrac{\omega D}{2t}$ ② $T = \dfrac{\pi\mu\omega D^2 L}{2t}$

③ $T = \dfrac{\pi\mu\omega D^3 L}{2t}$ ④ $T = \dfrac{\pi\mu\omega D^3 L}{4t}$

40. 수면에 잠긴 무게가 490N인 매끈한 쇠구슬을 줄에 매달아서 일정한 속도로 내리고 있다. 쇠구슬이 물속으로 내려갈수록 들고 있는데 필요한 힘은 어떻게 되는가? (단, 물은 정지된 상태이며, 쇠구슬은 완전한 구형체이다.)

① 적어진다.
② 동일하다.
③ 수면 위보다 커진다.
④ 수면 바로 아래보다 커진다.

제3과목 : 소방관계법규

41. 위험물 제조소 게시판의 바탕 및 문자의 색으로 올바르게 연결된 것은?

① 바탕 - 백색, 문자 - 청색
② 바탕 - 청색, 문자 - 흑색
③ 바탕 - 흑색, 문자 - 백색
④ 바탕 - 백색, 문자 - 흑색

42. 화재의 예방 및 안전관리에 관한 법령에 따른 소방안전관리 업무를 하지 아니한 특정소방대상물의 관계인에게는 몇 만원 이하의 과태료를 부과하는가?

① 100 ② 200 ③ 300 ④ 500

43. 교육연구시설 중 학교의 지하층은 바닥면적의 합계가 몇 m² 이상인 경우 연결살수설비를 설치해야 하는가?

① 500 ② 600 ③ 700 ④ 1,000

44. 일반 소방시설 설계업(기계분야)의 영업범위는 공장의 경우 연면적 몇 m² 미만의 특정소방대상물에 설치되는 기계분야 소방시설의 설계에 한하는가? (단, 제연설비가 설치되는 특정소방대상물은 제외한다.)

① 10,000m² ② 20,000m²
③ 30,000m² ④ 40,000m²

45. 소방시설공사업법상 소방시설업 등록신청 신청서 및 첨부서류에 기재되어야 할 내용이 명확하지 아니한 경우 서류의 보완기간은 며칠 이내인가?

① 14 ② 10 ③ 7 ④ 5

46. 소방용수시설 중 소화전과 급수탑의 설치기준으로 틀린 것은?

① 소화전은 상수도와 연결하여 지하식 또는 지상식의 구조로 할 것
② 소방용호스와 연결하는 소화전의 연결금속구의 구경은 65mm로 할 것
③ 급수탑 급수배관의 구경은 100mm 이상으로 할 것
④ 급수탑의 개폐밸브는 지상에서 1.5m 이상 1.8m 이하의 위치에 설치할 것

47. 소방본부장이 화재안전조사위원회 위원으로 임명하거나 위촉할 수 있는 사람이 아닌 것은?

① 소방시설관리사
② 과장급 직위 이상의 소방공무원
③ 소방 관련 분야의 석사 이상 학위를 취득한 사람
④ 소방 관련 법인 또는 단체에서 소방 관련 업무에 3년 이상 종사한 사람

48. 소화난이도등급 Ⅰ의 제조소등에 설치해야 하는 소화설비기준 중 유황만을 저장·취급하는 옥내탱크저장소에 설치해야 하는 소화설비는?

① 옥내소화전설비 ② 옥외소화전설비
③ 물분무소화설비 ④ 고정식 포소화설비

49. 고형알코올 그 밖에 1기압 상태에서 인화점이 40℃ 미만인 고체에 해당하는 것은?

① 가연성고체   ② 산화성고체
③ 인화성고체   ④ 자연발화성물질

50. 소방체험관의 설립·운영권자는?

① 국무총리
② 소방청장
③ 시·도지사
④ 소방본부장 및 소방서장

51. 제2류 위험물의 품명에 따른 지정수량의 연결이 틀린 것은?

① 황화린 - 100kg
② 유황 - 300kg
③ 철분 - 500kg
④ 인화성고체 - 1,000kg

52. 소방장비 등에 대한 국고보조 대상사업의 범위와 기준보조율은 무엇으로 정하는가?

① 행정안전부령   ② 대통령령
③ 시·도의 조례   ④ 국토교통부령

53. 정기점검의 대상인 제조소등에 해당하지 않는 것은?

① 이송취급소   ② 이동탱크저장소
③ 암반탱크저장소 ④ 판매취급소

54. 위험물안전관리법상 행정처분을 하고자 하는 경우 청문을 실시해야 하는 것은?

① 제조소등 설치허가의 취소
② 제조소등 영업정지 처분
③ 탱크시험자의 영업정지
④ 과징금 부과처분

55. 소방용품의 형식승인을 취소하여야 하는 경우가 아닌 것은?

① 거짓 또는 부정한 방법으로 형식승인을 받은 경우
② 시험시설의 시설기준에 미달되는 경우
③ 거짓 또는 부정한 방법으로 제품검사를 받은 경우
④ 변경승인을 받지 아니한 경우

56. 소방기본법상의 벌칙으로 5년 이하의 징역 또는 5천만원 이하의 벌금에 해당하지 않는 것은?

① 소방자동차가 화재진압 및 구조·구급활동을 위하여 출동할 때 그 출동을 방해한 자
② 사람을 구출하거나 불이 번지는 것을 막기 위하여 불이 번질 우려가 있는 소방대상물의 사용제한의 강제처분을 방해한 자
③ 출동한 소방대의 소방장비를 파손하거나 그 효용을 해하여 화재진압·인명구조 또는 구급활동을 방해한 자
④ 정당한 사유 없이 소방용수시설의 효용을 해치거나 그 정당한 사용을 방해한 자

57. 하자보수 대상 소방시설 중 하자보수 보증기간이 2년이 아닌 것은?

① 유도표지   ② 비상경보설비
③ 무선통신보조설비 ④ 자동화재탐지설비

58. 소방기본법상 소방용수시설의 저수조는 지면으로부터 낙차가 몇 m 이하가 되어야 하는가?

① 3.5 ② 4 ③ 4.5 ④ 6

59. 특정소방대상물 중 의료시설에 해당되지 않는 것은?

① 노숙인 재활시설
② 장애인 의료재활시설
③ 정신의료기관
④ 마약진료소

60. 관리업자 또는 소방안전관리자로 선임된 소방시설관리사 및 소방기술사가 자체점검을 실시한 경우에는 그 점검이 끝난 날부터 며칠 이내에 소방시설등 자체점검 실시결과 보고서를 관계인에게 제출해야 하는가?

① 7일 ② 10일 ③ 20일 ④ 30일

제4과목 : 소방기계시설의 구조 및 원리

61. 항공기 격납고 포헤드의 1분당 방사량은 바닥면적 $1m^2$당 최소 몇 L 이상이어야 하는가? (단, 수성막포 소화약제를 사용한다.)

① 3.7 ② 6.5 ③ 8.0 ④ 10

62. 할로겐화합물 및 불활성기체소화설비의 수동식 기동장치의 설치기준 중 틀린 것은?

① 5 kg 이상의 힘을 가하여 기동할 수 있는 구조로 할 것
② 전기를 사용하는 기동장치에는 전원표시등을 설치할 것
③ 기동장치의 방출용 스위치는 음향경보장치와 연동하여 조작될 수 있는 것으로 할 것
④ 해당 방호구역의 출입구부근 등 조작을 하는 자가 쉽게 피난할 수 있는 장소에 설치할 것

63. 제연구역의 선정방식 중 계단실 및 그 부속실을 동시에 제연하는 것의 방연풍속은 몇 m/s 이상이어야 하는가?

① 0.5 ② 0.7 ③ 1 ④ 1.5

64. 완강기 벨트의 강도는 늘어뜨린 방향으로 1개에 대하여 몇 N의 인장하중을 가하는 시험에서 끊어지거나 현저한 변형이 생기지 않아야 하는가?

① 1,500 ② 3,900 ③ 5,000 ④ 6,500

65. 분말소화설비의 자동식 기동장치의 설치기준 중 틀린 것은? (단, 자동식 기동장치는 자동화재탐지설비의 감지기와 연동하는 것이다.)

① 기동용 가스용기의 충전비는 1.5 이상으로 할 것
② 자동식 기동장치에는 수동으로도 기동할 수 있는 구조로 할 것
③ 전기식 기동장치로서 3병 이상의 저장용기를 동시에 개방하는 설비는 2병 이상의 저장용기에 전자개방밸브를 부착할 것
④ 기동용 가스용기에는 내압시험압력의 0.8배 내지 내압시험압력 이하에서 작동하는 안전장치를 설치할 것

66. 주거용 주방자동소화장치의 설치기준으로 틀린 것은?

① 아파트등 및 15층 이상 오피스텔의 모든 층에 설치한다.
② 소화약제 방출구는 환기구의 청소부분과 분리되어 있어야 한다.
③ 탐지부는 수신부와 분리하여 설치하되, 공기보다 가벼운 가스를 사용하는 경우에는 천장면으로부터 30 cm 이하의 위치에 설치한다.
④ 탐지부는 수신부와 분리하여 설치하되, 공기보다 무거운 가스를 사용하는 장소에는 바닥면으로부터 30 cm 이하의 위치에 설치한다.

67. 물분무소화설비를 설치하는 주차장의 배수설비 설치기준 중 차량이 주차하는 바닥은 배수구를 향하여 얼마 이상의 기울기를 유지해야 하는가?

① 1/100　② 2/100　③ 3/100　④ 5/100

68. 물분무소화설비 송수구의 설치기준 중 틀린 것은?

① 송수구에는 이물질을 막기 위한 마개를 씌울 것
② 지면으로부터 높이가 0.8m 이상 1.5m 이하의 위치에 설치할 것
③ 송수구의 가까운 부분에 자동배수밸브 및 체크밸브를 설치할 것
④ 송수구는 하나의 층의 바닥면적이 3000m²를 넘을 때마다 1개(5개를 넘을 경우에는 5개로 한다) 이상을 설치할 것

69. 전역방출방식 고발포용 고정포방출구의 설치기준으로 옳은 것은? (단, 해당 방호구역에서 외부로 새는 양 이상의 포수용액을 유효하게 추가하여 방출하는 설비가 있는 경우는 제외한다.)

① 고정포방출구는 바닥면적 600m²마다 1개 이상으로 할 것
② 고정포방출구는 방호대상물의 최고부분보다 낮은 위치에 설치할 것
③ 개구부에 자동폐쇄장치를 설치할 것
④ 특정소방대상물 및 포의 팽창비에 따른 종별에 관계없이 해당 방호구역의 관포체적 1m³에 대한 1분당 포수용액 방출량은 1L 이상으로 할 것

70. 모피창고에 이산화탄소 소화설비를 전역방출방식으로 설치할 경우 방호구역의 체적이 600m³라면 이산화탄소 소화약제의 최소 저장량은 몇 kg 인가? (단, 설계농도는 75%이고, 개구부 면적은 무시한다.)

① 780　② 960　③ 1,200　④ 1,620

71. 소화용수설비를 설치하여야 할 특정소방대상물에 있어서 유수의 양이 최소 몇 m³/min 이상인 유수를 사용할 수 있는 경우에 소화수조를 설치하지 아니할 수 있는가?

① 0.8　② 1　③ 1.5　④ 2

72. 근린생활시설 중 입원실이 있는 의원·접골원·조산원의 4층에 적응성이 없는 피난기구는?

① 피난용트랩　② 미끄럼대
③ 구조대　　　④ 피난교

73. 배관·행가 및 조명기구가 있어 살수의 장애가 있는 경우 스프링클러헤드의 설치방법으로 옳은 것은? (단, 스프링클러헤드와 장애물과의 이격거리를 장애물 폭의 3배 이상 확보한 경우는 제외한다.)

① 부착면과의 거리는 30cm 이하로 설치한다.
② 헤드로부터 반경 60cm 이상의 공간을 보유한다.
③ 장애물과 부착면 사이에 설치한다.
④ 장애물 아래에 설치한다.

74. 분말소화설비 분말소화약제 1kg당 저장용기의 내용적 기준으로 틀린 것은?

① 제1종 분말 : 0.8L　② 제2종 분말 : 1.0L
③ 제3종 분말 : 1.0L　④ 제4종 분말 : 1.8L

75. 특수가연물을 저장 또는 취급하는 랙크식 창고의 경우에는 스프링클러헤드를 설치하는 천장·반자·천장과 반자사이·덕트·선반 등의 각 부분으로부터 하나의 스프링클러헤드까지의 수평거리 기준은 몇 m 이하인가? (단, 성능이 별도로 인정된 스프링클러헤드를 수리계산에 따라 설치하는 경우는 제외한다.)

① 1.7　② 2.5　③ 3.2　④ 4

76. 옥내소화전설비 배관의 설치기준 중 틀린 것은?

① 옥내소화전방수구와 연결되는 가지배관의 구경은 40밀리미터 이상으로 한다.
② 연결송수관설비의 배관과 겸용할 경우 주배관의 구경은 100밀리미터 이상으로 한다.
③ 펌프의 토출 측 주배관의 구경은 유속이 초속 4미터 이하가 될 수 있는 크기 이상으로 한다.
④ 주배관중 수직배관의 구경은 15밀리미터 이상으로 한다.

77. 수직강하식 구조대의 구조에 대한 설명 중 틀린 것은? (단, 건물내부의 별실에 설치하는 경우는 제외한다.)

① 구조대의 포지는 외부포지와 내부포지로 구성한다.
② 사람의 중량에 의하여 하강속도를 조절할 수 있어야 한다.
③ 구조대는 연속하여 강하할 수 있는 구조이어야 한다.
④ 입구틀 및 취부틀의 입구는 지름 50cm 이상의 구체가 통과할 수 있어야 한다.

78. 스프링클러헤드에서 이융성 금속으로 용착되거나 이융성 물질에 의하여 조립된 것은?

① 프레임   ② 디플렉터
③ 유리벌브 ④ 퓨지블링크

79. 소화용수설비에 설치하는 채수구의 수는 소요수량이 40m³ 이상 100m³ 미만인 경우 몇 개를 설치해야 하는가?

① 1 ② 2 ③ 3 ④ 4

80. 배출풍도의 설치기준 중 다음 ( )안에 알맞은 것은?

【보기】
배출기 흡입측 풍도안의 풍속은 (㉠)m/s 이하로 하고 배출측 풍속은 (㉡)m/s 이하로 할 것

① ㉠ 15, ㉡ 10   ② ㉠ 10, ㉡ 15
③ ㉠ 20, ㉡ 15   ④ ㉠ 15, ㉡ 20

2017년 제1회 소방설비기사(기계분야)

본 지면은 CBT시험의 컴퓨터 화면과 비슷하게 구성한 화면입니다.

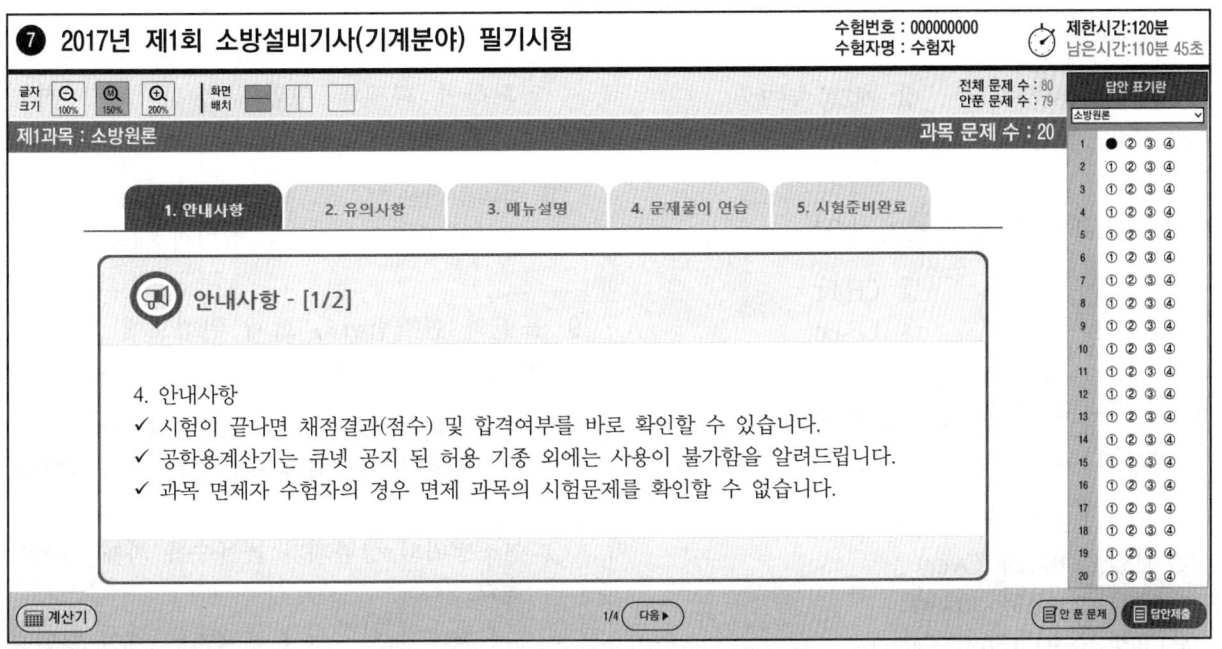

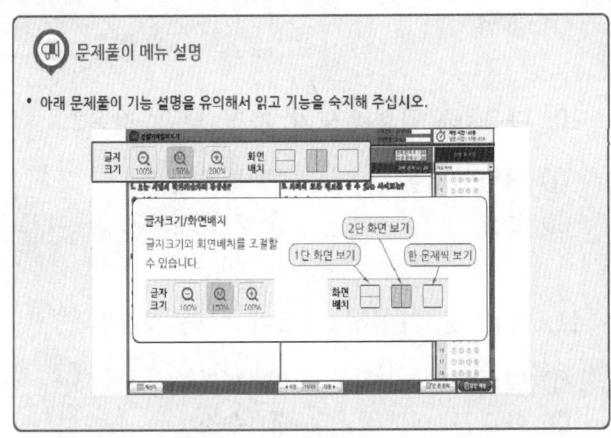

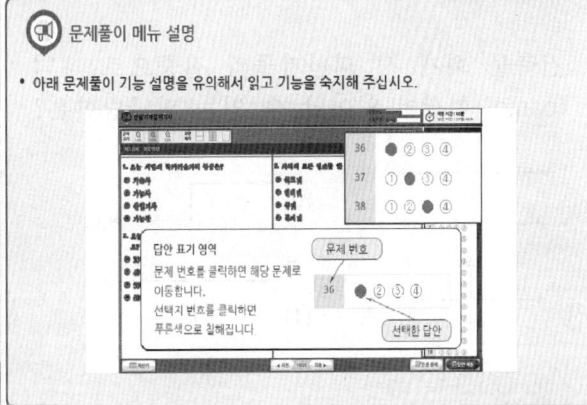

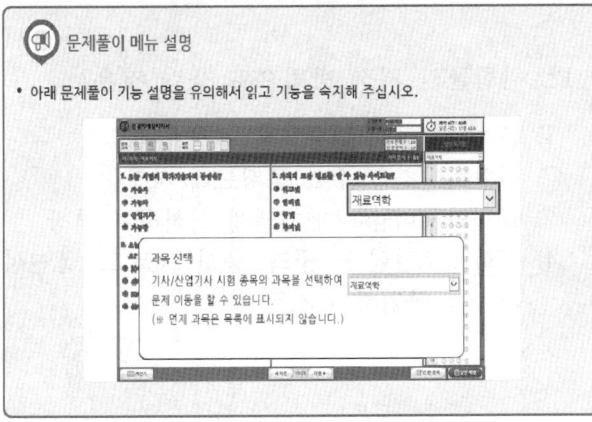

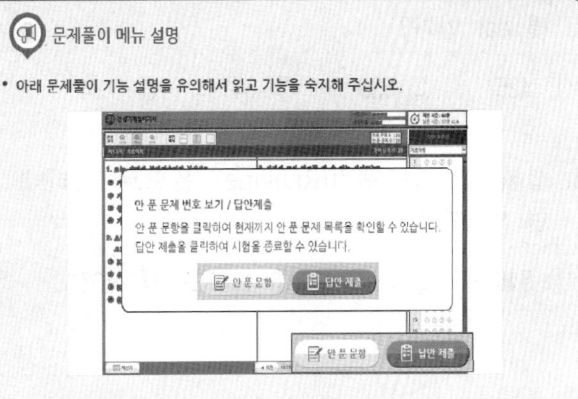

제1과목 : 소방원론

1. 분말소화약제 중 탄산수소칼륨($KHCO_3$)과 요소($CO(NH_2)_2$)와의 반응물을 주성분으로 하는 소화약제는?

   ① 제1종 분말　　② 제2종 분말
   ③ 제3종 분말　　④ 제4종 분말

2. 할론(Halon) 1301의 분자식은?

   ① CH_3Cl　　② CH_3Br
   ③ CF_3Cl　　④ CF_3Br

3. 유류 저장탱크의 화재에서 일어날 수 있는 현상이 아닌 것은?

   ① 플래시 오버(Flash Over)
   ② 보일 오버(Boil Over)
   ③ 슬롭 오버(Slop Over)
   ④ 후로스 오버(Froth Over)

4. 건축물 화재 시 피난자들의 집중으로 패닉(panic) 현상이 일어날 수 있는 피난방향은?

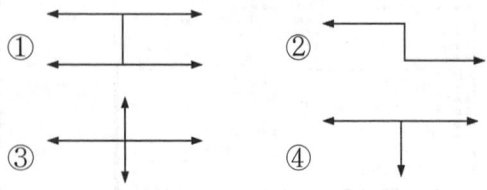

5. 1기압, 100℃에서의 물 1g의 기화잠열은 약 몇 cal 인가?

   ① 425　② 539　③ 647　④ 734

6. 섭씨 30도는 랭킨(Rankine) 온도로 나타내면 몇 도인가?

   ① 546도　② 515도　③ 498도　④ 463도

7. A급, B급, C급 화재에 사용이 가능한 제3종 분말 소화약제의 분자식은?

   ① $NaHCO_3$　　② $KHCO_3$
   ③ $NH_4H_2PO_4$　　④ Na_2CO_3

8. 건축방화계획에서 건축구조 및 재료를 불연화하여 화재를 미연에 방지하고자 하는 공간적 대응방법은?

   ① 회피성대응　　② 도피성 대응
   ③ 대항성 대응　　④ 설비적 대응

9. 물질의 연소범위와 화재 위험도에 대한 설명으로 틀린 것은?

   ① 연소범위의 폭이 클수록 화재 위험이 높다.
   ② 연소범위의 하한계가 낮을수록 화재 위험이 높다.
   ③ 연소범위의 상한계가 높을수록 화재 위험이 높다.
   ④ 연소범위의 하한계가 높을수록 화재 위험이 높다

10. 다음 중 착화온도가 가장 낮은 것은?

    ① 에틸알코올　　② 톨루엔
    ③ 등유　　　　　④ 가솔린

11. 다음 중 가연성 가스가 아닌 것은?

    ① 일산화탄소　　② 프로판
    ③ 아르곤　　　　④ 수소

12. 위험물의 저장 방법으로 틀린 것은?

    ① 금속나트륨 - 석유류에 저장
    ② 이황화탄소 - 수조 물탱크에 저장
    ③ 알킬알루미늄 - 벤젠액에 희석하여 저장
    ④ 산화프로필렌 - 구리 용기에 넣고 불연성 가스를 봉입하여 저장

13. 소화약제의 방출수단에 대한 설명으로 가장 옳은 것은?

① 액체 화학반응을 이용하여 발생되는 열로 방출한다.
② 기체의 압력으로 폭발, 기화작용 등을 이용하여 방출한다.
③ 외기의 온도, 습도, 기압 등을 이용하여 방출한다.
④ 가스압력, 동력, 사람의 손 등에 의하여 방출한다.

14. 가연물의 제거와 가장 관련이 없는 소화방법은?

① 촛불을 입김으로 불어서 끈다.
② 산불 화재 시 나무를 잘라 없앤다.
③ 팽창 진주암을 사용하여 진화한다.
④ 가스화재 시 중간밸브를 잠근다.

15. 연기의 감광계수(m^{-1})에 대한 설명으로 옳은 것은?

① 0.5는 거의 앞이 보이지 않을 정도이다.
② 10은 화재 최성기 때의 농도이다.
③ 0.5는 가시거리가 20~30m 정도이다.
④ 10은 연기감지기가 작동하기 직전의 농도이다.

16. 할론 가스 45kg 과 함께 기동가스로 질소 2kg을 충전하였다. 이 때 질소가스의 몰분율은?(단, 할론가스의 분자량은 149이다.)

① 0.19 ② 0.24 ③ 0.31 ④ 0.39

17. 고층 건축물 내 연기거동 중 굴뚝효과에 영향을 미치는 요소가 아닌 것은?

① 건물 내·외의 온도차
② 화재실의 온도
③ 건물의 높이
④ 층의 면적

18. B급 화재 시 사용할 수 없는 소화방법은?

① CO_2 소화약제로 소화한다.
② 봉상 주수로 소화한다.
③ 3종 분말약제로 소화한다.
④ 단백포로 소화한다.

19. 인화성 액체의 연소점, 인화점, 발화점을 온도가 높은 것부터 옳게 나열한 것은?

① 발화점 > 연소점 > 인화점
② 연소점 > 인화점 > 발화점
③ 인화점 > 발화점 > 연소점
④ 인화점 > 연소점 > 발화점

20. 소화효과를 고려하였을 경우 화재 시 사용할 수 있는 물질이 아닌 것은?

① 이산화탄소   ② 아세틸렌
③ Halon 1211   ④ Halon 1301

제2과목 : 소방유체역학

21. 다음 중 펌프를 직렬 운전해야 할 상황으로 가장 적절한 것은?

① 유량의 변화가 크고 1대로는 유량이 부족할 때
② 소요되는 양정이 일정하지 않고 크게 변동될 때
③ 펌프에 폐입 현상이 발생할 때
④ 펌프에 무구속속도(run away specd)가 나타날 때

22. 펌프 운전 중 발생하는 수격작용의 발생을 예방하기 위한 방법에 해당되지 않는 것은?

① 밸브를 가능한 펌프 송출구에서 멀리 설치한다.
② 서지탱크를 관로에 설치한다.
③ 밸브의 조작을 천천히 한다.
④ 관 내의 유속을 낮게 한다.

23. 그림과 같이 반지름이 0.8m이고 폭이 2m 인 곡면 AB가 수문으로 이용된다. 물에 의한 힘의 수평성분의 크기는 약 몇 kN인가? (단, 수문의 폭은 2m 이다.)

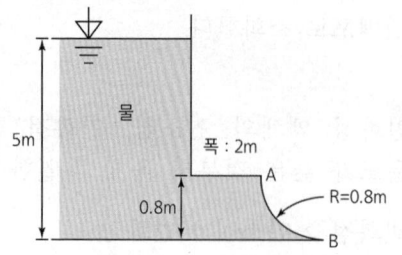

① 72.1   ② 84.7   ③ 90.2   ④ 95.4

24. 베르누이 방정식을 적용할 수 있는 기본 전제조건으로 옳은 것은?

① 비압축성 흐름, 점성 흐름, 정상 유동
② 압축성 흐름, 비점성 흐름, 정상 유동
③ 비압축성 흐름, 비점성 흐름, 비정상 유동
④ 비압축성 흐름, 비점성 흐름, 정상 유동

25. 그림과 같이 매끄러운 유리관에 물이 채워져 있을 때 모세관 상승높이 h는 약 몇 m인가?

【조건】
• 액체의 표면장력 σ = 0.073 N/m
• R = 1 mm
• 매끄러운 유리관의 접촉각 $\theta \approx 0°$

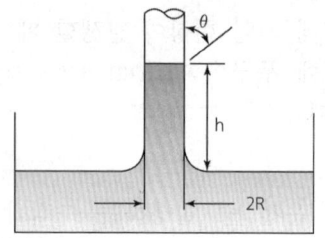

① 0.007   ② 0.015   ③ 0.07   ④ 0.15

26. 공기 10kg과 수증기 1kg이 혼합되어 10m³의 용기 안에 들어있다. 이 혼합 기체의 온도가 60℃라면, 이 혼합 기체의 압력은 약 몇 kPa 인가? (단, 수증기 및 공기의 기체상수는 각각 0.462 및 0.287 kJ/(kg·K)이고 수증기는 모두 기체 상태이다.)

① 95.6   ② 111   ③ 126   ④ 145

27. 파이프 내에 정상 비압축성 유동에 있어서 관마찰계수는 어떤 변수들의 함수인가?

① 절대조도와 관지름
② 절대조도와 상대조도
③ 레이놀즈수와 상대조도
④ 마하수와 코우시수

28. 점성계수의 단위로 사용되는 푸아즈(Poise)의 환산 단위로 옳은 것은?

① cm²/s   ② N·s²/m²
③ dyne/cm·s   ④ dyne·s/cm²

29. 3m/s의 속도로 물이 흐르고 있는 관로 내에 피토관을 삽입하고, 비중 1.8의 액체를 넣은 시차액주계에서 나타나게 되는 액주차는 약 몇 m 인가?

① 0.191   ② 0.573   ③ 1.41   ④ 2.15

30. 지름이 5cm인 원형 관내에 어떤 이상기체가 흐르고 있다. 다음 보기 중 이 기체의 흐름이 층류이면서 가장 빠른 속도는? (단, 이 기체의 절대압력은 200kPa, 온도는 27℃, 기체상수는 2,080 J/(kg·K), 점성계수는 2×10^{-5} N·s/m², 층류에서 하임계 레이놀즈 값은 2,200으로 한다.)

【보기】
㉠ 0.3m/s   ㉡ 1.5m/s
㉢ 8.3m/s   ㉣ 15.5m/s

① ㉠   ② ㉡   ③ ㉢   ④ ㉣

31. 아래 그림과 같은 탱크에 물이 들어있다. 물이 탱크의 밑면에 가하는 힘은 약 몇 N인가?(단 물의 밀도는 1,000kg/m³, 중력가속도는 10m/s²로 가정하며 대기압은 무시한다. 또한 탱크의 폭은 전체가 1m로 동일하다.)

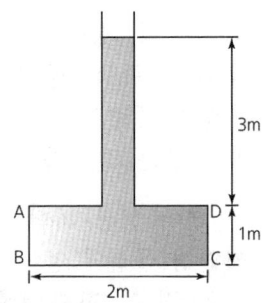

① 40,000 ② 20,000 ③ 80,000 ④ 60,000

32. 압력 200kPa, 온도 60℃의 공기 2kg이 이상적인 폴리트로픽 과정으로 압축되어 압력 2MPa, 온도 250℃로 변화하였을 때 이 과정 동안 소요된 일의 양은 약 몇 kJ인가?(단, 기체상수는 0.287kJ/(kg·K)이다.)

① 224 ② 327 ③ 447 ④ 560

33. 표면적이 A, 절대온도가 T_1인 흑체와 절대온도가 T_2인 흑체 주위 밀폐 공간 사이의 열전달량은?

① $T_1 - T_2$에 비례한다.
② $T_1^2 - T_2^2$에 비례한다.
③ $T_1^3 - T_2^3$에 비례한다.
④ $T_1^4 - T_2^4$에 비례한다.

34. 그림과 같이 수평면에 대하여 60° 기울어진 경사관에 비중(S)이 13.6인 수은이 채워져 있으며, A와 B에는 물이 채워져 있다. A의 압력이 250kPa, B의 압력이 200kPa일 때, 길이 L은 약 몇 cm인가?

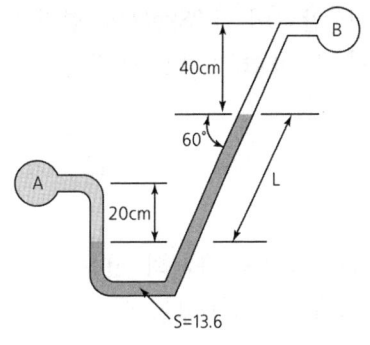

① 33.3 ② 38.2 ③ 41.6 ④ 45.1

35. 압력 0.1[MPa], 온도 250[℃] 상태인 물의 엔탈피가 2,974.33[kJ/kg]이고 비체적은 2.40604[m³/kg]이다. 이 상태에서 물의 내부 에너지 [kJ/kg]는?

① 2,733.7 ② 2,974.1
③ 3,214.9 ④ 3,582.7

36. 길이가 400m 이고 유동단면이 20cm × 30cm인 직사각형 관에 물이 가득 차서 평균속도 3m/s로 흐르고 있다. 이 때 손실수두는 약 몇 m인가? (단, 관마찰계수는 0.01 이다.)

① 2.38 ② 4.76 ③ 7.65 ④ 9.52

37. 안지름 100mm인 파이프를 통해 2m/s의 속도로 흐르는 물의 질량유량은 약 몇 kg/min인가?

① 15.7 ② 157 ③ 94.2 ④ 942

38. 유량이 0.6m³/min일 때 손실수두가 5m인 관로를 통하여 10m 높이 위에 있는 저수조로 물을 이송하고자 한다. 펌프의 효율이 85%라고 할 때 펌프에 공급해야 하는 전력은 약 몇 kW인가?

① 0.58 ② 1.15 ③ 1.47 ④ 1.73

39. 대기의 압력이 1.08kgf/cm²였다면 게이지 압력이 12.5kgf/cm²인 용기에서 절대압력(kgf/cm²)은?

① 12.50　② 13.58　③ 11.42　④ 14.50

40. 시간 Δt 사이에 유체의 선운동량이 ΔP 만큼 변했을 때 $\Delta P/\Delta t$는 무엇을 뜻하는가?

① 유체 운동량의 변화량
② 유체 충격량의 변화량
③ 유체의 가속도
④ 유체에 작용하는 힘

제3과목 : 소방관계법규

---

41. 화재안전조사의 연기를 신청하려는 자는 화재안전조사 시작 며칠 전까지 소방청장, 소방본부장 또는 소방서장에게 화재안전조사 연기신청서에 증명서류를 첨부하여 제출해야 하는가?(단, 천재지변이나 그 밖에 대통령령으로 정하는 사유로 화재안전조사를 받기 곤란한 경우이다.)

① 3　② 5　③ 7　④ 10

42. 소방시설 설치 및 관리에 관한 법령상 특정소방대상물 중 오피스텔에 해당하는 것은?

① 숙박시설　② 업무시설
③ 공동주택　④ 근린생활시설

43. 옥내 저장소의 위치·구조 및 설비의 기준 중 지정수량의 몇 배 이상의 저장창고(제6류 위험물의 저장창고 제외)에 피뢰침을 설치해야 하는가?(단, 저장창고 주위의 상황이 안전상 지장이 없는 경우는 제외한다)

① 10배　② 20배　③ 30배　④ 40배

44. 지정수량 미만인 위험물의 저장 또는 취급에 관한 기술상의 기준은 무엇으로 정하는가?

① 대통령령　② 행정안전부령
③ 소방청장 고시　④ 시·도의 조례

45. 특정소방대상물이 증축 되는 경우 기존부분에 대해서 증축 당시의 소방시설의 설치에 관한 대통령령 또는 화재안전기준을 적용하지 않는 경우가 아닌 것은?

① 증축으로 인하여 천장·바닥·벽 등에 고정되어 있는 가연성 물질의 양이 줄어드는 경우
② 자동차 생산공장 등 화재 위험이 낮은 특정소방대상물 내부에 연면적 33㎡ 이하의 직원 휴게실을 증축하는 경우
③ 기존 부분과 증축 부분이 자동방화셔터 또는 60분+ 방화문으로 구획되어 있는 경우
④ 자동차 생산공장 등 화재 위험이 낮은 특정소방대상물에 캐노피를 설치하는 경우

46. 소방용수시설 급수탑 개폐밸브의 설치기준으로 옳은 것은?

① 지상에서 1.0m 이상 1.5m 이하
② 지상에서 1.5m 이상 1.7m 이하
③ 지상에서 1.2m 이상 1.8m 이하
④ 지상에서 1.5m 이상 2.0m 이하

47. 소방청장, 소방본부장 또는 소방서장이 화재안전조사 조치명령서를 해당 소방대상물의 관계인에게 발급하는 경우가 아닌 것은?

① 소방대상물의 신축　② 소방대상물의 개수
③ 소방대상물의 이전　④ 소방대상물의 제거

48. 성능위주설계를 실시하여야 하는 특정소방대상물의 범위 기준으로 틀린 것은?

① 연면적 200,000㎡이상인 특정소방대상물(아파트등은 제외)

② 지하층을 포함한 층수가 30층 이상인 특정소방대상물(아파트등은 제외)
③ 건축물의 높이가 120m 이상인 특정소방대상물(아파트등은 제외)
④ 하나의 건축물에 영화상영관이 5개 이상인 특정소방대상물

49. 시장지역에서 화재로 오인할 만한 우려가 있는 불을 피우거나 연막소독을 하려는 자가 소방본부장 또는 소방서장에게 신고를 하지 아니하여 소방자동차를 출동하게 한 자에 대한 과태로 부과금액 기준으로 옳은 것은?

① 20만원 이하 ② 50만원 이하
③ 100만원 이하 ④ 200만원 이하

50. 대통령령 또는 화재안전기준이 변경되어 그 기준이 강화되는 경우에 기존 특정소방대상물의 소방시설에 대하여 변경으로 강화된 기준을 적용할 수 있는 소방시설은?

① 비상경보설비 ② 비상콘센트설비
③ 비상방송설비 ④ 옥내소화전설비

51. 다음 조건을 참고하여 숙박시설이 있는 특정소방대상물의 수용인원 산정 수로 옳은 것은?

> 침대가 있는 숙박시설로서 1인용 침대의 수는 20개이고, 2인용 침대의 수는 10개이며, 종업원의 수는 3명이다.

① 33명 ② 40명 ③ 43명 ④ 46명

52. 출동한 소방대의 화재진압 및 인명구조·구급 등 소방활동 방해에 따른 벌칙이 5년 이하의 징역 또는 5천만원 이하의 벌금에 처하는 행위가 아닌 것은?

① 위력을 사용하여 출동한 소방대의 구급활동을 방해하는 행위
② 화재진압을 마치고 소방서로 복귀중인 소방자동차의 통행을 고의로 방해하는 행위
③ 출동한 소방대원에게 협박을 행사하여 구급활동을 방해하는 행위
④ 출동한 소방대의 소방장비를 파손하거나 그 효용을 해하여 구급활동을 방해하는 행위

53. 대통령령으로 정하는 특정소방대상물 소방시설 공사의 완공검사를 위하여 소방본부장이나 소방서장의 현장확인 대상 범위가 아닌 것은?

① 문화 및 집회시설
② 수계 소화설비가 설치되는 것
③ 연면적 1만제곱미터 이상이거나 11층 이상인 특정소방대상물(아파트는 제외)
④ 가연성가스를 제조·저장 또는 취급하는 시설 중 지상에 노출된 가연성가스탱크의 저장용량 합계가 1천톤 이상인 시설

54. 관계인이 예방규정을 정하여야 하는 제조소등의 기준이 아닌 것은?

① 지정수량의 10배 이상의 위험물을 취급하는 제조소
② 지정수량의 50배 이상의 위험물을 저장하는 옥외저장소
③ 지정수량의 150배 이상의 위험물을 저장하는 옥내저장소
④ 지정수량의 200배 이상의 위험물을 저장하는 옥외탱크저장소

55. 소방본부장 또는 소방서장은 건축허가등의 동의 요구서류를 접수한 날부터 최대 며칠 이내에 건축허가등의 동의여부를 회신해야 하는가?(단, 허가 신청한 건축물은 지상으로부터 높이가 200m인 아파트이다.)

① 5일 ② 7일 ③ 10일 ④ 15일

56. 소화난이도등급 Ⅲ인 지하탱크저장소에 설치 하여야 하는 소화설비의 설치기준으로 옳은 것은?

① 능력단위 수치가 3 이상의 소형 수동식소화기등 1개 이상
② 능력단위 수치가 3 이상의 소형 수동식소화기등 2개 이상
③ 능력단위 수치가 2 이상의 소형 수동식소화기등 1개 이상
④ 능력단위 수치가 2 이상의 소형 수동식소화기등 2개 이상

57. 행정안전부령으로 정하는 고급감리원 이상의 소방공사 감리원의 소방시설공사 배치 현장기준으로 옳은 것은?

① 연면적 5,000m² 이상 30,000m² 미만인 특정소방대상물의 공사 현장
② 연면적 30,000m² 이상 200,000m² 미만인 아파트의 공사 현장
③ 연면적 30,000m² 이상 200,000m² 미만인 특정소방대상물(아파트는 제외)의 공사 현장
④ 연면적 200,000m² 이상인 특정소방대상물의 공사 현장

58. 소방시설업에 대한 행정처분 기준 중 1차 처분이 영업정지 3개월이 아닌 경우는?

① 국가, 지방자체단체 또는 공공기관이 발주하는 소방시설의 설계·감리업자 선정에 따른 사업수행능력 평가에 관한 서류를 위조하거나 변조하는 등 거짓이나 그 밖의 부정한 방법으로 입찰에 참여한 경우
② 소방시설업의 감독을 위하여 필요한 보고나 자료제출 명령을 위반하여 보고 또는 자료제출을 하지 아니하거나 거짓으로 보고 또는 는 자료제출을 한 경우
③ 정당한 사유 없이 출입·검사업무에 따른 관계 공무원의 출입 또는 검사·조사를 거부·방해 또는 기피한 경우
④ 감리업자의 감리 시 소방시설공사가 설계도서에 맞지 아니하여 공사업자에게 공사의 시정 또는 보완 등의 요구를 하였으나 따르지 아니한 경우

59. 소방시설기준 적용의 특례 중 특정소방대상물의 관계인이 소방시설을 갖추어야 함에도 불구하고 관련 소방시설을 설치하지 아니할 수 있는 소방시설의 범위로 옳은 것은?(단, 화재 위험도가 낮은 특정소방대상물로서 석재, 불연성금속, 불연성 건축재료 등의 가공공장·기계조립공장 또는 불연성 물품을 저장하는 창고이다.)

① 옥외소화전 및 연결살수설비
② 연결송수관설비 및 상수도소화용수설비
③ 자동화재탐지설비, 상수도소화용수설비 및 연결살수설비
④ 스프링클러설비, 상수도소화용수설비 및 연결살수설비

60. 우수품질인증을 받지 아니한 제품에 우수품질인증 표시를 하거나 우수품질인증 표시를 위조 또는 변조하여 사용한 자에 대한 벌칙기준은?

① 300만원 이하의 벌금
② 500만원 이하의 벌금
③ 1000만원 이하의 벌금
④ 2000만원 이하의 벌금

제4과목 : 소방기계시설의 구조 및 원리

61. 옥내소화전설비 수원을 산출된 유효수량 외에 유효수량의 1/3 이상을 옥상에 설치해야 하는 경우는?

① 지하층만 있는 건축물
② 건축물의 높이가 지표면으로부터 15미터인 경우
③ 수원이 건축물의 최상층에 설치된 방수구보다 높은 위치에 설치된 경우
④ 주펌프와 동등 이상의 성능이 있는 별도의 펌프로서 내연기관의 기동과 연동하여 작동되거나 비상전원을 연결하여 설치한 경우

62. 조기반응형 스프링클러헤드를 설치해야 하는 장소가 아닌 것은?

① 공동주택의 거실   ② 수련시설의 침실
③ 오피스텔의 침실   ④ 병원의 입원실

63. 특정소방대상물별 소화기구의 능력단위기준 중 다음 ( ) 안에 알맞은 것은? (단, 건축물의 주요구조부는 내화구조가 아니고 벽 및 반자의 실내에 면하는 부분이 불연재료·준불연재료 또는 난연재료로 된 특정소방대상물이 아니다.)

> 공연장은 해당 용도의 바닥면적 (   )m² 마다 소화기구의 능력단위 1단위 이상

① 30   ② 50   ③ 100   ④ 200

64. 상수도소화용수설비 소화전의 설치기준 중 다음 ( ) 안에 알맞은 것은?

> • 호칭지름 (㉠)mm 이상의 수도배관에 호칭지름 (㉡)mm 이상의 소화전을 접속할 것
> • 소화전은 특정소방대상물의 수평투영면의 각 부분으로부터 (㉢)m 이하가 되도록 설치할 것

① ㉠ 65, ㉡ 120, ㉢ 160
② ㉠ 75, ㉡ 100, ㉢ 140
③ ㉠ 80, ㉡ 90, ㉢ 140
④ ㉠ 100, ㉡ 100, ㉢ 180

65. 할로겐화합물 및 불활성기체소화약제 소화설비의 분사헤드에 대한 설치기준 중 다음 ( ) 안에 알맞은 것은?(단, 분사헤드의 성능인증 범위 내에서 설치하는 경우는 제외한다.)

> 분사헤드의 설치높이는 방호구역의 바닥으로부터 최소 (㉠)m 이상 최대 (㉡)m 이하로 하여야 한다.

① ㉠ 0.2, ㉡ 3.7   ② ㉠ 0.8, ㉡ 1.5
③ ㉠ 1.5, ㉡ 2.0   ④ ㉠ 2.0, ㉡ 2.5

66. 완강기의 최대사용하중은 몇 N 이상의 하중이어야 하는가?

① 800   ② 1,000   ③ 1,200   ④ 1,500

67. 물분무소화설비를 설치하는 차고 또는 주차장의 배수설비 설치기준으로 틀린 것은?

① 차량이 주차하는 바닥은 배수구를 향해 1/100 이상의 기울기를 유지할 것
② 배수구에서 새어나온 기름을 모아 소화할 수 있도록 길이 40m 이하마다 집수관·소화핏트 등 기름분리장치를 설치 할 것
③ 차량이 주차하는 장소의 적당한 곳에 높이 10cm 이상의 경계턱으로 배수구를 설치할 것
④ 배수설비는 가압송수장치의 최대송수능력의 수량을 유효하게 배수할 수 있는 크기 및 기울기로 할 것

68. 스프링클러설비 배관의 설치기준으로 틀린 것은?

① 급수배관의 구경은 수리계산에 따르는 경우 가지배관의 유속은 6m/s, 그 밖의 배관의 유속은 10m/s를 초과할 수 없다.
② 연결송수관설비의 배관과 겸용할 경우의 주배관은 구경 100㎜ 이상, 방수구로의 연결되는 배관의 구경은 65㎜ 이상의 것으로 하여야 한다.
③ 수직배수배관의 구경은 50㎜ 이상으로 하여야 한다.
④ 가지배관에는 헤드의 설치지점 사이마다 1개 이상의 행가를 설치하되, 헤드간의 거리가 4.5m를 초과하는 경우에는 4.5m 이내마다 1개 이상 설치해야 한다.

69. 포소화설비의 자동식 기동장치로 폐쇄형 스프링클러헤드를 사용하는 경우의 설치기준 중 다음 ( ) 안에 알맞은 것은?

- 표시온도가 (㉠)℃ 미만인 것을 사용하고 1개의 스프링클러헤드의 경계면적은 (㉡)㎡ 이하로 할 것
- 부착면의 높이는 바닥으로부터 (㉢)m 이하로 하고 화재를 유효하게 감지할 수 있도록 할 것

① ㉠ 60, ㉡ 10, ㉢ 7
② ㉠ 60, ㉡ 20, ㉢ 7
③ ㉠ 79, ㉡ 10, ㉢ 5
④ ㉠ 79, ㉡ 20, ㉢ 5

70. 할론소화약제 저장용기의 설치기준 중 다음 ( ) 안에 알맞은 것은?

축압식 저장용기의 압력은 온도 20℃에서 할론1301 저장하는 것은 (㉠)MPa 또는 (㉡)MPa이 되도록 질소가스로 축압할 것

① ㉠ 2.5, ㉡ 4.2
② ㉠ 2.0, ㉡ 3.5
③ ㉠ 1.5, ㉡ 3.0
④ ㉠ 1.1, ㉡ 2.5

71. 대형소화기의 정의 중 다음 ( ) 안에 알맞은 것은?

화재 시 사람이 운반할 수 있도록 운반대와 바퀴가 설치되어 있고 능력단위가 A급 (㉠)단위 이상, B급 (㉡)단위 이상인 소화기를 말한다.

① ㉠ 20, ㉡ 10
② ㉠ 10, ㉡ 5
③ ㉠ 5, ㉡ 10
④ ㉠ 10, ㉡ 20

72. 연결살수설비 배관의 설치기준 중 하나의 배관에 부착하는 살수헤드의 개수가 3개인 경우 배관의 구경은 최소 몇 ㎜ 이상으로 설치해야 하는가?(단, 연결살수설비 전용헤드를 사용하는 경우이다.)

① 40
② 50
③ 65
④ 80

73. 지하구의 화재안전기준에 따른 연소방지설비의 설치기준 중 살수구역은 지하구의 몇 m 이내마다 설정하여야 하는가?

① 250
② 350
③ 700
④ 750

74. 110kV 초과 154kV 이하의 고압 전기기기와 물분무헤드 사이에 최소 이격거리는 몇 cm 인가?

① 110
② 150
③ 180
④ 210

75. 특정소방대상물의 용도 및 장소별로 설치해야 할 인명구조기구의 기준으로 틀린 것은?

① 지하가 중 지하상가는 인공소생기를 층마다 2개 이상 비치할 것
② 판매시설 중 대규모 점포는 공기호흡기를 층마다 2개 이상 비치할 것
③ 지하층을 포함하는 층수가 7층 이상인 관광호텔은 방열복, 공기호흡기, 인공소생기를 각 2개 이상 비치할 것
④ 물분무등소화설비 중 이산화탄소 소화설비

를 설치해야 하는 특정소방대상물은 공기호흡기를 이산화탄소 소화설비가 설치된 장소의 출입구 인근에 1대 이상 비치할 것

76. 제연설비 설치장소의 제연구역 구획 기준으로 틀린 것은?

① 하나의 제연구역의 면적은 1,000m² 이내로 할 것
② 하나의 제연구역은 직경 60m 원내에 들어갈 수 있을 것
③ 하나의 제연구역은 3개 이상 층에 미치지 아니하도록 할 것
④ 통로상의 제연구역은 보행중심선의 길이가 60m를 초과하지 아니할 것

77. 물분무소화설비의 설치 장소별 1m²에 대한 수원의 최소 저수량으로 옳은 것은?

① 케이블트레이 : 12L/min × 20분 × 투영된 바닥면적
② 절연유 봉입 변압기 : 15L/min × 20분 × 바닥 부분을 제외한 표면적을 합한 면적
③ 차고 : 30L/min × 20분 × 바닥면적
④ 컨베이어 벨트 : 37L/min × 20분 × 벨트부분의 바닥면적

78. 개방형스프링클러설비의 일제개방밸브가 하나의 방수구역을 담당하는 헤드의 최대 개수는? (단, 2개 이상의 방수구역으로 나눌 경우는 제외한다.)

① 60 ② 50 ③ 30 ④ 25

79. 분말소화설비의 저장용기에 설치된 밸브 중 잔압 방출 시 개방·폐쇄 상태로 옳은 것은?

① 가스도입밸브 – 폐쇄
② 주밸브(방출밸브) – 개방
③ 배기밸브 – 폐쇄
④ 클리닝밸브 – 개방

80. 차고·주차장에 호스릴포소화설비 또는 포소화전설비를 설치할 수 있는 부분인 것은?

① 지상 1층에 설치된 주차장의 부분
② 지상에서 수동 또는 원격 조작에 따라 개방이 가능한 개구부의 유효면적의 합계가 바닥면적의 20% 이상인 부분
③ 옥외로 통하는 개구부가 상시 개방된 구조의 부분으로서 그 개방된 부분의 합계면적이 해당 차고 또는 주차장의 바닥면적의 15% 이상인 부분
④ 완전 개방된 옥상주차장 또는 고가 밑의 주차장으로서 주된 벽이 없고 기둥뿐이거나 주위가 위해방지용 철주 등으로 둘러쌓인 부분

2017년 제2회 소방설비기사(기계분야)

본 지면은 CBT시험의 컴퓨터 화면과 비슷하게 구성한 화면입니다.

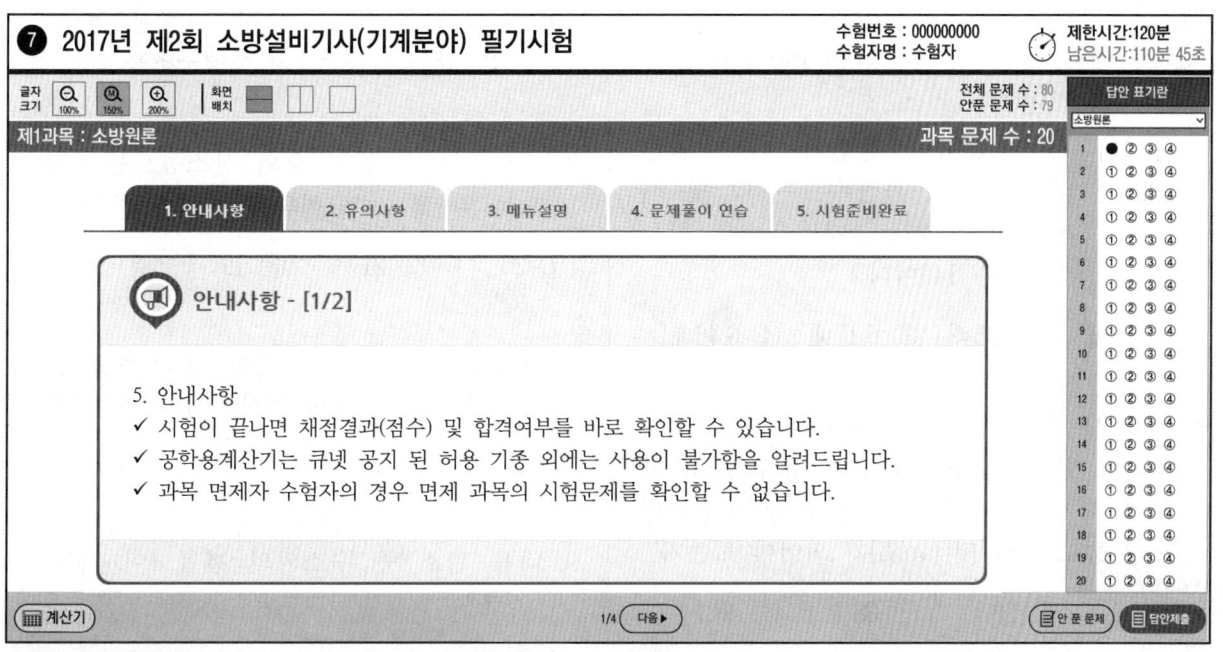

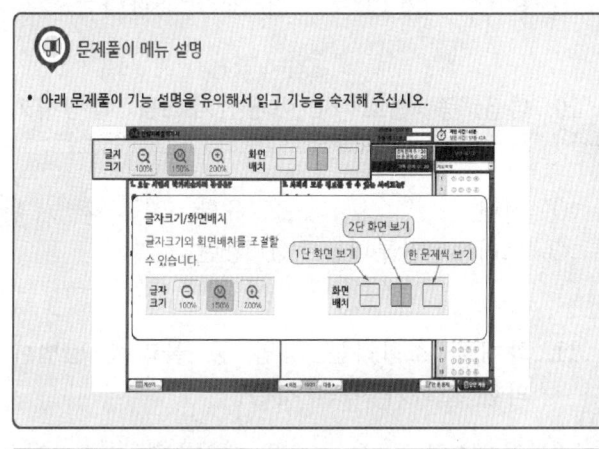

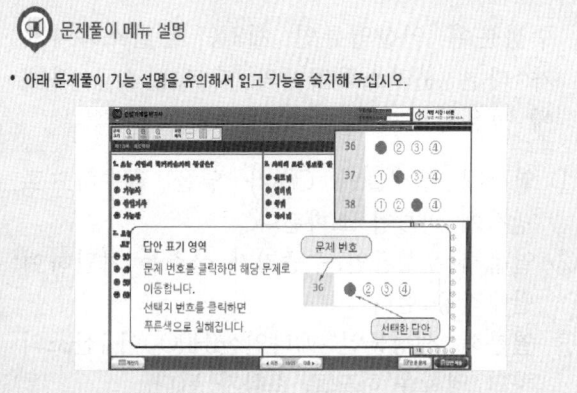

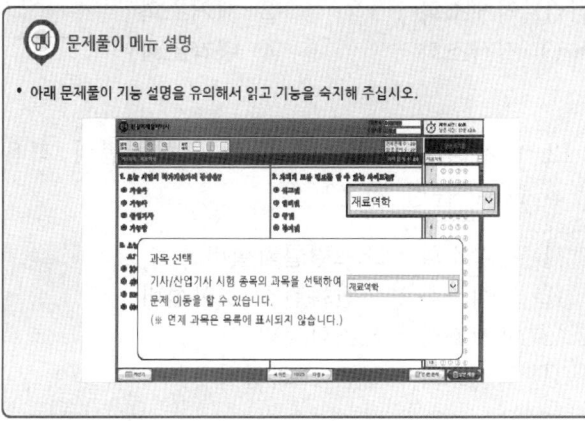

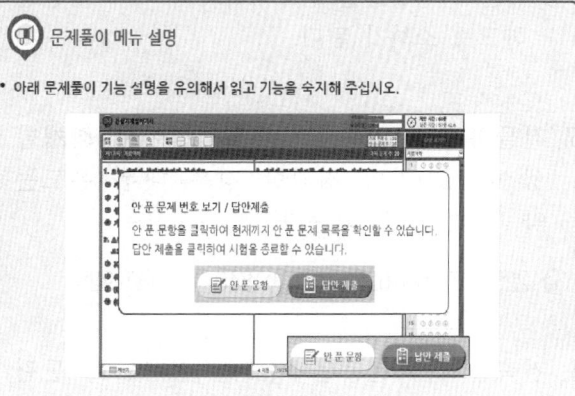

제1과목 : 소방원론

1. 다음 중 열전도율이 가장 작은 것은?
   ① 알루미늄   ② 철재
   ③ 은   ④ 암면(광물섬유)

2. 공기와 할론 1301의 혼합기체에서 할론 1301에 비해 공기의 확산속도는 약 몇 배인가? (단, 공기의 평균분자량은 29, 할론 1301의 분자량은 149이다.)
   ① 2.27배 ② 3.85배 ③ 5.17배 ④ 6.46배

3. 화재 시 이산화탄소를 사용하여 화재를 진압하려고 할 때 산소의 농도를 13[vol%]로 낮추어 화재를 진압하려면 공기 중 이산화탄소의 농도는 약 몇 [vol%]가 되어야 하는가?
   ① 18.1 ② 28.1 ③ 38.1 ④ 48.1

4. 주성분이 인산염류인 제3종 분말소화약제가 다른 분말소화약제와 다르게 A급 화재에 적용할 수 있는 이유는?
   ① 열분해 생성물인 CO_2가 열을 흡수하므로 냉각에 의하여 소화된다.
   ② 열분해 생성물인 수증기가 산소를 차단하여 탈수작용 한다.
   ③ 열분해 생성물인 메타인산(HPO_3)이 산소의 차단 역할을 하므로 소화가 된다.
   ④ 열분해 생성물인 암모니아가 부촉매 작용을 하므로 소화가 된다.

5. 건물화재의 표준시간-온도곡선에서 화재발생 후 1시간이 경과할 경우 내부 온도는 약 몇 ℃ 정도 되는가?
   ① 225 ② 625 ③ 840 ④ 925

6. 건축물의 피난동선에 대한 설명으로 틀린 것은?
   ① 피난동선은 가급적 단순한 형태가 좋다.
   ② 피난동선은 가급적 상호 반대방향으로 다수의 출구와 연결되는 것이 좋다.
   ③ 피난동선은 수평동선과 수직동선으로 구분된다.
   ④ 피난동선은 복도, 계단을 제외한 엘리베이터와 같은 피난전용의 통행구조를 말한다.

7. 질식소화 시 공기 중의 산소농도는 일반적으로 약 몇 vol% 이하로 하여야 하는가?
   ① 25 ② 21 ③ 19 ④ 15

8. 내화구조의 기준 중 벽의 경우 벽돌조로서 두께가 최소 몇 cm 이상이어야 하는가?
   ① 5 ② 10 ③ 12 ④ 19

9. 다음 원소 중 수소와의 결합력이 가장 큰 것은?
   ① F ② Cl ③ Br ④ I

10. 다음 중 연소 시 아황산가스를 발생시키는 것은?
    ① 적린   ② 유황
    ③ 트리에틸알루미늄   ④ 황린

11. 화재를 소화하는 방법 중 물리적 방법에 의한 소화가 아닌 것은?
    ① 억제소화   ② 제거소화
    ③ 질식소화   ④ 냉각소화

12. 화재의 소화원리에 따른 소화방법의 적용으로 틀린 것은?
    ① 냉각소화 : 스프링클러설비
    ② 질식소화 : 이산화탄소 소화설비
    ③ 제거소화 : 포소화설비
    ④ 억제소화 : 할론 소화설비

13. 표면온도가 300℃에서 안전하게 작동하도록 설계된 히터의 표면온도가 360℃로 상승하면 300℃에 비하여 약 몇 배의 열을 방출할 수 있는가?

① 1.1배　② 1.5배　③ 2.0배　④ 2.5배

14. 프로판 50 [vol%], 부탄 40 [vol%], 프로필렌 10 [vol%]로 된 혼합가스의 폭발하한계는 약 [vol%]인가? (단, 각 가스의 폭발하한계는 프로판은 2.2 [vol%], 부탄은 1.9 [vol%], 프로필렌은 2.4 [vol%]이다.)

① 0.83　② 2.09　③ 5.05　④ 9.44

15. 동식물유류에서 "요오드값이 크다."라는 의미를 옳게 설명한 것은?

① 불포화도가 높다.
② 불건성유이다.
③ 자연발화성이 낮다.
④ 산소와의 결합이 어렵다.

16. 탄화칼슘이 물과 반응 할 때 발생되는 기체는?

① 일산화탄소　② 아세틸렌
③ 황화수소　④ 수소

17. 에테르, 케톤, 에스테르, 알데히드, 카르복실산, 아민 등과 같은 가연성인 수용성 용매에 유효한 포소화약제는?

① 단백포　② 수성막포
③ 불화단백포　④ 내알콜포

18. 유류탱크에 화재 시 발생하는 슬롭오버(Slop over)현상에 관한 설명으로 틀린 것은?

① 소화 시 외부에서 방사하는 포에 의해 발생한다.
② 연소유가 비산되어 탱크 외부까지 화재가 확산된다.
③ 탱크의 바닥에 고인 물의 비등 팽창에 의해 발생한다.
④ 연소면의 온도가 100℃ 이상일 때 물을 주수하면 발생된다.

19. 가연물이 연소가 잘 되기 위한 구비조건으로 틀린 것은?

① 열전도율이 클 것
② 산소와 화학적으로 친화력이 클 것
③ 표면적이 클 것
④ 활성화에너지가 작을 것

20. 위험물의 유별 성질이 자연발화성 및 금수성 물질은 제 몇 류 위험물인가?

① 제1류 위험물　② 제2류 위험물
③ 제3류 위험물　④ 제4류 위험물

제2과목 : 소방유체역학

21. 그림과 같은 삼각형 모양의 평판이 수직으로 유체 내에 놓여 있을 때 압력에 의한 힘의 작용점은 자유표면에서 얼마나 떨어져 있는가? (단, 삼각형의 도심에서 단면 2차 모멘트는 bh³/36이다.)

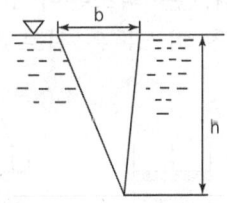

① h/4　② h/3　③ h/2　④ 2h/3

22. 압력의 변화가 없을 경우 0℃의 이상기체는 약 몇 ℃가 되면 부피가 2배로 되는가?

① 273℃　② 373℃
③ 546℃　④ 646℃

23. 서로 다른 재질로 만든 평판의 양쪽 온도가 다음과 같을 때, 동일한 면적 및 두께를 통한 열류량이 모두 동일하다면, 어느 것이 단열재로서 성능이 가장 우수한가?

① 30℃ ~ 10℃ ② 10℃ ~ -10℃
③ 20℃ ~ 10℃ ④ 40℃ ~ 10℃

24. 지름 40cm인 소방용 배관에 물이 80kg/s로 흐르고 있다면 물의 유속은 약 몇 m/s인가?

① 6.4 ② 0.64 ③ 12.7 ④ 1.27

25. 동력(power)의 차원을 옳게 표시 한 것은? (단, M : 질량, L : 길이, T : 시간을 나타낸다.)

① ML^2T^{-3} ② L^2T^{-1} ③ $ML^{-1}T^{-1}$ ④ MLT^{-2}

26. 계기압력(Gauge Pressure)이 50kPa인 파이프 속의 압력은 진공압력(Vacuum Pressure)이 30kPa인 용기 속의 압력보다 얼마나 높은가?

① 0kPa(동일하다.) ② 20kPa
③ 80kPa ④ 130kPa

27. 그림에서 두 피스톤의 지름이 각각 30cm와 5cm이다. 큰 피스톤이 1cm 아래로 움직이면 작은 피스톤은 위로 몇 cm 움직이는가?

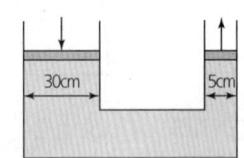

① 1cm ② 5cm ③ 30cm ④ 36cm

28. 직사각형 단면의 덕트에서 가로와 세로가 각각 a 및 1.5a이고, 길이가 L이며, 이 안에서 공기가 V의 평균속도로 흐르고 있다. 이때 손실수두를 구하는 식 으로 옳은 것은? (단, f는 이 수력지름에 기초한 마찰계수이고, g는 중력가속도를 의미 한다.)

① $f = \dfrac{L}{a} \dfrac{V^2}{2.4g}$ ② $f = \dfrac{L}{a} \dfrac{V^2}{2g}$
③ $f = \dfrac{L}{a} \dfrac{V^2}{1.4g}$ ④ $f = \dfrac{L}{a} \dfrac{V^2}{g}$

29. 65%의 효율을 가진 원심펌프를 통하여 물을 1m³/s의 유량으로 송출시 필요한 펌프수두가 6m이다. 이때 펌프에 필요한 축동력은 약 몇 kW인가?

① 40kW ② 60kW ③ 80kW ④ 90kW

30. 중력가속도가 2m/s²인 곳에서 무게가 8kN이고 부피가 5m³인 물체의 비중은 약 얼마인가?

① 0.2 ② 0.8 ③ 1.0 ④ 1.6

31. 관 내 물의 속도가 12m/s, 압력이 103kPa이다. 속도수두(Hv)와 압력수두(Hp)는 각각 약 몇 m인가?

① Hv=7.35, Hp=9.8 ② Hv=7.35, Hp=10.5
③ Hv=6.52, Hp=9.8 ④ Hv=6.52, Hp=10.5

32. 그림과 같이 물탱크에서 2m²의 단면적을 가진 파이프를 통해 터빈으로 물이 공급되고 있다. 송출되는 터빈은 수면으로부터 30m 아래에 위치하고, 유량은 10m³/s이고 터빈 효율이 80%일 때 터빈 출력은 약 몇 kW인가? (단, 밴드나 밸브 등에 의한 부차적 손실계수는 2로 가정한다.)

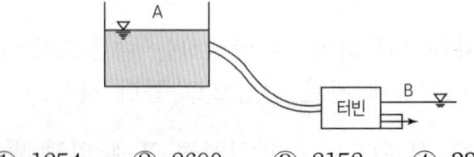

① 1254 ② 2690 ③ 2152 ④ 3363

33. 노즐에서 분사되는 물의 속도가 V=12m/s

이고, 분류에 수직인 평판은 속도 u=4m/s로 움직일 때, 평판이 받는 힘은 약 몇 N인가? (단, 노즐(분류)의 단면적은 $0.01m^2$ 이다.)

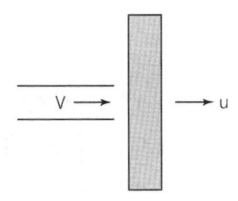

① 640 ② 960 ③ 1280 ④ 1440

34. 가역 단열과정에서 엔트로피 변화 ΔS 는?

① $\Delta S > 1$ ② $0 < \Delta S < 1$
③ $\Delta S = 1$ ④ $\Delta S = 0$

35. 온도가 37.5℃인 원유가 $0.3m^3/s$의 유량으로 원관에 흐르고 있다. 레이놀즈수가 2100일 때, 관의 지름은 약 몇 m 인가? (단, 원유의 동점성계수는 $6 \times 10^{-5} m^2/s$이다.)

① 1.25 ② 2.45 ③ 3.03 ④ 4.45

36. 안지름 300mm, 길이 200m인 수평 원관을 통해 유량 $0.2m^3/s$의 물이 흐르고 있다. 관의 양 끝단에서의 압력 차이가 500mmHg이면 관의 마찰계수는 약 얼마인가? (단, 수은의 비중은 13.6이다.)

① 0.017 ② 0.025 ③ 0.038 ④ 0.041

37. 뉴튼(Newton)의 점성법칙을 이용한 회전 원통식 점도계는?

① 세이볼트 점도계   ② 오스트발트 점도계
③ 레드우드 점도계   ④ 스토머 점도계

38. 분당 토출량이 1600L, 전양정이 100m인 물 펌프의 회전수를 1000rpm에서 1400rpm으로 증가하면 전동기 소요동력은 약 몇 kW가 되어야 하는가? (단, 펌프의 효율은 65%이고, 전달계수는 1.1이다.)

① 44.1 ② 82.1 ③ 121 ④ 142

39. 펌프의 공동현상(cavitation)을 방지하기 위한 방법이 아닌 것은?

① 펌프의 설치 위치를 되도록 낮게 하여 흡입양정을 짧게 한다.
② 단흡입펌프보다는 양흡입펌프를 사용한다.
③ 펌프의 흡입 관경을 크게 한다.
④ 펌프의 회전수를 크게 한다.

40. 체적 2,000L의 용기 내에서 압력 0.4MPa, 온도 55℃의 혼합기체의 체적비가 각각 메탄(CH_4) 35%, 수소(H_2) 40%, 질소(N_2) 25%이다. 이 혼합 기체의 질량은 약 몇 kg인가? (단, 일반기체상수는 8.314 kJ/(kmol·K)이다.)

① 3.11 ② 3.53 ③ 3.93 ④ 4.52

제3과목 : 소방관계법규

41. 소방기본법상 소방대장의 권한이 아닌 것은?

① 화재가 발생하였을 때에는 화재의 원인 및 피해 등에 대한 조사
② 화재, 재난·재해 그 밖의 위급한 상황이 발생한 현장에 소방활동구역을 정하여 소방활동에 필요한 사람으로서 대통령령으로 정하는 사람 외에는 그 구역에 출입하는 것을 제한
③ 사람을 구출하거나 불이 번지는 것을 막기 위하여 필요할 때에는 화재가 발생하거나 불이 번질 우려가 있는 소방대상물 및 토지를 일시적으로 사용하거나 그 사용의 제한 또는 소방활동에 필요한 처분
④ 화재 진압 등 소방활동을 위하여 필요할 때에는 소방용수 외에 댐·저수지 또는 수영장 등의 물을 사용하거나 수도의 개폐장치 등을 조작

42. 위험물안전관리법상 위험물시설의 변경 기준 중 다음 ( ) 안에 알맞은 것은?

> 제조소등의 위치·구조 또는 설비의 변경없이 당해 제조소등에서 저장하거나 취급하는 위험물의 품명·수량 또는 지정수량의 배수를 변경하고자 하는 자는 변경하고자 하는 날의 (㉠)일 전까지 행정안전부령이 정하는 바에 따라 (㉡)에게 신고하여야 한다.

① ㉠ 1, ㉡ 소방본부장 또는 소방서장
② ㉠ 1, ㉡ 시·도지사
③ ㉠ 7, ㉡ 소방본부장 또는 소방서장
④ ㉠ 7, ㉡ 시·도지사

43. 소방시설 설치 및 관리에 관한 법령상 자동화재탐지설비를 설치하여야 하는 특정소방대상물의 기준으로 틀린 것은?

① 문화 및 집회시설로서 연면적이 1천m² 이상인 것
② 지하가(터널은 제외)로서 연면적이 1천m² 이상인 것
③ 의료시설(정신의료기관 또는 요양병원은 제외)로서 연면적 1천m² 이상인 것
④ 지하가 중 터널로서 길이가 1천m 이상인 것

44. 위험물안전관리법령상 제조소등의 완공검사 신청시기 기준으로 틀린 것은?

① 지하탱크가 있는 제조소등의 경우에는 당해 지하탱크를 매설하기 전
② 이동탱크저장소의 경우에는 이동저장탱크를 완공하고 상치장소를 확보한 후
③ 이송취급소의 경우에는 이송배관 공사의 전체 또는 일부 완료한 후
④ 배관을 지하에 설치하는 경우에는 소방서장이 지정하는 부분을 매몰하고 난 직후

45. 위험물안전관리법령상 제조소 또는 일반취급소에서 취급하는 제4류 위험물의 최대수량의 합이 지정수량의 24만배 이상 48만배 미만인 사업소의 관계인이 두어야 하는 화학소방자동차와 자체소방대원의 수의 기준으로 옳은 것은? (단, 화재 그 밖의 재난발생시 다른 사업소 등과 상호응원에 관한 협정을 체결하고 있는 사업소는 제외한다.)

① 화학소방자동차 : 2대, 자체소방대원의 수 : 10인
② 화학소방자동차 : 3대, 자체소방대원의 수 : 10인
③ 화학소방자동차 : 3대, 자체소방대원의 수 : 15인
④ 화학소방자동차 : 4대, 자체소방대원의 수 : 20인

46. 소방시설공사업법령상 하자를 보수하여야 하는 소방시설과 소방시설별 하자보수 보증기간으로 옳은 것은?

① 유도등 : 1년
② 자동소화장치 : 3년
③ 자동화재탐지설비 : 2년
④ 상수도소화용수설비 : 2년

47. 소방시설 설치 및 관리에 관한 법령상 시·도지사는 관리업자에게 영업정지를 명하는 경우로서 그 영업정지가 이용자에게 불편을 주거나 그 밖에 공익을 해칠 우려가 있을 때에는 영업정지처분을 갈음하여 얼마 이하의 과징금을 부과할 수 있는가?

① 1,000만원   ② 2,000만원
③ 3,000만원   ④ 5,000만원

48. 화재의 예방 및 안전관리에 관한 법령상 불꽃을 사용하는 용접·용단 기구의 용접 또는 용단 작업장에서 지켜야 하는 사항 중 다음 ( ) 안에 알맞은 것은?

> • 용접 또는 용단 작업장 주변 반경 (㉠) 미터 이내에 소화기를 갖추어 둘 것
> • 용접 또는 용단 작업장 주변 반경 (㉡) 미터 이내에는 가연물을 쌓아두거나 놓아두지 말 것. 다만, 가연물의 제거가 곤란하여 방화포 등으로 방호조치를 한 경우는 제외한다.

① ㉠ 3, ㉡ 5　　　② ㉠ 5, ㉡ 3
③ ㉠ 5, ㉡ 10　　④ ㉠ 10, ㉡ 5

① ㉠ 100㎡, ㉡ 800㎠
② ㉠ 150㎡, ㉡ 800㎠
③ ㉠ 100㎡, ㉡ 1,000㎠
④ ㉠ 150㎡, ㉡ 1,000㎠

49. 소방시설 설치 및 관리에 관한 법령상 특정소방대상물의 관계인이 소방시설에 폐쇄(잠금을 포함)·차단 등의 행위를 하여서 사람을 상해에 이르게 한 때에 대한 벌칙 기준으로 옳은 것은?

① 10년 이하의 징역 또는 1억원 이하의 벌금
② 7년 이하의 징역 또는 7,000만원 이하의 벌금
③ 5년 이하의 징역 또는 5,000만원 이하의 벌금
④ 3년 이하의 징역 또는 3,000만원 이하의 벌금

50. 소방기본법상 관계인의 소방활동을 위반하여 정당한 사유 없이 소방대가 현장에 도착할 때까지 사람을 구출하는 조치 또는 불을 끄거나 불이 번지지 아니하도록 하는 조치를 하지 아니한 자에 대한 벌칙 기준으로 옳은 것은?

① 100만원 이하의 벌금
② 200만원 이하의 벌금
③ 300만원 이하의 벌금
④ 400만원 이하의 벌금

51. 화재위험도가 낮은 특정소방대상물 중 석재, 불연성금속, 불연성 건축재료 등의 가공공장·기계조립공장 또는 불연성 물품을 저장하는 창고에 설치하지 않을 수 있는 소방시설은?

① 자동화재탐지설비　② 연결살수설비
③ 피난기구　　　　　④ 비상방송설비

52. 제조소등의 위치·구조 및 설비의 기준 중 위험물을 취급하는 건축물의 환기설비 설치기준으로 다음 (　)안에 알맞은 것은?

급기구는 당해 급기구가 설치된 실의 바닥면적 (㉠) 마다 1개 이상으로 하되, 급기구의 크기는 (㉡) 이상으로 할 것

53. 소방시설공사업법령상 특정소방대상물에 설치된 소방시설등을 구성하는 것의 전부 또는 일부를 개설, 이전 또는 정비하는 공사의 경우 소방시설공사의 착공신고 대상이 아닌 것은? (단, 고장 또는 파손 등으로 인하여 작동시킬 수 없는 소방시설을 긴급히 교체하거나 보수하여야 하는 경우는 제외한다.)

① 수신반
② 소화펌프
③ 동력(감시)제어반
④ 압력챔버

54. 특정소방대상물에서 사용하는 방염대상물품의 방염성능검사 방법과 검사 결과에 따른 합격 표시 등에 필요한 사항은 무엇으로 정하는가?

① 대통령령
② 행정안전부령
③ 소방청장령
④ 시·도의 조례

55. 시장지역에서 화재로 오인할 만한 우려가 있는 불을 피우거나 연막소독을 하려는 자가 신고를 하지 아니하여 소방자동차를 출동하게 한 자에 대한 과태료 부과·징수 권자는?

① 국무총리
② 소방청장
③ 시·도지사
④ 소방서장

56. 소방기본법령상 소방용수시설에 대한 설명으로 틀린 것은?

① 시·도지사는 소방활동에 필요한 소방용수시설을 설치하고 유지·관리하여야 한다.
② 수도법의 규정에 따라 설치된 소화전도 시·도지사가 유지·관리하여야 한다.
③ 소방본부장 또는 소방서장은 원활한 소방활동을 위하여 소방용수시설에 대한 조사를 월 1회 이상 실시하여야 한다.
④ 소방용수시설 조사의 결과는 2년간 보관하여야 한다.

57. 소방기본법령상 소방서 종합상황실의 실장이 서면·팩스 또는 컴퓨터통신 등으로 소방본부의 종합상황실에 지체 없이 보고하여야 하는 기준으로 틀린 것은?

① 사망자가 5인 이상 발생하거나 사상자가 10인 이상 발생한 화재
② 층수가 11층 이상인 건축물에서 발생한 화재
③ 이재민이 50인 이상 발생한 화재
④ 재산피해액이 50억원 발생한 화재

58. 소방시설 설치 및 관리에 관한 법령상 시·도지사가 실시하는 방염성능 검사 대상으로 옳은 것은?

① 설치 현장에서 방염처리를 하는 합판·목재
② 제조 또는 가공 공정에서 방염처리를 한 카펫
③ 제조 또는 가공 공정에서 방염처리를 한 창문에 설치하는 블라인드
④ 설치 현장에서 방염처리를 하는 암막·무대막

59. 소방시설 설치 및 관리에 관한 법령상 건축허가 등의 동의를 요구하는 때 동의요구서에 첨부하여야 하는 설계도서가 아닌 것은? (단, 소방시설공사 착공신고대상에 해당하는 경우이다.)

① 창호도
② 실내 전개도
③ 층별 평면도
④ 주단면도 및 입면도

60. 지하층을 포함한 층수가 16층 이상 40층 미만인 특정소방대상물의 소방시설 공사 현장에 배치하여야 할 소방공사 책임감리원의 배치기준으로 옳은 것은?

① 행정안전부령으로 정하는 특급감리원 중 소방기술사
② 행정안전부령으로 정하는 특급감리원 이상의 소방공사 감리원(기계분야 및 전기분야)
③ 행정안전부령으로 정하는 고급감리원 이상의 소방공사 감리원(기계분야 및 전기분야)
④ 행정안전부령으로 정하는 중급감리원 이상의 소방공사 감리원(기계분야 및 전기분야)

제4과목 : 소방기계시설의 구조 및 원리

61. 소방설비용헤드의 분류 중 수류를 살수판에 충돌하여 미세한 물방울을 만드는 물분무 헤드는?

① 디플렉터형
② 충돌형
③ 슬리트형
④ 분사형

62. 물분무소화설비의 가압송수장치의 설치기준 중 틀린 것은? (단, 전동기 또는 내연기관에 따른 펌프를 이용하는 가압송수장치이다.)

① 기동용수압개폐장치를 기동장치로 사용할 경우에 설치하는 충압펌프의 토출압력은 가압송수장치의 정격 토출압력과 같게 한다.
② 가압송수장치가 기동된 경우에는 자동으로 정지되도록 한다.
③ 기동용수압개폐장치(압력챔버)를 사용할 경우 그 용적은 100L 이상으로 한다.
④ 수원의 수위가 펌프보다 낮은 위치에 있는 가압송수장치에는 물올림 장치를 설치한다.

63. 건축물의 층수가 40층인 특별피난계단의 계단실 및 부속실 제연설비의 비상전원은 몇 분 이상 유효하게 작동할 수 있어야 하는가?

① 20 ② 30 ③ 40 ④ 60

64. 옥내소화전설비 배관의 설치기준 중 다음 ( ) 안에 알맞은 것은?

> 연결송수관설비의 배관과 겸용할 경우의 주배관은 구경 (㉠)mm 이상, 방수구로 연결되는 배관의 구경은 (㉡)mm 이상의 것으로 하여야 한다.

① ㉠ 80, ㉡ 65
② ㉠ 80, ㉡ 50
③ ㉠ 100, ㉡ 65
④ ㉠ 125, ㉡ 65

65. 포소화설비의 자동식 기동장치의 설치기준 중 다음 ( ) 안에 알맞은 것은? (단, 화재감지기를 사용하는 경우이며, 자동화재탐지설비의 수신기가 설치된 장소에 상시 사람이 근무하고 있고, 화재 시 즉시 해당 조작부를 작동시킬 수 있는 경우는 제외한다.)

> 화재감지기 회로에는 다음의 기준에 따른 발신기를 설치할 것
> 특정소방대상물의 층마다 설치하되, 해당 특정소방대상물의 각 부분으로부터 수평거리가 (㉠)m 이하가 되도록 할 것 다만, 복도 또는 별도로 구획된 실로서 보행거리가 (㉡)m 이상일 경우에는 추가로 설치하여야 한다.

① ㉠ 25, ㉡ 30
② ㉠ 25, ㉡ 40
③ ㉠ 15, ㉡ 30
④ ㉠ 15, ㉡ 40

66. 이산화탄소 소화설비 기동장치의 설치기준으로 옳은 것은?

① 가스압력식 기동장치 기동용가스용기의 용적은 3L 이상으로 한다.
② 전기식 기동장치로서 5병의 저장용기를 동시에 개방하는 설비는 2병 이상의 저장 용기에 전자개방밸브를 부착해야 한다.
③ 수동식 기동장치는 전역방출방식에 있어서 방호대상물마다 설치한다.
④ 수동식 기동장치의 부근에는 방출지연을 위한 비상스위치를 설치해야 한다.

67. 연결살수설비의 배관에 관한 설치기준 중 옳은 것은?

① 개방형헤드를 사용하는 연결살수설비의 수평주행배관은 헤드를 향하여 상향으로 100분의 5 이상의 기울기로 설치한다.
② 가지배관 또는 교차배관을 설치하는 경우에는 가지배관의 배열은 토너멘트 방식이어야 한다.
③ 교차배관에는 가지배관과 가지배관사이마다 1개 이상의 행가를 설치하되, 가지배관 사이의 거리가 4.5m를 초과하는 경우에는 4.5m 이내마다 1개 이상 설치한다.
④ 가지배관은 교차배관 또는 주배관에서 분기되는 지점을 기점으로 한 쪽 가지배관에 설치되는 헤드의 개수는 6개 이하로 하여야 한다.

68. 스프링클러설비의 교차배관에서 분기되는 지점을 기점으로 한쪽 가지배관에 설치되는 헤드의 개수는 최대 몇 개 이하인가? (단, 방호구역 안에서 칸막이 등으로 구획하여 헤드를 증설하는 경우와 격자형 배관방식을 채택하는 경우는 제외한다.)

① 8 ② 10 ③ 12 ④ 15

69. 차고·주차장에 설치하는 포소화전설비의 설치기준 중 다음 ( ) 안에 알맞은 것은? (단, 1개 층의 바닥면적이 200m² 이하인 경우는 제외한다.)

> 특정소방대상물의 어느 층에 있어서도 그 층에 설치된 포소화전방수구(포소화전 방수구가 5개 이상 설치된 경우에는 5개)를 동시에 사용할 경우 각 이동식 포노즐 선단의 포수용액 방사압력이 (㉠) MPa 이상이고 (㉡) L/min 이상의 포수용액을 수평거리 15m 이상으로 방사할 수 있도록 할 것

① ㉠ 0.25, ㉡ 230
② ㉠ 0.25, ㉡ 300
③ ㉠ 0.35, ㉡ 230
④ ㉠ 0.35, ㉡ 300

70. 물분무소화설비 송수구의 설치기준 중 틀린 것은?

① 구경 65mm의 쌍구형으로 할 것
② 지면으로부터 높이가 0.5m 이상 1m 이하의 위치에 설치할 것
③ 가연성가스의 저장·취급시설에 설치하는 송수구는 그 방호대상물로부터 20m 이상의 거리를 두거나 방호대상물에 면하는 부분이 높이 1.5m 이상, 폭 2.5m 이상의 철근콘크리트 벽으로 가려진 장소에 설치할 것
④ 송수구는 하나의 층의 바닥면적이 1500m²를 넘을 때마다 1개(5개를 넘을 경우에는 5개로 한다.) 이상을 설치할 것

71. 분말소화약제 저장용기의 설치기준으로 틀린 것은?

① 설치장소의 온도가 40℃ 이하이고, 온도변화가 적은 곳에 설치할 것
② 용기간의 간격은 점검에 지장이 없도록 5cm 이상의 간격을 유지할 것
③ 저장용기의 충전비는 0.8 이상으로 할 것
④ 저장용기에는 가압식은 최고사용압력의 1.8배 이하, 축압식은 용기의 내압시험압력의 0.8배 이하의 압력에서 작동하는 안전밸브를 설치할 것

72. 국소방출방식의 분말소화설비 분사헤드는 기준저장량의 소화약제를 몇 초 이내에 방사할 수 있는 것이어야 하는가?

① 60   ② 30   ③ 20   ④ 10

73. 축압식 분말소화기 지시압력계의 정상 사용압력 범위 중 상한 값은?

① 0.68 MPa   ② 0.78 MPa
③ 0.88 MPa   ④ 0.98 MPa

74. 노유자시설의 3층에 적응성을 가진 피난기구가 아닌 것은?

① 미끄럼대   ② 피난교
③ 구조대   ④ 간이완강기

75. 연소할 우려가 있는 개구부에 드렌처설비를 설치한 경우 해당 개구부에 한하여 스프링클러 헤드를 설치하지 아니할 수 있는 기준으로 틀린 것은?

① 드렌처헤드는 개구부 위 측에 2.5m 이내마다 1개를 설치할 것
② 제어밸브는 특정소방대상물 층마다에 바닥면으로 부터 0.5m 이상 1.5m 이하의 위치에 설치할 것
③ 드렌처헤드가 가장 많이 설치된 제어밸브에 설치된 드렌처헤드를 동시에 사용하는 경우에 각 헤드선단의 방수량은 80L/min 이상이 되도록 할 것
④ 드렌처헤드가 가장 많이 설치된 제어밸브에 설치된 드렌처헤드를 동시에 사용하는 경우에 각 헤드선단의 방수압력은 0.1MPa 이상이 되도록 할 것

76. 지하구의 화재안전기준에 따른 연소방지설비 헤드의 설치기준으로 옳은 것은?

① 헤드간의 수평거리는 연소방지설비 전용헤드의 경우에는 1.5m 이하로 할 것
② 헤드간의 수평거리는 스프링클러헤드의 경우에는 2m 이하로 할 것
③ 살수구역은 환기구 사이의 간격이 700m를 초과할 경우에는 700m 이내마다 살수구역을 설정할 것
④ 한쪽 방향의 살수구역의 길이는 2m 이상으로 할 것

77. 내림식사다리의 구조기준 중 다음 ( ) 안에 공통으로 들어갈 내용은?

사용 시 소방대상물로부터 ( )cm 이상의 거리를 유지하기 위한 유효한 돌자를 횡봉의 위치마다 설치하여야 한다. 다만, 그 돌자를 설치하지 아니하여도 사용 시 소방대상물에서 ( )cm 이상의 거리를 유지할 수 있는 것은 그러하지 아니하다.

① 15 ② 10 ③ 7 ④ 5

78. 할로겐화합물 및 불활성기체 소화설비 중 약제의 저장 용기 내에서 저장상태가 기체상태의 압축가스인 소화약제는?

① IG-541
② HCFC BLEND A
③ HFC~227ea
④ HFC-23

79. 연결송수관설비의 가압송수장치의 설치기준으로 틀린 것은? (단, 지표면에서 최상층 방수구의 높이가 70m 이상의 특정소방대상물이다.)

① 펌프의 양정은 최상층에 설치된 노즐선단의 압력이 0.35 MPa 이상의 압력이 되도록 할 것
② 계단식 아파트의 경우 펌프의 토출량은 1200 L/min 이상이 되는 것으로 할 것
③ 계단식 아파트의 경우 해당 층에 설치된 방수구가 3개를 초과하는 것은 1개마다 400 L/min을 가산한 양이 펌프의 토출량이 되는 것으로 할 것
④ 내연기관을 사용하는 경우(층수가 30층 이상 49층 이하) 내연기관의 연료량은 20분 이상 운전할 수 있는 용량일 것

80. 소화수조 및 저수조의 가압송수장치 설치기준 중 다음 ( ) 안에 알맞은 것은?

소화수조가 옥상 또는 옥탑의 부분에 설치된 경우에는 지상에 설치된 채수구에서의 압력이 ( )MPa 이상이 되도록 하여야 한다.

① 0.1 ② 0.15 ③ 0.17 ④ 0.25

2017년 제4회 소방설비기사(기계분야)

본 지면은 CBT시험의 컴퓨터 화면과 비슷하게 구성한 화면입니다.

❼ 2017년 제4회 소방설비기사(기계분야) 필기시험

수험번호 : 000000000
수험자명 : 수험자

제한시간:120분
남은시간:110분 45초

글자 크기 100% 150% 200% | 화면 배치

전체 문제 수 : 80
안푼 문제 수 : 79

답안 표기란

소방원론

제1과목 : 소방원론　　　　과목 문제 수 : 20

1. 안내사항 | 2. 유의사항 | 3. 메뉴설명 | 4. 문제풀이 연습 | 5. 시험준비완료

안내사항 - [1/2]

6. 안내사항
✓ 시험이 끝나면 채점결과(점수) 및 합격여부를 바로 확인할 수 있습니다.
✓ 공학용계산기는 큐넷 공지 된 허용 기종 외에는 사용이 불가함을 알려드립니다.
✓ 과목 면제자 수험자의 경우 면제 과목의 시험문제를 확인할 수 없습니다.

1	●	②	③	④
2	①	②	③	④
3	①	②	③	④
4	①	②	③	④
5	①	②	③	④
6	①	②	③	④
7	①	②	③	④
8	①	②	③	④
9	①	②	③	④
10	①	②	③	④
11	①	②	③	④
12	①	②	③	④
13	①	②	③	④
14	①	②	③	④
15	①	②	③	④
16	①	②	③	④
17	①	②	③	④
18	①	②	③	④
19	①	②	③	④
20	①	②	③	④

계산기　　1/4 다음▶　　안 푼 문제　답안제출

문제풀이 메뉴 설명

• 아래 문제풀이 기능 설명을 유의해서 읽고 기능을 숙지해 주십시오.

문제풀이 메뉴 설명

• 아래 문제풀이 기능 설명을 유의해서 읽고 기능을 숙지해 주십시오.

문제풀이 메뉴 설명

• 아래 문제풀이 기능 설명을 유의해서 읽고 기능을 숙지해 주십시오.

문제풀이 메뉴 설명

• 아래 문제풀이 기능 설명을 유의해서 읽고 기능을 숙지해 주십시오.

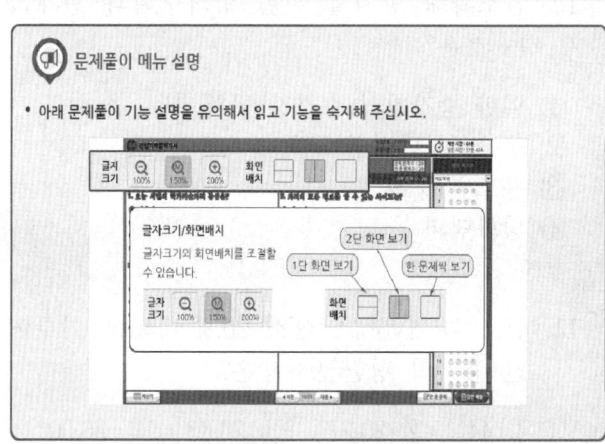

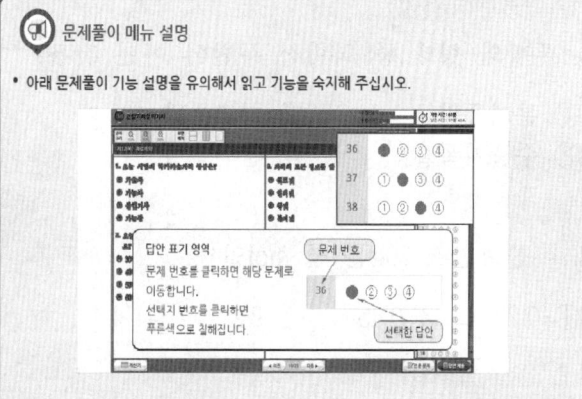

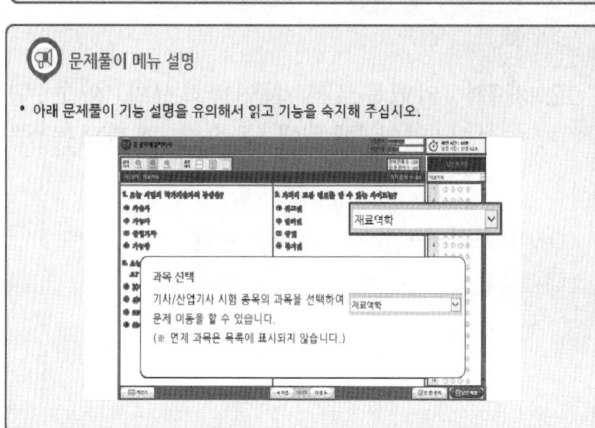

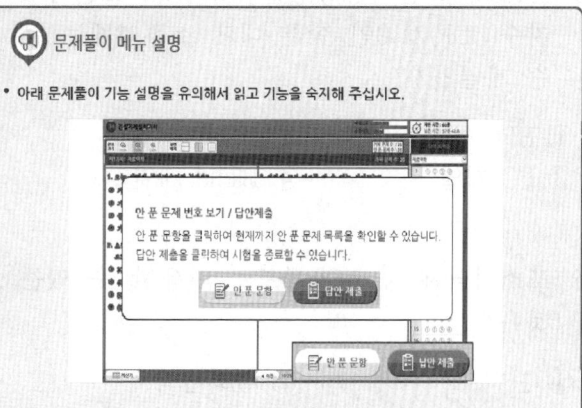

제1과목 : 소방원론

1. 건축물에 설치하는 방화벽의 구조에 대한 기준 중 틀린 것은?

   ① 내화구조로서 홀로 설 수 있는 구조이어야 한다.
   ② 방화벽의 양쪽 끝은 지붕면으로부터 0.2m 이상 튀어 나오게 하여야 한다.
   ③ 방화벽의 윗쪽 끝은 지붕면으로부터 0.5m 이상 튀어 나오게 하여야 한다.
   ④ 방화벽에 설치하는 출입문은 너비 및 높이가 각각 2.5m 이하로 하고, 해당 출입문에는 60+방화문 또는 60분방화문을 설치할 것

2. 목재 화재 시 다량의 물을 뿌려 소화할 경우 기대되는 주된 소화효과는?

   ① 제거효과　　　② 냉각효과
   ③ 부촉매효과　　④ 희석효과

3. 폭발의 형태 중 화학적 폭발이 아닌 것은?

   ① 분해폭발　　　② 가스폭발
   ③ 수증기폭발　　④ 분진폭발

4. 이산화탄소 20g은 몇 mol인가?

   ① 0.23　② 0.45　③ 2.2　④ 4.4

5. FM200이라는 상품명을 가지며 오존파괴지수(ODP)가 0인 할론 대체 소화약제는 무슨 계열인가?

   ① HFC 계열　　　② HCFC 계열
   ③ FC 계열　　　　④ Blend 계열

6. 포소화약제 중 고팽창포로 사용할 수 있는 것은?

   ① 단백포　　　　② 불화단백포
   ③ 내알코올포　　④ 합성계면활성제포

7. 공기 중에서 자연발화 위험성이 높은 물질은?

   ① 벤젠　　　　　② 톨루엔
   ③ 이황화탄소　　④ 트리 에틸알루미늄

8. 분말소화약제에 관한 설명 중 틀린 것은?

   ① 제1종 분말은 담홍색 또는 황색으로 착색되어 있다.
   ② 분말의 고화를 방지하기 위하여 실리콘 수지 등으로 방습처리 한다.
   ③ 일반화재에도 사용할 수 있는 분말소화약제는 제3종 분말이다.
   ④ 제2종 분말의 열분해식은
   $2KHCO_3 \rightarrow K_2CO_3 + CO_2 + H_2O$이다.

9. 화재의 종류에 따른 분류가 틀린 것은?

   ① A급 : 일반화재　② B급 : 유류화재
   ③ C급 : 가스화재　④ D급 : 금속화재

10. 연소확대 방지를 위한 방화구획과 관계없는 것은?

    ① 일반 승강기의 승강장 구획
    ② 층 또는 면적별 구획
    ③ 용도별 구획
    ④ 방화댐퍼

11. 질소 79.2[vol%], 산소 20.8[vol%]로 이루어진 공기의 평균분자량은?

    ① 15.44　② 20.21　③ 28.83　④ 36.00

12. 제3류 위험물로서 자연발화성만 있고 금수성이 없기 때문에 물속에 보관하는 물질은?

    ① 염소산암모늄　② 황린
    ③ 칼륨　　　　　④ 질산

13. 화재 시 소화에 관한 설명으로 틀린 것은?

① 내알코올포 소화약제는 수용성용제의 화재에 적합하다.
② 물은 불에 닿을 때 증발하면서 다량의 열을 흡수하여 소화한다.
③ 제3종 분말소화약제는 식용유화재에 적합하다.
④ 할로겐화합물 소화약제는 연쇄반응을 억제하여 소화한다.

14. 고비점 유류의 탱크화재 시 열유층에 의해 탱크 아래의 물이 비등·팽창하여 유류를 탱크 외부로 분출시켜 화재를 확대시키는 현상은?

① 보일 오버(Boil over)
② 롤 오버 (Roll over)
③ 백 드래프트(Back draft)
④ 플래시 오버(Flash over)

15. 건물의 주요 구조부에 해당되지 않는 것은?

① 바닥   ② 천장   ③ 기둥   ④ 주계단

16. 공기 중에서 연소범위가 가장 넓은 물질은?

① 수소   ② 이황화탄소
③ 아세틸렌   ④ 에테르

17. 휘발유의 위험성에 관한 설명으로 틀린 것은?

① 일반적인 고체 가연물에 비해 인화점이 낮다.
② 상온에서 가연성 증기가 발생한다.
③ 증기는 공기보다 무거워 낮은 곳에 체류한다.
④ 물보다 무거워 화재발생 시 물분무소화는 효과가 없다.

18. 피난층에 대한 정의로 옳은 것은?

① 지상으로 통하는 피난계단이 있는 층
② 비상용 승강기의 승강장이 있는 층
③ 비상용 출입구가 설치되어 있는 층
④ 직접 지상으로 통하는 출입구가 있는 층

19. 전기불꽃, 아크 등이 발생하는 부분을 기름 속에 넣어 폭발을 방지하는 방폭구조는?

① 내압방폭구조   ② 유입방폭구조
③ 안전증방폭구조   ④ 특수방폭구조

20. 할로겐원소의 소화효과가 큰 순서대로 배열된 것은?

① I > Br > Cl > F   ② Br > I > F > Cl
③ Cl > F > I > Br   ④ F > Cl > Br > I

제2과목 : 소방유체역학

21. 질량 m [kg]의 어떤 기체로 구성된 밀폐계가 Q[kJ]의 열을 받아 일을 하고, 이 기체의 온도가 △T [℃] 상승하였다면 이 계가 외부에 한 일(W)은?
(단, 이 기체의 정적비열은 Cv[kJ/(kg · K)], 정압비열은 Cp[kJ/(kg · K)]이다.)

① W = Q - mCv△T   ② W = Q + mCv△T
③ W = Q - mCp△T   ④ W = Q + mCp△T

22. 그림과 같이 수조의 밑 부분에 구멍을 뚫고 물을 유량 Q로 방출시키고 있다. 손실을 무시할 때 수위가 처음 높이의 1/2로 되었을 때 방출되는 유량은 어떻게 되는가?

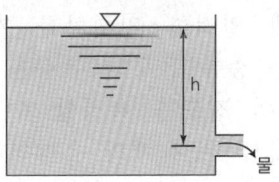

① $\dfrac{1}{\sqrt{2}} Q$ ② $\dfrac{1}{2} Q$

③ $\dfrac{1}{\sqrt{3}} Q$ ④ $\dfrac{1}{3} Q$

23. 그림과 같이 기름이 흐르는 관에 오리피스가 설치되어 있고, 그 사이의 압력을 측정하기 위해 U자형 차압 액주계가 설치되어 있다. 이때 두 지점 간의 압력차 (Px-Py)는 약 몇 kPa인가?

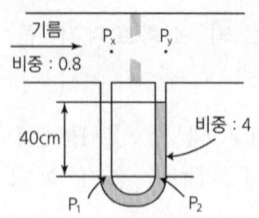

① 28.8　② 15.7　③ 12.5　④ 3.14

24. 지름이 5cm인 소방 노즐에서 물제트가 40m/s의 속도로 건물 벽에 수직으로 충돌하고 있다. 벽이 받는 힘은 약 몇 N인가?

① 1204　② 2253　③ 2570　④ 3141

25. 체적이 $0.1m^3$인 탱크 안에 절대압력이 1000kPa인 공기가 $6.5kg/m^3$의 밀도로 채워져 있다. 시간이 t=0 일 때 단면적이 70 mm^2 인 1차원 출구로 공기가 300m/s의 속도로 빠져나가기 시작한다면 그 순간에서의 밀도 변화율 $kg/(m^3 \cdot s)$은 약 얼마인가? (단, 탱크 안의 유체의 특성량은 일정하다고 가정한다.)

① -1.365　② -1.865　③ -2.365　④ -2.865

26. 모세관에 일정한 압력차를 가함에 따라 발생하는 층류 유동의 유량을 측정함으로써 유체의 점도를 측정할 수 있다. 같은 압력차에서 두 유체의 유량의비 $Q_2/Q_1 = 2$ 이고, 밀도비 $\rho_2/\rho_1 = 2$ 일 때, 점성계수비 μ_2/μ_1 은?

① 1/4　② 1/2　③ 1　④ 2

27. 다음 중 동일한 액체의 물성치를 나타낸 것이 아닌 것은?

① 비중이 0.8　② 밀도가 $800 kg/m^3$
③ 비중량이 $7840 N/m^3$　④ 비체적이 $1.25 m^3/kg$

28. 길이가 5m이며 외경과 내경이 각각 40cm와 30cm인 환형(annular)관에 물이 4m/s의 평균속도로 흐르고 있다. 수력지름에 기초한 마찰계수가 0.02일 때 손실수두는 약 몇 m인가?

① 0.063　② 0.204　③ 0.472　④ 0.816

29. 열전달 면적이 A이고 온도 차이가 10℃, 벽의 열전도율이 $10W/(m \cdot k)$, 두께 25cm인 벽을 통한 열류량은 100W이다. 동일한 열전달 면적에서 온도 차이가 2배, 벽의 열전도율이 4배가 되고 벽의 두께가 2배가 되는 경우 열류량은 약 몇 W인가?

① 50　② 200　③ 400　④ 800

30. 길이 1200m, 안지름 100mm인 매끈한 원관을 통해서 0.01 m^3/s의 유량으로 기름을 수송한다. 이때 관에서 발생하는 압력손실은 약 몇 kPa인가? (단, 기름의 비중은 0.8, 점성계수는 $0.06 N \cdot s/m^2$이다.)

① 163.2　② 201.5　③ 293.4　④ 349.7

31. Carnot 사이클이 800K의 고온 열원과 500K의 저온 열원 사이에서 작동한다. 이 사이클에 공급하는 열량이 사이클 당 800kJ이라 할 때, 한 사이클 당 외부에 하는 일은 약 몇 kJ인가?

① 200　② 300　③ 400　④ 500

32. 대기 중으로 방사되는 물제트에 피토관의 흡입구를 갖다 대었을 때, 피토관의 수직부에 나타나는 수주의 높이가 0.6m 라고 하면, 물제트의 유속은 약 몇 m/s인가? (단, 모든 손실은 무시한다.)

① 0.25　② 1.55　③ 2.75　④ 3.43

33. 안지름이 13mm인 옥내소화전의 노즐에서 방출되는 물의 압력(계기압력)이 230kPa이라면 10분 동안의 방수량은 약 몇 m³인가?

① 1.7 ② 3.6 ③ 5.2 ④ 7.4

34. 계기압력이 730mmHg이고 대기압이 101.3kPa 일 때 절대압력은 약 몇 kPa인가? (단, 수은의 비중은 13.6이다.)

① 198.6 ② 100.2 ③ 214.4 ④ 93.2

35. 펌프의 공동현상(cavitation)을 방지하기 위한 대책으로 옳지 않은 것은?

① 펌프의 설치높이를 될 수 있는 대로 높여서 흡입양정을 길게 한다.
② 펌프의 회전수를 낮추어 흡입 비속도를 적게 한다.
③ 단흡입펌프보다는 양흡입펌프를 사용한다.
④ 밸브, 플랜지 등의 부속품 수를 줄여서 손실수두를 줄인다.

36. 이상적인 교축 과정(throttling process)에 대한 설명 중 옳은 것은?

① 압력이 변하지 않는다.
② 온도가 변하지 않는다.
③ 엔탈피가 변하지 않는다.
④ 엔트로피가 변하지 않는다.

37. 피스톤 A_2의 반지름이 A_1의 반지름의 2배이며, A_1과 A_2에 작용하는 압력을 각각 P_1, P_2라 하면, 두 피스톤이 같은 높이에서 평형을 이룰 때 P_1과 P_2 사이의 관계는?

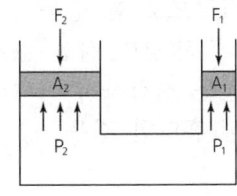

① $P_1 = 2P_2$ ② $P_2 = 4P_1$ ③ $P_1 = P_2$ ④ $P_2 = 2P_1$

38. 전양정 80m, 토출량 500L/min인 물을 사용하는 소화펌프가 있다. 펌프효율 65%, 전달계수(K) 1.1인 경우 필요한 전동기의 최소 동력은 약 몇 kW인가?

① 9 kW ② 11 kW ③ 13 kW ④ 15 kW

39. 그림과 같이 수조에 비중이 1.03인 액체가 담겨있다. 이 수조의 바닥면적이 4m²일 때 이 수조바닥 전체에 작용하는 힘은 약 몇 kN인가? (단, 대기압은 무시한다.)

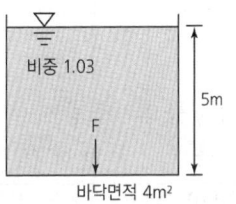

① 98 ② 51 ③ 156 ④ 202

40. 유체가 평판 위를 u(m/s)=500y-6y²의 속도 분포로 흐르고 있다. 이때 y(m)는 벽면으로부터 측정된 수직거리일 때 벽면에서의 전단응력은 약 몇 N/m²인가? (단, 점성계수는 1.4×10^{-3} Pa·s 이다.)

① 14 ② 7 ③ 1.4 ④ 0.7

제3과목 : 소방관계법규

41. 대통령령으로 정하는 특정소방대상물의 소방시설 중 내진설계 대상이 아닌 것은?

① 옥내소화전설비 ② 스프링클러설비
③ 미분무소화설비 ④ 연결살수설비

42. 위험물로서 제1석유류에 속하는 것은?

① 중유 ② 휘발유
③ 실린더유 ④ 등유

43. 방염성능기준 이상의 실내장식물 등을 설치해야 하는 특정소방대상물이 아닌 것은?

① 건축물 옥내에 있는 종교시설
② 방송통신시설 중 방송국 및 촬영소
③ 층수가 11층 이상인 아파트
④ 숙박이 가능한 수련시설

44. 정기점검의 대상이 되는 제조소등이 아닌 것은?

① 옥내탱크저장소   ② 지하탱크저장소
③ 이동탱크저장소   ④ 이송취급소

45. 특정소방대상물의 소방시설 설치의 면제기준 중 다음 (   ) 안에 알맞은 것은?

> 비상경보설비 또는 단독경보형 감지기를 설치해야 하는 특정소방대상물에 (   ) 또는 화재알림설비를 화재안전기준에 적합하게 설치한 경우에는 그 설비의 유효범위에서 설치가 면제된다.

① 자동화재탐지설비   ② 스프링클러설비
③ 비상조명등   ④ 무선통신보조설비

46. 행정안전부령으로 정하는 연소 우려가 있는 구조에 대한 기준 중 다음 (   ) 안에 알맞은 것은?

> 건축물 대장의 건축물 현황도에 표시된 대지경계선 안에 둘 이상의 건축물이 있는 경우로서 각각의 건축물이 다른 건축물의 외벽으로부터 수평거리가 1층에 있어서는 (㉠)m 이하, 2층 이상의 층에 있어서는 (㉡)m 이하이고 개구부가 다른 건축물을 향하여 설치된 구조를 말한다.

① ㉠ 3, ㉡ 5   ② ㉠ 5, ㉡ 8
③ ㉠ 6, ㉡ 8   ④ ㉠ 6, ㉡ 10

47. 건축허가 등을 함에 있어서 미리 소방본부장 또는 소방서장의 동의를 받아야 하는 건축물 등의 범위기준이 아닌 것은?

① 노유자시설 및 수련시설로서 연면적 100㎡ 이상인 건축물
② 지하층 또는 무창층이 있는 건축물로서 바닥면적이 150㎡ 이상인 층이 있는 것
③ 차고·주차장으로 사용되는 바닥면적이 200㎡ 이상인 층이 있는 건축물이나 주차시설
④ 장애인 의료재활시설로서 연면적 300㎡ 이상인 건축물

48. 소방용수시설의 설치기준 중 주거지역·상업지역 및 공업지역에 설치하는 경우 소방대상물과의 수평거리는 최대 몇 m 이하인가?

① 50   ② 100   ③ 150   ④ 200

49. 자동화재탐지설비의 일반 공사감리기간으로 포함시켜 산정할 수 있는 항목은?

① 고정금속구를 설치하는 기간
② 전선관의 매립을 하는 공사기간
③ 공기유입구의 설치기간
④ 소화약제 저장용기 설치기간

50. 소방시설업의 반드시 등록 취소에 해당하는 경우는?

① 거짓이나 그 밖의 부정한 방법으로 등록한 경우
② 다른 자에게 등록증 또는 등록수첩을 빌려준 경우
③ 소속 소방기술자를 공사현장에 배치하지 아니하거나 거짓으로 한 경우
④ 등록을 한 후 정당한 사유 없이 1년이 지날 때까지 영업을 시작하지 아니하거나 계속하여 1년 이상 휴업한 경우

51. 건축물의 공사 현장에 설치하여야 하는 임시소방시설과 기능 및 성능이 유사하여 임시소방시설을 설치한 것으로 보는 소방시설로 연결이 틀린 것은? (단, 임시소방시설 - 임시소방시설을 설치한 것으로 보는 소방시설 순이다.)

① 간이소화장치 - 옥내소화전
② 간이피난유도선 - 유도표지
③ 비상경보장치 - 비상방송설비
④ 비상경보장치 - 자동화재탐지설비

52. 경보설비 중 단독경보형 감지기를 설치해야 하는 특정소방대상물의 기준으로 틀린 것은?

① 연면적 400m² 미만의 유치원
② 공동주택 중 연립주택 및 다세대주택
③ 수련시설 내에 있는 연면적 2000m² 미만의 기숙사
④ 교육연구시설 내에 있는 연면적 3000m² 미만의 합숙소

53. 스프링클러설비가 설치된 소방시설 등의 자체점검에서 종합점검을 받아야 하는 아파트의 기준으로 옳은 것은?

① 연면적이 3000m² 이상이고 층수가 11층 이상인 것만 해당
② 연면적이 5000m² 이상이고 층수가 11층 이상인 것만 해당
③ 연면적이 5000m² 이상이고 층수가 16층 이상인 것만 해당
④ 연면적이나 층수와 관계없이 모든 아파트가 해당

54. 위험물안전관리자로 선임할 수 있는 위험물 취급자격자가 취급할 수 있는 위험물 기준으로 틀린 것은?

① 위험물기능장 자격 취득자 : 모든 위험물
② 안전관리자 교육이수자 : 위험물 중 제4류 위험물
③ 소방공무원으로 근무한 경력이 3년 이상인 자 : 위험물 중 제4류 위험물
④ 위험물산업기사 자격 취득자 : 위험물 중 제4류 위험물

55. 다음 중 과태료 대상이 아닌 것은?

① 소방안전관리대상물의 소방안전관리자를 선임하지 아니한 자
② 소방안전관리 업무를 수행하지 아니한 자
③ 특정소방대상물의 근무자 및 거주자에 대한 소방훈련 및 교육을 하지 아니한 자
④ 특정소방대상물 소방시설 등의 점검결과를 보고하지 아니한 자

56. 화재의 예방조치 등과 관련하여 모닥불, 흡연, 화기 취급, 그 밖에 화재 발생 위험이 있는 행위의 금지 또는 제한의 명령을 할 수 없는 자는?

① 시·도지사   ② 소방청장
③ 소방서장   ④ 소방본부장

57. 시·도지사가 소방시설업의 영업정지처분에 갈음하여 부과할 수 있는 최대 과징금의 범위로 옳은 것은?

① 5000만원 이하   ② 1억원 이하
③ 2억원 이하   ④ 3억원 이하

58. 화재예방강화지구의 지정대상이 아닌 것은?

① 공장·창고가 밀집한 지역
② 목조건물이 밀집한 지역
③ 농촌지역
④ 시장지역

59. 1급 소방안전관리대상물에 대한 기준이 아닌 것은? (단, 동·식물원, 철강 등 불연성 물품을 저장·취급하는 창고, 위험물 저장 및 처리 시설 중 제조소등과 지하구는 제외한다.)

① 연면적 1만5천제곱미터 이상인 특정소방대 상물(아파트 및 연립주택은 제외)
② 150세대 이상으로서 승강기가 설치된 공동 주택
③ 가연성 가스를 1천톤 이상 저장·취급하는 시설
④ 30층 이상(지하층은 제외)이거나 지상으로부터 높이가 120미터 이상인 아파트

60. 2급 소방안전관리대상물의 소방안전관리자 선임 기준으로 틀린 것은?

① 소방청장이 실시하는 2급 소방안전관리대상물의 소방안전관리에 관한 시험에 합격한 사람
② 소방공무원으로 3년 이상 근무한 경력이 있는 사람으로서 2급 소방안전관리자 자격증을 발급받은 사람
③ 의용소방대원으로 5년 이상 근무한 경력이 있는 사람으로서 2급 소방안전관리자 자격증을 발급받은 사람
④ 위험물산업기사 자격이 있는 사람으로서 2급 소방안전관리자 자격증을 발급받은 사람

제4과목 : 소방기계시설의 구조 및 원리

61. 분말소화약제의 가압용가스 또는 축압용 가스의 설치기준 중 틀린 것은?

① 가압용가스에 이산화탄소를 사용하는 것의 이산화탄소는 소화약제 1kg에 대하여 20g에 배관의 청소에 필요한 양을 가산한 양 이상으로 할 것
② 가압용가스에 질소가스를 사용하는 것의 질소가스는 소화약제 1kg마다 40L (35℃에서 1기압의 압력상태로 환산한 것) 이상으로 할 것
③ 축압용 가스에 이산화탄소를 사용하는 것의 이산화탄소는 소화약제 1kg에 대하여 20g에 배관의 청소에 필요한 양을 가산한 양 이상으로 할 것
④ 축압용 가스에 질소가스를 사용하는 것의 질소가스는 소화약제 1kg에 대하여 40L (35℃에서 1기압의 압력상태로 환산한 것) 이상으로 할 것

62. 소화기에 호스를 부착하지 아니할 수 있는 기준 중 옳은 것은?

① 소화약제의 중량이 2kg 이하인 이산화탄소 소화기
② 소화약제의 용량이 3L 이하의 액체계 소화약제 소화기
③ 소화약제의 중량이 3kg 이하인 할로겐화합물 소화기
④ 소화약제의 중량이 4kg 이하의 분말 소화기

63. 경사강하식 구조대의 구조 기준 중 틀린 것은?

① 구조대 본체는 강하방향으로 봉합부가 설치되어야 한다.
② 손잡이는 출구부근에 좌우 각 3개 이상 균일한 간격으로 견고하게 부착하여야 한다.
③ 구조대본체의 끝부분에는 길이 4m 이상, 지름 4mm 이상의 유도선을 부착하여야 하며, 유도선 끝에는 중량 3N(300g) 이상의 모래주머니 등을 설치하여야 한다.
④ 본체의 포지는 하부지지장치에 인장력이 균등하게 걸리도록 부착하여야 하며 하부지지장치는 쉽게 조작할 수 있어야 한다.

64. 옥내소화전설비 배관과 배관이음쇠의 설치기준중 배관 내 사용압력이 1.2 MPa 미만일 경우에 사용하는 것이 아닌 것은?

① 배관용 탄소강관(KS D 3507)
② 배관용 스테인리스 강관(KS D 3576)
③ 덕타일 주철관(KS D 4311)
④ 배관용 아크용접 탄소강 강관(KS D 3583)

65. 특정소방대상물에 따라 적응하는 포소화설비의 설치기준 중 발전기실, 엔진펌프실, 변압기, 전기케이블실, 유압설비 바닥면적의 합계가 300m² 미만의 장소에 설치할 수 있는 것은?

① 포헤드설비
② 호스릴포소화설비
③ 포워터스프링클러설비
④ 고정식 압축공기포소화설비

66. 소화수조가 옥상 또는 옥탑의 부분에 설치된 경우에는 지상에 설치된 채수구에서의 압력이 최소 몇 MPa 이상이 되도록 하여야 하는가?

① 0.1 ② 0.15 ③ 0.17 ④ 0.25

67. 차고 또는 주차장에 설치하는 분말소화설비의 소화약제로 옳은 것은?

① 제1종 분말 ② 제2종 분말
③ 제3종 분말 ④ 제4종 분말

68. 스프링클러헤드의 설치기준 중 다음 (   ) 안에 알맞은 것은?

연소할 우려가 있는 개구부에는 그 상하좌우에 (㉠)m 간격으로 스프링클러헤드를 설치하되, 스프링클러헤드와 개구부의 내측 면으로부터 직선거리는 (㉡)cm 이하가 되도록 할 것

① ㉠ 1.7, ㉡ 15   ② ㉠ 2.5, ㉡ 15
③ ㉠ 1.7, ㉡ 25   ④ ㉠ 2.5, ㉡ 25

69. 지하구의 화재안전기준에 따른 연소방지설비 헤드의 설치기준 중 다음 (   ) 안에 알맞은 것은?

헤드간의 수평거리는 연소방지설비 전용헤드의 경우에는 (㉠)m 이하, 스프링클러헤드의 경우에는 (㉡)m 이하로 할 것

① ㉠ 2, ㉡ 1.5   ② ㉠ 1.5, ㉡ 2
③ ㉠ 1.7, ㉡ 2.5 ④ ㉠ 2.5, ㉡ 1.7

70. 완강기와 간이완강기를 소방대상물에 고정 설치해 줄 수 있는 지지대의 강도시험 기준 중 (   ) 안에 알맞은 것은?

지지대는 연직 방향으로 최대 사용자수에 (   )N을 곱한 하중을 가하는 경우 파괴·균열 및 현저한 변형이 없어야 한다.

① 250 ② 750 ③ 1,500 ④ 5,000

71. 상수도 소화용수설비의 설치기준 중 다음 (   ) 안에 알맞은 것은?

호칭 지름 (㉠)mm 이상의 수도배관에 호칭 지름 (㉡)mm 이상의 소화전을 접속하여야 하며, 소화전은 특정소방대상물의 수평 투영면의 각 부분으로부터 (㉢)m 이하가 되도록 설치할 것

① ㉠ 65, ㉡ 100, ㉢ 120
② ㉠ 65, ㉡ 100, ㉢ 140
③ ㉠ 75, ㉡ 100, ㉢ 120
④ ㉠ 75, ㉡ 100, ㉢ 140

72. 물분무소화설비를 설치하는 차고 또는 주차장의 배수설비 설치기준 중 틀린 것은?

① 차량이 주차하는 장소의 적당한 곳에 높이 10cm 이상의 경계턱으로 배수구를 설치할 것
② 배수구에는 새어나온 기름을 모아 소화할 수 있도록 길이 30m 이하마다 집수관·소화핏트 등 기름분리장치를 설치할 것
③ 차량이 주차하는 바닥은 배수구를 향하여 100분의 2 이상의 기울기를 유지할 것
④ 배수설비는 가압송수장치의 최대송수능력의 수량을 유효하게 배수할 수 있는 크기 및 기울기로 할 것

73. 할로겐화합물 및 불활성기체소화약제 소화설비를 설치한 특정소방대상물 또는 그 부분에 대한 자동폐쇄장치의 설치기준 중 다음 (   ) 안에 알맞은 것은?

> 개구부가 있거나 천장으로부터 (㉠)m 이상의 아래 부분 또는 바닥으로부터 해당 층의 높이의 (㉡) 이내의 부분에 통기구가 있어 할로겐화합물 및 불활성기체소화약제의 유출에 따라 소화효과를 감소시킬 우려가 있는 것은 할로겐화합물 및 불활성기체소화약제가 방사되기 전에 당해 개구부 및 통기구를 폐쇄할 수 있도록 할 것

① ㉠ 1, ㉡ 3분의 2   ② ㉠ 2, ㉡ 3분의 2
③ ㉠ 1, ㉡ 2분의 1   ④ ㉠ 2, ㉡ 2분의 1

74. 특별피난계단의 계단실 및 부속실 제연설비의 비상전원은 제연설비를 유효하게 최소 몇 분 이상 작동할 수 있도록 하여야 하는가? (단, 층수가 30층 이상 49층 이하인 경우이다.)

① 20   ② 30   ③ 40   ④ 60

75. 스프링클러헤드를 설치하는 천장·반자·천장과 반자사이·덕트·선반 등의 각 부분으로부터 하나의 스프링클러헤드까지의 수평거리 기준으로 틀린 것은?

① 무대부에 있어서는 1.7m 이하
② 랙크식 창고에 있어서는 2.5m 이하
③ 공동주택(아파트) 세대 내의 거실에 있어서는 3.2m 이하
④ 특수가연물을 저장 또는 취급하는 장소에 있어서는 2.1m 이하

76. 소화약제 외의 것을 이용한 간이소화용구의 능력단위 기준 중 다음 (   )안에 알맞은 것은?

간이 소화용구		능력단위
팽창질석 또는 팽창진주암	삽을 상비한 (㉠)L 이상의 것 1포	0.5 단위
마른모래	삽을 상비한 (㉡)L 이상의 것 1포	

① ㉠ 80, ㉡ 50   ② ㉠ 50, ㉡ 160
③ ㉠ 100, ㉡ 80   ④ ㉠ 100, ㉡ 160

77. 물분무헤드를 설치하지 아니할 수 있는 장소의 기준 중 다음 (   ) 안에 알맞은 것은?

> 운전 시에 표면의 온도가 (   )℃ 이상으로 되는 등 직접 분무를 하는 경우 그 부분에 손상을 입힐 우려가 있는 기계장치 등이 있는 장소

① 160   ② 200   ③ 260   ④ 300

78. 할로겐화합물 및 불활성기체소화약제 저장용기의 설치장소 기준 중 다음 (   ) 안에 알맞은 것은?

> 할로겐화합물 및 불활성기체소화약제의 저장용기는 온도가 (   )℃ 이하이고, 온도의 변화가 작은 곳에 설치할 것

① 40   ② 55   ③ 60   ④ 75

79. 포 소화약제의 저장량 설치기준 중 포헤드방식 및 압축공기포소화설비에 있어서 하나의 방사구역 안에 설치된 포헤드를 동시에 개방하여 표준방사량으로 몇 분간 방사할 수 있는 양 이상으로 하여야 하는가?

① 10   ② 20   ③ 30   ④ 60

80. 폐쇄형간이헤드를 사용하는 설비의 경우로서 1개 층에 하나의 급수배관(또는 밸브 등)이 담당하는 구역의 최대면적은 몇 ㎡를 초과하지 아니하여야 하는가?

① 1000   ② 2000   ③ 2500   ④ 3000

2018년 제1회 소방설비기사(기계분야)

본 지면은 CBT시험의 컴퓨터 화면과 비슷하게 구성한 화면입니다.

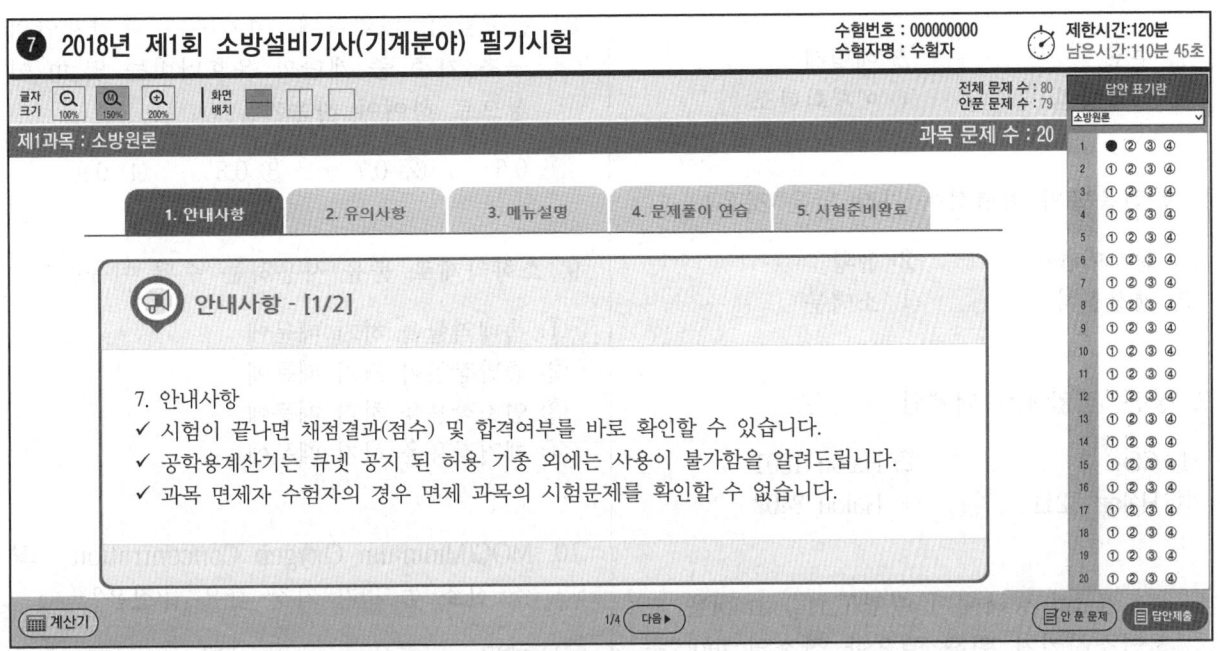

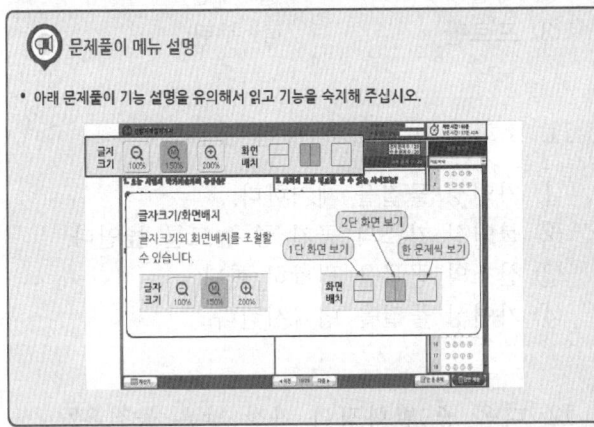

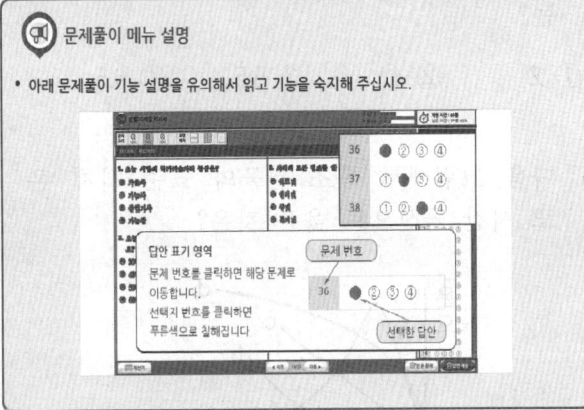

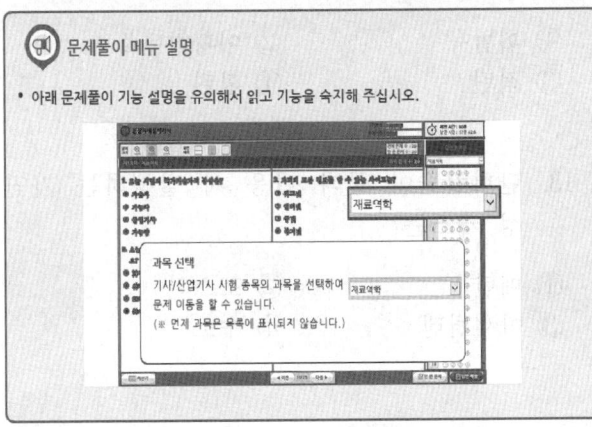

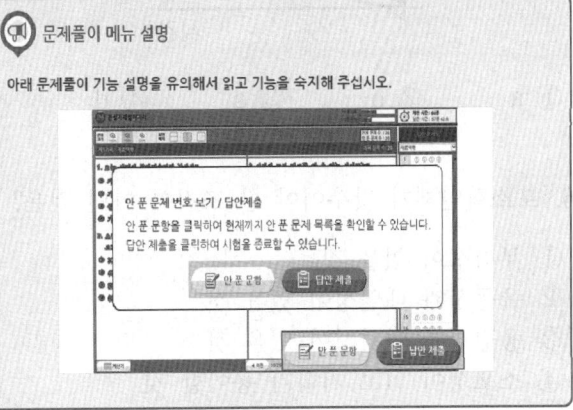

제1과목 : 소방원론

1. 다음의 가연성 물질 중 위험도가 가장 높은 것은?
   ① 수소 ② 에틸렌
   ③ 아세틸렌 ④ 이황화탄소

2. 분진폭발의 위험성이 가장 낮은 것은?
   ① 알루미늄분 ② 유황
   ③ 팽창질석 ④ 소맥분

3. 상온, 상압에서 액체인 물질은?
   ① CO_2 ② Halon 1301
   ③ Halon 1211 ④ Halon 2402

4. 0℃, 1atm 상태에서 부탄(C_4H_{10}) 1mol을 완전연소시키기 위해 필요한 산소의 mol 수는?
   ① 2 ② 4 ③ 5.5 ④ 6.5

5. 다음 그림에서 목조 건물의 표준 화재 온도 시간 곡선으로 옳은 것은?

   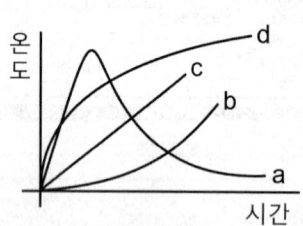

   ① a ② b ③ c ④ d

6. 포소화약제가 갖추어야 할 조건이 아닌 것은?
   ① 부착성이 있을 것
   ② 유동성과 내열성이 있을 것
   ③ 응집성과 안정성이 있을 것
   ④ 소포성이 있고 기화가 용이할 것

7. 건축물 내 방화벽에 설치하는 출입문의 너비 및 높이의 기준은 각각 몇 m 이하인가?
   ① 2.5 ② 3.0 ③ 3.5 ④ 4.0

8. 건축물의 바깥쪽에 설치하는 피난계단의 구조 기준 중 계단의 유효너비는 몇 m 이상으로 하여야 하는가?
   ① 0.6 ② 0.7 ③ 0.8 ④ 0.9

9. 소화약제로 물을 사용하는 주된 이유는?
   ① 촉매역할을 하기 때문에
   ② 증발잠열이 크기 때문에
   ③ 연소작용을 하기 때문에
   ④ 제거작용을 하기 때문에

10. MOC(Minimum Oxygen Concentration : 최소 산소 농도)가 가장 작은 물질은?
    ① 메탄 ② 에탄
    ③ 프로판 ④ 부탄

11. 소화의 방법으로 틀린 것은?
    ① 가연성 물질을 제거한다.
    ② 불연성 가스의 공기 중 농도를 높인다.
    ③ 산소의 공급을 원활히 한다.
    ④ 가연성 물질을 냉각시킨다.

12. 다음 중 발화점이 가장 낮은 물질은?
    ① 휘발유 ② 이황화탄소
    ③ 적린 ④ 황린

13. 탄화칼슘이 물과 반응 시 발생하는 가연성 가스는?
    ① 메탄 ② 포스핀
    ③ 아세틸렌 ④ 수소

14. 수성막포 소화약제의 특성에 대한 설명으로 틀린 것은?

① 내열성이 우수하여 고온에서 수성막의 형성이 용이하다.
② 기름에 의한 오염이 적다.
③ 다른 소화약제와 병용하여 사용이 가능하다.
④ 불소계 계면활성제가 주성분이다.

15. Fourier법칙(전도)에 대한 설명으로 틀린 것은?

① 이동열량은 전열체의 단면적에 비례한다.
② 이동열량은 전열체의 두께에 비례한다.
③ 이동열량은 전열체의 열전도도에 비례한다.
④ 이동열량은 전열체 내·외부의 온도차에 비례한다.

16. 대두유가 침적된 기름걸레를 쓰레기통에 장시간 방치한 결과 자연발화에 의하여 화재가 발생한 경우 그 이유로 옳은 것은?

① 분해열 축적   ② 산화열 축적
③ 흡착열 축적   ④ 발효열 축적

17. 1기압상태에서, 100℃ 물 1g이 모두 기체로 변할 때 필요한 열량은 몇 cal인가?

① 429   ② 499   ③ 539   ④ 639

18. pH9 정도의 물을 보호액으로 하여 보호액 속에 저장하는 물질은?

① 나트륨   ② 탄화칼슘
③ 칼륨   ④ 황린

19. 위험물안전관리법령에서 정하는 위험물의 한계에 대한 정의로 틀린 것은?

① 유황은 순도가 60 중량퍼센트 이상인 것
② 인화성고체는 고형알코올 그 밖에 1기압에서 인화점이 섭씨 40도 미만인 고체
③ 과산화수소는 그 농도가 35 중량퍼센트 이상인 것
④ 제1석유류는 아세톤, 휘발유 그 밖에 1기압에서 인화점이 섭씨 21도 미만인 것

20. 고분자 재료와 열적 특성의 연결이 옳은 것은?

① 폴리염화비닐 수지 - 열가소성
② 페놀 수지 - 열가소성
③ 폴리에틸렌 수지 - 열경화성
④ 멜라민 수지 - 열가소성

제2과목 : 소방유체역학

21. 유속 6m/s로 정상류의 물이 화살표 방향으로 흐르는 배관에 압력계와 피토계가 설치되어 있다. 이때 압력계의 계기압력이 300kPa 이었다면 피토계의 계기압력은 약 몇 kPa인가?

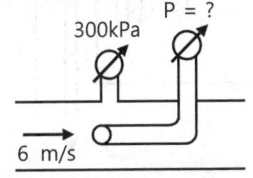

① 180   ② 280   ③ 318   ④ 336

22. 관내에 흐르는 유체의 흐름을 구분하는데 사용되는 레이놀즈 수의 물리적인 의미는?

① 관성력/중력   ② 관성력/탄성력
③ 관성력/압축력   ④ 관성력/점성력

23. 정육면체의 그릇에 물을 가득 채울 때, 그릇 밑면이 받는 압력에 의한 수직방향 평균 힘의 크기를 P라고 하면, 한 측면이 받는 압력에 의한 수평방향 평균 힘의 크기는 얼마인가?

① 0.5P   ② P   ③ 2P   ④ 4P

24. 그림과 같이 수직 평판에 속도 2m/s로 단면적이 0.01㎡인 물제트가 수직으로 세워진 벽면에 충돌하고 있다. 벽면의 오른쪽에서 물제트를 왼쪽 방향으로 쏘아 벽면의 평형을 이루게 하려면 물제트의 속도를 약 몇 m/s로 해야 하는가? (단, 오른쪽에서 쏘는 물제트의 단면적은 0.005㎡ 이다.)

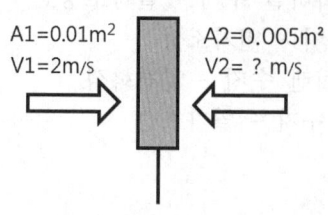

① 1.42　② 2.00　③ 2.83　④ 4.00

25. 그림과 같은 사이펀에서 마찰손실을 무시할 때, 사이펀 끝단에서의 속도(V)가 4m/s이기 위해서는 h가 약 몇 m이어야 하는가?

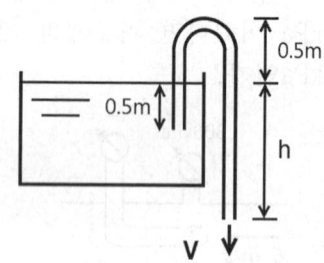

① 0.82m　② 0.77m　③ 0.72m　④ 0.87m

26. 펌프에 의하여 유체에 실제로 주어지는 동력은? (단, Lw는 동력(kW), γ는 물의 비중량(N/㎥), Q는 토출량(㎥/min), H는 전양정(m), g는 중력가속도(m/s²)이다.)

① $L_w = \dfrac{\gamma Q H}{102 \times 60}$　② $L_w = \dfrac{\gamma Q H}{1000 \times 60}$

③ $L_w = \dfrac{\gamma Q H g}{102 \times 60}$　④ $L_w = \dfrac{\gamma Q H g}{1000 \times 60}$

27. 성능이 같은 3대의 펌프를 병렬로 연결하였을 경우 양정과 유량은 얼마인가? (단, 펌프 1대에서 유량은 Q, 양정은 H라고 한다.)

① 유량은 9Q, 양정은 H
② 유량은 9Q, 양정은 3H
③ 유량은 3Q, 양정은 3H
④ 유량은 3Q, 양정은 H

28. 비압축성 유체의 2차원 정상 유동에서 x방향의 속도를 u, y방향의 속도를 v라고 할 때 다음에 주어진 식들 중에서 연속방정식을 만족하는 것은 어느 것인가?

① u=2x+2y, v=2x-2y
② u=x+2y, v=x²-2y
③ u=2x+y, v=x²+2y
④ u=x+2y, v=2x-y²

29. 다음 중 동력의 단위가 아닌 것은?

① J/s　　　　② W
③ kg·㎡/s　　④ N·m/s

30. 지름 10㎝인 금속구가 대류에 의해 열을 외부공기로 방출한다. 이때 발생하는 열전달량이 40W이고, 구 표면과 공기 사이의 온도차가 50℃라면 공기와 구 사이의 대류 열전달 계수 W/(㎡·K)는 약 얼마인가?

① 25　② 50　③ 75　④ 100

31. 지름 0.4m인 관에 물이 0.5㎥/s로 흐를 때 길이 300m에 대한 동력손실은 60kW였다. 이때 관마찰계수 f는 약 얼마인가?

① 0.015　　② 0.020
③ 0.025　　④ 0.030

32. 체적이 10㎥인 기름의 무게가 30,000N이라면 이 기름의 비중은 얼마인가? (단, 물의 밀도는 1000kg/㎥이다.)

① 0.153　　② 0.306
③ 0.459　　④ 0.612

33. 비열에 대한 다음 설명 중 틀린 것은?

① 정적비열은 체적이 일정하게 유지되는 동안 온도변화에 대한 내부에너지 변화율이다.
② 정압비열을 정적비열로 나눈 것이 비열비이다.
③ 정압비열은 압력이 일정하게 유지될 때 온도변화에 대한 엔탈피 변화율이다.
④ 비열비는 일반적으로 1보다 크나 1보다 작은 물질도 있다.

34. 비중 0.92인 빙산이 비중 1.025의 바닷물 수면에 떠 있다. 수면 위에 나온 빙산의 체적이 150㎥이면 빙산의 전체 체적은 약 몇 ㎥인가?

① 1314   ② 1464   ③ 1725   ④ 1875

35. 초기 상태에서 압력 100kPa, 온도 15℃인 공기가 있다. 공기의 부피가 초기 부피의 1/20이 될 때까지 단열압축할 때 압축 후의 온도는 약 몇 ℃인가? (단, 공기의 비열비는 1.4이다.)

① 54   ② 348   ③ 682   ④ 912

36. 수격작용에 대한 설명으로 맞는 것은?

① 관로가 변할 때 물의 급격한 압력 저하로 인해 수중에서 공기가 분리되어 기포가 발생하는 것을 말한다.
② 펌프의 운전 중에 송출압력과 송출유량이 주기적으로 변동하는 현상을 말한다.
③ 관로의 급격한 온도변화로 인해 응결되는 현상을 말한다.
④ 흐르는 물을 갑자기 정지시킬 때 수압이 급격히 변화하는 현상을 말한다.

37. 그림에서 h_1=120mm, h_2=180mm, h_3=100mm 일 때 A에서의 압력과 B에서의 압력의 차이 (P_A-P_B)를 구하면? (단, A, B 속의 액체는 물이고, 차압액주계에서의 중간 액체는 수은(비중 13.6)이다.)

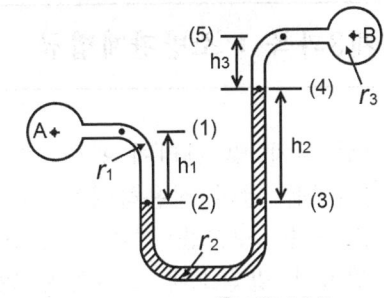

① 20.4 kPa   ② 23.8 kPa
③ 26.4 kPa   ④ 29.8 kPa

38. 원형 단면을 가진 관 내에 유체가 완전 발달된 비압축성 층류유동으로 흐를 때 전단응력은?

① 중심에서 0이고, 중심선으로부터 거리에 비례하여 변한다.
② 관벽에서 0이고, 중심선에서 최대이며 선형 분포한다.
③ 중심에서 0이고, 중심선으로부터 거리의 제곱에 비례하여 변한다.
④ 전 단면에 걸쳐 일정하다.

39. 부피가 0.3㎥으로 일정한 용기 내의 공기가 원래 300kPa(절대압력), 400K의 상태였으나, 일정 시간동안 출구가 개방되어 공기가 빠져나가 200kPa(절대압력), 350K의 상태가 되었다. 빠져나간 공기의 질량은 약 몇 g인가? (단, 공기는 이상기체로 가정하며 기체상수는 287J/(kg·K)이다.)

① 74   ② 187
③ 295   ④ 388

40. 한 변의 길이가 L인 정사각형 단면의 수력지름(hydraulic diameter)은?

① L/4   ② L/2
③ L   ④ 2L

제3과목 : 소방관계법규

41. 소방시설 설치 및 관리에 관한 법령상 화재안전기준을 달리 적용하여야 하는 특수한 용도 또는 구조를 가진 특정소방대상물인 원자력 발전소에 설치하지 않을 수 있는 소방시설은?

① 물분무등소화설비 ② 스프링클러설비
③ 상수도소화용수설비 ④ 연결살수설비

42. 위험물안전관리법상 시·도지사의 허가를 받지 아니하고 당해 제조소등을 설치할 수 있는 기준 중 다음 ( ) 안에 알맞은 것은?

농예용·축산용 또는 수산용으로 필요한 난방시설 또는 건조시설을 위한 지정수량 ( )배 이하의 저장소

① 20 ② 30 ③ 40 ④ 50

43. 소방시설공사업법상 특정소방대상물의 관계인 또는 발주자가 해당 도급계약의 수급인을 도급계약 해지할 수 있는 경우의 기준 중 틀린 것은?

① 하도급계약의 적정성 심사 결과 하수급인 또는 하도급계약 내용의 변경 요구에 정당한 사유 없이 따르지 아니하는 경우
② 정당한 사유 없이 15일 이상 소방시설공사를 계속하지 아니하는 경우
③ 소방시설업이 등록 취소되거나 영업 정지된 경우
④ 소방시설업을 휴업하거나 폐업한 경우

44. 소방시설공사업법령상 소방시설공사 완공검사를 위한 현장확인 대상 특정소방대상물의 범위가 아닌 것은?

① 위락시설   ② 판매시설
③ 운동시설   ④ 창고시설

45. 화재의 예방 및 안전관리에 관한 법령상 특수가연물의 저장 및 취급의 기준 중 다음 ( ) 안에 알맞은 것은? (단, 석탄·목탄류를 발전용으로 저장하는 경우는 제외한다.)

살수설비를 설치하거나, 방사능력 범위에 해당 특수가연물이 포함되도록 대형수동식소화기를 설치하는 경우에는 쌓는 높이를 (㉠)미터 이하, 석탄·목탄류의 경우에는 쌓는 부분의 바닥면적을 (㉡) 제곱미터 이하로 할 수 있다.

① ㉠ 10, ㉡ 50   ② ㉠ 10, ㉡ 200
③ ㉠ 15, ㉡ 200 ④ ㉠ 15, ㉡ 300

46. 소방시설 설치 및 관리에 관한 법령상 중앙소방기술심의위원회의 심의사항이 아닌 것은?

① 화재안전기준에 관한 사항
② 소방시설의 설계 및 공사감리의 방법에 관한 사항
③ 소방시설에 하자가 있는지의 판단에 관한 사항
④ 소방시설공사의 하자를 판단하는 기준에 관한 사항

47. 소방시설 설치 및 관리에 관한 법령상 단독경보형감지기를 설치해야 하는 특정소방대상물의 기준 중 옳은 것은?

① 연면적 500m^2 미만의 유치원
② 공동주택 중 아파트 및 다세대주택
③ 수련시설 내에 있는 연면적 2000m^2 미만의 합숙소
④ 교육연구시설 내에 있는 연면적 1000m^2 미만의 기숙사

48. 소방시설 설치 및 관리에 관한 법령상 용어의 정의 중 다음 ( ) 안에 알맞은 것은?

특정소방대상물이란 건축물 등의 규모·용도 및 수용인원 등을 고려하여 소방시설을 설치하여야 하는 소방대상물로서 ( )으로 정하는 것을 말한다.

① 행정안전부령 ② 국토교통부령
③ 고용노동부령 ④ 대통령령

49. 화재의 예방 및 안전관리에 관한 법령상 소방안전 특별관리시설물의 대상 기준 중 틀린 것은?

① 수련시설
② 항만시설
③ 전력용 및 통신용 지하구
④ 지정문화재인 시설(시설이 아닌 지정문화재를 보호하거나 소장하고 있는 시설을 포함)

50. 위험물안전관리법령상 인화성액체위험물(이황화탄소를 제외)의 옥외탱크저장소의 탱크 주위에 설치하여야 하는 방유제의 설치기준 중 틀린 것은?

① 방유제 내의 면적은 60,000㎡ 이하로 하여야 한다.
② 방유제는 높이 0.5m 이상 3m 이하, 두께 0.2 이상, 지하매설깊이 1m 이상으로 할 것. 다만, 방유제와 옥외저장탱크 사이의 지반면 아래에 불침윤성 구조물을 설치하는 경우에는 지하매설깊이를 해당 불침윤성 구조물까지로 할 수 있다.
③ 방유제의 용량은 방유제 안에 설치된 탱크가 하나인 때에는 그 탱크 용량의 110% 이상, 2기 이상인 때에는 그 탱크 중 용량이 최대인 것의 용량의 110% 이상으로 하여야 한다.
④ 방유제는 철근콘크리트로 하고, 방유제와 옥외저장탱크 사이의 지표면은 불연성과 불침윤성이 있는 구조(철근콘크리트 등)로 할 것. 다만, 누출된 위험물을 수용할 수 있는 전용유조 및 펌프 등의 설비를 갖춘 경우에는 방유제와 옥외저장탱크 사이의 지표면을 흙으로 할 수 있다.

51. 화재의 예방 및 안전관리에 관한 법령상 특수가연물의 품명별 수량 기준으로 틀린 것은?

① 합성수지류(발포시킨 것) : 20㎥ 이상
② 가연성액체류 : 2㎥ 이상
③ 넝마 및 종이부스러기 : 400kg 이상
④ 볏짚류 : 1000kg 이상

52. 위험물안전관리법상 업무상 과실로 제조소등에서 위험물을 유출·방출 또는 확산시켜 사람의 생명·신체 또는 재산에 대하여 위험을 발생시킨 자에 대한 벌칙 기준으로 옳은 것은?

① 10년 이하의 징역 또는 금고나 1억원 이하의 벌금
② 7년 이하의 금고 또는 7천만원 이하의 벌금
③ 5년 이하의 징역 또는 1억원 이하의 벌금
④ 3년 이하의 징역 또는 3천만원 이하의 벌금

53. 위험물안전관리법령상 제조소의 위치·구조 및 설비의 기준 중 위험물을 취급하는 건축물 그 밖의 시설의 주위에는 그 취급하는 위험물을 최대수량이 지정수량의 10배 이하인 경우 보유하여야 할 공지의 너비는 몇 m 이상 이어야 하는가?

① 3   ② 5   ③ 8   ④ 10

54. 소방시설 설치 및 관리에 관한 법령상 자체점검 중 종합점검 실시 대상이 되는 특정소방대상물의 기준 중 다음 (   )안에 알맞은 것은?

- (㉠)가 설치된 특정소방대상물
- 물분무등소화설비[호스릴(hose reel) 방식의 물분무등소화설비만을 설치한 경우는 제외한다]가 설치된 연면적 (㉡) 이상인 특정소방대상물(제조소등은 제외한다)

① ㉠ 스프링클러설비, ㉡ 3000㎡
② ㉠ 스프링클러설비, ㉡ 5000㎡
③ ㉠ 제연설비, ㉡ 3000㎡
④ ㉠ 제연설비, ㉡ 5000㎡

55. 소방기본법상 소방업무의 응원에 대한 설명 중 틀린 것은?

① 소방본부장이나 소방서장은 소방활동을 할 때에 긴급한 경우에는 이웃한 소방본부장 또는 소방서장에게 소방업무의 응원을 요청할 수 있다.
② 소방업무의 응원 요청을 받은 소방본부장 또는 소방서장은 정당한 사유 없이 그 요청을 거절하여서는 아니 된다.
③ 소방업무의 응원을 위하여 파견된 소방대원은 응원을 요청한 소방본부장 또는 소방서장의 지휘에 따라야 한다.
④ 시·도지사는 소방업무의 응원을 요청하는 경우를 대비하여 출동 대상지역 및 규모와 필요한 경비의 부담 등에 관하여 필요한 사항을 대통령령으로 정하는 바에 따라 이웃하는 시·도지사와 협의하여 미리 규약으로 정하여야 한다.

56. 화재의 예방 및 안전관리에 관한 법령상 소방안전관리대상물의 관계인이 소방훈련 및 교육을 하지 않은 경우 1차 위반 시 과태료 금액 기준으로 옳은 것은?

① 200만원　　② 100만원
③ 50만원　　　④ 30만원

57. 화재의 예방 및 안전관리에 관한 법령상 시·도지사가 화재예방강화지구로 지정할 필요가 있는 지역을 화재예방강화지구로 지정하지 아니하는 경우 해당 시·도지사에게 해당 지역의 화재예방강화지구 지정을 요청할 수 있는 자는?

① 행정안전부장관　　② 소방청장
③ 소방본부장　　　　④ 소방서장

58. 관리의 권원이 분리되어 있는 특정소방대상물의 관계인은 소유권, 관리권 및 점유권에 따라 각각 소방안전관리자를 선임해야 한다. 이 때 법에서 규정하고 있는 관리의 권원이 분리된 특정소방대상물에 해당하지 않는 것은?

① 판매시설 중 상점
② 지하층을 제외한 층수가 11층 이상인 복합건축물
③ 지하가(지하의 인공구조물 안에 설치된 상점 및 사무실, 그 밖에 이와 비슷한 시설이 연속하여 지하도에 접하여 설치된 것과 그 지하도를 합한 것)
④ 복합건축물로서 연면적 3만제곱미터 이상인 건축물

59. 화재의 예방 및 안전관리에 관한 법령상 일반음식점 주방에서 조리를 위하여 불을 사용하는 설비를 설치하는 경우 지켜야 하는 사항 중 다음 (　) 안에 알맞은 것은?

- 주방설비에 부속된 배출덕트(공기 배출통로)는 (㉠)밀리미터 이상의 아연도금강판 또는 이와 같거나 그 이상의 내식성 불연재료로 설치할 것
- 열을 발생하는 조리기구로부터 (㉡)미터 이내의 거리에 있는 가연성 주요구조부는 단열성이 있는 불연재료로 덮어 씌울 것

① ㉠ 0.5, ㉡ 0.15　　② ㉠ 0.5, ㉡ 0.6
③ ㉠ 0.6, ㉡ 0.15　　④ ㉠ 0.6, ㉡ 0.5

60. 소방기본법령상 소방용수시설별 설치기준 중 옳은 것은?

① 저수조는 지면으로부터의 낙차가 4.5m 이상일 것
② 소화전은 상수도와 연결하여 지하식 또는 지상식의 구조로 하고, 소방용 호스와 연결하는 소화전의 연결금속구의 구경은 50mm로 할 것
③ 저수조 흡수관의 투입구가 사각형의 경우에는 한 변의 길이가 60cm 이상일 것
④ 급수탑 급수배관의 구경은 65mm 이상으로 하고, 개폐밸브는 지상에서 0.8m 이상, 1.5m 이하의 위치에 설치하도록 할 것

제4과목 : 소방기계시설의 구조 및 원리

61. 제연설비의 배출량 기준 중 다음 ( ) 안에 알맞은 것은?

> 거실의 바닥면적이 400 ㎡ 미만으로 구획된 예상제연구역에 대한 배출량은 바닥면적 1㎡당 (㉠) ㎥/min 이상으로 하되, 예상제연구역에 대한 최저 배출량은 (㉡) ㎥/hr 이상으로 할 것

① ㉠ 0.5, ㉡ 10000
② ㉠ 1, ㉡ 5000
③ ㉠ 1.5, ㉡ 15000
④ ㉠ 2, ㉡ 5000

62. 케이블트레이에 물분무소화설비를 설치하는 경우 저장하여야 할 수원의 최소 저수량은 몇 ㎥인가? (단, 케이블트레이의 투영된 바닥면적은 70㎡이다.)

① 12.4   ② 14   ③ 16.8   ④ 28

63. 호스릴 이산화탄소소화설비의 노즐은 20℃에서 하나의 노즐마다 몇 kg/min 이상의 소화약제를 방사할 수 있는 것이어야 하는가?

① 40   ② 50   ③ 60   ④ 80

64. 차고·주차장의 부분에 호스릴포소화설비 또는 포소화전설비를 설치할 수 있는 기준 중 맞는 것은?

① 지상 1층으로서 지붕이 없는 부분
② 지상에서 수동 또는 원격 조작에 따라 개방이 가능한 개구부의 유효면적의 합계가 바닥면적의 20% 이상인 부분
③ 옥외로 통하는 개구부가 상시 개방된 구조의 부분으로서 그 개방된 부분의 합계면적이 해당 차고 또는 주차장의 바닥면적의 15% 이상인 부분
④ 완전 개방된 옥상주차장 또는 고가 밑의 주차장으로서 주된 벽이 있고 기둥뿐이거나 주위가 위해방지용 철주 등으로 둘러쌓인 부분

65. 특별피난계단의 계단실 및 부속실 제연설비의 수직풍도에 따른 배출기준 중 각층의 옥내와 면하는 수직풍도의 관통부에 설치하여야 하는 배출댐퍼 설치기준으로 틀린 것은?

① 화재층의 옥내에 설치된 화재감지기의 동작에 따라 당해층의 댐퍼가 개방될 것
② 풍도의 배출댐퍼는 이·탈착구조가 되지 않도록 설치할 것
③ 개폐여부를 당해 장치 및 제어반에서 확인할 수 있는 감지기능을 내장하고 있을 것
④ 배출댐퍼는 두께 1.5㎜ 이상의 강판 또는 이와 동등 이상의 성능이 있는 것으로 설치하여야 하며 비 내식성 재료의 경우에는 부식방지 조치를 할 것

66. 인명구조기구의 종류가 아닌 것은?

① 방열복   ② 구조대
③ 공기호흡기   ④ 인공소생기

67. 분말소화약제의 가압용 가스용기의 설치기준 중 틀린 것은?

① 분말 소화약제의 저장용기에 접속하여 설치하여야 한다.
② 가압용가스는 질소가스 또는 이산화탄소로 하여야 한다.
③ 가압용 가스용기를 3병 이상 설치한 경우에는 2개 이상의 용기에 전자개방밸브를 부착하여야 한다.
④ 가압용 가스용기에는 2.5 MPa 이상의 압력에서 압력 조정이 가능한 압력조정기를 설치하여야 한다.

68. 스프링클러헤드의 설치기준 중 옳은 것은?

① 살수가 방해되지 아니하도록 스프링클러헤드로부터 반경 30cm 이상의 공간을 보유할 것
② 스프링클러헤드와 그 부착면과의 거리는 60cm 이하로 할 것
③ 측벽형스프링클러헤드를 설치하는 경우 긴 변의 한쪽 벽에 일렬로 설치하고 3.2m 이내마다 설치할 것
④ 연소할 우려가 있는 개구부에는 그 상하좌우에 2.5m 간격으로 스프링클러헤드를 설치하되, 스프링클러헤드와 개구부의 내측 면으로부터 직선거리는 15cm 이하가 되도록 할 것

69. 포헤드의 설치기준 중 다음 ( ) 안에 알맞은 것은?

압축공기포소화설비의 분사헤드는 천장 또는 반자에 설치하되 방호대상물에 따라 측벽에 설치할 수 있으며 유류탱크 주위에는 바닥면적 (㉠)㎡ 마다 1개 이상, 특수가연물 저장소에는 바닥면적 (㉡)㎡ 마다 1개 이상으로 당해 방호대상물의 화재를 유효하게 소화할 수 있도록 할 것

① ㉠ 8, ㉡ 9
② ㉠ 9, ㉡ 8
③ ㉠ 9.3, ㉡ 13.9
④ ㉠ 13.9, ㉡ 9.3

70. 분말소화설비의 수동식 기동장치의 부근에 설치하는 비상스위치에 대한 설명으로 옳은 것은?

① 자동복귀형 스위치로서 수동식 기동장치의 타이머를 순간정지 시키는 기능의 스위치를 말한다.
② 자동복귀형 스위치로서 수동식 기동장치가 수신기를 순간정지 시키는 기능의 스위치를 말한다.
③ 수동복귀형 스위치로서 수동식 기동장치의 타이머를 순간정지 시키는 기능의 스위치를 말한다.
④ 수동복귀형 스위치로서 수동식 기동장치가 수신기를 순간정지 시키는 기능의 스위치를 말한다.

71. 이산화탄소 소화설비의 배관의 설치기준 중 다음 ( ) 안에 알맞은 것은?

고압식의 경우 개폐밸브 또는 선택밸브의 2차측 배관부속은 호칭 압력 2.0MPa 이상의 것을 사용하여야 하며, 1차측 배관부속은 호칭 압력 (㉠) MPa 이상의 것을 사용하여야 하고, 저압식의 경우에는 (㉡) MPa 의 압력에 견딜 수 있는 배관부속을 사용할 것

① ㉠ 3.0, ㉡ 2.0
② ㉠ 4.0, ㉡ 2.0
③ ㉠ 3.0, ㉡ 2.5
④ ㉠ 4.0, ㉡ 2.5

72. 옥외소화전설비 설치 시 고가수조의 자연낙차를 이용한 가압송수장치의 설치기준 중 고가수조의 최소 자연낙차수두 산출공식으로 옳은 것은? (단, H: 필요한 낙차(m), h_1: 소방용 호스 마찰손실 수두(m), h_2: 배관의 마찰손실 수두(m)이다.)

① $H = h_1 + h_2 + 25$
② $H = h_1 + h_2 + 17$
③ $H = h_1 + h_2 + 12$
④ $H = h_1 + h_2 + 10$

73. 물분무헤드의 설치제외 기준 중 다음 ( ) 안에 알맞은 것은?

운전 시에 표면의 온도가 ( )℃ 이상으로 되는 등 직접 분무를 하는 경우 그 부분에 손상을 입힐 우려가 있는 기계장치 등이 있는 장소

① 100   ② 260   ③ 280   ④ 980

74. 연면적이 35,000㎡인 특정소방대상물에 소화용수설비를 설치하는 경우 소화수조의 최소 저수량은 약 몇 ㎡인가? (단, 지상 1층 및 2층의 바닥면적 합계가 15,000㎡ 이상인 경우이다.)

① 28   ② 46.7   ③ 56   ④ 100

75. 소화기에 호스를 부착하지 아니할 수 있는 기준 중 틀린 것은?

① 소화약제의 중량이 2kg 이하의 분말소화기
② 소화약제의 중량이 3kg 이하인 이산화탄소소화기
③ 소화약제의 중량이 4kg 이하인 할로겐화합물소화기
④ 소화약제의 중량이 5kg 이하인 산알칼리소화기

76. 고정식 사다리의 구조에 따른 분류로 틀린 것은?

① 굽히는식 ② 수납식
③ 접는식   ④ 신축식

77. 폐쇄형 스프링클러헤드 퓨지블링크형의 표시온도가 121℃~162℃인 경우 프레임의 색별로 옳은 것은? (단, 폐쇄형헤드이다.)

① 파랑 ② 빨강 ③ 초록 ④ 흰색

78. 발전실의 용도로 사용되는 바닥면적이 280㎡인 발전실에 부속용도별로 추가하여야 할 적응성이 있는 소화기의 최소 수량은 몇 개인가?

① 2 ② 4 ③ 6 ④ 12

79. 습식유수검지장치를 사용하는 스프링클러설비에 동장치를 시험할 수 있는 시험장치의 설치위치 기준으로 옳은 것은?

① 유수검지장치 2차측 배관에 연결하여 설치할 것
② 교차관의 중간 부분에 연결하여 설치할 것
③ 유수검지장치의 측면배관에 연결하여 설치할 것
④ 유수검지장치에서 가장 먼 가지배관의 끝으로부터 연결하여 설치할 것

80. 물분무소화설비 수원의 저수량 설치기준으로 옳지 않은 것은?

① 특수가연물을 저장 또는 취급하는 특정소방대상물 또는 그 부분에 있어서 그 바닥면적 1㎡에 대하여 10 L/min로 20분간 방수할 수 있는 양 이상으로 할 것
② 차고 또는 주차장은 그 바닥면적 1㎡에 대하여 20 L/min로 20분간 방수할 수 있는 양 이상으로 할 것
③ 케이블덕트는 투영된 바닥면적 1㎡에 대하여 12 L/min로 20분간 방수할 수 있는 양 이상으로 할 것
④ 컨베이어 벨트 등은 벨트부분의 바닥면적 1㎡에 대하여 20 L/min로 20분간 방수할 수 있는 양 이상으로 할 것

2018년 제2회 소방설비기사(기계분야)

본 지면은 CBT시험의 컴퓨터 화면과 비슷하게 구성한 화면입니다.

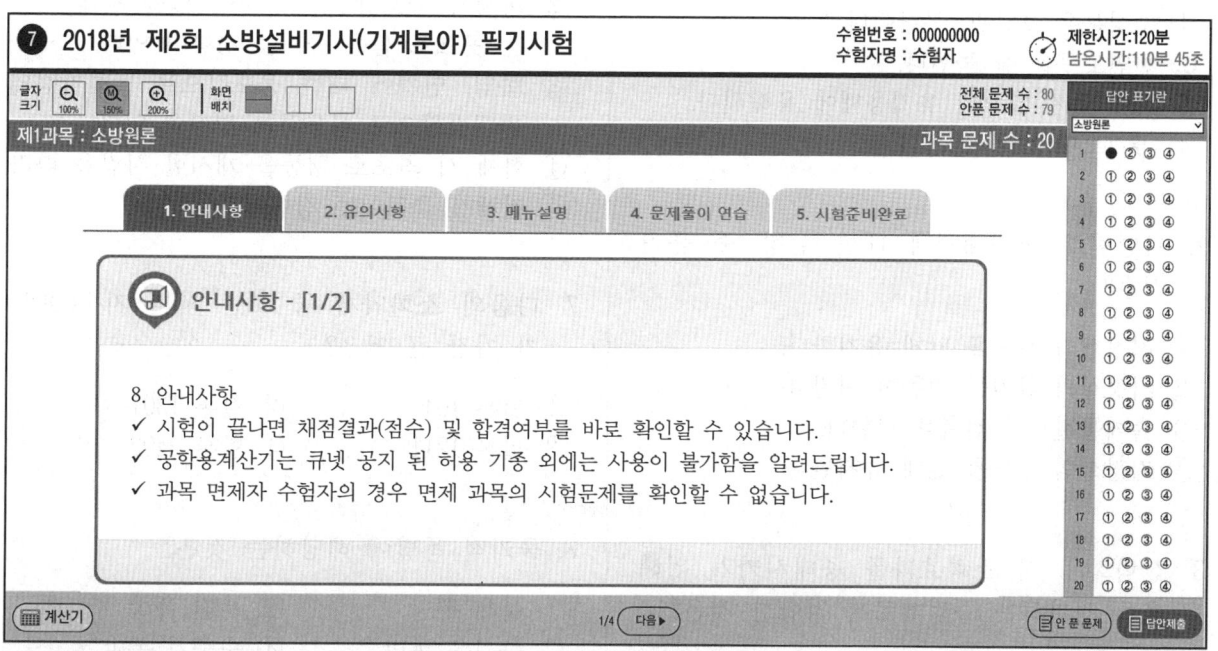
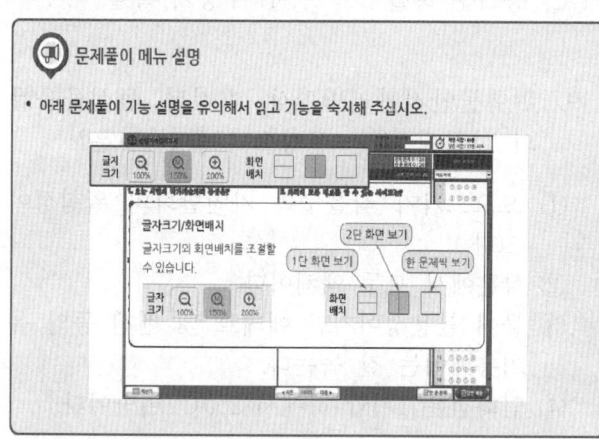
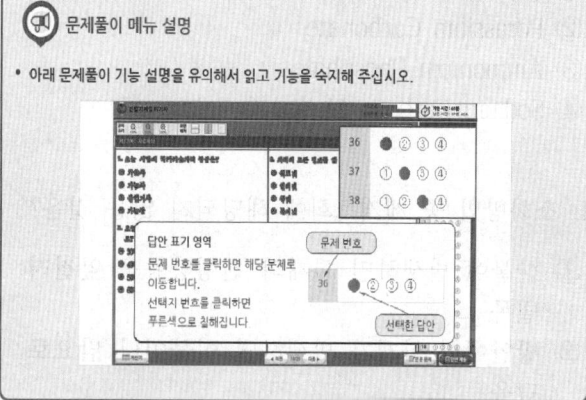
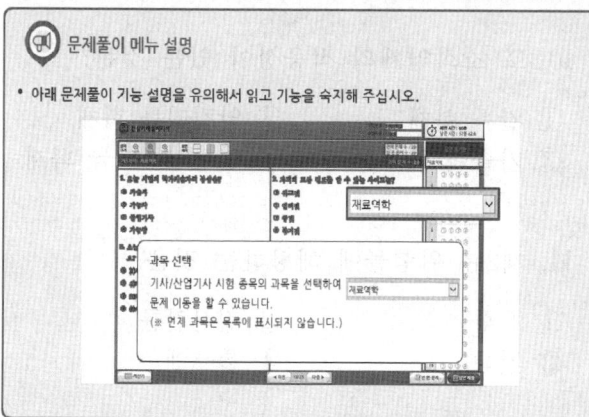
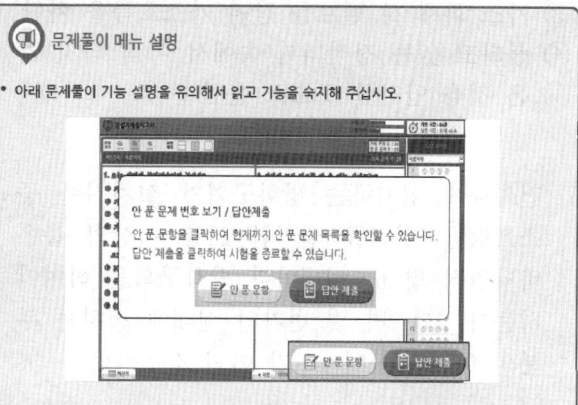

제1과목 : 소방원론

1. 액화석유가스(LPG)에 대한 성질로 틀린 것은?

   ① 주성분은 프로판, 부탄이다.
   ② 천연고무를 잘 녹인다.
   ③ 물에 녹지 않으나 유기용매에 용해된다.
   ④ 공기보다 1.5배 가볍다.

2. 자연발화 방지대책에 대한 설명 중 틀린 것은?

   ① 저장실의 온도를 낮게 유지한다.
   ② 저장실의 환기를 원활히 시킨다.
   ③ 촉매물질과의 접촉을 피한다.
   ④ 저장실의 습도를 높게 유지한다.

3. 산림화재 시 소화효과를 증대시키기 위해 물에 첨가하는 증점제로서 적합한 것은?

   ① Ethylene Glycol
   ② Potassium Carbonate
   ③ Ammonium Phosphate
   ④ Sodium Carboxy Methyl Cellulose

4. 소화방법 중 제거소화에 해당되지 않는 것은?

   ① 산불이 발생하면 화재의 진행방향을 앞질러 벌목
   ② 방안에서 화재가 발생하면 이불이나 담요로 덮음
   ③ 가스 화재 시 밸브를 잠궈 가스흐름을 차단
   ④ 불타고 있는 장작더미 속에서 아직 타지 않은 것을 안전한 곳으로 운반

5. 건축물에 설치하는 방화구획의 설치기준 중 스프링클러설비를 설치한 11층 이상의 층은 바닥면적 몇 m² 이내마다 방화구획을 하여야 하는가? (단, 벽 및 반자의 실내에 접하는 부분의 마감은 불연재료가 아닌 경우이다.)

   ① 200   ② 600   ③ 1000   ④ 3000

6. 건축물의 화재발생 시 인간의 피난 특성으로 틀린 것은?

   ① 평상 시 사용하는 출입구나 통로를 사용하는 경향이 있다.
   ② 화재의 공포감으로 인하여 빛을 피해 어두운 곳으로 몸을 숨기는 경향이 있다.
   ③ 화염, 연기에 대한 공포감으로 발화지점의 반대방향으로 이동하는 경향이 있다.
   ④ 화재 시 최초로 행동을 개시한 사람을 따라 전체가 움직이는 경향이 있다.

7. 다음의 소화약제 중 오존 파괴 지수(ODP)가 가장 큰 것은?

   ① 할론 104   ② 할론 1301
   ③ 할론 1211   ④ 할론 2402

8. 물리적 폭발에 해당하는 것은?

   ① 분해 폭발   ② 분진 폭발
   ③ 증기운 폭발 ④ 수증기 폭발

9. 위험물안전관리법령상 지정된 동식물유류의 성질에 대한 설명으로 틀린 것은?

   ① 요오드가가 작을수록 자연발화의 위험성이 크다.
   ② 상온에서 모두 액체이다.
   ③ 물에 불용성이지만 에테르 및 벤젠 등의 유기용매에는 잘 녹는다.
   ④ 인화점은 1기압 하에서 250℃ 미만이다.

10. 포 소화약제의 적응성이 있는 것은?

    ① 칼륨 화재   ② 알킬리튬 화재
    ③ 가솔린 화재   ④ 인화알루미늄 화재

11. 제2류 위험물에 해당하는 것은?

    ① 유황   ② 질산칼륨
    ③ 칼륨   ④ 톨루엔

12. 피난계획의 일반원칙 Fool Proof 원칙에 대한 설명으로 옳은 것은?

① 1가지가 고장이 나도 다른 수단을 이용하는 원칙
② 2방향의 피난동선을 항상 확보하는 원칙
③ 피난수단을 이동식 시설로 하는 원칙
④ 피난수단을 조작이 간편한 원시적 방법으로 하는 원칙

13. 주수소화 시 가연물에 따라 발생하는 가연성 가스의 연결이 틀린 것은?

① 탄화칼슘 - 아세틸렌
② 탄화알루미늄 - 프로판
③ 인화칼슘 - 포스핀
④ 수소화리튬 - 수소

14. 인화점이 낮은 것부터 높은 순서로 옳게 나열된 것은?

① 에틸알코올 < 이황화탄소 < 아세톤
② 이황화탄소 < 에틸알코올 < 아세톤
③ 에틸알코올 < 아세톤 < 이황화탄소
④ 이황화탄소 < 아세톤 < 에틸알코올

15. 화재발생 시 발생하는 연기에 대한 설명으로 틀린 것은?

① 연기의 유동속도는 수평방향이 수직방향보다 빠르다.
② 동일한 가연물에 있어 환기지배형 화재가 연료지배형 화재에 비하여 연기발생량이 많다.
③ 고온상태의 연기는 유동확산이 빨라 화재전파의 원인이 되기도 한다.
④ 연기는 일반적으로 불완전 연소 시에 발생한 고체, 액체, 기체 생성물의 집합체이다.

16. 물과 반응하여 가연성 기체를 발생하지 않는 것은?

① 칼륨   ② 인화아연
③ 산화칼슘   ④ 탄화알루미늄

17. 물체의 표면온도가 250℃에서 650℃로 상승하면 열 복사량은 약 몇 배 정도 상승하는가?

① 2.5   ② 5.7   ③ 7.5   ④ 9.7

18. 조연성가스에 해당하는 것은?

① 일산화탄소   ② 산소
③ 수소   ④ 부탄

19. 분말소화약제로서 ABC급 화재에 적응성이 있는 소화약제의 종류는?

① $NH_4H_2PO_4$ ② $NaHCO_3$
③ Na_2CO_3 ④ $KHCO_3$

20. 과산화칼륨이 물과 접촉하였을 때 발생하는 것은?

① 산소   ② 수소
③ 메탄   ④ 아세틸렌

제2과목 : 소방유체역학

21. 효율이 50%인 펌프를 이용하여 저수지의 물을 1초에 10L씩 30m 위쪽에 있는 논으로 퍼 올리는데 필요한 동력은 약 몇 kW인가?

① 18.83   ② 10.48   ③ 2.94   ④ 5.88

22. 펌프가 실제 유동시스템에 사용될 때 펌프의 운전점은 어떻게 결정하는 것이 좋은가?

① 시스템 곡선과 펌프 성능곡선의 교점에서 운전한다.
② 시스템 곡선과 펌프 효율곡선의 교점에서 운전한다.

③ 펌프 성능곡선과 펌프 효율곡선의 교점에서 운전한다.
④ 펌프 효율곡선의 최고점, 즉 최고 효율점에서 운전한다.

23. 비중이 1.03인 바닷물에 비중 0.9인 빙산이 떠있다. 전체 부피의 몇 %가 해수면 위로 올라와 있는가?

① 12.6 ② 10.8 ③ 7.2 ④ 6.3

24. 그림과 같이 중앙부분에 구멍이 뚫린 원판에 지름 D의 원형 물제트가 대기압 상태에서 V의 속도로 충돌하여, 원판 뒤로 지름 D/2의 원형 물제트가 V의 속도로 흘러나가고 있을 때, 이 원판이 받는 힘은 얼마인가? (단, ρ는 물의 밀도이다.)

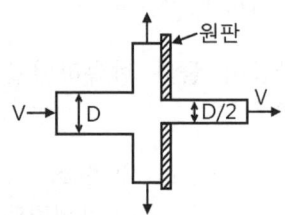

① $\frac{3}{16}\rho\pi V^2 D^2$ ② $\frac{3}{8}\rho\pi V^2 D^2$
③ $\frac{3}{4}\rho\pi V^2 D^2$ ④ $3\rho\pi V^2 D^2$

25. 저장용기로부터 20℃의 물을 길이 300m, 지름 900mm인 콘크리트 수평 원관을 통하여 공급하고 있다. 유량이 1㎥/s일 때 원관에서의 압력강하는 약 몇 kPa인가? (단, 관마찰계수는 약 0.023이다.)

① 3.57 ② 9.47 ③ 14.3 ④ 18.8

26. 물탱크에 담긴 물의 수면의 높이가 10m인데, 물탱크 바닥에 원형 구멍이 생겨서 10L/s 만큼 물이 유출되고 있다. 원형 구멍의 지름은 약 몇 cm인가? (단, 구멍의 유량보정계수는 0.6이다.)

① 2.7 ② 3.1 ③ 3.5 ④ 3.9

27. 20℃ 물 100L를 화재현장의 화염에 살수하였다. 물이 모두 끓는 온도(100℃)까지 가열되는 동안 흡수하는 열량은 약 몇 kJ인가? (단, 물의 비열은 4.2kJ/(kg·K)이다.)

① 500 ② 2,000 ③ 8,000 ④ 33,600

28. 아래 그림과 같은 반지름이 1m이고, 폭이 3m인 곡면의 수문 AB가 받는 수평분력은 약 몇 N인가?

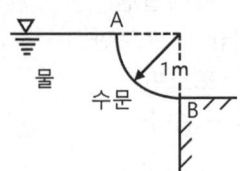

① 7,350 ② 14,700
③ 23,900 ④ 29,400

29. 초기온도와 압력이 각각 50℃, 600kPa인 이상기체를 100kPa까지 가역 단열팽창시켰을 때 온도는 약 몇 K인가? (단, 이 기체의 비열비는 1.4이다.)

① 194 ② 216 ③ 248 ④ 262

30. 100cm×100cm이고, 300℃로 가열된 평판에 25℃의 공기를 불어준다고 할 때 열전달량은 약 몇 kW인가? (단, 대류열전달 계수는 30W/(㎡·K)이다.)

① 2.98 ② 5.34 ③ 8.25 ④ 10.91

31. 호주에서 무게가 20N인 어떤 물체를 한국에서 재어보니 19.8N이었다면 한국에서의 중력가속도는 약 몇 m/s² 인가? (단, 호주에서의 중력가속도는 9.82m/s² 이다.)

① 9.72 ② 9.75 ③ 9.78 ④ 9.82

32. 비압축성 유체를 설명한 것으로 가장 옳은 것은?

① 체적탄성계수가 0인 유체를 말한다.
② 관로 내에 흐르는 유체를 말한다.
③ 점성을 갖고 있는 유체를 말한다.
④ 난류 유동을 하는 유체를 말한다.

33. 지름 20cm의 소화용 호스에 물이 질량유량 80kg/s로 흐른다. 이때 평균유속은 약 몇 m/s인가?

① 0.58   ② 2.55   ③ 5.97   ④ 25.48

34. 깊이 1m까지 물을 넣은 물탱크의 밑에 오리피스가 있다. 수면에 대기압이 작용할 때의 초기 오리피스에서의 유속 대비 2배 유속으로 물을 유출시키려면 수면에는 몇 kPa의 압력을 더 가하면 되는가? (단, 손실은 무시한다.)

① 9.8   ② 19.6   ③ 29.4   ④ 39.2

35. 그림과 같은 거꾸로 된 마노미터에서 물과 기름, 수은이 채워져 있다. a=10cm, c=25cm이고 A의 압력이 B의 압력보다 80kPa 작을 때 b의 길이는 약 몇 cm인가? (단, 수은의 비중량은 133,100 N/㎥, 기름의 비중은 0.9이다.)

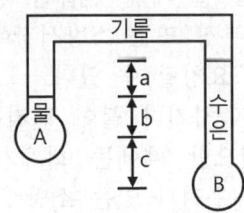

① 17.8   ② 27.8   ③ 37.8   ④ 47.8

36. 공기를 체적비율이 산소(O_2, 분자량 32g/mol) 20%, 질소(N_2, 분자량 28g/mol) 80%의 혼합기체라 가정할 때 공기의 기체상수는 약 몇 kJ/(kg·K)인가? (단, 일반기체상수는 8.3145 kJ/(kmol·K)이다.)

① 0.294   ② 0.289   ③ 0.284   ④ 0.279

37. 물이 소방노즐을 통해 대기로 방출될 때 유속이 24m/s가 되도록 하기 위해서는 노즐입구의 압력은 몇 kPa이 되어야 하는가? (단, 압력은 계기압력으로 표시되며 마찰손실 및 노즐입구에서의 속도는 무시한다.)

① 153   ② 203   ③ 288   ④ 312

38. 무한한 두 평판 사이에 유체가 채워져 있고 한 평판은 정지해 있고 또 다른 평판은 일정한 속도로 움직이는 Couette 유동을 하고 있다. 유체 A만 채워져 있을 때 평판을 움직이기 위한 단위면적당 힘을 τ_1이라 하고 같은 평판 사이에 점성이 다른 유체 B만 채워져 있을 때 필요한 힘을 τ_2라 하면 유체 A와 B가 반반씩 위아래로 채워져 있을 때 평판을 같은 속도로 움직이기 위한 단위면적당 힘에 대한 표현으로 옳은 것은?

① $\dfrac{\tau_1 + \tau_2}{2}$ ② $\sqrt{\tau_1 \tau_2}$

③ $\dfrac{2\tau_1 \tau_2}{\tau_1 + \tau_2}$ ④ $\tau_1 + \tau_2$

39. 동점성계수가 1.15×10^{-6} ㎡/s인 물이 30mm의 지름 원관 속을 흐르고 있다. 층류가 기대될 수 있는 최대 유량은 약 몇 ㎥/s인가? (단, 임계 레이놀즈 수는 2100이다.)

① 2.85×10^{-5} ② 5.69×10^{-5}
③ 2.85×10^{-7} ④ 5.69×10^{-7}

40. 다음과 같은 유동형태를 갖는 파이프 입구 영역의 유동에서 부차적 손실계수가 가장 큰 것은?

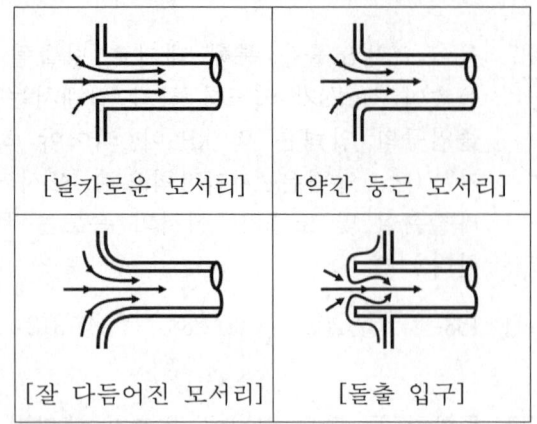

[날카로운 모서리]   [약간 둥근 모서리]
[잘 다듬어진 모서리]   [돌출 입구]

① 날카로운 모서리
② 약간 둥근 모서리
③ 잘 다듬어진 모서리
④ 돌출 입구

제3과목 : 소방관계법규

41. 소방시설 설치 및 관리에 관한 법령상 비상경보설비를 설치하여야 할 특정소방대상물의 기준 중 옳은 것은? (단, 지하구, 모래·석재 등 불연재료 창고 및 위험물 저장·처리 시설 중 가스시설은 제외한다.)

① 지하층 또는 무창층의 바닥면적이 50㎡이상인 것
② 연면적 400㎡ 이상인 것
③ 지하가 중 터널로서 길이가 300m 이상인 것
④ 30명 이상의 근로자가 작업하는 옥내 작업장

42. 화재의 예방 및 안전관리에 관한 법령상 화재 발생 위험이 큰 물건에 대하여 관계인을 알 수 없는 경우 그 물건을 옮기거나 보관하는 등 필요한 조치를 하게 할 수 있다. 이 때 옮긴 물건 등의 보관기간은 인터넷 홈페이지에 따른 공고기간의 종료일 다음 날부터 며칠로 하는가?

① 3   ② 4   ③ 5   ④ 7

43. 소방시설 설치 및 관리에 관한 법령상 스프링클러설비를 설치하여야 하는 특정소방대상물의 기준 중 틀린 것은? (단, 위험물 저장 및 처리 시설 중 가스시설 또는 지하구는 제외한다.)

① 숙박이 가능한 수련시설 용도로 사용되는 시설의 바닥면적의 합계가 600㎡ 이상인 것은 모든 층
② 창고시설(물류터미널은 제외)로서 바닥면적 합계가 5000㎡ 이상인 경우에는 모든 층
③ 판매시설, 운수시설 및 창고시설(물류터미널에 한정)로서 바닥면적의 합계가 5000㎡ 이상이거나 수용인원이 500명 이상인 경우에는 모든 층
④ 복합건축물로서 연면적이 3000㎡ 이상인 경우에는 모든 층

44. 소방기본법상 소방본부장, 소방서장 또는 소방대장의 권한이 아닌 것은?

① 화재, 재난·재해, 그 밖의 위급한 상황이 발생한 현장에서 소방활동을 위하여 필요할 때에는 그 관할구역에 사는 사람 또는 그 현장에 있는 사람으로 하여금 사람을 구출하는 일 또는 불을 끄거나 불이 번지지 아니하도록 하는 일을 하게 할 수 있다.
② 소방활동을 할 때에 긴급한 경우에는 이웃한 소방본부장 또는 소방서장에게 소방업무의 응원을 요청할 수 있다.
③ 사람을 구출하거나 불이 번지는 것을 막기 위하여 필요할 때에는 화재가 발생하거나 불이 번질 우려가 있는 소방대상물 및 토지를 일시적으로 사용하거나 그 사용의 제한 또는 소방활동에 필요한 처분을 할 수 있다.
④ 소방활동을 위하여 긴급하게 출동할 때에는 소방자동차의 통행과 소방활동에 방해가 되는 주차 또는 정차된 차량 및 물건 등을 제거하거나 이동시킬 수 있다.

45. 위험물안전관리법령상 지정수량 미만인 위험물의 저장 또는 취급에 관한 기술상의 기준은 무엇으로 정하는가?

① 대통령령 ② 소방청장 고시
③ 시·도의 조례 ④ 행정안전부령

46. 위험물안전관리법상 업무상 과실로 제조소등에서 위험물을 유출·방출 또는 확산시켜 사람의 생명·신체 또는 재산에 대하여 위험을 발생시킨 자에 대한 벌칙 기준으로 옳은 것은?

① 5년 이하의 금고 또는 2000만원 이하의 벌금
② 5년 이하의 금고 또는 7000만원 이하의 벌금
③ 7년 이하의 금고 또는 2000만원 이하의 벌금
④ 7년 이하의 금고 또는 7000만원 이하의 벌금

47. 소방기본법상 소방활동구역의 설정권자로 옳은 것은?

① 소방본부장 ② 소방서장
③ 소방대장 ④ 시·도지사

48. 소방기본법령상 소방용수시설별 설치기준 중 틀린 것은?

① 급수탑 개폐밸브는 지상에서 1.5m 이상 1.7m 이하의 위치에 설치하도록 할 것
② 소화전은 상수도와 연결하여 지하식 또는 지상식의 구조로 하고, 소방용호스와 연결하는 소화전의 연결금속구의 구경은 100mm로 할 것
③ 저수조 흡수관의 투입구가 사각형의 경우에는 한 변의 길이가 60cm 이상, 원형의 경우에는 지름이 60cm 이상일 것
④ 저수조는 지면으로부터의 낙차가 4.5m 이하일 것

49. 소방시설 설치 및 관리에 관한 법상 특정소방대상물에 소방시설이 화재안전기준에 따라 설치·관리되고 있지 아니할 때 해당 특정소방대상물의 관계인에게 필요한 조치를 명할 수 있는 자는?

① 소방본부장 ② 소방청장
③ 시·도지사 ④ 행정안전부장관

50. 소방안전관리대상물의 소방안전관리자 업무가 아닌 것은?

① 소방훈련 및 교육
② 자체소방대 및 초기대응체계의 구성, 운영 및 교육
③ 피난시설, 방화구획 및 방화시설의 관리
④ 피난계획에 관한 사항과 대통령령으로 정하는 사항이 포함된 소방계획서의 작성 및 시행

51. 화재의 예방 및 안전관리에 관한 법령상 소방안전관리대상물의 소방계획서에 포함되어야 하는 사항이 아닌 것은?

① 예방규정을 정하는 제조소등의 위험물 저장·취급에 관한 사항
② 소방시설·피난시설 및 방화시설의 점검·정비계획
③ 소방안전관리대상물의 근무자 및 거주자의 자위소방대 조직과 대원의 임무에 관한 사항
④ 방화구획, 제연구획, 건축물의 내부 마감재료 및 방염대상물품의 사용 현황과 그 밖의 방화구조 및 설비의 유지·관리계획

52. 소방시설 설치 및 관리에 관한 법령상 소방시설등에 대하여 스스로 점검을 하지 아니하거나 관리업자등으로 하여금 정기적으로 점검하게 하지 아니한 자에 대한 벌칙 기준으로 옳은 것은?

① 6개월 이하의 징역 또는 1000만원 이하의 벌금
② 1년 이하의 징역 또는 1000만원 이하의 벌금
③ 3년 이하의 징역 또는 1500만원 이하의 벌금
④ 3년 이하의 징역 또는 3000만원 이하의 벌금

53. 소방시설 설치 및 관리에 관한 법령상 소방용품이 아닌 것은?

① 소화약제 외의 것을 이용한 간이소화용구
② 자동소화장치
③ 가스누설경보기
④ 소화용으로 사용하는 방염제

54. 소방기본법령상 소방본부 종합상황실 실장이 소방청의 종합상황실에 서면·팩스 또는 컴퓨터통신 등으로 보고하여야 하는 화재의 기중 중 틀린 것은?

① 항구에 매어둔 총 톤수가 1천톤 이상인 선박에서 발생한 화재
② 충수가 5층 이상이거나 병상이 30개 이상인 종합병원·정신병원·한방병원·요양소에서 발생한 화재
③ 지정수량의 1천배 이상의 위험물의 제조소·저장소·취급소에서 발생한 화재
④ 연면적 1만5천제곱미터 이상인 공장 또는 화재예방강화지구에서 발생한 화재

55. 위험물안전관리법령상 위험물의 안전관리와 관련된 업무를 수행하는 자로서 소방청장이 실시하는 안전교육대상자가 아닌 것은?

① 안전관리자로 선임된 자
② 탱크시험자의 기술인력으로 종사하는 자
③ 위험물운송자로 종사하는 자
④ 제조소등의 관계인

56. 소방시설공사업법령상 공사감리자 지정대상 특정소방대상물의 범위가 아닌 것은?

① 캐비닛형 간이스프링클러설비를 신설·개설하거나 방호·방수 구역을 증설할 때
② 물분무등소화설비(호스릴 방식의 소화설비는 제외)를 신설·개설하거나 방호·방수구역을 증설할 때
③ 제연설비를 신설·개설하거나 제연구역을 증설할 때
④ 연소방지설비를 신설·개설하거나 살수구역을 증설할 때

57. 위험물안전관리법상 위험물시설의 설치 및 변경 등에 관한 기준 중 다음 (   ) 안에 알맞은 것은?

제조소등의 위치·구조 또는 설비의 변경없이 당해 제조소등에서 저장하거나 취급하는 위험물의 품명·수량 또는 지정수량의 배수를 변경하고자 하는 자는 변경하고자 하는 날의 (㉠)일 전까지 (㉡)이 정하는 바에 따라 (㉢)에게 신고하여야 한다.

① ㉠ 1, ㉡ 행정안전부령, ㉢ 시·도지사
② ㉠ 1, ㉡ 대통령령, ㉢ 소방본부장·소방서장
③ ㉠ 14, ㉡ 행정안전부령, ㉢ 시·도지사
④ ㉠ 14, ㉡ 대통령령, ㉢ 소방본부장·소방서장

58. 소방시설 설치 및 관리에 관한 법령상 특정소방대상물의 피난시설, 방화구획 또는 방화시설의 폐쇄·훼손·변경 등의 행위를 한 자에 대한 과태료 기준으로 옳은 것은?

① 200만원 이하의 과태료
② 300만원 이하의 과태료
③ 500만원 이하의 과태료
④ 600만원 이하의 과태료

59. 화재의 예방 및 안전관리에 관한 법령상 특수가연물의 저장 및 취급 기준 중 다음 (   ) 안에 알맞은 것은? (단, 석탄·목탄류를 발전용으로 저장하는 경우는 제외한다.)

살수설비를 설치하거나, 방사능력 범위에 해당 특수가연물이 포함되도록 대형수동식소화기를 설치하는 경우에는 쌓는 높이를 (㉠)미터 이하, 쌓는 부분의 바닥면적을 (㉡)제곱미터 이하로 할 수 있다.

① ㉠10, ㉡30
② ㉠10, ㉡50
③ ㉠15, ㉡100
④ ㉠15, ㉡200

60. 소방시설공사업법령상 상주 공사감리 대상 기준 중 다음 ( ) 안에 알맞은 것은?

> - 연면적 (㉠)제곱미터 이상의 특정소방대상물(아파트는 제외)에 대한 소방시설의 공사
> - 지하층을 포함한 층수가 (㉡)층 이상으로서 (㉢)세대 이상인 아파트에 대한 소방시설의 공사

① ㉠ 1만, ㉡ 11, ㉢ 600
② ㉠ 1만, ㉡ 16, ㉢ 500
③ ㉠ 3만, ㉡ 11, ㉢ 600
④ ㉠ 3만, ㉡ 16, ㉢ 500

제4과목 : 소방기계시설의 구조 및 원리

61. 전역방출방식의 분말소화설비에 있어서 방호구역의 용적이 500㎥일 때 적합한 분사헤드의 수는? (단, 제1종 분말이며, 체적 1㎥당 소화약제의 양은 0.60kg이며, 분사헤드 1개의 분당 표준 방사량은 18kg이다)

① 17개 ② 30개 ③ 34개 ④ 134개

62. 이산화탄소 소화약제의 저장용기 설치기준 중 옳은 것은?

① 저장용기의 충전비는 고압식은 1.9 이상 2.3 이하, 저압식은 1.5 이상 1.9 이하로 할 것
② 저압식 저장용기에는 액면계 및 압력계와 2.1MPa 이상 1.9MPa 이하의 압력에서 작동하는 압력경보장치를 설치할 것
③ 저장용기는 고압식은 25MPa 이상, 저압식은 3.5MPa 이상의 내압시험압력에 합격한 것으로 할 것
④ 저압식 저장용기에는 내압시험압력의 1.8배의 압력에서 작동하는 안전밸브와 내압시험압력의 0.8배부터 내압시험압력에서 작동하는 봉판을 설치할 것

63. 화재 시 연기가 찰 우려가 없는 장소로서 호스릴분말소화설비를 설치할 수 있는 기준 중 다음 ( ) 안에 알맞은 것은?

> • 지상 1층 및 피난층에 있는 부분으로서 지상에서 수동 또는 원격조작에 따라 개방할 수 있는 개구부의 유효면적의 합계가 바닥면적의 (㉠) % 이상이 되는 부분
> • 전기설비가 설치되어 있는 부분 또는 다량의 화기를 사용하는 부분의 바닥면적이 해당 설비가 설치되어 있는 구획의 바닥면적의 (㉡) 미만이 되는 부분

① ㉠ 15, ㉡ 1/5 ② ㉠ 15, ㉡ 1/2
③ ㉠ 20, ㉡ 1/5 ④ ㉠ 20, ㉡ 1/2

64. 소화수조의 소요수량이 20㎥ 이상 40㎥ 미만인 경우 설치하여야 하는 채수구의 개수로 옳은 것은?

① 1개 ② 2개 ③ 3개 ④ 4개

65. 건축물에 설치하는 연결살수설비 헤드의 설치기준 중 다음 ( ) 안에 알맞은 것은?

> 천장 또는 반자의 각 부분으로부터 하나의 살수헤드까지의 수평거리가 연결살수설비 전용헤드의 경우는 (㉠)m 이하, 스프링클러헤드의 경우는 (㉡)m 이하로 할 것. 다만, 살수헤드의 부착면과 바닥과의 높이가 (㉢)m 이하인 부분은 살수헤드의 살수 분포에 따른 거리로 할 수 있다.

① ㉠ 3.7, ㉡ 2.3, ㉢ 2.1
② ㉠ 3.7, ㉡ 2.1, ㉢ 2.3
③ ㉠ 2.3, ㉡ 3.7, ㉢ 2.3
④ ㉠ 2.3, ㉡ 3.7, ㉢ 2.1

66. 포소화설비의 자동식 기동장치를 폐쇄형 스프링클러헤드의 개방과 연동하여 가압송수장치·일제개방밸브 및 포소화약제 혼합장치를 기동하는 경우의 설치기준 중 다음 ( ) 안에 알맞은 것은? (단, 자동화재탐지설비의 수신기가 설치된 장소에 상시 사람이 근무하고 있고, 화재 시 즉시 해당 조작부를 작동시킬 수 있는 경우는 제외한다.)

표시온도가 (㉠)℃ 미만의 것을 사용하고, 1개의 스프링클러헤드의 경계면적은 (㉡)㎡ 이하로 할 것

① ㉠ 79, ㉡ 8   ② ㉠ 121, ㉡ 8
③ ㉠ 79, ㉡ 20 ④ ㉠ 121, ㉡ 20

67. 스프링클러설비 가압송수장치의 설치기준 중 고가수조를 이용한 가압송수장치에 설치하지 않아도 되는 것은?

① 수위계   ② 배수관
③ 오버플로우관 ④ 압력계

68. 특별피난계단의 계단실 및 부속실 제연설비의 차압 등에 관한 기준 중 다음 ( ) 안에 알맞은 것은?

제연설비가 가동되었을 경우 출입문의 개방에 필요한 힘은 ( )N 이하로 하여야 한다.

① 12.5   ② 40   ③ 70   ④ 110

69. 완강기의 최대사용자수 기준 중 다음 ( ) 안에 알맞은 것은?

최대사용자수(1회에 강하할 수 있는 사용자의 최대수)는 최대사용하중을 ( )N으로 나누어서 얻은 값으로 한다.

① 250   ② 500   ③ 750   ④ 1500

70. 화재조기진압용 스프링클러설비 가지배관의 배열기준 중 천장의 높이가 9.1m 이상 13.7m 이하인 경우 가지배관 사이의 거리 기준으로 옳은 것은?

① 2.4m 이상 3.1m 이하
② 2.4m 이상 3.7m 이하
③ 6.0m 이상 8.5m 이하
④ 6.0m 이상 9.3m 이하

71. 스프링클러설비 헤드의 설치기준 중 다음 ( ) 안에 알맞은 것은?

살수가 방해되지 아니하도록 스프링클러헤드로부터 반경 (㉠)cm 이상의 공간을 보유할 것. 다만, 벽과 스프링클러헤드간의 공간은 (㉡)cm 이상으로 한다.

① ㉠ 10, ㉡ 60   ② ㉠ 30, ㉡ 10
③ ㉠ 60, ㉡ 10   ④ ㉠ 90, ㉡ 60

72. 포 소화약제의 혼합장치에 대한 설명 중 옳은 것은?

① 라인 푸로포셔너방식 이란 펌프의 토출관과 흡입관 사이의 배관 도중에 설치한 흡입기에 펌프에서 토출된 물의 일부를 보내고, 농도 조절밸브에서 조정된 포 소화약제의 필요량을 포 소화약제 탱크에서 펌프 흡입측으로 보내어 이를 혼합하는 방식을 말한다.
② 프레져사이드 푸로포셔너방식 이란 펌프의 토출관에 압입기를 설치하여 포 소화약제 압입용펌프로 포 소화약제를 압입시켜 혼합하는 방식을 말한다.
③ 프레져 푸로포셔너방식 이란 펌프와 발포기 중간에 설치된 벤추리관의 벤추리작용에 따라 포 소화약제를 흡입·혼합하는 방식을 말한다.
④ 펌프 푸로포셔너방식 이란 펌프와 발포기의 중간에 설치된 벤추리관의 벤추리작용과 펌프 가압수의 포 소화약제 저장탱크에 대한 압력에 따라 포 소화약제를 흡입·혼합하는 방식을 말한다.

73. 전동기 또는 내연기관에 따른 펌프를 이용하는 옥외소화전설비의 가압송수장치의 설치 기준 중 다음 ( ) 안에 알맞은 것은?

> 해당 특정소방대상물에 설치된 옥외소화전(두 개 이상 설치된 경우에는 두 개의 옥외소화전)을 동시에 사용할 경우 각 옥외소화전의 노즐선단에서의 방수압력이 (㉠)MPa 이상이고, 방수량이 (㉡)L/min 이상이 되는 성능인 것으로 할 것

① ㉠ 0.17, ㉡ 350   ② ㉠ 0.25, ㉡ 350
③ ㉠ 0.17, ㉡ 130   ④ ㉠ 0.25, ㉡ 130

74. 미분무소화설비 용어의 정의 중 다음 ( ) 안에 알맞은 것은?

> "미분무"란 물만을 사용하여 소화하는 방식으로 최소설계압력에서 헤드로부터 방출되는 물입자 중 99%의 누적체적분포가 (㉠)μm 이하로 분무되고 (㉡)급 화재에 적응성을 갖는 것을 말한다.

① ㉠ 400, ㉡ A, B, C
② ㉠ 400, ㉡ B, C
③ ㉠ 200, ㉡ A, B, C
④ ㉠ 200, ㉡ B, C

75. 소화기구 및 자동소화장치의 화재안전기준상 소화기구의 소화약제별 적응성 중 C급 화재에 적응성이 없는 소화약제는?

① 마른 모래
② 할로겐화합물 및 불활성기체 소화약제
③ 이산화탄소 소화약제
④ 중탄산염류 소화약제

76. 소화약제 외의 것을 이용한 간이소화용구의 능력단위 기준 중 다음 ( ) 안에 알맞은 것은?

간이소화용구		능력 단위
마른모래	삽을 상비한 50L 이상의 것 1포	( )단위

① 0.5   ② 1   ③ 3   ④ 5

77. 다음과 같은 소방대상물의 부분에 완강기를 설치할 경우 부착 금속구의 부착위치로서 가장 적합한 위치는?

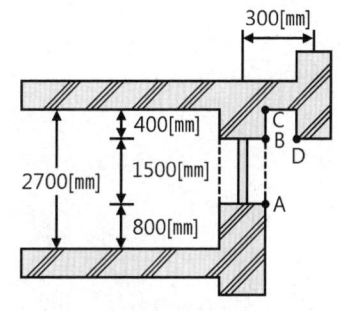

① A   ② B   ③ C   ④ D

78. 지하구의 화재안전기준에 따라 연소방지설비전용헤드를 사용할 때 배관의 구경이 50mm인 경우 하나의 배관에 부착하는 살수헤드의 최대 개수로 옳은 것은?

① 2   ② 3   ③ 5   ④ 6

79. 상수도소화용수설비의 소화전은 특정소방대상물의 수평투영면의 각 부분으로부터 몇 m 이하가 되도록 설치하여야 하는가?

① 200   ② 140   ③ 100   ④ 70

80. 이산화탄소 소화약제 저압식 저장용기의 충전비로 옳은 것은?

① 0.9 이상 1.1 이하   ② 1.1 이상 1.4 이하
③ 1.4 이상 1.7 이하   ④ 1.5 이상 1.9 이하

2018년 제4회 소방설비기사(기계분야)

본 지면은 CBT시험의 컴퓨터 화면과 비슷하게 구성한 화면입니다.

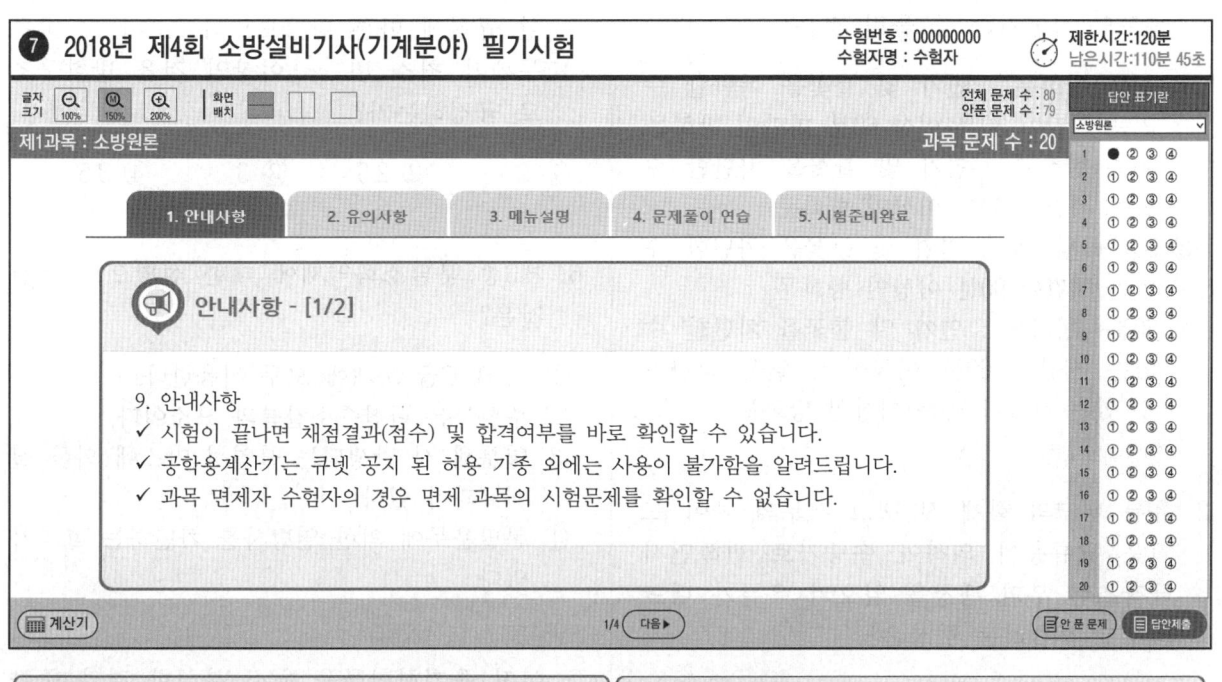

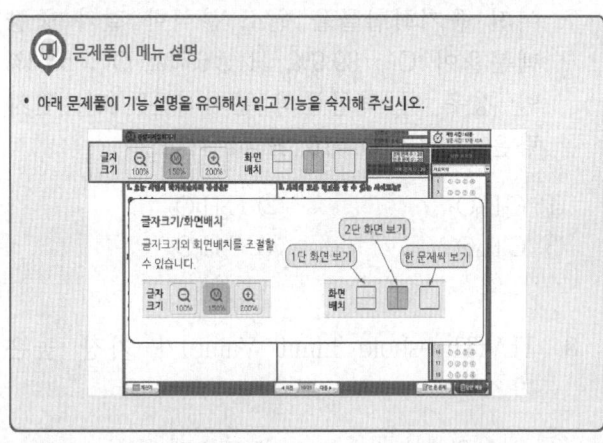

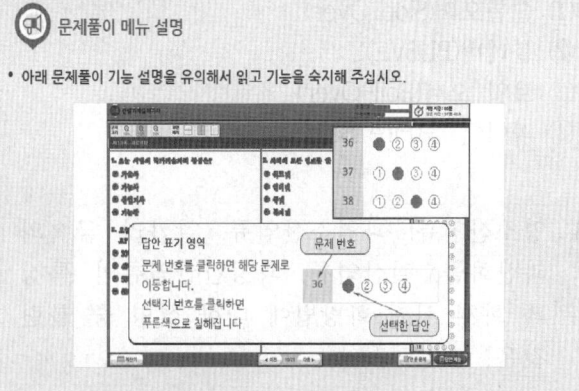

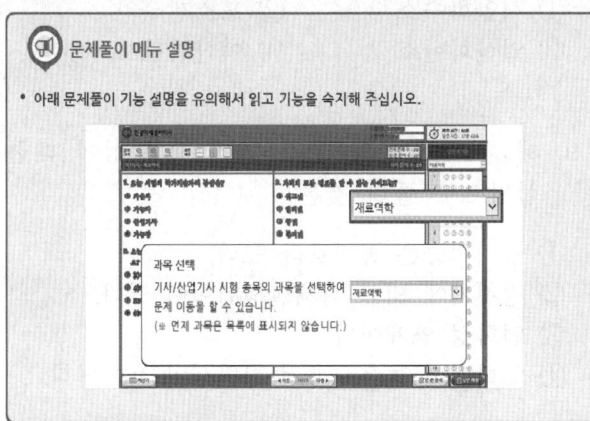

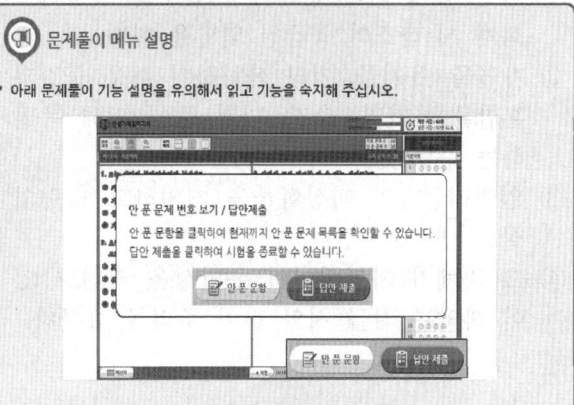

제1과목 : 소방원론

1. 60분+방화문과 60분방화문 그리고 30분방화문의 성능기준 중 틀린 것은?

   ① 30분 방화문 : 연기 및 불꽃을 차단할 수 있는 시간이 30분 이상 60분 미만인 방화문
   ② 60분 방화문 : 연기 및 불꽃을 차단할 수 있는 시간이 60분 이상인 방화문
   ③ 60분+ 방화문 : 연기 및 불꽃을 차단할 수 있는 시간이 90분 이상인 방화문
   ④ 60분+ 방화문 : 연기 및 불꽃을 차단할 수 있는 시간이 60분 이상이고, 열을 차단할 수 있는 시간이 30분 이상인 방화문

2. 유류 탱크의 화재 시 탱크 저부의 물이 뜨거운 열류층에 의하여 수증기로 변하면서 급작스런 부피 팽창을 일으켜 유류가 탱크 외부로 분출하는 현상은?

   ① 슬롭오버(Slop Over)
   ② 블레비(BLEVE)
   ③ 보일 오버(Boil Over)
   ④ 파이어 볼(Fire Ball)

3. 염소산염류, 과염소산염류, 알카리 금속의 과산화물, 질산염류, 과망간산염류의 특징과 화재 시 소화방법에 대한 설명 중 틀린 것은?

   ① 가열 등에 의해 분해하여 산소를 발생하고 화재 시 산소의 공급원 역할을 한다.
   ② 가연물, 유기물, 기타 산화하기 쉬운 물질과 혼합물은 가열, 충격, 마찰 등에 의해 폭발하는 수도 있다.
   ③ 알카리금속의 과산화물을 제외하고 다량의 물로 냉각소화한다.
   ④ 그 자체가 가연성이며 폭발성을 지니고 있어 화약류 취급 시와 같이 주의를 요한다.

4. 비열이 가장 큰 물질은?

   ① 구리   ② 수은   ③ 물   ④ 철

5. 건축물의 피난·방화구조 등의 기준에 관한 규칙에 따른 철망모르타르로서 그 바름 두께가 최소 몇 cm 이상인 것을 방화구조로 규정하는가?

   ① 2   ② 2.5   ③ 3   ④ 3.5

6. 제3종 분말소화약제에 대한 설명으로 틀린 것은?

   ① A, B, C급 화재에 모두 적응한다.
   ② 주성분은 탄산수소칼륨과 요소이다.
   ③ 열분해 시 발생되는 불연성 가스에 의한 질식효과가 있다.
   ④ 분말운무에 의한 열방사를 차단하는 효과가 있다.

7. 어떤 유기화합물을 원소 분석한 결과 중량 백분율이 C : 39.9%, H : 6.7%, O : 53.4% 인 경우 이 화합물의 분자식은? (단, 원자량은 C=12, O=16, H=1 이다.)

   ① $C_3H_8O_2$ ② $C_2H_4O_2$
   ③ C_2H_4O ④ $C_2H_6O_2$

8. TLV(Threshold Limit Value)가 가장 높은 가스는?

   ① 시안화수소   ② 포스겐
   ③ 일산화탄소   ④ 이산화탄소

9. 제4류 위험물의 물리·화학적 특성에 대한 설명으로 틀린 것은?

   ① 증기비중은 공기보다 크다.
   ② 정전기에 의한 화재발생위험이 있다.
   ③ 인화성 액체이다.
   ④ 인화점이 높을수록 증기발생이 용이하다.

10. 내화구조에 해당하지 않는 것은?

① 철근콘크리트조로 두께가 10cm 이상인 벽
② 철근콘크리트조로 두께가 5cm 이상인 외벽 중 비 내력벽
③ 벽돌조로서 두께가 19cm 이상인 벽
④ 철골철근콘크리트조로서 두께가 10cm 이상인 벽

11. 화재의 예방 및 안전관리에 관한 법령에 따른 개구부의 기준으로 틀린 것은?

① 해당 층의 바닥면으로부터 개구부 밑부분까지의 높이가 1.5m 이내일 것
② 크기는 지름 50cm 이상의 원이 내접할 수 있는 크기일 것
③ 도로 또는 차량이 진입할 수 있는 빈터를 향할 것
④ 내부 또는 외부에서 쉽게 부수거나 열 수 있을 것

12. 소화약제로 사용할 수 없는 것은?

① $KHCO_3$
② $NaHCO_3$
③ CO_2
④ NH_3

13. 경유화재가 발생했을 때 주수소화가 오히려 위험할 수 있는 이유는?

① 경유는 물과 반응하여 유독가스를 발생하므로
② 경유의 연소열로 인하여 산소가 방출되어 연소를 돕기 때문에
③ 경유는 물보다 비중이 가벼워 화재면의 확대 우려가 있으므로
④ 경유가 연소할 때 수소가스를 발생하여 연소를 돕기 때문에

14. 어떤 기체가 0℃, 1기압에서 부피가 11.2L, 기체질량이 22g 이었다면 이 기체의 분자량은? (단, 이상기체로 가정한다.)

① 22　　② 35　　③ 44　　④ 56

15. 연소의 4요소 중 자유활성기(free radical)의 생성을 저하시켜 연쇄반응을 중지시키는 소화방법은?

① 제거소화
② 냉각소화
③ 질식소화
④ 억제소화

16. 다음 중 분진 폭발의 위험성이 가장 낮은 것은?

① 소석회
② 알루미늄분
③ 석탄분말
④ 밀가루

17. 폭연에서 폭굉으로 전이되기 위한 조건에 대한 설명으로 틀린 것은?

① 정상연소속도가 작은 가스일수록 폭굉으로 전이가 용이하다.
② 배관 내에 장애물이 존재할 경우 폭굉으로 전이가 용이하다.
③ 배관의 관경이 가늘수록 폭굉으로 전이가 용이하다.
④ 배관 내 압력이 높을수록 폭굉으로 전이가 용이하다.

18. 할론계 소화약제의 주된 소화효과 및 방법에 대한 설명으로 옳은 것은?

① 소화약제의 증발잠열에 의한 소화방법이다.
② 산소의 농도를 15% 이하로 낮게하는 소화방법이다.
③ 소화약제의 열분해에 의해 발생하는 이산화탄소에 의한 소화방법이다.
④ 자유활성기(free radical)의 생성을 억제하는 소화방법이다.

19. 피난로의 안전구획 중 2차 안전구획에 속하는 것은?

① 복도
② 계단부속실(계단전실)
③ 계단
④ 피난층에서 외부와 직면한 현관

20. 소방시설 중 피난구조설비에 해당하지 않는 것은?

① 무선통신보조설비 ② 완강기
③ 구조대 ④ 공기안전매트

제2과목 : 소방유체역학

21. 이상기체의 등엔트로피 과정에 대한 설명 중 틀린 것은?

① 폴리트로픽 과정의 일종이다.
② 가역단열과정에서 나타난다.
③ 온도가 증가하면 압력이 증가한다.
④ 온도가 증가하면 비체적이 증가한다.

22. 관 내에서 물이 평균속도 9.8 m/s로 흐를 때의 속도 수두는 약 몇 m인가?

① 4.9 ② 9.8 ③ 48 ④ 128

23. 그림과 같이 스프링상수(spring constant)가 10N/cm인 4개의 스프링으로 평판 A를 벽 B에 그림과 같이 설치되어 있다. 이 평판에 유량 0.01㎥/s, 속도 10m/s인 물 제트가 평판 A의 중앙에 직각으로 충돌할 때, 물 제트에 의해 평판과 벽 사이의 단축되는 거리는 약 몇 cm인가?

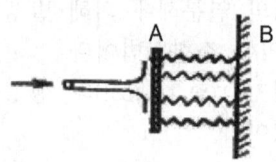

① 2.5 ② 5 ③ 10 ④ 40

24. 이상기체의 정압비열 Cp와 정적비열 Cv와의 관계로 옳은 것은? (단, R은 이상기체 상수이고, k는 비열이다.)

① $C_P = \frac{1}{2} C_V$ ② $C_P < C_V$
③ $C_P - C_V = R$ ④ $\frac{C_V}{C_P} = k$

25. 피스톤의 지름이 각각 10mm, 50mm인 두 개의 유압장치가 있다. 두 피스톤에 안에 작용하는 압력은 동일하고, 큰 피스톤이 1000N의 힘을 발생시킨다고 할 때 작은 피스톤에서 발생시키는 힘은 약 몇 N인가?

① 40 ② 400
③ 25,000 ④ 245,000

26. 유체가 매끈한 원 관 속을 흐를 때 레이놀즈수가 1200이라면 관 마찰계수는 얼마인가?

① 0.0254 ② 0.00128
③ 0.0059 ④ 0.053

27. 2cm 떨어진 두 수평한 판 사이에 기름이 차있고, 두 판 사이의 정중앙에 두께가 매우 얇은 한 변의 길이가 10cm인 정사각형 판이 놓여있다. 이 판을 10cm/s의 일정한 속도로 수평하게 움직이는데 0.02N의 힘이 필요하다면, 기름의 점도는 약 몇 N·s/㎡인가? (단, 정사각형 판의 두께는 무시한다.)

① 0.1 ② 0.2
③ 0.01 ④ 0.02

28. 부자(float)의 오르내림에 의해서 배관 내의 유량을 측정하는 기구의 명칭은?

① 피토관(pitot tube)
② 로터미터(rotameter)
③ 오리피스(orifice)
④ 벤투리미터(venturi meter)

29. 다음 열역학적 용어에 대한 설명으로 틀린 것은?

① 물질의 3중점(triple point)은 고체, 액체, 기체의 3상이 평형상태로 공존하는 상태의 지점을 말한다.
② 일정한 압력하에서 고체가 상변화를 일으켜 액체로 변화할 때 필요한 열을 융해열(융해잠열)이라 한다.
③ 고체가 일정한 압력하에서 액체를 거치지 않고 직접 기체로 변화하는데 필요한 열을 승화열이라 한다.
④ 포화액체를 정압하에서 가열할 때 온도변화 없이 포화증기로 상변화를 일으키는데 사용되는 열을 현열이라 한다.

30. 펌프를 이용하여 10m 높이 위에 있는 물 탱크로 유량 0.3㎥/min의 물을 퍼 올리려고 한다. 관로 내 마찰손실수두가 3.8m이고, 펌프의 효율이 85%일 때 펌프에 공급해야 하는 동력은 약 몇 W인가?

① 128   ② 796   ③ 677   ④ 219

31. 회전속도 1000rpm 일 때 송출량 Q㎥/min, 전양정 Hm인 원심펌프가 상사한 조건에서 송출량이 1.1Q㎥/min 가 되도록 회전속도를 증가시킬 때, 전양정은 어떻게 되는가?

① 0.91 H   ② H   ③ 1.1 H   ④ 1.21 H

32. 모세관 현상에 있어서 물이 모세관을 따라 올라가는 높이에 대한 설명으로 옳은 것은?

① 표면장력이 클수록 높이 올라간다.
② 관의 지름이 클수록 높이 올라간다.
③ 밀도가 클수록 높이 올라간다.
④ 중력의 크기와는 무관하다.

33. 그림과 같이 30°로 경사진 0.5m × 3m 크기의 수문평판 AB가 있다. A지점에서 힌지로 연결되어 있을 때 이 수문을 열기 위하여 B점에서 수문에 직각방향으로 가해야 할 최소 힘은 약 몇 N인가? (단, 힌지 A에서의 마찰은 무시한다.)

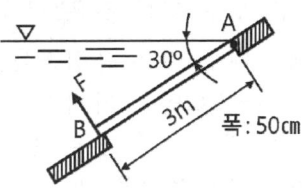

① 7,350   ② 7,355   ③ 14,700   ④ 14,710

34. 관 내에 물이 흐르고 있을 때, 그림과 같이 액주계를 설치하였다. 관 내에서 물의 유속은 약 몇 m/s인가?

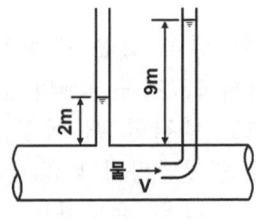

① 2.6   ② 7   ③ 11.7   ④ 137.2

35. 파이프 단면적이 2.5배로 급격하게 확대되는 구간을 지난 후의 유속이 1.2m/s이다. 부차적 손실 계수가 0.36이라면 급격확대로 인한 손실수두는 몇 m인가?

① 0.0264   ② 0.0661   ③ 0.165   ④ 0.331

36. 관 A에는 비중 $S_1=1.5$인 유체가 있으며, 마노미터 유체는 비중 $S_2=13.6$인 수은이고, 마노미터에서의 수은의 높이차 h_2는 20cm이다. 이후 관 A의 압력을 종선보다 40kPa 증가했을 때, 마노미터에서 수은의 새로운 높이차(h_2')는 약 몇 cm인가?

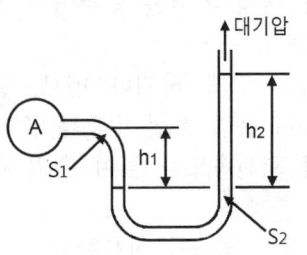

① 28.4   ② 35.9   ③ 46.2   ④ 51.8

37. 다음 기체, 유체, 액체에 대한 설명 중 옳은 것만을 모두 고른 것은?

> ⓐ 기체 : 매우 작은 응집력을 가지고 있으며, 자유표면을 가지지 않고 주어진 공간을 가득 채우는 물질
> ⓑ 유체 : 전단응력을 받을 때 연속적으로 변형하는 물질
> ⓒ 액체 : 전단응력이 전단변형률과 선형적인 관계를 가지는 물질

① ⓐ, ⓑ　　② ⓐ, ⓒ
③ ⓑ, ⓒ　　④ ⓐ, ⓑ, ⓒ

38. 지름 2cm의 금속 공은 선풍기를 켠 상태에서 냉각하고, 지름 4cm의 금속 공은 선풍기를 끄고 냉각할 때 동일 시간당 발생하는 대류 열전달량의 비(2cm 공 : 4cm 공)는? (단, 두 경우 온도차는 같고, 선풍기를 켜면 대류 열전달계수가 10배가 된다고 가정한다.)

① 1 : 0.3375　　② 1 : 0.4
③ 1 : 5　　④ 1 : 10

39. 관로에서 20℃의 물이 수조에 5분 동안 유입되었을 때 유입된 물의 중량이 60kN 이라면 이 때 유량은 몇 m^3/s 인가?

① 0.015　　② 0.02
③ 0.025　　④ 0.03

40. 펌프의 캐비테이션을 방지하기 위한 방법으로 틀린 것은?

① 펌프의 설치 위치를 낮추어서 흡입 양정을 작게 한다.
② 흡입관을 크게 하거나 밸브, 플랜지 등을 조정하여 흡입 손실 수두를 줄인다.
③ 펌프의 회전속도를 높여 흡입 속도를 크게 한다.
④ 2대 이상의 펌프를 사용한다.

제3과목 : 소방관계법규

41. 화재의 예방 및 안전관리에 관한 법령에 따른 용접 또는 용단 작업장에서 불꽃을 사용하는 용접·용단기구 사용에 있어서 작업자로부터 반경 몇 m 이내에 소화기를 갖추어야 하는가? (단, 산업안전보건법에 따른 안전조치의 적용을 받는 사업장의 경우는 제외한다.)

① 1　　② 3　　③ 5　　④ 7

42. 다음 중 벌칙의 기준이 다른 것은?

① 화재예방강화지구 등에서 모닥불, 흡연 등 화기의 취급, 풍등 등 소형열기구 날리기, 용접·용단 등 불꽃을 발생시키는 행위 등 화재 발생 위험이 있는 행위를 한 사람
② 소방활동 종사 명령에 따른 사람을 구출하는 일 또는 불을 끄거나 불이 번지지 아니하도록 하는 일을 방해한 사람
③ 정당한 사유 없이 소방용수시설 또는 비상소화장치를 사용하거나 소방용수시설 또는 비상소화장치의 효용을 해치거나 그 정당한 사용을 방해한 사람
④ 출동한 소방대의 소방장비를 파손하거나 그 효용을 해하여 화재진압·인명구조 또는 구급활동을 방해하는 행위를 한 사람

43. 소방시설 설치 및 관리에 관한 법령에 따른 특정소방대상물의 수용인원의 산정방법 기준 중 틀린 것은?

① 침대가 있는 숙박시설의 경우는 해당 특정소방대상물의 종사자 수에 침대 수(2인용 침대는 2인으로 산정)를 합한 수
② 침대가 없는 숙박시설의 경우는 해당 특정소방대상물의 종사자 수에 숙박시설 바닥면적의 합계를 3㎡로 나누어 얻은 수를 합한 수
③ 강의실 용도로 쓰이는 특정소방대상물의 경우는 해당 용도로 사용하는 바닥면적의 합

계를 1.9㎡로 나누어 얻은 수
④ 문화 및 집회시설의 경우는 해당 용도로 사용하는 바닥면적의 합계를 2.6㎡로 나누어 얻은 수

44. 소방시설공사업법령에 따른 소방시설공사 중 특정소방대상물에 설치된 소방시설 등을 구성하는 것의 전부 또는 일부를 개설, 이전 또는 정비하는 공사의 착공신고 대상이 아닌 것은?

① 수신반
② 소화펌프
③ 동력(감시)제어반
④ 제연설비의 제연구역

45. 소방기본법에 따른 소방력의 기준에 따라 관할구역의 소방력을 확충하기 위하여 필요한 계획을 수립하여 시행하여야 하는 자는?

① 소방서장
② 소방본부장
③ 시·도지사
④ 행정안전부장관

46. 소방시설 설치 및 관리에 관한 법령상 화재안전기준을 달리 적용해야 하는 특수한 용도 또는 구조를 가진 특정소방대상물인 중·저준위방사성폐기물의 저장시설에 설치하지 않을 수 있는 소방시설은?

① 소화용수설비
② 옥외소화전설비
③ 물분무등소화설비
④ 연결송수관설비 및 연결살수설비

47. 위험물안전관리법령에 따른 인화성액체 위험물(이황화탄소를 제외)의 옥외탱크 저장소의 탱크 주위에 설치하는 방유제의 설치기준 중 옳은 것은?

① 방유제의 높이는 0.5m 이상 2m 이하로 할 것
② 방유제내의 면적은 100,000㎡ 이하로 할 것
③ 방유제의 용량은 방유제 안에 설치된 탱크가 2기 이상인 때에는 그 탱크 중 용량이 최대인 것의 용량의 120% 이상으로 할 것
④ 높이가 1m를 넘는 방유제 및 간막이 둑의 안팎에는 방유제 내에 출입하기 위한 계단 또는 경사로를 약 50m마다 설치할 것

48. 소방시설 설치 및 관리에 관한 법령에 따른 임시소방시설 중 간이소화장치를 설치하여야 하는 공사의 작업현장의 규모의 기준 중 다음 ( ) 안에 알맞은 것은?

- 연면적 (㉠)㎡ 이상
- 지하층, 무창층 또는 (㉡)층 이상의 층. 이 경우 해당 층의 바닥면적이 (㉢)㎡ 이상인 경우만 해당한다.

① ㉠ 1000, ㉡ 6, ㉢ 150
② ㉠ 1000, ㉡ 6, ㉢ 600
③ ㉠ 3000, ㉡ 4, ㉢ 150
④ ㉠ 3000, ㉡ 4, ㉢ 600

49. 피난시설, 방화구획 또는 방화시설을 폐쇄·훼손·변경 등의 행위를 3차 이상 위반한 경우에 대한 과태료 부과기준으로 옳은 것은?

① 200만원
② 300만원
③ 500만원
④ 1000만원

50. 소방시설 설치 및 관리에 관한 법령에 따른 성능위주설계를 할 수 있는 자의 설계범위 기준 중 틀린 것은?

① 연면적 30,000㎡ 이상인 특정소방대상물로서 공항시설
② 연면적 100,000㎡ 이상인 특정소방대상물(단, 아파트 등은 제외)
③ 지하층을 포함한 층수가 30층 이상인 특정소방대상물(단, 아파트 등은 제외)
④ 하나의 건축물에 영화상영관이 10개 이상인 특정소방대상물

51. 소방시설 설치 및 관리에 관한 법령에 따른 특정소방대상물 중 의료시설에 해당하지 않는 것은?

① 요양병원 ② 마약진료소
③ 한방병원 ④ 노인의료복지시설

52. 소방기본법령에 따른 소방대원에게 실시할 교육·훈련 횟수 및 기간의 기준 중 다음 (   ) 안에 알맞은 것은?

횟수	기간
(㉠)년마다 1회	(㉡)주 이상

① ㉠ 2, ㉡ 2
② ㉠ 2, ㉡ 4
③ ㉠ 1, ㉡ 2
④ ㉠ 1, ㉡ 4

53. 위험물안전관리법령에 따른 정기점검의 대상인 제조소등의 기준 중 틀린 것은?

① 암반탱크저장소
② 지하탱크저장소
③ 이동탱크저장소
④ 지정수량의 150배 이상의 위험물을 저장하는 옥외탱크저장소

54. 화재의 예방 및 안전관리에 관한 법령에 따른 소방안전 특별관리시설물의 안전관리 대상 전통시장의 기준 중 다음 (   ) 안에 알맞은 것은?

전통시장으로서 대통령령으로 정하는 전통시장 : 점포가 (   )개 이상인 전통시장

① 100 ② 300 ③ 500 ④ 600

55. 자체점검 실시결과 보고서를 제출받거나 스스로 자체점검을 실시한 관계인은 자체점검이 끝난 날부터 며칠 이내에 소방시설등 자체점검 실시결과 보고서에 서류를 첨부하여 소방본부장 또는 소방서장에게 서면이나 소방청장이 지정하는 전산망을 통하여 보고해야 하는가?

① 7일 ② 10일 ③ 15일 ④ 30일

56. 위험물안전관리법령에 따른 위험물제조소의 옥외에 있는 위험물취급탱크 용량이 100㎥ 및 180㎥인 2개의 취급탱크 주위에 하나의 방유제를 설치하는 경우 방유제의 최소 용량은 몇 ㎥이어야 하는가?

① 100 ② 140 ③ 180 ④ 280

57. 소방시설 설치 및 관리에 관한 법령에 따른 방염성능기준 이상의 실내 장식물 등을 설치하여야 하는 특정소방대상물의 기준 중 틀린 것은?

① 건축물의 옥내에 있는 시설로서 종교시설
② 층수가 11층 이상인 아파트
③ 의료시설 중 종합병원
④ 노유자시설

58. 관리의 권원이 분리되어 있는 특정소방대상물의 관계인은 소유권, 관리권 및 점유권에 따라 각각 소방안전관리자를 선임해야 한다. 이 때 법에서 규정하고 있는 관리의 권원이 분리된 특정소방대상물 중 복합건축물은 지하층을 제외한 층수가 몇 층 이상인 건축물만 해당되는가?

① 6층 ② 11층 ③ 20층 ④ 30층

59. 화재의 예방 및 안전관리에 관한 법령에 따른 화재예방강화지구의 관리 기준 중 다음 (   ) 안에 알맞은 것은?

> - 소방관서장은 화재예방강화지구 안의 소방대상물의 위치·구조 및 설비 등에 대한 화재안전조사를 (㉠)회 이상 실시해야 한다.
> - 소방관서장은 훈련 및 교육을 실시하려는 경우에는 화재예방강화지구 안의 관계인에게 훈련 또는 교육 (㉡)일 전까지 그 사실을 통보해야 한다.

① ㉠ 월 1, ㉡ 7 ② ㉠ 월 1, ㉡ 10
③ ㉠ 연 1, ㉡ 7 ④ ㉠ 연 1, ㉡ 10

60. 위험물안전관리법령에 따른 소화난이도등급Ⅰ의 옥내탱크저장소에서 유황만을 저장·취급할 경우 설치하여야 하는 소화설비로 옳은 것은?

① 물분무소화설비 ② 스프링클러설비
③ 포소화설비   ④ 옥내소화전설비

제4과목 : 소방기계시설의 구조 및 원리

61. 자동화재탐지설비의 감지기의 작동과 연동하는 분말소화설비 자동식 기동장치의 설치기준 중 다음 (   ) 안에 알맞은 것은?

> - 전기식 기동장치로서 (㉠)병 이상의 저장용기를 동시에 개방하는 설비는 2병 이상의 저장용기에 전자개방밸브를 부착할 것
> - 가스압력식 기동장치의 기동용 가스용기 및 해당 용기에 사용하는 밸브는 (㉡) MPa 이상의 압력에 견딜 수 있는 것으로 할 것

① ㉠ 3, ㉡ 2.5 ② ㉠ 7, ㉡ 2.5
③ ㉠ 3, ㉡ 25   ④ ㉠ 7, ㉡ 25

62. 소화용수설비인 소화수조가 옥상 또는 옥탑 부근에 설치된 경우에는 지상에 설치된 채수구에서의 압력이 최소 몇 MPa 이상이 되어야 하는가?

① 0.8 ② 0.13 ③ 0.15 ④ 0.25

63. 옥내소화전설비 수원의 산출된 유효수량 외에 유효수량의 1/3이상을 옥상에 설치하지 아니할 수 있는 경우의 기준 중 다음 (   ) 알맞은 것은?

> - 수원이 건축물의 최상층에 설치된 (㉠)보다 높은 위치에 설치된 경우
> - 건축물의 높이가 지표면으로부터 (㉡)m 이하인 경우

① ㉠ 송수구, ㉡ 7   ② ㉠ 방수구, ㉡ 7
③ ㉠ 송수구, ㉡ 10 ④ ㉠ 방수구, ㉡ 10

64. 특별피난계단의 계단실 및 부속실 제연설비의 차압 등에 관한 기준 중 옳은 것은?

① 제연설비가 가동되었을 경우 출입문의 개방에 필요한 힘은 130N 이하로 하여야 한다.
② 제연구역과 옥내와의 사이에 유지하여야 하는 최소차압은 40Pa(옥내에 스프링클러설비가 설치된 경우에는 12.5Pa) 이상으로 하여야 한다.
③ 피난을 위하여 제연구역의 출입문이 일시적으로 개방되는 경우 개방되지 아니하는 제연구역과 옥내와의 차압은 기준 차압의 60% 미만이 되어서는 아니 된다.
④ 계단실과 부속실을 동시에 제연하는 경우 부속실의 기압은 계단실과 같게 하거나 계단실의 기압보다 낮게 할 경우에는 부속실과 계단실의 압력 차이는 10Pa 이하가 되도록 하여야 한다.

65. 소화용수설비에 설치하는 채수구의 설치기준 중 다음 ( ) 안에 알맞은 것은?

| 채수구는 지면으로부터의 높이가 (㉠)m 이상 (㉡)m 이하의 위치에 설치하고 "채수구"라고 표시한 표지를 할 것 |

① ㉠ 0.5, ㉡ 1.0 ② ㉠ 0.5, ㉡ 1.5
③ ㉠ 0.8, ㉡ 1.0 ④ ㉠ 0.8, ㉡ 1.5

66. 개방형스프링클러헤드 30개를 설치하는 경우 급수관의 구경은 몇 mm로 하여야 하는가?

① 65 ② 80 ③ 90 ④ 100

67. 특정소방대상물에 따라 적응하는 포소화설비의 설치기준 중 특수가연물을 저장·취급하는 공장 또는 창고에 적응성을 갖는 포소화설비가 아닌 것은?

① 포헤드설비
② 고정포방출설비
③ 압축공기포소화설비
④ 호스릴포소화설비

68. 포소화설비의 배관 등의 설치기준 중 옳은 것은?

① 포워터스프링클러설비 또는 포헤드설비의 가지배관의 배열은 토너먼트방식으로 한다.
② 송액관은 겸용으로 하여야 한다. 다만, 포소화전의 기동장치의 조작과 동시에 다른 설비의 용도에 사용하는 배관의 송수를 차단할 수 있거나, 포소화설비의 성능에 지장이 없는 경우에는 전용으로 할 수 있다.
③ 송액관은 포의 방출 종료 후 배관안의 액을 배출하기 위하여 적당한 기울기를 유지하도록 하고 그 낮은 부분에 배액밸브를 설치하여야 한다.
④ 연결송수관설비의 배관과 겸용할 경우의 주배관은 구경 65mm 이상, 방수구로 연결되는 배관의 구경은 100mm 이상의 것으로 하여야 한다.

69. 고압의 전기기기가 있는 장소에 있어서 전기의 절연을 위한 전기기기와 물분무헤드 사이의 최소 이격거리 기준 중 옳은 것은?

① 66kV 이하 - 60cm 이상
② 66kV 초과 77kV 이하 - 80cm 이상
③ 77kV 초과 110kV 이하 - 100cm 이상
④ 110kV 초과 154kV 이하 - 140cm 이상

70. 할로겐화합물 및 불활성기체 소화설비를 설치할 수 없는 장소의 기준 중 옳은 것은? (단, 소화성능이 인정되는 위험물은 제외한다.)

① 제1류 위험물 및 제2류 위험물 사용
② 제2류 위험물 및 제4류 위험물 사용
③ 제3류 위험물 및 제5류 위험물 사용
④ 제4류 위험물 및 제6류 위험물 사용

71. 스프링클러설비를 설치하여야 할 특정소방대상물에 있어서 스프링클러헤드를 설치하지 아니할 수 있는 기준 중 틀린 것은?

① 천장과 반자 양쪽이 불연재료로 되어 있고 천장과 반자사이의 거리가 2.5m 미만인 부분
② 천장 및 반자가 불연재료가 아닌 것으로 되어 있고 천장과 반자사이의 거리가 0.5m 미만인 부분
③ 천장·반자 중 한쪽이 불연재료로 되어 있고 천장과 반자사이의 거리가 1m 미만인 부분
④ 현관 또는 로비 등으로서 바닥으로부터 높이가 20m 이상인 장소

72. 대형소화기에 충전하는 최소 소화약제의 기준 중 다음 ( ) 안에 알맞은 것은?

- 분말소화기 : (㉠) kg 이상
- 물소화기 : (㉡) L 이상
- 이산화탄소소화기 : (㉢) kg 이상

① ㉠ 30, ㉡ 80, ㉢ 50
② ㉠ 30, ㉡ 50, ㉢ 60
③ ㉠ 20, ㉡ 80, ㉢ 50
④ ㉠ 20, ㉡ 50, ㉢ 60

73. 미분무소화설비의 배관의 배수를 위한 기울기 기준 중 다음 ( ) 안에 알맞은 것은? (단, 배관의 구조상 기울기를 줄 수 없는 경우는 제외한다.)

개방형 미분무소화설비에는 헤드를 향하여 상향으로 수평주행배관의 기울기를 (㉠) 이상, 가지배관의 기울기를 (㉡) 이상으로 할 것

① ㉠ 1/100, ㉡ 1/500
② ㉠ 1/500, ㉡ 1/100
③ ㉠ 1/250, ㉡ 1/500
④ ㉠ 1/500, ㉡ 1/250

74. 국소방출방식의 할론소화설비 분사헤드의 설치기준 중 다음 ( ) 안에 알맞은 것은?

분사헤드의 방사압력은 할론 2402를 방사하는 것은 (㉠)MPa 이상, 할론 2402를 방출하는 분사헤드는 해당 소화약제가 (㉡)으로 분무되는 것으로 하여야 하며, 기준저장량의 소화약제를 (㉢)초 이내에 방사할 수 있는 것으로 할 것

① ㉠ 0.1, ㉡ 무상, ㉢ 10
② ㉠ 0.2, ㉡ 적상, ㉢ 10
③ ㉠ 0.1, ㉡ 무상, ㉢ 30
④ ㉠ 0.2, ㉡ 적상, ㉢ 30

75. 특정소방대상물의 용도 및 장소별로 설치하여야 할 인명구조기구 종류의 기준 중 다음 ( ) 안에 알맞은 것은?

특정소방대상물	인명구조기구의 종류
물분무등소화설비 중 ( )를 설치하여야하는 특정 소방대상물	공기호흡기

① 이산화탄소소화설비
② 분말소화설비
③ 할론소화설비
④ 할로겐화합물 및 불활성기체소화설비

76. 송수구가 부설된 옥내소화전을 설치한 특정소방대상물로서 연결송수관설비의 방수구를 설치하지 아니할 수 있는 층의 기준 중 다음 ( ) 안에 알맞은 것은? (단, 집회장·관람장·백화점·도매시장·소매시장·판매시설·공장·창고시설 또는 지하가를 제외한다.)

- 지하층을 제외한 층수가 (㉠)층 이하이고 연면적이 (㉡)㎡ 미만인 특정 소방대상물의 지상층의 용도로 사용되는 층
- 지하층의 층수가 (㉢) 이하인 특정 소방대상물의 지하층

① ㉠ 3, ㉡ 5000, ㉢ 3
② ㉠ 4, ㉡ 6000, ㉢ 2
③ ㉠ 5, ㉡ 3000, ㉢ 3
④ ㉠ 6, ㉡ 4000, ㉢ 2

77. 다수인 피난장비 설치기준 중 틀린 것은?

① 사용 시에 보관실 외측 문이 먼저 열리고 탑승기가 외측으로 자동으로 전개될 것
② 보관실의 문은 상시 개방상태를 유지하도록 할 것
③ 하강 시에 탑승기가 건물 외벽이나 돌출물에 충돌하지 않도록 설치할 것
④ 피난층에는 해당 층에 설치된 피난기구가 착지에 지장이 없도록 충분한 공간을 확보할 것

78. 분말소화설비 분말소화약제의 저장용기의 설치기준 중 옳은 것은?

① 저장용기에는 가압식은 최고사용압력의 0.8배 이하, 축압식은 용기의 내압시험 압력의 1.8배 이하의 압력에서 작동하는 안전밸브를 설치할 것
② 저장용기의 충전비는 0.8 이상으로 할 것
③ 저장용기간의 간격은 점검에 지장이 없도록 5cm 이상의 간격을 유지할 것
④ 저장용기에는 저장용기의 내부압력이 설정압력으로 되었을 때 주밸브를 개방하는 압력조정기를 설치할 것

79. 바닥면적이 1300㎡인 관람장에 소화기구를 설치할 경우 소화기구의 최소 능력단위는? (단, 주요 구조부가 내화구조이고, 벽 및 반자의 실내와 면하는 부분이 불연재료로 된 특정소방대상물이다.)

① 7단위　　　　② 13단위
③ 22단위　　　 ④ 26단위

80. 화재조기진압용 스프링클러설비 헤드의 기준 중 다음 (　) 안에 알맞은 것은?

헤드 하나의 방호면적은 (㉠)㎡ 이상 (㉡)㎡ 이하로 할 것

① ㉠ 2.4, ㉡ 3.7　　② ㉠ 3.7, ㉡ 9.1
③ ㉠ 6.0, ㉡ 9.3　　④ ㉠ 9.1, ㉡ 13.7

2019년 제1회 소방설비기사(기계분야)

본 지면은 CBT시험의 컴퓨터 화면과 비슷하게 구성한 화면입니다.

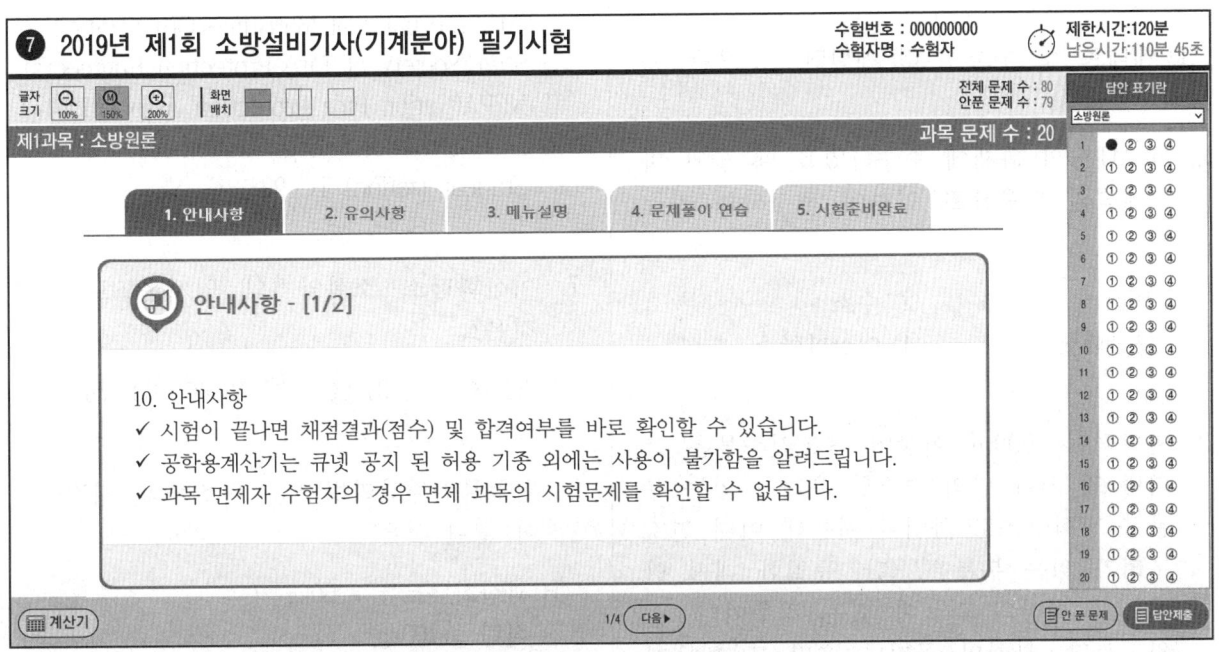

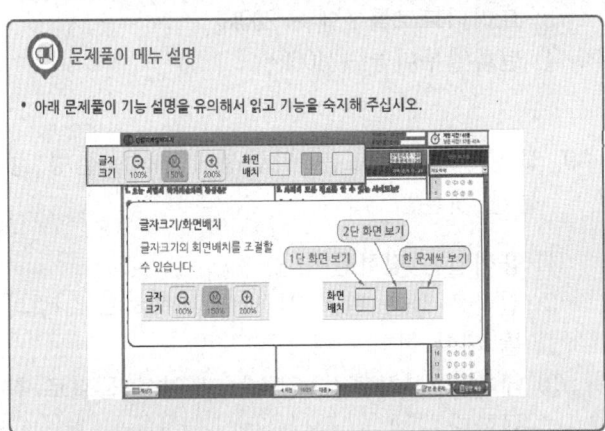

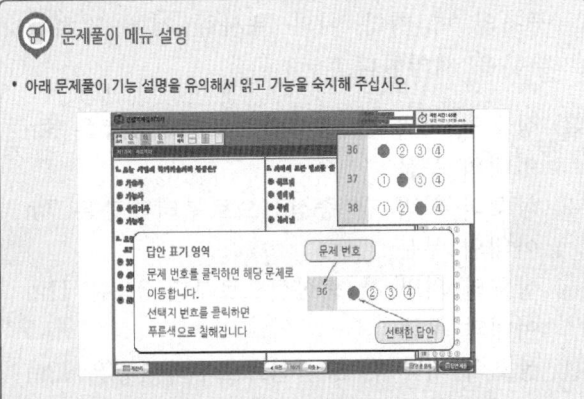

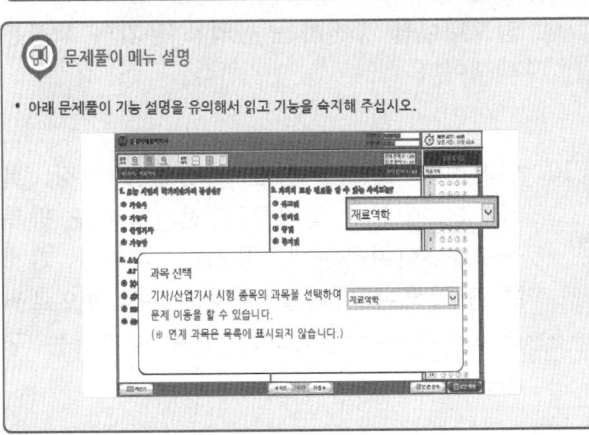

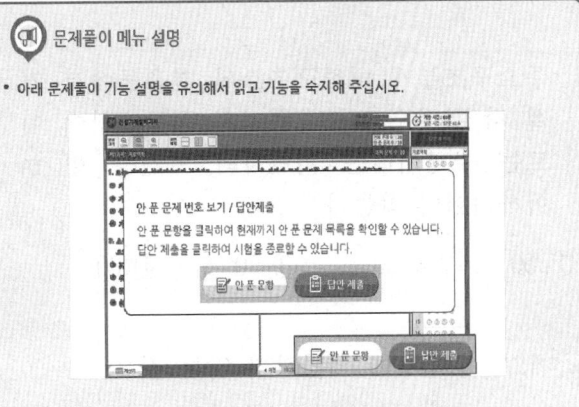

제1과목 : 소방원론

1. 공기와 접촉되었을 때 위험도(H)가 가장 큰 것은?

   ① 에테르 ② 수소 ③ 에틸렌 ④ 부탄

2. 마그네슘의 화재에 주수하였을 때 물과 마그네슘의 반응으로 인하여 생성되는 가스는?

   ① 산소
   ② 수소
   ③ 일산화탄소
   ④ 이산화탄소

3. 연면적이 1000㎡ 이상인 목조건축물은 그 외벽 및 처마 밑의 연소할 우려가 있는 부분을 방화구조로 하여야 하는데 이때 연소 우려가 있는 부분은? (단, 동일한 대지 안에 2동 이상의 건물이 있는 경우이며, 공원·광장·하천의 공지나 수면 또는 내화구조의 벽 기타 이와 유사한 것에 접하는 부분을 제외한다.)

   ① 상호의 외벽 간 중심선으로부터 1층은 3m 이내의 부분
   ② 상호의 외벽 간 중심선으로부터 2층은 7m 이내의 부분
   ③ 상호의 외벽 간 중심선으로부터 3층은 11m 이내의 부분
   ④ 상호의 외벽 간 중심선으로부터 4층은 13m 이내의 부분

4. 주요구조부가 내화구조로된 건축물에서 거실 각 부분으로부터 하나의 직통계단에 이르는 보행거리는 피난자의 안전상 몇 m 이하이어야 하는가?

   ① 50 ② 60 ③ 70 ④ 80

5. 제2류 위험물에 해당하지 않는 것은?

   ① 유황 ② 황화린 ③ 적린 ④ 황린

6. 화재에 관련된 국제적인 규정을 제정하는 단체는?

   ① IMO(International Matritime Organization)
   ② SFPE(Society of Fire Protection Engineers)
   ③ NFPA(Nation Fire Protection Association)
   ④ ISO(International Organization for Standardization) TC 92

7. 이산화탄소 소화약제의 임계온도로 옳은 것은?

   ① 24.4℃ ② 31.1℃ ③ 56.4℃ ④ 78.2℃

8. 위험물안전관리법령상 위험물의 지정수량이 틀린 것은?

   ① 과산화나트륨 - 50kg
   ② 적린 - 100kg
   ③ 트리니트로톨루엔 - 200kg
   ④ 탄화알루미늄 - 400kg

9. 물질의 취급 또는 위험성에 대한 설명 중 틀린 것은?

   ① 융해열은 점화원이다.
   ② 질산은 물과 반응 시 발열 반응하므로 주의를 해야 한다.
   ③ 네온, 이산화탄소, 질소는 불연성 물질로 취급한다.
   ④ 암모니아를 충전하는 공업용 용기의 색상은 백색이다.

10. 인화점이 40℃ 이하인 위험물을 저장, 취급하는 장소에 설치하는 전기설비는 방폭구조로 설치하는데, 용기의 내부에 기체를 압입하여 압력을 유지하도록 함으로써 폭발성가스가 침입하는 것을 방지하는 구조는?

① 압력 방폭구조　② 유입 방폭구조
③ 안전증 방폭구조　④ 본질안전 방폭구조

11. 화재의 분류방법 중 유류화재를 나타낸 것은?

① A급 화재　② B급 화재
③ C급 화재　④ D급 화재

12. 물의 기화열이 539.6 cal/g인 것은 어떤 의미인가?

① 0℃의 물 1g이 얼음으로 변화하는데 539.6 cal의 열량이 필요하다.
② 0℃의 물 1g이 물로 변화하는데 539.6 cal의 열량이 필요하다.
③ 0℃의 물 1g이 100℃의 물로 변화하는데 539.6 cal의 열량이 필요하다.
④ 100℃의 물 1g이 수증기로 변화하는데 539.6 cal의 열량이 필요하다.

13. 불활성 가스에 해당하는 것은?

① 수증기　② 일산화탄소
③ 아르곤　④ 아세틸렌

14. 방화구획의 설치기준 중 스프링클러 기타 이와 유사한 자동식소화설비를 설치한 10층 이하의 층은 몇 m² 이내마다 구획하여야 하는가?

① 1000　② 1500　③ 2000　④ 3000

15. 화재하중에 대한 설명 중 틀린 것은?

① 화재하중이 크면 단위면적당의 발열량이 크다.
② 화재하중이 크다는 것은 화재구획의 공간이 넓다는 것이다.
③ 화재하중이 같더라도 물질의 상태에 따라 가혹도는 달라진다.
④ 화재하중은 화재구획실내의 가연물 총량을 목재 중량당비로 환산하여 면적으로 나눈 수치이다.

16. 이산화탄소의 질식 및 냉각 효과에 대한 설명 중 틀린 것은?

① 이산화탄소의 증기비중이 산소보다 크기 때문에 가연물과 산소의 접촉을 방해한다.
② 액체 이산화탄소가 기화되는 과정에서 열을 흡수한다.
③ 이산화탄소는 불연성 가스로서 가연물의 연소반응을 방해한다.
④ 이산화탄소는 산소와 반응하며 이 과정에서 발생한 연소열을 흡수하므로 냉각효과를 나타낸다.

17. 분말 소화약제 분말입도의 소화성능에 관한 설명으로 옳은 것은?

① 미세할수록 소화성능이 우수하다.
② 입도가 클수록 소화성능이 우수하다.
③ 입도와 소화성능과는 관련이 없다.
④ 입도가 너무 미세하거나 너무 커도 소화성능은 저하된다.

18. 분말 소화약제 중 A급, B급, C급 화재에 모두 사용할 수 있는 것은?

① Na_2CO_3　② $NH_4H_2PO_4$
③ $KHCO_3$　④ $NaHCO_3$

19. 증기비중의 정의로 옳은 것은? (단, 분자, 분모의 단위는 모두 g/mol이다.)

① $\dfrac{분자량}{22.4}$　② $\dfrac{분자량}{29}$
③ $\dfrac{분자량}{44.8}$　④ $\dfrac{분자량}{100}$

20. 탄화칼슘의 화재 시 물을 주수하였을 때 발생하는 가스로 옳은 것은?

① C_2H_2　② H_2
③ O_2　④ C_2H_6

제2과목 : 소방유체역학

21. 다음 중 열역학 제1법칙에 관한 설명으로 옳은 것은?

① 열은 그 자신만으로 저온에서 고온으로 이동할 수 없다.
② 일은 열로 변환시킬 수 있고 열은 일로 변환시킬 수 있다.
③ 사이클 과정에서 열이 모두 일로 변화할 수 없다.
④ 열평형 상태에 있는 물체의 온도는 같다.

22. 안지름 25mm, 길이 10m의 수평 파이프를 통해 비중 0.8, 점성계수는 5×10^{-3} kg/m·s 인 기름을 유량 0.2×10^{-3} ㎥/s 로 수송하고자 할 때, 필요한 펌프의 최소 동력은 약 몇 W인가?

① 0.21   ② 0.58   ③ 0.77   ④ 0.81

23. 수은의 비중이 13.6일 때 수은의 비체적은 몇 ㎥/kg인가?

① $\frac{1}{13.6}$ ② $\frac{1}{13.6} \times 10^{-3}$
③ 13.6   ④ 13.6×10^{-3}

24. 그림과 같은 U자관 차압 액주계에서 A와 B에 있는 유체는 물이고 그 중간에 유체는 수은(비중 13.6)이다. 또한, 그림에서 h_1=20cm, h_2=30cm, h_3=15cm일 때 A의 압력(P_A)와 B의 압력(P_B)의 차이($P_A - P_B$)는 약 몇 kPa인가?

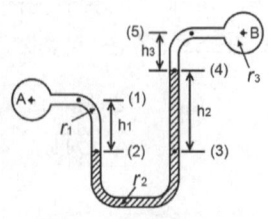

① 35.4   ② 39.5   ③ 44.7   ④ 49.8

25. 평균유속 2m/s로 50L/s 유량의 물을 흐르게 하는데 필요한 관의 안지름은 약 몇 mm인가?

① 158   ② 168   ③ 178   ④ 188

26. 30℃에서 부피가 10L인 이상기체를 일정한 압력으로 0℃로 냉각시키면 부피는 약 몇 L로 변하는가?

① 3   ② 9   ③ 12   ④ 18

27. 이상적인 카르노사이클의 과정인 단열압축과 등온압축의 엔트로피 변화에 관한 설명으로 옳은 것은?

① 등온압축의 경우 엔트로피 변화는 없고, 단열압축의 경우 엔트로피 변화는 감소한다.
② 등온압축의 경우 엔트로피 변화는 없고, 단열압축의 경우 엔트로피 변화는 증가한다.
③ 단열압축의 경우 엔트로피 변화는 없고, 등온압축의 경우 엔트로피 변화는 감소한다.
④ 단열압축의 경우 엔트로피 변화는 없고, 등온압축의 경우 엔트로피 변화는 증가한다.

28. 그림에서 물 탱크차가 받는 추력은 약 몇 N인가? (단, 노즐의 단면적은 0.03㎡이며, 탱크 내의 계기압력은 40kPa이다. 또한 노즐에서 마찰손실은 무시한다.)

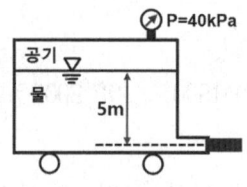

① 812   ② 1489   ③ 2709   ④ 5343

29. 비중이 0.877인 기름이 단면적이 변하는 원관을 흐르고 있으며 체적유량은 0.146 ㎥/s 이다. A점에서는 안지름이 150mm, 압력이 91 kPa이고, B점에서는 안지름이 450mm, 압력이 60.3 kPa이다. 또한 B점은 A점보다 3.66m 높은 곳에 위치한다. 기름이 A점에서

B점까지 흐르는 동안의 손실수두는 약 몇 m인가? (단, 물의 비중량은 9810 N/㎥이다.)

① 3.3   ② 7.2   ③ 10.7   ④ 14.1

30. 그림과 같이 피스톤의 지름이 각각 25㎝와 5㎝이다. 작은 피스톤을 화살표 방향으로 20㎝ 만큼 움직일 경우 큰 피스톤이 움직이는 거리는 약 몇 ㎜인가? (단, 누설은 없고, 비압축성이라고 가정한다.)

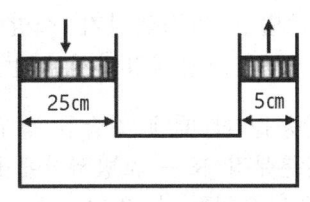

① 2   ② 4   ③ 8   ④ 10

31. 스프링클러 헤드의 방수압이 4배가 되면 방수량은 몇 배가 되는가?

① $\sqrt{2}$배   ② 2배   ③ 4배   ④ 8배

32. 다음 중 표준대기압인 1기압에 가장 가까운 것은?

① 860 mmHg   ② 10.33 mAq
③ 101.325 bar   ④ 1.0332 kgf/㎠

33. 안지름 10㎝의 관로에서 마찰손실수두가 속도수두와 같다면 그 관로의 길이는 약 몇 m인가? (단, 관마찰계수는 0.03이다.)

① 1.58   ② 2.54   ③ 3.33   ④ 4.52

34. 원심식 송풍기에서 회전수를 변화시킬 때 동력변화를 구하는 식으로 옳은 것은? (단, 변화 전후의 회전수는 각각 N_1, N_2, 동력은 L_1, L_2이다.)

① $L_2 = L_1 \times \left(\dfrac{N_1}{N_2}\right)^3$ ② $L_2 = L_1 \times \left(\dfrac{N_1}{N_2}\right)^2$

③ $L_2 = L_1 \times \left(\dfrac{N_2}{N_1}\right)^3$ ④ $L_2 = L_1 \times \left(\dfrac{N_2}{N_1}\right)^2$

35. 그림과 같은 1/4원형의 수문(水門) AB가 받는 수평성분 힘(F_H)과 수직성분 힘(F_V)은 각각 약 몇 kN인가? (단, 수문의 반지름은 2m이고, 폭은 3m이다.)

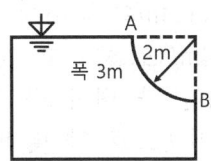

① F_H = 24.4, F_V = 46.2
② F_H = 24.4, F_V = 92.4
③ F_H = 58.8, F_V = 46.2
④ F_H = 58.8, F_V = 92.4

36. 펌프 중심으로부터 2m 아래에 있는 물을 펌프 중심으로부터 15m 위에 있는 송출수면으로 양수하려 한다. 관로의 전 손실수두가 6m이고, 송출수량이 1㎥/min 라면 필요한 펌프의 동력은 약 몇 W인가?

① 2777   ② 3103   ③ 3430   ④ 3757

37. 일반적인 배관 시스템에서 발생되는 손실을 주손실과 부차적 손실로 구분할 때 다음 중 주손실에 속하는 것은?

① 직관에서 발생하는 마찰 손실
② 파이프 입구와 출구에서의 손실
③ 단면의 확대 및 축소에 의한 손실
④ 배관부품(엘보, 리턴밴드, 티, 리듀서, 유니언, 밸브 등)에서 발생하는 손실

38. 온도차이 20℃, 열전도율 5W/(m·K), 두께 20㎝인 벽을 통한 열유속(heat flux)과 온도차이 40℃, 열전도율 10W/(m·K), 두께 t인 같은 면적을 가진 벽을 통한 열유속이 같다면 두께 t는 약 몇 ㎝인가?

① 10   ② 20   ③ 40   ④ 80

39. 낙구식 점도계는 어떤 법칙을 이론적 근거로 하는가?

① Stokes의 법칙
② 열역학 제1법칙
③ Hagen-Poiseuille의 법칙
④ Boyle의 법칙

40. 지면으로부터 4m의 높이에 설치된 수평관 내로 물이 4m/s로 흐르고 있다. 물의 압력이 78.4 kPa인 관 내의 한 점에서 전수두는 지면을 기준으로 약 몇 m인가?

① 4.76　② 6.24　③ 8.82　④ 12.81

제3과목 : 소방관계법규

41. 화재의 예방 및 안전관리에 관한 법령상 소방관서장은 소방상 필요한 훈련 및 교육을 실시하려는 경우에는 화재예방강화지구 안의 관계인에게 훈련 또는 교육 며칠 전까지 그 사실을 통보해야 하는가?

① 5　② 7　③ 10　④ 14

42. 특정소방대상물의 관계인이 소방안전관리자를 해임한 경우 재선임 신고를 해야 하는 기준은? (단, 해임한 날부터를 기준일로 한다.)

① 10일 이내　② 20일 이내
③ 30일 이내　④ 40일 이내

43. 소방용수시설 중 소화전과 급수탑의 설치기준으로 틀린 것은?

① 급수탑 급수배관의 구경은 100mm 이상으로 할 것
② 소화전은 상수도와 연결하여 지하식 또는 지상식의 구조로 할 것
③ 소방용 호스와 연결하는 소화전의 연결금속구의 구경은 65mm로 할 것
④ 급수탑의 개폐밸브는 지상에서 1.5m 이상 1.8m 이하의 위치에 설치할 것

44. 경유의 저장량이 2000리터, 중유의 저장량이 4000리터, 등유의 저장량이 2000리터인 저장소에 있어서 지정수량의 배수는?

① 동일　② 6배　③ 3배　④ 2배

45. 소방기본법상 명령권자가 소방본부장, 소방서장 또는 소방대장에게 있는 사항은?

① 소방 활동을 할 때에 긴급한 경우에는 이웃한 소방본부장 또는 소방서장에게 소방업무의 응원을 요청할 수 있다.
② 화재, 재난·재해, 그 밖의 위급한 상황이 발생한 현장에서 소방활동을 위하여 필요할 때에는 그 관할구역에 사는 사람 또는 그 현장에 있는 사람으로 하여금 사람을 구출하는 일 또는 불을 끄거나 불이 번지지 아니하도록 하는 일을 하게 할 수 있다.
③ 화재가 발생하였을 때에는 화재의 원인 및 피해 등에 대한 조사를 하여야 한다.
④ 화재, 재난·재해, 그 밖의 위급한 상황이 발생하였을 때에는 소방대를 현장에 신속하게 출동시켜 화재진압과 인명구조·구급 등 소방에 필요한 활동을 하게 하여야 한다.

46. 화재가 발생하는 경우 인명 또는 재산의 피해가 클 것으로 예상되는 때 소방대상물의 개수·이전·제거, 사용의 금지 등의 필요한 조치를 명할 수 있는 자는?

① 시·도지사
② 의용소방대장
③ 기초자치단체장
④ 소방청장, 소방본부장 또는 소방서장

47. 화재의 예방 및 안전관리에 관한 법령상 보일러, 난로, 건조설비, 가스·전기시설, 그 밖에 화재 발생 우려가 있는 대통령령

으로 정하는 설비 또는 기구 등의 위치·구조 및 관리와 화재 예방을 위하여 불을 사용할 때 지켜야 하는 사항은 무엇으로 정하는가?

① 총리령 ② 대통령령
③ 시·도 조례 ④ 행정안전부령

48. 아파트로 층수가 20층인 특정소방대상물에서 스프링클러설비를 설치해야 하는 층수는? (단, 아파트는 신축을 실시하는 경우이다.)

① 전층 ② 15층 이상
③ 11층 이상 ④ 6층 이상

49. 소방기본법령상 소방본부 종합상황실 실장이 소방청의 종합상황실에 서면·팩스 또는 컴퓨터통신 등으로 보고하여야 하는 화재의 기준에 해당하지 않는 것은?

① 항구에 매어둔 총 톤수가 1000톤 이상인 선박에서 발생한 화재
② 연면적 15000㎡ 이상인 공장 또는 화재예방강화지구에서 발생한 화재
③ 지정수량의 1000배 이상의 위험물의 제조소·저장소·취급소에서 발생한 화재
④ 층수가 5층 이상이거나 병상이 30개 이상인 종합병원·정신병원·한방병원·요양소에서 발생한 화재

50. 소방시설 설치 및 관리에 관한 법령상 소방시설등에 대하여 스스로 점검을 하지 아니하거나 관리업자등으로 하여금 정기적으로 점검하게 하지 아니한 자에 대한 벌칙 기준으로 옳은 것은?

① 1년 이하의 징역 또는 1000만원 이하의 벌금
② 3년 이하의 징역 또는 1500만원 이하의 벌금
③ 3년 이하의 징역 또는 3000만원 이하의 벌금
④ 6개월 이하의 징역 또는 1000만원 이하의 벌금

51. 화재의 예방 및 안전관리에 관한 법령상 특수가연물의 저장 및 취급기준 중 석탄·목탄류를 발전용 외의 것으로 저장하는 경우 쌓는 부분의 바닥면적은 몇 ㎡ 이하인가? (단, 살수설비를 설치하거나, 방사능력 범위에 해당 특수가연물이 포함되도록 대형수동식소화기를 설치하는 경우이다.)

① 200 ② 250 ③ 300 ④ 350

52. 제3류 위험물 중 금수성 물품에 적응성이 있는 소화약제는?

① 물 ② 강화액
③ 팽창질석 ④ 인산염류분말

53. 화재의 예방 및 안전관리에 관한 법령상 화재안전조사위원회의 위원에 해당하지 아니하는 사람은?

① 소방기술사
② 소방시설관리사
③ 소방 관련 분야의 석사학위 이상을 취득한 사람
④ 소방 관련 법인 또는 단체에서 소방 관련 업무에 3년 이상 종사한 사람

54. 화재안전조사 결과에 따른 조치명령으로 손실을 입어 손실을 보상하는 경우 그 손실을 입은 자는 누구와 손실보상을 협의하여야 하는가?

① 소방서장 ② 시·도지사
③ 소방본부장 ④ 행정안전부장관

55. 위험물운송자 자격을 취득하지 아니한 자가 위험물 이동탱크저장소 운전 시의 벌칙으로 옳은 것은?

① 100만원 이하의 벌금
② 300만원 이하의 벌금
③ 500만원 이하의 벌금
④ 1000만원 이하의 벌금

56. 1급 소방안전관리대상물이 아닌 것은?

① 15층인 특정소방대상물(아파트는 제외)
② 가연성가스를 2000톤 저장·취급하는 시설
③ 21층인 아파트로서 300세대인 것
④ 연면적 20,000㎡인 문화집회 및 운동시설

57. 문화재보호법의 규정에 의한 유형문화재와 지정문화재에 있어서는 제조소 등과의 수평거리를 몇 m 이상 유지하여야 하는가?

① 20   ② 30   ③ 50   ④ 70

58. 다음 중 중급기술자의 학력·경력자에 대한 기준으로 옳은 것은? (단, "학력·경력자"란 고등학교·대학 또는 이와 같은 수준 이상의 교육기관의 소방 관련학과의 정해진 교육과정을 이수하고 졸업하거나 그 밖의 관계법령에 따라 국내 또는 외국에서 이와 같은 수준 이상의 학력이 있다고 인정되는 사람을 말한다.)

① 고등학교를 졸업 후 10년 이상 소방 관련 업무를 수행한 자
② 학사학위를 취득한 후 6년 이상 소방 관련 업무를 수행한 자
③ 석사학위를 취득한 후 2년 이상 소방 관련 업무를 수행한 자
④ 박사학위를 취득한 후 1년 이상 소방 관련 업무를 수행한 자

59. 소방시설공사업법령상 상주 공사감리 대상 기준 중 다음 ㉠, ㉡, ㉢에 알맞은 것은?

- 연면적 (㉠)제곱미터 이상의 특정소방대상물(아파트는 제외)에 대한 소방시설의 공사
- 지하층을 포함한 층수가 (㉡)층 이상으로서 (㉢)세대 이상인 아파트에 대한 소방시설의 공사

① ㉠ 1만, ㉡ 11, ㉢ 600
② ㉠ 1만, ㉡ 16, ㉢ 500
③ ㉠ 3만, ㉡ 11, ㉢ 600
④ ㉠ 3만, ㉡ 16, ㉢ 500

60. 화재의 예방 및 안전관리에 관한 법령상 소방안전관리대상물의 소방안전관리자 업무가 아닌 것은?

① 소방훈련 및 교육
② 피난시설, 방화구획 및 방화시설의 관리 및 공사
③ 자위소방대 및 초기대응체계의 구성, 운영 및 교육
④ 피난계획에 관한 사항과 대통령령으로 정하는 사항이 포함된 소방계획서의 작성 및 시행

제4과목 : 소방기계시설의 구조 및 원리

61. 대형 이산화탄소 소화기의 소화약제 충전량은 얼마인가?

① 20kg 이상   ② 30kg 이상
③ 50kg 이상   ④ 70kg 이상

62. 개방형스프링클러설비에서 하나의 방수구역을 담당하는 헤드의 개수는 몇 개 이하로 해야 하는가? (단, 방수구역은 나누어져 있지 않고 하나의 구역으로 되어 있다.)

① 50   ② 40   ③ 30   ④ 20

63. 분말소화설비의 가압용 가스용기에 대한 설명으로 틀린 것은?

① 가압용가스 용기를 3병 이상 설치한 경우에는 2개 이상의 용기에 전자개방밸브를 부착할 것
② 가압용가스 용기에는 2.5MPa 이하의 압력에서 조정이 가능한 압력조정기를 설치할 것
③ 가압용가스에 질소가스를 사용하는 것의 질소가스는 소화약제 1kg 마다 20L (35℃에서 1기압의 압력상태로 환산한 것) 이상으로 할 것

④ 축압용가스에 질소가스를 사용하는 것의 질소가스는 소화약제 1kg에 대하여 10L (35℃에서 1기압의 압력상태로 환산한 것) 이상으로 할 것

64. 소화용수 설비의 소화수조가 옥상 또는 옥탑의 부분에 설치된 경우 지상에 설치된 채수구에서의 압력은 얼마 이상이어야 하는가?

① 0.15 MPa ② 0.20 MPa
③ 0.25 MPa ④ 0.35 MPa

65. 스프링클러소화설비의 배관 내 압력이 얼마 이상일 때 압력배관용 탄소강관을 사용해야 하는가?

① 0.1 MPa ② 0.5 MPa
③ 0.8 MPa ④ 1.2 MPa

66. 할론소화설비에서 국소방출방식의 경우 할론소화약제의 양을 산출하는 식은 다음과 같다. 여기서 A는 무엇을 의미하는가? (단, 가연물이 비산할 우려가 있는 경우로 가정한다.)

$$Q = X - Y\frac{a}{A}$$

① 방호공간의 벽면적의 합계
② 창문이나 문의 틈새면적의 합계
③ 개구부 면적의 합계
④ 방호대상물 주위에 설치된 벽의 면적의 합계

67. 이산화탄소 소화약제의 저장용기 설치기준 중 옳은 것은?

① 저장용기의 충전비는 고압식은 1.9 이상 2.3 이하, 저압식은 1.5 이상 1.9 이하로 할 것
② 저압식 저장용기에는 액면계 및 압력계와 2.1MPa 이상 1.7MPa 이하의 압력에서 작동하는 압력경보장치를 설치할 것
③ 저장용기는 고압식은 25MPa 이상, 저압식은 3.5MPa 이상의 내압시험압력에 합격한 것으로 할 것
④ 저압식 저장용기에는 내압시험압력의 1.8배의 압력에서 작동하는 안전밸브와 내압시험압력의 0.8배부터 내압시험압력에서 작동하는 봉판을 설치할 것

68. 포헤드를 정방형으로 설치 시 헤드와 벽과의 최대 이격거리는 약 몇 m인가?

① 1.48 ② 1.62 ③ 1.76 ④ 1.91

69. 소화용수설비와 관련하여 다음 설명 중 괄호 안에 들어갈 항목으로 옳게 짝지어진 것은?

> 상수도소화용수설비를 설치하여야 하는 특정소방대상물은 다음 각 목의 어느 하나와 같다. 다만, 상수도소화용수설비를 설치하여야 하는 특정소방대상물의 대지 경계선으로부터 (ⓐ)m 이내에 지름 (ⓑ)mm 이상인 상수도용 배수관이 설치되지 않은 지역의 경우에는 화재안전기준에 따른 소화수조 또는 저수조를 설치하여야 한다.

① ⓐ : 150, ⓑ : 75 ② ⓐ : 150, ⓑ : 100
③ ⓐ : 180, ⓑ : 75 ④ ⓐ : 180, ⓑ : 100

70. 지하구의 화재안전기준에 따라 하나의 배관에 연소방지설비전용헤드를 4개 설치하였다. 배관의 구경은 몇 mm 이상으로 하여야 하는가?

① 40 ② 50 ③ 65 ④ 80

71. 예상제연구역 바닥면적 400㎡ 미만 거실의 공기유입구와 배출구간의 직선거리 기준으로 옳은 것은? (단, 제연경계에 의한 구획을 제외한다.)

① 2m 이상 확보되어야 한다.
② 3m 이상 확보되어야 한다.
③ 5m 이상 확보되어야 한다.
④ 10m 이상 확보되어야 한다.

72. 다음 중 스프링클러설비와 비교하여 물분무 소화설비의 장점으로 옳지 않은 것은?

① 소량의 물을 사용함으로써 물의 사용량 및 방사량을 줄일 수 있다.
② 운동에너지가 크므로 파괴주수 효과가 크다.
③ 전기 절연성이 높아서 고압통전기기의 화재에도 안전하게 사용할 수 있다.
④ 물의 방수과정에서 화재열에 따른 부피증가량이 커서 질식효과를 높일 수 있다.

73. 일정 이상의 층수를 가진 오피스텔에서는 모든 층에 주거용 주방자동소화장치를 설치해야 하는데, 몇 층 이상인 경우 이러한 조치를 취해야 하는가?

① 15층 이상   ② 20층 이상
③ 25층 이상   ④ 30층 이상

74. 수직강하식 구조대가 구조적으로 갖추어야 할 조건으로 옳지 않은 것은? (단, 건물내부의 별실에 설치하는 경우는 제외한다.)

① 구조대의 포지는 외부포지와 내부포지로 구성한다.
② 포지는 사용 시 충격을 흡수하도록 수직방향으로 현저하게 늘어나야 한다.
③ 구조대는 연속하여 강하할 수 있는 구조이어야 한다.
④ 입구틀 및 취부틀의 입구는 지름 50cm 이상의 구체가 통과할 수 있어야 한다.

75. 주차장에 분말소화약제 120kg을 저장하려고 한다. 이때 필요한 저장용기의 최소 내용적(L)은?

① 96   ② 120   ③ 150   ④ 180

76. 다음 중 노유자시설의 4층 이상 10층 이하에서 적응성이 있는 피난기구가 아닌 것은?

① 피난교   ② 다수인피난장비
③ 승강식피난기 ④ 미끄럼대

77. 물분무소화설비를 설치하는 차고의 배수설비 설치기준 중 틀린 것은?

① 차량이 주차하는 장소의 적당한 곳에 높이 10cm 이상의 경계턱으로 배수구를 설치할 것
② 길이 40m 이하마다 집수관, 소화핏트 등 기름분리장치를 설치할 것
③ 차량이 주차하는 바닥은 배수구를 향하여 100분의 1 이상의 기울기를 유지할 것
④ 배수설비는 가압송수장치의 최대 송수능력의 수량을 유효하게 배수할 수 있는 크기 및 기울기로 할 것

78. 층수가 10층인 일반창고에 습식 폐쇄형 스프링클러헤드가 설치되어 있다면 이 설비에 필요한 수원의 양은 얼마 이상이어야 하는가? (단, 이 창고는 특수가연물을 저장·취급하지 않는 일반물품을 적용하고, 헤드가 가장 많이 설치된 층은 8층으로서 40개가 설치되어 있다.)

① 16㎥   ② 32㎥   ③ 48㎥   ④ 64㎥

79. 포소화설비에서 펌프의 토출관에 압입기를 설치하여 포 소화약제 압입용 펌프로 포소화약제를 압입시켜 혼합하는 방식은?

① 라인 프로포셔너방식
② 펌프 프로포셔너방식
③ 프레져 프로포셔너방식
④ 프레져사이드 프로포셔너방식

80. 다음 중 옥내소화전의 배관 등에 대한 설치방법으로 옳지 않은 것은?

① 펌프의 토출 측 주배관의 구경은 평균 유속을 5m/s 가 되도록 설치하였다.
② 배관 내 사용압력이 1.1 MPa인 곳에 배관용 탄소강관을 사용하였다.
③ 옥내소화전 송수구를 단구형으로 설치하였다.
④ 송수구로부터 주배관에 이르는 연결배관에는 개폐밸브를 설치하지 않았다.

2019년 제2회 소방설비기사(기계분야)

본 지면은 CBT시험의 컴퓨터 화면과 비슷하게 구성한 화면입니다.

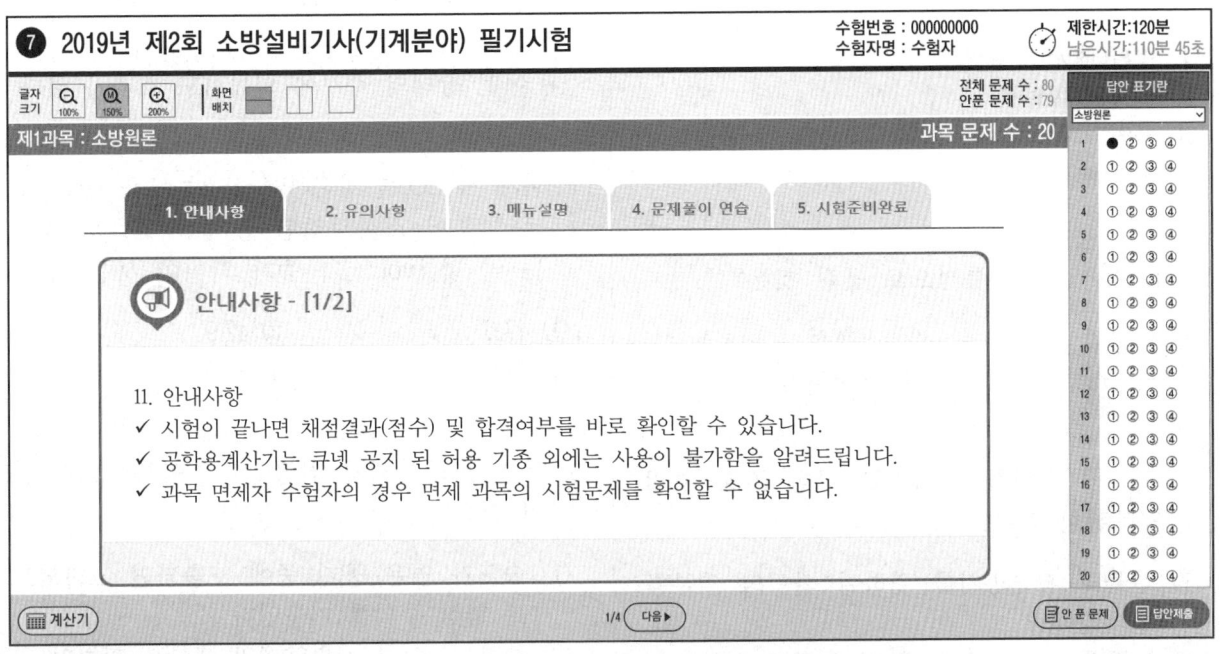

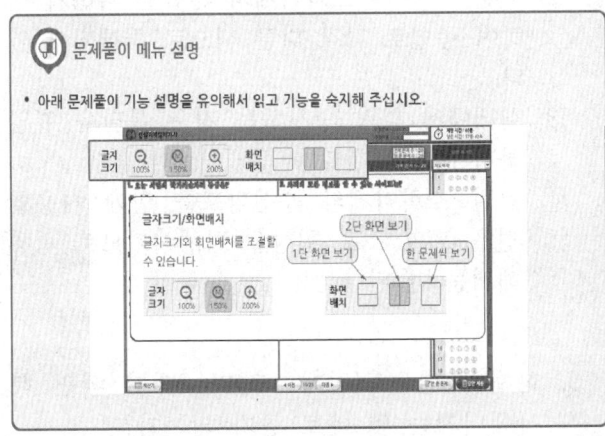

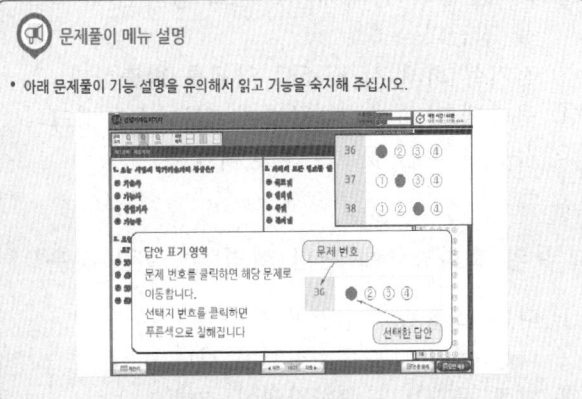

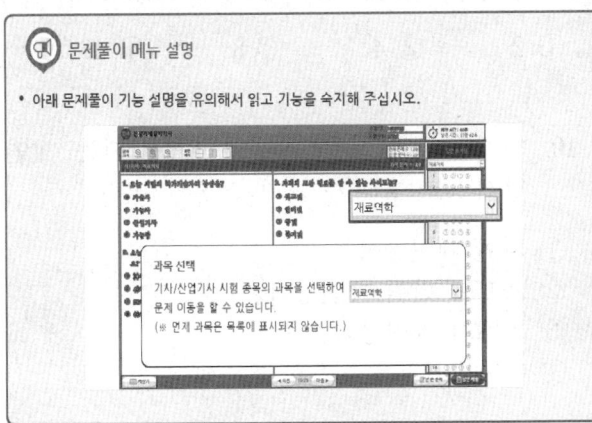

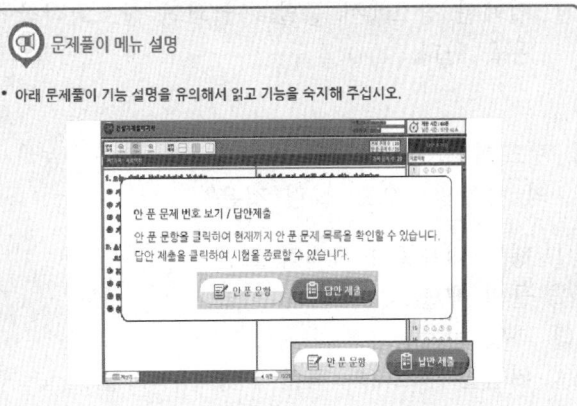

제1과목 : 소방원론

1. 건축물의 화재를 확산시키는 요인이라 볼 수 없는 것은?

   ① 비화(飛火)
   ② 복사열(輻射熱)
   ③ 자연발화(自然發火)
   ④ 접염(接炎)

2. 화재의 일반적 특성으로 틀린 것은?

   ① 확대성   ② 정형성
   ③ 우발성   ④ 불안정성

3. 다음 중 가연물의 제거를 통한 소화 방법과 무관한 것은?

   ① 산불의 확산방지를 위하여 산림의 일부를 벌채한다.
   ② 화학반응기의 화재 시 원료 공급관의 밸브를 잠근다.
   ③ 전기실 화재 시 IG-541 약제를 방출한다.
   ④ 유류탱크 화재 시 주변에 있는 유류탱크의 유류를 다른 곳으로 이동시킨다.

4. 물의 소화능력에 관한 설명 중 틀린 것은?

   ① 다른 물질보다 비열이 크다.
   ② 다른 물질보다 융해잠열이 작다.
   ③ 다른 물질보다 증발잠열이 크다.
   ④ 밀폐된 장소에서 증발 가열되면 산소희석작용을 한다.

5. 탱크화재 시 발생되는 보일오버(Boil Over)의 방지방법으로 틀린 것은?

   ① 탱크 내용물의 기계적 교반
   ② 물의 배출
   ③ 과열 방지
   ④ 위험물 탱크내의 하부에 냉각수 저장

6. 물 소화약제를 어떠한 상태로 주수할 경우 전기화재의 진압에서도 소화능력을 발휘할 수 있는가?

   ① 물에 의한 봉상주수
   ② 물에 의한 적상주수
   ③ 물에 의한 무상주수
   ④ 어떤 상태의 주수에 의해서도 효과가 없다.

7. 화재 시 CO_2를 방사하여 산소농도를 11[vol.%]로 낮추어 소화하려면 공기 중 CO_2의 농도는 약 몇 [vol.%]가 증가 되어야 하는가?

   ① 47.6   ② 42.9
   ③ 37.9   ④ 34.5

8. 분말 소화약제의 취급 시 주의사항으로 틀린 것은?

   ① 습도가 높은 공기 중에 노출되면 고화되므로 항상 주의를 기울인다.
   ② 충진 시 다른 소화약제와 혼합을 피하기 위하여 종별로 각각 다른 색으로 착색되어 있다.
   ③ 실내에서 다량 방사하는 경우 분말을 흡입하지 않도록 한다.
   ④ 분말 소화약제와 수성막포를 함께 사용할 경우 포의 소포 현상을 발생시키므로 병용해서는 안 된다.

9. 화재 표면온도(절대온도)가 2배가 되면 복사에너지는 몇 배로 증가 되는가?

   ① 2   ② 4   ③ 8   ④ 16

10. 화재실의 연기를 옥외로 배출시키는 제연방식으로 효과가 가장 적은 것은?

    ① 자연 제연방식
    ② 스모크 타워 제연방식
    ③ 기계식 제연방식
    ④ 냉난방설비를 이용한 제연방식

11. 다음 위험물 중 특수인화물이 아닌 것은?
   ① 아세톤   ② 디에틸에테르
   ③ 산화프로필렌   ④ 아세트알데히드

12. 목조건축물의 화재 진행상황에 관한 설명으로 옳은 것은?
   ① 화원-발염착화-무염착화-출화-최성기-소화
   ② 화원-발염착화-무염착화-소화-연소낙하
   ③ 화원-무염착화-발염착화-출화-최성기-소화
   ④ 화원-무염착화-출화-발염착화-최성기-소화

13. 방호공간 안에서 화재의 세기를 나타내고 화재가 진행되는 과정에서 온도에 따라 변하는 것으로 온도-시간 곡선으로 표시할 수 있는 것은?
   ① 화재저항   ② 화재가혹도
   ③ 화재하중   ④ 화재플럼

14. 도장작업 공정에서의 위험도를 설명한 것으로 틀린 것은?
   ① 도장작업 그 자체 못지않게 건조공정도 위험하다.
   ② 도장작업에서는 인화성 용제가 쓰이지 않으므로 폭발의 위험이 없다.
   ③ 도장작업장은 폭발 시를 대비하여 지붕을 시공한다.
   ④ 도장실은 환기덕트를 주기적으로 청소하여 도료가 덕트 내에 부착되지 않게 한다.

15. 다음 중 동일한 조건에서 증발잠열[kJ/kg]이 가장 큰 것은?
   ① 질소   ② 할론 1301
   ③ 이산화탄소   ④ 물

16. 연면적이 1,000[㎡] 이상인 건축물에 설치하는 방화벽이 갖추어야 할 기준으로 틀린 것은?

① 내화구조로서 홀로 설 수 있는 구조일 것
② 방화벽의 양쪽 끝과 윗쪽 끝을 건축물의 외벽면 및 지붕면으로부터 0.1[m] 이상 튀어나오게 할 것
③ 방화벽에 설치하는 출입문의 너비는 2.5[m] 이하로 할 것
④ 방화벽에 설치하는 출입문의 높이는 2.5[m] 이하로 할 것

17. 석유, 고무, 동물의 털, 가죽 등과 같이 황 성분을 함유하고 있는 물질이 불완전연소될 때 발생하는 연소가스로 계란 썩는 듯한 냄새가 나는 기체는?
   ① 아황산가스   ② 시안화수소
   ③ 황화수소   ④ 암모니아

18. 공기의 부피 비율이 질소 79[%], 산소 21[%]인 전기실에 화재가 발생하여 이산화탄소 소화약제를 방출하여 소화하였다. 이때 산소의 부피농도가 14[%]이었다면 이 혼합 공기의 분자량은 약 얼마인가? (단, 화재 시 발생한 연소가스는 무시한다.)
   ① 28.9   ② 30.9   ③ 33.9   ④ 35.9

19. 산불화재의 형태로 틀린 것은?
   ① 지중화 형태   ② 수평화 형태
   ③ 지표화 형태   ④ 수관화 형태

20. 다음 가연성 기체 1몰이 완전연소하는데 필요한 이론 공기량으로 틀린 것은? (단, 체적비로 계산하며 공기 중 산소의 농도를 21[vol.%]로 한다.)
   ① 수소 - 약 2.38몰
   ② 메탄 - 약 9.52몰
   ③ 아세틸렌 - 약 16.91몰
   ④ 프로판 - 약 23.81몰

제2과목 : 소방유체역학

21. 그림에서 물에 의하여 점 B에서 힌지된 사분원 모양의 수문이 평형을 유지하기 위하여 수면에서 수문을 잡아 당겨야 하는 힘 T는 약 몇 [kN]인가? (단, 수문의 폭 1[m], 반지름(r = $\overline{OB}$)은 2[m], 4분원의 중심은 O점에서 왼쪽으로 $4r/3\pi$인 곳에 있다.)

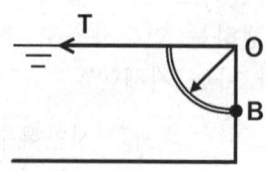

① 1.96   ② 9.8   ③ 19.6   ④ 29.4

22. 물의 온도에 상응하는 증기압보다 낮은 부분이 발생하면 물은 증발되고 물속에 있던 공기와 물이 분리되어 기포가 발생하는 펌프의 현상은?

① 피드백(Feed Back)
② 서징현상(Surging)
③ 공동현상(Cavitation)
④ 수격작용(Water Hammering)

23. 단면적이 A와 2A인 U자형 관에 밀도가 d인 기름이 담겨져 있다. 단면적이 2A인 관에 관벽과는 마찰이 없는 물체를 놓았더니 그림과 같이 평형을 이루었다. 이때 이 물체의 질량은?

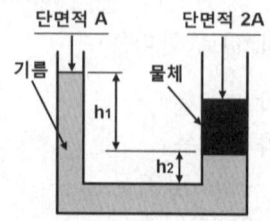

① $2Ah_1 d$
② $Ah_1 d$
③ $A(h_1 + h_2)d$
④ $A(h_1 - h_2)d$

24. 그림과 같이 물이 들어있는 아주 큰 탱크에 사이펀이 장치되어 있다. 출구에서의 속도 V와 관의 상부 중심 A지점에서의 게이지 압력 P_A를 구하는 식은? (단, g는 중력가속도, ρ는 물의 밀도이며, 관의 직경은 일정하고 모든 손실은 무시한다.)

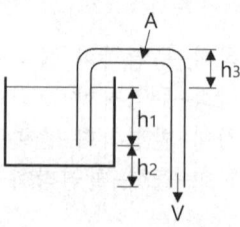

① $V = \sqrt{2g(h_1 + h_2)}$
   $P_A = -\rho g h_3$

② $V = \sqrt{2g(h_1 + h_2)}$
   $P_A = -\rho g (h_1 + h_2 + h_3)$

③ $V = \sqrt{2gh_2}$
   $P_A = -\rho g (h_1 + h_2 + h_3)$

④ $V = \sqrt{2g(h_1 + h_2)}$
   $P_A = \rho g (h_1 + h_2 - h_3)$

25. 0.02[㎥]의 체적을 갖는 액체가 강체의 실린더 속에서 730[kPa]의 압력을 받고 있다. 압력이 1,030[kPa]로 증가되었을 때 액체의 체적이 0.019[㎥]으로 축소되었다. 이때 이 액체의 체적탄성계수는 약 몇 [kPa]인가?

① 3,000   ② 4,000   ③ 5,000   ④ 6,000

26. 비중병의 무게가 비었을 때는 2[N]이고, 액체로 충만 되어 있을 때는 8[N]이다. 액체의 체적이 0.5[L]이면 이 액체의 비중량은 약 몇 [N/㎥]인가?

① 11,000   ② 11,500   ③ 12,000   ④ 12,500

27. 10[kg]의 수증기가 들어 있는 체적 2[㎥]의 단단한 용기를 냉각하여 온도를 200[℃]에서 150[℃]로 낮추었다. 나중 상태에서 액체상태의 물은 약 몇 [kg]인가? (단, 150[℃]

에서 물의 포화액 및 포화증기의 비체적은 각각 0.0011[㎥/kg], 0.3925[㎥/kg]이다.)

① 0.508　② 1.24　③ 4.92　④ 7.86

28. 펌프의 입구 및 출구측에 연결된 진공계와 압력계가 각각 25[mmHg]와 260[kPa]을 가리켰다. 이 펌프의 배출 유량이 0.15[㎥/s]가 되려면 펌프의 동력은 약 몇 [kW]가 되어야 하는가? (단, 펌프의 입구와 출구의 높이차는 없고, 입구측 안지름은 20[cm], 출구측 안지름은 15[cm]이다.)

① 3.95　② 4.32　③ 39.5　④ 43.2

29. 피토관을 사용하여 일정 속도로 흐르고 있는 물의 유속(V)을 측정하기 위해, 그림과 같이 비중 S인 유체를 갖는 액주계를 설치하였다. S=2일 때 액주의 높이 차이가 H=h가 되면, S=3일 때 액주의 높이 차(H)는 얼마가 되는가?

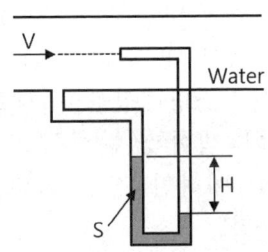

① $\frac{h}{9}$　② $\frac{h}{\sqrt{3}}$　③ $\frac{h}{3}$　④ $\frac{h}{2}$

30. 관내의 흐름에서 부차적으로 손실에 해당하지 않는 것은?

① 곡선부에 의한 손실
② 직선 원관 내의 손실
③ 유동단면의 장애물에 의한 손실
④ 관 단면의 급격한 확대에 의한 손실

31. 압력 2[MPa]인 수증기 건도가 0.2일 때 엔탈피는 몇 [kJ/kg]인가? (단, 포화증기 엔탈피는 2,780.5[kJ/kg]이고, 포화액의 엔탈피는 910[kJ/kg]이다.)

① 1,284　② 1,466　③ 1,845　④ 2,406

32. 출구 단면적이 0.02[㎡]인 수평 노즐을 통하여 물이 수평 방향으로 8[m/s]의 속도로 노즐 출구에 놓여있는 수직 평판에 분사될 때 평판에 작용하는 힘은 약 몇 [N]인가?

① 800　② 1,280　③ 2,560　④ 12,544

33. 안지름이 25[mm]인 노즐 선단에서의 방수압력은 계기 압력으로 5.8×10^5 [Pa]이다. 이때 방수량은 약 [㎥/s]인가?

① 0.017　② 0.17　③ 0.034　④ 0.34

34. 수평관의 길이가 100[m]이고, 안지름이 100[mm]인 소화설비 배관 내를 평균유속 2[m/s]로 물이 흐를 때 마찰손실수두는 약 몇 [m]인가? (단, 관의 마찰계수는 0.05이다.)

① 9.2　② 10.2　③ 11.2　④ 12.2

35. 수평 원관 내 완전발달 유동에서 유동을 일으키는 힘(ㄱ)과 방해하는 힘(ㄴ)은 각각 무엇인가?

① ㄱ:압력차에 의한 힘, ㄴ:점성력
② ㄱ:중력 힘, ㄴ:점성력
③ ㄱ:중력 힘, ㄴ:압력차에 의한 힘
④ ㄱ:압력차에 의한 힘, ㄴ:중력 힘

36. 외부표면의 온도가 24[℃], 내부표면의 온도가 24.5[℃]일 때, 높이 1.5[m], 폭 1.5[m], 두께 0.5[cm]인 유리창을 통한 열전달률은 약 몇 [W]인가? (단, 유리창의 열전도계수는 0.8[w/m·K]이다.

① 180　　② 200
③ 1,800　　④ 2,000

37. 어떤 용기 내의 이산화탄소(45[kg])가 방호공간에 가스 상태로 방출되고 있다. 방출온도와 압력이 15[℃], 101[kPa] 일 때 방출가스의 체적은 약 몇 [㎥]인가? (단, 일반 기체상수는 8,314[J/kmol·K]이다.)

① 2.2   ② 12.2   ③ 20.2   ④ 24.3

38. 점성계수와 동점성계수에 관한 설명으로 올바른 것은?

① 동점성계수=점성계수×밀도
② 점성계수=동점성계수×중력가속도
③ 동점성계수=점성계수/밀도
④ 점성계수=동점성계수/중력가속도

39. 그림과 같은 관에 비압축성 유체가 흐를 때 A 단면의 평균속도가 V_1 이라면 B단면에서의 평균속도 V_2 는? (단, A 단면의 지름은 d_1 이고 B단면의 지름은 d_2 이다.)

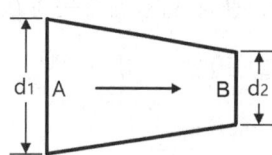

① $V_2 = \left(\dfrac{d_1}{d_2}\right) V_1$ ② $V_2 = \left(\dfrac{d_1}{d_2}\right)^2 V_1$
③ $V_2 = \left(\dfrac{d_2}{d_1}\right) V_1$ ④ $V_2 = \left(\dfrac{d_2}{d_1}\right)^2 V_1$

40. 일률(시간당 에너지)의 차원을 기본 차원인 M(질량), L(길이), T(시간)로 올바르게 표시한 것은?

① $L^2 T^{-2}$ ② $MT^{-2} L^{-1}$
③ $ML^2 T^{-2}$ ④ $ML^2 T^{-3}$

제3과목 : 소방관계법규

41. 소방시설을 구분하는 경우 소화설비에 해당되지 않는 것은?

① 스프링클러설비   ② 제연설비
③ 자동확산소화기   ④ 옥외소화전설비

42. 화재안전조사 결과 소방대상물의 위치·구조·설비 또는 관리의 상황이 화재예방을 위하여 보완될 필요가 있거나 화재가 발생하면 인명 또는 재산의 피해가 클 것으로 예상되는 때에 관계인에게 그 소방대상물의 개수·이전·제거, 사용의 금지 또는 제한, 사용폐쇄, 공사의 정지 또는 중지, 그 밖의 필요한 조치를 명할 수 있는 자로 틀린 것은?

① 시·도지사   ② 소방서장
③ 소방청장   ④ 소방본부장

43. 소방시설 설치 및 관리에 관한 법령상 둘 이상의 특정소방대상물이 내화구조로 된 연결통로가 벽이 없는 구조로서 그 길이가 몇 [m] 이하인 경우 하나의 소방대상물로 보는가?

① 6   ② 9   ③ 10   ④ 12

44. 소방대라 함은 화재를 진압하고 화재, 재난·재해 그 밖의 위급한 상황에서 구조·구급 활동 등을 하기 위하여 구성된 조직체를 말한다. 소방대의 구성원으로 틀린 것은?

① 소방공무원   ② 소방안전관리원
③ 의무소방원   ④ 의용소방대원

45. 소방시설관리업자가 기술인력을 변경하는 경우, 시·도지사에게 제출하여야 하는 서류로 틀린 것은?

① 소방시설관리업 등록수첩
② 변경된 기술인력의 기술자격증(경력수첩 포함)
③ 소방기술인력대장
④ 사업자등록증 사본

46. 제4류 위험물을 저장·취급하는 제조소에 "화기엄금"이란 주의사항을 표시하는 게시판을 설치할 경우 게시판의 색상은?

① 청색바탕에 백색문자
② 적색바탕에 백색문자
③ 백색바탕에 적색문자
④ 백색바탕에 흑색문자

47. 다음 중 품질이 우수하다고 인정되는 소방용품에 대하여 우수품질인증을 할 수 있는 자는?

① 산업통상자원부장관
② 시·도지사
③ 소방청장
④ 소방본부장 또는 소방서장

48. 다음 중 고급기술자에 해당하는 학력·경력 기준으로 옳은 것은?

① 박사학위를 취득한 후 2년 이상 소방 관련 업무를 수행한 사람
② 석사학위를 취득한 후 6년 이상 소방 관련 업무를 수행한 사람
③ 학사학위를 취득한 후 8년 이상 소방 관련 업무를 수행한 사람
④ 고등학교를 졸업한 후 10년 이상 소방 관련 업무를 수행한 사람

49. 소방기본법령상 인접하고 있는 시·도간 소방업무의 상호응원협정을 체결하고자 할 때, 포함되어야 하는 사항으로 틀린 것은?

① 소방교육·훈련의 종류에 관한 사항
② 화재의 경계·진압활동에 관한 사항
③ 출동대원의 수당·식사 및 피복의 수선의 소요경비의 부담에 관한 사항
④ 화재조사활동에 관한 사항

50. 화재의 예방 및 안전관리에 관한 법령상 화재 발생 위험이 큰 물건에 대하여 관계인을 알 수 없는 경우 그 물건을 옮기거나 보관하는 등 필요한 조치를 하게 할 수 있다. 이 때 옮긴 물건 등의 보관기간은 인터넷 홈페이지에 따른 공고기간의 종료일 다음 날부터 며칠로 하는가?

① 3일 ② 5일 ③ 7일 ④ 14일

51. 지정수량의 최소 몇 배 이상의 위험물을 취급하는 제조소에는 피뢰침을 설치해야 하는가? (단, 제6류 위험물을 취급하는 위험물제조소는 제외하고, 제조소 주위의 상황에 따라 안전상 지장이 없는 경우도 제외한다.)

① 5배 ② 10배 ③ 50배 ④ 100배

52. 산화성고체인 제1류 위험물에 해당되는 것은?

① 질산염류 ② 특수인화물
③ 과염소산 ④ 유기과산화물

53. 위험물안전관리법상 청문을 실시하여 처분해야 하는 것은?

① 제조소등 설치허가의 취소
② 제조소등 영업정지 처분
③ 탱크시험자의 영업정지 처분
④ 과징금 부과 처분

54. 소방시설 설치 및 관리에 관한 법령상 특정소방대상물 중 오피스텔은 어느 시설에 해당하는가?

① 숙박시설   ② 일반업무시설
③ 공동주택   ④ 근린생활시설

55. 소방시설 설치 및 관리에 관한 법령상 종사자 수가 5명이고, 숙박시설이 모두 2인용 침대이며 침대수량은 50개인 청소년 시설에서 수용인원은 몇 명인가?

① 55   ② 75   ③ 85   ④ 105

56. 다음 중 300만원 이하의 벌금에 해당되지 않는 것은?

① 등록수첩을 다른 자에게 빌려준 자
② 소방시설공사의 완공검사를 받지 아니한 자
③ 소방기술자가 동시에 둘 이상의 업체에 취업한 사람
④ 소방시설공사 현장에 감리원을 배치하지 아니한 자

57. 소방시설 설치 및 관리에 관한 법령상 건축허가등의 동의를 요구한 기관이 그 건축허가등을 취소하였을 때, 최소한 날로부터 최대 며칠 이내에 건축물 등의 시공지 또는 소재지를 관할하는 소방본부장 또는 소방서장에게 그 사실을 통보하여야 하는가?

① 3일   ② 4일   ③ 7일   ④ 10일

58. 소방기본법상 화재 현장에서의 피난 등을 체험할 수 있는 소방체험관의 설립·운영 권자는?

① 시·도지사
② 행정안전부장관
③ 소방본부장 또는 소방서장
④ 소방청장

59. 소방기본법령상 소방활동구역의 출입자에 해당되지 않는 사람은?

① 소방활동구역 안에 있는 소방대상물의 소유자·관리자 또는 점유자
② 전기·가스·수도·통신·교통의 업무에 종사하는 사람으로서 원활한 소방활동을 위하여 필요한 사람
③ 화재건물과 관련 있는 부동산업자
④ 취재인력 등 보도업무에 종사하는 사람

60. 소방본부장 또는 소방서장은 건축허가등의 동의요구 서류를 접수한 날부터 최대 며칠 이내에 건축허가등의 동의여부를 회신해야 하는가?(단, 허가 신청한 건축물은 지상으로부터 높이가 200m인 아파트이다.)

① 5일   ② 7일   ③ 10일   ④ 15일

제4과목 : 소방기계시설의 구조 및 원리

61. 작동전압이 22,900[V]의 고압의 전기기기가 있는 장소에 물분무설비를 설치할 때 전기기기와 물분무 헤드 사이의 최소 이격거리는 얼마로 해야 하는가?

① 70[cm] 이상   ② 80[cm] 이상
③ 110[cm] 이상   ④ 150[cm] 이상

62. 소화기구 및 자동소화장치의 화재안전기준상 소화기구의 소화약제별 적응성 중 일반화재(A급 화재)에 적응성을 만족하지 못한 소화약제는?

① 포 소화약제
② 강화액 소화약제
③ 할론 소화약제
④ 이산화탄소 소화약제

63. 거실 제연설비 설계 중 배출량 산정에 있어서 고려하지 않아도 되는 사항은?

① 예상제연구역의 수직거리
② 예상제연구역의 바닥면적
③ 제연설비의 배출방식
④ 자동식 소화설비 및 피난설비의 설치 유무

64. 폐쇄형 스프링클러 헤드를 최고 주위온도 40[℃]인 장소(공장 및 창고 제외)에 설치할 경우 표시온도는 몇 [℃]의 것을 설치하여야 하는가?

① 79 [℃] 미만
② 79 [℃] 이상 121 [℃] 미만
③ 121 [℃] 이상 162 [℃] 미만
④ 162 [℃] 이상

65. 스프링클러헤드를 설치하지 않을 수 있는 장소로만 나열된 것은?

① 계단실, 병실, 목욕실, 냉동창고의 냉동실, 아파트(대피공간 제외)
② 발전실, 수술실, 응급처치실, 통신기기실, 관람석이 없는 테니스장
③ 냉동창고의 냉동실, 변전실, 병실, 목욕실, 수영장 관람석
④ 수술실, 관람석이 없는 테니스장, 변전실, 발전실, 아파트(대피공간 제외)

66. 학교, 공장, 창고시설에 설치하는 옥내소화전에서 가압송수장치 및 기동장치가 동결의 우려가 있는 경우 일부 사항을 제외하고는 주펌프와 동등 이상의 성능이 있는 별도의 펌프로서 내연기관의 기동과 연동하여 작동되거나 비상전원을 연결한 펌프를 추가 설치해야 한다. 다음 중 이러한 조치를 취해야 하는 경우는?

① 지하층이 없이 지상층만 있는 건축물
② 고가수조를 가압송수장치로 설치한 경우
③ 수원이 건축물의 최상층에 설치된 방수구보다 높은 위치에 설치된 경우
④ 건축물의 높이가 지표면으로부터 10미터 이하인 경우

67. 다음은 할론소화설비의 수동기동장치 점검내용으로 옳지 않은 것은?

① 방호구역마다 설치되어 있는지 점검한다.
② 방출지연용 비상스위치가 설치되어 있는지 점검한다.
③ 화재감지기와 연동되어 있는지 점검한다.
④ 조작부는 바닥으로부터 0.8[m] 이상 1.5[m] 이하의 위치에 설치되어 있는지 점검한다.

68. 화재 시 연기가 찰 우려가 없는 장소로서 호스릴분말소화설비를 설치할 수 있는 기준 중 다음 ( ) 안에 알맞은 것은?

- 지상 1층 및 피난층에 있는 부분으로서 지상에서 수동 또는 원격조작에 따라 개방할 수 있는 개구부의 유효면적의 합계가 바닥면적의 (㉠) % 이상이 되는 부분
- 전기설비가 설치되어 있는 부분 또는 다량의 화기를 사용하는 부분의 바닥면적이 해당 설비가 설치되어 있는 구획의 바닥면적의 (㉡) 미만이 되는 부분

① ㉠ 15, ㉡ 1/5
② ㉠ 15, ㉡ 1/2
③ ㉠ 20, ㉡ 1/5
④ ㉠ 20, ㉡ 1/2

69. 다음 ( ) 안에 들어가는 기기로 옳은 것은?

- 분말소화약제의 가압용가스 용기를 3병 이상 설치한 경우에는 2개 이상의 용기에 (ⓐ)를 부착하여야 한다.
- 분말소화약제의 가압용가스 용기에는 2.5[MPa] 이하의 압력에서 조정이 가능한 (ⓑ)를 설치하여야 한다.

① ⓐ 전자개방밸브, ⓑ 압력조정기
② ⓐ 전자개방밸브, ⓑ 정압작동장치
③ ⓐ 압력조정기, ⓑ 전자개방밸브
④ ⓐ 압력조정기, ⓑ 정압개방밸브

70. 이산화탄소 소화약제의 저장용기에 관한 일반적인 설명으로 옳지 않은 것은?

① 방호구역내의 장소에 설치하되 피난구 부근을 피하여 설치할 것
② 온도가 40[℃] 이하이고, 온도변화가 적은 곳에 설치할 것
③ 직사광선 및 빗물이 침투할 우려가 없는 곳에 설치할 것
④ 용기간의 간격은 점검에 지장이 없도록 3[cm] 이상의 간격을 유지할 것

71. 다음 중 피난사다리 하부 지지점에 미끄럼 방지장치를 설치하여야 하는 것은?

① 내림식 사다리   ② 올림식 사다리
③ 수납식 사다리   ④ 신축식 사다리

72. 포소화약제의 혼합장치 중 펌프의 토출관에 압입기를 설치하여 포 소화약제 압입용 펌프로 소화약제를 압입시켜 혼합하는 방식은?

① 펌프 프로포셔너 방식
② 프레져사이드 프로포셔너 방식
③ 라인 프로포셔너 방식
④ 프레져 프로포셔너 방식

73. 제연설비에서 예상제연구역의 각 부분으로부터 하나의 배출구까지의 수평거리를 몇 [m] 이내가 되도록 하여야 하는가?

① 10[m]   ② 12[m]   ③ 15[m]   ④ 20[m]

74. 상수도 소화용수 설비의 소화전은 특정 소방대상물의 수평투영면 각 부분으로부터 최대 몇 [m] 이하가 되도록 설치하는가?

① 25[m]   ② 40[m]   ③ 100[m]   ④ 140[m]

75. 물분무소화설비 가압송수장치의 토출량에 대한 최소기준으로 옳은 것은? (단, 특수가연물을 저장 취급하는 특정소방대상물 및 차고·주차장의 바닥면적은 50[㎡]이하인 경우는 50[㎡]를 기준으로 한다.)

① 차고 또는 주차장의 바닥면적 1[㎡]에 대해 10[L/min]로 20분간 방수할 수 있는 양 이상
② 특수가연물을 저장·취급하는 특정소방대상물의 바닥면적 1[㎡]에 대해 20[L/min]로 20분간 방수할 수 있는 양 이상
③ 케이블 트레이, 케이블 덕트는 투영된 바닥면적 1[㎡]에 대해 10[L/mim]로 20분간 방수할 수 있는 양 이상
④ 절연유 봉입 변압기는 바닥면적을 제외한 표면적을 합한 면적 1[㎡]에 대해 10[L/min]로 20분간 방수할 수 있는 양 이상

76. 피난기구 설치 기준으로 옳지 않은 것은?

① 피난기구는 소방대상물의 기둥·바닥·보 기타 구조상 견고한 부분에 볼트 조임·매입·용접 기타의 방법으로 견고하게 부착할 것
② 2층 이상의 층에 피난사다리(하향식 피난구용 내림식사다리는 제외한다.)를 설치하는 경우에는 금속성 고정사다리를 설치하고, 피난에 방해되지 않도록 노대는 설치되지 않아야 할 것
③ 승강식피난기 및 하향식 피난구용 내림식사다리는 설치경로가 설치층에서 피난층까지 연계될 수 있는 구조로 설치할 것. 다만, 건축물의 구조 및 설치 여건 상 불가피한 경우에는 그러하지 아니한다.
④ 승강식피난기 및 하향식 피난구용 내림식사다리의 하강식 내측에는 기구의 연결 금속구 등이 없어야 하며 전개된 피난기구는 하강구 수평투영면적 공간 내의 범위를 침범하지 않는 구조이어야 할 것. 단, 직경 60[cm] 크기의 범위를 벗어난 경우이거나, 직하층의 바닥 면으로부터 높이 50[cm] 이하의 범위는 제외한다.

77. 포소화설비의 자동식 기동장치를 폐쇄형 스프링클러헤드의 개방과 연동하여 가압송수장치·일제개방밸브 및 포소화약제 혼합장치를 기동하는 경우 다음 ( ) 안에 알맞은 것은? (단, 자동화재탐지설비의 수신기가 설치된 장소에 상시 사람이 근무하고 있고, 화재 시 즉시 해당 조작부를 작동시킬 수 있는 경우는 제외한다.)

> 표시온도가 (㉠)℃ 미만인 것을 사용하고, 1개의 스프링클러헤드의 경계면적은 (㉡) ㎡ 이하로 할 것

① ㉠ 79, ㉡ 8
② ㉠ 121, ㉡ 8
③ ㉠ 79, ㉡ 20
④ ㉠ 121, ㉡ 20

78. 특정소방대상물별 소화기구의 능력단위의 기준 중 다음 ( ) 안에 알맞은 것은?

특정소방대상물	소화기구의 능력단위
장례식장 및 의료시설	해당 용도의 바닥면적 (㉠) ㎡ 마다 능력단위 1단위 이상
노유자시설	해당 용도의 바닥면적 (㉡) ㎡ 마다 능력단위 1단위 이상
위락시설	해당 용도의 바닥면적 (㉢) ㎡ 마다 능력단위 1단위 이상

① ㉠ 30, ㉡ 50, ㉢ 100
② ㉠ 30, ㉡ 100, ㉢ 50
③ ㉠ 50, ㉡ 100, ㉢ 30
④ ㉠ 50, ㉡ 30, ㉢ 100

79. 아래 평면도와 같이 반자가 있는 어느 실내에 전등이나 공조용 디퓨저 등의 시설물을 무시하고 수평거리를 2.1[m]로 하여 스프링클러헤드를 정방형으로 설치하고자 할 때 최소 몇 개의 헤드를 설치해야 하는가? (단, 반자 속에는 헤드를 설치하지 아니하는 것으로 본다.)

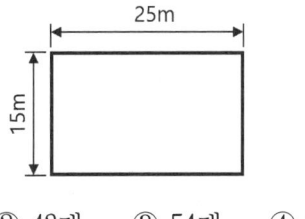

① 24개 ② 42개 ③ 54개 ④ 72개

80. 소화용수설비 중 소화수조 및 저수조에 대한 설명으로 틀린 것은?

① 소화수조, 저수조의 채수구 또는 흡수관투입구는 소방차가 2[m] 이내의 지점까지 접근할 수 있는 위치에 설치할 것
② 지하에 설치하는 소화용수설비의 흡수관투입구는 그 한 변이 0.6[m] 이상인 것으로 할 것
③ 채수구는 지면으로부터의 높이가 0.5[m] 이상 1[m] 이하의 위치에 설치하고 "채수구"라고 표시한 표지를 할 것
④ 소화수조가 옥상 또는 옥탑의 부분에 설치된 경우에는 지상에 설치된 채수구에서의 압력이 0.1[MPa] 이상이 되도록 할 것

2019년 제4회 소방설비기사(기계분야)

본 지면은 CBT시험의 컴퓨터 화면과 비슷하게 구성한 화면입니다.

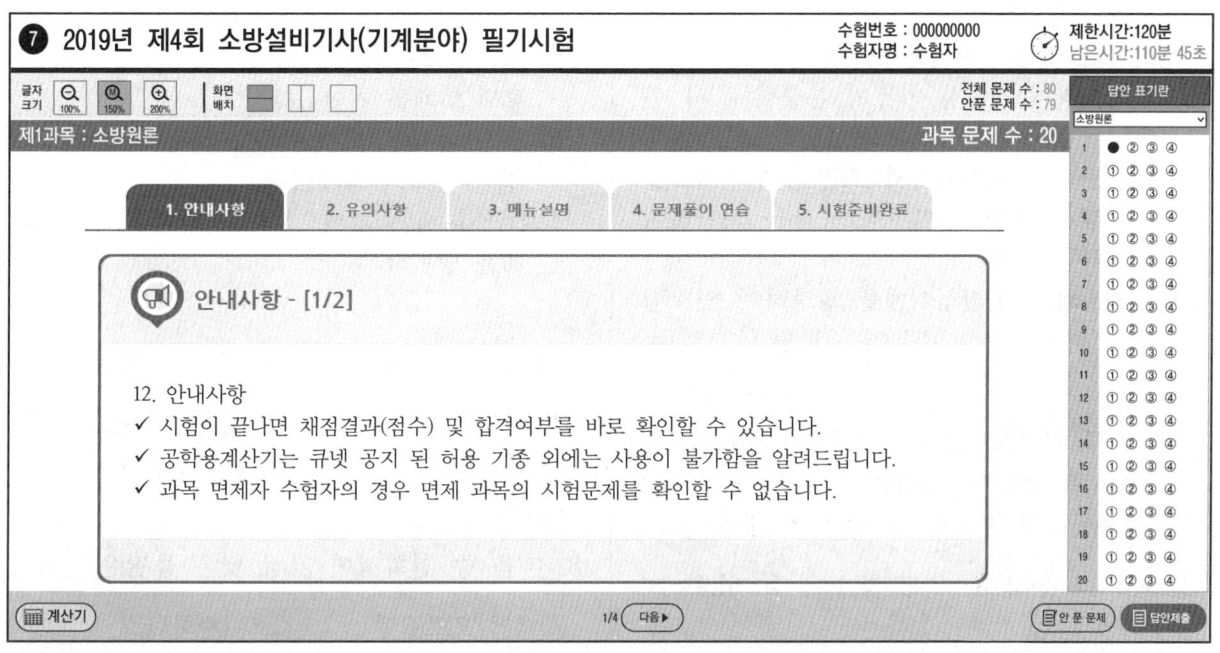

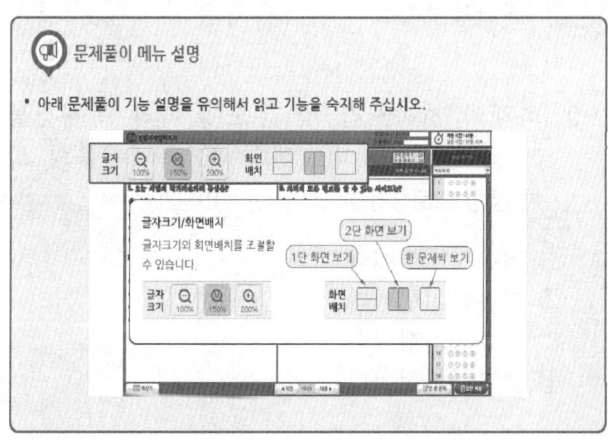

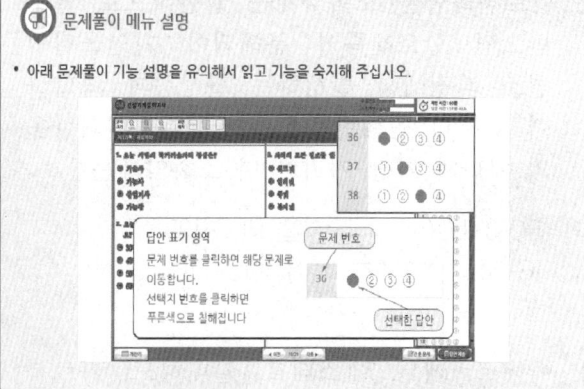

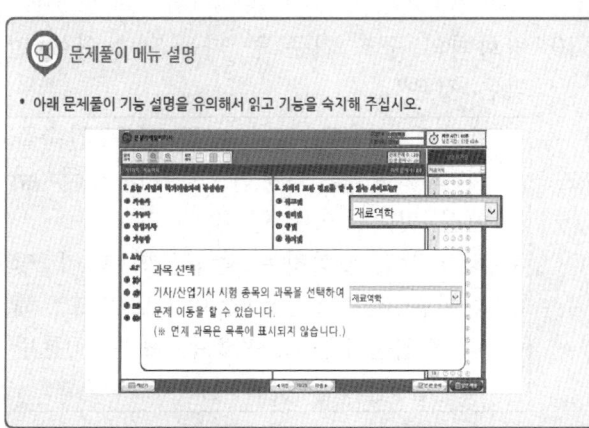

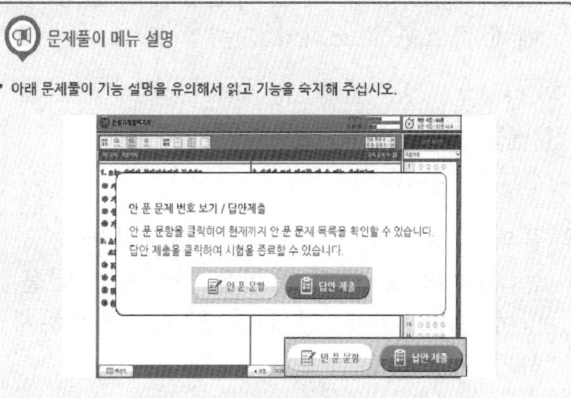

제1과목 : 소방원론

1. 소화원리에 대한 설명으로 틀린 것은?

① 냉각소화 : 물의 증발잠열에 의해서 가연물의 온도를 저하시키는 소화방법
② 제거효과 : 가연성 가스의 분출화재 시 연료공급을 차단시키는 소화방법
③ 질식소화 : 포소화약제 또는 불연성가스를 이용해서 공기 중의 산소공급을 차단하여 소화하는 방법
④ 억제소화 : 불활성기체를 방출하여 연소범위 이하로 낮추어 소화하는 방법

2. 화재 시 이산화탄소를 방출하여 산소농도를 13vol%로 낮추어 소화하기 위한 공기 중 이산화탄소의 농도는 약 몇 vol%인가?

① 9.5   ② 25.8   ③ 38.1   ④ 61.5

3. 할로겐화합물 소화약제는 일반적으로 열을 받으면 할로겐족이 분해되어 가연물질의 연소 과정에서 발생하는 활성종과 화합하여 연소의 연쇄반응을 차단한다. 연쇄반응의 차단과 가장 거리가 먼 소화약제는?

① FC-3-1-10   ② HFC-125
③ IG-541   ④ FIC-13I1

4. 에테르, 케톤, 에스테르, 알데히드, 카르복실산, 아민 등과 같은 가연성인 수용성 용매에 유효한 포소화약제는?

① 단백포   ② 수성막포
③ 불화단백포   ④ 내알코올포

5. 물의 소화력을 증대시키기 위하여 첨가하는 첨가제 중 물의 유실을 방지하고 건물, 임야 등의 입체 면에 오랫동안 잔류하게 하기 위한 것은?

① 증점제   ② 강화액   ③ 침투제   ④ 유화제

6. 화재의 유형별 특성에 관한 설명으로 옳은 것은?

① A급 화재는 무색으로 표시하며, 감전의 위험이 있으므로 주수소화를 엄금한다.
② B급 화재는 황색으로 표시하며, 질식소화를 통해 화재를 진압한다.
③ C급 화재는 백색으로 표시하며, 가연성이 강한 금속의 화재이다.
④ D급 화재는 청색으로 표시하며, 연소 후 재를 남긴다.

7. 다음 중 인명구조기구에 속하지 않는 것은?

① 방열복   ② 공기안전매트
③ 공기호흡기   ④ 인공소생기

8. 다음 중 인화점이 가장 낮은 물질은?

① 산화프로필렌   ② 이황화탄소
③ 메틸알코올   ④ 등유

9. 화재의 지속시간 및 온도에 따라 목재건물과 내화건물을 비교했을 때, 목재건물의 화재성상으로 가장 적합한 것은?

① 저온장기형이다.
② 저온단기형이다.
③ 고온장기형이다.
④ 고온단기형이다.

10. 방화벽의 구조 기준 중 다음 ( ) 안에 알맞은 것은?

- 방화벽의 양쪽 끝과 윗쪽 끝을 건축물의 외벽면 및 지붕면으로부터 (㉠)m 이상 튀어나오게 할 것
- 방화벽에 설치하는 출입문의 너비 및 높이는 각각 (㉡)m 이하로 하고, 해당 출입문에는 60+방화문 또는 60분방화문을 설치할 것

① ㉠ 0.3, ㉡ 2.5 ② ㉠ 0.3, ㉡ 3.0
③ ㉠ 0.5, ㉡ 2.5 ④ ㉠ 0.5, ㉡ 3.0

11. 특정소방대상물(소방안전관리대상물은 제외)의 관계인과 소방안전관리대상물의 소방안전관리자의 업무가 아닌 것은?

① 화기 취급의 감독
② 자체소방대의 운용
③ 소방시설이나 그 밖의 소방 관련 시설의 관리
④ 피난시설, 방화구획 및 방화시설의 관리

12. 화재발생 시 인명피해 방지를 위한 건물로 적합한 것은?

① 피난구조설비가 없는 건물
② 특별피난계단의 구조로 된 건물
③ 피난기구가 관리되고 있지 않은 건물
④ 피난구 폐쇄 및 피난구유도등이 미비되어 있는 건물

13. 프로판가스의 연소범위[vol%]에 가장 가까운 것은?

① 9.8~28.4 ② 2.5~81
③ 4.0~75 ④ 2.1~9.5

14. 불포화 섬유지나 석탄에 자연발화를 일으키는 원인은?

① 분해열 ② 산화열
③ 발효열 ④ 중합열

15. CF_3Br 소화약제의 명칭을 옳게 나타낸 것은?

① 할론 1011 ② 할론 1211
③ 할론 1301 ④ 할론 2402

16. 다음 중 전산실, 통신기기실 등에서의 소화에 가장 적합한 것은?

① 스프링클러설비
② 옥내소화전설비
③ 분말소화설비
④ 할로겐화합물 및 불활성기체 소화설비

17. 가연물의 제거와 가장 관련이 없는 소화방법은?

① 유류화재 시 유류공급 밸브를 잠근다.
② 산불화재 시 나무를 잘라 없앤다.
③ 팽창 진주암을 사용하여 진화한다.
④ 가스화재 시 중간밸브를 잠근다.

18. 독성이 매우 높은 가스로서 석유제품, 유지(油脂) 등이 연소할 때 생성되는 알데히드계통의 가스는?

① 시안화수소 ② 암모니아
③ 포스겐 ④ 아크롤레인

19. 화재강도(Fire Intensity)와 관계가 없는 것은?

① 가연물의 비표면적
② 발화원의 온도
③ 화재실의 구조
④ 가연물의 발열량

20. BLEVE 현상을 설명한 것으로 가장 옳은 것은?

① 물이 뜨거운 기름표면 아래에서 끓을 때 화세를 수반하지 않고 over flow 되는 현상
② 물이 연소유의 뜨거운 표면에 들어갈 때 발생되는 over flow 현상
③ 탱크 바닥에 물과 기름의 에멀전이 섞여있을 때 물의 비등으로 인하여 급격하게 over flow 되는 현상
④ 탱크 주위 화재로 탱크 내 인화성 액체가 비등하고 가스부분의 압력이 상승하여 탱크가 파괴되고 폭발을 일으키는 현상

제2과목 : 소방유체역학

21. 아래 그림과 같이 두 개의 가벼운 공 사이로 빠른 기류를 불어 넣으면 두 개의 공은 어떻게 되겠는가?

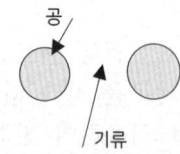

① 뉴턴의 법칙에 따라 벌어진다.
② 뉴턴의 법칙에 따라 가까워진다.
③ 베르누이의 법칙에 따라 벌어진다.
④ 베르누이의 법칙에 따라 가까워진다.

22. 다음 유체 기계들의 압력 상승이 일반적으로 큰 것부터 순서대로 바르게 나열한 것은?

① 압축기(compressor)>블로어(blower)>팬(fan)
② 블로어(blower)>압축기(compressor)>팬(fan)
③ 팬(fan)>블로어(blower)>압축기(compressor)
④ 팬(fan)>압축기(compressor)>블로어(blower)

23. 표면적이 같은 두 물체가 있다. 표면온도가 2000K인 물체가 내는 복사에너지는 표면온도가 1000K인 물체가 내는 복사에너지의 몇 배인가?

① 4   ② 8   ③ 16   ④ 32

24. 이상기체의 폴리트로픽 변화 'PV^m=일정'에서 n=1인 경우 어느 변화에 속하는가? (단, P는 압력, V는 부피, n은 폴리트로픽 지수를 나타낸다.)

① 단열변화   ② 등온변화
③ 정적변화   ④ 정압변화

25. 지름이 75mm인 관로 속에 물이 평균 속도 4m/s로 흐르고 있을 때 유량(kg/s)은?

① 15.52   ② 16.92   ③ 17.67   ④ 18.52

26. 초기에 비어 있는 체적이 0.1㎥인 견고한 용기 안에 공기(이상기체)를 서서히 주입한다. 공기 1kg을 넣었을 때 용기 안의 온도가 300K가 되었다면 이때 용기 안의 압력(kPa)은? (단, 공기의 기체상수는 0.287 kJ/kg·K이다.)

① 287   ② 300   ③ 448   ④ 861

27. 다음 중 Stokes의 법칙과 관계되는 점도계는?

① Ostwald 점도계   ② 낙구식 점도계
③ Saybolt 점도계   ④ 회전식 점도계

28. 피토관으로 파이프 중심선에서 흐르는 물의 유속을 측정할 때 피토관의 액주높이가 5.2m, 정압튜브의 액주높이가 4.2m를 나타낸다면 유속(m/s)은? (단, 속도계수 (Cv)는 0.97이다.)

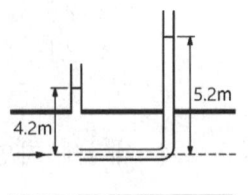

① 4.3   ② 3.5   ③ 2.8   ④ 1.9

29. 그림의 역 U자관 마노미터에서 압력차 (Px - Py)는 약 몇 Pa인가?

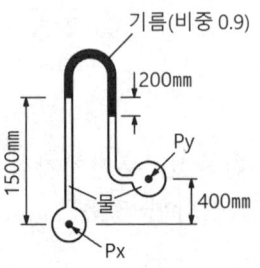

① 3215   ② 4116   ③ 5045   ④ 6826

30. 지름이 다른 두 개의 피스톤이 그림과 같이 연결되어 있다. "1" 부분의 피스톤의 지름이 "2" 부분의 2배일 때, 각 피스톤에 작용하는 힘 F_1과 F_2의 크기의 관계는?

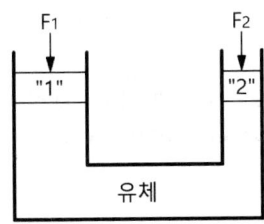

① $F_1 = F_2$
② $F_1 = 2F_2$
③ $F_1 = 4F_2$
④ $4F_1 = F_2$

31. 용량 2000L의 탱크에 물을 가득 채운 소방차가 화재 현장에 출동하여 노즐압력 390kPa(계기압력), 노즐구경 2.5cm를 사용하여 방수한다면 소방차 내의 물이 전부 방수되는 데 걸리는 시간은?

① 약 2분 26초
② 약 3분 35초
③ 약 4분 12초
④ 약 5분 44초

32. 거리가 1000m 되는 곳에 안지름 20cm의 관을 통하여 물을 수평으로 수송하려 한다. 한 시간에 800㎥를 보내기 위해 필요한 압력(kPa)는? (단, 관의 마찰계수는 0.03이다.)

① 1370 ② 2010 ③ 3750 ④ 4580

33. 글로브 밸브에 의한 손실을 지름이 10cm이고, 관마찰계수가 0.025인 관의 길이로 환산하면 상당길이가 40m가 된다. 이 밸브의 부차적 손실계수는?

① 0.25 ② 1 ③ 2.5 ④ 10

34. 체적탄성계수가 2×10^9 Pa인 물의 체적을 3% 감소시키려면 몇 MPa의 압력을 가하여야 하는가?

① 25 ② 30 ③ 45 ④ 60

35. 물질의 열역학적 변화에 대한 설명으로 틀린 것은?

① 마찰은 비가역성의 원인이 될 수 있다.
② 열역학 제1법칙은 에너지보존에 대한 것이다.
③ 이상기체는 이상기체상태방정식을 만족한다.
④ 가역단열과정은 엔트로피가 증가하는 과정이다.

36. 폭이 4m이고 반경이 1m인 그림과 같은 1/4원형 모양으로 설치된 수문 AB가 있다. 이 수문이 받는 수직방향 분력 Fv의 크기(N)는?

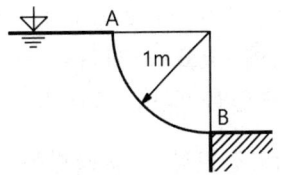

① 7,613 ② 9,801 ③ 30,787 ④ 123,000

37. 다음 단위 중 3가지는 동일한 단위이고 나머지 하나는 다른 단위이다. 이 중 동일한 단위가 아닌 것은?

① J
② N·s
③ Pa·m³
④ kg·㎡/s²

38. 전양정이 60m, 유량이 6㎥/min, 효율이 60%인 펌프를 작동시키는 데 필요한 동력(kW)는?

① 44 ② 60 ③ 98 ④ 117

39. 지름이 150mm인 원관에 비중이 0.85, 동점성계수가 1.33×10^{-4} ㎡/s 기름이 0.01㎡/s의 유량으로 흐르고 있다. 이때 관마찰계수는? (단, 임계 레이놀즈수는 2100이다.)

① 0.10 ② 0.14 ③ 0.18 ④ 0.22

40. 검사체적(control volume)에 대한 운동량 방정식(momentum equation)과 가장 관계가 깊은 법칙은?

① 열역학 제2법칙
② 질량보존의 법칙
③ 에너지보존의 법칙
④ 뉴턴의 운동 제2법칙

제3과목 : 소방관계법규

41. 소방안전관리자 및 소방안전관리보조자에 대한 실무교육의 교육대상, 교육일정 등 실무교육에 필요한 계획을 수립하여 매년 누구의 승인을 얻어 교육을 실시하는가?

① 한국소방안전원장　② 소방본부장
③ 소방청장　　　　　④ 시·도지사

42. 화재예방강화지구로 지정할 수 있는 대상이 아닌 것은?

① 시장지역
② 소방출동로가 있는 지역
③ 공장·창고가 밀집한 지역
④ 목조건물이 밀집한 지역

43. 화재의 예방 및 안전관리에 관한 법령상 정당한 사유 없이 화재안전조사결과에 따른 조치명령을 위반한자에 대한 벌칙으로 옳은 것은?

① 100만원 이하의 벌금
② 300만원 이하의 벌금
③ 1년 이하의 징역 또는 1천만원 이하의 벌금
④ 3년 이하의 징역 또는 3천만원 이하의 벌금

44. 다음 중 한국소방안전원의 업무에 해당하지 않는 것은?

① 소방용 기계·기구의 형식승인
② 소방업무에 관하여 행정기관이 위탁하는 업무
③ 화재예방과 안전관리의식 고취를 위한 대국민 홍보
④ 소방기술과 안전관리에 관한 교육, 조사·연구 및 각종 간행물 발간

45. 소방기본법상 소방대의 구성원에 속하지 않는 자는?

① 소방공무원법에 따른 소방공무원
② 의용소방대 설치 및 운영에 관한 법률에 따른 의용소방대원
③ 위험물안전관리법에 따른 자체소방대원
④ 의무소방대설치법에 따라 임용된 의무소방원

46. 위험물안전관리법령상 제조소등이 아닌 장소에서 지정수량 이상의 위험물을 취급할 수 있는 기준 중 다음 (　) 안에 알맞은 것은?

> 시·도의 조례가 정하는 바에 따라 관할 소방서장의 승인을 받아 지정수량 이상의 위험물을 (　)일 이내의 기간 동안 임시로 저장 또는 취급하는 경우

① 15　　② 30　　③ 60　　④ 90

47. 화재의 예방 및 안전관리에 관한 법령상 소방대상물의 개수·이전·제거, 사용의 금지 또는 제한, 사용폐쇄, 공사의 정지 또는 중지, 그 밖의 필요한 조치로 인하여 손실을 입은 자가 손실보상청구서에 첨부하여야 하는 서류로 틀린 것은?

① 손실보상 합의서
② 손실을 증명할 수 있는 사진
③ 손실을 증명할 수 있는 증빙자료
④ 소방대상물의 관계인임을 증명할 수 있는 서류(건축물대장은 제외)

48. 화재의 예방 및 안전관리에 관한 법령상 소방청장, 소방본부장 또는 소방서장은 관할구역에 있는 소방대상물에 대하여 화재안전조사를 실시할 수 있다. 화재안전조사를 실시할 수 있는 경우와 거리가 먼 것은? (단, 개인 주거에 대하여는 관계인의 승낙을 득한 경우이다.)

① 화재예방강화지구 등 법령에서 화재안전조사를 하도록 규정되어 있는 경우
② 특정소방대상물의 관계인이 실시하는 소방시설등의 자체점검이 불성실하거나 불완전하다고 인정되는 경우
③ 화재가 발생할 우려는 없으나 소방대상물의 정기점검이 필요한 경우
④ 국가적 행사 등 주요 행사가 개최되는 장소 및 그 주변의 관계 지역에 대하여 소방안전관리 실태를 조사할 필요가 있는 경우

49. 다음 조건을 참고하여 숙박시설이 있는 특정소방대상물의 수용인원 산정 수로 옳은 것은?

> 침대가 있는 숙박시설로서 1인용 침대의 수는 20개이고, 2인용 침대의 수는 10개이며, 종업원의 수는 3명이다.

① 33명 ② 40명 ③ 43명 ④ 46명

50. 다음 중 상주 공사감리를 하여야 할 대상의 기준으로 옳은 것은?

① 지하층을 포함한 층수가 16층 이상으로서 300세대 이상인 아파트에 대한 소방시설의 공사
② 지하층을 포함한 층수가 16층 이상으로서 500세대 이상인 아파트에 대한 소방시설의 공사
③ 지하층을 포함하지 않은 층수가 16층 이상으로서 300세대 이상인 아파트에 대한 소방시설의 공사
④ 지하층을 포함하지 않은 층수가 16층 이상으로서 500세대 이상인 아파트에 대한 소방시설의 공사

51. 다음 중 화재원인조사의 종류에 해당하지 않는 것은?

① 발화원인 조사
② 피난상황 조사
③ 인명피해 조사
④ 연소상황 조사

52. 소방시설 설치 및 관리에 관한 법령상 간이스프링클러설비를 설치하여야 하는 특정소방대상물의 기준으로 옳은 것은?

① 근린생활시설로 사용하는 부분의 바닥면적 합계가 1000㎡ 이상인 것은 모든 층
② 교육연구시설 내에 있는 합숙소로서 연면적 500㎡ 이상인 경우에는 모든 층
③ 정신병원과 의료재활시설을 제외한 요양병원으로 사용되는 바닥면적의 합계가 300㎡ 이상 600㎡ 미만인 시설
④ 정신의료기관 또는 의료재활시설로 사용되는 바닥면적의 합계가 500㎡ 미만이고, 창살이 설치된 시설

53. 소방시설 설치 및 관리에 관한 법령상 소방시설 등의 자체점검 시 점검인력 배치기준 중 종합점검에 대한 점검인력 1단위가 하루 동안 점검할 수 있는 특정소방대상물의 연면적 기준으로 옳은 것은? (단, 보조 인력을 추가하는 경우는 제외한다.)

① 3,500㎡ ② 8,000㎡
③ 10,000㎡ ④ 12,000㎡

54. 소방관서장은 화재예방강화지구안의 관계인에 대하여 소방상 필요한 훈련 및 교육은 연 몇 회 이상 실시할 수 있는가?

① 1 ② 2 ③ 3 ④ 4

55. 제조소등의 위치·구조 또는 설비의 변경 없이 당해 제조소등에서 저장하거나 취급하는 위험물의 품명·수량 또는 지정수량의 배수를 변경하고자 할 때는 누구에게 신고해야 하는가?

① 국무총리　　　　② 시·도지사
③ 관할소방서장　　④ 행정안전부장관

56. 항공기격납고는 특정소방대상물 중 어느 시설에 해당하는가?

① 위험물 저장 및 처리 시설
② 항공기 및 자동차 관련 시설
③ 창고시설
④ 업무시설

57. 소방기본법령상 국고보조 대상사업의 범위 중 소방활동장비와 설비에 해당하지 않는 것은?

① 소방자동차
② 소방헬리콥터 및 소방정
③ 소화용수설비 및 피난구조설비
④ 방화복 등 소방활동에 필요한 소방장비

58. 위험물안전관리법령상 제조소등의 관계인은 위험물의 안전관리에 관한 직무를 수행하게 하기 위하여 제조소등마다 위험물의 취급에 관한 자격이 있는 자를 위험물안전관리자로 선임하여야 한다. 이 경우 제조소등의 관계인이 지켜야 할 기준으로 틀린 것은?

① 제조소등의 관계인은 안전관리자를 해임하거나 안전관리자가 퇴직한 때에는 해임하거나 퇴직한 날부터 15일 이내에 다시 안전관리자를 선임하여야한다.
② 제조소등의 관계인이 안전관리자를 선임한 경우에는 선임한 날부터 14일 이내에 소방본부장 또는 소방서장에게 신고하여야 한다.
③ 제조소등의 관계인은 안전관리자가 여행·질병 그 밖의 사유로 인하여 일시적으로 직무를 수행할 수 없는 경우에는 국가기술자격법에 따른 위험물의 취급에 관한 자격취득자 또는 위험물안전에 관한 기본지식과 경험이 있는 자를 대리자로 지정하여 그 직무를 대행하게 하여야 한다. 이 경우 대행하는 기간은 30일을 초과할 수 없다.
④ 안전관리자는 위험물을 취급하는 작업을 하는 때에는 작업자에게 안전관리에 관한 필요한 지시를 하는 등 위험물의 취급에 관한 안전관리와 감독을 하여야 하고, 제조소등의 관계인은 안전관리자의 위험물 안전관리에 관한 의견을 존중하고 그 권고에 따라야 한다.

59. 소방대상물의 방염 등과 관련하여 방염성능기준은 무엇으로 정하는가?

① 대통령령　　　② 행정안전부령
③ 소방청훈령　　④ 소방청예규

60. 제6류 위험물에 속하지 않는 것은?

① 질산　　　　② 과산화수소
③ 과염소산　　④ 과염소산염류

제4과목 : 소방기계시설의 구조 및 원리

61. 이산화탄소소화설비의 기동장치에 대한 기준으로 틀린 것은?

① 자동식 기동장치에는 수동으로도 기동할 수 있는 구조이어야 한다.
② 가스압력식 기동장치에서 기동용가스용기 및 해당용기에 사용하는 밸브는 20MPa이상의 압력에 견딜 수 있어야 한다.
③ 수동식 기동장치의 조작부는 바닥으로부터 높이 0.8m 이상 1.5m 이하의 위치에 설치한다.
④ 전기식 기동장치로서 7병 이상의 저장용기를 동시에 개방하는 설비는 2병 이상의 저장용기에 전자 개방밸브를 부착해야 한다.

62. 천장의 기울기가 10분의 1을 초과할 경우에 가지관의 최상부에 설치되는 톱날지붕의 스프링클러헤드는 천장의 최상부로부터의 수직거리가 몇 ㎝ 이하가 되도록 설치하여야 하는가?

① 50　　② 70　　③ 90　　④ 120

63. 주요구조부가 내화구조이고 건널 복도가 설치된 층의 피난기구 수의 설치 감소 방법으로 적합한 것은?

① 피난기구를 설치하지 아니할 수 있다.
② 피난기구의 수에서 1/2을 감소한 수로 한다.
③ 원래의 수에서 건널 복도 수를 더한 수로 한다.
④ 피난기구의 수에서 해당 건널 복도의 수의 2배의 수를 뺀 수로 한다.

64. 제연설비의 설치장소에 따른 제연구역의 구획 기준으로 틀린 것은?

① 거실과 통로는 상호 제연구획 할 것
② 하나의 제연구역의 면적은 600㎡ 이내로 할 것
③ 하나의 제연구역은 직경 60m 원내에 들어갈 수 있을 것
④ 하나의 제연구역은 2개 이상 층에 미치지 아니하도록 할 것

65. 물분무소화설비의 가압송수장치로 압력수조의 필요압력을 산출할 때 필요한 것이 아닌 것은?

① 낙차의 환산수두압
② 물분무헤드의 설계압력
③ 배관의 마찰손실 수두압
④ 소방용 호스의 마찰손실 수두압

66. 주거용 주방자동소화장치의 설치기준으로 틀린 것은?

① 감지부는 형식승인 받은 유효한 높이 및 위치에 설치해야 한다.
② 소화약제 방출구는 환기구의 청소부분과 분리되어 있어야 한다.
③ 가스차단 장치는 상시 확인 및 점검이 가능하도록 설치해야 한다.
④ 탐지부는 수신부와 분리하여 설치하되, 공기보다 무거운 가스를 사용하는 장소에는 바닥면으로부터 0.2m 이하의 위치에 설치해야 한다.

67. 물분무소화설비의 소화작용이 아닌 것은?

① 부촉매작용　　② 냉각작용
③ 질식작용　　　④ 희석작용

68. 소화용수설비에서 소화수조의 소요수량이 20㎥ 이상 40㎥ 미만인 경우에 설치하여야 하는 채수구의 개수는?

① 1개　② 2개　③ 3개　④ 4개

69. 분말소화설비의 분말소화약제 1kg당 저장용기의 내용적 기준으로 틀린 것은?

① 제1종 분말 : 0.8L　② 제2종 분말 : 1.0L
③ 제3종 분말 : 1.0L　④ 제4종 분말 : 1.8L

70. 다음은 상수도소화용수설비의 설치기준에 관한 설명이다. ( ) 안에 들어갈 내용으로 알맞은 것은?

> 호칭지름 75mm 이상의 수도배관에 호칭지름 ( )mm 이상의 소화전을 접속 할 것

① 50　② 80　③ 100　④ 125

71. 특별피난계단의 계단실 및 부속실 제연설비의 화재안전기준에 대한 내용으로 틀린 것은?

① 제연구역과 옥내와의 사이에 유지하여야 하는 최소차압은 40Pa 이상으로 하여야 한다.
② 제연설비가 가동되었을 경우 출입문의 개방에 필요한 힘은 110N 이상으로 하여야 한다.
③ 계단실과 부속실을 동시에 제연하는 경우 부속실의 기압은 계단실과 같게 하거나 부속실과 계단실의 압력차이가 5Pa 이하가 되도록 하여야 한다.
④ 계단실 및 그 부속실을 동시에 제연하거나 또는 계단실만 단독으로 제연할 때의 방연풍속은 0.5m/s 이상이어야 한다.

72. 스프링클러설비의 가압송수장치의 정격토출압력은 하나의 헤드선단에 얼마의 방수압력이 될 수 있는 크기이어야 하는가?

① 0.01MPa 이상 0.05MPa 이하
② 0.1MPa 이상 1.2MPa 이하
③ 1.5MPa 이상 2.0MPa 이하
④ 2.5MPa 이상 3.3MPa 이하

73. 스프링클러설비의 교차배관에서 분기되는 지점을 기점으로 한쪽 가지배관에 설치되는 헤드는 몇 개 이하로 설치하여야 하는가? (단, 수리학적 배관방식의 경우는 제외한다.)

① 8   ② 10   ③ 12   ④ 18

74. 지상으로부터 높이 30m가 되는 창문에서 구조대용 유도 로프의 모래주머니를 자연 낙하 시킨 경우 지상에 도달할 때까지 걸리는 시간(초)은?

① 2.5   ② 5   ③ 7.5   ④ 10

75. 포소화설비의 자동식 기동장치에서 폐쇄형스프링클러헤드를 사용하는 경우의 설치기준에 대한 설명이다. ㉠ ~ ㉢의 내용으로 옳은 것은?

- 표시온도가 (㉠)℃ 미만인 것을 사용하고, 1개의 스프링클러헤드의 경계면적은 (㉡)㎡ 이하로 할 것
- 부착면의 높이는 바닥으로부터 (㉢) m 이하로 하고, 화재를 유효하게 감지할 수 있도록 할 것

① ㉠ 68, ㉡ 20, ㉢ 5   ② ㉠ 68, ㉡ 30, ㉢ 7
③ ㉠ 79, ㉡ 20, ㉢ 5   ④ ㉠ 79, ㉡ 30, ㉢ 7

76. 다음은 포소화설비에서 배관 등 설치기준에 관한 내용이다. ㉠ ~ ㉢ 안에 들어갈 내용으로 옳은 것은?

- 연결송수관설비의 배관과 겸용할 경우의 주배관은 구경 100mm 이상, 방수구로 연결되는 배관의 구경은 (㉠)mm 이상인 것으로 하여야 한다.
- 펌프의 성능은 체절운전시 정격토출압력의 (㉡)%를 초과하지 않아야 하고, 정격토출량의 150%로 운전시 정격토출압력의 (㉢)% 이상이 되어야 한다.

① ㉠ 40, ㉡ 120, ㉢ 65
② ㉠ 40, ㉡ 120, ㉢ 75
③ ㉠ 65, ㉡ 140, ㉢ 65
④ ㉠ 65, ㉡ 140, ㉢ 75

77. 옥내소화전이 하나의 층에는 6개, 또 다른 층에는 3개, 나머지 모든 층에는 4개씩 설치되어 있다. 수원의 최소 수량(㎥) 기준은?

① 2.6   ② 5.2   ③ 7.8   ④ 10.4

78. 스프링클러설비의 누수로 인한 유수검지장치의 오작동을 방지하기 위한 목적으로 설치하는 것은?

① 솔레노이드 밸브   ② 리타딩 챔버
③ 물올림 장치   ④ 성능시험배관

79. 전역방출방식 분말 소화설비에서 방호구역의 개구부에 자동폐쇄장치를 설치하지 아니한 경우, 개구부의 면적 1㎡에 대한 분말소화약제의 가산량으로 잘못 연결된 것은?

① 제1종 분말 - 4.5kg   ② 제2종 분말 - 2.7kg
③ 제3종 분말 - 2.5kg   ④ 제4종 분말 - 1.8kg

80. 체적 100㎥의 면화류 창고에 전역방출방식의 이산화탄소 소화설비를 설치하는 경우에 소화약제는 몇 kg 이상 저장하여야 하는가? (단, 방호구역의 개구부에 자동폐쇄장치가 부착되어 있다.)

① 12   ② 27   ③ 120   ④ 270

2020년 제1·2회 소방설비기사(기계분야)

본 지면은 CBT시험의 컴퓨터 화면과 비슷하게 구성한 화면입니다.

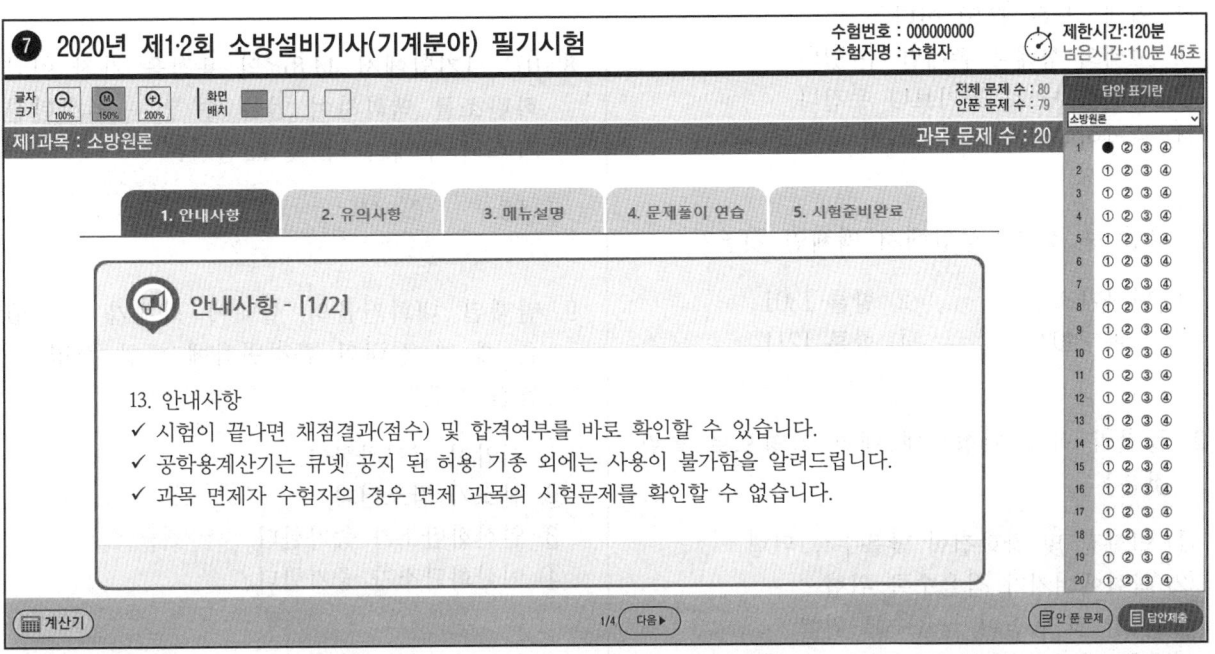

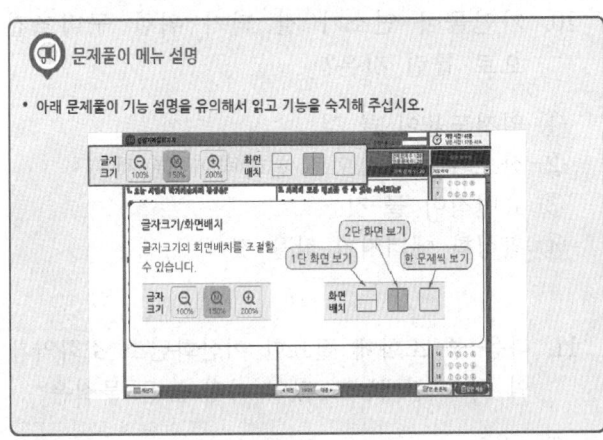

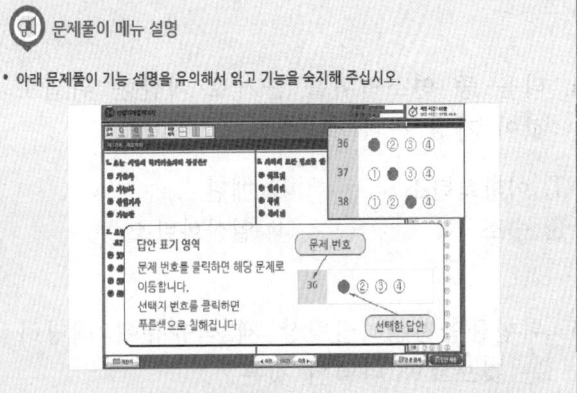

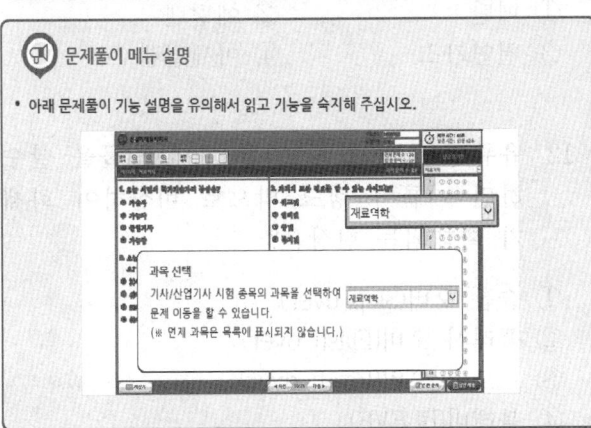

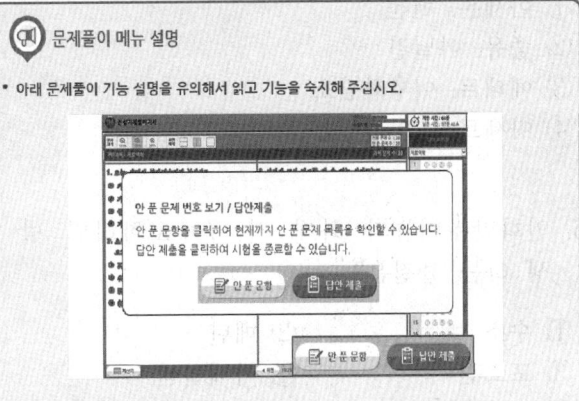

제1과목 : 소방원론

1. 이산화탄소에 대한 설명으로 틀린 것은?

   ① 임계온도는 97.5℃이다.
   ② 고체의 형태로 존재할 수 있다.
   ③ 불연성가스로 공기보다 무겁다.
   ④ 드라이아이스와 분자식이 동일하다.

2. 다음 중 상온·상압에서 액체인 것은?

   ① 탄산가스   ② 할론 1301
   ③ 할론 2402   ④ 할론 1211

3. 물질의 화재 위험성에 대한 설명으로 틀린 것은?

   ① 인화점 및 착화점이 낮을수록 위험
   ② 착화에너지가 작을수록 위험
   ③ 비점 및 융점이 높을수록 위험
   ④ 연소범위가 넓을수록 위험

4. 다음 중 연소범위를 근거로 계산한 위험도 값이 가장 큰 물질은?

   ① 이황화탄소   ② 메탄
   ③ 수소   ④ 일산화탄소

5. 위험물안전관리법령상 제2석유류에 해당하는 것으로만 나열된 것은?

   ① 아세톤, 벤젠
   ② 중유, 아닐린
   ③ 에테르, 이황화탄소
   ④ 아세트산, 아크릴산

6. 인화알루미늄의 화재 시 주수소화하면 발생 하는 물질은?

   ① 수소   ② 메탄
   ③ 포스핀   ④ 아세틸렌

7. 종이, 나무, 섬유류 등에 의한 화재에 해당하는 것은?

   ① A급 화재   ② B급 화재
   ③ C급 화재   ④ D급 화재

8. 0℃, 1기압에서 44.8㎥의 용적을 가진 이산화탄소를 액화하여 얻을 수 있는 액화탄산가스의 무게는 약 몇 kg인가?

   ① 88   ② 44   ③ 22   ④ 11

9. 밀폐된 내화건물의 실내에 화재가 발생했을 때 그 실내의 환경변화에 대한 설명 중 틀린 것은?

   ① 기압이 급강하한다.
   ② 산소가 감소된다.
   ③ 일산화탄소가 증가한다.
   ④ 이산화탄소가 증가한다.

10. 가연물이 연소가 잘 되기 위한 구비조건으로 틀린 것은?

    ① 열전도율이 클 것
    ② 산소와 화학적으로 친화력이 클 것
    ③ 표면적이 클 것
    ④ 활성화 에너지가 작을 것

11. 다음 중 소화에 필요한 이산화탄소 소화약제의 최소 설계농도 값이 가장 높은 물질은?

    ① 메탄   ② 에틸렌
    ③ 천연가스   ④ 아세틸렌

12. 유류탱크 화재 시 기름 표면에 물을 살수하면 기름이 탱크 밖으로 비산하여 화재가 확대되는 현상은?

    ① 슬롭 오버(Slop over)
    ② 플래시 오버(Flash over)
    ③ 프로스 오버(Froth over)
    ④ 블레비(BLEVE)

13. 이산화탄소의 증기비중은 약 얼마인가? (단, 공기의 분자량은 29이다.)

① 0.81 ② 1.52
③ 2.02 ④ 2.51

14. $NH_4H_2PO_4$를 주성분으로 한 분말소화약제는 제 몇 종 분말소화약제인가?

① 제1종 ② 제2종
③ 제3종 ④ 제4종

15. 다음 물질의 저장창고에서 화재가 발생하였을 때 주수소화를 할 수 없는 물질은?

① 부틸리튬 ② 질산에틸
③ 니트로셀룰로오스 ④ 적린

16. 실내 화재 시 발생한 연기로 인한 감광계수(m^{-1})와 가시거리에 대한 설명 중 틀린 것은?

① 감광계수가 0.1일 때 가시거리는 20~30m이다.
② 감광계수가 0.3일 때 가시거리는 15~20m이다.
③ 감광계수가 1.0일 때 가시거리는 1~2m이다.
④ 감광계수가 10일 때 가시거리는 0.2~0.5m이다.

17. 다음 물질 중 연소하였을 때 시안화수소를 가장 많이 발생시키는 물질은?

① Polyethylene ② Polyurethane
③ Polyvinyl chloride ④ Polystyrene

18. 제거소화의 예에 해당하지 않는 것은?

① 밀폐 공간에서의 화재 시 공기를 제거한다.
② 가연성가스 화재 시 가스의 밸브를 닫는다.
③ 산림화재 시 확산을 막기 위하여 산림의 일부를 벌목한다.
④ 유류탱크 화재 시 연소되지 않은 기름을 다른 탱크로 이동시킨다.

19. 화재 시 나타나는 인간의 피난특성으로 볼 수 없는 것은?

① 어두운 곳으로 대피한다.
② 최초로 행동한 사람을 따른다.
③ 발화지점의 반대방향으로 이동한다.
④ 평소에 사용하던 문, 통로를 사용한다.

20. 산소의 농도를 낮추어 소화하는 방법은?

① 냉각소화 ② 질식소화
③ 제거소화 ④ 억제소화

제2과목 : 소방유체역학

21. 240mmHg의 절대압력은 계기압력으로 약 몇 kPa인가? (단, 대기압은 760mmHg이고, 수은의 비중은 13.6이다.)

① -32.0 ② 32.0 ③ -69.3 ④ 69.3

22. 다음 (ㄱ), (ㄴ)에 알맞은 것은?

> 파이프 속을 유체가 흐를 때 파이프 끝의 밸브를 갑자기 닫으면 유체의 (ㄱ)에너지가 압력으로 변환되면서 밸브 직전에서 높은 압력이 발생하고 상류로 압축파가 전달되는 (ㄴ) 현상이 발생한다.

① (ㄱ) 운동, (ㄴ) 서징
② (ㄱ) 운동, (ㄴ) 수격작용
③ (ㄱ) 위치, (ㄴ) 서징
④ (ㄱ) 위치, (ㄴ) 수격작용

23. 표준대기압 상태인 어떤 지방의 호수 밑 72.4m에 있던 공기의 기포가 수면으로 올라오면 기포의 부피는 최초 부피의 몇 배가 되는가? (단, 기포 내의 공기는 보일의 법칙을 따른다.)

① 2 ② 4 ③ 7 ④ 8

24. 압력이 100kPa이고 온도가 20℃인 이산화탄소를 완전기체라고 가정할 때 밀도 [kg/㎥]는? (단, 이산화탄소의 기체상수는 188.95 J/(kg·K)이다.)

① 1.1   ② 1.8   ③ 2.56   ④ 3.8

25. 과열증기에 대한 설명으로 틀린 것은?

① 과열증기의 압력은 해당온도에서의 포화 압력보다 높다.
② 과열증기의 온도는 해당압력에서의 포화 온도보다 높다.
③ 과열증기의 비체적은 해당온도에서의 포화 증기의 비체적보다 크다.
④ 과열증기의 엔탈피는 해당압력에서의 포화 증기의 엔탈피보다 크다.

26. 지름 10㎝의 호스에 출구 지름이 3㎝인 노즐이 부착되어 있고, 1500L/min의 물이 대기 중으로 뿜어져 나온다. 이때 4개의 플랜지 볼트를 사용하여 노즐을 호스에 부착하고 있다면 볼트 1개에 작용되는 힘의 크기[N]는? (단, 유동에서 마찰이 존재하지 않는다고 가정한다.)

① 58.3   ② 899.4   ③ 1018.4   ④ 4098.2

27. 펌프의 일과 손실을 고려할 때 베르누이 수정방정식을 바르게 나타낸 것은? (단, H_p와 H_L은 펌프의 수두와 손실 수두를 나타내며, 하첨자 1, 2는 각각 펌프의 전후 위치를 나타낸다.)

① $\dfrac{v_1^2}{2g} + \dfrac{P_1}{\gamma} + z_1 = \dfrac{v_2^2}{2g} + \dfrac{P_2}{\gamma} + H_L$

② $\dfrac{v_1^2}{2g} + \dfrac{P_1}{\gamma} + z_1 + H_p = \dfrac{v_2^2}{2g} + \dfrac{P_2}{\gamma} + H_L$

③ $\dfrac{v_1^2}{2g} + \dfrac{P_1}{\gamma} + H_p = \dfrac{v_2^2}{2g} + \dfrac{P_2}{\gamma} + z_2 + H_L$

④ $\dfrac{v_1^2}{2g} + \dfrac{P_1}{\gamma} + z_1 + H_p = \dfrac{v_2^2}{2g} + \dfrac{P_2}{\gamma} + z_2 + H_L$

28. 점성에 관한 설명으로 틀린 것은?

① 액체의 점성은 분자 간 결합력에 관계된다.
② 기체의 점성은 분자 간 운동량 교환에 관계된다.
③ 온도가 증가하면 기체의 점성은 감소된다.
④ 온도가 증가하면 액체의 점성은 감소된다.

29. 회전속도 N[rpm]일 때 송출량 Q[㎥/min], 전양정 H[m]인 원심펌프를 상사한 조건에서 회전속도를 1.4N[rpm]으로 바꾸어 작동할 때 (ㄱ)유량과, (ㄴ)전양정은?

① (ㄱ) 1.4Q, (ㄴ) 1.4H
② (ㄱ) 1.4Q, (ㄴ) 1.96H
③ (ㄱ) 1.96Q, (ㄴ) 1.4H
④ (ㄱ) 1.96Q, (ㄴ) 1.96H

30. 다음 중 배관의 유량을 측정하는 계측 장치가 아닌 것은?

① 로터미터(rotameter)
② 유동노즐(flow nozzle)
③ 마노미터(manometer)
④ 오리피스(orifice)

31. -10℃, 6기압의 이산화탄소 10kg이 분사노즐에서 1기압까지 가역 단열팽창하였다면 팽창 후의 온도는 몇 ℃가 되겠는가? (단, 이산화탄소의 비열비는 1.289이다.)

① -85   ② -97   ③ -105   ④ -115

32. 다음 그림에서 A, B점의 압력차 [kPa]는? (단, A는 비중 1의 물, B는 비중 0.899의 벤젠이다.)

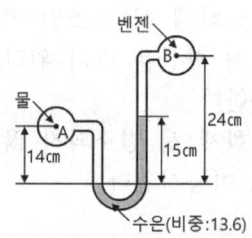

① 278.7   ② 191.4   ③ 23.07   ④ 19.4

33. 펌프의 입구에서 진공계의 계기압력은 -160mmHg, 출구에서 압력계의 계기압력은 300kPa, 송출 유량은 10㎥/min일 때 펌프의 수동력[kW]은? (단, 진공계와 압력계 사이의 수직거리는 2m이고, 흡입관과 송출관의 직경은 같으며, 손실은 무시한다.)

① 5.7　　② 56.8　　③ 557　　④ 3,400

34. 비중이 0.85이고 동점성계수가 3×10^{-4} ㎡/s인 기름이 직경 10cm의 수평 원형 관내에 20L/s로 흐른다. 이 원형 관의 100m 길이에서의 수두손실[m]은? (단, 정상 비압축성 유동이다.)

① 16.6　　② 25.0　　③ 49.8　　④ 82.2

35. 그림과 같이 길이 5m, 입구직경(D_1) 30cm, 출구직경(D_2) 16cm인 직관을 수평면과 30°기울어지게 설치하였다. 입구에서 0.3㎥/s로 유입되어 출구에서 대기 중으로 분출된다면 입구에서의 압력[kPa]은? (단, 대기는 표준대기압 상태이고 마찰손실은 없다.)

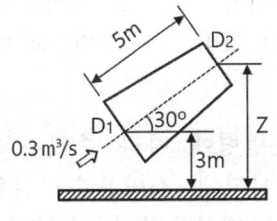

① 24.5　　② 102　　③ 127　　④ 228

36. 그림과 같이 단면 A에서 정압이 500kPa이고, 10m/s로 난류의 물이 흐르고 있을 때 단면 B에서의 유속[m/s]은?

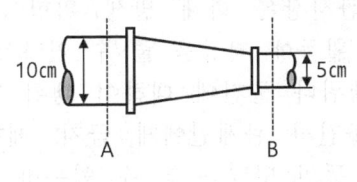

① 20　　② 40　　③ 60　　④ 80

37. 온도차이가 ΔT, 열전도율이 k1, 두께 X인 벽을 통한 열유속(heat flux)과 온도차이가 $2\Delta T$, 열전도율이 k2, 두께 0.5X인 벽을 통한 열유속이 서로 같다면 두 재질의 열전도율비 k1/k2의 값은?

① 1　　② 2　　③ 4　　④ 8

38. 그림과 같이 수족관에 직경 3m의 투시경이 설치되어 있다. 이 투시경에 작용하는 힘[kN]은?

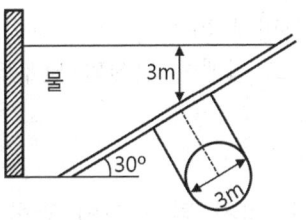

① 207.8　　② 123.9　　③ 87.1　　④ 52.4

39. 관의 길이가 ℓ이고, 지름이 d, 관마찰계수가 f일 때, 총 손실수두 H[m]를 식으로 바르게 나타낸 것은? (단, 입구 손실계수가 0.5, 출구 손실계수가 1.0, 속도수두는 $V^2/2g$이다.)

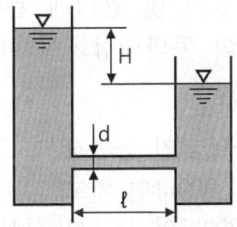

① $\left(1.5 + f\dfrac{\ell}{d}\right)\dfrac{V^2}{2g}$　　② $\left(f\dfrac{\ell}{d} + 1\right)\dfrac{V^2}{2g}$

③ $\left(0.5 + f\dfrac{\ell}{d}\right)\dfrac{V^2}{2g}$　　④ $\left(f\dfrac{\ell}{d}\right)\dfrac{V^2}{2g}$

40. 비중이 0.8인 액체가 한 변이 10cm인 정육면체 모양 그릇의 반을 채울 때 액체의 질량[kg]은?

① 0.4　　② 0.8　　③ 400　　④ 800

제3과목 : 소방관계법규

41. 소방시설공사업법령에 따른 소방시설업 등록이 가능한 사람은?

① 피성년후견인
② 위험물안전관리법에 따른 금고 이상의 형의 집행유예를 선고받고 그 유예기간 중에 있는 사람
③ 등록하려는 소방시설업 등록이 취소된 날부터 3년이 지난 사람
④ 소방기본법에 따른 금고 이상의 실형을 선고받고 그 집행이 면제된 날부터 1년이 지난 사람

42. 소방시설 설치 및 관리에 관한 법령상 방염성능기준 이상의 실내장식물 등을 설치해야 하는 특정소방대상물이 아닌 것은?

① 숙박이 가능한 수련시설
② 층수가 11층 이상인 아파트
③ 건축물 옥내에 있는 종교시설
④ 방송통신시설 중 방송국 및 촬영소

43. 소방시설 설치 및 관리에 관한 법령상 건축허가 등의 동의대상물이 아닌 것은?

① 항공기 격납고
② 연면적이 300㎡인 공연장
③ 바닥면적이 300㎡인 차고
④ 연면적이 300㎡인 노유자 시설

44. 위험물안전관리법령에 따라 위험물안전관리자를 해임하거나 퇴직한 때에는 해임하거나 퇴직한 날부터 며칠 이내에 다시 안전관리자를 선임하여야 하는가?

① 30일   ② 35일   ③ 40일   ④ 55일

45. 소방시설공사업법령상 소방공사감리를 실시함에 있어 용도와 구조에서 특별히 안전성과 보안성이 요구되는 소방대상물로서 소방시설물에 대한 감리를 감리업자가 아닌 자가 감리할 수 있는 장소는?

① 정보기관의 청사
② 교도소 등 교정관련시설
③ 국방 관계시설 설치장소
④ 원자력안전법상 관계시설이 설치되는 장소

46. 위험물안전관리법령상 다음의 규정을 위반하여 위험물의 운송에 관한 기준을 따르지 아니한 자에 대한 과태료 기준은?

> 위험물운송자는 이동탱크저장소에 의하여 위험물을 운송하는 때에는 행정안전부령으로 정하는 기준을 준수하는 등 당해 위험물의 안전확보를 위하여 세심한 주의를 기울여야 한다.

① 50만원 이하   ② 100만원 이하
③ 200만원 이하   ④ 500만원 이하

47. 다음 소방시설 중 경보설비가 아닌 것은?

① 통합감시시설   ② 가스누설경보기
③ 비상콘센트설비   ④ 자동화재속보설비

48. 소방기본법령에 따라 주거지역·상업지역 및 공업지역에 소방용수시설을 설치하는 경우 소방대상물과의 수평거리를 몇 m 이하가 되도록 해야 하는가?

① 50   ② 100   ③ 150   ④ 200

49. 화재의 예방 및 안전관리에 관한 법령상 소방관서장은 화재 발생 위험이 크거나 소화 활동에 지장을 줄 수 있다고 인정되는 행위나 물건에 대하여 행위 당사자나 그 물건의 관계인에게 금지, 제한 제거, 이동 등의 명령을 할 수 있는바, 그 명령에 따르지 아니한 경우에 대한 벌칙은?

① 100만원 이하의 과태료

② 200만원 이하의 과태료
③ 300만원 이하의 과태료
④ 300만원 이하의 벌금

50. 화재의 예방 및 안전관리에 관한 법령상 불꽃을 사용하는 용접·용단 기구의 용접 또는 용단 작업장에서 지켜야 하는 사항 중 다음 ( ) 안에 알맞은 것은?

    - 용접 또는 용단 작업장 주변 반경 (㉠) 미터 이내에 소화기를 갖추어 둘 것
    - 용접 또는 용단 작업장 주변 반경 (㉡) 미터 이내에는 가연물을 쌓아두거나 놓아두지 말 것. 다만, 가연물의 제거가 곤란하여 방화포 등으로 방호조치를 한 경우는 제외한다.

    ① ㉠ 3, ㉡ 5
    ② ㉠ 5, ㉡ 3
    ③ ㉠ 5, ㉡ 10
    ④ ㉠ 10, ㉡ 5

51. 소방기본법령상 소방업무 상호응원협정 체결 시 포함되어야 하는 사항이 아닌 것은?

    ① 응원출동의 요청방법
    ② 응원출동훈련 및 평가
    ③ 응원출동대상지역 및 규모
    ④ 응원출동 시 현장지휘에 관한 사항

52. 소방시설 설치 및 관리에 관한 법령상 소방용품의 형식승인을 받지 아니하고 소방용품을 제조하거나 수입한 자에 대한 벌칙 기준은?

    ① 100만원 이하의 벌금
    ② 300만원 이하의 벌금
    ③ 1년 이하의 징역 또는 1천만원 이하의 벌금
    ④ 3년 이하의 징역 또는 3천만원 이하의 벌금

53. 위험물안전관리법령상 제조소등의 경보설비 설치기준에 대한 설명으로 틀린 것은?

    ① 제조소 및 일반취급소의 연면적이 500㎡ 이상인 것에는 자동화재탐지설비를 설치한다.
    ② 자동신호장치를 갖춘 스프링클러설비 또는 물분무등소화설비를 설치한 제조소등에 있어서는 자동화재탐지설비를 설치한 것으로 본다.
    ③ 경보설비는 자동화재탐지설비·자동화재속보설비·비상경보설비(비상벨장치 또는 경종 포함)·확성장치 (휴대용확성기 포함) 및 비상방송설비로 구분한다.
    ④ 지정수량의 10배 이상의 위험물을 저장 또는 취급하는 제조소등(이동탱크저장소를 포함한다)에는 화재발생시 이를 알릴 수 있는 경보설비를 설치하여야 한다.

54. 소방시설 설치 및 관리에 관한 법령상 소방시설 등에 대한 자체점검 중 종합점검 대상인 것은?

    ① 제연설비가 설치되지 않은 터널
    ② 스프링클러설비가 설치된 연면적이 5000㎡이고, 12층인 아파트
    ③ 물분무등소화설비가 설치된 연면적이 5000㎡인 위험물 제조소
    ④ 호스릴 방식의 물분무등소화설비만을 설치한 연면적 3000㎡인 특정소방대상물

55. 소방시설공사업법령에 따른 소방시설업의 등록권자는?

    ① 국무총리
    ② 소방서장
    ③ 시·도지사
    ④ 한국소방안전원장

56. 소방기본법령에 따른 소방용수시설 급수탑 개폐밸브의 설치기준으로 맞는 것은?

    ① 지상에서 1.0m 이상 1.5m 이하
    ② 지상에서 1.2m 이상 1.8m 이하
    ③ 지상에서 1.5m 이상 1.7m 이하
    ④ 지상에서 1.5m 이상 2.0m 이하

57. 위험물안전관리법령상 정기검사를 받아야 하는 특정·준특정 옥외탱크저장소의 관계인은 특정·준특정 옥외탱크저장소의 설치

허가에 따른 완공검사합격확인증을 발급받은 날부터 몇 년 이내에 정밀정기검사를 받아야 하는가?

① 9 ② 10 ③ 11 ④ 12

58. 소방시설 설치 및 관리에 관한 법령상 화재위험도가 낮은 특정소방대상물 중 석재, 불연성금속, 불연성 건축재료 등의 가공공장·기계조립공장 또는 불연성 물품을 저장하는 창고에 설치하지 않을 수 있는 소방시설은?

① 옥외소화전 ② 비상방송설비
③ 연결송수관설비 ④ 자동화재탐지설비

59. 화재의 예방 및 안전관리에 관한 법령상 소방안전관리대상물의 소방안전관리자 업무가 아닌 것은?

① 소방시설 공사
② 소방훈련 및 교육
③ 소방계획서의 작성 및 시행
④ 자위소방대의 구성·운영·교육

60. 소방기본법에 따라 화재 등 그 밖의 위급한 상황이 발생한 현장에서 소방활동을 위하여 필요한 때에는 그 관할구역에 사는 사람 또는 그 현장에 있는 사람으로 하여금 사람을 구출하는 일 또는 불을 끄는 등의 일을 하도록 명령할 수 있는 권한이 없는 사람은?

① 소방서장 ② 소방대장
③ 시·도지사 ④ 소방본부장

제4과목 : 소방기계시설의 구조 및 원리

61. 물분무소화설비의 화재안전기준에 따른 물분무소화설비의 저수량에 대한 기준 중 다음 ( ) 안의 내용으로 맞는 것은?

절연유 봉입 변압기는 바닥부분을 제외한 표면적을 합한 면적 1㎡에 대하여 ( )L/min로 20분간 방수할 수 있는 양 이상으로 할 것

① 4 ② 8 ③ 10 ④ 12

62. 물분무소화설비의 화재안전기준에 따른 물분무소화설비의 설치 장소별 1㎡당 수원의 최소 저수량으로 맞는 것은?

① 차고 : 30L/min×20분×바닥면적
② 케이블트레이 : 12L/min×20분×투영된 바닥면적
③ 컨베이어 벨트 : 37L/min×20분×벨트부분의 바닥면적
④ 특수가연물을 취급하는 특정소방대상물 : 20L/min×20분×바닥면적

63. 피난기구를 설치하여야 할 소방대상물 중 피난기구의 2분의 1을 감소할 수 있는 조건이 아닌 것은?

① 주요구조부가 내화구조로 되어 있다.
② 특별피난계단이 2 이상 설치되어 있다.
③ 소방구조용(비상용) 엘리베이터가 설치되어 있다.
④ 직통계단인 피난계단이 2 이상 설치되어 있다.

64. 화재조기진압용 스프링클러설비의 화재안전기준상 화재조기진압용 스프링클러설비 설치 장소의 구조 기준으로 틀린 것은?

① 창고내의 선반의 형태는 하부로 물이 침투되는 구조로 할 것
② 천장의 기울기가 1000분의 168을 초과하지 않아야 하고, 이를 초과하는 경우에는 반자를 지면과 수평으로 설치할 것
③ 천장은 평평하여야 하며 철재나 목재트러스 구조인 경우, 철재나 목재의 돌출부분이 102mm를 초과하지 아니할 것

④ 해당층의 높이가 10m 이하일 것. 다만, 3층 이상일 경우에는 해당층의 바닥을 내화구조로 하고 다른 부분과 방화구획 할 것

65. 분말소화설비의 화재안전기준에 따라 분말소화약제의 가압용가스 용기에는 최대 몇 MPa 이하의 압력에서 조정이 가능한 압력조정기를 설치하여야 하는가?

① 1.5 ② 2.0 ③ 2.5 ④ 3.0

66. 완강기의 형식승인 및 제품검사의 기술기준상 완강기의 최대사용하중은 최소 몇 N 이상의 하중이어야 하는가?

① 800 ② 1000 ③ 1200 ④ 1500

67. 분말소화설비의 화재안전기준상 차고 또는 주차장에 설치하는 분말소화설비의 소화약제는?

① 인산염을 주성분으로 한 분말
② 탄산수소칼륨을 주성분으로 한 분말
③ 탄산수소칼륨과 요소가 화합된 분말
④ 탄산수소나트륨을 주성분으로 한 분말

68. 연결살수설비의 화재안전기준에 따른 건축물에 설치하는 연결살수설비의 헤드에 대한 기준 중 다음 ( ) 안에 알맞은 것은?

> 천장 또는 반자의 각 부분으로부터 하나의 살수헤드까지의 수평거리가 연결살수설비 전용헤드의 경우는 (㉠)m 이하, 스프링클러헤드의 경우는 (㉡)m 이하로 할 것. 다만, 살수헤드의 부착면과 바닥과의 높이가 (㉢)m 이하인 부분은 살수헤드의 살수분포에 따른 거리로 할 수 있다.

① ㉠ 3.7, ㉡ 2.3, ㉢ 2.1
② ㉠ 3.7, ㉡ 2.3, ㉢ 2.3
③ ㉠ 2.3, ㉡ 3.7, ㉢ 2.3
④ ㉠ 2.3, ㉡ 3.7, ㉢ 2.1

69. 포소화설비의 화재안전기준에 따라 바닥면적이 180㎡인 건축물 내부에 호스릴 방식의 포소화설비를 설치할 경우 가능한 포소화약제의 최소 필요량은 몇 L 인가? (단, 호스 접결구 : 2개, 약제 농도 : 3%)

① 180 ② 270 ③ 650 ④ 720

70. 옥외소화전설비의 화재안전기준에 따라 옥외소화전 배관은 특정소방대상물의 각 부분으로부터 하나의 호스접결구까지의 수평거리가 최대 몇 m 이하가 되도록 설치하여야 하는가?

① 25 ② 35 ③ 40 ④ 50

71. 스프링클러설비의 화재안전기준에 따라 연소할 우려가 있는 개구부에 드렌처설비를 설치한 경우 해당 개구부에 한하여 스프링클러헤드를 설치하지 아니할 수 있다. 관련 기준으로 틀린 것은?

① 드렌처헤드는 개구부 위 측에 2.5m 이내마다 1개를 설치할 것
② 제어밸브는 특정소방대상물 층마다에 바닥면으로 부터 0.5m 이상 1.5m 이하의 위치에 설치할 것
③ 드렌처헤드가 가장 많이 설치된 제어밸브에 설치된 드렌처헤드를 동시에 사용하는 경우에 각 헤드 선단의 방수압력은 0.1MPa 이상이 되도록 할 것
④ 드렌처헤드가 가장 많이 설치된 제어밸브에 설치된 드렌처헤드를 동시에 사용하는 경우에 각 헤드선단의 방수량은 80L/min 이상이 되도록 할 것

72. 포소화설비의 화재안전기준상 차고·주차장에 설치하는 포소화전설비의 설치 기준 중 다음 ( ) 안에 알맞은 것은? (단, 1개 층의 바닥면적이 200㎡이하인 경우는 제외 한다.)

72. 특정소방대상물의 어느 층에 있어서도 그 층에 설치된 포소화전방수구(포소화전 방수구가 5개 이상 설치된 경우에는 5개)를 동시에 사용할 경우 각 이동식 포노즐 선단의 포수용액 방사압력이 (㉠) MPa 이상이고 (㉡) L/min 이상의 포수용액을 수평거리 15m 이상으로 방사할 수 있도록 할 것

① ㉠ 0.25, ㉡ 230　② ㉠ 0.25, ㉡ 300
③ ㉠ 0.35, ㉡ 230　④ ㉠ 0.35, ㉡ 300

73. 소화수조 및 저수조의 화재안전기준에 따라 소화용수설비에 설치하는 채수구의 수는 소요수량이 40㎥ 이상 100㎥ 미만인 경우 몇 개를 설치해야 하는가?

① 1　② 2　③ 3　④ 4

74. 난방설비가 없는 교육 장소에 비치하는 소화기로 가장 적합한 것은? (단, 교육장소의 겨울 최저온도는 -15℃ 이다.)

① 화학포소화기　② 기계포소화기
③ 산알칼리 소화기　④ ABC 분말소화기

75. 할론소화설비의 화재안전기준상 축압식 할론 소화약제 저장용기에 사용되는 축압용 가스로서 적합한 것은?

① 질소　② 산소
③ 이산화탄소　④ 불활성 가스

76. 제연설비의 화재안전기준상 유입풍도 및 배출풍도에 관한 설명으로 맞는 것은?

① 유입풍도 안의 풍속은 25m/s 이하로 한다.
② 배출풍도는 석면재료와 같은 불연재료인 단열재로 풍도 외부에 유효한 단열 처리를 한다.
③ 배출풍도와 유입풍도의 아연도금강판 최소 두께는 0.45㎜ 이상으로 하여야 한다.
④ 배출기 흡입측 풍도 안의 풍속은 15m/s 이하로 하고 배출측 풍속은 20m/s 이하로 한다.

77. 소화수조 및 저수조의 화재안전기준에 따라 소화용수설비를 설치하여야 할 특정소방대상물에 있어서 유수의 양이 최소 몇 ㎥/min 이상인 유수를 사용할 수 있는 경우에 소화수조를 설치하지 아니할 수 있는가?

① 0.8　② 1　③ 1.5　④ 2

78. 소방시설 설치 및 관리에 관한 법률 시행령 상 자동소화장치를 모두 고른 것은?

㉠ 분말자동소화장치
㉡ 액체자동소화장치
㉢ 고체에어로졸자동소화장치
㉣ 공업용 주방자동소화장치
㉤ 캐비닛형 자동소화장치

① ㉠, ㉡
② ㉡, ㉢, ㉣
③ ㉠, ㉢, ㉤
④ ㉠, ㉡, ㉢, ㉣, ㉤

79. 이산화탄소소화설비의 화재안전기준에 따른 이산화탄소소화설비 기동장치의 설치기준으로 맞는 것은?

① 가스압력식 기동장치 기동용가스용기의 용적은 3L 이상으로 한다.
② 수동식 기동장치는 전역방출방식에 있어서 방호대상물마다 설치한다.
③ 수동식 기동장치의 부근에는 소화약제의 방출을 지연시킬 수 있는 비상스위치를 설치해야 한다.
④ 전기식 기동장치로서 5병의 저장용기를 동시에 개방하는 설비는 2병 이상의 저장용기에 전자개방밸브를 부착해야 한다.

80. 스프링클러설비의 화재안전기준에 따라 개방형 스프링클러설비에서 하나의 방수구역을 담당하는 헤드 개수는 최대 몇 개 이하로 설치하여야 하는가?

① 30　② 40　③ 50　④ 60

2020년 제3회 소방설비기사(기계분야)

본 지면은 CBT시험의 컴퓨터 화면과 비슷하게 구성한 화면입니다.

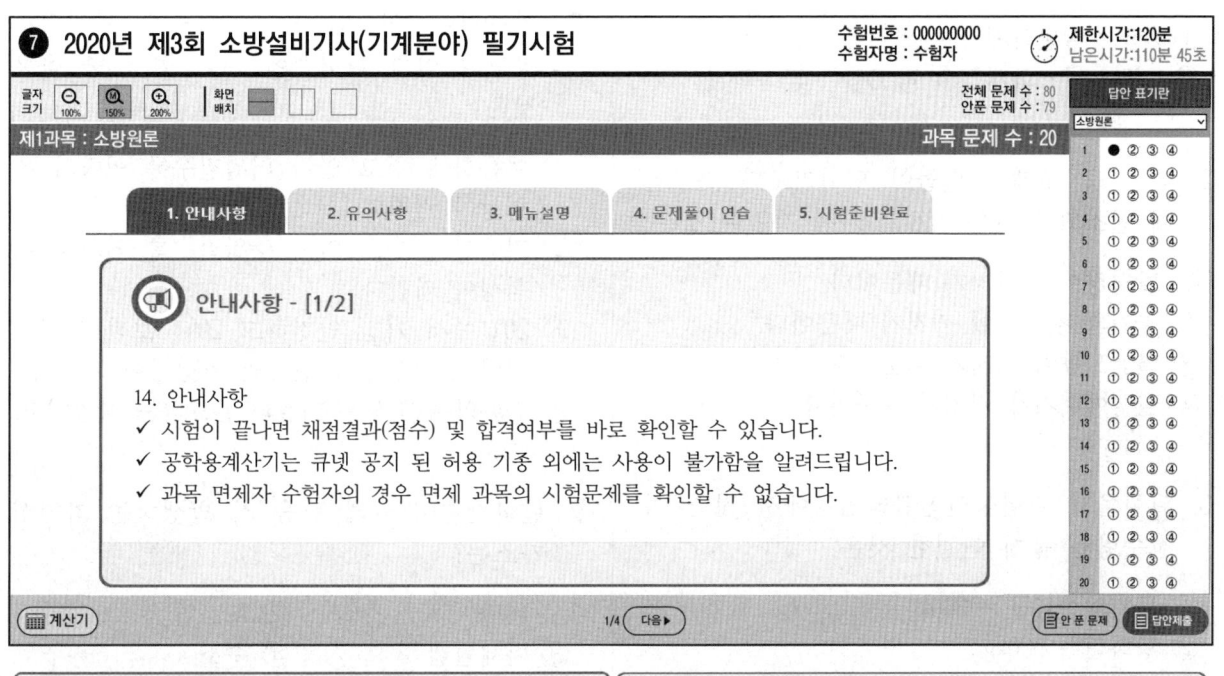

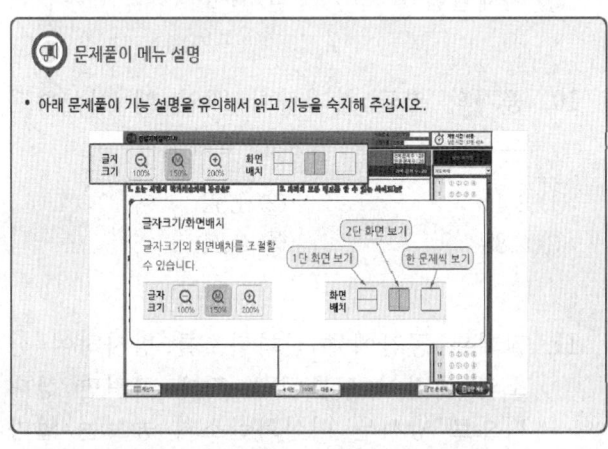

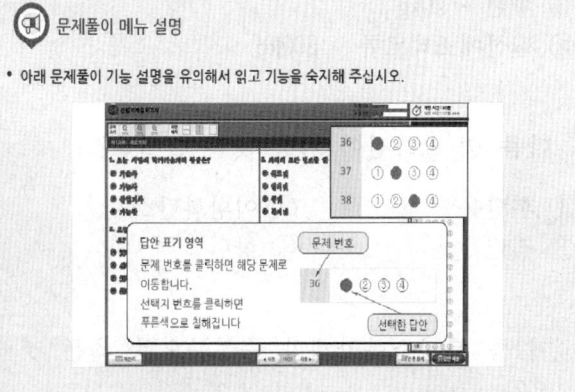

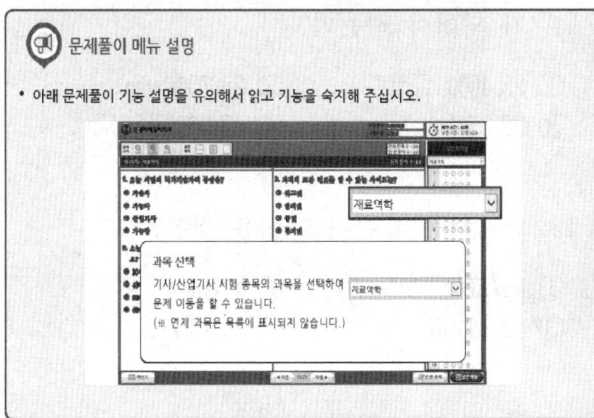

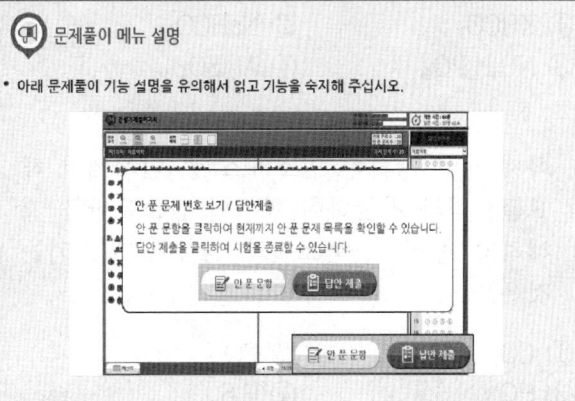

제1과목 : 소방원론

1. 화재의 종류에 따른 분류가 틀린 것은?

   ① A급 : 일반화재   ② B급 : 유류화재
   ③ C급 : 가스화재   ④ D급 : 금속화재

2. 다음 중 고체 가연물이 덩어리보다 가루일 때 연소되기 쉬운 이유로 가장 적합한 것은?

   ① 발열량이 작아지기 때문이다.
   ② 공기와 접촉면이 커지기 때문이다.
   ③ 열전도율이 커지기 때문이다.
   ④ 활성에너지가 커지기 때문이다.

3. 위험물과 위험물안전관리법령에서 정한 지정수량을 옳게 연결한 것은?

   ① 무기과산화물 - 300kg
   ② 황화린 - 500kg
   ③ 황린 - 20kg
   ④ 질산에스테르류 - 200kg

4. 다음 중 발화점이 가장 낮은 물질은?

   ① 휘발유   ② 이황화탄소
   ③ 적린   ④ 황린

5. 제1종 분말소화약제의 주성분으로 옳은 것은?

   ① $KHCO_3$ ② $NaHCO_3$
   ③ $NH_4H_2PO_4$ ④ $Al_2(SO_4)_3$

6. 화재 시 발생하는 연소가스 중 인체에서 헤모글로빈과 결합하여 혈액의 산소운반을 저해하고 두통, 근육조절의 장애를 일으키는 것은?

   ① CO_2 ② CO
   ③ HCN   ④ H_2S

7. 다음 원소 중 전기 음성도가 가장 큰 것은?

   ① F   ② Br
   ③ Cl   ④ I

8. 인화점이 20℃인 액체위험물을 보관하는 창고의 인화 위험성에 대한 설명 중 옳은 것은?

   ① 여름철에 창고 안이 더워질수록 인화의 위험성이 커진다.
   ② 겨울철에 창고 안이 추워질수록 인화의 위험성이 커진다.
   ③ 20℃에서 가장 안전하고 20℃보다 높아지거나 낮아질수록 인화의 위험성이 커진다.
   ④ 인화의 위험성은 계절의 온도와는 상관없다.

9. 탄화칼슘이 물과 반응 시 발생하는 가연성 가스는?

   ① 메탄   ② 포스핀
   ③ 아세틸렌   ④ 수소

10. 공기의 평균 분자량이 29일 때 이산화탄소 기체의 증기비중은 얼마인가?

    ① 1.44   ② 1.52
    ③ 2.88   ④ 3.24

11. 밀폐된 공간에 이산화탄소를 방사하여 산소의 체적 농도를 12% 되게 하려면 상대적으로 방사된 이산화탄소의 농도는 얼마가 되어야 하는가?

    ① 25.40%   ② 28.70%
    ③ 38.35%   ④ 42.86%

12. 화재하중의 단위로 옳은 것은?

    ① kg/m^2 ② $℃/m^2$
    ③ $kg \cdot L/m^2$ ④ $℃ \cdot L/m^2$

13. 소화약제인 IG-541의 성분이 아닌 것은?

① 질소
② 아르곤
③ 헬륨
④ 이산화탄소

14. 이산화탄소 소화약제 저장용기의 설치장소에 대한 설명 중 옳지 않은 것은?

① 반드시 방호구역 내의 장소에 설치한다.
② 온도의 변화가 적은 곳에 설치한다.
③ 방화문으로 구획된 실에 설치한다.
④ 해당 용기가 설치된 곳임을 표시하는 표지를 한다.

15. 화재의 소화원리에 따른 소화방법의 적용으로 틀린 것은?

① 냉각소화 : 스프링클러설비
② 질식소화 : 이산화탄소 소화설비
③ 제거소화 : 포소화설비
④ 억제소화 : 할론 소화설비

16. 건축물의 내화구조에서 바닥의 경우에는 철근콘크리트의 두께가 몇 cm 이상이어야 하는가?

① 7
② 10
③ 12
④ 15

17. 소화효과를 고려하였을 경우 화재 시 사용할 수 있는 물질이 아닌 것은?

① 이산화탄소
② 아세틸렌
③ Halon 1211
④ Halon 1301

18. 질식소화 시 공기 중의 산소농도는 일반적으로 약 몇 vol% 이하로 하여야 하는가?

① 25
② 21
③ 19
④ 15

19. 다음 중 연소와 가장 관련 있는 화학반응은?

① 중화반응
② 치환반응
③ 환원반응
④ 산화반응

20. Halon 1301의 분자식은?

① CH_3Cl
② CH_3Br
③ CF_3Cl
④ CF_3Br

제2과목 : 소방유체역학

21. 체적 0.1㎥의 밀폐 용기 안에 기체상수가 0.4615 kJ/kg·K인 기체 1kg이 압력 2MPa, 온도 250℃ 상태로 들어있다. 이때 이 기체의 압축계수(또는 압축성인자)는?

① 0.578
② 0.828
③ 1.21
④ 1.73

22. 물의 체적탄성계수가 2.5GPa일 때 물의 체적을 1% 감소시키기 위해서 얼마의 압력(MPa)을 가하여야 하는가?

① 20
② 25
③ 30
④ 35

23. 안지름 40mm의 배관 속을 정상류의 물이 매분 150L로 흐를 때의 평균 유속(m/s)은?

① 0.99
② 1.99
③ 2.45
④ 3.01

24. 원심펌프를 이용하여 0.2㎥/s로 저수지의 물을 2m 위의 물탱크로 퍼 올리고자 한다. 펌프의 효율이 80%라고 하면 펌프에 공급해야 하는 동력(kW)은?

① 1.96
② 3.14
③ 3.92
④ 4.90

25. 원관에서 길이가 2배, 속도가 2배가 되면 손실수두는 원래의 몇 배가 되는가? (단,

두 경우 모두 완전발달 난류유동에 해당되며, 관마찰계수는 일정하다.)

① 동일하다. ② 2배
③ 4배 ④ 8배

26. 펌프가 운전 중에 한숨을 쉬는 것과 같은 상태가 되어 펌프 입구의 진공계 및 출구의 압력계 지침이 흔들리고 송출유량도 주기적으로 변화하는 이상 현상을 무엇이라고 하는가?

① 공동현상(cavitation)
② 수격작용(water hammering)
③ 맥동현상(surging)
④ 언밸런스(unbalance)

27. 터보팬을 6000rpm으로 회전시킬 경우, 풍량은 0.5㎥/min, 축동력은 0.049kW이었다. 만약 터보팬의 회전수를 8000rpm으로 바꾸어 회전시킬 경우 축동력(kW)은?

① 0.0207 ② 0.207
③ 0.116 ④ 1.161

28. 어떤 기체를 20℃에서 등온 압축하여 절대압력이 0.2MPa에서 1MPa으로 변할 때 체적은 초기 체적과 비교하여 어떻게 변화하는가?

① 5배로 증가한다. ② 10배로 증가한다.
③ $\frac{1}{5}$로 감소한다. ④ $\frac{1}{10}$로 감소한다.

29. 원관 속의 흐름에서 관의 직경, 유체의 속도, 유체의 밀도, 유체의 점성계수가 각각 D, V, ρ, μ로 표시될 때 층류 흐름의 마찰계수(f)는 어떻게 표현될 수 있는가?

① $f = \frac{64\mu}{DV\rho}$ ② $f = \frac{64\rho}{DV\mu}$
③ $f = \frac{64D}{V\rho\mu}$ ④ $f = \frac{64}{DV\rho\mu}$

30. 그림과 같이 매우 큰 탱크에 연결된 길이 100m, 안지름 20cm인 원관에 부차적 손실계수가 5인 밸브 A가 부착되어 있다. 관 입구에서의 부차적 손실계수가 0.5, 관마찰계수는 0.02이고, 평균속도가 2m/s일 때 물의 높이 H(m)는?

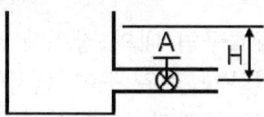

① 1.48 ② 2.14 ③ 2.81 ④ 3.36

31. 마그네슘은 절대온도 293 K에서 열전도도가 156 W/m·K, 밀도는 1740 kg/㎥이고, 비열이 1017 J/kg·K일 때 열확산계수(㎡/s)는?

① 8.96×10^{-2} ② 1.53×10^{-1}
③ 8.81×10^{-5} ④ 8.81×10^{-4}

32. 그림과 같이 반지름이 1m, 폭(y방향) 2m인 곡면 AB에 작용하는 물에 의한 힘의 수직성분(z방향) Fz와 수평성분(x방향) Fx와의 비 (Fz/Fx)는 얼마인가?

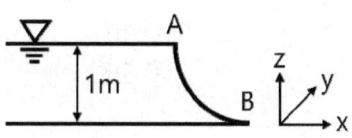

① $\frac{\pi}{2}$ ② $\frac{2}{\pi}$ ③ 2π ④ $\frac{1}{2\pi}$

33. 대기압하에서 10℃의 물 2kg이 전부 증발하여 100℃의 수증기로 되는 동안 흡수하는 열량(kJ)은 얼마인가? (단, 물의 비열은 4.2kJ/kg·K, 기화열은 2250kJ/kg이다.)

① 756 ② 2638 ③ 5256 ④ 5360

34. 경사진 관로의 유체흐름에서 수력기울기선의 위치로 옳은 것은?

① 언제나 에너지선보다 위에 있다.
② 에너지선보다 속도수두만큼 아래에 있다.
③ 항상 수평이 된다.
④ 개수로의 수면보다 속도수두 만큼 위에 있다.

35. 그림과 같이 폭(b)이 1m이고 깊이(h_0) 1m 로 물이 들어있는 수조가 트럭 위에 실려 있다. 이 트럭이 7m/s² 의 가속도로 달릴 때 물의 최대 높이(h_2)와 최소 높이(h_1)는 각각 몇 m인가?

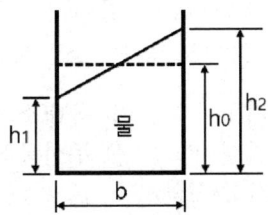

① h_1=0.643m, h_2=1.413m
② h_1=0.643m, h_2=1.357m
③ h_1=0.676m, h_2=1.413m
④ h_1=0.676m, h_2=1.357m

36. 유체의 거동을 해석하는데 있어서 비점성 유체에 대한 설명으로 옳은 것은?

① 실제 유체를 말한다.
② 전단응력이 존재하는 유체를 말한다.
③ 유체 유동 시 마찰저항이 속도 기울기에 비례하는 유체이다.
④ 유체 유동 시 마찰저항을 무시한 유체를 말한다.

37. 출구단면적이 0.0004㎡인 소방호스로부터 25m/s의 속도로 수평으로 분출되는 물제트가 수직으로 세워진 평판과 충돌한다. 평판을 고정시키기 위한 힘(F)은 몇 N인가?

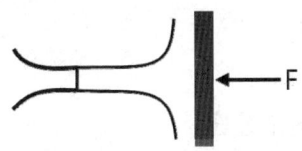

① 150   ② 200   ③ 250   ④ 300

38. 두 개의 가벼운 공을 그림과 같이 실로 매달아 놓았다. 두 개의 공 사이로 공기를 불어 넣으면 공은 어떻게 되겠는가?

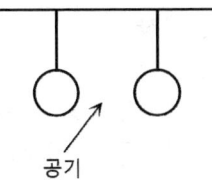

① 파스칼의 법칙에 따라 벌어진다.
② 파스칼의 법칙에 따라 가까워진다.
③ 베르누이의 법칙에 따라 벌어진다.
④ 베르누이의 법칙에 따라 가까워진다.

39. 다음 중 뉴튼(Newton)의 점성법칙을 이용하여 만든 회전 원통식 점도계는?

① 세이볼트(Saybolt) 점도계
② 오스왈트(Ostwald) 점도계
③ 레드우드(Redwood) 점도계
④ 맥미셀(MacMichael) 점도계

40. 그림과 같이 수은 마노미터를 이용하여 물의 유속을 측정하고자 한다. 마노미터에서 측정한 높이차(h)가 30㎜일 때 오리피스 전후의 압력(kPa) 차이는? (단, 수은의 비중은 13.6이다.)

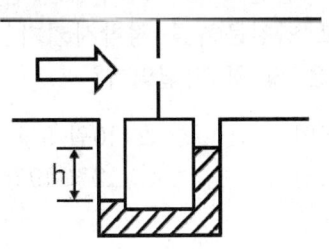

① 3.4   ② 3.7   ③ 3.9   ④ 4.4

제3과목 : 소방관계법규

41. 다음 중 화재의 예방 및 안전관리에 관한 법령상 특수가연물에 해당하는 품명별 기준수량으로 틀린 것은?

① 사류 1000kg 이상
② 면화류 200kg 이상
③ 나무껍질 및 대팻밥 400kg 이상
④ 넝마 및 종이부스러기 500kg 이상

42. 다음 중 소방시설 설치 및 관리에 관한 법령상 소방시설관리업을 등록할 수 있는 자는?

① 피성년후견인
② 소방시설관리업의 등록이 취소된 날부터 2년이 경과된 자
③ 금고 이상의 형의 집행유예를 선고받고 그 유예기간 중에 있는 사람
④ 금고 이상의 실형을 선고받고 그 집행이 면제된 날부터 2년이 지나지 아니한 사람

43. 위험물안전관리법령상 위험물취급소의 구분에 해당하지 않는 것은?

① 이송취급소   ② 관리취급소
③ 판매취급소   ④ 일반취급소

44. 국민의 안전의식과 화재에 대한 경각심을 높이고 안전문화를 정착시키기 위한 소방의 날은 몇 월 며칠인가?

① 1월 19일   ② 10월 9일
③ 11월 9일   ④ 12월 19일

45. 화재의 예방 및 안전관리에 관한 법령상 화재안전조사 결과 소방대상물의 위치 상황이 화재 예방을 위하여 보완될 필요가 있을 것으로 예상되는 때에 소방대상물의 개수·이전·제거, 그 밖의 필요한 조치를 관계인에게 명령할 수 있는 사람은?

① 소방서장   ② 경찰청장
③ 시·도지사   ④ 해당구청장

46. 소방시설 설치 및 관리에 관한 법령상 지하가 중 터널로서 길이가 1천미터일 때 설치하지 않아도 되는 소방시설은?

① 인명구조기구   ② 옥내소화전설비
③ 연결송수관설비   ④ 무선통신보조설비

47. 위험물안전관리법령상 허가를 받지 아니하고 당해 제조소등을 설치하거나 그 위치·구조 또는 설비를 변경할 수 있으며, 신고를 하지 아니하고 위험물의 품명·수량 또는 지정수량의 배수를 변경할 수 있는 기준으로 옳은 것은?

① 축산용으로 필요한 건조시설을 위한 지정수량 40배 이하의 저장소
② 수산용으로 필요한 건조시설을 위한 지정수량 30배 이하의 저장소
③ 농예용으로 필요한 난방시설을 위한 지정수량 40배 이하의 저장소
④ 주택의 난방시설(공동주택의 중앙난방시설 제외)을 위한 저장소

48. 소방기본법령상 시장지역에서 화재로 오인할 만한 우려가 있는 불을 피우거나 연막소독을 하려는 자가 신고를 하지 아니하여 소방자동차를 출동하게 한 자에 대한 과태료 부과·징수권자는?

① 국무총리
② 시·도지사
③ 행정안전부장관
④ 소방본부장 또는 소방서장

49. 소방시설공사업법령상 공사감리자 지정대상 특정소방대상물의 범위가 아닌 것은?

① 제연설비를 신설·개설하거나 제연구역을 증설할 때
② 연소방지설비를 신설·개설하거나 살수구역을 증설할 때
③ 캐비닛형 간이스프링클러설비를 신설·개설하거나 방호·방수 구역을 증설할 때
④ 물분무등소화설비(호스릴 방식의 소화설비 제외)를 신설·개설하거나 방호·방수 구역을 증설할 때

50. 소방기본법령상 소방대장의 권한이 아닌 것은?

① 화재 현장에 대통령령으로 정하는 사람 외에는 그 구역에 출입하는 것을 제한할 수 있다.
② 화재 진압 등 소방활동을 위하여 필요할 때에는 소방용수 외에 댐·저수지 등의 물을 사용할 수 있다.
③ 국민의 안전의식을 높이기 위하여 소방박물관 및 소방체험관을 설립하여 운영할 수 있다.
④ 불이 번지는 것을 막기 위하여 필요할 때에는 불이 번질 우려가 있는 소방대상물 및 토지를 일시적으로 사용할 수 있다.

51. 소방시설 설치 및 관리에 관한 법령상 스프링클러설비를 설치하여야 하는 특정소방대상물의 기준으로 틀린 것은? (단, 위험물 저장 및 처리 시설 중 가스시설 또는 지하구는 제외한다.)

① 복합건축물로서 연면적 3500㎡ 이상인 경우에는 모든 층
② 창고시설(물류터미널은 제외)로서 바닥면적 합계가 5000㎡ 이상인 경우에는 모든 층
③ 숙박이 가능한 수련시설 용도로 사용되는 시설의 바닥면적의 합계가 600㎡ 이상인 것은 모든 층
④ 판매시설, 운수시설 및 창고시설(물류터미널에 한정)로서 바닥면적의 합계가 5000㎡ 이상이거나 수용인원이 500명 이상인 경우에는 모든 층

52. 소방시설 설치 및 관리에 관한 법령상 단독경보형 감지기를 설치하여야 하는 특정소방대상물의 기준으로 틀린 것은?

① 연면적 400㎡ 미만의 유치원
② 공동주택 중 연립주택 및 다세대주택
③ 수련시설 내에 있는 기숙사 또는 합숙소로서 연면적 1천㎡ 미만인 것
④ 교육연구시설 내에 있는 기숙사 또는 합숙소로서 연면적 2천㎡ 미만인 것

53. 소방시설공사업법령상 소방시설공사의 하자보수 보증기간이 3년이 아닌 것은?

① 자동소화장치   ② 무선통신보조설비
③ 자동화재탐지설비   ④ 간이스프링클러설비

54. 위험물안전관리법령상 제조소의 기준에 따라 건축물의 외벽 또는 이에 상당하는 공작물의 외측으로부터 제조소의 외벽 또는 이에 상당하는 공작물의 외측까지의 안전거리 기준으로 틀린 것은? (단, 제6류 위험물을 취급하는 제조소를 제외하고, 건축물에 불연재료로 된 방화상 유효한 담 또는 벽을 설치하지 않은 경우이다.)

① 의료법에 의한 종합병원에 있어서는 30m 이상
② 도시가스사업법에 의한 가스공급시설에 있어서는 20m 이상
③ 사용전압 35,000V를 초과하는 특고압가공전선에 있어서는 5m 이상
④ 문화재보호법에 의한 유형문화재에 기념물 중 지정문화재에 있어서는 30m 이상

55. 소방기본법령상 화재가 발생하였을 때 화재의 원인 및 피해 등에 대한 조사를 하여야 하는 자는?

① 시·도지사 또는 소방본부장
② 소방청장·소방본부장 또는 소방서장
③ 시·도지사·소방서장 또는 소방파출소장
④ 행정안전부장관·소방본부장 또는 소방파출소장

56. 소방기본법령상 화재피해조사 중 재산피해조사의 조사범위에 해당하지 않는 것은?

① 소화활동 중 사용된 물로 인한 피해
② 열에 의한 탄화, 용융, 파손 등의 피해
③ 소방활동 중 발생한 사망자 및 부상자
④ 연기, 물품반출, 화재로 인한 폭발 등에 의한 피해

57. 위험물안전관리법령상 위험물시설의 설치 및 변경 등에 관한 기준 중 다음 (　) 안에 들어갈 내용으로 옳은 것은?

제조소등의 위치·구조 또는 설비의 변경없이 당해 제조소등에서 저장하거나 취급하는 위험물의 품명·수량 또는 지정수량의 배수를 변경하고자 하는 자는 변경하고자 하는 날의 (㉠)일 전까지 (㉡)이 정하는 바에 따라 (㉢)에게 신고하여야 한다.

① ㉠ : 1, ㉡ : 대통령령, ㉢ : 소방본부장
② ㉠ : 1, ㉡ : 행정안전부령, ㉢ : 시·도지사
③ ㉠ : 14, ㉡ : 대통령령, ㉢ : 소방서장
④ ㉠ : 14, ㉡ : 행정안전부령, ㉢ : 시·도지사

58. 소방시설 설치 및 관리에 관한 법령상 수용인원 산정방법 중 침대가 없는 숙박시설로서 해당 특정소방대상물의 종사자의 수는 5명, 복도, 계단 및 화장실의 바닥면적을 제외한 바닥면적이 158㎡인 경우의 수용인원은 약 몇 명인가?

① 37   ② 45   ③ 58   ④ 84

59. 화재의 예방 및 안전관리에 관한 법령상 1급 소방안전관리 대상물에 해당하는 건축물은?

① 지하구
② 층수가 15층인 공공업무시설
③ 연면적 15,000㎡ 이상인 동물원
④ 층수가 20층이고, 지상으로부터 높이가 100미터인 아파트

60. 소방시설 설치 및 관리에 관한 법상 1년 이하의 징역 또는 1천만원 이하의 벌금 기준에 해당하는 경우는?

① 소방용품의 형식승인을 받지 아니하고 소방용품을 제조하거나 수입한 자
② 형식승인을 받은 소방용품에 대하여 제품검사를 받지 아니한 자
③ 거짓이나 그 밖의 부정한 방법으로 제품검사 전문기관으로 지정을 받은 자
④ 소방용품에 대하여 형상 등의 일부를 변경한 후 형식승인의 변경승인을 받지 아니한 자

제4과목 : 소방기계시설의 구조 및 원리

61. 다음 중 스프링클러설비에서 자동경보밸브에 리타딩 챔버(Retarding Chamber)를 설치하는 목적으로 가장 적절한 것은?

① 자동으로 배수하기 위하여
② 압력수의 압력을 조절하기 위하여
③ 자동경보밸브의 오보를 방지하기 위하여
④ 경보를 발하기까지 시간을 단축하기 위하여

62. 구조대의 형식승인 및 제품검사의 기술기준상 수직강하식 구조대의 구조 기준 중 틀린 것은?

① 구조대는 연속하여 강하할 수 있는 구조이어야 한다.
② 구조대는 안전하고 쉽게 사용할 수 있는 구조이어야 한다.
③ 입구틀 및 취부틀의 입구는 지름 40㎝ 이하의 구체가 통과할 수 있는 것이어야 한다.
④ 구조대의 포지는 외부포지와 내부포지로 구성하되, 외부포지와 내부포지의 사이에 충분한 공기층을 두어야 한다.

63. 분말소화설비의 화재안전기준상 분말소화설비의 가압용가스로 질소가스를 사용하는 경우 질소가스는 소화약제 1kg마다 최소 몇 L 이상이어야 하는가? (단, 질소가스의 양은 35℃에서 1기압의 압력상태로 환산한 것이다.)

① 10 ② 20 ③ 30 ④ 40

64. 도로터널의 화재안전기준상 옥내소화전설비 설치기준 중 괄호 안에 알맞은 것은?

> 가압송수장치는 옥내소화전 2개(4차로 이상의 터널인 경우 3개)를 동시에 사용할 경우 각 옥내소화전의 노즐 선단에서의 방수압력은 (㉠) MPa 이상이고 방수량은 (㉡) L/min 이상이 되는 성능의 것으로 할 것

① ㉠ 0.1, ㉡ 130
② ㉠ 0.17, ㉡ 130
③ ㉠ 0.25, ㉡ 350
④ ㉠ 0.35, ㉡ 190

65. 물분무소화설비의 화재안전기준상 110kV 초과 154kV 이하의 고압 전기기기와 물분무헤드 사이의 이격거리는 최소 몇 cm 이상이어야 하는가?

① 110 ② 150 ③ 180 ④ 210

66. 분말소화설비의 화재안전기준상 분말소화설비의 배관으로 동관을 사용하는 경우에는 최고사용압력의 최소 몇 배 이상의 압력에 견딜 수 있는 것을 사용하여야 하는가?

① 1 ② 1.5 ③ 2 ④ 2.5

67. 소화기의 형식승인 및 제품검사의 기술기준상 A급 화재용 소화기의 능력단위 산정을 위한 소화능력시험의 내용으로 틀린 것은?

① 모형 배열 시 모형 간의 간격은 3m 이상으로 한다.
② 소화는 최초의 모형에 불을 붙인 다음 1분 후에 시작한다.
③ 소화는 무풍상태(풍속 0.5m/s 이하)와 사용 상태에서 실시한다.
④ 소화약제의 방사가 완료된 때 잔염이 없어야 하며, 방사완료 후 2분 이내에 다시 불타지 아니한 경우 그 모형은 완전히 소화된 것으로 본다.

68. 상수도소화용수설비의 화재안전기준상 소화전은 특정소방대상물의 수평투영면의 각 부분으로부터 몇 m 이하가 되도록 설치하여야 하는가?

① 70 ② 100 ③ 140 ④ 200

69. 지하구의 화재안전기준에 따른 지하구의 통합감시시설 설치기준으로 틀린 것은?

① 소방관서와 지하구의 통제실 간에 화재 등 소방활동과 관련된 정보를 상시 교환할 수 있는 정보통신망을 구축할 것
② 수신기는 방재실과 공동구의 입구 및 연소방지설비 송수구가 설치된 장소(지상)에 설치할 것
③ 정보통신망(무선통신망 포함)은 광케이블 또는 이와 유사한 성능을 가진 선로일 것
④ 수신기는 화재신호, 경보, 발화지점 등 수신기에 표시되는 정보가 기준에 적합한 방식으로 119상황실이 있는 관할 소방관서의 정보통신장치에 표시되도록 할 것

70. 포소화설비의 화재안전기준상 포헤드의 설치 기준 중 다음 괄호 안에 알맞은 것은?

> 압축공기포소화설비의 분사헤드는 천장 또는 반자에 설치하되 방호대상물에 따라 측벽에 설치할 수 있으며 유류탱크 주위에는 바닥면적 (㉠)㎡ 마다 1개 이상, 특수가연물 저장소에는 바닥면적 (㉡)㎡ 마다 1개 이상으로 당해 방호대상물의 화재를 유효하게 소화할 수 있도록 할 것

① ㉠ 8, ㉡ 9　　② ㉠ 9, ㉡ 8
③ ㉠ 9.3, ㉡ 13.9　　④ ㉠ 13.9, ㉡ 9.3

71. 제연설비의 화재안전기준상 배출구 설치 시 예상제연구역의 각 부분으로부터 하나의 배출구까지의 수평거리는 최대 몇 m 이내가 되어야 하는가?

① 5　　② 10　　③ 15　　④ 20

72. 스프링클러설비의 화재안전기준상 스프링클러헤드를 설치하는 천장·반자·천장과 반자사이·덕트·선반 등의 각 부분으로부터 하나의 스프링클러헤드까지의 수평거리 기준으로 틀린 것은? (단, 성능이 별도로 인정된 스프링클러헤드를 수리계산에 따라 설치하는 경우는 제외한다.)

① 무대부에 있어서는 1.7m 이하
② 공동주택(아파트) 세대 내의 거실에 있어서는 3.2m 이하
③ 특수가연물을 저장 또는 취급하는 장소에 있어서는 2.1m 이하
④ 특수가연물을 저장 또는 취급하는 랙크식 창고의 경우에는 1.7m 이하

73. 이산화탄소소화설비의 화재안전기준상 전역방출방식의 이산화탄소소화설비의 분사헤드 방사압력은 저압식인 경우 최소 몇 MPa 이상이어야 하는가?

① 0.5　　② 1.05　　③ 1.4　　④ 2.0

74. 완강기의 형식승인 및 제품검사의 기술기준상 완강기 및 간이완강기의 구성으로 적합한 것은?

① 속도조절기, 속도조절기의 연결부, 하부지지장치, 연결금속구, 벨트
② 속도조절기, 속도조절기의 연결부, 로우프, 연결금속구, 벨트
③ 속도조절기, 가로봉 및 세로봉, 로우프, 연결금속구, 벨트
④ 속도조절기, 가로봉 및 세로봉, 로우프, 하부지지장치, 벨트

75. 스프링클러설비의 화재안전기준상 스프링클러설비의 교차배관에서 분기되는 지점을 기점으로 한쪽 가지배관에 설치되는 헤드의 개수는 최대 몇 개 이하인가? (단, 방호구역 안에서 칸막이 등으로 구획하여 헤드를 증설하는 경우와 격자형 배관방식을 채택하는 경우는 제외한다.)

① 8　　② 10　　③ 12　　④ 15

76. 제연설비의 화재안전기준상 제연설비의 설치장소 기준 중 하나의 제연구역의 면적은 최대 몇 ㎡ 이내로 하여야 하는가?

① 700　　② 1000
③ 1300　　④ 1500

77. 옥내소화전설비의 화재안전기준상 배관의 설치기준 중 다음 괄호 안에 알맞은 것은?

> 연결송수관설비의 배관과 겸용할 경우의 주배관은 구경 (㉠)mm 이상, 방수구로 연결되는 배관의 구경은 (㉡)mm 이상의 것으로 하여야 한다.

① ㉠ 80, ㉡ 65　　② ㉠ 80, ㉡ 50
③ ㉠ 100, ㉡ 65　　④ ㉠ 125, ㉡ 80

78. 이산화탄소소화설비의 화재안전기준상 저압식 이산화탄소 소화약제 저장용기에 설치하는 안전밸브의 작동압력은 내압시험 압력의 몇 배에서 작동해야 하는가?

① 0.24 ~ 0.4
② 0.44 ~ 0.6
③ 0.64 ~ 0.8
④ 0.84 ~ 1

79. 소화기구 및 자동소화장치의 화재안전기준상 노유자시설은 당해용도의 바닥면적 얼마마다 능력단위 1단위 이상의 소화기구를 비치해야 하는가?

① 바닥면적 30㎡ 마다
② 바닥면적 50㎡ 마다
③ 바닥면적 100㎡ 마다
④ 바닥면적 200㎡ 마다

80. 포소화설비의 화재안전기준상 전역방출방식 고발포용고정포방출구의 설치기준으로 옳은 것은? (단, 해당 방호구역에서 외부로 새는 양 이상의 포수용액을 유효하게 추가하여 방출하는 설비가 있는 경우는 제외한다.)

① 개구부에 자동폐쇄장치를 설치할 것
② 바닥면적 600㎡ 마다 1개 이상으로 할 것
③ 방호대상물의 최고부분보다 낮은 위치에 설치할 것
④ 특정소방대상물 및 포의 팽창비에 따른 종별에 관계없이 해당 방호구역의 관포체적 1㎡에 대한 1분당 포수용액 방출량은 1L 이상으로 할 것

2020년 제4회 소방설비기사(기계분야)

본 지면은 CBT시험의 컴퓨터 화면과 비슷하게 구성한 화면입니다.

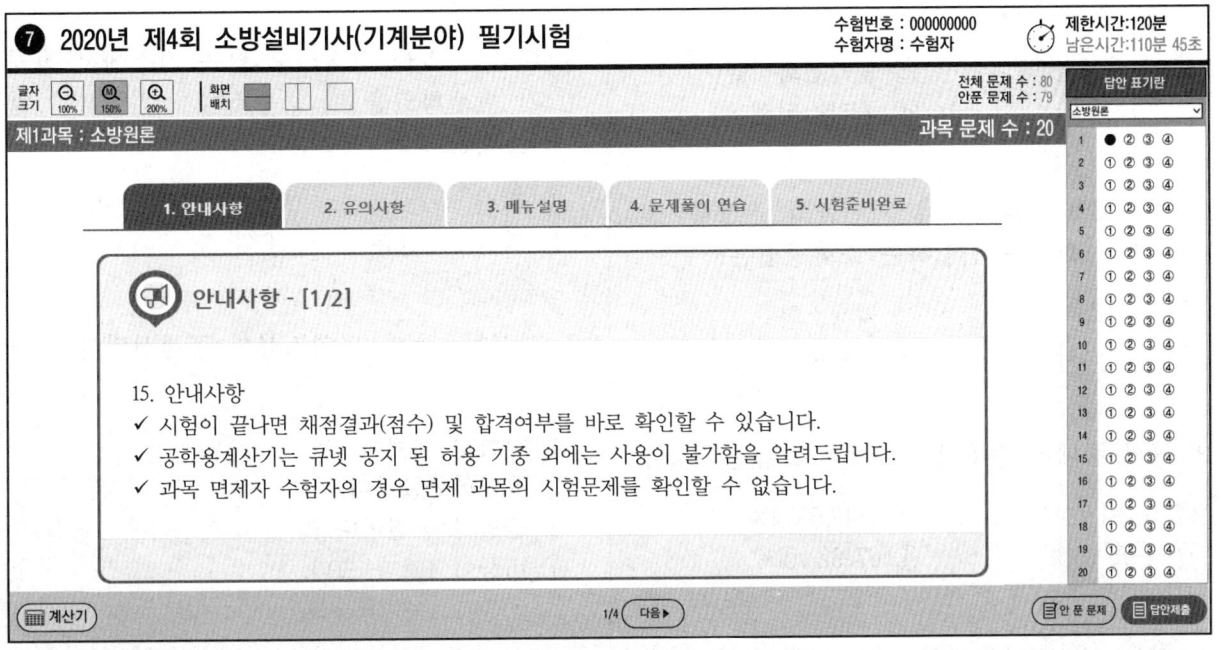

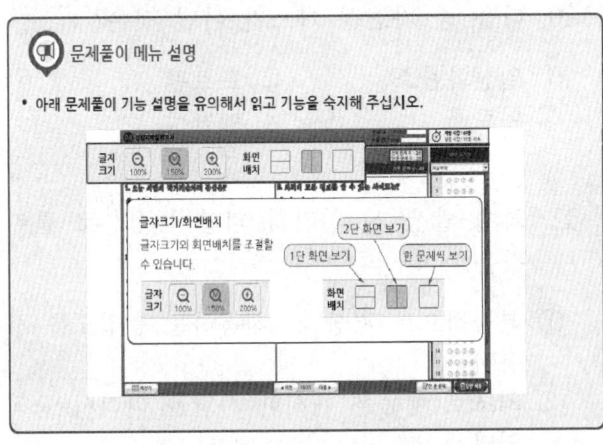

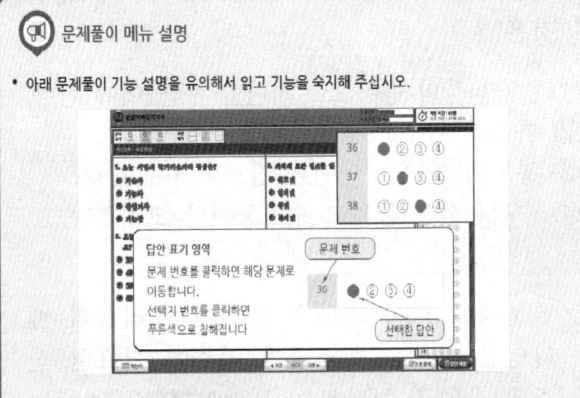

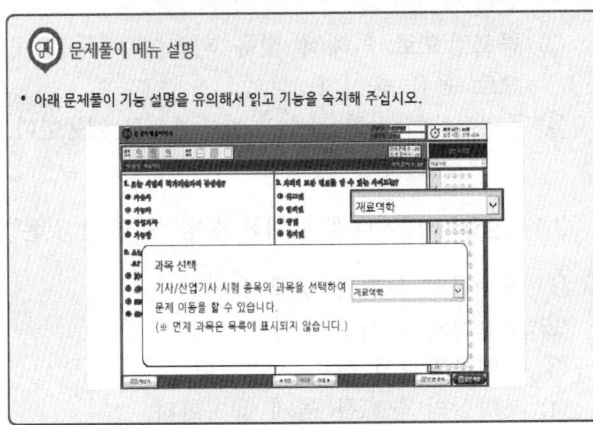

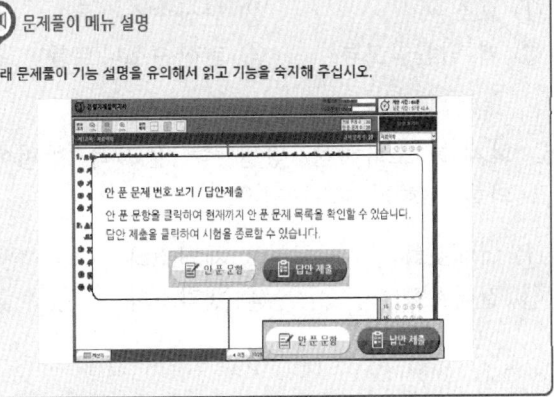

제1과목 : 소방원론

1. 일반적인 플라스틱 분류 상 열경화성 플라스틱에 해당하는 것은?

   ① 폴리에틸렌　　② 폴리염화비닐
   ③ 페놀수지　　　④ 폴리스티렌

2. 증발잠열을 이용하여 가연물의 온도를 떨어뜨려 화재를 진압하는 소화방법은?

   ① 제거소화　　　② 억제소화
   ③ 질식소화　　　④ 냉각소화

3. 공기 중에서 수소의 연소범위로 옳은 것은?

   ① 0.4~4 vol%　　② 1~12.5 vol%
   ③ 4~75 vol%　　 ④ 67~92 vol%

4. 건물 내 피난동선의 조건으로 옳지 않은 것은?

   ① 2개 이상의 방향으로 피난할 수 있어야 한다.
   ② 가급적 단순한 형태로 한다.
   ③ 통로의 말단은 안전한 장소이어야 한다.
   ④ 수직동선은 금하고 수평동선만 고려한다.

5. 열분해에 의해 가연물 표면에 유리상의 메타인산 피막을 형성하여 연소에 필요한 산소의 유입을 차단하는 분말약제는?

   ① 요소　　　　　② 탄산수소칼륨
   ③ 제1인산암모늄　④ 탄산수소나트륨

6. 화재를 소화하는 방법 중 물리적 방법에 의한 소화가 아닌 것은?

   ① 억제소화　　　② 제거소화
   ③ 질식소화　　　④ 냉각소화

7. 물과 반응하여 가연성 기체를 발생하지 않는 것은?

   ① 칼륨　　　　　② 인화아연
   ③ 산화칼슘　　　④ 탄화알루미늄

8. 다음 물질을 저장하고 있는 장소에서 화재가 발생하였을 때 주수소화가 적합하지 않은 것은?

   ① 적린　　　　　② 마그네슘 분말
   ③ 과염소산칼륨　④ 유황

9. 과산화수소와 과염소산의 공통성질이 아닌 것은?

   ① 산화성 액체이다.
   ② 유기화합물이다.
   ③ 불연성 물질이다.
   ④ 비중이 1보다 크다.

10. 다음 중 가연성 가스가 아닌 것은?

    ① 일산화탄소　　② 프로판
    ③ 아르곤　　　　④ 메탄

11. 화재 발생 시 인간의 피난 특성으로 틀린 것은?

    ① 본능적으로 평상 시 사용하는 출입구를 사용한다.
    ② 최초로 행동을 개시한 사람을 따라서 움직인다.
    ③ 공포감으로 인해서 빛을 피하여 어두운 곳으로 몸을 숨긴다.
    ④ 무의식중에 발화 장소의 반대쪽으로 이동한다.

12. 자연발화 방지대책에 대한 설명 중 틀린 것은?

    ① 저장실의 온도를 낮게 유지한다.
    ② 저장실의 환기를 원활히 시킨다.
    ③ 촉매물질과의 접촉을 피한다.
    ④ 저장실의 습도를 높게 유지한다.

13. 실내화재에서 화재의 최성기에 돌입하기 전에 다량의 가연성 가스가 동시에 연소되면서 급격한 온도상승을 유발하는 현상은?

① 패닉(Panic) 현상
② 스택(Stack) 현상
③ 화이어 볼(Fire Ball) 현상
④ 플래쉬 오버(Flash Over) 현상

14. 다음 원소 중 할로겐족 원소인 것은?

① Ne   ② Ar   ③ Cl   ④ Xe

15. 피난 시 하나의 수단이 고장 등으로 사용이 불가능하더라도 다른 수단 및 방법을 통해서 피난 할 수 있도록 하는 것으로 2방향 이상의 피난통로를 확보하는 피난대책의 일반 원칙은?

① Risk-down 원칙   ② Feed-back 원칙
③ Fool-proof 원칙   ④ Fail-safe 원칙

16. 목재건축물의 화재 진행과정을 순서대로 나열한 것은?

① 무염착화 – 발염착화 – 발화 – 최성기
② 무염착화 – 최성기 – 발염착화 – 발화
③ 발염착화 – 발화 – 최성기 – 무염착화
④ 발염착화 – 최성기 – 무염착화 – 발화

17. 탄산수소나트륨이 주성분인 분말 소화약제는?

① 제1종 분말   ② 제2종 분말
③ 제3종 분말   ④ 제4종 분말

18. 공기 중의 산소의 농도는 약 몇 vol%인가?

① 10   ② 13   ③ 17   ④ 21

19. 공기와 할론 1301의 혼합기체에서 할론 1301에 비해 공기의 확산속도는 약 몇 배 인가? (단, 공기의 평균분자량은 29, 할론 1301의 분자량은 149이다.)

① 2.27배   ② 3.85배   ③ 5.17배   ④ 6.46배

20. 불연성 기체나 고체 등으로 연소물을 감싸 산소공급을 차단하는 소화방법은?

① 질식소화   ② 냉각소화
③ 연쇄반응차단소화   ④ 제거소화

제2과목 : 소방유체역학

21. 그림과 같이 수조의 밑부분에 구멍을 뚫고 물을 유량 Q로 방출시키고 있다. 손실을 무시할 때 수위가 처음 높이의 1/2로 되었을 때 방출되는 유량은 어떻게 되는가?

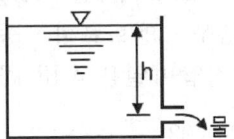

① $\dfrac{1}{\sqrt{2}}Q$ ② $\dfrac{1}{2}Q$ ③ $\dfrac{1}{\sqrt{3}}Q$ ④ $\dfrac{1}{3}Q$

22. 다음 중 등엔트로피 과정은 어느 과정인가?

① 가역 단열과정   ② 가역 등온과정
③ 비가역 단열과정   ④ 비가역 등온과정

23. 비중이 0.95인 액체가 흐르는 곳에 그림과 같이 피토 튜브를 직각으로 설치하였을 때 h가 150mm, H가 30mm로 나타났다면 점 1위치에서의 유속(m/s)은?

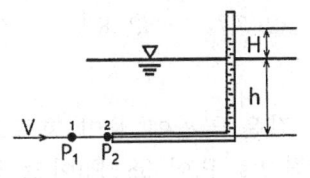

① 0.8   ② 1.6   ③ 3.2   ④ 4.2

24. 어떤 밀폐계가 압력 200kPa, 체적 0.1㎥인 상태에서 100kPa, 0.3㎥인 상태까지 가역적으로 팽창하였다. 이 과정이 P-V 선도에서 직선으로 표시된다면 이 과정 동안에 계가 한 일(kJ)은?

   ① 20   ② 30   ③ 45   ④ 60

25. 유체에 관한 설명으로 틀린 것은?

   ① 실제유체는 유동할 때 마찰로 인한 손실이 생긴다.
   ② 이상유체는 높은 압력에서 밀도가 변화하는 유체이다.
   ③ 유체에 압력을 가하면 체적이 줄어드는 유체는 압축성 유체이다.
   ④ 전단력을 받았을 때 저항하지 못하고 연속적으로 변형하는 물질을 유체라 한다.

26. 대기압에서 10℃의 물 10kg을 70℃까지 가열할 경우 엔트로피 증가량(kJ/K)은? (단, 물의 정압비열은 4.18 kJ/kg·K이다.)

   ① 0.43   ② 8.03   ③ 81.3   ④ 2508.1

27. 물속에 수직으로 완전히 잠긴 원판의 도심과 압력중심 사이의 최대거리는 얼마인가? (단, 원판의 반지름은 R이며, 이 원판의 면적 관성모멘트는 $I_{xc} = \pi R^4/4$이다.)

   ① R/8   ② R/4   ③ R/2   ④ 2R/3

28. 점성계수가 0.101 N·s/㎡, 비중이 0.85인 기름이 내경 300mm, 길이 3km의 주철관 내부를 0.0444 ㎥/s의 유량으로 흐를 때 손실수두(m)는?

   ① 7.1   ② 7.7   ③ 8.1   ④ 8.9

29. 그림과 같은 곡관에 물이 흐르고 있을 때 계기압력으로 P_1이 98 kPa이고, P_2가 29.42 kPa이면 이 곡관을 고정 시키는데 필요한 힘(N)은? (단, 높이차 및 모든 손실은 무시한다.)

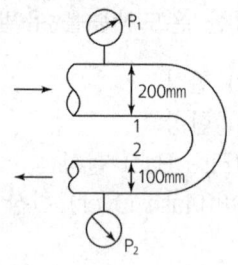

   ① 4141   ② 4314   ③ 4565   ④ 4744

30. 물의 체적을 5% 감소시키려면 얼마의 압력(kPa)을 가하여야 하는가? (단, 물의 압축률은 5×10^{-10} ㎡/N이다.)

   ① 1   ② 10^2 ③ 10^4 ④ 10^5

31. 옥내소화전에서 노즐의 직경이 2cm이고, 방수량이 0.5㎥/min이라면 방수압(계기압력, kPa)은?

   ① 35.18   ② 351.8   ③ 566.4   ④ 56.64

32. 공기 중에서 무게가 941N인 돌이 물속에서 500N이라면 이 돌의 체적(㎥)은? (단, 공기의 부력은 무시한다.)

   ① 0.012   ② 0.028   ③ 0.034   ④ 0.045

33. 그림과 같이 비중이 0.8인 기름이 흐르고 있는 관에 U자관이 설치되어 있다. A점에서의 계기압력이 200kPa일 때 높이 h(m)는 얼마인가? (단, U자관 내의 유체의 비중은 13.6이다.)

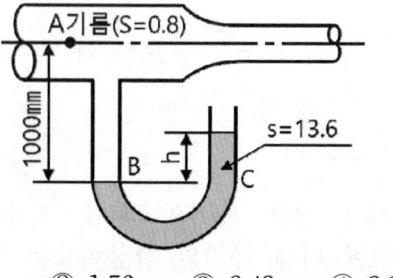

   ① 1.42   ② 1.56   ③ 2.43   ④ 3.20

34. 열전달 면적이 A이고, 온도 차이가 10℃, 벽의 열전도율이 10 W/m·K, 두께 25cm인 벽을 통한 열류량은 100 W이다. 동일한 열전달 면적에서 온도 차이가 2배, 벽의 열전도율이 4배가 되고 벽의 두께가 2배가 되는 경우 열류량(W)은 얼마인가?

① 50 ② 200 ③ 400 ④ 800

35. 지름 40cm인 소방용 배관에 물이 80kg/s로 흐르고 있다면 물의 유속(m/s)은?

① 6.4 ② 0.64 ③ 12.7 ④ 1.27

36. 지름이 400mm인 베어링이 400rpm으로 회전하고 있을 때 마찰에 의한 손실 동력(kW)은? (단, 베어링과 축 사이에는 점성계수가 $0.049\,N\cdot s/m^2$인 기름이 차 있다.)

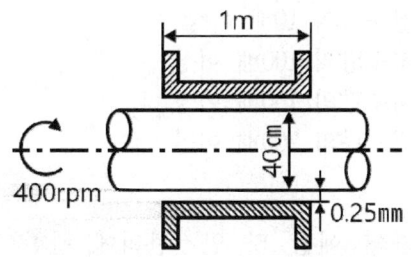

① 15.1 ② 15.6 ③ 16.3 ④ 17.3

37. 12층 건물의 지하 1층에 제연설비용 배연기를 설치하였다. 이 배연기의 풍량은 500㎥/min이고, 풍압이 290Pa일 때 배연기의 동력(kW)은? (단, 배연기의 효율은 60%이다.)

① 3.55 ② 4.03 ③ 5.55 ④ 6.11

38. 다음 중 배관의 출구측 형상에 따라 손실계수가 가장 큰 것은?

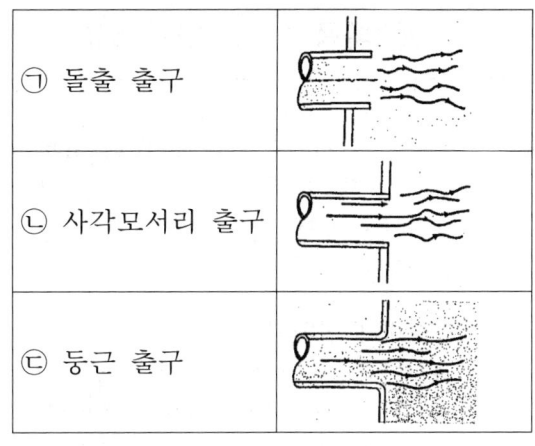

| ㉠ 돌출 출구 |
| ㉡ 사각모서리 출구 |
| ㉢ 둥근 출구 |

① ㉠ ② ㉡
③ ㉢ ④ 모두 같다.

39. 원관 내에 유체가 흐를 때 유동의 특성을 결정하는 가장 중요한 요소는?

① 관성력과 점성력 ② 압력과 관성력
③ 중력과 압력 ④ 압력과 점성력

40. 토출량이 1800L/min, 회전차의 회전수가 1000rpm인 소화펌프의 회전수를 1400rpm으로 증가시키면 토출량은 처음보다 얼마나 더 증가되는가?

① 10% ② 20% ③ 30% ④ 40%

제3과목 : 소방관계법규

41. 소방시설 설치 및 관리에 관한 법령상 소방시설 등의 자체점검 중 종합점검을 받아야 하는 특정소방대상물 대상 기준으로 틀린 것은?

① 제연설비가 설치된 터널
② 스프링클러설비가 설치된 특정소방대상물
③ 공공기관 중 연면적이 1000㎡ 이상인 것으로서 옥내소화전설비 또는 자동화재탐지설비가 설치된 것(단, 소방대가 근무하는 공공기관은 제외한다.)
④ 호스릴 방식의 물분무등소화설비만이 설치된 연면적 5000㎡ 이상인 특정소방대상물

42. 위험물안전관리법령상 제조소등이 아닌 장소에서 지정수량 이상의 위험물을 취급할 수 있는 경우에 대한 기준으로 맞는 것은? (단, 시·도의 조례가 정하는 바에 따른다.)

① 관할 소방서장의 승인을 받아 지정수량 이상의 위험물을 60일 이내의 기간 동안 임시로 저장 또는 취급하는 경우
② 관할 소방대장의 승인을 받아 지정수량 이상의 위험물을 60일 이내의 기간 동안 임시로 저장 또는 취급하는 경우
③ 관할 소방서장의 승인을 받아 지정수량 이상의 위험물을 90일 이내의 기간 동안 임시로 저장 또는 취급하는 경우
④ 관할 소방대장의 승인을 받아 지정수량 이상의 위험물을 90일 이내의 기간 동안 임시로 저장 또는 취급하는 경우

43. 화재의 예방 및 안전관리에 관한 법령상 화재예방강화지구의 지정권자는?

① 소방서장
② 시·도지사
③ 소방본부장
④ 행정안전부장관

44. 위험물안전관리법령상 위험물 중 제1석유류에 속하는 것은?

① 경유
② 등유
③ 중유
④ 아세톤

45. 소방시설 설치 및 관리에 관한 법령상 수용인원 산정방법 중 다음과 같은 시설의 수용인원은 몇 명인가?

숙박시설이 있는 특정소방대상물로서 종사자수는 5명, 숙박시설은 모두 2인용 침대이며 침대수량은 50개이다.

① 55 ② 75 ③ 85 ④ 105

46. 위험물안전관리법령상 관계인이 예방규정을 정하여야 하는 위험물을 취급하는 제조소의 지정수량 기준으로 옳은 것은?

① 지정수량의 10배 이상
② 지정수량의 100배 이상
③ 지정수량의 150배 이상
④ 지정수량의 200배 이상

47. 화재의 예방 및 안전관리에 관한 법령상 관리의 권원이 분리되어 있는 특정소방대상물의 관계인은 소유권, 관리권 및 점유권에 따라 각각 소방안전관리자를 선임해야 한다. 이 때 법에서 규정하고 있는 관리의 권원이 분리된 특정소방대상물이 아닌 것은?

① 판매시설 중 도매시장, 소매시장 및 전통시장
② 복합건축물로서 지하층을 포함한 층수가 11층 이상인 건축물
③ 지하가(지하의 인공구조물 안에 설치된 상점 및 사무실, 그 밖에 이와 비슷한 시설이 연속하여 지하도에 접하여 설치된 것과 그 지하도를 합한 것)
④ 복합건축물로서 연면적 3만제곱미터 이상인 건축물

48. 소방기본법령상 소방안전교육사의 배치대상별 배치기준으로 틀린 것은?

① 소방청 : 2명 이상 배치
② 소방서 : 1명 이상 배치
③ 소방본부 : 2명 이상 배치
④ 한국소방안전원(본회) : 1명 이상 배치

49. 소방시설공사업법령상 정의된 업종 중 소방시설업의 종류에 해당되지 않는 것은?

① 소방시설설계업
② 소방시설공사업
③ 소방시설정비업
④ 소방공사감리업

50. 소방기본법상 소방대장의 권한이 아닌 것은?

① 소방활동을 할 때에 긴급한 경우에는 이웃한 소방본부장 또는 소방서장에게 소방업무의 응원을 요청할 수 있다.
② 화재, 재난·재해, 그 밖의 위급한 상황이 발생한 현장에서 소방활동을 위하여 필요할 때에는 그 관할구역에 사는 사람 또는 그 현장에 있는 사람으로 하여금 사람을 구출하는 일 또는 불을 끄거나 불이 번지지 아니하도록 하는 일을 하게 할 수 있다.
③ 사람을 구출하거나 불이 번지는 것을 막기 위하여 필요할 때에는 화재가 발생하거나 불이 번질 우려가 있는 소방대상물 및 토지를 일시적으로 사용하거나 그 사용의 제한 또는 소방활동에 필요한 처분을 할 수 있다.
④ 소방활동을 위하여 긴급하게 출동할 때에는 소방자동차의 통행과 소방활동에 방해가 되는 주차 또는 정차된 차량 및 물건 등을 제거하거나 이동시킬 수 있다.

51. 소방시설공사업법상 도급을 받은 자가 제3자에게 소방시설공사의 시공을 하도급한 경우에 대한 벌칙 기준으로 옳은 것은? (단, 대통령령으로 정하는 경우는 제외한다.)

① 100만원 이하의 벌금
② 300만원 이하의 벌금
③ 1년 이하의 징역 또는 1000만원 이하의 벌금
④ 3년 이하의 징역 또는 1500만원 이하의 벌금

52. 소방시설 설치 및 관리에 관한 법령상 주택의 소유자가 주택용소방시설을 설치하여야 하는 대상이 아닌 것은?

① 아파트
② 연립주택
③ 다세대주택
④ 단독주택

53. 화재의 예방 및 안전관리에 관한 법령상 화재예방강화지구의 지정대상이 아닌 것은? (단, 소방청장·소방본부장 또는 소방서장이 화재예방강화지구로 지정할 필요가 있다고 인정하는 지역은 제외한다.)

① 시장지역
② 농촌지역
③ 목조건물이 밀집한 지역
④ 공장·창고가 밀집한 지역

54. 위험물안전관리법령상 제4류 위험물별 지정수량 기준의 연결이 틀린 것은?

① 특수인화물 - 50리터
② 알코올류 - 400리터
③ 동식물유류 - 1000리터
④ 제4석유류 - 6000리터

55. 소방시설 설치 및 관리에 관한 법령상 소방시설등에 대하여 스스로 점검을 하지 아니하거나 관리업자등으로 하여금 정기적으로 점검하게 하지 아니한 자에 대한 벌칙 기준으로 옳은 것은?

① 6개월 이하의 징역 또는 1000만원 이하의 벌금
② 1년 이하의 징역 또는 1000만원 이하의 벌금
③ 3년 이하의 징역 또는 1500만원 이하의 벌금
④ 3년 이하의 징역 또는 3000만원 이하의 벌금

56. 화재의 예방 및 안전관리에 관한 법령상 특수가연물의 저장 및 취급 기준을 위반한 경우 과태료 부과기준은?

① 50만원 이하
② 100만원 이하
③ 200만원 이하
④ 300만원 이하

57. 화재의 예방 및 안전관리에 관한 법령상 특수가연물의 품명과 지정수량 기준의 연결이 틀린 것은?

① 사류 - 1000kg 이상
② 볏짚류 - 300kg 이상
③ 석탄・목탄류 - 10,000kg 이상
④ 합성수지류 중 발포시킨 것 - 20㎥ 이상

58. 소방시설 설치 및 관리에 관한 법령상 특정소방대상물로서 숙박시설에 해당되지 않는 것은?

① 오피스텔
② 일반형 숙박시설
③ 생활형 숙박시설
④ 근린생활시설에 해당하지 않는 고시원

59. 소방시설 설치 및 관리에 관한 법령상 정당한 사유 없이 피난시설, 방화구획 및 방화시설의 관리를 위하여 필요한 조치 명령을 위반한 경우 이에 대한 벌칙 기준으로 옳은 것은?

① 200만원 이하의 벌금
② 300만원 이하의 벌금
③ 1년 이하의 징역 또는 1000만원 이하의 벌금
④ 3년 이하의 징역 또는 3000만원 이하의 벌금

60. 소방시설 설치 및 관리에 관한 법령상 소방시설이 아닌 것은?

① 소화설비
② 경보설비
③ 방화설비
④ 소화활동설비

제4과목 : 소방기계시설의 구조 및 원리

61. 상수도소화용수설비의 화재안전기준에 따라 호칭지름 75㎜ 이상의 수도배관에 호칭지름 100㎜ 이상의 소화전을 접속한 경우 상수도소화용수설비 소화전의 설치기준으로 맞는 것은?

① 특정소방대상물의 수평투영면의 각 부분으로부터 80m 이하가 되도록 설치할 것
② 특정소방대상물의 수평투영면의 각 부분으로부터 100m 이하가 되도록 설치할 것
③ 특정소방대상물의 수평투영면의 각 부분으로부터 120m 이하가 되도록 설치할 것
④ 특정소방대상물의 수평투영면의 각 부분으로부터 140m 이하가 되도록 설치할 것

62. 분말소화설비의 화재안전기준에 따른 분말소화설비의 배관과 선택밸브의 설치 기준에 대한 내용으로 틀린 것은?

① 배관은 겸용으로 설치할 것
② 선택밸브는 방호구역 또는 방호대상물마다 설치할 것
③ 동관은 고정압력 또는 최고사용압력의 1.5배 이상의 압력에 견딜 수 있는 것을 사용할 것
④ 강관은 아연도금에 따른 배관용탄소강관이나 이와 동등 이상의 강도・내식성 및 내열성을 가진 것을 사용할 것

63. 피난기구의 화재안전기준에 따라 의료시설・노유자시설 및 숙박시설로 사용되는 층에 있어서는 그 층의 바닥면적이 몇 ㎡ 마다 피난기구를 1개 이상 설치해야하는가?

① 300　② 500　③ 800　④ 1000

64. 다음 설명은 미분무소화설비의 화재안전기준에 따른 미분무소화설비 기동장치의 화재감지기 회로에서 발신기 설치기준이

다. ( ) 안에 알맞은 내용은? (단, 자동화재탐지설비의 발신기가 설치된 경우는 제외한다.)

- 조작이 쉬운 장소에 설치하고, 스위치는 바닥으로부터 0.8m 이상 (㉠)m 이하의 높이에 설치할 것
- 소방대상물의 층마다 설치하되, 당해 소방대상물의 각 부분으로부터 하나의 발신기까지의 수평거리가 (㉡)m 이하가 되도록 할 것
- 발신기의 위치를 표시하는 표시등은 함의 상부에 설치하되, 그 불빛은 부착면으로부터 15° 이상의 범위 안에서 부착지점으로부터 (㉢)m 이내의 어느 곳에서도 쉽게 식별할 수 있는 적색등으로 할 것

① ㉠ 1.5, ㉡ 20, ㉢ 10
② ㉠ 1.5, ㉡ 25, ㉢ 10
③ ㉠ 2.0, ㉡ 20, ㉢ 15
④ ㉠ 2.0, ㉡ 25, ㉢ 15

65. 소화기구 및 자동소화장치의 화재안전기준에 따른 캐비닛형자동소화장치 분사헤드의 설치 높이 기준은 방호구역의 바닥으로부터 얼마이어야 하는가?

① 최소 0.1m 이상 최대 2.7m 이하
② 최소 0.1m 이상 최대 3.7m 이하
③ 최소 0.2m 이상 최대 2.7m 이하
④ 최소 0.2m 이상 최대 3.7m 이하

66. 할로겐화합물 및 불활성기체소화설비의 화재안전기준에 따른 할로겐화합물 및 불활성기체소화설비의 수동식 기동장치의 설치기준에 대한 설명으로 틀린 것은?

① 5kg 이상의 힘을 가하여 기동할 수 있는 구조로 할 것
② 전기를 사용하는 기동장치에는 전원표시등을 설치할 것
③ 기동장치의 방출용스위치는 음향경보장치와 연동하여 조작될 수 있는 것으로 할 것
④ 해당 방호구역의 출입구부근 등 조작을 하는 자가 쉽게 피난할 수 있는 장소에 설치할 것

67. 지하구의 화재안전기준에 따른 연소방지설비에서, 환기구·작업구마다 지하구의 양쪽방향으로 살수헤드를 설정하되, 한쪽 방향의 살수구역의 길이는 몇 m 이상으로 하여야 하는가?

① 2   ② 2.5   ③ 3   ④ 3.5

68. 구조대의 형식승인 및 제품검사의 기술기준에 따른 경사강하식 구조대의 구조에 대한 설명으로 틀린 것은?

① 구조대 본체는 강하방향으로 봉합부가 설치되어야 한다.
② 연속하여 활강할 수 있는 구조로 안전하고 쉽게 사용할 수 있어야 한다.
③ 땅에 닿을 때 충격을 받는 부분에는 완충장치로서 받침포 등을 부착하여야 한다.
④ 입구틀 및 취부틀의 입구는 지름 50㎝ 이상의 구체가 통과할 수 있어야 한다.

69. 스프링클러설비의 화재안전기준에 따른 습식유수검지장치를 사용하는 스프링클러설비 시험장치의 설치기준에 대한 설명으로 틀린 것은?

① 유수검지장치에서 가장 먼 거리에 위치한 가지배관의 끝으로부터 연결하여 설치해야 한다.
② 시험배관의 끝에는 물받이 통 및 배수관을 설치하여 시험 중 방사된 물이 바닥에 흘러내리지 아니하도록 해야 한다.
③ 목욕실·화장실 또는 그 밖의 곳으로서 배수처리가 쉬운 장소에 시험배관을 설치한 경우에는 물받이 통 및 배수관을 생략할 수 있다.

④ 시험장치 배관의 구경은 25mm 이상으로 하고, 그 끝에 개폐밸브 및 개방형헤드 또는 스프링클러헤드와 동등한 방수성능을 가진 오리피스를 설치해야 한다.

70. 화재조기진압용 스프링클러설비의 화재안전기준에 따라 가지배관을 배열할 때 천장의 높이가 9.1m 이상 13.7m 이하인 경우 가지배관 사이의 거리 기준으로 맞는 것은?

① 2.4m 이상 3.1m 이하
② 2.4m 이상 3.7m 이하
③ 6.0m 이상 8.5m 이하
④ 6.0m 이상 9.3m 이하

71. 옥내소화전설비의 화재안전기준에 따라 옥내소화전 방수구를 반드시 설치하여야 하는 곳은?

① 식물원
② 수족관
③ 수영장의 관람석
④ 냉장창고 중 온도가 영하인 냉장실

72. 스프링클러설비의 화재안전기준에 따른 특정소방대상물의 방호구역 층마다 설치하는 폐쇄형 스프링클러설비 유수검지장치의 설치 높이 기준은?

① 바닥으로부터 0.8m 이상 1.2m 이하
② 바닥으로부터 0.8m 이상 1.5m 이하
③ 바닥으로부터 1.0m 이상 1.2m 이하
④ 바닥으로부터 1.0m 이상 1.5m 이하

73. 포소화설비의 화재안전기준에 따른 용어의 정의 중 다음 (   ) 안에 알맞은 내용은?

(   ) 푸로포셔너방식이란 펌프와 발포기의 중간에 설치된 벤추리관의 벤추리 작용과 펌프 가압수의 포 소화약제 저장탱크에 대한 압력에 따라 포 소화약제를 흡입·혼합하는 방식을 말한다.

① 라인   ② 펌프
③ 프레져   ④ 프레져사이드

74. 소화기구 및 자동소화장치의 화재안전기준에 따른 수동으로 조작하는 대형소화기 B급의 능력단위 기준은?

① 10단위 이상
② 15단위 이상
③ 20단위 이상
④ 25단위 이상

75. 포소화설비의 화재안전기준에 따른 포소화설비의 포헤드 설치기준에 대한 설명으로 틀린 것은?

① 항공기격납고에 단백포 소화약제가 사용되는 경우 1분당 방사량은 바닥면적 1㎡당 6.5ℓ 이상 방사되도록 할 것
② 특수가연물을 저장·취급하는 소방대상물에 단백포 소화약제가 사용되는 경우 1분당 방사량은 바닥면적 1㎡ 당 6.5ℓ 이상 방사되도록 할 것
③ 특수가연물을 저장·취급하는 소방대상물에 합성계면활성제포 소화약제가 사용되는 경우 1분당 방사량은 바닥면적 1㎡ 당 8.0ℓ 이상 방사되도록 할 것
④ 포헤드는 특정소방대상물의 천장 또는 반자에 설치하되, 바닥면적 9㎡마다 1개 이상으로 하여 해당 방호대상물의 화재를 유효하게 소화할 수 있도록 할 것

76. 소화기구 및 자동소화장치의 화재안전기준에 따라 대형소화기를 설치할 때 특정소방대상물의 각 부분으로부터 1개의 소화기까지의 보행거리가 최대 몇 m 이내가 되도록 배치하여야 하는가?

① 20 ② 25 ③ 30 ④ 40

77. 소화수조 및 저수조의 화재안전기준에 따라 소화수조의 채수구는 소방차가 최대 몇 m 이내의 지점까지 접근할 수 있도록 설치하여야 하는가?

① 1 ② 2 ③ 4 ④ 5

78. 미분무소화설비의 화재안전기준에 따른 용어 정의 중 다음 ( ) 안에 알맞은 것은?

> "미분무"란 물만을 사용하여 소화하는 방식으로 최소설계압력에서 헤드로부터 방출되는 물입자 중 99%의 누적체적분포가 (㉠)μm 이하로 분무되고 (㉡)급 화재에 적응성을 갖는 것을 말한다.

① ㉠ 400, ㉡ A, B, C
② ㉠ 400, ㉡ B, C
③ ㉠ 200, ㉡ A, B, C
④ ㉠ 200, ㉡ B, C

79. 분말소화설비의 화재안전기준에 따라 분말소화약제 저장용기의 설치기준으로 맞는 것은?

① 저장용기의 충전비는 0.5 이상으로 할 것
② 제1종 분말(탄산수소나트륨을 주성분으로 한 분말)의 경우 소화약제 1kg당 저장용기의 내용적은 1.25L 일 것
③ 저장용기에는 저장용기의 내부압력이 설정압력으로 되었을 때 주밸브를 개방하는 정압작동장치를 설치할 것
④ 저장용기에는 가압식은 최고사용압력의 2배 이하, 축압식은 용기의 내압시험압력의 1배 이하의 압력에서 작동하는 안전밸브를 설치할 것

80. 할론소화설비의 화재안전기준에 따른 할론 1301 소화약제의 저장용기에 대한 설명으로 틀린 것은?

① 저장용기의 충전비는 0.9 이상 1.6 이하로 할 것
② 동일 집합관에 접속되는 용기의 충전비는 같도록 할 것
③ 저장용기의 개방밸브는 안전장치가 부착된 것으로 하며 수동으로 개방되지 않도록 할 것
④ 축압식 용기의 경우에는 20℃에서 2.5MPa 또는 4.2MPa의 압력이 되도록 질소가스로 축압할 것

2021년 제1회 소방설비기사(기계분야)

본 지면은 CBT시험의 컴퓨터 화면과 비슷하게 구성한 화면입니다.

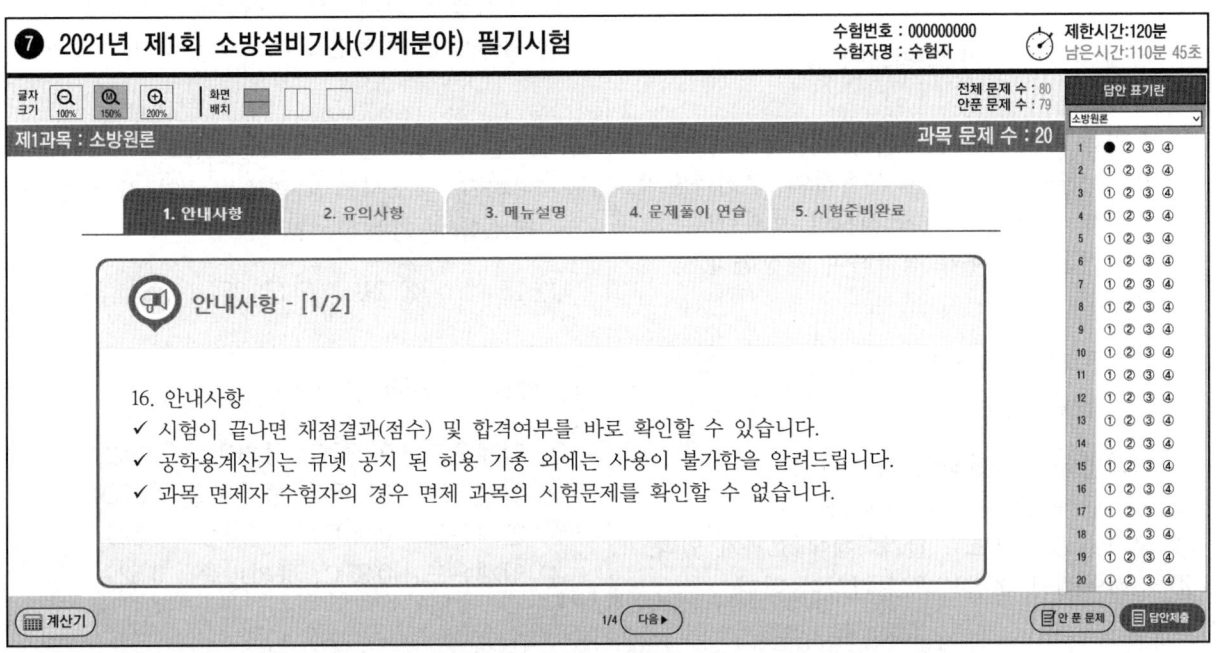
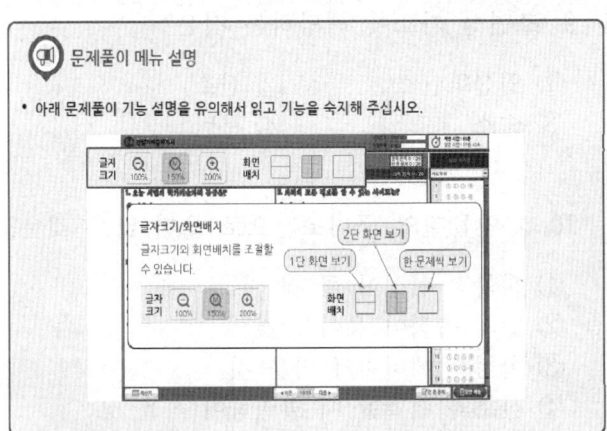
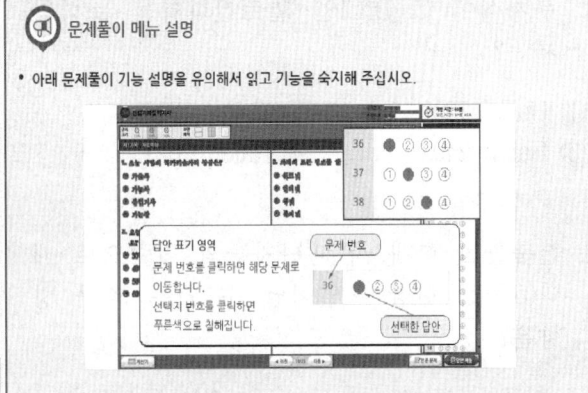
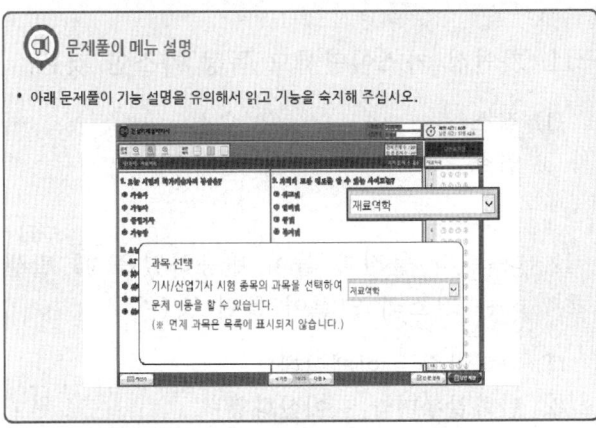
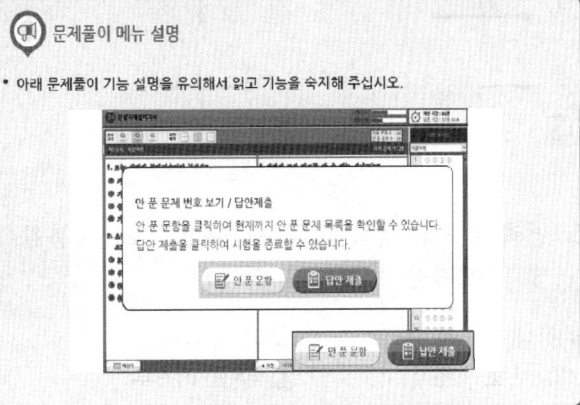

제1과목 : 소방원론

1. 위험물별 저장방법에 대한 설명 중 틀린 것은?

   ① 유황은 정전기가 축적되지 않도록 하여 저장한다.
   ② 적린은 화기로부터 격리하여 저장한다.
   ③ 마그네슘은 건조하면 부유하여 분진폭발의 위험이 있으므로 물에 적시어 보관한다.
   ④ 황화린은 산화제와 격리하여 저장한다.

2. 할로겐화합물 소화약제에 관한 설명으로 옳지 않은 것은?

   ① 연쇄반응을 차단하여 소화한다.
   ② 할로겐족 원소가 사용된다.
   ③ 전기에 도체이므로 전기화재에 효과가 있다.
   ④ 소화약제의 변질분해 위험성이 낮다.

3. 분자식이 CF_2BrCl인 할로겐화합물 소화약제는?

   ① Halon 1301 ② Halon 1211
   ③ Halon 2402 ④ Halon 2021

4. 건축물의 화재 시 피난자들의 집중으로 패닉(panic) 현상이 일어날 수 있는 피난 방향은?

   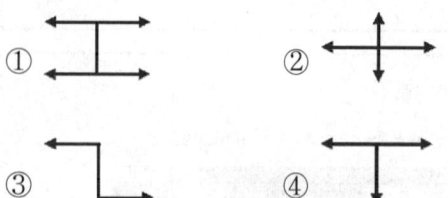

5. 건축법령상 내력벽, 기둥, 바닥, 보, 지붕틀 및 주계단을 무엇이라 하는가?

   ① 내진구조부 ② 건축설비부
   ③ 보조구조부 ④ 주요구조부

6. 스테판-볼쯔만의 법칙에 의해 복사열과 절대온도와의 관계를 옳게 설명한 것은?

   ① 복사열은 절대온도의 제곱에 비례한다.
   ② 복사열은 절대온도의 4제곱에 비례한다.
   ③ 복사열은 절대온도의 제곱에 반비례한다.
   ④ 복사열은 절대온도의 4제곱에 반비례한다.

7. 일반적으로 공기 중 산소농도를 몇 vol% 이하로 감소시키면 연소속도의 감소 및 질식소화가 가능한가?

   ① 15 ② 21 ③ 25 ④ 31

8. 이산화탄소의 물성으로 옳은 것은?

   ① 임계온도 : 31.35℃, 증기비중 : 0.529
   ② 임계온도 : 31.35℃, 증기비중 : 1.529
   ③ 임계온도 : 0.35℃, 증기비중 : 1.529
   ④ 임계온도 : 0.35℃, 증기비중 : 0.529

9. 조연성 가스에 해당하는 것은?

   ① 일산화탄소 ② 산소
   ③ 수소 ④ 부탄

10. 가연물질의 구비조건으로 옳지 않은 것은?

    ① 화학적 활성이 클 것
    ② 열의 축적이 용이할 것
    ③ 활성화 에너지가 작을 것
    ④ 산소와 결합할 때 발열량이 작을 것

11. 가연성 가스이면서도 독성 가스인 것은?

    ① 질소 ② 수소
    ③ 염소 ④ 황화수소

12. 다음 각 물질과 물이 반응하였을 때 발생하는 가스의 연결이 틀린 것은?

    ① 탄화칼슘 - 아세틸렌
    ② 탄화알루미늄 - 이산화황

③ 인화칼슘 - 포스핀
④ 수소화리튬 - 수소

13. 다음 물질 중 연소범위를 통해 산출한 위험도 값이 가장 높은 것은?
① 수소　　　　② 에틸렌
③ 메탄　　　　④ 이황화탄소

14. 블레비(BLEVE) 현상과 관계가 없는 것은?
① 핵분열
② 가연성액체
③ 화구(Fire ball)의 형성
④ 복사열의 대량 방출

15. 전기화재의 원인으로 거리가 먼 것은?
① 단락　　　　② 과전류
③ 누전　　　　④ 절연 과다

16. 인화점이 낮은 것부터 높은 순서로 옳게 나열된 것은?
① 에틸알코올 < 이황화탄소 < 아세톤
② 이황화탄소 < 에틸알코올 < 아세톤
③ 에틸알코올 < 아세톤 < 이황화탄소
④ 이황화탄소 < 아세톤 < 에틸알코올

17. 물에 저장하는 것이 안전한 물질은?
① 나트륨　　　② 수소화칼슘
③ 이황화탄소　④ 탄화칼슘

18. 대두유가 침적된 기름걸레를 쓰레기통에 장시간 방치한 결과 자연발화에 의하여 화재가 발생한 경우 그 이유로 옳은 것은?
① 융해열 축적　② 산화열 축적
③ 증발열 축적　④ 발효열 축적

19. 소화약제로 사용하는 물의 증발잠열로 기대할 수 있는 소화효과는?
① 냉각소화　　② 질식소화
③ 제거소화　　④ 촉매소화

20. 1기압상태에서, 100℃ 물 1g이 모두 기체로 변할 때 필요한 열량은 몇 cal인가?
① 429　　② 499　　③ 539　　④ 639

제2과목 : 소방유체역학

21. 대기압이 90kPa인 곳에서 진공 76mmHg는 절대압력(kPa)으로 약 얼마인가?
① 10.1　　② 79.9　　③ 99.9　　④ 101.1

22. 지름 0.4m인 관에 물이 0.5㎥/s로 흐를 때 길이 300m에 대한 동력손실은 60kW이었다. 이때 관 마찰계수(f)는 얼마인가?
① 0.0151　　　　② 0.0202
③ 0.0256　　　　④ 0.0301

23. 액체 분자들 사이의 응집력과 고체면에 대한 부착력의 차이에 의하여 관내 액체 표면과 자유표면 사이에 높이 차이가 나타나는 것과 가장 관계가 깊은 것은?
① 관성력　　　　② 점성
③ 뉴턴의 마찰법칙　④ 모세관현상

24. 피스톤이 설치된 용기 속에서 1kg의 공기가 일정온도 50℃에서 처음 체적의 5배로 팽창되었다면 이때 전달된 열량(kJ)은 얼마인가? (단, 공기의 기체상수는 0.287 kJ/(kg·K)이다.)
① 149.2　　　　② 170.6
③ 215.8　　　　④ 240.3

25. 호주에서 무게가 20N인 어떤 물체를 한국에서 재어보니 19.8N이었다면 한국에서의 중력가속도(m/s²)는 얼마인가? (단, 호주에서의 중력가속도는 9.82 m/s²이다.)

① 9.46   ② 9.61   ③ 9.72   ④ 9.82

26. 두께 20cm이고 열전도율 4 W/(m·K)인 벽의 내부 표면온도는 20℃이고, 외부 벽은 -10℃인 공기에 노출되어 있어 대류열전달이 일어난다. 외부의 대류열전달계수가 20 W/(㎡·K)일 때, 정상상태에서 벽의 외부표면온도(℃)는 얼마인가? (단, 복사열전달은 무시한다.)

① 5   ② 10   ③ 15   ④ 20

27. 질량 m[kg]의 어떤 기체로 구성된 밀폐계가 Q[kJ]의 열을 받아 일을 하고, 이 기체의 온도가 △T[℃] 상승하였다면 이 계가 외부에 한 일 W[kJ]을 구하는 계산식으로 옳은 것은? (단, 이 기체의 정적비열은 Cv[kJ/(kg·K)], 정압비열은 Cp[kJ/(kg·K)]이다.)

① W=Q−mCv△T   ② W=Q+mCv△T
③ W=Q−mCp△T   ④ W=Q+mCp△T

28. 정육면체의 그릇에 물을 가득 채울 때, 그릇 밑면이 받는 압력에 의한 수직방향 평균 힘의 크기를 P라고 하면, 한 측면이 받는 압력에 의한 수평방향 평균 힘의 크기는 얼마인가?

① 0.5P   ② P   ③ 2P   ④ 4P

29. 베르누이 방정식을 적용할 수 있는 기본 전제조건으로 옳은 것은?

① 비압축성 흐름, 점성 흐름, 정상 유동
② 압축성 흐름, 비점성 흐름, 정상 유동
③ 비압축성 흐름, 비점성 흐름, 비정상 유동
④ 비압축성 흐름, 비점성 흐름, 정상 유동

30. Newton의 점성법칙에 대한 옳은 설명으로 모두 짝지은 것은?

> ㉮ 전단응력은 점성계수와 속도기울기의 곱이다.
> ㉯ 전단응력은 점성계수에 비례한다.
> ㉰ 전단응력은 속도기울기에 반비례한다.

① ㉮, ㉯   ② ㉯, ㉰
③ ㉮, ㉰   ④ ㉮, ㉯, ㉰

31. 물이 배관 내에 유동하고 있을 때 흐르는 물 속 어느 부분의 정압이 그때 물의 온도에 해당 하는 증기압 이하로 되면 부분적으로 기포가 발생하는 현상을 무엇이라고 하는가?

① 수격현상   ② 서징현상
③ 공동현상   ④ 와류현상

32. 그림과 같이 사이펀에 의해 용기 속의 물이 4.8㎥/min로 방출된다면 전체 손실수두(m)는 얼마인가? (단, 관 내 마찰은 무시한다.)

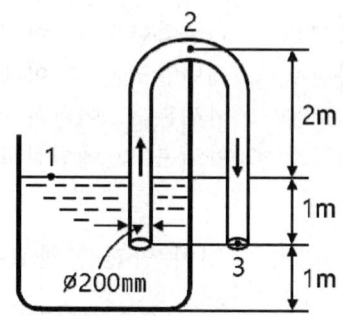

① 0.668   ② 0.330   ③ 1.043   ④ 1.826

33. 반지름 R_0인 원형파이프에 유체가 층류로 흐를 때, 중심으로부터 거리 R에서의 유속 U와 최대속도 U_{max}의 비에 대한 분포식으로 옳은 것은?

① $\dfrac{U}{U_{max}} = \left(\dfrac{R}{R_0}\right)^2$ ② $\dfrac{U}{U_{max}} = 2\left(\dfrac{R}{R_0}\right)^2$

③ $\dfrac{U}{U_{max}} = \left(\dfrac{R}{R_0}\right)^2 - 2$ ④ $\dfrac{U}{U_{max}} = 1 - \left(\dfrac{R}{R_0}\right)^2$

34. 이상기체의 기체상수에 대해 옳은 설명으로 모두 짝지어진 것은?

> a. 기체상수의 단위는 비열의 단위와 차원이 같다.
> b. 기체상수는 온도가 높을수록 커진다.
> c. 분자량이 큰 기체의 기체상수가 분자량이 작은 기체의 기체상수보다 크다.
> d. 기체상수의 값은 기체의 종류에 관계없이 일정하다.

① a ② a, c
③ b, c ④ a, b, d

35. 그림에서 두 피스톤의 지름이 각각 30cm와 5cm이다. 큰 피스톤이 1cm 아래로 움직이면 작은 피스톤은 위로 몇 cm 움직이는가?

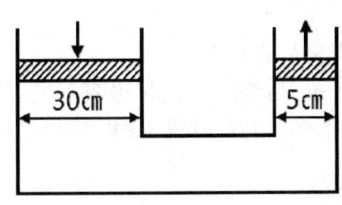

① 1 ② 5 ③ 30 ④ 36

36. 흐르는 유체에서 정상류의 의미로 옳은 것은?

① 흐름의 임의의 점에서 흐름특성이 시간에 따라 일정하게 변하는 흐름
② 흐름의 임의의 점에서 흐름특성이 시간에 관계없이 항상 일정한 상태에 있는 흐름
③ 임의의 시각에 유로 내 모든 점의 속도벡터가 일정한 흐름
④ 임의의 시각에 유로 내 각점의 속도벡터가 다른 흐름

37. 용량 1000L의 탱크차가 만수 상태로 화재현장에 출동하여 노즐압력 294.2kPa, 노즐구경 21mm를 사용하여 방수한다면 탱크차 내의 물을 전부 방수하는데 몇 분 소요되는가? (단, 모든 손실은 무시한다.)

① 1.7분 ② 2분 ③ 2.3분 ④ 2.7분

38. 그림과 같이 60°로 기울어진 고정된 평판에 직경 50mm의 물 분류가 속도(V) 20m/s로 충돌하고 있다. 분류가 충돌할 때 판에 수직으로 작용하는 충격력 R(N)은?

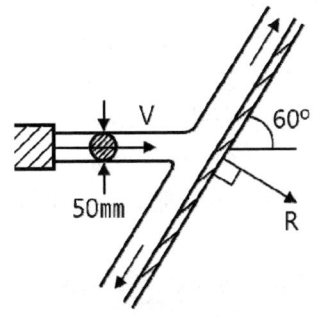

① 296 ② 393 ③ 680 ④ 785

39. 외부지름이 30cm이고 내부지름이 20cm인 길이 10m의 환형(annular)관에 물이 2m/s의 평균속도로 흐르고 있다. 이때 손실수두가 1m일 때, 수력직경에 기초한 마찰계수는 얼마인가?

① 0.049 ② 0.054
③ 0.065 ④ 0.078

40. 토출량이 0.65㎥/min인 펌프를 사용하는 경우 펌프의 소요 축동력(kW)은? (단, 전양정은 40m이고, 펌프의 효율은 50%이다.)

① 4.2 ② 8.5 ③ 17.2 ④ 50.9

제3과목 : 소방관계법규

41. 소방기본법에서 정의하는 소방대의 조직 구성원이 아닌 것은?

① 의무소방원 ② 소방공무원
③ 의용소방대원 ④ 공항소방대원

42. 위험물안전관리법령상 인화성액체위험물(이황화탄소를 제외)의 옥외탱크저장소의 탱크 주위에 설치하여야 하는 방유제의 기준 중 틀린 것은?

① 방유제의 용량은 방유제 안에 설치된 탱크가 하나인 때에는 그 탱크 용량의 110% 이상으로 할 것
② 방유제의 용량은 방유제 안에 설치된 탱크가 2기 이상인 때에는 그 탱크 중 용량이 최대인 것의 용량의 110% 이상으로 할 것
③ 방유제는 높이 1m 이상 2m 이하, 두께 0.2m 이상, 지하매설깊이 0.5m 이상으로 할 것
④ 방유제 내의 면적은 80,000㎡ 이하로 할 것

43. 소방시설공사업법령상 공사감리자 지정대상 특정소방대상물의 범위가 아닌 것은?

① 물분무등소화설비(호스릴 방식의 소화설비는 제외)를 신설·개설하거나 방호·방수 구역을 증설할 때
② 제연설비를 신설·개설하거나 제연구역을 증설할 때
③ 연소방지설비를 신설·개설하거나 살수구역을 증설할 때
④ 캐비닛형 간이스프링클러설비를 신설·개설하거나 방호·방수 구역을 증설할 때

44. 소방기본법령상 소방신호의 방법으로 틀린 것은?

① 타종에 의한 훈련신호는 연 3타 반복
② 싸이렌에 의한 발화신호는 5초 간격을 두고 10초씩 3회
③ 타종에 의한 해제신호는 상당한 간격을 두고 1타씩 반복
④ 싸이렌에 의한 경계신호는 5초 간격을 두고 30초씩 3회

45. 소방시설 설치 및 관리에 관한 법령상 대통령령 또는 화재안전기준이 변경되어 그 기준이 강화되는 경우 기존 특정소방대상물 소방시설 중 강화된 기준을 적용할 수 있는 소방시설은?

① 비상경보설비 ② 비상방송설비
③ 비상콘센트설비 ④ 옥내소화전설비

46. 소방시설 설치 및 관리에 관한 법령상 지하가는 연면적이 최소 몇 ㎡ 이상이어야 스프링클러설비를 설치해야 하는 특정소방대상물에 해당하는가? (단, 터널은 제외한다.)

① 100 ② 200 ③ 1000 ④ 2000

47. 화재의 예방 및 안전관리에 관한 법령상 특정소방대상물의 관계인이 수행하여야 하는 소방안전관리 업무가 아닌 것은?

① 소방훈련의 지도·감독
② 화기(火氣) 취급의 감독
③ 피난시설, 방화구획 및 방화시설의 관리
④ 소방시설이나 그 밖의 소방 관련 시설의 관리

48. 소방기본법령상 저수조의 설치기준으로 틀린 것은?

① 지면으로부터의 낙차가 4.5m 이상일 것
② 흡수부분의 수심이 0.5m 이상일 것
③ 흡수에 지장이 없도록 토사 및 쓰레기 등을 제거할 수 있는 설비를 갖출 것
④ 흡수관의 투입구가 사각형의 경우에는 한 변의 길이가 60㎝ 이상, 원형의 경우에는 지름이 60㎝ 이상일 것

49. 위험물안전관리법령상 시·도지사의 허가를 받지 아니하고, 당해 제조소등을 설치할 수 있는 기준 중 다음 ( ) 안에 알맞은 것은?

농예용·축산용 또는 수산용으로 필요한 난방시설 또는 건조시설을 위한 지정수량 ( )배 이하의 저장소

① 20 ② 30 ③ 40 ④ 50

50. 소방기본법령상 화재조사의 종류 중 화재원인조사에 해당하지 않는 것은?

① 발화원인 조사 ② 인명피해 조사
③ 연소상황 조사 ④ 소방시설 등 조사

51. 소방시설 설치 및 관리에 관한 법령상 특정소방대상물의 소방시설 설치의 면제기준 중 다음 ( ) 안에 알맞은 것은?

> 물분무등소화설비를 설치해야 하는 차고·주차장에 ( )를 화재안전기준에 적합하게 설치한 경우에는 그 설비의 유효범위에서 설치가 면제된다.

① 옥내소화전설비
② 스프링클러설비
③ 간이스프링클러설비
④ 할로겐화합물 및 불활성기체 소화설비

52. 화재의 예방 및 안전관리에 관한 법령상 소방안전관리대상물의 소방계획서에 포함되어야 하는 사항이 아닌 것은?

① 소방시설·피난시설 및 방화시설의 점검·정비계획
② 위험물안전관리법에 따라 예방규정을 정하는 제조소등의 위험물 저장·취급에 관한 사항
③ 소방안전관리대상물의 근무자 및 거주자의 자위소방대 조직과 대원의 임무에 관한 사항
④ 방화구획, 제연구획, 건축물의 내부 마감재료 및 방염대상물품의 사용 현황과 그 밖의 방화구조 및 설비의 유지·관리계획

53. 위험물안전관리법상 업무상 과실로 제조소등에서 위험물을 유출·방출 또는 확산시켜 사람의 생명·신체 또는 재산에 대하여 위험을 발생시킨 자에 대한 벌칙 기준은?

① 5년 이하의 금고 또는 2000만원 이하의 벌금
② 5년 이하의 금고 또는 7000만원 이하의 벌금
③ 7년 이하의 금고 또는 2000만원 이하의 벌금
④ 7년 이하의 금고 또는 7000만원 이하의 벌금

54. 소방시설공사업법령상 소방시설업 등록을 하지 아니하고 영업을 한 자에 대한 벌칙은?

① 500만 원 이하의 벌금
② 1년 이하의 징역 또는 1000만 원 이하의 벌금
③ 3년 이하의 징역 또는 3000만 원 이하의 벌금
④ 5년 이하의 징역

55. 위험물안전관리법령상 위험물의 유별 저장·취급의 공통기준 중 다음 ( ) 안에 알맞은 것은?

> ( ) 위험물은 산화제와의 접촉·혼합이나 불티·불꽃·고온체와의 접근 또는 과열을 피하는 한편, 철분·금속분·마그네슘 및 이를 함유한 것에 있어서는 물이나 산과의 접촉을 피하고 인화성 고체에 있어서는 함부로 증기를 발생시키지 아니하여야 한다.

① 제1류 ② 제2류
③ 제3류 ④ 제4류

56. 소방기본법령상 소방용수시설의 설치기준 중 급수탑의 급수배관의 구경은 최소 몇 mm 이상이어야 하는가?

① 100 ② 150 ③ 200 ④ 250

57. 소방시설 설치 및 관리에 관한 법령상 자동화재탐지설비를 설치해야 하는 특정소방대상물에 대한 기준 중 ( )에 알맞은 것은?

> 근린생활시설(목욕장 제외), 의료시설(정신의료기관 및 요양병원 제외), 위락시설, 장례시설 및 복합건축물로서 연면적 ( )m² 이상인 경우에는 모든 층

① 400 ② 600 ③ 1000 ④ 3500

58. 소방기본법에서 정의하는 소방대상물에 해당되지 않는 것은?

① 산림
② 차량
③ 건축물
④ 항해 중인 선박

59. 소방시설 설치 및 관리에 관한 법령상 건축허가 등의 동의대상물의 범위 기준 중 틀린 것은?

① 건축 등을 하려는 학교시설 : 연면적 200㎡ 이상
② 노유자시설 : 연면적 200㎡ 이상
③ 정신의료기관(입원실이 없는 정신건강의학과 의원은 제외) : 연면적 300㎡ 이상
④ 장애인 의료재활시설 : 연면적 300㎡ 이상

60. 소방시설 설치 및 관리에 관한 법령상 형식승인을 받지 아니한 소방용품을 판매하거나 판매 목적으로 진열하거나 소방시설 공사에 사용한 자에 대한 벌칙 기준은?

① 3년 이하의 징역 또는 3000만원 이하의 벌금
② 2년 이하의 징역 또는 1500만원 이하의 벌금
③ 1년 이하의 징역 또는 1000만원 이하의 벌금
④ 1년 이하의 징역 또는 500만원 이하의 벌금

제4과목 : 소방기계시설의 구조 및 원리

61. 스프링클러설비의 화재안전기준상 폐쇄형 스프링클러헤드의 방호구역·유수검지장치에 대한 기준으로 틀린 것은?

① 하나의 방호구역에는 1개 이상의 유수검지장치를 설치하되, 화재발생시 접근이 쉽고 점검하기 편리한 장소에 설치할 것
② 하나의 방호구역은 2개 층에 미치지 아니하도록 할 것. 다만, 1개 층에 설치되는 스프링클러헤드의 수가 10개 이하인 경우와 복층형구조의 공동주택에는 3개 층 이내로 할 수 있다.
③ 송수구를 통하여 스프링클러헤드에 공급되는 물은 유수검지장치 등을 지나도록 할 것
④ 조기반응형 스프링클러헤드를 설치하는 경우에는 습식유수검지장치 또는 부압식스프링클러설비를 설치할 것

62. 스프링클러설비의 화재안전기준상 조기반응형 스프링클러헤드를 설치해야 하는 장소가 아닌 것은?

① 수련시설의 침실
② 공동주택의 거실
③ 오피스텔의 침실
④ 병원의 입원실

63. 스프링클러설비의 화재안전기준상 스프링클러설비를 설치하여야 할 특정소방대상물에 있어서 스프링클러헤드를 설치하지 아니할 수 있는 장소 기준으로 틀린 것은?

① 천장과 반자 양쪽이 불연재료로 되어 있고 천장과 반자 사이의 거리가 2.5m 미만인 부분
② 천장 및 반자가 불연재료가 아닌 것으로 되어 있고 천장과 반자사이의 거리가 0.5m 미만인 부분
③ 천장·반자 중 한쪽이 불연재료로 되어 있고 천장과 반자사이의 거리가 1m 미만인 부분
④ 현관 또는 로비 등으로서 바닥으로부터 높이가 20m 이상인 장소

64. 물분무소화설비의 화재안전기준상 배관의 설치기준으로 틀린 것은?

① 펌프의 흡입측 배관은 공기고임이 생기지 않는 구조로 하고 여과장치를 설치한다.
② 펌프의 흡입측 배관은 수조가 펌프보다 낮게 설치된 경우에는 각 펌프(충압펌프를 포함한다)마다 수조로부터 별도로 설치한다.
③ 연결송수관설비의 배관과 겸용할 경우의 주배관은 구경 100㎜ 이상으로 한다.
④ 연결송수관설비의 배관과 겸용할 경우 방수구로 연결되는 배관의 구경은 65㎜ 이하로 한다.

65. 분말소화설비의 화재안전기준상 배관에 관한 기준으로 틀린 것은?

① 배관은 전용으로 할 것
② 배관은 모두 스케줄 40 이상으로 할 것
③ 동관을 사용하는 경우의 배관은 고정압력 또는 최고사용압력의 1.5배 이상의 압력에 견딜 수 있는 것을 사용할 것
④ 밸브류는 개폐위치 또는 개폐방향을 표시한 것으로 할 것

66. 물분무소화설비의 화재안전기준상 수원의 저수량 설치기준으로 틀린 것은?

① 특수가연물을 저장 또는 취급하는 특정소방대상물 또는 그 부분에 있어서 그 바닥면적(최대 방수구역의 바닥면적을 기준으로 하며, 50㎡ 이하인 경우에는 50㎡) 1㎡에 대하여 10 L/min로 20분간 방수할 수 있는 양 이상으로 할 것
② 차고 또는 주차장은 그 바닥면적(최대방수구역의 바닥면적을 기준으로 하며, 50㎡ 이하인 경우에는 50㎡) 1㎡에 대하여 20 L/min로 20분간 방수할 수 있는 양 이상으로 할 것
③ 케이블트레이, 케이블덕트 등은 투영된 바닥면적 1㎡에 대하여 12 L/min로 20분간 방수할 수 있는 양 이상으로 할 것
④ 컨베이어 벨트 등은 벨트부분의 바닥면적 1㎡에 대하여 20 L/min로 20분간 방수할 수 있는 양 이상으로 할 것

67. 분말소화설비의 화재안전기준상 제1종 분말을 사용한 전역방출방식 분말소화설비에서 방호구역의 체적 1㎡에 대한 소화약제의 양은 몇 kg 인가?

① 0.24 ② 0.36 ③ 0.60 ④ 0.72

68. 옥내소화설비의 화재안전기준상 가압송수장치를 기동용수압개폐장치로 사용할 경우 압력챔버의 용적 기준은?

① 50L 이상   ② 100L 이상
③ 150L 이상 ④ 200L 이상

69. 포소화설비의 화재안전기준상 포헤드를 소방대상물의 천장 또는 반자에 설치하여야 할 경우 헤드 1개가 방호해야 할 바닥면적은 최대 몇 ㎡인가?

① 3   ② 5   ③ 7   ④ 9

70. 소화기구 및 자동소화장치의 화재안전기준상 규정하는 화재의 종류가 아닌 것은?

① A급 화재   ② B급 화재
③ G급 화재   ④ K급 화재

71. 상수도소화용수설비의 화재안전기준상 소화전은 구경(호칭지름)이 최소 얼마 이상의 수도배관에 접속하여야 하는가?

① 50mm 이상의 수도배관
② 75mm 이상의 수도배관
③ 85mm 이상의 수도배관
④ 100mm 이상의 수도배관

72. 할로겐화합물 및 불활성기체 소화설비의 화재안전기준상 저장용기 설치기준으로 틀린 것은?

① 온도가 40℃ 이하이고 온도의 변화가 작은 곳에 설치할 것
② 용기 간의 간격은 점검에 지장이 없도록 3㎝ 이상의 간격을 유지할 것
③ 직사광선 및 빗물이 침투할 우려가 없는 곳에 설치할 것
④ 저장용기를 방호구역 외에 설치한 경우에는 방화문으로 구획된 실에 설치할 것

73. 제연설비의 화재안전기준상 제연풍도의 설치 기준으로 틀린 것은?

① 배출기의 전동기 부분과 배풍기 부분은 분리하여 설치할 것
② 배출기와 배출풍도의 접속 부분에 사용하는 캔버스는 내열성이 있는 것으로 할 것
③ 배출기의 흡입측 풍도 안의 풍속은 20m/s 이하로 할 것
④ 유입풍도 안의 풍속은 20m/s 이하로 할 것

74. 포소화설비의 화재안전기준상 압축공기포소화설비의 분사헤드를 유류탱크 주위에 설치하는 경우 바닥면적 몇 ㎡ 마다 1개 이상 설치하여야 하는가?

① 9.3   ② 10.8   ③ 12.3   ④ 13.9

75. 소화기구 및 자동소화장치의 화재안전기준상 소화기구의 소화약제별 적응성 중 일반화재, 유류화재, 전기화재 모두에 적응성이 있는 소화약제는?

① 마른모래
② 인산염류소화약제
③ 중탄산염류소화약제
④ 팽창질석·팽창진주암

76. 소화기구 및 자동소화장치의 화재안전기준상 바닥면적이 280㎡인 발전실에 부속용도별로 추가하여야 할 적응성이 있는 소화기의 최소 수량은 몇 개인가?

① 2   ② 4   ③ 6   ④ 12

77. 상수도소화용수설비의 화재안전기준상 소화전은 소방대상물의 수평투영면의 각 부분으로부터 최대 몇 m 이하가 되도록 설치하는가?

① 75   ② 100   ③ 125   ④ 140

78. 이산화탄소소화설비의 화재안전기준상 배관의 설치기준 중 다음 ( ) 안에 알맞은 것은?

> 고압식의 경우 개폐밸브 또는 선택밸브의 2차측 배관부속은 호칭 압력 2.0MPa 이상의 것을 사용하여야 하며, 1차측 배관부속은 호칭압력 (㉠) MPa 이상의 것을 사용하여야 하고, 저압식의 경우에는 (㉡) MPa 의 압력에 견딜 수 있는 배관부속을 사용할 것

① ㉠ 3.0, ㉡ 2.0   ② ㉠ 4.0, ㉡ 2.0
③ ㉠ 3.0, ㉡ 2.5   ④ ㉠ 4.0, ㉡ 2.5

79. 피난기구의 화재안전기준상 의료시설에 구조대를 설치해야 할 층이 아닌 것은?

① 2   ② 3   ③ 4   ④ 5

80. 인명구조기구의 화재안전기준상 특정소방대상물의 용도 및 장소별로 설치하여야 할 인명구조기구 종류의 기준 중 다음 ( ) 안에 알맞은 것은?

특정소방대상물	인명구조기구의 종류
물분무등소화설비 중 ( )를 설치하여야 하는 특정 소방대상물	공기호흡기

① 분말소화설비
② 할론소화설비
③ 이산화탄소소화설비
④ 할로겐화합물 및 불활성기체소화설비

2021년 제2회 소방설비기사(기계분야)

본 지면은 CBT시험의 컴퓨터 화면과 비슷하게 구성한 화면입니다.

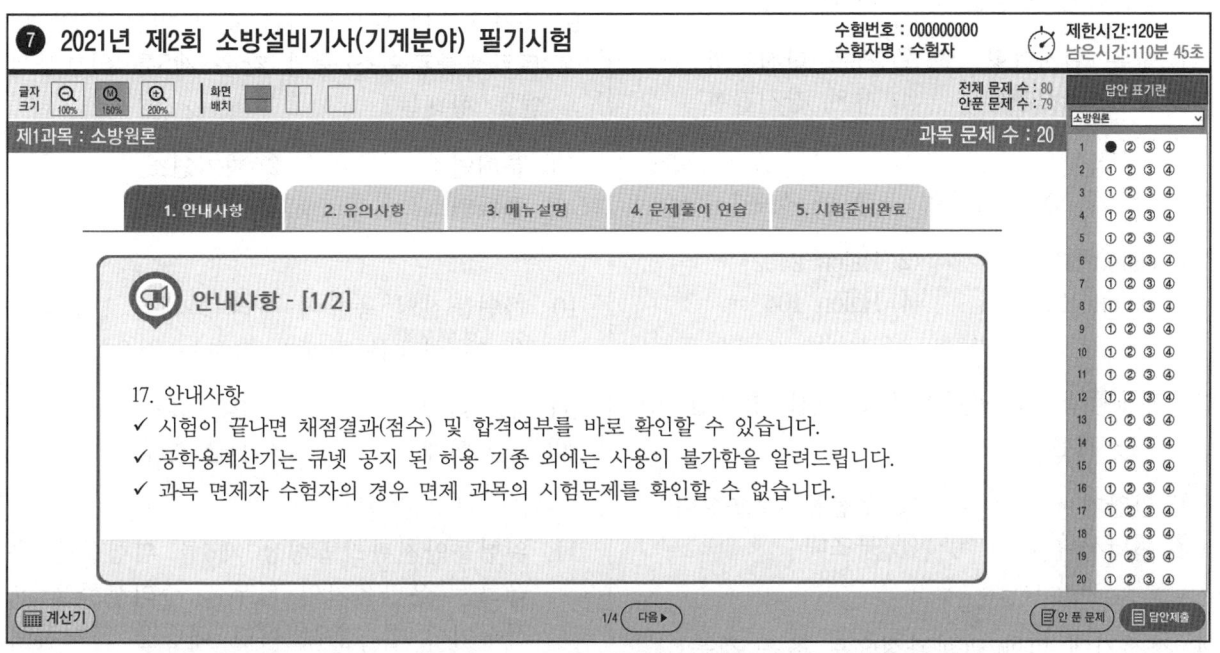

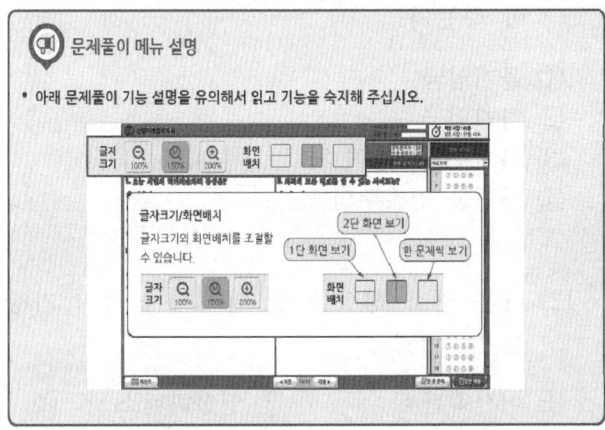

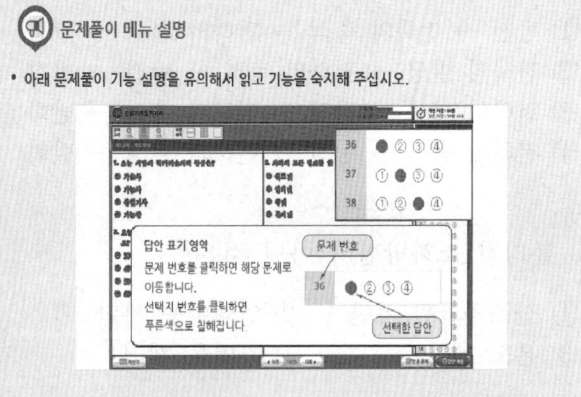

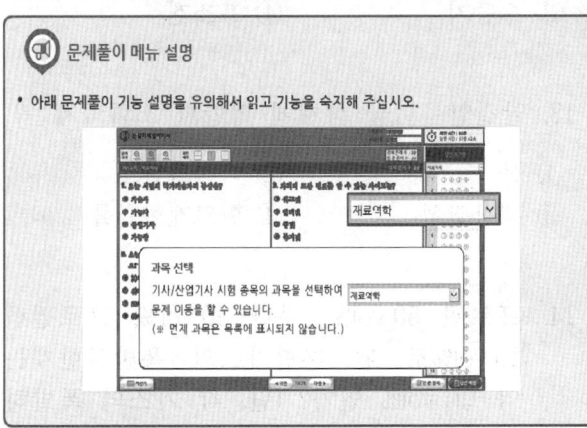

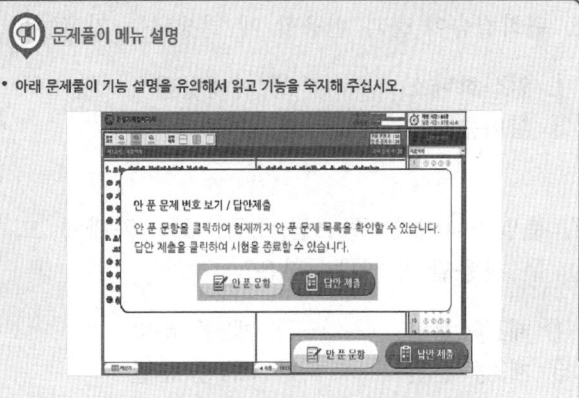

제1과목 : 소방원론

1. 내화건축물과 비교한 목조건축물 화재의 일반적인 특징을 옳게 나타낸 것은?

   ① 고온, 단시간형　　② 저온, 단시간형
   ③ 고온, 장시간형　　④ 저온, 장시간형

2. 다음 중 증기 비중이 가장 큰 것은?

   ① Halon 1301　　② Halon 2402
   ③ Halon 1211　　④ Halon 104

3. 화재발생 시 피난기구로 직접 활용할 수 없는 것은?

   ① 완강기　　　　　② 무선통신보조설비
   ③ 피난사다리　　　④ 구조대

4. 정전기에 의한 발화과정으로 옳은 것은?

   ① 방전 → 전하의 축적 → 전하의 발생 → 발화
   ② 전하의 발생 → 전하의 축적 → 방전 → 발화
   ③ 전하의 발생 → 방전 → 전하의 축적 → 발화
   ④ 전하의 축적 → 방전 → 전하의 발생 → 발화

5. 물리적 소화방법이 아닌 것은?

   ① 산소공급원 차단　② 연쇄반응 차단
   ③ 온도 냉각　　　　④ 가연물 제거

6. 탄화칼슘이 물과 반응할 때 발생되는 기체는?

   ① 일산화탄소　　　② 아세틸렌
   ③ 황화수소　　　　④ 수소

7. 분말소화약제 중 A급, B급, C급 화재에 모두 사용할 수 있는 것은?

   ① 제1종 분말　　　② 제2종 분말
   ③ 제3종 분말　　　④ 제4종 분말

8. 조연성 가스에 해당하는 것은?

   ① 수소　　　　　　② 일산화탄소
   ③ 산소　　　　　　④ 에탄

9. 분자내부에 니트로기를 갖고 있는 TNT, 니트로셀룰로오스 등과 같은 제5류 위험물의 연소 형태는?

   ① 분해연소　　　　② 자기연소
   ③ 증발연소　　　　④ 표면연소

10. 가연물질의 종류에 따라 화재를 분류하였을 때 섬유류 화재가 속하는 것은?

    ① A급 화재　　　　② B급 화재
    ③ C급 화재　　　　④ D급 화재

11. 위험물안전관리법령상 제6류 위험물을 수납하는 운반용기의 외부에 주의사항을 표시하여야 할 경우, 어떤 내용을 표시하여야 하는가?

    ① 물기엄금
    ② 화기엄금
    ③ 화기주의 · 충격주의
    ④ 가연물 접촉주의

12. 다음 연소 생성물 중 인체에 독성이 가장 높은 것은?

    ① 이산화탄소　　　② 일산화탄소
    ③ 수증기　　　　　④ 포스겐

13. 알킬알루미늄 화재에 적합한 소화약제는?

    ① 물　　　　　　　② 이산화탄소
    ③ 팽창질석　　　　④ 할로겐화합물

14. 프로판 50 vol%, 부탄 40 vol%, 프로필렌 10 vol%로 된 혼합가스의 폭발하한계는 약 몇 vol% 인가? (단, 각 가스의 폭발하

한계는 프로판은 2.2 vol%, 부탄은 1.9 vol%, 프로필렌은 2.4 vol%이다.)

① 0.83　② 2.09　③ 5.05　④ 9.44

15. 위험물안전관리법령상 위험물에 대한 설명으로 옳은 것은?

① 과염소산은 위험물이 아니다.
② 황린은 제2류 위험물이다.
③ 황화린의 지정수량은 100kg이다.
④ 산화성고체는 제6류 위험물의 성질이다.

16. 이산화탄소 소화기의 일반적인 성질에서 단점이 아닌 것은?

① 밀폐된 공간에서 사용 시 질식의 위험성이 있다.
② 인체에 직접 방출 시 동상의 위험성이 있다.
③ 소화약제의 방사 시 소음이 크다.
④ 전기가 잘 통하기 때문에 전기설비에 사용할 수 없다.

17. 열전도도(thermal conductivity)를 표시하는 단위에 해당하는 것은?

① $J/m^2 \cdot h$
② $kcal/h \cdot ℃^2$
③ $W/m \cdot K$
④ $J \cdot K/m^2$

18. 제3종 분말소화약제의 주성분은?

① 인산암모늄　② 탄산수소칼륨
③ 탄산수소나트륨　④ 탄산수소칼륨과 요소

19. IG-541이 15℃에서 내용적 50리터 압력용기에 155kgf/㎠으로 충전되어 있다. 온도가 30℃가 되었다면 IG-541 압력은 약 몇 kgf/㎠가 되겠는가? (단, 용기의 팽창은 없다고 가정한다.)

① 78　② 155　③ 163　④ 310

20. 소화약제 중 HFC-125의 화학식으로 옳은 것은?

① CHF_2CF_3
② CHF_3
③ CF_3CHFCF_3
④ CF_3I

제2과목 : 소방유체역학

21. 직경 20㎝의 소화용 호스에 물이 392 N/s 흐른다. 이때의 평균유속(m/s)은?

① 2.96　② 4.34　③ 3.68　④ 1.27

22. 수은이 채워진 U자관에 수은보다 비중이 작은 어떤 액체를 넣었다. 액체기둥의 높이가 10㎝, 수은과 액체의 자유 표면의 높이 차이가 6㎝일 때 이 액체의 비중은? (단, 수은의 비중은 13.6이다.)

① 5.44　② 8.16　③ 9.63　④ 10.88

23. 수압기에서 피스톤의 반지름이 각각 20㎝와 10㎝이다. 작은 피스톤에 19.6N의 힘을 가하는 경우 평형을 이루기 위해 큰 피스톤에는 몇 N의 하중을 가하여야 하는가?

① 4.9　② 9.8　③ 68.4　④ 78.4

24. 그림과 같이 중앙부분에 구멍이 뚫린 원판에 지름 D의 원형 물제트가 대기압 상태에서 V의 속도로 충돌하여 원판 뒤로 지름 D/2의 원형 물제트가 V의 속도로 흘러나가고 있을 때, 이 원판이 받는 힘을 구하는 계산식으로 옳은 것은? (단, ρ는 물의 밀도이다.)

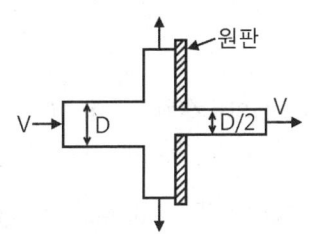

① $\frac{3}{16}\rho\pi V^2 D^2$ ② $\frac{3}{8}\rho\pi V^2 D^2$
③ $\frac{3}{4}\rho\pi V^2 D^2$ ④ $3\rho\pi V^2 D^2$

25. 압력 0.1[MPa], 온도 250[℃] 상태인 물의 엔탈피가 2,974.33[kJ/kg]이고 비체적은 2.40604[m³/kg]이다. 이 상태에서 물의 내부 에너지 [kJ/kg]는 얼마인가?

① 2,733.7 ② 2,974.1
③ 3,214.9 ④ 3,582.7

26. 300K의 저온 열원을 가지고 카르노 사이클로 작동하는 열기관의 효율이 70%가 되기 위해서 필요한 고온 열원의 온도(K)는?

① 800 ② 900 ③ 1000 ④ 1100

27. 물이 들어 있는 탱크에 수면으로부터 20m 깊이에 지름 50㎜의 오리피스가 있다. 이 오리피스에서 흘러나오는 유량(㎥/min)은? (단, 탱크의 수면 높이는 일정하고 모든 손실은 무시한다.)

① 1.3 ② 2.3 ③ 3.3 ④ 4.3

28. 다음 중 열전달 매질이 없이도 열이 전달되는 형태는?

① 전도   ② 자연대류
③ 복사   ④ 강제대류

29. 양정 220m, 유량 0.025㎥/s, 회전수 2900rpm인 4단 원심 펌프의 비교회전도 (비속도) [㎥/min, m, rpm]는 얼마인가?

① 176 ② 167 ③ 45 ④ 23

30. 동력(power)의 차원을 MLT(질량 M, 길이 L, 시간 T)계로 바르게 나타낸 것은?

① MLT^{-1} ② M^2LT^{-2} ③ ML^2T^{-3} ④ MLT^{-2}

31. 직사각형 단면의 덕트에서 가로와 세로가 각각 a 및 1.5a이고, 길이가 L이며, 이 안에서 공기가 V의 평균속도로 흐르고 있다. 이때 손실수두를 구하는 식으로 옳은 것은? (단, f는 이 수력지름에 기초한 마찰계수이고, g는 중력가속도를 의미한다.)

① $f = \frac{L}{a}\frac{V^2}{2.4g}$ ② $f = \frac{L}{a}\frac{V^2}{2g}$
③ $f = \frac{L}{a}\frac{V^2}{1.4g}$ ④ $f = \frac{L}{a}\frac{V^2}{g}$

32. 무차원수 중 레이놀즈수(Reynolds number)의 물리적인 의미는?

① $\frac{관성력}{중력}$ ② $\frac{관성력}{탄성력}$
③ $\frac{관성력}{점성력}$ ④ $\frac{관성력}{음속}$

33. 동일한 노즐구경을 갖는 소방차에서 방수압력이 1.5배가 되면 방수량은 몇 배로 되는가?

① 1.22배 ② 1.41배
③ 1.52배 ④ 2.25배

34. 전양정 80m, 토출량 500L/min인 물을 사용하는 소화펌프가 있다. 펌프효율 65%, 전달계수(K) 1.1인 경우 필요한 전동기의 최소동력(kW)은?

① 9 ② 11 ③ 13 ④ 15

35. 안지름 10㎝인 수평 원관의 층류유동으로 4km 떨어진 곳에 원유(점성계수 0.02 N·s/㎡, 비중 0.86)를 0.10㎥/min의 유량으로 수송하려 할 때 펌프에 필요한 동력(W)은? (단, 펌프의 효율은 100%로 가정한다.)

① 76 ② 91 ③ 10,900 ④ 9,100

36. 유속 6m/s로 정상류의 물이 화살표 방향으로 흐르는 배관에 압력계와 피토계가 설치되어 있다. 이때 압력계의 계기압력이 300 kPa이었다면 피토계의 계기압력은 약 몇 kPa인가?

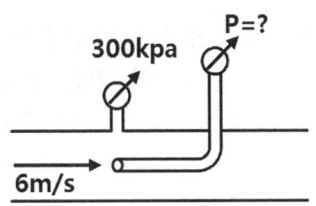

① 180 ② 280 ③ 318 ④ 336

37. 유체의 압축률에 관한 설명으로 올바른 것은?

① 압축률=밀도×체적탄성계수
② 압축률=1/체적탄성계수
③ 압축률=밀도/체적탄성계수
④ 압축률=체적탄성계수/밀도

38. 질량이 5kg인 공기(이상기체)가 온도 333K로 일정하게 유지되면서 체적이 10배가 되었다. 이 계(system)가 한 일(kJ)은? (단, 공기의 기체상수는 287 J/kg·K이다.)

① 220 ② 478 ③ 1,100 ④ 4,779

39. 무한한 두 평판 사이에 유체가 채워져 있고 한 평판은 정지해 있고 또 다른 평판은 일정한 속도로 움직이는 Couette 유동을 하고 있다. 유체 A만 채워져 있을 때 평판을 움직이기 위한 단위면적당 힘을 τ_1이라 하고 같은 평판 사이에 점성이 다른 유체 B만 채워져 있을 때 필요한 힘을 τ_2라 하면 유체 A와 B가 반반씩 위아래로 채워져 있을 때 평판을 같은 속도로 움직이기 위한 단위면적당 힘에 대한 표현으로 옳은 것은?

① $\dfrac{\tau_1 + \tau_2}{2}$ ② $\sqrt{\tau_1 \tau_2}$

③ $\dfrac{2\tau_1 \tau_2}{\tau_1 + \tau_2}$ ④ $\tau_1 + \tau_2$

40. 2m 깊이로 물이 차 있는 물탱크 바닥에 한 변이 20cm인 정사각형 모양의 관측창이 설치되어 있다. 관측창이 물로 인하여 받는 순 힘(net force)은 몇 N인가? (단, 관측창 밖의 압력은 대기압이다.)

① 784 ② 392 ③ 196 ④ 98

제3과목 : 소방관계법규

41. 소방기본법의 정의상 소방대상물의 관계인이 아닌 자는?

① 감리자 ② 관리자 ③ 점유자 ④ 소유자

42. 화재의 예방 및 안전관리에 관한 법령상 화재 발생 위험이 크거나 소화 활동에 지장을 줄 수 있다고 인정되는 행위를 하는 사람에게 행위의 금지 또는 제한의 명령을 할 수 있는 사람은?

① 소방본부장
② 시·도지사
③ 의용소방대원
④ 소방대상물의 관리자

43. 위험물안전관리법령상 취급하는 위험물의 최대수량이 지정수량의 10배 이하인 경우 공지의 너비 기준은?

① 2m 이하 ② 2m 이상
③ 3m 이하 ④ 3m 이상

44. 위험물안전관리법령상 제조소 또는 일반취급소에서 취급하는 제4류 위험물의 최대수량의 합이 지정수량의 48만 배 이상인 사업소의 자체소방대에 두는 화학소방

자동차 및 인원기준으로 다음 (   ) 안에 알맞은 것은?

화학소방자동차	자체소방대원의 수
(㉠)	(㉡)

① ㉠ 1대, ㉡ 5인   ② ㉠ 2대, ㉡ 10인
③ ㉠ 3대, ㉡ 15인   ④ ㉠ 4대, ㉡ 20인

45. 화재의 예방 및 안전관리에 관한 법령상 특수가연물의 저장 및 취급기준으로 틀린 것은? (단, 석탄·목탄류를 발전용으로 저장하는 경우는 제외)

① 품명별로 구분하여 쌓는다.
② 쌓는 높이는 20m 이하가 되도록 한다.
③ 쌓는 부분 바닥면적의 사이는 실내의 경우 1.2미터 또는 쌓는 높이의 1/2 중 큰 값 이상으로 간격을 둘 것
④ 쌓는 부분 바닥면적의 사이는 실외의 경우 3미터 또는 쌓는 높이 중 큰 값 이상으로 간격을 둘 것

46. 소방시설 설치 및 관리에 관한 법령상 소화설비를 구성하는 제품 또는 기기에 해당하지 않는 것은?

① 가스누설경보기   ② 소방호스
③ 스프링클러헤드   ④ 분말자동소화장치

47. 소방기본법령상 출동한 소방대원에게 폭행 또는 협박을 행사하여 화재진압 인명구조 또는 구급활동을 방해한 사람에 대한 벌칙 기준은?

① 500만원 이하의 과태료
② 1년 이하의 징역 또는 1000만원 이하의 벌금
③ 3년 이하의 징역 또는 3000만원 이하의 벌금
④ 5년 이하의 징역 또는 5000만원 이하의 벌금

48. 소방시설 설치 및 관리에 관한 법령상 건축허가 등의 동의 대상물의 범위로 틀린 것은?

① 항공기 격납고
② 방송용 송·수신탑
③ 연면적이 400제곱미터 이상인 건축물
④ 지하층 또는 무창층이 있는 건축물로서 바닥면적이 50제곱미터 이상인 층이 있는 것

49. 소방시설공사업법령에 따른 완공검사를 위한 현장확인 대상 특정소방대상물의 범위기준으로 틀린 것은?

① 연면적 1만제곱미터 이상이거나 11층 이상인 특정소방대상물(아파트는 제외)
② 가연성가스를 제조·저장 또는 취급하는 시설 중 지상에 노출된 가연성가스탱크의 저장용량 합계가 1천톤 이상인 시설
③ 호스릴 방식의 소화설비가 설치되는 특정소방대상물
④ 문화 및 집회시설, 종교시설, 판매시설, 노유자시설, 수련시설, 운동시설, 숙박시설, 창고시설, 지하상가

50. 소방시설 설치 및 관리에 관한 법령상 특정소방대상물의 소방시설 설치의 면제기준에 따를 때 스프링클러설비를 설치면제 받을 수 없는 소방시설은?(단, 발전시설 중 전기저장시설이 아니다.)

① 포소화설비   ② 물분무소화설비
③ 간이스프링클러설비 ④ 이산화탄소소화설비

51. 소방시설 설치 및 관리에 관한 법령상 대통령령 또는 화재안전기준이 변경되어 그 기준이 강화되는 경우 기존 특정소방대상물의 소방시설 중 강화된 기준을 적용할 수 있는 소방시설은? (단, 건축물의 신축·개축·재축·이전 및 대수선 중인 특정소방대상물을 포함한다.)

① 제연설비

② 비상경보설비
③ 옥내소화전설비
④ 화재조기진압용 스프링클러설비

52. 소방시설 설치 및 관리에 관한 법령상 시·도지사가 소방시설등의 자체점검을 하지 아니한 관리업자에게 영업정지를 명할 수 있으나, 이로 인해 이용자에게 불편을 줄 때에는 영업정지처분을 갈음하여 과징금 처분을 한다. 과징금의 기준은?

① 1000만원 이하   ② 2000만원 이하
③ 3000만원 이하   ④ 5000만원 이하

53. 위험물안전관리법령상 위험물별 성질로서 틀린 것은?

① 제1류 : 산화성 고체
② 제2류 : 가연성 고체
③ 제4류 : 인화성 액체
④ 제6류 : 인화성 고체

54. 소방시설 설치 및 관리에 관한 법령상 소방시설등의 종합점검 대상기준에 맞게 ( )에 들어갈 내용으로 옳은 것은?

> 물분무등소화설비[호스릴(hose reel) 방식의 물분무등소화설비만을 설치한 경우는 제외한다]가 설치된 연면적 (㉡) 이상인 특정소방대상물(제조소등은 제외한다)

① 2000m² ② 3000m² ③ 4000m² ④ 5000m²

55. 소방시설 설치 및 관리에 관한 법령상 펄프공장의 작업장, 음료수 공장의 충전을 하는 작업장 등과 같이 화재안전기준을 적용하기 어려운 특정소방대상물에 설치하지 않을 수 있는 소방시설의 종류가 아닌 것은?

① 상수도소화용수설비 ② 스프링클러설비
③ 연결송수관설비   ④ 연결살수설비

56. 화재의 예방 및 안전관리에 관한 법령에 따른 특수가연물의 기준 중 다음 ( )안에 알맞은 것은?

품명	수량
나무껍질 및 대팻밥	(ⓐ)kg 이상
면화류	(ⓑ)kg 이상

① ⓐ 200, ⓑ 400   ② ⓐ 200, ⓑ 1000
③ ⓐ 400, ⓑ 200   ④ ⓐ 400, ⓑ 1000

57. 화재의 예방 및 안전관리에 관한 법령상 화재안전조사위원회의 위원에 해당하지 아니하는 사람은?

① 소방기술사
② 소방시설관리사
③ 소방 관련 분야의 석사학위 이상을 취득한 사람
④ 소방 관련 법인 또는 단체에서 소방 관련 업무에 3년 이상 종사한 사람

58. 위험물안전관리법령상 소화 난이도 등급 Ⅰ의 옥내탱크저장소에서 유황만을 저장·취급할 경우 설치하여야 하는 소화설비로 옳은 것은?

① 물분무소화설비   ② 스프링클러설비
③ 포소화설비   ④ 옥내소화전설비

59. 소방시설공사업법령상 하자보수를 하여야 하는 소방시설 중 하자보수 보증기간이 3년이 아닌 것은?

① 자동소화장치   ② 비상방송설비
③ 스프링클러설비   ④ 상수도소화용수설비

60. 소방기본법령상 소방대장은 화재, 재난·재해 그 밖의 위급한 상황이 발생한 현장에 소방활동구역을 정하여 소방활동에 필요한 자로서 대통령령으로 정하는 사람 외에는 그 구역에의 출입을 제한할 수 있

다. 다음 중 소방활동구역에 출입할 수 없는 사람은?

① 소방활동구역 안에 있는 소방대상물의 소유자·관리자 또는 점유자
② 전기·가스·수도·통신·교통의 업무에 종사하는 사람으로서 원활한 소방활동을 위하여 필요한 사람
③ 시·도지사가 소방활동을 위하여 출입을 허가한 사람
④ 의사·간호사 그 밖의 구조·구급업무에 종사하는 사람

제4과목 : 소방기계시설의 구조 및 원리

61. 화재조기진압용 스프링클러설비의 화재안전기준상 헤드의 설치기준 중 ( ) 안에 알맞은 것은?

   헤드 하나의 방호면적은 (ⓐ)㎡ 이상 (ⓑ)㎡ 이하로 할 것

   ① ⓐ 2.4, ⓑ 3.7
   ② ⓐ 3.7, ⓑ 9.1
   ③ ⓐ 6.0, ⓑ 9.3
   ④ ⓐ 9.1, ⓑ 13.7

62. 분말소화설비의 화재안전기준상 수동식 기동장치의 부근에 설치하는 비상스위치에 대한 설명으로 옳은 것은?

   ① 자동복귀형 스위치로서 수동식 기동장치의 타이머를 순간정지 시키는 기능의 스위치를 말한다.
   ② 자동복귀형 스위치로서 수동식 기동장치가 수신기를 순간정지 시키는 기능의 스위치를 말한다.
   ③ 수동복귀형 스위치로서 수동식 기동장치의 타이머를 순간정지 시키는 기능의 스위치를 말한다.
   ④ 수동복귀형 스위치로서 수동식 기동장치가 수신기를 순간정지 시키는 기능의 스위치를 말한다.

63. 할론소화설비의 화재안전기준상 화재표시반의 설치기준이 아닌 것은?

   ① 소화약제 방출지연 비상스위치를 설치할 것
   ② 소화약제의 방출을 명시하는 표시등을 설치할 것
   ③ 수동식 기동장치는 그 방출용 스위치의 작동을 명시하는 표시등을 설치할 것
   ④ 자동식 기동장치는 자동·수동의 절환을 명시하는 표시등을 설치할 것

64. 피난기구의 화재안전기준상 노유자시설의 4층 이상 10층 이하에서 적응성이 있는 피난기구가 아닌 것은?

   ① 피난교
   ② 다수인피난장비
   ③ 승강식피난기
   ④ 미끄럼대

65. 분말소화설비의 화재안전기준상 다음 ( ) 안에 알맞은 것은?

   분말소화약제의 가압용가스 용기에는 ( )의 압력에서 조정이 가능한 압력조정기를 설치하여야 한다.

   ① 2.5 MPa 이하
   ② 2.5 MPa 이상
   ③ 25 MPa 이하
   ④ 25 MPa 이상

66. 스프링클러설비의 화재안전기준상 개방형 스프링클러설비에서 하나의 방수구역을 담당하는 헤드의 개수는 최대 몇 개 이하로 해야 하는가? (단, 방수구역은 나누어져 있지 않고 하나의 구역으로 되어 있다.)

   ① 50   ② 40   ③ 30   ④ 20

67. 연결살수설비의 화재안전기준상 배관의 설치기준 중 하나의 배관에 부착하는 살수헤드의 개수가 3개인 경우 배관의 구경은 최소 몇 mm 이상으로 설치해야 하는가? (단, 연결살수설비 전용 헤드를 사용하는 경우이다.)

   ① 40   ② 50   ③ 65   ④ 80

68. 이산화탄소소화설비의 화재안전기준상 수동식 기동장치의 설치기준에 적합하지 않은 것은?

① 전역방출방식에 있어서는 방호대상물마다 설치
② 전기를 사용하는 기동장치에는 전원표시등을 설치할 것
③ 기동장치의 조작부는 바닥으로부터 높이 0.8m 이상 1.5m 이하의 위치에 설치하고, 보호판 등에 따른 보호장치를 설치할 것
④ 기동장치의 방출용 스위치는 음향경보장치와 연동하여 조작될 수 있는 것으로 할 것

69. 옥내소화전설비의 화재안전기준상 옥내소화전펌프의 후드밸브를 소방용 설비 외의 다른 설비의 후드밸브보다 낮은 위치에 설치한 경우의 유효수량으로 옳은 것은? (단, 옥내소화전설비와 다른 설비 수원을 저수조로 겸용하여 사용한 경우이다.)

① 저수조의 바닥면과 상단 사이의 전체 수량
② 옥내소화전설비 후드밸브와 소방용 설비 외의 다른 설비의 후드밸브 사이의 수량
③ 옥내소화전설비의 후드밸브와 저수조 상단 사이의 수량
④ 저수조의 바닥면과 소방용 설비 외의 다른 설비의 후드밸브 사이의 수량

70. 포소화설비의 화재안전기준상 포소화설비의 배관 등의 설치기준으로 옳은 것은?

① 포워터스프링클러설비 또는 포헤드설비의 가지배관의 배열은 토너먼트방식으로 한다.
② 송액관은 겸용으로 하여야 한다. 다만, 포소화전의 기동장치의 조작과 동시에 다른 설비의 용도에 사용하는 배관의 송수를 차단할 수 있거나, 포소화설비의 성능에 지장이 없는 경우에는 전용으로 할 수 있다.
③ 송액관은 포의 방출 종료 후 배관 안의 액을 배출하기 위하여 적당한 기울기를 유지하도록 하고 그 낮은 부분에 배액밸브를 설치하여야 한다.
④ 연결송수관설비의 배관과 겸용할 경우의 주배관은 구경 65㎜ 이상, 방수구로 연결되는 배관의 구경은 100㎜ 이상의 것으로 하여야 한다.

71. 물분무소화설비의 화재안전기준상 송수구의 설치기준으로 틀린 것은?

① 구경 65㎜의 쌍구형으로 할 것
② 지면으로부터 높이가 0.5m 이상 1m 이하의 위치에 설치할 것
③ 송수구는 하나의 층의 바닥면적이 1500㎡를 넘을 때마다 1개(5개를 넘을 경우에는 5개로 한다) 이상을 설치할 것
④ 가연성가스의 저장·취급시설에 설치하는 송수구는 그 방호대상물로부터 20m 이상의 거리를 두거나 방호대상물에 면하는 부분이 높이 1.5m 이상, 폭 2.5m 이상의 철근콘크리트 벽으로 가려진 장소에 설치할 것

72. 미분무소화설비의 화재안전기준상 미분무소화설비의 성능을 확인하기 위하여 하나의 발화원을 가정한 설계도서 작성 시 고려하여야 할 인자를 모두 고른 것은?

| ㉠ 화재 위치 |
| ㉡ 점화원의 형태 |
| ㉢ 시공 유형과 내장재 유형 |
| ㉣ 초기 점화되는 연료 유형 |
| ㉤ 공기조화설비, 자연형(문, 창문) 및 기계형 여부 |
| ㉥ 문과 창문의 초기상태(열림, 닫힘) 및 시간에 따른 변화상태 |

① ㉠, ㉢, ㉥
② ㉠, ㉡, ㉢, ㉤
③ ㉠, ㉡, ㉣, ㉤, ㉥
④ ㉠, ㉡, ㉢, ㉣, ㉤, ㉥

73. 특별피난계단의 계단실 및 부속실 제연설비의 화재안전기준상 차압 등에 관한 기준 중 다음 괄호 안에 알맞은 것은?

| 제연설비가 가동되었을 경우 출입문의 개방에 필요한 힘은 (　　) N 이하로 하여야 한다. |

① 12.5　　② 40　　③ 70　　④ 110

74. 포소화설비의 화재안전기준상 펌프의 토출관에 압입기를 설치하여 포 소화약제 압입용펌프로 포 소화약제를 압입시켜 혼합하는 방식은?

① 라인 푸로포셔너 방식
② 펌프 푸로포셔너 방식
③ 프레져 푸로포셔너 방식
④ 프레져사이드 푸로포셔너 방식

75. 소화기구 및 자동소화장치의 화재안전기준에 따라 다음과 같이 간이소화용구를 비치하였을 경우 능력 단위의 합은?

- 삽을 상비한 마른모래 50L포 2개
- 삽을 상비한 팽창질석 80L포 1개

① 1단위   ② 1.5단위
③ 2.5단위   ④ 3단위

76. 소화수조 및 저수조의 화재안전기준상 연면적이 40,000㎡인 특정소방대상물에 소화용수설비를 설치하는 경우 소화수조의 최소 저수량은 몇 ㎥인가? (단, 지상 1층 및 2층의 바닥면적 합계가 15,000㎡ 이상인 경우이다.)

① 53.3   ② 60   ③ 106.7   ④ 120

77. 소화기구 및 자동소화장치의 화재안전기준에 따른 용어에 대한 정의로 틀린 것은?

① "소화약제"란 소화기구 및 자동소화장치에 사용되는 소화성능이 있는 고체·액체 및 기체의 물질을 말한다.
② "대형소화기"란 화재 시 사람이 운반할 수 있도록 운반대와 바퀴가 설치되어 있고 능력 단위가 A급 20단위 이상, B급 10단위 이상인 소화기를 말한다.
③ "전기화재(C급 화재)"란 전류가 흐르고 있는 전기기기, 배선과 관련된 화재를 말한다.
④ "능력단위"란 소화기 및 소화약제에 따른 간이소화용구에 있어서는 법 제36조제1항에 따라 형식승인 된 수치를 말한다.

78. 옥내소화전설비의 화재안전기준상 배관 등에 관한 설명으로 옳은 것은?

① 펌프의 토출 측 주배관의 구경은 유속이 초속 5미터 이하가 될 수 있는 크기 이상으로 하여야 한다.
② 연결송수관설비의 배관과 겸용할 경우의 주배관은 구경 80밀리미터 이상, 방수구로 연결되는 배관의 구경은 65밀리미터 이상의 것으로 하여야 한다.
③ 성능시험배관은 펌프의 토출측에 설치된 개폐밸브 이전에서 분기하여 설치하고, 유량측정장치를 기준으로 전단 직관부에 개폐밸브를 후단 직관부에는 유량조절밸브를 설치하여야 한다.
④ 가압송수장치의 체절운전 시 수온의 상승을 방지하기 위하여 체크밸브와 펌프사이에서 분기한 구경 20밀리미터 이상의 배관에 체절압력 이상에서 개방되는 릴리프밸브를 설치하여야 한다.

79. 소화전함의 성능인증 및 제품검사의 기술기준상 옥내 소화전함의 재질을 합성수지 재료로 할 경우 두께는 최소 몇 mm 이상이어야 하는가?

① 1.5   ② 2.0   ③ 3.0   ④ 4.0

80. 소화설비용 헤드의 성능인증 및 제품검사의 기술기준상 소화설비용 헤드의 분류 중 수류를 살수판에 충돌하여 미세한 물방울을 만드는 물분무헤드 형식은?

① 디프렉타형   ② 충돌형
③ 슬리트형   ④ 분사형

2021년 제4회 소방설비기사(기계분야)

본 지면은 CBT시험의 컴퓨터 화면과 비슷하게 구성한 화면입니다.

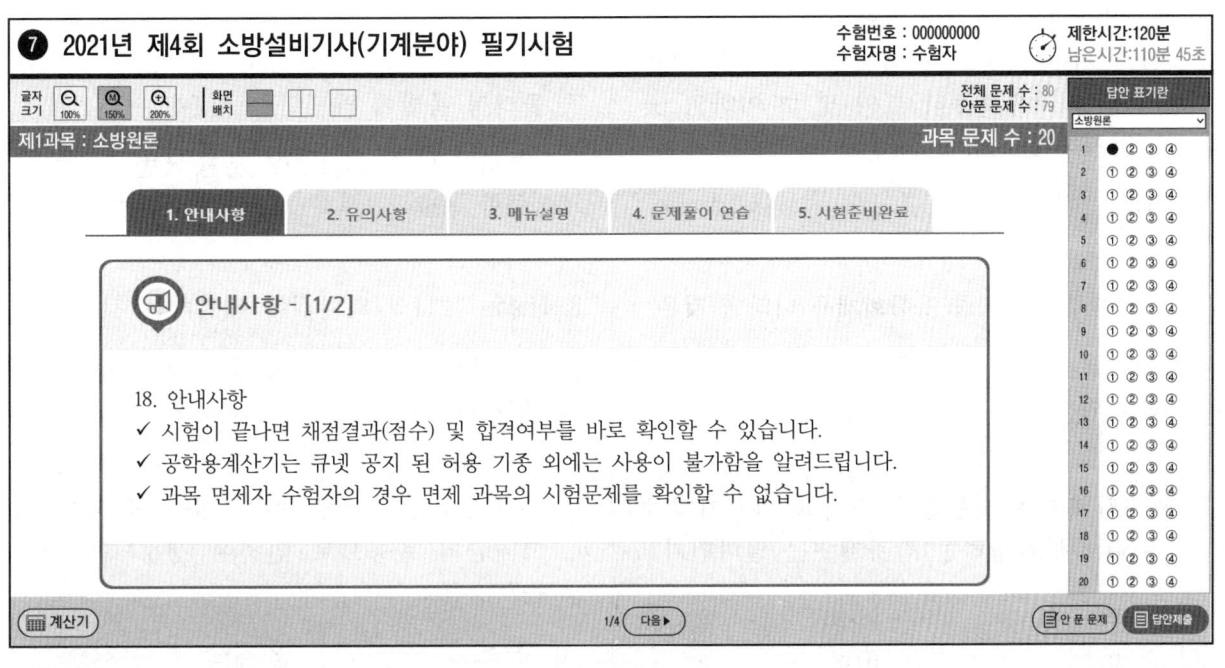

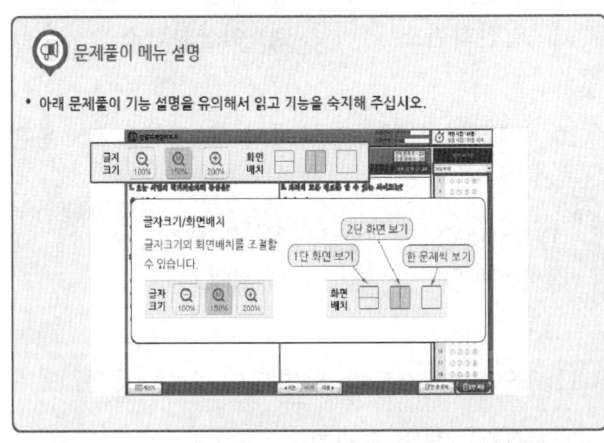

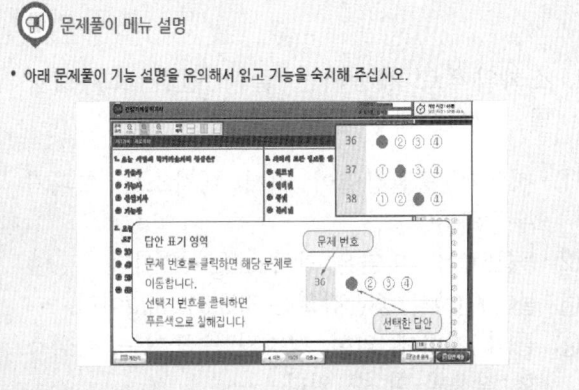

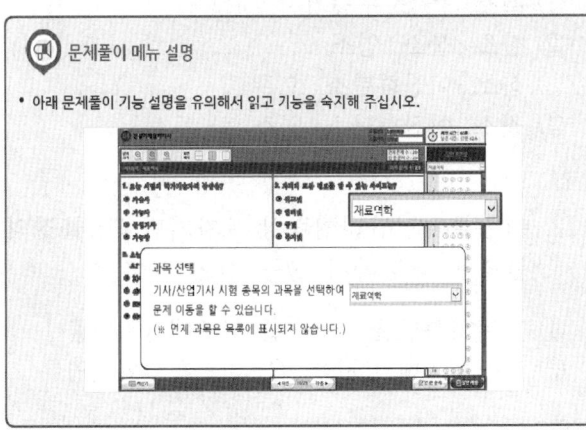

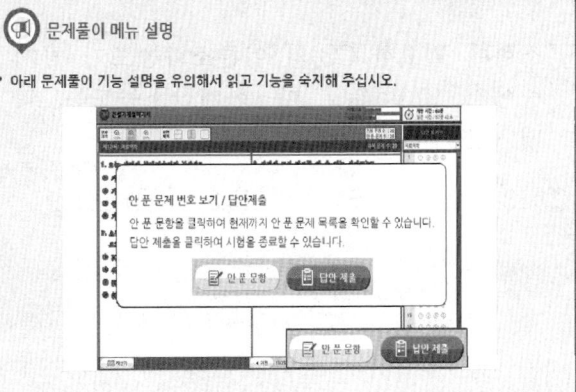

제1과목 : 소방원론

1. 소화기구 및 자동소화장치의 화재안전기준에 따르면 소화기구(자동확산소화기는 제외)는 거주자 등이 손쉽게 사용할 수 있는 장소에 바닥으로부터 높이 몇 m 이하의 곳에 비치하여야 하는가?

   ① 0.5   ② 1.0   ③ 1.5   ④ 2.0

2. 화재의 분류방법 중 유류화재를 나타낸 것은?

   ① A급 화재   ② B급 화재
   ③ C급 화재   ④ D급 화재

3. 연기감지기가 작동할 정도이고 가시거리가 20~30 m에 해당하는 감광계수는 얼마인가?

   ① $0.1\,m^{-1}$ ② $1.0\,m^{-1}$
   ③ $2.0\,m^{-1}$ ④ $10\,m^{-1}$

4. 소화약제로 사용되는 물에 관한 소화성능 및 물성에 대한 설명으로 틀린 것은?

   ① 비열과 증발잠열이 커서 냉각소화 효과가 우수하다.
   ② 물(15℃)의 비열은 약 1 cal/g · ℃이다.
   ③ 물(100℃)의 증발잠열은 439.6 kcal/g이다.
   ④ 물의 기화에 의한 팽창된 수증기는 질식소화 작용을 할 수 있다.

5. 소화에 필요한 CO_2의 이론소화농도가 공기 중에서 37 Vol%일 때 한계산소농도는 약 몇 vol%인가?

   ① 13.2   ② 14.5   ③ 15.5   ④ 16.5

6. 물리적 소화방법이 아닌 것은?

   ① 연쇄반응의 억제에 의한 방법
   ② 냉각에 의한 방법
   ③ 공기와의 접촉 차단에 의한 방법
   ④ 가연물 제거에 의한 방법

7. 물리적 폭발에 해당하는 것은?

   ① 분해 폭발   ② 분진 폭발
   ③ 중합 폭발   ④ 수증기 폭발

8. Halon 1211의 화학식에 해당하는 것은?

   ① CH_2BrCl ② CF_2ClBr
   ③ CH_2BrF ④ CF_2HBr

9. 마그네슘의 화재에 주수하였을 때 물과 마그네슘의 반응으로 인하여 생성되는 가스는?

   ① 산소   ② 수소
   ③ 일산화탄소   ④ 이산화탄소

10. 제2종 분말소화약제의 주성분으로 옳은 것은?

    ① NaH_2PO_4 ② KH_2PO_4
    ③ $NaHCO_3$ ④ $KHCO_3$

11. 조연성가스로만 나열되어 있는 것은?

    ① 질소, 불소, 수증기
    ② 산소, 불소, 염소
    ③ 산소, 이산화탄소, 오존
    ④ 질소, 이산화탄소, 염소

12. 위험물안전관리법령상 자기반응성물질의 품명에 해당하지 않는 것은?

    ① 니트로화합물   ② 할로겐간화합물
    ③ 질산에스테르류   ④ 히드록실아민염류

13. 소화약제로 사용되는 이산화탄소에 대한 설명으로 옳은 것은?

   ① 산소와 반응 시 흡열반응을 일으킨다.
   ② 산소와 반응하여 불연성 물질을 발생시킨다.
   ③ 산화하지 않으나 산소와는 반응한다.
   ④ 산소와 반응하지 않는다.

14. 건축물 화재에서 플래시 오버(Flash over) 현상이 일어나는 시기는?

   ① 초기에서 성장기로 넘어가는 시기
   ② 성장기에서 최성기로 넘어가는 시기
   ③ 최성기에서 감쇠기로 넘어가는 시기
   ④ 감쇠기에서 종기로 넘어가는 시기

15. 물과 반응하였을 때 가연성 가스를 발생하여 화재의 위험성이 증가하는 것은?

   ① 과산화칼슘   ② 메탄올
   ③ 칼륨   ④ 과산화수소

16. 인화칼슘과 물이 반응할 때 생성되는 가스는?

   ① 아세틸렌   ② 황화수소
   ③ 황산   ④ 포스핀

17. 다음 중 공기에서의 연소범위를 기준으로 했을 때 위험도(H) 값이 가장 큰 것은?

   ① 디에틸에테르   ② 수소
   ③ 에틸렌   ④ 부탄

18. 다음 중 착화온도가 가장 낮은 것은?

   ① 아세톤   ② 휘발유
   ③ 이황화탄소   ④ 벤젠

19. 다음 중 피난자의 집중으로 패닉현상이 일어날 우려가 가장 큰 형태는?

   ① T형   ② X형   ③ Z형   ④ H형

20. 건물화재 시 패닉(panic)의 발생원인과 직접적인 관계가 없는 것은?

   ① 연기에 의한 시계 제한
   ② 유독가스에 의한 호흡 장애
   ③ 외부와 단절되어 고립
   ④ 불연내장재의 사용

제2과목 : 소방유체역학

21. 지름이 5cm인 원형 관내에 이상기체가 층류로 흐른다. 다음 중 이 기체의 속도가 될 수 있는 것을 모두 고르면? (단, 이 기체의 절대압력은 200kPa, 온도는 27℃, 기체상수는 2080 J/kg·K, 점성계수는 2×10^{-5} N·s/㎡, 하임계 레이놀즈수는 2200으로 한다.)

   | ㄱ. 0.3m/s | ㄴ. 1.5m/s |
   | ㄷ. 8.3m/s | ㄹ. 15.5m/s |

   ① ㄱ   ② ㄱ, ㄴ
   ③ ㄱ, ㄴ, ㄷ   ④ ㄱ, ㄴ, ㄷ, ㄹ

22. 표면장력에 관련된 설명 중 옳은 것은?

   ① 표면장력의 차원은 힘/면적이다.
   ② 액체와 공기의 경계면에서 액체분자의 응집력보다 공기분자와 액체분자 사이의 부착력이 클 때 발생된다.
   ③ 대기 중의 물방울은 크기가 작을수록 내부 압력이 크다.
   ④ 모세관현상에 의한 수면 상승 높이는 모세관의 직경에 비례한다.

23. 유체의 점성에 대한 설명으로 틀린 것은?

   ① 질소 기체의 동점성계수는 온도 증가에 따라 감소한다.
   ② 물(액체)의 점성계수는 온도 증가에 따라 감소한다.

③ 점성은 유동에 대한 유체의 저항을 나타낸다.
④ 뉴턴유체에 작용하는 전단응력은 속도기울기에 비례한다.

24. 회전속도 1000 rpm일 때 송출량 Q ㎥/min, 전양정 H m인 원심펌프가 상사한 조건에서 송출량이 1.1Q ㎥/min가 되도록 회전속도를 증가시킬 때, 전양정은 어떻게 되는가?

① 0.91 H ② H ③ 1.1 H ④ 1.21 H

25. 그림과 같이 노즐이 달린 수평관에서 계기압력이 0.49MPa이었다. 이 관의 안지름이 6cm이고 관의 끝에 달린 노즐의 지름이 2cm 이라면 노즐의 분출속도는 몇 m/s인가? (단, 노즐에서의 손실은 무시하고, 관마찰계수는 0.025이다.)

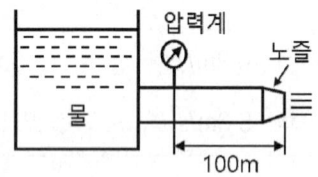

① 16.8 ② 20.4 ③ 25.5 ④ 28.4

26. 원심펌프가 전양정 120m에 대해 6㎥/s의 물을 공급할 때 필요한 축동력이 9530kW이었다. 이때 펌프의 체적효율과 기계효율이 각각 88%, 89%라고 하면, 이 펌프의 수력효율은 약 몇 %인가?

① 74.1 ② 84.2 ③ 88.5 ④ 94.5

27. 안지름 4cm, 바깥지름 6cm인 동심 이중관의 수력직경(hydraulic diameter)은 몇 cm인가?

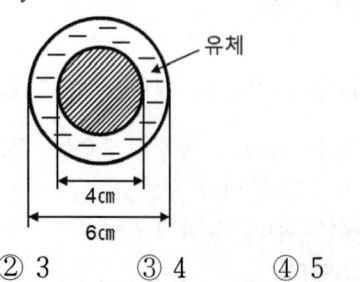

① 2 ② 3 ③ 4 ④ 5

28. 열역학 관련 설명 중 틀린 것은?

① 삼중점에서는 물체의 고상, 액상, 기상이 공존한다.
② 압력이 증가하면 물의 끓는점도 높아진다.
③ 열을 완전히 일로 변환할 수 있는 효율이 100%인 열기관은 만들 수 없다.
④ 기체의 정적비열은 정압비열보다 크다.

29. 다음 중 차원이 서로 같은 것을 모두 고르면? (단, P : 압력, ρ : 밀도, V : 속도, h : 높이, F : 힘, m : 질량, g : 중력가속도)

| ㄱ. ρV^2 | ㄴ. $\rho g h$ |
| ㄷ. P | ㄹ. $\dfrac{F}{m}$ |

① ㄱ, ㄴ ② ㄱ, ㄷ
③ ㄱ, ㄴ, ㄷ ④ ㄱ, ㄴ, ㄷ, ㄹ

30. 밀도가 10kg/㎥인 유체가 지름 30cm인 관 내를 1㎥/s로 흐른다. 이때의 평균유속은 몇 m/s인가?

① 4.25 ② 14.1 ③ 15.7 ④ 84.9

31. 초기 상태에서 압력 100kPa, 온도 15℃인 공기가 있다. 공기의 부피가 초기 부피의 $\dfrac{1}{20}$이 될 때까지 가역 단열압축할 때 압축 후의 온도는 약 몇 ℃인가? (단, 공기의 비열비는 1.4이다.)

① 54 ② 348 ③ 682 ④ 912

32. 부피가 240㎥인 방 안에 들어 있는 공기의 질량은 약 몇 kg인가? (단, 압력은 100kPa, 온도는 300K이며, 공기의 기체상수는 0.287 kJ/kg·K이다.)

① 0.279 ② 2.79 ③ 27.9 ④ 279

33. 그림의 액주계에서 밀도 $\rho_1=1000\ kg/m^3$, $\rho_2=13,600\ kg/m^3$, 높이 $h_1=500mm$, $h_2=800mm$일 때 중심 A의 계기압력은 몇 kPa인가?

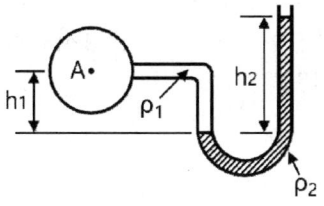

① 101.7 ② 109.6
③ 126.4 ④ 131.7

34. 그림과 같이 수조의 두 노즐에서 물이 분출하여 한 점(A)에서 만나려고 하면 어떤 관계가 성립되어야 하는가? (단, 공기저항과 노즐의 손실은 무시한다.)

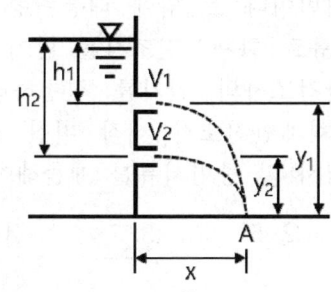

① $h_1y_1=h_2y_2$ ② $h_1y_2=h_2y_1$
③ $h_1h_2=y_1y_2$ ④ $h_1y_1=2h_2y_2$

35. 길이 100m, 직경 50mm, 상대조도 0.01인 원형 수도관 내에 물이 흐르고 있다. 관내 평균유속이 3m/s에서 6m/s로 증가하면 압력손실은 몇 배로 되겠는가? (단, 유동은 마찰계수가 일정한 완전난류로 가정한다.)

① 1.41배 ② 2배
③ 4배 ④ 8배

36. 한 변이 8cm인 정육면체를 비중이 1.26인 글리세린에 담그니 절반의 부피가 잠겼다. 이 때 정육면체를 수직방향으로 눌러 완전히 잠기게 하는데 필요한 힘은 약 몇 N인가?

① 2.56 ② 3.16 ③ 6.53 ④ 12.5

37. 그림과 같이 반지름 0.8m이고 폭이 2m인 곡면 AB가 수문으로 이용된다. 물에 의한 힘의 수평성분의 크기는 약 몇 kN인가? (단, 수문의 폭은 2m이다.)

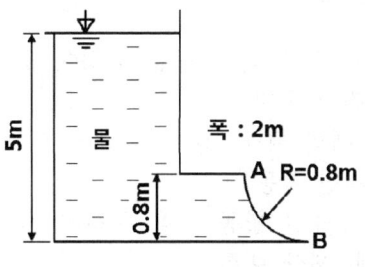

① 72.1 ② 84.7 ③ 90.2 ④ 95.4

38. 펌프 운전 시 발생하는 캐비테이션의 발생을 예방하는 방법이 아닌 것은?

① 펌프의 회전수를 높여 흡입 비속도를 높게 한다.
② 펌프의 설치높이를 될 수 있는 대로 낮춘다.
③ 입형펌프를 사용하고, 회전차를 수중에 완전히 잠기게 한다.
④ 양흡입 펌프를 사용한다.

39. 실내의 난방용 방열기(물-공기 열교환기)에는 대부분 방열 핀(fin)이 달려 있다. 그 주된 이유는?

① 열전달 면적 증가 ② 열전달계수 증가
③ 방사율 증가 ④ 열저항 증가

40. 그림에서 물 탱크차가 받는 추력은 약 몇 N인가? (단, 노즐의 단면적은 $0.03m^2$이며, 탱크 내의 계기압력은 40kPa이다. 또한 노즐에서 마찰손실은 무시한다.)

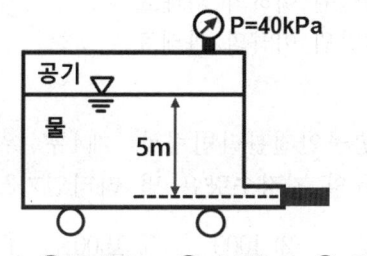

① 812 ② 1,490 ③ 2,710 ④ 5,340

제3과목 : 소방관계법규

41. 소방기본법 제1장 총칙에서 정하는 목적의 내용으로 거리가 먼 것은?

① 구조, 구급 활동 등을 통하여 공공의 안녕 및 질서 유지
② 풍수해의 예방, 경계, 진압에 관한 계획, 예산 지원 활동
③ 구조, 구급 활동 등을 통하여 국민의 생명, 신체, 재산 보호
④ 화재, 재난, 재해 그 밖의 위급한 상황에서의 구조, 구급 활동

42. 화재의 예방 및 안전관리에 관한 법령상 화재 발생 위험이 큰 물건에 대하여 관계인을 알 수 없는 경우 그 물건을 옮기거나 보관하는 등 필요한 조치를 하게 할 수 있다. 이 때 옮긴 물건 등을 보관하는 경우 그날부터 며칠 동안 해당 소방관서의 인터넷 홈페이지에 그 사실을 공고해야 하는가?

① 3일   ② 5일   ③ 7일   ④ 14일

43. 소방시설 설치 및 관리에 관한 법령상 자체점검 결과 보고를 마친 관계인은 자체점검과 관련된 사항을 점검기록표에 기록하여 특정소방대상물의 출입자가 쉽게 볼 수 있는 장소에 게시하여야 하나, 이를 위반한 경우 벌칙 기준은?

① 100만원 이하의 벌금
② 300만원 이하의 벌금
③ 100만원 이하의 과태료
④ 300만원 이하의 과태료

44. 위험물안전관리법령상 제4류 위험물 중 경유의 지정수량은 몇 리터인가?

① 500   ② 1000   ③ 1500   ④ 2000

45. 화재의 예방 및 안전관리에 관한 법령상 천재지변이나 그 밖에 대통령령으로 정하는 사유로 화재안전조사를 받기 곤란하여 화재안전조사의 연기를 신청하려는 관계인은 화재안전조사 시작 최대 며칠 전까지 연기신청서 및 증명서류를 제출해야 하는가?

① 3   ② 5   ③ 7   ④ 10

46. 소방시설공사업법령상 소방시설공사업자가 소속 소방기술자를 소방시설공사 현장에 배치하지 않았을 경우의 과태료 기준은?

① 100만원 이하   ② 200만원 이하
③ 300만원 이하   ④ 400만원 이하

47. 천재지변이나 그 밖에 대통령령으로 정하는 사유로 화재안전조사를 받기 곤란하여 화재안전조사의 연기를 신청하려는 관계인은 화재안전조사 시작 며칠 전까지 연기신청서 및 증명서류를 제출해야 하는가?

① 3   ② 5   ③ 7   ④ 10

48. 화재의 예방 및 안전관리에 관한 법령상 1급 소방안전관리대상물의 소방안전관리자 선임대상 기준으로 틀린 것은?

① 소방설비기사 또는 소방설비산업기사의 자격이 있는 사람으로서 1급 소방안전관리자 자격증을 발급받은 사람
② 소방공무원으로 5년 이상 근무한 경력이 있는 사람으로서 1급 소방안전관리자 자격증을 발급받은 사람
③ 소방청장이 실시하는 1급 소방안전관리대상물의 소방안전관리에 관한 시험에 합격한 사람으로서 1급 소방안전관리자 자격증을 발급받은 사람
④ 특급 소방안전관리대상물의 소방안전관리자 자격증을 발급받은 사람

49. 위험물안전관리법령상 제조소등에 설치해야 할 자동화재탐지설비의 설치기준 중 ( ) 안에 알맞은 내용은? (단, 광전식분리형 감지기 설치는 제외한다.)

> 하나의 경계구역의 면적은 (㉠)㎡ 이하로 하고 그 한 변의 길이는 (㉡)m 이하로 할 것. 다만, 당해 건축물 그 밖의 공작물의 주요한 출입구에서 그 내부의 전체를 볼 수 있는 경우에 있어서는 그 면적을 1000㎡ 이하로 할 수 있다.

① ㉠ 300, ㉡ 20   ② ㉠ 400, ㉡ 30
③ ㉠ 500, ㉡ 40   ④ ㉠ 600, ㉡ 50

50. 화재의 예방 및 안전관리에 관한 법령상 소방안전관리대상물의 관계인은 소방안전관리자를 기준일로부터 30일 이내에 선임하여야 한다. 다음 중 기준일로 틀린 것은?

① 소방안전관리자를 해임한 경우 : 소방안전관리자를 해임한 날
② 특정소방대상물을 양수하여 관계인의 권리를 취득한 경우 : 해당 권리를 취득한 날
③ 신축으로 해당 특정소방대상물의 소방안전관리자를 신규로 선임해야 하는 경우 : 해당 특정소방대상물의 사용승인일
④ 증축으로 인하여 특정소방대상물이 소방안전관리대상물로 된 경우 : 증축공사의 개시일

51. 위험물안전관리법령상 정기점검의 대상인 제조소등이 기준으로 틀린 것은?
① 지하탱크저장소
② 이동탱크저장소
③ 지정수량의 10배 이상의 위험물을 취급하는 제조소
④ 지정수량의 20배 이상의 위험물을 저장하는 옥외탱크저장소

52. 소방시설 설치 및 관리에 관한 법령상 특정소방대상물의 관계인이 특정소방대상물에 설치·관리해야 하는 소방시설의 종류에 대한 기준 중 다음 ( ) 안에 알맞은 것은?

> 화재안전기준에 따라 소화기구를 설치해야 하는 특정소방대상물은 연면적 (㉠)㎡ 이상인 것. 다만, 노유자 시설의 경우에는 투척용 소화용구 등을 화재안전기준에 따라 산정된 소화기 수량의 (㉡) 이상으로 설치할 수 있다.

① ㉠ 33, ㉡ $\frac{1}{2}$ ② ㉠ 33, ㉡ $\frac{1}{5}$
③ ㉠ 50, ㉡ $\frac{1}{2}$ ④ ㉠ 50, ㉡ $\frac{1}{5}$

53. 소방시설 설치 및 관리에 관한 법령상 용어의 정의 중 다음 ( ) 안에 알맞은 것은?

> 특정소방대상물이란 건축물 등의 규모·용도 및 수용인원 등을 고려하여 소방시설을 설치하여야 하는 소방대상물로서 ( )으로 정하는 것을 말한다.

① 대통령령   ② 국토교통부령
③ 행정안전부령   ④ 고용노동부령

54. 소방시설 설치 및 관리에 관한 법령상 분말형태의 소화약제를 사용하는 소화기의 내용연수로 옳은 것은? (단, 소방용품의 성능을 확인받아 그 사용기한을 연장하는 경우는 제외한다.)

① 3년   ② 5년   ③ 7년   ④ 10년

55. 소방시설공사업법령상 전문 소방시설공사업의 등록기준 및 영업범위의 기준에 대한 설명으로 틀린 것은?

① 법인인 경우 자본금은 최소 1억 원 이상이다.
② 개인인 경우 자산평가액은 최소 1억 원 이상이다.
③ 주된 기술인력 최소 1명 이상, 보조기술인력 최소 3명 이상을 둔다.
④ 영업범위는 특정소방대상물에 설치되는 기계분야 및 전기분야 소방시설의 공사·개설·이전 및 정비이다.

56. 다음 위험물안전관리법령의 자체소방대 기준에 대한 설명으로 틀린 것은?

> 다량의 위험물을 저장·취급하는 제조소 등으로서 대통령령이 정하는 제조소등이 있는 동일한 사업소에서 대통령령이 정하는 수량 이상의 위험물을 저장 또는 취급하는 경우 당해 사업소의 관계인은 대통령령이 정하는 바에 따라 당해 사업소에 자체소방대를 설치하여야 한다.

① "대통령령이 정하는 제조소등"은 제4류 위험물을 취급하는 제조소를 포함한다.
② "대통령령이 정하는 제조소등"은 제4류 위험물을 취급하는 일반취급소를 포함한다.
③ "대통령령이 정하는 수량 이상의 위험물"은 제4류 위험물의 최대수량의 합이 지정수량의 3천배 이상인 것을 포함한다.
④ "대통령령이 정하는 제조소등"은 보일러로 위험물을 소비하는 일반취급소를 포함한다.

57. 소방기본법령상 소방본부 종합상황실의 실장이 서면·팩스 또는 컴퓨터통신 등으로 소방청 종합상황실에 보고하여야 하는 화재의 기준이 아닌 것은?

① 이재민이 100인 이상 발생한 화재
② 재산피해액이 50억원 이상 발생한 화재
③ 사망자가 3인 이상 발생하거나 사상자가 5인 이상 발생한 화재
④ 층수가 5층 이상이거나 병상이 30개 이상인 종합병원에서 발생한 화재

58. 화재의 예방 및 안전관리에 관한 법령상 특수가연물의 수량 기준으로 옳은 것은?

① 면화류 : 200kg 이상
② 가연성고체류 : 500kg 이상
③ 나무껍질 및 대팻밥 : 300kg 이상
④ 넝마 및 종이부스러기 : 400kg 이상

59. 위험물안전관리법령상 위험물을 취급함에 있어서 정전기가 발생할 우려가 있는 설비에 설치할 수 있는 정전기 제거설비 방법이 아닌 것은?

① 접지에 의한 방법
② 공기를 이온화하는 방법
③ 자동적으로 압력의 상승을 정지시키는 방법
④ 공기 중의 상대습도를 70% 이상으로 하는 방법

60. 소방기본법령상 소방활동장비와 설비의 구입 및 설치시 국고보조의 대상이 아닌 것은?

① 소방자동차
② 사무용 집기
③ 소방헬리콥터 및 소방정
④ 소방전용통신설비 및 전산설비

제4과목 : 소방기계시설의 구조 및 원리

61. 특별피난계단의 계단실 및 부속실 제연설비의 화재안전기준상 수직풍도에 따른 배출기준 중 각층의 옥내와 면하는 수직풍도의 관통부에 설치하여야 하는 배출댐퍼 설치기준으로 틀린 것은?

① 화재층의 옥내에 설치된 화재감지기의 동작에 따라 당해층의 댐퍼가 개방될 것
② 풍도의 배출댐퍼는 이·탈착구조가 되지 않도록 설치할 것
③ 개폐여부를 당해 장치 및 제어반에서 확인할 수 있는 감지기능을 내장하고 있을 것
④ 배출댐퍼는 두께 1.5mm 이상의 강판 또는 이와 동등 이상의 성능이 있는 것으로 설치하여야 하며 비 내식성 재료의 경우에는 부식방지 조치를 할 것

62. 포소화설비의 화재안전기준에 따라 포소화설비 송수구의 설치 기준에 대한 설명으로 옳은 것은?

① 구경 65mm의 쌍구형으로 할 것
② 지면으로부터 높이가 0.5m 이상 1.5m 이하의 위치에 설치할 것
③ 하나의 층 바닥면적이 2000㎡를 넘을 때마다 1개 이상을 설치할 것
④ 송수구의 가까운 부분에 자동배수밸브(또는 직경 3mm의 배수공) 및 안전밸브를 설치할 것

63. 스프링클러설비 본체내의 유수현상을 자동적으로 검지하여 신호 또는 경보를 발하는 장치는?

① 수압개폐장치   ② 물올림장치
③ 일제개방밸브장치   ④ 유수검지장치

64. 옥내소화전설비 화재안전기준에 따라 옥내소화전설비의 표시등 설치기준으로 옳은 것은?

① 가압송수장치의 기동을 표시하는 표시등은 옥내소화전함의 상부 또는 그 직근에 설치한다.
② 가압송수장치의 기동을 표시하는 표시등은 녹색등으로 한다.
③ 자체소방대를 구성하여 운영하는 경우 가압송수장치의 기동표시등을 반드시 설치해야 한다.
④ 옥내소화전설비의 위치를 표시하는 표시등은 함의 하부에 설치하되, 소방청장이 고시하는 「표시등의 성능인증 및 제품검사의 기술기준」에 적합한 것으로 할 것

65. 소화기구 및 자동소화장치의 화재안전기준상 건축물의 주요구조부가 내화구조이고, 벽 및 반자의 실내에 면하는 부분이 불연재료로 된 바닥면적이 600㎡인 노유자시설에 필요한 소화기구의 능력단위는 최소 얼마 이상으로 하여야 하는가?

① 2단위   ② 3단위   ③ 4단위   ④ 6단위

66. 분말소화설비의 화재안전기준에 따라 분말소화설비의 자동식 기동장치의 설치기준으로 틀린 것은? (단, 자동식 기동장치는 자동화재탐지설비의 감지기의 작동과 연동하는 것이다.)

① 기동용 가스용기의 충전비는 1.5 이상으로 할 것
② 자동식 기동장치에는 수동으로도 기동할 수 있는 구조로 할 것
③ 전기식 기동장치로서 3병 이상의 저장용기를 동시에 개방하는 설비는 2병 이상의 저장용기에 전자개방밸브를 부착할 것
④ 기동용 가스용기에는 내압시험압력의 0.8배 내지 내압시험압력 이하에서 작동하는 안전장치를 설치할 것

67. 상수도소화용수설비의 화재안전기준에 따른 설치기준 중 다음 (   ) 안에 알맞은 것은?

> 호칭 지름 (㉠)mm 이상의 수도배관에 호칭 지름 (㉡)mm 이상의 소화전을 접속하여야 하며, 소화전은 특정소방대상물의 수평투영면의 각 부분으로부터 (㉢)m 이하가 되도록 설치할 것

① ㉠ 65, ㉡ 80, ㉢ 120
② ㉠ 65, ㉡ 100, ㉢ 140
③ ㉠ 75, ㉡ 80, ㉢ 120
④ ㉠ 75, ㉡ 100, ㉢ 140

68. 스프링클러설비의 화재안전기준에 따라 스프링클러헤드를 설치하지 않을 수 있는 장소로만 나열된 것은?

① 계단실, 병실, 목욕실, 냉동창고의 냉동실, 아파트(대피공간 제외)
② 발전실, 병원의 수술실·응급처치실, 통신기기실, 관람석이 없는 실내 테니스장(실내 바닥·벽 등이 불연재료)
③ 냉동창고의 냉동실, 변전실, 병실, 목욕실, 수영장 관람석

④ 병원의 수술실, 관람석이 없는 실내 테니스장(실내 바닥·벽 등이 불연재료), 변전실, 발전실, 아파트(대피공간 제외)

69. 포소화설비의 화재안전기준에 따라 포소화설비에 소방용 합성수지배관을 설치할 수 있는 경우로 틀린 것은?

① 배관을 지하에 매설하는 경우
② 다른 부분과 내화구조로 구획된 덕트 또는 피트의 내부에 설치하는 경우
③ 동결방지조치를 하거나 동결의 우려가 없는 경우
④ 천장과 반자를 불연재료 또는 준불연재료로 설치하고 그 내부에 습식으로 배관을 설치하는 경우

70. 다음 중 피난기구의 화재안전기준에 따라 피난기구를 설치하지 아니하여도 되는 소방대상물로 틀린 것은?

① 갓복도식 아파트 또는 발코니에서 인접(수평 또는 수직)세대로 피난할 수 있는 아파트
② 주요구조부가 내화구조로서 거실의 각 부분으로 직접 복도로 피난할 수 있는 학교(강의실 용도로 사용되는 층에 한한다)
③ 무인공장 또는 자동창고로서 사람의 출입이 금지된 장소
④ 문화집회 및 운동시설·판매시설 및 영업시설 또는 노유자시설의 용도로 사용되는 층으로서 그 층의 바닥면적이 1,000㎡ 이상인 것

71. 지하구의 화재안전기준에 따라 연소방지설비 헤드의 설치기준으로 옳은 것은?

① 헤드간의 수평거리는 연소방지설비 전용헤드의 경우에는 1.5m 이하로 할 것
② 헤드간의 수평거리는 스프링클러헤드의 경우에는 2m 이하로 할 것
③ 천장 또는 벽면에 설치할 것
④ 한쪽 방향의 살수구역의 길이는 2m 이상으로 할 것

72. 소화기구 및 자동소화장치의 화재안전기준상 소화기구의 소화약제별 적응성 중 C급 화재에 적응성이 없는 소화약제는?

① 마른 모래
② 할로겐화합물 및 불활성기체 소화약제
③ 이산화탄소 소화약제
④ 중탄산염류 소화약제

73. 이산화탄소소화설비 및 할론소화설비의 국소방출방식에 대한 설명으로 옳은 것은?

① 고정식 소화약제 공급장치에 배관 및 분사헤드를 설치하여 직접 화점에 소화약제를 방출하는 방식이다.
② 고정된 분사헤드에서 밀폐 방호구역 공간 전체로 소화약제를 방출하는 방식이다.
③ 호스 선단에 부착된 노즐을 이동하여 방호대상물에 직접 소화약제를 방출하는 방식이다.
④ 소화약제 용기 노즐 등을 운반기구에 적재하고 방호대상물에 직접 소화약제를 방출하는 방식이다.

74. 특고압의 전기시설을 보호하기 위한 소화설비로 물분무소화설비를 사용한다. 그 주된 이유로 옳은 것은?

① 물분무 설비는 다른 물 소화설비에 비해서 신속한 소화를 보여주기 때문이다.
② 물분무 설비는 다른 물 소화설비에 비해서 물의 소모량이 적기 때문이다.
③ 분무상태의 물은 전기적으로 비전도성이기 때문이다.
④ 물분무입자 역시 물이므로 전기전도성이 있으나 전기 시설물을 젖게 하지 않기 때문이다.

75. 물분무소화설비의 화재안전기준에 따라 물분무소화설비를 설치하는 차고 또는 주차장의 배수설비 설치기준으로 틀린 것은?

① 차량이 주차하는 바닥은 배수구를 향해 1/100 이상의 기울기를 유지할 것

② 배수구에서 새어나온 기름을 모아 소화할 수 있도록 길이 40m 이하마다 집수관·소화핏트 등 기름분리장치를 설치할 것
③ 차량이 주차하는 장소의 적당한 곳에 높이 10cm 이상의 경계턱으로 배수구를 설치할 것
④ 배수설비는 가압송수장치의 최대송수능력의 수량을 유효하게 배수할 수 있는 크기 및 기울기로 할 것

76. 연결송수관설비의 화재안전기준에 따라 송수구가 부설된 옥내소화전을 설치한 특정소방대상물로서 연결송수관설비의 방수구를 설치하지 아니할 수 있는 층의 기준 중 다음 ( ) 안에 알맞은 것은? (단, 집회장·관람장·백화점·도매시장·소매시장·판매시설·공장·창고시설 또는 지하가를 제외한다.)

- 지하층을 제외한 층수가 (㉠)층 이하이고 연면적이 (㉡)㎡ 미만인 특정소방대상물의 지상층
- 지하층의 층수가 (㉢) 이하인 특정소방대상물의 지하층

① ㉠ 3, ㉡ 5000, ㉢ 3
② ㉠ 4, ㉡ 6000, ㉢ 2
③ ㉠ 5, ㉡ 3000, ㉢ 3
④ ㉠ 6, ㉡ 4000, ㉢ 2

77. 스프링클러설비의 화재안전기준에 따라 폐쇄형스프링클러헤드를 최고 주위온도 40℃인 장소(공장 및 창고 제외)에 설치할 경우 표시온도는 몇 ℃의 것을 설치하여야 하는가?

① 79℃ 미만
② 79℃ 이상 121℃ 미만
③ 121℃ 이상 162℃ 미만
④ 162℃ 이상

78. 할론소화설비의 화재안전기준상 할론 1211을 국소방출방식으로 방사할 때 분사헤드의 방사압력 기준은 몇 MPa 이상인가?

① 0.1 ② 0.2 ③ 0.9 ④ 1.05

79. 물분무소화설비의 화재안전기준상 물분무헤드를 설치하지 아니할 수 있는 장소의 기준 중 다음 ( ) 안에 알맞은 것은?

운전 시에 표면의 온도가 ( )℃ 이상으로 되는 등 직접 분무를 하는 경우 그 부분에 손상을 입힐 우려가 있는 기계장치 등이 있는 장소

① 160 ② 200 ③ 260 ④ 300

80. 인명구조기구의 화재안전기준에 따라 특정소방대상물의 용도 및 장소별로 설치해야 할 인명구조기구의 기준으로 틀린 것은?

① 지하가 중 지하상가는 인공소생기를 층마다 2개 이상 비치할 것
② 판매시설 중 대규모 점포는 공기호흡기를 층마다 2개 이상 비치할 것
③ 지하층을 포함하는 층수가 7층 이상인 관광호텔은 방열복(또는 방화복), 공기호흡기, 인공소생기를 각 2개 이상 비치할 것
④ 물분무등소화설비 중 이산화탄소 소화설비를 설치해야 하는 특정소방대상물은 공기호흡기를 이산화탄소 소화설비가 설치된 장소의 출입구 외부 인근에 1대 이상 비치할 것

2022년 제1회 소방설비기사(기계분야)

본 지면은 CBT시험의 컴퓨터 화면과 비슷하게 구성한 화면입니다.

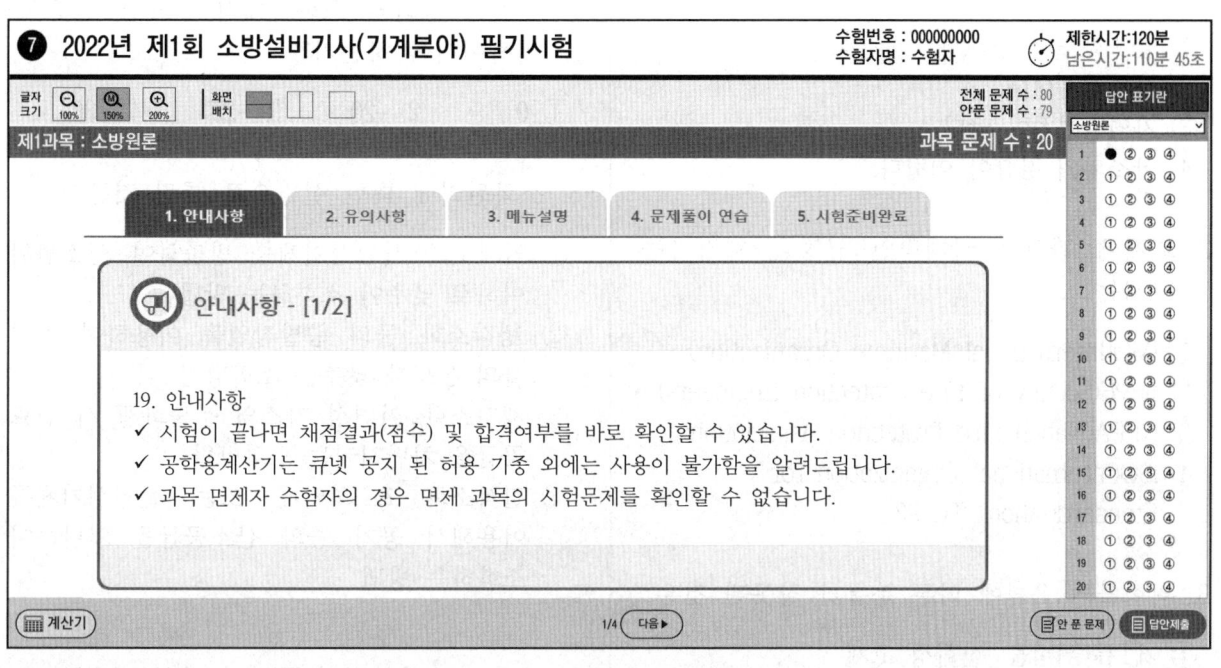

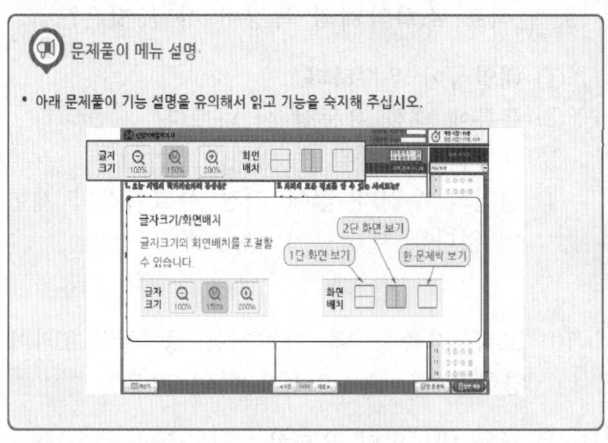

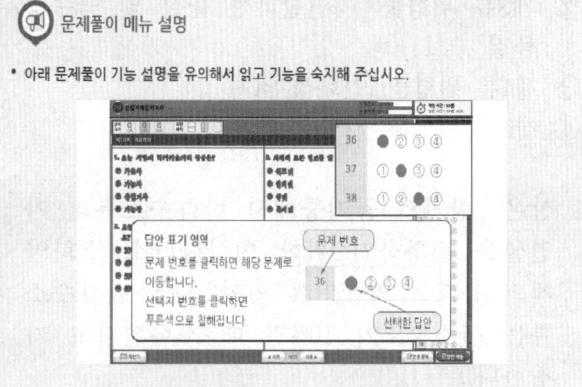

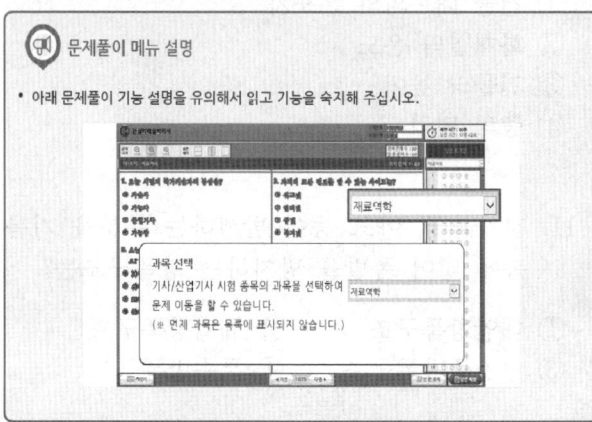

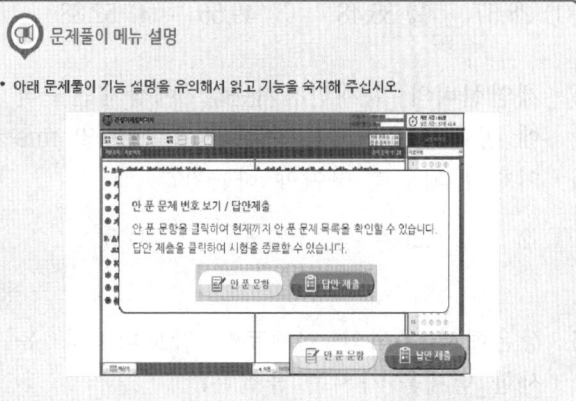

제1과목 : 소방원론

1. 동식물유류에서 "요오드값이 크다"라는 의미를 옳게 설명한 것은?

   ① 불포화도가 높다.
   ② 불건성유이다.
   ③ 자연발화성이 낮다.
   ④ 산소와의 결합이 어렵다.

2. 화재에 관련된 국제적인 규정을 제정하는 단체는?

   ① IMO(International Maritime Organization)
   ② SFPE(Society of Fire Protection Engineers)
   ③ NFPA(Nation Fire Protection Association)
   ④ ISO(International Organization for Standardization) TC 92

3. 위험물의 유별에 따른 분류가 잘못된 것은?

   ① 제1류 위험물: 산화성 고체
   ② 제3류 위험물: 자연발화성 물질 및 금수성 물질
   ③ 제4류 위험물: 인화성 액체
   ④ 제6류 위험물: 가연성 액체

4. 상온·상압의 공기중에서 탄화수소류의 가연물을 소화하기 위한 이산화탄소 소화약제의 농도는 약 몇 % 인가? (단, 탄화수소류는 산소농도가 10%일 때 소화된다고 가정한다.)

   ① 28.57   ② 35.48   ③ 49.56   ④ 52.38

5. 제연설비의 화재안전기준상 예상제연구역에 공기가 유입되는 순간의 풍속은 몇 m/s 이하가 되도록 하여야 하는가?

   ① 2   ② 3   ③ 4   ④ 5

6. 상온에서 무색의 기체로서 암모니아와 유사한 냄새를 가지는 물질은?

   ① 에틸벤젠   ② 에틸아민
   ③ 산화프로필렌   ④ 사이클로프로판

7. 소화약제의 형식승인 및 제품검사의 기술기준상 강화액 소화약제의 응고점은 몇 ℃ 이하이어야 하는가?

   ① 0   ② -20   ③ -25   ④ -30

8. 소화원리에 대한 설명으로 틀린 것은?

   ① 억제소화 : 불활성기체를 방출하여 연소범위 이하로 낮추어 소화하는 방법
   ② 냉각소화 : 물의 증발잠열을 이용하여 가연물의 온도를 낮추는 소화방법
   ③ 제거소화 : 가연성 가스의 분출화재 시 연료 공급을 차단시키는 소화방법
   ④ 질식소화 : 포소화약제 또는 불연성기체를 이용해서 공기 중의 산소공급을 차단하여 소화하는 방법

9. 단백포 소화약제의 특징이 아닌 것은?

   ① 내열성이 우수하다.
   ② 유류에 대한 유동성이 나쁘다.
   ③ 유류를 오염시킬 수 있다.
   ④ 변질의 우려가 없어 저장 유효기간의 제한이 없다.

10. 고층 건축물 내 연기거동 중 굴뚝효과에 영향을 미치는 요소가 아닌 것은?

    ① 건물 내·외의 온도차
    ② 화재실의 온도
    ③ 건물의 높이
    ④ 층의 면적

11. 전기불꽃, 아크 등이 발생하는 부분을 기름 속에 넣어 폭발을 방지하는 방폭구조는?

    ① 내압방폭구조   ② 유입방폭구조
    ③ 안전증방폭구조   ④ 특수방폭구조

12. 건축물의 피난·방화구조 등의 기준에 관한 규칙상 방화구획의 설치기준 중 스프링클러를 설치한 10층 이하의 층은 바닥면적 몇 m2 이내마다 방화구획을 구획하여야 하는가?

    ① 1000
    ② 1500
    ③ 2000
    ④ 3000

13. 과산화수소 위험물의 특성이 아닌 것은?

    ① 비수용성이다.
    ② 무기화합물이다.
    ③ 불연성 물질이다.
    ④ 비중은 물보다 무겁다.

14. 이산화탄소 소화약제의 임계온도는 약 몇 ℃ 인가?

    ① 24.4   ② 31.4   ③ 56.4   ④ 78.4

15. 이산화탄소 소화약제의 주된 소화효과는?

    ① 제거소화   ② 억제소화
    ③ 질식소화   ④ 냉각소화

16. 백열전구가 발열하는 원인이 되는 열은?

    ① 아크열   ② 유도열
    ③ 저항열   ④ 정전기열

17. 화재의 정의로 옳은 것은?

    ① 가연성물질과 산소와의 격렬한 산화반응이다.
    ② 사람의 과실로 인한 실화나 고의에 의한 방화로 발생하는 연소현상으로서 소화할 필요성이 있는 연소현상이다.
    ③ 가연물과 공기와의 혼합물이 어떤 점화원에 의하여 활성화되어 열과 빛을 발하면서 일으키는 격렬한 발열반응이다.
    ④ 인류의 문화와 문명의 발달을 가져오게 한 근본 존재로서 인간의 제어수단에 의하여 컨트롤 할 수 있는 연소현상이다.

18. 물에 황산을 넣어 묽은 황산을 만들 때 발생되는 열은?

    ① 연소열   ② 분해열
    ③ 용해열   ④ 자연발열

19. 자연발화의 방지방법이 아닌 것은?

    ① 통풍이 잘 되도록 한다.
    ② 퇴적 및 수납 시 열이 쌓이지 않게 한다.
    ③ 높은 습도를 유지한다.
    ④ 저장실의 온도를 낮게 한다.

20. 다음 중 분진 폭발의 위험성이 가장 낮은 것은?

    ① 시멘트가루   ② 알루미늄분
    ③ 석탄분말   ④ 밀가루

제2과목 : 소방유체역학

21. 30℃에서 부피가 10L인 이상기체를 일정한 압력으로 0℃로 냉각시키면 부피는 약 몇 L로 변하는가?

    ① 3   ② 9   ③ 12   ④ 18

22. 비중이 0.6이고 길이 20m, 폭 10m, 높이 3m인 직육면체 모양의 소방정 위에 비중이 0.9인 포소화약제 5톤을 실었다. 바닷물의 비중이 1.03일 때 바닷물 속에 잠긴 소방정의 깊이는 몇 m인가?

    ① 3.54   ② 2.5   ③ 1.77   ④ 0.6

23. 그림과 같이 대기압 상태에서 V의 균일한 속도로 분출된 직경 D의 원형 물제트가 원판에 충돌할 때 원판이 U의 속도로 오른쪽으로 계속 동일한 속도로 이동하려면 외부에서 원판에 가해야 하는 힘 F는?

(단, ρ는 물의 밀도, g는 중력가속도이다.)

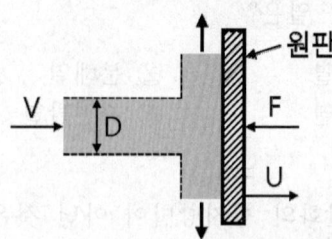

① $\dfrac{\rho \pi D^2}{4}(V-U)^2$

② $\dfrac{\rho \pi D^2}{4}(V+U)^2$

③ $\rho \pi D^2 (V-U)(V+U)$

④ $\dfrac{\rho \pi D^2 (V-U)(V+U)}{4}$

24. 그림과 같이 폭이 넓은 두 평판 사이를 흐르는 유체의 속도분포 u(y)가 다음과 같을 때, 평판 벽에 작용하는 전단응력은 약 몇 Pa인가? (단, $u_m = 1\text{m/s}$, $h=0.01\text{m}$, 유체의 점성계수는 $0.1\,\text{N}\cdot\text{s/m}^2$이다.)

$$u(y) = u_m\left[1-\left(\dfrac{y}{h}\right)^2\right]$$

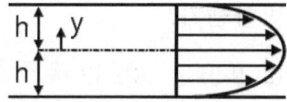

① 1　　② 2　　③ 10　　④ 20

25. -15℃의 얼음 10g을 100℃의 증기로 만드는데 필요한 열량은 약 몇 kJ인가? (단, 얼음의 융해열은 335 kJ/kg, 물의 증발잠열은 2256 kJ/kg, 얼음의 평균비열은 2.1 kJ/kg·K이고, 물의 평균비열은 4.18 kJ/kg·K이다.)

① 7.85　② 27.1　③ 30.4　④ 35.2

26. 포화액-증기 혼합물 300g이 100kPa의 일정한 압력에서 기화가 일어나서 건도가 10%에서 30%로 높아진다면 혼합물의 체적 증가량은 약 몇 m³인가? (단, 100kPa에서 포화액과 포화증기의 비체적은 각각 0.00104 m³/kg과 1.694 m³/kg이다.)

① 3.386　② 1.693　③ 0.508　④ 0.102

27. 비중량 및 비중에 대한 설명으로 옳은 것은?

① 비중량은 단위부피당 유체의 질량이다.
② 비중은 유체의 질량 대 표준상태 유체의 질량비이다.
③ 기체인 수소의 비중은 액체인 수은의 비중보다 크다.
④ 압력의 변화에 대한 액체의 비중량 변화는 기체 비중량 변화보다 작다.

28. 물분무 소화설비의 가압송수장치로 전동기 구동형 펌프를 사용하였다. 펌프의 토출량 800L/min, 전양정 50m, 효율 0.65, 전달계수 1.1인 경우 적당한 전동기 용량은 몇 kW인가?

① 4.2　② 4.7　③ 10.0　④ 11.1

29. 수평원관 속을 층류 상태로 흐르는 경우 유량에 대한 설명으로 틀린 것은?

① 점성계수에 반비례한다.
② 관의 길이에 반비례한다.
③ 관 지름의 4제곱에 비례한다.
④ 압력강하량에 반비례한다.

30. 부차적 손실계수 K가 2인 관 부속품에서의 손실 수두가 2m라면 이때의 유속은 약 몇 m/s인가?

① 4.43　② 3.14　③ 2.21　④ 2.00

31. 관내에 흐르는 유체의 흐름을 구분하는 데 사용되는 레이놀즈 수의 물리적인 의미는?

① 관성력/중력 ② 관성력/점성력
③ 관성력/탄성력 ④ 관성력/압축력

32. 그림과 같은 U자관 차압액주계에서 γ_1 = 9.8kN/㎥, γ_2 = 133kN/㎥, γ_3 = 9.0kN/㎥, h_1 = 0.2m, h_3 = 0.1m이고 압력차 $P_A - P_B$ = 30kPa 이다. h_2는 몇 m인가?

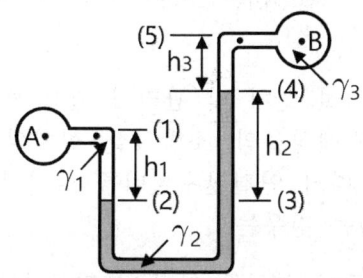

① 0.218 ② 0.226 ③ 0.234 ④ 0.247

33. 펌프와 관련된 용어의 설명으로 옳은 것은?

① 캐비테이션 : 송출압력과 송출유량이 주기적으로 변하는 현상
② 서징 : 액체가 포화 증기압 이하에서 비등하여 기포가 발생하는 현상
③ 수격작용 : 관을 흐르던 물이 갑자기 정지할 때 압력파에 의해 이상음(異常音)이 발생하는 현상
④ NPSH : 펌프에서 상사법칙을 나타내기 위한 비속도

34. 베르누이의 정리 ($\frac{P}{\rho} + \frac{V^2}{2} + gZ$ = constant)가 적용되는 조건이 아닌 것은?

① 압축성의 흐름이다.
② 정상 상태의 흐름이다.
③ 마찰이 없는 흐름이다.
④ 베르누이 정리가 적용되는 임의의 두 점은 같은 유선 상에 있다.

35. 그림과 같이 수평과 30° 경사된 폭 50㎝인 수문 AB가 A점에서 힌지(hinge)로 되어있다. 이 문을 열기 위한 최소한의 힘 F(수문에 직각 방향)는 약 몇 kN인가? (단, 수문의 무게는 무시하고, 유체의 비중은 1이다.)

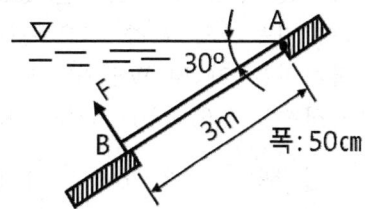

① 11.5 ② 7.35 ③ 5.51 ④ 2.71

36. 성능이 같은 3대의 펌프를 병렬로 연결하였을 경우 양정과 유량은 얼마인가? (단, 펌프 1대의 유량은 Q, 양정은 H이다.)

① 유량은 3Q, 양정은 H
② 유량은 3Q, 양정은 3H
③ 유량은 9Q, 양정은 H
④ 유량은 9Q, 양정은 3H

37. 수평배관 설비에서 상류지점인 A지점의 배관을 조사해 보니 지름 100㎜, 압력 0.45MPa, 평균유속 1m/s이었다. 또, 하류의 B지점을 조사해 보니 지름 50㎜, 압력 0.4MPa이었다면 두 지점 사이의 손실수두는 약 몇 m인가? (단, 배관 내 유체의 비중은 1이다.)

① 4.34 ② 4.95 ③ 5.87 ④ 8.67

38. 원관 속을 층류상태로 흐르는 유체의 속도분포가 다음과 같을 때 관벽에서 30㎜ 떨어진 곳에서 유체의 속도기울기(속도구배)는 약 몇 s^{-1} 인가?

$u = 3y^{\frac{1}{2}}$	- u : 유속(m/s) - y : 관벽으로부터의 거리(m)

① 0.87 ② 2.74 ③ 8.66 ④ 27.4

39. 대기의 압력이 106kPa이라면 게이지 압력이 1226kPa인 용기에서 절대압력은 몇 kPa인가?

① 1120 ② 1125 ③ 1327 ④ 1332

40. 표면온도 15℃, 방사율 0.85인 40㎝×50㎝ 직사각형 나무판의 한쪽 면으로부터 방사되는 복사열은 약 몇 W인가? (단 스테판-볼츠만 상수는 $5.67×10^{-8}$ W/㎡·K⁴ 이다.)

① 12 ② 66 ③ 78 ④ 521

제3과목 : 소방관계법규

41. 소방시설공사업법령상 소방시설업의 감독을 위하여 필요할 때에 소방시설업자나 관계인에게 필요한 보고나 자료 제출을 명할 수 있는 사람이 아닌 것은?

① 시·도지사 ② 119안전센터장
③ 소방서장 ④ 소방본부장

42. 소방시설공사업법령상 소방시설업자가 소방시설공사 등을 맡긴 특정소방대상물의 관계인에게 지체 없이 그 사실을 알려야 하는 경우가 아닌 것은?

① 소방시설업자의 지위를 승계한 경우
② 소방시설업의 등록취소처분 또는 영업정지 처분을 받은 경우
③ 휴업하거나 폐업한 경우
④ 소방시설업의 주소지가 변경된 경우

43. 소방기본법령상 이웃하는 다른 시·도지사와 소방업무에 관하여 시·도지사가 체결할 상호응원협정 사항이 아닌 것은?

① 화재조사 활동
② 응원출동의 요청 방법
③ 소방교육 및 응원출동 훈련
④ 응원출동대상지역 및 규모

44. 소방시설 설치 및 관리에 관한 법령상 소방시설의 종류에 대한 설명으로 옳은 것은?

① 소화기구, 옥외소화전설비는 소화설비에 해당된다.
② 유도등, 비상조명등은 경보설비에 해당된다.
③ 소화수조, 저수조는 소화활동설비에 해당된다.
④ 연결송수관설비는 소화용수설비에 해당된다.

45. 소방시설 설치 및 관리에 관한 법령상 특정소방대상물의 소방시설 설치의 면제기준에 따라 연결살수설비를 설치면제 받을 수 있는 경우는?

① 송수구를 부설한 간이스프링클러설비를 설치하였을 때
② 송수구를 부설한 옥내소화전설비를 설치하였을 때
③ 송수구를 부설한 옥외소화전설비를 설치하였을 때
④ 송수구를 부설한 연결송수관설비를 설치하였을 때

46. 위험물안전관리법령상 위험물 및 지정수량에 대한 기준 중 다음 ( ) 안에 알맞은 것은?

> 금속분이라 함은 알칼리금속, 알칼리토류금속·철 및 마그네슘외의 금속의 분말을 말하고, 구리분·니켈분 및 (㉠)마이크로미터의 체를 통과하는 것이 (㉡)중량퍼센트 미만인 것은 제외한다.

① ㉠ 150, ㉡ 50 ② ㉠ 53, ㉡ 50
③ ㉠ 50, ㉡ 150 ④ ㉠ 50, ㉡ 53

47. 위험물안전관리법령상 제조소등의 관계인은 위험물의 안전관리에 관한 직무를 수행하게 하기 위하여 제조소등마다 위험물의 취급에 관한 자격이 있는 자를 위험물

안전관리자로 선임하여야 한다. 이 경우 제조소등의 관계인이 지켜야 할 기준으로 틀린 것은?

① 제조소등의 관계인은 안전관리자를 해임하거나 안전관리자가 퇴직한 때에는 해임하거나 퇴직한 날부터 15일 이내에 다시 안전관리자를 선임하여야한다.
② 제조소등의 관계인이 안전관리자를 선임한 경우에는 선임한 날부터 14일 이내에 소방본부장 또는 소방서장에게 신고하여야 한다.
③ 제조소등의 관계인은 안전관리자가 여행·질병 그 밖의 사유로 인하여 일시적으로 직무를 수행할 수 없는 경우에는 국가기술자격법에 따른 위험물의 취급에 관한 자격취득자 또는 위험물안전에 관한 기본지식과 경험이 있는 자를 대리자로 지정하여 그 직무를 대행하게 하여야 한다. 이 경우 대행하는 기간은 30일을 초과할 수 없다.
④ 안전관리자는 위험물을 취급하는 작업을 하는 때에는 작업자에게 안전관리에 관한 필요한 지시를 하는 등 위험물의 취급에 관한 안전관리와 감독을 하여야 하고, 제조소등의 관계인은 안전관리자의 위험물 안전관리에 관한 의견을 존중하고 그 권고에 따라야 한다.

48. 소방시설공사업법령상 감리업자는 소방시설공사가 설계도서 또는 화재안전기준에 적합하지 아니한 때에는 가장 먼저 누구에게 알려야 하는가?

① 감리업체 대표자 ② 시공자
③ 관계인   ④ 소방서장

49. 화재의 예방 및 안전관리에 관한 법령에 따라 2급 소방안전관리대상물의 소방안전관리자 선임 기준으로 틀린 것은?

① 소방청장이 실시하는 2급 소방안전관리대상물의 소방안전관리에 관한 시험에 합격한 사람
② 소방공무원으로 3년 이상 근무한 경력이 있는 사람으로서 2급 소방안전관리자 자격증을 발급받은 사람
③ 의용소방대원으로 5년 이상 근무한 경력이 있는 사람으로서 2급 소방안전관리자 자격증을 발급받은 사람
④ 위험물산업기사 자격이 있는 사람으로서 2급 소방안전관리자 자격증을 발급받은 사람

50. 위험물안전관리 법령상 옥내주유취급소에 있어서 당해 사무소 등의 출입구 및 피난구와 당해 피난구로 통하는 통로·계단 및 출입구에 설치해야 하는 피난설비는?

① 유도등   ② 구조대
③ 피난사다리   ④ 완강기

51. 소방시설공사업법령상 소방시설업 등록의 결격사유에 해당되지 않는 법인은?

① 법인의 대표자가 피성년후견인인 경우
② 법인의 임원이 피성년후견인인 경우
③ 법인의 대표자가 소방시설공사업법에 따라 소방시설업 등록이 취소된 지 2년이 지나지 아니한 자인 경우
④ 법인의 임원이 소방시설공사업법에 따라 소방시설업 등록이 취소된 지 2년이 지나지 아니한 자인 경우

52. 화재의 예방 및 안전관리에 관한 법령상 화재가 발생할 우려가 크거나 화재가 발생할 경우 그로 인하여 피해가 클 것으로 예상되는 지역을 화재예방강화지구로 지정할 수 있는 자는?

① 한국소방안전원장 ② 소방시설관리사
③ 소방본부장   ④ 시·도지사

53. 소방시설 설치 및 관리에 관한 법령상 건축허가 등을 할 때 미리 소방본부장 또는 소방서장의 동의를 받아야 하는 건축물 등의 범위가 아닌 것은?

① 연면적 200㎡ 이상인 노유자시설 및 수련시설
② 항공기격납고, 관망탑
③ 차고·주차장으로 사용되는 바닥면적이 100㎡ 이상인 층이 있는 건축물
④ 지하층 또는 무창층이 있는 건축물로서 바닥면적이 150㎡ 이상인 층이 있는 것

54. 소방시설 설치 및 관리에 관한 법령상 특정소방대상물의 수용인원 산정방법으로 옳은 것은?

① 침대가 없는 숙박시설은 해당 특정소방대상물의 종사자 수에 숙박시설 바닥면적의 합계를 4.6㎡로 나누어 얻은 수를 합한 수로 한다.
② 강의실로 쓰이는 특정소방대상물은 해당 용도로 사용하는 바닥면적의 합계를 4.6㎡로 나누어 얻은 수로 한다.
③ 관람석이 없을 경우 강당, 문화 및 집회시설, 운동시설, 종교시설은 해당 용도로 사용하는 바닥면적의 합계를 4.6㎡로 나누어 얻은 수로 한다.
④ 백화점은 해당 용도로 사용하는 바닥면적의 합계를 4.6㎡로 나누어 얻은 수로 한다.

55. 화재의 예방 및 안전관리에 관한 법령상 일반음식점 주방에서 음식조리를 위해 불을 사용하는 설비를 설치하는 경우 지켜야 하는 사항으로 틀린 것은?

① 주방시설에는 동물 또는 식물의 기름을 제거할 수 있는 필터 등을 설치할 것
② 열을 발생하는 조리기구는 반자 또는 선반으로부터 0.6미터 이상 떨어지게 할 것
③ 주방설비에 부속된 배출덕트는 0.2밀리미터 이상의 아연도금강판으로 설치할 것
④ 열을 발생하는 조리기구로부터 0.15미터 이내의 거리에 있는 가연성 주요구조부는 단열성이 있는 불연재료로 덮어 씌울 것

56. 소방기본법령상 소방업무의 응원에 대한 설명 중 틀린 것은?

① 소방본부장이나 소방서장은 소방 활동을 할 때에 긴급한 경우에는 이웃한 소방본부장 또는 소방서장에게 소방업무의 응원을 요청할 수 있다.
② 소방업무의 응원 요청을 받은 소방본부장 또는 소방서장은 정당한 사유 없이 그 요청을 거절하여서는 아니 된다.
③ 소방업무의 응원을 위하여 파견된 소방대원은 응원을 요청한 소방본부장 또는 소방서장의 지휘에 따라야 한다.
④ 시·도지사는 소방업무의 응원을 요청하는 경우를 대비하여 출동 대상지역 및 규모와 필요한 경비의 부담 등에 관하여 필요한 사항을 대통령령으로 정하는 바에 따라 이웃하는 시·도지사와 협의하여 미리 규약으로 정하여야 한다.

57. 소방시설공사업법령상 소방공사감리업을 등록한 자가 수행하여야 할 업무가 아닌 것은?

① 완공된 소방시설 등의 성능시험
② 소방시설 등 설계 변경 사항의 적합성 검토
③ 소방시설 등의 설치계획표의 적법성 검토
④ 소방용품 형식승인 및 제품검사의 기술기준에 대한 적합성 검토

58. 소방시설공사업법령상 소방시설업에 대한 행정처분기준에서 1차 행정처분 사항으로 등록취소에 해당하는 것은?

① 거짓이나 그 밖의 부정한 방법으로 등록한 경우
② 소방시설업자의 지위를 승계한 사실을 소방시설공사 등을 맡긴 특정소방대상물의 관계인에게 통지를 하지 아니한 경우
③ 화재안전기준 등에 적합하게 설계·시공을 하지 아니하거나, 법에 따라 적합하게 감리를 하지 아니한 경우
④ 등록을 한 후 정당한 사유 없이 1년이 지날 때까지 영업을 시작하지 아니하거나 계속하여 1년 이상 휴업한 때

59. 다음 중 소방기본법령상 한국소방안전원의 업무가 아닌 것은?

① 소방기술과 안전관리에 관한 교육 및 조사·연구
② 위험물탱크 성능시험
③ 소방기술과 안전관리에 관한 각종 간행물 발간
④ 화재 예방과 안전관리의식 고취를 위한 대국민 홍보

60. 위험물안전관리법령상 제조소등이 아닌 장소에서 지정수량 이상의 위험물 취급에 대한 설명으로 틀린 것은?

① 임시로 저장 또는 취급하는 장소에서의 저장 또는 취급의 기준은 시·도의 조례로 정한다.
② 필요한 승인을 받아 지정수량 이상의 위험물을 120일 이내의 기간 동안 임시로 저장 또는 취급하는 경우 제조소 등이 아닌 장소에서 지정수량 이상의 위험물을 취급할 수 있다.
③ 제조소등이 아닌 장소에서 지정수량 이상의 위험물을 취급할 경우 관할소방서장의 승인을 받아야 한다.
④ 군부대가 지정수량 이상의 위험물을 군사목적으로 임시로 저장 또는 취급하는 경우 제조소등이 아닌 장소에서 지정수량 이상의 위험물을 취급할 수 있다.

제4과목 : 소방기계시설의 구조 및 원리

61. 소화기구 및 자동소화장치의 화재안전기준상 대형소화기의 정의 중 다음 (   ) 안에 알맞은 것은?

화재 시 사람이 운반할 수 있도록 운반대와 바퀴가 설치되어 있고 능력 단위가 A급 (㉠)단위 이상, B급 (㉡)단위 이상인 소화기를 말한다.

① ㉠ 20, ㉡ 10
② ㉠ 10, ㉡ 20
③ ㉠ 10, ㉡ 5
④ ㉠ 5, ㉡ 10

62. 분말소화설비의 화재안전기준상 분말소화약제의 가압용가스 또는 축압용가스의 설치기준으로 틀린 것은?

① 가압용가스에 질소가스를 사용하는 것의 질소가스는 소화약제 1kg마다 40L (35℃에서 1기압의 압력 상태로 환산한 것) 이상으로 할 것
② 가압용가스에 이산화탄소를 사용하는 것의 이산화탄소는 소화약제 1kg에 대하여 20g에 배관의 청소에 필요한 양을 가산한 양 이상으로 할 것
③ 축압용가스에 질소가스를 사용하는 것의 질소가스는 소화약제 1kg에 대하여 40L (35℃에서 1기압의 압력 상태로 환산한 것) 이상으로 할 것
④ 축압용가스에 이산화탄소를 사용하는 것의 이산화탄소는 소화약제 1kg에 대하여 20g에 배관의 청소에 필요한 양을 가산한 양 이상으로 할 것

63. 포소화설비의 화재안전기준상 포소화설비의 자동식 기동장치에 화재감지기를 사용하는 경우, 화재감지기 회로의 발신기 설치 기준 중 (   ) 안에 알맞은 것은? (단, 자동화재탐지설비의 수신기가 설치된 장소에 상시 사람이 근무하고 있고, 화재 시 즉시 해당 조자부를 작동시킬 수 있는 경우는 제외한다.)

특정소방대상물의 층마다 설치하되, 해당 특정소방대상물의 각 부분으로부터 수평거리가 (㉠)m 이하가 되도록 할 것. 다만, 복도 또는 별도로 구획된 실로서 보행거리가 (㉡)m 이상일 경우에는 추가로 설치하여야 한다.

① ㉠ 25, ㉡ 30
② ㉠ 25, ㉡ 40
③ ㉠ 15, ㉡ 30
④ ㉠ 15, ㉡ 40

64. 특별피난계단의 계단실 및 부속실 제연설비의 화재안전기준상 급기풍도 단면의 긴 변 길이가 1300mm인 경우, 강판의 두께는 최소 몇 mm 이상이어야 하는가?

   ① 0.6 ② 0.8 ③ 1.0 ④ 1.2

65. 옥외소화전설비의 화재안전기준상 옥외소화전설비에서 성능시험배관의 직관부에 설치된 유량측정장치는 펌프 및 정격토출량의 최소 몇 % 이상 측정할 수 있는 성능이 있어야 하는가?

   ① 175 ② 150 ③ 75 ④ 50

66. 할론소화설비의 화재안전기준상 자동차 차고나 주차장에 할론 1301 소화약제로 전역방출방식의 소화설비를 설치한 경우 방호구역의 체적 1㎥당 얼마의 소화약제가 필요한가?

   ① 0.32kg 이상 0.64kg 이하
   ② 0.36kg 이상 0.71kg 이하
   ③ 0.40kg 이상 1.10kg 이하
   ④ 0.60kg 이상 0.71kg 이하

67. 소화기구 및 자동소화장치의 화재안전기준상 타고 나서 재가 남는 일반화재에 해당하는 일반 가연물은?

   ① 고무   ② 타르
   ③ 솔벤트   ④ 유성도료

68. 특별피난계단의 계단실 및 부속실 제연설비의 화재안전기준상 차압 등에 관한 기준으로 옳은 것은?

   ① 제연설비가 가동되었을 경우 출입문의 개방에 필요한 힘은 150N 이하로 하여야 한다.
   ② 제연구역과 옥내와의 사이에 유지하여야 하는 최소차압은 옥내에 스프링클러설비가 설치된 경우에는 40Pa 이상으로 하여야 한다.
   ③ 계단실과 부속실을 동시에 제연하는 경우 부속실의 기압은 계단실과 같게 하거나 계단실의 기압보다 낮게 할 경우에는 부속실과 계단실의 압력 차이는 3Pa 이하가 되도록 하여야 한다.
   ④ 피난을 위하여 제연구역의 출입문이 일시적으로 개방되는 경우 개방되지 아니하는 제연구역과 옥내와의 차압은 기준에 따른 차압의 70% 미만이 되어서는 아니 된다.

69. 스프링클러설비의 화재안전기준상 고가수조를 이용한 가압송수장치의 설치기준 중 고가수조에 설치하지 않아도 되는 것은?

   ① 수위계   ② 배수관
   ③ 압력계   ④ 오버플로우관

70. 상수도소화용수설비의 화재안전기준상 소화전은 특정소방대상물의 수평투영면의 각 부분으로부터 최대 몇 m 이하가 되도록 설치하여야 하는가?

   ① 100 ② 120 ③ 140 ④ 150

71. 상수도소화용수설비의 화재안전기준상 상수도소화용수설비 소화전의 설치기준 중 다음 (   ) 안에 알맞은 것은?

   호칭지름 (㉠)mm 이상의 수도배관에 호칭지름 (㉡)mm 이상의 소화전을 접속할 것

   ① ㉠ 65, ㉡ 120   ② ㉠ 75, ㉡ 100
   ③ ㉠ 80, ㉡ 90   ④ ㉠ 100, ㉡ 100

72. 구조대의 형식승인 및 제품검사의 기술기준상 경사강하식 구조대의 구조 기준으로 틀린 것은?

   ① 연속하여 활강할 수 있는 구조로 안전하고 쉽게 사용할 수 있어야 한다.
   ② 구조대 본체는 강하방향으로 봉합부가 설치되지 아니하여야 한다.

③ 입구틀 및 취부틀의 입구는 지름 40㎝ 이상의 구체가 통할 수 있어야 한다.
④ 본체의 포지는 하부지지장치에 인장력이 균등하게 걸리도록 부착하여야 하며 하부지지장치는 쉽게 조작할 수 있어야 한다.

73. 분말소화설비의 화재안전기준상 차고 또는 주차장에 설치하는 분말소화설비의 소화약제는?

① 제1종 분말
② 제2종 분말
③ 제3종 분말
④ 제4종 분말

74. 피난사다리의 형식승인 및 제품검사의 기술기준상 피난사다리의 일반구조 기준으로 옳은 것은?

① 피난사다리는 2개 이상의 횡봉으로 구성되어야 한다. 다만, 고정식사다리인 경우에는 횡봉의 수를 1개로 할 수 있다.
② 피난사다리(종봉이 1개인 고정식사다리는 제외)의 종봉의 간격은 최외각 종봉 사이의 안치수가 15㎝ 이상이어야 한다.
③ 피난사다리의 횡봉은 지름 15㎜ 이상 25㎜ 이하의 원형인 단면이거나 또는 이와 비슷한 손으로 잡을 수 있는 형태의 단면이 있는 것이어야 한다.
④ 피난사다리의 횡봉은 종봉에 동일한 간격으로 부착한 것이어야 하며, 그 간격은 25㎝ 이상 35㎝ 이하이어야 한다.

75. 간이스프링클러설비의 화재안전기준상 간이스프링클러설비의 배관 및 밸브 등의 설치순서로 맞는 것은? (단, 수원이 펌프보다 낮은 경우이다.)

① 상수도직결형은 수도용계량기, 급수차단장치, 개폐표시형밸브, 체크밸브, 압력계, 유수검지장치, 2개의 시험밸브 순으로 설치할 것
② 펌프 설치 시에는 수원, 연성계 또는 진공계, 펌프 또는 압력수조, 압력계, 체크밸브, 개폐표시형밸브, 유수검지장치, 2개의 시험밸브 순으로 설치할 것
③ 가압수조 이용 시에는 수원, 가압수조, 압력계, 체크밸브, 개폐표시형밸브, 유수검지장치, 1개의 시험밸브 순으로 설치할 것
④ 캐비닛형인 경우 수원, 펌프 또는 압력수조, 압력계, 체크밸브, 연성계 또는 진공계, 개폐표시형밸브 순으로 설치할 것

76. 스프링클러설비의 화재안전기준상 스프링클러헤드 설치 시 살수가 방해되지 아니하도록 벽과 스프링클러헤드 간의 공간은 최소 몇 ㎝ 이상으로 하여야 하는가?

① 60   ② 30   ③ 20   ④ 10

77. 물분무소화설비의 화재안전기준상 차고 또는 주차장에 설치하는 물분무소화설비의 배수설비 기준으로 틀린 것은?

① 차량이 주차하는 바닥은 배수구를 향하여 100분의 2 이상의 기울기를 유지할 것
② 차량이 주차하는 장소의 적당한 곳에 높이 5㎝ 이상의 경계턱으로 배수구를 설치할 것
③ 배수설비는 가압송수장치의 최대송수능력의 수량을 유효하게 배수할 수 있는 크기 및 기울기로 할 것
④ 배수구에는 새어 나온 기름을 모아 소화할 수 있도록 길이 40m 이하마다 집수관·소화핏트 등 기름분리장치를 설치할 것

78. 미분무소화설비의 화재안전기준상 용어의 정의 중 다음 ( ) 안에 알맞은 것은?

"미분무"란 물만을 사용하여 소화하는 방식으로 최소설계압력에서 헤드로부터 방출되는 물입자 중 99%의 누적체적분포가 (㉠) ㎛ 이하로 분무되고 (㉡)급 화재에 적응성을 갖는 것을 말한다.

① ㉠ 400, ㉡ A·B·C
② ㉠ 400, ㉡ B·C
③ ㉠ 200, ㉡ A·B·C
④ ㉠ 200, ㉡ B·C

79. 포소화설비의 화재안전기준상 포소화설비의 자동식 기동장치에 폐쇄형 스프링클러헤드를 사용하는 경우에 대한 설치 기준 중 다음 (   ) 안에 알맞은 것은? (단, 자동화재탐지설비의 수신기가 설치된 장소에 상시 사람이 근무하고 있고, 화재 시 즉시 해당 조작부를 작동시킬 수 있는 경우는 제외한다.)

- 표시온도가 (㉠)℃ 미만인 것을 사용하고 1개의 스프링클러헤드의 경계 면적은 (㉡)㎡ 이하로 할 것
- 부착면의 높이는 바닥으로부터 (㉢)m 이하로 하고 화재를 유효하게 감지할 수 있도록 할 것

① ㉠ 60, ㉡ 10, ㉢ 7   ② ㉠ 60, ㉡ 20, ㉢ 7
③ ㉠ 79, ㉡ 10, ㉢ 5   ④ ㉠ 79, ㉡ 20, ㉢ 5

80. 할론소화설비의 화재안전기준상 할론소화약제 저장용기의 설치기준 중 다음 (   ) 안에 알맞은 것은?

축압식 저장용기의 압력은 온도 20℃에서 할론 1301을 저장하는 것은 (㉠)MPa 또는 (㉡)MPa이 되도록 질소가스로 축압할 것

① ㉠ 2.5, ㉡ 4.2   ② ㉠ 2.0, ㉡ 3.5
③ ㉠ 1.5, ㉡ 3.0   ④ ㉠ 1.1, ㉡ 2.5

2022년 제2회 소방설비기사(기계분야)

본 지면은 CBT시험의 컴퓨터 화면과 비슷하게 구성한 화면입니다.

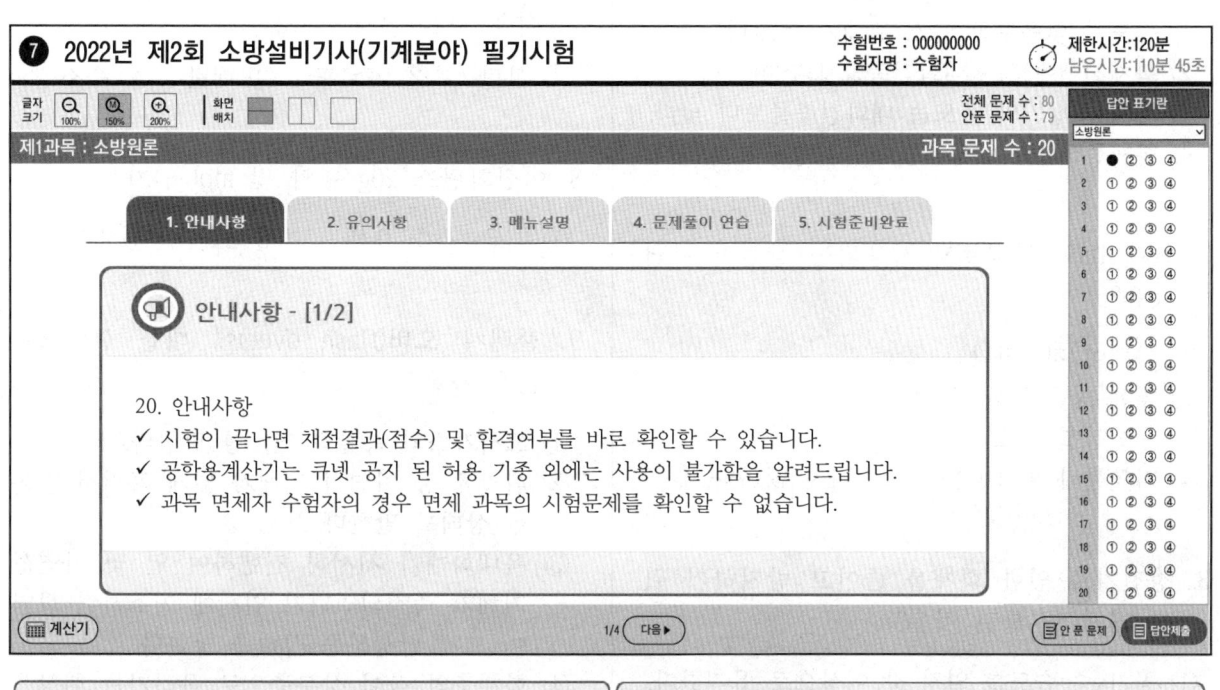

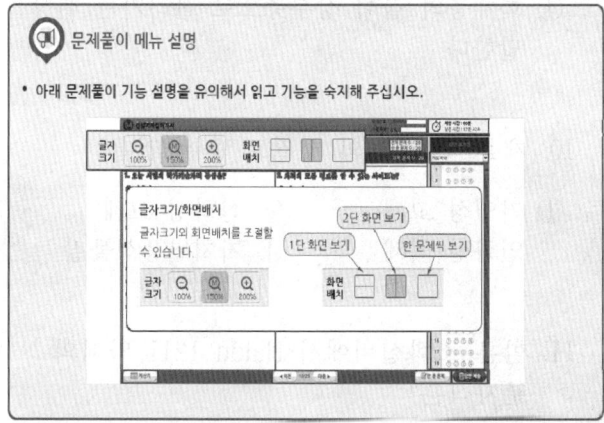

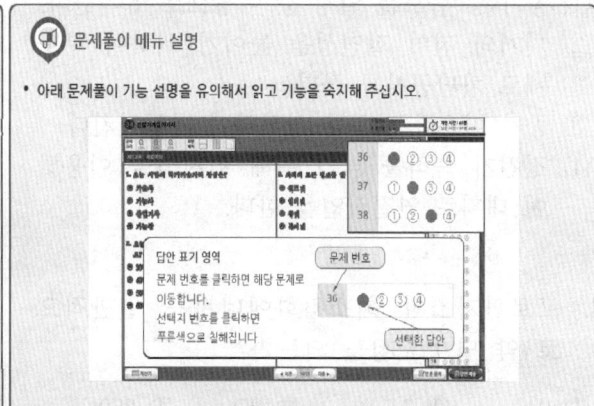

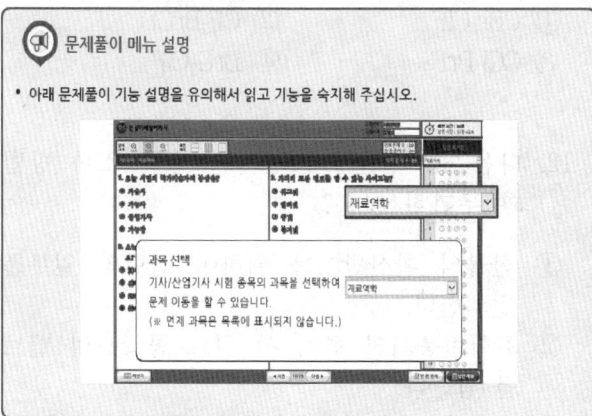

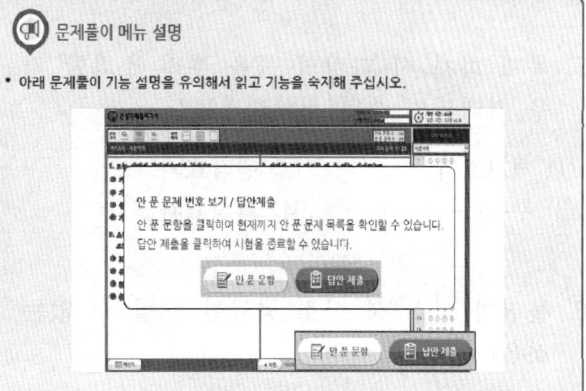

제1과목 : 소방원론

1. 목조건축물의 화재특성으로 틀린 것은?

   ① 습도가 낮을수록 연소 확대가 빠르다.
   ② 화재진행속도는 내화건축물보다 빠르다.
   ③ 화재 최성기의 온도는 내화건축물보다 낮다.
   ④ 화재성장속도는 횡방향보다 종방향이 빠르다.

2. 물이 소화 약제로써 사용되는 장점이 아닌 것은?

   ① 가격이 저렴하다.
   ② 많은 양을 구할 수 있다.
   ③ 증발잠열이 크다.
   ④ 가연물과 화학반응이 일어나지 않는다.

3. 정전기로 인한 화재를 줄이고 방지하기 위한 대책 중 틀린 것은?

   ① 공기 중 습도를 일정 값 이상으로 유지한다.
   ② 기기의 전기 절연성을 높이기 위하여 부도체로 차단공사를 한다.
   ③ 공기 이온화 장치를 설치하여 가동시킨다.
   ④ 정전기 축적을 막기 위해 접지선을 이용하여 대지로 연결작업을 한다.

4. 프로판가스의 최소점화에너지는 일반적으로 약 몇 mJ 정도 되는가?

   ① 0.25   ② 2.5   ③ 25   ④ 250

5. 목재 화재 시 다량의 물을 뿌려 소화할 경우 기대되는 주된 소화효과는?

   ① 제거효과   ② 냉각효과
   ③ 부촉매효과   ④ 희석효과

6. 물질의 연소 시 산소 공급원이 될 수 없는 것은?

   ① 탄화칼슘   ② 과산화나트륨
   ③ 질산나트륨   ④ 압축공기

7. 다음 물질 중 공기 중에서의 연소범위가 가장 넓은 것은?

   ① 부탄   ② 프로판   ③ 메탄   ④ 수소

8. 이산화탄소 20g은 약 몇 mol 인가?

   ① 0.23   ② 0.45   ③ 2.2   ④ 4.4

9. 플래시 오버(flash over)에 대한 설명으로 옳은 것은?

   ① 도시가스의 폭발적 연소를 말한다.
   ② 휘발유 등 가연성 액체가 넓게 흘러서 발화한 상태를 말한다.
   ③ 옥내화재가 서서히 진행하여 열 및 가연성 기체가 축적되었다가 일시에 연소하여 화염이 크게 발생하는 상태를 말한다.
   ④ 화재층의 불이 상부층으로 올라가는 현상을 말한다.

10. 제4류 위험물의 성질로 옳은 것은?

    ① 가연성 고체   ② 산화성 고체
    ③ 인화성 액체   ④ 자기반응성물질

11. 할론 소화설비에서 Halon 1211 약제의 분자식은?

    ① CBr_2ClF ② CF_2BrCl
    ③ CCl_2BrF ④ BrC_2ClF

12. 다음 중 가연물의 제거를 통한 소화 방법과 무관한 것은?

    ① 산불의 확산방지를 위하여 산림의 일부를 벌채한다.
    ② 화학반응기의 화재 시 원료 공급관의 밸브를 잠근다.
    ③ 전기실 화재 시 IG-541 약제를 방출한다.

④ 유류탱크 화재 시 주변에 있는 유류탱크의 유류를 다른 곳으로 이동시킨다.

13. 건물화재의 표준시간-온도곡선에서 화재 발생 후 1시간이 경과할 경우 내부온도는 약 몇 ℃ 정도 되는가?

① 125   ② 325   ③ 640   ④ 925

14. 위험물안전관리법령상 위험물로 분류되는 것은?

① 과산화수소   ② 압축산소
③ 프로판가스   ④ 포스겐

15. 연기에 의한 감광계수가 $0.1m^{-1}$, 가시거리가 20~30m 일 때의 상황으로 옳은 것은?

① 건물 내부에 익숙한 사람이 피난에 지장을 느낄 정도
② 연기감지기가 작동할 정도
③ 어두운 것을 느낄 정도
④ 앞이 거의 보이지 않을 정도

16. 물질의 취급 또는 위험성에 대한 설명 중 틀린 것은?

① 융해열은 점화원이다.
② 질산은 물과 반응 시 발열 반응하므로 주의를 해야 한다.
③ 네온, 이산화탄소, 질소는 불연성 물질로 취급한다.
④ 암모니아를 충전하는 공업용 용기의 색상은 백색이다.

17. Fourier법칙(전도)에 대한 설명으로 틀린 것은?

① 이동열량은 전열체의 단면적에 비례한다.
② 이동열량은 전열체의 두께에 비례한다.
③ 이동열량은 전열체의 열전도도에 비례한다.
④ 이동열량은 전열체 내·외부의 온도차에 비례한다.

18. 자연발화가 일어나기 쉬운 조건이 아닌 것은?

① 열전도율이 클 것
② 적당량의 수분이 존재할 것
③ 주위의 온도가 높을 것
④ 표면적이 넓을 것

19. 분말소화약제 중 탄산수소칼륨($KHCO_3$)과 요소($CO(NH_2)_2$)와의 반응물을 주성분으로 하는 소화약제는?

① 제1종 분말   ② 제2종 분말
③ 제3종 분말   ④ 제4종 분말

20. 폭굉(detonation)에 관한 설명으로 틀린 것은?

① 연소속도가 음속보다 느릴 때 나타난다
② 온도의 상승은 충격파의 압력에 기인한다.
③ 압력상승은 폭연의 경우보다 크다.
④ 폭굉의 유도거리는 배관의 지름과 관계가 있다.

제2과목 : 소방유체역학

21. 2 MPa, 400℃의 과열 증기를 단면확대 노즐을 통하여 20kPa로 분출시킬 경우 최대 속도는 약 몇 m/s인가?
(단, 노즐입구에서 엔탈피는 3243.3 kJ/kg이고, 출구에서 엔탈피는 2345.8 kJ/kg이며, 입구속도는 무시한다.)

① 1340   ② 1349   ③ 1402   ④ 1412

22. 원형 물탱크의 안지름이 1m이고, 아래쪽 옆면에 안지름 100mm인 송출관을 통해 물을 수송할 때의 순간 유속이 3m/s이었다. 이 때 탱크 내 수면이 내려오는 속도는 몇 m/s인가?

① 0.015   ② 0.02   ③ 0.025   ④ 0.03

23. 지름 5cm인 구가 대류에 의해 열을 외부 공기로 방출한다. 이 구는 50W의 전기히터에 의해 내부에서 가열되고 있고 구 표면과 공기 사이의 온도차가 30℃라면 공기와 구 사이의 대류 열전달계수는 약 몇 W/m²·℃인가?

① 111   ② 212   ③ 313   ④ 414

24. 소화펌프의 회전수가 1450 rpm일 때 양정이 25m, 유량이 5m³/min이었다. 펌프의 회전수를 1740 rpm으로 높일 경우 양정(m)과 유량(m³/min)은? (단, 완전상사가 유지되고, 회전차의 지름은 일정하다.)

① 양정 : 17, 유량 : 4.2
② 양정 : 21, 유량 : 5
③ 양정 : 30.2, 유량 : 5.2
④ 양정 : 36, 유량 : 6

25. 다음 중 이상기체에서 폴리트로픽 지수(n)가 1인 과정은?

① 단열 과정   ② 정압 과정
③ 등온 과정   ④ 정적 과정

26. 정수력에 의해 수직평판의 힌지(hinge)점에 작용하는 단위폭 당 모멘트를 바르게 표시한 것은? (단, ρ는 유체의 밀도, g는 중력가속도이다.)

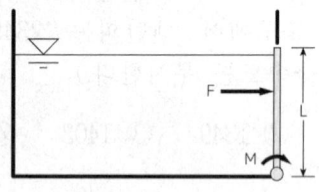

① $\frac{1}{6}\rho g L^3$ ② $\frac{1}{3}\rho g L^3$
③ $\frac{1}{2}\rho g L^3$ ④ $\frac{2}{3}\rho g L^3$

27. 그림과 같은 중앙부분에 구멍이 뚫린 원판에 지름 20cm의 원형 물제트가 대기압 상태에서 5m/s의 속도로 충돌하여, 원판 뒤로 지름 10cm의 원형 물 제트가 5m/s의 속도로 흘러나가고 있을 때, 원판을 고정하기 위한 힘은 약 몇 N인가?

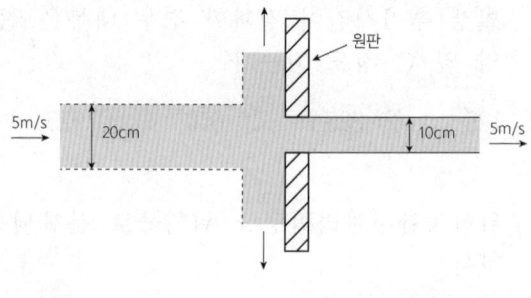

① 589   ② 673   ③ 770   ④ 893

28. 펌프의 공동현상(cavitation)을 방지하기 위한 방법이 아닌 것은?

① 펌프의 설치 위치를 되도록 낮게 하여 흡입양정을 짧게 한다.
② 펌프의 회전수를 크게 한다.
③ 펌프의 흡입 관경을 크게 한다.
④ 단흡입펌프보다는 양흡입펌프를 사용한다.

29. 물을 송출하는 펌프의 소요축동력이 70kW, 펌프의 효율이 78%, 전양정이 60m일 때, 펌프의 송출유량은 약 몇 m³/min인가?

① 5.57   ② 2.57   ③ 1.09   ④ 0.093

30. 그림에 표시된 원형 관로로 비중이 0.8, 점성계수가 0.4 Pa·s인 기름이 층류로 흐른다. ①지점의 압력이 111.8 kPa이고, ②지점의 압력이 206.9 kPa일 때 유체의 유량은 약 몇 L/s인가?

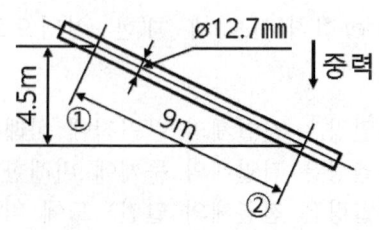

① 0.0149   ② 0.0138   ③ 0.0121   ④ 0.0106

31. 다음 중 점성계수 μ의 차원은 어느 것인가?
(단, M: 질량, L: 길이, T: 시간의 차원이다.)

① $ML^{-1}T^{-1}$ ② $ML^{-1}T^{-2}$
③ $ML^{-2}T^{-1}$ ④ $M^{-1}L^{-1}T$

32. 20℃의 이산화탄소 소화약제가 체적 4m³의 용기 속에 들어있다. 용기 내 압력이 1MPa일 때 이산화탄소 소화약제의 질량은 약 몇 kg인가? (단, 이산화탄소의 기체상수는 189 J/kg·K이다.)

① 0.069   ② 0.072
③ 68.9   ④ 72.2

33. 압축률에 대한 설명으로 틀린 것은?

① 압축률은 체적탄성계수의 역수이다.
② 압축률의 단위는 압력의 단위인 Pa이다.
③ 밀도와 압축률의 곱은 압력에 대한 밀도의 변화율과 같다.
④ 압축률이 크다는 것은 같은 압력변화를 가할 때 압축하기 쉽다는 것을 의미한다.

34. 밸브가 장치된 지름 10cm인 원관에 비중 0.8인 유체가 2m/s의 평균속도로 흐르고 있다. 밸브 전후의 압력차이가 4kPa 일 때, 이 밸브의 등가길이는 몇 m인가? (단, 관의 마찰계수는 0.02이다.)

① 10.5   ② 12.5
③ 14.5   ④ 16.5

35. 그림과 같이 물이 수조에 연결된 원형 파이프를 통해 분출하고 있다. 수면과 파이프의 출구사이에 총 손실수두가 200mm이라고 할 때 파이프에서의 방출유량은 약 몇 m³/s인가?
(단, 수면 높이의 변화 속도는 무시한다.)

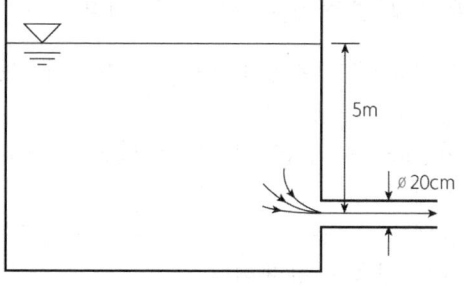

① 0.285   ② 0.295   ③ 0.305   ④ 0.315

36. 유체의 흐름에 적용되는 다음과 같은 베르누이 방정식에 관한 설명으로 옳은 것은?

$$\frac{P}{\gamma}+\frac{V^2}{2g}+Z = C(일정)$$

① 비정상상태의 흐름에 대해 적용된다.
② 동일한 유선상이 아니더라도 흐름 유체의 임의점에 대해 항상 적용된다.
③ 흐름 유체의 마찰효과가 충분히 고려된다.
④ 압력수두, 속도수두, 위치수두의 합이 일정함을 표시한다.

37. 유체의 흐름 중 난류 흐름에 대한 설명으로 틀린 것은?

① 원관 내부 유동에서는 레이놀즈수가 약 4000 이상인 경우에 해당한다.
② 유체의 각 입자가 불규칙한 경로를 따라 움직인다.
③ 유체의 입자가 갖는 관성력이 입자에 작용하는 점성력에 비하여 매우 크다.
④ 원관 내 완전 발달 유동에서는 평균속도가 최대속도의 $\frac{1}{2}$이다.

38. 어떤 물체가 공기 중에서 무게는 588 N이고, 수중에서 무게는 98 N이었다. 이 물체의 체적(V)과 비중(S)은?

① V=0.05m³, S=1.2   ② V=0.05m³, S=1.5
③ V=0.5m³, S=1.2   ④ V=0.5m³, S=1.5

39. 유체에 관한 설명 중 옳은 것은?

① 실제유체는 유동할 때 마찰손실이 생기지 않는다.
② 이상유체는 높은 압력에서 밀도가 변화하는 유체이다.
③ 유체에 압력을 가하면 체적이 줄어드는 유체는 압축성 유체이다.
④ 압력을 가해도 밀도변화가 없으며 점성에 의한 마찰손실만 있는 유체가 이상유체이다.

40. 그림에서 물과 기름의 표면은 대기에 개방되어 있고, 물과 기름 표면의 높이가 같을 때 h는 약 몇 m인가?
(단, 기름의 비중은 0.8, 액체 A의 비중은 1.6이다.)

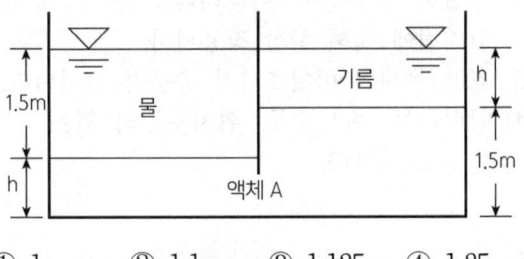

① 1   ② 1.1   ③ 1.125   ④ 1.25

제3과목 : 소방관계법규

41. 다음은 소방기본법령상 소방본부에 대한 설명이다. ( )에 알맞은 내용은?

소방업무를 수행하기 위하여 ( ) 직속으로 소방본부를 둔다.

① 경찰서장   ② 시·도지사
③ 행정안전부장관 ④ 소방청장

42. 위험물안전관리법령상 제4류 위험물을 저장·취급하는 제조소에 "화기엄금"이란 주의사항을 표시하는 게시판을 설치할 경우 게시판의 색상은?

① 청색바탕에 백색문자
② 적색바탕에 백색문자
③ 백색바탕에 적색문자
④ 백색바탕에 흑색문자

43. 소방시설공사업법령상 소방시설업 등록을 하지 아니하고 영업을 한 자에 대한 벌칙 기준으로 옳은 것은?

① 1년 이하의 징역 또는 1천만원 이하의 벌금
② 2년 이하의 징역 또는 2천만원 이하의 벌금
③ 3년 이하의 징역 또는 3천만원 이하의 벌금
④ 5년 이하의 징역 또는 5천만원 이하의 벌금

44. 위험물안전관리법령상 유별을 달리하는 위험물을 혼재하여 저장할 수 있는 것으로 짝지어진 것은?

① 제1류-제2류   ② 제2류-제3류
③ 제3류-제4류   ④ 제5류-제6류

45. 소방기본법령상 상업지역에 소방용수시설 설치시 소방대상물과의 수평거리 기준은 몇 m 이하인가?

① 100   ② 120   ③ 140   ④ 160

46. 소방시설 설치 및 관리에 관한 법령상 종합점검 실시 대상이 되는 특정소방대상물의 기준 중 다음 ( )안에 알맞은 것은?

물분무등소화설비[호스릴(hose reel) 방식의 물분무등소화설비만을 설치한 경우는 제외한다]가 설치된 연면적 (ⓒ) 이상인 특정소방대상물(제조소등은 제외한다)

① 2000m² ② 3000m² ③ 4000m² ④ 5000m²

47. 다음 소방기본법령상 용어의 정의에 대한 설명으로 옳은 것은?

① 소방대상물이란 건축물, 차량, 선박(항구에 매어둔 선박은 제외) 등을 말한다.

② 관계인이란 소방대상물의 점유예정자를 포함한다.
③ 소방대란 소방공무원, 의무소방원, 의용소방대원으로 구성된 조직체이다.
④ 소방대장이란 화재, 재난·재해, 그 밖의 위급한 상황이 발생한 현장에서 소방대를 지휘하는 사람(소방서장은 제외)이다.

48. 관리의 권원이 분리되어 있는 특정소방대상물의 관계인은 소유권, 관리권 및 점유권에 따라 각각 소방안전관리자를 선임해야 한다. 이 때 법에서 규정하고 있는 관리의 권원이 분리된 특정소방대상물 중 복합건축물은 연면적 몇 제곱미터 이상인 건축물만 해당되는가?

① 1만 ② 2만 ③ 3만 ④ 5만

49. 화재의 예방 및 안전관리에 관한 법령상 특수가연물의 저장 및 취급의 기준 중 ( )에 들어갈 내용으로 옳은 것은? (단, 석탄·목탄류의 경우는 제외한다.)

쌓는 높이는 (㉠)미터 이하가 되도록 하고, 쌓는 부분의 바닥면적은 (㉡)제곱미터 이하가 되도록 할 것

① ㉠ 15, ㉡ 200 ② ㉠ 15, ㉡ 300
③ ㉠ 10, ㉡ 30   ④ ㉠ 10, ㉡ 50

50. 소방시설 설치 및 관리에 관한 법령상 자동화재탐지설비를 설치하여야 하는 특정소방대상물의 기준으로 틀린 것은?

① 공장 및 창고시설로서 지정수량의 500배 이상의 특수가연물을 저장·취급하는 것
② 지하가(터널은 제외한다)로서 연면적 600㎡ 이상인 것
③ 숙박시설이 있는 수련시설로서 수용인원 100명 이상인 것
④ 장례시설 및 복합건축물로서 연면적 600㎡ 이상인 것

51. 위험물안전관리법령에서 정하는 제3류 위험물에 해당하는 것은?

① 나트륨   ② 염소산염류
③ 무기과산화물   ④ 유기과산화물

52. 소방시설 설치 및 관리에 관한 법령상 방염성능기준 이상의 실내장식물 등을 설치하여야 하는 특정소방대상물이 아닌 것은?

① 방송국
② 종합병원
③ 11층 이상의 아파트
④ 숙박이 가능한 수련시설

53. 소방시설 설치 및 관리에 관한 법령상 무창층으로 판정하기 위한 개구부가 갖추어야 할 요건으로 틀린 것은?

① 크기는 반지름 30㎝ 이상의 원이 내접할 수 있을 것
② 해당 층의 바닥면으로부터 개구부 밑부분까지의 높이가 1.2m 이내일 것
③ 도로 또는 차량이 진입할 수 있는 빈터를 향할 것
④ 화재 시 건축물로부터 쉽게 피난할 수 있도록 창살이나 그 밖의 장애물이 설치되지 아니할 것

54. 소방시설공사업법령상 일반 소방시설설계업(기계분야)의 영업범위에 대한 기준 중 ( )에 알맞은 내용은?
(단, 공장의 경우는 제외한다.)

연면적 ( )㎡ 미만의 특정소방대상물(제연설비가 설치되는 특정소방대상물은 제외한다)에 설치되는 기계분야 소방시설의 설계

① 10,000 ② 20,000 ③ 30,000 ④ 50,000

55. 소방시설 설치 및 관리에 관한 법령상 건축허가 등을 할 때 미리 소방본부장 또는 소방서장의 동의를 받아야 하는 건축물 등의 범위기준이 아닌 것은?

① 노유자시설 및 수련시설로서 연면적 100㎡ 이상인 건축물
② 지하층 또는 무창층이 있는 건축물로서 바닥면적 150㎡ 이상인 층이 있는 것
③ 차고·주차장으로 사용되는 바닥면적이 200㎡ 이상인 층이 있는 건축물이나 주차시설
④ 장애인 의료재활시설로서 연면적 300㎡ 이상인 건축물

56. 다음 중 소방기본법령에 따라 화재예방상 필요하다고 인정되거나 화재위험경보시 발령하는 소방신호의 종류로 옳은 것은?

① 경계신호
② 발화신호
③ 경보신호
④ 훈련신호

57. 화재의 예방 및 안전관리에 관한 법령상 보일러 등의 위치·구조 및 관리와 화재예방을 위하여 불의 사용에 있어서 지켜야 하는 사항 중 보일러에 경유·등유 등 액체연료를 사용하는 경우에 연료탱크는 보일러본체로부터 수평거리 최소 몇 m 이상의 간격을 두어 설치해야 하는가?

① 0.5 ② 0.6 ③ 1 ④ 2

58. 다음은 화재의 예방 및 안전관리에 관한 법령상 소방안전관리대상물의 근무자 및 거주자에 대한 소방훈련과 교육에 관련한 내용이다 ( )에 알맞은 내용은?

소방안전관리대상물의 관계인은 소방훈련과 교육을 연 (㉠) 이상 실시해야 한다. 다만, 소방본부장 또는 소방서장이 화재예방을 위하여 필요하다고 인정하여 (㉡)의 범위에서 추가로 실시할 것을 요청하는 경우에는 소방훈련과 교육을 추가로 실시해야 한다.

① ㉠ 1회, ㉡ 2회
② ㉠ 1회, ㉡ 1회
③ ㉠ 2회, ㉡ 1회
④ ㉠ 2회, ㉡ 2회

59. 소방시설 설치 및 관리에 관한 법령상 제조 또는 가공 공정에서 방염처리를 한 물품 중 방염대상물품이 아닌 것은?

① 카펫
② 전시용 합판
③ 창문에 설치하는 커튼류
④ 두께가 2mm 미만인 종이벽지

60. 위험물안전관리법령상 관계인이 예방규정을 정하여야 하는 위험물 제조소 등에 해당하지 않는 것은?

① 지정수량 10배의 특수인화물을 취급하는 일반취급소
② 지정수량 20배의 휘발유를 고정된 탱크에 주입하는 일반취급소
③ 지정수량 40배의 제3석유류를 용기에 옮겨 담는 일반취급소
④ 지정수량 15배의 알코올을 버너에 소비하는 장치로 이루어진 일반취급소

제4과목 : 소방기계시설의 구조 및 원리

61. 할론소화설비의 화재안전기준에 따른 할론소화설비의 수동식 기동장치의 설치기준으로 틀린 것은?

① 국소방출방식은 방호대상물마다 설치할 것
② 기동장치의 방출용스위치는 음향경보장치와 개별적으로 조작될 수 있는 것으로 할 것
③ 전기를 사용하는 기동장치에는 전원표시등을 설치할 것
④ 조작부는 바닥으로부터 높이 0.8m 이상 1.5m 이하의 위치에 설치할 것

62. 미분무소화설비의 화재안전기준에 따라 최저사용압력이 몇 MPa를 초과할 때 고압미분무소화설비로 분류하는가?
① 1.2 ② 2.5 ③ 3.5 ④ 4.2

63. 피난기구의 화재안전기준에 따른 피난기구의 설치 및 유지에 관한 사항 중 틀린 것은?
① 피난기구를 설치하는 개구부는 서로 동일직선상의 위치에 있을 것
② 피난기구를 설치한 장소에는 가까운 곳의 보기 쉬운 곳에 피난기구의 위치를 표시하는 발광식 또는 축광식표지와 그 사용방법을 표시한 표지(외국어 및 그림 병기)를 부착할 것
③ 피난기구는 소방대상물의 기둥·바닥·보 기타 구조상 견고한 부분에 볼트조임·매입·용접 기타의 방법으로 견고하게 부착할 것
④ 피난기구는 계단·피난구 기타 피난시설로부터 적당한 거리에 있는 안전한 구조로 된 피난 또는 소화활동상 유효한 개구부에 고정하여 설치할 것

64. 이산화탄소소화설비의 화재안전기준에 따라 케이블실에 전역방출방식으로 이산화탄소소화설비를 설치하고자 한다. 방호구역 체적은 750㎥, 개구부의 면적은 3㎡이고, 개구부에는 자동폐쇄장치가 설치되어 있지 않다. 이때 필요한 소화약제의 양은 최소 몇 kg 이상인가?
① 930 ② 1005 ③ 1230 ④ 1530

65. 다음 중 피난기구의 화재안전기준에 따라 의료시설에 구조대를 설치하여야 할 층은?
① 지상 2층 ② 지하 1층
③ 지상 1층 ④ 지상 3층

66. 화재안전기준상 물계통의 소화설비 중 펌프의 성능시험배관에 사용되는 유량측정장치는 펌프의 정격 토출량의 몇 % 이상 측정할 수 있는 성능이 있어야 하는가?
① 65 ② 100
③ 120 ④ 175

67. 피난기구의 화재안전기준상 근린생활시설 10층에 적응성이 없는 피난기구는?(단, 근린생활시설 중 입원실이 있는 의원·접골원·조산원은 제외한다.)
① 피난용트랩 ② 피난사다리
③ 구조대 ④ 완강기

68. 제연설비의 화재안전기준에 따른 배출풍도의 설치기준 중 다음 ( ) 안에 알맞은 것은?

배출기의 흡입측 풍도 안의 풍속은 (㉠)m/s 이하로 하고 배출측 풍속은 (㉡)m/s 이하로 할 것

① ㉠ 15, ㉡ 10 ② ㉠ 10, ㉡ 15
③ ㉠ 20, ㉡ 15 ④ ㉠ 15, ㉡ 20

69. 스프링클러헤드에서 이융성 금속으로 융착되거나 이융성 물질에 의하여 조립된 것은?
① 프레임(frame)
② 디플렉터(deflector)
③ 유리벌브(glass bulb)
④ 퓨지블링크(fusible link)

70. 포소화설비의 화재안전기준상 특수가연물을 저장·취급하는 공장 또는 창고에 적응성이 없는 포소화설비는?
① 고정포방출설비
② 포소화전설비
③ 압축공기포소화설비
④ 포워터스프링클러설비

71. 분말소화설비의 화재안전기준상 자동화재탐지설비의 감지기의 작동과 연동하는 분말소화설비 자동식 기동장치의 설치기준 중 다음 ( ) 안에 알맞은 것은?

> - 전기식 기동장치로서 (㉠)병 이상의 저장용기를 동시에 개방하는 설비는 2병 이상의 저장용기에 전자개방밸브를 부착할 것
> - 가스압력식 기동장치의 기동용 가스용기 및 해당 용기에 사용하는 밸브는 (㉡) MPa 이상의 압력에 견딜 수 있는 것으로 할 것

① ㉠ 3, ㉡ 2.5 ② ㉠ 7, ㉡ 2.5
③ ㉠ 3, ㉡ 25   ④ ㉠ 7, ㉡ 25

72. 분말소화설비의 화재안전기준상 분말소화약제의 가압용가스 용기에 대한 설명으로 틀린 것은?

① 가압용가스 용기를 3병 이상 설치한 경우에는 2개 이상의 용기에 전자개방밸브를 부착할 것
② 가압용가스 용기에는 2.5MPa 이하의 압력에서 조정이 가능한 압력조정기를 설치할 것
③ 가압용가스에 질소가스를 사용하는 것의 질소가스는 소화약제 1kg마다 20L(35℃에서 1기압의 압력상태로 환산한 것) 이상으로 할 것
④ 축압용가스에 질소가스를 사용하는 것의 질소가스는 소화약제 1kg에 대하여 10L(35℃에서 1기압의 압력상태로 환산한 것) 이상으로 할 것

73. 화재조기진압용 스프링클러설비의 화재안전기준상 화재조기진압용 스프링클러설비 가지배관의 배열기준 중 천장의 높이가 9.1m 이상 13.7m 이하인 경우 가지배관 사이의 거리 기준으로 옳은 것은?

① 2.4m 이상 3.1m 이하
② 2.4m 이상 3.7m 이하
③ 6.0m 이상 8.5m 이하
④ 6.0m 이상 9.3m 이하

74. 포소화설비에서 펌프의 토출관에 압입기를 설치하여 포소화약제 압입용 펌프로 포소화약제를 압입시켜 혼합하는 방식은?

① 라인 프로포셔너
② 펌프 프로포셔너
③ 프레져 프로포셔너
④ 프레져사이드 프로포셔너

75. 스프링클러설비의 화재안전기준상 스프링클러설비의 배관 내 사용압력이 몇 MPa 이상일 때 압력배관용 탄소강관을 사용해야 하는가?

① 0.1 ② 0.5 ③ 0.8 ④ 1.2

76. 지하구의 화재안전기준에 따라 연소방지설비전용헤드를 사용할 때 배관의 구경이 65mm인 경우 하나의 배관에 부착하는 살수헤드의 최대 개수로 옳은 것은?

① 2 ② 3 ③ 5 ④ 6

77. 지하구의 화재안전기준에 따른 지하구의 통합감시시설 설치기준으로 틀린 것은?

① 소방관서와 지하구의 통제실 간에 화재 등 소방활동과 관련된 정보를 상시 교환할 수 있는 정보통신망을 구축할 것
② 수신기는 방재실과 공동구의 입구 및 연소방지설비 송수구가 설치된 장소(지상)에 설치할 것
③ 정보통신망(무선통신망 포함)은 광케이블 또는 이와 유사한 성능을 가진 선로일 것
④ 수신기는 화재신호, 경보, 발화지점 등 수신기에 표시되는 정보가 기준에 적합한 방식으로 119상황실이 있는 관할 소방관서의 정보통신장치에 표시되도록 할 것

78. 소화수조 및 저수조의 화재안전기준에 따라 소화용수설비에 설치하는 채수구의 지면으로부터 설치 높이 기준은?

① 0.3m 이상 1m 이하
② 0.3m 이상 1.5m 이하
③ 0.5m 이상 1m 이하
④ 0.5m 이상 1.5m 이하

79. 다음은 물분무소화설비의 화재안전기준에 따른 수원의 저수량 기준이다. ( )에 들어갈 내용으로 옳은 것은?

| 특수가연물을 저장 또는 취급하는 특정소방대상물 또는 그 부분에 있어서 수원의 저수량은 그 바닥면적 1㎡에 대하여 ( )L/min로 20분간 방수할 수 있는 양 이상으로 할 것 |

① 10 ② 12 ③ 15 ④ 20

80. 제연설비의 화재안전기준상 제연설비 설치장소의 제연구역 구획 기준으로 틀린 것은?

① 하나의 제연구역의 면적은 1000㎡ 이내로 할 것
② 하나의 제연구역은 직경 60m 원내에 들어갈 수 있을 것
③ 하나의 제연구역은 3개 이상 층에 미치지 아니하도록 할 것
④ 통로상의 제연구역은 보행중심선의 길이가 60m를 초과하지 아니할 것

2022년 제4회 소방설비기사(기계분야)

본 지면은 CBT시험의 컴퓨터 화면과 비슷하게 구성한 화면입니다.

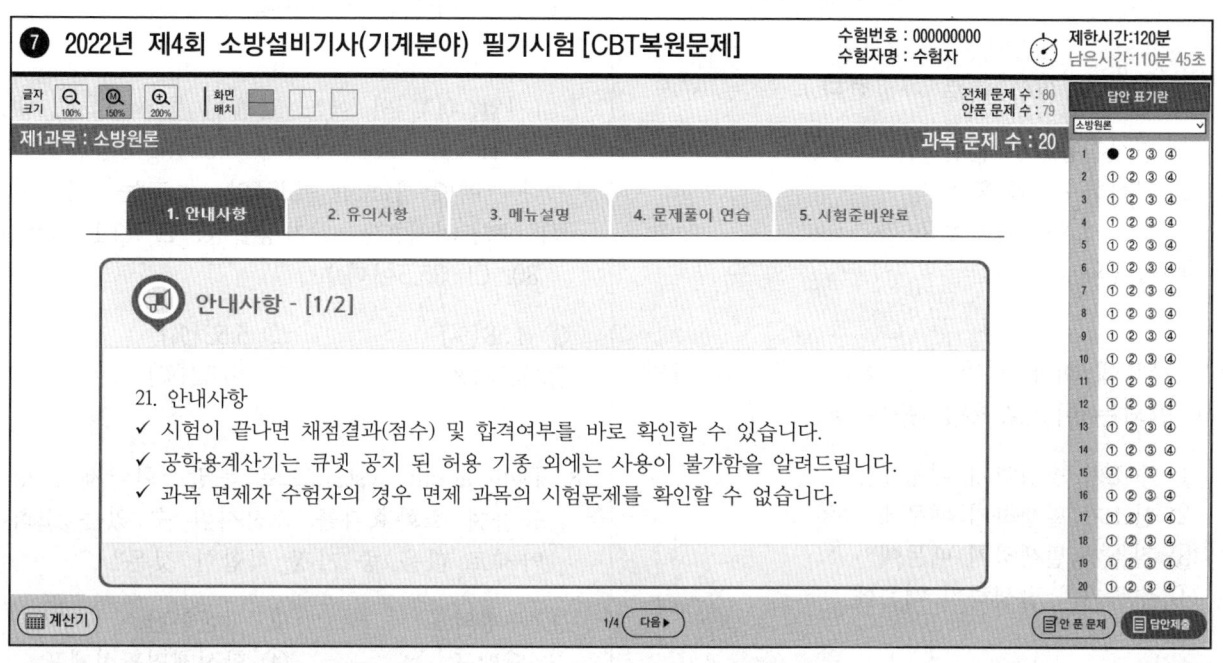

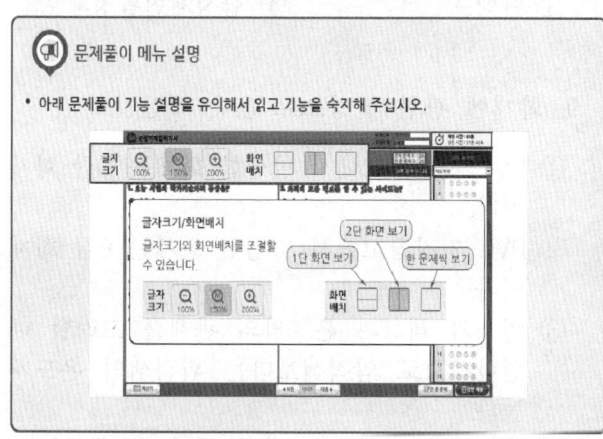

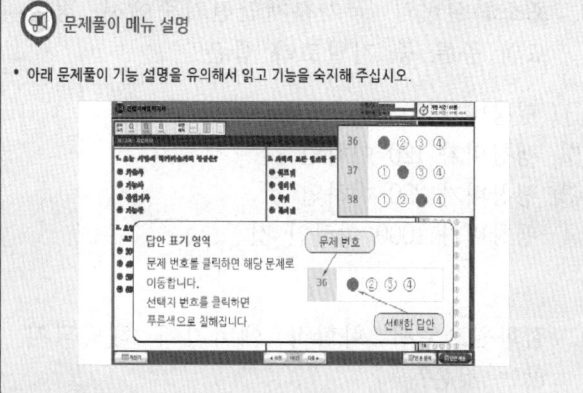

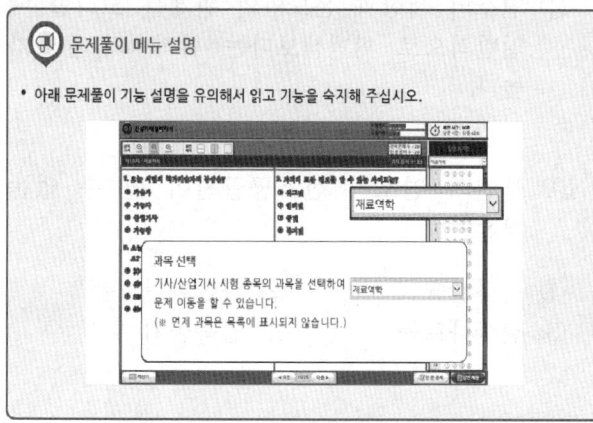

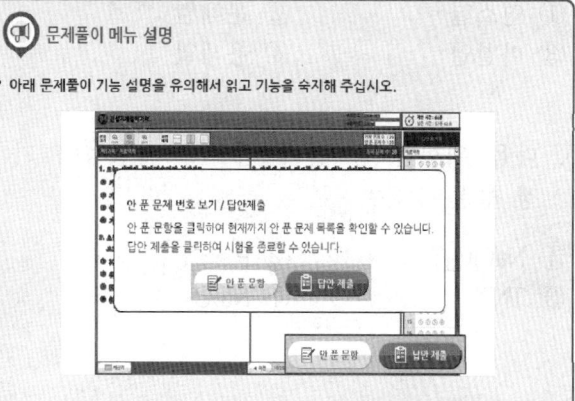

제1과목 : 소방원론

1. 위험물안전관리법령상 위험물의 적재 시 혼재기준에서 다음 중 혼재가 가능한 위험물로 짝지어진 것은?(단, 각 위험물은 지정수량의 10배로 가정한다.)

   ① 질산칼륨과 가솔린
   ② 과산화수소와 황린
   ③ 철분과 유기과산화물
   ④ 등유와 과염소산

2. 칼륨에 화재가 발생할 경우에 주수를 하면 안되는 이유로 가장 옳은 것은?

   ① 수소가 발생하기 때문에
   ② 산소가 발생하기 때문에
   ③ 질소가 발생하기 때문에
   ④ 수증기가 발생하기 때문에

3. 포소화설비의 국가화재안전기준에서 정한 포의 종류 중 저발포라 함은?

   ① 팽창비가 20 이하인 것
   ② 팽창비가 120 이하인 것
   ③ 팽창비가 250 이하인 것
   ④ 팽창비가 1000 이하인 것

4. 점화원으로서 화학적 에너지에 해당되지 않는 것은?

   ① 연소열   ② 분해열
   ③ 마찰열   ④ 용해열

5. 다음 위험물 중 물과 접촉시 위험성이 가장 높은 것은?

   ① $NaClO_3$ ② P
   ③ TNT   ④ Na_2O_2

6. 연소에 대한 설명으로 옳은 것은?

   ① 환원반응이 이루어진다.
   ② 산소를 발생한다.
   ③ 빛과 열을 수반한다.
   ④ 연소생성물은 액체이다.

7. 1기압, 0[℃]의 어느 밀폐된 공간 1[㎥] 내에 Halon 1301 약제가 0.32[kg] 방사되었다. 이때 Halon 1301의 농도는 약 몇 [vol%] 인가?(단, 원자량은 C : 2, F : 19, Br : 80, Cl : 35.5이다.)

   ① 4.58[%]   ② 5.52[%]
   ③ 8.58[%]   ④ 10.52[%]

8. Twin agent system으로 분말소화약제와 병용하여 소화효과를 증진시킬 수 있는 소화약제로 다음 중 가장 적합한 것은?

   ① 수성막포   ② 이산화탄소
   ③ 단백포   ④ 합성계면활성제포

9. 화재에 관한 설명으로 옳은 것은?

   ① PVC 저장창고에서 발생한 화재는 D급 화재이다.
   ② PVC 저장창고에서 발생한 화재는 B급 화재이다.
   ③ 연소의 색상과 온도와의 관계를 고려할 때 일반적으로 암적색보다는 휘적색의 온도가 높다.
   ④ 연소의 색상과 온도와의 관계를 고려할 때 일반적으로 휘백색보다는 휘적색의 온도가 높다.

10. 물질의 연소시 산소공급원이 될 수 없는 것은?

    ① 탄화칼슘   ② 과산화나트륨
    ③ 질산나트륨   ④ 압축공기

11. 건물의 주요구조부에 해당되지 않는 것은?

① 바닥   ② 천장   ③ 기둥   ④ 주계단

12. LNG와 LPG에 대한 설명으로 틀린 것은?

① LNG의 증기비중은 1보다 크기 때문에 유출되면 바닥에 가라앉는다.
② LNG의 주성분은 메탄이고, LPG의 주성분은 프로판이다.
③ LPG는 원래 냄새가 없으나 누설시 쉽게 알 수 있도록 부취제를 넣는다.
④ LNG는 Liquefied Natural Gas의 약자이다.

13. 담홍색으로 착색된 분말소화약제의 주성분은?

① 황산알루미늄   ② 탄산수소나트륨
③ 제1인산암모늄   ④ 과산화나트륨

14. 다음 중 인화성 액체의 발화원으로 가장 거리가 먼 것은?

① 전기불꽃   ② 냉매
③ 마찰스파크   ④ 화염

15. 발화온도 500[℃]에 대한 설명으로 다음 중 가장 옳은 것은?

① 500[℃]로 가열하면 산소 공급없이 인화한다.
② 500[℃]로 가열하면 공기 중에서 스스로 타기 시작한나.
③ 500[℃]로 가열하여도 점화원이 없으면 타지 않는다.
④ 500[℃]로 가열하면 마찰열에 의하여 연소한다.

16. 내화건축물 화재의 진행과정으로 가장 옳은 것은?

① 화원 → 최성기 → 성장기 → 감퇴기
② 화원 → 감퇴기 → 성장기 → 최성기
③ 초기 → 성장기 → 최성기 → 감퇴기 → 종기
④ 초기 → 감퇴기 → 최성기 → 성장기 → 종기

17. 건축물에 화재가 발생하여 일정시간이 경과하게 되면 일정공간 안에 열과 가연성 가스가 축적되고 한순간에 폭발적으로 화재가 확산되는 현상을 무엇이라 하는가?

① 보일오버현상   ② 플래쉬오버현상
③ 패닉현상   ④ 리프팅현상

18. 다음 물질 중 공기 중에서의 연소범위가 가장 넓은 것은?

① 부탄   ② 프로판   ③ 메탄   ④ 수소

19. Halon 1301의 증기비중은 약 얼마인가? (단, 원자량은 C 12, F 19, Br 80, Cl 35.5이고, 공기의 평균분자량은 29이다.)

① 4.14   ② 5.14   ③ 6.14   ④ 7.14

20. 화재의 위험에 대한 설명으로 옳지 않은 것은?

① 인화점 및 착화점이 낮을수록 위험하다.
② 착화에너지가 작을수록 위험하다.
③ 비점 및 융점이 높을수록 위험하다.
④ 연소범위는 넓을수록 위험하다.

제2과목 : 소방유체역학

21. 다음 중 열역학 제1, 2법칙과 관련하여 틀린 것을 모두 고른 것은?

> ㉠ 단열과정에서 시스템의 엔트로피는 변하지 않는다.
> ㉡ 일을 100% 열로 변환시킬 수 있다.
> ㉢ 일을 가하면 저온부로부터 고온부로 열을 이동시킬 수 있다.
> ㉣ 사이클 과정에서 시스템(계)이 한 총 일은 시스템이 받은 총 열량과 같다.

① ㉠
② ㉠, ㉡
③ ㉡, ㉣
④ ㉢, ㉣

22. 단순화된 선형운동량 방정식 $\sum \vec{F} = \dot{m}(\vec{V_2} - \vec{V_1})$이 성립되기 위하여 [보기] 중 꼭 필요한 조건을 모두 고른 것은? (단, $\dot{m}$은 질량유량, $\vec{V_1}$는 검사체적 입구평균속도, $\vec{V_2}$는 출구평균속도이다.)

| (가)정상상태 | (나)균일유동 | (다)비점성유동 |

① (가)
② (가), (나)
③ (나), (다)
④ (가), (나), (다)

23. 이상기체의 운동에 대한 설명으로 옳은 것은?

① 분자 사이에 인력이 항상 작용한다.
② 분자 사이에 척력이 항상 작용한다.
③ 분자가 충돌할 때 에너지의 손실이 있다.
④ 분자 자신의 체적은 거의 무시할 수 있다.

24. 저수조의 소화수를 빨아올릴 때 펌프의 유효흡입양정(NPSH)으로 적합한 것은? (단, P_a: 흡입수면의 대기압, P_V: 포화증기압, γ: 비중량, H_a: 흡입실양정, H_L: 흡입손실수두)

① $NPSH = P_a/\gamma + P_V/\gamma - H_a - H_L$
② $NPSH = P_a/\gamma - P_V/\gamma + H_a - H_L$
③ $NPSH = P_a/\gamma - P_V/\gamma - H_a - H_L$
④ $NPSH = P_a/\gamma - P_V/\gamma - H_a + H_L$

25. 이상적인 열기관 사이클인 카르노사이클(Carnot cycle)의 특징으로 맞는 것은?

① 비가역 사이클이다.
② 공급열량과 방출열량의 비는 고온부의 절대온도와 저온부의 절대온도 비와 같지 않다.
③ 이론 열효율은 고열원 및 저열원의 온도만으로 표시 된다.
④ 두 개의 등압 변화와 두 개의 단열 변화로 둘러싸인 사이클이다.

26. 길이 1200m, 안지름 100㎜인 매끈한 원관을 통해서 0.01㎥/s의 유량으로 기름을 수송한다. 이때 관에서 발생하는 압력손실은 약 몇 kPa인가? (단, 기름의 비중은 0.8, 점성계수는 0.06 N·s/㎡이다.)

① 163.2
② 201.5
③ 293.4
④ 349.7

27. 직경 20㎝의 소화용 호스에 물이 392 N/s 흐른다. 이때의 평균유속(m/s)은?

① 2.96
② 4.34
③ 3.68
④ 1.27

28. 하겐-포아젤(Hagen-Poiseuille)식에 관한 설명으로 옳은 것은?

① 수평 원관 속의 난류 흐름에 대한 유량을 구하는 식이다.
② 수평 원관 속의 층류 흐름에서 레이놀즈수와 유량과의 관계식이다.
③ 수평 원관 속의 층류 및 난류 흐름에서 마찰손실을 구하는 식이다.
④ 수평 원관 속의 층류 흐름에서 유량, 관경, 점성계수, 길이, 압력강하 등의 관계식이다.

29. 소방펌프의 회전수를 2배로 증가시키면 소방펌프 동력은 몇 배로 증가하는가? (단, 기타 조건은 동일)

① 2   ② 4   ③ 6   ④ 8

30. 두 물체를 접촉시켰더니 잠시 후 두 물체가 열평형 상태에 도달하였다. 이 열평형 상태는 무엇을 의미 하는가?

① 한 물체에서 잃은 열량이 다른 물체에서 얻은 열량과 같은 상태
② 두 물체의 비열은 다르나 열용량이 서로 같아진 상태
③ 두 물체의 온도가 서로 같으며 더 이상 변화하지 않는 상태
④ 두 물체의 열용량은 다르나 비열이 서로 같아진 상태

31. 오일러의 운동방정식은 유체운동에 대하여 어떠한 관계를 표시하는가?

① 유체입자의 운동경로와 힘의 관계를 나타낸다.
② 유선에 따라 유체의 질량이 어떻게 변화하는가를 표시한다.
③ 유체가 가지는 에너지와 이것이 하는 일과의 관계를 표시한다.
④ 비점성 유동에서 유선상의 한 점을 통과하는 유체입자의 가속도와 그것에 미치는 힘과의 관계를 표시한다.

32. 그림과 같이 크기가 다른 관이 접속된 수평배관 내에 화살표의 방향으로 정상류의 물이 흐르고 있고 두 개의 압력계 A, B가 각각 설치되어 있다. 압력계 A, B에서 지시하는 압력을 각각 P_A, P_B라고 할 때 P_A와 P_B의 관계로 옳은 것은? (단, A와 B지점 간의 배관 내 마찰손실은 없다고 가정한다.)

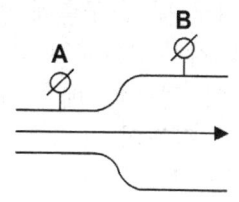

① $P_A > P_B$
② $P_A < P_B$
③ $P_A = P_B$
④ 이 조건만으로는 판단할 수 없다.

33. 어떤 밸브가 장치된 지름 20cm인 원관에 4℃의 물이 2 m/s의 평균속도로 흐르고 있다. 밸브의 앞과 뒤에서의 압력차이가 7.6 kPa일 때, 이 밸브의 부차적 손실계수 K와 등가길이 L_e은? (단, 관의 마찰계수는 0.02이다.)

① K = 3.8, L_e = 38m   ② K = 7.6, L_e = 38m
③ K = 38, L_e = 3.8m   ④ K = 38, L_e = 7.6m

34. 베르누이 방정식을 실제유체에 적용시키려면?

① 손실수두의 항을 삽입시키면 된다.
② 실제 유체에는 적용이 불가능하다.
③ 베르누이 방정식의 위치수두를 수정하여야 한다.
④ 베르누이 방정식은 이상유체와 실제유체에 같이 적용된다.

35. 물질의 온도변화 형태로 나타나는 열에너지는 무엇인가?

① 현열   ② 잠열   ③ 비열   ④ 증발열

36. 온도가 T인 유체가 정압이 P인 상태로 관속을 흐를 때 공동현상이 발생하는 조건으로 가장 적절한 것은? (단, 유체 온도 T에 해당하는 포화증기압을 P_S라 한다.)

① $P > P_S$ ② $P > 2 \times P_S$
③ $P < P_S$ ④ $P < 2 \times P_S$

37. 펌프의 입구 및 출구측에 연결된 진공계와 압력계가 각각 25 mmHg 와 260 kPa 을 가리켰다. 이 펌프의 배출 유량이 0.15 ㎥/s 가 되려면 펌프의 동력은 약 몇 kW가 되어야 하는가? (단, 펌프의 입구와 출구의 높이 차는 없고, 입구측 관직경은 20 cm, 출구측 관직경은 15 cm 이다.)

① 3.95 ② 4.32 ③ 39.5 ④ 43.2

38. 관로에서 20℃의 물이 수조에 5분 동안 유입되었을 때 유입된 물의 중량이 60 kN 이라면 이 때 유량은 몇 ㎥/s인가?

① 0.015 ② 0.02 ③ 0.025 ④ 0.03

39. 240mmHg의 절대압력은 계기압력으로 약 몇 kPa인가? (단, 대기압은 760mmHg이고, 수은의 비중은 13.6이다.)

① -32.0 ② 32.0 ③ -69.3 ④ 69.3

40. 이상기체의 정압과정에 해당하는 것은? (단, P는 압력, T는 절대온도, v는 비체적, k는 비열비를 나타낸다)

① $\frac{P}{T}$ = 일정 ② Pv = 일정

③ Pv^k = 일정 ④ $\frac{v}{T}$ = 일정

제3과목 : 소방관계법규

---

41. 소방기본법의 정의상 소방대상물의 관계인이 아닌 자는?

① 관리자 ② 관계자 ③ 점유자 ④ 소유자

42. 화재의 예방 및 안전관리에 관한 법령상 특수가연물의 저장 및 취급기준으로 맞는 것은? (단, 살수설비나 대형수동식소화기가 설치되지 않은 석탄·목탄류를 저장하는 경우이다)

① 쌓는 높이는 15미터 이하가 되도록 한다.
② 쌓는 부분의 바닥면적은 200제곱미터 이하가 되도록 한다.
③ 쌓는 부분 바닥면적의 사이는 실내의 경우 3미터 또는 쌓는 높이의 1/2 중 큰 값 이상으로 간격을 둘 것
④ 쌓는 부분 바닥면적의 사이는 실외의 경우 1.2미터 또는 쌓는 높이 중 큰 값 이상으로 간격을 둘 것

43. 화재의 예방 및 안전관리에 관한 법령에 따른 화재예방강화지구의 관리 기준 중 다음 (   ) 안에 알맞은 것은?

- 소방관서장은 화재예방강화지구 안의 소방대상물의 위치·구조 및 설비 등에 대한 화재안전조사를 (㉠)회 이상 실시해야 한다.
- 소방관서장은 훈련 및 교육을 실시하려는 경우에는 화재예방강화지구 안의 관계인에게 훈련 또는 교육 (㉡)일 전까지 그 사실을 통보해야 한다.

① ㉠ 월 1, ㉡ 7 ② ㉠ 월 1, ㉡ 10
③ ㉠ 연 1, ㉡ 7 ④ ㉠ 연 1, ㉡ 10

44. 소방안전교육사와 관련된 내용으로 옳지 않은 것은?

① 소방안전교육을 위하여 행정안전부장관이 실시하는 시험에 합격한 사람에게 소방안전교육사 자격을 부여한다.
② 소방안전교육사는 소방안전교육의 기획·진행·분석·평가 및 교수업무를 수행한다.
③ 한국소방산업기술원에는 소방안전교육사를 2명이상 배치하여야 한다.
④ 소방본부에는 소방안전교육사를 2명이상 배치하여야 한다.

45. 소방시설공사업법령상 일반 소방시설공사업(기계분야)의 등록기준 및 영업범위의 기준에 대한 설명으로 틀린 것은?

① 위험물제조소등에 설치되는 기계분야 소방시설의 공사·개설·이전 및 정비
② 개인인 경우 자산평가액은 1억원 이상
③ 연면적 3만 제곱미터 미만의 특정소방대상물에 설치되는 기계분야 소방시설의 공사·개설·이전 및 정비
④ 주된 기술인력은 소방기술사 또는 기계분야 소방설비기사 1명 이상

46. 방염대상물품에 해당되지 않는 것은?

① 창문에 설치하는 블라인드
② 두께가 2밀리미터 이상인 종이벽지
③ 커피숍에 설치된 합성수지류 등을 원료로 하여 제작된 소파·의자
④ 전시용 합판 또는 섬유판

47. 화재의 예방 및 안전관리에 관한 법령상 화재 발생 위험이 큰 물건에 대하여 관계인을 알 수 없는 경우 그 물건을 옮기거나 보관하는 등 필요한 조치를 하게 할 수 있다. 이 때 옮긴 물건 등을 보관하는 경우 그날부터 며칠 동안 해당 소방관서의 인터넷 홈페이지에 그 사실을 공고해야 하는가?

① 3일   ② 5일   ③ 7일   ④ 14일

48. 위험물안전관리법령상 유별을 달리하는 위험물을 혼재하여 저장할 수 있는 것으로 짝지어진 것은?

① 제1류-제6류   ② 제2류-제3류
③ 제3류-제5류   ④ 제5류-제6류

49. 소방관서장은 어떤 경우에 해당되면 화재안전조사를 실시할 수 있다. 화재안전조사를 실시할 수 있는 그 어떤 경우가 아닌 것은? (단, 실제 주거용도로 사용되는 개인의 주거가 아니다.)

① 화재예방안전진단이 불성실하거나 불완전하다고 인정되는 경우
② 화재로 인한 인명 또는 재산 피해의 가능성이 있다고 판단되는 경우
③ 화재가 자주 발생하였거나 발생할 우려가 뚜렷한 곳에 대한 조사가 필요한 경우
④ 재난예측정보, 기상예보 등을 분석한 결과 소방대상물에 화재의 발생 위험이 크다고 판단되는 경우

50. 1급 소방안전관리대상물의 소방안전관리자 선임대상 기준으로 틀린 것은?

① 소방설비기사 또는 소방설비산업기사의 자격이 있는 사람으로서 1급 소방안전관리자 자격증을 발급받은 사람
② 소방공무원으로 7년 이상 근무한 경력이 있는 사람으로서 1급 소방안전관리자 자격증을 발급받은 사람
③ 시·도지사가 실시하는 1급 소방안전관리대상물의 소방안전관리에 관한 시험에 합격한 사람으로서 1급 소방안전관리자 자격증을 발급받은 사람
④ 특급 소방안전관리대상물의 소방안전관리자 자격증을 발급받은 사람

51. 소방시설 설치 및 관리에 관한 법령상 대통령령으로 정하는 특정소방대상물의 소방시설 중 내진설계 대상이 아닌 것은?

① 옥내소화전설비   ② 연결송수관설비
③ 포소화설비   ④ 스프링클러설비

52. 건축물의 공사 현장에 설치하여야 하는 임시소방시설과 기능 및 성능이 유사하여 임시소방시설을 설치한 것으로 보는 소방시설로 연결이 틀린 것은? (단, 임시소방시설 - 임시소방시설을 설치한 것으로 보는 소방시설 순이다.)

① 간이소화장치 - 옥외소화전설비
② 간이피난유도선 - 피난유도선
③ 간이피난유도선 - 비상조명등
④ 비상경보장치 - 비상방송설비

53. 소방시설공사업법령상 소방시설공사 중 특정소방대상물에 설치된 소방시설 등을 구성하는 것의 전부 또는 일부를 개설, 이전 또는 정비하는 공사의 착공신고 대상이 아닌 것은?

① 수신반
② 소화펌프
③ 동력(감시)제어반
④ 제연설비의 제연구역

54. 소방시설 설치 및 관리에 관한 법령상 종합점검 중 최초점검은 건축법에 따라 건축물이 사용승인 되어 소방시설 완공검사 증명서(일반용)를 받은 날로부터 며칠 이내 점검해야 하는가?

① 10일 ② 20일 ③ 30일 ④ 60일

55. 소방시설 설치 및 관리에 관한 법령상 둘 이상의 특정소방대상물이 내화구조로 된 연결통로가 벽이 있는 구조로서 그 길이가 몇 [m] 이하인 경우 하나의 소방대상물로 보는가?

① 6 ② 9 ③ 10 ④ 12

56. 건축허가등의 권한이 있는 행정기관이 소방관서에 건축허가 등의 동의를 받을 때 동의요구서에 첨부하여야 하는 설계도서가 아닌 것은? (단, 소방시설공사 착공신고대상에 해당하는 경우이다.)

① 실내 전개도
② 방화구획도
③ 실내·실외 마감재료표
④ 소방시설별 층별 평면도

57. 수용인원 산정방법 중 침대가 없는 숙박시설로서 해당 특정소방대상물의 종사자의 수는 5명, 복도, 계단 및 화장실의 바닥면적을 제외한 바닥면적이 158㎡인 경우의 수용인원은 몇 명인가?

① 37명 ② 45명 ③ 58명 ④ 84명

58. 다음 위험물안전관리법령의 자체소방대 기준에 대한 설명으로 틀린 것은?

> 다량의 위험물을 저장·취급하는 제조소 등으로서 대통령령이 정하는 제조소등이 있는 동일한 사업소에서 대통령령이 정하는 수량 이상의 위험물을 저장 또는 취급하는 경우 당해 사업소의 관계인은 대통령령이 정하는 바에 따라 당해 사업소에 자체소방대를 설치하여야 한다.

① "대통령령이 정하는 제조소등"은 제4류 위험물을 취급하는 제조소를 포함한다.
② "대통령령이 정하는 제조소등"은 제4류 위험물을 취급하는 일반취급소를 포함한다.
③ "대통령령이 정하는 제조소등"은 제4류 위험물을 보일러로 소비하는 일반취급소를 포함한다.
④ "대통령령이 정하는 수량 이상의 위험물"은 제4류 위험물의 최대수량의 합이 지정수량의 3천배 이상인 것을 포함한다.

59. 위험물안전관리법령에 따른 위험물제조소의 옥외에 있는 위험물취급탱크 용량이 100㎥ 및 180㎥인 2개의 취급탱크 주위에 하나의 방유제를 설치하는 경우 방유제의 최소 용량은 몇 ㎥ 이어야 하는가?

① 100 ② 140 ③ 180 ④ 280

60. 제6류 위험물에 속하는 것은?

① 질산 ② 염소산염류
③ 질산염류 ④ 과염소산염류

제4과목 : 소방기계시설의 구조 및 원리

61. 소방시설 설치 및 관리에 관한 법률 시행령 상 자동소화장치를 모두 고른 것은?

   ㉠ 분말자동소화장치
   ㉡ 액체자동소화장치
   ㉢ 고체에어로졸자동소화장치
   ㉣ 상업용 주방자동소화장치
   ㉤ 캐비닛형 자동소화장치

   ① ㉠, ㉡
   ② ㉡, ㉢, ㉣
   ③ ㉠, ㉢, ㉣, ㉤
   ④ ㉠, ㉡, ㉢, ㉣, ㉤

62. 옥내소화전설비의 펌프실을 점검하였다. 펌프의 토출측 배관에 설치되는 부속장치 중에서 펌프와 체크밸브(또는 개폐밸브) 사이에 설치할 필요가 없는 배관은?

   ① 기동용 압력챔버 배관
   ② 성능시험 배관
   ③ 물올림장치 배관
   ④ 릴리프밸브 배관

63. 물분무소화설비의 화재안전기준상 송수구의 설치기준으로 틀린 것은?

   ① 구경 65mm의 쌍구형으로 할 것
   ② 지면으로부터 높이가 0.5m 이상 1m 이하의 위치에 설치할 것
   ③ 송수구는 하나의 층의 바닥면적이 3000㎡를 넘을 때마다 1개(5개를 넘을 경우에는 5개로 한다) 이상을 설치할 것
   ④ 가연성가스의 저장·취급시설에 설치하는 송수구는 그 방호대상물로부터 20m 이상의 거리를 두거나 방호대상물에 면하는 부분이 높이 2.5m 이상, 폭 1.5m 이상의 철근콘크리트 벽으로 가려진 장소에 설치할 것

64. 물분무 소화설비에서 소화효과는 무엇인가?

   ① 냉각작용, 질식작용, 희석작용, 유화작용
   ② 냉각작용, 응축작용, 희석작용, 유화작용
   ③ 냉각작용, 질식작용, 희석작용, 기름작용
   ④ 냉각작용, 질식작용, 분말작용, 응축작용

65. 미분무소화설비의 화재안전기준에 따라 최고사용압력이 몇 MPa 이하 일 때 저압 미분무소화설비로 분류하는가?

   ① 1.2 ② 2.5 ③ 3.5 ④ 4.2

66. 소화용수설비에 설치하는 흡수관투입구의 수는 소요수량이 80㎡ 인 경우 몇 개를 설치해야 하는가?

   ① 1 ② 2 ③ 3 ④ 4

67. 옥내소화전이 하나의 층에는 1개, 또 다른 층에는 2개, 나머지 모든 층에는 3개씩 설치되어 있다. 수원의 최소 수량(㎡) 기준은?

   ① 2.6 ② 5.2 ③ 7.8 ④ 10.4

68. 물분무소화설비 대상 공장에서 물분무헤드의 설치제외 장소로서 틀린 것은?

   ① 고온의 물질 및 증류범위가 넓어 끓어 넘치는 위험이 있는 물질을 저장하는 장소
   ② 물에 심하게 반응하여 위험한 물질을 생성하는 물질을 취급하는 장소
   ③ 운전시에 표면의 온도가 260℃ 이상으로 되는 등 직접분무를 하는 경우 그 부분에 손상을 입힐 우려가 있는 기계장치 등이 있는 장소
   ④ 표준방사량으로 당해 방호대상물의 화재를 유효하게 소화하는데 필요한 적정한 장소

69. 다음은 옥내소화전 함의 표시등에 대한 설명이다. 가장 적합한 것은?

① 위치표시등은 평상시 불이 켜지지 않은 상태로 있어야 한다.
② 기동표시등은 평상시 불이 켜지지 않은 상태로 있어야 한다.
③ 위치표시등 및 기동표시등은 평상시 불이 켜진 상태로 있어야 한다.
④ 위치표시등 및 기동표시등은 평상시 불이 안 켜진 상태로 있어야 한다.

70. 연결송수관 설비에서 습식설비로 하여야 하는 건축물 기준은?

① 건축물의 높이가 31m 이상인 것
② 지상 10층 이상의 건축물인 것
③ 건축물의 높이가 25m 이상인 것
④ 지상 7층의 이상의 건축물인 것

71. 연결살수설비 전용헤드를 사용하는 배관의 구경이 50mm 일 때 하나의 배관에 부착하는 살수헤드는 몇 개인가?

① 1개   ② 2개   ③ 3개   ④ 4개

72. 국소방출방식의 포소화설비에서 방호면적을 가장 잘 설명한 것은?

① 방호대상물의 각 부분에서 각각 당해방호대상물 높이의 3배(1m 미만인 경우는 1m)의 거리를 수평으로 연장한 선으로 둘러싸인 부분의 면적
② 방호대상물의 각 부분에서 각각 당해 방호대상물 높이의 0.5m를 더한 거리를 수평으로 연장한 선으로 둘러싸인 부분의 면적
③ 방호대상물의 각 부분에서 각각 당해방호대상물 높이의 2배의 거리를 수평으로 연장한 선으로 둘러싸인 부분의 면적
④ 방호대상물의 각 부분에서 각각 당해방호대상물 높이의 0.6m를 더한 거리를 수평으로 연장한 선으로 둘러싸인 부분의 면적

73. 포워터스프링클러헤드는 바닥면적 몇 ㎡마다 1개 이상으로 설치하는가?

① 7㎡   ② 8㎡   ③ 9㎡   ④ 10㎡

74. 제연설비가 설치된 부분의 거실 바닥면적이 400㎡ 이상이고 수직거리가 2m 이하일 때, 예상제연구역이 직경이 40m인 원의 범위를 초과한다면 예상 제연구역의 배출량은 얼마 이상이어야 하는가?

① 25,000 ㎥/hr   ② 30,000 ㎥/hr
③ 40,000 ㎥/hr   ④ 45,000 ㎥/hr

75. 피난기구 설치 기준으로 틀린 것은?

① 피난기구는 소방대상물의 기둥·바닥·보 기타 구조상 견고한 부분에 볼트 조임·매입·용접 기타의 방법으로 견고하게 부착할 것
② 4층 이상의 층에 피난사다리(하향식 피난구용 내림식사다리는 제외한다.)를 설치하는 경우에는 금속성 고정사다리를 설치하고, 당해 고정사다리에는 쉽게 피난할 수 있는 구조의 노대를 설치할 것
③ 승강식피난기 및 하향식 피난구용 내림식사다리는 설치경로가 설치층에서 피난층까지 연계될 수 있는 구조로 설치할 것. 다만, 건축물의 구조 및 설치 여건 상 불가피한 경우에는 그러하지 아니한다.
④ 승강식피난기 및 하향식 피난구용 내림식사다리의 하강구 내측에는 기구의 연결 금속구 등이 없어야 하며 전개된 피난기구는 하강구 수평투영면적 공간 내의 범위를 침범하지 않는 구조이어야 할 것. 단, 직경 50㎝ 크기의 범위를 벗어난 경우이거나, 직하층의 바닥 면으로부터 높이 60㎝ 이하의 범위는 제외한다.

76. 노유자시설의 5층에 적응성을 가진 피난기구는?

① 미끄럼대   ② 피난교
③ 피난용트랩   ④ 완강기

77. 스프링클러설비의 화재안전기준에 따른 건식유수검지장치를 사용하는 스프링클러설비 시험장치의 설치기준에 대한 설명으로 틀린 것은?

① 유수검지장치 2차측 배관에 연결하여 설치할 것. 유수검지장치 2차측 설비의 내용적이 2,840L를 초과하는 건식스프링클러설비의 경우 시험장치 개폐밸브를 완전 개방 후 1분 이내에 물이 방사되어야 한다.
② 시험배관의 끝에는 물받이 통 및 배수관을 설치하여 시험 중 방사된 물이 바닥에 흘러내리지 아니하도록 해야 한다.
③ 목욕실·화장실 또는 그 밖의 곳으로서 배수처리가 쉬운 장소에 시험배관을 설치한 경우에는 물받이 통 및 배수관을 생략할 수 있다.
④ 시험장치 배관의 구경은 25mm 이상으로 하고, 그 끝에 개폐밸브 및 개방형헤드 또는 스프링클러헤드와 동등한 방수성능을 가진 오리피스를 설치해야 한다.

78. 지하가 또는 지하 역사에 설치된 폐쇄형 스프링클러 설비의 수원은 얼마 이상이어야 하는가? (단, 폐쇄형 스프링클러 헤드의 기준개수를 적용한다.)

① 18㎥   ② 32㎥   ③ 24㎥   ④ 48㎥

79. 이산화탄소소화설비를 설치하는 장소에 이산화탄소 약제의 소요량은 정해진 약제 방사시간 이내에 방사되어야 한다. 다음 기준 중 소요량에 대한 약제방사시간이 아닌 것은?

① 전역방출방식에 있어서 표면화재 방호대상물은 1분
② 전역방출방식에 있어서 심부화재 방호대상물은 7분
③ 국소방출방식에 있어서 방호대상물은 10초
④ 국소방출방식에 있어서 방호대상물은 30초

80. 호스릴 분말소화설비 설치시 하나의 노즐이 1분당 방사하는 제4종 분말 소화약제의 기준량은 몇 kg 인가?

① 45   ② 27   ③ 18   ④ 9

저자 | 오철호

소방관련경력 21년
소방시설관리사
소방설비기사 [기계분야, 전기분야]
소방시설관리사 교재 다수 집필

2023 감탄답이색 독학용 시간절약 해법서 소방설비기사 기계필기
[①과년도문제권]

초판발행 2023년 1월 2일
저　자 오철호
발행처 공부한수
디자인·편집 공부한수
이메일 giljobe@naver.com
ISBN 979-11-86028-36-0 14530
정가 20,000원

낙장이나 파본은 구입한 서점에서 바꿔 드립니다.
본 교재의 전부 또는 일부분 등 어떤 부분에 대해서도 저작권자나 공부한수 발행인의 허락없이
인쇄, 동영상촬영, 사진촬영, 복사, 기타 알려지지 않은 어떠한 방법 등을 동원하여 저작권을
침해하는 행위는 저작권법 제136조에 의거하여 처벌을 받게 됩니다.

수험생의 소중한 시간을 아껴주는 공부한수
공부한수 온라인강의 | www.studyskill.kr
유튜브 | 공부한수
다음카페 | 공부한수 다음에서 공부한수를 검색하세요

감탄답이색 교재 살펴보기

과년도[문제권]

실제시험과 동일한 서체와 느낌으로 문제만 보면서 풀어보고 싶었지?
문제 풀 때... 정답, 해설 보이니까 짜증났지?

과년도[해설권]

해설권이라고 해설만 있는지 알았지?
답이색 해설권은 문제와 함께 완벽한 독학용 해설을 동시에 볼 수 있어

재분류[문제권]

문제 풀 때... 정답, 해설 보이니까 짜증났지? 재분류된 문제만 깔끔하게 수록
쓸모없는 이론은 전부 빼고, 기출문제에 등장하는 이론만 정리했어!
소방유체역학 이론 사이에 있는 문제만 풀어봐도 합격

재분류[해설권] ④

공부를 쉽게하는 단위별로 모아 모아서 보니까 진~~짜 빠르지?

소방원론 문제 재분류
이해하면서 공부할 문제 / 암기하면서 공부할 문제 / 계산하면서 공부할 문제

소방유체역학 문제 재분류
계산 없는 단순 암기형 / 전반적으로 쉬운 계산형 / 다소 어려운 계산형 / 복잡하고 어려운 계산형

소방관계법규 문제 재분류
문장이 답인 문제 / 단어가 답인 문제 / 숫자가 답인 문제

소방기계시설의 구조 및 원리 문제 재분류
문장이 답인 문제 / 단어가 답인 문제 / 숫자가 답인 문제

①②③④ 통합본교재 활용법

최근 7년간 기출된 모든문제... 재분류 [문제권+해설권]

1단계 재분류[해설권]
공부를 쉽게하는 단위별로 모아 모아서 보니까 진~~짜 빠르지?
재분류된 문제와, 완벽한 독학용 해설을 동시에 보면서 이해와 동시에 암기한다

2단계 재분류[문제권]
문제 풀 때... 정답, 해설 보이니까 짜증났지?
1단계에서 익힌 문제를, 기억을 떠올리며 문제만 보고 직접 풀어본다(테스트 과정)

3단계 재분류[해설권]
빈출문제만 딱 모아, 시험당일 아침에 이것만 봐도 합격
3회이상 빈출된 기출문제들만 모아서 답이색문제로 한 눈에 집중 암기한다

최근 7년간 기출문제 년도별... 과년도 [문제권+해설권]

4단계 과년도[문제권]
실제시험과 동일한 서체와 느낌으로 문제만 보면서 풀어보고 싶었지?
실전과 동일한 느낌으로 시간을 엄수하여 문제를 풀어본다.(최종 테스트 과정)

5단계 과년도[해설권]
문제 중요도에 따른 별표 / 어떻게 공부해야 할지 알려주는 아이콘까지...
문제와 함께 완벽한 독학용 해설을 동시에 보면서 답을 맞춰보고 틀린부분을 체크한다.

6단계 합격하여 자격증을 받는다

③④ 재분류교재 활용법

1단계 재분류[해설권]
공부를 쉽게하는 단위별로 모아 모아서 보니까 진~~짜 빠르지?
재분류된 문제와, 완벽한 독학용 해설을 동시에 보면서 이해와 동시에 암기한다

2단계 재분류[문제권]
문제 풀 때... 정답, 해설 보이니까 짜증났지?
1단계에서 익힌 문제를, 기억을 떠올리며 문제만 보고 직접 풀어본다(테스트 과정)

3단계 재분류[해설권]
빈출문제만 딱 모아, 시험당일 아침에 이것만 봐도 합격
3회이상 빈출된 기출문제들만 모아서 답이색문제로 한 눈에 집중 암기한다

①② 과년도교재 활용법

1단계 과년도[해설권]
문제 중요도에 따른 별표 / 어떻게 공부해야 할지 알려주는 아이콘까지...
완벽한 독학용 해설을 통해 문제를 충분히 이해하면서 쉽게 암기한다

2단계 과년도[문제권]
문제 풀 때... 정답, 해설 보이니까 짜증났지?
1단계에서 익힌 문제를, 기억을 떠올리며 문제만 보고 직접 풀어본다(테스트 과정)

3단계 과년도[해설권]
별표문제만... 시험전날 벼락치기로도 합격
기출문제에 표시된 별표 많은 문제들 순서로 다시한번 집중 암기한다

1. 난관에 직면한 수험생

교재 잘못사면 만나는... vs vs

 이해안되는 아리송한 놈

 내용만 많고 복잡한 놈

 불친절하고 부실한 놈

모든 수험생의 **진짜 고민**
가정, 직장, 인간관계 사이에서   공부시간을 어떻게 확보하나?

2. 수험생이 원하는 교재

이해하기 어렵고, 복잡하고, 부실해서... 보는 내내~ 힘겨운 교재가 아닌...

글이 쉽게 읽혀져서 독학도 가능하고, 또 중요한 문제도 잘 정리돼 있어서
결국 내 시간의 손해를 잡아주는

딱 내 취향인 교재!!

3. 공감

- 인생에서 어떤 자격증을 취득할지 선정하는 고민도 참 만만치 않았을텐데...
  막상 공부하려고 수험서를 찾아보니 수험서가 너무 많아서 뭘 사야할지도 막막하시죠?

- 근데, 혹시 교재를 잘못 고른다면... 공부를 더 어렵게 만들고, 시간이 더 많이 걸리며,
  공부에 대한 재미와 흥미를 잃어서, 결국 나태함에 빠져 불합격하지 않을까 두렵지는 않으세요?

- 그래서 고르고 골라서 교재를 구매했는데... 혹시 이 교재로 내가 혼자 공부할 수 있나?
  이런 막연함도 있으시죠?

4. 공부한수 출판사와 수험생의 감탄답이색 대화

 감탄 답이색 교재는 독학용 시간절약 해법서로서
총4권으로 분류되어 있는데...최근 7년간 기출된 모든 문제를... 재분류해 놓은 **재분류 문제권**과 **해설권**이 있고
그리고, 회차별로 구성해 놓은 **과년도 문제권**과 **해설권**이 있어

> 과년도 [①문제권+②해설권] 재분류 [③문제권+④해설권]

 그러니까...
재분류 문제권, 해설권...과년도 문제권 해설권...
이렇게 4권이라는 거네~

 맞아~ 여기서 특이한 점은...
기존의 수험서는 문제 풀 때... 정답, 해설 보이니까 짜증났잖아?
근데, 감탄답이색은 **실제시험과 동일한 서체와 느낌으로** 문제만 보면서 풀어볼수 있어~ 놀랍지?

> 재분류[문제권] 문제 풀 때... 정답, 해설 보이니까 짜증났지?
> 과년도[문제권] 실제시험과 동일한 서체와 느낌으로 문제만 보면서 풀어보고 싶었지?

 아 정말?
문제풀 때 종이 같은 걸로 가리면서 풀고 그랬잖아
이거 정말 편하겠다~

 맞아~ 근데 더 놀라운건... **기존의 수험서는** 해설권이라고 하면 **해설만 있잖아**?
해설만 있으면 다른책의 문제하고 맞춰봐야 해서... 이거 증말 짜증나지 않았니?
하지만 감탄답이색은 **해설권에 문제와 해설이 동시**에 실려있어~

> 재분류[해설권] 공부를 쉽게하는 단위별로 모아 모아서 보니까 진~~짜 빠르지?
> 과년도[해설권] 문제 중요도에 따른 별표 / 어떻게 공부해야 할지 알려주는 아이콘까지...

 그러니까... 한권에는 문제만 있고, 다른 권에는 문제와 해설이 동시에 실려있다는 거네?
문제만 있는 책을 하나 더 주는 거구나?
와 이거 획기적인데?

 그 정도로 감탄하기에는 아직 일러~~
더 감탄스러운건 재분류에 대한 컨셉인데... 말로만 들으면 잘 모르니까...
이미지로 한번 보여줄게~

> 재분류[해설권] 계산없는 단순암기형/쉬운계산형/이해하면서 공부하면 더 쉬운형 등등으로
> 모아 모아서 재분류된 문제와, 완벽한 독학용 해설을 동시에 보면서 이해와 동시에 암기한다.

 그래 그래 빨리 보여줘~

5. 감탄 답이색 재분류 미리보기

답이색 밑줄 해설의 예

21년-4회
문장이 답인 문제 ★★★

64 옥내소화전설비 화재안전기준에 따라 옥내소화전설비의 표시등 설치기준으로 옳은 것은?

① 가압송수장치의 기동을 표시하는 표시등은 옥내소화전함의 상부 또는 그 직근에 설치한다.
② 가압송수장치의 기동을 표시하는 표시등은 녹색등으로 한다.
　　　　　　　　　　　　　　　　　　　　　　　　적색등
③ 자체소방대를 구성하여 운영하는 경우 가압송수장치의 기동표시등을 반드시 설치해야 한다.
　　　　　　　　　　　　　　　　　　　　　　　　　　　　　　　　　설치하지 않을 수 있다.
④ 옥내소화전설비의 위치를 표시하는 표시등은 함의 하부에 설치하되, 소방청장이 고시하는 「표시등의 성능인증 및 제품검사의 기술기준」에 적합한 것으로 할 것
　　　　　　　　　　　　　　　　　　　　상부

1. 옥내소화전 함의 **위치**를 표시하는 표시등(위치표시등) → 함의 **상부**에 설치
2. 가압송수장치의 **기동**을 표시하는 표시등(기동표시등) → 함의 상부 또는 그 직근에 설치하되 **적색등**
3. **자체소방대**를 구성하여 운영하는 경우 → 가압송수장치의 기동표시등을 설치하지 **않을 수** 있다.

옥내소화전 함(외부)

옥내소화전 함(내부)

방수구(앵글밸브)

이해하면서 공부하면 더 쉬운 문제

20년-3회
이해하면서 공부 할 문제 ★★

02 다음 중 고체 가연물이 덩어리보다 가루일 때 연소되기 쉬운 이유로 가장 적합한 것은?
① 발열량이 작아지기 때문이다.   ❷ 공기와 접촉면이 커지기 때문이다.
③ 열전도율이 커지기 때문이다.   ④ 활성에너지가 커지기 때문이다.

연소의 3요소는 가연물, 산소공급원(산화제), 점화원인데, 그 중 가연물(=환원제=환원성물질)은 산소와 반응하여 연소를 일으키게 하는 물질로서, 연소시 덩어리보다 가루일 때, 가연물의 표면적이 넓어져(큰덩어리보다 작은덩어리 여러개가 더 연소가 쉽다) 공기와 접촉면이 커지기 때문에 연소가 되기 쉬운 조건에 해당한다.

함 께 공 부

가연물이 되기 쉬운 조건 = 연소가 잘 되기 위한 구비조건(불에 잘 타는 조건)
• 산화반응의 화학적 활성이 클 것
• 산소와 화학적으로 친화력이 클 것
• 열전도율이 낮을(작을) 것 = 열의 축적이 용이할 것 (열전도율이 낮아야 열의 축적이 쉽다)
• 발열량이 클 것
• 표면적이 넓을(클) 것 (큰덩어리보다 작은덩어리 여러개가 더 연소가 쉽다)
• 활성화에너지가 작을 것 (어떤 물질을 활성으로 만드는 에너지 즉 활성화에너지가 작아야 반응하기 쉬워지며, 반응하기 쉬워야 연소가 쉽게 된다)
※ **활성화에너지** : 점화에너지로서 반응시 필요한 최소한의 에너지를 의미한다. 예를 들면 언덕이 활성화에너지이다. 즉, 높은 언덕은 넘어 가기 어렵고(활성화 에너지가 커서 반응하기 어렵고), 낮은 언덕은 넘어 가기 쉽다(활성화 에너지가 작아서 반응하기 쉽다)고 이해하면 된다.

16년-1회
이해하면서 공부 할 문제 ★★★

12 제거소화의 예가 아닌 것은?
❶ 유류화재 시 다량의 포를 방사한다.
② 전기화재 시 신속하게 전원을 차단한다.
③ 가연성가스 화재 시 가스의 밸브를 닫는다.
④ 산림화재 시 확산을 막기 위하여 산림의 일부를 벌목한다.

제거소화란 가연물을 제거하여 소화하는 방법으로서 ②는 점화원인 전기를 차단하기 위해 전원을 제거하는 것이고, ③은 가스공급관의 밸브를 닫아서 가연물인 가스를 제거하는 것이며, ④는 가연물인 산림의 일부를 제거하는 것이다.
①은 **질식소화**(가연물이 연소할 때 공기 중의 산소농도를 15%이하로 떨어뜨려 연소를 중단시키는 소화 방법)의 방법으로서, 유류인 가연물을 포(거품)로 덮으면 산소가 차단되어 질식소화 된다.

함 께 공 부

제거소화의 구체적인 예
① 촛불의 화염을 입김으로 불어 끄는 것
② 부채를 이용하여 촛불을 바람으로 끄는 것
③ 산불화재 시 벌목하는 행위
④ 가스화재 시 밸브 및 콕크를 잠그는 행위
⑤ 유전화재 시 폭약을 사용해, 폭풍에 의하여 가연성 증기를 날려 보내는 것
⑥ 전기화재 시 전원을 차단하는 것

단순하게 암기만하면 되는 문제

17년-2회
암기하면서 공부 할 문제 ★

07 질식소화 시 공기 중의 산소농도는 일반적으로 약 몇 vol% 이하로 하여야 하는가?
① 25　　　　② 21　　　　③ 19　　　　④ 15

물리적 소화의 방법 : 연소의 3요소인 가연성가스(가연물), 산소, 열(점화원)의 양적 변화를 통해 연소를 중단시켜 소화하는 방법
- 질식소화 : 가연물이 연소할 때 공기 중의 산소농도(일반적으로 21%)를 떨어뜨려(보통 15%이하) 연소를 중단시키는 소화 방법

17년-1회
암기하면서 공부 할 문제 ★★

05 1기압, 100℃에서의 물 1g의 기화잠열은 약 몇 cal 인가?
① 425　　　　② 539　　　　③ 647　　　　④ 734

- 100℃의 물 1[kg]을 100℃의 수증기로 변화시키는데 필요한 열량(에너지)은(기화열은) 539 [kcal]가 필요하다.
  = 100℃의 물 1[g]을 100℃의 수증기로 변화시키는데 필요한 열량(에너지)은(기화열은) 539 [cal]가 필요하다.
  = 물의 기화잠열(증발잠열)은 **539 [kcal/kg (cal/g)]**이다.
- ※ [g]은 [cal]로, [kg]은 [kcal]로 단위를 맞춰주면 된다.

함께공부

잠열[潛熱, latent heat] - 숨은열
- 융해와 기화(증발) 등 상 전이 과정에서 가해진 열은, 물질의 온도변화에는 사용되지 않고, 상태변화에만 사용된다. 이와 같이 상 전이 과정에서 흡수되는 열을 잠열이라 한다.
- 예를 들면, 물을 가열하면 100℃에서 끓기 시작하지만, 그 이상 아무리 가열해도 완전히 수증기가 될 때까지 100℃를 넘지 않는다. 또한 얼음을 가열해도 완전히 녹을 때까지는 0℃ 이상으로 되지 않는다. 이와 같이 기화 중인 물이나, 융해 중인 얼음에 가해진 숨은 열은, 물(액체)을 수증기(기체)로 바꾸고, 얼음(고체)을 물(액체)로 바꾸기 위해서만 소비되며 온도를 상승시키지는 않는다.
- 물의 기화잠열 : 539 [kcal/kg (cal/g)]　　• 물의 융해잠열 : 80 [kcal/kg (cal/g)]

유체역학의 계산없는 단순암기형 문제

19년-4회
계산 없는 단순 암기형 ★★★★★

22 다음 유체 기계들의 압력 상승이 일반적으로 큰 것부터 순서대로 바르게 나열한 것은?

① 압축기(compressor) > 블로어(blower) > 팬(fan)
② 블로어(blower) > 압축기(compressor) > 팬(fan)
③ 팬(fan) > 블로어(blower) > 압축기(compressor)
④ 팬(fan) > 압축기(compressor) > 블로어(blower)

송풍기(공기)의 압력에 의한 분류 ☞ 압축기(compressor) > 블로어(blower) > 팬(fan)
- 팬(Fan) : $0.1 kgf/cm^2$ [10kPa] 미만, 일반적으로 송풍기라 함은 팬(Fan)을 의미한다.
- 블로어(Blower) : $0.1 kgf/cm^2$ [10kPa] 이상 ~ $1 kgf/cm^2$ [100kPa] 미만
- 압축기(compressor) : $1 kgf/cm^2$ [100kPa] 이상

16년-4회
계산 없는 단순 암기형 ★★★★★

39 유체에 관한 설명 중 옳은 것은?

① 실제유체는 유동할 때 마찰손실이 생기지 않는다.
　　　　　　　　　　　　　　　　　생긴다
② 이상유체는 높은 압력에서 밀도가 변화하는 유체이다.
　　　　　　　　　　　　　　변화하지 않는
③ 유체에 압력을 가하면 체적이 줄어드는 유체는 압축성 유체이다.
④ 압력을 가해도 밀도변화가 없으며 점성에 의한 마찰손실만 있는 유체가 이상유체이다.
　　　　　　　　　　　　　　　　점성이 없어 마찰손실도 없는

액체와 기체를 총칭하여 유체라 한다.
- **압축성 유체**
  - 주위의 변화(온도, 압력 등)에 따라 **밀도(부피, 체적)가 변하는** (줄어드는) 유체
  - 일반적으로 **기체**에 어떤 힘이 작용하면, 밀도(부피)가 쉽게 변해 압축성 유체로 분류한다.
  - 만약 **액체에 강한 힘이 작용**하여 약간의 밀도(부피)가 변하는 경우라면 그 액체도 압축성 유체로 볼 수 있다.
    예시> 수압철판속의 수격작용, 디젤엔진에 있어서 연료 수송관의 충격파
- **비압축성 유체**
  - 주위의 변화(온도, 압력 등)에도 **밀도(부피, 체적)의 변화가 없는** 유체
  - 일반적으로 **액체**는 자유롭게 모양을 바꿀 수 있으나, 어떤 힘이 작용하여도 밀도(부피)가 잘 변하지 않아 비압축성 유체로 분류된다.
  - 만약 **기체에 아주 약한 힘이 작용**하여 밀도(부피)의 변화가 없는 경우라면 그 기체도 비압축성 유체로 볼 수 있다.
    예시> 달리는 물체 주위의 기류, 건물 둘레를 흐르는 기류

함께 공부

- **유체**
  - 액체와 기체를 총칭하여 유체라 한다.
  - 일반적으로 형상이 정해져 있지 않으며 변형이 쉽고 흐르는 성질을 갖고 있다.
  - 유체에 외력(전단력)이 작용하면 연속적으로 변형을 일으키는 물질이다.
  - 유체에 외력(전단력)을 제거하여도 곧 바로 평형을 이루지 못하고 계속하여 변형을 일으키는 물질이다.
  - ※ **전단력(마찰력)** : 작용하는 면에 대해 평행하게 작용하는 힘이며, 마찰력이라고도 한다.
  - ※ **응력** : 유체에 힘(외력)이 가해질 때, 유체 내부에서는 그 형태를 유지하기 위해 저항하려는 힘이 발생한다. 이 저항을 응력이라 한다. 응력은 하중의 종류에 따라서 인장응력, 수직응력, 전단응력 등으로 구분된다.
- **실제유체** : 점성(끈끈한 정도)을 가지는 모든 유체(**점성 유체**)로서 **마찰손실이 발생**한다. 따라서 실체유체는 유체에 마찰력(전단력)을 가할 수 있으므로, 그 유체에서는 전단응력이 발생하게 된다.
- **이상유체**
  - 점성이 없어 마찰손실이 발생하지 않는 **비점성** 유체
  - 압력이 작용하여도 밀도(부피)의 변화가 없는 **비압축성**(압축되지 않는) 유체
  - 즉 이상유체는 실제 존재하지 않는 가상유체로서, **비점성·비압축성** 유체이다.

유체역학의 계산없는 단순공식형 문제

22년-1회
계산 없는 단순 공식형 ★★★

23 그림과 같이 대기압 상태에서 V의 균일한 속도로 분출된 직경 D의 원형 물제트가 원판에 충돌할 때 원판이 U의 속도로 오른쪽으로 계속 동일한 속도로 이동하려면 외부에서 원판에 가해야 하는 힘 F는? (단, ρ는 물의 밀도, g는 중력가속도이다.)

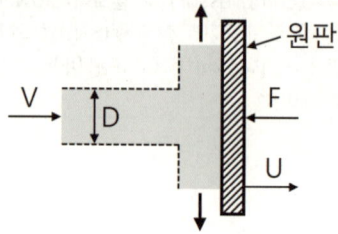

① $\dfrac{\rho \pi D^2}{4}(V-U)^2$ 　　　　② $\dfrac{\rho \pi D^2}{4}(V+U)^2$

③ $\rho \pi D^2(V-U)(V+U)$ 　　　　④ $\dfrac{\rho \pi D^2(V-U)(V+U)}{4}$

이동평판(이동원판)에 작용하는 힘 ➡ 평판이 뒤로 이동하는 경우 [물제트에 대해 뒤로 이동하는 속도를 빼주면 된다]

$F(N) = \rho(밀도, kg/m^3) \cdot Q(유량, m^3/sec) \cdot V(유속, m/sec)$

$\quad\quad\quad = \rho \cdot A(단면적, m^2) \cdot V^2(m/sec)^2$ 　　 *$Q = A \cdot V$ 이므로... V가 2개가 되어 V^2

$\quad\quad\quad = \rho[kg/m^3] \times \dfrac{\pi D^2}{4}[m^2] \times (V-U)^2[(m/sec)^2] = \dfrac{\rho \pi D^2}{4}(V-U)^2$ 　*뒤로 이동하는 속도 U를 빼준다.

　　*V : 방사속도　　*U : 원판이 뒤로 이동하는 속도

18년-4회
계산 없는 단순 공식형 ★★★

24 이상기체의 정압비열 Cp와 정적비열 Cv와의 관계로 옳은 것은? (단, R은 이상기체 상수이고, k는 비열이다.)

① $C_P = \dfrac{1}{2}C_V$ 　　② $C_P < C_V$ 　　③ $C_P - C_V = R$ 　　④ $\dfrac{C_V}{C_P} = k$

정압비열(C_P)과 정적비열(C_V)의 관계

- 정압비열(C_P) : 보통의 비열로서 압력을 일정하게 한 상태에서 비열을 측정한 것
- 정적비열(C_V) : 체적을 일정하게 한 상태에서 비열을 측정한 것
- $C_P - C_V = R (=$ 특정기체정수 $=$ 특정기체상수) *특정한 어떤 기체의 상수
- 비열비(k) $= \dfrac{C_P}{C_V} > 1$ (항상 1보다 크다) ∴ 정압비열(C_P) > 정적비열(C_V)
- **비열**이란 어떤 물질(물) 1kg의 온도를 1℃(K)만큼 올리는 데 필요한 열의 양[1kcal(4.184kJ)]이다. 비열이 크면 그 물질의 온도를 높이기 어렵다. 따라서 물은 비열이 크므로 화염 등의 열을 더 많이 빼앗아 올 수 있어 소화약제로 사용되고 있다.

암기팁! $C_P - C_V = R$ ➡ 이상기체 상태방정식의 PV=nRT 식과 순서가 동일하다. PV=R

유체역학의 전반적으로 쉬운계산형 문제

16년-1회
전반적으로 쉬운 계산형 ★★

36 수두 100 mmAq로 표시되는 압력은 몇 Pa인가?
① 0.098   ② 0.98   ③ 9.8   ④ 980

표준대기압을 이용한 단위환산
수두단위의 표준대기압은 10332 mmH₂O(=mmAq 아쿠아)이고, 파스칼(Pa) 단위의 표준대기압은 101325 Pa 이다.
$$100\,mmAq \times \frac{101325\,Pa}{10332\,mmAq} = 980.69\,Pa$$

함께공부

표준대기압 단위의 종류

1. 단위면적당 작용하는 힘의 단위에 따라 생성된 표준대기압의 종류 $P = \dfrac{F}{A}$

   $1\,atm = 1.0332\,kgf/cm^2 = 10332\,kgf/m^2$
   $= 101325\,N/m^2\,(Pa,\ \text{파스칼}) = 101.325\,kN/m^2\,(kPa,\ \text{킬로 파스칼}) = 0.101325\,MN/m^2\,(MPa,\ \text{메가 파스칼})$
   $= 14.7\,\ell bf/in^2\,(= PSI)$
   $= 1.01325\,bar\,(\text{바}) = 1013.25\,mbar\,(\text{밀리바})$ * 1 bar = 10⁻⁵ N/㎡ (Pa) = 1.01325 bar

2. 유체의 비중량에 따라 생성된 표준대기압의 종류 $P = \gamma \cdot h$

   - $h = \dfrac{P}{\gamma} = \dfrac{10332\,kgf/m^2}{\text{물의 비중량}\,1000\,kgf/m^3} = 10.332\,mH_2O(mAq) = 10332\,mmH_2O(mmAq)$
   - $h = \dfrac{P}{\gamma} = \dfrac{10332\,kgf/m^2}{\text{수은의 비중량}\,13,600\,kgf/m^3} = 0.76\,mHg = 760\,mmHg = 29.92\,inHg$

17년-1회
전반적으로 쉬운 계산형 ★★

39 대기의 압력이 1.08 kgf/cm²였다면 게이지 압력이 12.5 kgf/cm²인 용기에서 절대압력(kgf/cm²)은?
① 12.50   ② 13.58   ③ 11.42   ④ 14.50

절대압력은 완전진공을 기준으로 하여 측정한 실제압력이며, 대기압을 고려한(계산한) 압력을 말한다. 따라서 문제 조건상 용기의 절대압력은… 용기내 게이지 압력에… 용기밖 대기의 압력을 합한 압력이… 그 용기의 실제압력인 절대압력에 해당한다.
대기압력 1.08 kgf/cm² + 게이지압력 12.5 kgf/cm² = 절대압력 13.58 kgf/cm²

함께공부

절대압, 게이지압, 진공압의 구분

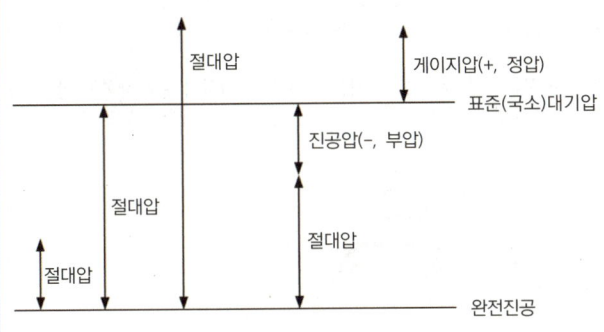

- **절대압력**
  - 완전진공을 기준으로 하여 측정한 압력
  - 완전진공(기압계 "0")으로부터 측정한 실제압력
  - 대기압을 고려한(계산한) 압력
- **게이지(계기)압력**
  - 대기압을 "0"으로 본 압력
  - 완전진공에서 대기압까지를 "0"으로 보고 대기압보다 높은 압력을 측정한 압력
  - 국소대기압을 기준으로 한 압력으로 압력계가 지시하는 압력 [정압, (+)압력]
- **진공압력**
  - 대기압보다 작은(낮은) 압력
  - 진공계가 지시하는 압력 [부압, (-)압력]

그냥 보기만 해도 한눈에 외워지는 컬러도식화
[문제핵심어 색표시, 답에 색표시]

16년-2회
문장이 답인 문제 ★★★

74 물분무소화설비를 설치하는 주차장의 배수설비 설치기준으로 틀린 것은?

① 차량이 주차하는 장소의 적당한 곳에 높이 10cm 이상의 경계턱으로 배수구를 설치한다.
② 40m 이하마다 기름분리장치를 설치한다.
③ 차량이 주차하는 바닥은 배수구를 향하여 100분의 1 이상의 기울기를 유지한다.
　　　　　　　　　　　　　　　　　　　　　　100분의 2 이상
④ 가압송수장치의 최대송수능력의 수량을 유효하게 배수할 수 있는 크기 및 기울기로 설치한다.

- **물분무 소화설비** : 물을 안개모양으로 방사해 가스와 비슷한 형태를 가지므로, 전기의 부도체(전기가 통하지 않는 물체 = 비전도성)로서 전기시설물에 설치가 가능한 자동식 수계소화설비
- **가압송수장치** : 압력을 가해서(가압) 물을 이송하는(송수) 장치로서 그 종류로는 **펌프**(전동기 또는 내연기관과 연결된 원심펌프), **고가수조**(높은 곳에 설치된 수조), **압력수조**(강한 공기압 이용), **가압수조**(압력수조의 간소화 설비) 등의 방식이 있다.

스프링클러설비는 배수설비 대상이 아니지만, **물분무설비가 배수설비 대상인 이유**는... 물분무설비는 **유류화재에도 적응성**이 있어, 유류화재시 물과 기름이 혼합된 액체가 바닥으로 흐르면서, 연소면 확대우려가 있기 때문에 이를 신속하고 효과적으로 제거하기 위함이며, **국내의 경우는 차고 또는 주차장의 경우에만 배수시설을 요구**하고 있다.

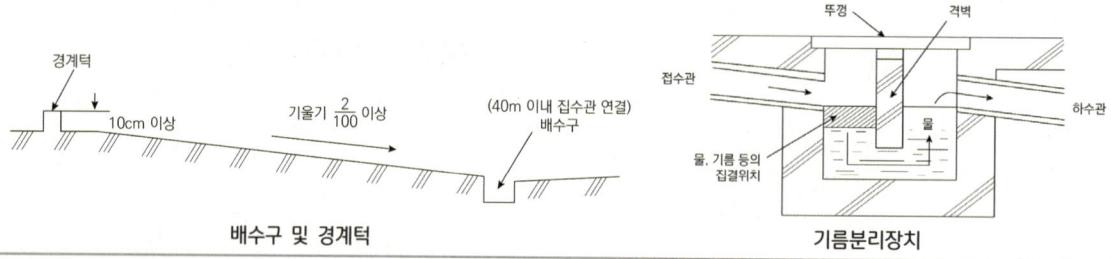

배수구 및 경계턱　　　　　기름분리장치

17년-2회
숫자가 답인 문제

77 내림식사다리의 구조기준 중 다음 ( ) 안에 공통으로 들어갈 내용은?

사용 시 소방대상물로부터 ( )cm 이상의 거리를 유지하기 위한 유효한 돌자를 횡봉의 위치마다 설치하여야 한다. 다만, 그 돌자를 설치하지 아니하여도 사용 시 소방대상물에서 ( )cm 이상의 거리를 유지할 수 있는 것은 그러하지 아니하다.

① 15　　② 10　　③ 7　　④ 5

피난사다리 : 화재시 긴급대피에 사용하는 사다리
- **고정식**(수납식/접는식/신축식) : 건축물의 외·내벽에 고정되어 있어서 피난자가 상시 사용가능한 상태로 고정
- **올림식**(접는식/신축식) : 건물의 한 부분에 기대거나 걸쳐(올려 받쳐) 세워서 사용
- **내림식**(와이어로프식/체인식/하향식 피난구용 내림식사다리) : 복도 끝에 접어둔 상태로 두었다가, 사용시 창틀 등에 걸어 내린 후 사용

돌자란 사다리의 횡봉(가로봉)마다 설치되는 것으로서... 사다리가 벽과 너무 붙어 있다면 발로 횡봉을 밟을 수가 없으므로, **사다리와 벽을 이격시켜주기 위해** 튀어나온 부분을 말한다.
내림식사다리는 사용시 소방대상물로부터 **10㎝ 이상의 거리를 유지**하기 위한 유효한 돌자를 횡봉의 위치마다 설치하여야 한다. 다만, 그 돌자를 설치하지 아니하여도 사용시 소방대상물에서 10㎝ 이상의 거리를 유지할 수 있는 것은 그러하지 아니하다.

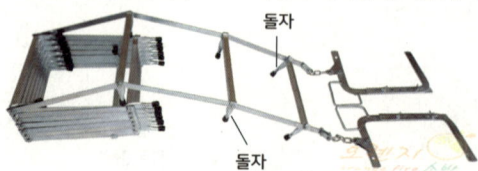

17년-2회
숫자가 답인 문제 ★★

68 스프링클러설비의 교차배관에서 분기되는 지점을 기점으로 한쪽 가지배관에 설치되는 헤드의 개수는 최대 몇 개 이하인가? (단, 방호구역 안에서 칸막이 등으로 구획하여 헤드를 증설하는 경우와 격자형 배관방식을 채택하는 경우는 제외한다.)

① 8   ② 10   ③ 12   ④ 15

- **스프링클러설비** : 화재발생시 화재를 자동으로 감지하여 피난을 위한 경보를 발하고, 습식·건식·준비작동식·일제살수식 밸브가 개방되면, 유수의 흐름으로 인하여 펌프가 기동되고, 개방된 헤드를 통해 소화수를 방수하여 소화하는 자동식 수계소화설비
- **배관의 종류** : 배관이란 물이 이송되는 관을 말한다.
  - **주배관** : 각 층을 수직으로 관통하는 수직배관(입상관)   - **수평주행배관** : 교차배관에 급수하는 배관
  - **교차배관** : 직접 또는 수직배관을 통하여 가지배관에 급수하는 배관   - **가지배관** : 헤드가 설치되어 있는 배관

교차배관에서 분기되는 지점을 기점으로 한 쪽 가지배관에 설치되는 헤드의 개수는 8개 이하로 하여야 한다.
(반자 아래와 반자속의 헤드를 하나의 가지배관 상에 병설하는 경우에는 반자 아래에 설치하는 헤드의 개수)
→ 8개를 초과하여 설치하게 되면... 가지배관의 구경이 너무 커져, 가지배관으로 인한 살수장애를 초래할 수 있으며... 또한 배관의 길이가 너무 길어져 압력손실이 증가하므로 인해, 헤드에서 필요한 방수압에 도달하기 어려워지기 때문이다.

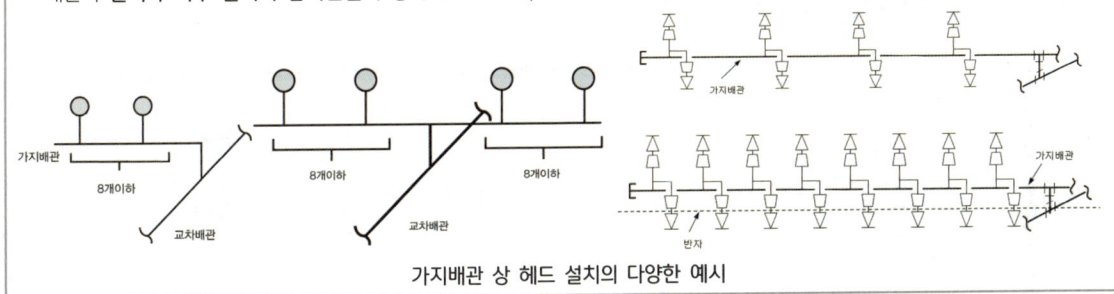

가지배관 상 헤드 설치의 다양한 예시

17년-2회
숫자가 답인 문제

73 축압식 분말소화기 지시압력계의 정상 사용압력 범위 중 상한 값은?

① 0.68 MPa   ② 0.78 MPa   ③ 0.88 MPa   ④ 0.98 MPa

가압방식(가스사용)에 의한 분말소화기의 분류
1. 축압식 분말소화기
   - 소화기 용기 내부에 추진가스를 함께 충전
   - 추진가스는 주로 질소를 사용하며, 질소가스로 인해 습기침투가 어려워 응고현상이 적다.
   - 용기 내부의 압력을 확인히기 위해 압력계를 설치하며, 사용압력은 0.7~0.98MPa(녹색정상)
2. 가압식 분말소화기
   - 소화기 내부 또는 외부에 별도의 가압용기 설치
   - 추진가스는 주로 이산화탄소(CO_2)를 사용하며, 용기내에 압축가스가 없는 관계로 습기가 침투되어 응고현상 발생
   - 용기 내부에 압력이 걸려있지 않아 압력계 미설치

축압식 분말소화기의 **녹색** 정상범위의 압력 → **0.7** MPa [하한값] ~ **0.98** MPa [상한값]

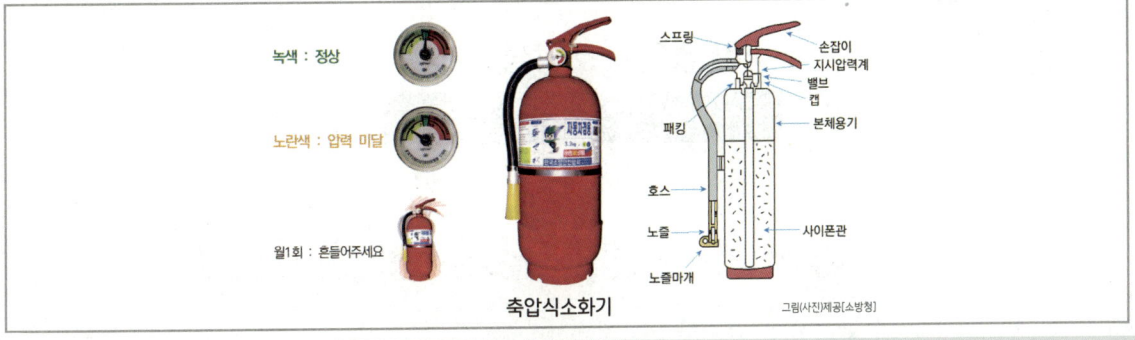

축압식소화기   그림(사진)제공[소방청]

6. 교재를 잘 못 선택한다면~ 어떤일이 생길까?

첫 번째 　시간의 손실　을 가져오고...

두 번째는 　시간의 손해　도 가져오며...

세 번째 역시 　시간의 낭비　를 가져옵니다.

그리고 정~말~ 중요한 또 하나!!
보는 내내~~~ 정~~말 힘이듭니다.

7. 수험생의 변화

감탄 답이색을 만나기 전
공부하는 방법을 잘 몰라서 시험이 　두려웠던 나　

⋮

감탄 답이색을 만난 후
공부하는 방법을 깨우쳐 어떤 시험이든 　자신있는 나　

8. 성공

감탄 답이색 소방설비기사 수험서는
　공부하는 방식에 대한 영감을 드립니다　

공부 스트레스에서 해방되세요

시험필승전략

첫째, 60점만 맞으면 합격한다.

 둘째, 공부는 딱 60점만 맞을 수 있게 공부한다.

셋째, 60점 공부? 절대 불안하지 않다!! 왜냐하면 우리에겐 찍기가 있으니까~

넷째, 모르는 문제는 절대적으로 한 번호로만 찍는다.

다섯째, 헷갈리는 문제도 모르는 문제이다. 그냥 한 번호로만 찍는다. 반드시!!

여섯째, 한 번호로 찍을 때, 푼 문제 중에서 가장 적게 나온 번호로 찍는다.

 일곱째, 너무 쉽게 합격!!

소방설비기사 시험이란?

• 응시절차 안내

1	필기원서접수	Q-net을 통한 인터넷 원서접수
		필기접수 기간내 수험원서 인터넷 제출
		사진(6개월 이내에 촬영한 3.5cm*4.5cm, 120*160픽셀 사진파일(JPG) 수수료 전자결제
		시험장소 본인 선택(선착순)
2	필기시험	수험표, 신분증, 필기구(흑색 싸인펜등) 지참
3	합격자 발표	Q-net을 통한 합격확인(마이페이지 등)
		응시자격 제한종목(기술사, 기능장, 기사, 산업기사, 서비스 분야 일부종목)은 사전에 공지한 시행계획 내 응시자격 서류제출 기간 이내에 반드시 응시자격 서류를 제출하여야 함
4	실기원서 접수	실기접수기간내 수험원서 인터넷(www.Q-net.or.kr) 제출
		사진(6개월 이내에 촬영한 3.5cm*4.5cm픽셀 사진파일JPG, 수수료(정액)
		시험일시, 장소 본인 선택(선착순)
5	실기시험	수험표, 신분증, 필기구 지참
6	최종합격자발표	Q-net을 통한 합격확인(마이페이지 등)
7	자격증 발급	(인터넷)공인인증 등을 통한 발급, 택배가능 (방문수령)사진(6개월 이내에 촬영한 3.5cm*4.5cm 사진) 및 신분확인서류

• 응시자격

등급	응시자격
기사	1. 산업기사 등급 이상의 자격을 취득한 후 응시하려는 종목이 속하는 동일 및 유사 직무분야에서 1년 이상 실무에 종사한 사람 2. 기능사 자격을 취득한 후 응시하려는 종목이 속하는 동일 및 유사 직무분야에서 3년 이상 실무에 종사한 사람 3. 응시하려는 종목이 속하는 동일 및 유사 직무분야의 다른 종목의 기사 등급 이상의 자격을 취득한 사람 4. 관련학과의 대학졸업자등 또는 그 졸업예정자 5. 3년제 전문대학 관련학과 졸업자등으로서 졸업 후 응시하려는 종목이 속하는 동일 및 유사 직무분야에서 1년 이상 실무에 종사한 사람 6. 2년제 전문대학 관련학과 졸업자등으로서 졸업 후 응시하려는 종목이 속하는 동일 유사 직무분야에서 2년 이상 실무에 종사한 사람 7. 동일 및 유사' 직무분야의 기사 수준 기술훈련과정 이수자 또는 그 이수예정자 8. 동일 및 유사 직무분야의 산업기사 수준 기술훈련과정 이수자로서 이수 후 응시하려는 종목이 속하는 동일 및 유사 직무분야에서 2년 이상 실무에 종사한 사람 9. 응시하려는 종목이 속하는 동일 및 유사 직무분야에서 4년 이상 실무에 종사한 사람 10. 외국에서 동일한 종목에 해당하는 자격을 취득한 사람
산업기사	1. 기능사 등급 이상의 자격을 취득한 후 응시하려는 종목이 속하는 동일 및 유사 직무분야에 1년 이상 실무에 종사한 사람 2. 응시하려는 종목이 속하는 동일 및 유사 직무분야의 다른 종목의 산업기사 등급 이상의 자격을 취득한 사람 3. 관련학과의 2년제 또는 3년제 전문대학졸업자 등 또는 그 졸업예정자 4. 관련학과의 대학졸업자 등 또는 그 졸업예정자 5. 동일 및 유사 직무분야의 산업기사 수준 기술훈련과정 이수자 또는 그 이수예정자 6. 응시하려는 종목이 속하는 동일 및 유사 직무분야에서 2년 이상 실무에 종사한 사람 7. 고용노동부령으로 정하는 기능경기대회 입상자 8. 외국에서 동일한 종목에 해당하는 자격을 취득한 사람

• 기본정보

1. 개요
건물이 점차 대형화, 고층화, 밀집화되어 감에 따라 화재발생시 진화보다는 화재의 예방 과 초기진압에 중점을 둠으로써 국민의 생명, 신체 및 재산을 보호하는 방법이 더 효과 적인 방법이다. 이에 따라 소방설비에 대한 전문인력을 양성하기 위하여 자격제도 제정

2. 수행직무
소방시설공사 또는 정비업체 등에서 소방시설공사의 설계도면을 작성하거나 소방시설공 사를 시공, 관리하며, 소방시설의 점검·정비와 화기의 사용 및 취급 등 방화안전관리 에 대한 감독, 소방계획에 의한 소화, 통보 및 피난 등의 훈련을 실시하는 방화관리자 의 직무수행

3. 진로 및 전망
- 소방공사, 대한주택공사, 전기공사 등 정부투자기관, 각종 건설회사, 소방전문업체 및 학계, 연구소 등으로 진출할 수 있다.
- 산업구조의 대형화 및 다양화로 소방대상물(건축물·시설물)이 고층·심층화되고, 고압가스나 위험물을 이용한 에너지 소비량의 증가 등으로 재해발생 위험요소가 많아지면서 소방과 관련한 인력수요가 늘고 있다. 소방설비 관련 주요 업무 중 하나인 화재관련 건수와 그로 인한 재산피해액도 당연히 증가할 수 밖에 없어 소방관련 인력에 대한 수요는 증가할 것으로 전망된다.

• 시험정보

1. 시행처 한국산업인력공단

2. 수수료
- 필기 : 19,400원 / - 실기 : 22,600원
- 원서접수시간은 원서접수 첫날 10:00부터 마지막 날 18:00까지 임.
- 필기시험 합격예정자 및 최종합격자 발표시간은 해당 발표일 09:00임.
- 주말 및 공휴일, 공단창립기념일(3.18)에는 실기시험 원서 접수 불가
- 상기 기사(산업기사, 서비스) 필기시험 일정은 종목별, 지역별로 상이할수 있음
  [접수 일정 전에 공지되는해당 회별 수험자 안내(Q-net 공지사항 게시)] 참조 필수

3. 관련학과 대학 및 전문대학의 소방학, 건축설비공학, 기계설비학, 가스냉동학, 공조냉동학 관련학과

4. 시험과목
- 필기 : 1. 소방원론 2. 소방유체역학 3. 소방관계법규 4. 소방기계시설의 구조 및 원리
- 실기 : 소방기계시설 설계 및 시공실무

5. 검정방법
- 필기 : 객관식 4지 택일형 과목당 20문항(과목당 30분)
- 실기 : 필답형(3시간, 100점)

6. 합격기준
- 필기 : 100점을 만점으로 하여 과목당 40점 이상, 전과목 평균 60점 이상
- 실기 : 100점을 만점으로 하여 60점 이상

• 공학용 계산기 기종 허용군

허용군 외 공학용계산기를 사용하고자 하는 경우, 수험자가 계산기 메뉴얼 등을 확인하여 직접 초기화(리셋) 및 감독위원 확인 후 사용가능

연번	제조사	허용기종군	비고
1	카시오 (CASIO)	FX-901~999	
2	카시오 (CASIO)	FX-501~599	
3	카시오 (CASIO)	FX-301~399	
4	카시오 (CASIO)	FX-80~120	
5	샤프 (SHARP)	EL-501~599	
6	샤프 (SHARP)	EL-5100, EL-5230, EL-5250, EL-5500	
7	유니원(UNIONE)	UC-600E, UC-400M, UC-800X	
8	캐논(Canon)	F-715SG, F-788SG, F-792SGA	
9	모닝글로리 (MORNING GLORY)	ECS-101	

* 허용군 내 기종번호 말미의 영어 표기(ES, MS, EX 등)은 무관
* 사칙연산만 가능한 일반계산기는 기종 상관없이 사용 가능
* 직접 초기화가 불가능한 계산기는 사용 불가

• 수험자 유의사항

1. CBT 필기시험

① CBT 시험이란 인쇄물 기반 시험인 PBT와 달리 컴퓨터 화면에 시험문제가 표시되어 응시자가 마우스를 통해 문제를 풀어나가는 컴퓨터기반의 시험을 말합니다. (CBT체험 바로가기)
② 입실 전 본인좌석을 반드시 확인 후 착석하시기 바랍니다.
③ 전산으로 진행됨에 따라, 안정적 운영을 위해 입실 후 감독위원 안내에 적극 협조하여 응시하여 주시기 바랍니다.
④ 최종 답안 제출 시 수정이 절대 불가하오니 충분히 검토 후 제출 바랍니다.
⑤ 제출 후 본인 점수 확인완료 후 퇴실 바랍니다.

2. 필답형 실기시험 수험자 유의사항

① 문제지를 받는 즉시 응시 종목의 문제가 맞는지 확인하셔야 합니다.
② 답안지 내 인적사항 및 답안작성(계산식 포함)은 검정색 필기구만을 계속 사용하여야 합니다.
③ 답안정정 시에는 두 줄(=)을 긋고 다시 기재하거나 수정테이프를 사용(수정액, 수정스티커는 사용 불가)하여야 하며, 두 줄로 긋지 않거나 수정테이프를 사용하지 않은 답안은 정정하지 않은 것으로 간주합니다.
④ 계산문제는 반드시 '계산과정'과 '답'란에 정확히 기재하여야 하며 계산과정이 틀리거나 없는 경우 0점 처리됩니다.
  ※ 연습이 필요 시 연습란을 이용하여야 하며, 연습란은 채점대상이 아닙니다.
⑤ 계산문제는 최종결과 값(답)에서 소수 셋째자리에서 반올림하여 둘째 자리까지 구하여야 하나 개별 문제에서 소수처리에 대한 별도 요구사항이 있을 경우, 그 요구사항에 따라야 합니다.
⑥ 답에 단위가 없으면 오답으로 처리됩니다.(단, 문제의 요구사항에 단위가 주어졌을 경우는 생략되어도 무방합니다)
⑦ 문제에서 요구한 가지 수 이상을 답란에 표기한 경우, 답란기재 순으로 요구한 가지 수만 채점합니다.

• 년도별 검정현황

종목명	연도	필기			실기		
		응시	합격	합격률(%)	응시	합격	합격률(%)
소방설비기사(기계분야)	2021	17,736	9,048	51%	17,709	5,753	32.5%
소방설비기사(기계분야)	2020	14,623	7,546	51.6%	15,862	3,076	19.4%
소방설비기사(기계분야)	2019	18,030	8,223	45.6%	12,024	3,620	30.1%
소방설비기사(기계분야)	2018	15,757	4,515	28.7%	8,812	3,349	38%
소방설비기사(기계분야)	2017	13,524	3,891	28.8%	8,603	2,981	34.7%
소방설비기사(기계분야)	2016	11,418	4,168	36.5%	7,936	2,092	26.4%
소방설비기사(기계분야)	2015	8,924	3,295	36.9%	6,424	1,393	21.7%
소방설비기사(기계분야)	2014	7,543	2,934	38.9%	5,684	1,430	25.2%
소방설비기사(기계분야)	2013	8,310	2,414	29%	6,303	433	6.9%
소방설비기사(기계분야)	2012	9,397	2,586	27.5%	6,193	1,389	22.4%
소방설비기사(기계분야)	2011	10,138	3,754	37%	7,243	1,135	15.7%
소방설비기사(기계분야)	2010	10,479	2,847	27.2%	7,004	1,146	16.4%
소방설비기사(기계분야)	2009	11,309	4,912	43.4%	7,975	3,179	39.9%
소방설비기사(기계분야)	2008	10,659	4,657	43.7%	10,547	1,708	16.2%
소방설비기사(기계분야)	2007	11,413	5,575	48.8%	10,786	2,789	25.9%
소방설비기사(기계분야)	2006	14,115	6,202	43.9%	9,183	2,243	24.4%
소방설비기사(기계분야)	2005	10,722	3,614	33.7%	6,091	1,623	26.6%
소방설비기사(기계분야)	2004	7,027	2,857	40.7%	4,611	810	17.6%
소방설비기사(기계분야)	2003	5,210	1,912	36.7%	4,038	830	20.6%
소방설비기사(기계분야)	2002	4,581	1,733	37.8%	3,945	679	17.2%
소방설비기사(기계분야)	2001	5,707	2,523	44.2%	5,517	227	4.1%
소방설비기사(기계분야)	1982~2000	83,524	38,301	45.9%	70,709	13,340	18.9%
소 계		310,146	127,507	41.1%	243,199	55,225	22.7%

• 2023년 기사정기검정 시행계획

회별	필기시험			응시자격 서류제출 (필기합격자결정)	실기시험		
	원서접수 (휴일제외)	시험시행	합격(예정)자 발표		원서접수 (휴일제외)	시험시행	합격자 발표
제1회	1. 10 ~ 1. 13 〈2월까지 응시자격을 갖춘 자〉	2. 13 ~2. 28	3. 21	2. 13 ~3. 31	3. 28 ~3. 31	4. 22 ~5. 7	6. 9
	1. 16 ~ 1. 19 〈3월부터 응시자격을 갖춘자〉	3. 1 ~3. 15			3. 28 ~3. 31	4. 22 ~5. 7	
제2회	4. 17 ~4. 20	5. 13 ~6. 4	6. 14	5. 15 ~6. 23	6. 27 ~6. 30	7. 22 ~8. 6	1차: 8. 17/ 2차: 9. 1
제3회	6. 19 ~6. 22	7. 8 ~7. 23	8. 2	7. 10 ~8. 11	9. 4 ~9. 7	10. 7 ~10. 20	1차: 11. 1/ 2차: 11. 15
제4회	8. 7 ~8. 10	9. 2 ~9. 17	9. 22	9. 4 ~10. 6	10. 10 ~10. 13	11. 4 ~11. 17	1차: 11. 29/ 2차: 12. 13

과목별 출제분석

• 표안의 수치는 과년도 문제를... 공부단위별로, 재분류한 문제수입니다

년도	회차	소방원론			소방유체역학					소방관계법규			소방기계구조		
		이해	암기	계산	암기	쉬운	어려운	복잡한	포기할	문장	단어	숫자	문장	단어	숫자
2016	1회	9	11	0	7	6	1	6	0	8	10	2	12	6	2
	2회	11	8	1	8	8	0	1	3	3	13	4	3	9	8
	4회	11	7	2	6	10	1	0	3	4	11	5	8	2	10
2017	1회	11	7	2	7	10	1	0	2	8	7	5	7	2	11
	2회	8	8	4	5	9	4	0	2	7	10	3	8	3	9
	4회	9	9	2	5	12	1	0	2	8	9	3	5	3	12
2018	1회	7	12	1	9	7	1	1	2	7	8	5	8	3	9
	2회	8	11	1	4	12	3	0	1	9	6	5	2	3	15
	4회	10	8	2	7	6	3	1	3	5	8	7	5	4	11
2019	1회	7	13	0	6	9	2	1	2	9	4	7	6	3	11
	2회	10	6	4	6	9	1	1	3	4	10	6	7	5	8
	4회	10	9	1	8	9	2	0	1	6	10	4	5	3	12
2020	1·2회	9	11	0	5	9	3	0	3	6	8	6	6	4	10
	3회	7	12	1	6	10	1	1	2	7	11	2	6	1	13
	4회	10	9	1	4	8	1	1	6	4	13	3	7	2	11
2021	1회	10	10	0	9	8	1	0	2	6	9	5	7	4	9
	2회	10	6	4	5	12	0	1	2	7	11	2	9	3	8
	4회	11	8	1	6	9	2	1	2	8	5	7	12	2	6
2022	1회	9	10	1	7	7	1	0	5	14	5	1	6	3	11
	2회	12	8	0	7	9	0	1	3	5	8	7	5	4	11
	4회	9	9	2	14	3	1	2	0	7	8	5	8	4	8
문제수 합계		198	192	30	141	182	30	18	49	142	184	94	142	73	205
문제수 비율		47%	46%	7%	34%	43%	7%	4%	12%	34%	44%	22%	34%	17%	49%

왜 공부한수의 소방설비기사 강의여야 하는가?

현실적인 문제

항상 시간이 부족하다 / 공부만 하려면 피곤하고 졸린다 / 혼자 공부가 가능할까?
혼자 공부하면 나태해진다 / 혼자 집중하기 어렵다 / 끈기력은 금방 바닥난다

수험생들이 강의를 신청하는 이유

이해는 책으로 충분하다(워낙 상세한 해설 때문에~~)
하지만... 시간이 항상 부족하다. 그리고... 노력하는 것은 생각보다 어렵다!
그래서... 유능한 강사와 함께라면, 나의 시간과 노력을 줄여주지 않을까?

유튜브 QR코드

공부한수 오철호의 강의목표

하나. 문제별로 어떻게 공부해야 쉬운지... 공부요령을 전수한다.

수강생에게 듣고 싶은 말
이렇게도 쉽게 공부할 수 있겠구나~

하나. 넘치거나 모자라지 않게... 딱 적당한! 설명을 통해 이해시킨다.

수강생에게 듣고 싶은 말
강의가 딱 내 스타일이네~

하나. 문제를 여러번 반복시켜 암기시킨다.
강의시간에 이해하고, 나중에 혼자 다시 공부해서 암기해야 하는 패턴을 깬다.

수강생에게 듣고 싶은 말
강의를 통해서도 암기가 가능하네~

합격시까지 시청보장!!
왜? 반드시 빠른 시일내에 최소한의 노력으로 합격할거니까~~

공부한수강의 QR코드
스마트폰으로 스캔하세요

  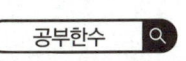 

수험생의 소중한 시간을 아껴주는 공부한수

studyskill.kr

답이색 2023

소방설비기사 기계

과년도 해설권

필기

오철호

목차

- 2016년 제1회 답이색 해설편·· 4
- 2016년 제2회 답이색 해설편·· 50
- 2016년 제4회 답이색 해설편·· 94
- 2017년 제1회 답이색 해설편·· 136
- 2017년 제2회 답이색 해설편·· 180
- 2017년 제4회 답이색 해설편·· 226
- 2018년 제1회 답이색 해설편·· 264
- 2018년 제2회 답이색 해설편·· 306
- 2018년 제4회 답이색 해설편·· 346
- 2019년 제1회 답이색 해설편·· 390
- 2019년 제2회 답이색 해설편·· 434
- 2019년 제4회 답이색 해설편·· 476
- 2020년 제1·2회[통합] 답이색 해설편··· 518
- 2020년 제3회 답이색 해설편·· 558
- 2020년 제4회 답이색 해설편·· 598
- 2021년 제1회 답이색 해설편·· 640
- 2021년 제2회 답이색 해설편·· 680
- 2021년 제4회 답이색 해설편·· 724
- 2022년 제1회 답이색 해설편·· 768
- 2022년 제2회 답이색 해설편·· 810
- 2022년 제4회[CBT복원문제] 답이색 해설편·· 856

01 최근 7년 기출문제

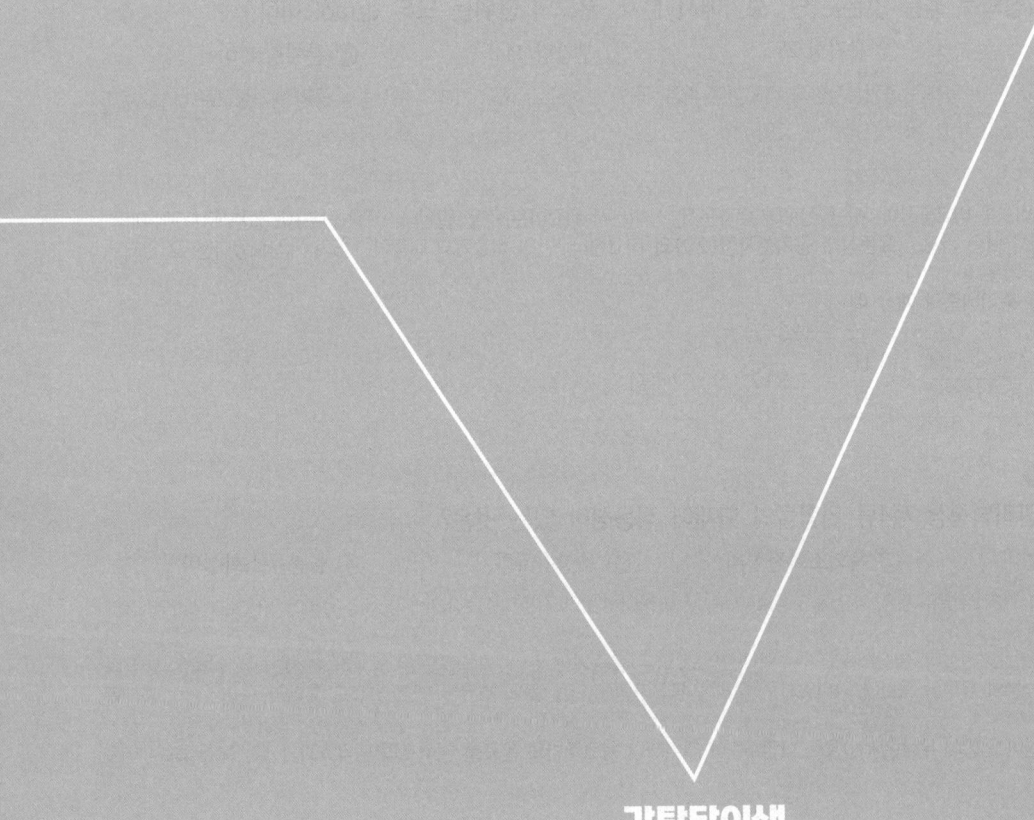

감탄답이색
소방설비기사 Engineer Fire Protection System

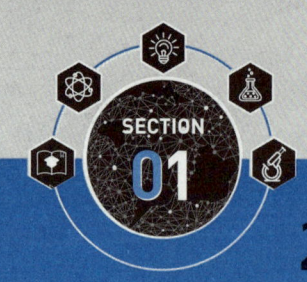

2016년 제1회 답이색 해설편

1과목 소방원론

암기하면서 공부 할 문제 ★★

01 증기비중의 정의로 옳은 것은? (단, 보기에서 분자, 분모의 단위는 모두 g/mol 이다.)

① 분자량/22.4 ② **분자량/29** ③ 분자량/44.8 ④ 분자량/100

공기분자량은 29이고, 모든 기체는 **공기분자량과 비교**하여 증기비중을 구하므로, 해당 기체의 분자량을 공기 분자량으로 나누어주면 해당 기체의 증기비중을 구할 수 있다.

함께 공부

- **비중**이란 무게의 비. 즉 비교물질이 기준물질보다 무거운지, 가벼운지 비교하는 것을 말한다. 차원(단위)이 없는 무차원수이다.
- **기체(증기)비중**에서 모든 기체는 **표준상태 공기분자량(29)과 비교**한다. 만일 비교기체 비중이 1.5가 계산되었다면 그 기체는 공기보다 1.5배 무거운 물질이다.
- **이산화탄소(CO_2) 증기비중의 계산 예**
  CO_2분자량 계산[C=12, O=16] = 12 + (16×2) = 44
  ∴ 증기비중 = $\dfrac{CO_2 \text{ 분자량}}{\text{공기 분자량}}$ = $\dfrac{44}{29}$ = 1.517 [CO_2 증기비중]

이해하면서 공부 할 문제

02 위험물안전관리법령상 제4류 위험물의 화재에 적응성이 있는 것은?

① 옥내소화전설비 ② 옥외소화전설비 ③ 봉상수소화기 ④ **물분무소화설비**

제4류 위험물[인화성 액체](휘발유, 등유, 경유, 중유 등)은 대부분 비중이 1보다 작으며(물보다 가볍다) 비수용성이다.(물보다 가벼우면 물에 녹지 않는다)
옥내소화전설비와 옥외소화전설비, 봉상수소화기는 **막대모양의 굵은 물줄기**(봉상주수)를 대량으로 방수하여 소화하는 설비로서, 유류에 봉상주수하면 대부분의 유류가 물보다 가벼워서... 물위에 유류가 떠다녀... 물이 흐르는 대로 유류도 흘러가... 연소면이 확대될 수 있다.
하지만, **물분무소화설비**를 통해 **무상**(안개상)으로 화염주변에 주수하면 **탱크주변의 온도를 떨어뜨려 냉각효과**가 발생해 유류화재에도 사용할 수 있다.

함께 공부

① **옥내소화전설비** : 화재발생시 옥내소화전함을 개방하여 방수구와 연결된 호스를 전개한 후 앵글밸브를 개방하고, 화점을 향해 노즐을 개방하여 방사하는 형태의 수동식 수계소화설비
② **옥외소화전설비** : 화재발생시 옥외에 설치된 옥외소화전함을 개방한 후, 호스와 노즐을 꺼내어 주변에 설치된 방수구와 연결해 호스를 전개한 후, 옥외소화전 전용렌치로 소화전을 개방하여 방사하는 형태의 수동식 수계소화설비로서, 저층부(1, 2층) 옥외화재 진압활동용 소화설비이자 주변확대방지용 방호설비 등으로 사용된다.
③ **물분무소화설비** : 물을 안개모양으로 방사해 가스와 비슷한 형태를 가지므로 전기의 부도체로서 전기시설물에 설치가 가능한 자동식 수계소화설비

암기하면서 공부 할 문제 ★★

03 화재 최성기 때의 농도로 유도등이 보이지 않을 정도의 연기농도는? (단, 감광계수로 나타낸다.)

① $0.1m^{-1}$ ② $1m^{-1}$ ③ $10m^{-1}$ ④ $30m^{-1}$

감광계수	가시거리	상황
$0.1/m = 0.1m^{-1} = 0.1 Cs$	20~30 [m]	연기감지기가 작동하는(작동하기 직전의) 농도(화재발생 초기의 희미한 연기농도) 건물내부구조에 익숙하지 않은 사람이 피난에 지장을 받는 농도
$0.3/m = 0.3m^{-1} = 0.3 Cs$	5 [m]	건물내부구조에 익숙한 사람이 피난에 지장을 받는 농도
$0.5/m = 0.5m^{-1} = 0.5 Cs$	3 [m]	연기로 인해 어두움을 느끼는 농도
$1.0/m = 1.0m^{-1} = 1.0 Cs$	1~2 [m]	앞이 거의 보이지 않을 정도의 농도
$10/m = 10m^{-1} = 10 Cs$	0.2~0.5 [m] 수십cm	화재 최성기 때의 연기농도
$30/m = 30m^{-1} = 30 Cs$	없음	화재실에서 창문등을 통해 연기가 분출될 때의 농도

암기탑! 0.1 ↔ 20~30 / 0.3 ↔ 5 / 0.5 ↔ 3 / 1.0 ↔ 1~2 / 10 ↔ 수십cm ➡ 123 / 35 / 53 / 012 / 10수십

함께공부

- 내화건축물 화재일 경우 **최성기**란 플래쉬오버(실내전체가 폭발적으로 화염에 휩싸이는 화재현상)를 거치면서 실내의 모든 가연물이 화재에 개입되어 연소하는 시기를 말한다.
- **유도등** : 화재발생시 건물 밖으로 긴급대피를 유도하기 위해 사용되는 등
- **감광계수**($C_S = m^{-1}$)
  - 연기의 농도에 따른 빛의 투과량을 계산한 농도로, 시야확보가 중요한 화재시에 가장 적절한 연기농도 표현이다.
  - 감광계수로 표시한 연기의 농도와 가시거리(m)는 반비례의 관계(m^{-1})이다.
  - 다시말해, 연기에 빛을 투과하였을 경우, 빛의 감소에 따른 가시거리의 감소를 나타내는 것이 감광계수이다.
- **연기감지기**(자동발신) : 화재시 발생하는 연기를 자동으로 감지하여 수신기에 신호를 보내는 장치

암기하면서 공부 할 문제 ★★

04 가연성 가스가 아닌 것은?

① 일산화탄소 ② 프로판 ③ 수소 ④ 아르곤

원소주기율표 상 0족(18족)원소는 **불활성가스**로서, He(4)헬륨, Ne(20)네온, Ar(40)아르곤, Kr 크립톤, Xe 크세논(제논), Rn 라돈 이 있다. 또한 공기중에서 흡열반응을 하는 N_2(질소), 화학적으로 안정되어 소화약제로도 쓰이는 CO_2(이산화탄소) 등도 불연성·불활성 가스이다.

암기탑! 0족(18족) 불활성가스 ➡ 헬 네 아 크 세 라

함께공부

불완전 연소시 발생하는 유독가스인 일산화탄소(CO), 자체가 가연성 가스인 메탄(CH_4), 프로판(C_3H_8), 연소시 발생하는 가연성기체인 수소(H_2), 아세틸렌(C_2H_2) 등은 모두 가연성 가스이다.

암기하면서 공부 할 문제 ★

05 황린의 보관 방법으로 옳은 것은?

① 물 속에 보관 ② 이황화탄소 속에 보관
③ 수산화칼륨 속에 보관 ④ 통풍이 잘 되는 공기 중에 보관

황린(P_4)은 제3류 위험물인 자연발화성물질로서 **공기와 접촉하면 자연발화** 한다. 따라서 알칼리제를 넣은 **pH9정도의 물 속에 저장**(물에 녹지 않기 때문)한다. 물은 비열이 커서 여름에도 온도가 쉽게 상승되지 않고 온도변화가 적어 안정적이다. 황린은 저장액인 물의 증발 또는 용기파손에 의한 물의 누출을 방지하여야 한다.

암기하면서 공부 할 문제 ★★

06 위험물안전관리법령상 위험물 유별에 따른 성질이 잘못 연결된 것은?

① 제1류 위험물 – 산화성고체
② 제2류 위험물 – 가연성고체
③ 제4류 위험물 – 인화성액체
④ **제6류 위험물 – 자기반응성물질**
　　　　　　　　　산화성 액체

위험물
- 인화성(점화원에 의해 불이 붙는) 또는 발화성(스스로 불이 붙는) 등의 성질을 가지는 것으로서 대통령령으로 정하는 물품
- 위험물은 물리적·화학적 성질에 따라 제1류 ~ 제6류 위험물로 구분한다.

① **제1류 위험물 ⇨ 산화성 고체** [가연물을 산화시키는 고체]
산소를 함유하고 있어 가연물과 접촉시 산소공급원의 기능을 하는 고체로서 ~~염류, 무기과산화물 등이 해당된다.

② **제2류 위험물 ⇨ 가연성 고체** [일반 환원성 가연물]
일반적으로 불에 타는 가연성고체 물질로서 황, 인, 금속분류 등이 해당된다.

③ **제3류 위험물 ⇨ 자연발화성 및 금수성 물질** [황린제외 모두 금속]
황린(P_4)이 대표적인 자연발화성물질이고, 나머지는 모두 물에 급격히 반응하여 열을 발생하는 금속(금수성)으로서 칼륨, 나트륨, 리튬, 알루미늄 등이 해당된다.

④ **제4류 위험물 ⇨ 인화성 액체** [유류 등]
인화의 위험성이 높은 기름 등으로서 특수인화물, 제1석유류~제4석유류, 알코올류, 동식물유류 등으로 구분하며, 1석유류~3석유류는 물에녹는 수용성액체와 녹지않는 비수용성 액체로 구분된다.

⑤ **제5류 위험물 ⇨ 자기반응성 물질** [폭발성 물질]
가연물질내에 산소를 함유하고 있어 스스로 폭발적으로 반응하는 물질로서, 질산에스테르류, 유기과산화물, 니트로화합물 등 폭발성 물질이 해당된다.

⑥ **제6류 위험물 ⇨ 산화성 액체** [가연물을 산화시키는 액체]
산소를 함유하고 있어 가연물과 접촉시 산소공급원의 기능을 하는 액체로서 질산, 과산화수소, 과염소산 등이 해당된다.

암기팁! 1류 산고 / 2류 가고 / 3류 자금 / 4류 인화 / 5류 자기 / 6류 산화
➡ 산고 가고(산에 가고) / 자금 인화(자금을 인화해서) / 자기 산화(자기에게 산화시킨다)

암기하면서 공부 할 문제 ★

07 무창층 여부를 판단하는 개구부로서 갖추어야 할 조건으로 옳은 것은?

① 개구부 크기가 지름 30cm의 원이 내접할 수 있는 것
　　　　　　　　50센티미터 이상
② 해당 층의 바닥면으로부터 개구부 밑 부분 까지의 높이가 1.5m 인 것
　　　　　　　　　　　　　　　　　　　　　　　1.2미터 이내일 것
③ **내부 또는 외부에서 쉽게 부수거나 열 수 있을 것**
④ 창에 방범을 위하여 40cm 간격으로 창살을 설치할 것
　　창살이나 그 밖의 장애물이 설치되지 아니할 것

무창층 여부를 판단하는 개구부로서 갖추어야할 조건 (사람이 직접 피난하기 위한 구멍이 갖추어야 되는 조건)
① 크기는 **지름 50센티미터** 이상의 원이 내접할 수 있는 크기일 것
② 해당 층의 **바닥면**으로부터 개구부 밑부분까지의 **높이가 1.2미터** 이내일 것
③ **도로** 또는 차량이 진입할 수 있는 **빈터**를 향할 것
④ 화재 시 건축물로부터 쉽게 피난할 수 있도록 **창살**이나 그 밖의 장애물이 설치되지 아니할 것
⑤ 내부 또는 외부에서 쉽게 **부수거나 열** 수 있을 것

암기팁! 지름50 바닥1.2 빈터 창살 부수기 ➡ 지름 오공 / 바닥 일이 / 빈터 창살 부수기

함께 공부

무창층
지상층 중 다음의 요건을 모두 갖춘 **개구부**(건축물에서 채광·환기·통풍 또는 출입 등을 위하여 만든 창·출입구)의 면적의 합계가 해당 층의 바닥면적의 30분의 1 이하가 되는 층
① 크기는 **지름 50센티미터** 이상의 원이 내접(內接)할 수 있는 크기일 것
② 해당 층의 바닥면으로부터 개구부 밑부분까지의 **높이가 1.2미터** 이내일 것
③ **도로** 또는 차량이 진입할 수 있는 **빈터**를 향할 것
④ 화재 시 건축물로부터 쉽게 피난할 수 있도록 **창살**이나 그 밖의 장애물이 설치되지 아니할 것
⑤ 내부 또는 외부에서 쉽게 **부수거나 열 수** 있을 것

> 이해하면서 공부 할 문제 ★★

08 가연성가스나 산소의 농도를 낮추어 소화하는 방법은?

① 질식소화 ② 냉각소화 ③ 제거소화 ④ 억제소화

물리적 소화의 방법 : 연소의 3요소인 가연성가스(가연물), 산소, 열(점화원)의 양적 변화를 통해 연소를 중단시켜 소화하는 방법
- **질식소화** : 가연물이 연소할 때 공기 중의 산소농도(일반적으로 21%)를 떨어뜨려 (보통 15%이하) 연소를 중단시키는 소화 방법

> 함께 공부

- **물리적 소화의 방법** : 연소의 3요소인 가연성가스(가연물), 산소, 열(점화원)의 양적 변화를 통해 연소를 중단시켜 소화하는 방법
  - 냉각소화 : 연소 중인 가연물의 온도를 떨어뜨려 연소반응을 정지시키는 소화의 방법
  - 질식소화 : 가연물이 연소할 때 공기 중의 산소농도(일반적으로 21%)를 떨어뜨려 (보통 15%이하) 연소를 중단시키는 소화 방법
  - 제거소화 : 가연물을 제거하여 소화하는 방법
  - 희석소화 : 가연성의 기체, 액체, 고체에서 발생되는 가연성증기(분해가스)의 농도를 희석시켜 (농도를 엷게 하여) 연소한계 이하로 유지시키는 방법(강풍에 의한 희석소화)
- **화학적 소화의 방법**(=억제소화, 부촉매소화)
  - 활성라디칼을 흡수하여 연소의 4요소인 순조로운 연쇄반응을 **억제**하여 소화하는 방법으로 정촉매의 반대인 **부촉매소화**라고도 한다.
  - 할론계 소화약제, 분말소화약제 등을 이용하여 소화한다.

> 암기하면서 공부 할 문제 ★★★

09 분말 소화약제 중 A급, B급, C급 화재에 모두 사용할 수 있는 것은?

① Na_2CO_3 ② $NH_4H_2PO_4$ ③ $KHCO_3$ ④ $NaHCO_3$
제1종 열분해 생성물(탄산나트륨) 제3종 제2종 탄산수소칼륨 제1종 탄산수소나트륨

분말 소화약제의 종류 화학반응식(열분해 반응식)

종별	주성분	색상	적응화재	화학반응식 (열분해 반응식)	암기법
제1종	탄산수소**나**트륨 ($NaHCO_3$)	백색	B, C	$2NaHCO_3 \rightarrow Na_2CO_3 + CO_2 + H_2O$	이수
제2종	탄산수소**칼**륨 ($KHCO_3$)	담자(회)색	B, C	$2KHCO_3 \rightarrow K_2CO_3 + CO_2 + H_2O$	이수
제3종	제1**인**산**암**모늄 = 인산염 ($NH_4H_2PO_4$)	담홍색, 황색	A, B, C	$NH_4H_2PO_4 \rightarrow HPO_3 + NH_3 + H_2O$	암수
제4종	탄산수소**칼**륨 + 요소 ($KHCO_3+(NH_2)_2CO$)	회색	B, C	$2KHCO_3+(NH_2)_2CO \rightarrow K_2CO_3 + NH_3 + CO_2$	암이

※ 제1종은 탄산나트륨(Na_2CO_3), 제2종과 제4종은 탄산칼륨(K_2CO_3), 제3종은 부착력이 우수하여 소화효과가 뛰어난 메타인산(HPO_3)이 생성된다.

> 암기팁! 나의 칼은 인간의 칼이다~ ➡ 나 칼 인 칼

이해하면서 공부 할 문제 ★★

10 화재발생 시 건축물의 화재를 확대시키는 주요인이 아닌 것은?

① 비화　　　② 복사열　　　③ 화염의 접촉(접염)　　　④ **흡착열에 의한 발화**

흡착열에 의한 발화는, **자연발화**시 열이 축적되는 형태로서… **화재를 최초 발생시키는 원인**이 될 수 있으나, 화재를 확대시키는 주요인으로 작용되긴 어렵다.
① **비화**란 **이미 화재가 발생한 상태에서**… 강한 바람 등의 원인으로, 불티가 비교적 거리가 먼 곳까지 날아가 발화를 일으키는 현상으로, 화재를 확대시키는 주요인에 해당한다.
② **복사열**은 열원과 수열체 사이에 중간매체가 필요없는 (진공상태에서도 발생) 열이동 현상으로, **화재가 발생한 상태에서**… 구획실내 화재의 성장과 확산을 결정한다.
③ 화염의 접촉(**접염**)은 말 그대로, **이미 화재가 발생된 상태에서**… 그 화염과 접촉하여 화재가 확대되는 현상을 말한다.

함 께 공 부

자연발화
- 정의 : 공기 중의 물질이 상온에서 장기간 열의 축적에 의해 별도 점화원 없이 자연적으로(스스로) 발화하는 현상
- 열이 축적되는 형태
  - 분해열 : 셀룰로이드, 니트로셀룰로오스, 니트로글리세린, 유기과산화물 등 하나의 물질이 분해 반응할 때 발생하는 열
  - 산화열 : 건성유, 반건성유, 석탄, 석회분, 고무분말, 금속분말 등 어떤 물질이 산소와 느리게 반응하면서 발생하는 열
  - 발효열 : 퇴비, 먼지, 곡물, 건초 등 미생물에 의해 발효되면서 발생되는 열
  - 흡착열 : 목탄, 활성탄, 유연탄 등 모든 흡착 과정에서 방출되는 열
  - 중합열 : 액화 시안화수소(HCN) 등 단량체(monomer)가 중합체를 형성하여 중합반응을 일으킬 때 발생하는 열

암기하면서 공부 할 문제 ★★★

11 제2종 분말 소화약제가 열분해되었을 때 생성되는 물질이 아닌 것은?

① CO_2 이산화탄소　　② H_2O 물　　③ **H_3PO_4**　　④ K_2CO_3 탄산칼륨

- 제2종 분말소화약제의 열분해시 생성되는 물질은… 탄산칼륨(K_2CO_3)과 이산화탄소(CO_2), 그리고 물(H_2O)이다.
- 제3종 분말소화약제의 열분해시 생성되는 물질 중 인산은… 물과의 결합 정도에 따라[수화(水和)된 정도에 따라](즉 화재시 물이 얼마나 생성되는지에 따라) 메타-인산[HPO_3], 파이로-인산(피로-인산)[$H_4P_2O_7$], 오쏘-인산[H_3PO_4]의 3가지로 나누어 진다.

암기탑! 열분해 생성물 암기법 ➡ 제1종 : 이산화탄소(CO_2), 물(H_2O)(한자 물 수) ➡ 이수 / 제2종 : 제1종과 동일 ➡ 이수
제3종 : 암모니아(NH_3), 물(H_2O) ➡ 암수 / 제4종 : 암모니아(NH_3), 이산화탄소(CO_2) ➡ 암이

함 께 공 부

분말 소화약제의 종류 화학반응식(열분해 반응식)

종별	주성분	색상	적응화재	화학반응식 (열분해 반응식)	암기법
제1종	탄산수소나트륨 (NaHCO₃)	백색	B, C	2NaHCO₃ → Na₂CO₃ + CO₂ + H₂O	이수
제2종	탄산수소칼륨 (KHCO₃)	담자(회)색	B, C	2KHCO₃ → K₂CO₃ + CO₂ + H₂O	이수
제3종	제1인산암모늄 = 인산염 (NH₄H₂PO₄)	담홍색, 황색	A, B, C	NH₄H₂PO₄ → HPO₃ + NH₃ + H₂O	암수
제4종	탄산수소칼륨 + 요소 (KHCO₃+(NH₂)₂CO)	회색	B, C	2KHCO₃+(NH₂)₂CO → K₂CO₃+NH₃+CO₂	암이

※ 제1종은 탄산나트륨(Na₂CO₃), 제2종과 제4종은 탄산칼륨(K₂CO₃)이 생성된다.

이해하면서 공부 할 문제 ★★★

12 제거소화의 예가 아닌 것은?

① **유류화재 시 다량의 포를 방사한다.**　　② 전기화재 시 신속하게 전원을 차단한다.
③ 가연성가스 화재 시 가스의 밸브를 닫는다.　　④ 산림화재 시 확산을 막기 위하여 산림의 일부를 벌목한다.

제거소화란 가연물을 제거하여 소화하는 방법으로서 ②는 점화원인 전기를 차단하기 위해 전원을 제거하는 것이고, ③은 가스공급관의 밸브를 닫아서 가연물인 가스를 제거하는 것이며, ④는 가연물인 산림의 일부를 제거하는 것이다.
①은 **질식소화**(가연물이 연소할 때 공기 중의 산소농도를 15%이하로 떨어뜨려 연소를 중단시키는 소화 방법)의 방법으로서, 유류인 가연물을 포(거품)로 덮으면 산소가 차단되어 질식소화 된다.

함께공부

제거소화의 구체적인 예
① 촛불의 화염을 입김으로 불어 끄는 것
② 부채를 이용하여 촛불을 바람으로 끄는 것
③ 산불화재 시 벌목하는 행위
④ 가스화재 시 밸브 및 콕크를 잠그는 행위
⑤ 유전화재 시 폭약을 사용해, 폭풍에 의하여 가연성 증기를 날려 보내는 것
⑥ 전기화재 시 전원을 차단하는 것

암기하면서 공부 할 문제 ★★★

13 공기 중에서 수소의 연소범위로 옳은 것은?

① 0.4 ~ 4 vol%　　② 1 ~ 12.5 vol%　　③ **4 ~ 75 vol%**　　④ 67 ~ 92 vol%

주요물질의 연소범위

물질	하한값 (vol%)	상한값 (vol%)	연소범위 넓이	위험도(H)	
아세틸렌(연소범위가 가장 넓다)	2.5	81.0	78.5	31.4	2위
수소(연소범위가 2번째로 넓다)	**4.0**	**75.0**	71.0	17.75	4위
일산화탄소	12.5	74.0	61.5	4.92	
에테르	1.9	48.0	46.1	24.26	3위
이황화탄소(하한값이 가장낮고, 위험도가 가장높다)	1.2	44.0	42.8	35.66	1위
황화수소	4.0	44.0	40.0	10.00	
에틸렌	2.7	36.0	33.3	12.33	
메탄	5.0	15.0	10.0	2.00	
에탄	3.0	12.4	9.4	3.13	
프로판	2.1	9.5	7.4	3.52	
부탄	1.8	8.4	6.6	3.66	

 연소범위 넓은순서 ➡ 아수일에 이황에 메에프부　이수일(가수)에 이황(퇴계)에 매우 풍년이구나~
　　　　　위험도 큰 순서 ➡ 이황 아세 에테 수소　이황이 아세아를 여태~~ 수성했다(지켰다).

함께공부

연소범위(=연소한계, 폭발범위, 폭발한계)
• 가연성가스와 산소가 연소를 일으킬 수 있는 증기농도(체적농도 vol%) 범위
• 연소하한계와 연소상한계 사이의 범위
　- 연소하한계 : 그 농도 이하에서는 발화원과 접촉하여도 연소가 일어나지 않는 가스의 최소농도
　- 연소상한계 : 그 농도 이상에서는 발화원과 접촉하여도 연소가 일어나지 않는 가스의 최고농도

이해하면서 공부 할 문제 ★

14 건물화재 시 패닉(panic)의 발생원인과 직접적인 관계가 없는 것은?

① 연기에 의한 시계 제한　　　　② 유독가스에 의한 호흡 장애
③ 외부와 단절되어 고립　　　　④ **불연내장재의 사용**

건물화재 시 패닉(panic)의 발생원인으로 연기에 의한 시계 제한, 유독가스에 의한 호흡 장애, 화염에 대한 두려움, 외부와 단절된 고립상태 등이 있지만, 불연내장재의 사용은 연소진행과 관련된 것으로 패닉(panic)현상과는 직접적인 관계는 없다.

함께공부

패닉(panic)현상 : 화재시 건물에 고립됐을 때, 현재 자신이 처한 상황을 파악하는 능력이 일시적으로 마비된 채, 몸을 움직일 수 없거나 본능적으로 움직이기를 거부하는 등 안전한 동작으로 움직일 수 있다는 것을 자각하지 못하는 상태

이해하면서 공부 할 문제 ★★

15 일반적인 자연발화의 방지법으로 틀린 것은?

① 습도를 높일 것 (낮게 유지할 것)
② 저장실의 온도를 낮출 것
③ 정촉매 작용을 하는 물질을 피할 것
④ 통풍을 원활하게 하여 열축적을 방지할 것

자연발화란 공기 중의 물질이 상온에서, 장기간 **열의 축적**에 의해 별도 점화원 없이 **자연적으로(스스로)** 발화하는 현상으로... 습도가 높으면 **표면에 수분막이 형성**되어 내부 온도를 발산하기 어려워서, 열이 내부에 축적되기 쉽다. 따라서 습도를 낮게 유지하여야 한다.

함께 공부

- 자연발화가 일어나기 좋은 조건
  - 저장실의(주위의) 온도가 높을 것
  - 발열량이 클 것
  - 환기가(통풍이) 어려워 열의 축적이 잘 될 것
  - 열전도율(성)이 작을(=낮을=나쁠) 것 (열전도율이 작아야 열의 축적이 쉽다)
  - 표면적이 클 것 (큰덩어리보다 작은덩어리 여러개가 공기와의 접촉면적이 더 크기 때문)
  - 습도가 높을 것 (습도가 높으면 표면에 수분막이 형성되어 내부 온도를 발산하기 어려워서, 열이 내부에 축적되기 쉽다)
- 방지대책
  - 저장실의(주위의) 온도를 낮출 것
  - 열의 축적을 방지할 것
  - 통풍을 잘 시킬 것
  - 열전도율(성)을 크게(=높게=좋게) 할 것 (열전도율이 크면 그만큼 열의 축적이 어렵다)
  - 정촉매(반대는 부촉매) 작용 물질(자연발화를 돕는 물질)을 피할 것
  - 산소와의 접촉을 차단할 것
  - 습도를 낮게 유지할 것

암기하면서 공부 할 문제 ★★

16 이산화탄소(CO_2)에 대한 설명으로 틀린 것은?

① 임계온도는 97.5℃ 이다. (31.25℃)
② 고체의 형태로 존재할 수 있다.
③ 불연성가스로 공기보다 무겁다.
④ 상온, 상압에서 기체 상태로 존재한다.

이산화탄소(탄산가스) = CO_2 = 분자량44 = 불연성 소화약제 = 질식소화 = 고체탄산(드라이아이스)

- CO_2는 임계온도가 높아 냉각하면 쉽게 액화된다 : 온도를 **31.25℃(임계온도)** 이하로 낮추고, 그에 상응하는 압력을 가하면 액화가 가능하다. 하지만 임계온도 이상이 되면 모두 기화되어 용기내의 압력이 급격히 상승한다.
- 공기(분자량=29)보다 **1.5배 무거워서** 화재시 가연물의 심부에까지 침투가 가능하다.
  CO_2분자량 계산[C=12, O=16] = 12 + (16×2) = 44   ∴ 44/29 ≒ **1.5**[CO_2 증기비중]

※ 임계온도 : 기체를 액화시킬 수 있는 최고온도로서 CO_2를 액체화시키기 위해서는 CO_2를 31.25℃(임계온도) 이하로 유지시켜 주어야 한다.

함께 공부

- 고체탄산(드라이아이스)은 대기압(평상시 노출시=1기압)에서 -79[℃] 이하에서만 고체탄산으로 유지되며, 온도가 -79[℃] 이상이 되면 액체를 거치지 않고 곧바로 승화(고체가 액체를 거치지 않고 기체가 되는 현상)되어 증기로 변한다.
- 상온은 20℃, 상압은 1기압(atm)을 말한다. 따라서 상온, 상압상태에서는 승화되어 기체 상태로 존재하게 된다.

암기하면서 공부 할 문제 ★

17 공기 중의 산소의 농도는 약 몇 vol% 인가?

① 10   ② 13   ③ 17   ④ 21

공기의 조성(공기 혼합물의 분자량) → N_2(질소) : 78%, O_2(산소) : 21%, Ar(아르곤) : 1%, CO_2(이산화탄소) : 0.03%
+ 네온, 헬륨, 메탄, 크립톤, 수소, 일산화질소, 크세논 등등
∴ 공기분자량 = (28×0.78) + (32×0.21) + (40×0.01) + (44×0.0003) = 28.9732 ≒ 29

함께공부

주요 원소의 원자량

원소명	수소	탄소	질소	산소	불소	나트륨	마그네슘	알루미늄	인	황	염소	아르곤	브롬
기호	H	C	N	O	F	Na	Mg	Al	P	S	Cl	Ar	Br
원자량	1	12	14	16	19	23	24	27	31	32	35.5	40	80

이해하면서 공부 할 문제 ★★★

18 화학적 소화방법에 해당하는 것은?

① <u>모닥불에 물을 뿌려 소화한다.</u>
　　냉각소화
② <u>모닥불을 모래로 덮어 소화한다.</u>
　　질식소화
③ <u>유류화재를 할론 1301로 소화한다.</u>
　　억제소화
④ <u>지하실 화재를 이산화탄소로 소화한다.</u>
　　질식소화

화학적 소화의 방법 (=억제소화, 부촉매소화)
- **활성라디칼(자유활성기, Free radical)**을 흡수하여 연소의 4요소인 순조로운 연쇄반응을 **억제**하여 소화하는 방법으로 정촉매의 반대인 부촉매소화라고도 한다.
- 할론계 소화약제, 분말소화약제 등을 이용하여 소화한다.

함께공부

물리적 소화의 방법 : 연소의 3요소인 가연성가스(가연물), 산소, 열(점화원)의 양적 변화를 통해 연소를 중단시켜 소화하는 방법
- **냉각소화** : 연소 중인 가연물의 온도를 떨어뜨려 연소반응을 정지시키는 소화의 방법
- **질식소화** : 가연물이 연소할 때 공기 중의 산소농도(일반적으로 21%)를 떨어뜨려 (보통 15%이하) 연소를 중단시키는 소화 방법
- **제거소화** : 가연물을 제거하여 소화하는 방법
- **희석소화** : 가연성의 기체, 액체, 고체에서 발생되는 가연성증기(분해가스)의 농도를 희석시켜(농도를 엷게 하여) 연소하한계 이하로 유지시키는 방법(강풍에 의한 희석소화)

이해하면서 공부 할 문제

19 목조건축물에서 발생하는 옥외출화 시기를 나타낸 것으로 옳은 것은?

① 창, 출입구 등에 발염 착화한 때
② 천장 속, 벽 속 등에서 발염 착화한 때
　　옥내출화 시기
③ 가옥구조에서는 천장면에 발염 착화한 때
　　옥내출화 시기
④ 불연천장인 경우 실내의 그 뒷면에 발염 착화한 때
　　옥내출화 시기

목조건축물 화재의 진행과정
① **화원(화재의 원인)** : 가연물이 인화(점화)되어 최초의 화재가 시작되는 순간의 상황
② **무염착화(훈소)** : 불꽃을 발생시키지 않고 연기(백색연기)만 배출하면서 느리게 착화되는 형태
③ **발염착화** : 무염착화기 진행되면서, 불꽃을 발생시키는 연소형태로 진행되는 착화형태
④ **출화(발화)** : 실내외 가연물질에 본격적으로 화재가 진행되는 상태로서, 옥내출화가 일어난 이후에 옥외출화로 전이된다.
- **옥내출화** — 천장속, 벽속 등에서 발염 착화한 때, 가옥의 구조에는 천장면에 발염 착화할 때, 불연벽체나 불연천장인 경우 실내의 그 뒷면에 발염 착화할 때
- **옥외출화** — **창, 출입구 등에 발염 착화한 때**, 건축물 외부 가연물질에 발염 착화한 때
⑤ **최성기** : 화염이 실 전체로 급속히 확대되면서 흑색연기를 발생시키는 상태로서, 최대 실내온도는 1,100~1,300[℃]에 달한다.
⑥ **연소낙하** : 벽체와 골조가 소실되면서 천장과 지붕이 무너져 내리는 상태
⑦ **소화(진화)** : 목조건축물 전체가 전소되어 화재가 끝나는 시점

함께공부

목조건축물 화재 - 고온 단기형(단시간형)
목조건축물은 골조가 목조로 되어 있어 타기 쉽고 개구부도 많아져, 화재가 발생하면 공기 유통이 좋아서 격렬히 연소하여 통상적으로 출화 후 4~14분 정도면 최성기에 도달하며, 최성기에서 연소낙하까지 6~19분 정도가 소요된다.

20 화재 발생 시 주수소화가 적합하지 않은 물질은?

① 적린　　　② 마그네슘 분말　　　③ 과염소산칼륨　　　④ 유황

- 제1류 위험물[산화성 고체] 중 과염소산염류인 **과염소산칼륨**은 주수에 의한 **냉각소화**(∵ 분해온도 이하로 유지하기 위해)를 한다.
- 제2류 위험물인 **적린, 유황** 등 금속을 제외한 물질은 주수에 의한 **냉각소화**를 한다.
- 제2류 위험물 중 **황화린, 철분, 마그네슘 분말, 금속분류** 등은 주수소화를 금지하고 건조사(마른모래), 팽창질석, 팽창진주암(가열해 부풀려 가볍게 만든 돌가루) 등에 의한 **질식소화**를 한다. (금속은 물, 가스계약제 사용금지)

함 께 공 부

제2류 위험물 ⇨ 가연성 고체[일반 환원성 가연물] 일반적으로 불에 타는 가연성고체 물질 등이 해당된다.

위험물	특징	암기법	종류[대분류]		
제2류	가연성 고체	유황적 철마금 인	유황(황)[S], 황화린(인), 적린(인)[P]	/ 철분, 마그네슘, 금속분류	/ 인화성고체
	지정수량	유황적백 오백철마금 인천	위험등급Ⅱ 지정수량 100kg	/ 위험등급Ⅲ 지정수량 500kg	/ Ⅲ 지정수량 1000kg

2과목　소방유체역학

✔ 이것이 핵심이다! 기출문제 + 답이색해설

복잡하고 어려운 계산형 ★

21 펌프의 입구 및 출구측에 연결된 진공계와 압력계가 각각 25mmHg 와 260kPa 을 가리켰다. 이 펌프의 배출 유량이 0.15m³/s 가 되려면 펌프의 동력은 약 몇 kW가 되어야 하는가? (단, 펌프의 입구와 출구의 높이 차는 없고, 입구측 관직경은 20cm, 출구측 관직경은 15cm 이다.)

① 3.95　　　② 4.32　　　③ 39.5　　　④ 43.2

해설

1. **펌프의 수동력(kW)** ➡ 펌프에 의해 **물에 공급되는 동력**(유체에 실제로 주어지는 동력). 따라서 펌프효율은 의미가 없다.

   펌프의 동력(kW)을 묻는 문제로서, 문제에서 전달계수(K)와 펌프효율(η_p)이 모두 주어지지 않았으므로... 펌프의 수동력을 묻는 문제이다.

$$kW = \frac{H \cdot \gamma \cdot Q}{102}$$

H(전양정)[m] × γ(물 비중량)[1000 kgf/m^3] × Q(토출량)[m^3/sec]

- Q(유량) = 0.15m³/s　*시간의 단위인 "초(second)"는 "sec" 또는 "s" 로 표시하고, 통상적으로 "섹크"로 읽는다.
- H(전양정) = ?m

2. **전양정(H)**

① 표준대기압을 이용한 진공계 및 압력계의 단위환산

   진공계와 압력계의 수치는 마찰손실과 실양정 그리고 방사압을 합친 값을 나타내므로, 주어진 수치를 수두[m]로 환산하면 된다. 수두단위의 표준대기압은 10.332mH₂O 이다.

- 진공계 = $25 mmHg \times \dfrac{10.332 mH_2O}{760 mmHg} = 0.34 mH_2O$　*수은주(mmHg)의 표준대기압 = 760mmHg
- 압력계 = $260 kPa \times \dfrac{10.332 mH_2O}{101.325 kPa} = 26.51 mH_2O$　*킬로 파스칼(kPa)의 표준대기압 = 101.325kPa

② 펌프의 입구측 관직경(20cm=0.2m)과, 출구측 관직경(15cm=0.15m)의 차이에 의한... 속도 손실수두($\dfrac{V^2}{2g}$)를 구하기 위해... 입구측과 출구측의 유속(V)을 연속방정식에 의하여 구하면

연속방정식 중 체적유량(Q) ☞ $Q(체적유량, m^3/sec) = A(배관의 단면적, m^2) \times V(유체속도, m/sec)$

$\therefore V = \dfrac{Q}{A} \rightarrow A = \dfrac{\pi \cdot D^2}{4}$ *D=직경(지름) $\rightarrow V = \dfrac{Q}{\dfrac{\pi \cdot D^2}{4}}$

- 입구측 유속(V_1) = $\dfrac{Q}{\dfrac{\pi \cdot D^2}{4}} = \dfrac{0.15\,m^3/sec}{\dfrac{\pi \times 0.2^2}{4}} = 4.77\,m/sec$

- 출구측 유속(V_2) = $\dfrac{Q}{\dfrac{\pi \cdot D^2}{4}} = \dfrac{0.15\,m^3/sec}{\dfrac{\pi \times 0.15^2}{4}} = 8.49\,m/sec$

③ 입구측과 출구측의 유속(V)을... 베르누이 방정식의 속도수두를 활용한, $\dfrac{V_2^2 - V_1^2}{2g}$ 에 대입하여, 속도 손실수두를 구한다.

전수두(전양정) = 압력수두 + 속도수두 + 위치수두 = 일정(Constant)

$H(m) = \dfrac{P}{\gamma} + \dfrac{V^2}{2g} + Z = \dfrac{압력(N/m^2)}{비중량(N/m^3)} + \dfrac{유속^2(m/sec)^2}{중력가속도(9.8m/sec^2)} + 높이(m) = C$

$\dfrac{P_1}{\gamma} + \dfrac{V_1^2}{2g} + Z_1 = \dfrac{P_2}{\gamma} + \dfrac{V_2^2}{2g} + Z_2$

- $H(m) = \dfrac{V_2^2 - V_1^2}{2g} = \dfrac{8.49^2 - 4.77^2}{2 \times 9.8} = 2.52\,m$

③ 진공계 및 압력계, 그리고 속도 손실수두를 반영한 최종적인 전양정은... $H = 0.34 + 26.51 + 2.52 = 29.37\,m$

3. 펌프의 수동력(kW)

$kW = \dfrac{H \cdot \gamma \cdot Q}{102} = \dfrac{29.37\,m \times 1000\,kgf/m^3 \times 0.15\,m^3/sec}{102} = 43.19\,kW ≒ 43.2\,kW$

함께공부

표준대기압 단위의 종류

1. 단위면적당 작용하는 힘의 단위에 따라 생성된 표준대기압의 종류 $P = \dfrac{F}{A}$

$1\,atm = 1.0332\,kgf/cm^2 = 10332\,kgf/m^2$
$= 101325\,N/m^2$ (Pa, 파스칼) $= 101.325\,kN/m^2$ (kPa, 킬로 파스칼) $= 0.101325\,MN/m^2$ (MPa, 메가 파스칼)
$= 14.7\,\ell bf/in^2$ (= PSI)
$= 1.01325\,bar$(바) $= 1013.25\,mbar$(밀리바) *1 bar = 10^{-5} N/㎡ (Pa) = 1.01325 bar

2. 유체의 비중량에 따라 생성된 표준대기압의 종류 $P = \gamma \cdot h$

- $h = \dfrac{P}{\gamma} = \dfrac{10332\,kgf/m^2}{물의\,비중량\,1000\,kgf/m^3} = 10.332\,mH_2O(mAq) = 10332\,mmH_2O(mmAq)$

- $h = \dfrac{P}{\gamma} = \dfrac{10332\,kgf/m^2}{수은의\,비중량\,13,000\,kgf/m^3} = 0.76\,mHg = 760\,mmHg = 29.92\,inHg$

계산 없는 단순 암기형 ★★★★★

22 펌프에 대한 설명 중 틀린 것은?

① 회전식 펌프는 대용량에 적당하며 고장 수리가 간단하다.
   (소용량)
② 기어 펌프는 회전식 펌프의 일종이다.
③ 플런저 펌프는 왕복식 펌프이다.
④ 터빈 펌프는 고양정, 대용량에 적합하다.

회전식펌프(로터리펌프, rotary pump)는 적은 유량(**소용량**)으로 점성이 큰 액체를 고압(고양정)으로 이송하는데 적합한 펌프이며, 구조가 간단하여 고장 수리가 간단하다.

함께공부

- **원심식 펌프** : 소방에서 일반적 널리 사용되는 펌프이다.
  - **볼류트(Volute)펌프** : 회전차(Impeller, 임펠러)의 바깥 둘레에 안내날개(Guide vane)가 없으며 이로 인하여 임펠러가 직접 물을 케이싱으로 유도하는 펌프. **소용량 저양정용**
  - **터빈(Turbine)펌프** : 회전차(Impeller, 임펠러)의 바깥 둘레에 안내날개(Guide vane)가 있어 임펠러의 회전운동 시 물을 일정하게 유도하는 펌프. **대용량 고양정용**
- **왕복식펌프** : 실린더 내를 직선으로 왕복하는 **피스톤 또는 플런저**(봉이 달린 피스톤)를 이용해, 왕복 운동으로 일정 용적의 액체를 압송하는 펌프
  - **소용량, 고양정**(점성이 큰 액체를 고압으로 이송)에 적합하다.
  - 종류 : 다이어프램펌프(피스톤 대신 고무막 사용), 피스톤펌프(비교적 저압에 적합), **플런저펌프**(비교적 고압에 적합)
- **회전식펌프**(로터리펌프, rotary pump) : 회전하는 기어·스크류·베인 등을 이용해, 회전 운동으로 일정 용적의 액체를 운반하는 펌프
  - **소용량, 고양정**(적은 유량으로 고압을 요구하는 경우)에 적합하다.
  - 구조가 간단하여 고장 수리가 간단하다.
  - 종류 : 톱니펌프(gear pump, **기어펌프**), 나사펌프(screw pump, 스크류펌프), 날개펌프(vane pump, 베인펌프)

복잡하고 어려운 계산형 ★

23 어떤 밸브가 장치된 지름 20cm 인 원관에 4℃의 물이 2m/s 의 평균속도로 흐르고 있다. 밸브의 앞과 뒤에서의 압력차이가 7.6kPa 일 때, 이 밸브의 부차적 손실계수 K와 등가길이 L_e은? (단, 관의 마찰계수는 0.02이다.)

① K = 3.8, L_e = 38m   ② K = 7.6, L_e = 38m   ③ K = 38, L_e = 3.8m   ④ K = 38, L_e = 7.6m

해설

1. 밸브의 부차적 손실계수(K)

   밸브의 앞과 뒤에서의 압력차이가 7.6kPa의 압력단위로 주어졌으나… 밸브의 부차적 손실계수(K)를 구하기 위해서는 kPa의 단위를 수두[mH$_2$O]의 단위로 환산하여 손실수두식에 대입하여야 한다. 수두단위의 표준대기압은 10.332mH$_2$O 이다.

   ① 조건정리
   - 평균속도(V) = $2 m/sec$
   - 표준대기압을 이용하여… 압력차이($\Delta P[kPa]$)를 수두차이($h_L[m]$)로 단위환산

   $= 7.6 kPa \times \dfrac{10.332 mH_2O}{101.325 kPa} = 0.77 mH_2O$ *킬로 파스칼(kPa)의 표준대기압 = 101.325kPa

   $h_L(\text{손실수두}, m) = K\dfrac{V^2}{2g} = \text{손실계수} \times \dfrac{\text{유속}^2}{2 \times \text{중력가속도}(9.8)}$

   [달시-와이스바하 방정식과 비교] $h_L(m) = f\dfrac{L}{D}\dfrac{V^2}{2g}$ • $f\dfrac{L}{D} = K$

   ② 구하려는 조건은 손실계수(K)이므로 손실계수를 중심으로 식을 전개하여 대입한다.

   $K = \dfrac{h_L \times 2 \times g}{V^2} = \dfrac{0.77m \times 2 \times 9.8 m/sec^2}{(2m/sec)^2} = 3.77 ≒ 3.8$

2. 등가길이(L_e)

   유체가 밸브, 엘보, 티 등의 관부속물을 흐를 때 발생하는 마찰손실과, 동일한 손실을 갖는 동일구경의 직관길이로 환산한 것. 예를 들어 50A 구경의 직관 $4m$가 갖는 마찰손실 값이 "1"이고, 50A 구경의 체크밸브에 의해 발생하는 마찰손실 값이 "1"이라고 하면, 이 체크밸브의 등가길이는 $4m$가 된다.

   전길이(m) = 직관길이(m) + 등가(상당)길이(m)

   이렇게 등가(상당)길이를 구해서 직관길이와 합치면 전길이가 되고, 이 전길이를 마찰손실을 구하는 방정식인 달시-와이스바하 방정식에 대입하여 마찰손실값을 구할 수 있다. 또한, 달시-와이스바하 방정식을 통해 등가길이의 식을 세울 수 있다.

   ① 조건정리
   - 손실계수(K) = 3.8
   - 지름(D, 직경) = 20cm인 원관 = 0.2m
   - 관의 마찰계수(f) = 0.02

   $h_L(m) = f\dfrac{L_e}{D}\dfrac{V^2}{2g}$ • $f\dfrac{L_e}{D} = K(\text{손실계수})$ ∴ $L_e(\text{등가길이}, m) = \dfrac{K \cdot D}{f} = \dfrac{\text{손실계수} \cdot \text{직경}(m)}{\text{관마찰계수}}$

② 조건을 대입하여 등가길이(L_e)를 구한다.

$$L_e = \frac{K \cdot D}{f} = \frac{3.8 \times 0.2m}{0.02} = 38m$$

함께공부

달시-와이스바하 방정식(Darcy-Weisbach equation) ☞ 마찰손실을 수두(h_L, m, mH_2O)로 구하는 방정식이다.
- 유체의 종류나 층류, 난류를 가리지 않고 **모든 유체에 적용이 가능**한 식으로서 정확성이 매우 떨어진다.
- 따라서 마찰손실과 관련된 요소가 어떤 것이고, 그것이 마찰손실에 어떻게 영향을 미치는지를 파악하는 방정식으로 활용될 수 있다.

$$마찰손실수두(h_L) = f\frac{L}{D}\frac{V^2}{2g} \quad *관마찰계수(f) = \frac{64}{ReNo(레이놀즈수)}$$

$$h_L(mH_2O) = f\frac{L(m)}{D(m)}\frac{V^2(m/\sec)^2}{2g(m/\sec^2)} \quad 마찰손실수두 = 관마찰계수 \times \frac{직관의\ 길이}{배관의\ 직경} \times \frac{유속^2}{2\times중력가속도}$$

- 결론적으로 배관에서 발생하는 마찰손실수두는 배관길이에 비례하고, 유속의 제곱에 비례하며, **직경에는 반비례**한다. 따라서 마찰손실을 줄이기 위해서는 배관 길이를 줄이고, 유속을 낮추고, **관경은 크게** 한다.

복잡하고 어려운 계산형 ★

24 안지름 30cm인 원관 속을 절대압력 0.32MPa, 온도 27℃인 공기가 4kg/s로 흐를 때 이 원관속을 흐르는 공기의 평균 속도는 약 몇 m/s인가? (단, 공기의 기체상수 R = 287 J/kg·K 이다.)
① 15.2   ② 20.3   ③ 25.2   ④ 32.5

해설

1. 연속방정식 중 질량유량(M, mass flow rate)

문제 조건에서 **공기**[압축성유체]가 초당(sec) **4kg**[질량]으로 흐른다고 하였으므로, **연속방정식 중** 압축성 유체에 적용이 가능한 **질량유량(M)의 식**을 적용한다.

① 조건정리
- 질량유량(M) = $4kg/s$
- 안지름(내경, D) = 30cm = 0.3m
- 밀도(ρ) = 문제에서 주어진 다른 조건들을 통해서 별도로 계산해야 한다.
- 공기의 평균속도(V) = ?m/s

② 공기의 평균속도 계산

$$M(질량유량, kg/\sec) = A(배관의\ 단면적, m^2) \times V(유속, m/\sec) \times \rho(밀도, kg/m^3)$$

$$V = \frac{M}{A \times \rho} = \frac{M}{\frac{\pi \times D^2}{4} \times \rho} = \frac{4kg/s}{\frac{\pi \times (0.3m)^2}{4} \times 3.72 kg/m^3} = 15.21 m/s$$

2. 특정기체 상태방정식의 밀도(ρ)공식

문제에서 주어진 다른 조건들을 통해서 밀도(ρ)를 별도로 계산해야 하는바, 문제에서 **공기의**(특정) 기체상수 $\overline{R}$ 값이 주어졌으므로 특정기체 상태방정식의 **밀도(ρ)공식**을 통해 밀도를 구한 후, 위 질량유량식에 최종 대입한다.

① 조건정리
- 공기의 특정기체상수($\overline{R}$) = $287 J/kg \cdot K$ = $287 N \cdot m/kg \cdot K$

  기체상수의 단위가 J(주울) = N·m 이므로, 절대압력(P)의 단위도... 뉴턴(N)단위인 N/m^2(Pa, 파스칼)로 맞춰주어야 한다.

- 절대압력(P) : 표준대기압을 이용하여 $0.32 MPa(MN/m^2)$을 $Pa(N/m^2)$ 단위로 환산한다.

$$= 0.32 MPa(MN/m^2) \times \frac{101325 Pa(N/m^2)}{0.101325 MPa(MN/m^2)} = 320,000 Pa(N/m^2) \quad *파스칼(Pa)의\ 표준대기압 = 101325 Pa(N/m^2)$$

- 절대온도(T) 중 켈빈온도[K]로 변환 = 온도(℃)+273 = 27℃+273 = 300K

② 밀도 계산

$$\rho = \frac{P}{\overline{R}T} = \frac{320,000 N/m^2}{287 N \cdot m/kg \cdot K \times 300K} = 3.72 kg/m^3$$

함께공부

- **연속방정식 중 질량유량(M, mass flow rate)**
  ①지점의 질량과 ②지점의 질량은 언제나 동일하며, 압축성, 비압축성 모든 유체에 적용이 가능하다.

  $$M(질량유량, kg/sec) = A(배관의 단면적, m^2) \times V(유속, m/sec) \times \rho(밀도, kg/m^3)$$

  $$M_1 = M_2$$
  $$A_1 \cdot V_1 \cdot \rho_1 = A_2 \cdot V_2 \cdot \rho_2$$
  $$V_2 = \frac{A_1 \cdot \rho_1}{A_2 \cdot \rho_2} V_1 \qquad * A = \frac{\pi \cdot D^2}{4} \quad D=직경(지름)$$

- **특정기체 상태방정식의 밀도(ρ)** : 이상기체상태방정식을 특정기체상수($\overline{R}$)의 인자로 정리하면...

  $$PV = \frac{WRT}{M} \quad *절대압력 \times 체적 = \frac{질량 \times 기체정수 \times 절대온도}{분자량} \qquad PV = W\frac{R}{M}T \qquad PV = W\overline{R}T$$

  $$P = \frac{W\overline{R}T}{V} \qquad P = \rho\overline{R}T \qquad \rho = \frac{P}{\overline{R}T}$$

  $$\frac{W(질량)}{V(체적)} = \rho(밀도)$$

다소 어려운 계산형

25 국소대기압이 102kPa 인 곳의 기압을 비중 1.59, 증기압 13kPa 인 액체를 이용한 기압계로 측정하면 기압계에서 액주의 높이는?

① 5.71m　　② 6.55m　　③ 9.08m　　④ 10.4m

해설

1. 액주의 높이

문제에서 **"액체를 이용한 기압계"** 는 아래 그림과 같은 **액주계**를 말하며, 완전진공 상태에서 액주계를 세우면 대기압($P_o = 102\,kPa$)에 의해 비중($S = 1.59$)의 액체가 상승하게 되는데... 액주의 높이가 얼마나 올라갈 수 있는지를 계산하는 문제이다.

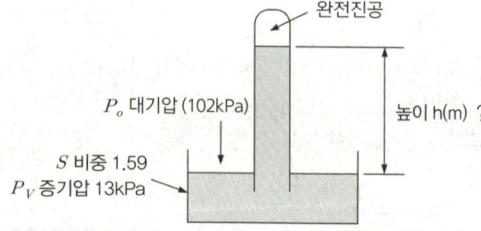

액체의 상승높이 = 대기압 - (포화)증기압 - 마찰손실압
* 포화증기압 : 증발이 시작되는 온도에 도달하였을 때의 압력
* 마찰손실압 : 문제 조건에 없음

$$P(압력) = \gamma(비중량) \cdot h(높이) \qquad \therefore h = \frac{P}{\gamma(조건에 없음)}$$

$$h = \frac{대기압(102\,kPa) - 증기압(13\,kPa = kN/m^2)}{15.582\,kN/m^3} = 5.71m$$

2. 비중(S) 1.59를 통해 비중량(γ)을 구한다.

비중(무게의 비) : 비교물질이 기준물질보다 무거운지 가벼운지 비교하는 것. 모든 액체는 4℃의 물의 밀도와 그 무게를 비교한다. 만일 중력가속도가 $9.8\,m/sec^2$이라고 가정한다면 밀도와 비중량은 동일한 값이 된다.

$$S(액체비중) = \frac{\rho[물질의 밀도(kg/m^3)]}{\rho_w[물의 밀도(1000\,kg/m^3)]} = \frac{\gamma[물질의 비중량(kN/m^3)]}{\gamma_w[물의 비중량(1000\,kgf/m^3 = 9800\,N/m^3 = 9.8\,kN/m^3)]}$$

$$* 1kgf = 9.8N \qquad * 101325\,N/m^2\,(Pa, 파스칼) = 101.325\,kN/m^2\,(kPa, 킬로 파스칼)$$

$$\therefore \gamma[물질의 비중량(kN/m^3)] = S(액체비중=1.59) \times \gamma_w[물의 비중량(9.8\,kN/m^3)] = 15.582\,kN/m^3$$

복잡하고 어려운 계산형

26 이상기체 1kg를 35℃로부터 65℃까지 정적과정에서 가열하는데 필요한 열량이 118kJ이라면 정압비열은? (단, 이 기체의 분자량은 4이고 일반기체상수는 8.314kJ/kmol·K이다.)

① 2.11 kJ/kg·K ② 3.93 kJ/kg·K ③ 5.23 kJ/kg·K ④ **6.01 kJ/kg·K**

1. 조건정리
   - 질량(m) = 1kg
   - 온도차(ΔT) = (65℃+273)K − (35℃+273)K = 30K
   - 정적과정에서 가열하는데 필요한 열량(Q) = $118 kJ$
   - 정적비열(C_V) = ?
   - 기체 분자량(M) = $4 kg/kmol$
   - 일반기체상수(R) = $8.314 kJ/kmol·K$
   - 정압비열(C_P) = ?

2. 가열하는데 필요한 열량(현열)[Q]의 식을 이용하여... 정적비열(C_V)을 구한다.

$$Q[kJ] = mC_V\Delta T = 질량[kg] \times 정적비열[kJ/kg·K] \times 온도차[K]$$

$$C_V = \frac{Q}{m \times \Delta T} = \frac{118 kJ}{1kg \times 30K} = 3.933 kJ/kg·K$$

3. 이상기체상태방정식을 전개하여 특정기체상수($\overline{R}$)를 구한다. $PV = \frac{WRT}{M}$ $PV = W\frac{R}{M}T$ $PV = W\overline{R}T$

$$\overline{R}(특정 기체상수) = \frac{R(일반 기체상수)}{M(특정기체의 분자량)}$$

$$\overline{R} = \frac{R}{M} = \frac{8.314 kJ/kmol·K}{4 kg/kmol} = 2.0785 kJ/kg·K$$

4. 최종식에 대입하여 정압비열(C_P)을 구한다. C_P(정압비열) − C_V(정적비열) = $\overline{R}$(특정 기체상수)

$$C_P = \overline{R} + C_V = 2.0785 kJ/kg·K + 3.933 kJ/kg·K = 6.01 kJ/kg·K$$

계산 없는 단순 암기형 ★★★★★

27 경사진 관로의 유체흐름에서 수력기울기선의 위치로 옳은 것은?

① 언제나 에너지선보다 위에 있다.   ② **에너지선보다 속도수두 만큼 아래에 있다.**
  아래에
③ 항상 수평이 된다.   ④ 개수로의 수면보다 속도수두 만큼 위에 있다.
  속도 수두(에너지)가 동일할 때는

베르누이 방정식에 따른 에너지선(E.L, 전수두선)과 수력기울기선(H.G.L, 수력구배선)의 정리

전수두선(= 에너지선) = 수력구배(기울기)선 + 속도수두

수력구배선(= 수력기울기선) = 위치수두 + 압력수두

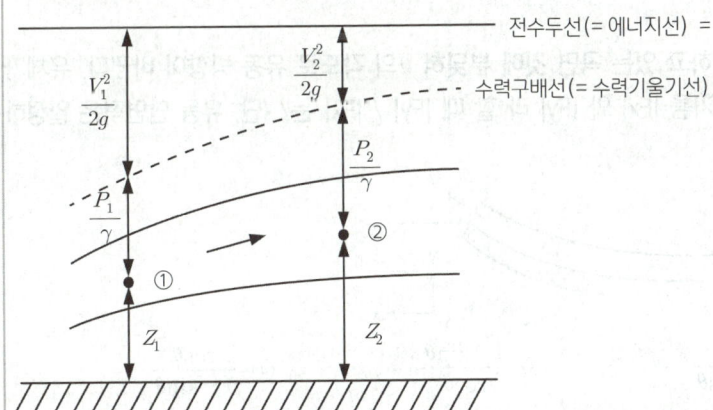

- $\frac{V^2}{2g}$ = 속도 수두(에너지)   • $\frac{P}{\gamma}$ = 압력 수두(에너지)   • Z = 위치 수두(에너지)

④ 개수로는 수면이 대기와 접하여 흐르는 수로를 말하는 것으로 ④번은 전혀 맞지 않는 말이다.

소방설비기사 기계 필기 | Engineer Fire Protection System

함께공부

베르누이 방정식에 따른 에너지선(E.L, 전수두선)과 수력기울기선(H.G.L, 수력구배선)의 정리
① 전수두선(=에너지선) = 수력구배선(= 수력기울기선) + 속도수두 = 위치수두 + 압력수두 + 속도수두
② 수력구배선 = 위치수두 + 압력수두
③ 전수두선(=에너지선)은 수력구배선(= 수력기울기선)보다 속도수두 만큼 크다.
④ 수력구배선(= 수력기울기선)은 전수두선(=에너지선)보다 속도수두 만큼 작다.
⑤ 속도수두(에너지)가 동일할 때는 수력구배선(= 수력기울기선)의 높이가 동일해진다.
⑥ 관경이 동일하면 속도가 동일함으로 수력구배선(= 수력기울기선)의 높이가 동일해진다.

필수이론

베르누이 방정식
전수두(전양정) = 압력수두 + 속도수두 + 위치수두 = 일정(Constant)

$$H(m) = \frac{P}{\gamma} + \frac{V^2}{2g} + Z = \frac{압력(N/m^2)}{비중량(N/m^3)} + \frac{유속^2(m/\sec)^2}{중력가속도(m/\sec^2)} + 높이(m) = C$$

유체흐름상에 임의의 두 점에서 압력·속도·위치 수두는 각각 다를 수 있으나 에너지보존의 법칙에 의해 그 총합은 항상 일정함으로 아래식이 성립한다.

$$\frac{P_1}{\gamma} + \frac{V_1^2}{2g} + Z_1 = \frac{P_2}{\gamma} + \frac{V_2^2}{2g} + Z_2$$

계산 없는 단순 암기형 ★★★★★

28 A, B 두 원관 속을 기체가 미소한 압력차로 흐르고 있을 때 이 압력차를 측정하려면 다음 중 어떤 압력계를 쓰는 것이 가장 적절한가?
① 간섭계 ② 오리피스 ③ **마이크로마노미터** ④ 부르동 압력계

마이크로 마노미터(micro-manometer)는 미압계라고도 하며, 매우 작은 차이를 측정하도록 설계된 특수 유형의 압력계이다.
• 미소한 = 미세한 = **마이크로** = micro = 아주 작은
• 압력차(차압) 측정기기 = **마노미터** = manometer = 압력계

함께공부

• 유량의 측정 : 오리피스 · 벤츄리 미터(차압식 유량계), 유동노즐(차압식 유량계), 로타미터(rotameter, 면적식 유량계)
• 기타 압력계 : 부르동(브르동, Bourdon) 압력계(금속의 탄성을 이용한 금속관이 팽창하는 원리이용), 바로미터(Barometers)
• 간섭계 : 빛의 간섭현상을 관찰하는 기구로써 소방과 직접적인 관계는 없다.

계산 없는 단순 공식형 ★★★

29 그림과 같이 속도 V인 유체가 정지하고 있는 곡면 깃에 부딪혀 θ의 각도로 유동 방향이 바뀐다. 유체가 곡면에 가하는 힘의 x, y 성분의 크기를 |Fx| 와 |Fy| 라 할 때 |Fy| / |Fx| 는? (단, 유동 단면적은 일정하고, 0°<θ<90° 이다.)

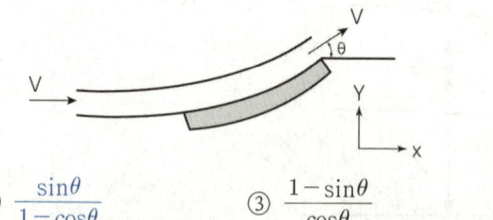

① $\dfrac{1-\cos\theta}{\sin\theta}$ ② $\dfrac{\sin\theta}{1-\cos\theta}$ ③ $\dfrac{1-\sin\theta}{\cos\theta}$ ④ $\dfrac{\cos\theta}{1-\sin\theta}$

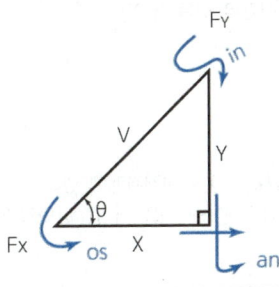

동일한 문제가 반복적으로 출제되고 있으며, 식을 유도하기 어려운 문제이므로 그림을 통해 단순하게 공식만 암기하는 것이 효율적임

1. 곡면깃에 작용하는 Y방향의 힘 $F_Y = \rho QV\sin\theta$
2. 곡면깃에 작용하는 X방향의 힘 $F_X = \rho QV(1-\cos\theta)$

$$\therefore \frac{F_Y}{F_X} = \frac{\rho QV\sin\theta}{\rho QV(1-\cos\theta)} = \frac{\dfrac{Y(높이)}{V(빗변)}}{\dfrac{X(밑변)}{V(빗변)}} = \frac{\sin\theta}{1-\cos\theta}$$

전반적으로 쉬운 계산형 ★★

30 안지름 50mm 인 관에 동점성계수 2 × 10⁻³ cm²/s 인 유체가 흐르고 있다. 층류로 흐를 수 있는 최대유량은 약 얼마인가? (단, 임계레이놀즈수는 2,100으로 한다.)

① 16.5 cm³/s   ② 33 cm³/s   ③ 49.5 cm³/s   ④ 66 cm³/s

최대유량을 묻는 지문의 단위가 cm³/s 즉, 초당(sec) **cm³**[체적=부피]으로 흐른다고 하였으므로, 연속방정식 중 **체적유량(Q)**의 식을 적용한다.

1. 조건정리
   - 동점성계수(동점도, ν) = 2 × 10⁻³ cm²/s
   - 안지름(내경, D) = 50mm = 5cm (동점성계수가 cm의 단위이므로 동일하게 변경)
   - 레이놀즈수($ReNo$) = 2100
   - 최대유량(Q) = ? cm³/s(체적유량)
   - 유체속도(V) = ? cm/s

2. 레이놀즈수($ReNo$)를 통하여 유체속도(V)를 구한다.

$$ReNo = \frac{D(직경)\cdot V(유속)}{\nu(동점도)} \quad \therefore V = \frac{ReNo\times \nu}{D} = \frac{2100\times 2\times 10^{-3}\,cm^2/s}{5\,cm} = 0.84\,cm/s$$

3. 연속방정식 중 체적유량(Q) ☞ Q(체적유량, cm^3/sec) = A(배관의 단면적, cm^2) × V(유체속도, cm/sec)

$$Q = \frac{\pi\cdot D^2}{4}\times V = \frac{\pi\times(5cm)^2}{4}\times 0.84\,cm/s = 16.5\,cm^3/s$$

함께공부

레이놀즈수[Reynolds number]
- 관내 유체의 흐름이 층류(유체의 규칙적인 흐름)인지, 난류(어지럽고 불안정하게 불규칙적으로 흐르는 것)인지 구분해주는 정량적 수치
- 유체의 흐름에 있어서 점성에 의한 힘이 층류가 될 수 있도록 작용하며, 관성에 의한 힘은 난류를 일으키는 원인으로 작용하고 있다. 이 **관성력과 점성력의 비가 레이놀즈수(ReNo)**이다.
- 또한 레이놀즈수는 무단위의 수치, 즉 무차원수이므로, 어떤 단위로부터 계산하여도 동일한 값이 산출된다.

$$ReNo(레이놀즈수) = \frac{D(직경)\cdot V(유속)\cdot \rho(밀도)}{\mu(절대점도)} = \frac{D(직경)\cdot V(유속)}{\nu(동점도)} = \frac{관성력}{점성력}$$

$$ReNo = \frac{D\cdot V\cdot \rho}{\mu} = \frac{m\times m/sec\times kg/m^3}{kg/m\cdot sec} = \frac{kg/m\cdot sec}{kg/m\cdot sec} = 단위없음$$

$$= \frac{D\cdot V}{\nu} = \frac{m\times m/sec}{m^2/sec} = \frac{m^2/sec}{m^2/sec} = 단위없음$$

계산 없는 단순 암기형 ★★★★★

31 Newton의 점성법칙에 대한 옳은 설명으로 모두 짝지은 것은?

> 가. 전단응력은 점성계수와 속도기울기의 곱이다.
> 나. 전단응력은 점성계수에 비례한다.
> 다. 전단응력은 속도기울기에 반비례한다.
>   비례

① 가, 나   ② 나, 다   ③ 가, 다   ④ 가, 나, 다

뉴턴(Newton)의 점성법칙에 따라 전단응력<단위면적당 마찰력(전단력)> τ (타우)를 중심으로 식을 세우면

$$\text{전단응력(마찰력)} \ [\tau] \ = \ \mu \frac{du}{dy}$$

① 전단응력 τ(타우)는 점성계수(μ, 뮤)와 속도기울기(=속도구배) ($\frac{du}{dy}$)의 곱이다.
② 점성계수(μ, 뮤)가 "0"이면 전단응력도 "0"이다. 따라서 전단응력 τ(타우)와 점성계수(μ, 뮤)는 비례관계에 있다.
③ 전단응력 τ(타우)는... 평행한 두 평판 사이에 어떤 유체가 흐를 때, 유체의 이동속도(du)와 평판사이의 거리(dy)와의 관계를 나타내는 속도기울기(속도구배, $\frac{du}{dy}$)와 비례해서 커진다.

뉴턴(Newton)의 점성법칙

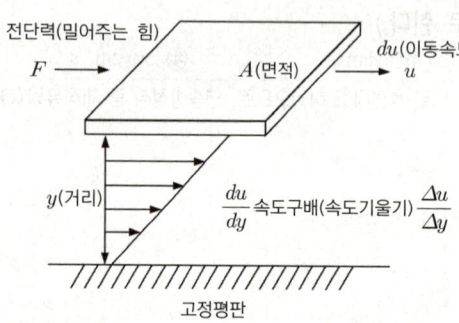

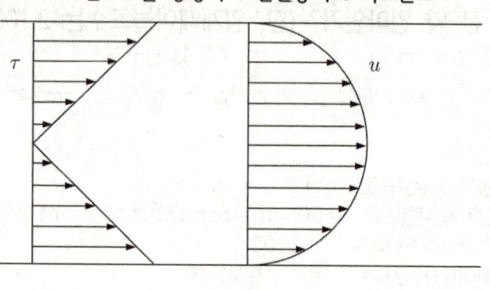

전단응력(τ)과 속도(u)분포는 반비례 형태이다.

전단력(F)은 평판의 면적(A), 속도(u), 점성계수(μ, 뮤), 속도구배($\frac{du}{dy}$)에는 비례 하지만,
두 평판사이의 거리(y)에는 반비례(거리가 멀어지면 밀어주는 힘이 덜든다)한다. 이것을 식으로 세워보면

$$\text{전단력} \ F(\text{힘}) \ = \ A \cdot \frac{u}{y} \ = \ A \cdot \mu \cdot \frac{du}{dy}$$

• A : 면적   • u : 속도   • y : 거리   • μ : 점성계수   • du : 이동속도   • dy : 이동거리

위 식을 다시 정리하여 전단응력<단위면적당 마찰력(전단력)> τ (타우)를 중심으로 식을 세우면

$$\text{전단응력(마찰력)} \ [\tau] \frac{F}{A} \ = \ \mu \frac{du}{dy}$$

전단응력과 속도분포의 관계를 나타내는 하겐-포아젤 방정식(Hagen-Poiseuille equation)
• 수평인 원형 관속에서 점성유체가 층류 유동시에만 적용되는 방정식
• 전단응력은 관 중심에서 "0"이고 반지름에 비례하면서 관벽까지 직선적으로 증가한다.
• 속도분포는 관벽에서 "0"이고 관의 중심에서 최고속도를 나타내는 포물선 형태를 그리면서 증가한다.
• 즉, 전단응력과 속도분포는 반비례 형태이다.

뉴톤(Newton)의 점성법칙에 따라 전단응력<단위면적당 마찰력(전단력)> τ (타우)는

$$\text{전단응력(마찰력)} \ [\tau] \frac{F}{A} \ = \ \mu \frac{du}{dy}$$

복잡하고 어려운 계산형

32 전체 질량이 3000kg 인 소방차의 속력을 4초만에 시속 40km에서 80km로 가속하는 데 필요한 동력은 약 몇 kW 인가?

① 34　　　　　② 70　　　　　③ 139　　　　　④ 209

해설

1. 동력(P)은 일의 양(W)을 그 일을 한 시간(t)으로 나눈 효율의 의미이다.

$$P(동력) = \frac{W(일량)}{t(시간)} = \frac{J(N \cdot m)}{sec} = N(힘) \times m/sec(속도) = N \cdot m/sec = \text{W(와트)}$$

소방차 가속시 필요한 힘(F)과 평균속도(V)를 각각 계산하여, 소방차 필요 동력(P)의 계산식에 대입하여야 한다.

2. 소방차 가속시 필요한 힘(F)
   - 전체 질량(m) = 3000kg
   - 가속시간 = 4sec
   - 가속도(a) ➡ 시속 40km에서 80km로 가속하므로 = 80km/hr − 40km/hr

   가속도의 단위는 m/s² 이므로 위의 km를 m로, hr(시)를 sec(초)로 단위변환 하여야 한다.
   - * 시속(hour) 80km = 80km/hr(아워) = 80,000m/hr(1km는 1000m이므로) = 80,000m/3600sec(1시간은 3600초)
   - * 시속(hour) 40km = 40km/hr(아워) = 40,000m/hr(1km는 1000m이므로) = 40,000m/3600sec(1시간은 3600초)

$$F(힘, N) = m(질량, kg) \times a(가속도, m/sec^2) = 3000kg \times \frac{\frac{80,000m}{3600sec} - \frac{40,000m}{3600sec}}{4sec} = 8333.33 kg \cdot m/sec^2 [= N]$$

3. 평균속도(V)

   두 속도를 더해서 2로 나누어 준 것이 평균속도이다. 단순히 생각해서 시속 40km와 80km의 평균속도는 시속 60km이다.

$$평균속도(V) = \frac{V_1 + V_2}{2} = \frac{\frac{80,000m}{3600sec} + \frac{40,000m}{3600sec}}{2} = 16.67 m/sec$$

4. 소방차 필요 동력(kW) 계산

   "N · m/s = J/s"는 W(와트)의 단위이므로, 문제에서 요구하는 "1000W=1kW(킬로와트)" 단위로 변환하여 답을 구하여야 한다.

   P(동력) = F(힘) × V(속도) = 8333.33 N × 16.67 m/s = 138916 N·m(=J)/sec [=W(와트)] = 138.92 kW

함께공부

동력(일률)
- 동력(P)은 일의 양(W)을 그 일을 한 시간(t)으로 나눈 효율의 의미이다.
- 역학적으로 정의하면 동력은 기계가 일을 할 때 단위시간에 이루어지는 일의 양을 나타내며, 일률이라고도 한다.
- 동력의 단위 : 와트(W, Watt), 킬로와트(kW), 영국마력(HP, Horse Power), 미터마력(PS, metric horse power)

1. 절대단위
   - * 힘(F) = 질량(kg) × 중력가속도(m/sec^2) = $kg \cdot m/sec^2$ [N(뉴턴, Newton)] = 힘의 국제표준단위
   - * 일(W) = 힘(N) × 거리(m) = $N \times m = kg \cdot m/sec^2 \times m = kg \cdot m^2/sec^2$ [J(주울, Joule)=일의 국제표준단위]

$$P(동력) = \frac{W(일량)}{t(시간)} = \frac{J(N \cdot m)}{sec} = \frac{kg \cdot m^2/sec^2}{sec} = kg \cdot m^2/sec^3 \text{ [ML}^2\text{T}^{-3}\text{]} = N \cdot m/sec$$

   = W(와트 = 동력의 국제표준단위)

2. 중력단위 [동력 = 중력단위의 힘 × 속도]

$$동력 = \frac{일량}{시간} = \frac{kgf \cdot m}{sec} = kgf(힘) \times m/sec(속도) = kgf \cdot m/sec \text{ [FL/T = FLT}^{-1}\text{]}$$

복잡하고 어려운 계산형 ★

33. 관의 단면적이 0.6m² 에서 0.2m²로 감소하는 수평 원형 축소관으로 공기를 수송하고 있다. 관 마찰손실은 없는 것으로 가정하고 7.26N/s의 공기가 흐를 때 압력 감소는 몇 Pa 인가? (단, 공기 밀도는 1.23kg/m³이다.)

① 4.96   ② 5.58   ③ 6.20   ④ 9.92

해설

1. 베르누이 방정식의 적용

관의 단면적이 큰 부분(①지점)에서 작은 부분(②지점)으로 공기가 흐르고 있다. 또한 중량유량이 주어졌으므로 유속을 구할 수 있다. 이러한 인자들을 적용하여 압력감소(압력차, $\Delta P = P_1 - P_2$)를 구할 수 있는 식은 베르누이 방정식이다.

전수두(전양정) = 압력수두 + 속도수두 + 위치수두 = 일정(Constant)

$$H(m) = \frac{P}{\gamma} + \frac{V^2}{2g} + Z = \frac{압력(N/m^2)}{비중량(N/m^3)} + \frac{유속^2(m/sec)^2}{중력가속도(9.8m/sec^2)} + 높이(m) = C$$

$$\frac{P_1}{\gamma} + \frac{V_1^2}{2g} + Z_1 = \frac{P_2}{\gamma} + \frac{V_2^2}{2g} + Z_2$$

2. 연속방정식 중 중량유량(W, weight flow rate)

문제 조건에서 **공기**[압축성유체]가 초당(sec) **7.26N**[중량]으로 흐른다고 하였으므로, **연속방정식** 중 압축성 유체에 적용이 가능한 **중량유량(W)**의 식을 적용한다.

① 조건정리
- 중량유량(W) = $7.26 N/s$
- ①지점 단면적(A_1) = $0.6 m^2$
- ②지점 단면적(A_2) = $0.2 m^2$
- 공기 비중량(γ) ☞ 중력가속도가 $9.8 m/sec^2$이면, "밀도=비중량"이 성립된다. 따라서 공기밀도(ρ) $1.23 kg/m^3$는 공기비중량 (γ) $1.23 kgf/m^3$이 된다. 또한 $1 kgf = 9.8 N$ 이므로... ∴ $1.23 kgf/m^3 \times 9.8 N/kgf = 12.054 N/m^3$

② 공기의 속도 계산

$$W(중량유량, N/sec) = A(배관의 단면적, m^2) \times V(유속, m/sec) \times \gamma(비중량, N/m^3)$$

$$V = \frac{W}{A \times \gamma} = m/s$$

- ①지점 (V_1) = $\dfrac{W}{A_1 \times \gamma} = \dfrac{7.26 N/s}{0.6 m^2 \times 12.054 N/m^3} = 1 m/s$

- ②지점 (V_2) = $\dfrac{W}{A_2 \times \gamma} = \dfrac{7.26 N/s}{0.2 m^2 \times 12.054 N/m^3} = 3.01 m/s$

3. 공기의 압력감소(압력차, $\Delta P = P_1 - P_2$) 계산

베르누이 방정식을 압력차($\Delta P = P_1 - P_2$) 중심으로 전개하여, 파스칼(Pa)단위의 압력차를 계산한다.

① 수평배관이므로 위치수두가 동일하여 $<Z_1 = Z_2>$이므로... 소거 후 $\dfrac{P_1}{\gamma} + \dfrac{V_1^2}{2g} = \dfrac{P_2}{\gamma} + \dfrac{V_2^2}{2g}$ 만 남게된다.

② $\dfrac{P_1}{\gamma} + \dfrac{V_1^2}{2g} = \dfrac{P_2}{\gamma} + \dfrac{V_2^2}{2g}$ → $\dfrac{P_1}{\gamma} - \dfrac{P_2}{\gamma} = \dfrac{V_2^2}{2g} - \dfrac{V_1^2}{2g}$

→ $\dfrac{P_1 - P_2}{\gamma} = \dfrac{V_2^2 - V_1^2}{2g}$ *양변에 γ를 곱해주면 → $P_1 - P_2 = \dfrac{V_2^2 - V_1^2}{2g} \gamma$

③ $\Delta P = \dfrac{V_2^2 - V_1^2}{2g} \gamma = \dfrac{(3.01 m/s)^2 - (1 m/s)^2}{2 \times 9.8 m/s^2} \times 12.054 N/m^3 = 4.96 N/m^2 (= Pa, 파스칼)$

계산 없는 단순 암기형 ★★★★★

34 물의 압력파에 의한 수격작용을 방지하기 위한 방법으로 옳지 않은 것은?

① 펌프의 속도가 급격히 변화하는 것을 방지한다.   ② 관로 내의 관경을 축소시킨다.
                                                                              확대
③ 관로 내 유체의 유속을 낮게 한다.   ④ 밸브 개폐시간을 가급적 길게 한다.

수격작용(워터 햄머링)은 물의 공격이라는 의미로, **펌프의 급격한 정지 및 밸브의 급격한 폐쇄시** 물의 압력파에 의한 충격파와 이상음(異常音)이 발생하는 현상으로, 관로 내 유속이 빠르면 발생가능성이 높아진다. 따라서 유속을 낮게 유지하기 위해 관로 내의 **관경을 확대**시키면 수격작용 발생 우려가 줄어든다.

함께공부

수격작용(워터 햄머링)
1. 정의
   ① 흐르던 유체가 갑자기 정지하면, 되돌아 나오려는 힘과 계속적으로 흐르는 힘이 맞부딪힐 때 발생하는 **충격파(압력파)**로서 굉음과 커다란 진동을 수반하는 현상
   ② 흐르는 물을 갑자기 정지시킬 때 수압이 급격히 변화하는 현상
   ③ 파이프 속을 유체가 흐를 때 파이프 끝의 밸브를 갑자기 닫으면 유체의 **운동에너지가 압력으로 변환**되면서 밸브 직전에서 높은 압력이 발생하고 상류로 압축파가 전달되는 **수격작용 현상이 발생**한다.
   ④ 관을 흐르던 물이 갑자기 정지할 때 압력파에 의해 **이상음**(異常音)이 발생하는 현상
2. 원인
   ① 펌프의 급격한 정지
   ② 밸브의 급격한 폐쇄
3. 방지책
   ① **밸브**를 가능한 펌프 송출구에서 **가깝게 설치**하여, 펌프에서 송출된 물이 충분한 유속이 발생되기 이전에 정지시킨다.
   ② **서지탱크**[surge tank, 조압(압력조절)수조](수압조정장치)를 **관로 중간에 설치**한다. 소방적 의미로는 압력챔버[에어(Air)챔버]를 설치하는 것을 말하며, 압력챔버 내의 공기가 수압의 완충작용 역할을 한다.
   ③ **밸브의 조작을 천천히** 하여, 흐르는 물이 급격하게 정지되지 않도록 한다.
   ④ **밸브 개폐시간을 가급적 길게** 하여, 흐르는 물이 급격하게 정지되지 않도록 한다.
   ⑤ **관경을 크게**(확대)해서 관 내의 **유속을 낮게** 유지해, 압력이 급격히 상승되는 것을 근본적으로 차단한다.
   ⑥ 펌프의 속도가 급격히 변화하는 것을 방지하기 위해, 펌프에 **플라이휠**(펌프를 정지시켜도 회전 관성력이 유지되도록 하는 바퀴)을 설치해 펌프가 급격하게 멈추는 것을 방지한다.
   ⑦ **수격방지기**를 설치(유체방향이 변하는 곳)하여 수격작용 발생시 배관을 보호한다.
4. 탄성파 이론(Elastic Wave Theory)
   수격작용 발생시 압력상승의 정도가 어느 정도인지의 해석은 탄성파 이론을 통해 알 수 있다.

   $$\Delta P = \frac{9.81\, a \cdot u}{g}$$

   - ΔP : 압력상승 (kpa)
   - a : 압력파의 속도 (m/sec)
   - u : 물의 유속 (m/sec)
   - g : 중력가속도 (m/sec^2)

> 전반적으로 쉬운 계산형 ★★

35 그림과 같이 반경 2m, 폭(y방향) 4m의 곡면 AB가 수문으로 이용된다. 이 수문에 작용하는 물에 의한 힘의 수평성분(x방향)의 크기는 약 얼마인가?

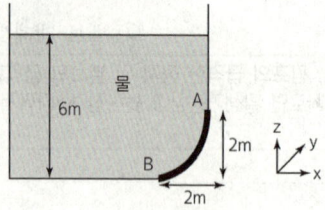

① 337kN　　　② 392kN　　　③ 437kN　　　④ 492kN

곡면AB는 수직으로 세워진 수문이다. 이 수문에 물의 압력이 수평으로 작용하고 있다. 이 때 이 수문이 받는 힘을 kN의 값으로 구하는 문제이다.

1. 조건정리
- 물 비중량(γ) = $1000 kgf/m^3$ = $9800 N/m^3$ = $9.8 kN/m^3$　　*$1 kgf = 9.8 N$　*$1000 N = 1 kN$
- 수문의 면적(A) ☞ 그림상에서 측면으로 보면 곡면이지만, 수조의 내부에서 보면 수문이 폭4m 높이2m의 직사각형 형태로 힘을 받고 있다. ∴ 폭4m × 높이2m = 8m²
- 수문이 받는 힘의 깊이(h)
  = 수면부터 수문A지점까지의 깊이(6m-2m)4m + 수문의 면적중심깊이($\frac{수문수직높이(2m)}{2}$)1m = 5m

2. 수평방향으로 작용하는 평균 **힘의 크기** = 힘의 수평성분(x방향)의 크기
$F[kN, 힘] = \gamma A h$ = 비중량(kN/m^3)×면적(m^2)×면적중심까지의 깊이(m) = $9.8 kN/m^3 × 8m^2 × 5m = 392 kN$

함께공부

- 수평면에 작용하는 전압력 ➡ **수직방향**으로 작용하는 **평균 힘의 크기**

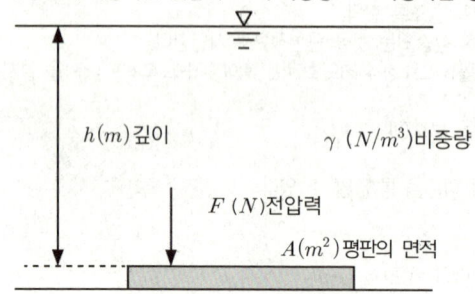

$$P = \frac{F}{A} = \frac{\gamma \cdot A \cdot h}{A} = \gamma \cdot h$$

∴ $F[N] = \gamma \cdot A \cdot h$

$N(뉴턴) = N/m^3 × m^2 × m$

※ 평판이 받는 힘은 면적이 넓을수록, 깊을수록, 비중량이 클수록(무거울수록) 커진다.

- 수직면(경사면)에 작용하는 전압력 ➡ **수평방향**으로 작용하는 **평균 힘의 크기**

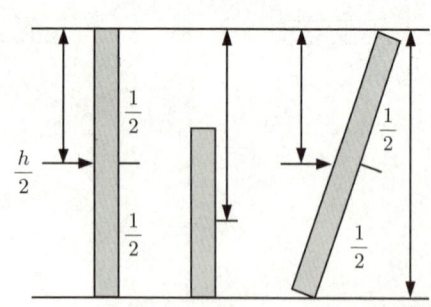 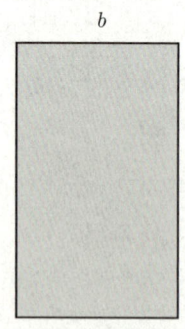

면적중심까지의 깊이 $= \frac{h}{2}$

$F = \gamma \cdot A \cdot h$
$= \gamma \cdot (b×h) \cdot \frac{h}{2}$
$= \frac{\gamma \cdot (b×h) \cdot h}{2}$

전반적으로 쉬운 계산형 ★★

36 수두 100 mmAq로 표시되는 압력은 몇 Pa인가?

① 0.098 ② 0.98 ③ 9.8 ④ **980**

표준대기압을 이용한 단위환산
수두단위의 표준대기압은 10332 mmH₂O(=mmAq 아쿠아)이고, 파스칼(Pa) 단위의 표준대기압은 101325 Pa 이다.

$$100\,mmAq \times \frac{101325\,Pa}{10332\,mmAq} = 980.69\,Pa$$

함께공부

표준대기압 단위의 종류

1. 단위면적당 작용하는 힘의 단위에 따라 생성된 표준대기압의 종류 $P = \dfrac{F}{A}$

$$\begin{aligned}
1\,atm &= 1.0332\,kgf/cm^2 = 10332\,kgf/m^2 \\
&= 101325\,N/m^2\,(Pa, 파스칼) = 101.325\,kN/m^2\,(kPa, 킬로\ 파스칼) = 0.101325\,MN/m^2\,(MPa, 메가\ 파스칼) \\
&= 14.7\,\ell bf/in^2\,(=PSI) \\
&= 1.01325\,bar(바) = 1013.25\,mbar(밀리바) \quad *1\,bar = 10^{-5}\,N/m^2\,(Pa) = 1.01325\,bar
\end{aligned}$$

2. 유체의 비중량에 따라 생성된 표준대기압의 종류 $P = \gamma \cdot h$

• $h = \dfrac{P}{\gamma} = \dfrac{10332\,kgf/m^2}{물의\ 비중량\,1000\,kgf/m^3} = 10.332\,mH_2O\,(mAq) = 10332\,mmH_2O\,(mmAq)$

• $h = \dfrac{P}{\gamma} = \dfrac{10332\,kgf/m^2}{수은의\ 비중량\,13,600\,kgf/m^3} = 0.76\,mHg = 760\,mmHg = 29.92\,inHg$

계산 없는 단순 암기형 ★★★★★

37 기체의 체적탄성계수에 관한 설명으로 옳지 않은 것은?

① 체적탄성계수는 압력의 차원을 가진다.
② **체적탄성계수가 큰 기체는 압축하기가 쉽다.** → 어렵다
③ 체적탄성계수의 역수를 압축률이라 한다.
④ 이상기체를 등온압축 시킬 때 체적탄성계수는 절대압력과 같은 값이다.

체적탄성계수(K, N/m², Pa = 압력의 단위)는 체적변화율에 대한 압력의 변화. 즉 압력을 변화시켰을 때 체적이 얼마나 감소하는지를 말하는 것으로, **체적탄성계수가 크다는 의미는 그 만큼 빡빡하다는 의미**이고 그에 따라 압축하기 어렵다는 의미이다.
④ 실제기체가 아닌 **이상적인 기체**, 온도변화 없이 체적(부피)이 줄어들 때[등온압축]... 체적탄성계수(압력단위)의 값은 절대압력(완전진공으로부터 측정한 실제압력)과 같은 값이다. 따라서 이상기체상태방정식의 절대압력(P)과 호환이 가능하다.

함께공부

체적탄성계수 (K, N/m², Pa 파스칼, cm²/kgf)
① 단위 면적당 외력의 강도와 체적의 변형비. 단위는 압력(N/m², Pa, kgf/cm²)의 단위를 사용한다.
② **체적변화율에 대한 압력의 변화.** 즉 압력을 변화시켰을 때 체적이 얼마나 감소하는지를 계수로 나타낸 것.
   체적탄성계수가 크다는 의미는 그 만큼 빡빡하다는 의미이고 그에 따라 압축이 잘 되지 않는다는 의미이다.
③ 체적탄성계수는 압축성유체에 적용하는 식이 아니라 **비압축성유체에 적용하는 식**이다. 비압축성인 **액체**에 매우 큰 압력이 가해지면 약간의 체적의 감소가 발생하는데 이의 정도를 체적탄성계수로 표현하였다.
④ 아래 공식에서 체적이 V인 액체에 ΔP 만큼의 압력이 가해지면, 체적이 ΔV 만큼 감소하므로 공식에서는 음(-)을 표현했으나 실제로 체적탄성계수는 음(-)의 수가 될 수 없으므로 **계산시는 적용하지 아니한다.**
⑤ 또한 체적변화율에 대한 압력의 변화뿐만 아니라 밀도, 비중량의 변화율에 대한 압력의 변화도 살펴볼 수 있다.

〈부피〉　　〈밀도〉　〈비중량〉

$$K = -\dfrac{\Delta P(변화된\ 압력)}{\dfrac{\Delta V(변화된\ 부피)}{V(처음부피)}} = \dfrac{\Delta P}{\dfrac{\Delta \rho}{\rho}} = \dfrac{\Delta P}{\dfrac{\Delta \gamma}{\gamma}} = \dfrac{1}{\beta(압축률)}$$

함께공부

압축률 (β, m²/N, Pa⁻¹, cm²/kgf)
① 체적탄성계수의 역수(β 베타, m²/N, cm²/kgf)로서 **압축(P)에 의해 물질의 부피(V)가 변화하기 쉬운 정도**를 나타내는 수치이다.
② 즉, 압축률이 크다는 의미는... 그 만큼 압축하기 쉽다는 것을 의미한다.
③ 압축률은 압력(P)에 대한 밀도(ρ)의 변화율과 같다.
④ 유체의 체적(부피)이 감소하면, 부피가 감소한 만큼 공간이 좁아져 유체의 밀도(빽빽한 정도)는 증가한다.

$$\beta = \frac{1}{K(\text{체적탄성계수})} = -\frac{\frac{\Delta V}{V}}{\Delta P} = \frac{\frac{\Delta \rho}{\rho}}{\Delta P} = \frac{\frac{\Delta \gamma}{\gamma}}{\Delta P}$$

전반적으로 쉬운 계산형 ★★

38  관을 통해 소방용수가 흐르고 있다. 평균유속이 5m/s이고 50m 떨어진 두 지점 사이의 수두손실이 10m 라고 하면 이 관의 마찰계수는?

① **0.0235**　　② 0.0315　　③ 0.0351　　④ 0.0472

마찰손실을 수두(h_L, m, mH₂O)로 구하는 방정식인 **달시-와이스바하 방정식**을 통해 계산할 수 있다.

$$h_L(mH_2O) = f\frac{L(m)}{D(m)}\frac{V^2(m/\sec)^2}{2g(m/\sec^2)} \quad \text{마찰손실수두} = \text{관마찰계수} \times \frac{\text{직관의 길이}}{\text{배관의 직경}} \times \frac{\text{유속}^2}{2 \times \text{중력가속도}}$$

1. 조건정리
   - 마찰손실수두(h_L) = 10m
   - 배관의 직경(내경, D) = 150mm = 0.15m　*1000mm = 100cm = 1m
   - 중력가속도 = $9.8 m/s^2$
   - 직관의 길이 = 50m 떨어진 두 지점 사이
   - 유속(V) = 평균유속 5m/s

2. 관의 마찰계수(f) 계산

$$f(\text{무차원수}) = \frac{h_L \times D \times 2g}{L \times V^2} = \frac{10m \times 0.15m \times 2 \times 9.8 m/s^2}{50m \times (5m/s)^2} = 0.02352$$

함께공부

달시-와이스바하 방정식(Darcy-Weisbach equation)
- 마찰손실을 수두(h_L, m, mH₂O)로 구하는 방정식이다.
- 유체의 종류나 층류, 난류를 가리지 않고 모든 유체에 적용이 가능한 식으로서 정확성이 매우 떨어진다.
- 따라서 마찰손실과 관련된 요소가 어떤 것이고, 그것이 마찰손실에 어떻게 영향을 미치는지를 파악하는 방정식으로 활용될 수 있다.
- Darcy와 Weisbach에 의해 개발된 방정식은 아래와 같다.

$$\text{마찰손실수두}(h_L) = f\frac{L}{D}\frac{V^2}{2g} \quad *\text{관마찰계수}(f) = \frac{64}{ReNo}$$

$$h_L(mH_2O) = f\frac{L(m)}{D(m)}\frac{V^2(m/\sec)^2}{2g(m/\sec^2)} \quad \text{마찰손실수두} = \text{관마찰계수} \times \frac{\text{직관의 길이}}{\text{배관의 직경}} \times \frac{\text{유속}^2}{2 \times \text{중력가속도}}$$

- 결론적으로 배관에서 발생하는 마찰손실수두는 배관길이에 비례하고, 유속의 제곱에 비례하며, **직경에는 반비례**한다. 따라서 마찰손실을 줄이기 위해서는 배관 길이를 줄이고, 유속을 낮추고, **관경은 크게**한다.

> 전반적으로 쉬운 계산형 ★★

39 직경 2m인 구 형태의 화염이 1MW의 발열량을 내고 있다. 모두 복사로 방출될 때 화염의 표면 온도는? (단, 화염은 흑체로 가정하고, 주변온도는 300K 스테판-볼츠만 상수는 5.67X10⁻⁸ W/m²·K⁴)

① 1090K　　② 2619K　　③ 3720K　　④ 6240K

물질의 표면에서 방사되는 복사에너지(열복사량=발열량)는 **스테판-볼츠만 법칙**(stefan-boltzmann's)의 아래식에 의해 계산된다.

$$Q(\text{복사에너지, 복사열량})[W] = \sigma A (T_1^4 - T_2^4)$$

1. 조건정리
   - Q(복사에너지, 복사열량)[W] ⇨ 1MW(메가와트)의 발열량(위 공식의 단위가 [와트, W]이므로 MW를 W로 변환한다)
     1[MW] = 1,000,000[W] = 10^6[W]
   - σ[스테판-볼츠만 상수(시그마)] ⇨ $\sigma = 5.67 \times 10^{-8}$ [W/m²K⁴]
   - A[수열면적] : 복사를 받는 물체의 수열면적(=구의 표면적) [m²] ⇨ 직경이 2m인 구이므로, 반지름은 1m이다.
     A(구의 표면적) = $4 \times \pi \times r^2$(반지름) = $4 \times \pi \times 1^2 = 4\pi$ [m²]
   - T_1^4[고온체의 절대온도, K(켈빈)] ⇨ 화염을 흑체(black body)로 가정해서... 화염의 표면온도(T_1)를 구하는 문제?
     ※ ε[표면 방(복)사율(입실론)] : 표면특성에 따라 0~1사이의 방사율(복사율)을 가진다. 흑체(black body)는 방사율이 "1"이 된다. 따라서 흑체는 그 값이 "1"이므로 공식에서 배제하였다.(큰 의미는 없으므로 참고만하기 바랍니다)
   - T_2^4[저온체의 절대온도, K(켈빈)] ⇨ 주변온도는 300K 이므로... 300^4[K]

2. 문제에서 구하고자 하는 조건은 **화염의 표면온도**(T_1)이다. 따라서 T_1^4을 중심으로 식을 전개하고 위 조건을 대입한다.

$$T_1^4 = \frac{Q}{\sigma A} + T_2^4 \quad \rightarrow \quad T_1^{4 \times \frac{1}{4}} = \left(\frac{Q}{\sigma A} + T_2^4\right)^{\frac{1}{4}} \quad \rightarrow \quad T_1 = \sqrt[4]{\frac{Q}{\sigma A} + T_2^4}$$

$$\therefore T_1[K] = \sqrt[4]{\frac{10^6}{5.67 \times 10^{-8} \times 4 \times \pi} + 300^4} = 1090[K]$$

> 전반적으로 쉬운 계산형 ★★

40 안지름이 15cm 인 소화용 호스에 물이 질량유량 100kg/s로 흐르는 경우 평균유속은 약 몇 m/s 인가?

① 1　　② 1.41　　③ 3.18　　④ 5.66

연속방정식 중 질량유량(M, mass flow rate)
문제 조건에서 물이 초당(sec) 100kg[질량]으로 흐른다고 하였으므로, **연속방정식 중 질량유량(M)**의 식을 적용한다.

1. 조건정리
   - 질량유량(M) = $100 \, kg/s$
   - 안지름(내경, D) = 15cm = 0.15m   *1000mm = 100cm = 1m
   - 물의 밀도(ρ) = $1000 \, kg/m^3$
   - 물의 평균유속(V) = ? m/s

2. 물의 평균유속(V) 계산 ☞ M(질량유량, kg/sec) = A(배관의 단면적, m^2) × V(유속, m/sec) × ρ(밀도, kg/m^3)

$$V = \frac{M}{A \times \rho} = \frac{M}{\frac{\pi \times D^2}{4} \times \rho} = \frac{100 \, kg/s}{\frac{\pi \times (0.15m)^2}{4} \times 1000 \, kg/m^3} = 5.66 \, m/s$$

3과목 소방관계법규

> 문장이 답인 문제 ★

41 소방용수시설 저수조의 설치기준으로 틀린 것은?

① 지면으로부터의 낙차가 4.5m 이하일 것
② 흡수부분의 수심이 0.3m 이상일 것
                       0.5m
③ 흡수관의 투입구가 사각형의 경우에는 한 변의 길이가 60cm 이상일 것
④ 흡수관의 투입구가 원형의 경우에는 지름이 60cm 이상일 것

소방용수시설 저수조 → 흡수부분의 수심은… 0.5m 이상이고 ~ 지면으로부터 낙차는 4.5m 이하일 것

> 문장이 답인 문제 ★★★

42 화재의 예방 및 안전관리에 관한 법령상 관리의 권원이 분리되어 있는 특정소방대상물의 관계인은 소유권, 관리권 및 점유권에 따라 각각 소방안전관리자를 선임해야 한다. 이 때 법에서 규정하고 있는 관리의 권원이 분리된 특정소방대상물에 해당하지 않는 것은?

① 지하가
② 지하층을 포함한 층수가 11층 이상의 건축물
     제외한   복합건축물
③ 복합건축물로서 연면적 3만제곱미터 이상인 건축물
④ 판매시설 중 도매시장, 소매시장 및 전통시장

관리의 권원이 분리된 특정소방대상물의 기준을 적용받는 특정소방대상물
1. 복합건축물(지하층을 제외한 층수가 11층 이상 또는 연면적 3만제곱미터 이상인 건축물)
2. 지하가(지하의 인공구조물 안에 설치된 상점 및 사무실, 그 밖에 이와 비슷한 시설이 연속하여 지하도에 접하여 설치된 것과 그 지하도를 합한 것)
3. 판매시설 중 도매시장, 소매시장 및 전통시장

> 숫자가 답인 문제 ★

43 종합점검의 경우 점검인력 1단위가 하루 동안 점검할 수 있는 특정소방대상물의 연면적 기준으로 옳은 것은?

① 12,000 m²　　② 10,000 m²　　③ 8,000 m²　　④ 6,000 m²

점검인력 1단위가 하루 동안 점검할 수 있는 특정소방대상물의 연면적(점검한도 면적)
• 종합점검 → 8,000m²　　• 작동점검 → 10,000m²

> 단어가 답인 문제 ★★★

44 화재현장에서의 피난 등을 체험할 수 있는 소방체험관의 설립·운영권자는?

① 시·도지사
② 소방청장
③ 소방본부장 또는 소방서장
④ 한국소방안전원장

소방의 역사와 안전문화를 발전시키고 국민의 안전의식을 높이기 위하여… 소방박물관 및 소방체험관을 설립하여 운영할 수 있다.

구분	설립과 운영권자	설립과 운영에 필요한 사항
소방박물관	소방청장	행정안전부령으로 정한다.
소방체험관	시·도지사	행정안전부령으로 정하는 기준에 따라 시·도의 조례로 정한다.

※ 소방체험관 : 화재 현장에서의 피난 등을 체험할 수 있는 체험관

단어가 답인 문제 ★

45 제3류 위험물 중 금수성 물품에 적응성이 있는 소화약제는?

① 물   ② 강화액   ③ 팽창질석   ④ 인산염류분말

제3류 위험물 ⇨ 자연발화성 및 금수성 물질 [황린제외 모두 금속]
황린(P_4)이 대표적인 자연발화성물질이고, 나머지는 모두 물에 급격히 반응하여 열을 발생하는 금속(금수성)으로서 칼륨, 나트륨, 리튬, 알루미늄 등이 해당된다.
금수성은 물은 금한다는 성질이므로 질식소화를 하여야 한다. **질식소화**(가연물이 연소할 때 공기 중의 산소농도를 15%이하로 떨어뜨려 연소를 중단시키는 소화 방법)의 방법으로서, 무기물(금속)화재시 가연물을 **마른모래(건조사)**, **팽창질석**, **팽창진주암**(가열해 부풀려 가볍게 만든 돌가루)으로 덮으면 산소가 차단되어 질식소화 된다.

함께공부

② 강화액(Density Modifier) - 물의 소화력을 증대시키기 위하여 첨가하는 첨가제
- 한랭지에서도 사용할 수 있도록 탄산칼륨(K_2CO_3), 인산암모늄[$(NH_4)H_2PO_4$], 침투제 등을 첨가한 수용액
- 물의 밀도를 증가시킨 **밀도개선제**로 속불(심부)화재(솜뭉치, 종이뭉치 등)에 효과가 크다.

④ 인산염류분말은 분말소화약제로서 일반화재, 유류화재, 전기화재 등에 적응성이 있다.

문장이 답인 문제 ★★★

46 소방서의 종합상황실 실장이 서면·팩스 또는 컴퓨터통신 등으로 소방본부의 종합상황실에 보고하여야 하는 화재가 아닌 것은?

① 사상자가 10인 발생한 화재   ② 이재민이 100인 발생한 화재
③ 관공서·학교·정부미도정공장의 화재   ④ 재산피해액이 10억원 발생한 화재
    50억원

- **119 종합상황실의 설치와 운영** : 소방청장, 소방본부장 및 소방서장은 화재, 재난·재해, 그 밖에 구조·구급이 필요한 상황이 발생하였을 때에 신속한 소방활동을 위한 정보의 수집·분석과 판단·전파, 상황관리, 현장 지휘 및 조정·통제 등의 업무를 수행하기 위하여 119종합상황실을 설치·운영하여야 한다.
- **상급(소방서→소방본부→소방청) 종합상황실에 지체없이 보고해야 하는 화재 및 재난상황**
  - 사망자가 5인 이상 발생하거나 사상자가 10인 이상 발생한 화재
  - 재산피해액이 50억원 이상 발생한 화재
  - 이재민이 100인 이상 발생한 화재

암기팁! 사망5인/사상10인, 재산50억, 이재민100인 ➡ 사5/10, 재50, 이100 ➡ 사오십, 재오십, 이백

함께공부

상급(소방서→소방본부→소방청) 종합상황실에 지체없이 보고해야 하는 화재 및 재난상황
- **사람/재산** [암기팁 : 사망5인/사상10인, 재산50억, 이재민100인 ➡ 사5/10, 재50, 이100 ➡ 사오십, 재오십, 이백]
  - **사망자**가 **5인** 이상 발생하거나 **사상자**가 **10인** 이상 발생한 화재
  - **재산**피해액이 **50억원** 이상 발생한 화재
  - **이재민**이 **100인** 이상 발생한 화재
- **규모**
  - 층수가 **11층** 이상인 건축물에서 발생한 화재
  - 층수가 **5층** 이상이거나 객실이 **30실** 이상인 **숙박**시설에서 발생한 화재
  - 층수가 **5층** 이상이거나 병상이 **30개** 이상인 종합**병원**·정신병원·한방병원·요양소에서 발생한 화재
  - **항구**에 매어둔 총 톤수가 **1천톤** 이상인 **선박**에서 발생한 화재
  - **지정수량**의 **3천배** 이상의 위험물의 제조소·저장소·취급소에서 발생한 화재
  - 연면적 **1만5천제곱미터** 이상인 **공장** 또는 화재예방강화지구에서 발생한 화재
- **장소 등**
  - **관공서·학교·정부미도정공장**·문화재·지하철 또는 **지하구**의 화재
  - **관광호텔**, **지하**상가, 시장, 백화점에서 발생한 화재
  - **철도**차량, **항공기**, 발전소 또는 변전소에서 발생한 화재
  - 가스 및 화약류의 **폭발**에 의한 화재
  - **다중이용업소**의 화재
- **재난상황**
  - 「긴급구조대응활동 및 현장지휘에 관한 규칙」에 의한 **통제단장**의 현장지휘가 필요한 재난상황
  - **언론**에 보도된 재난상황
  - 그 밖에 소방청장이 정하는 재난상황

단어가 답인 문제 ★★

47 시·도의 조례가 정하는 바에 따라 지정수량 이상의 위험물을 임시로 저장·취급할 수 있는 기간 (㉠) 과 임시저장 승인권자 (㉡)은?

① ㉠ 30일 이내, ㉡ 시·도지사
② ㉠ 60일 이내, ㉡ 소방본부장
③ ㉠ 90일 이내, ㉡ 관할소방서장
④ ㉠ 120일 이내, ㉡ 소방청장

1. 지정수량 이상의 위험물을 저장소가 아닌 장소에서 저장하거나 제조소등이 아닌 장소에서 취급하여서는 아니된다.
2. 다음에 해당하는 경우에는 **제조소등이 아닌 장소에서 지정수량 이상의 위험물을 취급**할 수 있다.
   이 경우 임시로 저장 또는 취급하는 장소에서의 저장 또는 취급의 기준과 임시로 저장 또는 취급하는 장소의 위치·구조 및 설비의 기준은 시·도의 조례로 정한다.
   • 시·도의 조례가 정하는 바에 따라 **관할소방서장의 승인**을 받아 지정수량 이상의 위험물을 **90일 이내**의 기간동안 임시로 저장 또는 취급하는 경우
   • 군부대가 지정수량 이상의 위험물을 군사목적으로 임시로 저장 또는 취급하는 경우

문장이 답인 문제

48 소방시설관리업의 등록을 취소해야 하는 사유에 해당하지 않는 것은?

① 거짓으로 등록을 한 경우
② 등록기준에 미달하게 된 경우
③ 다른 사람에게 등록증을 빌려준 경우
④ 등록의 결격사유에 해당하게 된 경우

시·도지사는 관리업자가 다음에 해당하는 경우에는 행정안전부령으로 정하는 바에 따라 그 등록을 취소하여야 한다.
1. **거짓**이나 그 밖의 **부정한 방법**으로 등록을 한 경우
2. 소방시설관리업 등록의 **결격사유**(피성년후견인 등)에 해당하게 된 경우
3. 등록증 또는 등록수첩을 **빌려준 경우**

함께 공부

소방시설관리업 등록의 결격사유
① 피성년후견인
② 소방시설관리업의 등록이 **취소된 날부터 2년이 지나지 아니한** 자
③ 소방관계법규를 위반하여 **금고 이상의 형의 집행유예**를 선고받고 그 **유예기간 중**에 있는 사람
④ 소방관계법규를 위반하여 **금고 이상의 실형**을 선고받고 그 **집행이 끝나거나** 집행이 **면제된 날부터 2년이 지나지 아니한** 사람
⑤ 임원 중에 위 ①부터 ~ ④까지의 어느 하나에 해당하는 사람이 있는 **법인**

단어가 답인 문제 ★

49 소방시설업의 등록권자로 옳은 것은?

① 국무총리
② 시·도지사
③ 소방서장
④ 한국소방안전원장

특정소방대상물의 소방시설공사 등을 하려는 자는 업종별로 자본금, 기술인력 등 대통령령으로 정하는 요건을 갖추어 특별시장·광역시장·특별자치시장·도지사 또는 특별자치도지사(이하 "**시·도지사**"라 한다)에게 소방시설업을 **등록**하여야 한다.

함께 공부

소방시설업의 종류
1. **소방시설설계업** : 소방시설공사에 기본이 되는 공사계획, 설계도면, 설계 설명서, 기술계산서 및 이와 관련된 서류[설계도서]를 작성[**설계**] 하는 영업
2. **소방시설공사업** : 설계도서에 따라 소방시설을 신설, 증설, 개설, 이전 및 정비[**시공**] 하는 영업
3. **소방공사감리업** : 소방시설공사에 관한 발주자의 권한을 대행하여 소방시설공사가 설계도서와 관계 법령에 따라 적법하게 시공되는지를 확인하고, 품질·시공 관리에 대한 기술지도를 하는[**감리**] 영업
4. **방염처리업** : 방염대상물품에 대하여 방염처리[**방염**] 하는 영업

단어가 답인 문제 ★
50 ( ) 안의 내용으로 알맞은 것은?

> 다량의 위험물을 저장·취급하는 제조소등으로서 ( ) 위험물을 취급하는 제조소 또는 일반취급소가 있는 동일한 사업소에서 지정수량의 3천배 이상의 위험물을 저장 또는 취급하는 경우 당해 사업소의 관계인은 대통령령이 정하는 바에 따라 당해 사업소에 자체소방대를 설치하여야 한다.

① 제1류　　　② 제2류　　　③ 제3류　　　**④ 제4류**

자체소방대를 설치하여야 하는 사업소 - 지정수량의 3천배 이상의 위험물을 저장·취급하는 제조소등으로서...
1. **제4류** 위험물을 취급하는 **제조소** 또는 **일반취급소**. 다만, 보일러로 위험물을 소비하는 일반취급소 등 행정안전부령으로 정하는 일반취급소는 제외한다.
2. **제4류** 위험물을 저장하는 **옥외탱크저장소**

단어가 답인 문제
51 화재의 예방 및 안전관리에 관한 법령상 소화기구, 소방용수시설 또는 그 밖에 소방에 필요한 설비 등의 설치명령을 위반한 자의 과태료는?

① 100만원 이하　　**② 200만원 이하**　　③ 300만원 이하　　④ 500만원 이하

- 소방관서장은 화재안전조사를 한 결과 화재의 예방강화를 위하여 필요하다고 인정할 때에는 관계인에게 소화기구, 소방용수시설 또는 그 밖에 소방에 필요한 설비(이하 "소방설비등"이라 한다)의 설치(보수, 보강을 포함)를 명할 수 있다.
- 위에 따른 소방설비등의 설치 명령을 정당한 사유 없이 따르지 아니한 자에게는 200만원 이하의 과태료를 부과한다.

숫자가 답인 문제
52 가연성가스를 저장·취급하는 시설로서 1급 소방안전관리대상물의 가연성가스 저장·취급 기준으로 옳은 것은?

① 100톤 미만　　　　　　　　② 100톤 이상 ~ 1,000톤 미만
③ 500톤 이상 ~ 1,000톤 미만　　**④ 1,000톤 이상**

1급 소방안전관리대상물의 범위(특급 소방안전관리대상물은 제외)
- 30층 이상(지하층은 제외)이거나 지상으로부터 높이가 120미터 이상인 아파트
- 지상층의 층수가 11층 이상인 특정소방대상물(아파트는 제외)
- 연면적 1만5천제곱미터 이상인 특정소방대상물(아파트 및 연립주택은 제외)
- 가연성 가스를 1천톤 이상 저장·취급하는 시설
※ 동·식물원, 철강 등 불연성 물품을 저장·취급하는 창고, 위험물 저장 및 처리 시설 중 제조소등과 지하구는 제외한다.

단어가 답인 문제
53 연면적이 500㎡ 이상인 위험물 제조소 및 일반취급소에 설치하여야 하는 경보설비는?

① 자동화재탐지설비　　② 확성장치　　③ 비상경보설비　　④ 비상방송설비

제조소등별로 설치해야 하는 경보설비의 종류

제조소등의 구분	제조소등의 규모, 저장 또는 취급하는 위험물의 종류 및 최대수량 등	경보설비
제조소 및 일반취급소	• 연면적이 500제곱미터 이상인 것 • 옥내에서 지정수량의 100배 이상을 취급하는 것(고인화점위험물만을 100℃ 미만의 온도에서 취급하는 것은 제외한다) • 일반취급소로 사용되는 부분 외의 부분이 있는 건축물에 설치된 일반취급소(일반취급소와 일반취급소 외의 부분이 내화구조의 바닥 또는 벽으로 개구부 없이 구획된 것은 제외한다)	자동화재탐지설비

함께공부
- **자동화재탐지설비** : 화재를 자동으로 감지하여 벨(경종), 사이렌, 섬광으로 경보하여 피난을 유도하는 설비로서, 하나의 건물내에 경계구역(=화재감지구역=화재경보구역)을 여러개 나누어서 화재구역과 비화재구역으로 구분하여 제어하는 설비이다.
- **비상경보설비** : 화재발생 상황을 발신기의 누름스위치를 눌러서 수동으로 벨(경종) 또는 사이렌으로 경보하는 설비
- **비상방송설비** : 화재신호 수신후, 화재상황을 자동 또는 수동으로 방송을 통해 알리는 설비

단어가 답인 문제
54 방염처리업의 종류가 아닌 것은?

① 섬유류 방염업   ② 합성수지류 방염업   ③ 합판·목재류 방염업   ④ 실내장식물류 방염업

> **방염처리업의 종류**
> 1. **섬유류** 방염업 : 커튼·카펫 등 섬유류를 주된 원료로 하는 방염대상물품을 제조 또는 가공 공정에서 방염처리
> 2. **합성수지류** 방염업 : 합성수지류를 주된 원료로 하는 방염대상물품을 제조 또는 가공 공정에서 방염처리
> 3. **합판·목재류** 방염업 : 합판 또는 목재류를 제조·가공 공정 또는 설치 현장에서 방염처리
> ※ **방염** : 방염은 불에 타지 않는 불연의 개념이 아니라, 불에 타는 것을 어렵게 하여 불길이 빠르게 확산되는 것을 방지해 피난시간을 확보하기 위한 것이다. 커튼과 카펫 등의 섬유에 약제를 사용하여 방염성능을 부여하는 것을 방염가공이라고 한다.

숫자가 답인 문제 ★★
55 특정소방대상물의 관계인이 소방안전관리자를 해임한 경우 재선임 신고를 해야 하는 기준은? (단, 해임한 날부터를 기준일로 한다.)

① 10일 이내   ② 20일 이내   ③ 30일 이내   ④ 40일 이내

> **소방안전관리자의 선임신고**
> 소방안전관리대상물의 관계인은 소방안전관리자를 다음에서 정하는 날부터 **30일 이내**에 선임해야 한다.
> • 소방안전관리자의 **해임, 퇴직** 등으로 해당 소방안전관리자의 업무가 종료된 경우
>   → 소방안전관리자가 **해임된 날, 퇴직한 날** 등 근무를 종료한 날

문장이 답인 문제
56 소방시설공사업자의 시공능력평가 방법에 대한 설명 중 틀린 것은?

① 시공능력평가액은 실적평가액 + 자본금평가액 + 기술력평가액 + 경력평가액 ± 신인도평가액으로 산출한다.
② 신인도평가액 산정 시 최근 1년간 국가기관으로부터 우수시공업자로 선정된 경우에는 3% 가산한다.
③ 신인도평가액 산정 시 최근 1년간 부도가 발생된 사실이 있는 경우에는 2%를 감산한다.
④ 실적평가액은 최근 5년간의 연평균공사실적액을 의미한다.
　　　　　　　　　　　　3년간

> **실적평가액 = 연평균공사실적액**
> 공사업을 한 기간이 산정일을 기준으로 3년 이상인 경우에는 최근 **3년간**의 공사실적을 합산하여 3으로 나눈 금액을 연평균공사실적액으로 한다.

문장이 답인 문제 ★★★
57 자동화재탐지설비를 설치하여야 하는 특정소방대상물의 기준으로 틀린 것은?

① 지하구   ② 지하가 중 터널로서 길이 700m 이상인 것
　　　　　　　　　　　　　　　　　　　　　　1000m
③ 교정시설로서 연면적 2,000㎡ 이상인 것   ④ 복합건축물로서 연면적 600㎡ 이상인 것

> • **특정소방대상물** : 건축물 등의 규모·용도 및 수용인원 등을 고려하여 **소방시설을 설치하여야 하는** 소방대상물로서 대통령령으로 정하는 것
> • **자동화재탐지설비**를 설치하여야 하는 특정소방대상물
>   ① 지하구
>   ② 지하가 중 **터널**로서 길이가 **1천m** 이상인 것
>   ③ **교정 및 군사시설**(국방·군사시설은 제외)로서 연면적 **2천㎡** 이상인 경우에는 모든 층
>   ④ **복합건축물**로서 연면적 **600㎡** 이상인 경우에는 모든 층

문장이 답인 문제

58 소방시설공사의 착공신고 시 첨부서류가 아닌 것은?
① 공사업자의 소방시설공사업 등록증 사본
② 공사업자의 소방시설공사업 등록수첩 사본
③ 해당 소방시설공사의 책임시공 및 기술관리를 하는 기술인력의 기술등급을 증명하는 서류 사본
④ 해당 소방시설을 설계한 기술인력자의 기술자격증 사본

소방시설공사업을 등록한 자(공사업자)는 소방시설공사를 하려면 해당 소방시설공사의 착공 전까지 소방시설공사 착공(변경)신고서에 다음의 서류를 첨부하여 소방본부장 또는 소방서장에게 신고해야 한다.
1. 공사업자의 소방시설**공사업 등록증** 사본 1부 및 **등록수첩** 사본 1부
2. 해당 소방시설공사의 책임시공 및 기술관리를 하는 **기술인력의 기술등급을 증명하는 서류** 사본 1부
3. 소방시설**공사 계약서** 사본 1부
4. **설계도서**(설계설명서를 포함한다) 1부

답이탑! 공사 신고인데... 설계 기술자의 자격증 제출은 이상하지 않나?

문장이 답인 문제

59 소방시설등에 대한 자체점검에 관한 설명으로 옳지 않은 것은?
① 작동점검은 소방시설등을 인위적으로 조작하여 소방시설이 정상적으로 작동하는지를 점검하는 것이다.
② 종합점검은 설비별 주요 구성 부품의 구조기준이 화재안전기준과 건축법 등 관련 법령에서 정하는 기준에 적합한 지 여부를 점검하는 것이다.
③ 종합점검에는 작동점검의 사항이 해당되지 않는다. → 포함된다
④ 종합점검은 관리업에 등록된 소방시설관리사 또는 소방안전관리자로 선임된 소방시설관리사 및 소방기술사 1명 이상을 점검자로 한다.

소방시설등에 대한 자체점검은 다음과 같이 구분한다.
1. **작동점검** : 소방시설등을 인위적으로 조작하여 소방시설이 정상적으로 작동하는지를 소방청장이 정하여 고시하는 소방시설등 작동점검표에 따라 점검하는 것을 말한다.
2. **종합점검** : 소방시설등의 **작동점검을 포함**하여 소방시설등의 설비별 주요 구성 부품의 구조기준이 화재안전기준과 건축법 등 관련 법령에서 정하는 기준에 적합한 지 여부를 소방청장이 정하여 고시하는 소방시설등 종합점검표에 따라 점검하는 것을 말하며, 다음과 같이 구분한다.
  ① **최초점검** : 특정소방대상물의 소방시설등이 신설되어 소방시설이 새로 설치되는 경우... 건축법에 따라 건축물이 사용승인 되어 건축물을 사용할 수 있게 된 날부터 60일 이내 점검하는 것을 말한다.
  ② **그 밖의 종합점검** : 최초점검을 제외한 종합점검을 말한다.
3. **종합점검**은 다음 어느 하나에 해당하는 **기술인력**이 점검할 수 있다.
  ① 관리업에 등록된 소방시설관리사
  ② 소방안전관리자로 선임된 소방시설관리사 및 소방기술사

단어가 답인 문제

60 시·도지사가 설치하고 유지·관리하여야 하는 소방용수시설이 아닌 것은?
① 저수조 ② 상수도 ③ 소화전 ④ 급수탑

소방용수시설 → **저수조, 급수탑, 소화전**
②번의 **상수도**는 우리가 매일 사용하고 있는 **수돗물**을 말하는 것이므로... 소방용수시설과는 관련이 없다.

답이탑! 소방용수시설 ➡ 저급소 (급수가 낮은 동물 소)

4과목 소방기계시설의 구조및원리

문장이 답인 문제

61 옥외소화전의 구조 등에 관한 설명으로 틀린 것은?

① <u>지하용</u> 소화전의 소화용수가 통과하는 유효단면적은 밸브시트 단면적의 120% 이상이어야 한다.
  지상용 및 지하용(승하강식에 한함)
② 밸브의 개폐는 핸들을 좌회전할 때 열리고 우회전할 때 닫히는 구조이어야 한다.
③ 지상용 소화전의 토출구 방향은 수평 또는 수평에서 아랫방향으로 30° 이내이어야 한다.
④ 지상용 소화전은 지면으로부터 길이 600 mm 이상 매몰될 수 있어야 하며, 지면으로부터 높이 0.5m 이상 1m 이하로 노출될 수 있는 구조이어야 한다.

옥외소화전설비
화재발생시 옥외에 설치된 옥외소화전함을 개방한 후, 호스와 노즐을 꺼내어 주변에 설치된 방수구와 연결해 호스를 전개한 후, 옥외소화전 전용렌치로 소화전을 개방하여 방사하는 형태의 수동식 수계소화설비로서, 저층부(1, 2층) 옥외화재 진압활동용 소화설비이자 주변확대방지용 방호설비 등으로 사용된다.

- 지상식
  - 건물 외부의 지면에 스탠드형으로 노출하여 설치
  - 밸브의 개폐는 맨 상단의 밸브나사를 스패너를 이용해 회전시켜 개방
  - 동파 방지를 위해 배수밸브(볼밸브형)가 설치되어 자동으로 배수한다.
- 지하식
  - 지하의 전용맨홀에 설치하여 사용
  - 차량의 통행이 잦은 장소에 설치하고, 대형차량이 통과해도 견디는 구조
  - 지상에서 T자형의 전용파이프를 설치한 후 호스연결하고, 역시 T자형의 긴 장대를 이용해 지상에서 밸브개폐하여 방수

옥외소화전의 구조 및 치수
→ 지상용 및 지하용(승하강식에 한함) 소화전의 소화용수가 통과하는 유효단면적은 밸브시트 단면적의 120 % 이상이어야 한다.

답이탐이 형식승인 및 제품검사의 기술기준 문제로서 실제로 이해와 암기 모두 어려운 문제이며 출제빈도 또한 낮다. 그냥 답만 외우고 넘어가자~

지상식 옥외소화전의 예   호스릴 옥외소화전

지하식 소화전   그림(사진)제공[욱송]

> 단어가 답인 문제

62 스프링클러헤드의 감도를 반응시간지수(RTI)값에 따라 구분할 때 RTI값이 50 초과 80 이하일 때의 헤드 감도는?

① Fast response   ② **Special response**   ③ Standard response   ④ Quick response

- **스프링클러설비** : 화재발생시 화재를 자동으로 감지하여 피난을 위한 경보를 발하고, 습식 · 건식 · 준비작동식 · 일제살수식 밸브가 개방되면, 유수의 흐름으로 인하여 펌프가 기동되고, 개방된 헤드를 통해 소화수를 방수하여 소화하는 자동식 수계소화설비
- **스프링클러 헤드** : 스프링클러에서 나오는 물을, 빗방울 형태로 대량으로 뿌리면서 방수하는 역할을 하는 부분을 말한다.
- **반응시간지수(RTI)** : 화재시 화염기류의 온도 · 습도 · 속도에 대해 헤드의 반응을 예상한 지수
   (헤드 개방온도 또는 개방시간을 알 수 있는 지수)

헤드의 감도에 따른 분류

표준 반응형 (Standard response 스탠다드)	특수 반응형 (Special response 스페셜)	조기반응 (Fast response 패스트)
RTI값 80초과 ~ 350이하	RTI값 50초과 ~ 80이하	RTI값 50이하
가장 일반적인 헤드	특수용도 방호용 헤드	빠르게 개방되는 속동형 헤드

스프링클러 헤드

사진출처[육송]

> 암기팁! 5080세대는 스페셜하다. ➡ 50 80 Special

> 문장이 답인 문제 ★★★

63 물분무소화설비 가압송수장치의 1분당 토출량에 대한 최소기준으로 옳은 것은? (단, 특수가연물 저장 취급하는 특정소방대상물 및 차고 · 주차장의 바닥면적은 50m²이하인 경우는 50m²를 적용한다.)

① 차고 또는 주차장의 바닥면적 1m² 당 10L를 곱한 양 이상
   20L
② 특수가연물을 저장 · 취급하는 특정소방대상물의 바닥면적 1m² 당 20L를 곱한 양 이상
   10L
③ 케이블 트레이, 케이블 덕트는 투영된 바닥면적 1m² 당 10L를 곱한 양 이상
   12L
④ **절연유 봉입 변압기는 바닥면적을 제외한 표면적을 합한 면적 1m²당 10L를 곱한 양 이상**

- **물분무 소화설비** : 물을 안개모양으로 방사해 가스와 비슷한 형태를 가지므로, 전기의 부도체(전기가 통하지 않는 물체 = 비전도성)로서 전기시설물에 설치가 가능한 자동식 수계소화설비
- **가압송수장치** : 압력을 가해서(가압) 물을 이송하는(송수) 장치로서 그 종류로는 **펌프**(전동기 또는 내연기관과 연결된 원심펌프), **고가수조**(높은 곳에 설치된 수조), **압력수조**(강한 공기압 이용), **가압수조**(압력수조의 간소화 설비) 등의 방식이 있다.
- **정격토출량(유량)** : 시간당 퍼낼 수 있는 물의 양으로서, 통상적으로 펌프 몸체에 분당 토출량[L/min]으로 표시된다.
   <예시> 옥내소화전 2개에서 소화수를 방사하고 있을 때 법정 토출량은 2 × 130L/min(법정방수량) = 260L/min 이 된다.

차고(주차장), 특수가연물, 케이블트레이(덕트), 절연유봉입변압기 등에 물분무설비를 설치할 때, 1분당 몇 리터(L)의 토출량으로 펌프를 설치해야 하는가의 문제이다. 즉 위 대상물에 따라 펌프의 토출량을 다르게 셋팅해야 한다는 의미이다.

물분무설비 대상물	기준면적(㎡)	분당 토출량 (20분간 방수)	암기법
특수가연물	최대 방수구역의 바닥면적 (50㎡ 이하인 경우에는 50㎡)	10 L/min (분당 10L)	나머지 10
차고(주차장)	//	20 L/min (분당 20L)	**차 20** (차는 위험하니까 이십)
절연유 봉입 변압기	바닥부분을 제외한 (변압기의)표면적을 합한 면적	10 L/min (분당 10L)	**절표**(절마크)**십** 나머지 10
케이블트레이, 케이블덕트	**투영된 바닥면적**	12 L/min (분당 12L)	**케투 12**
컨베이어 벨트	벨트부분의 바닥면적	10 L/min (분당 10L)	나머지 10

> 암기팁! 특수 차고 절연 케이컨 ➡ 특수한 차고는 전기적으로 절연해야 한다. 왜냐하면 거기서 베이컨(케이컨)을 먹어야 하니까~

물분무 소화설비 방수하는 모습의 예

단어가 답인 문제 ★★★

64 펌프의 토출관에 압입기를 설치하여 포소화약제 압입용펌프로 포 소화약제를 압입시켜 혼합하는 방식은?

① 라인 프로포셔너방식
② 펌프 프로포셔너방식
③ 프레져 프로포셔너방식
④ 프레져사이드 프로포셔너방식

포소화설비 : 수조로부터 공급된 물과 약제 저장탱크에서 공급된 포원액을, 혼합기(프로포셔너)에서 믹싱해 포수용액을 만들어, 포 방출구에서 공기와 섞어진 후 발포되어 거품을 방사하는 형태의 소화설비로서 유류탱크 등 위험물에 주로 사용된다.

포소화설비에서, 포원액(포약제)과 물을 혼합하는 방식이 4가지가 있는데... 그 중 프레져사이드 **프로포셔너**(혼합기) 방식이 어떠한 방식인지 묻는 문제이다.
① **라인** 프로포셔너 방식 → 벤추리관 혼합방식
② **펌프** 프로포셔너 방식 → 농도조절밸브 혼합방식
③ **프레져** 프로포셔너 방식 → 벤추리+압력 혼합방식
④ **프레져사이드** 프로포셔너 방식 → 압입용펌프 혼합방식
  펌프의 토출관에 압입기를 설치하여 포소화약제 압입용펌프로 포 소화약제를 압입시켜 혼합하는 방식
  (펌프2대를 이용해 물과 약제를 별도로 송출해 혼합하는 방식)

프레져 사이드 방식은... 사이드에 압입용펌프가 1대 더 있다.

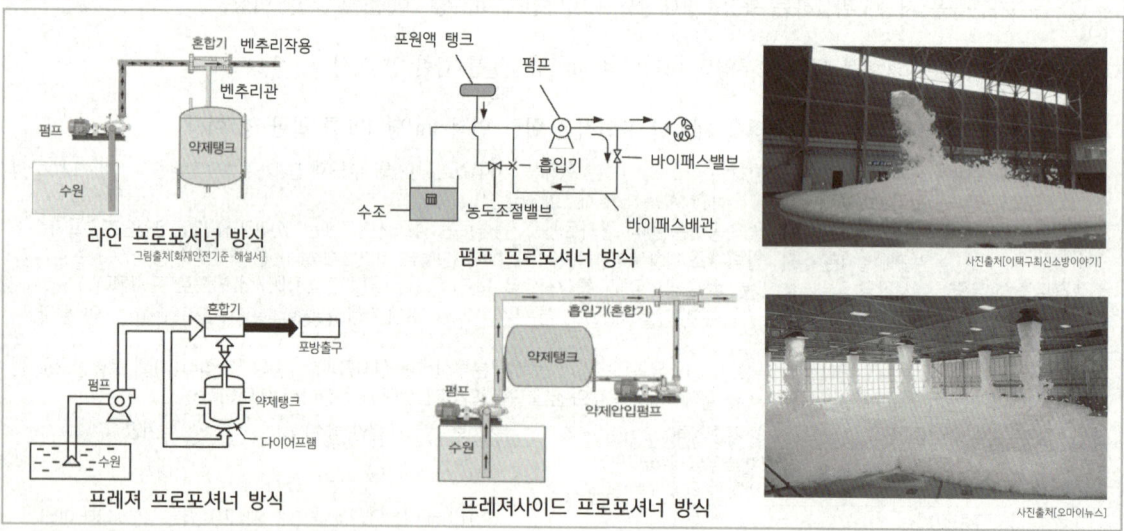

1. 라인 프로포셔너 방식(**벤추리관 혼합방식**) → 이동식 간이설비에 사용
   펌프와 발포기 중간에 설치된 벤추리관의 벤추리작용에 따라 포 소화약제를 흡입·혼합하는 방식
2. 펌프 프로포셔너 방식(**농도조절밸브** 혼합방식) → 소방자동차에 사용
   펌프의 토출관과 흡입관 사이의 배관 도중에 설치한 흡입기(바이패스 배관상에 설치)에 펌프에서 토출된 물의 일부를 보내고, 농도 조절밸브에서 조정된 포 소화약제의 필요량을 포 소화약제 탱크에서 펌프 흡입측으로 보내어 이를 혼합하는 방식
3. 프레져 프로포셔너 방식(**벤추리+압력** 혼합방식) → 가장 널리 이용됨(주차장 등)
   펌프와 발포기의 중간에 설치된 벤추리관의 벤추리작용과 펌프 가압수의 포 소화약제 저장탱크에 대한 압력(다이아프램)에 따라 포 소화약제를 흡입·혼합하는 방식
4. 프레져사이드 프로포셔너 방식(**압입용펌프** 혼합방식) → 석유화학공장 등 대단위 설비
   펌프의 토출관에 압입기를 설치하여 포소화약제 압입용펌프로 포 소화약제를 압입시켜 혼합하는 방식
   (펌프2대를 이용해 물과 약제를 별도로 송출해 혼합하는 방식)

문장이 답인 문제 ★

65 액화천연가스(LNG)를 사용하는 아파트 주방에 주방용 **자동소화장치**를 설치할 경우 **탐지부의 설치위치**로 옳은 것은?

① 바닥 면으로부터 30cm 이하의 위치
② **천장 면으로부터 30cm 이하의 위치**
③ 가스차단장치로부터 30cm 이상의 위치
④ 소화약제 분사 노즐로부터 30cm 이상의 위치

- **자동소화장치** : 소화약제를 자동으로 방사하는 고정된 소화장치로서 그 종류로는... 주거용·상업용 주방자동소화장치, 캐비닛형·가스·분말·고체에어로졸 자동소화장치가 있다.
- **주거용 주방자동소화장치** : 주거용 주방에 설치된 열발생 조리기구의 사용으로 인한 화재 발생 시, 열원(전기 또는 가스)을 자동으로 차단하며 소화약제를 방출하는 소화장치
- **탐지부** : 가스누설을 탐지하여 중계기 또는 수신부에 가스누설의 신호를 발신하는 부분

LNG(도시가스)를 사용하는 주방에서 가스 누출시... 누출된 가스가 바닥부터 차오를지? 천장부터 차오를지? 묻는 문제이다.
도시가스는 공기보다 가벼워서, 유출시 천장에 떠오른다. 따라서 탐지부는 천장 면으로부터 30cm 이하의 위치에 설치한다.

도시는 건물들이 높다. 따라서 도시가스도 높은 곳(천장)부터 차오른다.

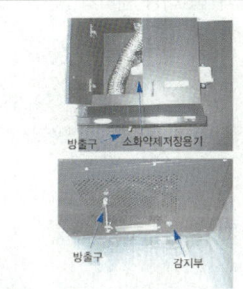
주거용 주방자동소화장치

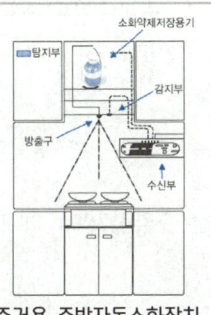

주방용자동소화기

그림출처[소방청 화재안전기준 해설서]

- **액화천연가스**(LNG, Liquefied Natural Gas)
  - 대기압에서 저온으로 액화된 물질로서, 우리가 사용하는 **도시가스**를 일컫는다.
  - 천연가스를 그 주성분인 **메탄(CH_4)**의 끓는점(−162℃) 이하로 냉각하여 액화하는 과정에서 부피가 1/600로 압축된 것.
  - **공기보다 가벼워서**(공기분자량=29, 메탄분자량=16) 유출시 천장에 떠오른다.[증기비중이 1보다(공기보다) **작다**(가볍다)]
  - **무색·무취**의 기체로서 냄새가 없음으로, 누출시 쉽게 식별할 수 있도록 냄새를 첨가(부취제 사용)한다.
- **액화석유가스**(LPG, Liquefied Petroleum Gas) : 우리가 사용하는 **LP가스통**(프로판가스), **부탄가스**의 총칭이다.
  - 유전에서 석유와 함께 나오는 **프로판(C_3H_8)**과 **부탄(C_4H_{10})**을 주성분으로 한 가스를 상온에서 압축하여 액체로 만든 연료이다.
  - **공기보다 무거워서**(공기분자량=29, 프로판분자량=44) 유출시 바닥에 가라 앉는다.[증기비중이 1보다(공기보다) **크다**(무겁다)]
  - **무색·무취**의 기체로서 냄새가 없음으로, 누출시 쉽게 식별할 수 있도록 냄새를 첨가(부취제 사용)한다.

문장이 답인 문제 ★★★

66 지하구의 화재안전기준에 따른 연소방지설비의 설치기준에 대한 설명 중 틀린 것은?
① 연소방지설비전용헤드를 2개 사용하는 경우 배관의 구경은 40mm 이상으로 한다.
② 소방대원의 출입이 가능한 환기구·작업구마다 지하구의 양쪽방향으로 살수헤드를 설정하되, 한쪽 방향의 살수구역의 길이는 3m 이상으로 할 것
③ 환기구 사이의 간격이 350m를(→700m) 초과할 경우에는 350m(→700m) 이내마다 살수구역을 설정할 것
④ 헤드간의 수평거리는 연소방지설비 전용헤드의 경우에는 2m 이하, 스프링클러헤드의 경우에는 1.5m 이하로 할 것

- **지하구**
  가. 전력·통신용의 전선이나 가스·냉난방용의 배관 또는 이와 비슷한 것을 집합수용하기 위하여 설치한 지하 인공구조물로서 사람이 점검 또는 보수를 하기 위하여 출입이 가능한 것 중 다음의 어느 하나에 해당하는 것
    ① 전력 또는 통신사업용 지하 인공구조물로서 전력구 또는 통신구 방식으로 설치된 것
    ② 지하 인공구조물로서 폭이 1.8미터 이상이고 높이가 2미터 이상이며 길이가 50미터 이상인 것
  나. 공동구 : 전기·가스·수도 등의 공급설비, 통신시설, 하수도시설 등 지하매설물을 공동 수용함으로써 미관의 개선, 도로구조의 보전 및 교통의 원활한 소통을 위하여 지하에 설치하는 시설물
- **연소방지설비** : 전력 또는 통신사업용 케이블이 설치된 지하구에 헤드를 설치하고, 소방차에서 송수구에 물을 공급해 헤드에서 살수되게 하여, 화재가 더 이상 번지지 않게 차단하는 설비

1. 연소방지설비전용헤드를 사용하는 경우에는 다음 표에 따른 구경 이상으로 할 것

하나의 배관에 부착하는 살수헤드의 개수	1개	2개	3개	4개 또는 5개	6개 이상
배관의 구경(mm)	32	40	50	65	80

2. 연소방지설비 헤드의 설치기준
   - 소방대원의 출입이 가능한 환기구·작업구마다 지하구의 양쪽방향으로 살수헤드를 설정하되, **한쪽 방향의 살수구역의 길이는 3m 이상**으로 할 것. (양쪽방향은 6m)
   - **살수구역** → 환기구 사이의 간격이 700m를 초과할 경우에는 **700m 이내마다** 살수구역 설정
   - 헤드간의 수평거리를... **스프링클러헤드**(개방형)의 경우에는 **1.5m 이하**로 규정하고 있고, 연소방지설비 **전용헤드(살수헤드)**의 경우에는 더 좋은 성능으로 간주되어... 헤드간의 수평거리를 **2m 이하**로 더 넓게 설치하도록 하였다.
3. 지하구에서 화재시... 화재가 발생된 구간은 연소되더라도, 그 구간 양옆으로는 화재가 더 이상 번지지 않도록 차단하는 설비가 연소방지설비이다.

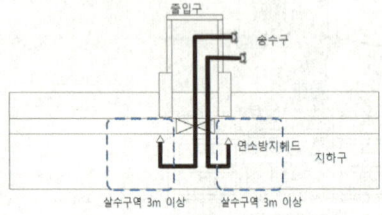

이러한 살수구역을 700m 이내마다 설치하여야 한다.

지하구에 연소방지설비 설치 예

💡 살수구역 3m이상(한쪽) 700m마다 설치하여 연소방지

문장이 답인 문제 ★★★

67 경사강하식구조대의 구조에 대한 설명으로 틀린 것은?

① 구조대 본체는 강하방향으로 봉합부가 <u>설치되어야 한다</u>.
　　　　　　　　　　　　　　　설치되지 아니하여야 한다
② 입구틀 및 취부틀의 입구는 지름 50㎝ 이상의 구체가 통과 할 수 있어야 한다.
③ 손잡이는 출구부근에 좌우 각3개 이상 균일한 간격으로 견고하게 부착하여야 한다.
④ 구조대 본체의 활강부는 낙하방지를 위해 포를 2중구조로 하거나 또는 망목의 변의 길이가 8㎝ 이하인 망을 설치하여야 한다.

- **구조대** : 포지 등을 사용하여 자루형태로 만든 것으로서 화재시 사용자가 그 내부에 들어가서 내려옴으로써 대피할 수 있는 것
- **경사강하식 구조대** : 소방대상물에 비스듬하게 고정시키거나 설치하여 사용자가 미끄럼식으로 내려올 수 있는 구조대로서 단시간에 많은 인명을 구조할 수 있도록 설치된다.

① 구조대 본체는 강하방향으로 봉합부가 설치되지 아니하여야 한다.
→ 사람이 타고 내려오는 구조대 본체에... 강하방향(내려오는 방향)으로 봉합부가 설치되어 있다면, **사람이 내려오면서 봉합부가 터질 수 있기 때문**이다.
② 입구틀 및 취부틀(구조대를 건물에 고정하는 부분)의 입구는 지름 50㎝ 이상의 구체가 통과 할 수 있어야 한다.
→ 대부분의 사람이 들나들 수 있는 **개구부의 크기를 지름 50㎝로** 규정하였다.

닥터팁! 지름 50㎝ 이상의 구체 / 봉합부 설치되지 아니하여야 / 구조대기준 ➡ 50cm(지름오공)이상 봉합하면 안됨! 그러면 +소해야 함!

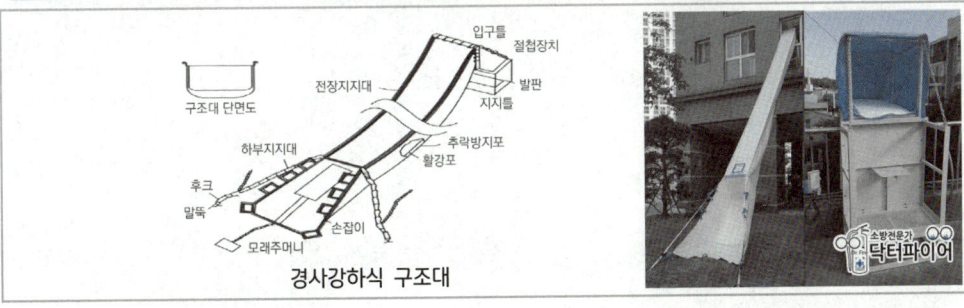

경사강하식 구조대

단어가 답인 문제 ★

68 제연방식에 의한 분류 중 아래의 장·단점에 해당하는 방식은?

> 장점 : 화재 초기에 화재실의 내압을 낮추고 연기를 다른 구역으로 누출시키지 않는다.
> 단점 : 연기 온도가 상승하면 기기의 내열성에 한계가 있다.

① 제1종 기계제연방식   ② 제2종 기계제연방식   ③ **제3종 기계제연방식**   ④ 밀폐방연방식

제연이란 **연기를 제어**한다는 의미로서… 화재실에 **신선한 공기**를 급기하고, **발생된 연기**를 배기(배출)하는 것을 제연이라 한다.
제연설비 : 구획(구역)을 나누(가두)어서 연기를 배출(배기)하거나, 신선한 공기를 급기(유입)하여 소화활동 및 피난을 용이하게 만드는 설비

기계 제연방식 : 급기송풍기(송풍기, 공기급기)와 배출기(배연기, 연기배출) 등의 기계를 이용하여 연기를 제어하는 방식
- **1종**(급기와 배기 모두 기계식) : 급기**송풍기**와 **배출기**를 모두 이용하여 기계로 제연하는 방식
- **2종**(급기만 기계식) : 피난통로인 복도, 통로 등에 **급기송풍기**(송풍기, 공기급기)를 설치해, 신선한 공기를 유입시켜 압력을 형성하여, 복도나 통로에 연기가 유입되지 못하도록 하는 방식
- **3종**(배기만 기계식)
  - 기계식 **배출기**로 연기를 배출해서, 화재실을 저압으로 형성시켜 연기가 다른 구역으로 확산되는 것을 방지할 수 있는 방식
  - 기계로만 배출하다 보니… 연기 온도가 상승하면 기기의 내열성에 한계가 있는 것은 당연할 것이다.

암기팁! 2종(급기만 기계) 3종(배기만 기계) ➡ 2급 3배 (2급 기계가 3배로 잘한다)

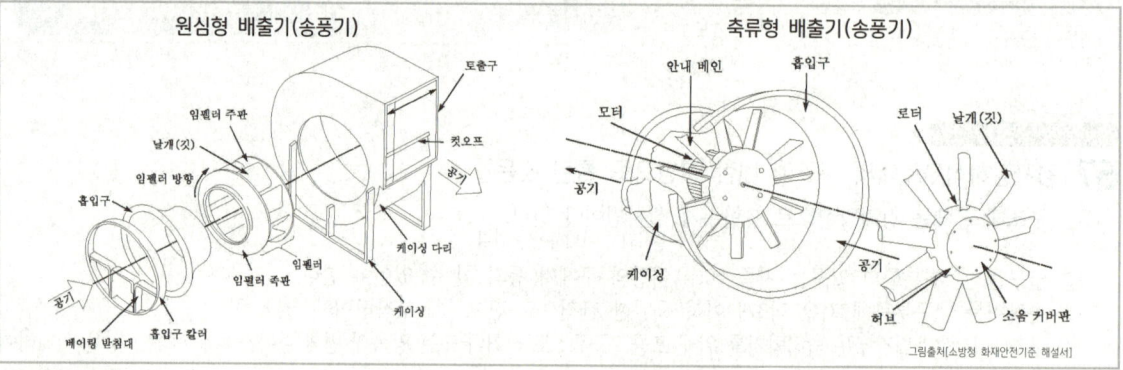

그림출처[소방청 화재안전기준 해설서]

함께 공부

- **자연 제연방식** : 창문이나 **배연구**를 통해 자연적으로 연기를 배출하는 방식으로, 화재실의 압력이 실외보다 높은 경우 연기가 자연스럽게 배출되지만, 실외의 풍향, 풍속 등에 영향을 받아 연기배출이 제한받는 경우도 있다.
- **밀폐 방연방식** : 화재실이 아닌 다른 공간(비화재실)을 밀폐하여 연기의 유입을 방지하는 방식으로 피난안전구역, 호텔의 객실, 공동주택 등에 활용될 수 있다.

> 단어가 답인 문제

69 분말소화설비에서 사용하지 않는 밸브는?

① 드라이밸브　　② 클리닝밸브　　③ 안전밸브　　④ 배기밸브

- **분말소화설비** : 분말소화설비는 미세한 분말입자를 별도 추진가스(질소 또는 이산화탄소)의 압력으로 방사하여 소화하는 설비이다.
- **가압방식**(압력을 가하여 약제를 이송하는 방식)에 따라 축압식설비(추진가스 약제용기내 같이)와 가압식설비(추진가스 별도용기에 따로)로 구분

① **드라이밸브** : 건식 스프링클러설비에서 사용하는 건식유수검지장치(=건식밸브=드라이밸브)로서, 밸브 1차측에는 가압수가 채워져 있으며, 밸브 2차측에는 압축공기가 채워져 있다.
　＊스프링클러설비 : 자동으로 화재를 감지하여 피난을 위한 경보를 발하고, 헤드에서 물을 방수하여 소화하는 자동식 수계소화설비
② **분말설비 클리닝장치**
- 클리닝 장치란 클리닝용 밸브·배관의 총칭으로, 저장용기 및 배관의 잔류 소화약제(분말)를 처리할 수 있는 청소장치를 말한다.
- 목적 : 배관에 잔류한 분말가루를 배출하지 않으면 관내에 고화되어 기능 저하를 초래한다.
③ **안전밸브** : 설정압력 초과 시 개방되어 과압을 배출(기체방출)하고, 설정압력 이하로 내려가면 다시 폐쇄되어 관내 압력을 유지하는 밸브장치
④ **배기밸브** : 분말저장용기의 배기밸브를 개방하여 약제탱크 내의 잔압을 배출시킨다.

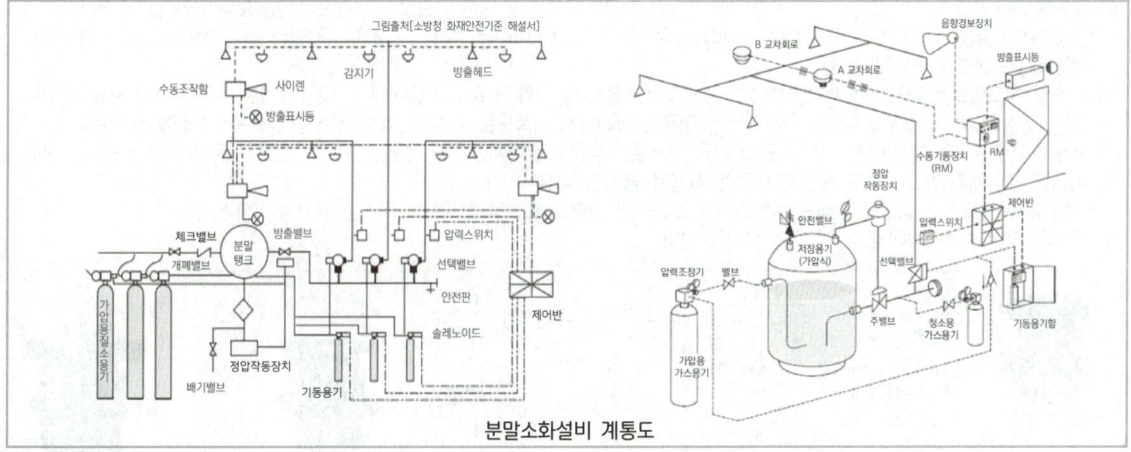

분말소화설비 계통도

문장이 답인 문제

70 스프링클러설비 또는 옥내소화전설비에 사용되는 **밸브**에 대한 설명으로 **옳지 않은** 것은?

① 펌프의 토출측 체크밸브는 배관 내 압력이 가압송수장치로 역류되는 것을 방지한다.
② 가압송수장치의 후드밸브는 펌프의 위치가 수원의 수위보다 높을 때 설치한다.
③ 입상관에 사용하는 스윙체크밸브는 아래에서 위로 송수하는 경우에만 사용된다.
④ **펌프의 흡입측배관에는 버터플라이밸브의 개폐표시형밸브를 설치하여야 한다.**
　　　　　　　　　버터플라이밸브 외의

- **옥내소화전설비** : 화재발생시 옥내소화전함을 개방하여 방수구와 연결된 호스를 전개한 후 앵글밸브를 개방하고, 화점을 향해 노즐을 개방하여 방사하는 형태의 수동식 수계소화설비
- **스프링클러설비** : 화재발생시 화재를 자동으로 감지하여 피난을 위한 경보를 발하고, 습식·건식·준비작동식·일제살수식 밸브가 개방되면, 유수의 흐름으로 인하여 펌프가 기동되고, 개방된 헤드를 통해 소화수를 방수하여 소화하는 자동식 수계소화설비
- **밸브** : 배관의 중간이나 용기에 설치하여, 유체의 양이나 압력 등을 제어하는 장치

① **체크밸브**는 유체를 한쪽 방향으로만 흐르게 하는 역류방지밸브로서 펌프가 물을 토출할 때… 펌프 쪽으로 물이 역류되면 펌프에 부담이 갈 수 있기 때문에 체크밸브를 설치하여 펌프의 부담을 덜어준다.
② **후드밸브**는 펌프 정지시 흡입관내에 물을 가두어 두는 체크밸브 기능을 하는 밸브로서… 펌프가 수원보다 높게 설치되어 있을 때, 흡입관내에 물을 가두어 두는 역할을 한다. 반대로 펌프가 수원보다 아래에 있다면… 흡입관은 항상 물이 채워져 있을 수밖에 없기 때문에 후드밸브는 필요치 않다.
③ **스윙형 체크밸브**는 리프트형 체크밸브(스모렌스키 체크밸브)에 비해 신뢰도가 떨어진다. 따라서 주로 수평배관에 사용되는데… 만일, 입상관(수직배관)에 설치하는 경우에는… 펌프가 아래에서 위쪽으로 송수하는 배관시스템에서 옥상수조에 설치된다.
　옥상수조에 설치된 체크밸브는 옥상수조의 물을 아래로는 공급되게 하지만, 옥상수조 쪽으로는 흐르지 못하게 하는 역할을 한다.
④ 버터플라이 개폐밸브를 펌프 흡입측 배관에 사용을 금지한 이유
- 밸브가 개방되어도 디스크가 배관내에 존재해 소화수의 원활한 흡입을 방해하여 마찰손실이 증가한다.
- 개폐조작이 순간적이어서 수격작용의 우려가 있다.

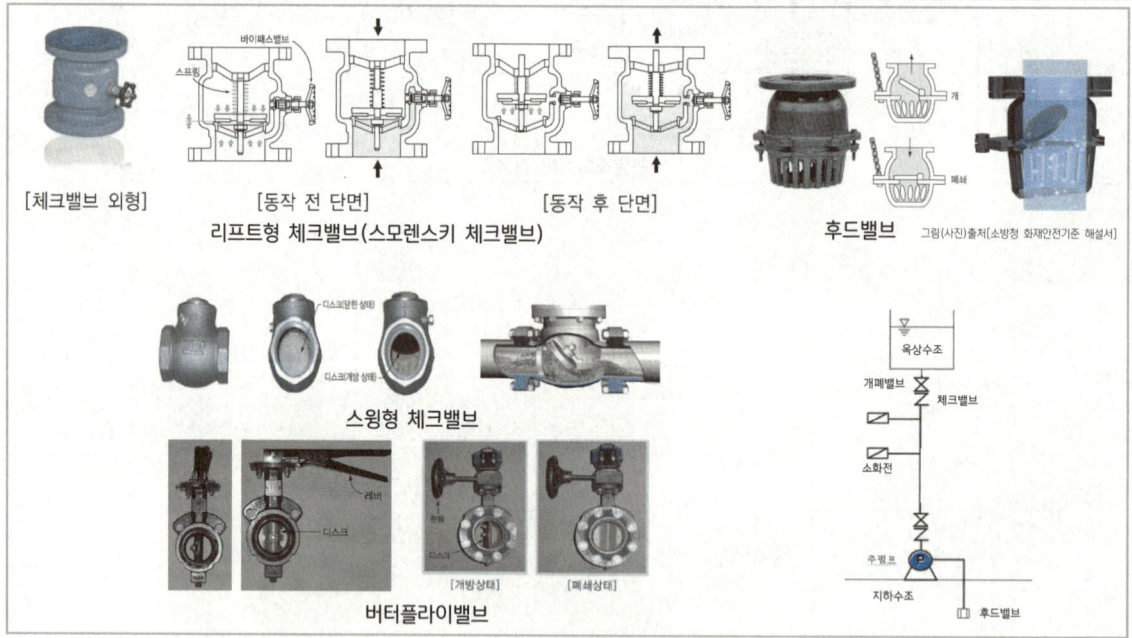

문장이 답인 문제

71 바닥면적이 400㎡ 미만이고 예상제연구역이 벽으로 구획되어 있는 배출구의 설치위치로 옳은 것은? (단, 통로인 예상제연구역을 제외한다.)
① 천장 또는 반자와 바닥사이의 중간 윗부분
② 천장 또는 반자와 바닥사이의 중간 아래 부분
③ 천장, 반자 또는 이에 가까운 부분
④ 천장 또는 반자와 바닥사이의 중간 부분

제연설비 : 구획(구역)을 나누(가두)어서 연기를 배출(배기)하거나, 신선한 공기를 급기(유입)하여 소화활동 및 피난을 용이하게 만드는 설비
예상제연구역 : 화재실이 예상되는 구역(가연물이 있는 공간)

연기를 배출하는 배출구를 실내의 어느 부분에 설치해야 하는지를 묻는 문제이다. 조건에 따라 위치가 달라진다.
문제의 조건▷ 바닥면적 400㎡미만 and 예상제연구역이 벽 → 배출구는 천장 또는 반자와 바닥사이의 중간 윗부분에 설치
또다른 예시▷ 바닥면적 400㎡이상 and 예상제연구역이 벽 → 배출구는 천장·반자 또는 이에 가까운 벽의 부분에 설치
즉 바닥면적이 커질수록 천장(반자)과 가깝게 배출구를 설치해야 함을 알 수 있다.

암기팁! 400㎡ 미만 ➡ 중간 윗부분

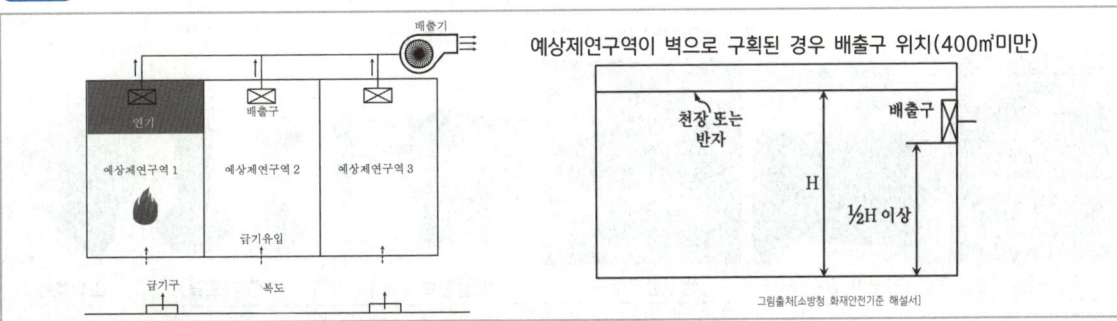

문장이 답인 문제

72 17층의 사무소 건축물로 11층 이상에 쌍구형 방수구가 설치된 경우, 14층에 설치된 방수기구함에 요구되는 길이 15m의 호스 및 방사형 관창의 설치 개수는?
① 호스는 5개 이상, 방사형 관창은 2개 이상
② 호스는 3개 이상, 방사형 관창은 1개 이상
③ 호스는 단구형 방수구의 2배 이상의 개수, 방사형 관창은 2개 이상
④ 호스는 단구형 방수구의 2배 이상의 개수, 방사형 관창은 1개 이상

• 연결송수관설비 : 소방차에서 연결송수관 송수구에 물을 공급하면 그 공급된 물을, 연결송수관설비 방수구에 호스를 연결하여 옥내소화전처럼 사용하는 소방대 전용 설비로써, 고층부 화재진압에 효과적인 본격 화재진압설비
• 송수구 : 소화용수를 보급하기 위하여 건물 외벽 또는 구조물의 외벽에 설치하는 배관과 연결된 구멍
• 방수구 : 소화용수를 방수하기 위하여 건물내 벽 또는 구조물의 벽에 설치하는 관에 연결된 배관구멍
• 방수기구함 : 소방관이 화재시 사용할 호스 및 관창(노즐)을 수납하는 함

연결송수관설비의 방수기구함에 비치하는 길이 15m의 호스와 방사형관창 비치기준
1. 호스는 각 부분에 유효하게 물이 뿌려질 수 있는 개수 이상을 비치 → 쌍구형 방수구는 단구형 방수구의 2배 이상의 개수를 설치
2. 방사형 관창 → 단구형 방수구의 경우에는 1개, 쌍구형 방수구의 경우에는 2개 이상 비치할 것
※ 방수기구함이란 용어는 연결송수관설비와 관련된 용어이다.

암기팁! 방수구가 쌍구형으로 물이 나오는 곳이 2곳이니까… ➡ 관창 2개 + 호스 2배

옥내소화전 함(소화전)과 연결송수관 함(방수기구함)의 겸용설비

사진출처[소방청 화재안전기준해설서/육송]

함(외부)

방수기구함(내부-호스,관창)

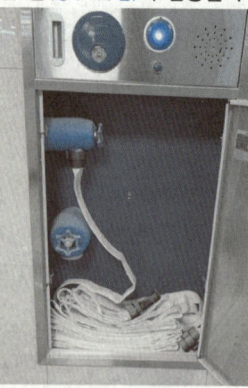
단구형 방수구(호스연결 안된것)

쌍구형 방수구(65mm)

연결송수관설비 방수기구함(전용) 및 비치품목 등

방수구함(전용)

단구형 방수구

쌍구형방수구

앵글밸브

관창(노즐)

소방호스

단어가 답인 문제

73 이산화탄소 소화설비에서 방출되는 가스압력을 이용하여 배기덕트를 차단하는 장치는?

① 방화셔터 ② 피스톤릴리져댐퍼 ③ 가스체크밸브 ④ 방화댐퍼

- **이산화탄소 소화설비** : 탄산가스(CO_2)를 소화약제로 이용하여 화재를 진압하는 가스계 소화설비로서 CO_2는 화학적으로 안정된 불연성가스이고, 화재실에 CO_2약제를 방출하면 공기중의 산소농도를 떨어뜨려 소화하는 질식소화가 대표적인 소화효과이다. 약제 저장방식(저장온도)에 따라 고압식설비와 저압식설비(영하 18℃이하)로 구분된다.
- **배기덕트** : 실내의 공기 등을 외부로 배출하는 덕트

가스계 소화설비가 정상적으로 작동되어도 **배기덕트나 창문, 환기팬 등의 개구부나 통기구를 통해 소화약제가 누출**되면 화재를 소화할 수 없게 되므로, 이를 방지하기 위해 소화약제가 방출되기 전 환기장치를 정지하고 개구부를 폐쇄해야한다.
이 때 **배기덕트는 댐퍼**(덕트내에 설치하여 송풍량을 조절하는 공기조절판)를 설치해서 폐쇄한다.
댐퍼에는 전기식의 모터 댐퍼와 가스압 댐퍼가 있지만, 모터 댐퍼는 비상전원이 필요하므로 일반적으로 가스압 댐퍼가 많이 설치된다.
가스압 댐퍼는 방출되는 소화약제의 압력을 동관에 의해 댐퍼부까지 도입, **피스톤 릴리즈(릴리져)에 의해 폐쇄**되는 것으로, 원격복구형과 수동복구형이 있다.

피스톤 릴리즈 댐퍼
(피스톤 릴리져 댐퍼)

 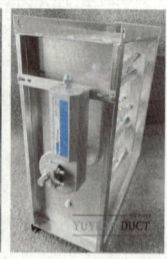

댐퍼 측면에 피스톤 릴리즈가 부착되어 있고
가스방출시 가스압력에 의해
릴리즈의 피스톤이 밀려서 맞물리고 있는 댐퍼 축을 회전시킴

① **방화셔터** : 백화점 등과 같이 시야가 개방된 넓은 공간이나, 학교 등과 같이 복도와 연결된 계단부분 등에 설치하여, 평상시는 개방된 상태를 유지하다가, 화재가 발생했을 경우 건축물 전체에 화재가 번지지 않도록 방화셔터가 내려와 차단하는 설비
③ **가스체크밸브** : 체크밸브는 유체를 한쪽 방향으로만 흐르게 하는 역류방지밸브 인데... 가스체크밸브는 가스를 한쪽 방향으로만 흐르게 하는 밸브
④ **방화댐퍼** : 방화구획(화재를 가둬두는 구획)이나 방화벽(화재를 가둬두는 벽)을 관통하는 풍도(덕트) 내에 설치하는... 화염에 견디는 댐퍼로서, 화재 발생시 댐퍼가 작동하여 화염이나 연기가 덕트 내로 확산되는 것을 차단한다.

문장이 답인 문제 ★

74 피난기구의 설치 및 유지에 관한 사항 중 옳지 않은 것은?

① 피난기구를 설치하는 개구부는 서로 동일직선상의 위치에 있을 것
　　　　　　　　　　　　　동일직선상이 아닌 위치에
② 피난기구를 설치한 장소에는 가까운 곳의 보기 쉬운 곳에 피난기구의 위치를 표시하는 발광식 또는 축광식표지와 그 사용방법을 표시한 표지(외국어 및 그림 병기)를 부착할 것
③ 피난기구는 소방대상물의 기둥·바닥·보 기타 구조상 견고한 부분에 볼트조임·매입·용접 기타의 방법으로 견고 하게 부착할 것
④ 피난기구는 계단·피난구 기타 피난시설로부터 적당한 거리에 있는 안전한 구조로 된 피난 또는 소화활동상 유효한 개구부에 고정하여 설치할 것

피난기구 : 화재가 발생할 경우 피난하기 위하여 사용하는 기구 또는 설비로서... 구조대, 완강기(간이완강기), 공기안전매트, 피난 사다리, 하향식 피난구용 내림식사다리, 승강식피난기, 다수인피난장비, 미끄럼대, 피난교, 피난용트랩, 피난밧줄이 있다.

피난기구를 설치하는 개구부는 서로 **동일직선상이 아닌 위치**에 있을 것
→ 피난기구가 서로 동일직선상에 위치해 있을 경우... **내려오다가 서로 걸릴 수 있다.** 따라서 피난기구를 설치하는 개구부는 서로 동일직선상이 아닌 위치에 있어야 한다.

② 피난기구를 설치한 장소에는 가까운 곳의 보기 쉬운 곳에 피난기구의 위치를 표시하는 **발광식**(스스로 빛을 내는) 또는 **축광식**(빛을 축적하는)표지와 그 **사용방법**을 표시한 표지(**외국어 및 그림 병기**)를 부착할 것

 피난사다리 표지판 / 축광식 아크릴 표지판

④ **피난 또는 소화활동상 유효한 개구부**
→ 가로 0.5m이상 세로 1m이상인 것을 말한다. 이 경우 개구부 하단이 바닥에서 1.2m 이상이면 발판 등을 설치하여야 하고, 밀폐된 창문은 쉽게 파괴할 수 있는 파괴장치를 비치하여야 한다.

문장이 답인 문제 ★

75 특고압의 전기시설을 보호하기 위한 수계소화설비로 물분무소화설비의 사용이 가능한 주된 이유는?

① 물분무소화설비는 다른 물 소화설비에 비해서 신속한 소화를 보여주기 때문이다.
② 물분무소화설비는 다른 물 소화설비에 비해서 물의 소모량이 적기 때문이다.
③ 분무상태의 물은 전기적으로 비전도성이기 때문이다.
④ 물분무입자 역시 물이므로 전기전도성이 있으나 전기 시설물을 젖게 하지 않기 때문이다.

물분무 소화설비 : 물을 안개모양으로 방사해 가스와 비슷한 형태를 가지므로, 전기의 부도체(전기가 통하지 않는 물체 = 비전도성)로서 전기시설물에 설치가 가능한 자동식 수계소화설비

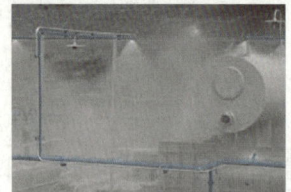  

물분무 소화설비 방수하는 모습의 예

숫자가 답인 문제

76 포소화약제의 저장량 계산 시 가장 먼 탱크 까지의 송액관에 충전하기 위한 필요량을 계산에 반영하지 않는 경우는?

① 송액관의 내경이 75mm 이하인 경우
② 송액관의 내경이 80mm 이하인 경우
③ 송액관의 내경이 85mm 이하인 경우
④ 송액관의 내경이 100mm 이하인 경우

포소화설비 : 수조로부터 공급된 물과 **포약제 저장탱크**에서 공급된 포원액을, 혼합기(프로포셔너)에서 믹싱해 포수용액을 만들어, 포 방출구에서 공기와 섞어진 후 발포되어 거품을 방사하는 형태의 소화설비로서 유류탱크 등 위험물에 주로 사용된다.

포소화설비는 물과 포원액을 합한 포수용액을 방사하는 설비인데... 주로 **위험물탱크 저장소** 등에 **설치**된다. 이 위험물탱크 저장소는 매우 넓은 면적에 설치되므로 배관(송액관) 또한 길 수 밖에 없다. 따라서 포소화설비는... 가장 먼 위험물탱크까지의 송액관에 충전하기 위하여 필요한 양을 가산하여 포소화약제의 저장량을 계산한다.
다만, 구경이 작다고 규정한... 내경 75mm 이하의 송액관은 제외하게 된다.

암기탑! 송액관 75mm 이하 제외 ➡ 송75 제외

숫자가 답인 문제

77 ( ) 안에 들어갈 내용으로 알맞은 것은?

이산화탄소 소화설비 이산화탄소 소화약제의 저압식 저장용기에는 용기내의 온도가 (㉠)에서 (㉡)의 압력을 유지할 수 있는 자동냉동장치를 설치할 것

① ㉠ : 0℃ 이상, ㉡ : 4Mpa
② ㉠ : -18℃ 이하, ㉡ : 2.1Mpa
③ ㉠ : 20℃ 이하, ㉡ : 2Mpa
④ ㉠ : 40℃ 이하, ㉡ : 2.1Mpa

- **이산화탄소 소화설비** : 탄산가스(CO_2)를 소화약제로 이용하여 화재를 진압하는 가스계 소화설비로서 CO_2는 화학적으로 안정된 불연성가스이고, 화재실에 CO_2약제를 방출하면 공기중의 산소농도를 떨어뜨려 소화하는 질식소화가 대표적인 소화효과이다. 약제 저장방식(저장온도)에 따라 고압식설비와 저압식설비(영하 18℃이하)로 구분된다.
- **고압식** : CO_2를 고압으로 액화시켜 68ℓ의 비교적 작은 용기에, 여러 병을 실온에 저장하는 방식으로... 밸브 개방시 고압이 해정되면서 기화되어 방사된다.
- **저압식** : -18℃ 이하에서 2.1MPa의 압력으로 CO_2를 액상으로 저장하는 방식으로... 언제나 -18℃를 유지해야 하므로 단열조치 및 자동냉동장치가 필요하며 약제용기는 대형저장탱크 1개를 사용한다.

이산화탄소 소화설비 저압식 저장용기 ➜ 온도 -18℃ 이하에서 2.1Mpa의 압력 유지

암기탑! 2.1Mpa -18℃ 저압식 ➡ 이 일 십팔 저기압 (2.1 18) ☞ 내가 하고 있는 이 일이 마음에 들지 않을 때... 저기압이 된다.

이산화탄소 소화설비 저장압력에 따른 분류

저압식 설비   고압식 설비

> 문장이 답인 문제 ★

78 분말소화설비 배관의 설치기준으로 옳지 않은 것은?

① 배관은 전용으로 할 것
② 배관은 모두 스케줄 40 이상으로 할 것
　　　　모두 아님
③ 동관을 사용하는 경우의 배관은 고정압력 또는 최고사용압력의 1.5배 이상의 압력에 견딜 수 있는 것을 사용할 것
④ 밸브류는 개폐위치 또는 개폐방향을 표시한 것으로 할 것

- **분말소화설비** : 분말소화설비는 미세한 분말입자를 별도 추진가스(질소 또는 이산화탄소)의 압력으로 방사하여 소화하는 설비이다.
- **가압방식**(압력을 가하여 약제를 이송하는 방식)에 따라 축압식설비(추진가스 약제용기내 같이)와 가압식설비(추진가스 별도용기에 따로)로 구분
- **강관의 종류**
  - **배관용** 탄소강관 : **1.2MPa 미만**의 압력에서 사용
  - **압력배관용** 탄소강관 : **1.2MPa 이상**의 압력에서 사용. 관 두께를 **스케줄**(SCH, Schedule)**번호**(No)로 나타내며 번호가 클수록 두꺼운 관이다. 두께에 따라 SCH 20, SCH 30, SCH 40, SCH 60, SCH 80 등이 사용된다.

분말소화설비 배관의 강도 기준
- 강관 → 아연도금에 따른 **배관용탄소강관**이나 이와 동등 이상의 강도·내식성 및 내열성을 가진 것으로 할 것
- 축압식 분말소화설비에 사용하는 것 중...
  → 20℃에서 압력이 2.5MPa 이상 4.2MPa 이하인 것은 **압력배관용탄소강관 중 이음이 없는 스케줄 40 이상인 것** 또는 이와 동등 이상의 강도를 가진 것으로서 아연도금으로 방식처리된 것을 사용

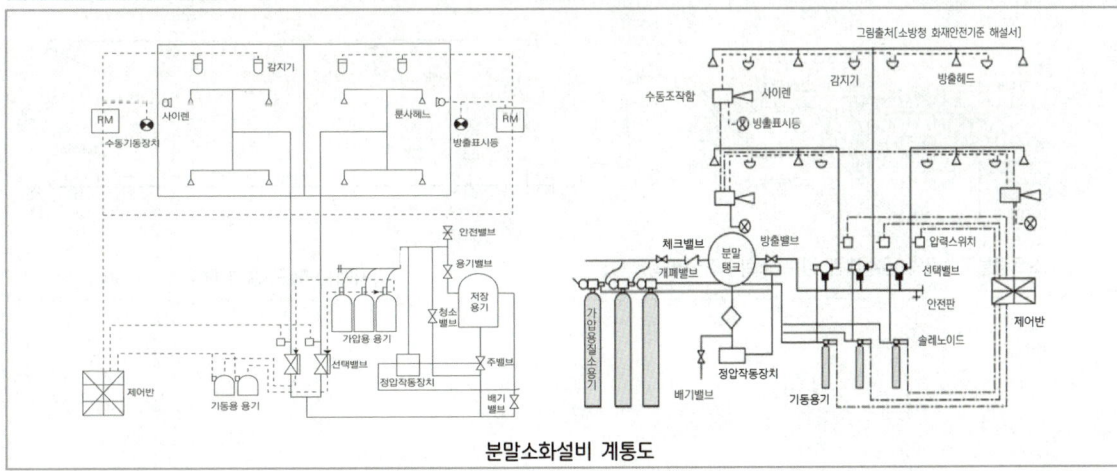

분말소화설비 계통도

> 문장이 답인 문제 ★★

79 스프링클러설비 배관의 설치기준으로 틀린 것은?

① 급수배관의 구경은 25㎜ 이상으로 한다.
② 수직배수관의 구경은 50㎜ 이상으로 한다.
③ 지하매설배관은 소방용 합성수지 배관으로 설치할 수 있다.
④ 교차배관의 최소구경은 <u>65㎜</u> 이상으로 한다.
　　　　　　　　　　　40㎜

- **스프링클러설비** : 화재발생시 화재를 자동으로 감지하여 피난을 위한 경보를 발하고, 습식·건식·준비작동식·일제살수식 밸브가 개방되면, 유수의 흐름으로 인하여 펌프가 기동되고, 개방된 헤드를 통해 소화수를 방수하여 소화하는 자동식 수계소화설비
- **배관의 종류** : 배관이란 물이 이송되는 관을 말한다.
  - **주배관** : 각 층을 수직으로 관통하는 수직배관(입상관)
  - **수평주행배관** : 교차배관에 급수하는 배관
  - **교차배관** : 직접 또는 수직배관을 통하여 가지배관에 급수하는 배관
  - **가지배관** : 헤드가 설치되어 있는 배관

- **급수배관** : 수원 및 옥외송수구로부터... 최종적으로 물이 방수되는 곳인 스프링클러 헤드까지 이르는 모든 배관
  　　　　　→ 모든 배관의 최소구경 **25㎜ 이상**
- **가지배관** : 스프링클러헤드가 설치되어 있는 배관 → 최소구경 **25㎜ 이상**
- **수직 배수배관** : 스프링클러설비의 작동 및 점검시... 사용된 물을 아래로 내려 보내기 위한 배관 → 구경 **50㎜ 이상**
- **소방용 합성수지배관(CPVC)** : 일종의 플라스틱 배관으로, 비교적 화염에 안전한 **지하에 매설하는 조건으로 설치가 가능하다.**
- **교차배관** : 직접 또는 수직배관을 통하여 가지배관에 급수하는 배관 → 최소구경 **40㎜ 이상**

암기팁! 교차배관 40㎜이상 ➡ 교사 (교차 40)

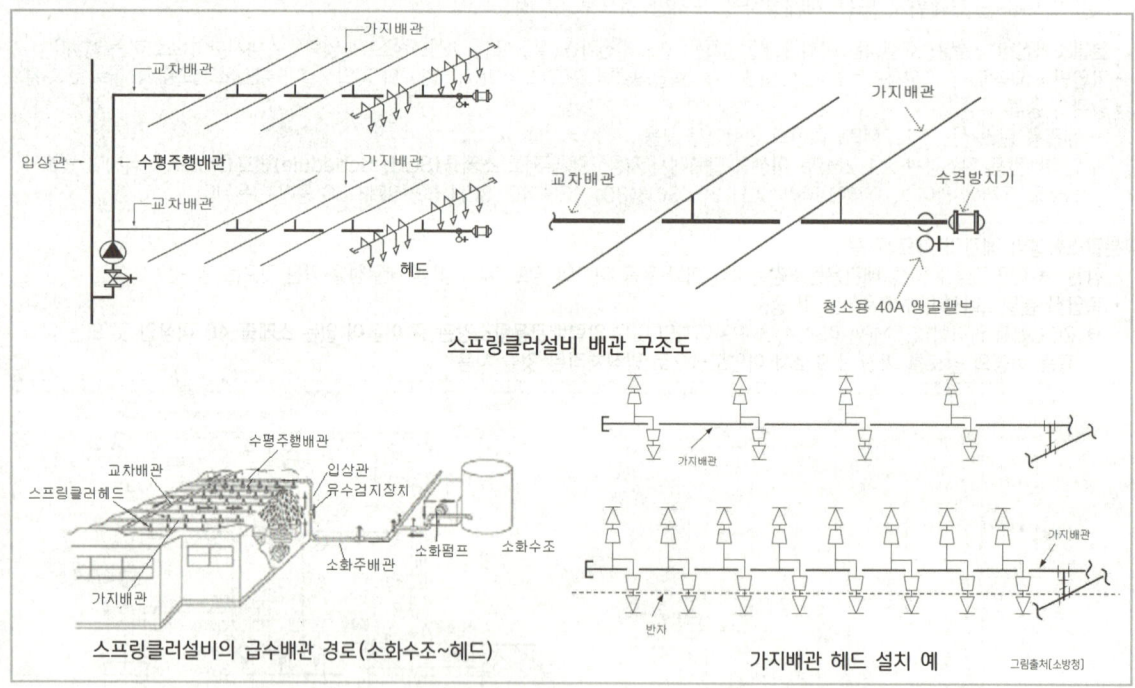

스프링클러설비 배관 구조도

스프링클러설비의 급수배관 경로(소화수조~헤드)

가지배관 헤드 설치 예

> 단어가 답인 문제 ★★★

80 소화기구 및 자동소화장치의 화재안전기준상 소화기구의 소화약제별 적응성 중 C급 화재에 적응성이 없는 소화약제는?

① 마른 모래
② 할로겐화합물 및 불활성기체 소화약제
③ 이산화탄소 소화약제
④ 중탄산염류 소화약제

소화기구
- **소화기** : 소화약제를 압력에 따라 방사하는 기구로서, 사람이 수동으로 조작하여 소화약제를 방사하여 소화하는 것
  (소형소화기, 대형소화기)
- **간이소화용구** : 에어로졸식·투척용 소화용구 및 팽창질석·팽창진주암·마른모래 등의 간이소화용구
- **자동확산소화기** : 화재를 감지하여 자동으로 소화약제를 방출 확산시켜 국소적으로 소화하는 소화기

소화기구 및 자동소화장치의 화재안전기준(NFSC 101) [별표 1] 소화기구의 소화약제별 적응성
전기화재(C급 화재)에 적응성이 있는 소화약제는...
이산화탄소, 할론, 할로겐화합물 및 불활성기체, 인산염류(분말), 중탄산염류(분말), 고체에어로졸화합물

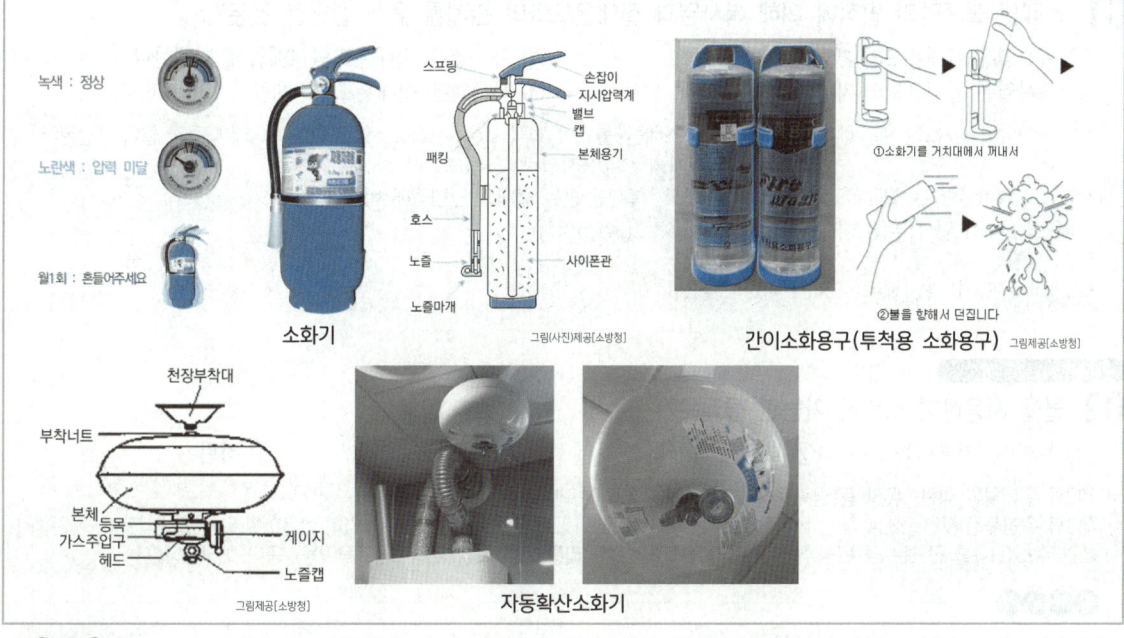

함께공부

소화기구 및 자동소화장치의 화재안전기준(NFSC 101) [별표 1] 소화기구의 소화약제별 적응성

화재의 종류	구분	소화기구 종류
일반화재(A급 화재)에	적응성이 **없는** 소화약제는...	이산화탄소, 중탄산염류(분말)
전기화재(C급 화재)에	적응성이 **있는** 소화약제는...	이산화탄소, 할론, 할로겐화합물 및 불활성기체, 인산염류(분말), 중탄산염류(분말), 고체에어로졸화합물
일반화재(A급 화재), 유류화재(B급 화재), 전기화재(C급 화재) **모두**에	적응성이 **있는** 소화약제는...	할론, 할로겐화합물 및 불활성기체, 인산염류(분말), 고체에어로졸화합물

암기팁! 일 없는 이중 / 전기 있는 이할할 인중고 / 모두 있는 할할인고

2016년 제2회 답이색 해설편

1과목 소방원론

암기하면서 공부 할 문제 ★

01 스테판-볼쯔만의 법칙에 의해 복사열과 절대온도와의 관계를 옳게 설명한 것은?
① 복사열은 절대온도의 제곱에 비례한다. ② 복사열은 절대온도의 4제곱에 비례한다.
③ 복사열은 절대온도의 제곱에 반비례한다. ④ 복사열은 절대온도의 4제곱에 반비례한다.

물질의 표면에서 방사되는 복사에너지(열복사량)는 **스테판-볼츠만 법칙**(stefan-boltzmann's)에 의해 다음과 같이 계산된다.
$$Q(복사에너지, 복사열량) = \sigma A T^4$$
복사에너지(복사열량)는 절대온도의 4승에 비례하고, 복사를 받는 물체의 단면적에 비례한다.
- σ[스테판-볼츠만 상수(시그마)] : $\sigma = 5.67 \times 10^{-8}$ [W/m²K⁴]
- A[단면적] : 복사를 받는 물체의 단면적 [m²]
- T[절대온도, K(켈빈)] = 온도(℃) + 273 [K]

이해하면서 공부 할 문제

02 물을 사용하여 소화가 가능한 물질은?
① 트리메틸알루미늄   ② 나트륨   ③ 칼륨   ④ 적린

- 제2류 위험물인 **적린**, 유황 등 금속을 제외한 물질은 **주수**에 의한 냉각소화를 한다.
- **제3류 위험물**은 자연발화성 및 금수성 물질로서, 황린(P_4)제외 모두 금속이므로 물에 급격히 반응하여 열을 발생시키고, 가연성기체인 **수소(H_2)**를 만드는 **금속(금수성)**으로서 칼륨, 나트륨, **리튬**, 알루미늄(트리메틸알루미늄) 등이 해당된다.

함께 공부

제2류 위험물 ⇨ 가연성 고체[일반 환원성 가연물] 일반적으로 불에 타는 가연성고체 물질 등이 해당된다.

위험물	특징	암기법	종류[대분류]
제2류	가연성 고체	유황적 철마금 인	유황(황)[S], 황화린(인), 적린(인)[P] / 철분, 마그네슘, 금속분류 / 인화성고체
지정수량		유황적**백** 오백철마금 인**천**	위험등급Ⅱ 지정수량 100kg / 위험등급Ⅲ 지정수량 500kg / Ⅲ 지정수량 1000kg

계산하면서 공부 할 문제 ★

03 화씨 95도를 켈빈(Kelvin)온도로 나타내면 약 몇 K 인가?
① 178   ② 252   ③ 308   ④ 368

1. 화씨온도 95℉를 섭씨온도(℃)로 변환 : $\dfrac{℉ - 32}{1.8} = \dfrac{95 - 32}{1.8} = 35℃$
2. 섭씨온도 35℃를 절대온도(T) 중 켈빈온도(K)로 변환 : 온도(℃) + 273 = 35℃ + 273 = 308K

함께공부

온도(Temperature)
- **섭씨온도(℃)** : 물의 어는점(빙점, 0℃)과 끓는점(비점, 100℃)을 온도의 표준으로 정하여, 그 사이를 100등분한 온도눈금이다. 단위기호는 ℃를 사용한다. 섭씨온도를 절대온도로 바꾸기 위해서는 273도를 더해준다.
- **화씨온도(℉)** : 1기압 하에서 물의 어는점(빙점)을 32℉, 끓는점(비점)을 212℉로 정하고 두 점 사이를 180등분한 온도눈금이다. 단위기호는 ℉를 사용한다. 화씨온도를 절대온도로 바꾸기 위해서는 460도를 더해준다.
- **절대온도(T)** : 어떠한 방법으로도 절대영도(−273.15℃)이하로 온도를 낮출 수 없다는 열역학 제3법칙에 따라, 이론상 생각할 수 있는 최저온도를 기준으로 하여 온도단위를 갖는 온도를 말한다. 이 눈금을 사용하면 모든 온도가 +수치로 나타난다.
  - **켈빈온도(K)** : 이론상 생각할 수 있는 최저온도인 절대영도를 기준으로, 섭씨온도를 환산한 온도이다.
    K = 온도(℃) + 273
  - **랭킨온도(R)** : 화씨 절대온도라고도 하며, 화씨온도 −459.67℉를 기점으로 하여 측정한 온도이다.
    R = 온도(℉) + 460
- **섭씨온도와 화씨온도의 변환** ⇨ ℉ = 1.8℃ + 32
  - 섭씨온도를 화씨온도로 바꿀 때 ⇨ $℉ = \frac{9}{5}℃ + 32 = 1.8℃ + 32$
  - 화씨온도를 섭씨온도로 바꿀 때 ⇨ $℃ = \frac{5}{9}(℉ - 32) = \frac{℉ - 32}{1.8}$

이해하면서 공부 할 문제 ★

04 알킬알루미늄 화재에 적합한 소화약제는?

① 물　　　　　② 이산화탄소　　　　　③ **팽창질석**　　　　　④ 할로겐화합물

- 제3류 위험물인 **알킬알루미늄**은 액체금속이므로 **벤젠(C_6H_6), 헥산, 톨루엔** 등의 희석제를 넣어서, 용기는 완전 밀봉하고 용기 상부는 불연성 가스(질소, 아르곤, 이산화탄소 등)로 봉입한 후, 통풍이 잘 되는 건조한 냉암소에 저장한다.
- 알킬알루미늄 등 제3류 위험물인 무기물(금속)화재시 가연물을 **마른모래(건조사), 팽창질석, 팽창진주암**(가열해 부풀려 가볍게 만든 돌가루)으로 덮으면 산소가 차단되어 **질식소화** 된다.

함께공부

제3류 위험물 ⇨ 자연발화성 및 금수성 물질 [황린제외 모두 금속]

황린(P_4)이 대표적인 자연발화성물질이고, 나머지는 모두 물에 급격히 반응하여 열을 발생하는 금속(금수성)으로서 칼륨, 나트륨, 리튬, 알루미늄 등이 해당된다.

위험물	특징	암기법	종류[대분류]
제3류	자연발화성 및 금수성 물질	칼나알알 황린 알칼유 금금칼슘탄	**칼륨, 나트륨, 알킬리듐, 알킬알루미늄 / 황린**(유일하게 금속 아님. 나머지는 모두금속) / **알칼리금속, 알칼리토금속, 유기금속 화합물 / 금속의 인화물, 금속의 수소화물, 칼슘** 또는 **알루미늄의 탄화물**

암기하면서 공부 할 문제 ★★★

05 제1종 분말 소화약제의 열분해 반응식으로 옳은 것은?

① **2NaHCO₃ → Na₂CO₃ + CO₂ + H₂O**　　　　② 2KHCO₃ → K₂CO₃ + CO₂ + H₂O
　　　　　　　　　　　　　　　　　　　　　　　　　제2종 열분해 반응식

③ 2NaHCO₃ → Na₂CO₃ + 2CO₂ + H₂O　　　　④ 2KHCO₃ → K₂CO₃ + 2CO₂ + H₂O

분말 소화약제의 종류 화학반응식(열분해 반응식)

종별	주성분	색상	적응화재	화학반응식 (열분해 반응식)	암기법
제1종	탄산수소나트륨 (NaHCO₃)	백색	B, C	2NaHCO₃ → Na₂CO₃ + CO₂ + H₂O	이수
제2종	탄산수소칼륨 (KHCO₃)	담자(회)색	B, C	2KHCO₃ → K₂CO₃ + CO₂ + H₂O	이수
제3종	제1인산암모늄 = 인산염 (NH₄H₂PO₄)	담홍색, 황색	A, B, C	NH₄H₂PO₄ → HPO₃ + NH₃ + H₂O	암수
제4종	탄산수소칼륨 + 요소 (KHCO₃+(NH₂)₂CO)	회색	B, C	2KHCO₃+(NH₂)₂CO → K₂CO₃ + NH₃ + CO₂	암이

※ 제1종은 탄산나트륨(Na₂CO₃), 제2종과 제4종은 탄산칼륨(K₂CO₃), 제3종은 부착력이 우수하여 소화효과가 뛰어난 메타인산(HPO₃)이 생성된다.

열분해 생성물 암기법 ➡ 제1종 : 이산화탄소(CO₂), 물(H₂O) (한자 물 수) ➡ 이수 / 제2종 : 제1종과 동일 ➡ 이수
　　　　　　　　　　　　제3종 : 암모니아(NH₃), 물(H₂O) ➡ 암수 / 제4종 : 암모니아(NH₃), 이산화탄소(CO₂) ➡ 암이

이해하면서 공부 할 문제 ★

06 폭굉(Detonation)에 관한 설명으로 틀린 것은?

① 연소속도가 음속보다 느릴 때 나타난다.   ② 온도의 상승은 충격파의 압력에 기인한다.
                        빠를 때
③ 압력상승은 폭연의 경우보다 크다.   ④ 폭굉의 유도거리는 배관의 지름과 관계가 있다.

① 연소파(화염전파속도)가 미반응 물질속으로 음속보다 낮은 속도로 이동하는 것을 **폭연(Deflagration)**이라 한다.
② **충격파**는 초음속(음속보다 빠른 속도)의 흐름이 갑자기 아음속(음속보다 느린 속도)으로 변할 때 얇은 불연속면이 생기는데 이 불연속면을 말하며, 이 때 압력, 밀도, **온도**, 엔트로피[손실되는(버려지는) 에너지 = 일로 변환시킬 수 없는 에너지] 등이 급격히 증가한다.
③ 폭연의 압력상승은 최고 수기압에 불과하지만, 폭굉의 압력상승은 **폭연의 10배 정도**에 달한다.
④ 폭굉유도거리(DID)가 짧아질 수 있는 요인
 - 연소속도가 큰 가스일수록
 - 관경(배관)이 가늘거나 관속에 이물질이 있는 경우
 - 점화에너지가 강할수록
 - 압력이 높을수록

함께 공부

- 화학적 폭발 중 폭발시 발생하는 **충격파**의 유무에 따라 폭연(충격파 없음)과 폭굉(충격파 있음)으로 구분된다.
- **충격파** : 압축성 유체에서 폭발과 같은 강렬한 압력변화에 의해 음속이상의 속도로 전달되는 파
- **폭발**은 혼합기체가 급격히 또는 현저하게 그 용적을 증가하는 반응이며, 폭음을 수반한다. 이 때 그 용적을 증가시키는 연소파(화염전파속도)가 미반응 물질속으로 음속보다 낮은 속도로 이동하는 것을 **폭연(Deflagration)**이라하고, 음속보다 빠른 속도로 이동하는 것을 **폭굉(Detonation)**이라 한다.
- **폭굉유도거리**(DID, Detonation Induced Distance) : 최초의 완만한 연소에서 폭굉까지 발전하는데 필요한 거리

암기하면서 공부 할 문제 ★★★

07 화재의 종류에 따른 표시 색 연결이 틀린 것은?

① 일반화재 - 백색   ② 전기화재 - 청색   ③ 금속화재 - 흑색   ④ 유류화재 - 황색
                                                                               무색

화재의 분류

종류	표시	표시색상	일반적 소화방법
일반화재	A급	백색	냉각소화
유류화재	B급	황색	질식소화
전기화재	C급	청색	질식소화
금속화재	D급	무색	피복소화
가스화재	E급	황색	질식소화
주방화재	K급	-	질식+냉각소화

암기팁! 화재의 종류와 표시색상 : 일 유 전 금 가 주   백 황 청 무 황 -

이해하면서 공부 할 문제

08 화재 및 폭발에 관한 설명으로 틀린 것은?

① 메탄가스는 공기보다 무거우므로 가스탐지부는 가스기구의 직하부에 설치한다.
                   가벼우므로   직상부
② 옥외저장탱크의 방유제는 화재 시 화재의 확대를 방지하기 위한 것이다.
③ 가연성 분진이 공기 중에 부유하면 폭발할 수도 있다.
④ 마그네슘의 화재 시 주수 소화는 화재를 확대할 수 있다.

메탄가스(CH_4)의 분자량 계산 [C=12, H=1] = (12×1) + (1×4) = 16
메탄가스(16)는 공기(29)보다 가벼워서 유출시 천장에 떠오른다. 따라서 가스탐지부는 가스기구의 직상부에 설치해야 한다.

> 함께공부
> ② **방유제**란 위험물 유류탱크를 옥외에 설치할 때, 위험물이 탱크 밖으로 흘러 넘치는 상황을 대비하기 위해, **유류탱크 주위에 둑을 만드는** 것이므로 화재 시 화재의 확대를 방지하기 위한 것이다.
> ③ 가연성 분진(입자상태의 미세한 분말)이 부유하면서 주위로부터 흡열한 후 열분해 되어 가연성가스를 방출하게 되고, 그 가스가 폭발 범위를 형성하게 되면 폭발하는 현상을 **분진폭발**이라 한다.
> ④ 제2류 위험물 중 황화린, 철분, **마그네슘**, 금속분류 등은 **주수소화를 금지**하고 건조사(마른모래), 팽창질석, 팽창진주암(가열해 부풀려 가볍게 만든 돌가루) 등에 의한 질식소화를 한다. (금속은 물, 가스계약제 사용금지)

09 굴뚝효과에 관한 설명으로 틀린 것은?

① 건물내·외부의 온도차에 따른 공기의 흐름 현상이다.
② 굴뚝효과는 고층건물에서는 잘 나타나지 않고 저층건물에서 주로 나타난다.
③ 평상시 건물 내의 기류분포를 지배하는 중요요소이며 화재 시 연기의 이동에 큰 영향을 미친다.
④ 건물외부의 온도가 내부의 온도보다 높은 경우 저층부에서는 내부에서 외부로 공기의 흐름이 생긴다.

> **굴뚝효과의 영향인자**
> • **건물 내·외의 온도차** : 수직공간 내의 온도와 건물외부의 온도차가 클수록 굴뚝효과는 더 잘 일어나며, 화재시 연기확산을 촉진한다.
> • **건물의 높이** : 초고층일수록(건물이 높을 수록) 고층부와 저층부의 압력차가 커져, 굴뚝효과가 더 잘 일어난다.
> • **화재실의 온도** : 화재실의 온도가 높을수록 수직공간 내부의 온도가 커지므로, 굴뚝효과가 더 잘 일어난다.

> 함께공부
> **자연부력에 기인한 압력차(굴뚝효과=연돌효과=Stack Effect=Chimney Effect)**
> 고층건축물의 수직공간 내의 온도와, 건물외부의 온도가 차이가 있을 경우, 부력에 의한 압력차가 발생하여, 연기가 수직공간을 상승하거나 하강하는 현상
> • 건물내 **수직공간의 온도**가, 외부의 온도보다 **높은 경우**(화재시 포함)······ 수직공간 상부(고층부)에서 작용하는 실내압력이 실외보다 **더 높아 공기가 실외로 배출된다**. 이에 따라 수직공간 하부(저층부)에서는 공기가 유입되며, 수직공간 내에서 상승기류가 형성되는데 이러한 효과를 굴뚝효과라 한다.
> • (반대로)건물외부의 온도가, 건물내 수직공간의 온도보다 **높은 경우**······ 수직공간 상부(고층부)에서 작용하는 실내압력이 실외보다 **더 낮아 공기가 실내로 들어온다**. 이에 따라 수직공간 하부(저층부)에서는 공기가 유출되며, 수직공간 내에서 하향기류가 형성되는데 이러한 효과를 역굴뚝효과라 한다.

10 위험물안전관리법상 위험물의 지정수량이 틀린 것은?

① 과산화나트륨 - 50kg ② 적린 - 100kg
③ 트리니트로톨루엔 - 200kg ④ 탄화알루미늄 - 400kg
                                          300kg

> **지정수량** : 위험물의 종류별로 위험성을 고려하여「대통령령」이 정하는 수량으로서 제조소등의 설치허가 등에 있어서 최저의 기준이 되는 수량(지정수량의 단위로 kg을 사용하고, 4류만 L를 사용)
>
> | 위험물 | 특징 | 암기법 | 종류[대분류] |
> |---|---|---|---|
> | 제3류 | 자연발화성 및 금수성 물질 | 칼나알알 황린 알칼유 금금칼슘탄 | **칼륨, 나트륨, 알킬리듐, 알킬알루미늄** / **황린**(유일하게 금속 아님. 나머지는 모두금속) / **알칼리금속, 알칼토금속, 유기금속 화합물** / **금속의 인화물, 금속의 수소화물, 칼슘** 또는 알루미늄의 **탄화물** |
> | | 지정수량 | 칼나알알십 황린이십 알칼유오십 금금칼슘탄삼백 | 위험등급Ⅰ 지정수량 10kg / 위험등급Ⅰ 지정수량 20kg / 위험등급Ⅱ 지정수량 50kg / 위험등급Ⅲ 지정수량 300kg |

제3류위험물 중 칼슘 또는 알루미늄의 탄화물인 **탄화칼슘**(CaC_2, 카바이트)과 **탄화알루미늄**(Al_4C_3)

이해하면서 공부 할 문제 ★★★

11 연쇄반응을 차단하여 소화하는 약제는?

① 물　　　　② 포　　　　③ 할론 1301　　　　④ 이산화탄소

화학적 소화의 방법(=억제소화, 부촉매소화)
- 활성라디칼(자유활성기, Free radical)을 흡수하여 연소의 4요소인 순조로운 **연쇄반응을 억제**하여 소화하는 방법으로 정촉매의 반대인 부촉매소화라고도 한다.
- 할론계 소화약제[할론2402($C_2F_4Br_2$), 할론1211(CF_2ClBr), **할론1301(CF_3Br)**], 분말소화약제 등을 이용하여 소화한다.

함께 공부

- ①은 물의 비열이 1[kcal/kg·℃]로 높고, 100℃의 물이 100℃의 수증기로 변화하면서, 열기를 흡수하는 **기화(증발)잠열**은 물 1[kg]당 **539 [kcal]**가 필요할 정도로 매우 높아 냉각효과가 뛰어나다.
- ②와 ④는 **질식소화**(가연물이 연소할 때 공기 중의 산소농도를 15%이하로 떨어뜨려 연소를 중단시키는 소화 방법)의 방법으로서, 유류인 가연물을 **포**(거품)로 덮으면 산소가 차단되어 질식소화 되고, **이산화탄소**(CO_2) 역시 1kg(15℃조건) 방사시 534L 만큼 체적이 팽창하므로, 산소 농도를 떨어트려 소화하는 질식소화가 대표적인 소화효과이다.

이해하면서 공부 할 문제 ★

12 화재 발생 시 인간의 피난 특성으로 틀린 것은?

① 본능적으로 평상시 사용하는 출입구를 사용한다.　　(귀소본능)
② 최초로 행동을 개시한 사람을 따라서 움직인다.　　(추종본능)
③ 공포감으로 인해서 빛을 피하여 어두운 곳으로 몸을 숨긴다.
④ 무의식 중에 발화 장소의 반대쪽으로 이동한다.　　(퇴피(회피)본능)

화재 발생 시 공포감으로 인해서 빛을 피하여 어두운 곳으로 몸을 숨기는 것이 아닌, **지광본능**에 따라 오히려 **밝은 곳을 향하는 본능**이 있어, 채광이 되는 개구부 또는 조명부 등을 향하는 경향을 보인다.

함께 공부

피난시 인간행동 본능
- **귀소본능**
  - 화재시의 인간은 무의식 중에서도 평상시에 사용하는 출입구 및 통로를 사용하는 경향(통로의 단순화, 통로의 안전성확보)
  - 피난 중 위험에 처한 경우 평소에 자주 생활하던 장소로 되돌아가려는(이동하려는) 본능
- **퇴피(회피)본능** - 화재등 위험요인에서 가급적 멀리 떨어지려는(회피하려는) 인간의 본능
- **추종본능**
  - 재난상황 등 비상시 많은 군중이 최초 행동을 개시한 사람을 따라서 움직이는 경향(한 사람의 리더를 추종)
  - 최초 행동 개시자가 잘못된 판단을 한 경우 인명피해 확대우려
- **지광본능** - 시계확보가 어려워 졌을 때 밝은 곳을 향하는 본능이 있어, 채광이 되는 개구부 또는 조명부 등을 향하는 경향
- **좌회본능**
  - 대부분의 사람은 오른손과 오른발을 주로 사용함으로서 보행특성 상 좌회전, 좌측통행 등 왼쪽으로 움직이려는 본능
  - 피난통로 등은 좌측으로 진행할 경우 피난층까지 연결되기 쉽도록 피난경로 구성

암기하면서 공부 할 문제 ★★★

13 에스테르가 알칼리의 작용으로 가수분해 되어 알코올과 산의 알칼리염이 생성되는 반응은?

① 수소화 분해반응　　② 탄화 반응　　③ 비누화 반응　　④ 할로겐화 반응

비누화 반응(검화현상)
비누화 반응은 고급 지방산 에스테르(에스터)와 강한염기(알칼리, NaOH 수산화나트륨)가 만나, Na^+(나트륨 이온)과 OH^-(수산화 이온)으로 가수분해 되어, 알코올과 비누덩어리(Na^+ 염, 지방산의 알칼리염)가 생성되는 반응이다.

> **함께공부**
> - 식용유(유지)화재에 분말소화약제의 금속이온(NaOH)이 작용하면 금속비누가 만들어지는데, 그 금속비누가 액표면에 비누거품을 형성하여 분말의 소화효과 외에 피복에 의한 질식효과를 증대시킨다.
> - 위와 같은 비누화 반응(현상)은 제1종 분말소화약제($NaHCO_3$, 탄산수소나트륨)에서 크게 발생한다. 따라서 제1종 분말소화약제가 식용유화재에 가장 적합하다.

이해하면서 공부 할 문제

14 위험물에 관한 설명으로 틀린 것은?

① 유기금속화합물인 사에틸납은 물로 소화할 수 없다. ② 황린은 자연발화를 막기 위해 통상 물속에 저장한다.
③ 칼륨, 나트륨은 등유 속에 보관한다. ④ 유황은 자연발화를 일으킬 가능성이 없다.

유기금속화합물인 사에틸납[$Pb(C_2H_5)_4$]은 제3류 위험물인 금수성물질 즉 물을 금한다는 성질이므로 물은 엄금하여야 한다. 다시말해, "① 유기금속화합물인 사에틸납은 물로 소화할 수 없다."는 말은 맞는 말이다.
하지만, 시험 후 학생들이 이의제기를 신청했음에도, 공단측에서는 출제자의 경험에 비추어 "사에틸납은 물로 소화할 수 있다"고 확정지었으며 따라서 ①번을 정답으로 처리하였다.
사에틸납은 특유한 향기가 나는 무색의 기름처럼 생긴 액체로서, 엔진의 노킹을 막는 노킹 방지제로서 개발되었다. 하지만, 독성이 강하고 배기가스의 납이 인체에 축적되면서 환경까지 오염시키고 있었던 것이 밝혀져 현재 사용되지 않는다.

> **함께공부**
> ② 황린(P_4)은 제3류 위험물인 자연발화성물질로서 **공기와 접촉하면 자연발화** 한다. 따라서 알칼리제를 넣은 **pH9정도의 물 속에 저장**(물에 녹지 않기 때문에)한다. 물은 비열이 커서 여름에도 온도가 쉽게 상승되지 않고 온도변화가 적어 안정적이다. 황린은 저장액인 물의 증발 또는 용기파손에 의한 물의 누출을 방지하여야 한다.
> ③ 칼륨[K, 포타슘], 나트륨(Na) 등은 제3류 위험물인 금수성물질이므로 물과 반응하여 가연성기체인 수소(H_2)를 만들고 발열한다.(공기 중 수분과도 반응하여 수소를 발생시킨다) 따라서 **물에 녹지 않는 기름인 등유, 경유, 유동 파라핀** 등의 보호액 속에 누출되지 않도록 저장한다.
> ④ 유황(황, S)은 제2류 위험물인 가연성 고체로서 사방황, 단사황, 고무상황으로 나누어지는데, 고무상황의 착화점(발화점)은 360°C로 자연발화하기 어렵다.

이해하면서 공부 할 문제 ★

15 블레비(BLEVE) 현상과 관계가 없는 것은?

① 핵분열 ② 가연성액체
③ 화구(Fire ball)의 형성 ④ 복사열의 대량 방출

블레비(BLEVE : Boiling Liquid Expanding Vapour Explosion, 비등 액체팽창 증기폭발)
- 고압액화가스(가연성액체) 탱크에서 발생하는 급속한 증발현상에 의해 폭발하는 형태
- 고압액화가스의 탱크 주위에서 화재가 발생한 경우에 탱크의 가열로 인하여 그 부분의 강도가 약해져 탱크가 파열됨으로 내부의 가열된 액화가스가 급히 기화하여 팽창하면서 폭발하는 현상으로, **화이어 볼(화구, Fire Ball)로 발전**된다.

양기한TIP 핵분열은 소방과 관계없는 용어이다. 대부분의 문제에서 핵분열이 나오면 그것이 답이다.

> **함께공부**
> 화이어 볼(화구, Fire Ball) : 블레비(BLEVE)현상 등에 의해 확산된 인화성 증기가 착화되면서 폭발할 때, 화염이 급속히 확대되며 공기를 끌어올려 마치 공이 지면에서 솟아올라 버섯형 화염으로 되어가는 것처럼 보이는 현상으로 이러한 화염형태를 화이어 볼이라 한다. 화이어 볼은 **대량의 복사열**(열원과 수열체 사이에 중간매체가 필요없는 열이동 현상)을 방출한다.

암기하면서 공부 할 문제 ★

16 소화기구는 바닥으로부터 높이 몇 m 이하의 곳에 비치하여야 하는가? (단, 자동확산소화기를 제외한다.)

① 0.5 ② 1.0 ③ 1.5 ④ 2.0

소화기와 간이소화용구는 거주자 등이 손쉽게 사용할 수 있는 장소에 바닥으로부터 높이 **1.5m 이하**의 곳에 비치하여야 한다. 1.5m보다 높은 곳에 비치하면 여러 가지로 사용하기 불편할 수 있다. 그에 따라 통상적으로 그냥 바닥에 비치하는 경우가 많다.

소화기구(자동확산소화기를 제외한다)는 거주자 등이 손쉽게 사용할 수 있는 장소에 바닥으로부터 높이 1.5m 이하의 곳에 비치하고, 소화기에 있어서는 "소화기", 투척용소화용구에 있어서는 "투척용소화용구", 마른모래에 있어서는 "소화용모래", 팽창질석 및 팽창진주암에 있어서는 "소화질석"이라고 표시한 표지를 보기 쉬운 곳에 부착할 것.

소화기구 종류	내 용
소화기	소화약제를 압력에 따라 방사하는 기구로서, 사람이 수동으로 조작하여 소화약제를 방사하여 소화하는 것(소형·대형소화기)
간이소화용구	에어로졸식·투척용 소화용구 및 팽창질석·팽창진주암·마른모래 등의 간이소화용구
자동확산소화기	화재를 감지하여 자동으로 소화약제를 방출 확산시켜 국소적으로 소화하는 소화기

이해하면서 공부 할 문제 ★

17 제4류 위험물의 화재 시 사용되는 주된 소화방법은?
① 물을 뿌려 냉각한다. ② 연소물을 제거한다.
③ 포를 사용하여 질식 소화한다. ④ 인화점 이하로 냉각한다.

제4류 위험물[인화성 액체](휘발유, 등유, 경유, 중유 등 유류)은 대부분 비중이 1보다 작으며(물보다 가볍다) 비수용성이다.(물보다 가벼우면 물에 녹지 않는다)
따라서 유류 등에 주수하면(물을 방사하면) 유류가 물보다 가벼워서… 물위에 유류가 떠다녀… 물이 흐르는 대로 유류도 흘러가… 연소면이 확대될 수 있다.
따라서 유류의 소화방법으로 주수소화는 화재면의 확대 위험성이 있어 금지하며, 포소화약제를 사용하여 유류인 가연물을 포(거품)로 덮으면 산소가 차단되어 질식소화 된다.

②의 "연소물을 제거한다"는 제거소화와 ④의 "인화점(점화원에 의해 불이 붙을 수 있는 최저온도)이하로 냉각한다"는 냉각소화는 소화의 또 다른 방법이긴 하지만, 제4류 위험물의 화재의 주된 소화방법은 아니다.

이해하면서 공부 할 문제 ★★

18 증발잠열을 이용하여 가연물의 온도를 떨어뜨려 화재를 진압하는 소화방법은?
① 제거소화 ② 억제소화 ③ 질식소화 ④ 냉각소화

물의 비열이 1[kcal/kg·℃]로 높고, 100℃의 물이 100℃의 수증기로 변화하면서, 열기를 흡수하는 **기화(증발)잠열**은 물 1[kg]당 539 [kcal]가 필요할 정도로 매우 높아 냉각효과가 뛰어나다.

잠열[潛熱, latent heat] - 숨은열
- 융해와 기화(증발) 등 상 전이 과정에서 가해진 열은, 물질의 온도변화에는 사용되지 않고, 상태변화에만 사용된다. 이와 같이 상전이 과정에서 흡수되는 열을 잠열이라 한다.
- 예를 들면, 물을 가열하면 100℃에서 끓기 시작하지만, 그 이상 아무리 가열해도 완전히 수증기가 될 때까지 100℃를 넘지 않는다. 또한 얼음을 가열해도 완전히 녹을 때까지는 0℃ 이상으로 되지 않는다. 이와 같이 기화 중인 물이나, 융해 중인 얼음에 가해진 숨은 열은, 물(액체)을 수증기(기체)로 바꾸고, 얼음(고체)을 물(액체)로 바꾸기 위해서만 소비되며 온도를 상승시키지는 않는다.
- 물의 기화잠열 : 539 [kcal/kg (cal/g)] • 물의 융해잠열 : 80 [kcal/kg (cal/g)]

- **물리적 소화의 방법** : 연소의 3요소인 가연성가스(가연물), 산소, 열(점화원)의 양적 변화를 통해 연소를 중단시켜 소화하는 방법
  - 냉각소화 : 연소 중인 가연물의 온도를 떨어뜨려 연소반응을 정지시키는 소화의 방법
  - 질식소화 : 가연물이 연소할 때 공기 중의 산소농도(일반적으로 21%)를 떨어뜨려(보통 15%이하) 연소를 중단시키는 소화 방법
  - 제거소화 : 가연물을 제거하여 소화하는 방법
  - 희석소화 : 가연성의 기체, 액체, 고체에서 발생되는 가연성증기(분해가스)의 농도를 희석시켜(농도를 옅게 하여) 연소한계 이하로 유지시키는 방법(강풍에 의한 희석소화)
- **화학적 소화의 방법**(=억제소화, 부촉매소화)
  - 활성라디칼을 흡수하여 연소의 4요소인 순조로운 연쇄반응을 **억제**하여 소화하는 방법으로 정촉매의 반대인 **부촉매**소화라고도 한다.
  - 할론계 소화약제, 분말소화약제 등을 이용하여 소화한다.

암기하면서 공부 할 문제 ★★★

19 분말소화약제 중 담홍색 또는 황색으로 착색하여 사용하는 것은?

① 탄산수소나트륨
　제1종 백색
② 탄산수소칼륨
　제2종 담자색, 담회색
③ 제1인산암모늄
④ 탄산수소칼륨과 요소와의 반응물
　제4종 회색

분말 소화약제의 종류 및 성상

종별	주성분	색상	적응화재
제1종	탄산수소나트륨 ($NaHCO_3$)	백색	B, C
제2종	탄산수소칼륨 ($KHCO_3$)	담자색, 담회색	B, C
제3종	**제1인산암모늄 = 인산염** ($NH_4H_2PO_4$)	**담홍색, 황색**	A, B, C
제4종	탄산수소칼륨 + 요소 ($KHCO_3+(NH_2)_2CO$)	회색	B, C

암기팁! 나의 칼은 인간의 칼이다~ ➡ 나 칼 인 칼

암기하면서 공부 할 문제 ★

20 건축물의 내화구조 바닥이 철근콘크리트조 또는 철골철근콘크리트조인 경우 두께가 몇 cm 이상이어야 하는가?

① 4　　　② 5　　　③ 7　　　④ 10

건축물의 피난·방화구조 등의 기준에 관한 규칙(약칭 : 건축물방화구조규칙) 제3조(내화구조)
1. 벽 : 철근콘크리트조 또는 철골철근콘크리트조로서 두께가 **10센티미터** 이상인 것
2. 외벽 중 비내력벽 : 철근콘크리트조 또는 철골철근콘크리트조로서 두께가 **7센티미터** 이상인 것
3. 바닥 : 철근콘크리트조 또는 철골철근콘크리트조로서 두께가 **10센티미터** 이상인 것

함께 공부

내화구조와 방화구조의 정의
1. 내화구조(耐火構造) : 화재에 견딜 수 있는 성능을 가진 구조로서 국토교통부령으로 정하는 기준에 적합한 구조
2. 방화구조(防火構造) : 화염의 확산을 막을 수 있는 성능을 가진 구조로서 국토교통부령으로 정하는 기준에 적합한 구조

2과목 소방유체역학

전반적으로 쉬운 계산형 ★★

21 배연설비의 배관을 흐르는 공기의 유속을 피토정압관으로 측정할 때 정압단과 정체압단에 연결된 U자관의 수은 기둥 높이차가 0.03m 이었다. 이 때 공기의 속도는 약 몇 m/s 인가? (단, 공기의 비중은 0.00122, 수은의 비중 13.6이다.)

① 81   ② 86   ③ 91   ④ 96

시차액주계(피토정압관과 같은 원리)
- 두 개의 관(용기)이나 두 지점 사이의 작은 압력차를 측정하고자 할 때 사용하는 압력측정기로, U자형 액주계에 비중이 다르고 서로 혼합되지 않는 액체를 사용하여 이들 액체의 상대적 높이차를 이용해 압력차를 측정하는 설비
- 관 내부가 매끄럽지 않을 때, 즉 거칠 때 설치할 수 있으며, 전압, 동압, 정압 모두 측정가능하다.

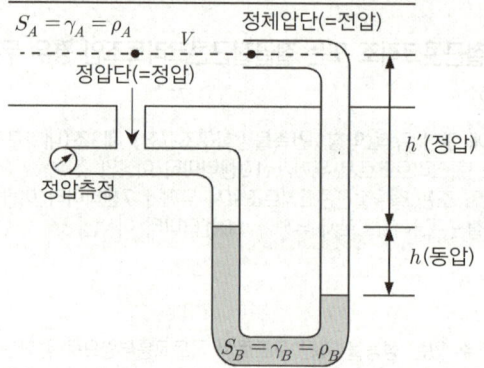

$$V = \sqrt{2gh\left(\frac{S_B - S_A}{S_A}\right)} = \sqrt{2gh\left(\frac{\gamma_B - \gamma_A}{\gamma_A}\right)} = \sqrt{2gh\left(\frac{\rho_B - \rho_A}{\rho_A}\right)}$$

* g(중력가속도) $= 9.8 m/s^2$ * S(비중), γ(비중량), ρ(밀도)☞여기서는 모두 동일한 개념으로 보고 계산한다.

$$V(공기의\ 속도) = \sqrt{2gh\left(\frac{S_B - S_A}{S_A}\right)} = \sqrt{2 \times 9.8 m/s^2 \times 0.03 m \times \left(\frac{13.6 - 0.00122}{0.00122}\right)} = 80.96 m/s$$

함께 공부

전압, 정압, 동압의 관계
- 전압 = 정압 + 동압   • 정압 = 전압 - 동압   • 동압 = 전압 - 정압
- 유체 유동시 : 전압 > 정압
- 유체 정지시 : 전압 = 정압, 동압 = 0 ∴ 유속을 측정하려면 동압 필요
- 유속이 빠르면 빠를수록 정압은 작아진다.
- 관 중심의 유속이 가장 빠르고 관벽은 "유속=0"으로 본다. 즉, 관벽은 유체가 흘러가지 않는 것으로 본다.
- 정지 유체시 압력은 정압이라고 해도 되고, 전압이라고 해도 된다. ∵ 전압 = 정압 임으로... 그러나 보통 정지시에는 정압이라고 말한다.
- 유체 유동시 유속에 의해 생성되는 압력이 동압이며 유체가 유동하면 정압이 낮아지고 동압이 발생한다.

계산 없는 단순 암기형 ★★★★★

22 펌프 입구의 진공계 및 출구의 압력계 지침이 흔들리고 송출유량도 주기적으로 변화하는 이상 현상은?

① 공동현상(cavitation)   ② 수격작용(water hammering)
③ **맥동현상(surging)**   ④ 언밸런스(unbalance)

맥동현상 (서징, surging)
- 정의
  - 저유량 영역에서 **유량, 압력이 주기적으로 변하여 진공계 및 압력계 눈금이 흔들리고**, 진동과 소음이 발생되어, 배관(밸브) 등이 손상되는 현상
  - 펌프 입구의 진공계 및 출구의 압력계 지침이 흔들리고 **송출유량도 주기적으로 변화**하는 이상 현상
  - 펌프가 운전 중에 한숨을 쉬는 것과 같은 상태가 되어 펌프 입구의 진공계 및 출구의 압력계 지침이 흔들리고 송출유량도 주기적으로 변화하는 이상 현상
- 원인
  - 펌프의 양정곡선이 산형곡선(산모양의 곡선)이고, 그 곡선의 상승부(우상향)에서 운전할 때
  - 배관 중간에 수조가 있거나, 기체상태의 부분이 있을 때 발생된다.
  - 유량조절밸브가 수조의 위치보다 뒤쪽 배관에 있을 때
- 방지책
  - 펌프의 양수량을 증가시키거나, 임펠러 회전수를 변화시킨다. 즉 운전점을 고려한 적합한 펌프를 선정하면 된다.
  - 배관 중간에 수조 또는 기체상태의 부분이 없도록 한다.
  - 유량조절밸브를 수조의 위치보다 앞쪽 배관에 위치시킨다. 즉 펌프 토출측 직후에 설치하면 된다.

함께 공부

- **공동현상(캐비테이션, cavitation) – 공기고임현상(기포 발생)**
  - 펌프 내부나 흡입측 배관에서 물의 압력이 포화증기압 이하로 떨어져 물이 국부적으로 증발하여 증기 공동이 발생하는 현상으로 공기(기포)가 생성되고, 진동(소음)을 수반하며 종단에는 양수불능을 초래할 수 있음
  - 물의 온도에 상응하는 증기압보다 낮은 부분이 발생하면 물은 증발되고 물속에 있던 공기와 물이 분리되어 **기포가 발생**하는 펌프의 현상
  - 물이 배관 내에 유동하고 있을 때 흐르는 물 속 어느 부분의 정압이 그때 물의 온도에 해당 하는 증기압 이하로 되면 부분적으로 **기포가 발생**하는 현상
- **수격작용(워터 햄머링, water hammering)**
  물의 공격이라는 의미로, **펌프의 급격한 정지 및 밸브의 급격한 폐쇄시 물의 압력파에 의한 충격파와 이상음(異常音)이 발생**하는 현상으로... 파이프 속을 유체가 흐를 때 파이프 끝의 밸브를 갑자기 닫으면 유체의 운동에너지가 **압력으로 변환**되면서 밸브 직전에서 높은 압력이 발생하고 상류로 압축파가 전달되는 **수격작용 현상이 발생**한다.

계산 없는 단순 암기형 ★★★★★

23 동일한 성능의 두 펌프를 직렬 또는 병렬로 연결하는 경우의 주된 목적은?

① 직렬 : 유량 증가, 병렬 : 양정 증가   ② 직렬 : 유량 증가, 병렬 : 유량 증가
③ **직렬 : 양정 증가, 병렬 : 유량 증가**   ④ 직렬 : 양정 증가, 병렬 : 양정 증가

1. **직렬연결**(하나의 배관상에 펌프 2대 연결)
   펌프 2대를 직렬 연결시 토출량(유량, Q)은 변하지 않지만 **토출압력(양정, H)은 2배**가 된다. 주로 **높은 건물**에서 활용할 수 있다.
2. **병렬연결**(펌프마다 배관을 연결하여 물을 흡입한 후 다시 하나의 배관으로 합치는 연결)
   펌프 2대를 병렬 연결시 토출압력(양정, H)은 변하지 않지만 **토출량(유량, Q)은 2배**가 된다. 주로 **넓은 건물**에서 활용할 수 있다.

함께 공부

- **전양정(= 총양정 = 양정)의 의미** : 기준에 필요한 압력을 낼 수 있는 값을 높이(m)로 계산한 수치
  * 양정 = 수두 = mH_2O = m
- **정격토출압력** : 수직으로 물을 올릴 수 있는 능력으로 펌프 몸체에 양정으로 표시된다.
  〈예시〉 양정 50m이면 정격토출압력은 0.5MPa 이 된다.
- **정격토출량(유량)** : 시간당 퍼낼 수 있는 물의 양으로서, 통상적으로 펌프 몸체에 분당 토출량[L/min]으로 표시된다.
  〈예시〉 옥내소화전 2개에서 소화수를 방사하고 있을 때 법정 토출량은 2 × 130L/min(법정방수량) = 260L/min 이 된다.

> 계산 없는 단순 암기형 ★★★★★

24 액체가 일정한 유량으로 파이프를 흐를 때 유체속도에 대한 설명으로 틀린 것은?

① 관 지름에 반비례한다.　　　　　　② 관 단면적에 반비례한다.
③ 관 지름의 제곱에 반비례한다.　　　④ 관 반지름의 제곱에 반비례한다.

액체가 한 지점에서 다른 지점으로 흐를 때... 유량(Q)과 파이프의 단면적(A)과 유체속도(V)에 연관된 방정식은 연속방정식이다.

연속방정식 중 체적유량(Q)

$Q(\text{체적유량}, m^3/\text{sec}) = A(\text{배관의 단면적}, m^2) \times V(\text{유체속도}, m/\text{sec})$

$\therefore V = \dfrac{Q}{A} \rightarrow A = \dfrac{\pi \cdot D^2}{4}$ *D=지름(직경) $\rightarrow V = \dfrac{Q}{\dfrac{\pi \cdot D^2}{4}} = \dfrac{4 \cdot Q}{\pi \cdot D^2} \rightarrow V = \dfrac{4 \cdot Q}{\pi \cdot (2r)^2} = \dfrac{Q}{\pi \cdot r^2}$ *r=반지름

※ 배관의 단면적 A(지름D, 반지름r)가 커지면 유체속도[V]가 느려지는 것은 당연하다. 따라서 서로 반비례 관계에 있다.

필수이론

연속방정식 중 체적유량(Q)　　$Q(\text{체적유량}, m^3/\text{sec}) = A(\text{배관의 단면적}, m^2) \times V(\text{유속}, m/\text{sec})$

$$Q_1 = Q_2$$
$$A_1 \cdot V_1 = A_2 \cdot V_2$$

• $M(\text{질량유량}) = Q \times \rho(\text{밀도})$　　• $W(\text{중량유량}) = Q \times \gamma(\text{비중량})$

> 계산 없는 단순 암기형 ★★★★★

25 매끈한 원관을 통과하는 난류의 관마찰계수에 영향을 미치지 않는 변수는?

① 길이　　　　② 속도　　　　③ 직경　　　　④ 밀도

난류[ReNo 4000 이상 ~ 끝이 없음] : 유체의 불규칙적인 흐름. 어지럽고 불안정하게 흐르는 것

• 난류 중 매끈한관 : $f = 0.3164 \cdot ReNo^{-\frac{1}{4}}$ $\left(f = \dfrac{0.3164}{ReNo^{\frac{1}{4}}}\right)$ * 관마찰계수(f)를 블라시우스(Blausius)식에 의해 구할 수 있다.

• $ReNo(\text{레이놀즈수}) = \dfrac{D(\text{직경}) \cdot V(\text{유속}) \cdot \rho(\text{밀도})}{\mu(\text{절대점도})} = \dfrac{D(\text{직경}) \cdot V(\text{유속})}{\nu(\text{동점도})} = \dfrac{\text{관성력}}{\text{점성력}}$

※ 위 식에 따라 난류의 관마찰계수(f)에 영향을 미치는 변수는
레이놀즈수(ReNo), D(직경), V(유속=속도), ρ(로우, 밀도), μ(뮤, 절대점도), ν(뉴, 동점도)가 해당된다.
하지만 길이는 해당되지 않는다.

함께공부

레이놀즈수[Reynolds number]
• 관내 유체의 흐름이 층류(유체의 규칙적인 흐름)인지, 난류인지 구분해주는 정량적 수치
• 유체의 흐름에 있어서 점성에 의한 힘이 층류가 될 수 있도록 작용하며, 관성에 의한 힘은 난류를 일으키는 원인으로 작용하고 있다. 이 관성력과 점성력의 비가 레이놀즈수(ReNo)이다.
• 또한 레이놀즈수는 무단위의 수치, 즉 무차원수이므로, 어떤 단위로부터 계산하여도 동일한 값이 산출된다.

$$ReNo(\text{레이놀즈수}) = \dfrac{D(\text{직경}) \cdot V(\text{유속}) \cdot \rho(\text{밀도})}{\mu(\text{절대점도})} = \dfrac{D(\text{직경}) \cdot V(\text{유속})}{\nu(\text{동점도})} = \dfrac{\text{관성력}}{\text{점성력}}$$

$$ReNo = \dfrac{D \cdot V \cdot \rho}{\mu} = \dfrac{m \times m/\text{sec} \times kg/m^3}{kg/m \cdot \text{sec}} = \dfrac{kg/m \cdot \text{sec}}{kg/m \cdot \text{sec}} = \text{단위 없음}$$

$$= \dfrac{D \cdot V}{\nu} = \dfrac{m \times m/\text{sec}}{m^2/\text{sec}} = \dfrac{m^2/\text{sec}}{m^2/\text{sec}} = \text{단위 없음}$$

• 층류와 난류의 구분
① **층류** : ReNo 0 이상 ~ 2100 이하　⇨ 하임계 레이놀즈수 **2100**(난류에서 층류로 전이되는 레이놀즈수)
② **전이(천이, 임계)영역** : ReNo 2101 이상 ~ 3999 이하
③ **난류** : ReNo 4000 이상 ~ 끝이 없음　⇨ 상임계 레이놀즈수 **4000**(층류에서 난류로 전이되는 레이놀즈수)

> **함께공부**
>
> 관 마찰계수(f)
> - 유체가 층류일 때는 간단히 계산이 가능하지만, 임계(전이, 천이)영역일 때와 난류일 때는 에너지 손실을 계산하기 어려움이 실험 등에 의해 산정해야 한다. 이에 따라 난류 또는 전이영역에서는 관벽의 조도(거칠음계수)가 중요한 요소가 되며,
> - Moody가 무디선도(Moody Diagram)를 만들어 층류, 임계, 난류 영역으로 구분하고 매개변수를 상대조도($\frac{\rho}{D}$)로 하여 관마찰계수를 구할 수 있게 했다.
>
> ① 층류일 때 $f = \frac{64}{ReNo}$ ※ 관마찰계수(f)는 레이놀즈수($ReNo$)만의 함수이다.
>
> ② 임계(전이, 천이)영역일 때 ※ 관마찰계수(f)는 레이놀즈수(ReNo)와 상대조도($\frac{\rho}{D}$)의 함수이다.
>
> ③ 난류일 때
>   ㉠ 난류 중 매끈한관 : $f = 0.3164 \cdot ReNo^{-\frac{1}{4}} \left(f = \frac{0.3164}{ReNo^{\frac{1}{4}}} \right)$ ※ 관마찰계수를 블라시우스(Blausius)식에 의해 구할 수 있다.
>
>   ㉡ 난류 중 거친관 : 마찰계수가 거의 완전하게 조도에 의존되어 관마찰계수(f)는 상대조도($\frac{\rho}{D}$)만의 함수가 된다.

> **복잡하고 어려운 계산형**

26 온도 20℃의 물을 계기압력이 400kPa인 보일러에 공급하여 포화수증기 1kg을 만들고자 한다. 주어진 표를 이용하여 필요한 열량을 구하면? (단, 대기압은 100kPa, 액체상태 물의 평균비열은 4.18 kJ/kg·K이다.)

포화압력(kPa)	포화온도(℃)	수증기의 증발엔탈피(kJ/kg)
400	143.63	2133.81
500	151.86	2108.47
600	158.85	2086.26

① 2,640　　② 2,651　　③ **2,660**　　④ 2,667

20℃의 물을 보일러에 공급하여… ??kPa의 포화압력하에서 ??℃까지 포화온도를 올려 기화시켜(수증기로 만들어서), 따뜻한 수증기를 통하여 난방을 하려고 할 때 필요한 열량은?

1. 필요한 열량을 구하기 위한 조건정리
   - 초기 물 온도(℃) = 20℃
   - 보일러의 포화압력(그 압력 이하가 되면 기체가 발생) = **절대압력** = 계기압력 400kPa + 대기압 100kPa = 500kPa
   - 보일러의 포화온도(포화압력에서 물이 끓는 온도) = 표에서 포화압력 500kPa 일 때 포화온도는 151.86℃
   - 수증기의 증발엔탈피(kJ/kg) = 증발잠열(상 전이과정에서 흡수되는 에너지) = 2108.47 kJ/kg
   - 질량(m) = 포화수증기 1kg
   - 액체상태 물의 평균비열(C) = 4.18 kJ/kg·K
   - 필요한 열량(Q) = ?

   $$\text{물 } 20℃ \xrightarrow{Q_1 \text{ 현열}} \text{물 } 151.86℃ \xrightarrow{Q_2 \text{ 잠열}} \text{수증기 } 151.86℃$$

2. **현열**(감열)**구간** – 물질의 상태 변화는 없으면서 **온도만 올리는데 사용**되는 열을 현열이라 하며, 아래식을 이용하여 흡수한 열량을 구할 수 있다.
   $$Q_1 [kJ] = mC\Delta T = 질량[kg] \times 비열[kJ/kg \cdot K] \times 온도차[K]$$
   Q_1 = 질량(1kg) × 물의 비열(4.18 $kJ/kg \cdot K$) × 온도차(131.86K) = 551.1748 kJ
   * 10℃의 물이 온도 100℃까지 가열 ⇨ 온도차 = 151.86℃ − 20℃ = 131.86℃ (서로 동일함을 알 수 있다)
   * 절대온도 중 켈빈온도[K]로 변환시 ⇨ 온도차 = (151.86℃+273) − (20℃+273) = 131.86K (서로 동일함을 알 수 있다)

3. **잠열**(기화열)**구간** – 융해와 기화(증발) 등 상 전이 과정에서 가해진 열은, 물질의 **온도변화에는 사용되지 않고, 상태변화에만 사용**된다. 이와 같이 상 전이 과정에서 흡수되는 열을 잠열이라 한다.
   $$Q_2 [kJ] = mr = 질량[kg] \times 잠열(기화열)[kJ/kg]$$
   Q_2 = 질량(1kg) × 기화열(2108.47 kJ/kg) = 2108.47 kJ

4. 따라서 **흡수한 열량** Q_1, Q_2를 모두 합하면 Q [kJ] = $Q_1 + Q_2$ = 551.1748 + 2108.47 = 2659.64 ≒ 2660 kJ
   20℃의 물을 보일러에 공급하여… 500kPa의 압력하에서 151.86℃까지 온도를 올려 기화시켜, 따뜻한 수증기를 통하여 난방을 하려고 할 때 필요한 열량은 2660kJ 이다.

계산 없는 단순 암기형 ★★★★★

27 구조가 상사한 2대의 펌프에서, 유동상태가 상사할 경우 2대의 펌프 사이에 성립하는 상사법칙이 아닌 것은? (단, 비압축성유체인 경우이다.)

① 유량에 관한 상사법칙   ② 전양정에 관한 상사법칙   ③ 축동력에 관한 상사법칙   ④ **밀도에 관한 상사법칙**

펌프의 상사법칙
- 상사(相似)라는 사전적 의미는 서로 모양이 비슷함. 닮음. 등의 뜻이 있다.
- 펌프의 용량이 다른 경우에도 비속도(비교회전도)가 같으면 이를 상사(相似)라고 한다.
- 소방에서의 상사법칙은 임펠러의 회전수(rpm) 및 임펠러의 직경을 변화시켰을 때 유량[Q], 전양정(양정)[H], 축동력[L]이 각각 어떻게 변화하겠느냐의 문제이다.
- 유량, 양정, 축동력과의 관계
  ① 유량[Q]은 펌프 회전수에 **정비례**하고, 임펠러 직경의 **3승**에 비례한다.
  ② 양정[H]은 펌프 회전수의 **2승**에 비례하고, 임펠러 직경의 **2승**에 비례한다.
  ③ 축동력[L]은 펌프 회전수의 **3승**에 비례하고, 임펠러 직경의 **5승**에 비례한다.

구분	운전조건	형상조건
유량 Q	회전수 N^1 비례	직경 D^3 비례
양정 H	N^2	D^2
축동력 L	N^3	D^5

※ 밀도에 관한 상사법칙은 없다.

암기탑! 유량 양정 축동력 회전수1승2승3승 직경3승2승5승 ➡ 유양축 회123 직325

함께공부
펌프의 상사법칙 유량, 양정, 축동력과의 관계 정리

비례식 정리	
$Q_1 : N_1 = Q_2 : N_2$	$Q_1 : D_1^3 = Q_2 : D_2^3$
$H_1 : N_1^2 = H_2 : N_2^2$	$H_1 : D_1^2 = H_2 : D_2^2$
$L_1 : N_1^3 = L_2 : N_2^3$	$L_1 : D_1^5 = L_2 : D_2^5$

- $Q_1 = \left(\dfrac{N_1}{N_2}\right) \times \left(\dfrac{D_1}{D_2}\right)^3 \times Q_2$ • $H_1 = \left(\dfrac{N_1}{N_2}\right)^2 \times \left(\dfrac{D_1}{D_2}\right)^2 \times H_2$ • $L_1 = \left(\dfrac{N_1}{N_2}\right)^3 \times \left(\dfrac{D_1}{D_2}\right)^5 \times L_2$

- $Q_2 = \left(\dfrac{N_2}{N_1}\right) \times \left(\dfrac{D_2}{D_1}\right)^3 \times Q_1$ • $H_2 = \left(\dfrac{N_2}{N_1}\right)^2 \times \left(\dfrac{D_2}{D_1}\right)^2 \times H_1$ • $L_2 = \left(\dfrac{N_2}{N_1}\right)^3 \times \left(\dfrac{D_2}{D_1}\right)^5 \times L_1$

전반적으로 쉬운 계산형 ★★

28 질량 4kg의 어떤 기체로 구성된 밀폐계가 열을 받아 100kJ의 일을 하고, 이 기체의 온도가 10℃상승하였다면 이 계가 받은 열은 몇 kJ인가? (단, 이 기체의 정적비열은 5kJ/kg·K, 정압비열은 6kJ/kg·K 이다.)

① 200   ② 240   ③ **300**   ④ 340

1. 어떤 계의 기체(m[kg])에 열(Q[kJ])을 공급하면… 온도가 상승(ΔT)한다. 온도가 상승하면 내부에너지가 증가(ΔU)하게 되고, 증가된 내부에너지로 인해 그 기체는 외부에 일[W]을 한다.
$$Q = \Delta U + W$$
2. 내부에너지 변화량(ΔU)은 현열의 변화량과 동일하다. 따라서 아래식이 도출된다.
$$\Delta U = m(질량) \times C_V(정적비열) \times \Delta T(온도차) \text{ ☞현열식} \rightarrow Q = mC_V\Delta T + W$$
  *밀폐계는 밀폐된 상태이므로 체적(부피)이 일정한 상태에서 온도만 상승한다. 따라서 밀폐계는 정적비열(C_V)을 적용한다.라고 암기하자!
3. 계가 받은 열 Q[kJ] $= (4kg \times 5kJ/kg·K \times 10K) + 100kJ = 300kJ$

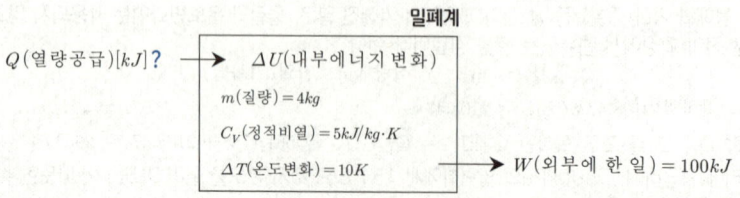

* 온도차(℃) = 30℃ - 20℃ = 10℃ (서로 동일함을 알 수 있다)
* 온도차(K) = (30℃+273) - (20℃+273) = 10K (서로 동일함을 알 수 있다)

- 용어의 정의
  - 밀폐계(=닫힌계=비유동계) : 물질(유체)은 출입이 안되고, 에너지[열(Q)과 일(W)]만 출입 가능
  - 정압비열(C_P) : 보통의 비열로서 압력을 일정하게 한 상태에서 비열을 측정한 것
  - 정적비열(C_V) : 체적을 일정하게 한 상태에서 비열을 측정한 것
  - 현열 : 물질의 상태 변화는 없으면서 온도만 올리는데 사용되는 열. 아래식을 이용하여 흡수한 열량을 구할 수 있다.

  $$Q[kJ] = mC\Delta T = 질량[kg] \times 비열[kJ/kg \cdot K] \times 온도차[K]$$

계산 없는 단순 암기형 ★★★★★

29 다음 보기는 열역학적 사이클에서 일어나는 여러 가지의 과정이다. 이들 중, 카르노(Carnot) 사이클에서 일어나는 과정을 모두 고른 것은?

| ⊙ 등온 압축 | ⓒ 단열 팽창 | ⓒ 정적 압축 | ⓔ 정압 팽창 |

① ⊙   ② ⊙,ⓒ   ③ ⓒ,ⓒ,ⓔ   ④ ⊙,ⓒ,ⓒ,ⓔ

카르노 사이클의 과정

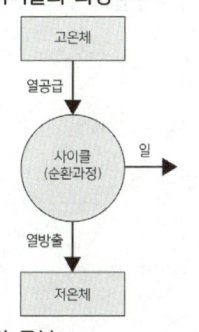

- 프랑스의 물리학자 사디 카르노(Sadi Carnot)가 제안한 이상적인 사이클(순환과정)로서, 등온변화(팽창, 압축) 2개와 단열변화(팽창, 압축) 2개로 이루어진 **가역과정**(되돌아 갈 수 있는 경우)의 가상 사이클을 말한다.
- 고온체에서 열을 공급받아 일로 변환하는 과정에서 에너지손실을 최소화하면서 공급열량을 최대로 유효하게 이용할 수 있는지에 대한 개념이 담긴 이상적인 가상 사이클이다.
- 내연기관, 증기기관 등 열기관(열을 일로 바꾸는 것)이 여기에 해당한다.
- 고온체에서 (+)의 열을 취하여 저온체로 이전한다.
- 주위에 대해 (+)의 일을 한다.

❶ 경로의 구분
- Ⓐ~Ⓑ~ⓒ 경로 : 팽창경로(일을 하는 경로)
- ⓒ~Ⓓ~Ⓐ 경로 : 압축경로(일을 받는 경로)
- Ⓐ~Ⓑ~ⓒ~Ⓓ~Ⓐ 도형의 내부면적 만큼의 일을 수행함

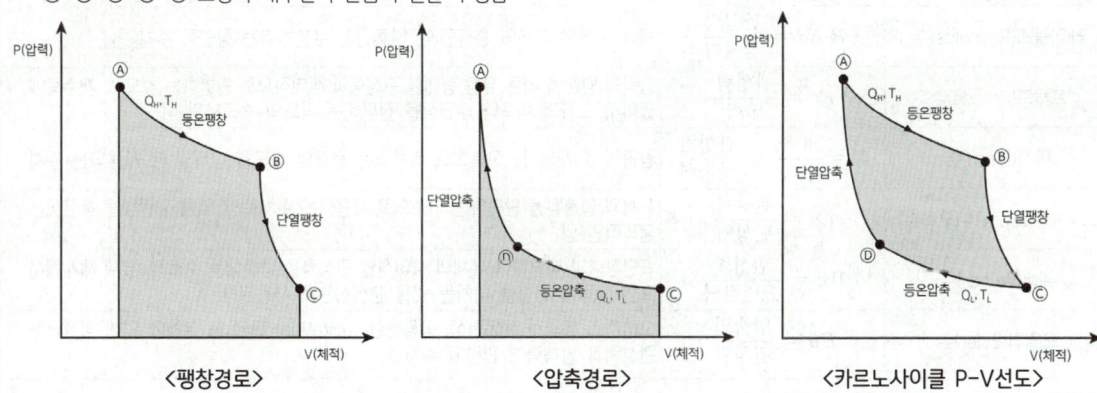

〈팽창경로〉   〈압축경로〉   〈카르노사이클 P-V선도〉

❶ Ⓐ~Ⓑ과정 **등온팽창**(고온 등온선, Q_H, T_H) ☞ 고온체에서 열량(Q)을 받아 Ⓐ~Ⓑ로 가는 도중... 온도를 일정하게 유지시키면[**등온**], 고온으로 인해 부피(V)는 당연히 **팽창**된다.

❷ Ⓑ~ⓒ과정 **단열팽창**(단열선) ☞ 고온열원을 제거한 후 Ⓑ~ⓒ로 가는 도중... 열을 유지시키기 위해 **단열**시킨다. 하지만, 열로 인해 부피(V)는 조금 더 **팽창**된다.

❸ ⓒ~Ⓓ과정 **등온압축**(저온 등온선, Q_L, T_L) ☞ 단열체 제거 후 저온체에 접촉시켜 열량(Q)을 방출시킨 후 ⓒ~Ⓓ로 가는 도중... 온도를 일정하게 유지시키면[**등온**], 저온으로 인해 부피(V)는 당연히 **압축**된다.

❹ Ⓓ~Ⓐ과정 **단열압축**(단열선) ☞ 저온열원을 제거한 후 Ⓓ~Ⓐ로 가는 도중... 열을 유지시키기 위해 **단열**시킨다. 하지만, 저온으로 인해 부피(V)는 조금 더 **압축**된다.

암기탑! 등온 단열 등온 단열 / 팽창 팽창 압축 압축 ➡ 등단 등단 / 팽창 압축

> 함께공부

❶ ⓐ~ⓑ과정 등온팽창(고온 등온선, Q_H, T_H) ☞ 열 받고, 열 받은 만큼 일 함
- 고온체에서 열량(Q)을 받아 ⓐ~ⓑ로 가는 도중…
- 온도를 일정하게 유지시키면[등온], 고온으로 인해 부피(V)는 당연히 **팽창**된다.
- 부피(V)가 팽창되려면 압력(P)은 당연히 낮아져야 한다.
- 고온체에서 열이 공급되어, **고열상태**이므로 그만큼 손실되는 에너지도 증가한다는 의미이다. 따라서 **엔트로피(S,** 손실되는 에너지**)도 증가**하는 과정에 해당한다.

❷ ⓑ~ⓒ과정 단열팽창(단열선) ☞ 열 출입 없고, 일 함
- 고온열원을 제거한 후 ⓑ~ⓒ로 가는 도중…
- 열을 유지시키기 위해 **단열**시킨다. 하지만, 열로 인해 부피(V)는 조금 더 **팽창**된다.
- 단열하였지만, 팽창됨으로 인해 **온도(T)는 낮아진다**.
- 단열상태로서 열량의 변화가 없으므로 **엔트로피의 변화(ΔS)도 없는** 과정[$\Delta S = 0$]에 해당한다.

❸ ⓒ~ⓓ과정 등온압축(저온 등온선, Q_L, T_L) ☞ 열 주고, 열 준 만큼 일 받음
- 단열체를 제거한 후 저온체에 접촉시켜 열량(Q)을 방출시킨 후 ⓒ~ⓓ로 가는 도중…
- 온도를 일정하게 유지시키면[등온], 저온으로 인해 부피(V)는 당연히 **압축**된다.
- 부피(V)가 압축되려면 압력(P)은 당연히 높아져야 한다.
- 저온체에 열을 방출하면, **저열상태**이므로 그만큼 손실되는 에너지도 감소한다는 의미이다. 따라서 **엔트로피(S,** 손실되는 에너지**)도 감소**하는 과정에 해당한다.

❹ ⓓ~ⓐ과정 단열압축(단열선) ☞ 열 출입 없고, 일 받음
- 저온열원을 제거한 후 ⓓ~ⓐ로 가는 도중…
- 열을 유지시키기 위해 **단열**시킨다. 하지만, 저온으로 인해 부피(V)는 조금 더 **압축**된다.
- 부피(V)가 압축됨에 따라 **온도(T)는 높아진다**.
- 단열상태로서 열량의 변화가 없으므로 **엔트로피의 변화(ΔS)도 없는** 과정[$\Delta S = 0$]에 해당한다.

> 계산 없는 단순 암기형 ★★★★★

30 프루드(Froude)수의 물리적인 의미는?

① 관성력/탄성력   **② 관성력/중력**   ③ 압축력/관성력   ④ 관성력/점성력

무차원수(물리적인 양 중에서 차원이 없는 양을 말하는 것으로, 그 물리적인 크기가 단위와는 관계없는 무단위의 수치)

명칭	물리적 의미	의미
레이놀즈(Reynolds)수	$Re\,No = \dfrac{관성력}{점성력}$	관내 유체의 흐름이 층류인지, 난류인지 구분해주는 정량적 수치
프루드(Froude)수	$Fr = \dfrac{관성력}{중력}$	중력의 영향에 따른 유동 형태를 관성력과 상대적으로 판별하는 것으로, 개수로에 있어서 흐름의 속도와 수면상을 전파하는 파도의 속도와의 비
마하(Mach)수	$M = \dfrac{유속}{음속} = \dfrac{관성력}{압축력}$	항공기, 미사일 등 고속으로 비행하는 물체의 속도를 나타낼 때 사용되는 수치
코우시(Cauchy)수(코시수)	$Ca = \dfrac{관성력}{탄성력}$	유체의 압축성을 판단하는 기준으로 사용되는 수치로서, 액체의 탄성을 특징짓는 물리적인 양
웨버(Weber)수	$We = \dfrac{관성력}{표면장력}$	표면장력과 비교하여 유체의 상대적인 관성력을 나타내는 수로서, 유체 체계에서 표면 장력에 영향을 미치는 것을 분석하는데 사용된다.
오일러(Euler)수	$Eu = \dfrac{압축력}{관성력}$	오리피스 통과시 유동현상, 공동현상(cavitation) 판단 등 유체에 의해 생성되는 관성력과 압축력에 관련된 수치

땅가당! 무차원수 명칭 앞자와 물리적의미 앞자 ➡ **레관점**(레고 관점) / **프관중**(프랑스 관중) / **마관압**(마유아음) / **코관탄** / **웨관표** / **오압관**

> 전반적으로 쉬운 계산형 ★★

31 표면적이 2m²이고 표면 온도가 60℃인 고체 표면을 20℃의 공기로 대류 열전달에 의해서 냉각한다. 평균 대류 열전달계수가 30W/m²·K라고 할 때 고체표면의 열손실은 몇 W 인가?

① 600　　② 1200　　③ **2400**　　④ 3600

뉴턴(Newton)의 냉각법칙
$$°q[W] = h(\text{대류 열전달계수}) \times A(\text{표면적, 수열면적}) \times \Delta T(\text{온도차}) = 30 \times 2 \times 40 = 2400\,W$$
- 대류 열전달계수(h) = 30W/m²·K
- 표면적(A) = 2m²
- 온도차(℃) = 60℃ − 20℃ = 40℃ (서로 동일함을 알 수 있다)
  * 온도차(K) = (60℃+273) − (20℃+273) = 40K (서로 동일함을 알 수 있다)

뉴턴(Newton)의 냉각법칙
$$°q[W] = h\,A\,\Delta T = h(\text{대류 열전달계수}) \times A(\text{표면적, 수열면적}) \times \Delta T(\text{온도차})$$
- 전열체의 표면적(수열면적)[A(㎡)]이 크거나, 대류 열전달계수[h(W/㎡·K)]가 높거나, 내·외부의 온도차[ΔT(K)]가 큰 것 등에 비례하여 이동열량[$°q$]은 증가한다.
- 구의 표면적(A) = $4\pi r^2$　　* r=반지름

> 전반적으로 쉬운 계산형 ★★

32 그림과 같은 수조에 0.3m × 1.0m 크기의 사각 수문을 통하여 유출되는 유량은 몇 m³/s 인가? (단, 마찰 손실은 무시하고 수조의 크기는 매우 크다고 가정한다.)

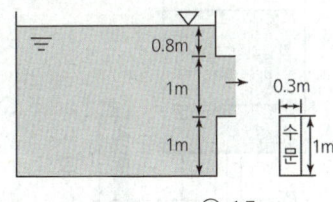

① 1.3　　② **1.5**　　③ 1.7　　④ 1.9

유량을 묻는 문제의 단위가 m³/s 즉, 초당(sec) m³[체적]으로 흐른다고 하였으므로, 연속방정식 중 **체적유량(Q)**의 식을 적용한다. 또한 토리첼리의 정리 식을 이용해... 유속을 대입하여 아래와 같이 계산한다.

$$Q(\text{체적유량}, m^3/sec) = A(\text{배관의 단면적}, m^2) \times V(\text{유속}, m/sec)$$
$$V(\text{유속}) = \sqrt{2gh} = \sqrt{2 \times \text{중력가속도}(9.8 m/sec^2) \times \text{수위차}(m)}$$

1. 조건정리
   - 물이 유출되는 수문의 단면적(A) = 0.3m × 1m = 0.3m²
   - 수위차 = 수면부터 수문의 중심 높이까지 = 0.8m × 0.5m = 1.3m
2. $Q(m^3/sec) = A(m^2) \times \sqrt{2gh}\,(m/sec) = 0.3 \times \sqrt{2 \times 9.8 \times 1.3} = 1.51\,m^3/sec$

- **연속방정식**
유체가 한 지점(①지점)에서 다른 지점(②지점)으로 정상유동할 때 ①지점의 질량과 ②지점의 질량은 언제나 동일하다는 방정식이다. 즉, 정상류 상태의 물의 흐름에 질량 보존의 법칙을 적용하여 얻어진 방정식이 연속방정식이다. 따라서 관속을 흐르는 물의 유량은 유입되는 유량과 유출되는 유량이 동일하다는 법칙이 적용된다.

$$Q(\text{체적유량}, m^3/sec) = A(\text{배관의 단면적}, m^2) \times V(\text{유속}, m/sec)$$
$$Q_1 = Q_2$$
$$A_1 \cdot V_1 = A_2 \cdot V_2$$

- **토리첼리의 정리[Torricelli's theorem]**
  - 수조의 측면 또는 저면의 오리피스(작은구멍)에서 유출하는 물의 유속과 수면까지의 높이와의 관계를 나타내는 정리
  - 수조의 단면이 오리피스에 비해 매우 커서 수위는 거의 변함이 없다(수조의 유속 = "0")고 가정하고 마찰저항을 고려하지 않는다면 수조에서 유출되는 모든 유선상의 입자는 기계적 에너지 h(수위차)를 가지며, 이렇게 정리된 식 $V = \sqrt{2gh}$ 는 물체가 자유 낙하할 때의 낙하속도와 일치한다. $V(\text{유속}) = \sqrt{2gh} = \sqrt{2 \times \text{중력가속도}(m/sec^2) \times \text{수위차}(m)}$

전반적으로 쉬운 계산형 ★★

33 그림과 같이 평형상태를 유지하고 있을 때 오른쪽 관에 있는 유체의 비중 [S]은? (단, 물의 밀도는 1000kg/m³이다.)

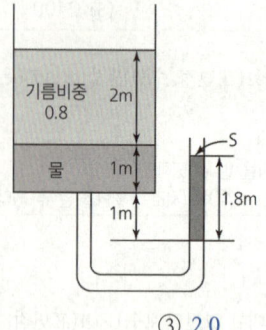

① 0.9   ② 1.8   ③ 2.0   ④ 2.2

1. 조건정리
   - 기름 비중 = 0.8
   - 물 비중 = $\dfrac{\rho[\text{물질의 밀도}(kg/m^3)]}{\rho_w[\text{물의 밀도}(1000\,kg/m^3)]} = \dfrac{1000\,kg/m^3}{1000\,kg/m^3} = 1$
   - 오른쪽 관에 있는 유체의 비중 [S] = ?

2. 아래 그림에서 P_A지점과 P_B지점의 압력은 높이가 동일함으로... $P_A = P_B$ 가 성립한다.

   $P(\text{압력}) = \gamma(\text{비중량}) \times h(\text{높이}) = \rho(\text{밀도}) \times h(\text{높이}) = S(\text{비중}) \times h(\text{높이})$ ☞ 여기서는 모두 동일한 개념으로 보고 계산한다.

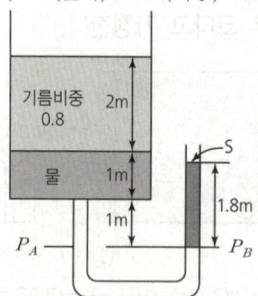

P_A(기름$2m$+물$2m$ 지점의 압력) = P_B(비중S인 물질의 하단지점의 압력)
0.8(기름비중)×$2m$ + 1(물비중)×$2m$ = S(비중S인 물질의 비중)×$1.8m$ ∴ $S = 2$

함 께 공 부

비중(무게의 비) : 비교물질이 기준물질보다 무거운지 가벼운지 비교하는 것. 모든 액체는 4℃의 물의 밀도와 그 무게를 비교한다. 만일 중력가속도가 $9.8m/\sec^2$ 이라고 가정한다면 밀도와 비중량은 동일한 값이 된다. $*1kgf = 9.8N$

$S(\text{액체비중}) = \dfrac{\rho[\text{물질의 밀도}(kg/m^3)]}{\rho_w[\text{물의 밀도}(1000\,kg/m^3)]} = \dfrac{\gamma[\text{물질의 비중량}(kN/m^3)]}{\gamma_w[\text{물의 비중량}(1000\,kgf/m^3 = 9800\,N/m^3 = 9.8\,kN/m^3)]}$

전반적으로 쉬운 계산형 ★★

34 출구 지름이 50 ㎜인 노즐이 100 ㎜의 수평관과 연결되어 있다. 이 관을 통하여 물(밀도 1,000kg/m³)이 0.02m³/s의 유량으로 흐르는 경우, 이 노즐에 작용하는 힘은 몇 N 인가?

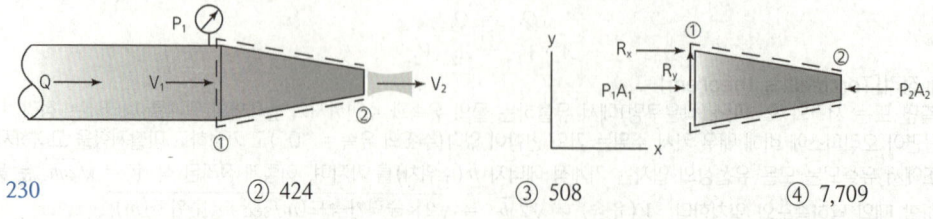

① 230   ② 424   ③ 508   ④ 7,709

1. 조건정리
   - 물의 밀도(ρ) = 1,000kg/m³
   - 체적유량(Q) = 0.02m³/s
   - 연속방정식 중 체적유량(Q) ☞ Q(체적유량, m^3/sec) = A(배관의 단면적, m^2) × V(유체속도, m/sec)

   ∴ $V = \dfrac{Q}{A}$ → $A = \dfrac{\pi \cdot D^2}{4}$ *D=직경(지름) → $V = \dfrac{Q}{\dfrac{\pi \cdot D^2}{4}}$

   * 지름(D_1) 100㎜(=0.1m) 수평관의 유속 $V_1 = \dfrac{Q}{\dfrac{\pi \cdot D_1^2}{4}} = \dfrac{0.02\,m^3/s}{\dfrac{\pi \times (0.1m)^2}{4}} = 2.55\,m/s$

   * 지름(D_2) 50㎜(=0.05m) 노즐의 유속 $V_2 = \dfrac{Q}{\dfrac{\pi \cdot D_2^2}{4}} = \dfrac{0.02\,m^3/s}{\dfrac{\pi \times (0.05m)^2}{4}} = 10.19\,m/s$

2. 플랜지볼트(호스접결구)에 작용하는 힘 = 노즐에 걸리는 반발력(=척력) = 노즐이 받는 힘 = 노즐에 걸리는(작용하는) 힘

   $\Delta F = F_1 - F_2$

   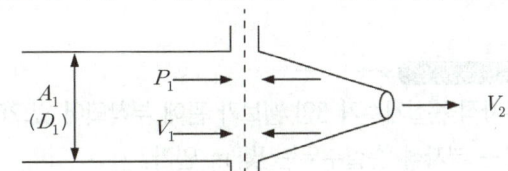

   - ΔF (힘의 차이)
   - F_1 (전압력=수직력)
   - F_2 (유체가 분출되면서 반대로 작용하는 힘)

   $\Delta F(N) = \left(\dfrac{\rho \cdot (V_2^2 - V_1^2)}{2} \times \dfrac{\pi \cdot D_1^2}{4}\right)N - [\rho \cdot Q \cdot (V_2 - V_1)]N$

   $\Delta F(N) = \left(\dfrac{1000 \times (10.19^2 - 2.55^2)}{2} \times \dfrac{\pi \times 0.1^2}{4}\right) - [1000 \times 0.02 \times (10.19 - 2.55)] = 229.43\,N ≒ 230\,N$

> 실기시험에서 종종 출제되는 문제이므로... 가급적 필기시험부터 공부하는 것이 맞다고 판단되어, 쉬운 계산형으로 분류하였습니다.

함께공부

플랜지볼트(호스접결구)에 작용하는 힘 = 노즐에 걸리는 반발력(=척력) = 노즐이 받는 힘 = 노즐에 걸리는(작용하는) 힘

$\Delta F = F_1 - F_2$

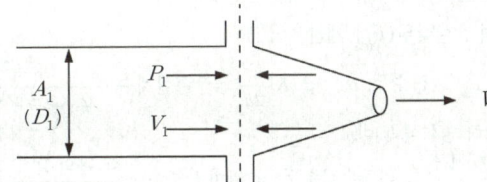

- ΔF (힘의 차이)
- F_1 (전압력=수직력)
- F_2 (유체가 분출되면서 반대로 작용하는 힘)

* P_1 (호스내 압력) [kgf/m^2]   * A_1 (호스단면적) [m^2]   * ρ (유체의 밀도) [kg/m^3]
* Q (방출유량) [m^3/sec]   * V_1 (호스내 유속) [m/sec]   * V_2 (방출 유속) [m/sec]
* D_1 (호스직경) [m]

1. $\Delta F(kgf) = (P_1 \cdot A_1)kgf - \left(\dfrac{\rho \cdot Q \cdot (V_2 - V_1)}{9.8\,N/kgf}\right)kgf$

   ※ P(압력) $= \dfrac{F}{A} = \dfrac{\text{전압력(수직력)}}{\text{단위면적}} = \dfrac{N}{m^2}, \dfrac{kgf}{cm^2} = kgf/cm^2 = N/m^2$ (Pa 파스칼)

2. $\Delta F(N) = \left(\dfrac{\rho \cdot (V_2^2 - V_1^2)}{2} \times \dfrac{\pi \cdot D_1^2}{4}\right)N - [\rho \cdot Q \cdot (V_2 - V_1)]N$

   ※ 베르누이 방정식을 압력[kgf/m^2]으로 표현 ⇨ 전압 = 정압 + 동압 + 낙차압

   $\gamma \cdot \dfrac{P}{\gamma} + \gamma \cdot \dfrac{V^2}{2g} + \gamma \cdot Z$ ($\gamma = \rho \cdot g$ 이므로) $= \rho g \cdot \dfrac{P}{\rho g} + \rho g \cdot \dfrac{V^2}{2g} + \rho g \cdot Z = P + \dfrac{\rho \cdot V^2}{2} + \rho \cdot g \cdot Z$

   $= \dfrac{kgf/m^3 \times kgf/m^2}{kgf/m^3} + \dfrac{kgf/m^3 \times (m/sec)^2}{m/sec^2} + kgf/m^3 \times m$

포기해도 되는 계산형 — 포기해도 합격에 전혀 지장없는 문제

35 호수 수면 아래에서 지름 d인 공기 방울이 수면으로 올라오면서 지름이 1.5배로 팽창 하였다. 공기방울의 최초 위치는 수면에서부터 몇 m 되는 곳인가? (단, 이 호수의 대기압은 750mmHg, 수은의 비중은 13.6, 공기방울 내부의 공기는 Boyle의 법칙에 따른다.)

① 12.0   ② 24.2   ③ 34.4   ④ 43.3

본 문제는 이해과정이 복잡한 계산문제로서... 소방설비기사 실기시험에서 등장하지 않는 개념과 문제이므로, 공부하지 않고 **포기하는 것이 더 현명합니다**. 따라서 지면과 노력낭비를 방지하기 위하여 해설이 없습니다.

함께공부

보일의 법칙 ☞ $P_1 \cdot V_1 = P_2 \cdot V_2$

- $P_2 = 750\,mmHg \times \dfrac{10.332\,m}{760\,mmHg} = 10.196\,m$
- $P_1 = \dfrac{V_2}{V_1} P_2 = \dfrac{1.5^3}{1} \times 10.196\,m = 34.412\,m$

수심(m) = 34.412m - 10.196m = 24.216m

전반적으로 쉬운 계산형 ★★

36 부차적 손실계수가 5인 밸브가 관에 부착되어 있으며 물의 평균유속이 4m/s 인 경우, 이 밸브에서 발생하는 부차적 손실수두는 몇 m 인가?

① 61.3   ② 6.13   ③ 40.8   **④ 4.08**

실제 유체는 점성을 가지므로 유체가 유동할 때 배관의 접촉면에 마찰이 발생하고 그에 따라 에너지의 손실이 발생하는데 그 손실이 마찰손실이다.

마찰손실(h_L, m) = 주(직관)손실 + 부차적(미소)손실

* 주손실 : 직관에서 발생하는 마찰 손실(직선 원관 내의 손실)
* 부차적손실 : 직관 이외에서 발생되는 마찰손실

1. 조건정리
   - 부차적 손실계수(K) = 5
   - 평균유속(V) = 4m/s
   - 부차적 손실수두(h_L) = ?m

2. 밸브의 부차적 손실수두(h_L) 계산

$$h_L(\text{손실수두, m}) = K\dfrac{V^2}{2g} = \text{손실계수} \times \dfrac{\text{유속}^2}{2 \times \text{중력가속도}} = 5 \times \dfrac{(4\,m/s)^2}{2 \times 9.8\,m/s^2} = 4.08\,m$$

※ 달시-와이스바하 방정식과 비교

$$h_L(m) = f\dfrac{L}{D}\dfrac{V^2}{2g} \quad *\text{마찰손실수두} = \text{관마찰계수} \times \dfrac{\text{직관의 길이}}{\text{배관의 직경}} \times \dfrac{\text{유속}^2}{2 \times \text{중력가속도}} \rightarrow f\dfrac{L}{D} = K$$

전반적으로 쉬운 계산형 ★★

37 지름의 비가 1 : 2인 2개의 모세관을 물 속에 수직으로 세울 때 모세관현상으로 물이 관속으로 올라가는 높이의 비는?

① 1 : 4   ② 1 : 2   **③ 2 : 1**   ④ 4 : 1

물은 응집력보다 **부착력**(서로 다른 분자간에 잡아당기는 힘)이 강해 모세관을 세우면 관내의 액면이 외부의 액면보다 상승하며, 수은은 부착력보다 **응집력**(같은 분자간에 서로 잡아당기는 힘)이 강해 액면이 오히려 하강한다.

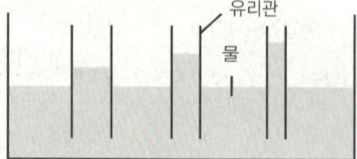
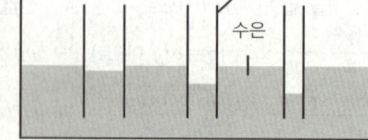

$h = \dfrac{4\,\sigma\,\cos\theta}{\gamma D} = \dfrac{4\,\sigma\,\cos\theta}{\rho g D}$ 액면상승(강하)높이 = $\dfrac{4 \times \text{표면장력}[N/m] \times \text{접촉각}}{\text{비중량}[N/m^3] \times \text{직경}[m]}$ *γ(비중량) = ρ(밀도) $\times g$(중력가속도)

- 모세관현상에 따른 높이의 비 ☞ 위 식에서 지름(D)을 제외하고, 나머지는 인자는 모두 동일함으로… $h = \frac{1}{D}$만 남는다.

  $\therefore h_1 : h_2 = \frac{1}{D_1} : \frac{1}{D_2} = \frac{1}{1} : \frac{1}{2} = 2 : 1$

  ※ 물은 지름이 작은 관일수록 더 높이 올라간다. 따라서 지름비가 1인 작은 모세관이 2배의 높이로 더 올라간다.

함께공부

모세관현상
액체 속에 폭이 좁고 긴 관을 넣었을 때, 관 외부의 액체가 관 내부로 유입되어, 관내의 액면이 외부의 액면보다 더 상승하거나 오히려 낮아지는 현상. 식물의 뿌리에서 물을 흡수하는 것이나, 알코올램프의 심지에 알콜이 올라오는 것은 모세관현상에 의한 것이다.

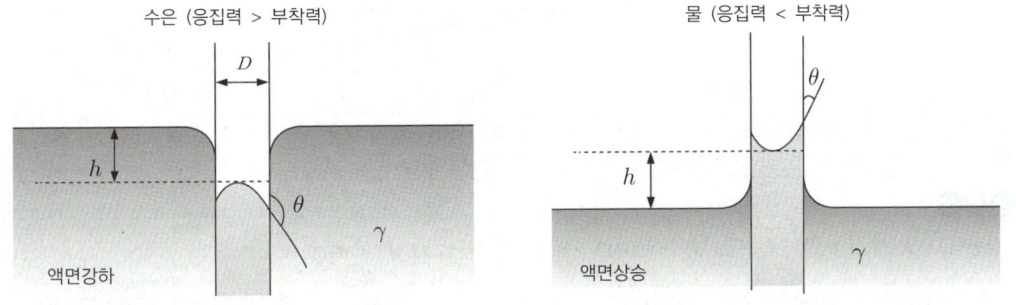

계산 없는 단순 암기형 ★★★★★

38 다음 중 동점성계수의 차원을 옳게 표현한 것은? (단, 질량 M, 길이 L, 시간 T로 표시한다.)

① $ML^{-1}T^{-1}$
kg / m · sec (절대점성계수)

② L^2T^{-1}
m² / sec (동점성계수)

③ $ML^{-2}T^{-2}$
kg / m² · sec² (절대단위 비중량)

④ $ML^{-1}T^{-2}$
kg / m · sec² (절대단위 압력)

- 차원 : "길이"라는 단어만으로는 그 길이가 얼마나 긴지, 짧은지 알 수 없다. 또 "질량"이라는 단어로는 얼마나 무거운지, 가벼운지 알 수 없다. 이렇게 사물의 크고 작음과 많고 적음을 알 수 없고 그것이 무엇을 나타내는지만 알 수 있는 것을 차원이라 한다.
- 차원의 종류 및 기호
  길이(Length, 렝스) → L (m) 질량(Mass, 매스) → M (kg) 시간(Time, 타임) → T (sec) 중량(Force, 포스) → F (kgf)
- 단위를 차원의 기호로 변환 [예시]
  - 면적 : m^2 → L^2
  - 속도 : m/sec → $L/T = LT^{-1}$
  - 힘 : $kg \cdot m/sec^2$ → $ML/T^2 = MLT^{-2}$
  - 부피(체적) : m^3 → L^3
  - 가속도 : m/sec^2 → $L/T^2 = LT^{-2}$ (분모는 마이너스로 표현)
  - 밀도 : kg/m^3 → $M/L^3 = ML^{-3}$

함께공부

동점성계수(ν)
절대점성계수를 유체의 밀도로 나눈 것으로서 액체인 경우 온도만의 함수이고, 기체인 경우 온도와 압력의 함수이다.
동점성계수(ν, 뉴)를 동점도 또는 상대점도라고노 한다. 즉 밀도가 변하는 물질은 동점도가 변한다.

$$\nu = \frac{\mu}{\rho} = \frac{\text{절대점도(절대점성계수)}}{\text{밀도}} = \frac{kg/m \cdot sec}{kg/m^3} = m^2/sec$$

μ(절대점도 = 점성계수) = $\nu \times \rho$ = 동점성계수 × 밀도

- Stokes(스토크스) = 동점성계수의 CGS계 = cm^2/sec
- $1 St = 100 cSt$ (센티 스토크스, Centi Stokes)

포기해도 되는 계산형 | 포기해도 합격에 전혀 지장없는 문제

39 지름이 400mm인 베어링이 400rpm으로 회전하고 있을 때 마찰에 의한 손실동력은 약 몇 kW 인가? (단, 베어링과 축 사이에는 점성계수가 0.049 N·s/m²인 기름이 차 있다.)

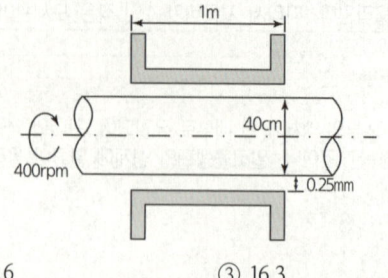

① 15.1　　② 15.6　　③ 16.3　　④ 17.3

본 문제는 계산과정이 복잡한 계산문제로서... 소방설비기사 실기시험에서 등장하지 않는 개념과 문제이므로, 공부하지 않고 **포기하는 것**이 더 **현명**합니다. 따라서 지면과 노력낭비를 방지하기 위하여 해설이 없습니다.

함께공부

$P(손실동력) = F(힘, N) \times V(속도, m/s) = 2064N \times 8.38 m/s = 17300 W = 17.3 kW$

- $F = \mu(점성계수) \times A(면적 = \pi DL) \times \dfrac{du(속도)}{dy(거리)} = 0.049 N \cdot s/m^2 \times (\pi \times 0.4m \times 1m) \times \dfrac{\pi \times 0.4m \times \dfrac{400rpm/min}{60sec/min}}{0.25 \times 10^{-3} m} = 2064N$

- $V = \dfrac{\pi \times D(직경) \times N(회전수)}{60sec/min} = \dfrac{\pi \times 0.4m \times 400rpm/min}{60sec/min} = 8.38 m/s$

포기해도 되는 계산형 | 포기해도 합격에 전혀 지장없는 문제

40 폭 1.5m, 높이 4m인 직사각형 평판이 수면과 40°의 각도로 경사를 이루는 저수지의 물을 막고 있다. 평판의 밑변이 수면으로부터 3m 아래에 있다면, 물로 인하여 평판이 받는 힘은 몇 kN인가? (단, 대기압의 효과는 무시한다.)

① 44.1　　② 88.2　　③ 101　　④ 202

본 문제는 이해과정이 복잡한 계산문제로서... 소방설비기사 실기시험에서 등장하지 않는 개념과 문제이므로, 공부하지 않고 **포기하는 것**이 더 **현명**합니다. 따라서 지면과 노력낭비를 방지하기 위하여 해설이 없습니다.

함께공부

길이가 4m인 평판이, 수면보다 아래(평판 상단축 지점까지)로 설치되어... 수면부터 수직높이가 3m지점까지 내려와 있다. 평판의 각도는 40° 경사지게 세워져 있는 상황이다. 이 때 평판이 받는 힘을 kN의 값으로 구하는 문제이다.

1. 수면보다 아래로 설치된 평판 상단축까지의 거리(y, 수면~평판상단축)
   수직거리 $=$ (평판길이$+y$)$\times \sin\theta$ → $3m = (4m+y) \times \sin 40°$ ∴ $y = 0.667 m$

2. 경사면에 작용하는 힘
   $F = \gamma A h =$ 비중량$(kN/m^3) \times$ 면적$(m^2) \times$ 깊이$(m) = 9.8 kN/m^3 \times (1.5 \times 4) m^2 \times (0.667 + \dfrac{4m}{2}) \times \sin 40° = 100.8 kN$

3과목 소방관계법규

문장이 답인 문제

41 특급 소방안전관리대상물의 범위가 아닌 것은? (단, 동·식물원, 철강 등 불연성 물품을 저장·취급하는 창고, 위험물 저장 및 처리 시설 중 제조소등과 지하구는 제외한다.)
① 50층 이상(지하층은 제외)이거나 지상으로부터 높이가 200미터 이상인 아파트
② 30층 이상(지하층을 포함)이거나 지상으로부터 높이가 120미터 이상인 특정소방대상물(아파트는 제외)
③ 연면적이 10만제곱미터 이상인 특정소방대상물(아파트는 제외)
④ <u>가연성 가스를 1천톤 이상 저장·취급하는 시설</u>
    1급 소방안전관리대상물

특급 소방안전관리대상물의 범위
- 50층 이상(지하층은 제외)이거나 지상으로부터 높이가 **200미터** 이상인 **아파트**
- 30층 이상(**지하층을 포함**)이거나 지상으로부터 높이가 **120미터** 이상인 **특정소방대상물**(아파트는 제외)
- 연면적이 **10만제곱미터** 이상인 특정소방대상물(아파트는 제외)
- ※ 동·식물원, 철강 등 불연성 물품을 저장·취급하는 창고, 위험물 저장 및 처리 시설 중 제조소등과 지하구는 제외한다.

단어가 답인 문제

42 특정소방대상물의 근린생활시설에 해당되는 것은?
① 전시장   ② 기숙사   ③ 유치원   ④ 의원
  문화 및 집회시설   공동주택   노유자 시설

- 소방대상물 : 건축물, 차량, 선박(항구에 매어둔 선박만 해당), 선박 건조 구조물, 산림, 그 밖의 인공 구조물 또는 물건
- 특정소방대상물 : 건축물 등의 규모·용도 및 수용인원 등을 고려하여 **소방시설을 설치하여야** 하는 소방대상물로서 **대통령령으로** 정하는 것

> 특정소방대상물의 대상 기준은 너무 복잡하다. 답만 외우고 넘어가자~

단어가 답인 문제

43 다음 중 그 성질이 자연발화성 물질 및 금수성 물질인 제3류 위험물에 속하지 않는 것은?
① 황린   ② 황화린   ③ 칼륨   ④ 나트륨

제2류 위험물 ⇨ 가연성 고체[일반 환원성 가연물] 일반적으로 불에 타는 가연성고체 물질 등이 해당된다.

위험물	특징	암기법	종류[대분류]
제2류	가연성 고체	유황적 철마금 인	유황(황)[S], 황화린(인), 적린(인)[P] / 철분, 마그네슘, 금속분류 / 인화성고체
지정수량		유황적백 오백철마금 인천	위험등급Ⅱ 지정수량 100kg / 위험등급Ⅲ 지정수량 500kg / Ⅲ 지정수량 1000kg

황화린(인)은 삼황화린[P_4S_3], 오황화린[P_2S_5], 칠황화린[P_4S_7]으로 나누어 진다.

함께공부
- 황린(P_4)은 제3류 위험물인 자연발화성물질로서 **공기와 접촉하면 자연발화** 한다. 따라서 알칼리제를 넣은 pH9정도의 물 속에 **저장**(물에 녹지 않기 때문)한다. 물은 비열이 커서 여름에도 온도가 쉽게 상승되지 않고 온도변화가 적어 안정적이다. 황린은 저장액인 물의 증발 또는 용기파손에 의한 물의 누출을 방지하여야 한다.
- 칼륨[K, 포타시움], 나트륨(Na) 등은 제3류 위험물인 금수성물질이므로 물과 반응하여 가연성기체인 수소(H_2)를 만들고 발열한다.(공기 중 수분과도 반응하여 수소를 발생시킨다) 따라서 **물에 녹지 않는 기름인 등유, 경유, 유동 파라핀** 등의 보호액 속에 누출되지 않도록 저장한다.

소방설비기사 기계 필기 | Engineer Fire Protection System

문장이 답인 문제 ★★★

44 다음 중 자동화재탐지설비를 설치해야 하는 특정소방대상물은?

① 길이가 1.3 km인 지하가 중 터널
② 연면적 600m²인 볼링장 (1000m²)
③ 연면적 500m²인 복합건축물 (600m²)
④ 지정수량 100배의 특수가연물을 저장하는 창고 (500배)

- **특정소방대상물** : 건축물 등의 규모·용도 및 수용인원 등을 고려하여 **소방시설을 설치하여야** 하는 소방대상물로서 **대통령령**으로 정하는 것
- **자동화재탐지설비를 설치하여야** 하는 특정소방대상물
  ① 지하가 중 **터널**로서 길이가 **1천m** 이상인 것 → ① 길이가 1.3 km인 지하가 중 터널
  ② 근린생활시설 중 **운동시설**로서 연면적 **1천m²** 이상인 경우에는 모든 층 → ② 연면적 600m²인 볼링장
  ③ **복합건축물**로서 연면적 **600m²** 이상인 경우에는 모든 층
  ④ **공장 및 창고시설**로서 **지정수량 500배** 이상의 특수가연물을 저장·취급하는 것

단어가 답인 문제

45 소방시설업 등록사항의 변경신고 사항이 아닌 것은?

① 상호   ② 대표자   ③ 보유설비   ④ 기술인력

등록사항의 변경신고 사항
소방시설업자는 아래 등록사항이 변경된 경우, 변경일부터 30일 이내에 소방시설업 등록사항 변경신고서를 협회에 제출하여야 한다.
1. **상호(명칭)** 또는 영업소 소재지가 변경된 경우
2. **대표자**가 변경된 경우
3. **기술인력**이 변경된 경우

함께공부

소방시설업의 종류
1. **소방시설설계업** : 소방시설공사에 기본이 되는 공사계획, 설계도면, 설계 설명서, 기술계산서 및 이와 관련된 서류[설계도서]를 작성[**설계**] 하는 영업
2. **소방시설공사업** : 설계도서에 따라 소방시설을 신설, 증설, 개설, 이전 및 정비[**시공**] 하는 영업
3. **소방공사감리업** : 소방시설공사에 관한 발주자의 권한을 대행하여 소방시설공사가 설계도서와 관계 법령에 따라 적법하게 시공되는지를 확인하고, 품질·시공 관리에 대한 기술지도를 하는[**감리**] 영업
4. **방염처리업** : 방염대상물품에 대하여 방염처리[**방염**] 하는 영업

단어가 답인 문제 ★

46 옥내주유취급소에 있어서 당해 사무소 등의 출입구 및 피난구와 당해 피난구로 통하는 통로·계단 및 출입구에 설치해야 하는 피난설비는?

① 유도등   ② 구조대   ③ 피난사다리   ④ 완강기

위험물안전관리법 시행규칙에 따른 **피난설비** 설치기준
1. **주유취급소** 중 건축물의 2층 이상의 부분을 점포·휴게음식점 또는 전시장의 용도로 사용하는 것에 있어서는 당해 건축물의 2층 이상으로부터 주유취급소의 부지 밖으로 통하는 출입구와 당해 출입구로 통하는 통로·계단 및 출입구에 **유도등을 설치**하여야 한다.
2. **옥내주유취급소**에 있어서는 당해 사무소 등의 출입구 및 피난구와 당해 피난구로 통하는 통로·계단 및 출입구에 **유도등을 설치**하여야 한다.
3. 유도등에는 비상전원을 설치하여야 한다.

함께공부

- **유도등** : 화재발생시 건물 밖으로 긴급대피를 유도하기 위해 사용되는 등
- **구조대** : 포지 등을 사용하여 자루형태로 만든 것으로서 화재시 사용자가 그 내부에 들어가서 내려옴으로써 대피할 수 있는 것
- **피난사다리** : 화재시 긴급대피에 사용하는 사다리
- **완강기** : 창문이나 발코니 등의 외부로 통하는 개구부 부근에 설치되며, 사용자의 몸무게에 따라 하강속도를 자동적으로 조절[**속도조절기(조속기)**]하면서 내려오는 하강로프장치 피난기구이다. 사용자의 가슴에 안전벨트를 조여 착용하며, 사용자가 교대하여 연속적으로 사용할 수 있다.

단어가 답인 문제 ★

47 완공된 소방시설 등의 성능시험을 수행하는 자는?
① 소방시설공사업자　② 소방공사감리업자　③ 소방시설설계업자　④ 소방기구제조업자

소방공사감리업을 등록한 자(이하 "감리업자"라 한다)는 소방공사를 감리할 때 다음의 업무를 수행하여야 한다.
1. 소방시설등의 설치계획표의 적법성 검토
2. 소방시설등 설계도서의 적합성(적법성과 기술상의 합리성을 말한다) 검토
3. 소방시설등 설계 변경 사항의 적합성 검토
4. 소방용품의 위치·규격 및 사용 자재의 적합성 검토
5. 공사업자가 한 소방시설등의 시공이 설계도서와 화재안전기준에 맞는지에 대한 지도·감독
6. 완공된 소방시설 등의 성능시험
7. 공사업자가 작성한 시공 상세 도면의 적합성 검토
8. 피난시설 및 방화시설의 적법성 검토
9. 실내장식물의 불연화와 방염 물품의 적법성 검토

단어가 답인 문제 ★★★

48 소방의 역사와 안전문화를 발전시키고 국민의 안전의식을 높이기 위하여 ㉠소방박물관과 ㉡소방체험관을 설립 및 운영할 수 있는 사람은?
① ㉠: 소방청장, ㉡: 소방청장　　② ㉠: 소방청장, ㉡: 시·도지사
③ ㉠: 시·도지사, ㉡: 시·도지사　④ ㉠: 소방본부장, ㉡: 시·도지사

소방의 역사와 안전문화를 발전시키고 국민의 안전의식을 높이기 위하여... 소방박물관 및 소방체험관을 설립하여 운영할 수 있다.

구분	설립과 운영권자	설립과 운영에 필요한 사항
소방박물관	소방청장	행정안전부령으로 정한다.
소방체험관	시·도지사	행정안전부령으로 정하는 기준에 따라 시·도의 조례로 정한다.

※ 소방체험관: 화재 현장에서의 피난 등을 체험할 수 있는 체험관

숫자가 답인 문제 ★

49 보일러 등의 설비 또는 기구 등의 위치·구조 및 관리와 화재예방을 위하여 불을 사용할 때 지켜야 하는 사항 중 보일러에 경유·등유 등 액체연료를 사용하는 경우에 연료탱크는 보일러 본체로부터 수평거리 최소 몇 m 이상의 간격을 두어 설치해야 하는가?
① 0.5　　② 0.6　　③ 1　　④ 2

보일러 등의 설비 또는 기구 등의 위치·구조 및 관리와 화재예방을 위하여 불을 사용할 때 지켜야 하는 사항
경유·등유 등 액체연료를 사용할 때 → 연료탱크는 보일러 본체로부터 수평거리 1미터 이상의 간격을 두어 설치할 것

단어가 답인 문제 ★★

50 위험물 제조소에서 저장 또는 취급하는 위험물에 따른 주의사항을 표시한 게시판 중 화기엄금을 표시하는 게시판의 바탕색은?
① 청색　　② 적색　　③ 흑색　　④ 백색

- 제조소에는 보기 쉬운 곳에 방화에 관하여 필요한 사항을 게시한 게시판을 설치하여야 한다.
- 제2류 위험물 중 인화성고체, 제3류 위험물 중 자연발화성물질, 제4류 위험물 또는 제5류 위험물 → 화기엄금
- "화기주의" 또는 "화기엄금"을 표시하는 것 → 적색바탕에 백색문자

암기탑! 화기엄금이니까... 바탕이 빨간색이다.

단어가 답인 문제 ★

51 화재발생 우려가 크거나 화재가 발생할 경우 피해가 클 것으로 예상되는 지역에 대하여 화재의 예방 및 안전관리를 강화하기 위해 일정한 구역을 화재예방강화지구로 지정할 수 있는 권한을 가진 사람은?
① 시·도지사　　② 소방청장　　③ 소방서장　　④ 소방본부장

화재예방강화지구 : 특별시장·광역시장·특별자치시장·도지사 또는 특별자치도지사(이하 "시·도지사"라 한다)가 화재발생 우려가 크거나 화재가 발생할 경우 피해가 클 것으로 예상되는 지역에 대하여 화재의 예방 및 안전관리를 강화하기 위해 지정·관리하는 지역을 말한다.

단어가 답인 문제

52 소방시설공사업자가 소방시설공사를 하고자 하는 경우 소방시설공사 착공신고서를 누구에게 제출해야 하는가?
① 시·도지사　　　　　　　　　② 소방청장
③ 한국소방시설협회장　　　　　④ 소방본부장 또는 소방서장

공사업자는 대통령령으로 정하는 소방시설공사를 하려면 행정안전부령으로 정하는 바에 따라 그 공사의 내용, 시공 장소, 그 밖에 필요한 사항을 소방본부장이나 소방서장에게 신고하여야 한다.

암기팁! 공사업자가 공사를 하려면, 해당 지역에 있는 소방서에 착공신고서를 제출해야 하지 않을까?

숫자가 답인 문제 ★

53 연소 우려가 있는 건축물의 구조에 대한 기준 중 다음 보기(㉠),(㉡)에 들어갈 수치로 알맞은 것은?

건축물 대장의 건축물 현황도에 표시된 대지경계선 안에 둘 이상의 건축물이 있는 경우로서 각각의 건축물이 다른 건축물의 외벽으로부터 수평거리가 1층에 있어서는 (㉠)m 이하, 2층 이상의 층에 있어서는 (㉡)m 이하이고 개구부가 다른 건축물을 향하여 설치된 구조를 말한다.

① ㉠ 5, ㉡ 10　　② ㉠ 6, ㉡ 10　　③ ㉠ 10, ㉡ 5　　④ ㉠ 10, ㉡ 6

소방시설 설치 및 관리에 관한 법률 시행규칙 제17조(연소 우려가 있는 건축물의 구조)
1. 건축물대장의 건축물 현황도에 표시된 대지경계선 안에 둘 이상의 건축물이 있는 경우
2. 각각의 건축물이 다른 건축물의 외벽으로부터 수평거리가 1층의 경우에는 6미터 이하,
　　　　　　　　　　　　　　　　　　2층 이상의 층의 경우에는 10미터 이하인 경우
3. 개구부가 다른 건축물을 향하여 설치되어 있는 경우

함께공부

건축물의 피난·방화구조 등의 기준에 관한 규칙(약칭:건축물방화구조규칙) 제22조(대규모 목조건축물의 외벽등)
연면적이 1천제곱미터 이상인 목조의 건축물은 그 외벽 및 처마밑의 연소할 우려가 있는 부분을 방화구조로 할 것
② "연소할 우려가 있는 부분"이라 함은 인접대지경계선·도로중심선 또는 동일한 대지안에 있는 2동 이상의 건축물 상호의 외벽간의 중심선으로부터 1층에 있어서는 3미터 이내,
　　　　　　　　　　　　　　　　　　2층 이상에 있어서는 5미터 이내의 거리에 있는 건축물의 각 부분을 말한다.

함께공부

아래 두 법이 서로 동일한 내용이라는 것 비교표

건축물의 피난·방화구조 등의 기준에 관한 규칙	동일	소방시설 설치 및 관리에 관한 법률 시행규칙
상호의 외벽 간 중심선으로부터	=	다른 건축물의 외벽으로부터 수평거리
1층은 3m 이내의 부분	=	1층의 경우에는 6미터 이하
2층 이상에 있어서는 5미터 이내의 부분	=	2층 이상의 층의 경우에는 10미터 이하

※ 결국 건축물의 피난·방화구조 등의 기준에 관한 규칙과 소방시설 설치 및 관리에 관한 법률 시행규칙은 서로 동일한 의미를 가진다.

단어가 답인 문제 ★

54 소방안전교육사는 누가 실시하는 시험에 합격하여야 하는가?
① 소방청장　　② 행정안전부장관　　③ 소방본부장 또는 소방서장　　④ 시·도지사

• 소방청장은 소방안전교육을 위하여 소방청장이 실시하는 시험에 합격한 사람에게 소방안전교육사 자격을 부여한다.
• 소방안전교육사는 소방안전교육의 기획·진행·분석·평가 및 교수업무를 수행한다.

> 단어가 답인 문제 ★

55 다음 중 위험물별 성질로서 틀린 것은?

① 제1류 : 산화성 고체   ② 제2류 : 가연성 고체   ③ 제4류 : 인화성 액체   ④ 제6류 : <u>인화성 고체</u>
                                                                                                                                                                 산화성 액체

위험물
- 인화성(점화원에 의해 불이 붙는) 또는 발화성(스스로 불이 붙는) 등의 성질을 가지는 것으로서 대통령령으로 정하는 물품
- 위험물은 물리적·화학적 성질에 따라 제1류 ~ 제6류 위험물로 구분한다.

① **제1류 위험물** ⇨ **산화성 고체** [가연물을 산화시키는 고체]
   산소를 함유하고 있어 가연물과 접촉시 산소공급원의 기능을 하는 고체로서 ~~염류, 무기과산화물 등이 해당된다.
② **제2류 위험물** ⇨ **가연성 고체** [일반 환원성 가연물]
   일반적으로 불에 타는 가연성고체 물질로서 황, 인, 금속분류 등이 해당된다.
③ **제3류 위험물** ⇨ **자연발화성 및 금수성 물질** [황린제외 모두 금속]
   황린(P_4)이 대표적인 자연발화성물질이고, 나머지는 모두 물에 급격히 반응하여 열을 발생하는 금속(금수성)으로서 칼륨, 나트륨, 리튬, 알루미늄 등이 해당된다.
④ **제4류 위험물** ⇨ **인화성 액체** [유류 등]
   인화의 위험성이 높은 기름 등으로서 특수인화물, 제1석유류~제4석유류, 알코올류, 동식물유류 등으로 구분하며, 1석유류~3석유류는 물에녹는 수용성액체와 녹지않는 비수용성 액체로 구분된다.
⑤ **제5류 위험물** ⇨ **자기반응성 물질** [폭발성 물질]
   가연물질내에 산소를 함유하고 있어 스스로 폭발적으로 반응하는 물질로서, 질산에스테르류, 유기과산화물, 니트로화합물 등 폭발성 물질이 해당된다.
⑥ **제6류 위험물** ⇨ **산화성 액체** [가연물을 산화시키는 액체]
   산소를 함유하고 있어 가연물과 접촉시 산소공급원의 기능을 하는 액체로서 질산, 과산화수소, 과염소산 등이 해당된다.

암기탑! 1류 산고 / 2류 가고 / 3류 자금 / 4류 인화 / 5류 자기 / 6류 산화
➡ 산고 가고(산에 가고) / 자금 인화(자금을 인화해서) / 자기 산화(자기에게 산화시킨다)

> 문장이 답인 문제 ★★★

56 소방시설 설치 및 관리에 관한 법령상 소방시설 등에 대한 자체점검 중 종합점검 대상기준으로 옳지 않은 것은?

① 제연설비가 설치된 터널
② 노래연습장으로서 연면적이 2,000㎡ 이상인 것
③ 물분무등소화설비가 설치된 연면적 <u>3,000㎡</u> 이상인 특정소방대상물(제조소등은 제외)
                                                 5,000㎡
④ 소방대가 근무하지 않는 국공립학교 중 연면적이 1,000㎡ 이상인 것으로서 자동화재탐지설비가 설치된 것

1. 스프링클러설비가 설치된 모든 특정소방대상물은 **종합점검 대상**에 해당한다.
2. 물분무등소화설비가 설치된 연면적 **5,000㎡ 이상**인 특정소방대상물(제조소등 제외)은 **종합점검 대상**에 해당한다.
3. 종합점검 제외 대상
   • **호스릴방식**의 물분무등소화설비만을 설치한 경우는 제외
   • 물분무등소화설비가 설치된 **제조소등**은 제외
   • 다중이용업의 영업장 중 **비디오물소극장업**은 제외
   • 공공기관 중 **소방대가 근무하는 공공기관**은 제외
   • 제연설비가 설치되지 않은 터널

함께공부

1. **종합점검** : 소방시설등의 작동점검을 포함하여 소방시설등의 설비별 주요 구성 부품의 구조기준이 화재안전기준과 건축법 등 관련 법령에서 정하는 기준에 적합한 지 여부를 소방청장이 정하여 고시하는 소방시설등 종합점검표에 따라 점검하는 것을 말하며, 다음과 같이 구분한다.
   ① **최초점검** : 특정소방대상물의 소방시설등이 신설되어 소방시설이 새로 설치되는 경우… 건축법에 따라 건축물이 사용승인 되어 건축물을 사용할 수 있게 된 날부터 60일 이내 점검하는 것을 말한다.
   ② 그 밖의 종합점검 : 최초점검을 제외한 종합점검을 말한다.
2. 종합점검에 해당하는 특정소방대상물
   • 소방시설등이 **신설된** 특정소방대상물
   • 스프링클러설비가 설치된 특정소방대상물

- 물분무등소화설비[호스릴방식의 물분무등소화설비만을 설치한 경우는 제외]가 설치된 연면적 **5,000㎡** 이상인 특정소방대상물(제조소등은 제외)
- 단란주점영업과 유흥주점영업, 영화상영관·비디오물감상실업·비디오물소극장업 및 복합영상물제공업(**비디오물소극장업은 제외**), 노래연습장업, 산후조리업, 고시원업 및 안마시술소의 **다중이용업**의 영업장이 설치된 특정소방대상물로서 연면적이 **2,000㎡** 이상인 것
- 제연설비가 설치된 터널
- **공공기관**(국공립학교 및 사립학교 포함) 중 연면적이 **1,000㎡** 이상인 것으로서 **옥내소화전**설비 또는 **자동화재탐지설비**가 설치된 것. 다만, 소방대가 근무하는 공공기관은 제외한다.

단어가 답인 문제 ★

57 위력을 사용하여 출동한 소방대의 화재진압·인명구조 또는 구급활동을 방해하는 행위를 한 자에 대한 벌칙 기준은?

① 100만원 이하의 벌금　　② 300만원 이하의 벌금
③ 3년 이하의 징역 또는 3천만원 이하의 벌금　　④ **5년 이하의 징역 또는 5천만원 이하의 벌금**

위력을 사용하여 출동한 **소방대**의 화재진압·인명구조 또는 구급활동을 **방해**하는 행위
→ **5년** 이하의 징역 또는 **5천만원** 이하의 벌금에 처한다.

암기탑! 가장 강력한 벌칙이다.

숫자가 답인 문제 ★★★

58 소방용수시설 중 저수조 설치시 지면으로부터 낙차 기준은?

① 2.5m 이하　　② 3.5m 이하　　③ **4.5m 이하**　　④ 5.5m 이하

소방용수시설 저수조 → 흡수부분의 수심은… 0.5m 이상이고 ~ 지면으로부터 낙차는 **4.5m 이하**일 것

숫자가 답인 문제 ★★

59 신축·증축·개축·재축·대수선 또는 용도변경으로 해당 특정소방대상물의 소방안전관리자를 신규로 선임하는 경우 해당 특정소방대상물의 관계인은 특정소방대상물의 사용승인일로부터 며칠 이내에 소방안전관리자를 선임하여야 하는가?

① 7일　　② 14일　　③ **30일**　　④ 60일

소방안전관리자의 선임신고
소방안전관리대상물의 관계인은 소방안전관리자를 다음에서 정하는 날부터 30일 이내에 선임해야 한다.
- **신축·증축·개축·재축·대수선** 또는 **용도변경**으로 해당 특정소방대상물의 소방안전관리자를 **신규로 선임**해야 하는 경우
  → 해당 특정소방대상물의 **사용승인일**

단어가 답인 문제

60 형식승인을 얻어야 할 소방용품이 아닌 것은?

① 감지기　　② **휴대용 비상조명등**　　③ 소화기　　④ 방염액

- 소방용품이란 소방시설등을 구성하거나 소방용으로 사용되는 제품 또는 기기로서 대통령령으로 정하는 것을 말한다.
- 소방용품의 형상·구조·재질·성분·성능 등을 승인받기 위해 만들어 놓은… "**형식승인 및 제품검사의 기술기준**"은 감지기의 형식승인 및 제품검사의 기술기준을 비롯하여 총 32개의 기준이 제정되어 있다.
- 총 32개의 기준 중 **휴대용 비상조명등**의 형식승인 기준은 없다.

함께공부

- **화재감지기(자동발신)** : 화재시 발생하는 열, 연기, 불꽃 등을 자동으로 감지하여 자동화재탐지설비 수신기에 신호를 보내는 장치
- **자동화재탐지설비** : 화재를 자동으로 감지하여 벨(경종), 사이렌, 섬광으로 경보하여 피난을 유도하는 설비로서, 하나의 건물내에 경계구역(=화재감지구역=화재경보구역)을 여러개 나누어서 화재구역과 비화재구역으로 구분하여 제어하는 설비이다.
- **휴대용 비상조명등** : 화재발생 등에 따른 정전시에, 안전하고 원활한 피난을 위하여 피난자가 휴대할 수 있는 조명장치(건전지로

작동되는 일반 후레쉬)
- **소화기** : 소화약제를 압력에 따라 방사하는 기구로서, 사람이 수동으로 조작하여 소화약제를 방사하여 소화하는 것(소형소화기, 대형소화기)
- **방염** : 방염은 불에 타지 않는 불연의 개념이 아니라, 불에 타는 것을 어렵게 하여 불길이 빠르게 확산되는 것을 방지해 피난시간을 확보하기 위한 것이다. 커튼과 카펫 등의 섬유에 약제를 사용하여 방염성능을 부여하는 것을 방염가공이라고 한다.

4과목 소방기계시설의 구조및원리

✔ 이것이 혁신이다! 기출문제 + 답이색해설

> 단어가 답인 문제

61 물분무소화설비에서 압력수조를 이용한 가압송수장치의 <u>압력수조에 설치하여야 하는 것이 아닌 것</u>은?
① 맨홀　　　　　② 수위계　　　　　③ 급기관　　　　　④ <u>수동식 공기압축기</u>

- **물분무 소화설비** : 물을 안개모양으로 방사해 가스와 비슷한 형태를 가지므로, 전기의 부도체(전기가 통하지 않는 물체)로서 전기시설물에 설치가 가능한 자동식 수계소화설비
- **가압송수장치** : 압력을 가해서(가압) 물을 이송하는(송수) 장치로서 그 종류로는 **펌프**(전동기 또는 내연기관과 연결된 원심펌프), **고가수조**(높은 곳에 설치된 수조), **압력수조**(강한 공기압 이용), **가압수조**(압력수조의 간소화 설비) 등의 방식이 있다.
- **압력수조**(강한 공기압 이용) : 자동식공기압축기를 통해 수조내에 소화수와 압축공기를 채우고 일정압력 이상으로 가압하여 그 압력으로 급수하는 수조

- 압력수조에는 급기관 · **수위계** · 배수관 · **급수관** · 맨홀 · 압력계 · 안전장치 및 압력저하방지를 위한 **자동식 공기압축기**를 설치할 것
- 필요에 따라 수동으로 압축공기를 보충하는 장비를 사용할 때 수동식 공기압축기를 사용한다. 반면 자동식 공기압축기[에어 컴프레서(air compressor)]는 압력수조 내 압축공기의 압력이 부족해지면 자동으로 보충하는 기능을 갖췄다.

> 급기관 · 수위계 · 배수관 · 급수관 · 맨홀 · 압력계 · 안전장치 · 자동식 공기압축기 ➡ 기수 배급 맨압안자

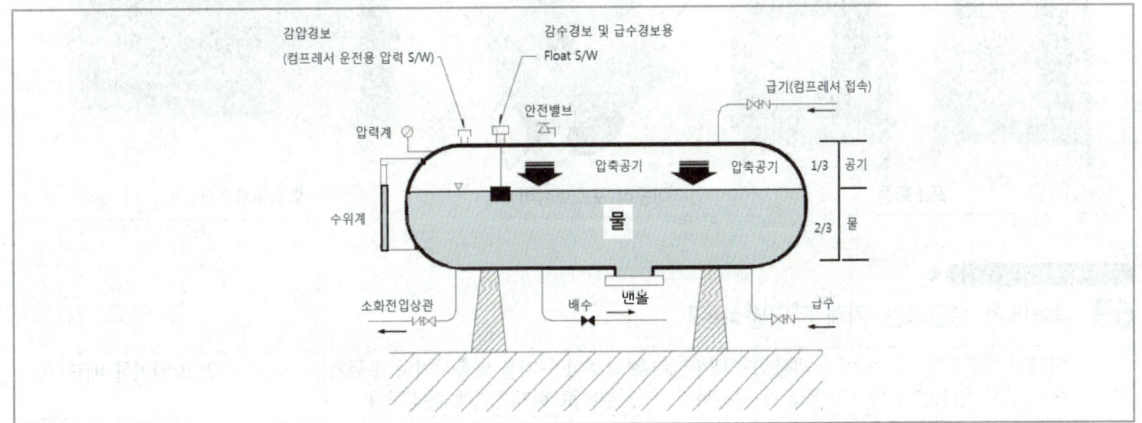

> 문장이 답인 문제

62 특정소방대상물에 따라 적응하는 <u>포소화설비의 종류 및 적응성</u>에 관한 설명으로 <u>틀린</u> 것은?
① 소방기본법시행령 별표2의 특수가연물을 저장·취급하는 공장에는 호스릴포소화설비를 설치한다.
　　　　　　　　　　　　　　　　　　　　　　　　　　　　　　　　　설치할 수 없다
② 완전 개방된 옥상주차장으로 주된 벽이 없고 기둥뿐이거나 주위가 위해방지용 철주 등으로 둘러쌓인 부분에는 호스릴포소화설비 또는 포소화전설비를 설치할 수 있다.
③ 차고에는 포워터스프링클러설비 · 포헤드설비 또는 고정포방출설비, 압축공기포소화설비를 설치한다.
④ 항공기 격납고에는 포워터스프링클러설비 · 포헤드설비 또는 고정포방출설비, 압축공기포소화설비를 설치한다.

- **특정소방대상물** : 소방시설을 설치하여야 하는 소방대상물로서 대통령령으로 정하는 것
- **포소화설비** : 수조로부터 공급된 물과 포약제 저장탱크에서 공급된 포원액을, **혼합기(프로포셔너)**에서 믹싱해 포수용액을 만들어, 포 방출구에서 공기와 섞어진 후 발포되어 거품을 방사하는 형태의 소화설비로서 유류탱크 등 위험물에 주로 사용된다.
- **포소화설비의 분류**
  ① 고정식 포소화설비 → **포워터스프링클러설비**, **포헤드설비**, **고정포방출설비**(고발포용 고정포 방출구), **압축공기포소화설비**
  ② 이동식 포소화설비 → **호스릴포소화설비**, **포소화전설비**(포소화전 방수구·호스 및 이동식 포노즐을 사용하는 설비)
  ③ 위험물 옥외탱크 저장소 → **고정포**방출구(폼 챔버, 탱크내부), **보조포소화전**(방유제 밖)

특정소방대상물에 따라 적응하는(설치가능한) 포소화설비
1. 특수가연물을 저장·취급하는 **공장 또는 창고** → 포워터스프링클러설비·포헤드설비 또는 고정포방출설비, 압축공기포소화설비
2. **차고 또는 주차장** → 포워터스프링클러설비·포헤드설비 또는 고정포방출설비, 압축공기포소화설비
   다만, 다음의 어느 하나에 해당하는 **차고·주차장의 부분에는 호스릴포소화설비 또는 포소화전설비를 설치**할 수 있다.
   ① 완전 개방된 옥상주차장 또는 고가 밑의 주차장으로서 주된 벽이 없고 기둥뿐이거나 주위가 위해방지용 철주 등으로 둘러쌓인 부분
   ② 지상 1층으로서 지붕이 없는 부분
3. **항공기격납고** → 포워터스프링클러설비·포헤드설비 또는 고정포방출설비, 압축공기포소화설비
   다만, 바닥면적의 합계가 1,000㎡ 이상이고 항공기의 격납위치가 한정되어 있는 경우에는 그 한정된 장소외의 부분에 대하여는 호스릴포소화설비를 설치할 수 있다.
4. **발전기실, 엔진펌프실, 변압기, 전기케이블실, 유압설비**
   → 바닥면적의 합계가 **300㎡미만**의 장소에는 **고정식 압축공기포**소화설비를 설치 할 수 있다.

63 다음에서 설명하는 기계 제연방식은?

화재시 배출기만 작동하여 화재장소의 내부압력을 낮추어 연기를 배출시키며 송풍기는 설치하지 않고 연기를 배출시킬 수 있으나 연기량이 많으면 배출이 완전하지 못한 설비로 화재초기에 유리하다.

① 제1종 기계 제연방식   ② 제2종 기계 제연방식   ③ **제3종 기계 제연방식**   ④ 스모크타워 제연방식

제연이란 **연기를 제어**한다는 의미로서... 화재실에 **신선한 공기를 급기**하고, **발생된 연기를 배기(배출)**하는 것을 제연이라 한다.
제연설비 : 구획(구역)을 나누(가두)어서 연기를 배출(배기)하거나, 신선한 공기를 급기(유입)하여 소화활동 및 피난을 용이하게 만드는 설비

기계 제연방식 : 급기송풍기(송풍기, 공기급기)와 배출기(배연기, 연기배출) 등의 기계를 이용하여 연기를 제어하는 방식
- **1종**(급기와 배기 모두 기계식) : 급기송풍기와 배출기를 모두 이용하여 기계로 제연하는 방식
- **2종**(급기만 기계식) : 피난통로인 복도, 통로 등에 급기송풍기(송풍기, 공기급기)를 설치해, 신선한 공기를 유입시켜 압력을 형성하여, 복도나 통로에 연기가 유입되지 못하도록 하는 방식
- **3종**(배기만 기계식)
  - 기계식 배출기로 연기를 배출해서, 화재실을 저압으로 형성시켜 연기가 다른 구역으로 확산되는 것을 방지할 수 있는 방식
  - 기계로만 배출하다 보니... 연기 온도가 상승하면 기기의 내열성에 한계가 있는 것은 당연할 것이다.

참고탱이! 2종(급기만 기계) 3종(배기만 기계) ➡ 2급 3배 (2급 기계가 3배로 잘한다)

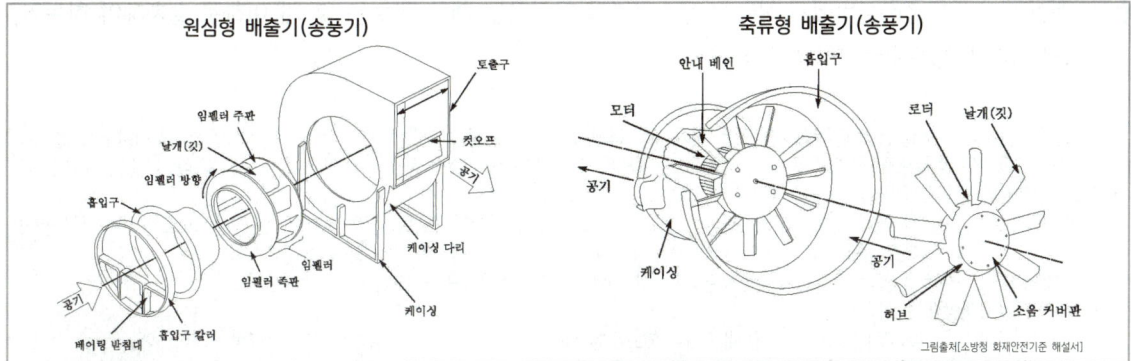

함께공부
- **자연 제연방식** : 창문이나 배연구를 통해 자연적으로 연기를 배출하는 방식으로, 화재실의 압력이 실외보다 높은 경우 연기가 자연스럽게 배출되지만, 실외의 풍향, 풍속 등에 영향을 받아 연기배출이 제한받는 경우도 있다.
- **스모크 타워 제연방식** : 고층건축물에 적합한 방식이며, 화재층의 연기를 제연전용의 **수직샤프트로** 유입시켜 수직샤프트의 꼭대기에 설치한 배출구에서 무동력팬 또는 동력팬을 이용하여 연기를 배출하는 방식으로, 건물옥내의 압력보다 수직샤프트의 압력을 낮게 유지하여 연기를 자연스럽게 유입시켜 연기를 배출하는 방식이다.

단어가 답인 문제

64 분말소화설비가 작동한 후 배관 내 잔여분말의 청소용(Cleaning)으로 사용되는 가스로 옳게 연결된 것은?
① 질소, 건조공기　② 질소, 이산화탄소　③ 이산화탄소, 아르곤　④ 건조공기, 아르곤

- **분말소화설비** : 분말소화설비는 미세한 분말입자를 별도 추진가스(질소 또는 이산화탄소)의 압력으로 방사하여 소화하는 설비이다.
- **가압방식**(압력을 가하여 약제를 이송하는 방식)에 따라 축압식설비(추진가스 약제용기내 같이)와 가압식설비(추진가스 별도용기에 따로)로 구분

분말을 방사한 후, 배관 내 분말이 남아있을 경우... 고화되어 소화설비의 성능에 지장을 초래하므로, 분말 방사 후 잔여분말을 깨끗하게 청소해 주어야 한다.
- **가압용가스** 또는 **축압용가스는 질소가스 또는 이산화탄소**로 할 것(가압용가스 또는 축압용가스로 청소까지 시행한다)
- 배관의 청소에 필요한 양의 가스는 **별도의 용기에 저장**할 것

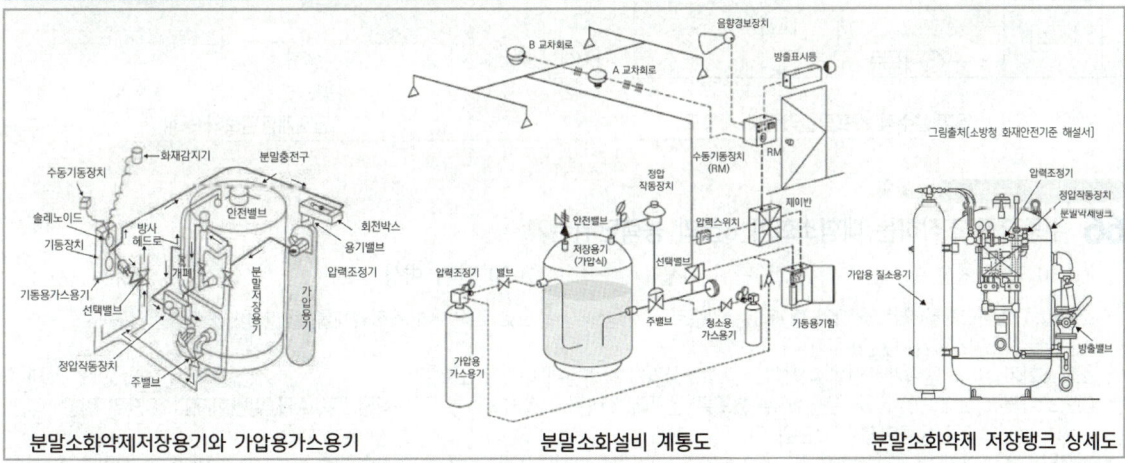

숫자가 답인 문제 ★★★

65 개방형 스프링클러설비에서 하나의 방수구역을 담당하는 헤드 개수는 몇 개 이하로 설치해야 하는가? (단, 1개의 방수구역으로 한다.)

① 60 ② 50 ③ 40 ④ 30

- **스프링클러설비** : 화재발생시 화재를 자동으로 감지하여 피난을 위한 경보를 발하고, 습식·건식·준비작동식·일제살수식 밸브가 개방되면, 유수의 흐름으로 인하여 펌프가 기동되고, 개방된 헤드를 통해 소화수를 방수하여 소화하는 자동식 수계소화설비
- **헤드** : 빗방울 형태로 대량으로 물을 뿌리면서 방수하는 역할을 하는 장치
  - **폐쇄형헤드** : 정상상태에서 방수구를 막고 있는 감열체가 일정온도에서 자동적으로 파괴·용해 또는 이탈됨으로써 방수구가 개방되는 헤드(화재시 개방된 헤드에서만 물이 방수된다)
  - **개방형헤드** : 감열체 없이 방수구가 항상 열려져 있는 헤드(화재시 설치된 모든 헤드에서 물이 방수된다)
- **방수구역**(일제개방밸브 사용)
  - 스프링클러설비 소화범위에 따라... 건물내 층별, 헤드수별(헤드 50개 이하)로 나누어진 하나의 영역을 말한다.
  - 개방형 스프링클러헤드를 사용하는(일제살수식) 설비의 구역을 방수구역이라 한다.
- **일제개방밸브** : 개방형스프링클러헤드를 사용하는 일제살수식 스프링클러설비에 설치하는 밸브로서 화재발생 시 자동 또는 수동식 기동장치에 따라 밸브가 열리는 것을 말한다.
- **일제살수식 스프링클러설비** : 가압송수장치에서 일제개방밸브 1차 측까지 배관 내에 항상 물이 가압되어 있고, 2차 측에서 개방형 스프링클러헤드까지 대기압으로 있다가, 화재발생시 자동감지장치 또는 수동식 기동장치의 작동으로 일제개방밸브가 개방되면, 스프링클러헤드까지 소화용수가 송수되어, 하나의 방수구역 내 전체 헤드에서 일제히 살수하는 방식의 스프링클러설비

하나의 방수구역을 담당하는 헤드의 개수는 **50개 이하**로 할 것.
다만, 2개 이상의 방수구역으로 나눌 경우에는 하나의 방수구역을 담당하는 헤드의 개수는 25개 이상으로 할 것

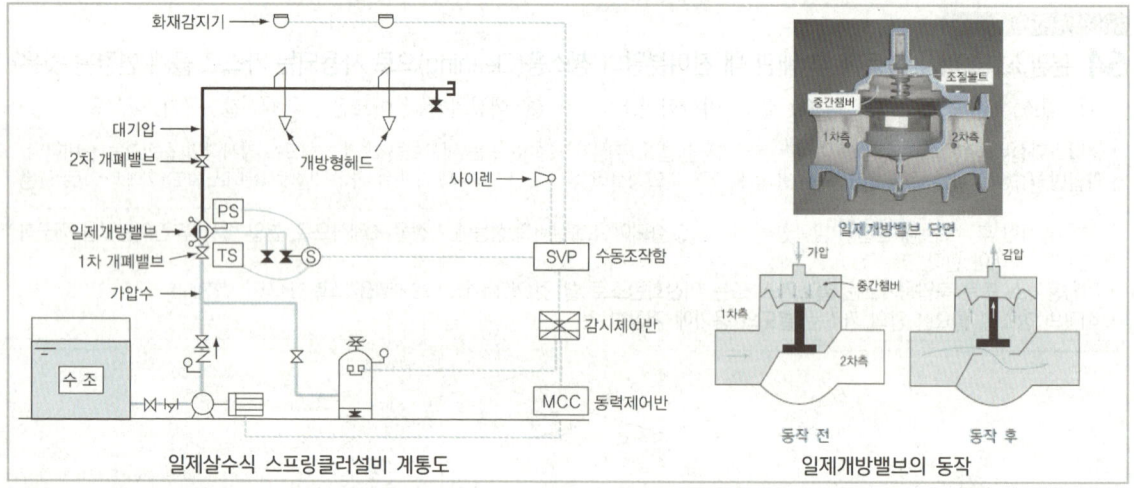

일제살수식 스프링클러설비 계통도 / 일제개방밸브 단면 / 일제개방밸브의 동작

숫자가 답인 문제 ★★★

66 수동으로 조작하는 대형소화기 B급의 능력단위는?

① 10 단위 이상 ② 15 단위 이상 ③ 20 단위 이상 ④ 30 단위 이상

- **소화기** : 소화약제를 압력에 따라 방사하는 기구로서, 사람이 수동으로 조작하여 소화약제를 방사하여 소화하는 것 (소형소화기, 대형소화기)
- **소형소화기** : 능력단위가 1단위 이상이고 대형소화기의 능력단위 미만인 소화기
- **대형소화기** : 화재 시 사람이 운반할 수 있도록 운반대와 바퀴가 설치되어 있고 능력단위가 **A급(일반화재) 10단위 이상, B급(유류화재) 20단위 이상**인 소화기
- **능력단위** : 소화기 및 간이소화용구의 소화능력을 나타내는 수치로서, 법에 따라 형식승인된 수치. 이 능력단위를 산정하기 위해 모형에 의한 소화능력시험을 실시한다.

대형소화기는 A급 10단위 이상, B급 20단위 이상의 능력단위를 갖는 소화기를 의미한다.

답이팁! 일반화재(A급)보다 유류화재(B급)가 더 위험하므로... 능력단위가 더 높아야 한다. ➡ A급 10단위 ≪ B급 20단위

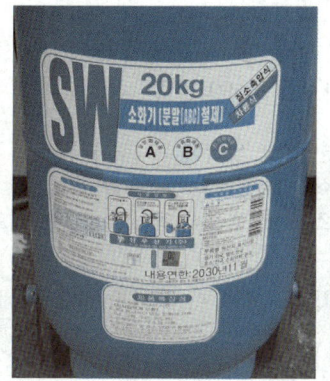

대형소화기

> 숫자가 답인 문제 ★

67 저압식 이산화탄소 소화설비 소화약제 저장용기에 설치하는 안전밸브의 작동압력은 내압시험압력의 몇 배에서 작동하는가?

① 0.24 ~ 0.4 ② 0.44 ~ 0.6 ③ 0.64 ~ 0.8 ④ 0.84 ~ 1

- **이산화탄소 소화설비** : 탄산가스(CO_2)를 소화약제로 이용하여 화재를 진압하는 가스계 소화설비로서 CO_2는 화학적으로 안정된 불연성가스이고, 화재실에 CO_2약제를 방출하면 공기중의 산소농도를 떨어트려 소화하는 질식소화가 대표적인 소화효과이다. 약제 저장방식(저장온도)에 따라 고압식설비와 저압식설비(영하 18℃이하)로 구분된다.
- **고압식** : CO_2를 고압으로 액화시켜 68ℓ의 비교적 작은 용기에, 여러 병을 실온에 저장하는 방식으로... 밸브 개방시 고압이 해정되면서 기화되어 방사된다.
- **저압식** : −18℃ 이하에서 2.1MPa의 압력으로 CO_2를 액상으로 저장하는 방식으로... 언제나 −18℃를 유지해야 하므로 단열조치 및 자동냉동장치가 필요하며 약제용기는 대형저장탱크 1개를 사용한다.
- **내압시험압력** : 얼마의 압력까지 용기가 견딜 수 있는지를 알아보는 시험(고압식 저장용기 25MPa 이상, 저압식은 3.5MPa 이상)
- **안전밸브** : 약제 저장용기와 선택밸브 사이 배관 도중에 설치하여... 저장용기의 용기밸브는 개방되었으나 선택밸브가 개방되지 아니하였을 때, 설비의 안전을 위하여 개방되는 안전장치이다.
- **봉판** : 과도한 압력이 발생할 경우 파열되도록 설계된, 안전밸브의 배출구를 막고 있는 얇은 금속판

저압식 저장용기에 설치하는 안전장치
- 안전밸브 작동압력
  → 내압시험압력의 0.64배부터 ~ 0.8배의 압력에서 작동
- 봉판 작동압력
  → 내압시험압력의 0.8배부터 ~ 내압시험압력에서 작동
- 안전밸브가 작동하여도 압력상승을 막기 어려울 때...
  봉판이 터져 저압식 저장용기의 폭발을 방지한다.

안전밸브

이산화탄소 소화설비 저장압력에 따른 분류

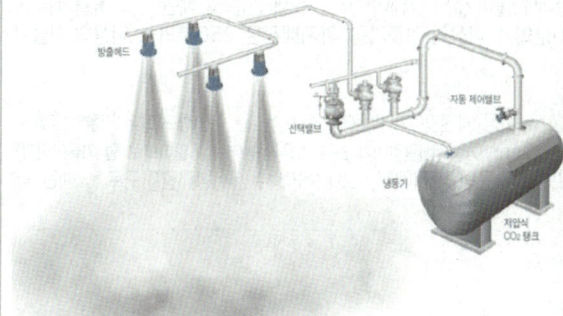

저압식 설비

고압식 설비

감탄답이색

소방설비기사 기계 필기 | Engineer Fire Protection System

▶ 문장이 답인 문제 ★★

68 스프링클러 설비의 배관에 대한 내용 중 잘못된 것은?

① 수직배수배관의 구경은 65mm 이상으로 하여야 한다.
　　　　　　　　　　　50mm
② 급수배관 중 가지배관의 배열은 토너먼트 방식이 아니어야 한다.
③ 교차배관의 청소구는 교차배관 끝에 개폐밸브를 설치한다.
④ 습식스프링클러설비 또는 부압식 스프링클러설비 외의 설비에는 헤드를 향하여 상향으로 가지배관의 기울기를 250분의 1 이상으로 한다.

- **스프링클러설비** : 화재발생시 화재를 자동으로 감지하여 피난을 위한 경보를 발하고, 습식·건식·준비작동식·일제살수식 밸브가 개방되면, 유수의 흐름으로 인하여 펌프가 기동되고, 개방된 헤드를 통해 소화수를 방수하여 소화하는 자동식 수계소화설비
- **스프링클러 헤드** : 스프링클러에서 나오는 물을, 빗방울 형태로 대량으로 뿌리면서 방수하는 역할을 하는 부분을 말한다.
- **배관의 종류** : 배관이란 물이 이송되는 관을 말한다.
  - **급수배관** : 수원 및 옥외송수구로부터... 최종적으로 물이 방수되는 곳인 스프링클러 헤드까지 이르는 모든 배관
  - **주배관** : 각 층을 수직으로 관통하는 수직배관(입상관)
  - **수평주행배관** : 교차배관에 급수하는 배관
  - **교차배관** : 직접 또는 수직배관을 통하여 가지배관에 급수하는 배관 → 최소구경 40mm 이상
  - **가지배관** : 헤드가 설치되어 있는 배관
- **습식 스프링클러설비** : 가압송수장치에서 폐쇄형스프링클러헤드까지 배관 내에 항상 물이 가압되어 있다가 화재로 인한 열로 폐쇄형스프링클러헤드가 개방되면 배관 내에 유수가 발생하여 습식유수검지장치가 작동하게 되는 스프링클러설비
- **부압식 스프링클러설비** : 가압송수장치에서 준비작동식유수검지장치(프리액션밸브)의 1차측까지는 항상 **정압**(가압수=게이지압)의 물이 가압되고, 2차측 폐쇄형 스프링클러헤드까지는 소화수가 **부압**(부압수=진공압)으로 되어 있다가, 화재 시 감지기의 작동에 의해 정압으로 변하여 유수가 발생하면 작동하는 스프링클러설비

① **수직 배수배관** : 스프링클러설비의 작동 및 점검시... 사용된 물을 아래로 내려 보내기 위한 배관 → 구경 **50mm 이상**
② **가지배관의 배열**은 **토너먼트(tournament)방식이 아닐 것**
　→ **토너먼트(tournament)방식**은 배관을 분기할 때, 헤드까지 이르는 경로를 모두 **균일하게 나누어서 분기하는 방식**이다.
　　• 가스계 설비는 토너먼트 방식으로 설계하여야 한다. 토너먼트 방식으로 설계하면, 모든 헤드에서 균일 방사량과 방사압을 얻을 수 있다.
　　• 수계설비는 트리방식(나무처럼, 가지배관 방식)으로 설계한다.
　　　토너먼트 방식으로 설계하면... 관부속품 수가 많아지고, 배관이 계속해서 분기되기 때문에, 배관의 마찰손실이 증가한다.

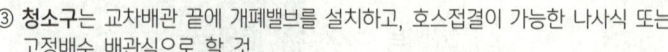
토너먼트 배관방식

③ **청소구**는 교차배관 끝에 개폐밸브를 설치하고, 호스접결이 가능한 나사식 또는 고정배수 배관식으로 할 것
　→ 청소구의 목적은 배관 내에 스케일이나 오염원을 배출하여 **청결한 배관상태를 유지**하기 위함이다.
　→ 청소구는 주로 **앵글밸브가 설치**되며, 앵글밸브에는 개폐밸브와 나사식 연결구가 설치되어 있다.

앵글밸브

④ 습식스프링클러설비 또는 부압식 스프링클러설비 외의 설비(건식/준비작동식/일제살수식)에는 헤드를 향하여 상향으로 수평주행배관의 기울기를 500분의 1 이상, 가지배관의 기울기를 250분의 1 이상으로 할 것. 다만, 배관의 구조상 기울기를 줄 수 없는 경우에는 배수를 원활하게 할 수 있도록 배수밸브를 설치하여야 한다.
　→ 습식과 부압식만 평소 물이 채워져 있고, 나머지 설비에는 배관내에 물이 없는 상태이므로... 화재 진압 후 배관 내의 물을 배수하기 위해 배관의 기울기를 주어야 하는데, **수평주행배관은 500분의 1 이상의 기울기를, 가지배관은 250분의 1 이상의 기울기를 주어야 한다.**
　→ 기울기는 헤드를 향하여 상향으로...
　　• **가지배관** : 배관길이가 250cm 일 때, 기울기의 높이는 1cm 이상 (배관길이가 짧은데 기울기 높이는 동일하므로 더 기울어진다)
　　• **수평주행배관** : 배관길이가 500cm 일 때, 기울기의 높이는 1cm 이상 (배관길이가 긴데 기울기 높이는 동일하므로 덜 기울어진다)
　　• 위와 같이 기울기를 부여하면... 헤드가 가장 높은 위치이고, 그 다음이 가지배관, 그 다음이 수평주행배관이므로... 배관 내 물이 자연스럽게 빠져나간다.

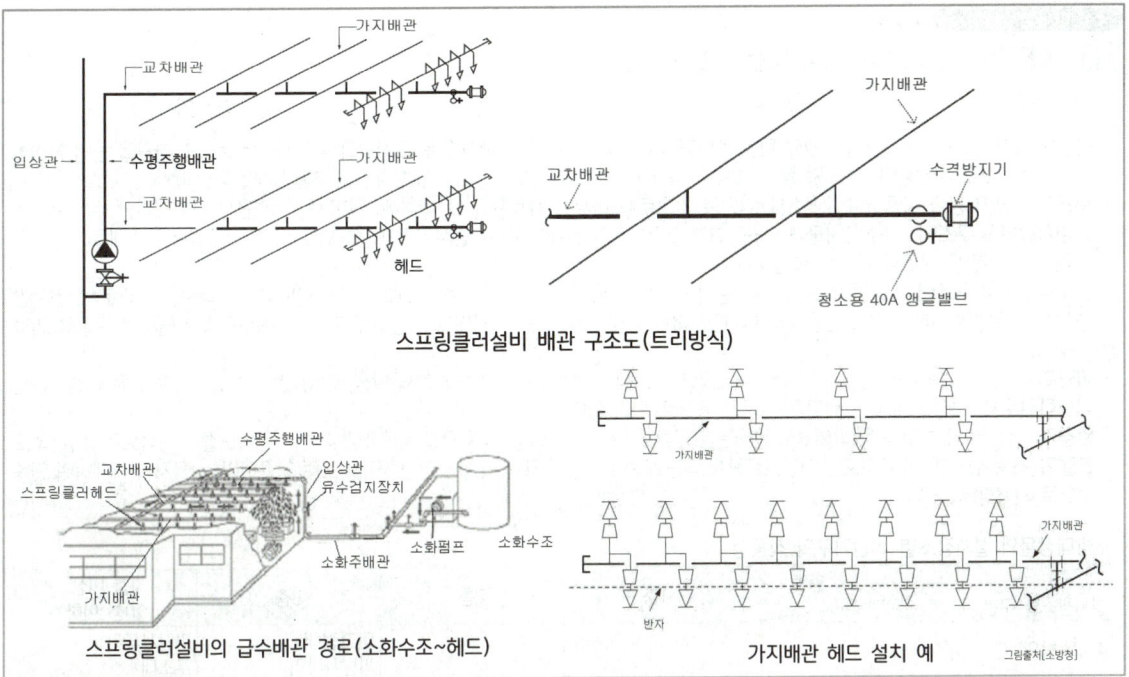

스프링클러설비 배관 구조도(트리방식)

스프링클러설비의 급수배관 경로(소화수조~헤드)

가지배관 헤드 설치 예

단어가 답인 문제

69 가솔린을 저장하는 고정지붕식의 옥외탱크에 설치하는 포소화설비에서 포를 방출하는 기기는 어느 것인가?

① 포워터 스프링클러헤드 ② 호스릴 포 소화설비 ③ 포 헤드 ④ **고정포 방출구(폼 챔버)**

- **특정소방대상물** : 소방시설을 설치하여야 하는 소방대상물로서 대통령령으로 정하는 것
- **포소화설비** : 수조로부터 공급된 물과 포약제 저장탱크에서 공급된 포원액을, 혼합기(프로포셔너)에서 믹싱해 포수용액을 만들어, 포 방출구에서 공기와 섞어진 후 발포되어 거품을 방사하는 형태의 소화설비로서 유류탱크 등 위험물에 주로 사용된다.
- **포소화설비의 분류**
  ① **고정식** 포소화설비 → **포워터스프링클러설비, 포헤드설비, 고정포방출설비**(고발포용 고정포 방출구), **압축공기포소화설비**
  ② **이동식** 포소화설비 → **호스릴포소화설비, 포소화전설비**(포소화전 방수구·호스 및 이동식 포노즐을 사용하는 설비)
  ③ **위험물** 옥외탱크 저장소 → **고정포방출구**(폼 챔버, 탱크내부), **보조포소화전**(방유제 밖)

1. 우측 그림과 같이 **위험물 옥외탱크** 측판에 설치되어… 탱크 내부에 포를 방출하는 기기를 **폼 챔버(고정포방출구)**라고 한다.

2. 위험물 옥외탱크는…
   ① 지붕이 고정된 콘루프탱크(고정지붕, 원추지붕, 원뿔형)와
   ② 지붕판이 상하로 이동하는 부상형 지붕인 플로팅루프탱크(부상식지붕) 로 구분된다.

3. 콘루프탱크(고정지붕, 원추지붕, 원뿔형)에는…
   Ⅰ형 방출구, Ⅱ형 방출구, Ⅲ형 방출구, Ⅳ형 방출구로 구분되어 설치된다.

4. 플로팅루프탱크(부상식지붕)에는… 특형 방출구가 설치된다.

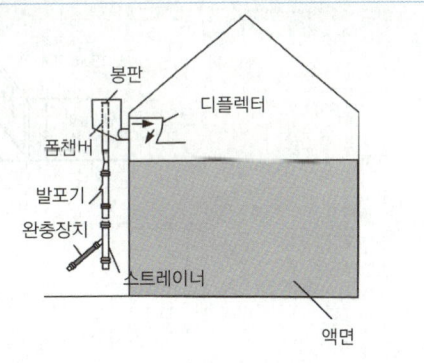

> 단어가 답인 문제 ★★★

70 백화점의 7층에 적응성이 없는 피난기구는?

① 구조대　　　　② 피난용트랩　　　　③ 피난교　　　　④ 완강기

- **피난용 트랩** : 발판(디딤판)과 난간이 있는 계단형태로서 평상시에 고정되어 있는 고정식과 평상시에는 트랩의 하단을 들어 올려놓는 반고정식으로 구분한다.(의료시설 등에는 3층~10층까지 설치가 가능하고, 그 밖의 대상물에는 3층에만 설치할 수 있다)
- **구조대** : 포지 등을 사용하여 자루형태로 만든 것으로서 화재시 사용자가 그 내부에 들어가서 내려옴으로써 대피할 수 있는 것
  - **경사강하식 구조대** : 소방대상물에 비스듬하게 고정시키거나 설치하여 사용자가 미끄럼식으로 내려올 수 있는 구조대로서 단시간에 많은 인명을 구조할 수 있도록 설치된다.
  - **수직강하식 구조대** : 소방대상물 주위에 설치 공간이 부족할 때... 수직으로 구조대를 설치하여 타고 내려오는 것으로서, 경사강하식 구조대에 비해 적은 공간을 차지하지만, 어린이 및 노약자 등 체격이 왜소한 사람의 경우 속도감속이 덜하여 손상을 입을 수 있다.
- **피난교** : 2개의 건축물을 연결하여(옥상층 또는 건축물의 중간 외벽에 설치된 개구부) 화재 발생 시 옆 건축물로 피난하기 위해 설치하는 **피난다리**로서, 구성은 교각·바닥판·난간 등으로 되어 있다.
- **완강기** : 창문이나 발코니 등의 외부로 통하는 개구부 부근에 설치되며, 사용자의 몸무게에 따라 하강속도를 자동적으로 조절[**속도조절기(조속기)**]하면서 내려오는 하강로프장치 피난기구이다. 사용자의 가슴에 안전벨트를 조여 착용하며, 사용자가 교대하여 연속적으로 사용할 수 있다.

소방대상물의 설치장소별 피난기구의 적응성

설치장소별 구분 \ 층별	1층	2층	3층	4층 이상 10층 이하
4. 그 밖의 것			**미끄럼대** 피난사다리 구조대 완강기 피난교 **피난용트랩** 간이완강기 공기안전매트 다수인피난장비 승강식피난기	피난사다리 구조대 완강기 피난교 간이완강기 공기안전매트 다수인피난장비 승강식피난기

→ 백화점은 그 밖의 것에 해당하며, 7층은... 4층 이상 10층 이하에 해당한다. 따라서 3층에는 피난용 트랩을 설치할 수 있지만, **4층 이상에는 피난용트랩과 미끄럼대를 설치할 수 없다.**

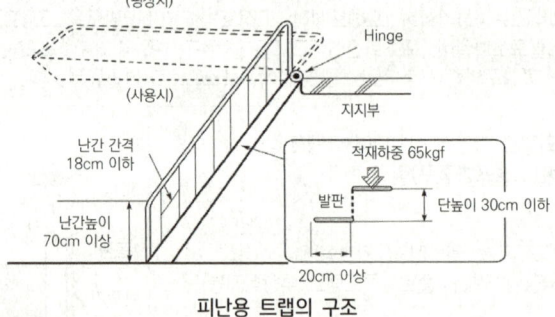

피난용 트랩의 구조

함께공부

소방대상물의 설치장소별 피난기구의 적응성

설치장소별 구분	층별	1층	2층	3층	4층 이상 10층 이하
1. 노유자시설		미끄럼대 구조대 피난교 다수인피난장비 승강식피난기	미끄럼대 구조대 피난교 다수인피난장비 승강식피난기	미끄럼대 구조대 피난교 다수인피난장비 승강식피난기	구조대[1] 피난교 다수인피난장비 승강식피난기
2. 의료시설·근린생활시설 중 입원실이 있는 의원·접골원·조산원				미끄럼대 구조대 피난교 피난용트랩 다수인피난장비 승강식피난기	구조대 피난교 피난용트랩 다수인피난장비 승강식피난기
3. 「다중이용업소의 안전관리에 관한 특별법 시행령」 제2조에 따른 다중이용업소로서 영업장의 위치가 4층 이하인 다중이용업소			미끄럼대 피난사다리 구조대 완강기 다수인피난장비 승강식피난기	미끄럼대 피난사다리 구조대 완강기 다수인피난장비 승강식피난기	미끄럼대 피난사다리 구조대 완강기 다수인피난장비 승강식피난기
4. 그 밖의 것				미끄럼대 피난사다리 구조대 완강기 피난교 피난용트랩 간이완강기[2] 공기안전매트[3] 다수인피난장비 승강식피난기	피난사다리 구조대 완강기 피난교 간이완강기[2] 공기안전매트[3] 다수인피난장비 승강식피난기

※ 비고
1) 구조대의 적응성은 장애인 관련 시설로서 주된 사용자 중 스스로 피난이 불가한 자가 있는 경우 추가로 설치하는 경우에 한한다.
2) 간이완강기의 적응성은 숙박시설의 3층 이상에 있는 객실에 한한다.   3) 공기안전매트의 적응성은 공동주택에 추가로 설치하는 경우에 한한다.

숫자가 답인 문제 ★

71 특별피난계단의 계단실 및 부속실 제연설비의 화재안전기준 중 급기풍도 단면의 긴변의 길이가 1300mm 인 경우, 강판의 두께는 몇 mm 이상이어야 하는가?

① 0.6   ② 0.8   ③ 1.0   ④ 1.2

특별피난계단의 계단실 및 부속실 제연설비
- 특별피난계단의 **계단실·부속실** 및 **비상용 승강기**의 승강장에 신선한 공기를 급기(유입)하여 **연기가 침투하지 못하도록** 하여 피난을 용이하게 만드는 설비
- 피난로 및 피난공간의 안전성을 확보하여 인명안전은 물론 소방관의 소화 및 구조 활동을 원활하게 하는 데에 그 목적이 있다.
- **급기가압 제연설비**라고도 하며… 특정소방대상물의 **제연구역 내**(계단실, 부속실 또는 비상용승강기의 승강장)에 신선한 공기를 주입하여 **옥내**(화재발생 부분)보다 압력을 높게 하여 화재 시 발생한 연기 또는 열기가 제연구역으로 확산, 침투하지 못하도록 하는 설비이다.

급기풍도 강판의 두께

풍도단면의 긴변 또는 직경의 크기	450mm 이하	450mm 초과 750mm 이하	750mm 초과 1,500mm 이하	1,500mm 초과 2,250mm 이하	2,250mm 초과
강판두께	0.5mm	0.6mm	**0.8mm**	1.0mm	1.2mm

※ 특별피난계단이나 비상용승강기가 있는 건축물은 일반적으로 고층건축물에 해당하며, 동일 수직선상에 여러 개의 계단 부속실이 있기 마련이다. 이 경우 독립된 각각의 제연구역에 급기경로를 설치하면 이상적이겠지만, 경제성과 효율성을 고려하여 하나의 공통된 수직 급기풍도를 설치하여 신선한 공기를 급기하게 된다.

숫자가 답인 문제 ★★★

72 경사강하식 구조대의 구조 기준 중 입구틀 및 취부틀의 입구는 지름 몇 cm 이상의 구체가 통과할 수 있어야 하는가?

① 50 ② 60 ③ 70 ④ 80

- **구조대** : 포지 등을 사용하여 자루형태로 만든 것으로서 화재시 사용자가 그 내부에 들어가서 내려옴으로써 대피할 수 있는 것
- **경사강하식 구조대** : 소방대상물에 비스듬하게 고정시키거나 설치하여 사용자가 미끄럼식으로 내려올 수 있는 구조대로서 단시간에 많은 인명을 구조할 수 있도록 설치된다.

입구틀 및 취부틀(구조대를 건물에 고정하는 부분)의 입구는 지름 50cm 이상의 구체가 통과 할 수 있어야 한다.
→ 대부분의 사람이 들나들 수 있는 **개구부의 크기를 지름 50cm로 규정**하였다.

양기팁! 지름 50cm 이상의 구체 / 봉합부가 설치되지 아니하여야 / 구조대기준 ➡ 50cm(지름오공)이상 봉합하면 안됨! 그러면 구조해야 함!

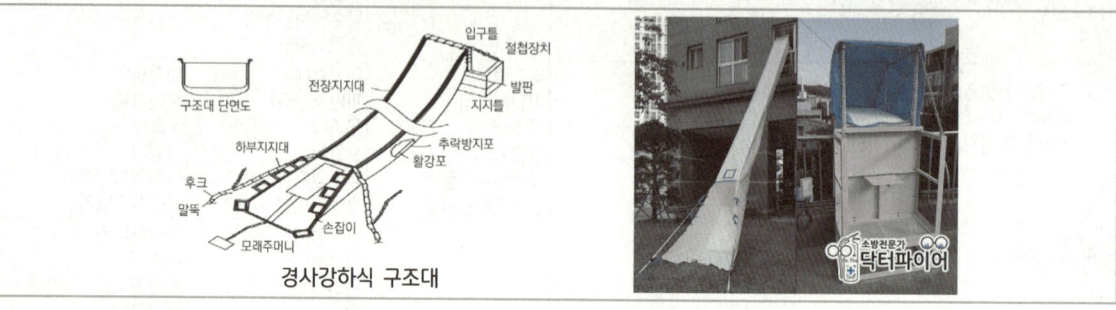

경사강하식 구조대

단어가 답인 문제

73 폐쇄형헤드를 사용하는 연결살수설비의 주배관을 옥내소화전설비의 주배관에 접속할 때 접속부분에 설치해야 하는 것은? (단, 옥내소화전설비가 설치된 경우이다.)

① 체크밸브 ② 게이트밸브 ③ 글로브밸브 ④ 버터플라이밸브

- **헤드** : 빗방울 형태로 대량으로 물을 뿌리면서 방수하는 역할을 하는 장치
- **폐쇄형헤드** : 정상상태에서 방수구를 막고 있는 감열체가 일정온도에서 자동적으로 파괴·용해 또는 이탈됨으로써 방수구가 개방되는 헤드(화재시 개방된 헤드에서만 물이 방수된다)
- **개방형헤드** : 감열체 없이 방수구가 항상 열려져 있는 헤드(화재시 설치된 모든 헤드에서 물이 방수된다)
- **연결살수설비** : 소방대의 진입이 곤란한 지하등의 장소(부분)에, 소방차에서 송수구에 물을 공급하면, 그 공급된 물이 헤드를 통하여 방수되어 화재를 진압하는 설비(소방대가 도착하여 송수구에 물을 공급하기 전까지는 무용지물인 설비이다.)
- **옥내소화전설비** : 화재발생시 옥내소화전함을 개방하여 방수구와 연결된 호스를 전개한 후 앵글밸브를 개방하고, 화점을 향해 노즐을 개방하여 방사하는 형태의 수동식 수계소화설비
- **밸브** : 배관의 중간이나 용기에 설치하여, 유체의 양이나 압력 등을 제어하는 장치

연결살수설비가 설치된 구역에서 화재발생시... 소방대 도착 전 연결살수설비를 활용하기 위해, 연결살수설비 배관에 물을 공급할 수 있는 방법은 아래와 같다.
1. 옥내소화전설비의 주배관에 접속한다. → 옥내소화전설비의 수원을 활용할 수 있다.
2. 수도배관에 접속한다. → 상수도의 물을 이용할 수 있다.
3. 옥상에 설치된 수조에 접속한다. → 옥상수조의 물을 이용할 수 있다.

이렇게 연결살수설비와 다른 배관을 연결해 놓았을 때 문제점이 있는데... 나중에 소방차가 도착하여 연결살수설비 송수구에 물을 공급하면, 연결살수설비와 연결된 다른 배관으로 물이 역류하여 공급될 수 있다. 따라서 다른 배관의 접속부분에 체크밸브(역류방지밸브)를 설치하여 물이 역류되는 것을 방지하여야 한다.

① **체크밸브**는 유체를 한쪽 방향으로만 흐르게 하는 역류방지밸브로서 펌프가 물을 토출할 때... 펌프 쪽으로 물이 역류되면 펌프에 부담이 갈 수 있기 때문에 체크밸브를 설치하여 펌프의 부담을 덜어준다.

리프트형 체크밸브(스모렌스키 체크밸브)

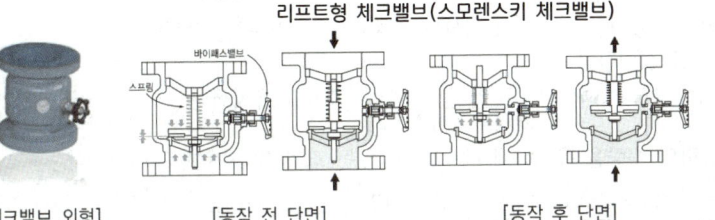

[체크밸브 외형]　　[동작 전 단면]　　[동작 후 단면]

② **개폐밸브**는 게이트 밸브라고도 하며, 완전열림, 완전닫힘 용도로 사용하고, 주배관에 주로 이용한다. 개폐밸브의 대표적인 밸브로서 주로 **OS&Y 밸브**를 이용한다.

OS&Y 게이트밸브(나사부 돌출형 게이트밸브)

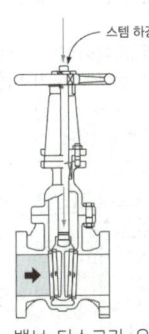  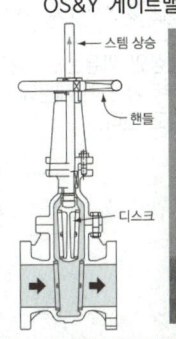 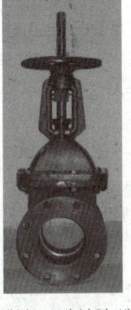  

밸브 디스크가 유체의 통로를 수직 상승과 하강을 통해 개폐하는 방식의 밸브이다. 밸브가 열려 있으면 그림과 같이 나사부가 돌출되어 쉽게 확인이 가능하다. 닫혀 있는 경우는 나사부가 밸브 본체속으로 매몰된다. 이는 밸브가 폐쇄됨으로 인하여 발생 할 수 있는 송수불능의 사태를 막기 위한 것이며, 항상 육안으로 밸브의 개폐상태를 점검해야 한다.

③ **글로브 밸브**는 **유량조절밸브**로 사용된다. 밸브가 모두 열렸을 때에도, 밸브가 유체 속에 있으므로 유체의 에너지 손실이 크지만, 밸브의 개폐 속도가 빠르고, 핸들의 조임 정도에 따라 유량조절이 용이하여 유량조절밸브로 사용된다.

 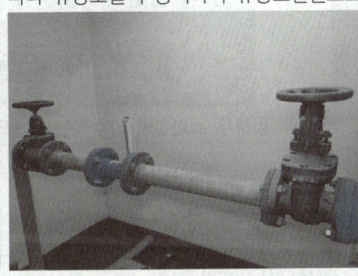 

④ **버터플라이 개폐밸브를 펌프 흡입측 배관에 사용을 금지한 이유**
- 밸브가 개방되어도 디스크가 배관내에 존재해 소화수의 원활한 흡입을 방해하여 마찰손실이 증가한다.
- 개폐조작이 순간적이어서 수격작용 우려가 있다.

 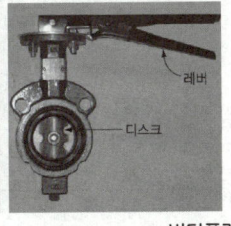  

[개방상태]　[폐쇄상태]

버터플라이밸브

그림(사진)출처[소방청 화재안전기준 해설서]

문장이 답인 문제 ★★★

74 물분무소화설비를 설치하는 주차장의 배수설비 설치기준으로 틀린 것은?

① 차량이 주차하는 장소의 적당한 곳에 높이 10cm 이상의 경계턱으로 배수구를 설치한다.
② 40m 이하마다 기름분리장치를 설치한다.
③ 차량이 주차하는 바닥은 배수구를 향하여 100분의 1 이상의 기울기를 유지한다.
　　　　　　　　　　　　　　　　　　　　　　　100분의 2 이상
④ 가압송수장치의 최대송수능력의 수량을 유효하게 배수할 수 있는 크기 및 기울기로 설치한다.

- **물분무 소화설비** : 물을 안개모양으로 방사해 가스와 비슷한 형태를 가지므로, 전기의 부도체(전기가 통하지 않는 물체 = 비전도성)로서 전기시설물에 설치가 가능한 자동식 수계소화설비
- **가압송수장치** : 압력을 가해서(가압) 물을 이송하는(송수) 장치로서 그 종류로는 **펌프**(전동기 또는 내연기관과 연결된 원심펌프), **고가수조**(높은 곳에 설치된 수조), **압력수조**(강한 공기압 이용), **가압수조**(압력수조의 간소화 설비) 등의 방식이 있다.
- **정격토출량(유량)** : 시간당 퍼낼 수 있는 물의 양으로서, 통상적으로 펌프 몸체에 분당 토출량[L/min]으로 표시된다.
  〈예시〉 옥내소화전 2개에서 소화수를 방사하고 있을 때 법정 토출량은 2 × 130L/min(법정방수량) = 260L/min 이 된다.

스프링클러설비는 배수설비 대상이 아니지만, **물분무설비가 배수설비 대상인 이유는**... 물분무설비는 **유류화재에도 적응성**이 있어, 유류화재시 물과 기름이 혼합된 액체가 바닥으로 흐르면서, 연소면 확대우려가 있기 때문에 이를 신속하고 효과적으로 제거하기 위함이며, **국내의 경우는 차고 또는 주차장의 경우에만 배수시설을 요구**하고 있다.

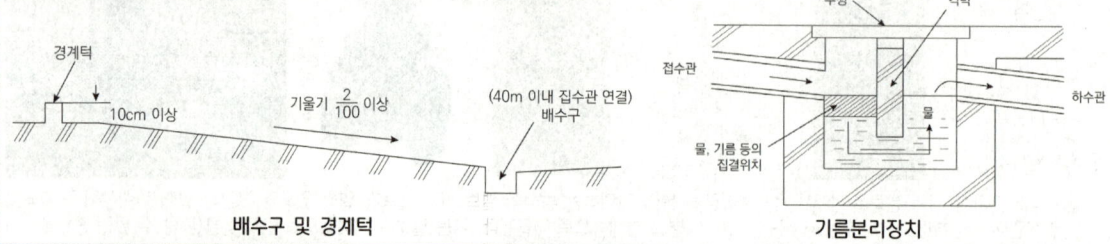

배수구 및 경계턱　　　　　　　　　기름분리장치

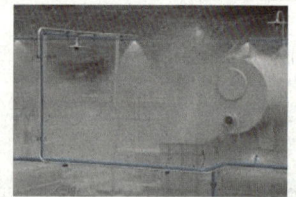

물분무 소화설비 방수하는 모습의 예

함께공부

물분무소화설비를 설치하는 차고 또는 주차장의 배수설비
1. 차량이 주차하는 장소의 적당한 곳에 **높이 10㎝ 이상의 경계턱**으로 배수구를 설치할 것
2. 배수구에는 새어나온 기름을 모아 소화할 수 있도록 길이 40m 이하마다 집수관·소화핏트 등 **기름분리장치**를 설치할 것
3. 차량이 주차하는 바닥은 배수구를 향하여 100분의 2 이상의 기울기를 유지할 것
4. 배수설비는 가압송수장치의 최대송수능력의 수량을 유효하게 배수할 수 있는 크기 및 기울기로 할 것

단어가 답인 문제 ★★★

75 차고 또는 주차장에 설치하는 분말소화설비의 소화약제는?

① 탄산수소나트륨을 주성분으로 한 분말　　　② 탄산수소칼륨을 주성분으로 한 분말
　　제1종 분말　　　　　　　　　　　　　　　　　제2종 분말
③ 인산염을 주성분으로 한 분말　　　　　　　④ 탄산수소칼륨과 요소가 화합된 분말
　　제3종 분말　　　　　　　　　　　　　　　　　제4종 분말

- **분말소화설비** : 분말소화설비는 미세한 분말입자를 별도 추진가스(질소 또는 이산화탄소)의 압력으로 방사하여 소화하는 설비이다.
- **가압방식**(압력을 가하여 약제를 이송하는 방식)에 따라 축압식설비(추진가스 약제용기내 같이)와 가압식설비(추진가스 별도용기에 따로)로 구분

차고 또는 주차장에 설치하는 분말소화설비 소화약제 → 제3종 분말

분말 소화약제의 종류 및 성상

종별	주성분	색상	적응화재
제1종	탄산수소나트륨 (NaHCO₃)	백색	B, C
제2종	탄산수소칼륨 (KHCO₃)	담자색, 담회색	B, C
제3종	제1인산암모늄 = 인산염 (NH₄H₂PO₄)	담홍색, 황색	A, B, C
제4종	탄산수소칼륨 + 요소 (KHCO₃+(NH₂)₂CO)	회색	B, C

암기팁! 나의 칼은 인간의 칼이다~ ➡ 나 칼 인 칼

숫자가 답인 문제 ★★

76 개방형헤드를 사용하는 연결살수설비에서 하나의 송수구역에 설치하는 살수헤드의 최대 개수는?

① 10 ② 15 ③ 20 ④ 30

- **연결살수설비** : 소방대의 진입이 곤란한 지하등의 장소(부분)에, 소방차에서 송수구에 물을 공급하면, 그 공급된 물이 헤드를 통하여 방수되어 화재를 진압하는 설비(소방대가 도착하여 송수구에 물을 공급하기 전까지는 무용지물인 설비이다)
- **헤드** : 빗방울 형태로 대량으로 물을 뿌리면서 방수하는 역할을 하는 장치
  - **폐쇄형헤드** : 정상상태에서 방수구를 막고 있는 감열체가 일정온도에서 자동적으로 파괴·용해 또는 이탈됨으로써 방수구가 개방되는 헤드(화재시 개방된 헤드에서만 물이 방수된다)
  - **개방형헤드** : 감열체 없이 방수구가 항상 열려져 있는 헤드(화재시 설치된 모든 헤드에서 물이 방수된다)

배관에 부착하는 살수헤드의 개수에 따른 배관의 구경(㎜) - 연결살수설비 전용헤드를 사용하는 경우

하나의 배관에 부착하는 살수헤드의 개수	1개	2개	3개	4개 또는 5개	6개 이상 10개 이하
배관의 구경(㎜)	32	40	50	65	80

※ **개방형헤드**를 사용하는 연결살수설비에 있어서 **하나의 송수구역**에 설치하는 살수헤드의 수는 **10개 이하**가 되도록 한다.
  → 10개 이상 설치되면, 소방차 송수능력의 한계를 벗어난다.

암기팁! 4개 또는 5개, 65㎜ ➡ 456 (사오륙)

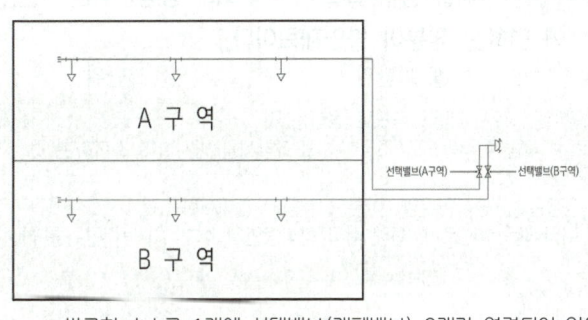

선택밸브 타입 연결살수설비

쌍구형 송수구 1개에 선택밸브(개폐밸브) 2개가 연결되어 있음(해당 송수구역만 개방하여 살수)

송수구역별로 전용 송수구가 설치된 타입

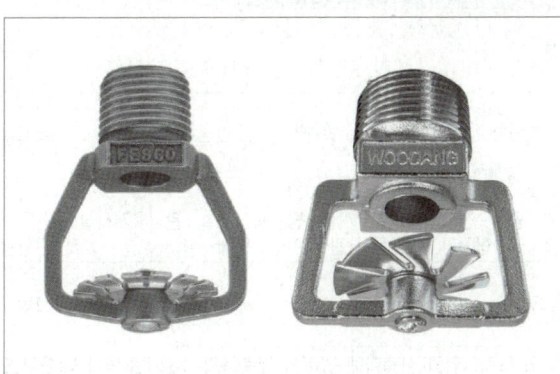

연결살수헤드(개방형 헤드)

단어가 답인 문제 ★

77 다음 중 할로겐화합물 및 불활성기체 소화설비를 설치할 수 없는 위험물 사용 장소는? (단, 소화성능이 인정되는 위험물은 제외한다.)

① 제1류 위험물을 사용하는 장소
② 제2류 위험물을 사용하는 장소
③ 제3류 위험물을 사용하는 장소
④ 제4류 위험물을 사용하는 장소

> **할로겐화합물 및 불활성기체 소화설비** : 할론소화설비를 대체할 목적으로 개발된 소화설비로서 할로겐화합물 소화약제와 불활성기체 소화약제를 사용한다.
> 1. **할로겐화합물 소화약제** : 불소(F), 염소(Cl), 브롬(Br) 또는 요오드(I) 중 하나 이상의 원소를 포함하고 있는 유기화합물을 기본성분으로 하는 소화약제로서 **연쇄반응을 차단하여 소화하는 화학적 소화효과**를 갖는다.
> 2. **불활성기체 소화약제** : 아르곤(Ar), 이산화탄소(CO_2) 또는 질소가스(N_2) 중 하나 이상의 원소를 기본성분으로 하는 소화약제로서 **질식으로 인해 소화하는 물리적 소화효과**를 갖는다.

> 할로겐화합물 및 불활성기체소화설비는 다음 장소에는 설치할 수 없다.
> 1. 사람이 상주하는 곳으로써 최대허용설계농도를 초과하여 약제를 설계하여야 하는 장소(즉, 초과하여 설계해야만 진압되는 장소는 설치제외)
> 2. **제3류위험물**(자연발화성 및 금수성 물질) 및 **제5류위험물**(자기반응성 물질)을 사용하는 장소
> ※ **위험물**
> - 인화성(점화원에 의해 불이 붙는) 또는 발화성(스스로 불이 붙는) 등의 성질을 가지는 것으로서 대통령령으로 정하는 물품
> - 위험물은 물리적·화학적 성질에 따라 제1류 ~ 제6류 위험물로 구분한다.

함께공부

- **제3류 위험물** ⇨ 자연발화성 및 금수성 물질 [황린제외 모두 금속]
  황린(P_4)이 대표적인 자연발화성물질이고, 나머지는 모두 물에 급격히 반응하여 열을 발생하는 금속(금수성)으로서 칼륨, 나트륨, 리튬, 알루미늄 등이 해당된다.
- **제5류 위험물** ⇨ 자기반응성 물질 [폭발성 물질]
  가연물질내에 산소를 함유하고 있어 스스로 폭발적으로 반응하는 물질로서, 질산에스테르류, 유기과산화물, 니트로화합물 등 폭발성 물질이 해당된다.

숫자가 답인 문제 ★★★

78 바닥면적이 1,300 ㎡ 인 관람장에 소화기구를 설치할 경우, 소화기구의 최소 능력단위는? (단, 주요구조부가 내화구조이고, 벽 및 반자의 실내에 면하는 부분이 불연재료이다.)

① 7단위 ② 9단위 ③ 10단위 ④ 13단위

- **특정소방대상물** : 소방시설을 설치하여야 하는 소방대상물로서 대통령령으로 정하는 것
- **소화기** : 소화약제를 압력에 따라 방사하는 기구로서, 사람이 수동으로 조작하여 소화약제를 방사하여 소화하는 것 (소형소화기, 대형소화기)
- **간이소화용구** : 에어로졸식·투척용 소화용구 및 팽창질석·팽창진주암·마른모래 등의 간이소화용구
- **능력단위** : 소화기 및 간이소화용구의 소화능력을 나타내는 수치로서, 법에 따라 형식승인된 수치. 이 능력단위를 산정하기 위해 모형에 의한 소화능력시험을 실시한다.

특정소방대상물별 소화기구의 능력단위기준

특정소방대상물	암기법	소화기구의 능력단위
1. 위락시설	위락 30	해당 용도의 바닥면적 30㎡ 마다 능력단위 1단위 이상
2. 공연장·집회장·관람장·문화재·장례식장 및 의료시설	공집관문의 장 50	해당 용도의 바닥면적 50㎡ 마다 능력단위 1단위 이상
3. 노유자시설·숙박시설·운수시설·전시장 공동주택·공장·창고시설·업무시설·방송통신시설·관광휴게시설 근린생활시설·항공기 및 자동차 관련 시설·판매시설	노숙(자) 운전 공공 창업 방관 근항판(근황판) 100	해당 용도의 바닥면적 100㎡ 마다 능력단위 1단위 이상
4. 그 밖의 것	그밖 200	해당 용도의 바닥면적 200㎡ 마다 능력단위 1단위 이상

※ 소화기구의 능력단위를 산출함에 있어서 건축물의 주요구조부가 **내화구조**이고, 벽 및 반자의 실내에 면하는 부분이 **불연재료**·**준불연재료** 또는 **난연재료**로 된 특정소방대상물에 있어서는 위 표의 **기준면적의 2배**를 해당 특정소방대상물의 기준면적으로 한다.

> 관람장에 비치할 소화기구의 능력단위 산정
> 1. 관람장은... 바닥면적 50㎡ 마다 1단위
> 2. 내화구조 and 불연재료 → 기준면적의 2배 ∴ 50㎡ × 2 = 100㎡
> 3. 결국 100㎡ 마다 1단위의 소화기구를 설치해야 하므로... $\dfrac{바닥면적}{기준면적} = \dfrac{1300\,m^2}{100\,m^2} = 13$단위

▶ 단어가 답인 문제 ★

79 스프링클러설비의 펌프실을 점검하였다. 펌프의 토출측 배관에 설치되는 부속장치 중에서 펌프와 체크밸브(또는 개폐밸브) 사이에 설치할 필요가 없는 배관은?

① 기동용 압력챔버 배관   ② 성능시험 배관   ③ 물올림장치 배관   ④ 릴리프밸브 배관

- **스프링클러설비** : 화재발생시 화재를 자동으로 감지하여 피난을 위한 경보를 발하고, 습식·건식·준비작동식·일제살수식 밸브가 개방되면, 유수의 흐름으로 인하여 펌프가 기동되고, 개방된 헤드를 통해 소화수를 방수하여 소화하는 자동식 수계소화설비
- **펌프실** : 전동기(모터) 또는 내연기관(엔진)을 이용하여 물을 이송하는 장치인 소화펌프, 수원이 담긴 저수조, 각종 배관·밸브·장치 등이 있는 공간
- **펌프의 토출측 배관** : 펌프의 흡입측 배관은 수조에서부터 시작되어 펌프까지 연결된 배관을 말하며, 펌프의 토출측 배관은 펌프에서부터 시작되어 물이 이송되는 전체 배관을 의미한다.
- **체크밸브**는 유체를 한쪽 방향으로만 흐르게 하는 역류방지밸브로서 펌프가 물을 토출할 때... 펌프 쪽으로 물이 역류되면 펌프에 부담이 갈 수 있기 때문에 체크밸브를 설치하여 펌프의 부담을 덜어준다.
- **개폐밸브**는 게이트 밸브라고도 하며, 완전열림, 완전닫힘 용도로 사용하고, 주배관에 주로 이용한다. 개폐밸브의 대표적인 밸브로서 주로 OS&Y 밸브를 이용한다.
- **물올림장치** : 수조로부터 펌프로 연결된 흡입관내에 항상 물이 채워져 있어야, 수조의 물을 원활히 흡입하여 토출하는데... 어떤 원인(후드밸브 체크기능 불량에 의한 누수)에 의해 누수가 일어나는 경우, 수조의 물을 정상적으로 흡입하기 어렵다. 이 때 펌프와 흡입관에 물을 공급하는 장치가 물올림장치이다.

1. **체크밸브**(또는 개폐밸브) **이후에 설치해야 하는 배관**
   ① 기동용 압력챔버 배관(기동용 수압개폐장치)
     - 배관 내 압력변동을 검지하여 자동적으로 펌프를 기동 및 정지시키는 기능을 하는 것으로서... 체크밸브(또는 개폐밸브) 이후에 설치해야 배관 내 압력변동을 감지할 수 있다.
     - 체크밸브 아래로는 물이 흐를 수 없으므로... 체크밸브 아래 배관의 압력변동 감지는 의미가 없다. 따라서 체크밸브(개폐밸브) 2차측 배관과 압력챔버를 연결하여... 주배관의 압력변동을 감지한다.
     - 압력챔버 : 내용적 100리터 이상의 물통으로... 압력챔버 내 물을 채우면 상부에 압축공기가 생성된다.
2. **펌프와 체크밸브**(또는 개폐밸브) **사이에 반드시 설치해야 하는 배관**
   ② 성능시험 배관 : 펌프 성능시험을 실시할 때, 펌프 토출측의 개폐밸브를 폐쇄하고 성능시험을 실시해야 한다. 하지만, 성능시험 배관을 개폐밸브 이후에 설치한다면... 성능시험을 실시할 수 없게 된다.
   ③ 물올림장치 배관 : 체크밸브 아래로는 물이 내려갈 수 없으므로, 체크밸브 위쪽에 설치하면... 물올림장치의 물이 펌프까지 도달할 수 없으므로, 물올림장치는 무용지물이 된다.
   ④ 릴리프밸브 배관(=순환배관) : 펌프 토출측의 개폐밸브를 폐쇄하고 성능시험을 실시할 때, 개폐밸브의 폐쇄로 인해 배관의 압력이 증가하면... 순환배관 상의 릴리프밸브가 개방되어 배관의 압력증가를 해소한다.
   결국, 순환배관은 개폐밸브 이전에 설치하여 펌프 성능시험시 활용되는 배관이다.

① 기동용 수압개폐장치(기동용 압력챔버 배관)

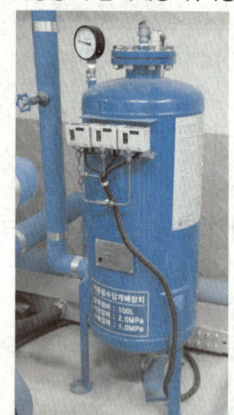

가. 압력챔버(압력탱크) : 물과 압축공기가 채워지는 공간
나. 안전밸브 : 과압방출
다. 압력스위치 : 압력의 증감을 전기적 신호로 변환
라. 배수밸브 : 압력챔버의 물 배수
마. 개폐밸브 : 점검 및 보수시 급수차단
바. 압력계 : 압력챔버 내의 압력표시

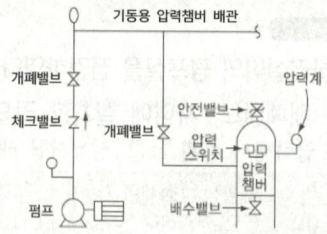

※ 구조도를 살펴보면... 개폐밸브 이후에 기동용 압력챔버 배관이 설치되어 있다.

② 성능시험배관 및 릴리프밸브배관(순환배관)

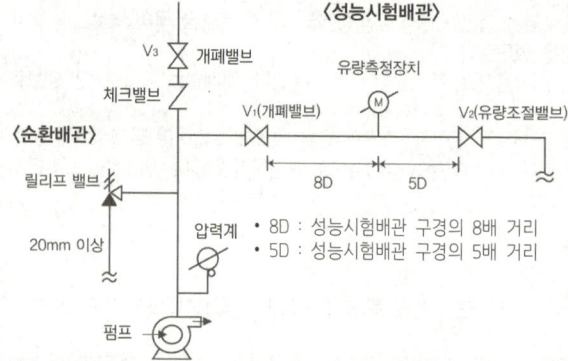
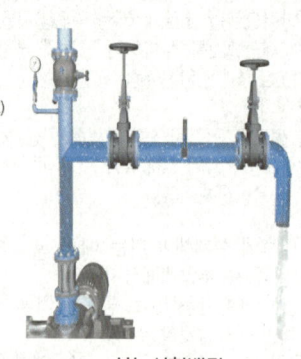

성능시험배관   순환배관 및 릴리프밸브

• 8D : 성능시험배관 구경의 8배 거리
• 5D : 성능시험배관 구경의 5배 거리

※ 구조도를 살펴보면... 체크밸브 이전에 순환배관(릴리프밸브)과 성능시험배관이 설치되어 있다.
※ **펌프의 체절운전** : 펌프 토출측의 모든 밸브를 폐쇄시킨 상태에서 펌프를 운전하는 것을 체절운전이라 한다. 체절운전시 펌프토출측 압력이 상승하게 되는데 이 때의 압력을 체절압력이라 하며 체절압력 미만에서 릴리프밸브가 개방되어 설비를 보호할 수 있어야 한다.

③ 물올림장치 배관

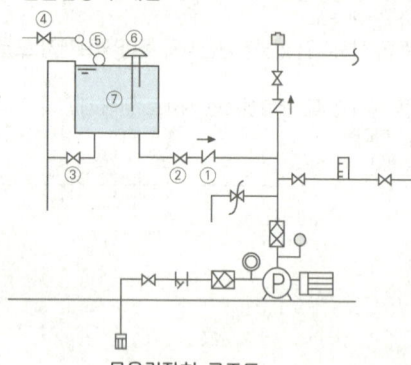
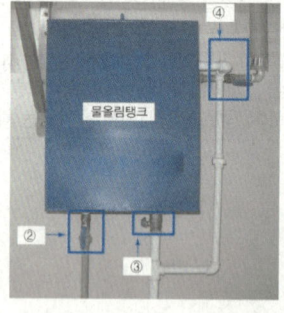

물올림장치 구조도   물올림장치 설치도 및 설치사진

① 체크밸브 : 펌프기동 시 가압수가 물올림탱크로 역류되지 않도록 하기 위해서 설치
② 개폐밸브(물올림관) : 물올림관의 체크밸브 고장시, 물올림탱크 내 물을 배수하지 않고 체크밸브를 수리하기 위해 설치
③ 개폐밸브(배수관) : 물올림탱크의 청소, 점검시 배수를 위해 설치
④ 개폐밸브(물보급관) : 볼탑의 수리 및 탱크의 청소시 물공급을 중단하기 위해 설치
⑤ 볼탑 : 물올림탱크 내 물의 자동급수를 위해 설치
⑥ 감수경보장치 : 물올림탱크의 저수량 감소시 경보를 통해 알리는 장치
⑦ 물올림탱크 : 후드밸브~펌프사이에 물을 공급하기 위해, 물을 저장하기 위한 수조

80 옥외소화전설비의 호스접결구는 특정소방대상물의 각 부분으로부터 하나의 호스접결구까지의 수평거리는 몇 m 이하인가?

① 25　　② 30　　③ 40　　④ 50

- **옥외소화전설비**
  화재발생시 옥외에 설치된 옥외소화전함을 개방한 후, 호스와 노즐을 꺼내어 주변에 설치된 방수구와 연결해 호스를 전개한 후, 옥외소화전 전용렌치로 소화전을 개방하여 방사하는 형태의 수동식 수계소화설비로서, 저층부(1, 2층) 옥외화재 진압활동용 소화설비이자 주변확대방지용 방호설비 등으로 사용된다.
- **호스접결구** : 호스를 연결하는데 사용되는 장비일체(물이 흐르는 배관과 연결된 옥외소화전 상부에 설치되어 있다)
- **특정소방대상물** : 소방시설을 설치하여야 하는 소방대상물로서 대통령령으로 정하는 것

건물외부의 각 부분으로부터 ~ 호스를 연결하는 지점까지... 수평거리(수평 방향의 두 지점 사이의 거리)를 묻는 문제이다. 즉, 옥외소화전 호스를 연결하는 지점이 너무 멀리 떨어져 있으면, 화재를 원활히 진압할 수 없기 때문에 **수평거리가 40m 이하가 되도록 설치**하여야 한다.

옥내소화전은 25m이하 (내부니까... 좀 더 가깝게)... 옥외소화전은 40m이하 (외부니까... 좀 더 멀게)

지상식 옥외소화전의 예　　호스릴 옥외소화전

지하식 소화전

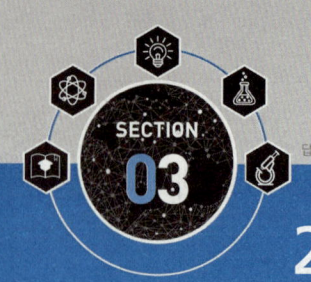

2016년 제4회 답이색 해설편

nswer

1과목 소방원론

암기하면서 공부 할 문제 ★★★

01 제1종 분말소화약제인 탄산수소나트륨은 어떤색으로 착색되어 있는가?

① 담회색 제2종
② 담홍색 제3종
③ 회색 제4종
④ 백색

분말 소화약제의 종류 및 성상

종별	주성분	색상	적응화재
제1종	탄산수소나트륨 (NaHCO₃)	**백색**	B, C
제2종	탄산수소칼륨 (KHCO₃)	담자색, 담회색	B, C
제3종	제1인산암모늄 = 인산염 (NH₄H₂PO₄)	담홍색, 황색	A, B, C
제4종	탄산수소칼륨 + 요소 (KHCO₃+(NH₂)₂CO)	회색	B, C

이해하면서 공부 할 문제 ★

02 정전기에 의한 발화과정으로 옳은 것은?

① 방전 → 전하의 축적 → 전하의 발생 → 발화
② 전하의 발생 → 전하의 축적 → 방전 → 발화
③ 전하의 발생 → 방전 → 전하의 축적 → 발화
④ 전하의 축적 → 방전 → 전하의 발생 → 발화

전하가 이동하는 상태가 아닌, 정지하고 있는 상태. 즉, 전하의 분포가 시간적으로 변화하지 않고 **정지되어 있는 전기**를 정전기라 한다. 정전기에 의한 발화과정은... "**전하의 발생 → 전하의 축적 → 방전 → 발화**" 에 따른다.

※ **전하** : 모든 전기현상을 일으키는 실체이며, 전하가 이동하는 것을 전류라 한다. 정전기의 발생이나 전류의 흐름뿐 만 아니라, 모든 전기현상은 전하에 의해 일어난다. 전기(電氣)와 같은 개념으로 사용하기도 한다.
※ **방전** : 대전체로부터 전기가 방출되는 현상

암기하면서 공부 할 문제 ★★★

03 분말소화약제의 열분해 반응식 중 다음 (   ) 안에 알맞은 화학식은?

$$2NaHCO_3 \rightarrow Na_2CO_3 + H_2O + (\quad)$$

① CO
② CO₂
③ Na
④ Na₂

분말 소화약제의 종류 화학반응식(열분해 반응식)

종별	주성분	색상	적응화재	화학반응식 (열분해 반응식)	암기법
제1종	탄산수소나트륨 (NaHCO₃)	백색	B, C	$2NaHCO_3 \rightarrow Na_2CO_3 + CO_2 + H_2O$	이수
제2종	탄산수소칼륨 (KHCO₃)	담자(회)색	B, C	$2KHCO_3 \rightarrow K_2CO_3 + CO_2 + H_2O$	이수
제3종	제1인산암모늄 = 인산염 (NH₄H₂PO₄)	담홍색, 황색	A, B, C	$NH_4H_2PO_4 \rightarrow HPO_3 + NH_3 + H_2O$	암수
제4종	탄산수소칼륨 + 요소 (KHCO₃+(NH₂)₂CO)	회색	B, C	$2KHCO_3+(NH_2)_2CO \rightarrow K_2CO_3 + NH_3 + CO_2$	암이

※ 제1종은 탄산나트륨(Na₂CO₃), 제2종과 제4종은 탄산칼륨(K₂CO₃), 제3종은 부착력이 우수하여 소화효과가 뛰어난 메타인산(HPO₃)이 생성된다.

열분해 생성물 암기법 ➜ 제1종 : 이산화탄소(CO₂), 물(H₂O) (한자 물 수) ➡ 이수 / 제2종 : 제1종과 동일 ➡ 이수
제3종 : 암모니아(NH₃), 물(H₂O) ➡ 암수 / 제4종 : 암모니아(NH₃), 이산화탄소(CO₂) ➡ 암이

> 암기하면서 공부 할 문제

04 화재실 혹은 화재공간의 단위바닥면적에 대한 등가가연물량의 값을 화재하중이라 하며 식으로 표시할 경우에는 Q = Σ(G$_t$·H$_t$)/H·A 와 같이 표현할 수 있다. 여기에서 H는 무엇을 나타내는가?

① **목재의 단위발열량**
② 가연물의 단위발열량   H$_t$
③ 화재실내 가연물의 전체 발열량   Σ(G$_t$·H$_t$) = ΣQ$_t$
④ 목재의 단위발열량과 가연물의 단위발열량을 합한 것

아래 화재하중식을 보면 "H"는 **목재의 단위발열량 = 4,500[kcal/kg]** 을 의미한다.

> 함 께 공 부

화재하중(kg/m²)
$$= \frac{\Sigma(G_t \cdot H_t)}{H \cdot A} = \frac{가연물\ 전체\ 발열량[kcal]}{목재\ 단위발열량(kcal/kg) \times 바닥면적(m^2)} = \frac{[가연물량(kg) \times 가연물\ 단위발열량(kcal/kg)]}{} = \frac{\Sigma Q_t}{4,500\ kcal/kg \cdot A}$$

- 화재하중이란 화재실내 예상되는 최대가연물질의 양으로서 일반적으로 건물내에 있는 가연성 물질과 가연성 구조체의 양을 말하며, **단위면적당 등가가연물**(목재)**의 무게(kg/m²)**로 표현한다.
- 화재 구역에는 여러 가지의 가연물들이 존재하는데, 이러한 가연물은 각각 발열량이 다르기 때문에, 그에 상응하는 목재의 발열량으로 환산하여 화재하중을 산정한다.
- 화재하중은 화재가혹도(=최고온도×지속시간)를 결정하는 중요한 요소이며, 주수시간(min)을 결정하는 주요인이 된다.

> 이해하면서 공부 할 문제 ★

05 피난계획의 일반원칙 중 Fool proof 원칙에 해당하는 것은?

① **저지능인 상태에서도 쉽게 식별이 가능하도록 그림이나 색채를 이용하는 원칙**
② 피난설비를 반드시 이동식으로 하는 원칙
③ 한 가지 피난기구가 고장이 나도 다른 수단을 이용할 수 있도록 고려하는 원칙
   Fail Safe(페일 세이프)
④ 피난설비를 첨단화된 전자식으로 하는 원칙

- **Fool Proof(풀 프루프)**
  - 영어를 직역하면 "바보라도 해낼 수 있는"으로 해석되며, 화재 등의 재난상황에서는 정상적인 사고와 판단으로 행동이 어렵다고 가정하여, **극히 단순하고 쉬운** 방법을 적용하여 안전설계를 한다는 개념
  - 피난경로 및 피난시설의 구조를 간단명료하게 하는 것, 피난경로상의 출입문을 피난방향으로 열리는 구조로 하는 것, 쉽게 식별이 가능한 그림이나 색채를 이용하는 것 등

> 함 께 공 부

- **Fail Safe(페일 세이프)**
  - 하나의 수단이 고장 등으로 **실패**(Fail, 페일)**하여도** 다른 수단에 의해 그 기능이 발휘될 수 있도록 고려하여 설계하는 것
  - 화재 시 미리 준비된 하나의 시스템이 작동하지 않아도 이중화 또는 다중화로 설계된 후속 대책에 의해 다른 시스템을 이용함으로서 안전을 확보하는 개념
  - 피난통로는 서로 반대방향으로 **2방향** 이상의 피난동선을 항상 확보하는 것

> 이해하면서 공부 할 문제 ★

06 밀폐된 내화건물의 실내에 화재가 발생했을 때 그 실내의 환경변화에 대한 설명 중 틀린 것은?

① **기압이 강하한다.**
      상승
② 산소가 감소된다.
③ 일산화탄소가 증가한다.
④ 이산화탄소가 증가한다.

화재로 인해 온도가 상승하면, 밀폐된 실내의 공기가 팽창하여 압력(기압)이 높아지게(상승하게) 된다.
또한 산소는... 연소의 필수 요소로서 당연히 소모되어 감소하게 된다. 소모된 산소(O$_2$)는 가연물의 탄소(C)와 만나...
완전 연소시에는 불연성가스인 CO$_2$(이산화탄소)가 생성되지만, 산소가 부족한 상황에서는 불완전 연소가 되어 독성가스이자 가연성가스인 CO(일산화탄소)가 생성된다.

암기하면서 공부 할 문제 ★★

07 연기에 의한 감광계수가 0.1m⁻¹, 가시거리가 20~30m 일 때의 상황을 옳게 설명한 것은?

① 건물 내부에 익숙한 사람이 피난에 지장을 느낄 정도
② 연기감지기가 작동할 정도
③ 어두운 것을 느낄 정도
④ 앞이 거의 보이지 않을 정도

감광계수	가시거리	상황
0.1/m = 0.1m⁻¹ = **0.1**Cs	20~30 [m]	**연기감지기**가 작동하는(작동하기 직전의) 농도(화재발생 초기의 희미한 연기농도) 건물내부구조에 **익숙하지 않은** 사람이 피난에 지장을 받는 농도
0.3/m = 0.3m⁻¹ = **0.3**Cs	5 [m]	건물내부구조에 **익숙한** 사람이 피난에 지장을 받는 농도
0.5/m = 0.5m⁻¹ = **0.5**Cs	3 [m]	연기로 인해 **어두움**을 느끼는 농도
1.0/m = 1.0m⁻¹ = **1.0**Cs	1~2 [m]	앞이 거의 **보이지 않을** 정도의 농도
10/m = 10m⁻¹ = **10**Cs	0.2~0.5 [m] 수십cm	화재 **최성기** 때의 연기농도
30/m = 30m⁻¹ = **30**Cs	없음	화재실에서 창문등을 통해 **연기가 분출**될 때의 농도

0.1 ↔ 20~30 / 0.3 ↔ 5 / 0.5 ↔ 3 / 1.0 ↔ 1~2 / 10 ↔ 수십cm ➡ 123 / 35 / 53 / 012 / 10수십

함께 공부

- 감광계수($C_s = m^{-1}$)
  - 연기의 농도에 따른 빛의 투과량을 계산한 농도로, 시야확보가 중요한 화재시에 가장 적절한 연기농도 표현이다.
  - 감광계수로 표시한 연기의 농도와 가시거리(m)는 반비례의 관계(m^{-1})이다.
  - 다시말해, 연기에 빛을 투과하였을 경우, 빛의 감소에 따른 가시거리의 감소를 나타내는 것이 감광계수이다.
- 연기감지기(자동발신) : 화재시 발생하는 연기를 자동으로 감지하여 수신기에 신호를 보내는 장치
- 내화건축물 화재일 경우 **최성기**란 플래쉬오버(실내전체가 폭발적으로 화염에 휩싸이는 화재현상)를 거치면서 실내의 모든 가연물이 화재에 개입되어 연소하는 시기를 말한다.

이해하면서 공부 할 문제 ★★★

08 다음 중 제거소화 방법과 무관한 것은?

① 산불의 확산방지를 위하여 산림의 일부를 벌채한다.
② 화학반응기의 화재 시 원료 공급관의 밸브를 잠근다.
③ 유류화재 시 가연물을 포로 덮는다.
④ 유류탱크 화재 시 주변에 있는 유류탱크의 유류를 다른 곳으로 이동시킨다.

제거소화란 가연물을 제거하여 소화하는 방법으로서 ❶은 가연물인 산림의 일부를 제거하는 것이고, ❷는 원료공급관의 밸브를 잠궈서 가연물인 원료를 제거하는 것이며, ❹는 유류를 이동시켜 가연물인 유류를 제거하는 것이다.
❸은 질식소화(가연물이 연소할 때 공기 중의 산소농도를 15%이하로 떨어뜨려 연소를 중단시키는 소화 방법)의 방법으로서, 유류인 가연물을 포(거품)로 덮으면 산소가 차단되어 질식소화 된다.

함께 공부

제거소화의 구체적인 예
① 촛불의 화염을 입김으로 불어 끄는 것
② 부채를 이용하여 촛불을 바람으로 끄는 것
③ 산불화재 시 벌목하는 행위
④ 가스화재 시 밸브 및 콕크를 잠그는 행위
⑤ 유전화재 시 폭약을 사용해, 폭풍에 의하여 가연성 증기를 날려 보내는 것
⑥ 전기화재 시 전원을 차단하는 것

계산하면서 공부 할 문제 ★

09 다음 중 증기비중이 가장 큰 것은?

① 이산화탄소 ② 할론 1301 ③ 할론 1211 ④ 할론 2402
   44(1.52)   149(5.13)   165.5(5.71)   260(8.96)

증기비중의 계산

종류	화학식(분자식)	원자량	분자량 계산	증기비중 계산
이산화탄소	CO_2	(C×1개) + (O×2개)	12 + (16×2) = 44	44/29 = 1.52
할론 1301	CF_3Br	(C×1개) + (F×3개) + (Br×1개)	12 + (19×3) + 80 = 149	149/29 = 5.13
할론 1211	CF_2ClBr	(C×1개) + (F×2개) + (Cl×1개) + (Br×1개)	12 + (19×2) + 35.5 + 80 = 165.5	165.5/29 = 5.71
할론 2402	$C_2F_4Br_2$	(C×2개) + (F×4개) + (Br×2개)	(12×2) + (19×4) + (80×2) = 260	260/29 = 8.96

※ 주요 원소의 원자량

원소명	수소	탄소	질소	산소	불소	나트륨	마그네슘	알루미늄	인	황	염소	아르곤	브롬
기호	H	C	N	O	F	Na	Mg	Al	P	S	Cl	Ar	Br
원자량	1	12	14	16	19	23	24	27	31	32	35.5	40	80

 탄 불 염 브

함께공부

할론명명법 - 아래 그림과 같은 순서와 원자수로 기재된다.

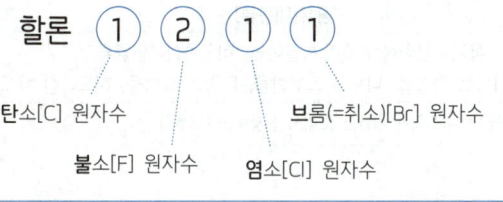

※ 화합물 내부에 존재하지 않는 원소는 숫자 '0'으로 표기(맨끝은 표기하지 않아도 된다)하고 명명하지 않는다.

계산하면서 공부 할 문제

10 실내에서 화재가 발생하여 실내의 온도가 21℃에서 650℃로 되었다면, 공기의 팽창은 처음의 약 몇 배가 되는가? (단, 대기압은 공기가 유동하여 화재 전후가 같다고 가정한다.)

① 3.14　　② 4.27　　③ 5.69　　④ 6.01

대기압은 화재전후가 같다고 하였으므로, 압력이 일정할 때 로서 **샤를의 법칙**(실내온도와 공기체적(부피)의 관계)을 적용할 수 있다.

$$V_2(나중체적) = \frac{T_2(나중절대온도, K)}{T_1(처음절대온도, K)} V_1(처음체적) = \frac{650℃ + 273}{21℃ + 273} \times V_1 = 3.14 V_1$$

∴ $3.14 V_1$이므로, 화재발생 후 공기의 팽창은 V_1(처음체적)의 3.14배 팽창된 것을 알 수 있다.

※ 절대온도(T) : 어떠한 방법으로도 절대영도(-273.15℃)이하로 온도를 낮출 수 없다는 열역학 제3법칙에 따라, 이론상 생각할 수 있는 최저온도를 기준으로 하여 온도단위를 갖는 온도를 절대온도라 하며, 그 절대영도를 기준으로 섭씨온도(℃)를 절대온도로 환산한 온도를 **켈빈온도(K)**라 한다.
K(켈빈온도) = 섭씨온도(℃) + 273

보일의 법칙 온도일정(보일러의 온도는 일정해야 한다), 샤를의 법칙-압력일정

함께공부

1. **보일의 법칙**
   온도가 일정할 때 기체의 체적은 절대압력에 반비례한다. 쉽게 말하면 **온도 변화가 없을 때** 기체의 부피는 압력이 커지면 작아지고, 압력이 작아지면 커진다는 의미이다.

   절대압력과(P)과 기체의 체적(V)의 곱은 항상 일정하므로 다음과 같은 식이 성립한다.　$P_1 \cdot V_1 = P_2 \cdot V_2$　　∴ $V_2 = \frac{P_1}{P_2} V_1$

2. **샤를의 법칙**
   압력이 일정할 때 기체의 체적은 절대온도에 비례한다. 쉽게 말해 **압력의 변화가 없을 때** 기체의 부피는 온도가 상승하면 커지고, 온도가 하강하면 작아진다는 의미이다.

   절대온도(T)와 기체의 체적(V)의 비는 항상 일정하므로 다음과 같은 식이 성립한다.　$\frac{V_1}{T_1} = \frac{V_2}{T_2}$　　∴ $V_2 = \frac{T_2}{T_1} V_1$

> **암기하면서 공부 할 문제**

11 니트로셀룰로오스에 대한 설명으로 틀린 것은?

① 질화도가 낮을수록 위험성이 크다.   ② 물을 첨가하여 습윤시켜 운반한다.
　　　　　높을수록
③ 화약의 원료로 쓰인다.   ④ 고체이다.

질화도란 니트로셀룰로오스 내 **질소의 함유량(%)**으로 질화도가 클수록 **폭발성**이 강하여 위험성이 크다.
- 니트로셀룰로오스(질화면, NC)는…
  - **제5류위험물**[자기반응성 물질(폭발성 물질)] 중 질산에스테르류
  - 무색 또는 백색의 고체이며, 다이너마이트의 원료로 사용
  - 건조한 상태에서는 타격, 마찰에 의하여 폭발의 위험이 있으므로, 물과 혼합하여 위험성을 감소시킨다.

> **함 께 공 부**

제5류 위험물 ⇨ 자기반응성 물질 [폭발성 물질]
가연물질내에 산소를 함유하고 있어 스스로 폭발적으로 반응하는 물질로서, 질산에스테르류, 유기과산화물, 니트로화합물 등 폭발성 물질이 해당된다.

위험물	특징	암기법	종류[대분류]
제5류	자기반응성 물질	질유 히히 아니니디히	**질**산에스테르류, **유**기과산화물 / **히**드록실아민, **히**드록실아민염류 / **아**조 화합물, **니**트로 화합물, **니**트로 소화합물, **디**아조 화합물, **히**드라진 유도체

※ 제5류위험물은 대량의 물에 의한 냉각소화를 한다.(이론적으로만 냉각소화가 가능한 것이지 실제로는 어렵다)

> **이해하면서 공부 할 문제** ★★

12 조연성가스로만 나열되어 있는 것은?

① 질소, 불소, 수증기   ② 산소, 불소, 염소
　　불연성·불활성 가스
③ 산소, 이산화탄소, 오존   ④ 질소, 이산화탄소, 염소
　　불연성·불활성 가스   　불연성·불활성 가스

조연성가스(지연성가스)
자신은 연소하지 않고 연소를 돕는 성질의 가스(일종의 산소공급원)로서 **산소(O)를 함유**하고 있는 산소(O_2), 공기(O_2함유), 오존(O_3) 가스와 할로겐족 원소 중 전기음성도가 큰(산화력이 큰) **불소(F), 염소(Cl)** 가스도 조연성가스로 분류된다.
할로겐족 원소 중 불소(F), 염소(Cl) 가스는 전기음성도가 커서 산소가 수소와 반응하는 연쇄반응을 억제하여, 오히려 화염 주변에 산소를 남겨주게 되어 할로겐족원소 중 불소(F), 염소(Cl)도 조연성가스로 불리운다.

> **함 께 공 부**

- **전기음성도** : 화학적 반응에서 분자내의 원자가 전자를 끌어 당기는 능력[산소(O)는 전기음성도가 강하다]
  F(불소) > O(산소) > N(질소) > Cl(염소) > Br(브롬) > C(탄소) > S(황) > I(요오드) > H(수소) > …
- 공기중에서 흡열반응을 하는 N_2(질소), 화학적으로 안정되어 소화약제로도 쓰이는 CO_2(이산화탄소), 완전연소 생성물인 H_2O(수증기)는 모두 불연성·불활성 가스이다.

> **이해하면서 공부 할 문제** ★

13 칼륨에 화재가 발생할 경우에 주수를 하면 안되는 이유로 가장 옳은 것은?

① 산소가 발생하기 때문에   ② 질소가 발생하기 때문에
③ 수소가 발생하기 때문에   ④ 수증기가 발생하기 때문에

칼륨[K, 포타시움], 나트륨(Na) 등은 제3류 위험물인 금수성물질이므로 물과 반응하여 가연성기체인 **수소(H_2)**를 만들고 발열한다.
따라서 물에 녹지 않는 기름인 **등유, 경유, 유동 파라핀** 등의 보호액 속에 누출되지 않도록 저장한다.

> **함 께 공 부**

칼륨[K] - 물과 반응하여 수산화물과 가연성기체인 **수소(H_2)**를 만들고 발열한다.(공기 중 수분과도 반응하여 수소를 발생시킨다)
$$2K + 2H_2O \rightarrow 2KOH + H_2\uparrow + 92.8 \text{ kcal}$$

이해하면서 공부 할 문제 ★

14 건축물의 화재성상 중 내화 건축물의 화재 성상으로 옳은 것은?

① **저온 장기형** ② 고온 단기형 ③ 고온 장기형 ④ 저온 단기형

내화건축물 화재 – 저온 장기형(장시간형)
내화구조 건축물은 철근 콘크리트조, 연와조 기타 이와 유사한 구조로서, 화재 시 쉽게 연소가 되지 않음은 물론 화재에 대하여 상당 시간동안 구조상 내력(구조가 견디는 능력)을 감소시키지 않는다. 또한 방화구획 내에서 진화되어 인접부분에 화기의 전달을 차단할 수 있으며, 내장재가 전소하더라도 수리하여 재사용이 가능한 구조를 말한다.

함 께 공 부

목조건축물 화재 – 고온 단기형(단시간형)
목조건축물은 골조가 목조로 되어 있어 타기 쉽고 개구부도 많아져, 화재가 발생하면 공기 유통이 좋아서 격렬히 연소하여 통상적으로 출화 후 4~14분 정도면 최성기에 도달하며, 최성기에서 연소낙하까지 6~19분 정도가 소요된다.

암기하면서 공부 할 문제

15 할로겐화합물 및 불활성기체 소화약제 중 HCFC-22를 82% 포함하고 있는 것은?

① IG-541 ② HFC-227ea ③ IG-55 ④ **HCFC BLEND A**

소화설비에 적용되는 할로겐화합물 및 불활성기체소화약제 종류 중 "HCFC 블렌드 A(HCFC BLEND A)"의 주요성분

소화약제	화학식	
하이드로 클로로 플루오로 카본 혼합제 (HCFC BLEND A)	HCFC-123 ($CHCl_2CF_3$)	: 4.75%
	HCFC-22 ($CHClF_2$)	**: 82%**
	HCFC-124 ($CHClFCF_3$)	: 9.5%
	$C_{10}H_{16}$	: 3.75%

함 께 공 부

할로겐화합물 및 불활성기체 소화설비 : 할론소화약제를 대체할 목적으로 개발된 소화약제로서 할로겐화합물 소화약제와 불활성기체 소화약제로 구분된다.

소화약제	화학식
헵타플루오로프로판(이하 "HFC-227ea"라 한다)	CF_3CHFCF_3
불연성·불활성기체혼합가스(이하 "IG-541"이라 한다)	N_2(질소) : 52%, Ar(아르곤) : 40%, CO_2(이산화탄소) : 8%
불연성·불활성기체혼합가스(이하 "IG-55"이라 한다)	N_2(질소) : 50%, Ar(아르곤) : 50%

이해하면서 공부 할 문제 ★★

16 보일 오버(Boil over)현상에 대한 설명으로 옳은 것은?

① 아래층에서 발생한 화재가 위층으로 급격히 옮겨 가는 현상
② 연소유의 표면이 급격히 증발하는 현상
③ 기름이 뜨거운 물 표면 아래에서 끓는 현상
④ **탱크 저부의 물이 급격히 증발하여 기름이 탱크 밖으로 화재를 동반하여 방출하는 현상**

보일오버(Boil Over)현상 : 고온층(hot zone)이 형성된 유류화재의 탱크 밑면에 물이 고여 있는 경우, 화재의 진행에 따라 바닥의 물이 급격히 증발하여 불 붙은 기름을 분출시키는 위험현상 (화재발생 전 부터 있었던 물에 의해~)

함 께 공 부

• **슬롭오버(Slop Over)현상** : 물이 연소유의 표면에 들어갈 때 수분의 급격한 증발로 인하여 기름이 탱크 밖으로 방출되는 현상 (나중에 유입된 물에 의해~)
• **프로스오버(Froth Over)** : 점성이 높은 유류를 저장하는 탱크의 바닥에 있는 물이 어떤 원인에 의해 비등하면서 유류를 탱크 밖으로 넘치게 하는 현상 (화재 이외의 경우에~)
• **오일오버(Oil Over)** : 유류탱크 내 유류가 50%이하로 저장되어 있는 상태에서 화재발생시, 고온의 열로 유류탱크 내 공기가 팽창하여 탱크가 폭발하는 현상

암기하면서 공부 할 문제

17 위험물안전관리법상 위험물의 적재 시 혼재기준 중 혼재가 가능한 위험물로 짝지어진 것은?
(단, 각 위험물은 지정수량의 10배로 가정한다.)

① 질산칼륨과 가솔린 ② 과산화수소와 황린 ③ 철분과 유기과산화물 ④ 등유와 과염소산
  제1류   제4류   제6류   제3류   제2류   제5류   제4류   제6류

유별을 달리하는 위험물의 혼재기준
유별을 달리하는 위험물 적재 운반시 원칙적으로 혼재할 수 없으나, 아래표에 따라 혼재 가능한 위험물을 유별로 지정하였다.

위험물의 구분	제1류	제2류	제3류	제4류	제5류	제6류
제1류		×	×	×	×	○
제2류	×		×	○	○	×
제3류	×	×		○	×	×
제4류	×	○	○		○	×
제5류	×	○	×	○		×
제6류	○	×	×	×	×	

비고
1. "×"표시는 혼재할 수 없음을 표시한다.
2. "○"표시는 혼재할 수 있음을 표시한다.
3. 이 표는 지정수량의 1/10 이하의 위험물에 대하여는 적용하지 아니한다.

※ **지정수량** : 위험물의 종류별로 위험성을 고려하여 대통령령이 정하는 수량으로서 제조소등의 설치허가 등에 있어서 최저의 기준이 되는 수량(지정수량의 단위로 kg을 사용하고, 4류만 L를 사용)

암기팁! 1류-6류 / 2류-4류-5류 / 3류-4류 ➡ 16 245 34 (여기에서 4류는 245, 34 두곳과 연관되어... 결국 235와 짝지어 진다.)

함께 공부

류별 위험물의 종류

위험물	특징	암기법	종류[대분류]
제1류	산화성 고체	3염무 질요브 중과	아염소산염류, 염소산염류, 과염소산염류, 무기과산화물 / 질산염류(질산칼륨=초석), 요오드산염류, 브롬산염류 / 중크롬산염류, 과망간산염류
제2류	가연성 고체	유황적 철마금 인	유황(황)[S], 황화린(인), 적린(인)[P] / 철분, 마그네슘, 금속분류 / 인화성고체
제3류	자연발화성 및 금수성 물질	칼나알알 황린 알칼유 금금칼슘탄	칼륨, 나트륨, 알킬리튬, 알킬알루미늄, 황린(유일하게 금속 아님. 나머지는 모두금속) / 알칼리금속, 알칼리토금속, 유기금속 화합물 / 금속의 인화물, 금속의 수소화물, 칼슘 또는 알루미늄의 탄화물
제4류	인화성 액체	특아이디 1아휘 알콜 2경등 3클중 4실기 동식물	특수인화물(아세트알데히드, 이황화탄소, 디에틸에테르) / 제1석유류(아세톤, 휘발유=가솔린), 알코올류 / 제2석유류(경유, 등유) / 제3석유류(클레오소트유, 중유) / 제4석유류(실린더유, 기어유), 동식물유류
제5류	자기반응성 물질	질유 히히 아니니디히	질산에스테르류, 유기과산화물 / 히드록실아민, 히드록실아민염류 / 아조 화합물, 니트로 화합물, 니트로 소화합물, 디아조 화합물, 히드라진 유도체
제6류	산화성 액체	질과염할	질산, 과산화수소, 과염소산, 할로겐간화합물

이해하면서 공부 할 문제 ★★

18 자연발화의 예방을 위한 대책이 아닌 것은?

① 열의 축적을 방지한다. ② 주위 온도를 낮게 유지한다.
③ 열전도성을 나쁘게 한다. ④ 산소와의 접촉을 차단한다.
   좋게(크게=높게) 한다

자연발화란 공기 중의 물질이 상온에서, 장기간 **열의 축적**에 의해 별도 점화원 없이 **자연적으로(스스로) 발화**하는 현상으로... 열전도성(온도가 높은 곳에서 낮은 곳으로 이동)이 나쁘면(작으면=낮으면), 열의 축적이 오히려 쉬워져서 자연발화가 쉽게 일어난다.

함께공부

- 자연발화가 일어나기 좋은 조건
  - 저장실의 (주위의) 온도가 높을 것
  - 발열량이 클 것
  - 환기가 (통풍이) 어려워 열의 축적이 잘 될 것
  - 열전도율(성)이 작을(=낮을=나쁠) 것 (열전도율이 작아야 열의 축적이 쉽다)
  - 표면적이 클 것 (큰덩어리보다 작은덩어리 여러개가 공기와의 접촉면적이 더 크기 때문)
  - 습도가 높을 것 (습도가 높으면 표면에 수분막이 형성되어 내부 온도를 발산하기 어려워서, 열이 내부에 축적되기 쉽다)
- 방지대책
  - 저장실의 (주위의) 온도를 낮출 것
  - 열의 축적을 방지할 것
  - 통풍을 잘 시킬 것
  - 열전도율(성)을 크게(=높게=좋게) 할 것 (열전도율이 크면 그만큼 열의 축적이 어렵다)
  - 정촉매 (반대는 부촉매) 작용 물질 (자연발화를 돕는 물질)을 피할 것
  - 산소와의 접촉을 차단할 것
  - 습도를 낮게 유지할 것

19 할로겐 화합물 소화설비에서 Halon 1211 약제의 분자식은?

① CBr_2ClF ② **CF_2BrCl** ③ CCl_2BrF ④ BrC_2ClF

할론(Halon) 소화약제 - 분자식(화학기호)은 원자의 순서가 바뀌어도 상관없다.

종류	분자식	상온,상압	원자량	분자량 계산	증기비중 계산
할론 1301	CF_3Br	기체	(C×1개) + (F×3개) + (Br×1개)	12 + (19×3) + 80 = **149**	149/29 = 5.13
할론 1211	**CF_2ClBr**	**기체**	(C×1개) + (F×2개) + (Cl×1개) + (Br×1개)	12 + (19×2) + 35.5 + 80 = **165.5**	165.5/29 = 5.71
할론 2402	$C_2F_4Br_2$	액체	(C×2개) + (F×4개) + (Br×2개)	(12×2) + (19×4) + (80×2) = **260**	260/29 = 8.96
할론 1011	CH_2ClBr	액체	(C×1개) + (H×2개) + (Cl×1개) + (Br×1개)	12 + (1×2) + 35.5 + 80 = **129.5**	129.5/29 = 4.46
할론 104	CCl_4	액체	(C×1개) + (Cl×4개)	12 + (35.5×4) = **154**	154/29 = 5.31

- NTP(자연상태) : 20℃, 1기압(atm) 상태 [상온, 상압 상태] - 국내기준

암기탑! 탄 불 염 브

함께공부

할론명명법 - 아래 그림과 같은 순서와 원자수로 기재된다.

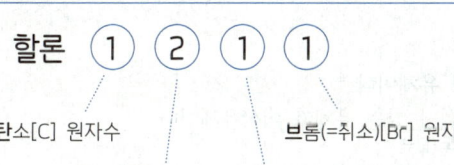

※ 화합물 내부에 존재하지 않는 원소는 숫자 '0'으로 표기(맨끝은 표기하지 않아도 된다)하고 명명하지 않는다.

20 물의 물리·화학적 성질로 틀린 것은?

① 증발잠열은 539.6 cal/g으로 다른 물질에 비해 매우 큰 편이다.
② 대기압하에서 100℃의 물이 액체에서 수증기로 바뀌면 체적은 약 1603배 정도 증가한다.
③ 수소 1분자와 산소 1/2분자로 이루어져 있으며 이들 사이의 화학결합은 극성 공유결합이다.
④ 분자간의 결합은 쌍극자-쌍극자 상호작용의 일종인 산소결합에 의해 이루어진다.
　　　　　　　　　　　　　　　　　　　　　　　수소결합

물 H₂O 분자간의 결합은...
- 수소(H) 1분자와 산소(O) 1/2분자로 이루어져 있으며 이들 사이의 화학결합은 **극성공유결합**(전기 음성도가 다른 두 원자 사이에 형성된 공유 결합)이며,
- 쌍극자-쌍극자 상호작용의 일종인 **수소결합**에 의해 이루어진다. 즉 산소(O)는 전기음성도가 강해 수소가 잘 떨어지지 않는다. 그에 따라 수소결합을 끊는데 많은 에너지가 필요하게 되어,
- 물의 비열이 1[kcal/kg·℃] 로 높고, 증발잠열(기화잠열)이 539[kcal/kg]로 매우 커서, **냉각효과**(열을 흡수하는 능력)가 뛰어나다.

함께공부
- **전기음성도** : 화학적 반응에서 분자내의 원자가 전자를 끌어 당기는 능력[산소(O)는 전기음성도가 강하다]
  F(불소) > O(산소) > N(질소) > Cl(염소) > Br(브롬) > C(탄소) > S(황) > I(요오드) > H(수소) > …
- **공유결합** : 두 원자가 전자를 내어놓고 그 전자쌍을 공유하여 이룬 결합
- **극성 공유결합** : 전기 음성도가 다른 두 원자가, 전자를 내어 놓고 그 전자쌍을 공유하여 이루어진 결합
- **무극성 공유결합** : 전기 음성도가 같은 두 원자가, 전자를 내어 놓고 그 전자쌍을 공유하여 이루어진 결합
- **쌍극자-쌍극자 상호작용** : 두 극성분자(다른 분자)가 가까이 접근할 때 그 쌍극자 사이의 정전기적 인력에 의해 일어나는 상호작용

함께공부
아래 계산은 참고만하시기 바랍니다.
1kg의 물이 100℃의 수증기로 되었을 때 체적을, 이상기체 상태방정식을 통해 계산해보면…

$$V(\text{수증기 체적}) = \frac{W(\text{질량}) \times R(\text{기체상수}) \times T(\text{절대온도})}{P(\text{절대압력}) \times M(\text{물 분자량})} = \frac{1000g \times 0.082\,\text{atm} \cdot \ell/\text{mol} \cdot K \times 373K}{1\,\text{atm} \times 18g/\text{mol}} = 1699.22\,\ell$$

물은 액체 상태에서 1kg=1L 로 기본 변환이 가능하므로, 약1700배로 체적이 증가되었음을 알 수 있다.

2과목 소방유체역학

✔ 이것이 혁신이다! 기출문제 + 답이색해설

▶ 계산 없는 단순 암기형 ★★★★★

21 유체에 관한 설명 중 옳은 것은?

① 실제유체는 유동할 때 마찰손실이 생기지 않는다.
　　　　　　　　　　　　　　　　생긴다
② 이상유체는 높은 압력에서 밀도가 변화하는 유체이다.
　　　　　　　　　　　　　　　　변화하지 않는
③ 유체에 압력을 가하면 체적이 줄어드는 유체는 압축성 유체이다.
④ 압력을 가해도 밀도변화가 없으며 점성에 의한 마찰손실만 있는 유체가 이상유체이다.
　　　　　　　　　　　　　　　　점성이 없어 마찰손실도 없는

액체와 기체를 총칭하여 유체라 한다.
- **압축성 유체**
  - 주위의 변화(온도, 압력 등)에 따라 **밀도**(부피, 체적)가 변하는(줄어드는) 유체
  - 일반적으로 **기체**에 어떤 힘이 작용하면, 밀도(부피)가 쉽게 변해 압축성 유체로 분류한다.
  - 만약 **액체**에 강한 힘이 작용하여 약간의 밀도(부피)가 변하는 경우라면 그 액체도 압축성 유체로 볼 수 있다.
    예시> 수압철판속의 수격작용, 디젤엔진에 있어서 연료 수송관의 충격파
- **비압축성 유체**
  - 주위의 변화(온도, 압력 등)에도 **밀도**(부피, 체적)의 변화가 없는 유체
  - 일반적으로 **액체**는 자유롭게 모양을 바꿀 수 있으나, 어떤 힘이 작용하여도 밀도(부피)가 잘 변하지 않아 비압축성 유체로 분류한다.
  - 만약 **기체**에 아주 약한 힘이 작용하여 밀도(부피)의 변화가 없는 경우라면 그 기체도 비압축성 유체로 볼 수 있다.
    예시> 달리는 물체 주위의 기류, 건물 둘레를 흐르는 기류

함께공부

- **유체**
  - 액체와 기체를 총칭하여 유체라 한다.
  - 일반적으로 형상이 정해져 있지 않으며 변형이 쉽고 흐르는 성질을 갖고 있다.
  - 유체에 외력(전단력)이 작용하면 연속적으로 변형을 일으키는 물질이다.
  - 유체에 외력(전단력)을 제거하여도 곧 바로 평형을 이루지 못하고 계속하여 변형을 일으키는 물질이다.
  - ※ **전단력(마찰력)** : 작용하는 면에 대해 평행하게 작용하는 힘이며, 마찰력이라고도 한다.
  - ※ **응력** : 유체에 힘(외력)이 가해질 때, 유체 내부에서는 그 형태를 유지하기 위해 저항하려는 힘이 발생한다. 이 저항을 응력이라 한다. 응력은 하중의 종류에 따라서 인장응력, 수직응력, 전단응력 등으로 구분한다.
- **실제유체** : 점성(끈끈한 정도)을 가지는 모든 유체(**점성 유체**)로서 **마찰손실이 발생**한다. 따라서 실체유체는 유체에 마찰력(전단력)을 가할 수 있으므로, 그 유체에서는 전단응력이 발생하게 된다.
- **이상유체**
  - 점성이 없어 마찰손실이 발생하지 않는 **비점성** 유체
  - 압력이 작용하여도 밀도(부피)의 변화가 없는 **비압축성**(압축되지 않는) 유체
  - 즉 이상유체는 실제 존재하지 않는 가상유체로서, **비점성 · 비압축성** 유체이다.

전반적으로 쉬운 계산형 ★★

22 송풍기의 풍량 15m³/s, 전압 540Pa, 전압효율이 55%일 때 필요한 축동력은 몇 kW인가?

① 2.23 ② 4.46 ③ 8.1 ④ **14.7**

1. 표준대기압을 이용한 단위환산

   전압(풍압)단위의 표준대기압은 $10332\,kgf/m^2 (=mmAq$ 아쿠아)이고, 파스칼(Pa) 단위의 표준대기압은 101325 Pa 이다.

   $540\,Pa \times \dfrac{10332\,kgf/m^2}{101325\,Pa} = 55.06\,kgf/m^2 (=mmAq)$

2. 송풍기의 축동력

   축동력$(kW) = \dfrac{P(\text{전압},\ kgf/m^2 = mmAq) \times Q(\text{풍량},\ m^3/sec)}{\eta_P(\text{효율}) \times 102} = \dfrac{55.06\,kgf/m^2 \times 15\,m^3/s}{0.55 \times 102} = 14.72\,kW$

   - 전압효율이 55% 이므로, 퍼센트의 단위를 제거하면… 0.55가 된다.

함께공부

1. 송풍기의 전달(소요, 송풍기) 동력

   ① $kW = \dfrac{P(\text{풍압},\ kgf/m^2 = mmAq) \times Q(\text{풍량},\ m^3/sec)}{\eta_P(\text{효율}) \times 102} \times K(\text{전달계수})$

   - $P(\text{풍압, 전압}) = \gamma(kgf/m^3) \times H(m) = kgf/m^2$
   - $10332\,kgf/m^2$의 단위에 대한 표준대기압 수치와 $10332\,mmAq(=mmH_2O)$의 단위에 대한 표준대기압 수치가 동일함으로 단위를 혼용해서 사용할 수 있다.

   ② $HP = \dfrac{P \times Q}{\eta_P \times 76} \times K$ ③ $PS = \dfrac{P \times Q}{\eta_P \times 75} \times K$

2. 송풍기의 축동력 ☞ 송풍기의 운전에 필요한 실제동력. 따라서 **전달계수를 빼고 계산**한다.

   ① $kW = \dfrac{P \times Q}{\eta_P \times 102}$ ② $HP = \dfrac{P \times Q}{\eta_P \times 76}$ ③ $PS = \dfrac{P \times Q}{\eta_P \times 75}$

3. 송풍기의 공기동력 ☞ 송풍기에 의해 공기에 공급되는 동력(유체에 실제로 주어지는 동력). 따라서 **효율은 의미가 없다.**

   ① $kW = \dfrac{P \times Q}{102}$ ② $HP = \dfrac{P \times Q}{76}$ ③ $PS = \dfrac{P \times Q}{75}$

전반적으로 쉬운 계산형 ★★

23 직경 50cm의 배관 내를 유속 0.06m/s의 속도로 흐르는 물의 유량은 약 몇 L/min 인가?

① 153　　② 255　　③ 338　　**④ 707**

유량을 묻는 문제의 단위가 L/min 즉, 분당(min) L[리터=체적]으로 흐른다고 하였으므로, 연속방정식 중 **체적유량(Q)**의 식을 적용한다.

1. 조건정리
   - 직경(지름, D) = 50cm = 0.5m *1000mm = 100cm = 1m
   - 유체속도(V) = 0.06m/s

2. 연속방정식 중 체적유량(Q) = ? L/min

Q(체적유량, m^3/sec) = A(배관의 단면적, m^2) × V(유체속도, m/sec)   *$A = \dfrac{\pi \cdot D^2}{4}$ D=직경(지름)

$Q = \dfrac{\pi \cdot D^2}{4} \times V = \dfrac{\pi \times (0.5m)^2}{4} \times 0.06 m/s = 0.01178\, m^3/s$

단위의 변환 ➡ $\dfrac{0.01178\, m^3}{1\,sec} \times \dfrac{1000\,L}{1\,m^3} \times \dfrac{60\,sec}{1\,min} = \dfrac{0.01178 \times 1000 \times 60\,L}{1\,min} = 706.8\,L/min$

함께공부

연속방정식
유체가 한 지점(①지점)에서 다른 지점(②지점)으로 정상유동할 때 ①지점의 질량과 ②지점의 질량은 언제나 동일하다는 방정식이다. 즉, 정상류 상태의 물의 흐름에 질량 보존의 법칙을 적용하여 얻어진 방정식이 연속방정식이다. 따라서 관속을 흐르는 물의 유량은 유입되는 유량과 유출되는 유량이 동일하다는 법칙이 적용된다.

Q(체적유량, m^3/sec) = A(배관의 단면적, m^2) × V(유속, m/sec)

$Q_1 = Q_2$
$A_1 \cdot V_1 = A_2 \cdot V_2$

포기해도 되는 계산형 | 포기해도 합격에 전혀 지장없는 문제

24 공기의 온도 T_1에서의 음속 c_1과 이보다 20K 높은 온도 T_2에서의 음속 c_2의 비가 c_2/c_1=1.05이면 T_1은 약 몇 도인가?

① 97K　　**② 195K**　　③ 273K　　④ 300K

쉬운 문제이지만, 생소한 공식을 암기하여 풀어야 하고, 최근10년간 1회 출제되었습니다. 또한 소방설비기사 실기시험에서 등장하지 않는 개념과 문제이므로, 공부하지 않고 **포기하는 것이 더 현명**합니다. 따라서 지면과 노력낭비를 방지하기 위하여 해설이 없습니다.

함께공부

음속과 절대온도의 관계

$\dfrac{c_2}{c_1} = \sqrt{\dfrac{T_2}{T_1}}$ * $T_2 = T_1 + 20$(T_1보다 20K 높은 온도 T_2) ➡ $1.05 = \sqrt{\dfrac{T_1 + 20}{T_1}}$ ∴ $T_1 = 195.12 K$

계산 없는 단순 암기형 ★★★★★

25 다음 계측기 중 측정하고자 하는 것이 다른 것은?

① Bourdon 압력계　　② U자관 마노미터　　③ 피에조미터　　**④ 열선풍속계**

열선풍속계는 기체의 **유속(풍속)**을 측정하는 계측기기로서, 가열된 물체에서 나오는 열이 대류현상(공기의 온도변화에 의한 상하운동 현상)을 일으켜 풍속을 발생시키는바, 이러한 기류가 가열된 열선에 노출되어 열선이 냉각되는 온도차를 이용해 풍속(유속)을 측정하는 계측기기이고,
Bourdon(부르동)**압력계**, **U자관** 마노미터(액주계, manometer = 압력계), **피에조미터**는 모두 **압력(정압)**을 측정하는 계측기이다.

함께공부

액주계(마노미터 = manometer = 압력계)
- **정압의 측정**(흐름 방향의 수직으로 작용하는 압력) ☞ 정압관, 피에조미터
- **동압 및 유속의 측정**(동압은 유체가 유동할 때 발생하는 압력) ☞ 피토관, 피토게이지, 시차액주계, 피토-정압관
- **전압**(유체가 흐를 때 그 흐름에 정면으로 걸리는 압력) = 정압 + 동압

전반적으로 쉬운 계산형 ★★

26 열전도도가 0.08W/m·K인 단열재의 고온부가 75℃, 저온부가 20℃이다. 단위 면적당 열손실이 200W/㎡인 경우의 단열재 두께는 몇 mm 인가?

① 22　　　② 45　　　③ 55　　　④ 80

열전도란 온도가 높은 영역으로부터 낮은 영역으로 에너지가 이송되는 열흐름 메커니즘을 말하며, Fourier(푸리에)의 전도법칙에 따르면 열전달률(=전도열량=열유동률)[°q][단위 시간당 발생되는 열량(W=J/s)]은…

$$°q[W] = kA\frac{T_1 - T_2}{L} = k(열전도도, 열전도계수) \times A(수열면적, 단면적)\frac{\Delta T(내\cdot외부의 온도차)}{L(두께)}$$

- 단열재(전열체)의 열전도도[k] = 0.8[W/m·K]
- 고·저온부의 온도차[ΔT] 절대온도(켈빈온도)[K]는… 고온부의 온도가 75[℃], 저온부의 온도가 20[℃]
  ⇨ (75+273) - (20+273) = 55[K]
- 단위 면적당 열손실[열전달률=전도열량][°q] = 200W/㎡(단위 면적당 이므로 수열면적[A]은… "1"로 본다는 의미)
- 전열체(단열재)의 두께[L][m] = ?[mm]

위 공식을 **두께(L)** 중심으로 정리하여 조건을 대입하면… $L[m] = kA\frac{T_1 - T_2}{°q} = 0.08 \times 1 \times \frac{55}{200} = 0.022[m] = 22[\text{mm}]$

계산 없는 단순 암기형 ★★★★★

27 그림과 같은 원형관에 유체가 흐르고 있다. 원형관 내의 유속분포를 측정하여 실험식을 구하였더니 $V = V_{\max}\frac{(r_0^2 - r^2)}{r_0^2}$ 이었다. 관 속을 흐르는 유체의 평균속도는 얼마인가?

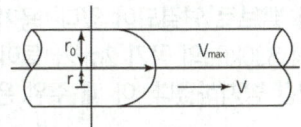

① $\dfrac{V_{\max}}{8}$　　　② $\dfrac{V_{\max}}{4}$　　　③ $\dfrac{V_{\max}}{2}$　　　④ $V_{\max}$

문제에서 제시된 식을 유도하는 것은 효율적이지 못하며, 그냥 아래와 같이 단순하게 생각하면 된다.
두 속도를 더해서 2로 나누어 준 것이 평균속도이다. 단순히 생각해서 시속 40km와 80km의 평균속도는 시속 60km이다.

$$평균속도(V) = \frac{0(관벽속도) + V_{\max}(관 중심속도 최대)}{2} = \frac{V_{\max}}{2}$$

원관 내 유체가 완전 발달 유동시(유체가 규칙적이고 안정적인 층류로 흐를 때) 평균속도는 최대속도의 $\dfrac{1}{2}$ 이다.

함께공부

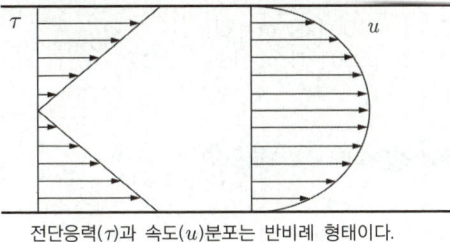

〈하겐-포아젤 방정식의 전단응력과 속도분포〉
전단응력(τ)과 속도(u)분포는 반비례 형태이다.

전단응력과 속도분포의 관계를 나타내는 하겐-포아젤 방정식 (Hagen-Poiseuille equation)
- 수평인 원형 관속에서 점성유체가 **층류 유동시**에만 적용되는 방정식
- 전단응력은 관 중심에서 "0"이고 반지름에 비례하면서 관벽까지 직선적으로 증가한다.
- 속도분포는 관벽에서 "0"이고 관의 중심에서 최고속도를 나타내는 포물선 형태를 그리면서 증가한다.
- 즉, 전단응력과 속도분포는 반비례 형태이다.
- 유량, 관경, 점성계수(절대점도), 배관길이, 압력강하(=압력손실), 최대유속, 평균유속, 손실수두 등의 관계식

> 전반적으로 쉬운 계산형 ★★

28 부차적 손실계수 K = 40인 밸브를 통과할 때의 수두손실이 2m 일 때, 이 밸브를 지나는 유체의 평균 유속은 약 몇 m/s인가?

① 0.49　　　　② 0.99　　　　③ 1.98　　　　④ 9.81

실제 유체는 점성을 가지므로 유체가 유동할 때 배관의 접촉면에 마찰이 발생하고 그에 따라 에너지의 손실이 발생하는데 그 손실이 마찰손실이다.

$$\text{마찰손실}(h_L, m) = \text{주(직관)손실} + \text{부차적(미소)손실}$$

* 주손실 : 직관에서 발생하는 마찰 손실(직선 원관 내의 손실)
* 부차적손실 : 직관 이외에서 발생되는 마찰손실

1. 조건정리
   - 부차적 손실계수(K) = 40
   - 부차적 손실수두(h_L) = 2m
   - 평균유속(V) = ?m/s

2. 밸브의 부차적 손실수두(h_L) 계산 ☞ $h_L(\text{손실수두}, m) = K\dfrac{V^2}{2g} = \text{손실계수} \times \dfrac{\text{유속}^2}{2 \times \text{중력가속도}(9.8m/s^2)}$

$$V^2 = \dfrac{h_L 2g}{K} \rightarrow V = \sqrt{\dfrac{h_L 2g}{K}} = \sqrt{\dfrac{2m \times 2 \times 9.8m/s^2}{40}} = 0.99 m/s$$

※ 달시-와이스바하 방정식과 비교

$$h_L(m) = f\dfrac{L}{D}\dfrac{V^2}{2g} \quad * \text{마찰손실수두} = \text{관마찰계수} \times \dfrac{\text{직관의 길이}}{\text{배관의 직경}} \times \dfrac{\text{유속}^2}{2 \times \text{중력가속도}} \rightarrow f\dfrac{L}{D} = K$$

> 다소 어려운 계산형 ★

29 두 개의 견고한 밀폐용기 A, B가 밸브로 연결되어 있다. 용기 A에는 온도 300K, 압력 100kPa의 공기 1m³, 용기 B에는 온도 300K, 압력 330kPa의 공기 2m³가 들어 있다. 밸브를 열어 두 용기 안에 들어있는 공기(이상기체)를 혼합한 후 장시간 방치하였다. 이 때 주위 온도는 300K로 일정하다. 내부 공기의 최종 압력은 약 몇 kPa 인가?

① 177　　　　② 210　　　　③ 215　　　　④ 253

해설

1. 문제의 이해

   밸브를 열어 두 용기를 오픈하면, 압력이 330kPa인 B용기의 압력은 낮아지고, 압력이 100kPa인 A용기의 압력은 높아져… 결국 동일한 압력이 형성될 것이다. 이 때의 최종압력(kPa)을 묻는 문제이다.

   주위온도 일정(300K), **압력(P)변화, 체적(V)변화**의 조건들이 등장하는 문제는 **보일의 법칙**을 통해 답을 구할 수 있다.

2. 보일의 법칙
   온도가 일정할 때 기체의 체적은 절대압력에 반비례한다. 쉽게 말하면 **온도 변화가 없을 때,** 기체의 부피는 압력이 커지면 작아지고, 압력이 작아지면 커진다는 의미이다.

   $$P \cdot V = \text{일정} \quad \text{절대압력} \times \text{체적} = \text{일정}$$

3. 처음상태(밸브 개방 전) 에너지[kJ]　☞　$P_1 \cdot V_1$
   ① A용기 : P(절대압력)☞100 kPa [=kN/m²] × V(체적)☞1m³ = 100×1 = 100 [kN·m = kJ]
   ② B용기 : P(절대압력)☞330 kPa [=kN/m²] × V(체적)☞2m³ = 330×2 = 660 [kN·m = kJ]
   ③ A용기 + B용기 = 100+660 = 760 [kN·m = kJ]

4. 나중상태(밸브 개방 후) 에너지[kJ]　☞　$P_2 \cdot V_2$

   절대압력과(P)과 기체의 체적(V)의 곱은 항상 일정하므로 다음과 같은 식이 성립한다. $P_1 \cdot V_1 = P_2 \cdot V_2$

   ① $P_1 \cdot V_1$ (A용기, B용기 각각의 에너지를 합한 값) = 760[kJ]
   ② V_2 = 밸브를 개방한 상태여서 A용기와 B용기의 구분이 없다. 따라서 체적(V_2)은 3m³(=1m³+2m³)이 된다.

   $$\therefore P_1 \cdot V_1 = P_2 \cdot V_2 \rightarrow 760 kJ = P_2 \times 3m^3 \rightarrow P_2 = \dfrac{760 kJ(= kN \cdot m)}{3m^3} = 253.33\ kN/m^2 (=kPa)$$

   A용기와 B용기의 체적(V_2)이 3m³으로 합쳐지면서… P_2의 압력은 253kPa로 동일해졌다.

   보일의 법칙-온도일정(보일러의 온도는 일정해야 한다), 샤를의 법칙-압력일정

전반적으로 쉬운 계산형 ★★

30 지름이 15cm인 관에 질소가 흐르는데, 피토관에 의한 마노미터는 4cmHg의 차를 나타냈다. 유속은 약 몇 m/s 인가? (단, 질소의 비중은 0.00114, 수은의 비중은 13.6, 중력가속도는 9.8m/s² 이다.)

① 76.5　　② 85.6　　③ 96.7　　④ 105.6

피토관
- 전압과 동압을 측정한다. 즉, 유속을 측정할 수 있다.
- 직각으로 굽은관의 선단(앞 부분의 맨 끝)에 구멍이 뚫려 있고 액주계와 연결되어 있다.
- 유체 정지시에는 정압 = 전압 이므로 유체 정지시의 액주계의 높이는 전압이며, 유체가 유동할 때의 높이(처음에 올라간 정압 만큼의 높이 제외)가 동압이다.

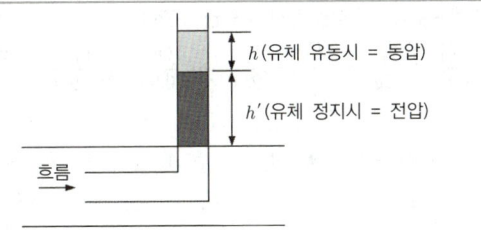

조건정리
- 지름이 15cm인 관 = 전혀 필요없는 조건
- 피토관에 의한 마노미터는 4cmHg(수은 cm)의 차(h) = 0.04mHg　　*1000mm = 100cm = 1m
- 중력가속도(g) = $9.8m/s^2$
- 수은의 비중(S_B) = 13.6　　*큰 비중(13.6)에서 작은 비중(0.00114)을 빼준다. 그리고 작은비중으로 나눠준다. 그래야 (+)의 수치가 나온다.
- 질소의 비중(S_A) = 0.00114

$$V[m/s] = \sqrt{2gh\left(\frac{S_B - S_A}{S_A}\right)} = \sqrt{2gh\left(\frac{\gamma_B - \gamma_A}{\gamma_A}\right)} = \sqrt{2gh\left(\frac{\rho_B - \rho_A}{\rho_A}\right)}$$

*S(비중), γ(비중량), ρ(밀도) ☞ 여기서는 모두 동일한 개념으로 보고 계산한다.

$$V(\text{질소의 유속}) = \sqrt{2gh\left(\frac{S_B - S_A}{S_A}\right)} = \sqrt{2 \times 9.8m/s^2 \times 0.04m \times \left(\frac{13.6 - 0.00114}{0.00114}\right)} = 96.7m/s$$

함께공부

전압, 정압, 동압의 관계
- 전압 = 정압 + 동압　　• 정압 = 전압 - 동압　　• 동압 = 전압 - 정압
- 유체 유동시 : 전압 > 정압
- 유체 정지시 : 전압 = 정압, 동압 = 0 ∴ 유속을 측정하려면 동압 필요
- 유속이 빠르면 빠를수록 정압은 작아진다.
- 관 중심의 유속이 가장 빠르고 관벽은 "유속=0" 으로 본다. 즉, 관벽은 유체가 흘러가지 않는 것으로 본다.
- 정지 유체시 압력은 정압이라고 해도 되고, 전압이라고 해도 된다. ∵ 전압 = 정압 임으로... 그러나 보통 정지시에는 정압이라고 말한다.
- 유체 유동시 유속에 의해 생성되는 압력이 동압이며 유체가 유동하면 정압이 낮아지고 동압이 발생한다.

포기해도 되는 계산형 　포기해도 합격에 전혀 지장없는 문제

31 그림과 같은 곡관에 물이 흐르고 있을 때 계기압력으로 P₁ 이 98 kPa이고, P₂ 가 29.42 kPa이면 이 곡관을 고정 시키는데 필요한 힘은 몇 N 인가? (단, 높이차 및 모든 손실은 무시한다.)

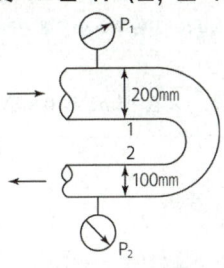

① 4141　　② 4314　　③ 4565　　④ 4744

본 문제는 이해와 계산과정 모두 매우 복잡한 계산문제로서... 소방설비기사 실기시험에서 등장하지 않는 개념과 문제이므로, 공부하지 않고 **포기하는 것이 더 현명**합니다. 따라서 지면과 노력낭비를 방지하기 위하여 해설이 없습니다.

함께공부

$\Delta F(\text{힘}, N) = [P_1(\text{압력}) \times A_1(\text{단면적})] + [P_2 \times A_2] + [\rho(\text{밀도}) \times Q(\text{유량}) \times (V_1+V_2)\text{속도}]$

$= 98,000 N/m^3 \times \dfrac{\pi \times (0.2m)^2}{4} + 29,420 N/m^3 \times \dfrac{\pi \times (0.1m)^2}{4} + 1000 kg/m^3 \times 0.0949 m^3/s \times (3.023+12.092) m/s = 4744.24 N$

① 베르누이 방정식을 통해 유속을 구한다.

$\dfrac{P_1}{\gamma} + \dfrac{V_1^2}{2g} = \dfrac{P_2}{\gamma} + \dfrac{V_2^2}{2g}$ ➡ $\dfrac{98}{9.8} + \dfrac{V_1^2}{2 \times 9.8} = \dfrac{29.42}{\gamma} + \dfrac{(4V_1)^2}{2 \times 9.8}$ ∴ $V_1 = 3.023 m/s$, $V_2 = 4 \times 3.023 = 12.092 m/s$

* $Q_1 = Q_2$ ➡ $A_1 \cdot V_1 = A_2 \cdot V_2$ ➡ $V_2 = \dfrac{A_1}{A_2} V_1 = \dfrac{\dfrac{\pi \times 0.2^2}{4}}{\dfrac{\pi \times 0.1^2}{4}} \times V_1 = 4V_1$

② 연속방정식을 통해 체적유량을 구한다. ➡ $Q = A_1 \cdot V_1 = \dfrac{\pi \times 0.2^2}{4} \times 3.023 = 0.0949 m^3/s$

전반적으로 쉬운 계산형 ★★

32 그림과 같이 수족관에 직경 3m의 투시경이 설치되어 있다. 이 투시경에 작용하는 힘은 약 몇 kN인가?

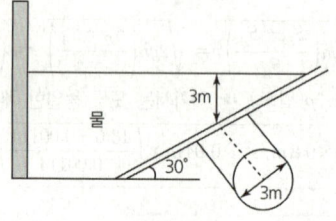

① 207.8　　② 123.9　　③ 87.1　　④ 52.4

경사면에 작용하는 전압력 ➡ 수평방향으로 작용하는 평균 힘의 크기

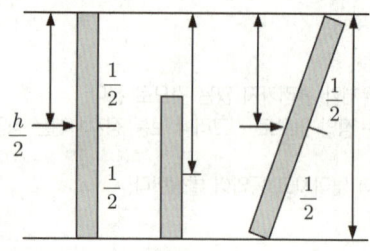 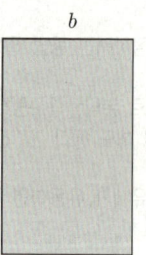

면적중심까지의 깊이 $= \dfrac{h}{2}$

$F = \gamma \cdot A \cdot h$
$= \gamma \cdot (b \times h) \cdot \dfrac{h}{2}$
$= \dfrac{\gamma \cdot (b \times h) \cdot h}{2}$

1. 조건정리
 • 물 비중량$(\gamma) = 1000 kgf/m^3 = 9800 N/m^3 = 9.8 kN/m^3$　　*$1kgf = 9.8N$　*$1000N = 1kN$
 • 직경 3m 투시경의 면적$(A) = \dfrac{\pi \times D^2}{4} = \dfrac{\pi \times (3m)^2}{4}$
 • 투시경이 받는 힘의 깊이$(h) = 3m$　　*이미 면적중심까지의 깊이가 문제 조건에 주어졌으므로… 30°의 각도는 의미가 없다.

2. 수평방향으로 작용하는 평균 힘의 크기(kN)

$F[kN, \text{힘}] = \gamma A h = \text{비중량}(kN/m^3) \times \text{면적}(m^2) \times \text{깊이}(m) = 9.8 kN/m^3 \times \dfrac{\pi \times (3m)^2}{4} \times 3m = 207.8 kN$

> 전반적으로 쉬운 계산형 ★★

33 화씨온도 200°F는 섭씨온도(℃)로 약 얼마인가?

① 93.3℃ ② 186.6℃ ③ 279.9℃ ④ 392℃

- 섭씨온도(℃) : 물의 어는점(빙점, 0℃)과 끓는점(비점, 100℃)을 온도의 표준으로 정하여, 그 사이를 100등분한 온도눈금이다.
- 화씨온도(°F) : 물의 어는점(빙점)을 32°F, 끓는점(비점)을 212°F로 정하고 두 점 사이를 180등분한 온도눈금이다.
- 섭씨온도(℃)와 화씨온도(°F)의 변환 ⇨ °F = 1.8℃ + 32

화씨온도 200°F를 섭씨온도(℃)로 변환 ➡ ℃ = $\frac{°F - 32}{1.8}$ = $\frac{200 - 32}{1.8}$ = 93.33℃

> 함께공부

온도(Temperature)
- **섭씨온도(℃)** : 물의 어는점(빙점, 0℃)과 끓는점(비점, 100℃)을 온도의 표준으로 정하여, 그 사이를 100등분한 온도눈금이다. 단위기호는 ℃를 사용한다. 섭씨온도를 절대온도로 바꾸기 위해서는 273도를 더해준다.
- **화씨온도(°F)** : 1기압 하에서 물의 어는점(빙점)을 32°F, 끓는점(비점)을 212°F로 정하고 두 점 사이를 180등분한 온도눈금이다. 단위기호는 °F를 사용한다. 화씨온도를 절대온도로 바꾸기 위해서는 460도를 더해준다.
- **절대온도(T)** : 어떠한 방법으로도 절대영도(−273.15℃) 이하로 온도를 낮출 수 없다는 열역학 제3법칙에 따라, 이론상 생각할 수 있는 최저온도를 기준으로 하여 온도단위를 갖는 온도를 말한다. 이 눈금을 사용하면 모든 온도가 +수치로 나타난다.
  - **켈빈온도(K)** : 이론상 생각할 수 있는 최저온도인 절대영도를 기준으로, 섭씨온도를 환산한 온도이다.
    K = 온도(℃) + 273
  - **랭킨온도(R)** : 화씨 절대온도라고도 하며, 화씨온도 −459.67°F를 기점으로 하여 측정한 온도이다.
    R = 온도(°F) + 460
- **섭씨온도와 화씨온도의 변환** ⇨ °F = 1.8℃ + 32
  - 섭씨온도를 화씨온도로 바꿀 때 ⇨ °F = $\frac{9}{5}$℃ + 32 = 1.8℃ + 32
  - 화씨온도를 섭씨온도로 바꿀 때 ⇨ ℃ = $\frac{5}{9}$(°F − 32) = $\frac{°F - 32}{1.8}$

> 계산 없는 단순 암기형 ★★★★★

34 공동현상(Cavitation)의 발생 원인과 가장 관계가 먼 것은?

① 관내의 수온이 높을 때 ② 펌프의 흡입 양정이 클 때
③ **펌프의 설치 위치가 수원보다 낮을 때** 높을 때 ④ 관내의 물의 정압이 그때의 증기압보다 낮을 때

공동현상(캐비테이션, cavitation) − 공기고임현상(기포 발생)
- **정의**
  - 펌프 내부나 흡입측 배관에서 **물의 압력이 포화증기압 이하로 떨어져** 물이 국부적으로 증발하여 증기 공동이 발생하는 현상으로 공기(기포)가 생성되고, 진동(소음)을 수반하며 종단에는 양수불능을 초래할 수 있음
  - 물의 온도에 상응하는 증기압보다 낮은 부분이 발생하면 물은 증발되고 물속에 있던 공기와 물이 분리되어 **기포가 발생**하는 펌프의 현상
  - 물이 배관 내에 유동하고 있을 때 흐르는 물 속 어느 부분의 정압이 그때 물의 온도에 해당 하는 증기압 이하로 되면 부분적으로 기포가 발생하는 현상
- **원인 및 방지책**

원인	방지책
흡입양정(수두) 클 때(흡입측 배관길이 길 때)	펌프 설치높이 낮춘다, 입축(수직회전축)펌프[심정용] 사용, 물올림장치 설치 등 **흡입양정(수두)을 짧게** 한다.
펌프의 설치 위치가 수원보다 높을 때	펌프의 설치 위치를 **수원보다 낮게** 한다.
마찰손실 클 때	배관길이 짧게, 관 부속물 적게 시공, 관경크게, **양흡입 펌프**(또는 2대 이상 펌프) 사용 등 마찰손실 줄인다.
임펠러 속도(펌프회전수)가 너무 빠를 때	임펠러 **속도**(펌프회전수) **낮춰** 유량을 적게 한다.(흡입비속도를 낮게한다)
흡입관경이 작아 유속이 너무 빠른 경우	**흡입관경 크게** 해서 유속을 낮춘다.
수온 높을 때	**수온을 낮게** 유지하여 포화증기압을 줄인다.

전반적으로 쉬운 계산형 ★★

35 소화펌프의 회전수가 1,450rpm일 때 양정이 25m, 유량이 5m³/min 이었다. 펌프의 회전수를 1,740rpm으로 높일 경우 양정(m)과 유량(m³/min)은? (단, 회전차의 직경은 일정하다.)

① 양정 : 17, 유량 : 4.2   ② 양정 : 21, 유량 : 5   ③ 양정 : 30.2, 유량 : 5.2   ④ **양정 : 36, 유량 : 6**

문제 조건들이... 회전속도(rpm, N), 유량(송출량, Q), 양정(전양정, H) 등이 주어졌으므로, **펌프의 상사법칙**을 통해 답을 구할 수 있다. 아래 표를 식으로 정리하여 답을 도출한다.

유량(송출량, Q)	양정(전양정, H)	회전속도(rpm, N)
Q_1(처음 유량) = 5 m³/min	H_1(처음 양정) = 25 m	N_1(처음 회전속도) = 1450 rpm
Q_2(변화된 유량) = ? m³/min	H_2(변화된 양정) = ? m	N_2(변화된 회전속도) = 1740 rpm

1. 유량[Q]은 펌프 회전수에 **정비례**한다. → $Q_1 : N_1 = Q_2 : N_2$

$$Q_2 = \left(\frac{N_2}{N_1}\right) \times Q_1 = \left(\frac{1740\,rpm}{1450\,rpm}\right) \times 5\,m^3/min = 6\,m^3/min \quad [\text{회전수를 1740rpm으로 높여 변화된 유량(m³/min)}]$$

2. 양정[H]은 펌프 회전수의 **2승**에 비례한다. → $H_1 : N_1^2 = H_2 : N_2^2$

$$H_2 = \left(\frac{N_2}{N_1}\right)^2 \times H_1 = \left(\frac{1740\,rpm}{1450\,rpm}\right)^2 \times 25\,m = 36\,m \quad [\text{회전수를 1740rpm으로 높여 변화된 양정(m)}]$$

 유량 양정 축동력 회전수1승2승3승 직경3승2승5승 ➡ **유양축 회123 직325**

함께공부

펌프의 상사법칙
- 상사(相似)라는 사전적 의미는 서로 모양이 비슷함. 닮음. 등의 뜻이 있다.
- 펌프의 용량이 다른 경우에도 비속도(비교회전도)가 같으면 이를 상사(相似)라고 한다.
- 소방에서의 상사법칙은 임펠러의 회전수(rpm) 및 임펠러의 직경을 변화시켰을 때 유량[Q], 전양정(양정)[H], 축동력[L]이 각각 어떻게 변화하겠느냐의 문제이다.
- **유량, 양정, 축동력과의 관계**
  ① 유량[Q]은 펌프 회전수에 **정비례**하고, 임펠러(회전차) 직경의 **3승**에 비례한다.
  ② 양정[H]은 펌프 회전수의 **2승**에 비례하고, 임펠러(회전차) 직경의 **2승**에 비례한다.
  ③ 축동력[L]은 펌프 회전수의 **3승**에 비례하고, 임펠러(회전차) 직경의 **5승**에 비례한다.

구분	운전조건	형상조건
유량 Q	회전수 N^1 비례	직경 D^3 비례
양정 H	N^2	D^2
축동력 L	N^3	D^5
비례식 정리		
$Q_1 : N_1 = Q_2 : N_2$		$Q_1 : D_1^3 = Q_2 : D_2^3$
$H_1 : N_1^2 = H_2 : N_2^2$		$H_1 : D_1^2 = H_2 : D_2^2$
$L_1 : N_1^3 = L_2 : N_2^3$		$L_1 : D_1^5 = L_2 : D_2^5$

- $Q_1 = \left(\frac{N_1}{N_2}\right) \times \left(\frac{D_1}{D_2}\right)^3 \times Q_2$ • $H_1 = \left(\frac{N_1}{N_2}\right)^2 \times \left(\frac{D_1}{D_2}\right)^2 \times H_2$ • $L_1 = \left(\frac{N_1}{N_2}\right)^3 \times \left(\frac{D_1}{D_2}\right)^5 \times L_2$

- $Q_2 = \left(\frac{N_2}{N_1}\right) \times \left(\frac{D_2}{D_1}\right)^3 \times Q_1$ • $H_2 = \left(\frac{N_2}{N_1}\right)^2 \times \left(\frac{D_2}{D_1}\right)^2 \times H_1$ • $L_2 = \left(\frac{N_2}{N_1}\right)^3 \times \left(\frac{D_2}{D_1}\right)^5 \times L_1$

전반적으로 쉬운 계산형 ★★

36 안지름이 0.1m인 파이프 내를 평균유속 5m/s 로 물이 흐르고 있다. 길이 10m 사이에서 나타나는 손실수두는 약 몇 m인가? (단, 관마찰계수는 0.013 이다.)

① 0.7 ② 1 ③ 1.5 ④ **1.7**

마찰손실을 수두(h_L, m, mH_2O)로 구하는 방정식인 **달시-와이스바하 방정식**을 통해 계산할 수 있다.

$$h_L(mH_2O) = f\frac{L(m)}{D(m)}\frac{V^2(m/\sec)^2}{2g(m/\sec^2)} \qquad 마찰손실수두 = 관마찰계수 \times \frac{직관의\ 길이}{배관의\ 직경} \times \frac{유속^2}{2 \times 중력가속도}$$

1. 조건정리
   - 안지름(내경, D) = 0.1m
   - 유속(V) = 평균유속 5m/s
   - 직관의 길이(L) = 10m
   - 중력가속도 = $9.8 m/s^2$
   - 관의 마찰계수(f) = 0.013
2. 마찰손실수두(h_L) 계산

$$h_L(m) = f\frac{L}{D}\frac{V^2}{2g} = 0.013 \times \frac{10m}{0.1m} \times \frac{(5m/\sec)^2}{2 \times 9.8 m/\sec^2} = 1.66m = 1.7m$$

함께공부

달시-와이스바하 방정식(Darcy-Weisbach equation)
- 마찰손실을 수두(h_L, m, mH_2O)로 구하는 방정식이다.
- 유체의 종류나 층류, 난류를 가리지 않고 모든 유체에 적용이 가능한 식으로서 정확성이 매우 떨어진다.
- 따라서 마찰손실과 관련된 요소가 어떤 것이고, 그것이 마찰손실에 어떻게 영향을 미치는지를 파악하는 방정식으로 활용될 수 있다.
- Darcy와 Weisbach에 의해 개발된 방정식은 아래와 같다.

$$마찰손실수두(h_L) = f\frac{L}{D}\frac{V^2}{2g} \qquad *관마찰계수(f) = \frac{64}{ReNo}$$

$$h_L(mH_2O) = f\frac{L(m)}{D(m)}\frac{V^2(m/\sec)^2}{2g(m/\sec^2)} \qquad 마찰손실수두 = 관마찰계수 \times \frac{직관의\ 길이}{배관의\ 직경} \times \frac{유속^2}{2 \times 중력가속도}$$

- 결론적으로 배관에서 발생하는 마찰손실수두는 배관길이에 비례하고, 유속의 제곱에 비례하며, **직경에는 반비례**한다. 따라서 마찰손실을 줄이기 위해서는 배관 길이를 줄이고, 유속을 낮추고, **관경은 크게**한다.

계산 없는 단순 암기형 ★★★★★

37 베르누이의 정리($\frac{P}{\rho} + \frac{V^2}{2} + gZ =$ Constant)가 적용되는 조건이 될 수 없는 것은?

① **압축성의 흐름이다.**
   비압축성
② 정상 상태의 흐름이다.
③ 마찰이 없는 흐름이다.
④ 베르누이 정리가 적용되는 임의의 두 점은 같은 유선상에 있다.

- 베르누이 방정식이란... 유체가 흐름선(유선)을 그리며 흐를 때, 두 지점의 높이[위치수두] 그리고 두 지점에서의 압력[압력수두]과 흐르는 속도[속도수두] 사이의 관계를 두 지점에서 역학적 에너지가 보존됨을 바탕으로 수식으로 나타낸 것. 유체의 흐름에 **에너지보존의 법칙**을 적용시킨 방정식[오일러의 운동방정식을 **적분**하여 얻은 방정식]
- 베르누이 방정식의 가정조건
  - 정상 상태의 흐름(유동)이다. (**정상류**이다.)
  - 점성이 없어(**비점성**), 마찰이 없는 **이상유체**의 흐름이다.
  - 유체입자는 유선(흐름선)을 따라 움직인다. (적용되는 임의의 두 점은 같은 유선상에 있다)
  - **비압축성** 유체(액체)의 흐름이다.
- ※ 정상류 : 임의의 한 점에서 시간(t)의 경과(Δt)에 따라 온도(ΔT), 속도(ΔV), 밀도($\Delta \rho$), 압력(ΔP)이 모두 변하지 않는 (일정한) 유체의 흐름

함께공부

베르누이의 정리

$$\text{전수두(전양정)} = \text{압력수두} + \text{속도수두} + \text{위치수두} = \text{일정(Constant)}$$

$$H(m) = \frac{P}{\gamma} + \frac{V^2}{2g} + Z = \frac{\text{압력}(N/m^2)}{\text{비중량}(N/m^3)} + \frac{\text{유속}^2(m/\sec)^2}{\text{중력가속도}(m/\sec^2)} + \text{높이}(m) = C$$

유체흐름상에 임의의 두 점에서 압력·속도·위치 수두는 각각 다를 수 있으나, 에너지보존의 법칙에 의해 그 **에너지(수두)의 총합은 항상 일정**하다는 방정식이 성립하여 아래식으로 표현할 수 있다.

$$\frac{P_1}{\gamma} + \frac{V_1^2}{2g} + Z_1 = \frac{P_2}{\gamma} + \frac{V_2^2}{2g} + Z_2$$

※ 유속(속도)의 기호를 u나 V 어떤 것을 사용하여도 무방하다.[유속 = 속도 = $u = V$]

※ $\frac{P}{\rho} + \frac{V^2}{2} + gZ$ 의 식에... 각각 $\frac{1}{g(\text{중력가속도}, m/\sec^2)}$ 를 곱해주면, 두 식이 동일함을 알 수 있다.

$$\left(\frac{P}{\rho} \times \frac{1}{g}\right) + \left(\frac{V^2}{2} \times \frac{1}{g}\right) + \left(gZ \times \frac{1}{g}\right) = \frac{P}{\gamma} + \frac{V^2}{2g} + Z \quad * \gamma(\text{비중량}) = \rho(\text{밀도}) \times g(\text{중력가속도})$$

필수이론

베르누이의 정리 → $\frac{P_1}{\gamma} + \frac{V_1^2}{2g} + Z_1 = \frac{P_2}{\gamma} + \frac{V_2^2}{2g} + Z_2$

전반적으로 쉬운 계산형 ★★

38 절대온도와 비체적이 각각 T, v인 이상기체 1kg이 압력이 P로 일정하게 유지되는 가운데 가열되어 절대온도가 6T까지 상승되었다. 이 과정에서 이상기체가 한 일은 얼마인가?

① Pv   ② 3Pv   ③ 5Pv   ④ 6Pv

$W(\text{외부에 한 일}) = P(\text{압력}) \times \Delta V(\text{나중부피 - 처음부피}) = P \times 5V = 5PV$ ➡ 열역학 개념

샤를의 법칙
압력(P)이 일정할 때, 기체의 체적(V)은 절대온도(T)에 비례한다. 쉽게 말해 압력의 변화가 없을 때 기체의 부피는 온도가 상승하면 커지고, 온도가 하강하면 작아진다는 의미이다.

$\frac{V(\text{체적})}{T(\text{절대온도})} = \text{일정}$ *문제에서 v는 **비체적**(1kg당 체적)이다. 그런데 문제조건이 "이상기체 1kg"이므로... 전체체적=비체적

절대온도(T)와 체적(V)의 비는 항상 일정하므로 다음과 같은 식이 성립한다.

$\frac{V_1}{T_1} = \frac{V_2}{T_2}$ → $\frac{\text{처음부피}(V_1)}{\text{처음온도}(T)} = \frac{\text{나중부피}(V_2)}{\text{나중온도}(6T)}$ ∴ $V_2 = \frac{6T}{T}V_1 = 6V_1$

처음온도 T에서 6T로 상승할 동안... 부피는 1V에서 ➡ 6V로 늘어났다. 따라서 부피의 상승분은 5V이다.

포기해도 되는 계산형 포기해도 합격에 전혀 지장없는 문제

39 직경이 D인 원형 축과 슬라이딩 베어링 사이에(간격=t, 길이=L)에 점성계수가 μ인 유체가 채워져 있다. 축을 ω의 각속도로 회전시킬 때 필요한 토크를 구하면? (단, t ≪ D)

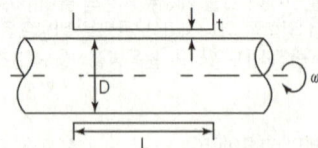

① $T = \mu\frac{\omega D}{2t}$ ② $T = \frac{\pi\mu\omega D^2 L}{2t}$ ③ $T = \frac{\pi\mu\omega D^3 L}{2t}$ ④ $T = \frac{\pi\mu\omega D^3 L}{4t}$

본 문제는 생소한 기계공식 문제로서... 소방설비기사 실기시험에서 등장하지 않는 개념이고 문제이므로, 공부하지 않고 **포기**하는 것이 더 **현명**합니다. 따라서 지면과 노력낭비를 방지하기 위하여 해설이 없습니다.

알아둘게! 필요한 토크(T)는 ④번의 공식을 그대로 암기하는 것도 하나의 방법입니다. ➡ 4t

> 계산 없는 단순 암기형　★★★★★

40 수면에 잠긴 무게가 490N인 매끈한 쇠구슬을 줄에 매달아서 일정한 속도로 내리고 있다. 쇠구슬이 물속으로 내려갈수록 들고 있는데 필요한 힘은 어떻게 되는가? (단, 물은 정지된 상태이며, 쇠구슬은 완전한 구형체이다.)

① 적어진다.　　　　　　　　　　　　② 동일하다.
③ 수면 위보다 커진다.　　　　　　　　④ 수면 바로 아래보다 커진다.

이미 수면에 잠긴 쇠구슬을, 수면 아래로 더 깊이 내리면… 쇠구슬을 들고 있는 힘이 어떻게 변화하겠느냐가 질문이다.
이 문제는 부력에 관한 문제인데… **부력은 유체 내의 어떤 물체에 대하여 수직 상향으로 작용하는 힘. 쉽게 말해, 유체 내에서 물체를 띄우려는 힘**을 말한다. 즉, 이미 수면에 잠긴 쇠구슬이, 더 깊이 들어갈수록… 부력이 변하는지 변하지 않는지에 대한 질문이다.

$$F(부력) = \gamma \cdot V$$

부력(=잠긴 물체의 무게)[N] = 유체의 비중량(=잠긴 물체의 비중량)$[N/m^3]$ × 배제된 유체의 체적(=잠긴 물체의 체적)$[m^3]$

답은 "변하지 않는다" 이다. 이미 수면에 잠긴 쇠구슬이, 더 깊이 들어간다고 해서 부력이 변하지 않음은 위 공식에서도 알 수 있듯이 **부력은 깊이와는 전혀 관계없다**. (깊이가 깊어질수록 쇠구슬이 받는 압력은 상승한다) 따라서 쇠구슬을 들고 있는 힘은 동일하다.

하지만, 처음에 쇠구슬이 조금만 잠겨있다가, 나중에 전부 잠기게 되면… 잠긴 체적만큼 부력이 상승하는 원리에 따라, 처음에는 조금만 작용하던 부력이, 모두 잠긴후에는 더 커지게 되므로… 쇠구슬을 들고 있는 힘은 그 만큼 적어진다.

> 함 께 공 부

부력
- 유체 내의 어떤 물체에 대하여 수직 상향으로 작용하는 힘. 쉽게 말해, 유체 내에서 **물체를 띄우려는 힘**을 말한다.
- 어떤 물체의 무게가 부력보다 크다면 그 물체는 가라 앉을 것이다. 반대로 부력이 무게보다 크다면 그 물체는 뜰 것이다. **쇳덩어리는 물에 가라앉지만 나무는 물에 뜨는 이유**는 쇳덩어리의 경우 무게가 부력보다 크고, 나무는 부력이 나무무게보다 크기 때문이다. 쇠로 만든 배가 뜨는 이유는 물에 잠기는 부피를 크게 설계하여 배의 무게보다 더 큰 부력을 만들었기 때문이다.
- 아르키메데스가 발견했기 때문에 여기에 관계된 원리를 **아르키메데스의 원리**라고도 한다.

3과목　소방관계법규

✔ 이것이 혁신이다! 기출문제 + 답이색해설

> 단어가 답인 문제　★

41 위험물 제조소 게시판의 바탕 및 문자의 색으로 올바르게 연결된 것은?

① 바탕 – 백색, 문자 – 청색　　　　　② 바탕 – 청색, 문자 – 흑색
③ 바탕 – 흑색, 문자 – 백색　　　　　④ 바탕 – 백색, 문자 – 흑색

제조소에는 보기 쉬운 곳에 방화에 관하여 필요한 사항을 게시한 **게시판**을 설치하여야 한다.
→ 게시판의 **바탕**은 백색으로, 문자는 흑색으로 할 것

> 숫자가 답인 문제

42 화재의 예방 및 안전관리에 관한 법령에 따른 소방안전관리 업무를 하지 아니한 특정소방대상물의 관계인에게는 몇 만원 이하의 과태료를 부과하는가?

① 100　　　　② 200　　　　③ 300　　　　④ 500

소방안전관리업무를 하지 아니한 특정소방대상물의 관계인 또는 소방안전관리대상물의 소방안전관리자
→ 300만원 이하의 과태료를 부과한다.

함께공부

특정소방대상물의 관계인과 소방안전관리대상물의 소방안전관리자는 다음의 업무를 수행한다. 다만, 2·3·4·5의 업무는 소방안전관리대상물의 경우에만 해당한다.
1. 피난시설, 방화구획 및 방화시설의 관리
2. 자위소방대 및 초기대응체계의 구성, 운영 및 교육
3. 소방안전관리에 관한 업무수행에 관한 기록·유지
4. 피난계획에 관한 사항과 대통령령으로 정하는 사항이 포함된 소방계획서의 작성 및 시행
5. 소방훈련 및 교육
6. 화기 취급의 감독
7. 소방시설이나 그 밖의 소방 관련 시설의 관리
8. 화재발생 시 초기대응
9. 그 밖에 소방안전관리에 필요한 업무

암기팁! 피자업계 훈화 소방화재

숫자가 답인 문제

43 교육연구시설 중 학교의 지하층은 바닥면적의 합계가 몇 m² 이상인 경우 연결살수설비를 설치해야 하는가?

① 500 ② 600 ③ 700 ④ 1,000

교육연구시설 중 **학교의 지하층**의 경우에는 바닥면적의 합계가 **700㎡** 이상인 것은 **연결살수설비**를 설치해야 한다.

숫자가 답인 문제 ★

44 일반 소방시설 설계업(기계분야)의 영업범위는 공장의 경우 연면적 몇 m² 미만의 특정소방대상물에 설치되는 기계분야 소방시설의 설계에 한하는가? (단, 제연설비가 설치되는 특정소방대상물은 제외한다.)

① 10,000㎡ ② 20,000㎡ ③ 30,000㎡ ④ 40,000㎡

일반소방시설 **설계업**의 영업범위 → 아파트 / 연면적 3만제곱미터(공장의 경우에는 1만제곱미터) 미만 / 위험물제조소등

함께공부

소방시설업의 업종별 등록기준 및 영업범위

업종별		항목	기술인력	영업범위
전문 소방시설 설계업			• 주된 기술인력 : 소방기술사 1명 이상 • 보조기술인력 : 1명 이상	• 모든 특정소방대상물에 설치되는 소방시설의 설계
일반 소방 시설 설계업	기계 분야		• 주된 기술인력 : 소방기술사 또는 기계분야 소방설비기사 1명 이상 • 보조기술인력 : 1명 이상	• 아파트에 설치되는 기계분야 소방시설(제연설비는 제외한다)의 설계 • 연면적 3만제곱미터(공장의 경우에는 1만제곱미터) 미만의 특정소방대상물(제연설비가 설치되는 특정소방대상물은 제외한다)에 설치되는 기계분야 소방시설의 설계 • 위험물제조소등에 설치되는 기계분야 소방시설의 설계
	전기 분야		• 주된 기술인력 : 소방기술사 또는 전기분야 소방설비기사 1명 이상 • 보조기술인력 : 1명 이상	• 아파트에 설치되는 전기분야 소방시설의 설계 • 연면적 3만제곱미터(공장의 경우에는 1만제곱미터) 미만의 특정소방대상물에 설치되는 전기분야 소방시설의 설계 • 위험물제조소등에 설치되는 전기분야 소방시설의 설계

※ 보조기술인력이란 다음의 어느 하나에 해당하는 사람을 말한다.
  가. 소방기술사, 소방설비기사 또는 소방설비산업기사 자격을 취득한 사람
  나. 소방공무원으로 재직한 경력이 3년 이상인 사람으로서 자격수첩을 발급받은 사람
  다. 행정안전부령으로 정하는 소방기술과 관련된 자격·경력 및 학력을 갖춘 사람으로서 자격수첩을 발급받은 사람

숫자가 답인 문제
45 소방시설공사업법상 소방시설업 등록신청 신청서 및 첨부서류에 기재되어야 할 내용이 명확하지 아니한 경우 서류의 보완 기간은 며칠 이내인가?
① 14 ② 10 ③ 7 ④ 5

소방시설업자협회(한국소방시설협회)는 받은 소방시설업의 **등록신청** 서류가 다음의 어느 하나에 해당되는 경우에는 **10일 이내**의 기간을 정하여 이를 **보완**하게 할 수 있다.
1. 첨부서류가 첨부되지 아니한 경우
2. 신청서 및 첨부서류에 기재되어야 할 내용이 기재되어 있지 아니하거나 명확하지 아니한 경우

16년-4회
문장이 답인 문제 ★★★
46 소방용수시설 중 소화전과 급수탑의 설치기준으로 틀린 것은?
① 소화전은 상수도와 연결하여 지하식 또는 지상식의 구조로 할 것
② 소방용호스와 연결하는 소화전의 연결금속구의 구경은 65㎜로 할 것
③ 급수탑 급수배관의 구경은 100㎜ 이상으로 할 것
④ 급수탑의 개폐밸브는 지상에서 1.5m 이상 1.8m 이하의 위치에 설치할 것
　　　　　　　　　　　　　　　　　　　　　　　1.7m

급수탑의 개폐밸브 → 지상에서 1.5미터 이상 **1.7미터** 이하의 위치에 설치

💡 내 키가 150cm(=1.5m)은 넘는데... 180cm(=1.8m)이 안된다. 따라서 높이 세워진 급수탑은... 170cm(=1.7m)

16년-4회
문장이 답인 문제 ★★
47 소방본부장이 화재안전조사위원회 위원으로 임명하거나 위촉할 수 있는 사람이 아닌 것은?
① 소방시설관리사
② 과장급 직위 이상의 소방공무원
③ 소방 관련 분야의 석사 이상 학위를 취득한 사람
④ 소방 관련 법인 또는 단체에서 소방 관련 업무에 3년 이상 종사한 사람
　　　　　　　　　　　　　　　　　　　　　　　　5년

화재안전조사위원회의 구성 : 화재안전조사위원회는 위원장 1명을 포함하여 **7명 이내**의 위원으로 성별을 고려하여 구성한다.
- 위원회의 **위원장**은 **소방관서장**이 된다.
- 위원회의 위원은 다음에 해당하는 사람 중에서 소방관서장이 임명하거나 위촉한다.
  - **과장급 직위 이상의 소방공무원**
  - **소방기술사**
  - **소방시설관리사**
    소방 관련 분야의 **석사 이상** 학위를 취득한 사람
  - **소방 관련 법인 또는 단체**에서 소방 관련 업무에 **5년 이상** 종사한 사람
  - 소방공무원 교육훈련기관, 고등교육법의 학교 또는 연구소에서 **소방과 관련한 교육 또는 연구**에 5년 이상 종사한 사람

16년-4회
단어가 답인 문제 ★★
48 소화난이도등급 I의 제조소등에 설치해야 하는 소화설비기준 중 유황만을 저장·취급하는 옥내탱크저장소에 설치해야 하는 소화설비는?
① 옥내소화전설비 ② 옥외소화전설비 ③ 물분무소화설비 ④ 고정식 포소화설비

소화 난이도 등급 I에 해당하는 제조소등에 설치해야 하는 소화설비

제조소등의 구분	저장·취급 물질	소화설비
옥내탱크저장소	유황만을 저장·취급하는 것	물분무소화설비

> **함께공부**
> - **옥내소화전설비** : 화재발생시 옥내소화전함을 개방하여 방수구와 연결된 호스를 전개한 후 앵글밸브를 개방하고, 화점을 향해 노즐을 개방하여 방사하는 형태의 수동식 수계소화설비
> - **옥외소화전설비** : 화재발생시 옥외에 설치된 옥외소화전함을 개방한 후, 호스와 노즐을 꺼내어 주변에 설치된 방수구와 연결해 호스를 전개한 후, 옥외소화전 전용렌치로 소화전을 개방하여 방사하는 형태의 수동식 수계소화설비로서, 저층부(1, 2층) 옥외화재 진입활동용 소화설비이자 주변확대방지용 방호설비 등으로 사용된다.
> - **물분무소화설비** : 물을 안개모양으로 방사해 가스와 비슷한 형태를 가지므로, 전기의 부도체(전기가 통하지 않는 물체 = 비전도성)로서 전기시설물에 설치가 가능한 자동식 수계소화설비
> - **포소화설비** : 수조로부터 공급된 물과 포약제 저장탱크에서 공급된 포원액을, **혼합기(프로포셔너)** 에서 믹싱해 포수용액을 만들어, 포 방출구에서 공기와 섞여진 후 발포되어 거품을 방사하는 형태의 소화설비로서 유류탱크 등 위험물에 주로 사용된다.
>   ① **고정식** 포소화설비 → **포워터스프링클러설비**, **포헤드설비**, **고정포방출설비**(고발포용 고정포 방출구), **압축공기포소화설비**
>   ② **이동식** 포소화설비 → **호스릴포소화설비**, **포소화전설비**(포소화전 방수구 · 호스 및 이동식 포노즐을 사용하는 설비)
>   ③ **위험물** 옥외탱크 저장소 → **고정포**방출구(폼 챔버, 탱크내부), **보조포소화전**(방유제 밖)

[단어가 답인 문제]

49 고형알코올 그 밖에 1기압 상태에서 인화점이 40℃ 미만인 고체에 해당하는 것은?

① 가연성고체　　② 산화성고체　　③ **인화성고체**　　④ 자연발화성물질

- 인화성고체는... 일반적으로 불에 타는 고체 물질인 **제2류 위험물[가연성 고체]**의 한 종류이다.
- 인화성고체의 정의 → 고형알코올 그 밖에 1기압에서 인화점이 섭씨 40도 미만인 고체

> **함께공부**
> **인화점**
> - 불을 끌어당기는 온도라는 뜻으로 점화원에 의해 불이 붙을 수 있는 최저온도
> - 가연성기체와 공기가 혼합된 상태에서 외부의 직접적인 점화원에 의해 불이 붙을 수 있는 최저온도
> - 가연성 물질을 공기 중에서 가열할 때 가연성 증기가 연소범위 하한계에 도달되는 최저온도

[단어가 답인 문제] ★★★

50 소방체험관의 설립 · 운영권자는?

① 국무총리　　② 소방청장　　③ **시 · 도지사**　　④ 소방본부장 및 소방서장

소방의 역사와 안전문화를 발전시키고 국민의 안전의식을 높이기 위하여... **소방박물관 및 소방체험관**을 설립하여 운영할 수 있다.

구분	설립과 운영권자	설립과 운영에 필요한 사항
소방박물관	소방청장	행정안전부령으로 정한다.
소방체험관	**시 · 도지사**	행정안전부령으로 정하는 기준에 따라 시 · 도의 조례로 정한다.

※ 소방체험관 : 화재 현장에서의 피난 등을 체험할 수 있는 체험관

[단어가 답인 문제]

51 제2류 위험물의 품명에 따른 지정수량의 연결이 틀린 것은?

① 황화린 - 100kg　　② **유황 - 300kg**　　③ 철분 - 500kg　　④ 인화성고체 - 1,000kg
　　　　　　　　　　　　　　100kg

제2류 위험물 ⇨ 가연성 고체[일반 환원성 가연물] 일반적으로 불에 타는 가연성고체 물질 등이 해당된다.			
위험물	특징	암기법	종류[대분류]
제2류	가연성 고체	유황적 철마금 인	유황(황)[S], 황화린(인), 적린(인)[P] / 철분, 마그네슘, 금속분류 / 인화성고체
지정수량		유황적**백** 오백철마금 인**천**	위험등급Ⅱ 지정수량 100kg / 위험등급Ⅲ 지정수량 500kg / Ⅲ 지정수량 1000kg

> **함께공부**
> **지정수량** : 위험물의 종류별로 위험성을 고려하여 대통령령이 정하는 수량으로서 제조소등의 설치허가 등에 있어서 최저의 기준이 되는 수량(지정수량의 단위로 kg을 사용하고, 4류만 L를 사용)

단어가 답인 문제
52 소방장비 등에 대한 국고보조 대상사업의 범위와 기준보조율은 무엇으로 정하는가?

① 행정안전부령 ② 대통령령 ③ 시·도의 조례 ④ 국토교통부령

소방장비 등에 대한 국고보조 : 국가는 소방장비의 구입 등 시·도의 소방업무에 필요한 경비의 일부를 보조하며, 국고보조 대상사업의 범위와 기준보조율은 대통령령으로 정한다.

단어가 답인 문제 ★★
53 정기점검의 대상인 제조소등에 해당하지 않는 것은?

① 이송취급소 ② 이동탱크저장소 ③ 암반탱크저장소 ④ 판매취급소

1. 대통령령이 정하는 제조소등의 관계인은 그 제조소등에 대하여 행정안전부령이 정하는 바에 따라 기술기준에 적합한지의 여부를 정기적으로 점검하고 점검결과를 기록하여 보존하여야 한다.
2. 정기점검의 대상인 제조소등
   - 관계인이 예방규정을 정하여야 하는 제조소등
     - 지정수량의 10배 이상의 위험물을 취급하는 제조소
     - 지정수량의 100배 이상의 위험물을 저장하는 옥외저장소
     - 지정수량의 150배 이상의 위험물을 저장하는 옥내저장소
     - 지정수량의 200배 이상의 위험물을 저장하는 옥외탱크저장소
     - 암반탱크저장소
     - 이송취급소
   - 지하탱크저장소
   - 이동탱크저장소
   - 위험물을 취급하는 탱크로서 지하에 매설된 탱크가 있는 제조소·주유취급소 또는 일반취급소

단어가 답인 문제 ★
54 위험물안전관리법상 행정처분을 하고자 하는 경우 청문을 실시해야 하는 것은?

① 제조소등 설치허가의 취소 ② 제조소등 영업정지 처분
③ 탱크시험자의 영업정지 ④ 과징금 부과처분

시·도지사, 소방본부장 또는 소방서장은 다음에 해당하는 처분을 하고자 하는 경우에는 청문을 실시하여야 한다.
1. 제조소등 설치허가의 취소
2. 탱크시험자의 등록취소

문장이 답인 문제
55 소방용품의 형식승인을 취소하여야 하는 경우가 아닌 것은?

① 거짓 또는 부정한 방법으로 형식승인을 받은 경우 ② 시험시설의 시설기준에 미달되는 경우
③ 거짓 또는 부정한 방법으로 제품검사를 받은 경우 ④ 변경승인을 받지 아니한 경우

소방청장은 소방용품의 형식승인을 받았거나 제품검사를 받은 자가 다음의 어느 하나에 해당할 경우에는 해당 소방용품의 형식승인을 취소하여야 한다.
1. 거짓이나 그 밖의 부정한 방법으로 형식승인을 받은 경우
2. 거짓이나 그 밖의 부정한 방법으로 제품검사를 받은 경우
3. 변경승인을 받지 아니하거나 거짓이나 그 밖의 부정한 방법으로 변경승인을 받은 경우

함께 공부
- 소방용품이란 소방시설등을 구성하거나 소방용으로 사용되는 제품 또는 기기로서 대통령령으로 정하는 것을 말한다.
- 소방용품의 형상·구조·재질·성분·성능 등을 승인받기 위해 만들어 놓은... "**형식승인 및 제품검사의 기술기준**"은 감지기의 형식승인 및 제품검사의 기술기준을 비롯하여 총 32개의 기준이 제정되어 있다.

문장이 답인 문제 ★

56 소방기본법상의 벌칙으로 5년 이하의 징역 또는 5천만원 이하의 벌금에 해당하지 않는 것은?

① 소방자동차가 화재진압 및 구조·구급활동을 위하여 출동할 때 그 출동을 방해한 자
② 사람을 구출하거나 불이 번지는 것을 막기 위하여 불이 번질 우려가 있는 소방대상물의 사용제한의 강제처분을 방해한 자
③ 출동한 소방대의 소방장비를 파손하거나 그 효용을 해하여 화재진압·인명구조 또는 구급활동을 방해한 자
④ 정당한 사유 없이 소방용수시설의 효용을 해치거나 그 정당한 사용을 방해한 자

- 사람을 구출하거나 불이 번지는 것을 막기 위하여 필요할 때에는 화재가 발생하거나 불이 번질 우려가 있는 소방대상물 및 토지를 일시적으로 사용하거나 그 사용의 제한 또는 소방활동에 필요한 처분을 할 수 있다.[강제처분]
- 위에 따른 처분을 방해한 자 또는 정당한 사유 없이 그 처분에 따르지 아니한 자는 3년 이하의 징역 또는 3천만원 이하의 벌금에 처한다.

단어가 답인 문제 ★★

57 하자보수 대상 소방시설 중 하자보수 보증기간이 2년이 아닌 것은?

① 유도표지   ② 비상경보설비   ③ 무선통신보조설비   ④ 자동화재탐지설비

하자보수 대상 소방시설과 하자보수 보증기간
1. 피난기구, 유도등, 유도표지, 비상경보설비, 비상조명등, 비상방송설비 및 무선통신보조설비 : 2년
2. 자동소화장치, 옥내소화전설비, 스프링클러설비, 간이스프링클러설비, 물분무등소화설비, 옥외소화전설비, 자동화재탐지설비, 상수도소화용수설비 및 소화활동설비(무선통신보조설비는 제외) : 3년

암기팁! 피난유도 무선비상 2년

함께 공부
- 유도표지 : 화재발생시 건물 밖으로 긴급대피를 유도하기 위해 피난방향을 안내하기 위한 표지로서 전원이 필요 없다.
- 비상경보설비 : 화재발생 상황을 발신기의 누름스위치를 눌러서 수동으로 벨(경종) 또는 사이렌으로 경보하는 설비
- 무선통신보조설비 : 화재를 진압하거나 인명구조활동을 위하여 사용하는 소화활동설비로서, 지상과 지하의 동시 소화활동시 소방대원 상호간의 무선통신을 원활하게 하기 위한 통신설비에 해당한다.
- 자동화재탐지설비 : 화재를 자동으로 감지하여 벨(경종), 사이렌, 섬광으로 경보하여 피난을 유도하는 설비로서, 하나의 건물내에 경계구역(=화재감지구역=화재경보구역)을 여러개 나누어서 화재구역과 비화재구역으로 구분하여 제어하는 설비이다.

숫자가 답인 문제 ★★★

58 소방기본법상 소방용수시설의 저수조는 지면으로부터 낙차가 몇 m 이하가 되어야 하는가?

① 3.5   ② 4   ③ 4.5   ④ 6

소방용수시설 저수조 → 흡수부분의 수심은... 0.5m 이상이고 ~ 지면으로부터 낙차는 4.5m 이하일 것

단어가 답인 문제 ★

59 특정소방대상물 중 의료시설에 해당되지 않는 것은?

① 노숙인 재활시설 (노유자 시설)   ② 장애인 의료재활시설   ③ 정신의료기관   ④ 마약진료소

- 소방대상물 : 건축물, 차량, 선박(항구에 매어둔 선박만 해당), 선박 건조 구조물, 산림, 그 밖의 인공 구조물 또는 물건
- 특정소방대상물 : 건축물 등의 규모·용도 및 수용인원 등을 고려하여 소방시설을 설치하여야 하는 소방대상물로서 대통령령으로 정하는 것
- 의료시설
  - 병원 : 종합병원, 병원, 치과병원, 한방병원, 요양병원
  - 격리병원 : 전염병원, 마약진료소
  - 정신의료기관, 장애인 의료재활시설
- 노유자 시설 → 노인 관련시설 / 아동 관련시설 / 장애인 관련시설 / 정신질환자 관련시설 / 노숙인 관련시설

암기팁! 노숙인이 모두 아픈 것은 아니므로... "노숙인"이란 글이 들어가면 의료시설이 아니다.

60 관리업자 또는 소방안전관리자로 선임된 소방시설관리사 및 소방기술사가 자체점검을 실시한 경우에는 그 점검이 끝난 날부터 며칠 이내에 소방시설등 자체점검 실시결과 보고서를 관계인에게 제출해야 하는가?

① 7일 ② 10일 ③ 20일 ④ 30일

소방시설등의 자체점검 결과의 조치
1. 관리업자 또는 소방안전관리자로 선임된 소방시설관리사 및 소방기술사는 자체점검을 실시한 경우에는 그 점검이 끝난 날부터 **10일 이내**에 소방시설등 자체점검 실시결과 보고서에 소방청장이 정하여 고시하는 소방시설등점검표를 첨부하여 **관계인에게 제출**해야 한다.
2. 자체점검 실시결과 보고서를 제출받거나 스스로 자체점검을 실시한 관계인은 자체점검이 끝난 날부터 **15일 이내**에 소방시설등 자체점검 실시결과 보고서에 아래 서류를 첨부하여 **소방본부장 또는 소방서장에게** 서면이나 소방청장이 지정하는 전산망을 통하여 **보고해야** 한다.
   ① 점검인력 배치확인서(관리업자가 점검한 경우만 해당)
   ② 소방시설등의 자체점검 결과 이행계획서

4과목 소방기계시설의 구조및원리

숫자가 답인 문제

61 항공기 격납고 포헤드의 1분당 방사량은 바닥면적 1m² 당 최소 몇 L 이상이어야 하는가? (단, 수성막포 소화약제를 사용한다.)

① 3.7 ② 6.5 ③ 8.0 ④ 10

- **포소화설비** : 수조로부터 공급된 물과 포약제 저장탱크에서 공급된 포원액을, **혼합기(프로포셔너)**에서 믹싱해 포수용액을 만들어, 포 방출구에서 공기와 섞어진 후 발포되어 거품을 방사하는 형태의 소화설비로서 유류탱크 등 위험물에 주로 사용된다.
- **포워터 스프링클러설비(포워터스프링클러헤드 사용)** : 일제살수식스프링클러설비와 유사하며 포소화약제와 물이 혼합된 포수용액이 헤드를 통해 방사된다.
- **포헤드 설비(포헤드 사용)** : 포워터스프링클러설비와 유사한 구조이고, 유류화재와 같은 평면화재에 사용되며, 주로 화재강도가 낮은 장소에 설치하는 설비이다.

소방대상물별 포소화약제 종류에 따른 **포헤드 1분당 방사량**

소방대상물	포 소화약제의 종류	바닥면적 1m²당 방사량
차고·주차장 및 **항공기격납고**	단백포 소화약제	6.5ℓ 이상
	합성계면활성제포 소화약제	8.0ℓ 이상
	수성막포 소화약제	**3.7ℓ 이상**
특수가연물을 저장·취급하는 소방대상물	단백포 소화약제	6.5ℓ 이상
	합성계면활성제포 소화약제	6.5ℓ 이상
	수성막포 소화약제	6.5ℓ 이상

암기팁! 차고(항공기) 합성계면활성제포 8.0ℓ 수성막포 3.7ℓ ➡ 차항 합팔 수삼칠 나머지는 6.5

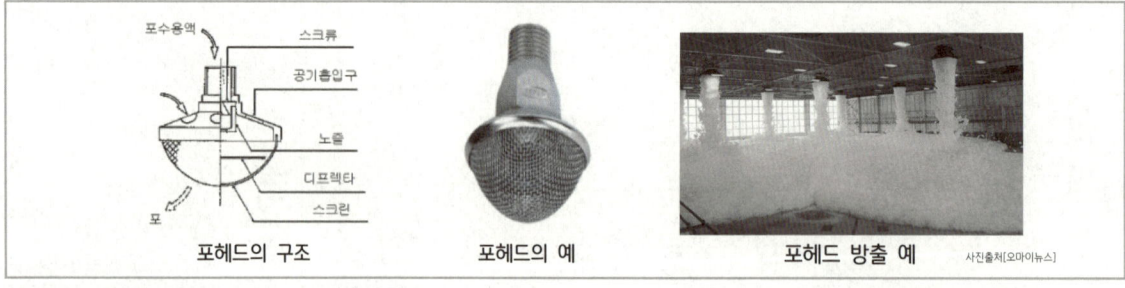

포헤드의 구조 / 포헤드의 예 / 포헤드 방출 예 사진출처[오마이뉴스]

문장이 답인 문제 ★

62 할로겐화합물 및 불활성기체소화설비의 수동식 기동장치의 설치기준 중 **틀린** 것은?

① 5kg 이상의 힘을 가하여 기동할 수 있는 구조로 할 것 (이하)
② 전기를 사용하는 기동장치에는 전원표시등을 설치할 것
③ 기동장치의 방출용 스위치는 음향경보장치와 연동하여 조작될 수 있는 것으로 할 것
④ 해당 방호구역의 출입구부근 등 조작을 하는 자가 쉽게 피난할 수 있는 장소에 설치할 것

할로겐화합물 및 불활성기체 소화설비 : 할론소화설비를 대체할 목적으로 개발된 소화설비로서 할로겐화합물 소화약제와 불활성기체 소화약제를 사용한다.
1. **할로겐화합물 소화약제** : 불소(F), 염소(Cl), 브롬(Br) 또는 요오드(I) 중 하나 이상의 원소를 포함하고 있는 유기화합물을 기본성분으로 하는 소화약제로서 **연쇄반응을 차단하여 소화하는 화학적 소화효과**를 갖는다.
2. **불활성기체 소화약제** : 아르곤(Ar), 이산화탄소(CO_2) 또는 질소가스(N_2) 중 하나 이상의 원소를 기본성분으로 하는 소화약제로서 **질식으로 인해 소화하는 물리적 소화효과**를 갖는다.

수동식 기동장치 : 자동식인 소화설비를... 사람이 수동으로 기동시킬 수 있는 장치
→ 5kg 이하의 힘을 가하여 기동할 수 있는 구조로 설치["이상" 이라고 규정되면 사람의 힘으로 누를 수 없는 힘이어도 관계없다는 의미가 된다]

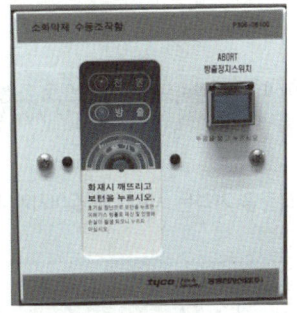 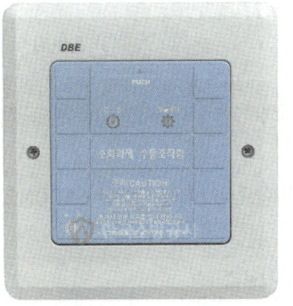 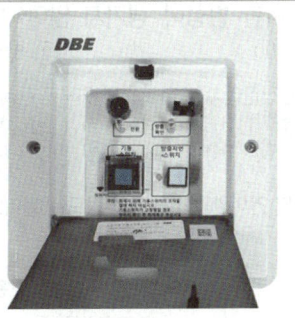

다양한 수동식 기동장치

사진출처[동방전자/소방청/한국소방공사]

숫자가 답인 문제 ★

63 제연구역의 선정방식 중 계단실 및 그 부속실을 동시에 제연하는 것의 방연풍속은 몇 m/s 이상이어야 하는가?

① 0.5　　　　② 0.7　　　　③ 1　　　　④ 1.5

특별피난계단의 계단실 및 부속실 제연설비
- 특별피난계단의 **계단실·부속실** 및 **비상용 승강기의 승강장**에 신선한 공기를 급기(유입)하여 **연기가 침투하지 못하도록** 하여 피난을 용이하게 만드는 설비
- 피난로 및 피난공간의 안전성을 확보하여 인명안전은 물론 소방관의 소화 및 구조 활동을 원활하게 하는 데에 그 목적이 있다.
- **급기가압 제연설비**라고도 하며... 특정소방대상물의 **제연구역 내**(계단실, 부속실 또는 비상용승강기의 승강장)에 신선한 공기를 주입하여 **옥내**(화재발생 부분)보다 압력을 높게 하여 화재 시 발생한 연기 또는 열기가 제연구역으로 확산, 침투하지 못하도록 하는 설비이다.

1. "**제연구역의 선정방식**"이란 "특별피난계단의 계단실 및 부속실 제연설비"를 설치하여 관리할 대상이... 건물 내 어디 인지를 선정하는 것을 말한다. 즉 건축물 내에서... 제연구역으로 선정된 구역만 "특별피난계단의 계단실 및 부속실 제연설비"를 설치한다는 의미이다.
2. 제연구역의 선정
   ① 계단실 및 그 부속실을 동시에 제연 하는 것
   ② 부속실만을 단독으로 제연 하는 것
   ③ 계단실 단독제연하는 것
   ④ 비상용승강기 승강장 단독 제연 하는 것
3. **방연풍속**이란 옥내(거실, 통로 등)로부터 발생된 연기가, 제연구역내(부속실, 계단실 등)로 유입되지 않도록... 제연구역에서 옥내의 방향으로 발생되는 풍속(연기를 유입을 유효하게 방지할 수 있는 풍속)을 말한다.
4. 방연풍속은 제연구역의 선정방식에 따라 다음 표의 기준에 따라야 한다.

제연구역		방연풍속
계단실 및 그 부속실을 **동시에** 제연하는 것 또는 **계단실만** 단독으로 제연하는 것		0.5m/s 이상
부속실만 단독으로 제연하는 것 또는 비상용승강기의 **승강장만** 단독으로 제연하는 것	부속실 또는 승강장이 면하는 옥내가 **거실**인 경우	0.7m/s 이상
	부속실 또는 승강장이 면하는 옥내가 **복도**로서 그 구조가 방화구조(내화시간이 30분 이상인 구조를 포함한다)인 것	0.5m/s 이상

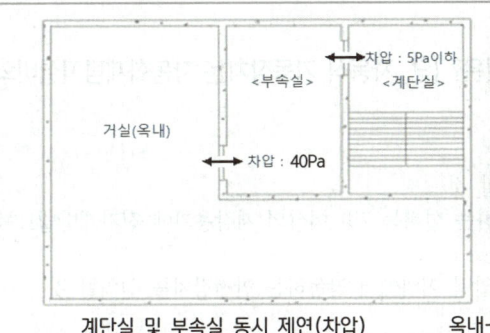
계단실 및 부속실 동시 제연(차압)

옥내→부속실→계단실 출입문 설치예시

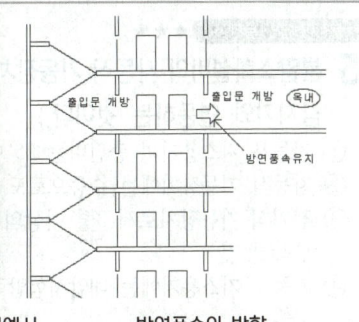
방연풍속의 방향

숫자가 답인 문제

64 완강기 벨트의 강도는 늘어뜨린 방향으로 1개에 대하여 몇 N의 인장하중을 가하는 시험에서 끊어지거나 현저한 변형이 생기지 않아야 하는가?

① 1,500   ② 3,900   ③ 5,000   ④ 6,500

완강기 : 창문이나 발코니 등의 외부로 통하는 개구부 부근에 설치되며, 사용자의 몸무게에 따라 하강속도를 자동적으로 조절[속도조절기(조속기)]하면서 내려오는 하강로프장치 피난기구이다. 사용자의 가슴에 안전벨트를 조여 착용하며, 사용자가 교대하여 연속적으로 사용할 수 있다.

완강기 및 간이완강기 벨트의 강도는 늘어뜨린 방향으로 1개에 대하여 6500N의 인장하중을 가하는 시험에서 끊어지거나 현저한 변형이 생기지 아니하여야 한다.

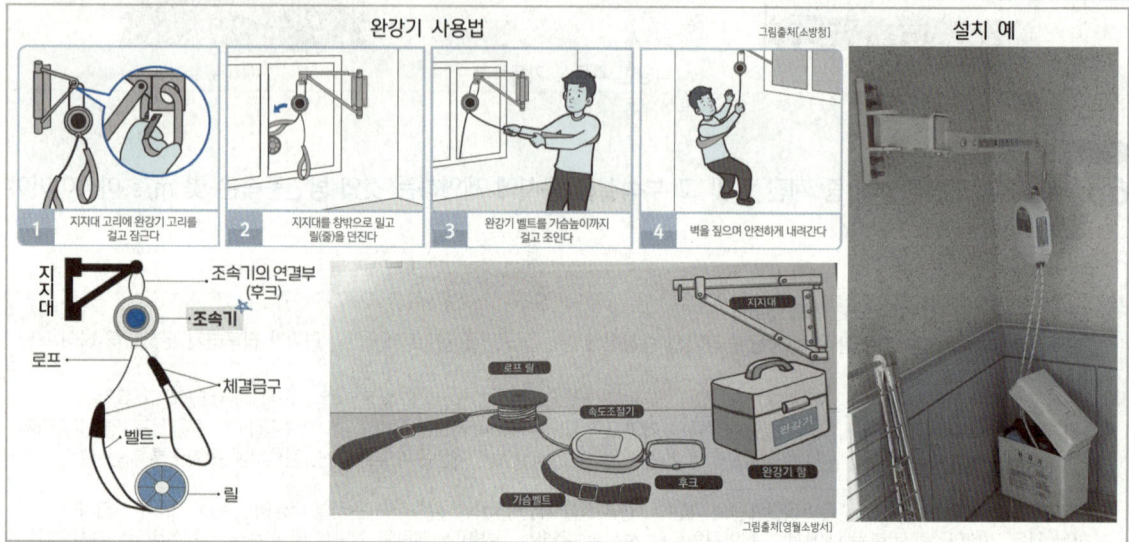

함께공부

완강기 및 간이완강기(1회용의 완강기)의 구성품목 → 지지대, 속도조절기, 속도조절기의 연결부, 로우프, 벨트, 연결금속구
- **완강기 지지대** : 천장·벽 또는 바닥 등에 완강기를 고정 설치해 주는 부분으로 천장부착형·(내·외)벽부착형·바닥부착형 등으로 구분한다.
- **속도조절기(조속기)** : 완강기의 강하속도를 일정범위로 조절하는 장치를 말하며, 완강기의 속도조절기는 '도르래의 원리'를 이용해서 사용자의 무게로 일정한 속도로 하강할 수 있도록 해주는 것이다. 즉, 벨트를 맨 피난자의 무게에 의해 속도조절기 안의 기어가 회전시키면서 발생되는 원심력과 브레이크 제어를 통해 일정한 강하 속도를 유지하는 원리이다.
- **속도조절기의 연결부(연결 후크)** : 완강기 지지대와 속도조절기(조속기)를 연결하는 부분을 말한다. 타원링의 형태로 지지대에 걸어서 결합할 수 있는 구조이다.
- **로우프(릴)** : 로프는 직경 3mm 이상의 와이어 로프를 사용하거나, 와이어 로프에 면사(나일론사)를 입힌 로프를 사용한다.
- **벨트** : 로프의 양단에 피난자의 가슴을 감아서 몸을 지지하는 것으로서, 재료는 로프와 같이 면사나 나일론사로 되어 있다. 사용자의 가슴둘레에 맞도록 벨트길이를 조정할 수 있는 고리가 있다.
- **연결금속구(체결금구)** : 로우프와 벨트의 연결부위에 사용하는 금속구

문장이 답인 문제 ★★★

65 분말소화설비의 자동식 기동장치의 설치기준 중 틀린 것은? (단, 자동식 기동장치는 자동화재탐지설비의 감지기와 연동하는 것이다.)

① 기동용 가스용기의 충전비는 1.5 이상으로 할 것
② 자동식 기동장치에는 수동으로도 기동할 수 있는 구조로 할 것
③ 전기식 기동장치로서 3병 이상의 저장용기를 동시에 개방하는 설비는 2병 이상의 저장용기에 전자개방밸브를 부착할 것 (7병)
④ 기동용 가스용기에는 내압시험압력의 0.8배 내지 내압시험압력 이하에서 작동하는 안전장치를 설치할 것

- **분말소화설비** : 분말소화설비는 미세한 분말입자를 별도 추진가스(질소 또는 이산화탄소)의 압력으로 방사하여 소화하는 설비이다.
- **가압방식**(압력을 가하여 약제를 이송하는 방식)에 따라 축압식설비(추진가스 약제용기내 같이)와 가압식설비(추진가스 별도용기에 따로)로 구분
- **화재감지기(자동발신)** : 화재시 발생하는 열, 연기, 불꽃 등을 자동으로 감지하여 자동화재탐지설비 수신기에 신호를 보내는 장치
- **자동화재탐지설비** : 화재를 자동으로 감지하여 벨(경종), 사이렌, 섬광으로 경보하여 피난을 유도하는 설비로서, 하나의 건물내에 경계구역(=화재감지구역=화재경보구역)을 여러개 나누어서 화재구역과 비화재구역으로 구분하여 제어하는 설비이다.
- **충전비(L/kg)** : 충전하는 약제 무게(kg)당 용기체적(L)으로서, 용기내 분말소화약제를 얼마나 채울 수 있는지의 문제이다. 분말소화약제 저장용기의 충전비는 **0.8 이상**이고 **기동용 가스용기의 충전비는 1.5 이상**이다.(충전비가 클수록 저장약제량은 감소하고, 충전비가 작을수록 저장약제량은 증가한다.)
- **전기식[전자개방밸브=솔레노이드밸브] 기동장치** : 전기식으로 분말설비를 기동시키는 설비에 사용되며… 솔레노이드밸브를 가압용기밸브에 직접 부착하여 감지기 신호에 의해 솔레노이드의 파괴침이 가압용기밸브의 봉판을 파괴하면 가압가스가 방출된다.
- **가스압력식 기동장치** : 감지기의 신호에 따라 솔레노이드밸브가 작동하여 **기동용 가스용기**를 개방하면, 기동용 가스가 동관을 따라 배출되어… 가압용 가스용기의 봉판을 파괴해 가압가스가 방출된다.
  - **기동용 가스용기** : 가압용 가스용기를 개방시키기 위해… 기동용 가스를 저장하는 용기
  - **기동용기함** : 기동용 가스용기와 그 용기를 개방시켜 주는 솔레노이드밸브, 그리고 압력스위치(방출표시등을 점등시킨다)가 내장되어 있는 함으로서… 선택밸브와 같이 하나의 방호구역(방호대상물)마다 1개씩 설치된다.
- **안전장치** : 설정압력 초과 시 개방되어 과압을 배출(기체방출)하고, 설정압력 이하로 내려가면 다시 폐쇄되어 압력을 유지하는 밸브장치

분말소화설비의 **자동식 기동장치**는 자동화재탐지설비 감지기의 작동과 연동하는 것으로 할 것
1 자동식 기동장치에는 **수동으로도 기동할 수 있는 구조**로 할 것
2 전기식 기동장치로서 **7병 이상**의 저장용기를 동시에 개방하는 설비는 **2병 이상**의 저장용기에 **전자개방밸브를 부착**할 것
   [2병의 약제 방출압력으로 다른 저장용기를 개방시키겠다는 의미이다](6병 이하는 1병에만 전자개방밸브 부착)
   ※ 7병 이상의 저장용기 개방시 2병에 전자개방밸브를 부착하라는 조항은 CO_2나 Halon 설비의 조항에 있는 내용을 그대로 준용한 오류로서 삭제되어야 한다.
     가압용가스용기 기준에 "**가압용 가스용기를 3병 이상 설치한 경우에는 2개 이상의 용기에 전자개방밸브를 부착**하여야 한다"라는 조항이 있으므로 이를 적용하는 것이 원칙이다.
   ※ 하지만 위와 같은 문제가 출제되므로… 저장용기를 물으면 7병 중에 2병이고, 가압용기를 물으면 3병 중에 2병으로 답한다.
3. 가스압력식 기동장치
   - 기동용가스용기에는 내압시험압력의 **0.8배 내지 내압시험압력**(얼마의 압력까지 용기가 견딜 수 있는지를 알아보는 시험) 이하에서 작동하는 **안전장치**를 설치할 것
   - 기동용 가스용기의 내용적은 1L 이상으로 하고, 해당 용기에 저장하는 이산화탄소의 양은 0.6kg 이상으로 하며, **충전비는 1.5 이상**으로 할 것

기동용기함과 기동용 가스용기

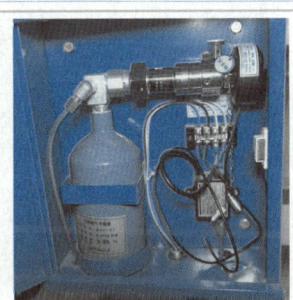
선택밸브마다 기동용기함 설치

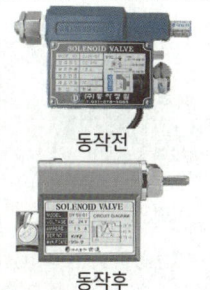
전자개방밸브(솔레노이드밸브)

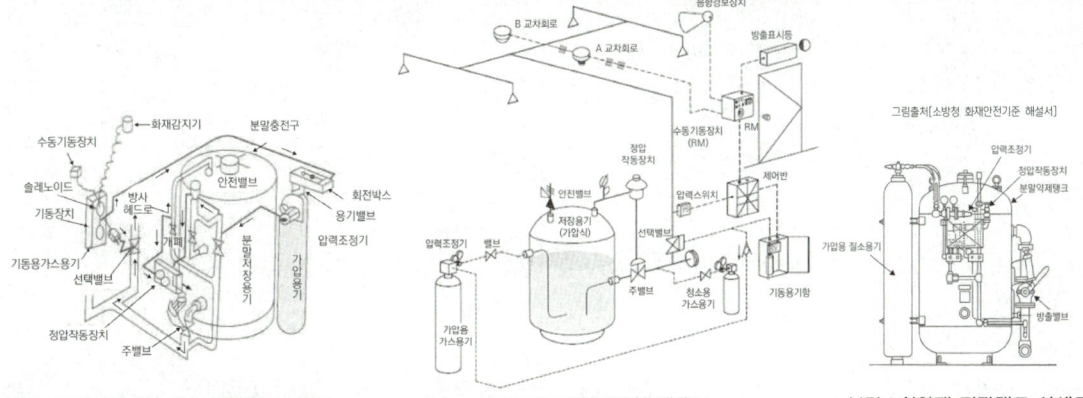

분말소화약제저장용기와 가압용가스용기 　　　분말 자동식기동장치 계통도 　　　분말소화약제 저장탱크 상세도

문장이 답인 문제 ★

66 주거용 주방자동소화장치의 설치기준으로 틀린 것은?

① 아파트등 및 15층 이상 오피스텔의 모든 층에 설치한다.
                  30층
② 소화약제 방출구는 환기구의 청소부분과 분리되어 있어야 한다.
③ 탐지부는 수신부와 분리하여 설치하되, 공기보다 가벼운 가스를 사용하는 경우에는 천장 면으로 부터 30㎝ 이하의 위치에 설치한다.
④ 탐지부는 수신부와 분리하여 설치하되, 공기보다 무거운 가스를 사용하는 장소에는 바닥 면으로부터 30㎝ 이하의 위치에 설치한다.

- **자동소화장치** : 소화약제를 자동으로 방사하는 고정된 소화장치로서 그 종류로는... 주거용·상업용 주방자동소화장치, 캐비닛형·가스·분말·고체에어로졸 자동소화장치가 있다.
- **주거용 주방자동소화장치** : 주거용 주방에 설치된 열발생 조리기구의 사용으로 인한 화재 발생 시 열원(전기 또는 가스)을 자동으로 차단하며 소화약제를 방출하는 소화장치

주거용 주방자동소화장치를 설치하여야 하는 특정소방대상물
→ 아파트등(주택으로 쓰이는 층수가 5층 이상인 주택) 및 **30층** 이상 오피스텔의 **모든 층**

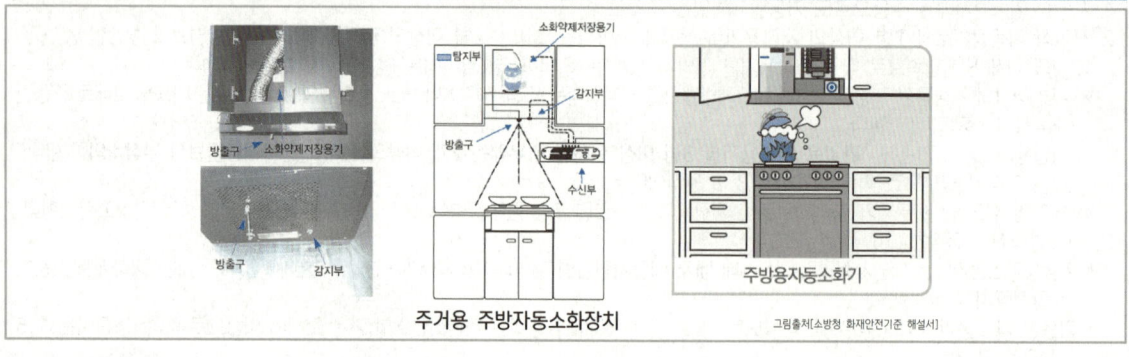

주거용 주방자동소화장치   그림출처[소방청 화재안전기준 해설서]

숫자가 답인 문제 ★★★

67 물분무소화설비를 설치하는 주차장의 배수설비 설치기준 중 차량이 주차하는 바닥은 배수구를 향하여 얼마 이상의 기울기를 유지해야 하는가?

① 1/100　　② 2/100　　③ 3/100　　④ 5/100

- **물분무 소화설비** : 물을 안개모양으로 방사해 가스와 비슷한 형태를 가지므로, 전기의 부도체(전기가 통하지 않는 물체 = 비전도성)로서 전기시설물에 설치가 가능한 자동식 수계소화설비
- **가압송수장치** : 압력을 가해서(가압) 물을 이송하는(송수) 장치로서 그 종류로는 **펌프**(전동기 또는 내연기관과 연결된 원심펌프), **고가수조**(높은 곳에 설치된 수조), **압력수조**(강한 공기압 이용), **가압수조**(압력수조의 간소화 설비) 등의 방식이 있다.
- **정격토출량(유량)** : 시간당 퍼낼 수 있는 물의 양으로서, 통상적으로 펌프 몸체에 분당 토출량[L/min]으로 표시된다.
  〈예시〉 옥내소화전 2개에서 소화수를 방사하고 있을 때 법정 토출량은 2 × 130L/min(법정방수량) = 260L/min 이 된다.

스프링클러설비는 배수설비 대상이 아니지만, **물분무설비가 배수설비 대상인 이유**는… 물분무설비는 **유류화재에도 적응성**이 있어, 유류화재시 물과 기름이 혼합된 액체가 바닥으로 흐르면서, 연소면 확대우려가 있기 때문에 이를 신속하고 효과적으로 제거하기 위함이며, **국내의 경우는 차고 또는 주차장의 경우에만** 배수시설을 요구하고 있다.

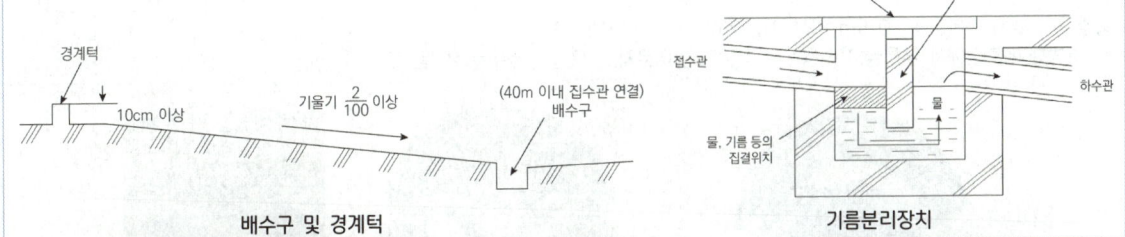

배수구 및 경계턱　　　　　　　　　　　　　　　기름분리장치

물분무 소화설비 방수하는 모습의 예

함께공부

물분무소화설비를 설치하는 차고 또는 주차장의 배수설비
1. 차량이 주차하는 장소의 적당한 곳에 **높이 10㎝ 이상의 경계턱**으로 배수구를 설치할 것
2. 배수구에는 새어나온 기름을 모아 소화할 수 있도록 길이 **40m 이하마다** 집수관·소화핏트 등 **기름분리장치**를 설치할 것
3. 차량이 주차하는 바닥은 배수구를 향하여 **100분의 2 이상의 기울기**를 유지할 것
4. 배수설비는 가압송수장치의 최대송수능력의 수량을 유효하게 배수할 수 있는 크기 및 기울기로 할 것

문장이 답인 문제 ★★

68 물분무소화설비 송수구의 설치기준 중 틀린 것은?

① 송수구에는 이물질을 막기 위한 마개를 씌울 것
② 지면으로부터 높이가 <u>0.8m 이상 1.5m 이하</u>의 위치에 설치할 것
　　　　　　　　　　0.5m 이상 1m 이하
③ 송수구의 가까운 부분에 자동배수밸브 및 체크밸브를 설치할 것
④ 송수구는 하나의 층의 바닥면적이 3000m²를 넘을 때마다 1개(5개를 넘을 경우에는 5개로 한다) 이상을 설치할 것

- **물분무 소화설비** : 물을 안개모양으로 방사해 가스와 비슷한 형태를 가지므로, 전기의 부도체(전기가 통하지 않는 물체 = 비전도성)로서 전기시설물에 설치가 가능한 자동식 수계소화설비
- **송수구** : 소화설비에 소화용수를 보급하기 위하여 건물 외벽 또는 구조물의 외벽에 설치하는 배관과 연결된 구멍
- **자동배수밸브** : 송수구와 연결된 배관에 물이 채워져 있으면, 겨울철에 동결의 우려가 있으므로... 자동배수밸브를 통해 배관내 물을 자동으로 배수한다.
- **체크밸브** : 유체를 한쪽 방향으로만 흐르게 하는 역류방지밸브로서 소방차가 물을 송출할 때... 소방차 쪽으로 물이 역류되면 소방차 펌프에 부담이 갈 수 있기 때문에 체크밸브를 설치하여 소방차 펌프의 부담을 덜어준다.

송수구의 설치 높이 → 0.5m 이상 1m 이하
☞ 소방대가 현장에서 무릎꿇고 사용하기 적당한 높이로서... 모든 송수구는 위 높이로 설치된다.

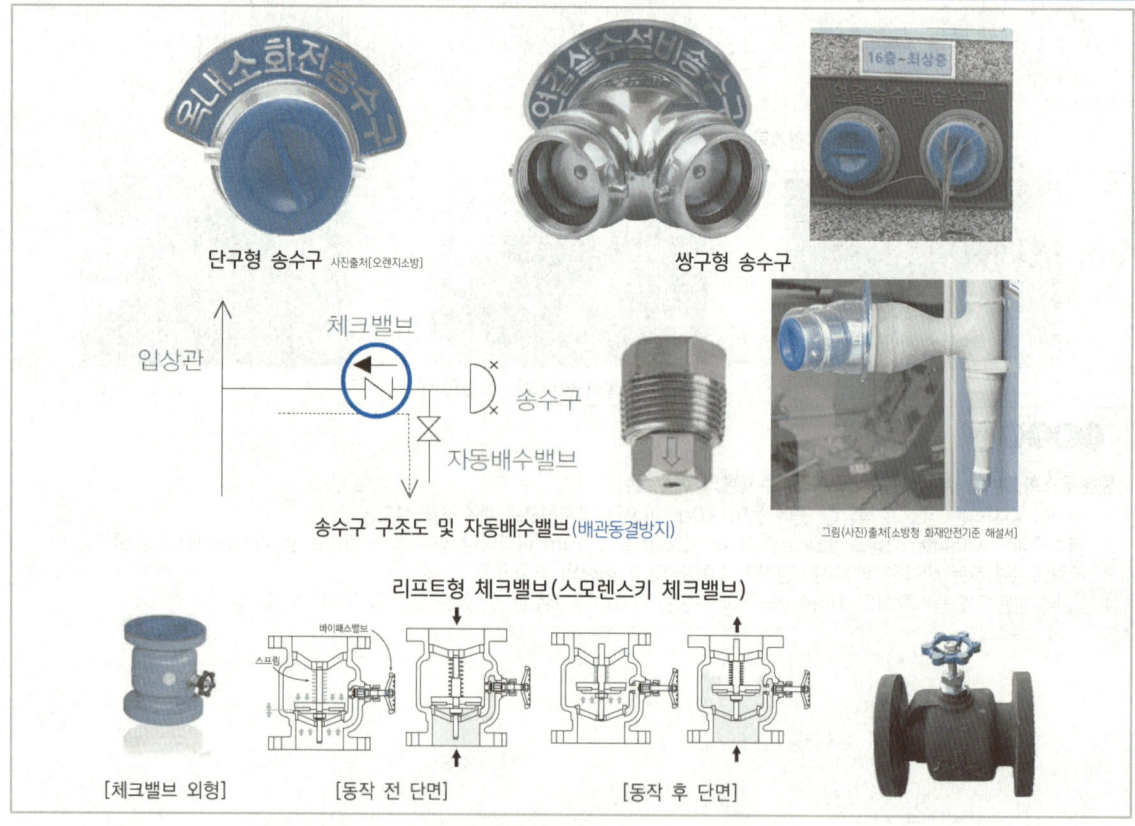

[단구형 송수구] 사진출처[오렌지소방]　　[쌍구형 송수구]

송수구 구조도 및 자동배수밸브(배관동결방지)　　그림(사진)출처[소방청 화재안전기준 해설서]

리프트형 체크밸브(스모렌스키 체크밸브)

[체크밸브 외형]　[동작 전 단면]　[동작 후 단면]

> 문장이 답인 문제 ★

69 전역방출방식 고발포용 고정포방출구의 설치기준으로 옳은 것은? (단, 해당 방호구역에서 외부로 새는 양 이상의 포수용액을 유효하게 추가하여 방출하는 설비가 있는 경우는 제외한다.)

① 고정포방출구는 바닥면적 600㎡ 마다 1개 이상으로 할 것
　　　　　　　　　　　　　500㎡
② 고정포방출구는 방호대상물의 최고부분보다 낮은 위치에 설치할 것
　　　　　　　　　　　　　　　　　　　　　높은
③ 개구부에 자동폐쇄장치를 설치할 것
④ 특정소방대상물 및 포의 팽창비에 따른 종별에 관계없이 해당 방호구역의 관포체적 1㎥에 대한 1분당 포수용액 방출량은 1ℓ 이상으로 할 것
　　　　　　　　　　　　　종류별에 따라
　　　　달라진다

- **포소화설비** : 수조로부터 공급된 물과 포약제 저장탱크에서 공급된 포원액을, **혼합기(프로포셔너)** 에서 믹싱해 포수용액을 만들어, 포 방출구에서 공기와 섞어진 후 발포되어 거품을 방사하는 형태의 소화설비로서 유류탱크 등 위험물에 주로 사용된다.
  - **전역방출방식** : 고정식 포 발생장치로 구성되어, 포 수용액이 방호대상물 주위가 막혀진 공간이나 밀폐 공간 속으로 방출되도록 된 설비방식 (실 전체)
  - **국소방출방식** : 고정된 포 발생장치로 구성되어, 화점이나 연소 유출물 위에 직접 포를 방출하도록 설치된 설비방식 (대상물 만)
- **고정포 방출설비** : 천장 또는 벽면에 설치된 고발포용 **고정포 방출구**를 통해 포소화약제와 물이 혼합된 포수용액이 고발포로 방출되어 소화한다.

---

① 고정포방출구는 바닥면적 **500㎡마다 1개 이상**으로 하여 방호대상물의 화재를 유효하게 소화할 수 있도록 할 것
② 고정포방출구는 방호대상물의 최고부분보다 **높은 위치**에 설치할 것
③ **자동폐쇄장치** → 방화문 또는 불연재료로된 문으로 포수용액이 방출되기 직전에 개구부가 **자동적으로 폐쇄될 수 있는 장치**
　　(개구부가 열려 있으면 그 곳으로 포가 새어 나간다)
④ 고정포방출구는 특정소방대상물 및 포의 팽창비에 따른 종류별에 따라 해당 방호구역의 관포체적 1㎥에 대한 1분당 포수용액 방출량

소방대상물	포의 팽창비	1㎥에 대한 분당 포수용액 방출량
항공기격납고	팽창비 80 이상 ~ 250 미만의 것	2.00ℓ
	팽창비 250 이상 ~ 500 미만의 것	0.50ℓ
	팽창비 500 이상 ~ 1,000 미만의 것	0.29ℓ
차고 또는 주차장	팽창비 80 이상 ~ 250 미만의 것	1.11ℓ
	팽창비 250 이상 ~ 500 미만의 것	0.28ℓ
	팽창비 500 이상 ~ 1,000 미만의 것	0.16ℓ
특수가연물을 저장 또는 취급하는 소방대상물	팽창비 80 이상 ~ 250 미만의 것	1.25ℓ
	팽창비 250 이상 ~ 500 미만의 것	0.31ℓ
	팽창비 500 이상 ~ 1,000 미만의 것	0.18ℓ

> 위 ④번의 포수용액 방출량 표는 참고만 하자~

고정포방출구 방출 예

관포체적의 의미
방호대상물의 높이보다 0.5m 높은 위치까지의 체적

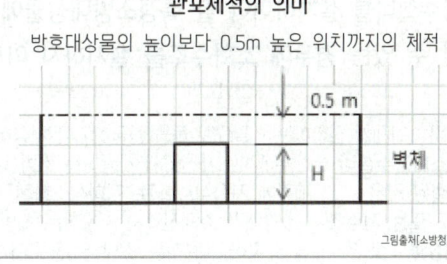

사진출처[이택구회신소방이야기]　　그림출처[소방청]

팽창비율에 따른 포의 종류
- 저발포(저팽창포) : 팽창비가 20 이하인 것
- 고발포(고팽창포) : 팽창비가 80 이상 1,000 미만인 것
- 포 팽창비 = $\dfrac{\text{발포후 포의 부피}}{\text{발포전 포수용액의 부피}}$

숫자가 답인 문제 ★★

70 모피창고에 이산화탄소 소화설비를 전역방출방식으로 설치할 경우 방호구역의 체적이 600m³라면 이산화탄소 소화약제의 최소 저장량은 몇 kg 인가? (단, 설계농도는 75%이고, 개구부 면적은 무시한다.)

① 780　　② 960　　③ 1200　　④ 1620

- **이산화탄소 소화설비** : 탄산가스(CO_2)를 소화약제로 이용하여 화재를 진압하는 가스계 소화설비로서 CO_2는 화학적으로 안정된 불연성가스이고, 화재실에 CO_2약제를 방출하면 공기중의 산소농도를 떨어트려 소화하는 질식소화가 대표적인 소화효과이다. 약제 저장방식(저장온도)에 따라 고압식설비와 저압식설비(영하 18℃이하)로 구분된다.
- **전역방출방식** : 고정식 이산화탄소 공급장치에 배관 및 분사헤드를 고정 설치하여, **밀폐 방호구역 전체**에 이산화탄소를 방출하는 설비
- **방호구역** : 소화범위에 따라 나누어진 소화가 필요한 구역
- **자동폐쇄장치** : 가스계 소화설비가 정상적으로 작동되어도 배기덕트나 창문, 환기팬 등의 개구부나 통기구를 통해 소화약제가 누출되면 화재를 소화할 수 없게 되므로, 이를 방지하기 위해 소화약제가 방출되기 전 환기장치를 정지하고 개구부를 폐쇄해야한다. 이때 설치되는 설비가 자동폐쇄장치이다.

이산화탄소소화설비 전역방출방식 심부화재(가연물 속으로 깊숙이 타고 들어가는 화재) **약제량 계산**

방호구역의 체적(m³) × 약제량(kg/m³)
- 1.3 [유압기 제외 전기설비 55m³이상, 케이블실]　　설계농도 50%
- 1.6 [전기설비 55m³ 미만]　　50%
- 2.0 [서고, 박물관, 목재가공품창고, 전자제품창고]　　65%
- 2.7 [석탄창고, 면화류창고, 고무류창고, **모피창고**, 집진설비]　　75%

\+ [자동폐쇄장치 설치하지 않은 개구부면적(m²) × 10kg/m²] = kg(약제무게)

1. 조건정리
   - 방호구역의 체적(m³) = 600m³
   - 약제량(kg/m³) = 모피창고의 규정된 약제량은 2.7kg/m³ 이다.
   - 자동폐쇄장치 설치하지 않은 개구부면적(m²) = 개구부 면적은 무시한다 = 0m² × 10kg/m² = 0kg
2. 이산화탄소 소화약제의 최소 저장량(kg) = 600m³ × 2.7kg/m³ + 0kg = 1620kg

암기탑! 석탄창고, 면화류창고, 고무류창고, 모피창고, 집진설비 ➡ 석면 고모집

함께공부

이산화탄소 소화설비 심부화재(전역방출방식) 약제량 계산

방호대상물	방호구역의 체적 1m³에 대한 소화약제의 양	설계농도(%)
유압기기를 제외한 전기설비, 케이블실	1.3kg	50
체적 55m³ 미만의 전기설비	1.6kg	50
서고, 전자제품창고, 목재가공품창고, 박물관	2.0kg	65
고무류·면화류창고, 모피창고, 석탄창고, 집진설비	2.7kg	75

숫자가 답인 문제 ★

71 소화용수설비를 설치하여야 할 특정소방대상물에 있어서 유수의 양이 최소 몇 m³/min 이상인 유수를 사용할 수 있는 경우에 소화수조를 설치하지 아니할 수 있는가?

① 0.8　　② 1　　③ 1.5　　④ 2

- **소화용수설비** : 화재를 진압하는데 필요한 물을 공급하거나 저장하는 설비로서 상수도소화용수설비, 소화수조·저수조 등을 말한다.
  ① **상수도 소화용수설비** : 소방대가 화재진압시 사용하는 소방용수로서, 특정소방대상물의 지하에 지름 75㎜ 이상의 상수도용 배관이 매설된 경우... 그 배관에 지상식소화전, 지하식소화전, 급수탑을 연결하여 소방차에 소방용수를 공급받는 설비이다.
  ② **소화수조 또는 저수조** : 소방대가 화재진압시 사용하는 소방용수가 담긴 수조로서, 소화에 필요한 물을 항시 채워두는 것
- **특정소방대상물** : 소방시설을 설치하여야 하는 소방대상물로서 대통령령으로 정하는 것

소화용수설비를 설치하여야 할 특정소방대상물에 있어서 ➡ 대상물 주변에 유수(흐르는 물)의 양이 0.8 m³/min(= 유수의 단면적 × 유속) 즉, 분당(min) 0.8 m³ 이상 흘러가는 물을 사용할 수 있는 경우 ➡ 소화수조를 설치하지 아니하고... 유수를 소화용수로 사용한다.

> 단어가 답인 문제 ★★★

72 근린생활시설 중 입원실이 있는 의원·접골원·조산원의 4층에 적응성이 없는 피난기구는?

① 피난용트랩   ② **미끄럼대**   ③ 구조대   ④ 피난교

- **피난용 트랩** : 발판(디딤판)과 난간이 있는 계단형태로서 평상시에 고정되어 있는 고정식과 평상시에는 트랩의 하단을 들어 올려놓는 반고정식으로 구분한다. (의료시설 등에는 3층~10층까지 설치가 가능하고, 그 밖의 대상물에는 3층에만 설치할 수 있다)
- **미끄럼대** : 미끄럼대는 지붕이 개방되고 난간이 설치된 구조이며… 미끄럼면이 직선으로 구성된 직선형 미끄럼대, 미끄럼면이 나선으로 구성된 나선형 미끄럼대, 미끄럼대의 형상이 반원통으로 둘러싸인 반원통형 미끄럼대로 구분된다.
- **구조대** : 포지 등을 사용하여 자루형태로 만든 것으로서 화재시 사용자가 그 내부에 들어가서 내려옴으로써 대피할 수 있는 것
  - **경사강하식 구조대** : 소방대상물에 비스듬하게 고정시키거나 설치하여 사용자가 미끄럼식으로 내려올 수 있는 구조대로서 단시간에 많은 인명을 구조할 수 있도록 설치된다.
  - **수직강하식 구조대** : 소방대상물 주위에 설치 공간이 부족할 때… 수직으로 구조대를 설치하여 타고 내려오는 것으로서, 경사강하식 구조대에 비해 적은 공간을 차지하지만, 어린이 및 노약자 등 체격이 왜소한 사람의 경우 속도감속이 덜하여 손상을 입을 수 있다.
- **피난교** : 2개의 건축물을 연결하여 (옥상층 또는 건축물의 중간 외벽에 설치된 개구부) 화재 발생 시 옆 건축물로 피난하기 위해 설치하는 **피난다리**로서, 구성은 교각·바닥판·난간 등으로 되어 있다.

소방대상물의 설치장소별 피난기구의 적응성

설치장소별 구분 \ 층별	1층	2층	3층	4층 이상 10층 이하
2. 의료시설·근린생활시설 중 입원실이 있는 의원·접골원·조산원			미끄럼대 구조대 피난교 피난용트랩 다수인피난장비 승강식피난기	구조대 피난교 피난용트랩 다수인피난장비 승강식피난기

→ 의료시설이나 입원실이 있는 장소 4층~10층에 적응성이 없는 피난기구는… **미끄럼대**(4층이상 부터는 너무 높아서 미끄럼대를 타기 위험하다), **피난사다리/완강기**(환자들이 사다리를 타거나, 완강기를 이용하기는 현실적으로 어렵다)가 해당된다.

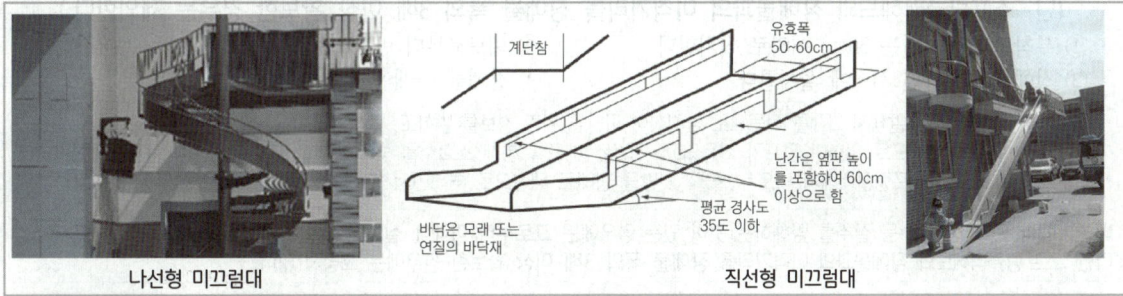

나선형 미끄럼대   직선형 미끄럼대

> 함 께 공 부

소방대상물의 설치장소별 피난기구의 적응성

설치장소별 구분 \ 층별	1층	2층	3층	4층 이상 10층 이하
1. 노유자시설	미끄럼대 구조대 피난교 다수인피난장비 승강식피난기	미끄럼대 구조대 피난교 다수인피난장비 승강식피난기	미끄럼대 구조대 피난교 다수인피난장비 승강식피난기	구조대[1] 피난교 다수인피난장비 승강식피난기
2. 의료시설·근린생활시설 중 입원실이 있는 의원·접골원·조산원			미끄럼대 구조대 피난교 피난용트랩 다수인피난장비 승강식피난기	구조대 피난교 피난용트랩 다수인피난장비 승강식피난기

층별 설치장소별 구분	1층	2층	3층	4층 이상 10층 이하
3. 「다중이용업소의 안전관리에 관한 특별법 시행령」 제2조에 따른 다중이용업소로서 영업장의 위치가 4층 이하인 다중이용업소		미끄럼대 피난사다리 구조대 완강기 다수인피난장비 승강식피난기	미끄럼대 피난사다리 구조대 완강기 다수인피난장비 승강식피난기	미끄럼대 피난사다리 구조대 완강기 다수인피난장비 승강식피난기
4. 그 밖의 것			미끄럼대 피난사다리 구조대 완강기 피난교 피난용트랩 간이완강기[2] 공기안전매트[3] 다수인피난장비 승강식피난기	피난사다리 구조대 완강기 피난교 간이완강기[2] 공기안전매트[3] 다수인피난장비 승강식피난기

※ 비고
1) 구조대의 적응성은 장애인 관련 시설로서 주된 사용자 중 스스로 피난이 불가한 자가 있는 경우 추가로 설치하는 경우에 한한다.
2) 간이완강기의 적응성은 숙박시설의 3층 이상에 있는 객실에 한한다. 3) 공기안전매트의 적응성은 공동주택에 추가로 설치하는 경우에 한한다.

문장이 답인 문제 ★★

73 배관·행가 및 조명기구가 있어 살수의 장애가 있는 경우 스프링클러헤드의 설치방법으로 옳은 것은?
(단, 스프링클러헤드와 장애물과의 이격거리를 장애물 폭의 3배 이상 확보한 경우는 제외한다.)
① 부착면과의 거리는 30cm 이하로 설치한다. ② 헤드로부터 반경 60cm 이상의 공간을 보유한다.
③ 장애물과 부착면 사이에 설치한다. ④ 장애물 아래에 설치한다.

- **스프링클러설비**: 화재발생시 화재를 자동으로 감지하여 피난을 위한 경보를 발하고, 습식·건식·준비작동식·일제살수식 밸브가 개방되면, 유수의 흐름으로 인하여 펌프가 기동되고, 개방된 헤드를 통해 소화수를 방수하여 소화하는 자동식 수계소화설비
- **스프링클러 헤드**: 스프링클러에서 나오는 물을, 빗방울 형태로 대량으로 뿌리면서 방수하는 역할을 하는 부분을 말한다.

배관·행가 및 조명기구 등 살수를 방해하는 것이 있는 경우에는 그로부터 아래에 설치하여 살수에 장애가 없도록 할 것. 다만, 스프링클러헤드와 장애물과의 이격거리를 장애물 폭의 3배 이상 확보한 경우에는 그렇지 않다.

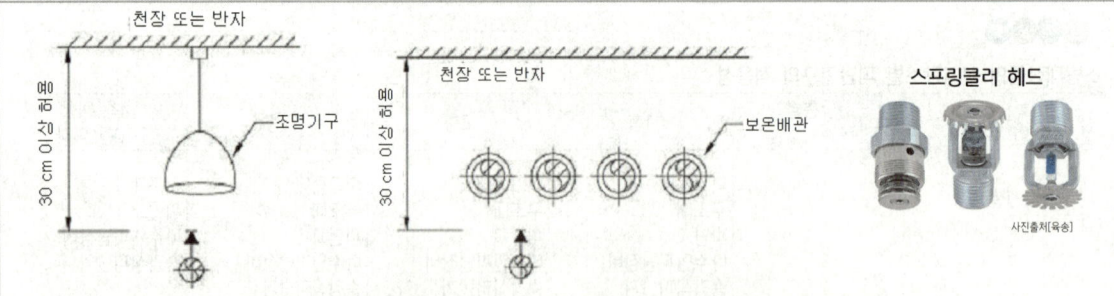

효과적인 스프링클러헤드(감열부)의 동작을 위하여 스프링클러헤드의 반사판과 천장 또는 반자와의 거리는 최대 30cm 이하로 하여야 하나, 스프링클러헤드 하부의 장애물 때문에 불가피한 경우에는, 천장 또는 반자로부터 스프링클러헤드 반사판까지의 거리를 30cm이상 으로 허용하여 그 아래에 설치할 수 있다.

> 숫자가 답인 문제 ★

74 분말소화설비 분말소화약제 1kg당 저장용기의 내용적 기준으로 틀린 것은?

① 제1종 분말 : 0.8L   ② 제2종 분말 : 1.0L   ③ 제3종 분말 : 1.0L   ④ 제4종 분말 : 1.8L
                                                                                    1.25 L

- **분말소화설비** : 분말소화설비는 미세한 분말입자를 별도 추진가스(질소 또는 이산화탄소)의 압력으로 방사하여 소화하는 설비이다.
- **가압방식**(압력을 가하여 약제를 이송하는 방식)에 따라 축압식설비(추진가스 약제용기내 같이)와 가압식설비(추진가스 별도용기에 따로)로 구분

1. 충전비(L/kg)=내용적 : 충전하는 약제 무게(kg)당 용기체적(L)으로서, 용기내 분말소화약제를 얼마나 채울 수 있는지의 문제이다. 분말소화약제 저장용기의 **충전비는 0.8 이상**이다. (충전비가 클수록 저장약제량은 감소하고, 충전비가 작을수록 저장약제량은 증가한다)
2. 분말소화약제 저장용기의 내용적(=충전비)

소화약제의 종별	소화약제 1kg당 저장용기의 내용적
제1종 분말(탄산수소나트륨을 주성분으로 한 분말)	0.8 L
제2종 분말(탄산수소칼륨을 주성분으로 한 분말)	1 L
제3종 분말(인산염을 주성분으로 한 분말)	1 L
제4종 분말(탄산수소칼륨과 요소가 화합된 분말)	1.25 L

3. 이산화탄소소화약제 충전비의 예
   - 이산화탄소소화약제 **고압식** 저장용기의 충전비는... 1.5 이상 ~ 1.9 이하에 해당한다. 충전비에 따른 이산화탄소소화약제를 68L의 일반적 용기에 얼마나 채울 수 있는지를 계산하면...

   $\frac{68L}{1.5L/kg} = 45kg$ ~ $\frac{68L}{1.9L/kg} = 35.8kg$ 즉, 고압식은 68L 용기에 35.8kg ~ 45kg 저장가능 (충전비가 커지면 약제량 감소)

   - **저압식**(대형저장탱크 1개에 소화약제 저장) 충전비는 1.1 이상 ~ 1.4 이하로 규정되어 있기 때문에... 고압식 보다 더 많은 양의 이산화탄소를 저장할 수 있다.

> 숫자가 답인 문제 ★★

75 특수가연물을 저장 또는 취급하는 랙크식 창고의 경우에는 스프링클러헤드를 설치하는 천장·반자·천장과 반자사이·덕트·선반 등의 각 부분으로부터 하나의 스프링클러헤드까지의 수평거리 기준은 몇 m 이하인가? (단, 성능이 별도로 인정된 스프링클러헤드를 수리계산에 따라 설치하는 경우는 제외한다.)

① 1.7   ② 2.5   ③ 3.2   ④ 4

- **스프링클러설비** : 화재발생시 화재를 자동으로 감지하여 피난을 위한 경보를 발하고, 습식·건식·준비작동식·일제살수식 밸브가 개방되면, 유수의 흐름으로 인하여 펌프가 기동되고, 개방된 헤드를 통해 소화수를 방수하여 소화하는 자동식 수계소화설비
- **스프링클러 헤드** : 스프링클러에서 나오는 물을, 빗방울 형태로 대량으로 뿌리면서 방수하는 역할을 하는 부분을 말한다.

스프링클러헤드의 수평거리 기준(r값)
스프링클러헤드는 특정소방대상물의 천장·반자·천장과 반자사이·덕트·선반 기타 이와 유사한 부분(폭이 1.2m를 초과하는 것에 한한다)에 설치하여야 한다.

1. **무대부·특수가연물**을 저장 또는 취급하는 장소(랙크식 창고 포함)
   → **1.7m 이하**
2. **일반 특정소방대상물** → 2.1m 이하
3. **내화구조로 된 특정소방대상물** → 2.3m 이하
4. **랙크식 창고** → 2.5m 이하
5. **공동주택**(아파트) 세대 내의 거실 → 3.2m 이하

* 헤드 정방형(정사각형) 배치 공식
S [헤드간 거리(m)] = 2 × r [유효반경=수평거리(m)] × cos45°

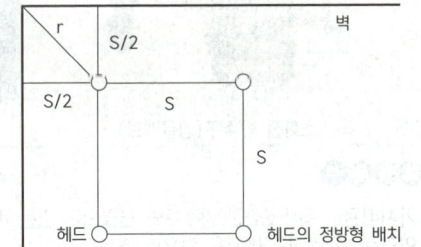

헤드의 정방형 배치

※ 랙크식 창고라 하더라도... 특수가연물을 저장 또는 취급하는 랙크식 창고이므로, 1.7m를 적용하는 것이 맞다.

문장이 답인 문제 ★

76 옥내소화전설비 배관의 설치기준 중 틀린 것은?

① 옥내소화전방수구와 연결되는 가지배관의 구경은 40밀리미터 이상으로 한다.
② 연결송수관설비의 배관과 겸용할 경우 주배관의 구경은 100밀리미터 이상으로 한다.
③ 펌프의 토출 측 주배관의 구경은 유속이 초속 4미터 이하가 될 수 있는 크기 이상으로 한다.
④ 주배관중 수직배관의 구경은 15밀리미터 이상으로 한다.
　　　　　　　　　　　　　　　　50밀리미터

- **옥내소화전설비** : 화재발생시 옥내소화전함을 개방하여 방수구와 연결된 호스를 전개한 후 앵글밸브를 개방하고, 화점을 향해 노즐을 개방하여 방사하는 형태의 수동식 수계소화설비
- **연결송수관설비** : 소방차에서 연결송수관 송수구에 물을 공급하면 그 공급된 물을, 연결송수관설비 방수구에 호스를 연결하여 옥내소화전처럼 사용하는 소방대 전용 설비로써, 고층부 화재진압에 효과적인 본격 화재진압설비
- **배관** : 물이 이송되는 관
- **소화전함** : 호스 및 관창(노즐)을 보관하며, 앵글밸브와 연결된 방수구가 있음
- **방수구** : 소화전함 내에 설치되어 있으며, 방수구에 소방호스가 연결되어 있고, 소방호스 끝에 관창(노즐)이 연결되어 있음
- **송수구** : 소화설비에 소화용수를 보급하기 위하여 건물 외벽 또는 구조물의 외벽에 설치하는 배관과 연결된 구멍

주배관 중 수직배관 : 각 층을 수직으로 관통하는 **수직배관(입상관)** → 최소구경 **50mm 이상**

암기팁! 수직배관 50mm이상 ➡ 수오 (수호)

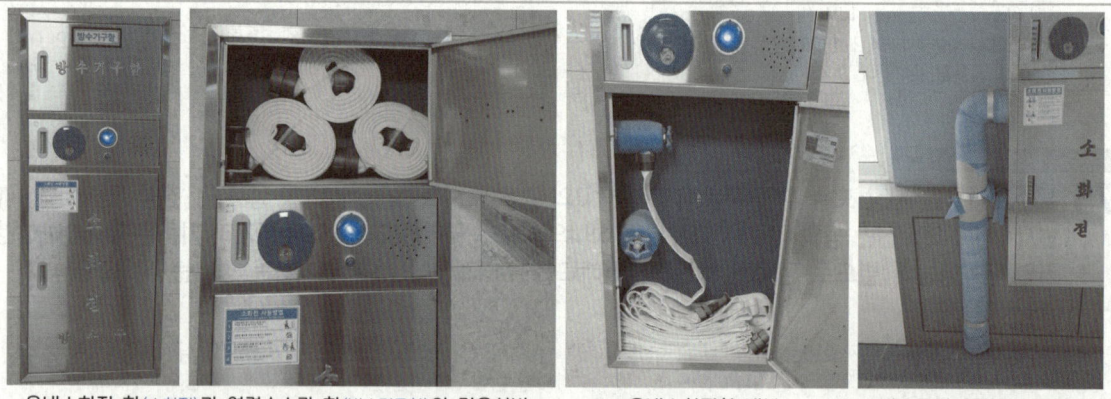

옥내소화전 함(소화전)과 연결송수관 함(방수기구함)의 겸용설비　　옥내소화전함 내부　　방수구와 연결된 가지배관

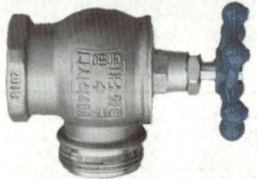
옥내소화전 방수구(앵글밸브)

옥내소화전 송수구(건물외벽)

연결송수관 송수구(건물외벽)

함께 공부

- **가지배관** : 옥내소화전 방수구와 연결되어 있는 배관 → 최소구경 **40mm 이상**
- **연결송수관설비와 배관을 겸용할 경우**
  → 주배관 : **100mm 이상**
  → 방수구로 연결되는 배관 : **65mm 이상**
- 펌프의 **토출 측 주배관의 구경** → 유속이 **4m/s 이하**가 될 수 있는 크기 이상(유속이 낮을수록 배관의 구경은 커짐)

문장이 답인 문제 ★★

77 **수직강하식 구조대**의 구조에 대한 설명 중 **틀린** 것은? (단, 건물내부의 별실에 설치하는 경우는 제외한다)
① 구조대의 포지는 외부포지와 내부포지로 구성한다.
② 사람의 중량에 의하여 하강속도를 조절할 수 있어야 한다.
③ 구조대는 연속하여 강하할 수 있는 구조이어야 한다.
④ 입구틀 및 취부틀의 입구는 지름 50cm 이상의 구체가 통과할 수 있어야 한다.

- **구조대** : 포지 등을 사용하여 자루형태로 만든 것으로서 화재시 사용자가 그 내부에 들어가서 내려옴으로써 대피할 수 있는 것
- **경사강하식 구조대** : 소방대상물에 비스듬하게 고정시키거나 설치하여 사용자가 미끄럼식으로 내려올 수 있는 구조대로서 단시간에 많은 인명을 구조할 수 있도록 설치된다.
- **수직강하식 구조대** : 소방대상물 주위에 설치 공간이 부족할 때... 수직으로 구조대를 설치하여 타고 내려오는 것으로서, 경사강하식 구조대에 비해 적은 공간을 차지하지만, 어린이 및 노약자 등 체격이 왜소한 사람의 경우 속도감속이 덜하여 손상을 입을 수 있다.

수직강하식 구조대의 구조
① 구조대의 포지는 **외부포지와 내부포지**로 구성하되, 외부포지와 내부포지의 **사이에 충분한 공기층**을 두어야 한다.
② 사람의 중량에 의하여 하강속도를 조절할 수 있어야 한다.
  → 없는 규정임. 하강속도는 구조대 포지 자체에서 기능적으로 조절해야 한다.
③ 구조대는 연속하여 강하할 수 있는 구조이어야 한다. → 여러명이 동시에 뛰어내리라는 의미는 아니다.
④ 입구틀 및 취부틀(구조대를 건물에 고정하는 부분)의 입구는 지름 50 cm 이상의 구체가 통과할 수 있는 것이어야 한다.
  → 대부분의 사람이 들나들 수 있는 **개구부의 크기를 지름 50cm로 규정**하였다.

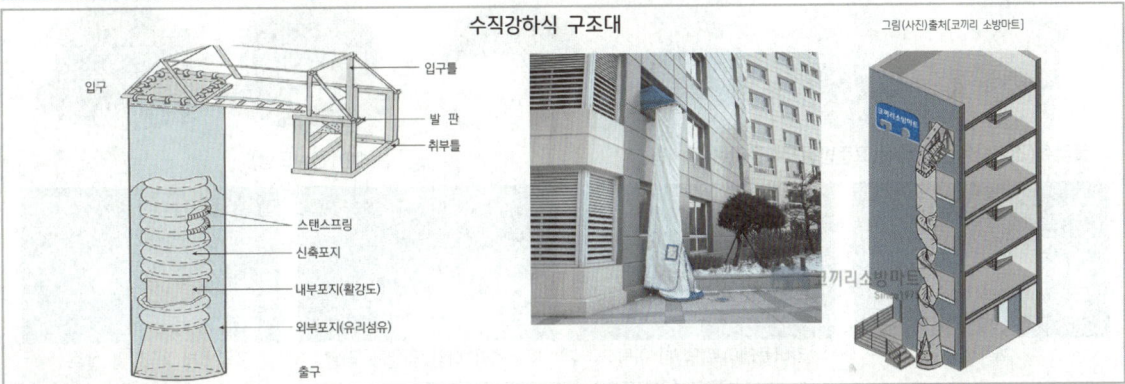

수직강하식 구조대

단어가 답인 문제 ★

78 스프링클러헤드에서 이융성 금속으로 융착되거나 이융성 물질에 의하여 조립된 것은?
① 프레임   ② 디플렉터   ③ 유리벌브   ④ **퓨지블링크**

- **스프링클러설비** : 화재발생시 화재를 자동으로 감지하여 피닌을 위한 경보를 발하고, 습식·건식·준비자동시·일제살수식 밸브가 개방되면, 유수의 흐름으로 인하여 펌프가 기동되고, 개방된 헤드를 통해 소화수를 방수하여 소화하는 자동식 수계소화설비
- **스프링클러 헤드** : 스프링클러에서 나오는 물을, 빗방울 형태로 대량으로 뿌리면서 방수하는 역할을 하는 부분을 말한다.

퓨지블링크형 헤드

- **프레임(frame)** : 스프링클러헤드의 나사부분과 반사판을 연결하는 이음쇠 부분
- **감열체** : 정상상태에서 스프링클러헤드의 방수구를 막고 있으나, 화재발생시 열에 의하여 일정한 온도에 도달하면 스스로 파괴·용해되어 스프링클러헤드로부터 이탈됨으로써 방수구가 개방되어 방수가 가능하도록 하는 부품
- **디플렉터(deflector, 반사판)** : 스프링클러헤드의 방수구에서 유출되는 물을 세분시키는 작용을 하는 것
- **퓨지블링크(fusible link)형** : 화재시 열에 녹는 이융성 금속으로 융착되거나 이융성물질에 의해 조립된 것을 감열체로 이용한 것
- **유리벌브(glass bulb, 글래스 벌브)형** : 유리구 내에 알코올, 에테르 등의 액체를 봉입하여 밀봉한 것을 감열체로 이용한 것

1. 감열체에 따른 헤드의 분류
- 감열체 유무에 따라
  - **폐쇄형** : 감열체가 장치되어 정상상태에서 방수구가 폐쇄되어 있는 스프링클러헤드
  - **개방형** : 감열체가 장치되지 않고 정상상태에서 방수구가 개방되어 있는 스프링클러헤드
- 감열체 형태에 따라
  - **퓨지블링크(fusible link)형** : 화재시 열에 녹는 이용성 금속으로 융착되거나 이용성물질에 의해 조립된 것을 감열체로 이용
  - **유리벌브(글래스 벌브)형** : 유리구 내에 알코올, 에테르 등의 액체를 봉입하여 밀봉한 것을 감열체로 이용

개방형   퓨지블링크(fusible link) 폐쇄형   유리벌브(글래스 벌브) 폐쇄형

2. 설치형태에 따른 헤드의 분류
- **반매입형(플러쉬=플러시) 헤드** : 천장면과 거의 평탄하게 부착되는 헤드, 미관을 고려한 헤드
- **은폐형(컨실드형) 헤드** : 헤드 몸체가 보호집안에 설치되고, 덮개가 천장면과 동일하게 부착된 헤드로… 덮개 판에 의해 헤드가 은폐되는 제품으로 파손우려가 적다.

플러쉬(조기반응)   플러쉬(표준반응)   플러쉬(주거형)   은폐형(컨실드형)

화재발생   커버플레이트(덮개) 이탈   디플렉터 하강/감열체 감열   감열체 파괴 및 살수

은폐형(컨실드형) 헤드 작동 메커니즘

숫자가 답인 문제 ★★

79 소화용수설비에 설치하는 **채수구의 수**는 소요수량이 **40㎥ 이상 100㎥ 미만**인 경우 몇 개를 설치해야 하는가?

① 1   ② 2   ③ 3   ④ 4

- **소화용수설비** : 화재를 진압하는데 필요한 물을 공급하거나 저장하는 설비로서 상수도소화용수설비, 소화수조·저수조 등을 말한다.
  ① **상수도 소화용수설비** : 소방대가 화재진압시 사용하는 소방용수로서, 특정소방대상물의 지하에 지름 75㎜ 이상의 상수도용 배관이 매설된 경우… 그 배관에 지상식소화전, 지하식소화전, 급수탑을 연결하여 소방차에 소방용수를 공급받는 설비이다.
  ② **소화수조 또는 저수조** : 소방대가 화재진압시 사용하는 소방용수가 담긴 수조로서, 소화에 필요한 물을 항시 채워두는 것
- **소화수조(저수조)의 물을 소방차에 공급받는 방법**
  ① **흡수관 투입구** : 소방차에는 물을 흡입할 수 있는 흡수관이 있다. 이 흡수관을 **지하수조**에 직접 담궈서 물을 흡수할 수 있도록 만든 사각형(한 변이 0.6m 이상)이나 원형(직경이 0.6m 이상)의 **구멍(맨홀)**
  ② **채수구** : 소방차의 소방호스와 접결되는 흡입구(나사식 금속결합구)로서, 채수구를 통해 수화수조의 물을 소방차에 공급 받는다.
    ㉠ **옥상수조** : 옥상 또는 옥탑의 부분에 설치된 경우, 지상에 설치된 채수구에서의 압력이 0.15 MPa 이상이 되면 설치가능
    ㉡ **지하수조** : 소화수조에 별도의 펌프를 설치하여, 지하수조에서 연결된 배관을 통하여 채수구에서 물을 공급 받는다.

소화수조의 소요수량(물저장량)에 따른 채수구의 설치개수 기준			
소요수량	20㎥ 이상 40㎥ 미만	40㎥ 이상 100㎥ 미만	100㎥ 이상
채수구의 수	1 개	**2 개**	3 개

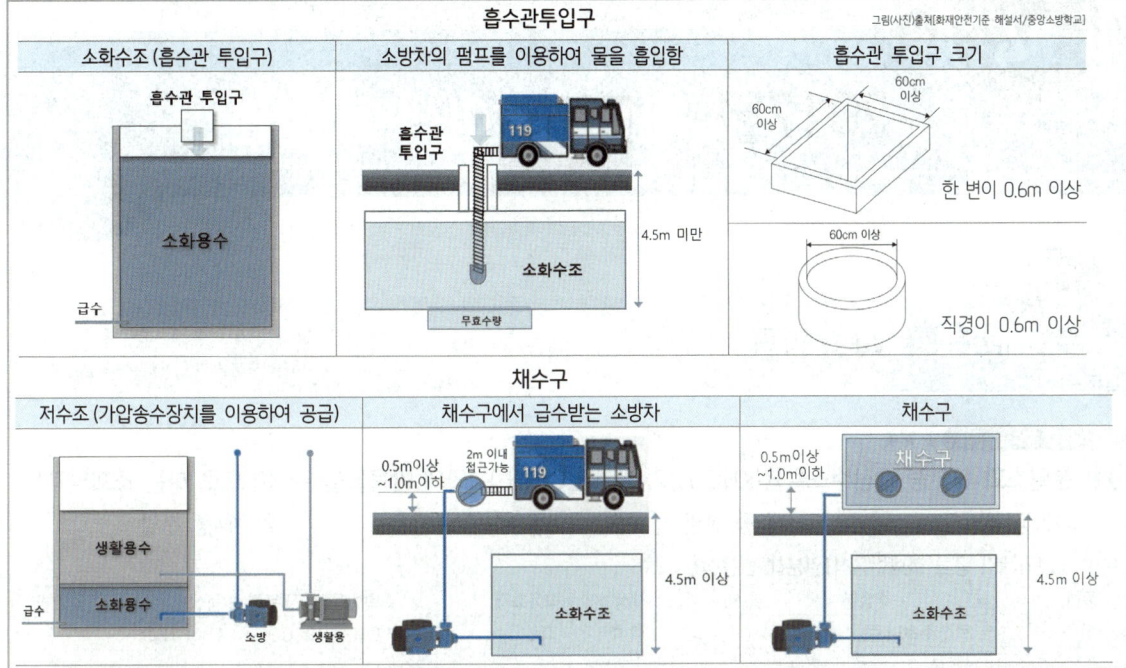

숫자가 답인 문제 ★★

80 배출풍도의 설치기준 중 다음 (   )안에 알맞은 것은?

> 배출기 흡입측 풍도안의 풍속은 (㉠)m/s 이하로 하고 배출측 풍속은 (㉡)m/s 이하로 할 것

① ㉠ 15, ㉡ 10   ② ㉠ 10, ㉡ 15   ③ ㉠ 20, ㉡ 15   ④ ㉠ 15, ㉡ 20

제연이란 **연기를 제어**한다는 의미로서... 화재실에 **신선한 공기를 급기**하고, 발생된 **연기를 배기(배출)**하는 것을 제연이라 한다.
제연설비 : 구획(**구역**)을 나누(**가두**)어서 연기를 배출(**배기**)하거나, 신선한 공기를 급기(**유입**)하여 소화활동 및 피난을 용이하게 만드는 설비
배출풍도 : 예상 제연구역의 공기(**연기**)를 외부로 배출하도록 하는 풍도

신선한 공기를 급기하는 유입풍도와 발생된 연기를 배출하는 배출풍도의 설치기준
1. 유입풍도안의 풍속 → 20m/s 이하
2. 배출풍도에 설치된 배출기를 중심으로...   ① 흡입측 풍도안의 풍속 → 15m/s 이하 [배출기 흡입측 풍속 → 좀 더 느리게 흡입]
　　　　　　　　　　　　　　　　　　　② 배출측 풍도안의 풍속 → 20m/s 이하 [배출기 배출측 풍속 → 좀 더 강하게 배출]

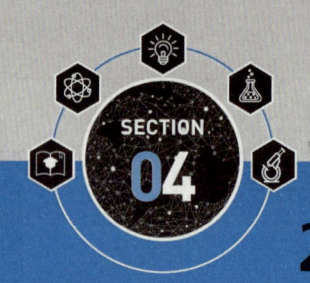

2017년 제1회 답이색 해설편

A nswer 1과목 소방원론

암기하면서 공부 할 문제 ★★★

01 분말소화약제 중 탄산수소칼륨($KHCO_3$)과 요소($CO(NH_2)_2$)와의 반응물을 주성분으로 하는 소화약제는?

① 제1종 분말　② 제2종 분말　③ 제3종 분말　**④ 제4종 분말**

종별	주성분	색상	적응화재	화학반응식 (열분해 반응식)	암기법
제1종	탄산수소나트륨 ($NaHCO_3$)	백색	B, C	$2NaHCO_3 \rightarrow Na_2CO_3 + CO_2 + H_2O$	이수
제2종	탄산수소칼륨 ($KHCO_3$)	담자(회)색	B, C	$2KHCO_3 \rightarrow K_2CO_3 + CO_2 + H_2O$	이수
제3종	제1인산암모늄 = 인산염 ($NH_4H_2PO_4$)	담홍색, 황색	A, B, C	$NH_4H_2PO_4 \rightarrow HPO_3 + NH_3 + H_2O$	암수
제4종	탄산수소칼륨 + 요소 ($KHCO_3+(NH_2)_2CO$)	회색	B, C	$2KHCO_3+(NH_2)_2CO \rightarrow K_2CO_3+NH_3+CO_2$	암이

※ 제1종은 탄산나트륨(Na_2CO_3), 제2종과 제4종은 탄산칼륨(K_2CO_3), 제3종은 부착이 우수하여 소화효과가 뛰어난 메타인산(HPO_3)이 생성된다.

 나의 칼은 인간의 칼이다~ ➡ 나 칼 인 칼

이해하면서 공부 할 문제 ★★

02 할론(Halon) 1301의 분자식은?

① CH_3Cl　② CH_3Br　③ CF_3Cl　**④ CF_3Br**

종류	분자식	상온,상압	원자량	분자량 계산	증기비중 계산
할론 1301	CF_3Br	기체	(C×1개) + (F×3개) + (Br×1개)	12 + (19×3) + 80 = **149**	149/29 = 5.13
할론 1211	CF_2ClBr	기체	(C×1개) + (F×2개) + (Cl×1개) + (Br×1개)	12 + (19×2) + 35.5 + 80 = **165.5**	165.5/29 = 5.71
할론 2402	$C_2F_4Br_2$	액체	(C×2개) + (F×4개) + (Br×2개)	(12×2) + (19×4) + (80×2) = **260**	260/29 = 8.96
할론 1011	CH_2ClBr	액체	(C×1개) + (H×2개) + (Cl×1개) + (Br×1개)	12 + (1×2) + 35.5 + 80 = **129.5**	129.5/29 = 4.46
할론 104	CCl_4	액체	(C×1개) + (Cl×4개)	12 + (35.5×4) = **154**	154/29 = 5.31

• NTP(자연상태) : 20℃, 1기압(atm) 상태 [상온, 상압 상태] – 국내기준

탄 불 염 브

함께 공부

할론명명법 – 아래 그림과 같은 순서와 원자수로 기재된다.

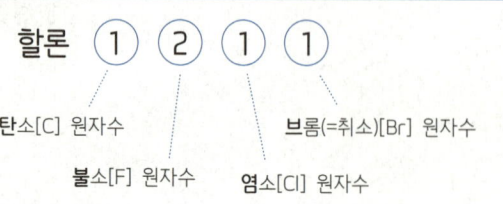

※ 화합물 내부에 존재하지 않는 원소는 숫자 '0'으로 표기(맨끝은 표기하지 않아도 된다)하고 명명하지 않는다.

> 이해하면서 공부 할 문제 ★★

03 유류 저장탱크의 화재에서 일어날 수 있는 현상이 아닌 것은?

① 플래시 오버(Flash Over)   ② 보일 오버(Boil Over)
③ 슬롭 오버(Slop Over)   ④ 후로스 오버(Froth Over)

플래쉬오버(Flash Over) : 구획실에서 화재가 진행되면서… 실내온도 급격히 상승 → 가연물에서 분해된 가연성가스가 실내전체에 축적 → 축적된 가연성가스 착화 → 실내전체가 폭발적으로 화염에 휩싸이는 화재현상

> 함께공부

- **보일오버(Boil Over)현상** : 고온층(hot zone)이 형성된 유류화재의 탱크 밑면에 물이 고여 있는 경우, 화재의 진행에 따라 바닥의 물이 급격히 증발하여 불 붙은 기름을 분출시키는 위험현상(화재발생 전 부터 있었던 물에 의해~)
- **슬롭오버(Slop Over)현상** : 물이 연소유의 표면에 들어갈 때 수분의 급격한 증발로 인하여 기름이 탱크 밖으로 방출되는 현상 (나중에 유입된 물에 의해~)
- **프로스오버(Froth Over)** : 점성이 높은 유류를 저장하는 탱크의 바닥에 있는 물이 어떤 원인에 의해 비등하면서 유류를 탱크 밖으로 넘치게 하는 현상 (화재 이외의 경우에~)

> 이해하면서 공부 할 문제 ★

04 건축물 화재 시 피난자들의 집중으로 패닉(panic) 현상이 일어날 수 있는 피난방향은?

위 그림에서 선은 복도를 의미하며 화살표는 피난구를 의미한다. ②(Z형), ③(X형), ④(T형)의 그림은 피난자가 어느 방향으로 피난하더라도 피난구가 있는 구조이지만, ①은 **H형**(중앙에 코너가 2개나 집중되어 있는 방식)으로서 피난자들이 중앙에 집중되어 우왕좌왕 할 수 있는 구조이다.
화재시에는 연기에 의한 시계 제한, 유독가스에 의한 호흡 장애 등으로 인하여, 평소에 잘 구분하여 다니던 복도 방향을 잃고 길을 헤맬수 있다.

> 함께공부

패닉(panic)현상
- 화재시 건물에 고립됐을 때, 현재 자신이 처한 상황을 파악하는 능력이 일시적으로 마비된 채, 몸을 움직일 수 없거나 본능적으로 움직이기를 거부하는 등 안전한 동작으로 움직일 수 있다는 것을 자각하지 못하는 상태
- 건물화재 시 패닉(panic)의 발생원인으로 연기에 의한 시계 제한, 유독가스에 의한 호흡 장애, 화염에 대한 두려움, 외부와 단절된 고립상태 등이 있다.

> 암기하면서 공부 할 문제 ★★

05 1기압, 100℃에서의 물 1g의 기화잠열은 약 몇 cal 인가?

① 425   ② 539   ③ 647   ④ 734

- 100℃의 물 1[kg]을 100℃의 수증기로 변화시키는데 필요한 열량(에너지)은 (기화열은) 539 [kcal]가 필요하다.
  = 100℃의 물 1[g]을 100℃의 수증기로 변화시키는데 필요한 열량(에너지)은 (기화열은) 539 [cal]가 필요하다.
  = 물의 기화잠열(증발잠열)은 **539 [kcal/kg (cal/g)]**이다.
※ [g]은 [cal]로, [kg]은 [kcal]로 단위를 맞춰주면 된다.

> 함께공부

잠열[潛熱, latent heat] – 숨은열
- 융해와 기화(증발) 등 상 전이 과정에서 가해진 열은, 물질의 온도변화에는 사용되지 않고, 상태변화에만 사용된다. 이와 같이 상전이 과정에서 흡수되는 열을 잠열이라 한다.
- 예를 들면, 물을 가열하면 100℃에서 끓기 시작하지만, 그 이상 아무리 가열해도 완전히 수증기가 될 때까지 100℃를 넘지 않는다. 또한 얼음을 가열해도 완전히 녹을 때까지는 0℃ 이상으로 되지 않는다. 이와 같이 기화 중인 물이나, 융해 중인 얼음에 가해진 숨은 열은, 물(액체)을 수증기(기체)로 바꾸고, 얼음(고체)을 물(액체)로 바꾸기 위해서만 소비되며 온도를 상승시키지는 않는다.
- 물의 기화잠열 : 539 [kcal/kg (cal/g)]   • 물의 융해잠열 : 80 [kcal/kg (cal/g)]

계산하면서 공부 할 문제 ★

06 섭씨 30도는 랭킨(Rankine) 온도로 나타내면 몇 도인가?

① **546도** ② 515도 ③ 498도 ④ 463도

1. 섭씨온도 30℃를 화씨온도(℉)로 변환 : 1.8℃ + 32 = (1.8 × 30℃) + 32 = 86℉
2. 화씨온도 86℉를 절대온도(T) 중 랭킨온도(R)로 변환 : 온도(℉) + 460 = 86℉ + 460 = 546R

함께공부

온도(Temperature)
- **섭씨온도(℃)** : 물의 어는점(빙점, 0℃)과 끓는점(비점, 100℃)을 온도의 표준으로 정하여, 그 사이를 100등분한 온도눈금이다. 단위기호는 ℃를 사용한다. 섭씨온도를 절대온도로 바꾸기 위해서는 273도를 더해준다.
- **화씨온도(℉)** : 1기압 하에서 물의 어는점(빙점)을 32℉, 끓는점(비점)을 212℉로 정하고 두 점 사이를 180등분한 온도눈금이다. 단위기호는 ℉를 사용한다. 화씨온도를 절대온도로 바꾸기 위해서는 460도를 더해준다.
- **절대온도(T)** : 어떠한 방법으로도 절대영도(−273.15℃)이하로 온도를 낮출 수 없다는 열역학 제3법칙에 따라, 이론상 생각할 수 있는 최저온도를 기준으로 하여 온도단위를 갖는 온도를 말한다. 이 눈금을 사용하면 모든 온도가 +수치로 나타난다.
  - **켈빈온도(K)** : 이론상 생각할 수 있는 최저온도인 절대영도를 기준으로, 섭씨온도를 환산한 온도이다.
    $K = 온도(℃) + 273$
  - **랭킨온도(R)** : 화씨 절대온도라고도 하며, 화씨온도 −459.67℉를 기점으로 하여 측정한 온도이다.
    $R = 온도(℉) + 460$
- **섭씨온도와 화씨온도의 변환** ⇨ $℉ = 1.8℃ + 32$
  - 섭씨온도를 화씨온도로 바꿀 때 ⇨ $℉ = \frac{9}{5}℃ + 32 = 1.8℃ + 32$
  - 화씨온도를 섭씨온도로 바꿀 때 ⇨ $℃ = \frac{5}{9}(℉ - 32) = \frac{℉ - 32}{1.8}$

암기하면서 공부 할 문제 ★★★

07 A급, B급, C급 화재에 사용이 가능한 제3종 분말 소화약제의 분자식은?

① $NaHCO_3$ ② $KHCO_3$ ③ **$NH_4H_2PO_4$** ④ Na_2CO_3
제1종 탄산수소나트륨   제2종 탄산수소칼륨   제3종 제1인산암모늄(인산염)   제1종 열분해 생성물(탄산나트륨)

분말 소화약제의 종류 및 성상

종별	주성분	색상	적응화재
제1종	탄산수소나트륨 ($NaHCO_3$)	백색	B, C
제2종	탄산수소칼륨 ($KHCO_3$)	담자색, 담회색	B, C
제3종	제1인산암모늄 = 인산염 ($NH_4H_2PO_4$)	담홍색, 황색	**A, B, C**
제4종	탄산수소칼륨 + 요소 ($KHCO_3+(NH_2)_2CO$)	회색	B, C

이해하면서 공부 할 문제

08 건축방화계획에서 건축구조 및 재료를 불연화하여 화재를 미연에 방지하고자 하는 공간적 대응방법은?

① **회피성 대응** ② 도피성 대응 ③ 대항성 대응 ④ 설비적 대응

건축물의 화재를 방어하는 계획 중 **회피성 대응**은, 공간을 이용하여 화재를 방어하는 **공간적 대응**에 해당하는데… 건축구조 및 재료를 불연화하여 화재를 미연에 방지하고자 하는 공간적 대응방법에 해당한다.

함께공부

건축물의 방화계획
- 공간적 대응
  - 대항성 대응 : 내화구조, 방화구획 등을 통해 화재초기에 화재가 번지지 못하도록 대항성을 갖고자 하는 공간적 대응방법
  - 회피성 대응 : 건축구조 및 재료를 불연화하여 화재를 미연에 방지하고자 하는 공간적 대응방법
  - 도피성 대응 : 피난통로, 피난시설 등 피난과 관련된 공간적 대응방법
- 설비적 대응 : 화재에 대응하여 설치하는 소방시설

이해하면서 공부 할 문제

09 물질의 연소범위와 화재 위험도에 대한 설명으로 틀린 것은?

① 연소범위의 폭이 클수록 화재 위험이 높다. ② 연소범위의 하한계가 낮을수록 화재 위험이 높다.
③ 연소범위의 상한계가 높을수록 화재 위험이 높다. ④ **연소범위의 하한계가 높을수록 화재 위험이 높다.**

연소범위(=연소한계, 폭발범위, 폭발한계)
1. 연소(폭발)범위(한계)
   - 가연성가스와 산소가 연소를 일으킬 수 있는 증기농도(체적농도 vol%)범위
   - 연소하한계와 연소상한계 사이의 범위
   - 연소하한계와 연소상한계
     - 연소하한계 : 그 농도 이하에서는 발화원과 접촉하여도 연소가 일어나지 않는 가스의 최소농도
     - 연소상한계 : 그 농도 이상에서는 발화원과 접촉하여도 연소가 일어나지 않는 가스의 최고농도
2. 연소범위와 화재의 위험성
   - **연소하한이 낮을수록, 연소상한이 높을수록 위험함**
   - 온도(압력)가 높아지면 연소범위가 넓어져서 위험함

암기하면서 공부 할 문제 ★★

10 다음 중 착화온도가 가장 낮은 것은?

① 에틸알코올   ② 톨루엔   ③ **등유**   ④ 가솔린

주요물질의 발화점(= 착화점, 착화온도, 발화온도)

물질	발화점(℃)	물질	발화점(℃)	물질	발화점(℃)	물질	발화점(℃)
황린	34	니트로셀룰로오스, 디에틸에테르	180	적린	260	메틸알코올 (메탄올)	464
이황화탄소, 삼황화린	100	아세트알데히드	185	피크린산, **가솔린(휘발유),** 트리니트로톨루엔	300	산화프로필렌	465
과산화벤조일	125	유황	225	**에틸알코올(에탄올)**	423	**톨루엔**	480
오황화린	142	**등유**	**255**	아세트산	427	아세톤	538

※ 발화점은 문제에서 상대적으로 적용됨으로 인해, 아무리 여러 문제를 많이 암기해도, 실제 시험에서 출제되는 문제를 모두 풀 수 있다는 보장이 없습니다. 따라서 발화점 문제는 문제를 암기하지 말고, 반드시 물질별 발화점을 위 표를 통해 비교해서 암기해야 합니다.

암기팁! 우린 지금까지... 에틸알콜(소주) 먹은 불광동 휘발유가 더 무서운줄? 알았다. 하지만 순하게만 보였던 등유가 45도나 더 위험하다.

함께공부
1. **인화점** : 불을 끌어당기는 온도라는 뜻으로 점화원에 의해 불이 붙을 수 있는 최저온도
2. **연소점** : 인화점 이상의 온도에서 점화원을 제거하여도 연소가 지속될 수 있는 온도로써 일반적으로 인화점보다 약 10℃ 높다.
3. **발화점(=착화점, 착화온도, 발화온도)** : 직접적인 점화원을 가하지 않아도 공기중에서 스스로 불이 붙을 수 있는 최저온도

암기하면서 공부 할 문제 ★★

11 다음 중 가연성 가스가 아닌 것은?

① 일산화탄소   ② 프로판   ③ **아르곤**   ④ 수소

원소주기율표 상 0족(18족)원소는 **불활성가스**로서, He(4)**헬륨**,   Ne(20)**네온**,   Ar(40)**아르곤**,
Kr **크립톤**,   Xe **크세논(제논)**,   Rn **라돈** 이 있다. 또한
공기중에서 흡열반응을 하는 N_2(**질소**), 화학적으로 안정되어 소화약제로도 쓰이는 CO_2(**이산화탄소**) 등도 불연성·불활성 가스이다.

암기팁! 0족(18족) 불활성가스 ➡ 헬 네 아   크 세 라

함께공부

불완전 연소시 발생하는 유독가스인 일산화탄소(CO), 자체가 가연성 가스인 메탄(CH_4), 프로판(C_3H_8), 연소시 발생하는 가연성기체인 수소(H_2), 아세틸렌(C_2H_2) 등은 모두 가연성 가스이다.

> 암기하면서 공부 할 문제

12 위험물의 저장 방법으로 틀린 것은?

① 금속나트륨 - 석유류에 저장
② 이황화탄소 - 수조 물탱크에 저장
③ 알킬알루미늄 - 벤젠액에 희석하여 저장
④ 산화프로필렌 - 구리 용기에 넣고 불연성 가스를 봉입하여 저장

제4류 위험물[인화성 액체] 중 특수인화물인 **산화프로필렌**[CH_3CHCH_2O]은 **수은, 구리, 마그네슘. 은과 반응**하여 폭발성의 아세틸레이트를 생성한다. 따라서 폭발을 방지하기 위하여 불연성의 가스(질소, 이산화탄소 등)로 봉입하여 통풍이 잘 되는 곳에 저장한다.

함께공부

① 칼륨[K, 포타슘], 나트륨(Na) 등은 제3류 위험물인 금수성 물질이므로 물과 반응하여 가연성기체인 **수소**(H_2)를 만들고 발열한다. 따라서 **물에 녹지 않는 기름인 등유, 경유, 유동 파라핀** 등의 보호액 속에 누출되지 않도록 저장한다.
② 제4류 위험물[인화성 액체] 중 특수인화물인 **이황화탄소**(CS_2)는 물보다 무겁지만 물에 녹지 않아 **물속에 저장**한다.
(∵가연성 증기의 발생을 억제하기 위해서)
(제4류 위험물은 대부분 물보다 가벼워서 물에 녹지 않지만, 물보다 무거운 것은 물에 녹는다. 그러나 CS_2는 물보다 무겁지만 물에 녹지 않는다.)
③ 제3류 위험물인 **알킬알루미늄**은 액체금속이므로 **벤젠**(C_6H_6), **헥산, 톨루엔** 등의 희석제를 넣어서, 용기는 완전 밀봉하고 용기 상부는 불연성 가스(질소, 아르곤, 이산화탄소 등)로 봉입한 후, 통풍이 잘 되는 건조한 냉암소에 저장한다.

> 이해하면서 공부 할 문제

13 소화약제의 방출수단에 대한 설명으로 가장 옳은 것은?

① 액체 화학반응을 이용하여 발생되는 열로 방출한다.
② 기체의 압력으로 폭발, 기화작용 등을 이용하여 방출한다.
③ 외기의 온도, 습도, 기압 등을 이용하여 방출한다.
④ 가스압력, 동력, 사람의 손 등에 의하여 방출한다.

• 가스압력 : 이산화탄소(CO_2)나 질소(N_2)의 가스압력을 이용한 가스계 소화약제의 방출
• 동력 : 수계소화설비 소화펌프의 전동기를 이용한 물소화약제의 방출
• 사람의 손 : 수동식 소화기를 사람의 손을 이용하여 들고 약제방출
• ①, ②, ③의 방출방법은 모두 소화약제의 방출수단으로 적합하지 않다.

> 이해하면서 공부 할 문제 ★★★

14 가연물의 제거와 가장 관련이 없는 소화방법은?

① 촛불을 입김으로 불어서 끈다.
② 산불 화재 시 나무를 잘라 없앤다.
③ 팽창 진주암을 사용하여 진화한다.
④ 가스화재 시 중간밸브를 잠근다.

제거소화란 가연물을 제거하여 소화하는 방법으로서 ①은 촛불이 타면서 발생되는 가연성기체를 입김으로 날려서 가연성기체를 제거하는 것이고 ②는 가연물인 산림의 일부를 제거하는 것이고, ④는 원료공급관의 밸브를 잠궈서 가연물인 원료를 제거하는 것이며, ③은 질식소화(가연물이 연소할 때 공기 중의 산소농도를 떨어뜨려 연소를 중단시키는 소화 방법)의 방법으로서, 무기물(금속)화재시 가연물을 **마른모래(건조사), 팽창질석, 팽창진주암**(가열해 부풀려 가볍게 만든 돌가루)으로 덮으면 산소가 차단되어 질식소화 된다.

함께공부

제거소화의 구체적인 예
① 촛불의 화염을 입김으로 불어 끄는 것
② 부채를 이용하여 촛불을 바람으로 끄는 것
③ 산불화재 시 벌목하는 행위
④ 가스화재 시 밸브 및 코크를 잠그는 행위
⑤ 유전화재 시 폭약을 사용해, 폭풍에 의하여 가연성 증기를 날려 보내는 것
⑥ 전기화재 시 전원을 차단하는 것

> 암기하면서 공부 할 문제 ★★

15 연기의 감광계수(m⁻¹)에 대한 설명으로 옳은 것은?

① 0.5는 거의 앞이 보이지 않을 정도이다.
　　　　연기로 인해 어두움을 느끼는 농도
② 10은 화재 최성기 때의 농도이다.
③ 0.5는 가시거리가 20~30m 정도이다.
　　　　　　　　　　3 [m]
④ 10은 연기감지기가 작동하기 직전의 농도이다.
　　　　　　　　　　　　　　　　0.1

감광계수	가시거리	상황
0.1/m = 0.1m⁻¹ = 0.1Cs	20 ~ 30 [m]	연기감지기가 작동하는(작동하기 직전의) 농도 (화재발생 초기의 희미한 연기농도) 건물내부구조에 **익숙하지 않은** 사람이 피난에 지장을 받는 농도
0.3/m = 0.3m⁻¹ = 0.3Cs	5 [m]	건물내부구조에 **익숙한** 사람이 피난에 지장을 받는 농도
0.5/m = 0.5m⁻¹ = 0.5Cs	3 [m]	연기로 인해 **어두움**을 느끼는 농도
1.0/m = 1.0m⁻¹ = 1.0Cs	1~2 [m]	앞이 거의 **보이지 않을** 정도의 농도
10/m = 10m⁻¹ = 10Cs	0.2~0.5 [m] 수십cm	화재 **최성기** 때의 연기농도
30/m = 30m⁻¹ = 30Cs	없음	화재실에서 창문등을 통해 **연기가 분출**될 때의 농도

> 암기탕! 0.1 ↔ 20~30 / 0.3 ↔ 5 / 0.5 ↔ 3 / 1.0 ↔ 1~2 / 10 ↔ 수십cm ➡ 123 / 35 / 53 / 012 / 10수십

> 함께공부

- 내화건축물 화재일 경우 **최성기**란 플래쉬오버(실내전체가 폭발적으로 화염에 휩싸이는 화재현상)를 거치면서 실내의 모든 가연물이 화재에 개입되어 연소하는 시기를 말한다.
- 감광계수(C_s = m⁻¹)
  - 연기의 농도에 따른 빛의 투과량을 계산한 농도로, 시야확보가 중요한 화재시에 가장 적절한 연기농도 표현이다.
  - 감광계수로 표시한 연기의 농도와 가시거리(m)는 반비례의 관계(m⁻¹)이다.
  - 다시말해, 연기에 빛을 투과하였을 경우, 빛의 감소에 따른 가시거리의 감소를 나타내는 것이 감광계수이다.
- **연기감지기**(자동발신) : 화재시 발생하는 연기를 자동으로 감지하여 수신기에 신호를 보내는 장치

> 계산하면서 공부 할 문제

16 할론 가스 45kg과 함께 기동가스로 질소 2kg을 충전하였다. 이 때 질소가스의 몰분율은? (단, 할론가스의 분자량은 149이다.)

① 0.19　　② 0.24　　③ 0.31　　④ 0.39

아래 공식을 통해 **몰(mol)수**를 구한 후, **몰분율**(혼합기체에서 특정성분의 몰수와 전체 몰수와의 비)을 계산하면 된다. 여기에서 [g]은 [mol]로, [kg]은 [kmol]로 단위를 맞춰주면 된다.

1. 할론과 질소의 **몰(mol)수** 구하기

   ① 할론 몰수[kmol] = $\dfrac{질량[kg]}{분자량[kg/kmol]}$ = $\dfrac{45\,kg}{149\,kg/kmol}$ = 0.3 kmol

   ② 질소 몰수[kmol] = $\dfrac{질량[kg]}{분자량[kg/kmol]}$ = $\dfrac{2\,kg}{28\,kg/kmol}$ = 0.07 kmol

   - 질소(N_2)분자량 계산 [N원자량=14] = 14×2 = 28[kg/kmol]

2. 질소가스 **몰분율** 계산

   몰분율 = $\dfrac{질소\ 성분의\ 몰수[kmol]}{전체\ 몰수[kmol]}$ = $\dfrac{0.07}{0.3 + 0.07}$ = 0.189 ≒ 0.19

> 함께공부

1. 주요 원소의 원자량

원소명	수소	탄소	질소	산소	불소	나트륨	마그네슘	알루미늄	인	황	염소	아르곤	브롬
기호	H	C	N	O	F	Na	Mg	Al	P	S	Cl	Ar	Br
원자량	1	12	14	16	19	23	24	27	31	32	35.5	40	80

2. 몰(mol)
   - 원자, 분자, 이온 등의 수량을 나타내는 단위
   - 표준상태[0℃, 1기압(atm)]에서의 기체 1몰(mol)의 분자수 = 6.023×10^{23}개 = 아보가드로 수
   - 1몰(mol)의 질량 : 몰질량(=화학식량=분자량)에 g 또는 kg을 붙인 값

이해하면서 공부 할 문제 ★

17 고층 건축물 내 연기거동 중 굴뚝효과에 영향을 미치는 요소가 아닌 것은?

① 건물 내·외의 온도차   ② 화재실의 온도   ③ 건물의 높이   ④ **층의 면적**

굴뚝효과의 영향인자
- 건물 내·외의 온도차 : 수직공간 내의 온도와 건물외부의 온도차가 클수록 굴뚝효과는 더 잘 일어나며, 화재시 연기확산을 촉진한다.
- 화재실의 온도 : 화재실의 온도가 높을수록 수직공간 내부의 온도가 커지므로, 굴뚝효과가 더 잘 일어난다.
- 건물의 높이 : 초고층일수록(건물이 높을 수록) 고층부와 저층부의 압력차가 커져, 굴뚝효과가 더 잘 일어난다.

함께 공부

자연부력에 기인한 압력차(굴뚝효과=연돌효과=Stack Effect=Chimney Effect)
고층건축물의 수직공간 내의 온도와, 건물외부의 온도가 차이가 있을 경우, 부력에 의한 압력차가 발생하여, 연기가 수직공간을 상승하거나 하강하는 현상
- 건물내 **수직공간의 온도**가, 외부의 온도보다 **높은 경우**(화재시 포함)…… 수직공간 상부(고층부)에서 작용하는 실내압력이 실외보다 **더 높아** 공기가 실외로 **배출된다**. 이에 따라 수직공간 하부(저층부)에서는 공기가 유입되며, 수직공간 내에서 상승기류가 형성되는데 이러한 효과를 굴뚝효과라 한다.
- (반대로)**건물외부의 온도**가, 건물내 수직공간의 온도보다 **높은 경우**…… 수직공간 상부(고층부)에서 작용하는 실내압력이 실외보다 **더 낮아** 공기가 실내로 **들어온다**. 이에 따라 수직공간 하부(저층부)에서는 공기가 유출되며, 수직공간 내에서 하향기류가 형성되는데 이러한 효과를 역굴뚝효과라 한다.

이해하면서 공부 할 문제

18 B급 화재 시 사용할 수 없는 소화방법은?

① CO_2 소화약제로 소화한다.   ② **봉상 주수로 소화한다.**
③ 3종 분말약제로 소화한다.   ④ 단백포로 소화한다.

B급 화재는 유류화재이다. 유류에 봉상주수하면 (막대모양의 굵은 물줄기를 방사하면) 대부분의 유류가 물보다 가벼워서… 물위에 유류가 떠다녀… 물이 흐르는 대로 유류도 흘러가… 연소면이 확대될 수 있다.
따라서 유류의 소화방법으로 봉상주수소화는 화재면의 확대 위험성이 있어 금지하며, 안개 형태인 **무상으로 물을 주수**할 경우 유류탱크 주변의 온도를 떨어트려 **냉각효과**가 발생한다.

함께 공부

① 이산화탄소(탄산가스, CO_2)소화약제는 1kg(15℃조건) 방사시 534L 만큼 체적이 팽창하므로, 산소 농도를 떨어트려 소화하는 질식소화가 대표적인 소화효과이어서 유류에 사용가능하다.
③ 제3종 분말소화약제는 A(일반화재)·B(유류화재)·C(전기화재) 급의 모든 화재에 적응성이 있다.
④ 단백포(저팽창포) 소화약제는 내열성이 우수하여 열에 잘 견디며, B급 화재인 유류화재를 포(거품)로 덮으면 산소가 차단되어 질식소화 된다.

이해하면서 공부 할 문제

19 인화성 액체의 연소점, 인화점, 발화점을 온도가 높은 것부터 옳게 나열한 것은?

① **발화점 > 연소점 > 인화점**   ② 연소점 > 인화점 > 발화점
③ 인화점 > 발화점 > 연소점   ④ 인화점 > 연소점 > 발화점

인화성 액체 즉 유류 등에 화재가 발생한다면, **발화점이** 점화원을 가하지 않아도 스스로 불이 붙는 온도이므로 **가장 높을** 것이고, **인화점이** 점화원에 의해서 불이 붙을 수 있는 온도이기 때문에 **가장 낮을** 것이다.

함께 공부

1. **인화점** : 불을 끌어당기는 온도라는 뜻으로 점화원에 의해 불이 붙을 수 있는 최저온도
2. **연소점** : 인화점 이상의 온도에서 점화원을 제거하여도 연소가 지속될 수 있는 온도로써 일반적으로 인화점보다 약 10℃ 높다.
3. **발화점**(=착화점, 착화온도, 발화온도) : 직접적인 점화원을 가하지 않아도 공기중에서 스스로 불이 붙을 수 있는 최저온도

> 이해하면서 공부 할 문제 ★

20 소화효과를 고려하였을 경우 화재 시 사용할 수 있는 물질이 아닌 것은?

① 이산화탄소   ② 아세틸렌   ③ Halon 1211   ④ Halon 1301

- 3류위험물 칼슘또는알루미늄의탄화물인 **탄화칼슘(카바이드)**이 물과 반응해 수산화칼슘과 가연성 가스인 아세틸렌을 발생시킨다.
  CaC_2(탄화칼슘) + $2H_2O$(물) → $Ca(OH)_2$(수산화 칼슘) + C_2H_2↑ (아세틸렌 발생)
- 위와 같이 아세틸렌 가스는 소화약제가 아닌 오히려 불에 타는 가연성가스이므로 화재 시 사용할 수 있는 물질이 아니다.

> 함께공부

- 이산화탄소(탄산가스, CO_2)는 1kg(15℃조건) 방사시 534L 만큼 체적이 팽창하므로, 산소 농도를 15%이하로 떨어뜨려 소화하는 질식소화효과를 발휘하는 물질이다.
- 할론2402($C_2F_4Br_2$), 할론1211(CF_2ClBr), 할론1301(CF_3Br) 소화약제는 할로겐족원소(F, Cl, Br, I)를 방사하여, 활성라디칼을 흡수해 연소의 4요소인 순조로운 **연쇄반응을 억제**하여 소화하는 **억제소화(부촉매소화)** 효과를 발휘하는 물질이다.

2과목 소방유체역학

✔ 이것이 혁신이다! 기출문제 + 답이색해설

> 계산 없는 단순 암기형 ★★★★★

21 다음 중 펌프를 직렬 운전해야 할 상황으로 가장 적절한 것은?

① 유량의 변화가 크고 1대로는 유량이 부족할 때   ② 소요되는 양정이 일정하지 않고 크게 변동될 때
③ 펌프에 폐입 현상이 발생할 때   ④ 펌프에 무구속속도(run away speed)가 나타날 때

① **유량**의 변화가 크고 1대로는 유량이 부족할 때 ☞ 펌프 2대를 **병렬** 운전(유량2배=2Q)하여 충분한 유량을 확보한다.
② 소요되는 **양정**이 일정하지 않고 크게 변동될 때 ☞ 펌프 2대를 **직렬** 운전(양정2배=2H)하여 충분한 양정(토출압력)을 확보한다.
③ 펌프에 **폐입** 현상이 발생할 때 ☞ 유압 기어펌프에서 발생되는 밀폐현상으로 **공동현상**이 함께 발생되는 현상
④ 펌프에 **무구속속도**(run away speed)가 나타날 때 ☞ 펌프 성능시험 목적으로 토출측 개폐밸브를 폐쇄하고 **체절운전시**(= 공회전 운전시 = 무부하 운전시) 펌프 회전수가 최대가 되는 경우를 말하는 것이다.

> 함께공부

1. **직렬연결**(하나의 배관상에 펌프 2대 연결)
   펌프 2대를 직렬 연결시 토출량(유량, Q)은 변하지 않지만 **토출압력(양정, H)은 2배**가 된다. 주로 **높은 건물**에서 활용할 수 있다.
2. **병렬연결**(펌프마다 배관을 연결하여 물을 흡입한 후 다시 하나의 배관으로 합치는 연결)|
   펌프 2대를 병렬 연결시 토출압력(양정, H)은 변하지 않지만 **토출량(유량, Q)은 2배**가 된다. 주로 **넓은 건물**에서 활용할 수 있다.
3. 용어의 정의
   - **전양정**(= 총양정 = 양정)의 의미 : 기준에 필요한 압력을 낼 수 있는 값을 높이(m)로 계산한 수치
     * 양정 = 수두 = mH_2O = m
   - **정격토출압력** : 수직으로 물을 올릴 수 있는 능력으로 펌프 몸체에 양정으로 표시된다.
     〈예시〉 양정 50m이면 정격토출압력은 0.5MPa 이 된다.
   - **정격토출량(유량)** : 시간당 퍼낼 수 있는 물의 양으로서, 통상적으로 펌프 몸체에 분당 토출량[L/min]으로 표시된다.
     〈예시〉 옥내소화전 2개에서 소화수를 방사하고 있을 때 법정 토출량은 2 × 130L/min (법정방수량) = 260L/min 이 된다.

> 계산 없는 단순 암기형 ★★★★★

22 펌프 운전 중 발생하는 수격작용의 발생을 예방하기 위한 방법에 해당되지 않는 것은?

① 밸브를 가능한 펌프 송출구에서 멀리 설치한다.   ② 서지탱크를 관로에 설치한다.
      가깝게
③ 밸브의 조작을 천천히 한다.   ④ 관 내의 유속을 낮게 한다.

수격작용(워터 햄머링)은 물의 공격이라는 의미로, **펌프의 급격한 정지 및 밸브의 급격한 폐쇄시** 물의 압력파에 의한 충격파와 이상음(異常音)이 발생하는 현상으로, **밸브**를 가능한 펌프 송출구에서 **가깝게 설치**하여, 펌프에서 송출된 물이 충분한 유속이 발생되기 이전에 정지시킨다.

수격작용(워터 햄머링)
1. 정의
   ① 흐르던 유체가 갑자기 정지하면, 되돌아 나오려는 힘과 계속적으로 흐르는 힘이 맞부딪힐 때 발생하는 **충격파(압력파)**로서 굉음과 커다란 진동을 수반하는 현상
   ② 흐르는 물을 갑자기 정지시킬 때 수압이 급격히 변화하는 현상
   ③ 파이프 속 유체가 흐를 때 파이프 끝의 밸브를 갑자기 닫으면 유체의 **운동에너지가 압력으로 변환**되면서 밸브 직전에서 높은 압력이 발생하고 상류로 압축파가 전달되는 **수격작용 현상이 발생**한다.
   ④ 관을 흐르던 물이 갑자기 정지할 때 압력파에 의해 **이상음**(異常音)이 발생하는 현상
2. 원인
   ① 펌프의 급격한 정지
   ② 밸브의 급격한 폐쇄
3. 방지책
   ① **밸브**를 가능한 펌프 송출구에서 **가깝게 설치**하여, 펌프에서 송출된 물이 충분한 유속이 발생되기 이전에 정지시킨다.
   ② 서지탱크[surge tank, 조압(압력조절)수조(수압조정장치)]를 관로 중간에 설치한다. 소방적 의미로는 압력챔버[에어(Air)챔버]를 설치하는 것을 말하며, 압력챔버 내의 공기가 수압의 완충작용 역할을 한다.
   ③ **밸브의 조작을 천천히** 하여, 흐르는 물이 급격하게 정지되지 않도록 한다.
   ④ **밸브 개폐시간을 가급적 길게** 하여, 흐르는 물이 급격하게 정지되지 않도록 한다.
   ⑤ **관경을 크게(확대)**해서 관 내의 **유속을 낮게** 유지해, 압력이 급격히 상승되는 것을 근본적으로 차단한다.
   ⑥ 펌프의 속도가 급격히 변화하는 것을 방지하기 위해, 펌프에 **플라이휠**(펌프를 정지시켜도 회전 관성력이 유지되도록 하는 바퀴)을 설치해 펌프가 급격하게 멈추는 것을 방지한다.
   ⑦ **수격방지기**를 설치(유체방향이 변하는 곳)하여 수격작용 발생시 배관을 보호한다.
4. 탄성파 이론(Elastic Wave Theory)
   수격작용 발생시 압력상승의 정도가 어느 정도인지의 해석은 탄성파 이론을 통해 알 수 있다.

   $$\Delta P = \frac{9.81\, a \cdot u}{g}$$

   - ΔP : 압력상승(kpa)
   - a : 압력파의 속도(m/sec)
   - u : 물의 유속(m/sec)
   - g : 중력가속도(m/sec^2)

전반적으로 쉬운 계산형 ★★

23 그림과 같이 반지름이 0.8m이고 폭이 2m인 곡면 AB가 수문으로 이용된다. 물에 의한 힘의 수평성분의 크기는 약 몇 kN인가? (단, 수문의 폭은 2m 이다.)

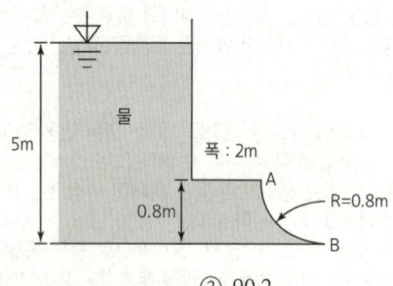

① **72.1**　　② 84.7　　③ 90.2　　④ 95.4

곡면AB는 수직으로 세워진 수문이다. 이 수문에 물의 압력이 수평으로 작용하고 있다. 이 때 이 수문이 받는 힘을 kN의 값으로 구하는 문제이다.

1. 조건정리
   - 물 비중량(γ) = $1000 kgf/m^3$ = $9800 N/m^3$ = $9.8 kN/m^3$　　*$1kgf$ = $9.8N$　*$1000N$ = $1kN$
   - 수문의 면적(A) ☞ 그림상에서 측면으로 보면 곡면이지만, 수조의 내부에서 보면 수문이 폭2m 높이0.8m의 직사각형 형태로 힘을 받고 있다. ∴ 폭2m × 높이0.8m = 1.6m²

- 수문이 받는 힘의 깊이(h)
  = 수면부터 수문A지점까지의 깊이(5m-0.8m) **4.2m** + 수문의 면적중심깊이($\frac{수문수직높이\,(0.8m)}{2}$) **0.4m** = **4.6m**
2. **수평방향**으로 작용하는 평균 **힘의 크기** = 힘의 수평성분의 크기
   $F[kN, 힘] = \gamma A h$ = 비중량(kN/m^3)×면적(m^2)×면적중심까지의 깊이(m) = $9.8 kN/m^3 \times 1.6 m^2 \times 4.6 m$ = $72.13 kN$

함께공부

- 수평면에 작용하는 전압력 ➡ **수직방향**으로 작용하는 평균 힘의 크기

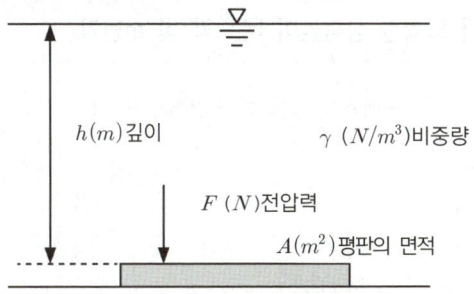

$$P = \frac{F}{A} = \frac{\gamma \cdot A \cdot h}{A} = \gamma \cdot h$$

$$\therefore F[N] = \gamma \cdot A \cdot h$$

$$N(뉴턴) = N/m^3 \times m^2 \times m$$

※ 평판이 받는 힘은 면적이 넓을수록, 깊을수록, 비중량이 클수록(무거울수록) 커진다.

- 수직면(경사면)에 작용하는 전압력 ➡ **수평방향**으로 작용하는 평균 힘의 크기

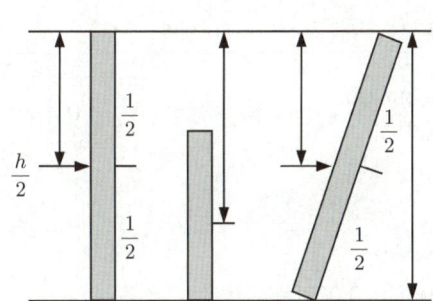
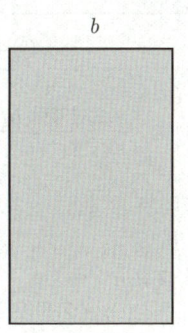

면적중심까지의 깊이 = $\frac{h}{2}$

$$F = \gamma \cdot A \cdot h$$
$$= \gamma \cdot (b \times h) \cdot \frac{h}{2}$$
$$= \frac{\gamma \cdot (b \times h) \cdot h}{2}$$

계산 없는 단순 암기형 ★★★★★

24 베르누이 방정식을 적용할 수 있는 기본 전제조건으로 옳은 것은?
① 비압축성 흐름, 점성 흐름, 정상 유동
② 압축성 흐름, 비점성 흐름, 정상 유동
③ 비압축성 흐름, 비점성 흐름, 비정상 유동
④ **비압축성 흐름, 비점성 흐름, 정상 유동**

- 베르누이 방정식이란... 유체가 흐름선(유선)을 그리며 흐를 때, 두 지점의 높이[위치수두] 그리고 두 지점에서의 압력[압력수두]과 흐르는 속도[속도수두] 사이의 관계를 두 지점에서 역학적 에너지가 보존됨을 바탕으로 수식으로 나타낸 것. 유체의 흐름에 **에너지보존의 법칙**을 적용시킨 방정식[오일러의 운동방정식을 **적분**하여 얻은 방정식]
- 베르누이 방정식의 가정조건
  - 정상 상태의 흐름(유동)이다.(**정상류**이다)
  - 점성이 없어(**비점성**), 마찰이 없는 **이상유체**의 흐름이다.
  - 유체입자는 **유선**(흐름선)을 따라 움직인다.(적용되는 임의의 두 점은 **같은 유선상**에 있다)
  - 비압축성 유체(액체)의 흐름이다.
  ※ 정상류 : 임의의 한 점에서 시간(t)의 경과(Δt)에 따라 온도(ΔT), 속도(ΔV), 밀도($\Delta \rho$), 압력(ΔP)이 모두 변하지 않는 (일정한) 유체의 흐름

함께공부

베르누이의 정리

전수두(전양정) = 압력수두 + 속도수두 + 위치수두 = 일정(Constant)

$$H(m) = \frac{P}{\gamma} + \frac{V^2}{2g} + Z = \frac{압력(N/m^2)}{비중량(N/m^3)} + \frac{유속^2(m/sec)^2}{중력가속도(m/sec^2)} + 높이(m) = C$$

유체흐름상에 임의의 두 점에서 압력·속도·위치 수두는 각각 다를 수 있으나, 에너지보존의 법칙에 의해 그 **에너지(수두)의 총합은**

항상 일정하다는 방정식이 성립하여 아래식으로 표현할 수 있다.

$$\frac{P_1}{\gamma} + \frac{u_1^2}{2g} + Z_1 = \frac{P_2}{\gamma} + \frac{u_2^2}{2g} + Z_2$$

※ 유속(속도)의 기호를 u나 V 어떤 것을 사용하여도 무방하다. [유속 = 속도 = u = V]

전반적으로 쉬운 계산형 ★★

25 그림과 같이 매끄러운 유리관에 물이 채워져 있을 때 모세관 상승높이 h는 약 몇 m인가?

[조건]
- 액체의 표면장력 $\sigma = 0.073$[N/m]
- R = 1[mm]
- 매끄러운 유리관의 접촉각 θ ≈ 0°

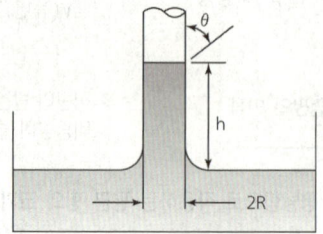

① 0.007   ② **0.015**   ③ 0.07   ④ 0.15

모세관현상

$h = \dfrac{4\sigma\cos\theta}{\gamma D} = \dfrac{4\sigma\cos\theta}{\rho g D}$ 액면상승(강하)높이 = $\dfrac{4 \times \text{표면장력}[N/m] \times \text{접촉각}}{\text{비중량}[N/m^3] \times \text{직경}[m]}$ $* \gamma(\text{비중량}) = \rho(\text{밀도}) \times g(\text{중력가속도})$

1. 조건정리
   - 표면장력(σ) = 0.073[N/m]
   - 접촉각($\cos\theta$) = $\cos\theta = \cos 0° = 1$
   - 물 비중량(γ) = $1000 kgf/m^3 = 9800 N/m^3$ $* 1kgf = 9.8N$
   - 모세관 직경(D) = 반지름(R)이 1[mm]이므로, 직경(D)는 2R이므로 2[mm] = 0.002[m]
2. 조건을 식에 대입하면

$h = \dfrac{4\sigma\cos\theta}{\gamma D} = \dfrac{4 \times 0.073\,N/m^3 \times 1}{9800\,N/m^3 \times 0.002\,m} = 0.015\,m$

함께공부

모세관현상
- 액체 속에 폭이 좁고 긴 관을 넣었을 때, 관 외부의 액체가 관 내부로 유입되어, 관내의 액면이 외부의 액면보다 더 상승하거나 오히려 낮아지는 현상. 식물의 뿌리에서 물을 흡수하는 것이나, 알코올램프의 심지에 알콜이 올라오는 것은 모세관현상에 의한 것이다.
- **물**은 응집력보다 **부착력**(서로 다른 분자간에 잡아당기는 힘)이 강해 모세관을 세우면 관내의 액면이 외부의 액면보다 상승하며, **수은**은 부착력보다 **응집력**(같은 분자간에 서로 잡아당기는 힘)이 강해 액면이 오히려 하강한다.

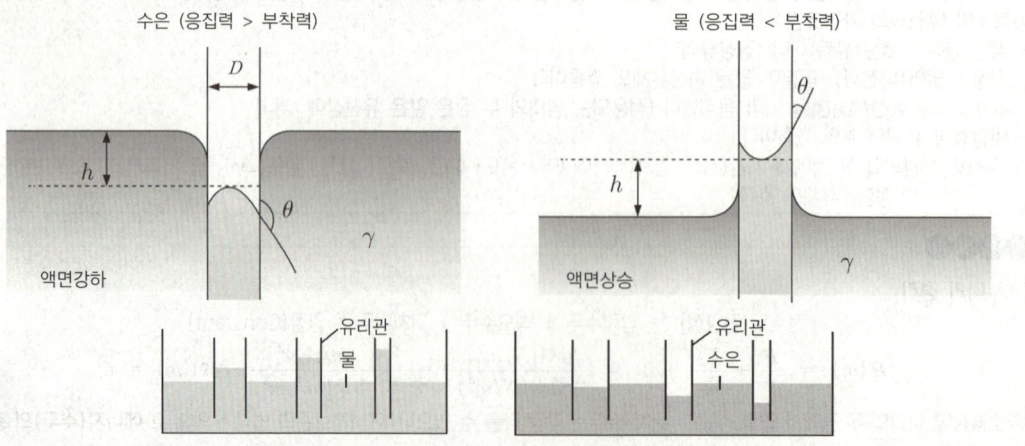

> 전반적으로 쉬운 계산형 ★★

26 공기 10kg과 수증기 1kg이 혼합되어 10m³의 용기 안에 들어있다. 이 혼합 기체의 온도가 60℃라면, 이 혼합 기체의 압력은 약 몇 kPa 인가? (단, 수증기 및 공기의 기체상수는 각각 0.462 및 0.287 kJ/(kg·K)이고 수증기는 모두 기체 상태이다.)

① 95.6   ② **111**   ③ 126   ④ 145

문제에서 수증기 및 공기의 기체상수가 kJ/(kg·K)의 단위로 주어졌으므로... 특정한 기체에 적용이 가능한 **특정기체 상태방정식**을 통해 답을 구할 수 있다.
문제에서 요구하는 혼합 기체의 압력(kPa)을 구하기 위해... 이상기체상태방정식을 전개하여, **특정기체 상태방정식**의 압력(P)을 중심으로 정리한다.

이상기체상태방정식 ☞ $PV = \dfrac{WRT}{M}$ * 절대압력 × 체적 = $\dfrac{질량 \times 기체정수 \times 절대온도}{분자량}$

특정기체상태방정식 ☞ $PV = W\dfrac{R}{M}T$ * $\overline{R}$(특정 기체상수) = $\dfrac{R(일반\ 기체상수)}{M(특정\ 기체의\ 분자량)}$ → $PV = W\overline{R}T$ → $P = \dfrac{W\overline{R}T}{V}$

1. 조건정리
  1) 공기의 조건
    • 질량(W_1) = 10kg
    • 공기의 특정 기체상수($\overline{R_1}$) = 0.287 kJ/kg·K = 0.287 kJ(= kN·m)/kg·K   *J(주울, Joule) = N·m(힘×거리=일)
    • 절대온도(T) = 273+60℃ = 333K ☞ 수증기와 동일
    • 체적(V) = 10m³ ☞ 수증기와 동일
  2) 수증기의 조건
    • 질량(W_2) = 1kg
    • 수증기의 특정 기체상수($\overline{R_2}$) = 0.462 kJ/kg·K = 0.462 kN·m/kg·K
2. 혼합 기체의 압력(kPa)은 공기의 압력과 수증기의 압력을 더하면 된다.[돌턴의 분압법칙]
  공기압력 + 수증기압력
  $= \dfrac{W_1 \overline{R_1} T}{V} + \dfrac{W_2 \overline{R_2} T}{V} = \dfrac{10kg \times 0.287 kN \cdot m/kg \cdot K \times 333K}{10m^3} + \dfrac{1kg \times 0.462 kN \cdot m/kg \cdot K \times 333K}{10m^3} = 111 kN/m^2 (kPa)$

> 함께공부

이상기체 상태방정식
보일의 법칙, 샤를의 법칙, 아보가드로의 법칙을 하나로 표현한 식이 이상적인 기체의 여러 상태(변수)를 표시하는 방정식인 이상기체 상태방정식이다.

1. PV = nRT 식의 전개

$PV = nRT$ *n(몰수) = $\dfrac{질량}{분자량} = \dfrac{W}{M}$ → $PV = \dfrac{W}{M}RT$ → $PV = \dfrac{WRT}{M}$ 절대압력 × 체적 = $\dfrac{질량 \times 기체정수 \times 절대온도}{분자량}$

$PV = \dfrac{WRT}{M}$ → $P = \dfrac{WRT}{VM}$ → $P = \dfrac{\rho RT}{M}$ → $\rho = \dfrac{PM}{RT}$

$\dfrac{W(질량)}{V(체적)} = \rho(밀도)$

2. 압력의 단위에 따른 기체상수(정수) R값

$PV = nRT$ * 절대압력(atm) × 체적(m^3) = 몰수($kmol$) × 기체상수(기체정수) × 절대온도(K)에서...
기체상수(R)를 중심으로 수식을 전개하면 아래와 같다.

$PV = nRT$ $R = \dfrac{PV}{nT}$ 기체상수 = $\dfrac{절대압력 \times 체적}{몰수 \times 절대온도}$

여기에서 R로 표시되는 기체상수는 압력(P)의 단위에 따라 그 값이 아래와 같이 달라진다.

• 압력의 단위가 atm 인 경우 → $R = \dfrac{1 atm \times 22.4 m^3}{1 kmol \times 273K}$ = $0.082\ atm \cdot m^3/kmol \cdot K$

• 압력의 단위가 N/m^2 (Pa) 인 경우 → $R = \dfrac{101325 N/m^2 (Pa) \times 22.4 m^3}{1 kmol \times 273K}$ = $8313.8\ N \cdot m (=J)/kmol \cdot K$

• 압력의 단위가 kN/m^2 (kPa) 인 경우 → $R = \dfrac{101.325 N/m^2 (kPa) \times 22.4 m^3}{1 kmol \times 273K}$ = $8.314\ kN \cdot m (=kJ)/kmol \cdot K$

> 계산 없는 단순 암기형 ★★★★★

27 파이프 내에 정상 비압축성 유동에 있어서 관마찰계수는 어떤 변수들의 함수인가?

① 절대조도와 관지름　② 절대조도와 상대조도　**③ 레이놀즈수와 상대조도**　④ 마하수와 코우시수

관 마찰계수(f)

① 층류일 때　$f = \dfrac{64}{ReNo}$　∗ 관마찰계수(f)는 레이놀즈수($ReNo$)만의 함수이다.

② 임계(전이, 천이)영역일 때　∗ 관마찰계수(f)는 레이놀즈수(ReNo)와 상대조도($\dfrac{\rho}{D}$)의 함수이다.

③ 난류일 때

　㉠ 난류 중 매끈한관 : $f = 0.3164 \cdot ReNo^{-\frac{1}{4}}\left(f = \dfrac{0.3164}{ReNo^{\frac{1}{4}}}\right)$　∗ 관마찰계수를 블라시우스(Blausius)식에 의해 구할 수 있다.

　㉡ 난류 중 거친관 : 마찰계수가 거의 완전하게 조도에 의존되어 관마찰계수(f)는 상대조도($\dfrac{\rho}{D}$)만의 함수가 된다.

※ 위에 따라 **관마찰계수(f)에 영향을 미치는 변수**는 레이놀즈수(ReNo)와 상대조도($\dfrac{\rho}{D}$)가 해당된다.

> 함 께 공 부

관 마찰계수(f)
- 유체가 층류일 때는 간단히 계산이 가능하지만, 임계(전이, 천이)영역일 때와 난류일 때는 에너지 손실을 계산하기 어려움으로 실험 등에 의해 산정해야 한다.
- 이에 따라 난류 또는 전이영역에서는 관벽의 조도(거칠음계수)가 중요한 요소가 되며,
- Moody가 무디선도(Moody Diagram)를 만들어 층류, 임계, 난류 영역으로 구분하고 매개변수를 상대조도($\dfrac{\rho}{D}$)로 하여 관마찰계수를 구할 수 있게 했다.

레이놀즈수[Reynolds number]
- 관내 유체의 흐름이 층류(유체의 규칙적인 흐름)인지, 난류인지 구분해주는 정량적 수치
- 유체의 흐름에 있어서 점성에 의한 힘이 층류가 될 수 있도록 작용하며, 관성에 의한 힘은 난류를 일으키는 원인으로 작용하고 있다. 이 관성력과 점성력의 비가 레이놀즈수(ReNo)이다.
- 또한 레이놀즈수는 무단위의 수치, 즉 무차원수이므로, 어떤 단위로부터 계산하여도 동일한 값이 산출된다.

$$ReNo(레이놀즈수) = \dfrac{D(직경) \cdot u(유속) \cdot \rho(밀도)}{\mu(절대점도)} = \dfrac{D(직경) \cdot u(유속)}{\nu(동점도)} = \dfrac{관성력}{점성력}$$

- 층류와 난류의 구분
  ① **층류** : ReNo 0 이상 ~ 2100 이하　⇨ 하임계 레이놀즈수 2100(난류에서 층류로 전이되는 레이놀즈수)
  ② **전이(천이, 임계)영역** : ReNo 2101 이상 ~ 3999 이하
  ③ **난류** : ReNo 4000 이상 ~ 끝이 없음　⇨ 상임계 레이놀즈수 4000(층류에서 난류로 전이되는 레이놀즈수)

> 함 께 공 부

무차원수(물리적인 양 중에서 차원이 없는 양을 말하는 것으로, 그 물리적인 크기가 단위와는 관계없는 무단위의 수치)

명칭	물리적 의미	의미
마하(Mach)수	$M = \dfrac{유속}{음속} = \dfrac{관성력}{압축력}$	항공기, 미사일 등 고속으로 비행하는 물체의 속도를 나타낼 때 사용되는 수치
코우시(Cauchy)수(코시수)	$Ca = \dfrac{관성력}{탄성력}$	유체의 압축성을 판단하는 기준으로 사용되는 수치로서, 액체의 탄성을 특징짓는 물리적인 양

> 계산 없는 단순 암기형 ★★★★★

28 점성계수의 단위로 사용되는 푸아즈(Poise)의 환산 단위로 옳은 것은?

① cm²/s　② N·s²/m²　③ dyne/cm·s　**④ dyne·s/cm²**
　스토크스

절대점성계수(μ)
일반적으로 점도라 하면 절대점성계수(μ, 뮤)를 말하며 점성계수, 절대점도, 역학적 점성계수라고도 불리운다.
뉴턴의 점성법칙의 식을 점성계수 중심으로 정리하면

$$\mu(\text{절대점도}) = \frac{\frac{F(\text{전단력})}{A(\text{면적})}(=\text{전단응력})}{\frac{du(\text{속도})}{dy(\text{거리})}(=\text{속도구배})} \quad \mu = \frac{\frac{F}{A}(\tau)}{\frac{du}{dy}} = \frac{\frac{kg \cdot m/\sec^2}{m^2}}{\frac{m/\sec}{m}} = kg/m \cdot \sec = N \cdot \sec/m^2 = Pa \cdot \sec$$

- Poise(푸아즈, P) = 절대점성계수의 CGS계 = $g/cm \cdot \sec$ = $dyne \cdot \sec/cm^2$
- 1P = 100CP (센티 푸아즈, Centi Poise)
- 물의 점성계수 = 1 CP = $0.01 g/cm \cdot \sec$

※ 힘(F) = 질량(kg) × 중력가속도($m/\sec^2$) = $kg \cdot m/\sec^2$ [N(뉴턴, Newton)] = 힘의 국제표준단위
　　　 = 질량(g) × 중력가속도($cm/\sec^2$) = $g \cdot cm/\sec^2$ [dyne(다인)]
① cm^2/s → 동점성계수(ν)의 CGS계(cm와 g과 sec로 이루어진 단위계)인 스토크스
② $N \cdot s^2/m^2$ → $kg \cdot m/\sec^2 \times \sec^2/m^2 = kg/m$
③ $dyne/cm \cdot s$ → $g \cdot cm/\sec^2 \times 1/cm \cdot \sec = g/\sec^3$
④ $dyne \cdot s/cm^2$ → $g \cdot cm/\sec^2 \times \sec/cm^2 = g \cdot cm/\sec$ = 푸아즈(Poise)

함께공부

동점성계수(ν)
절대점성계수를 유체의 밀도로 나눈 것으로서 액체인 경우 온도만의 함수이고, 기체인 경우 온도와 압력의 함수이다.
동점성계수(ν, 뉴)를 동점도 또는 상대점도라고도 한다. 즉 밀도가 변하는 물질은 동점도가 변한다.

$$\nu = \frac{\mu}{\rho} = \frac{\text{절대점도(절대점성계수)}}{\text{밀도}} = \frac{kg/m \cdot \sec}{kg/m^3} = m^2/\sec$$

$$\mu(\text{절대점도 = 점성계수}) = \nu \times \rho = \text{동점성계수} \times \text{밀도}$$

- Stokes(스토크스) = 동점성계수의 CGS계 = $cm^2/\sec$
- $1 St = 100 cSt$ (센티 스토크스, Centi Stokes)

전반적으로 쉬운 계산형 ★★

29 3m/s의 속도로 물이 흐르고 있는 관로 내에 피토관을 삽입하고, 비중 1.8의 액체를 넣은 시차액주계에서 나타나게 되는 액주차는 약 몇 m 인가?
① 0.191　　② **0.573**　　③ 1.41　　④ 2.15

시차액주계
- 두 개의 관(용기)이나 두 지점 사이의 작은 압력차를 측정하고자 할 때 사용하는 압력측정기로, U자형 액주계에 비중이 다르고 서로 혼합되지 않는 액체를 사용하여 이들 액체의 상대적 높이차를 이용해 압력차를 측정하는 설비
- 관 내부가 매끄럽지 않을 때, 즉 거칠 때 설치할 수 있으며, 전압, 동압, 정압 모두 측정가능하다.

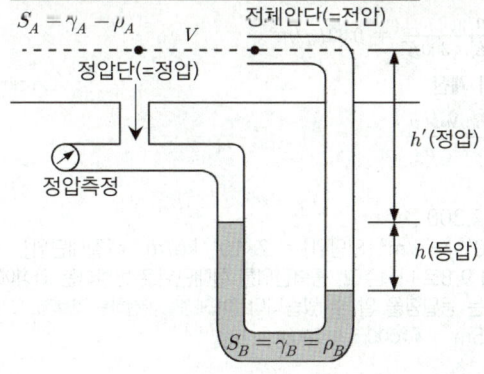

$$V(\text{물의 속도}) = \sqrt{2gh\left(\frac{S_B - S_A}{S_A}\right)} = \sqrt{2gh\left(\frac{\gamma_B - \gamma_A}{\gamma_A}\right)} = \sqrt{2gh\left(\frac{\rho_B - \rho_A}{\rho_A}\right)}$$

* S(비중), γ(비중량), ρ(밀도) ☞ 여기서는 모두 동일한 개념으로 보고 계산한다.

$$V = \sqrt{2gh\left(\frac{S_B - S_A}{S_A}\right)} \quad \rightarrow \quad V^2 = 2gh\left(\frac{S_B - S_A}{S_A}\right) \quad \rightarrow \quad h = \frac{V^2}{2g\left(\frac{S_B - S_A}{S_A}\right)} = \frac{(3m/s)^2}{2 \times 9.8 m/s^2 \times \left(\frac{1.8-1}{1}\right)} = 0.573 m$$

* g(중력가속도) $= 9.8 m/s^2$ * 물의 비중(S_A) = 1   * 액주계 내의 액체의 비중(S_B) = 1.8

다소 어려운 계산형 ★

30 지름이 5cm인 원형 관내에 어떤 이상기체가 흐르고 있다. 다음 보기 중 이 기체의 흐름이 층류이면서 가장 빠른 속도는? (단, 이 기체의 절대압력은 200kPa, 온도는 27℃, 기체상수는 2,080J/(kg·K), 점성계수는 2×10⁻⁵ N·s/m², 층류에서 하임계 레이놀즈 값은 2,200으로 한다.)

㉠ 0.3m/s   ㉡ 1.5m/s   ㉢ 8.3m/s   ㉣ 15.5m/s

① ㉠   ② ㉡   ③ ㉢   ④ ㉣

해설

1. 레이놀즈수[Reynolds number]

문제 조건에서 레이놀즈값과 점성계수(절대점성계수의 SI단위)가 주어졌으므로… 절대점도에 의해 레이놀즈값을 구하는 공식에 대입하여, 층류 중 가장 빠른 속도(V)를 계산한 후… 지문과 비교하여 답을 구할 수 있다.

$$ReNo(\text{레이놀즈수}) = \frac{D(\text{직경}) \cdot V(\text{유속}) \cdot \rho(\text{밀도})}{\mu(\text{절대점도})} = \frac{D(\text{직경}) \cdot V(\text{유속})}{\nu(\text{동점도})} = \frac{\text{관성력}}{\text{점성력}}$$

$$ReNo = \frac{D \cdot V \cdot \rho}{\mu} = \frac{m \times m/\sec \times kg/m^3}{kg/m \cdot \sec} = \frac{kg/m \cdot \sec}{kg/m \cdot \sec} = \text{단위없음}$$

2. 특정기체 상태방정식의 밀도(ρ)

레이놀즈수 공식에 의해 속도(V)를 구하는데 있어, 밀도(ρ)가 주어지지 않았으므로… 주어진 조건인 기체상수가 J/(kg·K)의 단위로 주어졌으므로… 특정한 기체에 적용이 가능한 **특정기체 상태방정식**을 통해 밀도(ρ)를 구할 수 있다.

이상기체상태방정식을 특정기체상수($\overline{R}$)의 인자로 전개하여, 밀도(ρ) 중심으로 정리한다.

$$PV = \frac{WRT}{M} \quad * \text{절대압력} \times \text{체적} = \frac{\text{질량} \times \text{기체상수} \times \text{절대온도}}{\text{분자량}} \quad PV = W\frac{R}{M}T \quad PV = W\overline{R}T$$

$$P = \frac{W\overline{R}T}{V} \quad P = \rho\overline{R}T \quad \rho = \frac{P}{\overline{R}T}$$

$$\Downarrow$$

$$\frac{W(\text{질량})}{V(\text{체적})} = \rho(\text{밀도})$$

① 조건정리
- 절대압력(P) = 200 kPa = 200 kN/m²
- 기체상수는 2080 J(=N·m)/kg·K = 2.08 kJ(=kN·m)/kg·K   *J(주울, Joule) = N·m(힘×거리=일)
- 절대온도(T) = 273+27℃ = 300K

② 밀도(ρ)의 계산

$$\rho = \frac{P}{\overline{R}T} = \frac{200 kN/m^2}{2.08 kN \cdot m/kg \cdot K \times 300K} = 0.32 kg/m^3$$

3. 층류흐름 중 가장 빠른 속도(V)의 계산

$$V = \frac{ReNo \times \mu}{D \times \rho}$$

① 조건정리
- 하임계 레이놀즈 값($ReNo$) = 2,200
- 절대점도(점성계수, μ) = 2×10⁻⁵ N·s/m² [SI단위] = 2×10⁻⁵ kg/m·s [절대단위]
- ☞ N을 kgf로 변환하는 과정에서 9.8로 나눠주고, 중력단위를 절대단위로 변환하는 과정에서 9.8로 곱해주니… 위와 같이 단위변환이 일어나더라도 그 수치는 동일함을 알 수 있습니다. (이 과정을 계산하는 것보다… 그냥 동일하다고 생각하는 것이 편합니다)
- 지름(직경, D) = 5cm = 0.05m   *1000mm = 100cm = 1m
- 밀도(ρ) = 0.32kg/m³

② 속도(V)의 계산

$$V = \frac{ReNo \times \mu}{D \times \rho} = \frac{2200 \times 2 \times 10^{-5} kg/m \cdot s}{0.05 m \times 0.32 kg/m^3} = 2.75 m/s$$

4. 층류흐름과 난류흐름의 구분

계산된 2.75m/s의 속도는 층류흐름 중에서 가장 빠른 속도이다. 따라서 이 속도보다 빠른 속도인 보기 ⓒ8.3m/s ⓔ15.5m/s 은 층류흐름이 아닌 난류 흐름에 해당한다. 따라서 문제에서 묻고 있는 기체의 흐름이 층류이면서 가장 빠른 속도는? 2.75m/s보다 아래 속도인 ⓑ1.5m/s 에 해당한다.

레이놀즈수[Reynolds number]
- 관내 유체의 흐름이 층류(유체의 규칙적인 흐름)인지, 난류(어지럽고 불안정하게 불규칙적으로 흐르는 것)인지 구분해주는 정량적 수치
- 유체의 흐름에 있어서 점성에 의한 힘이 층류가 될 수 있도록 작용하며, 관성에 의한 힘은 난류를 일으키는 원인으로 작용하고 있다. 이 **관성력과 점성력의 비가 레이놀즈수(ReNo)**이다.
- 또한 레이놀즈수는 무단위의 수치, 즉 무차원수이므로, 어떤 단위로부터 계산하여도 동일한 값이 산출된다.

$$ReNo(\text{레이놀즈수}) = \frac{D(\text{직경}) \cdot V(\text{유속}) \cdot \rho(\text{밀도})}{\mu(\text{절대점도})} = \frac{D(\text{직경}) \cdot V(\text{유속})}{\nu(\text{동점도})} = \frac{\text{관성력}}{\text{점성력}}$$

$$ReNo = \frac{D \cdot V \cdot \rho}{\mu} = \frac{m \times m/\sec \times kg/m^3}{kg/m \cdot \sec} = \frac{kg/m \cdot \sec}{kg/m \cdot \sec} = \text{단위없음}$$

$$= \frac{D \cdot V}{\nu} = \frac{m \times m/\sec}{m^2/\sec} = \frac{m^2/\sec}{m^2/\sec} = \text{단위없음}$$

- 층류와 난류의 구분
  ① 층류 : ReNo 0 이상 ~ 2100 이하 ⇒ 하임계 레이놀즈수 2100(난류에서 층류로 전이되는 레이놀즈수)
  ② 전이(천이, 임계)영역 : ReNo 2101 이상 ~ 3999 이하
  ③ 난류 : ReNo 4000 이상 ~ 끝이 없음 ⇒ 상임계 레이놀즈수 4000(층류에서 난류로 전이되는 레이놀즈수)

전반적으로 쉬운 계산형 ★★

31 아래 그림과 같은 탱크에 물이 들어있다. 물이 탱크의 밑면에 가하는 힘은 약 몇 N 인가?(단 물의 밀도는 1,000kg/m³, 중력가속도는 10m/s²로 가정하며 대기압은 무시한다. 또한 탱크의 폭은 전체가 1m로 동일하다.)

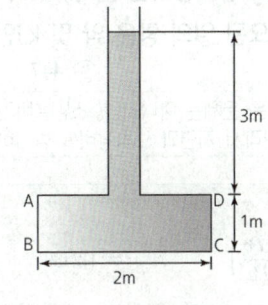

① 40,000　　② 20,000　　❸ 80,000　　④ 60,000

- 수평면에 작용하는 전압력(Γ) ☞ **수직방향으로 작용하는 평균 힘의 크기**

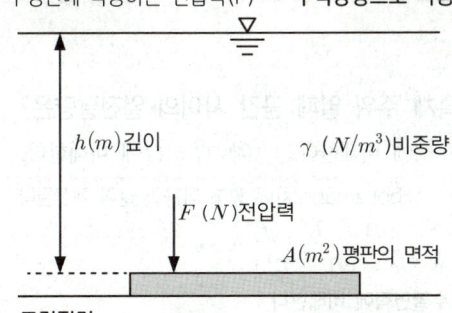

$$P(\text{압력}) = \frac{F(\text{전압력})}{A(\text{단위면적})} = \frac{\gamma \cdot A \cdot h}{A} = \gamma \cdot h$$

$$F[N] = \gamma \cdot A \cdot h$$

N(뉴턴) = $N/m^3 \times m^2 \times m$

$\gamma = \rho \times g$ = 밀도×중력가속도

※ 평판이 받는 힘은 면적이 넓을수록, 깊을수록, 비중량이 클수록(무거울수록) 커진다.

1. 조건정리
- 물 비중량(γ) ☞ 중력가속도가 $9.8 m/\sec^2$이면, "밀도=비중량"이 성립된다. 하지만, 문제에서 중력가속도를 $10 m/\sec^2$으로 주어졌으므로 별도의 계산이 필요하다.
  * $\gamma = \rho \times g = 1000 \, kg/m^3 \times 10 \, m/s^2 = 10,000 \, kg/m^2 \cdot s^2$ [절대단위의 비중량]

→ 중력단위의 비중량으로 변경[중력환산계수로 나눠준다] $\dfrac{10,000\,kg/m^2 \cdot s^2}{9.8\,kg \cdot m/kgf \cdot s^2} = \dfrac{10,000}{9.8}\,kgf/m^3$ [중력단위의 비중량]

→ 다시 뉴턴(N)단위로 변경[$1kgf = 9.8N$] $\dfrac{10,000}{9.8}\,kgf/m^3 \times 9.8\,N/kgf = 10,000\,N/m^3$ [SI단위의 비중량]

→ 결과론적으로... 절대단위의 비중량[$10,000\,kg/m^2 \cdot s^2$] = SI단위의 비중량[$10,000\,N/m^3$]

- 탱크 밑면의 면적(A) = 가로2m × 폭1m = $2m^2$
- 밑면에 가해진 힘의 깊이(h) = 3m + 1m = 4m *용기의 모양과 크기는 액체에 의해 발생하는 압력과는 전혀 관계가 없다.

2. 물이 탱크의 밑면에 가하는 힘(N)

$F[N, 힘] = \gamma A h = $ 비중량(N/m^3)×면적(m^2)×깊이(m) $= 10,000\,N/m^3 \times 2m^2 \times 4m = 80,000\,N$

함께공부

용기의 모양과 크기는 액체에 의해 발생하는 압력과는 전혀 관계가 없다. 즉, 용기의 높이와 밑바닥 단면이 동일하다면 용기의 밑바닥에 작용하는 액체의 압력은 모두 동일하다. 일반적으로 압력을 계산할 때 단위면적당으로 계산함으로 용기 밑바닥의 단면은 실질적으로 큰 의미가 없게 된다.

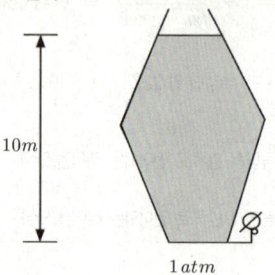
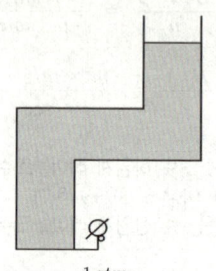
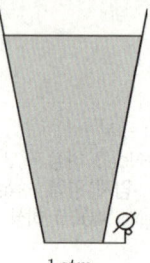

포기해도 되는 계산형 | 포기해도 합격에 전혀 지장없는 문제

32 압력 200kPa, 온도 60℃의 공기 2kg이 이상적인 폴리트로픽 과정으로 압축되어 압력 2MPa, 온도 250℃로 변화하였을 때 이 과정 동안 소요된 일의 양은 약 몇 kJ인가?(단, 기체상수는 0.287kJ/(kg·K)이다.)

① 224　　② 327　　③ **447**　　④ 560

본 문제는 열역학관련 계산문제로서... 아주 어려운 문제는 아니지만, 소방설비기사 실기시험에서 등장하지 않는 개념과 문제이므로, 공부하지 않고 **포기하는 것이 더 현명**합니다. 따라서 지면과 노력낭비를 방지하기 위하여 해설이 없습니다.

함께공부

$\dfrac{T_2}{T_1} = \left(\dfrac{P_2}{P_1}\right)^{\frac{n-1}{n}} \rightarrow \dfrac{273+250}{273+60} = \left(\dfrac{2000kPa}{200kPa}\right)^{\frac{n-1}{n}} \quad \therefore n = 1.2436$

$_1W_2\,(1{\rightarrow}2의\,일의양) = \dfrac{m(질량) \times \overline{R}(기체상수) \times \Delta T(온도차)}{n(폴리트로픽지수) - 1} = \dfrac{2kg \times 0.287kJ/kg \cdot K \times 190K}{1.2436 - 1} = 447.7\,kJ$

계산 없는 단순 공식형 ★★★

33 표면적이 A, 절대온도가 T_1인 흑체와 절대온도가 T_2인 흑체 주위 밀폐 공간 사이의 열전달량은?

① $T_1 - T_2$에 비례한다.　② $T_1^2 - T_2^2$에 비례한다.　③ $T_1^3 - T_2^3$에 비례한다.　④ **$T_1^4 - T_2^4$에 비례한다.**

물질의 **표면**에서 방사되는 복사에너지(열복사량)는 **스테판-볼츠만 법칙**(stefan-boltzmann's)에 의해 다음과 같이 계산된다.

Q[단위시간당 복사열(열방출률)] $= F_{12} \times \sigma \times \varepsilon \times A \times (T_1^4 - T_2^4)$

$\overset{\circ}{q}''$[단위면적당 복사열(열유속)] $= F_{12} \times \sigma \times \varepsilon \times (T_1^4 - T_2^4)$

복사에너지(복사열량)는 절대온도의 4승에 비례하고, 복사를 받는 물체의 수열면적에 비례한다.

- F_{12}[형상(배치)계수] : 형상계수는 방사체(화염)로부터 일정거리에 있는 목표물에서 받는 복사수열량을 계산함에 있어 감소된 에너지(열)부분을 말한다.
- σ[스테판-볼츠만 상수(시그마)] : $\sigma = 5.67 \times 10^{-8}$ [W/m²K⁴]
- ε[표면 방(복)사율(입실론)] : 표면특성에 따라 0~1사이의 방사율(복사율)을 가진다. 흑체(black body)는 방사율이 1이 된다.

- A[수열면적] : 복사를 받는 물체의 수열면적 [m²]
- T₁[고온체의 절대온도, K(켈빈)] = 고온체 온도(℃) + 273 [K]
- T₂[저온체의 절대온도, K(켈빈)] = 저온체 온도(℃) + 273 [K]

알아탐! 이 문제에서는 다 필요없고 흑체라는 단어와 절대온도의 4승(T^4)만 외우자 ➡ 스테판-볼츠만 법칙(흑체) T^4

포기해도 되는 계산형 포기해도 합격에 전혀 지장없는 문제

34. 그림과 같이 수평면에 대하여 60°기울어진 경사관에 비중(S)이 13.6인 수은이 채워져 있으며, A와 B에는 물이 채워져 있다. A의 압력이 250kPa, B의 압력이 200kPa일 때, 길이 L은 약 몇 cm인가?

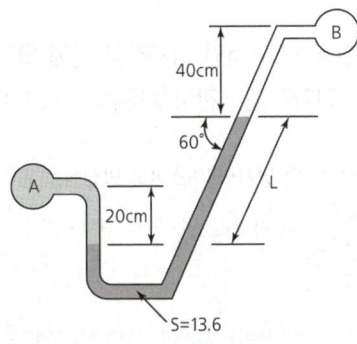

① 33.3   ② 38.2   ③ **41.6**   ④ 45.1

본 문제는 이해과정이 복잡한 계산문제로서... 소방설비기사 실기시험에서 등장하지 않는 개념과 문제이므로, 공부하지 않고 **포기하는 것이 더 현명합니다.** 따라서 지면과 노력낭비를 방지하기 위하여 해설이 없습니다.

함께공부

$P_A + \gamma_1 h_1 = P_B + \gamma_2 h_2 + \gamma_3 h_3$

$250 kN/m^2 + 9.8 kN/m^3 \times 0.2m = 200 kN/m^2 + 9.8 kN/m^3 \times 0.4m + (13.6 \times 9.8) kN/m^3 \times h_3$ ∴ $h_3 = 0.36m = 36cm$

$L \times \sin 60° = 36 cm$ ∴ $L = 41.57 cm$

전반적으로 쉬운 계산형 ★★

35. 압력 0.1[MPa], 온도 250[℃] 상태인 물의 엔탈피가 2,974.33[kJ/kg]이고 비체적은 2.40604[m³/kg]이다. 이 상태에서 물의 내부 에너지 [kJ/kg]는?

① **2,733.7**   ② 2,974.1   ③ 3,214.9   ④ 3,582.7

엔탈피[H]는... 밀폐계가 가지는 내부에너지(U)에...... 밀폐계에 가해진 압력(P)에 대해, 부피(V)를 확보하기 위하여 밀어 올리면서 외부에 한 일($W = PV$)을...... 더한 값을 말한다.

H(엔탈피) $= U + PV =$ 내부에너지 + 압력×체적(부피)

1. 조건정리
- 압력(P) 0.1MPa $= 0.1 MN/m^2 = 100 kN/m^2 (= kPa$, 킬로 파스칼)
  - 다른 조건들이 kJ(킬로 주울), kg(킬로 그램) 등의 단위를 사용하고 있으므로, 압력의 단위도 **킬로 파스칼**로 변환해 주어야 한다.
  - 킬로파스칼은 메가파스칼보다 1000배 작은 단위이므로, 메가파스칼 0.1에 1000을 곱해주면 된다.
- 엔탈피(H) $= 2974.33$ [kJ/kg]
- 비체적(V) $= 2.40604$ [m³/kg]
  - 비체적은 1kg당 체적(m³)이고, 체적은 계 내의 전체체적을 말하는 것이다.
  - 엔탈피와 내부에너지의 단위를 살펴보면... 모두 **kg당 엔탈피와 내부에너지**이므로, 체적 또한 전체체적이 아닌 **비체적**(kg당 체적)을 대입하여야 한다.
- 내부에너지(U)[kJ/kg] = ?

2. 엔탈피(H)식을 내부에너지(U) 중심으로 전개하여 대입한다.

$U = H - PV = 2974.33 kJ/kg - 100 kN/m^2 \times 2.40604 m^3/kg = 2733.726 kJ/kg$

* 위 단위를 정리해 보면 $kN/m^2 \times m^3/kg = kN \cdot m(=kJ)/kg = kJ/kg$ 즉, N·m = J(주울)이므로 kN·m = kJ(주울)이다.

함께공부

압력(P)이란 단위 면적당 수직으로 작용하는 힘(전압력, 수직력)이다.

$$P = \frac{F}{A} = \frac{전압력}{단위면적} = \frac{N, \ kgf}{m^2, \ cm^2} = kgf/cm^2 = N/m^2 \ (Pa \ 파스칼)$$

$1 \, atm = 101325 \, N/m^2 \ (Pa, \ 파스칼)$
$\quad\quad\quad = 101.325 \, kN/m^2 \ (kPa, \ 킬로 파스칼)$ ☞ 파스칼보다 1000배 큰 단위이므로, 파스칼인 101325를 1000으로 나눠주면 된다.
$\quad\quad\quad = 0.101325 \, MN/m^2 \ (MPa, \ 메가 파스칼)$ ☞ 킬로파스칼보다 1000배 큰 단위이므로 킬로파스칼인 101.325를 1000으로 나눠주면 된다.

전반적으로 쉬운 계산형 ★★

36 길이가 400m 이고 유동단면이 20cm × 30cm인 직사각형 관에 물이 가득 차서 평균속도 3m/s로 흐르고 있다. 이 때 손실수두는 약 몇 m인가? (단, 관마찰계수는 0.01 이다.)

① 2.38   ② 4.76   ③ 7.65   ④ 9.52

마찰손실을 수두(h_L, m, mH_2O)로 구하는 방정식인 **달시-와이스바하 방정식**을 통해 계산할 수 있다.

$$h_L(mH_2O) = f \frac{L(m)}{D(m)} \frac{V^2(m/\sec)^2}{2g(m/\sec^2)} \quad\quad 마찰손실수두 = 관마찰계수 \times \frac{직관의\ 길이}{배관의\ 직경} \times \frac{유속^2}{2 \times 중력가속도}$$

1. 조건정리
 - 직관의 길이(L) = 400m
 - 상당직경=원형관의 직경으로 변환한 직경(D) ＊직사각형 관이므로... 원형관의 직경으로 변환하여 대입한다.
  ＊유동단면이 20cm × 30cm인 직사각형 관의 **수력반지름(R_h, 수력반경)**

  $$R_h(m) = \frac{가로 \times 세로}{(가로 \times 2)+(세로 \times 2)} = \frac{20cm \times 30cm}{(20cm \times 2)+(30cm \times 2)} = 6cm = 0.06m \quad *1000mm = 100cm = 1m$$

  ＊ 상당직경(D) = 수력반지름(R_h, 수력반경)의 4배가 원형관의 직경과 같다. = $0.06m \times 4 = 0.24m$
 - 유속(V) = 평균속도 3m/s
 - 중력가속도 = $9.8 m/s^2$
 - 관의 마찰계수(f) = 0.01

2. 마찰손실수두(h_L) 계산

$$h_L(m) = f \frac{L}{D} \frac{V^2}{2g} = 0.01 \times \frac{400m}{0.24m} \times \frac{(3m/\sec)^2}{2 \times 9.8 m/\sec^2} = 7.65m$$

함께공부

원관이외의 관, 덕트 등에서 마찰손실을 구할 때, 그 직경을 구하기 어려움으로 수력반경(수력반지름)을 구한 후, 그 수력반경에 4배를 곱한다. 그 값이 직경(지름)과 같다. 즉 **수력반경(수력반지름)의 4배가 직경(지름)과 같다.**〈$D = 4R_h$〉

R_h(수력반경, m) = $\dfrac{유동단면적(m^2)}{접수길이(m)}$  단면이 사각형인관의 수력반경 $R_h(m) = \dfrac{가로 \times 세로 \ (m^2)}{(가로 \times 2)m+(세로 \times 2)m}$

＊접수길이 : 물이 접하는 길이(=둘레길이)

※ 수력반경(수력반지름)의 4배가 직경과 같다〈$D=4R_h$〉는 증명

$$R_h(m) = \frac{유동단면적 \ \frac{\pi D^2}{4}}{배관내부둘레 \ \pi D} = \frac{D}{4} \quad \therefore D = 4R_h \ (수력반경의\ 4배가\ 직경과\ 같다)$$

> 전반적으로 쉬운 계산형 ★★

37 안지름 100mm인 파이프를 통해 2m/s의 속도로 흐르는 물의 질량유량은 약 몇 kg/min인가?

① 15.7　　　② 157　　　③ 94.2　　　④ **942**

연속방정식 중 질량유량(M, mass flow rate)
유량을 묻는 문제의 단위가 kg/min 즉, 분당(min) kg[질량]으로 흐른다고 하였으므로, 연속방정식 중 **질량유량(M)**의 식을 적용한다.

1. 조건정리
   - 안지름(내경, D) = 100mm = 0.1m　*1000mm = 100cm = 1m
   - 물의 밀도(ρ) = $1000\,kg/m^3$
   - 물의 유속(V) = $2\,m/s$

2. 질량유량(M)의 계산[kg/min]

$$M(\text{질량유량}, kg/sec) = A(\text{배관의 단면적}, m^2) \times V(\text{유속}, m/sec) \times \rho(\text{밀도}, kg/m^3) \quad *A = \frac{\pi \cdot D^2}{4} \quad D=\text{직경(지름)}$$

$$M = \frac{\pi D^2}{4} \times V \times \rho = \frac{\pi \times (0.1m)^2}{4} \times 2m/s \times 1000\,kg/m^3 = 15.71\,kg/\sec = 942.6\,kg/\min$$

*초당 15.71kg이 흐르므로… 1분 즉 60초에는 그 60배인 942.6kg이 흐른다.

> 전반적으로 쉬운 계산형 ★★

38 유량이 0.6m³/min일 때 손실수두가 5m인 관로를 통하여 10m 높이 위에 있는 저수조로 물을 이송하고자 한다. 펌프의 효율이 85%라고 할 때 펌프에 공급해야 하는 전력은 약 몇 kW인가?

① 0.58　　　② 1.15　　　③ 1.47　　　④ **1.73**

펌프의 축동력 ☞ 펌프의 운전에 필요한 실제동력. 문제에서 전달계수가 주어지지 않았으므로 축동력을 묻는 문제로 해석된다.

$$P(kW) = \frac{H \cdot \gamma \cdot Q}{\eta_p(\text{효율}) \times 102} = \frac{H(\text{전양정})[m] \times \gamma(\text{물 비중량})[1000\,kgf/m^3] \times Q(\text{토출량})[m^3/\sec]}{\eta_p(\text{효율}) \times 102}$$

1. 조건정리
   - 전양정(H) = 실양정 10m(10m 높이 위에 있는 저수조로 물을 이송) + 손실수두 5m = 15m
   - 토출량(Q) = $0.6\,m^3/\min = \frac{0.6\,m^3}{\min} \times \frac{1\,\min}{60\,\sec} = m^3/\sec$

   *수치를 여기에서 계산하면 매우 복잡하므로, 펌프 동력 공식에 "60"을 분모에 그대로 반영하면 변경된 단위(m³/s)로 적용된다.
   - 효율(η_p) = 85% → 퍼센트의 단위를 제거하면… 0.85가 된다.

2. 축동력(P)의 계산 = ? kW

$$P(kW) = \frac{15m \times 1000\,kgf/m^3 \times 0.6\,m^3/\sec}{0.85 \times 102 \times 60} = 1.73\,kW$$

> 함께공부

1. 펌프 동력(kW)의 계산
   = $H(\text{전양정})[m] \times \gamma(\text{물 비중량})[1000\,kgf/m^3] \times Q(\text{토출량})[m^3/\sec] = kW$
   = $kgf \cdot m/\sec$ (힘×속도=중력단위의 동력) → kW

2. 펌프의 **전달(소요, 모터, 전동기) 동력**(P) ☞ 펌프의 구동에 이용되는 동력

$$kW = \frac{H \cdot \gamma \cdot Q}{\eta_p(\text{효율}) \times 102} \times K \qquad HP = \frac{H \cdot \gamma \cdot Q}{\eta_p(\text{효율}) \times 76} \times K \qquad PS = \frac{H \cdot \gamma \cdot Q}{\eta_p(\text{효율}) \times 75} \times K$$

   * K(전달계수) ① 전동기 : 1.1　② 내연기관 : 1.15 ~ 1.2

3. 펌프의 **축동력** ☞ 펌프의 운전에 필요한 실제동력. 따라서 전달계수를 빼고 계산한다.

$$kW = \frac{H \cdot \gamma \cdot Q}{\eta_p(\text{효율}) \times 102} \qquad HP = \frac{H \cdot \gamma \cdot Q}{\eta_p(\text{효율}) \times 76} \qquad PS = \frac{H \cdot \gamma \cdot Q}{\eta_p(\text{효율}) \times 75}$$

4. 펌프의 **수동력** ☞ 펌프에 의해 물에 공급되는 동력(유체에 실제로 주어지는 동력). 따라서 펌프효율은 의미가 없다.

$$kW = \frac{H \cdot \gamma \cdot Q}{102} \qquad HP = \frac{H \cdot \gamma \cdot Q}{76} \qquad PS = \frac{H \cdot \gamma \cdot Q}{75}$$

5. 단위의 변환
   - 물의 비중량(γ) = $\frac{1000\,kgf/m^3}{102} = \frac{9800\,N/m^3}{102 \times 9.8} = \frac{9800\,N/m^3}{1000} = \frac{\gamma}{1000}$　*$1\,kgf = 9.8\,N$

• 토출량$(Q) = \dfrac{1m^3}{1sec} \times \dfrac{60sec}{1min} = 60\,[m^3/min]$ ➡ $\dfrac{60\,[m^3/min]}{1} = \dfrac{m^3/min}{60} = \dfrac{Q}{60}$ ∗1분을 60으로 나눠주면 1초가 된다.

∴ $P\,[kW] = \dfrac{H \cdot \gamma \cdot Q}{1000 \times 60} = \dfrac{H[m] \times 9800\,[N/m^3] \times Q\,[m^3/min]}{1000 \times 60} = 0.163HQ$

전반적으로 쉬운 계산형 ★★

39 대기의 압력이 1.08 kgf/cm²였다면 게이지 압력이 12.5 kgf/cm²인 용기에서 절대압력(kgf/cm²)은?

① 12.50   ② 13.58   ③ 11.42   ④ 14.50

절대압력은 완전진공을 기준으로 하여 측정한 실제압력이며, 대기압을 고려한(계산한) 압력을 말한다. 따라서 문제 조건상 용기의 절대압력은… 용기내 게이지 압력에… 용기밖 대기의 압력을 합한 압력이니… 그 용기의 실제압력인 절대압력에 해당한다.
대기압력 1.08 kgf/cm² + 게이지압력 12.5 kgf/cm² = 절대압력 13.58 kgf/cm²

함께공부

절대압, 게이지압, 진공압의 구분

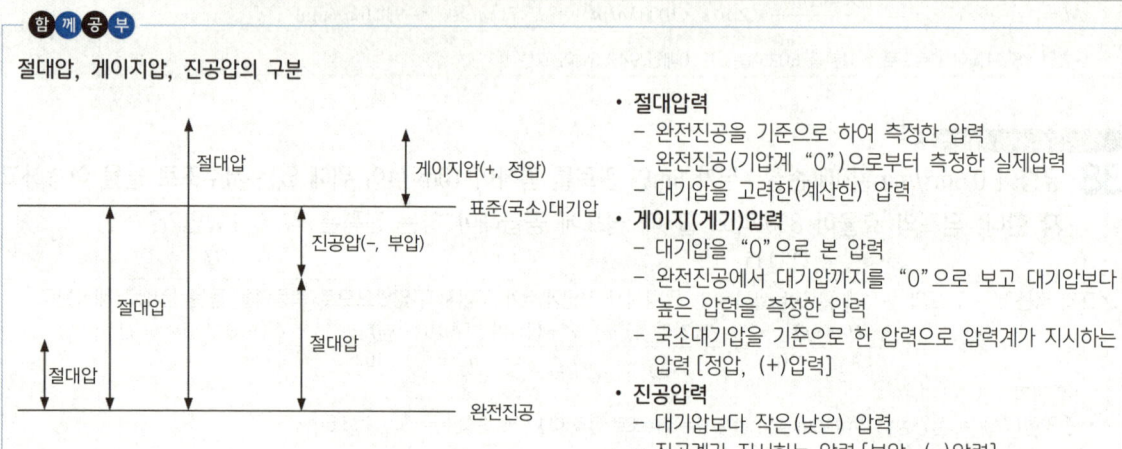

- **절대압력**
  - 완전진공을 기준으로 하여 측정한 압력
  - 완전진공(기계식 "0")으로부터 측정한 실제압력
  - 대기압을 고려한(계산한) 압력
- **게이지(계기)압력**
  - 대기압을 "0"으로 본 압력
  - 완전진공에서 대기압까지를 "0"으로 보고 대기압보다 높은 압력을 측정한 압력
  - 국소대기압을 기준으로 한 압력으로 압력계가 지시하는 압력 [정압, (+)압력]
- **진공압력**
  - 대기압보다 작은(낮은) 압력
  - 진공계가 지시하는 압력 [부압, (−)압력]

계산 없는 단순 암기형 ★★★★★

40 시간 △t 사이에 유체의 선운동량이 △P 만큼 변했을 때 △P/△t는 무엇을 뜻하는가?

① 유체 운동량의 변화량   ② 유체 충격량의 변화량   ③ 유체의 가속도   ④ 유체에 작용하는 힘

시간 △t의 단위는 [sec] 이고, 선(선형)운동량(힘이 일정시간 동안 축적된 것 = 힘에 시간을 곱한 것) △P 의 단위는 [N·sec] (중력단위) 이다.
따라서 $\dfrac{\Delta P}{\Delta t} = \dfrac{N \cdot sec}{sec} = N$ (힘 → 유체에 작용하는 힘)

함께공부

운동량(물체의 운동을 지속시키게 하는 물리량)은 **선**(선형)**운동량과 각운동량으로 구분되는데, 보통 운동량이라 함은 선**(선형)**운동량**을 지칭한다. 선운동량이란 직선방향으로 운동하는 움직임의 정도를 나타내는 물리량이며, 각운동량은 회전 운동하는 물체의 운동량(선운동량이 돌고 있는 정도)을 말하는 물리량이다.
선운동량의 절대단위 : **물체의 질량에 속도를 곱한 물리량** = kg × m/sec = kg · m/sec

3과목 소방관계법규

41. 화재안전조사의 연기를 신청하려는 자는 화재안전조사 시작 며칠 전까지 소방청장, 소방본부장 또는 소방서장에게 화재안전조사 연기신청서에 증명서류를 첨부하여 제출해야 하는가?(단, 천재지변이나 그 밖에 대통령령으로 정하는 사유로 화재안전조사를 받기 곤란한 경우이다.)

① 3 ② 5 ③ 7 ④ 10

1. 화재안전조사란 소방청장, 소방본부장 또는 소방서장(이하 "소방관서장"이라 한다)이 소방대상물, 관계지역 또는 관계인에 대하여 소방시설등이 소방 관계 법령에 적합하게 설치·관리되고 있는지, 소방대상물에 화재의 발생 위험이 있는지 등을 확인하기 위하여 실시하는 현장조사·문서열람·보고요구 등을 하는 활동을 말한다.
2. 관계인은 천재지변이나 그 밖에 대통령령으로 정하는 사유로 화재안전조사를 받기 곤란한 경우에는 화재안전조사를 통지한 소방관서장에게 대통령령으로 정하는 바에 따라 화재안전조사를 연기하여 줄 것을 신청할 수 있다.
3. 화재안전조사의 연기를 신청하려는 관계인은 화재안전조사 시작 3일 전까지 화재안전조사 연기신청서에 화재안전조사를 받기 곤란함을 증명할 수 있는 서류를 첨부하여 소방청장, 소방본부장 또는 소방서장에게 제출해야 한다.

함께공부
화재안전조사를 연기하고자 할 때 대통령령으로 정하는 사유
1. 재난이 발생한 경우
2. 관계인의 질병, 사고, 장기출장의 경우
3. 권한 있는 기관에 자체점검기록부, 교육·훈련일지 등 화재안전조사에 필요한 장부·서류 등이 압수되거나 영치되어 있는 경우
4. 소방대상물의 증축·용도변경 또는 대수선 등의 공사로 화재안전조사를 실시하기 어려운 경우

42. 소방시설 설치 및 관리에 관한 법령상 특정소방대상물 중 오피스텔에 해당하는 것은?

① 숙박시설 ② 업무시설 ③ 공동주택 ④ 근린생활시설

- 소방대상물 : 건축물, 차량, 선박(항구에 매어둔 선박만 해당), 선박 건조 구조물, 산림, 그 밖의 인공 구조물 또는 물건
- 특정소방대상물 : 건축물 등의 규모·용도 및 수용인원 등을 고려하여 소방시설을 설치하여야 하는 소방대상물로서 대통령령으로 정하는 것
- 업무시설 중 일반업무시설 → 금융업소, 사무소, 신문사, 오피스텔(업무를 주로 하며, 분양하거나 임대하는 구획 중 일부의 구획에서 숙식을 할 수 있도록 한 건축물)

43. 옥내 저장소의 위치·구조 및 설비의 기준 중 지정수량의 몇 배 이상의 저장창고(제6류 위험물의 저장창고 제외)에 피뢰침을 설치해야 하는가? (단, 저장창고 주위의 상황이 안전상 지장이 없는 경우는 제외한다)

① 10배 ② 20배 ③ 30배 ④ 40배

지정수량의 10배 이상의 저장창고(제6류 위험물의 저장창고 제외)에는 피뢰침을 설치하여야 한다. 다만, 저장창고의 주위의 상황에 따라 안전상 지장이 없는 경우에는 피뢰침을 설치하지 아니할 수 있다.

44. 지정수량 미만인 위험물의 저장 또는 취급에 관한 기술상의 기준은 무엇으로 정하는가?

① 대통령령 ② 행정안전부령 ③ 소방청장 고시 ④ 시·도의 조례

- **지정수량** : 위험물의 종류별로 위험성을 고려하여 대통령령이 정하는 수량으로서 제조소등의 설치허가 등에 있어서 최저의 기준이 되는 수량(지정수량의 단위로 kg을 사용하고, 4류만 L를 사용)
- **지정수량 미만인 위험물의 저장 또는 취급**에 관한 기술상의 기준은 특별시 · 광역시 · 특별자치시 · 도 및 특별자치도 (이하 "시 · 도"라 한다)**의 조례로 정한다.**

> 지정수량 미만의 위험물은 덜 위험하므로 지방(시·도)에서 각자 정한다.

문장이 답인 문제

45 특정소방대상물이 증축 되는 경우 기존 부분에 대해서 증축 당시의 소방시설의 설치에 관한 대통령령 또는 화재안전기준을 적용하지 않는 경우가 아닌 것은?

① 증축으로 인하여 천장·바닥·벽 등에 고정되어 있는 가연성 물질의 양이 줄어드는 경우
② 자동차 생산공장 등 화재 위험이 낮은 특정소방대상물 내부에 연면적 33㎡ 이하의 직원 휴게실을 증축하는 경우
③ 기존 부분과 증축 부분이 자동방화셔터 또는 60분+ 방화문으로 구획되어 있는 경우
④ 자동차 생산공장 등 화재 위험이 낮은 특정소방대상물에 캐노피를 설치하는 경우

소방본부장 또는 소방서장은 특정소방대상물이 증축되는 경우에는 기존 부분을 포함한 특정소방대상물의 전체에 대하여 증축 당시의 소방시설의 설치에 관한 대통령령 또는 화재안전기준을 적용해야 한다. 다만, 다음에 해당하는 경우에는 기존 부분에 대해서는 증축 당시의 소방시설의 설치에 관한 대통령령 또는 화재안전기준을 적용하지 않는다.
1. **자동차 생산공장** 등 화재 위험이 낮은 특정소방대상물 내부에 연면적 **33제곱미터 이하의 직원 휴게실을 증축**하는 경우
2. 기존 부분과 증축 부분이 **자동방화셔터** 또는 **60분+ 방화문으로 구획**되어 있는 경우
3. **자동차 생산공장** 등 화재 위험이 낮은 특정소방대상물에 **캐노피**(기둥으로 받치거나 매달아 놓은 덮개를 말하며, 3면 이상에 벽이 없는 구조의 것을 말한다)**를 설치**하는 경우
4. 기존 부분과 증축 부분이 **내화구조**로 된 **바닥과 벽으로 구획**된 경우

숫자가 답인 문제 ★★★

46 소방용수시설 급수탑 개폐밸브의 설치기준으로 옳은 것은?

① 지상에서 1.0m 이상 1.5m 이하
② 지상에서 1.5m 이상 1.7m 이하
③ 지상에서 1.2m 이상 1.8m 이하
④ 지상에서 1.5m 이상 2.0m 이하

급수탑의 개폐밸브 → 지상에서 **1.5미터** 이상 **1.7미터 이하**의 위치에 설치

> 내 키가 150cm(=1.5m) 은 넘는데… 180cm(=1.8m) 이 안된다. 따라서 높이 세워진 급수탑은… 170cm(=1.7m)

단어가 답인 문제 ★

47 소방청장, 소방본부장 또는 소방서장이 화재안전조사 조치명령서를 해당 소방대상물의 관계인에게 발급하는 경우가 아닌 것은?

① 소방대상물의 신축   ② 소방대상물의 개수   ③ 소방대상물의 이전   ④ 소방대상물의 제거

- **소방관서장(소방청장, 소방본부장 또는 소방서장)**은 화재안전조사 결과에 따른 소방대상물의 위치 · 구조 · 설비 또는 관리의 상황이 화재예방을 위하여 보완될 필요가 있거나 화재가 발생하면 인명 또는 재산의 피해가 클 것으로 예상되는 때에는 행정안전부령으로 정하는 바에 따라 관계인에게 그 소방대상물의 **개수 · 이전 · 제거**, 사용의 금지 또는 제한, **사용폐쇄**, 공사의 정지 또는 중지, 그 밖에 필요한 조치를 명할 수 있다.
- 소방관서장은 법에 따라 소방대상물의 개수 · 이전 · 제거, 사용의 금지 또는 제한, 사용폐쇄, 공사의 정지 또는 중지, 그 밖에 필요한 **조치를 명할 때에는 화재안전조사 조치명령서를 해당 소방대상물의 관계인에게 발급한다.**

> 화재안전조사 조치명령서에 소방대상물을 신축하라고 하는 건… 말이 안된다.

문장이 답인 문제 ★

48 성능위주설계를 실시하여야 하는 특정소방대상물의 범위 기준으로 틀린 것은?

① 연면적 200,000㎡ 이상인 특정소방대상물(아파트등은 제외)
② 지하층을 포함한 층수가 30층 이상인 특정소방대상물(아파트등은 제외)
③ 건축물의 높이가 120m 이상인 특정소방대상물(아파트등은 제외)
④ 하나의 건축물에 영화상영관이 5개 이상인 특정소방대상물
　　　　　　　　　　10개

성능위주설계를 해야 하는 특정소방대상물의 범위(신축하는 것만 해당한다)
1. 연면적 **3만제곱미터** 이상인 **공항시설**과 **철도** 및 **도시철도** 시설
2. 하나의 건축물에 영화상영관이 **10개** 이상인 특정소방대상물
3. 창고시설 중 연면적 **10만제곱미터** 이상인 것 또는 지하층의 층수가 **2개** 층 이상이고 지하층의 바닥면적의 합계가 **3만제곱미터** 이상인 것
4. 연면적 **20만제곱미터** 이상인 특정소방대상물(아파트등은 제외)
5. **30층** 이상(**지하층을 포함**)이거나 지상으로부터 높이가 **120미터** 이상인 특정소방대상물(아파트등은 제외)
6. **50층** 이상(**지하층은 제외**)이거나 지상으로부터 높이가 **200미터** 이상인 아파트등
7. 초고층 및 지하연계 복합건축물 재난관리에 관한 특별법에 따른 **지하연계 복합건축물**에 해당하는 특정소방대상물
8. 터널 중 **수저터널** 또는 길이가 **5천미터** 이상인 것

숫자가 답인 문제

49 시장지역에서 화재로 오인할 만한 우려가 있는 불을 피우거나 연막소독을 하려는 자가 소방본부장 또는 소방서장에게 신고를 하지 아니하여 소방자동차를 출동하게 한 자에 대한 과태료 부과금액 기준으로 옳은 것은?

① **20만원 이하** ② 50만원 이하 ③ 100만원 이하 ④ 200만원 이하

1. 다음의 어느 하나에 해당하는 지역 또는 장소에서 화재로 오인할 만한 우려가 있는 불을 피우거나 연막소독을 하려는 자는 시·도의 조례로 정하는 바에 따라 관할 **소방본부장 또는 소방서장에게 신고**하여야 한다.
   ① 시장지역
   ② 공장·창고가 밀집한 지역
   ③ 목조건물이 밀집한 지역
   ④ 위험물의 저장 및 처리시설이 밀집한 지역
   ⑤ 석유화학제품을 생산하는 공장이 있는 지역
2. 위에 따른 신고를 하지 아니하여 소방자동차를 출동하게 한 자에게는 **20만원 이하의 과태료**를 부과한다.
3. 위의 과태료는 조례로 정하는 바에 따라 관할 **소방본부장 또는 소방서장**이 부과·징수한다.

단어가 답인 문제 ★★

50 대통령령 또는 화재안전기준이 변경되어 그 기준이 강화되는 경우에 기존 특정소방대상물의 소방시설에 대하여 변경으로 강화된 기준을 적용할 수 있는 소방시설은?

① **비상경보설비** ② 비상콘센트설비 ③ 비상방송설비 ④ 옥내소화전설비

소방본부장이나 소방서장은 **대통령령 또는 화재안전기준이 변경되어** 그 기준이 강화되는 경우 기존의 특정소방대상물(건축물의 신축·개축·재축·이전 및 대수선 중인 특정소방대상물을 포함)의 소방시설에 대하여는 변경 전의 대통령령 또는 화재안전기준을 적용한다. 다만, 다음에 해당하는 소방시설의 경우에는 대통령령 또는 화재안전기준의 변경으로 강화된 기준을 적용할 수 있다.
→ 소화기구 / 비상경보설비 / 자동화재탐지설비 / 자동화재속보설비 / 피난구조설비

함께 공부

- **비상경보설비** : 화재발생 상황을 발신기의 누름스위치를 눌러서 수동으로 벨(경종) 또는 사이렌으로 경보하는 설비
- **비상콘센트설비** : 화재발생시 소방대의 소화활동에 필요한 장비의 전원설비. 즉 정전시 이용하는 비상용 전기콘센트
- **비상방송설비** : 화재신호 수신후, 화재상황을 자동 또는 수동으로 방송을 통해 알리는 설비
- **옥내소화전설비** : 화재발생시 옥내소화전함을 개방하여 방수구와 연결된 호스를 전개한 후 앵글밸브를 개방하고, 화점을 향해 노즐을 개방하여 방사하는 형태의 수동식 수계소화설비

숫자가 답인 문제 ★★★

51 다음 조건을 참고하여 숙박시설이 있는 특정소방대상물의 수용인원 산정 수로 옳은 것은?

침대가 있는 숙박시설로서 1인용 침대의 수는 20개이고, 2인용 침대의 수는 10개이며, 종업원의 수는 3명이다.

① 33명 ② 40명 ③ **43명** ④ 46명

침대가 있는 숙박시설의 수용인원 산정방법
종사자수 + 침대수(2인용 침대는 2명으로 산정) = 3명 + {(1인용 × 20개) + (2인용 × 10개)} = 43명

함께공부

숙박시설이 있는 특정소방대상물의 수용인원 산정방법
- **침대가 있는** 숙박시설 : 해당 특정소방대상물의 종사자 수에 침대 수(2인용 침대는 2개로 산정한다)를 합한 수
  = 종사자수 + 침대수(2인용 침대는 2명으로 산정)
- **침대가 없는** 숙박시설 : 해당 특정소방대상물의 종사자 수에 숙박시설 바닥면적의 합계를 3㎡로 나누어 얻은 수를 합한 수
  = 종사자수 + $\dfrac{숙박시설\ 바닥면적(m^2)}{3m^2}$
- 계산 결과 소수점 이하의 수는 반올림한다.

문장이 답인 문제 ★

52 출동한 소방대의 화재진압 및 인명구조·구급 등 소방활동 방해에 따른 벌칙이 5년 이하의 징역 또는 5천만원 이하의 벌금에 처하는 행위가 아닌 것은?
① 위력을 사용하여 출동한 소방대의 구급활동을 방해하는 행위
② 화재진압을 마치고 소방서로 복귀중인 소방자동차의 통행을 고의로 방해하는 행위
③ 출동한 소방대원에게 협박을 행사하여 구급활동을 방해하는 행위
④ 출동한 소방대의 소방장비를 파손하거나 그 효용을 해하여 구급활동을 방해하는 행위

소방자동차의 출동을 방해하는 행위가 벌금에 처하는 행위이며, 복귀중인 소방자동차는 벌칙과 관계가 없다.

함께공부

다음의 어느 하나에 해당하는 사람은 **5년 이하의 징역 또는 5천만원 이하의 벌금**에 처한다.
- **위력**을 사용하여 출동한 **소방대**의 화재진압·인명구조 또는 구급활동을 **방해**하는 행위
- **소방대**가 화재진압·인명구조 또는 구급활동을 위하여 현장에 **출동**하거나 현장에 **출입**하는 것을 **고의로 방해**하는 행위
- 출동한 소방**대원**에게 **폭행** 또는 **협박**을 행사하여 화재진압·인명구조 또는 구급활동을 **방해**하는 행위
- 출동한 소방대의 **소방장비**를 **파손**하거나 그 **효용**을 해하여 화재진압·인명구조 또는 구급활동을 **방해**하는 행위
- **소방자동차**의 **출동**을 **방해**한 사람
- **사람**을 **구출**하는 일 또는 불을 끄거나 불이 번지지 아니하도록 하는 일을 **방해**한 사람
- 정당한 사유 없이 소방용수시설 또는 비상소화장치를 사용하거나 **소방용수시설 또는 비상소화장치의 효용을 해치거나 그 정당한 사용을 방해**한 사람

문장이 답인 문제 ★★

53 대통령령으로 정하는 특정소방대상물 소방시설 공사의 완공검사를 위하여 소방본부장이나 소방서장의 현장확인 대상 범위가 아닌 것은?
① 문화 및 집회시설
② 수계 소화설비가 설치되는 것
③ 연면적 1만제곱미터 이상이거나 11층 이상인 특정소방대상물(아파트는 제외)
④ 가연성가스를 제조·저장 또는 취급하는 시설 중 지상에 노출된 가연성가스탱크의 저장용량 합계가 1천톤 이상인 시설

완공검사를 위한 현장확인 대상 특정소방대상물의 범위
: 공사업자는 소방시설공사를 완공하면 소방본부장 또는 소방서장의 완공검사를 받아야 한다.
1. **종**교시설, **수**련시설, **노**유자시설, **숙**박시설, **창**고시설, 문화 및 집회시설, **판**매시설, **지**하상가, **운**동시설, **다**중이용업소
   [암기법] 종수 노숙 창문판 지운다 10개
2. 다음의 어느 하나에 해당하는 설비가 설치되는 특정소방대상물
   가. 스프링클러설비등
   나. 물분무등소화설비(호스릴 방식의 소화설비는 제외)
3. 연면적 **1만제곱미터** 이상이거나 **11층** 이상인 특정소방대상물(아파트는 제외)
4. 가연성가스를 제조·저장 또는 취급하는 시설 중 **지상에 노출된** 가연성가스탱크의 저장용량 합계가 **1천톤** 이상인 시설

> 문장이 답인 문제 ★

54 관계인이 예방규정을 정하여야 하는 제조소등의 기준이 아닌 것은?

① 지정수량의 10배 이상의 위험물을 취급하는 제조소
② 지정수량의 50배 이상의 위험물을 저장하는 옥외저장소
　　　　　100배
③ 지정수량의 150배 이상의 위험물을 저장하는 옥내저장소
④ 지정수량의 200배 이상의 위험물을 저장하는 옥외탱크저장소

1. 대통령령이 정하는 제조소등의 관계인은 당해 제조소등의 화재예방과 화재 등 재해발생시의 비상조치를 위하여 행정안전부령이 정하는 바에 따라 예방규정을 정하여 당해 제조소등의 사용을 시작하기 전에 시·도지사에게 제출하여야 한다.
2. 관계인이 예방규정을 정하여야 하는 제조소등
   - 지정수량의 10배 이상의 위험물을 취급하는 제조소
   - 지정수량의 100배 이상의 위험물을 저장하는 옥외저장소
   - 지정수량의 150배 이상의 위험물을 저장하는 옥내저장소
   - 지정수량의 200배 이상의 위험물을 저장하는 옥외탱크저장소
   - 암반탱크저장소
   - 이송취급소

> 숫자가 답인 문제 ★

55 소방본부장 또는 소방서장은 건축허가등의 동의 요구서류를 접수한 날부터 최대 며칠 이내에 건축허가등의 동의여부를 회신해야 하는가?(단, 허가 신청한 건축물은 지상으로부터 높이가 200m인 아파트이다.)

① 5일　　② 7일　　③ 10일　　④ 15일

- 건축물 등의 신축·증축·개축·재축·이전·용도변경 또는 대수선의 허가·협의 및 사용승인(건축허가등)의 권한이 있는 행정기관은 건축허가등을 할 때 미리 그 건축물 등의 시공지 또는 소재지를 관할하는 소방본부장이나 소방서장의 동의를 받아야 한다.
- 동의 요구를 받은 소방본부장 또는 소방서장은 건축허가등의 동의 요구서류를 접수한 날부터 5일(허가를 신청한 건축물 등이 특급 소방안전관리대상물의 범위에 해당하는 경우에는 10일) 이내에 건축허가등의 동의 여부를 회신해야 한다.
- 문제에서 높이가 200m인 아파트는 특급 소방안전관리대상물의 범위에 해당하여… 10이내에 회신하면 된다.

> 함께공부

특급 소방안전관리대상물의 범위
- 50층 이상(지하층은 제외)이거나 지상으로부터 높이가 200미터 이상인 아파트
- 30층 이상(지하층을 포함)이거나 지상으로부터 높이가 120미터 이상인 특정소방대상물(아파트는 제외)
- 연면적이 10만제곱미터 이상인 특정소방대상물(아파트는 제외)
※ 동·식물원, 철강 등 불연성 물품을 저장·취급하는 창고, 위험물 저장 및 처리 시설 중 제조소등과 지하구는 제외한다.

> 문장이 답인 문제

56 소화난이도등급 Ⅲ인 지하탱크저장소에 설치하여야 하는 소화설비의 설치기준으로 옳은 것은?

① 능력단위 수치가 3 이상의 소형 수동식소화기등 1개 이상
② 능력단위 수치가 3 이상의 소형 수동식소화기등 2개 이상
③ 능력단위 수치가 2 이상의 소형 수동식소화기등 1개 이상
④ 능력단위 수치가 2 이상의 소형 수동식소화기등 2개 이상

소화 난이도 등급 Ⅲ 의 제조소등에 설치하여야 하는 소화설비

제조소등의 구분	소화설비	설치기준
지하탱크 저장소	소형 수동식소화기등	능력단위의 수치가 3 이상 / 2개 이상

※ **능력단위** : 소화기 및 간이소화용구의 소화능력을 나타내는 수치로서, 법에 따라 형식승인된 수치. 이 능력단위를 산정하기 위해 모형에 의한 소화능력시험을 실시한다.

> 문장이 답인 문제 ★

57 행정안전부령으로 정하는 고급감리원 이상의 소방공사 감리원의 소방시설공사 배치 현장기준으로 옳은 것은?

① 연면적 5,000㎡ 이상 30,000㎡ 미만인 특정소방대상물의 공사 현장
   　　　　　　　　　　　　　　중급 감리원
② 연면적 30,000㎡ 이상 200,000㎡ 미만인 아파트의 공사 현장
③ 연면적 30,000㎡ 이상 200,000㎡ 미만인 특정소방대상물(아파트는 제외)의 공사 현장
   　　　　　　　　　　　　　　특급 감리원
④ 연면적 200,000㎡ 이상인 특정소방대상물의 공사 현장
   　　　　　　　　　소방기술사 특급 감리원

고급감리원 이상 → 물분무등소화설비 또는 제연설비가 설치된 현장 / 연면적 3만제곱미터 이상 20만제곱미터 미만인 아파트의 현장

함께공부

소방공사 감리원의 배치기준

감리원의 배치기준		소방시설공사 현장의 기준
책임감리원	보조감리원	
특급감리원 중 소방기술사	초급감리원 이상의 소방공사 감리원(기계분야 및 전기분야)	• 연면적 **20만제곱미터 이상**인 특정소방대상물의 공사 현장 • 지하층을 포함한 층수가 **40층 이상**인 특정소방대상물의 공사 현장
특급감리원 이상의 소방공사 감리원(기계분야 및 전기분야)	//	• 연면적 **3만제곱미터 이상** 20만제곱미터 미만인 특정소방대상물(아파트는 제외한다)의 공사 현장 • 지하층을 포함한 층수가 **16층 이상** 40층 미만인 특정소방대상물의 공사 현장
고급감리원 이상의 소방공사 감리원(기계분야 및 전기분야)	//	• **물분무등소화설비**(호스릴 방식의 소화설비는 제외) 또는 **제연설비**가 설치되는 특정소방대상물의 공사 현장 • 연면적 **3만제곱미터 이상** 20만제곱미터 미만인 **아파트**의 공사 현장
중급감리원 이상의 소방공사 감리원(기계분야 및 전기분야)		• 연면적 **5천제곱미터 이상** 3만제곱미터미만인 특정소방대상물의 공사 현장
초급감리원 이상의 소방공사 감리원(기계분야 및 전기분야)		• 연면적 **5천제곱미터 미만**인 특정소방대상물의 공사 현장 • **지하구**의 공사 현장

> 문장이 답인 문제

58 소방시설업에 대한 행정처분 기준 중 1차 처분이 영업정지 3개월이 아닌 경우는?

① 국가, 지방자체단체 또는 공공기관이 발주하는 소방시설의 설계ㆍ감리업자 선정에 따른 사업수행능력 평가에 관한 서류를 위조하거나 변조하는 등 거짓이나 그 밖의 부정한 방법으로 입찰에 참여한 경우
② 소방시설업의 감독을 위하여 필요한 보고나 자료제출 명령을 위반하여 보고 또는 자료 제출을 하지 아니하거나 거짓으로 보고 또는 자료제출을 한 경우
③ 정당한 사유 없이 출입ㆍ검사업무에 따른 관계 공무원의 출입 또는 검사ㆍ조사를 거부ㆍ방해 또는 기피한 경우
④ 감리업자의 감리 시 소방시설공사가 설계도서에 맞지 아니하여 공사업자에게 공사의 시정 또는 보완 등의 요구를 하였으나 따르지 아니한 경우

소방시설업에 대한 행정처분 기준

위반사항	행정처분 기준		
	1차	2차	3차
국가, 지방자체단체 또는 **공공기관이** 발주하는 소방시설의 설계ㆍ감리업자 선정에 따른 사업수행능력 평가에 관한 **서류를 위조하거나 변조**하는 등 거짓이나 그 밖의 **부정한 방법으로** 입찰에 참여한 경우	영업정지 3개월	영업정지 6개월	등록취소
소방시설업의 **감독을 위하여 필요한 보고나 자료제출 명령**을 위반하여 보고 또는 자료 제출을 하지 아니하거나 **거짓으로 보고** 또는 자료제출을 한 경우	영업정지 3개월	영업정지 6개월	등록취소
정당한 사유 없이 출입ㆍ검사업무에 따른 관계 **공무원의 출입 또는 검사ㆍ조사를 거부ㆍ방해 또는 기피**한 경우	영업정지 3개월	영업정지 6개월	등록취소
감리업자의 **감리 시** 소방시설공사가 설계도서에 맞지 아니하여 공사업자에게 공사의 **시정 또는 보완 등의 요구**를 하였으나 따르지 아니한 경우	**영업정지 1개월**	영업정지 3개월	등록취소

> 단어가 답인 문제 ★★

59 소방시설기준 적용의 특례 중 특정소방대상물의 관계인이 소방시설을 갖추어야 함에도 불구하고 관련 소방시설을 설치하지 아니할 수 있는 소방시설의 범위로 옳은 것은?(단, 화재 위험도가 낮은 특정소방대상물로서 석재, 불연성금속, 불연성 건축재료 등의 가공공장·기계조립공장 또는 불연성 물품을 저장하는 창고이다.)

① 옥외소화전 및 연결살수설비
② 연결송수관설비 및 상수도소화용수설비
③ 자동화재탐지설비, 상수도소화용수설비 및 연결살수설비
④ 스프링클러설비, 상수도소화용수설비 및 연결살수설비

소방시설을 설치하지 않을 수 있는 특정소방대상물 및 소방시설의 범위		
구분	특정소방대상물	설치하지 않을 수 있는 소방시설
화재 위험도가 낮은 특정소방대상물	석재, 불연성금속, 불연성 건축재료 등의 가공공장·기계조립공장 또는 불연성 물품을 저장하는 창고	옥외소화전 및 연결살수설비

> 함께공부

- **옥외소화전설비** : 화재발생시 옥외에 설치된 옥외소화전함을 개방한 후, 호스와 노즐을 꺼내어 주변에 설치된 방수구와 연결해 호스를 전개한 후, 옥외소화전 전용렌치로 소화전을 개방하여 방사하는 형태의 수동식 수계소화설비로서, 저층부(1, 2층) 옥외화재 진압활동용 소화설비이자 주변확대방지용 방호설비 등으로 사용된다.
- **연결살수설비** : 소방대의 진입이 곤란한 지하등의 장소(부분)에, 소방차에서 송수구에 물을 공급하면, 그 공급된 물이 헤드를 통하여 방수되어 화재를 진압하는 설비
- **연결송수관설비** : 소방차에서 연결송수관 송수구에 물을 공급하면 그 공급된 물을, 연결송수관설비 방수구에 호스를 연결하여 옥내소화전처럼 사용하는 소방대 전용 설비로써, 고층부 화재진압에 효과적인 본격 화재진압설비
- **상수도 소화용수설비** : 화재진압용도의 소방차는 물탱크 내에 물을 저장하고 있으나, 그 물만으로는 부족하기 때문에... 건축물 지하에 매설된 상수도를 이용하여 물을 추가로 공급받아야 한다. 상수도를 이용해 수돗물을 공급받는 방식은... 지상식소화전, 지하식소화전, 급수탑으로 구분된다.
- **자동화재탐지설비** : 화재를 자동으로 감지하여 벨(경종), 사이렌, 섬광으로 경보하여 피난을 유도하는 설비로서, 하나의 건물내에 경계구역(=화재감지구역=화재경보구역)을 여러개 나누어서 화재구역과 비화재구역으로 구분하여 제어하는 설비이다.
- **스프링클러설비** : 화재발생시 화재를 자동으로 감지하여 피난을 위한 경보를 발하고, 습식·건식·준비작동식·일제살수식 밸브가 개방되면, 유수의 흐름으로 인하여 펌프가 기동되고, 개방된 헤드를 통해 소화수를 방수하여 소화하는 자동식 수계소화설비

> 숫자가 답인 문제

60 우수품질인증을 받지 아니한 제품에 우수품질인증 표시를 하거나 우수품질인증 표시를 위조 또는 변조하여 사용한 자에 대한 벌칙기준은?

① 300만원 이하의 벌금 ② 500만원 이하의 벌금 ③ 1000만원 이하의 벌금 ④ 2000만원 이하의 벌금

- **소방청장**은 형식승인의 대상이 되는 소방용품 중 **품질이 우수하다고 인정**하는 소방용품에 대하여 인증("**우수품질인증**"이라 한다)을 할 수 있다.
- 우수품질인증을 받지 아니한 제품에 우수품질인증 표시를 하거나 우수품질인증 표시를 위조하거나 변조하여 사용한 자
  → 1년 이하의 징역 또는 1천만원 이하의 벌금에 처한다.

4과목 소방기계시설의 구조및원리

✔ 이것이 혁신이다! 기출문제 + 답이색해설

> 문장이 답인 문제 ★★

61 옥내소화전설비 수원을 산출된 유효수량 외에 <u>유효수량의 1/3 이상을 옥상에 설치해야 하는 경우</u>는?
① 지하층만 있는 건축물
② 건축물의 높이가 지표면으로부터 <u>15미터인 경우</u>
　　　　　　　　　　　　　　　10미터 이하인
③ 수원이 건축물의 최상층에 설치된 방수구보다 높은 위치에 설치된 경우
④ 주펌프와 동등 이상의 성능이 있는 별도의 펌프로서 내연기관의 기동과 연동하여 작동되거나 비상전원을 연결하여 설치한 경우

- **옥내소화전설비** : 화재발생시 옥내소화전함을 개방하여 방수구와 연결된 호스를 전개한 후 앵글밸브를 개방하고, 화점을 향해 노즐을 개방하여 방사하는 형태의 수동식 수계소화설비
- **수원** : 물이 저장된 곳(수조에 저장할 물의 양)
- **옥상수조** : 펌프의 고장으로 인하여 지하수원을 사용할 수 없을 때... 옥상에 수조를 설치해, 자연낙차압에 의한 물을 공급하기 위해 산출된 유효수량(수원)의 3분의1 이상을 옥상에 설치한 수원설비

산출된 수원(물)의 1/3 이상을 옥상에 추가로 설치해야 한다. 하지만... 옥상에 설치하지 않아도 되는 경우

수원의 1/3 이상을 옥상에 설치하지 않아도 되는 경우	해석
지하층만 있는 건축물	지하만 있기 때문에 옥상이 없으므로...
건축물의 높이가 지표면으로부터 **10미터 이하인** 경우	10미터 이하는, 너무 낮아 실효성(방수압 미달)이 없으므로...
수원이 건축물의 최상층에 설치된 **방수구보다 높은 위치**에 설치된 경우	수원이 방수구보다 이미 높으므로... 옥상수조를 설치할 필요가 없음
고가수조를 가압송수장치로 설치한 옥내소화전설비	고가수조가 옥상수조의 역할을 수행하므로...
가압수조를 가압송수장치로 설치한 옥내소화전설비	가압수조는 압력수조의 간소화 설비이므로... 간소화 측면에서 설비면제
학교·공장·창고시설로서 **동결의 우려**가 있는 장소에 해당하는 경우	옥상수조가 동결되므로...
주펌프와 동등 이상의 성능이 있는 **별도의 펌프**로서 내연기관의 기동과 연동하여 작동되거나 **비상전원**을 연결하여 설치한 경우	주펌프 고장시 대비책(엔진 또는 비상전원을 연결한 예비펌프 추가설치)이 있으므로...

※ 건축물의 높이가 **10미터 이하**인 낮은 건물이면 옥상수조 설치가 면제되는데... 지문 ②번은 15미터 이므로, 수원 **유효수량의 1/3 이상**을 옥상수조에 저장하여야 한다.

> 생각탑! 건물이 10m이하면 3층짜리 건물이다. 3층 옥상에 수조를 설치했을 때... 1층에서도 원하는 방수압을 얻기 어려울 것이다.

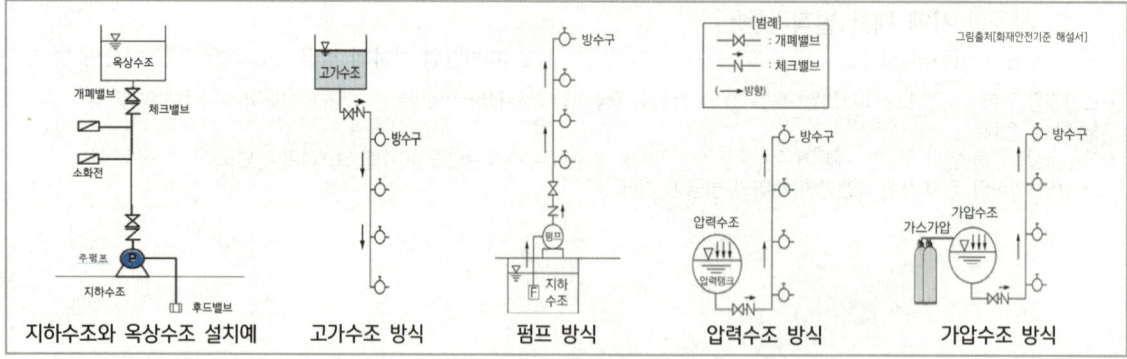

지하수조와 옥상수조 설치예　　고가수조 방식　　펌프 방식　　압력수조 방식　　가압수조 방식

> 함께 공부

가압송수장치 – 압력을 가해서(가압) 물을 이송하는(송수) 장치.
- **펌프** : 전동기(모터) 또는 내연기관(엔진)을 이용하여 원심펌프를 가동시켜 그 압력으로 급수하는 방식
- **고가수조**(높은곳에 설치된 수조) : 구조물 또는 지형지물 등 높은 곳에 설치하여 자연낙차의 압력으로 급수하는 수조
- **압력수조**(강한 공기압 이용) : 자동식공기압축기를 통해 수조내에 소화수와 압축공기를 채우고 일정압력 이상으로 가압하여 그 압력으로 급수하는 수조
- **가압수조**(압력수조의 간소화 설비) : 별도용기의 압축공기 또는 불연성 고압기체에 따라 소화수를 가압시켜 급수하는 형태의 수조

단어가 답인 문제 ★

62 조기반응형 스프링클러헤드를 설치해야 하는 장소가 아닌 것은?

① 공동주택의 거실　　② 수련시설의 침실　　③ 오피스텔의 침실　　④ 병원의 입원실

- **스프링클러설비** : 화재발생시 화재를 자동으로 감지하여 피난을 위한 경보를 발하고, 습식·건식·준비작동식·일제살수식 밸브가 개방되면, 유수의 흐름으로 인하여 펌프가 기동되고, 개방된 헤드를 통해 소화수를 방수하여 소화하는 자동식 수계소화설비
- **스프링클러 헤드** : 스프링클러에서 나오는 물을, 빗방울 형태로 대량으로 뿌리면서 방수하는 역할을 하는 부분을 말한다.
- **조기반응형 헤드** : 표준형스프링클러헤드 보다 기류온도 및 기류속도에 조기에 반응하여 빠르게 방수되는 것을 말한다.

스프링클러 헤드

조기반응형 스프링클러헤드를 설치해야 하는 장소
공동주택 · 노유자시설의 **거실** / 오피스텔 · 숙박시설의 **침실** / 병원의 **입원실**

상시 사람이 거주하는 공간으로서 화재의 위험성이 항상 존재하고 야간에는 활동성이 적은 공간에 설치한다. 따라서 화재발생시 지체되는 시간없이 즉시 방수가 가능한 습식 및 부압식을 사용하여야 한다.

사진출처[육송]

암기팁! 조기반응형헤드 설치장소 ➡ 공노거 오숙침 병입

숫자가 답인 문제 ★★★

63 특정소방대상물별 소화기구의 능력단위기준 중 다음 ( ) 안에 알맞은 것은? (단, 건축물의 주요구조부는 내화구조가 아니고 벽 및 반자의 실내에 면하는 부분이 불연재료·준불연재료 또는 난연재료로 된 특정소방대상물이 아니다.)

공연장은 해당 용도의 바닥면적 ( )㎡ 마다 소화기구의 능력단위 1단위 이상

① 30　　　　② 50　　　　③ 100　　　　④ 200

- **특정소방대상물** : 소방시설을 설치하여야 하는 소방대상물로서 대통령령으로 정하는 것
- **소화기** : 소화약제를 압력에 따라 방사하는 기구로서, 사람이 수동으로 조작하여 소화약제를 방사하여 소화하는 것 (소형소화기, 대형소화기)
- **간이소화용구** : 에어로졸식·투척용 소화용구 및 팽창질석·팽창진주암·마른모래 등의 간이소화용구
- **능력단위** : 소화기 및 간이소화용구의 소화능력을 나타내는 수치로서, 법에 따라 형식승인된 수치. 이 능력단위를 산정하기 위해 모형에 의한 소화능력시험을 실시한다.

특정소방대상물별 소화기구의 능력단위기준

특정소방대상물	암기법	소화기구의 능력단위
1. 위락시설	위락 30	해당 용도의 바닥면적 30㎡ 마다 능력단위 1단위 이상
2. 공연장·집회장·관람장·문화재·장례식장 및 의료시설	공집관문의 장 50	해당 용도의 바닥면적 50㎡ 마다 능력단위 1단위 이상
3. 노유자시설·숙박시설·운수시설·전시장 공동주택·공장·창고시설·업무시설·방송통신시설·관광휴게시설 근린생활시설·항공기 및 자동차 관련 시설·판매시설	노숙(자) 운진 공공 창업 방관 근항판 (근황판) 100	해당 용도의 바닥면적 100㎡ 마다 능력단위 1단위 이상
4. 그 밖의 것	그밖 200	해당 용도의 바닥면적 200㎡ 마다 능력단위 1단위 이상

※ 소화기구의 능력단위를 산출함에 있어서 건축물의 주요구조부가 **내화구조**이고, 벽 및 반자의 실내에 면하는 부분이 **불연재료**·**준불연재료** 또는 **난연재료**로 된 특정소방대상물에 있어서는 위 표의 **기준면적의 2배**를 해당 특정소방대상물의 기준면적으로 한다.

숫자가 답인 문제 ★★★

64 상수도소화용수설비 소화전의 설치기준 중 다음 ( ) 안에 알맞은 것은?

- 호칭지름 (㉠)mm 이상의 수도배관에 호칭지름 (㉡)mm 이상의 소화전을 접속할 것
- 소화전은 특정소방대상물의 수평투영면의 각 부분으로부터 (㉢)m 이하가 되도록 설치할 것

① ㉠ 65, ㉡ 120, ㉢ 160　　② ㉠ 75, ㉡ 100, ㉢ 140　　③ ㉠ 80, ㉡ 90, ㉢ 140　　④ ㉠ 100, ㉡ 100, ㉢ 180

- **상수도 소화용수설비** : 소방대가 화재진압시 사용하는 소방용수로서, 특정소방대상물의 지하에 지름 75㎜ 이상의 상수도용 배관이 매설된 경우... 그 배관에 지상식소화전, 지하식소화전, 급수탑을 연결하여 소방차에 소방용수를 공급받는 설비이다.
- **소화전** : 소화용수(소화설비용 물) 또는 소방용수(소방대 화재진압용 물)를 공급받기 위한 설비
- **호칭지름** : 일반적으로 표기하는 배관의 직경
- **수평투영면** : 건축물을 수평으로 투영하였을 경우의 면

화재진압용도의 소방차는 물탱크 내에 물을 저장하고 있으나, 그 물만으로는 부족하기 때문에... 건축물 지하에 매설된 상수도를 이용하여 물을 추가로 공급받아야 한다. 상수도를 이용해 수돗물을 공급받는 방식은... 지상식소화전, 지하식소화전, 급수탑으로 구분된다.

상수도 소화용수설비 설치기준
1. 호칭지름 **75㎜ 이상의 수도배관**에 호칭지름 **100㎜ 이상의 소화전**을 접속할 것
2. 소화전은 소방자동차 등의 진입이 쉬운 도로변 또는 공지에 설치할 것
3. 소화전은 특정소방대상물의 **수평투영면의 각 부분으로부터 140m 이하**가 되도록 설치할 것

소화전배관(100㎜)이 수도배관(75㎜) 보다 커야 물을 시원하게 받는다. ➡ 수도배관(75㎜) ≪ 소화전배관(100㎜)

수평투영면 거리기준 및 소화전(급수탑) 구조도

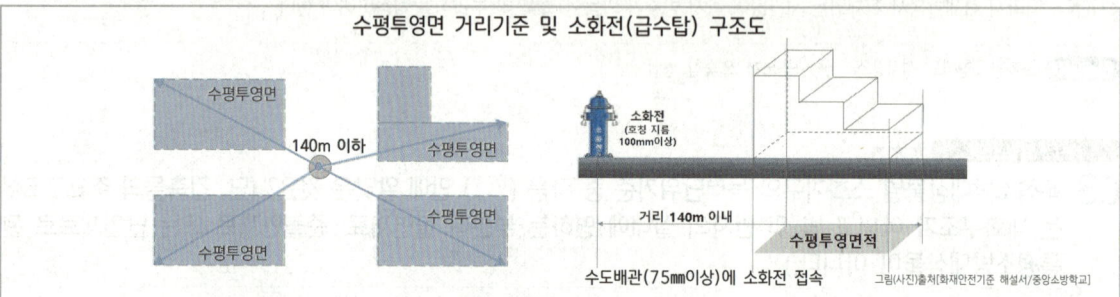

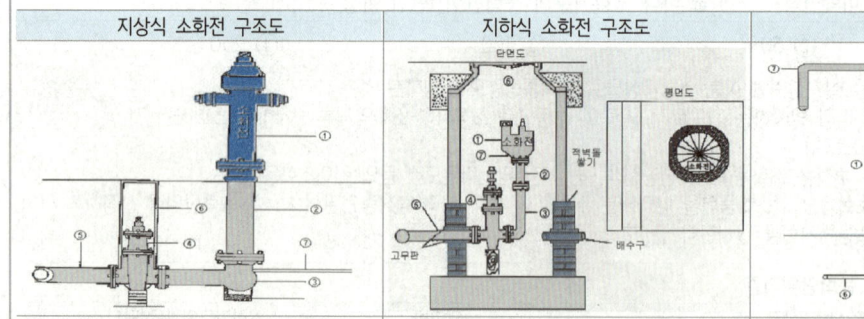

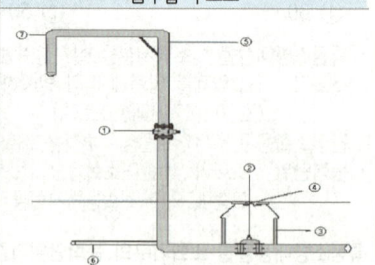

지상식 소화전 구조도	지하식 소화전 구조도	급수탑 구조도
• 지면에 스탠드형으로 노출하여 설치 • 맨 상단의 밸브나사를 스패너를 이용해 회전시켜 개방한다. • 지상으로 돌출되어 있기 때문에, 소화전의 위치를 찾기가 쉬우며, 사용이 간편하다.	• 지하의 전용맨홀에 설치하여 사용 • 지상에서 T자형의 전용파이프를 설치한 후 호스연결하고, 지상에서 밸브 개폐하여 사용 • 지하에 매설되어 있기 때문에 보행 및 교통에 지장이 없지만, 위치를 찾기가 어렵다.	• 급수탑은 상수도 배관을 지상에서 높게 설치하여, 소방차 위쪽에 설치된 물탱크 맨홀을 통해 물을 공급받을 수 있도록 만든 설비이다. • 그림①의 개폐밸브를 열어서 급수 받는다. • 소방차량에 급수시 가장 용이하다.

숫자가 답인 문제

65 할로겐화합물 및 불활성기체소화약제 소화설비의 <u>분사헤드</u>에 대한 설치기준 중 다음 (   ) 안에 알맞은 것은?(단, 분사헤드의 성능인증 범위 내에서 설치하는 경우는 제외한다.)

분사헤드의 **설치높이는 방호구역의 바닥으로부터 최소** (㉠)m **이상 최대** (㉡)m **이하**로 하여야 한다.

① ㉠ 0.2, ㉡ 3.7   ② ㉠ 0.8, ㉡ 1.5   ③ ㉠ 1.5, ㉡ 2.0   ④ ㉠ 2.0, ㉡ 2.5

할로겐화합물 및 불활성기체 소화설비 : 할론소화설비를 대체할 목적으로 개발된 소화설비로서 할로겐화합물 소화약제와 불활성기체 소화약제를 사용한다.
1. **할로겐화합물 소화약제** : 불소(F), 염소(Cl), 브롬(Br) 또는 요오드(I) 중 하나 이상의 원소를 포함하고 있는 유기화합물을 기본성분으로 하는 소화약제로서 **연쇄반응을 차단**하여 소화하는 **화학적 소화효과**를 갖는다.
2. **불활성기체 소화약제** : 아르곤(Ar), 이산화탄소(CO_2) 또는 질소가스(N_2) 중 하나 이상의 원소를 기본성분으로 하는 소화약제로서 **질식**으로 인해 소화하는 **물리적 소화효과**를 갖는다.

- 분사헤드의 설치높이는 방호구역의 바닥으로부터 **최소 0.2m 이상 최대 3.7m 이하**로 하여야 하며 천장높이가 3.7m를 초과할 경우에는 추가로 다른 열의 분사헤드를 설치할 것.
→ 분사헤드에서 소화약제가 방출된 이후 빠른 시간 내에 방호구역내의 모든 장소에서 소화약제의 농도가 설계농도에 도달해야 효과적으로 소화기능을 수행할 수 있다. 이를 위해서는 방출된 소화약제가 주변공기와 급격히 혼합되어야 하는데 일반적인 경우 분사헤드에서 **분출된 약제의 압력이 영향을 미치는 거리가 3.7m** 정도로 측정되고 있다.

숫자가 답인 문제 ★★

66 완강기의 최대사용하중은 몇 N 이상의 하중이어야 하는가?

① 800　　　　② 1,000　　　　③ 1,200　　　　④ 1,500

완강기 : 창문이나 발코니 등의 외부로 통하는 개구부 부근에 설치되며, 사용자의 몸무게에 따라 하강속도를 자동적으로 조절[**속도조절기(조속기)**]하면서 내려오는 하강로프장치 피난기구이다. 사용자의 가슴에 안전벨트를 조여 착용하며, 사용자가 교대하여 연속적으로 사용할 수 있다.

완강기의 최대사용하중 및 최대사용자수
① **최대사용하중은 1500N 이상**의 하중이어야 한다.
② **최대사용자수**(1회에 강하할 수 있는 사용자의 최대수)는 **최대사용하중을 1500N으로 나누어서 얻은 값**으로 한다. (1미만의 수는 계산하지 아니한다)
※ 최대사용하중 : 완강기, 간이완강기 및 지지대를 사용함에 있어서 당해 완강기, 간이완강기 및 지지대에 가할 수 있는 최대하중

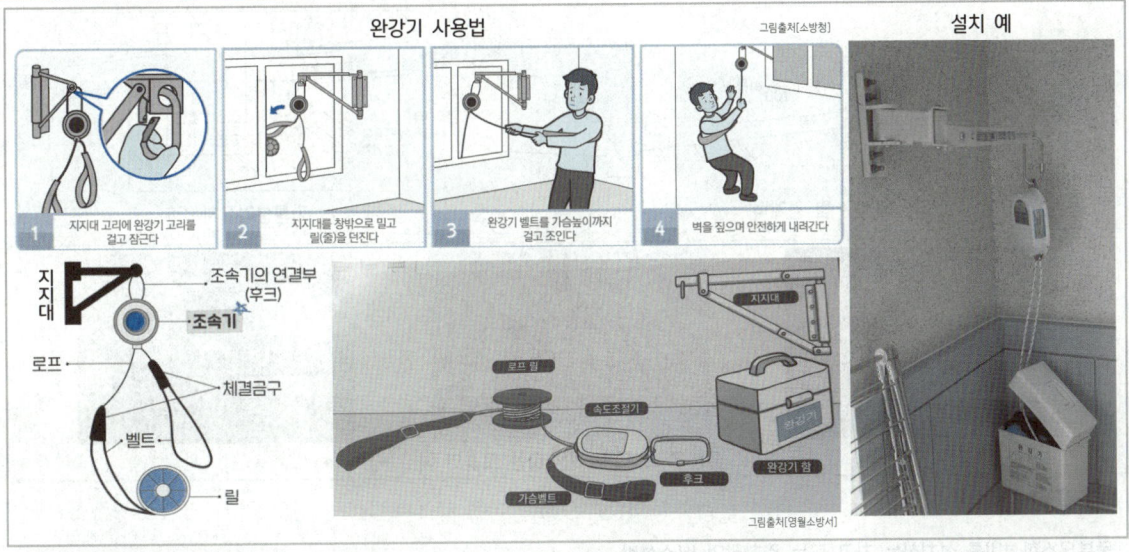

함께공부

완강기 및 간이완강기(1회용 완강기)의 **구성품목** → 지지대, 속도조절기, 속도조절기의 연결부, 로우프, 벨트, 연결금속구
- **완강기 지지대** : 천장·벽 또는 바닥 등에 완강기를 고정 설치해 주는 부분으로 천장부착형·(내·외)벽부착형·바닥부착형 등으로 구분한다.
- **속도조절기(조속기)** : 완강기의 강하속도를 일정범위로 조절하는 장치를 말하며, 완강기의 속도조절기는 '도르래의 원리'를 이용해서 사용자의 무게로 일정한 속도로 하강할 수 있도록 해주는 것이다. 즉, 벨트를 맨 피난자의 무게에 의해 속도조절기 안의 기어가 회전시키면서 발생되는 원심력과 브레이크 제어를 통해 일정한 강하 속도를 유지하는 원리이다.
- **속도조절기의 연결부(연결 후크)** : 완강기 지지대와 속도조절기(조속기)를 연결하는 부분을 말한다. 타원링의 형태로 지지대에 걸어서 결합할 수 있는 구조이다.
- **로우프(릴)** : 로프는 직경 3mm 이상의 와이어 로프를 사용하거나, 와이어 로프에 면사(나일론사)를 입힌 로프를 사용한다.
- **벨트** : 로프의 양단에 피난자의 가슴을 감아서 몸을 지지하는 것으로서, 재료는 로프와 같이 면사나 나일론사로 되어 있다. 사용자의 가슴둘레에 맞도록 벨트길이를 조정할 수 있는 고리가 있다.
- **연결금속구(체결금구)** : 로우프와 벨트의 연결부위에 사용하는 금속구

67 물분무소화설비를 설치하는 차고 또는 주차장의 배수설비 설치기준으로 틀린 것은?

① 차량이 주차하는 바닥은 배수구를 향해 1/100 이상의 기울기를 유지할 것
   2/100 이상
② 배수구에서 새어나온 기름을 모아 소화할 수 있도록 길이 40m 이하마다 집수관·소화핏트 등 기름분리장치를 설치 할 것
③ 차량이 주차하는 장소의 적당한 곳에 높이 10cm 이상의 경계턱으로 배수구를 설치할 것
④ 배수설비는 가압송수장치의 최대송수능력의 수량을 유효하게 배수할 수 있는 크기 및 기울기로 할 것

- **물분무 소화설비** : 물을 안개모양으로 방사해 가스와 비슷한 형태를 가지므로, 전기의 부도체(전기가 통하지 않는 물체 = 비전도성)로서 전기시설물에 설치가 가능한 자동식 수계소화설비
- **가압송수장치** : 압력을 가해서(가압) 물을 이송하는(송수) 장치로서 그 종류로는 **펌프**(전동기 또는 내연기관과 연결된 원심펌프), **고가수조**(높은 곳에 설치된 수조), **압력수조**(강한 공기압 이용), **가압수조**(압력수조의 간소화 설비) 등의 방식이 있다.
- **정격토출량(유량)** : 시간당 퍼낼 수 있는 물의 양으로서, 통상적으로 펌프 몸체에 분당 토출량[L/min]으로 표시된다.
   <예시> 옥내소화전 2개에서 소화수를 방사하고 있을 때 법정 토출량은 2 × 130L/min(법정방수량) = 260L/min 이 된다.

스프링클러설비는 배수설비 대상이 아니지만, **물분무설비가 배수설비 대상인 이유는**... 물분무설비는 **유류화재에도 적응성**이 있어, 유류화재시 물과 기름이 혼합된 액체가 바닥으로 흐르면서, 연소면 확대우려가 있기 때문에 이를 신속하고 효과적으로 제거하기 위함이며, **국내의 경우는 차고 또는 주차장의 경우에만 배수시설**을 요구하고 있다.

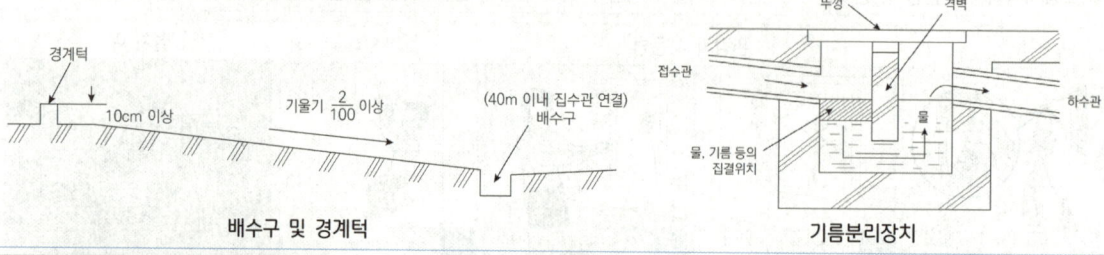

배수구 및 경계턱 / 기름분리장치

물분무 소화설비 방수하는 모습의 예

함께 공부

물분무소화설비를 설치하는 차고 또는 주차장의 배수설비
1. 차량이 주차하는 장소의 적당한 곳에 **높이 10㎝ 이상의 경계턱**으로 배수구를 설치할 것
2. 배수구에는 새어나온 기름을 모아 소화할 수 있도록 **길이 40m 이하마다** 집수관·소화핏트 등 **기름분리장치**를 설치할 것
3. 차량이 주차하는 바닥은 배수구를 향하여 **100분의 2 이상의 기울기**를 유지할 것
4. 배수설비는 가압송수장치의 최대송수능력의 수량을 유효하게 배수할 수 있는 크기 및 기울기로 할 것

68 스프링클러설비 배관의 설치기준으로 틀린 것은?

① 급수배관의 구경은 수리계산에 따르는 경우 가지배관의 유속은 6m/s, 그 밖의 배관의 유속은 10m/s를 초과할 수 없다.
② 연결송수관설비의 배관과 겸용할 경우의 주배관은 구경 100㎜ 이상, 방수구로의 연결되는 배관의 구경은 65㎜ 이상의 것으로 하여야 한다.
③ 수직배수배관의 구경은 50㎜ 이상으로 하여야 한다.
④ 가지배관에는 헤드의 설치지점 사이마다 1개 이상의 행가를 설치하되, 헤드간의 거리가 4.5m를 초과하는 경우에는 4.5m 이내마다 1개 이상 설치해야 한다.
   3.5m   3.5m

- **스프링클러설비** : 화재발생시 화재를 자동으로 감지하여 피난을 위한 경보를 발하고, 습식·건식·준비작동식·일제살수식 밸브가 개방되면, 유수의 흐름으로 인하여 펌프가 기동되고, 개방된 헤드를 통해 소화수를 방수하여 소화하는 자동식 수계소화설비
- **연결송수관설비** : 소방차에서 연결송수관 송수구에 물을 공급하면 그 공급된 물을, 연결송수관설비 방수구에 호스를 연결하여 옥내소화전처럼 사용하는 소방대 전용 설비로써, 고층부 화재진압에 효과적인 본격 화재진압설비
  - **방수구** : 소화용수를 방수하기 위하여 건물내 벽 또는 구조물의 벽에 설치하는 관에 연결된 배관구멍
  - **송수구** : 소화용수를 보급하기 위하여 건물 외벽 또는 구조물의 외벽에 설치하는 배관과 연결된 구멍
- **배관의 종류** : 배관이란 물이 이송되는 관을 말한다.
  - **급수배관** : 수원 및 옥외송수구로부터... 최종적으로 물이 방수되는 곳인 스프링클러 헤드까지 이르는 모든 배관
  - **주배관** : 각 층을 수직으로 관통하는 수직배관(입상관)
  - **수평주행배관** : 교차배관에 급수하는 배관
  - **교차배관** : 직접 또는 수직배관을 통하여 가지배관에 급수하는 배관
  - **가지배관** : 헤드가 설치되어 있는 배관

① 급수배관의 구경을 수리계산에 따르는 경우 가지배관의 유속은 6m/s(이하), 그 밖의 배관(교차배관/수평주행배관/수직주배관)의 유속은 10m/s(이하)를 초과할 수 없다. → 위 유속을 적용하여 각 배관의 구경을 수리계산으로 구한다.
② 연결송수관설비와 배관을 겸용할 경우 → 주배관 : 100mm 이상
                                  → 방수구로 연결되는 배관(가지배관) : 65mm 이상
③ 수직 배수배관 : 스프링클러설비의 작동 및 점검시... 사용된 물을 아래로 내려 보내기 위한 배관 → 구경 50mm 이상
④ 가지배관에는 헤드의 설치지점 사이마다 1개 이상의 행가를 설치하되, 헤드간의 거리가 3.5m를 초과하는 경우에는 3.5m 이내마다 1개 이상 설치할 것. 이 경우 상향식헤드와 행가 사이에는 8cm 이상의 간격을 두어야 한다.
→ 배관은... 배관자체 중량, 외부의 충격, 수격작용에 의한 진동 등으로부터 배관이 파손되지 아니하도록... 천장에 지지된 행가로부터 배관을 지지하여야 한다.

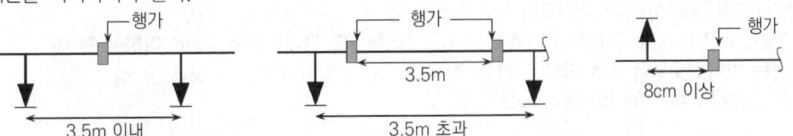

※ 교차배관에는 가지배관과 **가지배관 사이마다** 1개 이상의 행가를 설치하되, 가지배관 사이의 거리가 **4.5m를 초과하는 경우에는 4.5m 이내마다** 1개 이상 설치할 것

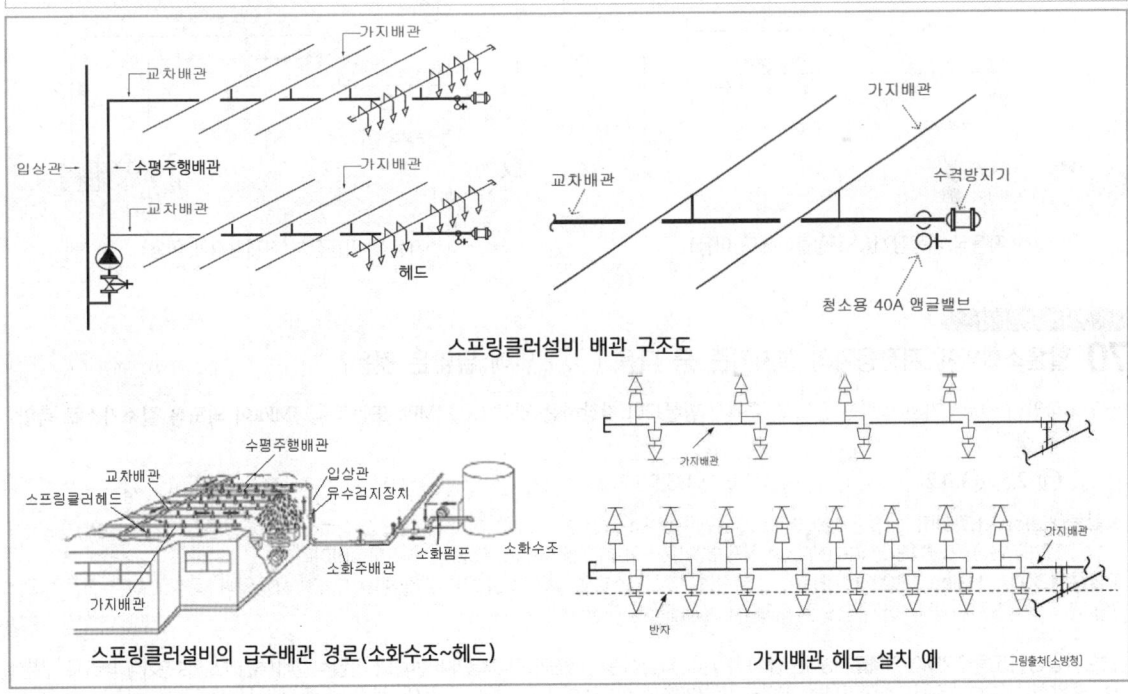

69 포소화설비의 자동식 기동장치로 폐쇄형 스프링클러헤드를 사용하는 경우의 설치기준 중 다음 (   ) 안에 알맞은 것은?

- 표시온도가 (㉠)℃ 미만인 것을 사용하고 1개의 스프링클러헤드의 경계면적은 (㉡)㎡ 이하로 할 것
- 부착면의 높이는 바닥으로부터 (㉢)m 이하로 하고 화재를 유효하게 감지할 수 있도록 할 것

① ㉠ 60, ㉡ 10, ㉢ 7   ② ㉠ 60, ㉡ 20, ㉢ 7   ③ ㉠ 79, ㉡ 10, ㉢ 5   ④ ㉠ 79, ㉡ 20, ㉢ 5

- **포소화설비** : 수조로부터 공급된 물과 포약제 저장탱크에서 공급된 포원액을, **혼합기(프로포셔너)**에서 믹싱해 포수용액을 만들어, 포 방출구에서 공기와 섞어진 후 발포되어 거품을 방사하는 형태의 소화설비로서 유류탱크 등 위험물에 주로 사용된다.
- **헤드** : 빗방울 형태로 대량으로 물을 뿌리면서 방수하는 역할을 하는 장치
  - **폐쇄형헤드** : 정상상태에서 방수구를 막고 있는 감열체가 일정온도에서 자동적으로 파괴·용해 또는 이탈됨으로써 방수구가 개방되는 헤드(화재시 개방된 헤드에서만 물이 방수된다)
  - **개방형헤드** : 감열체 없이 방수구가 항상 열려져 있는 헤드(화재시 설치된 모든 헤드에서 물이 방수된다)
- **자동화재탐지설비** : 화재를 자동으로 감지하여 벨(경종), 사이렌, 섬광으로 경보하여 피난을 유도하는 설비로서, 하나의 건물내에 경계구역(=화재감지구역=화재경보구역)을 여러개 나누어서 화재구역과 비화재구역으로 구분하여 제어하는 설비이다.

1. 포소화설비의 자동식 기동장치 방식
   ① 자동화재탐지설비의 감지기가 작동하면… 전기적으로… 포소화설비를 자동으로 기동하는 방식
   ② 폐쇄형 스프링클러헤드의 개방과 연동하여… 포소화설비를 자동으로 기동하는 방식
      → 폐쇄형 스프링클러헤드가 화재에 의해 개방되면… 소량의 물 또는 압축공기가 방출되어… 배관에 걸려있던 압력이 해정되고… 압력으로 누르고 있던, 포소화설비 자동개방밸브를 자동으로 개방시켜… 포소화설비를 작동시킨다.
2. 폐쇄형스프링클러헤드를 사용하는 경우 다음의 기준에 따를 것
   ① 표시온도가 **79℃** 미만인 것을 사용하고, 1개의 스프링클러헤드의 **경계면적은 20㎡** 이하로 할 것
   ② 부착면의 높이는 바닥으로부터 **5m** 이하로 하고, 화재를 유효하게 감지할 수 있도록 할 것
   ③ 하나의 감지장치 **경계구역은 하나의 층**이 되도록 할 것

표시온도 79℃ 미만 / 경계면적 20㎡ 이하 / 부착면높이 5m 이하 → 칠구(79) 미만 / 이(2) / 오(5) → 친구 미안 이요

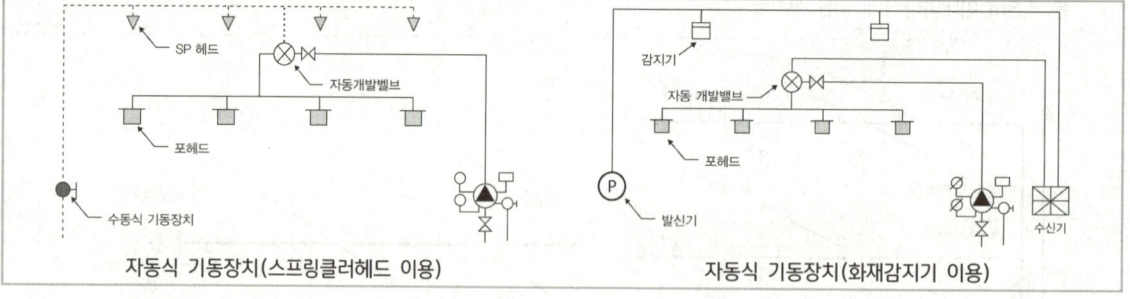

자동식 기동장치(스프링클러헤드 이용)   자동식 기동장치(화재감지기 이용)

70 할론소화약제 저장용기의 설치기준 중 다음 (   ) 안에 알맞은 것은?

축압식 저장용기의 압력은 온도 20℃에서 할론1301 저장하는 것은 (㉠)MPa 또는 (㉡)MPa이 되도록 질소가스로 축압할 것

① ㉠ 2.5, ㉡ 4.2   ② ㉠ 2.0, ㉡ 3.5   ③ ㉠ 1.5, ㉡ 3.0   ④ ㉠ 1.1, ㉡ 2.5

- **할론(Halon)소화설비** : 할론소화설비는 할로겐족원소(F, Cl, Br, I) 중 하나 이상을 포함하고 있는 할론2402($C_2F_4Br_2$), 할론1211(CF_2ClBr), 할론1301(CF_3Br) 소화약제를 이용하여 화재를 진압하는 가스계 소화설비이다.
- **할론 1301** : Halon 1301(CF_3Br)은 소화력이 가장 우수하여 할론 소화설비 및 할론 소화기에 사용되며, 독성도 다른 할론 약제들에 비해 낮은 편이다. 하지만 오존 파괴 지수(ODP)는 가장 높다.

할론가압방식(압력을 가하여 약제를 이송하는 방식)에 따라 축압식설비(추진가스 약제용기내 같이)와 가압식설비(추진가스 별도용기에 따로)로 구분
→ **축압식** : 할론1301 소화약제는 자체증기압(20℃에서 1.4MPa)이 낮아, 약제의 압력만으로는 분사헤드에서 원하는 방사압(0.9MPa)을 얻기 어렵다. 따라서, 약제저장용기 내 자체증기압이 높은 질소가스로 축압(**2.5MPa 또는 4.2MPa의 압력**)하고, 방사시에는 축압된 질소가스의 압력을 이용하여 약제를 방사하는 방식이다.
→ **가압식** : 할론2402(상온에서 액상)에 적용되는 방식으로, 별도의 가압용 **질소탱크를 부설**하여 방사시 가압기 내의 질소를 이용해 약제를 원활한 방사압력으로 방사하는 방식이다.

> 숫자가 답인 문제 ★★★

71 대형소화기의 정의 중 다음 ( ) 안에 알맞은 것은?

> 화재 시 사람이 운반할 수 있도록 운반대와 바퀴가 설치되어 있고 능력단위가 A급 (㉠)단위 이상, B급 (㉡)단위 이상인 소화기를 말한다.

① ㉠ 20, ㉡ 10   ② ㉠ 10, ㉡ 5   ③ ㉠ 5, ㉡ 10   ④ ㉠ 10, ㉡ 20

- 소화기 : 소화약제를 압력에 따라 방사하는 기구로서, 사람이 수동으로 조작하여 소화약제를 방사하여 소화하는 것
  (소형소화기, 대형소화기)
- 소형소화기 : 능력단위가 1단위 이상이고 대형소화기의 능력단위 미만인 소화기
- 대형소화기 : 화재 시 사람이 운반할 수 있도록 운반대와 바퀴가 설치되어 있고 능력단위가 A급(일반화재) **10단위** 이상, B급(유류화재) **20단위** 이상인 소화기
- 능력단위 : 소화기 및 간이소화용구의 소화능력을 나타내는 수치로서, 법에 따라 형식승인된 수치. 이 능력단위를 산정하기 위해 모형에 의한 소화능력시험을 실시한다.

대형소화기는 A급 **10단위** 이상, B급 **20단위** 이상의 능력단위를 갖는 소화기를 의미한다.

일반화재(A급)보다 유류화재(B급)가 더 위험하므로... 능력단위가 더 높아야 한다. ➡ A급 10단위 《 B급 20단위

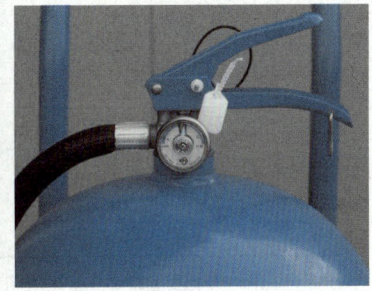

대형소화기

숫자가 답인 문제 ★★

72 연결살수설비 배관의 설치기준 중 하나의 배관에 부착하는 살수헤드의 개수가 3개인 경우 배관의 구경은 최소 몇 mm 이상으로 설치해야 하는가?(단, 연결살수설비 전용헤드를 사용하는 경우이다.)

① 40 ② 50 ③ 65 ④ 80

- **연결살수설비** : 소방대의 진입이 곤란한 지하등의 장소(부분)에, 소방차에서 송수구에 물을 공급하면, 그 공급된 물이 헤드를 통하여 방수되어 화재를 진압하는 설비(소방대가 도착하여 송수구에 물을 공급하기 전까지는 무용지물인 설비이다)
- **헤드** : 빗방울 형태로 대량으로 물을 뿌리면서 방수하는 역할을 하는 장치
  - **폐쇄형헤드** : 정상상태에서 방수구를 막고 있는 감열체가 일정온도에서 자동적으로 파괴·용해 또는 이탈됨으로써 방수구가 개방되는 헤드(화재시 개방된 헤드에서만 물이 방수된다)
  - **개방형헤드** : 감열체 없이 방수구가 항상 열려져 있는 헤드(화재시 설치된 모든 헤드에서 물이 방수된다)

배관에 부착하는 살수헤드의 개수에 따른 배관의 구경(mm) – 연결살수설비 전용헤드를 사용하는 경우

하나의 배관에 부착하는 살수헤드의 개수	1개	2개	3개	4개 또는 5개	6개 이상 10개 이하
배관의 구경(mm)	32	40	50	65	80

※ 개방형헤드를 사용하는 연결살수설비에 있어서 **하나의 송수구역**에 설치하는 살수헤드의 수는 **10개 이하**가 되도록 한다.

암기탭! 4개 또는 5개 65mm ➡ 456 (사오륙)

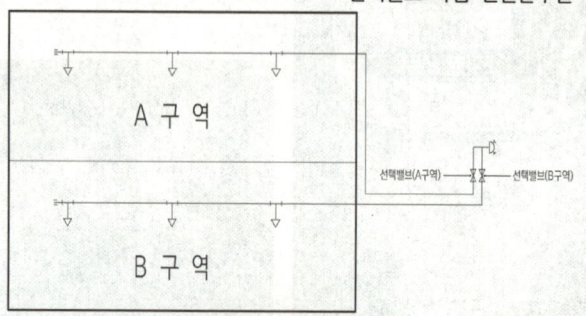

선택밸브 타입 연결살수설비

쌍구형 송수구 1개에 선택밸브(개폐밸브) 2개가 연결되어 있음(해당 송수구역만 개방하여 살수)

송수구역별로 전용 송수구가 설치된 타입

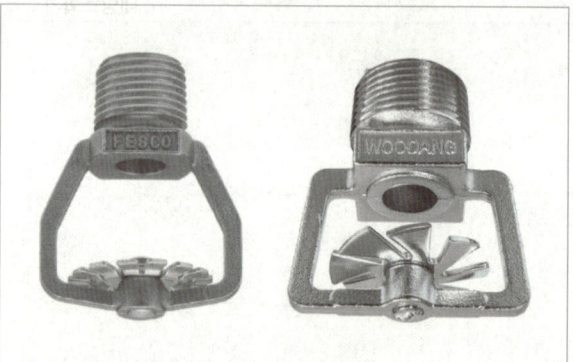

연결살수헤드(개방형 헤드)

> 숫자가 답인 문제 ★★★

73 지하구의 화재안전기준에 따른 연소방지설비의 설치기준 중 살수구역은 지하구의 몇 m 이내마다 설정하여야 하는가?

① 250　　　　② 350　　　　③ 700　　　　④ 750

- 지하구
  가. 전력·통신용의 전선이나 가스·냉난방용의 배관 또는 이와 비슷한 것을 집합수용하기 위하여 설치한 지하 인공구조물로서 사람이 점검 또는 보수를 하기 위하여 출입이 가능한 것 중 다음의 어느 하나에 해당하는 것
     ① 전력 또는 통신사업용 지하 인공구조물로서 전력구 또는 통신구 방식으로 설치된 것
     ② 지하 인공구조물로서 폭이 1.8미터 이상이고 높이가 2미터 이상이며 길이가 50미터 이상인 것
  나. 공동구 : 전기·가스·수도 등의 공급설비, 통신시설, 하수도시설 등 지하매설물을 공동 수용함으로써 미관의 개선, 도로구조의 보전 및 교통의 원활한 소통을 위하여 지하에 설치하는 시설물
- 연소방지설비 : 전력 또는 통신사업용 케이블이 설치된 지하구에 헤드를 설치하고, 소방차에서 송수구에 물을 공급해 헤드에서 살수되게 하여, 화재가 더 이상 번지지 않게 차단하는 설비

1. **살수구역** → 소방대원의 출입이 가능한 **환기구·작업구마다** 살수구역 설정
   → 환기구 사이의 간격이 700m를 초과할 경우에는 **700m 이내마다** 살수구역 설정
2. 지하구에서 화재시… 화재가 발생된 구간은 연소되더라도, 그 구간 양옆으로는 화재가 더 이상 번지지 않도록 차단하는 설비가 연소방지설비이다.

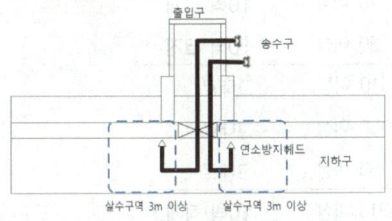

이러한 살수구역을 700m 이내마다 설치하여야 한다.

지하구에 연소방지설비 설치 예

알아둡! 살수구역 3m이상(한쪽) 700m마다 설치하여 연소방지

지하구

숫자가 답인 문제 ★★

74 110kV 초과 154kV 이하의 고압 전기기기와 물분무헤드 사이에 최소 이격거리는 몇 cm 인가?

① 110   ② 150   ③ 180   ④ 210

- **물분무 소화설비** : 물을 안개모양으로 방사해 가스와 비슷한 형태를 가지므로, 전기의 부도체(전기가 통하지 않는 물체 = 비전도성)로서 전기시설물에 설치가 가능한 자동식 수계소화설비
- **물분무헤드** : 화재시 직선류 또는 나선류의 물을 충돌·확산시켜 미립상태로 분무함으로서 소화하는 헤드

고압의 전기기기와 물분무헤드의 이격거리
고압의 전기기기가 있는 장소는 전기의 절연을 위하여 전기기기와 물분무헤드 사이에 다음 표에 따른 거리를 두어야 한다.

전압(kV)	거리(cm)	전압(kV)	거리(cm)
66 이하	70 이상	154 초과 181 이하	180 이상
66 초과 77 이하	80 이상	181 초과 220 이하	210 이상
77 초과 110 이하	110 이상	220 초과 275 이하	260 이상
110 초과 154 이하	150 이상		

물분무헤드의 이격거리 암기법

	전압(kV)			거리(cm)	
육육		~ 66 이하		70 이상	10씩 크게
11차이	66 초과	~	77 이하	80 이상	10씩 크게
33차이	77	~	110	110 이상	그대로
44차이	110	~	154	150 이상	그대로
하나 팔 하나	154	~	181	180 이상	그대로
220-154 = 66차이	181	~	220	210 이상	10씩 작게
55차이	220	~	275	260 이상	10씩 작게

문장이 답인 문제 ★★

75 특정소방대상물의 용도 및 장소별로 설치해야 할 인명구조기구의 기준으로 틀린 것은?

① 지하가 중 지하상가는 인공소생기를 층마다 2개 이상 비치할 것 (공기호흡기)
② 판매시설 중 대규모 점포는 공기호흡기를 층마다 2개 이상 비치할 것
③ 지하층을 포함하는 층수가 7층 이상인 관광호텔은 방열복, 공기호흡기, 인공소생기를 각 2개 이상 비치할 것
④ 물분무등소화설비 중 이산화탄소 소화설비를 설치해야 하는 특정소방대상물은 공기호흡기를 이산화탄소 소화설비가 설치된 장소의 출입구 인근에 1대 이상 비치할 것

피난구조설비(화재가 발생할 경우 피난하기 위하여 사용하는 기구 또는 설비)
1. 피난기구
2. 인명구조기구
   ① **방열복** : 고온의 복사열에 가까이 접근하여 소방활동이나 피난을 수행할 수 있는 **내열피복**
   ② **방화복**(안전모, 보호장갑 및 안전화 포함) : 화재진압 등의 소방활동이나 피난을 수행할 수 있는 피복
   ③ **공기호흡기** : 소화활동시 또는 피난시에 화재로 인하여 발생하는 각종 유독가스 중에서 일정시간 사용할 수 있도록 제조된 압축공기식 **개인호흡장비**(보조마스크 포함)
   ④ **인공소생기** : 호흡 부전 상태인 사람에게 **인공호흡**을 시켜 환자를 보호하거나 구급하는 기구

특정소방대상물의 용도 및 장소별로 설치하여야 할 인명구조기구

특정소방대상물	인명구조기구의 종류	설치 수량
• 지하층을 포함하는 층수가 **7층 이상인 관광호텔** 및 **5층 이상인 병원**	• **방열복 또는 방화복** (헬멧, 보호장갑 및 안전화를 포함한다) • **공기호흡기** • **인공소생기**	• **각 2개 이상 비치**할 것. 다만, 병원의 경우에는 인공소생기를 설치하지 않을 수 있다.
• 문화 및 집회시설 중 수용인원 100명 이상의 영화상영관 • **판매시설 중 대규모 점포** • 운수시설 중 지하역사 • **지하가 중 지하상가**	• **공기호흡기**	• **층마다 2개 이상 비치**할 것. 다만, 각 층마다 갖추어 두어야 할 공기호흡기 중 일부를 직원이 상주하는 인근 사무실에 갖추어 둘 수 있다.
• 물분무등소화설비 중 **이산화탄소소화설비**를 설치하여야 하는 특정소방대상물	• **공기호흡기**	• 이산화탄소소화설비가 설치된 장소의 **출입구 외부 인근에 1대 이상 비치**할 것

암기탭! 지하상가는 지하이므로 공기가 부족해서 공기호흡기가 필요하지 않을까? 그리고 인공소생기만 비치하는 곳은 없다.

방열복	방화복	공기호흡기	인공소생기(인공호흡기)
방열복은 내열성이 강한 섬유표면에 알루미늄으로 특수코팅 처리한 겉감과 내열섬유가 여러 겹으로 되어 있어 열을 반사 차단하여 준다.	방화복은 방열복에 비해 내열성 등은 떨어지지만 가볍고 활동성이 좋으므로 일반적인 화재현장에서 주된 활동복으로 사용되고 있다.	공기호흡기는 건물 내 진입이든 건물 밖에서의 활동이든 화재 또는 유독물질이 존재하는 곳에서는 항상 호흡기를 착용해야 한다.	호흡곤란 환자에게 자동 및 수동으로 적정량의 산소를 안전하고 효과적으로 공급하여 위급한 환자의 생명을 소생시키는 의료기기다.

문장이 답인 문제 ★★

76 제연설비 설치장소의 **제연구역 구획 기준**으로 틀린 것은?

① 하나의 제연구역의 면적은 1,000㎡ 이내로 할 것
② 하나의 제연구역은 직경 60m 원내에 들어갈 수 있을 것
③ 하나의 제연구역은 3개 이상 층에 미치지 아니하도록 할 것
                     2개
④ 통로상의 제연구역은 보행중심선의 길이가 60m를 초과하지 아니할 것

제연이란 **연기를 제어**한다는 외미로서... 화재실에 **신선한 공기를 급기**하고, **발생된 연기를 배기(배출)**하는 것을 제연이라 한다.
제연설비 : **구획(구역)**을 **나누(가두)**어서 연기를 **배출(배기)**하거나, 신선한 공기를 **급기(유입)**하여 소화활동 및 피난을 용이하게 만드는 설비

제연설비는 **구획(구역)**을 **나누(가두)**어서 연기를 배출(배기)하거나, 신선한 공기를 급기(유입)하는 설비이므로... 그 **구획(구역)**을 어떤 기준으로 하는지를 묻는 문제이다. 구획기준은 아래와 같다.
1. 하나의 제연구역의 면적은 **1,000㎡이내**로 할 것
2. 거실과 통로(복도)는 **상호 제연구획** 할 것 → 거실에서 배기하고, 통로(복도)에서 급기하는... 상호 제연으로 구성할 것
3. 통로상의 제연구역은 보행중심선의 **길이가 60m**를 초과하지 아니할 것
4. 하나의 제연구역은 **직경 60m 원내**에 들어갈 수 있을 것
5. 하나의 제연구역은 **2개 이상 층에 미치지 아니하도록** 할 것 → 층마다 할 것

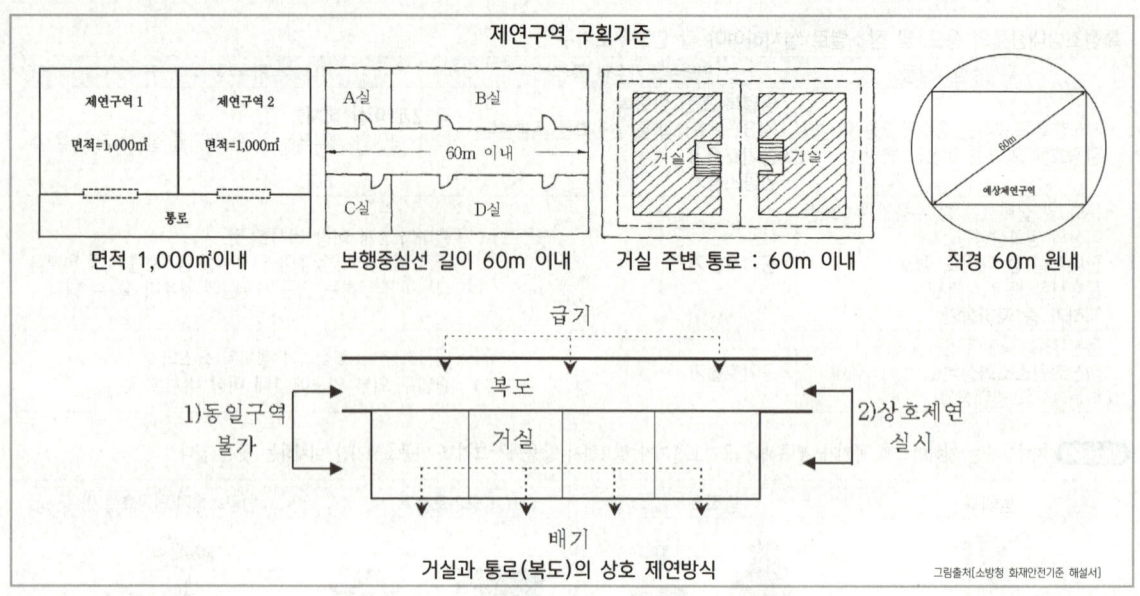

문장이 답인 문제 ★★★

77 물분무소화설비의 설치 장소별 1m²에 대한 수원의 최소 저수량으로 옳은 것은?

① 케이블트레이 : 12L/min × 20분 × 투영된 바닥면적
② 절연유 봉입 변압기 : ~~15L/min~~ 10L × 20분 × 바닥 부분을 제외한 표면적을 합한 면적
③ 차고 : ~~30L/min~~ 20L × 20분 × 바닥면적
④ 컨베이어 벨트 : ~~37L/min~~ 10L × 20분 × 벨트부분의 바닥면적

- **물분무 소화설비** : 물을 안개모양으로 방사해 가스와 비슷한 형태를 가지므로, 전기의 부도체(전기가 통하지 않는 물체 = 비전도성)로서 전기시설물에 설치가 가능한 자동식 수계소화설비
- **수원** : 물이 저장된 곳(수조에 저장할 물의 양)

케이블트레이(덕트), 절연유봉입변압기, 차고(주차장), 컨베이어 벨트 등에 물분무설비를 설치할 때, 1분당(min) 몇 리터(L)의 토출량으로, 몇 분(20분) 동안 방수할 수 있도록... 물(수원)을 저장해야 하는가의 문제이다. 즉 위 대상물에 따라 수원의 저장량이 각각 다르다는 의미이다.

물분무설비 대상물	기준면적(㎡)	분당 토출량 (20분간 방수)	암기법
특수가연물	최대 방수구역의 바닥면적 (50㎡ 이하인 경우에는 50㎡)	10 L/min (분당 10L)	나머지 10
차고(주차장)	//	20 L/min (분당 20L)	차 20 (차는 위험하니까 이십)
절연유 봉입 변압기	바닥부분을 제외한 (변압기의)표면적을 합한 면적	10 L/min (분당 10L)	절표(절마크)십 나머지 10
케이블트레이, 케이블덕트	투영된 바닥면적	12 L/min (분당 12L)	케투 12
컨베이어 벨트	벨트부분의 바닥면적	10 L/min (분당 10L)	나머지 10

암기탑! 특수 차고 절연 케이컨 ➡ 특수한 차고는 전기적으로 절연해야 한다. 왜냐하면 거기서 베이컨(케이컨)을 먹어야 하니까~

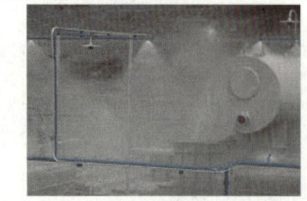  

물분무 소화설비 방수하는 모습의 예

> 숫자가 답인 문제 ★★★

78 개방형스프링클러설비의 일제개방밸브가 하나의 방수구역을 담당하는 헤드의 최대 개수는? (단, 2개 이상의 방수구역으로 나눌 경우는 제외한다.)

① 60　　　　② 50　　　　③ 30　　　　④ 25

- **스프링클러설비** : 화재발생시 화재를 자동으로 감지하여 피난을 위한 경보를 발하고, 습식·건식·준비작동식·일제살수식 밸브가 개방되면, 유수의 흐름으로 인하여 펌프가 기동되고, 개방된 헤드를 통해 소화수를 방수하여 소화하는 자동식 수계소화설비
- **헤드** : 빗방울 형태로 대량으로 물을 뿌리면서 방수하는 역할을 하는 장치
  - **폐쇄형헤드** : 정상상태에서 방수구를 막고 있는 감열체가 일정온도에서 자동적으로 파괴·용해 또는 이탈됨으로써 방수구가 개방되는 헤드(화재시 개방된 헤드에서만 물이 방수된다)
  - **개방형헤드** : 감열체 없이 방수구가 항상 열려져 있는 헤드(화재시 설치된 모든 헤드에서 물이 방수된다)
- **방수구역**(일제개방밸브 사용)
  - 스프링클러설비 소화범위에 따라... 건물내 층별, 헤드수별(헤드 50개 이하)로 나누어진 하나의 영역을 말한다.
  - 개방형 스프링클러헤드를 사용하는 (일제살수식) 설비의 구역을 방수구역이라 한다.
- **일제개방밸브** : 개방형스프링클러헤드를 사용하는 일제살수식 스프링클러설비에 설치하는 밸브로서 화재발생 시 자동 또는 수동식 기동장치에 따라 밸브가 열리는 것을 말한다.
- **일제살수식 스프링클러설비** : 가압송수장치에서 일제개방밸브 1차 측까지 배관 내에 항상 물이 가압되어 있고, 2차 측에서 개방형 스프링클러헤드까지 대기압으로 있다가, 화재발생시 자동감지장치 또는 수동식 기동장치의 작동으로 일제개방밸브가 개방되면, 스프링클러헤드까지 소화용수가 송수되어, 하나의 방수구역 내 전체 헤드에서 일제히 살수하는 방식의 스프링클러설비

하나의 방수구역을 담당하는 헤드의 개수는 **50개 이하**로 할 것.
다만, 2개 이상의 방수구역으로 나눌 경우에는 하나의 방수구역을 담당하는 헤드의 개수는 25개 이상으로 할 것

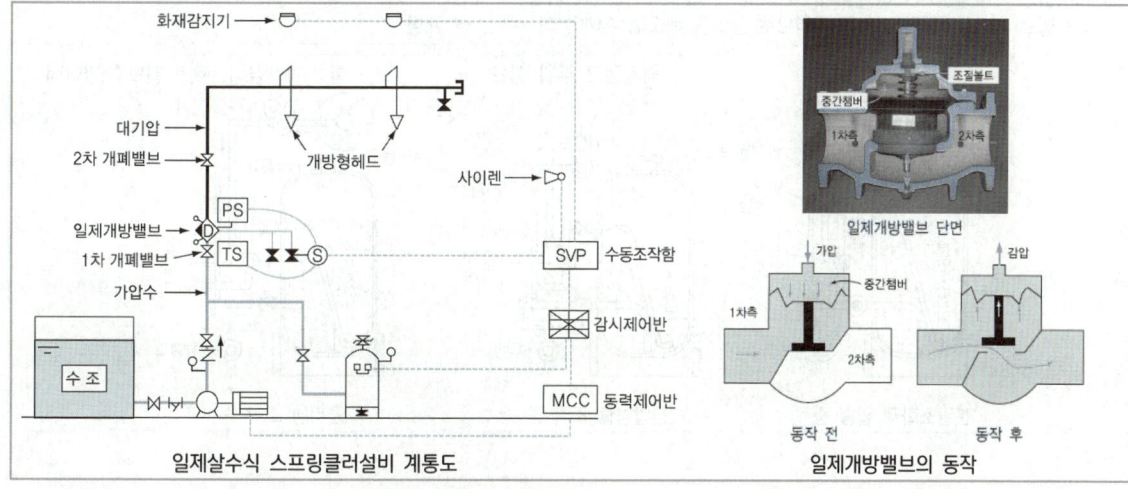

일제살수식 스프링클러설비 계통도　　　일제개방밸브의 동작

단어가 답인 문제

79 분말소화설비의 저장용기에 설치된 밸브 중 잔압 방출 시 개방·폐쇄 상태로 옳은 것은?

① 가스도입밸브 - 폐쇄
② 주밸브(방출밸브) - 개방
　　　　　　　　　　　폐쇄
③ 배기밸브 - 폐쇄
　　　　　　 개방
④ 클리닝밸브 - 개방
　　　　　　　 폐쇄

- **분말소화설비** : 분말소화설비는 미세한 분말입자를 별도 추진가스(질소 또는 이산화탄소)의 압력으로 방사하여 소화하는 설비이다.
- **가압방식**(압력을 가하여 약제를 이송하는 방식)에 따라 축압식설비(추진가스 약제용기내 같이)와 가압식설비(추진가스 별도용기에 따로)로 구분
- **가스도입밸브** : 가압용 가스를 분말소화약제 용기내에 인입시키거나(개방), 인입을 막는(폐쇄) 밸브
- **주밸브(방출밸브)** : 가압용 가스와 섞어진 분말소화약제를 방호구역으로 방출시키거나(개방), 방출을 막는(폐쇄) 밸브
- **배기밸브** : 분말저장용기의 배기밸브를 개방하여 약제탱크 내의 잔압을 배출시킨다.
- **분말설비 클리닝장치**
  - 클리닝 장치란 클리닝용 밸브·배관의 총칭으로, 저장용기 및 배관의 잔류 소화약제(분말)를 처리할 수 있는 청소장치를 말한다.
  - 목적 : 배관에 잔류한 분말가루를 배출하지 않으면 관내에 고화되어 기능 저하를 초래한다.
- **선택밸브** : 방호구역 및 방호대상물이 여러 곳인 소방대상물에서... 소화약제 저장용기는 모든 구역 및 대상물에 공용으로 사용하고, 선택밸브는 당해 방호구역 및 방호대상물마다 각각 설치하여... 소화약제 방사시 해당구역만 선택하여 개방해 주는 밸브이다.

화재진압 후... 분말탱크 내 잔압(남은 압력) 방출시, 밸브의 개방·폐쇄 상태
① 가스도입밸브 : 가압용 가스가 인입되면 안되므로... → 폐쇄
② 주밸브(방출밸브) : 분말소화약제를 방호구역으로 방출시키는 것이 아니므로... → 폐쇄
④ 클리닝밸브 : 탱크 내 잔압을 방출한 후, 배관청소를 실시하는 것이 순서이므로 지금은... → 폐쇄
③ 배기밸브 : 약제탱크 내의 잔압을 배출시키는 밸브이므로 당연히... → 개방
⑤ 선택밸브 : 소화약제가 방사된 구역으로 잔압을 배출해 주어야 하므로... → 개방

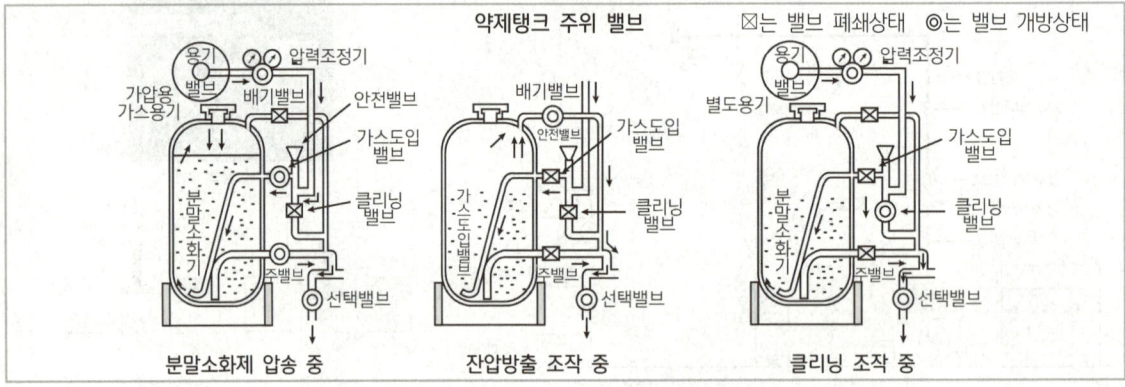

약제탱크 주위 밸브　　⊠는 밸브 폐쇄상태　◎는 밸브 개방상태

분말소화제 압송 중　　잔압방출 조작 중　　클리닝 조작 중

> 문장이 답인 문제 ★

80 차고·주차장에 호스릴포소화설비 또는 포소화전설비를 설치할 수 있는 부분인 것은?

① 지상 1층에 설치된 주차장의 부분
② 지상에서 수동 또는 원격 조작에 따라 개방이 가능한 개구부의 유효면적의 합계가 바닥면적의 20% 이상인 부분
③ 옥외로 통하는 개구부가 상시 개방된 구조의 부분으로서 그 개방된 부분의 합계면적이 해당 차고 또는 주차장의 바닥면적의 15% 이상인 부분
④ 완전 개방된 옥상주차장 또는 고가 밑의 주차장으로서 주된 벽이 없고 기둥뿐이거나 주위가 위해방지용 철주 등으로 둘러쌓인 부분

- **포소화설비** : 수조로부터 공급된 물과 포약제 저장탱크에서 공급된 포원액을, **혼합기(프로포셔너)** 에서 믹싱해 포수용액을 만들어, 포 방출구에서 공기와 섞어진 후 발포되어 거품을 방사하는 형태의 소화설비로서 유류탱크 등 위험물에 주로 사용된다.
- **포소화전설비**
  - 옥내·외 소화전설비와 비슷한 구조이나, 포소화약제가 혼합된 포수용액이... 유입된 공기와 혼합한 후, 특수한 포노즐을 통해 포를 형성하여... 방호대상물을 수동으로 소화하는 방식이다.
  - 포소화약제와 물이 혼합된 포수용액이 포소화전방수구, 호스 및 이동식포노즐을 통해 방사되어 소화한다.
- **호스릴포소화설비**
  - 화재 시 쉽게 접근하여 소화 작업이 가능한 장소 또는 고정포 방출설비 또는 포헤드설비 방식으로는 충분한 소화효과를 얻을 수 없는 부분에 설치하는 것으로서... 화재가 발생한 장소까지 호스릴에 감겨있는 호스를 당겨서 화재를 진압하는 설비이다.
  - 포소화약제와 물이 혼합된 포수용액이 호스릴포방수구, 호스릴 및 이동식포노즐을 통하여 방사되는 설비이다.

차고 또는 주차장 → 포워터스프링클러설비·포헤드설비 또는 고정포방출설비, 압축공기포소화설비
다만, 다음의 어느 하나에 해당하는 **차고·주차장의 부분**에는 **호스릴포소화설비 또는 포소화전설비를 설치**할 수 있다.
1. 완전 개방된 옥상주차장 또는 고가 밑의 주차장으로서 주된 벽이 없고 기둥뿐이거나 주위가 위해방지용 철주 등으로 둘러쌓인 부분
2. 지상 1층으로서 지붕이 없는 부분

포소화전   이동식 포소화장비   호스릴포소화설비

SECTION 05

2017년 제2회 답이색 해설편

1과목 소방원론

이해하면서 공부 할 문제

01 다음 중 열전도율이 가장 작은 것은?
① 알루미늄　　② 철재　　③ 은　　④ 암면(광물섬유)

열전도란 온도가 높은 영역으로부터 낮은 영역으로 에너지가 이송되는 열흐름 메커니즘을 말하며, 금속은 자유전자에 의해 에너지가 이송되는 것이며, 비금속은 분자의 진동(충돌)에 의해 에너지가 이송되는 것이다.
열전도율[W/m·K]은… "은 > 알루미늄 > 철재 > 암면 (광물섬유)" 순이므로, 암면(광물섬유)이 가장 작은값을 가진다.

계산하면서 공부 할 문제

02 공기와 할론 1301의 혼합기체에서 할론 1301에 비해 공기의 확산속도는 약 몇 배인가? (단, 공기의 평균분자량은 29, 할론 1301의 분자량은 149이다.)
① 2.27배　　② 3.85배　　③ 5.17배　　④ 6.46배

공기의 확산속도 즉, 기체의 확산속도를 묻는 문제이므로… **그레이엄의 확산속도의 법칙**에 따른 공식을 대입하여 계산한다.

$$\frac{\text{공기 확산속도 } V_1}{\text{할론 확산속도 } V_2} = \sqrt{\frac{\text{할론 분자량 } m_2 = 149}{\text{공기 분자량 } m_1 = 29}} \rightarrow \frac{\text{공기 } V_1}{\text{할론 } V_2} = 2.27 \rightarrow \text{공기 } V_1 = 2.27 \times \text{할론 } V_2$$

※ 문제에서 공기의 확산속도(V_1)를 물었으므로, V_1을 비례식의 좌측 상단에 두고 식을 전개하면 된다.
즉, 공기의 확산속도는… 할론1301 확산속도의 **2.27배**로 빠르게 확산된다. 여기에서, 알 수 있는 것은 가벼운 분자는 빨리 확산되고, 무거운 분자는 느리게 확산된다는 사실을 알 수 있다.

함께 공부

그레이엄의 확산속도의 법칙
일정한 온도와 압력 상태에서 기체의 확산 속도는 그 기체 분자량(밀도)의 제곱근에 반비례한다는 법칙이다. 같은 온도에서 기체 분자의 운동에너지는 그 종류와는 관계없이 일정하며 가벼운 분자는 빨리 확산되고, 무거운 분자는 느리게 확산된다.

① $\dfrac{\text{확산속도 } V_1}{\text{확산속도 } V_2} = \sqrt{\dfrac{\text{밀도 } \rho_2}{\text{밀도 } \rho_1}}$　　② $\dfrac{\text{확산속도 } V_1}{\text{확산속도 } V_2} = \sqrt{\dfrac{\text{분자량 } m_2}{\text{분자량 } m_1}}$

계산하면서 공부 할 문제 ★★★

03 화재 시 이산화탄소를 사용하여 화재를 진압 하려고 할 때 산소의 농도를 13[vol%]로 낮추어 화재를 진압하려면 공기 중 이산화탄소의 농도는 약 몇 [vol%]가 되어야 하는가?
① 18.1　　② 28.1　　③ 38.1　　④ 48.1

화재실에 이산화탄소(CO_2) 소화약제를 방사하여, 산소(O_2)농도를 13%로 떨어트려 화재를 진압하려고 할 때… 이산화탄소(CO_2)의 농도는 몇 %로 설계되어야 하는지의 문제?

CO_2방사 후 실내의 CO_2농도(%) $= \dfrac{21 - O_2(\text{농도}\%)}{21} \times 100 = \dfrac{21 - 13}{21} \times 100 = 38.095 \fallingdotseq 38.1\%$

> 암기하면서 공부 할 문제 ★★★

04 주성분이 인산염류인 제3종 분말소화약제가 다른 분말소화약제와 다르게 A급 화재에 적용할 수 있는 이유는?

① 열분해 생성물인 CO_2가 열을 흡수하므로 냉각에 의하여 소화된다.
② 열분해 생성물인 수증기가 산소를 차단하여 탈수작용 한다.
③ **열분해 생성물인 메타인산(HPO_3)이 산소의 차단 역할을 하므로 소화가 된다.**
④ 열분해 생성물인 암모니아가 부촉매 작용을 하므로 소화가 된다.

인산염($NH_4H_2PO_4$)류가 주성분인 제3종 분말소화약제의 열분해시 생성되는 메타인산(HPO_3)은 가연물에 **부착력이 우수**하여 산소차단의 소화효과가 뛰어나다. 이를 방진효과라 한다.

> 암기하면서 공부 할 문제 ★

05 건물화재의 표준시간-온도곡선에서 화재발생 후 1시간이 경과할 경우 내부 온도는 약 몇 ℃ 정도 되는가?

① 225   ② 625   ③ 840   ④ **925**

표준시간-온도곡선이란 실물크기의 모형화재 실험을 여러번 실행하여 얻은 온도 측정 결과를 기초로하여, 보편적시간과 온도변화의 관계를 나타낸 예상곡선을 말한다.
내화구조의 표준시간-온도곡선에 따르면, 30분이 지나면 840℃에 달하며, **1시간이 경과할 경우 925℃**에 도달된다.

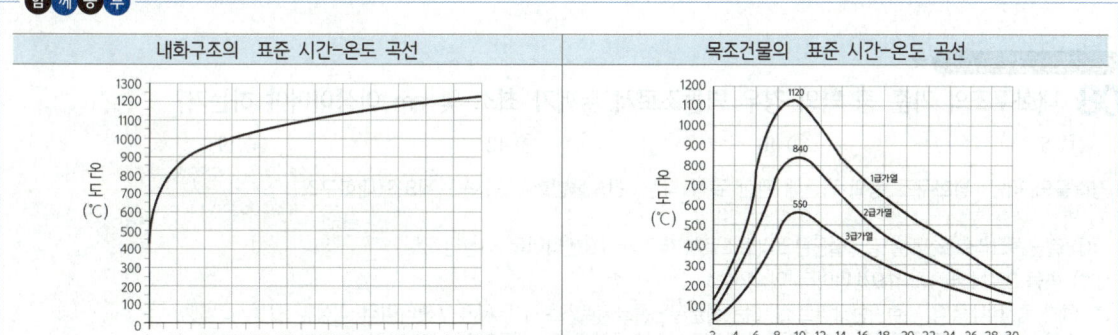

> 이해하면서 공부 할 문제

06 건축물의 피난동선에 대한 설명으로 틀린 것은?

① 피난동선은 가급적 단순한 형태가 좋다.
② 피난동선은 가급적 상호 반대방향으로 다수의 출구와 연결되는 것이 좋다.
③ 피난동선은 수평동선과 수직동선으로 구분된다.
④ **피난동선은 복도, 계단을 제외한 엘리베이터와 같은 피난전용의 통행구조를 말한다.**

피난동선(수평동선과 수직동선으로 구분)
거실(화재실) → 거실과 연결된 **복도**(통로)[1차 안전구획] → 복도와 연결된 **계단전실**(계단부속실)[2차 안전구획] → 계단전실과 연결된 **계단실**[3차 안전구획] → **피난층**, 피난안전구역
※ 화재시 엘리베이터는 사용하지 않는 것을 원칙으로 한다. (전기차단시 엘리베이터는 멈춘다)

- **Fool Proof(풀 프루프)**
  - 영어를 직역하면 "바보라도 해낼 수 있는"으로 해석되며, 화재 등의 재난상황에서는 정상적인 사고와 판단으로 행동이 어렵다고 가정하여, **극히 단순하고 쉬운** 방법을 적용하여 안전설계를 한다는 개념
  - 피난경로 및 피난시설의 구조를 간단명료하게 하는 것, 피난경로상의 출입문을 피난방향으로 열리는 구조로 하는 것, 쉽게 식별이 가능한 그림이나 색채를 이용하는 것 등
- **Fail Safe(페일 세이프)**
  - 하나의 수단이 고장 등으로 **실패**(Fail, 페일)하여도 다른 수단에 의해 그 기능이 발휘될 수 있도록 고려하여 설계하는 것
  - 화재 시 미리 준비된 하나의 시스템이 작동하지 않아도 이중화 또는 다중화로 설계된 후속 대책에 의해 다른 시스템을 이용함으로서 안전을 확보하는 개념
  - 피난통로는 서로 반대방향으로 **2방향 이상의 피난동선**을 항상 확보하는 것

07 질식소화 시 공기 중의 산소농도는 일반적으로 약 몇 vol% 이하로 하여야 하는가?

① 25   ② 21   ③ 19   ④ 15

물리적 소화의 방법 : 연소의 3요소인 가연성가스(가연물), 산소, 열(점화원)의 양적 변화를 통해 연소를 중단시켜 소화하는 방법
- **질식소화** : 가연물이 연소할 때 공기 중의 산소농도(일반적으로 21%)를 떨어뜨려(보통 15%이하) 연소를 중단시키는 소화 방법

08 내화구조의 기준 중 벽의 경우 벽돌조로서 두께가 최소 몇 cm 이상이어야 하는가?

① 5   ② 10   ③ 12   ④ 19

건축물의 피난·방화구조 등의 기준에 관한 규칙(약칭 : 건축물방화구조규칙) 제3조(내화구조)
1. 벽
   ① 철근콘크리트조 또는 철골철근콘크리트조로서 두께가 **10센티미터** 이상인 것
   ② 벽돌조로서 두께가 **19센티미터** 이상인 것
2. 외벽 중 비내력벽 : 철근콘크리트조 또는 철골철근콘크리트조로서 두께가 **7센티미터** 이상인 것
3. 바닥 : 철근콘크리트조 또는 철골철근콘크리트조로서 두께가 **10센티미터** 이상인 것

내화구조와 방화구조의 정의
1. 내화구조(耐火構造) : 화재에 견딜 수 있는 성능을 가진 구조로서 국토교통부령으로 정하는 기준에 적합한 구조
2. 방화구조(防火構造) : 화염의 확산을 막을 수 있는 성능을 가진 구조로서 국토교통부령으로 정하는 기준에 적합한 구조

09 다음 원소 중 수소와의 결합력이 가장 큰 것은?

① F   ② Cl   ③ Br   ④ I

지문의 F(불소), Cl(염소), Br(브롬), I(요오드) 는 모두 할로겐족 원소이며, 수소(H_2)와의 결합력의 크기 = 전기음성도의 크기라고 말할 수 있으므로… F(불소)가 가장 큰 결합력을 갖는다.
전기음성도 : 화학적 반응에서 분자내의 원자가 전자를 끌어 당기는 능력(친화력, 결합력)
F(불소) > O(산소) > N(질소) > Cl(염소) > Br(브롬) > C(탄소) > S(황) > I(요오드) > H(수소) > …

암기탑! 전기음성도 크기 = FON(폰)

할로겐 원자의 **전기음성도**는 F(불소) > Cl(염소) > Br(브롬) > I(요오드) 의 순이지만,
실제로 할로겐화합물 소화약제 방사시, 전기음성도가 약한 원자 순으로 분해되어, 그 원자가 먼저 반응함으로서 **실질적인 소화효과**는
F(불소) < Cl(염소) < Br(브롬) < I(요오드) 순이다. (전기음성도의 역순)

> 이해하면서 공부 할 문제

10 다음 중 연소 시 아황산가스를 발생시키는 것은?

① 적린　　　　　　② 유황　　　　　　③ 트리에틸알루미늄　　　　　　④ 황린

유황(황)[S]은 제2류 위험물(가연성 고체)로서, 공기 중에서 연소하여 냄새가 나고 인체에 해로운 아황산가스(SO_2)를 발생한다.
완전연소 화학반응식 ⇨ $S + O_2 \rightarrow SO_2\uparrow$ (아황산가스)

제2류 위험물 ⇨ **가연성 고체** [일반 환원성 가연물] 일반적으로 불에 타는 가연성고체 물질
구체적인 종류로는 **유황(황)[S], 황화린(인), 적린(인)[P], 철분, 마그네슘, 금속분류, 인화성고체** 등이 있다.

꿀팁! 아황산가스(SO_2)를 발생시키기 위해서는 물질내에 "황(S)"이 있어야 한다.

> 함께 공부

- 이황화탄소(CS_2) : 연소시 이산화탄소와 유독한 **아황산가스(이산화황)**를 발생시킨다. ➡ $CS_2 + 3O_2 \rightarrow CO_2 + 2SO_2\uparrow$
- 황린(P_4) : P_4(황린)은 S(황)이 아니라 P(인)이다. 대표적인 자연발화성물질로서 제3류 위험물[자연발화성 및 금수성 물질]에 해당

> 이해하면서 공부 할 문제 ★★★

11 화재를 소화하는 방법 중 물리적 방법에 의한 소화가 아닌 것은?

① 억제소화　　　　　　② 제거소화　　　　　　③ 질식소화　　　　　　④ 냉각소화

화학적 소화의 방법(=억제소화, 부촉매소화)
- 활성라디칼을 흡수하여 연소의 4요소인 순조로운 연쇄반응을 **억제**하여 소화하는 방법으로 정촉매의 반대인 **부촉매소화**라고도 한다.
- 할론계 소화약제, 분말소화약제 등을 이용하여 소화한다.

> 함께 공부

물리적 소화의 방법 : 연소의 3요소인 가연성가스(가연물), 산소, 열(점화원)의 양적 변화를 통해 연소를 중단시켜 소화하는 방법
- 냉각소화 : 연소 중인 가연물의 온도를 떨어뜨려 연소반응을 정지시키는 소화의 방법
- 질식소화 : 가연물이 연소할 때 공기 중의 산소농도(일반적으로 21%)를 떨어뜨려(보통 15%이하) 연소를 중단시키는 소화 방법
- 제거소화 : 가연물을 제거하여 소화하는 방법
- 희석소화 : 가연성의 기체, 액체, 고체에서 발생되는 가연성증기(분해가스)의 농도를 희석시켜(농도를 엷게 하여) 연소하한계 이하로 유지시키는 방법(강풍에 의한 희석소화)

> 이해하면서 공부 할 문제 ★★★

12 화재의 소화원리에 따른 소화방법의 적용으로 틀린 것은?

① 냉각소화 : 스프링클러설비　　　　　　② 질식소화 : 이산화탄소 소화설비
③ <u>제거소화</u> : 포소화설비　　　　　　④ 억제소화 : 할론 소화설비
　　질식소화

① 스프링클러설비는 헤드를 통해 **물**을 방사하여 소화하는 설비이므로 **냉각소화**가 주된 소화방법이다.
② 이산화탄소소화설비는 이산화탄소(CO_2)를 방사하여 **산소농도를 15%이하**로 떨어뜨려 소화하는 **질식소화**가 주된 소화방법이다.
③ 포소화설비는 유류 등의 가연물을 포(거품)로 덮으면 **산소가 차단**되어 소화하는 **질식소화**가 주된 소화방법이다.
④ 할론소화설비는 할로겐족원소(F, Cl, Br, I)를 방사하여, 활성라디칼을 흡수해 연소의 4요소인 순조로운 **연쇄반응을 억제**하여 소화하는 억제소화가 주된 소화방법이다.

> 함께 공부

① **스프링클러설비** : 화재발생시 화재를 자동으로 감지하여 피난을 위한 경보를 발하고, 습식 · 건식 · 준비작동식 · 일제살수식 밸브가 개방되면, 유수의 흐름으로 인하여 펌프가 기동되고, 개방된 헤드를 통해 소화수를 방사하여 소화하는 자동식 수계소화설비
② **이산화탄소소화설비** : 탄산가스(CO_2)를 소화약제로 이용하여 화재를 진압하는 가스계 소화설비로서 CO_2는 화학적으로 안정된 불연성가스이고, 화재실에 CO_2약제를 방출하면 공기중의 산소농도를 떨어뜨려 소화하는 질식소화가 대표적인 소화효과이다.
③ **포소화설비** : 수조로부터 공급된 물과 포약제 저장탱크에서 공급된 포원액을, 혼합기(프로포셔너)에서 믹싱해 포수용액을 만들어, 포 방출구에서 공기와 섞어진 후 발포되어 거품을 방사하는 형태의 소화설비로서 유류탱크 등 위험물에 주로 사용된다.
④ **할론소화설비** : 할론소화설비는 할로겐족원소(F, Cl, Br, I)하나 이상을 포함하고 있는 할론2402($C_2F_4Br_2$), 할론1211(CF_2ClBr), 할론1301(CF_3Br) 소화약제를 이용하여 화재를 진압하는 가스계 소화설비이다.

계산하면서 공부 할 문제 ★★

13 표면온도가 300℃에서 안전하게 작동하도록 설계된 히터의 표면온도가 360℃로 상승하면 300℃에 비하여 약 몇 배의 열을 방출할 수 있는가?

① 1.1배　　② 1.5배　　③ 2.0배　　④ 2.5배

물질의 표면에서 방사되는 복사에너지(열복사량)는 스테판-볼츠만 법칙(stefan-boltzmann's)에 의해 다음과 같이 계산된다.

$$Q(복사에너지, 복사열량) = \sigma A T^4$$

복사에너지(복사열량)는 절대온도의 4승에 비례하고, 복사를 받는 물체의 수열면적에 비례한다.
- σ [스테판-볼츠만 상수(시그마)] : $\sigma = 5.67 \times 10^{-8}$ [W/m²K⁴]
- A [수열면적] : 복사를 받는 물체의 수열면적 [m²]
- T [절대온도, K (켈빈)] = 온도(℃) + 273 [K]

σ와 A는 모두 동일하고, T[절대온도]값만 다르므로, 문제에서 주어진 온도만 대입하면...
Q_1 (고온체 온도) = 360℃, Q_2 (저온체 온도) = 300℃ 이므로

$$\therefore \frac{Q_1}{Q_2} = \frac{\sigma A (360+273)^4 [K]}{\sigma A (300+273)^4 [K]} = 1.489배 = 1.5배$$

계산하면서 공부 할 문제

14 프로판 50 [vol%], 부탄 40 [vol%], 프로필렌 10 [vol%]로 된 혼합가스의 폭발하한계는 약 [vol%]인가? (단, 각 가스의 폭발하한계는 프로판은 2.2 [vol%], 부탄은 1.9 [vol%], 프로필렌은 2.4 [vol%]이다.)

① 0.83　　② 2.09　　③ 5.05　　④ 9.44

혼합가스 연소(폭발)범위(한계) 계산
르샤트리에(Le Chatelier)의 공식 : 2가지 이상의 가연성가스가 혼합되어 있을 때, 그 혼합가스의 연소(폭발)범위(한계)를 구하는데 이용되는 공식

$$\frac{100}{L} = \frac{V_1}{L_1} + \frac{V_2}{L_2} + \frac{V_3}{L_3} + \cdots$$

- L : 혼합가스의 연소(폭발) 하한값 또는 상한값(%)
- V_1, V_2, V_3 : 성분기체 각각의 부피(%)
- L_1, L_2, L_3 : 성분기체 각각의 연소(폭발) 하한값 또는 상한값(%)

$$\frac{100\%}{L(혼합가스\ 폭발하한계)} = \frac{프로판\ 50\%}{2.2\%} + \frac{부탄\ 40\%}{1.9\%} + \frac{프로필렌\ 10\%}{2.4\%} \rightarrow \frac{100}{L} = 47.95 \rightarrow L = \frac{100}{47.95} ≒ 2.09\%$$

암기하면서 공부 할 문제 ★

15 동식물유류에서 "요오드값이 크다." 라는 의미를 옳게 설명한 것은?

① 불포화도가 높다.　② 불건성유이다.　③ 자연발화성이 낮다.　④ 산소와의 결합이 어렵다.
　　　　　　　　　　　건성유　　　　　　　　　높다　　　　　　　　쉽다

요오드값은 기름 100g에 흡수되는 요오드의 g 수를 말하는데, 유지에 함유된 지방산의 **불포화 정도**(클수록 반응성이 크다)를 나타내며, 요오드값이 클수록 불포화도(안정되지 않은 정도)가 높고, 산소와의 결합이 쉬워서, 자연발화(자연적으로 스스로 발화)의 위험성이 높아진다.

당가탑! 요오드값 크기 순서 ➡ 건 반 불

함 께 공 부

제4류 위험물(인화성 액체)

품명	구분	종류
동식물유류	건성유 (요오드값 130 이상)	아마인유, 동유, 들기름, 해바라기유, 정어리유
	반건성유 (요오드값 130 미만)	청어, 쌀겨, 채종유, 옥수수, 콩기름
	불건성유 (요오드값 100 미만)	피마자유, 올리브유, 야자유, 낙화생유

16 탄화칼슘이 물과 반응 할 때 발생되는 기체는?

① 일산화탄소 ② **아세틸렌** ③ 황화수소 ④ 수소

3류위험물 칼슘또는알루미늄의탄화물인 **탄화칼슘(카바이드)**이 물과 반응해 수산화칼슘과 가연성 가스인 아세틸렌을 발생시킨다.
CaC_2(탄화칼슘) + $2H_2O$(물) → $Ca(OH)_2$(수산화 칼슘) + C_2H_2↑ (아세틸렌 발생)

① 완전 연소시에는 불연성가스인 CO_2(이산화탄소)가 생성되지만, 산소가 부족한 상황에서는 불완전 연소가 되어 독성가스이자 가연성 가스인 CO(일산화탄소)가 생성된다.
③ **이황화탄소(CS_2)** : 연소범위 하한값이 가장 낮고, 위험도가 가장 높다.
 • 연소시 이산화탄소와 유독한 **아황산가스(이산화황)**를 발생시킨다. → $CS_2 + 3O_2 → CO_2 + 2SO_2$↑
 • 고온의 물(150 ℃)과 반응하여 **황화수소**를 발생시킨다. → $CS_2 + 2H_2O → CO_2 + 2H_2S$↑
④ 수소(H_2)는 연소시 발생하는 가연성 가스이다.

17 에테르, 케톤, 에스테르, 알데히드, 카르복실산, 아민 등과 같은 가연성인 수용성 용매에 유효한 포소화약제는?

① 단백포 ② 수성막포 ③ 불화단백포 ④ **내알콜포**

수용성(물에 녹는) 위험물(알코올, 아세톤, 초산, 의산, 피리딘 등)에 일반 포소화약제를 방사하면, 포수용액의 물 성분이 수용성 위험물에 녹아 포가 소포(파포)된다. 따라서 수용성 액체 위험물의 화재 시 적합한 포소화약제로 **내알코올포**가 개발되었다.

암기팁! 내 수단으로는 불합격해 ➡ 내 수단 불합

기계포 소화약제(공기포 소화약제)의 종류
① 내 알코올포(저팽창포) : **수용성** 액체의 화재 시 적합하다.
② 수성막포(저팽창포)
③ 단백포(저팽창포)
④ 불화 단백포(저팽창포)
⑤ 합성 계면 활성제포(저팽창포, 고팽창포 모두 사용가능)

18 유류탱크에 화재 시 발생하는 슬롭오버(Slop over)현상에 관한 설명으로 틀린 것은?

① 소화 시 외부에서 방사하는 포에 의해 발생한다.
② 연소유가 비산되어 탱크 외부까지 화재가 확산된다.
③ 탱크의 바닥에 고인 물의 비등 팽창에 의해 발생 한다. — 보일오버(Boil Over)현상
④ 연소면의 온도가 100℃ 이상일 때 물을 주수하면 발생된다.

보일오버(Boil Over)현상 : 고온층(hot zone)이 형성된 유류화재의 탱크 밑면에 물이 고여 있는 경우, 화재의 진행에 따라 바닥의 물이 급격히 증발하여 불 붙은 기름을 분출시키는 위험현상(화재발생 전 부터 있었던 물에 의해~)

슬롭오버(Slop Over)현상 : 물이 연소유의 표면에 들어갈 때 수분의 급격한 증발로 인하여 기름이 탱크 밖으로 방출되는 현상 (나중에 유입된 물에 의해~)
• 소화 시 외부에서 방사하는 포에 의해 발생한다. (고온의 상태에서 발포된 포가 물로 변하게 되면, 급격히 증발되어 폭발적으로 팽창된다)
• 연소유가 비산되어 탱크 외부까지 화재가 확산된다.
• 연소면의 온도가 100℃ 이상일 때 물을 주수하면 발생한다. (고온의 상태에서 물이 급격히 증발되어 폭발적으로 팽창된다)

이해하면서 공부 할 문제 ★★

19 가연물이 연소가 잘 되기 위한 구비조건으로 틀린 것은?

① 열전도율이 클 것 (작을 것(낮을 것))
② 산소와 화학적으로 친화력이 클 것
③ 표면적이 클 것
④ 활성화에너지가 작을 것

연소의 3요소는 가연물, 산소공급원(산화제), 점화원인데, 그 중 가연물(=환원제=환원성물질)은 산소와 반응하여 연소를 일으키게 하는 물질에 해당한다. 이 가연물은...
열전도율(온도가 높은 곳에서 낮은 곳으로 이동)이 크면(높으면), 열이 쉽게 이동되어, 열이 축적 되지 않음으로, 연소가 잘 되지 않는다. 따라서, 열전도율이 작아야(낮아야) 열의 축적이 쉬워, 연소가 잘 되기 위한 구비조건에 해당된다.

함께 공부

가연물이 되기 쉬운 조건 = 연소가 잘 되기 위한 구비조건(불에 잘 타는 조건)
- 산화반응의 화학적 활성이 클 것
- 산소와 화학적으로 친화력이 클 것
- 열전도율이 낮을(작을) 것 = 열의 축적이 용이할 것 (열전도율이 낮아야 열의 축적이 쉽다)
- 발열량이 클 것
- 표면적이 넓을(클) 것(큰덩어리보다 작은덩어리 여러개가 더 연소가 쉽다)
- 활성화에너지가 작을 것(어떤 물질을 활성으로 만드는 에너지 즉 활성화에너지가 작아야 반응하기 쉬워지며, 반응하기 쉬워야 연소가 쉽게 된다)
※ 활성화에너지 : 점화에너지로서 반응시 필요한 최소한의 에너지를 의미한다. 예를 들면 언덕이 활성화에너지이다. 즉, 높은 언덕은 넘어 가기 어렵고(활성화에너지가 커서 반응하기 어렵다), 낮은 언덕은 넘어 가기 쉽다(활성화 에너지가 작아서 반응하기 쉽다)고 이해하면 된다.

암기하면서 공부 할 문제 ★★

20 위험물의 유별 성질이 자연발화성 및 금수성 물질은 제 몇 류 위험물인가?

① 제1류 위험물
② 제2류 위험물
③ 제3류 위험물
④ 제4류 위험물

위험물
- 인화성(점화원에 의해 불이 붙는) 또는 발화성(스스로 불이 붙는) 등의 성질을 가지는 것으로서 대통령령으로 정하는 물품
- 위험물은 물리적 · 화학적 성질에 따라 제1류 ~ 제6류 위험물로 구분한다.

① 제1류 위험물 ⇨ 산화성 고체 [가연물을 산화시키는 고체]
  산소를 함유하고 있어 가연물과 접촉시 산소공급원의 기능을 하는 고체로서 ~~염류, 무기과산화물 등이 해당된다.
② 제2류 위험물 ⇨ 가연성 고체 [일반 환원성 가연물]
  일반적으로 불에 타는 가연성고체 물질로서 황, 인, 금속분류 등이 해당된다.
③ 제3류 위험물 ⇨ 자연발화성 및 금수성 물질 [황린제외 모두 금속]
  황린(P_4)이 대표적인 자연발화성물질이고, 나머지는 모두 물에 급격히 반응하여 열을 발생하는 금속(금수성)으로서 칼륨, 나트륨, 리튬, 알루미늄 등이 해당된다.
④ 제4류 위험물 ⇨ 인화성 액체 [유류 등]
  인화의 위험성이 높은 기름 등으로서 특수인화물, 제1석유류~제4석유류, 알코올류, 동식물유류 등으로 구분하며, 1석유류~3석유류는 물에녹는 수용성액체와 녹지않는 비수용성 액체로 구분된다.
⑤ 제5류 위험물 ⇨ 자기반응성 물질 [폭발성 물질]
  가연물질내에 산소를 함유하고 있어 스스로 폭발적으로 반응하는 물질로서, 질산에스테르류, 유기과산화물, 니트로화합물 등 폭발성 물질이 해당된다.
⑥ 제6류 위험물 ⇨ 산화성 액체 [가연물을 산화시키는 액체]
  산소를 함유하고 있어 가연물과 접촉시 산소공급원의 기능을 하는 액체로서 질산, 과산화수소, 과염소산 등이 해당된다.

암기팁! 1류 산고 / 2류 가고 / 3류 자금 / 4류 인화 / 5류 자기 / 6류 산화
➡ 산고 가고(산에 가고) / 자금 인화(자금을 인화해서) / 자기 산화(자기에게 산화시킨다)

A nswer 2과목 소방유체역학

포기해도 되는 계산형 | 포기해도 합격에 전혀 지장없는 문제

21 그림과 같은 삼각형 모양의 평판이 수직으로 유체 내에 놓여 있을 때 압력에 의한 힘의 작용점은 자유표면에서 얼마나 떨어져 있는가? (단, 삼각형의 도심에서 단면 2차모멘트는 bh³/36이다.)

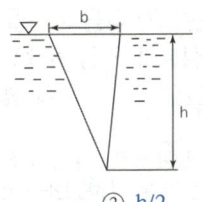

① h/4　　② h/3　　③ h/2　　④ 2h/3

본 문제는 이해과정이 복잡한 계산문제로서... 소방설비기사 실기시험에서 등장하지 않는 개념과 문제이므로, 공부하지 않고 **포기하는 것이 더 현명**합니다. 따라서 지면과 노력낭비를 방지하기 위하여 해설이 없습니다.

함께 공부

y_p (힘의 작용점까지 깊이)

$$= \frac{I_C(\text{2차 모멘트})}{y(\text{평판중심까지 거리}) \times A(\text{평판면적})} + y = \frac{\frac{bh^3}{36}}{\frac{h}{3} \times \frac{bh}{2}} + \frac{h}{3} = \frac{h}{6} + \frac{h}{3} = \frac{h}{6} + \frac{2h}{6} = \frac{3h}{6} = \frac{h}{2}$$

전반적으로 쉬운 계산형 ★★

22 압력의 변화가 없을 경우 0°C의 이상기체는 약 몇 °C가 되면 부피가 2배로 되는가?

① 273°C　　② 373°C　　③ 546°C　　④ 646°C

샤를의 법칙
압력(P)이 일정할 때, 기체의 체적(V)은 절대온도(T)에 비례한다. 쉽게 말해 압력의 변화가 없을 때 기체의 부피는 온도가 상승하면 커지고, 온도가 하강하면 작아진다는 의미이다.

$$\frac{V(\text{체적})}{T(\text{절대온도})} = 일정$$

절대온도(T)와 체적(V)의 비는 항상 일정하므로 다음과 같은 식이 성립하며, 문제의 조건들을 각각 대입하면...

$$\frac{V_1(\text{처음 부피})}{T_1(\text{처음 절대온도})} = \frac{V_2(\text{나중 부피})}{T_2(\text{나중 절대온도})}$$

→ $\frac{V_1}{273+0[℃]} = \frac{2V_1}{273+T_2[℃]}$ → $273+T_2[℃] = \frac{(273+0)[℃] \times 2V_1}{V_1}$ → $T_2[℃] = (273 \times 2) - 273 = 273[℃]$

※ 0°C의 온도가 273°C로 상승되면... 부피는 처음부피(V_1)에서 2배로($2V_1 = V_2$)로 커진다.

함께 공부

1. **보일의 법칙**
   온도가 일정할 때 기체의 체적은 절대압력에 반비례한다. 쉽게 말하면 **온도 변화가 없을 때** 기체의 부피는 압력이 커지면 작아지고, 압력이 작아지면 커진다는 의미이다.

   절대압력과(P)과 기체의 체적(V)의 곱은 항상 일정하므로 다음과 같은 식이 성립한다. $P_1 \cdot V_1 = P_2 \cdot V_2$ ∴ $V_2 = \frac{P_1}{P_2}V_1$

2. **샤를의 법칙**
   압력이 일정할 때 기체의 체적은 절대온도에 비례한다. 쉽게 말해 **압력의 변화가 없을 때** 기체의 부피는 온도가 상승하면 커지고, 온도가 하강하면 작아진다는 의미이다.

절대온도(T)와 기체의 체적(V)의 비는 항상 일정하므로 다음과 같은 식이 성립한다. $\frac{V_1}{T_1} = \frac{V_2}{T_2}$ ∴ $V_2 = \frac{T_2}{T_1}V_1$

3. 보일-샤를의 법칙
   기체의 체적은 절대온도에 비례하고, 절대압력에 반비례한다. 즉, 기체의 체적은 온도가 상승하면 증가하고, 압력이 커지면 감소한다.
   $\frac{PV}{T}$ = 일정 $\frac{P_1V_1}{T_1} = \frac{P_2V_2}{T_2}$ ∴ $V_2 = \frac{T_2 \cdot P_1}{T_1 \cdot P_2}V_1$

계산 없는 단순 암기형 ★★★★★

23 서로 다른 재질로 만든 평판의 양쪽 온도가 다음과 같을 때, 동일한 면적 및 두께를 통한 열류량이 모두 동일하다면, 어느 것이 단열재로서 성능이 가장 우수한가?

① 30℃ ~ 10℃   ② 10℃ ~ -10℃   ③ 20℃ ~ 10℃   ④ 40℃ ~ 10℃
  20℃차이   20℃차이   10℃차이   30℃차이

단열재의 성능은 열을 차단하는 능력이 중요한데… 평판 양쪽의 온도차가 크면 클수록 중간 단열이 잘 되고 있다는 것을 의미한다. 예를들어 아래표를 살펴보면… ⓐ가 ⓑ보다 단열성능이 우수하여 온도차가 더 큰 것을 알 수 있다.

구분	실외온도	벽	실내온도	실내·외 온도차	이해
ⓐ	-10℃	단열재	25℃	35℃	실외는 영하10℃로 매우 추운 상황인데… 실내는 25℃로서 따뜻한 상황이다. 중간 단열재의 성능이 우수하여… 실내·외의 온도차를 35℃ 유지하고 있는 상황이다.
ⓑ	-10℃	단열재	10℃	20℃	실외는 영하10℃로 매우 춥다. 그런데 실내도 10℃로서 추운 상황이다. 중간 단열재의 성능이 부족하여… 실내·외의 온도차가 20℃ 인 상황이다.

지문에서 온도차가 가장 큰 것은 ④번(30℃ 차이)으로서 단열성능이 가장 우수함을 알 수 있다.

전반적으로 쉬운 계산형 ★★

24 지름 40cm인 소방용 배관에 물이 80kg/s로 흐르고 있다면 물의 유속은 약 몇 m/s인가?

① 6.4   ② 0.64   ③ 12.7   ④ 1.27

연속방정식 중 질량유량(M, mass flow rate)
문제 조건에서 물이 초당(sec) 80kg[질량]으로 흐른다고 하였으므로, **연속방정식 중 질량유량(M)**의 식을 적용한다.

$$M(\text{질량유량}, kg/sec) = A(\text{배관의 단면적}, m^2) \times V(\text{유속}, m/sec) \times \rho(\text{밀도}, kg/m^3) \quad *A = \frac{\pi \cdot D^2}{4} \quad D=\text{직경(지름)}$$

1. 조건정리
   - 질량유량(M) = $80\, kg/s$
   - 지름(내경, D) = 40㎝ = 0.4m   *1000mm = 100㎝ = 1m
   - 물의 밀도(ρ) = $1000\, kg/m^3$
   - 물의 유속(V) = ? m/s

2. 물의 유속(V) 계산 ➡ $V = \dfrac{M}{A \times \rho} = \dfrac{M}{\frac{\pi \times D^2}{4} \times \rho} = \dfrac{80\, kg/s}{\frac{\pi \times (0.4m)^2}{4} \times 1000\, kg/m^3} = 0.64\, m/s$

계산 없는 단순 암기형 ★★★★★

25 동력(power)의 차원을 옳게 표시 한 것은? (단, M: 질량, L: 길이, T: 시간을 나타낸다.)

① ML^2T^{-3} ② L^2T^{-1} ③ $ML^{-1}T^{-1}$ ④ MLT^{-2}
kg·m²/sec³ (동력=일률)   m²/sec (동점성계수)   kg/m·sec (절대점성계수)   kg·m/sec² (힘)

- 차원 : "길이"라는 단어만으로는 그 길이가 얼마나 긴지, 짧은지 알 수 없다. 또 "질량"이라는 단어로는 얼마나 무거운지, 가벼운지 알 수 없다. 이렇게 사물의 크고 작음과 많고 적음을 알 수 없고 그것이 무엇을 나타내는지만 알 수 있는 것을 차원이라 한다.
- 차원의 종류 및 기호
  길이(Length,렝스) → L (m)   질량(Mass,매스) → M (kg)   시간(Time,타임) → T (sec)   중량(Force,포스) → F (kgf)
- 단위를 차원의 기호로 변환[예시]
  - 면적 : m^2 → L^2
  - 속도 : m/sec → $L/T = LT^{-1}$
  - 힘 : $kg \cdot m/sec^2$ → $ML/T^2 = MLT^{-2}$
  - 부피(체적) : m^3 → L^3
  - 가속도 : m/sec^2 → $L/T^2 = LT^{-2}$ (분모는 마이너스로 표현)
  - 밀도 : kg/m^3 → $M/L^3 = ML^{-3}$

함께공부

동력(일률)
- 동력(P)은 일의 양(W)을 그 일을 한 시간(t)으로 나눈 효율의 의미이다.
- 역학적으로 정의하면 동력은 기계가 일을 할 때 단위시간에 이루어지는 일의 양을 나타내며, 일률이라고도 한다.
- 동력의 단위 : 와트(W, Watt), 킬로와트(kW), 영국마력(HP, Horse Power), 미터마력(PS, metric horse power)

1. 절대단위

    * 힘(F) = 질량(kg) × 중력가속도($m/\sec^2$) = $kg \cdot m/\sec^2$ [N(뉴턴, Newton)] = 힘의 국제표준단위
    * 일(W) = 힘(N) × 거리(m) = $N \times m$ = $kg \cdot m/\sec^2 \times m$ = $kg \cdot m^2/\sec^2$ [J(주울, Joule)=일의 국제표준단위]

    $$P(\text{동력}) = \frac{W(\text{일량})}{t(\text{시간})} = \frac{J(N \cdot m)}{\sec} = \frac{kg \cdot m^2/\sec^2}{\sec} = kg \cdot m^2/\sec^3 = N \cdot m/\sec$$
    $$= W(\text{와트 = 동력의 국제표준단위})$$

2. 중력단위 [동력 = 중력단위의 힘 × 속도]

    $$\text{동력} = \frac{\text{일량}}{\text{시간}} = \frac{kgf \cdot m}{\sec} = kgf(\text{힘}) \times m/\sec(\text{속도}) = kgf \cdot m/\sec \ [FL/T = FLT^{-1}]$$

전반적으로 쉬운 계산형 ★★

26 계기압력(Gauge Pressure)이 50kPa인 파이프 속의 압력은 진공압력(Vacuum Pressure)이 30kPa인 용기 속의 압력보다 얼마나 높은가?

① 0kPa(동일하다.) ② 20kPa ③ **80kPa** ④ 130kPa

1. 대기압보다 높은 파이프 속의 계기압력(게이지압력) = (+)50kPa
2. 대기압보다 낮은 용기 속의 진공압력 = (-)30kPa

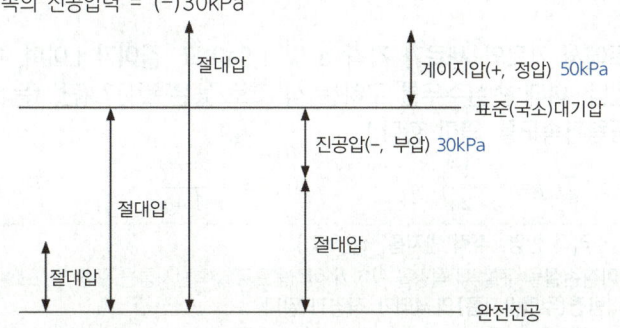

∴ 대기압보다 높은 파이프 속의 계기압력(게이지압력)은… 위 그림에서 보는 것처럼, 50kPa + 30kPa = **80kPa 더 높다.**

함께공부

절대압, 게이지압, 진공압의 구분

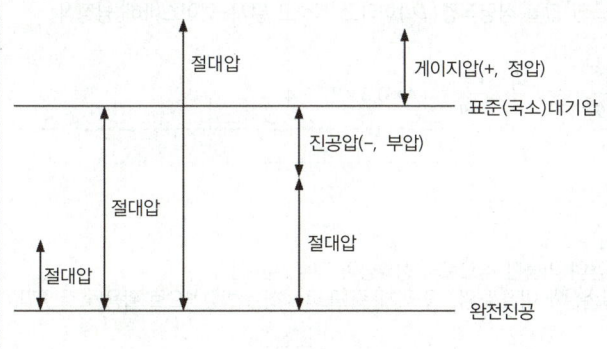

- **절대압력**
  - 완전진공을 기준으로 하여 측정한 압력
  - 완전진공(기압계 "0")으로부터 측정한 실제압력
  - 대기압을 고려한(계산한) 압력
- **게이지(계기)압력**
  - 대기압을 "0"으로 본 압력
  - 완전진공에서 대기압까지를 "0"으로 보고 대기압보다 높은 압력을 측정한 압력
  - 국소대기압을 기준으로 한 압력으로 압력계가 지시하는 압력 [정압, (+)압력]
- **진공압력**
  - 대기압보다 작은(낮은) 압력
  - 진공계가 지시하는 압력 [부압, (-)압력]

전반적으로 쉬운 계산형 ★★

27 그림에서 두 피스톤의 지름이 각각 30cm와 5cm이다. 큰 피스톤이 1cm 아래로 움직이면 작은 피스톤은 위로 몇 cm 움직이는가?

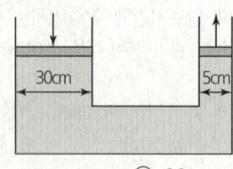

① 1cm ② 5cm ③ 30cm ④ **36cm**

1. 피스톤의 패킹에 어떠한 힘(F)이 가해져서... 어떠한 거리(L) 만큼... 일(W)을... 하였다. ☞ 일(W) = 힘(F) × 거리(L)

$$P(압력) = \frac{F(힘)}{A(면적)} \quad \therefore F = PA$$

2. 30cm의 큰 직경에 작용하는 일(W_1)과, 5cm의 작은 직경에 작용하는 일(W_2)은 동일하다. ☞ $W_1 = W_2$
3. $W_1 = W_2$ ➡ $F_1 L_1 = F_2 L_2$ ➡ $P_1 A_1 L_1 = P_2 A_2 L_2$
   피스톤의 패킹이 같은 높이에서 수평을 이루고 있을 때, 30cm의 큰 직경에 작용하는 압력 P_1과, 5cm의 작은 직경에 작용하는 압력 P_2는 동일하다. 따라서 P_1과 P_2는 소거된다.
4. $A_1 L_1$(부피) $= A_2 L_2$(부피) * 면적(cm²)×길이(cm) = 부피(cm³) ➡ $\frac{\pi \times D_1^2}{4} L_1 = \frac{\pi \times D_2^2}{4} L_2$ ➡ $D_1^2 \times L_1 = D_2^2 \times L_2$
   ➡ $(30cm)^2 \times 1cm = (5cm)^2 \times L_2$ $\therefore L_2 = 36cm$
   ※ 30cm의 큰 직경에서 1cm를 누르면, 5cm의 작은 직경에서는 36cm가 올라간다.
   ※ 큰 쪽의 피스톤에서 일정부피를 밀어내면... 작은 쪽의 피스톤에서 그 만큼의 동일한 부피가 채워진다.

전반적으로 쉬운 계산형 ★★

28 직사각형 단면의 덕트에서 가로와 세로가 각각 a 및 1.5a이고, 길이가 L이며, 이 안에서 공기가 V의 평균속도로 흐르고 있다. 이때 손실수두를 구하는 식 으로 옳은 것은? (단, f는 이 수력지름에 기초한 마찰계수이고, g는 중력가속도를 의미 한다.)

① $f = \frac{L}{a} \frac{V^2}{2.4g}$ ② $f = \frac{L}{a} \frac{V^2}{2g}$ ③ $f = \frac{L}{a} \frac{V^2}{1.4g}$ ④ $f = \frac{L}{a} \frac{V^2}{g}$

수력반경(Hydraulic Radius, 수리적 반경, 수력 반지름, r_h, R_h)

1. 원관이외의 관, 덕트 등에서 마찰손실을 구할 때 직경을 구하기 어려움으로 수력반지름을 구한 후, 그 수력반지름에 4배를 곱한다. 그 값이 직경과 같다. 즉 수력반경(수력반지름)의 4배가 직경과 같다.

R_h(수력반경, m) $= \frac{유동단면적(m^2)}{접수길이(m)}$ ➡ 단면이 사각형인관의 수력반경 $R_h(m) = \frac{가로 \times 세로 \ (m^2)}{(가로 \times 2)m + (세로 \times 2)m}$

*접수길이 : 물이 접하는 길이(=둘레길이)

$R_h(m) = \frac{가로 \times 세로 \ (m^2)}{(가로 \times 2)m + (세로 \times 2)m} = \frac{a \times 1.5a}{(a \times 2) + (1.5a \times 2)} = \frac{1.5a^2}{5a} = 0.3a$

2. 원관이외의 관, 덕트 등에서 수력반경을 구한 후 4배를 곱한 값을 **상당직경**(D_e)이라고 칭하고 **달시-와이스바하 방정식**(Darcy-Weisbach equation)에 대입할 수 있다.

$h_L = f \frac{L}{D_e} \frac{V^2}{2g} = f \frac{L}{4R_h} \frac{V^2}{2g} = f \frac{L}{4 \times 0.3a} \frac{V^2}{2g} = f \frac{L}{a} \frac{V^2}{2.4g}$ *4×0.3×2 = 2.4

함께공부

달시-와이스바하 방정식(Darcy-Weisbach equation)
- 마찰손실을 수두(h_L, m, mH_2O)로 구하는 방정식이다.
- 유체의 종류나 층류, 난류를 가리지 않고 모든 유체에 적용이 가능한 식으로서 정확성이 매우 떨어진다.
- 따라서 마찰손실과 관련된 요소가 어떤 것이고, 그것이 마찰손실에 어떻게 영향을 미치는지를 파악하는 방정식으로 활용될 수 있다.
- Darcy와 Weisbach에 의해 개발된 방정식은 아래와 같다.

$$마찰손실수두(h_L) = f \frac{L}{D} \frac{V^2}{2g} \quad *관마찰계수(f) = \frac{64}{ReNo}$$

$$h_L(mH_2O) = f \frac{L(m)}{D(m)} \frac{V^2(m/\sec)^2}{2g(m/\sec^2)} \qquad 마찰손실수두 = 관마찰계수 \times \frac{직관의\ 길이}{배관의\ 직경} \times \frac{유속^2}{2 \times 중력가속도}$$

- 결론적으로 배관에서 발생하는 마찰손실수두는 배관길이에 비례하고, 유속의 제곱에 비례하며, **직경에는 반비례**한다. 따라서 마찰손실을 줄이기 위해서는 배관 길이를 줄이고, 유속을 낮추고, **관경은 크게**한다.

전반적으로 쉬운 계산형 ★★

29 65%의 효율을 가진 원심펌프를 통하여 물을 1m³/s의 유량으로 송출시 필요한 펌프수두가 6m이다. 이때 펌프에 필요한 축동력은 약 몇 kW인가?

① 40kW ② 60kW ③ 80kW ④ **90kW**

펌프의 **축동력** ☞ 펌프의 운전에 필요한 실제동력. 따라서 전달계수를 빼고 계산한다.

$$P(kW) = \frac{H \cdot \gamma \cdot Q}{\eta_p(효율) \times 102} = \frac{H(전양정)[m] \times \gamma(물\ 비중량)[1000\,kgf/m^3] \times Q(토출량)[m^3/\sec]}{\eta_p(효율) \times 102}$$

1. 조건정리
   - 효율(η_p) = 65% = 퍼센트의 단위를 제거하면... 0.65이 된다.
   - 토출량(Q) = 1m³/s
   - 펌프수두 = 전양정(H) = 6m
2. 축동력(P)의 계산 = ? kW

$$P(kW) = \frac{H \cdot \gamma \cdot Q}{\eta_p(효율) \times 102} = \frac{6m \times 1000\,kgf/m^3 \times 1m^3/\sec}{0.65 \times 102} = 90.5\,kW$$

함께공부

1. 펌프 동력(kW)의 계산
   $= H(전양정)[m] \times \gamma(물\ 비중량)[1000\,kgf/m^3] \times Q(토출량)[m^3/\sec] = kW$
   $= kgf \cdot m/\sec (힘 \times 속도 = 중력단위의 동력) = kW$
2. 펌프의 **전달(소요, 모터, 전동기)** 동력(P) ☞ 펌프의 구동에 이용되는 동력

   $$kW = \frac{H \cdot \gamma \cdot Q}{\eta_p(효율) \times 102} \times K \qquad HP = \frac{H \cdot \gamma \cdot Q}{\eta_p(효율) \times 76} \times K \qquad PS = \frac{H \cdot \gamma \cdot Q}{\eta_p(효율) \times 75} \times K$$

   * K(전달계수) ① 전동기 : 1.1 ② 내연기관 : 1.15 ~ 1.2
3. 펌프의 **축동력** ☞ 펌프의 운전에 필요한 실제동력. 따라서 전달계수를 빼고 계산한다.

   $$kW = \frac{H \cdot \gamma \cdot Q}{\eta_p(효율) \times 102} \qquad HP = \frac{H \cdot \gamma \cdot Q}{\eta_p(효율) \times 76} \qquad PS = \frac{H \cdot \gamma \cdot Q}{\eta_p(효율) \times 75}$$
4. 펌프의 **수동력** ☞ 펌프에 의해 **물에 공급**되는 동력(유체에 실제로 주어지는 동력). 따라서 펌프효율은 의미가 없다.

   $$kW = \frac{H \cdot \gamma \cdot Q}{102} \qquad HP = \frac{H \cdot \gamma \cdot Q}{76} \qquad PS = \frac{H \cdot \gamma \cdot Q}{75}$$
5. 단위의 변환
   - 물의 비중량(γ) = $\frac{1000\,kgf/m^3}{102} = \frac{9800\,N/m^3}{102 \times 9.8} = \frac{9800\,N/m^3}{1000} = \frac{\gamma}{1000}$ \quad *$1kgf = 9.8N$
   - 토출량(Q) = $\frac{1m^3}{1\sec} \times \frac{60\sec}{1\min} = 60\,[m^3/\min]$ ➡ $\frac{60\,[m^3/\min]}{1} = \frac{m^3/\min}{60} = \frac{Q}{60}$ \quad *1분을 60으로 나눠주면 1초가 된다.

   $\therefore P[kW] = \frac{H \cdot \gamma \cdot Q}{1000 \times 60} = \frac{H[m] \times 9800[N/m^3] \times Q[m^3/\min]}{1000 \times 60} = 0.163HQ$

전반적으로 쉬운 계산형 ★★

30 중력가속도가 2m/s²인 곳에서 무게가 8kN이고 부피가 5m³인 물체의 비중은 약 얼마인가?

① 0.2   ② 0.8   ③ 1.0   ④ 1.6

비중(무게의 비) : 비교물질이 기준물질보다 무거운지 가벼운지 비교하는 것. 모든 액체는 4℃의 물의 밀도와 그 무게를 비교한다. 만일 중력가속도가 $9.8m/sec^2$이라고 가정한다면 밀도와 비중량은 동일한 값이 된다. $*1kgf = 9.8N$

$$S(액체비중) = \frac{\rho[물질의\ 밀도(kg/m^3)]}{\rho_w[물의\ 밀도(1000kg/m^3)]} = \frac{\gamma[물질의\ 비중량(kN/m^3)]}{\gamma_w[물의\ 비중량(1000kgf/m^3 = 9800N/m^3 = 9.8kN/m^3)]}$$

1. 조건정리

- 무게가 8kN이고 부피가 5m³인 물체 = 물체의 비중량(γ) = $\frac{8kN}{5m^3} = 1.6kN/m^3$

- 물의 비중량(γ_w) = ρ(물의밀도)$\times g$(중력가속도) = $1000kg/m^3 \times 2m/s^2 = 2000kg/m^2 \cdot s^2$ [절대단위의 비중량]

  → 중력단위의 비중량으로 변경[중력환산계수로 나눠준다] $\frac{2000kg/m^2 \cdot s^2}{9.8kg \cdot m/kgf \cdot s^2} = \frac{2000}{9.8}kgf/m^3$ [중력단위의 비중량]

  → 다시 뉴턴(N)단위로 변경[$1kgf = 9.8N$] $\frac{2000}{9.8}kgf/m^3 \times 9.8N/kgf = 2000N/m^3$ [SI단위의 비중량]

  → 결과론적으로... 절대단위의 비중량[$2000kg/m^2 \cdot s^2$] = SI단위의 비중량[$2000N/m^3 = 2kN/m^3$]

2. 물체의 비중 $S = \frac{\gamma}{\gamma_w} = \frac{1.6kN/m^3}{2kN/m^3} = 0.8$

전반적으로 쉬운 계산형 ★★

31 관 내 물의 속도가 12m/s, 압력이 103kPa이다. 속도수두(Hv)와 압력수두(Hp)는 각각 약 몇 m인가?

① Hv=7.35, Hp=9.8   ② Hv=7.35, Hp=10.5   ③ Hv=6.52, Hp=9.8   ④ Hv=6.52, Hp=10.5

베르누이 방정식의 적용 ☞ 전수두(전양정) = 압력수두 + 속도수두 + 위치수두 = 일정(Constant)

$$H(m) = \frac{P}{\gamma} + \frac{V^2}{2g} + Z = \frac{압력(kN/m^2)}{물비중량(9.8kN/m^3)} + \frac{유속^2(m/sec)^2}{2\times중력가속도(9.8m/sec^2)} + 높이(m)$$

$*$ 물 비중량(γ) = $1000kgf/m^3 = 9800N/m^3 = 9.8kN/m^3$ $*1kgf = 9.8N$ $*1000N = 1kN$

1. 속도수두(Hv) = $\frac{V^2}{2g} = \frac{유속^2(m/sec)^2}{2\times중력가속도(m/sec^2)} = \frac{(12m/sec)^2}{2\times 9.8m/sec^2} = 7.35m$

2. 압력수두(Hp) = $\frac{P}{\gamma} = \frac{압력(kN/m^2 = kPa)}{물\ 비중량(kN/m^3)} = \frac{103kN/m^2}{9.8kN/m^3} = 10.51m$

포기해도 되는 계산형 포기해도 합격에 전혀 지장없는 문제

32 그림과 같이 물탱크에서 2m²의 단면적을 가진 파이프를 통해 터빈으로 물이 공급되고 있다. 송출되는 터빈은 수면으로부터 30m 아래에 위치하고, 유량은 10m³/s이고 터빈 효율이 80%일 때 터빈 출력은 약 몇 kW인가? (단, 밴드나 밸브 등에 의한 부차적 손실계수는 2로 가정한다.)

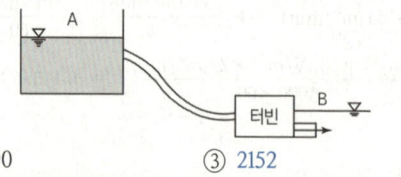

① 1254   ② 2690   ③ 2152   ④ 3363

본 문제는 이해와 계산과정 모두 매우 복잡한 계산문제로서... 소방설비기사 실기시험에서 등장하지 않는 개념과 문제이므로, 공부하지 않고 **포기하는 것이 더 현명**합니다. 따라서 지면과 노력낭비를 방지하기 위하여 해설이 없습니다.

함께공부

소방에서 사용되는 펌프는 전동기에 의해 기동된다. 하지만, 문제에서 제시되는 터빈은 물이 내려오는 힘에 의해 전기가 발생되는 발전기이다.

또한 전동기는 효율을 분모에 나누어주고(입력대비 효율이라서...), 터빈은 효율을 분자에 곱해주어야 한다. (출력대비 효율이라서...)

$$P(kW) = \frac{H \cdot \gamma \cdot Q}{102} \times \eta_p(효율) = \frac{H(전양정)[m] \times \gamma(물\ 비중량)[1000\,kgf/m^3] \times Q(토출량)[m^3/\sec]}{102} \times \eta_p(효율)$$

$$= \frac{27.45\,m \times 1000\,kgf/m^3 \times 10\,m^3/\sec}{102} \times 0.8 = 2152.94\,kW$$

- 전양정(H) = 실양정 30m − 손실수두(h_L) 2.55m = 27.45m

- h_L(손실수두, m) = $K\dfrac{V^2}{2g}$ = 손실계수 × $\dfrac{유속\left(\dfrac{Q}{A}\right)^2}{2 \times 중력가속도}$ = $2 \times \dfrac{\left(\dfrac{10}{2}\right)^2}{2 \times 9.8}$ = $2.55\,m$

전반적으로 쉬운 계산형 ★★

33 노즐에서 분사되는 물의 속도가 V=12m/s이고, 분류에 수직인 평판은 속도 u=4m/s로 움직일 때, 평판이 받는 힘은 약 몇 N인가? (단, 노즐(분류)의 단면적은 0.01m²이다.)

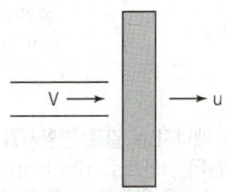

① 640　　② 960　　③ 1280　　④ 1440

이동평판에 작용하는 힘(평판이 뒤로 이동시)
$F(N) = \rho(밀도, kg/m^3) \cdot Q(유량, m^3/\sec) \cdot V(유속, m/\sec)$
$\quad\quad = \rho \cdot A(단면적, m^2) \cdot V^2(m/\sec)^2$　　* $Q = A \cdot V$ 이므로… V가 2개가 되어 V^2
$\quad\quad = \rho \cdot A \cdot (V-u)^2$

1. 조건정리
- 물의 밀도(ρ) = $1000\,kg/m^3$
- 노즐(분류)의 단면적(A) = 0.01m²
- 물의 방사속도(V) = 12m/s
- 평판이 뒤로 이동하는 속도(u) = 4m/s

2. 평판이 받는 힘(N) = $\rho \cdot A \cdot (V-u)^2 = 1000\,kg/m^3 \times 0.01\,m^2 \times (12m/s - 4m/s)^2 = 640\,kg \cdot m/s^2\,[=N]$

함께공부

1. 고정평판에 작용하는 힘
$F(N) = \rho(밀도, kg/m^3) \cdot Q(유량, m^3/\sec) \cdot V(유속, m/\sec) \cdot \sin\theta$ [직각(90°)으로 방사하면 최대값 =1]
$\quad\quad = \rho \cdot A(단면적, m^2) \cdot V^2(m/\sec)^2 \cdot \sin\theta$　　* $Q = A \cdot V$ 이므로… V가 2개가 되어 V^2
$\quad\quad = \rho \cdot \dfrac{\pi D^2}{4}(단면적, m^2) \cdot V^2(m/\sec)^2 \cdot \sin\theta = kg \cdot m/\sec^2(N)$

2. 이동평판에 작용하는 힘
- 평판이 뒤로 이동시　$F = \rho \cdot Q \cdot (V_2 - V_1) \cdot \sin\theta = \rho \cdot A \cdot (V_2 - V_1)^2 \cdot \sin\theta$
　　　　　　　　　　* V_2 : 방사속도　　* V_1 : 평판이 뒤로 이동하는 속도
- 평판이 노즐쪽으로 이동시　$F = \rho \cdot Q \cdot (V_2 + V_1) \cdot \sin\theta = \rho \cdot A \cdot (V_2 + V_1)^2 \cdot \sin\theta$
　　　　　　　　　　　* V_2 : 방사속도　　* V_1 : 평판이 노즐쪽으로 이동하는 속도

계산 없는 단순 암기형 ★★★★★

34 가역 단열과정에서 엔트로피 변화 ΔS 는?

① $\Delta S > 1$　　② $0 < \Delta S < 1$　　③ $\Delta S = 1$　　④ $\Delta S = 0$

상태변화와 엔트로피
① 가역 단열과정(등엔트로피 과정)
 • 외부와 차단되어서 열의 변화가 없는 과정
 • 단열과정은 단열상태이므로... **열량의 변화가 없으므로 엔트로피의 변화도 없는 과정**[엔트로피가 일정한 과정]에 해당한다.
$$\therefore \Delta S = 0 \ [엔트로피\ 변화 = 0]$$
② 가역 등온과정(카르노사이클 과정의 일부)
 • 등온팽창 : 고온체에서 열이 공급되어, **고열상태**이므로 그만큼 손실되는 에너지도 증가한다는 의미이다. 따라서 **엔트로피**(S, 손실되는 에너지)도 **증가**하는 과정에 해당한다.
 • 등온압축 : 저온체에 열을 방출하면, **저열상태**이므로 그만큼 손실되는 에너지도 감소한다는 의미이다. 따라서 **엔트로피**(S, 손실되는 에너지)도 **감소**하는 과정에 해당한다.
③ 비가역과정 : 공급되는 열량의 변화가 있어 엔트로피도 증가하는 과정　$\therefore \Delta S > 0$

$$\Delta S(엔트로피\ 변화량, kJ/K) = \frac{\Delta Q}{T} = \frac{열량\ 변화량[kJ]}{계의\ 절대온도[K]}$$

함께 공부

엔트로피(S)의 기본개념 ☞ 손실되는(버려지는) 에너지 = 일로 변환시킬 수 없는 에너지
 • 엔트로피(S)란 에너지의 변화나 전환을 의미하는데... 엔트로피(Entropy) = 에너지(Energy) + 변환(Tropy)
 • 루돌프 클라우지우스는 열은 저온에서 고온으로 스스로 이동할 수 없고, 고온에서 저온방향인 한쪽 방향으로만 흐른다는 개념[비가역적]을 만들고 여기에 변화를 뜻하는 고대 그리스어인 엔트로피라는 이름을 붙였다. ☞ **열역학 제2법칙**
 • 볼츠만은 엔트로피(ΔS)를 조금 더 쉽게 정의하였는데...... 계(system)내의 무질서의 정도**[무질서도]**(어지럽게 정리되는 않은)를 나타내는 상태량으로 정의하였다. 즉 무질서하면 무질서할수록 엔트로피가 높다는 것이다.
 • 자연현상에 있어서 무질서가 질서있게 바뀌는 것을 기대할 수 없다. 이것이 바로 엔트로피의 비가역성에 해당한다. 따라서 자연의 모든 현상은 엔트로피가 증가(무질서가 증가)하는 방향으로 일어난다.
 • 엔트로피를 이해하는데 있어 가장 중요한 개념은...
 엔트로피는 **자발성의 방향**[비가역적](자연적으로 발생되는 성질에 대한 방향)을 나타내기 위해 만들어낸 상태함수 라는 것이다. 즉 **엔트로피가 높아지는(증가하는) 방향을 자발적인 방향**으로 정의하였다.
 다시말해, 이 세상의 모든 **자발적인 반응**(자연적으로 발생되는 반응)은 엔트로피가 높아지는 것이다.

다소 어려운 계산형

35 온도가 37.5℃인 원유가 0.3m³/s의 유량으로 원관에 흐르고 있다. 레이놀즈수가 2,100일 때, 관의 지름은 약 몇 m 인가? (단, 원유의 동점성계수는 6×10^{-5} m²/s이다.)

① 1.25　　② 2.45　　③ **3.03**　　④ 4.45

1. 본 문제는 2개의 공식을 적용하여 관의 지름(D, 직경)을 구하여야 하는 문제이다.
 ① 유량의 단위가 m³/s 즉, 초당(sec) m³[체적=부피]이므로, 연속방정식 중 **체적유량(Q)**을 적용한다.
$$Q(체적유량, m^3/sec) = A(배관의\ 단면적, m^2) \times V(유체속도, m/sec)$$
 ② 동점성계수와 레이놀즈수가 주어졌으므로 **동점도를 통한 레이놀즈수**를 구하는 공식을 적용한다.
$$ReNo = \frac{D(직경) \cdot V(유속)}{\nu(동점도)}$$

2. 두 개의 공식을 합하여 관의 지름(D, 직경)을 중심으로 전개한 후, 문제조건을 대입한다.
 ① $V = \dfrac{Q}{A}$　→　$A = \dfrac{\pi \cdot D^2}{4}$　*D=직경(지름)　→　$V = \dfrac{Q}{\dfrac{\pi \cdot D^2}{4}} = \dfrac{4Q}{\pi D^2}$

 ② $ReNo = \dfrac{D \times V}{\nu}$　→　$ReNo = \dfrac{D \times \dfrac{4Q}{\pi D^2}}{\nu}$　→　$ReNo = \dfrac{\dfrac{4Q}{\pi D}}{\nu}$　→　$ReNo = \dfrac{4Q}{\nu \pi D}$

　→　$D = \dfrac{4 \times Q}{\nu \times \pi \times ReNo} = \dfrac{4 \times 0.3 m^3/s}{6 \times 10^{-5} m^2/s \times \pi \times 2100} = 3.03 m$

 • 유량(Q) = 0.3 m³/s　　• 레이놀즈수($ReNo$) = 2100
 • 동점성계수(동점도, ν) = 6×10^{-5} m²/s

레이놀즈수[Reynolds number]
- 관내 유체의 흐름이 층류(유체의 규칙적인 흐름)인지, 난류(어지럽고 불안정하게 불규칙적으로 흐르는 것)인지 구분해주는 정량적 수치
- 유체의 흐름에 있어서 점성에 의한 힘이 층류가 될 수 있도록 작용하며, 관성에 의한 힘은 난류를 일으키는 원인으로 작용하고 있다. 이 관성력과 점성력의 비가 레이놀즈수(ReNo)이다.
- 또한 레이놀즈수는 무단위의 수치, 즉 무차원수이므로, 어떤 단위로부터 계산하여도 동일한 값이 산출된다.

$$ReNo(\text{레이놀즈수}) = \frac{D(\text{직경}) \cdot V(\text{유속}) \cdot \rho(\text{밀도})}{\mu(\text{절대점도})} = \frac{D(\text{직경}) \cdot V(\text{유속})}{\nu(\text{동점도})} = \frac{\text{관성력}}{\text{점성력}}$$

$$ReNo = \frac{D \cdot V \cdot \rho}{\mu} = \frac{m \times m/\sec \times kg/m^3}{kg/m \cdot \sec} = \frac{kg/m \cdot \sec}{kg/m \cdot \sec} = \text{단위없음}$$

$$= \frac{D \cdot V}{\nu} = \frac{m \times m/\sec}{m^2/\sec} = \frac{m^2/\sec}{m^2/\sec} = \text{단위없음}$$

다소 어려운 계산형 ★

36 안지름 300mm, 길이 200m인 수평 원관을 통해 유량 0.2m³/s의 물이 흐르고 있다. 관의 양 끝단에서의 압력 차이가 500mmHg이면 관의 마찰계수는 약 얼마인가? (단, 수은의 비중은 13.6이다.)

① 0.017　　② **0.025**　　③ 0.038　　④ 0.041

해설

1. 달시-와이스바하 방정식(Darcy-Weisbach equation)

마찰손실(h_L)을 수두(m, mH_2O)로 구하는 방정식이다. 문제조건에서 마찰손실을 압력차이인 500mmHg로 주어졌으므로 수두의 단위로 변환하여 대입하여야 한다.

$$\text{마찰손실수두}(h_L) = f \frac{L}{D} \frac{V^2}{2g} \qquad *\text{관마찰계수}(f) = \frac{64}{ReNo(\text{레이놀즈수})}$$

$$h_L(mH_2O) = f \frac{L(m)}{D(m)} \frac{V^2(m/\sec)^2}{2g(m/\sec^2)} \qquad \text{마찰손실수두} = \text{관마찰계수} \times \frac{\text{직관의 길이}}{\text{배관의 직경}} \times \frac{\text{유속}^2}{2 \times \text{중력가속도}}$$

표준대기압을 이용한 단위환산

주어진 수은주[mmHg]를 수두[mH₂O]로 환산하면 된다. 수두단위의 표준대기압은 10.332 mH₂O(=mAq 아쿠아)이다.

$$500\,mmHg \times \frac{10.332\,mH_2O}{760\,mmHg} = 6.8\,mH_2O \qquad *\text{수은주(mmHg)의 표준대기압} = 760mmHg$$

2. 연속방정식 중 체적유량(Q, volume flow rate)

유량의 단위가 m³/s 즉, 초당(sec) m³[체적=부피]이므로, 연속방정식 중 **체적유량(Q)**을 적용해… 달시-와이스바하 방정식 적용 시, 문제에서 주어지지 않은 조건인 물의 속도(V)를 구한다.

① 조건정리
- 체적유량(Q) = 0.2m³/s
- 안지름(내경, D) = 300mm = 0.3m　　*1000mm = 100cm = 1m
- 유속(V) = ? m/s

② 물의 속도 계산

연속방정식 중 체적유량(Q) ☞ $Q(\text{체적유량}, m^3/\sec) = A(\text{배관의 단면적}, m^2) \times V(\text{유체속도}, m/\sec)$

$$\therefore V = \frac{Q}{A} \rightarrow A = \frac{\pi \cdot D^2}{4} \quad *D=\text{직경(지름)} \rightarrow V = \frac{Q}{\frac{\pi \cdot D^2}{4}}$$

$$V = \frac{Q}{\frac{\pi \cdot D^2}{4}} = \frac{0.2\,m^3/\sec}{\frac{\pi \times 0.3^2}{4}} = 2.83\,m/\sec$$

3. 달시-와이스바하 방정식을 관의 마찰계수(f) 중심으로 전개하여 대입한다.

$$h_L = f \frac{L}{D} \frac{V^2}{2g} \rightarrow h_L = \frac{fLV^2}{D2g} \rightarrow f = \frac{h_L \times D \times 2 \times g}{L \times V^2} = \frac{6.8\,m \times 0.3\,m \times 2 \times 9.8\,m/s^2}{200\,m \times (2.83\,m/s)^2} = 0.025$$

- 마찰손실(h_L) = 압력차이 500mmHg = 수두 $6.8\,m$
- 안지름(내경, D) = 300mm = 0.3m　　*1000mm = 100cm = 1m

- 중력가속도(g) = 9.8 m/s²
- 수평 원관 길이(L) = 200m
- 유속(V) = $2.83 m/s$

> 계산 없는 단순 암기형 ★★★★★

37 뉴튼(Newton)의 점성법칙을 이용한 회전원통식 점도계는?

① 세이볼트 점도계　　② 오스트발트 점도계　　③ 레드우드 점도계　　❹ **스토머 점도계**

점성을 측정할 수 있는 계기의 종류			
점도계의 원리	적용 법칙	점도계의 종류	암기
회전원통법	뉴턴(Newton)의 점성법칙	맥미셀(MacMichael, 맥미첼, 맥마이클, 맥마이첼) 점도계 스토머(Stomer) 점도계	뉴맥스
세관법	하겐-포아젤(Hagen-Poiseuille)의 법칙	세이볼트(Saybolt) 점도계 오스트발트(Ostwald, 오스왈트, 오스트왈드) 점도계 레드우드(Redwood) 점도계 앵글러(Engler) 점도계 바베이(Barbey) 점도계	하세오레 앵바
낙구법	스토크스(Stokes) 법칙	낙구식 점도계	낙스

> 함께공부

뉴턴(Newton)의 점성법칙

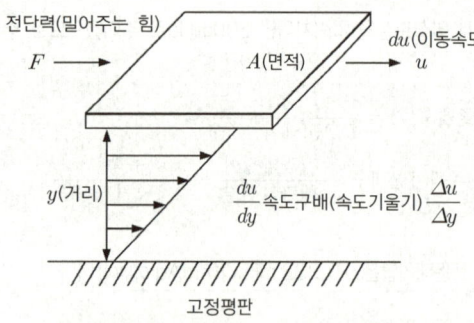

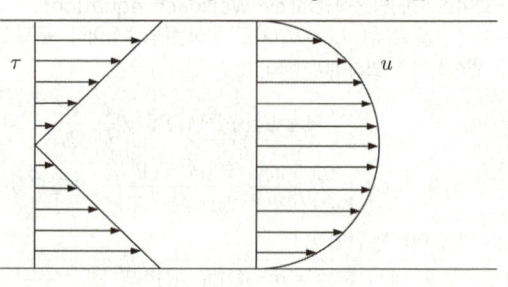

<하겐-포아젤 방정식의 전단응력과 속도분포>

전단응력(τ)과 속도(u)분포는 반비례 형태이다.

전단력(F)은 평판의 면적(A), 속도(u), 점성계수(μ, 뮤), 속도구배($\frac{du}{dy}$)에는 비례 하지만,
두 평판사이의 거리(y)에는 반비례(거리가 멀어지면 밀어주는 힘이 덜든다)한다. 이것을 식으로 세워보면

$$\text{전단력 } F(\text{힘}) = A \cdot \frac{u}{y} = A \cdot \mu \cdot \frac{du}{dy}$$

- A : 면적　 - u : 속도　 - y : 거리　 - μ : 점성계수　 - du : 이동속도　 - dy : 이동거리

위 식을 다시 정리하여 전단응력<단위면적당 마찰력(전단력)> τ (타우)를 중심으로 식을 세우면

$$\text{전단응력(마찰력) } [\tau] \frac{F}{A} = \mu \frac{du}{dy}$$

전단응력과 속도분포의 관계를 나타내는 하겐-포아젤 방정식(Hagen-Poiseuille equation)
- 수평인 원형 관속에서 점성유체가 층류 유동시에만 적용되는 방정식
- 전단응력은 관 중심에서 "0"이고 반지름에 비례하면서 관벽까지 직선적으로 증가한다.
- 속도분포는 관벽에서 "0"이고 관의 중심에서 최고속도를 나타내는 포물선 형태를 그리면서 증가한다.
- 즉, 전단응력과 속도분포는 반비례 형태이다.

> 다소 어려운 계산형 ★

38 분당 토출량이 1600L, 전양정이 100m인 물 펌프의 회전수를 1000rpm에서 1400rpm으로 증가하면 전동기 소요동력은 약 몇 kW가 되어야 하는가? (단, 펌프의 효율은 65%이고, 전달계수는 1.1이다.)

① 44.1 ② 82.1 ③ 121 ④ 142

1. 펌프의 **전달(소요, 모터, 전동기) 동력(P)** ☞ 펌프의 구동에 이용되는 동력

$$P(kW) = \frac{H \cdot \gamma \cdot Q}{\eta_p(\bar{\mathbb{A}}\mathbb{B}) \times 102} K = \frac{H(전양정)[m] \times \gamma(물\ 비중량)[1000kgf/m^3] \times Q(토출량)[m^3/sec]}{\eta_p(효율) \times 102} \times K(전달계수)$$

2. 펌프의 회전수(N)를 1,000rpm에서 1,400rpm으로 증가시키면, 펌프의 전양정(H)과 토출량(Q)이 모두 달라진다. 따라서 "**펌프의 상사법칙**"을 통해 전양정과 토출량을 구한 후, 펌프동력 공식에 대입한다.

① 전양정 100m(H_1)일 때… 회전수 1,000rpm(N_1) ➔ 1,400rpm(N_2) 증가시 전양정(H_2)

$$H_2 = \left(\frac{N_2}{N_1}\right)^2 \times H_1 = \left(\frac{1400}{1000}\right)^2 \times 100m = 196m$$

② 토출량 1600L/min(Q_1)일 때… 회전수 1,000rpm(N_1) ➔ 1,400rpm(N_2) 증가시 토출량(Q_2)

$$Q_2 = \left(\frac{N_2}{N_1}\right) \times Q_1 = \left(\frac{1400}{1000}\right) \times 1600L/min = 2240L/min$$

3. 전동기 소요동력(P)의 계산

$$P(kW) = \frac{196m \times 1000kgf/m^3 \times 2240m^3/\sec}{0.65 \times 102 \times 1000 \times 60} \times 1.1 = 121.4kW$$

- 효율(η_p) = 65% = 퍼센트의 단위를 제거하면… 0.65가 된다.
- 토출량(Q) = $2240L/min = \frac{2240L}{1min} \times \frac{1m^3}{1000L} \times \frac{1min}{60\sec} = \frac{2240m^3}{1000 \times 60\sec} = m^3/\sec$

*수치를 여기에서 계산하면 매우 복잡하므로, 펌프 동력 공식에 "1000×60"을 분모에 그대로 반영하면 변경된 단위(m³/s)로 적용된다.

> 함께공부

펌프의 상사법칙
- 상사(相似)라는 사전적 의미는 서로 모양이 비슷함. 닮음. 등의 뜻이 있다.
- 펌프의 용량이 다른 경우에도 비속도(비교회전도)가 같으면 이를 상사(相似)라고 한다.
- 소방에서의 상사법칙은 임펠러의 회전수(rpm) 및 임펠러의 직경을 변화시켰을 때 유량[Q], 전양정(양정)[H], 축동력[L]이 각각 어떻게 변화하겠느냐의 문제이다.
- **유량, 양정, 축동력과의 관계**
  ① 유량[Q]은 펌프 회전수에 **정비례**하고, 임펠러 직경의 **3승**에 비례한다.
  ② 양정[H]은 펌프 회전수의 **2승**에 비례하고, 임펠러 직경의 **2승**에 비례한다.
  ③ 축동력[L]은 펌프 회전수의 **3승**에 비례하고, 임펠러 직경의 **5승**에 비례한다.

구분	운전조건	형상조건
유량 Q	회전수 N^1 비례	직경 D^3 비례
양정 H	N^2	D^2
축동력 L	N^3	D^5
비례식 성리		
$Q_1 : N_1 = Q_2 : N_2$		$Q_1 : D_1^3 = Q_2 : D_2^3$
$H_1 : N_1^2 = H_2 : N_2^2$		$H_1 : D_1^2 = H_2 : D_2^2$
$L_1 : N_1^3 = L_2 : N_2^3$		$L_1 : D_1^5 = L_2 : D_2^5$

- $Q_1 = \left(\frac{N_1}{N_2}\right) \times \left(\frac{D_1}{D_2}\right)^3 \times Q_2$
- $H_1 = \left(\frac{N_1}{N_2}\right)^2 \times \left(\frac{D_1}{D_2}\right)^2 \times H_2$
- $L_1 = \left(\frac{N_1}{N_2}\right)^3 \times \left(\frac{D_1}{D_2}\right)^5 \times L_2$

- $Q_2 = \left(\frac{N_2}{N_1}\right) \times \left(\frac{D_2}{D_1}\right)^3 \times Q_1$
- $H_2 = \left(\frac{N_2}{N_1}\right)^2 \times \left(\frac{D_2}{D_1}\right)^2 \times H_1$
- $L_2 = \left(\frac{N_2}{N_1}\right)^3 \times \left(\frac{D_2}{D_1}\right)^5 \times L_1$

땅가람! 유량 양정 축동력 회전수1승2승3승 직경3승2승5승 ➔ 유양축 회123 직325

함께 공부

1. 펌프 동력(kW)의 계산
   = H(전양정)$[m]$ × γ(물 비중량)$[1000\,kgf/m^3]$ × Q(토출량)$[m^3/\text{sec}]$ = kW
   = $kgf \cdot m/\text{sec}$ (힘×속도=중력단위의동력) = kW

2. 펌프의 **전달**(소요, 모터, 전동기) 동력(P) ☞ 펌프의 **구동**에 이용되는 동력

   $$kW = \frac{H \cdot \gamma \cdot Q}{\eta_p(\text{효율}) \times 102} \times K \qquad HP = \frac{H \cdot \gamma \cdot Q}{\eta_p(\text{효율}) \times 76} \times K \qquad PS = \frac{H \cdot \gamma \cdot Q}{\eta_p(\text{효율}) \times 75} \times K$$

   * K (전달계수) ① 전동기 : 1.1   ② 내연기관 : 1.15 ~ 1.2

3. 펌프의 **축동력** ☞ 펌프의 **운전**에 필요한 실제동력. 따라서 전달계수를 빼고 계산한다.

   $$kW = \frac{H \cdot \gamma \cdot Q}{\eta_p(\text{효율}) \times 102} \qquad HP = \frac{H \cdot \gamma \cdot Q}{\eta_p(\text{효율}) \times 76} \qquad PS = \frac{H \cdot \gamma \cdot Q}{\eta_p(\text{효율}) \times 75}$$

4. 펌프의 **수동력** ☞ 펌프에 의해 **물**에 **공급**되는 동력(유체에 실제로 주어지는 동력). 따라서 펌프효율은 의미가 없다.

   $$kW = \frac{H \cdot \gamma \cdot Q}{102} \qquad HP = \frac{H \cdot \gamma \cdot Q}{76} \qquad PS = \frac{H \cdot \gamma \cdot Q}{75}$$

5. 단위의 변환
   - 물의 비중량(γ) = $\frac{1000\,kgf/m^3}{102}$ = $\frac{9800\,N/m^3}{102 \times 9.8}$ = $\frac{9800\,N/m^3}{1000}$ = $\frac{\gamma}{1000}$ *$1kgf = 9.8N$
   - 토출량(Q) = $\frac{1\,m^3}{1\text{sec}} \times \frac{60\text{sec}}{1\text{min}}$ = $60\,[m^3/\text{min}]$ → $\frac{60\,[m^3/\text{min}]}{1}$ = $\frac{m^3/\text{min}}{60}$ = $\frac{Q}{60}$ *1분을 60으로 나눠주면 1초가 된다.

   ∴ $P[kW] = \frac{H \cdot \gamma \cdot Q}{1000 \times 60} = \frac{H[m] \times 9800[N/m^3] \times Q[m^3/\text{min}]}{1000 \times 60} = 0.163HQ$

계산 없는 단순 암기형 ★★★★★

39 펌프의 공동현상(cavitation)을 방지하기 위한 방법이 아닌 것은?

① 펌프의 설치 위치를 되도록 낮게 하여 흡입 양정을 짧게 한다.
② 단흡입펌프보다는 양흡입펌프를 사용한다.
③ 펌프의 흡입 관경을 크게 한다.
④ 펌프의 회전수를 크게 한다.
   → 낮게 한다

공동현상(캐비테이션, cavitation) – 공기고임현상(기포 발생)

- 정의
  - 펌프 내부나 흡입측 배관에서 **물의 압력이 포화증기압 이하로 떨어져** 물이 국부적으로 증발하여 증기 공동이 발생하는 현상으로 공기(기포)가 생성되고, 진동(소음)을 수반하며 종단에는 양수불능을 초래할 수 있음
  - 물의 온도에 상응하는 증기압보다 낮은 부분이 발생하면 물은 증발되고 물속에 있던 공기와 물이 분리되어 **기포가 발생**하는 펌프의 현상
  - 물이 배관 내에 유동하고 있을 때 흐르는 **물 속 어느 부분의 정압이 그때 물의 온도에 해당 하는 증기압 이하로 되면** 부분적으로 기포가 발생하는 현상
- 원인 및 방지책

원인	방지책
흡입양정(수두) 클 때(흡입측 배관길이 길 때)	펌프 설치높이 낮춘다, 입축(수직회전축)펌프[심정용] 사용, 물올림장치 설치 등 **흡입양정(수두)을 짧게** 한다.
펌프의 설치 위치가 수원보다 높을 때	펌프의 설치 위치를 **수원보다 낮게** 한다.
마찰손실 클 때	배관길이 짧게, 관 부속물 적게 시공, 관경크게, **양흡입 펌프**(또는 2대 이상 펌프) 사용 등 마찰손실 줄인다.
임펠러 속도(펌프회전수)가 너무 빠를 때	임펠러 **속도**(펌프회전수) **낮춰** 유량을 적게 한다.(흡입비속도를 낮게한다)
흡입관경이 작아 유속이 너무 빠른 경우	**흡입관경 크게** 해서 유속을 낮춘다.
수온 높을 때	**수온을 낮게** 유지하여 포화증기압을 줄인다.

> 다소 어려운 계산형

40 체적 2,000L의 용기 내에서 압력 0.4MPa, 온도 55℃의 혼합기체의 체적비가 각각 메탄(CH₄) 35%, 수소(H₂) 40%, 질소(N₂) 25%이다. 이 혼합 기체의 질량은 약 몇 kg인가? (단, 일반기체상수는 8.314 kJ/(kmol·K)이다.)

① 3.11　　　② 3.53　　　③ **3.93**　　　④ 4.52

문제에서 일반 기체상수인 8.314kJ/(kmol·K)가 주어졌으므로… 일반적인 기체에 적용이 가능한 **이상기체 상태방정식**을 통해 답을 구할 수 있다. 문제에서 요구하는 혼합 기체의 질량(kg)을 구하기 위해… 이상기체 상태방정식을 질량(W) 중심으로 정리한다.

$$PV = \frac{WRT}{M} \quad * \text{절대압력} \times \text{체적} = \frac{\text{질량} \times \text{기체정수} \times \text{절대온도}}{\text{분자량}} \quad \rightarrow \quad W = \frac{PVM}{RT}$$

1. 조건정리
- 압력(P) = 0.4 MPa = 400 kPa = 400 kN/m²　　＊ 1MPa = 1000kPa (기체상수의 조건이 kJ이므로 kPa로 변환해야 한다)
- 체적(V) = 2000L = 2m³　　＊ 1000L = 1m³
- 분자량(M) = 물질의 무게 = kg/kmol = 1kmol(몰)당 kg(무게) = 분자를 구성하는 각 원자의 원자량 합
　　＊ 메탄(CH₄)분자량 ☞ [C=12, H=1] = (12×1) + (1×4) = 16 kg/kmol
　　＊ 수소(H₂)분자량 ☞ [H=1] = (1×2) = 2 kg/kmol
　　＊ 질소(N₂)분자량 ☞ [N=14] = 14×2 = 28 kg/kmol
　혼합기체의 분자량 → 메탄 35%, 수소 40%, 질소 25%　∴ (16×0.35) + (2×0.4) + (28×0.25) = 13.4 kg/kmol
- 기체상수(R) = 8.314 kJ/kmol·K = 8.314 kN·m/kmol·K　　＊kJ(주울, Joule) = kN·m(힘×거리=일)
- 절대온도(T) = 273+55℃ = 328K

2. 위 조건들을 대입하여 **혼합 기체의 질량(kg)**을 구한다.　　$W = \dfrac{PVM}{RT} = \dfrac{400\,kN/m^2 \times 2m^3 \times 13.4\,kg/kmol}{8.314\,kN \cdot m/kmol \cdot K \times 328K} = 3.93\,kg$

> 함께 공부

이상기체 상태방정식
보일의 법칙, 샤를의 법칙, 아보가드로의 법칙을 하나로 표현한 식이 이상적인 기체의 여러 상태(변수)를 표시하는 방정식인 이상기체 상태방정식이다.

1. PV = nRT 식의 전개

$PV = nRT \quad *n(\text{몰수}) = \dfrac{\text{질량}}{\text{분자량}} = \dfrac{W}{M} \quad \rightarrow \quad PV = \dfrac{W}{M}RT \quad \rightarrow \quad PV = \dfrac{WRT}{M} \quad$ 절대압력 × 체적 = $\dfrac{\text{질량} \times \text{기체정수} \times \text{절대온도}}{\text{분자량}}$

$PV = \dfrac{WRT}{M} \quad \rightarrow \quad P = \dfrac{WRT}{VM} \quad \rightarrow \quad P = \dfrac{\rho RT}{M} \quad \rightarrow \quad \rho = \dfrac{PM}{RT}$

$\dfrac{W(\text{질량})}{V(\text{체적})} = \rho\,(\text{밀도})$

2. 압력의 단위에 따른 기체상수(정수) R값
$PV = nRT \quad *$절대압력(atm) × 체적(m^3) = 몰수($kmol$) × 기체상수(기체정수) × 절대온도(K)에서…
기체상수(R)를 중심으로 수식을 전개하면 아래와 같다.

$$PV = nRT \quad R = \dfrac{PV}{nT} \quad \text{기체상수} = \dfrac{\text{절대압력} \times \text{체적}}{\text{몰수} \times \text{절대온도}}$$

여기에서 R로 표시되는 기체상수는 압력(P)의 단위에 따라 그 값이 아래와 같이 달라진다.

- 압력의 단위가 atm 인 경우 ➡ $R = \dfrac{1atm \times 22.4m^3}{1kmol \times 273K} = 0.082\,atm \cdot m^3/kmol \cdot K$

- 압력의 단위가 N/m^2 (Pa) 인 경우 ➡ $R = \dfrac{101325N/m^2(Pa) \times 22.4m^3}{1kmol \times 273K} = 8313.8\,N \cdot m(=J)/kmol \cdot K$

- 압력의 단위가 kN/m^2 (kPa) 인 경우 ➡ $R = \dfrac{101.325N/m^2(kPa) \times 22.4m^3}{1kmol \times 273K} = 8.314\,kN \cdot m(=kJ)/kmol \cdot K$

3과목 소방관계법규

> 문장이 답인 문제 ★★★

41 소방기본법상 소방대장의 권한이 아닌 것은?

① 화재가 발생하였을 때에는 화재의 원인 및 피해 등에 대한 조사
② 화재, 재난·재해 그 밖의 위급한 상황이 발생한 현장에 소방활동구역을 정하여 소방활동에 필요한 사람으로서 대통령령으로 정하는 사람 외에는 그 구역에 출입하는 것을 제한
③ 사람을 구출하거나 불이 번지는 것을 막기 위하여 필요할 때에는 화재가 발생하거나 불이 번질 우려가 있는 소방대상물 및 토지를 일시적으로 사용하거나 그 사용의 제한 또는 소방활동에 필요한 처분
④ 화재 진압 등 소방활동을 위하여 필요할 때에는 소방용수 외에 댐·저수지 또는 수영장 등의 물을 사용하거나 수도의 개폐장치 등을 조작

- 화재조사 전담부서의 설치·운영 → 화재의 원인과 피해 조사를 위하여 소방청, 시·도의 소방본부와 소방서에 화재조사를 전담하는 부서를 설치·운영한다.
- 조사권자 → 소방청, 시·도의 소방본부와 소방서의 장

> 함께 공부

- **소방대장** → 소방본부장 또는 소방서장 등 화재, 재난·재해, 그 밖의 위급한 상황이 발생한 현장에서 소방대를 지휘하는 사람
- **소방본부장, 소방서장 또는 소방대장의 권한**
  ① 화재, 재난·재해, 그 밖의 위급한 상황이 발생한 **현장에 소방활동구역을 정하여** 소방활동에 필요한 사람으로서 **대통령령으로** 정하는 사람 외에는 그 구역에 **출입하는 것을 제한**할 수 있다. (소방대장 만의 권한)
  ② 화재 진압 등 소방활동을 위하여 필요할 때에는 소방용수 외에 **댐·저수지 또는 수영장 등의 물을 사용**하거나 **수도의 개폐장치** 등을 조작할 수 있다.
  ③ 화재, 재난·재해, 그 밖의 위급한 상황이 발생한 현장에서 소방활동을 위하여 **필요할 때에는** 그 관할구역에 사는 사람 또는 그 **현장에 있는 사람**으로 하여금 사람을 구출하는 일 또는 불을 끄거나 불이 번지지 아니하도록 하는 일을 하게 할 수 있다.
  ④ 소방활동을 위하여 긴급하게 출동할 때에는 소방자동차의 통행과 소방활동에 방해가 되는 **주차 또는 정차된 차량 및 물건 등을 제거하거나 이동시킬 수 있다.**
  ⑤ 사람을 구출하거나 불이 번지는 것을 막기 위하여 **필요할 때에는** 화재가 발생하거나 불이 번질 우려가 있는 **소방대상물 및 토지를 일시적으로 사용**하거나 그 사용의 제한 또는 소방활동에 필요한 처분을 할 수 있다.
  ⑥ 사람을 구출하거나 불이 번지는 것을 막기 위하여 긴급하다고 인정할 때에는 위 ⑤에 따른 소방대상물 또는 토지 외의 소방대상물과 토지에 대하여 위 ⑤에 따른 처분을 할 수 있다.

> 단어가 답인 문제 ★★

42 위험물안전관리법상 위험물시설의 변경 기준 중 다음 ( ) 안에 알맞은 것은?

> 제조소등의 위치·구조 또는 설비의 변경없이 당해 제조소등에서 저장하거나 취급하는 위험물의 품명·수량 또는 지정수량의 배수를 변경하고자 하는 자는 변경하고자 하는 날의 (㉠)일 전까지 행정안전부령이 정하는 바에 따라 (㉡)에게 신고하여야 한다.

① ㉠ 1, ㉡ 소방본부장 또는 소방서장
② ㉠ 1, ㉡ 시·도지사
③ ㉠ 7, ㉡ 소방본부장 또는 소방서장
④ ㉠ 7, ㉡ 시·도지사

- **지정수량** : 위험물의 종류별로 위험성을 고려하여 대통령령이 정하는 수량으로서 제조소등의 설치허가 등에 있어서 최저의 기준이 되는 수량(지정수량의 단위로 kg을 사용하고, 4류만 L를 사용)
- 제조소등의 위치·구조 또는 설비의 변경없이 당해 제조소등에서 저장하거나 취급하는 위험물의 품명·수량 또는 **지정수량의 배수를 변경**하고자 하는 자는 변경하고자 하는 날의 **1일 전**까지 행정안전부령이 정하는 바에 따라 **시·도지사에게 신고**하여야 한다.

> 문장이 답인 문제 ★★★

43 소방시설 설치 및 관리에 관한 법령상 자동화재탐지설비를 설치하여야 하는 특정소방대상물의 기준으로 틀린 것은?

① 문화 및 집회시설로서 연면적이 1천m² 이상인 것
② 지하가(터널은 제외)로서 연면적이 1천m² 이상인 것
③ 의료시설(정신의료기관 또는 요양병원은 제외)로서 연면적 1천m² 이상인 것
    600m²
④ 지하가 중 터널로서 길이가 1천m 이상인 것

- **특정소방대상물** : 건축물 등의 규모·용도 및 수용인원 등을 고려하여 **소방시설을 설치하여야** 하는 소방대상물로서 **대통령령으로** 정하는 것
- **자동화재탐지설비**를 설치하여야 하는 특정소방대상물
  ① **문화 및 집회시설**로서 연면적 **1천m²** 이상인 경우에는 모든 층
  ② **지하가**(터널은 제외)로서 연면적 **1천m²** 이상인 경우에는 모든 층
  ③ **의료시설**(정신의료기관 및 요양병원은 제외한다)로서 연면적 **600m²** 이상인 경우에는 모든 층
  ④ 지하가 중 **터널**로서 길이가 **1천m** 이상인 것

문장이 답인 문제

44 위험물안전관리법령상 제조소등의 완공검사 신청시기 기준으로 틀린 것은?
① 지하탱크가 있는 제조소등의 경우에는 당해 지하탱크를 매설하기 전
② 이동탱크저장소의 경우에는 이동저장탱크를 완공하고 상치장소를 확보한 후
③ 이송취급소의 경우에는 이송배관 공사의 전체 또는 일부 완료한 후
④ 배관을 지하에 설치하는 경우에는 소방서장이 지정하는 부분을 매몰하고 난 직후
   시·도지사, 소방서장 또는 기술원이 지정하는 부분을 매몰하기 직전

제조소등의 완공검사 신청시기
1. **지하탱크**가 있는 제조소등의 경우 → 당해 지하탱크를 매설하기 전
2. **이동탱크저장소**의 경우 → 이동저장탱크를 완공하고 상시 설치 장소(**상치장소**)를 확보한 후
3. **이송취급소**의 경우 → 이송배관 공사의 전체 또는 일부를 완료한 후
4. 전체 공사가 완료된 후에는 완공검사를 실시하기 곤란한 경우
   - 위험물설비 또는 배관의 설치가 완료되어 기밀시험 또는 내압시험을 실시하는 시기
   - **배관을 지하에 설치하는 경우** → 시·도지사, 소방서장 또는 기술원이 지정하는 부분을 매몰하기 직전
   - 기술원이 지정하는 부분의 비파괴시험을 실시하는 시기

암기팁! 배관을 지하에 매몰해 버리면... 검사를 할 수가 없다.

단어가 답인 문제 ★

45 위험물안전관리법령상 제조소 또는 일반취급소에서 취급하는 제4류 위험물의 최대수량의 합이 지정수량의 24만배 이상 48만배 미만인 사업소의 관계인이 두어야 하는 화학소방자동차와 자체소방대원의 수의 기준으로 옳은 것은? (단, 화재 그 밖의 재난발생시 다른 사업소 등과 상호응원에 관한 협정을 체결하고 있는 사업소는 제외한다.)
① 화학소방자동차 : 2대, 자체소방대원의 수 : 10인
② 화학소방자동차 : 3대, 자체소방대원의 수 : 10인
③ 화학소방자동차 : 3대, 자체소방대원의 수 : 15인
④ 화학소방자동차 : 4대, 자체소방대원의 수 : 20인

자체소방대를 설치하는 사업소의 관계인은 자체소방대에 화학소방자동차 및 자체소방대원을 두어야 한다.		
제조소 또는 일반취급소에서 취급하는 제4류 위험물의 최대수량의 합	화학소방자동차	자체소방대원의 수
지정수량의 3천배 이상 ~ 12만배 미만인 사업소	1대	5인
지정수량의 12만배 이상 ~ 24만배 미만인 사업소	2대	10인
지정수량의 24만배 이상 ~ 48만배 미만인 사업소	3대	15인
지정수량의 48만배 이상인 사업소	4대	20인
사업소의 구분	화학소방자동차	자체소방대원의 수
옥외탱크저장소에 저장하는 제4류 위험물의 최대수량이 지정수량의 50만배 이상인 사업소	2대	10인

※ 다량의 위험물을 저장·취급하는 제조소등으로서 대통령령이 정하는 제조소등이 있는 동일한 사업소에서 대통령령이 정하는 수량 이상의 위험물을 저장 또는 취급하는 경우 당해 사업소의 관계인은 대통령령이 정하는 바에 따라 당해 사업소에 자체소방대를 설치하여야 한다.

단어가 답인 문제 ★★

46 소방시설공사업법령상 하자를 보수하여야 하는 소방시설과 소방시설별 하자보수 보증기간으로 옳은 것은?

① 유도등 : <u>1년</u>
          2년
② 자동소화장치 : 3년
③ 자동화재탐지설비 : <u>2년</u>
                       3년
④ 상수도소화용수설비 : <u>2년</u>
                         3년

하자보수 대상 소방시설과 하자보수 보증기간
1. 피난기구, 유도등, 유도표지, 비상경보설비, 비상조명등, 비상방송설비 및 무선통신보조설비 : **2년**
2. 자동소화장치, 옥내소화전설비, 스프링클러설비, 간이스프링클러설비, 물분무등소화설비, 옥외소화전설비, 자동화재탐지설비, 상수도소화용수설비 및 소화활동설비(무선통신보조설비는 제외) : **3년**

암기탭! 피난유도 무선비상 2년

함께 공부

- **유도등** : 화재발생시 건물 밖으로 긴급대피를 유도하기 위해 사용되는 등
- **자동소화장치** : 소화약제를 자동으로 방사하는 고정된 소화장치로서 그 종류로는... 주거용·상업용 주방자동소화장치, 캐비닛형·가스·분말·고체에어로졸 자동소화장치가 있다.
- **자동화재탐지설비** : 화재를 자동으로 감지하여 벨(경종), 사이렌, 섬광으로 경보하여 피난을 유도하는 설비로서, 하나의 건물내에 경계구역(=화재감지구역=화재경보구역)을 여러개 나누어서 화재구역과 비화재구역으로 구분하여 제어하는 설비이다.
- **상수도 소화용수설비** : 화재진압용도의 소방차는 물탱크 내에 물을 저장하고 있으나, 그 물만으로는 부족하기 때문에... 건축물 지하에 매설된 상수도를 이용하여 물을 추가로 공급받아야 한다. 상수도를 이용해 수돗물을 공급받는 방식은... 지상식소화전, 지하식소화전, 급수탑으로 구분된다.

숫자가 답인 문제 ★

47 소방시설 설치 및 관리에 관한 법령상 시·도지사는 관리업자에게 영업정지를 명하는 경우로서 그 영업정지가 이용자에게 불편을 주거나 그 밖에 공익을 해칠 우려가 있을 때에는 영업정지처분을 갈음하여 얼마 이하의 과징금을 부과할 수 있는가?

① 1,000만원   ② 2,000만원   ③ 3,000만원   ④ 5,000만원

- 시·도지사는 소방시설관리업자가 등록의 취소와 영업정지 사유에 해당하는 경우에는 행정안전부령으로 정하는 바에 따라 그 등록을 취소하거나 6개월 이내의 기간을 정하여 이의 시정이나 그 영업의 정지를 명할 수 있다.
- 시·도지사는 영업정지를 명하는 경우로서 그 영업정지가 이용자에게 불편을 주거나 그 밖에 공익을 해칠 우려가 있을 때에는 영업정지처분을 갈음하여 **3천만원** 이하의 과징금을 부과할 수 있다.

숫자가 답인 문제 ★

48 화재의 예방 및 안전관리에 관한 법령상 불꽃을 사용하는 용접·용단 기구의 용접 또는 용단 작업장에서 지켜야 하는 사항 중 다음 ( ) 안에 알맞은 것은?

- 용접 또는 용단 작업장 주변 반경 (㉠)미터 이내에 소화기를 갖추어 둘 것
- 용접 또는 용단 작업장 주변 반경 (㉡)미터 이내에는 가연물을 쌓아두거나 놓아두지 말 것. 다만, 가연물의 제거가 곤란하여 방화포 등으로 방호조치를 한 경우는 제외한다.

① ㉠ 3, ㉡ 5   ② ㉠ 5, ㉡ 3   ③ ㉠ 5, ㉡ 10   ④ ㉠ 10, ㉡ 5

보일러 등의 설비 또는 기구 등의 위치·구조 및 관리와 화재예방을 위하여 불을 사용할 때 지켜야 하는 사항 중 불꽃을 사용하는 용접·용단 기구
㉠ 용접 또는 용단 작업장 주변 반경 **5미터** 이내에 소화기를 갖추어 둘 것
㉡ 용접 또는 용단 작업장 주변 반경 **10미터** 이내에는 가연물을 쌓아두거나 놓아두지 말 것. 다만, 가연물의 제거가 곤란하여 방화포 등으로 방호조치를 한 경우는 제외한다.

문장이 답인 문제

49 소방시설 설치 및 관리에 관한 법령상 특정소방대상물의 관계인이 소방시설에 폐쇄(잠금을 포함)·차단 등의 행위를 하여서 사람을 상해에 이르게 한 때에 대한 벌칙기준으로 옳은 것은?

① 10년 이하의 징역 또는 1억원 이하의 벌금   ② 7년 이하의 징역 또는 7,000만원 이하의 벌금
③ 5년 이하의 징역 또는 5,000만원 이하의 벌금   ④ 3년 이하의 징역 또는 3,000만원 이하의 벌금

특정소방대상물의 **관계인**은 소방시설을 설치·관리하는 경우 화재 시 **소방시설의 기능과 성능에 지장을 줄 수 있는 폐쇄**(잠금을 포함)·**차단 등의 행위**를 하여서는 아니 된다.
1. 위를 위반하여 소방시설에 **폐쇄·차단 등의 행위를 한 자** → **5년** 이하의 징역 또는 **5천만원** 이하의 벌금
2. 위를 위반하여 **사람을 상해**에 이르게 한 때 → **7년** 이하의 징역 또는 **7천만원** 이하의 벌금에 처하며
3. 위를 위반하여 **사람을 사망**에 이르게 한 때 → **10년** 이하의 징역 또는 **1억원** 이하의 벌금에 처한다.

50 소방기본법상 관계인의 소방활동을 위반하여 정당한 사유 없이 소방대가 현장에 도착할 때까지 사람을 구출하는 조치 또는 불을 끄거나 불이 번지지 아니하도록 하는 조치를 하지 아니한 자에 대한 벌칙 기준으로 옳은 것은?

① 100만원 이하의 벌금   ② 200만원 이하의 벌금   ③ 300만원 이하의 벌금   ④ 400만원 이하의 벌금

소방대상물의 **관계인**(소유자/점유자/관리자)은 정당한 사유 없이 **소방대가 현장에 도착할 때까지 사람을 구출하는 조치** 또는 불을 끄거나 **불이 번지지 아니하도록 하는 조치**를 하지 아니한 사람 → **100만원** 이하의 벌금에 처한다.

51 화재위험도가 낮은 특정소방대상물 중 석재, 불연성금속, 불연성 건축재료 등의 가공공장·기계조립공장 또는 불연성 물품을 저장하는 창고에 설치하지 않을 수 있는 소방시설은?

① 자동화재탐지설비   ② 연결살수설비   ③ 피난기구   ④ 비상방송설비

소방시설을 설치하지 않을 수 있는 특정소방대상물 및 소방시설의 범위

구분	특정소방대상물	설치하지 않을 수 있는 소방시설
화재 위험도가 낮은 특정소방대상물	석재, 불연성금속, 불연성 건축재료 등의 가공공장·기계조립공장 또는 불연성 물품을 저장하는 창고	옥외소화전 및 연결살수설비

- **자동화재탐지설비** : 화재를 자동으로 감지하여 벨(경종), 사이렌, 섬광으로 경보하여 피난을 유도하는 설비로서, 하나의 건물내에 경계구역(=화재감지구역=화재경보구역)을 여러개 나누어서 화재구역과 비화재구역으로 구분하여 제어하는 설비이다.
- **연결살수설비** : 소방대의 진입이 곤란한 지하등의 장소(부분)에, 소방차에서 송수구에 물을 공급하면, 그 공급된 물이 헤드를 통하여 방수되어 화재를 진압하는 설비
- **피난기구** : 화재가 발생할 경우 피난하기 위하여 사용하는 기구 또는 설비로서... 구조대, 완강기(간이완강기), 공기안전매트, 피난사다리, 하향식 피난구용 내림식사다리, 승강식피난기, 다수인피난장비, 미끄럼대, 피난교, 피난용트랩, 피난밧줄이 있다.
- **비상방송설비** : 화재신호 수신후, 화재상황을 자동 또는 수동으로 방송을 통해 알리는 설비

52 제조소등의 위치·구조 및 설비의 기준 중 위험물을 취급하는 건축물의 환기설비 설치기준으로 다음 (   )안에 알맞은 것은?

급기구는 당해 급기구가 설치된 실의 바닥면적 (㉠)마다 1개 이상으로 하되, 급기구의 크기는 (㉡) 이상으로 할 것

① ㉠ 100㎡, ㉡ 800㎠   ② ㉠ 150㎡, ㉡ 800㎠   ③ ㉠ 100㎡, ㉡ 1,000㎠   ④ ㉠ 150㎡, ㉡ 1,000㎠

환기설비의 급기구는 당해 급기구가 설치된 실의 **바닥면적 150㎡마다 1개** 이상으로 하되, 급기구의 크기는 **800㎠** 이상으로 할 것

53 소방시설공사업법령상 특정소방대상물에 설치된 소방시설등을 구성하는 것의 전부 또는 일부를 개설, 이전 또는 정비하는 공사의 경우 소방시설공사의 착공신고 대상이 아닌 것은? (단, 고장 또는 파손 등으로 인하여 작동시킬 수 없는 소방시설을 긴급히 교체하거나 보수하여야 하는 경우는 제외한다.)

① 수신반   ② 소화펌프   ③ 동력(감시)제어반   ④ 압력챔버

- 공사업자는 **대통령으로 정하는 소방시설공사**를 하려면 행정안전부령으로 정하는 바에 따라 그 공사의 내용, 시공 장소, 그 밖에 필요한 사항을 **소방본부장이나 소방서장에게 신고**하여야 한다.
- "대통령령으로 정하는 소방시설공사" 중 특정소방대상물에 설치된 소방시설등을 구성하는 다음의 어느 하나에 해당하는 것의 전부 또는 일부를 개설, 이전 또는 정비하는 공사의 착공신고 대상
  → 수신반 / 소화펌프 / 동력(감시)제어반

함 께 공 부

- **수신기** : 감지기나 발신기에서 보내는 화재신호를 직접수신하거나 또는 중계기를 통해 수신하여 화재발생을 표시하고, 경보(주경종 울림)하여 주는 장치
- **소화펌프** : 전동기(모터) 또는 내연기관(엔진)을 이용하여 원심펌프를 가동시켜 그 압력으로 급수하는 것
- **동력제어반** : MCC(Moter Contral Center)판넬로서, 각종 동력장치의 전기적 제어기능이 포함된 주분전반
- **감시제어반** : 소화설비용 전기적 수신반으로 설비의 제어기능이 있는 것
- **압력챔버** : 내용적 100리터 이상의 물통으로... 압력챔버 내 물을 채우면 상부에 압축공기가 생성된다.

> 단어가 답인 문제

54 특정소방대상물에서 사용하는 방염대상물품의 **방염성능검사 방법과 검사 결과에 따른 합격 표시 등에 필요한 사항**은 무엇으로 정하는가?

① 대통령령 ② 행정안전부령 ③ 소방청장령 ④ 시·도의 조례

- 방염대상물품은 소방청장이 실시하는 방염성능검사를 받은 것이어야 한다. 다만, **대통령령으로 정하는 방염대상물품의 경우**에는 특별시장·광역시장·특별자치시장·도지사 또는 특별자치도지사(이하 "시·도지사"라 한다)가 실시하는 방염성능검사를 받은 것이어야 한다.
- 방염성능검사의 방법과 검사 결과에 따른 합격 표시 등에 필요한 사항은 **행정안전부령**으로 정한다.

> 단어가 답인 문제 ★

55 시장지역에서 화재로 오인할 만한 우려가 있는 불을 피우거나 연막소독을 하려는 자가 **신고를 하지 아니하여 소방자동차를 출동하게 한 자**에 대한 **과태료 부과·징수권자**는?

① 국무총리 ② 소방청장 ③ 시·도지사 ④ 소방서장

1. 다음의 어느 하나에 해당하는 지역 또는 장소에서 **화재로 오인할 만한 우려가 있는 불을 피우거나 연막소독을 하려는 자**는 시·도의 조례로 정하는 바에 따라 관할 **소방본부장 또는 소방서장에게 신고**하여야 한다.
   ① 시장지역
   ② 공장·창고가 밀집한 지역
   ③ 목조건물이 밀집한 지역
   ④ 위험물의 저장 및 처리시설이 밀집한 지역
   ⑤ 석유화학제품을 생산하는 공장이 있는 지역
2. 위에 따른 신고를 하지 아니하여 소방자동차를 출동하게 한 자에게는 **20만원 이하의 과태료**를 부과한다.
3. 위의 과태료는 조례로 정하는 바에 따라 **관할 소방본부장 또는 소방서장이 부과·징수**한다.

> 문장이 답인 문제

56 소방기본법령상 **소방용수시설**에 대한 설명으로 **틀린** 것은?

① 시·도지사는 소방활동에 필요한 소방용수 시설을 설치하고 유지·관리하여야 한다.
② **수도법의 규정에 따라 설치된 소화전도 시·도지사가 유지·관리하여야 한다.**
　　　　　　　　　　　　　소화전은 일반수도사업자가
③ 소방본부장 또는 소방서장은 원활한 소방활동을 위하여 소방용수시설에 대한 조사를 월 1회 이상 실시하여야 한다.
④ 소방용수시설 조사의 결과는 2년간 보관하여야 한다.

수도법에 따라 소화전을 설치하는 **일반수도사업자**는 관할 소방서장과 사전협의를 거친 후 소화전을 설치하여야 하며, 설치 사실을 관할 소방서장에게 통지하고, 그 소화전을 유지·관리하여야 한다.

문장이 답인 문제 ★★★

57 소방기본법령상 소방서 종합상황실의 실장이 서면·팩스 또는 컴퓨터통신 등으로 소방본부의 종합상황실에 지체 없이 보고하여야 하는 기준으로 틀린 것은?

① 사망자가 5인 이상 발생하거나 사상자가 10인 이상 발생한 화재
② 층수가 11층 이상인 건축물에서 발생한 화재
③ 이재민이 50인 이상 발생한 화재
　　　　　100인
④ 재산피해액이 50억원 발생한 화재

- **119 종합상황실의 설치와 운영** : 소방청장, 소방본부장 및 소방서장은 화재, 재난·재해, 그 밖에 구조·구급이 필요한 상황이 발생하였을 때에 신속한 소방활동을 위한 정보의 수집·분석과 판단·전파, 상황관리, 현장 지휘 및 조정·통제 등의 업무를 수행하기 위하여 119종합상황실을 설치·운영하여야 한다.
- **상급(소방서→소방본부→소방청) 종합상황실에 지체없이 보고해야 하는 화재 및 재난상황**
  - 사망자가 5인 이상 발생하거나 사상자가 10인 이상 발생한 화재
  - 재산피해액이 50억원 이상 발생한 화재
  - 이재민이 100인 이상 발생한 화재

암기팁! 사망5인/사상10인, 재산50억, 이재민100인 ➡ 사5/10, 재50, 이100 ➡ 사오십, 재오십, 이백

함께공부

상급(소방서→소방본부→소방청) 종합상황실에 지체없이 보고해야 하는 화재 및 재난상황
- 사람/재산 [암기팁 : 사망5인/사상10인, 재산50억, 이재민100인 ➡ 사5/10, 재50, 이100 ➡ 사오십, 재오십, 이백]
  - **사망자**가 5인 이상 발생하거나 **사상자**가 10인 이상 발생한 화재
  - **재산피해액**이 50억원 이상 발생한 화재
  - **이재민**이 100인 이상 발생한 화재
- 규모
  - 층수가 **11층** 이상인 건축물에서 발생한 화재
  - 층수가 **5층** 이상이거나 객실이 **30실** 이상인 **숙박**시설에서 발생한 화재
  - 층수가 **5층** 이상이거나 병상이 **30개** 이상인 종합**병원**·정신병원·한방병원·요양소에서 발생한 화재
  - **항구**에 매어둔 총 톤수가 **1천톤** 이상인 **선박**에서 발생한 화재
  - **지정수량의 3천배** 이상의 위험물의 제조소·저장소·취급소에서 발생한 화재
  - 연면적 **1만5천제곱미터** 이상인 **공장** 또는 화재예방강화지구에서 발생한 화재
- 장소 등
  - **관공서·학교·정부미도정공장**·문화재·지하철 또는 **지하구**의 화재
  - **관광호텔**, **지하**상가, 시장, 백화점에서 발생한 화재
  - **철도차량**, **항공기**, 발전소 또는 변전소에서 발생한 화재
  - 가스 및 화약류의 **폭발**에 의한 화재
  - 다중이용업소의 화재
- 재난상황
  - 「긴급구조대응활동 및 현장지휘에 관한 규칙」에 의한 **통제단장**의 현장지휘가 필요한 재난상황
  - **언론**에 보도된 재난상황
  - 그 밖에 소방청장이 정하는 재난상황

단어가 답인 문제

58 소방시설 설치 및 관리에 관한 법령상 시·도지사가 실시하는 방염성능 검사 대상으로 옳은 것은?

① 설치 현장에서 방염처리를 하는 합판·목재
② 제조 또는 가공 공정에서 방염처리를 한 카펫
③ 제조 또는 가공 공정에서 방염처리를 한 창문에 설치하는 블라인드
④ 설치 현장에서 방염처리를 하는 암막·무대막

- **방염대상물품**은 소방청장이 실시하는 방염성능검사를 받은 것이어야 한다. 다만, 대통령령으로 정하는 방염대상물품의 경우에는 특별시장·광역시장·특별자치시장·도지사 또는 특별자치도지사(이하 "시·도지사"라 한다)가 실시하는 방염성능검사를 받은 것이어야 한다.
- **시·도지사가 실시하는 방염성능검사**(대통령령으로 정하는 방염대상물품)
  ① 전시용 합판·목재 또는 무대용 합판·목재 중 **설치 현장에서 방염처리를 하는 합판·목재류**
  ② 방염대상물품 중 **설치 현장에서 방염처리를 하는 합판·목재류**

단어가 답인 문제 ★

59 소방시설 설치 및 관리에 관한 법령상 건축허가 등의 동의를 요구하는 때 동의요구서에 첨부하여야 하는 설계도서가 아닌 것은? (단, 소방시설공사 착공신고대상에 해당하는 경우이다.)

① 창호도　　② 실내 전개도　　③ 층별 평면도　　④ 주단면도 및 입면도

소방시설공사 착공신고 대상에 해당되는 경우에만 제출하는 설계도서
1. 건축물 설계도서
   - 건축물 개요 및 배치도
   - **주단면도 및 입면도**(물체를 정면에서 본 대로 그린 그림을 말한다)
   - **층별 평면도**(용도별 기준층 평면도를 포함한다)
   - 방화구획도(**창호도**를 포함한다)
   - 실내·실외 마감재료표
   - 소방자동차 진입 동선도 및 부서 공간 위치도(조경계획을 포함한다)
2. 소방시설 설계도서
   - 소방시설별 층별 평면도
   - 소방시설의 내진설계 계통도 및 기준층 평면도(내진 시방서 및 계산서 등 세부 내용이 포함된 상세 설계도면은 제외한다)

함께공부

1. 건축허가등의 권한이 있는 행정기관이, 소방본부장이나 소방서장에게 건축허가등의 동의를 받는다.
   ① 건축물 등의 신축·증축·개축·재축·이전·용도변경 또는 대수선의 허가·협의 및 사용승인(이하 건축허가등)의 권한이 있는 행정기관은 건축허가등을 할 때 미리 그 건축물 등의 시공지 또는 소재지를 관할하는 소방본부장이나 소방서장의 동의를 받아야 한다.
   ② 건축물 등의 증축·개축·재축·용도변경 또는 대수선의 신고를 수리할 권한이 있는 행정기관은 그 신고를 수리하면 그 건축물 등의 시공지 또는 소재지를 관할하는 소방본부장이나 소방서장에게 지체 없이 그 사실을 알려야 한다.
2. 건축허가등의 동의시 첨부서류
   ① 건축허가등의 권한이 있는 행정기관이 건축허가등을 하거나 신고를 수리할 때... 건축허가등을 받으려는 자 또는 신고를 한 자가 제출한 설계도서 중, 건축물의 내부구조를 알 수 있는 설계도면을 관할 소방본부장이나 소방서장에게 제출하여야 한다.
   ② 건축허가등의 동의를 요구하는 경우에는 동의요구서에 규정된 서류를 첨부해야 한다.

문장이 답인 문제 ★

60 지하층을 포함한 층수가 16층 이상 40층 미만인 특정소방대상물의 소방시설 공사현장에 배치하여야 할 소방공사 책임감리원의 배치기준으로 옳은 것은?

① 행정안전부령으로 정하는 특급감리원 중 소방기술사
② 행정안전부령으로 정하는 특급감리원 이상의 소방공사 감리원(기계분야 및 전기분야)
③ 행정안전부령으로 정하는 고급감리원 이상의 소방공사 감리원(기계분야 및 전기분야)
④ 행정안전부령으로 정하는 중급감리원 이상의 소방공사 감리원(기계분야 및 전기분야)

지하층을 포함한 층수가 16층 이상 40층 미만인 특정소방대상물의 공사 현장 → 특급감리원 이상의 소방공사 감리원

함께공부

소방공사 감리원의 배치기준

감리원의 배치기준		소방시설공사 현장의 기준
책임감리원	**보조감리원**	
특급감리원 중 소방기술사	초급감리원 이상의 소방공사 감리원(기계분야 및 전기분야)	• 연면적 **20만제곱미터 이상**인 특정소방대상물의 공사 현장 • 지하층을 포함한 층수가 **40층 이상**인 특정소방대상물의 공사 현장
특급감리원 이상의 소방공사 감리원(기계분야 및 전기분야)	//	• 연면적 **3만제곱미터 이상** 20만제곱미터 미만인 특정소방대상물(아파트는 제외한다)의 공사 현장 • 지하층을 포함한 층수가 **16층 이상** 40층 미만인 특정소방대상물의 공사 현장
고급감리원 이상의 소방공사 감리원(기계분야 및 전기분야)	//	• 물분무등소화설비(호스릴 방식의 소화설비는 제외) 또는 **제연설비**가 설치되는 특정소방대상물의 공사 현장 • 연면적 **3만제곱미터 이상** 20만제곱미터 미만인 **아파트**의 공사 현장
중급감리원 이상의 소방공사 감리원(기계분야 및 전기분야)		• 연면적 **5천제곱미터 이상** 3만제곱미터미만인 특정소방대상물의 공사 현장
초급감리원 이상의 소방공사 감리원(기계분야 및 전기분야)		• 연면적 **5천제곱미터 미만**인 특정소방대상물의 공사 현장 • **지하구**의 공사 현장

4과목 소방기계시설의 구조및원리

✔ 이것이 혁신이다! 기출문제 + 답이색해설

> 단어가 답인 문제 ★

61 소방설비용헤드의 분류 중 수류를 살수판에 충돌하여 미세한 물방울을 만드는 물분무 헤드는?
① 디플렉터형   ② 충돌형   ③ 슬리트형   ④ 분사형

문제에서 묻고 있는 것은 **물분무헤드의 종류 5가지**를 묻고 있는 것이다.

물분무헤드의 종류 5가지
① **충돌형** 물분무헤드 : **유수와 유수의 충돌**에 의해 미세한 물방울을 만드는 것으로 작은 오리피스를 통과한 물이 서로 충돌하면서 분무 상태를 형성한다.
② **분사형** 물분무헤드 : **소구경의 오리피스로부터 고압으로 분사**하여 오리피스를 통과하는 순간 미세한 분무형태를 형성하는 것으로 고압분사형 헤드라고도 한다.
③ **선회류형** 물분무헤드 : 선회류에 의해서 확산 방출하거나 **선회류와 직선류의 충돌**에 의해서 확산 방출하여 미세한 물방울을 만드는 것으로 물을 선회시키기 위한 스파이럴이 외부에 노출되어 있는 것과 내부에 내장되어 있는 것이 있다. 그러나 내부에 내장된 것은 공급되는 소화수가 불순물이 많으면 쉽게 헤드가 이물질에 의해서 막히는 단점이 있다.
④ **디플렉터형(디프렉타형)** 물분무헤드 : **수류를 디플렉터**(=반사판=살수판)**에 충돌**시켜 미세한 물방울로 만드는 것으로 외부에 반사판(=디플렉터=살수판)이 설치되어 있다.
⑤ **슬리트형** 물분무헤드 : 수류를 슬리트(작고 긴 구멍)에 의해서 방출하여 수막상의 분무를 만드는 것으로 이물질에 취약하다.

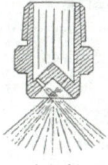 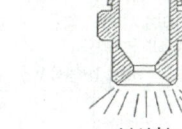  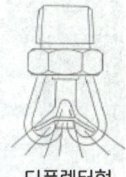 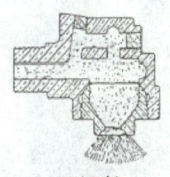

충돌형   분사형   선회류형   디플렉터형   슬리트형

> 왕기팁! 충분선디슬

물분무 소화설비 방수하는 모습의 예

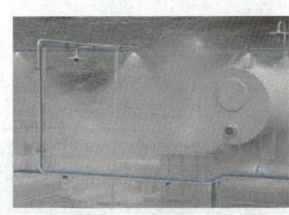  

물분무 소화설비 : 물을 안개모양으로 방사해 가스와 비슷한 형태를 가지므로, 전기의 부도체(전기가 통하지 않는 물체 = 비전도성)로서 전기시설물에 설치가 가능한 자동식 수계소화설비

> 문장이 답인 문제

62 물분무소화설비의 가압송수장치의 설치기준 중 틀린 것은? (단, 전동기 또는 내연기관에 따른 펌프를 이용하는 가압송수장치이다.)
① 기동용수압개폐장치를 기동장치로 사용할 경우에 설치하는 충압펌프의 토출압력은 가압송수장치의 정격 토출압력과 같게 한다.
② 가압송수장치가 기동된 경우에는 자동으로 정지되도록 한다.
　　　　　　　　　　　　　　정지되지 않도록 하여야 한다
③ 기동용수압개폐장치(압력챔버)를 사용할 경우 그 용적은 100L 이상으로 한다.
④ 수원의 수위가 펌프보다 낮은 위치에 있는 가압송수장치에는 물올림 장치를 설치한다.

- **물분무 소화설비** : 물을 안개모양으로 방사해 가스와 비슷한 형태를 가지므로, 전기의 부도체(전기가 통하지 않는 물체)로서 전기시설물에 설치가 가능한 자동식 수계소화설비
- **가압송수장치** : 압력을 가해서(가압) 물을 이송하는(송수) 장치로서 그 종류로는 **펌프**(전동기 또는 내연기관과 연결된 원심펌프), **고가수조**(높은 곳에 설치된 수조), **압력수조**(강한 공기압 이용), **가압수조**(압력수조의 간소화 설비) 등의 방식이 있다.
- **펌프** : 전동기(모터) 또는 내연기관(엔진)을 이용하여 원심펌프를 가동시켜 그 압력으로 급수하는 방식
- **충압펌프** : 배관내 압력손실 발생시, 펌프가 기동하여 압력손실을 채워줘야 하는데... 이 때 주펌프가 작동하면 배관에 무리가 갈 수 있으므로, 주펌프의 빈번한 기동을 방지하기 위하여... 충압역할을 하는 보조펌프인 충압펌프를 설치한다.
- **기동용 수압개폐장치**
  - 소화설비의 배관 내 압력변동을 검지하여 자동적으로 펌프를 기동 및 정지시키는 것으로서 압력챔버 또는 기동용압력스위치 등을 말한다.
  - 주 개폐밸브 2차측 배관과 압력챔버를 연결하여... 주배관의 압력변동을 감지해 펌프를 자동으로 기동·정지시킨다.
  - 압력챔버에 압력스위치를 설치하는 방식[주펌프, 충압펌프, 예비펌프 기동·정지(3개의 압력스위치)]
  - **압력챔버** : 내용적 100리터 이상의 물통으로... 압력챔버 내 물을 채우면 상부에 압축공기가 생성된다.
- **물올림장치** : 수조로부터 펌프로 연결된 흡입관내에 항상 물이 채워져 있어야, 수조의 물을 원활히 흡입하여 토출하는데... 어떤 원인(후드밸브 체크기능 불량에 의한 누수)에 의해 누수가 일어나는 경우, 수조의 물을 정상적으로 흡입하기 어렵다. 이 때 펌프와 흡입관에 물을 공급하는 장치가 물올림장치이다.

가압송수장치(주펌프)가 기동이 된 경우에는 **자동으로 정지되지 않도록** 하여야 한다.
☞ 화재 발생으로 인한 주펌프 기동시... 펌프가 정지 및 기동을 반복하면 설비에서 안정적인 방수압을 유지할 수 없기 때문에, 안정적으로 방수압을 유지할 수 있도록 자동으로 정지되지 않도록 하였으며, 화재진압 후 **수동으로만 정지**할 수 있도록 규정하였다.

1. 기동용 수압개폐장치에 의한 펌프의 기동/정지 시스템

가. 압력챔버(압력탱크) : 물과 압축공기가 채워지는 공간
나. 안전밸브 : 과압방출
다. 압력스위치 : 압력의 증감을 전기적 신호로 변환
라. 배수밸브 : 압력챔버의 물 배수
마. 개폐밸브 : 점검 및 보수시 급수차단
바. 압력계 : 압력챔버 내의 압력표시

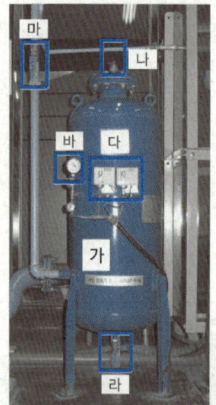
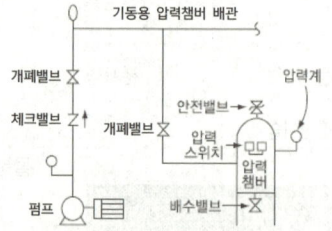

사진(그림)출처[소방청 화재안전기준 해설서]

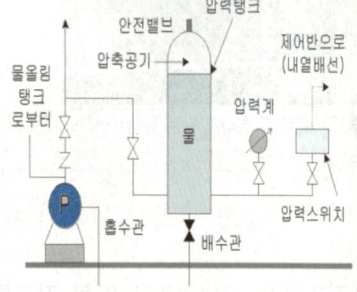
기동용수압개폐장치 구조도

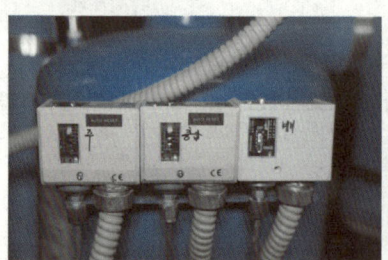
주펌프, 충압펌프, 예비펌프 압력스위치

안전밸브

2. 물올림장치 배관

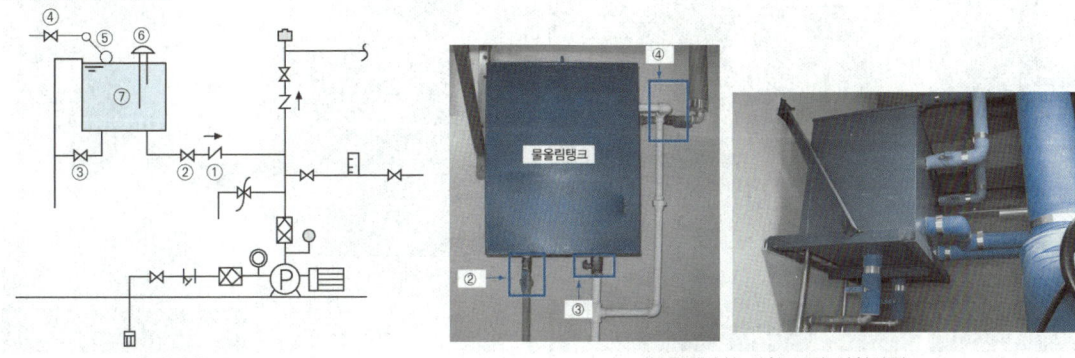

물올림장치 구조도　　　　　　　　　　　물올림장치 설치도 및 설치사진

① 체크밸브 : 펌프기동 시 가압수가 물올림탱크로 역류되지 않도록 하기 위해서 설치
② 개폐밸브(물올림) : 물올림관의 체크밸브 고장시, 물올림탱크 내 물을 배수하지 않고 체크밸브를 수리하기 위해 설치
③ 개폐밸브(배수관) : 물올림탱크의 청소, 점검시 배수를 위해 설치
④ 개폐밸브(물보급관) : 볼탑의 수리 및 탱크의 청소시 물공급을 중단하기 위해 설치
⑤ 볼탑 : 물올림탱크 내 물의 자동급수를 위해 설치
⑥ 감수경보장치 : 물올림탱크의 저수량 감소시 경보를 통해 알리는 장치
⑦ 물올림탱크 : 후드밸브~펌프사이에 물을 공급하기 위해, 물을 저장하기 위한 수조

63 건축물의 층수가 40층인 특별피난계단의 계단실 및 부속실 제연설비의 비상전원은 몇 분 이상 유효하게 작동할 수 있어야 하는가?

① 20　　　　② 30　　　　③ 40　　　　④ 60

특별피난계단의 계단실 및 부속실 제연설비
• 특별피난계단의 계단실·부속실 및 비상용 승강기의 승강장에 신선한 공기를 급기(유입)하여 연기가 침투하지 못하도록 하여 피난을 용이하게 만드는 설비
• 피난로 및 피난공간의 안전성을 확보하여 인명안전은 물론 소방관의 소화 및 구조 활동을 원활하게 하는 데에 그 목적이 있다.
• 급기가압 제연설비라고도 하며... 특정소방대상물의 제연구역 내(계단실, 부속실 또는 비상용승강기의 승강장)에 신선한 공기를 주입하여 옥내(화재발생 부분)보다 압력을 높게 하여 화재 시 발생한 연기 또는 열기가 제연구역으로 확산, 침투하지 못하도록 하는 설비이다.

특별피난계단의 계단실 및 부속실 제연설비의 비상전원의 용량
1층 ~ 29층 → 20분 이상 / 30층 ~ 49층 → 40분 이상 / 50층 이상 → 60분 이상

64 옥내소화전설비 배관의 설치기준 중 다음 (　) 안에 알맞은 것은?

연결송수관설비의 배관과 겸용할 경우의 주배관은 구경 (㉠)mm 이상, 방수구로 연결되는 배관의 구경은 (㉡)mm 이상의 것으로 하여야 한다.

① ㉠ 80, ㉡ 65　　② ㉠ 80, ㉡ 50　　③ ㉠ 100, ㉡ 65　　④ ㉠ 125, ㉡ 65

• 옥내소화전설비 : 화재발생시 옥내소화전함을 개방하여 방수구와 연결된 호스를 전개한 후 앵글밸브를 개방하고, 화점을 향해 노즐을 개방하여 방사하는 형태의 수동식 수계소화설비
• 연결송수관설비 : 소방차에서 연결송수관 송수구에 물을 공급하면 그 공급된 물을, 연결송수관설비 방수구에 호스를 연결하여 옥내소화전처럼 사용하는 소방대 전용 설비로써, 고층부 화재진압에 효과적인 본격 화재진압설비
• 배관 : 물이 이송되는 관
• 소화전함 : 호스 및 관창(노즐)을 보관하며, 앵글밸브와 연결된 방수구가 있음
• 방수구 : 소화전함 내에 설치되어 있으며, 방수구에 소방호스가 연결되어 있고, 소방호스 끝에 관창(노즐)이 연결되어 있음
• 송수구 : 소화설비에 소화용수를 보급하기 위하여 건물 외벽 또는 구조물의 외벽에 설치하는 배관과 연결된 구멍

연결송수관설비와 배관을 겸용할 경우 → 주배관 : 100mm 이상
　　　　　　　　　　　　　　　　　　→ 방수구로 연결되는 배관(가지배관) : 65mm 이상

옥내소화전 단독 배관인 경우 가지배관(방수구로 연결되는 배관)은 40mm 이상 / 연결송수관과 겸용시 좀 더 큰 배관인 65mm 이상

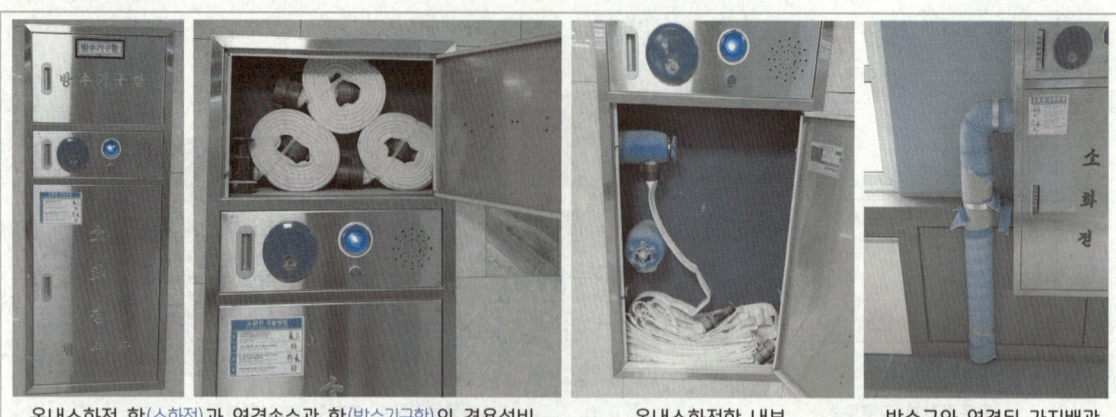

옥내소화전 함(소화전)과 연결송수관 함(방수기구함)의 겸용설비 / 옥내소화전함 내부 / 방수구와 연결된 가지배관

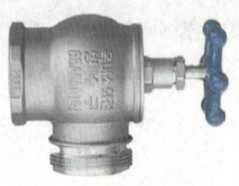   

옥내소화전 방수구(앵글밸브) / 옥내소화전 송수구(건물외벽) / 연결송수관 송수구(건물외벽)

- 펌프의 **토출 측 주배관**의 구경 → 유속이 **4m/s 이하**가 될 수 있는 크기 이상(유속이 낮을수록 배관의 구경은 커짐)
- 주배관 중 수직배관 : 각 층을 수직으로 관통하는 **수직배관(입상관)** → 최소구경 **50mm 이상**
- 가지배관 : 옥내소화전 방수구와 연결되어 있는 배관 → 최소구경 **40mm 이상**

65. 포소화설비의 자동식 기동장치의 설치기준 중 다음 (   ) 안에 알맞은 것은? (단, 화재감지기를 사용하는 경우이며, 자동화재탐지설비의 수신기가 설치된 장소에 상시 사람이 근무하고 있고, 화재 시 즉시 해당 조작부를 작동시킬 수 있는 경우는 제외한다.)

화재감지기 회로에는 다음의 기준에 따른 **발신기**를 설치할 것.
특정소방대상물의 **층마다** 설치하되, 해당 특정소방대상물의 **각 부분으로부터 수평 거리가 (㉠)m 이하**가 되도록 할 것.
다만, 복도 또는 별도로 구획된 실로서 **보행거리가 (㉡)m 이상일 경우에는 추가로 설치**하여야 한다.

① ㉠ 25, ㉡ 30   ② **㉠ 25, ㉡ 40**   ③ ㉠ 15, ㉡ 30   ④ ㉠ 15, ㉡ 40

- **포소화설비** : 수조로부터 공급된 물과 포약제 저장탱크에서 공급된 포원액을, 혼합기(프로포셔너)에서 믹싱해 포수용액을 만들어, 포 방출구에서 공기와 섞어진 후 발포되어 거품을 방사하는 형태의 소화설비로서 유류탱크 등 위험물에 주로 사용된다.
- **자동화재탐지설비** : 화재를 자동으로 감지하여 벨(경종), 사이렌, 섬광으로 경보하여 피난을 유도하는 설비로서, 하나의 건물내에 경계구역(=화재감지구역=화재경보구역)을 여러개 나누어서 화재구역과 비화재구역으로 구분하여 제어하는 설비이다.
  - **음향장치** : 화재의 발생시 관계인 또는 일반인에게 벨, 사이렌 등으로 경보하여 화재발생을 알려주는 장치
  - **화재감지기(자동발신)** : 화재시 발생하는 열, 연기, 불꽃 등을 자동으로 감지하여 수신기에 신호를 보내는 장치
  - **발신기(수동발신)** : 화재발생시 화재신호를 수동(발신기스위치 누름)으로 수신기에 발하는 장치

포소화설비 자동식 기동장치의 화재감지기 회로에는 다음 기준에 따른 **발신기**를 설치할 것.
특정소방대상물의 **층마다** 설치하되, 해당 특정소방대상물의 **각 부분으로부터 수평거리가 25m 이하**가 되도록 할 것. 다만, 복도 또는 별도로 구획된 실로서 **보행거리가 40m 이상일 경우에는 추가로 설치**하여야 한다.

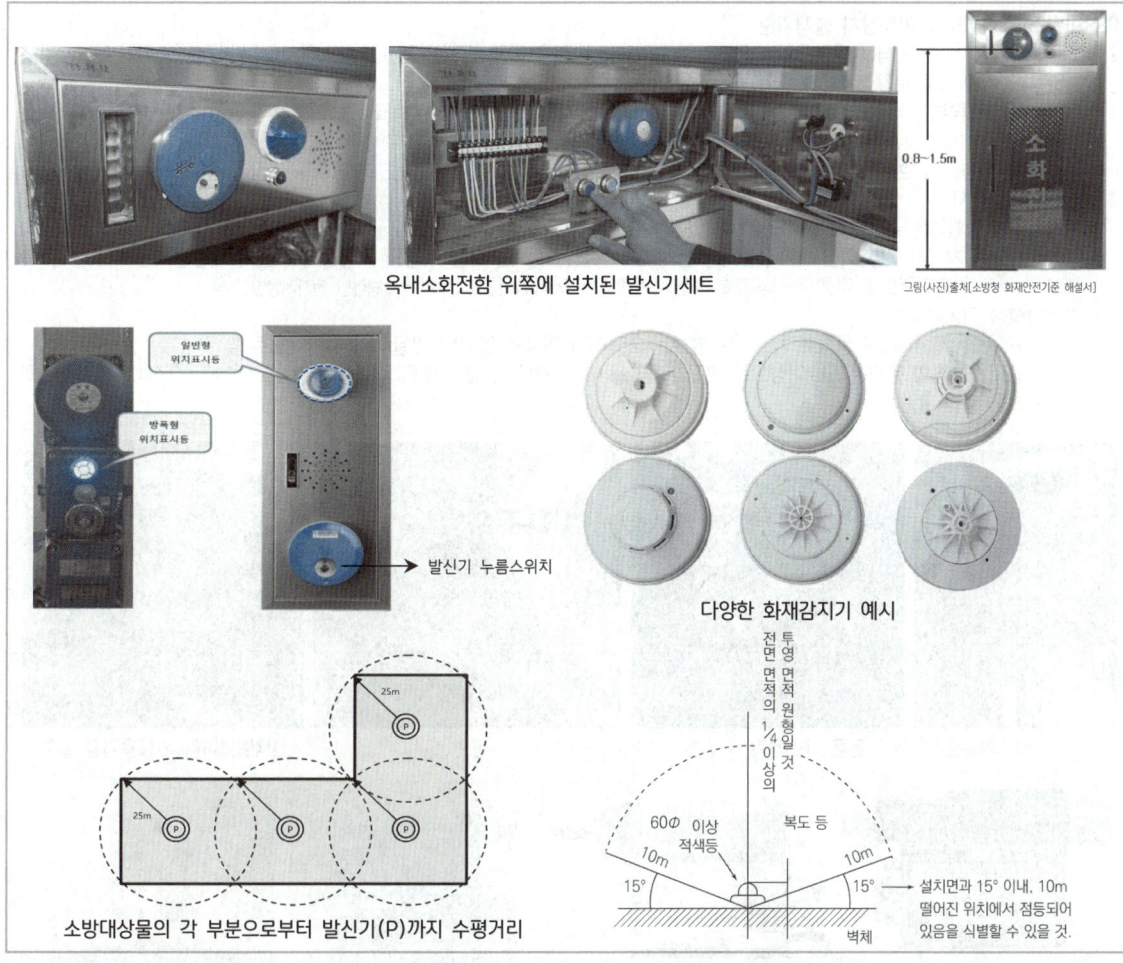

옥내소화전함 위쪽에 설치된 발신기세트

다양한 화재감지기 예시

소방대상물의 각 부분으로부터 발신기(P)까지 수평거리

> 문장이 답인 문제 ★★

66 이산화탄소 소화설비 기동장치의 설치기준으로 옳은 것은?

① 가스압력식 기동장치 기동용가스용기의 용적은 3L 이상으로 한다. (5L)

② 전기식 기동장치로서 5병의 저장용기를 동시에 개방하는 설비는 2병 이상의 저장용기에 전자개방밸브를 부착해야 한다. (7병이상)

③ 수동식 기동장치는 전역방출방식에 있어서 방호대상물마다 설치한다. (방호구역)

④ 수동식 기동장치의 부근에는 방출지연을 위한 비상스위치를 설치해야 한다.

- **이산화탄소 소화설비** : 탄산가스(CO_2)를 소화약제로 이용하여 화재를 진압하는 가스계 소화설비로서 CO_2는 화학적으로 안정된 불연성가스이고, 화재실에 CO_2약제를 방출하면 공기중의 산소농도를 떨어트려 소화하는 질식소화가 대표적인 소화효과이다. 약제 저장방식(저장온도)에 따라 고압식설비와 저압식설비(영하 18℃이하)로 구분된다.
- 이산화탄소 소화설비 저장용기의 개방방식(기동방식)에 따라 가스압력식과 전기식, 기계식(현장에 거의 없음)으로 구분된다.
- **가스압력식 기동장치** : 일반적인 기동방식으로 감지기의 신호에 따라 솔레노이드밸브가 작동하여 **기동용 가스용기**를 개방하면, 기동용 가스가 동관을 따라 배출되어… 저장용기 니들밸브 핀이, 약제 저장용기 봉판을 파괴해 가스가 방출된다.
  - **기동용 가스용기** : 저장용기밸브(니이들밸브)를 개방시키기 위한… 가압용 가스를 저장하는 용기 (용적은 5L 이상)
  - **기동용기함** : 기동용 가스용기와 그 용기를 개방시켜 주는 솔레노이드밸브, 그리고 압력스위치(방출표시등을 점등시킨다)가 내장되어 있는 함으로서… 선택밸브와 같이 하나의 방호구역(방호대상물)마다 1개씩 설치된다.
- **전기식[전자개방밸브=솔레노이드밸브] 기동장치** : 패키지 타입에서 사용하는 기동방식으로 솔레노이드밸브를 저장용기밸브에 직접 부착하여 감지기 신호에 의해 솔레노이드의 파괴침이 용기밸브의 봉판을 파괴하면 가스가 방출된다. (선택밸브도 솔레노이드밸브 부착)

이산화탄소 소화설비의 기동장치 설치기준

1. **수동식 기동장치** : 수동식 기동장치의 부근에는 소화약제의 방출을 지연시킬 수 있는 **비상스위치**(자동복귀형 스위치로서 수동식 기동장치의 타이머를 순간정지시키는 기능의 스위치)를 설치하여야 한다.
   - 기동장치의 **조작부**는 바닥으로부터 높이 0.8m 이상 1.5m 이하의 위치에 설치하고, 보호판 등에 따른 보호장치를 설치할 것
   - **전역**(밀폐 방호구역 전체)방출방식 → 방호구역(소화범위에 따라 나누어진 소화가 필요한 구역)마다… 수동식 기동장치 설치
   - **국소**(전체 가운데 어느 한 곳)방출방식 → 방호대상물(소화가 필요한 하나의 대상물)마다… 수동식 기동장치 설치

2. **자동식 기동장치**
   - 자동식 기동장치에는 **수동으로도 기동할 수 있는 구조**로 할 것
   - **전기식** 기동장치로서 7병 이상의 저장용기를 동시에 개방하는 설비는 **2병 이상**의 저장용기에 **전자 개방밸브**를 부착할 것
     [2병의 약제 방출압력으로 다른 저장용기를 개방시키겠다는 의미이다](6병 이하는 1병에만 전자개방밸브 부착)
   - **가스압력식** 기동장치
     - 기동용가스용기 및 해당 용기에 사용하는 밸브는 **25MPa 이상**의 압력에 견딜 수 있는 것으로 할 것
     - 기동용가스용기의 용적은 5L 이상으로 하고, 해당 용기에 저장하는 질소 등의 비활성기체는 6.0 MPa 이상(21℃ 기준)의 압력으로 충전 할 것

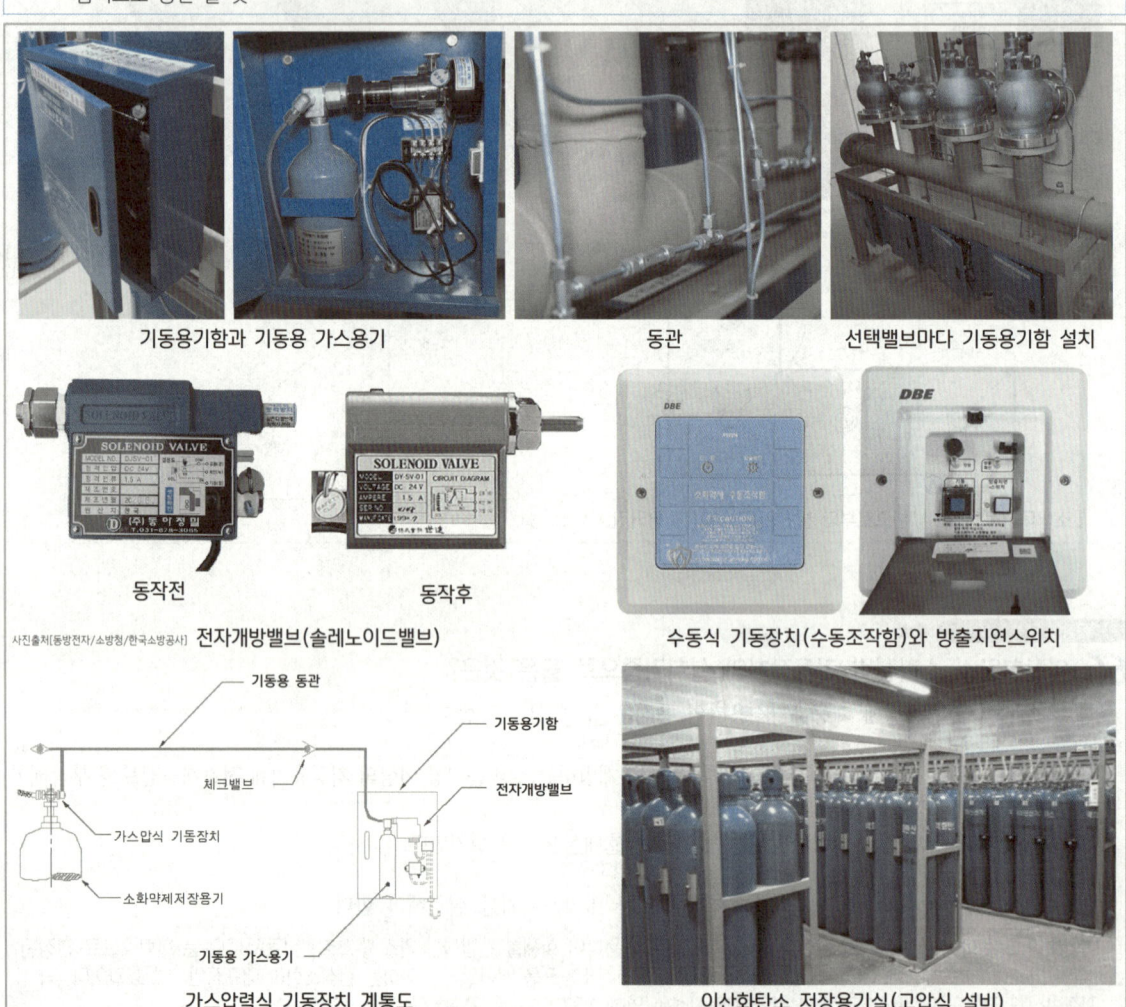

> 문장이 답인 문제

67 연결살수설비의 배관에 관한 설치기준 중 옳은 것은?

① 개방형헤드를 사용하는 연결살수설비의 수평주행배관은 헤드를 향하여 상향으로 <u>100분의 5 이상</u>의 기울기로 설치한다.
   　　100분의 1 이상

② 가지배관 또는 교차배관을 설치하는 경우에는 가지배관의 배열은 토너멘트 <u>방식이어야</u> 한다.
   　　　　　　　　　　　　　　　　　　　　　　　　　　　　　　　　방식이 아니어야

③ 교차배관에는 가지배관과 가지배관사이마다 1개 이상의 행가를 설치하되, 가지배관 사이의 거리가 4.5m를 초과하는 경우에는 4.5m 이내마다 1개 이상 설치한다.

④ 가지배관은 교차배관 또는 주배관에서 분기되는 지점을 기점으로 한 쪽 가지배관에 설치되는 헤드의 개수는 <u>6개</u> 이하로 하여야 한다.
   　　　8개

- **연결살수설비** : 소방대의 진입이 곤란한 지하등의 장소(부분)에, 소방차에서 송수구에 물을 공급하면, 그 공급된 물이 헤드를 통하여 방수되어 화재를 진압하는 설비(소방대가 도착하여 송수구에 물을 공급하기 전까지는 무용지물인 설비이다)
- **헤드** : 빗방울 형태로 대량으로 물을 뿌리면서 방수하는 역할을 하는 장치
  - **폐쇄형헤드** : 정상상태에서 방수구를 막고 있는 감열체가 일정온도에서 자동적으로 파괴·용해 또는 이탈됨으로써 방수구가 개방되는 헤드(화재시 개방된 헤드에서만 물이 방수된다)
  - **개방형헤드** : 감열체 없이 방수구가 항상 열려져 있는 헤드(화재시 설치된 모든 헤드에서 물이 방수된다)
- **배관의 종류** - 배관이란 물이 이송되는 관을 말한다.
  - **주배관** : 각 층을 수직으로 관통하는 수직배관(입상관)
  - **수평주행배관** : 교차배관에 급수하는 배관
  - **교차배관** : 직접 또는 수직배관을 통하여 가지배관에 급수하는 배관
  - **가지배관** : 헤드가 설치되어 있는 배관

① 개방형헤드를 사용하는 연결살수설비의 수평주행배관은 헤드를 향하여 상향으로 **100분의 1 이상**의 기울기로 설치한다.
→ 기울기는 **헤드를 향하여 상향으로...**
  - **수평주행배관** : 배관길이가 100cm 일 때, 기울기의 높이는 1cm 이상
  - 기울기를 부여하면... 헤드가 가장 높은 위치이고, 그 다음이 수평주행배관이므로... 배관 내 물이 자연스럽게 빠져나간다.

② 가지배관 또는 교차배관을 설치하는 경우에는 **가지배관의 배열은 토너멘트방식이 아니어야** 한다.
→ **토너먼트(tournament)방식**은 배관을 분기할 때, 헤드까지 이르는 경로가 모두 **균일하게 나누어서 분기하는 방식**이다.
  - 가스계 설비는 토너먼트 방식으로 설계하여야 한다. 토너먼트 방식으로 설계하면, 모든 헤드에서 균일 방사량과 방사압을 얻을 수 있다.
  - 수계설비는 트리방식(나무처럼, 가지배관 방식)으로 설계한다. 토너먼트 방식으로 설계하면... 관부속품 수가 많아지고, 배관이 계속해서 분기되기 때문에, 배관의 마찰손실이 증가한다.

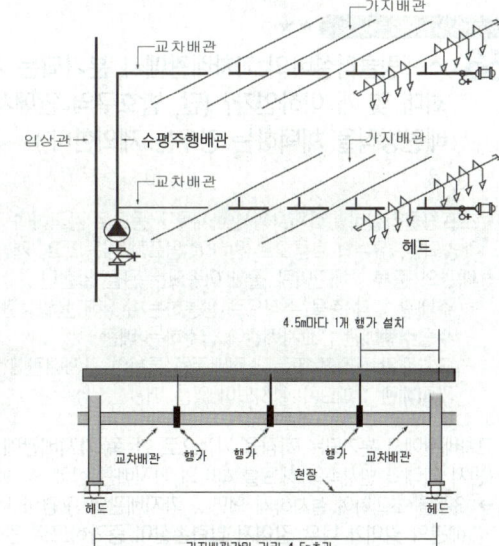

③ 교차배관에는 **가지배관과 가지배관 사이마다 1개 이상의 행가를** 설치하되, 가지배관 사이의 거리가 **4.5m를 초과하는 경우에는 4.5m 이내마다 1개 이상** 설치한다.
→ 배관은... 배관자체 중량, 외부의 충격, 수격작용에 의한 진동 등으로부터 배관이 파손되지 아니하도록... 천장에 지지된 행가로부터 배관을 지지하여야 한다.

④ 가지배관은 교차배관 또는 주배관에서 분기되는 지점을 기점으로 **한 쪽 가지배관에 설치되는 헤드의 개수는 8개 이하로** 하여야 한다.
→ 8개를 초과하여 설치하게 되면... **가지배관의 구경이 너무 커져**, 가지배관으로 인한 **살수장애를 초래**할 수 있으며... 또한 배관의 길이가 너무 길어져 **압력손실이 증가**하므로 인해, 헤드에서 필요한 방수압에 도달하기 어려워지기 때문이다.

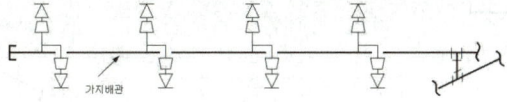

선택밸브 타입 연결살수설비

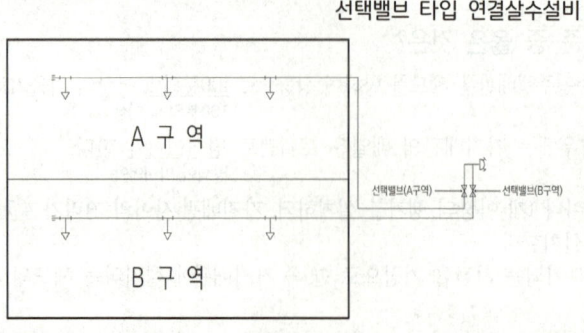

쌍구형 송수구 1개에 선택밸브(개폐밸브) 2개가 연결되어 있음(해당 송수구역만 개방하여 살수)

송수구역별로 전용 송수구가 설치된 타입

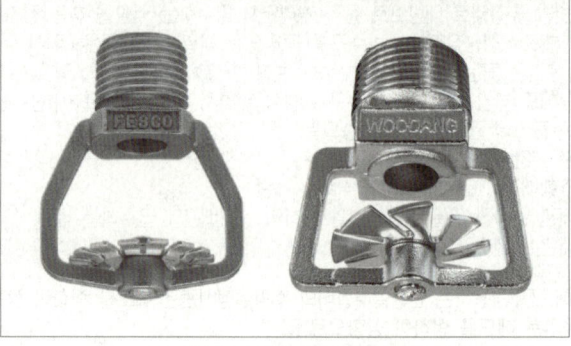

연결살수헤드(개방형 헤드)

> 숫자가 답인 문제 ★★

68 스프링클러설비의 교차배관에서 분기되는 지점을 기점으로 한쪽 가지배관에 설치되는 헤드의 개수는 최대 몇 개 이하인가? (단, 방호구역 안에서 칸막이 등으로 구획하여 헤드를 증설하는 경우와 격자형 배관방식을 채택하는 경우는 제외한다.)

① 8   ② 10   ③ 12   ④ 15

- **스프링클러설비** : 화재발생시 화재를 자동으로 감지하여 피난을 위한 경보를 발하고, 습식·건식·준비작동식·일제살수식 밸브가 개방되면, 유수의 흐름으로 인하여 펌프가 기동되고, 개방된 헤드를 통해 소화수를 방수하여 소화하는 자동식 수계소화설비
- **배관의 종류** : 배관이란 물이 이송되는 관을 말한다.
  - **주배관** : 각 층을 수직으로 관통하는 수직배관(입상관)
  - **수평주행배관** : 교차배관에 급수하는 배관
  - **교차배관** : 직접 또는 수직배관을 통하여 가지배관에 급수하는 배관
  - **가지배관** : 헤드가 설치되어 있는 배관

교차배관에서 분기되는 지점을 기점으로 **한 쪽 가지배관에 설치되는 헤드의 개수는 8개 이하로 하여야 한다.**
(반자 아래와 반자속의 헤드를 하나의 가지배관 상에 병설하는 경우에는 반자 아래에 설치하는 헤드의 개수)
→ 8개를 초과하여 설치하게 되면... 가지배관의 구경이 너무 커져, 가지배관으로 인한 살수장애를 초래할 수 있으며... 또한 배관의 길이가 너무 길어져 압력손실이 증가하므로 인해, 헤드에서 필요한 방수압에 도달하기 어려워지기 때문이다.

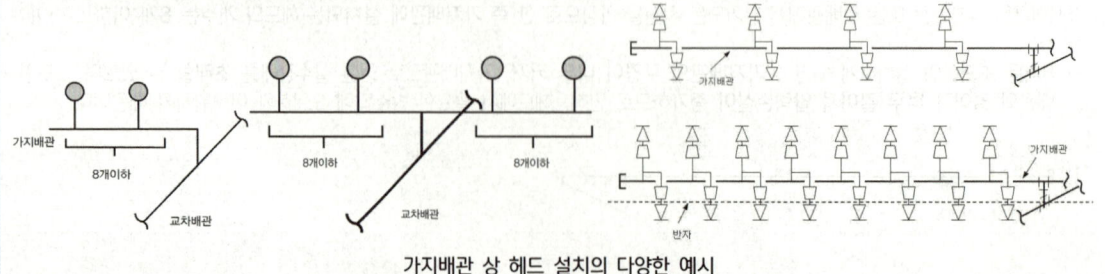

가지배관 상 헤드 설치의 다양한 예시

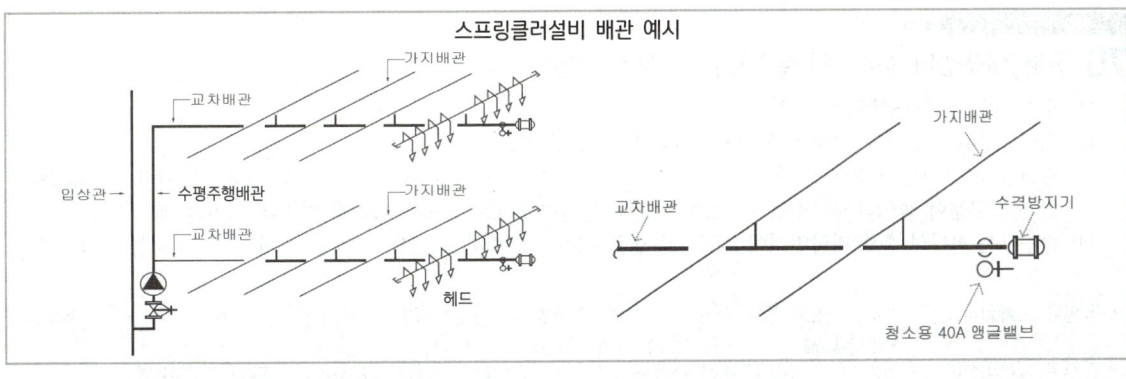

숫자가 답인 문제 ★

69 차고·주차장에 설치하는 포소화전설비의 설치기준 중 다음 ( ) 안에 알맞은 것은? (단, 1개 층의 바닥면적이 200m² 이하인 경우는 제외한다.)

특정소방대상물의 어느 층에 있어서도 그 층에 설치된 포소화전방수구(포소화전 방수구가 5개 이상 설치된 경우에는 5개)를 동시에 사용할 경우 각 이동식 포노즐 선단의 포수용액 방사압력이 (㉠) MPa 이상이고 (㉡) L/min 이상의 포수용액을 수평거리 15m 이상으로 방사할 수 있도록 할 것

① ㉠ 0.25, ㉡ 230   ② ㉠ 0.25, ㉡ 300   ③ ㉠ 0.35, ㉡ 230   ④ ㉠ 0.35, ㉡ 300

- **포소화설비** : 수조로부터 공급된 물과 포약제 저장탱크에서 공급된 포원액을, **혼합기(프로포셔너)**에서 믹싱해 포수용액을 만들어, 포 방출구에서 공기와 섞어진 후 발포되어 거품을 방사하는 형태의 소화설비로서 유류탱크 등 위험물에 주로 사용된다.
- **포소화전설비**
  - 옥내·외 소화전설비와 비슷한 구조이나, 포소화약제가 혼합된 포수용액이... 유입된 공기와 혼합한 후, 특수한 포노즐을 통해 포를 형성하여... 방호대상물을 수동으로 소화하는 방식이다.
  - 포소화약제와 물이 혼합된 포수용액이 포소화전방수구, 호스 및 이동식포노즐을 통해 방사되어 소화한다.
- **호스릴포소화설비**
  - 화재 시 쉽게 접근하여 소화 작업이 가능한 장소 또는 고정포 방출설비 또는 포헤드설비 방식으로는 충분한 소화효과를 얻을 수 없는 부분에 설치하는 것으로서... 화재가 발생한 장소까지 호스릴에 감겨있는 호스를 당겨서 화재를 진압하는 설비이다.
  - 포소화약제와 물이 혼합된 포수용액이 호스릴포수구, 호스릴 및 이동식포노즐을 통하여 방사되는 설비이다.

차고·주차장에 설치하는 **호스릴포소화설비 또는 포소화전설비**... 이동식 포노즐 선단의 포수용액 방사압력 및 방사량
① 방사압력 → **0.35 MPa** 이상
② 분당 방사량 → **300 L/min** 이상의 포수용액을 수평거리 15m 이상으로 방사
  (1개층의 바닥면적이 **200㎡** 이하인 경우에는 **230 L/min** 이상으로 한다)

70 물분무소화설비 송수구의 설치기준 중 틀린 것은? ★★

① 구경 65mm의 쌍구형으로 할 것
② 지면으로부터 높이가 0.5m 이상 1m 이하의 위치에 설치할 것
③ 가연성가스의 저장·취급시설에 설치하는 송수구는 그 방호대상물로부터 20m 이상의 거리를 두거나 방호대상물에 면하는 부분이 높이 1.5m 이상, 폭 2.5m 이상의 철근콘크리트 벽으로 가려진 장소에 설치할 것
④ 송수구는 하나의 층의 바닥면적이 <u>1500㎡</u>를 넘을 때마다 1개(5개를 넘을 경우에는 5개로 한다) 이상을 설치할 것
   3,000㎡

- **물분무 소화설비** : 물을 안개모양으로 방사해 가스와 비슷한 형태를 가지므로, 전기의 부도체(전기가 통하지 않는 물체 = 비전도성)로서 전기시설물에 설치가 가능한 자동식 수계소화설비
- **송수구** : 소화설비에 소화용수를 보급하기 위하여 건물 외벽 또는 구조물의 외벽에 설치하는 배관과 연결된 구멍
- **자동배수밸브** : 송수구와 연결된 배관에 물이 채워져 있으면, 겨울철에 동결의 우려가 있으므로... 자동배수밸브를 통해 배관내 물을 자동으로 배수한다.
- **체크밸브** : 유체를 한쪽 방향으로만 흐르게 하는 역류방지밸브로서 소방차가 물을 송출할 때... 소방차 쪽으로 물이 역류되면 소방차 펌프에 부담이 갈 수 있기 때문에 체크밸브를 설치하여 소방차 펌프의 부담을 덜어준다.

> 물분무소화설비 송수구 → 하나의 층의 바닥면적 3,000㎡ 마다 1개 이상 (5개를 넘을 경우에는 5개로 한다)
> ☞ 스프링클러설비의 방호구역이 3,000㎡로 규정되어 있어... 물분무설비 송수구의 구역 또한 3,000㎡로 규정하였다.

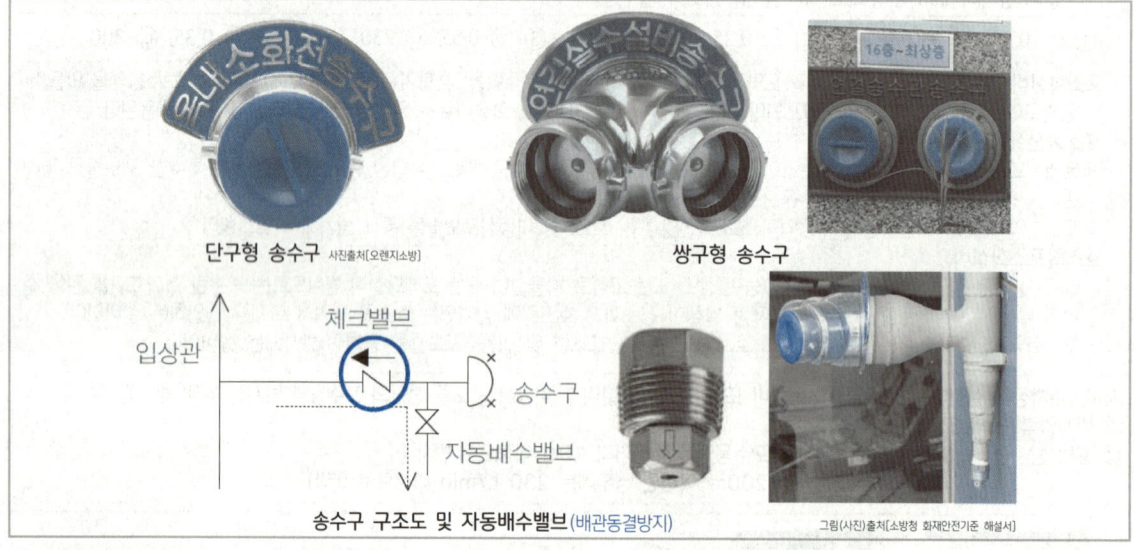

71 분말소화약제 저장용기의 설치기준으로 틀린 것은? ★

① 설치장소의 온도가 40°C 이하이고, 온도변화가 적은 곳에 설치할 것
② 용기간의 간격은 점검에 지장이 없도록 <u>5cm</u> 이상의 간격을 유지할 것
   3cm
③ 저장용기의 충전비는 0.8 이상으로 할 것
④ 저장용기에는 가압식은 최고사용압력의 1.8배 이하, 축압식은 용기의 내압시험압력의 0.8배 이하의 압력에서 작동하는 안전밸브를 설치 할 것

- **분말소화설비** : 분말소화설비는 미세한 분말입자를 별도 추진가스(질소 또는 이산화탄소)의 압력으로 방사하여 소화하는 설비이다.
- **충전비(L/kg)** : 충전하는 약제 무게(kg)당 용기체적(L)으로서, 용기내 분말소화약제를 얼마나 채울 수 있는지의 문제이다. 분말소화약제 저장용기의 **충전비는 0.8 이상**이다. (충전비가 클수록 저장약제량은 감소하고, 충전비가 작을수록 저장약제량은 증가한다)
- **가압방식**(압력을 가하여 약제를 이송하는 방식)에 따라 축압식설비(추진가스 약제용기내 같이)와 가압식설비(추진가스 별도용기에 따로)로 구분
- **안전밸브** : 설정압력 초과 시 개방되어 과압을 배출(기체방출)하고, 설정압력 이하로 내려가면 다시 폐쇄되어 압력을 유지하는 밸브장치

소화약제 저장용기의 점검을 위한 철거 또는 재설치 시 용이성 및 소화약제 저장량 점검을 위한 장비의 사용시 용이성을 위하여 소화약제 저장용기는 **용기간 간격을 3㎝ 이상**으로 설치하여야 한다.

5cm는 너무 크지 않나? 3cm 정도면 사람손이 충분히 들어갈 수 있다.

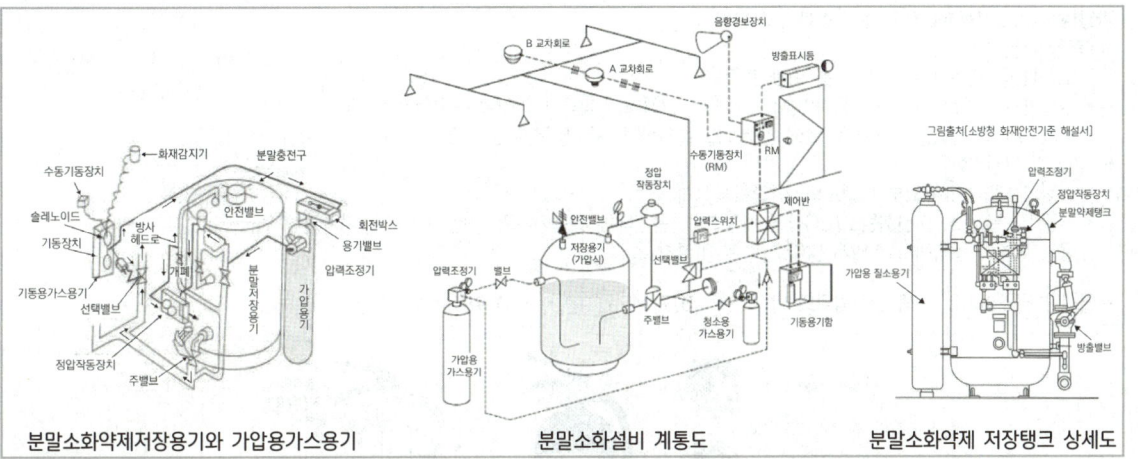

숫자가 답인 문제

72 국소방출방식의 분말소화설비 분사헤드는 기준저장량의 소화약제를 몇 초 이내에 방사할 수 있는 것이어야 하는가?

① 60 ② 30 ③ 20 ④ 10

- **분말소화설비** : 분말소화설비는 미세한 분말입자를 별도 추진가스(질소 또는 이산화탄소)의 압력으로 방사하여 소화하는 설비이다.
- **전역방출방식** : 고정식 분말약제 공급장치에 배관 및 분사헤드를 고정 설치하여, **밀폐 방호구역 전체에 분말약제를 방출하는 설비**
- **국소방출방식** : 고정식 분말약제 공급장치에 배관 및 분사헤드를 설치하여 **직접 화점에 분말약제를 방출하는 설비**로 화재발생 부분에만 집중적으로 소화약제를 방출하도록 설치하는 방식
- **호스릴방식** : 분사헤드가 배관에 고정되어 있지 않고 소화약제 저장용기에 **호스를 연결하여 사람이** 직접 화점에 소화약제를 방출하는 이동식 소화설비

1. "**국소**"의 사전적 의미는 "**전체 가운데 어느 한 곳**"이라고 되어 있다. 따라서 국소방출방식은 **화재실 전체 가운데... 화재가 발생된 어느 한 곳. 즉 화점**에 직접 소화약제를 방출하는 방식을 말한다.
2. 분말소화약제를 방사함에 있어, 규정된 방사시간이 없다면... 저장된 약제량을 장시간 방사하는 상황이 발생하고, 그에 따라 화재진압이 늦어지는 경우가 발생할 수 있다. 따라서, **소화방식별로 방사시간을 규정**하였다.
3. 분말소화설비의 분사헤드 기준방사시간
   - **전역**방출방식 ➜ 소화약제 저장량을 **30초 이내**에 방사
   - **국소**방출방식 ➜ 기준저장량의 소화약제를 **30초 이내**에 방사

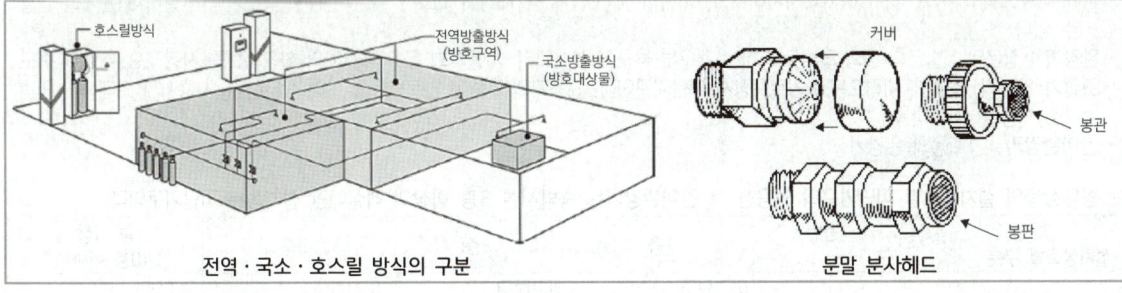

숫자가 답인 문제

73 축압식 분말소화기 지시압력계의 정상 사용압력 범위 중 상한 값은?

① 0.68 MPa　　② 0.78 MPa　　③ 0.88 MPa　　④ **0.98 MPa**

가압방식(가스사용)에 의한 분말소화기의 분류
1. 축압식 분말소화기
   - 소화기 용기 내부에 추진가스를 함께 충전
   - 추진가스는 주로 질소를 사용하며, 질소가스로 인해 습기침투가 어려워 응고현상이 적다.
   - 용기 내부의 압력을 확인하기 위해 압력계를 설치하며, 사용압력은 0.7~0.98MPa(녹색정상)
2. 가압식 분말소화기
   - 소화기 내부 또는 외부에 별도의 가압용기 설치
   - 추진가스는 주로 이산화탄소(CO_2)를 사용하며, 용기내에 압축가스가 없는 관계로 습기가 침투되어 응고현상 발생
   - 용기 내부에 압력이 걸려있지 않아 압력계 미설치

축압식 분말소화기의 **녹색** 정상범위의 압력 → 0.7 MPa [하한값] ~ 0.98 MPa [상한값]

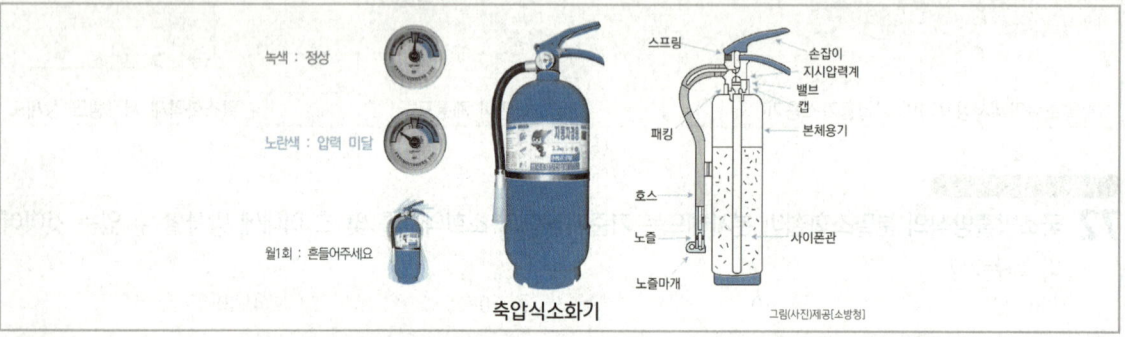

단어가 답인 문제 ★★★

74 노유자시설의 3층에 적응성을 가진 피난기구가 아닌 것은?

① 미끄럼대　　② 피난교　　③ 구조대　　④ **간이완강기**

- **미끄럼대** : 미끄럼대는 지붕이 개방되고 난간이 설치된 구조이며... 미끄럼면이 직선으로 구성된 직선형 미끄럼대, 미끄럼면이 나선으로 구성된 나선형 미끄럼대, 미끄럼대의 형상이 반원통으로 둘러싸인 반원통형 미끄럼대로 구분된다.
- **피난교** : 2개의 건축물을 연결하여(옥상층 또는 건축물의 중간 외벽에 설치된 개구부) 화재 발생 시 옆 건축물로 피난하기 위해 설치하는 **피난다리**로서, 구성은 교각·바닥판·난간 등으로 되어 있다.
- **구조대** : 포지 등을 사용하여 자루형태로 만든 것으로서 화재시 사용자가 그 내부에 들어가서 내려옴으로써 대피할 수 있는 것
   - **경사강하식 구조대** : 소방대상물에 비스듬하게 고정시키거나 설치하여 사용자가 미끄럼식으로 내려올 수 있는 구조대로서 단시간에 많은 인명을 구조할 수 있도록 설치된다.
   - **수직강하식 구조대** : 소방대상물 주위에 설치 공간이 부족할 때... 수직으로 구조대를 설치하여 타고 내려오는 것으로서, 경사강하식 구조대에 비해 적은 공간을 차지하지만, 어린이 및 노약자 등 체격이 왜소한 사람의 경우 속도감속이 덜하여 손상을 입을 수 있다.
- **완강기** : 창문이나 발코니 등의 외부로 통하는 개구부 부근에 설치되며, 사용자의 몸무게에 따라 하강속도를 자동적으로 조절[속도조절기(조속기)]하면서 내려오는 하강로프장치 피난기구이다. 사용자의 가슴에 안전벨트를 조여 착용하며, 사용자가 교대하여 연속적으로 사용할 수 있다.
- **간이완강기** : 1회용의 완강기

소방대상물의 설치장소별 피난기구의 적응성 → 간이완강기는 숙박시설 3층 이상의 객실에만 설치하는 피난기구이다.

설치장소별 구분	층별 1층	2층	3층	4층 이상 10층 이하
1. 노유자시설	미끄럼대 구조대 피난교 다수인피난장비 승강식피난기	미끄럼대 구조대 피난교 다수인피난장비 승강식피난기	미끄럼대 구조대 피난교 다수인피난장비 승강식피난기	구조대[1] 피난교 다수인피난장비 승강식피난기

※ 비고 : 1)구조대의 적응성은 장애인 관련 시설로서 주된 사용자 중 스스로 피난이 불가한 자가 있는 경우 추가로 설치하는 경우에 한한다.

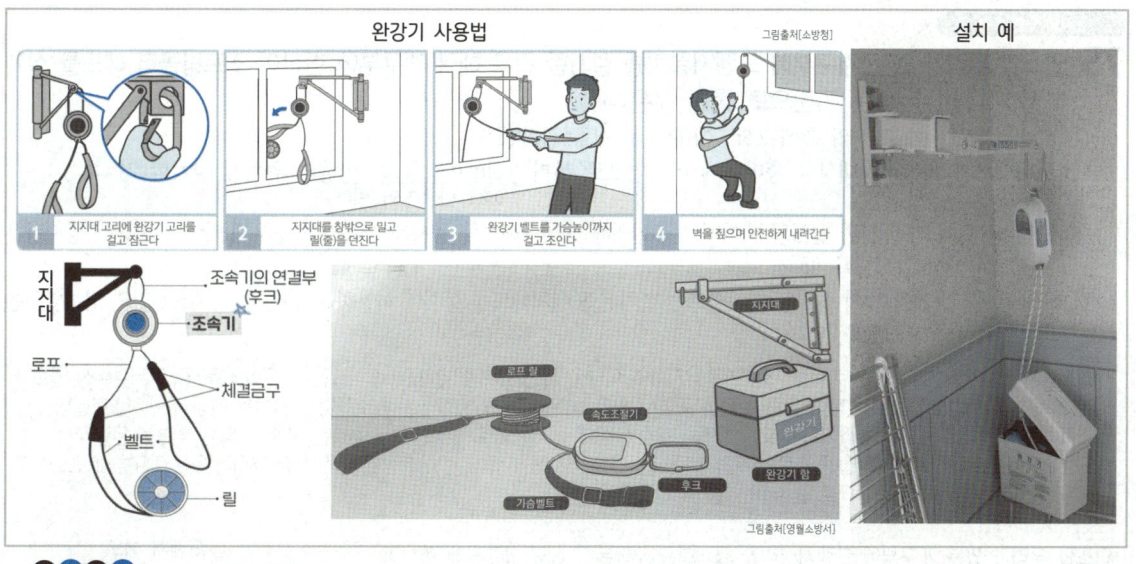

함께공부

소방대상물의 설치장소별 피난기구의 적응성

설치장소별 구분	1층	2층	3층	4층 이상 10층 이하
1. 노유자시설	미끄럼대 구조대 피난교 다수인피난장비 승강식피난기	미끄럼대 구조대 피난교 다수인피난장비 승강식피난기	미끄럼대 구조대 피난교 다수인피난장비 승강식피난기	구조대[1] 피난교 다수인피난장비 승강식피난기
2. 의료시설·근린생활시설 중 입원실이 있는 의원·접골원·조산원			미끄럼대 구조대 피난교 피난용트랩 다수인피난장비 승강식피난기	구조대 피난교 피난용트랩 다수인피난장비 승강식피난기
3. 「다중이용업소의 안전관리에 관한 특별법 시행령」 제2조에 따른 다중이용업소로서 영업장의 위치가 4층 이하인 다중이용업소		미끄럼대 피난사다리 구조대 완강기 다수인피난장비 승강식피난기	미끄럼대 피난사다리 구조대 완강기 다수인피난장비 승강식피난기	미끄럼대 피난사다리 구조대 완강기 다수인피난장비 승강식피난기
4. 그 밖의 것			미끄럼대 피난사다리 구조대 완강기 피난교 피난용트랩 간이완강기[2] 공기안전매트[3] 다수인피난장비 승강식피난기	피난사다리 구조대 완강기 피난교 간이완강기[2] 공기안전매트[3] 다수인피난장비 승강식피난기

※ 비고
1)구조대의 적응성은 장애인 관련 시설로서 주된 사용자 중 스스로 피난이 불가한 자가 있는 경우 추가로 설치하는 경우에 한한다.
2)간이완강기의 적응성은 숙박시설의 3층 이상에 있는 객실에 한한다.   3)공기안전매트의 적응성은 공동주택에 추가로 설치하는 경우에 한한다.

문장이 답인 문제 ★

75 연소할 우려가 있는 개구부에 드렌처설비를 설치한 경우 해당 개구부에 한하여 스프링클러 헤드를 설치하지 아니할 수 있는 기준으로 틀린 것은?

① 드렌처헤드는 개구부 위 측에 2.5m 이내마다 1개를 설치할 것
② 제어밸브는 특정소방대상물 층마다에 바닥면으로 부터 0.5m 이상 1.5m 이하의 위치에 설치할 것
　　　　　　　　　　　　　　　　　　　　　　　　　0.8m 이상 1.5m 이하
③ 드렌처헤드가 가장 많이 설치된 제어밸브에 설치된 드렌처헤드를 동시에 사용하는 경우에 각 헤드선단의 방수량은 80 L/min 이상이 되도록 할 것
④ 드렌처헤드가 가장 많이 설치된 제어밸브에 설치된 드렌처헤드를 동시에 사용하는 경우에 각 헤드선단의 방수압력은 0.1 MPa 이상이 되도록 할 것

- **스프링클러설비**: 화재발생시 화재를 자동으로 감지하여 피난을 위한 경보를 발하고, 습식 · 건식 · 준비작동식 · 일제살수식 밸브가 개방되면, 유수의 흐름으로 인하여 펌프가 기동되고, 개방된 헤드를 통해 소화수를 방수하여 소화하는 자동식 수계소화설비
- **스프링클러 헤드**: 스프링클러에서 나오는 물을, 빗방울 형태로 대량으로 뿌리면서 방수하는 역할을 하는 부분을 말한다.
- **드렌처(drencher)설비**: 인접 건물로 화재가 확대되는 것을 방지하기 위해... 외벽 창문 등 연소할 우려가 있는 개구부에 드렌처헤드를 설치하여, 물을 수막 형태로 살수하는 설비이다.

연소할 우려가 있는 개구부에 드렌처설비를 설치한 경우에는... 해당 개구부에 한하여 스프링클러헤드를 설치하지 않을 수 있다.
- 드렌처헤드 → 개구부 위 측에 2.5m 이내마다 1개 설치
- 제어밸브 (일제개방밸브 · 개폐표시형밸브 및 수동조작부를 합한 것)
　→ 층마다 바닥면으로부터 **0.8m이상 ~ 1.5m이하**에 설치
- 방수압력 → **0.1 MPa** 이상 (층별 제어밸브 중 헤드가 가장 많이 설치된 제어밸브의 모든 헤드를 동시 사용시)
- 방수량 → **80 L/min** 이상 (층별 제어밸브 중 헤드가 가장 많이 설치된 제어밸브의 모든 헤드를 동시 사용시)

드렌처 헤드
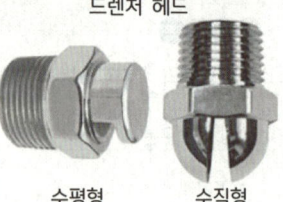
수평형　수직형

암기탑! 사람이 조작하기 가장 좋은 높이가 0.8m ~ 1.5m 이다. 사람이 팔로 조정하므로 0.8m 로 시작한다.

문장이 답인 문제 ★★★

76 지하구의 화재안전기준에 따른 연소방지설비 헤드의 설치기준으로 옳은 것은?

① 헤드간의 수평거리는 연소방지설비 전용헤드의 경우에는 1.5m 이하로 할 것
　　　　　　　　　　　　　　　　　　　　　　　　　　　2m 이하
② 헤드간의 수평거리는 스프링클러헤드의 경우에는 2m 이하로 할 것
　　　　　　　　　　　　　　　　　　　　　　　1.5m 이하
③ 살수구역은 환기구 사이의 간격이 700m를 초과할 경우에는 700m 이내마다 살수구역을 설정할 것
④ 한쪽 방향의 살수구역의 길이는 2m 이상으로 할 것
　　　　　　　　　　　　　　　3m 이상

- **지하구**
　가. 전력 · 통신용의 전선이나 가스 · 냉난방용의 배관 또는 이와 비슷한 것을 집합수용하기 위하여 설치한 지하 인공구조물로서 사람이 점검 또는 보수를 하기 위하여 출입이 가능한 것 중 다음의 어느 하나에 해당하는 것
　　① 전력 또는 통신사업용 지하 인공구조물로서 전력구 또는 통신구 방식으로 설치된 것
　　② 지하 인공구조물로서 폭이 1.8미터 이상이고 높이가 2미터 이상이며 길이가 50미터 이상인 것
　나. 공동구: 전기 · 가스 · 수도 등의 공급설비, 통신시설, 하수도시설 등 지하매설물을 공동 수용함으로써 미관의 개선, 도로구조의 보전 및 교통의 원활한 소통을 위하여 지하에 설치하는 시설물
- **연소방지설비**: 전력 또는 통신사업용 케이블이 설치된 지하구에 헤드를 설치하고, 소방차에서 송수구에 물을 공급해 헤드에서 살수되게 하여, 화재가 더 이상 번지지 않게 차단하는 설비

1. 연소방지설비 헤드의 설치기준
   - 헤드간의 수평거리를... 스프링클러헤드(개방형)의 경우에는 **1.5m 이하**로 규정하고 있고, 연소방지설비 **전용헤드(살수헤드)**의 경우에는 더 좋은 성능으로 간주되어... 헤드간의 수평거리를 **2m 이하**로 더 넓게 설치하도록 하였다.
   - 살수구역 → 환기구 사이의 간격이 700m를 초과할 경우에는 **700m 이내마다** 살수구역 설정
   - 소방대원의 출입이 가능한 환기구·작업구마다 지하구의 양쪽방향으로 살수헤드를 설정하되, **한쪽 방향의 살수구역의 길이는 3m 이상**으로 할 것. (양쪽방향은 6m)
2. 지하구에서 화재시... 화재가 발생된 구간은 연소되더라도, 그 구간 양옆으로는 화재가 더 이상 번지지 않도록 차단하는 설비가 연소방지설비이다.

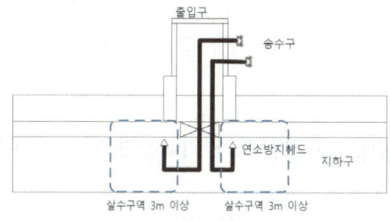

지하구에 연소방지설비 설치 예

이러한 살수구역을 700m 이내마다 설치하여야 한다.

살수구역 3m이상(한쪽) 700m마다 설치하여 연소방지

숫자가 답인 문제

77 내림식사다리의 구조기준 중 다음 ( ) 안에 공통으로 들어갈 내용은?

사용 시 소방대상물로부터 ( )cm 이상의 거리를 유지하기 위한 유효한 돌자를 횡봉의 위치마다 설치하여야 한다. 다만, 그 돌자를 설치하지 아니하여도 사용 시 소방대상물에서 ( )cm 이상의 거리를 유지할 수 있는 것은 그러하지 아니하다.

① 15   ② 10   ③ 7   ④ 5

피난사다리 : 화재시 긴급대피에 사용하는 사다리
- **고정식**(수납식/접는식/신축식) : 건축물의 외·내벽에 고정되어 있어서 피난자가 상시 사용가능한 상태로 고정
- **올림식**(접는식/신축식) : 건물의 한 부분에 기대거나 걸쳐(올려 받쳐) 세워서 사용
- **내림식**(와이어로프식/체인식/하향식 피난구용 내림식사다리) : 복도 끝에 접어둔 상태로 두었다가, 사용시 창틀 등에 걸어 내린 후 사용

돌자란 사다리의 횡봉(가로봉)마다 설치되는 것으로서... 사다리가 벽과 너무 붙어 있다면 발로 횡봉을 밟을 수가 없으므로, **사다리와 벽을 이격시켜주기 위해** 튀어나온 부분을 말한다.

내림식사다리는 사용시 소방대상물로부터 **10cm 이상**의 거리를 유지하기 위한 유효한 돌자를 **횡봉의 위치마다** 설치하여야 한다. 다만, 그 돌자를 설치하지 아니하여도 사용시 소방대상물에서 10cm 이상의 거리를 유지할 수 있는 것은 그러하지 아니하다.

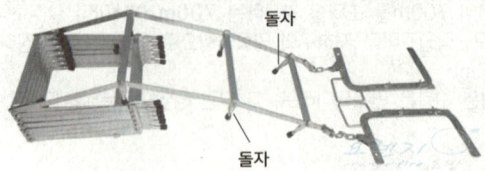

단어가 답인 문제

78 할로겐화합물 및 불활성기체 소화설비 중 약제의 저장 용기 내에서 **저장상태가 기체상태의 압축가스인 소화약제는?**

① IG-541   ② HCFC BLEND A   ③ HFC-227ea   ④ HFC-23

할로겐화합물 및 불활성기체 소화설비 : 할론소화설비를 대체할 목적으로 개발된 소화설비로서 할로겐화합물 소화약제와 불활성기체 소화약제를 사용한다.

1. **할로겐화합물 소화약제** : 불소(F), 염소(Cl), 브롬(Br) 또는 요오드(I) 중 하나 이상의 원소를 포함하고 있는 유기화합물을 기본성분으로 하는 소화약제로서 **연쇄반응을 차단하여 소화하는 화학적 소화효과**를 갖는다.
2. **불활성기체 소화약제** : 아르곤(Ar), 이산화탄소(CO_2) 또는 질소가스(N_2) 중 하나 이상의 원소를 기본성분으로 하는 소화약제로서 **질식으로 인해 소화하는 물리적 소화효과**를 갖는다.

- 압축가스란 압력을 가하여 부피를 압축시킨 기체로서... 저장시 기체상태로 저장되는 가스를 말한다. 할로겐화합물 소화약제 및 불활성기체 소화약제 중 **압축가스** 형태로 저장되는 가스는 **불활성기체 소화약제**가 해당된다.
- "IG-541"은 할로겐화합물 및 불활성기체소화설비에서 사용하는, **불연성·불활성기체혼합가스 소화약제**로서, 질식으로 인해 소화하는 물리적 소화효과를 갖으며, 그 성분비는 N_2(질소):52%, Ar(아르곤):40%, CO_2(이산화탄소):8% 이다.
- 불활성기체 소화약제

소화약제	화학식
불연성·불활성기체혼합가스(이하 "IG-01"이라 한다)	Ar(아르곤)
불연성·불활성기체혼합가스(이하 "IG-100"이라 한다)	N_2(질소)
불연성·불활성기체혼합가스(이하 "IG-541"이라 한다)	N_2(질소) : 52%, Ar(아르곤) : 40%, CO_2(이산화탄소) : 8%
불연성·불활성기체혼합가스(이하 "IG-55"이라 한다)	N_2(질소) : 50%, Ar(아르곤) : 50%

함께공부

할로겐화합물 소화약제

소화약제	화학식
퍼플루오로부탄(이하 "FC-3-1-10"이라 한다)	C_4F_{10}
하이드로 클로로 플루오로 카본 혼화제 [HCFC 블렌드 A(HCFC BLEND A)]	HCFC-123 ($CHCl_2CF_3$) : 4.75% HCFC-22($CHClF_2$) : 82% HCFC-124 ($CHClFCF_3$) : 9.5% $C_{10}H_{16}$: 3.75%
클로로테트라플루오로에탄(이하 "HCFC-124"라 한다)	$CHClFCF_3$
펜타플루오로에탄(이하 "HFC-125"라 한다)	CHF_2CF_3
헵타플루오로프로판(이하 "HFC-227ea"라 한다)	CF_3CHFCF_3
트리플루오로메탄(이하 "HFC-23"라 한다)	CHF_3
헥사플루오로프로판(이하 "HFC-236fa"라 한다)	$CF_3CH_2CF_3$
트리플루오로이오다이드(이하 "FIC-13I1"라 한다)	CF_3I
도데카플루오로-2-메틸펜탄-3-원(이하 "FK-5-1-12"이라 한다)	$CF_3CF_2C(O)CF(CF_3)_2$

> 문장이 답인 문제

79 연결송수관설비의 가압송수장치의 설치기준으로 틀린 것은? (단, 지표면에서 최상층 방수구의 높이가 70m 이상의 특정소방대상물이다.)
① 펌프의 양정은 최상층에 설치된 노즐선단의 압력이 0.35MPa 이상의 압력이 되도록 할 것
② 계단식 아파트의 경우 펌프의 토출량은 1200L/min 이상이 되는 것으로 할 것
③ 계단식 아파트의 경우 해당 층에 설치된 방수구가 3개를 초과하는 것은 1개마다 400L/min을 가산한 양이 펌프의 토출량이 되는 것으로 할 것
④ 내연기관을 사용하는 경우(층수가 30층 이상 49층 이하) 내연기관의 연료량은 <u>20분</u> 이상 운전할 수 있는 용량일 것
　　　　　　　　　　　　　　　　　　　　　　　　　　　　　　　　　　　　　40분

- **연결송수관설비** : 소방차에서 연결송수관 송수구에 물을 공급하면 그 공급된 물을, 연결송수관설비 방수구에 호스를 연결하여 옥내소화전처럼 사용하는 소방대 전용 설비로써, 고층부 화재진압에 효과적인 본격 화재진압설비
- **가압송수장치** : 압력을 가해서(가압) 물을 이송하는(송수) 장치로서 그 종류로는 **펌프**(전동기 또는 내연기관과 연결된 원심펌프), **고가수조**(높은 곳에 설치된 수조), **압력수조**(강한 공기압 이용), **가압수조**(압력수조의 간소화 설비) 등의 방식이 있다.
- **방수구** : 소화용수를 방수하기 위하여 건물내 벽 또는 구조물의 벽에 설치하는 관에 연결된 배관구멍

지표면에서 최상층에 설치된 방수구의 높이까지 **70m 이상인 특정소방대상물**은... 너무 높아서 소방차 펌프의 압력으로 송수가 불가하므로, 건축물 중간에 **증압용 중계펌프를 직렬로 설치**하여 소화수의 압력을 증가시켜야 한다. 그에 따라 설치된 연결송수관설비의 **가압송수장치 설치기준**은 아래와 같다.
1. 펌프의 양정은 최상층에 설치된 노즐선단의 **압력이 0.35 MPa 이상**의 압력이 되도록 할 것
2. **층당 방수구 수에 따른 펌프 토출량 기준**
　펌프의 토출량은 2,400ℓ/min(계단식 아파트의 경우에는 1,200ℓ/min) 이상이 되는 것으로 할 것. 다만, 해당 층에 설치된 방수구가 3개를 초과(방수구가 5개 이상인 경우에는 5개)하는 것에 있어서는 1개마다 800ℓ/min(계단식 아파트의 경우에는 400ℓ/min)를 가산한 양이 되는 것으로 할 것

	방수구 수 (층당)	펌프 토출량 (일반)	펌프 토출량 (계단식 아파트)
	1개 ~ 3개	2400 ℓ/min 이상	1200 ℓ/min 이상
	4개	3200 ℓ/min 이상	1600 ℓ/min 이상
	5개	4000 ℓ/min 이상	2000 ℓ/min 이상
암기 →	방수구 당	800ℓ씩 증가	400ℓ씩 증가

3. 펌프의 기동을 내연기관(엔진펌프)으로 하는 경우 **내연기관의 연료량**(주로 디젤엔진을 사용하므로 연료는 경유를 말한다)
　① ~ 29층 이하 : 펌프를 20분 이상 운전할 수 있는 용량
　② 30층 이상 ~ 49층 이하 : 펌프를 40분 이상 운전할 수 있는 용량
　③ 50층 이상　　　　　　 : 펌프를 60분 이상 운전할 수 있는 용량

옥내소화전 함(소화전)과 연결송수관 함(방수기구함)의 겸용설비

사진출처[소방청 화재안전기준해설서/육송]

함(외부)

방수기구함(내부-호스, 관창)

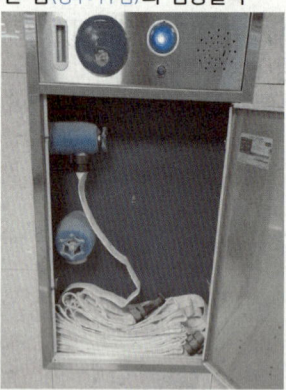
단구형 방수구(호스연결 안된것)

쌍구형 방수구(65㎜)

소방펌프실

내연기관(엔진)펌프

전동기(모터)펌프

연결송수관설비 펌프의 기동스위치 - 송수구 인근 설치 예

> 숫자가 답인 문제 ★★★

80 소화수조 및 저수조의 가압송수장치 설치기준 중 다음 ( ) 안에 알맞은 것은?

> 소화수조가 옥상 또는 옥탑의 부분에 설치된 경우에는 지상에 설치된 채수구에서의 압력이 ( ) MPa 이상이 되도록 하여야 한다.
>
> ① 0.1　　　　② 0.15　　　　③ 0.17　　　　④ 0.25

- **소화수조 또는 저수조** : 소방대가 화재진압시 사용하는 소방용수가 담긴 수조로서, 소화에 필요한 물을 항시 채워두는 것을 말한다.
- **가압송수장치** : 압력을 가해서 (가압) 물을 이송하는 (송수) 장치로서 그 종류로는 **펌프**(전동기 또는 내연기관과 연결된 원심펌프), **고가수조**(높은 곳에 설치된 수조), **압력수조**(강한 공기압 이용), **가압수조**(압력수조의 간소화 설비) 등의 방식이 있다.
- **소화수조(저수조)의 물을 소방차에 공급받는 방법**
  ① **흡수관 투입구** : 소방차에는 물을 흡입할 수 있는 흡수관이 있다. 이 흡수관을 **지하수조**에 직접 담궈서 물을 흡수할 수 있도록 만든 사각형(한 변이 0.6m 이상)이나 원형(직경이 0.6m 이상)의 **구멍(맨홀)**
  ② **채수구** : 소방차의 소방호스와 접결되는 흡입구(나사식 금속결합구)로서, 채수구를 통해 수화수조의 물을 소방차에 공급 받는다.
    ㉠ **옥상수조** : 옥상 또는 옥탑의 부분에 설치된 경우, 지상에 설치된 채수구에서의 압력이 0.15 MPa 이상이 되면 설치가능
    ㉡ **지하수조** : 소화수조에 별도의 펌프를 설치하여, 지하수조에서 연결된 배관을 통하여 채수구에서 물을 공급 받는다.

소화수조가 옥상(옥탑) 등 높은 부분에 설치된 경우
→ 물의 자연낙차압력(높이에 따른 압력)을 이용하여… 지상에 설치된 채수구에서 물을 공급받는다. 이 때 채수구에서의 압력이 0.15 MPa 이상이 되어야… 지상의 소방차와 연결된 호스를 통해 소방차로 물을 급수시킬 수 있다.
→ 채수구에서의 압력이 0.15 MPa 이상이 되려면… 이론적으로 낙차(높이)가 15m면 가능하다. 하지만, 배관, 밸브 등의 마찰손실로 인하여 그 보다 좀 더 높아야 할 것이다.

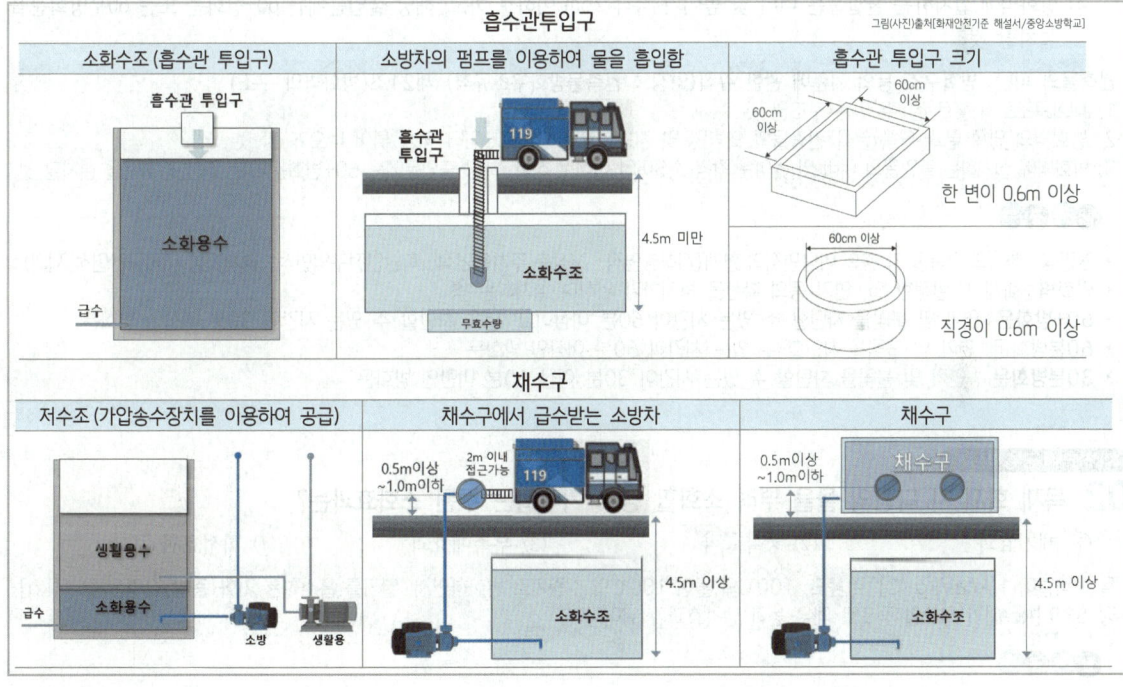

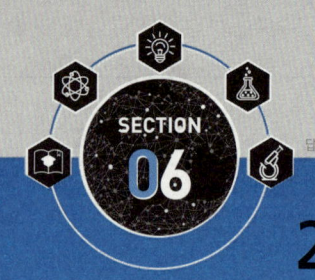

2017년 제4회 답이색 해설편

A nswer 1과목 소방원론

암기하면서 공부 할 문제 ★★

01 건축물에 설치하는 방화벽의 구조에 대한 기준 중 틀린 것은?

① 내화구조로서 홀로 설 수 있는 구조이어야 한다.
② 방화벽의 양쪽 끝은 지붕면으로부터 0.2m 이상 튀어 나오게 하여야 한다. (0.5m)
③ 방화벽의 윗쪽 끝은 지붕면으로부터 0.5m 이상 튀어 나오게 하여야 한다.
④ 방화벽에 설치하는 출입문은 너비 및 높이가 각각 2.5m 이하로 하고, 해당 출입문에는 60+방화문 또는 60분방화문을 설치할 것

건축물의 피난·방화구조 등의 기준에 관한 규칙(약칭 : 건축물방화구조규칙) 제21조(방화벽의 구조)
1. 내화구조로서 홀로 설 수 있는 구조일 것
2. 방화벽의 양쪽 끝과 윗쪽 끝을 건축물의 외벽면 및 지붕면으로부터 0.5미터 이상 튀어 나오게 할 것
3. 방화벽에 설치하는 출입문의 너비 및 높이는 각각 2.5미터 이하로 하고, 해당 출입문에는 60+방화문 또는 60분방화문을 설치할 것

함께 공부

- **연면적** : 하나의 건축물 각 층의 바닥면적의 합계(지하층면적·지상층 주차용면적·피난안전구역면적·경사지붕 대피공간면적 제외)
- **방화벽** : 화재 시 발생한 열, 연기 등의 확산을 방지하기 위하여 설치하는 벽
- **60+방화문** : 연기 및 불꽃을 차단할 수 있는 시간이 60분 이상이고, 열을 차단할 수 있는 시간이 30분 이상인 방화문
- **60분방화문** : 연기 및 불꽃을 차단할 수 있는 시간이 60분 이상인 방화문
- **30분방화문** : 연기 및 불꽃을 차단할 수 있는 시간이 30분 이상 60분 미만인 방화문

이해하면서 공부 할 문제 ★★

02 목재 화재 시 다량의 물을 뿌려 소화할 경우 기대되는 주된 소화효과는?

① 제거효과   ② **냉각효과**   ③ 부촉매효과   ④ 희석효과

물의 비열이 **1[kcal/kg·℃]** 로 높고, 100℃의 물이 100℃의 수증기로 변화하면서, 열기를 흡수하는 **기화(증발)잠열**은 물 1[kg]당 **539 [kcal]**가 필요할 정도로 매우 높아 냉각효과가 뛰어나다.

함께 공부

- **물리적 소화의 방법** : 연소의 3요소인 가연성가스(가연물), 산소, 열(점화원)의 양적 변화를 통해 연소를 중단시켜 소화하는 방법
  - 냉각소화 : 연소 중인 가연물의 온도를 떨어뜨려 연소반응을 정지시키는 소화의 방법
  - 질식소화 : 가연물이 연소할 때 공기 중의 산소농도(일반적으로 21%)를 떨어뜨려(보통 15%이하) 연소를 중단시키는 소화 방법
  - 제거소화 : 가연물을 제거하여 소화하는 방법
  - 희석소화 : 수용성인 가연성 액체(알코올, 아세톤 등)의 화재시 다량의 물을 방사하여, 가연성 액체의 농도를 연소농도 이하가 되도록 하여 소화하는 방법
- **화학적 소화의 방법**(=억제소화, 부촉매소화)
  - 활성라디칼을 흡수하여 연소의 4요소인 순조로운 연쇄반응을 **억제**하여 소화하는 방법으로 정촉매의 반대인 **부촉매**소화라고도 한다.
  - 할론계 소화약제, 분말소화약제 등을 이용하여 소화한다.

> 이해하면서 공부 할 문제 ★

03 폭발의 형태 중 화학적 폭발이 아닌 것은?

① 분해폭발　　　② 가스폭발　　　③ **수증기폭발**　　　④ 분진폭발
　　　　　　　　　　　　　　　　　　　물리적 폭발

- **물리적 폭발**
  - 화학적 반응을 동반하지 않고, 마찰, 충격, 단열압축 등 상태·물리적 변화에 의해 압력이 발생되는 폭발
  - **수증기폭발**, 보일러폭발(수증기폭발), 고압용기의 파열, 진공용기의 파손 등

> 함 께 공 부

화학적 폭발 – 산화, 분해, 중합 등 화학적 반응을 동반하여 많은 에너지를 방출하는 폭발
- **분해폭발** : 아세틸렌, 산화에틸렌, 히드라진, 과산화물 등이 분해하면서 급격한 발열반응을 동반하며 폭발하는 현상
- **가스폭발** : 수소, 메탄 등 가연성가스 또는 가솔린, 알코올 등 인화성액체의 증기가, 공기와의 예혼합상태에서 착화원에 의해 폭발하는 현상
- **분진폭발** : 가연성 분진(입자상태의 미세한 분말)이 부유하면서 주위로부터 흡열한 후 열분해 되어 가연성가스를 방출하게 되고, 그 가스가 폭발범위를 형성하게 되면 폭발하는 현상
- **산화폭발** : 가연성가스, 가연성증기 등이 공기중의 산소와 반응하여 폭발성 혼합가스가 형성되어 폭발하는 것
- **중합폭발** : 시안화수소, 염화비닐 등과 같은 중합물질이 폭발적으로 중합되어, 발열하고 압력이 상승돼 폭발하는 현상
- **증기운폭발** : 다량의 가연성가스가 지표면에 유출된 후, 다량의 가연성 혼합기체가 구름처럼 형성되어, 폭발이 일어난 경우

> 계산하면서 공부 할 문제 ★

04 이산화탄소 20g은 몇 mol인가?

① 0.23　　　② **0.45**　　　③ 2.2　　　④ 4.4

이산화탄소(탄산가스) = CO_2 = 분자량44 = 불연성 소화약제 = 질식소화 = 고체탄산(드라이아이스)
CO_2 1몰(mol)의 분자량을 계산하면[C=12, O=16] = 12 + (16×2) = 44g
따라서 1몰(mol)이 44g이므로 20g을 계산하면　∴ 20/44 = 0.45몰(mol)

> 암기하면서 공부 할 문제

05 FM200이라는 상품명을 가지며 오존파괴 지수(ODP)가 0인 할론 대체 소화약제는 무슨 계열인가?

① **HFC 계열**　　　② HCFC 계열　　　③ FC 계열　　　④ Blend 계열

오존파괴지수(ODP)가 0인 할론 대체 소화약제는 "할로겐화합물 및 불활성기체 소화약제"로서 **HFC-227ea**(헵타플루오로프로판)이며, **HFC 계열**[탄소(C)에 불소(F)와 수소(H)가 결합된 것]에 해당한다. 일명 FM-200이라는 상품명을 가지고 있다.

> 함 께 공 부

오존파괴지수(ODP : Ozone Depletion Potential)
우수한 소화약제였던 할론이 생산금지 되었던 이유가 오존층을 보호하기 위한 것이기 때문에, 새로 개발되는 대체 소화약제는 필히 오존층을 파괴하지 않아야 했다. 따라서 대체물질의 오존파괴능력을 상대적으로 나타내는 지표가 정의되었는데 이를 ODP라 한다.
(오존파괴지수가 가장 큰 할론약제는 Halon 1301 이다)

> 암기하면서 공부 할 문제

06 포소화약제 중 고팽창포로 사용할 수 있는 것은?

① 단백포　　　② 불화단백포　　　③ 내알코올포　　　④ **합성계면활성제포**

기계포 소화약제(공기포 소화약제)의 종류
① 내 알코올포(저팽창포) : 수용성 액체의 화재 시 적합하다.
② 수성막포(저팽창포)
③ 단백포(저팽창포)
④ 불화 단백포(저팽창포)
⑤ 합성 계면 활성제포(저팽창포, 고팽창포 모두 사용가능)

> 암기팁! 내 수단으로는 불합격해 ➡ 내 수단 불합

이해하면서 공부 할 문제

07 공기 중에서 자연발화 위험성이 높은 물질은?

① 벤젠　　　　② 톨루엔　　　　③ 이황화탄소　　　　④ 트리 에틸알루미늄

제3류 위험물 ⇨ 자연발화성 및 금수성 물질 [황린제외 모두 금수]
- 황린(P_4)이 대표적인 자연발화성물질이고, 나머지는 모두 물에 급격히 반응하여 열을 발생하는 금속(금수성)으로서 칼륨, 나트륨, 리튬, 알루미늄 등이 해당된다. 트리에틸알루미늄[TEA, $(C_2H_5)_3Al$]은 품명이 **알킬알루미늄**에 해당한다.
- 엄밀히 따지면... 황린(P_4)이 대표적인 자연발화성물질이지만, 문제에서 ①벤젠, ②톨루엔, ③이황화탄소는 모두 제4류 위험물에 해당하므로... 제3류 위험물과 구분된다 하겠다. 결국 공기 중에서 자연발화 위험성이 높은 물질을 물으면, 제3류 위험물을 고르면 된다. (지문중에 황린이 있다면 무조건 황린이 답이다. 황린이 없을 때 다른 제3류 위험물을 고르면 된다.)

함께 공부

벤젠[C_6H_6], 톨루엔[$C_6H_5CH_3$], 이황화탄소[CS_2]는 모두 **제4류 위험물[인화성 액체]**로서 자연발화의 위험성이 높은 것은 아니다.

암기하면서 공부 할 문제 ★★★

08 분말소화약제에 관한 설명 중 틀린 것은?

① 제1종 분말은 담홍색 또는 황색으로 착색되어 있다.　(제3종 분말)
② 분말의 고화를 방지하기 위하여 실리콘 수지 등으로 방습처리 한다.
③ 일반화재에도 사용할 수 있는 분말소화약제는 제3종 분말이다.
④ 제2종 분말의 열분해식은 $2KHCO_3 \rightarrow K_2CO_3 + CO_2 + H_2O$이다.

② 분말입자가 습기에 의해 고화(굳는현상)되는 현상을 막기 위해 **금속의 스테아린산염**이나 **실리콘 수지**(현재는 대부분 실리콘 수지를 사용한다) 등으로 표면처리(방습처리) 한다.
③ 제3종 분말소화약제만 A급(일반화재), B급(유류화재), C급(전기화재)의 모든 화재에 적응성이 있다.

암기팁! 나의 칼은 인간의 칼이다~ ➡ 나 칼 인 칼

함께 공부

분말 소화약제의 종류 화학반응식(열분해 반응식)

종별	주성분	색상	적응화재	화학반응식 (열분해 반응식)	암기법
제1종	탄산수소나트륨 ($NaHCO_3$)	백색	B, C	$2NaHCO_3 \rightarrow Na_2CO_3 + CO_2 + H_2O$	이수
제2종	탄산수소칼륨 ($KHCO_3$)	담자(회)색	B, C	$2KHCO_3 \rightarrow K_2CO_3 + CO_2 + H_2O$	이수
제3종	제1인산암모늄 = **인산염** ($NH_4H_2PO_4$)	**담홍색, 황색**	A, B, C	$NH_4H_2PO_4 \rightarrow HPO_3 + NH_3 + H_2O$	암수
제4종	탄산수소칼륨 + 요소 ($KHCO_3+(NH_2)_2CO$)	회색	B, C	$2KHCO_3+(NH_2)_2CO \rightarrow K_2CO_3+ 2NH_3 + 2CO_2$	암이

※ 제1종은 탄산나트륨(Na_2CO_3), 제2종과 제4종은 탄산칼륨(K_2CO_3), 제3종은 부착력이 우수하여 소화효과가 뛰어난 메타인산(HPO_3)이 생성된다.

암기하면서 공부 할 문제 ★★★

09 화재의 종류에 따른 분류가 틀린 것은?

① A급 : 일반화재　　② B급 : 유류화재　　③ C급 : 가스화재　(전기화재)　　④ D급 : 금속화재

화재의 분류

종류	표시	표시색상	일반적 소화방법
일반화재	A급	백색	냉각소화
유류화재	B급	황색	질식소화
전기화재	C급	청색	질식소화
금속화재	D급	무색	피복소화
가스화재	E급	황색	질식소화
주방화재	K급	–	질식+냉각소화

암기팁! 화재의 종류와 표시색상 : 일 유 전 금 가 주　　백 황 청 무 황 –

이해하면서 공부 할 문제

10 연소확대 방지를 위한 방화구획과 관계없는 것은?

① 일반 승강기의 승강장 구획   ② 층 또는 면적별 구획
  비상용
③ 용도별 구획   ④ 방화댐퍼

- 방화구획은 건물을 일정한 공간으로 구획해 화재강도와 화재하중을 낮추어, 건물내 화재의 전체 확대를 방지하여 건물의 붕괴를 방지하고 피해를 최소화하는데 그 목적에 있다. 이러한 방화구획의 적용은...
- **면적별** 방화구획, **층별** 방화구획(지하층·3층 이상의 층은 층마다), **용도별** 방화구획(비상전원, 방재실, 저장용기실 등), **수직** 방화구획(계단실, 승강로, 파이프피트 등)으로 나누어서 적용된다.
- **방화구획의 구성**은... ①내화구조의 바닥과 벽, ②방화문(자동방화셔터), ③**풍도가** 방화구획 **관통시 풍도내 방화댐퍼** 설치, ④방화구획 관통부에는 내화채움성능이 인정된 구조로 메울 것 등을 통해 방화구획을 나누게 된다.
- **비상용승강기** 승강장의 창문·출입구·개구부를 제외한 부분은 당해 건축물의 다른 부분과 **내화구조의 바닥 및 벽으로 구획**할 것
  일반용승강기의 승강장은 방화구획과 관련된 규정이 없다.

암기팁! 면적별 방화구획에서 스프링클러(자동식 소화설비) 설치되면 ➡ 원래의 면적보다 3배

함께공부

면적별 방화구획
- 10층 이하의 층
  - 바닥면적 1000㎡이내 마다 구획
  - 스프링클러 기타 이와 유사한 자동식 소화설비를 설치한 경우 3000㎡이내 마다 구획
- 11층 이상의 층
  - 바닥면적 200㎡이내 마다 구획
  - 스프링클러 기타 이와 유사한 자동식 소화설비를 설치한 경우 600㎡이내 마다 구획
- 11층 이상의 층인데... 벽 및 반자의 실내에 접하는 부분의 마감을 불연재료로 한 경우
  - 바닥면적 500㎡이내 마다 구획
  - 스프링클러 기타 이와 유사한 자동식 소화설비를 설치한 경우 1500㎡이내 마다 구획

계산하면서 공부 할 문제 ★

11 질소 79.2[vol%], 산소 20.8[vol%]로 이루어진 공기의 평균분자량은?

① 15.44   ② 20.21   ③ 28.83   ④ 36.00

공기 혼합물의 평균분자량 ➡ N_2(질소) : 79.2%, O_2(산소) : 20.8%
∴ 공기분자량 = (14×2 × 0.792) + (16×2 × 0.208) = 28.832

함께공부

주요 원소의 원자량

원소명	수소	탄소	질소	산소	불소	나트륨	마그네슘	알루미늄	인	황	염소	아르곤	브롬
기호	H	C	N	O	F	Na	Mg	Al	P	S	Cl	Ar	Br
원자량	1	12	14	16	19	23	24	27	31	32	35.5	40	80

이해하면서 공부 할 문제

12 제3류 위험물로서 자연발화성만 있고 금수성이 없기 때문에 물속에 보관하는 물질은?

① 염소산암모늄   ② 황린   ③ 칼륨   ④ 질산

황린(P_4)은 제3류 위험물인 자연발화성물질로서 **공기와 접촉하면 자연발화** 한다. 따라서 알칼리제를 넣은 **pH9정도의 물 속에 저장**(물에 녹지 않기 때문)한다. 물은 비열이 커서 여름에도 온도가 쉽게 상승되지 않고 온도변화가 적어 안정적이다. 황린은 저장액인 물의 증발 또는 용기파손에 의한 물의 누출을 방지하여야 한다.

함께공부

- 염소산암모늄[NH_4ClO_3]은 제1류 위험물[산화성 고체] 중 염소산염류에 해당한다.
- 칼륨[K, 포타시움], 나트륨(Na) 등은 제3류 위험물인 금수성물질이므로 물과 반응하여 가연성기체인 수소(H_2)를 만들고 발열한다. (공기 중 수분과도 반응하여 수소를 발생시킨다) 따라서 **물에 녹지 않는 기름**인 등유, 경유, 유동 파라핀 등의 보호액 속에 누출되지 않도록 저장한다.
- 질산[HNO_3]은 제6류 위험물[산화성 액체]에 해당한다.

암기하면서 공부 할 문제 ★★★

13 화재 시 소화에 관한 설명으로 틀린 것은?

① 내알코올포 소화약제는 수용성용제의 화재에 적합하다.
② 물은 불에 닿을 때 증발하면서 다량의 열을 흡수하여 소화한다.
③ <u>제3종</u> 분말소화약제는 식용유화재에 적합하다.
　　제1종
④ 할로겐화합물 소화약제는 연쇄반응을 억제하여 소화한다.

비누화 반응(검화현상)
- 비누화 반응은 고급 지방산 에스테르(에스터)와 강한염기(알칼리, NaOH 수산화나트륨)가 만나, Na^+(나트륨 이온)과 OH^-(수산화 이온)으로 가수분해 되어, 알콜과 비누덩어리(Na^+ 염, 지방산의 알칼리염)가 생성되는 반응이다.
- 식용유(유지)화재에 분말소화약제의 금속이온(NaOH)이 작용하면 금속비누가 만들어지는데, 그 금속비누가 액표면에 비누거품을 형성하여 분말의 소화효과 외에 피복에 의한 질식효과를 증대시킨다.
- 위와 같은 비누화 반응(현상)은 제1종 분말소화약제($NaHCO_3$, 탄산수소나트륨)에서 크게 발생한다. 따라서 제1종 분말소화약제가 식용유화재에 가장 적합하다.

함께공부

① 수용성(물에 녹는) 위험물(알코올, 아세톤, 초산, 의산, 피리딘 등)에 일반 포소화약제를 방사하면, 포수용액의 물 성분이 수용성 위험물에 녹아 포가 소포(파포)된다. 따라서 수용성 액체 위험물의 화재 시 적합한 포소화약제로 **내알코올포**가 개발되었다.
② 물의 비열이 **1kcal/kg·℃** 로 높고, 100℃의 물이 100℃의 수증기로 변화하면서, 열기를 흡수하는 **기화(증발)잠열**은 물 1[kg]당 **539 [kcal]**가 필요할 정도로 매우 높아 냉각효과가 뛰어나다.
④ 할로겐화합물 소화약제는 할로겐족원소(F, Cl, Br, I)를 방사하여, 활성라디칼을 흡수해 연소의 4요소인 순조로운 **연쇄반응을 억제**하여 소화하는 억제소화가 주된 소화방법이다.

이해하면서 공부 할 문제 ★★

14 고비점 유류의 탱크화재 시 열유층에 의해 탱크 아래의 물이 비등·팽창하여 유류를 탱크 외부로 분출시켜 화재를 확대시키는 현상은?

① 보일 오버(Boil over)　　② 롤 오버 (Roll over)
③ 백 드래프트(Back draft)　　④ 플래시 오버(Flash over)

보일오버(Boil Over)현상 : 고온층(hot zone)이 형성된 유류화재의 탱크 밑면에 물이 고여 있는 경우, 화재의 진행에 따라 바닥의 물이 급격히 증발하여 불 붙은 기름을 분출시키는 위험현상(화재발생 전 부터 있었던 물에 의해~)

함께공부

- **롤 오버(Roll over)** : 롤오버는 반전(反轉)이란 의미로서 상·하층의 밀도 차이에 의해 역전 현상이 일어나는 것으로, 주로 LNG 저장조에서 일어나는 현상이다.
- **플래쉬오버(Flash Over)** : 구획실에서 화재가 진행되면서... 실내온도 급격히 상승 → 가연물에서 분해된 가연성가스가 실내전체에 축적 → 축적된 가연성가스 착화 → 실내전체가 폭발적으로 화염에 휩싸이는 화재현상
- **백드래프트(Back Draft)**
  화재 발생 후 실내의 산소를 대부분 사용하여, 산소가 결핍된 밀폐공간에 갑자기 공기(산소)가 유입되었을 때, 연소가 폭발적으로 이루어지는 현상으로서, 화염이 폭풍을 동반하여 실외로 분출되는 현상이다.

> 암기하면서 공부 할 문제 ★

15 건물의 주요구조부에 해당되지 않는 것은?

① 바닥   ② 천장   ③ 기둥   ④ 주계단

주요구조부 : 건축물의 각 부분을 나누어 구분할 때 구조상으로 중요한 부분으로서...
주계단, 지붕틀, 내력벽(견딜 힘이 있는 벽)**, 기둥, 바닥, 보**

암기팁! 절의 주지는 내기를 좋아하는 바보이다. ➡ 주지 내기 바보

> 함께공부

주요구조부란 내력벽(耐力壁), 기둥, 바닥, 보, 지붕틀 및 주계단(主階段)을 말한다. 다만, 사이 기둥, 최하층 바닥, 작은 보, 차양, 옥외 계단, 그 밖에 이와 유사한 것으로 건축물의 구조상 중요하지 아니한 부분은 제외한다.

> 암기하면서 공부 할 문제

16 공기 중에서 연소범위가 가장 넓은 물질은?

① 수소   ② 이황화탄소   ③ 아세틸렌   ④ 에테르

주요물질의 연소범위

물질	하한값 (vol%)	상한값 (vol%)	연소범위 넓이	위험도(H)	
아세틸렌(연소범위가 가장 넓다)	2.5	81.0	78.5	31.4	2위
수소(연소범위가 2번째로 넓다)	4.0	75.0	71.0	17.75	4위
일산화탄소	12.5	74.0	61.5	4.92	
에테르	1.9	48.0	46.1	24.26	3위
이황화탄소(하한값이 가장낮고, 위험도가 가장높다)	1.2	44.0	42.8	35.66	1위
황화수소	4.0	44.0	40.0	10.00	
에틸렌	2.7	36.0	33.3	12.33	
메탄	5.0	15.0	10.0	2.00	
에탄	3.0	12.4	9.4	3.13	
프로판	2.1	9.5	7.4	3.52	
부탄	1.8	8.4	6.6	3.66	

암기팁! 연소범위 넓은순서 ➡ 아수일에 이황에 메에프부 이수일(가수)에 이황(퇴계)에 매우 풍년이구나~
위험도 큰 순서 ➡ 이황 아세 에테 수소 이황이 아세아를 여태~~ 수성했다(지켰다).

> 함께공부

연소범위(=연소한계, 폭발범위, 폭발한계)
• 가연성가스와 산소가 연소를 일으킬 수 있는 증기농도(체적농도 vol%)범위
• 연소하한계와 연소상한계 사이의 범위
 – 연소하한계 : 그 농도 이하에서는 발화원과 접촉하여도 연소가 일어나지 않는 가스의 최소농도
 – 연소상한계 : 그 농도 이상에서는 발화원과 접촉하여도 연소가 일어나지 않는 가스의 최고농도

> 이해하면서 공부 할 문제

17 휘발유의 위험성에 관한 설명으로 틀린 것은?

① 일반적인 고체 가연물에 비해 인화점이 낮다.   ② 상온에서 가연성 증기가 발생한다.
③ 증기는 공기보다 무거워 낮은 곳에 체류한다.   ④ **물보다 무거워 화재발생 시 물분무소화는 효과가 없다.**
                                                              가벼워   주변 냉각효과 기대

제4류 위험물 ⇨ 인화성 액체 제1석유류 휘발유(가솔린)
• 인화점이 −43℃ ~ −20℃ 이므로 일반적인 고체 가연물에 비해 인화점이 낮아, 상온에서 가연성 증기가 발생하여 작은 점화에너지로도 인화되기 쉽다.
• 휘발유의 분자식이 [C_5H_{12}~C_9H_{20}] 이므로 증기비중은 3~4 정도이다.(즉 공기분자량 29보다 3~4배 무겁다) 따라서 증기유출시 낮은 곳에 체류함으로서 위험하다.
• 비중이 1보다 작으며(물보다 가볍다) 비수용성이다.(물보다 가벼우면 물에 녹지 않는다) 따라서 화재발생시 포, 분말, CO_2등의 소화약제에 의한 질식소화를 한다. 또한 **물분무소화설비를 통해 무상**(안개상)**으로 화염주변에 주수하면 탱크주변의 온도를 떨어트려 냉각효과**가 발생해 유류화재에도 사용할 수 있다.

함께 공부

- 인화점
  - 불을 끌어당기는 온도라는 뜻으로 점화원에 의해 불이 붙을 수 있는 최저온도
  - 가연성기체와 공기가 혼합된 상태에서 외부의 직접적인 점화원에 의해 불이 붙을 수 있는 최저온도
  - 가연성 물질을 공기 중에서 가열할 때 가연성 증기가 연소범위 하한계에 도달되는 최저온도
- 비중
  - 무게의 비. 즉 비교물질이 기준물질보다 무거운지, 가벼운지 비교하는 것을 말한다. 차원(단위)이 없는 무차원수이다.
  - 기체(증기)비중에서 모든 기체는 **표준상태 공기분자량(29)과 비교**한다. 만일 비교기체 비중이 1.5가 계산되었다면 그 기체는 공기보다 1.5배 무거운 물질이다.
  - 이산화탄소(CO_2) 증기비중의 계산 예 〉 CO_2분자량 계산[C=12, O=16] = 12 + (16×2) = 44

  $$\therefore 증기비중 = \frac{CO_2 \ 분자량}{공기 \ 분자량} = \frac{44}{29} = 1.517 \ [CO_2 \ 증기비중]$$

이해하면서 공부 할 문제

18 피난층에 대한 정의로 옳은 것은?
① 지상으로 통하는 피난계단이 있는 층
② 비상용 승강기의 승강장이 있는 층
③ 비상용 출입구가 설치되어 있는 층
④ **직접 지상으로 통하는 출입구가 있는 층**

피난층 : 계단을 통하지 않고, 직접 **지상**으로 통하는 **출입구**가 있는 층

함께 공부

건축물의 5층 이상 또는 지하 2층 이하의 층으로부터, 피난층 또는 지상으로 통하는 **직통계단**은 기준에 따른 **피난계단 또는 특별피난계단**으로 설치해야 한다.
- **직통계단** : 건물의 어떤 층에서도 피난층 또는 지상까지 이르는 경로가, 계단과 계단참만을 통하여 오르내릴 수 있는 계단
- **피난계단** : 직통계단에 피난방화(화재방어)성능 기준을 추가한 계단
- **특별피난계단** : 직통계단에 피난방화성능 + 방연(연기방어)성능 기준을 추가한 계단

이해하면서 공부 할 문제 ★

19 전기불꽃, 아크 등이 발생하는 부분을 기름 속에 넣어 폭발을 방지하는 방폭구조는?
① 내압방폭구조
② **유입방폭구조**
③ 안전증방폭구조
④ 특수방폭구조

점화원이 될 우려가 있는 부분인 전기기기의 불꽃, 아크가 발생하는 부분을, **기름 속에 넣어서** 기름면 위에 존재하는 폭발성가스나 증기에 점화될 우려가 없도록, 폭발을 방지할 수 있는 구조를 **유입방폭구조**라 한다.

함께 공부

- **내압 방폭구조** : 점화원이 될 우려가 있는 불꽃, 아크 또는 과열의 우려가 있는 부분을 전폐구조의 용기 속에 수납하여, 용기내부에서 폭발성가스가 **폭발하여도 용기가 파손되지 않고** 내부의 폭발화염이 외부로 전해지지 않도록 만든 구조
- **안전증 방폭구조** : **정상운전 중** 불꽃이나 아크 과열의 발생을 방지하기 위해 전기적, 기계적, 구조상 그리고 온도상승에 대하여 **안전성을 높인** 구조
- **특수 방폭구조** : 기타 방폭구조로서 폭발성 가스의 인화를 방지할 수 있다는 것이 **시험 또는 기타의 방법에 의해 확인**된 구조

암기하면서 공부 할 문제 ★

20 할로겐원소의 소화효과가 큰 순서대로 배열된 것은?
① I > Br > Cl > F
② Br > I > F > Cl
③ Cl > F > I > Br
④ F > Cl > Br > I

할로겐 원자의 **전기음성도**는 F(불소) > Cl(염소) > Br(브롬) > I(요오드) 의 순이지만,
실제로 할로겐화합물 소화약제 방사시, 전기음성도가 약한 원자 순으로 분해되어, 그 원자가 먼저 반응함으로서 **실질적인 소화효과**는 F(불소) < Cl(염소) < Br(브롬) < I(요오드) 순이다. **(전기음성도의 역순)**

 불소 염소 브롬 요오드 ➡ 불염브요

함께 공부

- **전기음성도** : 화학적 반응에서 분자내의 원자가 전자를 끌어 당기는 능력(소방적의미로는 할로겐 원자의 소화능력을 의미한다)
  F(불소) > O(산소) > N(질소) > Cl(염소) > Br(브롬) > C(탄소) > S(황) > I(요오드) > H(수소) > ···

2과목 소방유체역학

✔ 이것이 혁신이다! 기출문제 + 답이색해설

계산 없는 단순 공식형 ★★★

21 질량 m[kg]의 어떤 기체로 구성된 밀폐계가 Q[kJ]의 열을 받아 일을 하고, 이 기체의 온도가 △T[℃] 상승하였다면 이 계가 외부에 한 일(W)은?(단, 이 기체의 정적비열은 Cv[kJ/(kg·K)], 정압비열은 Cp[kJ/(kg·K)]이다.)

① W = Q - mCv△T ② W = Q + mCv△T ③ W = Q - mCp△T ④ W = Q + mCp△T

1. 어떤 계의 기체($m[kg]$)에 열($Q[kJ]$)을 공급하면... 온도가 상승(ΔT)한다. 온도가 상승하면 내부에너지가 증가(ΔU)하게 되고, 증가된 내부에너지로 인해 그 기체는 외부에 일[W]을 한다.

$$Q = \Delta U + W$$

2. 위 식을 이용하여 이 계가 외부에 한 일(W)을 중심으로 식을 정리하면, 계가 받은 열에너지(Q)에서 계의 내부에너지 변화량(ΔU)을 빼면 된다.

$$W = Q - \Delta U$$

3. 내부에너지 변화량(ΔU)은 현열의 변화량과 동일하다. 따라서 아래식이 도출된다.

$\Delta U = m(질량) \times C_V(정적비열) \times \Delta T(온도차)$ ☞현열식 → $W = Q - mC_V \Delta T$

＊밀폐계는 밀폐된 상태이므로 체적(부피)이 일정한 상태에서 온도만 상승한다. 따라서 밀폐계는 정적비열(C_V)을 적용한다.라고 암기하자!

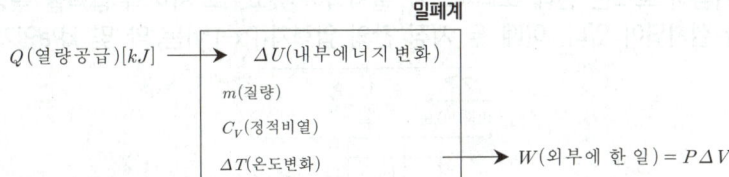

- 용어의 정의
  - 밀폐계(=닫힌계=비유동계) : 물질(유체)은 출입이 안되고, 에너지[열(Q)과 일(W)]만 출입 가능
  - 정압비열(C_P) : 보통의 비열로서 압력을 일정하게 한 상태에서 비열을 측정한 것
  - 정적비열(C_V) : 체적을 일정하게 한 상태에서 비열을 측정한 것
  - 현열 : 물질의 상태 변화는 없으면서 온도만 올리는데 사용되는 열. 아래식을 이용하여 흡수한 열량을 구할 수 있다.
  $Q[kJ] = mC\Delta T = 질량[kg] \times 비열[kJ/kg \cdot K] \times 온도차[K]$

전반적으로 쉬운 계산형 ★★

22 그림과 같이 수조의 밑 부분에 구멍을 뚫고 물을 유량 Q로 방출시키고 있다. 손실을 무시할 때 수위가 처음 높이의 1/2로 되었을 때 방출되는 유량은 어떻게 되는가?

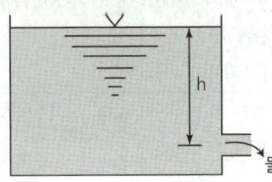

① $\frac{1}{\sqrt{2}}Q$ ② $\frac{1}{2}Q$ ③ $\frac{1}{\sqrt{3}}Q$ ④ $\frac{1}{3}Q$

연속방정식의 체적유량과 토리첼리의 정리의 식을 이용하여 아래와 같이 전개한다.

$Q(체적유량, m^3/\sec) = A(배관의 단면적, m^2) \times V(유속, m/\sec)$

$u(유속) = \sqrt{2gh} = \sqrt{2 \times 중력가속도(m/\sec^2) \times 수위차(m)}$

$\dfrac{Q_1(수위 1/2높이 유량)}{Q(수위 전체높이 유량)} = \dfrac{AV_1}{AV} = \dfrac{A\sqrt{2g\dfrac{h}{2}}}{A\sqrt{2gh}} = \dfrac{A\sqrt{g}\sqrt{h}}{A\sqrt{2}\sqrt{g}\sqrt{h}} = \dfrac{1}{\sqrt{2}}$ → ∴ $Q_1 = \dfrac{1}{\sqrt{2}}Q$

- 위와 같이... 루트 내 각 인자를 각각 분리하여, 동일한 인자를 소거하면 식이 쉽게 정리된다.
- 수조 밑 부분에 설치된 오리피스 단면적(A)은 수면이 낮아지더라도 동일한 단면적을 갖는다.
- 수위가 전체높이 h일 때의 유속(V)과, 수위가 1/2 높이($\frac{h}{2}$)가 되었을 때의 유속(V_1)은 다르다.

- 연속방정식
  유체가 한 지점(①지점)에서 다른 지점(②지점)으로 정상유동할 때 ①지점의 질량과 ②지점의 질량은 언제나 동일하다는 방정식이다. 즉, 정상류 상태의 물의 흐름에 질량 보존의 법칙을 적용하여 얻어진 방정식이 연속방정식이다. 따라서 관속을 흐르는 물의 유량은 유입되는 유량과 유출되는 유량이 동일하다는 법칙이 적용된다.

  $$Q(\text{체적유량}, m^3/\text{sec}) = A(\text{배관의 단면적}, m^2) \times V(\text{유속}, m/\text{sec})$$
  $$Q_1 = Q_2$$
  $$A_1 \cdot V_1 = A_2 \cdot V_2$$

- 토리첼리의 정리[Torricelli's theorem]
  - 수조의 측면 또는 저면의 오리피스(작은구멍)에서 유출하는 물의 유속과 수면까지의 높이와의 관계를 나타내는 정리
  - 수조의 단면이 오리피스에 비해 매우 커서 수위는 거의 변함이 없다(수조의 유속 = "0")고 가정하고 마찰저항을 고려하지 않는다면 수조에서 유출되는 모든 유선상의 입자는 기계적 에너지 h(수위차)를 가지며, 이렇게 정리된 식 $u = \sqrt{2gh}$ 는 물체가 자유 낙하할 때의 낙하속도와 일치한다. $V(\text{유속}) = \sqrt{2gh} = \sqrt{2 \times \text{중력가속도}(m/\text{sec}^2) \times \text{수위차}(m)}$

전반적으로 쉬운 계산형 ★★

23 그림과 같이 기름이 흐르는 관에 오리피스가 설치되어 있고, 그 사이의 압력을 측정하기 위해 U자형 차압 액주계가 설치되어 있다. 이때 두 지점 간의 압력차(Px-Py)는 약 몇 kPa인가?

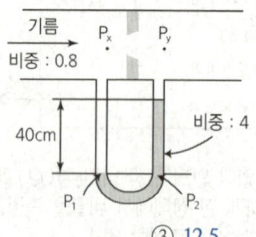

① 28.8　　　② 15.7　　　③ **12.5**　　　④ 3.14

오리피스 미터(Orifice Meters)
배관 내에 관경이 작아지는 오리피스를 설치하면 오리피스를 통과하기 전의 유속과 통과 후의 유속이 달라지는데 그 유속변화에 의한 압력의 차이를 이용하여 유량을 측정하는 장치, 즉 차압식 유량계이다. 아래 공식을 이용하여 압력차를 계산할 수 있다.

$$\Delta P(\text{압력차}) = (\gamma_{\text{액주}} - \gamma_{\text{기름}})h = (39.2\,kN/m^3 - 7.84\,kN/m^3) \times 0.4\,m = 12.544\,kN/m^2 (= kPa)$$

- 액주 비중량($\gamma_{\text{액주}}$) = $4 \times 9.8\,kN/m^3 = 39.2\,kN/m^3$

  $* S[\text{액주비중}=4] = \dfrac{\gamma_{\text{액주}}\,[\text{액주의 비중량}(kN/m^3)]}{\gamma_w\,[\text{물의 비중량}(1000\,kgf/m^3 = 9800\,N/m^3 = 9.8\,kN/m^3)]}$

- 기름 비중량($\gamma_{\text{기름}}$) = $0.8 \times 9.8\,kN/m^3 = 7.84\,kN/m^3$

  $* S[\text{기름비중}=0.8] = \dfrac{\gamma_{\text{기름}}\,[\text{기름의 비중량}(kN/m^3)]}{\gamma_w\,[\text{물의 비중량}(1000\,kgf/m^3 = 9800\,N/m^3 = 9.8\,kN/m^3)]}$

- 높이차(h) = 40cm = 0.4m　　*1000mm = 100cm = 1m

전반적으로 쉬운 계산형 ★★

24 지름이 5cm인 소방 노즐에서 물제트가 40m/s의 속도로 건물 벽에 수직으로 충돌하고 있다. 벽이 받는 힘은 약 몇 N인가?

① 1204　　　② 2253　　　③ 2570　　　④ **3141**

고정평판(건물벽)에 작용하는 힘
$F(N) = \rho(\text{밀도}, kg/m^3) \cdot Q(\text{유량}, m^3/\text{sec}) \cdot V(\text{유속}, m/\text{sec})$
$\quad\quad = \rho \cdot A(\text{단면적}, m^2) \cdot V^2(m/\text{sec})^2$　　$* Q = A \cdot V$ 이므로... V가 2개가 되어 V^2

1. 조건정리
   - 물의 밀도(ρ) = $1000\,kg/m^3$
   - 소방노즐의 지름(D) 5cm = 0.05m → 단면적(A) = $\dfrac{\pi D^2}{4} = \dfrac{\pi \times 0.05^2}{4}$ *1000mm = 100cm = 1m
   - 물제트 방사속도(V) = 40m/s
2. 벽이 받는 힘(N) = $\rho \cdot A \cdot V^2 = 1000\,kg/m^3 \times \dfrac{\pi \times (0.05\,m)^2}{4} \times (40\,m/s)^2 = 3141.6\,kg \cdot m/s^2[=N]$

함께공부

1. 고정평판에 작용하는 힘
   $F(N) = \rho(밀도, kg/m^3) \cdot Q(유량, m^3/sec) \cdot V(유속, m/sec) \cdot \sin\theta$ [직각(90°)으로 방사하면 최대값 = 1]
   $= \rho \cdot A(단면적, m^2) \cdot V^2(m/sec)^2 \cdot \sin\theta$ *$Q = A \cdot V$ 이므로... V가 2개가 되어 V^2
   $= \rho \cdot \dfrac{\pi D^2}{4}(단면적, m^2) \cdot V^2(m/sec)^2 \cdot \sin\theta = kg \cdot m/sec^2(N)$

2. 이동평판에 작용하는 힘
   - 평판이 뒤로 이동시 $F = \rho \cdot Q \cdot (V_2 - V_1) \cdot \sin\theta = \rho \cdot A \cdot (V_2 - V_1)^2 \cdot \sin\theta$
     *V_2 : 방사속도   *V_1 : 평판이 뒤로 이동하는 속도
   - 평판이 노즐쪽으로 이동시 $F = \rho \cdot Q \cdot (V_2 + V_1) \cdot \sin\theta = \rho \cdot A \cdot (V_2 + V_1)^2 \cdot \sin\theta$
     *V_2 : 방사속도   *V_1 : 평판이 노즐쪽으로 이동하는 속도

포기해도 되는 계산형 포기해도 합격에 전혀 지장없는 문제

25 체적이 0.1m³인 탱크 안에 절대압력이 1000kPa인 공기가 6.5kg/m³의 밀도로 채워져 있다. 시간이 t = 0 일 때 단면적이 70㎟인 1차원 출구로 공기가 300m/s의 속도로 빠져나가기 시작 한다면 그 순간에서의 밀도 변화율 kg/(m³·s)은 약 얼마인가? (단, 탱크 안의 유체의 특성량은 일정하다고 가정한다.)

① -1.365   ② -1.865   ③ -2.365   ④ -2.865

본 문제는 이해과정이 복잡한 계산문제로서... 소방설비기사 실기시험에서 등장하지 않는 개념과 문제이므로, 공부하지 않고 **포기하는 것이 더 현명**합니다. 따라서 지면과 노력낭비를 방지하기 위하여 해설이 없습니다.

함께공부

시간당 밀도 변화율 = $\dfrac{밀도}{시간} = \dfrac{6.5\,kg/m^3}{4.7619\,sec} = 1.365\,kg/m^3 \cdot sec$ ∴ $-1.365\,kg/m^3 \cdot sec$ (공기가 빠져나가는 상황이므로)

- $t(시간) = \dfrac{V(체적)}{Q(토출량 = AV)} = \dfrac{0.1\,m^3}{(70 \times 10^{-6})m^2 \times 300\,m/sec} = 4.7619\,sec$

계산 없는 단순 공식형 ★★★

26 모세관에 일정한 압력차를 가함에 따라 발생하는 층류 유동의 유량을 측정함으로써 유체의 점도를 측정할 수 있다. 같은 압력차에서 두 유체의 유량의 비 $Q_2/Q_1 = 2$ 이고, 밀도비 $\rho_2/\rho_1 = 2$ 일 때, 점성계수비 μ_2/μ_1 은?

① 1/4   ② 1/2   ③ 1   ④ 2

수평원관 속을 층류 상태로 흐르는 경우 유량에 대한... 하겐-포아젤 방정식(Hagen-Poiseuille equation)
같은 압력차(ΔP)에서... 두 유체의, 유량(Q)의 비와 점성계수(μ)의 비의 관계는 하겐-포아젤 방정식을 통해 확인할 수 있다.

$$\text{같은 압력차}(= 압력손실 = 압력강하)\,\Delta P = \dfrac{Q \cdot 128 \cdot \mu \cdot L}{\pi \cdot D^4}$$

일정한 압력차(ΔP)인 값을 갖는 상태에서... 유량(Q)이 커지면 점성계수(μ)는 작아지는 반비례 관계가 성립되므로...
$\dfrac{Q_2}{Q_1} = \dfrac{2}{1}$ 라면, $\dfrac{\mu_2}{\mu_1} = \dfrac{1}{2}$ 이 된다.   *문제조건의 밀도비는 크게 신경쓰지 않아도 된다.

함께 공부

수평원관 속을 층류 상태로 흐르는 경우 유량에 대한... 하겐-포아젤 방정식(Hagen-Poiseuille equation)

최대유속 $= \dfrac{\Delta P \cdot D^2}{16 \cdot \mu \cdot L} = \dfrac{\text{압력손실}(=\text{압력강하}) \times \text{직경}(=\text{관경})^2}{16 \times \text{절대점도(점성계수)} \times \text{배관길이}}$

평균유속 $= \dfrac{\Delta P \cdot D^2}{32 \cdot \mu \cdot L}$

유량 $Q = \dfrac{\pi \cdot D^2}{4} \times \dfrac{\Delta P \cdot D^2}{32 \cdot \mu \cdot L} = \dfrac{\Delta P \cdot \pi \cdot D^4}{128 \cdot \mu \cdot L}$

☞ 유량(Q)은... 압력강하량(ΔP)에 비례하고, 관지름의 4제곱(D^4)에 비례한다.
☞ 유량(Q)은... 점성계수(μ)에 반비례하고, 관의 길이(L)에 반비례한다.

압력손실(= 압력강하) $\Delta P = \dfrac{Q \cdot 128 \cdot \mu \cdot L}{\pi \cdot D^4}$

손실수두(H) $= \dfrac{\Delta P}{\gamma}$ $\Delta P = \gamma \cdot H$ $\therefore H = \dfrac{Q \cdot 128 \cdot \mu \cdot L}{\gamma \cdot \pi \cdot D^4}$

전반적으로 쉬운 계산형 ★★

27 다음 중 동일한 액체의 물성치를 나타낸 것이 아닌 것은?

① 비중이 0.8   ② 밀도가 800 kg/m³   ③ 비중량이 7840 N/m³   ④ **비체적이 1.25 m³/kg**

비중(무게의 비) : 비교물질이 기준물질보다 무거운지 가벼운지 비교하는 것. 모든 액체는 4℃의 물의 밀도와 그 무게를 비교한다. 만일 중력가속도가 $9.8 \, m/\sec^2$ 이라고 가정한다면 밀도와 비중량은 동일한 값이 된다.   * $1 kgf = 9.8 N$

$S(\text{액체비중}) = \dfrac{\rho[\text{물질의 밀도}(kg/m^3)]}{\rho_w[\text{물의 밀도}(1000 \, kg/m^3)]} = \dfrac{\gamma[\text{물질의 비중량}(kN/m^3)]}{\gamma_w[\text{물의 비중량}(1000 \, kgf/m^3 = 9800 N/m^3 = 9.8 \, kN/m^3)]}$

지문 조건 중 비중을 중심으로 비교해 본다.

① 비중(S) → 0.8

② 밀도(ρ) → $S(0.8) = \dfrac{\rho[\text{물질의 밀도}]}{\rho_w[\text{물의 밀도}(1000 \, kg/m^3)]}$ $\therefore \rho[\text{물질의 밀도}] = 0.8 \times 1000 \, kg/m^3 = 800 \, kg/m^3$

③ 비중량(γ) → $S(0.8) = \dfrac{\gamma[\text{물질의 비중량}]}{\gamma_w[\text{물의 비중량}(9800 N/m^3)]}$ $\therefore \gamma[\text{물질의 비중량}] = 0.8 \times 9800 N/m^3 = 7840 N/m^3$

④ 비체적(V_s) → 비체적은 밀도의 역수이므로... $V_s = \dfrac{1}{\rho(\text{밀도})} = \dfrac{1}{800 \, kg/m^3} = 1.25 \times 10^{-3} \, m^3/kg$

전반적으로 쉬운 계산형 ★★

28 길이가 5m이며 외경과 내경이 각각 40cm와 30cm인 환형(annular)관에 물이 4m/s의 평균속도로 흐르고 있다. 수력지름에 기초한 마찰계수가 0.02일 때 손실수두는 약 몇 m인가?

① 0.063   ② 0.204   ③ 0.472   ④ **0.816**

마찰손실을 수두($h_L, \, m, \, mH_2O$)로 구하는 방정식인 **달시-와이스바하 방정식**을 통해 계산할 수 있다.

$h_L(mH_2O) = f \dfrac{L(m)}{D(m)} \dfrac{V^2(m/\sec)^2}{2g(m/\sec^2)}$ 마찰손실수두 = 관마찰계수 × $\dfrac{\text{직관의 길이}}{\text{배관의 직경}} \times \dfrac{\text{유속}^2}{2 \times \text{중력가속도}}$

1. 조건정리
- 직관의 길이(L) = 5m
- 상당직경 = 원형관의 직경으로 변환한 직경 * 환형관(동심이중관)이므로... 원형관의 직경으로 변환하여 대입한다.
    * 유동단면이 동심이중관[환형(annular)관]인 경우 **수력반지름(R_h, 수력반경)**

    $R_h(m) = \dfrac{D(\text{외경}) - d(\text{내경})}{4} = \dfrac{40 \, cm - 30 \, cm}{4} = 2.5 \, cm = 0.025 \, m$ * $1000 mm = 100 cm = 1 m$

    * 상당직경(D) = 수력반지름(R_h, 수력반경)의 4배가 원형관의 직경과 같다. = $0.025 \, m \times 4 = 0.1 \, m$

* 결과론적으로 $R_h(m) = \frac{D-d}{4} \times 4$ 이므로… $R_h(m) = D-d = 40cm - 30cm = 10cm = 0.1m$ 와 동일한 값이 된다.
- 유속(V) = 평균속도 4m/s
- 중력가속도(g) = $9.8m/s^2$
- 관의 마찰계수(f) = 0.02

2. 마찰손실수두(h_L) 계산

$$h_L(m) = f\frac{L}{D}\frac{V^2}{2g} = 0.02 \times \frac{5m}{0.1m} \times \frac{(4m/s)^2}{2 \times 9.8m/s^2} = 0.816m$$

함께공부

원관이외의 관, 덕트 등에서 **마찰손실**을 구할 때, 그 직경을 구하기 어려움으로 **수력반경(수력반지름)**을 구한 후, 그 수력반경에 4배를 곱한다. 그 값이 직경(지름)과 같다. 즉 **수력반경(수력반지름)**의 4배가 직경(지름)과 같다. <$D = 4R_h$>

$$R_h(\text{수력반경}, m) = \frac{\text{유동단면적}(m^2)}{\text{접수길이}(m)}$$

*접수길이 : 물이 접하는 길이(=둘레길이)

→ 단면이 동심이중관인 경우 수력반경

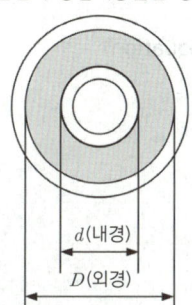

$$R_h(m) = \frac{\frac{\pi D^2}{4} - \frac{\pi d^2}{4}}{(\pi D + \pi d)} = \frac{\frac{\pi}{4}(D^2-d^2)}{\pi(D+d)} = \frac{D-d}{4}$$

다소 어려운 계산형

29 열전달 면적이 A이고 온도 차이가 10℃, 벽의 열전도율이 10W/(m·k), 두께 25cm인 벽을 통한 열류량은 100W이다. 동일한 열전달 면적에서 온도 차이가 2배, 벽의 열전도율이 4배가 되고 벽의 두께가 2배가 되는 경우 열류량은 약 몇 W인가?

① 50　　② 200　　③ 400　　④ 800

1. 열전도란 온도가 높은 영역으로부터 낮은 영역으로 에너지가 이송되는 열흐름 메커니즘을 말하며, Fourier(푸리에)의 전도법칙에 따르면 열전달률(=전도열량=열유동율)[°q][단위 시간당 발생되는 열량(W=J/s)]은…

$$°q[W] = kA\frac{T_1 - T_2}{L} = k(\text{열전도도, 열전도계수}) \times A(\text{수열면적, 단면적})\frac{\Delta T(\text{내·외부의 온도차})}{L(\text{두께})}$$

2. 변화없는 처음상태 조건정리 및 열전달 면적 계산
- 벽의 열전도율[k] = 10[W/m·K]
- 내·외부의 온도차[ΔT] = 절대온도(켈빈온도)[K]는… 10[℃] = 10[K]　*온도차는 273을 더한 켈빈온도와 섭씨온도가 동일하다.
- 벽의 두께(L)[m] = 25[cm] = 0.25[m]　*1000mm = 100cm = 1m
- 벽을 통한 열류량(열전달률=전도열량)[°q] = 100W
- 열전달 면적[A] = ? ㎡

→ 위 공식을 면적(A) 중심으로 정리하여 조건을 대입하면… $A[m^2] = \frac{L \times °q[W]}{k \times \Delta T} = \frac{0.25m \times 100W}{10W/m\cdot K \times 10K} = 0.25m^2$

3. 변화된 후 조건정리 및 계산
- 벽의 열전도율[k] ☞ 4배 ∴ 40[W/m·K]
- 내·외부의 온도차[ΔT] ☞ 2배 ∴ 20[℃] = 20[K]
- 벽의 두께(L)[m] ☞ 2배 ∴ 0.5[m]
- 열전달 면적[A] ☞ 동일 ∴ 0.25㎡
- 벽을 통한 열류량(열전달률=전도열량)[°q] = ? W

→ 조건이 변화된 후의 열류량을 계산하면… $°q[W] = kA\frac{\Delta T}{L} = 40W/m\cdot K \times 0.25m^2 \times \frac{20K}{0.5m} = 400W$

전반적으로 쉬운 계산형 ★★

30 길이 1200m, 안지름 100mm인 매끈한 원관을 통해서 0.01m³/s의 유량으로 기름을 수송한다. 이때 관에서 발생하는 압력손실은 약 몇 kPa인가? (단, 기름의 비중은 0.8, 점성계수는 0.06 N·s/m²이다.)

① 163.2　　② 201.5　　③ 293.4　　④ 349.7

문제조건이 매끈한 원관이라고 하였으므로… 원관 속을 층류 상태로 흐르는 경우 적용이 가능한, **하겐-포아젤 방정식**(Hagen-Poiseuille equation)을 활용하여 압력손실(kPa)을 구할 수 있다.

압력손실(= 압력강하) $\Delta P(Pa = N/m^2) = \dfrac{Q \cdot 128 \cdot \mu \cdot L}{\pi \cdot D^4} = \dfrac{0.01\,m^3/s \times 128 \times 0.06\,N \cdot s/m^2 \times 1200\,m}{\pi \times (0.1\,m)^4} = 293354\,N/m^2\,(= Pa)$

$= 293.4\,kN/m^2\,(= kPa)$　　＊$1000N = 1kN$

- 유량(Q) = 0.01m³/s
- 점성계수(μ) = 0.06N·s/m²
- 원관 길이(L) = 1200m
- 안지름(내경, D) = 100mm = 0.1m　　＊1000mm = 100cm = 1m

함께공부

수평원관 속을 층류 상태로 흐르는 경우 유량에 대한… 하겐-포아젤 방정식(Hagen-Poiseuille equation)

최대유속 = $\dfrac{\Delta P \cdot D^2}{16 \cdot \mu \cdot L} = \dfrac{\text{압력손실}(=\text{압력강하}) \times \text{직경}(=\text{관경})^2}{16 \times \text{절대점도}(\text{점성계수}) \times \text{배관길이}}$

평균유속 = $\dfrac{\Delta P \cdot D^2}{32 \cdot \mu \cdot L}$

유량 $Q = \dfrac{\pi \cdot D^2}{4} \times \dfrac{\Delta P \cdot D^2}{32 \cdot \mu \cdot L} = \dfrac{\Delta P \cdot \pi \cdot D^4}{128 \cdot \mu \cdot L}$

☞ 유량(Q)은… 압력강하량(ΔP)에 비례하고, 관지름의 4제곱(D^4)에 비례한다.
☞ 유량(Q)은… 점성계수(μ)에 반비례하고, 관의 길이(L)에 반비례한다.

압력손실(= 압력강하) $\Delta P = \dfrac{Q \cdot 128 \cdot \mu \cdot L}{\pi \cdot D^4}$

손실수두(H) = $\dfrac{\Delta P}{\gamma}$　　$\Delta P = \gamma \cdot H$　　$\therefore H = \dfrac{Q \cdot 128 \cdot \mu \cdot L}{\gamma \cdot \pi \cdot D^4}$

전반적으로 쉬운 계산형 ★★

31 Carnot 사이클이 800K의 고온 열원과 500K의 저온 열원 사이에서 작동한다. 이 사이클에 공급하는 열량이 사이클 당 800kJ이라 할 때, 한 사이클 당 외부에 하는 일은 약 몇 kJ인가?

① 200　　② 300　　③ 400　　④ 500

내연기관, 증기기관 등 카르노(Carnot)사이클 열기관(열을 일로 바꾸는 것)의 효율(η)을 구하여, 그 사이클이 외부에 얼마나 일(W)을 하는지 구하는 문제

1. 조건정리
   - 사이클 공급열량(Q_H, 입력) = 800kJ
   - 고온체 절대온도(T_H) = 800K
   - 저온체 절대온도(T_L) = 500K
   - 사이클이 외부에 한 일(W, 유효일 = 출력) = ?

2. 열효율 구하기
   - 열효율(η) = $\dfrac{\text{출력}}{\text{입력}} = \dfrac{\text{유효일}(W)}{\text{공급열량}(Q_H)} = \dfrac{(T_H - T_L)}{T_H} = \dfrac{800 - 500}{800} = 0.375$ [이 카르노사이클은 37.5%인 효율을 가지고 있다]
   - 사이클이 외부에 한 일(W, 유효일 = 출력) = 800kJ × 0.375 = 300kJ
     ☞ 효율이 37.5%이므로 공급열량은 800kJ인데, 출력열량(W, 유효일)은 300kJ으로 줄어들었다.

함께공부

카르노 사이클의 열효율(η)은 고온측과 저온측의 절대온도만으로 표시된다.

$$\text{열효율}(\eta) = \frac{\text{출력}}{\text{입력}} = \frac{\text{유효일}(W)}{\text{공급열량}(Q_H)} = \frac{(Q_H - Q_L)}{Q_H} = \frac{(T_H - T_L)}{T_H} = 1 - \frac{Q_L}{Q_H} = 1 - \frac{T_L}{T_H}$$

$$\frac{Q_H(\text{고온체의 공급열}) - Q_L(\text{저온체에 방출하는 열})}{Q_H(\text{고온체의 공급열})} = \frac{T_H(\text{고온체의 절대온도}) - T_L(\text{저온체의 절대온도})}{T_H(\text{고온체의 절대온도})}$$

전반적으로 쉬운 계산형 ★★

32 대기 중으로 방사되는 물제트에 피토관의 흡입구를 갖다 대었을 때, 피토관의 수직부에 나타나는 수주의 높이가 0.6m 라고 하면, 물제트의 유속은 약 몇 m/s인가? (단, 모든 손실은 무시한다.)

① 0.25   ② 1.55   ③ 2.75   ④ **3.43**

수주의 높이(h)가 주어졌으므로, 토리첼리의 정리 식을 이용해… 유속(V)을 아래와 같이 계산한다.
$V(\text{유속}) = \sqrt{2gh} = \sqrt{2 \times \text{중력가속도}(9.8 m/\sec^2) \times \text{수주높이}(m)} = \sqrt{2 \times 9.8 m/s^2 \times 0.6 m} = 3.43 m/s$

전반적으로 쉬운 계산형 ★★

33 안지름이 13mm인 옥내소화전의 노즐에서 방출되는 물의 압력(계기압력)이 230kPa이라면 10분 동안의 방수량은 약 몇 m³인가?

① **1.7**   ② 3.6   ③ 5.2   ④ 7.4

옥내소화전 노즐에서 유량측정 공식 → $Q[L/\min] = 0.653 D^2 [mm] \times \sqrt{10 \cdot P} [MPa]$ * 필수암기공식이므로 반드시 외우자~
• 노즐직경(안지름, D) = 13mm
• 방수압(P) = 방출되는 물의 압력 230kPa = 0.23MPa   *1000kPa = 1MPa
• 유량(Q)의 단위가 L(리터)이므로, m³의 단위로 변경하기 위해 1000으로 나누어 주어야 한다.
$Q[L/\min] = 0.653 \times 13^2 [mm] \times \sqrt{10 \times 0.23 MPa} = 167 L/\min = 0.167 m^3/\min$

☞ 10분 동안의 방수량이므로… $0.167 m^3/\min$ (1분당 방수량)$\times 10\min = 1.67 m^3 ≒ 1.7 m^3$

전반적으로 쉬운 계산형 ★★

34 계기압력이 730mmHg이고 대기압이 101.3kPa 일 때 절대압력은 약 몇 kPa인가? (단, 수은의 비중은 13.6이다.)

① **198.6**   ② 100.2   ③ 214.4   ④ 93.2

절대압력은 완전진공을 기준으로 하여 측정한 실제압력이며, 대기압을 고려한(계산한) 압력을 말한다. 따라서 배관내 절대압력을 계산하려면… 배관내 계기압력에… 배관밖 대기압을 합한 압력이… 그 배관의 실제압력인 절대압력에 해당한다.

계기압력 + 대기압 = 절대압력

문제 조건에서 계기압력과 대기압의 단위가 서로 맞지 않으므로… 답에서 요구하는 kPa의 압력단위로 맞춰서 합해야 한다
수은주(mmHg)의 표준대기압[760mmHg]을 이용한 단위환산
$730 mmHg \times \frac{101.3 kPa}{760 mmHg} = 97.3 kPa$ *문제에서 제시한 킬로 파스칼(kPa)의 표준대기압 = 101.3kPa

∴ 97.3kPa + 101.3kPa = 198.6kPa

함께공부

표준대기압 단위의 종류

1. 단위면적당 작용하는 힘의 단위에 따라 생성된 표준대기압의 종류 $P = \frac{F}{A}$

$1 atm = 1.0332 kgf/cm^2 = 10332 kgf/m^2$
$= 101325 N/m^2 (Pa, \text{파스칼}) = 101.325 kN/m^2 (kPa, \text{킬로 파스칼}) = 0.101325 MN/m^2 (MPa, \text{메가 파스칼})$
$= 14.7 \ell bf/in^2 (= PSI)$
$= 1.01325$ bar (바) $= 1013.25$ mbar (밀리바)   *1 bar = 10^{-5} N/㎡ (Pa) = 1.01325 bar

2. 유체의 비중량에 따라 생성된 표준대기압의 종류 $P = \gamma \cdot h$

- $h = \dfrac{P}{\gamma} = \dfrac{10332\,kgf/m^2}{\text{물의 비중량}\,1000\,kgf/m^3} = 10.332\,mH_2O(mAq) = 10332\,mmH_2O(mmAq)$
- $h = \dfrac{P}{\gamma} = \dfrac{10332\,kgf/m^2}{\text{수은의 비중량}\,13{,}600\,kgf/m^3} = 0.76\,mHg = 760\,mmHg = 29.92\,inHg$

함께공부

절대압, 게이지압, 진공압의 구분

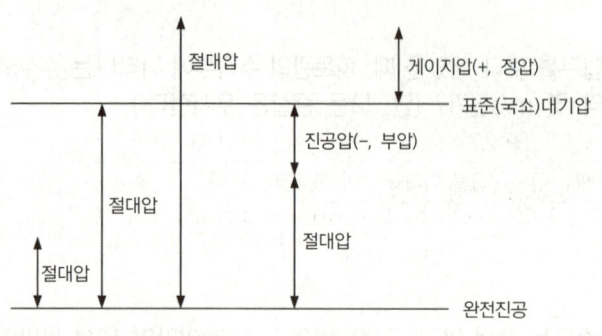

- **절대압력**
  - 완전진공을 기준으로 하여 측정한 압력
  - 완전진공(기압계 "0")으로부터 측정한 실제압력
  - 대기압을 고려한(계산한) 압력
- **게이지(계기)압력**
  - 대기압을 "0"으로 본 압력
  - 완전진공에서 대기압까지를 "0"으로 보고 대기압보다 높은 압력을 측정한 압력
  - 국소대기압을 기준으로 한 압력으로 압력계가 지시하는 압력 [정압, (+)압력]
- **진공압력**
  - 대기압보다 작은(낮은) 압력
  - 진공계가 지시하는 압력 [부압, (−)압력]

계산 없는 단순 암기형 ★★★★★

35 펌프의 공동현상(cavitation)을 방지하기 위한 대책으로 옳지 않은 것은?

① 펌프의 설치높이를 될 수 있는 대로 높여서 흡입양정을 길게 한다.
　　　　　　　　　　　　　　낮춰서　　　　　　　　짧게
② 펌프의 회전수를 낮추어 흡입 비속도를 적게 한다.
③ 단흡입펌프보다는 양흡입펌프를 사용한다.
④ 밸브, 플랜지 등의 부속품 수를 줄여서 손실수두를 줄인다.

공동현상(캐비테이션, cavitation) – 공기고임현상(기포 발생)
- 정의
  - 펌프 내부나 흡입측 배관에서 **물의 압력이 포화증기압 이하로 떨어져** 물이 국부적으로 증발하여 증기 공동이 발생하는 현상으로 공기(기포)가 생성되고, 진동(소음)을 수반하며 종단에는 양수불능을 초래할 수 있음
  - 물의 온도에 상응하는 증기압보다 낮은 부분이 발생하면 물은 증발되고 물속에 있던 공기와 물이 분리되어 **기포가 발생**하는 펌프의 현상
  - 물이 배관 내에 유동하고 있을 때 흐르는 **물 속 어느 부분의 정압이 그때 물의 온도에 해당 하는 증기압 이하로 되면** 부분적으로 기포가 발생하는 현상
- 원인 및 방지책

원인	방지책
흡입양정(수두) 클 때(흡입측 배관길이 길 때)	펌프 설치높이 낮춘다, 입축(수직회전축)펌프[심정용] 사용, 물올림장치 설치 등 **흡입양정(수두)을 짧게** 한다.
펌프의 설치 위치가 수원보다 높을 때	펌프의 설치 위치를 **수원보다 낮게** 한다.
마찰손실 클 때	배관길이 짧게, 관 부속물 적게 시공, 관경크게, **양흡입 펌프**(또는 2대 이상 펌프) 사용 등 마찰손실 줄인다.
임펠러 속도(펌프회전수)가 너무 빠를 때	임펠러 **속도**(펌프회전수) **낮춰** 유량을 적게 한다.(흡입비속도를 낮게한다)
흡입관경이 작아 유속이 너무 빠른 경우	**흡입관경 크게** 해서 유속을 낮춘다.
수온 높을 때	**수온을 낮게** 유지하여 포화증기압을 줄인다.

> 계산 없는 단순 암기형 ★★★★★

36 이상적인 교축과정(throttling process)에 대한 설명 중 옳은 것은?

① 압력이 변하지 않는다.
   낮아진다
② 온도가 변하지 않는다.
   낮아진다
③ **엔탈피가 변하지 않는다.**
④ 엔트로피가 변하지 않는다.
   증가한다

- 교축과정이란 관내에 오리피스, 밸브 등을 설치하여 흐르는 유체가 급격하게 좁아진 통로를 통과하면서 **유속이 강제적으로 증가되고, 압력이 낮아진다**. 낮아진 압력으로 인해 분자간의 거리가 멀어져 **팽창하는 현상**(유체가 팽창하면 온도는 낮아진다)을 말한다. 냉동기의 팽창 밸브와 차압, 유량계의 오리피스 등은 이 현상을 이용한 것이다.
- 이상적인 **교축과정**은 오리피스(밸브) 전·후에... 계(system)가 포함하고 있는 총 에너지 함량은 변화가 없으므로 엔탈피(H, 에너지의 덩어리)가 변하지 않는 과정(**등엔탈피 과정**)에 해당한다.
- 교축과정은 비가역과정(되돌아 갈 수 없는 과정)이며, 유체가 급격하게 좁아진 통로를 통과하면서 **손실되는**(버려지는) 에너지[=일로 변환시킬 수 없는 에너지]인 엔트로피(S)는 증가한다.

> 함 께 공 부

엔탈피(H)
① 엔탈피는 계(system)가 포함하고 있는 총 에너지 함량이며, 엔탈피 변화(ΔH)는 반응이 진행 되었을 때 이동한 에너지를 말한다. 즉, 엔탈피는 에너지의 덩어리라고 생각하면 편하다.
② 엔탈피가 작다는 건 에너지가 작다는 것이고, 그에 따라 언제든 열을 흡수할 준비가 되어있는 것이다. 따라서 열을 받기만 한다면 에너지가 커진다는 의미이다.
 = 엔탈피가 증가하면서(에너지in) 열을 흡수한다.(흡열반응) = **흡열 반응에서는 엔탈피가 증가한다.**
③ 엔탈피가 크다는 건 에너지가 크다는 것이고, 그에 따라 언제나 열을 방출할 준비가 되어있다는 것이다.
 = 엔탈피가 감소하면서(에너지out) 열을 방출한다.(발열반응) = **발열 반응에서는 엔탈피가 감소한다.**
④ 온도의 변화가 없는 **등온과정에서는** 열(에너지)의 유출입이 없으므로 엔탈피의 변화가 없다.
⑤ 어떤 상태의 유체 1 [kg]이 가지는 열에너지[kJ]로 표현할 수 있다.
⑥ 엔탈피[kJ]는... 밀폐계가 가지는 내부에너지(U)에...... 밀폐계에 가해진 압력(P)에 대해, 부피(V)를 확보하기 위하여 밀어 올리면서 외부에 한 일($W = PV$)을...... 더한 값을 말한다.
$$H \,[kJ] = U + PV = 내부에너지 + 압력 \times 부피$$

> 계산 없는 단순 공식형 ★★★

37 피스톤 A_2의 반지름이 A_1의 반지름의 2배이며, A_1과 A_2에 작용하는 압력을 각각 P_1, P_2라 하면, 두 피스톤이 같은 높이에서 평형을 이룰 때 P_1과 P_2 사이의 관계는?

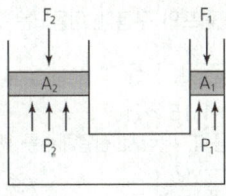

① $P_1 = 2P_2$ ② $P_2 = 4P_1$ ③ **$P_1 = P_2$** ④ $P_2 = 2P_1$

현재 피스톤의 패킹높이가 같은 높이에서 수평을 이루고 있으므로, A_1의 압력 P_1과, A_2의 압력 P_2는 동일하다. ∴ $P_1 = P_2$

> 함 께 공 부

파스칼의 원리

밀폐된 용기 속에 유체에 가한 압력은 유체내의 모든 부분에 같은 크기로 전달된다. 즉 압력을 가했을 때 한 방향으로만 작용하지 않고 모든 방향으로 작용한다는 원리이며, 이 원리가 수압기에 이용되는 파스칼의 원리라고 한다.

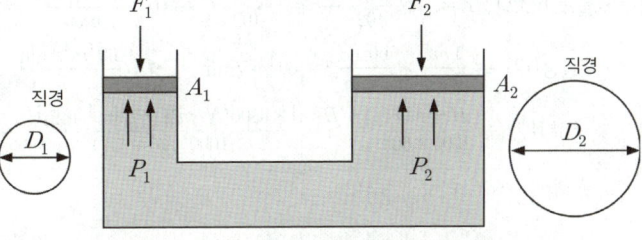

$P_1 = P_2$ (압력이 동일할 때) ☞ 현재 패킹높이가 수평인 상태이므로

$$\frac{F_1}{A_1} = \frac{F_2}{A_2} \qquad \frac{F_1}{\frac{\pi D_1^2}{4}} = \frac{F_2}{\frac{\pi D_2^2}{4}} \qquad \frac{F_1}{D_1^2} = \frac{F_2}{D_2^2}$$

위 식을 살펴보면 압력이 동일할 때 작용하는 힘은 면적에 비례하고 직경의 제곱에 비례한다.
만일 직경 D_2가 직경 D_1의 2배라면, 위 그림과 같이 평형을 이루기 위해 F_1은 F_2에 비해 4배의 힘이 필요하다.

$$\frac{F_1}{D_1^2} = \frac{F_2}{D_2^2} \quad \rightarrow \quad \frac{F_1}{1^2} = \frac{F_2}{2^2} \quad \rightarrow \quad 4F_1 = F_2$$

전반적으로 쉬운 계산형 ★★

38 전양정 80m, 토출량 500L/min인 물을 사용하는 소화펌프가 있다. 펌프효율 65%, 전달계수(K) 1.1인 경우 필요한 전동기의 최소 동력은 약 몇 kW인가?

① 9 kW   ② **11 kW**   ③ 13 kW   ④ 15 kW

펌프의 **전달(소요, 모터, 전동기) 동력(P)** ☞ 펌프의 **구동**에 이용되는 동력

$$P(kW) = \frac{H \cdot \gamma \cdot Q}{\eta_p(효율) \times 102} \times K = \frac{H(전양정)[m] \times \gamma(물\ 비중량)[1000\,kgf/m^3] \times Q(토출량)[m^3/sec]}{\eta_p(효율) \times 102} \times 전달계수$$

1. 조건정리
   - 전양정(H) = 80m
   - 토출량(Q) = $500L/min = \frac{500L}{1min} \times \frac{1m^3}{1000L} \times \frac{1min}{60sec} = \frac{500\,m^3}{1000 \times 60sec} = m^3/sec$
     *수치를 여기에서 계산하면 매우 복잡하므로, 펌프 동력 공식에 "1000×60"을 분모에 그대로 반영하면 변경된 단위(m³/s)로 적용된다.
   - 효율(η_p) = 65% = 퍼센트의 단위를 제거하면… 0.65가 된다.
   - 전달계수(K) = 1.1

2. 필요한 전동기의 최소 동력(kW, P)

$$P(kW) = \frac{80m \times 1000\,kgf/m^3 \times 500\,m^3/sec}{0.65 \times 102 \times 1000 \times 60} \times 1.1 = 11.06\,kW$$

함께 공부

1. 펌프 동력(kW)의 계산
   $= H(전양정)[m] \times \gamma(물\ 비중량)[1000\,kgf/m^3] \times Q(토출량)[m^3/sec] = kW$
   $= kgf \cdot m/sec$ (힘×속도=중력단위의동력) $= kW$

2. 펌프의 **전달(소요, 모터, 전동기) 동력(P)** ☞ 펌프의 **구동**에 이용되는 동력

$$kW = \frac{H \cdot \gamma \cdot Q}{\eta_p(효율) \times 102} \times K \qquad HP = \frac{H \cdot \gamma \cdot Q}{\eta_p(효율) \times 76} \times K \qquad PS = \frac{H \cdot \gamma \cdot Q}{\eta_p(효율) \times 75} \times K$$

   * K (전달계수) ① 전동기 : 1.1 ② 내연기관 : 1.15 ~ 1.2

3. 펌프의 **축동력** ☞ 펌프의 **운전**에 필요한 실제동력. 따라서 전달계수를 빼고 계산한다.

$$kW = \frac{H \cdot \gamma \cdot Q}{\eta_p(효율) \times 102} \qquad HP = \frac{H \cdot \gamma \cdot Q}{\eta_p(효율) \times 76} \qquad PS = \frac{H \cdot \gamma \cdot Q}{\eta_p(효율) \times 75}$$

4. 펌프의 **수동력** ☞ 펌프에 의해 **물에 공급되는 동력**(유체에 실제로 주어지는 동력). 따라서 펌프효율은 의미가 없다.

$$kW = \frac{H \cdot \gamma \cdot Q}{102} \qquad HP = \frac{H \cdot \gamma \cdot Q}{76} \qquad PS = \frac{H \cdot \gamma \cdot Q}{75}$$

5. 단위의 변환
   - 물의 비중량(γ) = $\frac{1000\,kgf/m^3}{102} = \frac{9800N/m^3}{102 \times 9.8} = \frac{9800N/m^3}{1000} = \frac{\gamma}{1000}$ *$1kgf = 9.8N$
   - 토출량(Q) = $\frac{1m^3}{1sec} \times \frac{60sec}{1min} = 60\,[m^3/min]$ → $\frac{60\,[m^3/min]}{1} = \frac{m^3/min}{60} = \frac{Q}{60}$ *1분을 60으로 나눠주면 1초가 된다.

   $\therefore P[kW] = \frac{H \cdot \gamma \cdot Q}{1000 \times 60} = \frac{H[m] \times 9800[N/m^3] \times Q[m^3/min]}{1000 \times 60} = 0.163HQ$

전반적으로 쉬운 계산형 ★★

39 그림과 같이 수조에 비중이 1.03인 액체가 담겨있다. 이 수조의 바닥면적이 4m²일 때 이 수조바닥 전체에 작용하는 힘은 약 몇 kN인가? (단, 대기압은 무시한다.)

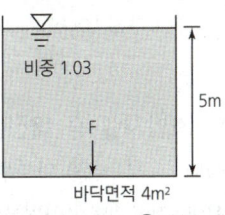

① 98   ② 51   ③ 156   ④ **202**

비중(무게의 비) : 비교물질이 기준물질보다 무거운지 가벼운지 비교하는 것. 모든 액체는 4℃의 물의 밀도와 그 무게를 비교한다. 만일 중력가속도가 $9.8 m/sec^2$이라고 가정한다면 밀도와 비중량은 동일한 값이 된다. $* 1kgf = 9.8N$

$$S(액체비중) = \frac{\rho[물질의 밀도(kg/m^3)]}{\rho_w[물의 밀도(1000 kg/m^3)]} = \frac{\gamma[물질의 비중량(kN/m^3)]}{\gamma_w[물의 비중량(1000 kgf/m^3 = 9800 N/m^3 = 9.8 kN/m^3)]}$$

1. 조건정리
- 수조의 바닥면적(A) = 4m²
- 수조가 받는 힘의 깊이(h) = 5m
- 비중량(γ) = $1.03 \times 9.8 kN/m^3 = 10.094 kN/m^3$ $* S(1.03) = \frac{\gamma(kN/m^3)}{\gamma_w(9.8 kN/m^3)}$

2. 수직방향으로 작용하는 평균 힘의 크기
$$F[kN, 힘] = \gamma A h = 비중량(kN/m^3) \times 면적(m^2) \times 깊이(m) = 10.094 kN/m^3 \times 4m^2 \times 5m = 201.88 kN = 202 kN$$

###

수평면에 작용하는 전압력 ➡ 수직방향으로 작용하는 평균 힘의 크기

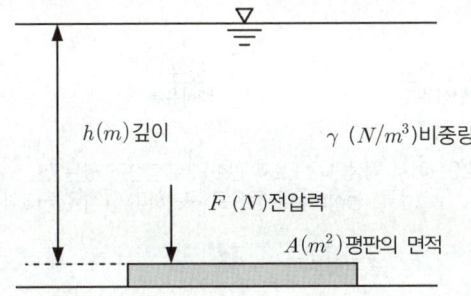

$$P = \frac{F}{A} = \frac{\gamma \cdot A \cdot h}{A} = \gamma \cdot h$$

$$\therefore F[N] = \gamma \cdot A \cdot h$$

$$N(뉴턴) = N/m^3 \times m^2 \times m$$

※ 평판이 받는 힘은 면적이 넓을수록, 깊을수록, 비중량이 클수록(무거울수록) 커진다.

포기해도 되는 계산형 포기해도 합격에 전혀 지장없는 문제

40 유체가 평판 위를 u(m/s)=500y-6y²의 속도분포로 흐르고 있다. 이때 y(m)는 벽면으로부터 측정된 수직거리일 때 벽면에서의 전단응력은 약 몇 N/m²인가? (단, 점성계수는 1.4×10⁻³ Pa·s 이다.)

① 14   ② 7   ③ 1.4   ④ **0.7**

본 문제는 소방설비기사 실기시험에서 등장하지 않는 개념과 문제이므로, 공부하지 않고 **포기하는 것이 더 현명**합니다. 따라서 지면과 노력낭비를 방지하기 위하여 해설이 없습니다.

함께공부

전단응력(마찰력)$[\tau] = \mu(점성계수)\frac{du(속도)}{dy(거리)} = 1.4 \times 10^{-3} [N \cdot sec/m^2] \times \frac{\frac{d(500y - 6y^2 [m])}{[sec]}}{dy}$ *벽면일 때 이므로 $y(거리) = 0$

$= 1.4 \times 10^{-3} [N \cdot sec/m^2] \times \frac{500 - 12y[m]}{[sec]} = 1.4 \times 10^{-3} [N \cdot sec/m^2] \times \frac{500}{[sec]} = 0.7 N/m^2$

3과목 소방관계법규

단어가 답인 문제 ★

41 대통령령으로 정하는 특정소방대상물의 소방시설 중 **내진설계 대상이 아닌 것은?**

① 옥내소화전설비　② 스프링클러설비　③ 미분무소화설비　**④ 연결살수설비**

- 소방시설 중 **내진설계**(지진에 견디는 설계) 대상 → **옥내소화전설비, 스프링클러설비 및 물분무등소화설비**
- 물분무 등 소화설비 : ①물분무소화설비 / ②미분무소화설비 / ③포소화설비 / ④이산화탄소소화설비 / ⑤할론소화설비 / ⑥할로겐화합물 및 불활성기체소화설비 / ⑦분말소화설비 / ⑧강화액소화설비 / ⑨고체에어로졸소화설비

함께공부

- **옥내소화전설비** : 화재발생시 옥내소화전함을 개방하여 방수구와 연결된 호스를 전개한 후 앵글밸브를 개방하고, 화점을 향해 노즐을 개방하여 방사하는 형태의 수동식 수계소화설비
- **스프링클러설비** : 화재발생시 화재를 자동으로 감지하여 피난을 위한 경보를 발하고, 습식·건식·준비작동식·일제살수식 밸브가 개방되면, 유수의 흐름으로 인하여 펌프가 기동되고, 개방된 헤드를 통해 소화수를 방수하여 소화하는 자동식 수계소화설비
- **미분무소화설비** : 가스계 소화설비의 대체설비로서 개발된 소화설비이며, **A급(일반)·B급(유류)·C급(전기)** 화재에 적응성이 있고, 가압된 물이 헤드(head) 통과 후 미세한 입자로 분무됨으로써 소화성능을 가지는 설비를 말하며, 소화력을 증가시키기 위해 강화액 등을 첨가할 수 있다.
- **연결살수설비** : 소방대의 진입이 곤란한 지하등의 장소(부분)에, 소방차에서 송수구에 물을 공급하면, 그 공급된 물이 헤드를 통하여 방수되어 화재를 진압하는 설비

단어가 답인 문제 ★

42 위험물로서 **제1석유류에 속하는 것은?**

① 중유 (제3석유류)　**② 휘발유**　③ 실린더유 (제4석유류)　④ 등유 (제2석유류)

제4류 위험물 ⇨ 인화성 액체 [유류 등]

- 액체(제3석유류, 제4석유류 및 동식물유류에 있어서는 1기압과 섭씨 20도에서 액상인 것)로서 인화의 위험성이 있는 것
- 인화의 위험성이 높은 기름 등으로서 특수인화물, 제1석유류~제4석유류, 알코올류, 동식물유류 등으로 구분하며, 1석유류~3석유류는 물에녹는 수용성액체와 녹지않는 비수용성 액체로 구분된다.

위험물	특징	암기법	종류[대분류]
제4류	인화성 액체	특아이디 1아휘 알콜 2경등 3클중 4실기 동식물	특수인화물(아세트알데히드, 이황화탄소, 디에틸에테르) / 제1석유류(아세톤, **휘발유=가솔린**), 알코올류 / 제2석유류(경유, 등유) / 제3석유류(클레오소트유, 중유) / 제4석유류(실린더유, 기어유), 동식물유류

단어가 답인 문제 ★★

43 방염성능기준 이상의 실내장식물 등을 설치해야 하는 특정소방대상물이 아닌 것은?

① 건축물 옥내에 있는 종교시설　② 방송통신시설 중 방송국 및 촬영소
③ 층수가 11층 이상인 아파트　④ 숙박이 가능한 수련시설

방염성능기준 이상의 실내장식물 등을 설치해야 하는 특정소방대상물
1. 근린생활시설 중 의원, 조산원, 산후조리원, 체력단련장, 공연장 및 종교집회장
2. 건축물의 옥내에 있는 다음의 시설
   ① 문화 및 집회시설
   ② 종교시설
   ③ 운동시설(수영장은 제외)
3. 의료시설(종합병원, 격리병원, 정신의료기관 등등)
4. 교육연구시설 중 합숙소
5. 노유자 시설

6. 숙박이 가능한 수련시설
7. 숙박시설
8. 방송통신시설 중 방송국 및 촬영소
9. 다중이용업의 영업소(다중이용업소)
10. **층수가 11층 이상인 것**(아파트 등은 제외)

> 아파트와 수영장은 제외한다.

단어가 답인 문제 ★★

44 정기점검의 대상이 되는 제조소등이 아닌 것은?

① 옥내탱크저장소 ② 지하탱크저장소 ③ 이동탱크저장소 ④ 이송취급소

1. 대통령령이 정하는 제조소등의 관계인은 그 제조소등에 대하여 행정안전부령이 정하는 바에 따라 기술기준에 적합한지의 여부를 **정기적으로 점검하고 점검결과를 기록하여 보존**하여야 한다.
2. 정기점검의 대상인 제조소등
   - 관계인이 **예방규정을 정하여야 하는 제조소등**
     - 지정수량의 10배 이상의 위험물을 취급하는 제조소
     - 지정수량의 100배 이상의 위험물을 저장하는 옥외저장소
     - 지정수량의 150배 이상의 위험물을 저장하는 옥내저장소
     - 지정수량의 200배 이상의 위험물을 저장하는 옥외탱크저장소
     - 암반탱크저장소
     - 이송취급소
   - 지하탱크저장소
   - 이동탱크저장소
   - 위험물을 취급하는 탱크로서 지하에 매설된 탱크가 있는 제조소·주유취급소 또는 일반취급소

단어가 답인 문제

45 특정소방대상물의 소방시설 설치의 면제기준 중 다음 (   ) 안에 알맞은 것은?

> 비상경보설비 또는 단독경보형 감지기를 설치해야 하는 특정소방대상물에 (   ) 또는 화재알림설비를 화재안전기준에 적합하게 설치한 경우에는 그 설비의 유효범위에서 설치가 면제된다.

① 자동화재탐지설비 ② 스프링클러설비 ③ 비상조명등 ④ 무선통신보조설비

특정소방대상물의 소방시설 설치의 면제 기준

설치가 면제되는 소방시설	설치가 면제되는 기준
비상경보설비 또는 단독경보형 감지기	비상경보설비 또는 단독경보형 감지기를 설치해야 하는 특정소방대상물에 **자동화재탐지설비 또는 화재알림설비**를 화재안전기준에 적합하게 설치한 경우에는 그 설비의 유효범위에서 설치가 면제된다.

함께 공부

- **비상경보설비** : 화재발생 상황을 발신기의 누름스위치를 눌러서 수동으로 벨(경종) 또는 사이렌으로 경보하는 설비
- **단독경보형 감지기** : 배선연결 없이 단독으로 화재를 감지하고 경보까지 발하는 단독형 감지기로서, 주전원은 건전지(2차선시)를 사용하며, 어느 곳이나 개별 설치가 가능하다.
- **자동화재탐지설비** : 화재를 자동으로 감지하여 벨(경종), 사이렌, 섬광으로 경보하여 피난을 유도하는 설비로서, 하나의 건물내에 경계구역(=화재감지구역=화재경보구역)을 여러개 나누어서 화재구역과 비화재구역으로 구분하여 제어하는 설비이다.
- **스프링클러설비** : 화재발생시 화재를 자동으로 감지하여 피난을 위한 경보를 발하고, 습식·건식·준비작동식·일제살수식 밸브가 개방되면, 유수의 흐름으로 인하여 펌프가 기동되고, 개방된 헤드를 통해 소화수를 방수하여 소화하는 자동식 수계소화설비
- **비상조명등** : 화재발생 등에 따른 정전시에, 안전하고 원활한 피난활동을 할 수 있도록 거실 및 피난통로 등에 설치되어 자동 점등되는 조명장치
- **무선통신보조설비** : 화재를 진압하거나 인명구조활동을 위하여 사용되는 **소화활동설비**로서, 지상과 지하의 동시 소화활동시 소방대원 상호간의 무선통신을 원활하게 하기 위한 **통신설비**에 해당한다.

숫자가 답인 문제 ★

46 행정안전부령으로 정하는 연소 우려가 있는 구조에 대한 기준 중 다음 (   ) 안에 알맞은 것은?

건축물 대장의 건축물 현황도에 표시된 대지경계선 안에 둘 이상의 건축물이 있는 경우로서 각각의 건축물이 다른 건축물의 외벽으로부터 수평거리가 1층에 있어서는 (㉠)m 이하, 2층 이상의 층에 있어서는 (㉡)m 이하이고 개구부가 다른 건축물을 향하여 설치된 구조를 말한다.

① ㉠ 3, ㉡ 5   ② ㉠ 5, ㉡ 8   ③ ㉠ 6, ㉡ 8   ④ ㉠ 6, ㉡ 10

소방시설 설치 및 관리에 관한 법률 시행규칙 제17조(연소 우려가 있는 건축물의 구조)
1. 건축물대장의 건축물 현황도에 표시된 대지경계선 안에 둘 이상의 건축물이 있는 경우
2. 각각의 건축물이 **다른 건축물의 외벽으로부터 수평거리가 1층의 경우에는 6미터** 이하,
   2층 이상의 층의 경우에는 10미터 이하인 경우
3. 개구부가 다른 건축물을 향하여 설치되어 있는 경우

함 께 공 부

건축물의 피난·방화구조 등의 기준에 관한 규칙(약칭:건축물방화구조규칙) 제22조(대규모 목조건축물의 외벽등)
① 연면적이 1천제곱미터 이상인 목조의 건축물은 그 외벽 및 처마밑의 연소할 우려가 있는 부분을 방화구조로 할 것
② "연소할 우려가 있는 부분"이라 함은 인접대지경계선·도로중심선 또는 동일한 대지안에 있는 2동 이상의 건축물
   상호의 외벽간의 중심선으로부터 **1층에 있어서는 3미터** 이내,
                                  2층 이상에 있어서는 5미터 이내의 거리에 있는 건축물의 각 부분을 말한다.

함 께 공 부

아래 두 법이 서로 동일한 내용이라는 것 비교표

건축물의 피난·방화구조 등의 기준에 관한 규칙	동일	소방시설 설치 및 관리에 관한 법률 시행규칙
상호의 외벽 간 중심선으로부터	=	다른 건축물의 외벽으로부터 수평거리
1층은 3m 이내의 부분	=	1층의 경우에는 6미터 이하
2층 이상에 있어서는 5미터 이내의 부분	=	2층 이상의 층의 경우에는 10미터 이하

※ 결국 건축물의 피난·방화구조 등의 기준에 관한 규칙과 소방시설 설치 및 관리에 관한 법률 시행규칙은 서로 동일한 의미를 가진다.

문장이 답인 문제 ★★★

47 건축허가 등을 함에 있어서 미리 소방본부장 또는 소방서장의 동의를 받아야 하는 건축물 등의 범위기준이 아닌 것은?

① 노유자시설 및 수련시설로서 연면적 $\frac{100㎡}{200㎡}$ 이상인 건축물
② 지하층 또는 무창층이 있는 건축물로서 바닥면적이 150㎡ 이상인 층이 있는 것
③ 차고·주차장으로 사용되는 바닥면적이 200㎡ 이상인 층이 있는 건축물이나 주차시설
④ 장애인 의료재활시설로서 연면적 300㎡ 이상인 건축물

건축허가등을 할 때 미리 소방본부장 또는 소방서장의 동의를 받아야 하는 건축물 등의 범위
1. 연면적이 **400제곱미터** 이상인 건축물이나 시설
   다만, 다음의 어느 하나에 해당하는 건축물이나 시설은 **예외적으로** 해당 시설에서 정한 기준 이상인 건축물이나 시설로 한다.
   • 건축등을 하려는 **학교시설 : 100제곱미터**
   • **노유자시설 및 수련시설 : 200제곱미터** → ① 노유자시설 및 수련시설로서 연면적 100㎡ 이상인 건축물
   • **정신의료기관**(입원실이 없는 정신건강의학과 의원은 제외) : **300제곱미터**
   • **장애인 의료재활시설**(이하 "의료재활시설"이라 한다) : **300제곱미터** → ④
2. **지하층 또는 무창층**이 있는 건축물로서 바닥면적이 **150제곱미터**(공연장의 경우에는 **100제곱미터**) 이상인 층이 있는 것 → ②
3. **차고·주차장**으로 사용되는 바닥면적이 **200제곱미터** 이상인 층이 있는 건축물이나 주차시설 → ③
4. 층수가 **6층** 이상인 건축물
5. **항공기** 격납고, **관망탑**, 항공관제탑, **방송용** 송수신탑

> 건축허가등의 권한이 있는 행정기관이, 소방본부장이나 소방서장에게 건축허가등의 동의를 받는다.
> ① 건축물 등의 신축·증축·개축·재축·이전·용도변경 또는 대수선의 허가·협의 및 사용승인(건축허가등)의 권한이 있는 행정기관은 건축허가등을 할 때 미리 그 건축물 등의 시공지 또는 소재지를 관할하는 **소방본부장**이나 **소방서장**의 동의를 받아야 한다.
> ② 건축물 등의 증축·개축·재축·용도변경 또는 대수선의 **신고를 수리할 권한**이 있는 행정기관은 그 신고를 수리하면 그 건축물 등의 시공지 또는 소재지를 관할하는 소방본부장이나 **소방서장에게 지체 없이 그 사실을 알려야** 한다.

▶숫자가 답인 문제◀ ★★

48 소방용수시설의 설치기준 중 주거지역·상업지역 및 공업지역에 설치하는 경우 소방대상물과의 수평거리는 최대 몇 m 이하 인가?

① 50 ② 100 ③ 150 ④ 200

> 소방용수시설 설치시 수평거리 기준
> • **주거지역·상업지역 및 공업지역**에 설치하는 경우 : 소방대상물과의 **수평거리를 100미터 이하**가 되도록 할 것
> • **위 외의 지역**에 설치하는 경우 : 소방대상물과의 **수평거리를 140미터 이하**가 되도록 할 것

암기팁! 주거·상업·공업지역은 좀 더 위험한 지역이므로 수평거리가 짧아서 소방용수가 더 많이 설치된다.

▶단어가 답인 문제◀

49 자동화재탐지설비의 일반 공사감리기간으로 포함시켜 산정할 수 있는 항목은?

① 고정금속구를 설치하는 기간
② 전선관의 매립을 하는 공사기간
③ 공기유입구의 설치기간
④ 소화약제 저장용기 설치기간

> ① 고정금속구를 설치하는 기간 → 피난기구
> ② **전선관의 매립을 하는 공사기간 → 자동화재탐지설비**
> ③ 공기유입구의 설치기간 → 제연설비
> ④ 소화약제 저장용기 설치기간 → 이산화탄소소화설비 등 가스계 소화설비

암기팁! 소방시설별로 가장 중요한 공정을 시공하는 기간에는... 감리업무를 수행해야 한다는 의미이다.

> 1. 일반 공사감리원은 **행정안전부령으로 정하는 기간**(법에 규정된 시설이 설치되는 기간) 중에는 주 1회 이상 공사 현장에 배치되어 업무를 수행하고 감리일지에 기록해야 한다.
> 2. **자동화재탐지설비·시각경보기·비상경보설비·비상방송설비·통합감시시설·유도등·비상콘센트설비 및 무선통신보조설비의 경우** : 전선관의 매립, 감지기·유도등·조명등 및 비상콘센트의 설치, 증폭기의 접속, 누설동축케이블 등의 부설, 무선기기의 접속단자·분배기·증폭기의 설치 및 동력전원의 접속공사를 하는 기간
> ※ 상주 공사감리의 "행정안전부령으로 정하는 기간" → 소방시설용 배관을 설치하거나 매립하는 때부터 소방시설 완공검사증명서를 발급받을 때까지를 말한다.

▶문장이 답인 문제◀

50 소방시설업의 반드시 등록 취소에 해당하는 경우는?

① 거짓이나 그 밖의 부정한 방법으로 등록한 경우
② 다른 자에게 등록증 또는 등록수첩을 빌려준 경우
③ 소속 소방기술자를 공사현장에 배치하지 아니하거나 거짓으로 한 경우
④ 등록을 한 후 정당한 사유 없이 1년이 지날 때까지 영업을 시작하지 아니하거나 계속하여 1년 이상 휴업한 경우

> 아래에 해당하는 경우에는 그 등록을 취소하여야 한다.
> 1. **거짓**이나 그 밖의 **부정한 방법**으로 등록한 경우
> 2. 등록의 **결격사유**(피성년후견인 등)에 해당하게 된 경우
> 3. **영업정지 기간** 중에 소방시설공사 등을 한 경우

함께공부

소방시설업에 대한 행정처분 기준

위반사항	행정처분 기준		
	1차	2차	3차
다른 자에게 등록증 또는 **등록수첩을 빌려준** 경우	영업정지 6개월	등록취소	
소속 소방기술자를 **공사현장에** 배치하지 아니하거나 **거짓으로** 한 경우	경고 (시정명령)	영업정지 1개월	등록취소
등록을 한 후 정당한 사유 없이 **1년이 지날 때까지** 영업을 시작하지 아니하거나 계속하여 **1년 이상 휴업**한 경우	경고 (시정명령)	등록취소	

단어가 답인 문제 ★

51 건축물의 공사 현장에 설치하여야 하는 임시소방시설과 기능 및 성능이 유사하여 **임시소방시설을 설치한 것으로 보는 소방시설로 연결이 틀린 것은?** (단, 임시소방시설 – 임시소방시설을 설치한 것으로 보는 소방시설 순이다.)

① 간이소화장치 – 옥내소화전
② **간이피난유도선 – 유도표지**
③ 비상경보장치 – 비상방송설비
④ 비상경보장치 – 자동화재탐지설비

임시소방시설과 기능 및 성능이 유사한 소방시설로서 **임시소방시설을 설치한 것으로 보는 소방시설**
- **간이소화장치**를 설치한 것으로 보는 소방시설
  → 소방청장이 정하여 고시하는 기준에 맞는 **소화기**(연결송수관설비의 방수구 인근에 설치한 경우로 한정) 또는 **옥내소화전설비**
- **비상경보장치**를 설치한 것으로 보는 소방시설 → **비상방송설비** 또는 **자동화재탐지설비**
- **간이피난유도선**을 설치한 것으로 보는 소방시설 → **피난유도선, 피난구유도등, 통로유도등** 또는 **비상조명등**

함께공부

- **간이소화장치** : 임시소방시설에 해당되는 소방시설로서, 공사현장에서 화재위험작업 시 신속한 화재 진압이 가능하도록 물을 방수하는 이동식 또는 고정식 형태의 소화장치를 말한다.
- **간이피난유도선** : 임시소방시설에 해당되는 소방시설로서, 화재위험작업 시 작업자의 피난을 유도할 수 있는 케이블형태의 장치
- **비상경보장치** : 임시소방시설에 해당되는 소방시설로서, 화재위험작업 공간 등에서 수동조작에 의해서 화재경보상황을 알려줄 수 있는 설비(비상벨, 사이렌, 휴대용확성기 등)를 말한다.
- **옥내소화전설비** : 화재발생시 옥내소화전함을 개방하여 방수구와 연결된 호스를 전개한 후 앵글밸브를 개방하고, 화점을 향해 노즐을 개방하여 방사하는 형태의 수동식 수계소화설비
- **유도표지** : 화재발생시 건물 밖으로 긴급대피를 유도하기 위해 피난방향을 안내하기 위한 표지로서 전원이 필요 없다.
- **비상방송설비** : 화재신호 수신후, 화재상황을 자동 또는 수동으로 방송을 통해 알리는 설비
- **자동화재탐지설비** : 화재를 자동으로 감지하여 벨(경종), 사이렌, 섬광으로 경보하여 피난을 유도하는 설비로서, 하나의 건물내에 경계구역(=화재감지구역=화재경보구역)을 여러개 나누어서 화재구역과 비화재구역으로 구분하여 제어하는 설비이다.

문장이 답인 문제 ★★

52 경보설비 중 **단독경보형 감지기를 설치해야 하는 특정소방대상물**의 기준으로 틀린 것은?

① 연면적 400m² 미만의 유치원
② 공동주택 중 연립주택 및 다세대주택
③ 수련시설 내에 있는 연면적 2000m² 미만의 기숙사
④ **교육연구시설 내에 있는 연면적 3000m² 미만의 합숙소** (2000m²)

- **특정소방대상물** : 건축물 등의 규모·용도 및 수용인원 등을 고려하여 **소방시설을 설치하여야 하는 소방대상물**로서 **대통령령으로** 정하는 것
- **단독경보형 감지기를 설치하여야 하는 특정소방대상물**
  ① 연면적 400m² 미만의 유치원
  ② 공동주택 중 **연립주택** 및 다세대주택
  ③ **수련시설** 내에 있는 **기숙사** 또는 합숙소로서 연면적 **2천m²** 미만인 것
  ④ **교육연구시설** 내에 있는 **기숙사** 또는 합숙소로서 연면적 **2천m²** 미만인 것

> 문장이 답인 문제 ★★★

53 스프링클러설비가 설치된 소방시설 등의 자체점검에서 종합점검을 받아야 하는 아파트의 기준으로 옳은 것은?

① 연면적이 3000㎡ 이상이고 층수가 11층 이상인 것만 해당
② 연면적이 5000㎡ 이상이고 층수가 11층 이상인 것만 해당
③ 연면적이 5000㎡ 이상이고 층수가 16층 이상인 것만 해당
④ 연면적이나 층수와 관계없이 모든 아파트가 해당

1. 스프링클러설비가 설치된 모든 특정소방대상물은 **종합점검 대상**에 해당한다.
   → ④ 연면적이나 층수와 관계없이 스프링클러설비가 설치된 모든 아파트가 해당
2. 물분무등소화설비가 설치된 연면적 **5,000㎡ 이상**인 특정소방대상물(제조소등 제외)은 **종합점검 대상**에 해당한다.

> 함께 공부

1. **종합점검** : 소방시설등의 작동점검을 포함하여 소방시설등의 설비별 주요 구성 부품의 구조기준이 화재안전기준과 건축법 등 관련 법령에서 정하는 기준에 적합한 지 여부를 소방청장이 정하여 고시하는 소방시설등 종합점검표에 따라 점검하는 것을 말하며, 다음과 같이 구분한다.
   ① **최초점검** : 특정소방대상물의 소방시설등이 신설되어 소방시설이 새로 설치되는 경우… 건축법에 따라 건축물이 사용승인 되어 건축물을 사용할 수 있게 된 날부터 60일 이내 점검하는 것을 말한다.
   ② **그 밖의 종합점검** : 최초점검을 제외한 종합점검을 말한다.
2. 종합점검 제외 대상
   • **호스릴방식**의 물분무등소화설비만을 설치한 경우는 제외
   • 물분무등소화설비가 설치된 **제조소등**은 제외
   • 다중이용업의 영업장 중 **비디오물소극장업**은 제외
   • 공공기관 중 **소방대가 근무하는 공공기관**은 제외
   • 제연설비가 설치되지 않은 터널

> 문장이 답인 문제

54 위험물안전관리자로 선임할 수 있는 위험물 취급자격자가 취급할 수 있는 위험물 기준으로 틀린 것은?

① 위험물기능장 자격 취득자 : 모든 위험물
② 안전관리자 교육이수자 : 위험물 중 제4류 위험물
③ 소방공무원으로 근무한 경력이 3년 이상인 자 : 위험물 중 제4류 위험물
④ 위험물산업기사 자격 취득자 : <u>위험물 중 제4류 위험물</u>
　　　　　　　　　　　　　　　　모든 위험물

위험물취급자격자의 자격	
위험물취급자격자의 구분	취급할 수 있는 위험물
1. 국가기술자격법에 따라 위험물기능장, 위험물산업기사, 위험물기능사의 자격을 취득한 사람	모든 위험물
2. 안전관리자 교육이수자	위험물 중 제4류 위험물
3. 소방공무원 경력자(소방공무원으로 근무한 경력이 3년 이상인 자)	위험물 중 제4류 위험물

> 문장이 답인 문제

55 다음 중 과태료 대상이 아닌 것은?

① 소방안전관리대상물의 소방안전관리자를 선임하지 아니한 자
② 소방안전관리 업무를 수행하지 아니한 자
③ 특정소방대상물의 근무자 및 거주자에 대한 소방훈련 및 교육을 하지 아니한 자
④ 특정소방대상물 소방시설 등의 점검결과를 보고하지 아니한 자

① 소방안전관리대상물의 **소방안전관리자를 선임하지 아니한 자** → 300만원 이하의 벌금
② 소방안전관리 업무를 수행하지 아니한 자 → 300만원 이하의 과태료
③ 특정소방대상물의 근무자 및 거주자에 대한 소방훈련 및 교육을 하지 아니한 자 → 300만원 이하의 과태료
④ 특정소방대상물 소방시설 등의 점검결과를 보고하지 아니한 자 → 300만원 이하의 과태료

단어가 답인 문제 ★

56 화재의 예방조치 등과 관련하여 모닥불, 흡연, 화기 취급, 그 밖에 화재 발생 위험이 있는 행위의 금지 또는 제한의 명령을 할 수 없는 자는?

① 시·도지사 ② 소방청장 ③ 소방서장 ④ 소방본부장

화재의 예방조치 등
누구든지 화재예방강화지구 및 이에 준하는 대통령령으로 정하는 장소에서는 다음에 해당하는 행위를 하여서는 아니된다.
1. 모닥불, 흡연 등 화기의 취급
2. 풍등 등 소형열기구 날리기
3. 용접·용단 등 불꽃을 발생시키는 행위
4. 그 밖에 대통령령으로 정하는 화재 발생 위험이 있는 행위

→ **소방관서장**(소방청장, 소방본부장 또는 소방서장)은 위의 행위와, 화재 발생 위험이 크거나 소화 활동에 지장을 줄 수 있다고 인정되는 행위에 대하여 **행위의 금지 또는 제한의 명령**을 할 수 있다.

숫자가 답인 문제

57 시·도지사가 소방시설업의 영업정지처분에 갈음하여 부과할 수 있는 최대 과징금의 범위로 옳은 것은?

① 5000만원 이하 ② 1억원 이하 ③ 2억원 이하 ④ 3억원 이하

시·도지사는 영업정지가 그 이용자에게 불편을 주거나 그 밖에 공익을 해칠 우려가 있을 때에는 영업정지처분을 갈음하여 2억원 이하의 과징금을 부과할 수 있다.

단어가 답인 문제 ★

58 화재예방강화지구의 지정대상이 아닌 것은?

① 공장·창고가 밀집한 지역 ② 목조건물이 밀집한 지역
③ 농촌지역 ④ 시장지역

시·도지사는 다음의 어느 하나에 해당하는 지역을 화재예방강화지구로 지정하여 관리할 수 있다.
① 시장지역 / ② 공장·창고가 밀집한 지역 / ③ 목조건물이 밀집한 지역 / ④ 노후·불량건축물이 밀집한 지역
⑤ 위험물의 저장 및 처리 시설이 밀집한 지역 / ⑥ 석유화학제품을 생산하는 공장이 있는 지역
⑦ 「산업입지 및 개발에 관한 법률」에 따른 산업단지
⑧ 소방시설·소방용수시설 또는 소방출동로가 없는 지역

문장이 답인 문제 ★★

59 1급 소방안전관리대상물에 대한 기준이 아닌 것은? (단, 동·식물원, 철강 등 불연성 물품을 저장·취급하는 창고, 위험물 저장 및 처리 시설 중 제조소등과 지하구는 제외한다.)

① 연면적 1만5천제곱미터 이상인 특정소방대상물(아파트 및 연립주택은 제외)
② 150세대 이상으로서 승강기가 설치된 공동주택
③ 가연성 가스를 1천톤 이상 저장·취급하는 시설
④ 30층 이상(지하층은 제외)이거나 지상으로부터 높이가 120미터 이상인 아파트

1급 소방안전관리대상물의 범위(특급 소방안전관리대상물은 제외)
• 30층 이상(지하층은 제외)이거나 지상으로부터 높이가 **120미터** 이상인 **아파트**
• 지상층의 층수가 **11층** 이상인 **특정소방대상물**(아파트는 제외)
• 연면적 **1만5천제곱미터** 이상인 특정소방대상물(아파트 및 연립주택은 제외)
• **가연성 가스**를 **1천톤** 이상 저장·취급하는 시설
※ 동·식물원, 철강 등 불연성 물품을 저장·취급하는 창고, 위험물 저장 및 처리 시설 중 제조소등과 지하구는 제외한다.

문장이 답인 문제 ★

60 2급 소방안전관리대상물의 소방안전관리자 선임 기준으로 틀린 것은?

① 소방청장이 실시하는 2급 소방안전관리대상물의 소방안전관리에 관한 시험에 합격한 사람
② 소방공무원으로 3년 이상 근무한 경력이 있는 사람으로서 2급 소방안전관리자 자격증을 발급받은 사람

③ 의용소방대원으로 5년 이상 근무한 경력이 있는 사람으로서 2급 소방안전관리자 자격증을 발급받은 사람
④ 위험물산업기사 자격이 있는 사람으로서 2급 소방안전관리자 자격증을 발급받은 사람

2급 소방안전관리대상물에 선임해야 하는 소방안전관리자의 자격
다음의 어느 하나에 해당하는 사람으로서 2급 소방안전관리자 자격증을 발급받은 사람
1. **위험물기능장·위험물산업기사 또는 위험물기능사 자격**이 있는 사람
2. **소방공무원으로 3년** 이상 근무한 경력이 있는 사람
3. **소방청장이** 실시하는 2급 소방안전관리대상물의 소방안전관리에 관한 **시험에 합격**한 사람
4. **기업활동 규제완화에 관한 특별조치법**에 따라 소방안전관리자로 선임된 사람(소방안전관리자로 선임된 기간으로 한정)
※ 특급 소방안전관리대상물 또는 1급 소방안전관리대상물의 소방안전관리자 자격증을 발급받은 사람

4과목 소방기계시설의 구조및원리

✔ 이것이 혁신이다! 기출문제 + 답이색해설

문장이 답인 문제 ★★★

61 분말소화약제의 가압용가스 또는 축압용 가스의 설치기준 중 틀린 것은?
① 가압용가스에 이산화탄소를 사용하는 것의 이산화탄소는 소화약제 1kg에 대하여 20g에 배관의 청소에 필요한 양을 가산한 양 이상으로 할 것
② 가압용가스에 질소가스를 사용하는 것의 질소가스는 소화약제 1kg마다 40L (35℃에서 1기압의 압력상태로 환산한 것) 이상으로 할 것
③ 축압용 가스에 이산화탄소를 사용하는 것의 이산화탄소는 소화약제 1kg에 대하여 20g에 배관의 청소에 필요한 양을 가산한 양 이상으로 할 것
④ 축압용 가스에 질소가스를 사용하는 것의 질소가스는 소화약제 1kg에 대하여 <u>40L</u> (35℃에서 1기압의 압력상태로 환산한 것) 이상으로 할 것
　　　　　　　　　　　　　　　　　　　　　　　　　　　　　　　　10L

- **분말소화설비** : 분말소화설비는 미세한 분말입자를 별도 추진가스(질소 또는 이산화탄소)의 압력으로 방사하여 소화하는 설비이다.
- **가압방식**(압력을 가하여 약제를 이송하는 방식)에 따라 축압식설비(추진가스 약제용기내 같이)와 가압식설비(추진가스 별도용기에 따로)로 구분
- **가압용 가스용기** : 분말소화약제는 스스로의 압력으로 이송할 수 없으므로, 고압의 가압원이 필요하다. 그에 따라 자체 증기압력이 높은 **가압용가스(질소 또는 이산화탄소)**를 이용하여 분말을 이송해야 한다. 이 때 별도의 가압용 가스용기를 부설하여... 분말약제 탱크로 가스를 인입시켜 이송하는 방식을 가압식설비라 한다.

분말 1kg당 가압용가스 또는 축압용가스 저장량
1. **가압용가스**(별도 용기에 따로)
   ① 질소가스는 소화약제 1kg마다 40ℓ (35℃에서 1기압의 압력상태로 환산한 것) 이상
   ② 이산화탄소는 소화약제 1kg에 대하여 20g에 배관의 청소에 필요한 양을 가산한 양 이상
2. **축압용가스**(분말탱크 내 같이)
   ① 질소가스는 소화약제 1kg에 대하여 10L(35℃에서 1기압의 압력상태로 환산한 것) 이상
   ② 이산화탄소는 소화약제 1kg에 대하여 20g에 배관의 청소에 필요한 양을 가산한 양 이상
3. 위의 내용 표로 정리

가스의 종류	질소(N_2) - 압축가스(기체상태)	이산화탄소(CO_2) - 액화가스(액체상태)
가압용 가스	40L	20g
축압용 가스	10L	20g
청소용 가스	규정없음	배관의 청소에 필요한 양을 가산

※ 이산화탄소는 액상에서 기화하여 분말을 이송함으로 인해... 배관내 분말체류 가능성이 높아 청소에 필요한 양을 가산한다.

암기팁! 가압용 40L와 축압용 10L는 질소이다. 이산화탄소와 또 이산화탄소는 20g이다. ➡ 가 40과, 축 10은 질소다. 이이는 20이다.

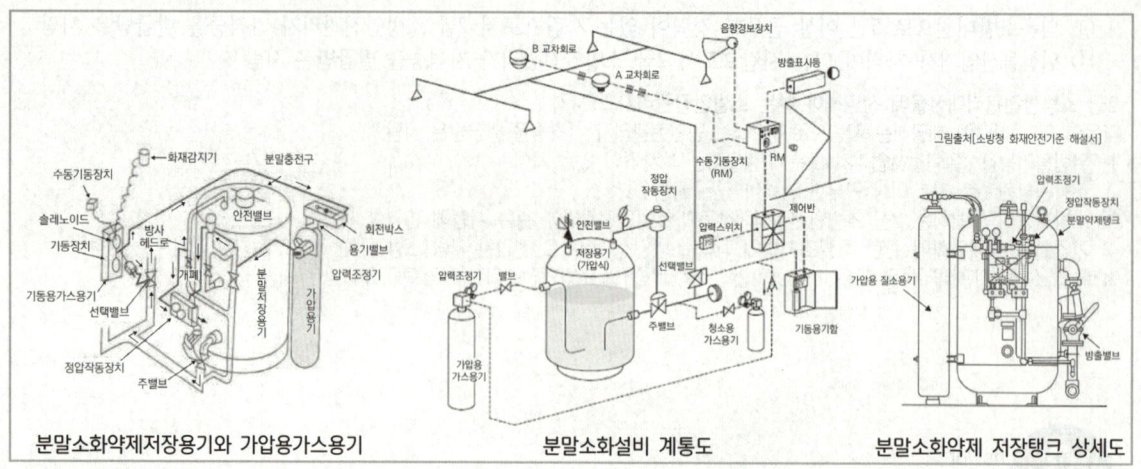

| 분말소화약제저장용기와 가압용가스용기 | 분말소화설비 계통도 | 분말소화약제 저장탱크 상세도 |

문장이 답인 문제 ★

62 소화기에 호스를 부착하지 아니할 수 있는 기준 중 옳은 것은?

① 소화약제의 중량이 2kg 이하인 이산화탄소 소화기 (3kg)
② 소화약제의 용량이 3L 이하의 액체계 소화약제 소화기
③ 소화약제의 중량이 3kg 이하인 할로겐화합물 소화기 (4kg)
④ 소화약제의 중량이 4kg 이하의 분말 소화기 (2kg)

소화기구
- **소화기** : 소화약제를 압력에 따라 방사하는 기구로서, 사람이 수동으로 조작하여 소화약제를 방사하여 소화하는 것
  (소형소화기, 대형소화기)
- **간이소화용구** : 에어로졸식·투척용 소화용구 및 팽창질석·팽창진주암·마른모래 등의 간이소화용구
- **자동확산소화기** : 화재를 감지하여 자동으로 소화약제를 방출 확산시켜 국소적으로 소화하는 소화기

소화기에는 호스를 부착하여야 하지만... 호스를 부착하지 아니할 수 있는 소화기 4가지
1. 소화약제의 중량이 2 kg **이하**의 분말소화기
2. 소화약제의 중량이 3 kg **이하**인 이산화탄소소화기
3. 소화약제의 중량이 4 kg **이하**인 할로겐화합물소화기
4. 소화약제의 용량이 3 L **이하**의 액체계 소화약제소화기

소화기 종류	중량	용량	암기법
분말 소화기	2kg		2 분
이산화**탄**소(탄산가스) 소화기	3kg		3 탄
할로겐화물 소화기	4kg		4 할
액체계 소화약제 소화기		3L	3리터 액체

암기탑! 이분 3탄 4할 3리터 액체 ➡ 2분 3탄 4할 3L액체

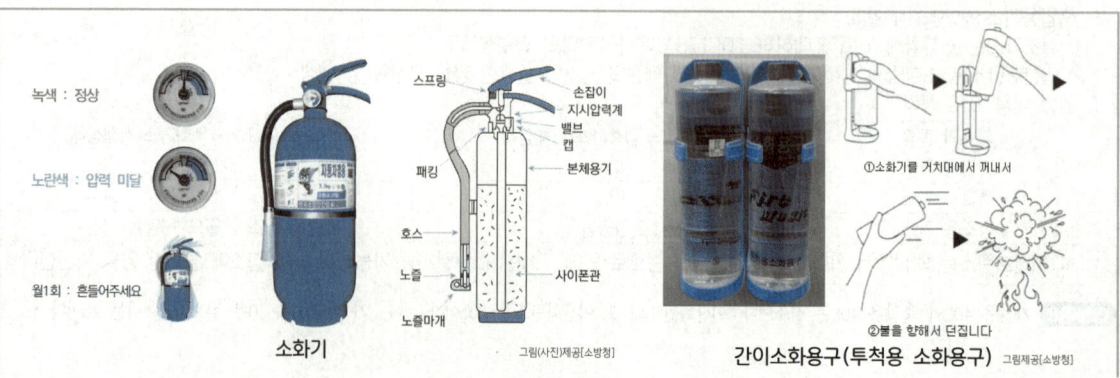

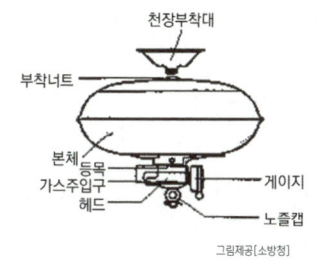

자동확산소화기

> **문장이 답인 문제** ★★★

63 경사강하식 구조대의 구조 기준 중 틀린 것은?

① 구조대 본체는 강하방향으로 봉합부가 설치되어야 한다.
　　　　　　　　　　　　　　　　　　설치되지 아니하여야 한다
② 손잡이는 출구부근에 좌우 각 3개 이상 균일한 간격으로 견고하게 부착하여야 한다.
③ 구조대본체의 끝부분에는 길이 4m 이상, 지름 4㎜ 이상의 유도선을 부착하여야 하며, 유도선 끝에는 중량 3N(300g) 이상의 모래주머니 등을 설치하여야 한다.
④ 본체의 포지는 하부지지장치에 인장력이 균등하게 걸리도록 부착하여야 하며 하부지지장치는 쉽게 조작할 수 있어야 한다.

- **구조대** : 포지 등을 사용하여 자루형태로 만든 것으로서 화재시 사용자가 그 내부에 들어가서 내려옴으로써 대피할 수 있는 것
- **경사강하식 구조대** : 소방대상물에 비스듬하게 고정시키거나 설치하여 사용자가 미끄럼식으로 내려올 수 있는 구조대로서 단시간에 많은 인명을 구조할 수 있도록 설치된다.

1. 구조대 본체는 강하방향으로 봉합부가 설치되지 아니하여야 한다.
   → 사람이 타고 내려오는 구조대 본체에… 강하방향(내려오는 방향)으로 봉합부가 설치되어 있다면, **사람이 내려오면서 봉합부가 터질 수 있기 때문**이다.
2. 입구틀 및 취부틀(구조대를 건물에 고정하는 부분)의 입구는 지름 50㎝ 이상의 구체가 통과 할 수 있어야 한다.
   → 대부분의 사람이 들나들 수 있는 **개구부의 크기를 지름 50㎝로 규정**하였다.

암기팁! 지름 50㎝ 이상의 구체 / 봉합부가 설치되지 아니하여야 / 구조대기준 ➡ 50cm(지름오공)이상 봉합하면 안됨! 그러면 구조해야 함!

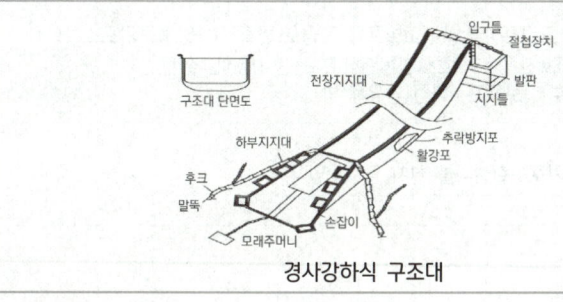
경사강하식 구조대

> **단어가 답인 문제** ★

64 옥내소화전설비 배관과 배관이음쇠의 설치기준중 배관 내 사용압력이 1.2MPa 미만일 경우에 사용하는 것이 아닌 것은?

① 배관용 탄소강관(KS D 3507)　　② 배관용 스테인리스 강관(KS D 3576)
③ 덕타일 주철관(KS D 4311)　　　④ 배관용 아크용접 탄소강 강관(KS D 3583)

- **옥내소화전설비** : 화재발생시 옥내소화전함을 개방하여 방수구와 연결된 호스를 전개한 후 앵글밸브를 개방하고, 화점을 향해 노즐을 개방하여 방사하는 형태의 수동식 수계소화설비
- **배관** : 물이 이송되는 관
- **배관이음쇠** : 배관과 배관을 단순하게 연결시키거나(플랜지), 배관의 방향을 변경하거나(엘보), 배관을 분기시키거나(티), 배관의 지름을 바꾸거나(레듀서), 배관의 끝을 막는(플러그, 캡) 등의 작업을 수행하는 관이음 재료

1. 배관 내 사용압력이 **1.2MPa 미만(1.1MPa 이하)**일 경우 사용가능한 배관
   - **배관용** 탄소 강관(KS D 3507)
   - 이음매 없는 구리 및 구리합금 관(KS D 5301). 다만, 습식의 배관에 한한다.
   - 배관용 스테인리스 강관(KS D 3576) 또는 일반배관용 스테인리스 강관(KS D 3595)
   - 덕타일 주철관(KS D 4311)
2. 배관 내 사용압력이 **1.2MPa 이상**일 경우 사용가능한 배관
   - **압력** 배관용 탄소 강관(KS D 3562)
   - 배관용 **아크 용접** 탄소강 강관(KS D 3583)

압력배관용과 아크용접을 제외한 나머지는... ➡ 1.2MPa 미만에 해당

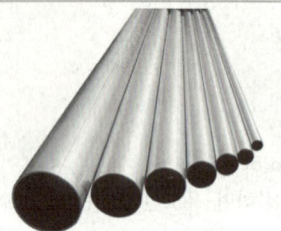
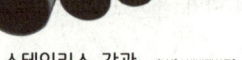
스테인리스 강관 출처(소방방재신문)

소방배관 예시(적색)

단어가 답인 문제

65 특정소방대상물에 따라 적응하는 **포소화설비**의 설치기준 중 **발전기실, 엔진펌프실, 변압기, 전기케이블실, 유압설비** 바닥면적의 합계가 **300㎡ 미만**의 장소에 설치 할 수 있는 것은?

① 포헤드설비 ② 호스릴포소화설비
③ 포워터스프링클러설비 ④ **고정식 압축공기포소화설비**

- **특정소방대상물** : 소방시설을 설치하여야 하는 소방대상물로서 대통령령으로 정하는 것
- **포소화설비** : 수조로부터 공급된 물과 포약제 저장탱크에서 공급된 포원액을, **혼합기(프로포셔너)**에서 믹싱해 포수용액을 만들어, 포 방출구에서 공기와 섞여진 후 발포되어 거품을 방사하는 형태의 소화설비로서 유류탱크 등 위험물에 주로 사용된다.
- **포소화설비의 분류**
  ① **고정식 포소화설비** ➡ 포워터스프링클러설비, 포헤드설비, 고정포방출설비(고발포용 고정포 방출구), 압축공기포소화설비
  ② **이동식 포소화설비** ➡ 호스릴포소화설비, 포소화전설비(포소화전 방수구·호스 및 이동식 포노즐을 사용하는 설비)
  ③ **위험물 옥외탱크 저장소** ➡ 고정포방출구(폼 챔버, 탱크내부), 보조포소화전(방유제 밖)

발전기실, 엔진펌프실, 변압기, 전기케이블실, 유압설비
➡ 바닥면적의 합계가 300㎡미만의 장소에는... 고정식 압축공기포소화설비를 설치 할 수 있다.

함께 공부

압축공기포소화설비
1. 개념
   - 포소화약제와 물이 혼합된 포수용액에 압축공기 또는 압축질소를 일정한 비율로 혼합하여 방출하는 설비이다.
   - 일반적인 포소화설비는 고속방출이 어렵고 팽창비의 한계로 인하여 오염된 환경에서 포가 파괴되는 문제를 가진다. 압축공기포는 포약제를 물과 공기 또는 질소와 혼합시켜 물의 표면장력을 감소시킴으로써 연소물질에 침투되는 침투력을 증가시켜 빠르게 소화를 유도하며, 이 과정에서 고압축의 기포를 생성시키는 특성이 있다.
2. 설치가능장소
   - 특수가연물을 저장·취급하는 공장 또는 창고 / 차고 또는 주차장 / 항공기격납고
   - 발전기실, 엔진펌프실, 변압기, 전기케이블실, 유압설비 중 바닥면적의 합계가 300㎡미만의 장소
3. 압축공기포 시스템의 구성
   - 1단계 : 압축공기 주입과정 ☞ 압축공기압과 포수용액의 압력이 균형을 이루어야 함
   - 2단계 : 포생성 단계 ☞ 후렉시블 튜브를 지나며 포생성을 촉진한다. 후렉시블 튜브의 구불구불한 단면을 지나면서 유체가 수축되며 이것이 포생성을 촉진한다.
   - 3단계 : 포방출 단계 ☞ 운동량을 유지하며 포가 방출되는 단계이다. 이 단계에서 공기압축포는 이미 내부에 공기를 함유하여 고속으로 방출되는 특성을 가진다.

> 숫자가 답인 문제 ★★★

66 소화수조가 옥상 또는 옥탑의 부분에 설치된 경우에는 지상에 설치된 채수구에서의 압력이 최소 몇 MPa 이상이 되도록 하여야 하는가?

① 0.1   ② 0.15   ③ 0.17   ④ 0.25

- **소화수조 또는 저수조** : 소방대가 화재진압시 사용하는 소방용수가 담긴 수조로서, 소화에 필요한 물을 항시 채워두는 것을 말한다.
- **소화수조(저수조)의 물을 소방차에 공급받는 방법**
  ① **흡수관 투입구** : 소방차에는 물을 흡입할 수 있는 흡수관이 있다. 이 흡수관을 **지하수조**에 직접 담궈서 물을 흡수할 수 있도록 만든 사각형(한 변이 0.6m 이상)이나 원형(직경이 0.6m 이상)의 **구멍(맨홀)**
  ② **채수구** : 소방차의 소방호스와 접결되는 흡입구(나사식 금속결합구)로서, 채수구를 통해 수화수조의 물을 소방차에 공급 받는다.
    ㉠ **옥상수조** : 옥상 또는 옥탑의 부분에 설치된 경우, 지상에 설치된 채수구에서의 압력이 0.15 MPa 이상이 되면 설치가능
    ㉡ **지하수조** : 소화수조에 별도의 펌프를 설치하여, 지하수조에서 연결된 배관을 통하여 채수구에서 물을 공급 받는다.

소화수조가 옥상(옥탑) 등 높은 부분에 설치된 경우
→ 물의 자연낙차압력(높이에 따른 압력)을 이용하여... 지상에 설치된 채수구에서 물을 공급받는다. 이 때 채수구에서의 압력이 0.15 MPa 이상이 되어야... 지상의 소방차와 연결된 호스를 통해 소방차로 물을 급수시킬 수 있다.
→ 채수구에서의 압력이 0.15 MPa 이상이 되려면... 이론적으로 낙차(높이)가 15m면 가능하다. 하지만, 배관, 밸브 등의 마찰손실로 인하여 그 보다 좀 더 높아야 할 것이다.

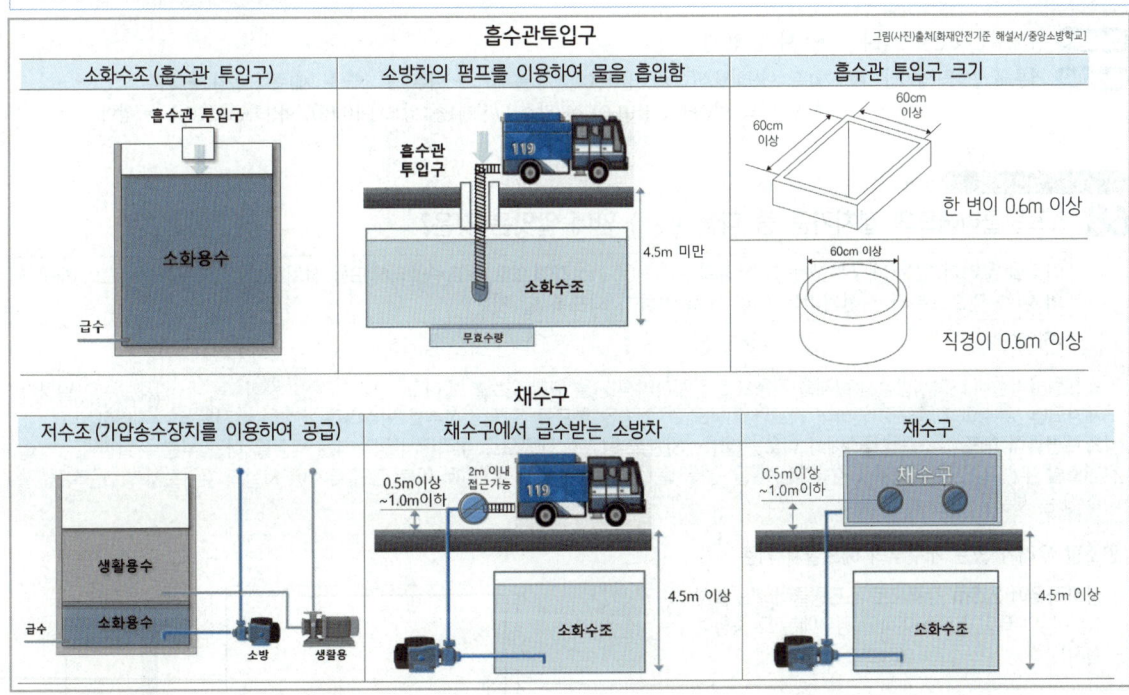

단어가 답인 문제 ★★★

67 차고 또는 주차장에 설치하는 분말소화설비의 소화약제로 옳은 것은?

① 제1종 분말　　② 제2종 분말　　③ 제3종 분말　　④ 제4종 분말

- **분말소화설비** : 분말소화설비는 미세한 분말입자를 별도 추진가스(질소 또는 이산화탄소)의 압력으로 방사하여 소화하는 설비이다.
- **가압방식**(압력을 가하여 약제를 이송하는 방식)에 따라 축압식설비(추진가스 약제용기내 같이)와 가압식설비(추진가스 별도용기에 따로)로 구분

차고 또는 주차장에 설치하는 분말소화설비 소화약제 → 제3종 분말

함께공부

분말 소화약제의 종류 화학반응식(열분해 반응식)

종별	주성분	색상	적응화재	화학반응식 (열분해 반응식)	암기법
제1종	탄산수소나트륨 ($NaHCO_3$)	백색	B, C	$2NaHCO_3 \rightarrow Na_2CO_3 + CO_2 + H_2O$	이수
제2종	탄산수소칼륨 ($KHCO_3$)	담자(회)색	B, C	$2KHCO_3 \rightarrow K_2CO_3 + CO_2 + H_2O$	이수
제3종	제1인산암모늄 = 인산염 ($NH_4H_2PO_4$)	담홍색, 황색	A, B, C	$NH_4H_2PO_4 \rightarrow HPO_3 + NH_3 + H_2O$	암수
제4종	탄산수소칼륨 + 요소 ($KHCO_3+(NH_2)_2CO$)	회색	B, C	$2KHCO_3+(NH_2)_2CO \rightarrow K_2CO_3+NH_3+CO_2$	암이

※ 제1종은 탄산나트륨(Na_2CO_3), 제2종과 제4종은 탄산칼륨(K_2CO_3), 제3종은 부착력이 우수하여 소화효과가 뛰어난 메타인산(HPO_3)이 생성된다.

방가방가 나의 칼은 인간의 칼이다~ ➡ 나 칼 인 칼

방가방가 열분해 생성물 암기법 ➡ 제1종 : 이산화탄소(CO_2), 물(H_2O)(한자 물 수) ➡ 이수 / 제2종 : 제1종과 동일 ➡ 이수
　　　　　　　　　　　　　　제3종 : 암모니아(NH_3), 물(H_2O) ➡ 암수 / 제4종 : 암모니아(NH_3), 이산화탄소(CO_2) ➡ 암이

숫자가 답인 문제 ★★

68 스프링클러헤드의 설치기준 중 다음 (　) 안에 알맞은 것은?

> 연소할 우려가 있는 개구부에는 그 상하좌우에 (㉠)m 간격으로 스프링클러헤드를 설치하되, 스프링클러헤드와 개구부의 내측 면으로부터 직선거리는 (㉡)cm 이하가 되도록 할 것

① ㉠ 1.7, ㉡ 15　　② ㉠ 2.5, ㉡ 15　　③ ㉠ 1.7, ㉡ 25　　④ ㉠ 2.5, ㉡ 25

- **스프링클러설비** : 화재발생시 화재를 자동으로 감지하여 피난을 위한 경보를 발하고, 습식·건식·준비작동식·일제살수식 밸브가 개방되면, 유수의 흐름으로 인하여 펌프가 기동되고, 개방된 헤드를 통해 소화수를 방수하여 소화하는 자동식 수계소화설비
- **스프링클러 헤드** : 스프링클러에서 나오는 물을, 빗방울 형태로 대량으로 뿌리면서 방수하는 역할을 하는 부분을 말한다.
- **연소할 우려가 있는 개구부** : 각 방화구획을 관통하는 컨베이어·에스컬레이터 또는 이와 유사한 시설의 주위로서 방화구획을 할 수 없는 부분을 말한다.

연소할 우려가 있는 개구부의 헤드설치 기준

- 상하좌우에 **2.5m** 간격으로 스프링클러헤드 설치
  (개구부의 폭이 2.5m 이하인 경우에는 그 중앙에 설치)

- 스프링클러헤드와 **개구부의 내측 면으로부터**
  직선거리(개구부와 헤드 사이의 거리)는 **15cm 이하**

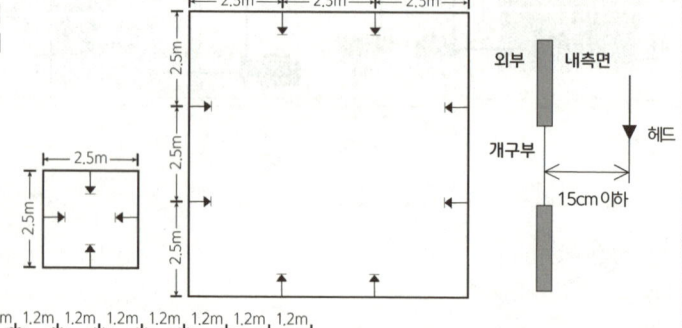

- 사람이 상시 출입하는 개구부로서 통행에
  지장이 있는 때에는…
  → 개구부의 **상부 또는 측면**(개구부 폭 9m
  　이하만 측면에 설치가능)에 설치하되,
  　헤드 상호간의 간격은 **1.2m 이하**로 설치

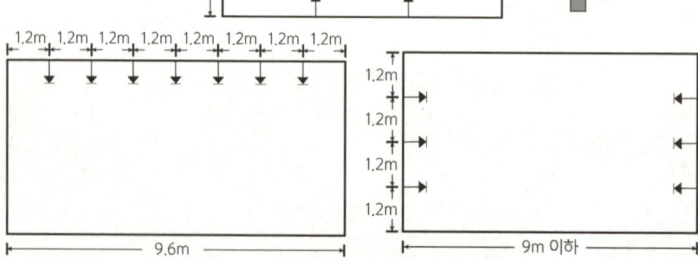

숫자가 답인 문제 ★★★

69 지하구의 화재안전기준에 따른 연소방지설비 헤드의 설치기준 중 다음 ( ) 안에 알맞은 것은?

> 헤드간의 수평거리는 연소방지설비 전용헤드의 경우에는 (㉠)m 이하, 스프링클러헤드의 경우에는 (㉡)m 이하로 할 것

① ㉠ 2, ㉡ 1.5 ② ㉠ 1.5, ㉡ 2 ③ ㉠ 1.7, ㉡ 2.5 ④ ㉠ 2.5, ㉡ 1.7

- 지하구
  가. 전력·통신용의 전선이나 가스·냉난방용의 배관 또는 이와 비슷한 것을 집합수용하기 위하여 설치한 지하 인공구조물로서 사람이 점검 또는 보수를 하기 위하여 출입이 가능한 것 중 다음의 어느 하나에 해당하는 것
    ① 전력 또는 통신사업용 지하 인공구조물로서 전력구 또는 통신구 방식으로 설치된 것
    ② 지하 인공구조물로서 폭이 1.8미터 이상이고 높이가 2미터 이상이며 길이가 50미터 이상인 것
  나. 공동구 : 전기·가스·수도 등의 공급설비, 통신시설, 하수도시설 등 지하매설물을 공동 수용함으로써 미관의 개선, 도로구조의 보전 및 교통의 원활한 소통을 위하여 지하에 설치하는 시설물
- 연소방지설비 : 전력 또는 통신사업용 케이블이 설치된 지하구에 헤드를 설치하고, 소방차에서 송수구에 물을 공급해 헤드에서 살수되게 하여, 화재가 더 이상 번지지 않게 차단하는 설비

> 헤드간의 수평거리를... 스프링클러헤드(개방형)의 경우에는 **1.5m** 이하로 규정하고 있고,
> 연소방지설비 **전용헤드(살수헤드)**의 경우에는 더 좋은 성능으로 간주되어... 헤드간의 수평거리를 **2m** 이하로 더 넓게 설치하도록 하였다.

숫자가 답인 문제

70 완강기와 간이완강기를 소방대상물에 고정 설치해 줄 수 있는 지지대의 강도시험 기준 중 ( ) 안에 알맞은 것은?

> 지지대는 연직 방향으로 최대 사용자수에 ( )N을 곱한 하중을 가하는 경우 파괴·균열 및 현저한 변형이 없어야 한다.

① 250 ② 750 ③ 1500 ④ **5000**

완강기 : 창문이나 발코니 등의 외부로 통하는 개구부 부근에 설치되며, 사용자의 몸무게에 따라 하강속도를 자동적으로 조절[속도조절기(조속기)]하면서 내려오는 하강로프장치 피난기구이다. 사용자의 가슴에 안전벨트를 조여 착용하며, 사용자가 교대하여 연속적으로 사용할 수 있다.

> 완강기와 간이완강기 지지대는 연직방향(지면을 향한 수직방향)으로 최대사용자수에 5000N을 곱한 하중을 가하는 경우 파괴·균열 및 현저한 변형이 없어야 한다.

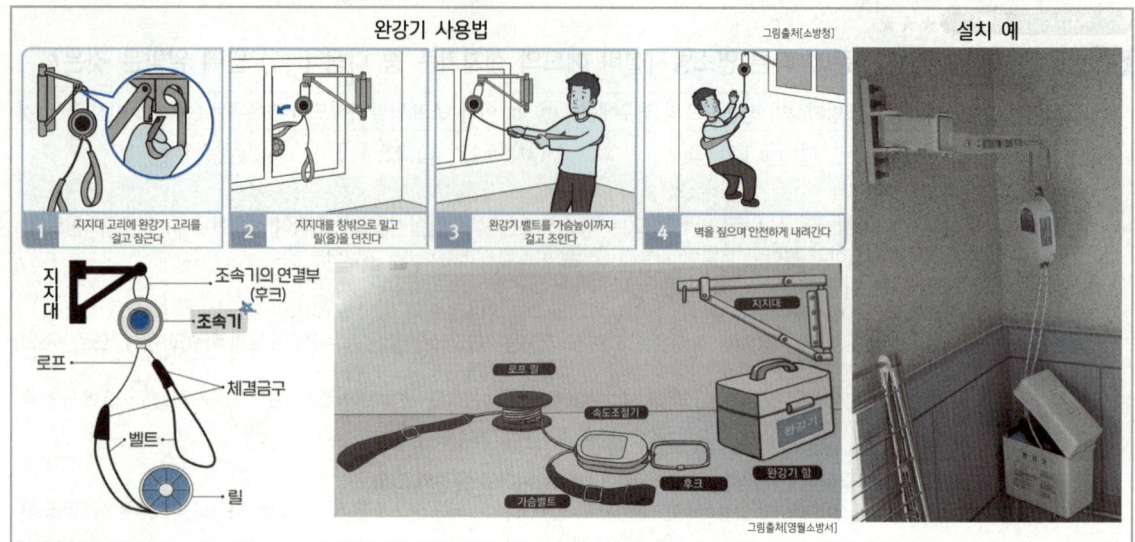

함께공부

완강기 및 간이완강기(1회용 완강기)의 구성품목 → 지지대, 속도조절기, 속도조절기의 연결부, 로우프, 벨트, 연결금속구
- **완강기 지지대** : 천장·벽 또는 바닥 등에 완강기를 고정 설치해 주는 부분으로 천장부착형·(내·외)벽부착형·바닥부착형 등으로 구분한다.
- **속도조절기(조속기)** : 완강기의 강하속도를 일정범위로 조절하는 장치를 말하며, 완강기의 속도조절기는 '도르래의 원리'를 이용해서 사용자의 무게로 일정한 속도로 하강할 수 있도록 해주는 것이다. 즉, 벨트를 맨 피난자의 무게에 의해 속도조정기 안의 기어가 회전시키면서 발생되는 원심력과 브레이크 제어를 통해 일정한 강하 속도를 유지하는 원리이다.
- **속도조절기의 연결부(연결 후크)** : 완강기 지지대와 속도조절기(조속기)를 연결하는 부분을 말한다. 타원링의 형태로 지지대에 걸어서 결합할 수 있는 구조이다.
- **로우프(릴)** : 로프는 직경 3mm 이상의 와이어 로프를 사용하거나, 와이어 로프에 면사(나일론사)를 입힌 로프를 사용한다.
- **벨트** : 로프의 양단에 피난자의 가슴을 감아서 몸을 지지하는 것으로서, 재료는 로프와 같이 면사나 나일론사로 되어 있다. 사용자의 가슴둘레에 맞도록 벨트길이를 조정할 수 있는 고리가 있다.
- **연결금속구(체결금구)** : 로우프와 벨트의 연결부위에 사용하는 금속구

숫자가 답인 문제 ★★★

71 상수도 소화용수설비의 설치기준 중 다음 ( ) 안에 알맞은 것은?

호칭 지름 (㉠)mm 이상의 수도배관에 호칭 지름 (㉡)mm 이상의 소화전을 접속하여야 하며, 소화전은 특정소방대상물의 수평 투영면의 각 부분으로부터 (㉢)m 이하가 되도록 설치할 것

① ㉠ 65, ㉡ 100, ㉢ 120   ② ㉠ 65, ㉡ 100, ㉢ 140   ③ ㉠ 75, ㉡ 100, ㉢ 120   ④ ㉠ 75, ㉡ 100, ㉢ 140

- **상수도 소화용수설비** : 소방대가 화재진압시 사용하는 소방용수로서, 특정소방대상물의 지하에 지름 75㎜ 이상의 상수도용 배관이 매설된 경우... 그 배관에 지상식소화전, 지하식소화전, 급수탑을 연결하여 소방차에 소방용수를 공급받는 설비이다.
- **소화전** : 소화용수(소화설비용 물) 또는 소방용수(소방대 화재진압용 물)를 공급받기 위한 설비
- **호칭지름** : 일반적으로 표기하는 배관의 직경
- **수평투영면** : 건축물을 수평으로 투영하였을 경우의 면

화재진압용도의 소방차는 물탱크 내에 물을 저장하고 있으나, 그 물만으로는 부족하기 때문에... 건축물 지하에 매설된 상수도를 이용하여 물을 추가로 공급받아야 한다. 상수도를 이용해 수돗물을 공급받는 방식은... 지상식소화전, 지하식소화전, 급수탑으로 구분된다.

상수도 소화용수설비 설치기준
1. 호칭지름 **75㎜ 이상의 수도배관**에 호칭지름 **100㎜ 이상의 소화전**을 접속할 것
2. 소화전은 소방자동차 등의 진입이 쉬운 도로변 또는 공지에 설치할 것
3. 소화전은 특정소방대상물의 **수평투영면의 각 부분으로부터 140m 이하**가 되도록 설치할 것

암기팁! 소화전배관(100mm)이 수도배관(75mm) 보다 커야 물을 시원하게 받는다. ➡ 수도배관(75mm) 《 소화전배관(100mm)

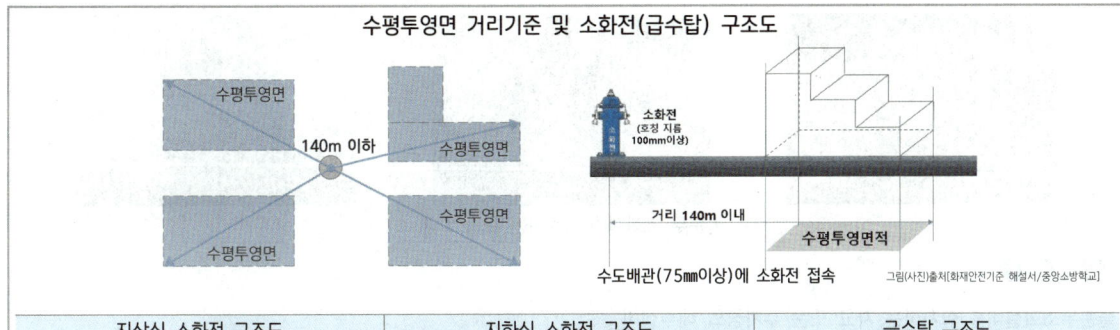

지상식 소화전 구조도	지하식 소화전 구조도	급수탑 구조도
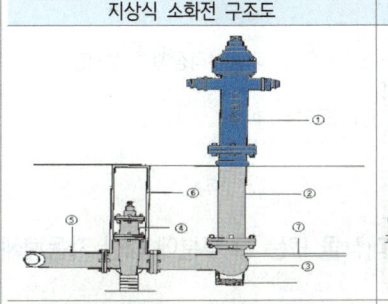	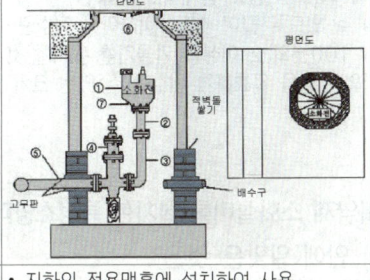	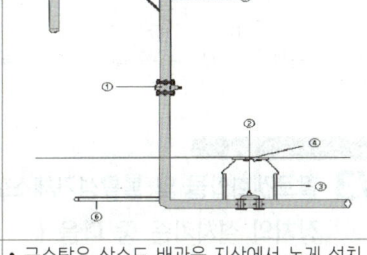
• 지면에 스탠드형으로 노출하여 설치 • 맨 상단의 밸브나사를 스패너를 이용해 회전시켜 개방한다. • 지상으로 돌출되어 있기 때문에, 소화전의 위치를 찾기가 쉬우며, 사용이 간편하다.	• 지하의 전용맨홀에 설치하여 사용 • 지상에서 T자형의 전용파이프를 설치한 후 호스연결하고, 지상에서 밸브 개폐하여 사용 • 지하에 매설되어 있기 때문에 보행 및 교통에 지장이 없지만, 위치를 찾기가 어렵다.	• 급수탑은 상수도 배관을 지상에서 높게 설치하여, 소방차 위쪽에 설치된 물탱크 맨홀을 통해 물을 공급받을 수 있도록 만든 설비이다. • 그림①의 개폐밸브를 열어서 급수 받는다. • 소방차량에 급수시 가장 용이하다.

문장이 답인 문제 ★★★

72 물분무소화설비를 설치하는 차고 또는 주차장의 **배수설비** 설치기준 중 **틀린** 것은?

① 차량이 주차하는 장소의 적당한 곳에 높이 10cm 이상의 경계턱으로 배수구를 설치할 것
② 배수구에는 새어나온 기름을 모아 소화할 수 있도록 길이 <u>30m 이하</u>마다 집수관·소화핏트 등 기름분리장치를 설치할 것   40m 이하
③ 차량이 주차하는 바닥은 배수구를 향하여 100분의 2 이상의 기울기를 유지할 것
④ 배수설비는 가압송수장치의 최대송수능력의 수량을 유효하게 배수할 수 있는 크기 및 기울기로 할 것

- **물분무 소화설비** : 물을 안개모양으로 방사해 가스와 비슷한 형태를 가지므로, 전기의 부도체(전기가 통하지 않는 물체 = 비전도성)로서 전기시설물에 설치가 가능한 자동식 수계소화설비
- **가압송수장치** : 압력을 가해서(가압) 물을 이송하는(송수) 장치로서 그 종류로는 **펌프**(전동기 또는 내연기관과 연결된 원심펌프), **고가수조**(높은 곳에 설치된 수조), **압력수조**(강한 공기압 이용), **가압수조**(압력수조의 간소화 설비) 등의 방식이 있다.
- **정격토출량(유량)** : 시간당 퍼낼 수 있는 물의 양으로서, 통상적으로 펌프 몸체에 분당 토출량[L/min]으로 표시된다.
  <예시> 옥내소화전 2개에서 소화수를 방사하고 있을 때 법정 토출량은 2 × 130L/min(법정방수량) = 260L/min 이 된다.

스프링클러설비는 배수설비 대상이 아니지만, **물분무설비가 배수설비 대상인 이유**는... 물분무설비는 **유류화재에도 적응성**이 있어, 유류화재시 물과 기름이 혼합된 액체가 바닥으로 흐르면서, 연소면 확대우려가 있기 때문에 이를 신속하고 효과적으로 제거하기 위함이며, **국내의 경우는 차고 또는 주차장의 경우에만 배수시설을 요구**하고 있다.

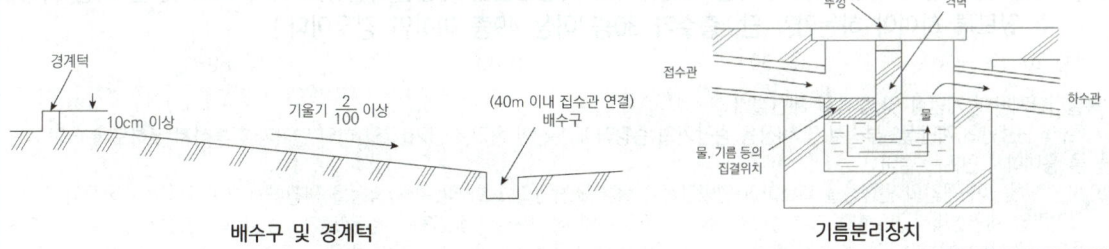

물분무 소화설비 방수하는 모습의 예

물분무소화설비를 설치하는 차고 또는 주차장의 배수설비
1. 차량이 주차하는 장소의 적당한 곳에 **높이 10cm 이상의 경계턱**으로 배수구를 설치할 것
2. 배수구에는 새어나온 기름을 모아 소화할 수 있도록 **길이 40m 이하마다** 집수관·소화핏트 등 **기름분리장치**를 설치할 것
3. 차량이 주차하는 바닥은 배수구를 향하여 **100분의 2 이상의 기울기**를 유지할 것
4. 배수설비는 가압송수장치의 최대송수능력의 수량을 유효하게 배수할 수 있는 크기 및 기울기로 할 것

73. 할로겐화합물 및 불활성기체소화약제 소화설비를 설치한 특정소방대상물 또는 그 부분에 대한 자동폐쇄장치의 설치기준 중 다음 ( ) 안에 알맞은 것은?

개구부가 있거나 천장으로부터 (㉠)m 이상의 아래 부분 또는 바닥으로부터 해당 층의 높이의 (㉡) 이내의 부분에 통기구가 있어 할로겐화합물 및 불활성기체소화약제의 유출에 따라 소화효과를 감소시킬 우려가 있는 것은 할로겐화합물 및 불활성기체소화약제가 방사되기 전에 당해 개구부 및 통기구를 폐쇄할 수 있도록 할 것

① ㉠ 1, ㉡ 3분의 2   ② ㉠ 2, ㉡ 3분의 2   ③ ㉠ 1, ㉡ 2분의 1   ④ ㉠ 2, ㉡ 2분의 1

할로겐화합물 및 불활성기체 소화설비 : 할론소화설비를 대체할 목적으로 개발된 소화설비로서 할로겐화합물 소화약제와 불활성기체 소화약제를 사용한다.
1. **할로겐화합물 소화약제** : 불소(F), 염소(Cl), 브롬(Br) 또는 요오드(I) 중 하나 이상의 원소를 포함하고 있는 유기화합물을 기본성분으로 하는 소화약제로서 **연쇄반응을 차단**하여 소화하는 **화학적 소화효과**를 갖는다.
2. **불활성기체 소화약제** : 아르곤(Ar), 이산화탄소(CO_2) 또는 질소가스(N_2) 중 하나 이상의 원소를 기본성분으로 하는 소화약제로서 **질식**으로 인해 소화하는 **물리적 소화효과**를 갖는다.

할로겐화합물 및 불활성기체 소화설비의 자동폐쇄장치
1. 환기장치를 설치한 것은 할로겐화합물 및 불활성기체소화약제가 방사되기 전에 해당 환기장치가 정지할 수 있도록 할 것
2. 개구부가 있거나 **천장으로부터 1m 이상의 아래 부분**(높이 3등분시 바닥에 가까운 2/3부분) 또는 바닥으로부터 해당층의 높이의 **3분의 2 이내의 부분**(높이 3등분시 바닥에 가까운 2/3부분)에 **통기구**가 있어 할로겐화합물 및 불활성기체소화약제의 유출에 따라 소화효과를 감소시킬 우려가 있는 것은 할로겐화합물 및 불활성기체소화약제가 방사되기 전에 당해 개구부 및 통기구를 폐쇄할 수 있도록 할 것
※ **자동폐쇄장치** : 가스계 소화설비가 정상적으로 작동되어도 배기덕트나 창문, 환기팬 등의 개구부나 통기구를 통해 소화약제가 누출되면 화재를 소화할 수 없게 되므로, 이를 방지하기 위해 소화약제가 방출되기 전 환기장치를 정지하고 개구부를 폐쇄해야한다. 이 때 설치되는 설비가 자동폐쇄장치이다.

74. 특별피난계단의 계단실 및 부속실 제연설비의 비상전원은 제연설비를 유효하게 최소 몇 분 이상 작동할 수 있도록 하여야 하는가? (단, 층수가 30층 이상 49층 이하인 경우이다.)

① 20   ② 30   ③ 40   ④ 60

특별피난계단의 계단실 및 부속실 제연설비
• 특별피난계단의 **계단실·부속실** 및 **비상용 승강기의 승강장**에 신선한 공기를 급기(유입)하여 **연기가 침투하지 못하도록** 하여 피난을 용이하게 만드는 설비
• 피난로 및 피난공간의 안전성을 확보하여 인명안전은 물론 소방관의 소화 및 구조 활동을 원활하게 하는 데에 그 목적이 있다.
• **급기가압 제연설비**라고도 하며... 특정소방대상물의 **제연구역 내**(계단실, 부속실 또는 비상용승강기의 승강장)에 신선한 공기를 주입하여 **옥내**(화재발생 부분)보다 압력을 높게 하여 화재 시 발생한 연기 또는 열기가 제연구역으로 확산, 침투하지 못하도록 하는 설비이다.

특별피난계단의 계단실 및 부속실 제연설비의 비상전원의 용량
1층 ~ 29층 → 20분 이상 / 30층 ~ 49층 → 40분 이상 / 50층 이상 → 60분 이상

> 문장이 답인 문제 ★★

75 스프링클러헤드를 설치하는 천장·반자·천장과 반자사이·덕트·선반 등의 각 부분으로부터 <u>하나의 스프링클러헤드까지의 수평거리 기준</u>으로 틀린 것은?

① 무대부에 있어서는 1.7m 이하
② 랙크식 창고에 있어서는 2.5m 이하
③ 공동주택(아파트) 세대 내의 거실에 있어서는 3.2m 이하
④ 특수가연물을 저장 또는 취급하는 장소에 있어서는 <u>2.1m</u> 이하
　　　　　　　　　　　　　　　　　　　　　　　　　1.7m

- **스프링클러설비** : 화재발생시 화재를 자동으로 감지하여 피난을 위한 경보를 발하고, 습식·건식·준비작동식·일제살수식 밸브가 개방되면, 유수의 흐름으로 인하여 펌프가 기동되고, 개방된 헤드를 통해 소화수를 방수하여 소화하는 자동식 수계소화설비
- **스프링클러 헤드** : 스프링클러에서 나오는 물을, 빗방울 형태로 대량으로 뿌리면서 방수하는 역할을 하는 부분을 말한다.

스프링클러헤드의 수평거리 기준(r값)
스프링클러헤드는 특정소방대상물의 천장·반자·천장과 반자사이·덕트·선반 기타 이와 유사한 부분(폭이 1.2m를 초과하는 것에 한한다)에 설치하여야 한다.

1. **무대부·특수가연물**을 저장 또는 취급하는 장소(랙크식 창고 포함)
　→ **1.7m** 이하
2. 일반 특정소방대상물 → **2.1m** 이하
3. 내화구조로 된 특정소방대상물 → **2.3m** 이하
4. 랙크식 창고 → **2.5m** 이하
5. **공동주택**(아파트) 세대 내의 거실 → **3.2m** 이하

* 헤드 정방형(정사각형) 배치 공식
　S [헤드간 거리(m)] = 2 × r [유효반경=수평거리(m)] × cos45°

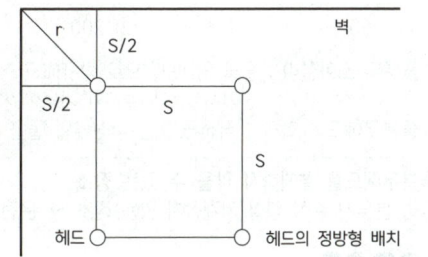

> 숫자가 답인 문제 ★

76 소화약제 외의 것을 이용한 <u>간이소화용구의 능력단위</u> 기준 중 다음 (　)안에 알맞은 것은?

간이소화용구		능력단위
팽창질석 또는 팽창진주암	삽을 상비한 (㉠)L 이상의 것 1포	0.5 단위
마른모래	삽을 상비한 (㉡)L 이상의 것 1포	

① ㉠ 80, ㉡ 50 　　② ㉠ 50, ㉡ 160 　　③ ㉠ 100, ㉡ 80 　　④ ㉠ 100, ㉡ 160

- **간이소화용구** : 에어로졸식·투척용 소화용구 및 팽창질석·팽창진주암·마른모래 등의 간이소화용구
- **능력단위** : 소화기 및 간이소화용구의 소화능력을 나타내는 수치로서, 법에 따라 형식승인된 수치. 이 능력단위를 산정하기 위한 모형에 의한 소화능력시험을 실시한다.
- **팽창질석, 팽창진주암** : 가열해서 부풀려 가볍게 만든 돌가루

소화약제 외의 것을 이용한 간이소화용구의 능력단위

간이소화용구		능력단위
1. 마른모래	삽을 상비한 **50 L** 이상의 것 1포	0.5단위
2. 팽창질석 또는 팽창진주암	삽을 상비한 **80 L** 이상의 것 1포	

> 땅!땅!팁! 마른모래가 더 소화능력이 뛰어나므로... **50리터**(더 작은 용량)로 0.5 능력단위를 획득한다.

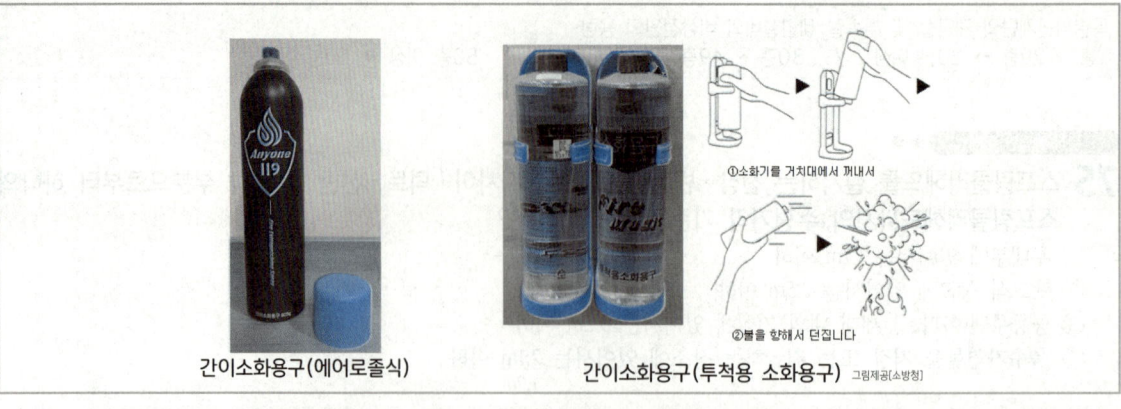

간이소화용구(에어로졸식)   간이소화용구(투척용 소화용구) 그림제공[소방청]

77. 물분무헤드를 설치하지 아니할 수 있는 장소의 기준 중 다음 ( ) 안에 알맞은 것은?

운전 시에 표면의 온도가 ( )℃ 이상으로 되는 등 직접 분무를 하는 경우 그 부분에 손상을 입힐 우려가 있는 기계장치 등이 있는 장소

① 160   ② 200   ③ 260   ④ 300

- **물분무 소화설비**: 물을 안개모양으로 방사해 가스와 비슷한 형태를 가지므로, 전기의 부도체(전기가 통하지 않는 물체 = 비전도성)로서 전기시설물에 설치가 가능한 자동식 수계소화설비
- **물분무헤드**: 화재시 직선류 또는 나선류의 물을 충돌·확산시켜 미립상태로 분무함으로서 소화하는 헤드

물분무헤드를 설치하지 않을 수 있는 장소
직접 분무시 손상 입힐 기계장치 있는 장소 → 운전시에 표면의 온도가 260℃ 이상되는 기계장치

함께공부

물분무헤드를 설치하지 않을 수 있는 장소
1. 물에 심하게 반응하는 물질 또는 물과 반응하여 위험한 물질을 생성하는 물질을 저장 또는 취급하는 장소
2. 고온의 물질 및 증류범위가 넓어 끓어 넘치는 위험이 있는 물질을 저장 또는 취급하는 장소
3. 운전시에 표면의 온도가 260℃ 이상으로 되는 등 직접 분무를 하는 경우 그 부분에 손상을 입힐 우려가 있는 기계장치 등이 있는 장소

78. 할로겐화합물 및 불활성기체소화약제 저장용기의 설치장소 기준 중 다음 ( ) 안에 알맞은 것은?

할로겐화합물 및 불활성기체소화약제의 저장용기는 온도가 ( )℃ 이하이고, 온도의 변화가 작은 곳에 설치할 것

① 40   ② 55   ③ 60   ④ 75

할로겐화합물 및 불활성기체 소화설비: 할론소화설비를 대체할 목적으로 개발된 소화설비로서 할로겐화합물 소화약제와 불활성기체 소화약제를 사용한다.
1. **할로겐화합물 소화약제**: 불소(F), 염소(Cl), 브롬(Br) 또는 요오드(I) 중 하나 이상의 원소를 포함하고 있는 유기화합물을 기본성분으로 하는 소화약제로서 **연쇄반응을 차단하여 소화하는 화학적 소화효과**를 갖는다.
2. **불활성기체 소화약제**: 아르곤(Ar), 이산화탄소(CO_2) 또는 질소가스(N_2) 중 하나 이상의 원소를 기본성분으로 하는 소화약제로서 질식으로 인해 소화하는 물리적 소화효과를 갖는다.

할로겐화합물 및 불활성기체 소화설비는 저장용기실의 온도가 **55℃ 이하**이고 온도의 변화가 작은 곳에 설치할 것
→ 할로겐화합물 및 불활성기체 소화약제의 저장용기를 온도가 55℃ 초과하는 곳에 설치할 경우 압력이 급격하게 상승하여 폭발이나 방출시 과압의 우려가 있으므로 온도가 55℃ 이하의 곳에 설치하여야 한다.
→ 나머지 가스계 설비(이산화탄소/할론/분말)는 저장용기실의 온도 기준이 40℃ 이하이다.

숫자가 답인 문제

79 포 소화약제의 저장량 설치기준 중 포헤드방식 및 압축공기포소화설비에 있어서 하나의 방사구역 안에 설치된 포헤드를 동시에 개방하여 표준방사량으로 몇 분간 방사할 수 있는 양 이상으로 하여야 하는가?
① 10 ② 20 ③ 30 ④ 60

- **포소화설비** : 수조로부터 공급된 물과 약제 저장탱크에서 공급된 포원액을, **혼합기(프로포셔너)**에서 믹싱해 포수용액을 만들어, 포 방출구에서 공기와 섞여진 후 발포되어 거품을 방사하는 형태의 소화설비로서 유류탱크 등 위험물에 주로 사용된다.
- **포소화설비의 분류**
  ① **고정식 포소화설비** → 포워터스프링클러설비, 포헤드설비, 고정포방출설비(고발포용 고정포 방출구), 압축공기포소화설비
  ② **이동식 포소화설비** → 호스릴포소화설비, 포소화전설비(포소화전 방수구 · 호스 및 이동식 노즐을 사용하는 설비)
  ③ **위험물** 옥외탱크 저장소 → 고정포방출구(폼 챔버, 탱크내부), 보조포소화전(방유제 밖)

포 소화약제의 **수원** 계산시... 얼마의 시간동안 방사할 포소화약제를 저장해야 하는가의 문제이다.
→ 표준방사량으로 **10분간** 방사할 수 있는 양 이상

땅하팁! 고정식 포소화설비의 수원은... 모두 10분(10min)이다.

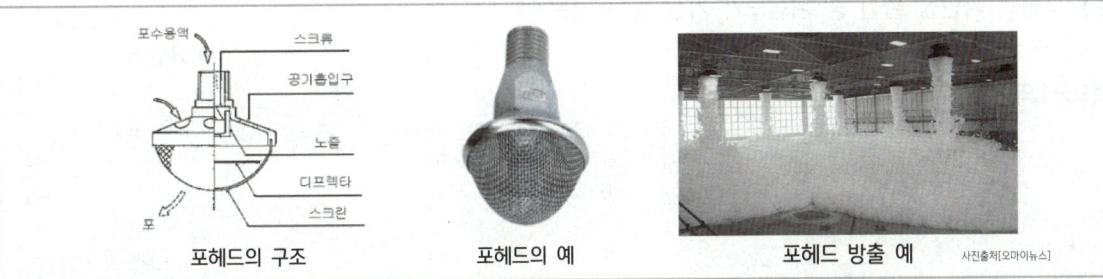

포헤드의 구조   포헤드의 예   포헤드 방출 예   사진출처[오마이뉴스]

숫자가 답인 문제

80 폐쇄형간이헤드를 사용하는 설비의 경우로서 1개 층에 하나의 급수배관(또는 밸브 등)이 담당하는 구역의 최대면적은 몇 ㎡를 초과하지 아니하여야 하는가?
① 1000 ② 2000 ③ 2500 ④ 3000

- **스프링클러설비** : 화재발생시 화재를 자동으로 감지하여 피난을 위한 경보를 발하고, 습식 · 건식 · 준비작동식 · 일제살수식 밸브가 개방되면, 유수의 흐름으로 인하여 펌프가 기동되고, 개방된 헤드를 통해 소화수를 방수하여 소화하는 자동식 수계소화설비
- **스프링클러 헤드** : 스프링클러에서 나오는 물을, 빗방울 형태로 대량으로 뿌리면서 방수하는 역할을 하는 부분을 말한다.
- **간이 스프링클러설비** : 간이스프링클러설비는 스프링클러설비의 간소화 설비로서 다중이용업소 등 비교적 작은 특정소방대상물에 설치되는 자동식 소화설비이다.
- **간이헤드** : 폐쇄형헤드의 일종으로 간이스프링클러설비를 설치하여야 하는 특정소방대상물의 화재에 적합한 감도 · 방수량 및 살수 분포를 갖는 헤드

- 간이스프링클러설비의 **하나의 방호구역**(간이스프링클러설비 소화범위에 따라... 건물내 층별, 구역별로 나누어진 하나의 영역)의 바닥면적은 **1000㎡**를 초과하지 않을 것
- 폐쇄형간이헤드를 사용하는 설비의 경우로서 **1개층에 하나의 급수배관(또는 밸브 등)이 담당하는 구역의 최대면적은 1,000㎡**를 초과하지 아니할 것
- ※ 폐쇄형스프링클러설비의 하나의 **방호구역의 바닥면적은 3000㎡**를 초과하지 않을 것

땅하팁! 스프링클러는 3000㎡ 이다. 간이스프링클러는 간소화된 스프링클러이므로... 1/3인 1000㎡ 이다.

2018년 제1회 답이색 해설편

A nswer 1과목 소방원론

암기하면서 공부 할 문제 ★★★

01 다음의 가연성 물질 중 위험도가 가장 높은 것은?

① 수소　　② 에틸렌　　③ 아세틸렌　　**④ 이황화탄소**

주요물질의 연소범위

물질	하한값 (vol%)	상한값 (vol%)	연소범위 넓이	위험도(H)	
아세틸렌 (연소범위가 가장 넓다)	2.5	81.0	78.5	31.4	2위
수소 (연소범위가 2번째로 넓다)	4.0	75.0	71.0	17.75	4위
일산화탄소	12.5	74.0	61.5	4.92	
에테르	1.9	48.0	46.1	24.26	3위
이황화탄소 (하한값이 가장낮고, 위험도가 가장높다)	1.2	44.0	42.8	35.66	1위
황화수소	4.0	44.0	40.0	10.00	
에틸렌	2.7	36.0	33.3	12.33	
메탄	5.0	15.0	10.0	2.00	
에탄	3.0	12.4	9.4	3.13	
프로판	2.1	9.5	7.4	3.52	
부탄	1.8	8.4	6.6	3.66	

암기팁! 연소범위 넓은순서 ➡ 아수일에 이황에 메에프부　이수일(가수)에 이황(퇴계)에 매우 풍년이구나~
위험도 큰 순서 ➡ 이황 아세 에테 수소　이황이 아세아를 여태~~ 수성했다(지켰다).

함께 공부

연소범위(=연소한계, 폭발범위, 폭발한계)
1. 연소(폭발)범위(한계)
   • 가연성가스와 산소가 연소를 일으킬 수 있는 증기농도(체적농도 vol%)범위
   • 연소하한계와 연소상한계 사이의 범위
     - 연소하한계 : 그 농도 이하에서는 발화원과 접촉하여도 연소가 일어나지 않는 가스의 최소농도
     - 연소상한계 : 그 농도 이상에서는 발화원과 접촉하여도 연소가 일어나지 않는 가스의 최고농도
2. 위험도(H) : 연소범위를 이용하여 가연물의 농도에 대한 위험성을 갈음할 수 있는 계산값(위험도가 클수록 연소위험성은 크다)

$$H = \frac{U - L}{L}$$

여기서, H : 위험도, U : 연소상한값, L : 연소하한값

이해하면서 공부 할 문제 ★

02 분진폭발의 위험성이 가장 낮은 것은?

① 알루미늄분　　② 유황　　**③ 팽창질석**　　④ 소맥분

분진폭발이란 가연성 분진(입자상태의 미세한 분말)이 부유하면서 주위로부터 흡열한 후 열분해 되어 가연성가스를 방출하게 되고, 그 가스가 폭발범위를 형성하게 되면 폭발하는 현상
• 원인물질 : **금속분(알루미늄분), 밀가루(소맥분), 유황**, 석탄분, 목재분, 플라스틱분, 섬유분, 커피분, 먼지 등
• 분진폭발의 위험이 낮은(없는) 것 : 시멘트가루(소석회), 생석회(석회석=산화칼슘=CaO), 팽창질석, 탄산칼슘($CaCO_3$) 등

암기하면서 공부 할 문제 ★

03 상온, 상압에서 액체인 물질은?

① CO_2 ② Halon 1301 ③ Halon 1211 ④ **Halon 2402**

할론(Halon) 소화약제

종류	분자식	상온,상압	원자량	분자량 계산	증기비중 계산
할론 1301	CF_3Br	기체	(C×1개) + (F×3개) + (Br×1개)	12 + (19×3) + 80 = **149**	149/29 = 5.13
할론 1211	CF_2ClBr	기체	(C×1개) + (F×2개) + (Cl×1개) + (Br×1개)	12 + (19×2) + 35.5 + 80 = **165.5**	165.5/29 = 5.71
할론 2402	$C_2F_4Br_2$	액체	(C×2개) + (F×4개) + (Br×2개)	(12×2) + (19×4) + (80×2) = **260**	260/29 = 8.96
할론 1011	CH_2ClBr	액체	(C×1개) + (H×2개) + (Cl×1개) + (Br×1개)	12 + (1×2) + 35.5 + 80 = **129.5**	129.5/29 = 4.46
할론 104	CCl_4	액체	(C×1개) + (Cl×4개)	12 + (35.5×4) = **154**	154/29 = 5.31

• NTP(자연상태) : 20℃, 1기압(atm) 상태 [상온, 상압 상태] - 국내기준

함께공부

이산화탄소(탄산가스, CO_2)는 일반물질과 달리 대기압하에서는 고체와 기체만 존재할 수 있고, NPT상태[상온, 상압 상태]에서는 기체이다. 온도를 31.25℃(임계온도) 이하로 낮추고, 그에 상응하는 임계압력 73 atm을 가하면 액화가 가능하다. 하지만 임계온도 이상이 되거나 그에 상응하는 압력보다 낮으면 모두 기화된다.

계산하면서 공부 할 문제

04 0℃, 1atm 상태에서 부탄(C_4H_{10}) 1mol을 완전연소시키기 위해 필요한 산소의 mol 수는?

① 2 ② 4 ③ 5.5 ④ **6.5**

0℃, 1기압(atm) 상태는 표준상태로서, 부탄(C_4H_{10})의 완전연소 화학반응식을 세운 후, 산소(O_2)의 몰(mol)수를 구한다.

계수를 맞추기 전
반응물   생성물
C_4H_{10} + O_2 → CO_2 + H_2O

① 반응물의 탄소가 4개이다.
② 생성물의 탄소를 4개로 맞추기 위해 CO_2 앞에 계수 4를 적는다 [$4CO_2$]
③ 반응물의 수소가 10개이다.
④ 생성물의 수소를 10개로 맞추기 위해 H_2O 앞에 계수 5를 적는다 [$5H_2O$]
⑤ 생성물의 산소가 $4CO_2$=8개, $5H_2O$=5개 ∴총13개로 확인된다.
⑥ 반응물의 산소를 13개로 맞추기 위해 O_2 앞에 계수 **13/2=6.5**를 적는다 [$6.5O_2$]
⑦ 반응물도, 생성물도 모두 C:4개, H:10개, O:13개 로 확인된다.

계수를 맞춘 후
반응물   생성물
C_4H_{10} + $6.5O_2$ → $4CO_2$ + $5H_2O$

함께공부

화학반응식(화학식을 이용하여 물질의 화학반응을 표현한 식) **표현하는 방법**
① 반응물과 생성물을 화학식으로 표현한다
② 화살표(→)를 중심으로 왼쪽은 반응물, 오른쪽은 생성물을 쓰고, 2이상의 물질 결합 시에는 "+"로 연결한다.
③ 기체가 발생하는 경우에는 (↑), 침전물이 생기는 경우에는 (↓)로 표시한다.
④ 반응물과 생성물의 원자수가 같아지도록 화학식 앞의 계수를 맞춘다.
⑤ 화학식 앞의 계수는 몰(mol)수를 의미한다.

이해하면서 공부 할 문제
05 다음 그림에서 목조 건물의 표준 화재 온도 시간 곡선으로 옳은 것은?

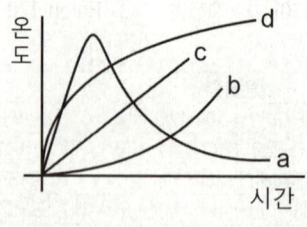

① a   ② b   ③ c   ④ d

표준온도-시간곡선이란 실물크기의 모형화재 실험을 여러번 실행하여 얻은 온도 측정 결과를 기초로하여, 보편적시간과 온도변화의 관계를 나타낸 예상곡선을 말한다.
목조건물의 표준온도-시간곡선은 화재시 전형적인 **고온 단기형(단시간형)**의 형태를 보이므로, a형태 그래프에 해당한다.
그에 반해 **내화구조의 표준온도-시간곡선**은 화재시 전형적인 **저온 장기형(장시간형)**의 형태를 보이므로, d형태 그래프에 해당한다.

함께 공부

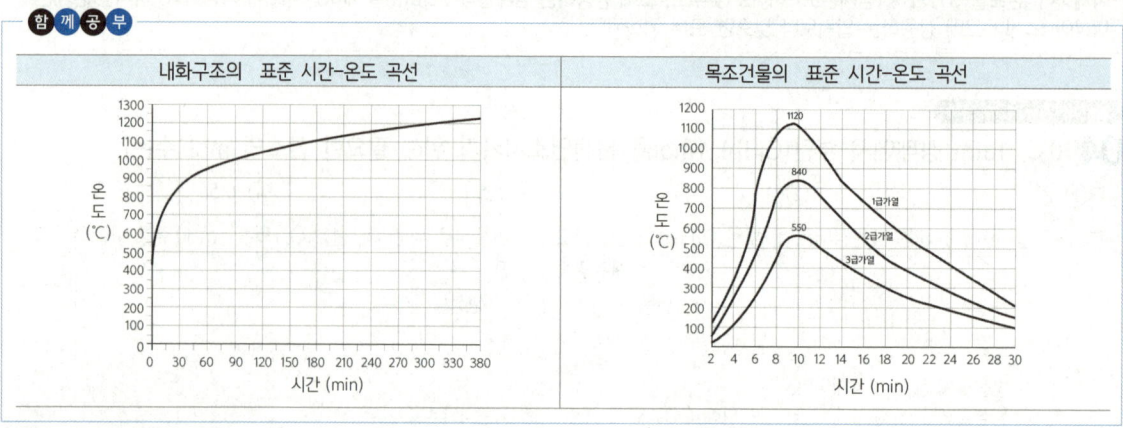

이해하면서 공부 할 문제 ★
06 포소화약제가 갖추어야 할 조건이 아닌 것은?
① 부착성이 있을 것
② 유동성과 내열성이 있을 것
③ 응집성과 안정성이 있을 것
④ 소포성이 있고 기화가 용이할 것

소포성이란 거품이 터지는 것을 의미하므로 이는 포소화약제가 갖추어서는 안 될 조건에 해당한다.
또한 포소화약제가 기화 된다는 의미는, 포소화약제의 주성분인 물이 기화되는 것이므로, **물이 기화되면 역시 포의 거품이 터지는 것을 의미한다.** 따라서 기화가 용이하다는 것 역시 포소화약제가 갖추어서는 안 될 조건에 해당한다.

함께 공부

포소화약제의 구비조건
- **부착성(점착성)** : 포의 유류 표면에 대한 흡착능력으로 질식효과를 좌우한다. 부착성이 불량하면 화염의 영향으로 흐트러지기 쉽다.
- **유동성** : 유류 화재에 방사시 유면상을 자유로이 확산하는 능력
- **내열성** : 방출된 포가 화염(화열)에 소포(파포)되지(거품이 터지지) 않기 위해서는 내열성(열을 견디는 능력)이 강해야 한다.
- **응집성** : 바람에 견디는 응집성이 있어야 한다.
- **안정성** : 포 소화약제 저장시 안정성이 좋아야 한다.
- **내유성(내유염성)** : 포 소화약제는 주로 유류화재에 이용되므로 포가 유류에 오염되거나 **소포(파포)되지 않아야 한다.**

07 건축물 내 방화벽에 설치하는 출입문의 너비 및 높이의 기준은 각각 몇 m 이하인가?

① 2.5　　② 3.0　　③ 3.5　　④ 4.0

건축물의 피난·방화구조 등의 기준에 관한 규칙(약칭 : 건축물방화구조규칙) 제21조(방화벽의 구조)
1. 내화구조로서 홀로 설 수 있는 구조일 것
2. 방화벽의 양쪽 끝과 윗쪽 끝을 건축물의 외벽면 및 지붕면으로부터 0.5미터 이상 튀어 나오게 할 것
3. 방화벽에 설치하는 출입문의 너비 및 높이는 각각 2.5미터 이하로 하고, 해당 출입문에는 60+방화문 또는 60분방화문을 설치할 것

- **연면적** : 하나의 건축물 각 층의 바닥면적의 합계(지하층면적·지상층 주차용면적·피난안전구역면적·경사지붕 대피공간면적 제외)
- **방화벽** : 화재 시 발생한 열, 연기 등의 확산을 방지하기 위하여 설치하는 벽
- **60+방화문** : 연기 및 불꽃을 차단할 수 있는 시간이 60분 이상이고, 열을 차단할 수 있는 시간이 30분 이상인 방화문
- **60분방화문** : 연기 및 불꽃을 차단할 수 있는 시간이 60분 이상인 방화문
- **30분방화문** : 연기 및 불꽃을 차단할 수 있는 시간이 30분 이상 60분 미만인 방화문

08 건축물의 바깥쪽에 설치하는 피난계단의 구조 기준 중 계단의 유효너비는 몇 m 이상으로 하여야 하는가?

① 0.6　　② 0.7　　③ 0.8　　④ 0.9

건축물의 피난·방화구조 등의 기준에 관한 규칙(약칭 : 건축물방화구조규칙) 제9조(피난계단 및 특별피난계단의 구조)
2. 건축물의 바깥쪽에 설치하는 피난계단의 구조
  가. 계단은 그 계단으로 통하는 출입구외의 창문등(망이 들어 있는 유리의 붙박이창으로서 그 면적이 각각 1제곱미터 이하인 것을 제외한다)으로부터 2미터 이상의 거리를 두고 설치할 것
  나. 건축물의 내부에서 계단으로 통하는 출입구에는 60+방화문 또는 60분방화문을 설치할 것
  다. **계단의 유효너비는 0.9미터 이상으로 할 것**
  라. 계단은 내화구조로 하고 지상까지 직접 연결되도록 할 것

건축물의 5층 이상 또는 지하 2층 이하의 층으로부터, 피난층 또는 지상으로 통하는 **직통계단**은 기준에 따른 **피난계단 또는 특별피난계단**으로 설치해야 한다.
- **피난층** : 계단을 통하지 않고, 직접 지상으로 통하는 출입구가 있는 층
- **직통계단** : 건물의 어떤 층에서도 피난층 또는 지상까지 이르는 경로가, 계단과 계단참만을 통하여 오르내릴 수 있는 계단
- **피난계단** : 직통계단에 피난방화(화재방어)성능 기준을 추가한 계단
- **특별피난계단** : 직통계단에 피난방화성능 + 방연(연기방어)성능 기준을 추가한 계단

09 소화약제로 물을 사용하는 주된 이유는?

① 촉매역할을 하기 때문에　　② 증발잠열이 크기 때문에
③ 연소작용을 하기 때문에　　④ 제거작용을 하기 때문에

물의 비열이 1[kcal/kg·℃]로 높고, 100℃의 물이 100℃의 수증기로 변화하면서, 열기를 흡수하는 **기화(증발)잠열은 물 1[kg]당 539 [kcal]**가 필요할 정도로 매우 높아 냉각효과가 뛰어나다.

잠열[潛熱, latent heat] - 숨은열
- 융해와 기화(증발) 등 상 전이 과정에서 가해진 열은, 물질의 온도변화에는 사용되지 않고, 상태변화에만 사용된다. 이와 같이 상 전이 과정에서 흡수되는 열을 잠열이라 한다.
- 예를 들면, 물을 가열하면 100℃에서 끓기 시작하지만, 그 이상 아무리 가열해도 완전히 수증기가 될 때까지 100℃를 넘지 않는다. 또한 얼음을 가열해도 완전히 녹을 때까지는 0℃ 이상으로 되지 않는다. 이와 같이 기화 중인 물이나, 융해 중인 얼음에 가해진 숨은 열은, 물(액체)을 수증기(기체)로 바꾸거나, 얼음(고체)을 물(액체)로 바꾸기 위해서만 소비되며 온도를 상승시키지는 않는다.
- 물의 기화잠열 : 539 [kcal/kg (cal/g)]　　• 물의 융해잠열 : 80 [kcal/kg (cal/g)]

암기하면서 공부 할 문제

10 MOC(Minimum Oxygen Concentration : 최소 산소 농도)가 가장 작은 물질은?

① **메탄**　　② 에탄　　③ 프로판　　④ 부탄

MOC(최소산소농도)란 화염을 전파하기 위한 최소한의 산소농도를 말한다. MOC(vol%) = 산소몰(mol)수 × 연소하한계(vol%)

물질	화학반응식	연소하한계 (vol%)	MOC (최소산소농도)
메탄(CH_4)	$CH_4 + 2O_2 \rightarrow CO_2 + 2H_2O$	5.0	2 mol × 5.0 = 10
에탄(C_2H_6)	$C_2H_6 + 3.5O_2 \rightarrow 2CO_2 + 3H_2O$	3.0	3.5 mol × 3.0 = 10.5
프로판(C_3H_8)	$C_3H_8 + 5O_2 \rightarrow 3CO_2 + 4H_2O$	2.1	5 mol × 2.1 = 10.5
부탄(C_4H_{10})	$C_4H_{10} + 6.5O_2 \rightarrow 4CO_2 + 5H_2O$	1.8	6.5 mol × 1.8 = 11.7

함께 공부

화학반응식(화학식을 이용하여 물질의 화학반응을 표현한 식) **표현하는 방법**
① 반응물과 생성물을 화학식으로 표현한다
② 화살표(→)를 중심으로 왼쪽은 반응물, 오른쪽은 생성물을 쓰고, 2이상의 물질 결합 시에는 "+"로 연결한다.
③ 기체가 발생하는 경우에는 (↑), 침전물이 생기는 경우에는 (↓)로 표시한다.
④ 반응물과 생성물의 원자수가 같아지도록 화학식 앞의 계수를 맞춘다.
⑤ 화학식 앞의 계수는 몰(mol)수를 의미한다.

이해하면서 공부 할 문제 ★★

11 소화의 방법으로 틀린 것은?

① 가연성 물질을 제거한다.　　② 불연성 가스의 공기 중 농도를 높인다.
③ **산소의 공급을 원활히 한다.**　　④ 가연성 물질을 냉각시킨다.

소화의 원리는... 연소의 3요소인 가연성가스(가연물), 산소, 열(점화원)의 양적 변화를 통해 연소를 중단시켜야 하는데
③ 처럼 산소의 공급을 원활히 하면, 연소가 더 잘 이루어져 소화가 불가능해진다.
② 불연성 가스의 공기 중 농도를 높이면, 상대적으로 산소의 농도가 떨어져 질식소화를 할 수 있다.

함께 공부

- **물리적 소화의 방법** : 연소의 3요소인 가연성가스(가연물), 산소, 열(점화원)의 양적 변화를 통해 연소를 중단시켜 소화하는 방법
  - 냉각소화 : 연소 중인 가연물의 온도를 떨어뜨려 연소반응을 정지시키는 소화의 방법
  - 질식소화 : 가연물이 연소할 때 공기 중의 산소농도(일반적으로 21%)를 떨어뜨려(보통 15%이하) 연소를 중단시키는 소화 방법
  - 제거소화 : 가연물을 제거하여 소화하는 방법
  - 희석소화 : 가연성의 기체, 액체, 고체에서 발생되는 가연성증기(분해가스)의 농도를 희석시켜(농도를 엷게 하여) 연소하한계 이하로 유지시키는 방법(강풍에 의한 희석소화)
- **화학적 소화의 방법**(=억제소화, 부촉매소화)
  - 활성라디칼을 흡수하여 연소의 4요소인 순조로운 연쇄반응을 **억제**하여 소화하는 방법으로 정촉매의 반대인 **부촉매소화**라고도 한다.
  - 할론계 소화약제, 분말소화약제 등을 이용하여 소화한다.

암기하면서 공부 할 문제 ★★

12 다음 중 발화점이 가장 낮은 물질은?

① 휘발유　　② 이황화탄소　　③ 적린　　④ **황린**

주요물질의 발화점(= 착화점, 착화온도, 발화온도)

물질	발화점(℃)	물질	발화점(℃)	물질	발화점(℃)	물질	발화점(℃)
황린	34	니트로셀룰로오스, 디에틸에테르	180	적린	260	메틸알코올(메탄올)	464
이황화탄소, 삼황화린	100	아세트알데히드	185	피크린산, 가솔린(휘발유), 트리니트로톨루엔	300	산화프로필렌	465
과산화벤조일	125	유황	225	에틸알코올(에탄올)	423	톨루엔	480
오황화린	142	등유	255	아세트산	427	아세톤	538

※ 발화점은 문제에서 상대적으로 적용됨으로 인해, 아무리 여러 문제를 많이 암기해도, 실제 시험에서 출제되는 문제를 모두 풀 수 있다는 보장이 없습니다.
따라서 발화점 문제는 문제를 암기하지 말고, 반드시 물질별 발화점을 위 표를 통해 비교해서 암기해야 합니다.

> **암기팁!** 황린(P_4)은 제3류 위험물인 자연발화성물질로서, 여름철(34℃) 공기와의 접촉만으로도 자연발화할 정도로 매우 위험하다.

함께공부
1. **인화점** : 불을 끌어당기는 온도라는 뜻으로 점화원에 의해 불이 붙을 수 있는 최저온도
2. **연소점** : 인화점 이상의 온도에서 점화원을 제거하여도 연소가 지속될 수 있는 온도로써 일반적으로 인화점보다 약 10℃ 높다.
3. **발화점(=착화점, 착화온도, 발화온도)** : 직접적인 점화원을 가하지 않아도 공기중에서 스스로 불이 붙을 수 있는 최저온도

암기하면서 공부 할 문제 ★★

13 탄화칼슘이 물과 반응 시 발생하는 가연성 가스는?
① 메탄 　　　　② 포스핀 　　　　③ **아세틸렌** 　　　　④ 수소

제3류 위험물 칼슘또는알루미늄의탄화물인 탄화칼슘(카바이드)이 물과 반응해 수산화칼슘과 가연성 가스인 아세틸렌을 발생시킨다.
CaC_2(탄화칼슘) + $2H_2O$(물) → $Ca(OH)_2$(수산화 칼슘) + C_2H_2↑ (아세틸렌 발생)

함께공부
포스핀(인화수소, PH_3)이 생성되는 위험물(모두 제3류 위험물이다)
① 황린(P_4)
② 인화칼슘(Ca_3P_2, 인화석회)
③ 인화알루미늄(AlP)
④ 인화아연(Zn_3P_2)

암기하면서 공부 할 문제

14 수성막포 소화약제의 특성에 대한 설명으로 틀린 것은?
① <u>내열성이 우수하여 고온에서 수성막의 형성이 용이하다.</u>
　　　내열성은 낮다
② 기름에 의한 오염이 적다.
③ 다른 소화약제와 병용하여 사용이 가능하다.
④ 불소계 계면활성제가 주성분이다.

수성막포(AFFF, Light Water)는 포가 유류에 오염되지 않는 **내유성(내유염성)은 강하지만 내열성이 좋지 않다**. 내열성이 좋지 않아 유류저장탱크 벽면(가장 뜨거운 부분)에만 원형으로 불이 남아있는 현상인 Ring fire(링파이어)현상이 발생하기도 한다. 내열성이 우수한 포약제는 단백포(저팽창포) 소화약제이다.

함께공부

수성막포(저팽창포, AFFF, Light Water) 소화약제
- **불소계 계면활성제포**이며 AFFF(Aqueous Film Forming Foam)라고도 한다. 미국의 3M사가 개발했으며 일명 Light Water(라이트워터)라는 상품명이 있다.
- 연소가 진행중인 인화성액체(유류 등) 위에(유면에) 얇은 **수성의 막**(Aqueous film)을 **형성**하여 공기를 차단하므로서 질식작용이 우수하고, 많은 거품 또한 생성되어 냉각작용도 우수하다.
- 쉽게 소포(파포)되지 않는 성질인 **내포화성**(소포되는 것을 막기위해 물이 포화(기체화)되는 것을 견디는 성질)이 높다.
- 포가 유류에 오염되지 않는 **내유성(내유염성)은 강하지만 내열성이 좋지 않다**.
- 원액이든 수용액이든 다른 포액보다 **장기 보존성과 내약품성**이 우수하다.
- 포(수성막포)와 **분말소화약제(제3종 분말)**를 동시에 사용하는 방식을 Twin Agent System이라 한다.
- 분말소화약제의 빠른 소화성과, 포소화약제의 지속안전성을 합쳐 소화효과를 증대시키기 위하여 **CDC**(Compatible Dry Chemical) **분말소화약제**가 개발되었다.

> 이해하면서 공부 할 문제 ★

15 Fourier법칙(전도)에 대한 설명으로 틀린 것은?

① 이동열량은 전열체의 단면적에 비례한다. ② 이동열량은 전열체의 두께에 비례한다.
                                                                            반비례
③ 이동열량은 전열체의 열전도도에 비례한다. ④ 이동열량은 전열체 내·외부의 온도차에 비례한다.

열전도란 온도가 높은 영역으로부터 낮은 영역으로 에너지가 이송되는 열흐름 메커니즘을 말하며, Fourier(푸리에)의 전도법칙에 따르면 이동열량(=전도열량=열유동율)[˚q][단위 시간당 발생되는 열량(W=J/s)]은…

$$\mathring{q}[W] = kA\frac{T_1 - T_2}{L} = k(열전도도) \times A(단면적, 수열면적)\frac{\Delta T(온도차)}{L(두께)}$$

- 전열체의 단면적(수열면적)[A (㎡)]이 크거나, 열전도도[k (W/m·K)]가 높거나, 내·외부의 온도차[ΔT (K)]가 큰 것 등에 비례하여 이동열량[˚q]은 증가한다.
- 하지만 **흐름길이가 두꺼우면**, 다시말해 전열체의 두께[L (m)]가 두꺼우면 이동열량[˚q]이 **감소한다.** [반비례 한다]

> 이해하면서 공부 할 문제 ★★

16 대두유가 침적된 기름걸레를 쓰레기통에 장시간 방치한 결과 자연발화에 의하여 화재가 발생한 경우 그 이유로 옳은 것은?

① 분해열 축적   ② 산화열 축적   ③ 흡착열 축적   ④ 발효열 축적

자연발화란 공기 중의 물질이 상온에서, 장기간 **열의 축적**에 의해 별도 점화원 없이 **자연적으로(스스로) 발화**하는 현상으로… 대두유(콩기름=반건성유)가 침적된 기름걸레를 쓰레기통(통풍이 안되는 조건)에 장시간 방치하면, 기름이 **공기중에서 산화되면서**(산소와 느리게 반응하면서) 산화열이 축적되어 자연발화가 일어나는 조건이 형성된다.

> 함께 공부

자연발화시 열이 축적되는 형태
- 분해열: 셀룰로이드, 니트로셀룰로오스, 니트로글리세린, 유기과산화물 등 하나의 물질이 분해 반응할 때 발생하는 열
- 산화열: 건성유, 반건성유, 석탄, 석회분, 고무분말, 금속분말 등 어떤 물질이 산소와 느리게 반응하면서 발생하는 열
- 발효열: 퇴비, 먼지, 곡물, 건초 등 미생물에 의해 발효되면서 발생되는 열
- 흡착열: 목탄, 활성탄, 유연탄 등 모든 흡착 과정에서 방출되는 열
- 중합열: 액화 시안화수소(HCN) 등 단량체(monomer)가 중합체를 형성하여 중합반응을 일으킬 때 발생하는 열

> 암기하면서 공부 할 문제 ★★

17 1기압상태에서, 100℃ 물 1g이 모두 기체로 변할 때 필요한 열량은 몇 cal인가?

① 429   ② 499   ③ 539   ④ 639

- 100℃의 물 1[kg]을 100℃의 수증기로 변화시키는데 필요한 열량(에너지)은 (기화열은) 539 [kcal]가 필요하다.
  = 100℃의 물 1[g]을 100℃의 수증기로 변화시키는데 필요한 열량(에너지)은 (기화열은) 539 [cal]가 필요하다.
  = 물의 기화잠열(증발잠열)은 539 [kcal/kg (cal/g)]이다.
※ [g]은 [cal]로, [kg]은 [kcal]로 단위를 맞춰주면 된다.

> 함께 공부

잠열[潛熱, latent heat] – 숨은열
- 융해와 기화(증발) 등 상 전이 과정에서 가해진 열은, 물질의 온도변화에는 사용되지 않고, 상태변화에만 사용된다. 이와 같이 상전이 과정에서 흡수되는 열을 잠열이라 한다.
- 예를 들면, 물을 가열하면 100℃에서 끓기 시작하지만, 그 이상 아무리 가열해도 완전히 수증기가 될 때까지 100℃를 넘지 않는다. 또한 얼음을 가열해도 완전히 녹을 때까지는 0℃ 이상으로 되지 않는다. 이와 같이 기화 중인 물이나, 융해 중인 얼음에 가해진 숨은 열은, 물(액체)을 수증기(기체)로 바꾸고, 얼음(고체)을 물(액체)로 바꾸기 위해서만 소비되며 온도를 상승시키지는 않는다.
- 물의 기화잠열 : 539 [kcal/kg (cal/g)]   • 물의 융해잠열 : 80 [kcal/kg (cal/g)]

> 암기하면서 공부 할 문제 ★

18 pH9 정도의 물을 보호액으로 하여 보호액 속에 저장하는 물질은?

① 나트륨   ② 탄화칼슘   ③ 칼륨   ④ 황린

황린(P_4)은 제3류 위험물인 자연발화성물질로서 **공기와 접촉하면 자연발화** 한다. 따라서 알칼리제를 넣은 **pH9정도의 물 속에 저장** (물에 녹지 않기 때문에)한다. 물은 비열이 커서 여름에도 온도가 쉽게 상승되지 않고 온도변화가 적어 안정적이다. 황린은 저장액인 물의 증발 또는 용기파손에 의한 물의 누출을 방지하여야 한다.

> **함께공부**
> - **칼륨[K, 포타시움], 나트륨(Na)** 등은 제3류 위험물인 금수성물질이므로 물과 반응하여 가연성기체인 수소(H_2)를 만들고 발열한다. (공기 중 수분과도 반응하여 수소를 발생시킨다) 따라서 **물에 녹지 않는 기름인 등유, 경유, 유동 파라핀** 등의 보호액 속에 누출되지 않도록 저장한다.
> - 제3류위험물 칼슘또는알루미늄의탄화물인 **탄화칼슘(CaC_2, 카바이트)과 탄화알루미늄(Al_4C_3)** - 질소, 아르곤과 같은 **불활성가스**를 채워 저장하고 물기와 접촉을 절대 방지해야 한다.

암기하면서 공부 할 문제

19 위험물안전관리법령에서 정하는 위험물의 한계에 대한 정의로 틀린 것은?

① 유황은 순도가 60 중량퍼센트 이상인 것
② 인화성고체는 고형알코올 그 밖에 1기압에서 인화점이 섭씨 40도 미만인 고체
③ 과산화수소는 그 농도가 <u>35</u> 중량퍼센트 이상인 것
　　　　　　　　　　　　　36
④ 제1석유류는 아세톤, 휘발유 그 밖에 1기압에서 인화점이 섭씨 21도 미만인 것

위험물안전관리법 시행령 [별표1] "비고"를 살펴보면 제1류~제6류 위험물까지 위험물의 정의와 그 한계에 대해서 규정하고 있다. 제6류 위험물인 **"과산화수소는 그 농도가 36 중량퍼센트 이상인 것"** 부터 위험물에 해당한다. 고 규정하였다.

암기탭! 과산화수소 농도 36[wt%] ➡ 과 36 (아삼육) / 유황 순도 60[wt%]·알코올류 60[wt%] ➡ 유알 60

> **함께공부**
> 위험물안전관리법 시행령 [별표1] "비고"를 살펴보면 제1류~제6류 위험물까지 위험물의 정의와 그 한계에 대해서 규정하고 있다.
> ① 제2류 위험물인 **유황**은... 순도가 **60 중량퍼센트** 이상인 것부터 위험물에 해당한다.
> ② 제2류 위험물인 **인화성고체는**... 고형알코올 그 밖에 1기압에서 인화점이 섭씨 40도 미만인 고체부터 인화성고체에 해당한다.
> ④ 제4류 위험물인 제1석유류는... 아세톤, 휘발유 (지정품명) 그 밖에 1기압에서 인화점이 섭씨 21도 미만인 것부터 제1석유류로 분류 하였다.

암기하면서 공부 할 문제 ★

20 고분자 재료와 열적 특성의 연결이 옳은 것은?

① 폴리염화비닐 수지 - 열가소성
② 페놀 수지 - 열<u>가</u>소성
　　　　　　　　　　열경화성
③ 폴리에틸렌 수지 - 열<u>경화</u>성
　　　　　　　　　　열가소성
④ 멜라민 수지 - 열<u>가</u>소성
　　　　　　　　　열경화성

- **열가소성 플라스틱** - 폴리에틸렌 수지, 염화비닐(=폴리염화비닐, PVC) 수지, 폴리스티렌 수지
- **열경화성 플라스틱** - 페놀수지, 요소수지, 멜라민수지

암기탭! 열경화성수지 **페놀, 요소, 멜라민** 이 3가지만 외우자!! 나머지는 모두 열가소성수지이다.

> **함께공부**
> - **열가소(만들 소)성 플라스틱(합성수지류)**
>   - 열을 가하면 부드럽게 된 후, 모양을 만들면 그 모양대로 만들어진다. 열을 식히면 만든 모양대로 굳어지는데, 다시 열을 가하면 부드럽게 되어 마음대로 다른 모양으로 바꿀 수 있는 성질의 수지(=플라스틱)이다.
>   - 열을 가하면 용융, 분해, 증발되어 불꽃연소를 일으킨다.
> - **열경(굳을 경)화성 플라스틱(합성수지류)**
>   - 열을 가하면 부드럽게 된 후, 마음대로 변형할 수 있는 점은 열가소성과 같다. 하지만 한 번 차가워지면 다시 열을 가해도 부드럽게 되지 않고 또다시 다른 모양으로 변형할 수 없는 성질의 수지(=플라스틱)이다. 예로 냄비뚜껑 손잡이를 들 수 있다.
>   - 열을 가하면 용융되지 않고 분해되면서 작열연소(고체표면에서 가연성 기체가 발생되지 않아 불꽃을 내지 않고 빛만 발산하며 느리게 연소하는 형태로서 대표적으로 훈소가 있다)를 일으켜, 다공성 탄소질(숯과 같은 형태)을 형성한다.

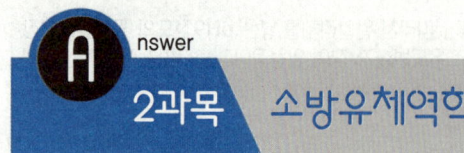

2과목 소방유체역학

✔ 이것이 핵신이다! 기출문제 + 답이색해설

전반적으로 쉬운 계산형 ★★

21 유속 6m/s로 정상류의 물이 화살표 방향으로 흐르는 배관에 압력계와 피토계가 설치되어 있다. 이때 압력계의 계기압력이 300kPa 이었다면 피토계의 계기압력은 약 몇 kPa인가?

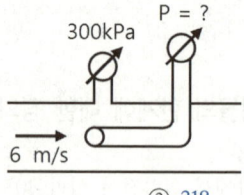

① 180 ② 280 ③ 318 ④ 336

배관 압력계에 측정된 300kPa의 계기압력은… 흐르는 유체에 수직으로 작용하는 압력인 **정압**을 뜻한다. 또한 흐름방향으로 작용하는 피토계의 압력은 **전압**(=정압+동압)을 뜻한다. 따라서 피토계의 계기압력(P)은 **전압(kPa)**이 얼마인지 묻는 것이다.
1. 전압 = 정압 + 동압(유체 유동시 유속에 의해 생성되는 압력)
2. 정압 = 300kPa
3. 동압 = 베르누이 방정식의 속도수두를 통해 동압을 구할 수 있다. 즉 속도수두(mH_2O)를 구한 후, 압력의 단위($kPa=kN/m^2$)로 변환하면 된다.
   ① 속도수두 = $\dfrac{V^2}{2g}$ = $\dfrac{유속^2 (m/\sec)^2}{2 \times 중력가속도(9.8 m/\sec^2)}$ = $\dfrac{(6 m/\sec)^2}{2 \times 9.8 m/\sec^2}$ = $1.8367 m$
   ② 표준대기압을 이용한 단위환산
      수두단위의 표준대기압은 10.332 mH_2O(=mAq 아쿠아)이고, 킬로파스칼(kPa) 단위의 표준대기압은 101.325 kPa 이다.
      $1.8367 mH_2O \times \dfrac{101.325 kPa}{10.332 mH_2O}$ = $18 kPa$
4. 전압 = 300kPa(정압) + 18kPa(동압) = 318kPa

 함께공부

전압, 정압, 동압의 관계
- 전압 = 정압 + 동압
- 정압 = 전압 - 동압
- 동압 = 전압 - 정압
- 유체 유동시 : 전압 > 정압
- 유체 정지시 : 전압 = 정압, 동압 = 0 ∴ 유속을 측정하려면 동압 필요
- 유속이 빠르면 빠를수록 정압은 작아진다.
- 관 중심의 유속이 가장 빠르고 관벽은 "유속=0"으로 본다. 즉, 관벽은 유체가 흘러가지 않는 것으로 본다.
- 정지 유체시 압력은 정압이라고 해도 되고, 전압이라고 해도 된다. ∵ 전압 = 정압 임으로… 그러나 보통 정지시에는 정압이라고 말한다.
- 유체 유동시 유속에 의해 생성되는 압력이 동압이며 유체가 유동하면 정압이 낮아지고 동압이 발생한다.

필수이론

베르누이 방정식 ☞ 전수두(전양정) = 압력수두 + 속도수두 + 위치수두 = 일정(Constant)

$H(m) = \dfrac{P}{\gamma} + \dfrac{V^2}{2g} + Z = \dfrac{압력(kN/m^2)}{물비중량(9.8 kN/m^3)} + \dfrac{유속^2 (m/\sec)^2}{2 \times 중력가속도(9.8 m/\sec^2)} + 높이(m)$

* 물 비중량(γ) = $1000 kgf/m^3$ = $9800 N/m^3$ = $9.8 kN/m^3$ *$1 kgf = 9.8 N$ *$1000 N = 1 kN$

> 계산 없는 단순 암기형 ★★★★★

22 관내에 흐르는 유체의 흐름을 구분하는데 사용되는 레이놀즈 수의 물리적인 의미는?

① 관성력/중력
　프루드(Froude)수
② 관성력/탄성력
　코우시(Cauchy)수(코시수)
③ 관성력/압축력
　마하(Mach)수
④ 관성력/점성력

무차원수(물리적인 양 중에서 차원이 없는 양을 말하는 것으로, 그 물리적인 크기가 단위와는 관계없는 무단위의 수치)

명칭	물리적 의미	의미
레이놀즈(Reynolds)수	$ReNo = \dfrac{관성력}{점성력}$	관내 유체의 흐름이 층류인지, 난류인지 구분해주는 정량적 수치
프루드(Froude)수	$Fr = \dfrac{관성력}{중력}$	중력의 영향에 따른 유동 형태를 관성력과 상대적으로 판별하는 것으로, 개수로에 있어서 흐름의 속도와 수면상을 전파하는 파도의 속도와의 비
마하(Mach)수	$M = \dfrac{유속}{음속} = \dfrac{관성력}{압축력}$	항공기, 미사일 등 고속으로 비행하는 물체의 속도를 나타낼 때 사용되는 수치
코우시(Cauchy)수(코시수)	$Ca = \dfrac{관성력}{탄성력}$	유체의 압축성을 판단하는 기준으로 사용되는 수치로서, 액체의 탄성을 특징짓는 물리적인 양
웨버(Weber)수	$We = \dfrac{관성력}{표면장력}$	표면장력과 비교하여 유체의 상대적인 관성력을 나타내는 수로서, 유체 체계에서 표면 장력에 영향을 미치는 것을 분석하는데 사용된다.
오일러(Euler)수	$Eu = \dfrac{압축력}{관성력}$	오리피스 통과시 유동현상, 공동현상(cavitation) 판단 등 유체에 의해 생성되는 관성력과 압축력에 관련된 수치

🔑 무차원수 명칭 앞자와 물리적의미 앞자 ➡ **레관점**(레고 관점) / **프관중**(프랑스 관중) / **마관압**(마유음) / **코관탄** / **웨관표** / **오압관**

> 계산 없는 단순 공식형 ★★★

23 정육면체의 그릇에 물을 가득 채울 때, 그릇 밑면이 받는 압력에 의한 수직방향 평균 힘의 크기를 P라고 하면, 한 측면이 받는 압력에 의한 수평방향 평균 힘의 크기는 얼마인가?

① 0.5P　　　② P　　　③ 2P　　　④ 4P

유체속에 잠긴면의 전압력

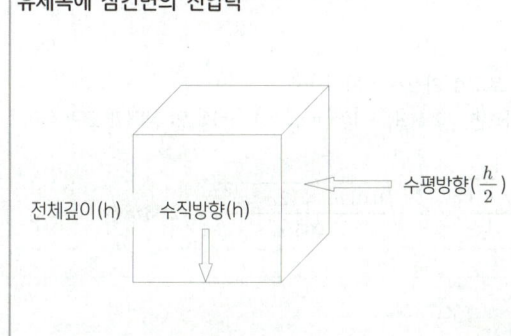

- 수직방향으로 작용하는 평균 힘의 크기 [P]
  $F[N, 힘] = 비중량(N/m^3) \times 면적(m^2) \times 전체깊이(m)$
  $= \gamma \cdot A \cdot h$
- 수평방향으로 작용하는 평균 힘의 크기 [?P₁] *그릇 안쪽에서 작용
  $F[N, 힘] = 비중량(N/m^3) \times 면적(m^2) \times 면적중심깊이(m)$
  $= \gamma \cdot A \cdot \dfrac{h}{2}$
- 수평방향(P₁)은 수직방향(P)보다 $\dfrac{1}{2}$이 작다.
  ∴ 수평방향(P₁) $= \dfrac{1}{2}P = 0.5P$(수직방향)

함께공부

유체속에 잠긴면의 전압력
- 수평면에 작용하는 전압력 ➡ 수직방향으로 작용하는 평균 힘의 크기 [P]

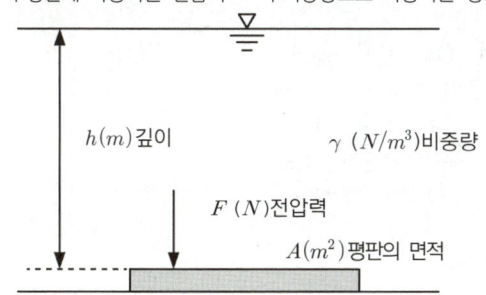

$$P = \dfrac{F}{A} = \dfrac{\gamma \cdot A \cdot h}{A} = \gamma \cdot h$$

$$\therefore F[N] = \gamma \cdot A \cdot h$$

$$N(뉴턴) = N/m^3 \times m^2 \times m$$

※ 평판이 받는 힘은 면적이 넓을수록, 깊을수록, 비중량이 클수록(무거울수록) 커진다.

- 수직면(경사면)에 작용하는 전압력 ➡ 수평방향으로 작용하는 평균 힘의 크기 [?P₁]

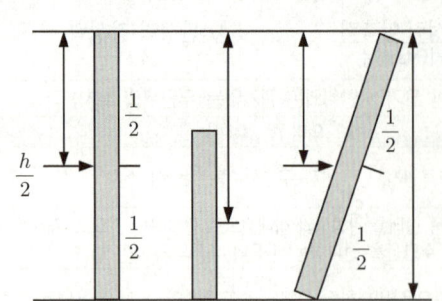
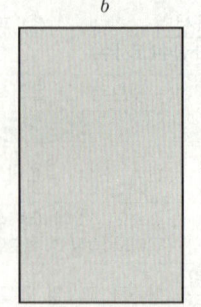

면적중심까지의 깊이 $= \dfrac{h}{2}$

$$F = \gamma \cdot A \cdot h$$
$$= \gamma \cdot (b \times h) \cdot \dfrac{h}{2}$$
$$= \dfrac{\gamma \cdot (b \times h) \cdot h}{2}$$

전반적으로 쉬운 계산형 ★★

24 그림과 같이 수직 평판에 속도 2m/s로 단면적이 0.01m²인 물제트가 수직으로 세워진 벽면에 충돌하고 있다. 벽면의 오른쪽에서 물제트를 왼쪽 방향으로 쏘아 벽면의 평형을 이루게 하려면 물제트의 속도를 약 몇 m/s로 해야 하는가? (단, 오른쪽에서 쏘는 물제트의 단면적은 0.005m² 이다.)

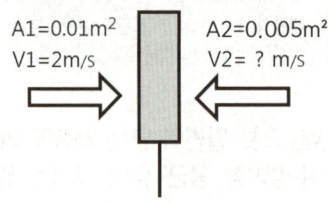

① 1.42　　② 2.00　　③ 2.83　　④ 4.00

1. 고정평판(수직벽면)에 작용하는 힘
   $F(N) = \rho(밀도, kg/m^3) \cdot Q(유량, m^3/\sec) \cdot V(유속, m/\sec)$
   $= \rho \cdot A(단면적, m^2) \cdot V^2(m/\sec)^2$　　$* Q = A \cdot V$ 이므로... V가 2개가 되어 V^2
2. 오른쪽방향과 왼쪽방향의 물제트를 벽면을 향하여 쏘아 평형을 이루게 하려면... $\rho \cdot A_1 \cdot V_1^2 = \rho \cdot A_2 \cdot V_2^2$ 인 상태가 되면 된다.
3. 위 식을 V_2 위주로 정리하여 문제조건들을 대입한다.

$$A_1 \cdot V_1^2 = A_2 \cdot V_2^2 \;\rightarrow\; V_2^2 = \dfrac{A_1 \times V_1^2}{A_2} \;\rightarrow\; V_2 = \sqrt{\dfrac{A_1 \times V_1^2}{A_2}} = \sqrt{\dfrac{0.01\,m^2 \times (2m/s)^2}{0.005\,m^2}} = 2.83\,m/s$$

함께공부

1. 고정평판에 작용하는 힘
   $F(N) = \rho(밀도, kg/m^3) \cdot Q(유량, m^3/\sec) \cdot V(유속, m/\sec) \cdot \sin\theta$ [직각(90°)으로 방사하면 최댓값 = 1]
   $= \rho \cdot A(단면적, m^2) \cdot V^2(m/\sec)^2 \cdot \sin\theta$　　$* Q = A \cdot V$ 이므로... V가 2개가 되어 V^2
   $= \rho \cdot \dfrac{\pi D^2}{4}(단면적, m^2) \cdot V^2(m/\sec)^2 \cdot \sin\theta = kg \cdot m/\sec^2(N)$

2. 이동평판에 작용하는 힘
   - 평판이 뒤로 이동시 $F = \rho \cdot Q \cdot (V_2 - V_1) \cdot \sin\theta = \rho \cdot A \cdot (V_2 - V_1)^2 \cdot \sin\theta$
     　　$* V_2$: 방사속도　　$* V_1$: 평판이 뒤로 이동하는 속도
   - 평판이 노즐쪽으로 이동시 $F = \rho \cdot Q \cdot (V_2 + V_1) \cdot \sin\theta = \rho \cdot A \cdot (V_2 + V_1)^2 \cdot \sin\theta$
     　　$* V_2$: 방사속도　　$* V_1$: 평판이 노즐쪽으로 이동하는 속도

전반적으로 쉬운 계산형 ★★

25 그림과 같은 사이펀에서 마찰손실을 무시할 때, 사이펀 끝단에서의 속도(V)가 4m/s이기 위해서는 h가 약 몇 m이어야 하는가?

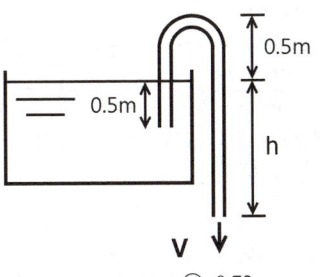

① 0.82m ② 0.77m ③ 0.72m ④ 0.87m

사이펀작용에서 가장 중요한 높이는 액면에서 사이펀 끝단까지의 높이(h)가 가장 중요하다. 0.5m로 표시된 액체에 담겨진 높이나, 곡관부분의 높이(올라간높이와 내려간높이가 서로 동일하므로 상쇄된다)는 신경쓰지 않아도 된다.
토리첼리의 정리 식 "$V = \sqrt{2gh}$"를… h 중심으로 정리하면, 베르누이 방정식의 속도수두(m)와 동일함을 알 수 있다.
따라서 **베르누이 방정식의 속도수두(m)**를 통해 사이펀의 높이(m)를 구할 수 있다.

$$\text{속도수두}(h) = \frac{V^2}{2g} = \frac{\text{유속}^2(m/\sec)^2}{2 \times \text{중력가속도}(9.8m/\sec^2)} = \frac{(4m/\sec)^2}{2 \times 9.8m/\sec^2} = 0.82m$$

함 께 공 부

사이펀작용[siphon effect]

곡관의 한쪽 끝을 수조내에 담그고 곡관내에 물을 채우면, 수조내의 물이 다른 한 쪽 끝으로 유출하는 현상을 사이펀작용이라 한다.
사이펀은 중력과 기압차를 이용하여 수조내의 물을 옮기는 관을 말한다. 그림에서 ①의 물이 ②로 이동하는 이유는 속이 빈 원통형관(사이펀은 막대에 액체가 차 있어야 작동한다)의 긴 쪽(중간에서부터 꺾어진 곳)이 중력을 더 받아서 짧은 쪽보다 내려가는 힘이 더 크기 때문이다.
유체의 경우 **동일한 유량에 단면적이 감소하면 압력이 상승**하는데 이 경우 갑자기 좁은 곳으로 많은 물이 지나가기 때문에 압력이 강해지게 된다. 이것이 사이펀의 원리이다.

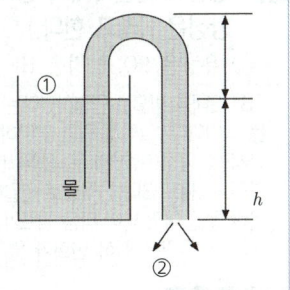

계산 없는 단순 공식형 ★★★

26 펌프에 의하여 유체에 실제로 주어지는 동력은? (단, Lw는 동력(kW), γ는 물의 비중량(N/m³), Q는 토출량(m³/min), H는 전양정(m), g는 중력가속도(m/s²)이다.)

① $L_w = \dfrac{\gamma Q H}{102 \times 60}$ ② $L_w = \dfrac{\gamma Q H}{1000 \times 60}$ ③ $L_w = \dfrac{\gamma Q H g}{102 \times 60}$ ④ $L_w = \dfrac{\gamma Q H g}{1000 \times 60}$

펌프의 **수동력** ☞ 펌프에 의해 **물에 공급되는 동력**(유체에 실제로 주어지는 동력). 따라서 펌프효율은 의미가 없다.

$$L_W[kW] = \frac{\gamma \cdot Q \cdot H}{102} = \frac{\gamma(\text{비중량})[kgf/m^3] \times Q(\text{토출량})[m^3/\sec] \times H(\text{전양정})[m]}{102}$$

- 물의 비중량(γ) = $\dfrac{1 kgf/m^3}{102} = \dfrac{9.8 N/m^3}{102 \times 9.8} = \dfrac{N/m^3}{1000} = \dfrac{\gamma}{1000}$ *$1kgf = 9.8N$

- 토출량(Q) = $\dfrac{1m^3}{1\sec} \times \dfrac{60\sec}{1\min} = 60[m^3/\min]$ → $\dfrac{60[m^3/\min]}{1} = \dfrac{m^3/\min}{60} = \dfrac{Q}{60}$ *1분을 60으로 나눠주면 1초가 된다.

∴ $L_W[kW] = \dfrac{\gamma \cdot Q \cdot H}{1000 \times 60} = \dfrac{\gamma[N/m^3] \times Q[m^3/\min] \times H[m]}{1000 \times 60}$

함 께 공 부

1. 펌프 동력(kW)의 계산
   = H(전양정)$[m] \times \gamma$(물 비중량)$[1000 kgf/m^3] \times Q$(토출량)$[m^3/\sec] = kW$
   = $kgf \cdot m/\sec$ (힘×속도=중력단위의 동력) = kW

2. 펌프의 **전달(소요, 모터, 전동기) 동력** ☞ **펌프의 구동**에 이용되는 동력

$$kW = \frac{H \cdot \gamma \cdot Q}{\eta_p(\text{효율}) \times 102} \times K \qquad HP = \frac{H \cdot \gamma \cdot Q}{\eta_p(\text{효율}) \times 76} \times K \qquad PS = \frac{H \cdot \gamma \cdot Q}{\eta_p(\text{효율}) \times 75} \times K$$

* K (전달계수) ① 전동기 : 1.1 ② 내연기관 : 1.15 ~ 1.2

3. 펌프의 **축동력** ☞ **펌프의 운전**에 필요한 실제동력. 따라서 전달계수를 빼고 계산한다.

$$kW = \frac{H \cdot \gamma \cdot Q}{\eta_p(\text{효율}) \times 102} \qquad HP = \frac{H \cdot \gamma \cdot Q}{\eta_p(\text{효율}) \times 76} \qquad PS = \frac{H \cdot \gamma \cdot Q}{\eta_p(\text{효율}) \times 75}$$

4. 펌프의 **수동력** ☞ 펌프에 의해 **물**에 공급되는 동력(유체에 실제로 주어지는 동력). 따라서 펌프효율은 의미가 없다.

$$kW = \frac{H \cdot \gamma \cdot Q}{102} \qquad HP = \frac{H \cdot \gamma \cdot Q}{76} \qquad PS = \frac{H \cdot \gamma \cdot Q}{75}$$

5. 단위의 변환

- 물의 비중량(γ) = $\frac{1000\,kgf/m^3}{102}$ = $\frac{9800\,N/m^3}{102 \times 9.8}$ = $\frac{9800\,N/m^3}{1000}$ = $\frac{\gamma}{1000}$ *$1kgf = 9.8N$

- 토출량(Q) = $\frac{1\,m^3}{1\,\text{sec}} \times \frac{60\,\text{sec}}{1\,\text{min}}$ = $60\,[m^3/\text{min}]$ → $\frac{60\,[m^3/\text{min}]}{1}$ = $\frac{m^3/\text{min}}{60}$ = $\frac{Q}{60}$ *1분을 60으로 나눠주면 1초가 된다.

$$\therefore\ P[kW] = \frac{H \cdot \gamma \cdot Q}{1000 \times 60} = \frac{H[m] \times 9800[N/m^3] \times Q[m^3/\text{min}]}{1000 \times 60} = 0.163\,HQ$$

계산 없는 단순 암기형 ★★★★★

27 성능이 같은 3대의 펌프를 병렬로 연결하였을 경우 양정과 유량은 얼마인가? (단, 펌프 1대에서 유량은 Q, 양정은 H라고 한다.)

① 유량은 9Q, 양정은 H   ② 유량은 9Q, 양정은 3H   ③ 유량은 3Q, 양정은 3H   ④ **유량은 3Q, 양정은 H**

- 펌프 3대를 병렬로 연결하였다는 의미는[**병렬운전**]... 펌프 3대에 각각 흡입관 1개씩을(총3개) 연결하여 하나의 수조에서 물을 흡입한다는 의미이다. 그렇게 되면 당연히 유량이 3배로 늘어나기 때문에, **유량3배 = 3Q**가 된다.
  하지만, 양정(토출압력)은 전혀 변화가 없다. 따라서 **양정 = 1H**가 된다.
- 반대로, 펌프 3대를 직렬로 연결하였다면[**직렬운전**]... 높은 건물의 직상배관에 펌프 3대를 중간 중간 일렬로 배치하여, 아래의 펌프가 올린 물을 이어 받아 다음 펌프가 토출하는 형식이기 때문에, 당연히 양정(토출압력)이 3배로 늘어난다. 따라서 **양정3배 = 3H**가 된다.
  하지만, 유량은 전혀 변화가 없다. 따라서 **유량 = 1Q**가 된다.

함께 공부

1. **직렬연결**(하나의 배관상에 펌프 2대 연결)
   펌프 2대를 직렬 연결시 토출량(유량, Q)은 변하지 않지만 **토출압력(양정, H)은 2배**가 된다. 주로 **높은 건물**에서 활용할 수 있다.
2. **병렬연결**(펌프마다 배관을 연결하여 물을 흡입한 후 다시 하나의 배관으로 합치는 연결)
   펌프 2대를 병렬 연결시 토출압력(양정, H)은 변하지 않지만 **토출량(유량, Q)은 2배**가 된다. 주로 **넓은 건물**에서 활용할 수 있다.
3. 용어의 정의
   - **전양정**(= 총양정 = 양정)의 의미 : 기준에 필요한 압력을 낼 수 있는 값을 높이(m)로 계산한 수치
     * 양정 = 수두 = $mH_2O = m$
   - **정격토출압력** : 수직으로 물을 올릴 수 있는 능력으로 펌프 몸체에 양정으로 표시된다.
     〈예시〉 양정 $50m$이면 정격토출압력은 $5\,kgf/cm^2\,(0.5\,MPa)$가 된다.
   - **정격토출량(유량)** : 시간당 퍼낼 수 있는 물의 양으로서 펌프 몸체에 토출량[ℓ/min(분당 토출량)]으로 표시된다.
     〈예시〉 옥내소화전 2개에서 소화수를 방사하고 있을 때 법정 토출량은 $2 \times 130\,\ell/\text{min} = 260\,\ell/\text{min}$ 이 된다.

포기해도 되는 계산형 ▶ 포기해도 합격에 전혀 지장없는 문제

28 비압축성 유체의 2차원 정상 유동에서 x방향의 속도를 u, y방향의 속도를 v라고 할 때 다음에 주어진 식들 중에서 연속 방정식을 만족하는 것은 어느 것인가?

① u = 2x + 2y, v = 2x−2y   ② u = x + 2y, v = x²−2y   ③ u = 2x + y, v = x² + 2y   ④ u = x + 2y, v = 2x−y²

본 문제는 이해과정이 복잡한 문제로서... 소방설비기사 실기시험에서 등장하지 않는 개념과 문제이므로, 공부하지 않고 **포기하는 것이** 더 **현명**합니다. 따라서 지면과 노력낭비를 방지하기 위하여 해설이 없습니다.

암기팁! 가능하다면 답만 요령있게 암기하는 것도 하나의 방법입니다. ➡ **2차원 유동이므로 x와 y의 모든 항에 2를 곱한 것이 답입니다.**

계산 없는 단순 암기형 ★★★★★

29 다음 중 동력의 단위가 아닌 것은?

① J/s ② W ③ kg · m²/s ④ N · m/s

동력(일률)의 절대단위

* 힘(F) = 질량(kg) × 중력가속도(m/sec^2) = $kg·m/sec^2$ [N(뉴턴, Newton)] = 힘의 국제표준단위
* 일(W) = 힘(N) × 거리(m) = $N×m$ = $kg·m/sec^2 × m$ = $kg·m^2/sec^2$ [J(주울, Joule)=일의 국제표준단위]

$$P(동력) = \frac{W(일량)}{t(시간)} = \frac{J(N·m)}{sec} = \frac{kg·m^2/sec^2}{sec} = kg·m^2/sec^3 \,[ML^2T^{-3}] = N·m/sec$$

= W(와트 = 동력의 국제표준단위)

함께공부

동력(일률)
- 동력(P)은 일의 양(W)을 그 일을 한 시간(t)으로 나눈 효율의 의미이다.
- 역학적으로 정의하면 동력은 기계가 일을 할 때 단위시간에 이루어지는 일의 양을 나타내며, 일률이라고도 한다.
- 동력의 단위 : 와트(W, Watt), 킬로와트(kW), 영국마력(HP, Horse Power), 미터마력(PS, metric horse power)
- 중력단위 [동력 = 중력단위의 힘 × 속도]

$$동력 = \frac{일량}{시간} = \frac{kgf·m}{sec} = kgf(힘) × m/sec(속도) = kgf·m/sec \,[FL/T = FLT^{-1}]$$

전반적으로 쉬운 계산형 ★★

30 지름 10㎝인 금속구가 대류에 의해 열을 외부공기로 방출한다. 이때 발생하는 열전달량이 40W이고, 구 표면과 공기 사이의 온도차가 50℃라면 공기와 구 사이의 대류 열전달 계수 W/(㎡·K)는 약 얼마인가?

① 25 ② 50 ③ 75 ④ 100

뉴턴(Newton)의 냉각법칙

$$°q[W] = h(대류\,열전달계수) × A(표면적, 수열면적) × \Delta T(온도차)$$

1. 조건정리
   - 열전달량($°q$) = 40W
   - 구의 표면적(A) = $4\pi r^2 = 4×\pi×0.05^2 = 0.0314 m^2$ ＊r(반지름) = 5㎝ = 0.05m ＊1000㎜ = 100㎝ = 1m
   - 온도차(ΔT) = 50℃ = 50K ＊[예시] 온도차(K) = (60℃+273) − (10℃+273) = 50K 〈서로 동일함을 알 수 있다〉
   - 대류 열전달계수(h) = ? W/m²·K

2. h(대류 열전달계수) = $\dfrac{°q[W]}{A(표면적, 수열면적) × \Delta T(온도차)} = \dfrac{40W}{0.0314 m^2 × 50K} = 25.48\,W/m^2·K$

함께공부

뉴턴(Newton)의 냉각법칙

$$°q[W] = hA\Delta T = h(대류\,열전달계수) × A(표면적, 수열면적) × \Delta T(온도차)$$

- 전열체의 표면적(수열면적)[A(㎡)]이 크거나, 대류 열전달계수[h(W/㎡·K)]가 높거나, 내·외부의 온도차[ΔT(K)]가 큰 것 등에 비례하여 이동열량[$°q$]은 증가한다.
- 구의 표면적(A) = $4\pi r^2$ ＊r=반지름

다소 어려운 계산형 ★

31 지름 0.4m인 관에 물이 0.5㎥/s로 흐를 때 길이 300m에 대한 동력손실은 60kW였다. 이때 관마찰계수 f는 약 얼마인가?

① 0.015 ② 0.020 ③ 0.025 ④ 0.030

마찰손실을 수두(h_L, m, mH_2O)로 구하는 방정식인 **달시-와이스바하 방정식**을 통해 계산할 수 있다.

$$h_L(mH_2O) = f\frac{L(m)}{D(m)}\frac{V^2(m/\sec)^2}{2g(m/\sec^2)} \quad 마찰손실수두 = 관마찰계수 \times \frac{직관의\ 길이}{배관의\ 직경} \times \frac{유속^2}{2\times중력가속도}$$

1. 조건정리
   - 마찰손실수두(h_L) = 동력(P)손실 60kW ☞ 펌프의 수동력(펌프에 의해 물에 공급되는 동력)

$$P(kW) = \frac{H\cdot\gamma\cdot Q}{102} = \frac{H[전양정][m]\times\gamma[물\ 비중량][1000\,kgf/m^3]\times Q[토출량][m^3/\sec]}{102}$$

$$\therefore H = \frac{P\times 102}{\gamma\times Q} = \frac{60\,kW\times 102}{1000\,kgf/m^3 \times 0.5\,m^3/s} = 12.24\,m$$

   - 배관의 지름(D) = 0.4m
   - 중력가속도 = $9.8\,m/s^2$
   - 직관의 길이 = 300m
   - 물의 유속(V) ☞ Q(체적유량, $m^3/\sec$) = A(배관의 단면적, m^2) × V(유체속도, $m/\sec$)

$$\therefore V = \frac{Q}{A} \rightarrow A = \frac{\pi\cdot D^2}{4} \quad *D=직경(지름) \rightarrow V = \frac{Q}{\frac{\pi\cdot D^2}{4}} = \frac{0.5\,m^3/s}{\frac{\pi\times 0.4^2}{4}} = 3.98\,m/s$$

2. 관의 마찰계수(f) 계산

$$f(무차원수) = \frac{h_L\times D\times 2\times g}{L\times V^2} = \frac{12.24\,m\times 0.4\,m\times 2\times 9.8\,m/s^2}{300\,m\times(3.98\,m/s)^2} = 0.020$$

함께공부

달시-와이스바하 방정식(Darcy-Weisbach equation)
- 마찰손실을 수두(h_L, m, mH_2O)로 구하는 방정식이다.
- 유체의 종류나 층류, 난류를 가리지 않고 모든 유체에 적용이 가능한 식으로서 정확성이 매우 떨어진다.
- 따라서 마찰손실과 관련된 요소가 어떤 것이고, 그것이 마찰손실에 어떻게 영향을 미치는지를 파악하는 방정식으로 활용될 수 있다.
- Darcy와 Weisbach에 의해 개발된 방정식은 아래와 같다.

$$마찰손실수두(h_L) = f\frac{L}{D}\frac{V^2}{2g} \quad *관마찰계수(f) = \frac{64}{Re\,No}$$

$$h_L(mH_2O) = f\frac{L(m)}{D(m)}\frac{V^2(m/\sec)^2}{2g(m/\sec^2)} \quad 마찰손실수두 = 관마찰계수\times\frac{직관의\ 길이}{배관의\ 직경}\times\frac{유속^2}{2\times중력가속도}$$

- 결론적으로 배관에서 발생하는 마찰손실수두는 배관길이에 비례하고, 유속의 제곱에 비례하며, **직경에는 반비례**한다. 따라서 마찰손실을 줄이기 위해서는 배관 길이를 줄이고, 유속을 낮추고, **관경은 크게**한다.

전반적으로 쉬운 계산형 ★★

32 체적이 10㎥인 기름의 무게가 30,000N이라면 이 기름의 비중은 얼마인가? (단, 물의 밀도는 1000kg/㎥ 이다.)

① 0.153　　② 0.306　　③ 0.459　　④ 0.612

비중(무게의 비) : 비교물질이 기준물질보다 무거운지 가벼운지 비교하는 것. 모든 액체는 4℃의 물의 밀도와 그 무게를 비교한다. 만일 중력가속도가 $9.8\,m/\sec^2$이라고 가정한다면 밀도와 비중량은 동일한 값이 된다.

$$S(액체비중) = \frac{\rho[물질의\ 밀도(kg/m^3)]}{\rho_w[물의\ 밀도(1000\,kg/m^3)]} = \frac{\gamma[물질의\ 비중량(kN/m^3)]}{\gamma_w[물의\ 비중량(1000\,kgf/m^3 = 9800\,N/m^3 = 9.8\,kN/m^3)]}$$

1. 조건정리
   - 체적이 10㎥이고 무게가 30,000N인 기름 = 기름의 비중량(γ) = $\frac{30,000\,N}{10\,m^3}$ = $3000\,N/m^3$

   - 문제에서 중력가속도를 별도로 제시하지 않았으므로… 중력가속도는 $9.8\,m/\sec^2$본다. 따라서 밀도와 비중량은 동일한 값이 된다.
     물의 밀도(ρ_w) = 물의 비중량(γ_w) ∴ $1000\,kg/m^3$ = $1000\,kgf/m^3$ = $9800\,N/m^3$　*$1kgf = 9.8\,N$

2. 물체의 비중　$S = \frac{\gamma}{\gamma_w} = \frac{3000\,N/m^3}{9800\,N/m^3} = 0.306$

계산 없는 단순 암기형 ★★★★★

33 비열에 대한 다음 설명 중 틀린 것은?

① 정적비열은 체적이 일정하게 유지되는 동안 온도변화에 대한 내부에너지 변화율이다.
② 정압비열을 정적비열로 나눈 것이 비열비이다.
③ 정압비열은 압력이 일정하게 유지될 때 온도변화에 대한 엔탈피 변화율이다.
④ 비열비는 일반적으로 1보다 크나 1보다 작은 물질도 있다.
　　　　항상 1보다 크다

- **비열**이란 어떤 물질(물) 1kg의 온도를 1℃(K)만큼 올리는 데 필요한 열의 양[1kcal(4.184kJ)]이다. 비열이 크면 그 물질의 온도를 높이기 어렵다. 따라서 물은 비열이 크므로 화염 등의 열을 더 많이 빼앗아 올 수 있어 소화약제로 사용되고 있다.
- 비열비(k) = $\dfrac{C_P}{C_V}$ > 1 (항상 1보다 크다)   ∴ 정압비열(C_P) > 정적비열(C_V)
  - 정압비열(C_P) : 보통의 비열로서 압력을 일정하게 한 상태에서 비열을 측정한 것
  - 정적비열(C_V) : 체적을 일정하게 한 상태에서 비열을 측정한 것

함께공부

① 정적비열은 체적이 일정하게 유지되는 동안 온도변화에 대한 내부에너지 변화율(ΔU)이다.
　☞ 내부에너지 변화량(ΔU)은 현열의 변화량($mC_V \Delta T$)과 동일하다. 따라서 아래식이 도출된다.
　　　$\Delta U = m$(질량)$\times C_V$(정적비열)$\times \Delta T$(온도차)　*밀폐계는 밀폐된 상태이므로 체적(부피)이 일정한 상태에서 온도만 상승한다.
　　　　　　　　　　　　　　　　　　　　　　　　　따라서 밀폐계는 정적비열(C_V)을 적용한다.
③ 정압비열은 압력이 일정하게 유지될 때 온도변화에 대한 엔탈피(ΔH, 총 에너지 함량) 변화율이다.

전반적으로 쉬운 계산형 ★★

34 비중 0.92인 빙산이 비중 1.025의 바닷물 수면에 떠 있다. 수면 위에 나온 빙산의 체적이 150m³이면 빙산의 전체 체적은 약 몇 m³인가?

① 1314　　② **1464**　　③ 1725　　④ 1875

물체(빙산)의 비중이 유체(바닷물)의 비중보다 더 작은 경우, 물체는 유체에 뜨게 되는데… 얼마의 %(체적)가 잠기고, 또 얼마의 %(체적)가 뜨게 되는지를 아래와 같이 계산할 수 있다.
1. 빙산이 바닷물에 뜨는 경우… 몇 %가 잠기고, 몇 %가 뜨는지의 계산
　① 잠긴 부분의 % = $\dfrac{물체(빙산)의 비중}{유체(바닷물)의 비중} \times 100 = \dfrac{0.92}{1.025} \times 100 = 89.76\%$
　② 떠 있는 부분의 % = 100 − 89.76 = 10.24% [수면 위에 나온 빙산의 체적%]
2. 문제에서 묻는 것은… 빙산의 전체 체적(X m³)이므로, 수면 위에 나온 빙산체적(150㎥)의 비율(10.24%)대비, 전체비율(100%)을 놓고 비례식으로 정리하면…
　$10.24\% : 150m^3 = 100\% : X m^3$　∴ $X = \dfrac{150 m^3 \times 100\%}{10.24\%} = 1464.84 m^3$

함께공부

부력
- 유체 내의 어떤 물체에 대하여 수직 상향으로 작용하는 힘. 쉽게 말해, 유체 내에서 **물체를 띄우려는 힘**을 말한다.
- 어떤 물체의 무게가 부력보다 크다면 그 물체는 가라 앉을 것이다. 반대로 부력이 무게보다 크다면 그 물체는 뜰 것이다. **쇳덩어리는 물에 가라앉지만 나무는 물에 뜨는 이유**는 쇳덩어리의 경우 무게가 부력보다 크고, 나무는 부력이 나무무게보다 크기 때문이다. 쇠로 만든 배가 뜨는 이유는 물에 잠기는 부피를 크게 설계하여 배의 무게보다 더 큰 부력을 만들었기 때문이다.
- 아르키메데스가 발견했기 때문에 여기에 관계된 원리를 **아르키메데스의 원리**라고도 한다.

전반적으로 쉬운 계산형 ★★

35 초기 상태에서 압력 100kPa, 온도 15℃인 공기가 있다. 공기의 부피가 초기 부피의 1/20이 될 때까지 단열압축할 때 압축 후의 온도는 약 몇 ℃인가? (단, 공기의 비열비는 1.4이다.)

① 54　　② 348　　③ **682**　　④ 912

열역학적 상태변화 과정에서 단열압축할 때 압축 후의 온도를(℃)를 구하는 문제

$$\frac{T_2}{T_1} = \left(\frac{V_1}{V_2}\right)^{k-1} \quad * \quad \frac{T_2(\text{나중절대온도}, K)}{T_1(\text{처음절대온도}, K)} = \left(\frac{V_1(\text{처음체적})}{V_2(\text{나중체적})}\right)^{k(\text{비열비})-1}$$

$$\frac{T_2}{(15℃+273)K} = \left(\frac{1}{\frac{1}{20}}\right)^{1.4-1} \quad \rightarrow \quad \frac{T_2}{288\,K} = 20^{0.4} \quad \therefore \quad T_2 = 954.56\,K$$

절대온도(켈빈온도)K를 ℃로 바꾸면 = 954.56 - 273 = 681.56℃

함께공부

단열변화(=단열과정 =등엔트로피 과정)에서 온도, 압력, 체적의 관계(TPV관계)

$$\frac{T_2}{T_1} = \left(\frac{P_2}{P_1}\right)^{\frac{k-1}{k}} = \left(\frac{V_1}{V_2}\right)^{k-1}$$

$$\frac{T_2(\text{나중절대온도}, K)}{T_1(\text{처음절대온도}, K)} = \left(\frac{P_2(\text{나중압력})}{P_1(\text{처음압력})}\right)^{\frac{k-1}{k}} = \left(\frac{V_1(\text{처음체적})}{V_2(\text{나중체적})}\right)^{k(\text{비열비})-1}$$

계산 없는 단순 암기형 ★★★★★

36 수격작용에 대한 설명으로 맞는 것은?

① 관로가 변할 때 물의 급격한 압력 저하로 인해 수중에서 공기가 분리되어 기포가 발생하는 것을 말한다.
　　　　　　　　　공동현상(캐비테이션)-공기고임현상
② 펌프의 운전 중에 송출압력과 송출유량이 주기적으로 변동하는 현상을 말한다.
　　　　　　　서징현상(맥동현상)
③ 관로의 급격한 온도변화로 인해 응결되는 현상을 말한다.
④ 흐르는 물을 갑자기 정지시킬 때 수압이 급격히 변화하는 현상을 말한다.

수격작용(워터 햄머링)은 물의 공격이라는 의미로, **펌프의 급격한 정지 및 밸브의 급격한 폐쇄시** 물의 압력파에 의한 충격파와 이상음(異常音)이 발생하는 현상으로, 흐르는 물을 갑자기 정지시키면… 되돌아 나오려는 힘과 계속적으로 흐르는 힘이 맞부딪힐 때 **충격파(압력파)**가 발생되며 굉음과 커다란 진동을 수반하게 된다.

함께공부

수격작용(워터 햄머링)
1. 정의
① 흐르던 유체가 갑자기 정지하면, 되돌아 나오려는 힘과 계속적으로 흐르는 힘이 맞부딪힐 때 발생하는 **충격파(압력파)**로서 굉음과 커다란 진동을 수반하는 현상
② 흐르는 물을 갑자기 정지시킬 때 수압이 급격히 변화하는 현상
③ 파이프 속을 유체가 흐를 때 파이프 끝의 밸브를 갑자기 닫으면 유체의 **운동에너지가 압력으로 변환**되면서 밸브 직전에서 높은 압력이 발생하고 상류로 압축파가 전달되는 **수격작용 현상이 발생**한다.
④ 관을 흐르던 물이 갑자기 정지할 때 압력파에 의해 이상음(異常音)이 발생하는 현상

2. 원인
① 펌프의 급격한 정지　　② 밸브의 급격한 폐쇄

3. 방지책
① 밸브를 가능한 펌프 송출구에서 **가깝게 설치**하여, 펌프에서 송출된 물이 충분한 유속이 발생되기 이전에 정지시킨다.
② 서지탱크[surge tank, 조압(압력조절)수조](수압조정장치)를 **관로 중간에 설치**한다. 소방적 의미로는 압력챔버[에어(Air)챔버]를 설치하는 것을 말하며, 압력챔버 내의 공기가 수압의 완충작용 역할을 한다.
③ 밸브의 조작을 **천천히** 하여, 흐르는 물이 급격하게 정지되지 않도록 한다.
④ 밸브 개폐시간을 가급적 **길게** 하여, 흐르는 물이 급격하게 정지되지 않도록 한다.
⑤ 관경을 크게(확대)해서 관 내의 **유속을 낮게** 유지하여, 압력이 급격히 상승되는 것을 근본적으로 차단한다.
⑥ 펌프의 속도가 급격히 변화하는 것을 방지하기 위해, 펌프에 **플라이휠**(펌프를 정지시켜도 회전 관성력이 유지되도록 하는 바퀴)을 설치해 펌프가 급격하게 멈추는 것을 방지한다.
⑦ **수격방지기를 설치**(유체방향이 변하는 곳)하여 수격작용 발생시 배관을 보호한다.

4. 탄성파 이론(Elastic Wave Theory)

수격작용 발생시 압력상승의 정도가 어느 정도인지의 해석은 탄성파 이론을 통해 알 수 있다. $\quad \Delta P = \dfrac{9.81\,a\cdot u}{g}$

- ΔP : 압력상승(kpa)　・ a : 압력파의 속도(m/sec)　・ u : 물의 유속(m/sec)　・ g : 중력가속도(m/sec²)

> 포기해도 되는 계산형   포기해도 합격에 전혀 지장없는 문제

37 그림에서 h_1 = 120mm, h_2 = 180mm, h_3 = 100mm일 때 A에서의 압력과 B에서의 압력의 차이 ($P_A - P_B$)를 구하면? (단, A, B 속의 액체는 물이고, 차압액주계에서의 중간 액체는 수은(비중 13.6)이다.)

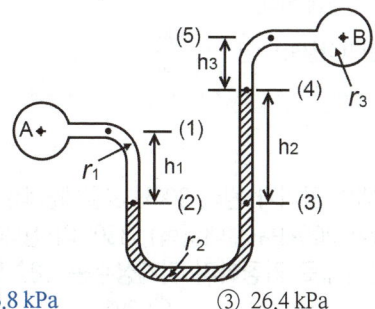

① 20.4 kPa   ② 23.8 kPa   ③ 26.4 kPa   ④ 29.8 kPa

본 문제는 이해과정이 복잡한 계산문제로서... 소방설비기사 실기시험에서 등장하지 않는 개념과 문제이므로, 공부하지 않고 **포기하는 것이 더 현명**합니다. 따라서 지면과 노력낭비를 방지하기 위하여 해설이 없습니다.

> 함 께 공 부

$P_{(2)} = P_{(3)}$ [(2)지점과 (3)지점의 높이가 동일하여 압력(P)도 동일하다]   * $P_{(2)} = P_A + \gamma_1 h_1$ * $P_{(3)} = P_B + \gamma_3 h_3 + \gamma_2 h_2$

$P_A + \gamma_1 h_1 = P_B + \gamma_3 h_3 + \gamma_2 h_2$ → $P_A - P_B = \gamma_3 h_3 + \gamma_2 h_2 - \gamma_1 h_1$

$P_A - P_B = 9.8 kN/m^3 \times 0.1m + 13.6 \times 9.8 kN/m^3 \times 0.18m - 9.8 kN/m^3 \times 0.12m = 23.79 kN/m^2 = 23.8 kPa$

> 계산 없는 단순 암기형 ★★★★★

38 원형 단면을 가진 관 내에 유체가 완전 발달된 비압축성 층류유동으로 흐를 때 전단응력은?

① 중심에서 0이고, 중심선으로부터 거리에 비례하여 변한다.
② 관벽에서 0이고, 중심선에서 최대이며 선형분포한다.
③ 중심에서 0이고, 중심선으로부터 거리의 제곱에 비례하여 변한다.
④ 전 단면에 걸쳐 일정하다.

액체와 기체를 총칭하여 유체라 하며, 압력이 작용하여도 관내 유체의 밀도(부피)의 변화가 없는 비압축성(압축되지 않는)유체(액체)가 층류(유체의 규칙적인 흐름)유동시... 관내에서 **전단응력(=마찰력)**의 분포관계를 묻는 문제이다.

<하겐-포아젤 방정식의 전단응력과 속도분포>

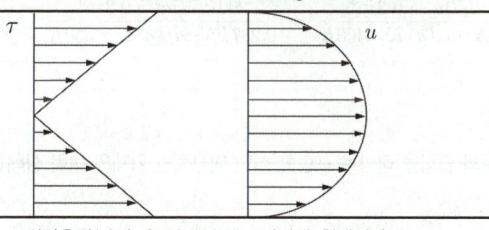

전단응력(τ)과 속도(u)분포는 반비례 형태이다.

• 수평인 원형 관속에서 점성유체가 층류 유동시에만 적용되는 방정식
• **전단응력은 관 중심에서 "0"이고 반지름에 비례하면서 관벽까지 직선적으로 증가한다.**
• 속도분포는 관벽에서 "0"이고 관의 중심에서 최고속도를 나타내는 포물선 형태를 그리면서 증가한다.
• 즉, 전단응력과 속도분포는 반비례 형태이다.

> 함 께 공 부

전단응력
• 유체에... 평행하게 작용하는 힘 즉 **전단력(=마찰력)이 가해질 때**, 유체 내부에서는 그 형태를 유지하기 위해 저항하려는 힘이 발생하는데 그 힘을 전단응력이라 한다.
• 즉 전단응력은 유체에 전단력(=마찰력)이 가해질 때 발생하는 것이므로... 비점성유체는 마찰이 발생하지 않아 전단응력이 존재하지 않는다.

- 뉴턴(Newton)의 점성법칙에 따라 전단응력<N/㎡ 단위면적당 마찰력(전단력)> τ(타우)는 점성계수(μ, 뮤)와 속도기울기(=속도구배) ($\frac{du}{dy}$ 고정된 평판의 거리와 속도와의 관계 즉 고정된 평판과의 거리에 따른 마찰력 관계)의 곱인데… 비점성 유체는 점성이 없으므로 점성계수 (μ, 뮤)가 "0" 이되어, 전단응력은 존재하지 않게 된다.

$$전단응력(마찰력)\ [\tau] = \mu \frac{du}{dy}$$

복잡하고 어려운 계산형

39 부피가 0.3㎥으로 일정한 용기 내의 공기가 원래 300kPa(절대압력), 400K의 상태였으나, 일정 시간동안 출구가 개방되어 공기가 빠져나가 200kPa(절대압력), 350K의 상태가 되었다. 빠져나간 공기의 질량은 약 몇 g인가? (단, 공기는 이상기체로 가정하며 기체상수는 287 J/(kg·K)이다.)

① 74　　② **187**　　③ 295　　④ 388

문제에서 공기의 기체상수가 J/(kg·K)의 단위로 주어졌으므로… 특정한 기체에 적용이 가능한 **특정기체 상태방정식**을 통해 답을 구할 수 있다.

문제에서 요구하는 공기의 질량(g)을 구하기 위해… 이상기체상태방정식을 전개하여, **특정기체 상태방정식**의 질량(W)을 중심으로 정리한다.

이상기체상태방정식 ☞ $PV = \frac{WRT}{M}$　＊절대압력 × 체적 = $\frac{질량 × 기체정수 × 절대온도}{분자량}$

특정기체상태방정식 ☞ $PV = W\frac{R}{M}T$　＊$\overline{R}$(특정 기체상수) = $\frac{R(일반\ 기체상수)}{M(특정기체의\ 분자량)}$ → $PV = W\overline{R}T$ → $W = \frac{PV}{\overline{R}T}$

1. 조건정리
   1) 출구 개방 전 공기
      - 절대압력(P_1) = 300 kPa = 300 kN/m²
      - 체적(V) = 0.3m³　☞ 출구 개방후 공기의 체적과 동일
      - 공기의 특정 기체상수($\overline{R}$) = 287 J(=N·m)/kg·K = 0.287 kJ(=kN·m)/kg·K　＊J(주울, Joule) = N·m(힘×거리=일)
      - 절대온도(T_1) = 400K
   2) 출구 개방 후 공기
      - 절대압력(P_2) = 200 kPa = 200 kN/m²
      - 절대온도(T_2) = 350K

2. 빠져나간 공기의 질량(g)은 출구 개방전 공기의 질량에서 출구 개방후 공기의 질량을 빼주면 된다.
   출구 개방전 공기의 질량 – 출구 개방후 공기의 질량
   = $\frac{P_1 V}{\overline{R}\ T_1} - \frac{P_2 V}{\overline{R}\ T_2}$ = $\frac{300\,kN/m^2 × 0.3\,m^3}{0.287\,kN·m/kg·K × 400K} - \frac{200\,kN/m^2 × 0.3\,m^3}{0.287\,kN·m/kg·K × 350K}$ = 0.18666 kg = **186.66 g**

함께공부

이상기체 상태방정식
보일의 법칙, 샤를의 법칙, 아보가드로의 법칙을 하나로 표현한 식이 이상적인 기체의 여러 상태(변수)를 표시하는 방정식인 이상기체 상태방정식이다.

1. PV = nRT 식의 전개

$PV = nRT$　＊n(몰수) = $\frac{질량}{분자량}$ = $\frac{W}{M}$ → $PV = \frac{W}{M}RT$ → $PV = \frac{WRT}{M}$ 절대압력 × 체적 = $\frac{질량 × 기체정수 × 절대온도}{분자량}$

$PV = \frac{WRT}{M}$ → $P = \frac{WRT}{VM}$ → $P = \frac{\rho RT}{M}$ → $\rho = \frac{PM}{RT}$

$\frac{W(질량)}{V(체적)} = \rho(밀도)$

2. 압력의 단위에 따른 기체상수(정수) R값

$PV = nRT$　＊절대압력(atm) × 체적(m^3) = 몰수($kmol$) × 기체상수(기체정수) × 절대온도(K)에서…
기체상수(R)를 중심으로 수식을 전개하면 아래와 같다.

$$PV = nRT\quad R = \frac{PV}{nT}\quad 기체상수 = \frac{절대압력 × 체적}{몰수 × 절대온도}$$

여기에서 R로 표시되는 기체상수는 압력(P)의 단위에 따라 그 값이 아래와 같이 달라진다.

- 압력의 단위가 atm 인 경우 ➡ $R = \dfrac{1atm \times 22.4m^3}{1kmol \times 273K} = 0.082\,atm \cdot m^3/kmol \cdot K$

- 압력의 단위가 N/m^2(Pa) 인 경우 ➡ $R = \dfrac{101325N/m^2(Pa) \times 22.4m^3}{1kmol \times 273K} = 8313.8\,N \cdot m(=J)/kmol \cdot K$

- 압력의 단위가 kN/m^2(kPa) 인 경우 ➡ $R = \dfrac{101.325N/m^2(kPa) \times 22.4m^3}{1kmol \times 273K} = 8.314\,kN \cdot m(=kJ)/kmol \cdot K$

계산 없는 단순 공식형 ★★★

40 한 변의 길이가 L인 정사각형 단면의 수력지름(hydraulic diameter)은?

① L/4 ② L/2 ③ **L** ④ 2L

수력반경(Hydraulic Radius, 수리적 반경, 수력 반지름, r_h, R_h)
원관이외의 관, 덕트 등에서 마찰손실을 구할 때, 그 직경을 구하기 어려움으로 수력반경(수력반지름)을 구한 후, 그 수력반경에 4배를 곱한다. 그 값이 직경(지름)과 같다. 즉 **수력반경(수력반지름)의 4배가 직경(지름)과 같다.**⟨$D=4R_h$⟩

1. 수력반경(R_h)
   R_h(수력반경, m) = $\dfrac{\text{유동단면적}(m^2)}{\text{접수길이}(m)}$ ➡ 단면이 사각형인관의 수력반경 $R_h(m) = \dfrac{\text{가로} \times \text{세로}\,(m^2)}{(\text{가로} \times 2)m + (\text{세로} \times 2)m}$

   *접수길이 : 물이 접하는 길이(=둘레길이)

2. 한 변의 길이가 L인 정사각형이므로… 4변이 모두 L이다. ∴ $R_h(m) = \dfrac{\text{가로} \times \text{세로}\,(m^2)}{(\text{가로} \times 2)m + (\text{세로} \times 2)m} = \dfrac{L^2}{4L} = \dfrac{L}{4}$

3. 수력반경(수력반지름)의 4배가 수력직경(수력지름)과 같으므로… $D(\text{수력직경, 수력지름}) = 4R_h = 4 \times \dfrac{L}{4} = L$

함께공부

수력반경(수력반지름)의 4배가 직경과 같다⟨$D=4R_h$⟩는 증명

$R_h(m) = \dfrac{\text{유동단면적}\,\dfrac{\pi D^2}{4}}{\text{배관내부둘레}\,\pi D} = \dfrac{D}{4}$ ∴ $D = 4R_h$ (수력반경의 4배가 직경과 같다)

3과목 소방관계법규

✔ 이것이 혁신이다! 기출문제 + 답이색해설

단어가 답인 문제 ★

41 소방시설 설치 및 관리에 관한 법령상 화재안전기준을 달리 적용하여야 하는 특수한 용도 또는 구조를 가진 특정소방대상물인 원자력 발전소에 설치하지 않을 수 있는 소방시설은?

① 물분무등소화설비 ② 스프링클러설비 ③ 상수도소화용수설비 ④ **연결살수설비**

소방시설을 설치하지 않을 수 있는 특정소방대상물 및 소방시설의 범위

구분	특정소방대상물	설치하지 않을 수 있는 소방시설
화재안전기준을 달리 적용해야 하는 특수한 용도 또는 구조를 가진 특정소방대상물	원자력발전소, 중·저준위방사성폐기물의 저장시설	연결송수관설비 및 연결살수설비

함께공부

- **물분무 등 소화설비** : ①물분무소화설비 / ②미분무소화설비 / ③포소화설비 / ④이산화탄소소화설비 / ⑤할론소화설비 / ⑥할로겐화합물 및 불활성기체소화설비 / ⑦분말소화설비 / ⑧강화액소화설비 / ⑨고체에어로졸소화설비
- **스프링클러설비** : 화재발생시 화재를 자동으로 감지하여 피난을 위한 경보를 발하고, 습식·건식·준비작동식·일제살수식 밸브가 개방되면, 유수의 흐름으로 인하여 펌프가 기동되고, 개방된 헤드를 통해 소화수를 방수하여 소화하는 자동식 수계소화설비
- **상수도 소화용수설비** : 화재진압용도의 소방차는 물탱크 내에 물을 저장하고 있으나, 그 물만으로는 부족하기 때문에... 건축물 지하에 매설된 상수도를 이용하여 물을 추가로 공급받아야 한다. 상수도를 이용해 수돗물을 공급받는 방식은... 지상식소화전, 지하식소화전, 급수탑으로 구분된다.
- **연결살수설비** : 소방대의 진입이 곤란한 지하등의 장소(부분)에, 소방차에서 송수구에 물을 공급하면, 그 공급된 물이 헤드를 통하여 방수되어 화재를 진압하는 설비

숫자가 답인 문제 ★★

42 위험물안전관리법상 시·도지사의 허가를 받지 아니하고 당해 제조소등을 설치할 수 있는 기준 중 다음 ( ) 안에 알맞은 것은?

> 농예용·축산용 또는 수산용으로 필요한 난방시설 또는 건조시설을 위한 지정수량 (　　)배 이하의 저장소

① 20　　② 30　　③ 40　　④ 50

- **제조소등**(제조소, 저장소, 취급소)을 설치하고자 하는 자는 대통령령이 정하는 바에 따라 그 설치장소를 관할하는 특별시장·광역시장·특별자치시장·도지사 또는 특별자치도지사(이하 "**시·도지사**")의 허가를 받아야 한다.
- 다만, 다음에 해당하는 제조소등은 허가를 받지 아니하고 당해 제조소등을 설치하거나 그 위치·구조 또는 설비를 변경할 수 있으며, 신고를 하지 아니하고 위험물의 품명·수량 또는 지정수량의 배수를 변경할 수 있다.
  1. **주택의 난방시설**(공동주택의 중앙난방시설 제외)을 위한 **저장소 또는 취급소**
  2. **농예용·축산용** 또는 **수산용**으로 필요한 난방시설 또는 건조시설을 위한 **지정수량 20배 이하의 저장소**

문장이 답인 문제

43 소방시설공사업법상 특정소방대상물의 관계인 또는 발주자가 해당 도급계약의 수급인을 도급계약 해지할 수 있는 경우의 기준 중 틀린 것은?

① 하도급계약의 적정성 심사 결과 하수급인 또는 하도급계약 내용의 변경 요구에 정당한 사유 없이 따르지 아니하는 경우
② 정당한 사유 없이 15일 이상 소방시설공사를 계속하지 아니하는 경우
　　　　　　　　　　　　30일
③ 소방시설업이 등록 취소되거나 영업 정지된 경우
④ 소방시설업을 휴업하거나 폐업한 경우

특정소방대상물의 관계인 또는 **발주자**는 해당 도급계약의 수급인이 다음의 어느 하나에 해당하는 경우에는 **도급계약을 해지할 수 있다.**
1. **하도급계약의 적정성 심사결과** 하수급인의 시공 및 수행능력 또는 하도급계약 내용이 **적정하지 아니한 경우**에는 그 사유를 분명하게 밝혀 수급인에게 하수급인 또는 **하도급계약 내용의 변경**을 요구할 수 있는바, 이에 따른 요구에 정당한 사유 없이 **따르지 아니하는 경우**
2. 정당한 사유 없이 **30일 이상** 소방시설공사를 계속하지 아니하는 경우
3. 소방시설업이 등록 취소되거나 영업 정지된 경우
4. 소방시설업을 휴업하거나 폐업한 경우

> 생각하기) 1달 정도의 여유는 줘야하지 않나?

단어가 답인 문제 ★★

44 소방시설공사업법령상 소방시설공사 완공검사를 위한 현장확인 대상 특정소방대상물의 범위가 아닌 것은?

① 위락시설　　② 판매시설　　③ 운동시설　　④ 창고시설

완공검사를 위한 현장확인 대상 특정소방대상물의 범위
 : 공사업자는 소방시설공사를 완공하면 소방본부장 또는 소방서장의 완공검사를 받아야 한다.
1. 종교시설, 수련시설, 노유자시설, 숙박시설, 창고시설, 문화 및 집회시설, 판매시설, 지하상가, 운동시설, 다중이용업소
   [암기법] 종수 노숙 창문판 지운다 10개
2. 다음의 어느 하나에 해당하는 설비가 설치되는 특정소방대상물

가. 스프링클러설비등
나. 물분무등소화설비(호스릴 방식의 소화설비는 제외)
3. 연면적 **1만제곱미터** 이상이거나 **11층** 이상인 특정소방대상물(**아파트는 제외**)
4. 가연성가스를 제조·저장 또는 취급하는 시설 중 **지상에 노출된 가연성가스탱크**의 저장용량 합계가 **1천톤** 이상인 시설

숫자가 답인 문제 ★★★

45 화재의 예방 및 안전관리에 관한 법령상 **특수가연물**의 저장 및 취급의 기준 중 다음 (　) 안에 알맞은 것은? (단, 석탄·목탄류를 발전용으로 저장하는 경우는 제외한다.)

> **살수설비**를 설치하거나, 방사능력 범위에 해당 특수가연물이 포함되도록 **대형수동식소화기**를 설치하는 경우에는 쌓는 높이를 (㉠)미터 이하, 석탄·목탄류의 경우에는 쌓는 부분의 바닥면적을 (㉡)제곱미터 이하로 할 수 있다.

① ㉠ 10, ㉡ 50　　② ㉠ 10, ㉡ 200　　③ ㉠ 15, ㉡ 200　　④ ㉠ 15, ㉡ 300

1. 화재가 발생하는 경우 불길이 빠르게 번지는 고무류·플라스틱류·석탄 및 목탄 등 대통령령으로 정하는 **화재의 확대가 빠른 특수가연물**은 품명별로 **일정수량 이상**의 가연물을 말한다.
2. 특수가연물을 품명별로 구분하여 기준에 맞게 쌓을 것(**쌓는 기준**)
   ① 살수설비를 설치하거나 방사능력 범위에 해당 특수가연물이 포함되도록 **대형수동식소화기**를 설치하는 경우
   　• 높이 → **15미터** 이하
   　• 쌓는 부분의 바닥면적 → 200제곱미터(석탄·목탄류의 경우에는 300제곱미터) 이하
   ② 그 밖의 경우
   　• 높이 → 10미터 이하
   　• 쌓는 부분의 바닥면적 → 50제곱미터(석탄·목탄류의 경우에는 200제곱미터) 이하

문장이 답인 문제

46 소방시설 설치 및 관리에 관한 법상 **중앙소방기술심의위원회**의 심의사항이 아닌 것은?

① 화재안전기준에 관한 사항
② 소방시설의 설계 및 공사감리의 방법에 관한 사항
③ **소방시설에 하자가 있는지의 판단에 관한 사항**
④ 소방시설공사의 하자를 판단하는 기준에 관한 사항

다음의 사항을 심의하기 위하여 **소방청**에 중앙소방기술심의위원회("중앙위원회"라 한다)를 둔다.
1. **화재안전기준**에 관한 사항
2. 소방시설의 구조 및 원리 등에서 **공법이 특수한 설계 및 시공**에 관한 사항
3. 소방시설의 **설계 및 공사감리의 방법**에 관한 사항
4. 소방시설공사의 **하자를 판단하는 기준**에 관한 사항
5. **신기술·신공법** 등 검토·평가에 고도의 기술이 필요한 경우로서 중앙위원회에 심의를 요청한 사항

문장이 답인 문제 ★★

47 소방시설 설치 및 관리에 관한 법령상 **단독경보형감지기를 설치해야 하는 특정소방대상물**의 기준 중 옳은 것은?

① 연면적 <u>500m²</u> 미만의 유치원
　　　　　400m²
② 공동주택 중 <u>아파트</u> 및 다세대주택
　　　　　　　연립주택
③ **수련시설 내에 있는 연면적 2000m² 미만의 합숙소**
④ 교육연구시설 내에 있는 연면적 <u>1000m²</u> 미만의 기숙사
　　　　　　　　　　　　　　　　2000m²

• **특정소방대상물** : 건축물 등의 규모·용도 및 수용인원 등을 고려하여 **소방시설을 설치하여야 하는 소방대상물로서 대통령령**으로 정하는 것
• **단독경보형 감지기**를 설치하여야 하는 특정소방대상물
　① 연면적 **400m²** 미만의 유치원
　② 공동주택 중 **연립주택** 및 다세대주택
　③ **수련시설** 내에 있는 **기숙사** 또는 **합숙소**로서 연면적 **2천m² 미만**인 것
　④ **교육연구시설** 내에 있는 **기숙사** 또는 **합숙소**로서 연면적 **2천m² 미만**인 것

단어가 답인 문제 ★

48 소방시설 설치 및 관리에 관한 법령상 용어의 정의 중 다음 (　) 안에 알맞은 것은?

> 특정소방대상물이란 건축물 등의 규모·용도 및 수용인원 등을 고려하여 소방시설을 설치하여야 하는 소방대상물로서 (　)으로 정하는 것을 말한다.

① 행정안전부령　② 국토교통부령　③ 고용노동부령　④ 대통령령

특정소방대상물 : 건축물 등의 규모·용도 및 수용인원 등을 고려하여 소방시설을 설치하여야 하는 소방대상물로서 대통령령으로 정하는 것

단어가 답인 문제

49 화재의 예방 및 안전관리에 관한 법령상 소방안전 특별관리시설물의 대상 기준 중 틀린 것은?

① 수련시설
② 항만시설
③ 전력용 및 통신용 지하구
④ 지정문화재인 시설(시설이 아닌 지정문화재를 보호하거나 소장하고 있는 시설을 포함)

소방청장은 화재 등 재난이 발생할 경우 사회·경제적으로 피해가 큰 다음의 시설("소방안전 특별관리시설물"이라 한다)에 대하여 소방안전 특별관리를 하여야 한다.
1. 공항시설 / 철도시설 / 도시철도시설 / 항만시설
2. 지정문화재인 시설(시설이 아닌 지정문화재를 보호하거나 소장하고 있는 시설을 포함)
3. 산업기술단지 / 산업단지
4. 초고층 건축물 및 지하연계 복합건축물
5. 영화상영관 중 수용인원 1천명 이상인 영화상영관
6. **전력용 및 통신용 지하구**
7. 석유비축시설 / 천연가스 인수기지 및 공급망
8. 전통시장으로서 대통령령으로 정하는 전통시장

문장이 답인 문제 ★★

50 위험물안전관리법령상 인화성액체위험물(이황화탄소를 제외)의 옥외탱크저장소의 탱크 주위에 설치하여야 하는 방유제의 설치기준 중 틀린 것은?

① 방유제 내의 면적은 60,000㎡ 이하로 하여야 한다. (80,000㎡)
② 방유제는 높이 0.5m 이상 3m 이하, 두께 0.2 이상, 지하매설깊이 1m 이상으로 할 것. 다만, 방유제와 옥외저장탱크 사이의 지반면 아래에 불침윤성 구조물을 설치하는 경우에는 지하매설깊이를 해당 불침윤성 구조물까지로 할 수 있다.
③ 방유제의 용량은 방유제 안에 설치된 탱크가 하나인 때에는 그 탱크 용량의 110% 이상, 2기 이상인 때에는 그 탱크 중 용량이 최대인 것의 용량의 110% 이상으로 하여야 한다.
④ 방유제는 철근콘크리트로 하고, 방유제와 옥외저장탱크 사이의 지표면은 불연성과 불침윤성이 있는 구조(철근콘크리트 등)로 할 것. 다만, 누출된 위험물을 수용할 수 있는 전용유조 및 펌프 등의 설비를 갖춘 경우에는 방유제와 옥외저장탱크 사이의 지표면을 흙으로 할 수 있다.

인화성액체위험물(이황화탄소를 제외한다)의 옥외탱크저장소의 탱크 주위에는 다음 기준에 의하여 방유제를 설치하여야 한다.
1. 방유제의 용량
　① 탱크가 하나인 때 : 그 탱크 용량의 110% 이상
　② 탱크가 2기 이상인 때 : 그 탱크 중 용량이 최대인 것의 용량의 110% 이상
2. 방유제의 높이, 면적 등
　① 방유제의 높이 0.5m 이상 ~ 3m 이하
　② 방유제의 두께 : 0.2m 이상
　③ 지하매설 깊이 : 1m 이상
　④ 면적 : 방유제 내의 면적은 8만㎡ 이하
　⑤ 방유제는 철근콘크리트로 하고, 방유제와 옥외저장탱크 사이의 지표면은 불연성과 불침윤성이 있는 구조(철근콘크리트 등)로 할 것. 다만, 누출된 위험물을 수용할 수 있는 전용유조 및 펌프 등의 설비를 갖춘 경우에는 방유제와 옥외저장탱크 사이의 지표면을 흙으로 할 수 있다.

함께공부

- 방유제란 옥외에 위험물 유류탱크를 설치할 때 위험물이 탱크 밖으로 흘러 넘치는 상황을 대비하기 위해, 유류탱크 주위에 둑을 만드는 것이다.
- 위험물이 흘러 넘쳤을 때, 흘러넘친 위험물을 방유제 내에 가두어 두는 역할을 한다.

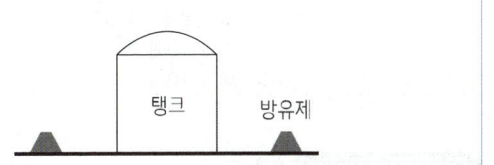

단어가 답인 문제 ★★★

51 화재의 예방 및 안전관리에 관한 법령상 특수가연물의 품명별 수량 기준으로 틀린 것은?

① 합성수지류(발포시킨 것) : 20㎥ 이상
② 가연성액체류 : 2㎥ 이상
③ 넝마 및 종이부스러기 : 400kg 이상 1000kg
④ 볏짚류 : 1000kg 이상

특수가연물 품명별 수량기준 → 나사면이 / 넝볏사천 / 가고삼천 / 석만 / 가이목십 / 합발이십

품명		수량	암기법
나무껍질 및 대팻밥		400 kg 이상	나사
면화류		200 kg 이상	면이
넝마 및 종이부스러기		1,000 kg 이상	넝볏사 천
볏짚류		1,000 kg 이상	
사류(실)		1,000 kg 이상	
가연성 고체류		3,000 kg 이상	가고 삼천
석탄·목탄류		10,000 kg 이상	석만
가연성 액체류		2 m³ 이상	가이
목재가공품 및 나무부스러기		10 m³ 이상	목십
합성수지류	발포시킨 것	20 m³ 이상	합발 이십
	그 밖의 것	3,000 kg 이상	

문장이 답인 문제 ★★

52 위험물안전관리법상 업무상 과실로 제조소등에서 위험물을 유출·방출 또는 확산시켜 사람의 생명·신체 또는 재산에 대하여 위험을 발생시킨 자에 대한 벌칙 기준으로 옳은 것은?

① 10년 이하의 징역 또는 금고나 1억원 이하의 벌금
② 7년 이하의 금고 또는 7천만원 이하의 벌금
③ 5년 이하의 징역 또는 1억원 이하의 벌금
④ 3년 이하의 징역 또는 3천만원 이하의 벌금

업무상 과실로 제조소등에서 위험물을 유출·방출 또는 확산시켜… 사람의 생명·신체 또는 재산에 대하여 위험을 발생시킨 자
→ 7년 이하의 금고 또는 7천만원 이하의 벌금에 처한다.
→ 위의 죄를 범하여 사람을 사상에 이르게 한 자는 10년 이하의 징역 또는 금고나 1억원 이하의 벌금에 처한다.

숫자가 답인 문제 ★

53 위험물안전관리법령상 제조소의 위치·구조 및 설비의 기준 중 위험물을 취급하는 건축물 그 밖의 시설의 주위에는 그 취급하는 위험물을 최대수량이 지정수량의 10배 이하인 경우 보유하여야 할 공지의 너비는 몇 m 이상 이어야 하는가?

① 3
② 5
③ 8
④ 10

위험물을 취급하는 건축물 그 밖의 **시설의 주위**에는 그 취급하는 위험물의 **최대수량**에 따라 다음 표에 의한 **너비의 공지를 보유**하여야 한다.

취급하는 위험물의 최대수량	공지의 너비
지정수량의 **10배** 이하	3m 이상
지정수량의 **10배** 초과	5m 이상

단어가 답인 문제 ★★★

54 소방시설 설치 및 관리에 관한 법령상 **자체점검 중 종합점검 실시 대상**이 되는 특정소방대상물의 기준 중 다음 ( )안에 알맞은 것은?

- (㉠)가 설치된 특정소방대상물
- **물분무등소화설비**[호스릴(hose reel) 방식의 물분무등소화설비만을 설치한 경우는 제외한다]가 설치된 **연면적** (㉡) 이상인 특정소방대상물(제조소등은 제외한다)

① ㉠ 스프링클러설비, ㉡ 3000 ㎡
② ㉠ **스프링클러설비**, ㉡ **5000 ㎡**
③ ㉠ 제연설비, ㉡ 3000 ㎡
④ ㉠ 제연설비, ㉡ 5000 ㎡

- 스프링클러설비가 설치된 모든 특정소방대상물은 **종합점검** 대상에 해당한다.
- 물분무등소화설비가 설치된 연면적 **5,000㎡ 이상**인 특정소방대상물(제조소등 제외)은 **종합점검** 대상에 해당한다.

함께 공부

1. **종합점검** : 소방시설등의 작동점검을 포함하여 소방시설등의 설비별 주요 구성 부품의 구조기준이 화재안전기준과 건축법 등 관련 법령에서 정하는 기준에 적합한 지 여부를 소방청장이 정하여 고시하는 소방시설등 종합점검표에 따라 점검하는 것을 말하며, 다음과 같이 구분한다.
   ① **최초점검** : 특정소방대상물의 소방시설등이 신설되어 소방시설이 새로 설치되는 경우... 건축법에 따라 건축물이 사용승인 되어 건축물을 사용할 수 있게 된 날부터 60일 이내 점검하는 것을 말한다.
   ② **그 밖의 종합점검** : 최초점검을 제외한 종합점검을 말한다.
2. **종합점검 제외 대상**
   - **호스릴방식**의 물분무등소화설비만을 설치한 경우는 제외
   - 물분무등소화설비가 설치된 **제조소등**은 제외
   - 다중이용업의 영업장 중 **비디오물소극장업**은 제외
   - 공공기관 중 **소방대가 근무하는 공공기관**은 제외
   - **제연설비가 설치되지 않은 터널**

문장이 답인 문제 ★

55 소방기본법상 **소방업무의 응원**에 대한 설명 중 **틀린** 것은?

① 소방본부장이나 소방서장은 소방활동을 할 때에 긴급한 경우에는 이웃한 소방본부장 또는 소방서장에게 소방업무의 응원을 요청할 수 있다.
② 소방업무의 응원 요청을 받은 소방본부장 또는 소방서장은 정당한 사유 없이 그 요청을 거절하여서는 아니 된다.
③ 소방업무의 응원을 위하여 파견된 소방대원은 응원을 요청한 소방본부장 또는 소방서장의 지휘에 따라야 한다.
④ 시·도지사는 소방업무의 응원을 요청하는 경우를 대비하여 출동 대상지역 및 규모와 필요한 경비의 부담 등에 관하여 필요한 사항을 <u>대통령령</u>으로 정하는 바에 따라 이웃하는 시·도지사와 협의하여 미리 규약으로 정하여야 한다.
   → 행정안전부령

소방본부장이나 소방서장은... 소방활동을 할 때에 긴급한 경우에는 이웃한 소방본부장 또는 소방서장에게 소방업무의 응원을 요청할 수 있다. (소방대장의 권한이 아닌, 소방본부장이나 소방서장의 권한임)
시·도지사는... 소방업무의 응원을 요청하는 경우를 대비하여, 출동 대상지역 및 규모와 필요한 경비의 부담 등에 관하여 필요한 사항
→ **행정안전부령**으로 정하는 바에 따라 이웃하는 시·도지사와 협의하여 미리 규약으로 정하여야 한다.

함기탑!
돈(경비부담)에 관한 협의는 행정이니까... 시·도지사가... 행안부령으로...(대통령령으로 하기에는 쪼잔...?)

숫자가 답인 문제

56 화재의 예방 및 안전관리에 관한 법령상 소방안전관리대상물의 관계인이 소방훈련 및 교육을 하지 않은 경우 1차 위반 시 과태료 금액 기준으로 옳은 것은?

① 200만원　② 100만원　③ 50만원　④ 30만원

과태료의 부과기준

위반행위	과태료 금액		
	1차 위반	2차 위반	3차 위반
소방안전관리대상물의 관계인은 그 장소에 근무하거나 거주하는 사람 등에게 소화·통보·피난 등의 훈련(소방훈련)과 소방안전관리에 필요한 교육을 하여야 한다. 이를 위반하여 소방훈련 및 교육을 하지 않은 경우	100	200	300

단어가 답인 문제

57 화재의 예방 및 안전관리에 관한 법령상 시·도지사가 화재예방강화지구로 지정할 필요가 있는 지역을 화재예방강화지구로 지정하지 아니하는 경우 해당 시·도지사에게 해당 지역의 화재예방강화지구 지정을 요청할 수 있는 자는?

① 행정안전부장관　② 소방청장　③ 소방본부장　④ 소방서장

- **화재예방강화지구** : 특별시장·광역시장·특별자치시장·도지사 또는 특별자치도지사(이하 "**시·도지사**"라 한다)가 화재발생 우려가 크거나 화재가 발생할 경우 피해가 클 것으로 예상되는 지역에 대하여 화재의 예방 및 안전관리를 강화하기 위해 지정·관리하는 지역을 말한다.
- 시·도지사가 화재예방강화지구로 지정할 필요가 있는 지역을 화재예방강화지구로 지정하지 아니하는 경우 **소방청장**은 해당 시·도지사에게 해당 지역의 **화재예방강화지구 지정**을 요청할 수 있다.

문장이 답인 문제 ★★★

58 관리의 권원이 분리되어 있는 특정소방대상물의 관계인은 소유권, 관리권 및 점유권에 따라 각각 소방안전관리자를 선임해야 한다. 이 때 법에서 규정하고 있는 관리의 권원이 분리된 특정소방대상물에 해당하지 않는 것은?

① 판매시설 중 상점
② 지하층을 제외한 층수가 11층 이상인 복합건축물
③ 지하가(지하의 인공구조물 안에 설치된 상점 및 사무실, 그 밖에 이와 비슷한 시설이 연속하여 지하도에 접하여 설치된 것과 그 지하도를 합한 것)
④ 복합건축물로서 연면적 3만제곱미터 이상인 건축물

관리의 권원이 분리된 특정소방대상물의 기준을 적용받는 특정소방대상물
1. **복합건축물**(지하층을 제외한 층수가 **11층 이상** 또는 연면적 **3만제곱미터 이상**인 건축물)
2. **지하가**(지하의 인공구조물 안에 설치된 상점 및 사무실, 그 밖에 이와 비슷한 시설이 연속하여 지하도에 접하여 설치된 것과 그 지하도를 합한 것)
3. **판매시설** 중 도매시장, 소매시장 및 전통시장

숫자가 답인 문제 ★

59 화재의 예방 및 안전관리에 관한 법령상 일반음식점 주방에서 조리를 위하여 불을 사용하는 설비를 설치하는 경우 지켜야 하는 사항 중 다음 ( ) 안에 알맞은 것은?

- 주방설비에 부속된 배출덕트(공기 배출통로)는 (㉠)밀리미터 이상의 아연도금강판 또는 이와 같거나 그 이상의 내식성 불연재료로 설치할 것
- 열을 발생하는 조리기구로부터 (㉡)미터 이내의 거리에 있는 가연성 주요구조부는 단열성이 있는 불연재료로 덮어 씌울 것

① ㉠ 0.5, ㉡ 0.15　② ㉠ 0.5, ㉡ 0.6　③ ㉠ 0.6, ㉡ 0.15　④ ㉠ 0.6, ㉡ 0.5

보일러 등의 설비 또는 기구 등의 위치·구조 및 관리와 화재예방을 위하여 불을 사용할 때 지켜야 하는 사항 중 일반음식점 주방에서 조리를 위하여 불을 사용하는 설비를 설치하는 경우
① 주방설비에 부속된 **배출덕트**(공기 배출통로)는 0.5밀리미터 이상의 아연도금강판 또는 이와 같거나 그 이상의 내식성 불연재료로 설치할 것
② 열을 발생하는 조리기구로부터 0.15미터 이내의 거리에 있는 가연성 주요구조부는 단열성이 있는 **불연재료**로 덮어 씌울 것
③ 주방시설에는 동물 또는 식물의 기름을 제거할 수 있는 필터 등을 설치할 것
④ 열을 발생하는 조리기구는 반자 또는 선반으로부터 0.6미터 이상 떨어지게 할 것

암기탑! 배출덕트의 강판은 0.5mm [1mm의 절반] / 조리기구 15cm(=0.15m) 이내 [30cm자의 절반] 불연재료

문장이 답인 문제 ★★★

60 소방기본법령상 소방용수시설별 설치기준 중 옳은 것은?

① 저수조는 지면으로부터의 낙차가 4.5m 이상일 것
                                              이하

② 소화전은 상수도와 연결하여 지하식 또는 지상식의 구조로 하고, 소방용 호스와 연결하는 소화전의 연결금속구의 구경은 50mm로 할 것
                65mm

③ **저수조 흡수관의 투입구가 사각형의 경우에는 한 변의 길이가 60㎝ 이상일 것**

④ 급수탑 급수배관의 구경은 65mm 이상으로 하고, 개폐밸브는 지상에서 0.8m 이상, 1.5m 이하의 위치에 설치하도록 할 것
                       100mm   1.5m 이상 1.7m 이하

---

① 저수조 → 흡수부분의 수심은… 0.5m 이상이고 ~ 지면으로부터 **낙차는 4.5m 이하**일 것
   ※ 낙차가 4.5m 이상이면 너무 높아서… **소방차가 물을 흡입할 수 없다.**
② 소화전 연결금속구의 구경 → **65mm**
③ 저수조 흡수관 투입구
   • 사각형의 경우 → 한 변의 길이가 **60㎝ 이상**
   • 원형 → 지름이 **60㎝ 이상**
④ 급수탑
   • 급수배관의 구경 → **100mm 이상**
   • 개폐밸브 → 지상에서 **1.5m 이상 ~ 1.7m 이하**의 위치에 설치

암기탑! 저수조에서 소방차가 물을 흡수하기 위해서는, 흡수관 투입구에 흡수관을 넣어야 하는데… ➡ 그 크기는, 30cm자 2개 크기(60cm)이다.

4과목 소방기계시설의 구조및원리

✔ 이것이 혁신이다! 기출문제 + 답이색해설

숫자가 답인 문제

61 제연설비의 배출량 기준 중 다음 ( ) 안에 알맞은 것은?

거실의 바닥면적이 **400㎡ 미만**으로 **구획**된 예상제연구역에 대한 **배출량**은 바닥면적 1㎡당 (㉠) ㎥/min 이상으로 하되, 예상제연구역에 대한 **최저 배출량**은 (㉡) ㎥/hr 이상으로 할 것

① ㉠ 0.5, ㉡ 10000   ② ㉠ 1, ㉡ 5000   ③ ㉠ 1.5, ㉡ 15000   ④ ㉠ 2, ㉡ 5000

제연이란 **연기를 제어**한다는 의미로서... 화재실에 **신선한 공기를 급기**하고, **발생된 연기를 배기(배출)**하는 것을 제연이라 한다.
제연설비 : **구획**(구역)을 나눠(가두)어서 연기를 배출(배기)하거나, 신선한 공기를 급기(유입)하여 소화활동 및 피난을 용이하게 만드는 설비

400㎡ 미만의 거실(소규모 거실) 배출량 → 바닥면적 1㎡당 1 ㎥/min 이상 [1분에 1m³]
 → 최저 배출량은 5,000 ㎥/hr 이상 [1시간에 5000m³]

숫자가 답인 문제 ★★★

62 케이블트레이에 물분무소화설비를 설치하는 경우 저장하여야 할 수원의 최소 저수량은 몇 ㎥인가? (단, 케이블트레이의 **투영된 바닥면적은 70㎡**이다.)

① 12.4   ② 14   ③ **16.8**   ④ 28

- **물분무 소화설비** : 물을 안개모양으로 방사해 가스와 비슷한 형태를 가지므로, 전기의 부도체(전기가 통하지 않는 물체 = 비전도성)로서 전기시설물에 설치가 가능한 자동식 수계소화설비
- **수원** : 물이 저장된 곳(수조에 저장할 물의 양)

케이블트레이에 물분무설비를 설치할 때, 1분당(min) 몇 리터(12L)의 토출량으로, 몇 분(20분) 동안 방수할 수 있도록... 물(수원)을 저장해야 하는가의 문제이다.
케이블트레이 수원(㎥) = 투영된 바닥면적 × 12L/min·㎡ × 20min = 70㎡ × 12L/min·㎡ × 20min = 16,800L = 16.8㎥

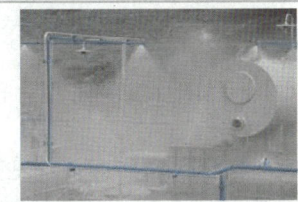  

물분무 소화설비 방수하는 모습의 예

함께공부

물분무설비 대상물	기준면적(㎡)	분당 토출량 (20분간 방수)	암기법
특수가연물	최대 방수구역의 바닥면적 (50㎡ 이하인 경우에는 50㎡)	10 L/min (분당 10L)	나머지 10
차고(주차장)	//	20 L/min (분당 20L)	**차 20** (차는 위험하니까 이십)
절연유 봉입 변압기	바닥부분을 제외한 (변압기의)표면적을 합한 면적	10 L/min (분당 10L)	**절표**(절마크)십 나머지 10
케이블트레이, 케이블덕트	투영된 바닥면적	12 L/min (분당 12L)	**케투 12**
컨베이어 벨트	벨트부분의 바닥면적	10 L/min (분당 10L)	나머지 10

잠깐! 특수 차고 절연 케이컨 ➡ 특수한 차고는 전기적으로 절연해야 한다. 왜냐하면 거기서 베이컨(케이컨)을 먹어야 하니까~

숫자가 답인 문제

63 호스릴 이산화탄소소화설비의 노즐은 20℃에서 하나의 노즐마다 몇 kg/min 이상의 소화약제를 방사할 수 있는 것이어야 하는가?

① 40　　② 50　　③ 60　　④ 80

- **이산화탄소 소화설비** : 탄산가스(CO_2)를 소화약제로 이용하여 화재를 진압하는 가스계 소화설비로서 CO_2는 화학적으로 안정된 불연성가스이고, 화재실에 CO_2약제를 방출하면 공기중의 산소농도를 떨어뜨려 소화하는 질식소화가 대표적인 소화효과이다. 약제 저장방식(저장온도)에 따라 고압식설비와 저압식설비(영하 18℃이하)로 구분된다.
- **호스릴방식** : 분사헤드가 배관에 고정되어 있지 않고 소화약제 저장용기에 **호스를 연결하여 사람이** 직접 화점에 소화약제를 방출하는 이동식 소화설비

호스릴 이산화탄소소화설비는 하나의 노즐에 대하여 **90kg 저장**(45kg×2병)하고... 20℃에서 (상온기준) **60kg/min**(1분에 60kg) 방사할 수 있도록 할 것[저장된 소화약제 90kg가 1분30초면 모두 방사됨]

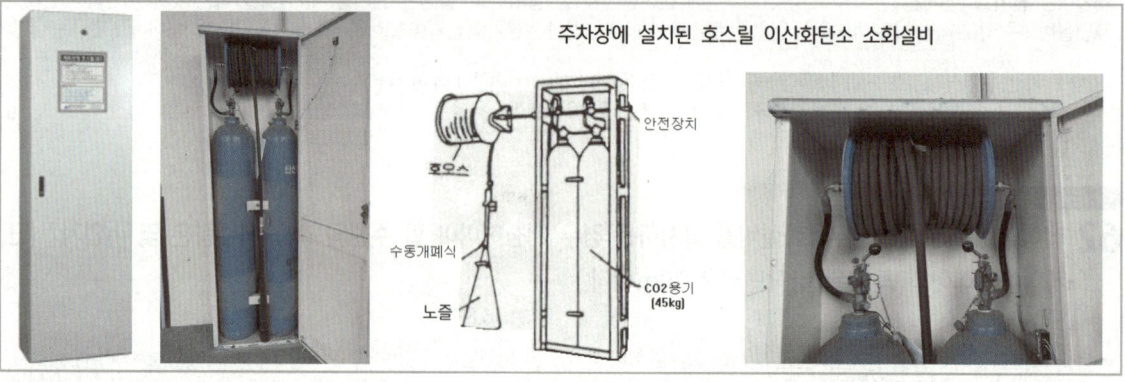

주차장에 설치된 호스릴 이산화탄소 소화설비

문장이 답인 문제 ★

64 차고·주차장의 부분에 호스릴포소화설비 또는 포소화전설비를 설치할 수 있는 기준 중 맞는 것은?

① 지상 1층으로서 지붕이 없는 부분
② 지상에서 수동 또는 원격 조작에 따라 개방이 가능한 개구부의 유효면적의 합계가 바닥면적의 20% 이상인 부분
③ 옥외로 통하는 개구부가 상시 개방된 구조의 부분으로서 그 개방된 부분의 합계면적이 해당 차고 또는 주차장의 바닥면적의 15% 이상인 부분
④ 완전 개방된 옥상주차장 또는 고가 밑의 주차장으로서 주된 벽이 있고 기둥뿐이거나 주위가 위해방지용 철주 등으로 둘러쌓인 부분

- **포소화설비** : 수조로부터 공급된 물과 포약제 저장탱크에서 공급된 포원액을, **혼합기(프로포셔너)**에서 믹싱해 포수용액을 만들어, 포 방출구에서 공기와 섞어진 후 발포되어 거품을 방사하는 형태의 소화설비로서 유류탱크 등 위험물에 주로 사용된다.
- **포소화전설비**
  - 옥내·외 소화전설비와 비슷한 구조이나, 포소화약제가 혼합된 포수용액이... 유입된 공기와 혼합한 후, 특수한 포노즐을 통해 포를 형성하여... 방호대상물을 수동으로 소화하는 방식이다.
  - 포소화약제와 물이 혼합된 포수용액이 포소화전방수구, 호스 및 이동식포노즐을 통해 방사되어 소화한다.
- **호스릴포소화설비**
  - 화재 시 쉽게 접근하여 소화 작업이 가능한 장소 또는 고정포 방출설비 또는 포헤드설비 방식으로는 충분한 소화효과를 얻을 수 없는 부분에 설치하는 것으로서... 화재가 발생한 장소까지 호스릴에 감겨있는 호스를 당겨서 화재를 진압하는 설비이다.
  - 포소화약제와 물이 혼합된 포수용액이 호스릴포방수구, 호스 및 이동식포노즐을 통하여 방사되는 설비이다.

차고 또는 주차장 → 포워터스프링클러설비·포헤드설비 또는 고정포방출설비, 압축공기포소화설비
다만, 다음의 어느 하나에 해당하는 차고·주차장의 부분에는 호스릴포소화설비 또는 포소화전설비를 설치할 수 있다.
1. 완전 개방된 옥상주차장 또는 고가 밑의 주차장으로서 주된 벽이 없고 기둥뿐이거나 주위가 위해방지용 철주 등으로 둘러쌓인 부분
2. 지상 1층으로서 지붕이 없는 부분

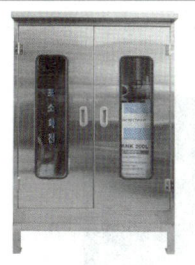   

사진출처[육송] 포소화전   이동식 포소화장비   호스릴포소화설비   사진출처[소방청]

문장이 답인 문제 ★

65 특별피난계단의 계단실 및 부속실 제연설비의 수직풍도에 따른 배출기준 중 각층의 옥내와 면하는 수직풍도의 관통부에 설치하여야 하는 배출댐퍼 설치기준으로 틀린 것은?

① 화재층의 옥내에 설치된 화재감지기의 동작에 따라 당해층의 댐퍼가 개방될 것
② 풍도의 배출댐퍼는 이·탈착구조가 되지 않도록 설치할 것 → 이·탈착 구조로 할 것
③ 개폐여부를 당해 장치 및 제어반에서 확인할 수 있는 감지기능을 내장하고 있을 것
④ 배출댐퍼는 두께 1.5mm 이상의 강판 또는 이와 동등 이상의 성능이 있는 것으로 설치하여야 하며 비 내식성 재료의 경우에는 부식방지 조치를 할 것

특별피난계단의 계단실 및 부속실 제연설비
- 특별피난계단의 **계단실·부속실** 및 **비상용 승강기의 승강장**에 신선한 공기를 급기(유입)하여 **연기가 침투하지 못하도록** 하여 피난을 용이하게 만드는 설비
- 피난로 및 피난공간의 안전성을 확보하여 인명안전은 물론 소방관의 소화 및 구조 활동을 원활하게 하는 데에 그 목적이 있다.
- **급기가압 제연설비**라고도 하며... 특정소방대상물의 **제연구역 내**(계단실, 부속실 또는 비상용승강기의 승강장)에 신선한 공기를 주입하여 **옥내**(화재발생 부분)보다 압력을 높게 하여 화재 시 발생한 연기 또는 열기가 제연구역으로 확산, 침투하지 못하도록 하는 설비이다.

제연구역(부속실, 계단실 등)으로 연기가 유입되지 못하도록 하는 방법은... 제연구역의 압력을 옥내(거실, 통로 등)보다 높게 유지(차압)하는 방법이다. 그렇게 압력을 높이다 보면, **제연구역에 과압**이 형성될 수 있다. 그 **과압을 제연구역에서 옥외로 보내고, 옥외에서 다시 옥외**(건물옥상)로 배출되도록 하여야 한다. 이 때 과압배출을 위한 **수직풍도**(아연도금강판)를, 건물의 층을 관통하여 수직으로 설치한 후... 각층의 수직풍도 관통부에 **배출댐퍼를 설치하여, 과압을 아래와 같이 관리**하여야 한다.

① 화재층의 옥내에 설치된 화재감지기의 동작에 따라 **당해층의 댐퍼가 개방될 것**
  → 댐퍼는 평소 폐쇄된 상태를 유지하다가... 화재시 감지기가 동작하면, 화재가 발생된 해당 층만 댐퍼가 개방되도록 하여야 한다.
② 풍도의 내부마감상태에 대한 점검 및 댐퍼의 정비가 가능한 이·탈착 구조로 할 것
  → 댐퍼를 이·탈착 할 수 없으면, 점검 및 정비가 어려워진다.
③ 개폐여부를 당해 장치 및 제어반에서 확인할 수 있는 감지기능을 내장하고 있을 것
  → 댐퍼의 개폐여부를 확인할 수 있어야 함은 당연할 것이다.
④ 배출댐퍼는 두께 1.5mm 이상의 강판 또는 이와 동등 이상의 성능이 있는 것으로 설치하여야 하며 비 내식성 재료의 경우에는 부식방지 조치를 할 것

단어가 답인 문제

66 인명구조기구의 종류가 아닌 것은?

① 방열복   ② 구조대   ③ 공기호흡기   ④ 인공소생기

피난구조설비(화재가 발생할 경우 피난하기 위하여 사용하는 기구 또는 설비)
1. 피난기구
2. 인명구조기구
  ① **방열복** : 고온의 복사열에 가까이 접근하여 소방활동이나 피난을 수행할 수 있는 **내열피복**
  ② **방화복**(안전모, 보호장갑 및 안전화 포함) : **화재진압** 등의 소방활동이나 피난을 수행할 수 있는 피복
  ③ **공기호흡기** : 소화활동시 또는 피난시에 화재로 인하여 발생하는 각종 유독가스 중에서 일정시간 사용할 수 있도록 제조된 압축공기식 **개인호흡장비**(보조마스크 포함)
  ④ **인공소생기** : 호흡 부전 상태인 사람에게 **인공호흡**을 시켜 환자를 보호하거나 구급하는 기구

구조대는 "**피난기구**"로서... 포지 등을 사용하여 자루형태로 만든 것으로서 화재시 사용자가 그 내부에 들어가서 내려옴으로써 대피할 수 있는 것을 말한다.

[경사강하식 구조대]

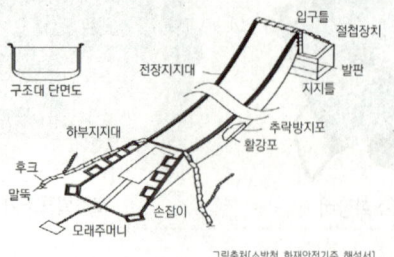

[그림출처[소방청 화재안전기준 해설서]]

인명구조기구의 종류

방열복	방화복	공기호흡기	인공소생기(인공호흡기)
방열복은 내열성이 강한 섬유표면에 알루미늄으로 특수코팅 처리한 겉감과 내열섬유가 여러 겹으로 되어 있어 열을 반사 차단하여 준다.	방화복은 방열복에 비해 내열성 등은 떨어지지만 가볍고 활동성이 좋으므로 일반적인 화재현장에서 주된 활동복으로 사용되고 있다.	공기호흡기는 건물 내 진입이든 건물 밖에서의 활동이든 화재 또는 유독물질이 존재하는 곳에서는 항상 호흡기를 착용해야 한다.	호흡곤란 환자에게 자동 및 수동으로 적정량의 산소를 안전하고 효과적으로 공급하여 위급한 환자의 생명을 소생시키는 의료기기다.

▶ 문장이 답인 문제 ★★

67 분말소화약제의 가압용 가스용기의 설치기준 중 틀린 것은?

① 분말 소화약제의 저장용기에 접속하여 설치하여야 한다.
② 가압용가스는 질소가스 또는 이산화탄소로 하여야 한다.
③ 가압용 가스용기를 3병 이상 설치한 경우에는 2개 이상의 용기에 전자개방밸브를 부착하여야 한다.
④ 가압용 가스용기에는 2.5 MPa 이상의 압력에서 압력 조정이 가능한 압력조정기를 설치하여야 한다.
　　　　　　　　　　　　　　이하

- **분말소화설비** : 분말소화설비는 미세한 분말입자를 별도 추진가스(질소 또는 이산화탄소)의 압력으로 방사하여 소화하는 설비이다.
- **가압방식** : (압력을 가하여 약제를 이송하는 방식)에 따라 축압식설비(추진가스 약제용기내 같이)와 가압식설비(추진가스 별도용기에 따로)로 구분
- **가압용 가스용기** : 분말소화약제는 스스로의 압력으로 이송될 수 없으므로, 고압의 가압원이 필요하다. 그에 따라 자체 증기압력이 높은 **가압용가스(질소 또는 이산화탄소)**를 이용하여 분말을 이송해야 한다. 이 때 별도의 가압 가스용기를 부설하여... 분말약제 탱크로 가스를 인입시켜 이송하는 방식을 가압식설비라 한다.

③ 전자개방밸브(솔레노이드밸브)
　→ 전기식으로 분말설비를 기동시키는 설비에 사용되며... 솔레노이드밸브를 가압용기밸브에 직접 부착하여 감지기 신호에 의해 솔레노이드의 파괴침이 가압기밸브의 봉판을 파괴하면 가압가스가 방출된다. (선택밸브도 솔레노이드밸브 부착)
　→ 분말소화약제의 가압용가스 용기를 3병 이상 설치한 경우에는 2개 이상의 용기에 전자개방밸브를 부착하여야 한다.
　　[2병의 가스 방출압력으로 나머지 가압용기를 개방시키겠다는 의미이다.]
④ 압력조정기
　→ 가압용 가스용기의 용기내 질소가스가 일반적으로 15MPa의 고압으로 충전되어 있으므로 이를 그대로 약제 저장용기내로 공급하면 매우 위험하므로 사용압력인 1.5~2MPa로 감압하여 약제 저장용기에 보내주는 역할을 하는 것이 압력조정기이다.
　→ 분말소화약제의 가압용가스 용기에는 **2.5MPa 이하의 압력에서 조정이 가능한 압력조정기를 설치**하여야 한다.
　→ 압력조정기는 압력을 낮추는 것이 본래의 목적이므로..."이상"이 되면 오히려 압력을 높인다는 의미가 되기 때문에, "이하"가 맞는 말이 된다.

압력조정장치
- 1차는 15MPa, 2차는 2.5MPa용으로 사용하며, 질소 가압용기 1병마다 1개씩 설치한다.
- 약제탱크의 내압이 낮을 때에는 질소가스를 공급하고 소정의 압력이 되면 공급을 정지한다.

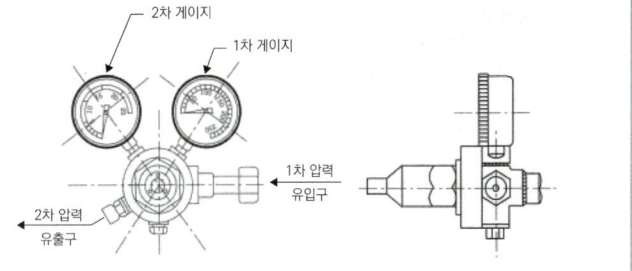

문장이 답인 문제 ★★

68 스프링클러헤드의 설치기준 중 옳은 것은?

① 살수가 방해되지 아니하도록 스프링클러헤드로부터 반경 30㎝ 이상의 공간을 보유할 것
                                                                                                        60㎝

② 스프링클러헤드와 그 부착면과의 거리는 60㎝ 이하로 할 것
                                             30㎝

③ 측벽형스프링클러헤드를 설치하는 경우 긴 변의 한쪽 벽에 일렬로 설치하고 3.2m 이내마다 설치할 것
                                                                                                         3.6m

④ 연소할 우려가 있는 개구부에는 그 상하좌우에 2.5m 간격으로 스프링클러헤드를 설치하되, 스프링클러헤드와 개구부의 내측 면으로부터 직선거리는 15㎝ 이하가 되도록 할 것

- **스프링클러설비** : 화재발생시 화재를 자동으로 감지하여 피난을 위한 경보를 발하고, 습식 · 건식 · 준비작동식 · 일제살수식 밸브가 개방되면, 유수의 흐름으로 인하여 펌프가 기동되고, 개방된 헤드를 통해 소화수를 방수하여 소화하는 자동식 수계소화설비
- **스프링클러 헤드** : 스프링클러에서 나오는 물을, 빗방울 형태로 대량으로 뿌리면서 방수하는 역할을 하는 부분을 말한다.
- **연소할 우려가 있는 개구부** : 각 방화구획을 관통하는 컨베이어 · 에스컬레이터 또는 이와 유사한 시설의 주위로서 방화구획을 할 수 없는 부분을 말한다.

연소할 우려가 있는 개구부의 헤드설치 기준

- 상하좌우에 2.5m 간격으로 스프링클러헤드 설치 (개구부의 폭이 2.5m 이하인 경우에는 그 중앙에 설치)

- 스프링클러헤드와 개구부의 내측 면으로부터 직선거리(개구부와 헤드 사이의 거리)는 15㎝ 이하

- 사람이 상시 출입하는 개구부로서 통행에 지장이 있는 때에는…
  → 개구부의 **상부 또는 측면**(개구부 폭 9m 이하만 측면에 설치가능)에 설치하되, 헤드 상호간의 **간격은 1.2m 이하**로 설치

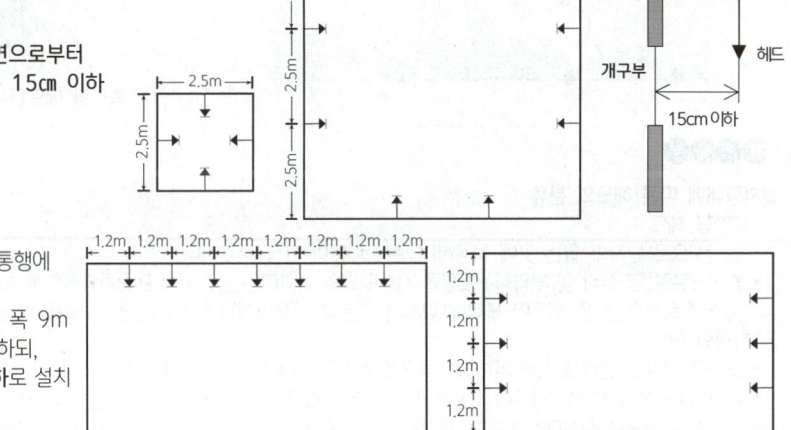

① 살수가 방해되지 아니하도록 헤드로부터 **반경 60㎝ 이상의 공간을 보유**할 것
  (벽과 헤드간의 공간은 10㎝ 이상)

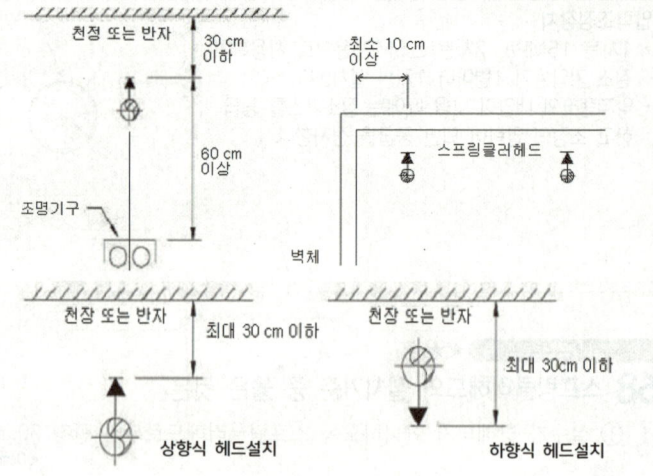

② 스프링클러헤드와 그 **부착면과의 거리는 30㎝ 이하**로 할 것
  (상향식, 하향식 모두 부착면은 천장·반자이다)

③ **측벽형** 스프링클러헤드의 설치(헤드를 천장 또는 반자에 설치하지 않고 벽에 설치하는 경우)
 • **벽간의 폭이 4.5 m 미만**의 경우 : 긴 변의 한쪽 벽에 일렬로 설치하고 **3.6m 이내마다** 설치

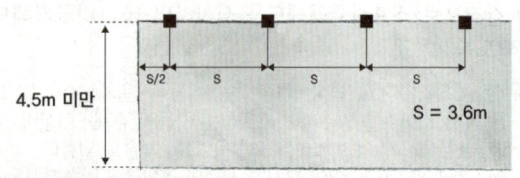 

측벽형 헤드(퓨지블링크형) 그림(사진)출처[육송]

 • **벽간의 폭이 4.5m 이상 9m 이하**의 경우 : 긴변의 양쪽에 각각 일렬로 설치하되 **마주보는 헤드가 나란히꼴**이 되도록 설치

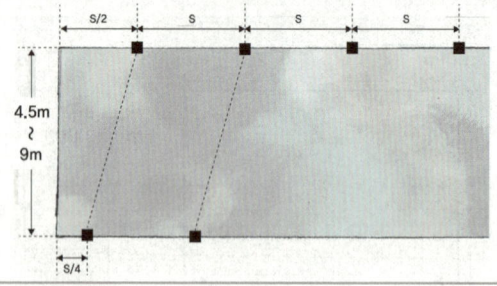 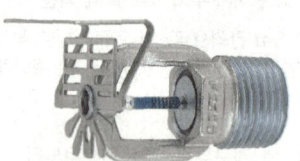

측벽형 헤드(유리벌브형) 그림(사진)출처[육송]

설치형태에 따른 헤드의 분류
1. 상향형 헤드
 • 일반적으로 반자가 없는 곳에 적용하며, 분사패턴이 가장 우수하다.
 • 습식스프링클러설비 및 부압식스프링클러설비 외의 설비에는 상향식 스프링클러헤드를 설치해야 한다. 왜냐하면, 스프링클러설비가 작동하면, 모든 헤드에 물이 채워지게 되는데... 하향식으로 설치하면 그 물을 빼줄 수 없기 때문이다.
2. 하향형 헤드
 • 습식 및 부압식설비에 사용하며 일반적으로 반자가 있는 경우에 적용한다.
 • 하향식헤드를 설치하는 경우에 가지배관으로부터 헤드에 이르는 헤드접속배관은 가지관 상부에서 분기해야 한다. (회향식 배관)
 • 회향식 배관으로 설치하는 이유 : 물 속에 있는 침전물로 인해 헤드가 막히는 것을 방지하기 위해
3. 측벽형 헤드
 • 실내의 폭이 9m 이하인 경우에 한해 옥내의 벽면에 설치되며, 분사패턴은 축심을 중심으로 한 반원상으로 균일하게 방사된다.

69 포헤드의 설치기준 중 다음 ( ) 안에 알맞은 것은?

압축공기포소화설비의 분사헤드는 천장 또는 반자에 설치하되 방호대상물에 따라 측벽에 설치할 수 있으며 유류탱크 주위에는 바닥면적 (㉠) ㎡ 마다 1개 이상, 특수가연물 저장소에는 바닥면적 (㉡) ㎡ 마다 1개 이상으로 당해 방호대상물의 화재를 유효하게 소화할 수 있도록 할 것

① ㉠ 8, ㉡ 9   ② ㉠ 9, ㉡ 8   ③ ㉠ 9.3, ㉡ 13.9   ④ ㉠ 13.9, ㉡ 9.3

- **포소화설비** : 수조로부터 공급된 물과 포약제 저장탱크에서 공급된 포원액을, **혼합기(프로포셔너)** 에서 믹싱해 포수용액을 만들어, 포 방출구에서 공기와 섞여진 후 발포되어 거품을 방사하는 형태의 소화설비로서 유류탱크 등 위험물에 주로 사용된다.
- **압축공기포소화설비** : 포소화약제와 물이 혼합된 포수용액에 압축공기 또는 압축질소를 일정한 비율로 혼합하여 방출하는 설비
- **포소화설비의 분류**
  ① 고정식 포소화설비 → 포워터스프링클러설비, 포헤드설비, 고정포방출설비(고발포용 고정포 방출구), 압축공기포소화설비
  ② 이동식 포소화설비 → 호스릴포소화설비, 포소화전설비(포소화전 방수구·호스 및 이동식 포노즐을 사용하는 설비)
  ③ 위험물 옥외탱크 저장소 → 고정포방출구(폼 챔버, 탱크내부), 보조포소화전(방유제 밖)

1. 문제개념
   - 문제의 **포헤드**란... 천장 또는 반자에 설치되는, 포를 방사하는 **분사헤드를 통칭**하는 말이다.
   - 따라서 포헤드는... 천장 또는 반자에 헤드가 설치되는, 포워터스프링클러헤드, 포헤드, 압축공기포 분사헤드가 해당된다.
   - 그 중 문제에서 묻고 있는 것은... 압축공기포소화설비 분사헤드 1개가 방호 가능한 면적이 얼마인지 묻고 있는 것이다.
2. 압축공기포소화설비 분사헤드 1개의 최대방호면적(유효 소화 면적)
   - **유류탱크주위** → 바닥면적 **13.9 ㎡** 마다 1개 이상
   - **특수가연물저장소** → 바닥면적 **9.3 ㎡** 마다 1개 이상

유류탱크 주위 13.9㎡ / 특수가연물 9.3 ㎡ ➡ 유류탱크의 13.9를 거꾸로 읽으면 특수가연물이 된다.(유류탱크는 주위라... 더 큰수)

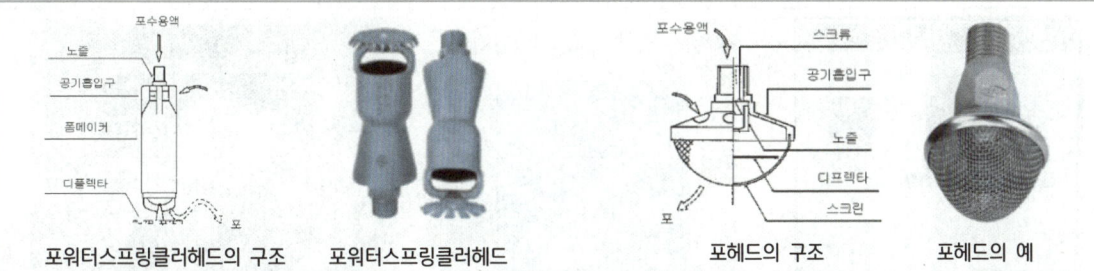

| 포워터스프링클러헤드의 구조 | 포워터스프링클러헤드 | 포헤드의 구조 | 포헤드의 예 |

문장이 답인 문제 ★

70 분말소화설비의 수동식 기동장치의 부근에 설치하는 비상스위치에 대한 설명으로 옳은 것은?

① 자동복귀형 스위치로서 수동식 기동장치의 타이머를 순간정지 시키는 기능의 스위치를 말한다.
② 자동복귀형 스위치로서 수동식 기동장치가 수신기를 순간정지 시키는 기능의 스위치를 말한다.
③ 수동복귀형 스위치로서 수동식 기동장치의 타이머를 순간정지 시키는 기능의 스위치를 말한다.
④ 수동복귀형 스위치로서 수동식 기동장치가 수신기를 순간정지 시키는 기능의 스위치를 말한다.

- **분말소화설비** : 분말소화설비는 미세한 분말입자를 별도 추진가스(질소 또는 이산화탄소)의 압력으로 방사하여 소화하는 설비이다.
- **가압방식**(압력을 가하여 약제를 이송하는 방식)에 따라 축압식설비(추진가스 약제용기내 같이)와 가압식설비(추진가스 별도용기에 따로)로 구분
- **수동식 기동장치** : 자동인 분말소화설비를… 사람이 수동으로 기동시킬 수 있는 장치
- **수신기** : 감지기나 발신기에서 보내는 화재신호를 직접수신하거나 또는 중계기를 통해 수신하여 화재발생을 표시하고, 경보(주경종 울림)하여 주는 장치

가스계설비의 비상스위치(= 방출지연 비상정지 스위치 = Abort Switch)

- **수동식 기동장치(수동조작함)**의 부근에는 소화약제의 **방출을 지연시킬 수 있는 비상스위치**를 설치하여야 한다. 비상스위치는 **자동복귀형** 스위치로서 수동식 기동장치의 **타이머를 순간 정지**시키는 기능의 스위치이다.
- **설치목적** : 감지기가 화재를 감지하거나, 수동식 기동장치를 조작하였을 경우… 곧 바로 설비가 기동되지 않고, 타이머에 의해 설정된 시간이 흐른 후 설비가 기동된다. 이는 방호구역 내부의 사람들이 안전하게 대피할 시간을 확보해 주기 위함이다. 하지만 미처 대피하지 못한 사람이 있을 때 소화약제가 방사되면 피해가 발생하게 되므로, 비상스위치를 통해 타이머를 정지시켜 소화약제의 방출을 지연시키는 역할을 한다.
- **작동메커니즘** : 비상스위치(Abort S/W)는… 누르고 있으면 설비의 기동이 정지되며, 손을 떼면 자동으로 복귀되는 스위치이다. 즉, 비상스위치를 누르면 타이머 시간이 정지 되었다가, 누르고 있던 손을 떼면 다시 타이머 시간이 진행 된다. 만일 설정된 타이머 시간이 60초인데, 30초가 지난 후 비상스위치를 누르면… 타이머의 시간이 더 이상 흐르지 않는다. 비상스위치를 누르고 있는 상태에서 사람이 모두 대피한 것을 확인한 후, 비상스위치에서 손을 떼면 그 때부터 남아있는 30초가 흐르게 된다.

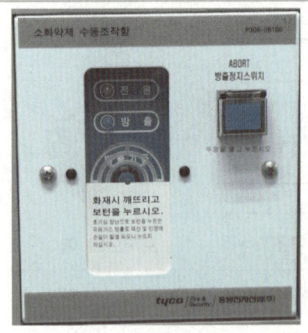  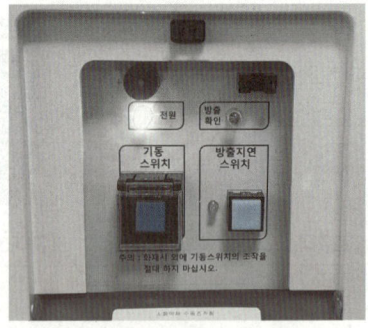

다양한 수동식 기동장치

> **숫자가 답인 문제** ★

71 이산화탄소 소화설비의 **배관의 설치기준** 중 다음 ( ) 안에 알맞은 것은?

> 고압식의 경우 개폐밸브 또는 선택밸브의 2차측 배관부속은 호칭 압력 2.0MPa 이상의 것을 사용하여야 하며, 1차측 배관부속은 호칭 압력 (㉠) MPa 이상의 것을 사용하여야 하고, 저압식의 경우에는 (㉡) MPa 의 압력에 견딜 수 있는 배관부속을 사용할 것

① ㉠ 3.0, ㉡ 2.0   ② ㉠ 4.0, ㉡ 2.0   ③ ㉠ 3.0, ㉡ 2.5   ④ ㉠ 4.0, ㉡ 2.5

- **이산화탄소 소화설비** : 탄산가스(CO_2)를 소화약제로 이용하여 화재를 진압하는 가스계 소화설비로서 CO_2는 화학적으로 안정된 불연성가스이고, 화재실에 CO_2약제를 방출하면 공기중의 산소농도를 떨어트려 소화하는 질식소화가 대표적인 소화효과이다. 약제 저장방식(저장온도)에 따라 고압식설비와 저압식설비(영하 18℃이하)로 구분된다.
- **고압식** : CO_2를 고압으로 액화시켜 68ℓ의 비교적 작은 용기에, 여러 병을 실온에 저장하는 방식으로… 밸브 개방시 고압이 해정되면서 기화되어 방사된다.
- **저압식** : -18℃ 이하에서 2.1MPa의 압력으로 CO_2를 액상으로 저장하는 방식으로… 언제나 -18℃를 유지해야 하므로 단열조치 및 자동냉동장치가 필요하며 약제용기는 대형저장탱크 1개를 사용한다.
- **선택밸브(또는 개폐밸브)** : 방호구역 및 방호대상물이 여러 곳인 소방대상물에서… 소화약제 저장용기는 모든 구역 및 대상물에 공용으로 사용하고, 선택밸브는 당해 방호구역 및 방호대상물마다 각각 설치하여… 소화약제 방사시 해당구역만 선택하여 개방해주는 밸브이다.(방호구역이 1개이면 선택할 구역이 없으므로 개폐밸브라고 칭한다)

1. 고압식 배관부속
   - 개폐밸브 또는 선택밸브의 **1차측** 배관부속 → 호칭압력 **4.0** MPa 이상의 것을 사용
     [선택밸브 1차측은 용기에서 이산화탄소가 방출되기 시작하여 집합되는 곳이므로 선택밸브 2차측보다 압력이 높아서… 2배의 호칭압력으로 규정]
   - 개폐밸브 또는 선택밸브의 **2차측** 배관부속 → 호칭압력 2.0 MPa 이상의 것을 사용
2. 저압식 배관부속 → **2.0** MPa의 압력에 견딜 수 있는 배관부속을 사용 [개폐밸브 또는 선택밸브의 1·2차측의 구분이 없음]

이산화탄소 소화설비 저장압력에 따른 분류

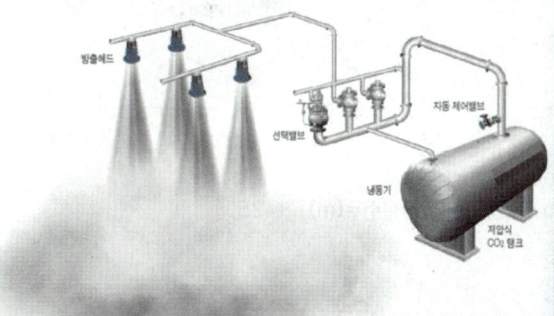
저압식 설비

고압식 설비

선택밸브의 설치 예

숫자가 답인 문제 ★

72 옥외소화전설비 설치 시 고가수조의 자연낙차를 이용한 가압송수장치의 설치기준 중 고가수조의 최소 자연낙차수두 산출 공식으로 옳은 것은? (단, H : 필요한 낙차(m), h_1 : 소방용 호스 마찰손실 수두(m), h_2 : 배관의 마찰손실 수두(m)이다.)

① $H = h_1 + h_2 + 25$ ② $H = h_1 + h_2 + 17$ ③ $H = h_1 + h_2 + 12$ ④ $H = h_1 + h_2 + 10$

- **옥외소화전설비**
  화재발생시 옥외에 설치된 옥외소화전함을 개방한 후, 호스와 노즐을 꺼내어 주변에 설치된 방수구와 연결해 호스를 전개한 후, 옥외소화전 전용렌치로 소화전을 개방하여 방사하는 형태의 수동식 수계소화설비로서, 저층부(1, 2층) 옥외화재 진압활동용 소화설비이자 주변확대방지용 방호설비 등으로 사용된다.
- **고가수조** : 건물옥상, 구조물 또는 지형지물 등에 설치하여 자연낙차 압력(물이 위에서 아래로 흐르는 자연스러운 압력)으로 급수하는 수조
- **가압송수장치** : 압력을 가해서 물을 이송하는 장치(펌프, 고가수조, 압력수조 등)
- **자연낙차수두** : 수조의 하단으로부터 가장 높은 곳에 설치된 소화전 호스 접결구까지의 수직거리

- 지문에서 등장한, 마지막에 나온 숫자의 의미는... 호스에서 방수하는 압력의 환산수두를 의미한다.
- 옥외소화전의 노즐선단에서의 방수압력은 0.25 ㎫ 이상이어야 한다. 이 방수압 0.25 ㎫를 수두로 환산하면 25m가 된다.

암기팁! 옥내소화전 방수압 0.17 ㎫ [=17m] (내부니까... 좀 더 약하게)... 옥외소화전 방수압 0.25 ㎫ [=25m] (외부니까... 좀 더 강하게)

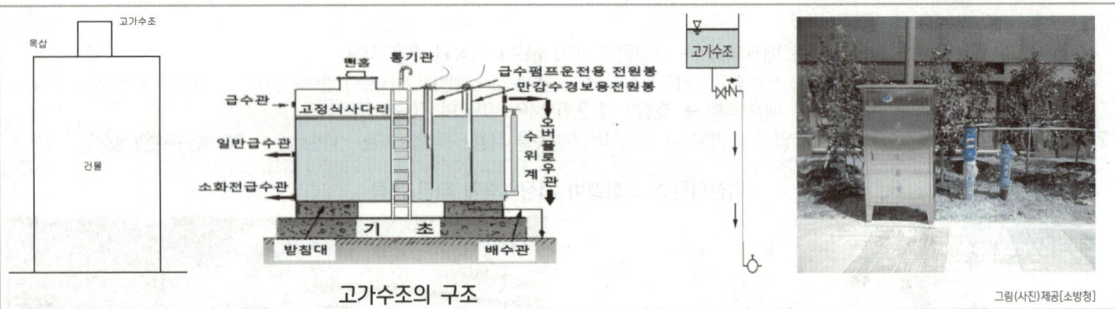

고가수조의 구조

함께공부
고가수조의 자연낙차수두는 다음의 식에 따라 산출한 수치 이상이 되도록 할 것
H [필요한 낙차(m)] = h_1[소방용호스 마찰손실수두(m)] + h_2[배관의 마찰손실수두(m)] + 25

숫자가 답인 문제 ★★

73 물분무헤드의 설치제외 기준 중 다음 ( ) 안에 알맞은 것은?

> 운전 시에 표면의 온도가 ( )℃ 이상으로 되는 등 직접 분무를 하는 경우 그 부분에 손상을 입힐 우려가 있는 기계장치 등이 있는 장소

① 100 ② 260 ③ 280 ④ 980

- **물분무 소화설비** : 물을 안개모양으로 방사해 가스와 비슷한 형태를 가지므로, 전기의 부도체(전기가 통하지 않는 물체 = 비전도성)로서 전기시설물에 설치가 가능한 자동식 수계소화설비
- **물분무헤드** : 화재시 직선류 또는 나선류의 물을 충돌·확산시켜 미립상태로 분무함으로서 소화하는 헤드

물분무헤드를 설치하지 않을 수 있는 장소
직접 분무시 손상 입힐 기계장치 있는 장소 → 운전시에 표면의 온도가 260℃ 이상되는 기계장치

함께공부
물분무헤드를 설치하지 않을 수 있는 장소
1. 물에 심하게 반응하는 물질 또는 물과 반응하여 위험한 물질을 생성하는 물질을 저장 또는 취급하는 장소
2. 고온의 물질 및 증류범위가 넓어 끓어 넘치는 위험이 있는 물질을 저장 또는 취급하는 장소
3. 운전시에 표면의 온도가 260℃ 이상으로 되는 등 직접 분무를 하는 경우 그 부분에 손상을 입힐 우려가 있는 기계장치 등이 있는 장소

숫자가 답인 문제 ★

74 연면적이 35,000㎡인 특정소방대상물에 소화용수설비를 설치하는 경우 소화수조의 최소 저수량은 약 몇 ㎥인가? (단, 지상 1층 및 2층의 바닥면적 합계가 15,000㎡ 이상인 경우이다.)

① 28　　　② 46.7　　　③ 56　　　④ 100

- **소화용수설비** : 화재를 진압하는데 필요한 물을 공급하거나 저장하는 설비로서 상수도소화용수설비, 소화수조·저수조 등을 말한다.
  ① **상수도 소화용수설비** : 소방대가 화재진압시 사용하는 소방용수로서, 특정소방대상물의 지하에 지름 75㎜ 이상의 상수도용 배관이 매설된 경우… 그 배관에 지상식소화전, 지하식소화전, 급수탑을 연결하여 소방차에 소방용수를 공급받는 설비이다.
  ② **소화수조 또는 저수조** : 소방대가 화재진압시 사용하는 소방용수가 담긴 수조로서, 소화에 필요한 물을 항시 채워두는 것
- **특정소방대상물** : 소방시설을 설치하여야 하는 소방대상물로서 대통령령으로 정하는 것

소화수조 또는 저수조의 **저수량**은 특정소방대상물의 **연면적**을 다음 표에 따른 기준면적으로 나누어 얻은 수(소수점이하의 수는 1로 본다)에 **20㎡**를 곱한 양 이상이 되도록 하여야 한다.

소방대상물의 구분	면 적
1층 및 2층의 바닥면적 합계가 15,000㎡ 이상인 소방대상물	7,500㎡
그 밖의 소방대상물	12,500㎡

→ 1층 및 2층의 바닥면적 합계가 15,000㎡ 이상인 소방대상물이므로 기준면적은 7,500㎡를 적용한다.

저수량 = $\dfrac{\text{연면적}}{\text{기준면적}}$ = $\dfrac{35,000\,㎡}{7,500\,㎡}$ = 4.67 ＊소수점이하의 수는 1로 본다 ∴ 5 × 20㎡ = 100㎡

문장이 답인 문제 ★

75 소화기에 호스를 부착하지 아니할 수 있는 기준 중 틀린 것은?

① 소화약제의 중량이 2kg 이하의 분말소화기
② 소화약제의 중량이 3kg 이하인 이산화탄소소화기
③ 소화약제의 중량이 4kg 이하인 할로겐화합물소화기
④ 소화약제의 중량이 5kg 이하인 산알칼리소화기

소화기구
- **소화기** : 소화약제를 압력에 따라 방사하는 기구로서, 사람이 수동으로 조작하여 소화약제를 방사하여 소화하는 것
  (소형소화기, 대형소화기)
- **간이소화용구** : 에어로졸식·투척용 소화용구 및 팽창질석·팽창진주암·마른모래 등의 간이소화용구
- **자동확산소화기** : 화재를 감지하여 자동으로 소화약제를 방출 확산시켜 국소적으로 소화하는 소화기

소화기에는 호스를 부착하여야 하지만… 호스를 부착하지 아니할 수 있는 소화기 4가지
1. 소화약제의 중량이 2 kg 이하의 분말소화기
2. 소화약제의 중량이 3 kg 이하인 이산화탄소소화기
3. 소화약제의 중량이 4 kg 이하인 할로겐화합물소화기
4. 소화약제의 용량이 3 L 이하의 액체계 소화약제소화기

소화기 종류	중량	용량	암기법
분말 소화기	2kg		2 분
이산화탄소(탄산가스) 소화기	3kg		3 탄
할로겐화물 소화기	4kg		4 할
액체계 소화약제 소화기		3L	3리터 액체

암기팁! 이분 3탄 4할 3리터 액체 ➡ 2분 3탄 4할 3L액체

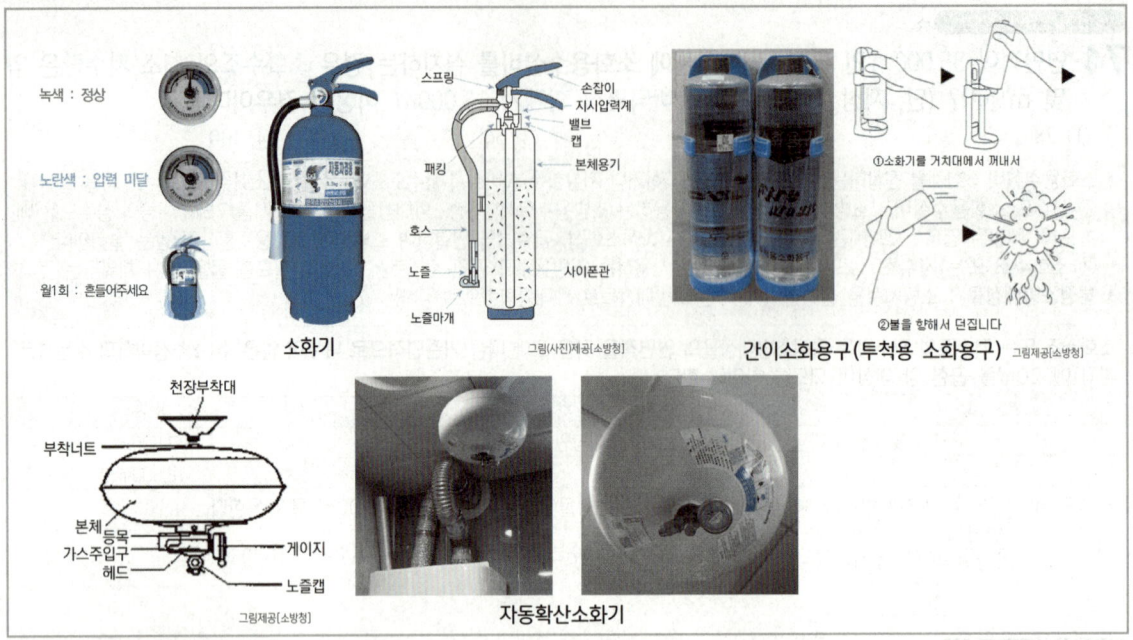

단어가 답인 문제

76 고정식 사다리의 구조에 따른 분류로 틀린 것은?

① 굽히는식   ② 수납식   ③ 접는식   ④ 신축식

피난사다리 : 화재시 긴급대피에 사용하는 사다리
- **고정식**(수납식/접는식/신축식) : 건축물의 외·내벽에 고정되어 있어서 피난자가 상시 사용가능한 상태로 고정
- **올림식**(접는식/신축식) : 건물의 한 부분에 기대거나 걸쳐(올려 받쳐) 세워서 사용
- **내림식**(와이어로프식/체인식/하향식 피난구용 내림식사다리) : 복도 끝에 접어둔 상태로 두었다가, 사용시 창틀 등에 걸어 내린 후 사용

고정식 피난사다리는 건축물의 외·내벽에 고정되어 있어서... 피난자가 상시 사용가능한 상태로 고정된 사다리로서 **수납식**(가로봉이 수납되어 있다가 펼쳐서 사용), **접는식**(하부가 접혀 있다가 펼쳐서 사용), **신축식**(겹쳐 있다가 늘려서 사용)으로 분류된다.

단어가 답인 문제

77 폐쇄형 스프링클러헤드 퓨지블링크형의 표시온도가 121℃~162℃인 경우 프레임의 색별로 옳은 것은? (단, 폐쇄형헤드이다.)

① 파랑   ② 빨강   ③ 초록   ④ 흰색

- **스프링클러설비** : 화재발생시 화재를 자동으로 감지하여 피난을 위한 경보를 발하고, 습식·건식·준비작동식·일제살수식 밸브가 개방되면, 유수의 흐름으로 인하여 펌프가 기동되고, 개방된 헤드를 통해 소화수를 방수하여 소화하는 자동식 수계소화설비
- **스프링클러 헤드** : 스프링클러에서 나오는 물을, 빗방울 형태로 대량으로 뿌리면서 방수하는 역할을 하는 부분을 말한다.

- **표시온도란** 폐쇄형 스프링클러헤드에서 감열체가 작동하는 온도로서 미리 헤드에 표시한 온도를 말한다.
- **퓨지블링크형** 폐쇄형 스프링클러헤드의 표시온도가 121℃ ~ 162℃ 일 때 프레임의 색별 → **파랑**

  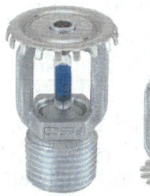

개방형 헤드   퓨지블링크(fusible link) 폐쇄형헤드   유리벌브(글래스 벌브) 폐쇄형헤드

함 께 공 부

표시온도에 따른 폐쇄형헤드의 색표시

유리벌브형		퓨지블링크형	
표시온도(℃)	액체의 색별	표시온도(℃)	프레임의 색별
57 ℃	오렌지	77℃ 미만	색 표시 안함
68 ℃	빨강	78℃ ~ 120℃	흰색
79 ℃	노랑	**121℃ ~ 162℃**	**파랑**
93 ℃	초록	163℃ ~ 203℃	빨강
141 ℃	파랑	204℃ ~ 259℃	초록
182 ℃	연한자주	260℃ ~ 319℃	오렌지
227 ℃ 이상	검정	320℃ 이상	검정

숫자가 답인 문제 ★

78 발전실의 용도로 사용되는 바닥면적이 280m²인 발전실에 부속용도별로 추가하여야 할 적응성이 있는 소화기의 최소 수량은 몇 개인가?

① 2   ② 4   ③ 6   ④ 12

- **소화기** : 소화약제를 압력에 따라 방사하는 기구로서, 사람이 수동으로 조작하여 소화약제를 방사하여 소화하는 것 (소형소화기, 대형소화기)
- **자동소화장치** : 소화약제를 자동으로 방사하는 고정된 소화장치로서 그 종류로는... 주거용·상업용 주방자동소화장치, 캐비닛형·가스·분말·고체에어로졸 자동소화장치가 있다.

1. 부속용도별로 추가하여야 할 소화기구 및 자동소화장치

부속용도별	암기법	소화기구의 능력단위
전산기기실·통신기기실·발전실·변전실·송전실·배전반실·변압기실	전통발 변송배변 50	해당 용도의 바닥면적 **50 ㎡** 마다 적응성이 있는 **소화기 1개** 이상 또는 가스·분말·고체에어로졸·캐비닛형 자동소화장치

2 발전실에는... 기본 소화기구 이외에, 추가로 소화기구를 설치하여야 한다.
　① 발전실은... 바닥면적 50㎡ 마다 소화기 1개 추가
　② 280㎡ 인 발전실은... $\dfrac{\text{바닥면적}}{\text{기준면적}} = \dfrac{280\,\text{m}^2}{50\,\text{m}^2} = 5.6$개 ∴ 6개의 소화기 추가 (반올림이 아니다. 5.1 이라도 6개를 추가하여야 한다)

문장이 답인 문제 ★★

79 습식유수검지장치를 사용하는 스프링클러 설비에 동장치를 시험할 수 있는 시험 장치의 설치위치 기준으로 옳은 것은?

① 유수검지장치 2차측 배관에 연결하여 설치할 것
② 교차관의 중간 부분에 연결하여 설치할 것
③ 유수검지장치의 측면배관에 연결하여 설치할 것
④ 유수검지장치에서 가장 먼 가지배관의 끝으로부터 연결하여 설치할 것

- **스프링클러설비** : 화재발생시 화재를 자동으로 감지하여 피난을 위한 경보를 발하고, 습식·건식·준비작동식·일제살수식 밸브가 개방되면, 유수의 흐름으로 인하여 펌프가 기동되고, 개방된 헤드를 통해 소화수를 방수하여 소화하는 자동식 수계소화설비
- **유수검지장치** : 습식유수검지장치, 건식유수검지장치, 준비작동식유수검지장치를 말하며 본체 내의 유수현상을 자동적으로 검지하여 신호 또는 경보를 발하는 장치를 말한다.
- **습식 스프링클러설비** : 가압송수장치(펌프)에서 폐쇄형스프링클러헤드까지 배관 내에 항상 물이 가압되어 있다가 화재로 인한 열로 폐쇄형스프링클러헤드가 개방되면 배관 내에 유수가 발생하여 **습식유수검지장치**가 작동하게 되는 스프링클러설비

배관내에 물이 항상 채워져 있는 습식유수검지장치를... 시험할 수 있는 시험장치의 설치목적 → 시험밸브를 개방할 경우(헤드 1개가 개방된 효과와 동일) 펌프의 자동기동, 경보의 발생유무, 설비의 정상작동여부 등을 확인하기 위한 것

① 유수검지장치 2차측 배관에 연결하여 설치할 것
→ 가장 먼 가지배관에 시험장치를 설치할 경우 경보시험을 할 때마다, 산소가 스프링클러설비 배관의 광범위한 부분에 걸쳐 흡입되어 배관의 부식을 촉진하게 된다.

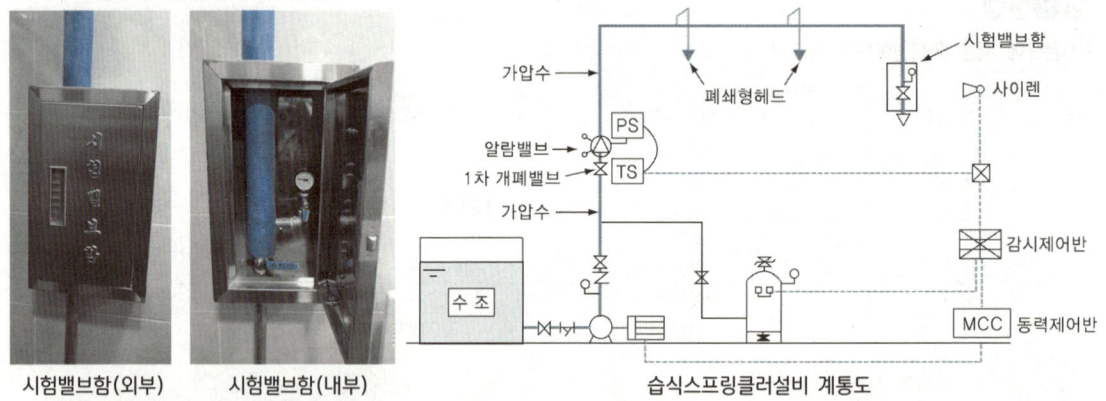

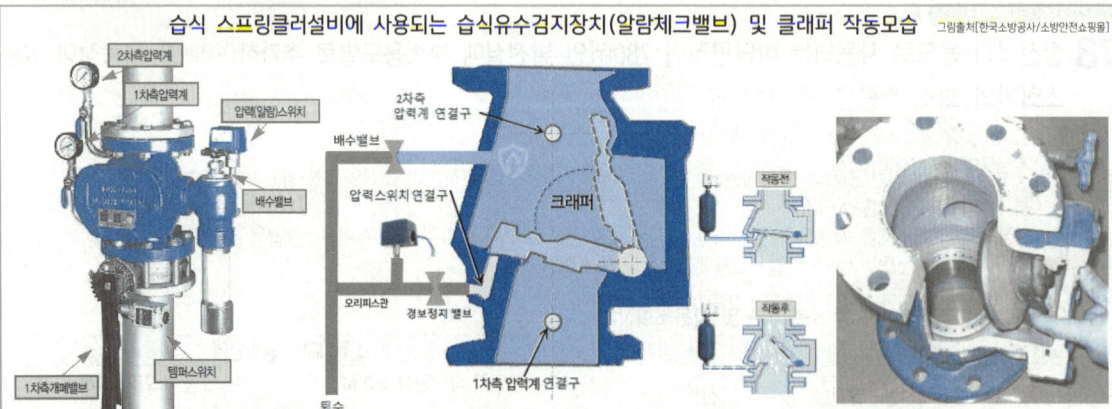

- 유수검지는 알람체크밸브를 사용하며, 밸브의 1·2차 측에는 가압수가 충수되어 있고, 폐쇄형 헤드를 사용한다.
- 본체 내부에는 클래퍼가 항상 닫혀진 상태로 유지되고 있으며, 평소 클래퍼 1·2차측에 작용되는 힘이 서로 균형을 이루다가 헤드에서의 유수에 의해 2차측의 압력이 낮아지면, 힘의 균형이 깨지면서 클래퍼가 개방된다.
- 화재가 발생하여 헤드가 개방되면 알람밸브 2차측의 물이 방출되어, 2차측이 저압이 되고 이 때 클래퍼(크래퍼)가 개방되어 1차측의 가압수가 2차측으로 유입되어 방수되는 방식

> 문장이 답인 문제 ★★★

80 물분무소화설비 수원의 저수량 설치기준으로 옳지 않은 것은?

① 특수가연물을 저장 또는 취급하는 특정소방대상물 또는 그 부분에 있어서 그 바닥면적 1㎡에 대하여 10ℓ/min로 20분간 방수할 수 있는 양 이상으로 할 것
② 차고 또는 주차장은 그 바닥면적 1㎡에 대하여 20ℓ/min로 20분간 방수할 수 있는 양 이상으로 할 것
③ 케이블덕트는 투영된 바닥면적 1㎡에 대하여 12ℓ/min로 20분간 방수할 수 있는 양 이상으로 할 것
④ 컨베이어 벨트 등은 벨트부분의 바닥면적 1㎡에 대하여 <u>20ℓ/min</u>로 20분간 방수할 수 있는 양 이상으로 할 것
　　　　　　　　　　　　　　　　　　　　　　　　　　　10 ℓ/min

- **물분무 소화설비** : 물을 안개모양으로 방사해 가스와 비슷한 형태를 가지므로, 전기의 부도체(전기가 통하지 않는 물체＝비전도성)로서 전기시설물에 설치가 가능한 자동식 수계소화설비
- **수원** : 물이 저장된 곳(**수조에 저장할 물의 양**)

특수가연물, 차고(주차장), 케이블트레이(덕트), 컨베이어 벨트 등에 물분무설비를 설치할 때, 1분당(min) 몇 리터(L)의 토출량으로, 몇 분(20분) 동안 방수할 수 있도록... 물(수원)을 저장해야 하는가의 문제이다. 즉 위 대상물에 따라 수원의 저장량이 각각 다르다는 의미이다.

물분무설비 대상물	기준면적(㎡)	분당 토출량 (20분간 방수)	암기법
특수가연물	최대 방수구역의 바닥면적 (50㎡ 이하인 경우에는 50㎡)	10 L/min (분당 10L)	나머지 10
차고(주차장)	//	20 L/min (분당 20L)	차 20 (차는 위험하니까 이십)
절연유 봉입 변압기	바닥부분을 제외한 (변압기의)표면적을 합한 면적	10 L/min (분당 10L)	절표(절마크)십 나머지 10
케이블트레이, 케이블덕트	**투영된 바닥면적**	12 L/min (분당 12L)	케투 12
컨베이어 벨트	벨트부분의 바닥면적	10 L/min (분당 10L)	나머지 10

> 암기팁! 특수 차고 절연 케이컨 ➡ 특수한 차고는 전기적으로 절연해야 한다. 왜냐하면 거기서 베이컨(케이컨)을 먹어야 하니까~

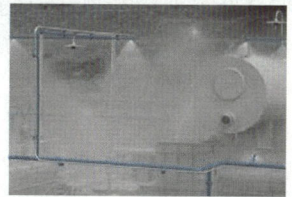  

물분무 소화설비 방수하는 모습의 예

SECTION 08

2018년 제2회 답이색 해설편

Answer 1과목 소방원론

암기하면서 공부 할 문제

01 액화석유가스(LPG)에 대한 성질로 틀린 것은?
① 주성분은 프로판, 부탄이다.
② 천연고무를 잘 녹인다.
③ 물에 녹지 않으나 유기용매에 용해된다.
④ 공기보다 1.5배 가볍다.
　　　　　　　1.5배 ~ 2배 무겁다

- LPG(액화석유가스, Liquefied Petroleum Gas)
  - 상온에서 가압하여 액화시킨 물질로서, 우리가 사용하는 LP가스통(프로판가스), 부탄가스의 총칭이다.
  - 유전에서 석유와 함께 나오는 프로판(C_3H_8)과 부탄(C_4H_{10})을 주성분으로 한 가스를 상온에서 압축하여 액체로 만든 연료이다.
  - 공기보다 무거워서(공기분자량=29, 프로판분자량=44, 부탄분자량=58) 유출시 바닥에 가라 앉는다.
    [증기비중이 1보다(공기보다) 크다(무겁다)]
  - 액체의 용해도는 극성 유무에 따라 결정되는데, 물에 녹으면 극성이고, 물에 녹지 않고 유기용매에 녹으면 비극성이다.
    극성은 극성끼리, 비극성은 비극성끼리 잘 섞인다. LPG는 비극성의 특징을 띠고 있어, 유기용매에 녹고 물에는 녹지 않는다.
    따라서 천연고무를 잘 녹일 수 있다.

이해하면서 공부 할 문제 ★★

02 자연발화 방지대책에 대한 설명 중 틀린 것은?
① 저장실의 온도를 낮게 유지한다.
② 저장실의 환기를 원활히 시킨다.
③ 촉매물질과의 접촉을 피한다.
④ 저장실의 습도를 높게 유지한다.
　　　　　　　　　　　낮게

자연발화란 공기 중의 물질이 상온에서, 장기간 열의 축적에 의해 별도 점화원 없이 자연적으로(스스로) 발화하는 현상으로... 습도가 높으면 표면에 수분막이 형성되어 내부 온도를 발산하기 어려워서, 열이 내부에 축적되기 쉽다. 따라서 습도를 낮게 유지하여야 한다.

함께 공부

- 자연발화가 일어나기 좋은 조건
  - 저장실의(주위의) 온도가 높을 것
  - 발열량이 클 것
  - 환기가(통풍이) 어려워 열의 축적이 잘 될 것
  - 열전도율(성)이 작을(=낮을=나쁠) 것(열전도율이 작아야 열의 축적이 쉽다)
  - 표면적이 클 것(큰덩어리보다 작은덩어리 여러개가 공기와의 접촉면적이 더 크기 때문)
  - 습도가 높을 것(습도가 높으면 표면에 수분막이 형성되어 내부 온도를 발산하기 어려워서, 열이 내부에 축적되기 쉽다)
- 방지대책
  - 저장실의(주위의) 온도를 낮출 것
  - 열의 축적을 방지할 것
  - 통풍을 잘 시킬 것
  - 열전도율(성)을 크게(=높게=좋게) 할 것(열전도율이 크면 그만큼 열의 축적이 어렵다)
  - 정촉매(반대는 부촉매) 작용 물질(자연발화를 돕는 물질)을 피할 것
  - 산소와의 접촉을 차단할 것
  - 습도를 낮게 유지할 것

> 암기하면서 공부 할 문제

03 산림화재 시 소화효과를 증대시키기 위해 물에 첨가하는 증점제로서 적합한 것은?

① Ethylene Glycol
  부동액-에틸렌글리콜[$C_2H_4(OH)_2$]
② Potassium Carbonate
  강화액-탄산칼륨[K_2CO_3]
③ Ammonium Phosphate
  강화액-인산암모늄[$(NH)_4H_2PO_4$]
④ Sodium Carboxy Methyl Cellulose

물은 유동성이 크기 때문에 소화 대상물에 장시간 부착되어 있지 못한다. 따라서 화재시 방수되는 물소화약제의 **가연물에 대한 접착성**을 강화시키기 위하여 첨가하는 물질을 증점제라 하며,
증점제 사용시 물의 사용량을 줄일 수 있고, 높은 장소(공중 소화)에서 투시시 **물이 분산되지 않으므로** 목표물에 정확히 도달할 수 있어 **산림화재 진압용**으로 많이 사용된다.
산림화재 시 대표적으로 사용하는 유기계 증점제로는 CMC(Sodium Carboxy Methyl Cellulose 카복시 메틸 셀룰로스 나트륨)와 Gelgard(Dow chemical 다우 케미칼 사의 상품명) 등이 있다.

> 함께 공부

물의 소화력을 증대시키기 위하여 첨가하는 첨가제
- 증점제(Viscosity Agent)
  - 물의 점도를 증가시켜 끈끈하게 만들 목적으로 접착 성질을 강화하기 위해 첨가하는 물질
  - 물이 쉽게 흐르는 것을 방지하여 잔류효과를 증대시킨다.(유실방지)
- 강화액(Density Modifier)
  - 한랭지에서도 사용할 수 있도록 탄산칼륨(K_2CO_3), 인산암모늄($NH_4H_2PO_4$), 침투제 등을 첨가한 수용액
  - 물의 밀도를 증가시킨 **밀도개선제**로 속불(심부)화재(송뭉치, 종이뭉치 등)에 효과가 크다.
- 침투제(Wetting Agent)
  - 물은 표면장력이 커서 방수시 가연물에 침투되기 어렵기 때문에, 표면장력을 감소시켜 침투성을 증가시킨 계면활성제의 총칭
  - 침투제가 첨가된 물을 "Wet Water"라고 부른다.
  - 물이 가연물 내부로 침투하기 어려운 목재, 고무, 플라스틱, 원면(가공하지 아니한 솜), 짚단(지푸라기) 등의 화재에 사용되고 있다.
- 유화제(Emulsifier)
  - 중질유(물보다 무거운 유류) 등 인화점이 높은 고비점 유류 등의 화재시, Emulsion(에멀젼, 유화)층을 형성해 유면을 덮어 소화할 할 수 있도록, 물에 계면활성제(Poly Oxyethylene Alkylether 폴리 옥시에틸렌 알킬에테르)를 첨가하여 사용하는 약제
- 부동액(Anti-freeze Agent)
  - 자동차 냉각수 동결방지제로 많이 사용되는 에틸렌글리콜($C_2H_4(OH)_2$)을 가장 많이 사용하고 있다.

> 이해하면서 공부 할 문제 ★★★

04 소화방법 중 제거소화에 해당되지 않는 것은?

① 산불이 발생하면 화재의 진행방향을 앞질러 벌목
② **방안에서 화재가 발생하면 이불이나 담요로 덮음**
③ 가스 화재 시 밸브를 잠궈 가스흐름을 차단
④ 불타고 있는 장작더미 속에서 아직 타지 않은 것을 안전한 곳으로 운반

제거소화란 가연물을 제거하여 소화하는 방법으로서 ①은 가연물인 산림의 일부를 제거하는 것이고, ③은 원료공급관의 밸브를 잠궈서 가연물인 원료를 제거하는 것이며, ④는 가연물인 장작을 이동시켜 제거하는 것이다.
②는 질식소화(가연물이 연소할 때 공기 중의 산소농도를 떨어뜨려 연소를 중단시키는 소화 방법)의 방법으로서, 화원을 이불이나 담요로 순간적으로 덮으면 산소가 차단되어 질식소화된다.

> 함께 공부

제거소화의 구체적인 예
① 촛불의 화염을 입김으로 불어 끄는 것
② 부채를 이용하여 촛불을 바람으로 끄는 것
③ 산불화재 시 벌목하는 행위
④ 가스화재 시 밸브 및 콕크를 잠그는 행위
⑤ 유전화재 시 폭약을 사용해, 폭풍에 의하여 가연성 증기를 날려 보내는 것
⑥ 전기화재 시 전원을 차단하는 것

> 암기하면서 공부 할 문제 ★★

05 건축물에 설치하는 방화구획의 설치기준 중 스프링클러설비를 설치한 11층 이상의 층은 바닥면적 몇 ㎡ 이내마다 방화구획을 하여야 하는가? (단, 벽 및 반자의 실내에 접하는 부분의 마감은 불연재료가 아닌 경우이다.)

① 200　　　　② **600**　　　　③ 1000　　　　④ 3000

면적별 방화구획
- 10층 이하의 층
  - 바닥면적 1000㎡이내 마다 구획
  - 스프링클러 기타 이와 유사한 자동식 소화설비를 설치한 경우 3000㎡이내 마다 구획
- 11층 이상의 층
  - 바닥면적 200㎡이내 마다 구획
  - **스프링클러 기타 이와 유사한 자동식 소화설비를 설치한 경우 600㎡이내 마다 구획**
- 11층 이상의 층인데... 벽 및 반자의 실내에 접하는 부분의 마감을 불연재료로 한 경우
  - 바닥면적 500㎡이내 마다 구획
  - 스프링클러 기타 이와 유사한 자동식 소화설비를 설치한 경우 1500㎡이내 마다 구획

참고팁! 면적별 방화구획에서 스프링클러(자동식 소화설비) 설치되면 ➡ 원래의 면적보다 3배

> 함께 공부

- **방화구획**은 건물을 일정한 공간으로 구획해 화재강도와 화재하중을 낮추어, 건물내 화재의 전체 확대를 방지하여 건물의 붕괴를 방지하고 피해를 최소화하는데 그 목적이 있다. 이러한 방화구획의 적용은...
- **면적별** 방화구획, **층별** 방화구획(지하층·3층 이상의 층 층마다), **용도별** 방화구획(비상전원, 방재실, 저장용기실 등), **수직** 방화구획(계단실, 승강로, 파이프피트 등)으로 나누어서 적용한다.
- **방화구획의 구성**은... ①내화구조의 바닥과 벽, ②방화문(자동방화셔터), ③풍도가 방화구획 관통시 풍도내 방화댐퍼 설치, ④방화구획 관통부에는 내화채움성능이 인정된 구조로 메울 것 등을 통해 방화구획을 나누게 된다.
- **비상용승강기** 승강장의 창문·출입구·개구부를 제외한 부분은 당해 건축물의 다른 부분과 **내화구조의 바닥 및 벽으로 구획**할 것 일반용승강기의 승강장은 방화구획과 관련된 규정이 없다.

> 이해하면서 공부 할 문제 ★

06 건축물의 화재발생 시 인간의 피난 특성으로 틀린 것은?

① 평상 시 사용하는 출입구나 통로를 사용하는 경향이 있다.
　　　　　　귀소본능
② 화재의 공포감으로 인하여 빛을 피해 어두운 곳으로 몸을 숨기는 경향이 있다.
③ 화염, 연기에 대한 공포감으로 발화지점의 반대방향으로 이동하는 경향이 있다.
　　　　　　　　　　　　퇴피(회피)본능
④ 화재 시 최초로 행동을 개시한 사람을 따라 전체가 움직이는 경향이 있다.
　　　　　　추종본능

화재 발생 시 공포감으로 인해서 빛을 피하여 어두운 곳으로 몸을 숨기는 것이 아닌, **지광본능**에 따라 오히려 **밝은 곳을 향하는 본능**이 있어, 채광이 되는 개구부 또는 조명부 등을 향하는 경향을 보인다.

> 함께 공부

피난시 인간행동 본능
- **귀소본능**
  - 화재시의 인간은 무의식 중에서도 평상시에 사용하는 출입구 및 통로를 사용하는 경향(통로의 단순화, 통로의 안전성확보)
  - 피난 중 위험에 처한 경우 평소에 자주 생활하던 장소로 되돌아가려는(이동하려는) 본능
- **퇴피(회피)본능** - 화재등 위험요인에서 가급적 멀리 떨어지려는(회피하려는) 인간의 본능
- **추종본능**
  - 재난상황 등 비상시 많은 군중이 최초 행동을 개시한 사람을 따라서 움직이는 경향(한 사람의 리더를 추종)
  - 최초 행동 개시자가 잘못된 판단을 한 경우 인명피해 확대우려
- **지광본능** - 시계확보가 어려워 졌을 때 밝은 곳을 향하는 본능이 있어, 채광이 되는 개구부 또는 조명부 등을 향하는 경향
- **좌회본능**
  - 대부분의 사람은 오른손과 오른발을 주로 사용함으로서 보행특성 상 좌회전, 좌측통행 등 왼쪽으로 움직이려는 본능
  - 피난통로 등은 좌측으로 진행할 경우 피난층까지 연결되기 쉽도록 피난경로 구성

> 암기하면서 공부 할 문제 ★

07 다음의 소화약제 중 오존 파괴 지수(ODP)가 가장 큰 것은?

① 할론 104 ② 할론 1301 ③ 할론 1211 ④ 할론 2402

Halon 1301(CF₃Br)은 소화력이 가장 우수하여 할론 소화설비 및 할론 소화기에 사용되며, 독성도 다른 할론 약제들에 비해 낮은 편이다. 하지만 오존 파괴 지수(ODP)는 가장 높다.

> 함께 공부

오존파괴지수 : ODP(Ozone Depletion Potential)
기준물질로서 CFC-11(CFCl₃)의 오존파괴능력을 1로 보았을 때, 동일한 양의 다른 물질이 오존을 파괴하는 정도를 나타내는 지수

$$ODP = \frac{비교\ 물질\ 1kg이\ 파괴하는\ 오존량}{CFC-11\ 1kg이\ 파괴하는\ 오존량}$$

> 이해하면서 공부 할 문제 ★

08 물리적 폭발에 해당하는 것은?

① 분해 폭발 (화학적폭발) ② 분진 폭발 (화학적폭발) ③ 증기운 폭발 (화학적폭발) ④ 수증기 폭발

- **물리적 폭발**
  - 화학적 반응을 동반하지 않고, 마찰, 충격, 단열압축 등 상태·물리적 변화에 의해 압력이 발생되는 폭발
  - **수증기폭발**, 보일러폭발(수증기폭발), 고압용기의 파열, 진공용기의 파손 등

> 함께 공부

화학적 폭발 - 산화, 분해, 중합 등 화학적 반응을 동반하여 많은 에너지를 방출하는 폭발
- **분해폭발** : 아세틸렌, 산화에틸렌, 히드라진, 과산화물 등이 분해하면서 급격한 발열반응을 동반하며 폭발하는 현상
- **가스폭발** : 수소, 메탄 등 가연성가스 또는 가솔린, 알코올 등 인화성액체의 증기가, 공기와의 예혼합상태에서 착화원에 의해 폭발하는 현상
- **분진폭발** : 가연성 분진(입자상태의 미세한 분말)이 부유하면서 주위로부터 흡열한 후 열분해 되어 가연성가스를 방출하게 되고, 그 가스가 폭발범위를 형성하게 되면 폭발하는 현상
- **산화폭발** : 가연성가스, 가연성증기 등이 공기중의 산소와 반응하여 폭발성 혼합가스가 형성되어 폭발하는 것
- **중합폭발** : 시안화수소, 염화비닐 등과 같은 중합물질이 폭발적으로 중합되어, 발열하고 압력이 상승돼 폭발하는 현상
- **증기운폭발** : 다량의 가연성가스가 지표면에 유출된 후, 다량의 가연성 혼합기체가 구름처럼 형성되어, 폭발이 일어난 경우

> 암기하면서 공부 할 문제 ★

09 위험물안전관리법령상 지정된 동식물유류의 성질에 대한 설명으로 틀린 것은?

① 요오드가가 <u>작을수록</u> 자연발화의 위험성이 크다. (클수록)
② 상온에서 모두 액체이다.
③ 물에 불용성이지만 에테르 및 벤젠 등의 유기용매에는 잘 녹는다.
④ 인화점은 1기압 하에서 250℃ 미만이다.

요오드값은 기름 100g에 흡수되는 요오드의 g 수를 말하는데, 유지에 함유된 지방산의 **불포화 정도**(클수록 반응성이 크다)를 나타내며, 요오드값이 **클수록** 불포화도(안정되지 않은 정도)가 높고, 산소와의 결합이 쉬워서, 자연발화(자연적으로 스스로 발화)의 위험성이 높아진다.

> 암기팁! 요오드값 크기 순서 ➡ 건 반 불

> 함께 공부

제4류 위험물(인화성 액체)

품명	구분	종류
동식물유류	건 성 유 (요오드값 130 이상)	아마인유, 동유, 들기름, 해바라기유, 정어리유
	반건성유 (요오드값 130 미만)	청어, 쌀겨, 채종유, 옥수수, 콩기름
	불건성유 (요오드값 100 미만)	피마자유, 올리브유, 야자유, 낙화생유

> 이해하면서 공부 할 문제 ★

10 포 소화약제의 적응성이 있는 것은?

① 칼륨 화재　　② 알킬리튬 화재　　③ **가솔린 화재**　　④ 인화알루미늄 화재

제4류 위험물[인화성 액체](휘발유=가솔린, 등유, 경유, 중유 등 유류)은 대부분 비중이 1보다 작으며(물보다 가볍다) 비수용성이다.(물보다 가벼우면 물에 녹지 않는다)
따라서 유류(가솔린) 등에 주수하면(물을 방사하면) 유류가 물보다 가벼워서… 물위에 유류가 떠다녀… 물이 흐르는 대로 유류도 흘러가… 연소면이 확대될 수 있다.
따라서 유류의 소화방법으로 주수소화는 화재면의 확대 위험성이 있어 금지하며, 포소화약제를 사용하여 유류인 가연물을 포(거품)로 덮으면 산소가 차단되어 질식소화 된다.

> 함께공부

칼륨[K, 포타시움], 나트륨(Na), **알킬리튬**, **인화알루미늄** 등은 제3류 위험물인 금수성 물질이므로 물과 반응하여 가연성기체인 수소(H_2)를 만들고 발열한다.(공기 중 수분과도 반응하여 수소를 발생시킨다) 따라서 대부분이 물 성분인 포소화약제는 사용해서는 안 된다.

> 암기하면서 공부 할 문제

11 제2류 위험물에 해당하는 것은?

① **유황**　　② 질산칼륨　　③ 칼륨　　④ 톨루엔
　　　　　　　제1류　　　　제3류　　　제4류

제2류 위험물 ⇨ **가연성 고체**[일반 환원성 가연물] 일반적으로 불에 타는 가연성고체 물질 등이 해당된다.

위험물	특징	암기법	종류[대분류]
제2류	가연성 고체	유황적 철마금 인	유황(황)[S], 황화린(인), 적린(인)[P] / 철분, 마그네슘, 금속분류 / 인화성고체
지정수량		유황적**백** 오백철마금 인**천**	위험등급Ⅱ 지정수량 100kg / 위험등급Ⅲ 지정수량 500kg / Ⅲ 지정수량 1000kg

유황(황, S)은 사방황, 단사황, 고무상황으로 나누어진다.

> 함께공부

지정수량 : 위험물의 종류별로 위험성을 고려하여 대통령령이 정하는 수량으로서 제조소등의 설치허가 등에 있어서 최저의 기준이 되는 수량(지정수량의 단위로 kg을 사용하고, 4류만 L를 사용)

> 이해하면서 공부 할 문제 ★

12 피난계획의 일반원칙 Fool Proof 원칙에 대한 설명으로 옳은 것은?

① 1가지가 고장이 나도 다른 수단을 이용하는 원칙
　　Fail Safe(페일 세이프)
② 2방향의 피난동선을 항상 확보하는 원칙
　　Fail Safe(페일 세이프)
③ 피난수단을 이동식 시설로 하는 원칙
④ **피난수단을 조작이 간편한 원시적 방법으로 하는 원칙**

- **Fool Proof(풀 프루프)**
  - 영어를 직역하면 "**바보라도 해낼 수 있는**"으로 해석되며, 화재 등의 재난상황에서는 정상적인 사고와 판단으로 행동이 어렵다고 가정하여, **극히 단순하고 쉬운** 방법을 적용하여 안전설계를 한다는 개념
  - 피난경로 및 피난시설의 구조를 간단명료하게 하는 것, 피난경로상의 출입문을 피난방향으로 열리는 구조로 하는 것, 쉽게 식별이 가능한 그림이나 색채를 이용하는 것 등

> 함께공부

- **Fail Safe(페일 세이프)**
  - 하나의 수단이 고장 등으로 **실패**(Fail, 페일)하여도 다른 수단에 의해 그 기능이 발휘될 수 있도록 고려하여 설계하는 것
  - 화재 시 미리 준비된 하나의 시스템이 작동하지 않아도 이중화 또는 다중화로 설계된 후속 대책에 의해 다른 시스템을 이용함으로서 안전을 확보하는 개념
  - 피난통로는 서로 반대방향으로 **2방향 이상의 피난동선**을 항상 확보하는 것

> 암기하면서 공부 할 문제

13 주수소화 시 가연물에 따라 발생하는 가연성 가스의 연결이 틀린 것은?

① 탄화칼슘 - 아세틸렌   **② 탄화알루미늄 - 프로판**   ③ 인화칼슘 - 포스핀   ④ 수소화리튬 - 수소

탄화알루미늄[Al₄C₃] - 물과 반응하여 수산화알루미늄과 가연성가스인 **메탄가스(CH₄)**를 생성하고 열을 발생한다.
$Al_4C_3 + 12H_2O \rightarrow 4Al(OH)_3 + 3CH_4\uparrow + 360\ kcal$

> 함께 공부

- **포스핀**(인화수소, PH₃)이 생성되는 위험물(모두 제3류 위험물이다)
  ① 황린(P₄)
  ② 인화칼슘(Ca₃P₂, 인화석회)
  ③ 인화알루미늄(AlP)
  ④ 인화아연(Zn₃P₂)
- 3류위험물 칼슘또는알루미늄의탄화물인 **탄화칼슘(카바이드)**이 물과 반응해 수산화칼슘과 가연성 가스인 아세틸렌을 발생시킨다.
  CaC₂(탄화칼슘) + 2H₂O(물) → Ca(OH)₂(수산화 칼슘) + C₂H₂↑(아세틸렌 발생)

> 암기하면서 공부 할 문제

14 인화점이 낮은 것부터 높은 순서로 옳게 나열된 것은?

① 에틸알코올 < 이황화탄소 < 아세톤   ② 이황화탄소 < 에틸알코올 < 아세톤
③ 에틸알코올 < 아세톤 < 이황화탄소   **④ 이황화탄소 < 아세톤 < 에틸알코올**

주요물질의 인화점

물질	인화점(℃)	물질	인화점(℃)	물질	인화점(℃)	물질	인화점(℃)
이소펜탄	-51	벤젠	-11	에틸벤젠	15	경유	50~70
디에틸에테르	-45	메틸에틸케톤	-7	피리딘	20	아닐린	76
아세트알데히드	-38	초산에틸	-4	클로로벤젠	32	에틸렌글리콜	111
산화프로필렌	-37	톨루엔	4	클로로아세톤, 테레핀유, 부탄올	35	중유	60~150
이황화탄소	-30	메탄올(메틸알콜)	11	초산	40	글리세린	160
아세톤, 트리메틸 알루미늄	-18	에탄올(에틸알콜)	13	등유	40~70	실린더유	200~250

※ 인화점은 문제에서 상대적으로 적용됨으로 인해, 아무리 여러 문제를 많이 암기해도, 실제 시험에서 출제되는 문제를 모두 풀 수 있다는 보장이 없습니다. 따라서 인화점 문제는 문제를 암기하지 말고, 반드시 물질별 인화점을 위 표를 통해 비교하여 암기해야 합니다.

> 함께 공부

인화점
- 불을 끌어당기는 온도라는 뜻으로 점화원에 의해 불이 붙을 수 있는 최저온도
- 가연성기체와 공기가 혼합된 상태에서 외부의 직접적인 점화원에 의해 불이 붙을 수 있는 최저온도
- 가연성 물질을 공기 중에서 가열할 때 가연성 증기가 연소범위 하한계에 도달되는 최저온도

> 이해하면서 공부 할 문제

15 화재발생 시 발생하는 연기에 대한 설명으로 틀린 것은?

① 연기의 유동속도는 수평방향이 수직방향보다 빠르다.
    느리다
② 동일한 가연물에 있어 환기지배형 화재가 연료지배형 화재에 비하여 연기발생량이 많다.
③ 고온상태의 연기는 유동확산이 빨라 화재전파의 원인이 되기도 한다.
④ 연기는 일반적으로 불완전 연소 시에 발생한 고체, 액체, 기체 생성물의 집합체이다.

연기의 유동속도는 수평방향(초당 0.5~1m)이 수직방향(초당 2~3m)보다 느리다. 계단실과 같은 수직공간에서는 초당 3~5m 정도의 속도로 매우 빠르게 이동한다. 따라서 사람이 수직방향으로 이동시 연기보다 빠르게 이동할 수 없다.

> 함께 공부

초기(성장기)에는 **가연물(연료)**이 있어야 원활한 연소가 이루어지는 **연료지배형 화재**이나, 플래쉬오버 이후로는 산소가 부족해지므로, 산소(환기)가 있어야 원활한 연소가 이루어지는 환기지배형 화재로 전이된다.
따라서 **환기지배형 화재**가 산소가 부족한 상태이므로, **불완전 연소**가 이루어지고 그에 따라 **연기가 더 많이 발생**한다.

암기하면서 공부 할 문제

16 물과 반응하여 가연성 기체를 발생하지 않는 것은?

① 칼륨 ② 인화아연 ③ **산화칼슘** ④ 탄화알루미늄

산화칼슘[CaO] – 칼슘[Calcium, Ca]을 고온으로 가열하면 황색불꽃(주황색)을 내며 연소하여 CaO(산화칼슘, **생석회**)이 된다. 산화칼슘이 물과 반응하면 수산화칼슘(소석회, Ca(OH)$_2$)과 열이 발생되지만, 가연성기체를 발생시키지는 않는다.
CaO + H$_2$O → Ca(OH)$_2$ + Q[kcal]
피부 접촉시 통증, 화상 등을 일으킬 수 있으며, 수분 포집제로서의 건조제, 토목건축재료, 석회비료, 산성토양개량제 등에 사용된다.

칼륨[K], 인화아연[Zn$_3$P$_2$], 탄화알루미늄[Al$_4$C$_3$]은 제3류 위험물인 자연발화성물질 및 금수성물질이므로 물과 접촉시 당연히 가연성기체를 발생시킨다.

함께공부

① **칼륨[K]** – 물과 반응하여 수산화물과 가연성기체인 **수소(H$_2$)**를 만들고 발열한다. (공기 중 수분과도 반응하여 수소를 발생시킨다)
   2K + 2H$_2$O → 2KOH + H$_2$↑ + 92.8 kcal
② **인화아연[Zn$_3$P$_2$]** – 물, 공기, 산과 반응하여 가연성기체인 **인화수소(포스핀, PH$_3$)**를 발생시킨다.
   Zn$_3$P$_2$ + 6H$_2$O → 3Zn(OH)$_2$ + 2PH$_3$↑
④ **탄화알루미늄[Al$_4$C$_3$]** – 물과 반응하여 수산화알루미늄과 가연성가스인 **메탄가스(CH$_4$)**를 생성하고 열을 발생한다.
   Al$_4$C$_3$ + 12H$_2$O → 4Al(OH)$_3$ + 3CH$_4$↑ + 360 kcal

계산하면서 공부 할 문제 ★★

17 물체의 표면온도가 250℃에서 650℃로 상승하면 열 복사량은 약 몇 배 정도 상승하는가?

① 2.5 ② 5.7 ③ 7.5 ④ **9.7**

물질의 표면에서 방사되는 복사에너지(열복사량)는 스테판-볼츠만 법칙(stefan-boltzmann's)에 의해 다음과 같이 계산된다.
$$Q(복사에너지, 복사열량) = \sigma A T^4$$
복사에너지(복사열량)는 절대온도의 4승에 비례하고, 복사를 받는 물체의 수열면적에 비례한다.
- σ[스테판-볼츠만 상수(시그마)] : $\sigma = 5.67 \times 10^{-8}$ [W/m^{2}K^4]
- A[수열면적] : 복사를 받는 물체의 수열면적 [m^2]
- T[절대온도, K(켈빈)] = 온도(℃) + 273 [K]

σ와 A는 모두 동일하고, T[절대온도]값만 다르므로, 문제에서 주어진 온도만 대입하면...
Q$_1$(고온체 온도) = 650℃, Q$_2$(저온체 온도) = 250℃ 이므로

$$\therefore \frac{Q_1}{Q_2} = \frac{\sigma A (650+273)^4 [K]}{\sigma A (250+273)^4 [K]} = 9.7배$$

이해하면서 공부 할 문제 ★★

18 조연성가스에 해당하는 것은?

① 일산화탄소 (가연성가스) ② **산소** ③ 수소 (가연성가스) ④ 부탄 (가연성가스)

조연성가스(지연성가스)
자신은 연소하지 않고 연소를 돕는 성질의 가스(일종의 산소공급원)로서 **산소(O)**를 함유하고 있는 산소(O$_2$), 공기(O$_2$함유), 오존(O$_3$) 가스와 할로겐족 원소 중 전기음성도가 큰(산화력이 큰) **불소(F), 염소(Cl)** 가스도 조연성가스로 분류된다.
할로겐족 원소 중 불소(F), 염소(Cl) 가스는 전기음성도가 커서 산소가 수소와 반응하는 연쇄반응을 억제하여, 오히려 화염 주변에 산소를 남겨주게 되어 할로겐족원소 중 불소(F), 염소(Cl)도 조연성가스로 불리운다.

함께공부

- **전기음성도** : 화학적 반응에서 분자내의 원자가 전자를 끌어 당기는 능력 [산소(O)는 전기음성도가 강하다]
  F(불소) > O(산소) > N(질소) > Cl(염소) > Br(브롬) > C(탄소) > S(황) > I(요오드) > H(수소) > ···
- 완전 연소시에는 불연성가스인 CO$_2$(이산화탄소)가 생성되지만, 산소가 부족한 상황에서는 불완전 연소가 되어 독성가스이자 가연성 가스인 CO(일산화탄소)가 생성된다.
- 수소(H$_2$)는 연소시 발생하는 가연성 가스이고, 부탄(C$_4$H$_{10}$)가스는 자체가 가연성가스(연소하는 가스)이다.

암기하면서 공부 할 문제 ★★★

19 분말소화약제로서 ABC급 화재에 적응성이 있는 소화약제의 종류는?

① $NH_4H_2PO_4$
제3종 제1인산암모늄(인산염)

② $NaHCO_3$
제1종 탄산수소나트륨

③ Na_2CO_3
제1종 열분해 생성물(탄산나트륨)

④ $KHCO_3$
제2종 탄산수소칼륨

분말 소화약제의 종류 및 성상

종별	주성분	색상	적응화재
제1종	탄산수소나트륨 ($NaHCO_3$)	백색	B, C
제2종	탄산수소칼륨 ($KHCO_3$)	담자색, 담회색	B, C
제3종	제1인산암모늄 = 인산염 ($NH_4H_2PO_4$)	담홍색, 황색	A, B, C
제4종	탄산수소칼륨 + 요소 ($KHCO_3+(NH_2)_2CO$)	회색	B, C

당가뿜! 나의 칼은 인간의 칼이다~ ➡ 나 칼 인 칼

암기하면서 공부 할 문제

20 과산화칼륨이 물과 접촉하였을 때 발생하는 것은?

① 산소 ② 수소 ③ 메탄 ④ 아세틸렌

무기과산화물의 종류인 과산화칼륨[K_2O_2]은 제1류 위험물[산화성고체(가연물을 산화시키는 고체)]이므로 **물질 자체에 산소(O_2)를 함유**하고 있어… 물과 반응시 산소가 발생된다.

$2K_2O_2$(과산화칼륨) + $2H_2O$(물) → $4KOH$(수산화칼륨) + $O_2\uparrow$(산소)

함께 공부

위험물 : 인화성(점화원에 의해 불이 붙는) 또는 발화성(스스로 불이 붙는) 등의 성질을 가지는 것으로서 대통령령으로 정하는 물품
제1류 위험물 ⇨ 산화성 고체 [가연물을 산화시키는 고체]
① 산소를 함유하고 있어 가연물과 접촉시 산소공급원의 기능을 하는 고체이다.
② 가연물(2류~5류 위험물)과 혼합하면 연소 또는 폭발의 위험이 크므로 가연물과 접촉 및 혼합을 피하고, 분해를 억제하기 위해 가열·충격·마찰을 금한다.
③ 무기과산화물(알카리 금속의 과산화물)은 금속이므로 물과 반응하여 산소를 방출하고 발열하므로 주의해야 한다.

위험물	특징	암기법	종류[대분류]
제1류	산화성 고체	3염무 질요브 중과	아**염**소산염류, **염**소산염류, 과**염**소산염류, **무**기과산화물 / **질**산염류(질산칼륨=초석), **요**오드산염류, **브**롬산염류 / **중**크롬산염류, **과**망간산염류

2과목 소방유체역학

✔ 이것이 혁신이다! 기출문제 + 답이색해설

전반적으로 쉬운 계산형 ★★

21 효율이 50%인 펌프를 이용하여 저수지의 물을 1초에 10L씩 30m 위쪽에 있는 논으로 퍼 올리는데 필요한 동력은 약 몇 kW인가?

① 18.83 ② 10.48 ③ 2.94 ④ 5.88

펌프의 축동력 ☞ 펌프의 운전에 필요한 실제동력. 문제에서 전달계수가 주어지지 않았으므로 축동력을 묻는 문제로 해석된다.

$$P(kW) = \frac{H \cdot \gamma \cdot Q}{\eta_p(\text{효율}) \times 102} = \frac{H(\text{전양정})[m] \times \gamma(\text{물 비중량})[1000\,kgf/m^3] \times Q(\text{토출량})[m^3/\sec]}{\eta_p(\text{효율}) \times 102}$$

1. 조건정리
   - 효율(η_p) = 50% = 퍼센트의 단위를 제거하면... 0.5가 된다.
   - 토출량(Q) = 1초에 10L = 10L/s = 0.01m³/s   *1000L = 1m³
   - 30m 위쪽에 있는 논으로 퍼 올림 = 전양정(H) = 30m
2. 축동력(P)의 계산 = ? kW

$$P(kW) = \frac{30\,m \times 1000\,kgf/m^3 \times 0.01\,m^3/\sec}{0.5 \times 102} = 5.88\,kW$$

함께공부

1. 펌프 동력(kW)의 계산
   $= H(\text{전양정})[m] \times \gamma(\text{물 비중량})[1000\,kgf/m^3] \times Q(\text{토출량})[m^3/\sec] = kW$
   $= kgf \cdot m/\sec$ (힘×속도 = 중력단위의 동력) $= kW$

2. 펌프의 **전달(소요, 모터, 전동기) 동력(P)** ☞ 펌프의 **구동**에 이용되는 동력

   $kW = \dfrac{H \cdot \gamma \cdot Q}{\eta_p(\text{효율}) \times 102} \times K$ $HP = \dfrac{H \cdot \gamma \cdot Q}{\eta_p(\text{효율}) \times 76} \times K$ $PS = \dfrac{H \cdot \gamma \cdot Q}{\eta_p(\text{효율}) \times 75} \times K$

   * K (전달계수) ① 전동기 : 1.1 ② 내연기관 : 1.15 ~ 1.2

3. 펌프의 **축동력** ☞ 펌프의 운전에 필요한 실제동력. 따라서 전달계수를 빼고 계산한다.

   $kW = \dfrac{H \cdot \gamma \cdot Q}{\eta_p(\text{효율}) \times 102}$ $HP = \dfrac{H \cdot \gamma \cdot Q}{\eta_p(\text{효율}) \times 76}$ $PS = \dfrac{H \cdot \gamma \cdot Q}{\eta_p(\text{효율}) \times 75}$

4. 펌프의 **수동력** ☞ 펌프에 의해 **물에 공급**되는 동력(유체에 실제로 주어지는 동력). 따라서 펌프효율은 의미가 없다.

   $kW = \dfrac{H \cdot \gamma \cdot Q}{102}$ $HP = \dfrac{H \cdot \gamma \cdot Q}{76}$ $PS = \dfrac{H \cdot \gamma \cdot Q}{75}$

5. 단위의 변환
   - 물의 비중량(γ) = $\dfrac{1000\,kgf/m^3}{102} = \dfrac{9800\,N/m^3}{102 \times 9.8} = \dfrac{9800\,N/m^3}{1000} = \dfrac{\gamma}{1000}$ $*1kgf = 9.8N$
   - 토출량(Q) = $\dfrac{1m^3}{1\sec} \times \dfrac{60\sec}{1\min} = 60\,[m^3/\min]$ ➔ $\dfrac{60\,[m^3/\min]}{1} = \dfrac{m^3/\min}{60} = \dfrac{Q}{60}$ *1분을 60으로 나눠주면 1초가 된다.

   $\therefore P[kW] = \dfrac{H \cdot \gamma \cdot Q}{1000 \times 60} = \dfrac{H[m] \times 9800[N/m^3] \times Q[m^3/\min]}{1000 \times 60} = 0.163HQ$

계산 없는 단순 암기형 ★★★★★

22 펌프가 실제 유동시스템에 사용될 때 펌프의 운전점은 어떻게 결정하는 것이 좋은가?

① 시스템 곡선과 펌프 성능곡선의 교점에서 운전한다.
② 시스템 곡선과 펌프 효율곡선의 교점에서 운전한다.
③ 펌프 성능곡선과 펌프 효율곡선의 교점에서 운전한다.
④ 펌프 효율곡선의 최고점, 즉 최고 효율점에서 운전한다.

- **펌프의 운전점** : 시스템곡선과 펌프성능곡선의 교차점에서 운전하면, 최적의 펌프 토출량을 얻을 수 있다. 그러나 장기간 사용에 의한 배관 스케일 등이 발생되면, "시스템 곡선(배관의 저항곡선)"의 저항이 증가하여 펌프 토출량이 감소하게 된다. 따라서 설계시 이러한 배관의 경년변화를 감안하여 펌프 토출량에 여유를 주어야 한다.
  - **시스템 곡선(배관의 저항곡선)** : 배관 시스템상의 마찰손실(압력손실)이, 유량이 늘어남에 따라 증가함을 나타낸 곡선
  - **펌프 성능곡선** : 펌프의 유량이 증가함에 따라 압력(양정)이 감소하는 상황을 나타낸 곡선으로, 펌프 성능시험의 기준점이 되는 곡선이다.
- **소방펌프의 특성곡선(유량-양정곡선)**

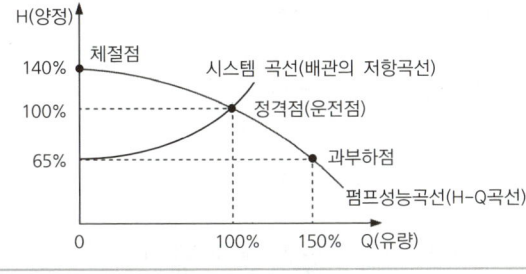

펌프의 시험운전
- 체절운전(무부하 운전 = 무부하 시험) ☞ 체절점
  성능시험목적, 토출측 개폐밸브 폐쇄 → 펌프 공회전 운전
- 정격부하운전(시험) ☞ 정격점
  유량이 정격토출량의 100%일 때 운전(시험)
- 최대(과부하, 피크부하)운전(시험) ☞ 과부하점
  유량이 정격토출량의 150%일 때 운전(시험)

함께공부

펌프성능기준(유량과 양정과의 관계)
- 체절운전시 정격토출압력의 140%를 초과하지 아니하고, 정격토출량의 150%로 운전시 정격토출압력의 65% 이상이 되어야 한다.
- 펌프의 성능곡선이 산모양이 되지 않고 일정할 것
- 펌프의 체절운전 : 펌프 토출측의 모든 밸브를 폐쇄시킨 상태에서 펌프를 운전하는 것을 체절운전이라 한다. 체절운전시 펌프토출측 압력이 상승하게 되는데 이 때의 압력을 체절압력이라하며 체절압력 미만에서 릴리프밸브가 개방되어 설비를 보호할 수 있어야 한다.

전반적으로 쉬운 계산형 ★★

23 비중이 1.03인 바닷물에 비중 0.9인 빙산이 떠있다. 전체 부피의 몇 %가 해수면 위로 올라와 있는가?

① 12.6   ② 10.8   ③ 7.2   ④ 6.3

물체(빙산)의 비중이 유체(바닷물)의 비중보다 더 작은 경우, 물체는 유체에 뜨게 되는데... 얼마의 %(체적)가 잠기고, 또 얼마의 %(체적)가 뜨게 되는지를 아래와 같이 계산할 수 있다.

빙산이 바닷물에 뜨는 경우... 몇 %가 잠기고, 몇 %가 뜨는지의 계산

1. 잠긴 부분의 % = $\dfrac{물체(빙산)의\ 비중}{유체(바닷물)의\ 비중} \times 100 = \dfrac{0.9}{1.03} \times 100 = 87.4\%$
2. 떠 있는 부분의 % = 100 - 87.4 = 12.6% [해수면 위로 올라온 빙산의 체적%]

함께공부

부력
- 유체 내의 어떤 물체에 대하여 수직 상향으로 작용하는 힘. 쉽게 말해, 유체 내에서 **물체를 띄우려는 힘**을 말한다.
- 어떤 물체의 무게가 부력보다 크다면 그 물체는 가라 앉을 것이다. 반대로 부력이 무게보다 크다면 그 물체는 뜰 것이다. **쇳덩어리는 물에 가라앉지만 나무는 물에 뜨는 이유**는 쇳덩어리의 경우 무게가 부력보다 크고, 나무는 부력이 나무무게보다 크기 때문이다. 쇠로 만든 배가 뜨는 이유는 물에 잠기는 부피를 크게 설계하여 배의 무게보다 더 큰 부력을 만들었기 때문이다.
- 아르키메데스가 발견했기 때문에 여기에 관계된 원리를 **아르키메데스의 원리**라고도 한다.

전반적으로 쉬운 계산형 ★★

24 그림과 같이 중앙부분에 구멍이 뚫린 원판에 지름 D의 원형 물제트가 대기압 상태에서 V의 속도로 충돌하여, 원판 뒤로 지름 D/2의 원형 물제트가 V의 속도로 흘러나가고 있을 때, 이 원판이 받는 힘은 얼마인가? (단, ρ는 물의 밀도이다.)

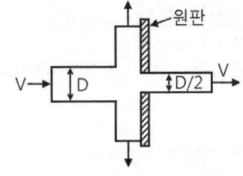

① $\frac{3}{16}\rho\pi V^2 D^2$ ② $\frac{3}{8}\rho\pi V^2 D^2$ ③ $\frac{3}{4}\rho\pi V^2 D^2$ ④ $3\rho\pi V^2 D^2$

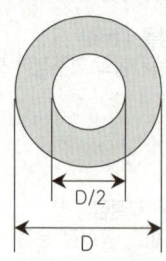

고정평판에 작용하는 힘
$F(N) = \rho(\text{밀도}, kg/m^3) \cdot Q(\text{유량}, m^3/sec) \cdot V(\text{유속}, m/sec)$
$= \rho \cdot A(\text{단면적}, m^2) \cdot V^2(m/sec)^2$ * $Q = A \cdot V$ 이므로... V가 2개가 되어 V^2
$= \rho \cdot \frac{\pi D^2}{4}(\text{단면적}, m^2) \cdot V^2(m/sec)^2 = kg \cdot m/sec^2 (N)$

구멍이 있는 원판이 받는 힘(F)
= 구멍이 없는 원판이 받는 전체힘(F_1) - 구멍 뚫린 부분으로 빠져나가는 힘(F_2)

1. F_1 (구멍이 없는 원판이 받는 전체힘) $= \rho \frac{\pi D^2}{4} V^2$

2. F_2 (구멍 뚫린 부분으로 빠져나가는 힘) $= \rho \frac{\pi \left(\frac{D}{2}\right)^2}{4} V^2 = \rho \frac{\pi \frac{D^2}{4}}{4} V^2 = \rho \frac{\pi D^2}{4 \times 4} V^2 = \rho \frac{\pi D^2}{16} V^2$

3. F(구멍이 있는 원판이 받는 힘) $= \rho V^2 \left(\frac{\pi D^2}{4} - \frac{\pi D^2}{16}\right) = \rho V^2 \pi D^2 \left(\frac{1}{4} - \frac{1}{16}\right) = \rho V^2 \pi D^2 \left(\frac{4}{16} - \frac{1}{16}\right) = \rho V^2 \pi D^2 \frac{3}{16}$

* F_1과 F_2의 밀도(ρ), 속도(V^2), 원주율(π), 직경(D^2)은 서로 동일한 인자이므로 묶을 수 있다.

함께공부

고정평판에 작용하는 힘
$F(N) = \rho(\text{밀도}, kg/m^3) \cdot Q(\text{유량}, m^3/sec) \cdot V(\text{유속}, m/sec) \cdot \sin\theta$ [직각(90°)으로 방사하면 최댓값 = 1]
$= \rho \cdot A(\text{단면적}, m^2) \cdot V^2(m/sec)^2 \cdot \sin\theta$ * $Q = A \cdot V$ 이므로... V가 2개가 되어 V^2
$= \rho \cdot \frac{\pi D^2}{4}(\text{단면적}, m^2) \cdot V^2(m/sec)^2 \cdot \sin\theta = kg \cdot m/sec^2 (N)$

다소 어려운 계산형 ★

25 저장용기로부터 20℃의 물을 길이 300m, 지름 900mm인 콘크리트 수평 원관을 통하여 공급하고 있다. 유량이 1㎥/s일 때 원관에서의 압력강하는 약 몇 kPa인가? (단, 관마찰계수는 약 0.023이다.)

① 3.57   ② 9.47   ③ 14.3   ④ 18.8

마찰손실(h_L)을 수두(m, mH_2O)로 구하는 방정식인 **달시-와이스바하 방정식**을 통해 마찰손실을 수두로 계산한 후, 표준대기압을 이용하여 수두단위에서 압력단위로 단위환산하여 답을 구한다.

$h_L(mH_2O) = f\frac{L(m)}{D(m)} \frac{V^2(m/sec)^2}{2g(m/sec^2)}$ 마찰손실수두 = 관마찰계수 × $\frac{\text{직관의 길이}}{\text{배관의 직경}}$ × $\frac{\text{유속}^2}{2 \times \text{중력가속도}}$

1. 조건정리
   - 관의 마찰계수(f) = 0.023
   - 원관의 길이 = 300m
   - 원관의 지름(D) = 900mm = 0.9m   *1000mm = 100cm = 1m
   - 중력가속도 = 9.8m/s^2
   - 물의 유속(V) ☞ Q(체적유량, m^3/sec) = A(배관의 단면적, m^2) × V(유체속도, m/sec)

   ∴ $V = \frac{Q}{A}$ → $A = \frac{\pi \cdot D^2}{4}$ *D=직경(지름) → $V = \frac{Q}{\frac{\pi \cdot D^2}{4}} = \frac{1 m^3/s}{\frac{\pi \times 0.9^2}{4}} = 1.5719 m/s$

2. 마찰손실수두(h_L)의 계산
   $h_L(mH_2O) = f\frac{L}{D}\frac{V^2}{2g} = 0.023 \times \frac{300 m}{0.9 m} \times \frac{(1.5719 m/s)^2}{2 \times 9.8 m/s^2} = 0.966$

3. 수두단위의 표준대기압은 10.332 mH₂O(=mAq 아쿠아)이고, 킬로파스칼(kPa) 단위의 표준대기압은 101.325 kPa 이다.
   $0.966 mH_2O \times \frac{101.325 kPa}{10.332 mH_2O} = 9.47 kPa$

전반적으로 쉬운 계산형 ★★

26 물탱크에 담긴 물의 수면의 높이가 10m인데, 물탱크 바닥에 원형 구멍이 생겨서 10L/s 만큼 물이 유출되고 있다. 원형 구멍의 지름은 약 몇 ㎝인가? (단, 구멍의 유량보정계수는 0.6이다.)

① 2.7 ② 3.1 ③ 3.5 ④ **3.9**

유량의 단위가 L/s 즉, 초당(sec) L[리터=체적]이므로, 연속방정식 중 **체적유량(Q)**의 식을 적용한다. 다만, 유량보정계수(C)가 주어졌으므로 체적유량 값에 곱해주면 된다.

$$Q(체적유량, m^3/sec) = A(배관의 단면적, m^2) \times V(유체속도, m/sec) \times C(유량보정계수) \quad *A = \frac{\pi \cdot D^2}{4} \; D=직경(지름)$$

1. 수면의 높이(h)가 주어졌으므로, 토리첼리의 정리식을 이용해... 유속(V)을 아래와 같이 계산한다.

$$V(유속) = \sqrt{2gh} = \sqrt{2 \times 중력가속도(9.8m/sec^2) \times 수면높이(m)} = \sqrt{2 \times 9.8m/s^2 \times 10m} = 14m/s$$

2. 체적유량(Q) 단위변환 = $10L/s = \frac{10L}{1s} \times \frac{1m^3}{1000L} = 0.01 m^3/s$

3. 체적유량(Q)식을 지름(D) 중심으로 전개하여 대입한다. *1m = 100cm

$$Q = \frac{\pi \cdot D^2}{4} \times V \times C \rightarrow D^2 = \frac{4Q}{\pi V C} \rightarrow D = \sqrt{\frac{4Q}{\pi V C}} = \sqrt{\frac{4 \times 0.01 m^3/s}{\pi \times 14m/s \times 0.6}} = 0.0389m = 3.89cm$$

전반적으로 쉬운 계산형 ★★

27 20℃ 물 100L를 화재현장의 화염에 살수하였다. 물이 모두 끓는 온도(100℃)까지 가열되는 동안 흡수하는 열량은 약 몇 kJ인가? (단, 물의 비열은 4.2kJ/(kg·K)이다.)

① 500 ② 2,000 ③ 8,000 ④ **33,600**

열량이란 열의 많고 적음을 나타내는 양이다. 열량의 단위는 cal(칼로리), kcal(킬로 칼로리) 또는 J(주울), kJ(킬로 주울)을 사용한다.
1kcal(4.2kJ)는 물 1kg의 온도를 1℃(K)만큼 올리는 데 필요한 열의 양이다.

물 20℃ → Q → 물 100℃
현열

※ **현열**(감열) - 물질의 상태 변화는 없으면서 온도만 올리는데 사용되는 열을 현열이라 하며, 아래식을 이용하여 현열(흡수한 열량)을 구할 수 있다.

흡수한 열량 $Q[kJ] = mC\Delta T = 질량[kg] \times 비열[kJ/kg \cdot K] \times 온도차[K] = 100 \times 4.2 \times 80 = 33,600kJ$

- 물 100L(리터) ⇨ 원칙적으로 부피(L)와 질량(kg)은 서로 동일하게 호환될 수 없지만, 문제에서 특별한 조건이 없으므로... 통상적으로 100L = 100kg 으로 보고 계산한다.
- [0℃~100℃ 사이의 온도] 물 1[kg]을 온도 1[℃] 올리는데 필요한 에너지(열량)는 1[kcal]이다.
  = 물의 비열은 1[kcal/kg·℃]이다 = 물의 비열은 **4.2[kJ/kg·K]**이다
- 20℃의 물이 모두 끓는 온도 100℃까지 가열 ⇨ **온도차 = 100℃ - 20℃ = 80℃** (서로 동일함을 알 수 있다)
  ⇨ 절대온도 중 켈빈온도[K]로 변환시 **온도차 = (100℃+273) - (20℃+273) = 80K** (서로 동일함을 알 수 있다)

전반적으로 쉬운 계산형 ★★

28 아래 그림과 같은 반지름이 1m이고, 폭이 3m인 곡면의 수문 AB가 받는 수평분력은 약 몇 N인가?

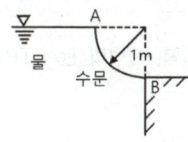

① 7,350 ② **14,700** ③ 23,900 ④ 29,400

곡면AB는 수직으로 세워진 수문이다. 이 수문에 물의 압력이 수평으로 작용하고 있다. 이 때 이 수문이 받는 힘을 N의 값으로 구하는 문제이다.

1. 조건정리
- 물 비중량(γ) = $1000 kgf/m^3$ = $9800 N/m^3$ *$1kgf = 9.8N$
- 수문의 면적(A) ☞ 그림상에서 측면으로 보면 곡면이지만, 수조의 내부에서 보면 수문이 폭3m 높이1m의 직사각형 형태로 힘을 받고 있다. ∴ 폭3m × 높이1m = 3m²
- 수문이 받는 힘의 깊이(h) = 수문의 면적중심깊이($\frac{수문수직높이(1m)}{2}$) = 0.5m

2. **수평방향**으로 작용하는 평균 **힘의 크기** = 힘의 수평분력의 크기
$F[N, 힘] = \gamma A h = 비중량(N/m^3) \times 면적(m^2) \times 면적중심까지의 깊이(m) = 9800\,N/m^3 \times 3m^2 \times 0.5m = 14700\,N$

함께공부

- 수평면에 작용하는 전압력 ➡ 수직방향으로 작용하는 평균 힘의 크기

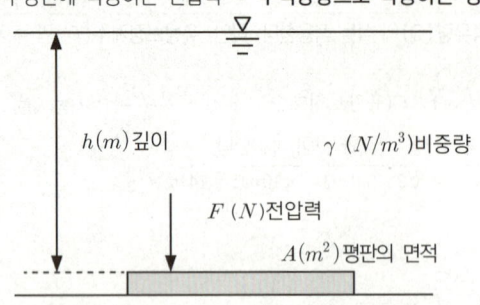

$P = \dfrac{F}{A} = \dfrac{\gamma \cdot A \cdot h}{A} = \gamma \cdot h$

$\therefore F[N] = \gamma \cdot A \cdot h$

$N(뉴턴) = N/m^3 \times m^2 \times m$

※ 평판이 받는 힘은 면적이 넓을수록, 깊을수록, 비중량이 클수록(무거울수록) 커진다.

- 수직면(경사면)에 작용하는 전압력 ➡ 수평방향으로 작용하는 평균 힘의 크기

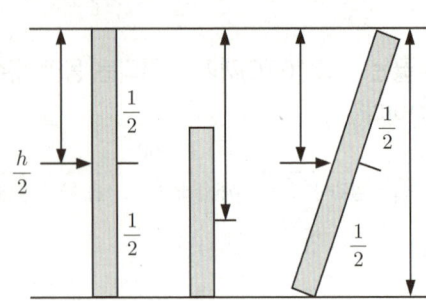

면적중심까지의 깊이 $= \dfrac{h}{2}$

$F = \gamma \cdot A \cdot h$
$\quad = \gamma \cdot (b \times h) \cdot \dfrac{h}{2}$
$\quad = \dfrac{\gamma \cdot (b \times h) \cdot h}{2}$

전반적으로 쉬운 계산형 ★★

29 초기온도와 압력이 각각 50℃, 600kPa인 이상기체를 100kPa까지 가역 단열팽창시켰을 때 온도는 약 몇 K인가? (단, 이 기체의 비열비는 1.4이다.)

① 194　　② 216　　③ 248　　④ 262

열역학적 상태변화 과정에서 단열팽창할 때 팽창 후의 온도(K)를 구하는 문제

$\dfrac{T_2}{T_1} = \left(\dfrac{P_2}{P_1}\right)^{\frac{k-1}{k}}$ * $\dfrac{T_2(나중절대온도, K)}{T_1(처음절대온도, K)} = \left(\dfrac{P_2(나중압력)}{P_1(처음압력)}\right)^{\frac{k-1}{k(비열비)}}$

$\dfrac{T_2}{(50℃+273)K} = \left(\dfrac{100\,kPa}{600\,kPa}\right)^{\frac{1.4-1}{1.4}}$ ➡ $T_2 = \left(\dfrac{100\,kPa}{600\,kPa}\right)^{\frac{1.4-1}{1.4}} \times 323K = 193.59\,K$

함께공부

단열변화(=단열과정 =등엔트로피 과정)에서 온도, 압력, 체적의 관계(TPV관계)

$\dfrac{T_2}{T_1} = \left(\dfrac{P_2}{P_1}\right)^{\frac{k-1}{k}} = \left(\dfrac{V_1}{V_2}\right)^{k-1}$

$\dfrac{T_2(나중절대온도, K)}{T_1(처음절대온도, K)} = \left(\dfrac{P_2(나중압력)}{P_1(처음압력)}\right)^{\frac{k-1}{k}} = \left(\dfrac{V_1(처음체적)}{V_2(나중체적)}\right)^{k(비열비)-1}$

전반적으로 쉬운 계산형 ★★

30 100㎝×100㎝이고, 300℃로 가열된 평판에 25℃의 공기를 불어준다고 할 때 열전달량은 약 몇 kW인가? (단, 대류열전달 계수는 30W/(㎡·K)이다.)

① 2.98　　② 5.34　　③ 8.25　　④ 10.91

뉴턴(Newton)의 냉각법칙
$$°q[W] = h(대류\ 열전달계수) \times A(표면적,\ 수열면적) \times \Delta T(온도차) = 30 \times 1 \times 275 = 8250W = 8.25kW$$

- 대류 열전달계수(h) = 30W/m²·K
- 표면적(A) = 100㎝×100㎝ = 1m×1m = 1m²　　＊1000㎜ = 100㎝ = 1m
- 온도차(℃) = 300℃ − 25℃ = 275℃ (서로 동일함을 알 수 있다)
  ＊ 온도차(K) = (300℃+273) − (25℃+273) = 275K (서로 동일함을 알 수 있다)

함께공부

뉴턴(Newton)의 냉각법칙
$$°q[W] = h\,A\,\Delta T = h(대류\ 열전달계수) \times A(표면적,\ 수열면적) \times \Delta T(온도차)$$

- 전열체의 표면적(수열면적)[A(㎡)]이 크거나, 대류 열전달계수[h(W/㎡·K)]가 높거나, 내·외부의 온도차[ΔT(K)]가 큰 것 등에 비례하여 이동열량[$°q$]은 증가한다.
- 구의 표면적(A) = $4\pi r^2$　　＊ r=반지름

전반적으로 쉬운 계산형 ★★

31 호주에서 무게가 20N인 어떤 물체를 한국에서 재어보니 19.8N이었다면 한국에서의 중력가속도는 약 몇 m/s²인가? (단, 호주에서의 중력가속도는 9.82m/s²이다.)

① 9.72　　② 9.75　　③ 9.78　　④ 9.82

문제조건을 활용하여 비례식으로 정리하면 아래와 같다.

호주 무게	호주 중력가속도(g)		한국 무게	한국 중력가속도(g)
20 N	9.82 m/s²	=	19.8 N	g m/s²

∴ 한국 중력가속도(g) = $\dfrac{9.82\,m/s^2 \times 19.8N}{20N}$ = $9.72\,m/s^2$

계산 없는 단순 암기형 ★★★★★

32 비압축성 유체를 설명한 것으로 가장 옳은 것은?

① <u>체적탄성계수가 0인 유체를 말한다.</u>　　② 관로 내에 흐르는 유체를 말한다.
③ 점성을 갖고 있는 유체를 말한다.　　④ 난류 유동을 하는 유체를 말한다.

- **비압축성 유체**
  - 주위의 변화(온도, 압력 등)에도 **밀도**(부피, 체적)의 변화가 없는 유체
  - 일반적으로 **액체**는 자유롭게 모양을 바꿀 수 있으나, 어떤 힘이 작용하여도 밀도(부피)가 잘 변하지 않아 비압축성 유체로 분류한다.
  - 만약 **기체에 아주 약한 힘이 작용**하여 밀도(부피)의 변화가 없는 경우라면 그 기체도 비압축성 유체로 볼 수 있다.
    예시〉 달리는 물체 주위의 기류, 건물 둘레를 흐르는 기류
- **체적탄성계수**(K, N/㎡, Pa = 압력의 단위)
  - 체적변화율에 대한 압력의 변화. 즉 **압력을 변화시켰을 때 체적이 얼마나 감소하는지**를 말하는 것이다.
  - 즉, 체적탄성계수가 크다는 의미는 그 만큼 빡빡하다는 의미이고 그에 따라 압축하기 어렵다는 의미이다.
  - 체적탄성계수가 0이라는 의미는 **압력을 가하기 전과 후의 체적(부피)의 변화가 없다**는 의미이므로, 이는 전혀 압축이 되지 않는다[**비압축성**]는 의미와 동일하다. 따라서 체적탄성계수가 0이라는 의미는 비압축성 유체를 말하는 것이다.

함께공부

② 관로 내에 흐르는 유체는 **압축성유체**(기체)일 수도 있고, **비압축성유체**(액체)일 수도 있다.
③ 점성(끈끈한 정도)을 갖고 있는 유체는 **실제유체**를 말하는 것이다 ↔ **이상유체**는 비점성(점성이없고)·비압축성(압축이안됨) 유체이다.
④ 난류 유동을 하는 유체는… 어지럽고 불안정하게 흐르는 유체의 불규칙적인 흐름을 말하는 것으로, 비압축성 유체와 관련이 없다.

전반적으로 쉬운 계산형 ★★

33 지름 20cm의 소화용 호스에 물이 질량유량 80kg/s로 흐른다. 이때 평균유속은 약 몇 m/s인가?

① 0.58 ② 2.55 ③ 5.97 ④ 25.48

연속방정식 중 질량유량(M, mass flow rate)
문제 조건에서 물이 초당(sec) 80kg[질량]으로 흐른다고 하였으므로, **연속방정식 중 질량유량(M)**의 식을 적용한다.

$$M(질량유량, kg/sec) = A(배관의\ 단면적, m^2) \times V(유속, m/sec) \times \rho(밀도, kg/m^3) \quad *A = \frac{\pi \cdot D^2}{4} \quad D=직경(지름)$$

1. 조건정리
   - 질량유량(M) = $80\,kg/s$
   - 지름(내경, D) = $20cm = 0.2m$ *1000mm = 100cm = 1m
   - 물의 밀도(ρ) = $1000\,kg/m^3$
   - 물의 평균유속(V) = ? m/s

2. 물의 평균유속(V) 계산 ➡ $V = \dfrac{M}{A \times \rho} = \dfrac{M}{\dfrac{\pi \times D^2}{4} \times \rho} = \dfrac{80\,kg/s}{\dfrac{\pi \times (0.2m)^2}{4} \times 1000\,kg/m^3} = 2.55\,m/s$

다소 어려운 계산형

34 깊이 1m까지 물을 넣은 물탱크의 밑에 오리피스가 있다. 수면에 대기압이 작용할 때의 초기 오리피스에서의 유속 대비 2배 유속으로 물을 유출시키려면 수면에는 몇 kPa의 압력을 더 가하면 되는가? (단, 손실은 무시한다.)

① 9.8 ② 19.6 ③ 29.4 ④ 39.2

깊이 1m인 물탱크 밑의 오리피스(작은구멍)에서 물이 유출되고 있는데… 2배의 유속으로 물을 유출시키려면, 물의 깊이를 몇 m 더 채우면 되는지를 묻는 문제이다. 물의 깊이를 m(= mH₂O = 수두)로 구한 후, kPa의 압력단위로 환산하면 된다.

1. 토리첼리의 정리식을 이용해… 깊이 1m일 때 유속(V)을 계산한다.
$$V(유속) = \sqrt{2gh} = \sqrt{2\times 중력가속도(9.8\,m/sec^2) \times 깊이(m)} = \sqrt{2 \times 9.8\,m/s^2 \times 1m} = 4.427\,m/s$$

2. $V = \sqrt{2gh}$를… h 중심으로 정리한 후, 유속이 2배가 되었을 때… 물의 깊이(h)를 구한다.
$$h = \frac{(2V)^2 [2배의\ 유속]}{2g} = \frac{(2 \times 4.427\,m/sec)^2}{2 \times 9.8\,m/sec^2} = 4m$$

3. 2배의 유속으로 물을 유출시키려면… 물의 깊이가 4m가 되면 된다. 따라서 이미 채워진 1m에, 추가로 3m를 더 채우면 된다.

4. 표준대기압을 이용하여, 3m(=3mH₂O)를 kPa의 압력단위로 환산한다.
수두단위의 표준대기압은 10.332 mH₂O(=mAq 아쿠아)이고, 킬로파스칼(kPa) 단위의 표준대기압은 101.325 kPa 이다.

$$3\,mH_2O \times \frac{101.325\,kPa}{10.332\,mH_2O} = 29.42\,kPa$$

포기해도 되는 계산형 · 포기해도 합격에 전혀 지장없는 문제

35 그림과 같은 거꾸로 된 마노미터에서 물과 기름, 수은이 채워져 있다. a=10cm, c=25cm이고 A의 압력이 B의 압력보다 80kPa 작을 때 b의 길이는 약 몇 cm인가? (단, 수은의 비중량은 133,100 N/m³, 기름의 비중은 0.9이다.)

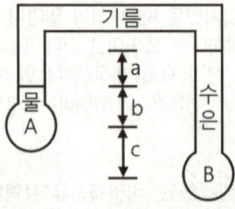

① 17.8 ② 27.8 ③ 37.8 ④ 47.8

본 문제는 이해와 계산과정 모두 매우 복잡한 계산문제로서… 소방설비기사 실기시험에서 등장하지 않는 개념과 문제이므로, 공부하지 않고 **포기하는 것이 더 현명**합니다. 따라서 지면과 노력낭비를 방지하기 위하여 해설이 없습니다.

함께공부

$P_C = P_D$ [수은의 최상단 지점(P_D)과... 수평선을 그은 지점(P_C)의 압력(P)은 동일하다는 전제로 식을 세운다]
$P_A - (\gamma_{물} \times b) - (\gamma_{기름} \times a) = P_B - \gamma_{수은} \times (a+b+c)$ [P_C와 P_D 지점이 물과 수은보다 위쪽에 있으므로 ⊖로 적용하였다]
$P_B - P_A = \gamma_{수은}(a+b+c) - (\gamma_{물} \times b) - (\gamma_{기름} \times a)$ [P_B가 P_A보다 80kPa이 더 크다]
$80 kPa(kN/m^2) = 133.1 kN/m^3 (0.1m + bm + 0.25m) - (9.8 kN/m^3 \times bm) - (0.9 \times 9.8 kN/m^3 \times 0.1m)$
$80 = (13.31 + 133.1b + 33.275) - (9.8b) - (0.882)$
$133.1b - 9.8b = 80 - (13.31 + 33.275) + (0.882)$ → $123.3b = 34.297$ → ∴ $b = \dfrac{34.297}{123.3} = 0.278m = 27.8cm$

다소 어려운 계산형

36 공기를 체적비율이 산소(O_2, 분자량 32g/mol) 20%, 질소(N_2, 분자량 28g/mol) 80%의 혼합기체라 가정할 때 공기의 기체상수는 약 몇 kJ/(kg·K)인가? (단, 일반기체상수는 8.3145 kJ/(kmol·K)이다.)

① 0.294 ② **0.289** ③ 0.284 ④ 0.279

문제에서 공기의 기체상수를 kJ/(kg·K)의 단위로 물었으므로... 특정한 기체에 적용이 가능한 **특정기체 상태방정식**을 통해 답을 구할 수 있다.
문제에서 요구하는 공기의 특정기체상수($\overline{R}$)를 구하기 위해... 이상기체상태방정식을 특정기체상수($\overline{R}$)를 중심으로 수식을 전개하면

이상기체 상태방정식 ☞ $PV = \dfrac{WRT}{M}$ *절대압력 × 체적 = $\dfrac{질량 \times 기체정수 \times 절대온도}{분자량}$

특정기체 상태방정식 ☞ $PV = W\dfrac{R}{M}T$ *$\overline{R}$(특정 기체상수) = $\dfrac{R(일반\,기체상수)}{M(특정기체의\,분자량)}$

1. 조건정리
   - 분자량(M) = 물질의 무게 = g/mol [kg/kmol] = 1mol(몰)당 g(무게) = 1kmol(킬로몰)당 kg(무게)
     = 분자를 구성하는 각 원자의 원자량 합
       * 산소(O_2)분자량 ☞ [O=16] = 16×2 = 32 g/mol
       * 질소(N_2)분자량 ☞ [N=14] = 14×2 = 28 g/mol
     혼합기체의 분자량 → 산소 20%, 질소 80% ∴ (32×0.2) + (28×0.8) = 28.8 g/mol = 28.8 kg/kmol
           (여기에서 [g]은 [mol]로, [kg]은 [kmol]로 단위를 맞추면 수치는 변경되지 않는다)
   - 일반기체상수(R) = 8.3145 kJ/kmol·K
2. 공기의 특정기체상수($\overline{R}$)
   $\overline{R} = \dfrac{R}{M} = \dfrac{8.3145\,kJ/kmol \cdot K}{28.8\,kg/kmol} = 0.2886 = 0.289\,kJ/kg \cdot K$

함께공부

이상기체 상태방정식
보일의 법칙, 샤를의 법칙, 아보가드로의 법칙을 하나로 표현한 식이 이상적인 기체의 여러 상태(변수)를 표시하는 방정식인 이상기체 상태방정식이다.
1. PV = nRT 식의 전개

$PV = nRT$ *n(몰수) = $\dfrac{질량}{분자량} = \dfrac{W}{M}$ → $PV = \dfrac{W}{M}RT$ → $PV = \dfrac{WRT}{M}$ 절대압력 × 체적 = $\dfrac{질량 \times 기체정수 \times 절대온도}{분자량}$

$PV = \dfrac{WRT}{M}$ → $P = \dfrac{WRT}{VM}$ → $P = \dfrac{\rho RT}{M}$ → $\rho = \dfrac{PM}{RT}$

$\dfrac{W(질량)}{V(체적)} = \rho(밀도)$

소방설비기사 기계 필기 | Engineer Fire Protection System

전반적으로 쉬운 계산형 ★★

37 물이 소방노즐을 통해 대기로 방출될 때 유속이 24m/s가 되도록 하기 위해서는 노즐입구의 압력은 몇 kPa이 되어야 하는가? (단, 압력은 계기압력으로 표시되며 마찰손실 및 노즐입구에서의 속도는 무시한다)

① 153 ② 203 ③ **288** ④ 312

노즐입구의 압력(kPa)을 계산하기 위해… 압력을 계산하는 식과, 베르누이 방정식의 속도수두(m)를 결합하여 구한다.
다시말해, 압력을 속도수두로 구한 후… 물의 비중량을 곱해주면 된다.

$$P(\text{압력}) = \gamma(\text{비중량}) \times h(\text{수두}) = \gamma(\text{비중량}) \times \frac{V^2}{2g} = 9.8\,kN/m^3 \times \frac{(24m/s)^2}{2 \times 9.8 m/s^2} = 288\,kN/m^2(kPa)$$

- 문제에서 중력가속도를 별도로 제시하지 않았으므로… 중력가속도는 $9.8\,m/\sec^2$ 본다. 따라서 밀도와 비중량은 동일한 값이 된다.
  물의 밀도(ρ_w) = 물의 비중량(γ_w) ∴ $1000\,kg/m^3 = 1000\,kgf/m^3 = 9800\,N/m^3 = 9.8\,kN/m^3$ *$1kgf = 9.8N$
- 속도수두$(h, m) = \dfrac{V^2}{2g} = \dfrac{\text{유속}^2(m/\sec)^2}{2 \times \text{중력가속도}(9.8m/\sec^2)}$

계산 없는 단순 공식형 ★★★

38 무한한 두 평판 사이에 유체가 채워져 있고 한 평판은 정지해 있고 또 다른 평판은 일정한 속도로 움직이는 Couette 유동을 하고 있다. 유체 A만 채워져 있을 때 평판을 움직이기 위한 단위면적당 힘을 τ₁이라 하고 같은 평판 사이에 점성이 다른 유체 B만 채워져 있을 때 필요한 힘을 τ₂라 하면 유체 A와 B가 반반씩 위아래로 채워져 있을 때 평판을 같은 속도로 움직이기 위한 단위면적당 힘에 대한 표현으로 옳은 것은?

① $\dfrac{\tau_1 + \tau_2}{2}$ ② $\sqrt{\tau_1 \tau_2}$ ③ $\dfrac{2\tau_1 \tau_2}{\tau_1 + \tau_2}$ ④ $\tau_1 + \tau_2$

쿠에트(Couette) 유동: 무한한 두 평판 사이에 점성유체가 채워져 있고, 두 평행 판이 평행을 유지하면서 한 평판은 정지해 있고 또 다른 평판은 일정한 속도로 유동할 때의 점성유체의 흐름

$$\tau = \frac{2\tau_1 \tau_2}{\tau_1 + \tau_2}$$

τ : 유체 A와 B가 반반씩 위아래로 채워져 있을 때 평판을 같은 속도로 움직이기 위한 단위면적당 힘
τ₁ : 유체 A만 채워져 있을 때 평판을 움직이기 위한 단위면적당 힘
τ₂ : 점성이 다른 유체 B만 채워져 있을 때 필요한 힘

당각해요! 이해하는 것보다 암기하는 것이 더 빠르다 ➡ 쿠에트(Couette) 2곱더 (τ₁, τ₂를 각각 분자는…2곱하기, 분모는…더하기)

전반적으로 쉬운 계산형 ★★

39 동점성계수가 1.15×10^{-6} m²/s인 물이 30mm의 지름 원관 속을 흐르고 있다. 층류가 기대될 수 있는 최대 유량은 약 몇 m³/s인가? (단, 임계 레이놀즈 수는 2100이다.)

① 2.85×10^{-5} ② **5.69×10^{-5}** ③ 2.85×10^{-7} ④ 5.69×10^{-7}

유량을 묻는 문제의 단위가 m³/s 즉, 초당(sec) m³[체적=부피]으로 흐른다고 하였으므로, 연속방정식 중 **체적유량(Q)**을 적용한다.

$$Q(\text{체적유량}, cm^3/\sec) = A(\text{배관의 단면적}, cm^2) \times V(\text{유체속도}, cm/\sec) \quad *A = \frac{\pi \cdot D^2}{4} \quad D = \text{직경(지름)}$$

1. 조건정리
   - 동점성계수(동점도, ν) = 1.15×10^{-6} m²/s
   - 지름(직경, D) = 30mm = 0.03m *1000㎜ = 100㎝ = 1m
   - 레이놀즈수($ReNo$) = 2100
   - 최대유량(Q) = ? m³/s
   - 유체속도(V) = ? m/s

2. 레이놀즈수($ReNo$)를 통하여 유체속도(V)를 구한다.

$$ReNo = \frac{D(\text{직경}) \cdot V(\text{유속})}{\nu(\text{동점도})} \quad \therefore V = \frac{ReNo \times \nu}{D} = \frac{2100 \times 1.15 \times 10^{-6} m^2/s}{0.03m} = 0.0805\,m/s$$

3. 연속방정식 중 체적유량(Q) ➡ $Q = \dfrac{\pi \cdot D^2}{4} \times V = \dfrac{\pi \times (0.03m)^2}{4} \times 0.0805\,cm/s = 5.69 \times 10^{-5}\,m^3/s$

함께공부

레이놀즈수 [Reynolds number]
- 관내 유체의 흐름이 층류(유체의 규칙적인 흐름)인지, 난류(어지럽고 불안정하게 불규칙적으로 흐르는 것)인지 구분해주는 정량적 수치
- 유체의 흐름에 있어서 점성에 의한 힘이 층류가 될 수 있도록 작용하며, 관성에 의한 힘은 난류를 일으키는 원인으로 작용하고 있다. 이 관성력과 점성력의 비가 레이놀즈수(ReNo)이다.
- 또한 레이놀즈수는 무단위의 수치, 즉 무차원수이므로, 어떤 단위로부터 계산하여도 동일한 값이 산출된다.

$$ReNo(레이놀즈수) = \frac{D(직경) \cdot V(유속) \cdot \rho(밀도)}{\mu(절대점도)} = \frac{D(직경) \cdot V(유속)}{\nu(동점도)} = \frac{관성력}{점성력}$$

$$ReNo = \frac{D \cdot V \cdot \rho}{\mu} = \frac{m \times m/\sec \times kg/m^3}{kg/m \cdot \sec} = \frac{kg/m \cdot \sec}{kg/m \cdot \sec} = 단위 없음$$

$$= \frac{D \cdot V}{\nu} = \frac{m \times m/\sec}{m^2/\sec} = \frac{m^2/\sec}{m^2/\sec} = 단위 없음$$

계산 없는 단순 암기형 ★★★★★

40 다음과 같은 유동형태를 갖는 파이프 입구 영역의 유동에서 부차적 손실계수가 가장 큰 것은?

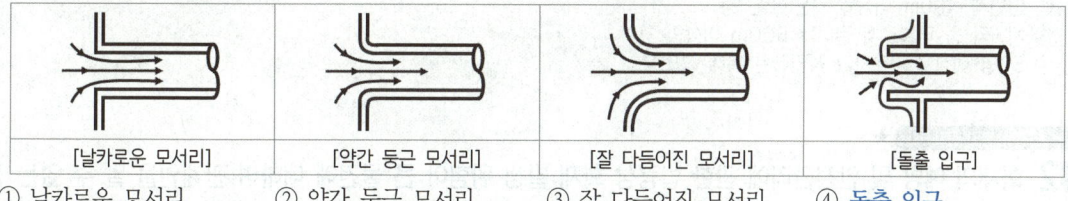

| [날카로운 모서리] | [약간 둥근 모서리] | [잘 다듬어진 모서리] | [돌출 입구] |

① 날카로운 모서리   ② 약간 둥근 모서리   ③ 잘 다듬어진 모서리   **④ 돌출 입구**

실제 유체는 점성을 가지므로 유체가 유동할 때 배관의 접촉면에 마찰이 발생하고 그에 따라 에너지의 손실이 발생하는데 그 손실이 마찰손실이다.

$$마찰손실(h_L,\ m) = 주(직관)손실 + 부차적(미소)손실$$

1. **주손실** : 직관에서 발생하는 마찰 손실(직선 원관 내의 손실)
2. **부차적손실** : 직관 이외에서 발생되는 마찰손실
   - 배관부품(엘보, 리턴밴드, 티, 리듀서, 유니언, 밸브 등)에서 발생하는 손실
   - 곡선부에 의한 손실, 유동단면의 장애물에 의한 손실
   - 단면의 확대 및 축소에 의한 손실
     – 관 단면의 급격한 축소에 의한 손실(돌연축소관의 손실)
     – 관 단면의 급격한 확대에 의한 손실(돌연확대관의 손실)
   - 파이프(배관) 입구와 출구에서의 손실
     * 파이프(배관)의 입구 모서리 부분에 의한 손실계수가 큰 순서
     ☞ 돌출 입구 > 날카로운 모서리(사각 모서리) > 약간 둥근 모서리 > 잘 다듬어진 모서리

모양을 보나 상식적으로나 "돌출입구"가 손실이 크게 생기지 않았나?

3과목 소방관계법규

> 문장이 답인 문제

41 소방시설 설치 및 관리에 관한 법령상 비상경보설비를 설치하여야 할 특정소방대상물의 기준 중 옳은 것은? (단, 지하구, 모래·석재 등 불연재료 창고 및 위험물 저장·처리 시설 중 가스시설은 제외한다.)
① 지하층 또는 무창층의 바닥면적이 50㎡ 이상인 것   ② 연면적 400㎡ 이상인 것
   150㎡
③ 지하가 중 터널로서 길이가 300m 이상인 것   ④ 30명 이상의 근로자가 작업하는 옥내 작업장
   500m   50명

- **특정소방대상물** : 건축물 등의 규모·용도 및 수용인원 등을 고려하여 소방시설을 설치하여야 하는 소방대상물로서 대통령령으로 정하는 것
- **비상경보설비**를 설치하여야 하는 특정소방대상물
  ① **지하층** 또는 **무창층**의 바닥면적이 **150㎡**(공연장의 경우 **100㎡**) 이상인 것은 모든 층
  ② **연면적 400㎡** 이상인 것은 모든 층
  ③ **지하가** 중 **터널**로서 길이가 **500m** 이상인 것
  ④ **50명** 이상의 근로자가 작업하는 **옥내 작업장**

> 숫자가 답인 문제 ★

42 화재의 예방 및 안전관리에 관한 법령상 화재 발생 위험이 큰 물건에 대하여 관계인을 알 수 없는 경우 그 물건을 옮기거나 보관하는 등 필요한 조치를 하게 할 수 있다. 이 때 옮긴 물건 등의 보관기간은 인터넷 홈페이지에 따른 공고기간의 종료일 다음 날부터 며칠로 하는가?
① 3   ② 4   ③ 5   ④ 7

- 소방관서장은 화재 발생 위험이 크거나 소화 활동에 지장을 줄 수 있다고 인정되는 물건에 대하여 소유자, 관리자 또는 점유자를 알 수 없는 경우 소속 공무원으로 하여금 그 물건을 옮기거나 보관하는 등 필요한 조치를 하게 할 수 있다.
- 옮긴 물건 등을 보관하는 경우에는 그날부터 14일 동안 해당 소방관서의 인터넷 홈페이지에 그 사실을 공고해야 하며, 옮긴물건등의 보관기간은 인터넷 홈페이지에 따른 공고기간의 종료일 다음 날부터 7일까지로 한다.

> 문장이 답인 문제 ★

43 소방시설 설치 및 관리에 관한 법령상 스프링클러설비를 설치하여야 하는 특정소방대상물의 기준 중 틀린 것은? (단, 위험물 저장 및 처리 시설 중 가스시설 또는 지하구는 제외한다.)
① 숙박이 가능한 수련시설 용도로 사용되는 시설의 바닥면적의 합계가 600㎡ 이상인 것은 모든 층
② 창고시설(물류터미널은 제외)로서 바닥면적 합계가 5000㎡ 이상인 경우에는 모든 층
③ 판매시설, 운수시설 및 창고시설(물류터미널에 한정)로서 바닥면적의 합계가 5000㎡ 이상이거나 수용인원이 500명 이상인 경우에는 모든 층
④ 복합건축물로서 연면적이 3000㎡ 이상인 경우에는 모든 층
   5000㎡

- **특정소방대상물** : 건축물 등의 규모·용도 및 수용인원 등을 고려하여 소방시설을 설치하여야 하는 소방대상물로서 대통령령으로 정하는 것
- **기숙사** 또는 **복합**건축물로서 연면적 **5천㎡** 이상인 경우에는 모든 층에 **스프링클러설비**를 설치해야 한다.

> 문장이 답인 문제 ★★★

44 소방기본법상 소방본부장, 소방서장 또는 소방대장의 권한이 아닌 것은?
① 화재, 재난·재해, 그 밖의 위급한 상황이 발생한 현장에서 소방활동을 위하여 필요할 때에는 그 관할구역에 사는 사람 또는 그 현장에 있는 사람으로 하여금 사람을 구출하는 일 또는 불을 끄거나 불이 번지지 아니하도록 하는 일을 하게 할 수 있다.

② 소방활동을 할 때에 긴급한 경우에는 이웃한 소방본부장 또는 소방서장에게 소방업무의 응원을 요청할 수 있다.
③ 사람을 구출하거나 불이 번지는 것을 막기 위하여 필요할 때에는 화재가 발생하거나 불이 번질 우려가 있는 소방대상물 및 토지를 일시적으로 사용하거나 그 사용의 제한 또는 소방활동에 필요한 처분을 할 수 있다.
④ 소방활동을 위하여 긴급하게 출동할 때에는 소방자동차의 통행과 소방활동에 방해가 되는 주차 또는 정차된 차량 및 물건 등을 제거하거나 이동시킬 수 있다.

소방본부장이나 소방서장은… 소방활동을 할 때에 긴급한 경우에는 이웃한 소방본부장 또는 소방서장에게 소방업무의 응원을 요청할 수 있다. (소방대장의 권한이 아닌, 소방본부장이나 소방서장의 권한임)

함께공부

- **소방대장** → 소방본부장 또는 소방서장 등 화재, 재난·재해, 그 밖의 위급한 상황이 발생한 현장에서 소방대를 지휘하는 사람
- **소방본부장, 소방서장 또는 소방대장의 권한**
  ① 화재, 재난·재해, 그 밖의 위급한 상황이 발생한 **현장에 소방활동구역을 정하여** 소방활동에 필요한 사람으로서 **대통령령으로** 정하는 사람 외에는 그 구역에 **출입하는 것을 제한**할 수 있다. (소방대장 만의 권한)
  ② 화재 진압 등 소방활동을 위하여 필요할 때에는 소방용수 외에 댐·저수지 또는 수영장 등의 물을 사용하거나 **수도의 개폐장치** 등을 조작할 수 있다.
  ③ 화재, 재난·재해, 그 밖의 위급한 상황이 발생한 현장에서 소방활동을 위하여 **필요할 때에는** 그 관할구역에 사는 사람 또는 그 **현장에 있는** 사람으로 하여금 **사람을 구출하는 일** 또는 **불을 끄거나 불이 번지지 아니하도록 하는** 일을 하게 할 수 있다.
  ④ 소방활동을 위하여 긴급하게 출동할 때에는 소방자동차의 통행과 소방활동에 방해가 되는 **주차 또는 정차된 차량 및 물건 등을** 제거하거나 이동시킬 수 있다.
  ⑤ 사람을 구출하거나 불이 번지는 것을 막기 위하여 **필요할 때에는** 화재가 발생하거나 불이 번질 우려가 있는 **소방대상물 및 토지를 일시적으로** 사용하거나 그 사용의 제한 또는 소방활동에 필요한 처분을 할 수 있다.
  ⑥ 사람을 구출하거나 불이 번지는 것을 막기 위하여 **긴급하다고 인정할 때에는** 위 ⑤에 따른 소방대상물 또는 토지 외의 소방대상물과 토지에 대하여 위 ⑤에 따른 처분을 할 수 있다.

단어가 답인 문제 ★

45 위험물안전관리법령상 지정수량 미만인 위험물의 저장 또는 취급에 관한 기술상의 기준은 무엇으로 정하는가?
① 대통령령 ② 소방청장 고시 ③ 시·도의 조례 ④ 행정안전부령

- **지정수량** : 위험물의 종류별로 위험성을 고려하여 대통령령이 정하는 수량으로서 제조소등의 설치허가 등에 있어서 최저의 기준이 되는 수량(지정수량의 단위로 kg을 사용하고, 4류만 L를 사용)
- 지정수량 미만인 위험물의 저장 또는 취급에 관한 기술상의 기준은 특별시·광역시·특별자치시·도 및 특별자치도 (이하 "**시·도**"라 한다)의 **조례로 정한다.**

> 지정수량 미만의 위험물은 덜 위험하므로 지방(시·도)에서 각자 정한다.

문장이 답인 문제 ★★

46 위험물안전관리법상 업무상 과실로 제조소등에서 위험물을 유출·방출 또는 확산시켜 사람의 생명·신체 또는 재산에 대하여 위험을 발생시킨 자에 대한 벌칙 기준으로 옳은 것은?
① 5년 이하의 금고 또는 2000만원 이하의 벌금
② 5년 이하의 금고 또는 7000만원 이하의 벌금
③ 7년 이하의 금고 또는 2000만원 이하의 벌금
④ 7년 이하의 금고 또는 7000만원 이하의 벌금

업무상 과실로 제조소등에서 **위험물을 유출·방출** 또는 확산시켜… 사람의 **생명·신체** 또는 재산에 대하여 **위험을** 발생시킨 자
→ **7년 이하의 금고 또는 7천만원 이하의 벌금**에 처한다.
→ 위의 죄를 범하여 사람을 사상에 이르게 한 자는 10년 이하의 징역 또는 금고나 1억원 이하의 벌금에 처한다.

단어가 답인 문제 ★★★

47 소방기본법상 소방활동구역의 설정권자로 옳은 것은?
① 소방본부장 ② 소방서장 ③ 소방대장 ④ 시·도지사

소방대장은 화재, 재난·재해, 그 밖의 위급한 상황이 발생한 현장에 **소방활동구역을 정하여** 소방활동에 필요한 사람으로서 **대통령령**으로 정하는 사람 외에는 그 **구역에 출입하는 것을 제한**할 수 있다.
※ **소방대장** → 소방본부장 또는 소방서장 등 화재, 재난·재해, 그 밖의 위급한 상황이 발생한 현장에서 소방대를 지휘하는 사람

> 문장이 답인 문제 ★★★

48 소방기본법령상 소방용수시설별 설치기준 중 틀린 것은?

① 급수탑 개폐밸브는 지상에서 1.5m 이상 1.7m 이하의 위치에 설치하도록 할 것
② 소화전은 상수도와 연결하여 지하식 또는 지상식의 구조로 하고, 소방용호스와 연결하는 소화전의 연결금속구의 구경은 ~~100mm~~로 할 것
   65mm
③ 저수조 흡수관의 투입구가 사각형의 경우에는 한 변의 길이가 60㎝ 이상, 원형의 경우에는 지름이 60㎝ 이상일 것
④ 저수조는 지면으로부터의 낙차가 4.5m 이하일 것

---

① 급수탑
  • 급수배관의 구경 ➜ 100㎜ 이상
  • 개폐밸브 ➜ 지상에서 1.5m 이상 ~ 1.7m 이하의 위치에 설치
② 소화전 연결금속구의 구경 ➜ 65㎜
③ 저수조 흡수관 투입구
  • 사각형의 경우 ➜ 한 변의 길이가 60㎝ 이상
  • 원형 ➜ 지름이 60㎝ 이상
④ 저수조 ➜ 흡수부분의 수심은... 0.5m 이상이고 ~ 지면으로부터 낙차는 4.5m 이하일 것
  ※ 낙차가 4.5m 이상이면 너무 높아서... 소방차가 물을 흡입할 수 없다.

> 당기출! 소방차가 물을 받기 위해서 소화전과 호스를 연결하는데... ➡ 그 호스의 크기는 65㎜ 이다.

> 단어가 답인 문제

49 소방시설 설치 및 관리에 관한 법상 특정소방대상물에 소방시설이 화재안전기준에 따라 설치·관리되고 있지 아니할 때 해당 특정소방대상물의 관계인에게 필요한 조치를 명할 수 있는 자는?

① **소방본부장**   ② 소방청장   ③ 시·도지사   ④ 행정안전부장관

소방본부장이나 **소방서장**은 소방시설이 화재안전기준에 따라 설치·관리되고 있지 아니할 때에는 해당 특정소방대상물의 **관계인**에게 필요한 **조치를 명할** 수 있다.

> 문장이 답인 문제 ★★

50 소방안전관리대상물의 소방안전관리자 업무가 아닌 것은?

① 소방훈련 및 교육
② ~~자체소방대~~ 및 초기대응체계의 구성·운영·교육
   자위소방대
③ 피난시설, 방화구획 및 방화시설의 관리
④ 피난계획에 관한 사항과 대통령령으로 정하는 사항이 포함된 소방계획서의 작성 및 시행

자체소방대를 설치하여야 하는 사업소 – 지정수량의 3천배 이상의 위험물을 저장·취급하는 제조소등으로서...
1. 제4류 위험물을 취급하는 **제조소** 또는 **일반취급소**. 다만, 보일러로 위험물을 소비하는 일반취급소 등 행정안전부령으로 정하는 일반취급소는 제외한다.
2. 제4류 위험물을 저장하는 **옥외탱크저장소**

> 함께 공부

특정소방대상물의 관계인과 소방안전관리대상물의 **소방안전관리자는 다음의 업무를 수행**한다. 다만, 2·3·4·5의 업무는 소방안전관리대상물의 경우에만 해당한다.
1. 피난시설, 방화구획 및 방화시설의 관리
2. 자위소방대 및 초기대응체계의 구성, 운영 및 교육
3. 소방안전관리에 관한 업무수행에 관한 기록·유지
4. 피난계획에 관한 사항과 대통령령으로 정하는 사항이 포함된 소방계획서의 작성 및 시행
5. 소방훈련 및 교육
6. 화기 취급의 감독
7. 소방시설이나 그 밖의 소방 관련 시설의 관리
8. 화재발생 시 초기대응
9. 그 밖에 소방안전관리에 필요한 업무

> 당기출! 피자업계 훈화 소방화재

> 문장이 답인 문제 ★

51 화재의 예방 및 안전관리에 관한 법령상 소방안전관리대상물의 소방계획서에 포함되어야 하는 사항이 아닌 것은?

① 예방규정을 정하는 제조소등의 위험물 저장·취급에 관한 사항
② 소방시설·피난시설 및 방화시설의 점검·정비계획
③ 소방안전관리대상물의 근무자 및 거주자의 자위소방대 조직과 대원의 임무에 관한 사항
④ 방화구획, 제연구획, 건축물의 내부 마감재료 및 방염대상물품의 사용 현황과 그 밖의 방화구조 및 설비의 유지·관리계획

소방안전관리대상물의 **소방계획서 작성 내용 중...**
"위험물의 저장·취급에 관한 사항"은 소방계획서에 포함되지만, "**위험물안전관리법에 따라 예방규정을 정하는 제조소등**"은 소방계획서 작성에서 **제외**한다.

> 문장이 답인 문제 ★★

52 소방시설 설치 및 관리에 관한 법령상 소방시설등에 대하여 스스로 점검을 하지 아니하거나 관리업자등으로 하여금 정기적으로 점검하게 하지 아니한 자에 대한 벌칙 기준으로 옳은 것은?

① 6개월 이하의 징역 또는 1000만 원 이하의 벌금
② 1년 이하의 징역 또는 1000만 원 이하의 벌금
③ 3년 이하의 징역 또는 1500만 원 이하의 벌금
④ 3년 이하의 징역 또는 3000만 원 이하의 벌금

- 특정소방대상물의 **관계인**은 그 대상물에 설치되어 있는 **소방시설등이** 이 법이나 이 법에 따른 명령 등에 **적합하게 설치·관리되고 있는지**에 대하여 **스스로 점검**하거나 점검능력 평가를 받은 관리업자 또는 행정안전부령으로 정하는 기술자격자("**관리업자등**"이라 한다)로 하여금 정기적으로 점검("**자체점검**"이라 한다)하게 하여야 한다.
- 위를 위반하여 소방시설등에 대하여 스스로 점검을 하지 아니하거나 관리업자등으로 하여금 정기적으로 점검하게 하지 아니한 자
→ **1년 이하의 징역 또는 1천만원 이하의 벌금**에 처한다.

> 단어가 답인 문제

53 소방시설 설치 및 관리에 관한 법령상 소방용품이 아닌 것은?

① 소화약제 외의 것을 이용한 간이소화용구
② 자동소화장치
③ 가스누설경보기
④ 소화용으로 사용하는 방염제

소방용품이란 소방시설등을 구성하거나 소방용으로 사용되는 제품 또는 기기로서 대통령령으로 정하는 것을 말한다.
1. **소화설비**를 구성하는 제품 또는 기기
   - 소화기구(**소화약제 외의 것을 이용한 간이소화용구**는 제외)
   - **자동소화장치**
   - 소화설비를 구성하는 소화전, 관창, 소방호스, 스프링클러헤드, 기동용 수압개폐장치, 유수제어밸브 및 가스관선택밸브
2. **경보설비**를 구성하는 제품 또는 기기
   - 누전경보기 및 **가스누설경보기**
   - 경보설비를 구성하는 발신기, 수신기, 중계기, 감지기 및 음향장치(경종만 해당)
3. **피난구조설비**를 구성하는 제품 또는 기기
   - 피난사다리, 구조대, 완강기(지지대를 포함) 및 간이완강기(지지대를 포함)
   - 공기호흡기(충전기를 포함)
   - 피난구유도등, 통로유도등, 객석유도등 및 예비 전원이 내장된 비상조명등
4. **소화용**으로 사용하는 제품 또는 기기
   - 소화약제
   - **방염제**(방염액·방염도료 및 방염성물질을 말한다)

> 함 께 공 부

- **간이소화용구** : 에어로졸식 소화용구, 투척용 소화용구, 소공간용 소화용구 및 소화약제 외의 것을 이용한 간이소화용구
- **소화약제 외의 것을 이용한 간이소화용구** : 팽창질석·팽창진주암·마른모래 등의 간이소화용구
- **자동소화장치** : 소화약제를 자동으로 방사하는 고정된 소화장치로서 그 종류로는... 주거용·상업용 주방자동소화장치, 캐비닛형·가스·분말·고체에어로졸 자동소화장치가 있다.
- **가스누설경보기** : LPG(액화석유가스), LNG(액화천연가스), 일산화탄소 등 가연성가스의 누설로 인한 폭발위험 및 독가스 중독사고 예방을 위해 가스누설을 자동으로 경보하는 장치
- **방염** : 방염은 불에 타지 않는 불연의 개념이 아니라, 불에 타는 것을 어렵게 하여 불길이 빠르게 확산되는 것을 방지해 피난시간을 확보하기 위한 것이다. 커튼과 카펫 등의 섬유에 약제를 사용하여 방염성능을 부여하는 것을 방염가공이라고 한다.

문장이 답인 문제 ★★★

54 소방기본법령상 소방본부 종합상황실 실장이 소방청의 종합상황실에 서면·팩스 또는 컴퓨터통신 등으로 보고하여야 하는 화재의 기중 중 틀린 것은?

① 항구에 매어둔 총 톤수가 1천톤 이상인 선박에서 발생한 화재
② 층수가 5층 이상이거나 병상이 30개 이상인 종합병원·정신병원·한방병원·요양소에서 발생한 화재
③ 지정수량의 1천배 이상의 위험물의 제조소·저장소·취급소에서 발생한 화재
　　　　　3천배
④ 연면적 1만5천제곱미터 이상인 공장 또는 화재예방강화지구에서 발생한 화재

- **119 종합상황실의 설치와 운영**: 소방청장, 소방본부장 및 소방서장은 화재, 재난·재해, 그 밖에 구조·구급이 필요한 상황이 발생하였을 때에 신속한 소방활동을 위한 정보의 수집·분석과 판단·전파, 상황관리, 현장 지휘 및 조정·통제 등의 업무를 수행하기 위하여 119종합상황실을 설치·운영하여야 한다.
- **상급(소방서→소방본부→소방청) 종합상황실에 지체없이 보고해야 하는 화재 및 재난상황**
  - 층수가 **11층** 이상인 건축물에서 발생한 화재
  - 층수가 5층 이상이거나 객실이 30실 이상인 **숙박**시설에서 발생한 화재
  - 층수가 5층 이상이거나 병상이 30개 이상인 종합**병원**·정신병원·한방병원·요양소에서 발생한 화재
  - 항구에 매어둔 총 톤수가 **1천톤** 이상인 **선박**에서 발생한 화재
  - 지정수량의 3천배 이상의 위험물의 제조소·저장소·취급소에서 발생한 화재
  - 연면적 **1만5천제곱미터** 이상인 **공장** 또는 화재예방강화지구에서 발생한 화재

함께공부

상급(소방서→소방본부→소방청) 종합상황실에 지체없이 보고해야 하는 화재 및 재난상황
- **사람/재산** [암기팁 : 사망5인/사상10인, 재산50억, 이재민100인 ➡ 사5/10, 재50, 이100 ➡ 사오십, 재오십, 이백]
  - **사망자**가 **5인** 이상 발생하거나 **사상자**가 **10인** 이상 발생한 화재
  - **재산**피해액이 **50억원** 이상 발생한 화재
  - **이재민**이 **100인** 이상 발생한 화재
- 규모
  - 층수가 **11층** 이상인 건축물에서 발생한 화재
  - 층수가 5층 이상이거나 객실이 30실 이상인 **숙박**시설에서 발생한 화재
  - 층수가 5층 이상이거나 병상이 30개 이상 종합**병원**·정신병원·한방병원·요양소에서 발생한 화재
  - 항구에 매어둔 총 톤수가 **1천톤** 이상인 **선박**에서 발생한 화재
  - 지정수량의 3천배 이상의 위험물의 제조소·저장소·취급소에서 발생한 화재
  - 연면적 **1만5천제곱미터** 이상인 **공장** 또는 화재예방강화지구에서 발생한 화재
- 장소 등
  - **관공서·학교·정부미도정공장**·문화재·지하철 또는 **지하구**의 화재
  - **관광호텔**, **지하상가**, 시장, 백화점에서 발생한 화재
  - **철도**차량, **항공기**, 발전소 또는 변전소에서 발생한 화재
  - 가스 및 화약류의 **폭발**에 의한 화재
  - **다중이용업소**의 화재
- 재난상황
  - 「긴급구조대응활동 및 현장지휘에 관한 규칙」에 의한 **통제단장**의 현장지휘가 필요한 재난상황
  - **언론**에 보도된 재난상황
  - 그 밖에 소방청장이 정하는 재난상황

단어가 답인 문제

55 위험물안전관리법령상 위험물의 안전관리와 관련된 업무를 수행하는 자로서 소방청장이 실시하는 안전교육대상자가 아닌 것은?

① 안전관리자로 선임된 자　　　　　　② 탱크시험자의 기술인력으로 종사하는 자
③ 위험물운송자로 종사하는 자　　　　④ 제조소등의 관계인

- 안전관리자·탱크시험자·위험물운반자·위험물운송자 등 **위험물의 안전관리와 관련된 업무를 수행하는 자**로서 대통령령이 정하는 자는 해당 업무에 관한 능력의 습득 또는 향상을 위하여 **소방청장이** 실시하는 **교육**을 받아야 한다.
- 안전교육대상자
  1. 안전관리자로 선임된 자
  2. 탱크시험자의 기술인력으로 종사하는 자
  3. 위험물**운반**자로 종사하는 자
  4. 위험물**운송**자로 종사하는 자

문장이 답인 문제 ★★

56 소방시설공사업법령상 공사**감리자** 지정대상 특정소방대상물의 범위가 아닌 것은?

① 캐비닛형 간이스프링클러설비를 신설·개설하거나 방호·방수 구역을 증설할 때
② 물분무등소화설비(호스릴 방식의 소화설비는 제외)를 신설·개설하거나 방호·방수구역을 증설할 때
③ 제연설비를 신설·개설하거나 제연구역을 증설할 때
④ 연소방지설비를 신설·개설하거나 살수구역을 증설할 때

공사 감리자 지정대상 특정소방대상물의 범위가 **아닌 것** → **캐비닛형 간이스프링클러설비 / 호스릴** 방식의 소화설비

함께 공부

- **간이 스프링클러설비**: 간이스프링클러설비는 스프링클러설비의 간소화 설비로서 다중이용업소 등 비교적 작은 특정소방대상물에 설치되는 자동식 소화설비이다.
- **캐비닛형 간이스프링클러설비**: 가압송수장치, 수조 및 유수검지장치 등을 집적화하여 캐비닛 형태로 구성시킨 간이 형태의 스프링클러설비
- **물분무 등 소화설비**: ①물분무소화설비 / ②미분무소화설비 / ③포소화설비 / ④이산화탄소소화설비 / ⑤할론소화설비 / ⑥할로겐화합물 및 불활성기체소화설비 / ⑦분말소화설비 / ⑧강화액소화설비 / ⑨고체에어로졸소화설비
- **제연설비**
  - 제연이란 연기를 제어한다는 의미로서… 화재실에 **신선한 공기를 급기**하고, **발생된 연기를 배기**(배출)하는 것을 제연이라 한다.
  - 구획(**구역**)을 나누(**가두**)어서 연기를 배출(**배기**)하거나, 신선한 공기를 급기(**유입**)하여 소화활동 및 피난을 용이하게 만드는 설비
- **연소방지설비**: 전력 또는 통신사업용 케이블이 설치된 지하구에 헤드를 설치하고, 소방차에서 송수구에 물을 공급해 헤드에서 살수되게 하여, 화재가 더 이상 번지지 않게 차단하는 설비

단어가 답인 문제 ★★

57 위험물안전관리법상 **위험물시설의 설치 및 변경** 등에 관한 기준 중 다음 ( ) 안에 알맞은 것은?

제조소등의 위치·구조 또는 설비의 변경없이 당해 제조소등에서 저장하거나 취급하는 **위험물의 품명·수량 또는 지정수량의 배수**를 변경하고자 하는 자는 변경하고자 하는 날의 (㉠)일 전까지 (㉡)이 정하는 바에 따라 (㉢)에게 신고하여야 한다.

① ㉠ 1, ㉡ 행정안전부령, ㉢ 시·도지사
② ㉠ 1, ㉡ 대통령령, ㉢ 소방본부장·소방서장
③ ㉠ 14, ㉡ 행정안전부령, ㉢ 시·도지사
④ ㉠ 14, ㉡ 대통령령, ㉢ 소방본부장·소방서장

- **지정수량**: 위험물의 종류별로 위험성을 고려하여 대통령령이 정하는 수량으로서 제조소등의 설치허가 등에 있어서 최저의 기준이 되는 수량(지정수량의 단위로 kg을 사용하고, 4류만 L를 사용)
- 제조소등의 위치·구조 또는 설비의 변경없이 당해 제조소등에서 저장하거나 취급하는 위험물의 품명·수량 또는 **지정수량의 배수를** 변경하고자 하는 자는 변경하고자 하는 날의 **1일 전까지 행정안전부령**이 정하는 바에 따라 **시·도지사에게 신고**하여야 한다.

숫자가 답인 문제 ★

58 소방시설 설치 및 관리에 관한 법령상 특정소방대상물의 **피난시설, 방화구획 또는 방화시설의 폐쇄·훼손·변경** 등의 행위를 한 자에 대한 **과태료 기준**으로 옳은 것은?

① 200만원 이하의 과태료
② 300만원 이하의 과태료
③ 500만원 이하의 과태료
④ 600만원 이하의 과태료

특정소방대상물의 피난시설, 방화구획 또는 방화시설의 **폐쇄·훼손·변경** 등의 행위를 한 자 → **300만원 이하의 과태료**를 부과

숫자가 답인 문제 ★★★

59 화재의 예방 및 안전관리에 관한 법령상 **특수가연물**의 저장 및 취급 기준 중 다음 ( ) 안에 알맞은 것은? (단, 석탄·목탄류를 발전용으로 저장하는 경우는 제외한다.)

> **살수설비**를 설치하거나, 방사능력 범위에 해당 특수가연물이 포함되도록 **대형수동식소화기**를 설치하는 경우에는 쌓는 높이를 (㉠)미터 이하, 쌓는 부분의 바닥면적을 (㉡)제곱미터 이하로 할 수 있다.

① ㉠10, ㉡30   ② ㉠10, ㉡50   ③ ㉠15, ㉡100   ④ **㉠15, ㉡200**

1. 화재가 발생하는 경우 불길이 빠르게 번지는 고무류·플라스틱류·석탄 및 목탄 등 대통령령으로 정하는 **화재의 확대가 빠른 특수가연물**은 품명별로 일정수량 이상의 가연물을 말한다.
2. 특수가연물을 품명별로 구분하여 기준에 맞게 쌓을 것(**쌓는 기준**)
   ① 살수설비를 설치하거나 방사능력 범위에 해당 특수가연물이 포함되도록 **대형수동식소화기**를 설치하는 경우
   • 높이 → **15미터** 이하
   • 쌓는 부분의 바닥면적 → **200제곱미터**(석탄·목탄류의 경우에는 300제곱미터) 이하
   ② 그 밖의 경우
   • 높이 → 10미터 이하
   • 쌓는 부분의 바닥면적 → 50제곱미터(석탄·목탄류의 경우에는 200제곱미터) 이하

숫자가 답인 문제 ★★

60 소방시설공사업법령상 **상주 공사감리 대상 기준** 중 다음 ( ) 안에 알맞은 것은?

> • 연면적 (㉠)제곱미터 이상의 특정소방대상물(아파트는 제외)에 대한 소방시설의 공사
> • 지하층을 포함한 층수가 (㉡)층 이상으로서 (㉢)세대 이상인 아파트에 대한 소방시설의 공사

① ㉠ 1만, ㉡ 11, ㉢ 600   ② ㉠ 1만, ㉡ 16, ㉢ 500
③ ㉠ 3만, ㉡ 11, ㉢ 600   ④ **㉠ 3만, ㉡ 16, ㉢ 500**

소방공사 감리의 종류 및 대상

종류	대상
상주 공사감리	1. 연면적 **3만제곱미터 이상**의 특정소방대상물(아파트는 제외한다)에 대한 소방시설의 공사 2. 지하층을 포함한 층수가 **16층 이상**으로서 **500세대 이상인 아파트**에 대한 소방시설의 공사
일반 공사감리	상주 공사감리에 해당하지 않는 소방시설의 공사

1. 상주 공사감리원은 행정안전부령으로 정하는 기간 동안 공사 현장에 상주하여 법에 따른 업무를 수행하고 감리일지에 기록해야 한다.
2. 일반 공사감리원은 행정안전부령으로 정하는 기간 중에는 주 1회 이상 공사 현장에 배치되어 업무를 수행하고 감리일지에 기록해야 한다.

4과목 소방기계시설의 구조및원리
✔ 이것이 혁신이다! 기출문제 + 답이색해설

숫자가 답인 문제

61 전역방출방식의 분말소화설비에 있어서 방호구역의 용적이 500m³일 때 적합한 **분사헤드의 수**는? (단, 제1종 분말이며, 체적 1m³당 소화약제의 양은 0.60kg이며, 분사헤드 1개의 분당 표준 방사량은 18kg이다)

① 17개   ② 30개   ③ **34개**   ④ 134개

• **분말소화설비** : 분말소화설비는 미세한 분말입자를 별도 추진가스(질소 또는 이산화탄소)의 압력으로 방사하여 소화하는 설비이다.
• **전역방출방식** : 고정식 분말약제 공급장치에 배관 및 분사헤드를 고정 설치하여, **밀폐 방호구역 전체에 분말약제를 방출하는 설비**
• **방호구역** : 소화범위에 따라 나누어진 소화가 필요한 구역
• **자동폐쇄장치** : 가스계 소화설비가 정상적으로 작동되어도 배기덕트나 창문, 환기팬 등의 개구부나 통기구를 통해 소화약제가 누출되면 화재를 소화할 수 없게 되므로, 이를 방지하기 위해 소화약제가 방출되기 전 환기장치를 정지하고 개구부를 폐쇄해야한다. 이 때 설치되는 설비가 자동폐쇄장치이다.

1. **분말소화설비 전역방출방식 약제량 계산식**

   방호구역체적(m³) × 약제량(kg/m³) $\begin{bmatrix} 1종 & 0.6 \\ 2\cdot3종 & 0.36 \\ 4종 & 0.24 \end{bmatrix}$ + 개구부면적(m²) × 가산량(kg/m²) $\begin{bmatrix} 1종 & 4.5 \\ 2\cdot3종 & 2.7 \\ 4종 & 1.8 \end{bmatrix}$ = kg(약제무게)

   *개구부면적 : 자동폐쇄장치 설치하지 않은 개구부면적(m²)

2. **분말소화약제의 최소 저장량(kg) 계산** → (500m³ × 0.6kg/m³) + (0m²) = 300kg
   - 방호구역의 체적(m³) = 500m³
   - 약제량(kg/m³) = 제1종 0.6kg/m³
   - 자동폐쇄장치 설치하지 않은 개구부면적(m²) = 주어지지 않음 = 0m²

3. **분사헤드의 수 계산**
   ① 분말소화설비의 분사헤드 기준방사시간 : **전역**방출방식 → 소화제제 저장량을 **30초 이내**에 방사
   ② 분사헤드 1개의 1분당 방사량은 18kg = 18kg/min · 개
   ③ 분사헤드 1개의 30초당 방사량을 구해야 하므로... 1분에 18kg이니까... 30초에는 9kg이 된다. = 9kg/30초 · 개
   ④ 분말소화약제의 저장량 "300kg"을 "9kg"으로 나누어 주면... 방호구역내 설치해야 하는 헤드수를 계산할 수 있다.

   ∴ $\frac{300kg}{9kg}$ = 33.33 개   ∴ **34개** [헤드 34개를 설치하면... 소화약제 저장량을 30초 이내에 모두 방사할 수 있다]

분말소화약제의 저장량(전역방출방식) 계산 → 아래 1.과 2.를 합산한 양 이상
1. 방호구역의 체적 1㎡에 대하여 다음 표에 따른 양

소화약제의 종별	방호구역의 체적 1㎡에 대한 소화약제의 양
제1종 분말	0.60 kg
제2종 분말 또는 제3종 분말	0.36 kg
제4종 분말	0.24 kg

2. 방호구역의 개구부에 자동폐쇄장치를 설치하지 아니한 경우 → 다음 표에 따라 산출한 양을 가산한 양

소화약제의 종별	가산량(개구부의 면적 1㎡에 대한 소화약제의 양)
제1종 분말	4.5 kg
제2종 분말 또는 제3종 분말	2.7 kg
제4종 분말	1.8 kg

제2종(제3종)과 제4종의 값을 합하면... 제1종 값이 된다.   ➡ 0.36 + 0.24 = 0.6 / 2.7 + 1.8 = 4.5

문장이 답인 문제 ★

62 이산화탄소 소화약제의 저장용기 설치기준 중 옳은 것은?

① 저장용기의 충전비는 고압식은 <u>1.9 이상 2.3 이하</u>, 저압식은 <u>1.5 이상 1.9 이하</u>로 할 것
   　　　　　　　　　　　　　　　1.5 이상 1.9 이하　　　　　　　1.1 이상 1.4 이하

② 저압식 저장용기에는 액면계 및 압력계와 <u>2.1MPa 이상 1.9MPa 이하</u>의 압력에서 작동하는 압력경보장치를 설치할 것
   　　　　　　　　　　　　　　　　　　　2.3MPa 이상 1.9MPa 이하

③ **저장용기는 고압식은 25MPa 이상, 저압식은 3.5MPa 이상의 내압시험압력에 합격한 것으로 할 것**

④ 저압식 저장용기에는 내압시험압력의 <u>1.8배</u>의 압력에서 작동하는 안전밸브와 내압시험압력의 0.8배부터 내압시험
   압력에서 작동하는 봉판을 설치할 것　0.64배부터 0.8배

- **이산화탄소 소화설비** : 탄산가스(CO_2)를 소화약제로 이용하여 화재를 진압하는 가스계 소화설비로서 CO_2는 화학적으로 안정된 불연성가스이고, 화재실에 CO_2약제를 방출하면 공기중의 산소농도를 떨어트려 소화하는 질식소화가 대표적인 소화효과이다. 약제 저장방식(저장온도)에 따라 고압식설비와 저압식설비(영하 18℃이하)로 구분된다.
- **고압식** : CO_2를 고압으로 액화시켜 68ℓ의 비교적 작은 용기에, 여러 병을 실온에 저장하는 방식으로... 밸브 개방시 고압이 해정되면서 기화되어 방사된다.
- **저압식** : -18℃ 이하에서 2.1MPa의 압력으로 CO_2를 액상으로 저장하는 방식으로... 언제나 -18℃를 유지해야 하므로 단열조치 및 자동냉동장치가 필요하며 약제용기는 대형저장탱크 1개를 사용한다.
  - **액면계** : 저장용기의 외부에 장치하여 그 속의 액면 높이를 외부에서 볼 수 있도록 유리로 만든 관
  - **압력계** : 저장용기 내의 액체 또는 기체의 압력이나, 중력에 의하여 생기는 압력을 측정하는 계기
  - **안전밸브** : 약제 저장용기와 선택밸브 사이 배관 도중에 설치하여... 저장용기의 용기밸브는 개방되었으나 선택밸브가 개방되지 아니하였을 때, 설비의 안전을 위하여 개방되는 안전장치이다.
  - **봉판** : 과도한 압력이 발생할 경우 파열되도록 설계된, 안전밸브의 배출구를 막고 있는 얇은 금속판

1. 충전비
   - 충전비(L/kg)는 충전하는 약제 무게(kg)당 용기체적(L)으로서, 이산화탄소소화약제 **고압식 저장용기의 충전비는... 1.5 이상 ~ 1.9 이하**에 해당한다. 충전비에 따른 이산화탄소소화약제를 68L의 일반적 용기에 얼마나 채울 수 있는지를 계산하면...
   $\dfrac{68L}{1.5L/kg} = 45kg$ ~ $\dfrac{68L}{1.9L/kg} = 35.8kg$ 즉, 고압식은 68L 용기에 35.8kg ~ 45kg 저장가능(충전비가 커지면 약제량 감소)
   - **저압식**(대형저장탱크 1개에 소화약제 저장) **충전비는 1.1 이상 ~ 1.4 이하**로 규정되어 있기 때문에... 고압식 보다 더 많은 양의 이산화탄소를 저장할 수 있다.
2. 압력경보장치
   → 저압식 저장용기는 -18℃에서 **2.1Mpa의 압력을 딱 맞게 유지**하여... 1.05Mpa의 압력으로 분사헤드에서 방사해야 한다.
   → 하지만, 압력이 **1.9Mpa(-0.2Mpa)**로 떨어지거나, **2.3Mpa(+0.2Mpa)**로 높아지면 경보를 발하는 장치가 압력경보장치이다. (±0.2Mpa에서 작동)
3. 내압시험압력 : 얼마의 압력까지 용기가 견딜 수 있는지를 알아보는 시험
   → **고압식 저장용기는 25MPa 이상 / 저압식 저장용기는 3.5MPa 이상**
4. 저압식 저장용기에 설치하는 안전장치
   - 안전밸브 작동압력
     → 내압시험압력의 **0.64배부터 ~ 0.8배**의 압력에서 작동
   - 봉판 작동압력
     → 내압시험압력의 **0.8배부터 ~ 내압시험압력**에서 작동
   - 안전밸브가 작동하여도 압력상승을 막기 어려울 때... 봉판이 터져 저압식 저장용기의 폭발을 방지한다.

안전밸브

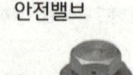

이산화탄소 소화설비 저장압력에 따른 분류

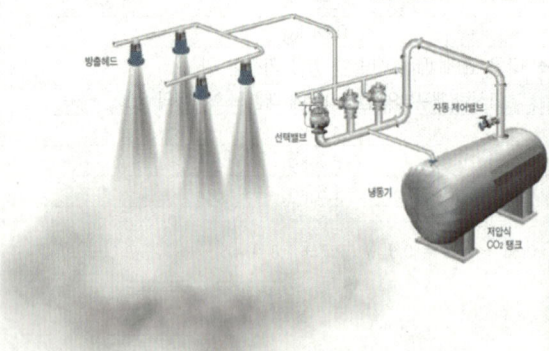

저압식 설비 / 고압식 설비

숫자가 답인 문제 ★

63 화재 시 연기가 찰 우려가 없는 장소로서 호스릴분말소화설비를 설치할 수 있는 기준 중 다음 ( ) 안에 알맞은 것은?

- 지상 1층 및 피난층에 있는 부분으로서 지상에서 수동 또는 원격조작에 따라 개방할 수 있는 개구부의 유효면적의 합계가 바닥면적의 (㉠) % 이상이 되는 부분
- 전기설비가 설치되어 있는 부분 또는 다량의 화기를 사용하는 부분의 바닥면적이 해당 설비가 설치되어 있는 구획의 바닥면적의 (㉡) 미만이 되는 부분

① ㉠ 15, ㉡ 1/5   ② ㉠ 15, ㉡ 1/2   ③ ㉠ 20, ㉡ 1/5   ④ ㉠ 20, ㉡ 1/2

- **분말소화설비** : 분말소화설비는 미세한 분말입자를 별도 추진가스(질소 또는 이산화탄소)의 압력으로 방사하여 소화하는 설비이다.
- **전역방출방식** : 고정식 분말약제 공급장치에 배관 및 분사헤드를 고정 설치하여, 밀폐 방호구역 전체에 분말약제를 방출하는 설비
- **국소방출방식** : 고정식 분말약제 공급장치에 배관 및 분사헤드를 설치하여 **직접 화점에** 분말약제를 방출하는 설비로 화재발생 부분에만 집중적으로 소화약제를 방출하도록 설치하는 방식
- **호스릴방식** : 분사헤드가 배관에 고정되어 있지 않고 소화약제 저장용기에 **호스를 연결하여 사람이** 직접 화점에 소화약제를 방출하는 이동식 소화설비

화재 시 현저하게 연기가 찰 우려가 없는 장소로서 다음에 해당하는 장소에는 **호스릴분말소화설비**를 설치할 수 있다.
1. **지상 1층 및 피난층**에 있는 부분으로서 지상에서 수동 또는 원격조작에 따라 **개방할 수 있는 개구부의 유효면적의 합계가 바닥면적의 15% 이상이 되는 부분**
2. **전기설비**가 설치되어 있는 부분 또는 **다량의 화기**를 사용하는 부분(해당 설비의 주위 5m 이내의 부분을 포함한다)의 바닥면적이 해당 설비가 설치되어 있는 구획의 **바닥면적의 5분의 1 미만이 되는 부분**

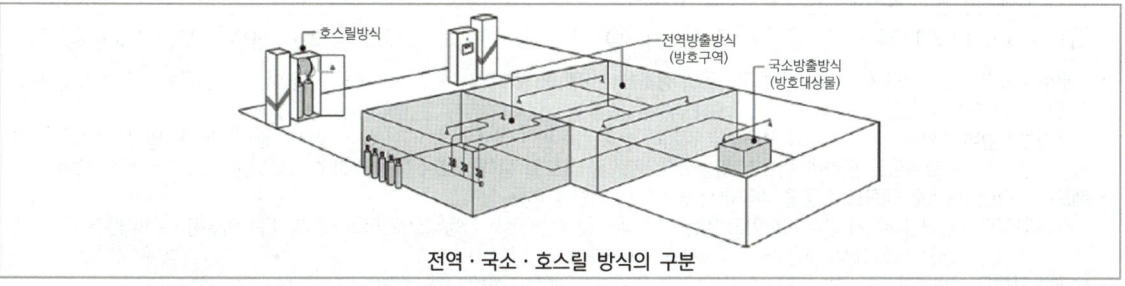

전역·국소·호스릴 방식의 구분

> 숫자가 답인 문제 ★★

64 소화수조의 소요수량이 **20㎥ 이상 40㎥ 미만**인 경우 설치하여야 하는 **채수구의 개수**로 옳은 것은?

① 1개　　　　② 2개　　　　③ 3개　　　　④ 4개

- **소화수조 또는 저수조** : 소방대가 화재진압시 사용하는 소방용수가 담긴 수조로서, 소화에 필요한 물을 항시 채워두는 것을 말한다.
- **소화수조(저수조)의 물을 소방차에 공급받는 방법**
  ① **흡수관 투입구** : 소방차에는 물을 흡입할 수 있는 흡수관이 있다. 이 흡수관을 **지하수조**에 직접 담가서 물을 흡수할 수 있도록 만든 사각형(**한 변이 0.6m 이상**)이나 원형(**직경이 0.6m 이상**)의 **구멍**(맨홀)
  ② **채수구** : 소방차의 소방호스와 접결되는 흡입구(나사식 금속결합구)로서, 채수구를 통해 소화수조의 물을 소방차에 공급 받는다.
  　㉠ **옥상수조** : 옥상 또는 옥탑의 부분에 설치된 경우, 지상에 설치된 채수구에서의 압력이 0.15 MPa 이상이 되면 설치가능
  　㉡ **지하수조** : 소화수조에 별도의 펌프를 설치하여, 지하수조에서 연결된 배관을 통하여 채수구에서 물을 공급 받는다.

소화수조의 소요수량(물저장량)에 따른 채수구의 설치개수 기준

소요수량	20㎥ 이상 40㎥ 미만	40㎥ 이상 100㎥ 미만	100㎥ 이상
채수구의 수	1 개	2 개	3 개

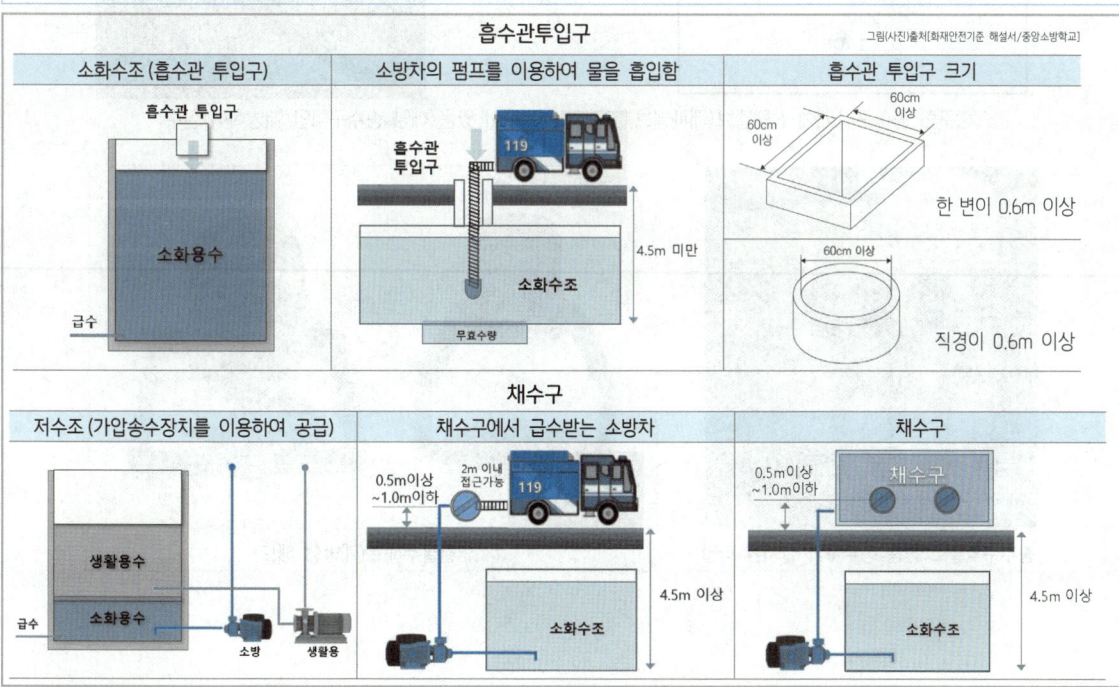

숫자가 답인 문제 ★

65 건축물에 설치하는 연결살수설비 헤드의 설치기준 중 다음 ( ) 안에 알맞은 것은?

천장 또는 반자의 각 부분으로부터 하나의 살수헤드까지의 수평거리가 연결살수설비 전용헤드의 경우는 (㉠)m 이하, 스프링클러헤드의 경우는 (㉡)m 이하로 할 것. 다만, 살수헤드의 부착면과 바닥과의 높이가 (㉢)m 이하인 부분은 살수헤드의 살수 분포에 따른 거리로 할 수 있다.

① ㉠ 3.7, ㉡ 2.3, ㉢ 2.1   ② ㉠ 3.7, ㉡ 2.1, ㉢ 2.3   ③ ㉠ 2.3, ㉡ 3.7, ㉢ 2.3   ④ ㉠ 2.3, ㉡ 3.7, ㉢ 2.1

- **연결살수설비** : 소방대의 진입이 곤란한 지하등의 장소(부분)에, 소방차에서 송수구에 물을 공급하면, 그 공급된 물이 헤드를 통하여 방수되어 화재를 진압하는 설비(소방대가 도착하여 송수구에 물을 공급하기 전까지는 무용지물인 설비이다)
- **스프링클러설비** : 화재발생시 화재를 자동으로 감지하여 피난을 위한 경보를 발하고, 습식·건식·준비작동식·일제살수식 밸브가 개방되면, 유수의 흐름으로 인하여 펌프가 기동되고, 개방된 헤드를 통해 소화수를 방수하여 소화하는 자동식 수계소화설비
- **헤드** : 빗방울 형태로 대량으로 물을 뿌리면서 방수하는 역할을 하는 장치
  - **폐쇄형헤드** : 정상상태에서 방수구를 막고 있는 감열체가 일정온도에서 자동적으로 파괴·용해 또는 이탈됨으로써 방수구가 개방되는 헤드(화재시 개방된 헤드에서만 물이 방수된다)
  - **개방형헤드** : 감열체 없이 방수구가 항상 열려져 있는 헤드(화재시 설치된 모든 헤드에서 물이 방수된다)

건축물에 설치하는 연결살수설비 헤드의 수평거리 기준

천장 또는 반자의 각 부분으로부터 하나의 살수헤드까지의 수평거리가 연결살수설비 전용헤드의 경우는 **3.7m 이하**, 스프링클러헤드의 경우는 **2.3m 이하**로 할 것. 다만, 살수헤드의 부착면과 바닥과의 **높이가 2.1m 이하인 부분**은 살수헤드의 **살수분포에 따른 거리**로 할 수 있다.

→ 전용헤드 3.7m 이하(더 좋은 성능이니까 더 넓게) / 스프링클러헤드 2.3m 이하 / 높이 2.1m 이하

연결살수 전용헤드 3.7m / 스프링클러 헤드 2.3m ➡ 연 삼칠 / 스 이삼

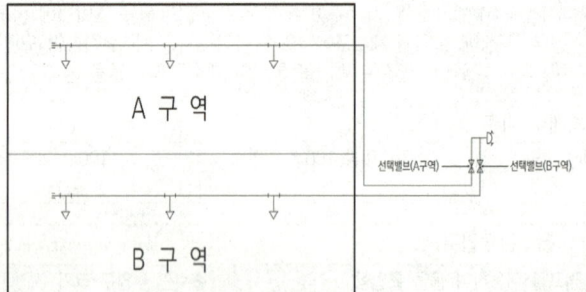

선택밸브 타입 연결살수설비

쌍구형 송수구 1개에 선택밸브(개폐밸브) 2개가 연결되어 있음(해당 송수구역만 개방하여 살수)

송수구역별로 전용 송수구가 설치된 타입

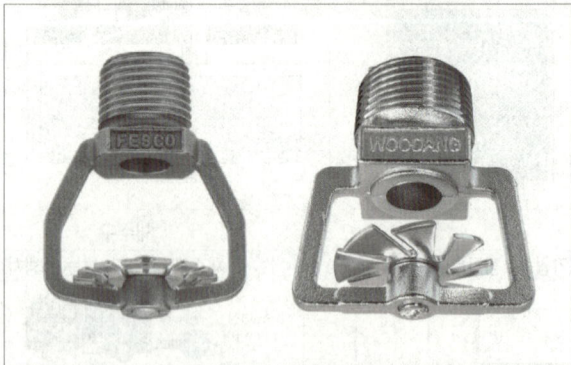

연결살수헤드(개방형 헤드)

숫자가 답인 문제 ★★★

66 포소화설비의 자동식 기동장치를 폐쇄형 스프링클러헤드의 개방과 연동하여 가압송수장치·일제개방밸브 및 포소화약제 혼합장치를 기동하는 경우의 설치기준 중 다음 (   ) 안에 알맞은 것은? (단, 자동화재탐지설비의 수신기가 설치된 장소에 상시 사람이 근무하고 있고, 화재 시 즉시 해당 조작부를 작동시킬 수 있는 경우는 제외한다.)

표시온도가 (㉠) ℃ 미만의 것을 사용하고, 1개의 스프링클러헤드의 경계면적은 (㉡) ㎡ 이하로 할 것

① ㉠ 79, ㉡ 8   ② ㉠ 121, ㉡ 8   ③ ㉠ 79, ㉡ 20   ④ ㉠ 121, ㉡ 20

- **포소화설비**: 수조로부터 공급된 물과 포약제 저장탱크에서 공급된 포원액을, **혼합기(프로포셔너)**에서 믹싱해 포수용액을 만들어, 포 방출구에서 공기와 섞여진 후 발포되어 거품을 방사하는 형태의 소화설비로서 유류탱크 등 위험물에 주로 사용된다.
- **헤드**: 빗방울 형태로 대량으로 물을 뿌리면서 방수하는 역할을 하는 장치
  - **폐쇄형헤드**: 정상상태에서 방수구를 막고 있는 감열체가 일정온도에서 자동적으로 파괴·용해 또는 이탈됨으로써 방수구가 개방되는 헤드 (화재시 개방된 헤드에서만 물이 방수된다)
  - **개방형헤드**: 감열체 없이 방수구가 항상 열려져 있는 헤드 (화재시 설치된 모든 헤드에서 물이 방수된다)
- **자동화재탐지설비**: 화재를 자동으로 감지하여 벨(경종), 사이렌, 섬광으로 경보하여 피난을 유도하는 설비로서, 하나의 건물내에 경계구역(=화재감지구역=화재경보구역)을 여러개 나누어서 화재구역과 비화재구역으로 구분하여 제어하는 설비이다.

1. 포소화설비의 자동식 기동장치 방식
   ① 자동화재탐지설비의 감지기가 작동하면... 전기적으로... 포소화설비를 자동으로 기동하는 방식
   ② 폐쇄형 스프링클러헤드의 개방과 연동하여... 포소화설비를 자동으로 기동하는 방식
      → 폐쇄형 스프링클러헤드가 화재에 의해 개방되면... 소량의 물 또는 압축공기가 방출되어... 배관에 걸려있던 압력이 해정되고... 압력으로 누르고 있던, 포소화설비 자동개방밸브를 자동으로 개방시켜... 포소화설비를 작동시킨다.
2. 폐쇄형스프링클러헤드를 사용하는 경우 다음의 기준에 따를 것
   ① **표시온도가 79℃ 미만**인 것을 사용하고, 1개의 스프링클러헤드의 **경계면적은 20㎡** 이하로 할 것
   ② 부착면의 높이는 바닥으로부터 **5m 이하**로 하고, 화재를 유효하게 감지할 수 있도록 할 것
   ③ 하나의 감지장치 **경계구역은 하나의 층**이 되도록 할 것
3. 자동화재탐지설비의 수신기가 설치된 장소에 상시 사람이 근무하고 있고, 화재 시 즉시 해당 조작부를 작동시킬 수 있는 경우는...
   → 수동식으로 설비가 가능하다. (자동식 설비 면제)

표시온도 79℃ 미만 / 경계면적 20㎡ 이하 / 부착면높이 5m 이하 ➡ 칠구(79) 미만 / 이(2) / 오(5) ➡ 친구 미안 이요

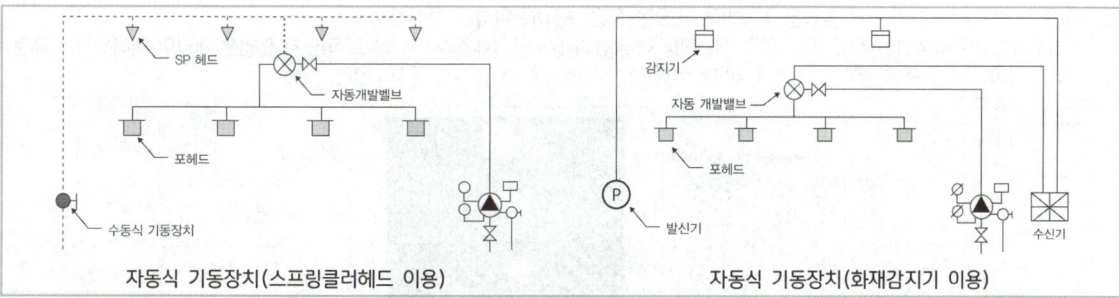

자동식 기동장치(스프링클러헤드 이용)   자동식 기동장치(화재감지기 이용)

단어가 답인 문제 ★

67 스프링클러설비 가압송수장치의 설치기준 중 **고가수조를 이용한 가압송수장치에 설치하지 않아도 되는 것은?**

① 수위계   ② 배수관   ③ 오버플로우관   ④ **압력계**

- **스프링클러설비**: 화재발생시 화재를 자동으로 감지하여 피난을 위한 경보를 발하고, 습식·건식·준비작동식·일제살수식 밸브가 개방되면, 유수의 흐름으로 인하여 펌프가 기동되고, 개방된 헤드를 통해 소화수를 방수하여 소화하는 자동식 수계소화설비
- **가압송수장치**: 압력을 가해서 (가압) 물을 이송하는 (송수) 장치로서 그 종류는 **펌프** (전동기 또는 내연기관과 연결된 원심펌프), **고가수조** (높은 곳에 설치된 수조), **압력수조** (강한 공기압 이용), **가압수조** (압력수조의 간소화 설비) 등의 방식이 있다.
- **고가수조** (높은곳에 설치된 수조): 구조물 또는 지형지물 등 높은 곳에 설치하여 자연낙차의 압력으로 급수하는 수조

고가수조에는 **오버플로우관** (넘쳐 흐르는 물의 배수관) · **급수관** (물급수) · **수위계** (물 높이 확인) · **배수관** (물배수) · **맨홀** (수조구멍)을 설치할 것
고가수조에 압력이 걸려 있는 것이 아니므로... 압력계는 전혀 필요없다.

암기팁 ① 고가수조 ➡ 오급 수배맨

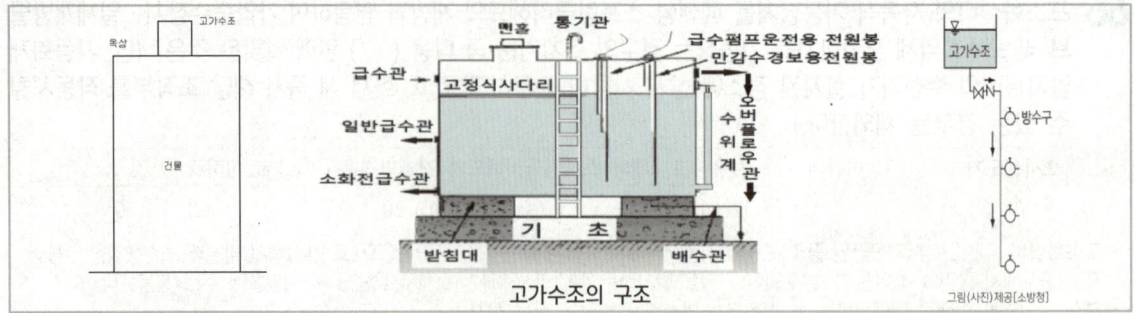

고가수조의 구조

숫자가 답인 문제 ★★

68 특별피난계단의 계단실 및 부속실 제연설비의 차압 등에 관한 기준 중 다음 (   ) 안에 알맞은 것은?

제연설비가 가동되었을 경우 출입문의 개방에 필요한 힘은 (   )N 이하로 하여야 한다.

① 12.5   ② 40   ③ 70   ④ 110

특별피난계단의 계단실 및 부속실 제연설비
- 특별피난계단의 **계단실·부속실** 및 비상용 승강기의 승강장에 신선한 공기를 급기(유입)하여 **연기가 침투하지 못하도록** 하여 피난을 용이하게 만드는 설비
- 피난로 및 피난공간의 안전성을 확보하여 인명안전은 물론 소방관의 소화 및 구조 활동을 원활하게 하는 데에 그 목적이 있다.
- **급기가압 제연설비**라고도 하며... 특정소방대상물의 **제연구역 내**(계단실, 부속실 또는 비상용승강기의 승강장)에 신선한 공기를 주입하여 **옥내**(화재발생 부분)보다 압력을 높게 하여 화재 시 발생한 연기 또는 열기가 제연구역으로 확산, 침투하지 못하도록 하는 설비이다.

옥내(거실, 통로 등)에서 발생된 화재로 인해, 제연구역(부속실, 계단실 등)으로 연기가 유입되지 못하도록 하는 방법은... **제연구역의 압력을 옥내보다 높게 유지**(차압)하는 방법이다. 그에 따라 아래와 같은 규정들이 필요하게 된다.
1. 제연구역과 옥내와의 사이에 유지하여야 하는 차압(압력의 차이)
   → 최소차압은 **40Pa 이상**
   → 옥내에 스프링클러설비가 설치된 경우에는 **12.5Pa 이상**(물이 방수되면 온도가 하강하여 옥내 압력도 하강하기 때문)
2. 제연설비가 가동되었을 경우 출입문의 **개방에 필요한 힘은 110N 이하**로 하여야 한다.
   → 최소차압 기준이 40Pa 이상인데... 압력의 차이를 너무 높이게 되면, 옥내에서 부속실로 피난시 출입문 개방이 어려워지기 때문에... 최대압력 기준을 출입문 개방에 필요한 힘인 110N(힘의 단위) 이하로 규정하였다.

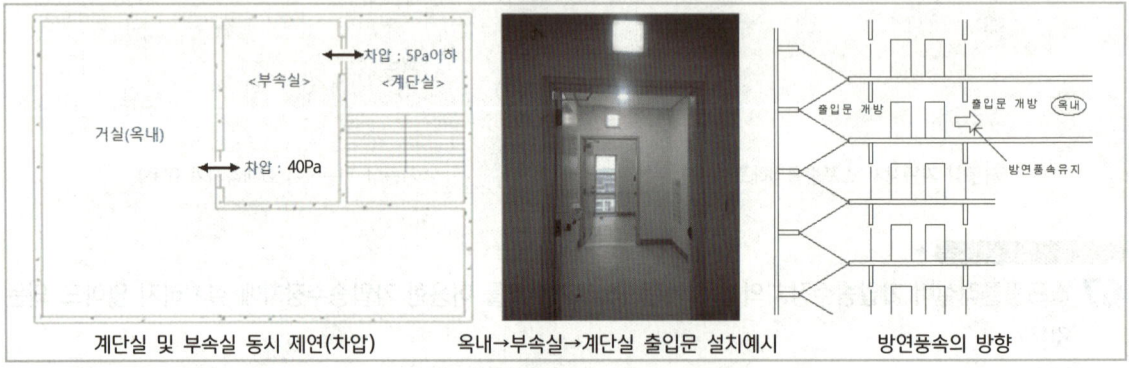

계단실 및 부속실 동시 제연(차압)   옥내→부속실→계단실 출입문 설치예시   방연풍속의 방향

숫자가 답인 문제 ★★

69 완강기의 최대사용자수 기준 중 다음 (   ) 안에 알맞은 것은?

> 최대사용자수(1회에 강하할 수 있는 사용자의 최대수)는 **최대사용하중을** (   ) **N으로 나누어서 얻은 값**으로 한다.

① 250   ② 500   ③ 750   ④ **1500**

완강기 : 창문이나 발코니 등의 외부로 통하는 개구부 부근에 설치되며, 사용자의 몸무게에 따라 하강속도를 자동적으로 조절[**속도조절기(조속기)**]하면서 내려오는 하강로프장치 피난기구이다. 사용자의 가슴에 안전벨트를 조여 착용하며, 사용자가 교대하여 연속적으로 사용할 수 있다.

완강기의 최대사용하중 및 최대사용자수
① **최대사용하중**은 **1500N 이상**의 하중이어야 한다.
② **최대사용자수**(1회에 강하할 수 있는 사용자의 최대수)는 **최대사용하중을 1500N으로 나누어서 얻은 값**으로 한다.
  (1미만의 수는 계산하지 아니한다)
※ 최대사용하중 : 완강기, 간이완강기 및 지지대를 사용함에 있어서 당해 완강기, 간이완강기 및 지지대에 가할 수 있는 최대하중

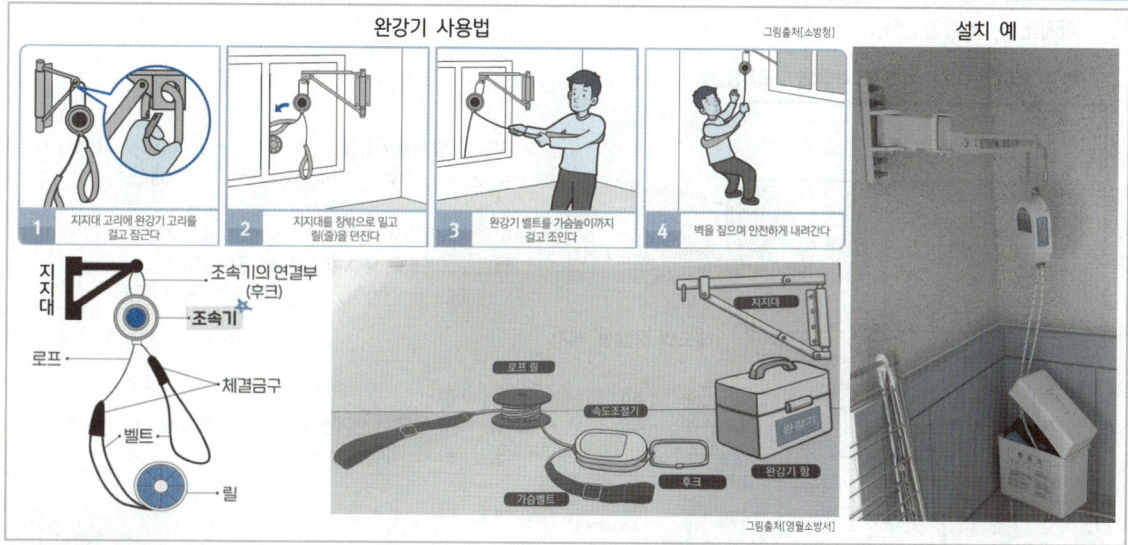

함께공부

완강기 및 간이완강기(1회용의 완강기)의 구성품목 → 지지대, 속도조절기, 속도조절기의 연결부, 로우프, 벨트, 연결금속구
- **완강기 지지대** : 천장·벽 또는 바닥 등에 완강기를 고정 설치해 주는 부분으로 천장부착형·(내·외)벽부착형·바닥부착형 등으로 구분한다.
- **속도조절기(조속기)** : 완강기의 강하속도를 일정범위로 조절하는 장치를 말하며, 완강기의 속도조절기는 '도르래의 원리'를 이용해서 사용자의 무게로 일정한 속도로 하강할 수 있도록 해주는 것이다. 즉, 벨트를 맨 피난자의 무게에 의해 속도조절기 안의 기어가 회전시키면서 발생되는 원심력과 브레이크 제어를 통해 일정한 강하 속도를 유지하는 원리이다.
- **속도조절기의 연결부(연결 후크)** : 완강기 지지대와 속도조절기(조속기)를 연결하는 부분을 말한다. 타원링의 형태로 지지대에 걸어서 결합할 수 있는 구조이다.
- **로우프(릴)** : 로프는 직경 3mm 이상의 와이어 로프를 사용하거나, 와이어 로프에 면사(나일론사)를 입힌 로프를 사용한다.
- **벨트** : 로프의 양단에 피난자의 가슴을 감아서 몸을 지지하는 것으로서, 재료는 로프와 같이 면사나 나일론사로 되어 있다. 사용자의 가슴둘레에 맞도록 벨트길이를 조정할 수 있는 고리가 있다.
- **연결금속구(체결금구)** : 로우프와 벨트의 연결부위에 사용하는 금속구

70 화재조기진압용 스프링클러설비 가지배관의 배열기준 중 천장의 높이가 9.1m 이상 13.7m 이하인 경우 가지배관 사이의 거리 기준으로 옳은 것은?

① 2.4m 이상 3.1m 이하   ② 2.4m 이상 3.7m 이하   ③ 6.0m 이상 8.5m 이하   ④ 6.0m 이상 9.3m 이하

- **스프링클러설비** : 화재발생시 화재를 자동으로 감지하여 피난을 위한 경보를 발하고, 습식·건식·준비작동식·일제살수식 밸브가 개방되면, 유수의 흐름으로 인하여 펌프가 기동되고, 개방된 헤드를 통해 소화수를 방수하여 소화하는 자동식 수계소화설비
- **스프링클러 헤드** : 스프링클러에서 나오는 물을, 빗방울 형태로 대량으로 뿌리면서 방수하는 역할을 하는 부분을 말한다.
- **화재조기진압용 스프링클러설비** : 랙크식창고(천장고가 높고 다량의 가연성 물품을 보관하고 있는 창고)에 설치하는 소화설비로서 화재초기에 헤드의 빠른 동작과, 높은 압력, 큰물방울을 방사해 조기에 진화할 수 있도록 설계된 스프링클러설비이다.
- **화재조기진압용 스프링클러헤드** : 화재위험이 높은 특정 장소에 대하여 조기에 진화할 수 있도록 설계된 스프링클러헤드를 말한다.
- **배관의 종류** : 배관이란 물이 이송되는 관을 말한다.
  - **주배관** : 각 층을 수직으로 관통하는 수직배관(입상관)
  - **수평주행배관** : 교차배관에 급수하는 배관
  - **교차배관** : 직접 또는 수직배관을 통하여 가지배관에 급수하는 배관
  - **가지배관** : 헤드가 설치되어 있는 배관

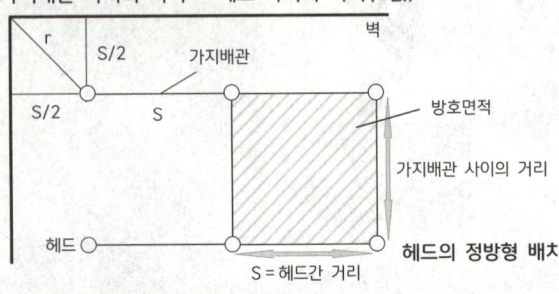

* 헤드 정방형(정사각형) 배치 공식 → S [헤드간 거리(m)]
  = 2 × r [유효반경=수평거리(m)] × cos45°
* 화재조기진압용 스프링클러설비는 가지배관 사이의 거리와 헤드 사이의 거리가 동일하게 규정되어 있다.
  이는 헤드를 정방형으로 설치하라는 의미이다.

1. 천장의 높이가 9.1m 미만 → 2.4m 이상 ~ 3.7m 이하
2. 천장의 높이가 9.1m 이상 ~ 13.7m 이하 → 2.4m 이상 ~ 3.1m 이하 [천장이 높으면 위험하므로... 헤드거리 가깝게]
3. 헤드 하나의 방호면적(S^2) → 6.0m^2(2.4²=5.76) 이상 ~ 9.3m^2(3.1²=9.61) 이하

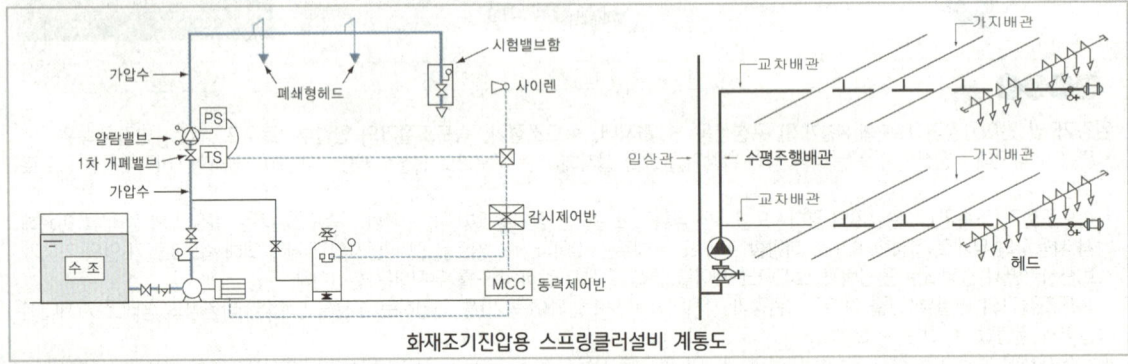

화재조기진압용 스프링클러설비 계통도

71 스프링클러설비 헤드의 설치기준 중 다음 (   ) 안에 알맞은 것은?

살수가 방해되지 아니하도록 스프링클러헤드로부터 반경 (㉠)cm 이상의 공간을 보유할 것. 다만, 벽과 스프링클러헤드 간의 공간은 (㉡)cm 이상으로 한다.

① ㉠ 10, ㉡ 60   ② ㉠ 30, ㉡ 10   ③ ㉠ 60, ㉡ 10   ④ ㉠ 90, ㉡ 60

- **스프링클러설비** : 화재발생시 화재를 자동으로 감지하여 피난을 위한 경보를 발하고, 습식·건식·준비작동식·일제살수식 밸브가 개방되면, 유수의 흐름으로 인하여 펌프가 기동되고, 개방된 헤드를 통해 소화수를 방수하여 소화하는 자동식 수계소화설비
- **스프링클러 헤드** : 스프링클러에서 나오는 물을, 빗방울 형태로 대량으로 뿌리면서 방수하는 역할을 하는 부분을 말한다.

살수가 방해되지 아니하도록 헤드로부터 **반경 60cm 이상의 공간을 보유**할 것
(벽과 헤드간의 공간은 **10cm 이상**)

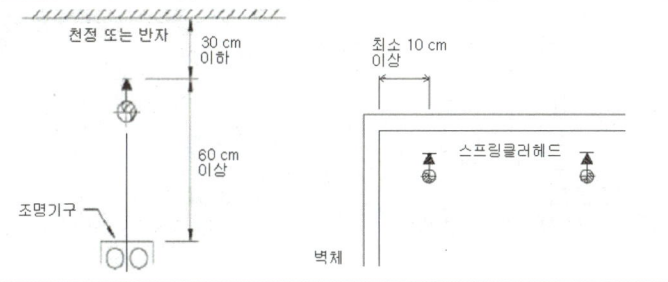

문장이 답인 문제 ★★★

72 포 소화약제의 혼합장치에 대한 설명 중 옳은 것은?

① 라인 푸로포셔너방식 이란 펌프의 토출관과 흡입관 사이의 배관 도중에 설치한 흡입기에 펌프에서 토출된 물의
  펌프 푸로포셔너방식
  일부를 보내고, 농도 조절밸브에서 조정된 포 소화약제의 필요량을 포 소화약제 탱크에서 펌프 흡입측으로 보내어 이를 혼합하는 방식을 말한다.
② 프레져사이드 푸로포셔너방식 이란 펌프의 토출관에 압입기를 설치하여 포 소화약제 압입용펌프로 포 소화약제를 압입시켜 혼합하는 방식을 말한다.
③ 프레져 푸로포셔너방식 이란 펌프와 발포기 중간에 설치된 벤추리관의 벤추리작용에 따라 포 소화약제를 흡입·혼합
  라인 푸로포셔너방식
  하는 방식을 말한다.
④ 펌프 푸로포셔너방식 이란 펌프와 발포기의 중간에 설치된 벤추리관의 벤추리작용과 펌프 가압수의 포 소화약제
  프레져 푸로포셔너방식
  저장탱크에 대한 압력에 따라 포 소화약제를 흡입·혼합하는 방식을 말한다.

포소화설비 : 수조로부터 공급된 물과 포약제 저장탱크에서 공급된 포원액을, **혼합기(프로포셔너)** 에서 믹싱해 포수용액을 만들어, 포 방출구에서 공기와 섞어진 후 발포되어 거품을 방사하는 형태의 소화설비로서 유류탱크 등 위험물에 주로 사용된다.

포소화설비에서, 포원액(포약제)과 물을 혼합하는 방식이 4가지가 있는데... 그 중 정의가 맞는 것을 고르는 문제이다.
① 라인 프로포셔너 방식(**벤추리관** 혼합방식) → 이동식 간이설비에 사용
  펌프와 발포기 중간에 설치된 벤추리관의 벤추리작용에 따라 포 소화약제를 흡입·혼합하는 방식
② 펌프 프로포셔너 방식(**농도조절밸브** 혼합방식) → 소방자동차에 사용
  펌프의 토출관과 흡입관 사이의 배관 도중에 설치한 흡입기(바이패스 배관상에 설치)에 펌프에서 토출된 물의 일부를 보내고, 농도 조절밸브에서 조정된 포 소화약제의 필요량을 포 소화약제 탱크에서 펌프 흡입측으로 보내어 이를 혼합하는 방식
③ 프레져 프로포셔너 방식(**벤추리+압력** 혼합방식) → 가장 널리 이용됨(주차장 등)
  펌프와 발포기의 중간에 설치된 벤추리관의 벤추리작용과 펌프 가압수의 포 소화약제 저장탱크에 대한 압력(벨로우즈막)에 따라 포 소화약제를 흡입·혼합하는 방식
④ 프레져사이드 프로포셔너 방식(**압입용펌프** 혼합방식) → 석유화학공장 등 대단위 설비
  펌프의 토출관에 압입기를 설치하여 포소화약제 압입용펌프로 포 소화약제를 압입시켜 혼합하는 방식
  (펌프2대를 이용해 물과 약제를 별도로 송출해 혼합하는 방식)

암기탑! 프레져 사이드 방식은... 사이드에 압입용펌프가 1대 더 있다.

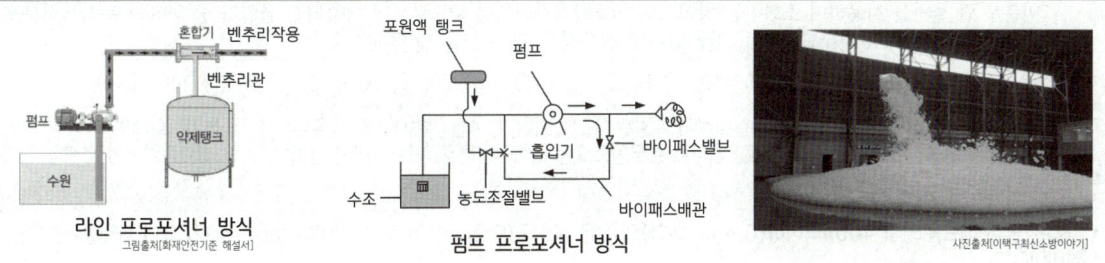

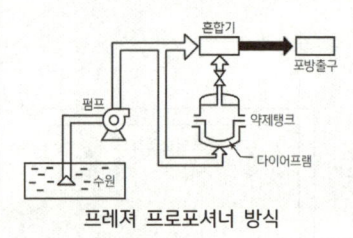
프레져 프로포셔너 방식

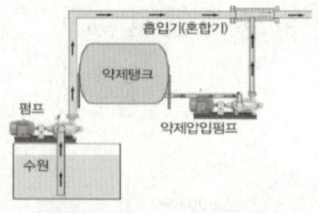
프레져사이드 프로포셔너 방식

숫자가 답인 문제 ★

73 전동기 또는 내연기관에 따른 펌프를 이용하는 **옥외소화전**설비의 가압송수장치의 설치 기준 중 다음 ( ) 안에 알맞은 것은?

> 해당 특정소방대상물에 설치된 옥외소화전(두 개 이상 설치된 경우에는 두 개의 옥외소화전)을 동시에 사용할 경우 각 옥외소화전의 노즐선단에서의 **방수압력**이 (㉠)MPa 이상이고, **방수량**이 (㉡)L/min 이상이 되는 성능인 것으로 할 것

① ㉠ 0.17, ㉡ 350   ② ㉠ 0.25, ㉡ 350   ③ ㉠ 0.17, ㉡ 130   ④ ㉠ 0.25, ㉡ 130

- **옥외소화전설비**
  화재발생시 옥외에 설치된 옥외소화전함을 개방한 후, 호스와 노즐을 꺼내어 주변에 설치된 방수구와 연결해 호스를 전개한 후, 옥외소화전 전용렌치로 소화전을 개방하여 방사하는 형태의 수동식 수계소화설비로서, 저층부(1, 2층) 옥외화재 진압활동용 소화설비이자 주변확대방지용 방호설비 등으로 사용된다.
- **가압송수장치** : 압력을 가해서 물을 이송하는 장치(펌프, 고가수조, 압력수조 등)
- **특정소방대상물** : 소방시설을 설치하여야 하는 소방대상물로서 대통령령으로 정하는 것

> 해당 특정소방대상물에 설치된 옥외소화전(두 개 이상 설치된 경우에는 두 개의 옥외소화전)을 동시에 사용할 경우 각 옥외소화전의 노즐선단에서의 **방수압력** 0.25 MPa 이상이고, **방수량**이 350 L/min 이상이 되는 성능인 것으로 할 것

당하당! 옥내소화전 방수압 0.17 MPa [=17m] (내부니까… 좀 더 약하게)…   옥외소화전 방수압 0.25 MPa [=25m] (외부니까… 좀 더 강하게)
옥내소화전 방수량 130L/min (내부니까… 좀 더 적게)…   옥외소화전 방수량 350L/min (외부니까… 좀 더 많이)

옥외소화전설비를 활용한 화재진압

숫자가 답인 문제 ★★

74 미분무소화설비 용어의 정의 중 다음 ( ) 안에 알맞은 것은?

> "미분무"란 물만을 사용하여 소화하는 방식으로 최소설계압력에서 헤드로부터 방출되는 물입자 중 99%의 **누적체적분포**가 (㉠)μm 이하로 분무되고 (㉡)급 화재에 **적응성**을 갖는 것을 말한다.

① ㉠ 400, ㉡ A, B, C   ② ㉠ 400, ㉡ B, C   ③ ㉠ 200, ㉡ A, B, C   ④ ㉠ 200, ㉡ B, C

미분무소화설비 : 가스계 소화설비의 대체설비로서 개발된 소화설비이며, A급(일반)·B급(유류)·C급(전기) 화재에 적응성이 있고, 가압된 물이 헤드(head) 통과 후 미세한 입자로 분무됨으로써 소화성능을 가지는 설비를 말하며, 소화력을 증가시키기 위해 강화액 등을 첨가할 수 있다.

- 가압된 물이 헤드통과 후 400μm이하(0.4mm이하)의 작은 물방울(Droplet)인 미분무수(Water mist)가 되어 화재를 진압하는 설비이다.
- B급(유류) 화재를 원활히 진압하고, C급(전기) 화재에 안전성을 확보하기 위하여 헤드로부터 방출되는 물입자 중 99%의 누적체적분포(방사된 전체 물방울을 누적시켰을 때의 체적분포)가 400μm이하가 되어야 한다 [$D_{V0.99} \leq 400\mu m$].
  쉽게말해 미분무수로 인정받으려면 헤드에서 방사된 **물방울의 99%**(누적체적)가 400μm이하의 크기가 되어야한다.

미분무헤드　　　　　미분무수 방출

> **함께공부**
>
> **마이크로미터**(micrometer, 단위 : μm)는 미터의 백만분의 일에 해당하는 길이의 단위이다.
> 미크론(micron, 단위 : μ)이라고도 하며, 과학적 표기법으로는 $1 \times 10^{-6} m$라 적는다. 1 마이크로미터는 0.000001 미터이며 0.001 밀리미터이다.　예> $400 \mu m = 400 \times 0.001 mm = 0.4 mm$

단어가 답인 문제 ★★★

75 소화기구 및 자동소화장치의 화재안전기준상 소화기구의 소화약제별 적응성 중 C급 화재에 적응성이 없는 소화약제는?

① 마른 모래
② 할로겐화합물 및 불활성기체 소화약제
③ 이산화탄소 소화약제
④ 중탄산염류 소화약제

소화기구
- **소화기** : 소화약제를 압력에 따라 방사하는 기구로서, 사람이 수동으로 조작하여 소화약제를 방사하여 소화하는 것
  (소형소화기, 대형소화기)
- **간이소화용구** : 에어로졸식 · 투척용 소화용구 및 팽창질석 · 팽창진주암 · 마른모래 등의 간이소화용구
- **자동확산소화기** : 화재를 감지하여 자동으로 소화약제를 방출 확산시켜 국소적으로 소화하는 소화기

> 소화기구 및 자동소화장치의 화재안전기준(NFSC 101) [별표 1] **소화기구의 소화약제별 적응성**
> **전기화재(C급 화재)**에 적응성이 있는 소화약제는…
> 이산화탄소, 할론, 할로겐화합물 및 불활성기체, 인산염류(분말), 중탄산염류(분말), 고체에어로졸화합물

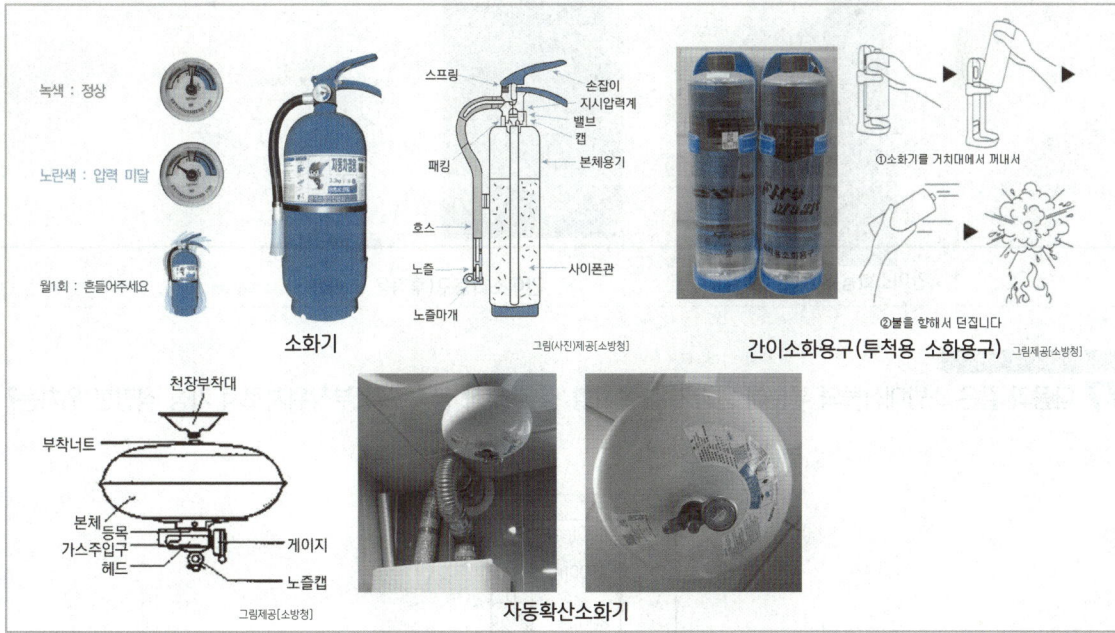

함께공부

소화기구 및 자동소화장치의 화재안전기준(NFSC 101) [별표 1] 소화기구의 소화약제별 적응성

화재의 종류	구분	소화기구 종류
일반화재(A급 화재)에	적응성이 없는 소화약제는...	이산화탄소, 중탄산염류(분말)
전기화재(C급 화재)에	적응성이 있는 소화약제는...	이산화탄소, 할론, 할로겐화합물 및 불활성기체, 인산염류(분말), 중탄산염류(분말), 고체에어로졸화합물
일반화재(A급 화재), 유류화재(B급 화재), 전기화재(C급 화재) 모두에	적응성이 있는 소화약제는...	할론, 할로겐화합물 및 불활성기체, 인산염류(분말), 고체에어로졸화합물

암기탑! 일 없는 이중 / 전기 있는 이할할 인중고 / 모두 있는 할할인고

숫자가 답인 문제 ★

76 소화약제 외의 것을 이용한 **간이소화용구의 능력단위** 기준 중 다음 ( ) 안에 알맞은 것은?

간이소화용구		능력 단위
마른모래	삽을 상비한 50L 이상의 것 1포	( )단위

① 0.5   ② 1   ③ 3   ④ 5

- **간이소화용구** : 에어로졸식·투척용 소화용구 및 팽창질석·팽창진주암·마른모래 등의 간이소화용구
- **능력단위** : 소화기 및 간이소화용구의 소화능력을 나타내는 수치로서, 법에 따라 형식승인된 수치. 이 능력단위를 산정하기 위해 모형에 의한 소화능력시험을 실시한다.
- **팽창질석, 팽창진주암** : 가열해서 부풀려 가볍게 만든 돌가루

소화약제 외의 것을 이용한 간이소화용구의 능력단위		
간이소화용구		능력단위
1. 마른모래	삽을 상비한 50 L 이상의 것 1포	0.5단위
2. 팽창질석 또는 팽창진주암	삽을 상비한 80 L 이상의 것 1포	

암기탑! 마른모래가 더 소화능력이 뛰어나므로... 50리터(더 작은 용량)로 0.5 능력단위를 획득한다.

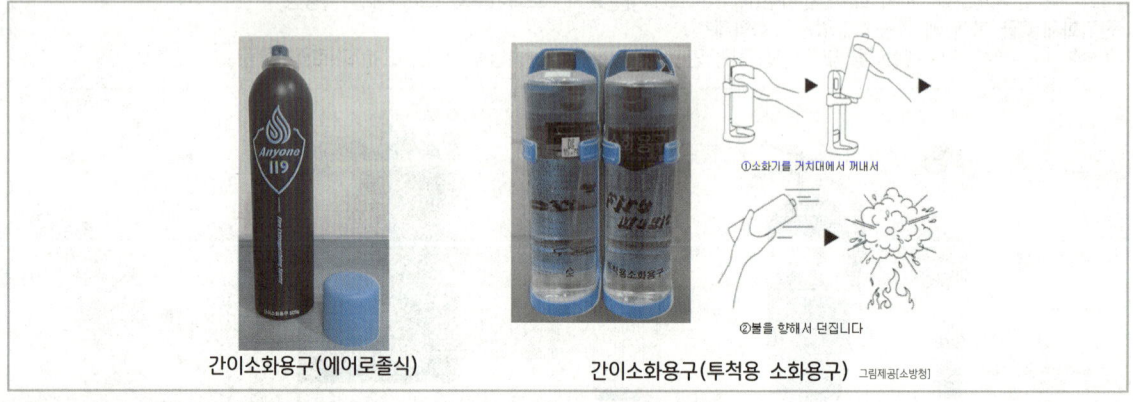

간이소화용구(에어로졸식)   간이소화용구(투척용 소화용구)   그림제공[소방청]

단어가 답인 문제

77 다음과 같은 소방대상물의 부분에 **완강기를 설치할 경우 부착 금속구의 부착위치**로서 가장 적합한 위치는?

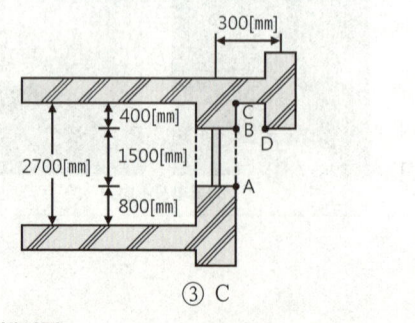

① A   ② B   ③ C   ④ D

완강기 : 창문이나 발코니 등의 외부로 통하는 개구부 부근에 설치되며, 사용자의 몸무게에 따라 하강속도를 자동적으로 조절[**속도조절기(조속기)**]하면서 내려오는 하강로프장치 피난기구이다. 사용자의 가슴에 안전벨트를 조여 착용하며, 사용자가 교대하여 연속적으로 사용할 수 있다.

완강기를 설치할 경우 부착 금속구의 부착위치는... **하강시 장애물이 없는 D의 위치**가 적합하다.

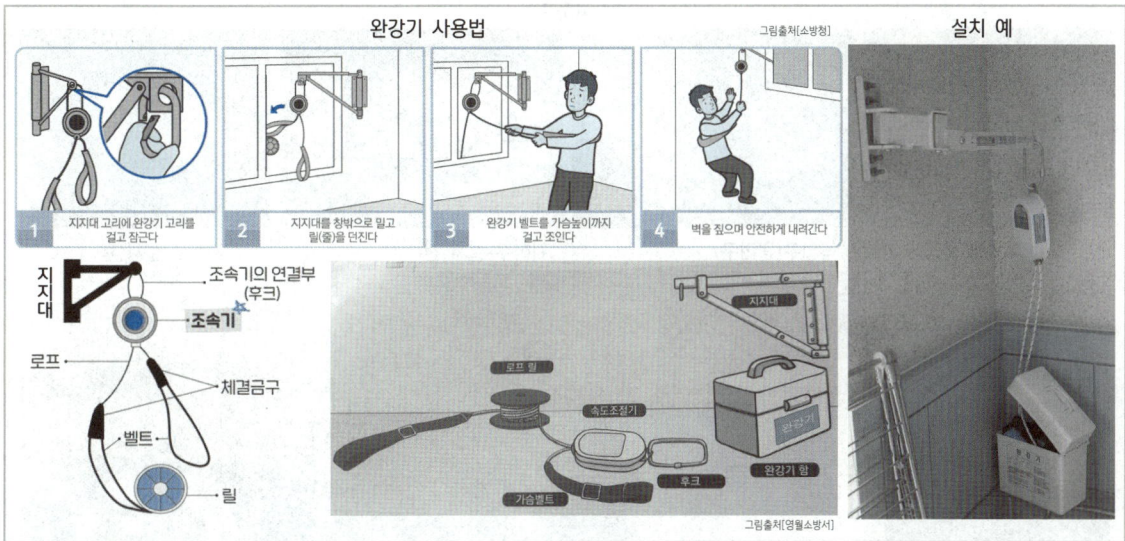

함께공부

완강기 및 간이완강기(1회용의 완강기)의 구성품목 → 지지대, 속도조절기, 속도조절기의 연결부, 로우프, 벨트, 연결금속구
- **완강기 지지대** : 천장·벽 또는 바닥 등에 완강기를 고정 설치해 주는 부분으로 천장부착형·(내·외)벽부착형·바닥부착형 등으로 구분한다.
- **속도조절기(조속기)** : 완강기의 강하속도를 일정범위로 조절하는 장치를 말하며, 완강기의 속도조절기는 '도르래의 원리'를 이용해서 사용자의 무게로 일정한 속도로 하강할 수 있도록 해주는 것이다. 즉, 벨트를 맨 피난자의 무게에 의해 속도조절기 안의 기어가 회전시키면서 발생되는 원심력과 브레이크 제어를 통해 일정한 강하 속도를 유지하는 원리이다.
- **속도조절기의 연결부(연결 후크)** : 완강기 지지대와 속도조절기(조속기)를 연결하는 부분을 말한다. 타원링의 형태로 지지대에 걸어서 결합할 수 있는 구조이다.
- **로우프(릴)** : 로프는 직경 3mm 이상의 와이어 로프를 사용하거나, 와이어 로프에 면사(나일론사)를 입힌 로프를 사용한다.
- **벨트** : 로프의 양단에 피난자의 가슴을 감아서 몸을 지지하는 것으로서, 재료는 로프와 같이 면사나 나일론사로 되어 있다. 사용자의 가슴둘레에 맞도록 벨트길이를 조정할 수 있는 고리가 있다.
- **연결금속구(체결금구)** : 로우프와 벨트의 연결부위에 사용하는 금속구

숫자가 답인 문제 ★

78 지하구의 화재안전기준에 따라 연소방지설비전용헤드를 사용할 때 배관의 구경이 50mm인 경우 하나의 배관에 부착하는 살수헤드의 최대 개수로 옳은 것은?

① 2　　　　　② 3　　　　　③ 5　　　　　④ 6

- **지하구**
  가. 전력·통신용의 전선이나 가스·냉난방용의 배관 또는 이와 비슷한 것을 집합수용하기 위하여 설치한 지하 인공구조물로서 사람이 점검 또는 보수를 하기 위하여 출입이 가능한 것 중 다음의 어느 하나에 해당하는 것
  ① 전력 또는 통신사업용 지하 인공구조물로서 전력구 또는 통신구 방식으로 설치된 것
  ② 지하 인공구조물로서 폭이 1.8미터 이상이고 높이가 2미터 이상이며 길이가 50미터 이상인 것
  나. 공동구 : 전기·가스·수도 등의 공급설비, 통신시설, 하수도시설 등 지하매설물을 공동 수용함으로써 미관의 개선, 도로구조의 보전 및 교통의 원활한 소통을 위하여 지하에 설치하는 시설물
- **연소방지설비** : 전력 또는 통신사업용 케이블이 설치된 지하구에 헤드를 설치하고, 소방차에서 송수구에 물을 공급해 헤드에서 살수되게 하여, 화재가 더 이상 번지지 않게 차단하는 설비

연소방지설비전용헤드를 사용하는 경우에는 다음 표에 따른 구경 이상으로 할 것

하나의 배관에 부착하는 살수헤드의 개수	1개	2개	3개	4개 또는 5개	6개 이상
배관의 구경(mm)	32	40	50	65	80

지하구

그림과 사진출처[소방청 화재안전기준 해설서]

숫자가 답인 문제 ★★★

79 상수도소화용수설비의 소화전은 특정소방대상물의 **수평투영면**의 각 부분으로부터 **몇 m**이하가 되도록 설치하여야 하는가?

① 200　　② 140　　③ 100　　④ 70

- **상수도 소화용수설비** : 소방대가 화재진압시 사용하는 소방용수로서, 특정소방대상물의 지하에 지름 75㎜ 이상의 상수도용 배관이 매설된 경우... 그 배관에 지상식소화전, 지하식소화전, 급수탑을 연결하여 소방차에 소방용수를 공급받는 설비이다.
- **소화전** : 소화용수(소화설비용 물) 또는 소방용수(소방대 화재진압용 물)를 공급받기 위한 설비
- **호칭지름** : 일반적으로 표기하는 배관의 직경
- **수평투영면** : 건축물을 수평으로 투영하였을 경우의 면

화재진압용도의 소방차는 물탱크 내에 물을 저장하고 있으나, 그 물만으로는 부족하기 때문에... 건축물 지하에 매설된 상수도를 이용하여 물을 추가로 공급받아야 한다. 상수도를 이용해 수돗물을 공급받는 방식은... 지상식소화전, 지하식소화전, 급수탑으로 구분된다.
상수도 소화용수설비 설치기준
1. 호칭지름 **75㎜ 이상의 수도배관**에 호칭지름 **100㎜ 이상의 소화전**을 접속할 것
2. 소화전은 소방자동차 등의 진입이 쉬운 도로변 또는 공지에 설치할 것
3. 소화전은 특정소방대상물의 **수평투영면의 각 부분으로부터 140m 이하**가 되도록 설치할 것

소화전배관(100㎜)이 수도배관(75㎜) 보다 커야 물을 시원하게 받는다. ➡ 수도배관(75㎜) 《 소화전배관(100㎜)

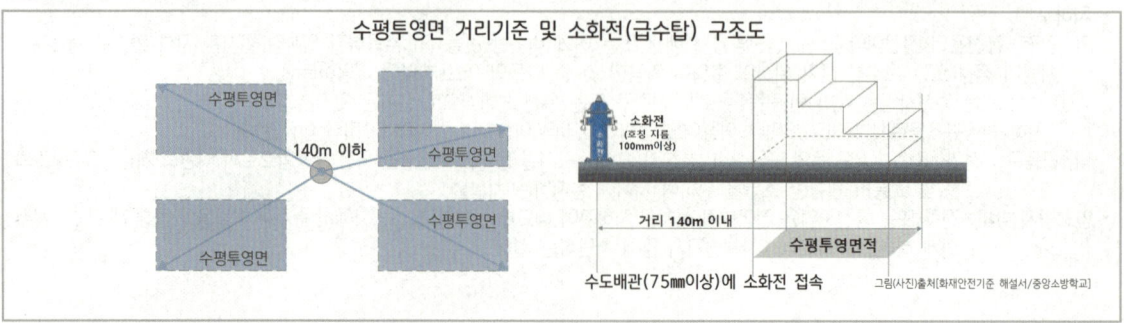

수평투영면 거리기준 및 소화전(급수탑) 구조도

그림(사진)출처[화재안전기준 해설서/중앙소방학교]

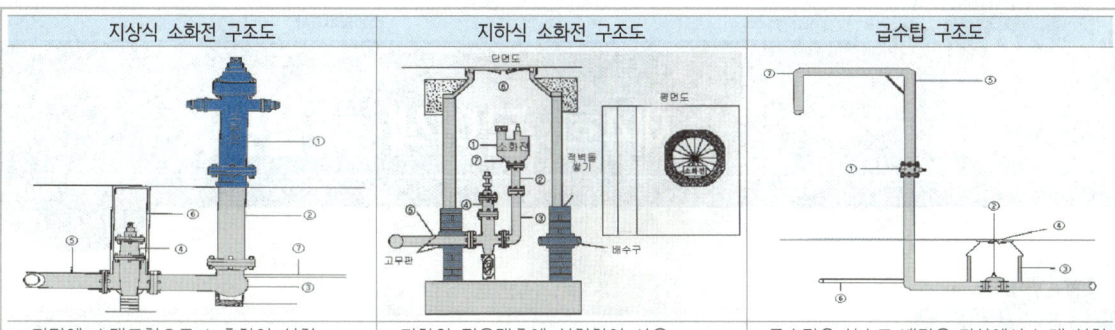

지상식 소화전 구조도	지하식 소화전 구조도	급수탑 구조도
• 지면에 스탠드형으로 노출하여 설치 • 맨 상단의 밸브나사를 스패너를 이용해 회전시켜 개방한다. • 지상으로 돌출되어 있기 때문에, 소화전의 위치를 찾기가 쉬우며, 사용이 간편하다.	• 지하의 전용맨홀에 설치하여 사용 • 지상에서 T자형의 전용파이프를 설치한 후 호스연결하고, 지상에서 밸브 개폐하여 사용 • 지하에 매설되어 있기 때문에 보행 및 교통에 지장이 없지만, 위치를 찾기가 어렵다.	• 급수탑은 상수도 배관을 지상에서 높게 설치하여, 소방차 위쪽에 설치된 물탱크 맨홀을 통해 물을 공급받을 수 있도록 만든 설비이다. • 그림①의 개폐밸브를 열어서 급수 받는다. • 소방차량에 급수시 가장 용이하다.

숫자가 답인 문제

80 이산화탄소 소화약제 저압식 저장용기의 충전비로 옳은 것은?

① 0.9 이상 1.1 이하 ❷ 1.1 이상 1.4 이하 ③ 1.4 이상 1.7 이하 ④ 1.5 이상 1.9 이하

- **이산화탄소 소화설비** : 탄산가스(CO_2)를 소화약제로 이용하여 화재를 진압하는 가스계 소화설비로서 CO_2는 화학적으로 안정된 불연성가스이고, 화재실에 CO_2약제를 방출하면 공기중의 산소농도를 떨어뜨려 소화하는 질식소화가 대표적인 소화효과이다. 약제 저장방식(저장온도)에 따라 고압식설비와 저압식설비(영하 18℃이하)로 구분된다.
- **고압식** : CO_2를 고압으로 액화시켜 68ℓ의 비교적 작은 용기에, 여러 병을 실온에 저장하는 방식으로... 밸브 개방시 고압이 해정되면서 기화되어 방사된다.
- **저압식** : −18℃ 이하에서 2.1MPa의 압력으로 CO_2를 액상으로 저장하는 방식으로... 언제나 −18℃를 유지해야 하므로 단열조치 및 자동냉동장치가 필요하며 약제용기는 대형저장탱크 1개를 사용한다.
- **충전비(L/kg)** : 용기의 용적과 소화약제의 중량과의 비율. 즉 용기내 이산화탄소를 얼마나 채울 수 있는지의 문제이다.

1. 충전비(L/kg)는 충전하는 약제 무게(kg)당 용기체적(L)으로서, 이산화탄소소화약제 **고압식 저장용기의 충전비는... 1.5 이상 ~ 1.9 이하**에 해당한다. 충전비에 따른 이산화탄소소화약제를 68L의 일반적 용기에 얼마나 채울 수 있는지를 계산하면...
$\dfrac{68L}{1.5L/kg} = 45kg$ ~ $\dfrac{68L}{1.9L/kg} = 35.8kg$ 즉, 고압식은 68L 용기에 35.8kg ~ 45kg 저장가능(충전비가 커지면 약제량 감소)

2. **저압식**(대형저장탱크 1개에 소화약제 저장) **충전비는 1.1 이상 ~ 1.4 이하**로 규정되어 있기 때문에... 고압식 보다 더 많은 양의 이산화탄소를 저장할 수 있다.

답이탑! 저압식은 자동냉동장치로 −18℃를 유지하므로... 고압식 보다 안전하기 때문에 더 많은 양의 이산화탄소를 저장하도록 충전비가 낮다.

이산화탄소 소화설비 저장압력에 따른 분류

저압식 설비 / 고압식 설비

2018년 제4회 답이색 해설편

1과목 소방원론

이해하면서 공부 할 문제

01 60분+방화문과 60분방화문 그리고 30분방화문의 성능기준 중 틀린 것은?
① 30분 방화문 : 연기 및 불꽃을 차단할 수 있는 시간이 30분 이상 60분 미만인 방화문
② 60분 방화문 : 연기 및 불꽃을 차단할 수 있는 시간이 60분 이상인 방화문
③ **60분+ 방화문 : 연기 및 불꽃을 차단할 수 있는 시간이 90분 이상인 방화문**
④ 60분+ 방화문 : 연기 및 불꽃을 차단할 수 있는 시간이 60분 이상이고, 열을 차단할 수 있는 시간이 30분 이상인 방화문

방화문은 다음과 같이 구분한다.
1. 60분+ 방화문 : 연기 및 불꽃을 차단할 수 있는 시간이 60분 이상이고, 열을 차단할 수 있는 시간이 30분 이상인 방화문
2. 60분 방화문 : 연기 및 불꽃을 차단할 수 있는 시간이 60분 이상인 방화문
3. 30분 방화문 : 연기 및 불꽃을 차단할 수 있는 시간이 30분 이상 60분 미만인 방화문

함께공부

방화문이란 내화구조, 방화구조 및 방화구획을 포함한 피난경로상의 출입구 등에 설치되는 출입문을, 법정 성능의 방화문으로 설치하여 화재(연기 및 불꽃 그리고 열)를 방어하는 용도로 사용되는 문을 말한다.
※ 갑종방화문과 을종방화문은 법 개정으로 인하여 그 용어가 삭제되어 위의 해설과 같이 변경되었다.

이해하면서 공부 할 문제 ★★

02 유류 탱크의 화재 시 탱크 저부의 물이 뜨거운 열류층에 의하여 수증기로 변하면서 급작스런 부피 팽창을 일으켜 유류가 탱크 외부로 분출하는 현상은?
① 슬롭오버(Slop Over)   ② 블레비(BLEVE)   ③ **보일 오버(Boil Over)**   ④ 파이어 볼(Fire Ball)

보일오버(Boil Over)현상 : 고온층(hot zone)이 형성된 유류화재의 탱크 밑면에 물이 고여 있는 경우, 화재의 진행에 따라 바닥의 물이 급격히 증발하여 불 붙은 기름을 분출시키는 위험현상 (화재발생 전 부터 있었던 물에 의해~)

함께공부

- **슬롭오버(Slop Over)현상** : 물이 연소유의 표면에 들어갈 때 수분의 급격한 증발로 인하여 기름이 탱크 밖으로 방출되는 현상 (나중에 유입된 물에 의해~)
- **블레비(BLEVE** : Boiling Liquid Expanding Vapour Explosion, 비등 액체팽창 증기폭발)
  – 고압액화가스(가연성액체) 탱크에서 발생하는 급속한 증발현상에 의해 폭발하는 형태
  – 고압액화가스의 탱크 주위에서 화재가 발생한 경우에 탱크의 가열로 인하여 그 부분의 강도가 약해져 탱크가 파열됨으로 내부의 가열된 액화가스가 급속히 기화하여 팽창하면서 폭발하는 현상으로, **화이어 볼(화구, Fire Ball)**로 발전된다.
- **화이어 볼(화구, Fire Ball)** : 블레비(BLEVE)현상 등에 의해 확산된 인화성 증기가 착화되면서 폭발할 때, 화염이 급속히 확대되며 공기를 끌어올려 마치 공이 지면에서 솟아올라 버섯형 화염으로 되어가는 것처럼 보이는 현상으로 이러한 화염형태를 화이어 볼이라 한다. 화이어 볼은 **대량의 복사열**(열원과 수열체 사이에 중간매체가 필요없는 열이동 현상)을 방출한다.

> 이해하면서 공부 할 문제

03 염소산염류, 과염소산염류, 알카리 금속의 과산화물, 질산염류, 과망간산염류의 특징과 화재 시 소화방법에 대한 설명 중 틀린 것은?
① 가열 등에 의해 분해하여 산소를 발생하고 화재 시 산소의 공급원 역할을 한다.
② 가연물, 유기물, 기타 산화하기 쉬운 물질과 혼합물은 가열, 충격, 마찰 등에 의해 폭발하는 수도 있다.
③ 알카리금속의 과산화물을 제외하고 다량의 물로 냉각소화한다.
④ 그 자체가 가연성이며 폭발성을 지니고 있어 화약류 취급 시와 같이 주의를 요한다.

- 산화성 물질(산화제)이며 **불연성** 물질이다(= 가연성 물질을 산화시켜 연소를 일으키지만, 자기 자신은 불에 타지 않는 물질이다)
- 산소를 함유하고 있는 조연성(연소를 돕는 성질) 물질이다.
- 화합물 상태에서는 안정하지만(∵ 불연성이므로… 즉 분해시만 산소를 방출함으로…) 분해시 산소가 발생한다.

> 함께 공부

제1류 위험물 ⇨ 산화성 고체 [가연물을 산화시키는 고체]
① 산소를 함유하고 있어 가연물과 접촉시 산소공급원의 기능을 하는 고체이다.
② 가연물(2류~5류 위험물)과 혼합하면 연소 또는 폭발의 위험이 크므로 가연물과 접촉 및 혼합을 피하고, 분해를 억제하기 위해 가열 · 충격 · 마찰을 금한다.
③ 무기과산화물(알카리 금속의 과산화물)은 금속이므로 물과 반응하여 산소를 방출하고 발열하므로 주의해야 한다.

위험물	특징	암기법	종류[대분류]
제1류	산화성 고체	3염무 질요브 중과	아염소산염류, **염**소산염류, 과염소산염류, **무**기과산화물 / **질**산염류(질산칼륨=초석), **요**오드산염류, **브**롬산염류 / **중**크롬산염류, **과**망간산염류

> 암기하면서 공부 할 문제 ★★

04 비열이 가장 큰 물질은?
① 구리 ② 수은 ③ **물** ④ 철

비열은 어떤 물질의 단위 질량(kg, g)을 1℃(1℉)만큼 높이는데 필요한 열량으로… 물의 비열은 1[kcal/kg·℃] = 4.2[kJ/kg · K]로 매우 크다.(물의 비열만 기억하고 나머지는 아무 의미 없다)
반면 구리는 0.0924[kcal/kg·℃], 수은은 0.033[kcal/kg·℃], 철은 0.107[kcal/kg·℃] 정도에 불과하다.

> 암기하면서 공부 할 문제

05 건축물의 피난·방화구조 등의 기준에 관한 규칙에 따른 철망모르타르로서 그 바름두께가 최소 몇 cm 이상인 것을 방화구조로 규정하는가?
① **2** ② 2.5 ③ 3 ④ 3.5

방화구조(防火構造) : 화염의 확산을 막을 수 있는 성능을 가진 구조로서 국토교통부령으로 정하는 기준에 적합한 구조
철망모르타르로서 그 바름두께가 2센티미터 이상인 것

> 땅가텡! 철2cm 석2.5cm 흙맞 시2.5cm 2급 ➡ 철이 석(돌)이오 흙맞 CEO 2급 ➡ 철2 석25 흙맞 시25 2급

> 함께 공부

건축물의 피난·방화구조 등의 기준에 관한 규칙(약칭 : 건축물방화구조규칙) 제4조(방화구조)
1. **철망모르타르로서** 그 바름두께가 **2센티미터** 이상인 것
2. **석고판 위에** 시멘트모르타르 또는 회반죽을 바른 것으로서 그 두께의 합계가 **2.5센티미터** 이상인 것
3. **심벽에 흙으로 맞벽치기한 것**
4. **시멘트모르타르 위에 타일을 붙인 것으로서** 그 두께의 합계가 **2.5센티미터** 이상인 것
5. 「산업표준화법」에 따른 한국산업표준이 정하는 바에 따라 시험한 결과 방화 **2급** 이상에 해당하는 것

06 제3종 분말소화약제에 대한 설명으로 틀린 것은?

① A, B, C급 화재에 모두 적응한다.
② 주성분은 탄산수소칼륨과 요소이다. (제4종 분말약제 주성분)
③ 열분해 시 발생되는 불연성 가스에 의한 질식효과가 있다.
④ 분말운무에 의한 열방사를 차단하는 효과가 있다.

제3종 분말소화약제는 A · B · C급의 모든 화재에 적응성이 있다.
- **방진작용** : 반응 과정에서 생성된 메타인산(HPO_3)은, 가연물에 부착력이 우수하여 산소차단에 의한 소화효과가 뛰어나다.
- **질식효과** : 열분해 시 발생되는 수증기(H_2O)와 암모니아(NH_3) 등에 의한 질식효과를 기대할 수 있다.
- **냉각효과** : 열분해 시 흡열 반응에 의한 냉각 효과와 수증기에 의한 냉각효과가 발생된다.
- **억제효과** : 열분해 시 유리된 NH_4^+(암모늄이온)이 연쇄반응을 차단하여 부촉매효과(=억제효과)를 발휘한다.
- **복사열차단** : 분말 운무에 의한 열방사의 차단 효과가 발생된다.

열분해 생성물 암기법 ➡ 제1종 : 이산화탄소(CO_2), 물(H_2O) (한자 물 수) ➡ 이수 / 제2종 : 제1종과 동일 ➡ 이수
제3종 : 암모니아(NH_3), 물(H_2O) ➡ 암수 / 제4종 : 암모니아(NH_3), 이산화탄소(CO_2) ➡ 암이

분말 소화약제의 종류 화학반응식(열분해 반응식)

종별	주성분	색상	적응화재	화학반응식 (열분해 반응식)	암기법
제1종	탄산수소나트륨 ($NaHCO_3$)	백색	B, C	$2NaHCO_3 \rightarrow Na_2CO_3 + CO_2 + H_2O$	이수
제2종	탄산수소칼륨 ($KHCO_3$)	담자(회)색	B, C	$2KHCO_3 \rightarrow K_2CO_3 + CO_2 + H_2O$	이수
제3종	제1인산암모늄 = 인산염 ($NH_4H_2PO_4$)	담홍색, 황색	A, B, C	$NH_4H_2PO_4 \rightarrow HPO_3 + NH_3 + H_2O$	암수
제4종	탄산수소칼륨 + 요소 ($KHCO_3+(NH_2)_2CO$)	회색	B, C	$2KHCO_3+(NH_2)_2CO \rightarrow K_2CO_3+NH_3+CO_2$	암이

※ 제1종은 탄산나트륨(Na_2CO_3), 제2종과 제4종은 탄산칼륨(K_2CO_3), 제3종은 부착력이 우수하여 소화효과가 뛰어난 메타인산(HPO_3)이 생성된다.

07 어떤 유기화합물을 원소 분석한 결과 중량백분율이 C : 39.9%, H : 6.7%, O : 53.4%인 경우 이 화합물의 분자식은? (단, 원자량은 C = 12, O = 16, H = 1 이다.)

① $C_3H_8O_2$ ② $C_2H_4O_2$ ③ C_2H_4O ④ $C_2H_6O_2$

화합물의 분자식

$C : H : O \rightarrow \dfrac{중량백분율}{원자량} : \dfrac{중량백분율}{원자량} : \dfrac{중량백분율}{원자량} \rightarrow \dfrac{39.9\%}{12} : \dfrac{6.7\%}{1} : \dfrac{53.4\%}{16} \rightarrow 3.325 : 6.7 : 3.3375 \rightarrow$ (약) $1 : 2 : 1$
$\rightarrow$ C(1개) : H(2개) : O(1개) $\rightarrow$ (모든 항에 비율을 맞춰 2를 곱하면) C(2개) : H(4개) : O(2개) $\rightarrow C_2H_4O_2$

※ 2를 곱하기 전 분자식인 "CH_2O" 가 보기 중에 있다면 그것도 답이 될 수 있다.
  이런 문제는… 모든 항에 비율을 맞춰 2를 곱한 후 답을 찾아보고, 없다면 3을 곱한 후 답을 찾아볼 수 있다.

08 TLV(Threshold Limit Value)가 가장 높은 가스는?

① 시안화수소 (HCN) 10 ppm
② 포스겐 0.1 ppm
③ 일산화탄소 50 ppm
④ 이산화탄소 5000 ppm

연소시 발생하는 유해가스의 위험성 평가방법 중 하나인 **TLV**(허용한계농도)가 **가장 높은 가스**(가장 안전한 가스)는 **이산화탄소**(CO_2)이며, 허용농도는 5000 [ppm] 정도이다.
반면, 포스겐($COCl_2$)과 아크롤레인(Acrolein, CH_2CHCHO)이 **가장 낮은 값**(가장 위험한 가스)을 가지며 그 허용농도는 0.1 [ppm] 이며, 10 [ppm] 이상의 농도를 흡입하면 즉시 사망한다.

※ ppm은 농도의 단위로 사용되며, 영어의 'Part Per Million(파츠 퍼 밀리언)'의 앞 글자를 따서 만든 **100만분의 1**이란 뜻이다.
  즉 1ppm은 1/1,000,000으로 표현되며, 공기 1,000,000L 중 농도를 표시하는 것이다.

이해하면서 공부 할 문제

09 제4류 위험물의 물리·화학적 특성에 대한 설명으로 틀린 것은?
① 증기비중은 공기보다 크다.　　② 정전기에 의한 화재발생위험이 있다.
③ 인화성 액체이다.　　④ <u>인화점이 높을수록</u> 증기발생이 용이하다.
　　　　　　　　　　　　　　낮을수록

제4류 위험물 ⇨ 인화성 액체 [유류 등]
- 증기비중
  - 증기(증기비중)가 공기보다 무거우므로(즉 분자량이 공기분자량 29보다 크다) 낮은 곳에 모여 있으면 위험하다. 따라서 증기는 높은 곳으로 배출해야 한다.
  - 다만, 시안화수소(청산, HCN)만 증기가 공기보다 가볍다.(HCN은 분자량이 27)
- 전기의 부도체로서 **정전기 축적이 용이**하며, 정전기에 의해서도 인화될 수 있다.
- 인화점
  - 인화점이 높다는 의미는, 높은 온도에서 불이 붙을 수 있다는 의미이므로 위험성이 낮다는 의미이다.
  - 증기발생이 용이하면(쉽게되면) 그만큼 위험성이 높다(불 붙기 쉽다)는 의미이다.
  - 위 두가지 의미가 서로 상충되므로... "인화점이 낮을수록 위험하며 증기발생 또한 용이하여 위험성이 높다"가 맞는 의미이다.

함께공부
- 인화점
  - 불을 끌어당기는 온도라는 뜻으로 점화원에 의해 불이 붙을 수 있는 최저온도
  - 가연성기체와 공기가 혼합된 상태에서 외부의 직접적인 점화원에 의해 불이 붙을 수 있는 최저온도
  - 가연성 물질을 공기 중에서 가열할 때 가연성 증기가 연소범위 하한계에 도달되는 최저온도
- 비중
  - 무게의 비. 즉 비교물질이 기준물질보다 무거운지, 가벼운지 비교하는 것을 말한다. 차원(단위)이 없는 무차원수이다.
  - 기체(증기)비중에서 모든 기체는 **표준상태 공기분자량(29)과 비교**한다. 만일 비교기체 비중이 1.5가 계산되었다면 그 기체는 공기보다 1.5배 무거운 물질이다.
  - 이산화탄소(CO_2) 증기비중의 계산 예 ▷ CO_2분자량 계산[C=12, O=16] = 12 + (16×2) = 44

  ∴ 증기비중 = $\dfrac{CO_2 \text{ 분자량}}{\text{공기 분자량}}$ = $\dfrac{44}{29}$ = 1.517 [CO_2 증기비중]

암기하면서 공부 할 문제 ★

10 내화구조에 해당하지 않는 것은?
① 철근콘크리트조로 두께가 10㎝ 이상인 벽
② <u>철근콘크리트조로 두께가 5㎝ 이상인 외벽 중 비 내력벽</u>
　　　　　　　　　　　7㎝
③ 벽돌조로서 두께가 19㎝ 이상인 벽
④ 철골철근콘크리트조로서 두께가 10㎝ 이상인 벽

건축물의 피난·방화구조 등의 기준에 관한 규칙(약칭 : 건축물방화구조규칙) 제3조(내화구조)
1. 벽
   ① 철근콘크리트조 또는 철골철근콘크리트조로서 두께가 **10센티미터** 이상인 것
   ② 벽돌조로서 두께가 **19센티미터** 이상인 것
2. 외벽 중 비내력벽 : 철근콘크리트조 또는 철골철근콘크리트조로서 두께가 **7센티미터** 이상인 것
3. 바닥 : 철근콘크리트조 또는 철골철근콘크리트조로서 두께가 **10센티미터** 이상인 것

함께공부
내화구조와 방화구조의 정의
1. 내화구조(耐火構造): 화재에 견딜 수 있는 성능을 가진 구조로서 국토교통부령으로 정하는 기준에 적합한 구조
2. 방화구조(防火構造): 화염의 확산을 막을 수 있는 성능을 가진 구조로서 국토교통부령으로 정하는 기준에 적합한 구조

암기하면서 공부 할 문제 ★

11 화재의 예방 및 안전관리에 관한 법령에 따른 개구부의 기준으로 틀린 것은?

① 해당 층의 바닥면으로부터 개구부 밑부분까지의 높이가 <u>1.5m 이내일 것</u>
　　　　　　　　　　　　　　　　　　　　　　　　　　　　　1.2미터
② 크기는 지름 50㎝ 이상의 원이 내접할 수 있는 크기일 것
③ 도로 또는 차량이 진입할 수 있는 빈터를 향할 것
④ 내부 또는 외부에서 쉽게 부수거나 열 수 있을 것

> **무창층 여부를 판단하는 개구부로서 갖추어야할 조건** (사람이 직접 피난하기 위한 구멍이 갖추어야 되는 조건)
> ① 크기는 **지름 50센티미터** 이상의 원이 내접할 수 있는 크기일 것
> ② 해당 층의 바닥면으로부터 개구부 밑부분까지의 **높이가 1.2미터** 이내일 것
> ③ **도로** 또는 차량이 진입할 수 있는 **빈터**를 향할 것
> ④ 화재 시 건축물로부터 쉽게 피난할 수 있도록 **창살**이나 그 밖의 장애물이 설치되지 아니할 것
> ⑤ 내부 또는 외부에서 쉽게 **부수거나 열 수** 있을 것

 지름50 바닥1.2 빈터 창살 부수기 ➡ 지름 오공 / 바닥 일이 / 빈터 창살 부수기

함께 공부

무창층
지상층 중 다음의 요건을 모두 갖춘 **개구부**(건축물에서 채광·환기·통풍 또는 출입 등을 위하여 만든 창·출입구)의 면적의 합계가 해당 층의 바닥면적의 30분의 1 이하가 되는 층
① 크기는 **지름 50센티미터** 이상의 원이 내접(內接)할 수 있는 크기일 것
② 해당 층의 바닥면으로부터 개구부 밑부분까지의 **높이가 1.2미터** 이내일 것
③ **도로** 또는 차량이 진입할 수 있는 **빈터**를 향할 것
④ 화재 시 건축물로부터 쉽게 피난할 수 있도록 **창살**이나 그 밖의 장애물이 설치되지 아니할 것
⑤ 내부 또는 외부에서 쉽게 **부수거나 열 수** 있을 것

암기하면서 공부 할 문제 ★★★

12 소화약제로 사용할 수 없는 것은?

① $KHCO_3$
　제2종 분말약제 탄산수소칼륨
② $NaHCO_3$
　제1종 분말약제 탄산수소나트륨
③ CO_2
　이산화탄소 소화약제(질식소화)
④ NH_3
　암모니아 가스

> 제3종 분말소화약제의 열분해시 생성되는 물질 중 하나인 NH_3(암모니아)는 연소(폭발)범위(한계)가 15.8(vol%)~28(vol%)인 가연성 가스이므로 소화약제로 사용할 수 없다. 또한 암모니아와 혼합시 발화하는 위험물이 다수 존재한다.

이해하면서 공부 할 문제 ★

13 경유화재가 발생했을 때 주수소화가 오히려 위험할 수 있는 이유는?

① 경유는 물과 반응하여 유독가스를 발생하므로
② 경유의 연소열로 인하여 산소가 방출되어 연소를 돕기 때문에
③ **경유는 물보다 비중이 가벼워 화재면의 확대 우려가 있으므로**
④ 경유가 연소할 때 수소가스를 발생하여 연소를 돕기 때문에

> 제4류 위험물[인화성 액체](휘발유, 등유, 경유, 중유 등)은 대부분 비중이 1보다 작으며(물보다 가볍다) 비수용성이다. (물보다 가벼우면 물에 녹지 않는다)
> 따라서 경유에 주수하면(물을 방사하면) 경유가 물보다 가벼워서... 물위에 경유가 떠다녀... 물이 흐르는 대로 경유도 흘러가... 연소면이 확대될 수 있다.
> 따라서 경유 등 제4류 위험물의 소화방법으로 주수소화는 화재면의 확대 위험성이 있어 금지하며, 포소화약제를 사용하여 유면을 덮어 질식소화를 유도한다.

함께 공부

제4류 위험물 중 아세톤($CH_3 CO CH_3$)은 비중이 1보다 작지만 수용성이다. (물보다 가볍지만 녹는다)

계산하면서 공부 할 문제

14 어떤 기체가 0℃, 1기압에서 부피가 11.2L, 기체질량이 22g 이었다면 이 기체의 분자량은? (단, 이상기체로 가정한다.)

① 22　　　　② 35　　　　③ 44　　　　④ 56

이상적인 기체의 여러 상태(변수)를 표시하는 방정식인 **이상기체 상태방정식**을 통해 기체의 **분자량(M)**을 구할 수 있다.
1. 어떤 기체 조건정리
   - 온도 0℃ 절대온도(T) 중 켈빈온도(K)로 변환 = 0℃ + 273 = 273K
   - 절대압력(P) = 1기압 = 1atm
   - 부피(V) = 11.2L
   - 질량(W) = 22g
   - R(기체정수) = 0.082 atm·L / mol·K (기체정수 R값 0.082는 정해진 값으로 암기가 필요합니다)
   - 분자량(M) = 물질의 무게 = g/mol = 1mol(몰)당 g(무게) = 분자를 구성하는 각 원자의 원자량 합
2. 이상기체 상태방정식을 **분자량(M)** 기준으로 식을 정리하고 조건을 대입하면…

$$PV = \frac{WRT}{M} \rightarrow 절대압력(atm) \times 부피(L) = \frac{질량(g) \times 기체정수(atm \cdot L/mol \cdot K) \times 절대온도(K)}{분자량(g/mol)}$$

$$M = \frac{WRT}{PV} = \frac{22g \times 0.082 atm \cdot L/mol \cdot K \times 273K}{1atm \times 11.2L} = 43.97 ≒ 44[g/mol]$$

함께공부

온도(Temperature)
- **섭씨온도(℃)** : 물의 어는점(빙점, 0℃)과 끓는점(비점, 100℃)을 온도의 표준으로 정하여, 그 사이를 100등분한 온도눈금이다. 단위기호는 ℃를 사용한다. 섭씨온도를 절대온도로 바꾸기 위해서는 273도를 더해준다.
- **화씨온도(℉)** : 1기압 하에서 물의 어는점(빙점)을 32℉, 끓는점(비점)을 212℉로 정하고 두 점 사이를 180등분한 온도눈금이다. 단위기호는 ℉를 사용한다. 화씨온도를 절대온도로 바꾸기 위해서는 460도를 더해준다.
- **절대온도(T)** : 어떠한 방법으로도 절대영도(−273.15℃)이하로 온도를 낮출 수 없다는 열역학 제3법칙에 따라, 이론상 생각할 수 있는 최저온도를 기준으로 하여 온도단위를 갖는 온도를 말한다. 이 눈금을 사용하면 모든 온도가 +수치로 나타난다.
  - **켈빈온도(K)** : 이론상 생각할 수 있는 최저온도인 절대영도를 기준으로, 섭씨온도를 환산한 온도이다.
    K = 온도(℃) + 273
  - **랭킨온도(R)** : 화씨 절대온도라고도 하며, 화씨온도 −459.67℉를 기점으로 하여 측정한 온도이다.
    R = 온도(℉) + 460

이해하면서 공부 할 문제 ★★★

15 연소의 4요소 중 자유활성기(free radical)의 생성을 저하시켜 연쇄반응을 중지시키는 소화방법은?

① 제거소화　　　② 냉각소화　　　③ 질식소화　　　④ 억제소화

화학적 소화의 방법(=억제소화, 부촉매소화)
- **활성라디칼**(자유활성기, Free radical)을 흡수하여 연소의 4요소인 순조로운 연쇄반응을 **억제**하여 소화하는 방법으로 정촉매의 반대인 부촉매소화라고도 한다.
- 할론계 소화약제, 분말소화약제 등을 이용하여 소화한다.

함께공부

물리적 소화의 방법 : 연소의 3요소인 가연성가스(가연물), 산소, 열(점화원)의 양적 변화를 통해 연소를 중단시켜 소화하는 방법
- **냉각소화** : 연소 중인 가연물의 온도를 떨어뜨려 연소반응을 정지시키는 소화의 방법
- **질식소화** : 가연물이 연소할 때 공기 중의 산소농도(일반적으로 21%)를 떨어뜨려 (보통 15%이하) 연소를 중단시키는 소화 방법
- **제거소화** : 가연물을 제거하여 소화하는 방법
- **희석소화** : 가연성의 기체, 액체, 고체에서 발생되는 가연성증기(분해가스)의 농도를 희석시켜 (농도를 옅게 하여) 연소하한계 이하로 유지시키는 방법(강풍에 의한 희석소화)

이해하면서 공부 할 문제 ★

16 다음 중 분진 폭발의 위험성이 가장 낮은 것은?

① 소석회 ② 알루미늄분 ③ 석탄분말 ④ 밀가루

분진폭발이란 가연성 분진(입자상태의 미세한 분말)이 부유하면서 주위로부터 흡열한 후 열분해 되어 가연성가스를 방출하게 되고, 그 가스가 폭발범위를 형성하게 되면 폭발하는 현상
- 원인물질 : **금속분(알루미늄분), 밀가루(소맥분)**, 유황, **석탄분**, 목재분, 플라스틱분, 섬유분, 커피분, 먼지 등
- 분진폭발의 위험이 낮은(없는) 것 : **시멘트가루(소석회)**, 생석회(석회석=산화칼슘=CaO), 팽창질석, 탄산칼슘($CaCO_3$) 등

이해하면서 공부 할 문제 ★

17 폭연에서 폭굉으로 전이되기 위한 조건에 대한 설명으로 틀린 것은?

① 정상연소속도가 <s>작은</s> (큰) 가스일수록 폭굉으로 전이가 용이하다.
② 배관 내에 장애물이 존재할 경우 폭굉으로 전이가 용이하다.
③ 배관의 관경이 가늘수록 폭굉으로 전이가 용이하다.
④ 배관 내 압력이 높을수록 폭굉으로 전이가 용이하다.

- **폭굉유도거리(DID**, Detonation Induced Distance) : 최초의 완만한 연소에서 폭굉까지 발전하는데 필요한 거리
- **폭굉유도거리(DID)가 짧아질 수 있는 요인**
  - 연소속도가 큰 가스일수록
  - 관경(배관)이 가늘거나 관속에 이물질(장애물)이 있는 경우
  - 점화에너지가 강할수록
  - 압력이 높을수록

함께 공부

- 화학적 폭발 중 폭발시 발생하는 **충격파**의 유무에 따라 폭연(충격파 없음)과 폭굉(충격파 있음)으로 구분된다.
- **충격파** : 압축성 유체에서 폭발과 같은 강렬한 압력변화에 의해 음속이상의 속도로 전달되는 파
- 충격파는 초음속(음속보다 빠른 속도)의 흐름이 갑자기 아음속(음속보다 느린 속도)으로 변할 때 얇은 불연속면이 생기는데 이 불연속면을 말하며, 이 때 **압력, 밀도, 온도, 엔트로피**[손실되는(버려지는) 에너지 = 일로 변환시킬 수 없는 에너지] 등이 급격히 증가한다.
- **폭발**은 혼합기체가 급격히 또는 현저하게 그 용적을 증가하는 반응이며, 폭음을 수반한다. 이 때 그 용적을 증가시키는 연소파(화염전파속도)가 미반응 물질속으로 음속보다 낮은 속도로 이동하는 것을 **폭연(Deflagration)**이라하고, 음속보다 빠른 속도로 이동하는 것을 **폭굉(Detonation)**이라 한다.

이해하면서 공부 할 문제 ★★★

18 할론계 소화약제의 주된 소화효과 및 방법에 대한 설명으로 옳은 것은?

① 소화약제의 증발잠열에 의한 소화방법이다.
② 산소의 농도를 15% 이하로 낮게하는 소화 방법이다.
③ 소화약제의 열분해에 의해 발생하는 이산화탄소에 의한 소화방법이다.
④ **자유활성기(free radical)의 생성을 억제하는 소화방법이다.**

화학적 소화의 방법(=억제소화, 부촉매소화)
- **활성라디칼(자유활성기, Free radical)**을 흡수하여 연소의 4요소인 순조로운 연쇄반응을 **억제**하여 소화하는 방법으로 정촉매의 반대인 부촉매소화라고도 한다.
- 할론계 소화약제, 분말소화약제 등을 이용하여 소화한다.

함께 공부

① **물 소화약제에 의한 방법** : 100℃의 물이 100℃의 수증기로 변화하면서, 열기를 흡수하는 기화(증발)잠열은 물 1[kg]당 539[kcal]가 필요할 정도로 매우 높아 냉각효과가 뛰어나다.
② **이산화탄소 소화약제에 의한 방법** : 이산화탄소(CO_2)를 방사하여 산소농도를 15%이하로 떨어트려 소화하는 질식소화가 주된 소화방법이다. (공기중의 산소농도는 일반적으로 21%)

이해하면서 공부 할 문제

19 피난로의 안전구획 중 2차 안전구획에 속하는 것은?
① 복도
② **계단부속실(계단전실)**
③ 계단
④ 피난층에서 외부와 직면한 현관

피난동선(수평동선과 수직동선으로 구분)
거실(화재실) → 거실과 연결된 **복도**(통로)[1차 안전구획] → 복도와 연결된 **계단전실**(계단부속실)[2차 안전구획] → 계단전실과 연결된 **계단실**[3차 안전구획] → **피난층**, 피난안전구역

안전구획 - 방화구획 되어있고, 제연설비(연기를 제어하는 설비)를 갖춘 장소
- **1차 안전구획** : 거실에 대하여 복도·통로를 방화·방연구획하여 피난자의 **일시적 안정**을 도모하는 구획
- **2차 안전구획** : 복도에 연결된 특별피난계단의 계단전실(계단부속실)로 어느 정도 피난 **대기가 가능**한 구획
- **3차 안전구획** : 특별피난계단의 계단실로 최성기에도 **안정성이 확보**된 구획

건축물의 5층 이상 또는 지하 2층 이하의 층으로부터, 피난층 또는 지상으로 통하는 **직통계단**은 기준에 따른 **피난계단 또는 특별피난계단**으로 설치해야 한다.
- **피난층** : 계단을 통하지 않고, 직접 지상으로 통하는 출입구가 있는 층
- **직통계단** : 건물의 어떤 층에서도 피난층 또는 지상까지 이르는 경로가, 계단과 계단참만을 통하여 오르내릴 수 있는 계단
- **피난계단** : 직통계단에 피난방화(화재방어)성능 기준을 추가한 계단
- **특별피난계단** : 직통계단에 피난방화성능 + 방연(연기방어)성능 기준을 추가한 계단

암기하면서 공부 할 문제

20 소방시설 중 피난구조설비에 해당하지 않는 것은?
① **무선통신보조설비**
② 완강기
③ 구조대
④ 공기안전매트

무선통신보조설비는 화재를 진압하거나 인명구조활동을 위하여 사용하는 **소화활동설비**로서, 지상과 지하의 동시 소화활동시 소방대원 상호간의 무선통신을 원활하게 하기 위한 **통신설비**에 해당한다.

피난구조설비 : 화재가 발생할 경우 피난하기 위하여 사용하는 기구 또는 설비
- **완강기** - 피난기구에 해당하며, 사용자의 몸무게에 따라 자동적으로 내려올 수 있는 기구 중 사용자가 교대하여 연속적으로 사용할 수 있는 것을 말한다.
- **구조대** - 피난기구에 해당하며, 포지 등을 사용하여 자루형태로 만든 것으로서 화재시 사용자가 그 내부에 들어가서 내려옴으로써 대피할 수 있는 것을 말한다.
- **공기안전매트** - 피난기구에 해당하며, 화재 발생시 사람이 건축물 내에서 외부로 긴급히 뛰어 내릴 때 충격을 흡수하여 안전하게 지상에 도달할 수 있도록 포지에 공기 등을 주입하는 구조로 되어 있는 것을 말한다.

2과목 소방유체역학

계산 없는 단순 암기형 ★★★★★

21 이상기체의 등엔트로피 과정에 대한 설명 중 틀린 것은?

① 폴리트로픽 과정의 일종이다.　　② 가역단열과정에서 나타난다.
③ 온도가 증가하면 압력이 증가한다.　　**④ 온도가 증가하면 비체적이 증가한다.**

① 폴리트로픽 과정(변화) : 폴리트로픽 지수인 n값을 이용해, **등압**(정압)과정[압력이 일정], 등온(정온)과정[온도가 일정], **단열**(등엔트로피)과정[열의 출입이 없음], 등적(정적)과정[체적이 일정]을 포함한, **모든 상태변화**를 나타낼 수 있는 과정을 말한다.
[압력(P) 곱하기 체적(V)에 n승(폴리트로픽 지수)은 항상 일정하다]
$$PV^n = 일정(C)$$

② 가역 단열과정
 • 외부와 차단되어서 열의 변화가 없는 과정으로 등엔트로피 과정이라고도 함.
 • 단열과정은 단열상태이므로... **열량의 변화가 없으므로 엔트로피의 변화도 없는 과정**[엔트로피가 일정한 과정]에 해당한다.
 ∴ $\Delta S = 0$ [엔트로피 변화 = 0]

③, ④ 이상적인 밀폐계에서... 열이 단열된 상태에서 **온도가 증가하면 압력이 증가하고 체적(㎥)** 또는 **비체적(m^3/kg)은 감소**하는 것을 알 수 있다.
비체적(m^3/kg)이란 1kg당 체적(㎥)이므로 여기에서는 체적(㎥)과 비체적(m^3/kg)을 동일한 의미로 해석하여도 무방하다.

보일샤를의 법칙 : $\dfrac{P(압력) \times V(체적)}{T(온도)} = C(일정)$

함께공부

엔트로피(S)의 기본개념 ☞ 손실되는(버려지는) 에너지 = 일로 변환시킬 수 없는 에너지
 • 엔트로피(S)란 에너지의 변화나 전환을 의미하는데... 엔트로피(Entropy) = 에너지(Energy) + 변환(Tropy)
 • 루돌프 클라우지우스는 열은 저온에서 고온으로 스스로 이동할 수 없고, 고온에서 저온방향인 한쪽 방향으로만 흐른다는 개념[비가역적]을 만들고 여기에 변화를 뜻하는 고대 그리스어인 엔트로피라는 이름을 붙였다. ☞ 열역학 제2법칙
 • 볼츠만은 엔트로피(ΔS)를 조금 더 쉽게 정의하였는데...... 계(system)내의 무질서의 정도[무질서도](어지럽게 정리되지 않은)를 나타내는 상태량으로 정의하였다. 즉 무질서하면 무질서할수록 엔트로피가 높다는 것이다.
 • 자연현상에 있어서 무질서가 질서있게 바뀌는 것을 기대할 수 없다. 이것이 바로 엔트로피의 비가역성에 해당한다. 따라서 자연의 모든 현상은 엔트로피가 증가(무질서가 증가)하는 방향으로 일어난다.
 • 엔트로피를 이해하는데 있어 가장 중요한 개념은...
  엔트로피는 **자발성의 방향**[비가역적](자연적으로 발생되는 성질에 대한 방향)을 나타내기 위해 만들어낸 상태함수
  라는 것이다. 즉 **엔트로피가 높아지는**(증가하는) **방향을 자발적인 방향**으로 정의하였다.
  다시말해, 이 세상의 모든 **자발적인 반응**(자연적으로 발생되는 반응)은 엔트로피가 높아지는 것이다.

전반적으로 쉬운 계산형 ★★

22 관 내에서 물이 평균속도 9.8 m/s로 흐를 때의 속도 수두는 약 몇 m인가?

① 4.9　　② 9.8　　③ 48　　④ 128

베르누이 방정식 ☞ 전수두(전양정) = 압력수두 + 속도수두 + 위치수두 = 일정(Constant)

$$H(m) = \dfrac{P}{\gamma} + \dfrac{V^2}{2g} + Z = \dfrac{압력(kN/m^2)}{물비중량(9.8kN/m^3)} + \dfrac{유속^2(m/sec)^2}{2 \times 중력가속도(9.8m/sec^2)} + 높이(m)$$

속도수두(h) = $\dfrac{V^2}{2g} = \dfrac{(9.8m/\sec)^2}{2 \times 9.8m/\sec^2} = 4.9m$

포기해도 되는 계산형 포기해도 합격에 전혀 지장없는 문제

23 그림과 같이 스프링상수(spring constant)가 10N/cm인 4개의 스프링으로 평판 A를 벽 B에 그림과 같이 설치되어 있다. 이 평판에 유량 0.01㎥/s, 속도 10m/s인 물 제트가 평판 A의 중앙에 직각으로 충돌할 때, 물 제트에 의해 평판과 벽 사이의 단축되는 거리는 약 몇 cm인가?

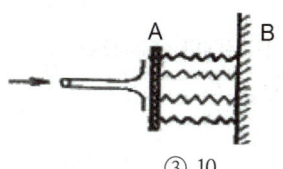

① 2.5　　　　　　② 5　　　　　　③ 10　　　　　　④ 40

본 문제는 이해과정이 어려운 계산문제로서... 소방설비기사 실기시험에서 등장하지 않는 개념과 문제이므로, 공부하지 않고 **포기하는 것이 더 현명**합니다. 따라서 지면과 노력낭비를 방지하기 위하여 해설이 없습니다.

함께공부

고정평판에 작용하는 힘　$F(N) = \rho(밀도, kg/m^3) \cdot Q(유량, m^3/\sec) \cdot V(유속, m/\sec)$
$= 1000\,kg/m^3 \times 0.01\,m^3/s \times 10\,m/s = 100\,kg \cdot m/s^2 [= N]$

$10\,N/cm \times 4 = 40\,N/cm$　➡　$40\,N/cm = \dfrac{F[N]}{L[cm]} = \dfrac{100\,N}{L[cm]}$　∴ 벽 사이의 단축되는 거리 $L[cm] = \dfrac{100\,N}{40\,N/cm} = 2.5\,cm$

계산 없는 단순 공식형 ★★★

24 이상기체의 정압비열 Cp와 정적비열 Cv와의 관계로 옳은 것은? (단, R은 이상기체 상수이고, k는 비열이다.)

① $C_P = \dfrac{1}{2}C_V$　　　② $C_P < C_V$　　　③ $C_P - C_V = R$　　　④ $\dfrac{C_V}{C_P} = k$

정압비열(C_P)과 정적비열(C_V)의 관계
- 정압비열(C_P) : 보통의 비열로서 압력을 일정하게 한 상태에서 비열을 측정한 것
- 정적비열(C_V) : 체적을 일정하게 한 상태에서 비열을 측정한 것
- $C_P - C_V = R (=$ 특정기체정수 = 특정기체상수$)$　＊특정한 어떤 기체의 상수
- 비열비$(k) = \dfrac{C_P}{C_V} > 1$ (항상 1보다 크다)　∴ 정압비열(C_P) > 정적비열(C_V)
- **비열**이란 어떤 물질(물) 1kg의 온도를 1℃(K)만큼 올리는 데 필요한 열의 양[1kcal(4.184kJ)]이다. 비열이 크면 그 물질의 온도를 높이기 어렵다. 따라서 물은 비열이 크므로 화염 등의 열을 더 많이 빼앗아 올 수 있어 소화약제로 사용되고 있다.

알아둡시다!　$C_P - C_V = R$　➡　이상기체 상태방정식의 PV=nRT 식과 순서가 동일하다. PV=R

전반적으로 쉬운 계산형 ★★

25 피스톤의 지름이 각각 10mm, 50mm인 두 개의 유압장치가 있다. 두 피스톤에 안에 작용하는 압력은 동일하고, 큰 피스톤이 1000 N의 힘을 발생시킨다고 할 때 작은 피스톤에서 발생시키는 힘은 약 몇 N인가?

① 40　　　　　　② 400　　　　　　③ 25,000　　　　　　④ 245,000

파스칼의 원리에 의해, 두 피스톤에 안에 작용하는 압력은 동일하므로...

$P_1 = P_2$　$*P = \dfrac{F(힘)}{A(면적)}$　➡　$\dfrac{F_1}{A_1} = \dfrac{F_2}{A_2}$　$\dfrac{F_1}{\dfrac{\pi D_1^2}{4}} = \dfrac{F_2}{\dfrac{\pi D_2^2}{4}}$　$\dfrac{F_1}{D_1^2} = \dfrac{F_2}{D_2^2}$　➡　$\dfrac{F_1}{10^2} = \dfrac{1000\,N}{50^2}$　∴ $F_1 = 40\,N$

함께공부

파스칼의 원리
밀폐된 용기 속에 유체에 가한 압력은 유체내의 모든 부분에 같은 크기로 전달된다. 즉 압력을 가했을 때 한 방향으로만 작용하지 않고 모든 방향으로 작용한다는 원리이며, 이 원리가 수압기에 이용되는 파스칼의 원리라고 한다.

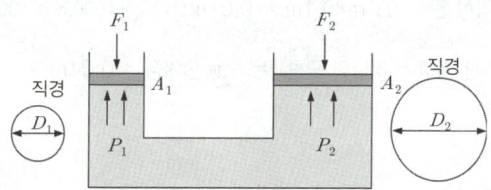

$P_1 = P_2$ (압력이 동일할 때) ☞ 현재 패킹높이가 수평인 상태이므로

$$\frac{F_1}{A_1} = \frac{F_2}{A_2} \qquad \frac{F_1}{\frac{\pi D_1^2}{4}} = \frac{F_2}{\frac{\pi D_2^2}{4}} \qquad \frac{F_1}{D_1^2} = \frac{F_2}{D_2^2}$$

위 식을 살펴보면 압력이 동일할 때 작용하는 힘은 면적에 비례하고 직경의 제곱에 비례한다.
만일 직경 D_2가 직경 D_1의 2배라면, 위 그림과 같이 평형을 이루기 위해 F_1은 F_2에 비해 4배의 힘이 필요하다.

$$\frac{F_1}{D_1^2} = \frac{F_2}{D_2^2} \quad \rightarrow \quad \frac{F_1}{1^2} = \frac{F_2}{2^2} \quad \rightarrow \quad 4F_1 = F_2$$

전반적으로 쉬운 계산형 ★★

26 유체가 매끈한 원 관 속을 흐를 때 레이놀즈수가 1200이라면 관 마찰계수는 얼마인가?

① 0.0254 ② 0.00128 ③ 0.0059 ④ **0.053**

관 마찰계수(f) : 유체가 층류일 때 발생되는 관의 마찰계수는 아래와 같이 간단히 계산이 가능하다.

층류일 때 $f = \dfrac{64}{ReNo(\text{레이놀즈수})} = \dfrac{64}{1200} = 0.053$

함 께 공 부

레이놀즈수[Reynolds number]
- 관내 유체의 흐름이 층류(유체의 규칙적인 흐름)인지, 난류(어지럽고 불안정하게 불규칙적으로 흐르는 것)인지 구분해주는 정량적 수치
- 유체의 흐름에 있어서 점성에 의한 힘이 층류가 될 수 있도록 작용하며, 관성에 의한 힘은 난류를 일으키는 원인으로 작용하고 있다. 이 관성력과 점성력의 비가 레이놀즈수(ReNo)이다.
- 또한 레이놀즈수는 무단위의 수치, 즉 무차원수이므로, 어떤 단위로부터 계산하여도 동일한 값이 산출된다.

$$ReNo(\text{레이놀즈수}) = \frac{D(\text{직경}) \cdot u(\text{유속}) \cdot \rho(\text{밀도})}{\mu(\text{절대점도})} = \frac{D(\text{직경}) \cdot u(\text{유속})}{\nu(\text{동점도})} = \frac{\text{관성력}}{\text{점성력}}$$

전반적으로 쉬운 계산형 ★★

27 2cm 떨어진 두 수평한 판 사이에 기름이 차있고, 두 판 사이의 정중앙에 두께가 매우 얇은 한 변의 길이가 10cm인 정사각형 판이 놓여있다. 이 판을 10cm/s의 일정한 속도로 수평하게 움직이는데 0.02N의 힘이 필요하다면, 기름의 점도는 약 몇 N·s/m²인가? (단, 정사각형 판의 두께는 무시한다.)

① **0.1** ② 0.2 ③ 0.01 ④ 0.02

문제에서, 두 수평한 판 사이에… 정사각형 판이 놓여있으므로, 위쪽판과 아래쪽판에서 각각 마찰력(전단응력)을 받게 된다. 따라서 마찰력(전단응력)은 **2배**가 된다. 그에따라 아래와 같이…. 뉴턴(Newton)의 점성법칙에 따라 전단응력<단위면적당 마찰력(전단력)> τ(타우)를 중심으로 식을 세운다.

전단응력(마찰력) $[\tau] \dfrac{F}{A} = \mu \dfrac{du}{dy} \times 2 \qquad \mu(\text{절대점도}) = \dfrac{\dfrac{F(\text{전단력})}{A(\text{면적})}}{\dfrac{du(\text{속도})}{dy(\text{거리})} \times 2} = \dfrac{\dfrac{kg \cdot m/s^2}{m^2}}{\dfrac{m/s}{m}} = kg/m \cdot s = N \cdot s/m^2$

$$\mu = \frac{\dfrac{F}{A}}{\dfrac{du}{dy} \times 2} = \frac{\dfrac{0.02\,kg \cdot m/s^2}{0.01\,m^2}}{\dfrac{0.1\,m/s}{0.01\,m} \times 2} = 0.1\,kg/m \cdot \sec = 0.1\,N \cdot \sec/m^2$$

- 전단력(F) = 0.02N(=kg·m/s²)
- 면적(A) = 10cm(=0.1m)인 정사각형 판 = 0.1m×0.1m = 0.01m²   *1000mm = 100cm = 1m
- 속도(du) = 10cm/s = 0.1m/s
- 거리(dy) = 2cm 떨어진 두 수평한 판 사이 = 하나의 평판과는 1cm 떨어짐 = 0.01m

함께공부

뉴턴(Newton)의 점성법칙

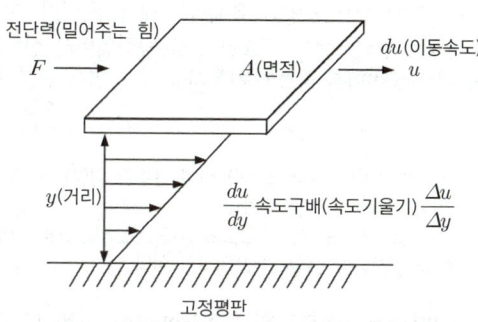

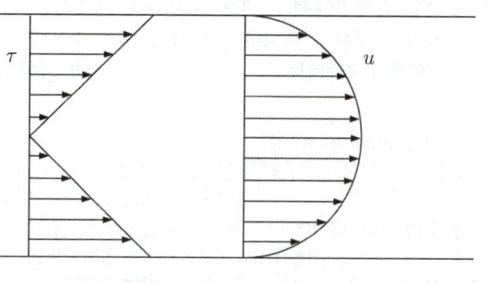

<하겐포아즈웰 방정식의 전단응력과 속도분포>

전단응력(τ)과 속도(u)분포는 반비례 형태이다.

전단력(F)은 평판의 면적(A), 속도(u), 점성계수(μ, 뮤), 속도구배($\frac{du}{dy}$)에는 비례 하지만,
두 평판사이의 거리(y)에는 반비례 (거리가 멀어지면 밀어주는 힘이 덜든다)한다. 이것을 식으로 세워보면

$$전단력\ F(힘)\ =\ A \cdot \frac{u}{y}\ =\ A \cdot \mu \cdot \frac{du}{dy}$$

- A : 면적　・u : 속도　・y : 거리　・μ : 점성계수　・du : 이동속도　・dy : 이동거리

위 식을 다시 정리하여 전단응력<단위면적당 마찰력(전단력)> τ (타우)를 중심으로 식을 세우면

$$전단응력(마찰력)\ [\tau]\ \frac{F}{A}\ =\ \mu \frac{du}{dy}$$

계산 없는 단순 암기형 ★★★★★

28 부자(float)의 오르내림에 의해서 배관 내의 유량을 측정하는 기구의 명칭은?

① 피토관(pitot tube)　　　　　　　　② **로터미터(rotameter)**
③ 오리피스(orifice)　　　　　　　　　④ 벤투리미터(venturi meter)

유량의 측정 : 관내를 흐르는 유체의 유량을 측정하는 유량계(flow meter)로 차압식 유량계, 면적식 유량계 등이 사용되고 있다.
- **로터미터(rotameter, 면적식 유량계)**
  면적식 유량계는 유체의 흐름에 의해 **부표(부자, float)**가 항력을 받아 뜨게 되며, 그 뜨는 정도(오르내림의 정도)로 유량을 구한다. 관에는 눈금이 있으며 부표(부자, float)의 단면적이 가장 큰 곳의 평형위치에서 눈금을 읽어 유량을 측정할 수 있다.
- **오리피스 미터(orifice meter, 차압식 유량계)**
  배관 내에 관경이 작아지는 오리피스(유체를 분출시키는 작은구멍)를 설치하면, 오리피스를 통과하기 전의 유속과 통과 후의 유속이 달라지는데, 그 유속변화에 의한 압력의 차이를 이용하여 유량을 측정하는 장치. 즉 차압식 유량계이다.
- **벤츄리(벤투리) 미터(venturi meter, 차압식 유량계)**
  배관 중에 배관의 단면이 점차로 축소되는 부분(벤츄리 부분)을 설치하면 벤츄리 부분을 통과하기 전의 유속과 벤츄리 부분의 유속이 달라지는데, 그 유속변화에 의한 압력의 차이를 이용하여 유량을 측정하는 장치. 즉 차압식 유량계이다.
- **유동노즐(flow nozzle, 차압식 유량계)**
  배관 내부에 노즐모양의 장치를 설치한 것으로 노즐을 통과하기 전의 유속과 통과 후의 유속이 달라지는데, 그 유속변화에 의한 압력의 차이를 이용하여 유량을 측정하는 장치. 즉 차압식 유량계이다.
- **위어(weir)** : 수로를 가로막고 그 일부분으로 물을 흐르게 하여 유량을 측정하는 장치로서 하천이나 기타 개수로 내에서 유량을 측정하는데 사용된다.

함께공부

액주계(U자관 마노미터 = 마노미터 = manometer = 압력차(차압) 측정기기 = 압력계)
- **정압의 측정**(흐름 방향의 수직으로 작용하는 압력)　☞　정압관, 피에조미터
- **동압 및 유속의 측정**(동압은 유체가 유동할 때 발생하는 압력)　☞　**피토관(pitot tube)**, 피토게이지, 시차액주계, 피토-정압관
- **전압**(유체가 흐를 때 그 흐름에 정면으로 걸리는 압력) = 정압 + 동압

소방설비기사 기계 필기 | Engineer Fire Protection System

계산 없는 단순 암기형 ★★★★★

29 다음 열역학적 용어에 대한 설명으로 틀린 것은?
① 물질의 3중점(triple point)은 고체, 액체, 기체의 3상이 평형상태로 공존하는 상태의 지점을 말한다.
② 일정한 압력하에서 고체가 상변화를 일으켜 액체로 변화할 때 필요한 열을 융해열(융해 잠열)이라 한다.
③ 고체가 일정한 압력하에서 액체를 거치지 않고 직접 기체로 변화하는데 필요한 열을 승화열이라 한다.
④ 포화액체를 정압하에서 가열할 때 온도변화 없이 포화증기로 상변화를 일으키는데 사용 되는 열을 현열이라 한다.
　　　잠열

- **현열(감열)[sensible heat]**
  - 물질의 상태 변화는 없으면서 온도만 올리는데 사용되는 열을 현열이라 하며, 아래식을 이용하여 흡수한 열량을 구할 수 있다.
    $$Q[kJ] = mC\Delta T = 질량[kg] \times 비열[kJ/kg \cdot K] \times 온도차[K]$$
  - 즉 물질의 가열, 냉각에 따라 온도가 변화하는 데 필요한 열량이다. 감열이라고도 하며, 물질의 상태(고체,액체,기체) 변화는 없다.
  - 예를 들면, 0℃의 물이 100℃까지 온도가 올라가는데 필요한 에너지(열량)를 현열(감열)이라고 한다.
- **잠열[潛熱, latent heat] – 융해열, 증발열(기화열)**
  - 융해와 기화(증발) 등 상 전이 과정에서 가해진 열은, 물질의 **온도변화에는 사용되지 않고, 상태변화에만 사용**된다. 이와 같이 상 전이 과정(포화액체를 포화증기로)에서 흡수되는 열을 잠열이라 한다.
    $$Q[kJ] = mr = 질량[kg] \times 잠열[kJ/kg]$$
  - 예를 들면, 물을 가열하면 100℃에서 끓기 시작하지만, 그 이상 아무리 가열해도 완전히 수증기가 될 때까지 100℃를 넘지 않는다. 또한 얼음을 가열해도 완전히 녹을 때까지는 0℃ 이상으로 되지 않는다. 이와 같이 기화 중인 물이나, 융해 중인 얼음에 가해진 숨은열은, 물(액체)을 수증기(기체)로 바꾸고, 얼음(고체)을 물(액체)로 바꾸기 위해서만 소비되며 온도를 상승시키지는 않는다.

함 께 공 부

① 삼중점은 그 물질이 승화성인지 아닌지를 판단하는 기준이며, 삼중점이 대기압보다 낮으면 언제나 고체에서 액체를 거쳐 기체가 되므로 승화성 물질이 아니다. CO_2는 삼중점의 압력(5.3[kgf/cm²])이 대기압(1.0332[kgf/cm²])보다 높으므로 승화성 물질이다.
② 융해 : 고체가 액체로 변하는 현상 – 융해열(융해 잠열)
③ 고체탄산(드라이아이스)은 대기압(평상시 노출시)에서 -79[℃] 이하에서만 고체탄산으로 유지되며, 온도가 -79[℃] 이상이 되면 액체를 거치지 않고 곧바로 승화(고체가 액체를 거치지 않고 기체가 되는 현상)되어 증기로 변한다.

전반적으로 쉬운 계산형 ★★

30 펌프를 이용하여 10m 높이 위에 있는 물탱크로 유량 0.3m³/min의 물을 퍼 올리려고 한다. 관로 내 마찰손실수두가 3.8m이고, 펌프의 효율이 85%일 때 펌프에 공급해야 하는 동력은 약 몇 W인가?
① 128　　② 796　　③ 677　　④ 219

펌프의 축동력 ☞ 펌프의 운전에 필요한 실제동력. 문제에서 전달계수가 주어지지 않았으므로 축동력을 묻는 문제로 해석된다.

$$P(kW) = \frac{H \cdot \gamma \cdot Q}{\eta_p(효율) \times 102} = \frac{H(전양정)[m] \times \gamma(물 비중량)[1000 kgf/m^3] \times Q(토출량)[m^3/sec]}{\eta_p(효율) \times 102}$$

1. 조건정리
- 전양정(H) = 실양정 10m(10m 높이 위에 있는 물탱크) + 마찰손실수두 3.8m = 13.8m
- 토출량(Q) = $0.3 m^3/min = \frac{0.3 m^3}{min} \times \frac{1 min}{60 sec} = m^3/sec$
  *수치를 여기에서 계산하면 매우 복잡하므로, 펌프 동력 공식에 "60"을 분모에 그대로 반영하면 변경된 단위(m³/s)로 적용된다.
- 효율(η_p) = 85% = 퍼센트의 단위를 제거하면... 0.85가 된다.

2. 축동력(P)의 계산 = ? W
$$P(kW) = \frac{13.8 m \times 1000 kgf/m^3 \times 0.3 m^3/sec}{0.85 \times 102 \times 60} = 0.796 kW = 796 W \quad *1kW = 1000W$$

> 다소 어려운 계산형 ★

31 회전속도 1000 rpm 일 때 송출량 Q m³/min, 전양정 Hm인 원심펌프가 상사한 조건에서 송출량이 1.1Q m³/min 가 되도록 회전속도를 증가시킬 때, 전양정은 어떻게 되는가?

① 0.91 H ② H ③ 1.1 H ④ **1.21 H**

문제 조건들이... 회전속도(rpm), 유량(송출량, Q), 양정(전양정, H) 등이 주어졌으므로, **펌프의 상사법칙**을 통해 답을 구할 수 있다. 주어진 조건으로 먼저 변화된 회전속도(N_2)를 구한 후, 전양정[H] 식에 대입하여... 회전속도를 증가시킬 때 변화된 전양정[H_2]을 구한다.

1. 유량[Q]은 펌프 회전수에 **정비례**한다. → $Q_1 : N_1 = Q_2 : N_2$

$$N_2 = \frac{Q_2}{Q_1} \times N_1 = \frac{1.1Q}{Q} \times 1000\,rpm = 1100\,rpm$$

- 처음 회전속도(N_1) = 1000rpm
- 처음 송출량(Q_1) = $Q[m^3/min]$
- 변화된 송출량(Q_2) = $1.1Q[m^3/min]$
- 변화된 회전속도(N_2) = ?

2. 양정[H]은 펌프 회전수의 **2승**에 비례한다. → $H_1 : N_1^2 = H_2 : N_2^2$

$$H_2 = \left(\frac{N_2}{N_1}\right)^2 \times H_1 = \left(\frac{1100\,rpm}{1000\,rpm}\right)^2 \times H = 1.21\,H$$

- 처음 회전속도(N_1) = 1000rpm
- 변화된 회전속도(N_2) = 1100rpm
- 처음 양정(H_1) = H
- 변화된 양정(H_2) = ?

> 함께공부

펌프의 상사법칙
- 상사(相似)라는 사전적 의미는 서로 모양이 비슷함. 닮음. 등의 뜻이 있다.
- 펌프의 용량이 다른 경우에도 비속도(비교회전도)가 같으면 이를 상사(相似)라고 한다.
- 소방에서의 상사법칙은 임펠러의 회전수(rpm) 및 임펠러의 직경을 변화시켰을 때 유량[Q], 전양정(양정)[H], 축동력[L]이 각각 어떻게 변화하겠느냐의 문제이다.
- 유량, 양정, 축동력과의 관계
  ① 유량[Q]은 펌프 회전수에 **정비례**하고, 임펠러 직경의 **3승**에 비례한다.
  ② 양정[H]은 펌프 회전수의 **2승**에 비례하고, 임펠러 직경의 **2승**에 비례한다.
  ③ 축동력[L]은 펌프 회전수의 **3승**에 비례하고, 임펠러 직경의 **5승**에 비례한다.

구분	운전조건	형상조건
유량 Q	회전수 N^1 비례	직경 D^3 비례
양정 H	N^2	D^2
축동력 L	N^3	D^5
비례식 정리		
$Q_1 : N_1 = Q_2 : N_2$		$Q_1 : D_1^3 = Q_2 : D_2^3$
$H_1 : N_1^2 = H_2 : N_2^2$		$H_1 : D_1^2 = H_2 : D_2^2$
$L_1 : N_1^3 = L_2 : N_2^3$		$L_1 : D_1^5 = L_2 : D_2^5$

- $Q_1 = \left(\dfrac{N_1}{N_2}\right) \times \left(\dfrac{D_1}{D_2}\right)^3 \times Q_2$
- $H_1 = \left(\dfrac{N_1}{N_2}\right)^2 \times \left(\dfrac{D_1}{D_2}\right)^2 \times H_2$
- $L_1 = \left(\dfrac{N_1}{N_2}\right)^3 \times \left(\dfrac{D_1}{D_2}\right)^5 \times L_2$

- $Q_2 = \left(\dfrac{N_2}{N_1}\right) \times \left(\dfrac{D_2}{D_1}\right)^3 \times Q_1$
- $H_2 = \left(\dfrac{N_2}{N_1}\right)^2 \times \left(\dfrac{D_2}{D_1}\right)^2 \times H_1$
- $L_2 = \left(\dfrac{N_2}{N_1}\right)^3 \times \left(\dfrac{D_2}{D_1}\right)^5 \times L_1$

> 암기팁! 유량 양정 축동력 회전수1승2승3승 직경3승2승5승 ➡ 유양축 회123 직325

계산 없는 단순 암기형 ★★★★★

32 모세관 현상에 있어서 물이 모세관을 따라 올라가는 높이에 대한 설명으로 옳은 것은?

① 표면장력이 클수록 높이 올라간다.   ② 관의 지름이 클수록 높이 올라간다.
                                          작을수록
③ 밀도가 클수록 높이 올라간다.   ④ 중력의 크기와는 무관하다.
    작을수록   가 작을수록 높이 올라간다

모세관현상

- 액체 속에 폭이 좁고 긴 관을 넣었을 때, 관 외부의 액체가 관 내부로 유입되어, 관내의 액면이 외부의 액면보다 더 상승하거나 오히려 낮아지는 현상. 식물의 뿌리에서 물을 흡수하는 것이나, 알코올램프의 심지에 알콜이 올라오는 것은 모세관현상에 의한 것이다.
- 물은 응집력보다 **부착력**(서로 다른 분자간에 잡아당기는 힘)이 강해 모세관을 세우면 관내의 액면이 외부의 액면보다 상승하며, **수은**은 부착력보다 **응집력**(같은 분자간에 서로 잡아당기는 힘)이 강해 액면이 오히려 하강한다.

$h = \dfrac{4\sigma\cos\theta}{\gamma D} = \dfrac{4\sigma\cos\theta}{\rho g D}$ 액면상승(강하)높이 = $\dfrac{4 \times 표면장력[N/m] \times 접촉각}{비중량[N/m^3] \times 직경[m]}$ * γ(비중량) = ρ(밀도)$\times g$(중력가속도)

- 표면장력이 **클수록** 높이 올라간다.
- 관의 지름(직경)이 **작을수록** 높이 올라간다.
- 밀도(비중량)가 **작을수록** 높이 올라간다.
- 중력가속도가 **작을수록** 높이 올라간다.

함께공부

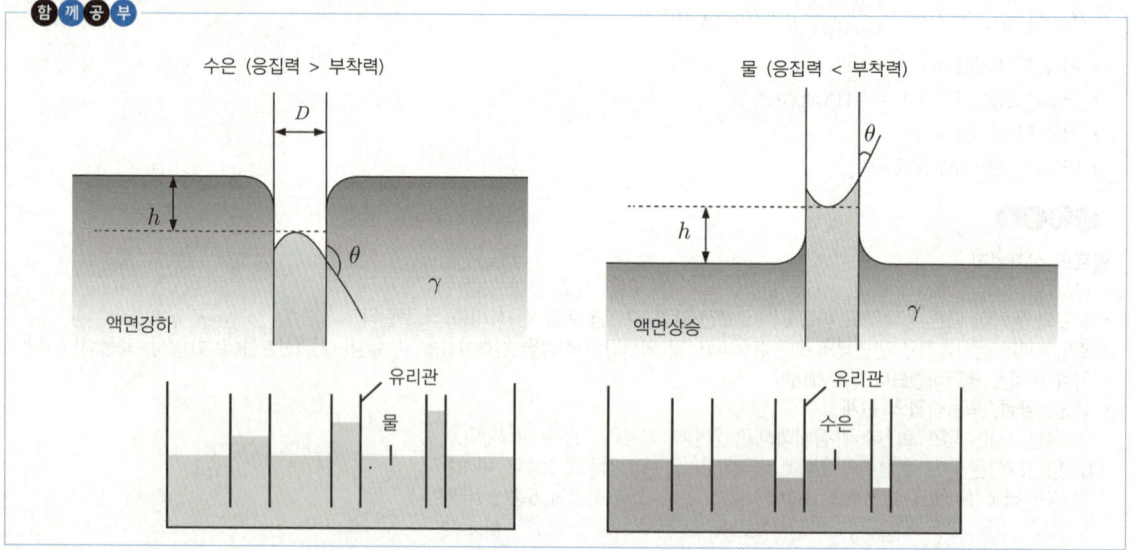

포기해도 되는 계산형 | 포기해도 합격에 전혀 지장없는 문제

33 그림과 같이 30°로 경사진 0.5m × 3m 크기의 수문평판 AB가 있다. A지점에서 힌지로 연결되어 있을 때 이 수문을 열기 위하여 B점에서 수문에 직각방향으로 가해야 할 최소 힘은 약 몇 N인가? (단, 힌지 A에서의 마찰은 무시한다.)

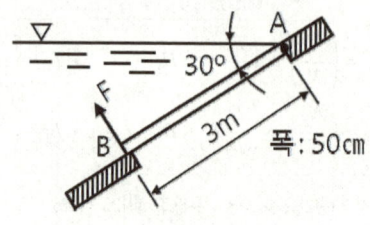

① 7,350   ② 7,355   ③ 14,700   ④ 14,710

본 문제는 이해와 계산과정 모두 매우 복잡한 계산문제로서... 소방설비기사 실기시험에서 등장하지 않는 개념과 문제이므로, 공부하지 않고 **포기하는 것이 더 현명**합니다. 따라서 지면과 노력낭비를 방지하기 위하여 해설이 없습니다.

함께공부

1. 경사면에 작용하는 힘

$$F[N, 힘] = \gamma A h = 비중량(N/m^3) \times 면적(m^2) \times 깊이(m) = 9800\,N/m^3 \times (0.5 \times 3)m^2 \times \frac{3m}{2} \times \sin30 = 11025N$$

2. 힘의 작용점까지 거리 $= \dfrac{\dfrac{b(폭의 길이) \times H^3(높이)}{12}}{y(수문중심까지 경사거리) \times A(수문면적)} + y = \dfrac{\dfrac{0.5 \times 3^3}{12}}{1.5 \times (0.5 \times 3)} + 1.5 = 2m$

3. B점까지 거리 = 3m

4. B점에서 수문에 직각방향으로 가해야 할 최소 힘

$$B점의 힘 = \frac{경사면에 작용하는 힘 \times 힘의 작용점까지 거리}{B점까지 거리} = \frac{11025N \times 2m}{3m} = 7350N$$

전반적으로 쉬운 계산형 ★★

34 관내에 물이 흐르고 있을 때, 그림과 같이 액주계를 설치하였다. 관내에서 물의 유속은 약 몇 m/s인가?

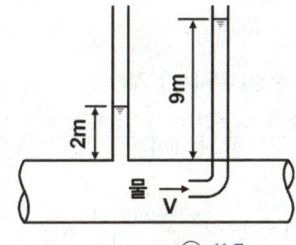

① 2.6 ② 7 ③ 11.7 ④ 137.2

흐르는 유체에 수직방향으로 작용하는 압력은 **정압**을 뜻한다. 그림에서 2m는 정압을 수두(mH₂O)로 나타낸 것이다.
또한 흐름방향으로 작용하는 피토관(관내에서 꺾인 액주계)의 압력은 **전압**(=정압+동압)을 뜻한다. 그림에서 전압은 수두(mH₂O)로 9m이다.

1. 전압(수두) = 정압(수두) + 동압(수두) = 9m
2. 정압(수두) = 2m
3. 동압(유체 유동시 유속에 의해 생성되는 압력) = 전압(수두) - 정압(수두) = 9m - 2m = **7m** [유속에 의해 생긴 수두]
4. 토리첼리의 정리식을 이용해... 유속(V)을 아래와 같이 계산한다.

$$V(유속) = \sqrt{2gh} = \sqrt{2 \times 중력가속도(9.8m/\sec^2) \times 동압수두(m)} = \sqrt{2 \times 9.8m/s^2 \times 7m} = 11.71\,m/s$$

함께공부

전압, 정압, 동압의 관계
- 전압 = 정압 + 동압   · 정압 = 전압 - 동압   · 동압 = 전압 - 정압
- 유체 유동시 : 전압 > 정압
- 유체 정지시 : 전압 = 정압, 동압 = 0 ∴ 유속을 측정하려면 동압 필요
- 유속이 빠르면 빠를수록 정압은 작아진다.
- 관 중심의 유속이 가장 빠르고 관벽은 "유속=0" 으로 본다. 즉, 관벽은 유체가 흘러가지 않는 것으로 본다.
- 정지 유체시 압력은 정압이라고 해도 되고, 전압이라고 해도 된다. ∵ 전압 = 정압 임으로... 그러나 보통 정지시에는 정압이라고 말한다.
- 유체 유동시 유속에 의해 생성되는 압력이 동압이며 유체가 유동하면 정압이 낮아지고 동압이 발생한다.

복잡하고 어려운 계산형 ★

35 파이프 단면적이 2.5배로 급격하게 확대되는 구간을 지난 후의 유속이 1.2m/s이다. 부차적 손실 계수가 0.36이라면 급격확대로 인한 손실수두는 몇 m인가?

① 0.0264 ② 0.0661 ③ **0.165** ④ 0.331

실제 유체는 점성을 가지므로 유체가 유동할 때 배관의 접촉면에 마찰이 발생하고 그에 따라 에너지의 손실이 발생하는데 그 손실이 마찰손실이다.

$$마찰손실(h_L, m) = 주(직관)손실 + 부차적(미소)손실$$

* 주손실 : 직관에서 발생하는 마찰 손실(직선 원관 내의 손실)   * 부차적손실 : 직관 이외에서 발생되는 마찰손실

1. 조건정리
   - 부차적 손실계수(K) = 0.36
   - 관경 큰 쪽 유속(V_2) = 1.2m/s (유속 느린쪽)
   - 관경 큰 쪽 단면적(A_2) = 2.5배로 급격하게 확대(작은 쪽 단면적 A_1의 2.5배) = $2.5A_1$
   - 관경 작은 쪽 유속(V_1) = ? m/s (유속 빠른쪽)
   - 부차적 손실수두(h_L) = ? m

2. 관경 작은쪽 유속(V_1) 계산

   연속방정식 중 체적유량(Q) ☞ Q(체적유량, m^3/sec) = A(배관의 단면적, m^2) × V(유체속도, m/sec)

   $$Q_1 = Q_2$$
   $$A_1 \cdot V_1 = A_2 \cdot V_2$$
   $$A_1 \cdot V_1 = 2.5A_1 \cdot V_2$$

   $$\therefore V_1 = \frac{2.5A_1 \, V_2}{A_1} = \frac{2.5A_1 \, m^2 \times 1.2 m/s}{A_1 \, m^2} = 3m/s$$

3. 관의 급격한 확대에 의한 손실(돌연확대관의 손실)수두(h_L) 계산

   $$h_L(손실수두, m) = K\frac{V^2}{2g} = 손실계수 \times \frac{유속빠른쪽^2(=관경작은쪽^2)}{2 \times 중력가속도} = K\frac{V_1^2}{2g} = 0.36 \times \frac{(3m/s)^2}{2 \times 9.8 m/s^2} = 0.165 m$$

   ※ 달시-와이스바하 방정식과 비교

   $$h_L(m) = f\frac{L}{D}\frac{V^2}{2g} \ast 마찰손실수두 = 관마찰계수 \times \frac{직관의 길이}{배관의 직경} \times \frac{유속^2}{2 \times 중력가속도} \rightarrow f\frac{L}{D} = K$$

포기해도 되는 계산형 포기해도 합격에 전혀 지장없는 문제

36 관 A에는 비중 S_1 = 1.5인 유체가 있으며, 마노미터 유체는 비중 S_2 = 13.6인 수은이고, 마노미터에서의 수은의 높이차 h_2는 20cm이다. 이후 관 A의 압력을 종전보다 40kPa 증가했을 때, 마노미터에서 수은의 새로운 높이차(h_2')는 약 몇 cm인가?

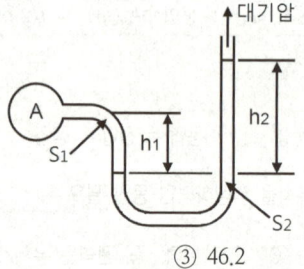

① 28.4　　② 35.9　　③ 46.2　　④ **51.8**

본 문제는 이해과정이 복잡한 계산문제로서... 소방설비기사 실기시험에서 등장하지 않는 개념과 문제이므로, 공부하지 않고 **포기하는 것이 더 현명**합니다. 따라서 지면과 노력낭비를 방지하기 위하여 해설이 없습니다.

함께공부

1. $P_C = P_D$ [h_1하단 지점(P_C)과... 수평선을 그은 h_2 하단 지점(P_D)의 압력(P)은 동일하다는 전제로 식을 세운다]
   ① $P_A + (\gamma_1 \times h_1) = \gamma_2 \times h_2$
   ② $(P_A + 40kPa) + \gamma_1(h_1 + \chi) = \gamma_2 \times (h_2 + 2\chi)$
   [P_A의 압력이 40kPa 증가했으므로, h_1의 높이가 χ만큼 증가하고 h_2의 높이는 위아래 양 방향으로 2χ만큼 증가하였다]

2. 위 식은 양변이 같은 값이므로 우변을 이항하여... 좌변에서 빼주면, 그 값은 "0"이 된다. 따라서 아래 ①번과 ②번은 같은 값을 가지게 되어 ③번 식이 성립한다.
   ① $\{P_A + (\gamma_1 \times h_1)\} - \{\gamma_2 \times h_2\} = 0$
   ② $\{(P_A + 40kPa) + \gamma_1(h_1 + \chi)\} - \{\gamma_2 \times (h_2 + 2\chi)\} = 0$
   ③ $\{(P_A + 40kPa) + \gamma_1(h_1 + \chi)\} - \{\gamma_2 \times (h_2 + 2\chi)\} = \{P_A + (\gamma_1 \times h_1)\} - \{\gamma_2 \times h_2\}$

④ $\{(P_A+40kPa)+\gamma_1 h_1+\gamma_1\chi\}-\{\gamma_2 h_2+\gamma_2 2\chi\}=\{P_A+\gamma_1 h_1\}-\{\gamma_2 h_2\}$
⑤ 따라서 좌변과 우변의 같은 값을 소거하고 정리한다.
$(40kPa+\gamma_1\chi)-\gamma_2 2\chi=0 \rightarrow \gamma_1\chi-\gamma_2 2\chi=-40kPa \rightarrow (\gamma_1-2\gamma_2)\chi=-40kPa \rightarrow \chi=\dfrac{-40kPa}{\gamma_1-2\gamma_2}$

3. 기존 h_2의 높이에 위아래 양 방향으로 2χ만큼 증가한 높이를 더해주면 수은의 새로운 높이차(h_2')가 계산된다.
① $\chi=\dfrac{-40kPa}{\gamma_1-2\gamma_2}=\dfrac{-40kPa}{(1.5\times 9.8kN/m^3)-(2\times 13.6\times 9.8kN/m^3)}=0.1588m=15.88cm$
② 수은의 새로운 높이차(h_2') = 기존높이(h_2) 20cm + 증가된 높이(2χ) 31.76cm = 51.76cm ≒ 51.8cm

> 계산 없는 단순 암기형 ★★★★★

37 다음 기체, 유체, 액체에 대한 설명 중 옳은 것만을 모두 고른 것은?

ⓐ 기체 : 매우 작은 응집력을 가지고 있으며, 자유표면을 가지지 않고 주어진 공간을 가득 채우는 물질
ⓑ 유체 : 전단응력을 받을 때 연속적으로 변형하는 물질
ⓒ 액체 : 전단응력이 전단변형률과 선형적인 관계를 가지는 물질
뉴턴(Newton)유체

① ⓐ, ⓑ　　　　② ⓐ, ⓒ　　　　③ ⓑ, ⓒ　　　　④ ⓐ, ⓑ, ⓒ

1. 뉴턴(Newton)유체
• 뉴턴의 점성법칙을 만족하는 유체로서 물, 공기 등 점성이 약한 유체가 해당된다.
• 전단응력(τ, 타우)<단위면적당 마찰력(전단력)>이 가해지면, 전단변형률($\dfrac{du}{dy}$, 속도변형률=속도구배=속도기울기)
  이 발생되는데... 이 두 관계는 선형적인 비례관계(선처럼 길게 일렬로 나아가는 관계)를 가진다.
• 이 때 선의 기울기는 점성계수(μ, 뮤)가 좌우한다. 이를 식으로 정립하면... **전단응력(마찰력)**[τ] = $\mu\dfrac{du}{dy}$

2. 비뉴턴유체
• 뉴턴의 점성법칙을 만족하지 않는 유체로서 꿀, 페인트 등 점성이 강한 유체가 해당된다.
• 전단응력(τ, 타우)이 가해졌을 때, 전단변형률($\dfrac{du}{dy}$)이 발생되는데... 이 두 관계가 직선이 아닌 경우(곡선)를 말한다.

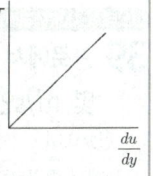

> 함께 공부

• 유체
 - 액체와 기체를 총칭하여 유체라 한다.
 - 일반적으로 형상이 정해져 있지 않으며 변형이 쉽고 흐르는 성질을 갖고 있다.
 - 유체에 외력(전단력)이 작용하면 연속적으로 변형을 일으키는 물질이다.
 - 유체에 외력(전단력)을 제거하여도 곧 바로 평형을 이루지 못하고 계속하여 변형을 일으키는 물질이다.
 ※ **전단력(마찰력)** : 작용하는 면에 대해 평행하게 작용하는 힘이며, 마찰력이라고도 한다.
 ※ **응력** : 유체에 힘(외력)이 가해질 때, 유체 내부에서는 그 형태를 유지하기 위해 저항하려는 힘이 발생한다. 이 저항을 응력이라
   한다. 응력은 하중의 종류에 따라서 인장응력, 수직응력, 전단응력 등으로 구분한다.
• 액체
 - 비압축성 유체로서, 주위의 변화(온도, 압력 등)에도 밀도(부피)의 변화가 없는 유체
 - 일반적으로 액체는 자유롭게 모양을 바꿀 수 있으나, 어떤 힘이 작용하여도 밀도(부피)가 잘 변하지 않아 비압축성 유체로 분류한다.
• 기체
  주위의 변화(온도, 압력 등)에 따라 밀도(부피)가 변하는 유체로서 압축성 유체로 분류한다.

> 다소 어려운 계산형

38 지름 2cm의 금속 공은 선풍기를 켠 상태에서 냉각하고, 지름 4cm의 금속 공은 선풍기를 끄고 냉각할 때 동일 시간당 발생하는 대류 열전달량의 비(2cm 공 : 4cm 공)는? (단, 두 경우 온도차는 같고, 선풍기를 켜면 대류 열전달계수가 10배가 된다고 가정한다.)
① 1 : 0.3375　　　② **1 : 0.4**　　　③ 1 : 5　　　④ 1 : 10

뉴턴(Newton)의 냉각법칙
　　$°q[W]=h$(대류 열전달계수)$\times A$(표면적, 수열면적)$\times\Delta T$(온도차)

1. 조건정리
- 지름 2cm 금속공의 표면적$(A) = 4\pi r^2 = 4\times\pi\times 0.01^2 = 1.26\times 10^{-3} m^2$ * r(반지름) = 1cm = 0.01m
  *1000mm = 100cm = 1m
- 지름 4cm 금속공의 표면적$(A) = 4\pi r^2 = 4\times\pi\times 0.02^2 = 5.03\times 10^{-3} m^2$ * r(반지름) = 2cm = 0.02m
- 온도차(ΔT) = 동일
- 대류 열전달계수(h, W/m²·K) = 2cm공(선풍기 켠 상태) : 4cm공(선풍기 끄고 냉각) = 10 : 1

2. 대류 열전달량$(°q)$의 비
- 2cm공(선풍기 켠 상태) ☞ $°q[W] = hA = 10\times 1.26\times 10^{-3} = 0.0126 W$
- 4cm공(선풍기 끄고 냉각) ☞ $°q[W] = hA = 1\times 5.03\times 10^{-3} = 0.00503 W$

$$\therefore \frac{4cm공}{2cm공} = \frac{0.00503}{0.0126} = 0.4$$ ☞ **4cm공이 2cm공보다 0.4배 작다.** 따라서 2cm공이 "1"이라면 4cm공은 "0.4"이다.

🔵 함께공부

뉴턴(Newton)의 냉각법칙
$$°q[W] = h\,A\,\Delta T = h(대류\ 열전달계수)\times A(표면적, 수열면적)\times \Delta T(온도차)$$

- 전열체의 표면적(수열면적)[A(㎡)]이 크거나, 대류 열전달계수[h(W/㎡·K)]가 높거나, 내·외부의 온도차[ΔT(K)]가 큰 것 등에 비례하여 이동열량[$°q$]은 증가한다.
- 구의 표면적(A) = $4\pi r^2$ * r=반지름

다소 어려운 계산형 ★

39 관로에서 20℃의 물이 수조에 5분 동안 유입되었을 때 유입된 물의 중량이 60kN이라면 이 때 유량은 몇 ㎥/s인가?

① 0.015   ② **0.02**   ③ 0.025   ④ 0.03

문제에서 중량유량이 조건으로 주어지고... 유량을 ㎥/s의 단위로 물었다. ㎥/s의 단위는 체적(㎥)유량의 단위이다. 따라서 중량유량과 체적유량의 식을 혼합하여 체적유량(Q)을 구하면 된다.

1. 문제 조건에서 5분당(min) **60kN**[중량]으로 흐른다고 하였으므로, 연속방정식 중 **중량유량(W)**의 식을 적용한다.
$$W(중량유량, kN/sec) = A(배관의\ 단면적, m^2)\times V(유속, m/sec)\times \gamma(비중량, kN/m^3)$$
* $\frac{60kN}{5min}\times\frac{1min}{60sec} = \frac{60kN}{300sec} = 0.2 kN/sec$

2. 연속방정식 중 **체적유량**(Q) → $Q(체적유량, m^3/sec) = A(배관의\ 단면적, m^2)\times V(유속, m/sec)$

3. 따라서 중량유량식에 체적유량식을 대입하면 → $W = Q\times\gamma$
* 물 비중량$(\gamma) = 1000 kgf/m^3 = 9800 N/m^3 = 9.8 kN/m^3$ *$1kgf = 9.8N$ *$1000N = 1kN$
* $Q = \frac{W}{\gamma} = \frac{0.2 kN/sec}{9.8 kN/m^3} = 0.02 m^3/sec$

계산 없는 단순 암기형 ★★★★★

40 펌프의 캐비테이션을 방지하기 위한 방법으로 틀린 것은?

① 펌프의 설치 위치를 낮추어서 흡입 양정을 작게 한다.
② 흡입관을 크게 하거나 밸브, 플랜지 등을 조정하여 흡입 손실 수두를 줄인다.
③ **펌프의 회전속도를 높여 흡입 속도를 크게 한다.**
    낮춰   작게
④ 2대 이상의 펌프를 사용한다.

공동현상(캐비테이션, cavitation) - 공기고임현상(기포 발생)
- 정의
  - 펌프 내부나 흡입측 배관에서 **물의 압력이 포화증기압 이하로 떨어져** 물이 국부적으로 증발하여 증기 공동이 발생하는 현상으로 공기(기포)가 생성되고, 진동(소음)을 수반하며 종단에는 양수불능을 초래할 수 있음
  - 물의 온도에 상응하는 증기압보다 낮은 부분이 발생하면 물은 증발되고 물속에 있던 공기와 물이 분리되어 **기포가 발생**하는 펌프의 현상
  - 물이 배관 내에 유동하고 있을 때 흐르는 물 속 어느 부분의 정압이 그때 물의 온도에 해당 하는 증기압 이하로 되면 부분적으로 기포가 발생하는 현상

• 원인 및 방지책

원인	방지책
흡입양정(수두) 클 때(흡입측 배관길이 길 때)	펌프 설치높이 낮춘다, 입축(수직회전축)펌프[심정용] 사용, 물올림장치 설치 등 **흡입양정(수두)을 짧게** 한다.
펌프의 설치 위치가 수원보다 높을 때	펌프의 설치 위치를 **수원보다 낮게** 한다.
마찰손실 클 때	배관길이 짧게, 관 부속물 적게 시공, 관경크게, **양흡입 펌프**(또는 2대 이상 펌프) 사용 등 마찰손실 줄인다.
임펠러 속도(펌프회전수)가 너무 빠를 때	임펠러 **속도**(펌프회전수) **낮춰** 유량을 적게 한다.(흡입비속도를 낮게한다)
흡입관경이 작아 유속이 너무 빠른 경우	**흡입**관경 **크게** 해서 유속을 낮춘다.
수온 높을 때	**수온을 낮게** 유지하여 포화증기압을 줄인다.

3과목 소방관계법규

✔ 이것이 혁신이다! 기출문제 + 답이색해설

숫자가 답인 문제 ★

41 화재의 예방 및 안전관리에 관한 법령에 따른 용접 또는 용단 작업장에서 **불꽃을 사용하는 용접·용단기구 사용**에 있어서 작업자로부터 **반경 몇 m 이내**에 소화기를 갖추어야 하는가? (단, 산업안전보건법에 따른 안전조치의 적용을 받는 사업장의 경우는 제외한다.)

① 1   ② 3   ③ 5   ④ 7

보일러 등의 설비 또는 기구 등의 위치·구조 및 관리와 화재예방을 위하여 불을 사용할 때 지켜야 하는 사항 중
불꽃을 사용하는 용접·용단 기구
㉠ 용접 또는 용단 작업장 **주변 반경 5미터 이내에 소화기를 갖추어 둘 것**
㉡ 용접 또는 용단 작업장 **주변 반경 10미터 이내에는 가연물을 쌓아두거나 놓아두지 말 것**.
다만, 가연물의 제거가 곤란하여 방화포 등으로 방호조치를 한 경우는 제외한다.

문장이 답인 문제

42 다음 중 **벌칙의 기준이 다른 것**은?

① 화재예방강화지구 등에서 모닥불, 흡연 등 화기의 취급, 풍등 등 소형열기구 날리기, 용접·용단 등 불꽃을 발생시키는 행위 등 화재 발생 위험이 있는 행위를 한 사람
② 소방활동 종사 명령에 따른 사람을 구출하는 일 또는 불을 끄거나 불이 번지지 아니하도록 하는 일을 방해한 사람
③ 정당한 사유 없이 소방용수시설 또는 비상소화장치를 사용하거나 소방용수시설 또는 비상소화장치의 효용을 해치거나 그 정당한 사용을 방해한 사람
④ 출동한 소방대의 소방장비를 파손하거나 그 효용을 해하여 화재진압·인명구조 또는 구급활동을 방해하는 행위를 한 사람

① 화재예방강화지구 등에서 **모닥불, 흡연** 등 화기의 취급, **풍등** 등 소형열기구 날리기, **용접·용단** 등 **불꽃을 발생시키는 행위** 등 화재 발생 위험이 있는 행위를 한 사람 → 300만원 이하의 과태료 부과
② 소방활동 종사 명령에 따른 사람을 구출하는 일 또는 불을 끄거나 불이 번지지 아니하도록 하는 일을 방해한 사람
→ 5년 이하의 징역 또는 5천만원 이하의 벌금
③ 정당한 사유 없이 소방용수시설 또는 비상소화장치를 사용하거나 **소방용수시설 또는 비상소화장치의 효용**을 해치거나 그 정당한 **사용을 방해**한 사람 → 5년 이하의 징역 또는 5천만원 이하의 벌금
④ 출동한 소방대의 **소방장비를 파손**하거나 그 **효용**을 해하여 화재진압·인명구조 또는 구급활동을 **방해**하는 행위
→ 5년 이하의 징역 또는 5천만원 이하의 벌금

문장이 답인 문제 ★

43 소방시설 설치 및 관리에 관한 법령에 따른 특정소방대상물의 수용인원의 산정방법 기준 중 틀린 것은?

① 침대가 있는 숙박시설의 경우는 해당 특정소방대상물의 종사자 수에 침대 수(2인용 침대는 2인으로 산정)를 합한 수
② 침대가 없는 숙박시설의 경우는 해당 특정소방대상물의 종사자 수에 숙박시설 바닥면적의 합계를 3㎡로 나누어 얻은 수를 합한 수
③ 강의실 용도로 쓰이는 특정소방대상물의 경우는 해당 용도로 사용하는 바닥면적의 합계를 1.9㎡로 나누어 얻은 수
④ 문화 및 집회시설의 경우는 해당 용도로 사용하는 바닥면적의 합계를 2.6㎡로 나누어 얻은 수
                               4.6㎡

① 침대가 있는 숙박시설 → 해당 특정소방대상물의 **종사자** 수에 **침대** 수(2인용 침대는 2개로 산정한다)를 합한 수
② 침대가 없는 숙박시설 → 해당 특정소방대상물의 **종사자** 수에 숙박시설 바닥면적의 합계를 **3㎡**로 나누어 얻은 수를 합한 수
③ 강의실·교무실·상담실·실습실·휴게실 용도 → 해당 용도로 사용하는 바닥면적의 합계를 **1.9㎡**로 나누어 얻은 수
④ 강당, 문화 및 집회시설, 운동시설, 종교시설 → 해당 용도로 사용하는 바닥면적의 합계를 **4.6㎡**로 나누어 얻은 수
 (관람석이 있는 경우 고정식 의자를 설치한 부분은 그 부분의 의자 수로 하고, 긴 의자의 경우에는 의자의 정면너비를 **0.45m**로 나누어 얻은 수로 한다)
※ 그 밖의 특정소방대상물 → 해당 용도로 사용하는 바닥면적의 합계를 **3㎡**로 나누어 얻은 수

단어가 답인 문제 ★

44 소방시설공사업법령에 따른 소방시설공사 중 특정소방대상물에 설치된 소방시설 등을 구성하는 것의 전부 또는 일부를 개설, 이전 또는 정비하는 공사의 착공신고 대상이 아닌 것은?

① 수신반　　② 소화펌프　　③ 동력(감시)제어반　　④ 제연설비의 제연구역

- 공사업자는 **대통령령으로 정하는 소방시설공사**를 하려면 행정안전부령으로 정하는 바에 따라 그 공사의 내용, 시공 장소, 그 밖에 필요한 사항을 **소방본부장이나 소방서장에게 신고**하여야 한다.
- "대통령령으로 정하는 소방시설공사" 중 특정소방대상물에 설치된 소방시설등을 구성하는 다음의 어느 하나에 해당하는 것의 전부 또는 일부를 개설, 이전 또는 정비하는 공사의 착공신고 대상
   → 수신반 / 소화펌프 / 동력(감시)제어반

함께공부

- **수신기** : 감지기나 발신기에서 보내는 화재신호를 직접수신하거나 또는 중계기를 통해 수신하여 화재발생을 표시하고, 경보(주경종 울림)하여 주는 장치
- **소화펌프** : 전동기(모터) 또는 내연기관(엔진)을 이용하여 원심펌프를 가동시켜 그 압력으로 급수하는 것
- **동력제어반** : MCC(Moter. Contral Center)판넬로서, 각종 동력장치의 전기적 제어기능이 포함된 주분전반
- **감시제어반** : 소화설비용 전기적 수신반으로 설비의 제어기능이 있는 것
- **제연설비**
  - 제연이란 **연기를 제어**한다는 의미로서... 화재실에 **신선한 공기**를 급기하고, **발생된 연기를 배기(배출)**하는 것을 제연이라 한다.
  - 구획(구역)을 나누(가두)어서 연기를 배출(배기)하거나, 신선한 공기를 급기(유입)하여 소화활동 및 피난을 용이하게 만드는 설비

단어가 답인 문제

45 소방기본법에 따른 소방력의 기준에 따라 관할구역의 소방력을 확충하기 위하여 필요한 계획을 수립하여 시행하여야 하는 자는?

① 소방서장　　② 소방본부장　　③ 시·도지사　　④ 행정안전부장관

- 소방기관이 소방업무를 수행하는 데에 필요한 인력과 장비 등[소방력]에 관한 기준은 행정안전부령으로 정한다.
- **시·도지사**는 소방력의 기준에 따라 관할구역의 소방력을 확충하기 위하여 필요한 계획을 수립하여 시행하여야 한다.

단어가 답인 문제 ★

46 소방시설 설치 및 관리에 관한 법령상 화재안전기준을 달리 적용해야 하는 특수한 용도 또는 구조를 가진 특정소방대상물인 중·저준위방사성폐기물의 저장시설에 설치하지 않을 수 있는 소방시설은?

① 소화용수설비　　② 옥외소화전설비
③ 물분무등소화설비　　④ 연결송수관설비 및 연결살수설비

소방시설을 설치하지 않을 수 있는 특정소방대상물 및 소방시설의 범위		
구분	특정소방대상물	설치하지 않을 수 있는 소방시설
화재안전기준을 달리 적용해야 하는 특수한 용도 또는 구조를 가진 특정소방대상물	원자력발전소, 중·저준위방사성폐기물의 저장시설	연결송수관설비 및 연결살수설비

> **함께공부**
>
> - **소화용수설비** : 화재를 진압하는데 필요한 물을 공급하거나 저장하는 설비로서 상수도소화용수설비, 소화수조·저수조 등을 말한다.
>   ① **상수도 소화용수설비** : 소방대가 화재진압시 사용하는 소방용수로서, 특정소방대상물의 지하에 지름 75㎜ 이상의 상수도용 배관이 매설된 경우... 그 배관에 지상식소화전, 지하식소화전, 급수탑을 연결하여 소방차에 소방용수를 공급받는 설비이다.
>   ② **소화수조 또는 저수조** : 소방대가 화재진압시 사용하는 소방용수가 담긴 수조로서, 소화에 필요한 물을 항시 채우도록 하는 것
> - **옥외소화전설비** : 화재발생시 옥외에 설치된 옥외소화전함을 개방한 후, 호스와 노즐을 꺼내어 주변에 설치된 방수구와 연결해 호스를 전개한 후, 옥외소화전 전용렌치로 소화전을 개방하여 방사하는 형태의 수동식 수계소화설비로서, 저층부(1, 2층) 옥외화재 진압활동용 소화설비이자 주변확대방지용 방호설비 등으로 사용된다.
> - **물분무 등 소화설비** : ①물분무소화설비 / ②미분무소화설비 / ③포소화설비 / ④이산화탄소소화설비 / ⑤할론소화설비 / ⑥할로겐화합물 및 불활성기체소화설비 / ⑦분말소화설비 / ⑧강화액소화설비 / ⑨고체에어로졸소화설비
> - **연결송수관설비** : 소방차에서 연결송수관 송수구에 물을 공급하면 그 공급된 물을, 연결송수관설비 방수구에 호스를 연결하여 옥내소화전처럼 사용하는 소방대 전용 설비로써, 고층부 화재진압에 효과적인 본격 화재진압설비
> - **연결살수설비** : 소방대의 진입이 곤란한 지하등의 장소(부분)에, 소방차에서 송수구에 물을 공급하면, 그 공급된 물이 헤드를 통하여 방수되어 화재를 진압하는 설비

문장이 답인 문제 ★★

47 위험물안전관리법령에 따른 인화성액체 위험물(이황화탄소를 제외)의 옥외탱크 저장소의 탱크 주위에 설치하는 방유제의 설치기준 중 옳은 것은?

① 방유제의 높이는 0.5m 이상 <u>2m</u> 이하로 할 것
　　　　　　　　　　　　　　　3m

② 방유제내의 면적은 <u>100,000㎡</u> 이하로 할 것
　　　　　　　　　　80,000㎡

③ 방유제의 용량은 방유제 안에 설치된 탱크가 2기 이상인 때에는 그 탱크 중 용량이 최대인 것의 용량의 <u>120%</u> 이상으로 할 것
　　110%

④ 높이가 1m를 넘는 방유제 및 간막이 둑의 안팎에는 방유제 내에 출입하기 위한 계단 또는 경사로를 약 50m마다 설치할 것

인화성액체위험물(이황화탄소를 제외한다)의 **옥외탱크저장소의 탱크 주위**에는 다음 기준에 의하여 **방유제를 설치**하여야 한다.
1. **방유제의 용량**
   ① 탱크가 하나인 때 : 그 탱크 용량의 110% 이상
   ② 탱크가 2기 이상인 때 : 그 탱크 중 용량이 최대인 것의 용량의 110% 이상
2. **방유제의 높이, 면적 등**
   ① 방유제의 높이 : 0.5m 이상 ~ 3m 이하
   ② 방유제의 두께 : 0.2m 이상
   ③ 지하매설 깊이 : 1m 이상
   ④ 면적 : 방유제 내의 면적은 8만㎡ 이하
   ⑤ 높이가 1m를 넘는 방유제 및 간막이 둑의 안팎에는 방유제내에 출입하기 위한 **계단 또는 경사로를 약 50m마다** 설치할 것

> **함께공부**
>
> - 방유제란 옥외에 위험물 유류탱크를 설치할 때 위험물이 탱크 밖으로 흘러 넘치는 상황을 대비하기 위해, 유류탱크 주위에 둑을 만드는 것이다.
> - 위험물이 흘러 넘쳤을 때, 흘러넘친 위험물을 방유제 내에 가두어 두는 역할을 한다.

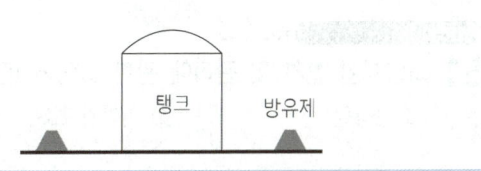

숫자가 답인 문제

48 소방시설 설치 및 관리에 관한 법령에 따른 **임시소방시설 중 간이소화장치를 설치하여야 하는** 공사의 **작업현장의 규모**의 기준 중 다음 ( ) 안에 알맞은 것은?

- 연면적 (㉠)㎡ 이상
- 지하층, 무창층 또는 (㉡)층 이상의 층. 이 경우 해당 층의 바닥면적이 (㉢)㎡ 이상인 경우만 해당한다.

① ㉠ 1000, ㉡ 6, ㉢ 150　　② ㉠ 1000, ㉡ 6, ㉢ 600
③ ㉠ 3000, ㉡ 4, ㉢ 150　　④ ㉠ 3000, ㉡ 4, ㉢ 600

임시소방시설의 종류 중 **간이소화장치** 설치기준 : 다음의 어느 하나에 해당하는 공사의 화재위험작업현장에 설치한다.
- 연면적 **3천㎡** 이상
- 지하층, 무창층 또는 **4층** 이상의 층. 이 경우 해당 층의 바닥면적이 **600㎡** 이상인 경우만 해당한다.

숫자가 답인 문제 ★

49 **피난시설, 방화구획 또는 방화시설을 폐쇄·훼손·변경** 등의 행위를 **3차 이상 위반한 경우**에 대한 **과태료** 부과기준으로 옳은 것은?

① 200만원　　② 300만원　　③ 500만원　　④ 1000만원

과태료의 부과기준

위반행위	과태료 금액		
	1차 위반	2차 위반	3차 이상 위반
피난시설, 방화구획 또는 방화시설을 폐쇄·훼손·변경하는 등의 행위를 한 경우	100만원	200만원	300만원

문장이 답인 문제 ★

50 소방시설 설치 및 관리에 관한 법령에 따른 **성능위주설계**를 할 수 있는 자의 **설계범위** 기준 중 **틀린** 것은?

① 연면적 30,000㎡ 이상인 특정소방대상물로서 공항시설
② 연면적 100,000㎡ 이상인 특정소방대상물(단, 아파트 등은 제외)
　　　　200,000㎡
③ 지하층을 포함한 층수가 30층 이상인 특정소방대상물(단, 아파트 등은 제외)
④ 하나의 건축물에 영화상영관이 10개 이상인 특정소방대상물

성능위주설계를 해야 하는 특정소방대상물의 범위(신축하는 것만 해당한다)
1. 연면적 **3만제곱미터** 이상인 **공항시설과 철도 및 도시철도** 시설
2. **하나의 건축물에 영화상영관이 10개 이상**인 특정소방대상물
3. **창고시설** 중 연면적 **10만제곱미터** 이상인 것 또는 **지하층의 층수가 2개 층 이상**이고 지하층의 바닥면적의 합계가 **3만제곱미터** 이상인 것
4. 연면적 **20만제곱미터** 이상인 **특정소방대상물**(아파트등은 제외)
5. **30층 이상**(**지하층을 포함**)이거나 지상으로부터 높이가 **120미터** 이상인 **특정소방대상물**(아파트등은 제외)
6. **50층 이상**(**지하층은 제외**)이거나 지상으로부터 높이가 **200미터** 이상인 **아파트등**
7. 초고층 및 지하연계 복합건축물 재난관리에 관한 특별법에 따른 **지하연계 복합건축물**에 해당하는 특정소방대상물
8. 터널 중 **수저터널** 또는 길이가 **5천미터** 이상인 것

단어가 답인 문제 ★

51 소방시설 설치 및 관리에 관한 법령에 따른 특정소방대상물 중 **의료시설**에 해당하지 **않는** 것은?

① 요양병원　　② 마약진료소　　③ 한방병원　　④ 노인의료복지시설
　　　　　　　　　　　　　　　　　　　　　　　　　　노유자 시설

- **소방대상물** : 건축물, 차량, 선박(항구에 매어둔 선박만 해당), 선박 건조 구조물, 산림, 그 밖의 인공 구조물 또는 물건
- **특정소방대상물** : 건축물 등의 규모·용도 및 수용인원 등을 고려하여 **소방시설을 설치하여야 하는 소방대상물**로서 **대통령령**으로 정하는 것

- 의료시설
  - 병원 : 종합병원, 병원, 치과병원, **한방병원, 요양병원**
  - 격리병원 : 전염병원, **마약진료소**
  - 정신의료기관, 장애인 의료재활시설
- 노유자 시설 → 노인 관련시설 / 아동 관련시설 / 장애인 관련시설 / 정신질환자 관련시설 / 노숙인 관련시설

참고팁! 노인과 관련된 시설은 "의료"라는 글자가 들어가도… 의료시설이 아니다.

숫자가 답인 문제

52 소방기본법령에 따른 **소방대원에게 실시할 교육·훈련 횟수 및 기간**의 기준 중 다음 ( ) 안에 알맞은 것은?

횟수	기간
(㉠)년마다 1회	(㉡)주 이상

① ㉠ 2, ㉡ 2 ② ㉠ 2, ㉡ 4 ③ ㉠ 1, ㉡ 2 ④ ㉠ 1, ㉡ 4

- 교육·훈련의 종류 → 화재진압훈련 / 인명구조훈련 / 응급처치훈련 / 인명대피훈련 / 현장지휘훈련
- 소방대원에게 실시할 교육·훈련의 횟수는 **2년마다 1회**, 기간은 **2주 이상**

문장이 답인 문제 ★★

53 위험물안전관리법령에 따른 **정기점검의 대상인 제조소등의 기준 중 틀린 것은?**

① 암반탱크저장소
② 지하탱크저장소
③ 이동탱크저장소
④ 지정수량의 150배 이상의 위험물을 저장하는 옥외탱크저장소
　　　　　　　　　　　　　　　　　　　　　　　　옥내저장소

1. **대통령령이 정하는 제조소등의 관계인**은 그 제조소등에 대하여 행정안전부령이 정하는 바에 따라 기술기준에 적합한지의 여부를 **정기적으로 점검**하고 점검결과를 **기록하여 보존**하여야 한다.
2. 정기점검의 대상인 제조소등
   - 관계인이 **예방규정**을 정하여야 하는 제조소등
     - 지정수량의 **10배** 이상의 위험물을 취급하는 **제조소**
     - 지정수량의 **100배** 이상의 위험물을 저장하는 **옥외저장소**
     - 지정수량의 **150배** 이상의 위험물을 저장하는 **옥내저장소**
     - 지정수량의 **200배** 이상의 위험물을 저장하는 **옥외탱크저장소**
     - **암반탱크저장소**
     - **이송취급소**
   - **지하탱크저장소**
   - **이동탱크저장소**
   - 위험물을 취급하는 탱크로서 지하에 매설된 탱크가 있는 제조소·주유취급소 또는 일반취급소

숫자가 답인 문제

54 화재의 예방 및 안전관리에 관한 법령에 따른 **소방안전 특별관리시설물**의 안전관리 대상 **전통시장의 기준** 중 다음 ( ) 안에 알맞은 것은?

전통시장으로서 대통령령으로 정하는 전통시장 : **점포가 ( )개 이상인 전통시장**

① 100　　② 300　　③ 500　　④ 600

- **소방청장**은 화재 등 재난이 발생할 경우 사회·경제적으로 피해가 큰 시설("**소방안전 특별관리시설물**"이라 한다)에 대하여 **소방안전 특별관리**를 하여야 한다.
- **전통시장**으로서 "대통령령으로 정하는 전통시장"이란 **점포가 500개 이상인 전통시장**을 말한다.

숫자가 답인 문제 ★

55 자체점검 실시결과 보고서를 제출받거나 스스로 자체점검을 실시한 관계인은 자체점검이 끝난 날부터 며칠 이내에 소방시설등 자체점검 실시결과 보고서에 서류를 첨부하여 소방본부장 또는 소방서장에게 서면이나 소방청장이 지정하는 전산망을 통하여 보고해야 하는가?

① 7일   ② 10일   ③ 15일   ④ 30일

소방시설등의 자체점검 결과의 조치
1. 관리업자 또는 소방안전관리자로 선임된 소방시설관리사 및 소방기술사는 자체점검을 실시한 경우에는 그 점검이 끝난 날부터 10일 이내에 소방시설등 자체점검 실시결과 보고서에 소방청장이 정하여 고시하는 소방시설등점검표를 첨부하여 관계인에게 제출해야 한다.
2. 자체점검 실시결과 보고서를 제출받거나 스스로 자체점검을 실시한 관계인은 자체점검이 끝난 날부터 15일 이내에 소방시설등 자체점검 실시결과 보고서에 아래 서류를 첨부하여 소방본부장 또는 소방서장에게 서면이나 소방청장이 지정하는 전산망을 통하여 보고해야 한다.
   ① 점검인력 배치확인서(관리업자가 점검한 경우만 해당)
   ② 소방시설등의 자체점검 결과 이행계획서

숫자가 답인 문제 ★

56 위험물안전관리법령에 따른 위험물제조소의 옥외에 있는 위험물취급탱크 용량이 100㎥ 및 180㎥인 2개의 취급탱크 주위에 하나의 방유제를 설치하는 경우 방유제의 최소 용량은 몇 ㎥ 이어야 하는가?

① 100   ② 140   ③ 180   ④ 280

1. 제조소의 옥외에 있는 위험물취급탱크 방유제의 용량
   ① 취급탱크가 1개인 경우 = 탱크용량 × 50%이상
   ② 2 이상의 취급탱크가 있는 경우 = (최대탱크용량 × 50%) + (나머지 탱크용량합계 × 10%) 이상
2. 문제조건이 "2 이상의 취급탱크가 있는 경우"에 해당하므로...
   방유제의 최소 용량(㎥) = (180㎥ × 50%) + (100㎥ × 10%) = 100㎥ 이상

함께 공부
- 방유제란 옥외에 위험물 유류탱크를 설치할 때 위험물이 탱크 밖으로 흘러 넘치는 상황을 대비하기 위해, 유류탱크 주위에 둑을 만드는 것이다.
- 위험물이 흘러 넘쳤을 때, 흘러넘친 위험물을 방유제 내에 가두어 두는 역할을 한다.

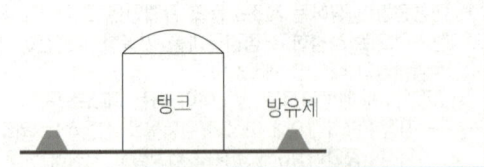

단어가 답인 문제 ★★

57 소방시설 설치 및 관리에 관한 법령에 따른 방염성능기준 이상의 실내 장식물 등을 설치하여야 하는 특정소방대상물의 기준 중 틀린 것은?

① 건축물의 옥내에 있는 시설로서 종교시설
② 층수가 11층 이상인 아파트
③ 의료시설 중 종합병원
④ 노유자시설

방염성능기준 이상의 실내장식물 등을 설치해야 하는 특정소방대상물
1. 근린생활시설 중 의원, 조산원, 산후조리원, 체력단련장, 공연장 및 종교집회장
2. 건축물의 옥내에 있는 다음의 시설
   ① 문화 및 집회시설
   ② 종교시설
   ③ 운동시설(수영장은 제외)
3. 의료시설(종합병원, 격리병원, 정신의료기관 등등)
4. 교육연구시설 중 합숙소
5. 노유자 시설
6. 숙박이 가능한 수련시설
7. 숙박시설
8. 방송통신시설 중 방송국 및 촬영소
9. 다중이용업의 영업소(다중이용업소)
10. 층수가 11층 이상인 것(아파트 등은 제외)

참고팁! 아파트와 수영장은 제외한다.

숫자가 답인 문제 ★★★

58 관리의 권원이 분리되어 있는 특정소방대상물의 관계인은 소유권, 관리권 및 점유권에 따라 각각 소방안전관리자를 선임해야 한다. 이 때 법에서 규정하고 있는 관리의 권원이 분리된 특정소방대상물 중 복합건축물은 지하층을 제외한 층수가 몇 층 이상인 건축물만 해당되는가?

① 6층 ② 11층 ③ 20층 ④ 30층

> 관리의 권원이 분리된 특정소방대상물의 기준을 적용받는 특정소방대상물
> 1. **복합건축물**(지하층을 제외한 층수가 **11층** 이상 또는 연면적 **3만제곱미터** 이상인 건축물)
> 2. **지하가**(지하의 인공구조물 안에 설치된 상점 및 사무실, 그 밖에 이와 비슷한 시설이 연속하여 지하도에 접하여 설치된 것과 그 지하도를 합한 것)
> 3. **판매시설 중** 도매시장, 소매시장 및 전통시장

숫자가 답인 문제 ★

59 화재의 예방 및 안전관리에 관한 법령에 따른 화재예방강화지구의 관리 기준 중 다음 ( ) 안에 알맞은 것은?

> • 소방관서장은 화재예방강화지구 안의 소방대상물의 위치·구조 및 설비 등에 대한 화재안전조사를 (㉠)회 이상 실시해야 한다.
> • 소방관서장은 훈련 및 교육을 실시하려는 경우에는 화재예방강화지구 안의 관계인에게 훈련 또는 교육 (㉡)일 전까지 그 사실을 통보해야 한다.

① ㉠ 월 1, ㉡ 7 ② ㉠ 월 1, ㉡ 10 ③ ㉠ 연 1, ㉡ 7 ④ ㉠ 연 1, ㉡ 10

- 소방관서장은 화재예방강화지구 안의 **소방대상물**의 위치·구조 및 설비 등에 대한 **화재안전조사를 연 1회** 이상 실시해야 한다.
- 소방관서장은 화재예방강화지구 안의 **관계인에 대하여 소방**에 필요한 **훈련 및 교육을 연 1회** 이상 실시할 수 있다.
- 소방관서장은 훈련 및 교육을 실시하려는 경우에는 화재예방강화지구 안의 관계인에게 **훈련 또는 교육 10일 전까지** 그 사실을 **통보**해야 한다.

단어가 답인 문제 ★★

60 위험물안전관리법령에 따른 소화난이도등급 I의 옥내탱크저장소에서 유황만을 저장·취급할 경우 설치하여야 하는 소화설비로 옳은 것은?

① 물분무소화설비 ② 스프링클러설비 ③ 포소화설비 ④ 옥내소화전설비

소화 난이도 등급 I에 해당하는 제조소등에 설치해야 하는 소화설비

제조소등의 구분	저장·취급 물질	소화설비
옥내탱크저장소	유황만을 저장·취급하는 것	물분무소화설비

함께 공부

- **물분무소화설비** : 물을 안개모양으로 방사해 가스와 비슷한 형태를 가지므로, 전기의 부도체(전기가 통하지 않는 물체=비전도성)로서 전기시설물에 설치가 가능한 자동식 수계소화설비
- **스프링클러설비** : 화재발생시 화재를 자동으로 감지하여 피난을 위한 경보를 발하고, 습식·건식·준비작동식·일제살수식 밸브가 개방되면, 유수의 흐름으로 인하여 펌프가 기동되고, 개방된 헤드를 통해 소화수를 방수하여 소화하는 자동식 수계소화설비
- **포소화설비** : 수조로부터 공급된 물과 포약제 저장탱크에서 공급된 포원액을, **혼합기(프로포셔너)**에서 믹싱해 포수용액을 만들어, 포 방출구에서 공기와 섞어진 후 발포되어 거품을 방사하는 형태의 소화설비로서 유류탱크 등 위험물에 주로 사용된다.
- **옥내소화전설비** : 화재발생시 옥내소화전함을 개방하여 방수구와 연결된 호스를 전개한 후 앵글밸브를 개방하고, 화점을 향해 노즐을 개방하여 방사하는 형태의 수동식 수계소화설비

4과목 소방기계시설의 구조및원리

✔ 이것이 혁신이다! 기출문제 + 답이색해설

숫자가 답인 문제 ★★★

61 자동화재탐지설비의 감지기의 작동과 연동하는 **분말소화설비 자동식 기동장치**의 설치기준 중 다음 ( ) 안에 알맞은 것은?

- 전기식 기동장치로서 (㉠)병 이상의 저장용기를 동시에 개방하는 설비는 2병 이상의 저장용기에 전자개방밸브를 부착할 것
- 가스압력식 기동장치의 기동용 가스 용기 및 해당 용기에 사용하는 밸브는 (㉡) MPa 이상의 압력에 견딜 수 있는 것으로 할 것

① ㉠ 3, ㉡ 2.5　② ㉠ 7, ㉡ 2.5　③ ㉠ 3, ㉡ 25　④ ㉠ 7, ㉡ 25

- **분말소화설비** : 분말소화설비는 미세한 분말입자를 별도 추진가스(질소 또는 이산화탄소)의 압력으로 방사하여 소화하는 설비이다.
- **화재감지기(자동발신)** : 화재시 발생하는 열, 연기, 불꽃 등을 자동으로 감지하여 자동화재탐지설비 수신기에 신호를 보내는 장치
- **자동화재탐지설비** : 화재를 자동으로 감지하여 벨(경종), 사이렌, 섬광으로 경보하여 피난을 유도하는 설비로서, 하나의 건물내에 경계구역(=화재감지구역=화재경보구역)을 여러개 나누어서 화재구역과 비화재구역으로 구분하여 제어하는 설비이다.
- **전기식[전자개방밸브=솔레노이드밸브] 기동장치** : 전기식으로 분말설비를 기동시키는 설비에 사용되며... 솔레노이드밸브를 가압 용기밸브에 직접 부착하여 감지기 신호에 의해 솔레노이드의 파괴침이 가압용기밸브의 봉판을 파괴하면 가압가스가 방출된다.
- **가스압력식 기동장치** : 감지기의 신호에 따라 솔레노이드밸브가 작동하여 **기동용 가스용기**를 개방하면, 기동용 가스가 동관을 따라 배출되어... 가압용 가스용기의 봉판을 파괴해 가압가스가 방출된다.
  - **기동용 가스용기** : 가압용 가스용기를 개방시키기 위해... 기동용 가스를 저장하는 용기
  - **기동용기함** : 기동용 가스용기와 그 용기를 개방시켜 주는 솔레노이드밸브, 그리고 압력스위치(방출표시등을 점등시킨다)가 내장되어 있는 함으로서... 선택밸브와 같이 하나의 방호구역(방호대상물)마다 1개씩 설치된다.

분말소화설비의 자동식 기동장치는 자동화재탐지설비 감지기의 작동과 연동하는 것으로 할 것
1. 전기식 기동장치로서 **7병 이상**의 **저장용기**를 동시에 개방하는 설비는 **2병 이상**의 저장용기에 **전자개방밸브**를 부착할 것
　　[2병의 약제 방출압력으로 다른 저장용기를 개방시키겠다는 의미이다](6병 이하는 1병에만 전자개방밸브 부착)
　※ 7병 이상의 저장용기 개방시 2병에 전자개방밸브를 부착하라는 조항은 CO_2나 Halon 설비의 조항에 있는 내용을 그대로 준용한 오류로서 삭제되어야 한다.
　　가압용가스용기 기준에 "**가압용 가스용기를 3병 이상 설치한 경우에는 2개 이상의 용기에 전자개방밸브를 부착**하여야 한다"라는 조항이 있으므로 이를 적용하는 것이 원칙이다.
　※ 하지만 위와 같은 문제가 출제되므로... 저장용기를 물으면 7병 중에 2병이고, 가압용기를 물으면 3병 중에 2병으로 답한다.
2. 가스압력식 기동장치
- 기동용 가스용기 및 해당 용기에 사용하는 밸브는 **25MPa 이상의 압력에 견딜 수 있는 것으로 할 것**

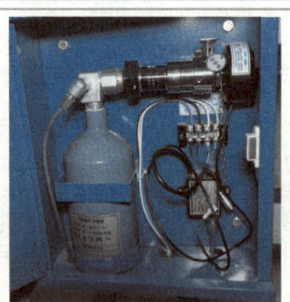

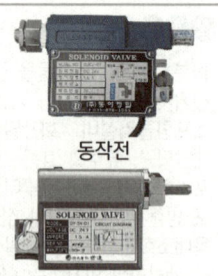

기동용기함과 기동용 가스용기　　선택밸브마다 기동용기함 설치　　전자개방밸브(솔레노이드밸브)

동작전
동작후

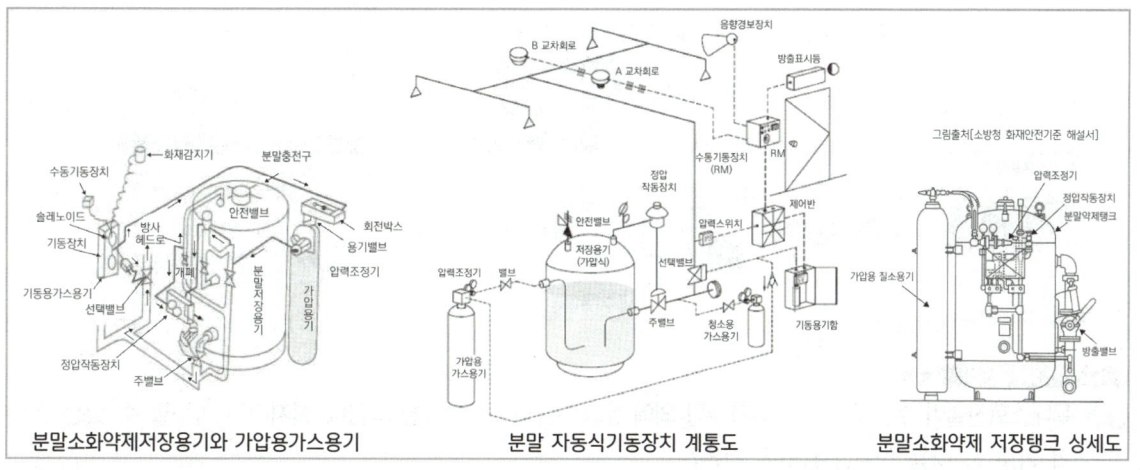

| 분말소화약제저장용기와 가압용가스용기 | 분말 자동식기동장치 계통도 | 분말소화약제 저장탱크 상세도 |

> 숫자가 답인 문제 ★★★

62 소화용수설비인 소화수조가 옥상 또는 옥탑 부근에 설치된 경우에는 지상에 설치된 채수구에서의 압력이 최소 몇 MPa 이상이 되어야 하는가?

① 0.8   ② 0.13   ③ 0.15   ④ 0.25

- **소화수조 또는 저수조** : 소방대가 화재진압시 사용하는 소방용수가 담긴 수조로서, 소화에 필요한 물을 항시 채워두는 것을 말한다.
- **소화수조(저수조)의 물을 소방차에 공급받는 방법**
  ① **흡수관 투입구** : 소방차에는 물을 흡입할 수 있는 흡수관이 있다. 이 흡수관을 **지하수조**에 직접 담겨서 물을 흡수할 수 있도록 만든 사각형(한 변이 0.6m 이상)이나 원형(직경이 0.6m 이상)의 **구멍(맨홀)**
  ② **채수구** : 소방차의 소방호스와 접결되는 흡입구(나사식 금속결합구)로서, 채수구를 통해 수화수조의 물을 소방차에 공급 받는다.
     ㉠ **옥상수조** : 옥상 또는 옥탑의 부분에 설치된 경우, 지상에 설치된 채수구에서의 압력이 0.15 MPa 이상이 되면 설치가능
     ㉡ **지하수조** : 소화수조에 별도의 펌프를 설치하여, 지하수조에서 연결된 배관을 통하여 채수구에서 물을 공급 받는다.

소화수조가 옥상(옥탑) 등 높은 부분에 설치된 경우
→ 물의 자연낙차압력(높이에 따른 압력)을 이용하여... 지상에 설치된 채수구에서 물을 공급받는다. 이 때 채수구에서의 압력이 0.15 MPa 이상이 되어야... 지상의 소방차와 연결된 호스를 통해 소방차로 물을 급수시킬 수 있다.
→ 채수구에서의 압력이 0.15 MPa 이상이 되려면... 이론적으로 낙차(높이)가 15m면 가능하다. 하지만, 배관, 밸브 등의 마찰손실로 인하여 그 보다 좀 더 높아야 할 것이다.

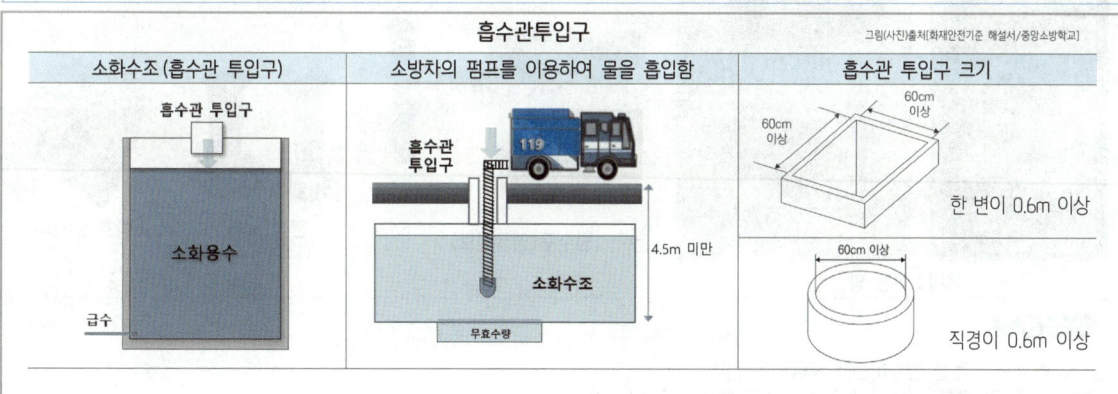

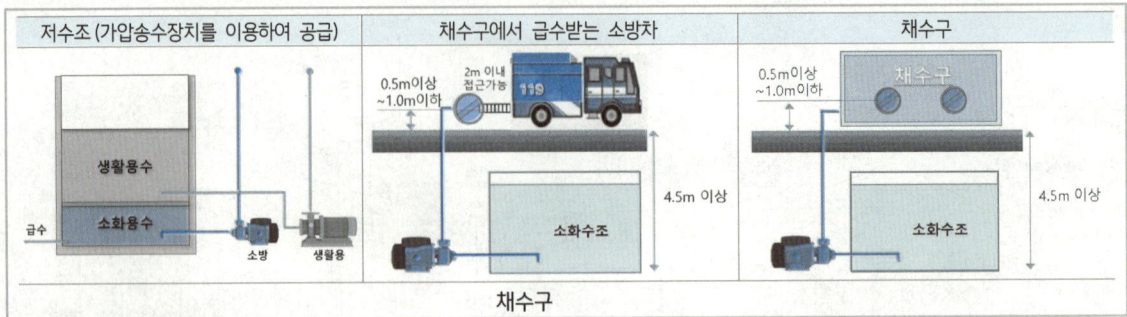

단어가 답인 문제 ★★

63 옥내소화전설비 수원의 산출된 유효수량 외에 유효수량의 1/3이상을 옥상에 설치하지 아니할 수 있는 경우의 기준 중 다음 ( ) 알맞은 것은?

- 수원이 건축물의 최상층에 설치된 (㉠)보다 높은 위치에 설치된 경우
- 건축물의 높이가 지표면으로부터 (㉡)m 이하인 경우

① ㉠ 송수구, ㉡ 7   ② ㉠ 방수구, ㉡ 7   ③ ㉠ 송수구, ㉡ 10   ④ ㉠ 방수구, ㉡ 10

- **옥내소화전설비** : 화재발생시 옥내소화전함을 개방하여 방수구와 연결된 호스를 전개한 후 앵글밸브를 개방하고, 화점을 향해 노즐을 개방하여 방사하는 형태의 수동식 수계소화설비
- **수원** : 물이 저장된 곳(수조에 저장할 물의 양)
- **옥상수조** : 펌프의 고장으로 인하여 지하수원을 사용할 수 없을 때... 옥상에 수조를 설치해, 자연낙차압에 의한 물을 공급하기 위해 산출된 유효수량(수원)의 3분의1 이상을 옥상에 설치한 수원설비
- **송수구** : 소화설비에 소화용수를 보급하기 위하여 건물 외벽 또는 구조물의 외벽에 설치하는 배관과 연결된 구멍
- **방수구** : 소화용수를 방수하기 위하여 건물내 벽 또는 구조물의 벽에 설치하는 관에 연결된 배관구멍

산출된 수원(물)의 1/3 이상을 옥상에 추가로 설치해야 한다. 하지만... 옥상에 설치하지 않아도 되는 경우

수원의 1/3 이상을 옥상에 설치하지 않아도 되는 경우	해석
수원이 건축물의 최상층에 설치된 **방수구보다 높은 위치**에 설치된 경우	수원이 방수구보다 이미 높으므로... 옥상수조를 설치할 필요가 없음
건축물의 높이가 지표면으로부터 **10미터 이하**인 경우	10미터 이하는, 너무 낮아 실효성(방수압 미달)이 없으므로...

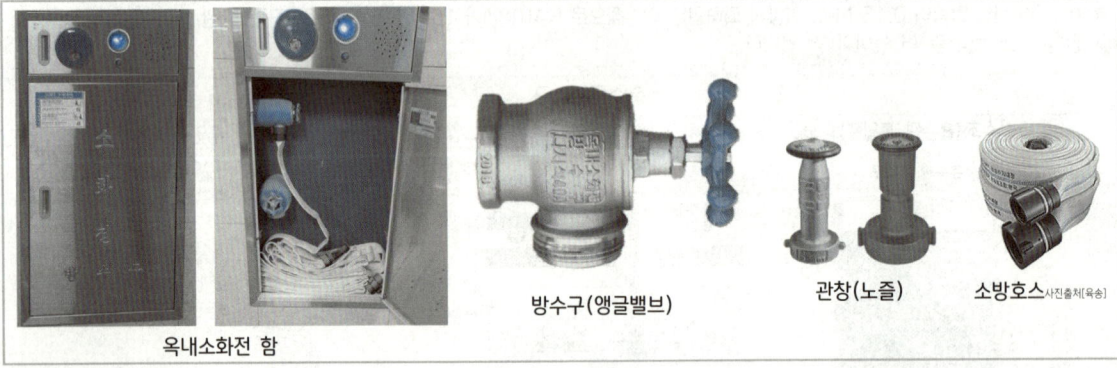

함께공부

함 및 방수구 – 물을 방수하는데 사용되는 설비
- **함** : 호스 및 관창(노즐)을 보관하며, 앵글밸브와 연결된 방수구가 있음
- **방수구** : 함내에 설치되어 있으며, 방수구에 소방호스가 연결되어 있고, 소방호스 끝에 관창(노즐)이 연결되어 있음

| 문장이 답인 문제 | ★★

64 특별피난계단의 계단실 및 부속실 제연설비의 차압 등에 관한 기준 중 옳은 것은?

① 제연설비가 가동되었을 경우 출입문의 개방에 필요한 힘은 <u>130N</u> 이하로 하여야 한다.
　　　　　　　　　　　　　　　　　　　　　　　　　　110N 이하

② 제연구역과 옥내와의 사이에 유지하여야 하는 최소차압은 40Pa(옥내에 스프링클러설비가 설치된 경우에는 12.5Pa) 이상으로 하여야 한다.

③ 피난을 위하여 제연구역의 출입문이 일시적으로 개방되는 경우 개방되지 아니하는 제연구역과 옥내와의 차압은 기준 차압의 <u>60%</u> 미만이 되어서는 아니 된다.
　　　　　　　　　　　　　　70%

④ 계단실과 부속실을 동시에 제연하는 경우 부속실의 기압은 계단실과 같게 하거나 계단실의 기압보다 낮게 할 경우에는 부속실과 계단실의 압력 차이는 <u>10Pa</u> 이하가 되도록 하여야 한다.
　　　　　　　　　　　　　　　　　　　　　　　5 Pa

특별피난계단의 계단실 및 부속실 제연설비
- 특별피난계단의 **계단실·부속실** 및 비상용 승강기의 승강장에 신선한 공기를 급기(유입)하여 **연기가 침투하지 못하도록** 하여 피난을 용이하게 만드는 설비
- 피난로 및 피난공간의 안전성을 확보하여 인명안전은 물론 소방관의 소화 및 구조 활동을 원활하게 하는 데에 그 목적이 있다.
- **급기가압 제연설비**라고도 하며... 특정소방대상물의 **제연구역 내**(계단실, 부속실 또는 비상용승강기의 승강장)에 신선한 공기를 주입하여 **옥내**(화재발생 부분)보다 압력을 높게 하여 화재 시 발생한 연기 또는 열기가 제연구역으로 확산, 침투하지 못하도록 하는 설비이다.

옥내(거실, 통로 등)에서 발생된 화재로 인해, 제연구역(부속실, 계단실 등)으로 연기가 유입되지 못하도록 하는 방법은... **제연구역의 압력을 옥내보다 높게 유지**(차압)하는 방법이다. 그에 따라 아래와 같은 규정들이 필요하게 된다.

① 제연설비가 가동되었을 경우 출입문의 **개방에 필요한 힘은** 110N 이하로 하여야 한다.
　→ 최소차압 기준이 40Pa 이상인데... 압력의 차이를 너무 높이게 되면, 옥내에서 부속실로 피난시 출입문 개방이 어려워지기 때문에... 최대압력 기준을 출입문 개방에 필요한 힘인 110N(힘의 단위) 이하로 규정하였다.

② 제연구역과 옥내와의 사이에 유지하여야 하는 차압(압력의 차이)
　→ **최소차압은 40Pa 이상**
　→ 옥내에 **스프링클러설비**가 설치된 경우에는 **12.5Pa 이상**(물이 방수되면 온도가 하강하여 옥내 압력도 하강하기 때문)

③ 피난을 위하여 제연구역의 출입문이 일시적으로 개방되는 경우 **개방되지 아니하는 제연구역과 옥내와의 차압**은 기준에 따른 차압(최소차압 40Pa)의 **70% 미만이 되어서는 아니 된다.** (70% 이상이어야 한다)
　→ 부속실 출입문이 개방된 층에서는 압력이 해정되어 옥내와 동일해지더라도... 다른 층에서는 최소차압의 70%이상을 유지하여야 한다.

④ 계단실과 부속실을 **동시에 제연**하는 경우(동시에 가압하는 경우) **부속실의 기압**은 계단실과 같게 하거나(동일한 압력이거나) 계단실의 기압보다 낮게 할 경우에는 **부속실과 계단실의 압력차이는 5Pa 이하가**(계단실의 압력보다 부속실의 압력을 조금 낮게 설정) 되도록 하여야 한다. → 계단실의 압력이 부속실 보다 너무 낮아서는 곤란하다.(계단실은 최종 피난안전구역에 해당하므로)

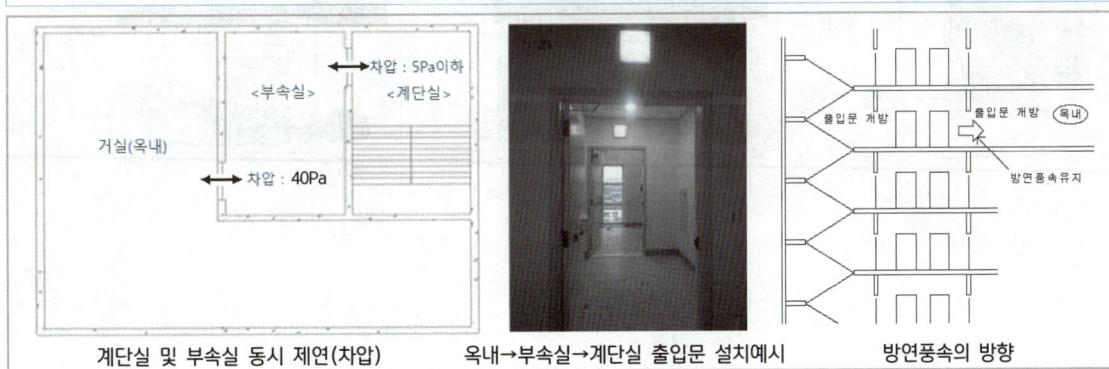

계단실 및 부속실 동시 제연(차압)　　옥내→부속실→계단실 출입문 설치예시　　방연풍속의 방향

숫자가 답인 문제 ★

65 소화용수설비에 설치하는 **채수구**의 설치기준 중 다음 ( ) 안에 알맞은 것은?

채수구는 지면으로부터의 **높이가** (㉠)m 이상 (㉡)m 이하의 위치에 설치하고 "채수구"라고 표시한 표지를 할 것

① ㉠ 0.5, ㉡ 1.0   ② ㉠ 0.5, ㉡ 1.5   ③ ㉠ 0.8, ㉡ 1.0   ④ ㉠ 0.8, ㉡ 1.5

- **소화용수설비** : 화재를 진압하는데 필요한 물을 공급하거나 저장하는 설비로서 상수도소화용수설비, 소화수조·저수조 등을 말한다.
  ① **상수도 소화용수설비** : 소방대가 화재진압시 사용하는 소방용수로서, 특정소방대상물의 지하에 지름 75㎜ 이상의 상수도용 배관이 매설된 경우... 그 배관에 지상식소화전, 지하식소화전, 급수탑을 연결하여 소방차에 소방용수를 공급받는 설비이다.
  ② **소화수조 또는 저수조** : 소방대가 화재진압시 사용하는 소방용수가 담긴 수조로서, 소화에 필요한 물을 항시 채워두는 것
- **소화수조(저수조)의 물을 소방차에 공급받는 방법**
  ① **흡수관 투입구** : 소방차에는 물을 흡입할 수 있는 흡수관이 있다. 이 흡수관을 지하수조에 직접 담궈서 물을 흡수할 수 있도록 만든 사각형(한 변이 0.6m 이상)이나 원형(직경이 0.6m 이상)의 구멍(맨홀)
  ② **채수구** : 소방차의 소방호스와 접결되는 흡입구(나사식 금속결합구)로서, 채수구를 통해 수화수조의 물을 소방차에 공급 받는다.
    ㉠ **옥상수조** : 옥상 또는 옥탑의 부분에 설치된 경우, 지상에 설치된 채수구에서의 압력이 0.15 MPa 이상이 되면 설치가능
    ㉡ **지하수조** : 소화수조에 별도의 펌프를 설치하여, 지하수조에서 연결된 배관을 통하여 채수구에서 물을 공급 받는다.

채수구의 설치 높이 → 0.5m 이상 1m 이하 ☞ 소방대가 현장에서 무릎꿇고 사용하기 적당한 높이

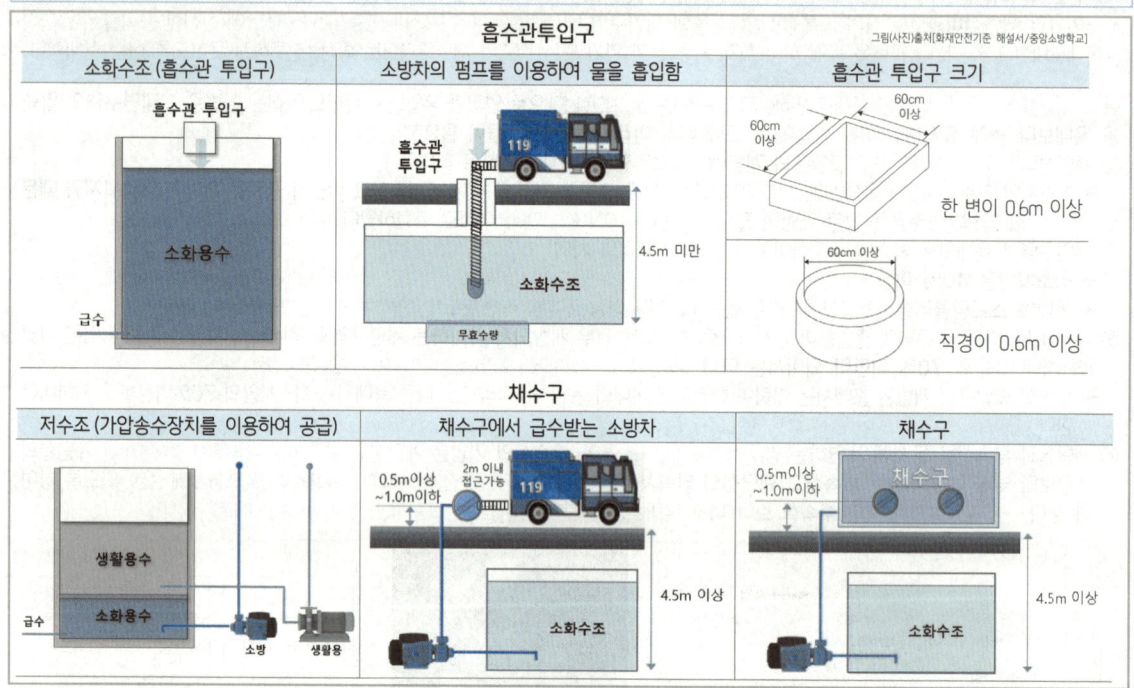

> 숫자가 답인 문제

66 개방형스프링클러헤드 30개를 설치하는 경우 급수관의 구경은 몇 mm로 하여야 하는가?

① 65 ② 80 ③ 90 ④ 100

- **스프링클러설비** : 화재발생시 화재를 자동으로 감지하여 피난을 위한 경보를 발하고, 습식·건식·준비작동식·일제살수식 밸브가 개방되면, 유수의 흐름으로 인하여 펌프가 기동되고, 개방된 헤드를 통해 소화수를 방수하여 소화하는 자동식 수계소화설비
- **헤드** : 빗방울 형태로 대량으로 물을 뿌리면서 방수하는 역할을 하는 장치
  - **폐쇄형헤드** : 정상상태에서 방수구를 막고 있는 감열체가 일정온도에서 자동적으로 파괴·용해 또는 이탈됨으로써 방수구가 개방되는 헤드(화재시 개방된 헤드에서만 물이 방수된다)
  - **개방형헤드** : 감열체 없이 방수구가 항상 열려져 있는 헤드(화재시 설치된 모든 헤드에서 물이 방수된다)
- **방수구역**(일제개방밸브 사용)
  - 스프링클러설비 소화범위에 따라... 건물내 층별, 헤드수별(헤드 50개 이하)로 나누어진 하나의 영역을 말한다.
  - 개방형 스프링클러헤드를 사용하는(일제살수식) 설비의 구역을 방수구역이라 한다.

스프링클러헤드 수별 급수관의 구경
개방형스프링클러헤드를 설치하는 경우 하나의 방수구역이 담당하는 헤드의 개수가 30개 이하일 때는 아래표의 헤드수에 의하고, 30개를 초과할 때는 수리계산 방법에 따를 것

구경 구분	25mm	32mm	40mm	50mm	65mm	80mm	90mm	100mm	125mm	150mm
개방형	1	2	5	8	15	27	40	55	90	91 이상

→ 80mm 구경의 배관에는 개방형 헤드를 27개까지 설치할 수 있고... 28개 부터는 90mm 배관을 사용하여야 한다. 따라서 30개는 90mm 배관을 사용한다.

> 단어가 답인 문제 ★

67 특정소방대상물에 따라 적응하는 포소화설비의 설치기준 중 특수가연물을 저장·취급하는 공장 또는 창고에 적응성을 갖는 포소화설비가 아닌 것은?

① 포헤드설비 ② 고정포방출설비 ③ 압축공기포소화설비 ④ 호스릴포소화설비

- **특정소방대상물** : 소방시설을 설치하여야 하는 소방대상물로서 대통령령으로 정하는 것
- **포소화설비** : 수조로부터 공급된 물과 포약제 저장탱크에서 공급된 포원액을, 혼합기(프로포셔너)에서 믹싱해 포수용액을 만들어, 포 방출구에서 공기와 섞여진 후 발포되어 거품을 방사하는 형태의 소화설비로서 유류탱크 등 위험물에 주로 사용된다.
- **포소화설비의 분류**
  ① **고정식** 포소화설비 → **포워터스프링클러설비, 포헤드설비, 고정포방출설비**(고발포용 고정포 방출구), **압축공기포소화설비**
  ② **이동식** 포소화설비 → **호스릴포소화설비, 포소화전설비**(포소화전 방수구·호스 및 이동식 포노즐을 사용하는 설비)
  ③ **위험물** 옥외탱크 저장소 → **고정포방출구**(폼 챔버, 탱크내부), **보조포소화전**(방유제 밖)

특수가연물을 저장·취급하는 공장 또는 창고에는... 고정식 포소화설비는 **모두 적응성**을 가지며, 이동식 포소화설비의 종류인 **호스릴포소화설비** 또는 **포소화전설비가 적응성이 없는** 설비에 해당한다.
특수가연물을 저장·취급하는 **공장 또는 창고** → 포워터스프링클러설비·포헤드설비 또는 고정포방출설비, 압축공기포소화설비

참가요! 이동식 포소화설비의 종류인 호스릴포소화설비 또는 포소화전설비는... ➡ 일반적으로는 적응되기 어렵고 특정한 장소와 상황에만 적용된다.

고정포방출구 방출 예	포헤드 방출 예

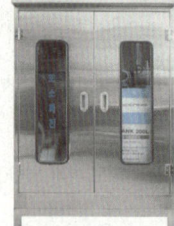 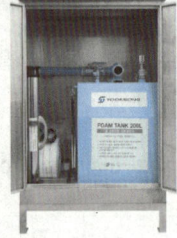  

포소화전 　　　이동식 포소화장비 　　　호스릴포소화설비

- **포소화전설비**
  - 옥내·외 소화전설비와 비슷한 구조이나, 포소화약제가 혼합된 포수용액이... 유입된 공기와 혼합한 후, 특수한 포노즐을 통해 포를 형성하여... 방호대상물을 수동으로 소화하는 방식이다.
  - 포소화약제와 물이 혼합된 포수용액이 포소화전방수구, 호스 및 이동식포노즐을 통해 방사되어 소화한다.
- **호스릴포소화설비**
  - 화재 시 쉽게 접근하여 소화 작업이 가능한 장소 또는 고정포 방출설비 또는 포헤드설비 방식으로는 충분한 소화효과를 얻을 수 없는 부분에 설치하는 것으로서... 화재가 발생한 장소까지 호스릴에 감겨있는 호스를 당겨서 화재를 진압하는 설비이다.
  - 포소화약제와 물이 혼합된 포수용액이 호스릴포방수구, 호스릴 및 이동식포노즐을 통하여 방사되는 설비이다.

특정소방대상물에 따라 적응하는 (설치가능한) 포소화설비
1. 특수가연물을 저장·취급하는 공장 또는 창고 → 포워터스프링클러설비·포헤드설비 또는 고정포방출설비, 압축공기포소화설비
2. 차고 또는 주차장 → 포워터스프링클러설비·포헤드설비 또는 고정포방출설비, 압축공기포소화설비
   다만, 다음의 어느 하나에 해당하는 차고·주차장의 부분에는 호스릴포소화설비 또는 포소화전설비를 설치할 수 있다.
   ① 완전 개방된 옥상주차장 또는 고가 밑의 주차장으로서 주된 벽이 없고 기둥뿐이거나 주위가 위해방지용 철주 등으로 둘러쌓인 부분
   ② 지상 1층으로서 지붕이 없는 부분
3. 항공기격납고 → 포워터스프링클러설비·포헤드설비 또는 고정포방출설비, 압축공기포소화설비
   다만, 바닥면적의 합계가 1,000㎡ 이상이고 항공기의 격납위치가 한정되어 있는 경우에는 그 한정된 장소외의 부분에 대하여는 호스릴포소화설비를 설치할 수 있다.
4. 발전기실, 엔진펌프실, 변압기, 전기케이블실, 유압설비
   → 바닥면적의 합계가 300㎡미만의 장소에는 고정식 압축공기포소화설비를 설치 할 수 있다.

> 문장이 답인 문제 ★

68 포소화설비의 배관 등의 설치기준 중 옳은 것은?

① 포워터스프링클러설비 또는 포헤드설비의 가지배관의 배열은 <u>토너먼트방식으로</u> 한다.
　　　　　　　　　　　　　　　　　　　　　　　　　　　　　　토너먼트방식이 아니어야

② 송액관은 <u>겸용</u>으로 하여야 한다. 다만, 포소화전의 기동장치의 조작과 동시에 다른 설비의 용도에 사용하는 배관의
　　　　　　전용
송수를 차단할 수 있거나, 포소화설비의 성능에 지장이 없는 경우에는 전용으로 할 수 있다.
　　　　　　　　　　　　　　　　　　　　　　　　　　　　다른 설비와 겸용

③ 송액관은 포의 방출 종료 후 배관안의 액을 배출하기 위하여 적당한 기울기를 유지하도록 하고 그 낮은 부분에 배액밸브를 설치하여야 한다.

④ 연결송수관설비의 배관과 겸용할 경우의 주배관은 구경 <u>65㎜</u> 이상, 방수구로 연결되는 배관의 구경은 <u>100㎜</u> 이상의
　　　　　　　　　　　　　　　　　　　　　　　　　　　100㎜　　　　　　　　　　　　　　　　　　　　　65㎜
것으로 하여야 한다.

- **송액관** : 포수용액(물+포원액)을 포방출장치(포헤드, 포워터스프링클러헤드, 고정포방출구, 폼모니터, 포노즐)로 이송하는 배관
- **포소화설비** : 수조로부터 공급된 물과 포약제 저장탱크에서 공급된 포원액을, 혼합기(프로포셔너)에서 믹싱해 포수용액을 만들어, 포 방출구에서 공기와 섞어진 후 발포되어 거품을 방사하는 형태의 소화설비로서 유류탱크 등 위험물에 주로 사용된다.
  - **포워터 스프링클러설비(포워터스프링클러헤드 사용)** : 일제살수식스프링클러설비와 유사하며 포소화약제와 물이 혼합된 포수용액이 헤드를 통해 방사된다.
  - **포헤드 설비(포헤드 사용)** : 포워터스프링클러설비와 유사한 구조이고, 유류화재와 같은 평면화재에 사용되며, 주로 화재강도가 낮은 장소에 설치하는 설비이다.
  - **포소화전설비**
    ○ 옥내·외 소화전설비와 비슷한 구조이나, 포소화약제가 혼합된 포수용액이... 유입된 공기와 혼합한 후, 특수한 포노즐을 통해 포를 형성하여... 방호대상물을 수동으로 소화하는 방식이다.
    ○ 포소화약제와 물이 혼합된 포수용액이 포소화전방수구, 호스 및 이동식포노즐을 통해 방사되어 소화한다.
  - **압축공기포소화설비** : 포소화약제와 물이 혼합된 포수용액에 압축공기 또는 압축질소를 일정한 비율로 혼합하여 방출하는 설비
- **연결송수관설비** : 소방차에서 연결송수관 송수구에 물을 공급하면 그 공급된 물을, 연결송수관설비 방수구에 호스를 연결하여 옥내소화전처럼 사용하는 소방대 전용 설비로써, 고층부 화재진압에 효과적인 본격 화재진압설비
  - **방수구** : 소화용수를 방수하기 위하여 건물내 벽 또는 구조물의 벽에 설치하는 관에 연결된 배관구멍
  - **송수구** : 소화용수를 보급하기 위하여 건물 외벽 또는 구조물의 외벽에 설치하는 배관과 연결된 구멍

① 압축공기포소화설비의 배관은 **토너먼트방식으로** 하여야 하고 소화약제가 균일하게 방출되는 등거리 배관구조로 설치하여야 한다.
→ 압축공기포소화설비의 경우 포수용액에 압축공기를 주입하여 방출 시 급격한 방출이 이루어지므로 방출구에서의 균등한 방사가 되어야만 소방대상물을 적정히 방호할 수 있다. 따라서, 마찰손실이 적은 트리(Tree) 배관방식이 아닌 마찰손실을 감수하더라도 토너먼트방식으로 설계하여 방출하도록 규정하고 있다.

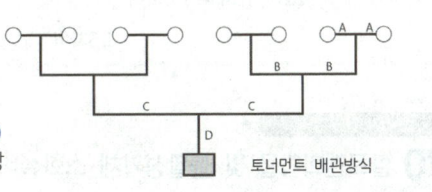
토너먼트 배관방식

② 송액관은 **전용**으로 하여야 한다.
다만, 포소화전의 기동장치의 조작과 동시에 다른 설비의 용도에 사용하는 배관의 송수를 차단할 수 있거나, 포소화설비의 **성능에 지장이 없는** 경우에는 다른 설비와 겸용할 수 있다.

④ **연결송수관**설비와 배관을 **겸용**할 경우 → 주배관 : **100㎜** 이상
　　　　　　　　　　　　　　　　　　　→ 방수구로 연결되는 배관(가지배관) : **65㎜** 이상

③ 송액관은 포의 방출 종료후 배관안의 액을 배출하기 위하여 적당한 기울기를 유지하도록 하고 그 낮은 부분에 배액밸브를 설치하여야 한다.

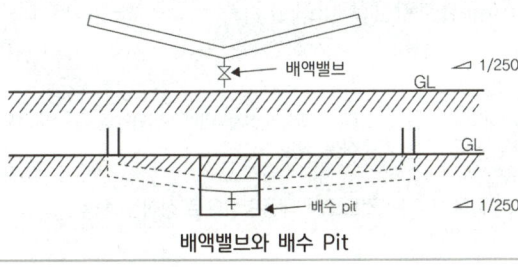
배액밸브와 배수 Pit

- 배관 내에 포 수용액이 남아 있으면, 강철 등의 배관에 부식이 발생되므로, **배관의 낮은 곳에 배액밸브**를 설치하여 배관 내의 포 수용액을 배수시키도록 하여야 한다.
- 배관내를 청소하거나 배관내의 **잔류액을 배출하기 위하여 설치하는 것이 배액밸브**로서, 배액밸브 아래쪽에는 배수 pit를 설치하여 포 수용액을 배출시키도록 한다.
- 배액이 되도록 하기 위해 배관의 적당한 **기울기**를 주어야 한다.

숫자가 답인 문제 ★★

69 고압의 전기기기가 있는 장소에 있어서 전기의 절연을 위한 전기기기와 물분무헤드 사이의 최소 이격거리 기준 중 옳은 것은?

① 66kV 이하 - 60cm 이상 (70cm)
② 66kV 초과 77kV 이하 - 80cm 이상
③ 77kV 초과 110kV 이하 - 100cm 이상 (110cm)
④ 110kV 초과 154kV 이하 - 140cm 이상 (150cm)

- **물분무 소화설비** : 물을 안개모양으로 방사해 가스와 비슷한 형태를 가지므로, 전기의 부도체(전기가 통하지 않는 물체 = 비전도성)로서 전기시설물에 설치가 가능한 자동식 수계소화설비
- **물분무헤드** : 화재시 직선류 또는 나선류의 물을 충돌·확산시켜 미립상태로 분무함으로서 소화하는 헤드

고압의 전기기기와 물분무헤드의 이격거리
고압의 전기기기가 있는 장소는 전기의 절연을 위하여 전기기기와 물분무헤드 사이에 다음 표에 따른 거리를 두어야 한다.

전압(kV)	거리(cm)	전압(kV)	거리(cm)
66 이하	70 이상	154 초과 181 이하	180 이상
66 초과 77 이하	80 이상	181 초과 220 이하	210 이상
77 초과 110 이하	110 이상	220 초과 275 이하	260 이상
110 초과 154 이하	150 이상		

물분무헤드의 이격거리 암기법

		전압(kV)		거리(cm)	
육육		~ 66	이하	70 이상	10씩 크게
	11차이	66 초과	77 이하	80 이상	10씩 크게
	33차이	77 ~	110	110 이상	그대로
	44차이	110 ~	154	150 이상	그대로
하나 팔 하나		154 ~	181	180 이상	그대로
220-154 = 66차이		181 ~	220	210 이상	10씩 작게
	55차이	220 ~	275	260 이상	10씩 작게

단어가 답인 문제 ★

70 할로겐화합물 및 불활성기체 소화설비를 설치할 수 없는 장소의 기준 중 옳은 것은? (단, 소화성능이 인정되는 위험물은 제외한다.)

① 제1류 위험물 및 제2류 위험물 사용
② 제2류 위험물 및 제4류 위험물 사용
③ 제3류 위험물 및 제5류 위험물 사용
④ 제4류 위험물 및 제6류 위험물 사용

할로겐화합물 및 불활성기체 소화설비 : 할론소화설비를 대체할 목적으로 개발된 소화설비로서 할로겐화합물 소화약제와 불활성기체 소화약제를 사용한다.
1. **할로겐화합물 소화약제** : 불소(F), 염소(Cl), 브롬(Br) 또는 요오드(I) 중 하나 이상의 원소를 포함하고 있는 유기화합물을 기본성분으로 하는 소화약제로서 **연쇄반응을 차단하여 소화하는 화학적 소화효과**를 갖는다.
2. **불활성기체 소화약제** : 아르곤(Ar), 이산화탄소(CO_2) 또는 질소가스(N_2) 중 하나 이상의 원소를 기본성분으로 하는 소화약제로서 **질식으로 인해 소화하는 물리적 소화효과**를 갖는다.

할로겐화합물 및 불활성기체소화설비는 다음 장소에는 설치할 수 없다.
1. 사람이 상주하는 곳으로써 최대허용설계농도를 초과하여 약제를 설계하여야 하는 장소(즉, 초과하여 설계해야만 진압되는 장소는 설치제외)
2. **제3류위험물**(자연발화성 및 금수성 물질) 및 **제5류위험물**(자기반응성 물질)을 사용하는 장소
※ 위험물
  - 인화성(점화원에 의해 불이 붙는) 또는 발화성(스스로 불이 붙는) 등의 성질을 가지는 것으로서 대통령령으로 정하는 물품
  - 위험물은 물리적·화학적 성질에 따라 제1류 ~ 제6류 위험물로 구분한다.

함께공부

- **제3류 위험물 ⇨ 자연발화성 및 금수성 물질** [황린제외 모두 금속]
  황린(P₄)이 대표적인 자연발화성물질이고, 나머지는 모두 물에 급격히 반응하여 열을 발생하는 금속(금수성)으로서 칼륨, 나트륨, 리튬, 알루미늄 등이 해당된다.
- **제5류 위험물 ⇨ 자기반응성 물질** [폭발성 물질]
  가연물질내에 산소를 함유하고 있어 스스로 폭발적으로 반응하는 물질로서, 질산에스테르류, 유기과산화물, 니트로화합물 등 폭발성 물질이 해당된다.

문장이 답인 문제 ★

71 스프링클러설비를 설치하여야 할 특정소방대상물에 있어서 스프링클러헤드를 설치하지 아니할 수 있는 기준 중 틀린 것은?

① 천장과 반자 양쪽이 불연재료로 되어 있고 천장과 반자사이의 거리가 2.5m 미만인 부분
                                                                                                                    2m
② 천장 및 반자가 불연재료가 아닌 것으로 되어 있고 천장과 반자사이의 거리가 0.5m 미만인 부분
③ 천장·반자 중 한쪽이 불연재료로 되어 있고 천장과 반자사이의 거리가 1m 미만인 부분
④ 현관 또는 로비 등으로서 바닥으로부터 높이가 20m 이상인 장소

- **스프링클러설비** : 화재발생시 화재를 자동으로 감지하여 피난을 위한 경보를 발하고, 습식·건식·준비작동식·일제살수식 밸브가 개방되면, 유수의 흐름으로 인하여 펌프가 기동되고, 개방된 헤드를 통해 소화수를 방수하여 소화하는 자동식 수계소화설비
- **스프링클러 헤드** : 스프링클러에서 나오는 물을, 빗방울 형태로 대량으로 뿌리면서 방수하는 역할을 하는 부분을 말한다.

1. 천장과 반자 사이에는 헤드를 설치해야 하지만... 설치하지 않을 수 있는 경우
   ① 천장과 반자 양쪽이 불연재료로 되어 있는 경우로서 그 사이의 거리 및 구조가 다음의 어느 하나에 해당하는 부분
      가. 천장과 반자사이의 거리가 2m 미만인 부분
      나. 천장과 반자사이의 벽이 불연재료이고 천장과 반자사이의 거리가 2m 이상으로서 그 사이에 가연물이 존재하지 않는 부분
   ② 천장·반자 중 한쪽이 불연재료로 되어 있고 천장과 반자사이의 거리가 1m 미만인 부분
   ③ 천장 및 반자가 불연재료가 아닌 것으로 되어 있고 천장과 반자사이의 거리가 0.5m 미만인 부분
   → 위 내용을 아래표로 정리

천장과 반자 사이거리	천장과 반자	천장과 반자 사이의 벽	그 사이에 가연물
2m 이상 이지만	양쪽이 불연재료	불연재료	존재하지 않는 부분
2m 미만 이면	//		
1m 미만 이면	한쪽이 불연재료		
0.5m 미만 이면	불연재료가 아닌 것		

2. 너무 높아서 열기류가 천장까지 도달하기 어려워 헤드가 개방되기 어려운 장소
   → 현관 또는 로비 등으로서 바닥으로부터 **높이가 20m 이상**인 장소

숫자가 답인 문제 ★

72 대형소화기에 충전하는 최소 소화약제의 기준 중 다음 (   ) 안에 알맞은 것은?

- 분말소화기 : (㉠) kg 이상
- 물소화기 : (㉡) L 이상
- 이산화탄소소화기 : (㉢) kg 이상

① ㉠ 30, ㉡ 80, ㉢ 50   ② ㉠ 30, ㉡ 50, ㉢ 60
③ ㉠ 20, ㉡ 80, ㉢ 50   ④ ㉠ 20, ㉡ 50, ㉢ 60

- **소화기** : 소화약제를 압력에 따라 방사하는 기구로서, 사람이 수동으로 조작하여 소화약제를 방사하여 소화하는 것 (소형소화기, 대형소화기)
- **소형소화기** : 능력단위가 1단위 이상이고 대형소화기의 능력단위 미만인 소화기
- **대형소화기** : 화재 시 사람이 운반할 수 있도록 운반대와 바퀴가 설치되어 있고 능력단위가 A급(일반화재) 10단위 이상, B급(유류화재) 20단위 이상인 소화기
- **능력단위** : 소화기 및 간이소화용구의 소화능력을 나타내는 수치로서, 법에 따라 형식승인된 수치. 이 능력단위를 산정하기 위해 모형에 의한 소화능력시험을 실시한다.

대형소화기에 충전하는 최소 소화약제의 충전량 기준

소화기 종류	중량(수치)	중량(단위)	암기법
물소화기	80	L	822 물분포 (빨리~ 물분포 해서)
분말소화기	20	kg	
포소화기	20	L	
이산화탄소소화기	50	kg	5 이(오이가)
할로겐화합물소화기	30	kg	3 할(이면)
강화액소화기	60	L	6 강(이오)
		강물포 L (리터)	

종이접기 빨리~ 물분포해서 오이가 3할이면 6강이오 ➡ 822물분포, 5이, 3할, 6강 / 강물포 리터 ➡ 강물포 L

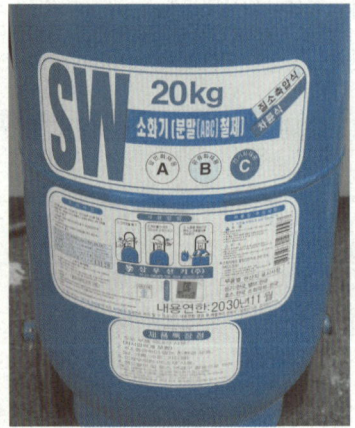

대형소화기

숫자가 답인 문제

73 미분무소화설비의 배관의 배수를 위한 기울기 기준 중 다음 ( ) 안에 알맞은 것은? (단, 배관의 구조상 기울기를 줄 수 없는 경우는 제외한다.)

> 개방형 미분무소화설비에는 헤드를 향하여 상향으로 수평주행배관의 기울기를 (㉠) 이상, 가지배관의 기울기를 (㉡) 이상으로 할 것

① ㉠ 1/100, ㉡ 1/500　　　　② ㉠ 1/500, ㉡ 1/100
③ ㉠ 1/250, ㉡ 1/500　　　　④ ㉠ 1/500, ㉡ 1/250

- **미분무소화설비** : 가스계 소화설비의 대체설비로서 개발된 소화설비이며, A급(일반)·B급(유류)·C급(전기) 화재에 적응성이 있고, 가압된 물이 헤드(head) 통과 후 미세한 입자로 분무됨으로써 소화성능을 가지는 설비를 말하며, 소화력을 증가시키기 위해 강화액 등을 첨가할 수 있다.
  - **폐쇄형 미분무소화설비** : 배관 내에 항상 물 또는 공기 등이 가압되어 있다가... 화재의 열로 인해 **폐쇄형 미분무헤드**가 개방되면서, 소화수를 방출하는 방식의 미분무소화설비
  - **개방형 미분무소화설비** : 화재감지기의 신호를 받아 가압송수장치를 동작시켜 미분무수를 방출하는 방식의 미분무소화설비로서, 감열체 없이 방수구가 항상 열려 있는 **개방형 미분무헤드**를 사용한다.
- **배관의 종류**
  - **주배관** : 각 층을 수직으로 관통하는 수직배관(입상관)
  - **수평주행배관** : 교차배관에 급수하는 배관
  - **교차배관** : 직접 또는 수직배관을 통하여 가지배관에 급수하는 배관
  - **가지배관** : 미분무 헤드가 설치되어 있는 배관

- 개방형 미분무소화설비에는 감열체 없이 방수구가 항상 열려 있는 **개방형 미분무헤드**를 사용함에 따라... 소화수 방출후 배관내의 물을 배수해 주어야 한다.
- 배관 내의 물을 배수하기 위해... 배관의 기울기를 주어야 하는데, **수평주행배관은 500분의 1 이상의 기울기**를, **가지배관은 250분의 1 이상의 기울기**를 주어야 한다.
- 기울기는 헤드를 향하여 상향으로...
  - **가지배관** : 배관길이가 250cm 일 때, 기울기의 높이는 1cm 이상 (배관길이가 짧은데 기울기 높이는 동일하므로 더 기울어진다)
  - **수평주행배관** : 배관길이가 500cm 일 때, 기울기의 높이는 1cm 이상 (배관길이가 긴데 기울기 높이는 동일하므로 덜 기울어진다)
  - 위와 같이 기울기를 부여하면... 헤드가 가장 높은 위치이고, 그 다음이 가지배관, 그 다음이 수평주행배관이므로... 배관 내 물이 자연스럽게 빠져나간다.

암기탑! 250 가지배관 ➡ 250가지 / 500 수평주행배관 ➡ 가지배관의 2배

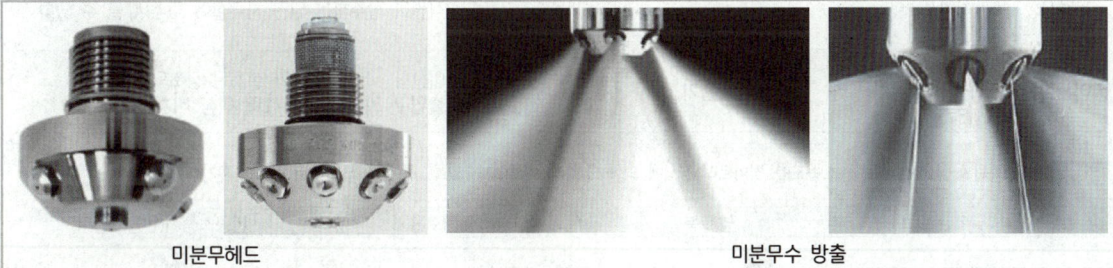

미분무헤드　　　　　　　　　미분무수 방출

숫자가 답인 문제

74 국소방출방식의 할론소화설비 분사헤드의 설치기준 중 다음 ( ) 안에 알맞은 것은?

> 분사헤드의 방사압력은 할론 2402를 방사하는 것은 (㉠)MPa 이상, 할론 2402를 방출하는 분사헤드는 해당 소화약제가 (㉡)으로 분무되는 것으로 하여야 하며, 기준저장량의 소화약제를 (㉢)초 이내에 방사할 수 있는 것으로 할 것

① ㉠ 0.1, ㉡ 무상, ㉢ 10　　　　② ㉠ 0.2, ㉡ 적상, ㉢ 10
③ ㉠ 0.1, ㉡ 무상, ㉢ 30　　　　④ ㉠ 0.2, ㉡ 적상, ㉢ 30

- **할론(Halon)소화설비** : 할론소화설비는 할로겐족원소(F, Cl, Br, I) 중 하나 이상을 포함하고 있는 할론2402($C_2F_4Br_2$), 할론1211(CF_2ClBr), 할론1301(CF_3Br) 소화약제를 이용하여 화재를 진압하는 가스계 소화설비이다.
- **국소방출방식** : 고정식 할론 공급장치에 배관 및 분사헤드를 설치하여 **직접 화점에** 할론을 방출하는 설비로 **화재발생부분에만** 집중적으로 소화약제를 방출하도록 설치하는 방식

할론 2402 분사헤드
→ 방사압력 0.1MPa 이상
→ 해당 소화약제가 무상(안개상)으로 분무되는 것(할론 2402는 상온에서 액상이므로 방사시 무상으로 분무되도록 하여야 한다)
→ 기준저장량의 소화약제를 10초 이내에 방사할 수 있는 것

단어가 답인 문제 ★★

75 특정소방대상물의 용도 및 장소별로 설치하여야 할 인명구조기구 종류의 기준 중 다음 ( ) 안에 알맞은 것은?

특정소방대상물	인명구조기구의 종류
물분무등소화설비 중 ( )를 설치하여야하는 특정 소방대상물	공기호흡기

① 이산화탄소소화설비　　　　　　　② 분말소화설비
③ 할론소화설비　　　　　　　　　　④ 할로겐화합물 및 불활성기체소화설비

피난구조설비(화재가 발생할 경우 피난하기 위하여 사용하는 기구 또는 설비)
1. 피난기구
2. 인명구조기구
   ① **방열복** : 고온의 복사열에 가까이 접근하여 소방활동이나 피난을 수행할 수 있는 **내열피복**
   ② **방화복**(안전모, 보호장갑 및 안전화 포함) : **화재진압** 등의 소방활동이나 피난을 수행할 수 있는 피복
   ③ **공기호흡기** : 소화활동시 또는 피난시에 화재로 인하여 발생하는 각종 유독가스 중에서 일정시간 사용할 수 있도록 제조된 압축공기식 개인호흡장비(보조마스크 포함)
   ④ **인공소생기** : 호흡 부전 상태인 사람에게 **인공호흡**을 시켜 환자를 보호하거나 구급하는 기구

특정소방대상물의 용도 및 장소별로 설치하여야 할 인명구조기구

특정소방대상물	인명구조기구의 종류	설치 수량
• 지하층을 포함하는 층수가 7층 이상인 관광호텔 및 5층 이상인 병원	• 방열복 또는 방화복 (헬멧, 보호장갑 및 안전화를 포함한다) • 공기호흡기 • 인공소생기	• 각 2개 이상 비치할 것. 다만, 병원의 경우에는 인공소생기를 설치하지 않을 수 있다.
• 문화 및 집회시설 중 수용인원 100명 이상의 영화상영관 • **판매시설 중 대규모 점포** • 운수시설 중 지하역사 • **지하가 중 지하상가**	• 공기호흡기	• 층마다 2개 이상 비치할 것. 다만, 각 층마다 갖추어 두어야 할 공기호흡기 중 일부를 직원이 상주하는 인근 사무실에 갖추어 둘 수 있다.
• 물분무등소화설비 중 **이산화탄소소화설비**를 설치하여야 하는 특정소방대상물	• 공기호흡기	• 이산화탄소소화설비가 설치된 장소의 **출입구 외부 인근에 1대 이상 비치할 것**

답이답! 이산화탄소 소화설비는 산소농도를 떨어트려 질식에 의한 소화가 이루어지므로... 공기가 부족해서 공기호흡기가 필요하다.

방열복	방화복	공기호흡기	인공소생기(인공호흡기)
방열복은 내열성이 강한 섬유표면에 알루미늄으로 특수코팅 처리한 겉감과 내열섬유가 여러 겹으로 되어 있어 열을 반사 차단하여 준다.	방화복은 방열복에 비해 내열성 등은 떨어지지만 가볍고 활동성이 좋으므로 일반적인 화재현장에서 주된 활동복으로 사용되고 있다.	공기호흡기는 건물 내 진입이든 건물 밖에서의 활동이든 화재 또는 유독물질이 존재하는 곳에서는 항상 호흡기를 착용해야 한다.	호흡곤란 환자에게 자동 및 수동으로 적정량의 산소를 안전하고 효과적으로 공급하여 위급한 환자의 생명을 소생시키는 의료기기다.

> **76** 송수구가 부설된 옥내소화전을 설치한 특정소방대상물로서 연결송수관설비의 방수구를 설치하지 아니할 수 있는 층의 기준 중 다음 ( ) 안에 알맞은 것은? (단, 집회장·관람장·백화점·도매시장·소매시장·판매시설·공장·창고시설 또는 지하가를 제외한다.)
>
> - 지하층을 제외한 층수가 (㉠)층 이하이고 연면적이 (㉡)㎡ 미만인 특정 소방대상물의 지상층의 용도로 사용되는 층
> - 지하층의 층수가 (㉢) 이하인 특정 소방대상물의 지하층
>
> ① ㉠ 3, ㉡ 5000, ㉢ 3   ② ㉠ 4, ㉡ 6000, ㉢ 2   ③ ㉠ 5, ㉡ 3000, ㉢ 3   ④ ㉠ 6, ㉡ 4000, ㉢ 2

- **송수구** : 소화설비에 소화용수를 보급하기 위하여 건물 외벽 또는 구조물의 외벽에 설치하는 배관과 연결된 구멍
- **옥내소화전설비** : 화재발생시 옥내소화전함을 개방하여 방수구와 연결된 호스를 전개한 후 앵글밸브를 개방하고, 화점을 향해 노즐을 개방하여 방사하는 형태의 수동식 수계소화설비
- **연결송수관설비** : 소방차에서 연결송수관 송수구에 물을 공급하면 그 공급된 물을, 연결송수관설비 방수구에 호스를 연결하여 옥내소화전처럼 사용하는 소방대 전용 설비로서, 고층부 화재진압에 효과적인 본격 화재진압설비
- **방수구** : 소화용수를 방수하기 위하여 건물내 벽 또는 구조물의 벽에 설치하는 관에 연결된 배관구멍

연결송수관설비의 방수구는 특정소방대상물의 층마다 설치해야 하지만, 다음에 해당하는 층에는 설치하지 않을 수 있다.
1. 아파트의 1층 및 2층 → 소방차로부터 호스를 연결하여 진압가능한 층이므로...
2. 소방차의 접근이 가능하고 소방대원이 소방차로부터 각 부분에 쉽게 도달할 수 있는 피난층
   → 소방차로부터 호스를 연결하여 진압가능한 층이므로...
3. 송수구가 부설된 옥내소화전을 설치한 특정소방대상물(집회장·관람장·백화점·도매시장·소매시장·판매시설·공장·창고시설 또는 지하가를 제외한다)로서 다음의 어느 하나에 해당하는 층 → 옥내소화전설비를 사용하면 되므로...
   ① 지하층을 제외한 층수가 **4층 이하**이고 연면적이 **6000㎡ 미만**인 특정소방대상물의 **지상층**
   ② 지하층의 층수가 **2 이하**인 특정소방대상물의 **지하층**

답기억! 4층이하 6000미만 / 2이하 → 46미 2하

옥내소화전 함(소화전)과 연결송수관 함(방수기구함)의 겸용설비

함(외부)   방수기구함(내부-호스,관창)   단구형 방수구(호스연결 안된것)   쌍구형 방수구(65㎜)

연결송수관설비 방수기구함(전용) 및 송수구

  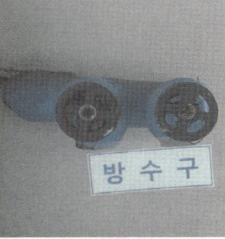  

방수구함(전용)   단구형 방수구   쌍구형방수구   연결송수관 송수구(노출형)   연결송수관 송수구(매립형)

77 다수인 피난장비 설치기준 중 틀린 것은?

① 사용 시에 보관실 외측 문이 먼저 열리고 탑승기가 외측으로 자동으로 전개될 것
② 보관실의 문은 상시 개방상태를 유지하도록 할 것
③ 하강 시에 탑승기가 건물 외벽이나 돌출물에 충돌하지 않도록 설치할 것
④ 피난층에는 해당 층에 설치된 피난기구가 착지에 지장이 없도록 충분한 공간을 확보할 것

다수인 피난장비 : 2인 이상의 피난자가 동시에 사용할 수 있는 피난기구로서 화재층에서 여러 명이 한꺼번에 탑승한 후 탑승자들의 무게에 의해 무동력으로 서서히 하강할 수 있는 장비로서, 고층건물의 매층마다 서로 교차되지 않게 탑승기를 설치해야 하고 1회만 탑승할 수 있다. 이 장비의 기본원리는 완강기에서 사용하는 것과 같은 로프에 의해 지상층으로 피난장비를 하강시키는 구조이다.

다수인 피난장비 보관실의 문에는 오작동 방지조치를 하고, **문 개방 시에는 당해 소방대상물에 설치된 경보설비와 연동**하여 유효한 경보음을 발하도록 할 것 → 보관실의 문을 상시 개방해 두면 안 됨

다수인 피난장비

사용하는 모습

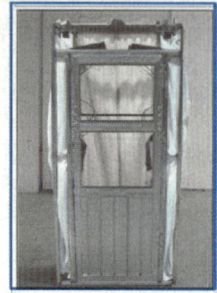
탑승기(보관시)

탑승기(외측으로 전개된 모습)

> 문장이 답인 문제 ★

78 분말소화설비 분말소화약제의 저장용기의 설치기준 중 옳은 것은?

① 저장용기에는 가압식은 최고사용압력의 0.8배 이하, 축압식은 용기의 내압시험 압력의 1.8배 이하의 압력에서 작동하는 안전밸브를 설치할 것   1.8배   0.8배

② **저장용기의 충전비는 0.8 이상으로 할 것**

③ 저장용기간의 간격은 점검에 지장이 없도록 5cm 이상의 간격을 유지할 것
                                        3cm

④ 저장용기에는 저장용기의 내부압력이 설정압력으로 되었을 때 주밸브를 개방하는 압력조정기를 설치할 것
                                                                                                                      정압작동장치

- **분말소화설비** : 분말소화설비는 미세한 분말입자를 별도 추진가스(질소 또는 이산화탄소)의 압력으로 방사하여 소화하는 설비이다.
- **가압방식** (압력을 가하여 약제를 이송하는 방식)에 따라 축압식설비 (추진가스 약제용기내 같이)와 가압식설비 (추진가스 별도용기에 따로)로 구분
- **안전밸브** : 설정압력 초과 시 개방되어 과압을 배출 (기체방출)하고, 설정압력 이하로 내려가면 다시 폐쇄되어 압력을 유지하는 밸브장치
- **정압작동장치** : 가압용가스가 분말용기로 유입되어 혼합된 후 약 15~30초 시간이 지나 분말용기 압력이 **소정의 방출압**이 되면 주밸브인 **방출밸브를 개방시켜주는 장치**이다. 가압식만 해당하며 (축압식은 해당되지 않음), 가스압식, 기계식, 전기식의 3가지 방식이 이용된다.
- **압력조정기** : 가압용 가스용기의 용기내 질소가스가 일반적으로 15MPa의 고압으로 충전되어 있으므로 이를 그대로 약제 저장용기 내로 공급하면 매우 위험하므로 사용압력인 1.5~2MPa로 감압하여 약제 저장용기에 보내주는 역할을 하는 것이 압력조정기이다. 분말소화약제의 가압가스 용기에는 **2.5MPa 이하의 압력에서 조정이 가능한 압력조정기를 설치**하여야 한다.

1. **충전비(L/kg)** : 충전하는 약제 무게(kg)당 용기체적(L)으로서, 용기내 분말소화약제를 얼마나 채울 수 있는지의 문제이다. 분말소화약제 저장용기의 **충전비는 0.8 이상**이다. (충전비가 클수록 저장약제량은 감소하고, 충전비가 작을수록 저장약제량은 증가한다)

2. **이산화탄소소화약제 충전비의 예**
   - 이산화탄소소화약제 고압식 저장용기의 충전비는... 1.5 이상 ~ 1.9 이하에 해당한다. 충전비에 따른 이산화탄소소화약제를 68L의 일반적 용기에 얼마나 채울 수 있는지를 계산하면...

   $\dfrac{68L}{1.5 L/kg} = 45 kg$ ~ $\dfrac{68L}{1.9 L/kg} = 35.8 kg$ 즉, 고압식은 68L 용기에 35.8kg ~ 45kg 저장가능 (충전비가 커지면 약제량 감소)

   - **저압식** (대형저장탱크 1개에 소화약제 저장) 충전비는 1.1 이상 ~ 1.4 이하로 규정되어 있기 때문에... 고압식 보다 더 많은 양의 이산화탄소를 저장할 수 있다.

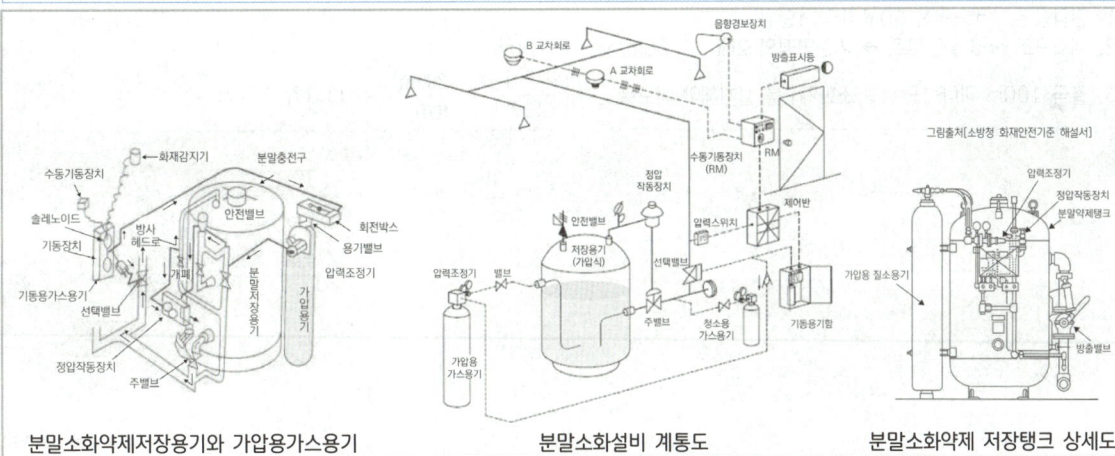

분말소화약제저장용기와 가압용가스용기   분말소화설비 계통도   분말소화약제 저장탱크 상세도

> 숫자가 답인 문제 ★★★

79 바닥면적이 1300㎡인 관람장에 소화기구를 설치할 경우 소화기구의 최소 능력단위는? (단, 주요 구조부가 내화구조이고, 벽 및 반자의 실내와 면하는 부분이 불연재료로 된 특정소방대상물이다.)

① 7단위   ② 13단위   ③ 22단위   ④ 26단위

- **특정소방대상물** : 소방시설을 설치하여야 하는 소방대상물로서 대통령령으로 정하는 것
- **소화기** : 소화약제를 압력에 따라 방사하는 기구로서, 사람이 수동으로 조작하여 소화약제를 방사하여 소화하는 것
  (소형소화기, 대형소화기)
- **간이소화용구** : 에어로졸식·투척용 소화용구 및 팽창질석·팽창진주암·마른모래 등의 간이소화용구
- **능력단위** : 소화기 및 간이소화용구의 소화능력을 나타내는 수치로서, 법에 따라 형식승인된 수치. 이 능력단위를 산정하기 위해 모형에 의한 소화능력시험을 실시한다.

특정소방대상물별 소화기구의 능력단위기준

특정소방대상물	암기법	소화기구의 능력단위
1. 위락시설	위락 30	해당 용도의 바닥면적 30㎡ 마다 능력단위 1단위 이상
2. 공연장·집회장·관람장·문화재·장례식장 및 의료시설	공집관문의 장 50	해당 용도의 바닥면적 50㎡ 마다 능력단위 1단위 이상
3. 노유자시설·숙박시설·운수시설·전시장 공동주택·공장·창고시설·업무시설·방송통신시설·관광휴게시설 근린생활시설·항공기 및 자동차 관련 시설·판매시설	노숙(자) 운전 공공 창업 방관 근항판(근황판) 100	해당 용도의 바닥면적 100㎡ 마다 능력단위 1단위 이상
4. 그 밖의 것	그밖 200	해당 용도의 바닥면적 200㎡ 마다 능력단위 1단위 이상

※ 소화기구의 능력단위를 산출함에 있어서 건축물의 주요구조부가 **내화구조**이고, 벽 및 반자의 실내에 면하는 부분이 **불연재료·준불연재료** 또는 **난연재료**로 된 특정소방대상물에 있어서는 위 표의 **기준면적의 2배**를 해당 특정소방대상물의 기준면적으로 한다.

관람장에 비치할 소화기구의 능력단위 산정
1. 관람장은... 바닥면적 50㎡ 마다 1단위
2. 내화구조 and 불연재료 → 기준면적의 2배 ∴ 50㎡ × 2 = 100㎡
3. 결국 100㎡ 마다 1단위의 소화기구를 설치해야 하므로... $\dfrac{바닥면적}{기준면적} = \dfrac{1300\,m^2}{100\,m^2} = 13$단위

숫자가 답인 문제 ★★★

80 화재조기진압용 스프링클러설비 헤드의 기준 중 다음 ( ) 안에 알맞은 것은?

> 헤드 하나의 방호면적은 (㉠)㎡ 이상 (㉡)㎡ 이하로 할 것

① ㉠ 2.4, ㉡ 3.7   ② ㉠ 3.7, ㉡ 9.1   ③ ㉠ 6.0, ㉡ 9.3   ④ ㉠ 9.1, ㉡ 13.7

- **스프링클러설비** : 화재발생시 화재를 자동으로 감지하여 피난을 위한 경보를 발하고, 습식·건식·준비작동식·일제살수식 밸브가 개방되면, 유수의 흐름으로 인하여 펌프가 기동되고, 개방된 헤드를 통해 소화수를 방수하여 소화하는 자동식 수계소화설비
- **스프링클러 헤드** : 스프링클러에서 나오는 물을, 빗방울 형태로 대량으로 뿌리면서 방수하는 역할을 하는 부분을 말한다.
- **화재조기진압용 스프링클러설비** : 랙크식창고(천장고가 높고 다량의 가연성 물품을 보관하고 있는 창고)에 설치하는 소화설비로서 화재초기에 헤드의 빠른 동작과, 높은 압력, 큰물방울을 방사해 조기에 진화할 수 있도록 설계된 스프링클러설비이다.
- **화재조기진압용 스프링클러헤드** : 화재위험이 높은 특정 장소에 대하여 조기에 진화할 수 있도록 설계된 스프링클러헤드를 말한다.
- **배관의 종류** : 배관이란 물이 이송되는 관을 말한다.
  - **주배관** : 각 층을 수직으로 관통하는 수직배관(입상관)
  - **수평주행배관** : 교차배관에 급수하는 배관
  - **교차배관** : 직접 또는 수직배관을 통하여 가지배관에 급수하는 배관
  - **가지배관** : 헤드가 설치되어 있는 배관

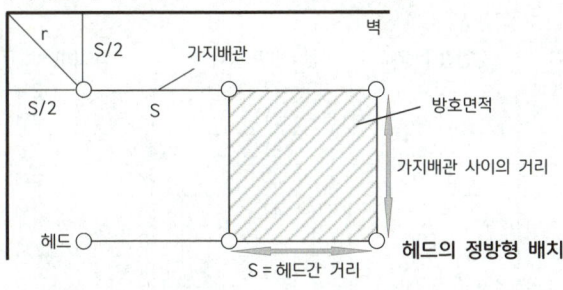

* 헤드 정방형(정사각형) 배치 공식 → S [헤드간 거리(m)]
  = 2 × r [유효반경=수평거리(m)] × cos45°

* 화재조기진압용 스프링클러설비는 가지배관 사이의 거리와 헤드 사이의 거리가 동일하게 규정되어 있다.
  이는 헤드를 정방형으로 설치하라는 의미이다.

1. 천장의 높이가 9.1m 미만 → 2.4m 이상 ~ 3.7m 이하
2. 천장의 높이가 9.1m 이상 ~ 13.7m 이하 → 2.4m 이상 ~ 3.1m 이하 [천장이 높으면 위험하므로... 헤드거리 가깝게]
3. 헤드 하나의 방호면적(S^2) → 6.0m² (2.4²=5.76) 이상 ~ 9.3m² (3.1²=9.61) 이하

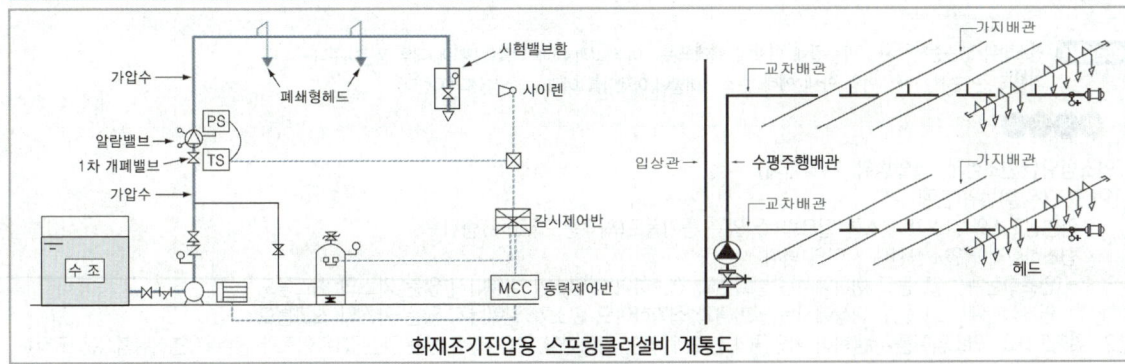

화재조기진압용 스프링클러설비 계통도

SECTION 10

2019년 제1회 답이색 해설편

A nswer 1과목 소방원론

암기하면서 공부 할 문제 ★★★

01 공기와 접촉되었을 때 위험도(H)가 가장 큰 것은?

① 에테르   ② 수소   ③ 에틸렌   ④ 부탄

주요물질의 연소범위

물질	하한값 (vol%)	상한값 (vol%)	연소범위 넓이	위험도(H)	
아세틸렌(연소범위가 가장 넓다)	2.5	81.0	78.5	31.4	2위
수소(연소범위가 2번째로 넓다)	4.0	75.0	71.0	17.75	4위
일산화탄소	12.5	74.0	61.5	4.92	
에테르	1.9	48.0	46.1	24.26	3위
이황화탄소(하한값이 가장낮고, 위험도가 가장높다)	1.2	44.0	42.8	35.66	1위
황화수소	4.0	44.0	40.0	10.00	
에틸렌	2.7	36.0	33.3	12.33	
메탄	5.0	15.0	10.0	2.00	
에탄	3.0	12.4	9.4	3.13	
프로판	2.1	9.5	7.4	3.52	
부탄	1.8	8.4	6.6	3.66	

당이쌤! 연소범위 넓은순서 ➡ 아수일에 이황에 메에프부 이수일(가수)에 이황(퇴계)에 매우 풍년이구나~
위험도 큰 순서 ➡ 이황 아세 에테 수소 이황이 아세아를 여태~~ 수성했다(지켰다).

함께공부

연소범위(=연소한계, 폭발범위, 폭발한계)
1. 연소(폭발)범위(한계)
   - 가연성가스와 산소가 연소를 일으킬 수 있는 증기농도(체적농도 vol%)범위
   - 연소하한계와 연소상한계 사이의 범위
     - 연소하한계 : 그 농도 이하에서는 발화원과 접촉하여도 연소가 일어나지 않는 가스의 최소농도
     - 연소상한계 : 그 농도 이상에서는 발화원과 접촉하여도 연소가 일어나지 않는 가스의 최고농도
2. 위험도(H) : 연소범위를 이용하여 가연물의 농도에 대한 위험성을 갈음할 수 있는 계산값(위험도가 클수록 연소위험성은 크다)

$$H = \frac{U-L}{L}$$ 여기서, H : 위험도, U : 연소상한값, L : 연소하한값

이해하면서 공부 할 문제 ★

02 마그네슘의 화재에 주수하였을 때 물과 마그네슘의 반응으로 인하여 생성되는 가스는?

① 산소   ② 수소   ③ 일산화탄소   ④ 이산화탄소

제2류 위험물 중 황화린, 철분, **마그네슘**, 금속분류 등은 **주수소화를 금지**하고 건조사(마른모래), 팽창질석, 팽창진주암(가열해 부풀려 가볍게 만든 돌가루) 등에 의한 질식소화를 한다. (금속은 물, 가스계약제 사용금지)

Mg(마그네슘) + $2H_2O$(물 2몰) → $Mg(OH)_2$(수산화마그네슘) + $H_2\uparrow$ (수소발생)

> 암기하면서 공부 할 문제

03 연면적이 1000㎡ 이상인 목조건축물은 그 외벽 및 처마 밑의 연소할 우려가 있는 부분을 방화구조로 하여야 하는데 이때 연소우려가 있는 부분은? (단, 동일한 대지 안에 2동 이상의 건물이 있는 경우이며, 공원·광장·하천의 공지나 수면 또는 내화구조의 벽 기타 이와 유사한 것에 접하는 부분을 제외한다.)

① 상호의 외벽 간 중심선으로부터 1층은 3m 이내의 부분
② 상호의 외벽 간 중심선으로부터 2층은 7m 이내의 부분 (5m)
③ 상호의 외벽 간 중심선으로부터 3층은 11m 이내의 부분 (5m)
④ 상호의 외벽 간 중심선으로부터 4층은 13m 이내의 부분 (5m)

건축물의 피난·방화구조 등의 기준에 관한 규칙(약칭:건축물방화구조규칙) 제22조(대규모 목조건축물의 외벽등)
연면적이 1천제곱미터 이상인 목조의 건축물은 그 외벽 및 처마밑의 연소할 우려가 있는 부분을 방화구조로 할 것
② "연소할 우려가 있는 부분"이라 함은 인접대지경계선·도로중심선 또는 동일한 대지안에 있는 2동 이상의 건축물 상호의 외벽간의 중심선으로부터 1층에 있어서는 3미터 이내,
2층 이상에 있어서는 5미터 이내의 거리에 있는 건축물의 각 부분을 말한다.

> 함께 공부

소방시설 설치 및 관리에 관한 법률 시행규칙 제17조(연소 우려가 있는 건축물의 구조)
1. 건축물대장의 건축물 현황도에 표시된 대지경계선 안에 둘 이상의 건축물이 있는 경우
2. 각각의 건축물이 다른 건축물의 외벽으로부터 수평거리가 1층의 경우에는 6미터 이하,
 2층 이상의 층의 경우에는 10미터 이하인 경우
3. 개구부가 다른 건축물을 향하여 설치되어 있는 경우

> 함께 공부

아래 두 법이 서로 동일한 내용이라는 것 비교표

건축물의 피난·방화구조 등의 기준에 관한 규칙	동일	소방시설 설치 및 관리에 관한 법률 시행규칙
상호의 외벽 간 중심선으로부터	=	다른 건축물의 외벽으로부터 수평거리
1층은 3m 이내의 부분	=	1층의 경우에는 6미터 이하
2층 이상에 있어서는 5미터 이내의 부분	=	2층 이상의 층의 경우에는 10미터 이하

※ 결국 건축물의 피난·방화구조 등의 기준에 관한 규칙과 소방시설 설치 및 관리에 관한 법률 시행규칙은 서로 동일한 의미를 가진다.

> 암기하면서 공부 할 문제

04 주요구조부가 내화구조로된 건축물에서 거실 각 부분으로부터 하나의 직통계단에 이르는 보행거리는 피난자의 안전상 몇 m 이하이어야 하는가?
① 50   ② 60   ③ 70   ④ 80

화재시 피난을 위하여 거주자가 생활하고 있는 거실의 각 부분(직통계단까지 가장 먼 부분)으로부터 하나의 직통계단(건물의 어떤 층에서도 피난층 또는 지상까지 이르는 경로가, 계단과 계단참만을 통하여 오르내릴 수 있는 계단)에 이르는 보행거리 기준을 묻는 문제이다.
문제에서 주요구조부가 내화구조된 건축물의 기준을 물었으므로, 보행거리 50미터 이하가 답이다.

> 함께 공부

건축법 시행령 제34조(직통계단의 설치)

건축물의 구분	거실의 각 부분으로부터 직통계단에 이르는 보행거리
자동화 생산시설에 스프링클러 등 자동식 소화설비를 설치한 무인화 공장	보행거리 100미터 이하
자동화 생산시설에 스프링클러 등 자동식 소화설비를 설치한 공장	보행거리 75미터 이하
주요구조부가 내화구조 또는 불연재료로 된 건축물	**보행거리 50미터 이하**
층수가 16층 이상인 공동주택의 경우 16층 이상인 층	보행거리 40미터 이하
기타 일반건축물	보행거리 30미터 이하

※ 내화구조(耐火構造): 화재에 견딜 수 있는 성능을 가진 구조로서 국토교통부령으로 정하는 기준에 적합한 구조

> 암기하면서 공부 할 문제 ★

05 제2류 위험물에 해당하지 않는 것은?

① 유황　　② 황화린　　③ 적린　　④ 황린

황린(P_4)은 제3류 위험물인 자연발화성물질로서 공기와 접촉하면 자연발화 한다. 따라서 알칼리제를 넣은 pH9정도의 물 속에 저장(물에 녹지 않기 때문)한다. 물은 비열이 커서 여름에도 온도가 쉽게 상승되지 않고 온도변화가 적어 안정적이다. 황린은 저장액인 물의 증발 또는 용기파손에 의한 물의 누출을 방지하여야 한다.

함께 공부

제2류 위험물 ⇨ 가연성 고체[일반 환원성 가연물] 일반적으로 불에 타는 가연성고체 물질 등이 해당된다.

위험물	특징	암기법	종류[대분류]
제2류	가연성 고체	유황적 철마금 인	유황(황)[S], 황화린(인), 적린(인)[P] / 철분, 마그네슘, 금속분류 / 인화성고체
지정수량		유황적백 오백철마금 인천	위험등급Ⅱ 지정수량 100kg / 위험등급Ⅲ 지정수량 500kg / Ⅲ 지정수량 1000kg

황화린(인)은 삼황화린[P_4S_3], 오황화린[P_2S_5], 칠황화린[P_4S_7]으로 나누어 진다.

> 암기하면서 공부 할 문제 ★

06 화재에 관련된 국제적인 규정을 제정하는 단체는?

① IMO(International Matritime Organization)
　국제해사기구(항로, 교통규칙, 항만시설의 국제적 통일을 위한 기구)
② SFPE(Society of Fire Protection Engineers)
　미국 소방기술협회
③ NFPA(Nation Fire Protection Association)
　미국 방화협회로 NFPA Code를 제작한다
④ ISO(International Organization for Standardization) TC 92
　국제표준화기구　　　　　　　　　　　　　　　　　　　화재안전 기술위원회

TC 92는 ISO(국제표준화기구) 산하 기술위원회(TC) 중 "화재안전(Fire safety)"에 관한 국제적인 규정을 제정(개정)하고 있는, 화재안전 분야 기술위원회이다.

> 암기하면서 공부 할 문제 ★★

07 이산화탄소 소화약제의 임계온도로 옳은 것은?

① 24.4℃　　② 31.1℃　　③ 56.4℃　　④ 78.2℃

이산화탄소(탄산가스) = CO_2 = 분자량44 = 불연성 소화약제 = 질식소화 = 고체탄산(드라이아이스)
CO_2는 임계온도가 높아 냉각하면 쉽게 액화된다 : 온도를 31.25℃(임계온도) 이하로 낮추고, 그에 상응하는 압력을 가하면 액화가 가능하다. 하지만 임계온도 이상이 되면 모두 기화되어 용기내의 압력이 급격히 상승한다.
※ 임계온도 : 기체를 액화시킬 수 있는 최고온도로서 CO_2를 액체화시키기 위해서는 CO_2를 31.25℃(임계온도) 이하로 유지시켜 주어야 한다.

함께 공부

이산화탄소(탄산가스, CO_2)는 일반물질과 달리 대기압하에서는 고체와 기체만 존재할 수 있고, NPT상태[상온, 상압 상태]에서는 기체이다. 온도를 31.25℃(임계온도) 이하로 낮추고, 그에 상응하는 임계압력 73 atm을 가하면 액화가 가능하다. 하지만 임계온도 이상이 되거나 그에 상응하는 압력보다 낮으면 모두 기화된다.

> 암기하면서 공부 할 문제

08 위험물안전관리법령상 위험물의 지정수량이 틀린 것은?
① 과산화나트륨 - 50kg
② 적린 - 100kg
③ 트리니트로톨루엔 - 200kg
④ 탄화알루미늄 - <u>400kg</u>
　　　　　　　　　　　　　　300kg

지정수량 : 위험물의 종류별로 위험성을 고려하여 대통령이 정하는 수량으로서 제조소등의 설치허가 등에 있어서 최저의 기준이 되는 수량(지정수량의 단위로 kg을 사용하고, 4류만 L를 사용)

위험물	특징	암기법	종류[대분류]
제3류	자연발화성 및 금수성 물질	칼나알알 황린 알칼유 금금칼슘탄	**칼륨, 나트륨, 알킬리듐, 알킬알루미늄 / 황린**(유일하게 금속 아님. 나머지는 모두금속) / **알**칼리금속, **알**칼토금속, 유기금속 화합물 / **금**속의 인화물, **금**속의 수소화물, **칼**슘 또는 알루미늄의 **탄**화물
지정수량		칼나알알**십** 황린**이십** 알칼유**오십** 금금칼슘탄**삼백**	위험등급 I 지정수량 10kg / 위험등급 I 지정수량 20kg / 위험등급 II 지정수량 50kg / 위험등급 III 지정수량 300kg

> 함께공부

제3류위험물 중 칼슘 또는 알루미늄의 탄화물인 **탄화칼슘**(CaC_2, 카바이트)과 **탄화알루미늄**(Al_4C_3)

> 이해하면서 공부 할 문제 ★

09 물질의 취급 또는 위험성에 대한 설명 중 틀린 것은?
① 융해열은 점화원이다.
② 질산은 물과 반응 시 발열 반응하므로 주의를 해야 한다.
③ 네온, 이산화탄소, 질소는 불연성 물질로 취급한다.
④ 암모니아를 충전하는 공업용 용기의 색상은 백색이다.

고체(얼음)가 액체(물)로 변화하는 과정에서 **에너지(열기)를 흡수하는 융해잠열(융해열)**은 물 1[kg]당 80[kcal]가 필요할 정도로 높아 냉각효과가 뛰어나다. 따라서 점화원이라기 보다, 오히려 소화약제에 더 가깝다.

> 함께공부

점화원이 될 수 없는 것(소화에 이용) : 단열팽창(점화원인 단열압축의 반대), 기화열=증발열, 냉각열, 융해열, 흡착열 등 온도가 하강할 수 있는 요소

> 이해하면서 공부 할 문제 ★

10 인화점이 40℃ 이하인 위험물을 저장, 취급하는 장소에 설치하는 전기설비는 방폭구조로 설치하는데, 용기의 내부에 기체를 압입하여 압력을 유지하도록 함으로써 폭발성가스가 침입하는 것을 방지하는 구조는?
① **압력 방폭구조**
② 유입 방폭구조
③ 안전증 방폭구조
④ 본질안전 방폭구조

점화원이 될 우려가 있는 기기, 부분을 용기 속에 넣고 용기내부에 공기, 질소 등의 **보호기체를 압입**하여 내부에 **압력을 유지**함으로써 폭발성가스가 외부에서 침입하지 못하도록 만든 구조를 **압력방폭구조**라 한다.

> 함께공부

- 유입 방폭구조 : 점화원이 될 우려가 있는 부분인 전기기기의 불꽃, 아크가 발생하는 부분을, **기름 속에 넣어서** 기름면 위에 존재하는 폭발성가스나 증기에 점화될 우려가 없도록, 폭발을 방지할 수 있는 구조
- 안전증 방폭구조 : **정상운전 중** 불꽃이나 아크 과열의 발생을 방지하기 위해 전기적, 기계적, 구조상 그리고 온도상승에 대하여 **안전성을 높인** 구조
- 본질안전 방폭구조 : 안전증 방폭구조를 개량한 구조로서 정상시 및 사고시(지락, 단선, 단락)에 발생하는 불꽃, 불티, 열에 의하여 폭발성가스에 점화될 우려가 없음이 **점화시험으로 확인**된 구조

암기하면서 공부 할 문제 ★★★

11 화재의 분류방법 중 유류화재를 나타낸 것은?

① A급 화재　　② **B급 화재**　　③ C급 화재　　④ D급 화재

유류화재는 B급 화재로서 황색으로 표시하며, 유류인 가연물을 포(거품)로 덮으면 산소가 차단되어 질식소화 된다.

암기팁! 화재의 종류와 표시색상 : 일 유 전 금 가 주　　백 황 청 무 황 -

함께공부

화재의 분류

종류	표시	표시색상	일반적 소화방법
일반화재	A급	백색	냉각소화
유류화재	B급	황색	질식소화
전기화재	C급	청색	질식소화
금속화재	D급	무색	피복소화
가스화재	E급	황색	질식소화
주방화재	K급	-	질식+냉각소화

이해하면서 공부 할 문제 ★

12 물의 기화열이 539.6 cal/g인 것은 어떤 의미인가?

① 0℃의 물 1g이 얼음으로 변화하는데 539.6 cal의 열량이 필요하다.
② 0℃의 물 1g이 물로 변화하는데 539.6 cal의 열량이 필요하다.
③ 0℃의 물 1g이 100℃의 물로 변화하는데 539.6 cal의 열량이 필요하다.
④ **100℃의 물 1g이 수증기로 변화하는데 539.6 cal의 열량이 필요하다.**

기화열(L_v, KJ/g) : 고체나 액체 연료를 기화시키는데 필요한 에너지. (기화할 때 흡수하는 열) 기화열에 따라 단위면적당 질량연소속도(흐름)를 예측할 수 있고, 기화열이 크면 가연성증기를 발생시키기 어려워서 질량연소속도(흐름)는 느려진다.
- 100℃의 물 1[g]을 100℃의 수증기로 변화시키는데 필요한 에너지는 (기화열) 539.6 [cal]가 필요하다.
- 100℃의 물 1[kg]을 100℃의 수증기로 변화시키는데 필요한 열량은 (기화열) 539.6 [kcal]가 필요하다.
※ [g]은 [cal]로, [kg]은 [kcal]로 단위를 맞춰주면 된다.

함께공부

잠열[潛熱, latent heat] - 숨은열
- 융해와 기화(증발) 등 상 전이 과정에서 가해진 열은, 물질의 온도변화에는 사용되지 않고, 상태변화에만 사용된다. 이와 같이 상 전이 과정에서 흡수되는 열을 잠열이라 한다.
- 예를 들면, 물을 가열하면 100℃에서 끓기 시작하지만, 그 이상 아무리 가열해도 완전히 수증기가 될 때까지 100℃를 넘지 않는다. 또한 얼음을 가열해도 완전히 녹을 때까지는 0℃ 이상으로 되지 않는다. 이와 같이 기화 중인 물이나, 융해 중인 얼음에 가해진 숨은 열은, 물(액체)을 수증기(기체)로 바꾸고, 얼음(고체)을 물(액체)로 바꾸기 위해서만 소비되며 온도를 상승시키지는 않는다.
- 물의 기화잠열 : 539 [kcal/kg (cal/g)]　　• 물의 융해잠열 : 80 [kcal/kg (cal/g)]

암기하면서 공부 할 문제 ★★

13 불활성 가스에 해당하는 것은?

① 수증기　　② 일산화탄소　　③ **아르곤**　　④ 아세틸렌

원소주기율표 상 0족(18족)원소는 **불활성가스**로서, He(4)헬륨,　Ne(20)네온,　Ar(40)아르곤,
　　　　　　　　　　　　　　　　　　　　Kr 크립톤,　Xe 크세논(제논),　Rn 라돈 이 있다. 또한
공기중에서 흡열반응을 하는 N_2(질소), 화학적으로 안정되어 소화약제로도 쓰이는 CO_2(이산화탄소) 등도 불연성·불활성 가스이다.

암기팁! 0족(18족) 불활성가스 ➡ 헬 네 아　크 세 라

함께공부

불완전 연소시 발생하는 유독가스인 일산화탄소(CO), 자체가 가연성 가스인 메탄(CH_4), 프로판(C_3H_8), 연소시 발생하는 가연성기체인 수소(H_2), 아세틸렌(C_2H_2) 등은 모두 가연성 가스이다.

암기하면서 공부 할 문제 ★★

14 방화구획의 설치기준 중 스프링클러 기타 이와 유사한 자동식소화설비를 설치한 10층 이하의 층은 몇 ㎡ 이내마다 구획하여야 하는가?

① 1000   ② 1500   ③ 2000   ④ **3000**

면적별 방화구획
- 10층 이하의 층
  - 바닥면적 1000㎡이내 마다 구획
  - 스프링클러 기타 이와 유사한 자동식 소화설비를 설치한 경우 3000㎡이내 마다 구획
- 11층 이상의 층
  - 바닥면적 200㎡이내 마다 구획
  - 스프링클러 기타 이와 유사한 자동식 소화설비를 설치한 경우 600㎡이내 마다 구획
- 11층 이상의 층인데... 벽 및 반자의 실내에 접하는 부분의 마감을 불연재료로 한 경우
  - 바닥면적 500㎡이내 마다 구획
  - 스프링클러 기타 이와 유사한 자동식 소화설비를 설치한 경우 1500㎡이내 마다 구획

당어팁! 면적별 방화구획에서 스프링클러(자동식 소화설비) 설치되면 ➡ 원래의 면적보다 3배

함께 공부
- **방화구획**은 건물을 일정한 공간으로 구획해 화재강도와 화재하중을 낮추어, 건물내 화재의 전체 확대를 방지하여 건물의 붕괴를 방지하고 피해를 최소화하는데 그 목적에 있다. 이러한 방화구획의 적용은...
- **면적별** 방화구획, **층별** 방화구획(지하층·3층 이상의 층은 층마다), **용도별** 방화구획(비상전원, 방재실, 저장용기실 등), **수직** 방화구획(계단실, 승강로, 파이프피트 등)으로 나누어서 적용한다.
- **방화구획의 구성은...** ①내화구조의 바닥과 벽, ②방화문(자동방화셔터), ③풍도가 방화구획 관통시 풍도내 방화댐퍼 설치, ④방화구획 관통부에는 내화채움성능이 인정된 구조로 메울 것 등을 통해 방화구획을 나누게 된다.
- **비상용승강기 승강장**의 창문·출입구·개구부를 제외한 부분은 당해 건축물의 다른 부분과 **내화구조의 바닥 및 벽으로 구획**할 것 일반용승강기의 승강장은 방화구획과 관련된 규정이 없다.

이해하면서 공부 할 문제

15 화재하중에 대한 설명 중 틀린 것은?

① 화재하중이 크면 단위면적당의 발열량이 크다.
② **화재하중이 크다는 것은 화재구획의 공간이 넓다는 것이다.**
     (좁다는)
③ 화재하중이 같더라도 물질의 상태에 따라 가혹도는 달라진다.
④ 화재하중은 화재구획실내의 가연물 총량을 목재 중량당비로 환산하여 면적으로 나눈 수치이다.

① 화재하중은 화재실내 최대가연물질을 목재의 단위발열량 = 4,500[kcal/kg]으로 환산한 개념으로서, 화재하중이 크면 화재실의 단위면적당 가연물질의 발열량이 크다는 의미이다.
② 화재구획의 공간이 넓으면, 공식 중 분모값이 커져 오히려 화재하중이 작아진다. 즉 **면적이 작을수록 화재하중은 커진다.**
③ 두 화재실을 비교했을 때 화재하중값이 동일하더라도, 가연물의 배치상태, 개구부의 크기·개수·위치 등 산소의 공급상황에 따라 **화재시 최고온도가 지속되는 시간**(화재가혹도)이 달라질 수 있다.
④번은 화재하중의 공식을 글로 풀어쓴 말이다.

함께 공부

화재하중(kg/㎡)
$$= \frac{\Sigma(G_t \cdot H_t)}{H \cdot A} = \frac{\text{가연물 전체 발열량[kcal]} = [\text{가연물량(kg)} \times \text{가연물 단위발열량(kcal/kg)}]}{\text{목재 단위발열량(kcal/kg)} \times \text{바닥면적(㎡)}} = \frac{\Sigma Q_t}{4{,}500\,\text{kcal/kg} \cdot A}$$

- **화재하중**이란 화재실내 예상되는 최대가연물질의 양으로서 일반적으로 건물내에 있는 가연성 물질과 가연성 구조체의 양을 말하며, **단위면적당 등가가연물**(목재)**의 무게(kg/㎡)**로 표현한다.
- 화재 구역에는 여러 가지의 가연물들이 존재하는데, 이러한 가연물은 각각 발열량이 다르기 때문에, 그에 상응하는 목재의 발열량으로 환산하여 화재하중을 산정한다.
- **화재하중**은 **화재가혹도**(=최고온도×지속시간)를 결정하는 중요한 요소이며, 주수시간(min)을 결정하는 주요인이 된다.

이해하면서 공부 할 문제

16 이산화탄소의 질식 및 냉각 효과에 대한 설명 중 틀린 것은?

① 이산화탄소의 증기비중이 산소보다 크기 때문에 가연물과 산소의 접촉을 방해한다.
② 액체 이산화탄소가 기화되는 과정에서 열을 흡수한다.
③ 이산화탄소는 불연성 가스로서 가연물의 연소반응을 방해한다.
④ **이산화탄소는 산소와 반응하며 이 과정에서 발생한 연소열을 흡수하므로 냉각효과를 나타낸다.**

이산화탄소(탄산가스) = CO_2 = 분자량44 = 불연성 소화약제 = 질식소화 = 고체탄산(드라이아이스)
이산화탄소(탄산가스, CO_2)는 화학적으로 안정되어, 산소 및 가연성기체와 반응하지 않는 불연성 소화약제이다.

함 께 공 부

① CO_2분자량 계산[C=12, O=16] = 12 + (16×2) = 44 • 산소(O_2)분자량 = 16
∴ 44/16 = **2.75**[CO_2 증기비중] 즉 CO_2는 산소(O_2)보다 **2.75배 무거워서** 화재시 가연물을 감싸 산소와의 접촉을 방해한다.
② 액체로 저장된 이산화탄소 방사시 **줄-톰슨 효과**(관경이 작은 관을 빠른 속도로 통과할 때 온도가 급강하는 현상)에 의해 -78℃의 고체탄산(드라이아이스)이 방출되는데, 이 고체 이산화탄소(고체탄산=드라이아이스)가 승화하면서 1[kg]당 137[kcal](물의 기화잠열의 1/4 정도)의 열을 흡수하여 냉각효과를 발휘한다.
③ 이산화탄소는 불에 타지 않는 불연성 가스로서 1kg(15℃조건) 방사시 534L 만큼 체적이 팽창하므로, 산소 농도를 떨어트려 가연물의 연소반응을 방해하는 질식소화의 소화효과를 가진다.

이해하면서 공부 할 문제

17 분말 소화약제 분말입도의 소화성능에 관한 설명으로 옳은 것은?

① 미세할수록 소화성능이 우수하다.
② 입도가 클수록 소화성능이 우수하다.
③ 입도와 소화성능과는 관련이 없다.
④ **입도가 너무 미세하거나 너무 커도 소화성능은 저하된다.**

사용되는 분말의 입도(분말입자 크기의 정도)는 10 ~ 70㎛ 범위이며 최적의 소화효과를 나타내는 입도는 20 ~ 25㎛이다. 만일 분말의 입도가 크다면 그만큼 무겁기 때문에 화염이 진압되기 전에 가라앉게 되고, 너무 작다면 화염의 열기류에 의해 흩어져서 소화가 어렵게 된다. 결국 입도가 너무 미세하거나 너무 커도 소화성능은 저하된다.

암기하면서 공부 할 문제 ★★★

18 분말 소화약제 중 A급, B급, C급 화재에 모두 사용할 수 있는 것은?

① Na_2CO_3 ② **$NH_4H_2PO_4$** ③ $KHCO_3$ ④ $NaHCO_3$
제1종 열분해 생성물(탄산나트륨) 제3종 제1인산암모늄(인산염) 제2종 탄산수소칼륨 제1종 탄산수소나트륨

분말 소화약제의 종류 및 성상

종별	주성분	색상	적응화재
제1종	탄산수소**나**트륨 ($NaHCO_3$)	백색	B, C
제2종	탄산수소**칼**륨 ($KHCO_3$)	담자색, 담회색	B, C
제3종	제1**인**산암모늄 = 인산염 ($NH_4H_2PO_4$)	담홍색, 황색	A, B, C
제4종	탄산수소**칼**륨 + 요소 ($KHCO_3$+$(NH_2)_2CO$)	회색	B, C

암기팁! 나의 칼은 인간의 칼이다~ ➡ 나 칼 인 칼

암기하면서 공부 할 문제 ★★

19 증기비중의 정의로 옳은 것은? (단, 분자, 분모의 단위는 모두 g/mol이다.)

① $\dfrac{분자량}{22.4}$ ② $\dfrac{분자량}{29}$ ③ $\dfrac{분자량}{44.8}$ ④ $\dfrac{분자량}{100}$

공기분자량은 29이고, 모든 기체는 **공기분자량과 비교**하여 증기비중을 구하므로, 해당 기체의 분자량을 공기 분자량으로 나누어주면 해당 기체의 증기비중을 구할 수 있다.

함께 공부

- **비중**이란 무게의 비. 즉 비교물질이 기준물질보다 무거운지, 가벼운지 비교하는 것을 말한다. 차원(단위)이 없는 무차원수이다.
- **기체(증기)비중**에서 모든 기체는 **표준상태 공기분자량(29)과 비교**한다. 만일 비교기체 비중이 5.14가 계산되었다면 그 기체는 공기보다 5.14배 무거운 물질이다.
- 할론 1301의 분자식 = CF_3Br
  - 원자량 : C(탄소)=12, F(불소)=19, Br(브롬)=80
  - 할론 1301의 분자량 계산 = (C×1개) + (F×3개) + (Br×1개) = 12 + (19×3) + 80 = 149

  ∴ 증기비중 = $\dfrac{\text{할론 1301 분자량}}{\text{공기 분자량}} = \dfrac{149}{29} = 5.14$ [할론 1301 증기비중]

  ☞ 공기(분자량=29)보다 Halon1301의 증기가 5.14배 무겁다.

암기하면서 공부 할 문제 ★★

20 탄화칼슘의 화재 시 물을 주수하였을 때 발생하는 가스로 옳은 것은?

① C_2H_2 ② H_2 ③ O_2 ④ C_2H_6

제3류 위험물 칼슘또는알루미늄의탄화물인 탄화칼슘(카바이드)이 물과 반응해 수산화칼슘과 가연성 가스인 아세틸렌을 발생시킨다.
CaC_2(탄화칼슘) + $2H_2O$(물) → $Ca(OH)_2$(수산화 칼슘) + C_2H_2↑ (아세틸렌 발생)

함께 공부

수소(H_2)는 연소시 발생하는 가연성가스이고, O_2는 연소를 돕는 조연성가스이며, 에탄(C_2H_6)은 자체가 가연성가스(연소하는 가스)이다.

2과목 소방유체역학

✔ 이것이 혁신이다! 기출문제 + 답이색해설

계산 없는 단순 암기형 ★★★★★

21 다음 중 열역학 제1법칙에 관한 설명으로 옳은 것은?

① 열은 그 자신만으로 저온에서 고온으로 이동할 수 없다.
   열역학 제2법칙
② 일은 열로 변환시킬 수 있고 열은 일로 변환시킬 수 있다.
③ 사이클 과정에서 열이 모두 일로 변환할 수 없다.
   열역학 제2법칙
④ 열평형 상태에 있는 물체의 온도는 같다.
   열역학 제0법칙

- **열역학 제0법칙** (열평형의 법칙, 온도평형의 법칙) : 고온에서 저온으로 열이 이동하여 결국 고온 = 저온 [열평형]
- **열역학 제1법칙** (에너지보존의 법칙) : 열량(Q) ⇆ 일(W)
  - 열은 본질적으로 에너지의 일종이며, **열과 일은 상호 변환이 가능**하다. 즉 일은 열로 변환시킬 수 있고, 열 또한 일로 변환 시킬 수 있다는 법칙
  - 에너지변환의 양적관계를 명시한 것으로 가역적(되돌아 갈 수 있는)인 법칙이다.
- **열역학 제2법칙** (비가역의 법칙, 엔트로피 증가의 법칙, 자발적변화의 방향)
  - 열은 스스로(그 자신만으로) 저온에서 고온으로 이동할 수 없다. ∴ 고온 → 저온
    열은 고온열원에서 저온의 물체로 이동하나, 반대로 스스로 돌아갈 수 없는 비가역 변화이다.
  - 일 $\underset{\triangle}{\overset{\bigcirc}{\rightleftarrows}}$ 열 비가역적, 자연적인 법칙, 자발성의 방향(질서 → 무질서)

    실제적으로 일의 열로의 변환은 쉽게 일어나는 현상이지만, (카르노)사이클 과정에서 열이 모두 일로 변화할 수 없다.
- **열역학 제3법칙** (절대영도 법칙)
  어떤 이상적인 방법으로든 어떤 계를 **절대영도**(절대0도) [0K(켈빈), −273.15℃]에 이르게 할 수 없다(내릴 수 없다)는 법칙

- 열역학 제0법칙 (열평형의 법칙, 온도평형의 법칙)
  ① 고온에서 저온으로 열이 이동하여 결국 고온 = 저온 [열평형]
  ② 열평형을 이룰 때 까지는 열의 이동이 있는데... 고온체는 열을 잃고 저온체는 열을 얻게 되면서, 서로의 온도가 같아 질 때 까지는 열이동이 발생한다.
  ③ 고온의 물체와 저온의 물체를 접촉시키면 고온에서 저온으로 열이 이동하여 일정 시간경과 후 상호 열적평형에 도달하게 된다는 법칙 = 두 물체의 온도가 서로 같으면 더 이상 변화하지 않는 상태 = 열평형 상태에 있는 물체의 온도는 같다.
  ④ 고온체인 A와 저온체인 B가 열평형(온도평형)을 이루었다. 또한 고온체인 A와 저온체인 C가 열평형(온도평형)을 이루었다. 그렇다면, B와 C는 결국 열평형 상태(같은 온도)가 된다는 당연한 이야기가 열평형(온도평형)의 법칙이다. 이 법칙이 **온도계의 원리를 제시하는 법칙**에 해당한다. $T_A = T_B$ 이고 $T_A = T_C$ 이면 $T_B = T_C$ 이다.

- 열역학 제1법칙 (에너지보존의 법칙)
  열역학 제1법칙은 에너지 보존의 법칙인데 열(Q) = 에너지(ΔU) + 일(W) 식이 성립하는 법칙

  열 ⟷ 일 (에너지(엔탈피))

  일을 하기 위해서는 에너지가 필요하고, 일을 하면 열이 발생한다. 또한 열을 가해서 일을 할 수 있고, 일을 해서 열을 낼 수 있다. 여기서 이 에너지가 엔탈피이다.
  아래는 모두 "열량(Q) ⇆ 일(W)" 을 표현한 것이다
  ① 열은 본질적으로 에너지의 일종이며, **열과 일은 상호 변환이 가능**하다. 즉 일은 열로 변환시킬 수 있고, 열 또한 일로 변환시킬 수 있다는 법칙
  ② 어떤 형태의 에너지가 다른 형태의 에너지로 전환되더라도 그것이 가진 총에너지양은 변하지 않는다.
  ③ 밀폐계가 임의의 사이클을 이룰 때 열전달의 총합은 이루어진 일의 총합과 같다.
  ④ 어떠한 밀폐계에 가한 일의 크기는 그 계의 열량변화량의 크기와 같다.
  ⑤ 사이클 과정에서 시스템(계)이 한 총 일은 시스템(계)이 받은 총 열량과 같다.
  ⑥ 에너지변환의 양적관계를 명시한 것으로 **가역적**(되돌아 갈 수 있는)인 법칙이다.
  ⑦ 열역학 제1법칙에 위배되는 기관을 제1종 영구기관이라 하는데, 입량보다 더 많은 일을 해내는 장치를 말한다.

- 열역학 제2법칙 (비가역의 법칙, 엔트로피 증가의 법칙, 자발적변화의 방향)
  ① 열은 스스로(그 자신만으로) 저온에서 고온으로 이동할 수 없다. ∴ 고온 → 저온
  열은 고온열원에서 저온의 물체로 이동하나, 반대로 스스로 돌아갈 수 없는 비가역 변화이다.

  ② 일 ⇄ 열 비가역적, 자연적인 법칙, **자발성의 방향**(질서 → 무질서)

  실제적으로 일의 열로의 변환은 쉽게 일어나는 현상이지만, 열이 일로 변환하는 데에는 어떠한 제한이 있다.
  ③ 열역학 제2법칙은 에너지 흐름의 법칙으로, **원래 상태로 되돌아 갈 수 없는 비가역적인 현상**을 말하고 있다.
  ④ 손바닥을 비비면 열이 나지만 반대로 손바닥에 열을 가한다고 해서 손바닥이 비벼지지 않는다. 이러한 현상을 설명할 수 있는 법칙이 열역학 제2법칙에 해당한다.
  ⑤ 일은 열로의 전환이 가능하나 열은 일로 전부 전환시킬 수 없다. 즉 **열효율 100%인 기관은 없다**.
  ⑥ (카르노)사이클 과정에서 열이 모두 일로 변화할 수 없다.
  ⑦ 열역학 **제2법칙에 위배되는 기관을 제2종 영구기관**이라고 한다. 제2종 영구기관은 열효율이 100%인 기관 또는 저온에서 고온으로 스스로 이동되는 기관을 말한다.

- 열역학 제3법칙 (절대영도 법칙)
  ① 어떤 이상적인 방법으로든 어떤 계를 **절대영도**(절대도) [0K(켈빈), $-273.15°C$]에 이르게 할 수 없다(내릴 수 없다)는 법칙
  ② 모든 순수한 고체 또는 액체의 엔트로피는 절대영도 부근에서 "0"에 근접한다는 법칙. 다시말해 절대영도에서 모든 순수물질의 엔트로피와 정압비열의 증가량은 0이 된다. 따라서 절대영도보다 높은 모든 순수물질은 양의 엔트로피를 갖게 된다.

복잡하고 어려운 계산형 ★

22 안지름 25mm, 길이 10m의 수평 파이프를 통해 비중 0.8, 점성계수는 $5×10^{-3}$ kg/m·s인 기름을 유량 $0.2×10^{-3}$ m³/s 로 수송하고자 할 때, 필요한 펌프의 최소 동력은 약 몇 W인가?
① 0.21   ② 0.58   ③ 0.77   ④ 0.81

해설
1. 펌프의 수동력 ☞ 펌프에 의해 물에 공급되는 동력.(유체에 실제로 주어지는 동력) 문제에서 전달계수와 펌프 효율이 주어지지 않았으므로 수동력을 묻는 문제로 해석된다.

$$P(kW) = \frac{H \cdot \gamma \cdot Q}{102} = \frac{H(\text{전양정})[m] \times \gamma(\text{비중량})[kgf/m^3] \times Q(\text{토출량})[m^3/sec]}{102}$$

- 토출량(Q) = 0.2×10^{-3} m³/s

2. 비중(무게의 비)

문제 조건인 비중 0.8인 물질의 비중량을 구해 펌프의 수동력 공식에 대입한다.

비교물질이 기준물질보다 무거운지 가벼운지 비교하는 것. 모든 액체는 4℃의 물의 밀도와 그 무게를 비교한다. 만일 중력가속도가 $9.8\,m/sec^2$이라고 가정한다면 밀도와 비중량은 동일한 값이 된다.

$$S(\text{액체비중}) = \frac{\rho\,[\text{물질의 밀도}(kg/m^3)]}{\rho_w\,[\text{물의 밀도}(1000\,kg/m^3)]} = \frac{\gamma\,[\text{물질의 비중량}(kgf/m^3)]}{\gamma_w\,[\text{물의 비중량}(1000\,kgf/m^3 = 9800\,N/m^3 = 9.8\,kN/m^3)]}$$

*$1kgf = 9.8N$ *$1000N = 1kN$

$$S = \frac{\gamma}{\gamma_w} \rightarrow \gamma = S \times \gamma_w = 0.8 \times 1000\,kgf/m^3 = 800\,kgf/m^3, \quad *\text{밀도} = 800\,kg/m^3$$

3. 전양정(H)

전양정은 단위가 수두(m, mH_2O)이다. 따라서, 마찰손실(h_L)을 수두로 구하는 방정식인 **달시-와이스바하 방정식**을 통해 계산할 수 있다.

$$h_L(mH_2O) = f \frac{L(m)}{D(m)} \frac{V^2(m/sec)^2}{2g(m/sec^2)} \quad \text{마찰손실수두} = \text{관마찰계수} \times \frac{\text{직관의 길이}}{\text{배관의 직경}} \times \frac{\text{유속}^2}{2 \times \text{중력가속도}}$$

- 직관의 길이(L) = 10m
- 배관의 직경(안지름, D) = 25mm = 0.025m   *1000mm = 100cm = 1m
- 중력가속도(g) = $9.8\,m/s^2$
- 유속(V) = ? m/s
- 관마찰계수(f) = ?

① 유속(V)의 계산

유량의 단위가 m³/s 즉, 초당(sec) m³[체적=부피]이므로, 연속방정식 중 **체적유량(Q)**을 적용해… 유체의 속도(V)를 구한다.

연속방정식 중 체적유량(Q) ☞ $Q(\text{체적유량}, m^3/sec) = A(\text{배관의 단면적}, m^2) \times V(\text{유체속도}, m/sec)$

$$\therefore V = \frac{Q}{A} \rightarrow A = \frac{\pi \cdot D^2}{4} \quad *D=\text{직경(지름)} \rightarrow V = \frac{Q}{\frac{\pi \cdot D^2}{4}}$$

$$V = \frac{Q}{\frac{\pi \cdot D^2}{4}} = \frac{0.2 \times 10^{-3}\,m^3/sec}{\frac{\pi \times (0.025\,m)^2}{4}} = 0.407\,m/sec$$

② 관마찰계수(f)의 계산

아래 ③번에서 구한 레이놀즈수(ReNo)를 대입하여, 관마찰계수를 구한다.

$$\text{관마찰계수}(f) = \frac{64}{ReNo(\text{레이놀즈수})}$$

$$f = \frac{64}{ReNo} = \frac{64}{1628} = 0.0393$$

③ 레이놀즈수(ReNo)

문제 조건에서 주어진 점성계수(= 절대점성계수 = 절대점도) 5×10^{-3} kg/m·s를 이용하여 레이놀즈수를 구한다.

$$ReNo(\text{레이놀즈수}) = \frac{D(\text{직경}) \cdot V(\text{유속}) \cdot \rho(\text{밀도})}{\mu(\text{절대점도})} = \frac{m \times m/sec \times kg/m^3}{kg/m \cdot sec} = \frac{kg/m \cdot sec}{kg/m \cdot sec} = \text{단위없음}$$

$$ReNo = \frac{0.025\,m \times 0.407\,m/sec \times 800\,kg/m^3}{5 \times 10^{-3}\,kg/m \cdot sec} = 1628$$

④ 위에서 구한 값들을 대입하여 전양정(H)을 구한다.

$$h_L(m) = f \frac{L}{D} \frac{V^2}{2g} = 0.0393 \times \frac{10\,m}{0.025\,m} \times \frac{(0.407\,m/sec)^2}{2 \times 9.8\,m/sec^2} = 0.133\,m$$

4. 최종적으로 펌프의 최소 동력(W)을 구한다.

$$P(kW) = \frac{H \cdot \gamma \cdot Q}{102} = \frac{0.133\,m \times 800\,kgf/m^3 \times 0.2 \times 10^{-3}\,m^3/sec}{102} = 2.086 \times 10^{-4}\,kW = 0.208\,W \fallingdotseq 0.21\,W$$

전반적으로 쉬운 계산형 ★★

23 수은의 비중이 13.6일 때 수은의 비체적은 몇 m³/kg인가?

① $\frac{1}{13.6}$ ② $\frac{1}{13.6} \times 10^{-3}$ ③ 13.6   ④ 13.6×10^{-3}

비체적(m³/kg)은 밀도(kg/m³)의 역수로서... 1kg당 체적(m³)을 말하는 것이고, 체적(m³)은 전체체적을 말하는 것이다.
수은의 비중을 대입하여 밀도를 구한 후, 비체적을 계산한다.

1. 비중(S) = 무게의 비 → 13.6   * S(액체비중) = $\frac{\rho[\text{물질의 밀도}(kg/m^3)]}{\rho_w[\text{물의 밀도}(1000\,kg/m^3)]}$

2. 밀도(ρ) → $S(13.6) = \frac{\rho[\text{물질의 밀도}]}{\rho_w[\text{물의 밀도}(1000\,kg/m^3)]}$ ∴ $\rho[\text{물질의 밀도}] = 13.6 \times 1000\,kg/m^3 = 13{,}600\,kg/m^3$

3. 비체적(V_s) → 비체적은 밀도의 역수이므로... $V_s = \frac{1}{\rho(\text{밀도})} = \frac{1}{13{,}600} = \frac{1}{13.6 \times 10^3} = \frac{1}{13.6} \times 10^{-3}\,m^3/kg$

※ 지문 ② $\frac{1}{13.6} \times 10^{-3}$ 를 계산기로 입력하면... $\frac{1}{13{,}600}$ 이 도출된다.

포기해도 되는 계산형 포기해도 합격에 전혀 지장없는 문제

24 그림과 같은 U자관 차압 액주계에서 A와 B에 있는 유체는 물이고 그 중간에 유체는 수은(비중 13.6)이다. 또한, 그림에서 h₁=20cm, h₂=30cm, h₃=15cm일 때 A의 압력(P_A)와 B의 압력(P_B)의 차이($P_A - P_B$)는 약 몇 kPa인가?

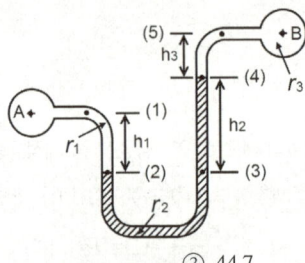

① 35.4   ② 39.5   ③ 44.7   ④ 49.8

본 문제는 이해과정이 복잡한 계산문제로서... 소방설비기사 실기시험에서 등장하지 않는 개념과 문제이므로, 공부하지 않고 포기하는 것이 더 현명합니다. 따라서 지면과 노력낭비를 방지하기 위하여 해설이 없습니다.

함께공부

$P_{(2)} = P_{(3)}$ [(2)지점과 (3)지점의 높이가 동일하여 압력(P)도 동일하다]   * $P_{(2)} = P_A + \gamma_1 h_1$ * $P_{(3)} = P_B + \gamma_3 h_3 + \gamma_2 h_2$

$P_A + \gamma_1 h_1 = P_B + \gamma_3 h_3 + \gamma_2 h_2$ → $P_A - P_B = \gamma_3 h_3 + \gamma_2 h_2 - \gamma_1 h_1$

$P_A - P_B = 9.8\,kN/m^3 \times 0.15m + 13.6 \times 9.8\,kN/m^3 \times 0.3m - 9.8\,kN/m^3 \times 0.2m = 39.49\,kN/m^2 ≒ 39.5\,kPa$

전반적으로 쉬운 계산형 ★★

25 평균유속 2m/s로 50L/s 유량의 물을 흐르게 하는데 필요한 관의 안지름은 약 몇 mm인가?

① 158   ② 168   ③ 178   ④ 188

유량을 묻는 문제의 단위가 L/s 즉, 초당(sec) L[리터=체적]으로 흐른다고 하였으므로, 연속방정식 중 **체적유량(Q)**의 식을 적용한다.

$$Q(\text{체적유량}, cm^3/\sec) = A(\text{배관의 단면적}, cm^2) \times V(\text{유체속도}, cm/\sec) \quad * A = \frac{\pi \cdot D^2}{4} \quad D=\text{직경(지름)}$$

1. 조건정리
   - 유체속도(V) = 2m/s
   - 체적유량(Q) = $50L/s = \frac{50L}{1s} \times \frac{1m^3}{1000L} = 0.05\,m^3/s$

2. 체적유량(Q)식을 직경(D) 중심으로 전개하여 대입한다.

$$Q = \frac{\pi \cdot D^2}{4} \times V \rightarrow D^2 = \frac{4Q}{\pi V} \rightarrow D = \sqrt{\frac{4Q}{\pi V}} = \sqrt{\frac{4 \times 0.05\,m^3/s}{\pi \times 2m/s}} = 0.178m = 178mm \quad *1000mm = 1m$$

함께공부

연속방정식

유체가 한 지점(①지점)에서 다른 지점(②지점)으로 정상유동할 때 ①지점의 질량과 ②지점의 질량은 언제나 동일하다는 방정식이다. 즉, 정상류 상태의 물의 흐름에 질량 보존의 법칙을 적용하여 얻어진 방정식이 연속방정식이다. 따라서 관속을 흐르는 물의 유량은 유입되는 유량과 유출되는 유량이 동일하다는 법칙이 적용된다.

$$Q(\text{체적유량}, m^3/\text{sec}) = A(\text{배관의 단면적}, m^2) \times V(\text{유속}, m/\text{sec})$$
$$Q_1 = Q_2$$
$$A_1 \cdot V_1 = A_2 \cdot V_2$$

전반적으로 쉬운 계산형 ★★

26 30℃에서 부피가 10L인 이상기체를 일정한 압력으로 0℃로 냉각시키면 부피는 약 몇 L로 변하는가?

① 3   ② 9   ③ 12   ④ 18

샤를의 법칙

압력(P)이 일정할 때, 기체의 체적(V)은 절대온도(T)에 비례한다. 쉽게 말해 압력의 변화가 없을 때 기체의 부피는 온도가 상승하면 커지고, 온도가 하강하면 작아진다는 의미이다.

$$\frac{V(\text{체적})}{T(\text{절대온도})} = \text{일정}$$

절대온도(T)와 체적(V)의 비는 항상 일정하므로 다음과 같은 식이 성립하며, 문제의 조건들을 각각 대입하면...

$$\frac{V_1(\text{처음 부피})}{T_1(\text{처음 절대온도})} = \frac{V_2(\text{나중 부피})}{T_2(\text{나중 절대온도})} \rightarrow V_2 = \frac{T_2}{T_1}V_1 = \frac{273K}{303K} \times 10L = 9L$$

- 처음 절대온도(T_1) = 273 + 30℃ = 303K
- 처음 부피(V_1) = 10L
- 나중 절대온도(T_2) = 273 + 0℃ = 273K
- 나중 부피(V_2) = ? L

함께공부

1. **보일의 법칙**
   온도가 일정할 때 기체의 체적은 절대압력에 반비례한다. 쉽게 말하면 **온도 변화가 없을 때** 기체의 부피는 압력이 커지면 작아지고, 압력이 작아지면 커진다는 의미이다.

   절대압력과(P)과 기체의 체적(V)의 곱은 항상 일정하므로 다음과 같은 식이 성립한다. $P_1 \cdot V_1 = P_2 \cdot V_2$ ∴ $V_2 = \frac{P_1}{P_2}V_1$

2. **샤를의 법칙**
   압력이 일정할 때 기체의 체적은 절대온도에 비례한다. 쉽게 말해 **압력의 변화가 없을 때** 기체의 부피는 온도가 상승하면 커지고, 온도가 하강하면 작아진다는 의미이다.

   절대온도(T)와 기체의 체적(V)의 비는 항상 일정하므로 다음과 같은 식이 성립한다. $\frac{V_1}{T_1} = \frac{V_2}{T_2}$ ∴ $V_2 = \frac{T_2}{T_1}V_1$

3. **보일-샤를의 법칙**
   기체의 체적은 절대온도에 비례하고, 절대압력에 반비례한다. 즉, 기체의 체적은 온도가 상승하면 증가하고, 압력이 커지면 감소한다.

   $\frac{PV}{T} = \text{일정}$ $\frac{P_1V_1}{T_1} = \frac{P_2V_2}{T_2}$ ∴ $V_2 = \frac{T_2 \cdot P_1}{T_1 \cdot P_2}V_1$

계산 없는 단순 암기형 ★★★★★

27 이상적인 카르노사이클의 과정인 단열압축과 등온압축의 엔트로피 변화에 관한 설명으로 옳은 것은?

① 등온압축의 경우 엔트로피 변화는 없고, 단열압축의 경우 엔트로피 변화는 감소한다.
② 등온압축의 경우 엔트로피 변화는 없고, 단열압축의 경우 엔트로피 변화는 증가한다.
③ 단열압축의 경우 엔트로피 변화는 없고, 등온압축의 경우 엔트로피 변화는 감소한다.
④ 단열압축의 경우 엔트로피 변화는 없고, 등온압축의 경우 엔트로피 변화는 증가한다.

카르노 사이클의 과정(P-V선도)

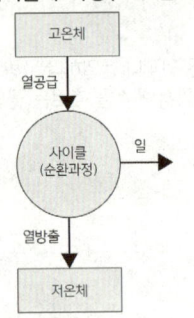

- 프랑스의 물리학자 사디 카르노(Sadi Carnot)가 제안한 이상적인 사이클(순환과정)로서, 등온변화(팽창, 압축) 2개와 단열변화(팽창, 압축) 2개로 이루어진 **가역과정**(되돌아 갈 수 있는 경우)의 가상 사이클을 말한다.
- 고온체에서 열을 공급받아 일로 변환하는 과정에서 에너지손실을 최소화하면서 공급열량을 최대로 유효하게 이용할 수 있는지에 대한 개념이 담긴 이상적인 가상 사이클이다.
- 내연기관, 증기기관 등 열기관(열을 일로 바꾸는 것)이 여기에 해당한다.
- 고온체에서 (+)의 열을 취하여 저온체로 이전한다.
- 주위에 대해 (+)의 일을 한다.

❶ 경로의 구분
- Ⓐ~Ⓑ~Ⓒ 경로 : 팽창경로(일을 하는 경로)
- Ⓒ~Ⓓ~Ⓐ 경로 : 압축경로(일을 받는 경로)
- Ⓐ~Ⓑ~Ⓒ~Ⓓ~Ⓐ 도형의 내부면적 만큼의 일을 수행함

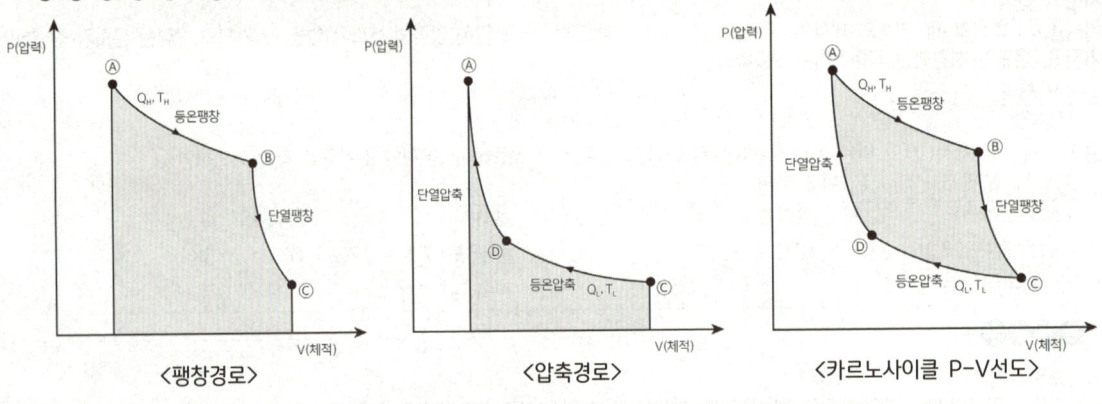

〈팽창경로〉　　　　〈압축경로〉　　　　〈카르노사이클 P-V선도〉

❶ Ⓐ~Ⓑ과정 등온팽창(고온 등온선, Q_H, T_H) ☞ 열 받고, 열 받은 만큼 일 함
- 고온체에서 열량(Q)을 받아 Ⓐ~Ⓑ로 가는 도중…
- 온도를 일정하게 유지시키면[등온], 고온으로 인해 부피(V)는 당연히 **팽창**된다.
- 부피(V)가 팽창되려면 압력(P)은 당연히 낮아져야 한다.
- 고온체에서 열이 공급되어, **고열상태**이므로 그만큼 손실되는 에너지도 증가한다는 의미이다. 따라서 **엔트로피**(S, 손실되는 에너지)도 **증가**하는 과정에 해당한다.

❷ Ⓑ~Ⓒ과정 단열팽창(단열선) ☞ 열 출입 없고, 일 함
- 고온열원을 제거한 후 Ⓑ~Ⓒ로 가는 도중…
- 열을 유지하기 위해 **단열시킨다**. 하지만, 열로 인해 부피(V)는 조금 더 **팽창**된다.
- 단열하였지만, 팽창됨으로 인해 **온도(T)는 낮아진다**.
- 단열상태로서 열량의 변화가 없으므로 **엔트로피의 변화**(ΔS)도 없는 과정[$\Delta S = 0$]에 해당한다.

❸ Ⓒ~Ⓓ과정 등온압축(저온 등온선, Q_L, T_L) ☞ 열 주고, 열 준 만큼 일 받음
- 단열체를 제거한 후 저온체에 접촉시켜 열량(Q)을 방출시킨 후 Ⓒ~Ⓓ로 가는 도중…
- 온도를 일정하게 유지시키면[등온], 저온으로 인해 부피(V)는 당연히 **압축**된다.
- 부피(V)가 압축되려면 압력(P)은 당연히 높아져야 한다.
- 저온체에 열을 방출하면, **저열상태**이므로 그만큼 손실되는 에너지도 감소한다는 의미이다. 따라서 **엔트로피**(S, 손실되는 에너지)도 **감소**하는 과정에 해당한다.

❹ Ⓓ~Ⓐ과정 단열압축(단열선) ☞ 열 출입 없고, 일 받음
- 저온열원을 제거한 후 Ⓓ~Ⓐ로 가는 도중…
- 열을 유지하기 위해 **단열시킨다**. 하지만, 저온으로 인해 부피(V)는 조금 더 **압축**된다.
- 부피(V)가 압축됨에 따라 **온도(T)는 높아진다**.
- 단열상태로서 열량의 변화가 없으므로 **엔트로피의 변화**(ΔS)도 없는 과정[$\Delta S = 0$]에 해당한다.

함께공부

1. **엔트로피(S)의 기본개념** ☞ 손실되는(버려지는) 에너지 = 일로 변환시킬 수 없는 에너지
   - 엔트로피(S)란 에너지의 변화나 전환을 의미하는데... 엔트로피(Entropy) = 에너지(Energy) + 변환(Tropy)
   - 루돌프 클라우지우스는 열은 저온에서 고온으로 스스로 이동할 수 없고, 고온에서 저온방향인 한쪽 방향으로만 흐른다는 개념[비가역적]을 만들고 여기에 변화를 뜻하는 고대 그리스어인 엔트로피라는 이름을 붙였다. ☞ **열역학 제2법칙**
   - 볼츠만은 엔트로피(ΔS)를 조금 더 쉽게 정의하였는데...... 계(system)내의 무질서의 정도[무질서도] (어지럽게 정리되는 않은)를 나타내는 상태량으로 정의하였다. 즉 무질서하면 무질서할수록 엔트로피가 높다는 것이다.
   - 자연현상에 있어서 무질서가 질서있게 바뀌는 것을 기대할 수 없다. 이것이 바로 엔트로피의 비가역성에 해당한다. 따라서 자연의 모든 현상은 엔트로피가 증가(무질서가 증가)하는 방향으로 일어난다.
   - 엔트로피를 이해하는데 있어 가장 중요한 개념은...
   엔트로피는 **자발성의 방향**[비가역적](자연적으로 발생되는 성질에 대한 방향)을 나타내기 위해 만들어낸 상태함수 라는 것이다. 즉 엔트로피가 높아지는(증가하는) 방향을 자발적인 방향으로 정의하였다.
   다시말해, 이 세상의 모든 **자발적인 반응**(자연적으로 발생되는 반응)은 엔트로피가 높아지는 것이다.
2. **엔트로피(S) 증가의 법칙**
   - 엔트로피는 **질서 있는 상태**(질서 있을 확률은 낮다)로부터 **무질서한 상태**(무질서할 확률이 더 높다)로 이동하는 것을 엔트로피 증가의 법칙이라 한다.
   - 분자운동의 활동이 적은 질서 있는 상태로부터, 분자운동의 활동이 높은 무질서한 상태로 이동해 가는 **자발적인 현상**
   - 잉크방울을 물에 떨어트리면 잉크방울이 모여있는 질서 있는 상태로부터, 잉크 방울이 물에 흩어지는 무질서한 상태로 변화하려고 하는 현상을 말한다.
   - 열역학 제2법칙을 표현할 때 다음과 같이 표현할 수 있다.
     - 모든 **자발적인 반응**은 엔트로피가 증가하는 방향으로 일어난다.
     - 언제나, 반응은 질서있게 정리되는 쪽보다는 **무질서하게 섞이는 방향**으로 일어난다.

전반적으로 쉬운 계산형 ★★

28 그림에서 물 탱크차가 받는 추력은 약 몇 N인가? (단, 노즐의 단면적은 0.03㎡이며, 탱크 내의 계기압력은 40kPa이다. 또한 노즐에서 마찰손실은 무시한다.)

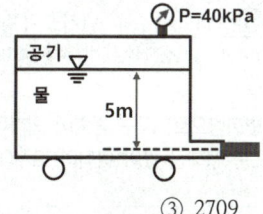

① 812　　② 1489　　③ 2709　　④ **5343**

탱크에 연결된 노즐에 의한 추력
$F(N) = \rho(밀도, kg/m^3) \cdot Q(유량, m^3/\sec) \cdot V(유속, m/\sec)$
$\quad = \rho \cdot A(단면적, m^2) \cdot V^2(m/\sec)^2$　　*$Q = A \cdot V$ 이므로... V가 2개가 되어 V^2
$\quad = \rho \cdot A \cdot \sqrt{2gh}^2 = \rho \times A \times 2 \times g \times h$　*토리첼리의정리 $V = \sqrt{2gh} = \sqrt{2 \times 중력가속도(9.8m/\sec^2) \times 수두(m)}$

1. **조건정리**
   - 물의 밀도(ρ) = $1000\, kg/m^3$
   - 노즐의 단면적(A) = 0.03㎡
   - 수두(h) = 수위차 5m + 물탱크 공기압 $40\,kPa \times \dfrac{10.332\,mH_2O}{101.325\,kPa}$ = 9.08m　*킬로 파스칼(kPa)의 표준대기압 = 101.325kPa
     → 표준대기압을 이용하여... 물탱크 공기압(kPa)를 수두(mH₂O)로 단위환산. 수두단위의 표준대기압은 10.332mH₂O 이다.

2. **물 탱크차가 받는 추력(N)**
   $= \rho \times A \times 2 \times g \times h = 1000\,kg/m^3 \times 0.03\,m^2 \times 2 \times 9.8\,m/s^2 \times 9.08\,m = 5339.04\,kg \cdot m/s^2 [= N]$

복잡하고 어려운 계산형 ★

29 비중이 0.877인 기름이 단면적이 변하는 원관을 흐르고 있으며 체적유량은 0.146 m³/s이다. A점에서는 안지름이 150mm, 압력이 91 kPa이고, B점에서는 안지름이 450mm, 압력이 60.3kPa이다. 또한 B점은 A점보다 3.66m 높은 곳에 위치한다. 기름이 A점에서 B점까지 흐르는 동안의 손실수두는 약 몇 m인가? (단, 물의 비중량은 9810 N/m³이다.)

① 3.3   ② 7.2   ③ 10.7   ④ 14.1

해설

1. 수정된 베르누이 방정식(베르누이의 실제 적용)

베르누이 방정식은 유체가 점성이 없다고 가정하였으나, 실제 유체는 점성을 가지고 있어 **마찰손실**(H_L)이 발생된다. 이에 따라 마찰손실이 발생된 만큼 베르누이 방정식에 반영하여야 한다.

베르누이 방정식 ☞ 전수두(전양정) = 압력수두 + 속도수두 + 위치수두 = 일정(Constant)

$$H(m) = \frac{P}{\gamma} + \frac{V^2}{2g} + Z = \frac{\text{압력}(kN/m^2)}{\text{물비중량}(9.8kN/m^3)} + \frac{\text{유속}^2(m/\sec)^2}{2\times \text{중력가속도}(9.8m/\sec^2)} + \text{높이}(m)$$

수정된 베르누이 방정식 ☞ $\frac{P_A}{\gamma} + \frac{V_A^2}{2g} + Z_A = \frac{P_B}{\gamma} + \frac{V_B^2}{2g} + Z_B + H_L$ (두 지점 사이의 마찰손실수두, m)

실제로 A지점과 B지점의 에너지는 A~B 구간에서 발생된 마찰손실(H_L) 때문에 동일하지 않을 것이다. 따라서 A~B 구간에서 발생된 마찰손실(H_L) 만큼 B지점에 더해주어야 A지점과 B지점의 에너지가 동일해질 것이다.

즉 문제에서 묻고 있는 "기름이 A점에서 B점까지 흐르는 동안의 손실수두(m)"는... 위 식의 H_L(마찰손실수두)를 구하는 문제이다. 따라서 아래와 같이 H_L(마찰손실수두) 중심으로 식을 전개한다.

$$H_L = \frac{P_A}{\gamma} - \frac{P_B}{\gamma} + \frac{V_A^2}{2g} - \frac{V_B^2}{2g} + Z_A - Z_B \quad \rightarrow \quad H_L = \frac{P_A - P_B}{\gamma} + \frac{V_A^2 - V_B^2}{2g} + Z_A - Z_B$$

2. 기름의 비중량

기름의 비중량(γ) = 액체비중(S) × 물의 비중량(γ_w) = 0.877 × 9.81 kN/m³

$$S(\text{액체비중}) = \frac{\rho[\text{기름의 밀도}(kg/m^3)]}{\rho_w[\text{물의 밀도}(1000kg/m^3)]} = \frac{\gamma[\text{기름의 비중량}(kN/m^3)]}{\gamma_w[\text{물의 비중량}(9810N/m^3 = 9.81kN/m^3)]} \quad *1000N = 1kN$$

3. 중력가속도(g)

- 중력에 의해 야기되는 단위시간당 물체의 속도변화량으로, 지구 중력에 의하여 지구상의 물체에 가해지는 가속도를 말한다.
- 일반적으로 $9.8m/\sec^2$를 사용하며, 중력가속도는 정해진 값이 아니라 고지대는 작아지고, 저지대는 커지는 즉 위치에 따라 변하는 값이다.

문제에서 물의 비중량을 9800 N/m³이 아닌 9810 N/m³으로 조건이 주어졌으므로, 중력가속도 또한 9.8m/s²이 아닌 다른 값이 되므로 별도로 계산하여야 한다.

- 물의 비중량(γ_w) = ρ(물의 밀도)×g(중력가속도) ➔ $g = \frac{\gamma}{\rho} = \frac{9810 kg/m^2 \cdot \sec^2 [\text{절대단위의 비중량}]}{1000 kg/m^3} = 9.81 m/\sec^2$

➔ 뉴턴(N)단위에서 중력단위의 비중량으로 변경[$1kgf = 9.8N$] $\frac{9810 N/m^3}{9.8 N/kgf} = 1001.020408 kgf/m^3$ [중력단위의 비중량]

➔ 절대단위의 비중량으로 변경[중력환산계수로 곱해준다] $1001.020408 kgf/m^3 \times 9.8 kg \cdot m/kgf \cdot s^2 = 9810 kg/m^2 \cdot s^2$

➔ 결과론적으로... 절대단위의 비중량[$9810 kg/m^2 \cdot s^2$] = SI단위의 비중량[$9810 N/m^3$]

➔ 위 과정을 보면 절대단위와 SI단위가 동일한 값을 가지므로... 과정은 크게 신경쓰지 않아도 된다.

4. 유속(V)의 계산

유량의 단위가 m³/s 즉, 초당(sec) m³[체적=부피]이므로, 연속방정식 중 **체적유량(Q)**을 적용해... 유체의 속도(V)를 구한다.

연속방정식 중 체적유량(Q) ☞ Q(체적유량, $m^3/\sec$) = A(배관의 단면적, m^2)× V(유체속도, $m/\sec$)

$$\therefore V = \frac{Q}{A} \quad \rightarrow \quad A = \frac{\pi \cdot D^2}{4} \quad *D=\text{직경(지름)} \quad \rightarrow \quad V = \frac{Q}{\frac{\pi \cdot D^2}{4}}$$

- 체적유량 = 0.146 m³/s
- Ⓐ지점 안지름(내경, D) = 150mm = 0.15m   *1000mm = 100cm = 1m
- Ⓑ지점 안지름(내경, D) = 450mm = 0.45m

Ⓐ지점의 유속 $V_A = \dfrac{Q}{\dfrac{\pi \cdot D^2}{4}} = \dfrac{0.146\,m^3/\text{sec}}{\dfrac{\pi \times (0.15m)^2}{4}} = 8.26\,m/\text{sec}$

Ⓑ지점의 유속 $V_B = \dfrac{Q}{\dfrac{\pi \cdot D^2}{4}} = \dfrac{0.146\,m^3/\text{sec}}{\dfrac{\pi \times (0.45m)^2}{4}} = 0.92\,m/\text{sec}$

5. 기름이 A점에서 B점까지 흐르는 동안의 손실수두(m)

$H_L = \dfrac{P_A - P_B}{\gamma} + \dfrac{V_A^2 - V_B^2}{2g} + Z_A - Z_B = \dfrac{91\,kN/m^2 - 60.3\,kN/m^2}{0.877 \times 9.81\,kN/m^3} + \dfrac{(8.26\,m/s)^2 - (0.92\,m/s)^2}{2 \times 9.81\,m/s^2} + 0m - 3.66m = 3.34m$

- A지점 압력(P) = 91kPa
- B지점 압력(P) = 60.3kPa
- B점은 A점보다 3.66m 높은 곳에 위치 = A지점(Z_A) 0m, B지점(Z_B) 3.66m

전반적으로 쉬운 계산형 ★★

30 그림과 같이 피스톤의 지름이 각각 25cm와 5cm이다. 작은 피스톤을 화살표 방향으로 20cm 만큼 움직일 경우 큰 피스톤이 움직이는 거리는 약 몇 mm인가? (단, 누설은 없고, 비압축성이라고 가정한다.)

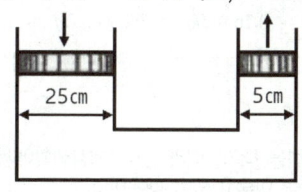

① 2   ② 4   ③ 8   ④ 10

1. 피스톤의 패킹에 어떠한 힘(F)이 가해져서… 어떠한 거리(L) 만큼… 일(W)을… 하였다. ☞ 일(W) = 힘(F) × 거리(L)
   $P(\text{압력}) = \dfrac{F(\text{힘})}{A(\text{면적})}$ ∴ $F = PA$
2. 25cm의 큰 직경에 작용하는 일(W_1)과, 5cm의 작은 직경에 작용하는 일(W_2)은 동일하다. ☞ $W_1 = W_2$
3. $W_1 = W_2$ → $F_1 L_1 = F_2 L_2$ → $P_1 A_1 L_1 = P_2 A_2 L_2$
   피스톤의 패킹이 같은 높이에서 수평을 이루고 있을 때, 25cm의 큰 직경에 작용하는 압력 P_1과, 5cm의 작은 직경에 작용하는 압력 P_2는 동일하다. 따라서 P_1과 P_2는 소거된다.
4. $A_1 L_1$(부피) $= A_2 L_2$(부피) * 면적(cm²)×길이(cm) = 부피(cm³) ➡ $\dfrac{\pi \times D_1^2}{4} L_1 = \dfrac{\pi \times D_2^2}{4} L_2$ → $D_1^2 \times L_1 = D_2^2 \times L_2$
   → $(25cm)^2 \times L_1 = (5cm)^2 \times 20cm$ ∴ $L_1 = 0.8cm = 8\,\text{mm}$ * 1cm = 10mm
   ※ 25cm의 큰 직경에서 0.8cm를 누르면, 5cm의 작은 직경에서는 20cm가 올라간다.
   ※ 큰 쪽의 피스톤에서 일정부피를 밀어내면… 작은 쪽의 피스톤에서 그 만큼의 동일한 부피가 채워진다.

전반적으로 쉬운 계산형 ★★

31 스프링클러 헤드의 방수압이 4배가 되면 방수량은 몇 배가 되는가?

① $\sqrt{2}$배   ② 2배   ③ 4배   ④ 8배

분사헤드에서 방수량을 측정하는 공식은 아래와 같다.
$$Q(\text{방수량}, \ell/\min) = K(\text{방출계수})\sqrt{10 \cdot P}(\text{방수압}, MPa)$$
* 표준형 스프링클러헤드의 속도계수 = 0.75, 헤드내경 = 12.7mm (15mm헤드)
* K(방출계수) $= 0.6597 \times 0.75 \times 12.7^2 ≒ 80$

1. $Q = 80\sqrt{10 \times 1} ≒ 253$
2. $Q = 80\sqrt{10 \times 4} ≒ 506$ ※ 방수압이 4배가 되면… 방수량은 253에서 2배가 늘어 506이 됨을 알 수 있다.

소방설비기사 기계 필기 | Engineer Fire Protection System

계산 없는 단순 암기형 ★★★★★

32 다음 중 표준대기압인 1기압에 가장 가까운 것은?

① 860 mmHg   ② 10.33 mAq   ③ 101.325 bar   ④ 1.0332 kgf/㎡
  760   1.01325   10332

1기압의 표준대기압 중 ②번[10.33mAq(아쿠아)]만 맞는 수치이고, 나머지는 모두 틀린 수치이다.

표준대기압 단위의 종류

1. 단위면적당 작용하는 힘의 단위에 따라 생성된 표준대기압의 종류 $P = \dfrac{F}{A}$

$$1\,atm = 1.0332\,kgf/cm^2 = 10332\,kgf/m^2$$
$$= 101325\,N/m^2\,(Pa,\,파스칼) = 101.325\,kN/m^2\,(kPa,\,킬로\,파스칼) = 0.101325\,MN/m^2\,(MPa,\,메가\,파스칼)$$
$$= 14.7\,\ell bf/in^2\,(=PSI)$$
$$= 1.01325\,bar(바) = 1013.25\,mbar(밀리바)\quad *1\,bar = 10^{-5}\,N/㎡\,(Pa) = 1.01325\,bar$$

2. 유체의 비중량에 따라 생성된 표준대기압의 종류 $P = \gamma \cdot h$

- $h = \dfrac{P}{\gamma} = \dfrac{10332\,kgf/m^2}{물의\,비중량\,1000\,kgf/m^3} = 10.332\,mH_2O\,(mAq) = 10332\,mmH_2O\,(mmAq)$

- $h = \dfrac{P}{\gamma} = \dfrac{10332\,kgf/m^2}{수은의\,비중량\,13,600\,kgf/m^3} = 0.76\,mHg = 760\,mmHg = 29.92\,inHg$

함께공부

대기압의 구분
지구를 둘러싸고 있는 공기의 무게가 누르는 압력을 대기압이라 한다. 일상생활에서 공기의 무게를 느끼지 못하는 것은 우리 인체 내의 압력이 대기압의 크기와 같아서 서로 평형을 이루고 있기 때문이다.
- 표준대기압 : 지구상의 해수면의 높이는 전 세계가 동일함으로 그 해수면으로부터 환산한 대기압을 표준 대기압이라고 한다.
- 국소대기압 : 대기압은 일반적으로 지표상의 위치와 고도 또는 기상상태에 따라 서로 다른 값을 가지는데 이 때 그 측정 장소에서의 실제 대기압을 국소대기압이라 한다.

전반적으로 쉬운 계산형 ★★

33 안지름 10㎝의 관로에서 마찰손실수두가 속도수두와 같다면 그 관로의 길이는 약 몇 m인가? (단, 관마찰계수는 0.03이다.)

① 1.58   ② 2.54   ③ 3.33   ④ 4.52

마찰손실을 수두(h_L, m, mH_2O)로 구하는 방정식인 **달시-와이스바하 방정식**을 통해 계산할 수 있다.

$$h_L(mH_2O) = f\,\dfrac{L(m)}{D(m)}\,\dfrac{V^2(m/\sec)^2}{2g(m/\sec^2)} \qquad 마찰손실수두 = 관마찰계수 \times \dfrac{직관의\,길이}{배관의\,직경} \times \dfrac{유속^2}{2\times중력가속도}$$

1. 조건정리
   - 마찰손실수두(h_L) = 속도수두($\dfrac{V^2}{2g}$)
   - 배관의 안지름(내경, D) = 10cm = 0.1m   *1000㎜ = 100㎝ = 1m
   - 관마찰계수(f) = 0.03
   - 관로(직관)의 길이 = ? m

2. 마찰손실수두(h_L)가 속도수두($\dfrac{V^2}{2g}$)와 같다고 하였으므로 양변에서 소거한 후... 관로(직관)의 길이(L) 중심으로 식을 세운다.

$$1 = f\,\dfrac{L}{D} \;\rightarrow\; L = \dfrac{D}{f} = \dfrac{0.1\,m}{0.03} = 3.33\,m$$

함께공부

베르누이 방정식 ☞ 전수두(전양정) = 압력수두 + 속도수두 + 위치수두 = 일정(Constant)

$$H(m) = \dfrac{P}{\gamma} + \dfrac{V^2}{2g} + Z = \dfrac{압력(kN/m^2)}{물비중량(9.8\,kN/m^3)} + \dfrac{유속^2(m/\sec)^2}{2\times중력가속도(9.8\,m/\sec^2)} + 높이(m)$$

* 물 비중량(γ) = $1000\,kgf/m^3$ = $9800\,N/m^3$ = $9.8\,kN/m^3$ *$1kgf = 9.8N$ *$1000N = 1kN$

> 계산 없는 단순 공식형 ★★★

34 원심식 송풍기에서 회전수를 변화시킬 때 동력변화를 구하는 식으로 옳은 것은? (단, 변화 전후의 회전수는 각각 N_1, N_2, 동력은 L_1, L_2이다.)

① $L_2 = L_1 \times \left(\dfrac{N_1}{N_2}\right)^3$ ② $L_2 = L_1 \times \left(\dfrac{N_1}{N_2}\right)^2$ ③ $L_2 = L_1 \times \left(\dfrac{N_2}{N_1}\right)^3$ ④ $L_2 = L_1 \times \left(\dfrac{N_2}{N_1}\right)^2$

> 송풍기의 회전수와 동력변화(축동력)와의 관계를 나타내는 법칙은 **"펌프의 상사법칙"** 이다. 상사법칙은 임펠러의 회전수(N, rpm) 및 임펠러의 직경(D)을 변화시켰을 때 유량[Q], 전양정(양정)[H], 축동력[L]이 각각 어떻게 변화하겠느냐의 문제이다.
> • 회전수와 동력과의 관계
> - **동력[L]**은 송풍기 회전수의 **3승**(N^3)에 비례한다.
> - 비례식으로 정리하면... L_1(변화전 동력) : N_1^3(변화전 회전수) = L_2(변화후 동력) : N_2^3(변화후 회전수)
> - 최종식으로 정리하면... * $L_1 = \left(\dfrac{N_1}{N_2}\right)^3 \times L_2$ * $L_2 = \left(\dfrac{N_2}{N_1}\right)^3 \times L_1$

암기법 유량 양정 축동력   회전수1승2승3승   직경3승2승5승 ➡ **유양축   회123 직325**

함께공부

펌프의 상사법칙
- 상사(相似)라는 사전적 의미는 서로 모양이 비슷함. 닮음. 등의 뜻이 있다.
- 펌프의 용량이 다른 경우에도 비속도(비교회전도)가 같으면 이를 상사(相似)라고 한다.
- **유량, 양정, 축동력과의 관계**
  ① 유량[Q]은 펌프 회전수에 **정비례**하고, 임펠러 직경의 **3승**에 비례한다.
  ② 양정[H]은 펌프 회전수의 **2승**에 비례하고, 임펠러 직경의 **2승**에 비례한다.
  ③ 축동력[L]은 펌프 회전수의 **3승**에 비례하고, 임펠러 직경의 **5승**에 비례한다.

구분	운전조건	형상조건
유량 Q	회전수 N^1 비례	직경 D^3 비례
양정 H	N^2	D^2
축동력 L	N^3	D^5
비례식 정리		
$Q_1 : N_1 = Q_2 : N_2$		$Q_1 : D_1^3 = Q_2 : D_2^3$
$H_1 : N_1^2 = H_2 : N_2^2$		$H_1 : D_1^2 = H_2 : D_2^2$
$L_1 : N_1^3 = L_2 : N_2^3$		$L_1 : D_1^5 = L_2 : D_2^5$

- $Q_1 = \left(\dfrac{N_1}{N_2}\right) \times \left(\dfrac{D_1}{D_2}\right)^3 \times Q_2$ • $H_1 = \left(\dfrac{N_1}{N_2}\right)^2 \times \left(\dfrac{D_1}{D_2}\right)^2 \times H_2$ • $L_1 = \left(\dfrac{N_1}{N_2}\right)^3 \times \left(\dfrac{D_1}{D_2}\right)^5 \times L_2$

- $Q_2 = \left(\dfrac{N_2}{N_1}\right) \times \left(\dfrac{D_2}{D_1}\right)^3 \times Q_1$ • $H_2 = \left(\dfrac{N_2}{N_1}\right)^2 \times \left(\dfrac{D_2}{D_1}\right)^2 \times H_1$ • $L_2 = \left(\dfrac{N_2}{N_1}\right)^3 \times \left(\dfrac{D_2}{D_1}\right)^5 \times L_1$

> 다소 어려운 계산형 ★

35 그림과 같은 1/4원형의 수문(水門) AB가 받는 수평성분 힘(F_H)과 수직성분 힘(F_V)은 각각 약 몇 kN인가? (단, 수문의 반지름은 2m이고, 폭은 3m이다.)

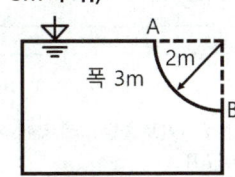

① $F_H = 24.4$, $F_V = 46.2$ ② $F_H = 24.4$, $F_V = 92.4$ ③ $F_H = 58.8$, $F_V = 46.2$ ④ **$F_H = 58.8$, $F_V = 92.4$**

> 곡면AB는 수직으로 세워진 수문이다. 이 수문에 물의 압력이 수평과 수직으로 작용하고 있다. 이 때 이 수문이 받는 힘을 kN의 값으로 구하는 문제이다.
> 1. 조건정리
> • 물 비중량(γ) = $1000 kgf/m^3$ = $9800 N/m^3$ = $9.8 kN/m^3$ *$1kgf = 9.8N$ *$1000N = 1kN$

- 수문의 면적(A) ☞ 그림상에서 측면으로 보면 곡면이지만, 수조의 내부에서 보면 수문이 폭3m 높이2m의 직사각형 형태로 힘을 받고 있다. ∴ 폭3m × 높이2m = 6m²
- 수문이 받는 힘의 깊이(h) = 수문의 면적중심깊이($\frac{수문수직높이(2m)}{2}$) = 1m
- 수문의 체적(V) = 원의면적(㎡, πr^2파이×반지름²) × 폭(m) × 1/4원형 = $\pi \times 2^2 \times 3 \times \frac{1}{4}$ = 9.425㎥

2. **수평방향**으로 작용하는 **평균 힘의 크기**(F_H) = 힘의 수평성분의 크기
   $F_H [kN, 힘] = \gamma A h$ = 비중량(kN/m^3)×면적(m^2)×면적중심까지의 깊이(m) = $9.8 kN/m^3 \times 6m^2 \times 1m$ = $58.8 kN$

3. **수직방향**으로 작용하는 **평균 힘의 크기**(F_V) = 힘의 수직성분의 크기
   $F_V [kN, 힘] = \gamma V$ = 비중량(kN/m^3)×수문의 체적(m^3) = $9.8 kN/m^3 \times 9.425 m^3$ = $92.37 kN$

함께공부

수직면(경사면)에 작용하는 전압력 ➡ 수평방향으로 작용하는 평균 힘의 크기

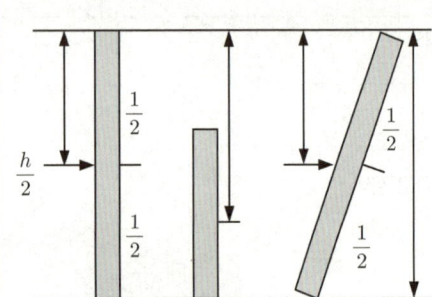

면적중심까지의 깊이 = $\frac{h}{2}$

$F = \gamma \cdot A \cdot h$
$= \gamma \cdot (b \times h) \cdot \frac{h}{2}$
$= \frac{\gamma \cdot (b \times h) \cdot h}{2}$

전반적으로 쉬운 계산형 ★★

36 펌프 중심으로부터 2m 아래에 있는 물을 펌프 중심으로부터 15m 위에 있는 송출수면으로 양수하려 한다. 관로의 전 손실수두가 6m이고, 송출수량이 1㎥/min 라면 필요한 펌프의 동력은 약 몇 W인가?

① 2777 ② 3103 ③ 3430 ④ **3757**

펌프의 **수동력** ☞ 펌프에 의해 물에 공급되는 동력(유체에 실제로 주어지는 동력) 문제에서 전달계수와 펌프 효율이 주어지지 않았으므로 수동력을 묻는 문제로 해석된다.

$$P(kW) = \frac{H \cdot \gamma \cdot Q}{102} = \frac{H(전양정)[m] \times \gamma(물 비중량)[1000 kgf/m^3] \times Q(토출량)[m^3/\sec]}{102}$$

1. 조건정리
   - 전양정(H) = 흡입실양정 2m(펌프 중심으로부터 2m 아래에 있는 물) + 토출실양정 15m(펌프 중심으로부터 15m 위에 있는 송출수면)
     + 마찰손실수두 6m(관로의 전 손실수두가 6m) = 23m
   - 토출량(Q) = $1 m^3/min$ = $\frac{1 m^3}{min} \times \frac{1 min}{60 \sec}$ = $m^3/\sec$

   *수치를 여기에서 계산하면 매우 복잡하므로, 펌프 동력 공식에 "60"을 분모에 그대로 반영하면 변경된 단위(m³/s)로 적용된다.

2. 수동력(P)의 계산 = ? W
   $$P(kW) = \frac{23m \times 1000 kgf/m^3 \times 1 m^3/\sec}{102 \times 60} = 3.758 kW = 3758 W \quad *1kW = 1000W$$

함께공부

1. 펌프 동력(kW)의 계산
   = $H(전양정)[m] \times \gamma(물 비중량)[1000 kgf/m^3] \times Q(토출량)[m^3/\sec]$ = kW
   = $kgf \cdot m/\sec$ (힘×속도 = 중력단위의 동력) = kW

2. 펌프의 **전달**(소요, 모터, 전동기) 동력(P) ☞ 펌프의 구동에 이용되는 동력
   $kW = \frac{H \cdot \gamma \cdot Q}{\eta_p(효율) \times 102} \times K$ $HP = \frac{H \cdot \gamma \cdot Q}{\eta_p(효율) \times 76} \times K$ $PS = \frac{H \cdot \gamma \cdot Q}{\eta_p(효율) \times 75} \times K$

   * K(전달계수) ① 전동기 : 1.1 ② 내연기관 : 1.15 ~ 1.2

3. 펌프의 **축동력** ☞ 펌프의 운전에 필요한 실제동력. 따라서 전달계수를 빼고 계산한다.

$$kW = \frac{H \cdot \gamma \cdot Q}{\eta_p(효율) \times 102} \qquad HP = \frac{H \cdot \gamma \cdot Q}{\eta_p(효율) \times 76} \qquad PS = \frac{H \cdot \gamma \cdot Q}{\eta_p(효율) \times 75}$$

4. 펌프의 **수동력** ☞ 펌프에 의해 **물에 공급되는** 동력(유체에 실제로 주어지는 동력). 따라서 펌프효율은 의미가 없다.

$$kW = \frac{H \cdot \gamma \cdot Q}{102} \qquad HP = \frac{H \cdot \gamma \cdot Q}{76} \qquad PS = \frac{H \cdot \gamma \cdot Q}{75}$$

5. 단위의 변환
   - 물의 비중량(γ) = $\frac{1000\,kgf/m^3}{102}$ = $\frac{9800\,N/m^3}{102 \times 9.8}$ = $\frac{9800\,N/m^3}{1000}$ = $\frac{\gamma}{1000}$ $* 1kgf = 9.8N$
   - 토출량(Q) = $\frac{1\,m^3}{1\text{sec}} \times \frac{60\text{sec}}{1\text{min}}$ = $60\,[m^3/\text{min}]$ ➔ $\frac{60\,[m^3/\text{min}]}{1}$ = $\frac{m^3/\text{min}}{60}$ = $\frac{Q}{60}$ *1분을 60으로 나눠주면 1초가 된다.

   ∴ $P[kW] = \frac{H \cdot \gamma \cdot Q}{1000 \times 60} = \frac{H[m] \times 9800[N/m^3] \times Q[m^3/\text{min}]}{1000 \times 60} = 0.163HQ$

계산 없는 단순 암기형 ★★★★★

37 일반적인 배관 시스템에서 발생되는 손실을 주손실과 부차적 손실로 구분할 때 다음 중 주손실에 속하는 것은?

① **직관에서 발생하는 마찰 손실**
② 파이프 입구와 출구에서의 손실
③ 단면의 확대 및 축소에 의한 손실
④ 배관부품(엘보, 리턴밴드, 티, 리듀서, 유니언, 밸브 등)에서 발생하는 손실

실제 유체는 점성을 가지므로 유체가 유동할 때 배관의 접촉면에 마찰이 발생하고 그에 따라 에너지의 손실이 발생하는데 그 손실이 마찰손실이다.

$$\text{마찰손실}(h_L,\ m) = \text{주(직관)손실} + \text{부차적(미소)손실}$$

1. **주손실** : 직관에서 발생하는 마찰 손실(직선 원관 내의 손실)
2. **부차적손실** : 직관 이외에서 발생되는 마찰손실
   - 배관부품(엘보, 리턴밴드, 티, 리듀서, 유니언, 밸브 등)에서 발생하는 손실
   - 곡선부에 의한 손실, 유동단면의 장애물에 의한 손실
   - 단면의 확대 및 축소에 의한 손실
     - 관 단면의 급격한 축소에 의한 손실(돌연축소관의 손실)
     - 관 단면의 급격한 확대에 의한 손실(돌연확대관의 손실)
   - 파이프(배관) 입구와 출구에서의 손실
     *파이프(배관)의 입구 모서리 부분에 의한 손실계수가 큰 순서
     ☞ 돌출 입구 > 날카로운 모서리(사각 모서리) > 약간 둥근 모서리 > 잘 다듬어진 모서리

암기탑! 직관(직선원관)손실을 제외한 모든 손실은 부차적 손실에 해당한다.

다소 어려운 계산형

38 온도차이 20℃, 열전도율 5W/(m·K), 두께 20cm인 벽을 통한 열유속(heat flux)과 온도차이 40℃, 열전도율 10W/(m·K), 두께 t인 같은 면적을 가진 벽을 통한 열유속이 같다면 두께 t는 약 몇 cm인가?
① 10   ② 20   ③ 40   ④ **80**

1. **열전도**란 온도가 높은 영역으로부터 낮은 영역으로 에너지가 이송되는 열흐름 메커니즘을 말하며, **Fourier**(푸리에)의 **전도법칙**에 따르면 열전달률(=전도열량=열유동률)[°q][단위 시간당 발생되는 열량(W=J/s)]은…

$$°q[W] = kA\frac{T_1 - T_2}{L} = k(\text{열전도도, 열전도계수}) \times A(\text{수열면적, 단면적})\frac{\Delta T(\text{내·외부의 온도차})}{L(\text{두께})}$$

2. **열유속**[°q''] : 흐름의 경로에 있어서 단위 면적당 발생되는 열유동률[°q]을 말한다. 따라서 열유속은 단위면적당 이므로 수열면적[A]을 "1"로 본다는 의미이다.

$$\frac{°q}{A}[= °q''\ W/m^2] = k\frac{\Delta T}{L}$$

3. 변화없는 처음상태 조건정리 및 열유속 계산
- 벽의 열전도율[k] = 5[W/m·K]
- 내·외부의 온도차[ΔT] = 절대온도(켈빈온도)[K]는… 20[℃] = 20[K]   *온도차는 273을 더한 켈빈온도와 섭씨온도가 동일하다.
- 벽의 두께(L)[m] = 20[cm] = 0.2[m]   *1000mm = 100cm = 1m
- 열유속[$\frac{\overset{\circ}{q}}{A}$] = ? W/㎡ → $\frac{q}{A}[W/m^2] = 5\,W/m\cdot K \times \frac{20K}{0.2m} = 500\,W/m^2$

4. 변화된 후 조건정리 및 두께 계산
- 벽의 열전도율[k] = 10[W/m·K]
- 내·외부의 온도차[ΔT] = 40[℃] = 40[K]
- 열유속[$\frac{\overset{\circ}{q}}{A} = \overset{\circ}{q}''$] = 500 W/㎡

조건이 변화된 후의 벽의 두께(L)[cm]를 계산하면… $L[m] = \frac{k \times \Delta T}{\overset{\circ}{q}''} = \frac{10\,W/m\cdot K \times 40K}{500\,W/m^2} = 0.8m = 80cm$

계산 없는 단순 암기형 ★★★★★

39 낙구식 점도계는 어떤 법칙을 이론적 근거로 하는가?
① **Stokes의 법칙**
② 열역학 제1법칙
③ Hagen-Poiseuille의 법칙
④ Boyle의 법칙

점성을 측정할 수 있는 계기의 종류

점도계의 원리	적용 법칙	점도계의 종류	암기
회전원통법	뉴턴(Newton)의 점성법칙	맥미셀(MacMichael, 맥미첼, 맥마이클, 맥마이첼) 점도계 스토머(Stomer) 점도계	뉴맥스
세관법	하겐-포아젤(Hagen-Poiseuille)의 법칙	세이볼트(Saybolt) 점도계 오스트발트(Ostwald, 오스왈트, 오스트왈드) 점도계 레드우드(Redwood) 점도계 앵글러(Engler) 점도계 바베이(Barbey) 점도계	하세오레앵바
낙구법	스토크스(Stokes) 법칙	낙구식 점도계	낙스

함께공부

- **열역학 제1법칙** (에너지보존의 법칙) : 열량(Q) ⇄ 일(W)
  - 열은 본질적으로 에너지의 일종이며, **열과 일은 상호 변환이 가능**하다. 즉 일은 열로 변환시킬 수 있고, 열 또한 일로 변환 시킬 수 있다는 법칙
  - 에너지변환의 양적관계를 명시한 것으로 **가역적**(되돌아 갈 수 있는)인 법칙이다.
- **전단응력과 속도분포의 관계를 나타내는 하겐-포아젤 방정식(Hagen-Poiseuille equation)**
  - 수평인 원형 관속에서 점성유체가 **층류 유동시에만** 적용되는 방정식
  - 전단응력은 관 중심에서 "0"이고 반지름에 비례하면서 관벽까지 직선적으로 증가한다.
  - 속도분포는 관벽에서 "0"이고 관의 중심에서 최고속도를 나타내는 포물선 형태를 그리면서 증가한다.
  - 즉, 전단응력과 속도분포는 반비례 형태이다.
  - 유량, 관경, 점성계수(절대점도), 배관길이, 압력강하(=압력손실), 최대유속, 평균유속, 손실수두 등의 관계식
- **보일(Boyle)의 법칙**
  - 온도가 일정할 때 기체의 체적은 절대압력에 반비례한다. 쉽게 말하면 **온도 변화가 없을 때 기체의 부피는 압력이 커지면 작아지고, 압력이 작아지면 커진다**는 의미이다.
  - 절대압력과(P)과 기체의 체적(V)의 곱은 항상 일정하므로 다음과 같은 식이 성립한다. $P_1 \cdot V_1 = P_2 \cdot V_2$ $\therefore V_2 = \frac{P_1}{P_2} V_1$

전반적으로 쉬운 계산형 ★★

40 지면으로부터 4m의 높이에 설치된 수평관 내로 물이 4m/s로 흐르고 있다. 물의 압력이 78.4 kPa인 관 내의 한 점에서 전수두는 지면을 기준으로 약 몇 m인가?

① 4.76　　　　② 6.24　　　　③ 8.82　　　　④ 12.81

베르누이 방정식 ☞ 전수두(전양정) = 압력수두 + 속도수두 + 위치수두 = 일정(Constant)

$$H(m) = \frac{P}{\gamma} + \frac{V^2}{2g} + Z = \frac{압력(kN/m^2 = kPa)}{물비중량(9.8kN/m^3)} + \frac{유속^2(m/sec)^2}{2 \times 중력가속도(9.8m/sec^2)} + 높이(m)$$

- 물의 압력(P) = 78.4kPa
- 물 비중량(γ) = $1000 kgf/m^3$ = $9800 N/m^3$ = $9.8 kN/m^3$　　*$1kgf = 9.8N$　*$1000N = 1kN$
- 유속(V) = 4m/s
- 중력가속도(g) = 9.8 m/s²
- 높이(Z) = 지면으로부터 4m의 높이

전수두 $H(m) = \frac{P}{\gamma} + \frac{V^2}{2g} + Z = \frac{78.4\,[kN/m^2 = kPa]}{9.8 kN/m^3} + \frac{(4m/sec)^2}{2 \times 9.8 m/sec^2} + 4m = 12.81\,m$

3과목　소방관계법규

✔ 이것이 핵심이다! 기출문제 + 답이색해설

숫자가 답인 문제 ★

41 화재의 예방 및 안전관리에 관한 법령상 소방관서장은 소방상 필요한 훈련 및 교육을 실시하려는 경우에는 **화재예방강화지구 안의 관계인에게 훈련 또는 교육 며칠 전까지 그 사실을 통보**해야 하는가?

① 5　　　　② 7　　　　③ 10　　　　④ 14

- 소방관서장은 화재예방강화지구 안의 관계인에 대하여 소방에 필요한 훈련 및 교육을 연 1회 이상 실시할 수 있다.
- 소방관서장은 훈련 및 교육을 실시하려는 경우에는 화재예방강화지구 안의 관계인에게 훈련 또는 교육 10일 전까지 그 사실을 통보해야 한다.

숫자가 답인 문제 ★★

42 특정소방대상물의 관계인이 **소방안전관리자를 해임한 경우 재선임 신고를 해야 하는 기준**은? (단, 해임한 날부터를 기준일로 한다.)

① 10일 이내　　② 20일 이내　　③ 30일 이내　　④ 40일 이내

소방안전관리자의 선임신고
소방안전관리대상물의 관계인은 소방안전관리자를 다음에서 정하는 날부터 30일 이내에 선임해야 한다.
- 소방안전관리자의 해임, 퇴직 등으로 해당 소방안전관리자의 업무가 종료된 경우
  → 소방안전관리자가 해임된 날, 퇴직한 날 등 근무를 종료한 날

문장이 답인 문제 ★★★

43 소방용수시설 중 소화전과 급수탑의 설치기준으로 틀린 것은?

① 급수탑 급수배관의 구경은 100㎜ 이상으로 할 것
② 소화전은 상수도와 연결하여 지하식 또는 지상식의 구조로 할 것
③ 소방용 호스와 연결하는 소화전의 연결금속구의 구경은 65㎜로 할 것
④ 급수탑의 개폐밸브는 지상에서 1.5m 이상 ~~1.8m~~ 이하의 위치에 설치할 것
　　　　　　　　　　　　　　　　　　　　　1.7m

> 급수탑의 개폐밸브 → 지상에서 1.5미터 이상 **1.7미터** 이하의 위치에 설치

당가탭! 내 키가 150cm(=1.5m)은 넘는데… 180cm(=1.8m)이 안된다. 따라서 높이 세워진 급수탑은… 170cm(=1.7m)

숫자가 답인 문제

44 경유의 저장량이 2000리터, 중유의 저장량이 4000리터, 등유의 저장량이 2000리터인 저장소에 있어서 지정수량의 배수는?

① 동일　　② 6배　　③ 3배　　④ 2배

> 위험물 지정수량의 배수 계산
>
> 지정수량 배수의 합 = $\dfrac{A품명의\ 저장량}{A품명의\ 지정수량} + \dfrac{B품명의\ 저장량}{B품명의\ 지정수량} + \cdots$
>
> $\dfrac{경유\ 저장량(2000L)}{경유\ 지정수량(1000L)} + \dfrac{중유\ 저장량(4000L)}{중유\ 지정수량(2000L)} + \dfrac{등유\ 저장량(2000L)}{등유\ 지정수량(1000L)} = 6배$

문장이 답인 문제 ★★★

45 소방기본법상 명령권자가 소방본부장, 소방서장 또는 소방대장에게 있는 사항은?

① 소방 활동을 할 때에 긴급한 경우에는 이웃한 소방본부장 또는 소방서장에게 소방업무의 응원을 요청할 수 있다.
② 화재, 재난·재해, 그 밖의 위급한 상황이 발생한 현장에서 소방활동을 위하여 필요할 때에는 그 관할구역에 사는 사람 또는 그 현장에 있는 사람으로 하여금 사람을 구출하는 일 또는 불을 끄거나 불이 번지지 아니하도록 하는 일을 하게 할 수 있다.
③ 화재가 발생하였을 때에는 화재의 원인 및 피해 등에 대한 조사를 하여야 한다.
④ 화재, 재난·재해, 그 밖의 위급한 상황이 발생하였을 때에는 소방대를 현장에 신속하게 출동시켜 화재진압과 인명구조·구급 등 소방에 필요한 활동을 하게 하여야 한다.

- **소방대장** → 소방본부장 또는 소방서장 등 화재, 재난·재해, 그 밖의 위급한 상황이 발생한 현장에서 소방대를 지휘하는 사람
- **소방본부장, 소방서장 또는 소방대장의 권한**
  ① 화재, 재난·재해, 그 밖의 위급한 상황이 발생한 **현장에 소방활동구역을 정하여** 소방활동에 필요한 사람으로서 **대통령령**으로 정하는 사람 외에는 그 구역에 **출입하는 것**을 제한할 수 있다. (소방대장 만의 권한)
  ② 화재 진압 등 소방활동을 위하여 필요할 때에는 소방용수 외에 **댐·저수지 또는 수영장 등의 물을 사용**하거나 수도의 개폐장치 등을 조작할 수 있다.
  ③ 화재, 재난·재해, 그 밖의 위급한 상황이 발생한 현장에서 소방활동을 위하여 **필요할 때에는 그 관할구역에 사는 사람 또는 그 현장에 있는 사람으로 하여금 사람을 구출하는 일 또는 불을 끄거나 불이 번지지 아니하도록 하는** 일을 하게 할 수 있다.
  ④ 소방활동을 위하여 긴급하게 출동할 때에는 소방자동차의 통행과 소방활동에 방해가 되는 **주차 또는 정차된 차량 및 물건 등을 제거하거나 이동시킬** 수 있다.
  ⑤ 사람을 구출하거나 불이 번지는 것을 막기 위하여 **필요할 때에는** 화재가 발생하거나 불이 번질 우려가 있는 **소방대상물 및 토지를 일시적으로 사용**하거나 그 사용의 제한 또는 소방활동에 필요한 처분을 할 수 있다.
  ⑥ 사람을 구출하거나 불이 번지는 것을 막기 위하여 **긴급하다고 인정할 때에는** 위 ⑤에 따른 소방대상물 또는 토지 외의 소방대상물과 토지에 대하여 위 ⑤에 따른 처분을 할 수 있다.

> **함께 공부**
> ① **소방본부장이나 소방서장은…** 소방활동을 할 때에 긴급한 경우에는 이웃한 소방본부장 또는 소방서장에게 소방업무의 응원을 요청할 수 있다. (소방대장의 권한이 아닌, 소방본부장이나 소방서장의 권한임)
> ③ **화재조사 전담부서의 설치·운영** → 화재의 원인과 피해 조사를 위하여 소방청, 시·도의 소방본부와 소방서에 화재조사를 전담하는 부서를 설치·운영한다. [조사권자 → **소방청, 시·도의 소방본부와 소방서의 장**]
> ④ **소방청장, 소방본부장 또는 소방서장은…** 화재, 재난·재해, 그 밖의 위급한 상황이 발생하였을 때에는 소방대를 현장에 신속하게 출동시켜 화재진압과 인명구조·구급 등 소방에 필요한 활동(소방활동)을 하게 하여야 한다.

> 단어가 답인 문제

46 화재가 발생하는 경우 인명 또는 재산의 피해가 클 것으로 예상되는 때 소방대상물의 개수·이전·제거, 사용의 금지 등의 필요한 조치를 명할 수 있는 자는?
① 시·도지사
② 의용소방대장
③ 기초자치단체장
④ 소방청장, 소방본부장 또는 소방서장

화재안전조사 결과에 따른 조치명령
소방관서장(소방청장, 소방본부장 또는 소방서장)은 화재안전조사 결과에 따른 소방대상물의 위치·구조·설비 또는 관리의 상황이 **화재예방**을 위하여 보완될 필요가 있거나 화재가 발생하면 인명 또는 재산의 피해가 클 것으로 예상되는 때에는 행정안전부령으로 정하는 바에 따라 관계인에게 그 소방대상물의 개수·이전·제거, 사용의 금지 또는 제한, 사용폐쇄, 공사의 정지 또는 중지, 그 밖에 **필요한 조치**를 명할 수 있다.

> 단어가 답인 문제

47 화재의 예방 및 안전관리에 관한 법령상 보일러, 난로, 건조설비, 가스·전기시설, 그 밖에 화재 발생 우려가 있는 대통령령으로 정하는 설비 또는 기구 등의 위치·구조 및 관리와 **화재 예방을 위하여 불을 사용할 때 지켜야 하는 사항**은 무엇으로 정하는가?
① 총리령
② 대통령령
③ 시·도 조례
④ 행정안전부령

1. 보일러, 난로, 건조설비, 가스·전기시설, 그 밖에 화재 발생 우려가 있는 대통령령으로 정하는 설비 또는 기구 등의 위치·구조 및 관리와 화재 예방을 위하여 불을 사용할 때 지켜야 하는 사항은 대통령령으로 정한다.
2. 화재의 예방 및 안전관리에 관한 법률 시행령 [별표 1] → 대통령령
   보일러 등의 설비 또는 기구 등의 위치·구조 및 관리와 화재예방을 위하여 불을 사용할 때 지켜야 하는 사항

> 숫자가 답인 문제 ★

48 아파트로 층수가 20층인 특정소방대상물에서 스프링클러설비를 설치해야 하는 층수는? (단, 아파트는 신축을 실시하는 경우이다.)
① 전층
② 15층 이상
③ 11층 이상
④ 6층 이상

- **특정소방대상물** : 건축물 등의 규모·용도 및 수용인원 등을 고려하여 소방시설을 설치하여야 하는 소방대상물로서 대통령령으로 정하는 것
- 층수가 6층 이상인 특정소방대상물의 경우에는 모든 층에 스프링클러설비를 설치해야 한다.

> 문장이 답인 문제 ★★★

49 소방기본법령상 소방본부 종합상황실 실장이 소방청의 종합상황실에 서면·팩스 또는 컴퓨터통신 등으로 보고하여야 하는 화재의 기준에 해당하지 않는 것은?
① 항구에 매어둔 총 톤수가 1000톤 이상인 선박에서 발생한 화재
② 연면적 15000㎡ 이상인 공장 또는 화재예방강화지구에서 발생한 화재
③ 지정수량의 <u>1000배</u> 이상의 위험물의 제조소·저장소·취급소에서 발생한 화재
　　　　　　3000배
④ 층수가 5층 이상이거나 병상이 30개 이상인 종합병원·정신병원·한방병원·요양소에서 발생한 화재

- **119 종합상황실의 설치와 운영** : 소방청장, 소방본부장 및 소방서장은 화재, 재난·재해, 그 밖에 구조·구급이 필요한 상황이 발생하였을 때에 신속한 소방활동을 위한 정보의 수집·분석과 판단·전파, 상황관리, 현장 지휘 및 조정·통제 등의 업무를 수행하기 위하여 119종합상황실을 설치·운영하여야 한다.
- **상급(소방서→소방본부→소방청) 종합상황실에 지체없이 보고해야 하는 화재 및 재난상황**
  - 층수가 **11층** 이상인 건축물에서 발생한 화재
  - 층수가 **5층** 이상이거나 객실이 **30실** 이상인 **숙박**시설에서 발생한 화재
  - 층수가 **5층** 이상이거나 병상이 **30개** 이상인 종합**병원**·정신병원·한방병원·요양소에서 발생한 화재
  - **항구**에 매어둔 총 톤수가 **1천톤** 이상인 **선박**에서 발생한 화재
  - **지정수량의 3천배** 이상의 위험물의 제조소·저장소·취급소에서 발생한 화재
  - 연면적 **1만5천제곱미터** 이상인 **공장** 또는 화재예방강화지구에서 발생한 화재

함께공부

상급(소방서→소방본부→소방청) 종합상황실에 지체없이 보고해야 하는 화재 및 재난상황

- 사람/재산 [암기팁 : 사망5인/사상10인, 재산50억, 이재민100인 ➡ 사5/10, 재50, 이100 ➡ 사오십, 재오십, 이백]
  - **사망자**가 **5인** 이상 발생하거나 **사상자**가 **10인** 이상 발생한 화재
  - **재산피해액**이 **50억원** 이상 발생한 화재
  - **이재민**이 **100인** 이상 발생한 화재
- 규모
  - 층수가 **11층** 이상인 건축물에서 발생한 화재
  - 층수가 **5층** 이상이거나 객실이 **30실** 이상인 **숙박**시설에서 발생한 화재
  - 층수가 **5층** 이상이거나 병상이 **30개** 이상인 종합**병**원·정신병원·한방병원·요양소에서 발생한 화재
  - **항구**에 매어둔 총 톤수가 **1천톤** 이상인 **선박**에서 발생한 화재
  - **지정수량**의 **3천배** 이상의 위험물의 제조소·저장소·취급소에서 발생한 화재
  - 연면적 **1만5천제곱미터** 이상인 **공장** 또는 화재예방강화지구에서 발생한 화재
- 장소 등
  - **관공서·학교·정부미도정공장**·문화재·지하철 또는 **지하구**의 화재
  - **관광호텔, 지하상가,** 시장, 백화점에서 발생한 화재
  - **철도차량, 항공기,** 발전소 또는 변전소에서 발생한 화재
  - 가스 및 화약류의 **폭발**에 의한 화재
  - **다중이용업소**의 화재
- 재난상황
  - 「긴급구조대응활동 및 현장지휘에 관한 규칙」에 의한 **통제단장**의 현장지휘가 필요한 재난상황
  - **언론**에 보도된 재난상황
  - 그 밖에 소방청장이 정하는 재난상황

문장이 답인 문제 ★★

50 소방시설 설치 및 관리에 관한 법령상 소방시설등에 대하여 스스로 점검을 하지 아니하거나 관리업자등으로 하여금 정기적으로 점검하게 하지 아니한 자에 대한 벌칙 기준으로 옳은 것은?

① 1년 이하의 징역 또는 1000만원 이하의 벌금
② 3년 이하의 징역 또는 1500만원 이하의 벌금
③ 3년 이하의 징역 또는 3000만원 이하의 벌금
④ 6개월 이하의 징역 또는 1000만원 이하의 벌금

- 특정소방대상물의 **관계인**은 그 대상물에 설치되어 있는 **소방시설등**이 이 법이나 이 법에 따른 명령 등에 **적합하게 설치·관리되고 있는지**에 대하여 **스스로 점검**하거나 점검능력 평가를 받은 관리업자 또는 행정안전부령으로 정하는 기술자격자("**관리업자등**"이라 한다)로 하여금 정기적으로 점검("**자체점검**"이라 한다)하게 하여야 한다.
- 위를 위반하여 소방시설등에 대하여 스스로 점검을 하지 아니하거나 관리업자등으로 하여금 정기적으로 점검하게 하지 아니한 자 ➡ **1년 이하의 징역** 또는 **1천만원 이하의 벌금**에 처한다.

숫자가 답인 문제 ★★★

51 화재의 예방 및 안전관리에 관한 법령상 특수가연물의 저장 및 취급기준 중 석탄·목탄류를 발전용 외의 것으로 저장하는 경우 쌓는 부분의 바닥면적은 몇 ㎡ 이하인가? (단, 살수설비를 설치하거나, 방사능력 범위에 해당 특수가연물이 포함되도록 대형수동식소화기를 설치하는 경우이다.)

① 200 ② 250 ③ 300 ④ 350

1. 화재가 발생하는 경우 불길이 빠르게 번지는 고무류·플라스틱류·석탄 및 목탄 등 대통령령으로 정하는 **화재의 확대가 빠른 특수가연물**은 품명별로 일정수량 이상의 가연물을 말한다.
2. 특수가연물을 품명별로 구분하여 기준에 맞게 쌓을 것(**쌓는 기준**)
   ① 살수설비를 설치하거나 방사능력 범위에 해당 특수가연물이 포함되도록 **대형수동식소화기를 설치**하는 경우
   - 높이 ➡ **15미터 이하**
   - 쌓는 부분의 바닥면적 ➡ 200제곱미터(석탄·목탄류의 경우에는 **300제곱미터**) 이하
   ② 그 밖의 경우
   - 높이 ➡ **10미터 이하**
   - 쌓는 부분의 바닥면적 ➡ 50제곱미터(석탄·목탄류의 경우에는 200제곱미터) 이하

> 단어가 답인 문제 ★

52 제3류 위험물 중 금수성 물품에 적응성이 있는 소화약제는?

① 물   ② 강화액   ③ 팽창질석   ④ 인산염류분말

제3류 위험물 ⇨ 자연발화성 및 금수성 물질 [황린제외 모두 금속]
황린(P_4)이 대표적인 자연발화성물질이고, 나머지는 모두 물에 급격히 반응하여 열을 발생하는 금속(금수성)으로서 칼륨, 나트륨, 리튬, 알루미늄 등이 해당된다.
금수성은 물은 금한다는 성질이므로 질식소화를 하여야 한다. **질식소화**(가연물이 연소할 때 공기 중의 산소농도를 15%이하로 떨어뜨려 연소를 중단시키는 소화 방법)의 방법으로서, 무기물(금속)화재시 가연물을 **마른모래(건조사)**, **팽창질석**, **팽창진주암**(가열해 부풀려 가볍게 만든 돌가루)으로 덮으면 산소가 차단되어 질식소화 된다.

> 함 께 공 부

② 강화액(Density Modifier) - 물의 소화력을 증대시키기 위하여 첨가하는 첨가제
- 한랭지에서도 사용할 수 있도록 탄산칼륨(K_2CO_3), 인산암모늄[$(NH)_4H_2PO_4$], 침투제 등을 첨가한 수용액
- 물의 밀도를 증가시킨 **밀도개선제**로 속불(심부)화재 (솜뭉치, 종이뭉치 등)에 효과가 크다.
④ 인산염류분말은 분말소화약제로서 일반화재, 유류화재, 전기화재 등에 적응성이 있다.

> 문장이 답인 문제 · ★★

53 화재의 예방 및 안전관리에 관한 법령상 화재안전조사위원회의 위원에 해당하지 아니하는 사람은?

① 소방기술사
② 소방시설관리사
③ 소방 관련 분야의 석사학위 이상을 취득한 사람
④ 소방 관련 법인 또는 단체에서 소방 관련 업무에 3년 이상 종사한 사람
　　　　　　　　　　　　　　　　　　　　　　　　　5년

화재안전조사위원회의 구성 : 화재안전조사위원회는 **위원장 1명을 포함하여 7명 이내의 위원**으로 성별을 고려하여 구성한다.
- 위원회의 **위원장은 소방관서장**이 된다.
- 위원회의 위원은 다음에 해당하는 사람 중에서 소방관서장이 임명하거나 위촉한다.
  - 과장급 직위 이상의 **소방공무원**
  - **소방기술사**
  - 소방시설**관리사**
  - 소방 관련 분야의 **석사 이상** 학위를 취득한 사람
  - **소방 관련 법인 또는 단체**에서 소방 관련 업무에 **5년 이상** 종사한 사람
  - 소방공무원 교육훈련기관, 고등교육법의 학교 또는 연구소에서 **소방과 관련한 교육 또는 연구**에 **5년 이상** 종사한 사람

> 단어가 답인 문제

54 화재안전조사 결과에 따른 조치명령으로 손실을 입어 손실을 보상하는 경우 그 손실을 입은 자는 누구와 손실보상을 협의하여야 하는가?

① 소방서장   ② 시·도지사   ③ 소방본부장   ④ 행정안전부장관

- **소방청장 또는 시·도지사**는 화재안전조사 결과에 따른 조치명령으로 인하여 손실을 입은 자가 있는 경우에는 대통령령으로 정하는 바에 따라 보상하여야 한다.
- 소방청장 또는 시·도지사가 손실을 보상하는 경우에는 **시가로 보상**해야 하며, **손실보상에 관하여는** 소방청장 또는 시·도지사와 **손실을 입은 자가 협의**해야 한다.

> 단어가 답인 문제

55 위험물운송자 자격을 취득하지 아니한 자가 위험물 이동탱크저장소 운전 시의 벌칙으로 옳은 것은?

① 100만원 이하의 벌금   ② 300만원 이하의 벌금   ③ 500만원 이하의 벌금   ④ 1000만원 이하의 벌금

운반용기에 수납된 위험물을 지정수량 이상으로 차량에 적재하여 운반하는 차량의 운전자(**위험물운반자**)는 국가기술자격법에 따른 위험물 분야의 자격을 취득할 것 → 이를 위반하여 요건을 갖추지 아니한 위험물운반자는 **1천만원 이하의 벌금**에 처한다.

> 문장이 답인 문제 ★★

56 1급 소방안전관리대상물이 아닌 것은?

① 15층인 특정소방대상물(아파트는 제외)
② 가연성가스를 2000톤 저장·취급하는 시설
③ 21층인 아파트로서 300세대인 것
④ 연면적 20,000㎡인 문화집회 및 운동시설

1급 소방안전관리대상물의 범위(특급 소방안전관리대상물은 제외)
- 30층 이상(지하층은 제외)이거나 지상으로부터 높이가 120미터 이상인 **아파트**
- 지상층의 층수가 11층 이상인 특정소방대상물(아파트는 제외) → ① 15층인 특정소방대상물(아파트는 제외)
- 연면적 1만5천제곱미터 이상인 특정소방대상물(아파트 및 연립주택은 제외) → ④ 연면적 20,000㎡인 문화집회 및 운동시설
- 가연성 가스를 1천톤 이상 저장·취급하는 시설 → ② 가연성가스를 2000톤 저장·취급하는 시설
※ 동·식물원, 철강 등 불연성 물품을 저장·취급하는 창고, 위험물 저장 및 처리 시설 중 제조소등과 지하구는 제외한다.

> 숫자가 답인 문제 ★

57 문화재보호법의 규정에 의한 유형문화재와 지정문화재에 있어서는 제조소 등과의 수평거리를 몇 m 이상 유지하여야 하는가?

① 20 ② 30 ③ 50 ④ 70

제조소(제6류 위험물을 취급하는 제조소는 제외)는, 건축물의 외벽 또는 이에 상당하는 공작물의 외측으로부터... 당해 제조소의 외벽 또는 이에 상당하는 공작물의 외측까지의 사이에, 수평거리(안전거리)를 두어야 한다.

대상	안전거리
사용전압 7,000V 초과 35,000V 이하의 특고압가공전선	3m 이상
사용전압 **35,000V 초과** 특고압가공전선	5m 이상
주거용으로 사용되는 것	10m 이상
고압가스, 액화석유가스 또는 **도시가스**를 저장 또는 취급하는 시설	20m 이상
학교, **병원**, 공연장, 영화상영관(300명이상 수용), 아동복지시설, 노인복지시설, 장애인복지시설, 한부모가족복지시설, 어린이집, 성매매피해자등을 위한 지원시설, 정신건강증진시설, 가정폭력방지 보호시설, 그밖의 20명 이상의 인원을 수용할 수 있는 것	30m 이상
유형문화재와 기념물 중 **지정문화재**	50m 이상

> 문장이 답인 문제 ★

58 다음 중 중급기술자의 학력·경력자에 대한 기준으로 옳은 것은? (단, "학력·경력자"란 고등학교·대학 또는 이와 같은 수준 이상의 교육기관의 소방 관련학과의 정해진 교육과정을 이수하고 졸업하거나 그 밖의 관계법령에 따라 국내 또는 외국에서 이와 같은 수준 이상의 학력이 있다고 인정되는 사람을 말한다)

① 고등학교를 졸업 후 <u>10년</u> 이상 소방 관련 업무를 수행한 자
            12년
② 학사학위를 취득한 후 6년 이상 소방 관련 업무를 수행한 자
③ 석사학위를 취득한 후 <u>2년</u> 이상 소방 관련 업무를 수행한 자
            3년
④ 박사학위를 <u>취득한 후</u> 1년 이상 소방 관련 업무를 수행한 자
        취득한 사람

학력·경력 등에 따른 기술등급(중급기술자)
- 박사학위를 취득한 사람
- 석사학위를 취득한 후 3년 이상 소방 관련 업무를 수행한 사람
- 학사학위를 취득한 후 6년 이상 소방 관련 업무를 수행한 사람
- 전문학사학위를 취득한 후 9년 이상 소방 관련 업무를 수행한 사람
- 고등학교 소방학과를 졸업한 후 10년 이상 소방 관련 업무를 수행한 사람
- 고등학교를 졸업한 후 12년 이상 소방 관련 업무를 수행한 사람

함께공부

학력·경력 등에 따른 기술등급(고급기술자)
- **박사**학위를 취득한 후 **1년** 이상 소방 관련 업무를 수행한 사람
- **석사**학위를 취득한 후 **6년** 이상 소방 관련 업무를 수행한 사람
- **학사**학위를 취득한 후 **9년** 이상 소방 관련 업무를 수행한 사람
- **전문학사**학위를 취득한 후 **12년** 이상 소방 관련 업무를 수행한 사람
- **고등**학교 **소방학과**를 졸업한 후 **13년** 이상 소방 관련 업무를 수행한 사람
- **고등**학교를 졸업한 후 **15년** 이상 소방 관련 업무를 수행한 사람

숫자가 답인 문제 ★★

59 소방시설공사업법령상 상주 공사감리 대상 기준 중 다음 ㉠, ㉡, ㉢에 알맞은 것은?

- 연면적 (㉠)제곱미터 이상의 특정소방대상물(아파트는 제외)에 대한 소방시설의 공사
- 지하층을 포함한 층수가 (㉡)층 이상으로서 (㉢)세대 이상인 아파트에 대한 소방시설의 공사

① ㉠ 1만, ㉡ 11, ㉢ 600
② ㉠ 1만, ㉡ 16, ㉢ 500
③ ㉠ 3만, ㉡ 11, ㉢ 600
④ ㉠ 3만, ㉡ 16, ㉢ 500

소방공사 감리의 종류 및 대상

종류	대상
상주 공사감리	1. 연면적 **3만**제곱미터 이상의 특정소방대상물(아파트는 제외한다)에 대한 소방시설의 공사 2. **지하층을 포함한 층수가 16층 이상으로서 500세대 이상인 아파트**에 대한 소방시설의 공사
일반 공사감리	상주 공사감리에 해당하지 않는 소방시설의 공사

1. 상주 공사감리원은 행정안전부령으로 정하는 기간 동안 공사 현장에 상주하여 법에 따른 업무를 수행하고 감리일지에 기록해야 한다.
2. 일반 공사감리원은 행정안전부령으로 정하는 기간 중에는 주 1회 이상 공사 현장에 배치되어 업무를 수행하고 감리일지에 기록해야 한다.

문장이 답인 문제 ★★

60 화재의 예방 및 안전관리에 관한 법령상 소방안전관리대상물의 소방안전관리자 업무가 아닌 것은?

① 소방훈련 및 교육
② 피난시설, 방화구획 및 방화시설의 관리 및 공사
   　　　　　　　　　　　　　　　　　없는 내용임
③ 자위소방대 및 초기대응체계의 구성, 운영 및 교육
④ 피난계획에 관한 사항과 대통령령으로 정하는 사항이 포함된 소방계획서의 작성 및 시행

소방안전관리자의 업무 중 공사업무는 없다.

함께공부

특정소방대상물의 **관계인**과 소방안전관리대상물의 **소방안전관리자는 다음의 업무를 수행**한다. 다만, 2·3·4·5의 업무는 소방안전관리대상물의 경우에만 해당한다.
1. **피**난시설, 방화구획 및 방화시설의 관리
2. **자**위소방대 및 초기대응체계의 구성, 운영 및 교육
3. 소방안전관리에 관한 **업**무수행에 관한 기록·유지
4. 피난**계**획에 관한 사항과 대통령령으로 정하는 사항이 포함된 소방계획서의 작성 및 시행
5. 소방**훈**련 및 교육
6. **화**기 취급의 감독
7. 소방시설이나 그 밖의 소방 관련 시설의 관리
8. 화재발생 시 초기대응
9. 그 밖에 소방안전관리에 필요한 업무

암기팁! 피자업계 훈화 소방화재

4과목 소방기계시설의 구조및원리

숫자가 답인 문제 ★

61 대형 이산화탄소 소화기의 소화약제 충전량은 얼마인가?
① 20kg 이상　② 30kg 이상　③ **50kg 이상**　④ 70kg 이상

- **소화기** : 소화약제를 압력에 따라 방사하는 기구로서, 사람이 수동으로 조작하여 소화약제를 방사하여 소화하는 것
  (소형소화기, 대형소화기)
- **소형소화기** : 능력단위가 1단위 이상이고 대형소화기의 능력단위 미만인 소화기
- **대형소화기** : 화재 시 사람이 운반할 수 있도록 운반대와 바퀴가 설치되어 있고 능력단위가 A급(일반화재) 10단위 이상, B급(유류화재) 20단위 이상인 소화기
- **능력단위** : 소화기 및 간이소화용구의 소화능력을 나타내는 수치로서, 법에 따라 형식승인된 수치. 이 능력단위를 산정하기 위해 모형에 의한 소화능력시험을 실시한다.

대형소화기에 충전하는 최소 소화약제의 충전량 기준

소화기 종류	중량(수치)	중량(단위)	암기법
물소화기	80	L	822 물분포
분말소화기	20	kg	(빨리~ 물분포 해서)
포소화기	20	L	
이산화탄소소화기	50	kg	5 이(오이가)
할로겐화합물소화기	30	kg	3 할(이면)
강화액소화기	60	L	6 강(이오)
		강물포 L(리터)	

암기팁! 빨리~ 물분포해서 오이가 3할이면 6강이오 ➡ 822물분포, 5이, 3할, 6강 / 강물포 리터 ➡ 강물포 L

숫자가 답인 문제 ★★★

62 개방형스프링클러설비에서 하나의 방수구역을 담당하는 헤드의 개수는 몇 개 이하로 해야 하는가? (단, 방수구역은 나누어져 있지 않고 하나의 구역으로 되어 있다.)
① 50　② 40　③ 30　④ 20

- **스프링클러설비** : 화재발생시 화재를 자동으로 감지하여 피난을 위한 경보를 발하고, 습식·건식·준비작동식·일제살수식 밸브가 개방되면, 유수의 흐름으로 인하여 펌프가 기동되고, 개방된 헤드를 통해 소화수를 방수하여 소화하는 자동식 수계소화설비
- **헤드** : 빗방울 형태로 대량으로 물을 뿌리면서 방수하는 역할을 하는 장치
  - **폐쇄형헤드** : 정상상태에서 방수구를 막고 있는 감열체가 일정온도에서 자동적으로 파괴·용해 또는 이탈됨으로써 방수구가 개방되는 헤드(화재시 개방된 헤드에서만 물이 방수된다)
  - **개방형헤드** : 감열체 없이 방수구가 항상 열려져 있는 헤드(화재시 설치된 모든 헤드에서 물이 방수된다)
- **방수구역(일제개방밸브 사용)**
  - 스프링클러설비 소화범위에 따라... 건물내 층별, 헤드수별(헤드 50개 이하)로 나누어진 하나의 영역을 말한다.
  - 개방형 스프링클러헤드를 사용하는(일제살수식) 설비의 구역을 방수구역이라 한다.
- **일제개방밸브** : 개방형스프링클러헤드를 사용하는 일제살수식 스프링클러설비에 설치하는 밸브로서 화재발생 시 자동 또는 수동식 기동장치에 따라 밸브가 열리는 것을 말한다.
- **일제살수식 스프링클러설비** : 가압송수장치에서 일제개방밸브 1차 측까지 배관 내에 항상 물이 가압되어 있고, 2차 측에서 개방형 스프링클러헤드까지 대기압으로 있다가, 화재발생시 자동감지장치 또는 수동식 기동장치의 작동으로 일제개방밸브가 개방되면, 스프링클러헤드까지 소화용수가 송수되어, 하나의 방수구역 내 전체 헤드에서 일제히 살수하는 방식의 스프링클러설비

하나의 방수구역을 담당하는 헤드의 개수는 **50개 이하**로 할 것.
다만, 2개 이상의 방수구역으로 나눌 경우에는 하나의 방수구역을 담당하는 헤드의 개수는 25개 이상으로 할 것

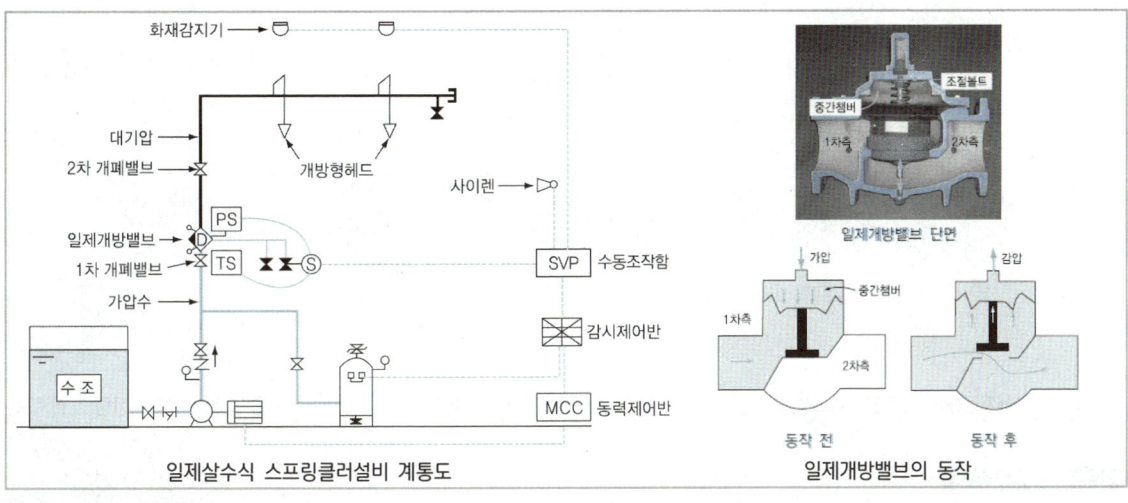

일제살수식 스프링클러설비 계통도 / 일제개방밸브의 동작

> 문장이 답인 문제 ★★★

63 분말소화설비의 가압용 가스용기에 대한 설명으로 틀린 것은?

① 가압가스 용기를 3병 이상 설치한 경우에는 2개 이상의 용기에 전자개방밸브를 부착할 것
② 가압용가스 용기에는 2.5MPa 이하의 압력에서 조정이 가능한 압력조정기를 설치할 것
③ 가압용가스에 질소가스를 사용하는 것의 질소가스는 소화약제 1kg마다 <u>20L</u>(35℃에서 1기압의 압력상태로 환산한 것) 이상으로 할 것
   40L
④ 축압용가스에 질소가스를 사용하는 것의 질소가스는 소화약제 1kg에 대하여 10L(35℃에서 1기압의 압력상태로 환산한 것) 이상으로 할 것

- **분말소화설비** : 분말소화설비는 미세한 분말입자를 별도 추진가스(질소 또는 이산화탄소)의 압력으로 방사하여 소화하는 설비이다.
- **전자개방밸브(솔레노이드밸브)** : 전기식으로 분말설비를 기동시키는 설비에 사용되며… 솔레노이드밸브를 가압용기밸브에 직접 부착하여 감지기 신호에 의해 솔레노이드의 파괴침이 가압용기밸브의 봉판을 파괴하면 가압가스가 방출된다.
- **압력조정기** : 가압용 가스용기의 용기내 질소가스가 일반적으로 15MPa의 고압으로 충전되어 있으므로 이를 그대로 약제 저장용기 내로 공급하면 매우 위험하므로 사용압력인 1.5~2MPa로 감압하여 약제 저장용기에 보내주는 역할을 하는 것이 압력조정기이다.
- **가압방식**(압력을 가하여 약제를 이송하는 방식)에 따라 축압식설비(추진가스 약제용기내 같이)와 가압식설비(추진가스 별도용기에 따로)로 구분
- **가압용 가스용기** : 분말소화약제는 스스로의 압력으로 이송될 수 없으므로, 고압의 가압원이 필요하다. 그에 따라 자체 증기압력이 높은 가압용가스(질소 또는 이산화탄소)를 이용하여 분말을 이송해야 한다. 이 때 별도의 가압용 가스용기를 부설하여… 분말약제 탱크로 가스를 인입시켜 이송하는 방식을 가압식설비라 한다.

분말 1kg당 가압용가스 또는 축압용가스 저장량

1. **가압용가스**(별도 용기에 따로)
   ① 질소가스는 소화약제 1kg마다 40L(35℃에서 1기압의 압력상태로 환산한 것) 이상
   ② 이산화탄소는 소화약제 1kg에 대하여 20g에 배관의 청소에 필요한 양을 가산한 양 이상
2. **축압용가스**(분말탱크 내 같이)
   ① 질소가스는 소화약제 1kg에 대하여 10L(35℃에서 1기압의 압력상태로 환산한 것) 이상
   ② 이산화탄소는 소화약제 1kg에 대하여 20g에 배관의 청소에 필요한 양을 가산한 양 이상
3. 위의 내용 표로 정리

가스의 종류	질소(N_2) - 압축가스(기체상태)	이산화탄소(CO_2) - 액화가스(액체상태)
가압용 가스	40L	20g
축압용 가스	10L	20g
청소용 가스	규정없음	배관의 청소에 필요한 양을 가산

※ 이산화탄소는 액상에서 기화하여 분말을 이송함으로 인해… 배관내 분말체류 가능성이 높아 청소에 필요한 양을 가산한다.

암기탑! 가압용 40L와 축압용 10L는 질소이다. 이산화탄소와 또 이산화탄소는 20g이다. ➡ 가 40과, 축 10은 질소다. 이이는 20이다.

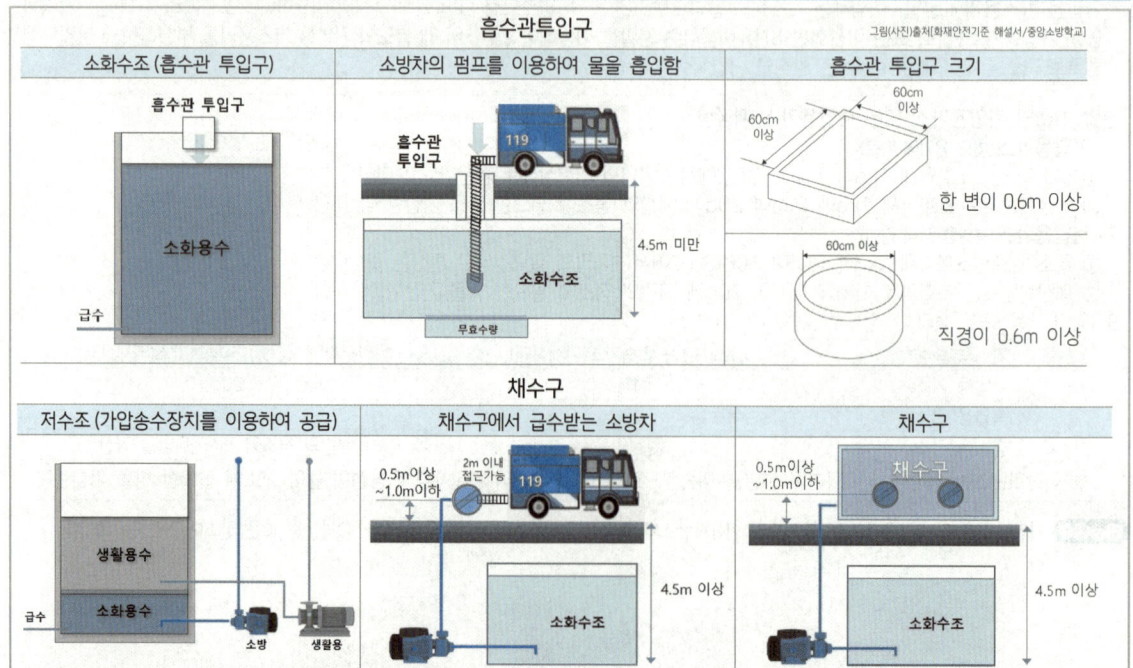

분말소화약제저장용기와 가압용가스용기　　분말소화설비 계통도　　분말소화약제 저장탱크 상세도

숫자가 답인 문제 ★★★

64 소화용수 설비의 소화수조가 옥상 또는 옥탑의 부분에 설치된 경우 지상에 설치된 채수구에서의 압력은 얼마 이상이어야 하는가?

① 0.15 MPa　　② 0.20 MPa　　③ 0.25 MPa　　④ 0.35 MPa

- **소화수조 또는 저수조** : 소방대가 화재진압시 사용하는 소방용수가 담긴 수조로서, 소화에 필요한 물을 항시 채워두는 것을 말한다.
- **소화수조(저수조)의 물을 소방차에 공급받는 방법**
  ① **흡수관 투입구** : 소방차에는 물을 흡입할 수 있는 흡수관이 있다. 이 흡수관을 **지하수조**에 직접 담궈서 물을 흡수할 수 있도록 만든 사각형(한 변이 0.6m 이상)이나 원형(직경이 0.6m 이상)의 **구멍(맨홀)**
  ② **채수구** : 소방차의 소방호스와 접결되는 흡입구(나사식 금속결합구)로서, 채수구를 통해 수화수조의 물을 소방차에 공급 받는다.
  　㉠ **옥상수조** : 옥상 또는 옥탑의 부분에 설치된 경우, 지상에 설치된 채수구에서의 압력이 0.15 MPa 이상이 되면 설치가능
  　㉡ **지하수조** : 소화수조에 별도의 펌프를 설치하여, 지하수조에서 연결된 배관을 통하여 채수구에서 물을 공급 받는다.

소화수조가 옥상(옥탑) 등 높은 부분에 설치된 경우
→ 물의 자연낙차압력(높이에 따른 압력)을 이용하여... 지상에 설치된 채수구에서 물을 공급받는다. 이 때 채수구에서의 압력이 0.15 MPa 이상이 되어야... 지상의 소방차와 연결된 호스를 통해 소방차로 물을 급수시킬 수 있다.
→ 채수구에서의 압력이 0.15 MPa 이상이 되려면... 이론적으로 낙차(높이)가 15m면 가능하다. 하지만, 배관, 밸브 등의 마찰손실로 인하여 그 보다 좀 더 높아야 할 것이다.

> 숫자가 답인 문제 ★

65 스프링클러소화설비의 배관 내 압력이 얼마 이상일 때 압력배관용 탄소강관을 사용해야 하는가?

① 0.1 MPa ② 0.5 MPa ③ 0.8 MPa ④ 1.2 MPa

- **스프링클러설비** : 화재발생시 화재를 자동으로 감지하여 피난을 위한 경보를 발하고, 습식·건식·준비작동식·일제살수식 밸브가 개방되면, 유수의 흐름으로 인하여 펌프가 기동되고, 개방된 헤드를 통해 소화수를 방수하여 소화하는 자동식 수계소화설비
- **배관** : 물이 이송되는 관
- **배관이음쇠** : 배관과 배관을 단순하게 연결시키거나(플랜지), 배관의 방향을 변경하거나(엘보), 배관을 분기시키거나(티), 배관의 지름을 바꾸거나(레듀서), 배관의 끝을 막는(플러그, 캡) 등의 작업을 수행하는 관이음 재료

1. 배관 내 사용압력이 **1.2MPa 미만(1.1MPa 이하)**일 경우 사용가능한 배관
   - **배관용** 탄소 강관(KS D 3507)
   - 이음매 없는 구리 및 구리합금 관(KS D 5301). 다만, 습식의 배관에 한한다.
   - 배관용 스테인리스 강관(KS D 3576) 또는 일반배관용 스테인리스 강관(KS D 3595)
   - 덕타일 주철관(KS D 4311)
2. 배관 내 사용압력이 **1.2MPa 이상**일 경우 사용가능한 배관
   - **압력 배관용** 탄소 강관(KS D 3562)
   - 배관용 **아크 용접** 탄소강 강관(KS D 3583)

> 압력배관용과 아크용접을 제외한 나머지는... ➡ 1.2MPa 미만에 해당

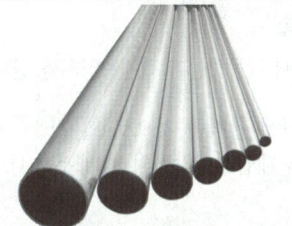
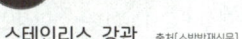
스테인리스 강관 출처[소방방재신문]

소방배관 예시(적색)

> 단어가 답인 문제

66 할론소화설비에서 국소방출방식의 경우 할론소화약제의 양을 산출하는 식은 다음과 같다. 여기서 A는 무엇을 의미하는가? (단, 가연물이 비산할 우려가 있는 경우로 가정한다.)

$$Q = X - Y\frac{a}{A}$$

① 방호공간의 벽면적의 합계 ② 창문이나 문의 틈새면적의 합계
③ 개구부 면적의 합계 ④ 방호대상물 주위에 설치된 벽의 면적의 합계

- **할론(Halon)소화설비** : 할론소화설비는 할로겐족원소(F, Cl, Br, I) 중 하나 이상을 포함하고 있는 할론2402($C_2F_4Br_2$), 할론 1211(CF_2ClBr), 할론1301(CF_3Br) 소화약제를 이용하여 화재를 진압하는 가스계 소화설비이다.
- **국소방출방식** : 고정식 할론 공급장치에 배관 및 분사헤드를 설치하여 **직접 화점**에 할론을 방출하는 설비로 **화재발생부분에만** 집중적으로 소화약제를 방출하도록 설치하는 방식
- **방호대상물** : 소화가 필요한 하나의 대상물

방호공간 1m³에 대한 할론 소화약제의 양$(Q, kg/m³) = X - Y\dfrac{a}{A}$

• X 및 Y

소화약제의 종별	X의 수치	Y의 수치
할론 2402	5.2	3.9
할론 1211	4.4	3.3
할론 1301	4.0	3.0

• a = 방호대상물의 주위에 설치된 벽의 면적의 합계(m²)
  → 실제 벽면적의 합
• A = 방호공간의 벽면적의 합계(m²)
  *벽이 없는 경우에는 벽이 있는 것으로 가정한 당해 부분의 면적
  → 방호공간 4면의 합
* 방호공간 : 방호대상물의 각 부분으로부터 0.6m의 거리에 따라 둘러싸인 공간 →

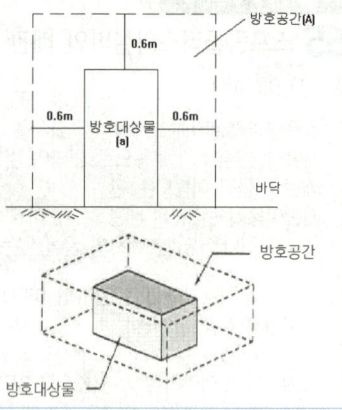

문장이 답인 문제 ★

67 이산화탄소 소화약제의 저장용기 설치기준 중 옳은 것은?

① 저장용기의 충전비는 고압식은 1.9 이상 2.3 이하, 저압식은 1.5 이상 1.9 이하로 할 것
   (1.5 이상 1.9 이하) (1.1 이상 1.4 이하)
② 저압식 저장용기에는 액면계 및 압력계와 2.1MPa 이상 1.7MPa 이하의 압력에서 작동하는 압력경보장치를 설치할 것
   (2.3MPa 이상 1.9MPa 이하)
③ **저장용기는 고압식은 25MPa 이상, 저압식은 3.5MPa 이상의 내압시험압력에 합격한 것으로 할 것**
④ 저압식 저장용기에는 내압시험압력의 1.8배의 압력에서 작동하는 안전밸브와 내압시험압력의 0.8배부터 내압시험
   압력에서 작동하는 봉판을 설치할 것 (0.64배부터 0.8배)

• **이산화탄소 소화설비** : 탄산가스(CO_2)를 소화약제로 이용하여 화재를 진압하는 가스계 소화설비로서 CO_2는 화학적으로 안정된 불연성가스이고, 화재실에 CO_2약제를 방출하면 공기중의 산소농도를 떨어뜨려 소화하는 질식소화가 대표적인 소화효과이다. 약제 저장방식(저장온도)에 따라 고압식설비와 저압식설비(영하 18°C이하)로 구분된다.
• **고압식** : CO_2를 고압으로 액화시켜 68ℓ의 비교적 작은 용기에, 여러 병을 실온에 저장하는 방식으로... 밸브 개방시 고압이 해정되면서 기화되어 방사된다.
• **저압식** : -18°C 이하에서 2.1MPa의 압력으로 CO_2를 액상으로 저장하는 방식으로... 언제나 -18°C를 유지해야 하므로 단열조치 및 자동냉동장치가 필요하며 약제용기는 대형저장탱크 1개를 사용한다.
  – **액면계** : 저장용기의 외부에 장치하여 그 속의 액면 높이를 외부에서 볼 수 있도록 유리로 만든 관
  – **압력계** : 저장용기 내의 액체 또는 기체의 압력이나, 중력에 의하여 생기는 압력을 측정하는 계기
  – **안전밸브** : 약제 저장용기와 선택밸브 사이 배관 도중에 설치하여... 저장용기의 용기밸브는 개방되었으나 선택밸브가 개방되지 아니하였을 때, 설비의 안전을 위하여 개방되는 안전장치이다.
  – **봉판** : 과도한 압력이 발생할 경우 파열되도록 설계된, 안전밸브의 배출구를 막고 있는 얇은 금속판

1. 충전비
   • 충전비(L/kg)는 충전하는 약제 무게(kg)당 용기체적(L)으로서, 이산화탄소소화약제 **고압식 저장용기의 충전비는... 1.5 이상 ~ 1.9 이하**에 해당한다. 충전비에 따른 이산화탄소소화약제를 68L의 일반적 용기에 얼마나 채울 수 있는지를 계산하면...

   $\dfrac{68L}{1.5L/kg} = 45kg$ ~ $\dfrac{68L}{1.9L/kg} = 35.8kg$ 즉, 고압식은 68L 용기에 35.8kg ~ 45kg 저장가능(충전비가 커지면 약제량 감소)

   • 저압식(대형저장탱크 1개에 소화약제 저장) 충전비는 1.1 이상 ~ 1.4 이하로 규정되어 있기 때문에... 고압식 보다 더 많은 양의 이산화탄소를 저장할 수 있다.
2. 압력경보장치
   → 저압식 저장용기는 -18°C에서 **2.1Mpa의 압력을 딱 맞게 유지**하여... 1.05Mpa의 압력으로 분사헤드에서 방사해야 한다.
   → 하지만, 압력이 1.9Mpa(-0.2Mpa)로 떨어지거나, 2.3Mpa(+0.2Mpa)로 높아지면 경보를 발하는 장치가 압력경보장치이다.
      (±0.2Mpa에서 작동)
3. 내압시험압력 : 얼마의 압력까지 용기가 견딜 수 있는지를 알아보는 시험
   → 고압식 저장용기는 **25MPa 이상** / 저압식 저장용기는 **3.5MPa 이상**

4. 저압식 저장용기에 설치하는 안전장치
- 안전밸브 작동압력
  → 내압시험압력의 **0.64배부터 ~ 0.8배**의 압력에서 작동
- 봉판 작동압력
  → 내압시험압력의 **0.8배부터 ~ 내압시험압력**에서 작동
- 안전밸브가 작동하여도 압력상승을 막기 어려울 때...
  봉판이 터져 저압식 저장용기의 폭발을 방지한다.

안전밸브

이산화탄소 소화설비 저장압력에 따른 분류

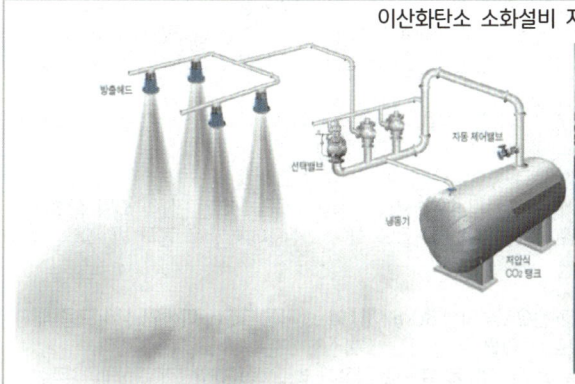

저압식 설비

고압식 설비

그림(사진)출처[소방청]

숫자가 답인 문제

68 포헤드를 정방형으로 설치 시 헤드와 벽과의 최대 이격거리는 약 몇 m인가?

① 1.48   ② 1.62   ③ 1.76   ④ 1.91

- **포소화설비** : 수조로부터 공급된 물과 포약제 저장탱크에서 공급된 포원액을, **혼합기(프로포셔너)**에서 믹싱해 포수용액을 만들어, 포 방출구에서 공기와 섞어진 후 발포되어 거품을 방사하는 형태의 소화설비로서 유류탱크 등 위험물에 주로 사용된다.
- **포소화설비의 분류**
  ① 고정식 포소화설비 → **포워터스프링클러설비**, **포헤드**설비, **고정포**방출설비(고발포용 고정포 방출구), **압축공기포**소화설비
  ② 이동식 포소화설비 → **호스릴**포소화설비, **포소화전**설비(포소화전 방수구·호스 및 이동식 포노즐을 사용하는 설비)
  ③ 위험물 옥외탱크 저장소 → **고정포**방출구(폼 챔버, 탱크내부), **보조포소화전**(방유제 밖)

1. 문제개념
   - 문제의 **포헤드**란... 천장 또는 반자에 설치되는, 포를 방사하는 **분사헤드를 통칭**하는 말이다.
   - 따라서 포헤드는... 천장 또는 반자에 헤드가 설치되는, 포워터스프링클러헤드, 포헤드, 압축공기포 분사헤드가 해당된다.
   - 그 중 문제에서 묻고 있는 것은... 포소화설비의 분사헤드를 천장 또는 반자에 설치하는 방식에 대한 문제이다.

2. 분사헤드의 정방형(정사각형) 배치
   ① 포헤드 상호간의 배치할 거리(S)를... 공식을 통해 먼저 구한다.
      S [포헤드 상호간의 거리(m)]
      = 2 × r [유효반경(2.1m)] × cos45°
      = 2 × 2.1m × cos45° = **2.9698 m**
   ② 벽과 포헤드의 거리는...
      포헤드 상호간 거리(S)의 **1/2 이하의 거리(m)**로 한다.
      $\dfrac{S}{2} = \dfrac{2.9698 m}{2} = 1.48\,m$ [벽과의 최대 이격거리]

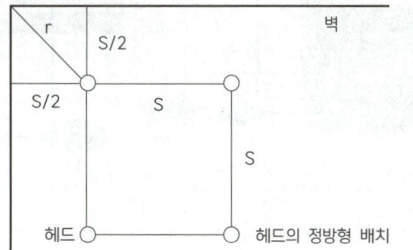

헤드의 정방형 배치

숫자가 답인 문제

69 소화용수설비와 관련하여 다음 설명 중 괄호 안에 들어갈 항목으로 옳게 짝지어진 것은?

> 상수도소화용수설비를 설치하여야 하는 특정소방대상물은 다음 각 목의 어느 하나와 같다. 다만, 상수도소화용수설비를 설치하여야 하는 특정소방대상물의 대지 경계선으로부터 (ⓐ)m 이내에 지름 (ⓑ)㎜ 이상인 상수도용 배수관이 설치되지 않은 지역의 경우에는 화재안전기준에 따른 소화수조 또는 저수조를 설치하여야 한다.

① ⓐ:150, ⓑ:75　② ⓐ:150, ⓑ:100　③ **ⓐ:180, ⓑ:75**　④ ⓐ:180, ⓑ:100

- **소화용수설비**: 화재를 진압하는데 필요한 물을 공급하거나 저장하는 설비로서 상수도소화용수설비, 소화수조·저수조 등을 말한다.
  ① **상수도 소화용수설비**: 소방대가 화재진압시 사용하는 소방용수로서, 특정소방대상물의 지하에 지름 75㎜ 이상의 상수도용 배관이 매설된 경우... 그 배관에 지상식소화전, 지하식소화전, 급수탑을 연결하여 소방차에 소방용수를 공급받는 설비이다.
  ② **소화수조 또는 저수조**: 소방대가 화재진압시 사용하는 소방용수가 담긴 수조로서, 소화에 필요한 물을 항시 채워두는 것
- **소화수조(저수조)의 물을 소방차에 공급받는 방법**
  ① **흡수관 투입구**: 소방차에는 물을 흡수할 수 있는 흡수관이 있다. 이 흡수관을 **지하수조**에 직접 담궈서 물을 흡수할 수 있도록 만든 사각형(한 변이 0.6m 이상)이나 원형(직경이 0.6m 이상)의 **구멍(맨홀)**
  ② **채수구**: 소방차의 소방호스와 접결되는 흡입구(나사식 금속결합구)로서, 채수구를 통해 수화수조의 물을 소방차에 공급 받는다.
    ㉠ **옥상수조**: 옥상 또는 옥탑의 부분에 설치된 경우, 지상에 설치된 채수구에서의 압력이 0.15 MPa 이상이 되면 설치가능
    ㉡ **지하수조**: 소화수조에 별도의 펌프를 설치하여, 지하수조에서 연결된 배관을 통하여 채수구에서 물을 공급 받는다.

소화수조 또는 저수조를 설치해야 하는 경우
상수도소화용수설비를 설치하여야 하는 특정소방대상물의 대지 경계선으로부터 **180m 이내에**... 지름 **75㎜ 이상인** 상수도용 배관이 설치되지 않은 지역의 경우에는... 상수도를 사용할 수 없으므로... 어쩔 수 없이... 소화수조 또는 저수조를 설치한다.
→ 수도배관에서 상수도를 사용할 수 없다면... 소화용수를 소화수조(저수조)에 별도로 저장해 놓고 사용해야 한다는 의미이다.

암기팁! 대지 경계선으로부터 180m 이내 ➡ 하나(1) 팔(8)의 길이 (팔 하나의 길이로 대지 경계선을 측정 한다)

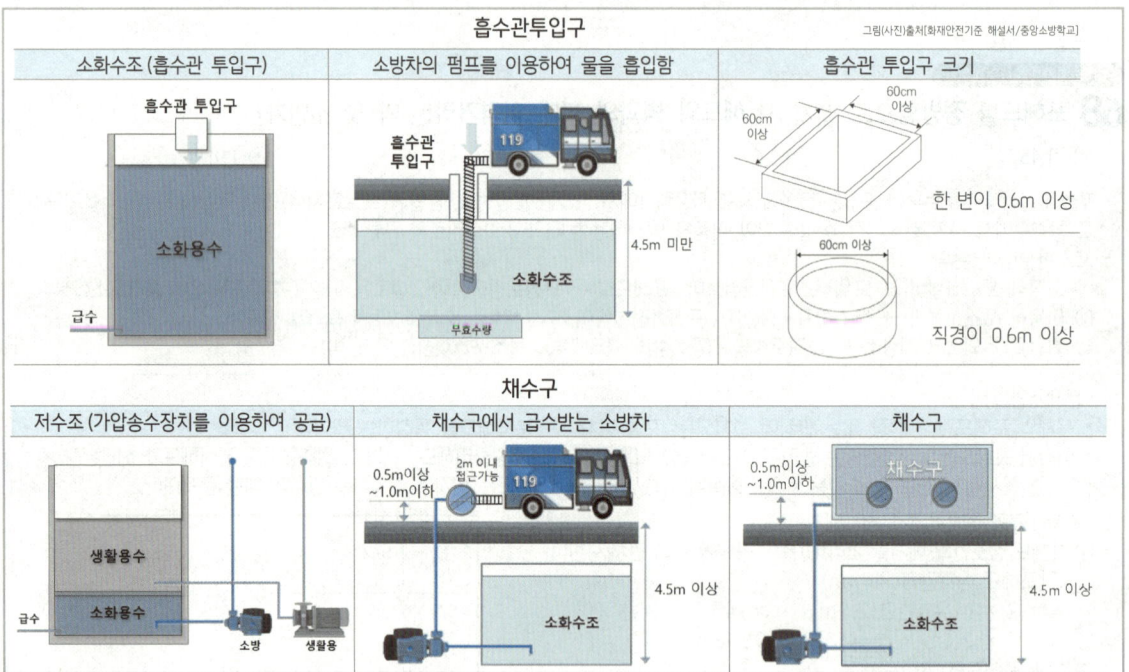

> 숫자가 답인 문제 ★

70 지하구의 화재안전기준에 따라 하나의 배관에 연소방지설비전용헤드를 4개 설치하였다. 배관의 구경은 몇 mm 이상으로 하여야 하는가?

① 40 ② 50 ③ 65 ④ 80

- 지하구
  가. 전력·통신용의 전선이나 가스·냉난방용의 배관 또는 이와 비슷한 것을 집합수용하기 위하여 설치한 지하 인공구조물로서 사람이 점검 또는 보수를 하기 위하여 출입이 가능한 것 중 다음의 어느 하나에 해당하는 것
    ① 전력 또는 통신사업용 지하 인공구조물로서 전력구 또는 통신구 방식으로 설치된 것
    ② 지하 인공구조물로서 폭이 1.8미터 이상이고 높이가 2미터 이상이며 길이가 50미터 이상인 것
  나. 공동구 : 전기·가스·수도 등의 공급설비, 통신시설, 하수도시설 등 지하매설물을 공동 수용함으로써 미관의 개선, 도로구조의 보전 및 교통의 원활한 소통을 위하여 지하에 설치하는 시설물
- 연소방지설비 : 전력 또는 통신사업용 케이블이 설치된 지하구에 헤드를 설치하고, 소방차에서 송수구에 물을 공급해 헤드에서 살수되게 하여, 화재가 더 이상 번지지 않게 차단하는 설비

연소방지설비전용헤드를 사용하는 경우에는 다음 표에 따른 구경 이상으로 할 것

하나의 배관에 부착하는 살수헤드의 개수	1개	2개	3개	4개 또는 5개	6개 이상
배관의 구경(mm)	32	40	50	65	80

암기팁! 4개 또는 5개 65mm ➡ 456 (사오륙)

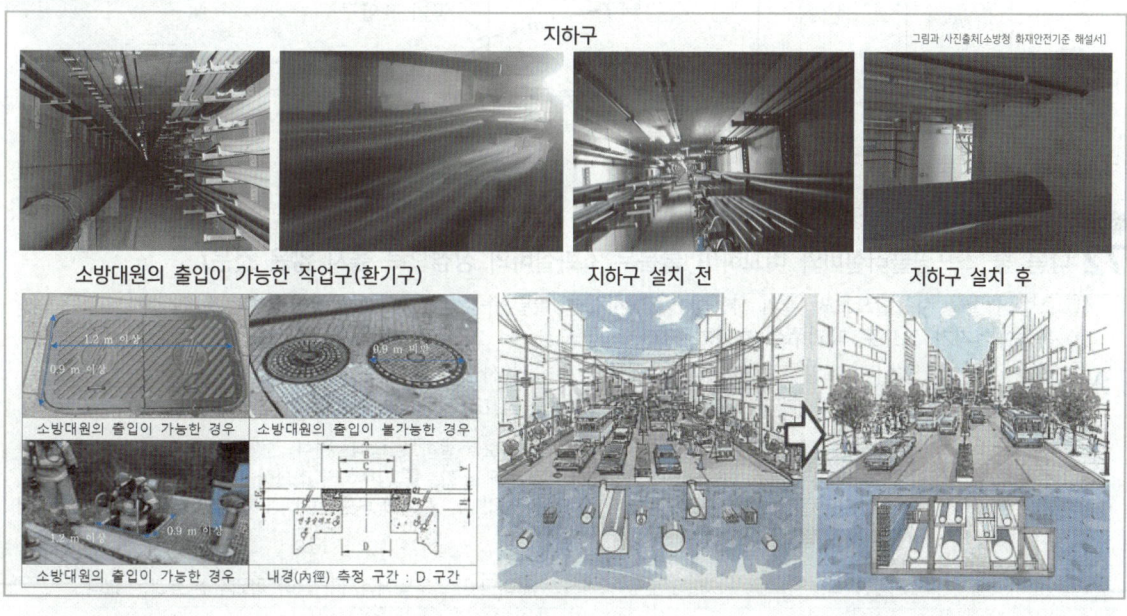

지하구

숫자가 답인 문제

71 예상제연구역 바닥면적 400㎡ 미만 거실의 공기유입구와 배출구간의 직선거리 기준으로 옳은 것은? (단, 제연경계에 의한 구획을 제외한다.)

① 2m 이상 확보되어야 한다.
② 3m 이상 확보되어야 한다.
③ 5m 이상 확보되어야 한다.
④ 10m 이상 확보되어야 한다.

제연이란 연기를 제어한다는 의미로서... 화재실에 신선한 공기를 급기하고, 발생된 연기를 배기(배출)하는 것을 제연이라 한다.
- **제연설비** : 구획(구역)을 나누(가두)어서 연기를 배출(배기)하거나, 신선한 공기를 급기(유입)하여 소화활동 및 피난을 용이하게 만드는 설비
- **예상제연구역** : 화재실이 예상되는 구역(가연물이 있는 공간)
- **공기유입구** : 예상제연구역에 공기가 유입되는 순간의 풍속은 5m/s 이하가 되도록 하고, 유입구의 구조는 유입공기를 상향으로 분출하지 않도록 설치하여야 한다. 다만, 유입구가 바닥에 설치되는 경우에는 상향으로 분출이 가능하며 이때의 풍속은 1m/s 이하가 되도록 해야 한다
- **배출구** : 화재로 인해 발생한 연기를 제연하기 위해 천장 또는 벽 위에 설치하는 연기의 흡입구

유입구와 배출구와의 거리는 유입공기가 바로 빨려나가지 않도록 하기 위하여 5m 이상 이격되어야 한다.

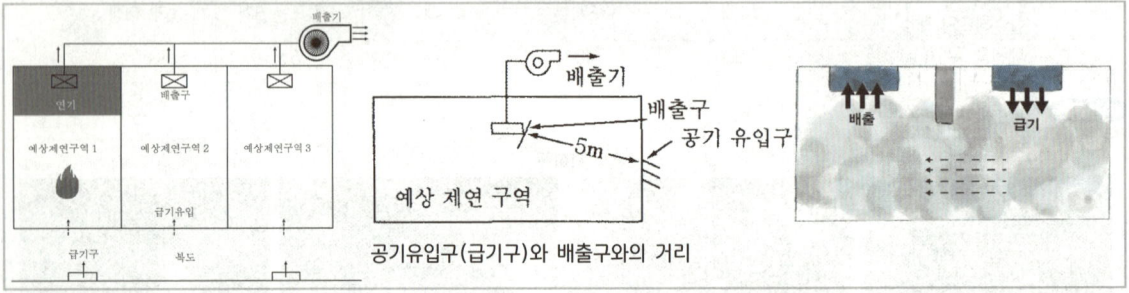

문장이 답인 문제

72 다음 중 스프링클러설비와 비교하여 물분무 소화설비의 장점으로 옳지 않은 것은?

① 소량의 물을 사용함으로써 물의 사용량 및 방사량을 줄일 수 있다.
② 운동에너지가 크므로 파괴주수 효과가 크다.
③ 전기 절연성이 높아서 고압통전기기의 화재에도 안전하게 사용할 수 있다.
④ 물의 방수과정에서 화재열에 따른 부피증가량이 커서 질식효과를 높일 수 있다.

- **스프링클러설비** : 화재발생시 화재를 자동으로 감지하여 피난을 위한 경보를 발하고, 습·건식·준비작동식·일제살수식 밸브가 개방되면, 유수의 흐름으로 인하여 펌프가 기동되고, 개방된 헤드를 통해 소화수를 방수하여 소화하는 자동식 수계소화설비
- **물분무 소화설비** : 물을 안개모양으로 방사해 가스와 비슷한 형태를 가지므로, 전기의 부도체(전기가 통하지 않는 물체 = 비전도성)로서 전기시설물에 설치가 가능한 자동식 수계소화설비

물분무 설비는 물을 분무기로 뿌리는 것처럼 안개모양으로 방수하는 것이므로... 운동에너지가 작아 파괴주수 효과는 없다.

물분무 소화설비 방수하는 모습의 예

> 숫자가 답인 문제 ★

73 일정 이상의 층수를 가진 오피스텔에서는 모든 층에 주거용 주방자동소화장치를 설치해야 하는데, 몇 층 이상인 경우 이러한 조치를 취해야 하는가?

① 15층 이상   ② 20층 이상   ③ 25층 이상   ④ 30층 이상

- 자동소화장치 : 소화약제를 자동으로 방사하는 고정된 소화장치로서 그 종류로는... 주거용·상업용 주방자동소화장치, 캐비닛형·가스·분말·고체에어로졸 자동소화장치가 있다.
- 주거용 주방자동소화장치 : 주거용 주방에 설치된 열발생 조리기구의 사용으로 인한 화재 발생 시 열원(전기 또는 가스)을 자동으로 차단하며 소화약제를 방출하는 소화장치

주거용 주방자동소화장치를 설치하여야 하는 특정소방대상물
→ 아파트등(주택으로 쓰이는 층수가 5층 이상인 주택) 및 30층 이상 오피스텔의 모든 층

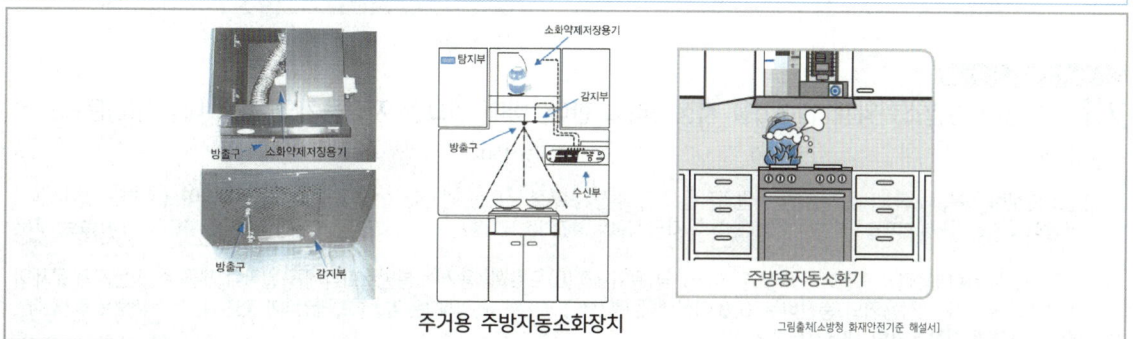

> 문장이 답인 문제 ★★

74 수직강하식 구조대가 구조적으로 갖추어야 할 조건으로 옳지 않은 것은? (단, 건물내부의 별실에 설치하는 경우는 제외한다.)

① 구조대의 포지는 외부포지와 내부포지로 구성한다.
② 포지는 사용 시 충격을 흡수하도록 수직방향으로 현저하게 늘어나야 한다.
                                         늘어나지 아니하여야 한다
③ 구조대는 연속하여 강하할 수 있는 구조이어야 한다.
④ 입구틀 및 취부틀의 입구는 지름 50㎝ 이상의 구체가 통과할 수 있어야 한다.

- 구조대 : 포지 등을 사용하여 자루형태로 만든 것으로서 화재시 사용자가 그 내부에 들어가서 내려옴으로써 대피할 수 있는 것
- 경사강하식 구조대 : 소방대상물에 비스듬하게 고정시키거나 설치하여 사용자가 미끄럼식으로 내려올 수 있는 구조대로서 단시간에 많은 인명을 구조할 수 있도록 설치된다.
- 수직강하식 구조대 : 소방대상물 주위에 설치 공간이 부족할 때... 수직으로 구조대를 설치하여 타고 내려오는 것으로서, 경사강하식 구조대에 비해 적은 공간을 차지하지만, 어린이 및 노약자 등 체격이 왜소한 사람의 경우 속도감속이 덜하여 손상을 입을 수 있다.

수직강하식 구조대의 구조
① 구조대의 포지는 외부포지와 내부포지로 구성하되, 외부포지와 내부포지의 사이에 충분한 공기층을 두어야 한다.
② 포지는 사용시 수직방향으로 현저하게 늘어나지 아니하여야 한다. → 구조대 포지가 늘어나면 안되는 것은 당연한 것이다.
③ 구조대는 연속하여 강하할 수 있는 구조이어야 한다. → 여러명이 동시에 뛰어내리라는 의미는 아니다.
④ 입구틀 및 취부틀(구조대를 건물에 고정하는 부분)의 입구는 지름 50 ㎝ 이상의 구체가 통과할 수 있는 것이어야 한다.
    → 대부분의 사람이 들나들 수 있는 개구부의 크기를 지름 50㎝로 규정하였다.

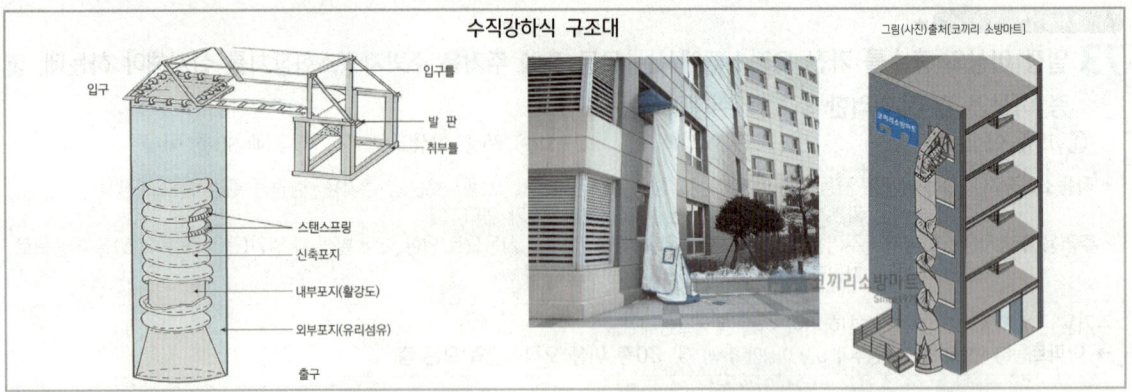

수직강하식 구조대

75. 주차장에 분말소화약제 120kg을 저장하려고 한다. 이때 필요한 저장용기의 최소 내용적(L)은?

① 96　　② 120　　③ 150　　④ 180

- **분말소화설비** : 분말소화설비는 미세한 분말입자를 별도 추진가스(질소 또는 이산화탄소)의 압력으로 방사하여 소화하는 설비이다.
- **가압방식**(압력을 가하여 약제를 이송하는 방식)에 따라 축압식설비(추진가스 약제용기내 같이)와 가압식설비(추진가스 별도용기에 따로)로 구분

1. **충전비(L/kg)=내용적** : 충전하는 약제 무게(kg)당 용기체적(L)으로서, 용기내 분말소화약제를 얼마나 채울 수 있는지의 문제이다. 분말소화약제 저장용기의 **충전비는 0.8 이상**이다. (충전비가 클수록 저장약제량은 감소하고, 충전비가 작을수록 저장약제량은 증가한다)

2. **분말소화약제 저장용기의 내용적(=충전비)**

소화약제의 종별	소화약제 1kg당 저장용기의 내용적
제1종 분말(탄산수소나트륨을 주성분으로 한 분말)	0.8 L
제2종 분말(탄산수소칼륨을 주성분으로 한 분말)	1 L
제3종 분말(인산염을 주성분으로 한 분말)	**1 L**
제4종 분말(탄산수소칼륨과 요소가 화합된 분말)	1.25 L

3. **저장용기의 최소 내용적(L) 계산**
   - 차고 또는 주차장에 설치하는 분말소화설비 소화약제 → 제3종 분말 → 내용적(=충전비) 1L/kg
   - $\dfrac{용기\ 내용적(L)}{충전비(L/kg)}$ = 약제 저장량(kg) ∴ 용기내용적(L) = 약제저장량(kg) × 충전비(L/kg) = 120kg × 1L/kg = **120L**
   - 결론적으로… 내용적(충전비)이 "1"이란 의미는 "용기내용적(L) = 약제저장량(kg)"라는 의미이다.

76. 다음 중 노유자시설의 4층 이상 10층 이하에서 적응성이 있는 피난기구가 아닌 것은?

① 피난교　　② 다수인피난장비　　③ 승강식피난기　　④ **미끄럼대**

- **피난교** : 2개의 건축물을 연결하여 (옥상층 또는 건축물의 중간 외벽에 설치된 개구부) 화재 발생 시 옆 건축물로 피난하기 위해 설치하는 **피난다리**로서, 구성은 교각·바닥판·난간 등으로 되어 있다.
- **다수인 피난장비** : 2인 이상의 피난자가 동시에 사용할 수 있는 피난기구로서 화재층에서 여러 명이 한꺼번에 탑승한 후 탑승자들의 무게에 의해 무동력으로 서서히 하강할 수 있는 장비로서, 고층건물의 매층마다 서로 교차되지 않게 탑승기를 설치해야 하고 1회만 탑승할 수 있다. 이 장비의 기본원리는 완강기에서 사용하는 것과 같은 로프에 의해 지상층으로 피난장비를 하강시키는 구조이다.
- **승강식피난기** : 대피실 내에 설치되며, 상층부에서 승강식 피난기에 올라서면, 사용자의 몸무게에 의하여 자동으로 아래층으로 하강하고, 내려서면 스스로 상승하여 연속적으로 사용할 수 있는… 최상층에서 피난층까지 엇갈리며 내려가게 설치된 무동력 피난기로서 탑승판(하강구=개구부에 설치), 손잡이 막대, 하강 시 속도를 조절할 몸체의 3부분으로 구성된 간단한 구조이다.
- **미끄럼대** : 미끄럼대는 지붕이 개방되고 난간이 설치된 구조이며… 미끄럼면이 직선으로 구성된 직선형 미끄럼대, 미끄럼면이 나선으로 구성된 나선형 미끄럼대, 미끄럼대의 형상이 반원통으로 둘러싸인 반원통형 미끄럼대로 구분된다.

소방대상물의 설치장소별 피난기구의 적응성 → 4층 이상 부터는 너무 높아서... 노유자가 미끄럼대를 타기 위험하다.

설치장소별 구분	층별 1층	2층	3층	4층 이상 10층 이하
1. 노유자시설	미끄럼대 구조대 피난교 다수인피난장비 승강식피난기	미끄럼대 구조대 피난교 다수인피난장비 승강식피난기	미끄럼대 구조대 피난교 다수인피난장비 승강식피난기	구조대[1] 피난교 다수인피난장비 승강식피난기

※ 비고 : 1)구조대의 적응성은 장애인 관련 시설로서 주된 사용자 중 스스로 피난이 불가한 자가 있는 경우 추가로 설치하는 경우에 한한다.

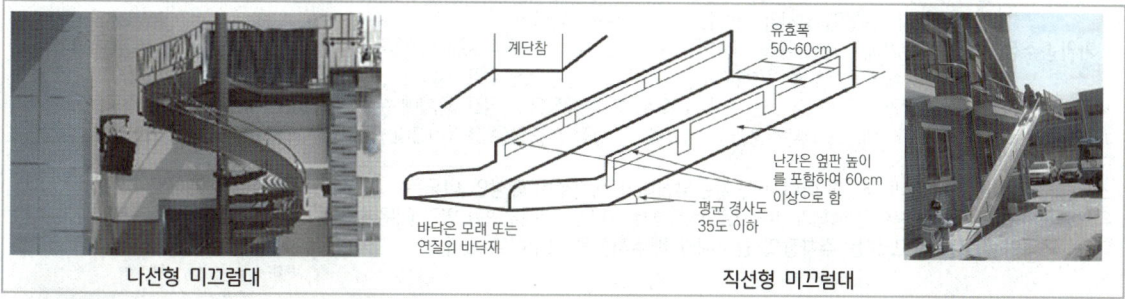

나선형 미끄럼대 / 직선형 미끄럼대

함께공부

소방대상물의 설치장소별 피난기구의 적응성

설치장소별 구분	층별 1층	2층	3층	4층 이상 10층 이하
1. 노유자시설	미끄럼대 구조대 피난교 다수인피난장비 승강식피난기	미끄럼대 구조대 피난교 다수인피난장비 승강식피난기	미끄럼대 구조대 피난교 다수인피난장비 승강식피난기	구조대[1] 피난교 다수인피난장비 승강식피난기
2. 의료시설·근린생활시설 중 입원실이 있는 의원·접골원·조산원			미끄럼대 구조대 피난교 피난용트랩 다수인피난장비 승강식피난기	구조대 피난교 피난용트랩 다수인피난장비 승강식피난기
3. 「다중이용업소의 안전관리에 관한 특별법 시행령」 제2조에 따른 다중이용업소로서 영업장의 위치가 4층 이하인 다중이용업소		미끄럼대 피난사다리 구조대 완강기 다수인피난장비 승강식피난기	미끄럼대 피난사다리 구조대 완강기 다수인피난장비 승강식피난기	미끄럼대 피난사다리 구조대 완강기 다수인피난장비 승강식피난기
4. 그 밖의 것			미끄럼대 피난사다리 구조대 완강기 피난교 피난용트랩 간이완강기[2] 공기안전매트[3] 다수인피난장비 승강식피난기	피난사다리 구조대 완강기 피난교 간이완강기[2] 공기안전매트[3] 다수인피난장비 승강식피난기

※ 비고
1) 구조대의 적응성은 장애인 관련 시설로서 주된 사용자 중 스스로 피난이 불가한 자가 있는 경우 추가로 설치하는 경우에 한한다.
2) 간이완강기의 적응성은 숙박시설의 3층 이상에 있는 객실에 한한다.   3) 공기안전매트의 적응성은 공동주택에 추가로 설치하는 경우에 한한다.

문장이 답인 문제 ★★★

77 물분무소화설비를 설치하는 차고의 배수설비 설치기준 중 **틀린** 것은?

① 차량이 주차하는 장소의 적당한 곳에 높이 10cm 이상의 경계턱으로 배수구를 설치할 것
② 길이 40m 이하마다 집수관, 소화핏트 등 기름분리장치를 설치할 것
③ 차량이 주차하는 바닥은 배수구를 향하여 <u>100분의 1 이상</u>의 기울기를 유지할 것
　　　　　　　　　　　　　　　　　　　　100분의 2 이상
④ 배수설비는 가압송수장치의 최대송수능력의 수량을 유효하게 배수할 수 있는 크기 및 기울기로 할 것

- **물분무 소화설비** : 물을 안개모양으로 방사해 가스와 비슷한 형태를 가지므로, 전기의 부도체(전기가 통하지 않는 물체 = 비전도성)로서 전기시설물에 설치가 가능한 자동식 수계소화설비
- **가압송수장치** : 압력을 가해서(가압) 물을 이송하는(송수) 장치로서 그 종류로는 펌프(전동기 또는 내연기관과 연결된 원심펌프), **고가수조**(높은 곳에 설치된 수조), **압력수조**(강한 공기압 이용), **가압수조**(압력수조의 간소화 설비) 등의 방식이 있다.
- **정격토출량(유량)** : 시간당 퍼낼 수 있는 물의 양으로서, 통상적으로 펌프 몸체에 분당 토출량[L/min]으로 표시된다.
　〈예시〉 옥내소화전 2개에서 소화수를 방사하고 있을 때 법정 토출량은 2 × 130L/min(법정방수량) = 260L/min 이 된다.

스프링클러설비는 배수설비 대상이 아니지만, **물분무설비가 배수설비 대상인 이유는**... 물분무설비는 **유류화재에도 적응성**이 있어, 유류화재시 물과 기름이 혼합된 액체가 바닥으로 흐르면서, 연소면 확대우려가 있기 때문에 이를 신속하고 효과적으로 제거하기 위함이며, 국내의 경우는 차고 또는 주차장의 경우에만 배수시설을 요구하고 있다.

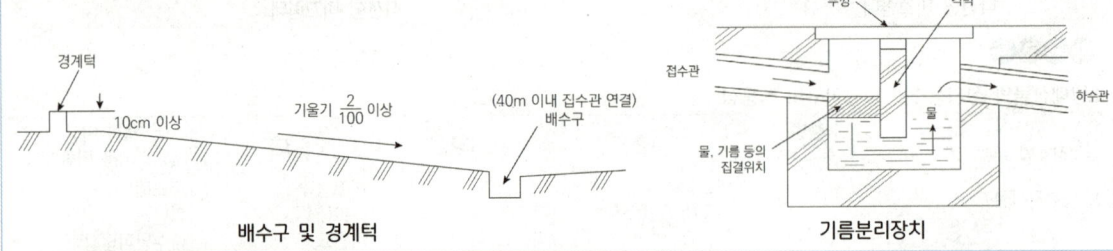

배수구 및 경계턱　　　　　　　　　　　　　기름분리장치

물분무 소화설비 방수하는 모습의 예

함께공부

물분무소화설비를 설치하는 차고 또는 주차장의 배수설비
1. 차량이 주차하는 장소의 적당한 곳에 **높이 10cm 이상의 경계턱**으로 배수구를 설치할 것
2. 배수구에는 새어나온 기름을 모아 소화할 수 있도록 **길이 40m 이하마다** 집수관·소화핏트 등 **기름분리장치**를 설치할 것
3. 차량이 주차하는 바닥은 배수구를 향하여 **100분의 2 이상의 기울기**를 유지할 것
4. 배수설비는 가압송수장치의 최대송수능력의 수량을 유효하게 배수할 수 있는 크기 및 기울기로 할 것

> 숫자가 답인 문제 ★

78 층수가 10층인 일반창고에 습식 폐쇄형 스프링클러헤드가 설치되어 있다면 이 설비에 필요한 수원의 양은 얼마 이상이어야 하는가? (단, 이 창고는 특수가연물을 저장·취급하지 않는 일반물품을 적용하고, 헤드가 가장 많이 설치된 층은 8층으로서 40개가 설치되어 있다.)

① 16㎥ ② 32㎥ ③ 48㎥ ④ 64㎥

- **스프링클러설비** : 화재발생시 화재를 자동으로 감지하여 피난을 위한 경보를 발하고, 습식·건식·준비작동식·일제살수식 밸브가 개방되면, 유수의 흐름으로 인하여 펌프가 기동되고, 개방된 헤드를 통해 소화수를 방수하여 소화하는 자동식 수계소화설비
- **헤드** : 빗방울 형태로 대량으로 물을 뿌리면서 방수하는 역할을 하는 장치
  - **폐쇄형헤드** : 정상상태에서 방수구를 막고 있는 감열체가 일정온도에서 자동적으로 파괴·용해 또는 이탈됨으로써 방수구가 개방되는 헤드 (화재시 개방된 헤드에서만 물이 방수된다)
  - **개방형헤드** : 감열체 없이 방수구가 항상 열려져 있는 헤드 (화재시 설치된 모든 헤드에서 물이 방수된다)
- **수원** : 수조에 저장할 물의 양(물이 저장된 곳)

스프링클러설비 수원의 계산(폐쇄형 헤드-방호구역) → [1층~29층은 20분 / 30층~49층은 40분 / 50층 이상은 60분]
1. 수원(L) = N(기준개수) × 80L/min × 20min 이상
2. 기준개수 조건정리
   폐쇄형스프링클러헤드를 사용하는 경우에는 다음 표의 스프링클러설비 설치장소별 스프링클러헤드의 기준개수를 적용한다.

스프링클러설비 설치장소			기준개수
지하층을 제외한 층수가 10층 이하인 소방대상물	공장 또는 창고 (랙크식 창고를 포함한다)	특수가연물을 저장·취급하는 것	30
		그 밖의 것	20
	근린생활시설·판매시설 ·운수시설 또는 복합건축물	판매시설 또는 복합건축물(판매시설이 설치되는 복합건축물)	30
		그 밖의 것	20
	그 밖의 것	헤드의 부착높이가 8m 이상인 것	20
		헤드의 부착높이가 8m 미만인 것	10
아파트			10
지하층을 제외한 층수가 11층 이상인 소방대상물(아파트 제외)·지하가 또는 지하역사			30

→ 10층인 일반창고(일반물품 적용)는 그 밖의 것에 해당하여... 기준개수 20개를 적용한다.
→ "헤드가 가장 많이 설치된 층은 8층으로서 40개가 설치되어 있다"고 하였으므로... 기준개수 20개보다 더 많이 설치되어 있으므로 기준개수 20개를 그대로 적용한다.

3. 기준개수란?
- 헤드의 설치개수가 가장 많은 층(아파트는 설치개수가 가장 많은 세대)에 설치된 헤드의 개수를 기준으로 위 표에 따른다.
- **기준개수보다 적게 설치된 경우는... 그 설치된 개수**
- 폐쇄형 헤드의 기준개수는... 설치된 헤드의 수와는 전혀 무관하다. 화재 발생시 헤드 몇 개만 개방되어 살수되기 때문이다.
- 하나의 소방대상물이 2이상의 "스프링클러헤드의 기준개수"란에 해당하는 때에는 기준개수가 많은 난을 기준으로 한다.

4. 수원의 계산
   20개 × 80L/min × 20min = 32,000L = 32㎥   *1000L = 1㎥

단어가 답인 문제 ★★★

79 포소화설비에서 펌프의 토출관에 압입기를 설치하여 포 소화약제 압입용 펌프로 포소화약제를 압입시켜 혼합하는 방식은?

① 라인 프로포셔너방식
② 펌프 프로포셔너방식
③ 프레져 프로포셔너방식
④ **프레져사이드 프로포셔너방식**

> **포소화설비**: 수조로부터 공급된 물과 포약제 저장탱크에서 공급된 포원액을, **혼합기(프로포셔너)**에서 믹싱해 포수용액을 만들어, 포 방출구에서 공기와 섞어진 후 발포되어 거품을 방사하는 형태의 소화설비로서 유류탱크 등 위험물에 주로 사용된다.

포소화설비에서, 포원액(포약제)과 물을 혼합하는 방식이 4가지가 있는데... 그 중 프레져사이드 **프로포셔너(혼합기)** 방식이 어떠한 방식인지 묻는 문제이다.
① 라인 프로포셔너 방식 → **벤추리관** 혼합방식
② 펌프 프로포셔너 방식 → **농도조절밸브** 혼합방식
③ 프레져 프로포셔너 방식 → **벤추리+압력** 혼합방식
④ 프레져사이드 프로포셔너 방식 → **압입용펌프** 혼합방식
펌프의 토출관에 압입기를 설치하여 포소화약제 압입용펌프로 포 소화약제를 압입시켜 혼합하는 방식
(펌프2대를 이용해 물과 약제를 별도로 송출해 혼합하는 방식)

암기팁! 프레져 사이드 방식은... 사이드에 **압입용펌프**가 1대 더 있다.

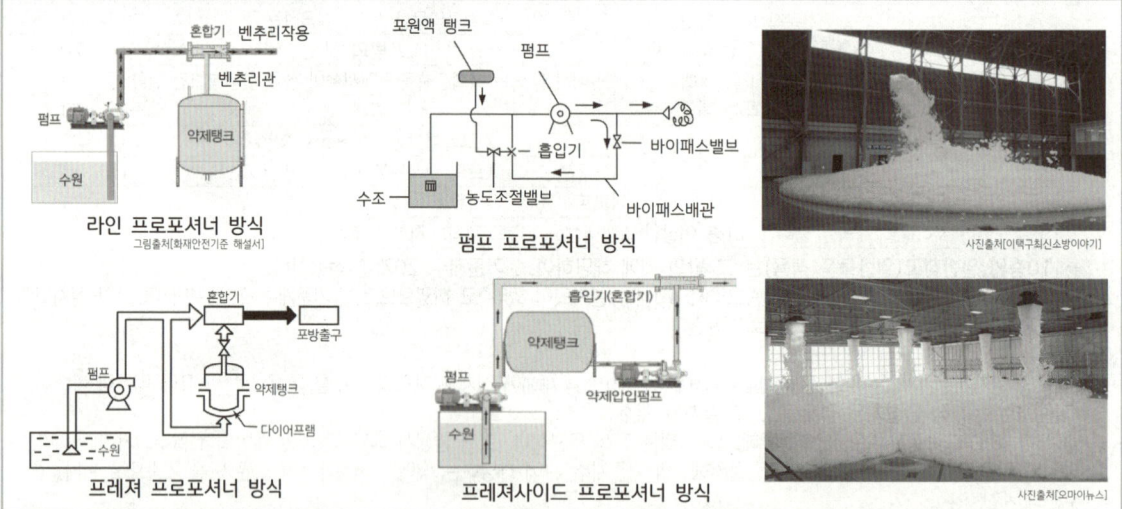

함께 공부

1. **라인** 프로포셔너 방식(**벤추리관** 혼합방식) → 이동식 간이설비에 사용
   펌프와 발포기 중간에 설치된 벤추리관의 벤추리작용에 따라 포 소화약제를 흡입·혼합하는 방식
2. **펌프** 프로포셔너 방식(**농도조절밸브** 혼합방식) → 소방자동차에 사용
   펌프의 토출관과 흡입관 사이의 배관 도중에 설치한 흡입기(바이패스 배관상에 설치)에 펌프에서 토출된 물의 일부를 보내고, 농도조절밸브에서 조정된 포 소화약제의 필요량을 포 소화약제 탱크에서 펌프 흡입측으로 보내어 이를 혼합하는 방식
3. **프레져** 프로포셔너 방식(**벤추리+압력** 혼합방식) → 가장 널리 이용됨(주차장 등)
   펌프와 발포기의 중간에 설치된 벤추리관의 벤추리작용과 펌프 가압수의 포 소화약제 저장탱크에 대한 압력(다이아프램)에 따라 포 소화약제를 흡입·혼합하는 방식
4. **프레져사이드** 프로포셔너 방식(**압입용펌프** 혼합방식) → 석유화학공장 등 대단위 설비
   펌프의 토출관에 압입기를 설치하여 포소화약제 압입용펌프로 포 소화약제를 압입시켜 혼합하는 방식
   (펌프2대를 이용해 물과 약제를 별도로 송출해 혼합하는 방식)

> 문장이 답인 문제 ★

80 다음 중 옥내소화전의 배관 등에 대한 설치방법으로 옳지 않은 것은?

① 펌프의 토출 측 주배관의 구경은 평균 유속을 5m/s 가 되도록 설치하였다.
                                            4m/s 이하가
② 배관 내 사용압력이 1.1MPa인 곳에 배관용탄소강관을 사용하였다.
③ 옥내소화전 송수구를 단구형으로 설치하였다.
④ 송수구로부터 주배관에 이르는 연결배관에는 개폐밸브를 설치하지 않았다.

- **옥내소화전설비** : 화재발생시 옥내소화전함을 개방하여 방수구와 연결된 호스를 전개한 후 앵글밸브를 개방하고, 화점을 향해 노즐을 개방하여 방사하는 형태의 수동식 수계소화설비
- **배관** : 물이 이송되는 관
- **옥내소화전설비 송수구**
  - 소화설비에 소화용수를 보급하기 위하여 건물 외벽 또는 구조물의 **외벽에 설치하는 배관과 연결된 구멍**
  - 옥내소화전설비에는 소방자동차부터 그 설비에 송수할 수 있는 송수구를 구경 65밀리미터의 **쌍구형 또는 단구형**으로 할 것
  - 송수구로부터 주배관에 이르는 연결배관에는 **개폐밸브를 설치하지 않을 것** (개폐밸브를 잠궈 놓으면 송수 불가하므로)

옥내소화전 펌프의 **토출 측 주배관**의 구경 → 유속이 **4m/s 이하**가 될 수 있는 크기 이상 (유속이 낮을수록 배관의 구경은 커짐)

암기팁! 유속 4m/s 이하 ➡ 유사

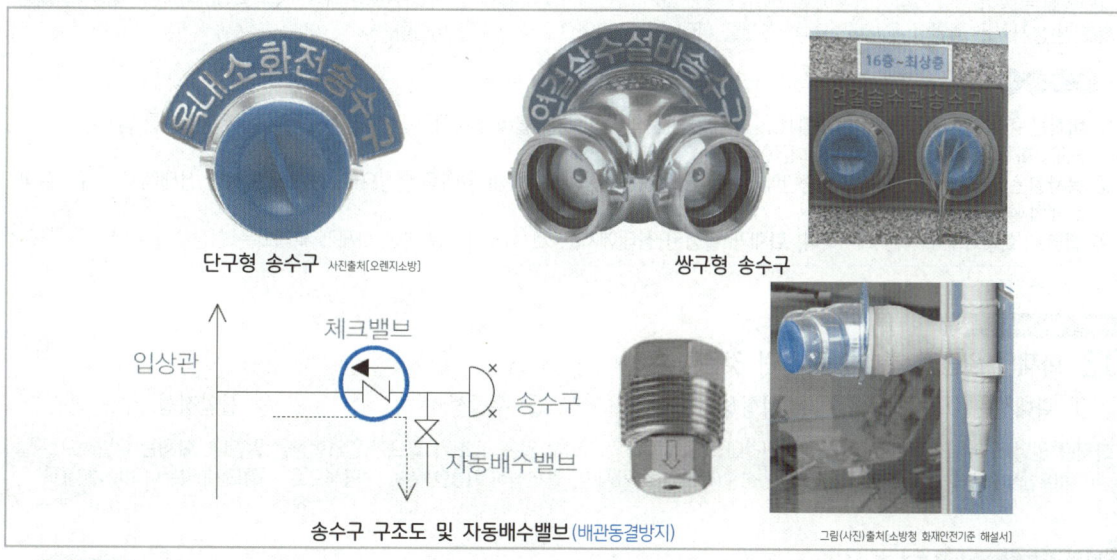

단구형 송수구   쌍구형 송수구

송수구 구조도 및 자동배수밸브 (배관동결방지)

> 함께공부

1. 배관 내 사용압력이 **1.2메가파스칼 미만**(1.1MPa 이하)일 경우 사용가능한 배관
   - **배관용** 탄소 강관(KS D 3507)
   - 이음매 없는 구리 및 구리합금 관(KS D 5301). 다만, 습식의 배관에 한한다.
   - 배관용 스테인리스 강관(KS D 3576) 또는 일반배관용 스테인리스 강관(KS D 3595)
   - 덕타일 주철관(KS D 4311)
2. 배관 내 사용압력이 **1.2메가파스칼 이상**일 경우 사용가능한 배관
   - **압력 배관용** 탄소 강관(KS D 3562)
   - 배관용 **아크 용접** 탄소강 강관(KS D 3583)

SECTION 11

2019년 제2회 답이색 해설편

A nswer 1과목 소방원론

✔ 이것이 핵심이다! 기출문제 + 답이색해설

이해하면서 공부 할 문제 ★★

01 건축물의 화재를 확산시키는 요인이라 볼 수 없는 것은?
① 비화(飛火) ② 복사열(輻射熱) ③ **자연발화(自然發火)** ④ 접염(接炎)

자연발화는 공기 중의 물질이 상온에서, 장기간 열의 축적에 의해 별도 점화원 없이 자연적으로(스스로) 발화하는 현상으로… **화재를 최초 발생시키는 원인**이 될 수 있으나, 화재를 확대시키는 요인으로 작용되긴 어렵다.

함께 공부

① 비화란 **이미 화재가 발생한 상태에서…** 강한 바람 등의 원인으로, 불티가 비교적 거리가 먼 곳까지 날아가 발화를 일으키는 현상으로, 화재를 확대시키는 요인에 해당한다.
② 복사열은 열원과 수열체 사이에 중간매체가 필요없는(진공상태에서도 발생) 열이동 현상으로, **화재가 발생한 상태에서…** 구획실내 화재의 성장과 확산을 결정한다.
④ 접염은 화염과의 접촉을 의미하며, **화재가 발생된 상태에서…** 그 화염과 접촉하여 화재가 확대되는 현상을 말한다.

이해하면서 공부 할 문제

02 화재의 일반적 특성으로 틀린 것은?
① 확대성 ② **정형성** ③ 우발성 ④ 불안정성

화재란 인명과 재산의 피해가 발생되며, 인간이 의도하거나 제어되지 않은, 소화가 필요한 연소현상을 말한다. **화재는 우발적으로 발생하며**(우발성), 최초 발화로부터 확대되는 성질(확대성)을 가지며, 불안정하고(불안정성), 정형적으로 진행되지 않는다.(비정형성)

이해하면서 공부 할 문제 ★★★

03 다음 중 가연물의 제거를 통한 소화 방법과 무관한 것은?
① 산불의 확산방지를 위하여 산림의 일부를 벌채한다.
② 화학반응기의 화재 시 원료 공급관의 밸브를 잠근다.
③ **전기실 화재 시 IG-541 약제를 방출한다.**
④ 유류탱크 화재 시 주변에 있는 유류탱크의 유류를 다른 곳으로 이동시킨다.

제거소화란 가연물을 제거하여 소화하는 방법으로서 **①**은 가연물인 산림의 일부를 제거하는 것이고, **②**는 원료공급관의 밸브를 잠궈서 가연물인 원료를 제거하는 것이며, **④**는 유류를 이동시켜 가연물인 유류를 제거하는 것이다.
③은 질식소화(가연물이 연소할 때 공기 중의 산소농도를 15%이하로 떨어뜨려 연소를 중단시키는 소화 방법)의 방법으로서, 전기실에 적응성 있는 "IG-541" 불연성·불활성기체 혼합가스 방출시 산소의 농도를 떨어트려 질식소화 된다.

함께 공부

"IG-541"은 할로겐화합물 및 불활성기체소화설비에서 사용하는, 불연성·불활성기체혼합가스 소화약제로서, 그 성분비는 N_2(질소):52%, Ar(아르곤):40%, CO_2(이산화탄소):8% 이다.

이해하면서 공부 할 문제

04 물의 소화능력에 관한 설명 중 틀린 것은?

① 다른 물질보다 비열이 크다.
② 다른 물질보다 융해잠열이 작다. → 크다
③ 다른 물질보다 증발잠열이 크다.
④ 밀폐된 장소에서 증발 가열되면 산소희석작용을 한다.

① 물의 비열(어떤 물질의 단위 질량(kg, g)을 1℃(1℉)만큼 높이는데 필요한 열량)은 1[kcal/kg·℃]로 크다.
② 얼음이 물로 변할 때 흡수하는 에너지인 융해잠열은 80[kcal/kg]로 크다. 하지만, 화재현장에서 얼음을 사용할 일은 없다.
③ 물의 증발잠열(기화잠열)이 539[kcal/kg]로 매우 커서, 냉각효과(열을 흡수하는 능력)가 뛰어나다.
④ 물이 가열되어 수증기가 되면 약1700배로 부피가 팽창하므로, 밀폐된 장소에서 산소의 농도를 희석하는 작용을 할 수 있다.

함께공부

잠열[潛熱, latent heat] - 숨은열
- 융해와 기화(증발) 등 상 전이 과정에서 가해진 열은, 물질의 온도변화에는 사용되지 않고, 상태변화에만 사용된다. 이와 같이 상 전이 과정에서 흡수되는 열을 잠열이라 한다.
- 예를 들면, 물을 가열하면 100℃에서 끓기 시작하지만, 그 이상 아무리 가열해도 완전히 수증기가 될 때까지 100℃를 넘지 않는다. 또한 얼음을 가열해도 완전히 녹을 때까지는 0℃ 이상으로 되지 않는다. 이와 같이 기화 중인 물이나, 융해 중인 얼음에 가해진 숨은 열은, 물(액체)을 수증기(기체)로 바꾸고, 얼음(고체)을 물(액체)로 바꾸기 위해서만 소비되며 온도를 상승시키지는 않는다.
- 물의 기화잠열 : 539[kcal/kg (cal/g)]
- 물의 융해잠열 : 80[kcal/kg (cal/g)]

이해하면서 공부 할 문제 ★★

05 탱크화재 시 발생되는 보일오버(Boil Over)의 방지방법으로 틀린 것은?

① 탱크 내용물의 기계적 교반
② 물의 배출
③ 과열 방지
④ 위험물 탱크내의 하부에 냉각수 저장 → 배출

보일오버(Boil Over)현상 : 고온층(hot zone)이 형성된 유류화재의 탱크 밑면에 물이 고여 있는 경우, 화재의 진행에 따라 바닥의 물이 급격히 증발하여 불 붙은 기름을 분출시키는 위험현상(화재발생 전 부터 있었던 물에 의해~)

함께공부

보일오버(Boil Over)의 방지방법
- 탱크 하부나 측면에 배수관을 설치하여 물을 배출시킨다.
- **탱크 내용물의 기계적 교반** : 기계적 교반이란 물리적 또는 화학적 성질이 다른 2종 이상의 물질을 기계 에너지를 사용해 균일한 혼합상태로 만드는 일을 말하며, 기계적 교반을 통해 탱크내 물을 Emulsion(에멀전, 유화) 상태로 머무르게 하여, 유류와 분리될 수 있게 만든다.
- 유류 저부에 수층이 있다면 그 물이 과열되지 않도록 적당한 시기에 모래 등을 넣어준다.

이해하면서 공부 할 문제

06 물 소화약제를 어떠한 상태로 주수할 경우 전기화재의 진압에서도 소화능력을 발휘할 수 있는가?

① 물에 의한 봉상주수
② 물에 의한 적상주수
③ 물에 의한 무상주수
④ 어떤 상태의 주수에 의해서도 효과가 없다.

안개 형태인 무상으로 물을 주수할 경우 전기전도성이 낮아져 전기화재의 진압에 적합하게 된다. 방수된 안개가 실내에 가득차게 되면 산소의 농도를 떨어뜨려 질식소화 효과를 기대할 수 있으며, 부수적으로 실내의 온도를 떨어뜨려 냉각효과가 발생해 피난을 용이하게 만드는 효과도 있다.

함께공부

물의 주수형태
- **봉상주수** : 막대모양의 굵은 물줄기를 대량으로 방수하여 냉각소화효과를 기대하는 것. 옥내(옥외)소화전 호스의 주수형태
- **적상주수** : 빗방울 형태의 물방울을 대량으로 뿌려 냉각소화효과를 기대하는 것. 스프링클러설비 헤드의 주수형태
- **무상주수** : 안개 형태의 모양으로 미세하게 방수하여 질식소화효과를 기대하는 것. 물분무설비 물분무헤드의 주수형태

계산하면서 공부 할 문제 ★★★

07 화재 시 CO_2를 방사하여 산소농도를 11[vol.%]로 낮추어 소화하려면 공기 중 CO_2의 농도는 약 몇 [vol.%]가 증가 되어야 하는가?

① 47.6 ② 42.9 ③ 37.9 ④ 34.5

화재실에 이산화탄소(CO_2) 소화약제를 방사하여, 산소(O_2)농도를 11%로 떨어뜨려 화재를 진압하려고 할 때… 이산화탄소(CO_2)의 농도는 몇 %로 설계되어야 하는지의 문제?

CO_2방사 후 실내의 CO_2농도(%) $= \dfrac{21 - O_2(\text{농도}\%)}{21} \times 100 = \dfrac{21 - 11}{21} \times 100 = 47.62\%$

암기하면서 공부 할 문제 ★★★

08 분말 소화약제의 취급 시 주의사항으로 틀린 것은?

① 습도가 높은 공기 중에 노출되면 고화되므로 항상 주의를 기울인다.
② 충진 시 다른 소화약제와 혼합을 피하기 위하여 종별로 각각 다른 색으로 착색되어 있다.
③ 실내에서 다량 방사하는 경우 분말을 흡입하지 않도록 한다.
④ 분말 소화약제와 수성막포를 함께 사용할 경우 포의 소포 현상을 발생시키므로 병용해서는 안 된다.

① 분말입자가 습기에 의해 고화(굳는현상)되는 현상을 막기 위해 **금속의 스테아린산염**이나 **실리콘 수지**(현재는 대부분 실리콘 수지를 사용한다) 등으로 **표면처리(방습처리)** 한다.
② **분말은 종별**로 제1종 백색, 제2종 담자색(담회색), 제3종 담홍색(황색), 제4종 회색 등으로 **각각 착색**되어 있다.
③ 사용되는 **분말의 입도**는 10 ~ 70㎛ 범위이며 최적의 소화효과를 나타내는 입도는 20 ~ 25㎛ 정도로 **매우 작으므로, 쉽게 흡입** 할 수 있어 주의를 기울여야 한다.
④ 포(수성막포)와 분말소화약제(제3종 분말)를 동시에 사용하여, 분말소화약제의 빠른 소화성과, 포소화약제의 지속안전성을 합쳐 소화효과를 증대시키기 위하여 **CDC(Compatible Dry Chemical) 분말소화약제**가 개발되었다.

암기팁! 나의 칼은 인간의 칼이다~ ➡ 나 칼 인 칼

함 께 공 부

분말 소화약제의 종류 및 성상

종별	주성분	색상	적응화재
제1종	탄산수소나트륨 ($NaHCO_3$)	백색	B, C
제2종	탄산수소칼륨 ($KHCO_3$)	담자색, 담회색	B, C
제3종	제1인산암모늄 = 인산염 ($NH_4H_2PO_4$)	담홍색, 황색	A, B, C
제4종	탄산수소칼륨 + 요소 ($KHCO_3+(NH_2)_2CO$)	회색	B, C

계산하면서 공부 할 문제 ★★

09 화재 표면온도(절대온도)가 2배가 되면 복사에너지는 몇 배로 증가 되는가?

① 2 ② 4 ③ 8 ④ 16

물질의 **표면에서 방사**되는 복사에너지(열복사량)는 **스테판-볼츠만 법칙**(stefan-boltzmann's)에 의해 다음과 같이 계산된다.

$$Q(\text{복사에너지, 복사열량}) = \sigma A T^4$$

복사에너지(복사열량)는 절대온도의 4승에 비례하고, 복사를 받는 물체의 수열면적에 비례한다.

- σ[스테판-볼츠만 상수(시그마)] : $\sigma = 5.67 \times 10^{-8}$ [W/m²K⁴]
- A[수열면적] : 복사를 받는 물체의 수열면적 [m²]
- T[절대온도, K(켈빈)] = 온도(℃) + 273 [K]

σ와 A는 모두 동일하고, T[절대온도]값만 문제에서 2배라고 하였으므로…
Q_1(고온체 절대온도) = 600K, Q_2(저온체 절대온도) = 300K 와 같이 조건을 만들어서 대입하면

$\therefore \dfrac{Q_1}{Q_2} = \dfrac{\sigma A (600)^4 [K]}{\sigma A (300)^4 [K]} = 16$배

이해하면서 공부 할 문제

10 화재실의 연기를 옥외로 배출시키는 제연방식으로 효과가 가장 적은 것은?
① 자연 제연방식 ② 스모크 타워 제연방식
③ 기계식 제연방식 ④ **냉난방설비를 이용한 제연방식**

제연이란 **연기를 제어**한다는 의미로서... 화재실에 **신선한 공기를 급기**하고, **발생된 연기를 배기(배출)**하는 것을 제연이라 한다. 냉난방설비(공조설비)에서 사용하는 덕트(풍도) 등을 이용하여 제연할 수 있지만, 소방에서 이야기하는 직접적인 제연방식은 아니다.

함께 공부

- **자연 제연방식** : 창문이나 배연구를 통해 자연적으로 연기를 배출하는 방식으로, 화재실의 압력이 실외보다 높은 경우 연기가 자연스럽게 배출되지만, 실외의 풍향, 풍속 등에 영향을 받아 연기배출이 제한받는 경우도 있다.
- **기계 제연방식** : 급기송풍기(송풍기, 공기급기)와 배기기(배연기, 연기배출) 등의 기계를 이용하여 연기를 제어하는 방식
  - 1종(급기와 배기 모두 기계식) : 급기송풍기와 배출기를 모두 이용하여 기계로 제연하는 방식
  - 2종(급기만 기계식) : 피난통로인 복도, 통로 등에 **급기송풍기**(송풍기, 공기급기)를 설치해, 신선한 공기를 유입시켜 압력을 형성하여, 복도나 통로에 연기가 유입되지 못하도록 하는 방식
  - 3종(배기만 기계식) : 기계식 **배출기**로 연기를 배출해서, 화재실을 저압으로 형성시켜 연기가 다른 구역으로 확산되는 것을 방지할 수 있는 방식
- **스모크 타워 제연방식** : 고층건축물에 적합한 방식이며, 화재층의 연기를 **제연전용의 수직샤프트로 유입**시켜 수직샤프트의 꼭대기에 설치한 배출구에서 무동력팬 또는 동력팬을 이용하여 연기를 배출하는 방식으로, 건물옥내의 압력보다 수직샤프트의 압력을 낮게 유지하여 연기를 자연스럽게 유입시켜 연기를 배출하는 방식이다.

암기하면서 공부 할 문제

11 다음 위험물 중 특수인화물이 아닌 것은?
① **아세톤** ② 디에틸에테르 ③ 산화프로필렌 ④ 아세트알데히드
제1석유류

제4류 위험물 중 특수인화물의 종류

품명	종류	분자식
특수인화물	아세트 알데히드	CH_3CHO
	이황화탄소	CS_2
	디에틸에테르(에테르)	$C_2H_5OC_2H_5$
	이소프렌	-
	산화 프로필렌	CH_3CHOCH_2
	이소프로필아민	$(CH_3)_2CHNH_2$
	황화 디메틸	-
	펜타보란	B_5H_9

암기탑! 특 아이디 이산·이황 펜 ➡ 특수한 홈페이지 아이디로 로그인하여 조선시대 이산(정조)과 이황(퇴계)의 펜이 되었다.

함께 공부

제4류 위험물 ⇨ 인화성 액체 [유류 등]
- 액체(제3석유류, 제4석유류 및 동식물유류에 있어서는 1기압과 섭씨 20도에서 액상인 것)로서 인화의 위험성이 있는 것
- 인화의 위험성이 높은 기름 등으로서 특수인화물, 제1석유류~제4석유류, 알코올류, 동식물유류 등으로 구분하며, 1석유류~3석유류는 물에녹는 수용성액체와 녹지않는 비수용성 액체로 구분된다.

위험물	특징	암기법	종류[대분류]
제4류	인화성 액체	특아이디 1아휘 알콜 2경등 3클중 4실기 동식물	**특수인화물**(아세트알데히드, 이황화탄소, 디에틸에테르) / **제1석유류**(아세톤, 휘발유=가솔린), **알코올류** / **제2석유류**(경유, 등유) / **제3석유류**(클레오소트유, 중유) / **제4석유류**(실린더유, 기어유), **동식물유류**

이해하면서 공부 할 문제 ★

12 목조건축물의 화재 진행상황에 관한 설명으로 옳은 것은?
① 화원-발염착화-무염착화-출화-최성기-소화
② 화원-발염착화-무염착화-소화-연소낙하
③ **화원-무염착화-발염착화-출화-최성기-소화**
④ 화원-무염착화-출화-발염착화-최성기-소화

목조건축물 화재의 진행과정
① 화원(화재의 원인) : 가연물이 인화(점화)되어 최초의 화재가 시작되는 순간의 상황
② 무염착화(훈소) : 불꽃을 발생시키지 않고 연기(백색연기)만 배출하면서 느리게 착화되는 형태
③ 발염착화 : 무염착화가 진행되면서, 불꽃을 발생시키는 연소형태로 진행되는 착화형태
④ 출화(발화) : 실내외 가연물질에 본격적으로 화재가 진행되는 상태로서, 옥내출화가 일어난 이후에 옥외출화로 전이된다.
  • 옥내출화 - 천장속, 벽속 등에서 발염 착화한 때, 가옥의 구조에는 천장면에 발염 착화할 때,
             불연벽체나 불연천장인 경우 실내의 그 뒷면에 발염 착화할 때
  • 옥외출화 - 창, 출입구 등에 발염 착화한 때, 건물물 외부 가연물질에 발염 착화한 때
⑤ 최성기 : 화염이 실 전체로 급속히 확대되면서 흑색연기를 발생시키는 상태로서, 최대 실내온도는 1,100~1,300[℃]에 달한다.
⑥ 연소낙하 : 벽체와 골조가 소실되면서 천장과 지붕이 무너져 내리는 상태
⑦ 소화(진화) : 목조건축물 전체가 전소되어 화재가 끝나는 시점

함께 공부

목조건축물 화재 - 고온 단기형(단시간형)
목조건축물은 골조가 목조로 되어 있어 타기 쉽고 개구부도 많아져, 화재가 발생하면 공기 유통이 좋아서 격렬히 연소하여 통상적으로 출화 후 4~14분 정도면 최성기에 도달하며, 최성기에서 연소낙하까지 6~19분 정도가 소요된다.

이해하면서 공부 할 문제

13 방호공간 안에서 화재의 세기를 나타내고 화재가 진행되는 과정에서 온도에 따라 변하는 것으로 온도-시간 곡선으로 표시할 수 있는 것은?
① 화재저항 ② **화재가혹도** ③ 화재하중 ④ 화재플럼

화재가혹도는 화재강도를 판단하는 척도로서 **화재시 최고온도가 지속되는 시간**(=최고온도×지속시간)을 말하며, 주수율(L/㎡·min)을 결정하는 주요인이 된다. 따라서, 온도-시간 곡선으로 표시할 수 있는 것은 화재가혹도이다.
④ 화재플럼(Fire Plume) : 부력에 의해 발생되는 화염기둥이며, 고온의 연소생성물이 위로 상승하고 있는 것이다.

함께 공부

화재하중(kg/㎡)
$$= \frac{\sum(G_t \cdot H_t)}{H \cdot A} = \frac{\text{가연물 전체 발열량[kcal]} = [\text{가연물량(kg)} \times \text{가연물 단위발열량(kcal/kg)}]}{\text{목재 단위발열량(kcal/kg)} \times \text{바닥면적(㎡)}} = \frac{\sum Q_t}{4,500 \text{ kcal/kg} \cdot A}$$

• 화재하중이란 화재실내 예상되는 최대가연물질의 양으로서 일반적으로 건물내에 있는 가연성 물질과 가연성 구조체의 양을 말하며, **단위면적당 등가가연물(목재)의 무게(kg/㎡)**로 표현한다.
• 화재 구역에는 여러 가지의 가연물들이 존재하는데, 이러한 가연물은 각각 발열량이 다르기 때문에, 그에 상응하는 목재의 발열량으로 환산하여 화재하중을 산정한다.
• 화재하중은 **화재가혹도(=최고온도×지속시간)**를 결정하는 중요한 요소이며, 주수시간(min)을 결정하는 주요인이 된다.

이해하면서 공부 할 문제

14 도장작업 공정에서의 위험도를 설명한 것으로 틀린 것은?
① 도장작업 그 자체 못지않게 건조공정도 위험하다.
② <u>도장작업에서는 인화성 용제가 쓰이지 않으므로 폭발의 위험이 없다.</u>
   많이 쓰이므로 폭발위험이 있다
③ 도장작업장은 폭발 시를 대비하여 지붕을 시공한다.
④ 도장실은 환기덕트를 주기적으로 청소하여 도료가 덕트 내에 부착되지 않게 한다.

도장작업(건조작업) 공정(페인트 분무공정 등)에서는 인화성 용제가 많이 사용되므로 인화성 증기에 의한 폭발위험이 항상 존재한다.

> 암기하면서 공부 할 문제 ★★

15 다음 중 동일한 조건에서 증발잠열[kJ/kg]이 가장 큰 것은?

① 질소 ② 할론 1301 ③ 이산화탄소 ④ 물

① 질소는 액화시키기 어려워서 기체상태에서 방사되므로 냉각효과는 기대할 수 없고, 질식에 의한 소화가 이루어 진다.
② 할론소화약제는 냉각에 의한 소화효과 보다는, 연쇄반응을 차단하는 억제(=부촉매)소화 효과가 뛰어나다.
③ 고체 이산화탄소(고체탄산=드라이아이스)[CO_2]의 승화잠열은 137kcal/kg(물의 기화잠열의 1/4정도)이다. 즉 CO_2 방출에 따른 고체탄산에 의한 냉각효과(방출되는 CO_2의 1/4정도만 드라이아이스)는 물의 냉각효과보다 훨씬 적다.(따라서 물의 1/16정도만 냉각효과 발휘)
④ 물의 기화(증발)잠열은 539 [kcal/kg (cal/g)] 정도로 매우 높아 냉각효과가 뛰어나다.
※ 문제에서 [kJ/kg] 단위가 주어졌으나, 증발(기화, 승화)잠열의 구체적인 수치를 묻는 것이 아니므로 신경 쓸 필요가 없다.

> 함께 공부

잠열[潛熱, latent heat] – 숨은열
- 융해와 기화(증발) 등 상 전이 과정에서 가해진 열은, 물질의 온도변화에는 사용되지 않고, 상태변화에만 사용된다. 이와 같이 상전이 과정에서 흡수되는 열을 잠열이라 한다.
- 예를 들면, 물을 가열하면 100℃에서 끓기 시작하지만, 그 이상 아무리 가열해도 완전히 수증기가 될 때까지 100℃를 넘지 않는다. 또한 얼음을 가열해도 완전히 녹을 때까지는 0℃ 이상으로 되지 않는다. 이와 같이 기화 중인 물이나, 융해 중인 얼음에 가해진 숨은 열은, 물(액체)을 수증기(기체)로 바꾸고, 얼음(고체)을 물(액체)로 바꾸기 위해서만 소비되며 온도를 상승시키지는 않는다.
- 물의 기화잠열 : 539 [kcal/kg (cal/g)] • 물의 융해잠열 : 80 [kcal/kg (cal/g)]

> 암기하면서 공부 할 문제 ★★

16 연면적이 1,000[m²] 이상인 건축물에 설치하는 방화벽이 갖추어야 할 기준으로 틀린 것은?

① 내화구조로서 홀로 설 수 있는 구조일 것
② 방화벽의 양쪽 끝과 윗쪽 끝을 건축물의 외벽면 및 지붕면으로부터 0.1[m] 이상 튀어나오게 할 것
　　　　　　　　　　　　　　　　　　　　　　　　　　　　　　　　　　0.5[m]
③ 방화벽에 설치하는 출입문의 너비는 2.5[m] 이하로 할 것
④ 방화벽에 설치하는 출입문의 높이는 2.5[m] 이하로 할 것

건축물의 피난·방화구조 등의 기준에 관한 규칙(약칭 : 건축물방화구조규칙) 제21조(방화벽의 구조)
1. 내화구조로서 홀로 설 수 있는 구조일 것
2. 방화벽의 양쪽 끝과 윗쪽 끝을 건축물의 외벽면 및 지붕면으로부터 0.5미터 이상 튀어 나오게 할 것
3. 방화벽에 설치하는 출입문의 너비 및 높이는 각각 2.5미터 이하로 하고, 해당 출입문에는 60+방화문 또는 60분방화문을 설치할 것

> 함께 공부

- **연면적** : 하나의 건축물 각 층의 바닥면적의 합계(지하층면적·지상층 주차용면적·피난안전구역면적·경사지붕 대피공간면적 제외)
- **방화벽** : 화재 시 발생한 열, 연기 등의 확산을 방지하기 위하여 설치하는 벽
- **60+방화문** : 연기 및 불꽃을 차단할 수 있는 시간이 60분 이상이고, 열을 차단할 수 있는 시간이 30분 이상인 방화문
- **60분방화문** : 연기 및 불꽃을 차단할 수 있는 시간이 60분 이상인 방화문
- **30분방화문** : 연기 및 불꽃을 차단할 수 있는 시간이 30분 이상 60분 미만인 방화문

> 암기하면서 공부 할 문제

17 석유, 고무, 동물의 털, 가죽 등과 같이 황성분을 함유하고 있는 물질이 불완전연소될 때 발생하는 연소가스로 계란 썩는 듯한 냄새가 나는 기체는?

① 아황산가스 ② 시안화수소 ③ 황화수소 ④ 암모니아

유황(황)[S]은 제2류 위험물[가연성 고체]로서, **불완전 연소시** 계란 썩는 냄새가 나는 독성가스(허용농도 10ppm)인 **황화수소(H_2S)**를 발생시킨다. 또한 황화수소는 연소범위가 4~44[vol%](위험도 10) 정도인 **가연성 가스**이다.

> 함께 공부

유황(황)[S]이 **완전 연소**되면 유독한 **아황산가스(SO_2, 이산화황)**를 발생시킨다. ⇨ $S + O_2 \rightarrow SO_2 \uparrow$ (아황산가스)

※ ppm은 농도의 단위로 사용되며, 영어의 'Part Per Million(파츠 퍼 밀리언)'의 앞 글자를 따서 만든 **100만분의 1**이란 뜻이다. 즉 1ppm은 1/1,000,000로 표현되며, 공기 1,000,000L 중 농도를 표시하는 것이다.

> 계산하면서 공부 할 문제

18 공기의 부피 비율이 질소 79[%], 산소 21[%]인 전기실에 화재가 발생하여 이산화탄소 소화약제를 방출하여 소화하였다. 이때 산소의 부피농도가 14[%]이었다면 이 혼합 공기의 분자량은 약 얼마인가? (단, 화재 시 발생한 연소가스는 무시한다.)

① 28.9   ② 30.9   ③ 33.9   ④ 35.9

1. 이산화탄소 소화약제 **방출전** 전기실의 **공기비율** ⇨ 산소 21[%] + 질소 79[%] = 100[%]
2. 이산화탄소 소화약제 **방출후** 전기실의 **공기비율** ⇨ 산소 14[%] + 이산화탄소 33.33[%] + 질소 52.67[%] = 100[%]
   ① 전기실에 이산화탄소(CO_2) 소화약제를 방사하여, 산소(O_2)농도를 14%로 떨어트려 화재를 진압하려고 할 때... 이산화탄소의 농도는 몇 %가 되는지의 문제?

   $$CO_2 \text{방사 후 실내의 } CO_2 \text{농도(\%)} = \frac{21 - O_2(\text{농도\%})}{21} \times 100 = \frac{21 - 14}{21} \times 100 = 33.33\%$$

   ② 이산화탄소(CO_2) 방사 후 질소(N_2)의 부피농도 변화(79%에서 52.67%로 부피가 줄어들었다)
   = 100[%] (전체부피) – 이산화탄소 33.33[%] – 산소 14[%] = 질소(N_2) 부피 52.67[%]

3. 변화된 공기 혼합물의 분자량 계산

종류	분자식	원자량	분자량 계산	혼합기체 비율	혼합기체 비율에 따른 분자량
산소	O_2	O=16	16×2 = 32	14[%] = 0.14	32 × 0.14 = 4.48
이산화탄소	CO_2	C=12, O=16	12 + (16×2) = 44	33.33[%] = 0.3333	44 × 0.3333 = 14.67
질소	N_2	N=14	14×2 = 28	52.67[%] = 0.5267	28 × 0.5267 = 14.75

∴ 공기분자량 = 4.48 + 14.67 + 14.75 = 33.9

> 함께 공부

주요 원소의 원자량

원소명	수소	탄소	질소	산소	불소	나트륨	마그네슘	알루미늄	인	황	염소	아르곤	브롬
기호	H	C	N	O	F	Na	Mg	Al	P	S	Cl	Ar	Br
원자량	1	12	14	16	19	23	24	27	31	32	35.5	40	80

> 암기하면서 공부 할 문제

19 산불화재의 형태로 틀린 것은?

① 지중화 형태   ② **수평화 형태**   ③ 지표화 형태   ④ 수관화 형태

산불의 유형은 불의 강도와 불이 도달하는 높이로서 구분되며, 지중화(ground fire), 지표화(surface fire), 하층화(수간화)(understory fire), 수관화(crown fire)의 4가지로 구분된다. 산불의 유형 중 **수평화 형태는 없다.**

> 함께 공부

- **지중화** : 수목질의 유기물이 탄소화합물의 형태로 **토양 속에 축적된 곳**에서 발생하며, 산소 공급량이 적고 바람으로부터 보호되어 불꽃이 지면 위로 노출되지 않고 연기만 발생시키면서 지속적이고 느리게 진행되는 산불이다. 국내에서는 거의 일어나지 않는다.
- **지표화** : 낙엽, 나무가지 등 **지표면에 쌓여 있는 것**들이 연소하는 화재를 말하며, 지표면 가까이에 있는 키가 낮은 수목 등을 태우면서 진행하는 불꽃길이 1m 정도의 산불이다. 가장 흔하게 발생하는 산불이다.
- **수간화**(하층화) : 지표화로부터 시작된 산불에서 확대되는 경우가 많고, **나무 줄기**(기둥)**가 타는 산불**로서 불꽃의 길이가 1-3m 정도로 키가 큰 나무 등을 태울 정도의 산불을 말한다.
- **수관화** : 숲 전체를 연소시키는 산불로서, 지표화로부터 시작되어 수간화(하층화)로 진행된 산불이 수관화로 확대되는 경우가 많으며, 불꽃길이가 3m 이상의 매우 강력한 화염이 발생하여 사실상 진화가 어렵다.

> 계산하면서 공부 할 문제

20 다음 가연성 기체 1몰이 완전연소하는데 필요한 이론 공기량으로 틀린 것은? (단, 체적비로 계산하며 공기 중 산소의 농도를 21[vol.%]로 한다.)

① 수소 - 약 2.38몰　　② 메탄 - 약 9.52몰　　③ **아세틸렌 - 약 16.91몰**　　④ 프로판 - 약 23.81몰

- 공기 중 산소의 농도는 21[vol.%](공기중 산소의 비) = 0.21(백분율 환산) 이고, 체적비로 계산할 수 있으므로...
  가연성기체 완전연소시 필요한 산소몰(mol)수 = 필요한 공기량 × 0.21

$$필요한\ 공기량(공기몰수) = \frac{필요한\ 산소\ 몰(mol)수}{0.21}$$

※ 정상상태의 공기 vs 가연성기체 완전연소시 필요한 공기의 비례식으로도 문제를 이해하고 계산할 수 있다.
  산소21% : 공기100% = 가연성기체에 필요한 산소몰(mol)수 : 가연성기체에 필요한 공기량(공기몰수) x

물질	화학반응식	필요한 산소몰수	필요한 공기량(공기몰수)
수소(H_2)	$H_2 + 0.5O_2 \rightarrow H_2O$	0.5	$\frac{산소몰수}{0.21} = \frac{0.5\,mol}{0.21} = 2.38\,몰(mol)$
메탄(CH_4)	$CH_4 + 2O_2 \rightarrow CO_2 + 2H_2O$	2	$\frac{산소몰수}{0.21} = \frac{2\,mol}{0.21} = 9.52\,몰(mol)$
아세틸렌(C_2H_2)	$C_2H_2 + 2.5O_2 \rightarrow 2CO_2 + H_2O$	2.5	$\frac{산소몰수}{0.21} = \frac{2.5\,mol}{0.21} = 11.9\,몰(mol)$
프로판(C_3H_8)	$C_3H_8 + 5O_2 \rightarrow 3CO_2 + 4H_2O$	5	$\frac{산소몰수}{0.21} = \frac{5\,mol}{0.21} = 23.81\,몰(mol)$

> 함 께 공 부

화학반응식(화학식을 이용하여 물질의 화학반응을 표현한 식) **표현하는 방법**
① 반응물과 생성물을 화학식으로 표현한다
② 화살표(→)를 중심으로 왼쪽은 반응물, 오른쪽은 생성물을 쓰고, 2이상의 물질 결합 시에는 "+"로 연결한다.
③ 기체가 발생하는 경우에는 (↑), 침전물이 생기는 경우에는 (↓)로 표시한다.
④ 반응물과 생성물의 원자수가 같아지도록 화학식 앞의 계수를 맞춘다.
⑤ 화학식 앞의 계수는 몰(mol)수를 의미한다.

> 함 께 공 부

프로판(C_3H_8)의 완전연소 화학반응식 예시

계수를 맞추기 전
반응물　　　　생성물 $C_3H_8 + O_2 \rightarrow CO_2 + H_2O$

① 반응물의 탄소가 3개이다.
② 생성물의 탄소를 3개로 맞추기 위해 CO_2 앞에 계수 3을 적는다 [$3CO_2$]
③ 반응물의 수소가 8개이다.
④ 생성물의 수소를 8개로 맞추기 위해 H_2O 앞에 계수 4를 적는다 [$4H_2O$]
⑤ 생성물의 산소가 $3CO_2$=6개, $4H_2O$=4개 ∴총10개로 확인된다.
⑥ 반응물의 산소를 10개로 맞추기 위해 O_2 앞에 계수 5를 적는다 [$5O_2$]
⑦ 반응물도, 생성물도 모두 C:3개, H:8개, O:10개 로 확인된다.

계수를 맞춘 후
반응물　　　　생성물 $C_3H_8 + 5O_2 \rightarrow 3CO_2 + 4H_2O$

2과목 소방유체역학

> 전반적으로 쉬운 계산형 ★★

21 그림에서 물에 의하여 점 B에서 힌지된 사분원 모양의 수문이 평형을 유지하기 위하여 수면에서 수문을 잡아 당겨야 하는 힘 T는 약 몇 [kN]인가? (단, 수문의 폭 1[m], 반지름(r = $\overline{OB}$)은 2[m], 4분원의 중심은 O점에서 왼쪽으로 4r/3π인 곳에 있다.)

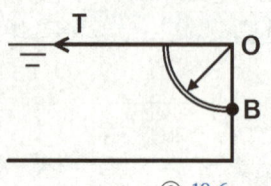

① 1.96　　② 9.8　　③ **19.6**　　④ 29.4

수문을 T방향으로 잡아 당겨야 할 때... 물의 압력이 수문을 향해, T반대 방향인 수평으로 작용하고 있다. 이 때 잡아 당겨야 하는 힘을 kN의 값으로 구하는 문제이다.

1. **조건정리**
   - 물 비중량(γ) = $1000 kgf/m^3$ = $9800 N/m^3$ = $9.8 kN/m^3$　　*$1kgf = 9.8N$　*$1000N = 1kN$
   - 수문의 면적(A) ☞ 그림상에서 측면으로 보면 곡면이지만, 수조의 내부에서 보면 수문이 폭1m 높이2m의 직사각형 형태로 힘을 받고 있다. ∴ 폭1m × 높이2m = $2m^2$
   - 수문이 받는 힘의 깊이(h) = 반지름(r = $\overline{OB}$)은 2m = 수문의 면적중심깊이($\frac{수문수직높이(2m)}{2}$) = 1m
   - 조건 4r/3π 은 의미 없는 조건이다.
2. **수평방향**으로 작용하는 평균 **힘의 크기**(F_H) = 힘의 수평성분의 크기
   $$F_H [kN, 힘] = \gamma A h = 비중량(kN/m^3) \times 면적(m^2) \times 면적중심까지의 깊이(m) = 9.8 kN/m^3 \times 2m^2 \times 1m = 19.6 kN$$

> 함께공부

수직면(경사면)에 작용하는 전압력 ➡ **수평방향으로 작용하는 평균 힘의 크기**

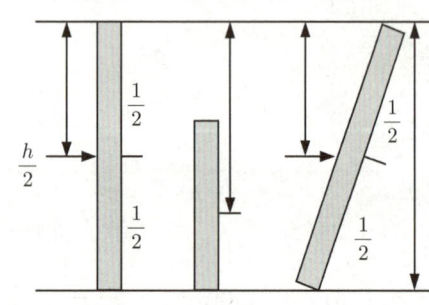 

면적중심까지의 깊이 = $\frac{h}{2}$

$$F = \gamma \cdot A \cdot h$$
$$= \gamma \cdot (b \times h) \cdot \frac{h}{2}$$
$$= \frac{\gamma \cdot (b \times h) \cdot h}{2}$$

> 계산 없는 단순 암기형 ★★★★★

22 물의 온도에 상응하는 증기압보다 낮은 부분이 발생하면 물은 증발되고 물속에 있던 공기와 물이 분리되어 기포가 발생하는 펌프의 현상은?
① 피드백(Feed Back)　　② 서징현상(Surging)
③ **공동현상(Cavitation)**　　④ 수격작용(Water Hammering)

공동현상(캐비테이션, cavitation) - 공기고임현상(기포 발생)
- 펌프 내부나 흡입측 배관에서 물의 압력이 포화증기압 이하로 떨어져 물이 국부적으로 증발하여 증기 공동이 발생하는 현상으로 공기(기포)가 생성되고, 진동(소음)을 수반하며 종단에는 양수불능을 초래할 수 있음
- 물의 온도에 상응하는 증기압보다 낮은 부분이 발생하면 물은 증발되고 물속에 있던 공기와 물이 분리되어 **기포가 발생**하는 펌프의 현상
- 물이 배관 내에 유동하고 있을 때 흐르는 물 속 어느 부분의 정압이 그때 물의 온도에 해당하는 증기압 이하로 되면 부분적으로 **기포가 발생**하는 현상

함께공부
- **수격작용(워터 햄머링, water hammering)**
  물의 공격이라는 의미로, 펌프의 급격한 정지 및 밸브의 급격한 폐쇄시 물의 압력파에 의한 충격파와 이상음(異常音)이 발생하는 현상으로... 파이프 속을 유체가 흐를 때 파이프 끝의 밸브를 갑자기 닫으면 유체의 운동에너지가 압력으로 변환되면서 밸브 직전에서 높은 압력이 발생하고 상류로 압축파가 전달되는 **수격작용 현상이 발생**한다.
- **맥동현상(서징, surging)**
  - 저유량 영역에서 유량, 압력이 주기적으로 변하여 진공계 및 압력계 눈금이 흔들리고, 진동과 소음이 발생되어, 배관(밸브) 등이 손상되는 현상
  - 펌프 입구의 진공계 및 출구의 압력계 지침이 흔들리며 송출유량도 주기적으로 변화하는 이상 현상
  - 펌프가 운전 중에 한숨을 쉬는 것과 같은 상태가 되어 펌프 입구의 진공계 및 출구의 압력계 지침이 흔들리고 송출유량도 주기적으로 변화하는 이상 현상

포기해도 되는 계산형 포기해도 합격에 전혀 지장없는 문제

23 단면적이 A와 2A인 U자형 관에 밀도가 d인 기름이 담겨져 있다. 단면적이 2A인 관에 관벽과는 마찰이 없는 물체를 놓았더니 그림과 같이 평형을 이루었다. 이때 이 물체의 질량은?

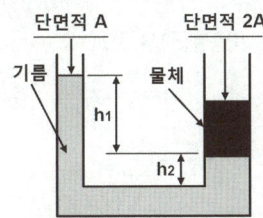

① $2Ah_1d$ ② Ah_1d ③ $A(h_1+h_2)d$ ④ $A(h_1-h_2)d$

본 문제는 이해와 계산과정 모두 복잡한 문제로서... 소방설비기사 실기시험에서 등장하지 않는 개념과 문제이므로, 공부하지 않고 **포기하는 것이 더 현명합니다.** 따라서 지면과 노력낭비를 방지하기 위하여 해설이 없습니다.

함께공부
1. h_1 하단 지점(P_1)과... 수평선을 그은 h_2 상단 지점(P_2)의 압력(P)은 동일하다는 전제로 식을 세운다.

$$P_1 = P_2 \rightarrow \frac{F_1}{A_1} = \frac{F_2}{A_2} \rightarrow \frac{F_1}{A} = \frac{F_2}{2A} \rightarrow \frac{m_1 \times g}{A} = \frac{m_2 \times g}{2A} \rightarrow m_1 = \frac{m_2}{2} \rightarrow m_2 = 2 \times m_1$$

* $P(\text{압력}) = \dfrac{F(\text{힘})}{A(\text{단위면적})}$ * 힘$(F) = m \cdot g$ = 질량(kg) × 중력가속도$(m/\sec^2)$

2. 문제조건에서... 단면적 = A, 높이 = h, 밀도 = d
   ① 밀도$(\rho, \text{로우}) = \dfrac{m}{V} = \dfrac{\text{질량}}{\text{부피}} = \dfrac{kg}{m^3}$ → $m(\text{질량}) = V(\text{부피}) \times \rho(\text{밀도}) = A(\text{단면적}) \times h(\text{높이}) \times d(\text{밀도})$
   ② $m_1(\text{기름 질량}) = A(\text{단면적}) \times h_1(\text{높이}) \times d(\text{밀도})$
3. 물체의 질량(m_2) 구하기
   $m_2 = 2 \times m_1 = 2 \times A(\text{단면적}) \times h_1(\text{높이}) \times d(\text{밀도}) = 2Ah_1d$

> 전반적으로 쉬운 계산형 ★★

24 그림과 같이 물이 들어있는 아주 큰 탱크에 사이펀이 장치되어 있다. 출구에서의 속도 V와 관의 상부 중심 A지점에서의 게이지 압력 P_A를 구하는 식은? (단, g는 중력가속도, ρ는 물의 밀도이며, 관의 직경은 일정하고 모든 손실은 무시한다.)

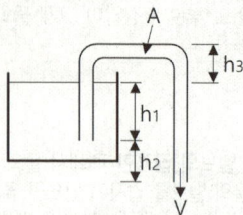

① $V = \sqrt{2g(h_1+h_2)}$
   $P_A = -\rho g h_3$

② $V = \sqrt{2g(h_1+h_2)}$
   $P_A = -\rho g(h_1+h_2+h_3)$

③ $V = \sqrt{2gh_2}$
   $P_A = -\rho g(h_1+h_2+h_3)$

④ $V = \sqrt{2g(h_1+h_2)}$
   $P_A = \rho g(h_1+h_2-h_3)$

사이펀작용에서 가장 중요한 높이는 액면에서 사이펀 끝단까지의 높이(h_1+h_2)가 가장 중요하다. h_1으로 표시된 액체에 담궈진 높이나, h_3으로 표시된 곡관부분의 높이(올라간높이와 내려간높이가 서로 동일하므로 상쇄된다)는 신경쓰지 않아도 된다.

1. **토리첼리의 정리식** "$V = \sqrt{2gh}$"를 통해 유속 V를 구할 수 있으며, 높이 h를 문제조건에 맞게 대입하면 $V = \sqrt{2g(h_1+h_2)}$가 된다.

2. A지점의 압력(P_A)은... A지점 높이부터 사이펀 끝단까지 높이와 관련이 있다. 따라서 높이 h는 ($h_3+h_1+h_2$)가 된다. 하지만, A지점은... 높이 h에서 가장 높은 곳이고 물이 빠져 나가고 있으므로 ⊕압력이 걸리는 것이 아니고 ⊖압력으로 작용하게 된다. 결국, 높이 h는 $-(h_1+h_2+h_3)$가 된다.

3. 또한 압력(P_A)은... γ(비중량)×h(높이) 이고, 비중량(γ)은... ρ(밀도)×g(중력가속도) 이므로, 최종적으로 $P_A = -\rho g(h_1+h_2+h_3)$가 된다.

> 함 께 공 부

사이펀작용[siphon effect]

곡관의 한쪽 끝을 수조내에 담그고 곡관내에 물을 채우면, 수조내의 물이 다른 한 쪽 끝으로 유출하는 현상을 사이펀작용이라 한다.
사이펀은 중력과 기압차를 이용하여 수조내의 물을 옮기는 관을 말한다. 그림에서 ①의 물이 ②로 이동하는 이유는 속이 빈 원통형관(사이펀은 막대에 액체가 차 있어야 작동한다)의 긴 쪽(중간에서부터 꺾어진 곳)이 중력을 더 받아서 짧은 쪽보다 내려가는 힘이 더 크기 때문이다.
유체의 경우 **동일한 유량에 단면적이 감소하면 압력이 상승**하는데 이 경우 갑자기 좁은 곳으로 많은 물이 지나가기 때문에 압력이 강해지게 된다. 이것이 사이펀의 원리이다.

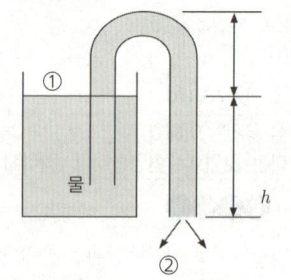

> 전반적으로 쉬운 계산형 ★★

25 0.02[m³]의 체적을 갖는 액체가 강제의 실린더 속에서 730[kPa]의 압력을 받고 있다. 압력이 1,030[kPa]로 증가되었을 때 액체의 체적이 0.019[m³]으로 축소되었다. 이때 이 액체의 체적탄성계수는 약 몇 [kPa]인가?

① 3,000　　② 4,000　　③ 5,000　　④ **6,000**

체적탄성계수(K, N/m², Pa = 압력의 단위)는 체적변화율에 대한 압력의 변화. 즉 압력을 변화시켰을 때 체적이 얼마나 감소하는지를 말하는 것으로, 체적탄성계수가 크다는 의미는 그 만큼 빡빡하다는 의미이고 그에 따라 압축하기 어렵다는 의미이다.

$$K = \frac{\Delta P(\text{변화된 압력})}{\frac{\Delta V(\text{변화된 부피})}{V(\text{처음 부피})}} = \frac{1030\,kPa - 730\,kPa}{\frac{0.02\,m^3 - 0.019\,m^3}{0.02\,m^3}} = 6000\,kPa$$

함께공부

체적탄성계수 (K, N/㎡, Pa 파스칼, ㎠/kgf)
① 단위 면적당 외력의 강도와 체적의 변형비. 단위는 압력(N/㎡, Pa, kgf/㎠)의 단위를 사용한다.
② **체적변화율에 대한 압력의 변화**. 즉 압력을 변화시켰을 때 체적이 얼마나 감소하는지를 계수로 나타낸 것. 체적탄성계수가 크다는 의미는 그 만큼 빡빡하다는 의미이고 그에 따라 압축이 잘 되지 않는다는 의미이다.
③ 체적탄성계수는 압축성유체에 적용하는 식이 아니라 **비압축성유체에 적용하는 식**이다. 비압축성인 **액체**에 매우 큰 압력이 가해지면 약간의 체적의 감소가 발생하는데 이의 정도를 체적탄성계수로 표현하였다.
④ 아래 공식에서 체적이 V인 액체에 ΔP 만큼의 압력이 가해지면, 체적이 ΔV 만큼 감소하므로 공식에서는 음(-)을 표현했으나 실제로 체적탄성계수는 음(-)의 수가 될 수 없으므로 **계산시는 적용하지 아니한다**.
⑤ 또한 체적변화율에 대한 압력의 변화뿐만 아니라 **밀도, 비중량의 변화율에 대한 압력의 변화**도 살펴볼 수 있다.

<부피> <밀도> <비중량>

$$K = -\frac{\Delta P(\text{변화된 압력})}{\frac{\Delta V(\text{변화된 부피})}{V(\text{처음부피})}} = \frac{\Delta P}{\frac{\Delta \rho}{\rho}} = \frac{\Delta P}{\frac{\Delta \gamma}{\gamma}} = \frac{1}{\beta(\text{압축률})}$$

압축률 (β, ㎡/N, Pa^{-1}, ㎠/kgf)
① 체적탄성계수의 역수(β 베타, ㎡/N, ㎠/kgf)로서 **압축(P)에 의해 물질의 부피(V)가 변화하기 쉬운 정도**를 나타내는 수치이다.
② 즉, 압축률이 크다는 의미는... 그 만큼 압축하기 쉽다는 것을 의미한다.
③ 압축률은 압력(P)에 대한 밀도(ρ)의 변화율과 같다.
④ 유체의 체적(부피)이 감소하면, 부피가 감소한 만큼 공간이 좁아져 유체의 밀도(빡빡한 정도)는 증가한다.

$$\beta = \frac{1}{K(\text{체적탄성계수})} = -\frac{\frac{\Delta V}{V}}{\Delta P} = \frac{\frac{\Delta \rho}{\rho}}{\Delta P} = \frac{\frac{\Delta \gamma}{\gamma}}{\Delta P}$$

전반적으로 쉬운 계산형 ★★

26 비중병의 무게가 비었을 때는 2[N]이고, 액체로 충만 되어 있을 때는 8[N]이다. 액체의 체적이 0.5[L]이면 이 액체의 비중량은 약 몇 [N/㎥]인가?

① 11,000　　② 11,500　　③ **12,000**　　④ 12,500

비중량(γ)이란 단위부피(체적)당 중량(무게). 즉 물질의 중량(무게)을 부피(체적)로 나눈 값이다. 밀도와 비중량의 차이는 질량(장소나 상태에 따라 달라지지 않는 물질의 고유한 양)을 적용시키느냐, 중량(물체에 작용하는 중력의 크기. 즉 중력가속도가 적용된 실제무게)을 적용시키느냐의 차이이다.

1. 조건정리
  · 액체의 무게 = 8N − 2N = 6N
  · 액체의 체적 = 0.5L = 5×10⁻⁴ m³
2. 액체의 비중량(γ) = $\frac{중량}{부피}$ = $\frac{6N}{5 \times 10^{-4} m^3}$ = $12,000 N/m^3$

포기해도 되는 계산형 포기해도 합격에 전혀 지장없는 문제

27 10[kg]의 수증기가 들어 있는 체적 2[㎥]의 단단한 용기를 냉각하여 온도를 200[℃]에서 150[℃]로 낮추었다. 나중 상태에서 액체상태의 물은 약 몇 [kg]인가? (단, 150[℃]에서 물의 포화액 및 포화증기의 비체적은 각각 0.0011[㎥/kg], 0.3925[㎥/kg]이다.)

① 0.508　　② 1.24　　③ **4.92**　　④ 7.86

본 문제는 소방과 관련 없는 이해과정이 복잡한 계산문제로서... 소방설비기사 실기시험에서 등장하지 않는 개념과 문제이므로, 공부하지 않고 포기하는 것이 더 현명합니다. 따라서 지면과 노력낭비를 방지하기 위하여 해설이 없습니다.

함께공부

· 물(포화액) 질량 = $x\,kg$　　· 수증기(포화증기) 질량 = $(10-x)kg$
$\{x\,kg \times 0.0011\,m^3/kg\} + \{(10-x)kg \times 0.3925\,m^3/kg\} = 2m^3$　　∴ $x = 4.92\,kg$

> 감탄답이색 소방설비기사 기계 필기 | Engineer Fire Protection System

복잡하고 어려운 계산형 ★

28
펌프의 입구 및 출구측에 연결된 진공계와 압력계가 각각 25[mmHg]와 260[kPa]을 가리켰다. 이 펌프의 배출 유량이 0.15[m³/s]가 되려면 펌프의 동력은 약 몇 [kW]가 되어야 하는가? (단, 펌프의 입구와 출구의 높이차는 없고, 입구측 안지름은 20[cm], 출구측 안지름은 15[cm]이다.)

① 3.95　　② 4.32　　③ 39.5　　④ **43.2**

해설

1. **펌프의 수동력(kW)** ➡ 펌프에 의해 **물**에 **공급**되는 동력(유체에 실제로 주어지는 동력). 따라서 펌프효율은 의미가 없다.

> 펌프의 동력(kW)을 묻는 문제로서, 문제에서 전달계수(K)와 펌프효율(η_p)이 모두 주어지지 않았으므로… 펌프의 수동력을 묻는 문제이다.

$$kW = \frac{H \cdot \gamma \cdot Q}{102}$$

H(전양정)[m] × γ(물 비중량)[1000 kgf/m^3] × Q(토출량)[m^3/sec]

- Q(유량) = 0.15 m³/s　　*시간의 단위인 "초(second)"는 "sec" 또는 "s"로 표시하고, 통상적으로 "섹크"로 읽는다.
- H(전양정) = ?m

2. **전양정(H)**
  ① 표준대기압을 이용한 진공계 및 압력계의 단위환산

> 진공계와 압력계의 수치는 마찰손실과 실양정 그리고 방사압을 합친 값을 나타내므로, 주어진 수치를 수두[m]로 환산하면 된다. 수두단위의 표준대기압은 10.332mH₂O 이다.

- 진공계 = $25\,mmHg \times \dfrac{10.332\,mH_2O}{760\,mmHg} = 0.34\,mH_2O$　　*수은주(mmHg)의 표준대기압 = 760mmHg

- 압력계 = $260\,kPa \times \dfrac{10.332\,mH_2O}{101.325\,kPa} = 26.51\,mH_2O$　　*킬로 파스칼(kPa)의 표준대기압 = 101.325kPa

② 펌프의 입구측 안지름(20cm=0.2m)과, 출구측 안지름(15cm=0.15m)의 차이에 의한… 속도 손실수두($\dfrac{V^2}{2g}$)를 구하기 위해… 입구측과 출구측의 유속(V)을 연속방정식에 의하여 구하면

> 연속방정식 중 체적유량(Q) ☞ Q(체적유량, m^3/sec) = A(배관의 단면적, m^2) × V(유체속도, m/sec)
>
> $\therefore V = \dfrac{Q}{A}$ ➡ $A = \dfrac{\pi \cdot D^2}{4}$ *D=직경(지름) ➡ $V = \dfrac{Q}{\dfrac{\pi \cdot D^2}{4}}$

- 입구측 유속(V_1) = $\dfrac{Q}{\dfrac{\pi \cdot D^2}{4}} = \dfrac{0.15\,m^3/sec}{\dfrac{\pi \times 0.2^2}{4}} = 4.77\,m/sec$

- 출구측 유속(V_2) = $\dfrac{Q}{\dfrac{\pi \cdot D^2}{4}} = \dfrac{0.15\,m^3/sec}{\dfrac{\pi \times 0.15^2}{4}} = 8.49\,m/sec$

③ 입구측과 출구측의 유속(V)을… 베르누이 방정식의 속도수두를 활용한, $\dfrac{V_2^2 - V_1^2}{2g}$에 대입하여, 속도 손실수두를 구한다.

> 전수두(전양정) = 압력수두 + 속도수두 + 위치수두 = 일정(Constant)
>
> $H(m) = \dfrac{P}{\gamma} + \dfrac{V^2}{2g} + Z = \dfrac{압력(N/m^2)}{비중량(N/m^3)} + \dfrac{유속^2(m/sec)^2}{중력가속도(9.8\,m/sec^2)} + 높이(m) = C$
>
> $\dfrac{P_1}{\gamma} + \dfrac{V_1^2}{2g} + Z_1 = \dfrac{P_2}{\gamma} + \dfrac{V_2^2}{2g} + Z_2$

- $H(m) = \dfrac{V_2^2 - V_1^2}{2g} = \dfrac{8.49^2 - 4.77^2}{2 \times 9.8} = 2.52\,m$

③ 진공계 및 압력계, 그리고 속도 손실수두를 반영한 최종적인 전양정은… $H = 0.34 + 26.51 + 2.52 = 29.37\,m$

3. **펌프의 수동력(kW)**

$$kW = \frac{H \cdot \gamma \cdot Q}{102} = \frac{29.37\,m \times 1000\,kgf/m^3 \times 0.15\,m^3/sec}{102} = 43.19\,kW \fallingdotseq 43.2\,kW$$

함께공부

표준대기압 단위의 종류

1. 단위면적당 작용하는 힘의 단위에 따라 생성된 표준대기압의 종류 $P = \dfrac{F}{A}$

$$1\,atm = 1.0332\,kgf/cm^2 = 10332\,kgf/m^2$$
$$= 101325\,N/m^2\,(Pa,\,\text{파스칼}) = 101.325\,kN/m^2\,(kPa,\,\text{킬로 파스칼}) = 0.101325\,MN/m^2\,(MPa,\,\text{메가 파스칼})$$
$$= 14.7\,\ell bf/in^2\,(=PSI)$$
$$= 1.01325\,\text{bar(바)} = 1013.25\,\text{mbar(밀리바)} \quad *1\,bar = 10^{-5}\,N/m^2\,(Pa) = 1.01325\,bar$$

2. 유체의 비중량에 따라 생성된 표준대기압의 종류 $P = \gamma \cdot h$

- $h = \dfrac{P}{\gamma} = \dfrac{10332\,kgf/m^2}{\text{물의 비중량}\,1000\,kgf/m^3} = 10.332\,mH_2O(mAq) = 10332\,mmH_2O(mmAq)$

- $h = \dfrac{P}{\gamma} = \dfrac{10332\,kgf/m^2}{\text{수은의 비중량}\,13{,}600\,kgf/m^3} = 0.76\,mHg = 760\,mmHg = 29.92\,inHg$

다소 어려운 계산형 ★

29 피토관을 사용하여 일정 속도로 흐르고 있는 물의 유속(V)을 측정하기 위해, 그림과 같이 비중 S인 유체를 갖는 액주계를 설치하였다. S=2일 때 액주의 높이 차이가 H=h가 되면, S=3일 때 액주의 높이 차(H)는 얼마가 되는가?

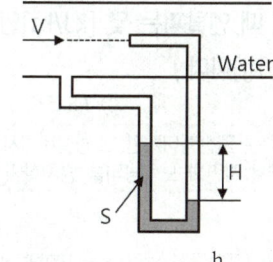

① $\dfrac{h}{9}$ ② $\dfrac{h}{\sqrt{3}}$ ③ $\dfrac{h}{3}$ ④ $\dfrac{h}{2}$

1. 비중(S)이 2일 때와 3일 때의 물의 유속(V)을 각각 구한다.
   *물의 비중(S_w) = 1   *액주계 내의 액체의 비중(S_2) = 2   *액주계 내의 액체의 비중(S_3) = 3

   ① 비중(S)가 2일 때 $V(\text{물의 유속}) = \sqrt{2gh\left(\dfrac{S_2 - S_w}{S_w}\right)} = \sqrt{2gh\left(\dfrac{2-1}{1}\right)} = \sqrt{2gh(1)}$

   ② 비중(S)가 3일 때 $V(\text{물의 유속}) = \sqrt{2gh\left(\dfrac{S_3 - S_w}{S_w}\right)} = \sqrt{2gh\left(\dfrac{3-1}{1}\right)} = \sqrt{2gh(2)}$

2. 문제에서 물이 일정 속도로 흐르고 있다고 하였으므로… 비중(S)이 2일 때와 3일 때의 물의 유속(V)은 동일하다.

   ∴ $\sqrt{2gh(1)} = \sqrt{2gh(2)}$ → $h(1) = h(2)$ → $h(1) = \dfrac{h}{2}(2)$

   → S=2일 때 액주의 높이 차이가 H=h이므로, S=3일 때 액주의 높이 차는 H=$\dfrac{h}{2}$가 되면 동일해진다.

함께공부

$$V = \sqrt{2gh\left(\dfrac{S_B - S_w}{S_w}\right)} = \sqrt{2gh\left(\dfrac{\gamma_B - \gamma_w}{\gamma_w}\right)} = \sqrt{2gh\left(\dfrac{\rho_B - \rho_w}{\rho_w}\right)}$$

*g(중력가속도) = $9.8\,m/s^2$ *S(비중), γ(비중량), ρ(밀도) ☞ 여기서는 모두 동일한 개념으로 보고 계산한다.

> 계산 없는 단순 암기형 ★★★★★

30 관내의 흐름에서 부차적으로 손실에 해당하지 않는 것은?

① 곡선부에 의한 손실
② **직선 원관 내의 손실**
③ 유동단면의 장애물에 의한 손실
④ 관 단면의 급격한 확대에 의한 손실

실제 유체는 점성을 가지므로 유체가 유동할 때 배관의 접촉면에 마찰이 발생하고 그에 따라 에너지의 손실이 발생하는데 그 손실이 마찰손실이다.

$$\text{마찰손실}(h_L, m) = \text{주(직관)손실} + \text{부차적(미소)손실}$$

1. **주손실** : 직관에서 발생하는 마찰 손실(직선 원관 내의 손실)
2. **부차적손실** : 직관 이외에서 발생되는 마찰손실
   - 배관부품(엘보, 리턴밴드, 티, 리듀서, 유니언, 밸브 등)에서 발생하는 손실
   - 곡선부에 의한 손실, 유동단면의 장애물에 의한 손실
   - 단면의 확대 및 축소에 의한 손실
     - 관 단면의 급격한 축소에 의한 손실(돌연축소관의 손실)
     - 관 단면의 급격한 확대에 의한 손실(돌연확대관의 손실)
   - 파이프(배관) 입구와 출구에서의 손실
     *파이프(배관)의 입구 모서리 부분에 의한 손실계수가 큰 순서
     ☞ 돌출 입구 > 날카로운 모서리(사각 모서리) > 약간 둥근 모서리 > 잘 다듬어진 모서리

직관(직선원관)손실을 제외한 모든 손실은 부차적 손실에 해당한다.

> 포기해도 되는 계산형 포기해도 합격에 전혀 지장없는 문제

31 압력 2[MPa]인 수증기 건도가 0.2일 때 엔탈피는 몇 [kJ/kg]인가? (단, 포화증기 엔탈피는 2,780.5[kJ/kg]이고, 포화액의 엔탈피는 910[kJ/kg]이다.)

① **1,284** ② 1,466 ③ 1,845 ④ 2,406

본 문제는 열역학관련 계산문제로서... 계산과정은 쉬운 계산형이지만, 소방설비기사 실기시험에서 등장하지 않는 개념과 문제이므로, 공부하지 않고 **포기하는 것이 더 현명**합니다. 따라서 지면과 노력낭비를 방지하기 위하여 해설이 없습니다.

수증기의 엔탈피 = 포화액 엔탈피 + {수증기 건도×(포화증기 엔탈피 − 포화액 엔탈피)}
$$H\,[kJ/kg] = 910\,kJ/kg + \{0.2 \times (2780.5\,kJ/kg - 910\,kJ/kg)\} = 1284.1\,kJ/kg$$

> 전반적으로 쉬운 계산형 ★★

32 출구 단면적이 0.02[m²]인 수평 노즐을 통하여 물이 수평 방향으로 8[m/s]의 속도로 노즐 출구에 놓여있는 수직 평판에 분사될 때 평판에 작용하는 힘은 약 몇 [N]인가?

① 800 ② **1,280** ③ 2,560 ④ 12,544

고정평판에 작용하는 힘
$$F(N) = \rho(\text{밀도}, kg/m^3) \cdot Q(\text{유량}, m^3/sec) \cdot V(\text{유속}, m/sec)$$
$$= \rho \cdot A(\text{단면적}, m^2) \cdot V^2(m/sec)^2 \quad *Q = A \cdot V \text{ 이므로... } V\text{가 2개가 되어 } V^2$$

1. 조건정리
   - 물의 밀도(ρ) = $1000\,kg/m^3$
   - 노즐의 단면적(A) = $0.02\,m^2$
   - 물의 방사속도(V) = 8m/s
2. 평판이 받는 힘(N) = $\rho \cdot A \cdot V^2 = 1000\,kg/m^3 \times 0.02\,m^2 \times (8m/s)^2 = 1280\,kg \cdot m/s^2\,[=N]$

1. 고정평판에 작용하는 힘
$$F(N) = \rho(\text{밀도}, kg/m^3) \cdot Q(\text{유량}, m^3/sec) \cdot V(\text{유속}, m/sec) \cdot \sin\theta\,[\text{직각}(90°)\text{으로 방사하면 최대값}=1]$$
$$= \rho \cdot A(\text{단면적}, m^2) \cdot V^2(m/sec)^2 \cdot \sin\theta \quad *Q = A \cdot V \text{ 이므로... } V\text{가 2개가 되어 } V^2$$
$$= \rho \cdot \frac{\pi D^2}{4}(\text{단면적}, m^2) \cdot V^2(m/sec)^2 \cdot \sin\theta = kg \cdot m/sec^2(N)$$

2. 이동평판에 작용하는 힘
- 평판이 뒤로 이동시 $F = \rho \cdot Q \cdot (V_2 - V_1) \cdot \sin\theta = \rho \cdot A \cdot (V_2 - V_1)^2 \cdot \sin\theta$
  * V_2 : 방사속도   * V_1 : 평판이 뒤로 이동하는 속도
- 평판이 노즐쪽으로 이동시 $F = \rho \cdot Q \cdot (V_2 + V_1) \cdot \sin\theta = \rho \cdot A \cdot (V_2 + V_1)^2 \cdot \sin\theta$
  * V_2 : 방사속도   * V_1 : 평판이 노즐쪽으로 이동하는 속도

전반적으로 쉬운 계산형 ★★

33 안지름이 25[mm]인 노즐 선단에서의 방수 압력은 계기 압력으로 5.8×10⁵ [Pa]이다. 이때 방수량은 약 [㎥/s]인가?

① 0.017   ② 0.17   ③ 0.034   ④ 0.34

일반 노즐에서 유량측정 공식 → Q(방수량, m^3/sec) = $10.9955\,D^2$(노즐직경, m)$\times \sqrt{10P}$(방사압, MPa)

* 필수암기공식이므로 반드시 외우자~

- 노즐직경(안지름, D) = 25mm = 0.025m   * 1000mm = 100cm = 1m
- 방수압(P) = 5.8×10⁵ Pa = 0.58 MPa   * 1,000,000Pa = 1000kPa = 1MPa

$Q\,(m^3/sec) = 10.9955 \times (0.025m)^2 \times \sqrt{10 \times 0.58 MPa} = 0.01655\,m^3/s ≒ 0.017\,m^3/s$

함께공부

일반 노즐에서 유량측정

1. $Q\,[m^3/sec] = A \cdot V = \dfrac{\pi \cdot D^2}{4}[m^2] \times 14\sqrt{10 \times P}\,[MPa]$ < $(\pi \div 4) \times 14 = 10.9955$ >

2. Q(방수량, m^3/sec) = $10.9955\,D^2$(노즐직경, m)$\times \sqrt{10 \times P}$(방사압, MPa)

- 10.9955를 K값으로 설정한다.
- 방수량의 단위를 [ℓ/min]으로 바꾸기 위해… [m^3/sec] 단위에 ×1000(㎥을 ℓ로), ×60(1분은 60초) 즉 60,000을 곱해준다.
- 노즐의 직경을 [mm]로 바꾸기 위해… [m] 단위에 1,000²(D^2이므로 1000에 제곱을 해준다)을 곱해준다.
- 기호를 K 위주로 정리하고 수치를 대입하면…

∴ $K = \dfrac{Q}{D^2} \times 10.9955 = \dfrac{60,000}{1,000,000} \times 10.9955 = 0.6597$

3. $Q\,[\ell/min] = 0.6597\,D^2\,[mm] \times \sqrt{10 \times P}\,[MPa]$ * 필수암기공식이므로 반드시 외우자~

전반적으로 쉬운 계산형 ★★

34 수평관의 길이가 100[m]이고, 안지름이 100[mm]인 소화설비 배관 내를 평균유속 2[m/s]로 물이 흐를 때 마찰손실수두는 약 몇 [m]인가? (단, 관의 마찰계수는 0.05이다.)

① 9.2   ② 10.2   ③ 11.2   ④ 12.2

마찰손실(h_L)을 수두(m, mH_2O)로 구하는 방정식인 **달시-와이스바하 방정식**을 통해 계산할 수 있다.

$h_L(mH_2O) = f\,\dfrac{L(m)}{D(m)}\,\dfrac{V^2(m/sec)^2}{2g(m/sec^2)}$ 마찰손실수두 = 관마찰계수 × $\dfrac{직관의\ 길이}{배관의\ 직경} \times \dfrac{유속^2}{2 \times 중력가속도}$

1. 조건정리
- 관의 마찰계수(f) = 0.05
- 직관의 길이(L) = 100m
- 안지름(내경, D) = 100mm = 0.1m   * 1000mm = 100cm = 1m
- 유속(V) = 평균유속 2m/s
- 중력가속도 = $9.8\,m/s^2$

2. 마찰손실수두(h_L) 계산

$h_L(m) = f\,\dfrac{L}{D}\,\dfrac{V^2}{2g} = 0.05 \times \dfrac{100\,m}{0.1\,m} \times \dfrac{(2\,m/sec)^2}{2 \times 9.8\,m/sec^2} = 10.2\,m$

달시-와이스바하 방정식(Darcy-Weisbach equation)
- 마찰손실을 수두(h_L, m, mH_2O)로 구하는 방정식이다.
- 유체의 종류나 층류, 난류를 가리지 않고 모든 유체에 적용이 가능한 식으로서 정확성이 매우 떨어진다.
- 따라서 마찰손실과 관련된 요소가 어떤 것이고, 그것이 마찰손실에 어떻게 영향을 미치는지를 파악하는 방정식으로 활용될 수 있다.
- Darcy와 Weisbach에 의해 개발된 방정식은 아래와 같다.

$$\text{마찰손실수두}(h_L) = f\frac{L}{D}\frac{V^2}{2g} \quad *\text{관마찰계수}(f) = \frac{64}{ReNo}$$

$$h_L(mH_2O) = f\frac{L(m)}{D(m)}\frac{V^2(m/\sec)^2}{2g(m/\sec^2)} \quad \text{마찰손실수두} = \text{관마찰계수} \times \frac{\text{직관의 길이}}{\text{배관의 직경}} \times \frac{\text{유속}^2}{2 \times \text{중력가속도}}$$

- 결론적으로 배관에서 발생하는 마찰손실수두는 배관길이에 비례하고, 유속의 제곱에 비례하며, **직경에는 반비례**한다. 따라서 마찰손실을 줄이기 위해서는 배관 길이를 줄이고, 유속을 낮추고, **관경은 크게** 한다.

계산 없는 단순 암기형 ★★★★★

35 수평 원관 내 완전발달 유동에서 유동을 일으키는 힘(ㄱ)과 방해하는 힘(ㄴ)은 각각 무엇인가?

① ㄱ:압력차에 의한 힘, ㄴ:점성력
② ㄱ:중력 힘, ㄴ:점성력
③ ㄱ:중력 힘, ㄴ:압력차에 의한 힘
④ ㄱ:압력차에 의한 힘, ㄴ:중력 힘

- 수평원관내 어떤 지점(1지점)에서 다른 지점(2지점)으로, 유체가 유동을 일으키기 위해서는… 1지점의 압력이 높아야 2지점으로 흐를 수 있다. 따라서 유동을 일으키는 힘은 **압력차에 의한 힘에 따른 관성력**이 필요하다.
  그와 반대로, 수평 원관 내부에서 발생시키는 점성에 의한 힘. 즉 **점성력은 유체의 유동을 방해하는 힘**에 해당한다.
- 유체의 흐름에 있어서 점성에 의한 힘(점성력)이 층류(유체의 규칙적인 흐름)가 될 수 있도록 작용하며, 관성에 의한 힘(관성력)은 난류(어지럽고 불안정하게 불규칙적으로 흐르는 것)를 일으키는 원인으로 작용하고 있다. 즉 유체가 흐르려고 하는 **관성력이 매우 강하게 작용**하면, 어지럽고 불안정하게 흐르는 난류의 원인이 된다. 이 **관성력과 점성력의 비가 레이놀즈수(ReNo)**이다.

전반적으로 쉬운 계산형 ★★

36 외부표면의 온도가 24[℃], 내부표면의 온도가 24.5[℃]일 때, 높이 1.5[m], 폭 1.5[m], 두께 0.5[cm]인 유리창을 통한 열전달률은 약 몇 [W]인가? (단, 유리창의 열전도계수는 0.8[w/m·K]이다.

① **180** ② 200 ③ 1,800 ④ 2,000

열전도란 온도가 높은 영역으로부터 낮은 영역으로 에너지가 이송되는 열흐름 메커니즘을 말하며, Fourier(푸리에)의 전도법칙에 따르면 열전달률(=전도열량=열유동율)[°q][단위 시간당 발생되는 열량(W=J/s)]은…

$$°q[W] = kA\frac{T_1 - T_2}{L} = k(\text{열전도, 열전도계수}) \times A(\text{수열면적, 단면적})\frac{\Delta T(\text{내·외부의 온도차})}{L(\text{두께})}$$

- 유리창의 열전도계수(열전도도)[k] = 0.8[W/m·K]
- 전열체의 수열면적[A]은… 높이 1.5[m], 폭 1.5[m] ⇨ 1.5×1.5=2.25[㎡]
- 내·외부의 온도차[ΔT] 절대온도(켈빈온도)[K]는… 내부표면의 온도가 24.5[℃], 외부표면의 온도가 24[℃]
  ⇨ (24.5+273) − (24+273) = 0.5[K]
- 전열체의 두께(L) = 0.5[cm] = 0.005[m]

유리창을 통한 열전달률 $°q[W] = kA\frac{T_1-T_2}{L} = 0.8 \times 2.25 \times \frac{0.5}{0.005} = 180[W]$

전반적으로 쉬운 계산형 ★★

37 어떤 용기 내의 이산화탄소(45[kg])가 방호공간에 가스 상태로 방출되고 있다. 방출온도와 압력이 15[℃], 101[kPa]일 때 방출가스의 체적은 약 몇 [㎥]인가? (단, 일반 기체상수는 8,314 [J/kmol·K]이다.)

① 2.2 ② 12.2 ③ 20.2 ④ **24.3**

문제에서 일반 기체상수인 8314 J/(kmol·K)가 주어졌으므로… 일반적인 기체에 적용이 가능한 **이상기체 상태방정식**을 통해 답을 구할 수 있다. 문제에서 요구하는 방출가스의 체적(㎥)을 구하기 위해… 이상기체 상태방정식을 체적(V) 중심으로 정리한다.

$$PV = \frac{WRT}{M} \quad *\text{절대압력} \times \text{체적} = \frac{\text{질량} \times \text{기체정수} \times \text{절대온도}}{\text{분자량}} \quad \rightarrow \quad V = \frac{WRT}{PM}$$

1. 조건정리
   - 질량(W) = 45kg
   - 기체상수(R) = 8314 J/kmol·K = 8.314 kJ/kmol·K = 8.314 kN·m/kmol·K   *kJ(주울, Joule) = kN·m(힘×거리=일)
     ☞ 압력의 단위가 kN/m²(kPa)이므로, 기체상수의 단위도 kN·m(kJ)로 변환해야 한다.
   - 절대온도(T) = 273+15℃ = 288K
   - 압력(P) = 101 kPa = 101 kN/m²
   - 이산화탄소(CO_2) 분자량(M) ☞ [C=12, O=16] = 12 + (16×2) = 44 kg/kmol
     * 분자량 = 물질의 무게 = g/mol [kg/kmol] = 1mol(몰)당 g(무게) = 1kmol(킬로몰)당 kg(무게)
              = 분자를 구성하는 각 원자의 원자량 합

2. 위 조건들을 대입하여 **방출가스의 체적(㎥)**을 구한다.

$$V = \frac{WRT}{PM} = \frac{45kg \times 8.314\,kN \cdot m/kmol \cdot K \times 288K}{101\,kN/m^2 \times 44\,kg/kmol} = 24.25 = 24.3\,m^3$$

함께공부

이상기체 상태방정식

보일의 법칙, 샤를의 법칙, 아보가드로의 법칙을 하나로 표현한 식이 이상적인 기체의 여러 상태(변수)를 표시하는 방정식인 이상기체 상태방정식이다.

1. PV = nRT 식의 전개

$$PV = nRT \quad *n(몰수) = \frac{질량}{분자량} = \frac{W}{M} \rightarrow PV = \frac{W}{M}RT \rightarrow PV = \frac{WRT}{M} \quad 절대압력 \times 체적 = \frac{질량 \times 기체상수 \times 절대온도}{분자량}$$

$$PV = \frac{WRT}{M} \rightarrow P = \frac{WRT}{VM} \rightarrow P = \frac{\rho RT}{M} \rightarrow \rho = \frac{PM}{RT}$$

$$\frac{W(질량)}{V(체적)} = \rho (밀도)$$

2. 압력의 단위에 따른 기체상수(정수) R값

$$PV = nRT \quad *절대압력(atm) \times 체적(m^3) = 몰수(kmol) \times 기체상수(기체정수) \times 절대온도(K) 에서...$$

기체상수(R)를 중심으로 수식을 전개하면 아래와 같다.

$$PV = nRT \quad R = \frac{PV}{nT} \quad 기체상수 = \frac{절대압력 \times 체적}{몰수 \times 절대온도}$$

여기에서 R로 표시되는 기체상수는 압력(P)의 단위에 따라 그 값이 아래와 같이 달라진다.

- 압력의 단위가 atm 인 경우 → $R = \dfrac{1atm \times 22.4m^3}{1kmol \times 273K} = 0.082\,atm \cdot m^3/kmol \cdot K$

- 압력의 단위가 N/m^2 (Pa) 인 경우 → $R = \dfrac{101325N/m^2(Pa) \times 22.4m^3}{1kmol \times 273K} = 8313.8\,N \cdot m(=J)/kmol \cdot K$

- 압력의 단위가 kN/m^2 (kPa) 인 경우 → $R = \dfrac{101.325N/m^2(kPa) \times 22.4m^3}{1kmol \times 273K} = 8.314\,kN \cdot m(=kJ)/kmol \cdot K$

계산 없는 단순 공식형 ★★★

38 점성계수와 동점성계수에 관한 설명으로 올바른 것은?

① 동점성계수=점성계수×밀도

② 점성계수=동점성계수×중력가속도/밀도

③ **동점성계수=점성계수/밀도**

④ 점성계수=동점성계수/중력가속도

동점성계수(ν)

절대점성계수(점성계수)를 유체의 밀도로 나눈 것으로서 액체인 경우 온도만의 함수이고, 기체인 경우 온도와 압력의 함수이다. 동점성계수(ν, 뉴)를 동점도 또는 상대점도라고도 한다. 즉 밀도가 변하는 물질은 동점도가 변한다.

$$\nu = \frac{\mu}{\rho} = \frac{절대점도(점성계수)}{밀도} = \frac{kg/m \cdot sec}{kg/m^3} = m^2/sec$$

$$\mu(절대점도 = 점성계수) = \nu \times \rho = 동점성계수 \times 밀도$$

- Stokes(스토크스) = 동점성계수의 CGS계 = cm^2/sec
- $1\,St = 100\,cSt$ (센티 스토크스, Centi Stokes)

함께 공부

- **점성계수**
  유체의 흐름에서 어려움의 크기를 나타내는 양. 즉 끈적거림의 정도를 표시하는 것으로서 점도란 결국 유체가 유동하는 경우의 내부 저항이다. 점도의 표시법에는 절대점도, 동점도 등이 있다.
- **절대점성계수(μ)**
  일반적으로 점도라 하면 절대점성계수(μ, 뮤)를 말하며 **점성계수, 절대점도, 역학적 점성계수**라고도 불리운다.
  뉴턴의 점성법칙의 식을 점성계수 중심으로 정리하면

$$\mu(\text{절대점도}) = \frac{F(\text{전단력})}{A(\text{면적})}(=\text{전단응력}) \qquad \mu = \frac{\frac{F}{A}(\tau)}{\frac{du}{dy}} = \frac{\frac{kg \cdot m/\sec^2}{m^2}}{\frac{m/\sec}{m}} = kg/m \cdot \sec = N \cdot \sec/m^2 = Pa \cdot \sec$$

- Poise(푸아즈, P) = 절대점성계수의 CGS계 = $g/cm \cdot \sec$ = dyne·sec/cm²
- 1P = 100CP (센티 푸아즈, Centi Poise)
- 물의 점성계수 = 1 CP = $0.01 g/cm \cdot \sec$

계산 없는 단순 공식형 ★★★

39 그림과 같은 관에 비압축성 유체가 흐를 때 A 단면의 평균속도가 V_1이라면 B단면에서의 평균속도 V_2는?
(단, A 단면의 지름은 d_1이고 B단면의 지름은 d_2이다.)

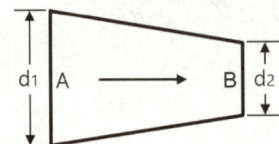

① $V_2 = \left(\dfrac{d_1}{d_2}\right) V_1$ ② $V_2 = \left(\dfrac{d_1}{d_2}\right)^2 V_1$ ③ $V_2 = \left(\dfrac{d_2}{d_1}\right) V_1$ ④ $V_2 = \left(\dfrac{d_2}{d_1}\right)^2 V_1$

- 액체가 한 지점(A)에서 다른 지점(B)으로 흐를 때... 유량(Q)과 배관의 지름(d), 유체속도(V)에 연관된 방정식은 연속방정식이다.
- **연속방정식이란?**
  유체가 한 지점(A지점)에서 다른 지점(B지점)으로 정상유동할 때 A지점의 질량과 B지점의 질량은 언제나 동일하다는 방정식이다. 즉, 정상류 상태의 물의 흐름에 질량 보존의 법칙을 적용하여 얻어진 방정식이 연속방정식이다. 따라서 관속을 흐르는 물의 유량은 유입되는 유량과 유출되는 유량이 동일하다는 법칙이 적용된다.
- **연속방정식 중 체적유량(Q)** ☞ 비압축성 유체(액체)에 적용하는 식

$$Q(\text{체적유량}, m^3/\sec) = A(\text{배관의 단면적}, m^2) \times V(\text{유체속도}, m/\sec)$$
$$Q_1 = Q_2$$
$$A_1 \cdot V_1 = A_2 \cdot V_2$$

$$V_2 = \frac{A_1}{A_2} V_1 = \frac{\frac{\pi \cdot d_1^2}{4}}{\frac{\pi \cdot d_2^2}{4}} V_1 = \left(\frac{d_1}{d_2}\right)^2 V_1 \qquad * A = \frac{\pi \cdot d^2}{4} \qquad *d=\text{지름(직경)}$$

계산 없는 단순 암기형 ★★★★★

40 일률(시간당 에너지)의 차원을 기본 차원인 M(질량), L(길이), T(시간)로 올바르게 표시한 것은?

① $L^2 T^{-2}$ ② $MT^{-2}L^{-1}$ ③ $ML^2 T^{-2}$ ④ $ML^2 T^{-3}$
       kg / m · sec² (절대단위 압력)   kg · m² / sec² [일(에너지)=주울]   kg · m² / sec³ (동력=일률)

- **차원** : "길이"라는 단어만으로는 그 길이가 얼마나 긴지, 짧은지 알 수 없다. 또 "질량"이라는 단어로는 얼마나 무거운지, 가벼운지 알 수 없다. 이렇게 사물의 크고 작음과 많고 적음을 알 수 없고 그것이 무엇을 나타내는지만 알 수 있는 것을 차원이라 한다.
- **차원의 종류 및 기호**
  길이(Length, 렝스) → L (m)   질량(Mass, 매스) → M (kg)   시간(Time, 타임) → T (sec)   중량(Force, 포스) → F (kgf)

- 단위를 차원의 기호로 변환 [예시]
  - 면적 : m^2 → L^2
  - 속도 : m/sec → $L/T = LT^{-1}$
  - 힘 : $kg \cdot m/sec^2$ → $ML/T^2 = MLT^{-2}$
  - 부피(체적) : m^3 → L^3
  - 가속도 : m/sec^2 → $L/T^2 = LT^{-2}$ (분모는 마이너스로 표현)
  - 밀도 : kg/m^3 → $M/L^3 = ML^{-3}$

동력(일률)
- 동력(P)은 일의 양(W)을 그 일을 한 시간(t)으로 나눈 효율의 의미이다.
- 역학적으로 정의하면 동력은 기계가 일을 할 때 단위시간에 이루어지는 일의 양을 나타내며, 일률이라고도 한다.
- 동력의 단위 : 와트(W, Watt), 킬로와트(kW), 영국마력(HP, Horse Power), 미터마력(PS, metric horse power)

1. 절대단위
   * 힘(F) = 질량(kg) × 중력가속도(m/sec^2) = $kg \cdot m/sec^2$ [N(뉴턴, Newton)] = 힘의 국제표준단위
   * 일(W) = 힘(N) × 거리(m) = $N \times m$ = $kg \cdot m/sec^2 \times m$ = $kg \cdot m^2/sec^2$ [J(주울, Joule) = 일의 국제표준단위]

   $P(동력) = \dfrac{W(일량)}{t(시간)} = \dfrac{J(N \cdot m)}{sec} = \dfrac{kg \cdot m^2/sec^2}{sec} = kg \cdot m^2/sec^3$ **[ML²T⁻³]** $= N \cdot m/sec$

   = W(와트 = 동력의 국제표준단위)

2. 중력단위 [동력 = 중력단위의 힘 × 속도]

   동력 $= \dfrac{일량}{시간} = \dfrac{kgf \cdot m}{sec} = kgf(힘) \times m/sec(속도) = kgf \cdot m/sec$ **[FL/T = FLT⁻¹]**

3과목 소방관계법규

✔ 이것이 혁신이다! 기출문제 + 답이색해설

단어가 답인 문제 ★

41 소방시설을 구분하는 경우 **소화설비에 해당되지 않는** 것은?
① 스프링클러설비 ② 제연설비 ③ 자동확산소화기 ④ 옥외소화전설비

소방시설의 종류
1. **소화설비** : 물 또는 그 밖의 소화약제를 사용하여 소화하는 기계·기구 또는 설비
   ①소화기구 / ②자동소화장치 / ③옥내소화전설비 / ④스프링클러설비 / ⑤간이스프링클러설비 / ⑥화재조기진압용스프링클러설비 / ⑦물분무소화설비 / ⑧미분무소화설비 / ⑨포소화설비 / ⑩이산화탄소소화설비 / ⑪할론소화설비 / ⑫할로겐화합물 및 불활성기체소화설비 / ⑬분말소화설비 / ⑭강화액소화설비 / ⑮고체에어로졸소화설비 / ⑯옥외소화전설비
2. **경보설비** : 화재발생 사실을 통보하는 기계·기구 또는 설비
   ①단독경보형 감지기 / ②비상경보설비 / ③시각경보기 / ④자동화재탐지설비 / ⑤비상방송설비 / ⑥자동화재속보설비 / ⑦통합감시시설 / ⑧누전경보기 / ⑨가스누설경보기 / ⑩화재알림설비
3. **피난구조설비** : 화재가 발생할 경우 피난하기 위하여 사용하는 기구 또는 설비
   ①피난기구 / ②인명구조기구 / ③유도등(유도표지) / ④비상조명등 및 휴대용비상조명등
4. **소화용수설비** : 화재를 진압하는 데 필요한 물을 공급하거나 저장하는 설비
   ①상수도소화용수설비 / ②소화수조·저수조
5. **소화활동설비** : 화재를 진압하거나 인명구조활동을 위하여 사용하는 설비
   ①제연설비 / ②연결송수관설비 / ③연결살수설비 / ④비상콘센트설비 / ⑤무선통신보조설비 / ⑥연소방지설비

> **함께공부**
> - **스프링클러설비** : 화재발생시 화재를 자동으로 감지하여 피난을 위한 경보를 발하고, 습식·건식·준비작동식·일제살수식 밸브가 개방되면, 유수의 흐름으로 인하여 펌프가 기동되고, 개방된 헤드를 통해 소화수를 방수하여 소화하는 자동식 수계소화설비
> - **제연설비**
>   - 제연이란 **연기를 제어**한다는 의미로서… 화재실에 **신선한 공기를 급기**하고, **발생된 연기를 배기(배출)**하는 것을 제연이라 한다.
>   - 구획(구역)을 나누(가두)어서 연기를 배출(배기)하거나, 신선한 공기를 급기(유입)하여 소화활동 및 피난을 용이하게 만드는 설비
> - **소화기구**
>   - **소화기** : 소화약제를 압력에 따라 방사하는 기구로서, 사람이 수동으로 조작하여 소화약제를 방사하여 소화하는 것
>   (소형소화기, 대형소화기)
>   - **간이소화용구** : 에어로졸식·투척용 소화용구 및 팽창질석·팽창진주암·마른모래 등의 간이소화용구
>   - **자동확산소화기** : 화재를 감지하여 자동으로 소화약제를 방출 확산시켜 국소적으로 소화하는 소화기
> - **옥외소화전설비** : 화재발생시 옥외에 설치된 옥외소화전함을 개방한 후, 호스와 노즐을 꺼내어 주변에 설치된 방수구와 연결해 호스를 전개한 후, 옥외소화전 전용렌치로 소화전을 개방하여 방사하는 형태의 수동식 수계소화설비로서, 저층부(1, 2층) 옥외화재 진압활동용 소화설비이자 주변확대방지용 방호설비 등으로 사용된다.

단어가 답인 문제 ★

42 화재안전조사 결과 소방대상물의 위치·구조·설비 또는 관리의 상황이 화재예방을 위하여 보완될 필요가 있거나 화재가 발생하면 인명 또는 재산의 피해가 클 것으로 예상되는 때에 **관계인에게 그 소방대상물의 개수·이전·제거, 사용의 금지 또는 제한, 사용폐쇄, 공사의 정지 또는 중지, 그 밖의 필요한 조치를 명할 수 있는 자로 틀린 것은?**

① 시·도지사   ② 소방서장   ③ 소방청장   ④ 소방본부장

> - **소방관서장(소방청장, 소방본부장 또는 소방서장)**은 화재안전조사 결과에 따른 소방대상물의 위치·구조·설비 또는 관리의 상황이 화재예방을 위하여 보완될 필요가 있거나 화재가 발생하면 인명 또는 재산의 피해가 클 것으로 예상되는 때에는 행정안전부령으로 정하는 바에 따라 관계인에게 그 **소방대상물의 개수·이전·제거, 사용의 금지 또는 제한, 사용폐쇄, 공사의 정지 또는 중지, 그 밖에 필요한 조치를 명할 수 있다.**
> - 소방관서장은 법에 따라 소방대상물의 개수·이전·제거, 사용의 금지 또는 제한, 사용폐쇄, 공사의 정지 또는 중지, 그 밖에 필요한 **조치를 명할 때에는 화재안전조사 조치명령서**를 해당 소방대상물의 관계인에게 발급한다.

숫자가 답인 문제 ★

43 소방시설 설치 및 관리에 관한 법령상 **둘 이상의 특정소방대상물이 내화구조로 된 연결통로가 벽이 없는 구조로서 그 길이가 몇 [m] 이하인 경우 하나의 소방대상물로 보는가?**

① 6   ② 9   ③ 10   ④ 12

> - **특정소방대상물** : 건축물 등의 규모·용도 및 수용인원 등을 고려하여 **소방시설을 설치하여야 하는 소방대상물로서 대통령령**으로 정하는 것
> - 둘 이상의 특정소방대상물이 내화구조로 된 복도 또는 통로(연결통로)로 연결된 경우에는 **이를 하나의 특정소방대상물로 본다.**
>   ① 연결통로가 **벽이 없는 구조**로서 그 길이가 **6m 이하**인 경우 [벽이 없으면 6m이하까지 하나의 건축물로 본다 → 무(無)6]
>   ② 연결통로가 **벽이 있는 구조**로서 그 길이가 **10m 이하**인 경우 [벽이 있으면 10m까지 하나의 건축물로 본다] → 유(有)10]
>   ※ 결론적으로 벽이 있으면 더 멀리 떨어져 있어도 하나의 특정소방대상물이 된다.

단어가 답인 문제 ★★

44 소방대라 함은 화재를 진압하고 화재, 재난·재해 그 밖의 위급한 상황에서 구조·구급 활동 등을 하기 위하여 구성된 조직체를 말한다. **소방대의 구성원으로 틀린 것은?**

① 소방공무원   ② 소방안전관리원   ③ 의무소방원   ④ 의용소방대원

> **소방대** : 화재를 진압하고 화재, 재난·재해, 그 밖의 위급한 상황에서 구조·구급 활동 등을 하기 위하여 다음의 사람으로 구성된 조직체
> ① 소방공무원법에 따른 **소방공무원**
> ② 의무소방대설치법에 따라 임용된 **의무소방원**(군입대 대체)
> ③ 의용소방대 설치 및 운영에 관한 법률에 따른 **의용소방대원**(자발적 대원)

단어가 답인 문제

45 소방시설관리업자가 기술인력을 변경하는 경우, 시·도지사에게 제출하여야 하는 서류로 틀린 것은?

① 소방시설관리업 등록수첩
② 변경된 기술인력의 기술자격증(경력수첩 포함)
③ 소방기술인력대장
④ **사업자등록증 사본**

관리업자는 등록사항 중 명칭(상호), 영업소 소재지, 대표자, 기술인력의 사항이 변경됐을 때에는 변경일부터 30일 이내에 소방시설관리업 등록사항 변경신고서에 그 변경사항별로 다음에 따른 서류를 첨부하여 시·도지사에게 제출해야 한다.
1. 명칭·상호 또는 영업소 소재지가 변경된 경우: 소방시설관리업 등록증 및 등록수첩
2. 대표자가 변경된 경우: 소방시설관리업 등록증 및 등록수첩
3. 기술인력이 변경된 경우
   가. 소방시설관리업 등록수첩
   나. 변경된 기술인력의 기술자격증(경력수첩 포함)
   다. 소방기술인력대장

단어가 답인 문제 ★★

46 제4류 위험물을 저장·취급하는 제조소에 "화기엄금"이란 주의사항을 표시하는 게시판을 설치할 경우 게시판의 색상은?

① 청색바탕에 백색문자 ② **적색바탕에 백색문자** ③ 백색바탕에 적색문자 ④ 백색바탕에 흑색문자

- 제조소에는 보기 쉬운 곳에 방화에 관하여 필요한 사항을 게시한 게시판을 설치하여야 한다.
- 제2류 위험물 중 인화성고체, 제3류 위험물 중 자연발화성물질, 제4류 위험물 또는 제5류 위험물 → 화기엄금
- "화기주의" 또는 "화기엄금"을 표시하는 것 → 적색바탕에 백색문자

🔑 화기엄금이니까... 바탕이 빨간색이다.

단어가 답인 문제

47 다음 중 품질이 우수하다고 인정되는 소방용품에 대하여 우수품질인증을 할 수 있는 자는?

① 산업통상자원부장관
② 시·도지사
③ **소방청장**
④ 소방본부장 또는 소방서장

소방청장은 형식승인의 대상이 되는 소방용품 중 품질이 우수하다고 인정하는 소방용품에 대하여 인증("우수품질인증"이라 한다)을 할 수 있다.

문장이 답인 문제 ★

48 다음 중 고급기술자에 해당하는 학력·경력 기준으로 옳은 것은?

① 박사학위를 취득한 후 2년 이상 소방 관련 업무를 수행한 사람
   (1년)
② **석사학위를 취득한 후 6년 이상 소방 관련 업무를 수행한 사람**
③ 학사학위를 취득한 후 8년 이상 소방 관련 업무를 수행한 사람
   (9년)
④ 고등학교를 졸업 후 10년 이상 소방 관련 업무를 수행한 사람
   (15년)

학력·경력 등에 따른 기술등급(고급기술자)
- 박사학위를 취득한 후 1년 이상 소방 관련 업무를 수행한 사람
- 석사학위를 취득한 후 6년 이상 소방 관련 업무를 수행한 사람
- 학사학위를 취득한 후 9년 이상 소방 관련 업무를 수행한 사람
- 전문학사학위를 취득한 후 12년 이상 소방 관련 업무를 수행한 사람
- 고등학교 소방학과를 졸업한 후 13년 이상 소방 관련 업무를 수행한 사람
- 고등학교를 졸업한 후 15년 이상 소방 관련 업무를 수행한 사람

함께공부

학력·경력 등에 따른 기술등급(중급기술자)
- 박사학위를 취득한 사람
- 석사학위를 취득한 후 3년 이상 소방 관련 업무를 수행한 사람
- 학사학위를 취득한 후 6년 이상 소방 관련 업무를 수행한 사람
- **전문학사**학위를 취득한 후 9년 이상 소방 관련 업무를 수행한 사람
- **고등학교 소방학과**를 졸업한 후 10년 이상 소방 관련 업무를 수행한 사람
- **고등학교**를 졸업한 후 12년 이상 소방 관련 업무를 수행한 사람

단어가 답인 문제 ★

49 소방기본법령상 인접하고 있는 시·도간 소방업무의 상호응원협정을 체결하고자 할 때, 포함되어야 하는 사항으로 틀린 것은?
① 소방교육·훈련의 종류에 관한 사항
② 화재의 경계·진압활동에 관한 사항
③ 출동대원의 수당·식사 및 의복의 수선의 소요경비의 부담에 관한 사항
④ 화재조사활동에 관한 사항

시·도간 소방업무의 상호응원협정을 체결하고자 하는 때, 포함되어야 하는 사항
1. 소방활동에 관한 사항 → 화재의 경계·진압활동 / 구조·구급업무의 지원 / 화재조사활동
2. 응원출동대상지역 및 규모 / 응원출동의 요청방법 / 응원출동훈련 및 평가
3. 소요경비의 부담에 관한 사항 → 출동대원의 수당·식사 및 의복의 수선 / 소방장비 및 기구의 정비와 연료의 보급
※ 소방본부장이나 소방서장은… 소방활동을 할 때에 긴급한 경우에는 이웃한 소방본부장 또는 소방서장에게 소방업무의 응원을 요청할 수 있다. (소방대장의 권한이 아닌, 소방본부장이나 소방서장의 권한임)

생각탐탐! 교육·훈련 종류에 대한 논의는… 타시도를 도와줘야(응원) 할 만큼 긴급할 때 하는 것이 아니라, 평소에 하는 것이다.

숫자가 답인 문제 ★

50 화재의 예방 및 안전관리에 관한 법령상 화재 발생 위험이 큰 물건에 대하여 관계인을 알 수 없는 경우 그 물건을 옮기거나 보관하는 등 필요한 조치를 하게 할 수 있다. 이 때 옮긴 물건 등의 보관기간은 인터넷 홈페이지에 따른 공고기간의 종료일 다음 날부터 며칠로 하는가?
① 3일　　② 5일　　③ 7일　　④ 14일

- 소방관서장은 화재 발생 위험이 크거나 소화 활동에 지장을 줄 수 있다고 인정되는 물건에 대하여 소유자, 관리자 또는 점유자를 알 수 없는 경우 소속 공무원으로 하여금 그 물건을 옮기거나 보관하는 등 필요한 조치를 하게 할 수 있다.
- 옮긴 물건 등을 보관하는 경우에는 그날부터 14일 동안 해당 소방관서의 인터넷 홈페이지에 그 사실을 공고해야 하며, 옮긴물건등의 보관기간은 인터넷 홈페이지에 따른 공고기간의 종료일 다음 날부터 7일까지로 한다.

숫자가 답인 문제 ★

51 지정수량의 최소 몇 배 이상의 위험물을 취급하는 제조소에는 피뢰침을 설치해야 하는가? (단, 제6류 위험물을 취급하는 위험물제조소는 제외하고, 제조소 주위의 상황에 따라 안전상 지장이 없는 경우도 제외한다.)
① 5배　　② 10배　　③ 50배　　④ 100배

지정수량의 10배 이상의 위험물을 취급하는 제조소(제6류 위험물을 취급하는 위험물제조소 제외)에는 피뢰침을 설치하여야 한다. 다만, 제조소의 주위의 상황에 따라 안전상 지장이 없는 경우에는 피뢰침을 설치하지 아니할 수 있다.

단어가 답인 문제
52 산화성고체인 제1류 위험물에 해당되는 것은?

① 질산염류 ② 특수인화물 (제4류) ③ 과염소산 (제6류) ④ 유기과산화물 (제5류)

류별 위험물의 종류			
위험물	특징	암기법	종류[대분류]
제1류	산화성 고체	3염무 질요브 중과	아염소산염류, 염소산염류, 과염소산염류, 무기과산화물 / 질산염류(질산칼륨=초석), 요오드산염류, 브롬산염류 / 중크롬산염류, 과망간산염류
제2류	가연성 고체	유황적 철마금 인	유황(황)[S], 황화린(인), 적린(인)[P] / 철분, 마그네슘, 금속분류 / 인화성고체
제3류	자연발화성 및 금수성 물질	칼나알알 황린 알칼유 금금칼슘탄	칼륨, 나트륨, 알킬리듐, 알킬알루미늄 / 황린(유일하게 금속 아님. 나머지는 모두금속) / 알칼리금속, 알칼리토금속, 유기금속 화합물 / 금속의 인화물, 금속의 수소화물, 칼슘 또는 알루미늄의 탄화물
제4류	인화성 액체	특아이디 1아휘 알콜 2경등 3클중 4실기 동식물	특수인화물(아세트알데히드, 이황화탄소, 디에틸에테르) / 제1석유류(아세톤, 휘발유=가솔린, 톨루엔), 알코올류 / 제2석유류(경유, 등유) / 제3석유류(클레오소트유, 중유) / 제4석유류(실린더유, 기어유), 동식물유류
제5류	자기반응성 물질	질유 히히 아니니디히	질산에스테르류, 유기과산화물 / 히드록실아민, 히드록실아민염류 / 아조 화합물, 니트로 화합물, 니트로 소화합물, 디아조 화합물, 히드라진 유도체
제6류	산화성 액체	질과염할	질산, 과산화수소, 과염소산, 할로겐간화합물

암기탑! 1류 산고 / 2류 가고 / 3류 자금 / 4류 인화 / 5류 자기 / 6류 산화
→ 산고 가고(산에 가고) / 자금 인화(자금을 인화해서) / 자기 산화(자기에게 산화시킨다)

단어가 답인 문제 ★
53 위험물안전관리법상 청문을 실시하여 처분해야 하는 것은?

① 제조소등 설치허가의 취소 ② 제조소등 영업정지 처분
③ 탱크시험자의 영업정지 처분 ④ 과징금 부과 처분

시·도지사, 소방본부장 또는 소방서장은 다음에 해당하는 처분을 하고자 하는 경우에는 청문을 실시하여야 한다.
1. 제조소등 설치허가의 취소
2. 탱크시험자의 등록취소

단어가 답인 문제 ★
54 소방시설 설치 및 관리에 관한 법령상 특정소방대상물 중 오피스텔은 어느 시설에 해당하는가?

① 숙박시설 ② 일반업무시설 ③ 공동주택 ④ 근린생활시설

- 소방대상물 : 건축물, 차량, 선박(항구에 매어둔 선박만 해당), 선박 건조 구조물, 산림, 그 밖의 인공 구조물 또는 물건
- 특정소방대상물 : 건축물 등의 규모·용도 및 수용인원 등을 고려하여 소방시설을 설치하여야 하는 소방대상물로서 대통령령으로 정하는 것
- 업무시설 중 일반업무시설 → 금융업소, 사무소, 신문사, 오피스텔(업무를 주로 하며, 분양하거나 임대하는 구획 중 일부의 구획에서 숙식을 할 수 있도록 한 건축물)

숫자가 답인 문제 ★★★
55 소방시설 설치 및 관리에 관한 법령상 종사자 수가 5명이고, 숙박시설이 모두 2인용 침대이며 침대수량은 50개인 청소년 시설에서 수용인원은 몇 명인가?

① 55 ② 75 ③ 85 ④ 105

숙박시설이 있는 특정소방대상물의 수용인원 산정방법
침대가 있는 경우 = 종사자수 + 침대수(2인용 침대는 2명으로 산정) = 5명 + (2인용 × 50개) = 105명

함께공부

숙박시설이 있는 특정소방대상물의 수용인원 산정방법
- **침대가 있는 숙박시설** : 해당 특정소방대상물의 종사자 수에 침대 수(2인용 침대는 2개로 산정한다)를 합한 수
  = 종사자수 + 침대수(2인용 침대는 2명으로 산정)
- **침대가 없는 숙박시설** : 해당 특정소방대상물의 종사자 수에 숙박시설 바닥면적의 합계를 3㎡로 나누어 얻은 수를 합한 수
  = 종사자수 + $\dfrac{숙박시설\ 바닥면적(m^2)}{3m^2}$
- 계산 결과 소수점 이하의 수는 반올림한다.

문장이 답인 문제

56 다음 중 300만원 이하의 벌금에 해당되지 않는 것은?
① 등록수첩을 다른 자에게 빌려준 자
② 소방시설공사의 완공검사를 받지 아니한 자
③ 소방기술자가 동시에 둘 이상의 업체에 취업한 사람
④ 소방시설공사 현장에 감리원을 배치하지 아니한 자

공사업자는 소방시설공사를 완공하면 **소방본부장** 또는 **소방서장의 완공검사**를 받아야 한다. 이를 위반하여 **완공검사를 받지 아니한 자**에게는 **200만원 이하의 과태료**를 부과한다.

> 나머지 벌금인데 ②번만 과태료이다. 지문 중 제일 약한 느낌의 규정을 찾으면 된다.

숫자가 답인 문제 ★★★

57 소방시설 설치 및 관리에 관한 법령상 건축허가등의 동의를 요구한 기관이 그 **건축허가등**을 취소하였을 때, 최소한 날로부터 최대 며칠 이내에 건축물 등의 시공지 또는 소재지를 관할하는 소방본부장 또는 소방서장에게 그 사실을 통보하여야 하는가?
① 3일
② 4일
③ 7일
④ 10일

건축허가등의 동의를 요구한 기관이 그 **건축허가등을 취소**했을 때에는 취소한 날부터 **7일 이내**에 건축물 등의 시공지 또는 소재지를 관할하는 **소방본부장** 또는 **소방서장**에게 그 사실을 **통보**해야 한다.

함께공부

건축허가등의 권한이 있는 행정기관이, 소방본부장이나 소방서장에게 건축허가등의 동의를 받는다.
① 건축물 등의 신축 · 증축 · 개축 · 재축 · 이전 · 용도변경 또는 대수선의 허가 · 협의 및 사용승인(**건축허가등**)의 권한이 있는 행정기관은 건축허가등을 할 때 미리 그 건축물 등의 시공지 또는 소재지를 관할하는 **소방본부장이나 소방서장의 동의**를 받아야 한다.
② 건축물 등의 증축 · 개축 · 재축 · 용도변경 또는 대수선의 **신고**를 수리할 권한이 있는 행정기관은 그 신고를 수리하면 그 건축물 등의 시공지 또는 소재지를 관할하는 소방본부장이나 **소방서장**에게 지체 없이 그 사실을 알려야 한다.

단어가 답인 문제 ★★★

58 소방기본법상 화재 현장에서의 피난 등을 체험할 수 있는 **소방체험관의 설립 · 운영권자**는?
① 시 · 도지사
② 행정안전부장관
③ 소방본부장 또는 소방서장
④ 소방청장

소방의 역사와 안전문화를 발전시키고 국민의 안전의식을 높이기 위하여… **소방박물관 및 소방체험관**을 설립하여 운영할 수 있다.

구분	설립과 운영권자	설립과 운영에 필요한 사항
소방박물관	소방청장	행정안전부령으로 정한다.
소방체험관	**시 · 도지사**	행정안전부령으로 정하는 기준에 따라 시 · 도의 조례로 정한다.

※ 소방체험관 : 화재 현장에서의 피난 등을 체험할 수 있는 체험관

> 문장이 답인 문제 ★

59 소방기본법령상 소방활동구역의 출입자에 해당되지 않는 자는?

① 소방활동구역 안에 있는 소방대상물의 소유자·관리자 또는 점유자
② 전기·가스·수도·통신·교통의 업무에 종사하는 사람으로서 원활한 소방활동을 위하여 필요한 사람
③ 화재건물과 관련 있는 부동산업자
④ 취재인력 등 보도업무에 종사하는 사람

1. 소방대장 → 소방본부장 또는 소방서장 등 화재, 재난·재해, 그 밖의 위급한 상황이 발생한 현장에서 소방대를 지휘하는 사람
2. 소방대장은 화재, 재난·재해, 그 밖의 위급한 상황이 발생한 현장에 **소방활동구역을 정하여** 소방활동에 필요한 사람으로서 **대통령령으로 정하는 사람** 외에는 그 **구역에 출입**하는 것을 **제한**할 수 있다.
3. 위에서 "대통령령으로 정하는 사람"이란?
   ① 소방활동구역 안에 있는 소방대상물의 **소유자·관리자** 또는 **점유자**
   ② 전기·가스·수도·통신·교통의 업무에 종사하는 사람으로서 원활한 소방활동을 위하여 필요한 사람
   ③ **의사·간호사** 그 밖의 **구조·구급업무**에 종사하는 사람
   ④ **취재인력** 등 보도업무에 종사하는 사람
   ⑤ **수사업무**에 종사하는 사람
   ⑥ 그 밖에 **소방대장**이 소방활동을 위하여 **출입을 허가**한 사람

> 숫자가 답인 문제 ★

60 소방본부장 또는 소방서장은 건축허가등의 동의요구 서류를 접수한 날부터 최대 며칠 이내에 건축허가등의 동의여부를 회신해야 하는가?(단, 허가 신청한 건축물은 지상으로부터 높이가 200m인 아파트이다.)

① 5일   ② 7일   ③ 10일   ④ 15일

- 건축물 등의 신축·증축·개축·재축·이전·용도변경 또는 대수선의 허가·협의 및 사용승인(건축허가등)의 권한이 있는 행정기관은 건축허가등을 할 때 미리 그 건축물 등의 시공지 또는 소재지를 관할하는 **소방본부장이나 소방서장의 동의를 받아야** 한다.
- 동의 요구를 받은 소방본부장 또는 소방서장은 건축허가등의 **동의 요구서류를 접수한 날부터 5일**(허가를 신청한 건축물 등이 **특급 소방안전관리대상물의 범위에 해당하는 경우에는 10일**) 이내에 건축허가등의 동의 여부를 회신해야 한다.
- 문제에서 높이가 200m인 아파트는 **특급 소방안전관리대상물의 범위에 해당**하여… **10이내에 회신**하면 된다.

특급 소방안전관리대상물의 범위
- **50층 이상**(지하층은 제외)이거나 지상으로부터 높이가 **200미터 이상**인 **아파트**
- **30층 이상**(**지하층은 포함**)이거나 지상으로부터 높이가 **120미터 이상**인 **특정소방대상물**(아파트는 제외)
- 연면적이 **10만제곱미터** 이상인 특정소방대상물(아파트는 제외)
※ 동·식물원, 철강 등 불연성 물품을 저장·취급하는 창고, 위험물 저장 및 처리 시설 중 제조소등과 지하구는 제외한다.

4과목 소방기계시설의 구조및원리

✔ 이것이 혁신이다! 기출문제 + 답이색해설

숫자가 답인 문제 ★★

61 작동전압이 22,900[V]의 고압의 전기기기가 있는 장소에 물분무설비를 설치할 때 **전기기기와 물분무 헤드 사이의 최소 이격거리**는 얼마로 해야 하는가?

① 70[cm] 이상　　② 80[cm] 이상　　③ 110[cm] 이상　　④ 150[cm] 이상

- **물분무 소화설비** : 물을 안개모양으로 방사해 가스와 비슷한 형태를 가지므로, 전기의 부도체(전기가 통하지 않는 물체＝비전도성)로서 전기시설물에 설치가 가능한 자동식 수계소화설비
- **물분무헤드** : 화재시 직선류 또는 나선류의 물을 충돌·확산시켜 미립상태로 분무함으로서 소화하는 헤드

고압의 전기기기와 물분무헤드의 이격거리
고압의 전기기기가 있는 장소는 전기의 절연을 위하여 전기기기와 물분무헤드 사이에 다음 표에 따른 거리를 두어야 한다.

전압(kV)	거리(cm)	전압(kV)	거리(cm)
66 이하	70 이상	154 초과　181 이하	180 이상
66 초과　77 이하	80 이상	181 초과　220 이하	210 이상
77 초과　110 이하	110 이상	220 초과　275 이하	260 이상
110 초과　154 이하	150 이상		

→ 22,900[V] = 22.9[kV] 이므로… 66[kV] 이하에 해당하여, 거리는 70cm 이상을 이격하여야 한다.

물분무헤드의 이격거리 암기법

		전압(kV)			거리(cm)	
육육		~ 66 이하			70 이상	10씩 크게
	11차이	66 초과		77 이하	80 이상	10씩 크게
	33차이	77	~	110	110 이상	그대로
	44차이	110	~	154	150 이상	그대로
하나 팔 하나		154	~	181	180 이상	그대로
220-154 = 66차이		181	~	220	210 이상	10씩 작게
	55차이	220	~	275	260 이상	10씩 작게

> 단어가 답인 문제 ★★★

62 소화기구 및 자동소화장치의 화재안전기준상 소화기구의 소화약제별 적응성 중 일반화재(A급 화재)에 적응성을 만족하지 못한 소화약제는?

① 포 소화약제　　② 강화액 소화약제　　③ 할론 소화약제　　④ 이산화탄소 소화약제

소화기구
- **소화기** : 소화약제를 압력에 따라 방사하는 기구로서, 사람이 수동으로 조작하여 소화약제를 방사하여 소화하는 것
  (소형소화기, 대형소화기)
- **간이소화용구** : 에어로졸식 · 투척용 소화용구 및 팽창질석 · 팽창진주암 · 마른모래 등의 간이소화용구
- **자동확산소화기** : 화재를 감지하여 자동으로 소화약제를 방출 확산시켜 국소적으로 소화하는 소화기

소화기구 및 자동소화장치의 화재안전기준(NFSC 101) [별표 1] 소화기구의 소화약제별 적응성
일반화재(A급 화재)에 적응성이 없는 소화약제는... **이산화탄소, 중탄산염류(분말)**

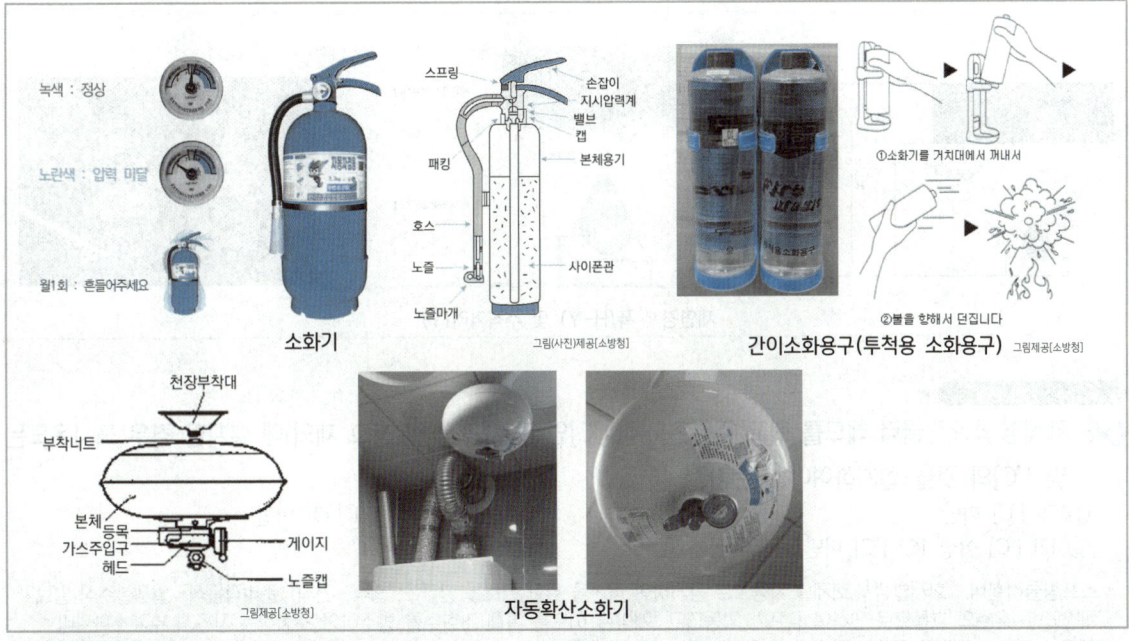

함께공부

소화기구 및 자동소화장치의 화재안전기준(NFSC 101) [별표 1] 소화기구의 소화약제별 적응성

화재의 종류	구분	소화기구 종류
일반화재(A급 화재)에	적응성이 **없는** 소화약제는...	**이산**화탄소, **중**탄산염류(분말)
전기화재(C급 화재)에	적응성이 **있는** 소화약제는...	**이**산화탄소, **할**론, **할**로겐화합물 및 **불**활성기체, **인**산염류(분말), **중**탄산염류(분말), **고**체에어로졸화합물
일반화재(A급 화재), 유류화재(B급 화재), 전기화재(C급 화재) **모두**에	적응성이 **있는** 소화약제는...	**할**론, **할**로겐화합물 및 **불**활성기체, **인**산염류(분말), **고**체에어로졸화합물

암기팁! 일 없는 이중 / 전기 있는 이할할 인중고 / 모두 있는 할할인고

> 단어가 답인 문제

63 거실 제연설비 설계 중 배출량 산정에 있어서 고려하지 않아도 되는 사항은?

① 예상제연구역의 수직거리 ② 예상제연구역의 바닥면적
③ 제연설비의 배출방식 ④ 자동식 소화설비 및 피난설비의 설치 유무

제연이란 **연기를 제어**한다는 의미로서... 화재실에 **신선한 공기를 급기**하고, **발생된 연기를 배기(배출)**하는 것을 제연이라 한다.
- **제연설비** : 구획(구역)을 나누(가두)어서 연기를 배출(배기)하거나, 신선한 공기를 급기(유입)하여 소화활동 및 피난을 용이하게 만드는 설비
- **예상제연구역** : 화재실이 예상되는 구역(가연물이 있는 공간)
- **제연경계의 폭** : 제연경계의 천장 또는 반자로부터 그 하단까지의 거리
- **수직거리** : 제연경계의 하단으로부터 바닥까지의 거리

제연설비 배출기의 **연기 배출량을 산정**함에 있어... 예상제연구역의 **수직거리·바닥면적, 배출방식** 등은 배출량 산정에 있어 중요한 요소이나, 자동식 소화설비 및 피난설비의 설치 유무는 전혀 관계없는 사항이다.

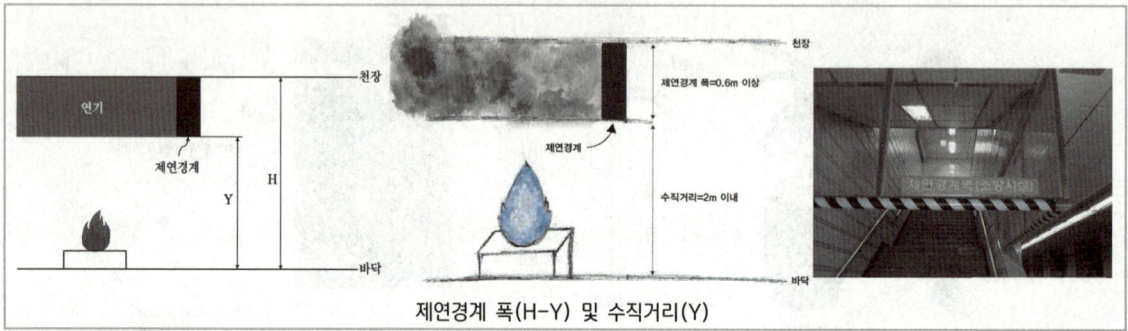

제연경계 폭(H-Y) 및 수직거리(Y)

> 숫자가 답인 문제 ★

64 폐쇄형 스프링클러 헤드를 최고 주위온도 40[℃]인 장소(공장 및 창고 제외)에 설치할 경우 표시온도는 몇 [℃]의 것을 설치하여야 하는가?

① 79 [℃] 미만 ② 79 [℃] 이상 121 [℃] 미만
③ 121 [℃] 이상 162 [℃] 미만 ④ 162 [℃] 이상

- **스프링클러설비** : 화재발생시 화재를 자동으로 감지하여 피난을 위한 경보를 발하고, 습식·건식·준비작동식·일제살수식 밸브가 개방되면, 유수의 흐름으로 인하여 펌프가 기동되고, 개방된 헤드를 통해 소화수를 방수하여 소화하는 자동식 수계소화설비
- **헤드** : 빗방울 형태로 대량으로 물을 뿌리면서 방수하는 역할을 하는 장치
  - **폐쇄형헤드** : 정상상태에서 방수구를 막고 있는 감열체가 일정온도에서 자동적으로 파괴·용해 또는 이탈됨으로써 방수구가 개방되는 헤드(화재시 개방된 헤드에서만 물이 방수된다)
  - **개방형헤드** : 감열체 없이 방수구가 항상 열려져 있는 헤드(화재시 설치된 모든 헤드에서 물이 방수된다)
- **표시온도** : 폐쇄형스프링클러헤드에서 감열체가 작동하는 온도로서 미리 헤드에 표시한 온도

설치장소의 평상시 최고 주위온도에 따라 다음 표에 따른 표시온도의 것으로 설치하여야 한다.

설치장소의 최고 주위온도	표시온도
39℃ 미만	79℃ 미만
39℃ 이상 64℃ 미만	**79℃ 이상 121℃ 미만**
64℃ 이상 106℃ 미만	121℃ 이상 162℃ 미만
106℃ 이상	162℃ 이상

※ 높이가 4m 이상인 공장 및 창고(랙크식창고를 포함한다)에 설치하는 스프링클러헤드는 그 설치장소의 평상시 최고 주위온도에 관계없이 표시온도 121℃ 이상의 것으로 할 수 있다.

> 문장이 답인 문제 ★

65 스프링클러헤드를 설치하지 않을 수 있는 장소로만 나열된 것은?

① 계단실, 병실, 목욕실, 냉동창고의 냉동실, 아파트(대피공간 제외)
     설치해야함   대피공간만 설치제외

② 발전실, 수술실, 응급처치실, 통신기기실, 관람석이 없는 테니스장
　③ 냉동창고의 냉동실, 변전실, 병실, 목욕실, 수영장 관람석
　　　　　　　　　　　설치해야함　　　관람석부분은 설치해야함
　④ 수술실, 관람석이 없는 테니스장, 변전실, 발전실, 아파트(대피공간 제외)
　　　　　　　　　　　　　　　　　　　　　　대피공간만 설치제외

- **스프링클러설비** : 화재발생시 화재를 자동으로 감지하여 피난을 위한 경보를 발하고, 습식·건식·준비작동식·일제살수식 밸브가 개방되면, 유수의 흐름으로 인하여 펌프가 기동되고, 개방된 헤드를 통해 소화수를 방수하여 소화하는 자동식 수계소화설비
- **스프링클러 헤드** : 스프링클러에서 나오는 물을, 빗방울 형태로 대량으로 뿌리면서 방수하는 역할을 하는 부분을 말한다.

> 스프링클러헤드를 설치하지 않을 수 있는 장소(헤드의 설치제외 장소)
> 1. 가연물이 없는 공간으로서... 가연물이 없으면 처음부터 화재가 발생될 이유가 없다.
> 　① **계단실**(부속실 포함) / 경사로 / 승강기의 승강로 / 비상용승강기의 승강장
> 　② 파이프덕트 및 덕트피트(파이프·덕트를 통과시키기 위한 구획된 구멍에 한함)
> 　③ **목욕실** / **수영장**(관람석부분 제외) / 화장실
> 　④ 직접 외기에 개방되어 있는 복도(복도식 아파트의 복도) / 공동주택 중 **아파트의 대피공간**
> 2. 물을 뿌리면 심각한 손상이 우려되는 장소
> 　① **통신기기실** / 전자기기실 / **발전실** / **변전실** / 변압기 등 전기설비가 설치된 장소
> 　② 병원의 **수술실**·**응급처치실**
> 3. 온도가 영하이므로 불이 잘 붙지 않는 공간
> 　→ 영하의 냉장창고의 냉장실 또는 **냉동창고의 냉동실**
> 4. 운동시설로서 헤드의 파손이 우려되는 장소
> 　→ 실내에 설치된 **테니스장**·게이트볼장·정구장으로서 실내 바닥·벽·천장이 불연재료 또는 준불연재료로 구성되어 있고 가연물이 존재하지 않는 장소로서 **관람석이 없는 운동시설**(지하층은 제외한다)

담아둬! 병원의 수술실과 응급처치실은 헤드의 설치가 제외되지만... 병실은 반드시 설치해야 한다. / 아파트는 당연히 헤드가 설치되어야 한다.

문장이 답인 문제 ★★

66 학교, 공장, 창고시설에 설치하는 옥내소화전에서 가압송수장치 및 기동장치가 동결의 우려가 있는 경우 일부 사항을 제외하고는 주펌프와 동등 이상의 성능이 있는 별도의 펌프로서 내연기관의 기동과 연동하여 작동되거나 비상전원을 연결한 펌프를 추가 설치해야 한다. 다음 중 이러한 조치를 취해야 하는 경우는?

① 지하층이 없이 지상층만 있는 건축물
　　지하층만
② 고가수조를 가압송수장치로 설치한 경우
③ 수원이 건축물의 최상층에 설치된 방수구보다 높은 위치에 설치된 경우
④ 건축물의 높이가 지표면으로부터 10미터 이하인 경우

- **옥내소화전설비** : 화재발생시 옥내소화전함을 개방하여 방수구와 연결된 호스를 전개한 후 앵글밸브를 개방하고, 화점을 향해 노즐을 개방하여 방사하는 형태의 수동식 수계소화설비
- **수원** : 물이 저장된 곳 (**수조에 저장할 물의 양**)
- **옥상수조** : 펌프의 고장으로 인하여 지하수원을 사용할 수 없을 때... 옥상에 수조를 설치해, 자연낙차압에 의한 물을 공급하기 위해 산출된 유효수량(수원)의 3분의1 이상을 옥상에 설치한 수원설비
- **가압송수장치** : 압력을 가해서(가압) 물을 이송하는(송수) 장치로서 그 종류로는 **펌프**(전동기 또는 내연기관과 연결된 원심펌프), **고가수조**(높은 곳에 설치된 수조), **압력수조**(강한 공기압 이용), **가압수조**(압력수조의 간소화 설비) 등의 방식이 있다.

학교·공장·창고시설로서 **동결의 우려가 있는 장소**에 해당하는 경우... 별도 내연기관(엔진) 또는 비상전원을 연결한 **예비펌프**를 설치해야 한다. 다만 아래(옥상수조를 설치하지 않아도 되는 경우)에 해당 해당하면... 예비펌프를 설치하지 않아도 된다.

예비펌프(옥상수조)를 설치하지 않아도 되는 경우	해석
지하층만 있는 건축물	지하만 있기 때문에 옥상이 없으므로...
건축물의 높이가 지표면으로부터 **10미터 이하**인 경우	10미터 이하는, 너무 낮아 실효성(방수압 미달)이 없으므로...
수원이 건축물의 최상층에 설치된 **방수구보다 높은 위치**에 설치된 경우	수원이 방수구보다 이미 높으므로... 옥상수조를 설치할 필요가 없음
고가수조를 가압송수장치로 설치한 옥내소화전설비	고가수조가 옥상수조의 역할을 수행하므로...
가압수조를 가압송수장치로 설치한 옥내소화전설비	가압수조는 압력수조의 간소화 설비이므로... 간소화 측면에서 설비면제

※ 학교, 공장, 창고시설에 있어서... 지하층 없이 지상층만 있는 건축물은 당연히 옥상수조 설치대상인데... 옥상수조를 설치하면 동결의 우려가 있으므로, **옥상수조를 설치하는 대신, 내연기관(엔진) 또는 비상전원을 연결한 예비펌프를 추가로 설치해야 한다.**

소방펌프실

내연기관(엔진)펌프

전동기(모터)펌프

문장이 답인 문제 ★

67 다음은 할론소화설비의 수동기동장치 점검내용으로 옳지 않은 것은?

① 방호구역마다 설치되어 있는지 점검한다.
② 방출지연용 비상스위치가 설치되어 있는지 점검한다.
③ 화재감지기와 연동되어 있는지 점검한다.
④ 조작부는 바닥으로부터 0.8[m] 이상 1.5[m] 이하의 위치에 설치되어 있는지 점검한다.

- 할론(Halon)소화설비 : 할론소화설비는 할로겐족원소(F, Cl, Br, I) 중 하나 이상을 포함하고 있는 할론2402($C_2F_4Br_2$), 할론1211(CF_2ClBr), 할론1301(CF_3Br) 소화약제를 이용하여 화재를 진압하는 가스계 소화설비이다.
- 수동식 기동장치 : 자동식인 할론소화설비를... 사람이 수동으로 기동시킬 수 있는 장치
- 방호구역 : 소화범위에 따라 나누어진 소화가 필요한 구역
- 화재감지기(자동발신) : 화재시 발생하는 열, 연기, 불꽃 등을 자동으로 감지하여 자동화재탐지설비 수신기에 신호를 보내는 장치
- 자동화재탐지설비 : 화재를 자동으로 감지하여 벨(경종), 사이렌, 섬광으로 경보하여 피난을 유도하는 설비로서, 하나의 건물내에 경계구역(=화재감지구역=화재경보구역)을 여러개 나누어서 화재구역과 비화재구역으로 구분하여 제어하는 설비이다.

② 수동식 기동장치의 부근에는 소화약제의 방출을 지연시킬 수 있는 비상스위치(자동복귀형 스위치로서 수동식 기동장치의 타이머를 순간정지 시키는 기능의 스위치)를 설치하여야 한다.
③ 화재감지기와 연동되어 있는지 점검한다.
  → 수동식 기동장치는 사람이 수동으로 설비를 기동시키는 장치이므로... 화재감지기와 연동되어 있는지 점검할 필요가 없다.
  → 할론소화설비의 자동식 기동장치는 자동화재탐지설비 감지기의 작동과 연동하여야 하며, 각 방호구역내 설치된 화재감지기의 감지에 따라 할론설비가 작동되도록 하여야 한다.

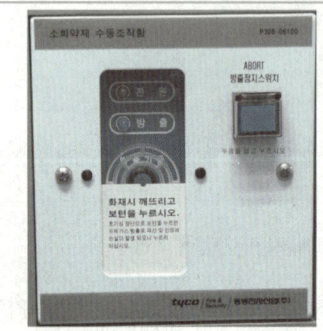

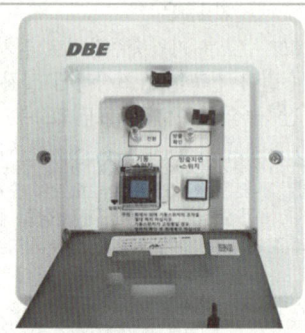

다양한 수동식 기동장치

사진출처[동방전자/소방청/한국소방공사]

숫자가 답인 문제 ★

68 화재 시 연기가 찰 우려가 없는 장소로서 호스릴분말소화설비를 설치할 수 있는 기준 중 다음 ( ) 안에 알맞은 것은?

- 지상 1층 및 피난층에 있는 부분으로서 지상에서 수동 또는 원격조작에 따라 개방할 수 있는 개구부의 유효면적의 합계가 바닥면적의 (㉠) % 이상이 되는 부분
- 전기설비가 설치되어 있는 부분 또는 다량의 화기를 사용하는 부분의 바닥면적이 해당 설비가 설치되어 있는 구획의 바닥면적의 (㉡) 미만이 되는 부분

① ㉠ 15, ㉡ 1/5　② ㉠ 15, ㉡ 1/2　③ ㉠ 20, ㉡ 1/5　④ ㉠ 20, ㉡ 1/2

- **분말소화설비** : 분말소화설비는 미세한 분말입자를 별도 추진가스(질소 또는 이산화탄소)의 압력으로 방사하여 소화하는 설비이다.
- **전역방출방식** : 고정식 분말약제 공급장치에 배관 및 분사헤드를 고정 설치하여, **밀폐 방호구역 전체에 분말약제를 방출**하는 설비
- **국소방출방식** : 고정식 분말약제 공급장치에 배관 및 분사헤드를 설치하여 **직접 화점에** 분말약제를 방출하는 설비로 화재발생 부분에만 집중적으로 소화약제를 방출하도록 설치하는 방식
- **호스릴방식** : 분사헤드가 배관에 고정되어 있지 않고 소화약제 저장용기에 **호스를 연결하여 사람이** 직접 화점에 소화약제를 방출하는 이동식 소화설비

화재 시 현저하게 연기가 찰 우려가 없는 장소로서 다음에 해당하는 장소에는 **호스릴분말소화설비를 설치**할 수 있다.
1. **지상 1층 및 피난층**에 있는 부분으로서 지상에서 수동 또는 원격조작에 따라 **개방할 수 있는 개구부의 유효면적의 합계가 바닥면적의 15% 이상이 되는 부분**
2. **전기설비**가 설치되어 있는 부분 또는 **다량의 화기를 사용하는 부분**(해당 설비의 주위 5m 이내의 부분을 포함한다)의 바닥면적이 해당 설비가 설치되어 있는 구획의 **바닥면적의 5분의 1 미만이 되는 부분**

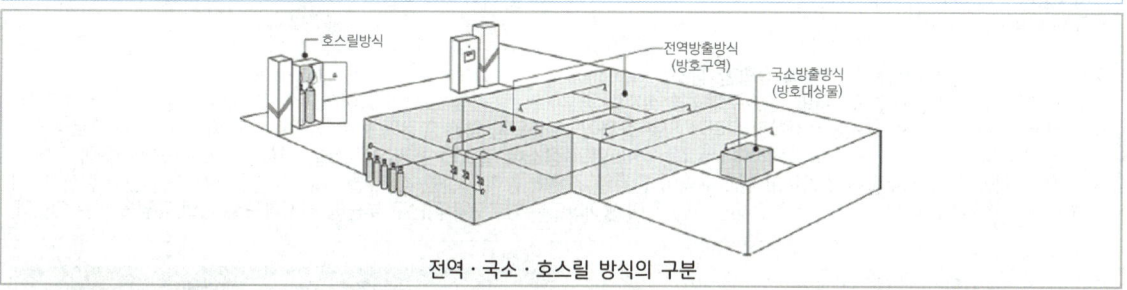

전역·국소·호스릴 방식의 구분

> 단어가 답인 문제 ★★

69 다음 ( ) 안에 들어가는 기기로 옳은 것은?

- 분말소화약제의 **가압용가스 용기를 3병 이상 설치한 경우에는 2개 이상의 용기에** (ⓐ)를 **부착**하여야 한다.
- 분말소화약제의 **가압용가스 용기에는 2.5 [MPa] 이하의 압력에서 조정이 가능한** (ⓑ)를 **설치**하여야 한다.

① ⓐ 전자개방밸브, ⓑ 압력조정기   ② ⓐ 전자개방밸브, ⓑ 정압작동장치
③ ⓐ 압력조정기, ⓑ 전자개방밸브   ④ ⓐ 압력조정기, ⓑ 정압개방밸브

- **분말소화설비** : 분말소화설비는 미세한 분말입자를 별도 추진가스(질소 또는 이산화탄소)의 압력으로 방사하여 소화하는 설비이다.
- **가압방식**(압력을 가하여 약제를 이송하는 방식)에 따라 축압식설비(추진가스 약제용기내 같이)와 가압식설비(추진가스 별도용기에 따로)로 구분
- **가압용가스 용기** : 분말소화약제는 스스로의 압력으로 이송될 수 없으므로, 고압의 가압원이 필요하다. 그에 따라 자체 증기압력이 높은 **가압용가스(질소 또는 이산화탄소)**를 이용하여 분말을 이송해야 한다. 이 때 별도의 가압용 가스용기를 부설하여… 분말약제 탱크로 가스를 인입시켜 이송하는 방식을 가압식설비라 한다.

- **전자개방밸브(솔레노이드밸브)**
  → 전기식으로 분말설비를 기동시키는 설비에 사용되며… 솔레노이드밸브를 가압용기밸브에 직접 부착하여 감지기 신호에 의해 솔레노이드의 파괴침이 가압용기밸브의 봉판을 파괴하면 가압가스가 방출된다. (선택밸브도 솔레노이드밸브 부착)
  → 분말소화약제의 가압용가스 용기를 3병 이상 설치한 경우에는 **2개 이상의 용기에 전자개방밸브를 부착**하여야 한다.
  [2병의 가스 방출압력으로 나머지 가압용기를 개방시키겠다는 의미이다]
- **압력조정기**
  → 가압용 가스용기의 용기내 질소가스가 일반적으로 15MPa의 고압으로 충전되어 있으므로 이를 그대로 약제 저장용기내로 공급하면 매우 위험하므로 사용압력인 1.5~2MPa로 감압하여 약제 저장용기에 보내주는 역할을 하는 것이 압력조정기이다.
  → 분말소화약제의 가압용가스 용기에는 **2.5MPa 이하의 압력에서 조정이 가능한 압력조정기를 설치**하여야 한다.

> **압력조정장치**
> - 1차는 15MPa, 2차는 2.5MPa용으로 사용하며, 질소 가압용기 1병마다 1개씩 설치한다.
> - 약제탱크의 내압이 낮을 때에는 질소가스를 공급하고 소정의 압력이 되면 공급을 정지한다.

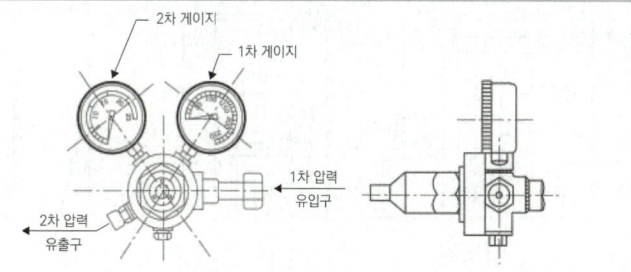

문장이 답인 문제

70 이산화탄소 소화약제의 저장용기에 관한 일반적인 설명으로 옳지 않은 것은?

① 방호구역내의 장소에 설치하되 피난구 부근을 피하여 설치할 것
     외   에 설치하여야 한다
② 온도가 40[℃] 이하이고, 온도변화가 적은 곳에 설치할 것
③ 직사광선 및 빗물이 침투할 우려가 없는 곳에 설치할 것
④ 용기간의 간격은 점검에 지장이 없도록 3[cm] 이상의 간격을 유지할 것

- **이산화탄소 소화설비** : 탄산가스(CO_2)를 소화약제로 이용하여 화재를 진압하는 가스계 소화설비로서 CO_2는 화학적으로 안정된 불연성가스이고, 화재실에 CO_2약제를 방출하면 공기중의 산소농도를 떨어트려 소화하는 질식소화가 대표적인 소화효과이다. 약제 저장방식(저장온도)에 따라 고압식설비와 저압식설비(영하 18℃이하)로 구분된다.
- **저장용기** : 이산화탄소 소화약제를 고압으로 저장하는 저장용기는 고압가스안전관리법의 적용을 받는 것으로 보통 68ℓ의 내용적을 가지는 용기를 사용한다.

이산화탄소 소화약제 저장용기 저장에 적합한 장소
방호구역외의 장소에 설치할 것. 다만, 방호구역내에 설치할 경우에는 피난 및 조작이 용이하도록 피난구부근에 설치하여야 한다.
→ 저장용기는 소화설비의 성능을 손상시킬 우려가 있는 화재에, 노출되지 않는 환경에 보관하여야 한다. 따라서 기본적으로 저장용기는 방호구역(소화범위에 따라 나뉘어진 소화가 필요한 구역) 외의 장소에 별도의 용기 저장실을 설치하여 보관 관리하여야 한다.
→ 하지만, 저장 용기의 수량이 소량이고 방호구역이 단독일 경우와 같이 특별한 경우, 별도의 저장실을 설치하는 것이 현실적으로 불합리한 경우가 발생하므로 이러한 경우 피난 및 조작이 용이하도록 방호구역 피난구 부근에 위치하도록 예외 규정을 두는 것이다.

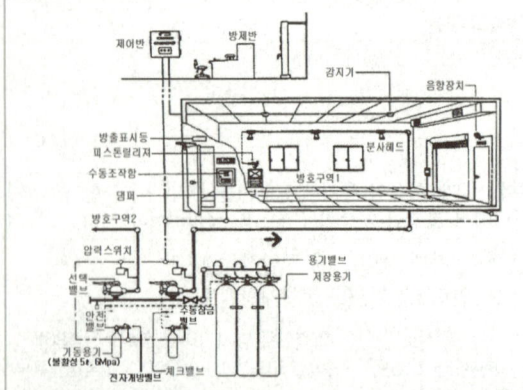

고압식설비의 예 및 저장용기실

단어가 답인 문제

71 다음 중 피난사다리 하부 지지점에 미끄럼 방지장치를 설치하여야 하는 것은?

① 내림식 사다리   ② 올림식 사다리   ③ 수납식 사다리   ④ 신축식 사다리

피난사다리 : 화재시 긴급대피에 사용하는 사다리
- **고정식**(수납식/접는식/신축식) : 건축물의 외·내벽에 고정되어 있어서 피난자가 상시 사용가능한 상태로 고정
- **올림식**(접는식/신축식) : 건물의 한 부분에 기대거나 걸쳐(올려 받쳐) 세워서 사용
- **내림식**(와이어로프식/체인식/하향식 피난구용 내림식사다리) : 복도 끝에 접어둔 상태로 두었다가, 사용시 창틀 등에 걸어 내린 후 사용

건물의 한 부분에 기대서 사용하는 올림식사다리는... **지면에 고정하여 사용**하는 사다리이므로, 하부지지점(지면에 닿는 끝부분)에는 **미끄러짐을 막는 장치를 반드시 설치**하여야 한다.

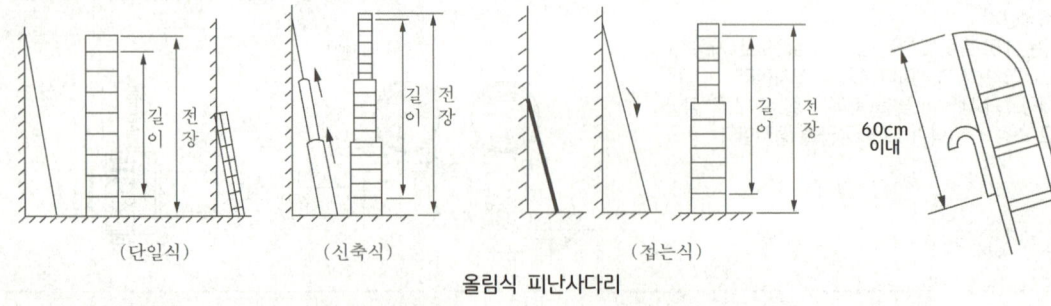

올림식 피난사다리

- 상부지점(끝 부분으로부터 60 ㎝ 이내의 임의의 부분으로 한다)에 미끄러지거나 넘어지지 아니하도록 하기 위하여 안전장치를 설치하여야 한다.
- 신축하는 구조인 것은 사용할 때 자동적으로 작동하는 축제방지장치(케이블에 의해 신축된 사다리가, 아래로 다시 추락하는 것을 방지하는 장치)를 설치하여야 한다.
- 접어지는 구조인 것은 사용할 때 자동적으로 작동하는 접힘방지장치를 설치하여야 한다.

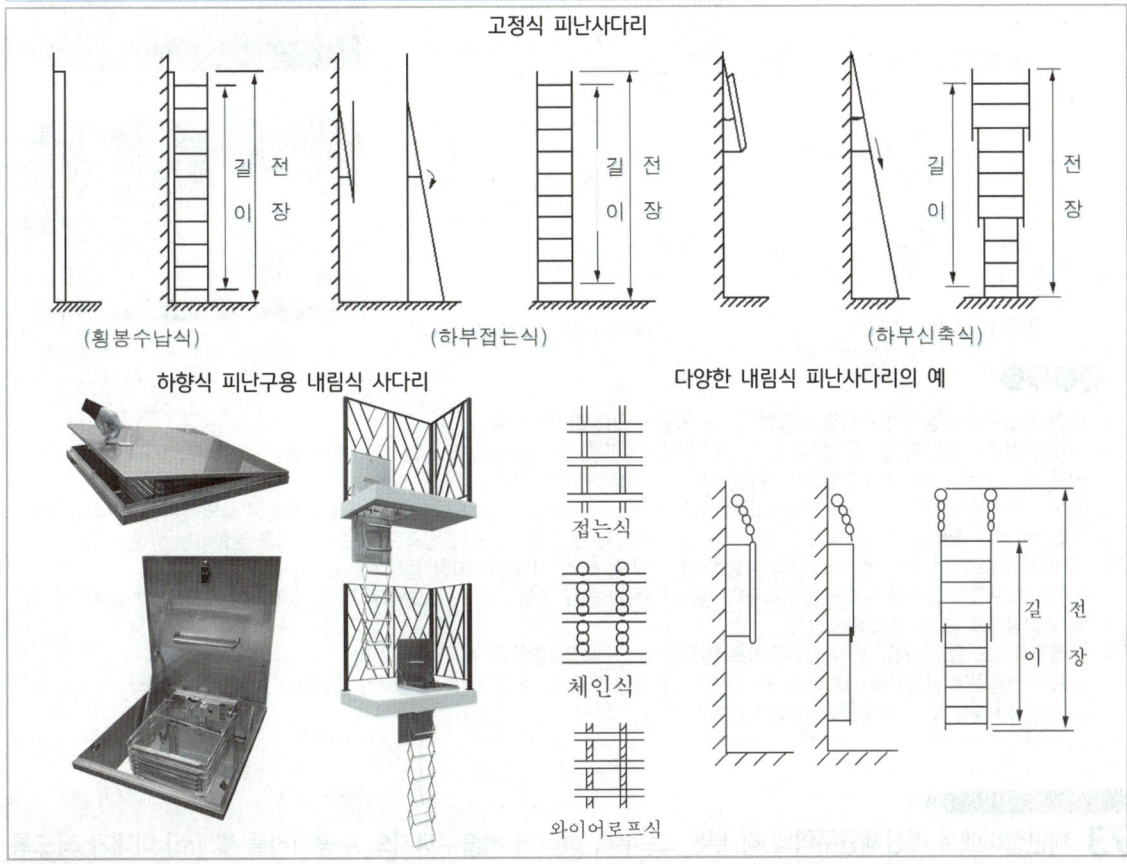

단어가 답인 문제 ★★★

72 포소화약제의 혼합장치 중 펌프의 토출관에 압입기를 설치하여 포 소화약제 압입용 펌프로 소화약제를 압입시켜 혼합하는 방식은?

① 펌프 프로포셔너 방식　　　　　　② 프레져사이드 프로포셔너 방식
③ 라인 프로포셔너 방식　　　　　　④ 프레져 프로포셔너 방식

포소화설비 : 수조로부터 공급된 물과 포약제 저장탱크에서 공급된 포원액을, **혼합기(프로포셔너)**에서 믹싱해 포수용액을 만들어, 포 방출구에서 공기와 섞어진 후 발포되어 거품을 방사하는 형태의 소화설비로서 유류탱크 등 위험물에 주로 사용된다.

포소화설비에서, 포원액(포약제)과 물을 혼합하는 방식이 4가지가 있는데... 그 중 프레져사이드 **프로포셔너**(혼합기) 방식이 어떠한 방식인지 묻는 문제이다.
① **라인** 프로포셔너 방식 → **벤추리관** 혼합방식
② **펌프** 프로포셔너 방식 → **농도조절밸브** 혼합방식
③ **프레져** 프로포셔너 방식 → **벤추리+압력** 혼합방식
④ **프레져사이드** 프로포셔너 방식 → **압입용펌프** 혼합방식
　펌프의 토출관에 압입기를 설치하여 포소화약제 압입용펌프로 포 소화약제를 압입시켜 혼합하는 방식
　(펌프2대를 이용해 물과 약제를 별도로 송출해 혼합하는 방식)

프레져 사이드 방식은... 사이드에 압입용펌프가 1대 더 있다.

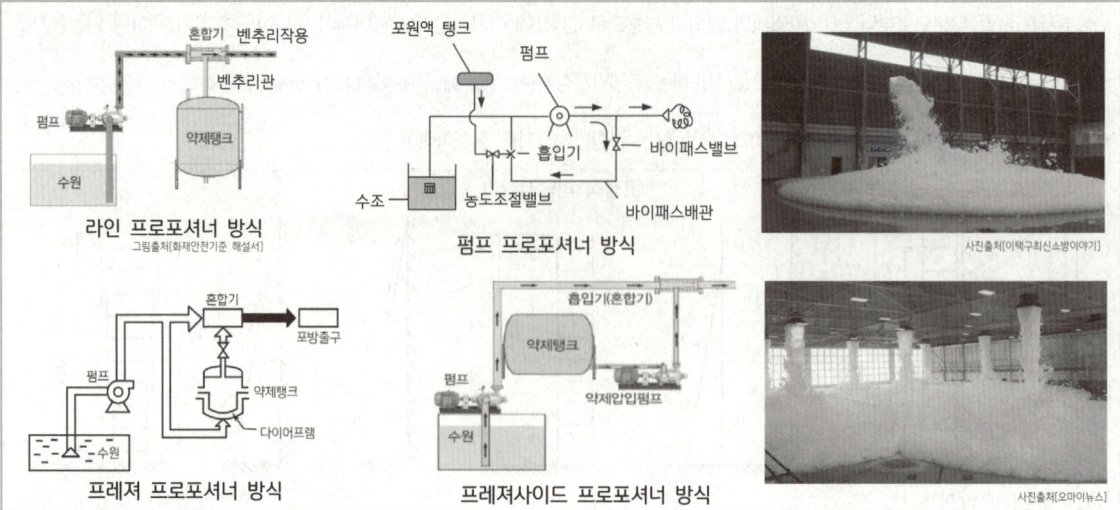

함께공부

1. **라인 프로포셔너 방식(벤추리관 혼합방식)** → 이동식 간이설비에 사용
   펌프와 발포기 중간에 설치된 벤추리관의 벤추리작용에 따라 포 소화약제를 흡입·혼합하는 방식
2. **펌프 프로포셔너 방식(농도조절밸브 혼합방식)** → 소방자동차에 사용
   펌프의 토출관과 흡입관 사이의 배관 도중에 설치한 흡입기(바이패스 배관상에 설치)에 펌프에서 토출된 물의 일부를 보내고, 농도조절밸브에서 조정된 포 소화약제의 필요량을 포 소화약제 탱크에서 펌프 흡입측으로 보내어 이를 혼합하는 방식
3. **프레져 프로포셔너 방식(벤추리+압력 혼합방식)** → 가장 널리 이용됨(주차장 등)
   펌프와 발포기의 중간에 설치된 벤추리관의 벤추리작용과 펌프 가압수의 포 소화약제 저장탱크에 대한 압력(다이아프램)에 따라 포 소화약제를 흡입·혼합하는 방식
4. **프레져사이드 프로포셔너 방식(압입용펌프 혼합방식)** → 석유화학공장 등 대단위 설비
   펌프의 토출관에 압입기를 설치하여 포소화약제 압입용펌프로 포 소화약제를 압입시켜 혼합하는 방식
   (펌프2대를 이용해 물과 약제를 별도로 송출해 혼합하는 방식)

숫자가 답인 문제 ★

73 제연설비에서 예상제연구역의 각 부분으로부터 하나의 배출구까지의 수평거리를 몇 [m] 이내가 되도록 하여야 하는가?

① 10[m]   ② 12[m]   ③ 15[m]   ④ 20[m]

제연이란 연기를 제어한다는 의미로서... 화재실에 신선한 공기를 급기하고, 발생된 연기를 배기(배출)하는 것을 제연이라 한다.
- **제연설비** : 구획(구역)을 나누(가두)어서 연기를 배출(배기)하거나, 신선한 공기를 급기(유입)하여 소화활동 및 피난을 용이하게 만드는 설비
- **예상제연구역** : 화재실이 예상되는 구역(가연물이 있는 공간)
- **배출구** : 화재로 인해 발생한 연기를 제연하기 위해 천장 또는 벽 위에 설치하는 연기의 흡입구

배출구로부터 반경 10m를 기준으로 원을 그려 예상제연구역의 모든 부분이 원안에 포함되어야 한다. 미포함시에는 배출구를 추가로 증설하거나 배출구의 위치를 조정하여, 제연구역의 모든 평면이 배출구로부터 반경 10m이내에 포함되도록 하여야 한다.

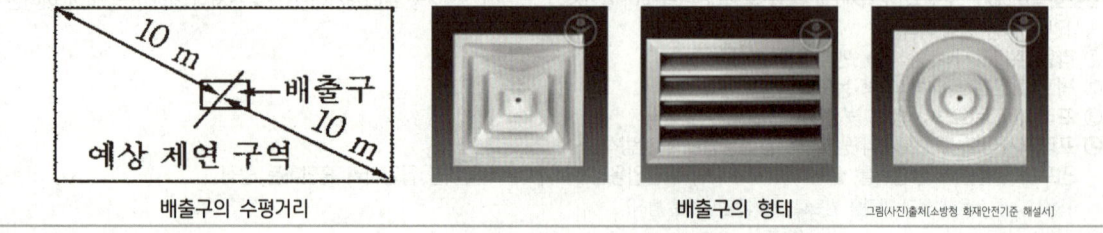

숫자가 답인 문제 ★★★

74 상수도 소화용수 설비의 소화전은 특정 소방대상물의 **수평투영면** 각 부분으로부터 최대 몇 [m] 이하가 되도록 설치하는가?

① 25[m]   ② 40[m]   ③ 100[m]   ④ **140[m]**

- **상수도 소화용수설비** : 소방대가 화재진압시 사용하는 소방용수로서, 특정소방대상물의 지하에 지름 75㎜ 이상의 상수도용 배관이 매설된 경우... 그 배관에 지상식소화전, 지하식소화전, 급수탑을 연결하여 소방차에 소방용수를 공급받는 설비이다.
- **소화전** : 소화용수(소화설비용 물) 또는 소방용수(소방대 화재진압용 물)를 공급받기 위한 설비
- **호칭지름** : 일반적으로 표기하는 배관의 직경
- **수평투영면** : 건축물을 수평으로 투영하였을 경우의 면

화재진압용도의 소방차는 물탱크 내에 물을 저장하고 있으나, 그 물만으로는 부족하기 때문에... 건축물 지하에 매설된 상수도를 이용하여 물을 추가로 공급받아야 한다. 상수도를 이용해 수돗물을 공급받는 방식은... 지상식소화전, 지하식소화전, 급수탑으로 구분된다.

상수도 소화용수설비 설치기준
1. 호칭지름 75㎜ 이상의 수도배관에 호칭지름 100㎜ 이상의 소화전을 접속할 것
2. 소화전은 소방자동차 등의 진입이 쉬운 도로변 또는 공지에 설치할 것
3. 소화전은 특정소방대상물의 **수평투영면**의 각 부분으로부터 140m 이하가 되도록 설치할 것

용가명! 소화전배관(100㎜)이 수도배관(75㎜) 보다 커야 물을 시원하게 받는다. ➡ 수도배관(75㎜) 《 소화전배관(100㎜)

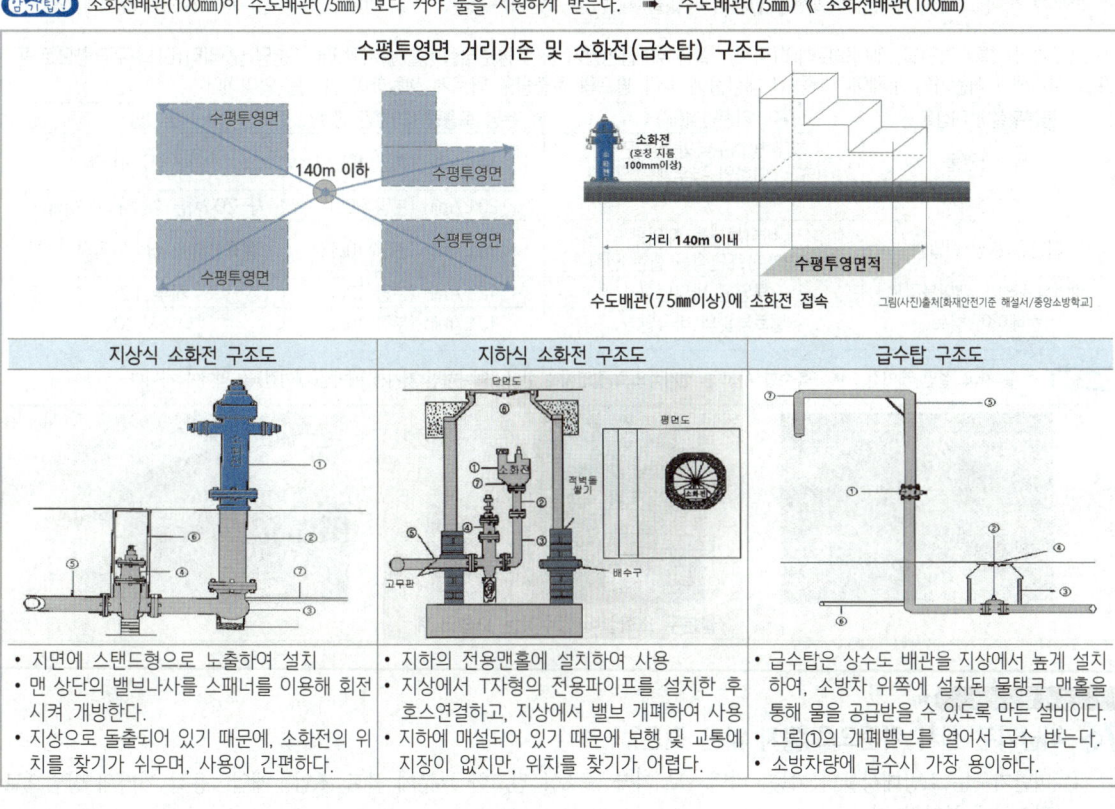

문장이 답인 문제 ★★★

75 <u>물분무</u>소화설비 가압송수장치의 <u>토출량</u>에 대한 최소기준으로 <u>옳은</u> 것은? (단, 특수가연물을 저장 취급하는 특정소방대상물 및 차고 · 주차장의 바닥면적은 50[㎡]이하인 경우는 50[㎡]를 기준으로 한다.)

① 차고 또는 주차장의 바닥면적 1[㎡]에 대해 <u>10[L/min]</u>로 20분간 방수할 수 있는 양 이상
　　　　　　　　　　　　　　　　　　　　　　20L/min

② 특수가연물을 저장 · 취급하는 특정소방대상물의 바닥면적 1[㎡]에 대해 <u>20[L/min]</u>로 20분간 방수할 수 있는 양 이상
　　　　　　　　　　　　　　　　　　　　　　　　　　　　　　10L/min

③ 케이블 트레이, 케이블 덕트는 투영된 바닥면적 1[㎡]에 대해 <u>10[L/mim]</u>로 20분간 방수할 수 있는 양 이상
　　　　　　　　　　　　　　　　　　　　　　　　　　　12L/min

④ 절연유 봉입 변압기는 바닥면적을 제외한 표면적을 합한 면적 1[㎡]에 대해 10[L/min]로 20분간 방수할 수 있는 양 이상

- **물분무 소화설비** : 물을 안개모양으로 방사해 가스와 비슷한 형태를 가지므로, 전기의 부도체(전기가 통하지 않는 물체 = 비전도성)로서 전기시설물에 설치가 가능한 자동식 수계소화설비
- **가압송수장치** : 압력을 가해서(가압) 물을 이송하는(송수) 장치로서 그 종류로는 **펌프**(전동기 또는 내연기관과 연결된 원심펌프), **고가수조**(높은 곳에 설치된 수조), **압력수조**(강한 공기압 이용), **가압수조**(압력수조의 간소화 설비) 등의 방식이 있다.
- **정격토출량(유량)** : 시간당 퍼낼 수 있는 물의 양으로서, 통상적으로 펌프 몸체에 분당 토출량[L/min]으로 표시된다.
  <예시> 옥내소화전 2개에서 소화수를 방사하고 있을 때 법정 토출량은 2 × 130L/min(법정방수량) = 260L/min 이 된다.

차고(주차장), 특수가연물, 케이블트레이(덕트), 절연유봉입변압기 등에 물분무설비를 설치할 때, 1분당 몇 리터(L)의 토출량으로 펌프를 설치해야 하는가의 문제이다. 즉 위 대상물에 따라 펌프의 토출량을 다르게 셋팅해야 한다는 의미이다.

물분무설비 대상물	기준면적(㎡)	분당 토출량 (20분간 방수)	암기법
특수가연물	최대 방수구역의 바닥면적 (50㎡ 이하인 경우에는 50㎡)	10 L/min (분당 10L)	나머지 10
차고(주차장)	//	20 L/min (분당 20L)	차 20 (차는 위험하니까 이십)
절연유 봉입 변압기	바닥부분을 제외한 (변압기의)표면적을 합한 면적	10 L/min (분당 10L)	절표(절마크)십 나머지 10
케이블트레이, 케이블덕트	**투영된 바닥면적**	12 L/min (분당 12L)	케투 12
컨베이어 벨트	벨트부분의 바닥면적	10 L/min (분당 10L)	나머지 10

암기팁! 특수 차고 절연 케이컨 ➡ 특수한 차고는 전기적으로 절연해야 한다. 왜냐하면 거기서 베이컨(케이컨)을 먹어야 하니까~

물분무 소화설비 방수하는 모습의 예

문장이 답인 문제 ★

76 <u>피난기구</u> 설치 기준으로 <u>옳지 않은</u> 것은?

① 피난기구는 소방대상물의 기둥 · 바닥 · 보 기타 구조상 견고한 부분에 볼트 조임 · 매입 · 용접 기타의 방법으로 견고하게 부착할 것

② <u>2층</u> 이상의 층에 피난사다리(하향식 피난구용 내림식사다리는 제외한다.)를 설치하는 경우에는 금속성 고정사다리
　4층
를 설치하고, <u>피난에 방해되지 않도록 노대는 설치되지 않아야 할 것</u>
　　　　　　당해 고정사다리에는 쉽게 피난할 수 있는 구조의 노대를 설치할 것

③ 승강식피난기 및 하향식 피난구용 내림식사다리는 설치경로가 설치층에서 피난층까지 연계될 수 있는 구조로 설치할 것. 다만, 건축물의 구조 및 설치 여건 상 불가피한 경우에는 그러하지 아니한다.

④ 승강식피난기 및 하향식 피난구용 내림식사다리의 하강구 내측에는 기구의 연결 금속구 등이 없어야 하며 전개된 피난기구는 하강구 수평투영면적 공간 내의 범위를 침범하지 않는 구조이어야 할 것. 단, 직경 60[cm] 크기의 범위를 벗어난 경우이거나, 직하층의 바닥 면으로부터 높이 50[cm] 이하의 범위는 제외한다.

- **피난기구** : 화재가 발생할 경우 피난하기 위하여 사용하는 기구 또는 설비로서... 구조대, 완강기(간이완강기), 공기안전매트, 피난사다리, 하향식 피난구용 내림식사다리, 승강식피난기, 다수인피난장비, 미끄럼대, 피난교, 피난용트랩, 피난밧줄이 있다.
- **피난사다리** : 화재시 긴급대피에 사용하는 사다리
  - **고정식**(수납식/접는식/신축식) : 건축물의 외·내벽에 고정되어 있어서 피난자가 상시 사용가능한 상태로 고정
  - **올림식**(접는식/신축식) : 건물의 한 부분에 기대거나 걸쳐(올려 받쳐) 세워서 사용
  - **내림식**(와이어로프식/체인식/하향식 피난구용 내림식사다리) : 복도 끝에 접어둔 상태로 두었다가, 사용시 창틀 등에 걸어 내린 후 사용
- **승강식피난기** : 대피실 내에 설치되며, 상층부에서 승강식 피난기에 올라서면, 사용자의 몸무게에 의하여 자동으로 아래층으로 하강하고, 내려서면 스스로 상승하여 연속적으로 사용할 수 있는... 최상층에서 피난층까지 엇갈리며 내려가게 설치된 무동력 피난기로서 탑승판(하강구=개구부에 설치), 손잡이 막대, 하강 시 속도를 조절할 몸체의 3부분으로 구성된 간단한 구조이다.
- **하향식 피난구용 내림식사다리** : 하향식의 피난구(하강구=개구부) 해치(피난사다리를 항상 사용가능한 상태로 넣어 두는 장치)에 격납하여 보관되다가, 해치구 뚜껑을 열면 접어둔 사다리가 펼쳐지고, 펼쳐진 사다리를 통해 아래층으로 피난할 수 있도록 설치되는 장비이다. 내림식사다리는 피난자 스스로 타고 내려가야 하기 때문에, 피난자 몸무게에 따라 약간 흔들리는 경우가 있으며 노약자 등은 사용이 곤란하다. 대피실 내에 설치되며, 최상층에서 피난층까지 엇갈리며 내려가게 설치된 피난기구이다.

4층 이상의 층에 피난사다리(하향식 피난구용 내림식사다리는 제외한다)를 설치하는 경우에는 **금속성 고정사다리를 설치**하고, 당해 고정사다리에는 **쉽게 피난할 수 있는 구조의 노대를 설치할 것**

→ 4층 이상의 층은... 고정식/올림식/내림식 피난사다리 중... 건축물에 고정시킨 고정식피난사다리를 설치하고(올림식이나 내림식은 위험해서 사용할 수 없음), **반드시 노대를 설치해야 한다는 규정이다.**

하지만, 하향식 피난구용 내림식사다리는... 건축물 외벽에서 피난하는 형태가 아니므로, 노대가 필요 없다는 의미이다.

→ **노대**는 건물외벽에서 뻗어나온 돌출된 공간(발코니 개념이지만 위를 덮지 않음)으로서, **노대 없이 피난사다리를 이용하면 위험**할 수 있으므로... 고정사다리에는 쉽게 피난할 수 있는 구조의 노대를 설치해야 한다.

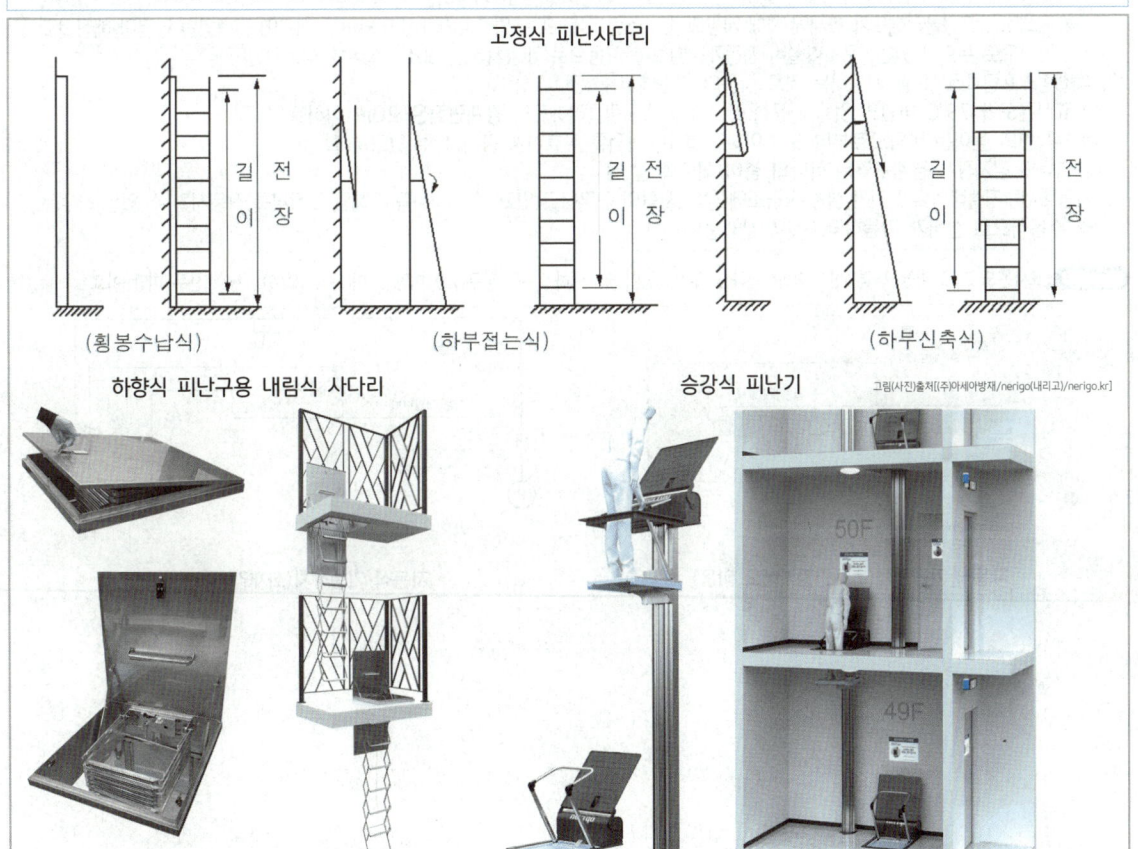

숫자가 답인 문제 ★★★

77 포소화설비의 자동식 기동장치를 폐쇄형 스프링클러헤드의 개방과 연동하여 가압송수장치·일제개방밸브 및 포소화약제 혼합장치를 기동하는 경우 다음 ( ) 안에 알맞은 것은? (단, 자동화재탐지설비의 수신기가 설치된 장소에 상시 사람이 근무하고 있고, 화재 시 즉시 해당 조작부를 작동시킬 수 있는 경우는 제외한다.)

표시온도가 (㉠)℃ 미만인 것을 사용하고, 1개의 스프링클러헤드의 경계면적은 (㉡)㎡ 이하로 할 것

① ㉠ 79, ㉡ 8　② ㉠ 121, ㉡ 8　③ ㉠ 79, ㉡ 20　④ ㉠ 121, ㉡ 20

- **포소화설비** : 수조로부터 공급된 물과 포약제 저장탱크에서 공급된 포원액을, **혼합기(프로포셔너)**에서 믹싱해 포수용액을 만들어, 포 방출구에서 공기와 섞어진 후 발포되어 거품을 방사하는 형태의 소화설비로서 유류탱크 등 위험물에 주로 사용된다.
- **헤드** : 빗방울 형태로 대량으로 물을 뿌리면서 방수하는 역할을 하는 장치
  - **폐쇄형헤드** : 정상상태에서 방수구를 막고 있는 감열체가 일정온도에서 자동적으로 파괴·용해 또는 이탈됨으로써 방수구가 개방 되는 헤드 (화재시 개방된 헤드에서만 물이 방수된다)
  - **개방형헤드** : 감열체 없이 방수구가 항상 열려져 있는 헤드 (화재시 설치된 모든 헤드에서 물이 방수된다)
- **자동화재탐지설비** : 화재를 자동으로 감지하여 벨(경종), 사이렌, 섬광으로 경보하여 피난을 유도하는 설비로서, 하나의 건물내에 경계구역(=화재감지구역=화재경보구역)을 여러개 나누어서 화재구역과 비화재구역으로 구분하여 제어하는 설비이다.

1. 포소화설비의 자동식 기동장치 방식
   ① 자동화재탐지설비의 감지기가 작동하면... 전기적으로... 포소화설비를 자동으로 기동하는 방식
   ② 폐쇄형 스프링클러헤드의 개방과 연동하여... 포소화설비를 자동으로 기동하는 방식
   → 폐쇄형 스프링클러헤드가 화재에 의해 개방되면... 소량의 물 또는 압축공기가 방출되어... 배관에 걸려있던 압력이 해정되고... 압력으로 누르고 있던, 포소화설비 자동개방밸브를 자동으로 개방시켜... 포소화설비를 작동시킨다.
2. 폐쇄형스프링클러헤드를 사용하는 경우 다음의 기준에 따를 것
   ① **표시온도가 79℃ 미만**인 것을 사용하고, 1개의 스프링클러헤드**경계면적은 20㎡ 이하**로 할 것
   ② **부착면의 높이는 바닥으로부터 5m 이하**로 하고, 화재를 유효하게 감지할 수 있도록 할 것
   ③ 하나의 감지장치 **경계구역은 하나의 층**이 되도록 할 것
3. 자동화재탐지설비의 수신기가 설치된 장소에 상시 사람이 근무하고 있고, 화재 시 즉시 해당 조작부를 작동시킬 수 있는 경우는...
   → **수동식으로 설비가 가능**하다. (자동식 설비 면제)

암기탑! 표시온도 79℃ 미만 / 경계면적 20㎡ 이하 / 부착면높이 5m 이하 ➡ 칠구(79) 미만 / 이(2) 오(5) ➡ 친구 미안 이요

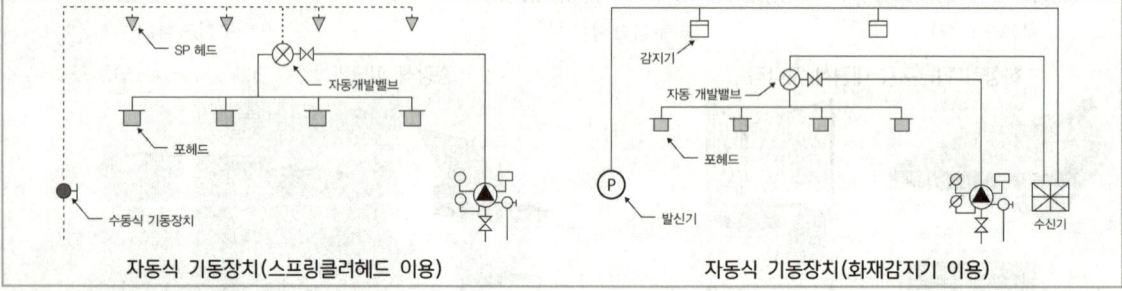

자동식 기동장치(스프링클러헤드 이용)　　자동식 기동장치(화재감지기 이용)

78. 특정소방대상물별 소화기구의 능력단위의 기준 중 다음 ( ) 안에 알맞은 것은?

특정소방대상물	소화기구의 능력단위
장례식장 및 의료시설	해당 용도의 바닥면적 (㉠) ㎡ 마다 능력단위 1단위 이상
노유자시설	해당 용도의 바닥면적 (㉡) ㎡ 마다 능력단위 1단위 이상
위락시설	해당 용도의 바닥면적 (㉢) ㎡ 마다 능력단위 1단위 이상

① ㉠ 30, ㉡ 50 ㉢ 100   ② ㉠ 30, ㉡ 100 ㉢ 50   ③ **㉠ 50, ㉡ 100 ㉢ 30**   ④ ㉠ 50, ㉡ 30 ㉢ 100

- **특정소방대상물** : 소방시설을 설치하여야 하는 소방대상물로서 대통령령으로 정하는 것
- **소화기** : 소화약제를 압력에 따라 방사하는 기구로서, 사람이 수동으로 조작하여 소화약제를 방사하여 소화하는 것 (소형소화기, 대형소화기)
- **간이소화용구** : 에어로졸식 · 투척용 소화용구 및 팽창질석 · 팽창진주암 · 마른모래 등의 간이소화용구
- **능력단위** : 소화기 및 간이소화용구의 소화능력을 나타내는 수치로서, 법에 따라 형식승인된 수치. 이 능력단위를 산정하기 위해 모형에 의한 소화능력시험을 실시한다.

특정소방대상물별 소화기구의 능력단위기준

특정소방대상물	암기법	소화기구의 능력단위
1. **위락**시설	위락 30	해당 용도의 바닥면적 **30㎡** 마다 능력단위 **1단위** 이상
2. **공**연장 · **집**회장 · **관**람장 · **문**화재 · **장**례식장 및 **의**료시설	공집관문의 장 50	해당 용도의 바닥면적 **50㎡** 마다 능력단위 **1단위** 이상
3. **노**유자시설 · **숙**박시설 · **운**수시설 · **전**시장 **공**동주택 · **공**장 · **창**고시설 · **업**무시설 · **방**송통신시설 · **관**광휴게시설 **근**린생활시설 · **항**공기 및 자동차 관련 시설 · **판**매시설	노숙(자) 운전 공공 창업 방관 근항판(근황판) 100	해당 용도의 바닥면적 **100㎡** 마다 능력단위 **1단위** 이상
4. 그 밖의 것	그밖 200	해당 용도의 바닥면적 **200㎡** 마다 능력단위 **1단위** 이상

※ 소화기구의 능력단위를 산출함에 있어서 건축물의 주요구조부가 **내화구조**이고, 벽 및 반자의 실내에 면하는 부분이 **불연재료** · **준불연**재료 또는 **난연**재료로 된 특정소방대상물에 있어서는 위 표의 **기준면적의 2배**를 해당 특정소방대상물의 기준면적으로 한다.

79.

아래 평면도와 같이 반자가 있는 어느 실내에 전등이나 공조용 디퓨저 등의 시설물을 무시하고 **수평거리를 2.1[m]로** 하여 스프링클러**헤드를 정방형으로 설치**하고자 할 때 **최소 몇 개의 헤드를 설치**해야 하는가? (단, 반자 속에는 헤드를 설치하지 아니하는 것으로 본다.)

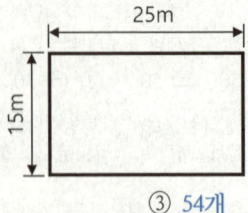

① 24개   ② 42개   ③ 54개   ④ 72개

- **스프링클러설비** : 화재발생시 화재를 자동으로 감지하여 피난을 위한 경보를 발하고, 습식·건식·준비작동식·일제살수식 밸브가 개방되면, 유수의 흐름으로 인하여 펌프가 기동되고, 개방된 헤드를 통해 소화수를 방수하여 소화하는 자동식 수계소화설비
- **스프링클러 헤드** : 스프링클러에서 나오는 물을, 빗방울 형태로 대량으로 뿌리면서 방수하는 역할을 하는 부분을 말한다.

1. 헤드 **정방형**(정사각형) 배치시... 수평거리(r)를 대입하여 헤드간의 거리(S)를 먼저 계산한다.
   (정방형 이므로 가로열의 헤드간거리와 세로열의 헤드간 거리는 동일하다)
   S [헤드간 거리(m)] = 2 × r [유효반경=수평거리(m)] × cos45° = 2 × 2.1m × cos45° = 2.97m
2. 가로열(25m)에 설치할 헤드수 : $\frac{25m}{2.97m}$ = 8.42   ∴ 9개
3. 세로열(15m)에 설치할 헤드수 : $\frac{15m}{2.97m}$ = 5.05   ∴ 6개
4. 총 헤드수 : 가로열 9개 × 세로열 6개 = **54개**

스프링클러헤드의 수평거리 기준(r값)
스프링클러헤드는 특정소방대상물의 천장·반자·천장과 반자사이·덕트·선반 기타 이와 유사한 부분(폭이 1.2m를 초과하는 것에 한한다)에 설치하여야 한다.

1. **무대부·특수가연물**을 저장 또는 취급하는 장소(랙크식 창고 포함)
   → **1.7m** 이하
2. **일반** 특정소방대상물 → **2.1m** 이하
3. **내화구조**로 된 특정소방대상물 → **2.3m** 이하
4. **랙크식** 창고 → **2.5m** 이하
5. **공동주택**(아파트) 세대 내의 거실 → **3.2m** 이하

* 헤드 정방형(정사각형) 배치 공식
   S [헤드간 거리(m)] = 2 × r [유효반경=수평거리(m)] × cos45°

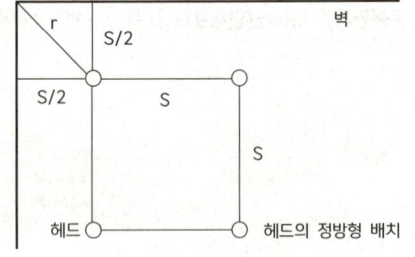

헤드의 정방형 배치

※ 랙크식 창고라 하더라도... 특수가연물을 저장 또는 취급하는 랙크식 창고이므로, 1.7m를 적용하는 것이 맞다.

> 문장이 답인 문제 ★★★

80 소화용수설비 중 소화수조 및 저수조에 대한 설명으로 틀린 것은?

① 소화수조, 저수조의 채수구 또는 흡수관투입구는 소방차가 2[m] 이내의 지점까지 접근할 수 있는 위치에 설치할 것
② 지하에 설치하는 소화용수설비의 흡수관투입구는 그 한 변이 0.6[m] 이상인 것으로 할 것
③ 채수구는 지면으로부터의 높이가 0.5[m] 이상 1[m] 이하의 위치에 설치하고 "채수구"라고 표시한 표지를 할 것
④ 소화수조가 옥상 또는 옥탑의 부분에 설치된 경우에는 지상에 설치된 채수구에서의 압력이 0.1[MPa] 이상이 되도록 할 것
　　　　　　　　　　　　　　　　　　　　　　　　　　　　　　　　　　　　　　　0.15 MPa

- **소화용수설비**: 화재를 진압하는데 필요한 물을 공급하거나 저장하는 설비로서 상수도소화용수설비, 소화수조·저수조 등을 말한다.
  ① **상수도 소화용수설비**: 소방대가 화재진압시 사용하는 소방용수로서, 특정소방대상물의 지하에 지름 75㎜ 이상의 상수도용 배관이 매설된 경우... 그 배관에 지상식소화전, 지하식소화전, 급수탑을 연결하여 소방차에 소방용수를 공급받는 설비이다.
  ② **소화수조 또는 저수조**: 소방대가 화재진압시 사용하는 소방용수가 담긴 수조로서, 소화에 필요한 물을 항시 채워두는 것
- **소화수조(저수조)의 물을 소방차에 공급받는 방법**
  ① **흡수관 투입구**: 소방차에는 물을 흡입할 수 있는 흡수관이 있다. 이 흡수관을 지하수조에 직접 담궈서 물을 흡수할 수 있도록 만든 사각형(한 변이 0.6m 이상)이나 원형(직경이 0.6m 이상)의 구멍(맨홀)
  ② **채수구**: 소방차의 소방호스와 접결되는 흡입구(나사식 금속결합구)로서, 채수구를 통해 수화수조의 물을 소방차에 공급 받는다.
  　⊙ **옥상수조**: 옥상 또는 옥탑의 부분에 설치된 경우, 지상에 설치된 채수구에서의 압력이 0.15 MPa 이상이 되면 설치가능
  　⊙ **지하수조**: 소화수조에 별도의 펌프를 설치하여, 지하수조에서 연결된 배관을 통하여 채수구에서 물을 공급 받는다.

소화수조가 옥상(옥탑) 등 높은 부분에 설치된 경우
→ 물의 자연낙차압력(높이에 따른 압력)을 이용하여... 지상에 설치된 채수구에서 물을 공급받는다. 이 때 채수구에서의 압력이 0.15 MPa 이상이 되어야... 지상의 소방차와 연결된 호스를 통해 소방차로 물을 급수시킬 수 있다.
→ 채수구에서의 압력이 0.15 MPa 이상이 되려면... 이론적으로 낙차(높이)가 15m면 가능하다. 하지만, 배관, 밸브 등의 마찰손실로 인하여 그 보다 좀 더 높아야 할 것이다.

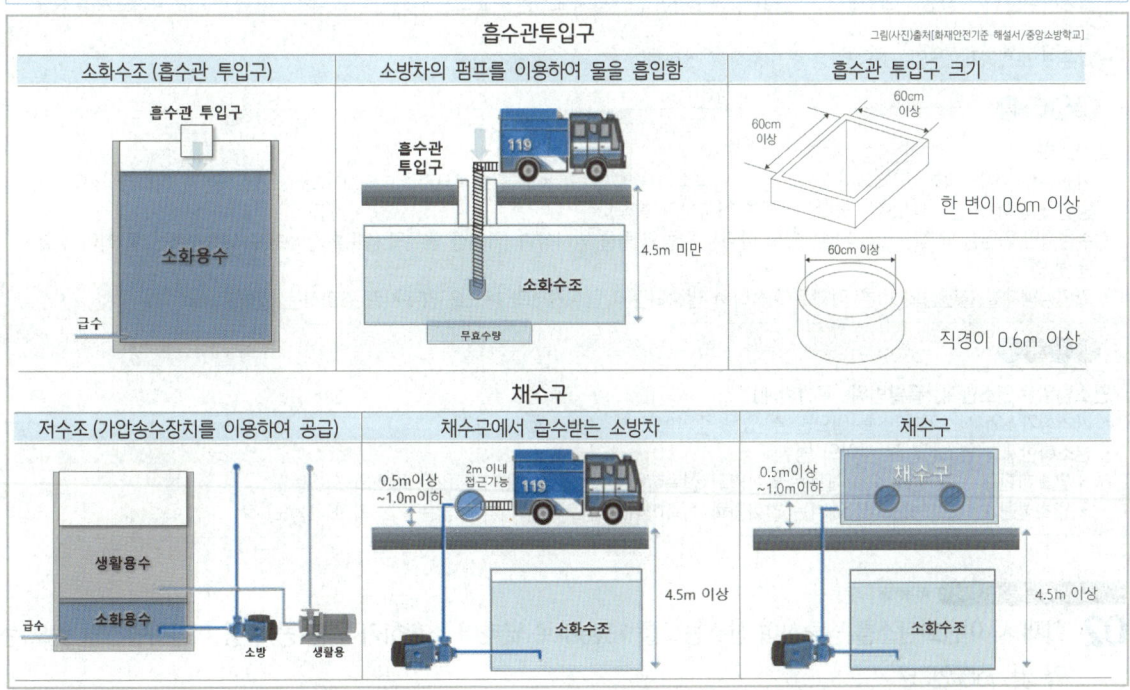

2019년 제4회 답이색 해설편

A nswer 1과목 소방원론

이해하면서 공부 할 문제

01 소화원리에 대한 설명으로 틀린 것은?

① 냉각소화 : 물의 증발잠열에 의해서 가연물의 온도를 저하시키는 소화방법
② 제거효과 : 가연성 가스의 분출화재 시 연료공급을 차단시키는 소화방법
③ 질식소화 : 포소화약제 또는 불연성가스를 이용해서 공기 중의 산소공급을 차단하여 소화하는 방법
④ 억제소화 : 불활성기체를 방출하여 연소범위 이하로 낮추어 소화하는 방법
   희석소화

화학적 소화의 방법(=억제소화, 부촉매소화)
- 활성라디칼(자유활성기, Free radical)을 흡수하여 연소의 4요소인 순조로운 연쇄반응을 억제하여 소화하는 방법으로 정촉매의 반대인 부촉매소화라고도 한다.
- 할론계 소화약제, 분말소화약제 등을 이용하여 소화한다.

희석소화
- 가연성의 기체, 액체, 고체에서 발생되는 가연성증기(분해가스)의 농도를 희석시켜(농도를 엷게 하여) 연소하한계 이하로 유지시키는 방법(강풍에 의한 희석소화, 불활성기체를 방출하여 희석)
- 수용성인 가연성 액체(알코올, 아세톤 등)의 화재시 다량의 물을 방사하여, 가연성 액체의 농도를 연소농도 이하가 되도록 하여 소화하는 방법
- 가연성액체를 불연성의 다른 액체로 희석하여 발생되는 가연성기체의 농도를 감소시켜 소화하는 방법

연소범위(=연소한계, 폭발범위, 폭발한계)
- 가연성가스와 산소가 연소를 일으킬 수 있는 증기농도(체적농도 vol%)범위
- 연소하한계와 연소상한계 사이의 범위
  - 연소하한계 : 그 농도 이하에서는 발화원과 접촉하여도 연소가 일어나지 않는 가스의 최소농도
  - 연소상한계 : 그 농도 이상에서는 발화원과 접촉하여도 연소가 일어나지 않는 가스의 최고농도

계산하면서 공부 할 문제 ★★★

02 화재 시 이산화탄소를 방출하여 산소농도를 13vol%로 낮추어 소화하기 위한 공기 중 이산화탄소의 농도는 약 몇 vol%인가?

① 9.5   ② 25.8   ③ 38.1   ④ 61.5

화재실에 이산화탄소(CO_2) 소화약제를 방사하여, 산소(O_2)농도를 13%로 떨어뜨려 화재를 진압하려고 할 때… 이산화탄소(CO_2)의 농도는 몇 %로 설계되어야 하는지의 문제?

CO_2방사 후 실내의 CO_2농도(%) $= \dfrac{21-O_2(\text{농도\%})}{21} \times 100 = \dfrac{21-13}{21} \times 100 = 38.095 = 38.1\%$

> **암기하면서 공부 할 문제** ★

03 할로겐화합물 소화약제는 일반적으로 열을 받으면 할로겐족이 분해되어 가연물질의 연소 과정에서 발생하는 활성종과 화합하여 연소의 연쇄반응을 차단한다. 연쇄반응의 차단과 가장 거리가 먼 소화약제는?

① FC-3-1-10　　　② HFC-125　　　③ IG-541　　　④ FIC-13I1

"IG-541"은 할로겐화합물 및 불활성기체소화설비에서 사용하는, **불연성·불활성기체혼합가스 소화약제**로서, **질식으로 인해 소화하는 물리적 소화효과**를 갖으며, 그 성분비는 N_2(질소):52%, Ar(아르곤):40%, CO_2(이산화탄소):8% 이다. 따라서 연쇄반응의 차단과 가장 거리가 먼 소화약제에 해당한다.

> **함께공부**

할로겐화합물 및 불활성기체 소화설비
할론소화설비를 대체할 목적으로 개발된 소화설비로서 할로겐화합물 소화약제와 불활성기체 소화약제를 사용한다.
※ 할론소화설비 : 할로겐족 원소(F, Cl, Br, I) 하나 이상을 포함하고 있는 할론2402($C_2F_4Br_2$), 할론1211(CF_2ClBr), 할론1301(CF_3Br) 소화약제를 이용하여 화재를 진압하는 가스계 소화설비이다.

1. **할로겐화합물 소화약제**
   불소(F), 염소(Cl), 브롬(Br) 또는 요오드(I) 중 하나 이상의 원소를 포함하고 있는 유기화합물을 기본성분으로 하는 소화약제로서 **연쇄반응을 차단하여 소화하는 화학적 소화효과**를 갖는다.

소화약제	화학식
퍼플루오로부탄(이하 "**FC-3-1-10**"이라 한다)	C_4F_{10}
하이드로 클로로 플루오로 카본 혼화제 (이하 "HCFC BLEND A"라 한다)	HCFC-123 ($CHCl_2CF_3$) : 4.75% HCFC-22 ($CHClF_2$) : 82% HCFC-124 ($CHClFCF_3$) : 9.5% $C_{10}H_{16}$: 3.75%
클로로테트라플루오르에탄(이하 "HCFC-124"라 한다)	$CHClFCF_3$
펜타플루오로에탄(이하 "**HFC-125**"라 한다)	CHF_2CF_3
헵타플루오로프로판(이하 "HFC-227ea"라 한다)	CF_3CHFCF_3
트리플루오로메탄(이하 "HFC-23"라 한다)	CHF_3
헥사플루오로프로판(이하 "HFC-236fa"라 한다)	$CF_3CH_2CF_3$
트리플루오로이오다이드(이하 "**FIC-13I1**"라 한다)	CF_3I
도데카플루오로-2-메틸펜탄-3-원(이하 "FK-5-1-12"라 한다)	$CF_3CF_2C(O)CF(CF_3)_2$

2. **불활성기체 소화약제**
   아르곤(Ar), 이산화탄소(CO_2) 또는 질소가스(N_2) 중 하나 이상의 원소를 기본성분으로 하는 소화약제로서 **질식으로 인해 소화하는 물리적 소화효과**를 갖는다.

소화약제	화학식
불연성·불활성기체혼합가스(이하 "IG-01"이라 한다)	Ar(아르곤)
불연성·불활성기체혼합가스(이하 "IG-100"이라 한다)	N_2(질소)
불연성·불활성기체혼합가스(이하 "**IG-541**"이라 한다)	N_2(질소) : 52%, Ar(아르곤) : 40%, CO_2(이산화탄소) : 8%
불연성·불활성기체혼합가스(이하 "IG-55"이라 한다)	N_2(질소) : 50%, Ar(아르곤) : 50%

> **이해하면서 공부 할 문제** ★

04 에테르, 케톤, 에스테르, 알데히드, 카르복실산, 아민 등과 같은 가연성인 수용성 용매에 유효한 포소화약제는?

① 단백포　　　② 수성막포　　　③ 불화단백포　　　④ **내알코올포**

수용성(물에 녹는) **위험물**(알코올, 아세톤, 초산, 의산, 피리딘 등)에 일반 포소화약제를 방사하면, 포수용액의 물 성분이 수용성 위험물에 녹아 포가 소포(파포)된다. 따라서 수용성 액체위험물의 화재시 적합한 포소화약제로 **내알코올포**가 개발되었다.

암기하면서 공부 할 문제

05 물의 소화력을 증대시키기 위하여 첨가하는 첨가제 중 물의 유실을 방지하고 건물, 임야 등의 입체 면에 오랫동안 잔류하게 하기 위한 것은?

① 증점제   ② 강화액   ③ 침투제   ④ 유화제

물은 유동성이 크기 때문에 소화 대상물에 장시간 부착되어 있지 못한다. 따라서 화재시 방수되는 물소화약제의 **가연물에 대한 접착성**을 강화시키기 위하여 첨가하는 물질을 증점제라 하며,
증점제 사용시 물의 사용량을 줄일 수 있고, 높은 장소(공중 소화)에서 투하시 **물이 분산되지 않으므로** 목표물에 정확히 도달할 수 있어 **산림화재 진압용**으로 많이 사용된다.
산림화재 시 대표적으로 사용하는 유기계 증점제로는 CMC(Sodium Carboxy Methyl Cellulose 카복시 메틸 셀룰로스 나트륨)와 Gelgard(Dow chemical 다우 케미칼 사의 상품명) 등이 있다.

함께 공부

물의 소화력을 증대시키기 위하여 첨가하는 첨가제

- **증점제(Viscosity Agent)**
  - 물의 점도를 증가시켜 끈끈하게 만들 목적으로 접착 성질을 강화하기 위해 첨가하는 물질
  - 물이 쉽게 흐르는 것을 방지하여 잔류효과를 증대시킨다. (유실방지)
- **강화액(Density Modifier)**
  - 한랭지에서도 사용할 수 있도록 탄산칼륨(K_2CO_3), 인산암모늄($NH_4H_2PO_4$), 침투제 등을 첨가한 수용액
  - 물의 밀도를 증가시킨 **밀도개선제**로 속불(심부)화재(송뭉치, 종이뭉치 등)에 효과가 크다.
- **침투제(Wetting Agent)**
  - 물은 표면장력이 커서 방수시 가연물에 침투되기 어렵기 때문에, 표면장력을 감소시켜 침투성을 증가시킨 계면활성제의 총칭
  - 침투제가 첨가된 물을 "Wet Water"라고 부른다.
  - 물이 가연물 내부로 침투하기 어려운 목재, 고무, 플라스틱, 원면(가공하지 아니한 솜), 짚단(지푸라기) 등의 화재에 사용되고 있다.
- **유화제(Emulsifier)**
  - 중질유(물보다 무거운 유류) 등 인화점이 높은 고비점 유류 등의 화재시, Emulsion(에멀젼, 유화)층을 형성해 유면을 덮어 소화할 할 수 있도록, 물에 계면활성제(Poly Oxyethylene Alkylether 폴리 옥시에틸렌 알킬에테르)를 첨가하여 사용하는 약제
- **부동액(Anti-freeze Agent)**
  - 자동차 냉각수 동결방지제로 많이 사용되는 에틸렌글리콜($C_2H_4(OH)_2$)을 가장 많이 사용하고 있다.

암기하면서 공부 할 문제 ★★★

06 화재의 유형별 특성에 관한 설명으로 옳은 것은?

① A급 화재는 무색으로 표시하며, 감전의 위험이 있으므로 주수소화를 엄금한다.
   백색 / 연소 후에 재를 남기고, 주수소화를 한다
② B급 화재는 황색으로 표시하며, 질식소화를 통해 화재를 진압한다.
③ C급 화재는 백색으로 표시하며, 가연성이 강한 금속의 화재이다.
   청색 / 감전의 위험이 있으므로 주수소화를 엄금한다
④ D급 화재는 청색으로 표시하며, 연소 후에 재를 남긴다.
   무색 / 가연성이 강한 금속의 화재이다

B급 화재는 유류화재로서 황색으로 표시하며, 유류인 가연물을 포(거품)로 덮으면 산소가 차단되어 질식소화 된다.

 화재의 종류와 표시색상 : 일 유 전 금 가 주   백 황 청 무 황 -

함께 공부

화재의 분류

종류	표시	표시색상	일반적 소화방법
일반화재	A급	백색	냉각소화
유류화재	B급	황색	질식소화
전기화재	C급	청색	질식소화
금속화재	D급	무색	피복소화
가스화재	E급	황색	질식소화
주방화재	K급	–	질식+냉각소화

암기하면서 공부 할 문제
07 다음 중 인명구조기구에 속하지 않는 것은?
① 방열복　　　　② **공기안전매트**　　　　③ 공기호흡기　　　　④ 인공소생기

공기안전매트는 "**피난기구**"로서... 화재 발생시 사람이 건축물 내에서 외부로 긴급히 뛰어 내릴 때, 충격을 흡수하여 안전하게 지상에 도달할 수 있도록 포지에 공기 등을 주입하는 구조로 되어 있는 것을 말한다.

함께 공부
피난구조설비(화재가 발생할 경우 피난하기 위하여 사용하는 기구 또는 설비)
1. 피난기구
2. 인명구조기구
　① **방열복** : 고온의 복사열에 가까이 접근하여 소방활동이나 피난을 수행할 수 있는 **내열피복**
　② **방화복**(안전모, 보호장갑 및 안전화 포함) : **화재진압** 등의 소방활동이나 피난을 수행할 수 있는 피복
　③ **공기호흡기** : 소화활동시 또는 피난시에 화재로 인하여 발생하는 각종 유독가스 중에서 일정시간 사용할 수 있도록 제조된 압축공기식 **개인호흡장비**(보조마스크 포함)
　④ **인공소생기** : 호흡 부전 상태인 사람에게 **인공호흡**을 시켜 환자를 보호하거나 구급하는 기구

암기하면서 공부 할 문제
08 다음 중 인화점이 가장 낮은 물질은?
① **산화프로필렌**　　② 이황화탄소　　③ 메틸알코올　　④ 등유

주요물질의 인화점

물질	인화점(℃)	물질	인화점(℃)	물질	인화점(℃)	물질	인화점(℃)
이소펜탄	-51	벤젠	-11	에틸벤젠	15	경유	50~70
디에틸에테르	-45	메틸에틸케톤	-7	피리딘	20	아닐린	76
아세트알데히드	-38	초산에틸	-4	클로로벤젠	32	에틸렌글리콜	111
산화프로필렌	**-37**	톨루엔	4	클로로아세톤, 테레핀유, 부탄올	35	중유	60~150
이황화탄소	-30	메탄올(메틸알콜)	11	초산	40	글리세린	160
아세톤, 트리메틸 알루미늄	-18	에탄올(에틸알콜)	13	등유	40~70	실린더유	200~250

※ 인화점은 문제에서 상대적으로 적용됨으로 인해, 아무리 여러 문제를 많이 암기해도, 실제 시험에서 출제되는 문제를 모두 풀 수 있다는 보장이 없습니다. 따라서 인화점 문제는 문제를 암기하지 말고, 반드시 물질별 인화점을 위 표를 통해 비교해서 암기해야 합니다.

함께 공부
인화점
- 불을 끌어당기는 온도라는 뜻으로 점화원에 의해 불이 붙을 수 있는 최저온도
- 가연성기체와 공기가 혼합된 상태에서 외부의 직접적인 점화원에 의해 불이 붙을 수 있는 최저온도
- 가연성 물질을 공기 중에서 가열할 때 가연성 증기가 연소범위 하한계에 도달되는 최저온도

이해하면서 공부 할 문제 ★
09 화재의 지속시간 및 온도에 따라 목재건물과 내화건물을 비교했을 때, 목재건물의 화재성상으로 가장 적합한 것은?
① 저온장기형이다.　　② 저온단기형이다.　　③ 고온장기형이다.　　④ **고온단기형이다.**

목조건축물 화재 - 고온 단기형(단시간형)
목조건축물은 골조가 목조로 되어 있어 타기 쉽고 개구부도 많아져, 화재가 발생하면 공기 유통이 좋아서 격렬히 연소하여 통상적으로 출화 후 4~14분 정도면 최성기에 도달하며, 최성기에서 연소낙하까지 6~19분 정도가 소요된다.

함께 공부
내화건축물 화재 - 저온 장기형(장시간형)
내화구조 건축물은 철근 콘크리트조, 연와조 기타 이와 유사한 구조로서, 화재 시 쉽게 연소가 되지 않음은 물론 화재에 대하여 상당 시간동안 구조상 내력(구조가 견디는 능력)을 감소시키지 않는다. 또한 방화구획 내에서 진화되어 인접부분에 화기의 전달을 차단할 수 있으며, 내장재가 전소하더라도 수리하여 재사용이 가능한 구조를 말한다.

10 방화벽의 구조 기준 중 다음 ( ) 안에 알맞은 것은?

- 방화벽의 양쪽 끝과 윗쪽 끝을 건축물의 외벽면 및 지붕면으로부터 (㉠)m 이상 튀어나오게 할 것
- 방화벽에 설치하는 출입문의 너비 및 높이는 각각 (㉡)m 이하로 하고, 해당 출입문에는 60+방화문 또는 60분방화문을 설치할 것

① ㉠ 0.3, ㉡ 2.5　　② ㉠ 0.3, ㉡ 3.0　　③ ㉠ 0.5, ㉡ 2.5　　④ ㉠ 0.5, ㉡ 3.0

건축물의 피난·방화구조 등의 기준에 관한 규칙(약칭:건축물방화구조규칙) 제21조(방화벽의 구조)
1. 내화구조로서 홀로 설 수 있는 구조일 것
2. 방화벽의 양쪽 끝과 윗쪽 끝을 건축물의 외벽면 및 지붕면으로부터 **0.5미터** 이상 튀어 나오게 할 것
3. 방화벽에 설치하는 출입문의 너비 및 높이는 각각 **2.5미터** 이하로 하고, 해당 출입문에는 60+방화문 또는 60분방화문을 설치할 것

함께공부
- **방화벽**: 화재 시 발생한 열, 연기 등의 확산을 방지하기 위하여 설치하는 벽
- **60+방화문**: 연기 및 불꽃을 차단할 수 있는 시간이 60분 이상이고, 열을 차단할 수 있는 시간이 30분 이상인 방화문
- **60분방화문**: 연기 및 불꽃을 차단할 수 있는 시간이 60분 이상인 방화문
- **30분방화문**: 연기 및 불꽃을 차단할 수 있는 시간이 30분 이상 60분 미만인 방화문

11 특정소방대상물(소방안전관리대상물은 제외)의 관계인과 소방안전관리대상물의 소방안전관리자의 업무가 아닌 것은?

① 화기 취급의 감독
② 자체소방대의 운용 (자위소방대)
③ 소방시설이나 그 밖의 소방 관련 시설의 관리
④ 피난시설, 방화구획 및 방화시설의 관리

자체소방대를 설치하여야 하는 사업소 - 다량의 위험물을 저장·취급하는 제조소등으로서...
1. 제4류 위험물을 취급하는 **제조소** 또는 **일반취급소**. 다만, 보일러로 위험물을 소비하는 일반취급소 등 행정안전부령으로 정하는 일반취급소는 제외한다.
2. 제4류 위험물을 저장하는 **옥외탱크저장소**

생각탈출! 피자업계 훈화 소방화재

함께공부
특정소방대상물(소방안전관리대상물은 제외)의 관계인과 소방안전관리대상물의 **소방안전관리자**는 다음 각 호의 업무를 수행한다. 다만, 제2호·제3호·제4호 및 제5호의 업무는 소방안전관리대상물의 경우에만 해당한다.
1. **피**난시설, 방화구획 및 방화시설의 관리
2. **자**위소방대 및 초기대응체계의 구성, 운영 및 교육
3. 소방안전관리에 관한 **업**무수행에 관한 기록·유지
4. 피난계획에 관한 사항과 대통령령으로 정하는 사항이 포함된 소방**계**획서의 작성 및 시행
5. 소방**훈**련 및 교육
6. **화**기 취급의 감독
7. **소**방시설이나 그 밖의 소방 관련 시설의 관리
8. **화**재발생 시 초기대응
9. 그 밖에 소방안전관리에 필요한 업무

12 화재발생 시 인명피해 방지를 위한 건물로 적합한 것은?

① 피난구조설비가 없는 건물 (있는)
② 특별피난계단의 구조로 된 건물
③ 피난기구가 관리되고 있지 않은 건물 (있는)
④ 피난구 폐쇄 및 피난구유도등이 미비되어 있는 건물 (개방, 설치되어)

특별피난계단의 구조로 된 건물은... 직통계단에 피난방화(화재방어)성능과 방연(연기방어)성능까지 갖춘 계단으로, 화재발생 시 인명피해 방지를 위한 건물로 매우 적합하다.

> **함께공부**
>
> 건축물의 5층 이상 또는 지하 2층 이하의 층으로부터, 피난층 또는 지상으로 통하는 **직통계단**은 기준에 따른 **피난계단 또는 특별피난계단**으로 설치해야 한다.
> - **피난층** : 계단을 통하지 않고, 직접 지상으로 통하는 출입구가 있는 층
> - **직통계단** : 건물의 어떤 층에서도 피난층 또는 지상까지 이르는 경로가, 계단과 계단참만을 통하여 오르내릴 수 있는 계단
> - **피난계단** : 직통계단에 피난방화(화재방어)성능 기준을 추가한 계단
> - **특별피난계단** : 직통계단에 피난방화성능 + 방연(연기방어)성능 기준을 추가한 계단

[암기하면서 공부 할 문제] ★★★

13 프로판가스의 연소범위[vol%]에 가장 가까운 것은?

① 9.8~28.4　　② 2.5~81　　③ 4.0~75　　④ **2.1~9.5**

주요물질의 연소범위

물질	하한값 (vol%)	상한값 (vol%)	연소범위 넓이	위험도(H)	
아세틸렌(연소범위가 가장 넓다)	2.5	81.0	78.5	31.4	2위
수소(연소범위가 2번째로 넓다)	4.0	75.0	71.0	17.75	4위
일산화탄소	12.5	74.0	61.5	4.92	
에테르	1.9	48.0	46.1	24.26	3위
이황화탄소(하한값이 가장낮고, 위험도가 가장높다)	1.2	44.0	42.8	35.66	1위
황화수소	4.0	44.0	40.0	10.00	
에틸렌	2.7	36.0	33.3	12.33	
메탄	5.0	15.0	10.0	2.00	
에탄	3.0	12.4	9.4	3.13	
프로판	**2.1**	**9.5**	7.4	3.52	
부탄	1.8	8.4	6.6	3.66	

 연소범위 넓은순서 ➡ 아수일에 이황에 메에프부　이수일(가수)에 이황(퇴계)에 매우 풍년이구나~
위험도 큰 순서 ➡ 이황 아세 에테 수소　이황이 아세아를 여태~~ 수성했다(지켰다).

> **함께공부**
>
> 연소범위(=연소한계, 폭발범위, 폭발한계)
> - 가연성가스와 산소가 연소를 일으킬 수 있는 증기농도(체적농도 vol%)범위
> - 연소하한계와 연소상한계 사이의 범위
>   - 연소하한계 : 그 농도 이하에서는 발화원과 접촉하여도 연소가 일어나지 않는 가스의 최소농도
>   - 연소상한계 : 그 농도 이상에서는 발화원과 접촉하여도 연소가 일어나지 않는 가스의 최고농도

[이해하면서 공부 할 문제]

14 불포화 섬유지나 석탄에 자연발화를 일으키는 원인은?

① 분해열　　② **산화열**　　③ 발효열　　④ 중합열

자연발화란 공기 중의 물질이 상온에서, 장기간 **열의 축적**에 의해 별도 점화원 없이 **자연적으로(스스로)** 발화하는 현상으로… 불포화 섬유지(불포화성 유지를 잘 못 기재한 것으로 보인다)나 석탄을 통풍이 안 되는 조건에 장시간 방치하면, 기름이나 석탄이 **공기중에서 산화되면서**(산소와 느리게 반응하면서) **산화열이 축적**되어 자연발화가 일어나는 조건이 형성된다.

> **함께공부**
>
> 자연발화시 열이 축적되는 형태
> - 분해열 : 셀룰로이드, 니트로셀룰로오스, 니트로글리세린, 유기과산화물 등 하나의 물질이 분해 반응할 때 발생하는 열
> - 산화열 : 건성유, 반건성유, 석탄, 석회분, 고무분말, 금속분말 등 어떤 물질이 산소와 느리게 반응하면서 발생하는 열
> - 발효열 : 퇴비, 먼지, 곡물, 건초 등 미생물에 의해 발효되면서 발생되는 열
> - 흡착열 : 목탄, 활성탄, 유연탄 등 모든 흡착 과정에서 방출되는 열
> - 중합열 : 액화 시안화수소(HCN) 등 단량체(monomer)가 중합체를 형성하여 중합반응을 일으킬 때 발생하는 열

이해하면서 공부 할 문제 ★★

15 CF_3Br 소화약제의 명칭을 옳게 나타낸 것은?

① 할론 1011
　CH_2ClBr
② 할론 1211
　CF_2ClBr
③ 할론 1301
④ 할론 2402
　$C_2F_4Br_2$

- **할론 소화약제** : 불소(F), 염소(Cl), 브롬(Br) 또는 요오드(I) 중 하나 이상의 원소를 포함하고 있는 유기화합물을 기본성분으로 하는 소화약제로서 화학적 소화효과를 갖는다.
- 할론 1301의 화학기호는 CF_3Br 로서 원자의 순서가 바뀌어도 상관없다. 또한 Halon 1301은 소화력이 가장 우수하여 할론 소화설비 및 할론 소화기에 사용되며, 독성도 다른 할론 약제들에 비해 낮은 편이다. 하지만 오존 파괴 지수(ODP)는 가장 높다.

땅가져요! 탄 불 염 브

함께 공부

할론명명법 – 아래 그림과 같은 순서와 원자수로 기재된다.

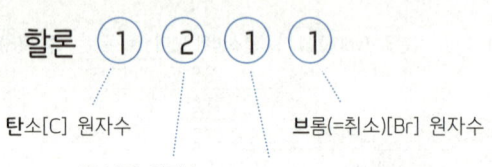

※ 화합물 내부에 존재하지 않는 원소는 숫자 '0'으로 표기(맨끝은 표기하지 않아도 된다)하고 명명하지 않는다.

이해하면서 공부 할 문제

16 다음 중 전산실, 통신기기실 등에서의 소화에 가장 적합한 것은?

① 스프링클러설비
② 옥내소화전설비
③ 분말소화설비
④ **할로겐화합물 및 불활성기체 소화설비**

① 스프링클러설비는 헤드를 통해 **빗방울 형태의 물방울**(적상주수)을 대량으로 뿌려 소화하는 것으로, 전산·통신기기에 방수되면 재사용이 불가능해진다.
② 옥내소화전설비 역시 **막대모양의 굵은 물줄기**(봉상주수)를 대량으로 방수하여 소화하는 것으로, 전산·통신기기에 방수되면 재사용이 불가능해진다.
③ 분말소화설비는 미세한 분말입자를 방사하여 소화하는 것으로, 전산·통신기기에 방사되면 **미세한 분말이 기기내부에 침투**하여 기기 오작동이 발생할 수 있다.
④ 할로겐화합물 및 불활성기체 소화설비는 할론소화약제를 대체할 목적으로 개발된 소화약제로서 할로겐화합물 소화약제와 불활성기체 소화약제는 **방사 후 어떠한 흔적도 남기지 않고** 화재를 소화하므로 전산·통신기기 화재에 적합하다고 할 수 있다.

함께 공부

① **스프링클러설비** : 화재발생시 화재를 자동으로 감지하여 피난을 위한 경보를 발하고, 습식·건식·준비작동식·일제살수식 밸브가 개방되면, 유수의 흐름으로 인하여 펌프가 기동되고, 개방된 헤드를 통해 소화수를 방사하여 소화하는 자동식 수계소화설비
② **옥내소화전설비** : 화재발생시 옥내소화전함을 개방하여 방수구와 연결된 호스를 전개한 후 앵글밸브를 개방하고, 화점을 향해 노즐을 개방하여 방사하는 형태의 수동식 수계소화설비
③ **분말소화설비** : 분말소화설비는 미세한 분말입자를 별도의 가스(질소 또는 이산화탄소)압력으로 방사하여 소화하는 설비
④ **할로겐화합물 및 불활성기체 소화설비** : 할론소화약제를 대체할 목적으로 개발된 소화약제로서 할로겐화합물 소화약제와 불활성기체 소화약제로 구분된다.
  - **할로겐화합물소화약제** : 불소(F), 염소(Cl), 브롬(Br) 또는 요오드(I) 중 하나 이상의 원소를 포함하고 있는 유기화합물을 기본성분으로 하는 소화약제로서 화학적 소화효과를 갖는다.
  - **불활성기체소화약제** : 아르곤(Ar), 이산화탄소(CO_2) 또는 질소가스(N_2) 중 하나 이상의 원소를 기본성분으로 하는 소화약제로서 질식으로 인해 소화하는 물리적 소화효과를 갖는다.
※ **할론소화설비** : 할론소화설비는 할로겐족원소(F, Cl, Br, I) 하나 이상을 포함하고 있는 할론2402($C_2F_4Br_2$), 할론1211(CF_2ClBr), 할론1301(CF_3Br) 소화약제를 이용하여 화재를 진압하는 가스계 소화설비이다.

이해하면서 공부 할 문제 ★★★

17 가연물의 제거와 가장 관련이 없는 소화방법은?

① 유류화재 시 유류공급 밸브를 잠근다. ② 산불화재 시 나무를 잘라 없앤다.
③ **팽창 진주암을 사용하여 진화한다.** ④ 가스화재 시 중간밸브를 잠근다.

제거소화란 가연물을 제거하여 소화하는 방법으로서 ①은 유류공급관의 밸브를 잠궈서 가연물인 유류를 제거하는 것이며, ②는 가연물인 산림의 일부를 제거하는 것이고, ④는 가스공급관의 밸브를 잠궈서 가연물인 가스를 제거하는 것이다.
③은 **질식소화** (가연물이 연소할 때 공기 중의 산소농도를 15%이하로 떨어뜨려 연소를 중단시키는 소화 방법)의 방법으로서, 무기물(금속)화재시 가연물을 마른모래(건조사), 팽창질석, 팽창진주암 (가열해 부풀려 가볍게 만든 돌가루)으로 덮으면 산소가 차단되어 질식소화 된다.

함께공부

제거소화의 구체적인 예
① 촛불의 화염을 입김으로 불어 끄는 것
② 부채를 이용하여 촛불을 바람으로 끄는 것
③ 산불화재 시 벌목하는 행위
④ 가스화재 시 밸브 및 콕크를 잠그는 행위
⑤ 유전화재 시 폭약을 사용해, 폭풍에 의하여 가연성 증기를 날려 보내는 것
⑥ 전기화재 시 전원을 차단하는 것

암기하면서 공부 할 문제

18 독성이 매우 높은 가스로서 석유제품, 유지(油脂) 등이 연소할 때 생성되는 알데히드계통의 가스는?

① 시안화수소 ② 암모니아
③ 포스겐 ④ **아크롤레인**

(Acrolein, CH_2CHCHO)은 **지방(유지)이 탈 때** (튀김요리시 등) 발생하는 독성가스로서, 조금만 흡입해도 생명이 위험한 알데히드 계통의 가스이다.

함께공부

연소시 발생하는 유해가스의 위험성 평가방법 중 하나인 **TLV**(허용한계농도)가 **가장 높은 가스** (가장 안전한 가스)는 **이산화탄소**(CO_2) 이며, 허용농도는 5000 [ppm] 정도이다.
반면, **포스겐**($COCl_2$)과 **아크롤레인**(Acrolein, CH_2CHCHO)이 **가장 낮은 값** (가장 위험한 가스)을 가지며 그 허용농도는 0.1[ppm] 이며, 10[ppm] 이상의 농도를 흡입하면 즉시 사망한다.
※ ppm은 농도의 단위로 사용되며, 영어의 'Part Per Million (파츠 퍼 밀리언)'의 앞 글자를 따서 만든 **100만분의 1**이란 뜻이다. 즉 1ppm은 1/1,000,000로 표현되며, 공기 1,000,000L 중 농도를 표시하는 것이다.

이해하면서 공부 할 문제

19 화재강도(Fire Intensity)와 관계가 없는 것은?

① 가연물의 비표면적 ② **발화원의 온도** ③ 화재실의 구조 ④ 가연물의 발열량

단위시간당 축적되는 열량을 **화재강도** (Fire Intensity)라 하며, 화재실의 최고온도를 결정한다. 화재강도에 **영향을 미치는 인자**는... 가연물의 비표면적, 화재실의 구조·단열성, 가연물의 발열량 (연소열), 공기(산소)의 공급 등이 있으며...
발화원 (화재를 일으키는 원인물질)의 온도는 화재초기에만 영향을 미칠 뿐, 화재실의 최고온도를 결정하는 화재강도와는 관련이 없다.

함께공부

화재강도의 영향인자 ⇨ 화재강도가 크다 → 열 발생량이 많다 → 화재실의 온도가 높다
• **가연물의 비표면적** : 가연물의 단위질량 당 표면적을 말하며, 비표면적이 크면 공기(산소)와의 접촉면적이 커지므로, 가연물이 타는 속도가 높아져 화재강도가 커진다.
• **화재실의 구조** : 표면적이 작을수록, 전도되는 열손실이 적어 화재강도가 커진다.
• **화재실의 단열성** : 화재실의 단열효과가 클수록, 실내의 열축적율이 상승하여 화재강도가 커진다.
• **가연물의 발열량** (연소열) : 가연물의 발열량 (연소열)이 높을수록, 화재실의 최고온도가 높아져 화재강도가 커진다.

이해하면서 공부 할 문제 ★

20 BLEVE 현상을 설명한 것으로 가장 옳은 것은?

① 물이 뜨거운 기름표면 아래에서 끓을 때 화재를 수반하지 않고 over flow 되는 현상
　　프로스오버(Froth Over)
② 물이 연소유의 뜨거운 표면에 들어갈 때 발생되는 over flow 현상
　　슬롭오버(Slop Over)
③ 탱크 바닥에 물과 기름의 에멀젼이 섞여있을 때 물의 비등으로 인하여 급격하게 over flow 되는 현상
　　보일오버(Boil Over)
④ 탱크 주위 화재로 탱크 내 인화성 액체가 비등하고 가스부분의 압력이 상승하여 탱크가 파괴되고 폭발을 일으키는 현상

- 블레비(BLEVE : Boiling Liquid Expanding Vapour Explosion, 비등 액체팽창 증기폭발)
  - 고압액화가스(가연성액체) 탱크에서 발생하는 급속한 증발현상에 의해 폭발하는 형태
  - 고압액화가스의 탱크 주위에서 화재가 발생한 경우에 탱크의 가열로 인하여 그 부분의 강도가 약해져 탱크가 파열됨으로 내부의 가열된 액화가스가 급속히 기화하여 팽창하면서 폭발하는 현상으로, **화이어 볼(화구, Fire Ball)로 발전**된다.
- 화이어 볼(화구, Fire Ball) : 블레비(BLEVE)현상 등에 의해 확산된 인화성 증기가 착화되면서 폭발할 때, 화염이 급속도로 확대되며 공기를 끌어올려 마치 공이 지면에서 솟아올라 버섯형 화염으로 되어가는 것처럼 보이는 현상으로 이러한 화염형태를 화이어 볼이라 한다. 화이어 볼은 대량의 **복사열**(열원과 수열체 사이에 중간매체가 필요없는 열이동 현상)을 방출한다.

함께 공부

- 보일오버(Boil Over)현상 : 고온층(hot zone)이 형성된 유류화재의 탱크 밑면에 물이 고여 있는 경우, 화재의 진행에 따라 바닥의 물이 급격히 증발하여 불 붙은 기름을 분출시키는 위험현상(화재발생 전 부터 있었던 물에 의해~)
- 슬롭오버(Slop Over)현상 : 물이 연소유의 표면에 들어갈 때 수분의 급격한 증발로 인하여 기름이 탱크 밖으로 방출되는 현상 (나중에 유입된 물에 의해~)
- 프로스오버(Froth Over) : 점성이 높은 유류를 저장하는 탱크의 바닥에 있는 물이 어떤 원인에 의해 비등하면서 유류를 탱크 밖으로 넘치게 하는 현상(화재 이외의 경우에~)

Answer 2과목 소방유체역학
✓ 이것이 핵심이다! 기출문제 + 답이색해설

계산 없는 단순 암기형 ★★★★★

21 아래 그림과 같이 두 개의 가벼운 공 사이로 빠른 기류를 불어 넣으면 두 개의 공은 어떻게 되겠는가?

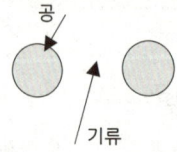

① 뉴턴의 법칙에 따라 벌어진다.　　② 뉴턴의 법칙에 따라 가까워진다.
③ 베르누이의 법칙에 따라 벌어진다.　　④ **베르누이의 법칙에 따라 가까워진다.**

베르누이의 법칙에 따라 압력·속도·위치 수두는 각각 다를 수 있으나, 에너지보존의 법칙에 의해 그 **에너지(수두)의 총합은 항상 일정**하므로...

 (일정) 예>처음값은 압력(5)+속도(5)=10 이었는데... 빠른기류 이후에는, 속도가 9로 빨라져 압력(1)+속도(9)=10 이 된다.

↑ 기류 속도가 빨라지면(빠른기류) 예>속도가 처음에는 5였는데... 빠른기류로 인해 9로 빨라지면...
압력은 낮아진다 예>총합은 항상 일정하다는 법칙에 의해... 속도가 9로 빨라졌으므로, 압력은 1로 낮아진다.
따라서 공 사이의 압력이 낮아지면, 가벼운 공 외부의 압력이 상대적으로 커져서 공은 서로 가까워진다.

함께 공부

베르누이의 정리
유체가 흐름선(유선)을 그리며 흐를 때, 두 지점의 높이[위치수두] 그리고 두 지점에서의 압력[압력수두]과 흐르는 속도[속도수두] 사이의 관계를 두 지점에서 역학적 에너지가 보존됨을 바탕으로 수식으로 나타낸 것.

유체의 흐름에 **에너지보존의 법칙**을 적용시킨 방정식[오일러의 운동방정식을 **적분**하여 얻은 방정식]

전수두(전양정) = 압력수두 + 속도수두 + 위치수두 = 일정(Constant)

$$H(m) = \frac{P}{\gamma} + \frac{V^2}{2g} + Z = \frac{압력(N/m^2)}{비중량(N/m^3)} + \frac{유속^2(m/\sec)^2}{중력가속도(m/\sec^2)} + 높이(m) = C(일정)$$

계산 없는 단순 암기형 ★★★★★

22 다음 유체 기계들의 압력 상승이 일반적으로 큰 것부터 순서대로 바르게 나열한 것은?

① 압축기(compressor) > 블로어(blower) > 팬(fan)
② 블로어(blower) > 압축기(compressor) > 팬(fan)
③ 팬(fan) > 블로어(blower) > 압축기(compressor)
④ 팬(fan) > 압축기(compressor) > 블로어(blower)

송풍기(공기)의 압력에 의한 분류 ☞ 압축기(compressor) > 블로어(blower) > 팬(fan)
- 팬(Fan) : $0.1 kgf/cm^2$ [10kPa] 미만, 일반적으로 송풍기라 함은 팬(Fan)을 의미한다.
- 블로어(Blower) : $0.1 kgf/cm^2$ [10kPa] 이상 ~ $1 kgf/cm^2$ [100kPa] 미만
- 압축기(compressor) : $1 kgf/cm^2$ [100kPa] 이상

전반적으로 쉬운 계산형 ★★

23 표면적이 같은 두 물체가 있다. 표면온도가 2000K인 물체가 내는 복사에너지는 표면온도가 1000K인 물체가 내는 복사에너지의 몇 배인가?

① 4 ② 8 ③ 16 ④ 32

물질의 **표면**에서 **방사**되는 **복사에너지(열복사량)**는 **스테판-볼츠만 법칙**(stefan-boltzmann's)에 의해 다음과 같이 계산된다.

$$Q(복사에너지, 복사열량) = \sigma A T^4$$

복사에너지(복사열량)는 절대온도의 4승에 비례하고, 복사를 받는 물체의 수열면적에 비례한다.
- σ[스테판-볼츠만 상수 (시그마)] : $\sigma = 5.67 \times 10^{-8}$ [W/m²K⁴]
- A[수열면적] : 복사를 받는 물체의 수열면적 [m²]
- T[절대온도, K (켈빈)] = 온도(℃) + 273 [K]

σ와 A는 모두 동일하고, T[절대온도]값만 다르므로, 문제에서 주어진 온도만 대입하면...

Q_1(고온체 절대온도) = 2000K, Q_2(저온체 절대온도) = 1000K 이므로... ∴ $\dfrac{Q_1}{Q_2} = \dfrac{\sigma A (2000)^4 [K]}{\sigma A (1000)^4 [K]} = 16$배

계산 없는 단순 암기형 ★★★★★

24 이상기체의 폴리트로픽 변화 'PV^n = 일정' 에서 n = 1인 경우 어느 변화에 속하는가? (단, P는 압력, V는 부피, n은 폴리트로픽 지수를 나타낸다.)

① 단열변화 ② 등온변화 ③ 정적변화 ④ 정압변화

폴리트로픽 과정(변화)
폴리트로픽 지수인 n값을 이용해, **등압**(정압)과정[압력이 일정], **등온**(정온)과정[온도가 일정], **단열**(등엔트로피)과정[열의 출입이 없음], **등적**(정적)과정[체적이 일정]을 포함한, **모든 상태변화**를 나타낼 수 있는 과정을 말한다.
[압력(P) 곱하기 체적(V)에 n승(폴리트로픽 지수)은 항상 일정하다]

$$PV^n = 일정(C)$$

폴리트로픽 지수(n)	n값에 따른 상태변화	비열(C_n)	PV^n = C
$n = 0$	등압(정압) 과정(변화)	C_P	$PV^0 = C$ ($V^0 = 1$ 이므로) ➜ $P = C$ (압력이 일정=샤를법칙 $\dfrac{V}{T}$)
$n = 1$	등온(정온) 과정(변화)	∞	$PV^1 = C$ ($V^1 = V$ 이므로) ➜ $PV = C$ (온도가 일정=보일법칙)
$-\infty < n < \infty$	폴리트로픽 과정(변화)	$C_V\left(\dfrac{n-k}{n-1}\right)$	$PV^n = C$
$n = k$ (비열비)	단열(등엔트로피) 과정(변화)	0	$PV^k = C$
$n = \infty$ (무한대)	등적(정적) 과정(변화)	C_V	$PV^\infty = C$ (V^∞는 매우큰수 이므로) ➜ $V = C$ (체적이 일정 $\dfrac{P}{T}$)

암기팁! n=0 등압 / n=1 등온 / n=비열비 단열 / n=무한대 등적 ➜ 공압 / 일온 / 비단 / 무적 (공업이론은 비단과 같이 부드러운 무적이론 이다)

> 전반적으로 쉬운 계산형 ★★

25. 지름이 75mm인 관로 속에 물이 평균 속도 4m/s로 흐르고 있을 때 유량(kg/s)은?

① 15.52   ② 16.92   **③ 17.67**   ④ 18.52

유량을 묻는 문제의 단위가 kg/s 즉, 초당(sec) kg[질량]으로 흐른다고 하였으므로, 연속방정식 중 **질량유량(M)**의 식을 적용한다.

$$M(\text{질량유량}, kg/sec) = A(\text{배관의 단면적}, m^2) \times V(\text{유속}, m/\sec) \times \rho(\text{밀도}, kg/m^3) \quad *A = \frac{\pi \cdot D^2}{4} \quad D=\text{직경(지름)}$$

1. 조건정리
   - 지름(내경, D) = 75mm = 0.075m   *1000mm = 100cm = 1m
   - 유체속도(V) = 4m/s
   - 물의 밀도(ρ) = 1000 kg/m^3

2. 연속방정식 중 질량유량(M) ➡ $M = \frac{\pi D^2}{4} V\rho = \frac{\pi \times (0.075m)^2}{4} \times 4m/s \times 1000 kg/m^3 = 17.67 kg/s$

함께공부

연속방정식 중 질량유량(M, mass flow rate)
유체가 한 지점(①지점)에서 다른 지점(②지점)으로 정상유동할 때… ①지점의 질량과 ②지점의 질량은 언제나 동일하며, 압축성, 비압축성 모든 유체에 적용이 가능하다.

$$M(\text{질량유량}, kg/sec) = A(\text{배관의 단면적}, m^2) \times V(\text{유속}, m/\sec) \times \rho(\text{밀도}, kg/m^3) \quad *A = \frac{\pi \cdot D^2}{4} \quad D=\text{직경(지름)}$$

$$M_1 = M_2$$
$$A_1 \cdot V_1 \cdot \rho_1 = A_2 \cdot V_2 \cdot \rho_2$$

> 전반적으로 쉬운 계산형 ★★

26. 초기에 비어 있는 체적이 0.1m³인 견고한 용기 안에 공기(이상기체)를 서서히 주입한다. 공기 1kg을 넣었을 때 용기 안의 온도가 300K가 되었다면 이때 용기 안의 압력(kPa)은? (단, 공기의 기체상수는 0.287 kJ/kg·K이다.)

① 287   ② 300   ③ 448   **④ 861**

문제에서 공기의 기체상수가 kJ/(kg·K)의 단위로 주어졌으므로… 특정한 기체에 적용이 가능한 **특정기체 상태방정식**을 통해 답을 구할 수 있다.
문제에서 요구하는 용기 안의 압력(kPa)을 구하기 위해… 이상기체상태방정식을 전개하여, **특정기체 상태방정식**의 압력(P)을 중심으로 정리한다.

이상기체상태방정식 ☞ $PV = \frac{WRT}{M}$ *절대압력 × 체적 = $\frac{\text{질량} \times \text{기체정수} \times \text{절대온도}}{\text{분자량}}$

특정기체상태방정식 ☞ $PV = W\frac{R}{M}T$ *$\overline{R}$(특정 기체상수) = $\frac{R(\text{일반 기체상수})}{M(\text{특정기체의 분자량})}$ → $PV = W\overline{R}T$ → $P = \frac{W\overline{R}T}{V}$

1. 조건정리
   - 질량(W) = 1kg
   - 공기의 특정 기체상수($\overline{R}$) = 0.287 kJ/kg·K = 0.287 kN·m/kg·K   *kJ(주울, Joule) = kN·m(힘×거리=일)
   - 절대온도(T) = 300K
   - 체적(V) = 0.1m³

2. 위 조건들을 대입하여 압력(kPa = kN/m²)을 구한다. $P = \frac{W\overline{R}T}{V} = \frac{1kg \times 0.287 kN \cdot m/kg \cdot K \times 300K}{0.1 m^3} = 861 kN/m^2 (kPa)$

함께공부

이상기체 상태방정식
보일의 법칙, 샤를의 법칙, 아보가드로의 법칙을 하나로 표현한 식이 이상적인 기체의 여러 상태(변수)를 표시하는 방정식인 이상기체 상태방정식이다.
1. PV = nRT 식의 전개

$PV = nRT$ *n(몰수) = $\frac{\text{질량}}{\text{분자량}} = \frac{W}{M}$ → $PV = \frac{W}{M}RT$ → $PV = \frac{WRT}{M}$ 절대압력 × 체적 = $\frac{\text{질량} \times \text{기체정수} \times \text{절대온도}}{\text{분자량}}$

$$PV = \frac{WRT}{M} \rightarrow P = \frac{WRT}{VM} \rightarrow P = \frac{\rho RT}{M} \rightarrow \rho = \frac{PM}{RT}$$

$$\frac{W(질량)}{V(체적)} = \rho(밀도)$$

2. 압력의 단위에 따른 기체상수(정수) R값

$PV = nRT$ *절대압력(atm) × 체적(m^3) = 몰수($kmol$) × 기체상수(기체정수) × 절대온도(K)에서...
기체상수(R)를 중심으로 수식을 전개하면 아래와 같다.

$$PV = nRT \quad R = \frac{PV}{nT} \quad 기체상수 = \frac{절대압력 \times 체적}{몰수 \times 절대온도}$$

여기에서 R로 표시되는 기체상수는 압력(P)의 단위에 따라 그 값이 아래와 같이 달라진다.

- 압력의 단위가 atm 인 경우 → $R = \dfrac{1atm \times 22.4m^3}{1kmol \times 273K} = 0.082\,atm \cdot m^3/kmol \cdot K$

- 압력의 단위가 N/m^2(Pa) 인 경우 → $R = \dfrac{101325N/m^2(Pa) \times 22.4m^3}{1kmol \times 273K} = 8313.8\,N \cdot m(=J)/kmol \cdot K$

- 압력의 단위가 kN/m^2(kPa) 인 경우 → $R = \dfrac{101.325N/m^2(kPa) \times 22.4m^3}{1kmol \times 273K} = 8.314\,kN \cdot m(=kJ)/kmol \cdot K$

계산 없는 단순 암기형 ★★★★★

27 다음 중 Stokes의 법칙과 관계되는 점도계는?

① Ostwald 점도계   ② **낙구식 점도계**   ③ Saybolt 점도계   ④ 회전식 점도계

점성을 측정할 수 있는 계기의 종류

점도계의 원리	적용 법칙	점도계의 종류	암기
회전원통법	뉴턴(Newton)의 점성법칙	맥미셸(MacMichael, 맥미첼, 맥마이클, 맥마이헬) 점도계 스토머(Stomer) 점도계	뉴맥스
세관법	하겐-포아젤(Hagen-Poiseuille)의 법칙	세이볼트(Saybolt) 점도계 오스트발트(Ostwald, 오스왈트, 오스트왈드) 점도계 레드우드(Redwood) 점도계 앵글러(Engler) 점도계 바베이(Barbey) 점도계	하세오레앵바
낙구법	스토크스(Stokes) 법칙	낙구식 점도계	낙스

전반적으로 쉬운 계산형 ★★

28 피토관으로 파이프 중심선에서 흐르는 물의 유속을 측정할 때 피토관의 액주높이가 5.2m, 정압튜브의 액주높이가 4.2m를 나타낸다면 유속(m/s)은? (단, 속도계수(Cv)는 0.97이다.)

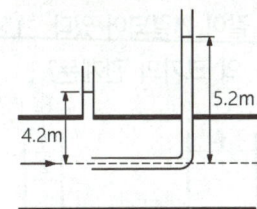

① **4.3**   ② 3.5   ③ 2.8   ④ 1.9

흐르는 유체에 수직방향으로 작용하는 압력은 **정압**을 뜻한다. 그림에서 4.2m는 정압을 수두(mH₂O)로 나타낸 것이다.
또한 흐름방향으로 작용하는 피토관(관내에서 꺾인 액주계)의 압력은 **전압**(=정압+동압)을 뜻한다. 그림에서 전압은 수두(mH₂O)로 5.2m이다.
1. 전압(수두) = 정압(수두) + 동압(수두) = 5.2m
2. 정압(수두) = 4.2m
3. 동압(유체 유동시 유속에 의해 생성되는 압력) = 전압(수두) - 정압(수두) = 5.2m - 4.2m = **1m** [유속에 의해 생긴 수두]
4. 속도계수(Cv) = 0.97 ☞ 속도 손실계수를 말하는 것으로 유속에 곱해주어야 한다.
5. 토리첼리의 정리식을 이용해... 유속(V)을 아래와 같이 계산한다.

$$V(유속) = C_V\sqrt{2gh} = C_V\sqrt{2 \times 중력가속도(9.8m/\sec^2) \times 동압수두(m)} = 0.97 \times \sqrt{2 \times 9.8m/s^2 \times 1m} = 4.29\,m/s$$

> **함께공부**
>
> **전압, 정압, 동압의 관계**
> • 전압 = 정압 + 동압 • 정압 = 전압 - 동압 • 동압 = 전압 - 정압
> • 유체 유동시 : 전압 > 정압
> • 유체 정지시 : 전압 = 정압, 동압 = 0 ∴ 유속을 측정하려면 동압 필요
> • 유속이 빠르면 빠를수록 정압은 작아진다.
> • 관 중심의 유속이 가장 빠르고 관벽은 "유속=0"으로 본다. 즉, 관벽은 유체가 흘러가지 않는 것으로 본다.
> • 정지 유체시 압력은 정압이라고 해도 되고, 전압이라고 해도 된다. ∵ 전압 = 정압 임으로... 그러나 보통 정지시에는 정압이라고 말한다.
> • 유체 유동시 유속에 의해 생성되는 압력이 동압이며 유체가 유동하면 정압이 낮아지고 동압이 발생한다.

[포기해도 되는 계산형] 포기해도 합격에 전혀 지장없는 문제

29 그림의 역 U자관 마노미터에서 압력차(Px - Py)는 약 몇 Pa인가?

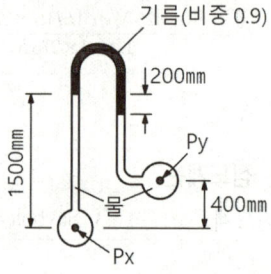

① 3215   ② 4116   ③ 5045   ④ 6826

> 본 문제는 이해과정이 복잡한 계산문제로서... 소방설비기사 실기시험에서 등장하지 않는 개념과 문제이므로, 공부하지 않고 **포기하는 것이 더 현명**합니다. 따라서 지면과 노력낭비를 방지하기 위하여 해설이 없습니다.

> **함께공부**
>
> $P_1 = P_2$ [P_X관 물의 최상단 지점(P_1)과... 수평선을 그은 지점(P_2)의 압력(P)은 동일하다는 전제로 식을 세운다]
> $P_X - (\gamma_{물} \times 1.5m) = P_Y - \{\gamma_{물}(1.5m - 0.4m - 0.2m)\} - (\gamma_{기름} \times 0.2m)$ [P_1과 P_2지점이 배관보다 위쪽에 있으므로 ⊖로 적용하였다]
> $P_X - P_Y = (\gamma_{물} \times 1.5m) - \{\gamma_{물}(1.5m - 0.4m - 0.2m)\} - (\gamma_{기름} \times 0.2m)$
> $P_X - P_Y = (9800 N/m^3 \times 1.5m) - (9800 N/m^3 \times 0.9m) - (0.9 \times 9800 N/m^3 \times 0.2m) = 4116 N/m^2 (= Pa)$
>
> $*\gamma_w$ [물의 비중량($1000 kgf/m^3 = 9800 N/m^3 = 9.8 kN/m^3$)]

[계산 없는 단순 공식형] ★★★

30 지름이 다른 두 개의 피스톤이 그림과 같이 연결되어 있다. "1" 부분의 피스톤의 지름이 "2" 부분의 2배일 때, 각 피스톤에 작용하는 힘 F_1과 F_2의 크기의 관계는?

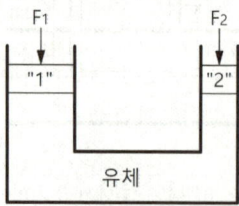

① $F_1 = F_2$ ② $F_1 = 2F_2$ ③ $F_1 = 4F_2$ ④ $4F_1 = F_2$

> **파스칼의 원리**
> 현재 피스톤의 패킹높이가 같은 높이에서 수평을 이루고 있으므로, "1"에 작용하는 압력 P_1과, "2"에 작용하는 압력 P_2는 동일하다.
> ∴ $P_1 = P_2$ → $\dfrac{F_1}{A_1} = \dfrac{F_2}{A_2}$ $\dfrac{F_1}{\frac{\pi D_1^2}{4}} = \dfrac{F_2}{\frac{\pi D_2^2}{4}}$ $\dfrac{F_1}{D_1^2} = \dfrac{F_2}{D_2^2}$

"1"의 직경 D_1이 "2"의 직경 D_2의 2배라면, 위 그림과 같이 평형을 이루기 위해 F_2는 F_1에 비해 4배의 힘이 필요하다.

$$\frac{F_1}{D_1^2} = \frac{F_2}{D_2^2} \quad \rightarrow \quad \frac{F_1}{2^2} = \frac{F_2}{1^2} \quad \rightarrow \quad F_1 = 4F_2$$

4배의 힘(F)을 어느 피스톤에 적용해야 할까? ➡ 위 식을 정리할 필요도 없이... 당연히 직경이 작은 피스톤이다. ∴ 4F = 작은피스톤

함께공부

파스칼의 원리
밀폐된 용기 속에 유체에 가한 압력은 유체내의 모든 부분에 같은 크기로 전달된다. 즉 압력을 가했을 때 한 방향으로만 작용하지 않고 모든 방향으로 작용한다는 원리이며, 이 원리가 수압기에 이용되는 파스칼의 원리라고 한다.

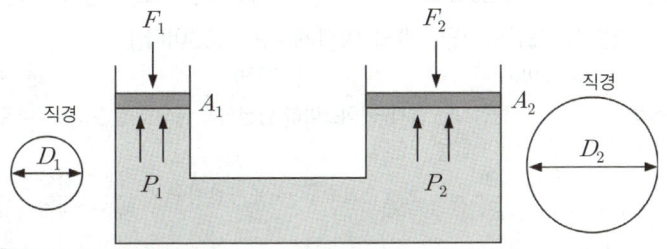

$P_1 = P_2$ (압력이 동일할 때) ☞ 현재 패킹높이가 수평인 상태이므로

$$\frac{F_1}{A_1} = \frac{F_2}{A_2} \qquad \frac{F_1}{\frac{\pi D_1^2}{4}} = \frac{F_2}{\frac{\pi D_2^2}{4}} \qquad \frac{F_1}{D_1^2} = \frac{F_2}{D_2^2}$$

위 식을 살펴보면 압력이 동일할 때 작용하는 힘은 면적에 비례하고 직경의 제곱에 비례한다.
만일 직경 D_2가 직경 D_1의 2배라면, 위 그림과 같이 평형을 이루기 위해 F_1은 F_2에 비해 4배의 힘이 필요하다.

$$\frac{F_1}{D_1^2} = \frac{F_2}{D_2^2} \quad \rightarrow \quad \frac{F_1}{1^2} = \frac{F_2}{2^2} \quad \rightarrow \quad 4F_1 = F_2$$

전반적으로 쉬운 계산형 ★★

31
용량 2000L의 탱크에 물을 가득 채운 소방차가 화재 현장에 출동하여 노즐압력 390kPa(계기압력), 노즐 구경 2.5㎝를 사용하여 방수한다면 소방차 내의 물이 전부 방수되는 데 걸리는 시간은?

① 약 2분 26초 ② 약 3분 35초 ③ 약 4분 12초 ④ 약 5분 44초

1. 일반 노즐에서 유량측정 공식 → Q(방수량, m^3/sec) = $10.9955\,D^2$(노즐직경, m) × $\sqrt{10P}$(방사압, MPa)
   - 용량 2000L = 2m^3 *1000L = 1m^3
   - 노즐구경(직경, D) = 2.5cm = 0.025m   *1000mm = 100cm = 1m
   - 노즐압력(P) = 390kPa = 0.39 MPa   *1,000,000Pa = 1000kPa = 1MPa

2. 위 공식은 초당(sec) 몇 m^3을 방수하는지 계산하는 것이므로... 전체용량 2m^3을 위 공식으로 나누어주면, 2m^3이 몇 초(sec)만에 방수되는 지를 알 수 있다.

$$\frac{전체용량(m^3)}{초당\,방수량(Q,\,m^3/\text{sec})} = \frac{2\,m^3}{10.9955 \times (0.025\,m)^2 \times \sqrt{10 \times 0.39\,MPa}} = 147.37\,\text{sec}$$

3. 147.37초(sec)가 몇 분 몇 초에 해당하는지 계산한다.
   - 분(min)의 계산 = $\frac{147.37\,\text{sec}}{60\,\text{sec}}$ = 2.46 min
   - 초(sec)의 계산 = $0.46 \times 60\,\text{sec}$ = 27.6 sec

∴ 분과 초의 조합 = 2분 27초

함께공부

일반 노즐에서 유량측정

1. $Q\,[m^3/\text{sec}] = A \cdot V = \frac{\pi \cdot D^2}{4}[m^2] \times 14\sqrt{10 \times P}\,[MPa]$ <($\pi \div 4) \times 14 = 10.9955$>

2. Q(방수량, m^3/sec) = $10.9955\,D^2$(노즐직경, m) × $\sqrt{10 \times P}$(방사압, MPa)
   - 10.9955를 K값으로 설정한다.
   - 방수량의 단위를 [ℓ/min]으로 바꾸기 위해... [m^3/sec] 단위에 ×1000(㎥을 ℓ로), ×60(1분은 60초) 즉 60,000을 곱해준다.

- 노즐의 직경을 [mm]로 바꾸기 위해... [m] 단위에 $1,000^2$ (D^2이므로 1000에 제곱을 해준다)을 곱해준다.
- 기호를 K 위주로 정리하고 수치를 대입하면...

$$\therefore K = \frac{Q}{D^2} \times 10.9955 = \frac{60,000}{1,000,000} \times 10.9955 = 0.6597$$

3. $Q[\ell/\min] = 0.6597 D^2 [mm] \times \sqrt{10 \times P} [MPa]$ *필수암기공식이므로 반드시 외우자~

전반적으로 쉬운 계산형 ★★

32 거리가 1000m 되는 곳에 안지름 20cm의 관을 통하여 물을 수평으로 수송하려 한다. 한 시간에 800m³를 보내기 위해 필요한 압력(kPa)는? (단, 관의 마찰계수는 0.03이다.)

① 1370 ② 2010 ③ **3750** ④ 4580

마찰손실(h_L)을 수두(m, mH_2O)로 구하는 방정식인 **달시-와이스바하 방정식**을 통해 마찰손실을 수두로 계산한 후, 표준대기압을 이용하여 수두단위에서 압력단위로 단위환산하여 답을 구한다.

$$h_L(mH_2O) = f\frac{L(m)}{D(m)}\frac{V^2(m/\sec)^2}{2g(m/\sec^2)} \quad \text{마찰손실수두} = \text{관마찰계수} \times \frac{\text{직관의 길이}}{\text{배관의 직경}} \times \frac{\text{유속}^2}{2 \times \text{중력가속도}}$$

1. 조건정리
   - 관의 마찰계수(f) = 0.03
   - 직관의 길이 = 1000m
   - 안지름(내경, D) = 20cm = 0.2m *1000mm = 100cm = 1m
   - 중력가속도 = $9.8 m/s^2$

2. 물의 유속(V)
   - 유량의 단위가 m³/hr 즉, 시간당(hr) m³[체적=부피]이므로... 연속방정식 중 체적유량(Q)을 적용해, 유체의 속도(V)를 구한다.
   - 유량(Q) = 한 시간에 800m³ = $\frac{800 m^3}{hr} \times \frac{1 hr}{3600 \sec} = \frac{800 m^3}{3600 \sec}$

$$Q(\text{체적유량}, m^3/\sec) = A(\text{배관의 단면적}, m^2) \times V(\text{유체속도}, m/\sec)$$

$$\therefore V = \frac{Q}{A} \rightarrow A = \frac{\pi \cdot D^2}{4} \quad \text{*D=직경(지름)} \rightarrow V = \frac{Q}{\frac{\pi \cdot D^2}{4}} = \frac{\frac{800 m^3}{3600 \sec}}{\frac{\pi \times 0.2^2}{4} m^2} = 7.07 m/s$$

3. 마찰손실수두(h_L)의 계산

$$h_L(mH_2O) = f\frac{L}{D}\frac{V^2}{2g} = 0.03 \times \frac{1000 m}{0.2 m} \times \frac{(7.07 m/s)^2}{2 \times 9.8 m/s^2} = 382.53 m$$

4. 수두단위의 표준대기압은 10.332 mH₂O(=mAq 아쿠아)이고, **킬로파스칼(kPa)** 단위의 표준대기압은 101.325 kPa 이다.

$$382.53 mH_2O \times \frac{101.325 kPa}{10.332 mH_2O} = 3751.44 kPa$$

전반적으로 쉬운 계산형 ★★

33 글로브 밸브에 의한 손실을 지름이 10cm이고, 관마찰계수가 0.025인 관의 길이로 환산하면 상당길이가 40m가 된다. 이 밸브의 부차적 손실계수는?

① 0.25 ② 1 ③ 2.5 ④ **10**

달시-와이스바하 방정식을 통해 부차적 손실계수를 구할 수 있다.

$$h_L(m) = f\frac{L}{D}\frac{V^2}{2g} \quad \text{*마찰손실수두} = \text{관마찰계수} \times \frac{\text{직관의 길이}}{\text{배관의 직경}} \times \frac{\text{유속}^2}{2 \times \text{중력가속도}} \rightarrow f\frac{L}{D} = K$$

$$h_L(\text{손실수두}, m) = K\frac{V^2}{2g} = \text{손실계수} \times \frac{\text{유속}^2}{2 \times \text{중력가속도}(9.8)}$$

실제 유체는 점성을 가지므로 유체가 유동할 때 배관의 접촉면에 마찰이 발생하고 그에 따라 에너지의 손실이 발생하는데 그 손실이 **마찰손실**이다.

$$\text{마찰손실}(h_L, m) = \text{주(직관)손실} + \text{부차적(미소)손실}$$

* 주손실 : 직관에서 발생하는 마찰 손실(직선 원관 내의 손실)
* 부차적손실 : 직관 이외에서 발생되는 마찰손실

1. 조건정리
   - 관마찰계수(f) = 0.025
   - 상당길이($L = L_e$) = 40m
     유체가 밸브, 엘보, 티 등의 관부속물을 흐를 때 발생하는 마찰손실과, 동일한 손실을 갖는 동일구경의 직관길이로 환산한 것
   - 지름(D) = 10cm = 0.1m   *1000mm = 100cm = 1m
   - 부차적 손실계수(K) = ?

2. 밸브의 부차적 손실계수(K) 계산

$$K = f\frac{L}{D} = 0.025 \times \frac{40\,m}{0.1\,m} = 10$$

전반적으로 쉬운 계산형 ★★

34 체적탄성계수가 2×10^9 Pa인 물의 체적을 3% 감소시키려면 몇 MPa의 압력을 가하여야 하는가?

① 25   ② 30   ③ 45   ④ **60**

체적탄성계수(K, N/㎡, Pa = 압력의 단위)는 **체적변화율(3%)** 에 대한 **압력의 변화**(? MPa). 즉 압력을 변화시켰을 때 체적이 얼마나 감소하는지를 말하는 것으로, 체적탄성계수가 크다는 의미는 그 만큼 빡빡하다는 의미이고 그에 따라 압축하기 어렵다는 의미이다.

$$K(\text{체적탄성계수}) = \frac{\Delta P(\text{변화된 압력})}{\frac{\Delta V(\text{변화된 부피})}{V(\text{처음 부피})}} \;\rightarrow\; \Delta P[Pa] = K \times \frac{\Delta V}{V} = 2 \times 10^9 \times 0.03 = 60{,}000{,}000\,Pa = 60\,MPa$$

- 체적탄성계수(K) = 2×10^9 Pa
- 물의 체적을 3% 감소 = 체적변화율($\frac{\Delta V}{V}$) 3% = 퍼센트의 단위를 제거하면… 0.03이 된다.
- 가하여야 하는 압력 = 변화된 압력($\Delta P[Pa]$) = ? MPa   *1,000,000Pa = 1000kPa = 1MPa

---

함께 공부

체적탄성계수 (K, N/㎡, Pa 파스칼, ㎠/kgf)
① 단위 면적당 외력의 강도와 체적의 변형비. 단위는 압력(N/㎡, Pa, kgf/㎠)의 단위를 사용한다.
② **체적변화율에 대한 압력의 변화.** 즉 압력을 변화시켰을 때 체적이 얼마나 감소하는지를 계수로 나타낸 것.
   체적탄성계수가 크다는 의미는 그 만큼 빡빡하다는 의미이고 그에 따라 압축이 잘 되지 않는다는 의미이다.
③ 체적탄성계수는 압축성유체에 적용하는 식이 아니라 **비압축성유체에 적용하는 식**이다. 비압축성인 **액체**에 매우 큰 압력이 가해지면 약간의 체적의 감소가 발생하는데 이의 정도를 체적탄성계수로 표현하였다.
④ 아래 공식에서 체적이 V인 액체에 ΔP 만큼의 압력이 가해지면, 체적이 ΔV 만큼 감소하므로 공식에서는 음(-)을 표현했으나 실제로 체적탄성계수는 음(-)의 수가 될 수 없으므로 **계산시는 적용하지 아니한다.**
⑤ 또한 체적변화율에 대한 압력의 변화뿐만 아니라 **밀도, 비중량의 변화율에 대한 압력의 변화**도 살펴볼 수 있다.

$$K = -\frac{\Delta P(\text{변화된 압력})}{\frac{\Delta V(\text{변화된 부피})}{V(\text{처음 부피})}} = \frac{\Delta P}{\frac{\Delta \rho}{\rho}} = \frac{\Delta P}{\frac{\Delta \gamma}{\gamma}} = \frac{1}{\beta(\text{압축률})}$$

〈부피〉 〈밀도〉 〈비중량〉

압축률 (β, ㎡/N, Pa^{-1}, ㎠/kgf)
① 체적탄성계수의 역수(β 베타, ㎡/N, ㎠/kgf)로서 **압력(P)에 의해 물질의 부피(V)가 변화하기 쉬운 정도**를 나타내는 수치이다.
② 즉, 압축률이 크다는 의미는… 그 만큼 압축하기 쉽다는 것을 의미한다.
③ 압축률은 압력(P)에 대한 밀도(ρ)의 변화율과 같다.
④ 유체의 체적(부피)이 감소하면, 부피가 감소한 만큼 공간이 좁아져 유체의 밀도(빡빡한 정도)는 증가한다.

$$\beta = \frac{1}{K(\text{체적탄성계수})} = -\frac{\frac{\Delta V}{V}}{\Delta P} = \frac{\frac{\Delta \rho}{\rho}}{\Delta P} = \frac{\frac{\Delta \gamma}{\gamma}}{\Delta P}$$

> 계산 없는 단순 암기형 ★★★★★

35 물질의 열역학적 변화에 대한 설명으로 틀린 것은?

① 마찰은 비가역성의 원인이 될 수 있다.
② 열역학 제1법칙은 에너지 보존에 대한 것이다.
③ 이상기체는 이상기체 상태방정식을 만족한다.
④ 가역단열과정은 엔트로피가 증가하는 과정이다.
　　　　　　　　등엔트로피 [△S = 0]

상태변화와 엔트로피
- 가역 단열과정(등엔트로피 과정)
  - 외부와 차단되어서 열의 변화가 없는 과정
  - 단열과정은 단열상태이므로... 열량의 변화가 없으므로 엔트로피의 변화도 없는 과정[엔트로피가 일정한 과정]에 해당한다.
  $$\therefore \Delta S = 0 \ [\text{엔트로피 변화} = 0]$$
- 가역 등온과정(카르노사이클 과정의 일부)
  - 등온팽창 : 고온체에서 열이 공급되어, **고열상태**이므로 그만큼 손실되는 에너지도 증가한다는 의미이다. 따라서 **엔트로피(S, 손실되는 에너지)도 증가**하는 과정에 해당한다.
  - 등온압축 : 저온체에 열을 방출하면, **저열상태**이므로 그만큼 손실되는 에너지도 감소한다는 의미이다. 따라서 **엔트로피(S, 손실되는 에너지)도 감소**하는 과정에 해당한다.
- 비가역과정 : 공급되는 열량의 변화가 있어 엔트로피도 증가하는 과정　∴ $\Delta S > 0$

$$\Delta S (\text{엔트로피 변화량}, kJ/K) = \frac{\Delta Q}{T} = \frac{\text{열량 변화량}[kJ]}{\text{계의 절대온도}[K]}$$

① 열역학적 과정 중 어떤 원인에 의해 마찰이 발생하였다면, 그 만큼 **손실[일로 변환시킬 수 없는 에너지]**이 발생한 것이므로... 그 손실된 만큼 원래의 상태로 되돌아 갈 수 없다. 따라서 원래의 상태로 되돌아 갈 수 있는 가역성에 해당되지 않으므로 마찰은 **비가역성의 원인**이 될 수 있다. ☞ **열역학 제2법칙**

② 열역학 제1법칙은 에너지 보존의 법칙인데, 에너지는 소멸되거나 생성되지 않고, **열과 일은 손실없이 상호 변환이 가능한 가역적인 법칙**이다.　열량(Q) ⇆ 일(W)

　　　　　　　　　　　에너지(엔탈피)
　　　　　　　열 ⇐⇒ 일

③ 실제기체가 아닌 이상적인 기체는 이상기체 상태방정식을 만족시킬 수 있는 기체를 말한다.

> 다소 어려운 계산형 ★

36 폭이 4m이고 반경이 1m인 그림과 같은 1/4원형 모양으로 설치된 수문 AB가 있다. 이 수문이 받는 수직방향 분력 Fv의 크기(N)는?

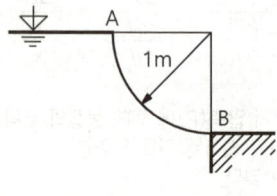

① 7,613　　　② 9,801　　　③ 30,787　　　④ 123,000

곡면AB는 수직으로 세워진 수문이다. 이 수문에 물의 압력이 수직으로 작용하고 있다. 이 때 이 수문이 받는 힘을 N의 값으로 구하는 문제이다.

1. **조건정리**
   - 물 비중량(γ) = $1000 kgf/m^3$ = $9800 N/m^3$　　*$1kgf = 9.8N$
   - 수문의 체적(V) = 원의면적(㎡, πr^2 파이×반지름²) × 폭(m) × 1/4원형 = $\pi \times 1^2 \times 4 \times \frac{1}{4}$ = π ㎥

2. **수직방향으로 작용하는 평균 힘의 크기**(F_V) = 힘의 수직성분의 크기
   $$F_V [N, \text{힘}] = \gamma V = \text{비중량}(N/m^3) \times \text{수문의 체적}(m^3) = 9800 \ N/m^3 \times \pi \ m^3 = 30787.6 \ N$$

계산 없는 단순 암기형 ★★★★★

37 다음 단위 중 3가지는 동일한 단위이고 나머지 하나는 다른 단위이다. 이 중 동일한 단위가 아닌 것은?

① J　　　　　　　　② N·s　　　　　　　③ Pa·㎥　　　　　　④ kg·㎡/s²

일(W) = 힘(N) × 거리(m) = $N × m$ = $kg·m/sec^2 × m$ = $kg·m^2/sec^2$　[J(주울, Joule)＝일의 국제표준단위]
① J = N · m → 일(일량, 에너지, W)의 단위
② N · s → 운동량의 단위
③ Pa · ㎥ = N/㎡(압력) × ㎥ = N · m → 일(일량, 에너지, W)의 단위
④ kg · ㎡/s² = J(주울, Joule) → 일(일량, 에너지, W)의 단위

함께공부

운동량(ΔP, 물체의 운동을 지속시키게 하는 물리량)
• 운동량의 절대단위 : 물체의 질량에 속도를 곱한 물리량 = kg × m/sec = [kg · m/sec]
• 운동량의 SI단위 : 힘이 일정시간 동안 축적된 것(힘에 시간을 곱한 것) = [N · sec]

전반적으로 쉬운 계산형 ★★

38 전양정이 60m, 유량이 6㎥/min, 효율이 60%인 펌프를 작동시키는 데 필요한 동력(kW)은?

① 44　　　　　　　② 60　　　　　　　③ 98　　　　　　　④ 117

펌프의 축동력 ☞ 펌프의 운전에 필요한 실제동력. 문제에서 전달계수가 주어지지 않았으므로 축동력을 묻는 문제로 해석된다.

$$P(kW) = \frac{H·\gamma·Q}{\eta_p(효율)\times 102} = \frac{H(전양정)[m] \times \gamma(물\ 비중량)[1000\,kgf/m^3] \times Q(토출량)[m^3/sec]}{\eta_p(효율)\times 102}$$

1. 조건정리
• 전양정(H) = 60m
• 토출량(Q) = $6m^3/min = \frac{6m^3}{min} \times \frac{1\,min}{60\,sec} = m^3/sec$

  *수치를 여기에서 계산하면 매우 복잡하므로, 펌프 동력 공식에 "60"을 분모에 그대로 반영하면 변경된 단위(m^3/s)로 적용된다.
• 효율(η_p) = 60% = 퍼센트의 단위를 제거하면... 0.6이 된다.
2. 축동력(P)의 계산 = ? kW

$$P(kW) = \frac{60m \times 1000\,kgf/m^3 \times 6m^3/sec}{0.6 \times 102 \times 60} = 98.04\,kW$$

함께공부

1. 펌프 동력(kW)의 계산
   = H(전양정)$[m] \times \gamma$(물 비중량)$[1000\,kgf/m^3] \times Q$(토출량)$[m^3/sec]$ = kW
   = $kgf·m/sec$ (힘×속도＝중력단위의 동력) = kW

2. 펌프의 **전달(소요, 모터, 전동기) 동력(P)** ☞ 펌프의 **구동**에 이용되는 동력

   $kW = \frac{H·\gamma·Q}{\eta_p(효율)\times 102} \times K$　　　$HP = \frac{H·\gamma·Q}{\eta_p(효율)\times 76} \times K$　　　$PS = \frac{H·\gamma·Q}{\eta_p(효율)\times 75} \times K$

   * K(전달계수) ① 전동기 : 1.1　② 내연기관 : 1.15 ~ 1.2

3. 펌프의 **축동력** ☞ 펌프의 **운전**에 필요한 실제동력. 따라서 전달계수를 빼고 계산한다.

   $kW = \frac{H·\gamma·Q}{\eta_p(효율)\times 102}$　　　$HP = \frac{H·\gamma·Q}{\eta_p(효율)\times 76}$　　　$PS = \frac{H·\gamma·Q}{\eta_p(효율)\times 75}$

4. 펌프의 **수동력** ☞ 펌프에 의해 **물에 공급**되는 동력(유체에 실제로 주어지는 동력). 따라서 펌프효율은 의미가 없다.

   $kW = \frac{H·\gamma·Q}{102}$　　　$HP = \frac{H·\gamma·Q}{76}$　　　$PS = \frac{H·\gamma·Q}{75}$

5. 단위의 변환
   • 물의 비중량(γ) = $\frac{1000\,kgf/m^3}{102} = \frac{9800\,N/m^3}{102 \times 9.8} = \frac{9800\,N/m^3}{1000} = \frac{\gamma}{1000}$　　*$1kgf = 9.8N$
   • 토출량(Q) = $\frac{1m^3}{1sec} \times \frac{60sec}{1min} = 60\,[m^3/min]$ → $\frac{60\,[m^3/min]}{1} = \frac{m^3/min}{60} = \frac{Q}{60}$　*1분을 60으로 나눠주면 1초가 된다.
   ∴ $P[kW] = \frac{H·\gamma·Q}{1000 \times 60} = \frac{H[m] \times 9800\,[N/m^3] \times Q[m^3/min]}{1000 \times 60} = 0.163HQ$

다소 어려운 계산형 ★

39 지름이 150mm인 원관에 비중이 0.85, 동점성계수가 1.33×10^{-4} m²/s 기름이 0.01m³/s의 유량으로 흐르고 있다. 이때 관마찰계수는? (단, 임계 레이놀즈수는 2100이다.)

① 0.10 ② 0.14 ③ 0.18 ④ 0.22

해설

1. 관마찰계수(f)

관마찰계수(f)는 달시-와이스바하 방정식을 통해 계산하거나, 층류흐름에 적용이 가능한 관마찰계수의 공식을 통해 계산하여야 한다. 하지만, 문제 조건상 **직관의 길이가 주어지지 않았으므로…** 달시-와이스바하 방정식을 통해 계산할 수 없다.
또한 임계 레이놀즈수가 2100이라고 주어진 이유는… 층류 흐름이라는 것을 나타낸다.

마찰손실(h_L)을 수두(m, mH_2O)로 구하는 방정식인 **달시-와이스바하 방정식**

$$h_L(mH_2O) = f \frac{L(m)}{D(m)} \frac{V^2(m/sec)^2}{2g(m/sec^2)}$$ 마찰손실수두 = 관마찰계수 × $\frac{직관의 길이}{배관의 직경}$ × $\frac{유속^2}{2 \times 중력가속도}$

관마찰계수(f) = $\frac{64}{ReNo(레이놀즈수)}$ [층류흐름시 적용]

2. 연속방정식 중 체적유량(Q, volume flow rate)을 통해 유체속도(V)를 구한다.

유량이 m³/s 즉, 초당(sec) m³[체적=부피]으로 흐른다고 하였으므로, 연속방정식 중 **체적유량(Q)**을 적용한다.

$Q(체적유량, m^3/sec) = A(배관의 단면적, m^2) \times V(유체속도, m/sec)$ $*A = \frac{\pi \cdot D^2}{4}$ D=직경(지름)

$V = \frac{Q}{\frac{\pi \cdot D^2}{4}} = \frac{0.01 m^3/s}{\frac{\pi \times 0.15^2}{4}} = 0.5658 m/sec$ • 지름(직경, D) = 150mm = 0.15m *1000mm = 100cm = 1m

3. 레이놀즈수($ReNo$)를 구한다.

동점성계수가 주어졌으므로 **동점도를 통한 레이놀즈수**를 구하는 공식을 적용한다.

문제에서 주어진 레이놀즈수 2100은 하임계 레이놀즈수로서 층류 흐름시 최대값을 나타낸 것이고, 계산시 적용하라는 의미가 아님에 유의해야 한다. 따라서, 레이놀즈수를 별도로 구하여야 한다.

$ReNo = \frac{D(직경) \cdot V(유속)}{\nu(동점도)}$

 $= \frac{D \times V}{\nu} = \frac{0.15m \times 0.5658m/s}{1.33 \times 10^{-4} m^2/s} = 638.12$

4. 층류흐름에 적용이 가능한 관마찰계수의 공식에 대입한다. → 관마찰계수(f) = $\frac{64}{ReNo} = \frac{64}{638.12} = 0.10$

함께 공부

레이놀즈수[Reynolds number]
- 관내 유체의 흐름이 층류(유체의 규칙적인 흐름)인지, 난류(어지럽고 불안정하게 불규칙적으로 흐르는 것)인지 구분해주는 정량적 수치
- 유체의 흐름에 있어서 점성에 의한 힘이 층류가 될 수 있도록 작용하며, 관성에 의한 힘은 난류를 일으키는 원인으로 작용하고 있다. 이 관성력과 점성력의 비가 레이놀즈수(ReNo)이다.
- 또한 레이놀즈수는 무단위의 수치, 즉 무차원수이므로, 어떤 단위로부터 계산하여도 동일한 값이 산출된다.

$ReNo(레이놀즈수) = \frac{D(직경) \cdot u(유속) \cdot \rho(밀도)}{\mu(절대점도)} = \frac{D(직경) \cdot u(유속)}{\nu(동점도)} = \frac{관성력}{점성력}$

$ReNo = \frac{D \cdot u \cdot \rho}{\mu} = \frac{m \times m/sec \times kg/m^3}{kg/m \cdot sec} = \frac{kg/m \cdot sec}{kg/m \cdot sec}$ = 단위 없음

$= \frac{D \cdot u}{\nu} = \frac{m \times m/sec}{m^2/sec} = \frac{m^2/sec}{m^2/sec}$ = 단위 없음

- 층류와 난류의 구분
  ① **층류** : ReNo 0 이상 ~ 2100 이하 ⇨ 하임계 레이놀즈수 **2100**(난류에서 층류로 전이되는 레이놀즈수)
  ② **전이(천이, 임계)영역** : ReNo 2101 이상 ~ 3999 이하
  ③ **난류** : ReNo 4000 이상 ~ 끝이 없음 ⇨ 상임계 레이놀즈수 **4000**(층류에서 난류로 전이되는 레이놀즈수)

> 계산 없는 단순 암기형 ★★★★★

40 검사체적(control volume)에 대한 운동량방정식(momentum equation)과 가장 관계가 깊은 법칙은?

① 열역학 제2법칙　　② 질량보존의 법칙　　③ 에너지보존의 법칙　　**④ 뉴턴의 운동 제2법칙**

뉴턴(Newton)의 운동 제2법칙 [검사체적(유체의 유동해석을 위해 임의의 한 부분을 설정한 가상체적)을 적용]
F[힘] $= m$[kg, 질량] $\times a$[$m/\sec^2$, 가속도=속도의 변화량]을 변형하여 **운동량**방정식을 세워보면...

1. a[$m/\sec^2$] $= m/\sec \times \dfrac{1}{\sec} = \dfrac{[m/\sec]속도 = V}{[\sec]시간 = t}$ *가속도(a)는 시간변화에 따른 속도의 변화량을 나타내므로 $a = \dfrac{\vec{V_2} - \vec{V_1}}{\Delta t [\sec, 시간]}$ [$m/\sec$, 속도]

2. $\vec{F} = \dfrac{m(질량) \times \vec{V}(속도변화)}{\Delta t(시간변화)} = \dfrac{\Delta \vec{P}(선형 운동량)}{\Delta t}$ *질량/시간(kg/sec)을 질량유량 $= \dot{m}$(엠닷)으로 표현하면 $\dfrac{m[kg, 질량]}{\Delta t[\sec, 시간]} = \dot{m}$

∴ 뉴턴(Newton)의 운동 제2법칙을 단순화된 **선형운동량 방정식**으로 정리하면(힘의 총합)... $\sum \vec{F} = \dot{m}(\vec{V_2} - \vec{V_1})$

> 운동량방정식과 뉴턴의운동제2법칙은 모두 "운동"이라는 공통 단어가 있다.

함께공부

① 열역학 제2법칙 (비가역의 법칙, 엔트로피 증가의 법칙, 자발적변화의 방향)
- 열은 <u>스스로(그 자신만으로)</u> 저온에서 고온으로 이동할 수 없다. ∴ 고온 → 저온
  열은 고온열원에서 저온의 물체로 이동하나, 반대로 스스로 돌아갈 수 없는 비가역 변화이다.
- 일 ⇌ 열　　비가역, 자연적인 법칙, 자발성의 방향(질서 → 무질서)

  실제적으로 일의 열로의 변환은 쉽게 일어나는 현상이지만, (카르노)사이클 과정에서 열이 모두 일로 변화할 수 없다.

② 질량보존의 법칙 ⇨ 연속방정식
  유체가 한 지점(①지점)에서 다른 지점(②지점)으로 정상유동할 때 ①지점의 질량과 ②지점의 질량은 언제나 동일하다는 방정식이다. 즉, 정상류 상태의 물의 흐름에 질량 보존의 법칙을 적용하여 얻어진 방정식이 연속방정식이다. 따라서 관속을 흐르는 물의 유량은 유입되는 유량과 유출되는 유량이 동일하다는 법칙이 적용된다.

$$Q(체적유량, m^3/\sec) = A(배관의 단면적, m^2) \times V(유속, m/\sec)$$
$$Q_1 = Q_2$$
$$A_1 \cdot V_1 = A_2 \cdot V_2$$

③ 에너지보존의 법칙 ⇨ 베르누이 방정식 : 전수두(전양정) = 압력수두 + 속도수두 + 위치수두

$$H(m) = \dfrac{P}{\gamma} + \dfrac{V^2}{2g} + Z　　\dfrac{압력(N/m^2)}{비중량(N/m^3)} + \dfrac{유속^2(m/\sec)^2}{중력가속도(m/\sec^2)} + 높이(m)$$

유체흐름상에 임의의 두 점에서 압력·속도·위치 수두는 각각 다를 수 있으나 에너지보존의 법칙에 의해 그 총합은 항상 일정함으로 아래식이 성립한다.

$$\dfrac{P_1}{\gamma} + \dfrac{V_1^2}{2g} + Z_1 = \dfrac{P_2}{\gamma} + \dfrac{V_2^2}{2g} + Z_2$$

3과목 소방관계법규

> 단어가 답인 문제

41 소방안전관리자 및 소방안전관리보조자에 대한 실무교육의 교육대상, 교육일정 등 실무교육에 필요한 계획을 수립하여 매년 누구의 승인을 얻어 교육을 실시하는가?
① 한국소방안전원장 ② 소방본부장 ③ 소방청장 ④ 시·도지사

- 소방안전관리자가 되려고 하는 사람 또는 소방안전관리자(소방안전관리보조자를 포함)로 선임된 사람은 소방안전관리업무에 관한 능력의 습득 또는 향상을 위하여 행정안전부령으로 정하는 바에 따라 소방청장이 실시하는 강습교육 또는 실무교육을 받아야 한다.
- 소방청장은 법에 따른 실무교육의 대상·일정·횟수 등을 포함한 실무교육의 실시 계획을 매년 수립·시행해야 한다.

> 단어가 답인 문제 ★

42 화재예방강화지구로 지정할 수 있는 대상이 아닌 것은?
① 시장지역 ② 소방출동로가 있는 지역 (없는)
③ 공장·창고가 밀집한 지역 ④ 목조건물이 밀집한 지역

시·도지사는 다음 의 어느 하나에 해당하는 지역을 화재예방강화지구로 지정하여 관리할 수 있다.
① 시장지역 / ② 공장·창고가 밀집한 지역 / ③ 목조건물이 밀집한 지역 / ④ 노후·불량건축물이 밀집한 지역
⑤ 위험물의 저장 및 처리 시설이 밀집한 지역 / ⑥ 석유화학제품을 생산하는 공장이 있는 지역
⑦ 「산업입지 및 개발에 관한 법률」에 따른 산업단지
⑧ 소방시설·소방용수시설 또는 소방출동로가 없는 지역

> 단어가 답인 문제

43 화재의 예방 및 안전관리에 관한 법령상 정당한 사유 없이 화재안전조사결과에 따른 조치명령을 위반한 자에 대한 벌칙으로 옳은 것은?
① 100만원 이하의 벌금 ② 300만원 이하의 벌금
③ 1년 이하의 징역 또는 1천만원 이하의 벌금 ④ 3년 이하의 징역 또는 3천만원 이하의 벌금

화재안전조사 결과에 따른 조치명령을 정당한 사유 없이 위반한 자 → 3년 이하의 징역 또는 3천만원 이하의 벌금에 처한다.

> 단어가 답인 문제 ★

44 다음 중 한국소방안전원의 업무에 해당하지 않는 것은?
① 소방용 기계·기구의 형식승인 (한국소방산업기술원의 업무)
② 소방업무에 관하여 행정기관이 위탁하는 업무
③ 화재예방과 안전관리의식 고취를 위한 대국민 홍보
④ 소방기술과 안전관리에 관한 교육, 조사·연구 및 각종 간행물 발간

한국소방안전원의 업무
1. 소방기술과 안전관리에 관한 교육 및 조사·연구
2. 소방기술과 안전관리에 관한 각종 간행물 발간
3. 화재 예방과 안전관리의식 고취를 위한 대국민 홍보
4. 소방업무에 관하여 행정기관이 위탁하는 업무
5. 소방안전에 관한 국제협력
6. 그 밖에 회원에 대한 기술지원 등 정관으로 정하는 사항

단어가 답인 문제 ★★

45 소방기본법상 소방대의 구성원에 속하지 않는 자는?

① 소방공무원법에 따른 소방공무원
② 의용소방대 설치 및 운영에 관한 법률에 따른 의용소방대원
③ 위험물안전관리법에 따른 자체소방대원
④ 의무소방대설치법에 따라 임용된 의무소방원

소방대 : 화재를 진압하고 화재, 재난·재해, 그 밖의 위급한 상황에서 구조·구급 활동 등을 하기 위하여 다음의 사람으로 구성된 조직체
① 소방공무원법에 따른 **소방공무원**
② 의무소방대설치법에 따라 임용된 **의무소방원**(군입대 대체)
③ 의용소방대 설치 및 운영에 관한 법률에 따른 **의용소방대원**(자발적 대원)

숫자가 답인 문제 ★★

46 위험물안전관리법령상 제조소등이 아닌 장소에서 지정수량 이상의 위험물을 취급할 수 있는 기준 중 다음 (   ) 안에 알맞은 것은?

시·도의 조례가 정하는 바에 따라 관할 소방서장의 승인을 받아 지정수량 이상의 위험물을 (   )일 이내의 기간 동안 임시로 저장 또는 취급하는 경우

① 15   ② 30   ③ 60   ④ 90

1. 지정수량 이상의 위험물을 저장소가 아닌 장소에서 저장하거나 제조소등이 아닌 장소에서 취급하여서는 아니된다.
2. 다음에 해당하는 경우에는 **제조소등이 아닌 장소에서 지정수량 이상의 위험물을 취급**할 수 있다.
   이 경우 임시로 저장 또는 취급하는 장소에서의 저장 또는 취급의 기준과 임시로 저장 또는 취급하는 장소의 위치·구조 및 설비의 **기준은 시·도의 조례로 정한다.**
   • 시·도의 조례가 정하는 바에 따라 **관할소방서장의 승인을 받아** 지정수량 이상의 위험물을 **90일 이내의 기간동안 임시로 저장 또는 취급**하는 경우
   • **군부대**가 지정수량 이상의 위험물을 **군사목적으로 임시로 저장 또는 취급**하는 경우

문장이 답인 문제

47 화재의 예방 및 안전관리에 관한 법령상 소방대상물의 개수·이전·제거, 사용의 금지 또는 제한, 사용폐쇄, 공사의 정지 또는 중지, 그 밖의 필요한 조치로 인하여 손실을 입은 자가 손실보상청구서에 첨부하여야 하는 서류로 틀린 것은?

① 손실보상 합의서
② 손실을 증명할 수 있는 사진
③ 손실을 증명할 수 있는 증빙자료
④ 소방대상물의 관계인임을 증명할 수 있는 서류(건축물대장은 제외)

화재안전조사 결과에 따른 조치명령으로 인하여 손실을 입은 자가 **손실보상을 청구**하려는 경우 **첨부하여 제출해야 하는 서류**
1. 소방대상물의 **관계인임을 증명**할 수 있는 서류(건축물대장은 제외)
2. **손실을 증명**할 수 있는 **사진** 및 그 밖의 **증빙자료**

함께공부

화재안전조사 결과에 따른 조치명령
소방관서장(소방청장, 소방본부장 또는 소방서장)은 화재안전조사 결과에 따른 소방대상물의 위치·구조·설비 또는 관리의 상황이 **화재예방을 위하여 보완될 필요가 있거나** 화재가 발생하면 인명 또는 재산의 **피해**가 클 것으로 예상되는 때에는 행정안전부령으로 정하는 바에 따라 관계인에게 그 소방대상물의 개수·이전·제거, 사용의 금지 또는 제한, 사용폐쇄, 공사의 정지 또는 중지, 그 밖에 **필요한 조치**를 명할 수 있다.

문장이 답인 문제 ★

48 화재의 예방 및 안전관리에 관한 법령상 소방청장, 소방본부장 또는 소방서장은 관할구역에 있는 소방대상물에 대하여 화재안전조사를 실시할 수 있다. 화재안전조사를 실시할 수 있는 경우와 거리가 먼 것은? (단, 개인 주거에 대하여는 관계인의 승낙을 득한 경우이다.)

① 화재예방강화지구 등 법령에서 화재안전조사를 하도록 규정되어 있는 경우
② 특정소방대상물의 관계인이 실시하는 소방시설등의 자체점검이 불성실하거나 불완전하다고 인정되는 경우
③ 화재가 발생할 우려는 없으나 소방대상물의 정기점검이 필요한 경우
④ 국가적 행사 등 주요 행사가 개최되는 장소 및 그 주변의 관계 지역에 대하여 소방안전관리 실태를 조사할 필요가 있는 경우

화재안전조사: 소방관서장은 다음에 해당하는 경우 화재안전조사를 실시할 수 있다. 다만, 개인의 주거(실제 주거용도로 사용되는 경우에 한정)에 대한 화재안전조사는 관계인의 승낙이 있거나 화재발생의 우려가 뚜렷하여 긴급한 필요가 있는 때에 한정한다.
1. 특정소방대상물의 관계인이 실시하는 소방시설등의 **자체점검이 불성실**하거나 **불완전**하다고 인정되는 경우
2. **화재예방강화지구** 등 법령에서 **화재안전조사**를 하도록 규정되어 있는 경우
3. **화재예방안전진단**이 불성실하거나 불완전하다고 인정되는 경우
4. **국가적 행사** 등 주요 행사가 개최되는 장소 및 그 주변의 관계 지역에 대하여 **소방안전관리 실태**를 조사할 필요가 있는 경우
5. **화재가 자주 발생**하였거나 발생할 우려가 뚜렷한 곳에 대한 조사가 필요한 경우
6. **재난예측정보, 기상예보** 등을 분석한 결과 소방대상물에 화재의 발생 위험이 크다고 판단되는 경우
7. 화재, 그 밖의 **긴급한 상황**이 발생할 경우 인명 또는 재산 피해의 우려가 현저하다고 판단되는 경우

숫자가 답인 문제 ★★★

49 다음 조건을 참고하여 숙박시설이 있는 특정소방대상물의 수용인원 산정 수로 옳은 것은?

> 침대가 있는 숙박시설로서 1인용 침대의 수는 20개이고, 2인용 침대의 수는 10개이며, 종업원의 수는 3명이다.

① 33명　　② 40명　　③ 43명　　④ 46명

침대가 있는 숙박시설의 수용인원 산정방법
종사자수 + 침대수(2인용 침대는 2명으로 산정) = 3명 + {(1인용 × 20개) + (2인용 × 10개)} = 43명

함께 공부

숙박시설이 있는 특정소방대상물의 수용인원 산정방법
- **침대가 있는 숙박시설** : 해당 특정소방대상물의 종사자 수에 침대 수(2인용 침대는 2개로 산정한다)를 합한 수
  = 종사자수 + 침대수(2인용 침대는 2명으로 산정)
- **침대가 없는 숙박시설** : 해당 특정소방대상물의 종사자 수에 숙박시설 바닥면적의 합계를 3㎡로 나누어 얻은 수를 합한 수
  = 종사자수 + $\dfrac{\text{숙박시설 바닥면적}(m^2)}{3m^2}$
- 계산 결과 소수점 이하의 수는 반올림한다.

문장이 답인 문제 ★★

50 다음 중 상주 공사감리를 하여야 할 대상의 기준으로 옳은 것은?

① 지하층을 포함한 층수가 16층 이상으로서 300세대 이상인 아파트에 대한 소방시설의 공사
② 지하층을 포함한 층수가 16층 이상으로서 500세대 이상인 아파트에 대한 소방시설의 공사
③ 지하층을 포함하지 않은 층수가 16층 이상으로서 300세대 이상인 아파트에 대한 소방시설의 공사
④ 지하층을 포함하지 않은 층수가 16층 이상으로서 500세대 이상인 아파트에 대한 소방시설의 공사

소방공사 감리의 종류 및 대상

종류	대상
상주 공사감리	1. 연면적 **3만제곱미터 이상**의 특정소방대상물(아파트는 제외한다)에 대한 소방시설의 공사 2. **지하층을 포함한 층수가 16층 이상으로서 500세대 이상인 아파트**에 대한 소방시설의 공사
일반 공사감리	상주 공사감리에 해당하지 않는 소방시설의 공사

1. 상주 공사감리원은 행정안전부령으로 정하는 기간 동안 공사 현장에 상주하여 법에 따른 업무를 수행하고 감리일지에 기록해야 한다.
2. 일반 공사감리원은 행정안전부령으로 정하는 기간 중에는 주 1회 이상 공사 현장에 배치되어 업무를 수행하고 감리일지에 기록해야 한다.

단어가 답인 문제 ★

51 다음 중 화재원인조사의 종류에 해당하지 않는 것은?

① 발화원인 조사 ② 피난상황 조사 ③ 인명피해 조사 ④ 연소상황 조사

- 화재**원인**조사 → 발화원인 조사 / 발견·통보 및 **초기** 소화상황 조사 / 연소상황 조사 / 피난상황 조사 / 소방시설 등 조사
- 화재**피해**조사 → 인명피해조사와 **재산**피해조사

기억! 피해와 관련된 조사는 화재원인조사와 관련없다.

함께공부

화재조사의 종류 및 조사의 범위
1. 화재원인조사

종류	조사범위
발화원인 조사	화재가 발생한 과정, 화재가 발생한 지점 및 불이 붙기 시작한 물질
발견·통보 및 초기 소화상황 조사	화재의 발견·통보 및 초기소화 등 일련의 과정
연소상황 조사	화재의 연소경로 및 확대원인 등의 상황
피난상황 조사	피난경로, 피난상의 장애요인 등의 상황
소방시설 등 조사	소방시설의 사용 또는 작동 등의 상황

2. 화재피해조사

종류	조사범위
인명피해조사	• 소방활동중 발생한 사망자 및 부상자 • 그 밖에 화재로 인한 사망자 및 부상자
재산피해조사	• 열에 의한 탄화, 용융, 파손 등의 피해 • 소화활동중 사용된 물로 인한 피해 • 그 밖에 연기, 물품반출, 화재로 인한 폭발 등에 의한 피해

문장이 답인 문제

52 소방시설 설치 및 관리에 관한 법령상 간이스프링클러설비를 설치하여야 하는 특정소방대상물의 기준으로 옳은 것은?

① 근린생활시설로 사용하는 부분의 바닥면적 합계가 1000㎡ 이상인 것은 모든 층
② 교육연구시설 내에 있는 합숙소로서 연면적 500㎡ 이상인 경우에는 모든 층
　　　　　　　　　　　　　　　　　　　　　100㎡
③ 정신병원과 의료재활시설을 제외한 요양병원으로 사용되는 바닥면적의 합계가 300㎡ 이상 600㎡ 미만인 시설
　　정신의료기관 또는 의료재활시설로
④ 정신의료기관 또는 의료재활시설로 사용되는 바닥면적의 합계가 500㎡ 미만이고, 창살이 설치된 시설
　　　　　　　　　　　　　　　　　　　　　　　　　　　　　　　300㎡

- **특정소방대상물** : 건축물 등의 규모·용도 및 수용인원 등을 고려하여 **소방시설을 설치하여야** 하는 소방대상물로서 **대통령령**으로 정하는 것
- **근린생활시설**로 사용하는 부분의 바닥면적 합계가 **1천㎡** 이상인 것은 모든 층에 **간이스프링클러설비**를 설치하여야 한다.

숫자가 답인 문제 ★

53 소방시설 설치 및 관리에 관한 법령상 소방시설 등의 자체점검 시 점검인력 배치기준 중 **종합점검**에 대한 점검인력 1단위가 하루 동안 점검할 수 있는 특정소방대상물의 **연면적 기준**으로 옳은 것은? (단, 보조 인력을 추가하는 경우는 제외한다.)

① 3,500 ㎡ ② 8,000 ㎡ ③ 10,000 ㎡ ④ 12,000 ㎡

점검인력 1단위가 하루 동안 점검할 수 있는 특정소방대상물의 연면적(점검한도 면적)
- 종합점검 → 8,000㎡
- 작동점검 → 10,000㎡

숫자가 답인 문제 ★
54 소방관서장은 화재예방강화지구안의 관계인에 대하여 소방상 필요한 훈련 및 교육은 연 몇 회 이상 실시할 수 있는가?
① 1   ② 2   ③ 3   ④ 4

- 소방관서장은 화재예방강화지구 안의 관계인에 대하여 소방에 필요한 **훈련 및 교육**을 연 **1회** 이상 실시할 수 있다.
- 소방관서장은 훈련 및 교육을 실시하려는 경우에는 화재예방강화지구 안의 관계인에게 **훈련 또는 교육 10일 전**까지 그 사실을 통보해야 한다.

단어가 답인 문제 ★★
55 제조소등의 위치·구조 또는 설비의 변경 없이 당해 제조소등에서 저장하거나 취급하는 위험물의 품명·수량 또는 지정수량의 배수를 변경하고자 할 때는 누구에게 신고해야 하는가?
① 국무총리   ② 시·도지사   ③ 관할소방서장   ④ 행정안전부장관

- **지정수량** : 위험물의 종류별로 위험성을 고려하여 대통령령이 정하는 수량으로서 제조소등의 설치허가 등에 있어서 최저의 기준이 되는 수량(지정수량의 단위로 kg을 사용하고, 4류만 L를 사용)
- 제조소등의 위치·구조 또는 설비의 변경없이 당해 제조소등에서 저장하거나 취급하는 위험물의 품명·수량 또는 **지정수량의 배수를 변경**하고자 하는 자는 변경하고자 하는 날의 **1일 전**까지 행정안전부령이 정하는 바에 따라 **시·도지사**에게 신고하여야 한다.

단어가 답인 문제
56 항공기격납고는 특정소방대상물 중 어느 시설에 해당하는가?
① 위험물 저장 및 처리 시설   ② 항공기 및 자동차 관련 시설
③ 창고시설   ④ 업무시설

- 소방대상물 : 건축물, 차량, 선박(항구에 매어둔 선박만 해당), 선박 건조 구조물, 산림, 그 밖의 인공 구조물 또는 물건
- 특정소방대상물 : 건축물 등의 규모·용도 및 수용인원 등을 고려하여 **소방시설을 설치하여야** 하는 소방대상물로서 **대통령령**으로 정하는 것
- 항공기 격납고 → 항공기 및 자동차 관련 시설

단어가 답인 문제 ★
57 소방기본법령상 국고보조 대상사업의 범위 중 소방활동장비와 설비에 해당하지 않는 것은?
① 소방자동차   ② 소방헬리콥터 및 소방정
③ 소화용수설비 및 피난구조설비   ④ 방화복 등 소방활동에 필요한 소방장비

- **소방장비 등에 대한 국고보조** : 국가는 소방장비의 구입 등 시·도의 소방업무에 필요한 경비의 일부를 보조하며, 국고보조 **대상사업의 범위와 기준보조율은 대통령령**으로 정한다.
- 국고보조 대상사업의 범위
  ① 소방활동장비와 설비의 구입 및 설치
  → 소방자동차 / 소방헬리콥터 및 소방정 / 소방전용통신설비 및 전산설비 / 방화복 등 소방활동에 필요한 소방장비
  ② 소방관서용 청사의 건축

> 소화용수설비 및 피난구조설비는 소방시설이다. 국고보조는 소방관이 사용하는 것이다.

문장이 답인 문제 ★

58 위험물안전관리법령상 제조소등의 관계인은 위험물의 안전관리에 관한 직무를 수행하게 하기 위하여 제조소등마다 위험물의 취급에 관한 자격이 있는 자를 **위험물안전관리자로 선임하여야 한다**. 이 경우 제조소등의 관계인이 지켜야 할 기준으로 틀린 것은?

① 제조소등의 관계인은 안전관리자를 해임하거나 안전관리자가 퇴직한 때에는 해임하거나 퇴직한 날부터 <u>15일</u> 이내에 다시 안전관리자를 선임하여야한다.   30일

② 제조소등의 관계인이 안전관리자를 선임한 경우에는 선임한 날부터 14일 이내에 소방본부장 또는 소방서장에게 신고하여야 한다.

③ 제조소등의 관계인은 안전관리자가 여행·질병 그 밖의 사유로 인하여 일시적으로 직무를 수행할 수 없는 경우에는 국가기술자격법에 따른 위험물의 취급에 관한 자격취득자 또는 위험물안전에 관한 기본지식과 경험이 있는 자를 대리자로 지정하여 그 직무를 대행하게 하여야 한다. 이 경우 대행하는 기간은 30일을 초과할 수 없다.

④ 안전관리자는 위험물을 취급하는 작업을 하는 때에는 작업자에게 안전관리에 관한 필요한 지시를 하는 등 위험물의 취급에 관한 안전관리와 감독을 하여야 하고, 제조소등의 관계인은 안전관리자의 위험물 안전관리에 관한 의견을 존중하고 그 권고에 따라야 한다.

- **제조소등의 관계인은** 위험물의 안전관리에 관한 직무를 수행하게 하기 위하여 제조소등마다 대통령령이 정하는 위험물의 취급에 관한 자격이 있는 자(이하 "**위험물취급자격자**"라 한다)를 **위험물안전관리자**(이하 "**안전관리자**"라 한다)로 **선임하여야 한다**.
- 안전관리자를 선임한 제조소등의 관계인은... 그 안전관리자를 **해임하거나 안전관리자가 퇴직한 때에는**
  → **해임하거나 퇴직한 날부터 30일 이내에 다시 안전관리자를 선임하여야 한다**.

단어가 답인 문제

59 소방대상물의 방염 등과 관련하여 **방염성능기준은 무엇으로 정하는가?**

① **대통령령**   ② 행정안전부령   ③ 소방청훈령   ④ 소방청예규

- 대통령령으로 정하는 특정소방대상물에 실내장식 등의 목적으로 설치 또는 부착하는 물품으로서 대통령령으로 정하는 물품(이하 "**방염대상물품**"이라 한다)은 **방염성능기준** 이상의 것으로 설치하여야 한다.
- **방염성능기준은 대통령령으로 정한다**.

단어가 답인 문제 ★

60 제6류 위험물에 속하지 않는 것은?

① 질산   ② 과산화수소   ③ 과염소산   ④ <u>과염소산염류</u>
                                                                                                                         제1류

류별 위험물의 종류			
위험물	특징	암기법	종류[대분류]
제1류	산화성 고체	3염무 질요브 중과	아**염**소산**염류**, **염**소산**염류**, 과**염**소산**염류**, **무**기과산화물 / **질**산염류(질산칼륨=초석), **요**오드산염류, **브**롬산염류 / **중**크롬산염류, **과**망간산염류
제2류	가연성 고체	유황적 철마금 인	**유황**(황)[S], **황화린**(인), **적린**(인)[P] / **철**분, **마**그네슘, **금**속분류 / **인**화성고체
제3류	자연발화성 및 금수성 물질	칼나알알 황린 알칼유 금금칼슘탄	**칼**륨, **나**트륨, **알**킬리듐, **알**킬알루미늄 / **황린**(유일하게 금속 아님. 나머지는 모두금속) / **알**칼리금속, **칼**토금속, **유**기금속 화합물 / **금**속의 인화물, **금**속의 수소화물, **칼슘** 또는 알루미늄의 **탄**화물
제4류	인화성 액체	특아이디 1아휘 알콜 2경등 3클중 4실기 동식물	**특수인화물**(**아**세트알데히드, **이**황화탄소, **디**에틸에테르) / 제**1석유류**(**아**세톤, **휘발유**=가솔린, 톨루엔), **알콜**류 / 제**2석유류**(**경**유, **등**유) / 제**3석유류**(**클**레오소트유, **중**유) / 제**4석유류**(**실**린더유, **기**어유), **동식물**유류
제5류	자기반응성 물질	질유 히히 아니니디히	**질**산에스테르류, **유**기과산화물 / **히**드록실아민, **히**드록실아민염류 / **아**조 화합물, **니**트로 화합물, **니**트로 소화합물, **디**아조 화합물, **히**드라진 유도체
제6류	산화성 액체	질과염할	**질**산, **과**산화수소, **과염**소산, **할**로겐간화합물

암기법! 1류 산고 / 2류 가고 / 3류 자금 / 4류 인화 / 5류 자기 / 6류 산화
    ➡ 산고 가고(산에 가고) / 자금 인화(자금을 인화해서) / 자기 산화(자기에게 산화시킨다)

문장이 답인 문제 ★★

61 이산화탄소소화설비의 기동장치에 대한 기준으로 틀린 것은?

① 자동식 기동장치에는 수동으로도 기동할 수 있는 구조이어야 한다.
② 가스압력식 기동장치에서 기동용가스용기 및 해당용기에 사용하는 밸브는 20MPa 이상의 압력에 견딜 수 있어야 한다. (25MPa)
③ 수동식 기동장치의 조작부는 바닥으로부터 높이 0.8m 이상 1.5m 이하의 위치에 설치한다.
④ 전기식 기동장치로서 7병 이상의 저장용기를 동시에 개방하는 설비는 2병 이상의 저장용기에 전자 개방밸브를 부착해야 한다.

- **이산화탄소 소화설비** : 탄산가스(CO_2)를 소화약제로 이용하여 화재를 진압하는 가스계 소화설비로서 CO_2는 화학적으로 안정된 불연성가스이고, 화재실에 CO_2약제를 방출하면 공기중의 산소농도를 떨어트려 소화하는 질식소화가 대표적인 소화효과이다. 약제 저장방식(저장온도)에 따라 고압식설비와 저압식설비(영하 18℃이하)로 구분된다.
- 이산화탄소 소화설비 저장용기의 개방방식(기동방식)에 따라 가스압력식과 전기식, 기계식(현장에 거의 없음)으로 구분된다.
- **가스압력식 기동장치** : 일반적인 기동방식으로 감지기의 신호에 따라 솔레노이드밸브가 작동하여 **기동용 가스용기**를 개방하면, 기동용 가스가 동관을 따라 배출되어... 저장용기 니들밸브 핀이, 약제 저장용기 봉판을 파괴해 가스가 방출된다.
  - **기동용 가스용기** : 저장용기밸브(니이들밸브)를 개방시키기 위한... 가압용 가스를 저장하는 용기(용적은 5L 이상)
  - **기동용기함** : 기동용 가스용기와 그 용기를 개방시켜 주는 솔레노이드밸브, 그리고 압력스위치(방출표시등을 점등시킨다)가 내장되어 있는 함으로서... 선택밸브와 같이 하나의 방호구역(방호대상물)마다 1개씩 설치된다.
- **전기식[전자개방밸브=솔레노이드밸브] 기동장치** : 패키지 타입에서 사용하는 기동방식으로 솔레노이드밸브를 저장용기밸브에 직접 부착하여 감지기 신호에 의해 솔레노이드의 파괴침이 용기밸브의 봉판을 파괴하면 가스가 방출된다.(선택밸브도 솔레노이드밸브 부착)

이산화탄소 소화설비의 기동장치 설치기준

1. **수동식 기동장치** : 수동식 기동장치의 부근에는 소화약제의 방출을 지연시킬 수 있는 **비상스위치**(자동복귀형 스위치로서 수동식 기동장치의 타이머를 순간정지시키는 기능의 스위치)를 설치하여야 한다.
   - 기동장치의 조작부는 바닥으로부터 높이 0.8m 이상 1.5m 이하의 위치에 설치하고, 보호판 등에 따른 보호장치를 설치할 것
   - **전역**(일폐 방호구역 전체)방출방식 → **방호구역**(소화범위에 따라 나누어진 소화가 필요한 구역)마다... 수동식 기동장치 설치
   - **국소**(전체 가운데 어느 한 곳)방출방식 → **방호대상물**(소화가 필요한 하나의 대상물)마다... 수동식 기동장치 설치
2. **자동식 기동장치**
   - 자동식 기동장치에는 **수동으로도 기동할 수 있는 구조**로 할 것
   - 전기식 기동장치로서 7병 이상의 저장용기를 동시에 개방하는 설비는 **2병** 이상의 저장용기에 **전자 개방밸브**를 부착할 것 [2병의 약제 방출압력으로 다른 저장용기를 개방시키겠다는 의미이다](6병 이하는 1병에만 전자개방밸브 부착)
   - 가스압력식 기동장치
     - 기동용가스용기 및 해당 용기에 사용하는 밸브는 **25MPa 이상의 압력에 견딜 수** 있는 것으로 할 것
     - 기동용가스용기의 용적은 5L 이상으로 하고, 해당 용기에 저장하는 질소 등의 비활성기체는 6.0 MPa 이상(21℃ 기준)의 압력으로 충전 할 것

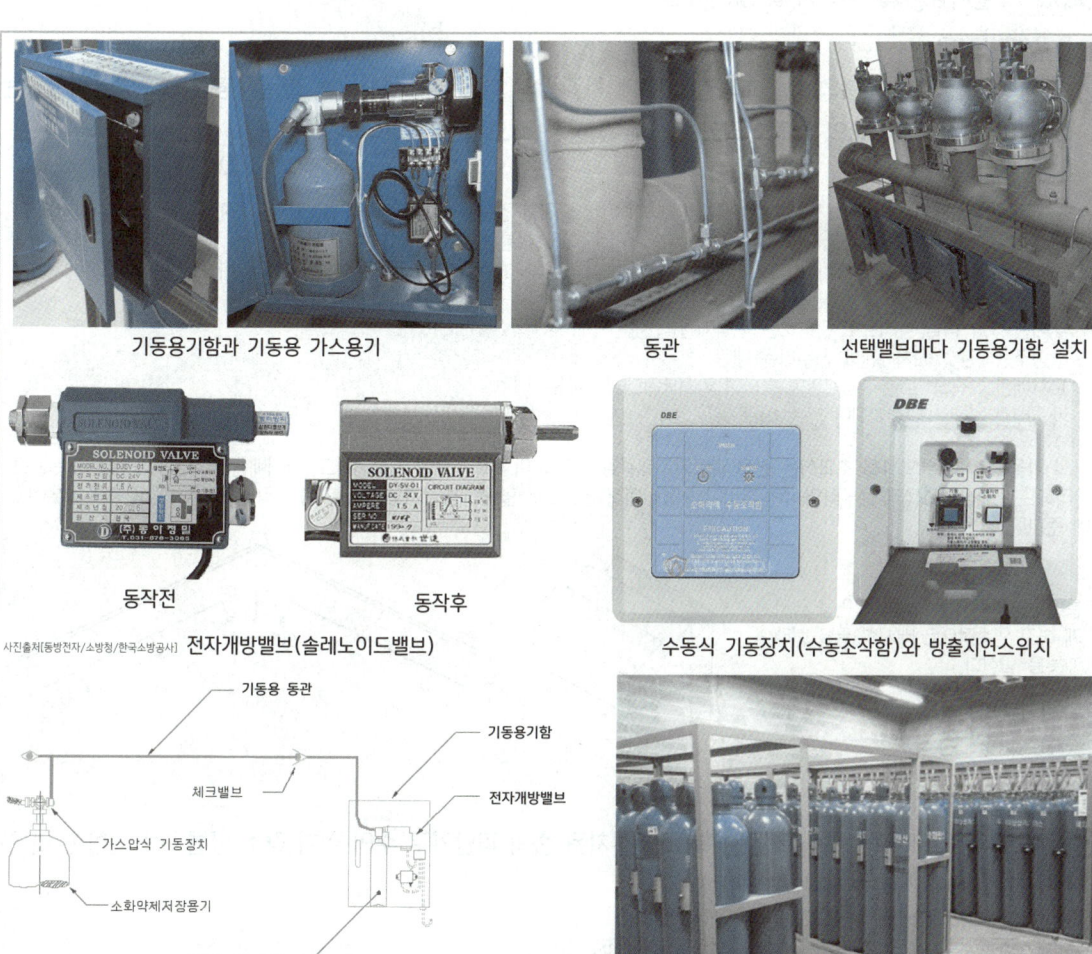

숫자가 답인 문제

62 천장의 기울기가 10분의 1을 초과할 경우에 가지관의 최상부에 설치되는 톱날지붕의 스프링클러헤드는 천장의 최상부로부터의 수직거리가 몇 ㎝ 이하가 되도록 설치하여야 하는가?

① 50 ② 70 ③ 90 ④ 120

- **스프링클러설비** : 화재발생시 화재를 자동으로 감지하여 피난을 위한 경보를 발하고, 습식·건식·준비작동식·일제살수식 밸브가 개방되면, 유수의 흐름으로 인하여 펌프가 기동되고, 개방된 헤드를 통해 소화수를 방수하여 소화하는 자동식 수계소화설비
- **스프링클러 헤드** : 스프링클러에서 나오는 물을, 빗방울 형태로 대량으로 뿌리면서 방수하는 역할을 하는 부분을 말한다.
- **배관의 종류** : 배관이란 물이 이송되는 관을 말한다.
  - **주배관** : 각 층을 수직으로 관통하는 수직배관(입상관)
  - **수평주행배관** : 교차배관에 급수하는 배관
  - **교차배관** : 직접 또는 수직배관을 통하여 가지배관에 급수하는 배관
  - **가지배관** : 헤드가 설치되어 있는 배관

천장의 기울기가 10분의 1을 초과하는 경우에는 가지배관을 천장의 마루와 평행하게 설치하고, 가지배관의 최상부에 설치하는 스프링클러헤드는 천장의 최상부로부터의 수직거리가 90㎝ 이하가 되도록 할 것. 톱날지붕, 둥근지붕 기타 이와 유사한 지붕의 경우에도 이에 준한다.

※ 톱날지붕이란 지붕의 한 쪽 면을 경사지게 하고 연속적으로 배치한 톱날 형태의 지붕을 말한다.

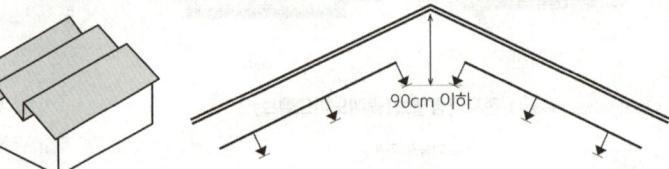

문장이 답인 문제

63 주요구조부가 내화구조이고 건널 복도가 설치된 층의 피난기구 수의 설치 감소 방법으로 적합한 것은?

① 피난기구를 설치하지 아니할 수 있다.
② 피난기구의 수에서 1/2을 감소한 수로 한다.
③ 원래의 수에서 건널 복도 수를 더한 수로 한다.
④ 피난기구의 수에서 해당 건널 복도의 수의 2배의 수를 뺀 수로 한다.

- **피난기구** : 화재가 발생할 경우 피난하기 위하여 사용하는 기구 또는 설비로서… 구조대, 완강기(간이완강기), 공기안전매트, 피난사다리, 하향식 피난구용 내림식사다리, 승강식피난기, 다수인피난장비, 미끄럼대, 피난교, 피난용트랩, 피난밧줄이 있다.
- **건널 복도**(건축물 끼리 연결되어 서로 건널 수 있는 복도)의 기준
  - 내화구조 또는 철골조로 되어 있을 것
  - 건널 복도 양단의 출입구에 자동폐쇄장치를 한 60분+ 방화문 또는 60분 방화문(방화셔터 제외)이 설치되어 있을 것
  - 피난·통행 또는 운반의 전용 용도일 것

피난기구를 설치하여야 할 소방대상물 중 주요구조부가 내화구조이고 기준에 적합한 건널 복도(건축물 끼리 연결되어 서로 건널 수 있는 복도)가 설치되어 있는 층에는 기준에 따른 피난기구의 수에서 해당 건널 복도의 수의 2배의 수를 뺀 수로 한다.
*건널 복도가 설치되어 있는 층의 피난기구의 수 = 기준에 따른 피난기구의 수 - 해당 건널 복도의 수의 2배의 수

> 문장이 답인 문제 ★★

64 제연설비의 설치장소에 따른 **제연구역의 구획 기준**으로 **틀린** 것은?

① 거실과 통로는 상호 제연구획 할 것
② 하나의 제연구역의 면적은 <u>600㎡</u> 이내로 할 것
　　　　　　　　　　　　　1,000㎡
③ 하나의 제연구역은 직경 60m 원내에 들어갈 수 있을 것
④ 하나의 제연구역은 2개 이상 층에 미치지 아니하도록 할 것

제연이란 **연기를 제어**한다는 의미로서... 화재실에 **신선한 공기**를 급기하고, **발생된 연기를 배기**(배출)하는 것을 제연이라 한다.
제연설비 : **구획**(구역)을 **나누**(가두)어서 연기를 배출(배기)하거나, 신선한 공기를 급기(유입)하여 소화활동 및 피난을 용이하게 만드는 설비

제연설비는 **구획**(구역)을 **나누**(가두)어서 연기를 배출(배기)하거나, 신선한 공기를 급기(유입)하는 설비이므로... 그 **구획**(구역)을 어떤 기준으로 하는지를 묻는 문제이다. 구획기준은 아래와 같다.
1. 하나의 제연구역의 면적은 **1,000㎡** 이내로 할 것
2. 거실과 통로(복도)는 **상호 제연구획 할 것** → 거실에서 배기하고, 통로(복도)에서 급기하는... 상호 제연으로 구성할 것
3. 통로상의 제연구역은 보행중심선의 **길이가 60m**를 초과하지 아니할 것
4. 하나의 제연구역은 **직경 60m 원내**에 들어갈 수 있을 것
5. 하나의 제연구역은 **2개 이상 층**에 미치지 아니하도록 할 것 → 층마다 할 것

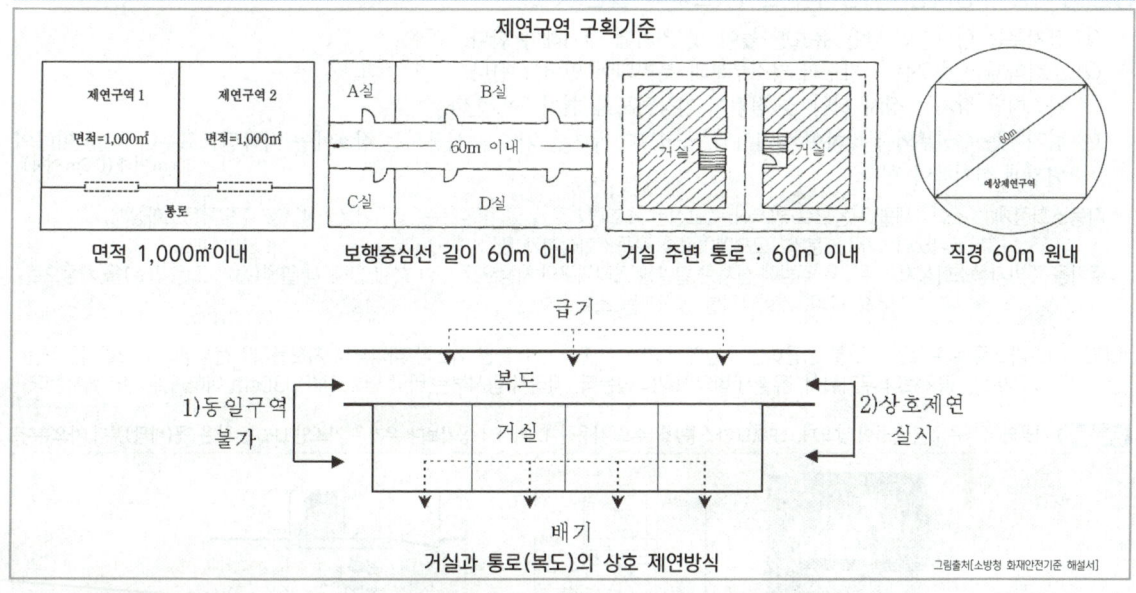

> 단어가 답인 문제

65 물분무소화설비의 가압송수장치로 **압력수조의 필요압력**을 산출할 때 필요한 것이 **아닌** 것은?

① 낙차의 환산수두압　　　　　　　② 물분무헤드의 설계압력
③ 배관의 마찰손실 수두압　　　　　④ **소방용 호스의 마찰손실 수두압**

- **물분무 소화설비** : 물을 안개모양으로 방사해 가스와 비슷한 형태를 가지므로, 전기의 부도체(전기가 통하지 않는 물체)로서 전기시설물에 설치가 가능한 자동식 수계소화설비
- **가압송수장치** : 압력을 가해서(가압) 물을 이송하는(송수) 장치로서 그 종류로는 **펌프**(전동기 또는 내연기관과 연결된 원심펌프), **고가수조**(높은 곳에 설치된 수조), **압력수조**(강한 공기압 이용), **가압수조**(압력수조의 간소화 설비) 등의 방식이 있다.
- **압력수조**(강한 공기압 이용) : 자동식공기압축기를 통해 수조내에 소화수와 압축공기를 채우고 일정압력 이상으로 가압하여 그 압력으로 급수하는 수조

압력수조의 필요한 압력[P, MPa] = P₁(물분무**헤드**의 설계압력) + P₂(배관의 마찰손실 수두압) + P₃(낙차의 환산 수두압)
→ 물분무소화설비는 소방용 호스가 전혀 필요하지 않은 설비이다.

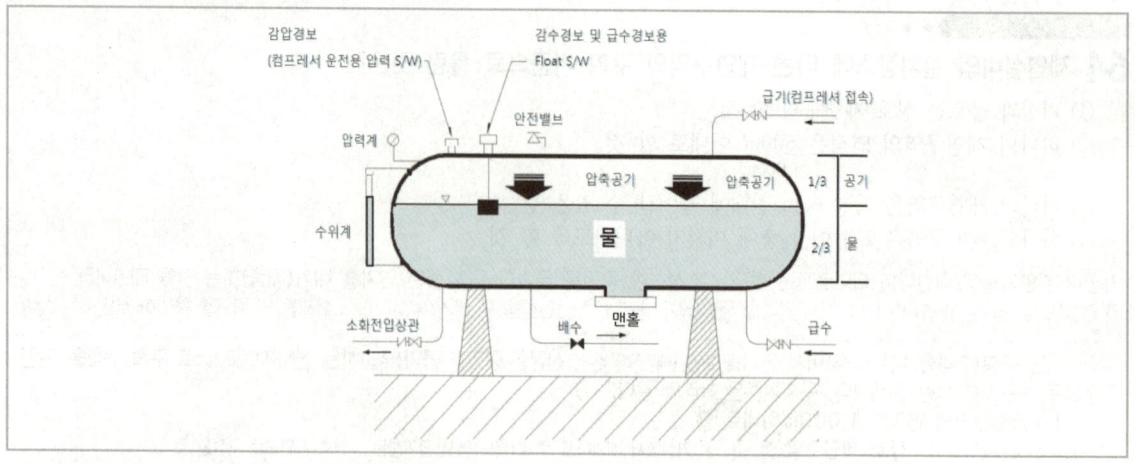

> 문장이 답인 문제 ★★★

66 주거용 주방자동소화장치의 설치기준으로 틀린 것은?

① 감지부는 형식승인 받은 유효한 높이 및 위치에 설치해야 한다.
② 소화약제 방출구는 환기구의 청소부분과 분리되어 있어야 한다.
③ 가스차단 장치는 상시 확인 및 점검이 가능하도록 설치해야 한다.
④ 탐지부는 수신부와 분리하여 설치하되, 공기보다 무거운 가스를 사용하는 장소에는 바닥면으로부터 0.2m 이하의 위치에 설치해야 한다.
　　　　　　　　　　　　　　　　　　　　　　　　　　　　　　　　　　　　　　　30cm 이하 (0.3m 이하)

- **자동소화장치** : 소화약제를 자동으로 방사하는 고정된 소화장치로서 그 종류로는... 주거용·상업용 주방자동소화장치, 캐비닛형·가스·분말·고체에어로졸 자동소화장치가 있다.
- **주거용 주방자동소화장치** : 주거용 주방에 설치된 열발생 조리기구의 사용으로 인한 화재 발생 시 열원(전기 또는 가스)을 자동으로 차단하며 소화약제를 방출하는 소화장치

LPG(= LP가스통 = 프로판가스)를 사용하는 주방에서 가스 누출시... 누출된 가스가 바닥부터 차오를지? 천장부터 차오를지? 묻는 문제이다. LP가스는 공기보다 **무거워서**, 유출시 바닥에 가라앉는다. 따라서 탐지부는 바닥 면으로부터 30cm 이하의 위치에 설치한다.

> 시골의 주택은... 건물들이 낮으며, LPG(LP가스통)를 주로 사용한다. 따라서 공기보다 무거운 가스인 LPG는 **낮은 곳(바닥)**부터 차오른다.

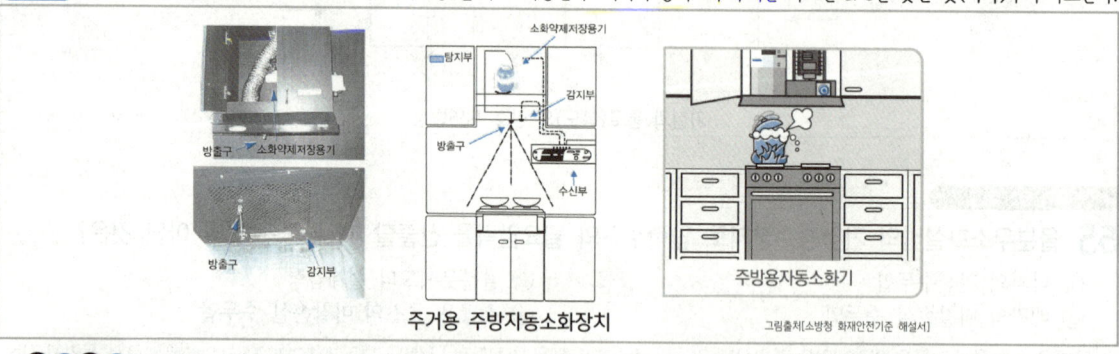

주거용 주방자동소화장치　　　주방용자동소화기

그림출처[소방청 화재안전기준 해설서]

> 함께공부

- **액화천연가스(LNG, Liquefied Natural Gas)**
  - 대기압에서 저온으로 액화된 물질로서, 우리가 사용하는 **도시가스**를 일컫는다.
  - 천연가스를 그 주성분인 **메탄(CH_4)**의 끓는점(-162℃) 이하로 냉각하여 액화하는 과정에서 부피가 1/600로 압축된 것.
  - **공기보다 가벼워서**(공기분자량=29, 메탄분자량=16) 유출시 천장에 떠오른다.[증기비중이 1보다(공기보다) **작다**(가볍다)]
  - 무색·무취의 기체로서 냄새가 없음으로, 누출시 쉽게 식별할 수 있도록 냄새를 첨가(부취제 사용)한다.
- **액화석유가스(LPG, Liquefied Petroleum Gas)** : 우리가 사용하는 **LP가스통**(프로판가스), **부탄가스**의 총칭이다.
  - 유전에서 석유와 함께 나오는 **프로판(C_3H_8)**과 **부탄(C_4H_{10})**을 주성분으로 한 가스를 상온에서 압축하여 액체로 만든 연료이다.
  - **공기보다 무거워서**(공기분자량=29, 프로판분자량=44) 유출시 바닥에 가라 앉는다.[증기비중이 1보다(공기보다) **크다**(무겁다)]
  - 무색·무취의 기체로서 냄새가 없음으로, 누출시 쉽게 식별할 수 있도록 냄새를 첨가(부취제 사용)한다.

단어가 답인 문제
67 물분무소화설비의 소화작용이 아닌 것은?

① 부촉매작용 ② 냉각작용 ③ 질식작용 ④ 희석작용

- **물분무 소화설비** : 물을 안개모양으로 방사해 가스와 비슷한 형태를 가지므로, 전기의 부도체(전기가 통하지 않는 물체)로서 전기시설물에 설치가 가능한 자동식 수계소화설비
- **냉각작용** : 물분무소화설비를 통해 무상(안개상)으로 화염주변에 주수하면 탱크주변의 온도를 떨어트려 냉각효과가 발생해 유류화재에도 사용할 수 있다.
- **질식작용** : 물분무가 공기중의 산소와 섞이면... 공기중 산소의 농도를 떨어트리는 질식작용을 한다.
- **희석작용** : 물분무는 가스와 비슷한 성질을 가지므로 화재실에 방사시... 가연성증기(분해가스)의 농도를 희석시켜(농도를 엷게 하여) 연소하한계 이하로 떨어뜨려 소화할 수 있다.

화학적 소화의 방법(=억제소화, 부촉매소화)
- 활성라디칼(활성기, Free radical)을 흡수하여 연소의 4요소인 순조로운 연쇄반응을 억제하여 소화하는 방법으로 정촉매의 반대인 부촉매소화라고도 한다.
- 할론계 소화약제, 분말소화약제 등을 이용한 소화방법이다. 물분무에 의한 소화방법은 아니다.

숫자가 답인 문제 ★★
68 소화용수설비에서 소화수조의 소요수량이 20m³ 이상 40m³ 미만인 경우에 설치하여야 하는 채수구의 개수는?

① 1개 ② 2개 ③ 3개 ④ 4개

- **소화수조 또는 저수조** : 소방대가 화재진압시 사용하는 소방용수가 담긴 수조로서, 소화에 필요한 물을 항시 채워두는 것을 말한다.
- **소화수조(저수조)의 물을 소방차에 공급받는 방법**
  ① **흡수관 투입구** : 소방차에는 물을 흡입할 수 있는 흡수관이 있다. 이 흡수관을 지하수조에 직접 담궈서 물을 흡수할 수 있도록 만든 사각형(한 변이 0.6m 이상)이나 원형(직경이 0.6m 이상)의 구멍(맨홀)
  ② **채수구** : 소방차의 소방호스와 접결되는 흡수구(나사식 금속결합구)로서, 채수구를 통해 수화수조의 물을 소방차에 공급 받는다.
     ㉠ **옥상수조** : 옥상 또는 옥탑의 부분에 설치된 경우, 지상에 설치된 채수구에서의 압력이 0.15 MPa 이상이 되면 설치가능
     ㉡ **지하수조** : 소화수조에 별도의 펌프를 설치하여, 지하수조에서 연결된 배관을 통하여 채수구에서 물을 공급 받는다.

소화수조의 소요수량(물저장량)에 따른 채수구의 설치개수 기준

소요수량	20m³ 이상 40m³ 미만	40m³ 이상 100m³ 미만	100m³ 이상
채수구의 수	1 개	2 개	3 개

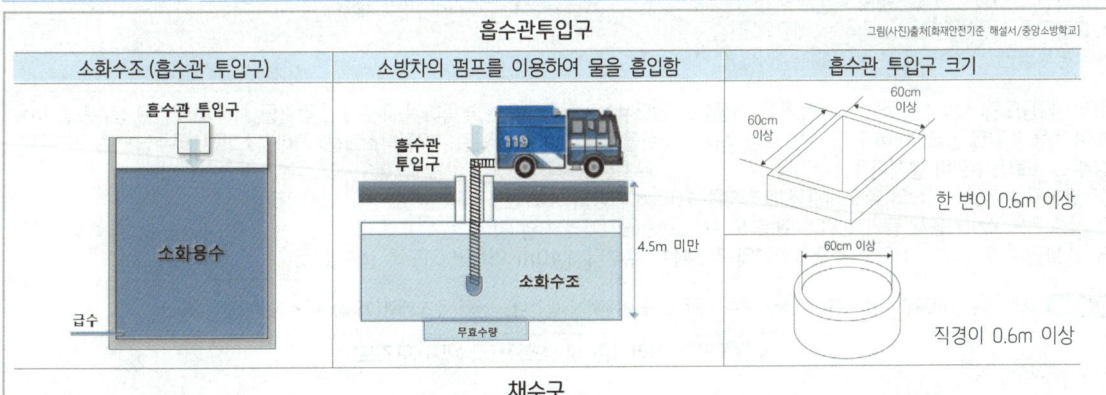
흡수관투입구

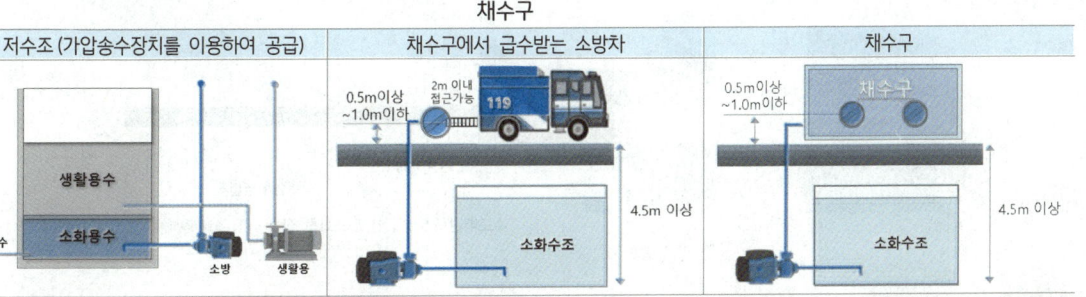
채수구

숫자가 답인 문제 ★

69 분말소화설비의 분말소화약제 1kg당 저장용기의 내용적 기준으로 틀린 것은?

① 제1종 분말 : 0.8L　② 제2종 분말 : 1.0L　③ 제3종 분말 : 1.0L　④ **제4종 분말 : 1.8L**
　　　　　　　　　　　　　　　　　　　　　　　　　　　　　　　　　　　　　1.25 L

- **분말소화설비** : 분말소화설비는 미세한 분말입자를 별도 추진가스(질소 또는 이산화탄소)의 압력으로 방사하여 소화하는 설비이다.
- **가압방식**(압력을 가하여 약제를 이송하는 방식)에 따라 축압식설비(추진가스 약제용기내 같이)와 가압식설비(추진가스 별도용기에 따로)로 구분

1. **충전비(L/kg)=내용적** : 충전하는 약제 무게(kg)당 용기체적(L)으로서, 용기내 분말소화약제를 얼마나 채울 수 있는지의 문제이다. 분말소화약제 저장용기의 **충전비는 0.8 이상**이다. (충전비가 클수록 저장약제량은 감소하고, 충전비가 작을수록 저장약제량은 증가한다)
2. **분말소화약제 저장용기의 내용적**(=충전비)

소화약제의 종별	소화약제 1kg당 저장용기의 내용적
제1종 분말(탄산수소나트륨을 주성분으로 한 분말)	0.8 L
제2종 분말(탄산수소칼륨을 주성분으로 한 분말)	1 L
제3종 분말(인산염을 주성분으로 한 분말)	1 L
제4종 분말(탄산수소칼륨과 요소가 화합된 분말)	**1.25 L**

3. 이산화탄소소화약제 충전비의 예
   - 이산화탄소소화약제 고압식 저장용기의 충전비는... **1.5 이상 ~ 1.9 이하**에 해당한다. 충전비에 따른 이산화탄소소화약제를 68L의 일반적 용기에 얼마나 채울 수 있는지를 계산하면...

   $\dfrac{68L}{1.5L/kg} = 45kg$ ~ $\dfrac{68L}{1.9L/kg} = 35.8kg$ 즉, 고압식은 68L 용기에 35.8kg ~ 45kg 저장가능 (충전비가 커지면 약제량 감소)

   - **저압식**(대형저장탱크 1개에 소화약제 저장) 충전비는 **1.1 이상 ~ 1.4 이하**로 규정되어 있기 때문에... 고압식 보다 더 많은 양의 이산화탄소를 저장할 수 있다.

숫자가 답인 문제 ★★★

70 다음은 상수도소화용수설비의 설치기준에 관한 설명이다. ( ) 안에 들어갈 내용으로 알맞은 것은?

호칭지름 75mm 이상의 수도배관에 호칭지름 ( )mm **이상의 소화전**을 접속 할 것

① 50　② 80　③ **100**　④ 125

- **상수도 소화용수설비** : 소방대가 화재진압시 사용하는 소방용수로서, 특정소방대상물의 지하에 지름 75mm 이상의 상수도용 배관이 매설된 경우... 그 배관에 지상식소화전, 지하식소화전, 급수탑을 연결하여 소방차에 소방용수를 공급받는 설비이다.
- **소화전** : 소화용수(소화설비용 물) 또는 소방용수(소방대 화재진압용 물)를 공급받기 위한 설비
- **호칭지름** : 일반적으로 표기하는 배관의 직경
- **수평투영면** : 건축물을 수평으로 투영하였을 경우의 면

화재진압용도의 소방차는 물탱크 내에 물을 저장하고 있으나, 그 물만으로는 부족하기 때문에... 건축물 지하에 매설된 상수도를 이용하여 물을 추가로 공급받아야 한다. 상수도를 이용해 수돗물을 공급받는 방식은... 지상식소화전, 지하식소화전, 급수탑으로 구분된다.

상수도 소화용수설비 설치기준
1. 호칭지름 **75mm 이상의 수도배관**에 호칭지름 **100mm 이상의 소화전**을 접속할 것
2. 소화전은 소방자동차 등의 진입이 쉬운 도로변 또는 공지에 설치할 것
3. 소화전은 특정소방대상물의 **수평투영면의 각 부분으로부터 140m 이하**가 되도록 설치할 것

암기탑! 소화전배관(100mm)이 수도배관(75mm) 보다 커야 물을 시원하게 받는다. ➡ 수도배관(75mm) 《 소화전배관(100mm)

수평투영면 거리기준 및 소화전(급수탑) 구조도

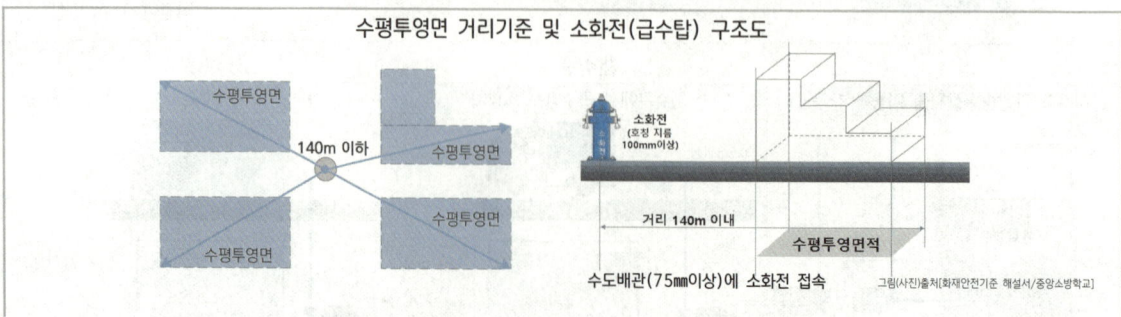

그림(사진)출처[화재안전기준 해설서/중앙소방학교]

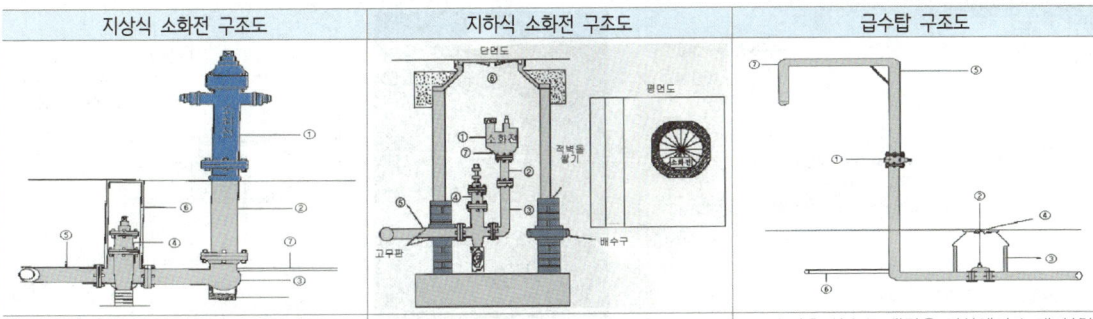

지상식 소화전 구조도	지하식 소화전 구조도	급수탑 구조도
• 지면에 스탠드형으로 노출하여 설치 • 맨 상단의 밸브나사를 스패너를 이용해 회전시켜 개방한다. • 지상으로 돌출되어 있기 때문에, 소화전의 위치를 찾기가 쉬우며, 사용이 간편하다.	• 지하의 전용맨홀에 설치하여 사용 • 지상에서 T자형의 전용파이프를 설치한 후 호스연결하고, 지상에서 밸브 개폐하여 사용 • 지하에 매설되어 있기 때문에 보행 및 교통에 지장이 없지만, 위치를 찾기가 어렵다.	• 급수탑은 상수도 배관을 지상에서 높게 설치하여, 소방차 위쪽에 설치된 물탱크 맨홀을 통해 물을 공급받을 수 있도록 만든 설비이다. • 그림①의 개폐밸브를 열어서 급수 받는다. • 소방차량에 급수시 가장 용이하다.

문장이 답인 문제 ★★

71 특별피난계단의 계단실 및 부속실 제연설비의 화재안전기준에 대한 내용으로 틀린 것은?

① 제연구역과 옥내와의 사이에 유지하여야 하는 최소차압은 40Pa 이상으로 하여야 한다.
② 제연설비가 가동되었을 경우 출입문의 개방에 필요한 힘은 110N 이상으로 하여야 한다. (이하로)
③ 계단실과 부속실을 동시에 제연하는 경우 부속실의 기압은 계단실과 같게 하거나 부속실과 계단실의 압력차이가 5Pa 이하가 되도록 하여야 한다.
④ 계단실 및 그 부속실을 동시에 제연하거나 또는 계단실만 단독으로 제연할 때의 방연풍속은 0.5m/s 이상이어야 한다.

특별피난계단의 계단실 및 부속실 제연설비
• 특별피난계단의 **계단실·부속실** 및 **비상용 승강기의 승강장**에 신선한 공기를 급기(유입)하여 **연기가 침투하지 못하도록** 하여 피난을 용이하게 만드는 설비
• 피난로 및 피난공간의 안전성을 확보하여 인명안전은 물론 소방관의 소화 및 구조 활동을 원활하게 하는 데에 그 목적이 있다.
• 급기가압 제연설비라고도 하며... 특정소방대상물의 **제연구역 내**(계단실, 부속실 또는 비상용승강기의 승강장)에 신선한 공기를 주입하여 **옥내**(화재발생 부분)보다 압력을 높게 하여 화재 시 발생한 연기 또는 열기가 제연구역으로 확산, 침투하지 못하도록 하는 설비이다.

옥내(거실, 통로 등)에서 발생된 화재로 인해, 제연구역(부속실, 계단실 등)으로 연기가 유입되지 못하도록 하는 방법은... **제연구역의 압력을 옥내보다 높게 유지**(차압)하는 방법이다. 그에 따라 아래와 같은 규정들이 필요하게 된다.
① 제연구역과 옥내와의 사이에 유지하여야 하는 차압(압력의 차이)
  → **최소차압은 40Pa 이상**
  → 옥내에 스프링클러설비가 설치된 경우에는 **12.5Pa** 이상(물이 방수되면 온도가 하강하여 옥내 압력도 하강하기 때문)
② 제연설비가 가동되었을 경우 출입문의 **개방에 필요한 힘은 110N 이하**로 하여야 한다.
  → 최소차압 기준이 40Pa 이상인데... 압력의 차이를 너무 높이게 되면, 옥내에서 부속실로 **피난시 출입문 개방이 어려워지기 때문**에... 최대압력 기준을 출입문 개방에 필요한 힘인 110N(힘의 단위) 이하로 규정하였다.
    즉, 지문에서처럼 110N 이상이 되어 너무 커지게 되면... 출입문을 개방할 수 없게 된다.
③ 계단실과 부속실을 **동시에 제연**하는 경우(동시에 가압하는 경우) **부속실의 기압**은 계단실과 같게 하거나(동일한 압력이거나) 계단실의 기압보다 낮게 할 경우에는 **부속실과 계단실의 압력차이는 5Pa 이하**(계단실의 압력보다 부속실의 압력을 조금 낮게 설정) 되도록 하여야 한다. → 계단실의 압력이 부속실 보다 너무 낮아서는 곤란하다.(계단실은 최종 피난안전구역에 해당하므로)
④ **제연구역의 선정방식에 따라...** 계단실 및 그 부속실을 동시에 제연하는 것 또는 계단실만 단독으로 제연하는 것
  → 방연풍속(연기를 유입을 유효하게 방지할 수 있는 풍속) **0.5m/s 이상**

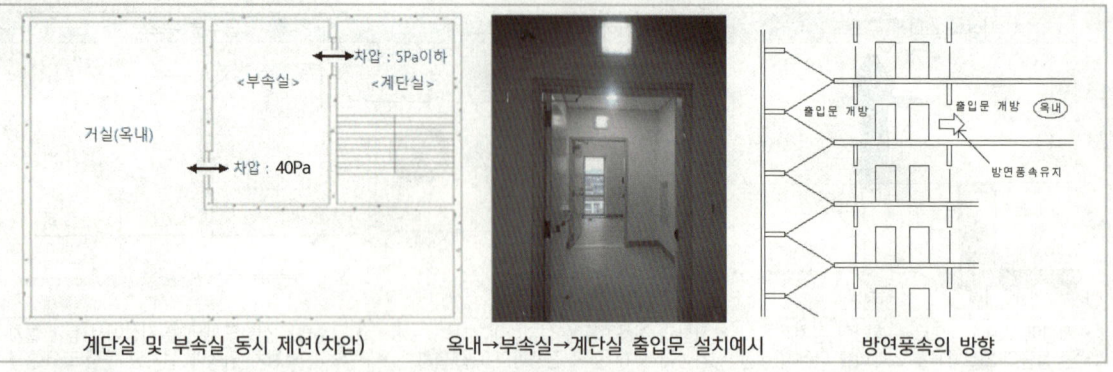

| | 계단실 및 부속실 동시 제연(차압) | 옥내→부속실→계단실 출입문 설치예시 | 방연풍속의 방향 |

함께공부

1. "제연구역의 선정방식"이란 "특별피난계단의 계단실 및 부속실 제연설비"를 설치하여 관리할 대상이… 건물 내 어디 인지를 선정하는 것을 말한다. 즉 건축물 내에서… 제연구역으로 선정된 구역만 "특별피난계단의 계단실 및 부속실 제연설비"를 설치한다는 의미이다.
2. 제연구역의 선정
   ① 계단실 및 그 부속실을 동시에 제연 하는 것
   ② 부속실만을 단독으로 제연 하는 것
   ③ 계단실 단독제연하는 것
   ④ 비상용승강기 승강장 단독 제연 하는 것
3. 방연풍속이란 옥내(거실, 통로 등)로부터 발생된 연기가, 제연구역내(부속실, 계단실 등)로 유입되지 않도록… 제연구역에서 옥내의 방향으로 발생되는 풍속(연기를 유입을 유효하게 방지할 수 있는 풍속)을 말한다.
4. 방연풍속은 제연구역의 선정방식에 따라 다음 표의 기준에 따라야 한다.

제연구역		방연풍속
계단실 및 그 부속실을 **동시**에 제연하는 것 또는 **계단실만** 단독으로 제연하는 것		0.5m/s 이상
부속실만 단독으로 제연하는 것 또는 비상용승강기의 **승강장만** 단독으로 제연하는 것	부속실 또는 승강장이 면하는 옥내가 **거실**인 경우	0.7m/s 이상
	부속실 또는 승강장이 면하는 옥내가 **복도**로서 그 구조가 방화구조(내화시간이 30분 이상인 구조를 포함한다)인 것	0.5m/s 이상

숫자가 답인 문제

72 스프링클러설비의 가압송수장치의 정격토출압력은 하나의 헤드선단에 얼마의 방수압력이 될 수 있는 크기이어야 하는가?

① 0.01MPa 이상 0.05MPa 이하
② **0.1MPa 이상 1.2MPa 이하**
③ 1.5MPa 이상 2.0MPa 이하
④ 2.5MPa 이상 3.3MPa 이하

- 스프링클러설비 : 화재발생시 화재를 자동으로 감지하여 피난을 위한 경보를 발하고, 습식·건식·준비작동식·일제살수식 밸브가 개방되면, 유수의 흐름으로 인하여 펌프가 기동되고, 개방된 헤드를 통해 소화수를 방수하여 소화하는 자동식 수계소화설비
- 가압송수장치 : 압력을 가해서(가압) 물을 이송하는(송수) 장치로서 그 종류로는 펌프(전동기 또는 내연기관과 연결된 원심펌프), 고가수조(높은 곳에 설치된 수조), 압력수조(강한 공기압 이용), 가압수조(압력수조의 간소화 설비) 등의 방식이 있다.
- 펌프 성능시험 용어정리
  - 전양정(= 총양정 = 양정)의 의미 : 기준에 필요한 압력을 낼 수 있는 값을 높이(m)로 계산한 수치
    * 양정 = 수두 = mH_2O = m
  - 정격토출압력 : 수직으로 물을 올릴 수 있는 능력으로 펌프 몸체에 양정으로 표시된다.
    〈예시〉 양정 50m이면 정격토출압력은 0.5MPa 이 된다.
  - 정격토출량(유량) : 시간당 퍼낼 수 있는 물의 양으로서, 통상적으로 펌프 몸체에 분당 토출량[L/min]으로 표시된다.
    〈예시〉 옥내소화전 2개에서 소화수를 방사하고 있을 때 법정 토출량은 2 × 130L/min(법정방수량) = 260L/min 이 된다.

스프링클러설비 정격토출압력(방수압력) → 하나의 헤드선단에서 0.1MPa 이상 ~ 1.2MPa 이하

숫자가 답인 문제 ★★

73 스프링클러설비의 교차배관에서 분기되는 지점을 기점으로 한쪽 가지배관에 설치되는 헤드는 몇 개 이하로 설치하여야 하는가? (단, 수리학적 배관방식의 경우는 제외한다.)

① 8　　② 10　　③ 12　　④ 18

- **스프링클러설비** : 화재발생시 화재를 자동으로 감지하여 피난을 위한 경보를 발하고, 습식·건식·준비작동식·일제살수식 밸브가 개방되면, 유수의 흐름으로 인하여 펌프가 기동되고, 개방된 헤드를 통해 소화수를 방수하여 소화하는 자동식 수계소화설비
- **배관의 종류** : 배관이란 물이 이송되는 관을 말한다.
  - **주배관** : 각 층을 수직으로 관통하는 수직배관(입상관)
  - **수평주행배관** : 교차배관에 급수하는 배관
  - **교차배관** : 직접 또는 수직배관을 통하여 가지배관에 급수하는 배관
  - **가지배관** : 헤드가 설치되어 있는 배관

교차배관에서 분기되는 지점을 기점으로 **한 쪽 가지배관에 설치되는 헤드의 개수는 8개 이하**로 하여야 한다.
(반자 아래와 반자속의 헤드를 하나의 가지배관 상에 병설하는 경우에는 반자 아래에 설치하는 헤드의 개수)
→ 8개를 초과하여 설치하게 되면... **가지배관의 구경이 너무 커져**, 가지배관으로 인한 **살수장애를 초래**할 수 있으며... 또한 배관의 **길이가 너무 길어져 압력손실이 증가**하므로 인해, 헤드에서 필요한 방수압에 도달하기 어려워지기 때문이다.

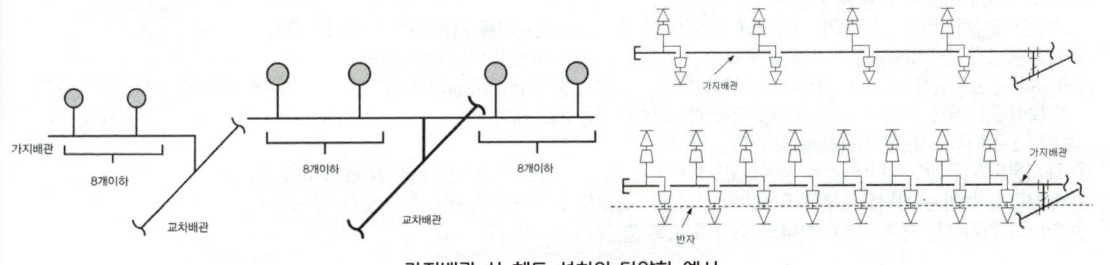

가지배관 상 헤드 설치의 다양한 예시

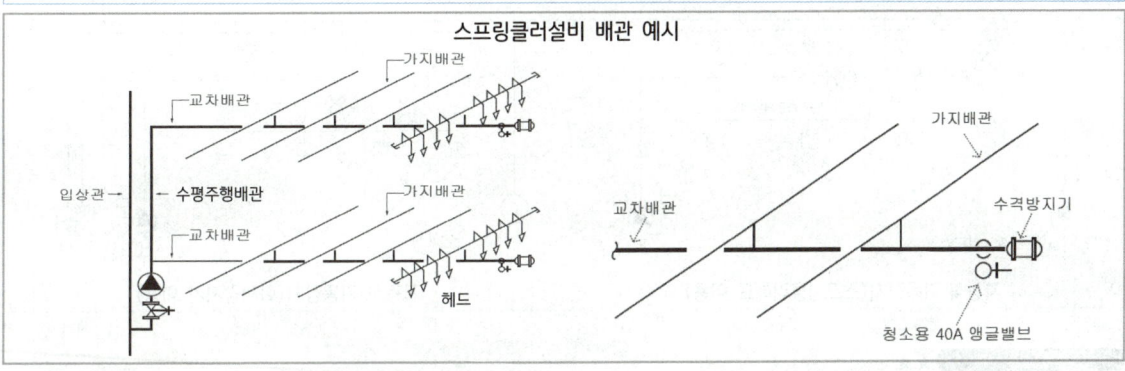

스프링클러설비 배관 예시

숫자가 답인 문제

74 지상으로부터 높이 30m가 되는 창문에서 구조대용 유도 로프의 모래주머니를 자연낙하 시킨 경우 지상에 도달할 때까지 걸리는 시간(초)은?

① 2.5　　② 5　　③ 7.5　　④ 10

- **구조대** : 포지 등을 사용하여 자루형태로 만든 것으로서 화재시 사용자가 그 내부에 들어가서 내려옴으로써 대피할 수 있는 것
- **경사강하식 구조대** : 소방대상물에 비스듬하게 고정시키거나 설치하여 사용자가 미끄럼식으로 내려올 수 있는 구조대로서 단시간에 많은 인명을 구조할 수 있도록 설치된다.
- **수직강하식 구조대** : 소방대상물 주위에 설치 공간이 부족할 때... 수직으로 구조대를 설치하여 타고 내려오는 것으로서, 경사강하식 구조대에 비해 적은 공간을 차지하지만, 어린이 및 노약자 등 체격이 왜소한 사람의 경우 속도감속이 덜하여 손상을 입을 수 있다.

자연 낙하시 걸리는 시간(초)은 아래와 같은 공식을 통해 구할 수 있다.

낙하거리$(h) = \frac{1}{2} \times g(중력가속도 = 9.8) \times t^2(시간)$ → $t(\sec) = \sqrt{\dfrac{h}{\dfrac{g}{2}}} = \sqrt{\dfrac{30\,m}{\dfrac{9.8\,m/s^2}{2}}} = 2.47\,\sec ≒ 2.5\,\sec$

> 숫자가 답인 문제 ★★★

75 포소화설비의 자동식 기동장치에서 폐쇄형스프링클러헤드를 사용하는 경우의 설치기준에 대한 설명이다. ㉠~㉢의 내용으로 옳은 것은?

- 표시온도가 (㉠)℃ 미만인 것을 사용하고, 1개의 스프링클러헤드의 경계면적은 (㉡)㎡ 이하로 할 것
- 부착면의 높이는 바닥으로부터 (㉢)m 이하로 하고, 화재를 유효하게 감지할 수 있도록 할 것

① ㉠ 68, ㉡ 20, ㉢ 5   ② ㉠ 68, ㉡ 30, ㉢ 7   ③ ㉠ 79, ㉡ 20, ㉢ 5   ④ ㉠ 79, ㉡ 30, ㉢ 7

- **포소화설비** : 수조로부터 공급된 물과 포약제 저장탱크에서 공급된 포원액을, **혼합기(프로포셔너)**에서 믹싱해 포수용액을 만들어, 포 방출구에서 공기와 섞어진 후 발포되어 거품을 방사하는 형태의 소화설비로서 유류탱크 등 위험물에 주로 사용된다.
- **헤드** : 빗방울 형태로 대량으로 물을 뿌리면서 방수하는 역할을 하는 장치
  - **폐쇄형헤드** : 정상상태에서 방수구를 막고 있는 감열체가 일정온도에서 자동적으로 파괴·용해 또는 이탈됨으로써 방수구가 개방되는 헤드(화재시 개방된 헤드에서만 물이 방수된다)
  - **개방형헤드** : 감열체 없이 방수구가 항상 열려져 있는 헤드(화재시 설치된 모든 헤드에서 물이 방수된다)
- **자동화재탐지설비** : 화재를 자동으로 감지하여 벨(경종), 사이렌, 성광으로 경보하여 피난을 유도하는 설비로서, 하나의 건물내에 경계구역(=화재감지구역=화재경보구역)을 여러개 나누어 화재구역과 비화재구역으로 구분하여 제어하는 설비이다.

1. 포소화설비의 자동식 기동장치 방식
   ① 자동화재탐지설비의 감지기가 작동하면... 전기적으로... 포소화설비를 자동으로 기동하는 방식
   ② 폐쇄형 스프링클러헤드의 개방과 연동하여... 포소화설비를 자동으로 기동하는 방식
   → 폐쇄형 스프링클러헤드가 화재에 의해 개방되면... 소량의 물 또는 압축공기가 방출되어... 배관에 걸려있던 압력이 해정되고... 압력으로 누르고 있던, 포소화설비 자동개방밸브를 자동으로 개방시켜... 포소화설비를 작동시킨다.
2. 폐쇄형스프링클러헤드를 사용하는 경우 다음의 기준에 따를 것
   ① **표시온도가 79℃ 미만**인 것을 사용하고, 1개의 스프링클러헤드의 **경계면적은 20㎡ 이하**로 할 것
   ② **부착면의 높이는 바닥으로부터 5m 이하**로 하고, 화재를 유효하게 감지할 수 있도록 할 것
   ③ 하나의 감지장치 **경계구역은 하나의 층**이 되도록 할 것

> 암기팁! 표시온도 79℃ 미만 / 경계면적 20㎡ 이하 / 부착면높이 5m 이하 ➡ 칠구(79) 미만 / 이(2) / 오(5) ➡ 친구 미안 이요

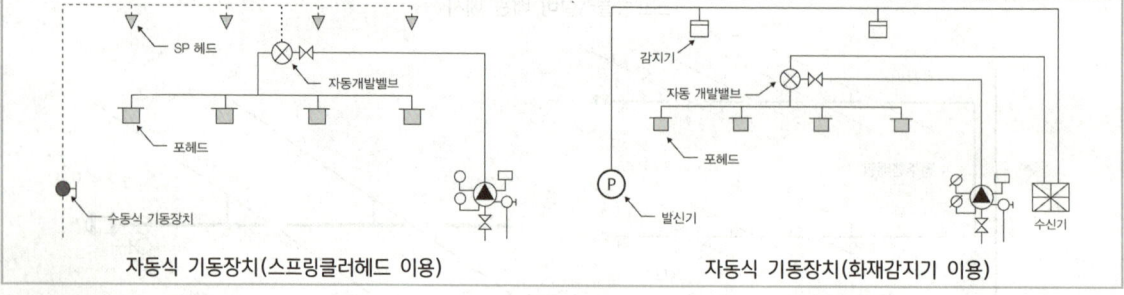

자동식 기동장치(스프링클러헤드 이용)   자동식 기동장치(화재감지기 이용)

> 숫자가 답인 문제 ★★

76 다음은 포소화설비에서 배관 등 설치기준에 관한 내용이다. ㉠ ~ ㉢ 안에 들어갈 내용으로 옳은 것은?

- 연결송수관설비의 배관과 겸용할 경우의 주배관은 구경 100mm 이상, 방수구로 연결되는 배관의 구경은 (㉠)mm 이상인 것으로 하여야 한다.
- 펌프의 성능은 체절운전시 정격토출압력의 (㉡)%를 초과하지 않아야 하고, 정격토출량의 150%로 운전시 정격토출압력의 (㉢)% 이상이 되어야 한다.

① ㉠ 40, ㉡ 120, ㉢ 65   ② ㉠ 40, ㉡ 120, ㉢ 75   ③ ㉠ 65, ㉡ 140, ㉢ 65   ④ ㉠ 65, ㉡ 140, ㉢ 75

- **포소화설비** : 수조로부터 공급된 물과 포약제 저장탱크에서 공급된 포원액을, **혼합기(프로포셔너)**에서 믹싱해 포수용액을 만들어, 포 방출구에서 공기와 섞어진 후 발포되어 거품을 방사하는 형태의 소화설비로서 유류탱크 등 위험물에 주로 사용된다.
- **연결송수관설비** : 소방차에서 연결송수관 송수구에 물을 공급하면 그 공급된 물을, 연결송수관설비 방수구에 호스를 연결하여 옥내소화전처럼 사용하는 소방대 전용 설비로서, 고층부 화재진압에 효과적인 본격 화재진압설비
  - **방수구** : 소화용수를 방수하기 위하여 건물내 벽 또는 구조물의 벽에 설치하는 관에 연결된 배관구멍
  - **송수구** : 소화용수를 보급하기 위하여 건물 외벽 또는 구조물의 외벽에 설치하는 배관과 연결된 구멍
- 펌프 성능시험 용어정리
  - **전양정(= 총양정 = 양정)**의 의미 : 기준에 필요한 압력을 낼 수 있는 값을 높이(m)로 계산한 수치
    * 양정 = 수두 = mH_2O = m

- **정격토출압력** : 수직으로 물을 올릴 수 있는 능력으로 펌프 몸체에 양정으로 표시된다.
  〈예시〉 양정 50m이면 정격토출압력은 0.5MPa 이 된다.
- **정격토출량(유량)** : 시간당 퍼낼 수 있는 물의 양으로서, 통상적으로 펌프 몸체에 분당 토출량[L/min]으로 표시된다.
  〈예시〉 옥내소화전 2개에서 소화수를 방사하고 있을 때 법정 토출량은 2 × 130L/min(법정방수량) = 260L/min 이 된다.
- **펌프의 체절운전** : 펌프 토출측의 모든 밸브를 폐쇄시킨 상태에서 펌프를 운전하는 것을 체절운전이라 한다. 체절운전시 펌프토출측 압력이 상승하게 되는데... 이 때의 압력을 체절압력이라 하며, 체절압력(정격토출압력의 140%) 미만에서 릴리프밸브가 개방되어 설비를 보호할 수 있어야 한다.

1. 연결송수관설비와 배관을 **겸용**할 경우 → 주배관 : **100mm** 이상
   → 방수구로 연결되는 배관(가지배관) : **65mm** 이상
2. 펌프성능기준(유량과 양정과의 관계)
   펌프의 성능은 체절운전시 정격토출압력의 140%를 초과하지 않아야 하고, 정격토출량의 150%로 운전시 정격토출압력의 65% 이상이 되어야 한다.
   ① 체절운전시 배관과 설비를 보호하기 위해서... 정격토출압력의 **140%**를 초과하기 전에, 릴리브밸브를 통해 압력을 **방출**해야 한다.
   ② 펌프의 성능시험시 **정격토출량의 150%**로 운전 테스트를 실시하는바, 이 때 펌프의 정격토출압력은 65% 이상이 되어야 한다.

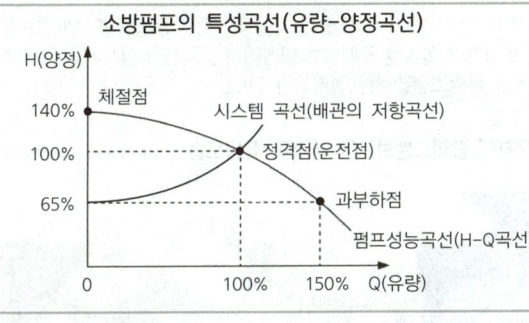

• 펌프의 성능시험운전
• 체절운전(무부하 운전 = 무부하 시험) ☞ 체절점(압력 140%)
  성능시험목적, 토출측 개폐밸브 폐쇄 → 펌프 공회전 운전
• 정격부하운전(시험) ☞ 정격점
  유량이 정격토출량의 100%일 때 운전(시험)
• 최대(과부하, 피크부하)운전(시험) ☞ 과부하점
  유량이 정격토출량의 150%일 때 운전(시험) → 압력 65%이상

숫자가 답인 문제 ★

77 옥내소화전이 하나의 층에는 6개, 또 다른 층에는 3개, 나머지 모든 층에는 4개씩 설치되어 있다. 수원의 최소 수량(m³) 기준은?
① 2.6   ② 5.2   ③ 7.8   ④ 10.4

• **옥내소화전설비** : 화재발생시 옥내소화전함을 개방하여 방수구와 연결된 호스를 전개한 후 앵글밸브를 개방하고, 화점을 향해 노즐을 개방하여 방사하는 형태의 수동식 수계소화설비
• **수원** : 물이 저장된 곳(수조에 저장할 물의 양)
• **옥상수조** : 펌프의 고장으로 인하여 지하수원을 사용할 수 없을 때... 옥상에 수조를 설치해, 자연낙차압에 의한 물을 공급하기 위해 산출된 유효수량(수원)의 3분의1 이상을 옥상에 설치한 수원설비

옥내소화전 수원 계산법
① 소화전이 하나의 층에 2개 이상 설치된 경우에는 2개까지만 계산한다.(가장 많은 층 기준)
② 소화전 1개의 방수량은 130L/min (분당 130리터) 이다.
③ 20min (20분)간 방수한다.
∴ $2 \times 130L/min \times 20min = 5200L = 5.2m^3$ 이상

소화전 사용법

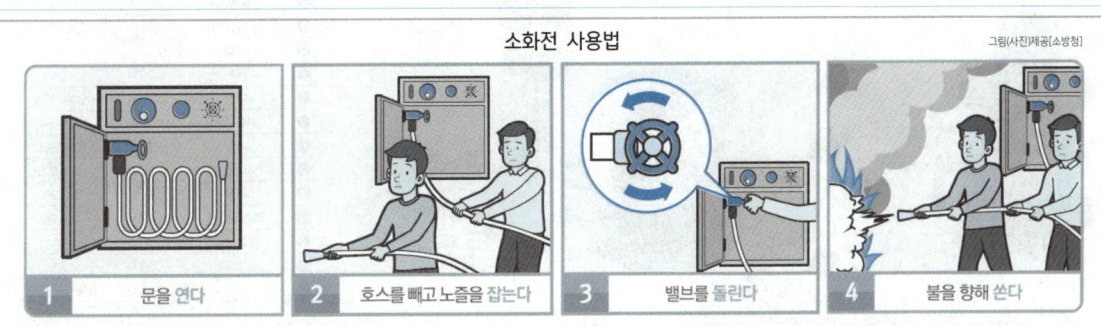

그림(사진제공[소방청])

1 문을 연다   2 호스를 빼고 노즐을 잡는다   3 밸브를 돌린다   4 불을 향해 쏜다

함께 공부

옥내소화전 수원 = 2(최대) × 130L/min × 20min 이상
→ 2(최대)의 의미 : 옥내소화전의 설치개수가 가장 많은 층의 설치개수(2개 이상 설치된 경우에는 2개) 즉, 1개 ~ 2개

단어가 답인 문제 ★

78 스프링클러설비의 누수로 인한 유수검지장치의 오작동을 방지하기 위한 목적으로 설치하는 것은?

① 솔레노이드 밸브　　② 리타딩 챔버　　③ 물올림 장치　　④ 성능시험배관

- **스프링클러설비** : 화재발생시 화재를 자동으로 감지하여 피난을 위한 경보를 발하고, 습식·건식·준비작동식·일제살수식 밸브가 개방되면, 유수의 흐름으로 인하여 펌프가 기동되고, 개방된 헤드를 통해 소화수를 방수하여 소화하는 자동식 수계소화설비
- **유수검지장치** : 습식유수검지장치(패들형을 포함한다), 건식유수검지장치, 준비작동식유수검지장치를 말하며 본체 내의 유수현상을 자동적으로 검지하여 신호 또는 경보를 발하는 장치
- **물올림장치** : 수조로부터 펌프로 연결된 흡입관내에 항상 물이 채워져 있어야, 수조의 물을 원활히 흡입하여 토출하는데... 어떤 원인(후드밸브 체크기능 불량에 의한 누수)에 의해 누수가 일어나는 경우, 수조의 물을 정상적으로 흡입하기 어렵다. 이 때 펌프와 흡입관에 물을 공급하는 장치가 물올림장치이다.
- **성능시험 배관**(펌프의 성능을 측정하는 배관) : 펌프 성능시험(정격토출량의 150%로 운전 테스트)을 실시할 때, 펌프 토출측의 개폐밸브를 폐쇄하고 성능시험을 실시해야 한다. 따라서 성능시험배관은 펌프의 토출측에 설치된 개폐밸브 이전에서 분기하여 설치하고, 유량측정장치(유량계)를 기준으로 전단 직관부에 개폐밸브를 후단 직관부에는 유량조절밸브를 설치해야 한다.

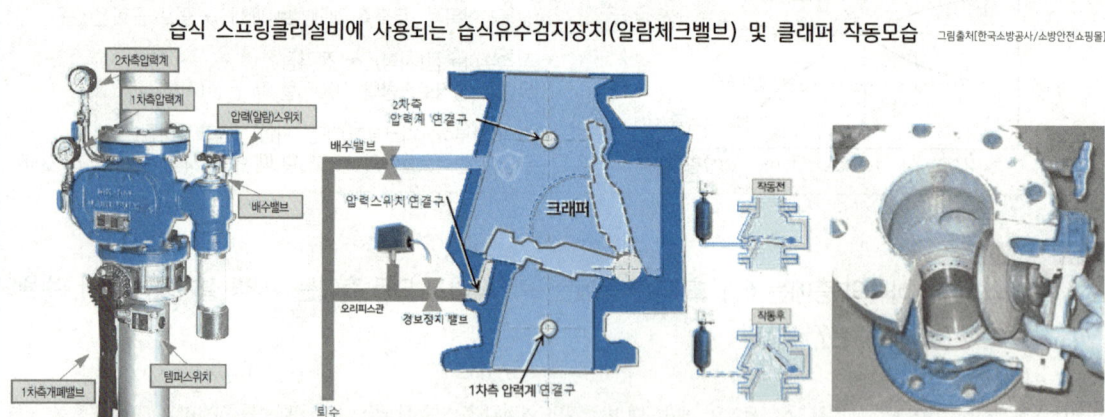

습식 스프링클러설비에 사용되는 습식유수검지장치(알람체크밸브) 및 클래퍼 작동모습

- 유수검지는 알람체크밸브를 사용하며, 밸브의 1·2차 측에는 가압수가 충수되어 있고, 폐쇄형 헤드를 사용한다.
- 본체 내부에는 클래퍼가 항상 닫혀진 상태로 유지되고 있으며, 평소 클래퍼 1·2차측에 작용되는 힘이 서로 균형을 이루다가 헤드에서의 유수에 의해 2차측의 압력이 낮아지면, 힘의 균형이 깨지면서 클래퍼가 개방된다.
- 화재가 발생하여 헤드가 개방되면 알람밸브 2차측의 물이 방출되어, 2차측이 저압이 되고 이 때 클래퍼(크래퍼)가 개방되어 1차측의 가압수가 2차측으로 유입되어 방수되는 방식

리타딩챔버(Retarding Chamber)

	부품명	재질	규격
❶	본체 조립품	GCD450	-
❷	U드레인밸브	-	24A
❸	알람스위치	-	-
❹	압력게이지	-	PT ¼"
❺	리타딩챔버	SPPS	2.8L, 0.9L
❻	니들밸브	-	8A
❼	티	C3604	8A
❽	부싱	C3604	20A-10A
❾	부싱	C3604	15A-8A
❿	니플	SPPS	8A-130L
⑪	니플	SPPS	8A-50L
⑫	니플	SPPS	8A-26L
⑬	리스트릭션	C3604	8A, 3D
⑭	슬립니플	C3604	8A
⑮	슬립너트	C3604	8A
⑯	동관	C1220	6.35D - 530L

- 알람밸브(=알람체크밸브=자동경보밸브)에 연결된 약 1L 크기의 용기로서, 누수 등의 원인에 의해 클래퍼가 열려 소량의 물이 유입되면 하부로 자동배수되어 오작동을 방지한다.
  그러나 헤드가 개방되어 다량의 물이 유입되면, 리타딩챔버 전체에 물이 충전되어 챔버 상단의 압력스위치가 작동되고 (내부압력상승), 수신기에 화재표시 신호가 송출되며 그에 따라 경보를 발하고 펌프를 기동시킨다.
- 설치목적
  - 누수 또는 수격으로 인한 **알람밸브의 오동작 방지 역할**
  - 과도한 압력을 오리피스를 통해 외부로 배출하는 안전밸브 역할
  - 수격작용 방지역할

① 준비작동식 스프링클러설비(솔레노이드 밸브는 준비작동식 스프링클러설비에 설치되는 부품이다)
- 유수검지는 프리액션밸브를 사용하고, 밸브 1차측에는 가압수가 충수되어 있으며, 2차측에는 대기압(저압)상태로 폐쇄형 헤드를 설치한다.
- 슈퍼비죠리판넬의 밸브개방스위치를 누르거나, 화재감지기의 작동(감지)으로 인하여 **솔레노이드밸브(전자개방밸브)가 작동되어 프리액션밸브가 전기적으로 개방**되면서 가압수를 2차측으로 송수시켜 놓았다가, 폐쇄형헤드의 감열부가 열에 의해 개방되면 헤드로부터 물이 살수된다.
- 습식설비의 동결우려와 건식설비의 살수개시시간지연에 대한 단점을 보완한 설비
- 슈퍼비죠리판넬(SVP, Super Visory Panel) : 준비작동식스프링클러설비의 수동기동장치로서 프리액션밸브의 주 조정장치이다.
- 슈퍼비죠리판넬에서 전기적인 신호로 **솔레노이드밸브**를 개방하여 프리액션밸브를 전기적인 방식으로 개방한다.

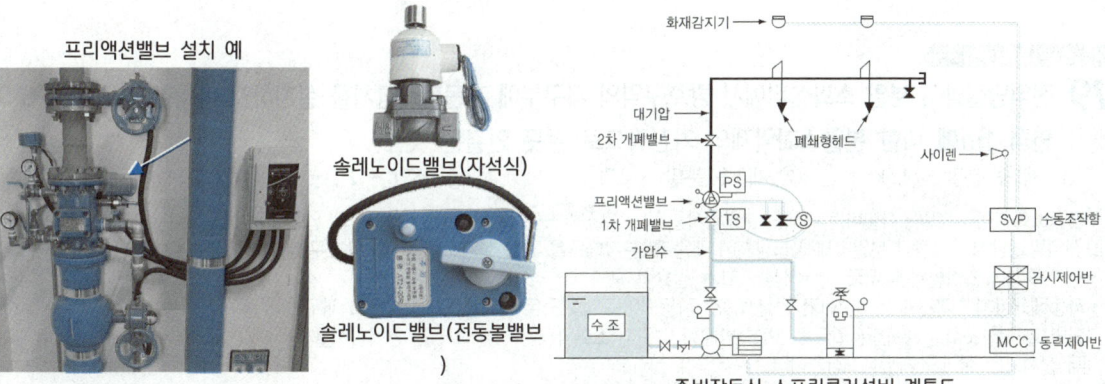

③ 물올림장치 배관

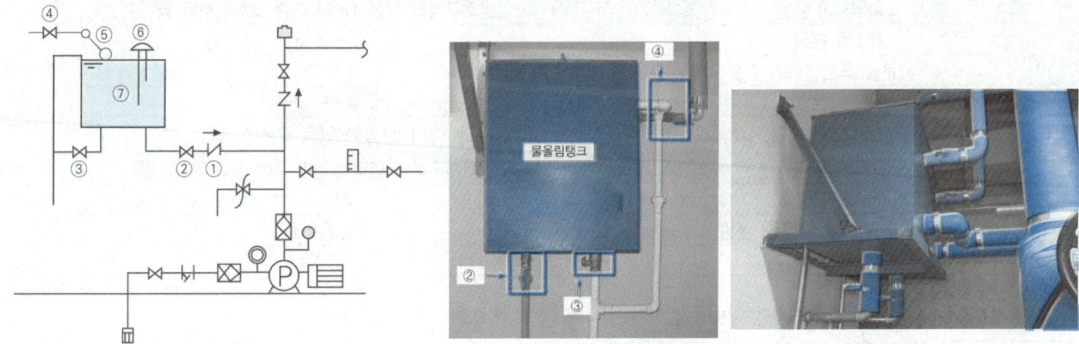

① 체크밸브 : 펌프기동 시 가압수가 물올림탱크로 역류되지 않도록 하기 위해서 설치
② 개폐밸브(물올림관) : 물올림관의 체크밸브 고장시, 물올림탱크 내 물을 배수하지 않고 체크밸브를 수리하기 위해 설치
③ 개폐밸브(배수관) : 물올림탱크의 청소, 점검시 배수를 위해 설치
④ 개폐밸브(물보급관) : 볼탑의 수리 및 탱크의 청소시 물공급을 중단하기 위해 설치
⑤ 볼탑 : 물올림탱크 내 물의 자동급수를 위해 설치
⑥ 감수경보장치 : 물올림탱크의 저수량 감소시 경보를 통해 알리는 장치
⑦ 물올림탱크 : 후드밸브~펌프사이에 물을 공급하기 위해, 물을 저장하기 위한 수조

④ 성능시험배관 및 순환배관

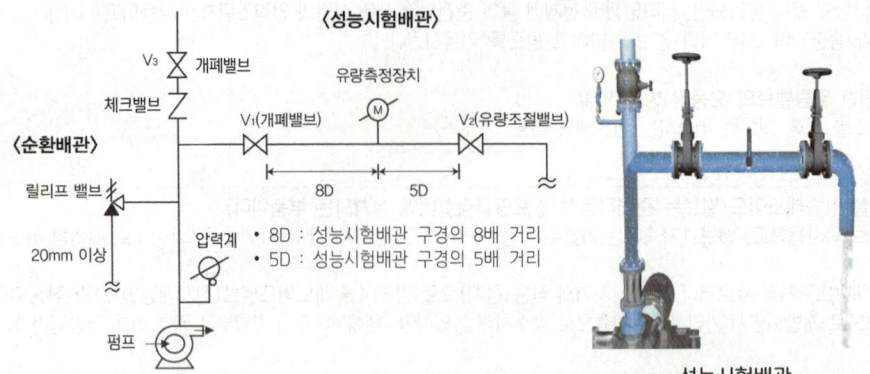

성능시험배관 / 순환배관 및 릴리프밸브

- 8D : 성능시험배관 구경의 8배 거리
- 5D : 성능시험배관 구경의 5배 거리

※ 구조도를 살펴보면... 체크밸브 이전에 순환배관(릴리프밸브)과 성능시험배관이 설치되어 있다.
※ **펌프의 체절운전** : 펌프 토출측의 모든 밸브를 폐쇄시킨 상태에서 펌프를 운전하는 것을 체절운전이라 한다. 체절운전시 펌프토출측 압력이 상승하게 되는데 이 때의 압력을 체절압력이라하며 체절압력 미만에서 릴리프밸브가 개방되어 설비를 보호할 수 있어야 한다.

숫자가 답인 문제

79 전역방출방식 분말 소화설비에서 방호구역의 개구부에 자동폐쇄장치를 설치하지 아니한 경우, 개구부의 면적 1㎡에 대한 분말소화약제의 가산량으로 잘못 연결된 것은?

① 제1종 분말 - 4.5kg　② 제2종 분말 - 2.7kg　③ 제3종 분말 - 2.5kg　④ 제4종 분말 - 1.8kg

- **분말소화설비** : 분말소화설비는 미세한 분말입자를 별도 추진가스(질소 또는 이산화탄소)의 압력으로 방사하여 소화하는 설비이다.
- **전역방출방식** : 고정식 분말약제 공급장치에 배관 및 분사헤드를 고정 설치하여, **밀폐 방호구역 전체에 분말약제를 방출하는 설비**
- **방호구역** : 소화범위에 따라 나누어진 소화가 필요한 구역
- **자동폐쇄장치** : 가스계 소화설비가 정상적으로 작동되어도 배기덕트나 창문, 환기팬 등의 개구부나 통기구를 통해 소화약제가 누출되면 화재를 소화할 수 없게 되므로, 이를 방지하기 위해 소화약제가 방출되기 전 환기장치를 정지하고 개구부를 폐쇄해야한다. 이 때 설치되는 설비가 자동폐쇄장치이다.

분말소화약제의 저장량(전역방출방식) 계산 → 아래 1.과 2.를 합산한 양 이상
1. 방호구역의 체적 1㎡에 대하여 다음 표에 따른 양

소화약제의 종별	방호구역의 체적 1㎡에 대한 소화약제의 양
제1종 분말	0.60 kg
제2종 분말 또는 제3종 분말	0.36 kg
제4종 분말	0.24 kg

2. 방호구역의 개구부에 자동폐쇄장치를 설치하지 아니한 경우 → 다음 표에 따라 산출한 양을 가산한 양

소화약제의 종별	가산량(개구부의 면적 1㎡에 대한 소화약제의 양)
제1종 분말	4.5 kg
제2종 분말 또는 제3종 분말	2.7 kg
제4종 분말	1.8 kg

암기팁! 제2종(제3종)과 제4종의 값을 합하면... 제1종 값이 된다. ➡ 0.36 + 0.24 = 0.6 / 2.7 + 1.8 = 4.5

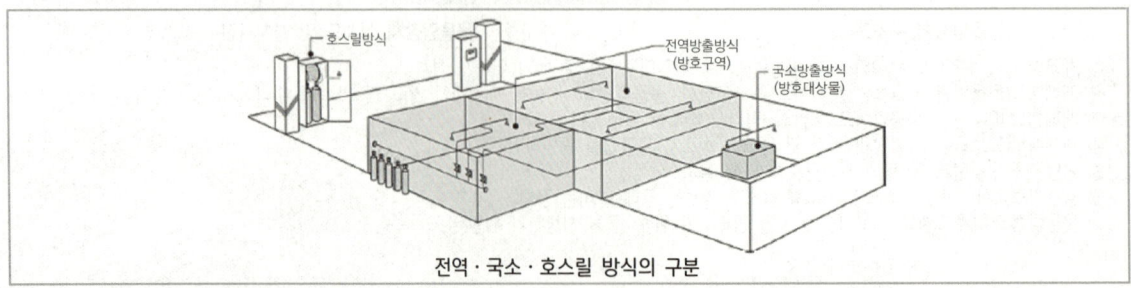

전역·국소·호스릴 방식의 구분

함께공부

분말 소화약제의 종류 및 성상

종별	주성분	색상	적응화재
제1종	탄산수소**나**트륨 (NaHCO$_3$)	백색	B, C
제2종	탄산수소**칼**륨 (KHCO$_3$)	담자색, 담회색	B, C
제3종	제1**인**산암모늄 = **인**산염 (NH$_4$H$_2$PO$_4$)	담홍색, 황색	A, B, C
제4종	탄산수소**칼**륨 + 요소 (KHCO$_3$+(NH$_2$)$_2$CO)	회색	B, C

암기팁! 나의 **칼**은 **인**간의 **칼**이다~ ➡ 나 칼 인 칼

숫자가 답인 문제 ★★

80 체적 100m³의 면화류 창고에 전역방출방식의 이산화탄소 소화설비를 설치하는 경우에 소화약제는 몇 kg 이상 저장하여야 하는가? (단, 방호구역의 개구부에 자동폐쇄장치가 부착되어 있다.)

① 12　　　　② 27　　　　③ 120　　　　④ 270

- **이산화탄소 소화설비** : 탄산가스(CO$_2$)를 소화약제로 이용하여 화재를 진압하는 가스계 소화설비로서 CO$_2$는 화학적으로 안정된 불연성가스이고, 화재실에 CO$_2$약제를 방출하면 공기중의 산소농도를 떨어뜨려 소화하는 질식소화가 대표적인 소화효과이다. 약제 저장방식(저장온도)에 따라 고압식설비와 저압식설비(영하 18℃이하)로 구분된다.
- **전역방출방식** : 고정식 이산화탄소 공급장치에 배관 및 분사헤드를 고정 설치하여, **밀폐 방호구역 전체**에 이산화탄소를 방출하는 설비
- **방호구역** : 소화범위에 따라 나누어진 소화가 필요한 구역
- **자동폐쇄장치** : 가스계 소화설비가 정상적으로 작동되어도 배기덕트나 창문, 환기팬 등의 개구부나 통기구를 통해 소화약제가 누출되면 화재를 소화할 수 없게 되므로, 이를 방지하기 위해 소화약제가 방출되기 전 환기장치를 정지하고 개구부를 폐쇄해야한다. 이때 설치되는 설비가 자동폐쇄장치이다.

이산화탄소소화설비 전역방출방식 심부화재(가연물 속으로 깊숙이 타고 들어가는 화재) **약제량 계산**

방호구역의 체적(m³) × 약제량(kg/m³) ─┬─ 1.3 [유압기 제외 전기설비 55m³이상, 케이블실]　　설계농도 50%
　　　　　　　　　　　　　　　　　　　├─ 1.6 [전기설비 55m³ 미만]　　　　　　　　　　　　　　　　50%
　　　　　　　　　　　　　　　　　　　├─ 2.0 [서고, 박물관, 목재가공품창고, 전자제품창고]　　　65%
　　　　　　　　　　　　　　　　　　　└─ **2.7** [석탄창고, **면화류창고**, 고무류창고, 모피창고, 집진설비]　75%
　+ [자동폐쇄장치 설치하지 않은 개구부면적(m²) × 10kg/m²] = kg(약제무게)

1. 조건정리
   - 방호구역의 체적(m³) = 100m³
   - 약제량(kg/m³) = 면화류창고의 규정된 약제량은 2.7kg/m³ 이다.
   - 자동폐쇄장치 설치하지 않은 개구부면적(m²) = 개구부에 자동폐쇄장치가 부착되어 있으므로 개구부 면적은 무시한다.
     = 0m² × 10kg/m² = 0kg
2. 이산화탄소 소화약제의 최소 저장량(kg) = 100m³ × 2.7kg/m³ + 0kg = **270kg**

암기팁! 석탄창고, 면화류창고, 고무류창고, 모피창고, 집진설비 ➡ 석면 고모집

함께공부

이산화탄소 소화설비 심부화재(전역방출방식) 약제량 계산

방호대상물	방호구역의 체적 1m³에 대한 소화약제의 양	설계농도(%)
유압기기를 제외한 전기설비, 케이블실	1.3kg	50
체적 55m³ 미만의 전기설비	1.6kg	50
서고, 전자제품창고, 목재가공품창고, 박물관	2.0kg	65
고무류·면화류창고, 모피창고, 석탄창고, 집진설비	2.7kg	75

2020년 제1·2회[통합] 답이색 해설편

1과목 소방원론

암기하면서 공부 할 문제 ★★

01 이산화탄소에 대한 설명으로 틀린 것은?

① 임계온도는 97.5℃이다.
② 고체의 형태로 존재할 수 있다.
③ 불연성가스로 공기보다 무겁다.
④ 드라이아이스와 분자식이 동일하다.

이산화탄소(탄산가스) = CO_2 = 분자량44 = 불연성 소화약제 = 질식소화 = 고체탄산(드라이아이스)
- CO_2는 임계온도가 높아 냉각하면 쉽게 액화된다 : 온도를 31.25℃(임계온도) 이하로 낮추고, 그에 상응하는 압력을 가하면 액화가 가능하다. 하지만 임계온도 이상이 되면 모두 기화되어 용기내의 압력이 급격히 상승한다.
- 공기(분자량=29)보다 1.5배 무거워서 화재시 가연물의 심부에까지 침투가 가능하다.
  CO_2분자량 계산[C=12, O=16] = 12 + (16×2) = 44   ∴ 44/29 ≒ 1.5[CO_2 증기비중]

함께공부
- 임계온도 : 기체를 액화시킬 수 있는 최고온도로서 CO_2를 액체화시키기 위해서는 CO_2를 31.25℃(임계온도) 이하로 유지시켜 주어야 한다.
- 고체탄산(드라이아이스)은 대기압(평상시 노출시=1기압)에서 -79[℃] 이하에서만 고체탄산으로 유지되며, 온도가 -79[℃] 이상이 되면 액체를 거치지 않고 곧바로 승화(고체가 액체를 거치지 않고 기체가 되는 현상)되어 증기로 변한다.

암기하면서 공부 할 문제 ★

02 다음 중 상온·상압에서 액체인 것은?

① 탄산가스
② 할론 1301
③ 할론 2402
④ 할론 1211

할론(Halon) 소화약제

종류	분자식	상온,상압	원자량	분자량 계산	증기비중 계산
할론 1301	CF_3Br	기체	(C×1개) + (F×3개) + (Br×1개)	12 + (19×3) + 80 = 149	149/29 = 5.13
할론 1211	CF_2ClBr	기체	(C×1개) + (F×2개) + (Cl×1개) + (Br×1개)	12 + (19×2) + 35.5 + 80 = 165.5	165.5/29 = 5.71
할론 2402	$C_2F_4Br_2$	액체	(C×2개) + (F×4개) + (Br×2개)	(12×2) + (19×4) + (80×2) = 260	260/29 = 8.96
할론 1011	CH_2ClBr	액체	(C×1개) + (H×2개) + (Cl×1개) + (Br×1개)	12 + (1×2) + 35.5 + 80 = 129.5	129.5/29 = 4.46
할론 104	CCl_4	액체	(C×1개) + (Cl×4개)	12 + (35.5×4) = 154	154/29 = 5.31

- NTP(자연상태) : 20℃, 1기압(atm) 상태 [상온, 상압 상태] – 국내기준

함께공부
이산화탄소(탄산가스, CO_2)는 일반물질과 달리 대기압하에서는 고체와 기체만 존재할 수 있고, NPT상태[상온, 상압 상태]에서는 기체이다. 온도를 31.25℃(임계온도) 이하로 낮추고, 그에 상응하는 임계압력 73 atm을 가하면 액화가 가능하다. 하지만 임계온도 이상이 되거나 그에 상응하는 압력보다 낮으면 모두 기화된다.

> 이해하면서 공부 할 문제 ★

03 물질의 화재 위험성에 대한 설명으로 틀린 것은?
① 인화점 및 착화점이 낮을수록 위험
② 착화에너지가 작을수록 위험
③ 비점 및 융점이 높을수록 위험 → 낮을수록
④ 연소범위가 넓을수록 위험

① 인화점 및 착화점이 낮을수록... 낮은 온도에서도 불이 붙을 수 있어... 위험하다.
② 착화에너지가 (착화에 필요한 에너지가) 작을수록... 쉽게 착화(발화)되므로... 위험하다.
③ 비점 및 융점이... **낮을수록**... 액체는 빨리 끓고, 고체는 빨리 녹으므로... 위험하다.
④ 연소범위는 넓을수록... 연소(폭발)를 일으킬 수 있는 범위가 넓어져서... 위험하다.

> 함께공부

- **인화점** : 불을 끌어당기는 온도라는 뜻으로 점화원에 의해 불이 붙을 수 있는 최저온도
- **착화점**(=발화점, 착화온도, 발화온도) : 직접적인 점화원을 가하지 않아도 공기중에서 스스로 불이 붙을 수 있는 최저온도
- **최소 착화**(=점화=발화)**에너지(MIE)** : 가연성가스와 공기의 혼합가스를 발화(착화)시키기 위해 필요한 최소에너지
- **활성화에너지** : 점화에너지로서 반응시 필요한 최소한의 에너지를 의미한다. 어떤 물질을 활성으로 만드는 에너지 즉 활성화에너지가 작아야 반응하기 쉬워지며, 반응하기 쉬워야 연소가 쉽게 된다.
- **비점**(비등점) : 일종의 끓는 점으로, 물질이 액체로부터 기체로 변하는 온도(액체의 증기압이 대기압과 같아지는 온도)
- **융점**(용융점) : 일종의 녹는 점으로, 물질이 고체로부터 액체로 변하는 온도
- **연소**(폭발) **범위**(한계)
    - 가연성가스와 산소가 연소(폭발)를 일으킬 수 있는 증기농도(체적농도 vol%)범위(한계)
    - 연소하한계(그 농도 이하에서는 발화원과 접촉하여도 연소가 일어나지 않는 가스의 최소농도)와 연소상한계(그 농도 이상에서는 발화원과 접촉하여도 연소가 일어나지 않는 가스의 최고농도) 사이의 범위

> 암기하면서 공부 할 문제 ★★★

04 다음 중 연소범위를 근거로 계산한 위험도 값이 가장 큰 물질은?
① 이황화탄소   ② 메탄   ③ 수소   ④ 일산화탄소

주요물질의 연소범위

물질	하한값 (vol%)	상한값 (vol%)	연소범위 넓이	위험도(H)	
아세틸렌(연소범위가 가장 넓다)	2.5	81.0	78.5	31.4	2위
수소(연소범위가 2번째로 넓다)	4.0	75.0	71.0	17.75	4위
일산화탄소	12.5	74.0	61.5	4.92	
에테르	1.9	48.0	46.1	24.26	3위
이황화탄소(하한값이 가장낮고, 위험도가 가장높다)	1.2	44.0	42.8	35.66	1위
황화수소	4.0	44.0	40.0	10.00	
에틸렌	2.7	36.0	33.3	12.33	
메탄	5.0	15.0	10.0	2.00	
에탄	3.0	12.4	9.4	3.13	
프로판	2.1	9.5	7.4	3.52	
부탄	1.8	8.4	6.6	3.66	

> 당가팁!

연소범위 넓은순서 ➡ 아수일에 이황에 메에프부 이수일(가수)에 이황(퇴계)에 매우 풍년이구나~
위험도 큰 순서 ➡ 이황 아세 에테 수소 이황이 아세아를 여태~~ 수성했다(지켰다).

> 함께공부

연소범위(=연소한계, 폭발범위, 폭발한계)
1. 연소(폭발)범위(한계)
   - 가연성가스와 산소가 연소를 일으킬 수 있는 증기농도(체적농도 vol%)범위
   - 연소하한계와 연소상한계 사이의 범위
     - 연소하한계 : 그 농도 이하에서는 발화원과 접촉하여도 연소가 일어나지 않는 가스의 최소농도
     - 연소상한계 : 그 농도 이상에서는 발화원과 접촉하여도 연소가 일어나지 않는 가스의 최고농도
2. 위험도(H) : 연소범위를 이용하여 가연물의 농도에 대한 위험성을 갈음할 수 있는 계산값(위험도가 클수록 연소위험성은 크다)

$$H = \frac{U-L}{L}$$ 여기서, H : 위험도, U : 연소상한값, L : 연소하한값

암기하면서 공부 할 문제

05 위험물안전관리법령상 제2석유류에 해당하는 것으로만 나열된 것은?

① 아세톤, 벤젠 ② 중유, 아닐린 ③ 에테르, 이황화탄소 ④ 아세트산, 아크릴산
　제1석유류　　　　　제3석유류　　　　　특수인화물

제4류 위험물 중 제2석유류의 종류

품명	종류	분자식
제2석유류 (비수용성)	등유(케로신)	탄소수 $C_9 \sim C_{18}$
	경유(디젤유)	탄소수 $C_{15} \sim C_{20}$
	테레핀유(송정유), 송근유	-
	n-부탄올, 디부틸아민	-
	스티렌(비닐벤젠)	C_8H_8
	장뇌유(백색유, 적색유, 감색유)	$C_6H_{16}O$
	클로로벤젠(염화페닐, 염화벤젠)	C_6H_5Cl
제2석유류 (수용성)	**초산(아세트산)**	CH_3COOH
	의산(개미산, 포름산)	$HCOOH$
	에틸셀로솔브	$O_2C_4H_{10}$
	히드라진	N_2H_4
	아크릴산	$CH_2CHCOOH$

함께 공부

류별 위험물의 종류

위험물	특징	암기법	종류[대분류]
제1류	산화성 고체	3염무 질요브 중과	아**염**소산염류, **염**소산염류, 과**염**소산염류, **무**기과산화물 / **질**산염류(질산칼륨=초석), **요**오드산염류, **브**롬산염류 / **중**크롬산염류, **과**망간산염류
제2류	가연성 고체	유황적 철마금 인	**유**황(황)[S], **황**린(인), **적**린(인)[P] / **철**분, **마**그네슘, **금**속분류 / **인**화성고체
제3류	자연발화성 및 금수성 물질	칼나알알 황린 알칼유 금금칼슘탄	**칼**륨, **나**트륨, **알**킬리튬, **알**킬알루미늄 / **황린**(유일하게 금속 아님. 나머지는 모두금속) / **알칼**리금속, 알칼토금속, **유**기금속 화합물 / **금**속의 인화물, **금**속의 수소화물, **칼슘** 또는 알루미늄의 **탄**화물
제4류	인화성 액체	특아이디 1아휘 알콜 2경등 3클중 4실기 동식물	**특**수인화물(**아**세트알데히드, **이**황화탄소, **디**에틸에테르) / 제**1**석유류(**아**세톤, **휘**발유=가솔린), **알코올** / 제**2**석유류(**경**유, **등**유) / 제**3**석유류(**클**레오소트유, **중**유) / 제**4**석유류(**실**린더유, **기**어유), **동식물**유류
제5류	자기반응성 물질	질유 히히 아니니디히	**질**산에스테르류, **유**기과산화물 / **히**드록실아민, **히**드록실아민염류 / **아**조 화합물, **니**트로 화합물, **니**트로 소화합물, **디**아조 화합물, **히**드라진 유도체
제6류	산화성 액체	질과염할	**질**산, **과**산화수소, **과염**소산, **할**로겐간화합물

암기하면서 공부 할 문제

06 인화알루미늄의 화재 시 주수소화하면 발생 하는 물질은?

① 수소　　② 메탄　　③ 포스핀　　④ 아세틸렌

인화알루미늄[AlP]은 주수소화시 방사하는 물과 반응하여, 유독한 가연성가스인 포스핀(인화수소, PH_3)을 발생시킨다.
　　　　AlP(인화 알루미늄) + $3H_2O$(물) → $Al(OH)_3$(수산화 알루미늄) + $PH_3\uparrow$(포스핀 발생)

함께 공부

포스핀(인화수소, PH_3)이 생성되는 위험물(모두 제3류 위험물이다)
① 황린(P_4)
② 인화칼슘(Ca_3P_2, 인화석회)
③ 인화알루미늄(AlP)
④ 인화아연(Zn_3P_2)

암기하면서 공부 할 문제 ★★★

07 종이, 나무, 섬유류 등에 의한 화재에 해당하는 것은?

① A급 화재 ② B급 화재 ③ C급 화재 ④ D급 화재

목재(나무), 종이, 섬유류, 플라스틱, 고무, 석탄 등 일반가연물에 대한 화재는 일반화재로서 A급화재 이다.

암기탑! 화재의 종류와 표시색상 : 일 유 전 금 가 주   백 황 청 무 황 -

함께 공부

화재의 분류

종류	표시	표시색상	일반적 소화방법
일반화재	A급	백색	냉각소화
유류화재	B급	황색	질식소화
전기화재	C급	청색	질식소화
금속화재	D급	무색	피복소화
가스화재	E급	황색	질식소화
주방화재	K급	-	질식+냉각소화

이해하면서 공부 할 문제

08 0℃, 1기압에서 44.8㎥의 용적을 가진 이산화탄소를 액화하여 얻을 수 있는 액화탄산 가스의 무게는 약 몇 kg인가?

① 88 ② 44 ③ 22 ④ 11

온도 0℃, 1기압 상태는 표준상태를 말하는데, 표준상태일 때 모든 기체의 부피는 22.4㎥(1mol 당)이다. (아보가드로의 법칙)
따라서 표준상태일 때 44.8㎥의 용적(부피)을 가진 이산화탄소(CO_2)는 22.4㎥의 두배(2mol)에 해당하므로...
이산화탄소(CO_2)의 1mol당 무게(분자량)인 44kg도, 그 두배에 해당하여 88kg(2mol)이 된다.

함께 공부

1. 몰(mol)
   - 원자, 분자, 이온 등의 수량을 나타내는 단위
   - 표준상태[0℃, 1기압(atm)]에서의 기체 1몰(mol)의 분자수 = 6.023×10^{23}개 = 아보가드로 수
   - 1몰(mol)의 질량 : 몰질량(=화학식량=분자량)에 g 또는 kg을 붙인 값
2. 아보가드로의 법칙
   - 표준상태(0℃, 1기압)에서 모든 기체 1mol이 차지하는 부피는 22.4L이며, 그 속에는 6.023×10^{23}개의 분자가 존재한다.
   - CO_2는 1mol이고, $2CO_2$는 2mol이다. 즉, 0℃, 1기압에서 CO_2의 부피는 22.4L이고 $2CO_2$의 부피는 44.8L이다.
     또한 CO_2는 44g이고, $2CO_2$는 88g이다.
   - [mol]은 [L]와 [g]으로, [kmol]은 [㎥]과 [kg]으로 단위를 맞춰주어야 한다.
3. 이산화탄소(탄산가스) = CO_2 = 분자량44 = 불연성 소화약제 = 질식소화 = 고체탄산(드라이아이스)
   CO_2 1몰(mol)의 분자량을 계산하면[C=12, O=16] = 12 + (16×2) = 44kg
4. 주요 원소의 원자량

원소명	수소	탄소	질소	산소	불소	나트륨	마그네슘	알루미늄	인	황	염소	아르곤	브롬
기호	H	C	N	O	F	Na	Mg	Al	P	S	Cl	Ar	Br
원자량	1	12	14	16	19	23	24	27	31	32	35.5	40	80

이해하면서 공부 할 문제 ★

09 밀폐된 내화건물의 실내에 화재가 발생했을 때 그 실내의 환경변화에 대한 설명 중 틀린 것은?

① 기압이 급강한다. ② 산소가 감소된다.
    상승
③ 일산화탄소가 증가한다. ④ 이산화탄소가 증가한다.

화재로 인해 온도가 상승하면, 밀폐된 실내의 공기가 팽창하여 압력(기압)이 높아지게(상승하게) 된다.
또한 산소는... 연소의 필수 요소로서 당연히 소모되어 감소하게 된다. 소모된 산소(O_2)는 가연물의 탄소(C)와 만나... 완전연소시 이산화탄소(CO_2)를 발생시키며, 불완전연소시 (산소 과잉 또는 부족시) 독성 가스인 일산화탄소(CO)를 발생시킨다.

이해하면서 공부 할 문제 ★★

10 가연물이 연소가 잘 되기 위한 구비조건으로 틀린 것은?

① 열전도율이 클 것
　　작을 것(낮을 것)
② 산소와 화학적으로 친화력이 클 것
③ 표면적이 클 것
④ 활성화 에너지가 작을 것

연소의 3요소는 가연물, 산소공급원(산화제), 점화원인데, 그 중 가연물(=환원제=환원성물질)은 산소와 반응하여 연소를 일으키게 하는 물질에 해당한다. 이 가연물은…
열전도율(온도가 높은 곳에서 낮은 곳으로 이동)이 크면(높으면), 열이 쉽게 이동되어, 열이 축적 되지 않음으로, 연소가 잘 되지 않는다. 따라서, 열전도율이 작아야(낮아야) 열의 축적이 쉬워, 연소가 잘 되기 위한 구비조건에 해당된다.

함께 공부

가연물이 되기 쉬운 조건 = 연소가 잘 되기 위한 구비조건 (불에 잘 타는 조건)
- 산화반응의 화학적 활성이 클 것
- 산소와 화학적으로 친화력이 클 것
- 열전도율이 낮을(작을) 것 = 열의 축적이 용이할 것 (열전도율이 낮아야 열의 축적이 쉽다)
- 발열량이 클 것
- 표면적이 넓을(클) 것 (큰덩어리보다 작은덩어리 여러개가 더 연소가 쉽다)
- 활성화에너지가 작을 것 (어떤 물질을 활성으로 만드는 에너지 즉 활성화에너지가 작아야 반응하기 쉬워지며, 반응하기 쉬워야 연소가 쉽게 된다)
※ 활성화에너지 : 점화에너지로서 반응시 필요한 최소한의 에너지를 의미한다. 예를 들면 언덕이 활성화에너지이다. 즉, 높은 언덕은 넘어 가기 어렵고(활성화 에너지가 커서 반응하기 어렵고), 낮은 언덕은 넘어 가기 쉽다(활성화 에너지가 작아서 반응하기 쉽다)고 이해하면 된다.

암기하면서 공부 할 문제

11 다음 중 소화에 필요한 이산화탄소 소화약제의 최소 설계농도 값이 가장 높은 물질은?

① 메탄　　　② 에틸렌　　　③ 천연가스　　　④ 아세틸렌

가연성액체 또는 가연성가스의 소화에 필요한 이산화탄소소화약제의 최소설계농도

방호대상물	설계농도 (%)
수소(Hydrogen)	75
아세틸렌(Acetylene)	66
일산화탄소(Carbon Monoxide)	64
산화에틸렌(Ethylene Oxide)	53
에틸렌(Ethylene)	49
에탄(Ethane)	40
석탄가스, 천연가스(Coal, Natural gas)	37
사이크로 프로판(Cyclo Propane)	37
이소부탄(Iso Butane)	36
프로판(Propane)	36
부탄(Butane)	34
메탄(Methane)	34

암기팁! 수아라는 여친이 일산에 사는데 멀어서 서로 만나기 어려워 에석한 사이이다. ➡ 수아 일산에 에석사이 프부메

이해하면서 공부 할 문제 ★★

12 유류탱크 화재 시 기름 표면에 물을 살수하면 기름이 탱크 밖으로 비산하여 화재가 확대되는 현상은?

① 슬롭 오버(Slop over)
② 플래시 오버(Flash over)
③ 프로스 오버(Froth over)
④ 블레비(BLEVE)

슬롭오버(Slop Over)현상 : 물이 연소유의 표면에 들어갈 때 수분의 급격한 증발로 인하여 기름이 탱크 밖으로 방출되는 현상 (나중에 유입된 물에 의해~)
- 소화 시 외부에서 방사하는 포에 의해 발생한다. (고온의 상태에서 발포된 포가 물로 변하게 되면, 급격히 증발되어 폭발적으로 팽창된다)
- 연소유가 비산되어 탱크 외부까지 화재가 확산된다.
- 연소면의 온도가 100℃ 이상일 때 물을 주수하면 발생한다. (고온의 상태에서 물이 급격히 증발되어 폭발적으로 팽창된다)

함께 공부

- **플래쉬오버(Flash Over)** : 구획실에서 화재가 진행되면서... 실내온도 급격히 상승 → 가연물에서 분해된 가연성가스가 실내전체에 축적 → 축적된 가연성가스 착화 → 실내전체가 폭발적으로 화염에 휩싸이는 화재현상
- **프로스오버(Froth Over)** : 점성이 높은 유류를 저장하는 탱크의 바닥에 있는 물이 어떤 원인에 의해 비등하면서 유류를 탱크 밖으로 넘치게 하는 현상(화재 이외의 경우에~)
- **블레비(BLEVE** : Boiling Liquid Expanding Vapour Explosion, 비등 액체팽창 증기폭발)
  - 고압액화가스(가연성액체) 탱크에서 발생하는 급속한 증발현상에 의해 폭발하는 형태
  - 고압액화가스의 탱크 주위에서 화재가 발생한 경우에 탱크의 가열로 인하여 그 부분의 강도가 약해져 탱크가 파열됨으로 내부의 가열된 액화가스가 급속히 기화하여 팽창하면서 폭발하는 현상으로, **화이어 볼(화구, Fire Ball)로 발전**된다.
- **화이어 볼(화구, Fire Ball)** : 블레비(BLEVE)현상 등에 의해 확산된 인화성 증기가 착화되면서 폭발할 때, 화염이 급속히 확대되며 공기를 끌어올려 마치 공이 지면에서 솟아올라 버섯형 화염으로 되어가는 것처럼 보이는 현상으로 이러한 화염형태를 화이어 볼이라 한다. 화이어 볼은 **대량의 복사열**(열원과 수열체 사이에 중간매체가 필요없는 열이동 현상)을 방출한다.

암기하면서 공부 할 문제 ★★

13 이산화탄소의 증기비중은 약 얼마인가? (단, 공기의 분자량은 29이다.)

① 0.81   ② **1.52**   ③ 2.02   ④ 2.51

이산화탄소 = CO_2 = 탄산가스 = 불연성 소화약제 = 질식소화 = 고체탄산(드라이아이스)
- CO_2분자량 계산[C=12, O=16] = 12 + (16×2) = 44

∴ 증기비중 = $\dfrac{CO_2 \text{ 분자량}}{\text{공기 분자량}}$ = $\dfrac{44}{29}$ = 1.517 [CO_2 증기비중]

☞ 공기(분자량=29)보다 **1.5배 무거워서** 화재시 가연물의 심부에까지 침투가 가능하다.

함께 공부

- **비중**이란 무게의 비. 즉 비교물질이 기준물질보다 무거운지, 가벼운지 비교하는 것을 말한다. 차원(단위)이 없는 무차원수이다.
- **기체(증기)비중**에서 모든 기체는 **표준상태 공기분자량(29)과 비교**한다. 만일 비교기체 비중이 1.5가 계산되었다면 그 기체는 공기보다 1.5배 무거운 물질이다.

암기하면서 공부 할 문제 ★★★

14 $NH_4H_2PO_4$를 주성분으로 한 분말소화약제는 제 몇 종 분말소화약제인가?

① 제1종   ② 제2종   ③ **제3종**   ④ 제4종

분말 소화약제의 종류 및 성상

종별	주성분	색상	적응화재
제1종	탄산수소**나**트륨 ($NaHCO_3$)	백색	B, C
제2종	탄산수소**칼**륨 ($KHCO_3$)	담자색, 담회색	B, C
제3종	제1**인**산암모늄 = **인**산염 ($NH_4H_2PO_4$)	담홍색, 황색	A, B, C
제4종	탄산수소**칼**륨 + **요**소 ($KHCO_3+(NH_2)_2CO$)	회색	B, C

암기팁! 나의 칼은 인간의 칼이다~ ➡ 나 칼 인 칼

이해하면서 공부 할 문제

15 다음 물질의 저장창고에서 화재가 발생하였을 때 주수소화를 할 수 없는 물질은?

① **부틸리튬**   ② 질산에틸   ③ 니트로셀룰로오스   ④ 적린
  제3류위험물 알킬리튬   제5류위험물 질산에스테르류   제5류위험물 질산에스테르류   제2류

제3류 위험물은 자연발화성 및 금수성 물질로서, 황린(P_4)제외 모두 금속이므로 물에 급격히 반응하여 열을 발생시키고, 가연성기체인 **수소**(H_2)를 만드는 **금속(금수성)**으로서 칼륨, 나트륨, **리튬(부틸리튬)**, 알루미늄(트리메틸알루미늄) 등이 해당된다.

함께 공부

- **제5류위험물**[자기반응성 물질(폭발성 물질)]은 대량의 물에 의한 냉각소화를 한다.(이론적으로만 냉각소화가 가능한 것이지 실제로는 어렵다)
- 제2류 위험물인 **적린, 유황** 등 금속을 제외한 물질은 **주수**에 의한 냉각소화를 한다.

암기하면서 공부 할 문제 ★★

16 실내 화재 시 발생한 연기로 인한 감광계수(m^{-1})와 가시거리에 대한 설명 중 틀린 것은?

① 감광계수가 0.1일 때 가시거리는 20~30m이다.
② 감광계수가 0.3일 때 가시거리는 15~20m이다.
                                                5 [m]
③ 감광계수가 1.0일 때 가시거리는 1~2m이다.
④ 감광계수가 10일 때 가시거리는 0.2~0.5m이다.

감광계수	가시거리	상황
$0.1/m = 0.1m^{-1} = 0.1 Cs$	20~30 [m]	연기감지기가 작동하는(작동하기 직전의) 농도(화재발생 초기의 희미한 연기농도) 건물내부구조에 **익숙하지 않은** 사람이 피난에 지장을 받는 농도
$0.3/m = 0.3m^{-1} = 0.3 Cs$	5 [m]	건물내부구조에 **익숙한** 사람이 피난에 지장을 받는 농도
$0.5/m = 0.5m^{-1} = 0.5 Cs$	3 [m]	연기로 인해 **어두움**을 느끼는 농도
$1.0/m = 1.0m^{-1} = 1.0 Cs$	1~2 [m]	앞이 거의 **보이지 않을** 정도의 농도
$10/m = 10m^{-1} = 10 Cs$	0.2~0.5 [m] 수십cm	화재 **최성기** 때의 연기농도
$30/m = 30m^{-1} = 30 Cs$	없음	화재실에서 창문등을 통해 **연기가 분출**될 때의 농도

0.1 ↔ 20~30 / 0.3 ↔ 5 / 0.5 ↔ 3 / 1.0 ↔ 1~2 / 10 ↔ 수십cm ➡ 123 / 35 / 53 / 012 / 10수십

함께공부

- 감광계수($C_S = m^{-1}$)
  - 연기의 농도에 따른 빛의 투과량을 계산한 농도로, 시야확보가 중요한 화재시에 가장 적절한 연기농도 표현이다.
  - 감광계수로 표시한 연기의 농도와 가시거리(m)는 반비례의 관계(m^{-1})이다.
  - 다시말해, 연기에 빛을 투과하였을 경우, 빛의 감소에 따른 가시거리의 감소를 나타내는 것이 감광계수이다.
- 연기감지기(자동발신) : 화재시 발생하는 연기를 자동으로 감지하여 수신기에 신호를 보내는 장치
- 내화건축물 화재일 경우 **최성기**란 플래쉬오버(실내전체가 폭발적으로 화염에 휩싸이는 화재현상)를 거치면서 실내의 모든 가연물이 화재에 개입되어 연소하는 시기를 말한다.

암기하면서 공부 할 문제

17 다음 물질 중 연소하였을 때 시안화수소를 가장 많이 발생시키는 물질은?

① Polyethylene   ② Polyurethane   ③ Polyvinyl chloride   ④ Polystyrene
   폴리 에틸렌   폴리 우레탄   폴리 염화비닐(PVC)   폴리스티렌(스티롤수지)

- 제4류 위험물에 해당하는 **시안화수소(HCN, 청산)**는 중합폭발을 일으킬 수 있는 매우 위험한 물질이고, 허용한계농도(TLV) 또한 10 ppm 정도로(낮을수록 위험한 가스) 낮은 값을 갖는 매우 위험한 독성가스이다.
- Poly urethane(폴리 우레탄) : 우레탄결합인 고분자 화합물(중합체)의 총칭이다. 합성고무, 합성섬유(탄성 우레탄섬유인 스판덱스), 보온재나 방음단열재(발포 우레탄), 우레탄폼(침구 매트리스) 등에 사용되며, 연소시 일산화탄소(CO)와 함께 **시안화수소(HCN, 청산)**를 발생시킨다.

함께공부

① Poly ethylene(폴리 에틸렌) : 인체에 해가 없는 열가소성(열에 녹아 모양을 바꿀수 있는) 플라스틱의 재료로, 주방용품, 생활용품, 의료용품 등에 사용되며, 연소시 일산화탄소(CO)가 발생된다.
③ Poly vinyl chloride(폴리 비닐 클로라이드, **폴리 염화비닐, PVC**) : 연질 제품은 전선피복, 시트지, 필름지 등에 사용되고, 경질 제품은 전자기기제품, 상하수도에 쓰이는 파이프라인 등에 사용된다. 연소시 일산화탄소(CO)가 발생된다.
④ Poly styrene(폴리스티렌, 스티롤수지) : 투명하고 형상을 만들기 쉬운 열가소성 플라스틱으로, 포장완충재(뽁뽁이), 과자의 포장재, 마트의 식품 플라스틱상자 등에 사용되며, 연소시 일산화탄소(CO)가 발생된다.

이해하면서 공부 할 문제 ★★★

18 제거소화의 예에 해당하지 않는 것은?

① 밀폐 공간에서의 화재 시 공기를 제거한다.
② 가연성가스 화재 시 가스의 밸브를 닫는다.
③ 산림화재 시 확산을 막기 위하여 산림의 일부를 벌목한다.
④ 유류탱크 화재 시 연소되지 않은 기름을 다른 탱크로 이동시킨다.

제거소화란 가연물을 제거하여 소화하는 방법으로서 ②는 가스공급관의 밸브를 닫아서 가연물인 가스를 제거하는 것이며, ③은 가연물인 산림의 일부를 제거하는 것이고, ④는 유류를 이동시켜 가연물인 유류를 제거하는 것이다.
①은 질식소화(가연물이 연소할 때 공기 중의 산소농도를 15%이하로 떨어뜨려 연소를 중단시키는 소화 방법)의 방법으로서, 공기를 제거하면 산소가 사라져 질식소화 된다.

함께공부

제거소화의 구체적인 예
① 촛불의 화염을 입김으로 불어 끄는 것
② 부채를 이용하여 촛불을 바람으로 끄는 것
③ 산불화재 시 벌목하는 행위
④ 가스화재 시 밸브 및 콕크를 잠그는 행위
⑤ 유전화재 시 폭약을 사용해, 폭풍에 의하여 가연성 증기를 날려 보내는 것
⑥ 전기화재 시 전원을 차단하는 것

이해하면서 공부 할 문제 ★

19 화재 시 나타나는 인간의 피난특성으로 볼 수 없는 것은?

① 어두운 곳으로 대피한다.　　　　② 최초로 행동한 사람을 따른다.
　　　　　　　　　　　　　　　　　　　　추종본능
③ 발화지점의 반대방향으로 이동한다.　④ 평소에 사용하던 문, 통로를 사용한다.
　퇴피(회피)본능　　　　　　　　　　　　　　귀소본능

화재 발생 시 공포감으로 인해서 어두운 곳으로 대피하는 것이 아닌, **지광본능**에 따라 오히려 **밝은 곳을 향하는 본능**이 있어, 채광이 되는 개구부 또는 조명부 등을 향하는 경향을 보인다.

함께공부

피난시 인간행동 본능
- **귀소본능**
  - 화재시의 인간은 무의식 중에서도 평상시에 사용하는 출입구 및 통로를 사용하는 경향(통로의 단순화, 통로의 안전성확보)
  - 피난 중 위험에 처한 경우 평소에 자주 생활하던 장소로 되돌아가려는(이동하려는) 본능
- **퇴피(회피)본능** - 화재등 위험요인에서 가급적 멀리 떨어지려는(회피하려는) 인간의 본능
- **추종본능**
  - 재난상황 등 비상시 많은 군중이 최초 행동을 개시한 사람을 따라서 움직이는 경향(한 사람의 리더를 추종)
  - 최초 행동 개시자가 잘못된 판단을 한 경우 인명피해 확대우려
- **지광본능** - 시계확보가 어려워 졌을 때 밝은 곳을 향하는 본능이 있어, 채광이 되는 개구부 또는 조명부 등을 향하는 경향
- **좌회본능**
  - 대부분의 사람은 오른손과 오른발을 주로 사용함으로서 보행특성 상 좌회전, 좌측통행 등 왼쪽으로 움직이려는 본능
  - 피난통로 등은 좌측으로 진행할 경우 피난층까지 연결되기 쉽도록 피난경로 구성

이해하면서 공부 할 문제 ★★

20 산소의 농도를 낮추어 소화하는 방법은?

① 냉각소화　　　② 질식소화　　　③ 제거소화　　　④ 억제소화

질식소화 : 가연물이 연소할 때 공기 중의 산소농도(일반적으로 21%)를 떨어뜨려(보통 15%이하) 연소를 중단시키는 소화 방법

함께공부

- **물리적 소화의 방법** : 연소의 3요소인 가연성가스(가연물), 산소, 열(점화원)의 양적 변화를 통해 연소를 중단시켜 소화하는 방법
  - 냉각소화 : 연소 중인 가연물의 온도를 떨어뜨려 연소반응을 정지시키는 소화의 방법
  - 질식소화 : 가연물이 연소할 때 공기 중의 산소농도(일반적으로 21%)를 떨어뜨려(보통 15%이하) 연소를 중단시키는 소화 방법
  - 제거소화 : 가연물을 제거하여 소화하는 방법
  - 희석소화 : 가연성의 기체, 액체, 고체에서 발생되는 가연성증기(분해가스)의 농도를 희석시켜(농도를 엷게 하여) 연소한계 이하로 유지시키는 방법 (강풍에 의한 희석소화)
- **화학적 소화의 방법** (=억제소화, 부촉매소화)
  - 활성라디칼을 흡수하여 연소의 4요소인 순조로운 연쇄반응을 **억제**하여 소화하는 방법으로 정촉매의 반대인 **부촉매**소화라고도 한다.
  - 할론계 소화약제, 분말소화약제 등을 이용하여 소화한다.

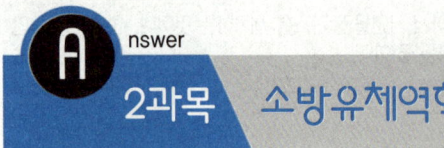

2과목 소방유체역학

전반적으로 쉬운 계산형 ★★

21 240mmHg의 절대압력은 계기압력으로 약 몇 kPa인가? (단, 대기압은 760mmHg이고, 수은의 비중은 13.6 이다.)

① -32.0 ② 32.0 ③ **-69.3** ④ 69.3

문제의 조건을 살펴보면 대기압[760mmHg] 보다, 절대압력 [240mmHg=그 지점의 실제압력]이 작음(낮음)을 알 수 있다. 따라서 문제에서 묻고 있는 계기압력은 (+)의 게이지압이 아닌 (-)의 진공압이다.

절대압력[240mmHg] - 대기압[760mmHg] = -520mmHg[진공압] = -69.33kPa

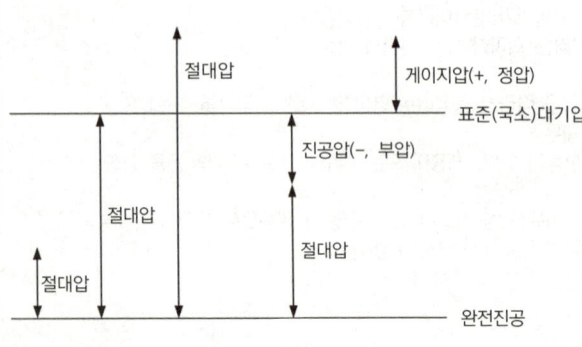

kPa의 계기압력(진공압)으로 맞춰주기 위해 **수은주(mmHg)의 표준대기압[760mmHg]**을 이용하여 단위환산 한다.

$$520\,mmHg \times \frac{101.325\,kPa}{760\,mmHg} = 69.33\,kPa$$

* kPa(킬로 파스칼)의 표준대기압 = 101.325kPa

함께공부

절대압, 게이지압, 진공압의 구분

- **절대압력**
  - 완전진공을 기준으로 하여 측정한 압력
  - 완전진공(기압계 "0")으로부터 측정한 실제압력
  - 대기압을 고려한(계산한) 압력
- **게이지(계기)압력**
  - 대기압을 "0"으로 본 압력
  - 완전진공에서 대기압까지를 "0"으로 보고 대기압보다 높은 압력을 측정한 압력
  - 국소대기압을 기준으로 한 압력으로 압력계가 지시하는 압력 [정압, (+)압력]
- **진공압력**
  - 대기압보다 작은(낮은) 압력
  - 진공계가 지시하는 압력 [부압, (-)압력]

계산 없는 단순 암기형 ★★★★★

22 다음 (ㄱ), (ㄴ)에 알맞은 것은?

파이프 속을 유체가 흐를 때 파이프 끝의 밸브를 갑자기 닫으면 유체의 (ㄱ)에너지가 압력으로 변환되면서 밸브 직전에서 높은 압력이 발생하고 상류로 압축파가 전달되는 (ㄴ) 현상이 발생한다.

① (ㄱ) 운동, (ㄴ) 서징 ② **(ㄱ) 운동, (ㄴ) 수격작용**
③ (ㄱ) 위치, (ㄴ) 서징 ④ (ㄱ) 위치, (ㄴ) 수격작용

수격작용(워터 햄머링)은 물의 공격이라는 의미로, **펌프의 급격한 정지 및 밸브의 급격한 폐쇄시** 물의 압력파에 의한 충격파와 이상음(異常音)이 발생하는 현상으로, 파이프 속을 유체가 흐를 때 파이프 끝의 밸브를 갑자기 닫으면 유체의 **운동에너지**가 **압력으로 변환**되면서 밸브 직전에서 높은 압력이 발생하고 상류로 압축파가 전달되는 **수격작용 현상**이 발생한다.

함께공부

수격작용(워터 햄머링)

1. **정의**
   ① 흐르던 유체가 갑자기 정지하면, 되돌아 나오려는 힘과 계속적으로 흐르는 힘이 맞부딪힐 때 발생하는 **충격파(압력파)**로서 굉음과 커다란 진동을 수반하는 현상
   ② 흐르는 물을 갑자기 정지시킬 때 수압이 급격히 변화하는 현상
   ③ 파이프 속을 유체가 흐를 때 파이프 끝의 밸브를 갑자기 닫으면 유체의 **운동에너지가 압력으로 변환**되면서 밸브 직전에서 높은 압력이 발생하고 상류로 압축파가 전달되는 **수격작용 현상이 발생**한다.
   ④ 관을 흐르던 물이 갑자기 정지할 때 압력파에 의해 **이상음**(異常音)이 발생하는 현상

2. **원인**
   ① 펌프의 급격한 정지   ② 밸브의 급격한 폐쇄

3. **방지책**
   ① 밸브를 가능한 펌프 송출구에서 **가깝게 설치**하여, 펌프에서 송출된 물이 충분한 유속이 발생되기 이전에 정지시킨다.
   ② **서지탱크**[surge tank, 조압(**압력조절**)수조] (**수압조정장치**)를 **관로 중간에 설치**한다. 소방적 의미로는 압력챔버[에어(Air)챔버]를 설치하는 것을 말하며, 압력챔버 내의 공기가 수압의 완충작용 역할을 한다.
   ③ 밸브의 조작을 **천천히** 하여, 흐르는 물이 급격하게 정지되지 않도록 한다.
   ④ 밸브 개폐시간을 가급적 **길게** 하여, 흐르는 물이 급격하게 정지되지 않도록 한다.
   ⑤ 관경을 크게(**확대**)해서 관 내의 **유속을 낮게** 유지해, 압력이 급격히 상승되는 것을 근본적으로 차단한다.
   ⑥ 펌프의 속도가 급격히 변화하는 것을 방지하기 위해, 펌프에 **플라이휠**(펌프를 정지시켜도 회전 관성력이 유지되도록 하는 바퀴)을 설치해 펌프가 급격하게 멈추는 것을 방지한다.
   ⑦ **수격방지기를 설치**(유체방향이 변하는 곳)하여 수격작용·발생시 배관을 보호한다.

포기해도 되는 계산형 | 포기해도 합격에 전혀 지장없는 문제

23 표준대기압 상태인 어떤 지방의 호수 밑 72.4m에 있던 공기의 기포가 수면으로 올라오면 기포의 부피는 최초 부피의 몇 배가 되는가? (단, 기포 내의 공기는 보일의 법칙을 따른다.)

① 2   ② 4   ③ 7   ④ 8

본 문제는 이해과정이 복잡한 계산문제로서... 소방설비기사 실기시험에서 등장하지 않는 개념과 문제이므로, 공부하지 않고 **포기하는 것이 더 현명**합니다. 따라서 지면과 노력낭비를 방지하기 위하여 해설이 없습니다.

함께공부

보일의 법칙 ☞ P_1(처음 절대압력) × V_1(처음부피) = P_2(나중 절대압력) × V_2(나중부피)

온도가 일정할 때 기체의 체적은 절대압력에 반비례한다. 쉽게 말하면 **온도 변화가 없을 때 기체의 부피는 압력이 커지면 작아지고, 압력이 작아지면 커진다**는 의미이다.

$$V_2 = \frac{P_1}{P_2} \times V_1 = \frac{101325\,Pa + (9800\,N/m^3 \times 72.4\,m)}{101325\,Pa} \times V_1 = 8\,V_1 \quad *처음압력(V_1)의\ 8배$$

전반적으로 쉬운 계산형 ★★

24 압력이 100kPa이고 온도가 20℃인 이산화탄소를 완전기체라고 가정할 때 밀도[kg/m³]는? (단, 이산화탄소의 기체상수는 188.95 J/(kg·K)이다.)

① 1.1   ② 1.8   ③ 2.56   ④ 3.8

문제에서 이산화탄소의 기체상수가 J/(kg·K)의 단위로 주어졌으므로... 특정한 기체에 적용이 가능한 **특정기체 상태방정식**을 통해 답을 구할 수 있다.

특정기체 상태방정식의 밀도(ρ) : 이상기체상태방정식을 특정기체상수($\overline{R}$)의 인자로 전개하여, 밀도(ρ) 중심으로 정리한다.

$$PV = \frac{WRT}{M} \quad * 절대압력 \times 체적 = \frac{질량 \times 기체상수 \times 절대온도}{분자량} \qquad PV = W\frac{R}{M}T \qquad PV = W\overline{R}T$$

$$P = \frac{W\overline{R}T}{V} \qquad P = \rho\overline{R}T \qquad \rho = \frac{P}{\overline{R}T}$$

$$\frac{W(질량)}{V(체적)} = \rho(밀도)$$

1. 조건정리
   - 압력(P) = 100 kPa = 100 kN/m²
   - 이산화탄소의 특정 기체상수($\overline{R}$) = 188.95 J/kg·K = 0.18895 kJ(= kN · m)/kg · K   *J(주울, Joule) = N·m(힘×거리=일)
   - 절대온도(T) = 273+20℃ = 293K
2. 위 조건들을 대입하여 밀도[kg/㎥]를 구한다. $\rho = \dfrac{P}{RT} = \dfrac{100\,kN/m^2}{0.18895\,kN\cdot m/kg\cdot K \times 293K} = 1.8\,kg/m^3$

> **함께공부**
>
> **이상기체 상태방정식**
> 보일의 법칙, 샤를의 법칙, 아보가드로의 법칙을 하나로 표현한 식이 이상적인 기체의 여러 상태(변수)를 표시하는 방정식인 이상기체 상태방정식이다.
> 1. PV = nRT 식의 전개
>
> $PV = nRT \quad *n(몰수) = \dfrac{질량}{분자량} = \dfrac{W}{M} \rightarrow PV = \dfrac{W}{M}RT \rightarrow PV = \dfrac{WRT}{M}$ 절대압력 × 체적 = $\dfrac{질량 \times 기체정수 \times 절대온도}{분자량}$
>
> $PV = \dfrac{WRT}{M} \rightarrow P = \dfrac{WRT}{VM} \rightarrow P = \dfrac{\rho RT}{M} \rightarrow \rho = \dfrac{PM}{RT}$
>
> $\dfrac{W(질량)}{V(체적)} = \rho(밀도)$
>
> 2. 압력의 단위에 따른 기체상수(정수) R값
>
> $PV = nRT$ *절대압력(atm) × 체적(m^3) = 몰수($kmol$) × 기체상수(기체정수) × 절대온도(K)에서...
> 기체상수(R)를 중심으로 수식을 전개하면 아래와 같다.
>
> $PV = nRT \quad R = \dfrac{PV}{nT} \quad$ 기체상수 = $\dfrac{절대압력 \times 체적}{몰수 \times 절대온도}$
>
> 여기에서 R로 표시되는 기체상수는 압력(P)의 단위에 따라 그 값이 아래와 같이 달라진다.
>
> - 압력의 단위가 atm 인 경우 → $R = \dfrac{1atm \times 22.4m^3}{1kmol \times 273K} = 0.082\,atm \cdot m^3/kmol \cdot K$
> - 압력의 단위가 N/m^2(Pa) 인 경우 → $R = \dfrac{101325\,N/m^2(Pa) \times 22.4m^3}{1kmol \times 273K} = 8313.8\,N \cdot m(=J)/kmol \cdot K$
> - 압력의 단위가 kN/m^2(kPa) 인 경우 → $R = \dfrac{101.325\,N/m^2(kPa) \times 22.4m^3}{1kmol \times 273K} = 8.314\,kN \cdot m(=kJ)/kmol \cdot K$

계산 없는 단순 암기형 ★★★★★

25 과열증기에 대한 설명으로 틀린 것은?

① 과열증기의 압력은 해당온도에서의 포화 압력보다 높다. → 낮다
② 과열증기의 온도는 해당압력에서의 포화 온도보다 높다.
③ 과열증기의 비체적은 해당온도에서의 포화증기의 비체적보다 크다.
④ 과열증기의 엔탈피는 해당압력에서의 포화증기의 엔탈피보다 크다.

- 액체의 증기화 과정
  액체(일정 압력하에서 가열) → **포화액[포화수]**(포화온도에 도달한 액체) → **습윤 포화증기[습증기]**(액체와 증기가 공존)
  → **건조 포화증기[건증기]**(모두 증기로 변화) → **과열증기**(포화온도보다 높은 고온의 증기)
  ※ 포화온도 : 압력이 일정한 상태에서(물은 1기압=표준대기압) 증발이 시작되는 최초상태의 온도(물은 100℃)
  　　　　　　포화 온도는 그 때의 압력에 따라 달라진다. 즉 압력이 높아질수록 포화온도(끓는점=비점)도 높아진다.
  ※ 포화압력 : 포화온도에 도달한 포화수의 압력. 포화온도에 도달하였을 때, 그 때의 압력을 포화 압력이라고 한다.
① 압력(해당온도에서) : 과열증기의 압력 < 포화압력　　☞ 과열증기의 **압력은 낮다**
② 온도(해당압력에서) : 과열증기의 온도 > 포화온도　　☞ 과열증기의 **온도가 더 높다**
③ 비체적(해당온도에서) : 과열증기의 비체적 > 포화증기의 비체적　☞ 과열증기의 **부피가 더 크다**(온도가 더 높으니까)
④ 엔탈피(해당압력에서) : 과열증기의 엔탈피 > 포화증기의 엔탈피　☞ 과열증기의 **엔탈피**(총에너지함량)**가 더 크다**(온도가 더 높으니까)

전반적으로 쉬운 계산형 ★★

26 지름 10㎝의 호스에 출구 지름이 3㎝인 노즐이 부착되어 있고, 1500L/min의 물이 대기 중으로 뿜어져 나온다. 이때 4개의 플랜지 볼트를 사용하여 노즐을 호스에 부착하고 있다면 볼트 1개에 작용되는 힘의 크기[N]는? (단, 유동에서 마찰이 존재하지 않는다고 가정한다.)

① 58.3 ② 899.4 ③ **1018.4** ④ 4098.2

---

1. 조건정리

- 물의 밀도(ρ) = 1,000kg/m³

- 체적유량(Q) = 1500L/min ➡ $\dfrac{1500L}{1min} \times \dfrac{1m^3}{1000L} \times \dfrac{1min}{60sec} = \dfrac{1500}{1000 \times 60} = 0.025 \, m^3/s$

- 연속방정식 중 체적유량(Q) ☞ Q(체적유량, m^3/sec) = A(배관의 단면적, m^2) × V(유체속도, m/sec)

  ∴ $V = \dfrac{Q}{A}$ → $A = \dfrac{\pi \cdot D^2}{4}$ *D=직경(지름) → $V = \dfrac{Q}{\dfrac{\pi \cdot D^2}{4}}$

- *지름(D_1) 10㎝(=0.1m) 호스의 유속 $V_1 = \dfrac{Q}{\dfrac{\pi \cdot D_1^2}{4}} = \dfrac{0.025 \, m^3/s}{\dfrac{\pi \times (0.1m)^2}{4}} = 3.18 \, m/s$

- *지름(D_2) 3㎝(=0.03m) 노즐의 유속 $V_2 = \dfrac{Q}{\dfrac{\pi \cdot D_2^2}{4}} = \dfrac{0.025 \, m^3/s}{\dfrac{\pi \times (0.03m)^2}{4}} = 35.37 \, m/s$

2. 플랜지볼트(호스접결구)에 작용하는 힘 = 노즐에 걸리는 반발력(=척력) = 노즐이 받는 힘 = 노즐에 걸리는(작용하는) 힘

$$\Delta F = F_1 - F_2$$

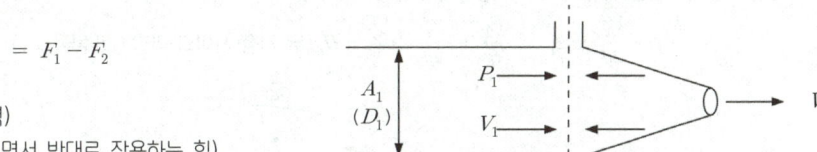

- ΔF (힘의 차이)
- F_1 (전압력=수직력)
- F_2 (유체가 분출되면서 반대로 작용하는 힘)

$\Delta F(N) = \left(\dfrac{\rho \cdot (V_2^2 - V_1^2)}{2} \times \dfrac{\pi \cdot D_1^2}{4}\right)N - [\rho \cdot Q \cdot (V_2 - V_1)]N$

$\Delta F(N) = \left(\dfrac{1000 \times (35.37^2 - 3.18^2)}{2} \times \dfrac{\pi \times 0.1^2}{4}\right) - [1000 \times 0.025 \times (35.37 - 3.18)] = 4068.35 \, N$

위 계산은 4개의 플랜지 볼트에 작용하는 힘이므로... 볼트 1개에 작용되는 힘의 크기[N]는... $\dfrac{4068.35 \, N}{4} = 1017.09 \, N$

정답과 약간 상이한 결과는... 계산과정상 소수점의 차이이므로, 크게 신경쓰지 않아도 됨

> 실기시험에서 종종 출제되는 문제이므로... 가급적 필기시험부터 공부하는 것이 맞다고 판단되어, 쉬운 계산형으로 분류하였습니다.

함께공부

플랜지볼트(호스접결구)에 작용하는 힘 = 노즐에 걸리는 반발력(=척력) = 노즐이 받는 힘 = 노즐에 걸리는(작용하는) 힘

$$\Delta F = F_1 - F_2$$

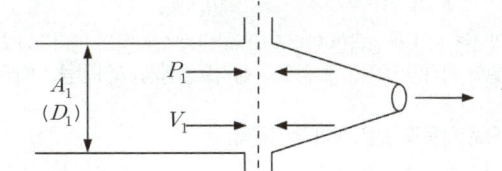

- ΔF (힘의 차이)
- F_1 (전압력=수직력)
- F_2 (유체가 분출되면서 반대로 작용하는 힘)

* P_1 (호스내 압력) [kgf/m^2]   * A_1 (호스단면적) [m^2]   * ρ (유체의 밀도) [kg/m^3]
* Q (방출유량) [m^3/sec]   * V_1 (호스내 유속) [m/sec]   * V_2 (방출 유속) [m/sec]
* D_1 (호스직경) [m]

1. $\Delta F(kgf) = (P_1 \cdot A_1)kgf - \left(\dfrac{\rho \cdot Q \cdot (V_2 - V_1)}{9.8 \, N/kgf}\right)kgf$

※ P(압력) = $\dfrac{F}{A}$ = $\dfrac{\text{전압력(수직력)}}{\text{단위면적}}$ = $\dfrac{N}{m^2}, \dfrac{kgf}{cm^2}$ = kgf/cm^2 = N/m^2 (Pa 파스칼)

2. $\Delta F(N) = \left(\dfrac{\rho \cdot (V_2^2 - V_1^2)}{2} \times \dfrac{\pi \cdot D_1^2}{4}\right)N - [\rho \cdot Q \cdot (V_2 - V_1)]N$

※ 베르누이 방정식을 압력[kgf/m^2]으로 표현 ⇨ 전압 = 정압 + 동압 + 낙차압

$\gamma \cdot \dfrac{P}{\gamma} + \gamma \cdot \dfrac{V^2}{2g} + \gamma \cdot Z$ (γ = ρ·g 이므로) $= \rho g \cdot \dfrac{P}{\rho g} + \rho g \cdot \dfrac{V^2}{2g} + \rho g \cdot Z = P + \dfrac{\rho \cdot V^2}{2} + \rho \cdot g \cdot Z$

$= \dfrac{kgf/m^3 \times kgf/m^2}{kgf/m^3} + \dfrac{kgf/m^3 \times (m/\sec)^2}{m/\sec^2} + kgf/m^3 \times m$

계산 없는 단순 공식형 ★★★

27 펌프의 일과 손실을 고려할 때 베르누이 수정방정식을 바르게 나타낸 것은? (단, H_p와 H_L은 펌프의 수두와 손실 수두를 나타내며, 하첨자 1, 2는 각각 펌프의 전후 위치를 나타낸다.)

① $\dfrac{v_1^2}{2g} + \dfrac{P_1}{\gamma} + z_1 = \dfrac{v_2^2}{2g} + \dfrac{P_2}{\gamma} + H_L$

② $\dfrac{v_1^2}{2g} + \dfrac{P_1}{\gamma} + z_1 + H_p = \dfrac{v_2^2}{2g} + \dfrac{P_2}{\gamma} + H_L$

③ $\dfrac{v_1^2}{2g} + \dfrac{P_1}{\gamma} + H_p = \dfrac{v_2^2}{2g} + \dfrac{P_2}{\gamma} + z_2 + H_L$

④ $\dfrac{v_1^2}{2g} + \dfrac{P_1}{\gamma} + z_1 + H_p = \dfrac{v_2^2}{2g} + \dfrac{P_2}{\gamma} + z_2 + H_L$

수정된 베르누이 방정식(베르누이의 실제 적용)

1. 베르누이 방정식은 유체가 점성이 없다고 가정하였으나, 실제 유체는 점성을 가지고 있어 **마찰손실**(H_L)이 발생된다. 이에 따라 마찰손실이 발생된 만큼 베르누이 방정식에 반영하여야 한다.

$$\dfrac{P_1}{\gamma} + \dfrac{V_1^2}{2g} + Z_1 = \dfrac{P_2}{\gamma} + \dfrac{V_2^2}{2g} + Z_2 + H_L \text{ (두 지점 사이의 마찰손실수두, } m\text{)}$$

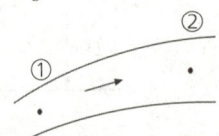

실제로 ①지점과 ②지점의 에너지는 ① ~ ② 구간에서 발생된 마찰손실(H_L) 때문에 동일하지 않을 것이다. 따라서 ① ~ ② 구간에서 발생된 마찰손실(H_L) 만큼 ②지점에 더해주어야 ①지점과 ②지점의 에너지가 동일해질 것이다.

2. 소방설비 시스템에서 에너지의 공급은 주로 펌프를 사용하고 있으므로 **펌프가 공급한 에너지**(H_p)만큼 베르누이 방정식에 반영하여야 한다.

$$\dfrac{P_1}{\gamma} + \dfrac{V_1^2}{2g} + Z_1 + H_p \text{ (펌프의 정격토출양정)} = \dfrac{P_2}{\gamma} + \dfrac{V_2^2}{2g} + Z_2$$

펌프가 중간에 있으면 펌프가 공급한 에너지(압력)만큼 ②지점의 에너지가 커지고 ①지점의 에너지는 작아지므로, ①지점과 ②지점의 에너지가 동일해 지려면 ①지점에 펌프의 **정격토출양정**(H_p)만큼 더해주어야 ①지점과 ②지점의 에너지가 동일해질 것이다.

3. 따라서 최종적으로 다음과 같은 식이 완성된다.

$$\dfrac{P_1}{\gamma} + \dfrac{V_1^2}{2g} + Z_1 + H_p \text{ (펌프의 정격토출양정)} = \dfrac{P_2}{\gamma} + \dfrac{V_2^2}{2g} + Z_2 + H_L \text{ (두 지점 사이의 마찰손실수두, } m\text{)}$$

함 께 공 부

베르누이의 정리
유체가 흐름선(유선)을 그리며 흐를 때, 두 지점의 높이[위치수두] 그리고 두 지점에서의 압력[압력수두]과 흐르는 속도[속도수두] 사이의 관계를 두 지점에서 역학적 에너지가 보존됨을 바탕으로 수식으로 나타낸 것.
유체의 흐름에 **에너지보존의 법칙**을 적용시킨 방정식[오일러의 운동방정식을 **적분**하여 얻은 방정식]

전수두(전양정) = 압력수두 + 속도수두 + 위치수두 = 일정(Constant)

$$H(m) = \frac{P}{\gamma} + \frac{V^2}{2g} + Z = \frac{압력(N/m^2)}{비중량(N/m^3)} + \frac{유속^2(m/sec)^2}{중력가속도(m/sec^2)} + 높이(m) = C(일정)$$

유체흐름상에 임의의 두 점에서 압력·속도·위치 수두는 각각 다를 수 있으나, 에너지보존의 법칙에 의해 그 **에너지(수두)의 총합은 항상 일정**하다는 방정식이 성립하여 아래식으로 표현할 수 있다.

$$\frac{P_1}{\gamma} + \frac{V_1^2}{2g} + Z_1 = \frac{P_2}{\gamma} + \frac{V_2^2}{2g} + Z_2$$

※ 유속(속도)의 기호를 u나 V 어떤 것을 사용하여도 무방하다. [유속 = 속도 = u = V]

계산 없는 단순 암기형 ★★★★★

28 점성에 관한 설명으로 틀린 것은?

① 액체의 점성은 분자 간 결합력에 관계된다. ② 기체의 점성은 분자 간 운동량 교환에 관계된다.
③ <u>온도가 증가하면 기체의 점성은 감소된다.</u> ④ 온도가 증가하면 액체의 점성은 감소된다.
                              증가

액체와 기체를 총칭하여 유체라 하며, 유체의 **끈끈한 정도를 점성**이라 한다.
- **점성계수**
  - 유체의 흐름에서 어려움의 크기를 나타내는 양. 즉 끈적거림의 정도를 표시하는 것으로서 점도란 결국 유체가 유동하는 경우의 내부저항이다. 일반적으로 액체는 기체보다 점도가 크며, **액체의 점성은 분자간의 응집력(결합력) 때문에 발생되지만, 기체의 점성은 분자간의 운동량 교환에 의해 발생**한다.
  - **액체는 온도상승시 분자간의 응집력이 약해져 점성이 감소하며, 온도하강시에는 분자간의 응집력이 강해져 점성이 증가**한다.
  - **기체는 온도상승시 분자운동이 활발해져서 점성이 증가하며, 온도하강시에는 분자운동이 감소하여 점성도 감소**한다.
  - 점도의 표시법에는 절대점도, 동점도 등이 있다.
- **절대점성계수**(μ) : 일반적으로 점도라 하면 절대점성계수(μ, 뮤)를 말하며 점성계수, 절대점도, 역학적 점성계수라고도 불리운다.
- **동점성계수**(ν)
  - 절대점성계수를 유체의 밀도로 나눈 것으로서 액체인 경우 온도만의 함수이고, 기체인 경우 온도와 압력의 함수이다.
  - 동점성계수(ν, 뉴)를 동점도 또는 상대점도라고도 한다. 즉 밀도가 변하는 물질은 동점도가 변한다.

전반적으로 쉬운 계산형 ★★

29 회전속도 N[rpm]일 때 송출량 Q[m³/min], 전양정 H[m]인 원심펌프를 상사한 조건에서 회전속도를 1.4N[rpm]으로 바꾸어 작동할 때 (ㄱ)유량과, (ㄴ)전양정은?

① (ㄱ) 1.4Q, (ㄴ) 1.4H ② (ㄱ) 1.4Q, (ㄴ) 1.96H ③ (ㄱ) 1.96Q, (ㄴ) 1.4H ④ (ㄱ) 1.96Q, (ㄴ) 1.96H

문제 조건들이... 회전속도(rpm, N), 유량(송출량, Q), 양정(전양정, H) 등이 주어졌으므로, **펌프의 상사법칙**을 통해 답을 구할 수 있다. 아래 표를 식으로 정리하여 답을 도출한다.

유량(송출량, Q)	양정(전양정, H)	회전속도(rpm, N)
Q_1(처음 유량) = Q	H_1(처음 양정) = H	N_1(처음 회전속도) = N
Q_2(변화된 유량) = (ㄱ)	H_2(변화된 양정) = (ㄴ)	N_2(변화된 회전속도) = 1.4N

1. 유량[Q]은 펌프 회전수에 **정비례**한다. → $Q_1 : N_1 = Q_2 : N_2$

$$Q_2 = \left(\frac{N_2}{N_1}\right) \times Q_1 \quad \rightarrow \quad (ㄱ) = \left(\frac{1.4N}{N}\right) \times Q = 1.4Q$$

2. 양정[H]은 펌프 회전수의 **2승에 비례**한다. → $H_1 : N_1^2 = H_2 : N_2^2$

$$H_2 = \left(\frac{N_2}{N_1}\right)^2 \times H_1 \quad \rightarrow \quad (ㄴ) = \left(\frac{1.4N}{N}\right)^2 \times H = 1.96H$$

함께공부

펌프의 상사법칙
- 상사(相似)라는 사전적 의미는 서로 모양이 비슷함. 닮음. 등의 뜻이 있다.
- 펌프의 용량이 다른 경우에도 비속도(비교회전도)가 같으면 이를 상사(相似)라고 한다.
- 유량, 양정, 축동력과의 관계
  ① 유량[Q]은 펌프 회전수에 **정비례**하고, 임펠러 직경의 **3승**에 비례한다.
  ② 양정[H]은 펌프 회전수의 **2승**에 비례하고, 임펠러 직경의 **2승**에 비례한다.

③ 축동력[L]은 펌프 회전수의 **3승**에 비례하고, 임펠러 직경의 **5승**에 비례한다.

구분	운전조건	형상조건
유량 Q	회전수 N^1 비례	직경 D^3 비례
양정 H	N^2	D^2
축동력 L	N^3	D^5
비례식 정리		
$Q_1 : N_1 = Q_2 : N_2$		$Q_1 : D_1^3 = Q_2 : D_2^3$
$H_1 : N_1^2 = H_2 : N_2^2$		$H_1 : D_1^2 = H_2 : D_2^2$
$L_1 : N_1^3 = L_2 : N_2^3$		$L_1 : D_1^5 = L_2 : D_2^5$

- $Q_1 = \left(\dfrac{N_1}{N_2}\right) \times \left(\dfrac{D_1}{D_2}\right)^3 \times Q_2$
- $H_1 = \left(\dfrac{N_1}{N_2}\right)^2 \times \left(\dfrac{D_1}{D_2}\right)^2 \times H_2$
- $L_1 = \left(\dfrac{N_1}{N_2}\right)^3 \times \left(\dfrac{D_1}{D_2}\right)^5 \times L_2$

- $Q_2 = \left(\dfrac{N_2}{N_1}\right) \times \left(\dfrac{D_2}{D_1}\right)^3 \times Q_1$
- $H_2 = \left(\dfrac{N_2}{N_1}\right)^2 \times \left(\dfrac{D_2}{D_1}\right)^2 \times H_1$
- $L_2 = \left(\dfrac{N_2}{N_1}\right)^3 \times \left(\dfrac{D_2}{D_1}\right)^5 \times L_1$

암기팁! 유량 양정 축동력 회전수1승2승3승 직경3승2승5승 ➡ 유양축 회123 직325

계산 없는 단순 암기형 ★★★★★

30 다음 중 배관의 유량을 측정하는 계측 장치가 아닌 것은?

① 로터미터(rotameter) ② 유동노즐(flow nozzle) ③ **마노미터(manometer)** ④ 오리피스(orifice)

액주계(U자관 마노미터 = 마노미터 = manometer = 압력차(차압) 측정기기 = 압력계)
- 정압의 측정(흐름 방향의 수직으로 작용하는 압력) ☞ 정압관, 피에조미터
- 동압 및 유속의 측정(동압은 유체가 유동할 때 발생하는 압력) ☞ 피토관(pitot tube), 피토게이지, 시차액주계, 피토-정압관
- 전압(유체가 흐를 때 그 흐름에 정면으로 걸리는 압력) = 정압 + 동압

함께 공부

유량의 측정 : 관내를 흐르는 유체의 유량을 측정하는 유량계(flow meter)로 차압식 유량계, 면적식 유량계 등이 사용되고 있다.
- **로터미터(rotameter, 면적식 유량계)**
  면적식 유량계는 유체의 흐름에 의해 **부표(부자, float)**가 항력을 받아 뜨게 되며, 그 뜨는 정도(오르내림의 정도)로 유량을 구한다. 관에는 눈금이 있으며 부표(부자, float)의 단면적이 가장 큰 곳의 평형위치에서 눈금을 읽어 유량을 측정할 수 있다.
- **오리피스 미터(orifice meter, 차압식 유량계)**
  배관 내에 관경이 작아지는 오리피스(유체를 분출시키는 작은구멍)를 설치하면, 오리피스를 통과하기 전의 유속과 통과 후의 유속이 달라지는데, 그 유속변화에 의한 압력의 차이를 이용하여 유량을 측정하는 장치. 즉 차압식 유량계이다.
- **벤츄리(벤투리) 미터(venturi meter, 차압식 유량계)**
  배관 중에 배관의 단면이 점차로 축소되는 부분(벤츄리 부분)을 설치하면 벤츄리 부분을 통과하기 전의 유속과 벤츄리 부분의 유속이 달라지는데, 그 유속변화에 의한 압력의 차이를 이용하여 유량을 측정하는 장치. 즉 차압식 유량계이다.
- **유동노즐(flow nozzle, 차압식 유량계)**
  배관 내부에 노즐모양의 장치를 설치한 것으로 노즐을 통과하기 전의 유속과 통과 후의 유속이 달라지는데, 그 유속변화에 의한 압력의 차이를 이용하여 유량을 측정하는 장치. 즉 차압식 유량계이다.
- **위어(weir)** : 수로를 가로막고 그 일부분으로 물을 흐르게 하여 유량을 측정하는 장치로서 하천이나 기타 개수로 내에서 유량을 측정하는데 사용된다.

전반적으로 쉬운 계산형 ★★

31 -10℃, 6기압의 이산화탄소 10kg이 분사노즐에서 1기압까지 가역 단열팽창하였다면 팽창 후의 온도는 몇 ℃가 되겠는가? (단, 이산화탄소의 비열비는 1.289이다.)

① -85 ② **-97** ③ -105 ④ -115

열역학적 상태변화 과정에서 단열팽창할 때 팽창 후의 온도(℃)를 구하는 문제

$$\dfrac{T_2}{T_1} = \left(\dfrac{P_2}{P_1}\right)^{\frac{k-1}{k}} \quad * \quad \dfrac{T_2(\text{나중절대온도},\, K)}{T_1(\text{처음절대온도},\, K)} = \left(\dfrac{P_2(\text{나중압력})}{P_1(\text{처음압력})}\right)^{\frac{k-1}{k(\text{비열비})}}$$

$$\frac{T_2}{(-10℃+273)K} = \left(\frac{1\,atm}{6\,atm}\right)^{\frac{1.289-1}{1.289}} \rightarrow T_2 = \left(\frac{1\,atm}{6\,atm}\right)^{\frac{1.289-1}{1.289}} \times 263\,K = 176\,K$$

절대온도(켈빈온도)K를 ℃로 바꾸면 = 176 - 273 = -97 ℃

함께공부

단열변화(=단열과정 =등엔트로피 과정)에서 온도, 압력, 체적의 관계(TPV관계)

$$\frac{T_2}{T_1} = \left(\frac{P_2}{P_1}\right)^{\frac{k-1}{k}} = \left(\frac{V_1}{V_2}\right)^{k-1}$$

$$\frac{T_2(나중절대온도, K)}{T_1(처음절대온도, K)} = \left(\frac{P_2(나중압력)}{P_1(처음압력)}\right)^{\frac{k-1}{k}} = \left(\frac{V_1(처음체적)}{V_2(나중체적)}\right)^{k(비열비)-1}$$

포기해도 되는 계산형 포기해도 합격에 전혀 지장없는 문제

32 다음 그림에서 A, B점의 압력차 [kPa]는? (단, A는 비중 1의 물, B는 비중 0.899의 벤젠이다.)

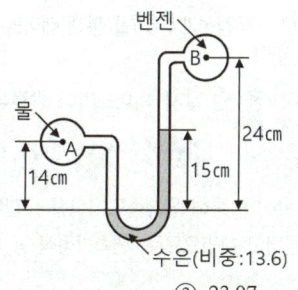

① 278.7 ② 191.4 ③ 23.07 ④ **19.4**

본 문제는 이해과정이 복잡한 계산문제로서... 소방설비기사 실기시험에서 등장하지 않는 개념과 문제이므로, 공부하지 않고 **포기하는 것이 더 현명**합니다. 따라서 지면과 노력낭비를 방지하기 위하여 해설이 없습니다.

함께공부

$P_C = P_D$ [물하단 지점(P_C)과... 수평선을 그은 수은지점(P_D)의 압력(P)은 동일하다는 전제로 식을 세운다]

$P_A + \gamma_{1(물)} h_1 = P_B + \gamma_{3(벤젠)} h_3 + \gamma_{2(수은)} h_2 \rightarrow P_A - P_B = \gamma_3 h_3 + \gamma_2 h_2 - \gamma_1 h_1$

$P_A - P_B = 0.899 \times 9.8\,kN/m^3 \times (0.24m - 0.15m) + 13.6 \times 9.8\,kN/m^3 \times 0.15m - 9.8\,kN/m^3 \times 0.14m = 19.4\,kN/m^2$

전반적으로 쉬운 계산형 ★★

33 펌프의 입구에서 진공계의 계기압력은 -160mmHg, 출구에서 압력계의 계기압력은 300kPa, 송출 유량은 10 m³/min일 때 펌프의 수동력[kW]은? (단, 진공계와 압력계 사이의 수직거리는 2m이고, 흡입관과 송출관의 직경은 같으며, 손실은 무시한다.)

① 5.7 ② **56.8** ③ 557 ④ 3,400

펌프의 수동력(kW) ➡ 펌프에 의해 **물**에 **공급**되는 동력(유체에 실제로 주어지는 동력). 따라서 펌프효율은 의미가 없다.

$$P(kW) = \frac{H \cdot \gamma \cdot Q}{102} = \frac{H(전양정)[m] \times \gamma(물\,비중량)[1000kgf/m^3] \times Q(토출량)[m^3/sec]}{102}$$

1. 토출량(Q) $= 10m^3/min = \frac{10\,m^3}{min} \times \frac{1\,min}{60\,sec} = m^3/sec$

    *수치를 여기에서 계산하면 매우 복잡하므로, 펌프 동력 공식에 "60"을 분모에 그대로 반영하면 변경된 단위(m³/s)로 적용된다.

2. 전양정(H) ☞ 기준에 필요한 압력을 낼 수 있는 값을 높이(m)로 계산한 수치   *양정 = 수두 = $mH_2O = m$

    ① 표준대기압을 이용한 진공계 및 압력계의 단위환산
    진공계와 압력계의 수치는 마찰손실과 실양정 그리고 방사압을 합친 값을 나타내므로, 주어진 수치를 수두[m]로 환산하면 된다. 수두단위의 표준대기압은 10.332mH₂O 이다.

    • 진공계 = $160\,mmHg \times \frac{10.332\,mH_2O}{760\,mmHg} = 2.18\,mH_2O$ *수은주(mmHg)의 표준대기압 = 760mmHg

- 압력계 $= 300\,kPa \times \dfrac{10.332\,mH_2O}{101.325\,kPa} = 30.59\,mH_2O$ *킬로 파스칼(kPa)의 표준대기압 = 101.325kPa

② 진공계와 압력계 사이의 수직거리 = 2m
③ 진공계 및 압력계, 그리고 수직거리를 반영한 최종적인 전양정은... $H = 2.18m + 30.59m + 2m = 34.77m$

3. 펌프의 수동력(kW)

$$kW = \dfrac{H \cdot \gamma \cdot Q}{102} = \dfrac{34.77m \times 1000\,kgf/m^3 \times 10\,m^3/sec}{102 \times 60} = 56.8\,kW$$

다소 어려운 계산형 ★

34 비중이 0.85이고 동점성계수가 3×10^{-4} ㎡/s인 기름이 직경 10㎝의 수평 원형 관내에 20L/s로 흐른다. 이 원형 관의 100m 길이에서의 수두손실[m]은? (단, 정상 비압축성 유동이다.)

① 16.6　　② 25.0　　③ 49.8　　④ 82.2

해설

1. 달시-와이스바하 방정식(h_L)

문제에서 관마찰계수(f)가 주어지지 않았으므로... 동점성계수(ν)를 통해 레이놀즈수($ReNo$)를 먼저 구한 후, 층류흐름에 적용이 가능한 관마찰계수의 공식을 통해 계산하여야 한다.

마찰손실(h_L)을 수두(m, mH_2O)로 구하는 방정식인 **달시-와이스바하 방정식**

$$h_L(mH_2O) = f\dfrac{L(m)}{D(m)}\dfrac{V^2(m/\sec)^2}{2g(m/\sec^2)}$$

마찰손실수두 = 관마찰계수 × $\dfrac{직관의\ 길이}{배관의\ 직경}$ × $\dfrac{유속^2}{2 \times 중력가속도}$

2. 연속방정식 중 체적유량(Q, volume flow rate)을 통해 유체속도(V)를 구한다.

유량이 L/s 즉, 초당(sec) L[리터=체적]로 흐른다고 하였으므로, 연속방정식 중 **체적유량(Q)**을 적용한다.

Q(체적유량, $m^3/\sec$) = A(배관의 단면적, m^2) × V(유체속도, $m/\sec$)　*$A = \dfrac{\pi \cdot D^2}{4}$　D=직경(지름)

$$V = \dfrac{Q}{\dfrac{\pi \cdot D^2}{4}} = \dfrac{0.02\,m^3/s}{\dfrac{\pi \times 0.1^2}{4}} = 2.55\,m/\sec$$

- 직경(D) = 10cm = 0.1m　*1000mm = 100㎝ = 1m
- 체적유량(Q) = $20L/s = \dfrac{20L}{1s} \times \dfrac{1\,m^3}{1000L} = 0.02\,m^3/s$

3. 레이놀즈수($ReNo$)를 구한다. → 동점성계수가 주어졌으므로 **동점도를 통한 레이놀즈수**를 구하는 공식을 적용한다.

$$ReNo = \dfrac{D(직경) \cdot V(유속)}{\nu(동점도)}$$

$$ReNo = \dfrac{D \times V}{\nu} = \dfrac{0.1m \times 2.55\,m/s}{3 \times 10^{-4}\,m^2/s} = 850$$

4. 층류흐름에 적용이 가능한 관마찰계수의 공식에 대입한다. → 관마찰계수(f) = $\dfrac{64}{ReNo} = \dfrac{64}{850} = 0.0753$

원형 관에서 정상 비압축성 유동이라고 하였으므로... 층류흐름이라고 가정할 수 있다.

$$관마찰계수(f) = \dfrac{64}{ReNo(레이놀즈수)}\ [층류흐름시 적용]$$

5. 원형관의 100m 길이에서의 수두손실[m]

$$h_L(m) = f\dfrac{L}{D}\dfrac{V^2}{2g} = 0.0753 \times \dfrac{100m}{0.1m} \times \dfrac{(2.55\,m/s)^2}{2 \times 9.8\,m/s^2} = 24.98m ≒ 25m$$

포기해도 되는 계산형　포기해도 합격에 전혀 지장없는 문제

35 그림과 같이 길이 5m, 입구직경(D_1) 30㎝, 출구직경(D_2) 16㎝인 직관을 수평면과 30° 기울어지게 설치하였다. 입구에서 $0.3\,m^3/s$로 유입되어 출구에서 대기 중으로 분출된다면 입구에서의 압력[kPa]은? (단, 대기는 표준대기압 상태이고 마찰손실은 없다.)

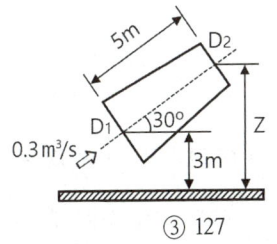

① 24.5　　　　　② 102　　　　　③ 127　　　　　④ 228

본 문제는 이해와 계산과정 모두 복잡한 계산문제로서… 소방설비기사 실기시험에서 등장하지 않는 개념과 문제이므로, 공부하지 않고 **포기하는 것이 더 현명**합니다. 따라서 지면과 노력낭비를 방지하기 위하여 해설이 없습니다.

함께공부

베르누이 방정식 ☞ 전수두(전양정) = 압력수두 + 속도수두 + 위치수두 = 일정(Constant)

$$H(m) = \frac{P}{\gamma} + \frac{V^2}{2g} + Z = \frac{압력(N/m^2)}{비중량(N/m^3)} + \frac{유속^2(m/\sec)^2}{중력가속도(9.8m/\sec^2)} + 높이(m) = C$$

$$\frac{P_1}{\gamma} + \frac{V_1^2}{2g} + Z_1 = \frac{P_2}{\gamma} + \frac{V_2^2}{2g} + Z_2$$

$$\frac{P_1(게이지압)[kN/m^2]}{9.8 kN/m^3} + \frac{(4.24 m/s)^2}{2 \times 9.8 m/s^2} + 3m = \frac{(대기중이므로 게이지압은 제로) \; 0[kN/m^2]}{9.8 kN/m^3} + \frac{(14.92 m/s)^2}{2 \times 9.8 m/s^2} + 5.5m$$

- 입구측 유속(V_1) = $\dfrac{Q}{\dfrac{\pi \cdot D^2}{4}}$ = $\dfrac{0.3 m^3/\sec}{\dfrac{\pi \times 0.3^2}{4}}$ = $4.24 m/\sec$

- 출구측 유속(V_2) = $\dfrac{Q}{\dfrac{\pi \cdot D^2}{4}}$ = $\dfrac{0.3 m^3/\sec}{\dfrac{\pi \times 0.16^2}{4}}$ = $14.92 m/\sec$

- 출구측 높이(Z_2) = $3m + (5m \times \sin 30°)$ = $5.5m$

$$\frac{P_1(게이지압)[kN/m^2]}{9.8 kN/m^3} = \frac{(14.92 m/s)^2 - (4.24 m/s)^2}{2 \times 9.8 m/s^2} + 2.5m$$

$$P_1(게이지압)[kN/m^2] = \left\{ \frac{(14.92 m/s)^2 - (4.24 m/s)^2}{2 \times 9.8 m/s^2} + 2.5m \right\} \times 9.8 kN/m^3 = 126.81 \, kN/m^2$$

∴ 절대압력(P) = 게이지압 + 대기압 = $126.81 \, kN/m^2 + 101.325 \, kN/m^2 = 228.135 \, kPa$

※ 문제에서 답으로 게이지압을 요구하지 않았기 때문에… 절대압력(실질적인 진짜 압력)을 물어본 것으로 판단된다. 논란의 소지가 있는 문제이다.

전반적으로 쉬운 계산형 ★★

36 그림과 같이 단면 A에서 정압이 500kPa이고, 10m/s로 난류의 물이 흐르고 있을 때 단면 B에서의 유속 [m/s]은?

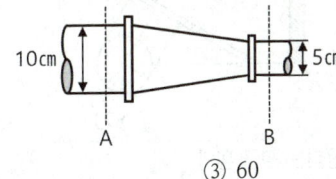

① 20　　　　　② 40　　　　　③ 60　　　　　④ 80

연속방정식 중 체적유량(Q, volume flow rate)
물과 같은 비압축성 유체가 A지점에서 B지점으로 정상유동할 때 A지점의 체적[m³]과 B지점의 체적[m³]은 언제나 동일하다는 방정식이다. 즉, 관속을 흐르는 물의 유량(Q)은 유입되는 유량(Q_1)과 유출되는 유량(Q_2)이 동일하다는 법칙이 적용된다.

$$Q(체적유량, m^3/\sec) = A(배관의 단면적, m^2) \times V(유속, m/\sec)$$

$$Q_1 = Q_2$$
$$A_1 \cdot V_1 = A_2 \cdot V_2$$

∴ B에서의 유속 $V_2 = \dfrac{A_1}{A_2} V_1 = \dfrac{\dfrac{\pi}{4}(0.1m)^2}{\dfrac{\pi}{4}(0.05m)^2} \times 10m/s = 40m/s$

- A지점의 단면적 $A_1 = \dfrac{\pi \cdot D^2}{4} = \dfrac{\pi \times 0.1^2}{4}$ *A지점의 직경(지름, D) = 10cm = 0.1m   *1000㎜ = 100㎝ = 1m
- B지점의 단면적 $A_2 = \dfrac{\pi \cdot D^2}{4} = \dfrac{\pi \times 0.05^2}{4}$ *B지점의 직경(지름, D) = 5cm = 0.05m

다소 어려운 계산형 ★

37 온도차이가 ΔT, 열전도율이 k1, 두께 X인 벽을 통한 열유속(heat flux)과 온도차이가 2ΔT, 열전도율이 k2, 두께 0.5X인 벽을 통한 열유속이 서로 같다면 두 재질의 열전도율비 k1/k2의 값은?

① 1 　　② 2 　　③ 4 　　④ 8

1. **열전도**란 온도가 높은 영역으로부터 낮은 영역으로 에너지가 이송되는 열흐름 메커니즘을 말하며, Fourier(푸리에)의 전도법칙에 따르면 열전달률(=전도열량=열유동율)[°q][단위 시간당 발생되는 열량(W=J/s)]은...

$$°q[W] = kA\dfrac{T_1 - T_2}{L} = k(열전도도, 열전도계수) \times A(수열면적, 단면적) \dfrac{\Delta T (내 \cdot 외부의 온도차)}{L(두께)}$$

2. **열유속**[°q″] : 흐름의 경로에 있어서 단위 면적당 발생되는 열유동율[°q]을 말한다. 따라서 열유속은 단위면적당 이므로 수열면적[A]을 "1"로 본다는 의미이다.

$$\dfrac{°q}{A}[= °q″ \ W/m^2] = k\dfrac{\Delta T}{L}$$

3. 조건정리

구분	변화없는 처음상태 조건정리	변화된 후 조건정리
벽의 열전도율[k]	k1	k2
내 · 외부의 온도차[ΔT]	ΔT	$2\Delta T$
벽의 두께(L)[m]	X	0.5X
열유속[$\dfrac{°q}{A}$]	°q″	°q″

4. 열전도율비 k1/k2 계산

$$°q″(처음상태) = °q″(변화된 후)$$
$$\dfrac{k1 \times \Delta T}{X} = \dfrac{k2 \times 2\Delta T}{0.5X} \rightarrow \dfrac{k1}{k2} = \dfrac{X \times 2\Delta T}{\Delta T \times 0.5X} = \dfrac{1 \times 2}{1 \times 0.5} = 4$$

전반적으로 쉬운 계산형 ★★

38 그림과 같이 수족관에 직경 3m의 투시경이 설치되어 있다. 이 투시경에 작용하는 힘[kN]은?

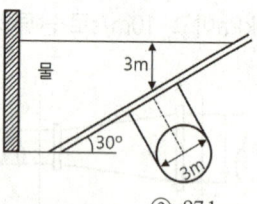

① 207.8　　② 123.9　　③ 87.1　　④ 52.4

경사면에 작용하는 전압력 ➡ 수평방향으로 작용하는 평균 힘의 크기

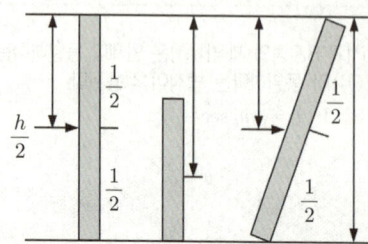 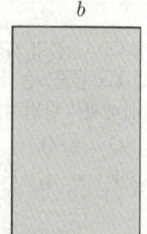

면적중심까지의 깊이 = $\dfrac{h}{2}$

$F = \gamma \cdot A \cdot h$
$= \gamma \cdot (b \times h) \cdot \dfrac{h}{2}$
$= \dfrac{\gamma \cdot (b \times h) \cdot h}{2}$

1. 조건정리
- 물 비중량(γ) = $1000 kgf/m^3$ = $9800 N/m^3$ = $9.8 kN/m^3$ 　*$1kgf = 9.8N$ *$1000N = 1kN$
- 직경 3m 투시경의 면적(A) = $\dfrac{\pi \times D^2}{4}$ = $\dfrac{\pi \times (3m)^2}{4}$
- 투시경이 받는 힘의 깊이(h) = 3m   *이미 면적중심까지의 깊이가 문제 조건에 주어졌으므로... 30°의 각도는 의미가 없다.

2. 수평방향으로 작용하는 평균 힘의 크기(kN)

$$F[kN, 힘] = \gamma A h = 비중량(kN/m^3) \times 면적(m^2) \times 깊이(m) = 9.8 kN/m^3 \times \dfrac{\pi \times (3m)^2}{4} \times 3m = 207.8 kN$$

다소 어려운 계산형

39 관의 길이가 ℓ이고, 지름이 d, 관마찰계수가 f일 때, 총 손실수두 H[m]를 식으로 바르게 나타낸 것은?
(단, 입구 손실계수가 0.5, 출구 손실계수가 1.0, 속도수두는 V²/2g이다.)

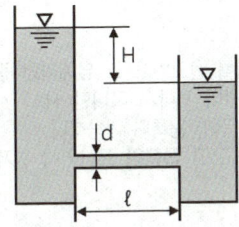

① $\left(1.5 + f\dfrac{\ell}{d}\right)\dfrac{V^2}{2g}$　　② $\left(f\dfrac{\ell}{d} + 1\right)\dfrac{V^2}{2g}$　　③ $\left(0.5 + f\dfrac{\ell}{d}\right)\dfrac{V^2}{2g}$　　④ $\left(f\dfrac{\ell}{d}\right)\dfrac{V^2}{2g}$

달시-와이스바하 방정식에 입구측과 출구측의 속도 손실계수를 적용시켜 식으로 나타내는 문제이다.

$$H(m) = f\dfrac{L}{D}\dfrac{V^2}{2g} \quad *마찰손실수두 = 관마찰계수 \times \dfrac{직관의 길이}{배관의 직경} \times \dfrac{유속^2}{2 \times 중력가속도} \rightarrow f\dfrac{L}{D} = K$$

$$H(손실수두, m) = K\dfrac{V^2}{2g} = 손실계수 \times \dfrac{유속^2}{2 \times 중력가속도(9.8)}$$

1. 조건정리
- 관의 마찰계수(f) = f 　　• 직관의 길이(L) = ℓ 　　• 지름(직경, D) = d
- 입구측 손실계수(K) = 0.5 　• 출구측 손실계수(K) = 1.0

2. 달시-와이스바하 방정식에 손실계수(K)를 적용시킨 식

$$H = \left(K_{입구} + K_{출구} + f\dfrac{\ell}{d}\right)\dfrac{V^2}{2g} = \left(0.5 + 1.0 + f\dfrac{\ell}{d}\right)\dfrac{V^2}{2g} = \left(1.5 + f\dfrac{\ell}{d}\right)\dfrac{V^2}{2g}$$

전반적으로 쉬운 계산형 ★★

40 비중이 0.8인 액체가 한 변이 10㎝인 정육면체 모양 그릇의 반을 채울 때 액체의 질량[kg]은?

① 0.4　　　　　② 0.8　　　　　③ 400　　　　　④ 800

1. 액체의 밀도 → ρ(물질의 밀도) = S(액체비중) $\times \rho_w$(물의 밀도) = $0.8 \times 1000 kg/m^3 = 800 kg/m^3$

$$S(액체비중) = \dfrac{\rho[물질의 밀도(kg/m^3)]}{\rho_w[물의 밀도(1000 kg/m^3)]}$$

2. "한 변이 10cm(=0.1m)인 정육면체 모양 그릇의 반"의 체적 = $\dfrac{0.1m \times 0.1m \times 0.1m}{2} = 5 \times 10^{-4} m^3$ 　*100㎝ = 1m

∴ 밀도(ρ, 로우) = $\dfrac{W}{V} = \dfrac{질량}{부피} = \dfrac{kg}{m^3}$ → W(질량) = ρ(밀도) $\times V$(부피) = $800 kg/m^3 \times 5 \times 10^{-4} m^3 = 0.4 kg$

3과목 소방관계법규

✔ 이것이 혁신이다! 기출문제 + 답이색해설

문장이 답인 문제 ★

41 소방시설공사업법령에 따른 **소방시설업 등록이 가능한 사람**은?
① 피성년후견인
② 위험물안전관리법에 따른 금고 이상의 형의 집행유예를 선고받고 그 유예기간 중에 있는 사람
③ 등록하려는 소방시설업 등록이 취소된 날부터 3년이 지난 사람
④ 소방기본법에 따른 금고 이상의 실형을 선고받고 그 집행이 면제된 날부터 1년이 지난 사람

소방시설업 등록의 결격사유
① 피성년후견인
② 소방관계법규에 따른 금고 이상의 형의 집행유예를 선고받고 그 유예기간 중에 있는 사람
③ 등록하려는 소방시설업 등록이 **취소된 날부터 2년이 지나지 아니한 자**
  → 지문에서는 2년을 넘어서… 3년이 지났기 때문에, 등록이 가능하다.
④ 소방관계법규에 따른 금고 이상의 실형을 선고받고 그 **집행이 끝나거나 면제된 날부터 2년이 지나지 아니한 사람**

함 께 공 부

- **피성년후견인** : 질병, 장애, 노령, 그 밖의 사유로 인한 정신적 제약으로 사무를 처리할 능력이 지속적으로 결여된 사람으로서 일정한 자의 청구에 의하여 가정법원으로부터 성년후견(성인에 대해 후견인을 선임하는 제도) 개시의 심판을 받은 자
- **소방관계법규[5분법]** : [1분법]소방기본법, [2분법]화재의 예방 및 안전관리에 관한 법(화재예방법), [3분법]소방시설 설치 및 관리에 관한 법(소방시설법), [4분법]소방시설공사업법, [5분법]위험물안전관리법

단어가 답인 문제 ★★

42 소방시설 설치 및 관리에 관한 법령상 **방염성능기준 이상**의 실내장식물 등을 **설치해야 하는 특정소방대상물이 아닌 것**은?
① 숙박이 가능한 수련시설
② 층수가 11층 이상인 아파트
③ 건축물 옥내에 있는 종교시설
④ 방송통신시설 중 방송국 및 촬영소

방염성능기준 이상의 실내장식물 등을 설치해야 하는 특정소방대상물
1. 근린생활시설 중 의원, 조산원, 산후조리원, 체력단련장, 공연장 및 종교집회장
2. 건축물의 옥내에 있는 다음의 시설
  ① 문화 및 집회시설
  ② 종교시설
  ③ 운동시설(수영장은 제외)
3. 의료시설(종합병원, 격리병원, 정신의료기관 등등)
4. 교육연구시설 중 합숙소
5. 노유자 시설
6. 숙박이 가능한 수련시설
7. 숙박시설
8. 방송통신시설 중 방송국 및 촬영소
9. 다중이용업의 영업소(다중이용업소)
10. 층수가 11층 이상인 것(아파트 등은 제외)

답하답! 아파트와 수영장은 제외한다.

문장이 답인 문제 ★★★

43 소방시설 설치 및 관리에 관한 법령상 **건축허가 등의 동의대상물이 아닌 것**은?
① 항공기 격납고
② 연면적이 300㎡인 공연장
③ 바닥면적이 300㎡인 차고
④ 연면적이 300㎡인 노유자 시설

건축허가등을 할 때 미리 소방본부장 또는 소방서장의 동의를 받아야 하는 건축물 등의 범위
1. 항공기 격납고, 관망탑, 항공관제탑, 방송용 송수신탑 → ① 항공기 격납고
2. 연면적이 400제곱미터 이상인 건축물이나 시설
   → ②번의 "연면적이 300m²인 공연장"은 건축허가등의 동의대상이 아니다. 400m²부터 대상에 포함된다.
   다만, 다음의 어느 하나에 해당하는 건축물이나 시설은 예외적으로 해당 시설에서 정한 기준 이상인 건축물이나 시설로 한다.
   • 건축등을 하려는 학교시설 : 100제곱미터
   • 노유자시설 및 수련시설 : 200제곱미터 → ④ 연면적이 300m²인 노유자 시설 [200m²이상이므로 대상에 포함된다]
   • 정신의료기관(입원실이 없는 정신건강의학과 의원은 제외) : 300제곱미터
   • 장애인 의료재활시설(이하 "의료재활시설"이라 한다) : 300제곱미터
3. 차고·주차장으로 사용되는 바닥면적이 200제곱미터 이상인 층이 있는 건축물이나 주차시설
   → ③ 바닥면적이 300m²인 차고 [200m²이상이므로 대상에 포함된다]
4. 층수가 6층 이상인 건축물
5. 지하층 또는 무창층이 있는 건축물로서 바닥면적이 150제곱미터(공연장의 경우에는 100제곱미터) 이상인 층이 있는 것

건축허가등의 권한이 있는 행정기관이, 소방본부장이나 소방서장에게 건축허가등의 동의를 받는다.
① 건축물 등의 신축·증축·개축·재축·이전·용도변경 또는 대수선의 허가·협의 및 사용승인(건축허가등)의 권한이 있는 행정기관은 건축허가등을 할 때 미리 그 건축물 등의 시공지 또는 소재지를 관할하는 소방본부장이나 소방서장의 동의를 받아야 한다.
② 건축물 등의 증축·개축·재축·용도변경 또는 대수선의 신고를 수리할 권한이 있는 행정기관은 그 신고를 수리하면 그 건축물 등의 시공지 또는 소재지를 관할하는 소방본부장이나 소방서장에게 지체 없이 그 사실을 알려야 한다.

44 위험물안전관리법령에 따라 위험물안전관리자를 해임하거나 퇴직한 때에는 해임하거나 퇴직한 날부터 며칠 이내에 다시 안전관리자를 선임하여야 하는가?
① 30일   ② 35일   ③ 40일   ④ 55일

• 제조소등의 관계인은 위험물의 안전관리에 관한 직무를 수행하게 하기 위하여 제조소등마다 대통령령이 정하는 위험물의 취급에 관한 자격이 있는 자(이하 "위험물취급자격자"라 한다)를 위험물안전관리자(이하 "안전관리자"라 한다)로 선임하여야 한다.
• 안전관리자를 선임한 제조소등의 관계인은... 그 안전관리자를 해임하거나 안전관리자가 퇴직한 때에는
  → 해임하거나 퇴직한 날부터 30일 이내에 다시 안전관리자를 선임하여야 한다.

45 소방시설공사업법령상 소방공사감리를 실시함에 있어 용도와 구조에서 특별히 안전성과 보안성이 요구되는 소방대상물로서 소방시설물에 대한 감리를 감리업자가 아닌 자가 감리할 수 있는 장소는?
① 정보기관의 청사   ② 교도소 등 교정관련시설
③ 국방 관계시설 설치장소   ④ 원자력안전법상 관계시설이 설치되는 장소

• 용도와 구조에서 특별히 안전성과 보안성이 요구되는 소방대상물로서 대통령령으로 정하는 장소에서 시공되는 소방시설물에 대한 감리는 감리업자가 아닌 자도 할 수 있다.
• 감리업자가 아닌 자가 감리할 수 있는 보안성 등이 요구되는 소방대상물의 시공 장소 : 위의 "대통령령으로 정하는 장소"란 원자력안전법에 따른 관계시설(원자로의 안전에 관계되는 시설)이 설치되는 장소를 말한다.

46 위험물안전관리법령상 다음의 규정을 위반하여 위험물의 운송에 관한 기준을 따르지 아니한 자에 대한 과태료 기준은?

위험물운송자는 이동탱크저장소에 의하여 위험물을 운송하는 때에는 행정안전부령으로 정하는 기준을 준수하는 등 당해 위험물의 안전확보를 위하여 세심한 주의를 기울여야 한다.

① 50만원 이하   ② 100만원 이하   ③ 200만원 이하   ④ 500만원 이하

위험물운송자는 이동탱크저장소에 의하여 위험물을 운송하는 때에는 행정안전부령으로 정하는 기준을 준수하는 등 당해 위험물의 안전확보를 위하여 세심한 주의를 기울여야 한다.
→ 이를 위반하여 위험물의 운송에 관한 기준을 따르지 아니한 자에게는 500만원 이하의 과태료를 부과한다.

단어가 답인 문제 ★

47 다음 소방시설 중 경보설비가 아닌 것은?

① 통합감시시설　② 가스누설경보기　③ 비상콘센트설비　④ 자동화재속보설비

1. **경보설비** : 화재발생 사실을 통보하는 기계·기구 또는 설비
   ①단독경보형 감지기 / ②비상경보설비 / ③시각경보기 / ④자동화재탐지설비 / ⑤비상방송설비 / ⑥자동화재속보설비
   ⑦통합감시시설 / ⑧누전경보기 / ⑨가스누설경보기 / ⑩화재알림설비
2. **소화활동설비** : 화재를 진압하거나 인명구조활동을 위하여 사용하는 설비
   ①제연설비 / ②연결송수관설비 / ③연결살수설비 / ④비상콘센트설비 / ⑤무선통신보조설비 / ⑥연소방지설비

함께공부

- **지하구에 설치되는 통합감시시설** : 소방관서와 지하구의 통제실 간에 화재 등 소방활동과 관련된 정보를 상시 교환할 수 있는 정보통신망으로서, 광케이블 또는 이와 유사한 성능을 가진 선로일 것
- **가스누설경보기** : LPG(액화석유가스), LNG(액화천연가스), 일산화탄소 등 가연성가스의 누설로 인한 폭발위험 및 독가스 중독사고 예방을 위해 가스누설을 자동으로 경보하는 장치
- **비상콘센트설비** : 화재발생시 소방대의 소화활동에 필요한 장비의 전원설비. 즉 정전시 이용하는 비상용 전기콘센트
- **자동화재속보설비** : 자동(자동화재탐지설비와 연동) 또는 수동(조작스위치)으로 화재의 발생을 소방관서에 통보하거나 소방관계인에게 알려주는 설비

숫자가 답인 문제 ★★

48 소방기본법령에 따라 주거지역·상업지역 및 공업지역에 소방용수시설을 설치하는 경우 소방대상물과의 수평거리를 몇 m 이하가 되도록 해야 하는가?

① 50　② 100　③ 150　④ 200

소방용수시설 설치시 수평거리 기준
- 주거지역·상업지역 및 공업지역에 설치하는 경우 : 소방대상물과의 **수평거리를 100미터 이하**가 되도록 할 것
- 위 외의 지역에 설치하는 경우 : 소방대상물과의 **수평거리를 140미터 이하**가 되도록 할 것

생각팁! 주거·상업·공업지역은 좀 더 위험한 지역이므로 수평거리가 짧아서 소방용수가 더 많이 설치된다.

숫자가 답인 문제

49 화재의 예방 및 안전관리에 관한 법령상 소방관서장은 화재 발생 위험이 크거나 소화 활동에 지장을 줄 수 있다고 인정되는 행위나 물건에 대하여 행위 당사자나 그 물건의 관계인에게 금지, 제한 제거, 이동 등의 명령을 할 수 있는바, 그 명령에 따르지 아니한 경우에 대한 벌칙은?

① 100만원 이하의 과태료　② 200만원 이하의 과태료　③ 300만원 이하의 과태료　④ 300만원 이하의 벌금

- **화재의 예방조치 등** : 소방관서장은 화재 발생 위험이 크거나 소화 활동에 지장을 줄 수 있다고 인정되는 행위나 물건에 대하여 행위 당사자나 그 물건의 소유자, 관리자 또는 점유자에게 다음 각 호의 명령을 할 수 있다.
  1. 화재 발생 위험이 있는 행위에 해당하는 **행위의 금지 또는 제한**
  2. 목재, 플라스틱 등 가연성이 큰 물건의 **제거, 이격, 적재 금지** 등
  3. 소방차량의 통행이나 소화 활동에 지장을 줄 수 있는 **물건의 이동**
- 위 각 호의 어느 하나에 따른 명령을 정당한 사유 없이 따르지 아니하거나 방해한 자는 300만원 이하의 벌금에 처한다.

숫자가 답인 문제 ★

50 화재의 예방 및 안전관리에 관한 법령상 불꽃을 사용하는 용접·용단 기구의 용접 또는 용단 작업장에서 지켜야 하는 사항 중 다음 (　) 안에 알맞은 것은?

- 용접 또는 용단 작업장 주변 반경 (㉠)미터 이내에 소화기를 갖추어 둘 것
- 용접 또는 용단 작업장 주변 반경 (㉡)미터 이내에는 가연물을 쌓아두거나 놓아두지 말 것. 다만, 가연물의 제거가 곤란하여 방화포 등으로 방호조치를 한 경우는 제외한다.

① ㉠ 3, ㉡ 5　② ㉠ 5, ㉡ 3　③ ㉠ 5, ㉡ 10　④ ㉠ 10, ㉡ 5

보일러 등의 설비 또는 기구 등의 위치·구조 및 관리와 화재예방을 위하여 불을 사용할 때 지켜야 하는 사항 중 불꽃을 사용하는 용접·용단 기구
㉠ 용접 또는 용단 작업장 주변 반경 5미터 이내에 소화기를 갖추어 둘 것
㉡ 용접 또는 용단 작업장 주변 반경 10미터 이내에는 가연물을 쌓아두거나 놓아두지 말 것.
   다만, 가연물의 제거가 곤란하여 방화포 등으로 방호조치를 한 경우는 제외한다.

> 단어가 답인 문제 ★

51 소방기본법령상 소방업무 상호응원협정 체결 시 포함되어야 하는 사항이 아닌 것은?

① 응원출동의 요청방법
② 응원출동훈련 및 평가
③ 응원출동대상지역 및 규모
④ **응원출동 시 현장지휘에 관한 사항**

시·도간 소방업무의 **상호응원협정**을 체결하고자 하는 때, **포함되어야 하는 사항**
1. 소방활동에 관한 사항 → 화재의 경계·진압활동 / 구조·구급업무의 지원 / 화재조사활동
2. 응원출동대상지역 및 규모 / 응원출동의 요청방법 / 응원출동훈련 및 평가
3. 소요경비의 부담에 관한 사항 → 출동대원의 수당·식사 및 의복의 수선 / 소방장비 및 기구의 정비와 연료의 보급
※ **소방본부장이나 소방서장은...** 소방활동을 할 때에 긴급한 경우에는 이웃한 소방본부장 또는 소방서장에게 소방업무의 응원을 요청할 수 있다. (소방대장의 권한이 아닌, 소방본부장이나 소방서장의 권한임)

> 알아둘것! 현장지휘는 응원출동현장 소방대장의 고유권한이다.

> 문장이 답인 문제 ★

52 소방시설 설치 및 관리에 관한 법령상 소방용품의 형식승인을 받지 아니하고 소방용품을 제조하거나 수입한 자에 대한 벌칙 기준은?

① 100만원 이하의 벌금
② 300만원 이하의 벌금
③ 1년 이하의 징역 또는 1천만원 이하의 벌금
④ **3년 이하의 징역 또는 3천만원 이하의 벌금**

소방용품의 형식승인을 받지 아니하고 소방용품을 제조하거나 수입한 자 → **3년** 이하의 징역 또는 **3천만원** 이하의 벌금

> 문장이 답인 문제

53 위험물안전관리법령상 제조소등의 경보설비 설치기준에 대한 설명으로 틀린 것은?

① 제조소 및 일반취급소의 연면적이 500㎡ 이상인 것에는 자동화재탐지설비를 설치한다.
② 자동신호장치를 갖춘 스프링클러설비 또는 물분무등소화설비를 설치한 제조소등에 있어서는 자동화재탐지설비를 설치한 것으로 본다.
③ 경보설비는 자동화재탐지설비·자동화재속보설비·비상경보설비(비상벨장치 또는 경종 포함)·확성장치 (휴대용 확성기 포함) 및 비상방송설비로 구분한다.
④ **지정수량의 10배 이상의 위험물을 저장 또는 취급하는 제조소등(이동탱크저장소를 포함한다)에는 화재발생시 이를 알릴 수 있는 경보설비를 설치하여야 한다.** (제외한다)

지정수량의 10배 이상의 위험물을 저장 또는 취급하는 제조소등(**이동탱크저장소를 제외한다**)에는 화재발생시 이를 알릴 수 있는 **경보설비**를 **설치**하여야 한다.

> 알아둘것! 이동탱크 저장소는 차량에 고정탱크를 만들어 위험물을 저장하는 저장소인데... 경보설비를 설치하기에는 좀...

문장이 답인 문제 ★★★

54 소방시설 설치 및 관리에 관한 법령상 소방시설 등에 대한 자체점검 중 종합점검 대상인 것은?

① 제연설비가 <u>설치되지 않은</u> 터널
                   설치된
② 스프링클러설비가 설치된 연면적이 5000㎡이고, 12층인 아파트
③ 물분무등소화설비가 설치된 연면적이 5000㎡인 위험물 제조소
                             특정소방대상물(제조소등은 제외)
④ 호스릴 방식의 물분무등소화설비만을 설치한 연면적 3000㎡인 특정소방대상물
       호스릴방식의 물분무등소화설비만을 설치한 경우는 제외

1. **스프링클러**설비가 설치된 모든 특정소방대상물은 **종합점검 대상**에 해당한다.
2. **종합점검 제외 대상**
   - **호스릴방식**의 물분무등소화설비만을 설치한 경우는 제외
   - 물분무등소화설비가 설치된 **제조소등**은 제외
   - 다중이용업의 영업장 중 **비디오물소극장업**은 제외
   - 공공기관 중 **소방대**가 근무하는 **공공기관**은 제외
   - **제연설비**가 설치되지 않은 터널

함 께 공 부

1. **종합점검** : 소방시설등의 작동점검을 포함하여 소방시설등의 설비별 주요 구성 부품의 구조기준이 화재안전기준과 건축법 등 관련 법령에서 정하는 기준에 적합한 지 여부를 소방청장이 정하여 고시하는 소방시설등 종합점검표에 따라 점검하는 것을 말하며, 다음과 같이 구분한다.
   ① **최초점검** : 특정소방대상물의 소방시설등이 신설되어 소방시설이 새로 설치되는 경우... 건축법에 따라 건축물이 사용승인 되어 건축물을 사용할 수 있게 된 날부터 60일 이내 점검하는 것을 말한다.
   ② **그 밖의 종합점검** : 최초점검을 제외한 종합점검을 말한다.
2. **종합점검에 해당하는 특정소방대상물**
   - 소방시설등이 **신설된** 특정소방대상물
   - **스프링클러**설비가 설치된 특정소방대상물
   - **물분무등소화설비**[호스릴방식의 물분무등소화설비만을 설치한 경우는 제외]가 설치된 연면적 **5,000㎡ 이상**인 특정소방대상물(제조소등은 제외)
   - 단란주점영업과 유흥주점영업, 영화상영관·비디오물감상실업·비디오물소극장업 및 복합영상물제공업(**비디오물소극장업은 제외**), 노래연습장업, 산후조리업, 고시원업 및 안마시술소의 **다중이용업의 영업장**이 설치된 특정소방대상물로서 연면적이 **2,000㎡ 이상**인 것
   - **제연설비**가 설치된 터널
   - **공공기관**(국공립학교 및 사립학교 포함) 중 연면적이 **1,000㎡ 이상**인 것으로서 **옥내소화전설비** 또는 **자동화재탐지설비**가 설치된 것. 다만, 소방대가 근무하는 공공기관은 제외한다.

단어가 답인 문제 ★

55 소방시설공사업법령에 따른 소방시설업의 등록권자는?

① 국무총리   ② 소방서장   ③ 시·도지사   ④ 한국소방안전원장

특정소방대상물의 소방시설공사 등을 하려는 자는 업종별로 자본금, 기술인력 등 대통령령으로 정하는 요건을 갖추어 특별시장·광역시장·특별자치시장·도지사 또는 특별자치도지사(이하 "**시·도지사**"라 한다)에게 **소방시설업을 등록**하여야 한다.

함 께 공 부

소방시설업의 종류
1. **소방시설설계업** : 소방시설공사에 기본이 되는 공사계획, 설계도면, 설계 설명서, 기술계산서 및 이와 관련된 서류[설계도서]를 작성[**설계**] 하는 영업
2. **소방시설공사업** : 설계도서에 따라 소방시설을 신설, 증설, 개설, 이전 및 정비[**시공**] 하는 영업
3. **소방공사감리업** : 소방시설공사에 관한 발주자의 권한을 대행하여 소방시설공사가 설계도서와 관계 법령에 따라 적법하게 시공되는지를 확인하고, 품질·시공 관리에 대한 기술지도를 하는[**감리**] 영업
4. **방염처리업** : 방염대상물품에 대하여 방염처리[**방염**] 하는 영업

> 숫자가 답인 문제 ★★★

56 소방기본법령에 따른 소방용수시설 급수탑 개폐밸브의 설치기준으로 맞는 것은?

① 지상에서 1.0m 이상 1.5m 이하
② 지상에서 1.2m 이상 1.8m 이하
③ 지상에서 1.5m 이상 1.7m 이하
④ 지상에서 1.5m 이상 2.0m 이하

급수탑의 개폐밸브 → 지상에서 1.5미터 이상 1.7미터 이하의 위치에 설치

땀가탑! 내 키가 150cm(=1.5m)은 넘는데… 180cm(=1.8m)이 안된다. 따라서 높이 세워진 급수탑은… 170cm(=1.7m)

> 숫자가 답인 문제

57 위험물안전관리법령상 정기검사를 받아야 하는 특정·준특정 옥외탱크저장소의 관계인은 특정·준특정 옥외탱크저장소의 설치허가에 따른 완공검사합격확인증을 발급받은 날부터 몇 년 이내에 정밀정기검사를 받아야 하는가?

① 9   ② 10   ③ 11   ④ 12

특정·준특정 옥외탱크저장소의 정기점검
- 옥외탱크저장소 중 저장 또는 취급하는 액체위험물의 최대수량이 50만리터 이상인 것("**특정·준특정 옥외탱크저장소**"라 한다)
- 정기검사를 받아야 하는 특정·준특정 옥외탱크저장소의 관계인은 다음에 따라 정밀정기검사 및 중간정기검사를 받아야 한다.
  1. 정밀정기검사
     ① 특정·준특정 옥외탱크저장소의 **설치허가에 따른 완공검사합격확인증을 발급받은 날부터 12년**
     ② 최근의 정밀정기검사를 받은 날부터 11년
  2. 중간정기검사
     ① 특정·준특정 옥외탱크저장소의 설치허가에 따른 완공검사합격확인증을 발급받은 날부터 4년
     ② 최근의 정밀정기검사 또는 중간정기검사를 받은 날부터 4년

> 단어가 답인 문제 ★★

58 소방시설 설치 및 관리에 관한 법령상 화재위험도가 낮은 특정소방대상물 중 석재, 불연성금속, 불연성 건축재료 등의 가공공장·기계조립공장 또는 불연성 물품을 저장하는 창고에 설치하지 않을 수 있는 소방시설은?

① 옥외소화전   ② 비상방송설비   ③ 연결송수관설비   ④ 자동화재탐지설비

소방시설을 설치하지 않을 수 있는 특정소방대상물 및 소방시설의 범위

구분	특정소방대상물	설치하지 않을 수 있는 소방시설
화재 위험도가 낮은 특정소방대상물	석재, 불연성금속, 불연성 건축재료 등의 가공공장·기계조립공장 또는 불연성 물품을 저장하는 창고	옥외소화전 및 연결살수설비

함께공부
- **옥외소화전설비** : 화재발생시 옥외에 설치된 옥외소화전함을 개방한 후, 호스와 노즐을 꺼내어 주변에 설치된 방수구와 연결해 호스를 전개한 후, 옥외소화전 전용렌치로 소화전을 개방하여 방사하는 형태의 수동식 수계소화설비로서, 저층부(1, 2층) 옥외화재 진압활동용 소화설비이자 주변확대방지용 방호설비 등으로 사용된다.
- **비상방송설비** : 화재신호 수신후, 화재상황을 자동 또는 수동으로 방송을 통해 알리는 설비
- **연결송수관설비** : 소방차에서 연결송수관 송수구에 물을 공급하면 그 공급된 물을, 연결송수관설비 방수구에 호스를 연결하여 옥내소화전처럼 사용하는 소방대 전용 설비로서, 고층부 화재진압에 효과적인 본격 화재진압설비
- **자동화재탐지설비** : 화재를 자동으로 감지하여 벨(경종), 사이렌, 섬광으로 경보하여 피난을 유도하는 설비로서, 하나의 건물내에 경계구역(=화재감지구역=화재경보구역)을 여러개 나누어서 화재구역과 비화재구역으로 구분하여 제어하는 설비이다.

문장이 답인 문제 ★★

59 화재의 예방 및 안전관리에 관한 법령상 소방안전관리대상물의 소방안전관리자 업무가 아닌 것은?

① 소방시설 공사
② 소방훈련 및 교육
③ 소방계획서의 작성 및 시행
④ 자위소방대의 구성·운영·교육

소방안전관리자의 업무 중 공사업무는 없다.

함께공부

특정소방대상물의 관계인과 소방안전관리대상물의 소방안전관리자는 다음의 업무를 수행한다. 다만, 2·3·4·5의 업무는 소방안전관리대상물의 경우에만 해당한다.
1. 피난시설, 방화구획 및 방화시설의 관리
2. 자위소방대 및 초기대응체계의 구성, 운영 및 교육
3. 소방안전관리에 관한 업무수행에 관한 기록·유지
4. 피난계획에 관한 사항과 대통령령으로 정하는 사항이 포함된 소방계획서의 작성 및 시행
5. 소방훈련 및 교육
6. 화기 취급의 감독
7. 소방시설이나 그 밖의 소방 관련 시설의 관리
8. 화재발생 시 초기대응
9. 그 밖에 소방안전관리에 필요한 업무

용어당! 피자업계 훈화 소방화재

단어가 답인 문제 ★★★

60 소방기본법에 따라 화재 등 그 밖의 위급한 상황이 발생한 현장에서 소방활동을 위하여 필요한 때에는 그 관할구역에 사는 사람 또는 그 현장에 있는 사람으로 하여금 사람을 구출하는 일 또는 불을 끄는 등의 일을 하도록 명령할 수 있는 권한이 없는 사람은?

① 소방서장
② 소방대장
③ 시·도지사
④ 소방본부장

소방본부장, 소방서장 또는 소방대장의 권한
화재, 재난·재해, 그 밖의 위급한 상황이 발생한 현장에서 소방활동을 위하여 필요할 때에는 그 관할구역에 사는 사람 또는 그 현장에 있는 사람으로 하여금 사람을 구출하는 일 또는 불을 끄거나 불이 번지지 아니하도록 하는 일을 하게 할 수 있다.

함께공부

- **소방대장** → 소방본부장 또는 소방서장 등 화재, 재난·재해, 그 밖의 위급한 상황이 발생한 현장에서 소방대를 지휘하는 사람
- **소방본부장, 소방서장 또는 소방대장의 권한**
  ① 화재, 재난·재해, 그 밖의 위급한 상황이 발생한 현장에 소방활동구역을 정하여 소방활동에 필요한 사람으로서 대통령령으로 정하는 사람 외에는 그 구역에 출입하는 것을 제한할 수 있다. (소방대장 만의 권한)
  ② 화재 진압 등 소방활동을 위하여 필요할 때에는 소방용수 외에 댐·저수지 또는 수영장 등의 물을 사용하거나 수도의 개폐장치 등을 조작할 수 있다.
  ③ 화재, 재난·재해, 그 밖의 위급한 상황이 발생한 현장에서 소방활동을 위하여 필요할 때에는 그 관할구역에 사는 사람 또는 그 현장에 있는 사람으로 하여금 사람을 구출하는 일 또는 불을 끄거나 불이 번지지 아니하도록 하는 일을 하게 할 수 있다.
  ④ 소방활동을 위하여 긴급하게 출동할 때에는 소방자동차의 통행과 소방활동에 방해가 되는 주차 또는 정차된 차량 및 물건 등을 제거하거나 이동시킬 수 있다.
  ⑤ 사람을 구출하거나 불이 번지는 것을 막기 위하여 필요할 때에는 화재가 발생하거나 불이 번질 우려가 있는 소방대상물 및 토지를 일시적으로 사용하거나 그 사용의 제한 또는 소방활동에 필요한 처분을 할 수 있다.
  ⑥ 사람을 구출하거나 불이 번지는 것을 막기 위하여 긴급하다고 인정할 때에는 위 ⑤에 따른 소방대상물 또는 토지 외의 소방대상물과 토지에 대하여 위 ⑤에 따른 처분을 할 수 있다.

A nswer 4과목 소방기계시설의 구조및원리

✔ 이것이 혁신이다! 기출문제 + 답이색해설

숫자가 답인 문제 ★★★

61 물분무소화설비의 화재안전기준에 따른 물분무소화설비의 저수량에 대한 기준 중 다음 (   ) 안의 내용으로 맞는 것은?

> 절연유 봉입 변압기는 바닥부분을 제외한 표면적을 합한 면적 1㎡에 대하여 (   ) ℓ/min로 20분간 방수할 수 있는 양 이상으로 할 것

① 4   ② 8   ③ 10   ④ 12

- **물분무 소화설비** : 물을 안개모양으로 방사해 가스와 비슷한 형태를 가지므로, 전기의 부도체(전기가 통하지 않는 물체=비전도성)로서 전기시설물에 설치가 가능한 자동식 수계소화설비
- **수원** : 물이 저장된 곳(수조에 저장할 물의 양)

절연유 봉입 변압기에 물분무설비를 설치할 때, 1분당(min) 몇 리터(10L)의 토출량으로, 몇 분(20분) 동안 방수할 수 있도록... 물(수원)을 저장해야 하는가의 문제이다.
절연유 봉입 변압기 → 바닥부분을 제외한 표면적을 합한 면적 1㎡에 대하여 **10 ℓ/min**로 **20분간** 방수할 수 있는 양 이상

물분무 소화설비 방수하는 모습의 예

함 께 공 부

물분무설비 대상물	기준면적(㎡)	분당 토출량 (20분간 방수)	암기법
특수가연물	최대 방수구역의 바닥면적 (50㎡ 이하인 경우에는 50㎡)	10 L/min (분당 10L)	나머지 10
차고(주차장)	//	20 L/min (분당 20L)	**차 20** (차는 위험하니까 이십)
절연유 봉입 변압기	바닥부분을 제외한 (변압기의)표면적을 합한 면적	10 L/min (분당 10L)	**절표**(절마크)십 나머지 10
케이블트레이, 케이블덕트	투영된 바닥면적	12 L/min (분당 12L)	케투 12
컨베이어 벨트	벨트부분의 바닥면적	10 L/min (분당 10L)	나머지 10

당기팁 특수 차고 절연 케컨 ➡ 특수한 차고는 전기적으로 절연해야 한다. 왜냐하면 거기서 베이컨(케컨)을 먹어야 하니까~

문장이 답인 문제 ★★★

62 물분무소화설비의 화재안전기준에 따른 물분무소화설비의 설치 장소별 1㎡당 수원의 최소 저수량으로 맞는 것은?

① 차고 : <u>30L/min</u> × 20분 × 바닥면적
        20L

② 케이블트레이 : 12L/min × 20분 × 투영된 바닥면적

③ 컨베이어 벨트 : <u>37L/min</u> × 20분 × 벨트부분의 바닥면적
        10L

④ 특수가연물을 취급하는 특정소방대상물 : <u>20L/min</u> × 20분 × 바닥면적
        10L

- **물분무 소화설비** : 물을 안개모양으로 방사해 가스와 비슷한 형태를 가지므로, 전기의 부도체(전기가 통하지 않는 물체=비전도성)로서 전기시설물에 설치가 가능한 자동식 수계소화설비
- **수원** : 물이 저장된 곳(수조에 저장할 물의 양)

차고(주차장), 케이블트레이(덕트), 컨베이어 벨트, 특수가연물 등에 물분무설비를 설치할 때, 1분당(min) 몇 리터(L)의 토출량으로, 몇 분(20분) 동안 방수할 수 있도록… 물(수원)을 저장해야 하는가의 문제이다. 즉 위 대상물에 따라 수원의 저장량이 각각 다르다는 의미이다.

물분무설비 대상물	기준면적(㎡)	분당 토출량 (20분간 방수)	암기법
특수가연물	최대 방수구역의 바닥면적 (50㎡ 이하인 경우에는 50㎡)	10 L/min (분당 10L)	나머지 10
차고(주차장)	//	20 L/min (분당 20L)	차 20 (차는 위험하니까 이십)
절연유 봉입 변압기	바닥부분을 제외한 (변압기의) 표면적을 합한 면적	10 L/min (분당 10L)	절표(절마크) 십 나머지 10
케이블트레이, 케이블덕트	투영된 바닥면적	12 L/min (분당 12L)	케투 12
컨베이어 벨트	벨트부분의 바닥면적	10 L/min (분당 10L)	나머지 10

암기탑! 특수 차고 절연 케이컨 ➡ 특수한 차고는 전기적으로 절연해야 한다. 왜냐하면 거기서 베이컨(케이컨)을 먹어야 하니까~

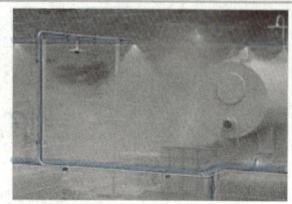  

물분무 소화설비 방수하는 모습의 예

문장이 답인 문제

63 피난기구를 설치하여야 할 소방대상물 중 **피난기구의 2분의 1을 감소할 수 있는 조건**이 **아닌** 것은?
① 주요구조부가 내화구조로 되어 있다. ② 특별피난계단이 2 이상 설치되어 있다.
③ **소방구조용(비상용) 엘리베이터가 설치되어 있다.** ④ 직통계단인 피난계단이 2 이상 설치되어 있다.

- **피난기구** : 화재가 발생할 경우 피난하기 위하여 사용하는 기구 또는 설비로서… 구조대, 완강기(간이완강기), 공기안전매트, 피난사다리, 하향식 피난구용 내림식사다리, 승강식피난기, 다수인피난장비, 미끄럼대, 피난교, 피난용트랩, 피난밧줄이 있다.
- **피난층** : 계단을 통하지 않고, 직접 지상으로 통하는 출입구가 있는 층
- **직통계단** : 건물의 어떤 층에서도 피난층 또는 지상까지 이르는 경로가, 계단과 계단참만을 통하여 오르내릴 수 있는 계단
- **피난계단** : 직통계단에 피난방화(화재방어) 성능 기준을 추가한 계단
- **특별피난계단** : 직통계단에 피난방화성능 + 방연(연기방어) 성능 기준을 추가한 계단

피난기구의 2분의 1을 감소할 수 있는 층의 기준(소수점 이하의 수는 1로 한다)
1. 주요구조부가 **내화구조**로 되어 있을 것
2. 직통계단인 **피난계단** 또는 **특별피난계단**이 **2 이상 설치**되어 있을 것
※ 소방구조용(비상용) 엘리베이터는 소방대가 화재진압시 사용하는 것으로서… 피난기구 감소와 관련없다.

문장이 답인 문제

64 화재조기진압용 스프링클러설비의 화재안전기준상 **화재조기진압용** 스프링클러설비 **설치 장소의 구조 기준**으로 **틀린** 것은?
① 창고내의 선반의 형태는 하부로 물이 침투되는 구조로 할 것
② 천장의 기울기가 1000분의 168을 초과하지 않아야 하고, 이를 초과하는 경우에는 반자를 지면과 수평으로 설치할 것
③ 천장은 평평하여야 하며 철재나 목재트러스 구조인 경우, 철재나 목재의 돌출부분이 102㎜를 초과하지 아니할 것
④ **해당층의 높이가 10m 이하일 것. 다만, 3층 이상일 경우에는 해당층의 바닥을 내화구조로 하고 다른 부분과 방화구획 할 것**
   13.7m   2층

- **스프링클러설비** : 화재발생시 화재를 자동으로 감지하여 피난을 위한 경보를 발하고, 습식·건식·준비작동식·일제살수식 밸브가 개방되면, 유수의 흐름으로 인하여 펌프가 기동되고, 개방된 헤드를 통해 소화수를 방수하여 소화하는 자동식 수계소화설비
- **스프링클러 헤드** : 스프링클러에서 나오는 물을, 빗방울 형태로 대량으로 뿌리면서 방수하는 역할을 하는 부분을 말한다.
- **화재조기진압용 스프링클러설비** : 랙크식창고(천장고가 높고 다량의 가연성 물품을 보관하고 있는 창고)에 설치하는 소화설비로서 화재초기에 헤드의 빠른 동작과, 높은 압력, 큰물방울을 방사해 조기에 진화할 수 있도록 설계된 스프링클러설비이다.
- **화재조기진압용 스프링클러헤드** : 화재위험이 높은 특정 장소에 대하여 조기에 진화할 수 있도록 설계된 스프링클러헤드를 말한다.

화재조기진압용 스프링클러설비를 설치할 장소의 구조는 다음 각 호에 적합(모두 만족)하여야 한다.
1. 창고내의 선반의 형태는 하부로 물이 침투되는 구조로 할 것
   → 헤드가 천장에 1열만 설치되므로...
2. 천장의 기울기가 1000분의 168을 초과하지 않아야 하고, 이를 초과하는 경우에는 반자를 지면과 수평으로 설치할 것
   → 기울기가 너무 심하면... 열이 천장 꼭대기로 모여, 그 곳의 헤드부터 개방됨
3. 천장은 평평하여야 하며 철재나 목재트러스 구조인 경우, **철재나 목재의 돌출부분이 102㎜를 초과하지 않을 것**
   → 울퉁불퉁한 트러스 구조인 경우 돌출부분이 102㎜를 초과하지 않으면... 살수 장애물로 보지 않는다는 의미
4. 해당층의 높이가 13.7m 이하일 것. 다만, **2층 이상일 경우에는 해당층의 바닥을 내화구조**로 하고 다른 부분과 **방화구획 할 것**
   → 헤드가 천장에 1열만 설치되므로... 너무 높은 창고면 화재진압에 어려움이 따른다.
5. 보로 사용되는 목재·콘크리트 및 철재사이의 **간격이 0.9m 이상 2.3m 이하**일 것. 다만, 보의 간격이 2.3m 이상인 경우에는 화재조기진압용 스프링클러헤드의 동작을 원활히 하기 위하여 **보로 구획된 부분의 천장 및 반자의 넓이가 28㎡**를 초과하지 않을 것
   → 보 사이의 간격이 너무 가까우면... 살수장애 발생 & 과도한 열축적 / 반대로 너무 멀면... 열축적이 어려워 헤드개방 지연

숫자가 답인 문제 ★★

65 분말소화설비의 화재안전기준에 따라 **분말소화 약제의 가압용가스 용기**에는 **최대 몇 MPa 이하의 압력에서 조정이 가능한 압력조정기를 설치**하여야 하는가?

① 1.5　　② 2.0　　③ 2.5　　④ 3.0

- **분말소화설비** : 분말소화설비는 미세한 분말입자를 별도 추진가스(질소 또는 이산화탄소)의 압력으로 방사하여 소화하는 설비이다.
- **가압방식** (압력을 가하여 약제를 이송하는 방식)에 따라 축압식설비 (추진가스 약제용기내 같이)와 가압식설비 (추진가스 별도용기에 따로)로 구분
- **가압용 가스용기** : 분말소화약제는 스스로의 압력으로 이송될 수 없으므로, 고압의 가압원이 필요하다. 그에 따라 자체 증기압력이 높은 **가압가스(질소 또는 이산화탄소)**를 이용하여 분말을 이송해야 한다. 이 때 별도의 가압용 가스용기를 부설하여... 분말약제 탱크로 가스를 인입시켜 이송하는 방식을 가압식설비라 한다.

압력조정기
→ 가압용 가스용기의 용기내 질소가스가 일반적으로 15MPa의 고압으로 충전되어 있으므로 이를 그대로 약제 저장용기내로 공급하면 매우 위험하므로 사용압력인 1.5~2MPa로 감압하여 약제 저장용기에 보내주는 역할을 하는 것이 압력조정기이다.
→ 분말소화약제의 가압용가스 용기에는 **2.5MPa 이하의 압력에서 조정이 가능한 압력조정기를 설치**하여야 한다.

압력조정장치
- 1차는 15MPa, 2차는 2.5MPa용으로 사용하며, 질소 가압용기 1병마다 1개씩 설치한다.
- 약제탱크의 내압이 낮을 때에는 질소가스를 공급하고 소정의 압력이 되면 공급을 정지한다.

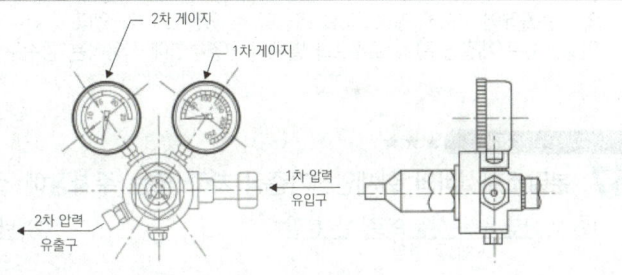

숫자가 답인 문제 ★★

66 완강기의 형식승인 및 제품검사의 기술기준상 **완강기의 최대사용하중은 최소 몇 N 이상**의 하중이어야 하는가?

① 800　　② 1000　　③ 1200　　④ 1500

완강기 : 창문이나 발코니 등의 외부로 통하는 개구부 부근에 설치되며, 사용자의 몸무게에 따라 하강속도를 자동적으로 조절[**속도조절기(조속기)**]하면서 내려오는 하강로프장치 피난기구이다. 사용자의 가슴에 안전벨트를 조여 착용하며, 사용자가 교대하여 연속적으로 사용할 수 있다.

완강기의 최대사용하중 및 최대사용자수
① **최대사용하중은 1500N 이상**의 하중이어야 한다.
② **최대사용자수**(1회에 강하할 수 있는 사용자의 최대수)는 **최대사용하중을 1500N으로 나누어서 얻은 값**으로 한다.
   (1미만의 수는 계산하지 아니한다)
※ **최대사용하중** : 완강기, 간이완강기 및 지지대를 사용함에 있어서 당해 완강기, 간이완강기 및 지지대에 가할 수 있는 최대하중

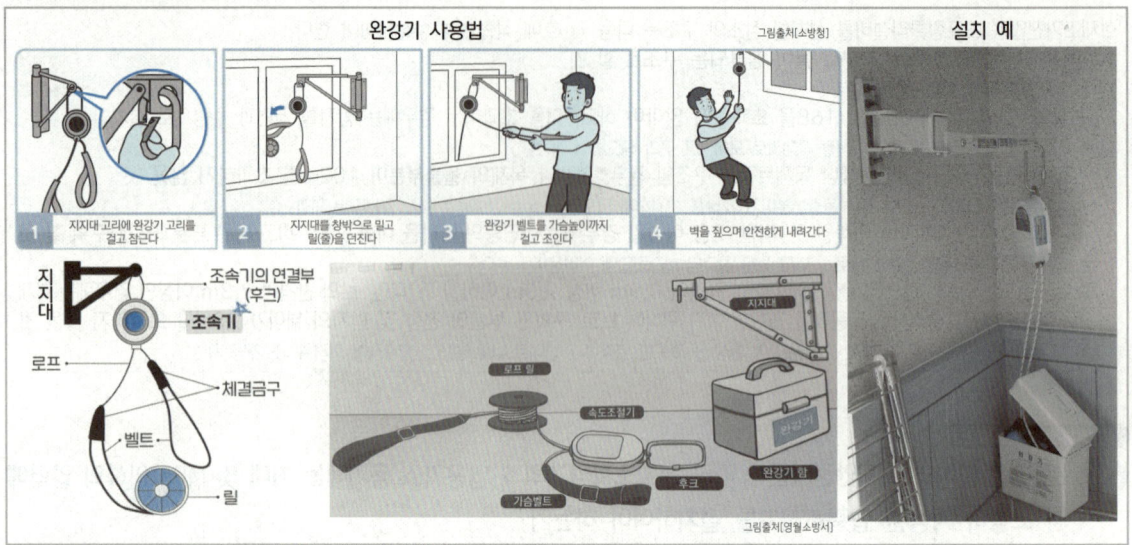

함께공부

완강기 및 간이완강기(1회용의 완강기)의 구성품목 → 지지대, 속도조절기, 속도조절기의 연결부, 로우프, 벨트, 연결금속구
- **완강기 지지대** : 천장·벽 또는 바닥 등에 완강기를 고정 설치해 주는 부분으로 천장부착형·(내·외)벽부착형·바닥부착형 등으로 구분한다.
- **속도조절기(조속기)** : 완강기의 강하속도를 일정범위로 조절하는 장치를 말하며, 완강기의 속도조절기는 '도르래의 원리'를 이용해서 사용자의 무게로 일정한 속도로 하강할 수 있도록 해주는 것이다. 즉, 벨트를 맨 피난자의 무게에 의해 속도조절기 안의 기어가 회전시키면서 발생되는 원심력과 브레이크 제어를 통해 일정한 강하 속도를 유지하는 원리이다.
- **속도조절기의 연결부(연결 후크)** : 완강기 지지대와 속도조절기(조속기)를 연결하는 부분을 말한다. 타원링의 형태로 지지대에 걸어서 결합할 수 있는 구조이다.
- **로우프(릴)** : 로프는 직경 3mm 이상의 와이어 로프를 사용하거나, 와이어 로프에 면사(나일론사)를 입힌 로프를 사용한다.
- **벨트** : 로프의 양단에 피난자의 가슴을 감아서 몸을 지지하는 것으로서, 재료는 로프와 같이 면사나 나일론사로 되어 있다. 사용자의 가슴둘레에 맞도록 벨트길이를 조정할 수 있는 고리가 있다.
- **연결금속구(체결금구)** : 로우프와 벨트의 연결부위에 사용하는 금속구

단어가 답인 문제 ★★★

67 분말소화설비의 화재안전기준상 차고 또는 주차장에 설치하는 분말소화설비의 소화약제는?

① 인산염을 주성분으로 한 분말
　제3종 분말
② 탄산수소칼륨을 주성분으로 한 분말
　제2종 분말
③ 탄산수소칼륨과 요소가 화합된 분말
　제4종 분말
④ 탄산수소나트륨을 주성분으로 한 분말
　제1종 분말

- **분말소화설비** : 분말소화설비는 미세한 분말입자를 별도 추진가스(질소 또는 이산화탄소)의 압력으로 방사하여 소화하는 설비이다.
- **가압방식**(압력을 가하여 약제를 이송하는 방식)에 따라 축압식설비(추진가스 약제용기내 같이)와 가압식설비(추진가스 별도용기에 따로)로 구분

차고 또는 주차장에 설치하는 분말소화설비 소화약제 → 제3종 분말
분말 소화약제의 종류 및 성상

종별	주성분	색상	적응화재
제1종	탄산수소**나**트륨 (NaHCO$_3$)	백색	B, C
제2종	탄산수소**칼**륨 (KHCO$_3$)	담자색, 담회색	B, C
제3종	제1**인**산암모늄 = **인산염** (NH$_4$H$_2$PO$_4$)	담홍색, 황색	A, B, C
제4종	탄산수소**칼**륨 + 요소 (KHCO$_3$+(NH$_2$)$_2$CO)	회색	B, C

함께탐구 나의 칼은 인간의 칼이다~ ➡ 나 칼 인 칼

숫자가 답인 문제 ★

68 연결살수설비의 화재안전기준에 따른 건축물에 설치하는 연결살수설비의 헤드에 대한 기준 중 다음 ( ) 안에 알맞은 것은?

> 천장 또는 반자의 각 부분으로부터 하나의 살수헤드까지의 수평거리가 연결살수설비 전용헤드의 경우는 (㉠)m 이하, 스프링클러헤드의 경우는 (㉡)m 이하로 할 것. 다만, 살수헤드의 부착면과 바닥과의 높이가 (㉢)m 이하인 부분은 살수헤드의 살수분포에 따른 거리로 할 수 있다.

① ㉠ 3.7, ㉡ 2.3, ㉢ 2.1 ② ㉠ 3.7, ㉡ 2.3, ㉢ 2.3 ③ ㉠ 2.3, ㉡ 3.7, ㉢ 2.3 ④ ㉠ 2.3, ㉡ 3.7, ㉢ 2.1

- **연결살수설비**: 소방대의 진입이 곤란한 지하등의 장소(부분)에, 소방차에서 송수구에 물을 공급하면, 그 공급된 물이 헤드를 통하여 방수되어 화재를 진압하는 설비(소방대가 도착하여 송수구에 물을 공급하기 전까지는 무용지물인 설비이다)
- **스프링클러설비**: 화재발생시 화재를 자동으로 감지하여 피난을 위한 경보를 발하고, 습식 · 건식 · 준비작동식 · 일제살수식 밸브가 개방되면, 유수의 흐름으로 인하여 펌프가 기동되고, 개방된 헤드를 통해 소화수를 방수하여 소화하는 자동식 수계소화설비
- **헤드**: 빗방울 형태로 대량으로 물을 뿌리면서 방수하는 역할을 하는 장치
  - **폐쇄형헤드**: 정상상태에서 방수구를 막고 있는 감열체가 일정온도에서 자동적으로 파괴 · 용해 또는 이탈됨으로써 방수구가 개방되는 헤드(화재시 개방된 헤드에서만 물이 방수된다)
  - **개방형헤드**: 감열체 없이 방수구가 항상 열려져 있는 헤드(화재시 설치된 모든 헤드에서 물이 방수된다)

건축물에 설치하는 연결살수설비 헤드의 수평거리 기준
천장 또는 반자의 각 부분으로부터 하나의 살수헤드까지의 수평거리가 연결살수설비 전용헤드의 경우는 **3.7m 이하**, 스프링클러헤드의 경우는 **2.3m 이하**로 할 것. 다만, 살수헤드의 부착면과 바닥과의 높이가 **2.1m** 이하인 부분은 살수헤드의 **살수분포에 따른 거리**로 할 수 있다.
→ 전용헤드 3.7m 이하(더 좋은 성능이니까 더 넓게) / 스프링클러헤드 2.3m 이하 / 높이 2.1m 이하

암기팁! 연결살수 전용헤드 3.7m / 스프링클러 헤드 2.3m ➡ 연 삼칠 / 스 이삼

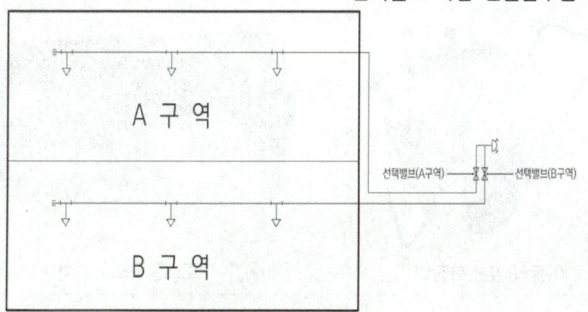

선택밸브 타입 연결살수설비

쌍구형 송수구 1개에 선택밸브(개폐밸브) 2개가 연결되어 있음(해당 송수구역만 개방하여 살수)

송수구역별로 전용 송수구가 설치된 타입

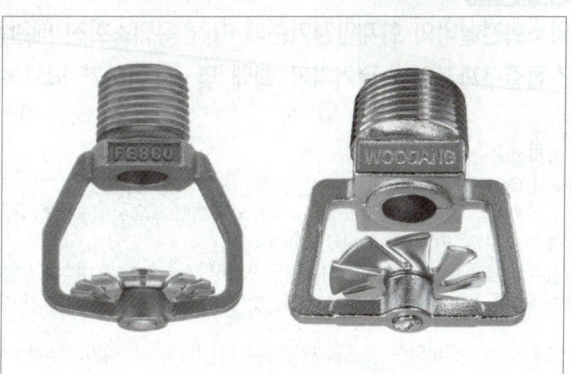

연결살수헤드(개방형 헤드)

숫자가 답인 문제

69 포소화설비의 화재안전기준에 따라 바닥면적이 180㎡인 건축물 내부에 호스릴 방식의 포소화설비를 설치할 경우 가능한 포소화약제의 최소 필요량은 몇 L 인가? (단, 호스 접결구 : 2개, 약제 농도 : 3%)

① 180 ② 270 ③ 650 ④ 720

- **포소화설비** : 수조로부터 공급된 물과 포약제 저장탱크에서 공급된 포원액을, **혼합기(프로포셔너)**에서 믹싱해 포수용액을 만들어, 포 방출구에서 공기와 섞여진 후 발포되어 거품을 방사하는 형태의 소화설비로서 유류탱크 등 위험물에 주로 사용된다.
- **포소화전설비**
  - 옥내·외 소화전설비와 비슷한 구조이나, 포소화약제가 혼합된 포수용액이... 유입된 공기와 혼합한 후, 특수한 포노즐을 통해 포를 형성하여... 방호대상물을 수동으로 소화하는 방식이다.
  - 포소화약제와 물이 혼합된 포수용액이 포소화전방수구, 호스 및 이동식포노즐을 통해 방사되어 소화한다.
- **호스릴포소화설비**
  - 화재 시 쉽게 접근하여 소화 작업이 가능한 장소 또는 고정포 방출설비 또는 포헤드설비 방식으로는 충분한 소화효과를 얻을 수 없는 부분에 설치하는 것으로서... 화재가 발생한 장소까지 호스릴에 감겨있는 호스를 당겨서 화재를 진압하는 설비이다.
  - 포소화약제와 물이 혼합된 포수용액이 호스릴포방수구, 호스릴 및 이동식포노즐을 통하여 방사되는 설비이다.

호스릴방식의 포 소화약제의 저장량(Q) 계산
1. 조건정리
   ① 방사량 → 300 L/min 이상의 포수용액을 20 min 이상 방사
   ② 호스 접결구 수 [N] → 2개 (호스 접결구수가 5개 이상이면 최대 5개까지만 계산한다)
   ③ 포 소화약제의 사용농도 [S] → 3%
   ④ 바닥면적이 200㎡ 미만인 건축물 → 포 약제량을 75%로 계산한다 (바닥면적이 180㎡인 건축물이다)
2. 필요량(L) 계산
   Q = N × 300L/min × 20min × S[%] × 75[%]
     = 2개 × 300L/min × 20min × 3% × 75% = 2 × 300L/min × 20min × 0.03 × 0.75 = 270L

포소화전   이동식 포소화장비   호스릴포소화설비

숫자가 답인 문제 ★

70 옥외소화전설비의 화재안전기준에 따라 옥외소화전 배관은 특정소방대상물의 각 부분으로부터 하나의 호스접결구까지의 수평거리가 최대 몇 m 이하가 되도록 설치하여야 하는가?

① 25 ② 35 ③ 40 ④ 50

- **옥외소화전설비**
  화재발생시 옥외에 설치된 옥외소화전함을 개방한 후, 호스와 노즐을 꺼내어 주변에 설치된 방수구와 연결해 호스를 전개한 후, 옥외소화전 전용렌치로 소화전을 개방하여 방사하는 형태의 수동식 수계소화설비로서, 저층부(1, 2층) 옥외화재 진압활동용 소화설비이자 주변확대방지용 방호설비 등으로 사용된다.
- **호스접결구** : 호스를 연결하는데 사용되는 장비일체 (물이 흐르는 배관과 연결된 옥외소화전 상부에 설치되어 있다)
- **특정소방대상물** : 소방시설을 설치하여야 하는 소방대상물로서 대통령령으로 정하는 것

건물외부의 각 부분으로부터 ~ 호스를 연결하는 지점까지... 수평거리(수평 방향의 두 지점 사이의 거리)를 묻는 문제이다. 즉, 옥외소화전 호스를 연결하는 지점이 너무 멀리 떨어져 있으면, 화재를 원활히 진압할 수 없기 때문에 **수평거리가 40m 이하가 되도록** 설치하여야 한다.

암기팁! 옥내소화전은 25m이하 (내부니까... 좀 더 가깝게)... 옥외소화전은 40m이하 (외부니까... 좀 더 멀게)

지상식 옥외소화전의 예   호스릴 옥외소화전

지하식 소화전

> **문장이 답인 문제** ★

71 스프링클러설비의 화재안전기준에 따라 연소할 우려가 있는 개구부에 드렌처설비를 설치한 경우 해당 개구부에 한하여 스프링클러헤드를 설치하지 아니할 수 있다. 관련 기준으로 틀린 것은?

① 드렌처헤드는 개구부 위 측에 2.5m 이내마다 1개를 설치할 것
② 제어밸브는 특정소방대상물 층마다에 바닥면으로 부터 0.5m 이상 1.5m 이하의 위치에 설치할 것
   → 0.8m 이상 1.5m 이하
③ 드렌처헤드가 가장 많이 설치된 제어밸브에 설치된 드렌처헤드를 동시에 사용하는 경우에 각 헤드선단의 방수압력은 0.1 MPa 이상이 되도록 할 것
④ 드렌처헤드가 가장 많이 설치된 제어밸브에 설치된 드렌처헤드를 동시에 사용하는 경우에 각 헤드선단의 방수량은 80 L/min 이상이 되도록 할 것

- **스프링클러설비** : 화재발생시 화재를 자동으로 감지하여 피난을 위한 경보를 발하고, 습식·건식·준비작동식·일제살수식 밸브가 개방되면, 유수의 흐름으로 인하여 펌프가 기동되고, 개방된 헤드를 통해 소화수를 방수하여 소화하는 자동식 수계소화설비
- **스프링클러 헤드** : 스프링클러에서 나오는 물을, 빗방울 형태로 대량으로 뿌리면서 방수하는 역할을 하는 부분을 말한다.
- **드렌처(drencher)설비** : 인접 건물로 화재가 확대되는 것을 방지하기 위해... 외벽 창문 등 연소할 우려가 있는 개구부에 드렌처헤드를 설치하여, 물을 수막 형태로 살수하는 설비이다.

연소할 우려가 있는 개구부에 드렌처설비를 설치한 경우에는... 해당 개구부에 한하여 스프링클러헤드를 설치하지 않을 수 있다.

- 드렌처헤드 → 개구부 위 측에 2.5m 이내마다 1개 설치
- 제어밸브(일제개방밸브·개폐표시형밸브 및 수동조작부를 합한 것)
  → 층마다 바닥면으로부터 0.8m이상 ~ 1.5m이하에 설치
- 방수압력 → 0.1 MPa 이상(층별 제어밸브 중 헤드가 가장 많이 설치된 제어밸브의 모든 헤드를 동시 사용시)
- 방수량 → 80 L/min 이상(층별 제어밸브 중 헤드가 가장 많이 설치된 제어밸브의 모든 헤드를 동시 사용시)

드렌처 헤드
수평형   수직형

암기탭! 사람이 조작하기 가장 좋은 높이가 0.8m~1.5m 이다. 사람이 팔로 조정하므로 0.8m 로 시작한다.

숫자가 답인 문제 ★

72 포소화설비의 화재안전기준상 차고·주차장에 설치하는 포소화전설비의 설치 기준 중 다음 (   ) 안에 알맞은 것은? (단, 1개 층의 바닥면적이 200㎡ 이하인 경우는 제외 한다.)

> 특정소방대상물의 어느 층에 있어서도 그 층에 설치된 포소화전방수구(포소화전방수구가 5개 이상 설치된 경우에는 5개)를 동시에 사용할 경우 각 이동식 포노즐 선단의 포수용액 방사압력이 (㉠) MPa 이상이고 (㉡) ℓ/min 이상의 포수용액을 수평거리 15m 이상으로 방사할 수 있도록 할 것

① ㉠ 0.25, ㉡ 230   ② ㉠ 0.25, ㉡ 300   ③ ㉠ 0.35, ㉡ 230   ④ ㉠ 0.35, ㉡ 300

- **포소화설비**: 수조로부터 공급된 물과 포약제 저장탱크에서 공급된 포원액을, 혼합기(프로포셔너)에서 믹싱해 포수용액을 만들어, 포 방출구에서 공기와 섞어진 후 발포되어 거품을 방사하는 형태의 소화설비로서 유류탱크 등 위험물에 주로 사용된다.
- **포소화전설비**
  - 옥내·외 소화전설비와 비슷한 구조이나, 포소화약제가 혼합된 포수용액이... 유입된 공기와 혼합한 후, 특수한 포노즐을 통해 포를 형성하여... 방호대상물을 수동으로 소화하는 방식이다.
  - 포소화약제와 물이 혼합된 포수용액이 포소화전방수구, 호스 및 이동식포노즐을 통해 방사되어 소화한다.
- **호스릴포소화설비**
  - 화재 시 쉽게 접근하여 소화 작업이 가능한 장소 또는 고정포 방출설비 또는 포헤드설비 방식으로는 충분한 소화효과를 얻을 수 없는 부분에 설치하는 것으로서... 화재가 발생한 장소까지 호스릴에 감겨있는 호스를 당겨서 화재를 진압하는 설비이다.
  - 포소화약제와 물이 혼합된 포수용액이 호스릴포방수구, 호스릴 및 이동식포노즐을 통하여 방사되는 설비이다.

차고·주차장에 설치하는 호스릴포소화설비 또는 포소화전설비... 이동식 포노즐 선단의 포수용액 방사압력 및 방사량
① 방사압력 → 0.35 MPa 이상
② 분당 방사량 → 300 L/min 이상의 포수용액을 수평거리 15m 이상으로 방사
　　　　　　　(1개층의 바닥면적이 200㎡ 이하인 경우에는 230 L/min 이상으로 한다)

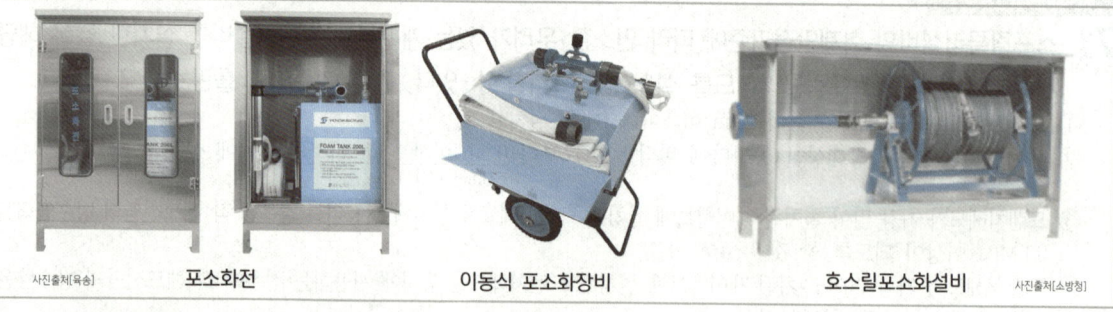

포소화전　　　이동식 포소화장비　　　호스릴포소화설비

숫자가 답인 문제 ★★

73 소화수조 및 저수조의 화재안전기준에 따라 소화용수설비에 설치하는 채수구의 수는 소요수량이 40㎥ 이상 100㎥ 미만인 경우 몇 개를 설치해야 하는가?

① 1   ② 2   ③ 3   ④ 4

- **소화수조 또는 저수조**: 소방대가 화재진압시 사용하는 소방용수가 담긴 수조로서, 소화에 필요한 물을 항시 채워두는 것을 말한다.
- **소화수조(저수조)의 물을 소방차에 공급받는 방법**
① 흡수관 투입구: 소방차에는 물을 흡입할 수 있는 흡수관이 있다. 이 흡수관을 지하수조에 직접 담궈서 물을 흡수할 수 있도록 만든 사각형(한 변이 0.6m 이상)이나 원형(직경이 0.6m 이상)의 구멍(맨홀)
② 채수구: 소방차의 소방호스와 접속되는 흡입구(나사식 금속결합구)로서, 채수구를 통해 수화수조의 물을 소방차에 공급 받는다.
　㉠ 옥상수조: 옥상 또는 옥탑의 부분에 설치된 경우, 지상에 설치된 채수구에서의 압력이 0.15 MPa 이상이 되면 설치가능
　㉡ 지하수조: 소화수조에 별도의 펌프를 설치하여, 지하수조에서 연결된 배관을 통하여 채수구에서 물을 공급 받는다.

소화수조의 소요수량(물저장량)에 따른 채수구의 설치개수 기준

소요수량	20㎥ 이상 40㎥ 미만	40㎥ 이상 100㎥ 미만	100㎥ 이상
채수구의 수	1 개	2 개	3 개

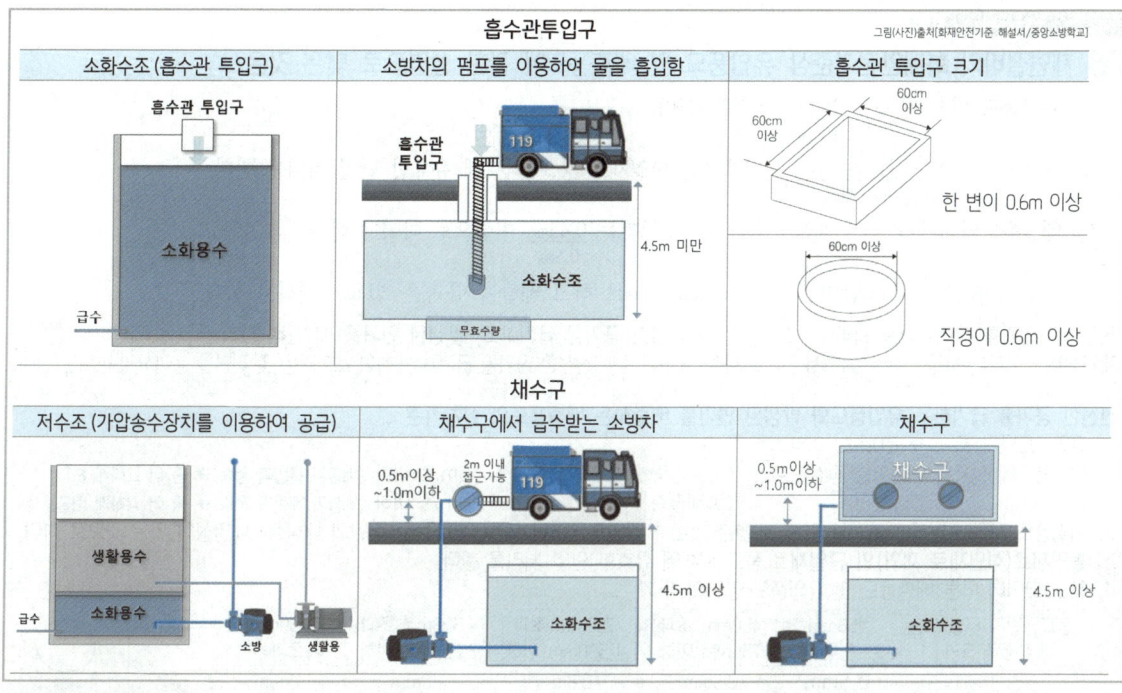

단어가 답인 문제

74 난방설비가 없는 교육 장소에 비치하는 소화기로 가장 적합한 것은? (단, 교육장소의 겨울 최저온도는 −15℃이다.)

① 화학포소화기   ② 기계포소화기   ③ 산알칼리 소화기   ④ ABC 분말소화기

①, ②, ③의 소화기는 영하의 온도에서 모두 동결될 수 있으며, 분말소화기와 강화액소화기는 −20℃ 까지 사용이 가능하다.

함께공부

소화기는 그 종류에 따라 다음의 온도범위에서 사용할 경우 소화 및 방사의 기능을 유효하게 발휘할 수 있는 것이어야 한다.
1. 강화액소화기 : −20 ℃ 이상 40 ℃ 이하
2. 분말소화기 : −20 ℃ 이상 40 ℃ 이하
3. 그 밖의 소화기 : 0 ℃ 이상 40 ℃ 이하

단어가 답인 문제

75 할론소화설비의 화재안전기준상 축압식 할론 소화약제 저장용기에 사용되는 축압용 가스로서 적합한 것은?

① 질소   ② 산소   ③ 이산화탄소   ④ 불활성 가스

- **할론(Halon)소화설비** : 할론소화설비는 할로겐족원소(F, Cl, Br, I) 중 하나 이상을 포함하고 있는 할론2402($C_2F_4Br_2$), 할론1211(CF_2ClBr), 할론1301(CF_3Br) 소화약제를 이용하여 화재를 진압하는 가스계 소화설비이다.
- **할론 1301** : Halon 1301(CF_3Br)은 소화력이 가장 우수하여 할론 소화설비 및 할론 소화기에 사용되며, 독성도 다른 할론 약제들에 비해 낮은 편이다. 하지만 오존 파괴 지수(ODP)는 가장 높다.

할론가압방식(압력을 가하여 약제를 이송하는 방식)에 따라 축압식설비(추진가스 약제용기내 같이)와 가압식설비(추진가스 별도용기에 따로)로 구분
→ **축압식** : 할론1301 소화약제는 자체증기압(20℃에서 1.4MPa)이 낮아, 약제의 압력만으로는 분사헤드에서 원하는 방사압(0.9MPa)을 얻기 어렵다. 따라서, 약제저장용기 내 **자체증기압이 높은 질소가스로 축압**(2.5MPa 또는 4.2MPa의 압력)하고, 방사시에는 축압된 질소가스의 압력을 이용하여 약제를 방사하는 방식이다.
→ **가압식** : 할론2402(상온에서 액상)에 적용되는 방식으로, 별도의 가압용 **질소탱크를 부설**하여 방사시 가압용기 내의 질소를 이용해 약제를 원활한 방사압력으로 방사하는 방식이다.

암기팁! 과자봉지도 질소로 가득차 있다. ➡ 질소과자

문장이 답인 문제 ★★

76 제연설비의 화재안전기준상 유입풍도 및 배출풍도에 관한 설명으로 맞는 것은?

① 유입풍도 안의 풍속은 25 m/s 이하로 한다.
　　　　　　　　　　　　　20 m/s
② 배출풍도는 석면재료와 같은 불연재료인 단열재로 풍도 외부에 유효한 단열 처리를 한다.
　　　　　　　석면재료 제외
③ 배출풍도와 유입풍도의 아연도금강판 최소두께는 0.45㎜ 이상으로 하여야 한다.
　　　　　　　　　　　　　　　　　　　　　　0.5㎜
④ 배출기 흡입측 풍도 안의 풍속은 15 m/s 이하로 하고 배출측 풍속은 20 m/s 이하로 한다.

제연이란 **연기를 제어**한다는 의미로서... 화재실에 **신선한 공기**를 급기하고, **발생된 연기를 배기(배출)**하는 것을 제연이라 한다.
제연설비 : 구획(구역)을 나누(가두)어서 연기를 배출(배기)하거나, 신선한 공기를 급기(유입)하여 소화활동 및 피난을 용이하게 만드는 설비

신선한 공기를 급기하는 유입풍도와 발생된 연기를 배출하는 배출풍도의 설치기준
1. 유입풍도안의 풍속 → 20m/s 이하
2. 배출풍도에 설치된 배출기를 중심으로... ① 흡입측 풍도안의 풍속 → 15m/s 이하 [배출기 흡입측 풍속 → 좀 더 느리게 흡입]
　　　　　　　　　　　　　　　　　　　　② 배출측 풍도안의 풍속 → 20m/s 이하 [배출기 배출측 풍속 → 좀 더 강하게 배출]
3. 배출풍도 재질(고온의 연기를 배출하므로 재질기준 필요) : **아연도금강판** 또는 이와 동등 이상의 내식성·내열성이 있는 것으로 하며, **불연재료(석면재료 제외)**인 단열재로 풍도 외부에 유효한 단열 처리를 한다.
4. 풍도 크기에 따른 배출풍도 및 유입풍도 강판의 두께

풍도단면의 긴변 또는 직경의 크기	450mm 이하	450mm 초과 750mm 이하	750mm 초과 1,500mm 이하	1,500mm 초과 2,250mm 이하	2,250mm 초과
강판두께	0.5mm	0.6mm	0.8mm	1.0mm	1.2mm

숫자가 답인 문제 ★

77 소화수조 및 저수조의 화재안전기준에 따라 소화용수설비를 설치하여야 할 특정소방대상물에 있어서 유수의 양이 최소 몇 ㎥/min 이상인 유수를 사용할 수 있는 경우에 소화수조를 설치하지 아니할 수 있는가?

① **0.8**　　② 1　　③ 1.5　　④ 2

- **소화용수설비** : 화재를 진압하는데 필요한 물을 공급하거나 저장하는 설비로서 상수도소화용수설비, 소화수조·저수조 등을 말한다.
　① 상수도 소화용수설비 : 소방대가 화재진압시 사용하는 소방용수로서, 특정소방대상물의 지하에 지름 75㎜ 이상의 상수도용 배관이 매설된 경우... 그 배관에 지상식소화전, 지하식소화전, 급수탑을 연결하여 소방차에 소방용수를 공급받는 설비이다.
　② 소화수조 또는 저수조 : 소방대가 화재진압시 사용하는 소방용수가 담긴 수조로서, 소화에 필요한 물을 항시 채워두는 것
- **특정소방대상물** : 소방시설을 설치하여야 하는 소방대상물로서 대통령령으로 정하는 것

소화용수설비를 설치하여야 할 특정소방대상물에 있어서 → 대상물 주변에 유수(흐르는 물)의 양이 **0.8 ㎥/min**(= 유수의 단면적 × 유속)
즉, 분당(min) 0.8㎥ 이상 흘러가는 물을 사용할 수 있는 경우 → 소화수조를 설치하지 아니하고... 유수를 소화용수로 사용한다.

단어가 답인 문제 ★

78 소방시설 설치 및 관리에 관한 법률 시행령 상 자동소화장치를 모두 고른 것은?

　㉠ 분말자동소화장치　　　　　　㉡ 액체자동소화장치　　　　　㉢ 고체에어로졸자동소화장치
　㉣ 공업용 주방자동소화장치　　　㉤ 캐비닛형 자동소화장치

① ㉠, ㉡　　② ㉡, ㉢, ㉣　　③ **㉠, ㉢, ㉤**　　④ ㉠, ㉡, ㉢, ㉣, ㉤

자동소화장치 : 소화약제를 자동으로 방사하는 고정된 소화장치로서 그 종류로는... 주거용·상업용 주방자동소화장치, 캐비닛형·가스·분말·고체에어로졸 자동소화장치가 있다.

주거용 주방자동소화장치	주거용 주방에 설치된 열발생 조리기구의 사용으로 인한 화재 발생 시 열원(전기 또는 가스)을 자동으로 차단하며 소화약제를 방출하는 소화장치
상업용 주방자동소화장치	상업용 주방에 설치된 열발생 조리기구의 사용으로 인한 화재 발생 시 열원(전기 또는 가스)을 자동으로 차단하며 소화약제를 방출하는 소화장치
캐비닛형 자동소화장치	열, 연기 또는 불꽃 등을 감지하여 소화약제를 방사하여 소화하는 캐비닛형태의 소화장치

가스 자동소화장치	열, 연기 또는 불꽃 등을 감지하여 가스계 소화약제를 방사하여 소화하는 소화장치
분말 자동소화장치	열, 연기 또는 불꽃 등을 감지하여 분말의 소화약제를 방사하여 소화하는 소화장치
고체에어로졸 자동소화장치	열, 연기 또는 불꽃 등을 감지하여 에어로졸의 소화약제를 방사하여 소화하는 소화장치

공업용·액체 자동소화장치는 없다.

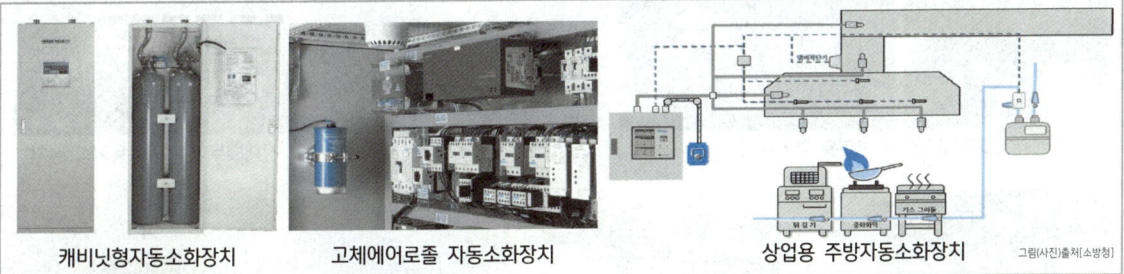

캐비닛형자동소화장치 　　고체에어로졸 자동소화장치 　　상업용 주방자동소화장치

문장이 답인 문제 ★★

79 이산화탄소소화설비의 화재안전기준에 따른 이산화탄소 소화설비 기동장치의 설치기준으로 맞는 것은?

① 가스압력식 기동장치 기동용가스용기의 용적은 3L 이상으로 한다.
　　　　　　　　　　　　　　　　　　　　　　　　　　5L
② 수동식 기동장치는 전역방출방식에 있어서 방호대상물마다 설치한다.
　　　　　　　　　　　　　　　　　　　　　방호구역
③ 수동식 기동장치의 부근에는 소화약제의 방출을 지연시킬 수 있는 비상스위치를 설치해야 한다.
④ 전기식 기동장치로서 5병의 저장용기를 동시에 개방하는 설비는 2병 이상의 저장용기에 전자개방밸브를 부착해야 한다.
　　　　　　　　　7병이상

- **이산화탄소 소화설비** : 탄산가스(CO_2)를 소화약제로 이용하여 화재를 진압하는 가스계 소화설비로서 CO_2는 화학적으로 안정된 불연성가스이고, 화재실에 CO_2약제를 방출하면 공기중의 산소농도를 떨어트려 소화하는 질식소화가 대표적인 소화효과이다. 약제 저장방식(저장온도)에 따라 고압식설비와 저압식설비(영하 18℃이하)로 구분된다.
- 이산화탄소 소화설비 저장용기의 개방방식(기동방식)에 따라 가스압력식과 전기식, 기계식(현장에 거의 없음)으로 구분된다.
- **가스압력식 기동장치** : 일반적인 기동방식으로 감지기의 신호에 따라 솔레노이드밸브가 작동하여 **기동용 가스용기**를 개방하면, 기동용 가스가 동관을 따라 배출되어... 저장용기 니들밸브 핀이, 약제 저장용기 봉판을 파괴해 가스가 방출된다.
  - **기동용 가스용기** : 저장용기밸브(니이들밸브)를 개방시키기 위한... 가압용 가스를 저장하는 용기(용적은 5L 이상)
  - **기동용기함** : 기동용 가스용기와 그 용기를 개방시켜 주는 솔레노이드밸브, 그리고 압력스위치(방출표시등을 점등시킨다)가 내장되어 있는 함으로서... 선택밸브와 같이 하나의 방호구역(방호대상물)마다 1개씩 설치된다.
- **전기식[전자개방밸브=솔레노이드밸브] 기동장치** : 패키지 타입에서 사용하는 기동방식으로 솔레노이드밸브를 저장용기밸브에 직접 부착하여 감지기 신호에 의해 솔레노이드의 파괴침이 용기밸브의 봉판을 파괴하면 가스가 방출된다.(선택밸브도 솔레노이드밸브 부착)

이산화탄소 소화설비의 기동장치 설치기준
1. **수동식 기동장치** : 수동식 기동장치의 부근에는 소화약제의 방출을 지연시킬 수 있는 **비상스위치**(자동복귀형 스위치로서 수동식 기동장치의 타이머를 순간정지시키는 기능의 스위치)를 설치하여야 한다.
   - 기동장치의 조작부는 바닥으로부터 높이 **0.8m 이상 1.5m 이하의 위치에 설치**하고, 보호판 등에 따른 보호장치를 설치할 것
   - **전역**(밀폐 방호구역 전체) 방출방식 → **방호구역**(소화범위에 따라 나누어진 소화가 필요한 구역)**마다**... 수동식 기동장치 설치
   - **국소**(전체 가운데 어느 한 곳)방출방식 → **방호대상물**(소화가 필요한 하나의 대상물)**마다**... 수동식 기동장치 설치
2. **자동식 기동장치**
   - 자동식 기동장치에는 **수동으로도 기동할 수 있는 구조**로 할 것
   - **전기식** 기동장치로서 **7병 이상**의 저장용기를 동시에 개방하는 설비는 **2병 이상**의 저장용기에 **전자 개방밸브**를 부착할 것 [2병의 약제 방출압력으로 다른 저장용기를 개방시키겠다는 의미이다](6병 이하는 1병에만 전자개방밸브 부착)
   - **가스압력식** 기동장치
     - 기동용가스용기 및 해당 용기에 사용하는 밸브는 **25MPa 이상의 압력에 견딜 수** 있는 것으로 할 것
     - 기동용가스용기의 용적은 5L 이상으로 하고, 해당 용기에 저장하는 질소 등의 비활성기체는 6.0 MPa 이상(21℃ 기준)의 압력으로 충전 할 것

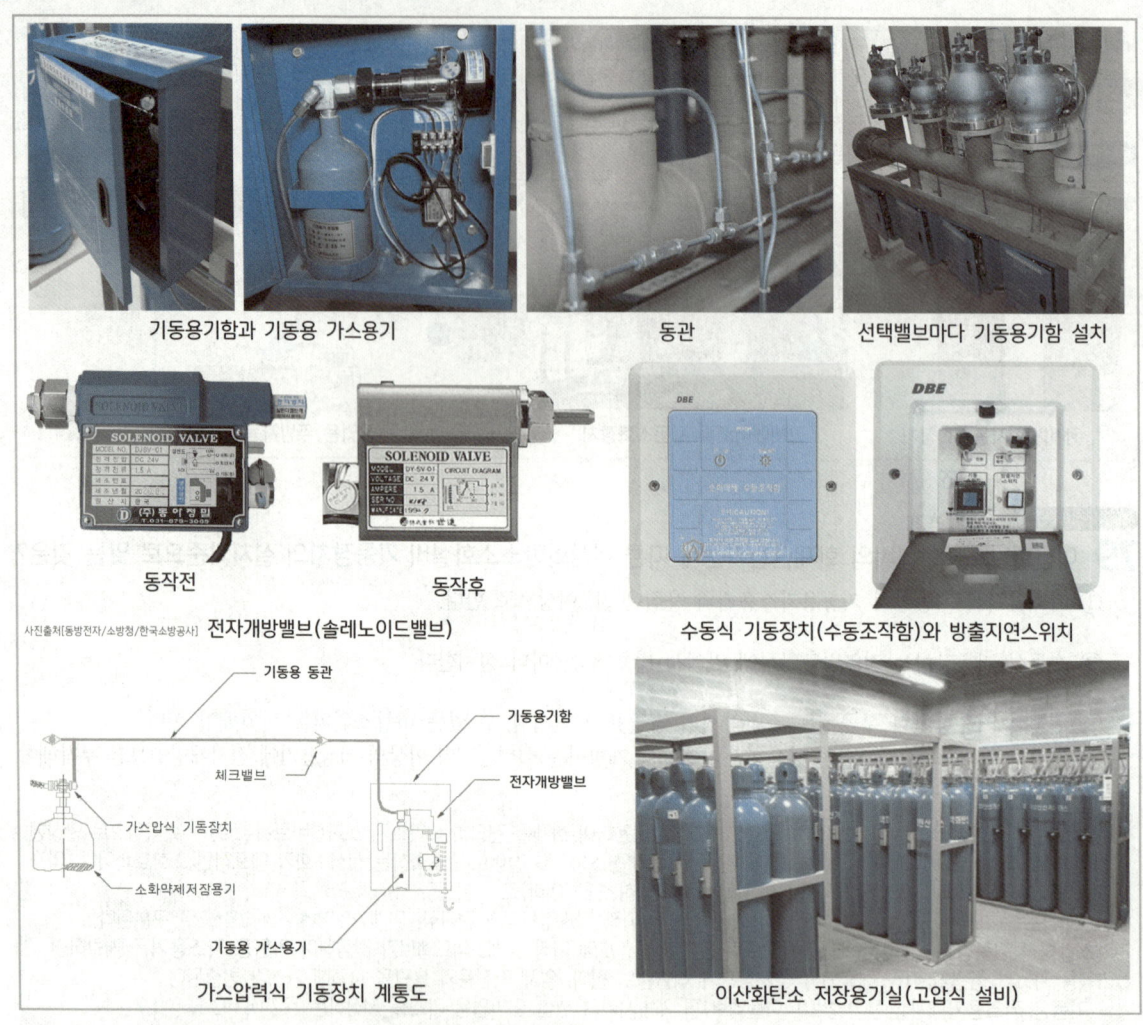

> 숫자가 답인 문제 ★★★

80 스프링클러설비의 화재안전기준에 따라 개방형 스프링클러설비에서 하나의 방수구역을 담당하는 헤드 개수는 최대 몇 개 이하로 설치하여야 하는가?

① 30　　　　② 40　　　　③ 50　　　　④ 60

- **스프링클러설비** : 화재발생시 화재를 자동으로 감지하여 피난을 위한 경보를 발하고, 습식·건식·준비작동식·일제살수식 밸브가 개방되면, 유수의 흐름으로 인하여 펌프가 기동되고, 개방된 헤드를 통해 소화수를 방수하여 소화하는 자동식 수계소화설비
- **헤드** : 빗방울 형태로 대량으로 물을 뿌리면서 방수하는 역할을 하는 장치
  - **폐쇄형헤드** : 정상상태에서 방수구를 막고 있는 감열체가 일정온도에서 자동적으로 파괴·용해 또는 이탈됨으로써 방수구가 개방되는 헤드(화재시 개방된 헤드에서만 물이 방수된다)
  - **개방형헤드** : 감열체 없이 방수구가 항상 열려져 있는 헤드(화재시 설치된 모든 헤드에서 물이 방수된다)
- **방수구역(일제개방밸브 사용)**
  - 스프링클러설비 소화범위에 따라… 건물내 층별, 헤드수별(헤드 50개 이하)로 나누어진 하나의 영역을 말한다.
  - 개방형 스프링클러헤드를 사용하는(일제살수식) 설비의 구역을 방수구역이라 한다.
- **일제개방밸브** : 개방형스프링클러헤드를 사용하는 일제살수식 스프링클러설비에 설치하는 밸브로서 화재발생 시 자동 또는 수동식 기동장치에 따라 밸브가 열리는 것을 말한다.
- **일제살수식 스프링클러설비** : 가압송수장치에서 일제개방밸브 1차 측까지 배관 내에 항상 물이 가압되어 있고, 2차 측에서 개방형 스프링클러헤드까지 대기압으로 있다가, 화재발생시 자동감지장치 또는 수동식 기동장치의 작동으로 일제개방밸브가 개방되면, 스프링클러헤드까지 소화용수가 송수되어, 하나의 방수구역 내 전체 헤드에서 일제히 살수하는 방식의 스프링클러설비

> 하나의 방수구역을 담당하는 헤드의 개수는 50개 이하로 할 것.
> 다만, 2개 이상의 방수구역으로 나눌 경우에는 하나의 방수구역을 담당하는 헤드의 개수는 25개 이상으로 할 것

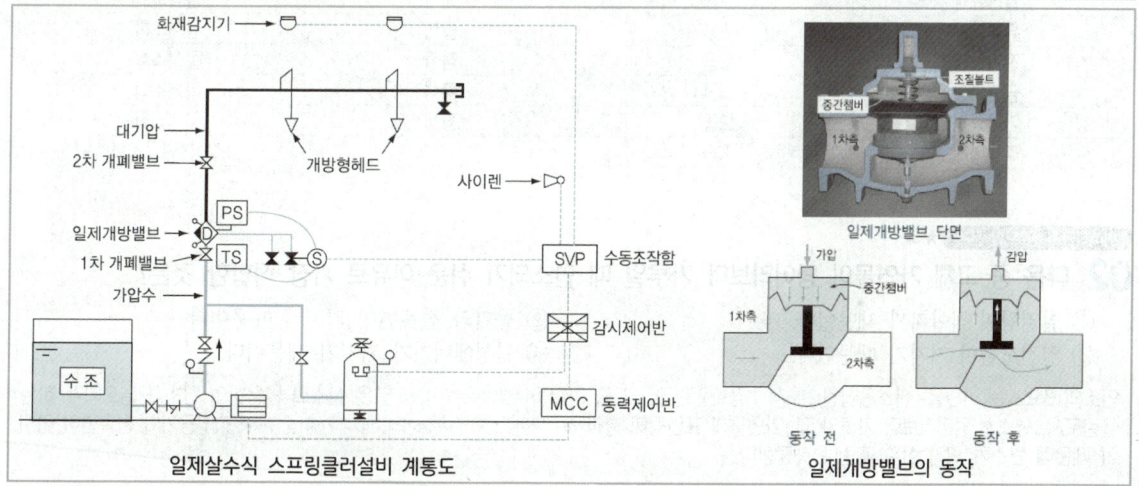

일제살수식 스프링클러설비 계통도　　일제개방밸브의 동작

SECTION 14

2020년 제3회 답이색 해설편

1과목 소방원론

암기하면서 공부 할 문제 ★★★

01 화재의 종류에 따른 분류가 틀린 것은?
① A급 : 일반화재   ② B급 : 유류화재   ③ C급 : ~~가스화재~~ 전기화재   ④ D급 : 금속화재

화재의 분류

종류	표시	표시색상	일반적 소화방법
일반화재	A급	백색	냉각소화
유류화재	B급	황색	질식소화
전기화재	C급	청색	질식소화
금속화재	D급	무색	피복소화
가스화재	E급	황색	질식소화
주방화재	K급	-	질식+냉각소화

이해하면서 공부 할 문제 ★★

02 다음 중 고체 가연물이 덩어리보다 가루일 때 연소되기 쉬운 이유로 가장 적합한 것은?
① 발열량이 작아지기 때문이다.
② **공기와 접촉면이 커지기 때문이다.**
③ 열전도율이 커지기 때문이다.
④ 활성에너지가 커지기 때문이다.

연소의 3요소는 가연물, 산소공급원(산화제), 점화원인데, 그 중 가연물(=환원제=환원성물질)은 산소와 반응하여 연소를 일으키게 하는 물질로서, 연소시 덩어리보다 가루일 때, 가연물의 표면적이 넓어져(큰덩어리보다 작은덩어리 여러개가 더 연소가 쉽다) 공기와 접촉면이 커지기 때문에 연소가 되기 쉬운 조건에 해당한다.

함께공부

가연물이 되기 쉬운 조건 = 연소가 잘 되기 위한 구비조건(불에 잘 타는 조건)
• 산화반응의 화학적 활성이 클 것
• 산소와 화학적으로 친화력이 클 것
• 열전도율이 낮을(작을) 것 = 열의 축적이 용이할 것 (열전도율이 낮아야 열의 축적이 쉽다)
• 발열량이 클 것
• 표면적이 넓을(클) 것 (큰덩어리보다 작은덩어리 여러개가 더 연소가 쉽다)
• 활성화에너지가 작을 것 (어떤 물질을 활성으로 만드는 에너지 즉 활성화에너지가 작아야 반응하기 쉬워지며, 반응하기 쉬워야 연소가 쉽게 된다)

※ 활성화에너지 : 점화에너지로서 반응시 필요한 최소한의 에너지를 의미한다. 예를 들면 언덕이 활성화에너지이다. 즉, 높은 언덕은 넘어 가기 어렵고(활성화 에너지가 커서 반응하기 어렵고), 낮은 언덕은 넘어 가기 쉽다(활성화 에너지가 작아서 반응하기 쉽다)고 이해하면 된다.

> 암기하면서 공부 할 문제 ★

03 위험물과 위험물안전관리법령에서 정한 지정수량을 옳게 연결한 것은?

① 무기과산화물 - 300kg
  제1류   50kg
② 황화린 - 500kg
  제2류   100kg
③ 황린 - 20kg
④ 질산에스테르류 - 200kg
  제5류   10kg

지정수량 : 위험물의 종류별로 위험성을 고려하여 대통령령이 정하는 수량으로서 제조소등의 설치허가 등에 있어서 최저의 기준이 되는 수량 (지정수량의 단위로 kg을 사용하고, 4류만 L를 사용)

위험물	특징	암기법	종류[대분류]
제3류	자연발화성 및 금수성 물질	칼나알알 황린 알칼유 금금칼슘탄	**칼륨, 나트륨, 알킬리듐, 알킬알루미늄 / 황린**(유일하게 금속 아님. 나머지는 모두금속) / **알칼리금속, 알칼리토금속, 유기금속** 화합물 / **금속의 인화물, 금속의 수소화물, 칼슘** 또는 알루미늄의 **탄화물**
	지정수량	칼나알알**십** 황린**이십** 알칼유**오십** 금금칼슘탄**삼백**	위험등급 I 지정수량 10kg / 위험등급 I 지정수량 20kg / 위험등급 II 지정수량 50kg / 위험등급 III 지정수량 300kg

> 암기하면서 공부 할 문제 ★★

04 다음 중 발화점이 가장 낮은 물질은?

① 휘발유   ② 이황화탄소   ③ 적린   **④ 황린**

주요물질의 발화점(= 착화점, 착화온도, 발화온도)

물질	발화점(℃)	물질	발화점(℃)	물질	발화점(℃)	물질	발화점(℃)
황린	34	니트로셀룰로오스, 디에틸에테르	180	적린	260	메틸알코올(메탄올)	464
이황화탄소, 삼황화린	100	아세트알데히드	185	피크린산, 가솔린(휘발유), 트리니트로톨루엔	300	산화프로필렌	465
과산화벤조일	125	유황	225	에틸알코올(에탄올)	423	톨루엔	480
오황화린	142	등유	255	아세트산	427	아세톤	538

※ 발화점은 문제에서 상대적으로 적용됨으로 인해, 아무리 여러 문제를 많이 암기해도, 실제 시험에서 출제되는 문제를 모두 풀 수 있다는 보장이 없습니다. 따라서 발화점 문제는 문제를 암기하지 말고, 반드시 물질별 발화점을 위 표를 통해 비교해서 암기해야 합니다.

> 황린(P_4)은 제3류 위험물인 자연발화성물질로서, **여름철(34℃) 공기와의 접촉만으로도 자연발화**할 정도로 매우 위험하다.

함 께 공 부

1. **인화점** : 불을 끌어당기는 온도라는 뜻으로 점화원에 의해 불이 붙을 수 있는 최저온도
2. **연소점** : 인화점 이상의 온도에서 점화원을 제거하여도 연소가 지속될 수 있는 온도로써 일반적으로 인화점보다 약 10℃ 높다.
3. **발화점**(=착화점, 착화온도, 발화온도) : 직접적인 점화원을 가하지 않아도 공기중에서 스스로 불이 붙을 수 있는 최저온도

> 암기하면서 공부 할 문제 ★★★

05 제1종 분말소화약제의 주성분으로 옳은 것은?

① $KHCO_3$
  제2종 탄산수소칼륨
② $NaHCO_3$
③ $NH_4H_2PO_4$
  제3종 제1인산암모늄(인산염)
④ $Al_2(SO_4)_3$
  화학포 내약제 주성분 황산알루미늄

분말 소화약제의 종류 및 성상

종별	주성분	색상	적응화재
제1종	탄산수소**나**트륨 ($NaHCO_3$)	백색	B, C
제2종	탄산수소**칼**륨 ($KHCO_3$)	담자색, 담회색	B, C
제3종	제1**인**산암모늄 = 인산염 ($NH_4H_2PO_4$)	담홍색, 황색	A, B, C
제4종	탄산수소**칼**륨 + 요소 ($KHCO_3+(NH_2)_2CO$)	회색	B, C

> 나의 칼은 인간의 칼이다~ ➡ 나 칼 인 칼

소방설비기사 기계 필기 | Engineer Fire Protection System

암기하면서 공부 할 문제 ★

06 화재 시 발생하는 연소가스 중 인체에서 헤모글로빈과 결합하여 혈액의 산소운반을 저해하고 두통, 근육조절의 장애를 일으키는 것은?

① CO_2 ② **CO**   ③ HCN   ④ H_2S

무색·무취의 가스이자, 허용한계농도(TLV)가 50 [ppm] 정도의 독성가스인 **CO(일산화탄소)**는 **헤모글로빈(Hb,** 혈액내 산소를 운반하는 단백질**)**과의 결합능력이 산소(O_2)보다 200배~300배 높아, 혈액의 산소운반을 저해하여 저산소증을 야기하며 중추신경계의 장애를 일으키고, 수면상태와 같은 마취 상태로 피난능력을 감퇴시켜, 결국 사망에 이르게 하는 가스이다.

함께 공부

① 완전연소시 생성되는 CO_2(이산화탄소)는 허용한계농도(TLV)가 5000 [ppm] 정도(높을수록 안전한 가스)로서 독성에 따른 위험성 보다는 질식의 우려를 걱정하여야 한다.
③ 제4류 위험물에 해당하는 **HCN(시안화수소, 청산)**은 중합폭발을 일으킬 수 있는 매우 위험한 물질이고, 허용한계농도(TLV) 또한 10 [ppm] 정도로(낮을수록 위험한 가스) 낮은 값을 갖는 매우 위험한 독성가스이다.
④ 계란 썩는 냄새가 나는, 허용한계농도(TLV)가 10 [ppm] 정도로 맹독성 가스인 H_2S(황화수소)는 연소범위가 4~44[vol%] 정도인 가연성 가스이며, 이황화탄소(CS_2)[제4류 위험물]가 고온의물과 반응하거나, 유황(S, 황)[제2류 위험물]의 불완전연소에 의해 발생된다.

※ **ppm**은 농도의 단위로 사용되며, 영어의 'Part Per Million(파츠 퍼 밀리언)'의 앞 글자를 따서 만든 **100만분의 1**이란 뜻이다. 즉 1ppm은 1/1,000,000로 표현되며, 공기 1,000,000L 중 농도를 표시하는 것이다.

암기하면서 공부 할 문제 ★

07 다음 원소 중 전기음성도가 가장 큰 것은?

① **F**   ② Br   ③ Cl   ④ I

전기음성도란 화학적 반응에서 분자내의 원자가 전자를 끌어 당기는 능력(친화력, 결합력)을 말하는 것으로
　　　　수소(H_2)와의 결합력의 크기 = 전기음성도의 크기라고 말할 수 있다.(소방적의미로는 할로겐 원자의 소화능력을 의미한다)
보기의 F(불소), Br(브롬), Cl(염소), I(요오드) 는 모두 할로겐족 원소이며, **F(불소)**가 가장 큰 결합력을 갖는다.

암기팁! 전기음성도 크기 = FON(폰)

함께 공부

• 전기음성도의 크기
　F(불소) > O(산소) > N(질소) > Cl(염소) > Br(브롬) > C(탄소) > S(황) > I(요오드) > H(수소) > ···

이해하면서 공부 할 문제

08 인화점이 20℃인 액체위험물을 보관하는 창고의 인화 위험성에 대한 설명 중 옳은 것은?

① **여름철에 창고 안이 더워질수록 인화의 위험성이 커진다.**
② 겨울철에 창고 안이 추워질수록 인화의 위험성이 커진다. (작아진다)
③ 20℃에서 가장 안전하고 20℃ 보다 높아지거나 낮아질수록 인화의 위험성이 커진다. (온도가 높아질수록)
④ 인화의 위험성은 계절의 온도와는 상관없다. (있다)

인화점이란 점화원에 의해 **불이 붙을 수 있는 최저온도**를 말하는데… 인화점이 20℃인 액체위험물은, 온도가 20℃에 도달하면 점화원에 의해 불이 붙을 수 있다는 의미이므로, 여름철 창고 안은 20℃를 훌쩍 넘을 수 있어 인화의 위험성이 커지는 것은 당연한 것이다.

함께 공부

1. **인화점** : 불을 끌어당기는 온도라는 뜻으로 점화원에 의해 불이 붙을 수 있는 최저온도
2. **연소점** : 인화점 이상의 온도에서 점화원을 제거하여도 연소가 지속될 수 있는 온도로써 일반적으로 인화점보다 약 10℃ 높다.
3. **발화점(=착화점, 착화온도, 발화온도)** : 직접적인 점화원을 가하지 않아도 공기중에서 스스로 불이 붙을 수 있는 최저온도

암기하면서 공부 할 문제 ★★

09 탄화칼슘이 물과 반응 시 발생하는 가연성 가스는?

① 메탄   ② 포스핀   ③ **아세틸렌**   ④ 수소

제3류 위험물 칼슘또는알루미늄의탄화물인 탄화칼슘(카바이드)이 물과 반응해 수산화칼슘과 가연성 가스인 아세틸렌을 발생시킨다.
CaC_2 (탄화칼슘) + $2H_2O$ (물) → $Ca(OH)_2$ (수산화 칼슘) + C_2H_2↑ (아세틸렌 발생)

함 께 공 부

포스핀(인화수소, PH_3)이 생성되는 위험물(모두 제3류 위험물이다)
① 황린(P_4)
② 인화칼슘(Ca_3P_2, 인화석회)
③ 인화알루미늄(AlP)
④ 인화아연(Zn_3P_2)

암기하면서 공부 할 문제 ★★

10 공기의 평균 분자량이 29일 때 이산화탄소 기체의 증기비중은 얼마인가?

① 1.44   ② **1.52**   ③ 2.88   ④ 3.24

이산화탄소 = CO_2 = 탄산가스 = 불연성 소화약제 = 질식소화 = 고체탄산(드라이아이스)
- CO_2분자량 계산[C=12, O=16] = 12 + (16×2) = 44
- ∴ 증기비중 = $\dfrac{CO_2 \text{ 분자량}}{\text{공기 분자량}}$ = $\dfrac{44}{29}$ = 1.517 [CO_2 증기비중]
- ☞ 공기(분자량=29)보다 **1.5배 무거워서** 화재시 가연물의 심부에까지 침투가 가능하다.

함 께 공 부

- 비중이란 무게의 비. 즉 비교물질이 기준물질보다 무거운지, 가벼운지 비교하는 것을 말한다. 차원(단위)이 없는 무차원수이다.
- 기체(증기)비중에서 모든 기체는 **표준상태 공기분자량(29)과 비교**한다. 만일 비교기체 비중이 1.5가 계산되었다면 그 기체는 공기보다 1.5배 무거운 물질이다.

계산하면서 공부 할 문제 ★★★

11 밀폐된 공간에 이산화탄소를 방사하여 산소의 체적 농도를 12% 되게 하려면 상대적으로 방사된 이산화탄소의 농도는 얼마가 되어야 하는가?

① 25.40%   ② 28.70%   ③ 38.35%   ④ **42.86%**

화재실에 이산화탄소(CO_2) 소화약제를 방사하여, 산소(O_2)농도를 12%로 떨어뜨려 화재를 진압하려고 할 때... 이산화탄소(CO_2)의 농도는 몇 %로 설계되어야 하는지의 문제?

CO_2방사 후 실내의 CO_2농도(%) = $\dfrac{21 - O_2(\text{농도}\%)}{21} \times 100$ = $\dfrac{21-12}{21} \times 100$ = 42.857 = 42.86%

암기하면서 공부 할 문제

12 화재하중의 단위로 옳은 것은?

① **kg/㎡**   ② ℃/㎡   ③ kg·L/㎡   ④ ℃·L/㎡

화재하중(kg/㎡)
= $\dfrac{\Sigma (G_t \cdot H_t)}{H \cdot A}$ = $\dfrac{\text{가연물 전체 발열량[kcal]} = [\text{가연물량(kg)} \times \text{가연물 단위발열량(kcal/kg)}]}{\text{목재 단위발열량(kcal/kg)} \times \text{바닥면적(㎡)}}$ = $\dfrac{\Sigma Q_t}{4,500 \text{ kcal/kg} \cdot A}$

- 화재하중이란 화재실내 예상되는 최대가연물질의 양으로서 일반적으로 건물내에 있는 가연성 물질과 가연성 구조체의 양을 말하며, **단위면적당 등가가연물**(목재)**의 무게(kg/㎡)**로 표현한다.
- 화재 구역에는 여러 가지의 가연물들이 존재하는데, 이러한 가연물은 각각 발열량이 다르기 때문에, 그에 상응하는 목재의 발열량으로 환산하여 화재하중을 산정한다.
- 화재하중은 **화재가혹도(=최고온도×지속시간)**를 결정하는 중요한 요소이며, 주수시간(min)을 결정하는 주요인이 된다.

소방설비기사 기계 필기 | Engineer Fire Protection System

암기하면서 공부 할 문제 ★

13 소화약제인 IG-541의 성분이 아닌 것은?

① 질소　　　　　　② 아르곤　　　　　　③ **헬륨**　　　　　　④ 이산화탄소

"IG-541"은 할로겐화합물 및 불연성기체소화설비에서 사용하는, 불연성·불활성기체혼합가스 소화약제로서, 그 성분비는 N_2(질소):52%,　Ar(아르곤):40%,　CO_2(이산화탄소):8% 이다.

함 께 공 부

할로겐화합물 및 불활성기체 소화설비 : 할론소화약제를 대체할 목적으로 개발된 소화약제로서 할로겐화합물 소화약제와 불활성기체 소화약제로 구분된다.
- 할로겐화합물소화약제 : 불소(F), 염소(Cl), 브롬(Br) 또는 요오드(I) 중 하나 이상의 원소를 포함하고 있는 유기화합물을 기본성분으로 하는 소화약제로서 화학적 소화효과를 갖는다.
- 불활성기체소화약제 : 아르곤(Ar), 이산화탄소(CO_2) 또는 질소가스(N_2) 중 하나 이상의 원소를 기본성분으로 하는 소화약제로서 질식으로 인해 소화하는 물리적 소화효과를 갖는다.
※ 할론소화설비 : 할론소화설비는 할로겐족원소(F, Cl, Br, I)하나 이상을 포함하고 있는 할론2402($C_2F_4Br_2$), 할론1211(CF_2ClBr), 할론1301(CF_3Br) 소화약제를 이용하여 화재를 진압하는 가스계 소화설비이다.

이해하면서 공부 할 문제

14 이산화탄소 소화약제 저장용기의 설치장소에 대한 설명 중 옳지 않은 것은?

① **반드시** 방호구역 **내의** 장소에 설치한다.　　　② 온도의 변화가 적은 곳에 설치한다.
　　예외가 있다　　　외의
③ 방화문으로 구획된 실에 설치한다.　　　　　　④ 해당 용기가 설치된 곳임을 표시하는 표지를 한다.

방호구역이란 화재를 방어하는 구역. 다시말해 **화재가 발생된 구역**을 의미한다. 화재를 진압할 수 있는 소화약제가 담긴 저장용기를 방호구역 내에 설치하면 **화재에 노출**되므로 당연히 좋지 않다. 따라서 저장용기는 **방호구역 외의 장소에 설치**해야 한다. 다만, 방호구역 내에 설치할 경우에는 피난 및 조작이 용이하도록 피난구 부근에 설치하여야 한다.

함 께 공 부

② 온도변화가 큰 곳이 좋지 않음은 당연하다.
③ 화재를 방어할 수 있는 방화문으로 구획된 실에 설치하여 소화약제가 담긴 저장용기를 보호한다.
④ 해당 용기가 설치된 곳임을 알 수 있도록 표지를 설치하여 일반인에게 알리는 것이 좋다.

이해하면서 공부 할 문제 ★★★

15 화재의 소화원리에 따른 소화방법의 적용으로 틀린 것은?

① 냉각소화 : 스프링클러설비　　　　　　　② 질식소화 : 이산화탄소 소화설비
③ **제거소화** : 포소화설비　　　　　　　　　④ 억제소화 : 할론 소화설비
　　질식소화

① 스프링클러설비는 헤드를 통해 물을 방사하여 소화하는 설비이므로 **냉각**소화가 주된 소화방법이다.
② 이산화탄소소화설비는 이산화탄소(CO_2)를 방사하여 **산소농도를 15%이하**로 떨어뜨려 소화하는 **질식소화**가 주된 소화방법이다.
③ 포소화설비는 유류 등의 가연물을 포(거품)로 덮으면 **산소가 차단**되어 소화하는 **질식소화**가 주된 소화방법이다.
④ 할론소화설비는 할로겐족원소(F, Cl, Br, I)를 방사하여, 활성라디칼을 흡수해 연소의 4요소인 순조로운 **연쇄반응을 억제**하여 소화하는 억제소화가 주된 소화방법이다.

함 께 공 부

① 스프링클러설비 : 화재발생시 화재를 자동으로 감지하여 피난을 위한 경보를 발하고, 습식·건식·준비작동식·일제살수식 밸브가 개방되면, 유수의 흐름으로 인하여 펌프가 기동되고, 개방된 헤드를 통해 소화수를 방사하여 소화하는 자동식 수계소화설비
② 이산화탄소소화설비 : 탄산가스(CO_2)를 소화약제로 이용하여 화재를 진압하는 가스계 소화설비로서 CO_2는 화학적으로 안정된 불연성가스이고, 화재실에 CO_2약제를 방출하면 공기중의 산소농도를 떨어뜨려 소화하는 질식소화가 대표적인 소화효과이다.
③ 포소화설비 : 수조로부터 공급된 물과 포약제 저장탱크에서 공급된 포원액을, 혼합기(프로포셔너)에서 믹싱해 포수용액을 만들어, 포 방출구에서 공기와 섞여진 후 발포되어 거품을 방사하는 형태의 소화설비로서 유류탱크 등 위험물에 주로 사용된다.
④ 할론소화설비 : 할론소화설비는 할로겐족원소(F, Cl, Br, I)하나 이상을 포함하고 있는 할론2402($C_2F_4Br_2$), 할론1211(CF_2ClBr), 할론1301(CF_3Br) 소화약제를 이용하여 화재를 진압하는 가스계 소화설비이다.

> 암기하면서 공부 할 문제 ★

16 건축물의 내화구조에서 바닥의 경우에는 철근콘크리트의 두께가 몇 ㎝ 이상이어야 하는가?

① 7   ② 10   ③ 12   ④ 15

건축물의 피난·방화구조 등의 기준에 관한 규칙(약칭 : 건축물방화구조규칙) 제3조(내화구조)
1. 벽 : 철근콘크리트조 또는 철골철근콘크리트조로서 두께가 **10센티미터** 이상인 것
2. 외벽 중 비내력벽 : 철근콘크리트조 또는 철골철근콘크리트조로서 두께가 **7센티미터** 이상인 것
3. 바닥 : 철근콘크리트조 또는 철골철근콘크리트조로서 두께가 **10센티미터** 이상인 것

> 함께공부

내화구조와 방화구조의 정의
1. 내화구조(耐火構造) : 화재에 견딜 수 있는 성능을 가진 구조로서 국토교통부령으로 정하는 기준에 적합한 구조
2. 방화구조(防火構造) : 화염의 확산을 막을 수 있는 성능을 가진 구조로서 국토교통부령으로 정하는 기준에 적합한 구조

> 이해하면서 공부 할 문제 ★

17 소화효과를 고려하였을 경우 화재 시 사용할 수 있는 물질이 아닌 것은?

① 이산화탄소   ② 아세틸렌   ③ Halon 1211   ④ Halon 1301

아세틸렌(C_2H_2)가스는 연소범위[vol%]가 **2.5**(하한값) ~ **81**(상한값)로서 **연소범위가 가장 넓은 가연성 가스**이므로 화재시 사용하면 화재를 더욱 확대시킨다.

> 함께공부

- 이산화탄소(탄산가스, CO_2)는 1kg(15℃조건) 방사시 534L 만큼 체적이 팽창하므로, 산소 농도를 15%이하로 떨어트려 소화하는 **질식소화효과**를 발휘하는 물질이다.
- 할론2402($C_2F_4Br_2$), 할론1211(CF_2ClBr), 할론1301(CF_3Br) 소화약제는 할로겐족원소(F, Cl, Br, I)를 방사하여, 활성라디칼을 흡수해 연소의 4요소인 순조로운 **연쇄반응을 억제**하여 소화하는 **억제소화(부촉매소화)**효과를 발휘하는 물질이다.

> 암기하면서 공부 할 문제 ★

18 질식소화 시 공기 중의 산소농도는 일반적으로 약 몇 vol% 이하로 하여야 하는가?

① 25   ② 21   ③ 19   ④ 15

물리적 소화의 방법 : 연소의 3요소인 가연성가스(가연물), 산소, 열(점화원)의 양적 변화를 통해 연소를 중단시켜 소화하는 방법
- 질식소화 : 가연물이 연소할 때 공기 중의 산소농도(일반적으로 21%)를 떨어뜨려(보통 15%이하) 연소를 중단시키는 소화 방법

> 이해하면서 공부 할 문제

19 다음 중 연소와 가장 관련 있는 화학반응은?

① 중화반응   ② 치환반응   ③ 환원반응   ④ 산화반응

연소란 가연물이 점화원에 의해 산소와 급격히 반응하여 빛과 열을 동반(수반)하는 산화발열 반응이며, 가연물이 **산화반응으로** 인하여 연소하면, 그 가연물은 환원된다.

> 함께공부

- 산화 : 산소와 결합하는 것, 수소를 잃는 것, 전자를 잃는 것.
- 환원 : 산소를 잃는 것, 수소와 결합하는 것, 전자를 얻는 것
- 산화제 : 자기 자신은 환원되고 남을 산화시키는 물질, 산소가 대표물질
- 환원제 : 자기 자신은 산화되고 남을 환원시키는 물질, 가연물이 여기에 해당
- 중화반응 : 산(음이온)과 염기(양이온)가 반응하여 물과 염(산의 음이온과 염기의 양이온이 결합하여 생성된 물질)이 생성되는 반응
  HNO_3(질산) + KOH(수산화 칼륨) → H_2O + KNO_3(질산 칼륨➡염)
- 치환반응 : 화합물의 원자나 작용기가 다른 원자나 작용기로 바꾸는 화학변화(A + BC → AC + B)
  CH_4(메탄) + Cl_2(염소) → CH_3Cl(염화메틸-가연성가스) + HCl(염산)

이해하면서 공부 할 문제 ★★

20 Halon 1301의 분자식은?

① CH_3Cl　　② CH_3Br　　③ CF_3Cl　　④ **CF_3Br**

할론(Halon) 소화약제

종류	분자식	상온,상압	원자량	분자량 계산	증기비중 계산
할론 1301	CF_3Br	기체	(C×1개) + (F×3개) + (Br×1개)	12 + (19×3) + 80 = **149**	149/29 = 5.13
할론 1211	CF_2ClBr	기체	(C×1개) + (F×2개) + (Cl×1개) + (Br×1개)	12 + (19×2) + 35.5 + 80 = **165.5**	165.5/29 = 5.71
할론 2402	$C_2F_4Br_2$	액체	(C×2개) + (F×4개) + (Br×2개)	(12×2) + (19×4) + (80×2) = **260**	260/29 = 8.96
할론 1011	CH_2ClBr	액체	(C×1개) + (H×2개) + (Cl×1개) + (Br×1개)	12 + (1×2) + 35.5 + 80 = **129.5**	129.5/29 = 4.46
할론 104	CCl_4	액체	(C×1개) + (Cl×4개)	12 + (35.5×4) = **154**	154/29 = 5.31

• NTP(자연상태) : 20℃, 1기압(atm) 상태 [상온, 상압 상태] - 국내기준

탄 불 염 브

함 께 공 부

할론명명법 - 아래 그림과 같은 순서와 원자수로 기재된다.

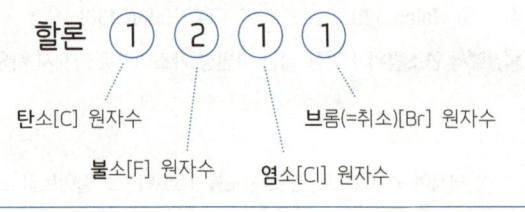

※ 화합물 내부에 존재하지 않는 원소는 숫자 '0'으로 표기(맨끝은 표기하지 않아도 된다)하고 명명하지 않는다.

A nswer 2과목 소방유체역학

✔ 이것이 혁신이다! 기출문제 + 답이색해설

전반적으로 쉬운 계산형 ★★

21 체적 0.1㎥의 밀폐 용기 안에 기체상수가 0.4615 kJ/kg·K인 기체 1kg이 압력 2MPa, 온도 250℃ 상태로 들어있다. 이때 이 기체의 압축계수(또는 압축성인자)는?

① 0.578　　② **0.828**　　③ 1.21　　④ 1.73

압축계수(압축성인자) $Z = \dfrac{V_{실제기체의\ 체적}}{V_{이상기체의\ 체적}}$ (이상기체의 체적에 대한 실제기체의 체적비)로 표현할 수 있으며, 문제에서 기체상수가 kJ/kg·K의 단위로 주어졌으므로... 특정한 기체에 적용이 가능한 **특정기체 상태방정식**을 통해 답을 구할 수 있다.

* 이상기체상태방정식 ☞ $PV = \dfrac{WRT}{M}$　　*절대압력×체적 = $\dfrac{질량 \times 기체정수 \times 절대온도}{분자량}$

* 특정기체상태방정식 ☞ $PV = W\dfrac{R}{M}T$　*$\bar{R}$(특정 기체상수) = $\dfrac{R(일반\ 기체상수)}{M(특정\ 기체의\ 분자량)}$ ➔ $PV = W\bar{R}T$

위 전개에서 PV값과 $W\bar{R}T$값은 서로 동일하므로 $\dfrac{PV}{W\bar{R}T}$의 비는 당연히 "1"이 된다. 여기에 압축계수(Z)의 개념을 적용시키면...

$Z = \dfrac{PV}{W\bar{R}T}$ (이상기체일 때는 PV값과 $W\bar{R}T$값은 서로 동일하지만, 실제기체일 때는 PV값과 $W\bar{R}T$값이 서로 달라짐으로 인해 Z값은 "1"이 되는 것이 아니라 다른 값이 된다. 즉 압축계수는 그 달라진 실제기체의 값을 표현한 것이다)

1. 조건정리
   - 압력(P) = 2 MPa = 2000 kPa = 2000 kN/m²   *1,000,000Pa = 1000kPa = 1MPa
   - 체적(V) = 0.1m³
   - 질량(W) = 1kg
   - 특정 기체상수($\overline{R}$) = 0.4615 kJ/kg·K = 0.287 kN·m/kg·K   *kJ(주울, Joule) = kN·m(힘×거리=일)
   - 절대온도(T) = 273+250℃ = 523K

2. 위 조건들을 대입하여 압축계수(압축성인자) Z 를 구한다.

$$Z = \frac{PV}{W\overline{R}T} = \frac{2000\,kN/m^2 \times 0.1\,m^3}{1kg \times 0.4615\,kN\cdot m/kg\cdot K \times 523K} = 0.828$$

전반적으로 쉬운 계산형 ★★

22 물의 체적탄성계수가 2.5GPa일 때 물의 체적을 1% 감소시키기 위해서 얼마의 압력(MPa)을 가하여야 하는가?

① 20   ② 25   ③ 30   ④ 35

체적탄성계수(K, N/㎡, Pa = 압력의 단위)는 **체적변화율(1%)에 대한 압력의 변화(? MPa)**. 즉 압력을 변화시켰을 때 체적이 얼마나 감소하는지를 말하는 것으로, 체적탄성계수가 크다는 의미는 그 만큼 빡빡하다는 의미이고 그에 따라 압축하기 어렵다는 의미이다.

$$K(\text{체적탄성계수}) = \frac{\Delta P(\text{변화된 압력})}{\dfrac{\Delta V(\text{변화된 부피})}{V(\text{처음 부피})}} \rightarrow \Delta P[MPa] = K \times \frac{\Delta V}{V} = 2500 \times 0.01 = 25\,MPa$$

- 체적탄성계수(K) = 2.5 GPa = 2500 MPa   *1000MPa = 1GPa
- 물의 체적을 1% 감소 = 체적변화율($\frac{\Delta V}{V}$) 1% = 퍼센트의 단위를 제거하면... 0.01이 된다.
- 가하여야 하는 압력 = 변화된 압력(ΔP) = ? MPa

함께공부

체적탄성계수 (K, N/㎡, Pa 파스칼, ㎠/kgf)
① 단위 면적당 외력의 강도와 체적의 변형비. 단위는 압력(N/㎡, Pa, kgf/㎠)의 단위를 사용한다.
② **체적변화율에 대한 압력의 변화**. 즉 압력을 변화시켰을 때 체적이 얼마나 감소하는지를 계수로 나타낸 것. 체적탄성계수가 크다는 의미는 그 만큼 빡빡하다는 의미이고 그에 따라 압축이 잘 되지 않는다는 의미이다.
③ 체적탄성계수는 압축성유체에 적용하는 식이 아니라 **비압축성유체에 적용하는** 식이다. 비압축성인 **액체**에 매우 큰 압력이 가해지면 약간의 체적의 감소가 발생하는데 이의 정도를 체적탄성계수로 표현하였다.
④ 아래 공식에서 체적이 V인 액체에 ΔP 만큼의 압력이 가해지면, 체적이 ΔV 만큼 감소하므로 공식에서는 음(-)을 표현했으나 실제로 체적탄성계수는 음(-)의 수가 될 수 없으므로 **계산시는 적용하지 아니한다.**
⑤ 또한 체적변화율에 대한 압력의 변화뿐만 아니라 밀도, 비중량의 변화율에 대한 압력의 변화도 살펴볼 수 있다.

$$K = -\frac{\Delta P(\text{변화된 압력})}{\dfrac{\Delta V(\text{변화된 부피})}{V(\text{처음 부피})}} = \frac{\Delta P}{\dfrac{\Delta \rho}{\rho}} = \frac{\Delta P}{\dfrac{\Delta \gamma}{\gamma}} = \frac{1}{\beta(\text{압축률})}$$

<부피>   <밀도>   <비중량>

압축률 (β, ㎡/N, Pa⁻¹, ㎠/kgf)
① 체적탄성계수의 역수(β 베타, ㎡/N, ㎠/kgf)로서 **압축(P)에 의해 물질의 부피(V)가 변화하기 쉬운 정도**를 나타내는 수치이다.
② 즉, 압축률이 크다는 의미는... 그 만큼 압축하기 쉽다는 것을 의미한다.
③ 압축률은 압력(P)에 대한 밀도(ρ)의 변화율과 같다.
④ 유체의 체적(부피)이 감소하면, 부피가 감소한 만큼 공간이 좁아져 유체의 밀도(빡빡한 정도)는 증가한다.

$$\beta = \frac{1}{K(\text{체적탄성계수})} = -\frac{\dfrac{\Delta V}{V}}{\Delta P} = \frac{\dfrac{\Delta \rho}{\rho}}{\Delta P} = \frac{\dfrac{\Delta \gamma}{\gamma}}{\Delta P}$$

소방설비기사 기계 필기 | Engineer Fire Protection System

전반적으로 쉬운 계산형 ★★

23 안지름 40mm의 배관 속을 정상류의 물이 매분 150L로 흐를 때의 평균 유속(m/s)은?

① 0.99　　② 1.99　　③ 2.45　　④ 3.01

문제 조건에서 물이 분당(min) 150L[리터=체적]로 흐른다고 하였으므로, 연속방정식 중 **체적유량(Q)**의 식을 적용한다.

$$Q(체적유량, m^3/\sec) = A(배관의 단면적, m^2) \times V(유체속도, m/\sec) \quad * A = \frac{\pi \cdot D^2}{4} \quad D=직경(지름)$$

1. 조건정리
   - 안지름(내경, D) = 40mm = 0.04m　　*1000mm = 100cm = 1m
   - 체적유량(Q) = 매분 150L = $150L/\min = \frac{150L}{1\min} \times \frac{1m^3}{1000L} \times \frac{1\min}{60\sec} = \frac{150m^3}{1000 \times 60\sec} = m^3/\sec$
   　*수치를 여기에서 계산하면 매우 복잡하므로, 아래식에 "1000×60"을 분모에 그대로 반영하면 변경된 단위(m^3/s)로 적용된다.

2. 체적유량(Q)식을 전개하여 유체속도(V) 계산 ➡ $V = \frac{Q}{A}$ ➔ $V = \frac{Q}{\frac{\pi \cdot D^2}{4}} = \frac{\frac{150}{1000 \times 60} m^3/s}{\frac{\pi \times (0.04m)^2}{4}} = 1.99 m/s$

함께공부

연속방정식
유체가 한 지점(①지점)에서 다른 지점(②지점)으로 정상유동할 때 ①지점의 질량과 ②지점의 질량은 언제나 동일하다는 방정식이다. 즉, 정상류 상태의 물의 흐름에 질량 보존의 법칙을 적용하여 얻어진 방정식이 연속방정식이다. 따라서 관속을 흐르는 물의 유량은 유입되는 유량과 유출되는 유량이 동일하다는 법칙이 적용된다.

$$Q(체적유량, m^3/\sec) = A(배관의 단면적, m^2) \times V(유속, m/\sec)$$
$$Q_1 = Q_2$$
$$A_1 \cdot V_1 = A_2 \cdot V_2$$

전반적으로 쉬운 계산형 ★★

24 원심펌프를 이용하여 0.2㎥/s로 저수지의 물을 2m 위의 물탱크로 퍼 올리고자 한다. 펌프의 효율이 80%라고 하면 펌프에 공급해야 하는 동력(kW)은?

① 1.96　　② 3.14　　③ 3.92　　④ 4.90

펌프의 축동력 ☞ 펌프의 운전에 필요한 실제동력. 문제에서 전달계수가 주어지지 않았으므로 축동력을 묻는 문제로 해석된다.

$$P(kW) = \frac{H \cdot \gamma \cdot Q}{\eta_p(효율) \times 102} = \frac{H(전양정)[m] \times \gamma(물\ 비중량)[1000 kgf/m^3] \times Q(토출량)[m^3/\sec]}{\eta_p(효율) \times 102}$$

1. 조건정리
   - 토출량(Q) = 0.2㎥/s
   - 저수지의 물을 2m 위의 물탱크로 퍼 올림 = 전양정(H) = 2m
   - 효율(η_p) = 80% = 퍼센트의 단위를 제거하면... 0.8이 된다.

2. 축동력(P)의 계산 ➔ $P(kW) = \frac{2m \times 1000 kgf/m^3 \times 0.2 m^3/\sec}{0.8 \times 102} = 4.9 kW$

함께공부

1. 펌프 동력(kW)의 계산
   = H(전양정)[m] × γ(물 비중량)[$1000 kgf/m^3$] × Q(토출량)[$m^3/\sec$] = kW
   = $kgf \cdot m/\sec$ (힘×속도=중력단위의동력) = kW

2. 펌프의 **전달**(소요, 모터, 전동기) 동력(P) ☞ 펌프의 구동에 이용되는 동력

   $kW = \frac{H \cdot \gamma \cdot Q}{\eta_p(효율) \times 102} \times K$　　$HP = \frac{H \cdot \gamma \cdot Q}{\eta_p(효율) \times 76} \times K$　　$PS = \frac{H \cdot \gamma \cdot Q}{\eta_p(효율) \times 75} \times K$

   * K (전달계수) ① 전동기 : 1.1　② 내연기관 : 1.15 ~ 1.2

3. 펌프의 **축동력** ☞ 펌프의 운전에 필요한 실제동력. 따라서 전달계수를 빼고 계산한다.

   $kW = \frac{H \cdot \gamma \cdot Q}{\eta_p(효율) \times 102}$　　$HP = \frac{H \cdot \gamma \cdot Q}{\eta_p(효율) \times 76}$　　$PS = \frac{H \cdot \gamma \cdot Q}{\eta_p(효율) \times 75}$

4. 펌프의 **수동력** ☞ 펌프에 의해 **물**에 **공급**되는 동력(유체에 실제로 주어지는 동력). 따라서 펌프효율은 의미가 없다.

$$kW = \frac{H \cdot \gamma \cdot Q}{102} \qquad HP = \frac{H \cdot \gamma \cdot Q}{76} \qquad PS = \frac{H \cdot \gamma \cdot Q}{75}$$

5. 단위의 변환

- 물의 비중량(γ) = $\frac{1000\,kgf/m^3}{102} = \frac{9800\,N/m^3}{102 \times 9.8} = \frac{9800\,N/m^3}{1000} = \frac{\gamma}{1000}$ * $1kgf = 9.8N$

- 토출량(Q) = $\frac{1m^3}{1sec} \times \frac{60sec}{1min} = 60\,[m^3/min]$ → $\frac{60\,[m^3/min]}{1} = \frac{m^3/min}{60} = \frac{Q}{60}$ *1분을 60으로 나눠주면 1초가 된다.

∴ $P\,[kW] = \frac{H \cdot \gamma \cdot Q}{1000 \times 60} = \frac{H[m] \times 9800[N/m^3] \times Q[m^3/min]}{1000 \times 60} = 0.163 HQ$

전반적으로 쉬운 계산형 ★★

25 원관에서 길이가 2배, 속도가 2배가 되면 손실수두는 원래의 몇 배가 되는가? (단, 두 경우 모두 완전발달 난류유동에 해당되며, 관마찰계수는 일정하다.)

① 동일하다. ② 2배 ③ 4배 ④ **8배**

마찰손실(h_L)을 수두(m, mH_2O)로 구하는 방정식인 **달시-와이스바하 방정식**을 통해 계산할 수 있다.

$$h_L(m) = f\,\frac{L(m)}{D(m)}\,\frac{V^2(m/sec)^2}{2g(m/sec^2)} \qquad 마찰손실수두 = 관마찰계수 \times \frac{직관의\,길이}{배관의\,직경} \times \frac{유속^2}{2 \times 중력가속도}$$

1. 원관에서 길이가 1배, 속도가 1배일 때 손실수두 → $f\,\frac{L}{D}\,\frac{V^2}{2g} = 1 \times \frac{1m}{1m} \times \frac{(1m/sec)^2}{2 \times 9.8 m/sec^2} = \frac{5}{98}m$

2. 원관에서 길이가 2배, 속도가 2배일 때 손실수두 → $f\,\frac{2L}{D}\,\frac{(2V)^2}{2g} = 1 \times \frac{2m}{1m} \times \frac{(2m/sec)^2}{2 \times 9.8 m/sec^2} = \frac{20}{49}m$

∴ $\frac{\frac{20}{49}}{\frac{5}{98}} = 8$ 즉 8배의 차이가 발생한다.

※ 그냥 간단히 생각하면... 길이(L)는 1승이므로 그냥 2배, 속도(V)는 2승이므로 2배에 2승을 하면 4배가 된다.
∴ 길이2배 × 속도4배 = 8배

계산 없는 단순 암기형 ★★★★★

26 펌프가 운전 중에 한숨을 쉬는 것과 같은 상태가 되어 펌프 입구의 진공계 및 출구의 압력계 지침이 흔들리고 송출유량도 주기적으로 변화하는 이상 현상을 무엇이라고 하는가?

① 공동현상(cavitation) ② 수격작용(water hammering)
③ **맥동현상(surging)** ④ 언밸런스(unbalance)

맥동현상 (서징, surging)
- 정의
  - 저유량 영역에서 **유량, 압력이 주기적으로 변하여** 진공계 및 압력계 눈금이 흔들리고, 진동과 소음이 발생되어, 배관(밸브) 등이 손상되는 현상
  - 펌프 입구의 진공계 및 출구의 압력계 지침이 흔들리고 **송출유량도 주기적으로 변화**하는 이상 현상
  - 펌프가 운전 중에 한숨을 쉬는 것과 같은 상태가 되어 펌프 입구의 진공계 및 출구의 압력계 지침이 흔들리고 송출유량도 주기적으로 변화하는 이상 현상
- 원인
  - 펌프의 양정곡선이 산형곡선(산모양의 곡선)이고, 그 곡선의 상승부(우상향)에서 운전할 때
  - 배관 중간에 수조가 있거나, 기체상태의 부분이 있을 때 발생된다.
  - 유량조절밸브가 수조의 위치보다 뒤쪽 배관에 있을 때
- 방지책
  - 펌프의 양수량을 증가시키거나, 임펠러 회전수를 변화시킨다. 즉 운전점을 고려한 적합한 펌프를 선정하면 된다.
  - 배관 중간에 수조 또는 기체상태의 부분이 없도록 한다.
  - 유량조절밸브를 수조의 위치보다 앞쪽 배관에 위치시킨다. 즉 펌프 토출측 직후에 설치하면 된다.

함께공부

- **공동현상(캐비테이션, cavitation)** – 공기고임현상(기포 발생)
  - 펌프 내부나 흡입측 배관에서 물의 압력이 포화증기압 이하로 떨어져 물이 국부적으로 증발하여 증기 공동이 발생하는 현상으로 공기(기포)가 생성되고, 진동(소음)을 수반하며 종단에는 양수불능을 초래할 수 있음
  - 물의 온도에 상응하는 증기압보다 낮은 부분이 발생하면 물은 증발되고 물속에 있던 공기와 물이 분리되어 **기포가 발생**하는 펌프의 현상
  - 물이 배관 내에 유동하고 있을 때 흐르는 물 속 어느 부분의 정압이 그때 물의 온도에 해당 하는 증기압 이하로 되면 부분적으로 **기포가 발생**하는 현상
- **수격작용(워터 햄머링, water hammering)**
  물의 공격이라는 의미로, **펌프의 급격한 정지 및 밸브의 급격한 폐쇄시** 물의 압력파에 의한 충격파와 이상음(異常音)이 발생하는 현상으로... 파이프 속에 유체가 흐를 때 파이프 끝의 밸브를 갑자기 닫으면 유체의 **운동에너지가 압력으로 변환**되면서 밸브 직전에서 높은 압력이 발생하고 상류로 압축파가 전달되는 **수격작용 현상이 발생**한다.

전반적으로 쉬운 계산형 ★★

27 터보팬을 6000rpm으로 회전시킬 경우, 풍량은 0.5㎥/min, 축동력은 0.049kW이었다. 만약 터보팬의 회전수를 8000rpm으로 바꾸어 회전시킬 경우 축동력(kW)은?

① 0.0207 ② 0.207 ③ **0.116** ④ 1.161

문제 조건들이... 회전속도(rpm, N), 풍량(Q), 축동력(L) 등이 주어졌으므로, **펌프의 상사법칙**을 통해 답을 구할 수 있다. 아래 조건에서 풍량은 축동력을 구하는데 전혀 관계가 없으므로... 배제하고 계산한다.

풍량(Q)	축동력(L)	회전속도(N)
Q_1(처음 풍량) = 0.5 m³/min	L_1(처음 축동력) = 0.049kW	N_1(처음 회전속도) = 6000 rpm
Q_2(변화된 풍량) = ? m³/min	L_2(변화된 축동력) = ? kW	N_2(변화된 회전속도) = 8000 rpm

축동력[L]은 펌프 회전수의 3승에 비례한다. → $L_1 : N_1^3 = L_2 : N_2^3$

$$L_2 = \left(\frac{N_2}{N_1}\right)^3 \times L_1 = \left(\frac{8000\,rpm}{6000\,rpm}\right)^3 \times 0.049\,kW = 0.116\,kW$$

함께공부

펌프의 상사법칙
- 상사(相似)라는 사전적 의미는 서로 모양이 비슷함. 닮음. 등의 뜻이 있다.
- 펌프의 용량이 다른 경우에도 비속도(비교회전도)가 같으면 이를 상사(相似)라고 한다.
- 소방에서의 상사법칙은 임펠러의 회전수(rpm) 및 임펠러의 직경을 변화시켰을 때 유량[Q], 전양정(양정)[H], 축동력[L]이 각각 어떻게 변화하겠느냐의 문제이다.
- **유량, 양정, 축동력과의 관계**
  ① 유량[Q]은 펌프 회전수에 **정비례**하고, 임펠러 직경의 **3승**에 비례한다.
  ② 양정[H]은 펌프 회전수의 **2승**에 비례하고, 임펠러 직경의 **2승**에 비례한다.
  ③ 축동력[L]은 펌프 회전수의 **3승**에 비례하고, 임펠러 직경의 **5승**에 비례한다.

구분	운전조건	형상조건
유량 Q	회전수 N^1 비례	직경 D^3 비례
양정 H	N^2	D^2
축동력 L	N^3	D^5
비례식 정리		
$Q_1 : N_1 = Q_2 : N_2$		$Q_1 : D_1^3 = Q_2 : D_2^3$
$H_1 : N_1^2 = H_2 : N_2^2$		$H_1 : D_1^2 = H_2 : D_2^2$
$L_1 : N_1^3 = L_2 : N_2^3$		$L_1 : D_1^5 = L_2 : D_2^5$

- $Q_1 = \left(\dfrac{N_1}{N_2}\right) \times \left(\dfrac{D_1}{D_2}\right)^3 \times Q_2$ • $H_1 = \left(\dfrac{N_1}{N_2}\right)^2 \times \left(\dfrac{D_1}{D_2}\right)^2 \times H_2$ • $L_1 = \left(\dfrac{N_1}{N_2}\right)^3 \times \left(\dfrac{D_1}{D_2}\right)^5 \times L_2$

- $Q_2 = \left(\dfrac{N_2}{N_1}\right) \times \left(\dfrac{D_2}{D_1}\right)^3 \times Q_1$ • $H_2 = \left(\dfrac{N_2}{N_1}\right)^2 \times \left(\dfrac{D_2}{D_1}\right)^2 \times H_1$ • $L_2 = \left(\dfrac{N_2}{N_1}\right)^3 \times \left(\dfrac{D_2}{D_1}\right)^5 \times L_1$

암기팁! 유량 양정 축동력   회전수1승2승3승   직경3승2승5승 ➡ 유양축 회123 직325

> 전반적으로 쉬운 계산형 ★★

28 어떤 기체를 20℃에서 등온 압축하여 절대압력이 0.2MPa에서 1MPa으로 변할 때 체적은 초기 체적과 비교하여 어떻게 변화하는가?

① 5배로 증가한다. ② 10배로 증가한다. ③ $\dfrac{1}{5}$로 감소한다. ④ $\dfrac{1}{10}$로 감소한다.

보일의 법칙 ☞ P_1(처음 절대압력) × V_1(처음부피) = P_2(나중 절대압력) × V_2(나중부피)
온도가 일정할 때(=등온) 기체의 체적은 절대압력에 반비례한다. 쉽게 말하면 **온도 변화가 없을 때** 기체의 부피는 압력이 커지면 작아지고, 압력이 작아지면 커진다는 의미이다.

$V_2 = \dfrac{P_1}{P_2} \times V_1 = \dfrac{0.2\,MPa}{1\,MPa} \times V_1 = \dfrac{1}{5} V_1$ ＊나중체적(V_2)은 초기체적(V_1)의 $\dfrac{1}{5}$배로 감소

> 계산 없는 단순 공식형 ★★★

29 원관 속의 흐름에서 관의 직경, 유체의 속도, 유체의 밀도, 유체의 점성계수가 각각 D, V, ρ, μ로 표시될 때 층류 흐름의 마찰계수(f)는 어떻게 표현될 수 있는가?

① $f = \dfrac{64\mu}{DV\rho}$ ② $f = \dfrac{64\rho}{DV\mu}$ ③ $f = \dfrac{64D}{V\rho\mu}$ ④ $f = \dfrac{64}{DV\rho\mu}$

관 마찰계수(f) 층류일 때 $f = \dfrac{64}{ReNo}$ ＊ $ReNo$(레이놀즈수) $= \dfrac{D(직경) \cdot V(속도) \cdot \rho(밀도)}{\mu(점성계수)}$

∴ $f = \dfrac{64}{\dfrac{DV\rho}{\mu}} = \dfrac{64\,\mu}{DV\rho}$

함께공부

레이놀즈수[Reynolds number]
- 관내 유체의 흐름이 층류(유체의 규칙적인 흐름)인지, 난류인지 구분해주는 정량적 수치
- 유체의 흐름에 있어서 점성에 의한 힘이 층류가 될 수 있도록 작용하며, 관성에 의한 힘은 난류를 일으키는 원인으로 작용하고 있다. 이 관성력과 점성력의 비가 레이놀즈수(ReNo)이다.
- 또한 레이놀즈수는 무단위의 수치, 즉 무차원수이므로, 어떤 단위로부터 계산하여도 동일한 값이 산출된다.

$$ReNo(레이놀즈수) = \dfrac{D(직경) \cdot u(유속) \cdot \rho(밀도)}{\mu(절대점도)} = \dfrac{D(직경) \cdot u(유속)}{\nu(동점도)} = \dfrac{관성력}{점성력}$$

- 층류와 난류의 구분
  ① **층류** : ReNo 0 이상 ~ 2100 이하 ⇨ 하임계 레이놀즈수 **2100**(난류에서 층류로 전이되는 레이놀즈수)
  ② **전이(천이, 임계)영역** : ReNo 2101 이상 ~ 3999 이하
  ③ **난류** : ReNo 4000 이상 ~ 끝이 없음 ⇨ 상임계 레이놀즈수 **4000**(층류에서 난류로 전이되는 레이놀즈수)

함께공부

관 마찰계수(f)
- 유체가 층류일 때는 간단히 계산이 가능하지만, 임계(전이, 천이)영역일 때와 난류일 때는 에너지 손실을 계산하기 어려움으로 실험 등에 의해 산정해야 한다.
- 이에 따라 난류 또는 전이영역에서는 관벽의 조도(거칠음계수)가 중요한 요소가 되며,
- Moody가 무디선도(Moody Diagram)를 만들어 층류, 임계, 난류 영역으로 구분하고 매개변수를 상대조도($\dfrac{\rho}{D}$)로 하여 관마찰계수를 구할 수 있게 했다.

복잡하고 어려운 계산형 ★

30 그림과 같이 매우 큰 탱크에 연결된 길이 100m, 안지름 20cm인 원관에 부차적 손실계수가 5인 밸브 A가 부착되어 있다. 관 입구에서의 부차적 손실계수가 0.5, 관마찰계수는 0.02이고, 평균속도가 2m/s일 때 물의 높이 H(m)는?

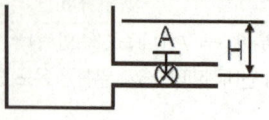

① 1.48 ② 2.14 ③ 2.81 ④ 3.36

해설

1. 마찰손실 계산

실제 유체는 점성을 가지므로 유체가 유동할 때 배관의 접촉면에 마찰이 발생하고 그에 따라 에너지의 손실이 발생하는데 그 손실이 마찰손실이다.

> 마찰손실(h_L, m) = 주(직관)손실 + 부차적(미소)손실
> * 주손실 : 직관에서 발생하는 마찰 손실(직선 원관 내의 손실)
> * 부차적손실 : 직관 이외에서 발생되는 마찰손실

① 주 손실(직관손실)

마찰손실(h_L)을 수두(m, mH_2O)로 구하는 방정식인 **달시-와이스바하 방정식**을 통해 계산할 수 있다.

$$h_L(mH_2O) = f\frac{L(m)}{D(m)}\frac{V^2(m/\sec)^2}{2g(m/\sec^2)} \quad * \text{마찰손실수두} = \text{관마찰계수} \times \frac{\text{직관의 길이}}{\text{배관의 직경}} \times \frac{\text{유속}^2}{2 \times \text{중력가속도}}$$

$$h_L(m) = f\frac{L}{D}\frac{V^2}{2g} = 0.02 \times \frac{100m}{0.2m} \times \frac{(2m/\sec)^2}{2 \times 9.8m/\sec^2} = 2.04m$$

- 관마찰계수(f) = 0.02
- 안지름(내경, D) = 20cm = 0.2m *100cm = 1m
- 직관의 길이(L) = 100m
- 유속(V) = 평균속도 2m/s
- 중력가속도 = $9.8m/s^2$

② 부차적 손실

$$h_L(\text{손실수두}, m) = K\frac{V^2}{2g} = \text{손실계수} \times \frac{\text{유속}^2}{2 \times \text{중력가속도}(9.8)}$$

[달시-와이스바하 방정식과 비교] $h_L(m) = f\frac{L}{D}\frac{V^2}{2g}$ • $f\frac{L}{D} = K$

- 밸브 A의 손실 → 문제에서 주어진 "부차적 손실계수 5"를 대입하여 계산할 수 있다.

$$h_L(m) = K\frac{V^2}{2g} = 5 \times \frac{(2m/s)^2}{2 \times 9.8m/s^2} = 1.02m$$

- 관 입구에서의 손실 → 문제에서 주어진 "부차적 손실계수 0.5"를 대입하여 계산할 수 있다.

$$h_L(m) = K\frac{V^2}{2g} = 0.5 \times \frac{(2m/s)^2}{2 \times 9.8m/s^2} = 0.1m$$

③ 전체 마찰손실수두(h_L)의 계산 → 2.04m + 1.02m + 0.1m = 3.16mH_2O

2. 물의 높이 H(m)의 계산

토리첼리의 정리식을 이용하여... 수두의 높이(H)를 계산할 수 있다.

$$V(\text{유속}) = \sqrt{2gH} = \sqrt{2 \times \text{중력가속도}(9.8m/\sec^2) \times \text{수두높이}(m)}$$

수두높이 계산시... 1번에서 계산된 마찰손실수두(h_L)를, 전체수두 높이(H)에서 빼주어야 한다.

$$V = \sqrt{2g(H-h_L)} \rightarrow V^2 = 2g(H-h_L) \rightarrow H-h_L = \frac{V^2}{2g} \rightarrow H = \frac{V^2}{2g} + h_L = \frac{(2m/s)^2}{2 \times 9.8m/s^2} + 3.16m = 3.36m$$

> 포기해도 되는 계산형 : 포기해도 합격에 전혀 지장없는 문제

31. 마그네슘은 절대온도 293 K에서 열전도도가 156 W/m·K, 밀도는 1740 kg/m³이고, 비열이 1017 J/kg·K 일 때 열확산계수(m²/s)는?

① 8.96×10^{-2}　② 1.53×10^{-1}　③ 8.81×10^{-5}　④ 8.81×10^{-4}

본 문제는 열역학관련 계산문제로서... 어려운 문제는 아니지만, 소방설비기사 실기시험에서 등장하지 않는 개념과 문제이므로, 공부하지 않고 **포기하는 것이 더 현명**합니다. 따라서 지면과 노력낭비를 방지하기 위하여 해설이 없습니다.

함께 공부

$$\text{열확산계수}(\alpha) = \frac{K(\text{열전도도})[W/m \cdot K = J/s \cdot m \cdot K]}{\rho(\text{밀도})[kg/m^3] \times C_p(\text{비열})[J/kg \cdot K]} = \frac{156\, J/s \cdot m \cdot K}{1740\, kg/m^3 \times 1017\, J/kg \cdot K} = 8.81 \times 10^{-5}\,[m^2/s]$$

> 다소 어려운 계산형

32. 그림과 같이 반지름이 1m, 폭(y 방향) 2m인 곡면 AB에 작용하는 물에 의한 힘의 수직성분(z방향) Fz와 수평성분(x방향) Fx와의 비 (Fz/Fx)는 얼마인가?

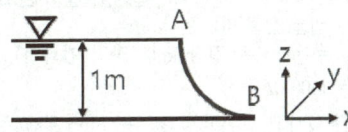

① $\dfrac{\pi}{2}$　② $\dfrac{2}{\pi}$　③ 2π　④ $\dfrac{1}{2\pi}$

곡면AB는 수직으로 세워진 수문이다. 이 수문에 물의 압력이 수직[Fz]과 수평[Fx]으로 작용하고 있다. 이 때 이 수문이 받는 힘을 $\dfrac{F_Z(\text{수직성분})}{F_X(\text{수평성분})}$의 비로 구하는 문제이다.

1. **조건정리**
   - 물 비중량(γ) = $1000 kgf/m^3$ = $9800 N/m^3$ = $9.8 kN/m^3$　　*$1kgf = 9.8N$　*$1000N = 1kN$
   - 수문의 면적(A) ☞ 그림상에서 측면으로 보면 곡면이지만, 수조의 내부에서 보면 수문이 반지름(깊이)1m 폭2m의 직사각형 형태로 힘을 받고 있다. ∴ 깊이1m × 폭2m = $2m^2$
   - 수문이 받는 힘의 깊이(h) = 반지름이 1m = 수문의 면적중심깊이($\dfrac{\text{수문수직높이}(1m)}{2}$) = 0.5m
   - 수문의 체적(V) = 원의면적(㎡, πr^2 파이×반지름²)×폭(m)×1/4원형 = $\pi \times 1^2 \times 2 \times \dfrac{1}{4}$ = $1.57 m^3$

2. **수직방향**으로 작용하는 평균 **힘의 크기**(F_V) = 힘의 수직성분(z방향) 크기
   $F_Z [kN, 힘] = \gamma V$ = 비중량(kN/m^3)×수문의 체적(m^3) = $9.8 kN/m^3 \times 1.57 m^3$ = $15.39 kN$

3. **수평방향**으로 작용하는 평균 **힘의 크기**(F_H) = 힘의 수평성분(x방향) 크기
   $F_X [kN, 힘] = \gamma A h$ = 비중량(kN/m^3)×면적(m^2)×면적중심까지의 깊이(m) = $9.8 kN/m^3 \times 2 m^2 \times 0.5 m$ = $9.8 kN$

4. $\dfrac{F_Z(\text{수직성분})}{F_X(\text{수평성분})} = \dfrac{15.39\, kN}{9.8\, kN} = 1.57$

5. 지문과 대조해서 답을 찾아야 한다.
   ① $\dfrac{\pi}{2} = 1.57$　② $\dfrac{2}{\pi} = 0.6366$　③ $2\pi = 6.28$　④ $\dfrac{1}{2\pi} = 0.159$

전반적으로 쉬운 계산형 ★★

33 대기압하에서 10℃의 물 2kg이 전부 증발하여 100℃의 수증기로 되는 동안 흡수되는 열량(kJ)은 얼마인가? (단, 물의 비열은 4.2kJ/kg·K, 기화열은 2250kJ/kg이다.)

① 756　　② 2638　　③ **5256**　　④ 5360

열량이란 열의 많고 적음을 나타내는 양이다. 열량의 단위는 cal(칼로리), kcal(킬로칼로리) 또는 J(주울), kJ(킬로 주울)을 사용한다. 1kcal(4.2kJ)는 물 1kg의 온도를 1℃(K)만큼 올리는 데 필요한 열의 양이다.

$$\text{물 } 10℃ \xrightarrow{Q_1 \text{ 현열}} \text{물 } 100℃ \xrightarrow{Q_2 \text{ 잠열}} \text{수증기 } 100℃$$

1. **현열**(감열)**구간** - 물질의 상태 변화는 없으면서 온도만 올리는데 사용되는 열을 현열이라 하며, 아래식을 이용하여 흡수한 열량을 구할 수 있다.

$$Q_1 [kJ] = mC\Delta T = 질량[kg] \times 비열[kJ/kg \cdot K] \times 온도차[K]$$

$Q_1 = 질량(2kg) \times 물의 비열(4.2kJ/kg \cdot K) \times 온도차(90K) = 756 kJ$

　* 10℃의 물이 온도 100℃까지 가열 ⇨ 온도차 = 100℃ - 10℃ = 90℃ (서로 동일함을 알 수 있다)
　* 절대온도 중 켈빈온도[K]로 변환시 ⇨ 온도차 = (100℃+273) - (10℃+273) = 90K (서로 동일함을 알 수 있다)

2. **잠열**(기화열)**구간** - 융해와 기화(증발) 등 상 전이 과정에서 가해진 열은, 물질의 **온도변화에는 사용되지 않고, 상태변화에만 사용**된다. 이와 같이 상 전이 과정에서 흡수되는 열을 잠열이라 한다.

$$Q_2 [kJ] = mr = 질량[kg] \times 잠열(기화열)[kJ/kg]$$

$Q_2 = 질량(2kg) \times 기화열(2250kJ/kg) = 4500 kJ$

3. 따라서 **흡수한 열량** Q_1, Q_2를 모두 합하면 $Q[kJ] = Q_1 + Q_2 = 756 + 4500 = 5256 kJ$

계산 없는 단순 암기형 ★★★★★

34 경사진 관로의 유체흐름에서 수력기울기선의 위치로 옳은 것은?

① 언제나 에너지선보다 <u>위</u>에 있다.　　　② 에너지선보다 속도수두 만큼 아래에 있다.
　　　　　　　　　아래에

③ 항상 수평이 된다.　　　　　　　　　　④ 개수로의 수면보다 속도수두 만큼 위에 있다.
　속도 수두(에너지)가 동일할 때는

베르누이 방정식에 따른 에너지선(E.L, 전수두선)과 수력기울기선(H.G.L, 수력구배선)의 정리

전수두선(= 에너지선) = 수력구배(기울기)선 + 속도수두
수력구배선(= 수력기울기선) = 위치수두 + 압력수두

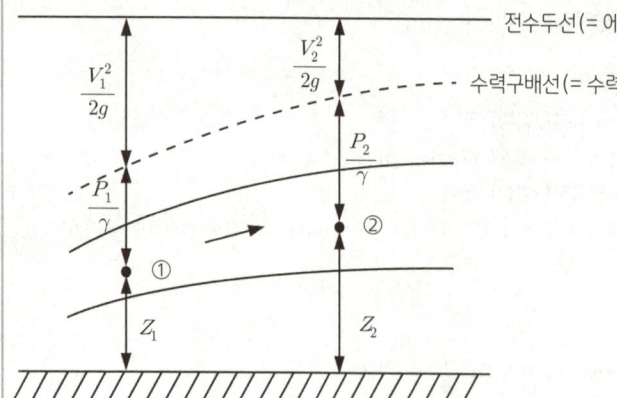

* $\dfrac{V^2}{2g}$ = 속도 수두(에너지)　　* $\dfrac{P}{\gamma}$ = 압력 수두(에너지)　　* Z = 위치 수두(에너지)

④ 개수로는 수면이 대기와 접하여 흐르는 수로를 말하는 것으로 ④번은 전혀 맞지 않는 말이다.

> **함께공부**
>
> 베르누이 방정식에 따른 에너지선(E.L, 전수두선)과 수력기울기선(H.G.L, 수력구배선)의 정리
> ① 전수두선(=에너지선) = 수력구배선(= 수력기울기선) + 속도수두 = 위치수두 + 압력수두 + 속도수두
> ② 수력구배선 = 위치수두 + 압력수두
> ③ 전수두선(=에너지선)은 수력구배선(= 수력기울기선)보다 속도수두 만큼 크다.
> ④ 수력구배선(= 수력기울기선)은 전수두선(=에너지선)보다 속도수두 만큼 작다.
> ⑤ 속도수두(에너지)가 동일할 때는 수력구배선(= 수력기울기선)의 높이가 동일해진다.
> ⑥ 관경이 동일하면 속도가 동일함으로 수력구배선(= 수력기울기선)의 높이가 동일해진다.

> **필수이론**
>
> 베르누이 방정식
> 전수두(전양정) = 압력수두 + 속도수두 + 위치수두
>
> $$H(m) = \frac{P}{\gamma} + \frac{V^2}{2g} + Z = \frac{압력(N/m^2)}{비중량(N/m^3)} + \frac{유속^2(m/sec)^2}{중력가속도(m/sec^2)} + 높이(m)$$
>
> 유체흐름상에 임의의 두 점에서 압력·속도·위치 수두는 각각 다를 수 있으나 에너지보존의 법칙에 의해 그 총합은 항상 일정함으로 아래식이 성립한다.
>
> $$\frac{P_1}{\gamma} + \frac{V_1^2}{2g} + Z_1 = \frac{P_2}{\gamma} + \frac{V_2^2}{2g} + Z_2$$

포기해도 되는 계산형 포기해도 합격에 전혀 지장없는 문제

35 그림과 같이 폭(b)이 1m이고 깊이(h_0) 1m로 물이 들어있는 수조가 트럭 위에 실려 있다. 이 트럭이 $7m/s^2$의 가속도로 달릴 때 물의 최대 높이(h_2)와 최소 높이(h_1)는 각각 몇 m인가?

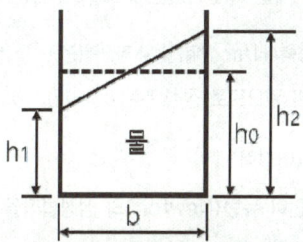

① $h_1 = 0.643m$, $h_2 = 1.413m$
② $h_1 = 0.643m$, $h_2 = 1.357m$
③ $h_1 = 0.676m$, $h_2 = 1.413m$
④ $h_1 = 0.676m$, $h_2 = 1.357m$

본 문제는 이해과정이 복잡한 계산문제로서... 소방설비기사 실기시험에서 등장하지 않는 개념과 문제이므로, 공부하지 않고 **포기하는 것이 더 현명**합니다. 따라서 지면과 노력낭비를 방지하기 위하여 해설이 없습니다.

> **함께공부**
>
> $$수평가속도(\alpha)[m/s^2] = \frac{h_2(최대높이) - h_0(처음높이)}{\frac{b(수조폭)}{2}} \times g(중력가속도)$$
>
> $$7m/s^2 = \frac{h_2(최대높이) - 1m}{\frac{1m}{2}} \times 9.8m/s^2 \quad \therefore h_2(최대높이) = 1.357m$$
>
> 처음높이에서 최대로 올라간 높이차(h_3) = h_2(최대높이) − h_0(처음높이) = $1.357m - 1m = 0.357m$
> 처음높이에서 최저로 내려간 높이차(h_3) = $0.357m$
> $\therefore h_1$(최소높이) = h_0(처음높이) − h_3(높이차) = $1m - 0.357m = 0.643m$

계산 없는 단순 암기형 ★★★★★

36 유체의 거동을 해석하는데 있어서 비점성 유체에 대한 설명으로 옳은 것은?

① 실제 유체를 말한다.
　　이상

② 전단응력이 존재하는 유체를 말한다.
　　　　　　존재하지 않는

③ 유체 유동 시 마찰저항이 속도 기울기에 비례하는 유체이다.
　　　　　　　　　없으므로 속도기울기가 발생하지 않는

④ **유체 유동 시 마찰저항을 무시한 유체를 말한다.**

액체와 기체를 총칭하여 유체라 하며, 유체의 **거동**이란 유체의 이동(유동), 분포, 변화 등을 의미한다. 또한 **끈끈한 정도**를 점성이라 하는데, 그 점성이 없는 유체를 비점성 유체라 한다.
비점성 유체는 **점성이 없으므로 마찰이 발생하지 않아** 마찰저항이 없다. 즉 마찰저항을 무시한 유체(**이상유체**)를 비점성 유체라고 말할 수 있다.

- **실제유체** : 점성(끈끈한 정도)을 가지는 모든 유체(**점성 유체**)로서 **마찰손실이 발생**한다. 따라서 실체유체는 유체에 마찰력(전단력)을 가할 수 있으므로, 그 유체에서는 전단응력이 발생하게 된다.
- **이상유체**
  - 점성이 없어 마찰손실이 발생하지 않는 **비점성** 유체
  - 압력이 작용하여도 밀도(부피)의 변화가 없는 **비압축성**(압축되지 않는) 유체
  - 즉 이상유체는 실제 존재하지 않는 가상유체로서, **비점성 · 비압축성** 유체이다.

 함께공부

② 전단응력
- 유체에... 평행하게 작용하는 힘 즉 **전단력(=마찰력)이 가해질 때**, 유체 내부에서는 그 형태를 유지하기 위해 저항하려는 힘이 발생하는데 그 힘을 전단응력이라 한다.
- 즉 전단응력은 유체에 전단력(=마찰력)이 가해질 때 발생하는 것이므로... 비점성유체는 마찰이 발생하지 않아 전단응력이 존재하지 않는다.
- **뉴턴(Newton)의 점성법칙**에 따라 전단응력〈N/㎡ 단위면적당 마찰력(전단력)〉 τ(타우)는 점성계수(μ, 뮤)와 속도기울기(=속도구배)($\frac{du}{dy}$)의 곱인데... 비점성 유체는 점성이 없으므로 점성계수(μ, 뮤)가 "0"이 되어, 전단응력은 존재하지 않게 된다.

$$\text{전단응력(마찰력)} \ [\tau] \ = \ \mu \frac{du}{dy}$$

③ 점성이 존재하여 마찰이 발생되는 실제유체만이 **뉴턴(Newton)의 점성법칙을 만족하는 유체**에 해당된다.
　　즉 유체의 점성에 따라 속도기울기(=속도구배)[$\frac{du}{dy}$ 고정된 평판의 거리와 속도와의 관계 즉 고정된 평판과의 거리에 따른 마찰력 관계]가 발생하는데... 비점성유체는 마찰이 발생하지 않으므로 속도기울기가 발생하지 않는다.

전반적으로 쉬운 계산형 ★★

37 출구단면적이 0.0004㎡인 소방호스로부터 25m/s의 속도로 수평으로 분출되는 물제트가 수직으로 세워진 평판과 충돌한다. 평판을 고정시키기 위한 힘(F)은 몇 N인가?

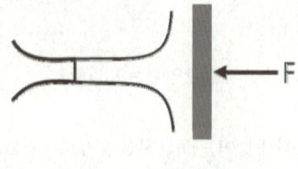

① 150　　② 200　　③ 250　　④ 300

고정평판에 작용하는 힘

$$F(N) = \rho(밀도, kg/m^3) \cdot Q(유량, m^3/\sec) \cdot V(유속, m/\sec)$$
$$= \rho \cdot A(단면적, m^2) \cdot V^2(m/\sec)^2 \quad *Q = A \cdot V \text{ 이므로... } V가\ 2개가\ 되어\ V^2$$

1. 조건정리
   - 물의 밀도(ρ) = $1000\,kg/m^3$
   - 노즐의 출구 단면적(A) = $0.0004m^2$
   - 소방호스 방사속도(V) = 25m/s
2. 평판을 고정시키기 위한 힘(N) = $\rho \cdot A \cdot V^2 = 1000\,kg/m^3 \times 0.0004\,m^2 \times (25\,m/s)^2 = 250\,kg \cdot m/s^2\,[=N]$

함께공부

1. 고정평판에 작용하는 힘

$$F(N) = \rho(밀도, kg/m^3) \cdot Q(유량, m^3/\sec) \cdot V(유속, m/\sec) \cdot \sin\theta\,[직각(90°)으로 방사하면 최대값=1]$$
$$= \rho \cdot A(단면적, m^2) \cdot V^2(m/\sec)^2 \cdot \sin\theta \quad *Q = A \cdot V 이므로... V가\ 2개가\ 되어\ V^2$$
$$= \rho \cdot \frac{\pi D^2}{4}(단면적, m^2) \cdot V^2(m/\sec)^2 \cdot \sin\theta = kg \cdot m/\sec^2(N)$$

2. 이동평판에 작용하는 힘
   - 평판이 뒤로 이동시 $F = \rho \cdot Q \cdot (V_2 - V_1) \cdot \sin\theta = \rho \cdot A \cdot (V_2 - V_1)^2 \cdot \sin\theta$
     - $*V_2$: 방사속도 $*V_1$: 평판이 뒤로 이동하는 속도
   - 평판이 노즐쪽으로 이동시 $F = \rho \cdot Q \cdot (V_2 + V_1) \cdot \sin\theta = \rho \cdot A \cdot (V_2 + V_1)^2 \cdot \sin\theta$
     - $*V_2$: 방사속도 $*V_1$: 평판이 노즐쪽으로 이동하는 속도

계산 없는 단순 암기형 ★★★★★

38 두 개의 가벼운 공을 그림과 같이 실로 매달아 놓았다. 두 개의 공 사이로 공기를 불어 넣으면 공은 어떻게 되겠는가?

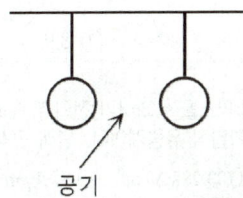
공기

① 파스칼의 법칙에 따라 벌어진다.　　　　② 파스칼의 법칙에 따라 가까워진다.
③ 베르누이의 법칙에 따라 벌어진다.　　　**④ 베르누이의 법칙에 따라 가까워진다.**

베르누이의 법칙에 따라 압력·속도·위치 수두는 각각 다를 수 있으나, 에너지보존의 법칙에 의해 그 **에너지(수두)의 총합은 항상 일정**하므로...
$\frac{P}{\gamma} + \frac{V^2}{2g} + Z = C$(일정) 예>처음값은 압력(5)+속도(5)=10 이었는데... 공기를 불어넣은 이후에는, 속도가 9로 빨라져 압력(1)+속도(9)=10 이 된다.
　└── 기류 속도가 빨라지면(빠른기류) 예>속도가 처음에는 5였는데... 공기를 불어넣은 행위로 인해 9로 빨라지면...
압력은 낮아진다 예>총합은 항상 일정하다는 법칙에 의해... 속도가 9로 빨라졌으므로, 압력은 1로 낮아진다.
따라서 공 사이의 압력이 낮아지면, 공 외부의 압력이 상대적으로 커져서 공은 서로 가까워진다.

함께공부

베르누이의 정리
유체가 흐름선(유선)을 그리며 흐를 때, 두 지점의 높이[위치수두] 그리고 두 지점에서의 압력[압력수두]과 흐르는 속도[속도수두] 사이의 관계를 두 지점에서 역학적 에너지가 보존됨을 바탕으로 수식으로 나타낸 것.
유체의 흐름에 **에너지보존의 법칙**을 적용시킨 방정식[오일러의 운동방정식을 **적분**하여 얻은 방정식]

전수두(전양정) = 압력수두 + 속도수두 + 위치수두 = 일정(Constant)

$$H(m) = \frac{P}{\gamma} + \frac{V^2}{2g} + Z = \frac{압력(N/m^2)}{비중량(N/m^3)} + \frac{유속^2(m/\sec)^2}{중력가속도(m/\sec^2)} + 높이(m) = C(일정)$$

계산 없는 단순 암기형 ★★★★★

39 다음 중 뉴튼(Newton)의 점성법칙을 이용하여 만든 회전 원통식 점도계는?

① 세이볼트(Saybolt) 점도계　　② 오스왈트(Ostwald) 점도계
③ 레드우드(Redwood) 점도계　　④ **맥미셸(MacMichael) 점도계**

점성을 측정할 수 있는 계기의 종류

점도계의 원리	적용 법칙	점도계의 종류	암기
회전원통법	뉴턴(Newton)의 점성법칙	맥미셸(MacMichael, 맥미첼, 맥마이클, 맥마이첼) 점도계 스토머(Stomer) 점도계	뉴맥스
세관법	하겐-포아젤(Hagen-Poiseuille)의 법칙	세이볼트(Saybolt) 점도계 오스트발트(Ostwald, 오스왈트, 오스트왈트) 점도계 레드우드(Redwood) 점도계 앵글러(Engler) 점도계 바베이(Barbey) 점도계	하세오레 앵바
낙구법	스토크스(Stokes) 법칙	낙구식 점도계	낙스

전반적으로 쉬운 계산형 ★★

40 그림과 같이 수은 마노미터를 이용하여 물의 유속을 측정하고자 한다. 마노미터에서 측정한 높이차(h)가 30mm일 때 오리피스 전후의 압력(kPa) 차이는? (단, 수은의 비중은 13.6이다.)

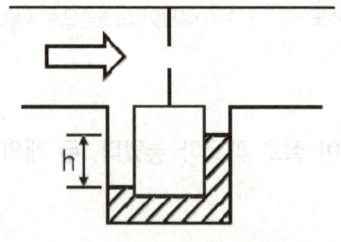

① 3.4　　② **3.7**　　③ 3.9　　④ 4.4

오리피스 미터(Orifice Meters)
배관 내에 관경이 작아지는 오리피스를 설치하면 오리피스를 통과하기 전의 유속과 통과 후의 유속이 달라지는데 그 유속변화에 의한 압력의 차이를 이용하여 유량을 측정하는 장치, 즉 차압식 유량계이다. 아래 공식을 이용하여 압력차를 계산할 수 있다.

$$\Delta P(\text{압력차}) = (\gamma_{수은} - \gamma_{물})h = (133.28\,kN/m^3 - 9.8\,kN/m^3) \times 0.03m = 3.7\,kN/m^2 (= kPa)$$

- 수은 비중량($\gamma_{수은}$) = $13.6 \times 9.8\,kN/m^3 = 133.28\,kN/m^3$

  $* S[\text{수은비중} = 13.6] = \dfrac{\gamma_{액주}[\text{수은의 비중량}(kN/m^3)]}{\gamma_w[\text{물의 비중량}(1000\,kgf/m^3 = 9800\,N/m^3 = 9.8\,kN/m^3)]}$

- 물 비중량($\gamma_{물}$) = $9.8\,kN/m^3$
- 높이차(h) = 30mm = 0.03m　　*1000mm = 100cm = 1m

3과목 소방관계법규

단어가 답인 문제 ★★★

41 다음 중 화재의 예방 및 안전관리에 관한 법령상 **특수가연물**에 해당하는 품명별 기준수량으로 **틀린** 것은?

① 사류 1000㎏ 이상
② 면화류 200㎏ 이상
③ 나무껍질 및 대팻밥 400㎏ 이상
④ 넝마 및 종이부스러기 500㎏ 이상 → 1000㎏

특수가연물 품명별 수량기준 → 나사면이 / 넝볏사천 / 가고삼천 / 석만 / 가이목씹 / 합발이십

품명		수량	암기법
나무껍질 및 대팻밥		400 ㎏ 이상	나사
면화류		200 ㎏ 이상	면이
넝마 및 종이부스러기		1,000 ㎏ 이상	
볏짚류		1,000 ㎏ 이상	넝볏사 천
사류(실)		1,000 ㎏ 이상	
가연성 고체류		3,000 ㎏ 이상	가고 삼천
석탄·목탄류		10,000 ㎏ 이상	석만
가연성 액체류		2 ㎥ 이상	가이
목재가공품 및 나무부스러기		10 ㎥ 이상	목씹
합성수지류	발포시킨 것	20 ㎥ 이상	합발 이십
	그 밖의 것	3,000 ㎏ 이상	

문장이 답인 문제

42 다음 중 소방시설 설치 및 관리에 관한 법령상 **소방시설관리업을 등록할 수 있는 자**는?

① 피성년후견인
② **소방시설관리업의 등록이 취소된 날부터 2년이 경과된 자**
③ 금고 이상의 형의 집행유예를 선고받고 그 유예기간 중에 있는 사람
④ 금고 이상의 실형을 선고받고 그 집행이 면제된 날부터 2년이 지나지 아니한 사람

소방시설관리업 등록의 결격사유
① 피성년후견인
② 소방시설관리업의 등록이 **취소된 날부터 2년이 지나지 아니한** 자
 → 지문에서는 2년이 경과되었으므로… 등록이 가능하다.
③ 소방관계법규를 위반하여 **금고 이상의 형의 집행유예**를 선고받고 **그 유예기간 중에 있는 사람**
④ 소방관계법규를 위반하여 **금고 이상의 실형**을 선고받고 그 **집행이 끝나거나** 집행이 **면제된 날부터 2년이 지나지 아니한 사람**
⑤ 임원 중에 위 ①부터 ~ ④까지의 어느 하나에 해당하는 사람이 있는 **법인**

함께공부

- **피성년후견인** : 질병, 장애, 노령, 그 밖의 사유로 인한 정신적 제약으로 사무를 처리할 능력이 지속적으로 결여된 사람으로서 일정한 자의 청구에 의하여 가정법원으로부터 성년후견(성인에 대해 후견인을 선임하는 제도) 개시의 심판을 받은 자
- **소방관계법규**[5분법] : [1분법]소방기본법, [2분법]화재의 예방 및 안전관리에 관한 법(화재예방법), [3분법]소방시설 설치 및 관리에 관한 법(소방시설법), [4분법]소방시설공사업법, [5분법]위험물안전관리법

단어가 답인 문제

43 위험물안전관리법령상 **위험물취급소의 구분에 해당하지 않는 것**은?

① 이송취급소　　② 관리취급소　　③ 판매취급소　　④ 일반취급소

- **취급소**라 함은 지정수량 이상의 위험물을 제조외의 목적으로 취급하기 위한 대통령령이 정하는 장소로서 규정에 따른 허가를 받은 장소를 말한다.
- 위험물을 제조외의 목적으로 취급하기 위한 장소와 그에 따른 취급소의 구분

위험물을 제조외의 목적으로 취급하기 위한 장소	취급소의 구분
1. 고정된 주유설비에 의하여 자동차·항공기 또는 선박 등의 연료탱크에 직접 주유하기 위하여 위험물을 취급하는 장소	주유취급소
2. 점포에서 위험물을 용기에 담아 판매하기 위하여 지정수량의 40배 이하의 위험물을 취급하는 장소	판매취급소
3. 배관 및 이에 부속된 설비에 의하여 위험물을 이송하는 장소	이송취급소
4. 제1호 내지 제3호외의 장소	일반취급소

단어가 답인 문제

44 국민의 안전의식과 화재에 대한 경각심을 높이고 안전문화를 정착시키기 위한 **소방의 날은 몇 월 며칠**인가?

① 1월 19일　　② 10월 9일　　③ 11월 9일　　④ 12월 19일

매년 11월 9일을 소방의 날로 정하여 기념행사를 한다. → 긴급전화 119 전화번호와 동일한 날짜이다.

단어가 답인 문제 ★

45 화재의 예방 및 안전관리에 관한 법령상 **화재안전조사** 결과 소방대상물의 위치 상황이 화재 예방을 위하여 보완될 필요가 있을 것으로 예상되는 때에 **소방대상물의 개수·이전·제거**, 그 밖의 필요한 **조치를 관계인에게 명령할 수 있는 사람**은?

① 소방서장　　② 경찰청장　　③ 시·도지사　　④ 해당구청장

- **소방관서장(소방청장, 소방본부장 또는 소방서장)**은 화재안전조사 결과에 따른 소방대상물의 위치·구조·설비 또는 관리의 상황이 화재예방을 위하여 보완될 필요가 있거나 화재가 발생하면 인명 또는 재산의 피해가 클 것으로 예상되는 때에는 행정안전부령으로 정하는 바에 따라 관계인에게 그 **소방대상물의 개수·이전·제거, 사용의 금지 또는 제한, 사용폐쇄, 공사의 정지 또는 중지**, 그 밖에 필요한 조치를 명할 수 있다.
- 소방관서장은 법에 따라 소방대상물의 개수·이전·제거, 사용의 금지 또는 제한, 사용폐쇄, 공사의 정지 또는 중지, 그 밖에 필요한 **조치를 명할 때에는 화재안전조사 조치명령서**를 해당 소방대상물의 관계인에게 발급한다.

단어가 답인 문제

46 소방시설 설치 및 관리에 관한 법령상 **지하가 중 터널**로서 **길이가 1천미터**일 때 **설치하지 않아도 되는 소방시설**은?

① 인명구조기구　　② 옥내소화전설비　　③ 연결송수관설비　　④ 무선통신보조설비

도로터널에 설치되는 소방시설의 종류를 터널의 길이별로 구분
1. 지하가 중 터널로서 길이가 **1천m 이상**에 설치해야 하는 소방시설 → **옥내소화전**설비, **자동화재탐지**설비, **연결송수관**설비
2. 지하가 중 터널로서 길이가 **500m 이상**에 설치해야 하는 소방시설
 → **비상경보**설비, **비상조명등**, **비상콘센트**설비, **무선통신보조**설비
3. 길이와 관계없이 모든 터널에 설치해야 하는 소방시설 → **소화기구**
4. 길이와 관계없이 지하가 중 터널로서 **예상교통량, 경사도** 등 터널의 특성을 고려하여 행정안전부령으로 정하는 터널에 설치해야 하는 소방시설 → **옥내소화전**설비, **물분무소화**설비, **제연**설비

함께 공부

- 인명구조기구
  ① **방열복** : 고온의 복사열에 가까이 접근하여 소방활동이나 피난을 수행할 수 있는 **내열피복**
  ② **방화복**(안전모, 보호장갑 및 안전화 포함) : **화재진압** 등의 소방활동이나 피난을 수행할 수 있는 피복
  ③ **공기호흡기** : 소화활동시 또는 피난시에 화재로 인하여 발생하는 각종 유독가스 중에서 일정시간 사용할 수 있도록 제조된 압축공기식 **개인호흡장비**(보조마스크 포함)

④ 인공소생기 : 호흡 부전 상태인 사람에게 **인공호흡**을 시켜 환자를 보호하거나 구급하는 기구
- **옥내소화전설비** : 화재발생시 옥내소화전함을 개방하여 방수구와 연결된 호스를 전개한 후 앵글밸브를 개방하고, 화점을 향해 노즐을 개방하여 방사하는 형태의 수동식 수계소화설비
- **연결송수관설비** : 소방차에서 연결송수관 송수구에 물을 공급하면 그 공급된 물을, 연결송수관설비 방수구에 호스를 연결하여 옥내소화전처럼 사용하는 소방대 전용 설비로써, 고층부 화재진압에 효과적인 본격 화재진압설비
- **무선통신보조설비** : 화재를 진압하거나 인명구조활동을 위하여 사용하는 **소화활동설비**로서, 지상과 지하의 동시 소화활동시 소방대원 상호간의 무선통신을 원활하게 하기 위한 **통신설비**에 해당한다.

> 문장이 답인 문제 ★★

47 위험물안전관리법령상 허가를 받지 아니하고 당해 제조소등을 설치하거나 그 위치·구조 또는 설비를 변경할 수 있으며, 신고를 하지 아니하고 위험물의 품명·수량 또는 지정수량의 배수를 변경할 수 있는 기준으로 옳은 것은?

① 축산용으로 필요한 건조시설을 위한 지정수량 40배 이하의 저장소 (20배)
② 수산용으로 필요한 건조시설을 위한 지정수량 30배 이하의 저장소 (20배)
③ 농예용으로 필요한 난방시설을 위한 지정수량 40배 이하의 저장소 (20배)
④ **주택의 난방시설(공동주택의 중앙난방시설 제외)을 위한 저장소**

- **제조소등**(제조소, 저장소, 취급소)**을 설치하고자 하는 자**는 대통령령이 정하는 바에 따라 그 설치장소를 관할하는 특별시장·광역시장·특별자치시장·도지사 또는 특별자치도지사(이하 "시·도지사")의 허가를 받아야 한다.
- 다만, 다음에 해당하는 제조소등은 허가를 받지 아니하고 당해 제조소등을 설치하거나 그 위치·구조 또는 설비를 변경할 수 있으며, 신고를 하지 아니하고 위험물의 품명·수량 또는 지정수량의 배수를 변경할 수 있다.
  1. **주택의 난방시설**(공동주택의 중앙난방시설 제외)을 위한 저장소 또는 취급소
  2. **농예용·축산용** 또는 **수산용**으로 필요한 난방시설 또는 건조시설을 위한 **지정수량 20배 이하의 저장소**

> 단어가 답인 문제 ★

48 소방기본법령상 시장지역에서 화재로 오인할 만한 우려가 있는 불을 피우거나 연막소독을 하려는 자가 신고를 하지 아니하여 소방자동차를 출동하게 한 자에 대한 과태료 부과·징수권자는?

① 국무총리   ② 시·도지사
③ 행정안전부장관   ④ **소방본부장 또는 소방서장**

1. 다음의 어느 하나에 해당하는 지역 또는 장소에서 화재로 오인할 만한 우려가 있는 불을 피우거나 연막소독을 하려는 자는 시·도의 조례로 정하는 바에 따라 관할 **소방본부장 또는 소방서장**에게 신고하여야 한다.
   ① 시장지역
   ② 공장·창고가 밀집한 지역
   ③ 목조건물이 밀집한 지역
   ④ 위험물의 저장 및 처리시설이 밀집한 지역
   ⑤ 석유화학제품을 생산하는 공장이 있는 지역
2. 위에 따른 신고를 하지 아니하여 소방자동차를 출동하게 한 자에게는 **20만원 이하의 과태료**를 부과한다.
3. 위의 과태료는 조례로 정하는 바에 따라 **관할 소방본부장 또는 소방서장이 부과·징수**한다.

> 문장이 답인 문제 ★★

49 소방시설공사업법령상 공사감리자 지정대상 특정소방대상물의 범위가 아닌 것은?

① 제연설비를 신설·개설하거나 제연구역을 증설할 때
② 연소방지설비를 신설·개설하거나 살수구역을 증설할 때
③ **캐비닛형 간이스프링클러설비를 신설·개설하거나 방호·방수 구역을 증설할 때**
④ 물분무등소화설비(호스릴 방식의 소화설비 제외)를 신설·개설하거나 방호·방수 구역을 증설할 때

공사 감리자 지정대상 특정소방대상물의 범위가 아닌 것 → 캐비닛형 간이스프링클러설비 / 호스릴 방식의 소화설비

함께 공부

- **제연설비**
  - 제연이란 연기를 제어한다는 의미로서... 화재실에 신선한 공기를 급기하고, 발생된 연기를 배기(배출)하는 것을 제연이라 한다.
  - 구획(구역)을 나누(가두)어서 연기를 배출(배기)하거나, 신선한 공기를 급기(유입)하여 소화활동 및 피난을 용이하게 만드는 설비
- **연소방지설비**: 전력 또는 통신사업용 케이블이 설치된 지하구에 헤드를 설치하고, 소방차에서 송수구에 물을 공급해 헤드에서 살수되게 하여, 화재가 더 이상 번지지 않게 차단하는 설비
- **간이 스프링클러설비**: 간이스프링클러설비는 스프링클러설비의 간소화 설비로서 다중이용업소 등 비교적 작은 특정소방대상물에 설치되는 자동식 소화설비이다.
- **캐비닛형 간이스프링클러설비**: 가압송수장치, 수조 및 유수검지장치 등을 집적화하여 캐비닛 형태로 구성시킨 간이 형태의 스프링클러설비
- **물분무 등 소화설비**: ①물분무소화설비 / ②미분무소화설비 / ③포소화설비 / ④이산화탄소소화설비 / ⑤할론소화설비 / ⑥할로겐화합물 및 불활성기체소화설비 / ⑦분말소화설비 / ⑧강화액소화설비 / ⑨고체에어로졸소화설비

문장이 답인 문제 ★★★

50 소방기본법령상 소방대장의 권한이 아닌 것은?

① 화재 현장에 대통령령으로 정하는 사람 외에는 그 구역에 출입하는 것을 제한할 수 있다.
② 화재 진압 등 소방활동을 위하여 필요할 때에는 소방용수 외에 댐·저수지 등의 물을 사용할 수 있다.
③ **국민의 안전의식을 높이기 위하여 소방박물관 및 소방체험관을 설립하여 운영할 수 있다.**
④ 불이 번지는 것을 막기 위하여 필요할 때에는 불이 번질 우려가 있는 소방대상물 및 토지를 일시적으로 사용할 수 있다.

소방의 역사와 안전문화를 발전시키고 국민의 안전의식을 높이기 위하여... **소방박물관 및 소방체험관**을 설립하여 운영할 수 있다.

구분	설립과 운영권자	설립과 운영에 필요한 사항
소방박물관	소방청장	행정안전부령으로 정한다.
소방체험관	시·도지사	행정안전부령으로 정하는 기준에 따라 시·도의 조례로 정한다.

※ 소방체험관: 화재 현장에서의 피난 등을 체험할 수 있는 체험관

함께 공부

- **소방대장 → 소방본부장** 또는 **소방서장** 등 화재, 재난·재해, 그 밖의 위급한 상황이 발생한 현장에서 소방대를 지휘하는 사람
- **소방본부장, 소방서장 또는 소방대장의 권한**
  ① 화재, 재난·재해, 그 밖의 위급한 상황이 발생한 **현장에 소방활동구역을 정하여** 소방활동에 필요한 사람으로서 **대통령령으로** 정하는 사람 외에는 그 구역에 **출입하는 것을 제한할 수 있다.** (소방대장 만의 권한)
  ② 화재 진압 등 소방활동을 위하여 필요할 때에는 소방용수 외에 **댐·저수지 또는 수영장 등의 물을 사용하거나** 수도의 개폐장치 등을 조작할 수 있다.
  ③ 화재, 재난·재해, 그 밖의 위급한 상황이 발생한 현장에서 소방활동을 위하여 **필요할 때에는 그 관할구역에 사는 사람** 또는 그 현장에 있는 사람으로 하여금 **사람을 구출하는 일** 또는 **불을 끄거나 불이 번지지 아니하도록 하는 일**을 하게 할 수 있다.
  ④ 소방활동을 위하여 긴급하게 출동할 때에는 소방자동차의 통행과 소방활동에 방해가 되는 **주차 또는 정차된 차량 및 물건 등을** 제거하거나 이동시킬 수 있다.
  ⑤ 사람을 구출하거나 불이 번지는 것을 막기 위하여 **필요할 때에는** 화재가 발생하거나 불이 번질 우려가 있는 **소방대상물 및 토지를 일시적으로 사용하거나** 그 사용의 제한 또는 소방활동에 필요한 처분을 할 수 있다.
  ⑥ 사람을 구출하거나 불이 번지는 것을 막기 위하여 긴급하다고 인정할 때에는 위 ⑤에 따른 소방대상물 또는 토지 외의 소방대상물과 토지에 대하여 위 ⑤에 따른 처분을 할 수 있다.

문장이 답인 문제 ★

51 소방시설 설치 및 관리에 관한 법령상 스프링클러설비를 설치하여야 하는 특정소방대상물의 기준으로 틀린 것은? (단, 위험물 저장 및 처리 시설 중 가스시설 또는 지하구는 제외한다.)

① 복합건축물로서 연면적 ~~3500㎡~~ 5000㎡ 이상인 경우에는 모든 층
② 창고시설(물류터미널은 제외)로서 바닥면적 합계가 5000㎡ 이상인 경우에는 모든 층
③ 숙박이 가능한 수련시설 용도로 사용되는 시설의 바닥면적의 합계가 600㎡ 이상인 것은 모든 층
④ 판매시설, 운수시설 및 창고시설(물류터미널에 한정)로서 바닥면적의 합계가 5000㎡ 이상이거나 수용인원이 500명 이상인 경우에는 모든 층

- **특정소방대상물** : 건축물 등의 규모·용도 및 수용인원 등을 고려하여 **소방시설**을 **설치하여야** 하는 소방대상물로서 **대통령령**으로 정하는 것
- **기숙사** 또는 **복합**건축물로서 연면적 **5천㎡** 이상인 경우에는 모든 층에 **스프링클러설비**를 설치해야 한다.

문장이 답인 문제 ★★

52 소방시설 설치 및 관리에 관한 법령상 **단독경보형 감지기를 설치하여야 하는 특정소방대상물**의 기준으로 틀린 것은?

① 연면적 400㎡ 미만의 유치원
② 공동주택 중 연립주택 및 다세대주택
③ 수련시설 내에 있는 기숙사 또는 합숙소로서 연면적 <u>1천㎡</u> 미만인 것
　　　　　　　　　　　　　　　　　　　　　　　　2천㎡
④ 교육연구시설 내에 있는 기숙사 또는 합숙소로서 연면적 2천㎡ 미만인 것

- **특정소방대상물** : 건축물 등의 규모·용도 및 수용인원 등을 고려하여 **소방시설**을 **설치하여야** 하는 소방대상물로서 **대통령령**으로 정하는 것
- **단독경보형 감지기**를 설치하여야 하는 특정소방대상물
  ① 연면적 **400㎡** 미만의 유치원
  ② 공동주택 중 **연립주택** 및 **다세대주택**
  ③ **수련시설** 내에 있는 **기숙사** 또는 **합숙소**로서 연면적 **2천㎡** 미만인 것
  ④ **교육연구시설** 내에 있는 **기숙사** 또는 **합숙소**로서 연면적 **2천㎡** 미만인 것

단어가 답인 문제 ★★

53 소방시설공사업법령상 **소방시설공사의 하자보수 보증기간이 3년이 아닌 것**은?

① 자동소화장치　② 무선통신보조설비　③ 자동화재탐지설비　④ 간이스프링클러설비

하자보수 대상 소방시설과 하자보수 보증기간
1. 피난기구, 유도등, 유도표지, **비상경보설비**, **비상조명등**, **비상방송설비** 및 **무선통신보조설비** : 2년
2. 자동소화장치, 옥내소화전설비, 스프링클러설비, 간이스프링클러설비, 물분무등소화설비, 옥외소화전설비, **자동화재탐지설비**, 상수도소화용수설비 및 소화활동설비(무선통신보조설비는 제외) : 3년

암기팁! 피난유도 무선비상 2년

함께공부

- **자동소화장치** : 소화약제를 자동으로 방사하는 고정된 소화장치로서 그 종류로는… 주거용·상업용 주방자동소화장치, 캐비닛형·가스·분말·고체에어로졸 자동소화장치가 있다.
- **무선통신보조설비** : 화재를 진압하거나 인명구조활동을 위하여 사용하는 **소화활동설비**로서, 지상과 지하의 동시 소화활동시 소방대원 상호간의 무선통신을 원활하게 하기 위한 **통신설비**에 해당한다.
- **자동화재탐지설비** : 화재를 자동으로 감지하여 벨(경종), 사이렌, 섬광으로 경보하여 피난을 유도하는 설비로서, 하나의 건물내에 경계구역(=화재감지구역=화재경보구역)을 여러개 나누어서 화재구역과 비화재구역으로 구분하여 제어하는 설비이다.
- **간이 스프링클러설비** : 간이스프링클러설비는 스프링클러설비의 간소화 설비로서 다중이용업소 등 비교적 작은 특정소방대상물에 설치되는 자동식 소화설비이다.

문장이 답인 문제 ★

54 위험물안전관리법령상 제조소의 기준에 따라 **건축물의 외벽 또는 이에 상당하는 공작물의 외측으로부터 제조소의 외벽 또는 이에 상당하는 공작물의 외측까지의 안전거리** 기준으로 틀린 것은? (단, 제6류 위험물을 취급하는 제조소를 제외하고, 건축물에 불연재료로 된 방화상 유효한 담 또는 벽을 설치하지 않은 경우이다.)

① 의료법에 의한 종합병원에 있어서는 30m 이상
② 도시가스사업법에 의한 가스공급시설에 있어서는 20m 이상
③ 사용전압 35,000V를 초과하는 특고압가공전선에 있어서는 5m 이상
④ 문화재보호법에 의한 유형문화재 및 기념물 중 지정문화재에 있어서는 <u>30m</u> 이상
　　　　　　　　　　　　　　　　　　　　　　　　　　　　　　　　　　　　　50m

제조소(제6류 위험물을 취급하는 제조소는 제외)는, 건축물의 외벽 또는 이에 상당하는 공작물의 **외측으로부터**... 당해 제조소의 외벽 또는 이에 상당하는 공작물의 **외측까지의 사이에, 수평거리(안전거리)를** 두어야 한다.

대상	안전거리
사용전압 7,000V 초과 35,000V 이하의 특고압가공전선	3m 이상
사용전압 35,000V 초과 특고압가공전선	5m 이상
주거용으로 사용되는 것	10m 이상
고압가스, 액화석유가스 또는 **도시가스**를 저장 또는 취급하는 시설	20m 이상
학교, **병원**, 공연장, 영화상영관(300명이상 수용), 아동복지시설, 노인복지시설, 장애인복지시설, 한부모가족복지시설, 어린이집, 성매매피해자등을 위한 지원시설, 정신건강증진시설, 가정폭력방지 보호시설, 그밖의 20명 이상의 인원을 수용할 수 있는 것	30m 이상
유형문화재와 기념물 중 **지정문화재**	50m 이상

단어가 답인 문제

55 소방기본법령상 화재가 발생하였을 때 화재의 원인 및 피해 등에 대한 조사를 하여야 하는 자는?

① 시·도지사 또는 소방본부장　　　② 소방청장·소방본부장 또는 소방서장
③ 시·도지사·소방서장 또는 소방파출소장　　　④ 행정안전부장관·소방본부장 또는 소방파출소장

- 화재조사란 소방청장, 소방본부장 또는 소방서장이 화재원인, 피해상황, 대응활동 등을 파악하기 위하여 자료의 수집, 관계인등에 대한 질문, 현장 확인, 감식, 감정 및 실험 등을 하는 일련의 행위를 말한다.
- **소방청장, 소방본부장 또는 소방서장[소방관서장]**은 화재발생 사실을 알게 된 때에는 **지체 없이 화재조사를** 하여야 한다.
- 화재의 원인과 피해 조사를 위하여 소방청, 시·도의 소방본부와 소방서에 **화재조사를 전담하는 부서를** 설치·운영한다.

단어가 답인 문제

56 소방기본법령상 화재피해조사 중 재산피해조사의 조사범위에 해당하지 않는 것은?

① 소화활동 중 사용된 물로 인한 피해　　　② 열에 의한 탄화, 용융, 파손 등의 피해
③ 소방활동 중 발생한 사망자 및 부상자　　　④ 연기, 물품반출, 화재로 인한 폭발 등에 의한 피해

재산피해조사
- 열에 의한 탄화, 용융, 파손 등의 피해
- 소화활동중 사용된 물로 인한 피해
- 그 밖에 연기, 물품반출, 화재로 인한 폭발 등에 의한 피해

사망자와 부상자의 조사는 재산피해조사와 관련없다.

함께 공부

화재조사의 종류 및 조사의 범위
1. 화재원인조사

종류	조사범위
발화원인 조사	화재가 발생한 과정, 화재가 발생한 지점 및 불이 붙기 시작한 물질
발견·통보 및 초기 소화상황 조사	화재의 발견·통보 및 초기소화 등 일련의 과정
연소상황 조사	화재의 연소경로 및 확대원인 등의 상황
피난상황 조사	피난경로, 피난상의 장애요인 등의 상황
소방시설 등 조사	소방시설의 사용 또는 작동 등의 상황

2. 화재피해조사

종류	조사범위
인명피해조사	• 소방활동중 발생한 사망자 및 부상자 • 그 밖에 화재로 인한 사망자 및 부상자
재산피해조사	• 열에 의한 탄화, 용융, 파손 등의 피해 • 소화활동중 사용된 물로 인한 피해 • 그 밖에 연기, 물품반출, 화재로 인한 폭발 등에 의한 피해

단어가 답인 문제 ★★

57 위험물안전관리법령상 위험물시설의 설치 및 변경 등에 관한 기준 중 다음 ( ) 안에 들어갈 내용으로 옳은 것은?

> 제조소등의 위치·구조 또는 설비의 변경없이 당해 제조소등에서 저장하거나 취급하는 위험물의 품명·수량 또는 지정수량의 배수를 변경하고자 하는 자는 변경하고자 하는 날의 (㉠)일 전까지 (㉡)이 정하는 바에 따라 (㉢)에게 신고하여야 한다.

① ㉠ : 1, ㉡ : 대통령령, ㉢ : 소방본부장
② ㉠ : 1, ㉡ : 행정안전부령, ㉢ : 시·도지사
③ ㉠ : 14, ㉡ : 대통령령, ㉢ : 소방서장
④ ㉠ : 14, ㉡ : 행정안전부령, ㉢ : 시·도지사

- 지정수량 : 위험물의 종류별로 위험성을 고려하여 대통령령이 정하는 수량으로서 제조소등의 설치허가 등에 있어서 최저의 기준이 되는 수량(지정수량의 단위로 kg을 사용하고, 4류만 L를 사용)
- 제조소등의 위치·구조 또는 설비의 변경없이 당해 제조소등에서 저장하거나 취급하는 위험물의 품명·수량 또는 **지정수량의 배수**를 변경하고자 하는 자는 변경하고자 하는 날의 **1일** 전까지 행정안전부령이 정하는 바에 따라 **시·도지사**에게 신고하여야 한다.

숫자가 답인 문제 ★★★

58 소방시설 설치 및 관리에 관한 법령상 수용인원 산정방법 중 침대가 없는 숙박시설로서 해당 특정소방대상물의 종사자의 수는 5명, 복도, 계단 및 화장실의 바닥면적을 제외한 바닥면적이 158㎡인 경우의 수용인원은 약 몇 명인가?

① 37 ② 45 ③ 58 ④ 84

숙박시설이 있는 특정소방대상물의 수용인원 산정방법

침대가 없는 경우 = 종사자수 + $\dfrac{숙박시설\ 바닥면적(m^2)}{3m^2}$ = 5명 + $\dfrac{158m^2}{3m^2}$ = 57.67명 ≒ 58명

※ 계산 결과 소수점 이하의 수는 반올림한다.

함께공부

숙박시설이 있는 특정소방대상물의 수용인원 산정방법
- 침대가 있는 숙박시설 : 해당 특정소방대상물의 종사자 수에 침대 수(2인용 침대는 2개로 산정한다)를 합한 수
  = 종사자수 + 침대수(2인용 침대는 2명으로 산정)
- 침대가 없는 숙박시설 : 해당 특정소방대상물의 종사자 수에 숙박시설 바닥면적의 합계를 3㎡로 나누어 얻은 수를 합한 수
  = 종사자수 + $\dfrac{숙박시설\ 바닥면적(m^2)}{3m^2}$

문장이 답인 문제 ★★

59 화재의 예방 및 안전관리에 관한 법령상 1급 소방안전관리 대상물에 해당하는 건축물은?

① 지하구
② 층수가 15층인 공공업무시설
③ 연면적 15,000㎡ 이상인 동물원
④ 층수가 20층이고, 지상으로부터 높이가 100미터인 아파트

1급 소방안전관리대상물의 범위(특급 소방안전관리대상물은 제외)
- 30층 이상(지하층은 제외)이거나 지상으로부터 높이가 **120미터** 이상인 **아파트**
- 지상층의 층수가 **11층** 이상 특정소방대상물(아파트는 제외) → ② 층수가 15층인 공공업무시설
- 연면적 **1만5천제곱미터** 이상인 특정소방대상물(아파트 및 연립주택은 제외)
- 가연성 가스를 **1천톤** 이상 저장·취급하는 시설
※ 동·식물원, 철강 등 불연성 물품을 저장·취급하는 창고, 위험물 저장 및 처리 시설 중 제조소등과 **지하구**는 제외한다.

문장이 답인 문제 ★

60 소방시설 설치 및 관리에 관한 법상 **1년 이하의 징역 또는 1천만원 이하의 벌금 기준**에 해당하는 경우는?

① 소방용품의 형식승인을 받지 아니하고 소방용품을 제조하거나 수입한 자
② 형식승인을 받은 소방용품에 대하여 제품검사를 받지 아니한 자
③ 거짓이나 그 밖의 부정한 방법으로 제품검사 전문기관으로 지정을 받은 자
④ **소방용품에 대하여 형상 등의 일부를 변경한 후 형식승인의 변경승인을 받지 아니한 자**

① 소방용품의 형식승인을 받지 아니하고 소방용품을 제조하거나 수입한 자 → **3년 이하의 징역 또는 3천만원 이하의 벌금**
② 형식승인을 받은 소방용품에 대하여 제품검사를 받지 아니한 자 → **3년 이하의 징역 또는 3천만원 이하의 벌금**
③ 거짓이나 그 밖의 부정한 방법으로 제품검사 전문기관으로 지정을 받은 자 → **3년 이하의 징역 또는 3천만원 이하의 벌금**
④ 소방용품에 대하여 형상 등의 일부를 변경한 후 형식승인의 변경승인을 받지 아니한 자
→ **1년 이하의 징역 또는 1천만원 이하의 벌금**

4과목 소방기계시설의 구조및원리

✔ 이것이 핵심이다! 기출문제 + 답이색해설

단어가 답인 문제 ★

61 다음 중 **스프링클러**설비에서 자동경보밸브에 **리타딩 챔버**(Retarding Chamber)를 **설치하는 목적**으로 가장 적절한 것은?

① 자동으로 배수하기 위하여
② 압력수의 압력을 조절하기 위하여
③ **자동경보밸브의 오보를 방지하기 위하여**
④ 경보를 발하기까지 시간을 단축하기 위하여

- **스프링클러설비** : 화재발생시 화재를 자동으로 감지하여 피난을 위한 경보를 발하고, 습식·건식·준비작동식·일제살수식 밸브가 개방되면, 유수의 흐름으로 인하여 펌프가 기동되고, 개방된 헤드를 통해 소화수를 방수하여 소화하는 자동식 수계소화설비
- **유수검지장치** : 습식유수검지장치(패들형을 포함한다), 건식유수검지장치, 준비작동식유수검지장치를 말하며 본체 내의 유수현상을 자동적으로 검지하여 신호 또는 경보를 발하는 장치
- **습식 스프링클러설비** : 가압송수장치에서 폐쇄형스프링클러헤드까지 배관 내에 항상 물이 가압되어 있다가 화재로 인한 열로 폐쇄형스프링클러헤드가 개방되면 배관 내에 유수가 발생하여 습식유수검지장치가 작동하게 되는 스프링클러설비

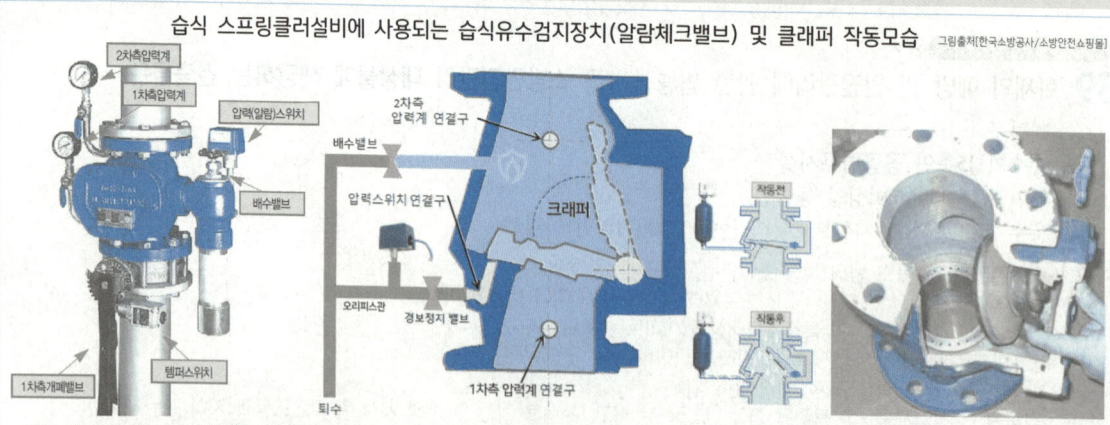

- 유수검지는 알람체크밸브를 사용하며, 밸브의 1·2차 측에는 가압수가 충수되어 있고, 폐쇄형 헤드를 사용한다.
- 본체 내부에는 클래퍼가 항상 닫혀진 상태로 유지되고 있으며, 평소 클래퍼 1·2차측에 작용되는 힘이 서로 균형을 이루다가 헤드에서의 유수에 의해 2차측의 압력이 낮아지면, 힘의 균형이 깨지면서 클래퍼가 개방된다.
- 화재가 발생하여 헤드가 개방되면 알람밸브 2차측의 물이 방출되어, 2차측이 저압이 되고 이 때 클래퍼(크래퍼)가 개방되어 1차측의 가압수가 2차측으로 유입되어 방수되는 방식

리타딩챔버(Retarding Chamber)

부품명	재질	규격
❶ 본체 조립품	GCD450	-
❷ U드레인밸브	-	24A
❸ 알람스위치	-	-
❹ 압력게이지	-	PT ¼"
❺ 리타딩챔버	SPPS	2.8L, 0.9L
❻ 니들밸브	-	8A
❼ 티	C3604	8A
❽ 부싱	C3604	20A–10A
❾ 부싱	C3604	15A–8A
❿ 니플	SPPS	8A–130L
⓫ 니플	SPPS	8A–50L
⓬ 니플	SPPS	8A–26L
⓭ 리스트릭션	C3604	8A, 3D
⓮ 슬립니플	C3604	8A
⓯ 슬립너트	C3604	8A
⓰ 동관	C1220	6.35D – 530L

그림출처[육송]

- 알람밸브(=알람체크밸브=자동경보밸브)에 연결된 약 1L 크기의 용기로서, 누수 등의 원인에 의해 클래퍼가 열려 소량의 물이 유입되면 하부로 자동배수되어 오작동을 방지한다.
그러나 헤드가 개방되어 다량의 물이 유입되면, 리타딩챔버 전체에 물이 충전되어 챔버 상단의 압력스위치가 작동되고(내부압력상승), 수신기에 화재표시 신호가 송출되며 그에 따라 경보를 발하고 펌프를 기동시킨다.
- 설치목적
  - 누수 또는 수격으로 인한 **알람밸브의 오동작 방지 역할**
  - 과도한 압력을 오리피스를 통해 외부로 배출하는 안전밸브 역할
  - 수격작용 방지역할

문장이 답인 문제 ★★

62 구조대의 형식승인 및 제품검사의 기술기준상 수직강하식 구조대의 구조 기준 중 틀린 것은?

① 구조대는 연속하여 강하할 수 있는 구조이어야 한다.
② 구조대는 안전하고 쉽게 사용할 수 있는 구조이어야 한다.
③ 입구틀 및 취부틀의 입구는 지름 40㎝ 이하의 구체가 통과할 수 있는 것이어야 한다.
    50cm 이상
④ 구조대의 포지는 외부포지와 내부포지로 구성하되, 외부포지와 내부포지의 사이에 충분한 공기층을 두어야 한다.

- **경사강하식 구조대** : 소방대상물에 비스듬하게 고정시키거나 설치하여 사용자가 미끄럼식으로 내려올 수 있는 구조대로서 단시간에 많은 인명을 구조할 수 있도록 설치된다.
- **수직강하식 구조대** : 소방대상물 주위에 설치 공간이 부족할 때... 수직으로 구조대를 설치하여 타고 내려오는 것으로서, 경사강하식 구조대에 비해 적은 공간을 차지하지만, 어린이 및 노약자 등 체격이 왜소한 사람의 경우 속도감속이 덜하여 손상을 입을 수 있다.

수직강하식 구조대의 구조
① 구조대는 연속하여 강하할 수 있는 구조이어야 한다. → 여러명이 동시에 뛰어내리라는 의미는 아니다.
② 구조대는 안전하고 쉽게 사용할 수 있는 구조이어야 한다.
③ 입구틀 및 취부틀(구조대를 건물에 고정하는 부분)의 입구는 지름 50㎝ 이상의 구체가 통과할 수 있는 것이어야 한다.
  → 대부분의 사람이 들나들 수 있는 **개구부의 크기를 지름 50㎝로 규정**하였다.
④ 구조대의 포지는 **외부포지와 내부포지로 구성**하되, 외부포지와 내부포지의 **사이에 충분한 공기층**을 두어야 한다.

당이팁! 지름 50㎝ 이상의 구체 ➡ 지름오공(50cm)

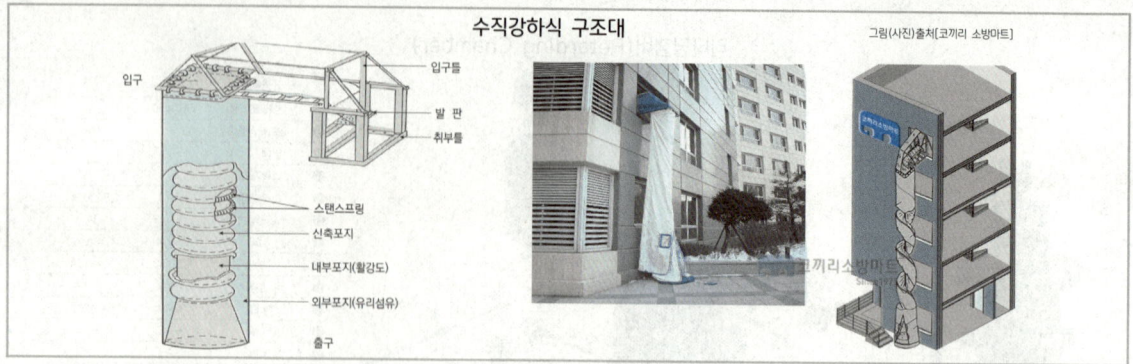

숫자가 답인 문제 ★★★

63 분말소화설비의 화재안전기준상 분말소화설비의 가압용가스로 질소가스를 사용하는 경우 질소가스는 소화약제 1kg마다 최소 몇 L 이상이어야 하는가? (단, 질소가스의 양은 35℃에서 1기압의 압력상태로 환산한 것이다.)

① 10 ② 20 ③ 30 ④ 40

- **분말소화설비** : 분말소화설비는 미세한 분말입자를 별도 추진가스(질소 또는 이산화탄소)의 압력으로 방사하여 소화하는 설비이다.
- **가압방식** (압력을 가하여 약제를 이송하는 방식)에 따라 축압식설비(추진가스 약제용기내 같이)와 가압식설비(추진가스 별도용기에 따로)로 구분
- **가압용가스 용기** : 분말소화약제는 스스로의 압력으로 이송될 수 없으므로, 고압의 가압원이 필요하다. 그에 따라 자체 증기압력이 높은 가압용가스(질소 또는 이산화탄소)를 이용하여 분말을 이송해야 한다. 이 때 별도의 가압용 가스용기를 부설하여... 분말약제 탱크로 가스를 인입시켜 이송하는 방식을 가압식설비라 한다.

분말 1kg당 가압용가스 또는 축압용가스 저장량
1. 가압용가스 (별도 용기에 따로)
   ① 질소가스는 소화약제 1kg마다 40L(35℃에서 1기압의 압력상태로 환산한 것) 이상
   ② 이산화탄소는 소화약제 1kg에 대하여 20g에 배관의 청소에 필요한 양을 가산한 양 이상
2. 축압용가스 (분말탱크 내 같이)
   ① 질소가스는 소화약제 1kg에 대하여 10L(35℃에서 1기압의 압력상태로 환산한 것) 이상
   ② 이산화탄소는 소화약제 1kg에 대하여 20g에 배관의 청소에 필요한 양을 가산한 양 이상
3. 위의 내용 표로 정리

가스의 종류	질소(N_2) - 압축가스(기체상태)	이산화탄소(CO_2) - 액화가스(액체상태)
가압용 가스	40L	20g
축압용 가스	10L	20g
청소용 가스	규정없음	배관의 청소에 필요한 양을 가산

※ 이산화탄소는 액상에서 기화하여 분말을 이송함으로 인해... 배관내 분말체류 가능성이 높아 청소에 필요한 양을 가산한다.

땅가땅! 가압용 40L와 축압용 10L는 질소이다. 이산화탄소와 또 이산화탄소는 20g이다. ➡ 가 40과, 축 10은 질소다. 이이는 20이다.

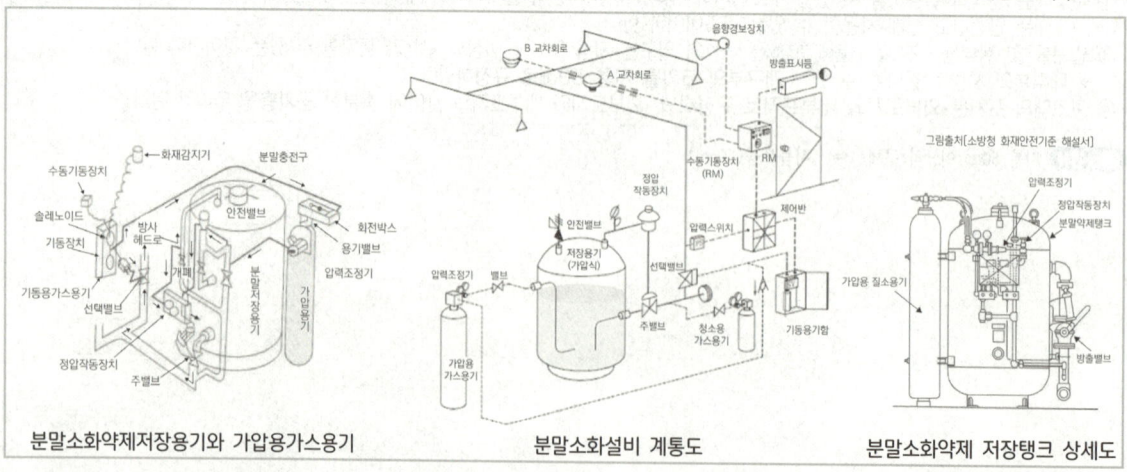

64 도로터널의 화재안전기준상 옥내소화전설비 설치기준 중 괄호 안에 알맞은 것은?

가압송수장치는 옥내소화전 2개(4차로 이상의 터널인 경우 3개)를 동시에 사용할 경우 각 옥내소화전의 노즐 선단에서의 **방수압력**은 (㉠)MPa 이상이고 **방수량**은 (㉡)L/min 이상이 되는 성능의 것으로 할 것

① ㉠ 0.1, ㉡ 130   ② ㉠ 0.17, ㉡ 130   ③ ㉠ 0.25, ㉡ 350   ④ ㉠ 0.35, ㉡ 190

- **도로터널**: 도로의 일부로서 자동차의 통행을 위해 지붕이 있는 지하 구조물을 말한다. 도로터널에 설치되는 옥내소화전설비는 건축물에 설치되는 옥내소화전설비에 비하여 그 규정이 강화되는 특징을 보인다.
- **옥내소화전설비**: 화재발생시 옥내소화전함을 개방하여 방수구와 연결된 호스를 전개한 후 앵글밸브를 개방하고, 화점을 향해 노즐을 개방하여 방사하는 형태의 수동식 수계소화설비
- **가압송수장치**: 압력을 가해서(가압) 물을 이송하는(송수) 장치로서 그 종류로는 **펌프**(전동기 또는 내연기관과 연결된 원심펌프), **고가수조**(높은 곳에 설치된 수조), **압력수조**(강한 공기압 이용), **가압수조**(압력수조의 간소화 설비) 등의 방식이 있다.

구분	방수압력	방수량
건축물 옥내소화전	0.17 MPa 이상	130 L/min 이상
도로터널 옥내소화전	0.35 MPa 이상	190 L/min 이상

65 물분무소화설비의 화재안전기준상 110kV 초과 154kV 이하의 고압 전기기기와 물분무헤드 사이의 이격거리는 최소 몇 cm 이상이어야 하는가? ★★

① 110   ② 150   ③ 180   ④ 210

- **물분무 소화설비**: 물을 안개모양으로 방사해 가스와 비슷한 형태를 가지므로, 전기의 부도체(전기가 통하지 않는 물체 = 비전도성)로서 전기시설물에 설치가 가능한 자동식 수계소화설비
- **물분무헤드**: 화재시 직선류 또는 나선류의 물을 충돌·확산시켜 미립상태로 분무함으로서 소화하는 헤드

고압의 전기기기와 물분무헤드의 이격거리
고압의 전기기기가 있는 장소는 전기의 절연을 위하여 전기기기와 물분무헤드 사이에 다음 표에 따른 거리를 두어야 한다.

전압(kV)	거리(cm)	전압(kV)	거리(cm)
66 이하	70 이상	154 초과 181 이하	180 이상
66 초과 77 이하	80 이상	181 초과 220 이하	210 이상
77 초과 110 이하	110 이상	220 초과 275 이하	260 이상
110 초과 154 이하	150 이상		

물분무헤드의 이격거리 암기법

		전압(kV)	거리(cm)	
육육		~ 66 이하	70 이상	10씩 크게
	11차이	66 초과 77 이하	80 이상	10씩 크게
	33차이	77 ~ 110	110 이상	그대로
	44차이	110 ~ 154	150 이상	그대로
하나 팔 하나		154 ~ 181	180 이상	그대로
220-154 = 66차이		181 ~ 220	210 이상	10씩 작게
	55차이	220 ~ 275	260 이상	10씩 작게

66 분말소화설비의 화재안전기준상 분말소화설비의 배관으로 동관을 사용하는 경우에는 최고사용압력의 최소 몇 배 이상의 압력에 견딜 수 있는 것을 사용하여야 하는가?

① 1   ② 1.5   ③ 2   ④ 2.5

- **분말소화설비** : 분말소화설비는 미세한 분말입자를 별도 추진가스(질소 또는 이산화탄소)의 압력으로 방사하여 소화하는 설비이다.
- **가압방식**(압력을 가하여 약제를 이송하는 방식)에 따라 축압식설비(추진가스 약제용기내 같이)와 가압식설비(추진가스 별도용기에 따로)로 구분

동관
→ 기동용가스가 이동되는 구리관
→ 동은 전기 및 열의 전도율이 좋고 내식성이 뛰어나다.
→ 고정압력 또는 **최고사용압력**(설비에서 사용하는 가장 높은 압력)의 **1.5배** 이상의 압력에 견딜 수 있는 것

문장이 답인 문제

67 소화기의 형식승인 및 제품검사의 기술기준상 A급 화재용 소화기의 능력단위 산정을 위한 소화능력시험의 내용으로 **틀린** 것은?

① 모형 배열 시 모형 간의 간격은 3m 이상으로 한다.
② 소화는 최초의 모형에 불을 붙인 다음 1분 후에 시작한다.
　　　　　　　　　　　　　　　　　3분
③ 소화는 무풍상태(풍속 0.5m/s 이하)와 사용 상태에서 실시한다.
④ 소화약제의 방사가 완료된 때 잔염이 없어야 하며, 방사완료 후 2분 이내에 다시 불타지 아니한 경우 그 모형은 완전히 소화된 것으로 본다.

- **소화기** : 소화약제를 압력에 따라 방사하는 기구로서, 사람이 수동으로 조작하여 소화약제를 방사하여 소화하는 것 (소형소화기, 대형소화기)
- **능력단위** : 소화기 및 간이소화용구의 소화능력을 나타내는 수치로서, 법에 따라 형식승인된 수치. 이 능력단위를 산정하기 위해 모형에 의한 소화능력시험을 실시한다.

최초의 모형에 불을 붙인 다음 1분 후에 소화를 실시하면… 아직 본격적으로 화재가 진행되지 않았으므로, 소화기의 소화능력을 충분히 테스트할 수 없다. 따라서, 화세가 충분히 커진… 3분 후에 소화를 시작해야 그 소화기의 능력단위를 산정할 수 있다.

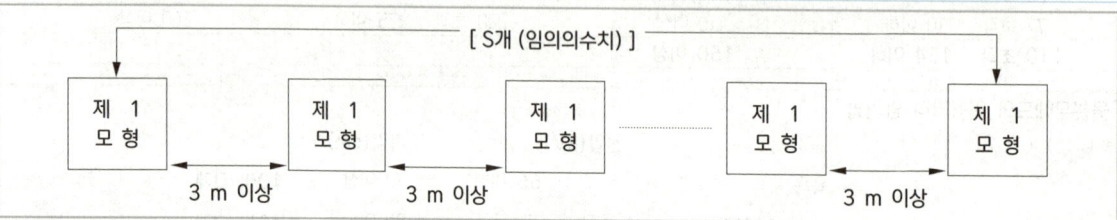

시험에 자주 등장하지 않는 문제이므로… 그냥 답만 암기하자~

함께공부

소화는 무풍상태(풍속이 0.5 m/s 이하인 상태를 말한다. 이하 같다)와 사용상태(휴대식은 손에 휴대한 상태, 멜빵식은 멜빵으로 착용한 상태, 차륜식은 고정된 상태를 말한다. 이하 같다)에서 실시한다.

숫자가 답인 문제 ★★★

68 상수도소화용수설비의 화재안전기준상 소화전은 특정소방대상물의 **수평투영면**의 각 부분으로부터 몇 m 이하가 되도록 설치하여야 하는가?

① 70　　　② 100　　　③ 140　　　④ 200

- **상수도 소화용수설비** : 소방대가 화재진압시 사용하는 소방용수로서, 특정소방대상물의 지하에 지름 75mm 이상의 상수도용 배관이 매설된 경우… 그 배관에 지상식소화전, 지하식소화전, 급수탑을 연결하여 소방차에 소방용수를 공급받는 설비이다.
- **소화전** : 소화용수(소화설비용 물) 또는 소방용수(소방대 화재진압용 물)를 공급받기 위한 설비
- **호칭지름** : 일반적으로 표기하는 배관의 직경　　・**수평투영면** : 건축물을 수평으로 투영하였을 경우의 면

화재진압용도의 소방차는 물탱크 내에 물을 저장하고 있으나, 그 물만으로는 부족하기 때문에... 건축물 지하에 매설된 상수도를 이용하여 물을 추가로 공급받아야 한다. 상수도를 이용해 수돗물을 공급받는 방식은... 지상식소화전, 지하식소화전, 급수탑으로 구분된다.

상수도 소화용수설비 설치기준
1. 호칭지름 **75mm 이상의 수도배관**에 호칭지름 **100mm 이상의 소화전**을 접속할 것
2. 소화전은 소방자동차 등의 진입이 쉬운 도로변 또는 공지에 설치할 것
3. 소화전은 특정소방대상물의 **수평투영면의 각 부분으로부터 140m 이하**가 되도록 설치할 것

소화전배관(100mm)이 수도배관(75mm) 보다 커야 물을 시원하게 받는다. ➡ 수도배관(75mm) 《 소화전배관(100mm)

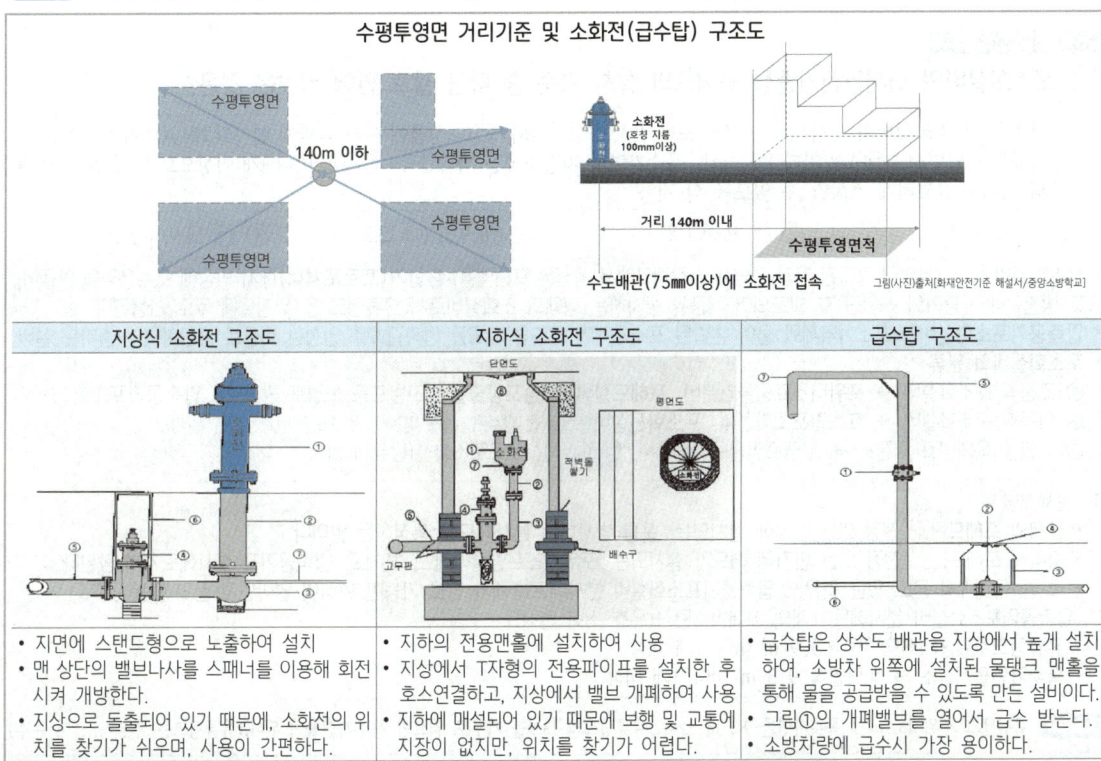

69 지하구의 화재안전기준에 따른 지하구의 통합감시시설 설치기준으로 틀린 것은?

① 소방관서와 지하구의 통제실 간에 화재 등 소방활동과 관련된 정보를 상시 교환할 수 있는 정보통신망을 구축할 것
② 수신기는 방재실과 공동구의 입구 및 연소방지설비 송수구가 설치된 장소(지상)에 설치할 것
③ 정보통신망(무선통신망 포함)은 광케이블 또는 이와 유사한 성능을 가진 선로일 것
④ 수신기는 화재신호, 경보, 발화지점 등 수신기에 표시되는 정보가 기준에 적합한 방식으로 119상황실이 있는 관할 소방관서의 정보통신장치에 표시되도록 할 것

- **지하구**
  가. 전력·통신용의 전선이나 가스·냉난방용의 배관 또는 이와 비슷한 것을 집합수용하기 위하여 설치한 지하 인공구조물로서 사람이 점검 또는 보수를 하기 위하여 출입이 가능한 것 중 다음의 어느 하나에 해당하는 것
    ① 전력 또는 통신사업용 지하 인공구조물로서 전력구 또는 통신구 방식으로 설치된 것
    ② 지하 인공구조물로서 폭이 1.8미터 이상이고 높이가 2미터 이상이며 길이가 50미터 이상인 것
  나. 공동구 : 전기·가스·수도 등의 공급설비, 통신시설, 하수도시설 등 지하매설물을 공동 수용함으로써 미관의 개선, 도로구조의 보전 및 교통의 원활한 소통을 위하여 지하에 설치하는 시설물
- **연소방지설비** : 전력 또는 통신사업용 케이블이 설치된 지하구에 헤드를 설치하고, 소방차에서 송수구에 물을 공급해 헤드에서 살수되게 하여, 화재가 더 이상 번지지 않게 차단하는 설비

- 수신기는 ➡ 지하구의 통제실에 설치하되... 119상황실이 있는 관할 소방관서의 정보통신장치에 표시되도록 할 것
- 수신기는 방재실과 공동구의 입구 및 연소방지설비 송수구가 설치된 장소(지상)에 설치할 것 ➡ 없는 규정임

함께공부

통합감시시설 설치기준
1. 소방관서와 지하구의 통제실 간에 화재 등 소방활동과 관련된 정보를 상시 교환할 수 있는 정보통신망을 구축할 것
2. 정보통신망(무선통신망을 포함)은 광케이블 또는 이와 유사한 성능을 가진 선로일 것
3. 수신기는 지하구의 통제실에 설치하되 화재신호, 경보, 발화지점 등 수신기에 표시되는 정보가 별표 1에 적합한 방식으로 119상황실이 있는 관할 소방관서의 정보통신장치에 표시되도록 할 것

숫자가 답인 문제 ★★

70 포소화설비의 화재안전기준상 **포헤드**의 설치 기준 중 다음 괄호 안에 알맞은 것은?

압축공기포소화설비의 분사헤드는 천장 또는 반자에 설치하되 방호대상물에 따라 측벽에 설치할 수 있으며 유류탱크 주위에는 바닥면적 (㉠)㎡ 마다 1개 이상, 특수가연물 저장소에는 바닥면적 (㉡)㎡ 마다 1개 이상으로 당해 방호대상물의 화재를 유효하게 소화할 수 있도록 할 것

① ㉠ 8, ㉡ 9   ② ㉠ 9, ㉡ 8   ③ ㉠ 9.3, ㉡ 13.9   ④ ㉠ 13.9, ㉡ 9.3

- **포소화설비** : 수조로부터 공급된 물과 약제 저장탱크에서 공급된 포원액을, **혼합기(프로포셔너)**에서 믹싱해 포수용액을 만들어, 포 방출구에서 공기와 섞여진 후 발포되어 거품을 방사하는 형태의 소화설비로서 유류탱크 등 위험물에 주로 사용된다.
- **압축공기포소화설비** : 포소화약제와 물이 혼합된 포수용액에 압축공기 또는 압축질소를 일정한 비율로 혼합하여 방출하는 설비
- **포소화설비의 분류**
  ① 고정식 포소화설비 → 포워터스프링클러설비, 포헤드설비, 고정포방출설비(고발포용 고정포 방출구), 압축공기포소화설비
  ② 이동식 포소화설비 → 호스릴포소화설비, 포소화전설비(포소화전 방수구·호스 및 이동식 포노즐을 사용하는 설비)
  ③ 위험물 옥외탱크 저장소 → 고정포방출구(폼 챔버, 탱크내부), 보조포소화전(방유제 밖)

1. 문제개념
   - 문제의 **포헤드**란... 천장 또는 반자에 설치되는, 포를 방사하는 **분사헤드를 통칭**하는 말이다.
   - 따라서 포헤드는... 천장 또는 반자에 헤드가 설치되는, 포워터스프링클러헤드, 포헤드, 압축공기포 분사헤드가 해당된다.
   - 그 중 문제에서 묻고 있는 것은... 압축공기포소화설비 분사헤드 1개가 방호 가능한 면적이 얼마인지 묻고 있는 것이다.
2. 압축공기포소화설비 분사헤드 1개의 최대방호면적(유효 소화 면적)
   - 유류탱크주위 → 바닥면적 13.9 ㎡ 마다 1개 이상
   - 특수가연물저장소 → 바닥면적 9.3 ㎡ 마다 1개 이상

유류탱크 주위 13.9㎡ / 특수가연물 9.3㎡ ➡ 유류탱크의 13.9를 거꾸로 읽으면 특수가연물이 된다.(유류탱크는 주위라... 더 큰수)

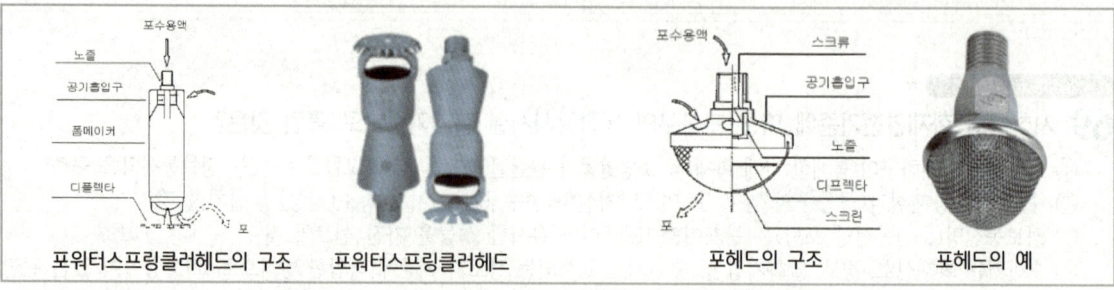

포워터스프링클러헤드의 구조   포워터스프링클러헤드   포헤드의 구조   포헤드의 예

숫자가 답인 문제 ★

71 제연설비의 화재안전기준상 배출구 설치 시 예상제연구역의 각 부분으로부터 **하나의 배출구까지의 수평거리**는 최대 몇 m 이내가 되어야 하는가?

① 5   ② 10   ③ 15   ④ 20

제연이란 연기를 제어한다는 의미로서... 화재실에 신선한 공기를 급기하고, 발생된 연기를 배기(배출)하는 것을 제연이라 한다.
- **제연설비** : 구획(구역)을 나누(가두)어서 연기를 배출(배기)하거나, 신선한 공기를 급기(유입)하여 소화활동 및 피난을 용이하게 만드는 설비
- **예상제연구역** : 화재실이 예상되는 구역(가연물이 있는 공간)
- **배출구** : 화재로 인해 발생한 연기를 제연하기 위해 천장 또는 벽 위에 설치하는 연기의 흡입구

배출구로부터 반경 10m를 기준으로 원을 그려 예상제연구역의 모든 부분이 원안에 포함되어야 한다. 미포함시에는 배출구를 추가로 증설하거나 배출구의 위치를 조정하여, 제연구역의 모든 평면이 배출구로부터 반경 10m이내에 포함되도록 하여야 한다.

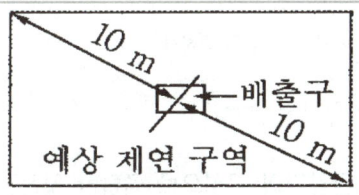
배출구의 수평거리

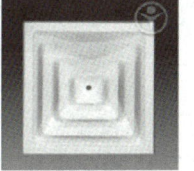

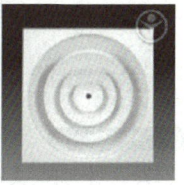
배출구의 형태

그림(사진)출처[소방청 화재안전기준 해설서]

문장이 답인 문제 ★★

72 스프링클러설비의 화재안전기준상 스프링클러헤드를 설치하는 천장·반자·천장과 반자사이·덕트·선반 등의 각 부분으로부터 하나의 스프링클러헤드까지의 수평거리 기준으로 틀린 것은? (단, 성능이 별도로 인정된 스프링클러헤드를 수리계산에 따라 설치하는 경우는 제외한다.)

① 무대부에 있어서는 1.7m 이하
② 공동주택(아파트) 세대 내의 거실에 있어서는 3.2m 이하
③ 특수가연물을 저장 또는 취급하는 장소에 있어서는 2.1m 이하
　　　　　　　　　　　　　　　　　　　　　　　　　　　1.7m
④ 특수가연물을 저장 또는 취급하는 랙크식 창고의 경우에는 1.7m 이하

- **스프링클러설비** : 화재발생시 화재를 자동으로 감지하여 피난을 위한 경보를 발하고, 습식·건식·준비작동식·일제살수식 밸브가 개방되면, 유수의 흐름으로 인하여 펌프가 기동되고, 개방된 헤드를 통해 소화수를 방수하여 소화하는 자동식 수계소화설비
- **스프링클러 헤드** : 스프링클러에서 나오는 물을, 빗방울 형태로 대량으로 뿌리면서 방수하는 역할을 하는 부분을 말한다.

스프링클러헤드의 수평거리 기준(r값)
스프링클러헤드는 특정소방대상물의 천장·반자·천장과 반자사이·덕트·선반 기타 이와 유사한 부분(폭이 1.2m를 초과하는 것에 한한다)에 설치하여야 한다.

1. 무대부·특수가연물을 저장 또는 취급하는 장소(랙크식 창고 포함)
　→ 1.7m 이하
2. 일반 특정소방대상물 → 2.1m 이하
3. 내화구조로 된 특정소방대상물 → 2.3m 이하
4. 랙크식 창고 → 2.5m 이하
5. 공동주택(아파트) 세대 내의 거실 → 3.2m 이하

＊ 헤드 정방형(정사각형) 배치 공식
　S [헤드간 거리(m)] = 2 × r [유효반경=수평거리(m)] × cos45°

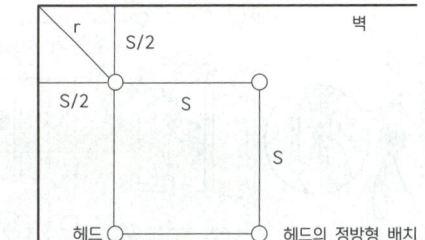
헤드의 정방형 배치

④번에서 랙크식 창고라 하더라도… 특수가연물 저장 또는 취급하는 랙크식 창고이므로, 1.7m를 적용하는 것이 맞다.

숫자가 답인 문제

73 이산화탄소소화설비의 화재안전기준상 전역방출방식의 이산화탄소소화설비의 분사헤드 방사압력은 저압식인 경우 최소 몇 MPa 이상이어야 하는가?

① 0.5　　　② 1.05　　　③ 1.4　　　④ 2.0

- **이산화탄소 소화설비** : 탄산가스(CO_2)를 소화약제로 이용하여 화재를 진압하는 가스계 소화설비로서 CO_2는 화학적으로 안정된 불연성가스이고, 화재실에 CO_2약제를 방출하면 공기중의 산소농도를 떨어트려 소화하는 질식소화가 대표적인 소화효과이다. 약제 저장방식(저장온도)에 따라 고압식설비와 저압식설비(영하 18℃이하)로 구분된다.
- **전역방출방식** : 고정식 이산화탄소 공급장치에 배관 및 분사헤드를 고정 설치하여, **밀폐 방호구역 전체**에 이산화탄소를 방출하는 설비
- **고압식** : CO_2를 고압으로 액화시켜 68ℓ의 비교적 작은 용기에, 여러 병을 실온에 저장하는 방식으로… 밸브 개방시 고압이 해지되면서 기화되어 방사된다.
- **저압식** : −18℃ 이하에서 2.1MPa의 압력으로 CO_2를 액상으로 저장하는 방식으로… 언제나 −18℃를 유지해야 하므로 단열조치 및 자동냉동장치가 필요하며 약제용기는 대형저장탱크 1개를 사용한다.

분사헤드의 방사압력… 고압식 → 2.1 MPa 이상
저압식 → 1.05 MPa 이상

⇦ 가스 방출 헤드(분사헤드)

> 문장이 답인 문제

74 완강기의 형식승인 및 제품검사의 기술기준상 완강기 및 간이완강기의 구성으로 적합한 것은?
① 속도조절기, 속도조절기의 연결부, 하부지지장치, 연결금속구, 벨트
② **속도조절기, 속도조절기의 연결부, 로우프, 연결금속구, 벨트**
③ 속도조절기, 가로봉 및 세로봉, 로우프, 연결금속구, 벨트
④ 속도조절기, 가로봉 및 세로봉, 로우프, 하부지지장치, 벨트

완강기 : 창문이나 발코니 등의 외부로 통하는 개구부 부근에 설치되며, 사용자의 몸무게에 따라 하강속도를 자동적으로 조절[**속도조절기(조속기)**]하면서 내려오는 하강로프장치 피난기구이다. 사용자의 가슴에 안전벨트를 조여 착용하며, 사용자가 교대하여 연속적으로 사용할 수 있다.

완강기 및 간이완강기(1회용 완강기)**의 구성품목 → 지지대, 속도조절기, 속도조절기의 연결부, 로우프, 벨트, 연결금속구**
- **완강기 지지대** : 천장·벽 또는 바닥 등에 완강기를 고정 설치해 주는 부분으로, 천장부착형·(내·외)벽부착형·바닥부착형 등으로 구분한다.
- **속도조절기(조속기)** : 완강기의 강하속도를 일정범위로 조절하는 장치를 말하며, 완강기의 속도조절기는 '도르래의 원리'를 이용해서 사용자의 무게로 일정한 속도로 하강할 수 있도록 해주는 것이다. 즉, 벨트를 맨 피난자의 무게에 의해 속도조절기 안의 기어가 회전되면서 발생되는 원심력과 브레이크 제어를 통해 일정한 강하 속도를 유지하는 원리이다.
- **속도조절기의 연결부(연결 후크)** : 완강기 지지대와 속도조절기(조속기)를 연결하는 부분을 말한다. 타원링의 형태로 지지대에 걸어서 결합할 수 있는 구조이다.
- **로우프(릴)** : 로프는 직경 3mm 이상의 와이어 로프를 사용하거나, 와이어 로프에 면사(나일론사)를 입힌 로프를 사용한다.
- **벨트** : 로프의 양단에 피난자의 가슴을 감아서 몸을 지지하는 것으로서, 재료는 로프와 같이 면사나 나일론사로 되어 있다. 사용자의 가슴둘레에 맞도록 벨트길이를 조정할 수 있는 고리가 있다.
- **연결금속구(체결금구)** : 로우프와 벨트의 연결부위에 사용하는 금속구

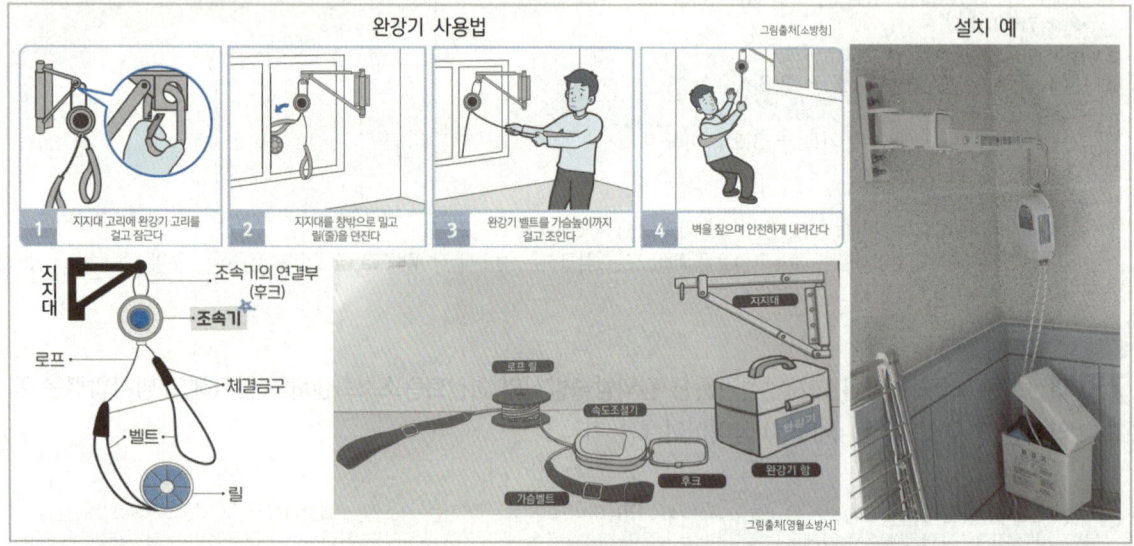

> 숫자가 답인 문제 ★★

75 스프링클러설비의 화재안전기준상 스프링클러설비의 교차배관에서 분기되는 지점을 기점으로 한쪽 가지배관에 설치되는 헤드의 개수는 최대 몇 개 이하인가? (단, 방호구역 안에서 칸막이 등으로 구획하여 헤드를 증설하는 경우와 격자형 배관방식을 채택하는 경우는 제외한다.)
① 8   ② 10   ③ 12   ④ 15

- 스프링클러설비 : 화재발생시 화재를 자동으로 감지하여 피난을 위한 경보를 발하고, 습식·건식·준비작동식·일제살수식 밸브가 개방되면, 유수의 흐름으로 인하여 펌프가 기동되고, 개방된 헤드를 통해 소화수를 방수하여 소화하는 자동식 수계소화설비
- 배관의 종류 : 배관이란 물이 이송되는 관을 말한다.
  - 주배관 : 각 층을 수직으로 관통하는 수직배관(입상관)
  - 수평주행배관 : 교차배관에 급수하는 배관
  - 교차배관 : 직접 또는 수직배관을 통하여 가지배관에 급수하는 배관
  - 가지배관 : 헤드가 설치되어 있는 배관

교차배관에서 분기되는 지점을 기점으로 한 쪽 가지배관에 설치되는 헤드의 개수는 8개 이하로 하여야 한다.
(반자 아래와 반자속의 헤드를 하나의 가지배관 상에 병설하는 경우에는 반자 아래에 설치하는 헤드의 개수)
→ 8개를 초과하여 설치하게 되면... 가지배관의 구경이 너무 커져, 가지배관으로 인한 살수장애를 초래할 수 있으며... 또한 배관의 길이가 너무 길어져 압력손실이 증가하므로 인해, 헤드에서 필요한 방수압에 도달하기 어려워지기 때문이다.

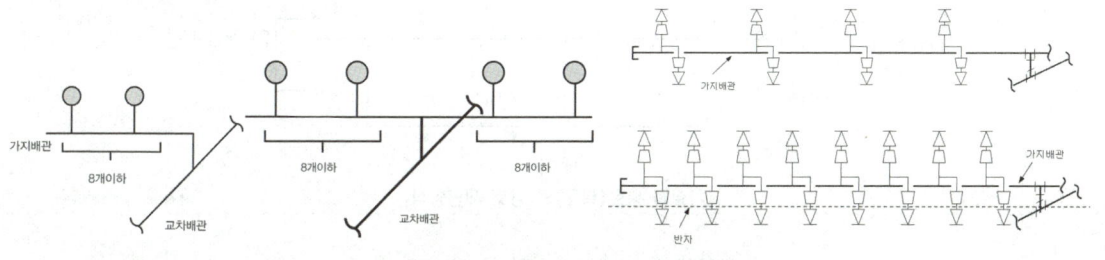

가지배관 상 헤드 설치의 다양한 예시

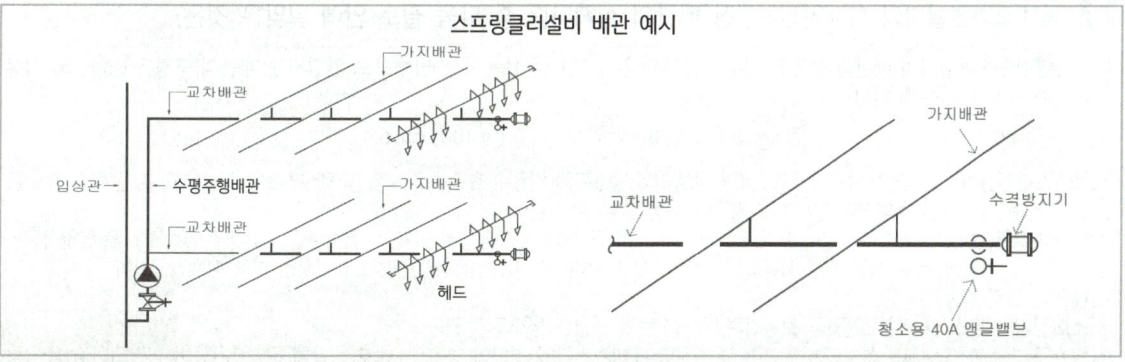

스프링클러설비 배관 예시

숫자가 답인 문제 ★★

76 제연설비의 화재안전기준상 제연설비의 설치장소 기준 중 **하나의 제연구역의 면적은 최대 몇 m² 이내**로 하여야 하는가?

① 700   ② 1000   ③ 1300   ④ 1500

제연이란 **연기를 제어**한다는 의미로서... 화재실에 **신선한 공기를 급기**하고, **발생된 연기를 배기(배출)**하는 것을 제연이라 한다.
제연설비 : **구획(구역)**을 나누**(가두)**어서 연기를 **배출(배기)**하거나, 신선한 공기를 급기**(유입)**하여 소화활동 및 피난을 용이하게 만드는 설비

제연설비는 구획(구역)을 나누(가두)어서 연기를 배출(배기)하거나, 신선한 공기를 급기(유입)하는 설비이므로... 그 **구획(구역)**을 어떤 기준으로 하는지를 묻는 문제이다. 구획기준은 아래와 같다.
1. 하나의 제연구역의 면적은 **1,000㎡이내**로 할 것
2. 거실과 통로(복도)는 **상호 제연구획** 할 것 → 거실에서 배기하고, 통로(복도)에서 급기하는... 상호 제연으로 구성할 것
3. 통로상의 제연구역은 보행중심선의 **길이가 60m**를 초과하지 아니할 것
4. 하나의 제연구역은 **직경 60m 원내**에 들어갈 수 있을 것
5. 하나의 제연구역은 **2개 이상 층에 미치지 아니하도록** 할 것 → 층마다 할 것

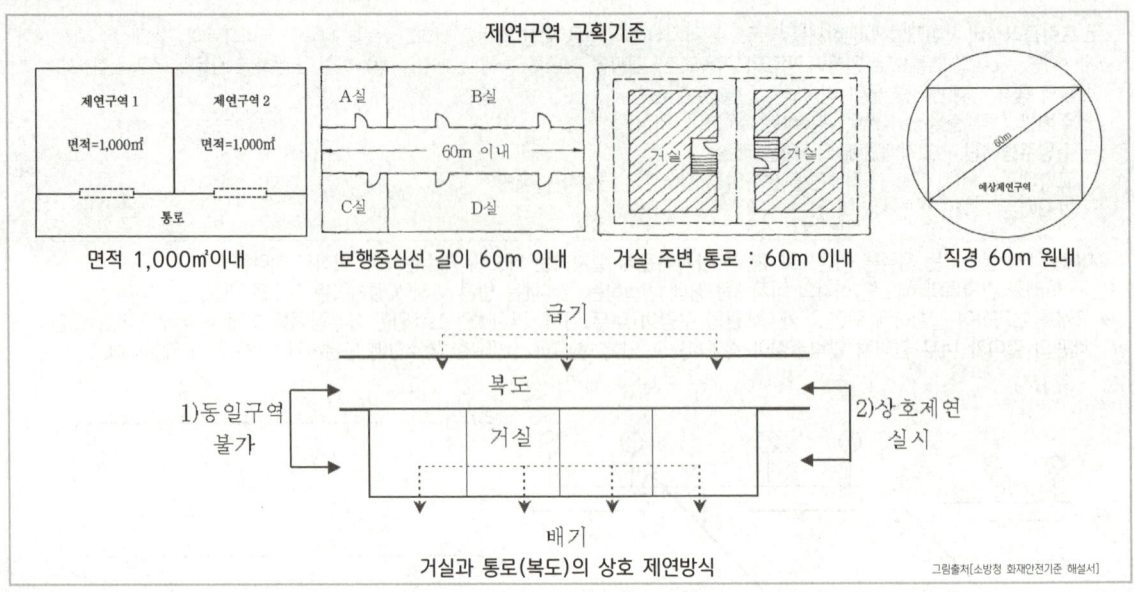

숫자가 답인 문제

77 옥내소화전설비의 화재안전기준상 배관의 설치기준 중 다음 괄호 안에 알맞은 것은?

> 연결송수관설비의 배관과 겸용할 경우의 주배관은 구경 (㉠) mm 이상, 방수구로 연결되는 배관의 구경은 (㉡) mm 이상의 것으로 하여야 한다.

① ㉠ 80, ㉡ 65　　② ㉠ 80, ㉡ 50　　③ ㉠ 100, ㉡ 65　　④ ㉠ 125, ㉡ 80

- **옥내소화전설비** : 화재발생시 옥내소화전함을 개방하여 방수구와 연결된 호스를 전개한 후 앵글밸브를 개방하고, 화점을 향해 노즐을 개방하여 방사하는 형태의 수동식 수계소화설비
- **연결송수관설비** : 소방차에서 연결송수관 송수구에 물을 공급하면 그 공급된 물을, 연결송수관설비 방수구에 호스를 연결하여 옥내소화전처럼 사용하는 소방대 전용 설비로써, 고층부 화재진압에 효과적인 본격 화재진압설비
- **배관** : 물이 이송되는 관
- **소화전함** : 호스 및 관창(노즐)을 보관하며, 앵글밸브와 연결된 방수구가 있음
- **방수구** : 소화전함 내에 설치되어 있으며, 방수구에 소방호스가 연결되어 있고, 소방호스 끝에 관창(노즐)이 연결되어 있음
- **송수구** : 소화설비에 소화용수를 보급하기 위하여 건물 외벽 또는 구조물의 외벽에 설치하는 배관과 연결된 구멍

연결송수관설비와 배관을 겸용할 경우 → 주배관 : 100mm 이상
　　　　　　　　　　　　　　　　　　→ 방수구로 연결되는 배관(가지배관) : 65mm 이상

옥내소화전 단독 배관인 경우 가지배관(방수구로 연결되는 배관)은 40mm 이상 / 연결송수관과 겸용시 좀 더 큰 배관인 65mm 이상

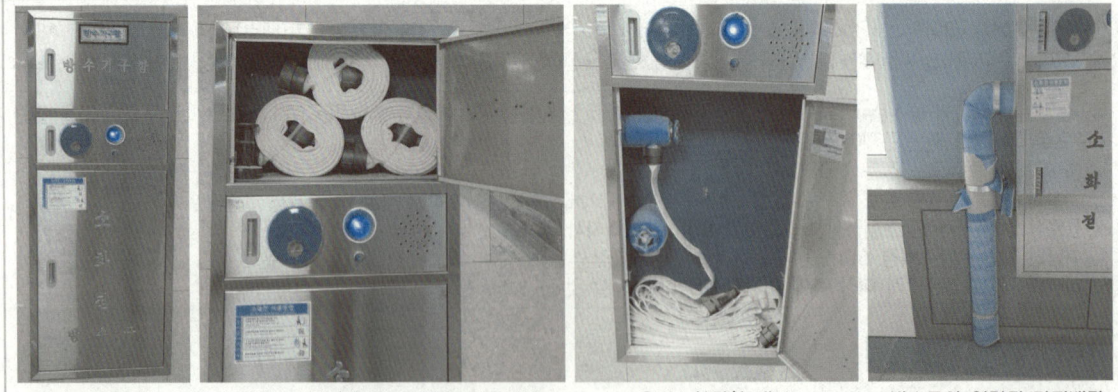

옥내소화전 함(소화전)과 연결송수관 함(방수기구함)의 겸용설비　　옥내소화전함 내부　　방수구와 연결된 가지배관

옥내소화전 방수구(앵글밸브)

옥내소화전 송수구(건물외벽)

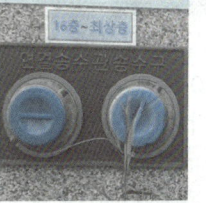
연결송수관 송수구(건물외벽)

함께공부

- 펌프의 **토출** 측 주배관의 구경 → 유속이 **4m/s** 이하가 될 수 있는 크기 이상 (유속이 낮을수록 배관의 구경은 커짐)
- 주배관 중 수직배관 : 각 층을 수직으로 관통하는 **수직배관(입상관)** → 최소구경 **50mm** 이상
- 가지배관 : 옥내소화전 방수구와 연결되어 있는 배관 → 최소구경 **40mm** 이상

숫자가 답인 문제 ★

78 이산화탄소소화설비의 화재안전기준상 저압식 이산화탄소 소화약제 저장용기에 설치하는 안전밸브의 작동압력은 내압시험압력의 몇 배에서 작동해야 하는가?

① 0.24 ~ 0.4   ② 0.44 ~ 0.6   ③ 0.64 ~ 0.8   ④ 0.84 ~ 1

- **이산화탄소 소화설비** : 탄산가스(CO_2)를 소화약제로 이용하여 화재를 진압하는 가스계 소화설비로서 CO_2는 화학적으로 안정된 불연성가스이고, 화재실에 CO_2약제를 방출하면 공기중의 산소농도를 떨어트려 소화하는 질식소화가 대표적인 소화효과이다. 약제 저장방식(저장온도)에 따라 고압식설비와 저압식설비(영하 18℃이하)로 구분된다.
- **고압식** : CO_2를 고압으로 액화시켜 68ℓ의 비교적 작은 용기에, 여러 병을 실온에 저장하는 방식으로... 밸브 개방시 고압이 해정되면서 기화되어 방사된다.
- **저압식** : −18℃ 이하에서 2.1MPa의 압력으로 CO_2를 액상으로 저장하는 방식으로... 언제나 −18℃를 유지해야 하므로 단열조치 및 자동냉동장치가 필요하며 약제용기는 대형저장탱크 1개를 사용한다.
- **내압시험압력** : 얼마의 압력까지 용기가 견딜 수 있는지를 알아보는 시험(고압식 저장용기 25MPa 이상, 저압식은 3.5MPa 이상)
- **안전밸브** : 약제 저장용기와 선택밸브 사이 배관 도중에 설치하여... 저장용기의 용기밸브는 개방되었으나 선택밸브가 개방되지 아니하였을 때, 설비의 안전을 위하여 개방되는 안전장치이다.
- **봉판** : 과도한 압력이 발생할 경우 파열되도록 설계된, 안전밸브의 배출구를 막고 있는 얇은 금속판

저압식 저장용기에 설치하는 안전장치

- 안전밸브 작동압력
  → 내압시험압력의 **0.64배부터 ~ 0.8배**의 압력에서 작동
- 봉판 작동압력
  → 내압시험압력의 **0.8배부터 ~ 내압시험압력**에서 작동
- 안전밸브가 작동하여도 압력상승을 막기 어려울 때... 봉판이 터져 저압식 저장용기의 폭발을 방지한다.

안전밸브

이산화탄소 소화설비 저장압력에 따른 분류

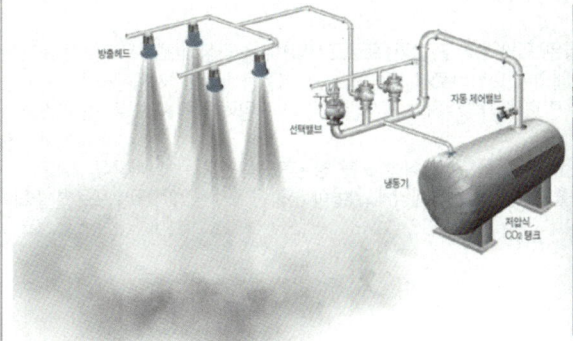
저압식 설비
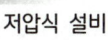

고압식 설비

숫자가 답인 문제 ★★★

79 소화기구 및 자동소화장치의 화재안전기준상 노유자시설은 당해용도의 바닥면적 얼마마다 능력단위 1단위 이상의 소화기구를 비치해야 하는가?

① 바닥면적 30㎡ 마다　② 바닥면적 50㎡ 마다　③ 바닥면적 100㎡ 마다　④ 바닥면적 200㎡ 마다

- **특정소방대상물** : 소방시설을 설치하여야 하는 소방대상물로서 대통령령으로 정하는 것
- **소화기** : 소화약제를 압력에 따라 방사하는 기구로서, 사람이 수동으로 조작하여 소화약제를 방사하여 소화하는 것
  (소형소화기, 대형소화기)
- **간이소화용구** : 에어로졸식·투척용 소화용구 및 팽창질석·팽창진주암·마른모래 등의 간이소화용구
- **능력단위** : 소화기 및 간이소화용구의 소화능력을 나타내는 수치로서, 법에 따라 형식승인된 수치. 이 능력단위를 산정하기 위해 모형에 의한 소화능력시험을 실시한다.

특정소방대상물별 소화기구의 능력단위기준

특정소방대상물	암기법	소화기구의 능력단위
1. 위락시설	위락 30	해당 용도의 바닥면적 30㎡ 마다 능력단위 1단위 이상
2. 공연장·집회장·관람장·문화재·장례식장 및 의료시설	공집관문의 장 50	해당 용도의 바닥면적 50㎡ 마다 능력단위 1단위 이상
3. 노유자시설·숙박시설·운수시설·전시장 공동주택·공장·창고시설·업무시설·방송통신시설·관광휴게시설 근린생활시설·항공기 및 자동차 관련 시설·판매시설	노숙(자) 운전 공공 창업 방관 근항판(근황판) 100	해당 용도의 바닥면적 100㎡ 마다 능력단위 1단위 이상
4. 그 밖의 것	그밖 200	해당 용도의 바닥면적 200㎡ 마다 능력단위 1단위 이상

※ 소화기구의 능력단위를 산출함에 있어서 건축물의 주요구조부가 **내화구조**이고, 벽 및 반자의 실내에 면하는 부분이 **불연재료**·**준불연재료** 또는 **난연재료**로 된 특정소방대상물에 있어서는 위 표의 **기준면적의 2배**를 해당 특정소방대상물의 기준면적으로 한다.

문장이 답인 문제 ★

80 포소화설비의 화재안전기준상 전역방출방식 고발포용고정포방출구의 설치기준으로 옳은 것은? (단, 해당 방호구역에서 외부로 새는 양 이상의 포수용액을 유효하게 추가하여 방출하는 설비가 있는 경우는 제외한다.)

① 개구부에 자동폐쇄장치를 설치할 것
② 바닥면적 600㎡ 마다 1개 이상으로 할 것
　　　　　500㎡
③ 방호대상물의 최고부분보다 낮은 위치에 설치할 것
　　　　　　　　　　　　　　　높은
④ 특정소방대상물 및 포의 팽창비에 따른 종별에 관계없이 해당 방호구역의 관포체적 1m³에 대한 1분당 포수용액 방출량은 1L 이상으로 할 것
　　　　　　　　　　　　종류별에 따라
　　　　　　　　　달라진다

- **포소화설비** : 수조로부터 공급된 물과 포약제 저장탱크에서 공급된 포원액을, 혼합기(프로포셔너)에서 믹싱해 포수용액을 만들어, 포 방출구에서 공기와 섞여진 후 발포되어 거품을 방사하는 형태의 소화설비로서 유류탱크 등 위험물에 주로 사용된다.
  - **전역방출방식** : 고정식 포 발생장치로 구성되어, 포 수용액이 방호대상물 주위가 막혀진 공간이나 밀폐 공간 속으로 방출되도록 된 설비방식 (실 전체)
  - **국소방출방식** : 고정된 포 발생장치로 구성되어, 화점이나 연소 유출물 위에 직접 포를 방출하도록 설치된 설비방식 (대상물 만)
- **고정포 방출설비** : 천장 또는 벽면에 설치된 고발포용 **고정포 방출구**를 통해 포소화약제와 물이 혼합된 포수용액이 고발포로 방출되어 소화한다.

① 고정포방출구는 바닥면적 **500㎡마다 1개 이상**으로 하여 방호대상물의 화재를 유효하게 소화할 수 있도록 할 것
② 고정포방출구는 방호대상물의 최고부분보다 **높은 위치**에 설치할 것
③ **자동폐쇄장치** → 방화문 또는 불연재료로된 문으로 포수용액이 방출되기 직전에 개구부가 **자동적으로 폐쇄될 수 있는 장치**
　　(개구부가 열려 있으면 그 곳으로 포가 새어 나간다)
④ 고정포방출구는 특정소방대상물 및 포의 팽창비에 따른 종류별에 따라 해당 방호구역의 관포체적 1㎥에 대한 1분당 포수액 방출량

소방대상물	포의 팽창비	1㎥에 대한 분당 포수용액 방출량
항공기격납고	팽창비 80 이상 ~ 250 미만의 것	2.00ℓ
	팽창비 250 이상 ~ 500 미만의 것	0.50ℓ
	팽창비 500 이상 ~ 1,000 미만의 것	0.29ℓ
차고 또는 주차장	팽창비 80 이상 ~ 250 미만의 것	1.11ℓ
	팽창비 250 이상 ~ 500 미만의 것	0.28ℓ
	팽창비 500 이상 ~ 1,000 미만의 것	0.16ℓ
특수가연물을 저장 또는 취급하는 소방대상물	팽창비 80 이상 ~ 250 미만의 것	1.25ℓ
	팽창비 250 이상 ~ 500 미만의 것	0.31ℓ
	팽창비 500 이상 ~ 1,000 미만의 것	0.18ℓ

당가팁! 위 ④번의 포수용액 방출량 표는 참고만 하자~

고정포방출구 방출 예

사진출처[이택구최신소방이야기]

관포체적의 의미

방호대상물의 높이보다 0.5m 높은 위치까지의 체적

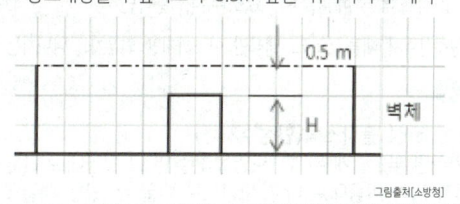

그림출처[소방청]

함께공부

팽창비율에 따른 포의 종류
- 저발포(저팽창포) : 팽창비가 20 이하인 것
- 고발포(고팽창포) : 팽창비가 80 이상 1,000 미만인 것
- 포 팽창비 = $\dfrac{발포후\ 포의\ 부피}{발포전\ 포수용액의\ 부피}$

SECTION 15

2020년 제4회 답이색 해설편

A nswer   1과목 소방원론

암기하면서 공부 할 문제 ★

01 일반적인 플라스틱 분류 상 열경화성 플라스틱에 해당하는 것은?

① 폴리에틸렌　　② 폴리염화비닐　　③ **페놀수지**　　④ 폴리스티렌

- 열가소성 플라스틱 - 폴리에틸렌 수지, 염화비닐(=폴리염화비닐, PVC) 수지, 폴리스티렌 수지
- 열경화성 플라스틱 - **페놀수지, 요소수지, 멜라민수지**

열경화성수지 페놀, 요소, 멜라민 이 3가지만 외우자!! 나머지는 모두 열가소성수지이다.

함 께 공 부

- 열가소(만들 소)성 플라스틱(합성수지류)
  - 열을 가하면 부드럽게 된 후, 모양을 만들면 그 모양대로 만들어진다. 열을 식히면 만든 모양대로 굳어지는데, 다시 열을 가하면 부드럽게 되어 마음대로 다른 모양으로 바꿀 수 있는 성질의 수지(=플라스틱)이다.
  - 열을 가하면 용융, 분해, 증발되어 불꽃연소를 일으킨다.
- 열경(굳을 경)화성 플라스틱(합성수지류)
  - 열을 가하면 부드럽게 된 후, 마음대로 변형할 수 있는 점은 열가소성과 같다. 하지만 한 번 차가워지면 다시 열을 가해도 부드럽게 되지 않고 또다시 다른 모양으로 변형할 수 없는 성질의 수지(=플라스틱)이다. 예로 냄비뚜껑 손잡이를 들 수 있다.
  - 열을 가하면 용융되지 않고 분해되면서 작열연소(고체표면에서 가연성 기체가 발생되지 않아 불꽃을 내지 않고 빛만 발산하며 느리게 연소하는 형태로서 대표적으로 훈소가 있다)를 일으켜, 다공성 탄소질(숯과 같은 형태)을 형성한다.

이해하면서 공부 할 문제 ★★

02 증발잠열을 이용하여 가연물의 온도를 떨어뜨려 화재를 진압하는 소화방법은?

① 제거소화　　② 억제소화　　③ 질식소화　　④ **냉각소화**

물의 비열이 1[kcal/kg·℃] 로 높고, 100℃의 물이 100℃의 수증기로 변화하면서, 열기를 흡수하는 **기화(증발)잠열**은 물 1[kg] 당 539 [kcal]가 필요할 정도로 매우 높아 냉각효과가 뛰어나다.

함 께 공 부

잠열[潛熱, latent heat] - 숨은열

- 융해와 기화(증발) 등 상 전이 과정에서 가해진 열은, 물질의 온도변화에는 사용되지 않고, 상태변화에만 사용된다. 이와 같이 상 전이 과정에서 흡수되는 열을 잠열이라 한다.
- 예를 들면, 물을 가열하면 100℃에서 끓기 시작하지만, 그 이상 아무리 가열해도 완전히 수증기가 될 때까지 100℃를 넘지 않는다. 또한 얼음을 가열해도 완전히 녹을 때까지는 0℃ 이상으로 되지 않는다. 이와 같이 기화 중인 물이나, 융해 중인 얼음에 가해진 숨은 열은, 물(액체)을 수증기(기체)로 바꾸고, 얼음(고체)을 물(액체)로 바꾸기 위해서만 소비되며 온도를 상승시키지는 않는다.
- 물의 기화잠열 : 539 [kcal/kg (cal/g)]　　• 물의 융해잠열 : 80 [kcal/kg (cal/g)]

암기하면서 공부 할 문제 ★★★

03 공기 중에서 수소의 연소범위로 옳은 것은?

① 0.4~4 vol%   ② 1~12.5 vol%   ③ 4~75 vol%   ④ 67~92 vol%

주요물질의 연소범위

물질	하한값 (vol%)	상한값 (vol%)	연소범위 넓이	위험도(H)	
아세틸렌(연소범위가 가장 넓다)	2.5	81.0	78.5	31.4	2위
수소(연소범위가 2번째로 넓다)	4.0	75.0	71.0	17.75	4위
일산화탄소	12.5	74.0	61.5	4.92	
에테르	1.9	48.0	46.1	24.26	3위
이황화탄소(하한값이 가장낮고, 위험도가 가장높다)	1.2	44.0	42.8	35.66	1위
황화수소	4.0	44.0	40.0	10.00	
에틸렌	2.7	36.0	33.3	12.33	
메탄	5.0	15.0	10.0	2.00	
에탄	3.0	12.4	9.4	3.13	
프로판	2.1	9.5	7.4	3.52	
부탄	1.8	8.4	6.6	3.66	

 연소범위 넓은순서 ➡ 아수일에 이황에 메에프부   이수일(가수)에 이황(퇴계)에 매우 풍년이구나~
위험도 큰 순서 ➡ 이황 아세 에테 수소   이황이 아세아를 여태~~ 수성했다(지켰다).

함 께 공 부

연소범위(=연소한계, 폭발범위, 폭발한계)
- 가연성가스와 산소가 연소를 일으킬 수 있는 증기농도(체적농도 vol%)범위
- 연소하한계와 연소상한계 사이의 범위
  - 연소하한계 : 그 농도 이하에서는 발화원과 접촉하여도 연소가 일어나지 않는 가스의 최소농도
  - 연소상한계 : 그 농도 이상에서는 발화원과 접촉하여도 연소가 일어나지 않는 가스의 최고농도

이해하면서 공부 할 문제

04 건물 내 피난동선의 조건으로 옳지 않은 것은?

① 2개 이상의 방향으로 피난할 수 있어야 한다.   ② 가급적 단순한 형태로 한다.
③ 통로의 말단은 안전한 장소이어야 한다.   ④ 수직동선은 금하고 수평동선만 고려한다.

피난동선(수평동선과 수직동선으로 구분)
거실(화재실) → 거실과 연결된 **복도**(통로)[1차 안전구획] → 복도와 연결된 **계단전실**(계단부속실)[2차 안전구획] → 계단전실과 연결된 **계단실**[3차 안전구획] → 피난층, 피난안전구역
③ 통로의 말단에는 반드시 피난기구 또는 피난구가 있어야 한다.
④ 수직동선을 금하면 계단은 피난동선이 아니게 된다.

함 께 공 부

- **Fool Proof**(풀 프루프)
  - 영어를 직역하면 **"바보라도 해낼 수 있는"** 으로 해석되며, 화재 등의 재난상황에서는 정상적인 사고와 판단으로 행동이 어렵다고 가정하여, **극히 단순하고 쉬운** 방법을 적용하여 안전설계를 한다는 개념
  - 피난경로 및 피난시설의 구조를 간단명료하게 하는 것, 피난경로상의 출입문을 피난방향으로 열리는 구조로 하는 것, 쉽게 식별이 가능한 그림이나 색채를 이용하는 것 등
- **Fail Safe**(페일 세이프)
  - 하나의 수단이 고장 등으로 **실패**(Fail, 페일)하여도 다른 수단에 의해 그 기능이 발휘될 수 있도록 고려하여 설계하는 것
  - 화재 시 미리 준비된 하나의 시스템이 작동하지 않아도 이중화 또는 다중화로 설계된 후속 대책에 의해 다른 시스템을 이용함으로서 안전을 확보하는 개념
  - 피난통로는 서로 반대방향으로 **2방향 이상의 피난동선**을 항상 확보하는 것

암기하면서 공부 할 문제 ★★★

05 열분해에 의해 가연물 표면에 유리상의 메타인산 피막을 형성하여 연소에 필요한 산소의 유입을 차단하는 분말약제는?

① 요소　　　　　② 탄산수소칼륨　　　　③ **제1인산암모늄**　　　　④ 탄산수소나트륨

제1인산암모늄 = 인산염[$NH_4H_2PO_4$]류가 주성분인 제3종 분말소화약제의 열분해시 생성되는 메타인산(HPO_3)은 가연물에 **부착력이 우수**하여 산소차단의 소화효과가 뛰어나다. 이를 방진효과라 한다.

이해하면서 공부 할 문제 ★★★

06 화재를 소화하는 방법 중 물리적 방법에 의한 소화가 아닌 것은?

① **억제소화**　　　② 제거소화　　　　③ 질식소화　　　　④ 냉각소화

화학적 소화의 방법(=억제소화, 부촉매소화)
- 활성라디칼(자유활성기, Free radical)을 흡수하여 연소의 4요소인 순조로운 연쇄반응을 **억제**하여 소화하는 방법으로 정촉매의 반대인 부촉매소화라고도 한다.
- 할론계 소화약제, 분말소화약제 등을 이용하여 소화한다.

함께 공부

- **물리적 소화의 방법** : 연소의 3요소인 가연성가스(가연물), 산소, 열(점화원)의 양적 변화를 통해 연소를 중단시켜 소화하는 방법
  - 냉각소화 : 연소 중인 가연물의 온도를 떨어뜨려 연소반응을 정지시키는 소화의 방법
  - 질식소화 : 가연물이 연소할 때 공기 중의 산소농도(일반적으로 21%)를 떨어뜨려(보통 15%이하) 연소를 중단시키는 소화 방법
  - 제거소화 : 가연물을 제거하여 소화하는 방법
  - 희석소화 : 가연성의 기체, 액체, 고체에서 발생되는 가연성증기(분해가스)의 농도를 희석시켜(농도를 엷게 하여) 연소하한계 이하로 유지시키는 방법(강풍에 의한 희석소화)

암기하면서 공부 할 문제

07 물과 반응하여 가연성 기체를 발생하지 않는 것은?

① 칼륨　　　　② 인화아연　　　　③ **산화칼슘**　　　　④ 탄화알루미늄

산화칼슘[CaO] – 칼슘[Calcium, Ca]을 고온으로 가열하면 황색불꽃(주황색)을 내며 연소하여 CaO(**산화칼슘, 생석회**)이 된다. 산화칼슘이 물과 반응하면 수산화칼슘(소석회, $Ca(OH)_2$)과 열이 발생되지만, 가연성기체를 발생시키지는 않는다.
$CaO + H_2O \rightarrow Ca(OH)_2 + Q[kcal]$
피부 접촉시 통증, 화상 등을 일으킬 수 있으며, 수분 포집제로서의 건조제, 토목건축재료, 석회비료, 산성토양개량제 등에 사용된다.

참고! 칼륨[K], 인화아연[Zn_3P_2], 탄화알루미늄[Al_4C_3]은 **제3류 위험물**인 자연발화성물질 및 금수성물질이므로 물과 접촉시 당연히 가연성기체를 발생시킨다.

함께 공부

① **칼륨[K]** – 물과 반응하여 수산화물과 가연성기체인 **수소(H_2)**를 만들고 발열한다.(공기 중 수분과도 반응하여 수소를 발생시킨다)
$2K + 2H_2O \rightarrow 2KOH + H_2\uparrow + 92.8\ kcal$
② **인화아연[Zn_3P_2]** – 물, 공기, 산과 반응하여 가연성기체인 **인화수소(포스핀, PH_3)**를 발생시킨다.
$Zn_3P_2 + 6H_2O \rightarrow 3Zn(OH)_2 + 2PH_3\uparrow$
④ **탄화알루미늄[Al_4C_3]** – 물과 반응하여 수산화알루미늄과 가연성가스인 **메탄가스(CH_4)**를 생성하고 열을 발생한다.
$Al_4C_3 + 12H_2O \rightarrow 4Al(OH)_3 + 3CH_4\uparrow + 360\ kcal$

이해하면서 공부 할 문제 ★

08 다음 물질을 저장하고 있는 장소에서 화재가 발생하였을 때 주수소화가 적합하지 않은 것은?

① 적린　　　② **마그네슘 분말**　　　③ 과염소산칼륨　　　④ 유황

- 제1류 위험물[산화성 고체] 중 과염소산염류인 **과염소산칼륨**은 주수에 의한 **냉각소화**(∵ 분해온도 이하로 유지하기 위해)를 한다.
- 제2류 위험물인 **적린, 유황** 등 금속을 제외한 물질은 주수에 의한 **냉각소화**를 한다.
- 제2류 위험물 중 **황화린, 철분, 마그네슘 분말, 금속분류** 등은 주수소화를 금지하고 건조사(마른모래), 팽창질석, 팽창진주암(가열해 부풀려 가볍게 만든 돌가루) 등에 의한 **질식소화**를 한다. (금속은 물, 가스계약제 사용금지)

함께공부

제2류 위험물 ⇨ 가연성 고체[일반 환원성 가연물] 일반적으로 불에 타는 가연성고체 물질 등이 해당된다.

위험물	특징	암기법	종류[대분류]
제2류	가연성 고체	유황적 철마금 인	유황(황)[S], 황화린(인), 적린(인)[P] / 철분, 마그네슘, 금속분류 / 인화성고체
	지정수량	유황적백 오백철마금 인천	위험등급Ⅱ 지정수량 100kg / 위험등급Ⅲ 지정수량 500kg / Ⅲ 지정수량 1000kg

암기하면서 공부 할 문제

09 과산화수소와 과염소산의 공통성질이 아닌 것은?

① 산화성 액체이다. ② <u>유기화합물이다.</u> ③ 불연성 물질이다. ④ 비중이 1보다 크다.
　　　　　　　　　　　　무기화합물

제6류 위험물인 과산화수소(H_2O_2)는 탄소가 없는 무기화합물이며, 과염소산($HClO_4$)은 탄소를 함유하고 있지만 무기화합물이다.
- 유기화합물(탄소화합물)
  - 공유결합(두 원자가 전자를 내어놓고 그 전자쌍을 공유하여 이룬 결합)한 탄소 화합물의 총칭.(탄소화합물이 불에 타면 숯이 된다)
  - 가장 기본적인 구조는 탄화수소로 탄소-탄소, 탄소-수소의 공유결합으로 구성되어 있다.
- 무기화합물(무기물)
  - 유기화합물을 제외한 모든 화합물로서, 주로 탄소(C) 이외의 원소만으로 이루어지는 화합물을 말한다.
  - 하지만, 탄소를 함유하고 있다고 하여도 모두 유기화합물은 아니다. 따라서 무기화합물이나 유기화합물의 어느 쪽으로도 구별하기 어려운 물질도 있다.

암기탑! 제6류 위험물의 종류 ➡ 질 과 염 할

함께공부

질산, 과산화수소, 과염소산, 할로겐간화합물은 **제6류 위험물**이다. ⇨ 산화성 액체 [가연물을 산화시키는 액체]
- 산소를 함유하고 있어 가연물과 접촉시 산소공급원의 기능을 하는 액체
- 물과 반응시 심한 발열(화상의 위험)
- 강산성, 부식성, 증기유독
- 제1류 위험물과 성격이 비슷한 액체(아래내용은 제1류 위험물[산화성 고체]의 공통특성과 동일하다)
  - 물보다 무겁고, 물에 잘 녹는다(= **비중이 1보다 크고**, 수용성이다)
  - 산화성 물질(산화제)이며 **불연성 물질**이다(= 가연성 물질을 산화시켜 연소를 일으키지만, 자기 자신은 불에 타지 않는 물질이다)
  - 산소를 함유하고 있는 조연성(연소를 돕는 성질) 물질이다.
  - 화합물 상태에서는 안정하지만(∵ 불연성이므로... 즉 분해시만 산소를 방출함으로...) 분해시 산소가 발생한다.

암기하면서 공부 할 문제 ★★

10 다음 중 가연성 가스가 아닌 것은?

① 일산화탄소 ② 프로판 ③ <u>아르곤</u> ④ 메탄

원소주기율표 상 0족(18족) 원소는 **불활성가스**로서, He(4)헬륨, Ne(20)네온, Ar(40)아르곤, Kr 크립톤, Xe 크세논(제논), Rn 라돈 이 있다. 또한 공기중에서 흡열반응을 하는 N_2(질소), 화학적으로 안정되어 소화약제로도 쓰이는 CO_2(이산화탄소) 등도 불연성·불활성 가스이다.

암기탑! 0족(18족) 불활성가스 ➡ 헬 네 아 크 세 라

함께공부

불완전 연소시 발생하는 유독가스인 일산화탄소(CO), 자체가 가연성 가스인 메탄(CH_4), 프로판(C_3H_8), 연소시 발생하는 가연성기체인 수소(H_2), 아세틸렌(C_2H_2) 등은 모두 가연성 가스이다.

이해하면서 공부 할 문제 ★

11 화재 발생 시 인간의 피난 특성으로 틀린 것은?
① 본능적으로 평상 시 사용하는 출입구를 사용한다.
　　　　　　　　　　　귀소본능
② 최초로 행동을 개시한 사람을 따라서 움직인다.
　　　　　　　추종본능
③ 공포감으로 인해서 빛을 피하여 어두운 곳으로 몸을 숨긴다.
④ 무의식 중에 발화 장소의 반대쪽으로 이동한다.
　　　　　　　퇴피(회피)본능

화재 발생 시 공포감으로 인해서 빛을 피하여 어두운 곳으로 몸을 숨기는 것이 아닌, **지광본능**에 따라 오히려 **밝은 곳을 향하는 본능**이 있어, 채광이 되는 개구부 또는 조명부 등을 향하는 경향을 보인다.

함께공부
피난시 인간행동 본능
- **귀소본능**
  - 화재시의 인간은 무의식 중에서도 평상시에 사용하는 출입구 및 통로를 사용하는 경향(통로의 단순화, 통로의 안전성확보)
  - 피난 중 위험에 처한 경우 평소에 자주 생활하던 장소로 되돌아가려는(이동하려는) 본능
- **퇴피(회피)본능** - 화재등 위험요인에서 가급적 멀리 떨어지려는(회피하려는) 인간의 본능
- **추종본능**
  - 재난상황 등 비상시 많은 군중이 최초 행동을 개시한 사람을 따라서 움직이는 경향(한 사람의 리더를 추종)
  - 최초 행동 개시자가 잘못된 판단을 한 경우 인명피해 확대우려
- **지광본능** - 시계확보가 어려워 졌을 때 밝은 곳을 향하는 본능이 있어, 채광이 되는 개구부 또는 조명부 등을 향하는 경향
- **좌회본능**
  - 대부분의 사람은 오른손과 오른발을 주로 사용함으로서 보행특성 상 좌회전, 좌측통행 등 왼쪽으로 움직이려는 본능
  - 피난통로 등은 좌측으로 진행할 경우 피난층까지 연결되기 쉽도록 피난경로 구성

이해하면서 공부 할 문제 ★★

12 자연발화 방지대책에 대한 설명 중 틀린 것은?
① 저장실의 온도를 낮게 유지한다.　　② 저장실의 환기를 원활히 시킨다.
③ 촉매물질과의 접촉을 피한다.　　　④ 저장실의 습도를 높게 유지한다.
　　　　　　　　　　　　　　　　　　　　　　　　　　　　낮게

자연발화란 공기 중의 물질이 상온에서, 장기간 **열의 축적**에 의해 별도 점화원 없이 **자연적으로(스스로) 발화**하는 현상으로... 습도가 높으면 **표면에 수분막이 형성**되어 내부 온도를 발산하기 어려워서, 열이 내부에 축적되기 쉽다. 따라서 습도를 낮게 유지하여야 한다.

함께공부
- **자연발화가 일어나기 좋은 조건**
  - 저장실의(주위의) 온도가 높을 것
  - 발열량이 클 것
  - 환기가(통풍이) 어려워 열의 축적이 잘 될 것
  - 열전도율(성)이 작을(=낮을=나쁠) 것 (열전도율이 작아야 열의 축적이 쉽다)
  - 표면적이 클 것 (큰덩어리보다 작은덩어리 여러개가 공기와의 접촉면적이 더 크기 때문)
  - 습도가 높을 것 (습도가 높으면 표면에 수분막이 형성되어 내부 온도를 발산하기 어려워서, 열이 내부에 축적되기 쉽다)
- **방지대책**
  - 저장실의(주위의) 온도를 낮출 것
  - 열의 축적을 방지할 것
  - 통풍을 잘 시킬 것
  - 열전도율(성)을 크게(=높게=좋게) 할 것 (열전도율이 크면 그만큼 열의 축적이 어렵다)
  - 정촉매(반대는 부촉매) 작용 물질(자연발화를 돕는 물질)을 피할 것
  - 산소와의 접촉을 차단할 것
  - 습도를 낮게 유지할 것

이해하면서 공부 할 문제 ★

13 실내화재에서 화재의 최성기에 돌입하기 전에 다량의 가연성 가스가 동시에 연소되면서 급격한 온도상승을 유발하는 현상은?

① 패닉(Panic) 현상 ② 스택(Stack) 현상
③ 화이어 볼(Fire Ball) 현상 ④ 플래쉬 오버(Flash Over) 현상

플래쉬오버(Flash Over) : 구획실에서 화재가 진행되면서… 실내온도 급격히 상승 → 가연물에서 분해된 가연성가스가 실내전체에 축적 → 축적된 가연성가스 착화 → 실내전체가 폭발적으로 화염에 휩싸이는 화재현상

함께 공부

- 패닉(panic)현상 : 화재시 건물에 고립됐을 때, 현재 자신이 처한 상황을 파악하는 능력이 일시적으로 마비된 채, 몸을 움직일 수 없거나 본능적으로 움직이기를 거부하는 등 안전한 동작으로 움직일 수 있다는 것을 자각하지 못하는 상태
- 블레비(BLEVE : Boiling Liquid Expanding Vapour Explosion, 비등 액체팽창 증기폭발)
  – 고압액화가스(가연성액체) 탱크에서 발생하는 급속한 증발현상에 의해 폭발하는 형태
  – 고압액화가스의 탱크 주위에서 화재가 발생한 경우에 탱크의 가열로 인하여 그 부분의 강도가 약해져 탱크가 파열됨으로 내부의 가열된 액화가스가 급속히 기화하여 팽창하면서 폭발하는 현상으로, **화이어 볼(화구, Fire Ball)로 발전**된다.
- 화이어 볼(화구, Fire Ball) : 블레비(BLEVE)현상 등에 의해 확산된 인화성 증기가 착화되면서 폭발할 때, 화염이 급속히 확대되며 공기를 끌어올려 마치 공이 지면에서 솟아올라 버섯형 화염으로 되어가는 것처럼 보이는 현상으로 이러한 화염형태를 화이어 볼이라 한다. 화이어 볼은 **대량의 복사열**(열원과 수열체 사이에 중간매체가 필요없는 열이동 현상)을 방출한다.

암기하면서 공부 할 문제

14 다음 원소 중 할로겐족 원소인 것은?

① Ne ② Ar ③ Cl ④ Xe

주기율표 상 17족원소(할로겐족) : 불소(F, 19), 염소(Cl, 35.5), 브롬(Br, 80), 요오드(I, 127)
주기율표 상 0족원소(불활성가스) : He(4)헬륨, Ne(20)네온, Ar(40)아르곤, Kr 크립톤, Xe 크세논(제논), Rn 라돈

암기탕! 할로겐족원소 ➡ 불 염 브 요 / 0족원소(불활성가스) ➡ 헬 네 아 크 세 라

이해하면서 공부 할 문제 ★

15 피난 시 하나의 수단이 고장 등으로 사용이 불가능하더라도 다른 수단 및 방법을 통해서 피난 할 수 있도록 하는 것으로 2방향 이상의 피난통로를 확보하는 피난대책의 일반 원칙은?

① Risk-down 원칙 ② Feed-back 원칙 ③ Fool-proof 원칙 ④ Fail-safe 원칙

- Fail Safe(페일 세이프)
  – 하나의 수단이 고장 등으로 **실패**(Fail, 페일)하여도 다른 수단에 의해 그 기능이 발휘될 수 있도록 고려하여 설계하는 것
  – 화재 시 미리 준비된 하나의 시스템이 작동하지 않아도 이중화 또는 다중화로 설계된 후속 대책에 의해 다른 시스템을 이용함으로서 안전을 확보하는 개념
  – 피난통로는 서로 반대방향으로 **2방향 이상의 피난동선**을 항상 확보하는 것

함께 공부

- Fool Proof(풀 프루프)
  – 영어를 직역하면 "**바보라도 해낼 수 있는**"으로 해석되며, 화재 등의 재난상황에서는 정상적인 사고와 판단으로 행동이 어렵다고 가정하여, **극히 단순하고 쉬운** 방법을 적용하여 안전설계를 한다는 개념
  – 피난경로 및 피난시설의 구조를 간단명료하게 하는 것, 피난경로상의 출입문을 피난방향으로 열리는 구조로 하는 것, 쉽게 식별이 가능한 그림이나 색채를 이용하는 것 등

이해하면서 공부 할 문제 ★

16 목재건축물의 화재 진행과정을 순서대로 나열한 것은?

① 무염착화 - 발염착화 - 발화 - 최성기
② 무염착화 - 최성기 - 발염착화 - 발화
③ 발염착화 - 발화 - 최성기 - 무염착화
④ 발염착화 - 최성기 - 무염착화 - 발화

목조건축물 화재의 진행과정
① 화원(화재의 원인) : 가연물이 인화(점화)되어 최초의 화재가 시작되는 순간의 상황
② 무염착화(훈소) : 불꽃을 발생시키지 않고 연기(백색연기)만 배출하면서 느리게 착화되는 형태
③ 발염착화 : 무염착화가 진행되면서, 불꽃을 발생시키는 연소형태로 진행되는 착화형태
④ 출화(발화) : 실내외 가연물질에 본격적으로 화재가 진행되는 상태로서, 옥내출화가 일어난 이후에 옥외출화로 전이된다.
 • 옥내출화 - 천장속, 벽속 등에서 발염 착화한 때, 가옥의 구조에는 천장면에 발염 착화할 때, 불연벽체나 불연천장인 경우 실내의 그 뒷면에 발염 착화할 때
 • 옥외출화 - 창, 출입구 등에 발염 착화한 때, 건물물 외부 가연물질에 발염 착화한 때
⑤ 최성기 : 화염이 실 전체로 급속히 확대되면서 흑색연기를 발생시키는 상태로서, 최대 실내온도는 1,100~1,300[℃]에 달한다.
⑥ 연소낙하 : 벽체와 골조가 소실되면서 천장과 지붕이 무너져 내리는 상태
⑦ 소화(진화) : 목조건축물 전체가 전소되어 화재가 끝나는 시점

함께 공부

목조건축물 화재 - 고온 단기형(단시간형)
목조건축물은 골조가 목조로 되어 있어 타기 쉽고 개구부도 많아져, 화재가 발생하면 공기 유통이 좋아서 격렬히 연소하여 통상적으로 출화 후 4~14분 정도면 최성기에 도달하며, 최성기에서 연소낙하까지 6~19분 정도가 소요된다.

암기하면서 공부 할 문제 ★★★

17 탄산수소나트륨이 주성분인 분말 소화약제는?

① 제1종 분말
② 제2종 분말
  탄산수소칼륨
③ 제3종 분말
  제1인산암모늄(인산염)
④ 제4종 분말
  탄산수소칼륨 + 요소

분말 소화약제의 종류 및 성상

종별	주성분	색상	적응화재
제1종	탄산수소나트륨 ($NaHCO_3$)	백색	B, C
제2종	탄산수소칼륨 ($KHCO_3$)	담자색, 담회색	B, C
제3종	제1인산암모늄 = 인산염 ($NH_4H_2PO_4$)	담홍색, 황색	A, B, C
제4종	탄산수소칼륨 + 요소 ($KHCO_3+(NH_2)_2CO$)	회색	B, C

 나의 칼은 인간의 칼이다~ ➡ 나 칼 인 칼

암기하면서 공부 할 문제 ★

18 공기 중의 산소의 농도는 약 몇 vol%인가?

① 10   ② 13   ③ 17   ④ 21

공기의 조성(공기 혼합물의 분자량) ➡ N_2(질소) : 78%, O_2(산소) : 21%, Ar(아르곤) : 1%, CO_2(이산화탄소) : 0.03%
  + 네온, 헬륨, 메탄, 크립톤, 수소, 일산화질소, 크세논 등등
∴ 공기분자량 = (28×0.78) + (32×0.21) + (40×0.01) + (44×0.0003) = 28.9732 ≒ 29

함께 공부

주요 원소의 원자량

원소명	수소	탄소	질소	산소	불소	나트륨	마그네슘	알루미늄	인	황	염소	아르곤	브롬
기호	H	C	N	O	F	Na	Mg	Al	P	S	Cl	Ar	Br
원자량	1	12	14	16	19	23	24	27	31	32	35.5	40	80

계산하면서 공부 할 문제

19 공기와 할론 1301의 혼합기체에서 할론 1301에 비해 공기의 확산속도는 약 몇 배인가? (단, 공기의 평균분자량은 29, 할론 1301의 분자량은 149이다.)

① **2.27배** ② 3.85배 ③ 5.17배 ④ 6.46배

공기의 확산속도 즉, 기체의 확산속도를 묻는 문제이므로… **그레이엄의 확산속도의 법칙**에 따른 공식을 대입하여 계산한다.

$$\frac{\text{공기 확산속도 } V_1}{\text{할론 확산속도 } V_2} = \sqrt{\frac{\text{할론 분자량 } m_2 = 149}{\text{공기 분자량 } m_1 = 29}} \;\rightarrow\; \frac{\text{공기 } V_1}{\text{할론 } V_2} = 2.27 \;\rightarrow\; \text{공기 } V_1 = 2.27 \times \text{할론 } V_2$$

※ 문제에서 공기의 확산속도(V_1)를 물었으므로, V_1을 비례식의 좌측 상단에 두고 식을 전개하면 된다.
즉, 공기의 확산속도는… 할론1301 확산속도의 **2.27배**로 빠르게 확산된다. 여기에서, 알 수 있는 것은 가벼운 분자는 빨리 확산되고, 무거운 분자는 느리게 확산된다는 사실을 알 수 있다.

함께 공부

그레이엄의 확산속도의 법칙
일정한 온도와 압력 상태에서 기체의 확산 속도는 그 기체 분자량(밀도)의 제곱근에 반비례한다는 법칙이다. 같은 온도에서 기체 분자의 운동에너지는 그 종류와는 관계없이 일정하며 가벼운 분자는 빨리 확산되고, 무거운 분자는 느리게 확산된다.

① $\dfrac{\text{확산속도 } V_1}{\text{확산속도 } V_2} = \sqrt{\dfrac{\text{밀도 } \rho_2}{\text{밀도 } \rho_1}}$ ② $\dfrac{\text{확산속도 } V_1}{\text{확산속도 } V_2} = \sqrt{\dfrac{\text{분자량 } m_2}{\text{분자량 } m_1}}$

이해하면서 공부 할 문제 ★★

20 불연성 기체나 고체 등으로 연소물을 감싸 산소공급을 차단하는 소화방법은?

① **질식소화** ② 냉각소화 ③ 연쇄반응 차단소화 ④ 제거소화

소화의 원리는… 연소의 3요소인 가연성가스(가연물), 산소, 열(점화원)의 양적 변화를 통해 연소를 중단시켜야 하는데
- 불연성 가스의 공기 중 농도를 높이면, 상대적으로 산소의 농도가 떨어져(보통 15%이하) 질식소화를 할 수 있다.
- 질식소화가 대표적인 소화효과인 **이산화탄소(CO_2)는** 공기(분자량=29)보다 **1.5배 무거워서** 화재시 가연물을 감싸 산소공급을 차단할 수 있다.
 CO_2분자량 계산[C=12, O=16] = 12 + (16×2) = 44 ∴ 44/29 ≒ **1.5**[CO_2 증기비중]

함께 공부

- **물리적 소화의 방법** : 연소의 3요소인 가연성가스(가연물), 산소, 열(점화원)의 양적 변화를 통해 연소를 중단시켜 소화하는 방법
  - 냉각소화 : 연소 중인 가연물의 온도를 떨어뜨려 연소반응을 정지시키는 소화의 방법
  - 질식소화 : 가연물이 연소할 때 공기 중의 산소농도(일반적으로 21%)를 떨어뜨려(보통 15%이하) 연소를 중단시키는 소화 방법
  - 제거소화 : 가연물을 제거하여 소화하는 방법
  - 희석소화 : 가연성의 기체, 액체, 고체에서 발생되는 가연성증기(분해가스)의 농도를 희석시켜(농도를 엷게 하여) 연소하한계 이하로 유지시키는 방법(강풍에 의한 희석소화)
- **화학적 소화의 방법**(=억제소화, 부촉매소화)
  - 활성라디칼을 흡수하여 연소의 4요소인 순조로운 연쇄반응을 **억제**하여 소화하는 방법으로 정촉매의 반대인 **부촉매소화**라고도 한다.
  - 할론계 소화약제, 분말소화약제 등을 이용하여 소화한다.

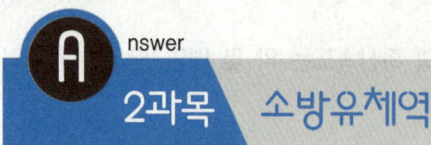

2과목 소방유체역학

✔ 이것이 혁신이다! 기출문제 + 답이색해설

전반적으로 쉬운 계산형 ★★

21 그림과 같이 수조의 밑부분에 구멍을 뚫고 물을 유량 Q로 방출시키고 있다. 손실을 무시할 때 수위가 처음 높이의 1/2로 되었을 때 방출되는 유량은 어떻게 되는가?

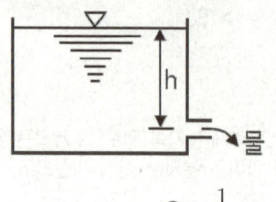

① $\dfrac{1}{\sqrt{2}}Q$　　② $\dfrac{1}{2}Q$　　③ $\dfrac{1}{\sqrt{3}}Q$　　④ $\dfrac{1}{3}Q$

연속방정식의 체적유량과 토리첼리의 정리의 식을 이용하여 아래와 같이 전개한다.

$$Q(체적유량, m^3/\text{sec}) = A(배관의 단면적, m^2) \times V(유속, m/\text{sec})$$

$$u(유속) = \sqrt{2gh} = \sqrt{2\times 중력가속도(m/\text{sec}^2)\times 수위차(m)}$$

$$\dfrac{Q_1(수위\,1/2\,높이\,유량)}{Q(수위\,전체높이\,유량)} = \dfrac{AV_1}{AV} = \dfrac{A\sqrt{2g\dfrac{h}{2}}}{A\sqrt{2gh}} = \dfrac{A\sqrt{g}\sqrt{h}}{A\sqrt{2}\sqrt{g}\sqrt{h}} = \dfrac{1}{\sqrt{2}} \;\rightarrow\; \therefore\; Q_1 = \dfrac{1}{\sqrt{2}}Q$$

- 위와 같이... 루트 내 각 인자를 각각 분리하여, 동일한 인자를 소거하면 식이 쉽게 정리된다.
- 수조 밑 부분에 설치된 오리피스 단면적(A)은 수면이 낮아지더라도 동일한 단면적을 갖는다.
- 수위가 전체높이 h일 때의 유속(V)과, 수위가 1/2 높이($\dfrac{h}{2}$)가 되었을 때의 유속(V_1)은 다르다.

함께공부

- **연속방정식**
  유체가 한 지점(①지점)에서 다른 지점(②지점)으로 정상유동할 때 ①지점의 질량과 ②지점의 질량은 언제나 동일하다는 방정식이다. 즉, 정상류 상태의 물의 흐름에 질량 보존의 법칙을 적용하여 얻어진 방정식이 연속방정식이다. 따라서 관속을 흐르는 물의 유량은 유입되는 유량과 유출되는 유량이 동일하다는 법칙이 적용된다.

$$Q(체적유량, m^3/\text{sec}) = A(배관의 단면적, m^2) \times V(유속, m/\text{sec})$$

$$Q_1 = Q_2$$
$$A_1 \cdot V_1 = A_2 \cdot V_2$$

- **토리첼리의 정리[Torricelli's theorem]**
  - 수조의 측면 또는 저면의 오리피스(작은구멍)에서 유출하는 물의 유속과 수면까지의 높이와의 관계를 나타내는 정리
  - 수조의 단면이 오리피스에 비해 매우 커서 수위는 거의 변함이 없다(수조의 유속 = "0")고 가정하고 마찰저항을 고려하지 않는다면 수조에서 유출되는 모든 유선상의 입자는 기계적 에너지 h(수위차)를 가지며, 이렇게 정리된 식 $u=\sqrt{2gh}$ 는 물체가 자유 낙하할 때의 낙하속도와 일치한다. $V(유속) = \sqrt{2gh} = \sqrt{2\times 중력가속도(m/\text{sec}^2)\times 수위차(m)}$

계산 없는 단순 암기형 ★★★★★

22 다음 중 등엔트로피 과정은 어느 과정인가?

① **가역 단열과정**　　② 가역 등온과정　　③ 비가역 단열과정　　④ 비가역 등온과정

상태변화와 엔트로피

① **가역 단열과정(등엔트로피 과정)**
- 외부와 차단되어서 열의 변화가 없는 과정
- 단열과정은 단열상태이므로... **열량의 변화가 없으므로 엔트로피의 변화도 없는 과정**[엔트로피가 일정한 과정]에 해당한다.

$$\therefore \Delta S = 0 \text{ [엔트로피 변화 = 0]}$$

② **가역 등온과정(카르노사이클 과정의 일부)**
- **등온팽창** : 고온체에서 열이 공급되어, **고열상태**이므로 그만큼 손실되는 에너지도 증가한다는 의미이다. 따라서 **엔트로피(S, 손실되는 에너지)도 증가**하는 과정에 해당한다.
- **등온압축** : 저온체에 열을 방출하면, **저열상태**이므로 그만큼 손실되는 에너지도 감소한다는 의미이다. 따라서 **엔트로피(S, 손실되는 에너지)도 감소**하는 과정에 해당한다.

③ **비가역과정** : 공급되는 열량의 변화가 있어 엔트로피도 증가하는 과정 $\therefore \Delta S > 0$

$$\Delta S (\text{엔트로피 변화량, } kJ/K) = \frac{\Delta Q}{T} = \frac{\text{열량 변화량}[kJ]}{\text{계의 절대온도}[K]}$$

함께공부

엔트로피(S)의 기본개념 ☞ 손실되는(버려지는) 에너지 = 일로 변환시킬 수 없는 에너지
- 엔트로피(S)란 에너지의 변화나 전환을 의미하는데... 엔트로피(Entropy) = 에너지(Energy) + 변환(Tropy)
- 루돌프 클라우지우스는 열은 저온에서 고온으로 스스로 이동할 수 없고, 고온에서 저온방향으로 한쪽 방향으로만 흐른다는 개념[비가역적]을 만들고 여기에 변화를 뜻하는 고대 그리스어인 엔트로피라는 이름을 붙였다. ☞ **열역학 제2법칙**
- 볼츠만은 엔트로피(ΔS)를 조금 더 쉽게 정의하였는데...... 계(system)내의 무질서의 정도[**무질서도**](어지럽게 정리되는 않은)를 나타내는 상태량으로 정의하였다. 즉 무질서하면 무질서할수록 엔트로피가 높다는 것이다.
- 자연현상에 있어서 무질서가 질서있게 바뀌는 것을 기대할 수 없다. 이것이 바로 엔트로피의 비가역성에 해당한다. 따라서 자연의 모든 현상은 엔트로피가 증가(무질서가 증가)하는 방향으로 일어난다.
- 엔트로피를 이해하는데 있어 가장 중요한 개념은... 엔트로피는 **자발성의 방향**[비가역적](자연적으로 발생되는 성질에 대한 방향)을 나타내기 위해 만들어낸 상태함수 라는 것이다. 즉 **엔트로피가 높아지는(증가하는) 방향**을 자발적인 방향으로 정의하였다. 다시말해, 이 세상의 모든 **자발적인 반응**(자연적으로 발생되는 반응)은 엔트로피가 높아지는 것이다.

[전반적으로 쉬운 계산형] ★★

23 비중이 0.95인 액체가 흐르는 곳에 그림과 같이 피토 튜브를 직각으로 설치하였을 때 h가 150mm, H가 30mm로 나타났다면 점 1위치에서의 유속(m/s)은?

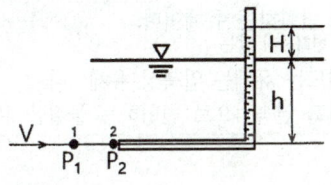

① 0.8   ② 1.6   ③ 3.2   ④ 4.2

P_2의 2지점은... **피토 튜브(피토관)**[관내에서 꺾인 액주계]에 의해 유체가 흐르지 못하고 정지되어 있는 상태 즉 **정체압(전압)**[=정압+동압]이 걸려있는 상태이다.
반면 P_1의 1지점은... 유체가 흐르는 상태이다. 따라서 유속이 발생하게 되고, 유체 유동시 유속에 의해 생성되는 압력인 **동압**이 발생된다.

P_2의 2지점은... **정압인 h(=150mm)와 동압인 H(=30mm)의 합인 전압(정체압)**[=정압+동압]이 걸려있는 상태이다.
P_1의 1지점은... 흐르고 있는 상태이므로 **동압(수두)인 H(=30mm)**에 해당한다.
따라서, 토리첼리의 정리식을 이용해... P_1의 1지점 유속(V)을 아래와 같이 계산할 수 있다.

$$V(\text{유속}) = \sqrt{2gh} = \sqrt{2 \times \text{중력가속도}(9.8 m/sec^2) \times \text{동압수두}(m)} = \sqrt{2 \times 9.8 m/s^2 \times 0.03 m} = 0.77 m/s$$

* 정압(수두) = h = 150mm = 0.15m
* 동압(유체 유동시 유속에 의해 생성되는 압력) = H = 30mm = 0.03m [유속에 의해 생긴 수두]
* 전압(수두) = 정압(수두) + 동압(수두) = h + H = 0.15m + 0.03m = 0.18m

함께 공부

전압, 정압, 동압의 관계
- 전압 = 정압 + 동압   • 정압 = 전압 - 동압   • 동압 = 전압 - 정압
- 유체 유동시 : 전압 > 정압
- 유체 정지시 : 전압 = 정압, 동압 = 0 ∴ 유속을 측정하려면 동압 필요
- 유속이 빠르면 빠를수록 정압은 작아진다.
- 관 중심의 유속이 가장 빠르고 관벽은 "유속=0"으로 본다. 즉, 관벽은 유체가 흘러가지 않는 것으로 본다.
- 정지 유체시 압력은 정압이라고 해도 되고, 전압이라고 해도 된다. ∵ 전압 = 정압 임으로... 그러나 보통 정지시에는 정압이라고 말한다.
- 유체 유동시 유속에 의해 생성되는 압력이 동압이며 유체가 유동하면 정압이 낮아지고 동압이 발생한다.

포기해도 되는 계산형 포기해도 합격에 전혀 지장없는 문제

24 어떤 밀폐계가 압력 200kPa, 체적 0.1m³인 상태에서 100kPa, 0.3m³인 상태까지 가역적으로 팽창하였다. 이 과정이 P-V 선도에서 직선으로 표시된다면 이 과정 동안에 계가 한 일(kJ)은?

① 20   ② 30   ③ 45   ④ 60

본 문제는 이해과정이 복잡한 계산문제로서... 소방설비기사 실기시험에서 등장하지 않는 개념과 문제이므로, 공부하지 않고 **포기하는 것이 더 현명합니다.** 따라서 지면과 노력낭비를 방지하기 위하여 해설이 없습니다.

함께 공부

$W(\text{외부에 한 일}) = P[kPa = kN/m^2] \times V[m^3] = kN \cdot m = kJ$

① P-V 선도에서 **사각형 면적**만큼 한 일 = $P(200kPa - 100kPa) \times V(0.3m^3 - 0.1m^3) = 20kJ$

② P-V 선도에서 **삼각형 면적**만큼 한 일 = 사각형의 $\frac{1}{2}$ = $\dfrac{P(200kPa - 100kPa) \times V(0.3m^3 - 0.1m^3)}{2} = 10kJ$

③ 전체 계가 한 일 $W = 20kJ + 10kJ = 30kJ$

계산 없는 단순 암기형 ★★★★★

25 유체에 관한 설명으로 틀린 것은?
① 실제유체는 유동할 때 마찰로 인한 손실이 생긴다.
② 이상유체는 높은 압력에서 밀도가 변화하는 유체이다.
   　　　　　　　　　　　　　　　　변화하지 않는
③ 유체에 압력을 가하면 체적이 줄어드는 유체는 압축성 유체이다.
④ 전단력을 받았을 때 저항하지 못하고 연속적으로 변형하는 물질을 유체라 한다.

- **유체**
  - 액체와 기체를 총칭하여 유체라 한다.
  - 일반적으로 형상이 정해져 있지 않으며 변형이 쉽고 흐르는 성질을 갖고 있다.
  - 유체에 외력(전단력)이 작용하면 저항하지 못하고 연속적으로 변형을 일으키는 물질이다.
  - 유체에 외력(전단력)을 제거하여도 곧 바로 평형을 이루지 못하고 계속하여 변형을 일으키는 물질이다.
  - ※ **전단력(마찰력)** : 작용하는 면에 대해 평행하게 작용하는 힘이며, 마찰력이라고도 한다.
  - ※ **응력** : 유체에 힘(외력)이 가해질 때, 유체 내부에서는 그 형태를 유지하기 위해 저항하려는 힘이 발생한다. 이 저항을 응력이라 한다. 응력은 하중의 종류에 따라서 인장응력, 수직응력, 전단응력 등으로 구분한다.
- **실제유체** : 점성(끈끈한 정도)을 가지는 모든 유체(**점성 유체**)로서 **마찰손실이 발생**한다. 따라서 실체유체는 유체에 마찰력(전단력)을 가할 수 있으므로, 그 유체에서는 전단응력이 발생하게 된다.
- **이상유체**
  - 점성이 없어 마찰손실이 발생하지 않는 **비점성** 유체
  - 압력이 작용하여도 밀도(부피)의 변화가 없는 **비압축성**(압축되지 않는) 유체
  - 즉 이상유체는 실제 존재하지 않는 가상유체로서, **비점성·비압축성** 유체이다.

함께공부

- **압축성 유체**
  - 주위의 변화(온도, 압력 등)에 따라 **밀도(부피, 체적)가 변하는** (줄어드는) 유체
  - 일반적으로 **기체**에 어떤 힘이 작용하면, 밀도(부피)가 쉽게 변해 압축성 유체로 분류한다.
  - 만약 **액체에 강한 힘이 작용**하여 약간의 밀도(부피)가 변하는 경우라면 그 액체도 압축성 유체로 볼 수 있다.
    예시> 수압철판속의 수격작용, 디젤엔진에 있어서 연료 수송관의 충격파
- **비압축성 유체**
  - 주위의 변화(온도, 압력 등)에도 밀도(부피, 체적)의 변화가 없는 유체
  - 일반적으로 **액체**는 자유롭게 모양을 바꿀 수 있으나, 어떤 힘이 작용하여도 밀도(부피)가 잘 변하지 않아 비압축성 유체로 분류한다.
  - 만약 **기체에 아주 약한 힘이 작용**하여 밀도(부피)의 변화가 없는 경우라면 그 기체도 비압축성 유체로 볼 수 있다.
    예시> 달리는 물체 주위의 기류, 건물 둘레를 흐르는 기류

포기해도 되는 계산형 포기해도 합격에 전혀 지장없는 문제

26 대기압에서 10℃의 물 10kg을 70℃까지 가열할 경우 엔트로피 증가량(kJ/K)은? (단, 물의 정압비열은 4.18 kJ/kg·K이다.)

① 0.43   ② 8.03   ③ 81.3   ④ 2508.1

본 문제는 이해과정이 복잡한 계산문제로서… 소방설비기사 실기시험에서 등장하지 않는 개념과 문제이므로, 공부하지 않고 **포기하는 것이 더 현명**합니다. 따라서 지면과 노력낭비를 방지하기 위하여 해설이 없습니다.

함께공부

비가역과정에서 엔트로피의 증가 ☞ 공급되는 열량의 변화가 있어 엔트로피도 증가하는 과정($\Delta S > 0$)

ΔS(엔트로피 증가량) $= m$(질량)$\times C_P$(정압비열)$\times \ln \dfrac{T_2(\text{나중 절대온도})}{T_1(\text{처음 절대온도})} = 10kg \times 4.18 \times \ln \dfrac{(273+70)K}{(273+10)K} = 8.037\,kJ/K$

포기해도 되는 계산형 포기해도 합격에 전혀 지장없는 문제

27 물속에 수직으로 완전히 잠긴 원판의 도심과 압력중심 사이의 최대거리는 얼마인가? (단, 원판의 반지름은 R이며, 이 원판의 면적 관성모멘트는 $I_{XC} = \pi R^4/4$이다.)

① R/8   ② R/4   ③ R/2   ④ 2R/3

본 문제는 이해와 계산과정 모두 복잡한 계산문제로서… 소방설비기사 실기시험에서 등장하지 않는 개념과 문제이므로, 공부하지 않고 **포기하는 것이 더 현명**합니다. 따라서 지면과 노력낭비를 방지하기 위하여 해설이 없습니다.

함께공부

1. 수면 ~ 원판의 압력중심까지의 거리(y_P)

$y_P = \dfrac{\dfrac{\pi R^4}{4}(\text{관성모멘트})}{R(\text{반지름})\times \pi R^2(\text{원의면적})} + R(\text{반지름}) = \dfrac{\pi R^4}{4R\pi R^2} + R = \dfrac{R}{4} + R = \dfrac{1}{4}R + \dfrac{4}{4}R = \dfrac{5}{4}R$

2. 수면과 원판의 도심(도형중심)까지의 거리(반지름 R) $= \dfrac{4}{4}R$

3. 원판의 압력중심(y_P) ~ 도형중심(R) 사이의 최대거리 $= y_P - R = \dfrac{5}{4}R - \dfrac{4}{4}R = \dfrac{1}{4}R = \dfrac{R}{4}$

복잡하고 어려운 계산형 ★

28 점성계수가 0.101 N·s/m², 비중이 0.85인 기름이 내경 300mm, 길이 3km의 주철관 내부를 0.0444 m³/s의 유량으로 흐를 때 손실수두(m)는?

① 7.1   ② 7.7   ③ 8.1   ④ 8.9

해설

1. 달시-와이스바하 방정식(h_L)

문제에서 관마찰계수(f)가 주어지지 않았으므로... 점성계수(= 절대점성계수 = 절대점도) 0.101 N·s/㎡를 이용하여 레이놀즈수($ReNo$)를 먼저 구한 후, 층류흐름에 적용이 가능한 관마찰계수의 공식을 통해 계산하여야 한다.

마찰손실(h_L)을 수두(m, mH_2O)로 구하는 방정식인 **달시-와이스바하 방정식**

$$h_L(mH_2O) = f\frac{L(m)}{D(m)}\frac{V^2(m/\sec)^2}{2g(m/\sec^2)} \qquad 마찰손실수두 = 관마찰계수 \times \frac{직관의\ 길이}{배관의\ 직경} \times \frac{유속^2}{2 \times 중력가속도}$$

2. 연속방정식 중 체적유량(Q, volume flow rate)을 통해 유체속도(V)를 구한다.

유량의 단위가 m³/s 즉, 초당(sec) m³[체적=부피]이므로, 연속방정식 중 **체적유량(Q)**을 적용해... 유체의 속도(V)를 구한다.

$$Q(체적유량, m^3/\sec) = A(배관의\ 단면적, m^2) \times V(유체속도, m/\sec) \quad *A = \frac{\pi \cdot D^2}{4} \quad D=직경(지름)$$

$$V = \frac{Q}{\frac{\pi \cdot D^2}{4}} = \frac{0.0444\,m^3/s}{\frac{\pi}{4}(0.3m)^2} = 0.63\,m/\sec$$

- 내경(직경, D) = 300mm = 0.3m   *1000mm = 100cm = 1m

3. 레이놀즈수($ReNo$)를 구한다. → 절대점성계수가 주어졌으므로 **절대점도를 통한 레이놀즈수**를 구하는 공식을 적용한다.

$$ReNo(레이놀즈수) = \frac{D(직경) \cdot V(유속) \cdot \rho(밀도)}{\mu(절대점도)} = \frac{m \times m/\sec \times kg/m^3}{kg/m \cdot \sec} = \frac{kg/m \cdot \sec}{kg/m \cdot \sec} = 단위없음$$

* 비중이 0.85인 기름의 밀도 → $S(액체비중, 0.85) = \dfrac{\rho[기름의\ 밀도(kg/m^3)]}{\rho_w[물의\ 밀도(1000\,kg/m^3)]}$

$$\therefore \rho = S \times \rho_w = 0.85 \times 1000\,kg/m^3 = 850\,kg/m^3$$

$$ReNo = \frac{0.3\,m \times 0.63\,m/\sec \times 850\,kg/m^3}{0.101\,N \cdot s/m^2} = 1590.6$$

4. 층류흐름에 적용이 가능한 관마찰계수의 공식에 대입한다. → 관마찰계수(f) = $\dfrac{64}{ReNo} = \dfrac{64}{1590.6} = 0.04$

3번에서 계산된 레이놀즈 값이 2100보다 작음으로... 층류흐름에 적용이 가능한 관마찰계수 식을 통해 계산할 수 있다.

$$관마찰계수(f) = \frac{64}{ReNo(레이놀즈수)} \quad [층류흐름시\ 적용]$$

5. 길이 3km(=3000m)의 주철관에서의 수두손실[m]

$$h_L(m) = f\frac{L}{D}\frac{V^2}{2g} = 0.04 \times \frac{3000\,m}{0.3\,m} \times \frac{(0.63\,m/s)^2}{2 \times 9.8\,m/s^2} = 8.1\,m$$

포기해도 되는 계산형 포기해도 합격에 전혀 지장없는 문제

29 그림과 같은 곡관에 물이 흐르고 있을 때 계기압력으로 P₁이 98 kPa이고, P₂가 29.42 kPa이면 이 곡관을 고정 시키는데 필요한 힘(N)은? (단, 높이차 및 모든 손실은 무시한다.)

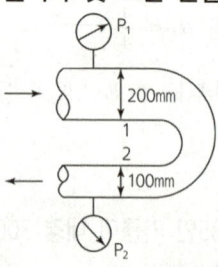

① 4141   ② 4314   ③ 4565   ④ **4744**

본 문제는 이해와 계산과정 모두 복잡한 계산문제로서... 소방설비기사 실기시험에서 등장하지 않는 개념과 문제이므로, 공부하지 않고 포기하는 것이 더 현명합니다. 따라서 지면과 노력낭비를 방지하기 위하여 해설이 없습니다.

함께공부

$\Delta F(\text{힘}, N) = [P_1(\text{압력}) \times A_1(\text{단면적})] + [P_2 \times A_2] + [\rho(\text{밀도}) \times Q(\text{유량}) \times (V_1 + V_2)\text{속도}]$

$= 98,000 N/m^3 \times \dfrac{\pi \times (0.2m)^2}{4} + 29,420 N/m^3 \times \dfrac{\pi \times (0.1m)^2}{4} + 1000 kg/m^3 \times 0.0949 m^3/s \times (3.023 + 12.092) m/s = 4744.24 N$

① 베르누이 방정식을 통해 유속을 구한다.

$\dfrac{P_1}{\gamma} + \dfrac{V_1^2}{2g} = \dfrac{P_2}{\gamma} + \dfrac{V_2^2}{2g}$ ➡ $\dfrac{98}{9.8} + \dfrac{V_1^2}{2 \times 9.8} = \dfrac{29.42}{\gamma} + \dfrac{(4V_1)^2}{2 \times 9.8}$ ∴ $V_1 = 3.023 m/s$, $V_2 = 4 \times 3.023 = 12.092 m/s$

* $Q_1 = Q_2$ ➡ $A_1 \cdot V_1 = A_2 \cdot V_2$ ➡ $V_2 = \dfrac{A_1}{A_2} V_1 = \dfrac{\frac{\pi \times 0.2^2}{4}}{\frac{\pi \times 0.1^2}{4}} \times V_1 = 4V_1$

② 연속방정식을 통해 체적유량을 구한다. ➡ $Q = A_1 \cdot V_1 = \dfrac{\pi \times 0.2^2}{4} \times 3.023 = 0.0949 m^3/s$

전반적으로 쉬운 계산형 ★★

30 물의 체적을 5% 감소시키려면 얼마의 압력(kPa)을 가하여야 하는가? (단, 물의 압축률은 $5 \times 10^{-10} m^2/N$ 이다.)

① 1　　　　② 10^2　　　　③ 10^4　　　　④ 10^5

문제에서 압축률이 주어졌으므로 압축률을 통해 체적탄성계수를 구한 후, 체적을 5% 감소시키기 위해 가하여야 하는 압력을 계산한다.

1. 압축률 (β 베타, m^2/N, Pa^{-1}, cm^2/kgf)
   체적탄성계수의 역수로서 압축(P)에 의해 물질의 부피(V)가 변화하기 쉬운 정도를 나타내는 수치이다.

   $\beta = \dfrac{1}{K(\text{체적탄성계수})}$

   $K(\text{체적탄성계수}) = \dfrac{1}{\beta} = \dfrac{1}{5 \times 10^{-10} m^2/N} = 2 \times 10^9 N/m^2 (Pa) = 2 \times 10^6 kN/m^2 (kPa)$　　＊ $1000 Pa = 1 kPa$

2. 체적탄성계수(K, N/m^2, Pa = 압력의 단위)
   체적변화율(5%)에 대한 압력의 변화(? kPa). 즉 압력을 변화시켰을 때 체적이 얼마나 감소하는지를 말하는 것으로, 체적탄성계수가 크다는 의미는 그 만큼 빡빡하다는 의미이고 그에 따라 압축하기 어렵다는 의미이다.

   $K(\text{체적탄성계수}) = \dfrac{\Delta P(\text{변화된 압력})}{\dfrac{\Delta V(\text{변화된 부피})}{V(\text{처음 부피})}}$ ➡ $\Delta P [kPa] = K \times \dfrac{\Delta V}{V} = 2 \times 10^6 \times 0.05 = 1 \times 10^5 kPa$

   • 물의 체적을 5% 감소 = 체적변화율($\dfrac{\Delta V}{V}$) 5% = 퍼센트의 단위를 제거하면... 0.05가 된다.

   • 가하여야 하는 압력 = 변화된 압력(ΔP) = ? kPa

함께공부

체적탄성계수 (K, N/m^2, Pa 파스칼, cm^2/kgf)
① 단위 면적당 외력의 강도와 체적의 변형비. 단위는 압력(N/m^2, Pa, kgf/cm^2)의 단위를 사용한다.
② **체적변화율에 대한 압력의 변화.** 즉 압력을 변화시켰을 때 체적이 얼마나 감소하는지를 계수로 나타낸 것. 체적탄성계수가 크다는 의미는 그 만큼 빡빡하다는 의미이고 그에 따라 압축이 잘 되지 않는다는 의미이다.
③ 체적탄성계수는 압축성유체에 적용하는 식이 아니라 **비압축성유체에 적용하는** 식이다. 비압축성인 **액체**에 매우 큰 압력이 가해지면 약간의 체적의 감소가 발생하는데 이의 정도를 체적탄성계수로 표현하였다.
④ 아래 공식에서 체적이 V인 액체에 ΔP 만큼의 압력이 가해지면, 체적이 ΔV 만큼 감소하므로 공식에서는 음(-)을 표현했으나 실제로 체적탄성계수는 음(-)의 수가 될 수 없으므로 **계산시는 적용하지 아니한다.**
⑤ 또한 체적변화율에 대한 압력의 변화뿐만 아니라 밀도, 비중량의 변화율에 대한 압력의 변화도 살펴볼 수 있다.

〈부피〉　　〈밀도〉　　〈비중량〉

$K = -\dfrac{\Delta P(\text{변화된 압력})}{\dfrac{\Delta V(\text{변화된 부피})}{V(\text{처음 부피})}} = \dfrac{\Delta P}{\dfrac{\Delta \rho}{\rho}} = \dfrac{\Delta P}{\dfrac{\Delta \gamma}{\gamma}} = \dfrac{1}{\beta(\text{압축률})}$

압축률 (β, m^2/N, Pa^{-1}, cm^2/kgf)
① 체적탄성계수의 역수(β 베타, m^2/N, cm^2/kgf)로서 **압축(P)에 의해 물질의 부피(V)가 변화하기 쉬운 정도**를 나타내는 수치이다.
② 즉, 압축률이 크다는 의미는... 그 만큼 압축하기 쉽다는 것을 의미한다.

③ 압축률은 압력(P)에 대한 밀도(ρ)의 변화율과 같다.
④ 유체의 체적(부피)이 감소하면, 부피가 감소한 만큼 공간이 좁아져 유체의 밀도(빽빽한 정도)는 증가한다.

$$\beta = \frac{1}{K(\text{체적탄성계수})} = -\frac{\frac{\Delta V}{V}}{\Delta P} = \frac{\frac{\Delta \rho}{\rho}}{\Delta P} = \frac{\frac{\Delta \gamma}{\gamma}}{\Delta P}$$

전반적으로 쉬운 계산형 ★★

31 옥내소화전에서 노즐의 직경이 2㎝이고, 방수량이 0.5㎥/min이라면 방수압(계기압력, kPa)은?

① 35.18　　② **351.8**　　③ 566.4　　④ 56.64

옥내소화전 노즐에서 유량측정 공식 → $Q[L/min] = 0.653 D^2 [mm] \times \sqrt{10 \cdot P} [MPa]$ * 필수암기공식이므로 반드시 외우자~

1. 조건정리
   - 노즐직경(안지름, D) = 2cm = 20mm　*1000mm = 100㎝ = 1m
   - 유량(Q)의 단위가 m³이므로, L(리터)의 단위로 변경하기 위해 1000으로 곱해 주어야 한다.
   → $0.5㎥/min = \frac{0.5 m^3}{min} \times \frac{1000 L}{1 m^3} = 500 L/min$

2. 방수압(P)의 계산(kPa)
   ① $500[L/min] = 0.653 \times 20^2 [mm] \times \sqrt{10 \times P[MPa]}$ → $P[MPa] = \frac{\left\{\frac{500[L/min]}{0.653 \times 20^2 [mm]}\right\}^2}{10} = 0.366 MPa$
   ② 방수압(P)의 단위변경 → 0.366 MPa = 366 kPa　*1000kPa = 1MPa
   ※ 위 풀이가 실기에서 사용할 정식 풀이이므로... 그냥 근사값 351.8을 선택하면 된다.

전반적으로 쉬운 계산형 ★★

32 공기 중에서 무게가 941N인 돌이 물속에서 500N이라면 이 돌의 체적(㎥)은? (단, 공기의 부력은 무시한다.)

① 0.012　　② 0.028　　③ 0.034　　④ **0.045**

이 문제는 부력에 관한 문제인데... **부력**은 유체 내의 어떤 물체에 대하여 수직 상향으로 작용하는 힘. 쉽게 말해, 유체 내에서 **물체를 띄우려는 힘**을 말한다.

부력(=잠긴 물체의 무게)[N] = 유체의 비중량(=잠긴 물체의 비중량)[N/㎥] × 배제된 유체의 체적(=잠긴 물체의 체적)[㎥]

$$F(\text{부력}) = \gamma \cdot V \rightarrow V = \frac{F}{\gamma} = \frac{441 N}{9800 N/m^3} = 0.045 m^3$$

- 부력[N] = 돌의 공기중 무게 - 돌의 물속 무게 = 941[N] - 500[N] = 441[N][물에서 밀어주는 무게]
- 물 비중량(γ) = $1000 kgf/m^3$ = $9800 N/m^3$　*$1 kgf = 9.8 N$
- 돌의 체적(V) = ? m³[=넘쳐흐른 물의 체적]

함 께 공 부

부력
- 유체 내의 어떤 물체에 대하여 수직 상향으로 작용하는 힘. 쉽게 말해, 유체 내에서 **물체를 띄우려는 힘**을 말한다.
- 어떤 물체의 무게가 부력보다 크다면 그 물체는 가라 앉을 것이다. 반대로 부력이 무게보다 크다면 그 물체는 뜰 것이다. 쇳덩어리는 물에 가라앉지만 나무는 물에 뜨는 이유는 쇳덩어리의 경우 무게가 부력보다 크고, 나무는 부력이 나무무게보다 크기 때문이다. 쇠로 만든 배가 뜨는 이유는 물에 잠기는 부피를 크게 설계하여 배의 무게보다 더 큰 부력을 만들었기 때문이다.
- 아르키메데스가 발견했기 때문에 여기에 관계된 원리를 **아르키메데스의 원리**라고도 한다.

포기해도 되는 계산형 포기해도 합격에 전혀 지장없는 문제

33 그림과 같이 비중이 0.8인 기름이 흐르고 있는 관에 U자관이 설치되어 있다. A점에서의 계기압력이 200kPa일 때 높이 h(m)는 얼마인가? (단, U자관 내의 유체의 비중은 13.6이다.)

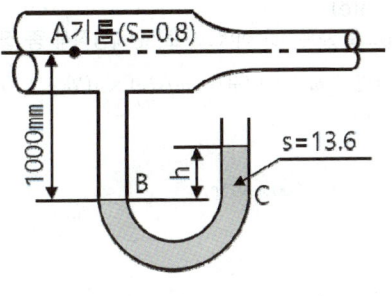

① 1.42   ② 1.56   ③ 2.43   ④ 3.20

본 문제는 이해과정이 복잡한 계산문제로서... 소방설비기사 실기시험에서 등장하지 않는 개념과 문제이므로, 공부하지 않고 **포기하는 것이 더 현명**합니다. 따라서 지면과 노력낭비를 방지하기 위하여 해설이 없습니다.

함께공부

$P_B = P_C$ [기름하단 지점(B)과... 수평선을 그은 수은지점(C)의 압력(P)은 동일하다는 전제로 식을 세운다]

$P_A + \gamma_{1(기름)} h_1 = \gamma_{2(수은)} h$ → $h = \dfrac{P_A + \gamma_{1(기름)} h_1}{\gamma_{2(수은)}} = \dfrac{200\,kN/m^2 + \{(0.8 \times 9.8\,kN/m^3) \times 1m\}}{13.6 \times 9.8\,kN/m^3} = 1.56\,m$

다소 어려운 계산형

34 열전달 면적이 A이고, 온도 차이가 10℃, 벽의 열전도율이 10 W/m·K, 두께 25cm인 벽을 통한 열류량은 100 W이다. 동일한 열전달 면적에서 온도 차이가 2배, 벽의 열전도율이 4배가 되고 벽의 두께가 2배가 되는 경우 열류량(W)은 얼마인가?

① 50   ② 200   ③ 400   ④ 800

1. 열전달이란 온도가 높은 영역으로부터 낮은 영역으로 에너지가 이송되는 열흐름 메커니즘을 말하며, Fourier(푸리에)의 전도법칙에 따르면 열전달률(=전도열량=열유동율) [°q] [단위 시간당 발생되는 열량(W=J/s)]은...

$°q[W] = kA\dfrac{T_1 - T_2}{L} = k(열전도도, 열전도계수) \times A(수열면적, 단면적) \dfrac{\Delta T(내·외부의 온도차)}{L(두께)}$

2. 변화없는 처음상태 조건정리 및 열전달 면적 계산
• 벽의 열전도율 [k] = 10[W/m·K]
• 내·외부의 온도차 [ΔT] = 절대온도(켈빈온도)[K]는... 10[℃] = 10[K]   *온도차는 273을 더한 켈빈온도와 섭씨온도가 동일하다.
• 벽의 두께(L)[m] = 25[cm] = 0.25[m]   *1000mm = 100cm = 1m
• 벽을 통한 열류량(열전달률=전도열량) [°q] = 100W
• 열전달 면적 [A] = ? ㎡

위 공식을 면적(A) 중심으로 정리하여 조건을 대입하면... $A[m^2] = \dfrac{L \times °q[W]}{k \times \Delta T} = \dfrac{0.25m \times 100W}{10W/m·K \times 10K} = 0.25\,m^2$

3. 변화된 후 조건정리 및 계산
• 벽의 열전도율 [k] ☞ 4배 ∴ 40[W/m·K]
• 내·외부의 온도차 [ΔT] ☞ 2배 ∴ 20[℃] = 20[K]
• 벽의 두께 (L)[m] ☞ 2배 ∴ 0.5[m]
• 열전달 면적 [A] ☞ 동일 ∴ 0.25㎡
• 벽을 통한 열류량(열전달률=전도열량) [°q] = ? W

조건이 변화된 후의 열류량을 계산하면... $°q[W] = kA\dfrac{\Delta T}{L} = 40W/m·K \times 0.25m^2 \times \dfrac{20K}{0.5m} = 400\,W$

전반적으로 쉬운 계산형 ★★

35 지름 40cm인 소방용 배관에 물이 80kg/s로 흐르고 있다면 물의 유속(m/s)은?

① 6.4   ② 0.64   ③ 12.7   ④ 1.27

연속방정식 중 질량유량(M, mass flow rate)
문제 조건에서 물이 초당(sec) **80kg**[질량]으로 흐른다고 하였으므로, **연속방정식 중 질량유량(M)**의 식을 적용한다.

$$M(\text{질량유량}, kg/sec) = A(\text{배관의 단면적}, m^2) \times V(\text{유속}, m/sec) \times \rho(\text{밀도}, kg/m^3) \quad *A = \frac{\pi \cdot D^2}{4} \quad D=\text{직경(지름)}$$

1. 조건정리
   - 질량유량(M) = $80\,kg/s$
   - 지름(내경, D) = $40\,cm$ = $0.4\,m$ *1000mm = 100cm = 1m
   - 물의 밀도(ρ) = $1000\,kg/m^3$
   - 물의 유속(V) = $?\,m/s$

2. 물의 유속(V) 계산 ➡ $V = \dfrac{M}{A \times \rho} = \dfrac{M}{\dfrac{\pi \times D^2}{4} \times \rho} = \dfrac{80\,kg/s}{\dfrac{\pi \times (0.4m)^2}{4} \times 1000\,kg/m^3} = 0.64\,m/s$

포기해도 되는 계산형 포기해도 합격에 전혀 지장없는 문제

36 지름이 400mm인 베어링이 400rpm으로 회전하고 있을 때 마찰에 의한 손실 동력(kW)은? (단, 베어링과 축 사이에는 점성계수가 0.049 N·s/m²인 기름이 차 있다.)

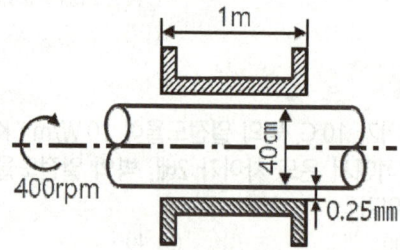

① 15.1   ② 15.6   ③ 16.3   ④ **17.3**

본 문제는 계산과정이 복잡한 계산문제로서... 소방설비기사 실기시험에서 등장하지 않는 개념과 문제이므로, 공부하지 않고 **포기하는 것이 더 현명합니다.** 따라서 지면과 노력낭비를 방지하기 위하여 해설이 없습니다.

함께공부

$P(\text{손실동력}) = F(\text{힘}, N) \times V(\text{속도}, m/s) = 2064N \times 8.38m/s = 17300W = 17.3kW$

- $F = \mu(\text{점성계수}) \times A(\text{면적} = \pi DL) \times \dfrac{du(\text{속도})}{dy(\text{거리})} = 0.049\,N \cdot s/m^2 \times (\pi \times 0.4m \times 1m) \times \dfrac{\pi \times 0.4m \times \dfrac{400rpm/min}{60sec/min}}{0.25 \times 10^{-3}m} = 2064N$

- $V = \dfrac{\pi \times D(\text{직경}) \times N(\text{회전수})}{60sec/min} = \dfrac{\pi \times 0.4m \times 400rpm/min}{60sec/min} = 8.38m/s$

전반적으로 쉬운 계산형 ★★

37 12층 건물의 지하 1층에 제연설비용 배연기를 설치하였다. 이 배연기의 풍량은 500m³/min이고, 풍압이 290Pa일 때 배연기의 동력(kW)은? (단, 배연기의 효율은 60%이다.)

① 3.55   ② **4.03**   ③ 5.55   ④ 6.11

1. 풍량의 단위환산

   $500\,m^3/min = \dfrac{500\,m^3}{1\,min} \times \dfrac{1\,min}{60\,sec} = \dfrac{500\,m^3}{60\,sec} = m^3/sec$

   *수치를 여기에서 계산하면 매우 복잡하므로, 송풍기 동력 공식에 "60"을 분모에 그대로 반영하면 변경된 단위(m³/s)로 적용된다.

2. 풍압을 표준대기압을 이용하여 단위환산

   풍압(전압)단위의 표준대기압은 10332 kgf/m^2 (=mmAq 아쿠아)이고, 파스칼(Pa) 단위의 표준대기압은 101325 Pa 이다.

   $290\,Pa \times \dfrac{10332\,kgf/m^2}{101325\,Pa} = 29.57\,kgf/m^2\,(=mmAq)$

3. 배연기(송풍기)의 축동력 ☞ 문제에서 전달계수가 주어지지 않았으므로 축동력을 묻는 문제로 해석된다.

$$축동력(kW) = \frac{P(풍압, kgf/m^2 = mmAq) \times Q(풍량, m^3/sec)}{\eta_P(효율) \times 102} = \frac{29.57 \, kgf/m^2 \times 500 \, m^3/s}{0.6 \times 102 \times 60} = 4.03 \, kW$$

- 배연기의 효율이 60% 이므로, 퍼센트의 단위를 제거하면... 0.6이 된다.

함께공부

1. 송풍기의 전달(소요, 송풍기) 동력
   ① $kW = \dfrac{P(풍압, kgf/m^2 = mmAq) \times Q(풍량, m^3/sec)}{\eta_P(효율) \times 102} \times K(전달계수)$
   - $P(풍압, 전압) = \gamma(kgf/m^3) \times H(m) = kgf/m^2$
   - $10332 \, kgf/m^2$의 단위에 대한 표준대기압 수치와 $10332 \, mmAq(= mmH_2O)$의 단위에 대한 표준대기압 수치가 동일함으로 단위를 혼용해서 사용할 수 있다.
   ② $HP = \dfrac{P \times Q}{\eta_P \times 76} \times K$ ③ $PS = \dfrac{P \times Q}{\eta_P \times 75} \times K$

2. 송풍기의 축동력 ☞ 송풍기의 운전에 필요한 실제동력. 따라서 **전달계수를 빼고 계산**한다.
   ① $kW = \dfrac{P \times Q}{\eta_P \times 102}$ ② $HP = \dfrac{P \times Q}{\eta_P \times 76}$ ③ $PS = \dfrac{P \times Q}{\eta_P \times 75}$

3. 송풍기의 공기동력 ☞ 송풍기에 의해 공기에 공급되는 동력(유체에 실제로 주어지는 동력). 따라서 **효율은 의미가 없다**.
   ① $kW = \dfrac{P \times Q}{102}$ ② $HP = \dfrac{P \times Q}{76}$ ③ $PS = \dfrac{P \times Q}{75}$

계산 없는 단순 암기형 ★★★★★

38 다음 중 배관의 출구측 형상에 따라 손실계수가 가장 큰 것은?

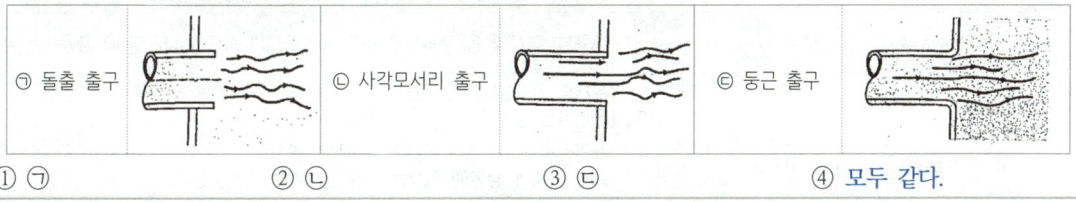

① ㉠ ② ㉡ ③ ㉢ ④ 모두 같다.

실제 유체는 점성을 가지므로 유체가 유동할 때 배관의 접촉면에 마찰이 발생하고 그에 따라 에너지의 손실이 발생하는데 그 손실이 마찰손실이다.

$$마찰손실(h_L, m) = 주(직관)손실 + 부차적(미소)손실$$

1. **주손실** : 직관에서 발생하는 마찰 손실(직선 원관 내의 손실)
2. **부차적손실** : 직관 이외에서 발생되는 마찰손실
   - 배관부품(엘보, 리턴밴드, 티, 리듀서, 유니언, 밸브 등)에서 발생하는 손실
   - 곡선부에 의한 손실, 유동단면의 장애물에 의한 손실
   - 단면의 확대 및 축소에 의한 손실
     - 관 단면의 급격한 축소에 의한 손실(돌연축소관의 손실)
     - 관 단면의 급격한 확대에 의한 손실(돌연확대관의 손실)
   - 파이프(배관) 입구와 출구에서의 손실
     *파이프(배관)의 입구 모서리 부분에 의한 손실계수가 큰 순서
     ☞ 돌출 입구 > 날카로운 모서리(사각 모서리) > 약간 둥근 모서리 > 잘 다듬어진 모서리
   *그림에서 모든 배관의 출구가... 다른 걸리는 것이 없이 자유롭게 방출되고 있으므로, 출구에 대한 손실은 모양에 따라 특별히 다르지 않아, 손실계수는 모두 동일하다.

계산 없는 단순 암기형 ★★★★★

39 원관 내에 유체가 흐를 때 유동의 특성을 결정하는 가장 중요한 요소는?

① 관성력과 점성력 ② 압력과 관성력 ③ 중력과 압력 ④ 압력과 점성력

레이놀즈수[Reynolds number]
- 관내 유체의 흐름이 층류(유체의 규칙적인 흐름)인지, 난류(어지럽고 불안정하게 불규칙적으로 흐르는 것)인지 구분해주는 정량적 수치
- 유체의 흐름에 있어서 점성에 의한 힘이 층류가 될 수 있도록 작용하며, 관성에 의한 힘은 난류를 일으키는 원인으로 작용하고 있다. 이 관성력과 점성력의 비가 레이놀즈수(ReNo)이다.
- 또한 레이놀즈수는 무단위의 수치, 즉 무차원수이므로, 어떤 단위로부터 계산하여도 동일한 값이 산출된다.

$$ReNo(\text{레이놀즈수}) = \frac{D(\text{직경}) \cdot u(\text{유속}) \cdot \rho(\text{밀도})}{\mu(\text{절대점도})} = \frac{D(\text{직경}) \cdot u(\text{유속})}{\nu(\text{동점도})} = \frac{\text{관성력}}{\text{점성력}}$$

- 층류와 난류의 구분
  ① **층류** : ReNo 0 이상 ~ 2100 이하 ⇨ 하임계 레이놀즈수 **2100**(난류에서 층류로 전이되는 레이놀즈수)
  ② **전이(천이, 임계)영역** : ReNo 2101 이상 ~ 3999 이하
  ③ **난류** : ReNo 4000 이상 ~ 끝이 없음 ⇨ 상임계 레이놀즈수 **4000**(층류에서 난류로 전이되는 레이놀즈수)

암기탑! 무차원수 명칭 앞자와 물리적의미 앞자 ➡ 레관점(레고 관점) / 프관중(프랑스 관중) / 마관압(마юᆷ) / 코관탄 / 웨관표 / 오압관

함께공부

무차원수(물리적인 양 중에서 차원이 없는 양을 말하는 것으로, 그 물리적인 크기가 단위와는 관계없는 무단위의 수치)

명칭	물리적 의미	의미
레이놀즈(Reynolds)수	$ReNo = \dfrac{\text{관성력}}{\text{점성력}}$	관내 유체의 흐름이 층류인지, 난류인지 구분해주는 정량적 수치
프루드(Froude)수	$Fr = \dfrac{\text{관성력}}{\text{중력}}$	중력의 영향에 따른 유동 형태를 관성력과 상대적으로 판별하는 것으로, 개수로에 있어서 흐름의 속도와 수면상을 전파하는 파도의 속도와의 비
마하(Mach)수	$M = \dfrac{\text{유속}}{\text{음속}} = \dfrac{\text{관성력}}{\text{압축력}}$	항공기, 미사일 등 고속으로 비행하는 물체의 속도를 나타낼 때 사용되는 수치
코우시(Cauchy)수(코시수)	$Ca = \dfrac{\text{관성력}}{\text{탄성력}}$	유체의 압축성을 판단하는 기준으로 사용되는 수치로서, 액체의 탄성을 특징짓는 물리적인 양
웨버(Weber)수	$We = \dfrac{\text{관성력}}{\text{표면장력}}$	표면장력과 비교하여 유체의 상대적인 관성력을 나타내는 수로서, 유체 체계에서 표면 장력에 영향을 미치는 것을 분석하는데 사용된다.
오일러(Euler)수	$Eu = \dfrac{\text{압축력}}{\text{관성력}}$	오리피스 통과시 유동현상, 공동현상(cavitation) 판단 등 유체에 의해 생성되는 관성력과 압축력에 관련된 수치

전반적으로 쉬운 계산형 ★★

40 토출량이 1800L/min, 회전차의 회전수가 1000rpm인 소화펌프의 회전수를 1400rpm으로 증가시키면 토출량은 처음보다 얼마나 더 증가되는가?

① 10% ② 20% ③ 30% ④ **40%**

문제 조건들이... 회전수(rpm, N), 토출량(Q)이 주어졌으므로, **펌프의 상사법칙**을 통해 답을 구할 수 있다. 아래 표를 식으로 정리하여 답을 도출한다.

유량=토출량(Q)	회전속도=회전수(N)
Q_1(처음 토출량) = 1800 L/min	N_1(처음 회전수) = 1000 rpm
Q_2(변화된 토출량) = ? L/min	N_2(변화된 회전수) = 1400 rpm

1. 유량[Q]은 펌프 회전수에 **정비례**한다. → $Q_1 : N_1 = Q_2 : N_2$

$$Q_2 = \left(\frac{N_2}{N_1}\right) \times Q_1 = \left(\frac{1400\,rpm}{1000\,rpm}\right) \times 1800\,L/min = 2520\,L/min$$

2. 토출량은 처음보다 몇 % 증가되었는지 계산한다. → $\dfrac{2520\,L/min}{1800\,L/min} = 1.4$ [처음보다 1.4배 즉 40% 더 증가하였다]

펌프의 상사법칙
- 상사(相似)라는 사전적 의미는 서로 모양이 비슷함. 닮음. 등의 뜻이 있다.
- 펌프의 용량이 다른 경우에도 비속도(비교회전도)가 같으면 이를 상사(相似)라고 한다.
- 소방에서의 상사법칙은 임펠러의 회전수(rpm) 및 임펠러의 직경을 변화시켰을 때 유량[Q], 전양정(양정)[H], 축동력[L]이 각각 어떻게 변화하겠느냐의 문제이다.
- 유량, 양정, 축동력과의 관계
  ① 유량[Q]은 펌프 회전수에 **정비례**하고, 임펠러 직경의 **3승**에 비례한다.
  ② 양정[H]은 펌프 회전수의 **2승**에 비례하고, 임펠러 직경의 **2승**에 비례한다.
  ③ 축동력[L]은 펌프 회전수의 **3승**에 비례하고, 임펠러 직경의 **5승**에 비례한다.

구분	운전조건	형상조건
유량 Q	회전수 N^1 비례	직경 D^3 비례
양정 H	N^2	D^2
축동력 L	N^3	D^5
비례식 정리		
$Q_1 : N_1 = Q_2 : N_2$		$Q_1 : D_1^3 = Q_2 : D_2^3$
$H_1 : N_1^2 = H_2 : N_2^2$		$H_1 : D_1^2 = H_2 : D_2^2$
$L_1 : N_1^3 = L_2 : N_2^3$		$L_1 : D_1^5 = L_2 : D_2^5$

- $Q_1 = \left(\dfrac{N_1}{N_2}\right) \times \left(\dfrac{D_1}{D_2}\right)^3 \times Q_2$
- $H_1 = \left(\dfrac{N_1}{N_2}\right)^2 \times \left(\dfrac{D_1}{D_2}\right)^2 \times H_2$
- $L_1 = \left(\dfrac{N_1}{N_2}\right)^3 \times \left(\dfrac{D_1}{D_2}\right)^5 \times L_2$

- $Q_2 = \left(\dfrac{N_2}{N_1}\right) \times \left(\dfrac{D_2}{D_1}\right)^3 \times Q_1$
- $H_2 = \left(\dfrac{N_2}{N_1}\right)^2 \times \left(\dfrac{D_2}{D_1}\right)^2 \times H_1$
- $L_2 = \left(\dfrac{N_2}{N_1}\right)^3 \times \left(\dfrac{D_2}{D_1}\right)^5 \times L_1$

유량 양정 축동력 회전수1승2승3승 직경3승2승5승 ➡ 유양축 회123 직325

3과목 소방관계법규

✔ 이것이 혁신이다! 기출문제 + 답이색해설

문장이 답인 문제 ★★★

41 소방시설 설치 및 관리에 관한 법령상 소방시설 등의 **자체점검 중 종합점검**을 받아야 하는 특정소방대상물 **대상 기준으로 틀린** 것은?
① 제연설비가 설치된 터널
② 스프링클러설비가 설치된 특정소방대상물
③ 공공기관 중 연면적이 1000㎡ 이상인 것으로서 옥내소화전설비 또는 자동화재탐지설비가 설치된 것(단, 소방대가 근무하는 공공기관은 제외한다.)
④ 호스릴 방식의 물분무등소화설비만이 설치된 연면적 5000㎡ 이상인 특정소방대상물

1. **스프링클러**설비가 설치된 모든 특정소방대상물은 **종합점검** 대상에 해당한다.
2. **물분무등소화설비**가 설치된 연면적 **5,000㎡ 이상**인 특정소방대상물(제조소등 제외)은 **종합점검** 대상에 해당한다.
3. 종합점검 제외 대상
   - **호스릴방식**의 물분무등소화설비만을 설치한 경우는 제외
   - 물분무등소화설비가 설치된 **제조소등**은 제외
   - 다중이용업의 영업장 중 **비디오물소극장업**은 제외
   - 공공기관 중 **소방대가 근무하는 공공기관**은 제외
   - 제연설비가 설치되지 않은 터널

함께공부

1. **종합점검**: 소방시설등의 작동점검을 포함하여 소방시설등의 설비별 주요 구성 부품의 구조기준이 화재안전기준과 건축법 등 관련 법령에서 정하는 기준에 적합한 지 여부를 소방청장이 정하여 고시하는 소방시설등 종합점검표에 따라 점검하는 것을 말하며, 다음과 같이 구분한다.
   ① **최초점검**: 특정소방대상물의 소방시설등이 신설되어 소방시설이 새로 설치되는 경우… 건축법에 따라 건축물이 사용승인이 되어 건축물을 사용할 수 있게 된 날부터 60일 이내 점검하는 것을 말한다.
   ② **그 밖의 종합점검**: 최초점검을 제외한 종합점검을 말한다.
2. 종합점검에 해당하는 특정소방대상물
   - 소방시설등이 **신설된** 특정소방대상물
   - 스프링클러설비가 설치된 특정소방대상물
   - 물분무등소화설비[호스릴방식의 물분무등소화설비만을 설치한 경우는 제외]가 설치된 연면적 5,000㎡ 이상인 특정소방대상물(제조소등은 제외)
   - 단란주점영업과 유흥주점영업, 영화상영관ㆍ비디오물감상실업ㆍ비디오물소극장업 및 복합영상물제공업(비디오물소극장업은 제외), 노래연습장업, 산후조리업, 고시원업 및 안마시술소의 **다중이용업의 영업장**이 설치된 특정소방대상물로서 연면적이 2,000㎡ 이상인 것
   - 제연설비가 설치된 터널
   - **공공기관**(국공립학교 및 사립학교 포함) 중 연면적이 1,000㎡ 이상인 것으로서 **옥내소화전설비** 또는 **자동화재탐지설비**가 설치된 것. 다만, 소방대가 근무하는 공공기관은 제외한다.

문장이 답인 문제 ★★

42 위험물안전관리법령상 제조소등이 아닌 장소에서 지정수량 이상의 위험물을 취급할 수 있는 경우에 대한 기준으로 맞는 것은? (단, 시ㆍ도의 조례가 정하는 바에 따른다.)

① 관할 소방서장의 승인을 받아 지정수량 이상의 위험물을 60일 이내의 기간 동안 임시로 저장 또는 취급하는 경우
② 관할 소방대장의 승인을 받아 지정수량 이상의 위험물을 60일 이내의 기간 동안 임시로 저장 또는 취급하는 경우
③ **관할 소방서장의 승인을 받아 지정수량 이상의 위험물을 90일 이내의 기간 동안 임시로 저장 또는 취급하는 경우**
④ 관할 소방대장의 승인을 받아 지정수량 이상의 위험물을 90일 이내의 기간 동안 임시로 저장 또는 취급하는 경우

1. 지정수량 이상의 위험물을 저장소가 아닌 장소에서 저장하거나 제조소등이 아닌 장소에서 취급하여서는 아니된다.
2. 다음에 해당하는 경우에는 제조소등이 아닌 장소에서 **지정수량 이상의 위험물을 취급**할 수 있다. 이 경우 임시로 저장 또는 취급하는 장소에서의 저장 또는 취급의 기준과 임시로 저장 또는 취급하는 장소의 위치ㆍ구조 및 설비의 **기준은 시ㆍ도의 조례로 정한다.**
   - 시ㆍ도의 조례가 정하는 바에 따라 **관할소방서장의 승인을 받아** 지정수량 이상의 위험물을 **90일 이내의 기간동안 임시로 저장 또는 취급**하는 경우
   - 군부대가 지정수량 이상의 위험물을 군사목적으로 임시로 저장 또는 취급하는 경우

단어가 답인 문제 ★

43 화재의 예방 및 안전관리에 관한 법령상 **화재예방강화지구의 지정권자**는?

① 소방서장 ② **시ㆍ도지사** ③ 소방본부장 ④ 행정안전부장관

화재예방강화지구: 특별시장ㆍ광역시장ㆍ특별자치시장ㆍ도지사 또는 특별자치도지사(이하 "**시ㆍ도지사**"라 한다)가 화재발생 우려가 크거나 화재가 발생할 경우 피해가 클 것으로 예상되는 지역에 대하여 화재의 예방 및 안전관리를 강화하기 위해 지정ㆍ관리하는 지역을 말한다.

단어가 답인 문제 ★

44 위험물안전관리법령상 위험물 중 **제1석유류에 속하는 것은?**

① 경유 ② 등유 ③ 중유 ④ **아세톤**
  제2석유류   제2석유류   제3석유류

제4류 위험물 ⇨ 인화성 액체 [유류 등]
- 액체(제3석유류, 제4석유류 및 동식물유류에 있어서는 1기압과 섭씨 20도에서 액상인 것)로서 인화의 위험성이 있는 것
- 인화의 위험성이 높은 기름 등으로서 특수인화물, 제1석유류~제4석유류, 알코올류, 동식물유류 등으로 구분하며, 1석유류~3석유류는 물에녹는 수용성액체와 녹지않는 비수용성 액체로 구분된다.

위험물	특징	암기법	종류[대분류]
제4류	인화성 액체	특아이디 1아휘 알콜 2경등 3클중 4실기 동식물	특수인화물(아세트알데히드, 이황화탄소, 디에틸에테르) / 제1석유류(아세톤, 휘발유=가솔린), 알코올류 / 제2석유류(경유, 등유) / 제3석유류(클레오소트유, 중유) / 제4석유류(실린더유, 기어유), 동식물유류

숫자가 답인 문제 ★★★

45 소방시설 설치 및 관리에 관한 법령상 **수용인원 산정방법** 중 다음과 같은 시설의 **수용인원은 몇 명인가?**

> 숙박시설이 있는 특정소방대상물로서 종사자수는 5명, 숙박시설은 모두 2인용 침대이며 침대수량은 50개이다.

① 55 ② 75 ③ 85 ④ 105

침대가 있는 숙박시설의 수용인원 산정방법
종사자수 + 침대수(2인용 침대는 2명으로 산정) = 5명 + (2인용 × 50개) = 105명

함께공부

숙박시설이 있는 특정소방대상물의 수용인원 산정방법
- **침대가 있는 숙박시설** : 해당 특정소방대상물의 종사자 수에 침대 수(2인용 침대는 2개로 산정한다)를 합한 수
  = 종사자수 + 침대수(2인용 침대는 2명으로 산정)
- **침대가 없는 숙박시설** : 해당 특정소방대상물의 종사자 수에 숙박시설 바닥면적의 합계를 3㎡로 나누어 얻은 수를 합한 수
  = 종사자수 + $\dfrac{숙박시설\ 바닥면적(m^2)}{3m^2}$
- 계산 결과 소수점 이하의 수는 반올림한다.

단어가 답인 문제 ★

46 위험물안전관리법령상 관계인이 **예방규정을 정하여야 하는 위험물을 취급하는 제조소의 지정수량 기준**으로 옳은 것은?

① 지정수량의 10배 이상 ② 지정수량의 100배 이상 ③ 지정수량의 150배 이상 ④ 지정수량의 200배 이상

1. 대통령령이 정하는 제조소등의 관계인은 당해 제조소등의 화재예방과 화재 등 재해발생시의 비상조치를 위하여 행정안전부령이 정하는 바에 따라 예방규정을 정하여 당해 제조소등의 사용을 시작하기 전에 시·도지사에게 제출하여야 한다.
2. 관계인이 **예방규정을 정하여야 하는 제조소등**
   - 지정수량의 10배 이상의 위험물을 취급하는 제조소 → 예방규정을 정하여야 하는 위험물을 취급하는 제조소의 지정수량 기준
   - 지정수량의 100배 이상의 위험물을 저장하는 옥외저장소
   - 지정수량의 150배 이상의 위험물을 저장하는 옥내저장소
   - 지정수량의 200배 이상의 위험물을 저장하는 옥외탱크저장소
   - 암반탱크저장소
   - 이송취급소

문장이 답인 문제 ★★★

47 화재의 예방 및 안전관리에 관한 법령상 관리의 권원이 분리되어 있는 특정소방대상물의 관계인은 소유권, 관리권 및 점유권에 따라 각각 소방안전관리자를 선임해야 한다. 이 때 법에서 규정하고 있는 **관리의 권원이 분리된 특정소방대상물이 아닌 것**은?

① 판매시설 중 도매시장, 소매시장 및 전통시장
② 복합건축물로서 지하층을 포함한 층수가 11층 이상인 건축물
   　　　　　　　　제외한
③ 지하가(지하의 인공구조물 안에 설치된 상점 및 사무실, 그 밖에 이와 비슷한 시설이 연속하여 지하도에 접하여 설치된 것과 그 지하도를 합한 것)
④ 복합건축물로서 연면적 3만제곱미터 이상인 건축물

관리의 권원이 분리된 특정소방대상물의 기준을 적용받는 특정소방대상물
1. 복합건축물(지하층을 제외한 층수가 11층 이상 또는 연면적 3만제곱미터 이상인 건축물)
2. 지하가(지하의 인공구조물 안에 설치된 상점 및 사무실, 그 밖에 이와 비슷한 시설이 연속하여 지하도에 접하여 설치된 것과 그 지하도를 합한 것)
3. 판매시설 중 도매시장, 소매시장 및 전통시장

단어가 답인 문제 ★

48 소방기본법령상 소방안전교육사의 배치 대상별 배치기준으로 틀린 것은?

① 소방청 : 2명 이상 배치 ② 소방서 : 1명 이상 배치
③ 소방본부 : 2명 이상 배치 ④ 한국소방안전원(본회) : 1명 이상 배치
                                                        2명

소방안전교육사의 배치대상별 배치기준 [소방안전교육사는 소방안전교육의 기획·진행·분석·평가 및 교수업무를 수행한다]
1. 소방청 : 2명 이상
2. 소방본부 : 2명 이상
3. 소방서 : 1명 이상
4. 한국소방안전원 : 본회(2명 이상), 시·도지부(1명 이상)
5. 한국소방산업기술원 : 2명 이상

단어가 답인 문제

49 소방시설공사업법령상 정의된 업종 중 소방시설업의 종류에 해당되지 않는 것은?

① 소방시설설계업 ② 소방시설공사업 ③ 소방시설정비업 ④ 소방공사감리업

소방시설업의 종류
1. **소방시설설계업** : 소방시설공사에 기본이 되는 공사계획, 설계도면, 설계 설명서, 기술계산서 및 이와 관련된 서류[설계도서]를 작성[**설계**] 하는 영업
2. **소방시설공사업** : 설계도서에 따라 소방시설을 신설, 증설, 개설, 이전 및 정비[**시공**] 하는 영업
3. **소방공사감리업** : 소방시설공사에 관한 발주자의 권한을 대행하여 소방시설공사가 설계도서와 관계 법령에 따라 적법하게 시공되는지를 확인하고, 품질·시공 관리에 대한 기술지도를 하는[**감리**] 영업
4. **방염처리업** : 방염대상물품에 대하여 방염처리[**방염**] 하는 영업

문장이 답인 문제 ★★★

50 소방기본법상 소방대장의 권한이 아닌 것은?

① 소방활동을 할 때에 긴급한 경우에는 이웃한 소방본부장 또는 소방서장에게 소방업무의 응원을 요청할 수 있다.
② 화재, 재난·재해, 그 밖의 위급한 상황이 발생한 현장에서 소방활동을 위하여 필요할 때에는 그 관할구역에 사는 사람 또는 그 현장에 있는 사람으로 하여금 사람을 구출하는 일 또는 불을 끄거나 불이 번지지 아니하도록 하는 일을 하게 할 수 있다.
③ 사람을 구출하거나 불이 번지는 것을 막기 위하여 필요할 때에는 화재가 발생하거나 불이 번질 우려가 있는 소방대상물 및 토지를 일시적으로 사용하거나 그 사용의 제한 또는 소방활동에 필요한 처분을 할 수 있다.
④ 소방활동을 위하여 긴급하게 출동할 때에는 소방자동차의 통행과 소방활동에 방해가 되는 주차 또는 정차된 차량 및 물건 등을 제거하거나 이동시킬 수 있다.

소방본부장이나 소방서장은... 소방활동을 할 때에 긴급한 경우에는 이웃한 소방본부장 또는 소방서장에게 소방업무의 응원을 요청할 수 있다. (소방대장의 권한이 아닌, 소방본부장이나 소방서장의 권한임)

함께공부

- **소방대장** → 소방본부장 또는 소방서장 등 화재, 재난·재해, 그 밖의 위급한 상황이 발생한 현장에서 소방대를 지휘하는 사람
- **소방본부장, 소방서장 또는 소방대장의 권한**
  ① 화재, 재난·재해, 그 밖의 위급한 상황이 발생한 **현장에 소방활동구역을 정하여** 소방활동에 필요한 사람으로서 **대통령령**으로 정하는 사람 외에는 그 구역에 **출입하는 것을** 제한할 수 있다. (소방대장 만의 권한)
  ② 화재 진압 등 소방활동을 위하여 필요할 때에는 소방용수 외에 **댐·저수지 또는 수영장 등의 물을 사용**하거나 수도의 개폐장치

등을 조작할 수 있다.
③ 화재, 재난·재해, 그 밖의 위급한 상황이 발생한 현장에서 소방활동을 위하여 **필요할 때에는** 그 **관할구역에 사는 사람** 또는 그 **현장에 있는 사람**으로 하여금 사람을 구출하는 일 또는 불을 끄거나 불이 번지지 아니하도록 하는 일을 하게 할 수 있다.
④ 소방활동을 위하여 긴급하게 출동할 때에는 소방자동차의 통행과 소방활동에 방해가 되는 **주차 또는 정차된 차량 및 물건 등을 제거하거나 이동시킬 수 있다.**
⑤ 사람을 구출하거나 불이 번지는 것을 막기 위하여 **필요할 때에는** 화재가 발생하거나 불이 번질 우려가 있는 **소방대상물 및 토지를 일시적으로 사용**하거나 그 사용의 **제한** 또는 소방활동에 필요한 처분을 할 수 있다.
⑥ 사람을 구출하거나 불이 번지는 것을 막기 위하여 **긴급하다고 인정할 때에는** 위 ⑤에 따른 소방대상물 또는 토지 외의 소방대상물과 토지에 대하여 위 ⑤에 따른 처분을 할 수 있다.

단어가 답인 문제

51 소방시설공사업법상 도급을 받은 자가 제3자에게 소방시설공사의 시공을 하도급한 경우에 대한 벌칙 기준으로 옳은 것은? (단, 대통령령으로 정하는 경우는 제외한다.)
① 100만원 이하의 벌금 ② 300만원 이하의 벌금
③ 1년 이하의 징역 또는 1000만원 이하의 벌금 ④ 3년 이하의 징역 또는 1500만원 이하의 벌금

도급을 받은 자는 소방시설의 설계, 시공, 감리를 제3자에게 **하도급할 수 없다.** 다만, 시공의 경우에는 대통령령으로 정하는 바에 따라 도급받은 소방시설공사의 일부를 다른 공사업자에게 하도급할 수 있다. 이를 위반하여 도급받은 소방시설의 설계, 시공, 감리를 **하도급한 자는 1년 이하의 징역 또는 1천만원 이하의 벌금**에 처한다.

함께공부

소방시설공사를 하도급 받은 하수급인(수급인으로부터 건설공사를 하도급 받은 자)은 하도급(도급받은 건설공사의 전부 또는 일부를 다시 도급하기 위하여 수급인이 제3자와 체결하는 계약)받은 소방시설공사를 제3자에게 다시 하도급할 수 없다. 이를 위반한 자는 **1년 이하의 징역 또는 1천만원 이하의 벌금**에 처한다.

단어가 답인 문제

52 소방시설 설치 및 관리에 관한 법령상 주택의 소유자가 주택용소방시설을 설치하여야 하는 대상이 아닌 것은?
① 아파트 ② 연립주택 ③ 다세대주택 ④ 단독주택

다음 주택의 소유자는 소화기 등 대통령령으로 정하는 소방시설(**주택용소방시설**)을 설치하여야 한다.
1. 단독주택
2. 공동주택(아파트 및 기숙사는 제외) → 연립주택 / 다세대주택
※ 주택용소방시설의 설치기준 및 자율적인 안전관리 등에 관한 사항은 **시·도의 조례**로 정한다.

단어가 답인 문제 ★

53 화재의 예방 및 안전관리에 관한 법령상 화재예방강화지구의 지정대상이 아닌 것은? (단, 소방청장·소방본부장 또는 소방서장이 화재예방강화지구로 지정할 필요가 있다고 인정하는 지역은 제외한다.)
① 시장지역 ② 농촌지역
③ 목조건물이 밀집한 지역 ④ 공장·창고가 밀집한 지역

시·도지사는 다음 의 어느 하나에 해당하는 지역을 **화재예방강화지구**로 지정하여 관리할 수 있다.
① **시장지역** / ② **공장·창고가 밀집한 지역** / ③ **목조건물이 밀집한 지역** / ④ **노후·불량건축물이 밀집한 지역**
⑤ **위험물**의 저장 및 처리 시설이 밀집한 지역 / ⑥ **석유화학제품**을 생산하는 공장이 있는 지역
⑦ 「산업입지 및 개발에 관한 법률」에 따른 **산업단지**
⑧ **소방시설**·소방용수시설 또는 **소방출동로**가 없는 지역

단어가 답인 문제

54 위험물안전관리법령상 제4류 위험물별 지정수량 기준의 연결이 틀린 것은?

① 특수인화물 - 50리터　② 알코올류 - 400리터　③ 동식물유류 - 1000리터　④ 제4석유류 - 6000리터
　　　　　　　　　　　　　　　　　　　　　　　　　　　　　10,000리터

위험물	특징	지정수량 암기법	종류[대분류] 및 지정수량			
			위험등급	지정수량	품명	물에 녹는지 여부
제4류	인화성 액체	특인 50	I	50L	특수인화물	-
		일비 이백	II	200L	제1석유류	비수용성
				400L	제1석유류	수용성
		알콜 사백			알코올류	수용성
		이비 일천	III	1,000L	제2석유류	비수용성
				2,000L	제2석유류	수용성
		삼비 이천			제3석유류	비수용성
				4,000L	제3석유류	수용성
		사기 육천		6,000L	제4석유류(기어유)	-
		동식 일만		10,000L	동식물유류	-

> 수용성이(비수용성에 비해) 위험성이 낮아, 최저허가기준량(지정수량)을 2배로 올렸다. 따라서 수용성 지정수량은 "비수용성×2배" 하면 된다.

함께 공부

지정수량 : 위험물의 종류별로 위험성을 고려하여 대통령령이 정하는 수량으로서 제조소등의 설치허가 등에 있어서 최저의 기준이 되는 수량(지정수량의 단위로 kg를 사용하고, 4류만 L를 사용)

문장이 답인 문제 ★★

55 소방시설 설치 및 관리에 관한 법령상 소방시설등에 대하여 스스로 점검을 하지 아니하거나 관리업자등으로 하여금 정기적으로 점검하게 하지 아니한 자에 대한 벌칙 기준으로 옳은 것은?

① 6개월 이하의 징역 또는 1000만원 이하의 벌금　② 1년 이하의 징역 또는 1000만원 이하의 벌금
③ 3년 이하의 징역 또는 1500만원 이하의 벌금　④ 3년 이하의 징역 또는 3000만원 이하의 벌금

- 특정소방대상물의 관계인은 그 대상물에 설치되어 있는 소방시설등이 이 법이나 이 법에 따른 명령 등에 적합하게 설치·관리되고 있는지에 대하여 스스로 점검하거나 점검능력 평가를 받은 관리업자 또는 행정안전부령으로 정하는 기술자격자("관리업자등"이라 한다)로 하여금 정기적으로 점검("자체점검"이라 한다)하게 하여야 한다.
- 위를 위반하여 소방시설등에 대하여 스스로 점검을 하지 아니하거나 관리업자등으로 하여금 정기적으로 점검하게 하지 아니한 자
→ 1년 이하의 징역 또는 1천만원 이하의 벌금에 처한다.

숫자가 답인 문제

56 화재의 예방 및 안전관리에 관한 법령상 특수가연물의 저장 및 취급 기준을 위반한 경우 과태료 부과기준은?

① 50만원 이하　② 100만원 이하　③ 200만원 이하　④ 300만원 이하

특수가연물의 저장 및 취급 기준을 위반한 자 → 200만원 이하의 과태료를 부과한다.

단어가 답인 문제 ★★★

57 화재의 예방 및 안전관리에 관한 법령상 특수가연물의 품명과 지정수량 기준의 연결이 틀린 것은?

① 사류 - 1000kg 이상　② 볏짚류 - 300kg 이상
　　　　　　　　　　　　　　　　　　　1000kg
③ 석탄·목탄류 - 10,000kg 이상　④ 합성수지류 중 발포시킨 것 - 20㎥ 이상

특수가연물 품명별 수량기준 → 나사면이 / 넝볏사천 / 가고삼천 / 석만 / 가이목십 / 합발이십

품명		수량	암기법
나무껍질 및 대팻밥		400 kg 이상	나사
면화류		200 kg 이상	면이
넝마 및 종이부스러기		1,000 kg 이상	넝볏사 천
볏짚류		1,000 kg 이상	
사류(실)		1,000 kg 이상	
가연성 고체류		3,000 kg 이상	가고 삼천
석탄·목탄류		10,000 kg 이상	석만
가연성 액체류		2 m³ 이상	가이
목재가공품 및 나무부스러기		10 m³ 이상	목십
합성수지류	발포시킨 것	20 m³ 이상	합발 이십
	그 밖의 것	3,000 kg 이상	

▶ 단어가 답인 문제

58 소방시설 설치 및 관리에 관한 법령상 특정소방대상물로서 숙박시설에 해당되지 않는 것은?

① 오피스텔
② 일반형 숙박시설
③ 생활형 숙박시설
④ 근린생활시설에 해당하지 않는 고시원

- 소방대상물 : 건축물, 차량, 선박(항구에 매어둔 선박만 해당), 선박 건조 구조물, 산림, 그 밖의 인공 구조물 또는 물건
- 특정소방대상물 : 건축물 등의 규모·용도 및 수용인원 등을 고려하여 소방시설을 설치하여야 하는 소방대상물로서 대통령령으로 정하는 것
- 업무시설 중 일반업무시설 → 금융업소, 사무소, 신문사, 오피스텔(업무를 주로 하며, 분양하거나 임대하는 구획 중 일부의 구획에서 숙식을 할 수 있도록 한 건축물)
- 숙박시설 → 일반형 숙박시설 / 생활형 숙박시설 / 근린생활시설에 해당하지 않는 고시원

💡 오피스텔에서 숙식을 해결하지만, 모텔(호텔)은 아니지 않나?

▶ 문장이 답인 문제

59 소방시설 설치 및 관리에 관한 법령상 정당한 사유 없이 피난시설, 방화구획 및 방화시설의 관리를 위하여 필요한 조치 명령을 위반한 경우 이에 대한 벌칙 기준으로 옳은 것은?

① 200만원 이하의 벌금
② 300만원 이하의 벌금
③ 1년 이하의 징역 또는 1000만원 이하의 벌금
④ 3년 이하의 징역 또는 3000만원 이하의 벌금

소방본부장이나 소방서장은 특정소방대상물의 관계인이 아래에 해당되는 행위를 한 경우에는 피난시설, 방화구획 및 방화시설의 관리를 위하여 필요한 조치를 명할 수 있다.
1. 피난시설, 방화구획 및 방화시설을 폐쇄하거나 훼손하는 등의 행위
2. 피난시설, 방화구획 및 방화시설의 주위에 물건을 쌓아두거나 장애물을 설치하는 행위
3. 피난시설, 방화구획 및 방화시설의 용도에 장애를 주거나 소방활동에 지장을 주는 행위
4. 그 밖에 피난시설, 방화구획 및 방화시설을 변경하는 행위
→ 이에 따른 조치명령을 정당한 사유 없이 위반한 자는 3년 이하의 징역 또는 3천만원 이하의 벌금에 처한다.

▶ 단어가 답인 문제

60 소방시설 설치 및 관리에 관한 법령상 소방시설이 아닌 것은?

① 소화설비
② 경보설비
③ 방화설비
④ 소화활동설비

소방시설의 종류
1. **소화설비** : 물 또는 그 밖의 소화약제를 사용하여 소화하는 기계·기구 또는 설비
2. **경보설비** : 화재발생 사실을 통보하는 기계·기구 또는 설비
3. **피난구조설비** : 화재가 발생할 경우 피난하기 위하여 사용하는 기구 또는 설비
4. **소화용수설비** : 화재를 진압하는 데 필요한 물을 공급하거나 저장하는 설비
5. **소화활동설비** : 화재를 진압하거나 인명구조활동을 위하여 사용하는 설비

4과목 소방기계시설의 구조및원리

✔ 이것이 핵신이다! 기출문제 + 답이색해설

숫자가 답인 문제 ★★★

61 상수도소화용수설비의 화재안전기준에 따라 호칭지름 75mm 이상의 수도배관에 호칭지름 100mm 이상의 소화전을 접속한 경우 상수도소화용수설비 소화전의 설치기준으로 맞는 것은?

① 특정소방대상물의 수평투영면의 각 부분으로부터 80m 이하가 되도록 설치할 것
② 특정소방대상물의 수평투영면의 각 부분으로부터 100m 이하가 되도록 설치할 것
③ 특정소방대상물의 수평투영면의 각 부분으로부터 120m 이하가 되도록 설치할 것
④ 특정소방대상물의 수평투영면의 각 부분으로부터 140m 이하가 되도록 설치할 것

- **상수도 소화용수설비** : 소방대가 화재진압시 사용하는 소방용수로서, 특정소방대상물의 지하에 지름 75mm 이상의 상수도용 배관이 매설된 경우… 그 배관에 지상식소화전, 지하식소화전, 급수탑을 연결하여 소방차에 소방용수를 공급받는 설비이다.
- **소화전** : 소화용수(소화설비용 물) 또는 소방용수(소방대 화재진압용 물)를 공급받기 위한 설비
- **호칭지름** : 일반적으로 표기하는 배관의 직경
- **수평투영면** : 건축물을 수평으로 투영하였을 경우의 면

화재진압용도의 소방차는 물탱크 내에 물을 저장하고 있으나, 그 물만으로는 부족하기 때문에… 건축물 지하에 매설된 상수도를 이용하여 물을 추가로 공급받아야 한다. 상수도를 이용해 수돗물을 공급받는 방식은… 지상식소화전, 지하식소화전, 급수탑으로 구분된다.
상수도 소화용수설비 설치기준
1. 호칭지름 75mm 이상의 수도배관에 호칭지름 100mm 이상의 소화전을 접속할 것
2. 소화전은 소방자동차 등의 진입이 쉬운 도로변 또는 공지에 설치할 것
3. 소화전은 특정소방대상물의 수평투영면의 각 부분으로부터 140m 이하가 되도록 설치할 것

암기팁! 소화전배관(100mm)이 수도배관(75mm) 보다 커야 물을 시원하게 받는다. ➡ 수도배관(75mm) 《 소화전배관(100mm)

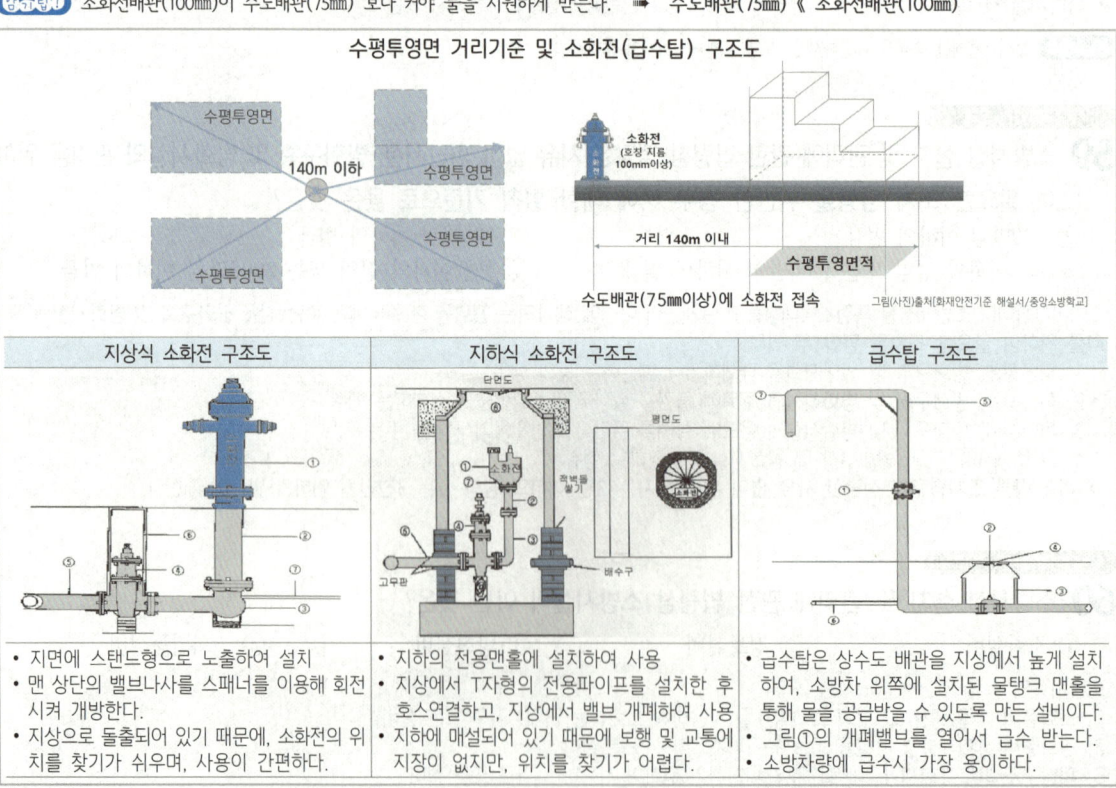

> 문장이 답인 문제

62 분말소화설비의 화재안전기준에 따른 분말소화설비의 배관과 선택밸브의 설치 기준에 대한 내용으로 틀린 것은?

① 배관은 겸용으로 설치할 것
   → 전용

② 선택밸브는 방호구역 또는 방호대상물마다 설치할 것
③ 동관은 고정압력 또는 최고사용압력의 1.5배 이상의 압력에 견딜 수 있는 것을 사용할 것
④ 강관은 아연도금에 따른 배관용탄소강관이나 이와 동등 이상의 강도·내식성 및 내열성을 가진 것을 사용할 것

- 분말소화설비 : 분말소화설비는 미세한 분말입자를 별도 추진가스(질소 또는 이산화탄소)의 압력으로 방사하여 소화하는 설비이다.
- 가압방식(압력을 가하여 약제를 이송하는 방식)에 따라 축압식설비(추진가스 약제용기내 같이)와 가압식설비(추진가스 별도용기에 따로)로 구분
- 강관의 종류
  - 배관용 탄소강관 : 1.2MPa 미만의 압력에서 사용
  - 압력배관용 탄소강관 : 1.2MPa 이상의 압력에서 사용. 관 두께를 스케줄(SCH, Schedule)번호(No)로 나타내며 번호가 클수록 두꺼운 관이다. 두께에 따라 SCH 20, SCH 30, SCH 40, SCH 60, SCH 80 등이 사용된다.
- 선택밸브 : 방호구역 및 방호대상물이 여러 곳인 소방대상물에서... 소화약제 저장용기는 모든 구역 및 대상물에 공용으로 사용하고, 선택밸브는 당해 방호구역 및 방호대상물마다 각각 설치하여... 소화약제 방사시 해당구역만 선택하여 개방해 주는 밸브이다.

① 소화설비의 배관 중 다른설비와 배관을 겸용으로 설치하는 것이 원칙인 경우는 없다. 배관은 전용으로 설치하는 것이 원칙이다.
② 하나의 특정소방대상물 또는 그 부분에 둘 이상의 방호구역(소화범위에 따라 나누어진 소화가 필요한 구역) 또는 방호대상물(소화가 필요한 하나의 대상물)이 있어 분말소화설비 저장용기를 공용하는 경우에는 선택밸브를 설치하여야 한다.

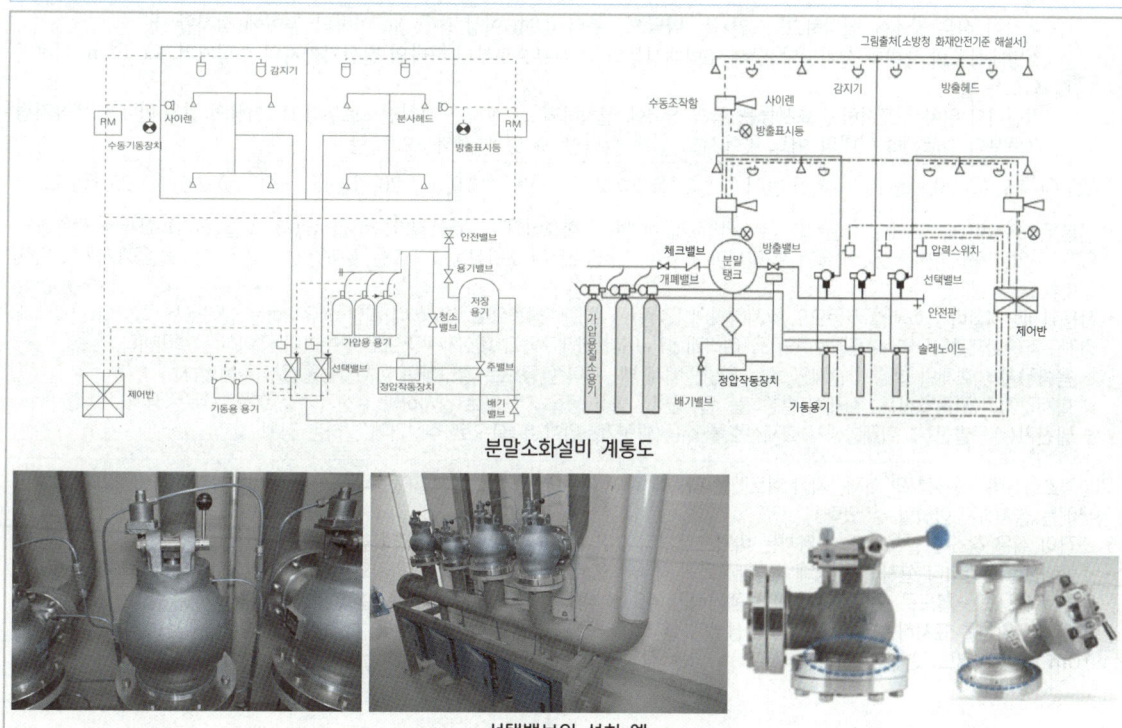

분말소화설비 계통도

선택밸브의 설치 예

숫자가 답인 문제

63 피난기구의 화재안전기준에 따라 의료시설·노유자시설 및 숙박시설로 사용되는 층에 있어서는 그 층의 바닥면적이 몇 ㎡ 마다 피난기구를 1개 이상 설치해야하는가?

① 300 ② 500 ③ 800 ④ 1000

> 피난기구 : 화재가 발생할 경우 피난하기 위하여 사용하는 기구 또는 설비로서... 구조대, 완강기(간이완강기), 공기안전매트, 피난사다리, 하향식 피난구용 내림식사다리, 승강식피난기, 다수인피난장비, 미끄럼대, 피난교, 피난용트랩, 피난밧줄이 있다.

피난기구 설치개수의 계산
1. 피난기구는 층마다 설치하되...
2. 의료시설·노유자시설 및 숙박시설로 사용되는 층 → 바닥면적 500㎡마다 1개 이상 설치
3. 위락시설·문화 및 집회시설·운동시설 및 판매시설로 사용되는 층 또는 복합용도의 층 → 바닥면적 800㎡마다 1개 이상 설치
4. 아파트등 → 각 세대마다 1개 이상 설치
5. 그 밖의 용도의 층 → 바닥면적 1,000㎡마다 1개 이상 설치

암기팁! 노유자 숙박 의료 500㎡ ➡ 노숙의 오백 / 위문 운동판매복 팔백 / 아 세 / 그 천

숫자가 답인 문제 ★

64 다음 설명은 미분무소화설비의 화재안전기준에 따른 미분무소화설비 기동장치의 화재감지기 회로에서 발신기 설치기준이다. ( ) 안에 알맞은 내용은? (단, 자동화재탐지설비의 발신기가 설치된 경우는 제외한다)

- 조작이 쉬운 장소에 설치하고, 스위치는 바닥으로부터 0.8m 이상 (㉠)m 이하의 높이에 설치할 것
- 소방대상물의 층마다 설치하되, 당해 소방대상물의 각 부분으로부터 하나의 발신기까지의 수평거리가 (㉡)m 이하가 되도록 할 것
- 발신기의 위치를 표시하는 표시등은 함의 상부에 설치하되, 그 불빛은 부착면으로부터 15° 이상의 범위 안에서 부착지점으로부터 (㉢)m 이내의 어느 곳에서도 쉽게 식별할 수 있는 적색등으로 할 것

① ㉠ 1.5, ㉡ 20, ㉢ 10 ② ㉠ 1.5, ㉡ 25, ㉢ 10 ③ ㉠ 2.0, ㉡ 20, ㉢ 15 ④ ㉠ 2.0, ㉡ 25, ㉢ 15

- **미분무소화설비** : 가스계 소화설비의 대체설비로서 개발된 소화설비이며, A급(일반)·B급(유류)·C급(전기) 화재에 적응성이 있고, 가압된 물이 헤드(head) 통과 후 미세한 입자로 분무됨으로써 소화성능을 가지는 설비를 말하며, 소화력을 증가시키기 위해 강화액 등을 첨가할 수 있다.
- **자동화재탐지설비** : 화재를 자동으로 감지하여 벨(경종), 사이렌, 섬광으로 경보하여 피난을 유도하는 설비로서, 하나의 건물내에 경계구역(=화재감지구역=화재경보구역)을 여러개 나누어서 화재구역과 비화재구역으로 구분하여 제어하는 설비이다.
  - **음향장치** : 화재의 발생시 관계인 또는 일반인에게 벨, 사이렌 등으로 경보하여 화재발생을 알려주는 장치
  - **화재감지기(자동발신)** : 화재시 발생하는 열, 연기, 불꽃 등을 자동으로 감지하여 수신기에 신호를 보내는 장치
  - **발신기(수동발신)** : 화재발생시 화재신호를 수동(발신기스위치 누름)으로 수신기에 발하는 장치

> 미분무소화설비 기동장치의 화재감지기 회로에는 다음 기준에 따른 발신기를 설치할 것. 다만, 자동화재탐지설비의 발신기가 설치된 경우에는 설치하지 아니할 수 있다.
> - 조작이 쉬운 장소에 설치하고, 스위치는 바닥으로부터 0.8 m 이상 1.5 m 이하의 높이에 설치할 것
> - 소방대상물의 층마다 설치하되, 당해 소방대상물의 각 부분으로부터 하나의 발신기까지의 수평거리가 25m 이하가 되도록 할 것. 다만, 복도 또는 별도로 구획된 실로서 보행거리가 40 m 이상일 경우에는 추가로 설치하여야 한다.
> - 발신기의 위치를 표시하는 표시등은 함의 상부에 설치하되, 그 불빛은 부착면으로부터 15° 이상의 범위안에서 부착지점으로부터 10m 이내의 어느 곳에서도 쉽게 식별할 수 있는 적색등으로 할 것

옥내소화전함 위쪽에 설치된 발신기세트

다양한 화재감지기 예시

소방대상물의 각 부분으로부터 발신기(P)까지 수평거리

숫자가 답인 문제

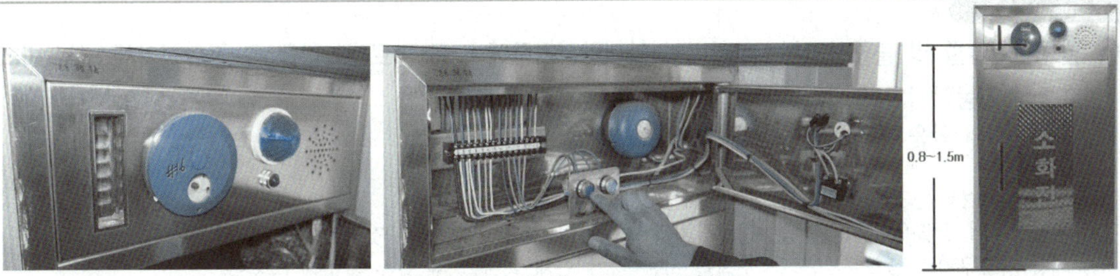

65 소화기구 및 자동소화장치의 화재안전기준에 따른 캐비닛형자동소화장치 분사헤드의 설치 높이 기준은 방호구역의 바닥으로부터 얼마이어야 하는가?

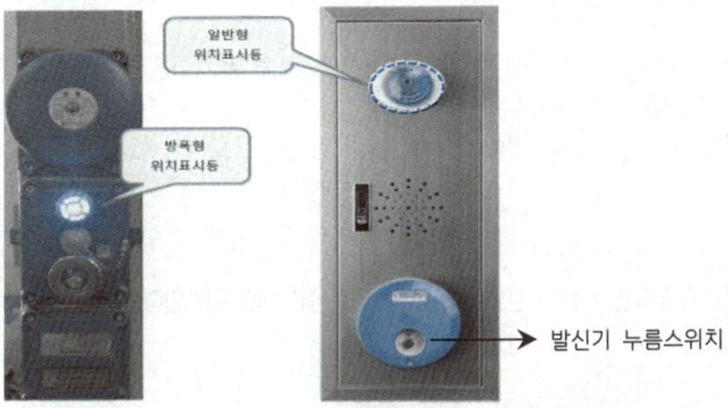

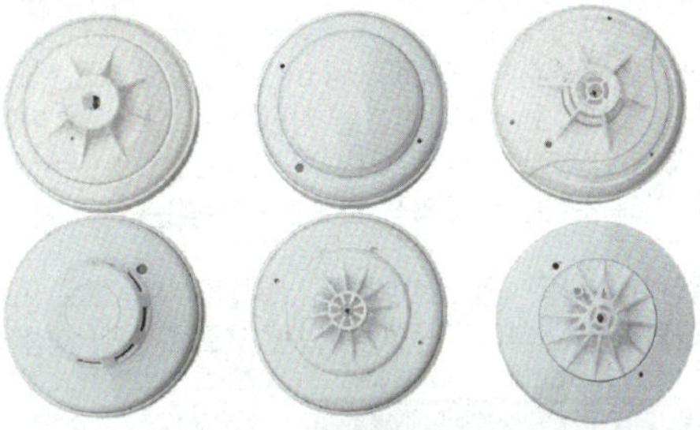

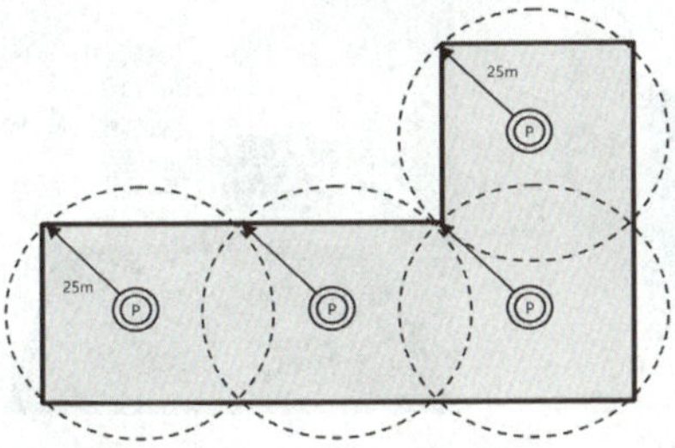

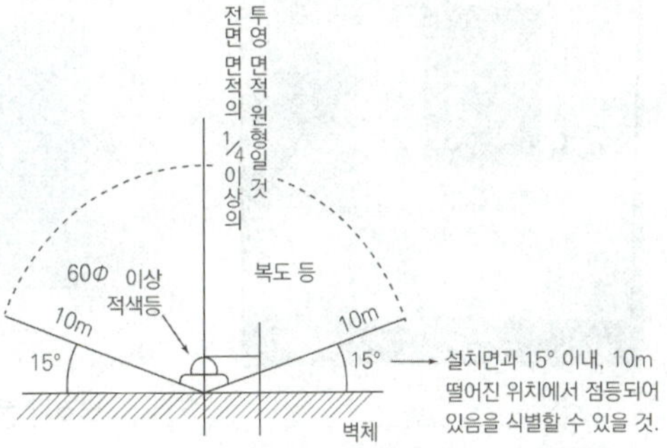

① 최소 0.1m 이상 최대 2.7m 이하
② 최소 0.1m 이상 최대 3.7m 이하
③ 최소 0.2m 이상 최대 2.7m 이하
④ 최소 0.2m 이상 최대 3.7m 이하

- **자동소화장치** : 소화약제를 자동으로 방사하는 고정된 소화장치로서 그 종류로는... 주거용 · 상업용 주방자동소화장치, 캐비닛형 · 가스 · 분말 · 고체에어로졸 자동소화장치가 있다.
- **캐비닛형 자동소화장치** : 열, 연기 또는 불꽃 등을 감지하여 소화약제를 방사하여 소화하는 캐비닛형태의 소화장치

- 캐비닛형 자동소화장치의 소화약제는 주로 불활성기체(구. 청정)를 사용하는데... 그 불활성기체가 방사되는 분사헤드의 설치높이를 어느 정도 높이에 설치해야, 가장 효율적으로 화재를 진압할 수 있는지 그 기준을 묻는 문제이다.
- **분사헤드의 설치 높이** → 방호구역의 바닥으로부터... **최소 0.2m** 이상 **최대 3.7m** 이하로 하여야 한다.

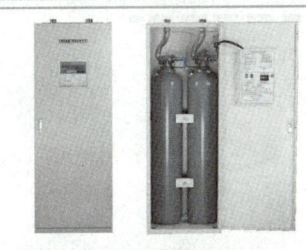

캐비닛형자동소화장치 사진출처[소방청]

> 문장이 답인 문제 ★

66 할로겐화합물 및 불활성기체소화설비의 화재안전기준에 따른 할로겐화합물 및 불활성기체소화설비의 수동식 기동장치의 설치기준에 대한 설명으로 틀린 것은?

① 5kg 이상의 힘을 가하여 기동할 수 있는 구조로 할 것
　　　이하
② 전기를 사용하는 기동장치에는 전원표시등을 설치할 것
③ 기동장치의 방출용스위치는 음향경보장치와 연동하여 조작될 수 있는 것으로 할 것
④ 해당 방호구역의 출입구부근 등 조작을 하는 자가 쉽게 피난할 수 있는 장소에 설치할 것

할로겐화합물 및 불활성기체 소화설비 : 할론소화설비를 대체할 목적으로 개발된 소화설비로서 할로겐화합물 소화약제와 불활성기체 소화약제를 사용한다.
1. **할로겐화합물 소화약제** : 불소(F), 염소(Cl), 브롬(Br) 또는 요오드(I) 중 하나 이상의 원소를 포함하고 있는 유기화합물을 기본성분으로 하는 소화약제로서 연쇄반응을 차단하여 소화하는 화학적 소화효과를 갖는다.
2. **불활성기체 소화약제** : 아르곤(Ar), 이산화탄소(CO_2) 또는 질소가스(N_2) 중 하나 이상의 원소를 기본성분으로 하는 소화약제로서 질식으로 인해 소화하는 물리적 소화효과를 갖는다.

수동식 기동장치 : 자동식인 소화설비를… 사람이 수동으로 기동시킬 수 있는 장치
→ 5kg 이하의 힘을 가하여 기동할 수 있는 구조로 설치 ["이상"이라고 규정되면 사람의 힘으로 누를 수 없는 힘이어도 관계없다는 의미가 된다]

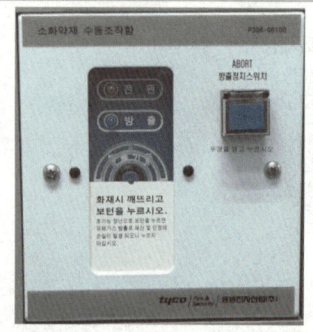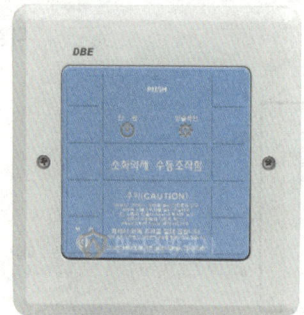

다양한 수동식 기동장치

> 숫자가 답인 문제 ★★★

67 지하구의 화재안전기준에 따른 연소방지설비에서, 환기구·작업구마다 지하구의 양쪽방향으로 살수헤드를 설정하되, 한쪽 방향의 살수구역의 길이는 몇 m 이상으로 하여야 하는가?

① 2　　　　② 2.5　　　　③ 3　　　　④ 3.5

- **지하구**
  가. 전력·통신용의 전선이나 가스·냉난방용의 배관 또는 이와 비슷한 것을 집합수용하기 위하여 설치한 지하 인공구조물로서 사람이 점검 또는 보수를 하기 위하여 출입이 가능한 것 중 다음의 어느 하나에 해당하는 것
    ① 전력 또는 통신사업용 지하 인공구조물로서 전력구 또는 통신구 방식으로 설치된 것
    ② 지하 인공구조물로서 폭이 1.8미터 이상이고 높이가 2미터 이상이며 길이가 50미터 이상인 것
  나. 공동구 : 전기·가스·수도 등의 공급설비, 통신시설, 하수도시설 등 지하매설물을 공동 수용함으로써 미관의 개선, 도로구조의 보전 및 교통의 원활한 소통을 위하여 지하에 설치하는 시설물
- **연소방지설비** : 전력 또는 통신사업용 케이블이 설치된 지하구에 헤드를 설치하고, 소방차에서 송수구로 물을 공급해 헤드에서 살수되게 하여, 화재가 더 이상 번지지 않게 차단하는 설비

1. 소방대원의 출입이 가능한 환기구·작업구마다 지하구의 양쪽방향으로 살수헤드를 설정하되, **한쪽 방향의 살수구역의 길이는 3m 이상**으로 할 것. (양쪽방향은 6m)
2. 지하구에서 화재시... 화재가 발생된 구간은 연소되더라도, 그 구간 양옆으로는 화재가 더 이상 번지지 않도록 차단하는 설비가 연소방지설비이다.

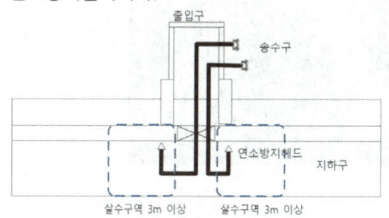

지하구에 연소방지설비 설치 예

이러한 살수구역을 700m 이내마다 설치하여야 한다.

살수구역 3m이상(한쪽) 700m마다 설치하여 연소방지

문장이 답인 문제 ★★★

68 구조대의 형식승인 및 제품검사의 기술기준에 따른 **경사강하식 구조대**의 구조에 대한 설명으로 **틀린** 것은?

① 구조대 본체는 강하방향으로 봉합부가 설치되어야 한다.
　　　　　　　　　　　　　　설치되지 아니하여야 한다
② 연속하여 활강할 수 있는 구조로 안전하고 쉽게 사용할 수 있어야 한다.
③ 땅에 닿을 때 충격을 받는 부분에는 완충장치로서 받침포 등을 부착하여야 한다.
④ 입구틀 및 취부틀의 입구는 지름 50㎝ 이상의 구체가 통과할 수 있어야 한다.

- **구조대** : 포지 등을 사용하여 자루형태로 만든 것으로서 화재시 사용자가 그 내부에 들어가서 내려옴으로써 대피할 수 있는 것
- **경사강하식 구조대** : 소방대상물에 비스듬하게 고정시키거나 설치하여 사용자가 미끄럼식으로 내려올 수 있는 구조대로서 단시간에 많은 인명을 구조할 수 있도록 설치된다.

① 구조대 본체는 강하방향으로 봉합부가 설치되지 아니하여야 한다.
　→ 사람이 타고 내려오는 구조대 본체에... 강하방향(내려오는 방향)으로 봉합부가 설치되어 있다면, **사람이 내려오면서 봉합부가 터질 수 있기** 때문이다.
④ 입구틀 및 취부틀(구조대를 건물에 고정하는 부분)의 입구는 지름 50㎝ 이상의 구체가 통과 할 수 있어야 한다.
　→ 대부분의 사람이 들낳들 수 있는 **개구부의 크기를 지름 50㎝로** 규정하였다.

지름 50㎝ 이상의 구체 / 봉합부가 설치되지 아니하여야 / 구조대기준 ➡ 50cm(지름오공)이상 봉합하면 안됨! 그러면 **구조해야 함!**

경사강하식 구조대

문장이 답인 문제 ★★

69 스프링클러설비의 화재안전기준에 따른 습식유수검지장치를 사용하는 스프링클러설비 시험장치의 설치기준에 대한 설명으로 틀린 것은?

① 유수검지장치에서 가장 먼 거리에 위치한 가지배관의 끝으로부터 연결하여 설치해야 한다.
② 시험배관의 끝에는 물받이 통 및 배수관을 설치하여 시험 중 방사된 물이 바닥에 흘러내리지 아니하도록 해야 한다.
③ 목욕실·화장실 또는 그 밖의 곳으로서 배수처리가 쉬운 장소에 시험배관을 설치한 경우에는 물받이 통 및 배수관을 생략할 수 있다.
④ 시험장치 배관의 구경은 25mm 이상으로 하고, 그 끝에 개폐밸브 및 개방형헤드 또는 스프링클러헤드와 동등한 방수성능을 가진 오리피스를 설치해야 한다.

- **스프링클러설비**: 화재발생시 화재를 자동으로 감지하여 피난을 위한 경보를 발하고, 습식·건식·준비작동식·일제살수식 밸브가 개방되면, 유수의 흐름으로 인하여 펌프가 기동되고, 개방된 헤드를 통해 소화수를 방수하여 소화하는 자동식 수계소화설비
- **유수검지장치**: 습식유수검지장치, 건식유수검지장치, 준비작동식유수검지장치를 말하며 본체 내의 유수현상을 자동적으로 검지하여 신호 또는 경보를 발하는 장치를 말한다.
- **습식 스프링클러설비**: 가압송수장치(펌프)에서 폐쇄형스프링클러헤드까지 배관 내에 항상 물이 가압되어 있다가 화재로 인한 열로 폐쇄형스프링클러헤드가 개방되면 배관 내에 유수가 발생하여 **습식유수검지장치**가 작동하게 되는 스프링클러설비

배관내에 물이 항상 채워져 있는 습식유수검지장치를... 시험할 수 있는 시험장치의 설치목적 → 시험밸브를 개방할 경우(헤드 1개가 개방된 효과와 동일) 펌프의 자동기동, 경보의 발생유무, 설비의 정상작동여부 등을 확인하기 위한 것

① 유수검지장치 2차측 배관에 연결하여 설치할 것
  → 가장 먼 가지배관에 시험장치를 설치할 경우 경보시험을 할 때마다, 산소가 스프링클러설비 배관의 광범위한 부분에 걸쳐 흡입되어 배관의 부식을 촉진하게 된다.
②,③ 시험배관의 끝에는 **물받이 통 및 배수관**을 설치하여 시험 중 방사된 물이 바닥에 흘러내리지 아니하도록 할 것. 다만, **목욕실·화장실** 또는 그 밖의 곳으로서 **배수처리가 쉬운 장소**에 시험배관을 설치한 경우에는 그렇지 않다.
  → 물받이 통 및 배수관을 설치하지 않기 위해, 시험장치는 주로 화장실에 많이 설치된다.
④ **시험장치 배관의 구경은 25mm 이상**으로 하고, 그 끝에 개폐밸브(시험밸브) 및 개방형헤드 또는 스프링클러헤드와 동등한 방수성능을 가진 **오리피스**(물이 나오는 작은 구멍)를 설치할 것. 이 경우 개방형헤드는 반사판 및 프레임을 제거한 오리피스만으로 설치할 수 있다.
  → 현장에서 압력계를 많이 설치하는데... 시험장치의 목적이 방수압력이나 방수량을 측정하기 위한 것이 아니기 때문에, 시험장치(시험밸브함)에는 압력계를 설치할 필요가 없다. 펌프주변에서 확인된 압력과 시험장치에서 확인된 압력의 차이(마찰손실압력의 차이)는 미미하기 때문이다.

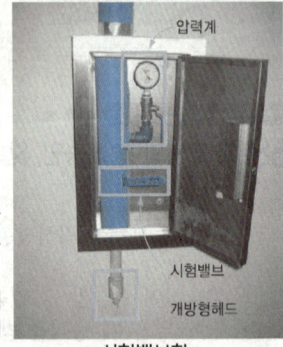

시험밸브함

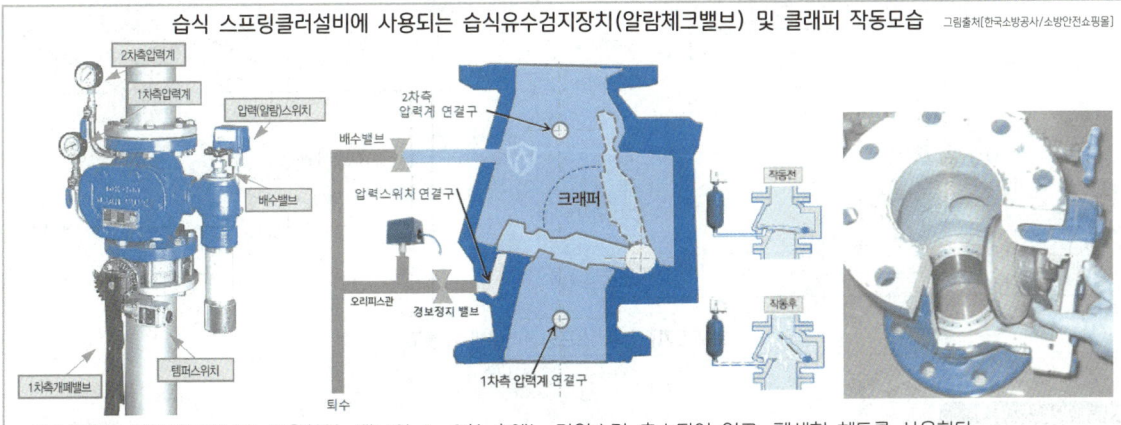

습식 스프링클러설비에 사용되는 습식유수검지장치(알람체크밸브) 및 클래퍼 작동모습 그림출처[한국소방공사/소방안전쇼핑몰]

- 유수검지는 알람체크밸브를 사용하며, 밸브의 1·2차 측에는 가압수가 충수되어 있고, 폐쇄형 헤드를 사용한다.
- 본체 내부에는 클래퍼가 항상 닫혀진 상태로 유지되고 있으며, 평소 클래퍼 1·2차측에 작용되는 힘이 서로 균형을 이루다가 헤드에서의 유수에 의해 2차측의 압력이 낮아지면, 힘의 균형이 깨지면서 클래퍼가 개방된다.
- 화재가 발생하여 헤드가 개방되면 알람밸브 2차측의 물이 방출되어, 2차측이 저압이 되고 이 때 클래퍼(크래퍼)가 개방되어 1차측의 가압수가 2차측으로 유입되어 방수되는 방식

> 숫자가 답인 문제 ★★★

70 화재조기진압용 스프링클러설비의 화재안전기준에 따라 가지배관을 배열할 때 **천장의 높이가 9.1m 이상 13.7m 이하**인 경우 **가지배관 사이의 거리** 기준으로 맞는 것은?

① **2.4m 이상 3.1m 이하** ② 2.4m 이상 3.7m 이하 ③ 6.0m 이상 8.5m 이하 ④ 6.0m 이상 9.3m 이하

- **스프링클러설비** : 화재발생시 화재를 자동으로 감지하여 피난을 위한 경보를 발하고, 습식·건식·준비작동식·일제살수식 밸브가 개방되면, 유수의 흐름으로 인하여 펌프가 기동되고, 개방된 헤드를 통해 소화수를 방수하여 소화하는 자동식 수계소화설비
- **스프링클러 헤드** : 스프링클러에서 나오는 물을, 빗방울 형태로 대량으로 뿌리면서 방수하는 역할을 하는 부분을 말한다.
- **화재조기진압용 스프링클러설비** : 랙크식창고(천장고가 높고 다량의 가연성 물품을 보관하고 있는 창고)에 설치하는 소화설비로서 화재초기에 헤드의 빠른 동작과, 높은 압력, 큰물방울을 방사해 조기에 진화할 수 있도록 설계된 스프링클러설비이다.
- **화재조기진압용 스프링클러헤드** : 화재위험이 높은 특정 장소에 대하여 조기에 진화할 수 있도록 설계된 스프링클러헤드를 말한다.
- **배관의 종류** : 배관이란 물이 이송되는 관을 말한다.
  - **주배관** : 각 층을 수직으로 관통하는 수직배관(입상관)
  - **수평주행배관** : 교차배관에 급수하는 배관
  - **교차배관** : 직접 또는 수직배관을 통하여 가지배관에 급수하는 배관
  - **가지배관** : 헤드가 설치되어 있는 배관

가지배관 사이의 거리 = 헤드 사이의 거리(S값)

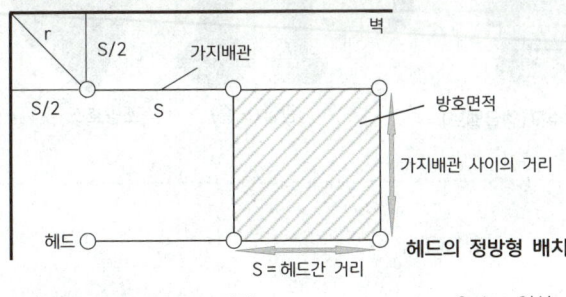

* 헤드 정방형(정사각형) 배치 공식 → S [헤드간 거리(m)]
  = 2 × r [유효반경=수평거리(m)] × cos45°

* 화재조기진압용 스프링클러설비는 가지배관 사이의 거리와 헤드 사이의 거리가 동일하게 규정되어 있다.
  이는 헤드를 정방형으로 설치하라는 의미이다.

1. 천장의 높이가 9.1m 미만 → 2.4m 이상 ~ 3.7m 이하
2. 천장의 높이가 9.1m 이상 ~ 13.7m 이하 → 2.4m 이상 ~ 3.1m 이하 [천장이 높으면 위험하므로... 헤드거리 가깝게]
3. 헤드 하나의 방호면적(S^2) → 6.0m²(2.4²=5.76) 이상 ~ 9.3m²(3.1²=9.61) 이하

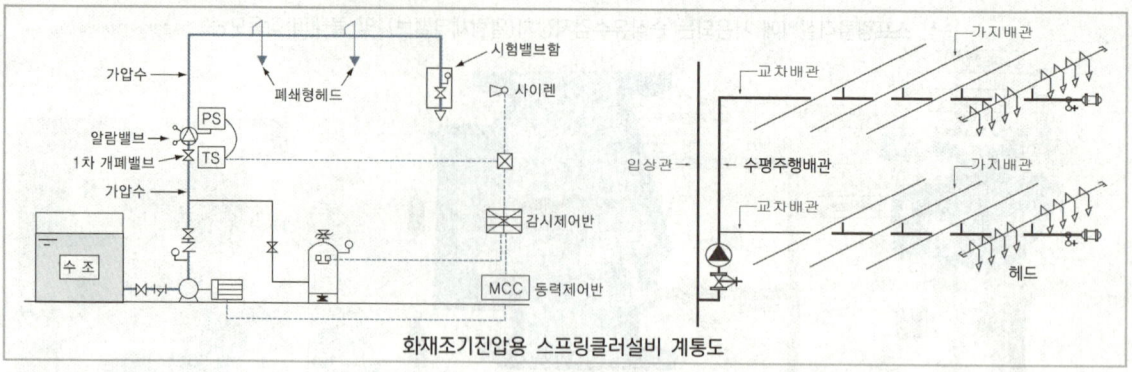

화재조기진압용 스프링클러설비 계통도

단어가 답인 문제

71 옥내소화전설비의 화재안전기준에 따라 옥내소화전 방수구를 반드시 설치하여야 하는 곳은?

① 식물원
② 수족관
③ 수영장의 관람석
④ 냉장창고 중 온도가 영하인 냉장실

- **옥내소화전설비** : 화재발생시 옥내소화전함을 개방하여 방수구와 연결된 호스를 전개한 후 앵글밸브를 개방하고, 화점을 향해 노즐을 개방하여 방사하는 형태의 수동식 수계소화설비
- **소화전함** : 호스 및 관창(노즐)을 보관하며, 앵글밸브와 연결된 방수구가 있음
- **방수구** : 소화전함 내에 설치되어 있으며, 방수구에 소방호스가 연결되어 있고, 소방호스 끝에 관창(노즐)이 연결되어 있음

아래는 옥내소화전 **방수구를 설치하지 않아도 되는 장소**이다. 아래 장소를 제외한 곳은 모두 방수구를 설치해야 한다.
1. 냉장창고 중 **온도가 영하인 냉장실** 또는 냉동창고의 **냉동실** → 점화가 어려워서…
2. **고온의 노**(융해로)가 설치된 장소 또는 **물과 격렬하게 반응**하는 물품의 저장 또는 취급 장소 → 수증기폭발 우려…
3. **발전소·변전소** 등으로서 전기시설이 설치된 장소 → 감전사고…
4. **야외음악당·야외극장** → 개방된 야외공간…
5. **식물원·수족관·목욕실·수영장(관람석 부분 제외)** → 물이 많은 공간…
※ 수영장은 설치하지 않아도 되지만… 수영장의 관람석 부분은 방수구를 반드시 설치해야 한다.

암기팁! 냉장(냉동) / 고온의노 / 발전소 / 야외 / 식물·수족·목욕·수영 ➡ 냉 / 고 / 발 / 야 / 식 수목수 ➡ 냉고발 야식 식수목수

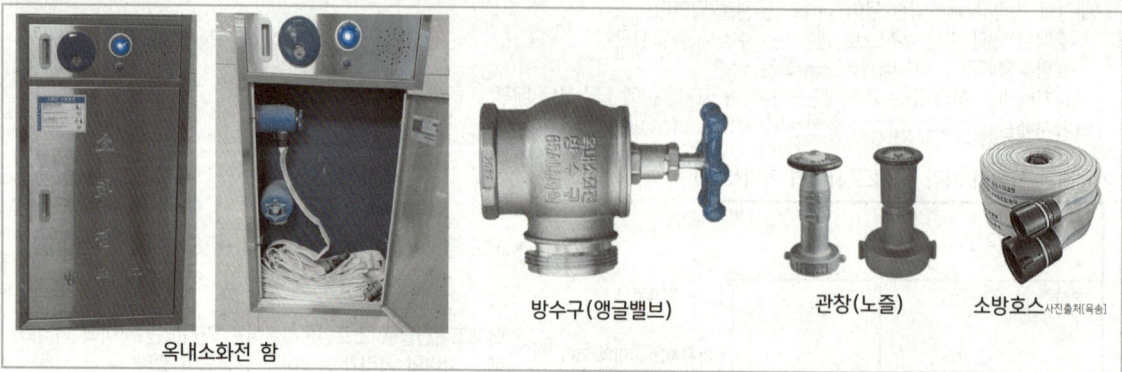

옥내소화전 함   방수구(앵글밸브)   관창(노즐)   소방호스

숫자가 답인 문제

72 스프링클러설비의 화재안전기준에 따른 특정소방대상물의 방호구역 층마다 설치하는 폐쇄형 스프링클러설비 **유수검지장치의 설치 높이** 기준은?

① 바닥으로부터 0.8m 이상 1.2m 이하
② 바닥으로부터 0.8m 이상 1.5m 이하
③ 바닥으로부터 1.0m 이상 1.2m 이하
④ 바닥으로부터 1.0m 이상 1.5m 이하

- **스프링클러설비** : 화재발생시 화재를 자동으로 감지하여 피난을 위한 경보를 발하고, 습식·건식·준비작동식·일제살수식 밸브가 개방되면, 유수의 흐름으로 인하여 펌프가 기동되고, 개방된 헤드를 통해 소화수를 방수하여 소화하는 자동식 수계소화설비
- **헤드** : 빗방울 형태로 대량으로 물을 뿌리면서 방수하는 역할을 하는 장치
  - **폐쇄형헤드** : 정상상태에서 방수구를 막고 있는 감열체가 일정온도에서 자동적으로 파괴·용해 또는 이탈됨으로써 방수구가 개방되는 헤드 (화재시 개방된 헤드에서만 물이 방수된다)
  - **개방형헤드** : 감열체 없이 방수구가 항상 열려져 있는 헤드 (화재시 설치된 모든 헤드에서 물이 방수된다)
- **방호구역**(유수검지장치 사용)
  - 스프링클러설비 소화범위에 따라... 건물내 **층별, 구역별**(면적 3,000㎡ 이내)로 나누어진 하나의 영역을 말한다.
  - 폐쇄형 스프링클러헤드를 사용하는(습식/건식/준비작동식/부압식) 설비의 구역을 방호구역이라 한다.

- **유수검지장치** : 습식유수검지장치, 건식유수검지장치, 준비작동식유수검지장치를 말하며 본체 내의 유수현상을 자동적으로 검지하여 신호 또는 경보를 발하는 장치를 말한다.

- 유수검지장치를 실내에 설치하거나 보호용 철망 등으로 구획하여 바닥으로부터 **0.8m 이상 1.5m 이하**의 위치에 설치

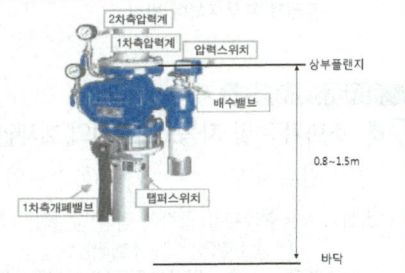

암기팁! 사람이 조작하기 가장 좋은 높이가 0.8m ~ 1.5m 이다. 사람이 팔로 조정하므로 0.8m 로 시작한다.

단어가 답인 문제 ★★★

73 포소화설비의 화재안전기준에 따른 용어의 정의 중 다음 (   ) 안에 알맞은 내용은?

> (   ) 푸로포셔너방식이란 펌프와 발포기의 중간에 설치된 벤추리관의 **벤추리작용과 펌프 가압수의 포 소화약제 저장탱크에 대한 압력에 따라 포 소화약제를 흡입·혼합하는 방식**을 말한다.

① 라인   ② 펌프   ③ 프레져   ④ 프레져사이드

포소화설비 : 수조로부터 공급된 물과 포약제 저장탱크에서 공급된 포원액을, **혼합기(프로포셔너)**에서 믹싱해 포수용액을 만들어, 포 방출구에서 공기와 섞어진 후 발포되어 거품을 방사하는 형태의 소화설비로서 유류탱크 등 위험물에 주로 사용된다.

포소화설비에서, 포원액(포약제)과 물을 혼합하는 방식이 4가지가 있는데... 그 중 프레져 **프로포셔너**(혼합기) 방식이 어떠한 방식인지 묻는 문제이다.

① **라인** 프로포셔너 방식(**벤추리관 혼합방식**) → 이동식 간이설비에 사용
   펌프와 발포기 중간에 설치된 벤추리관의 벤추리작용에 따라 포 소화약제를 흡입·혼합하는 방식
② **펌프** 프로포셔너 방식(**농도조절밸브 혼합방식**) → 소방자동차에 사용
   펌프의 토출관과 흡입관 사이의 배관 도중에 설치한 흡입기(바이패스 배관상에 설치)에 펌프에서 토출된 물의 일부를 보내고, 농도조절밸브에서 조정된 포 소화약제의 필요량을 포 소화약제 탱크에서 펌프 흡입측으로 보내어 이를 혼합하는 방식
③ **프레져** 프로포셔너 방식(**벤추리+압력 혼합방식**) → 가장 널리 이용됨(주차장 등)
   펌프와 발포기의 중간에 설치된 벤추리관의 벤추리작용과 펌프 가압수의 포 소화약제 저장탱크에 대한 압력(벨로우즈막)에 따라 포 소화약제를 흡입·혼합하는 방식
④ **프레져사이드** 프로포셔너 방식(**압입용펌프 혼합방식**) → 석유화학공장 등 대단위 설비
   펌프의 토출관에 압입기를 설치하여 포소화약제 압입용펌프로 포 소화약제를 압입시켜 혼합하는 방식
   (펌프2대를 이용해 물과 약제를 별도로 송출해 혼합하는 방식)

암기팁! 프레져 사이드 방식은... 사이드에 압입용펌프가 1대 더 있다.

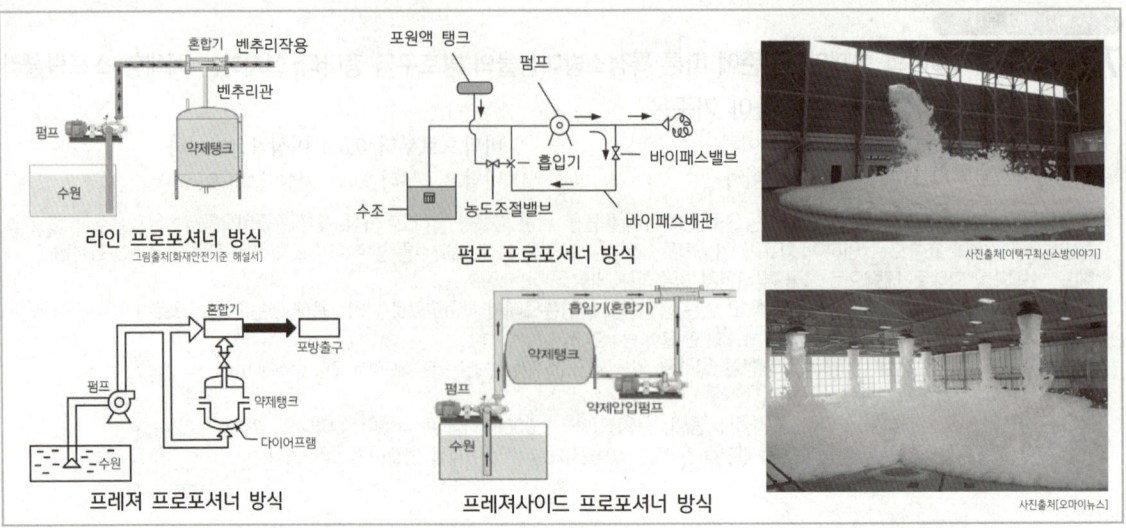

라인 프로포셔너 방식
펌프 프로포셔너 방식
프레져 프로포셔너 방식
프레져사이드 프로포셔너 방식

숫자가 답인 문제 ★★★

74 소화기구 및 자동소화장치의 화재안전기준에 따른 수동으로 조작하는 대형소화기 B급의 능력단위 기준은?

① 10단위 이상　　② 15단위 이상　　③ **20단위 이상**　　④ 25단위 이상

- 소화기 : 소화약제를 압력에 따라 방사하는 기구로서, 사람이 수동으로 조작하여 소화약제를 방사하여 소화하는 것 (소형소화기, 대형소화기)
- 소형소화기 : 능력단위가 1단위 이상이고 대형소화기의 능력단위 미만인 소화기
- 대형소화기 : 화재 시 사람이 운반할 수 있도록 운반대와 바퀴가 설치되어 있고 능력단위가 A급(일반화재) 10단위 이상, B급(유류화재) 20단위 이상인 소화기
- 능력단위 : 소화기 및 간이소화용구의 소화능력을 나타내는 수치로서, 법에 따라 형식승인된 수치. 이 능력단위를 산정하기 위해 모형에 의한 소화능력시험을 실시한다.

대형소화기는 A급 10단위 이상, B급 20단위 이상의 능력단위를 갖는 소화기를 의미한다.

일반화재(A급)보다 유류화재(B급)가 더 위험하므로... 능력단위가 더 높아야 한다. ➡ A급 10단위 《 B급 20단위

 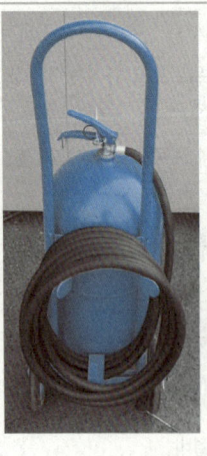 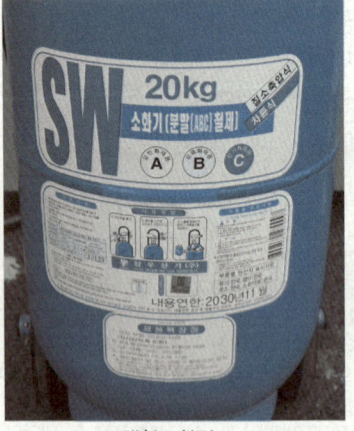 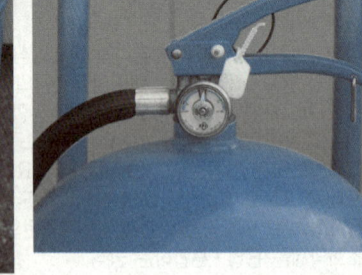

대형소화기

> 문장이 답인 문제

75 포소화설비의 화재안전기준에 따른 포소화설비의 포헤드 설치기준에 대한 설명으로 틀린 것은?

① 항공기격납고에 단백포 소화약제가 사용되는 경우 1분당 방사량은 바닥면적 1㎡당 6.5ℓ 이상 방사되도록 할 것
② 특수가연물을 저장·취급하는 소방대상물에 단백포 소화약제가 사용되는 경우 1분당 방사량은 바닥면적 1㎡당 6.5ℓ 이상 방사되도록 할 것
③ 특수가연물을 저장·취급하는 소방대상물에 합성계면활성제포 소화약제가 사용되는 경우 1분당 방사량은 바닥면적 1㎡당 8.0ℓ 이상 방사되도록 할 것 (6.5ℓ 이상)
④ 포헤드는 특정소방대상물의 천장 또는 반자에 설치하되, 바닥면적 9㎡마다 1개 이상으로 하여 해당 방호대상물의 화재를 유효하게 소화할 수 있도록 할 것

- **포소화설비** : 수조로부터 공급된 물과 포약제 저장탱크에서 공급된 포원액을, 혼합기(프로포셔너)에서 믹싱해 포수용액을 만들어, 포 방출구에서 공기와 섞어진 후 발포되어 거품을 방사하는 형태의 소화설비로서 유류탱크 등 위험물에 주로 사용된다.
- **포워터 스프링클러설비** : 일제살수식스프링클러설비와 유사하며 포소화약제와 물이 혼합한 포수용액이 헤드를 통해 방사된다.
  - 포워터스프링클러헤드 사용
  - 설치가능장소 : 특수가연물을 저장·취급하는 공장 또는 창고 / 차고 또는 주차장 / 항공기격납고
- **포헤드 설비** : 포워터스프링클러설비와 유사한 구조이고, 유류화재와 같은 평면화재에 사용되며, 주로 화재강도가 낮은 장소에 설치하는 설비이다.
  - 포헤드 사용
  - 설치가능장소 : 특수가연물을 저장·취급하는 공장 또는 창고 / 차고 또는 주차장 / 항공기격납고

1. 포워터스프링클러헤드 → 천장 또는 반자에 설치하되, **바닥면적 8㎡마다** 1개 이상
2. 포헤드 → 천장 또는 반자에 설치하되, **바닥면적 9㎡마다** 1개 이상
3. 소방대상물별 포소화약제 종류에 따른 포헤드 1분당 방사량

소방대상물	포 소화약제의 종류	바닥면적 1㎡당 방사량
차고·주차장 및 항공기격납고	단백포 소화약제	6.5ℓ 이상
	합성계면활성제포 소화약제	8.0ℓ 이상
	수성막포 소화약제	3.7ℓ 이상
특수가연물을 저장·취급하는 소방대상물	단백포 소화약제	6.5ℓ 이상
	합성계면활성제포 소화약제	6.5ℓ 이상
	수성막포 소화약제	6.5ℓ 이상

암기탭! 포헤드 9㎡ ➡ 포구(항구) / 차고(항공기) 합성계면활성제포 8.0ℓ 수성막포 3.7ℓ ➡ 차항 합팔 수삼칠 나머지는 6.5

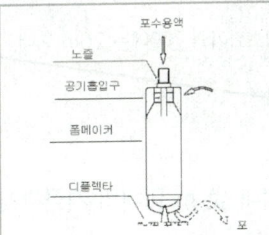

포워터스프링클러헤드의 구조

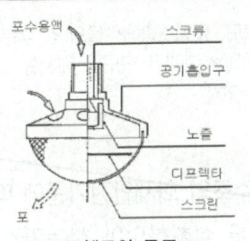

포워터스프링클러헤드

포헤드의 구조

포헤드의 예

숫자가 답인 문제

76 소화기구 및 자동소화장치의 화재안전기준에 따라 **대형소화기**를 설치할 때 특정소방대상물의 **각 부분으로부터** 1개의 소화기까지의 **보행거리**가 최대 몇 m 이내가 되도록 배치하여야 하는가?

① 20　　② 25　　③ 30　　④ 40

- 소화기 : 소화약제를 압력에 따라 방사하는 기구로서, 사람이 수동으로 조작하여 소화약제를 방사하여 소화하는 것 (소형소화기, 대형소화기)
- 소형소화기 : 능력단위가 1단위 이상이고 대형소화기의 능력단위 미만인 소화기
- 대형소화기 : 화재 시 사람이 운반할 수 있도록 운반대와 바퀴가 설치되어 있고 능력단위가 A급(일반화재) 10단위 이상, B급(유류화재) 20단위 이상인 소화기
- 능력단위 : 소화기 및 간이소화용구의 소화능력을 나타내는 수치로서, 법에 따라 형식승인된 수치

특정소방대상물의 **각 부분**(실내의 가장 먼 부분)으로부터 1개의 소화기까지의 **보행거리**(걸어서 갈 수 있는 거리) 기준
1. 대형소화기 → 30m 이내
2. 소형소화기 → 20m 이내

암기탭! 대삼 소이 (대3 소2) → 대형은 30m / 소형은 20m

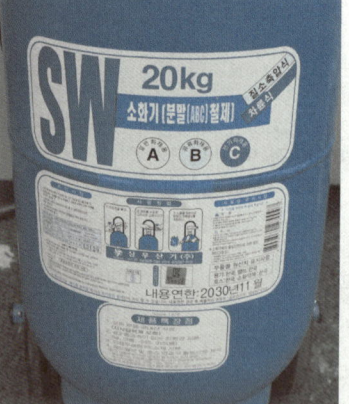

대형소화기

함께공부

소화기는 각층마다 설치하되, 특정소방대상물의 각 부분으로부터 1개의 소화기까지의 보행거리가 소형소화기의 경우에는 20m 이내, 대형소화기의 경우에는 30m 이내가 되도록 배치할 것.

숫자가 답인 문제

77 소화수조 및 저수조의 화재안전기준에 따라 **소화수조의 채수구**는 소방차가 최대 몇 m 이내의 지점까지 접근할 수 있도록 설치하여야 하는가?

① 1　　② 2　　③ 4　　④ 5

- 소화수조 또는 저수조 : 소방대가 화재진압시 사용하는 소방용수가 담긴 수조로서, 소화에 필요한 물을 항시 채워두는 것을 말한다.
- 소화수조(저수조)의 물을 소방차에 공급받는 방법
  ① 흡수관 투입구 : 소방차에는 물을 흡입할 수 있는 흡수관이 있다. 이 흡수관을 지하수조에 직접 담궈서 물을 흡수할 수 있도록 만든 사각형(한 변이 0.6m 이상)이나 원형(직경이 0.6m 이상)의 구멍(맨홀)
  ② 채수구 : 소방차의 소방호스와 접결되는 흡입구(나사식 금속결합구)로서, 채수구를 통해 수화수조의 물을 소방차에 공급 받는다.
  　㉠ 옥상수조 : 옥상 또는 옥탑의 부분에 설치된 경우, 지상에 설치된 채수구에서의 압력이 0.15 MPa 이상이 되면 설치가능
  　㉡ 지하수조 : 소화수조에 별도의 펌프를 설치하여, 지하수조에서 연결된 배관을 통하여 채수구에서 물을 공급 받는다.

소화수조(저수조)의 채수구는 **소방차가 2m** 이내의 지점까지 접근할 수 있는 공터에 설치하여야... 소방차가 물을 용이하게 공급받을 수 있다.

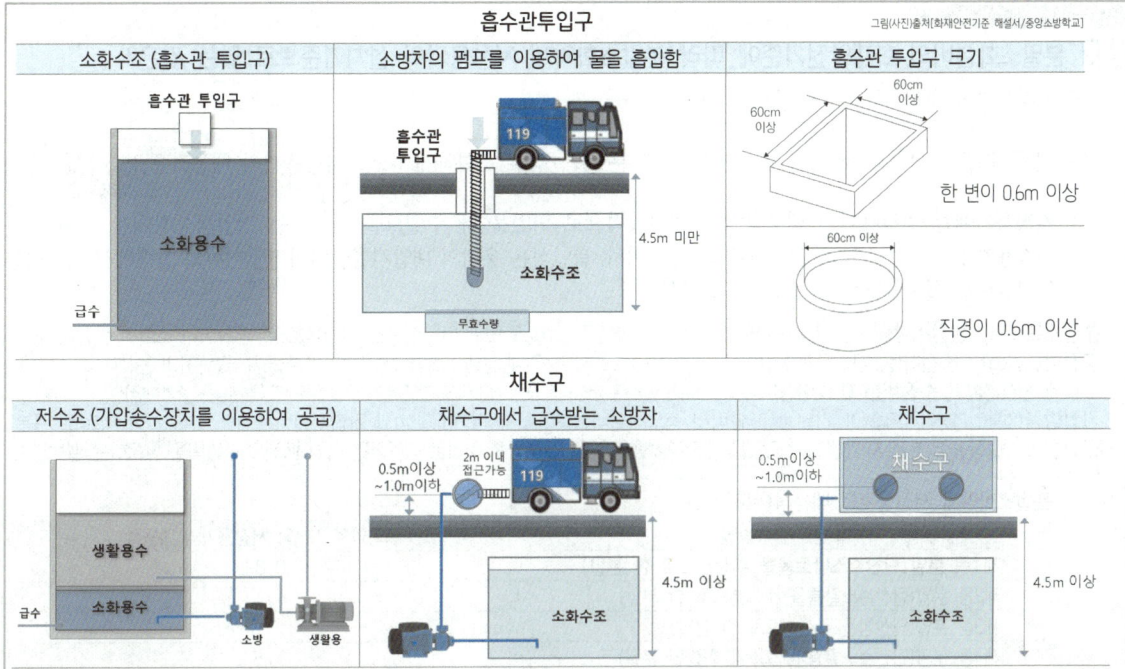

그림(사진)출처[화재안전기준 해설서/중앙소방학교]

숫자가 답인 문제 ★★

78 미분무소화설비의 화재안전기준에 따른 용어 정의 중 다음 ( ) 안에 알맞은 것은?

"미분무"란 물만을 사용하여 소화하는 방식으로 최소설계압력에서 헤드로부터 방출되는 물입자 중 99%의 누적체적분포가 (㉠)μm 이하로 분무되고 (㉡)급 화재에 적응성을 갖는 것을 말한다.

① ㉠ 400, ㉡ A, B, C ② ㉠ 400, ㉡ B, C ③ ㉠ 200, ㉡ A, B, C ④ ㉠ 200, ㉡ B, C

미분무소화설비 : 가스계 소화설비의 대체설비로서 개발된 소화설비이며, A급(일반)·B급(유류)·C급(전기) 화재에 적응성이 있고, 가압된 물이 헤드(head) 통과 후 미세한 입자로 분무됨으로써 소화성능을 가지는 설비를 말하며, 소화력을 증가시키기 위해 강화액 등을 첨가할 수 있다.

- 가압된 물이 헤드통과 후 $400\mu m$ 이하($0.4mm$ 이하)의 작은 물방울(Droplet)인 미분무수(Water mist)가 되어 화재를 진압하는 설비이다.
- B급(유류) 화재를 원활히 진압하고, C급(전기) 화재에 안전성을 확보하기 위하여 헤드로부터 방출되는 물입자 중 99%의 누적체적분포(방사된 전체 물방울을 누적시켰을 때의 체적분포)가 $400\mu m$ 이하가 되어야 한다 [$D_{V0.99} \leq 400\mu m$].
  쉽게말해 미분무수로 인정받으려면 헤드에서 방사된 물방울의 99%(누적체적)가 $400\mu m$ 이하의 크기가 되어야한다.

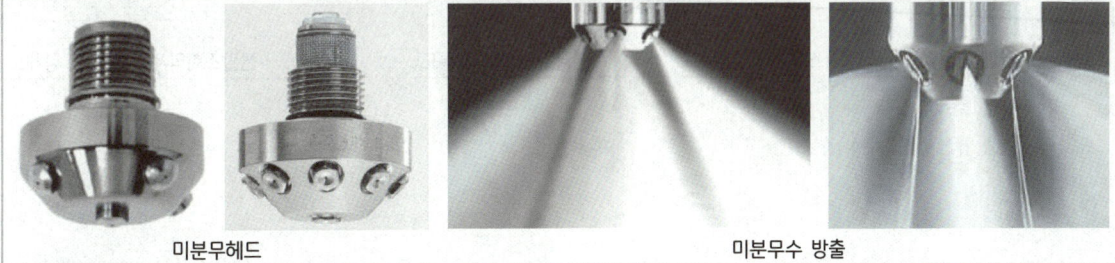

미분무헤드　　　　　　　　　　　미분무수 방출

함께 공부

마이크로미터(micrometer, 단위 : μm)는 미터의 백만분의 일에 해당하는 길이의 단위이다.
미크론(micron, 단위 : μ)이라고도 하며, 과학적 표기법으로는 $1 \times 10^{-6} m$라 적는다. 1 마이크로미터는 0.000001 미터이며 0.001 밀리미터이다.　예> $400\mu m = 400 \times 0.001 mm = 0.4 mm$

문장이 답인 문제 ★

79 분말소화설비의 화재안전기준에 따라 분말소화약제 저장용기의 설치기준으로 맞는 것은?

① 저장용기의 충전비는 0.5 이상으로 할 것
　　　　　　　　　　　　0.8

② 제1종 분말(탄산수소나트륨을 주성분으로 한 분말)의 경우 소화약제 1kg당 저장용기의 내용적은 1.25L 일 것
　　0.8L

③ 저장용기에는 저장용기의 내부압력이 설정압력으로 되었을 때 주밸브를 개방하는 정압작동장치를 설치할 것

④ 저장용기에는 가압식은 최고사용압력의 2배 이하, 축압식은 용기의 내압시험압력의 1배 이하의 압력에서 작동하는
　　　　　　　　　　　　　　　　1.8배　　　　　　　　　　　　　　　　　　0.8배
　안전밸브를 설치할 것

- **분말소화설비** : 분말소화설비는 미세한 분말입자를 별도 추진가스(질소 또는 이산화탄소)의 압력으로 방사하여 소화하는 설비이다.
- **충전비(L/kg)** : 충전하는 약제 무게(kg)당 용기체적(L)으로서, 용기내 분말소화약제를 얼마나 채울 수 있는지의 문제이다. 분말소화약제 저장용기의 **충전비는 0.8 이상**이다. (충전비가 클수록 저장약제량은 감소하고, 충전비가 작을수록 저장약제량은 증가한다)
- **가압방식**(압력을 가하여 약제를 이송하는 방식)에 따라 축압식설비(추진가스 약제용기내 같이)와 가압식설비(추진가스 별도용기에 따로)로 구분
- **안전밸브** : 설정압력 초과 시 개방되어 과압을 배출(기체방출)하고, 설정압력 이하로 내려가면 다시 폐쇄되어 압력을 유지하는 밸브장치

①, ② 분말소화약제 저장용기의 내용적(=충전비)

소화약제의 종별	소화약제 1kg당 저장용기의 내용적
제1종 분말(탄산수소나트륨을 주성분으로 한 분말)	**0.8 L**
제2종 분말(탄산수소칼륨을 주성분으로 한 분말)	1 L
제3종 분말(인산염을 주성분으로 한 분말)	1 L
제4종 분말(탄산수소칼륨과 요소가 화합된 분말)	1.25 L

③ **정압작동장치**
→ 가압용가스가 분말용기로 유입되어 혼합된 후 약 15~30초 시간이 지나 분말용기 압력이 소정의 방출압이 되면 주밸브인 **방출밸브를 개방시켜주는 장치**이다. 가압식만 해당하며(축압식은 해당되지 않음), 가스압식, 기계식, 전기식의 3가지 방식이 이용된다.

④ 저장용기에는 **가압식**은 **최고사용압력**(설비에서 사용하는 가장 높은 압력)의 **1.8배** 이하, 축압식은 용기의 **내압시험압력**(얼마의 압력까지 용기가 견딜 수 있는지를 알아보는 시험)의 **0.8배** 이하의 압력에서 작동하는 **안전밸브**를 설치할 것

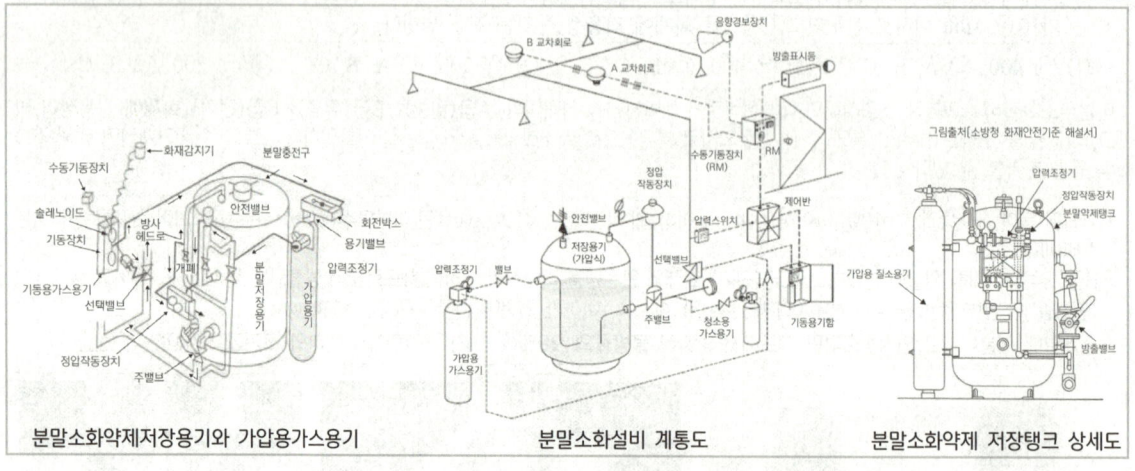

분말소화약제저장용기와 가압용가스용기　　　분말소화설비 계통도　　　분말소화약제 저장탱크 상세도

> 문장이 답인 문제

80 할론소화설비의 화재안전기준에 따른 할론 1301 소화약제의 저장용기에 대한 설명으로 틀린 것은?

① 저장용기의 충전비는 0.9 이상 1.6 이하로 할 것
② 동일 집합관에 접속되는 용기의 충전비는 같도록 할 것
③ 저장용기의 개방밸브는 안전장치가 부착된 것으로 하며 수동으로 개방되지 않도록 할 것
  　　　　　　　　　　　　　　　　　　　　　　　　　　　개방되는 것으로
④ 축압식 용기의 경우에는 20℃에서 2.5MPa 또는 4.2MPa의 압력이 되도록 질소가스로 축압할 것

- **할론(Halon)소화설비** : 할론소화설비는 할로겐족원소(F, Cl, Br, I) 중 하나 이상을 포함하고 있는 할론2402($C_2F_4Br_2$), 할론1211(CF_2ClBr), 할론1301(CF_3Br) 소화약제를 이용하여 화재를 진압하는 가스계 소화설비이다.
- **할론 1301** : Halon 1301(CF_3Br)은 소화력이 가장 우수하여 할론 소화설비 및 할론 소화기에 사용되며, 독성도 다른 할론 약제들에 비해 낮은 편이다. 하지만 오존 파괴 지수(ODP)는 가장 높다.

할론1301 소화약제의 저장용기 설치기준

1. 충전비(L/kg)
   → 충전비는 충전하는 약제 무게(kg)당 용기체적(L)으로서, **할론1301 소화약제의 충전비는… 0.9 이상 ~ 1.6 이하**이다.
   충전비에 따라 할론1301 소화약제를, 68L의 통상적 용기에 얼마나 채울 수 있는지를 계산하면…

   $\dfrac{68L}{0.9L/kg} ≒ 75.5kg$ ~ $\dfrac{68L}{1.6L/kg} = 42.5kg$ 즉, 68L 용기에 42.5kg ~ 75.5kg 저장가능(충전비가 커지면 약제량 감소)

2. 동일 집합관에 접속되는 용기의 소화약제 충전량은 동일 충전비의 것이어야 할 것
   → **집합관** : 각각의 저장용기에서 방출된 소화약제를 모아주는 관으로서 높은 압력에 견디는 압력배관으로 설치하여야 한다.
   → 하나의 집합관에 연결된 모든 저장용기는… **동일한 약제량이 충전된 저장용기**를 사용하라는 의미이다.

3. 저장용기의 수동개방과 안전장치
   → 할론소화약제 저장용기의 개방밸브는 자동으로 개방되고 **수동으로도 개방되는 것으로서** 안전장치가 부착된 것으로 하여야 한다.
   → 용기의 개방밸브가 자동으로 개방된다면… 사람이 수동으로 개방할 수도 있게 만드는 것이 당연할 것이다.
   → 용기밸브(개방밸브)에 설치되는 안전장치(안전밸브)는 용기의 내압이 상승하여 소정의 압력을 초과하게 되면, 내압을 자동적으로 방출시켜용기의 파손을 보호한다.

4. 가압방식(압력을 가하여 약제를 이송하는 방식)에 따라 축압식설비(추진가스 약제용기내 같이)와 가압식설비(추진가스 별도용기에 따로)로 구분
   → **축압식** : 할론1301 소화약제는 자체증기압(20℃에서 1.4MPa)이 낮아, 약제의 압력만으로는 분사헤드에서 원하는 방사압(0.9MPa)을 얻기 어렵다. 따라서, 약제저장용기 내 자체증기압이 높은 **질소가스로 축압(2.5MPa 또는 4.2MPa의 압력)**하고, 방사시에는 축압된 질소가스의 압력을 이용하여 약제를 방사하는 방식이다.
   → **가압식** : 할론2402(상온에서 액상)에 적용되는 방식으로, 별도의 가압용 질소탱크를 부설하여 방사시 가압용기 내의 질소를 이용해 약제를 원활한 방사압력으로 방사하는 방식이다.

SECTION 16

2021년 제1회 답이색 해설편

1과목 소방원론

✔ 이것이 핵심이다! 기출문제 + 답이색해설

> 이해하면서 공부 할 문제

01 위험물별 저장방법에 대한 설명 중 틀린 것은?
① 유황은 정전기가 축적되지 않도록 하여 저장한다.
② 적린은 화기로부터 격리하여 저장한다.
③ 마그네슘은 건조하면 부유하여 분진폭발의 위험이 있으므로 물에 적시어 보관한다.
④ 황화린은 산화제와 격리하여 저장한다.

- 유황, 적린, 황화린은 모두 제2류 위험물인 **가연성고체**(가연물)이므로 정전기, 화기, 산화제(산소공급원)와 격리하여 저장하여야 한다.
- 제2류 위험물인 **적린, 유황**은 주수에 의한 **냉각소화**를 한다.
- 제2류 위험물 중 황화린, 철분, **마그네슘 분말**, 금속분류 등은 금수성 물질이므로 주수소화를 금지하고 건조사(마른모래), 팽창질석, 팽창진주암(가열해 부풀려 가볍게 만든 돌가루) 등에 의한 질식소화를 한다. (금속은 물, 가스계약제 사용금지)

> 함께공부

제2류 위험물 ⇨ 가연성 고체[일반 환원성 가연물] 일반적으로 불에 타는 가연성고체 물질 등이 해당된다.

위험물	특징	암기법	종류[대분류]			
제2류	가연성 고체	유황적 철마금 인	유황(황)[S], 황화린(인), 적린(인)[P] / 철분, 마그네슘, 금속분류 / 인화성고체			
지정수량		유황적백 오백철마금 인천	위험등급Ⅱ 지정수량 100kg / 위험등급Ⅲ 지정수량 500kg / Ⅲ 지정수량 1000kg			

> 이해하면서 공부 할 문제

02 할로겐화합물 소화약제에 관한 설명으로 옳지 않은 것은?
① 연쇄반응을 차단하여 소화한다. ② 할로겐족 원소가 사용된다.
③ 전기에 도체이므로 전기화재에 효과가 있다. ④ 소화약제의 변질분해 위험성이 낮다.
　　　부도체

도체는 전기를 잘 전달하는 물질이므로 할로겐화합물 소화약제가 전기 도체라면, 감전의 우려로 전기화재에 사용할 수 없다.
즉, 할로겐화합물 소화약제는 전기가 잘 통하지 않는 **전기 부도체**이므로 전기화재에 적합한 소화약제이다.

> 함께공부

할로겐화합물 소화약제
- 활성라디칼(자유활성기, Free radical)을 흡수하여 연소의 4요소인 순조로운 **연쇄반응을 억제**하여 소화하는 방법으로 정촉매의 반대인 부촉매소화라고도 한다.
- **할로겐족원소** 불소(F), 염소(Cl), 브롬(Br) 또는 요오드(I) 중 하나 이상의 원소를 포함하고 있는 소화약제
- 전기 절연성이 커서 **전기화재에 적합**하다.
- 소화약제의 변질 위험성이 없어 **영구적**으로 사용가능하다.
- 소화 후 **잔여물이 없으며**, 금속에 대한 부식성 또한 없어 도서관, 박물관, 컴퓨터실, 전자·통신기기실에 적합함

이해하면서 공부 할 문제 ★★

03 분자식이 CF₂BrCl인 할로겐화합물 소화약제는?

① Halon 1301 ② **Halon 1211** ③ Halon 2402 ④ Halon 2021

할론(Halon) 소화약제 - 분자식(화학기호)은 원자의 순서가 바뀌어도 상관없다.

종류	분자식	상온,상압	원자량	분자량 계산	증기비중 계산
할론 1301	CF_3Br	기체	(C×1개) + (F×3개) + (Br×1개)	12 + (19×3) + 80 = **149**	149/29 = 5.13
할론 1211	CF_2ClBr	기체	(C×1개) + (F×2개) + (Cl×1개) + (Br×1개)	12 + (19×2) + 35.5 + 80 = **165.5**	165.5/29 = 5.71
할론 2402	$C_2F_4Br_2$	액체	(C×2개) + (F×4개) + (Br×2개)	(12×2) + (19×4) + (80×2) = **260**	260/29 = 8.96
할론 1011	CH_2ClBr	액체	(C×1개) + (H×2개) + (Cl×1개) + (Br×1개)	12 + (1×2) + 35.5 + 80 = **129.5**	129.5/29 = 4.46
할론 104	CCl_4	액체	(C×1개) + (Cl×4개)	12 + (35.5×4) = **154**	154/29 = 5.31

• NTP(자연상태) : 20℃, 1기압(atm) 상태 [상온, 상압 상태] - 국내기준

암기팁! 탄 불 염 브

함께공부

할론명명법 - 아래 그림과 같은 순서와 원자수로 기재된다.

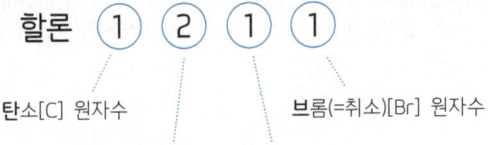

※ 화합물 내부에 존재하지 않는 원소는 숫자 '0'으로 표기(맨끝은 표기하지 않아도 된다)하고 명명하지 않는다.

이해하면서 공부 할 문제 ★

04 건축물의 화재 시 피난자들의 집중으로 패닉(panic) 현상이 일어날 수 있는 피난 방향은?

위 그림에서 선은 복도를 의미하며 화살표는 피난구를 의미한다. ②(X형), ③(Z형), ④(T형)의 그림은 피난자가 어느방향으로 피난하더라도 피난구가 있는 구조이지만, ①은 H형(중앙에 코너가 2개나 집중되어 있는 방식)으로서 피난자들이 중앙에 집중되어 우왕좌왕 할 수 있는 구조이다.
화재시에는 연기에 의한 시계 제한, 유독가스에 의한 호흡 장애 등으로 인하여, 평소에 잘 구분하여 다니던 복도로 방향을 잃고 길을 헤맬수 있다.

함께공부

패닉(panic)현상
• 화재시 건물에 고립됐을 때, 현재 자신이 처한 상황을 파악하는 능력이 일시적으로 마비된 채, 몸을 움직일 수 없거나 본능적으로 움직이기를 거부하는 등 안전한 동작으로 움직일 수 있다는 것을 자각하지 못하는 상태
• 건물화재 시 패닉(panic)의 발생원인으로 연기에 의한 시계 제한, 유독가스에 의한 호흡 장애, 화염에 대한 두려움, 외부와 단절된 고립상태 등이 있다.

암기하면서 공부 할 문제 ★

05 건축법령상 내력벽, 기둥, 바닥, 보, 지붕틀 및 주계단을 무엇이라 하는가?

① 내진구조부 ② 건축설비부 ③ 보조구조부 ④ **주요구조부**

주요구조부 : 건물물의 각 부분을 나누어 구분할 때 구조상으로 중요한 부분으로서...
주계단, **지**붕틀, **내**력벽(견딜 힘이 있는 벽), **기**둥, **바**닥, **보**

암기팁! 절의 주지는 내기를 좋아하는 바보이다. ➡ 주 지 내 기 바 보

암기하면서 공부 할 문제 ★

06 스테판-볼쯔만의 법칙에 의해 복사열과 절대온도와의 관계를 옳게 설명한 것은?
① 복사열은 절대온도의 제곱에 비례한다.　② 복사열은 절대온도의 4제곱에 비례한다.
③ 복사열은 절대온도의 제곱에 반비례한다.　④ 복사열은 절대온도의 4제곱에 반비례한다.

물질의 표면에서 방사되는 복사에너지(열복사량)는 스테판-볼츠만 법칙(stefan-boltzmann's)에 의해 다음과 같이 계산된다.
$$Q(복사에너지, 복사열량) = \sigma A T^4$$
복사에너지(복사열량)는 절대온도의 4승에 비례하고, 복사를 받는 물체의 단면적에 비례한다.
- σ[스테판-볼츠만 상수(시그마)] : $\sigma = 5.67 \times 10^{-8}$ [W/m²K⁴]
- A[단면적] : 복사를 받는 물체의 단면적 [m²]
- T[절대온도, K(켈빈)] = 온도(℃) + 273 [K]

암기하면서 공부 할 문제 ★

07 일반적으로 공기 중 산소농도를 몇 vol% 이하로 감소시키면 연소속도의 감소 및 질식소화가 가능한가?
① 15　② 21　③ 25　④ 31

물리적 소화의 방법 : 연소의 3요소인 가연성가스(가연물), 산소, 열(점화원)의 양적 변화를 통해 연소를 중단시켜 소화하는 방법
- 질식소화 : 가연물이 연소할 때 공기 중의 산소농도(일반적으로 21%)를 떨어뜨려(보통 15%이하) 연소를 중단시키는 소화 방법

암기하면서 공부 할 문제 ★★

08 이산화탄소의 물성으로 옳은 것은?
① 임계온도 : 31.35℃, 증기비중 : 0.529　② 임계온도 : 31.35℃, 증기비중 : 1.529
③ 임계온도 : 0.35℃, 증기비중 : 1.529　④ 임계온도 : 0.35℃, 증기비중 : 0.529

이산화탄소(탄산가스) = CO_2 = 분자량44 = 불연성 소화약제 = 질식소화 = 고체탄산(드라이아이스)
- CO_2는 임계온도가 높아 냉각하면 쉽게 액화된다 : 온도를 **31.25℃(임계온도)** 이하로 낮추고, 그에 상응하는 압력을 가하면 액화가 가능하다. 하지만 임계온도 이상이 되면 모두 기화되어 용기내의 압력이 급격히 상승한다.
- 공기(분자량=29) 보다 **1.5배 무거워서** 화재시 가연물의 심부에까지 침투가 가능하다.
  CO_2분자량 계산[C=12, O=16] = 12 + (16×2) = 44　　∴ 44/29 ≒ 1.5[CO_2 증기비중]
※ 임계온도 : 기체를 액화시킬 수 있는 최고온도로서 CO_2를 액체화시키기 위해서는 CO_2를 31.25℃(임계온도) 이하로 유지시켜 주어야 한다.

이해하면서 공부 할 문제 ★★

09 조연성 가스에 해당하는 것은?
① 일산화탄소　② 산소　③ 수소　④ 부탄
　가연성가스　　　　　　　　가연성가스　　가연성가스

조연성가스(지연성가스)
자신은 연소하지 않고 연소를 돕는 성질의 가스(일종의 산소공급원)로서 산소(O)를 함유하고 있는 산소(O_2), 공기(O_2함유), 오존(O_3) 가스와 할로겐족 원소 중 전기음성도가 큰(산화력이 큰) 불소(F), 염소(Cl) 가스도 조연성가스로 분류된다.
할로겐족 원소 중 불소(F), 염소(Cl) 가스는 전기음성도가 커서 산소가 수소와 반응하는 연쇄반응을 억제하여, 오히려 화염 주변에 산소를 남겨주게 되어 할로겐족원소 중 불소(F), 염소(Cl)도 조연성가스로 불리운다.

함께 공부

- **전기음성도** : 화학적 반응에서 분자내의 원자가 전자를 끌어 당기는 능력[산소(O)는 전기음성도가 강하다]
  F(불소) > O(산소) > N(질소) > Cl(염소) > Br(브롬) > C(탄소) > S(황) > I(요오드) > H(수소) > ···
- 완전 연소시에는 불연성가스인 CO_2(이산화탄소) 가 생성되지만, 산소가 부족한 상황에서는 불완전 연소가 되어 독성가스이자 가연성 가스인 CO(일산화탄소) 가 생성된다.
- 수소(H_2)는 연소시 발생하는 가연성 가스이고, 부탄(C_4H_{10})가스는 자체가 가연성가스(연소하는 가스) 이다.

이해하면서 공부 할 문제 ★★

10 가연물질의 구비조건으로 옳지 않은 것은?
① 화학적 활성이 클 것
② 열의 축적이 용이할 것
③ 활성화 에너지가 작을 것
④ 산소와 결합할 때 발열량이 작을 것
　　　　　　　　　　　　　　　클 것

연소의 3요소는 가연물, 산소공급원(산화제), 점화원인데, 그 중 가연물(=환원제=환원성물질)은 산소와 반응하여 연소를 일으키게 하는 물질로서, 산소와 결합할 때 **발열량**(연소시 방출하는 열량)이 커야 가연물이 되기 쉬운 구비조건에 해당된다.

함께공부

가연물이 되기 쉬운 조건 = 연소가 잘 되기 위한 구비조건(불에 잘 타는 조건)
• 산화반응의 화학적 활성이 클 것
• 산소와 화학적으로 친화력이 클 것
• 열전도율이 낮을(작을) 것 = 열의 축적이 용이할 것 (열전도율이 낮아야 열의 축적이 쉽다)
• 발열량이 클 것
• 표면적이 넓을(클) 것 (큰덩어리보다 작은덩어리 여러개가 더 연소가 쉽다)
• 활성화에너지가 작을 것 (어떤 물질을 활성으로 만드는 에너지 즉 활성화에너지가 작아야 반응하기 쉬워지며, 반응하기 쉬워야 연소가 쉽게 된다)
※ 활성화에너지 : 점화에너지로서 반응시 필요한 최소한의 에너지를 의미한다. 예를 들면 언덕이 활성화에너지이다. 즉, 높은 언덕은 넘어 가기 어렵고(활성화에너지가 커서 반응하기 어렵고), 낮은 언덕은 넘어 가기 쉽다(활성화에너지가 작아서 반응하기 쉽다)고 이해하면 된다.

암기하면서 공부 할 문제

11 가연성 가스이면서도 독성 가스인 것은?
① 질소　　② 수소　　③ 염소　　④ 황화수소

유황(황)[S]은 제2류 위험물[가연성 고체]로서, 불완전 연소시 계란 썩는 냄새가 나는 **독성가스**(허용농도 10ppm)인 **황화수소**(H_2S)를 발생시킨다. 또한 황화수소는 연소범위가 4~44[vol%](위험도 10) 정도인 **가연성 가스**이다.
※ ppm은 농도의 단위로 사용되며, 영어의 'Part Per Million(파츠 퍼 밀리언)'의 앞 글자를 따서 만든 **100만분의 1**이란 뜻이다. 즉 1ppm은 1/1,000,000로 표현되며, 공기 1,000,000L 중 농도를 표시하는 것이다.

함께공부

① 공기중에서 흡열반응을 하는 **질소**(N_2)는 불연성·무독성 가스이다.
② 연소시 발생하는 가연성기체인 **수소**(H_2)는 가연성 가스이지만, 독성가스는 아니다.
③ 할로겐족 원소인 **염소**(Cl_2)는 소화약제로 쓰이는 불연성가스이다. 염소는 일반적인 소독제로써 청결과 위생을 유지하기 위하여 사용되지만, 고농도의 염소는 극도로 위험하고 유독하다.

암기하면서 공부 할 문제

12 다음 각 물질과 물이 반응하였을 때 발생하는 가스의 연결이 틀린 것은?
① 탄화칼슘 - 아세틸렌
② 탄화알루미늄 - 이산화황
　　　　　　　　　　메탄
③ 인화칼슘 - 포스핀
④ 수소화리튬 - 수소

탄화알루미늄[Al_4C_3] - 물과 반응하여 수산화알루미늄과 가연성가스인 **메탄가스**(CH_4)를 생성하고 열을 발생한다.
$$Al_4C_3 + 12H_2O \rightarrow 4Al(OH)_3 + 3CH_4\uparrow + 360 \text{ kcal}$$

함께공부

• **포스핀**(인화수소, PH_3)이 생성되는 위험물(모두 제3류 위험물이다)
  ① 황린(P_4)
  ② 인화칼슘(Ca_3P_2, 인화석회)
  ③ 인화알루미늄(AlP)
  ④ 인화아연(Zn_3P_2)
• 3류위험물 칼슘또는알루미늄의탄화물인 **탄화칼슘**(카바이드)이 물과 반응해 수산화칼슘과 가연성 가스인 아세틸렌을 발생시킨다.
CaC_2(탄화칼슘) + $2H_2O$(물) → $Ca(OH)_2$(수산화 칼슘) + $C_2H_2\uparrow$(아세틸렌 발생)

암기하면서 공부 할 문제 ★★★

13 다음 물질 중 연소범위를 통해 산출한 위험도 값이 가장 높은 것은?

① 수소　　　　② 에틸렌　　　　③ 메탄　　　　④ 이황화탄소

주요물질의 연소범위

물질	하한값 (vol%)	상한값 (vol%)	연소범위 넓이	위험도(H)	
아세틸렌(연소범위가 가장 넓다)	2.5	81.0	78.5	31.4	2위
수소(연소범위가 2번째로 넓다)	4.0	75.0	71.0	17.75	4위
일산화탄소	12.5	74.0	61.5	4.92	
에테르	1.9	48.0	46.1	24.26	3위
이황화탄소(하한값이 가장낮고, 위험도가 가장높다)	1.2	44.0	42.8	35.66	1위
황화수소	4.0	44.0	40.0	10.00	
에틸렌	2.7	36.0	33.3	12.33	
메탄	5.0	15.0	10.0	2.00	
에탄	3.0	12.4	9.4	3.13	
프로판	2.1	9.5	7.4	3.52	
부탄	1.8	8.4	6.6	3.66	

암기탑! 연소범위 넓은순서 ➡ 아수일에 이황에 메에프부　이수일(가수)에 이황(퇴계)에 매우 풍년이구나~
위험도 큰 순서 ➡ 이황 아세 에테 수소　이황이 아세아를 여태~~ 수성했다(지켰다).

함께공부

연소범위(=연소한계, 폭발범위, 폭발한계)
1. 연소(폭발)범위(한계)
   - 가연성가스와 산소가 연소를 일으킬 수 있는 증기농도(체적농도 vol%)범위
   - 연소하한계와 연소상한계 사이의 범위
     - 연소하한계 : 그 농도 이하에서는 발화원과 접촉하여도 연소가 일어나지 않는 가스의 최소농도
     - 연소상한계 : 그 농도 이상에서는 발화원과 접촉하여도 연소가 일어나지 않는 가스의 최고농도
2. 위험도(H) : 연소범위를 이용하여 가연물의 농도에 대한 위험성을 가늠할 수 있는 계산값(위험도가 클수록 연소위험성은 크다)

   $H = \dfrac{U-L}{L}$　　여기서, H : 위험도, U : 연소상한값, L : 연소하한값

이해하면서 공부 할 문제 ★

14 블레비(BLEVE) 현상과 관계가 없는 것은?

① **핵분열**　　　　　　　　　　② 가연성액체
③ 화구(Fire ball)의 형성　　　 ④ 복사열의 대량 방출

블레비(BLEVE : Boiling Liquid Expanding Vapour Explosion, 비등 액체팽창 증기폭발)
- 고압액화가스(가연성액체) 탱크에서 발생하는 급속한 증발현상에 의해 폭발하는 형태
- 고압액화가스의 탱크 주위에서 화재가 발생한 경우에 탱크의 가열로 인하여 그 부분의 강도가 약해져 탱크가 파열됨으로 내부의 가열된 액화가스가 급속히 기화하여 팽창하면서 폭발하는 현상으로, **화이어 볼(화구, Fire Ball)**로 발전된다.

암기탑! 핵분열은 소방과 관계없는 용어이다. 대부분의 문제에서 핵분열이 나오면 그것이 답이다.

함께공부

화이어 볼(화구, Fire Ball) : 블레비(BLEVE)현상 등에 의해 확산된 인화성 증기가 착화되면서 폭발할 때, 화염이 급속히 확대되며 공기를 끌어올려 마치 공이 지면에서 솟아올라 버섯형 화염으로 되어가는 것처럼 보이는 현상으로 이러한 화염형태를 화이어 볼이라 한다. 화이어 볼은 **대량의 복사열**(열원과 수열체 사이에 중간매체가 필요없는 열이동 현상)을 방출한다.

이해하면서 공부 할 문제

15 전기화재의 원인으로 거리가 먼 것은?

① 단락　　　　② 과전류　　　　③ 누전　　　　④ **절연 과다**

전기화재란 전기에 의한 발열체가 발화원이 되는 화재를 말하며, 그 원인으로 단락(=합선=Short), 과전류, 누전(전기누설), 스파크, 접속부과열, 정전기, 낙뢰 등이 있으나... 과다하게 절연(전기를 통하지 않게 하는 것)되면 오히려 전기화재를 예방할 수 있다.

> 암기하면서 공부 할 문제

16 인화점이 낮은 것부터 높은 순서로 옳게 나열된 것은?

① 에틸알코올 < 이황화탄소 < 아세톤
② 이황화탄소 < 에틸알코올 < 아세톤
③ 에틸알코올 < 아세톤 < 이황화탄소
④ **이황화탄소 < 아세톤 < 에틸알코올**

주요물질의 인화점

물질	인화점(℃)	물질	인화점(℃)	물질	인화점(℃)	물질	인화점(℃)
이소펜탄	-51	벤젠	-11	에틸벤젠	15	경유	50~70
디에틸에테르	-45	메틸에틸케톤	-7	피리딘	20	아닐린	76
아세트알데히드	-38	초산에틸	-4	클로로벤젠	32	에틸렌글리콜	111
산화프로필렌	-37	톨루엔	4	클로로아세톤, 테레핀유, 부탄올	35	중유	60~150
이황화탄소	**-30**	메탄올(메틸알콜)	11	초산	40	글리세린	160
아세톤, 트리메틸 알루미늄	**-18**	**에탄올(에틸알콜)**	**13**	등유	40~70	실린더유	200~250

※ 인화점은 문제에서 상대적으로 적용됨으로 인해, 아무리 여러 문제를 많이 암기해도, 실제 시험에서 출제되는 문제를 모두 풀 수 있다는 보장이 없습니다. 따라서 인화점 문제는 문제를 암기하지 말고, 반드시 물질별 인화점을 위 표를 통해 비교해서 암기해야 합니다.

> 함께 공부

인화점
- 불을 끌어당기는 온도라는 뜻으로 점화원에 의해 불이 붙을 수 있는 최저온도
- 가연성기체와 공기가 혼합된 상태에서 외부의 직접적인 점화원에 의해 불이 붙을 수 있는 최저온도
- 가연성 물질을 공기 중에서 가열할 때 가연성 증기가 연소범위 하한계에 도달되는 최저온도

> 암기하면서 공부 할 문제 ★

17 물에 저장하는 것이 안전한 물질은?

① 나트륨   ② 수소화칼슘   ③ **이황화탄소**   ④ 탄화칼슘

- 제4류 위험물[인화성 액체] 중 특수인화물인 **이황화탄소(CS_2)**는 물보다 무겁지만 물에 녹지 않아 **물속에 저장**한다. (∵가연성 증기의 발생을 억제하기 위해서)
- ③번을 제외한 ①②④번은 모두 나트륨, 칼슘 등 금속이자 제3류 위험물로서 금수성 물질에 해당하므로, 물과 반응하여 **가연성기체**인 **수소(H_2)**를 만들고 발열한다. 따라서 답을 비교적 쉽게 고를 수 있다.

> 함께 공부

보호액 속에 저장하는 위험물
- 제4류 위험물[인화성 액체] 중 특수인화물인 **이황화탄소(CS_2)**는 물보다 무겁지만 물에 녹지 않아 **물속에 저장**한다.
  (∵가연성 증기의 발생을 억제하기 위해서)
  (제4류 위험물은 대부분 물보다 가벼워서 물에 녹지 않지만, 물보다 무거운 것은 물에 녹는다. 그러나 CS_2는 물보다 무겁지만 물에 녹지 않는다.)
- **황린(P_4)**은 제3류 위험물인 자연발화성물질로서 공기와 접촉하면 자연발화 한다. 따라서 알칼리제를 넣은 **pH9정도의 물 속에 저장**(물에 녹지 않기 때문)한다. 물은 비열이 커서 여름에도 온도가 쉽게 상승되지 않고 온도변화가 적어 안정적이다. 황린은 저장액인 물의 증발 또는 용기파손에 의한 물의 누출을 방지하여야 한다.
- **칼륨[K, 포타시움], 나트륨(Na)** 등은 제3류 위험물인 금수성 물질이므로 물과 반응하여 가연성기체인 **수소(H_2)**를 만들고 발열한다. 따라서 **물에 녹지 않는 기름인 등유, 경유, 유동 파라핀** 등의 보호액 속에 누출되지 않도록 저장한다.
- 제3류 위험물인 탄화칼슘(카바이드)이 물과 반응해 생성되는 **아세틸렌(C_2H_2)** 가스는 **아세톤(CH_3COCH_3)**에 녹여서 저장

> 함께 공부

② 제3류 위험물 중 **금속의수소화물**인 **수소화칼슘[CaH_2]**
   물과 반응하여 수산화칼슘과 가연성기체인 수소를 발생시킨다. → $CaH_2 + 2H_2O → Ca(OH)_2 + 2H_2↑$
③ **이황화탄소(CS_2)** : 연소범위 하한값이 가장 낮고, 위험도가 가장 높다.
   - 연소시 이산화탄소와 유독한 **아황산가스(이산화황)**를 발생시킨다. → $CS_2 + 3O_2 → CO_2 + 2SO_2↑$
   - 고온의 물(150 ℃)과 반응하여 **황화수소**를 발생시킨다. → $CS_2 + 2H_2O → CO_2 + 2H_2S↑$
④ 3류위험물 칼슘또는알루미늄의탄화물인 **탄화칼슘(카바이드)**이 물과 반응해 수산화칼슘과 가연성 가스인 아세틸렌을 발생시킨다.
   CaC_2(탄화칼슘) + $2H_2O$(물) → $Ca(OH)_2$(수산화 칼슘) + $C_2H_2↑$ (아세틸렌 발생)

이해하면서 공부 할 문제 ★★

18 대두유가 침적된 기름걸레를 쓰레기통에 장시간 방치한 결과 자연발화에 의하여 화재가 발생한 경우 그 이유로 옳은 것은?

① 융해열 축적　　② 산화열 축적　　③ 증발열 축적　　④ 발효열 축적

자연발화란 공기 중의 물질이 상온에서, 장기간 **열의 축적**에 의해 별도 점화원 없이 **자연적으로(스스로) 발화**하는 현상으로… 대두유(콩기름=반건성유)가 침적된 기름걸레를 쓰레기통(통풍이 안되는 조건)에 장시간 방치하면, 기름이 **공기중에서 산화되면서**(산소와 느리게 반응하면서) **산화열**이 축적되어 자연발화가 일어나는 조건이 형성된다.

함께 공부

자연발화시 열이 축적되는 형태
- 분해열 : 셀룰로이드, 니트로셀룰로오스, 니트로글리세린, 유기과산화물 등 하나의 물질이 분해 반응할 때 발생하는 열
- 산화열 : 건성유, 반건성유, 석탄, 석회분, 고무말, 금속분말 등 어떤 물질이 산소와 느리게 반응하면서 발생하는 열
- 발효열 : 퇴비, 먼지, 곡물, 건초 등 미생물에 의해 발효되면서 발생되는 열
- 흡착열 : 목탄, 활성탄, 유연탄 등 모든 흡착 과정에서 방출되는 열
- 중합열 : 액화 시안화수소(HCN) 등 단량체(monomer)가 중합체를 형성하여 중합반응을 일으킬 때 발생하는 열

이해하면서 공부 할 문제 ★★

19 소화약제로 사용하는 물의 증발잠열로 기대할 수 있는 소화효과는?

① 냉각소화　　② 질식소화　　③ 제거소화　　④ 촉매소화

물의 비열이 **1[kcal/kg·℃]** 로 높고, 100℃의 물이 100℃의 수증기로 변화하면서, 열기를 흡수하는 **기화(증발)잠열**은 물 1[kg]당 **539 [kcal]**가 필요할 정도로 매우 높아 냉각효과가 뛰어나다.

함께 공부

- **물리적 소화의 방법** : 연소의 3요소인 가연성가스(가연물), 산소, 열(점화원)의 양적 변화를 통해 연소를 중단시켜 소화하는 방법
  - 냉각소화 : 연소 중인 가연물의 온도를 떨어뜨려 연소반응을 정지시키는 소화의 방법
  - 질식소화 : 가연물이 연소할 때 공기 중의 산소농도(일반적으로 21%)를 떨어뜨려(보통 15%이하) 연소를 중단시키는 소화 방법
  - 제거소화 : 가연물을 제거하여 소화하는 방법
  - 희석소화 : 가연성의 기체, 액체, 고체에서 발생되는 가연성증기(분해가스)의 농도를 희석시켜(농도를 엷게 하여) 연소하한계 이하로 유지시키는 방법(강풍에 의한 희석소화)
- **화학적 소화의 방법**(=억제소화, 부촉매소화)
  - 활성라디칼을 흡수하여 연소의 4요소인 순조로운 연쇄반응을 **억제**하여 소화하는 방법으로 정촉매의 반대인 **부촉매**소화라고도 한다.
  - 할론계 소화약제, 분말소화약제 등을 이용하여 소화한다.

암기하면서 공부 할 문제 ★★

20 1기압상태에서, 100℃ 물 1g이 모두 기체로 변할 때 필요한 열량은 몇 cal인가?

① 429　　② 499　　③ 539　　④ 639

- 100℃의 물 1[kg]을 100℃의 수증기로 변화시키는데 필요한 열량(에너지)은(기화열은) 539 [kcal]가 필요하다.
  = 100℃의 물 1[g]을 100℃의 수증기로 변화시키는데 필요한 열량(에너지)은(기화열은) 539 [cal]가 필요하다.
  = 물의 기화잠열(증발잠열)은 539 [kcal/kg (cal/g)]이다.

※ [g]은 [cal]로, [kg]은 [kcal]로 단위를 맞춰주면 된다.

함께 공부

잠열[潛熱, latent heat] – 숨은열
- 융해와 기화(증발) 등 상 전이 과정에서 가해진 열은, 물질의 온도변화에는 사용되지 않고, 상태변화에만 사용된다. 이와 같이 상 전이 과정에서 흡수되는 열을 잠열이라 한다.
- 예를 들면, 물을 가열하면 100℃에서 끓기 시작하지만, 그 이상 아무리 가열해도 완전히 수증기가 될 때까지 100℃를 넘지 않는다. 또한 얼음을 가열해도 완전히 녹을 때까지는 0℃ 이상으로 되지 않는다. 이와 같이 기화 중인 물이나, 융해 중인 얼음에 가해진 숨은 열은, 물(액체)을 수증기(기체)로 바꾸고, 얼음(고체)를 물(액체)로 바꾸기 위해서만 소비되며 온도를 상승시키지는 않는다.
- 물의 기화잠열 : 539 [kcal/kg (cal/g)]　　• 물의 융해잠열 : 80 [kcal/kg (cal/g)]

A nswer
2과목 소방유체역학

✔ 이것이 혁신이다! 기출문제 + 답이색해설

전반적으로 쉬운 계산형 ★★

21 대기압이 90kPa인 곳에서 진공 76mmHg는 절대압력(kPa)으로 약 얼마인가?

① 10.1   **② 79.9**   ③ 99.9   ④ 101.1

문제의 조건을 살펴보면, 대기압인 상태에서 진공하여 압력을 감소시킨 상태이다. 즉 대기압에서 감소된 압력을 빼주면... 그 지점이 실제압력인 절대압력에 해당된다.

대기압[90kPa] − 진공압[10.13kPa] = 79.87kPa[절대압력]

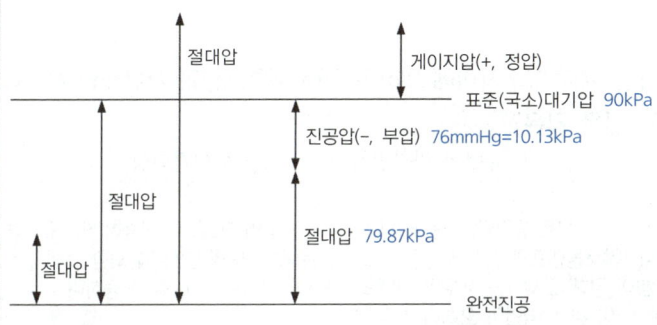

kPa 단위의 진공압으로 맞춰주기 위해 수은주(mmHg)의 표준대기압[760mmHg]을 이용하여 단위환산 한다.

$$76\,mmHg \times \frac{101.325\,kPa}{760\,mmHg} = 10.13\,kPa$$

*kPa(킬로 파스칼)의 표준대기압 = 101.325kPa

함께공부

절대압, 게이지압, 진공압의 구분

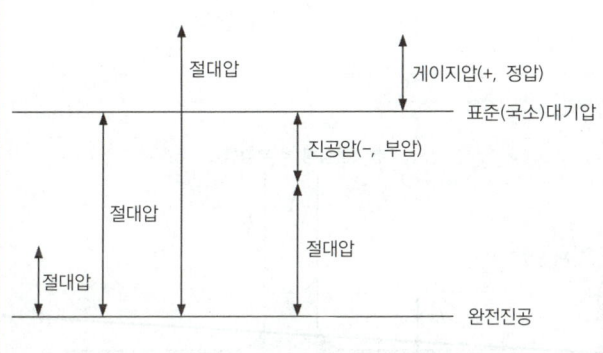

- **절대압력**
  - 완전진공을 기준으로 하여 측정한 압력
  - 완전진공(기압계 "0")으로부터 측정한 실제압력
  - 대기압을 고려한(계산한) 압력
- **게이지(계기)압력**
  - 대기압을 "0"으로 본 압력
  - 완전진공에서 대기압까지를 "0"으로 보고 대기압보다 높은 압력을 측정한 압력
  - 국소대기압을 기준으로 한 압력으로 압력계가 지시하는 압력 [정압, (+)압력]
- **진공압력**
  - 대기압보다 작은(낮은) 압력
  - 진공계가 지시하는 압력 [부압, (−)압력]

다소 어려운 계산형 ★

22 지름 0.4m인 관에 물이 0.5m³/s로 흐를 때 길이 300m에 대한 동력손실은 60kW이었다. 이때 관 마찰계수 (f)는 얼마인가?

① 0.0151   **② 0.0202**   ③ 0.0256   ④ 0.0301

마찰손실을 수두(h_L, m, mH_2O)로 구하는 방정식인 **달시-와이스바하 방정식**을 통해 계산할 수 있다.

$$h_L(mH_2O) = f\frac{L(m)}{D(m)}\frac{V^2(m/\sec)^2}{2g(m/\sec^2)} \qquad 마찰손실수두 = 관마찰계수 \times \frac{직관의\ 길이}{배관의\ 직경} \times \frac{유속^2}{2 \times 중력가속도}$$

1. 조건정리
- 마찰손실수두(h_L) = 동력(P)손실 60kW ☞ 펌프의 수동력(펌프에 의해 물에 공급되는 동력)

$$P(kW) = \frac{H \cdot \gamma \cdot Q}{102} = \frac{H(전양정)[m] \times \gamma(물\ 비중량)[1000\,kgf/m^3] \times Q(토출량)[m^3/\sec]}{102}$$

$$\therefore H = \frac{P \times 102}{\gamma \times Q} = \frac{60\,kW \times 102}{1000\,kgf/m^3 \times 0.5\,m^3/s} = 12.24\,m$$

- 배관의 지름(D) = 0.4m
- 중력가속도 = $9.8\,m/s^2$
- 직관의 길이 = 300m
- 물의 유속(V) ☞ Q(체적유량, m^3/sec) = A(배관의 단면적, m^2) × V(유체속도, m/sec)

$$\therefore V = \frac{Q}{A} \rightarrow A = \frac{\pi \cdot D^2}{4} \quad *D=\text{직경(지름)} \rightarrow V = \frac{Q}{\frac{\pi \cdot D^2}{4}} = \frac{0.5\,m^3/s}{\frac{\pi \times 0.4^2}{4}} = 3.98\,m/s$$

2. 관의 마찰계수(f) 계산

$$f(\text{무차원수}) = \frac{h_L \times D \times 2 \times g}{L \times V^2} = \frac{12.24\,m \times 0.4\,m \times 2 \times 9.8\,m/s^2}{300\,m \times (3.98\,m/s)^2} = 0.02019 \fallingdotseq 0.0202$$

계산 없는 단순 암기형 ★★★★★

23 액체 분자들 사이의 응집력과 고체면에 대한 부착력의 차이에 의하여 관내 액체표면과 자유표면 사이에 높이 차이가 나타나는 것과 가장 관계가 깊은 것은?

① 관성력　　② 점성　　③ 뉴턴의 마찰법칙　　**④ 모세관현상**

모세관현상
- 액체 속에 폭이 좁고 긴 관을 넣었을 때, 관 외부의 액체가 관 내부로 유입되어, 관내의 액면이 외부의 액면보다 더 상승하거나 오히려 낮아지는 현상. 식물의 뿌리에서 물을 흡수하는 것이나, 알코올램프의 심지에 알콜이 올라오는 것은 모세관현상에 의한 것이다.
- **물**은 응집력보다 **부착력**(서로 다른 분자간에 잡아당기는 힘)이 강해 모세관을 세우면 관내의 액면이 외부의 액면보다 상승하며, **수은**은 부착력보다 **응집력**(같은 분자간에 서로 잡아당기는 힘)이 강해 액면이 오히려 하강한다.

$$h = \frac{4\,\sigma \cos\theta}{\gamma D} = \frac{4\,\sigma \cos\theta}{\rho g D} \quad \text{액면상승(강하)높이} = \frac{4 \times \text{표면장력}[N/m] \times \text{접촉각}}{\text{비중량}[N/m^3] \times \text{직경}[m]} \quad *\gamma(\text{비중량}) = \rho(\text{밀도}) \times g(\text{중력가속도})$$

- 표면장력이 **클수록** 높이 올라간다.
- 관의 지름(직경)이 **작을수록** 높이 올라간다.
- 밀도(비중량)가 **작을수록** 높이 올라간다.
- 중력가속도가 **작을수록** 높이 올라간다.

함께공부

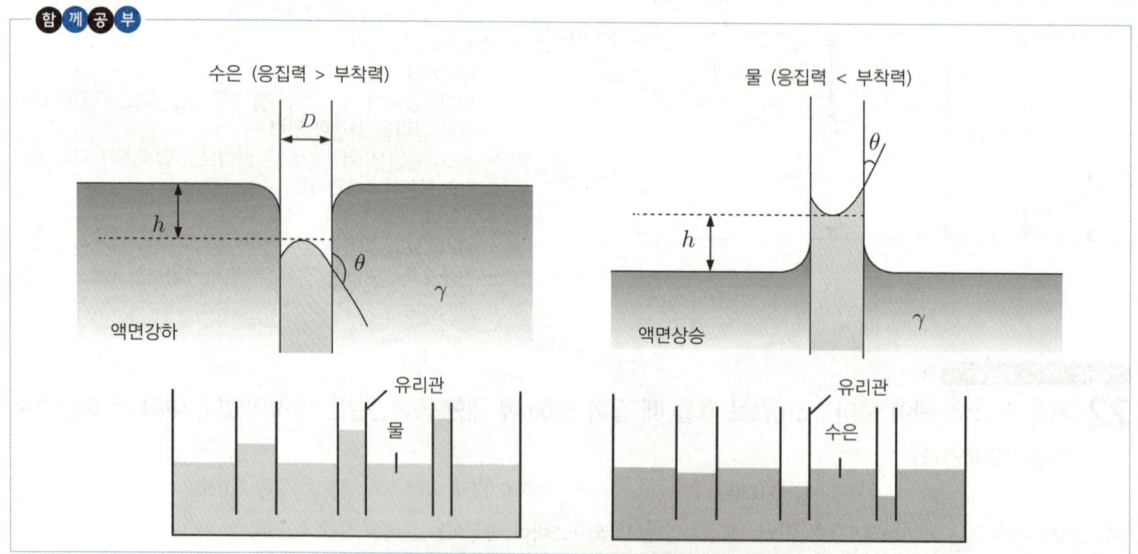

포기해도 되는 계산형 포기해도 합격에 전혀 지장없는 문제

24 피스톤이 설치된 용기 속에서 1kg의 공기가 일정온도 50℃에서 처음 체적의 5배로 팽창되었다면 이때 전달된 열량(kJ)은 얼마인가? (단, 공기의 기체상수는 0.287kJ/(kg · K)이다.)

① 149.2　　② 170.6　　③ 215.8　　④ 240.3

본 문제는 열역학관련 계산문제로서… 소방설비기사 실기시험에서 등장하지 않는 개념과 문제이므로, 공부하지 않고 **포기하는 것이** 더 **현명**합니다. 따라서 지면과 노력낭비를 방지하기 위하여 해설이 없습니다.

함께공부

$$Q(전달된\ 열량) = W(계가\ 한\ 일) = W(질량) \times \overline{R}(기체상수) \times T(절대온도) \times V_1(처음체적) \times \ln\frac{V_2(나중체적)}{V_1(처음체적)}$$

$$= 1kg \times 0.287 kJ/kg \cdot K \times (273+50)K \times 1배 \times \ln\frac{5배}{1배} = 149.2 kJ$$

전반적으로 쉬운 계산형 ★★

25 호주에서 무게가 20N인 어떤 물체를 한국에서 재어보니 19.8N이었다면 한국에서의 중력가속도(m/s²)는 얼마인가? (단, 호주에서의 중력가속도는 9.82m/s²이다.)

① 9.46   ② 9.61   ③ 9.72   ④ 9.82

문제조건을 활용하여 비례식으로 정리하면 아래와 같다.

호주 무게	호주 중력가속도(g)		한국 무게	한국 중력가속도(g)
20 N	9.82 m/s²	=	19.8 N	g m/s²

∴ 한국 중력가속도(g) = $\dfrac{9.82 m/s^2 \times 19.8N}{20N} = 9.72 m/s^2$

포기해도 되는 계산형 포기해도 합격에 전혀 지장없는 문제

26 두께 20cm이고 열전도율 4 W/(m·K)인 벽의 내부 표면온도는 20℃이고, 외부 벽은 -10℃인 공기에 노출되어 있어 대류열전달이 일어난다. 외부의 대류열전달계수가 20 W/(m²·K)일 때, 정상상태에서 벽의 외부표면온도(℃)는 얼마인가? (단, 복사열전달은 무시한다.)

① 5   ② 10   ③ 15   ④ 20

본 문제는 이해과정이 복잡한 계산문제로서… 소방설비기사 실기시험에서 등장하지 않는 개념과 문제이므로, 공부하지 않고 **포기하는 것이 더 현명**합니다. 따라서 지면과 노력낭비를 방지하기 위하여 해설이 없습니다.

함께공부

1. **Fourier(푸리에)의 전도법칙**
   열전도란 온도가 높은 영역으로부터 낮은 영역으로 에너지가 이송되는 열흐름 메커니즘을 말하며, Fourier(푸리에)의 전도법칙에 따르면 열전도율(=전도열량=열유동율)[°q][단위 시간당 발생되는 열량(W=J/s)]은…

   $$°q[W] = kA\frac{T_1 - T_2}{L} = k(열전도율) \times A(수열면적)\frac{T_1(내부표면온도) - T_2(외부표면온도)}{L(두께)}$$

2. **뉴턴(Newton)의 냉각법칙**
   전열체의 표면적(수열면적)[A (m²)]이 크거나, 대류 전달계수[h(W/m²·K)]가 높거나, 내·외부의 온도차[ΔT(K)]가 큰 것 등에 비례하여 이동열량[°q]은 증가한다.

   $$°q[W] = h(대류\ 열전달계수) \times A(수열면적) \times \{T_2(외부표면온도) - T_3(외부공기온도)\}$$

3. 벽에 전도되는 열량과 벽 밖으로 대류되는 열량은 같다는 전제하에 계산하면 된다.

   $$kA\frac{(T_1-T_2)}{L} = hA(T_2 - T_3) \rightarrow k\frac{(T_1-T_2)}{L} = h(T_2 - T_3)$$

   $$4W/m \cdot K \times \frac{(20-T_2)K}{0.2m} = 20W/m^2 \cdot K \times (T_2 - (-10℃))K \quad \therefore T_2 = 5℃$$

계산 없는 단순 공식형 ★★★

27 질량 m[kg]의 어떤 기체로 구성된 밀폐계가 Q[kJ]의 열을 받아 일을 하고, 이 기체의 온도가 △T[℃] 상승하였다면 이 계가 외부에 한 일 W[kJ]을 구하는 계산식으로 옳은 것은? (단, 이 기체의 정적비열은 Cv[kJ/(kg·K)], 정압비열은 Cp[kJ/kg·K)]이다.

① W = Q - mCv△T   ② W = Q + mCv△T   ③ W = Q - mCp△T   ④ W = Q + mCp△T

1. 어떤 계의 기체(m[kg])에 열(Q[kJ])을 공급하면... 온도가 상승(ΔT)한다. 온도가 상승하면 내부에너지가 증가(ΔU)하게 되고, 증가된 내부에너지로 인해 그 기체는 외부에 일[W]을 한다.
$$Q = \Delta U + W$$
2. 위 식을 이용하여 이 계가 외부에 한 일(W)을 중심으로 식을 정리하면, 계가 받은 열에너지(Q)에서 계의 내부에너지 변화량 (ΔU)을 빼면 된다. $\quad W = Q - \Delta U$
3. 내부에너지 변화량(ΔU)은 현열의 변화량과 동일하다. 따라서 아래식이 도출된다.
$$\Delta U = m(질량) \times C_V(정적비열) \times \Delta T(온도차) \text{ ☞ 현열식} \rightarrow W = Q - mC_V\Delta T$$
* 밀폐계는 밀폐된 상태이므로 체적(부피)이 일정한 상태에서 온도만 상승한다. 따라서 밀폐계는 정적비열(C_V)을 적용한다.라고 암기하자!

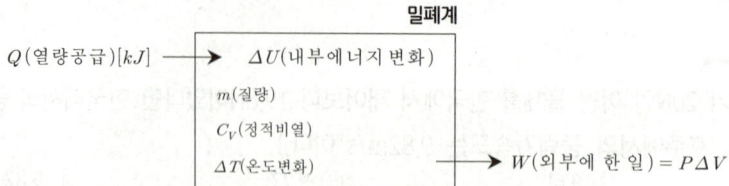

- 용어의 정의
  - 밀폐계(=닫힌계=비유동계) : 물질(유체)은 출입이 안되고, 에너지[열(Q)과 일(W)]만 출입 가능
  - 정압비열(C_P) : 보통의 비열로서 압력을 일정하게 한 상태에서 비열을 측정한 것
  - 정적비열(C_V) : 체적을 일정하게 한 상태에서 비열을 측정한 것
  - 현열 : 물질의 상태 변화는 없으면서 온도만 올리는데 사용되는 열. 아래식을 이용하여 흡수한 열량을 구할 수 있다.
$$Q[kJ] = mC\Delta T = 질량[kg] \times 비열[kJ/kg \cdot K] \times 온도차[K]$$

계산 없는 단순 공식형 ★★★

28 정육면체의 그릇에 물을 가득 채울 때, 그릇 밑면이 받는 압력에 의한 수직방향 평균 힘의 크기를 P라고 하면, 한 측면이 받는 압력에 의한 수평방향 평균 힘의 크기는 얼마인가?

① 0.5P ② P ③ 2P ④ 4P

유체속에 잠긴면의 전압력

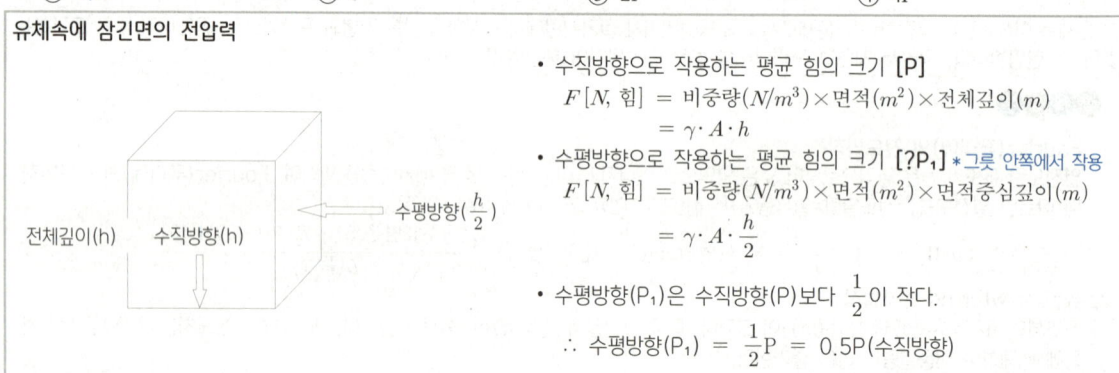

- 수직방향으로 작용하는 평균 힘의 크기 [P]
$$F[N, 힘] = 비중량(N/m^3) \times 면적(m^2) \times 전체깊이(m)$$
$$= \gamma \cdot A \cdot h$$
- 수평방향으로 작용하는 평균 힘의 크기 [?P₁] * 그릇 안쪽에서 작용
$$F[N, 힘] = 비중량(N/m^3) \times 면적(m^2) \times 면적중심깊이(m)$$
$$= \gamma \cdot A \cdot \frac{h}{2}$$
- 수평방향(P_1)은 수직방향(P)보다 $\frac{1}{2}$이 작다.
$$\therefore 수평방향(P_1) = \frac{1}{2}P = 0.5P(수직방향)$$

함께공부

유체속에 잠긴면의 전압력
- 수평면에 작용하는 전압력 ➡ 수직방향으로 작용하는 평균 힘의 크기 [P]

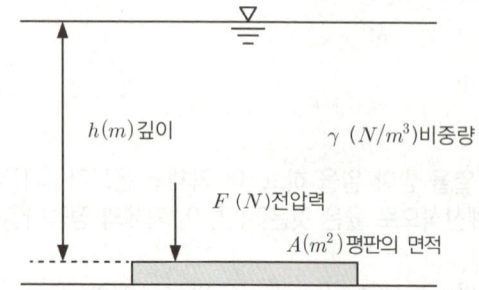

$$P = \frac{F}{A} = \frac{\gamma \cdot A \cdot h}{A} = \gamma \cdot h$$
$$\therefore F[N] = \gamma \cdot A \cdot h$$
$$N(뉴턴) = N/m^3 \times m^2 \times m$$

※ 평판이 받는 힘은 면적이 넓을수록, 깊을수록, 비중량이 클수록(무거울수록) 커진다.

- 수직면(경사면)에 작용하는 전압력 ➡ 수평방향으로 작용하는 평균 힘의 크기 [?P₁]

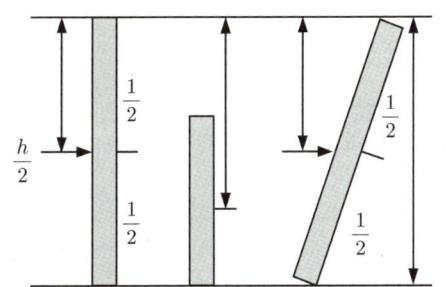
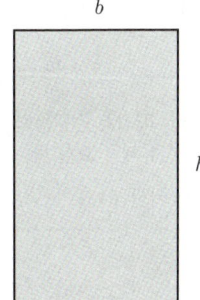

면적중심까지의 깊이 = $\dfrac{h}{2}$

$$F = \gamma \cdot A \cdot h$$
$$= \gamma \cdot (b \times h) \cdot \dfrac{h}{2}$$
$$= \dfrac{\gamma \cdot (b \times h) \cdot h}{2}$$

계산 없는 단순 암기형 ★★★★★

29 베르누이 방정식을 적용할 수 있는 기본 전제조건으로 옳은 것은?

① 비압축성 흐름, 점성 흐름, 정상 유동
② 압축성 흐름, 비점성 흐름, 정상 유동
③ 비압축성 흐름, 비점성 흐름, 비정상 유동
④ **비압축성 흐름, 비점성 흐름, 정상 유동**

- 베르누이 방정식이란… 유체가 흐름선(유선)을 그리며 흐를 때, 두 지점의 높이[위치수두] 그리고 두 지점에서의 압력[압력수두]과 흐르는 속도[속도수두] 사이의 관계를 두 지점에서 역학적 에너지가 보존됨을 바탕으로 수식으로 나타낸 것.
  유체의 흐름에 **에너지보존의 법칙**을 적용시킨 방정식[오일러의 운동방정식을 **적분**하여 얻은 방정식]
- 베르누이 방정식의 가정조건
  - 정상 상태의 흐름(유동)이다.(**정상류**이다)
  - 점성이 없어(**비점성**), 마찰이 없는 **이상유체**의 흐름이다.
  - 유체입자는 **유선**(흐름선)을 따라 움직인다.(적용되는 임의의 두 점은 **같은 유선상**에 있다)
  - **비압축성** 유체(액체)의 흐름이다.
  ※ 정상류 : 임의의 한 점에서 시간(t)의 경과(Δt)에 따라 온도(ΔT), 속도(ΔV), 밀도($\Delta \rho$), 압력(ΔP)이 모두 변하지 않는 (일정한) 유체의 흐름

함께공부

베르누이의 정리

전수두(전양정) = 압력수두 + 속도수두 + 위치수두 = 일정(Constant)

$$H(m) = \dfrac{P}{\gamma} + \dfrac{V^2}{2g} + Z = \dfrac{압력(N/m^2)}{비중량(N/m^3)} + \dfrac{유속^2(m/sec)^2}{중력가속도(m/sec^2)} + 높이(m) = C$$

유체흐름상에 임의의 두 점에서 압력·속도·위치 수두는 각각 다를 수 있으나, 에너지보존의 법칙에 의해 그 **에너지(수두)의 총합은 항상 일정**하다는 방정식이 성립하여 아래식으로 표현할 수 있다.

$$\dfrac{P_1}{\gamma} + \dfrac{V_1^2}{2g} + Z_1 = \dfrac{P_2}{\gamma} + \dfrac{V_2^2}{2g} + Z_2$$

※ 유속(속도)의 기호를 u나 V 어떤 것을 사용하여도 무방하다.[유속 = 속도 = u = V]

계산 없는 단순 암기형 ★★★★★

30 Newton의 점성법칙에 대한 옳은 설명으로 모두 짝지은 것은?

㉮ 전단응력은 점성계수와 속도기울기의 곱이다.
㉯ 전단응력은 점성계수에 비례한다.
㉰ 전단응력은 속도기울기에 ~~반비례~~한다.
　　　　　　　　　　　　비례

① ㉮, ㉯　　② ㉯, ㉰　　③ ㉮, ㉰　　④ ㉮, ㉯, ㉰

뉴턴(Newton)의 점성법칙에 따라 전단응력<단위면적당 마찰력(전단력)> τ (타우)를 중심으로 식을 세우면

$$\text{전단응력(마찰력)} [\tau] = \mu \frac{du}{dy}$$

① 전단응력 τ(타우)는 점성계수(μ, 뮤)와 속도기울기(=속도구배)($\frac{du}{dy}$)의 곱이다.
② 점성계수(μ, 뮤)가 "0"이면 전단응력도 "0"이다. 따라서 전단응력 τ(타우)와 점성계수(μ, 뮤)는 비례관계에 있다.
③ 전단응력 τ(타우)는... 평행한 두 평판 사이에 어떤 유체가 흐를 때, 유체의 이동속도(du)와 평판사이의 거리(dy)와의 관계를 나타내는 속도기울기(속도구배, $\frac{du}{dy}$)와 비례해서 커진다.

뉴턴(Newton)의 점성법칙

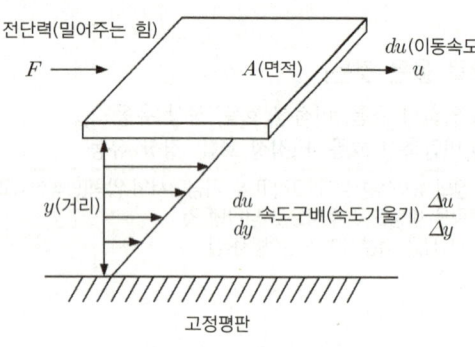

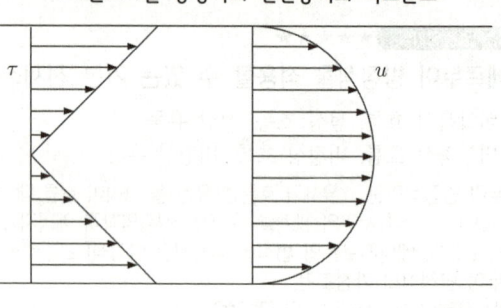

<하겐포아젤 방정식의 전단응력과 속도분포>

전단응력(τ)과 속도(u)분포는 반비례 형태이다.

전단력(F)은 평판의 면적(A), 속도(u), 점성계수(μ, 뮤), 속도구배($\frac{du}{dy}$)에는 비례 하지만,
두 평판사이의 거리(y)에는 반비례(거리가 멀어지면 밀어주는 힘이 덜든다)한다. 이것을 식으로 세워보면

$$\text{전단력} F (\text{힘}) = A \cdot \frac{u}{y} = A \cdot \mu \cdot \frac{du}{dy}$$

• A : 면적   • u : 속도   • y : 거리   • μ : 점성계수   • du : 이동속도   • dy : 이동거리

위 식을 다시 정리하여 전단응력<단위면적당 마찰력(전단력)> τ (타우)를 중심으로 식을 세우면

$$\text{전단응력(마찰력)} [\tau] \frac{F}{A} = \mu \frac{du}{dy}$$

전단응력과 속도분포의 관계를 나타내는 하겐-포아젤 방정식(Hagen-Poiseuille equation)
• 수평인 원형 관속에서 점성유체가 층류 유동시에만 적용되는 방정식
• 전단응력은 관 중심에서 "0"이고 반지름에 비례하면서 관벽까지 직선적으로 증가한다.
• 속도분포는 관벽에서 "0"이고 관의 중심에서 최고속도를 나타내는 포물선 형태를 그리면서 증가한다.
• 즉, 전단응력과 속도분포는 반비례 형태이다.

뉴톤(Newton)의 점성법칙에 따라 전단응력<단위면적당 마찰력(전단력)> τ (타우)는

$$\text{전단응력(마찰력)} [\tau] \frac{F}{A} = \mu \frac{du}{dy}$$

계산 없는 단순 암기형 ★★★★★

31 물이 배관 내에 유동하고 있을 때 흐르는 물 속 어느 부분의 정압이 그때 물의 온도에 해당 하는 증기압 이하로 되면 부분적으로 기포가 발생하는 현상을 무엇이라고 하는가?
① 수격현상   ② 서징현상   ③ 공동현상   ④ 와류현상

- **공동현상(캐비테이션, cavitation) - 공기고임현상(기포 발생)**
  - 펌프 내부나 흡입측 배관에서 물의 압력이 포화증기압 이하로 떨어져 물이 국부적으로 증발하여 증기 공동이 발생하는 현상으로 공기(기포)가 생성되고, 진동(소음)을 수반하며 종단에는 양수불능을 초래할 수 있음
  - 물의 온도에 상응하는 증기압보다 낮은 부분이 발생하면 물은 증발되고 물속에 있던 공기와 물이 분리되어 **기포가 발생**하는 펌프의 현상
  - 물이 배관 내에 유동하고 있을 때 흐르는 물 속 어느 부분의 정압이 그때 물의 온도에 해당 하는 증기압 이하로 되면 부분적으로 **기포가 발생**하는 현상

함께공부

- **수격작용(워터 햄머링, water hammering)**
  물의 공격이라는 의미로, **펌프의 급격한 정지 및 밸브의 급격한 폐쇄시** 물의 압력파에 의한 충격파와 이상음(異常音)이 발생하는 현상으로... 파이프 속에 유체가 흐를 때 파이프 끝의 밸브를 갑자기 닫으면 유체의 **운동에너지가 압력으로 변환**되면서 밸브 직전에서 높은 압력이 발생하고 상류로 압축파가 전달되는 **수격작용 현상이 발생**한다.
- **맥동현상(서징, surging)**
  - 저유량 영역에서 **유량, 압력이 주기적으로 변하여** 진공계 및 압력계 눈금이 흔들리고, 진동과 소음이 발생되어, 배관(밸브) 등이 손상되는 현상
  - 펌프 입구의 진공계 및 출구의 압력계 지침이 흔들리고 **송출유량도 주기적으로 변화**하는 이상 현상
  - 펌프가 운전 중에 한숨을 쉬는 것과 같은 상태가 되어 펌프 입구의 진공계 및 출구의 압력계 지침이 흔들리고 송출유량도 주기적으로 변화하는 이상 현상

전반적으로 쉬운 계산형 ★★

32 그림과 같이 사이펀에 의해 용기 속의 물이 4.8m³/min로 방출된다면 전체 손실수두(m)는 얼마인가? (단, 관 내 마찰은 무시한다.)

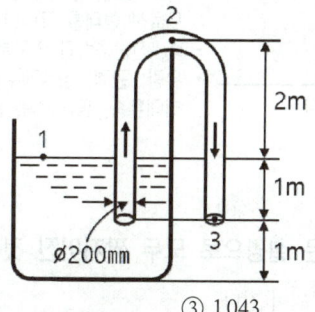

① 0.668 ② 0.330 ③ 1.043 ④ 1.826

1. 사이펀작용에서 가장 중요한 높이는 액면에서 사이펀 끝단까지의 높이(1지점~3지점=1m)가 가장 중요하다. 액체에 담겨진 높이나, 곡관부분의 높이(2m, 올라간높이와 내려간높이가 서로 동일하므로 상쇄된다)는 신경쓰지 않아도 된다.
2. 유량의 단위가 m³/min 즉, 분당(min) m³[체적]으로 흐른다고 하였으므로, **체적유량(Q)**을 적용하여 유속을 계산한다.
   연속방정식 중 체적유량(Q) ☞ Q(체적유량, m^3/sec) = A(배관의 단면적, m^2) × V(유체속도, m/sec)

   ∴ $V = \dfrac{Q}{A}$ → $A = \dfrac{\pi \cdot D^2}{4}$ *D=직경(지름) → $V = \dfrac{Q}{\dfrac{\pi \cdot D^2}{4}} = \dfrac{0.08 m^3/s}{\dfrac{\pi \times (0.2m)^2}{4}} = 2.55 m/s$

   - 물이 흘러나오는 사이펀의 지름(D) = 200mm = 0.2m   *1000mm = 100cm = 1m
   - 유량 단위의 변환 ➡ $\dfrac{4.8 m^3}{1 min} \times \dfrac{1 min}{60 sec} = \dfrac{4.8 m^3}{60 sec} = 0.08 m^3/sec$

3. 토리첼리의 정리[Torricelli's theorem]
   수조의 측면 또는 저면의 오리피스(작은구멍)에서 유출하는 물의 유속과 수면까지의 높이와의 관계를 나타내는 정리
   V(유속) = $\sqrt{2gh}$ = $\sqrt{2 \times 중력가속도(9.8 m/sec^2) \times 수위차(m)}$

4. 토리첼리의 정리식 "$V = \sqrt{2gh}$"를... h 중심으로 정리하면, 베르누이 방정식의 속도수두(m)와 동일함을 알 수 있다.
   이 속도수두는 사이펀의 높이가 얼마일지 계산할 수 있다.

   속도수두(h) = $\dfrac{V^2}{2g}$ = $\dfrac{유속^2 (m/sec)^2}{2 \times 중력가속도(9.8 m/sec^2)}$ = $\dfrac{(2.55 m/sec)^2}{2 \times 9.8 m/sec^2}$ = $0.332 m$

5. 문제 조건에서 실제 사이펀의 높이를 빼주면 손실수두가 얼마나 발생하는지 구할 수 있다.
   문제 조건 [1m] - 실제 사이펀의 높이 [0.332m] = 손실수두 [0.668m]

계산 없는 단순 공식형 ★★★

33 반지름 R_0인 원형파이프에 유체가 층류로 흐를 때, 중심으로부터 거리 R에서의 유속 U와 최대속도 U_{max}의 비에 대한 분포식으로 옳은 것은?

① $\dfrac{U}{U_{max}} = \left(\dfrac{R}{R_0}\right)^2$ ② $\dfrac{U}{U_{max}} = 2\left(\dfrac{R}{R_0}\right)^2$ ③ $\dfrac{U}{U_{max}} = \left(\dfrac{R}{R_0}\right)^2 - 2$ ④ $\dfrac{U}{U_{max}} = 1 - \left(\dfrac{R}{R_0}\right)^2$

하겐-포아젤 방정식에 따라 속도분포는 관벽에서 "0"이고 관의 중심에서 최고속도를 나타내는 포물선 형태를 그리면서 증가한다.

$$U = \left\{1 - \left(\dfrac{R}{R_0}\right)^2\right\} \times U_{max} \quad \rightarrow \quad \dfrac{U}{U_{max}} = 1 - \left(\dfrac{R}{R_0}\right)^2$$

- R_0 : 관벽 ~ 관의 중심까지 거리(반지름)
- R : 관의 중심에서 일정거리만큼 떨어진 부분의 거리
- U_{max} : 관의 중심에서 최대속도
- U : 관의 중심에서 일정거리만큼 떨어진 부분의 속도
※ 문제에서 제시된 식을 유도하는 것은 효율적이지 못하며, 그냥 단순하게 암기하는 것이 좋다.

 4개 지문의 식 중 모두 동일하지만... ④번의 식만 1-... 로 시작된다.

함께공부

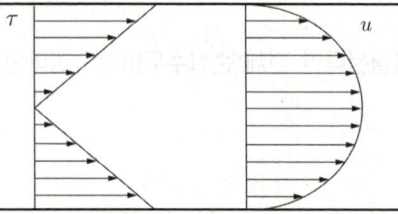

<하겐-포아젤 방정식의 전단응력과 속도분포>
전단응력(τ)과 속도(u)분포는 반비례 형태이다.

전단응력과 속도분포의 관계를 나타내는 하겐-포아젤 방정식 (Hagen-Poiseuille equation)
- 수평인 원형 관속에서 점성유체가 **층류 유동시에만** 적용되는 방정식
- 전단응력은 관 중심에서 "0"이고 반지름에 비례하면서 관벽까지 직선적으로 증가한다.
- 속도분포는 관벽에서 "0"이고 관의 중심에서 최고속도를 나타내는 포물선 형태를 그리면서 증가한다.
- 즉, 전단응력과 속도분포는 반비례 형태이다.
- 유량, 관경, 점성계수(절대점도), 배관길이, 압력강하(=압력손실), 최대유속, 평균유속, 손실수두 등의 관계식

계산 없는 단순 암기형 ★★★★★

34 이상기체의 기체상수에 대해 옳은 설명으로 모두 짝지어진 것은?

a. 기체상수의 단위는 비열의 단위와 차원이 같다.
b. 기체상수는 온도가 높을수록 커진다.
　　　　　　　　　　　작아진다
c. 분자량이 큰 기체의 기체상수가 분자량이 작은 기체의 기체상수보다 크다.
　　작은　　　　　　　　　　　　　큰
d. 기체상수의 값은 기체의 종류에 관계없이 일정하다.
　　　　　　　　　　　　　종류마다 다르다

① a ② a, c ③ b, c ④ a, b, d

특정기체의 기체상수(정수) $\overline{R}$ 값 - 이상기체상태방정식을 특정기체정수($\overline{R}$)를 중심으로 수식을 전개하면

$$PV = \dfrac{WRT}{M} \qquad PV = W\dfrac{R}{M}T \qquad PV = W\overline{R}T$$

$$\overline{R} = \dfrac{PV}{WT} = \dfrac{\text{압력}(kN/m^2) \times \text{체적}(m^3)}{\text{질량}(kg) \times \text{절대온도}(K)} = \dfrac{kN \cdot m(=kJ)}{kg \cdot K} = kJ/kg \cdot K$$

a. **비열**이란 어떤 물질(물) 1kg의 온도를 1℃(K)만큼 올리는 데 필요한 열의 양[1kcal(4.18kJ)]이다.
　 액체상태 물의 평균비열(C) = 4.18 kJ/kg · K ∴ 특정기체상수와 비열은... 단위와 차원이 동일하다.
b. 위 식에서 볼 수 있듯이, 절대온도(T)가 작을수록 특정기체상수($\overline{R}$)의 값은 커지며, 절대온도가 클수록 특정기체상수의 값은 작아지는 반비례 관계에 있으므로... b.의 예시는 틀렸다.

$$\text{여기에서, } \overline{R}(\text{특정 기체상수}) = \dfrac{R(\text{일반 기체상수})}{M(\text{특정기체의 분자량})} = C_P(\text{정압비열}) - C_V(\text{정적비열})$$

여기에서 $\overline{R}$로 표시되는 특정기체상수(정수)는 특정기체의 분자량(M)에 따라 그 값이 달라진다.

$$\overline{R}\,[kJ/kg\cdot k] = \frac{8.314\,[kJ/kmol\cdot K]}{\text{분자량}\,[kg/kmol]}$$

c. 위 식에서 볼 수 있듯이, 분자량(M)이 작을수록 특정기체상수($\overline{R}$)의 값은 커지며, 분자량이 클수록 특정기체상수의 값은 작아지는 반비례의 관계에 있으므로... c.의 예시는 틀렸다.

d. 위 식에서 볼 수 있듯이, 특정기체상수($\overline{R}$)는 일반기체상수(R, 압력단위에 따라 다른 값을 나타내는 R값)를, 특정한 기체의 분자량(M)으로 나눠주는 것이므로... 특정기체상수의 값은 기체의 종류마다 모두 다른 것이 당연할 것이다.

- 공기의 기체상수 $\overline{R} = \frac{R}{M} = \frac{8.314\,[kJ/kmol\cdot K]}{29\,[kg/kmol]} = 0.287\,[kJ/kg\cdot k] = 287\,[J/kg\cdot k]$
- 이산화탄소의 기체상수 $\overline{R} = \frac{R}{M} = \frac{8.314\,[kJ/kmol\cdot K]}{44\,[kg/kmol]} = 0.18895\,[kJ/kg\cdot k] = 188.95\,[J/kg\cdot k]$

※ 주요 원소의 원자량

원소명	수소	탄소	질소	산소	불소	나트륨	마그네슘	알루미늄	인	황	염소	아르곤	브롬
기호	H	C	N	O	F	Na	Mg	Al	P	S	Cl	Ar	Br
원자량	1	12	14	16	19	23	24	27	31	32	35.5	40	80

함께공부

이상기체 상태방정식

보일의 법칙, 샤를의 법칙, 아보가드로의 법칙을 하나로 표현한 식이 이상적인 기체의 여러 상태(변수)를 표시하는 방정식인 이상기체 상태방정식이다.

1. PV = nRT 식의 전개

$$PV = nRT \quad *n(\text{몰수}) = \frac{\text{질량}}{\text{분자량}} = \frac{W}{M} \rightarrow PV = \frac{W}{M}RT \rightarrow PV = \frac{WRT}{M} \quad \text{절대압력}\times\text{체적} = \frac{\text{질량}\times\text{기체정수}\times\text{절대온도}}{\text{분자량}}$$

$$PV = \frac{WRT}{M} \rightarrow P = \frac{WRT}{VM} \rightarrow P = \frac{\rho RT}{M} \rightarrow \rho = \frac{PM}{RT}$$

$$\frac{W(\text{질량})}{V(\text{체적})} = \rho\,(\text{밀도})$$

2. 압력의 단위에 따른 기체상수(정수) R값

$PV = nRT$ *절대압력(atm) × 체적(m^3) = 몰수($kmol$) × 기체상수(기체정수) × 절대온도(K)에서...
기체상수(R)를 중심으로 수식을 전개하면 아래와 같다.

$$PV = nRT \quad R = \frac{PV}{nT} \quad \text{기체상수} = \frac{\text{절대압력}\times\text{체적}}{\text{몰수}\times\text{절대온도}}$$

여기에서 R로 표시되는 기체상수는 압력(P)의 단위에 따라 그 값이 아래와 같이 달라진다.

- 압력의 단위가 atm 인 경우 → $R = \frac{1atm \times 22.4m^3}{1kmol \times 273K} = 0.082\,atm\cdot m^3/kmol\cdot K$
- 압력의 단위가 N/m^2(Pa) 인 경우 → $R = \frac{101325N/m^2(Pa) \times 22.4m^3}{1kmol \times 273K} = 8313.8\,N\cdot m(=J)/kmol\cdot K$
- 압력의 단위가 kN/m^2(kPa) 인 경우 → $R = \frac{101.325N/m^2(kPa) \times 22.4m^3}{1kmol \times 273K} = 8.314\,kN\cdot m(=kJ)/kmol\cdot K$

전반적으로 쉬운 계산형 ★★

35 그림에서 두 피스톤의 지름이 각각 30cm와 5cm이다. 큰 피스톤이 1cm 아래로 움직이면 작은 피스톤은 위로 몇 cm 움직이는가?

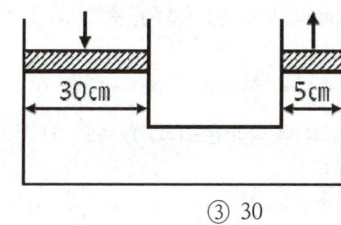

① 1　　　② 5　　　③ 30　　　④ 36

1. 피스톤의 패킹에 어떠한 힘(F)이 가해져서… 어떠한 거리(L) 만큼… 일(W)을… 하였다. ☞ 일(W) = 힘(F) × 거리(L)

$$P(압력) = \frac{F(힘)}{A(면적)} \quad \therefore F = PA$$

2. 30cm의 큰 직경에 작용하는 일(W_1)과, 5cm의 작은 직경에 작용하는 일(W_2)은 동일하다. ☞ $W_1 = W_2$

3. $W_1 = W_2$ → $F_1 L_1 = F_2 L_2$ → $P_1 A_1 L_1 = P_2 A_2 L_2$
   피스톤의 패킹이 같은 높이에서 수평을 이루고 있을 때, 30cm의 큰 직경에 작용하는 압력 P_1과, 5cm의 작은 직경에 작용하는 압력 P_2는 동일하다. 따라서 P_1과 P_2는 소거된다.

4. $A_1 L_1$(부피) = $A_2 L_2$(부피) * 면적(cm²)×길이(cm) = 부피(cm³) → $\frac{\pi \times D_1^2}{4} L_1 = \frac{\pi \times D_2^2}{4} L_2$ → $D_1^2 \times L_1 = D_2^2 \times L_2$

   → $(30cm)^2 \times 1cm = (5cm)^2 \times L_2$ $\therefore L_2 = 36cm$

   ※ 30cm의 큰 직경에서 1cm를 누르면, 5cm의 작은 직경에서는 36cm가 올라간다.
   ※ 큰 쪽의 피스톤에서 일정부피를 밀어내면… 작은 쪽의 피스톤에서 그 만큼의 동일한 부피가 채워진다.

함께공부

파스칼의 원리
밀폐된 용기 속에 유체에 가한 압력은 유체내의 모든 부분에 같은 크기로 전달된다. 즉 압력을 가할 때 한 방향으로만 작용하지 않고 모든 방향으로 작용한다는 원리이며, 이 원리가 수압기에 이용되는 파스칼의 원리라고 한다.

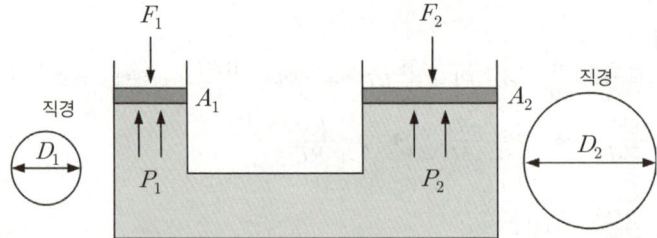

$P_1 = P_2$ (압력이 동일할 때) ☞ 현재 패킹높이가 수평인 상태이므로

$$\frac{F_1}{A_1} = \frac{F_2}{A_2} \qquad \frac{F_1}{\frac{\pi D_1^2}{4}} = \frac{F_2}{\frac{\pi D_2^2}{4}} \qquad \frac{F_1}{D_1^2} = \frac{F_2}{D_2^2}$$

위 식을 살펴보면 압력이 동일할 때 작용하는 힘은 면적에 비례하고 직경의 제곱에 비례한다.
만일 직경 D_2가 직경 D_1의 2배라면, 위 그림과 같이 평형을 이루기 위해 F_1은 F_2에 비해 4배의 힘이 필요하다.

$$\frac{F_1}{D_1^2} = \frac{F_2}{D_2^2} \quad \rightarrow \quad \frac{F_1}{1^2} = \frac{F_2}{2^2} \quad \rightarrow \quad 4F_1 = F_2$$

계산 없는 단순 암기형 ★★★★★

36 흐르는 유체에서 정상류의 의미로 옳은 것은?

① 흐름의 임의의 점에서 흐름특성이 시간에 따라 일정하게 변하는 흐름
② 흐름의 임의의 점에서 흐름특성이 시간에 관계없이 항상 일정한 상태에 있는 흐름
③ 임의의 시각에 유로 내 모든 점의 속도벡터가 일정한 흐름
④ 임의의 시각에 유로 내 각점의 속도벡터가 다른 흐름

- **정상류** : 임의의 한 점에서 시간(t)의 경과(Δt)에 따라 온도(ΔT), 속도(ΔV), 밀도($\Delta \rho$), 압력(ΔP)이 모두 변하지 않는 (일정한) 유체의 흐름

  온도➡ $\frac{\Delta T}{\Delta t} = 0$ 속도➡ $\frac{\Delta V}{\Delta t} = 0$ 밀도➡ $\frac{\Delta \rho}{\Delta t} = 0$ 압력➡ $\frac{\Delta P}{\Delta t} = 0$

- **비정상류** : 임의의 한 점에서 시간(t)의 경과(Δt)에 따라 온도(ΔT), 속도(ΔV), 밀도($\Delta \rho$), 압력(ΔP) 중 하나라도 변화되는 유체의 흐름

  온도➡ $\frac{\Delta T}{\Delta t} \neq 0$ 속도➡ $\frac{\Delta V}{\Delta t} \neq 0$ 밀도➡ $\frac{\Delta \rho}{\Delta t} \neq 0$ 압력➡ $\frac{\Delta P}{\Delta t} \neq 0$

> 전반적으로 쉬운 계산형 ★★

37 용량 1000L의 탱크차가 만수 상태로 화재현장에 출동하여 노즐압력 294.2kPa, 노즐구경 21mm를 사용하여 방수한다면 탱크차 내의 물을 전부 방수하는데 몇 분 소요되는가? (단, 모든 손실은 무시한다.)

① 1.7분　　　② 2분　　　③ 2.3분　　　④ 2.7분

1. 일반 노즐에서 유량측정 공식 → Q[방수량, L/min] $= 0.6597 D^2$[노즐구경, mm]$\times \sqrt{10 \times P}$[방수압, MPa]
   - 용량 1000L
   - 노즐구경(직경, D) = 21mm
   - 노즐압력(P) = 294.2kPa = 0.2942 MPa　　*1,000,000Pa = 1000kPa = 1MPa

2. 위 공식은 분당(min) 몇 리터(L)를 방수하는지 계산하는 것이므로… 전체용량 1L를 위 공식으로 나누어주면, 1L가 몇 분(min)만에 방수되는 지를 알 수 있다.

$$\frac{\text{전체용량}(L)}{\text{분당 방수량}(Q, L/min)} = \frac{1000\,L}{0.6597 \times (21mm)^2 \times \sqrt{10 \times 0.2942 MPa}} = 2.00 \min$$

함께공부

일반 노즐에서 유량측정

1. $Q\,[m^3/sec] = A \cdot V = \frac{\pi \cdot D^2}{4}[m^2] \times 14\sqrt{10 \times P}\,[MPa]$　　　$<(\pi \div 4) \times 14 = 10.9955>$

2. Q(방수량, m^3/sec) $= 10.9955 D^2$(노즐직경, m) $\times \sqrt{10 \times P}$(방수압, MPa)　　* 필수암기공식이므로 반드시 외우자~
   - 10.9955를 K값으로 설정한다.
   - 방수량의 단위를 [ℓ/min]으로 바꾸기 위해… [m^3/sec] 단위에 ×1000(㎥을 ℓ로), ×60(1분은 60초) 즉 60,000을 곱해준다.
   - 노즐의 직경을 [mm]로 바꾸기 위해… [m] 단위에 1,000²(D^2이므로 1000에 제곱을 해준다)을 곱해준다.
   - 기호를 K 위주로 정리하고 수치를 대입하면…
   ∴ $K = \frac{Q}{D^2} \times 10.9955 = \frac{60,000}{1,000,000} \times 10.9955 = 0.6597$

3. $Q\,[\ell/min] = 0.6597 D^2\,[mm] \times \sqrt{10 \times P}\,[MPa]$　　* 필수암기공식이므로 반드시 외우자~

> 전반적으로 쉬운 계산형 ★★

38 그림과 같이 60°로 기울어진 고정된 평판에 직경 50mm의 물 분류가 속도(V) 20m/s로 충돌하고 있다. 분류가 충돌할 때 판에 수직으로 작용하는 충격력 R(N)은?

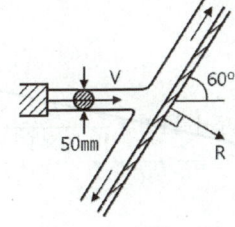

① 296　　　② 393　　　③ 680　　　④ 785

고정평판에 작용하는 힘

$F(N) = \rho$(밀도, kg/m^3) $\cdot Q$(유량, m^3/sec) $\cdot V$(유속, m/sec) $\cdot \sin\theta$ [직각(90°)으로 방사하면 최댓값 = 1]

　　　$= \rho \cdot A$(단면적, m^2) $\cdot V^2(m/sec)^2 \cdot \sin\theta$　　* $Q = A \cdot V$ 이므로… V가 2개가 되어 V^2

　　　$= \rho \cdot \frac{\pi D^2}{4}$(단면적, m^2) $\cdot V^2(m/sec)^2 \cdot \sin\theta = kg \cdot m/sec^2(N)$

1. 조건정리
   - 물의 밀도(ρ) = $1000\,kg/m^3$
   - 노즐의 물 분류 직경(D) = 50mm = 0.05m　　*1000mm = 100cm = 1m
   - 물의 방사속도(V) = 20m/s
   - 평판의 기울어진 각도 = $\sin 60°$

2. 분류가 충돌할 때 판에 수직으로 작용하는 충격력(N)

$= 1000\,kg/m^3 \times \frac{\pi \times (0.05m)^2}{4} \times (20m/sec)^2 \times \sin 60° = 680.17\,kg \cdot m/sec^2(N)$

함께공부

1. 고정평판에 작용하는 힘
$$F(N) = \rho(밀도, kg/m^3) \cdot Q(유량, m^3/sec) \cdot V(유속, m/sec) \cdot \sin\theta \ [직각(90°)으로 방사하면 최대값 = 1]$$
$$= \rho \cdot A(단면적, m^2) \cdot V^2(m/sec)^2 \cdot \sin\theta \quad * Q = A \cdot V 이므로... V가 2개가 되어 V^2$$
$$= \rho \cdot \frac{\pi D^2}{4}(단면적, m^2) \cdot V^2(m/sec)^2 \cdot \sin\theta = kg \cdot m/sec^2(N)$$

2. 이동평판에 작용하는 힘
- 평판이 뒤로 이동시 $F = \rho \cdot Q \cdot (V_2 - V_1) \cdot \sin\theta = \rho \cdot A \cdot (V_2 - V_1)^2 \cdot \sin\theta$
  * V_2 : 방사속도   * V_1 : 평판이 뒤로 이동하는 속도
- 평판이 노즐쪽으로 이동시 $F = \rho \cdot Q \cdot (V_2 + V_1) \cdot \sin\theta = \rho \cdot A \cdot (V_2 + V_1)^2 \cdot \sin\theta$
  * V_2 : 방사속도   * V_1 : 평판이 노즐쪽으로 이동하는 속도

전반적으로 쉬운 계산형 ★★

39 외부지름이 30cm이고 내부지름이 20cm인 길이 10m의 환형(annular)관에 물이 2m/s의 평균속도로 흐르고 있다. 이때 손실수두가 1m일 때, 수력직경에 기초한 마찰계수는 얼마인가?

① 0.049　　　② 0.054　　　③ 0.065　　　④ 0.078

마찰손실을 수두(h_L, m, mH_2O)로 구하는 방정식인 **달시-와이스바하 방정식**을 통해 계산할 수 있다.

$$h_L(mH_2O) = f\frac{L(m)}{D(m)}\frac{V^2(m/sec)^2}{2g(m/sec^2)} \quad 마찰손실수두 = 관마찰계수 \times \frac{직관의 길이}{배관의 직경} \times \frac{유속^2}{2 \times 중력가속도}$$

1. 조건정리
- 직관의 길이(L) = 10m
- 상당직경 = 원형관의 직경으로 변환한 직경(D) *환형관(동심이중관)이므로... 원형관의 직경으로 변환하여 대입한다.
  * 유동단면이 **동심이중관[환형(annular)관]**인 경우 **수력반지름(R_h, 수력반경)**

  $R_h(m) = \frac{D(외경) - d(내경)}{4} = \frac{30cm - 20cm}{4} = 2.5cm = 0.025m$ *1000mm = 100cm = 1m

  * 상당직경(D) = 수력반지름(R_h, 수력반경)의 4배가 원형관의 직경과 같다. = $0.025m \times 4 = 0.1m$
  * 결과론적으로 $R_h(m) = \frac{D-d}{4} \times 4$ 이므로... $R_h(m) = D - d = 30cm - 20cm = 10cm = 0.1m$ 와 동일한 값이 된다.
- 유속(V) = 평균속도 2m/s
- 중력가속도(g) = $9.8 m/s^2$
- 마찰손실수두(h_L) = 1m

2. 수력직경에 기초한 **관마찰계수(f) 계산** → $f(무차원수) = \frac{h_L \times D \times 2 \times g}{L \times V^2} = \frac{1m \times 0.1m \times 2 \times 9.8 m/s^2}{10m \times (2m/s)^2} = 0.049$

전반적으로 쉬운 계산형 ★★

40 토출량이 0.65m³/min인 펌프를 사용하는 경우 펌프의 소요 축동력(kW)은? (단, 전양정은 40m이고, 펌프의 효율은 50%이다.)

① 4.2　　　② 8.5　　　③ 17.2　　　④ 50.9

펌프의 축동력 ☞ 펌프의 운전에 필요한 실제동력

$$P(kW) = \frac{H \cdot \gamma \cdot Q}{\eta_p(효율) \times 102} = \frac{H(전양정)[m] \times \gamma(물 비중량)[1000 kgf/m^3] \times Q(토출량)[m^3/sec]}{\eta_p(효율) \times 102}$$

1. 조건정리
- 토출량(Q) = $0.65 m^3/min = \frac{0.65 m^3}{min} \times \frac{1 min}{60 sec} = m^3/sec$
  *수치를 여기에서 계산하면 매우 복잡하므로, 펌프 동력 공식에 "60"을 분모에 그대로 반영하면 변경된 단위(m³/s)로 적용된다.
- 전양정(H) = 40m
- 효율(η_p) = 50% = 퍼센트의 단위를 제거하면... 0.5가 된다.

2. 축동력(P)의 계산 = ? kW

$$P(kW) = \frac{40\,m \times 1000\,kgf/m^3 \times 0.65\,m^3/\sec}{0.5 \times 102 \times 60} = 8.5\,kW$$

함께공부

1. 펌프 동력(kW)의 계산
   = H(전양정)[m] × γ(물 비중량)[$1000\,kgf/m^3$] × Q(토출량)[$m^3/\sec$] = kW
   = $kgf \cdot m/\sec$ (힘×속도 = 중력단위의 동력) = kW

2. 펌프의 **전달(소요, 모터, 전동기) 동력**(P) ☞ 펌프의 **구동**에 이용되는 동력

   $kW = \dfrac{H \cdot \gamma \cdot Q}{\eta_p(효율) \times 102} \times K$ 　　$HP = \dfrac{H \cdot \gamma \cdot Q}{\eta_p(효율) \times 76} \times K$ 　　$PS = \dfrac{H \cdot \gamma \cdot Q}{\eta_p(효율) \times 75} \times K$

   * K (전달계수) ① 전동기 : 1.1 ② 내연기관 : 1.15 ~ 1.2

3. 펌프의 **축동력** ☞ 펌프의 **운전**에 필요한 실제동력. 따라서 전달계수를 빼고 계산한다.

   $kW = \dfrac{H \cdot \gamma \cdot Q}{\eta_p(효율) \times 102}$ 　　$HP = \dfrac{H \cdot \gamma \cdot Q}{\eta_p(효율) \times 76}$ 　　$PS = \dfrac{H \cdot \gamma \cdot Q}{\eta_p(효율) \times 75}$

4. 펌프의 **수동력** ☞ 펌프에 의해 **물**에 **공급**되는 동력(유체에 실제로 주어지는 동력). 따라서 펌프효율은 의미가 없다.

   $kW = \dfrac{H \cdot \gamma \cdot Q}{102}$ 　　$HP = \dfrac{H \cdot \gamma \cdot Q}{76}$ 　　$PS = \dfrac{H \cdot \gamma \cdot Q}{75}$

5. 단위의 변환
   - 물의 비중량(γ) = $\dfrac{1000\,kgf/m^3}{102} = \dfrac{9800\,N/m^3}{102 \times 9.8} = \dfrac{9800\,N/m^3}{1000} = \dfrac{\gamma}{1000}$ *$1kgf = 9.8N$
   - 토출량(Q) = $\dfrac{1\,m^3}{1\sec} \times \dfrac{60\sec}{1\min} = 60\,[m^3/\min]$ → $\dfrac{60\,[m^3/\min]}{1} = \dfrac{m^3/\min}{60} = \dfrac{Q}{60}$ *1분을 60으로 나눠주면 1초가 된다.

   ∴ $P[kW] = \dfrac{H \cdot \gamma \cdot Q}{1000 \times 60} = \dfrac{H[m] \times 9800[N/m^3] \times Q[m^3/\min]}{1000 \times 60} = 0.163HQ$

3과목 소방관계법규

✔ 이것이 혁신이다! 기출문제 + 답이색해설

단어가 답인 문제 ★★

41 소방기본법에서 정의하는 **소방대의 조직구성원**이 아닌 것은?
① 의무소방원   ② 소방공무원   ③ 의용소방대원   ④ **공항소방대원**

소방대 : 화재를 진압하고 화재, 재난·재해, 그 밖의 위급한 상황에서 구조·구급 활동 등을 하기 위하여 다음의 사람으로 구성된 조직체
① 소방공무원법에 따른 **소방공무원**
② 의무소방대설치법에 따라 임용된 **의무소방원**(군입대 대체)
③ 의용소방대 설치 및 운영에 관한 법률에 따른 **의용소방대원**(자발적 대원)

문장이 답인 문제 ★★

42 위험물안전관리법령상 인화성액체위험물(이황화탄소를 제외)의 **옥외탱크저장소의 탱크 주위에 설치하여야 하는 방유제**의 기준 중 **틀린** 것은?
① 방유제의 용량은 방유제 안에 설치된 탱크가 하나인 때에는 그 탱크 용량의 110% 이상으로 할 것
② 방유제의 용량은 방유제 안에 설치된 탱크가 2기 이상인 때에는 그 탱크 중 용량이 최대인 것의 용량의 110% 이상으로 할 것
③ 방유제는 높이 <u>1m 이상 2m 이하</u>, 두께 0.2m 이상, 지하매설깊이 <u>0.5m</u> 이상으로 할 것
                  0.5m 이상 3m 이하   1m
④ 방유제 내의 면적은 80,000㎡ 이하로 할 것

인화성액체위험물(이황화탄소를 제외한다)의 **옥외탱크저장소의 탱크 주위**에는 다음 기준에 의하여 **방유제를 설치**하여야 한다.
1. 방유제의 용량
  ① 탱크가 하나인 때 : 그 탱크 용량의 110% 이상
  ② 탱크가 2기 이상인 때 : 그 탱크 중 용량이 최대인 것의 용량의 110% 이상
2. 방유제의 높이, 면적 등
  ① 방유제의 높이 : 0.5m 이상 ~ 3m 이하
  ② 방유제의 두께 : 0.2m 이상
  ③ 지하매설 깊이 : 1m 이상
  ④ 면적 : 방유제 내의 면적은 8만㎡ 이하

함께 공부

- 방유제란 옥외에 위험물 유류탱크를 설치할 때 위험물이 탱크 밖으로 흘러 넘치는 상황을 대비하기 위해, 유류탱크 주위에 둑을 만드는 것이다.
- 위험물이 흘러 넘쳤을 때, 흘러넘친 위험물을 방유제 내에 가두어 두는 역할을 한다.

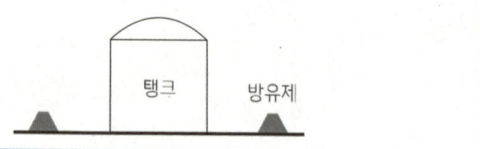

문장이 답인 문제 ★★

43 소방시설공사업법령상 **공사감리자 지정대상 특정소방대상물의 범위**가 아닌 것은?
① 물분무등소화설비(호스릴 방식의 소화설비는 제외)를 신설·개설하거나 방호·방수 구역을 증설할 때
② 제연설비를 신설·개설하거나 제연구역을 증설할 때
③ 연소방지설비를 신설·개설하거나 살수구역을 증설할 때
④ **캐비닛형 간이스프링클러설비를 신설·개설 하거나 방호·방수 구역을 증설할 때**

공사 감리자 지정대상 특정소방대상물의 범위가 **아닌 것** → **캐비닛형 간이스프링클러설비 / 호스릴 방식의 소화설비**

함께공부

- **물분무 등 소화설비** : ①물분무소화설비 / ②미분무소화설비 / ③포소화설비 / ④이산화탄소소화설비 / ⑤할론소화설비 / ⑥할로겐화합물 및 불활성기체소화설비 / ⑦분말소화설비 / ⑧강화액소화설비 / ⑨고체에어로졸소화설비
- **제연설비**
  - 제연이란 **연기를 제어**한다는 의미로서... 화재실에 **신선한 공기를 급기**하고, **발생된 연기를 배기(배출)**하는 것을 제연이라 한다.
  - 구획(구역)을 나누(가두)어서 연기를 배출(배기)하거나, 신선한 공기를 급기(유입)하여 소화활동 및 피난을 용이하게 만드는 설비
- **연소방지설비** : 전력 또는 통신사업용 케이블이 설치된 지하구에 헤드를 설치하고, 소방차에서 송수구에 물을 공급해 헤드에서 살수되게 하여, 화재가 더 이상 번지지 않게 차단하는 설비
- **간이 스프링클러설비** : 간이스프링클러설비는 스프링클러설비의 간소화 설비로서 다중이용업소 등 비교적 작은 특정소방대상물에 설치되는 자동식 소화설비이다.
- **캐비닛형 간이스프링클러설비** : 가압송수장치, 수조 및 유수검지장치 등을 집적화하여 캐비닛 형태로 구성시킨 간이 형태의 스프링클러설비

단어가 답인 문제

44 소방기본법령상 소방신호의 방법으로 틀린 것은?

① 타종에 의한 훈련신호는 연 3타 반복
② 싸이렌에 의한 발화신호는 5초 간격을 두고 10초씩 3회 (5초씩)
③ 타종에 의한 해제신호는 상당한 간격을 두고 1타씩 반복
④ 싸이렌에 의한 경계신호는 5초 간격을 두고 30초씩 3회

소방신호의 방법

종별\신호방법	타종신호	싸이렌신호
경계신호	1타와 연2타를 반복	5초 간격을 두고 30초씩 3회
발화신호	난타	5초 간격을 두고 5초씩 3회
해제신호	상당한 간격을 두고 1타씩 반복	1분간 1회
훈련신호	연3타반복	10초 간격을 두고 1분씩 3회

암기팁! 경 발 해 훈

단어가 답인 문제 ★★

45 소방시설 설치 및 관리에 관한 법령상 대통령령 또는 화재안전기준이 변경되어 그 기준이 강화되는 경우 기존 특정소방대상물 소방시설 중 강화된 기준을 적용할 수 있는 소방시설은?

① 비상경보설비 ② 비상방송설비 ③ 비상콘센트설비 ④ 옥내소화전설비

소방본부장이나 소방서장은 **대통령령 또는 화재안전기준이 변경되어 그 기준이 강화되는 경우** 기존의 특정소방대상물(건축물의 신축·개축·재축·이전 및 대수선 중인 특정소방대상물을 포함)의 소방시설에 대하여는 변경 전의 대통령령 또는 화재안전기준을 적용한다. 다만, **다음에 해당하는 소방시설의 경우에는 대통령령 또는 화재안전기준의 변경으로 강화된 기준을 적용할 수 있다.**
→ 소화기구 / 비상경보설비 / 자동화재탐지설비 / 자동화재속보설비 / 피난구조설비

함께공부

- **비상경보설비** : 화재발생 상황을 발신기의 누름스위치를 눌러서 수동으로 벨(경종) 또는 사이렌으로 경보하는 설비
- **비상방송설비** : 화재신호 수신후, 화재상황을 자동 또는 수동으로 방송을 통해 알리는 설비
- **비상콘센트설비** : 화재발생시 소방대의 소화활동에 필요한 장비의 전원설비. 즉 정전시 이용하는 비상용 전기콘센트
- **옥내소화전설비** : 화재발생시 옥내소화전함을 개방하여 방수구와 연결된 호스를 전개한 후 앵글밸브를 개방하고, 화점을 향해 노즐을 개방하여 방사하는 형태의 수동식 수계소화설비

숫자가 답인 문제

46 소방시설 설치 및 관리에 관한 법령상 지하가는 연면적이 최소 몇 m² 이상이어야 스프링클러설비를 설치해야 하는 특정소방대상물에 해당하는가? (단, 터널은 제외한다.)

① 100　　② 200　　③ 1000　　④ 2000

- **특정소방대상물** : 건축물 등의 규모·용도 및 수용인원 등을 고려하여 소방시설을 설치하여야 하는 소방대상물로서 대통령령으로 정하는 것
- **지하가**(터널은 제외)로서 연면적 **1천㎡** 이상인 것은 스프링클러설비를 설치해야 한다.

문장이 답인 문제 ★★

47 화재의 예방 및 안전관리에 관한 법령상 특정소방대상물의 관계인이 수행하여야 하는 소방안전관리 업무가 아닌 것은?

① 소방훈련의 지도·감독　　② 화기(火氣) 취급의 감독
③ 피난시설, 방화구획 및 방화시설의 관리　　④ 소방시설이나 그 밖의 소방 관련 시설의 관리

특정소방대상물의 관계인과 소방안전관리대상물의 소방안전관리자는 다음의 업무를 수행한다. 다만, 2·3·4·5의 업무는 소방안전관리대상물의 경우에만 해당한다.
1. **피**난시설, 방화구획 및 방화시설의 관리
2. **자**위소방대 및 초기대응체계의 구성, 운영 및 교육
3. 소방안전관리에 관한 업무수행에 관한 기록·유지
4. 피난**계**획에 관한 사항과 대통령령으로 정하는 사항이 포함된 소방계획서의 작성 및 시행
5. 소방**훈**련 및 교육
6. **화**기 취급의 감독
7. **소**방시설이나 그 밖의 소방 관련 시설의 관리
8. **화**재발생 시 초기대응
9. 그 밖에 소방안전관리에 필요한 업무

딸기탭! 피자업계 훈화 소방화재

문장이 답인 문제 ★★★

48 소방기본법령상 저수조의 설치기준으로 틀린 것은?

① 지면으로부터의 낙차가 4.5m 이상일 것　　→ 이하
② 흡수부분의 수심이 0.5m 이상일 것
③ 흡수에 지장이 없도록 토사 및 쓰레기 등을 제거할 수 있는 설비를 갖출 것
④ 흡수관의 투입구가 사각형의 경우에는 한 변의 길이가 60㎝ 이상, 원형의 경우에는 지름이 60㎝ 이상일 것

소방용수시설 **저수조** → 흡수부분의 수심은… 0.5m 이상이고 ~ 지면으로부터 낙차는 4.5m 이하일 것
※ 낙차가 4.5m 이상이면 너무 높아서… 소방차가 물을 흡입할 수 없다.

숫자가 답인 문제 ★★

49 위험물안전관리법령상 시·도지사의 허가를 받지 아니하고, 당해 제조소등을 설치할 수 있는 기준 중 다음 (　) 안에 알맞은 것은?

> 농예용·축산용 또는 수산용으로 필요한 난방시설 또는 건조시설을 위한 지정수량 (　)배 이하의 저장소

① 20　　② 30　　③ 40　　④ 50

- **제조소등**(제조소, 저장소, 취급소)을 설치하고자 하는 자는 대통령령이 정하는 바에 따라 그 설치장소를 관할하는 특별시장·광역시장·특별자치시장·도지사 또는 특별자치도지사(이하 "시·도지사")의 허가를 받아야 한다.
- 다만, 다음에 해당하는 제조소등은 허가를 받지 아니하고 당해 제조소등을 설치하거나 그 위치·구조 또는 설비를 변경할 수 있으며, 신고를 하지 아니하고 위험물의 품명·수량 또는 지정수량의 배수를 변경할 수 있다.
  1. 주택의 난방시설(공동주택의 중앙난방시설 제외)을 위한 저장소 또는 취급소
  2. 농예용·축산용 또는 수산용으로 필요한 난방시설 또는 건조시설을 위한 지정수량 **20배 이하의 저장소**

> 단어가 답인 문제 ★

50 소방기본법령상 화재조사의 종류 중 화재원인조사에 해당하지 않는 것은?

① 발화원인 조사　② 인명피해 조사　③ 연소상황 조사　④ 소방시설 등 조사

- 화재원인조사 → 발화원인 조사 / 발견·통보 및 초기 소화상황 조사 / 연소상황 조사 / 피난상황 조사 / 소방시설 등 조사
- 화재피해조사 → 인명피해조사와 재산피해조사

암기팁! 피해와 관련된 조사는 화재원인조사와 관련없다.

함께공부

화재조사의 종류 및 조사의 범위

1. 화재원인조사

종류	조사범위
발화원인 조사	화재가 발생한 과정, 화재가 발생한 지점 및 불이 붙기 시작한 물질
발견·통보 및 초기 소화상황 조사	화재의 발견·통보 및 초기소화 등 일련의 과정
연소상황 조사	화재의 연소경로 및 확대원인 등의 상황
피난상황 조사	피난경로, 피난상의 장애요인 등의 상황
소방시설 등 조사	소방시설의 사용 또는 작동 등의 상황

2. 화재피해조사

종류	조사범위
인명피해조사	• 소방활동중 발생한 사망자 및 부상자 • 그 밖에 화재로 인한 사망자 및 부상자
재산피해조사	• 열에 의한 탄화, 용융, 파손 등의 피해 • 소화활동중 사용된 물로 인한 피해 • 그 밖에 연기, 물품반출, 화재로 인한 폭발 등에 의한 피해

> 단어가 답인 문제

51 소방시설 설치 및 관리에 관한 법령상 특정소방대상물의 소방시설 설치의 면제기준 중 다음 (　) 안에 알맞은 것은?

> 물분무등소화설비를 설치해야 하는 차고·주차장에 (　)를 화재안전기준에 적합하게 설치한 경우에는 그 설비의 유효범위에서 설치가 면제된다.

① 옥내소화전설비　　　　　　　　　② 스프링클러설비
③ 간이스프링클러설비　　　　　　　④ 할로겐화합물 및 불활성기체 소화설비

특정소방대상물의 소방시설 설치의 면제 기준

설치가 면제되는 소방시설	설치가 면제되는 기준
물분무등소화설비	물분무등소화설비를 설치해야 하는 차고·주차장에 스프링클러설비를 화재안전기준에 적합하게 설치한 경우에는 그 설비의 유효범위에서 설치가 면제된다.

※ 물분무 등 소화설비 : ①물분무소화설비 / ②미분무소화설비 / ③포소화설비 / ④이산화탄소소화설비 / ⑤할론소화설비 / ⑥할로겐화합물 및 불활성기체소화설비 / ⑦분말소화설비 / ⑧강화액소화설비 / ⑨고체에어로졸소화설비

함께공부

- **옥내소화전설비** : 화재발생시 옥내소화전함을 개방하여 방수구와 연결된 호스를 전개한 후 앵글밸브를 개방하고, 화점을 향해 노즐을 개방하여 방사하는 형태의 수동식 수계소화설비
- **스프링클러설비** : 화재발생시 화재를 자동으로 감지하여 피난을 위한 경보를 발하고, 습식·건식·준비작동식·일제살수식 밸브가 개방되면, 유수의 흐름으로 인하여 펌프가 기동되고, 개방된 헤드를 통해 소화수를 방수하여 소화하는 자동식 수계소화설비
- **간이 스프링클러설비** : 간이스프링클러설비는 스프링클러설비의 간소화 설비로서 다중이용업소 등 비교적 작은 특정소방대상물에 설치되는 자동식 소화설비이다.
- **할로겐화합물 및 불활성기체 소화설비** : 할론소화설비를 대체할 목적으로 개발된 소화설비로서 할로겐화합물 소화약제와 불활성기체 소화약제를 사용한다.

> 문장이 답인 문제 ★

52 화재의 예방 및 안전관리에 관한 법령상 소방안전관리대상물의 소방계획서에 포함되어야 하는 사항이 아닌 것은?

① 소방시설 · 피난시설 및 방화시설의 점검 · 정비계획
② 위험물안전관리법에 따라 예방규정을 정하는 제조소등의 위험물 저장 · 취급에 관한 사항
③ 소방안전관리대상물의 근무자 및 거주자의 자위소방대 조직과 대원의 임무에 관한 사항
④ 방화구획, 제연구획, 건축물의 내부 마감재료 및 방염대상물품의 사용 현황과 그 밖의 방화구조 및 설비의 유지 · 관리 계획

소방안전관리대상물의 **소방계획서** 작성 내용 중...
"위험물의 저장 · 취급에 관한 사항"은 소방계획서에 포함되지만, "위험물안전관리법에 따라 예방규정을 정하는 제조소등"은 소방계획서 작성에서 **제외**한다.

> 문장이 답인 문제 ★★

53 위험물안전관리법상 업무상 과실로 제조소등에서 위험물을 유출 · 방출 또는 확산시켜 사람의 생명 · 신체 또는 재산에 대하여 위험을 발생시킨 자에 대한 벌칙 기준은?

① 5년 이하의 금고 또는 2000만원 이하의 벌금
② 5년 이하의 금고 또는 7000만원 이하의 벌금
③ 7년 이하의 금고 또는 2000만원 이하의 벌금
④ 7년 이하의 금고 또는 7000만원 이하의 벌금

업무상 과실로 제조소등에서 위험물을 유출 · 방출 또는 확산시켜... 사람의 생명 · 신체 또는 재산에 대하여 위험을 발생시킨 자
→ **7년 이하의 금고 또는 7천만원 이하의 벌금**에 처한다.
→ 위의 죄를 범하여 사람을 사상에 이르게 한 자는 10년 이하의 징역 또는 금고나 1억원 이하의 벌금에 처한다.

> 숫자가 답인 문제 ★

54 소방시설공사업법령상 소방시설업 등록을 하지 아니하고 영업을 한 자에 대한 벌칙은?

① 500만원 이하의 벌금
② 1년 이하의 징역 또는 1000만원 이하의 벌금
③ 3년 이하의 징역 또는 3000만원 이하의 벌금
④ 5년 이하의 징역 또는 5000만원 이하의 벌금

소방시설업 등록을 하지 아니하고 영업을 한 자 → **3년 이하의 징역 또는 3천만원 이하의 벌금**에 처한다.

당이탕! 소방시설공사업법상 가장 강력한 벌칙이다.

> 단어가 답인 문제

55 위험물안전관리법령상 위험물의 유별 저장 · 취급의 공통기준 중 다음 ( ) 안에 알맞은 것은?

( ) **위험물**은 산화제와의 접촉 · 혼합이나 불티 · 불꽃 · 고온체와의 접근 또는 과열을 피하는 한편, **철분 · 금속분 · 마그네슘** 및 이를 함유한 것에 있어서는 물이나 산과의 접촉을 피하고 **인화성 고체**에 있어서는 함부로 증기를 발생시키지 아니하여야 한다.

① 제1류 ② 제2류 ③ 제3류 ④ 제4류

제2류 위험물 ⇨ **가연성 고체** [일반 환원성 가연물] 일반적으로 불에 타는 가연성고체 물질
구체적인 종류로는 유황(황)[S], 황화린(인), 적린(인)[P], 철분, 마그네슘, 금속분류, 인화성고체 등이 있다.

위험물	특징	암기법	종류[대분류]		
제2류	가연성 고체	유황적 철마금 인	유황(황)[S], 황화린(인), 적린(인)[P]	/ 철분, 마그네슘, 금속분류	/ 인화성고체
	지정수량	유황적백 오백철마금 인천	위험등급Ⅱ 지정수량 100kg	/ 위험등급Ⅲ 지정수량 500kg	/ Ⅲ 지정수량 1000kg

함께공부

제2류 위험물 중 황화린, 철분, **마그네슘**, 금속분류 등은 **주수소화를 금지**하고 건조사(마른모래), 팽창질석, 팽창진주암(가열해 부풀려 가볍게 만든 돌가루) 등에 의한 질식소화를 한다. (금속은 물, 가스계약제 사용금지)

Mg(마그네슘) + 2H₂O(물 2몰) → Mg(OH)₂(수산화마그네슘) + H₂↑(수소발생)

숫자가 답인 문제

56 소방기본법령상 소방용수시설의 설치기준 중 급수탑의 급수배관의 구경은 최소 몇 mm 이상이어야 하는가?
① 100   ② 150   ③ 200   ④ 250

급수탑 급수배관의 구경 → 100mm 이상

당기팁! 소방차에 급수하기 위해서는 많은 양의 물이 필요하다. → 따라서 구경이 100mm 로 크다.

숫자가 답인 문제 ★★★

57 소방시설 설치 및 관리에 관한 법령상 자동화재탐지설비를 설치해야 하는 특정소방대상물에 대한 기준 중 ( )에 알맞은 것은?

> 근린생활시설(목욕장 제외), 의료시설(정신의료기관 및 요양병원 제외), 위락시설, 장례시설 및 복합건축물로서 연면적 (   )m² 이상인 경우에는 모든 층

① 400   ② 600   ③ 1000   ④ 3500

- 특정소방대상물 : 건축물 등의 규모·용도 및 수용인원 등을 고려하여 소방시설을 설치하여야 하는 소방대상물로서 대통령령으로 정하는 것
- 자동화재탐지설비를 설치하여야 하는 특정소방대상물
  근린생활시설(목욕장 제외), 의료시설(정신의료기관 및 요양병원 제외), 위락시설, 장례시설 및 복합건축물로서 연면적 600m² 이상인 경우에는 모든 층

단어가 답인 문제

58 소방기본법에서 정의하는 소방대상물에 해당되지 않는 것은?
① 산림   ② 차량   ③ 건축물   ④ 항해 중인 선박

- 소방대상물 : 건축물, 차량, 선박(항구에 매어둔 선박만 해당), 선박 건조 구조물, 산림, 그 밖의 인공 구조물 또는 물건
- 특정소방대상물 : 건축물 등의 규모·용도 및 수용인원 등을 고려하여 소방시설을 설치하여야 하는 소방대상물로서 대통령령으로 정하는 것

문장이 답인 문제 ★★★

59 소방시설 설치 및 관리에 관한 법령상 건축허가 등의 동의대상물의 범위 기준 중 틀린 것은?
① 건축 등을 하려는 학교시설 : 연면적 ~~200㎡~~ 100㎡ 이상
② 노유자시설 : 연면적 200㎡ 이상
③ 정신의료기관(입원실이 없는 정신건강의학과 의원은 제외) : 연면적 300㎡ 이상
④ 장애인 의료재활시설 : 연면적 300㎡ 이상

건축허가등을 할 때 미리 소방본부장 또는 소방서장의 동의를 받아야 하는 건축물 등의 범위
1. 연면적이 400제곱미터 이상인 건축물이나 시설
   다만, 다음의 어느 하나에 해당하는 건축물이나 시설은 예외적으로 해당 시설에서 정한 기준 이상인 건축물이나 시설로 한다.
   - 건축등을 하려는 학교시설 : 100제곱미터 → ① 건축 등을 하려는 학교시설 : 연면적 200m² 이상
   - 노유자시설 및 수련시설 : 200제곱미터 → ②
   - 정신의료기관(입원실이 없는 정신건강의학과 의원은 제외) : 300제곱미터 → ③
   - 장애인 의료재활시설(이하 "의료재활시설"이라 한다) : 300제곱미터 → ④
2. 지하층 또는 무창층이 있는 건축물로서 바닥면적이 150제곱미터(공연장의 경우에는 100제곱미터) 이상인 층이 있는 것
3. 차고·주차장으로 사용되는 바닥면적이 200제곱미터 이상인 층이 있는 건축물이나 주차시설
4. 층수가 6층 이상인 건축물
5. 항공기 격납고, 관망탑, 항공관제탑, 방송용 송수신탑

함께공부

건축허가등의 권한이 있는 행정기관이, 소방본부장이나 소방서장에게 건축허가등의 동의를 받는다.
① 건축물 등의 신축·증축·개축·재축·이전·용도변경 또는 대수선의 허가·협의 및 사용승인(건축허가등)의 권한이 있는 행정기관은 건축허가등을 할 때 미리 그 건축물 등의 시공지 또는 소재지를 관할하는 소방본부장이나 소방서장의 동의를 받아야 한다.
② 건축물 등의 증축·개축·재축·용도변경 또는 대수선의 신고를 수리할 권한이 있는 행정기관은 그 신고를 수리하면 그 건축물 등의 시공지 또는 소재지를 관할하는 소방본부장이나 소방서장에게 지체 없이 그 사실을 알려야 한다.

문장이 답인 문제

60 소방시설 설치 및 관리에 관한 법령상 형식승인을 받지 아니한 소방용품을 판매하거나 판매 목적으로 진열하거나 소방시설공사에 사용한 자에 대한 벌칙 기준은?

① 3년 이하의 징역 또는 3000만원 이하의 벌금
② 2년 이하의 징역 또는 1500만원 이하의 벌금
③ 1년 이하의 징역 또는 1000만원 이하의 벌금
④ 1년 이하의 징역 또는 500만원 이하의 벌금

- 누구든지 다음의 어느 하나에 해당하는 소방용품을 판매하거나 판매 목적으로 진열하거나 소방시설공사에 사용할 수 없다.
  1. 형식승인을 받지 아니한 것
  2. 형상등을 임의로 변경한 것
  3. 제품검사를 받지 아니하거나 합격표시를 하지 아니한 것
- 위를 위반하여 소방용품을 판매·진열하거나 소방시설공사에 사용한 자 → 3년 이하의 징역 또는 3천만원 이하의 벌금

4과목 소방기계시설의 구조및원리

✔ 이것이 혁신이다! 기출문제 + 답이색해설

문장이 답인 문제

61 스프링클러설비의 화재안전기준상 폐쇄형 스프링클러헤드의 방호구역·유수검지장치에 대한 기준으로 틀린 것은?

① 하나의 방호구역에는 1개 이상의 유수검지장치를 설치하되, 화재발생시 접근이 쉽고 점검하기 편리한 장소에 설치할 것
② 하나의 방호구역은 2개 층에 미치지 아니하도록 할 것. 다만, 1개 층에 설치되는 스프링클러헤드의 수가 10개 이하인 경우와 복층형구조의 공동주택에는 3개 층 이내로 할 수 있다.
③ 송수구를 통하여 스프링클러헤드에 공급되는 물은 유수검지장치 등을 지나도록 할 것
　　　　　　　　　　　　　　　　　　　　　　　유수검지장치를 지나지 아니하여도 된다
④ 조기반응형 스프링클러헤드를 설치하는 경우에는 습식유수검지장치 또는 부압식스프링클러설비를 설치할 것

- **스프링클러설비** : 화재발생시 화재를 자동으로 감지하여 피난을 위한 경보를 발하고, 습식·건식·준비작동식·일제살수식 밸브가 개방되면, 유수의 흐름으로 인하여 펌프가 기동되고, 개방된 헤드를 통해 소화수를 방수하여 소화하는 자동식 수계소화설비
- **헤드** : 빗방울 형태로 대량으로 물을 뿌리면서 방수하는 역할을 하는 장치
  - **폐쇄형헤드** : 정상상태에서 방수구를 막고 있는 감열체가 일정온도에서 자동적으로 파괴·용해 또는 이탈됨으로써 방수구가 개방되는 헤드(화재시 개방된 헤드에서만 물이 방수된다)
  - **개방형헤드** : 감열체 없이 방수구가 항상 열려져 있는 헤드(화재시 설치된 모든 헤드에서 물이 방수된다)
- **방호구역(유수검지장치 사용)**
  - 스프링클러설비 소화범위에 따라... 건물내 층별, 구역별(면적 3,000㎡ 이내)로 나누어진 하나의 영역을 말한다.
  - 폐쇄형 스프링클러헤드를 사용하는 (습식/건식/준비작동식/부압식) 설비의 구역을 방호구역이라 한다.
- **유수검지장치** : 습식유수검지장치, 건식유수검지장치, 준비작동식유수검지장치를 말하며 본체 내의 유수현상을 자동적으로 검지하여 신호 또는 경보를 발하는 장치를 말한다.
- **송수구** : 소화용수를 보급하기 위하여 건물 외벽 또는 구조물의 외벽에 설치하는 배관과 연결된 구멍

③ 스프링클러헤드에 공급되는 물은 유수검지장치를 지나도록 할 것. 다만, 송수구를 통하여 공급되는 물은 그렇지 않다.
　→ 송수구에서 공급하는 물은 유수검지장치를 지날 필요가 없으며, 곧바로 헤드에 공급되는 것이 신뢰도가 더 높다.
④ 조기반응형 스프링클러헤드(빠르게 개방되는 속동형 헤드)를 설치하는 경우에는 습식유수검지장치(알람밸브의 1·2차측 모두 가압수 충수) 또는 부압식스프링클러설비(프리액션밸브 1차측은 가압수(정압=게이지압), 2차측은 부압수(부압=진공압)]를 설치할 것
　→ 조기반응형은 공동주택·노유자시설의 거실, 오피스텔·숙박시설의 침실, 병원의 입원실 등 상시 사람이 거주하는 공간으로서 화재의 위험성이 항상 존재하고 야간에는 활동성이 적은 공간에 설치한다. 따라서 화재발생시 지체되는 시간없이 즉시 방수가 가능한 습식 및 부압식을 사용하여야 한다.

암기팁! 조기반응형헤드 설치장소 → 공노거 오숙침 병입

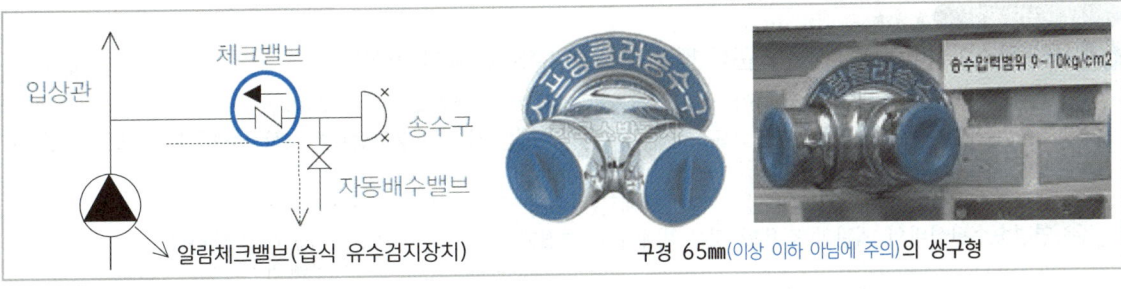

구경 65mm(이상 이하 아님에 주의)의 쌍구형

> 단어가 답인 문제 ★

62 스프링클러설비의 화재안전기준상 조기반응형 스프링클러헤드를 설치해야 하는 장소가 아닌 것은?

① 수련시설의 침실　② 공동주택의 거실　③ 오피스텔의 침실　④ 병원의 입원실

- **스프링클러설비** : 화재발생시 화재를 자동으로 감지하여 피난을 위한 경보를 발하고, 습식 · 건식 · 준비작동식 · 일제살수식 밸브가 개방되면, 유수의 흐름으로 인하여 펌프가 기동되고, 개방된 헤드를 통해 소화수를 방수하여 소화하는 자동식 수계소화설비
- **스프링클러 헤드** : 스프링클러에서 나오는 물을, 빗방울 형태로 대량으로 뿌리면서 방수하는 역할을 하는 부분을 말한다.
- **조기반응형 헤드** : 표준형스프링클러헤드 보다 기류온도 및 기류속도에 조기에 반응하여 빠르게 방수되는 것을 말한다.

조기반응형 스프링클러헤드를 설치해야 하는 장소
공동주택 · 노유자시설의 **거실** / 오피스텔 · 숙박시설의 **침실** / 병원의 **입원실**
상시 사람이 거주하는 공간으로서 화재의 위험성이 항상 존재하고 야간에는 활동성이 적은 공간에 설치한다. 따라서 화재발생시 지체되는 시간없이 즉시 방수가 가능한 습식 및 부압식을 사용하여야 한다.

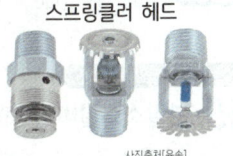

스프링클러 헤드

사진출처[육송]

> 암기팁! 조기반응형헤드 설치장소 ➡ 공노거 오숙침 병입

> 문장이 답인 문제 ★

63 스프링클러설비의 화재안전기준상 스프링클러설비를 설치하여야 할 특정소방대상물에 있어서 스프링클러헤드를 설치하지 아니할 수 있는 장소 기준으로 틀린 것은?

① 천장과 반자 양쪽이 불연재료로 되어 있고 천장과 반자사이의 거리가 ~~2.5m~~ 2m 미만인 부분
② 천장 및 반자가 불연재료가 아닌 것으로 되어 있고 천장과 반자사이의 거리가 0.5m 미만인 부분
③ 천장 · 반자 중 한쪽이 불연재료로 되어 있고 천장과 반자사이의 거리가 1m 미만인 부분
④ 현관 또는 로비 등으로서 바닥으로부터 높이가 20m 이상인 장소

- **스프링클러설비** : 화재발생시 화재를 자동으로 감지하여 피난을 위한 경보를 발하고, 습식 · 건식 · 준비작동식 · 일제살수식 밸브가 개방되면, 유수의 흐름으로 인하여 펌프가 기동되고, 개방된 헤드를 통해 소화수를 방수하여 소화하는 자동식 수계소화설비
- **스프링클러 헤드** : 스프링클러에서 나오는 물을, 빗방울 형태로 대량으로 뿌리면서 방수하는 역할을 하는 부분을 말한다.

1. 천장과 반자 사이에는 헤드를 설치해야 하지만... 설치하지 않을 수 있는 경우
   ① 천장과 반자 양쪽이 불연재료로 되어 있는 경우로서 그 사이의 거리 및 구조가 다음의 어느 하나에 해당하는 부분
　　가. 천장과 반자사이의 거리가 2m 미만인 부분
　　나. 천장과 반자사이의 벽이 불연재료이고 천장과 반자사이의 거리가 2m 이상으로서 그 사이에 가연물이 존재하지 않는 부분
   ② 천장 · 반자 중 한쪽이 불연재료로 되어 있고 천장과 반자사이의 거리가 1m 미만인 부분
   ③ 천장 및 반자가 불연재료가 아닌 것으로 되어 있고 천장과 반자사이의 거리가 0.5m 미만인 부분
   ➔ 위 내용을 아래표로 정리

천장과 반자 사이거리	천장과 반자	천장과 반자 사이의 벽	그 사이에 가연물
2m 이상 이지만	양쪽이 불연재료	불연재료	존재하지 않는 부분
2m 미만 이면	//		
1m 미만 이면	한쪽이 불연재료		
0.5m 미만 이면	불연재료가 아닌 것		

2. 너무 높아서 열기류가 천장까지 도달하기 어려워 헤드가 개방되기 어려운 장소
   ➔ 현관 또는 로비 등으로서 바닥으로부터 **높이가 20m 이상**인 장소

문장이 답인 문제 ★★★

64 물분무소화설비의 화재안전기준상 배관의 설치기준으로 틀린 것은?

① 펌프의 흡입측 배관은 공기고임이 생기지 않는 구조로 하고 여과장치를 설치한다.
② 펌프의 흡입측 배관은 수조가 펌프보다 낮게 설치된 경우에는 각 펌프(충압펌프를 포함한다)마다 수조로부터 별도로 설치한다.
③ 연결송수관설비의 배관과 겸용할 경우의 주배관은 구경 100㎜ 이상으로 한다.
④ 연결송수관설비의 배관과 겸용할 경우 방수구로 연결되는 배관의 구경은 65mm 이하로 한다.
　　　　　　　　　　　　　　　　　　　　　　　　　　　　　　　　　　65mm 이상

- **물분무 소화설비** : 물을 안개모양으로 방사해 가스와 비슷한 형태를 가지므로, 전기의 부도체(전기가 통하지 않는 물체 = 비전도성)로서 전기시설물에 설치가 가능한 자동식 수계소화설비
- **연결송수관설비** : 소방차에서 연결송수관 송수구에 물을 공급하면 그 공급된 물을, 연결송수관설비 방수구에 호스를 연결하여 옥내소화전처럼 사용하는 소방대 전용 설비로써, 고층부 화재진압에 효과적인 본격 화재진압설비
- **배관** : 물이 이송되는 관
- **방수구** : 소화용수를 방수하기 위하여 건물내 벽 또는 구조물의 벽에 설치하는 관에 연결된 배관구멍

| 연결송수관설비와 배관을 겸용할 경우 → 주배관 : 100mm 이상 |
| → 방수구로 연결되는 배관(가지배관) : 65mm 이상 |

당가당가 구경기준이 "이하" 라면... 1㎜ 도 가능하다는 말이 된다.

문장이 답인 문제 ★

65 분말소화설비의 화재안전기준상 배관에 관한 기준으로 틀린 것은?

① 배관은 전용으로 할 것
② 배관은 모두 스케줄 40 이상으로 할 것
　　　모두 아님
③ 동관을 사용하는 경우의 배관은 고정압력 또는 최고사용압력의 1.5배 이상의 압력에 견딜 수 있는 것을 사용할 것
④ 밸브류는 개폐위치 또는 개폐방향을 표시한 것으로 할 것

- **분말소화설비** : 분말소화설비는 미세한 분말입자를 별도 추진가스(질소 또는 이산화탄소)의 압력으로 방사하여 소화하는 설비이다.
- **가압방식**(압력을 가하여 약제를 이송하는 방식)에 따라 축압식설비(추진가스 약제용기내 같이)와 가압식설비(추진가스 별도용기에 따로)로 구분
- **강관의 종류**
  - 배관용 탄소강관 : **1.2MPa 미만**의 압력에서 사용
  - 압력배관용 탄소강관 : **1.2MPa 이상**의 압력에서 사용. 관 두께를 **스케줄(SCH, Schedule)번호(No)**로 나타내며 번호가 클수록 두꺼운 관이다. 두께에 따라 SCH 20, SCH 30, SCH 40, SCH 60, SCH 80 등이 사용된다.

분말소화설비 배관의 강도 기준
- 강관 → 아연도금에 따른 **배관용탄소강관**이나 이와 동등 이상의 강도·내식성 및 내열성을 가진 것으로 할 것
- 축압식 분말소화설비에 사용하는 것 중...
  → 20℃에서 압력이 2.5MPa 이상 4.2MPa 이하인 것은 **압력배관용탄소강관 중 이음이 없는 스케줄 40 이상인 것** 또는 이와 동등 이상의 강도를 가진 것으로서 **아연도금으로 방식처리된 것**을 사용

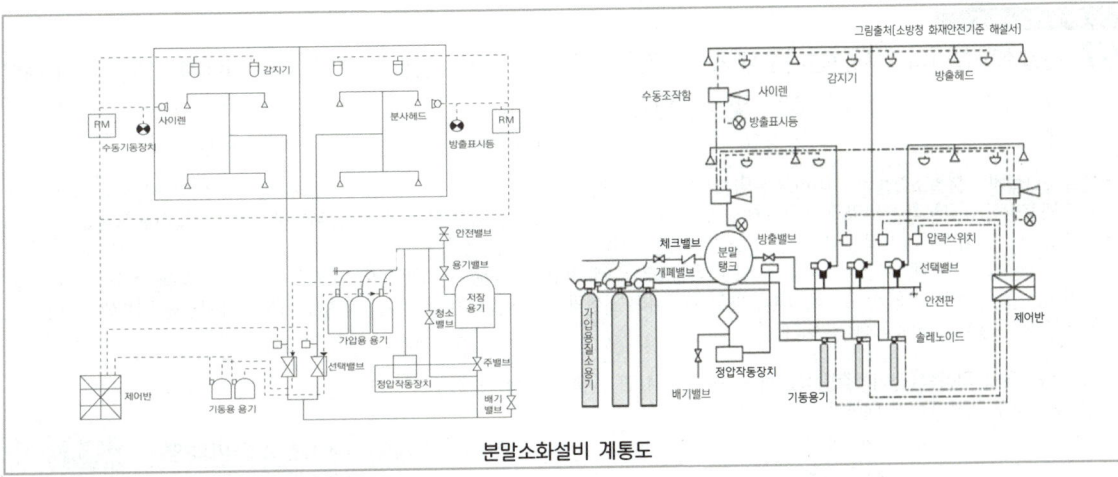

분말소화설비 계통도

66 물분무소화설비의 화재안전기준상 수원의 저수량 설치기준으로 틀린 것은?

① 특수가연물을 저장 또는 취급하는 특정소방대상물 또는 그 부분에 있어서 그 바닥면적(최대 방수구역의 바닥면적을 기준으로 하며, 50㎡ 이하인 경우에는 50㎡) 1㎡에 대하여 10 ℓ/min로 20분간 방수할 수 있는 양 이상으로 할 것
② 차고 또는 주차장은 그 바닥면적(최대방수구역의 바닥면적을 기준으로 하며, 50㎡ 이하인 경우에는 50㎡) 1㎡에 대하여 20 ℓ/min로 20분간 방수할 수 있는 양 이상으로 할 것
③ 케이블트레이, 케이블덕트 등은 투영된 바닥면적 1㎡에 대하여 12 ℓ/min로 20분간 방수할 수 있는 양 이상으로 할 것
④ 컨베이어 벨트 등은 벨트부분의 바닥면적 1㎡에 대하여 20 ℓ/min로 20분간 방수할 수 있는 양 이상으로 할 것
　　　　　　　　　　　　　　　　　　　　　　　　　　　10 ℓ/min

- **물분무 소화설비** : 물을 안개모양으로 방사해 가스와 비슷한 형태를 가지므로, 전기의 부도체(전기가 통하지 않는 물체 = 비전도성)로서 전기시설물에 설치가 가능한 자동식 수계소화설비
- **수원** : 물이 저장된 곳(수조에 저장할 물의 양)

특수가연물, 차고(주차장), 케이블트레이(덕트), 컨베이어 벨트 등에 물분무설비를 설치할 때, 1분당(min) 몇 리터(L)의 토출량으로, 몇 분(20분) 동안 방수할 수 있도록... 물(수원)을 저장해야 하는가의 문제이다. 즉 위 대상물에 따라 수원의 저장량이 각각 다르다는 의미이다.

물분무설비 대상물	기준면적(㎡)	분당 토출량 (20분간 방수)	암기법
특수가연물	최대 방수구역의 바닥면적 (50㎡ 이하인 경우에는 50㎡)	10 L/min (분당 10L)	나머지 10
차고(주차장)	//	20 L/min (분당 20L)	차 20 (차는 위험하니까 이십)
절연유 봉입 변압기	바닥부분을 제외한 (변압기의)표면적을 합한 면적	10 L/min (분당 10L)	절표(절마크)십 나머지 10
케이블트레이, 케이블덕트	투영된 바닥면적	12 L/min (분당 12L)	케투 12
컨베이어 벨트	벨트부분의 바닥면적	10 L/min (분당 10L)	나머지 10

특수 차고 절연 케이컨 ➡ 특수한 차고는 전기적으로 절연해야 한다. 왜냐하면 거기서 베이컨(케이컨)을 먹어야 하니까~

물분무 소화설비 방수하는 모습의 예

숫자가 답인 문제

67 분말소화설비의 화재안전기준상 제1종 분말을 사용한 전역방출방식 분말소화설비에서 방호구역의 체적 1㎥에 대한 소화약제의 양은 몇 kg 인가?

① 0.24　　② 0.36　　③ 0.60　　④ 0.72

- **분말소화설비** : 분말소화설비는 미세한 분말입자를 별도 추진가스(질소 또는 이산화탄소)의 압력으로 방사하여 소화하는 설비이다.
- **전역방출방식** : 고정식 분말약제 공급장치에 배관 및 분사헤드를 고정 설치하여, **밀폐 방호구역 전체에** 분말약제를 방출하는 설비
- **방호구역** : 소화범위에 따라 나누어진 소화가 필요한 구역
- **자동폐쇄장치** : 가스계 소화설비가 정상적으로 작동되어도 배기덕트나 창문, 환기팬 등의 개구부나 통기구를 통해 소화약제가 누출되면 화재를 소화할 수 없게 되므로, 이를 방지하기 위해 소화약제가 방출되기 전 환기장치를 정지하고 개구부를 폐쇄해야한다. 이때 설치되는 설비가 자동폐쇄장치이다.

분말소화약제의 저장량(전역방출방식) 계산 → 아래 1.과 2.를 합산한 양 이상

1. 방호구역의 체적 1㎥에 대하여 다음 표에 따른 양

소화약제의 종별	방호구역의 체적 1㎥에 대한 소화약제의 양
제1종 분말	0.60 kg
제2종 분말 또는 제3종 분말	0.36 kg
제4종 분말	0.24 kg

2. 방호구역의 개구부에 자동폐쇄장치를 설치하지 아니한 경우 → 다음 표에 따라 산출한 양을 가산한 양

소화약제의 종별	가산량(개구부의 면적 1㎡에 대한 소화약제의 양)
제1종 분말	4.5 kg
제2종 분말 또는 제3종 분말	2.7 kg
제4종 분말	1.8 kg

참고팁! 제2종(제3종)과 제4종의 값을 합하면... 제1종 값이 된다. ➡ 0.36 + 0.24 = 0.6 / 2.7 + 1.8 = 4.5

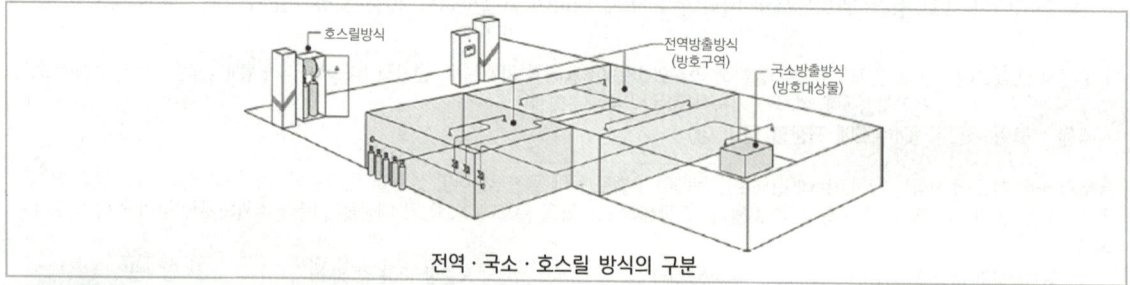

전역・국소・호스릴 방식의 구분

함께 공부

분말 소화약제의 종류 및 성상

종별	주성분	색상	적응화재
제1종	탄산수소**나**트륨 (NaHCO$_3$)	백색	B, C
제2종	탄산수소**칼**륨 (KHCO$_3$)	담자색, 담회색	B, C
제3종	제1인산암모늄 = **인**산염 (NH$_4$H$_2$PO$_4$)	담홍색, 황색	A, B, C
제4종	탄산수소**칼**륨 + 요소 (KHCO$_3$+(NH$_2$)$_2$CO)	회색	B, C

참고팁! 나의 칼은 인간의 칼이다~ ➡ 나 칼 인 칼

> 숫자가 답인 문제

68 옥내소화설비의 화재안전기준상 가압송수장치를 기동용수압개폐장치로 사용할 경우 압력챔버의 용적 기준은?

① 50L 이상   ② 100L 이상   ③ 150L 이상   ④ 200L 이상

- **옥내소화전설비** : 화재발생시 옥내소화전함을 개방하여 방수구와 연결된 호스를 전개한 후 앵글밸브를 개방하고, 화점을 향해 노즐을 개방하여 방사하는 형태의 수동식 수계소화설비
- **가압송수장치** : 압력을 가해서(가압) 물을 이송하는(송수) 장치로서 그 종류로는 **펌프**(전동기 또는 내연기관과 연결된 원심펌프), **고가수조**(높은 곳에 설치된 수조), **압력수조**(강한 공기압 이용), **가압수조**(압력수조의 간소화 설비) 등의 방식이 있다.
- **기동용 수압개폐장치**
  - 소화설비의 배관 내 압력변동을 검지하여 자동적으로 펌프를 기동 및 정지시키는 것으로서 압력챔버 또는 기동용압력스위치 등을 말한다.
  - 주 개폐밸브 2차측 배관과 압력챔버를 연결하여… 주배관의 압력변동을 감지해 펌프를 자동으로 기동·정지시킨다.
  - 압력챔버에 압력스위치를 설치하는 방식[주펌프, 충압펌프, 예비펌프 기동·정지(3개의 압력스위치)]

압력챔버 → 내용적 100리터 이상의 물통으로… 압력챔버 내 물을 채우면 상부에 압축공기가 생성된다.

기동용 수압개폐장치에 의한 펌프의 기동/정지 시스템

가. 압력챔버(압력탱크) : 물과 압축공기가 채워지는 공간
나. 안전밸브 : 과압방출
다. 압력스위치 : 압력의 증감을 전기적 신호로 변환
라. 배수밸브 : 압력챔버의 물 배수
마. 개폐밸브 : 점검 및 보수시 급수차단
바. 압력계 : 압력챔버 내의 압력표시

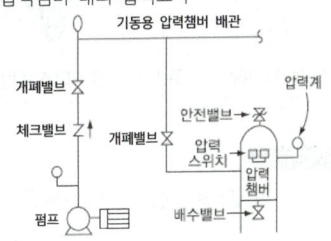

사진(그림)출처[소방청 화재안전기준 해설서]

기동용수압개폐장치 구조도   주펌프, 충압펌프, 예비펌프 압력스위치   안전밸브

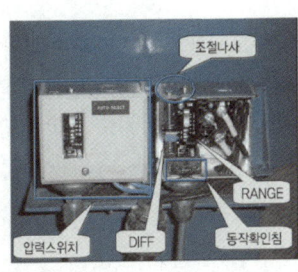
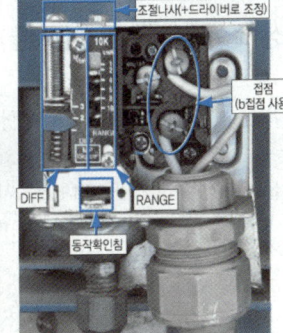

압력챔버에 사용되는 압력스위치(스프링식)

숫자가 답인 문제 ★

69 포소화설비의 화재안전기준상 포헤드를 소방대상물의 천장 또는 반자에 설치하여야 할 경우 헤드 1개가 방호해야 할 바닥면적은 최대 몇 ㎡인가?

① 3 ② 5 ③ 7 ④ 9

- **포소화설비** : 수조로부터 공급된 물과 포약제 저장탱크에서 공급된 포원액을, 혼합기(프로포셔너)에서 믹싱해 포수용액을 만들어, 포 방출구에서 공기와 섞여진 후 발포되어 거품을 방사하는 형태의 소화설비로서 유류탱크 등 위험물에 주로 사용된다.
- **포워터 스프링클러설비(포워터스프링클러헤드 사용)** : 일제살수식스프링클러설비와 유사하며 포소화약제와 물이 혼합된 포수용액이 헤드를 통해 방사된다.
- **포헤드 설비(포헤드 사용)** : 포워터스프링클러설비와 유사한 구조이고, 유류화재와 같은 평면화재에 사용되며, 주로 화재강도가 낮은 장소에 설치하는 설비이다.

1. 포워터스프링클러헤드 → 천장 또는 반자에 설치하되, **바닥면적 8㎡마다** 1개 이상
2. 포헤드 → 천장 또는 반자에 설치하되, **바닥면적 9㎡마다** 1개 이상

참고 포헤드 9㎡ ➡ 포구(항구)

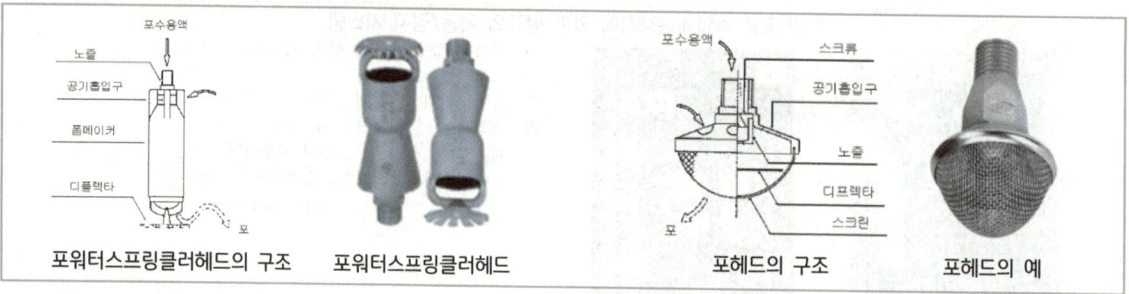

포워터스프링클러헤드의 구조 / 포워터스프링클러헤드 / 포헤드의 구조 / 포헤드의 예

단어가 답인 문제

70 소화기구 및 자동소화장치의 화재안전기준상 규정하는 화재의 종류가 아닌 것은?

① A급 화재 ② B급 화재 ③ G급 화재 ④ K급 화재

화재의 분류

종류	표시	표시색상	일반적 소화방법
일반화재	A급	백색	냉각소화
유류화재	B급	황색	질식소화
전기화재	C급	청색	질식소화
금속화재	D급	무색	피복소화
가스화재	E급	황색	질식소화
주방화재	K급	-	질식+냉각소화

참고 화재의 종류와 표시색상 : 일 유 전 금 가 주   백 황 청 무 황 -

숫자가 답인 문제 ★★★

71 상수도소화용수설비의 화재안전기준상 소화전은 구경(호칭지름)이 최소 얼마 이상의 수도배관에 접속하여야 하는가?

① 50㎜ 이상의 수도배관 ② 75㎜ 이상의 수도배관 ③ 85㎜ 이상의 수도배관 ④ 100㎜ 이상의 수도배관

- **상수도 소화용수설비** : 소방대가 화재진압시 사용하는 소방용수로서, 특정소방대상물의 지하에 지름 75㎜ 이상의 상수도용 배관이 매설된 경우… 그 배관에 지상식소화전, 지하식소화전, 급수탑을 연결하여 소방차에 소방용수를 공급받는 설비이다.
- **소화전** : 소화용수(소화설비용 물) 또는 소방용수(소방대 화재진압용 물)를 공급받기 위한 설비
- **호칭지름** : 일반적으로 표기하는 배관의 직경
- **수평투영면** : 건축물을 수평으로 투영하였을 경우의 면

화재진압용도의 소방차는 물탱크 내에 물을 저장하고 있으나, 그 물만으로는 부족하기 때문에... 건축물 지하에 매설된 상수도를 이용하여 물을 추가로 공급받아야 한다. 상수도를 이용해 수돗물을 공급받는 방식은... 지상식소화전, 지하식소화전, 급수탑으로 구분된다.

상수도 소화용수설비 설치기준
1. 호칭지름 **75mm 이상의 수도배관**에 호칭지름 **100mm 이상의 소화전**을 접속할 것
2. 소화전은 소방자동차 등의 진입이 쉬운 도로변 또는 공지에 설치할 것
3. 소화전은 특정소방대상물의 **수평투영면의 각 부분으로부터 140m 이하**가 되도록 설치할 것

암기탭! 소화전배관(100mm)이 수도배관(75mm) 보다 커야 물을 시원하게 받는다. ➡ 수도배관(75mm) 《 소화전배관(100mm)

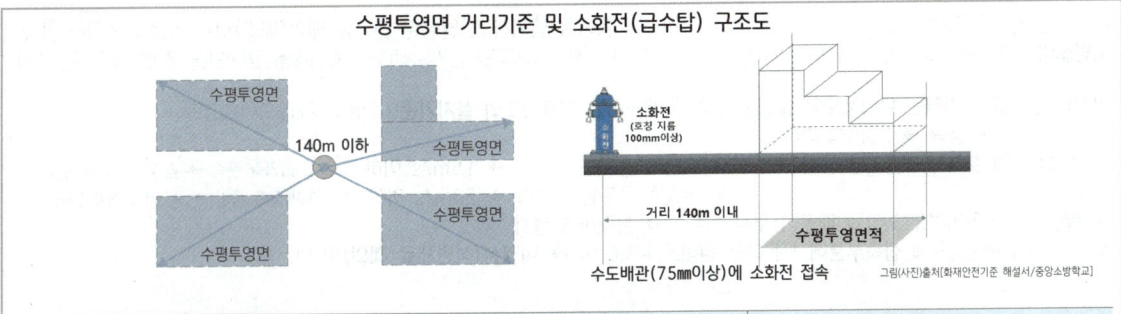

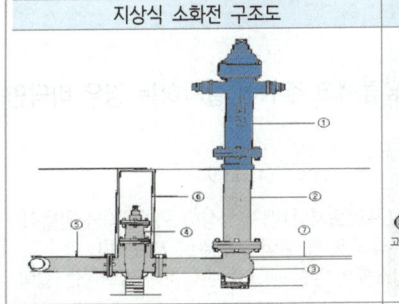
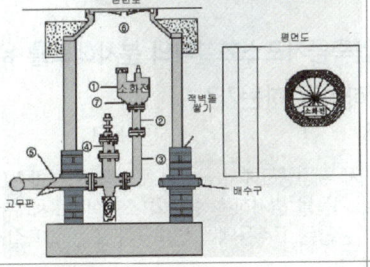
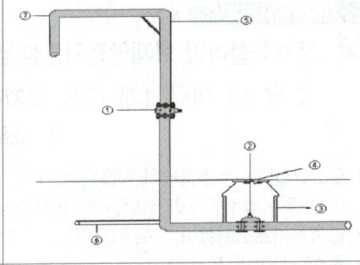

- 지면에 스탠드형으로 노출하여 설치
- 맨 상단의 밸브나사를 스패너를 이용해 회전시켜 개방한다.
- 지상으로 돌출되어 있기 때문에, 소화전의 위치를 찾기가 쉬우며, 사용이 간편하다.

- 지하의 전용맨홀에 설치하여 사용
- 지상에서 T자형의 전용파이프를 설치한 후 호스연결하고, 지상에서 밸브 개폐하여 사용
- 지하에 매설되어 있기 때문에 보행 및 교통에 지장이 없지만, 위치를 찾기가 어렵다.

- 급수탑은 상수도 배관을 지상에서 높게 설치하여, 소방차 위쪽에 설치된 물탱크 맨홀을 통해 물을 공급받을 수 있도록 만든 설비이다.
- 그림①의 개폐밸브를 열어서 급수 받는다.
- 소방차량에 급수시 가장 용이하다.

문장이 답인 문제 ★

72 할로겐화합물 및 불활성기체 소화설비의 화재안전기준상 저장용기 설치기준으로 틀린 것은?

① 온도가 <u>40℃</u> 이하이고 온도의 변화가 작은 곳에 설치할 것
　　　　55℃
② 용기 간의 간격은 점검에 지장이 없도록 3cm 이상의 간격을 유지할 것
③ 직사광선 및 빗물이 침투할 우려가 없는 곳에 설치할 것
④ 저장용기를 방호구역 외에 설치한 경우에는 방화문으로 구획된 실에 설치할 것

할로겐화합물 및 불활성기체 소화설비 : 할론소화설비를 대체할 목적으로 개발된 소화설비로서 할로겐화합물 소화약제와 불활성기체 소화약제를 사용한다.
1. **할로겐화합물 소화약제** : 불소(F), 염소(Cl), 브롬(Br) 또는 요오드(I) 중 하나 이상의 원소를 포함하고 있는 유기화합물을 기본성분으로 하는 소화약제로서 **연쇄반응을 차단하여 소화하는 화학적 소화효과**를 갖는다.
2. **불활성기체 소화약제** : 아르곤(Ar), 이산화탄소(CO_2) 또는 질소가스(N_2) 중 하나 이상의 원소를 기본성분으로 하는 소화약제로서 **질식으로 인해 소화하는 물리적 소화효과**를 갖는다.

할로겐화합물 및 불활성기체 소화설비는 저장용기실의 온도가 **55℃ 이하**이고 온도의 변화가 작은 곳에 설치할 것
→ 할로겐화합물 및 불활성기체 소화약제의 저장용기를 온도가 55℃ 초과하는 곳에 설치할 경우 압력이 급격하게 상승하여 폭발이나 방출시 과압의 우려가 있으므로 온도가 55℃ 이하의 곳에 설치하여야 한다.
→ 나머지 가스계 설비(이산화탄소/할론/분말)는 저장용기실의 온도 기준이 40℃ 이하이다.

문장이 답인 문제 ★★

73 제연설비의 화재안전기준상 제연풍도의 설치 기준으로 틀린 것은?

① 배출기의 전동기 부분과 배풍기 부분은 분리하여 설치할 것
② 배출기와 배출풍도의 접속 부분에 사용하는 캔버스는 내열성이 있는 것으로 할 것
③ 배출기의 흡입측 풍도 안의 풍속은 20m/s 이하로 할 것 (15m/s)
④ 유입풍도 안의 풍속은 20m/s 이하로 할 것

제연이란 **연기를 제어**한다는 의미로서… 화재실에 **신선한 공기를 급기**하고, 발생된 연기를 배기(배출)하는 것을 제연이라 한다.
제연설비 : 구획(구역)을 나누(가두)어서 연기를 배출(배기)하거나, 신선한 공기를 급기(유입)하여 소화활동 및 피난을 용이하게 만드는 설비

신선한 공기를 급기하는 유입풍도와 발생된 연기를 배출하는 배출풍도의 설치기준(제연풍도=유입풍도+배출풍도)
1. 유입풍도안의 풍속 → 20m/s 이하
2. 배출풍도에 설치된 배출기를 중심으로… ① 흡입측 풍도안의 풍속 → **15m/s 이하** [배출기 흡입측 풍속 → 좀 더 느리게 흡입]
   ② 배출측 풍도안의 풍속 → 20m/s 이하 [배출기 배출측 풍속 → 좀 더 강하게 배출]
3. 배출기의 **전동기부분**(모터)과 **배풍기 부분**(송풍기) → 분리하여 설치
4. 배출기와 배출풍도의 **접속부분**에 사용하는 **캔버스**(두꺼운 천) → **내열성**(석면재료 제외)이 있는 것

숫자가 답인 문제 ★★

74 포소화설비의 화재안전기준상 압축공기포소화설비의 분사헤드를 유류탱크 주위에 설치하는 경우 바닥면적 몇 ㎡ 마다 1개 이상 설치하여야 하는가?

① 9.3   ② 10.8   ③ 12.3   ④ 13.9

- **포소화설비** : 수조로부터 공급된 물과 포약제 저장탱크에서 공급된 포원액을, **혼합기(프로포셔너)**에서 믹싱해 포수용액을 만들어, 포 방출구에서 공기와 섞여진 후 발포되어 거품을 방사하는 형태의 소화설비로서 유류탱크 등 위험물에 주로 사용된다.
- **압축공기포소화설비** : 포소화약제와 물이 혼합된 포수용액에 압축공기 또는 압축질소를 일정한 비율로 혼합하여 방출하는 설비
- 포소화설비의 분류
  ① 고정식 포소화설비 → **포워터스프링클러설비, 포헤드**설비, **고정포**방출설비(고발포용 고정포 방출구), **압축공기포**소화설비
  ② 이동식 포소화설비 → **호스릴포**소화설비, **포소화전**설비(포소화전 방수구·호스 및 이동식 포노즐을 사용하는 설비)
  ③ 위험물 옥외탱크 저장소 → 고정포방출구(폼 챔버, 탱크내부), **보조포소화전**(방유제 밖)

문제에서 묻고 있는 것은… 압축공기포소화설비 분사헤드 1개가 방호 가능한 면적이 얼마인지 묻고 있는 것이다.
압축공기포소화설비 분사헤드 1개의 최대방호면적(유효 소화 면적)
- **유류탱크주위** → 바닥면적 **13.9 ㎡** 마다 1개 이상
- **특수가연물**저장소 → 바닥면적 **9.3 ㎡** 마다 1개 이상

암기팁! 유류탱크 주위 13.9㎡ / 특수가연물 9.3 ㎡ → 유류탱크의 13.9를 거꾸로 읽으면 특수가연물이 된다.(유류탱크는 주위라… 더 큰수)

단어가 답인 문제 ★★★

75 소화기구 및 자동소화장치의 화재안전기준상 소화기구의 소화약제별 적응성 중 일반화재, 유류화재, 전기화재 모두에 적응성이 있는 소화약제는?

① 마른모래   ② 인산염류소화약제   ③ 중탄산염류소화약제   ④ 팽창질석·팽창진주암

소화기구
- 소화기 : 소화약제를 압력에 따라 방사하는 기구로서, 사람이 수동으로 조작하여 소화약제를 방사하여 소화하는 것
  (소형소화기, 대형소화기)
- 간이소화용구 : 에어로졸식·투척용 소화용구 및 팽창질석·팽창진주암·마른모래 등의 간이소화용구
- 자동확산소화기 : 화재를 감지하여 자동으로 소화약제를 방출 확산시켜 국소적으로 소화하는 소화기

소화기구 및 자동소화장치의 화재안전기준(NFSC 101) [별표 1] **소화기구의 소화약제별 적응성**
일반화재(A급 화재), 유류화재(B급 화재), 전기화재(C급 화재) **모두에 적응성이 있는** 소화약제는…
할론, 할로겐화합물 및 불활성기체, **인산염류(분말)**, 고체에어로졸화합물

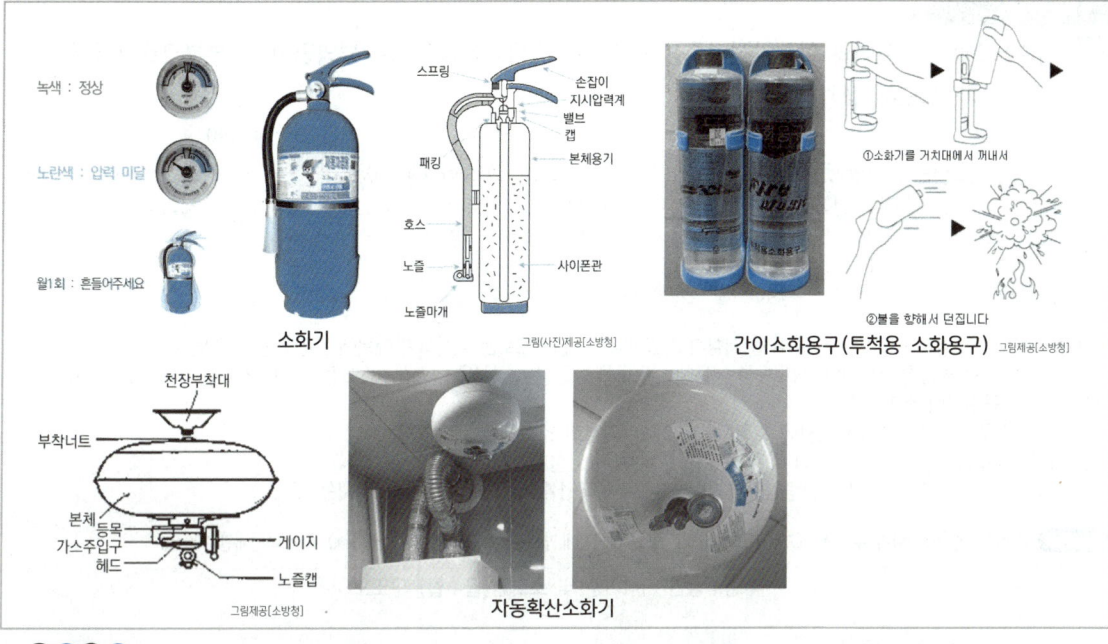

함께공부

소화기구 및 자동소화장치의 화재안전기준(NFSC 101) [별표 1] 소화기구의 소화약제별 적응성

화재의 종류	구분	소화기구 종류
일반화재(A급 화재)에	적응성이 **없는** 소화약제는…	**이**산화탄소, **중**탄산염류(분말)
전기화재(C급 화재)에	적응성이 **있는** 소화약제는…	**이**산화탄소, **할**론, **할**로겐화합물 및 불활성기체, **인**산염류(분말), **중**탄산염류(분말), **고**체에어로졸화합물
일반화재(A급 화재), 유류화재(B급 화재), 전기화재(C급 화재) 모두에	적응성이 **있는** 소화약제는…	**할**론, **할**로겐화합물 및 불활성기체, **인**산염류(분말), **고**체에어로졸화합물

암기법! 일 없는 이중 / 전기 있는 이할할 인중고 / 모두 있는 할할인고

숫자가 답인 문제 ★

76 소화기구 및 자동소화장치의 화재안전기준상 바닥면적이 280㎡인 발전실에 부속용도별로 추가하여야 할 적응성이 있는 소화기의 최소 수량은 몇 개인가?
① 2 ② 4 ③ 6 ④ 12

- **소화기** : 소화약제를 압력에 따라 방사하는 기구로서, 사람이 수동으로 조작하여 소화약제를 방사하여 소화하는 것
  (소형소화기, 대형소화기)
- **자동소화장치** : 소화약제를 자동으로 방사하는 고정된 소화장치로서 그 종류로는… 주거용·상업용 주방자동소화장치, 캐비닛형·가스·분말·고체에어로졸 자동소화장치가 있다.

1. 부속용도별로 추가하여야 할 소화기구 및 자동소화장치

부속용도별	암기법	소화기구의 능력단위
전산기기실·**통**신기기실·**발**전실·**변**전실·**송**전실·**배**전반실·**변**압기실	전통발 변송배변 50	해당 용도의 바닥면적 50 ㎡ 마다 적응성이 있는 **소화기 1개** 이상 또는 가스·분말·고체에어로졸·캐비닛형 자동소화장치

2. 발전실에는… 기본 소화기구 이외에, 추가로 소화기구를 설치하여야 한다.
   ① 발전실은… 바닥면적 50㎡ 마다 소화기 1개 추가
   ② 280㎡ 인 발전실은… $\dfrac{바닥면적}{기준면적} = \dfrac{280\,m^2}{50\,m^2} = 5.6$개 ∴ 6개의 소화기 추가 (반올림이 아니다. 5.1 이라도 6개를 추가하여야 한다)

숫자가 답인 문제 ★★★

77 상수도소화용수설비의 화재안전기준상 소화전은 소방대상물의 수평투영면의 각 부분으로부터 최대 몇 m 이하가 되도록 설치하는가?

① 75 ② 100 ③ 125 ④ **140**

- **상수도 소화용수설비** : 소방대가 화재진압시 사용하는 소방용수로서, 특정소방대상물의 지하에 지름 75mm 이상의 상수도용 배관이 매설된 경우… 그 배관에 지상식소화전, 지하식소화전, 급수탑을 연결하여 소방차에 소방용수를 공급받는 설비이다.
- **소화전** : 소화용수(소화설비용 물) 또는 소방용수(소방대 화재진압용 물)를 공급받기 위한 설비
- **호칭지름** : 일반적으로 표기하는 배관의 직경
- **수평투영면** : 건축물을 수평으로 투영하였을 경우의 면

화재진압용도의 소방차는 물탱크 내에 물을 저장하고 있으나, 그 물만으로는 부족하기 때문에… 건축물 지하에 매설된 상수도를 이용하여 물을 추가로 공급받아야 한다. 상수도를 이용해 수돗물을 공급받는 방식은… 지상소화전, 지하식소화전, 급수탑으로 구분된다.

상수도 소화용수설비 설치기준
1. 호칭지름 **75mm 이상의 수도배관**에 호칭지름 **100mm 이상의 소화전**을 접속할 것
2. 소화전은 소방자동차 등의 진입이 쉬운 도로변 또는 공지에 설치할 것
3. 소화전은 특정소방대상물의 **수평투영면의 각 부분으로부터 140m 이하**가 되도록 설치할 것

당기팁! 소화전배관(100mm)이 수도배관(75mm)보다 커야 물을 시원하게 받는다. ➡ 수도배관(75mm) 《 소화전배관(100mm)

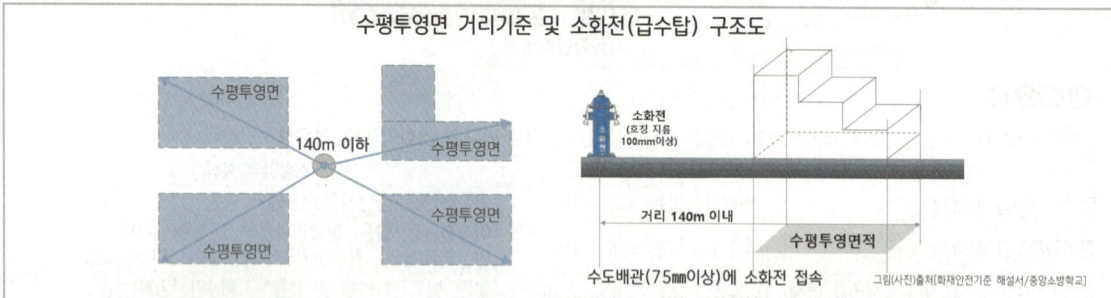

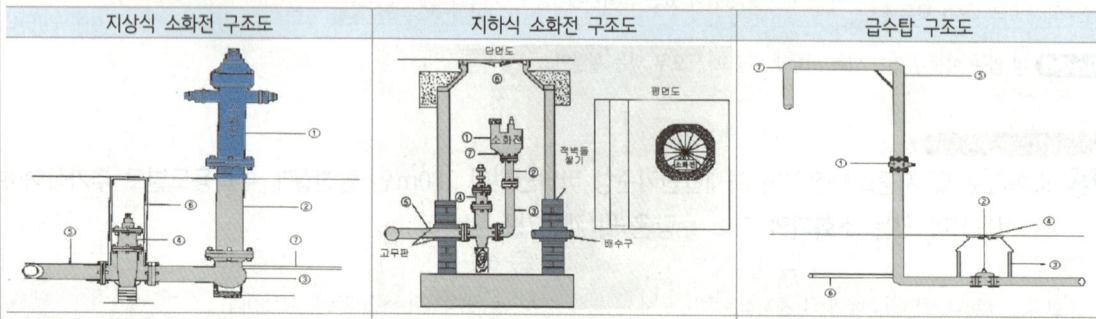

숫자가 답인 문제 ★

78 이산화탄소소화설비의 화재안전기준상 배관의 설치기준 중 다음 ( ) 안에 알맞은 것은?

> 고압식의 경우 개폐밸브 또는 선택밸브의 2차측 배관부속은 호칭 압력 2.0MPa 이상의 것을 사용하여야 하며, 1차측 배관부속은 호칭 압력 (㉠) MPa 이상의 것을 사용하여야 하고, 저압식의 경우에는 (㉡) MPa 의 압력에 견딜 수 있는 배관부속을 사용할 것

① ㉠ 3.0, ㉡ 2.0   ② ㉠ 4.0, ㉡ 2.0   ③ ㉠ 3.0, ㉡ 2.5   ④ ㉠ 4.0, ㉡ 2.5

- **이산화탄소 소화설비** : 탄산가스(CO_2)를 소화약제로 이용하여 화재를 진압하는 가스계 소화설비로서 CO_2는 화학적으로 안정된 불연성가스이고, 화재실에 CO_2약제를 방출하면 공기중의 산소농도를 떨어트려 소화하는 질식소화가 대표적인 소화효과이다. 약제 저장방식(저장온도)에 따라 고압식설비와 저압식설비(영하 18℃이하)로 구분된다.
- **고압식** : CO_2를 고압으로 액화시켜 68ℓ의 비교적 작은 용기에, 여러 병을 실온에 저장하는 방식으로... 밸브 개방시 고압이 해정되면서 기화되어 방사된다.
- **저압식** : -18℃ 이하에서 2.1MPa의 압력으로 CO_2를 액상으로 저장하는 방식으로... 언제나 -18℃를 유지해야 하므로 단열조치 및 자동냉동장치가 필요하며 약제용기는 대형저장탱크 1개를 사용한다.
- **선택밸브(또는 개폐밸브)** : 방호구역 및 방호대상물이 여러 곳인 소방대상물에서... 소화약제 저장용기는 모든 구역 및 대상물에 공용으로 사용하고, 선택밸브는 당해 방호구역 및 방호대상물마다 각각 설치하여... 소화약제 방사시 해당구역만 선택하여 개방해주는 밸브이다. (방호구역이 1개이면 선택할 구역이 없으므로 개폐밸브라고 칭한다)

1. 고압식 배관부속
   - 개폐밸브 또는 선택밸브의 **1차측** 배관부속 → 호칭압력 **4.0 MPa** 이상의 것을 사용
     [선택밸브 1차측은 용기에서 이산화탄소가 방출되기 시작하여 집합되는 곳이므로 선택밸브 2차측보다 압력이 높아서... 2배의 호칭압력으로 규정]
   - 개폐밸브 또는 선택밸브의 **2차측** 배관부속 → 호칭압력 **2.0 MPa** 이상의 것을 사용
2. 저압식 배관부속 → **2.0 MPa**의 압력에 견딜 수 있는 배관부속을 사용 [개폐밸브 또는 선택밸브의 1·2차측의 구분이 없음]

이산화탄소 소화설비 저장압력에 따른 분류

저압식 설비

고압식 설비

선택밸브의 설치 예

79 피난기구의 화재안전기준상 의료시설에 구조대를 설치해야 할 층이 아닌 것은?

① 2 　　　　② 3 　　　　③ 4 　　　　④ 5

- **피난기구** : 화재가 발생할 경우 피난하기 위하여 사용하는 기구 또는 설비로서... 구조대, 완강기(간이완강기), 공기안전매트, 피난사다리, 하향식 피난구용 내림식사다리, 승강식피난기, 다수인피난장비, 미끄럼대, 피난교, 피난용트랩, 피난밧줄이 있다.
- **구조대** : 포지 등을 사용하여 자루형태로 만든 것으로서 화재시 사용자가 그 내부에 들어가서 내려옴으로써 대피할 수 있는 것
  - **경사강하식 구조대** : 소방대상물에 비스듬하게 고정시키거나 설치하여 사용자가 미끄럼식으로 내려올 수 있는 구조대로서 단시간에 많은 인명을 구조할 수도록 설치된다.
  - **수직강하식 구조대** : 소방대상물 주위에 설치 공간이 부족할 때... 수직으로 구조대를 설치하여 타고 내려오는 것으로서, 경사강하식 구조대에 비해 적은 공간을 차지하지만, 어린이 및 노약자 등 체격이 왜소한 사람의 경우 속도감속이 덜하여 손상을 입을 수 있다.

소방대상물의 설치장소별 피난기구의 적응성

설치장소별 구분 / 층별	1층	2층	3층	4층 이상 10층 이하
2. 의료시설·근린생활시설 중 입원실이 있는 의원·접골원·조산원			미끄럼대 구조대 피난교 피난용트랩 다수인피난장비 승강식피난기	구조대 피난교 피난용트랩 다수인피난장비 승강식피난기

→ 의료시설이나 입원실이 있는 장소에서 구조대는 지상 3층 ~ 10층까지 설치할 수 있다.

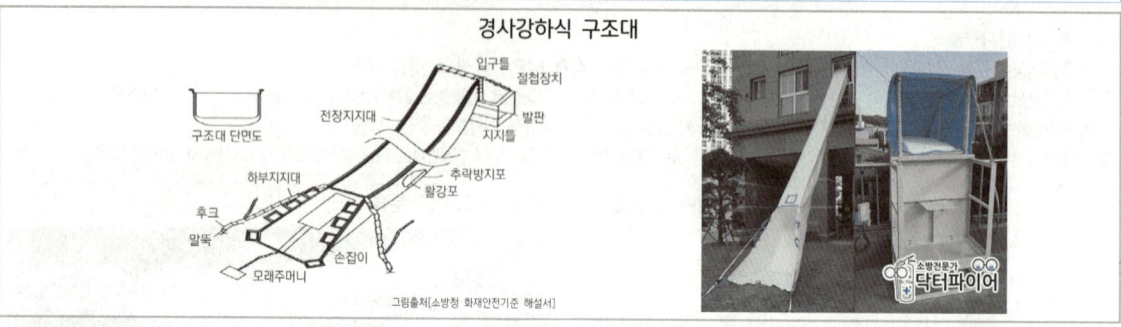

경사강하식 구조대

[그림출처: 소방청 화재안전기준 해설서]

함께공부

소방대상물의 설치장소별 피난기구의 적응성

설치장소별 구분 / 층별	1층	2층	3층	4층 이상 10층 이하
1. 노유자시설	미끄럼대 구조대 피난교 다수인피난장비 승강식피난기	미끄럼대 구조대 피난교 다수인피난장비 승강식피난기	미끄럼대 구조대 피난교 다수인피난장비 승강식피난기	구조대[1] 피난교 다수인피난장비 승강식피난기
2. 의료시설·근린생활시설 중 입원실이 있는 의원·접골원·조산원			미끄럼대 구조대 피난교 피난용트랩 다수인피난장비 승강식피난기	구조대 피난교 피난용트랩 다수인피난장비 승강식피난기
3. 「다중이용업소의 안전관리에 관한 특별법 시행령」 제2조에 따른 다중이용업소로서 영업장의 위치가 4층 이하인 다중이용업소		미끄럼대 피난사다리 구조대 완강기 다수인피난장비 승강식피난기	미끄럼대 피난사다리 구조대 완강기 다수인피난장비 승강식피난기	미끄럼대 피난사다리 구조대 완강기 다수인피난장비 승강식피난기
4. 그 밖의 것			미끄럼대 피난사다리 구조대 완강기 피난교 피난용트랩 간이완강기[2] 공기안전매트[3] 다수인피난장비 승강식피난기	피난사다리 구조대 완강기 피난교 간이완강기[2] 공기안전매트[3] 다수인피난장비 승강식피난기

※ 비고
1) 구조대의 적응성은 장애인 관련 시설로서 주된 사용자 중 스스로 피난이 불가한 자가 있는 경우 추가로 설치하는 경우에 한한다.
2) 간이완강기의 적응성은 숙박시설의 3층 이상에 있는 객실에 한한다.   3) 공기안전매트의 적응성은 공동주택에 추가로 설치하는 경우에 한한다.

80 인명구조기구의 화재안전기준상 특정소방대상물의 용도 및 장소별로 설치하여야 할 **인명구조기구** 종류의 기준 중 다음 ( ) 안에 알맞은 것은?

특정소방대상물	인명구조기구의 종류
물분무등소화설비 중 ( )를 설치하여야하는 특정 소방대상물	공기호흡기

① 분말소화설비
② 할론소화설비
③ **이산화탄소소화설비**
④ 할로겐화합물 및 불활성기체소화설비

피난구조설비(화재가 발생할 경우 피난하기 위하여 사용하는 기구 또는 설비)
1. 피난기구
2. 인명구조기구
   ① **방열복** : 고온의 복사열에 가까이 접근하여 소방활동이나 피난을 수행할 수 있는 **내열피복**
   ② **방화복**(안전모, 보호장갑 및 안전화 포함) : **화재진압** 등의 소방활동이나 피난을 수행할 수 있는 피복
   ③ **공기호흡기** : 소화활동시 또는 피난시에 화재로 인하여 발생하는 각종 유독가스 중에서 일정시간 사용할 수 있도록 제조된 압축공기식 **개인호흡장비**(보조마스크 포함)
   ④ **인공소생기** : 호흡 부전 상태인 사람에게 **인공호흡**을 시켜 환자를 보호하거나 구급하는 기구

특정소방대상물의 용도 및 장소별로 설치하여야 할 인명구조기구

특정소방대상물	인명구조기구의 종류	설치 수량
• 지하층을 포함하는 층수가 **7층 이상인 관광호텔** 및 **5층 이상인 병원**	• **방열복 또는 방화복** (헬멧, 보호장갑 및 안전화를 포함한다) • 공기호흡기 • 인공소생기	• **각 2개 이상** 비치할 것. 다만, 병원의 경우에는 인공소생기를 설치하지 않을 수 있다.
• 문화 및 집회시설 중 수용인원 100명 이상의 영화상영관 • **판매시설 중 대규모 점포** • 운수시설 중 지하역사 • **지하가 중 지하상가**	• 공기호흡기	• **층마다 2개 이상** 비치할 것. 다만, 각 층마다 갖추어 두어야 할 공기호흡기 중 일부를 직원이 상주하는 인근 사무실에 갖추어 둘 수 있다.
• 물분무등소화설비 중 **이산화탄소소화설비**를 설치하여야 하는 특정소방대상물	• 공기호흡기	• 이산화탄소소화설비가 설치된 장소의 **출입구 외부 인근에 1대 이상** 비치할 것

이산화탄소 소화설비는 산소농도를 떨어뜨려 질식에 의한 소화가 이루어지므로… 공기가 부족해서 공기호흡기가 필요하다.

방열복	방화복	공기호흡기	인공소생기(인공호흡기)
방열복은 내열성이 강한 섬유표면에 알루미늄으로 특수코팅 처리한 겉감과 내열섬유가 여러 겹으로 되어 있어 열을 반사 차단하여 준다.	방화복은 방열복에 비해 내열성 등은 떨어지지만 가볍고 활동성이 좋으므로 일반적인 화재현장에서 주된 활동복으로 사용되고 있다.	공기호흡기는 건물 내 진입이든 건물 밖에서의 활동이든 화재 또는 유독물질이 존재하는 곳에서는 항상 호흡기를 착용해야 한다.	호흡곤란 환자에게 자동 및 수동으로 적정량의 산소를 안전하고 효과적으로 공급하여 위급한 환자의 생명을 소생시키는 의료기기다.

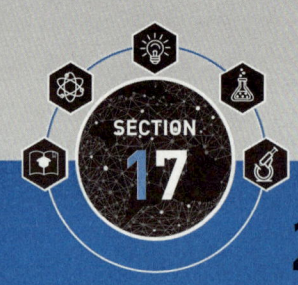

2021년 제2회 답이색 해설편

A nswer 1과목 소방원론

이해하면서 공부 할 문제 ★

01 내화건축물과 비교한 목조건축물 화재의 일반적인 특징을 옳게 나타낸 것은?

① 고온, 단시간형   ② 저온, 단시간형   ③ 고온, 장시간형   ④ 저온, 장시간형

목조건축물 화재 - 고온 단기형(단시간형)
목조건축물은 골조가 목조로 되어 있어 타기 쉽고 개구부도 많아져, 화재가 발생하면 공기 유통이 좋아서 격렬히 연소하여 통상적으로 출화 후 4~14분 정도면 최성기에 도달하며, 최성기에서 연소낙하까지 6~19분 정도가 소요된다.

함께공부

내화건축물 화재 - 저온 장기형(장시간형)
내화구조 건축물은 철근 콘크리트조, 연와조 기타 이와 유사한 구조로서, 화재 시 쉽게 연소가 되지 않음은 물론 화재에 대하여 상당 시간동안 구조상 내력(구조가 견디는 능력)을 감소시키지 않는다. 또한 방화구획 내에서 진화되어 인접부분에 화기의 전달을 차단할 수 있으며, 내장재가 전소하더라도 수리하여 재사용이 가능한 구조를 말한다.

계산하면서 공부 할 문제 ★

02 다음 중 증기 비중이 가장 큰 것은?

① Halon 1301   ② Halon 2402   ③ Halon 1211   ④ Halon 104
  149(5.13)   260(8.96)   165.5(5.71)   154(5.31)

할론(Halon) 소화약제

종류	분자식	상온,상압	원자량	분자량 계산	증기비중 계산
할론 1301	CF_3Br	기체	(C×1개) + (F×3개) + (Br×1개)	12 + (19×3) + 80 = **149**	149/29 = 5.13
할론 1211	CF_2ClBr	기체	(C×1개) + (F×2개) + (Cl×1개) + (Br×1개)	12 + (19×2) + 35.5 + 80 = **165.5**	165.5/29 = 5.71
할론 2402	$C_2F_4Br_2$	액체	(C×2개) + (F×4개) + (Br×2개)	(12×2) + (19×4) + (80×2) = **260**	260/29 = **8.96**
할론 1011	CH_2ClBr	액체	(C×1개) + (H×2개) + (Cl×1개) + (Br×1개)	12 + (1×2) + 35.5 + 80 = **129.5**	129.5/29 = 4.46
할론 104	CCl_4	액체	(C×1개) + (Cl×4개)	12 + (35.5×4) = **154**	154/29 = 5.31

• NTP(자연상태): 20℃, 1기압(atm) 상태 [상온, 상압 상태] - 국내기준

암기팁! 탄 불 염 브

함께공부

할론명명법 - 아래 그림과 같은 순서와 원자수로 기재된다.

※ 화합물 내부에 존재하지 않는 원소는 숫자 '0'으로 표기(맨끝은 표기하지 않아도 된다)하고 명명하지 않는다.

함께공부

※ 주요 원소의 원자량

원소명	수소	탄소	질소	산소	불소	나트륨	마그네슘	알루미늄	인	황	염소	아르곤	브롬
기호	H	C	N	O	F	Na	Mg	Al	P	S	Cl	Ar	Br
원자량	1	12	14	16	19	23	24	27	31	32	35.5	40	80

이해하면서 공부 할 문제

03 화재발생 시 피난기구로 직접 활용할 수 없는 것은?

① 완강기 ② **무선통신보조설비** ③ 피난사다리 ④ 구조대

무선통신보조설비는 화재를 진압하거나 인명구조활동을 위하여 사용하는 **소화활동설비**로서, 지상과 지하의 동시 소화활동시 소방대원 상호간의 무선통신을 원활하게 하기 위한 **통신설비**에 해당한다.

함께공부

피난구조설비 : 화재가 발생할 경우 피난하기 위하여 사용하는 기구 또는 설비
- **완강기** – 피난기구에 해당하며, 사용자의 몸무게에 따라 자동적으로 내려올 수 있는 기구 중 사용자가 교대하여 연속적으로 사용할 수 있는 것을 말한다.
- **피난사다리** – 피난기구에 해당하며, 화재시 긴급대피에 사용하는 사다리로서 고정식(항시 사용가능한 상태로 고정)·올림식(소방대상물 등에 기대어 세워서 사용) 및 내림식(평상시 접어둔 상태로 두었다가, 사용하는 때 소방대상물 등에 걸어 내려서 사용) 사다리를 말한다.
- **구조대** – 피난기구에 해당하며, 포지 등을 사용하여 자루형태로 만든 것으로서 화재시 사용자가 그 내부에 들어가서 내려옴으로써 대피할 수 있는 것을 말한다.

이해하면서 공부 할 문제 ★

04 정전기에 의한 발화과정으로 옳은 것은?

① 방전 → 전하의 축적 → 전하의 발생 → 발화
② **전하의 발생 → 전하의 축적 → 방전 → 발화**
③ 전하의 발생 → 방전 → 전하의 축적 → 발화
④ 전하의 축적 → 방전 → 전하의 발생 → 발화

전하가 이동하는 상태가 아닌, 정지하고 있는 상태. 즉, 전하의 분포가 시간적으로 변화하지 않고 **정지되어 있는 전기**를 정전기라 한다. 정전기에 의한 발화과정은… "전하의 **발생** → 전하의 **축적** → **방전** → **발화**"에 따른다.

※ **전하** : 모든 전기현상을 일으키는 실체이며, 전하가 이동하는 것을 전류라 한다. 정전기의 발생이나 전류의 흐름뿐 만 아니라, 모든 전기현상은 전하에 의해 일어난다. 전기(電氣)와 같은 개념으로 사용하기도 한다.
※ **방전** : 대전체로부터 전기가 방출되는 현상

이해하면서 공부 할 문제 ★★★

05 물리적 소화방법이 아닌 것은?

① 산소공급원 차단 ② **연쇄반응 차단** ③ 온도 냉각 ④ 가연물 제거

화학적 소화의 방법(=억제소화, 부촉매소화)
- **활성라디칼**(자유활성기, Free radical)을 흡수하여 연소의 4요소인 순조로운 **연쇄반응을 억제**하여 소화하는 방법으로 정촉매의 반대인 부촉매소화라고도 한다.
- 할론계 소화약제, 분말소화약제 등을 이용하여 소화한다.

함께공부

물리적 소화의 방법 : 연소의 3요소인 가연성가스(가연물), 산소, 열(점화원)의 양적 변화를 통해 연소를 중단시켜 소화하는 방법
- **냉각소화** : 연소 중인 가연물의 온도를 떨어뜨려 연소반응을 정지시키는 소화의 방법
- **질식소화** : 가연물이 연소할 때 공기 중의 산소농도(일반적으로 21%)를 떨어뜨려 (보통 15%이하) 연소를 중단시키는 소화 방법
- **제거소화** : 가연물을 제거하여 소화하는 방법
- **희석소화** : 가연성의 기체, 액체, 고체에서 발생되는 가연성증기(분해가스)의 농도를 희석시켜 (농도를 엷게 하여) 연소하한계 이하로 유지시키는 방법(강풍에 의한 희석소화)

06 탄화칼슘이 물과 반응할 때 발생되는 기체는? ★★

① 일산화탄소 ② 아세틸렌 ③ 황화수소 ④ 수소

제3류 위험물 칼슘또는알루미늄의탄화물인 **탄화칼슘(카바이드)**이 물과 반응해 수산화칼슘과 가연성 가스인 아세틸렌을 발생시킨다.
CaC_2(탄화칼슘) + $2H_2O$(물) → $Ca(OH)_2$(수산화 칼슘) + C_2H_2↑(아세틸렌 발생)

함께 공부

① 완전 연소시에는 불연성가스인 CO_2(이산화탄소)가 생성되지만, 산소가 부족한 상황에서는 불완전 연소가 되어 독성가스이자 가연성 가스인 CO(일산화탄소)가 생성된다.
③ 이황화탄소(CS_2) : 연소범위 하한값이 가장 낮고, 위험도가 가장 높다.
 • 연소시 이산화탄소와 유독한 **아황산가스(이산화황)**를 발생시킨다. ➡ $CS_2 + 3O_2 → CO_2 + 2SO_2↑$
 • 고온의 물(150 ℃)과 반응하여 **황화수소**를 발생시킨다. ➡ $CS_2 + 2H_2O → CO_2 + 2H_2S↑$
④ 수소(H_2)는 연소시 발생하는 가연성 가스이다.

07 분말소화약제 중 A급, B급, C급 화재에 모두 사용할 수 있는 것은? ★★★

① 제1종 분말 ② 제2종 분말 ③ **제3종 분말** ④ 제4종 분말

분말 소화약제의 종류 및 성상

종별	주성분	색상	적응화재
제1종	탄산수소나트륨 ($NaHCO_3$)	백색	B, C
제2종	탄산수소칼륨 ($KHCO_3$)	담자색, 담회색	B, C
제3종	제1인산암모늄 = 인산염 ($NH_4H_2PO_4$)	담홍색, 황색	A, B, C
제4종	탄산수소칼륨 + 요소 ($KHCO_3+(NH_2)_2CO$)	회색	B, C

암기팁! 나의 칼은 인간의 칼이다~ ➡ 나 칼 인 칼

08 조연성 가스에 해당하는 것은? ★★

① 수소 ② 일산화탄소 ③ **산소** ④ 에탄
　가연성가스　　가연성가스　　　　　　　　가연성가스

조연성가스(지연성가스)
자신은 연소하지 않고 연소를 돕는 성질의 가스(일종의 산소공급원)로서 **산소(O)를 함유**하고 있는 산소(O_2), 공기(O_2함유), 오존(O_3) 가스와 할로겐족 원소 중 전기음성도가 큰(산화력이 큰) **불소(F), 염소(Cl)** 가스도 조연성가스로 분류된다.
할로겐족 원소 중 불소(F), 염소(Cl) 가스는 전기음성도가 커서 산소가 수소와 반응하는 연쇄반응을 억제하여, 오히려 화염 주변에 산소를 남겨주게 되어 할로겐족원소 중 불소(F), 염소(Cl)도 조연성가스로 불리운다.

함께 공부

• **전기음성도** : 화학적 반응에서 분자내의 원자가 전자를 끌어 당기는 능력[산소(O)는 전기음성도가 강하다]
 F(불소) > O(산소) > N(질소) > Cl(염소) > Br(브롬) > C(탄소) > S(황) > I(요오드) > H(수소) > …
• 완전 연소시에는 불연성가스인 CO_2(이산화탄소)가 생성되지만, 산소가 부족한 상황에서는 불완전 연소가 되어 독성가스이자 가연성 가스인 CO(일산화탄소)가 생성된다.
• 수소(H_2)는 연소시 발생하는 가연성 가스이고, 에탄(C_2H_6)·부탄(C_4H_{10})가스는 자체가 가연성가스(연소하는 가스)이다.

09 분자내부에 니트로기를 갖고 있는 TNT, 니트로셀룰로오스 등과 같은 제5류 위험물의 연소 형태는? ★★

① 분해연소 ② **자기연소** ③ 증발연소 ④ 표면연소

트리 니트로 톨루엔(TNT), 니트로 셀룰로오스(질화면, NC) 등 제5류 위험물(**자기반응성 물질**)은 가연물질 **내에 산소를 함유**하고 있어 **스스로 반응하는 물질**로서 자기연소의 형태에 해당한다.

함께공부

고체의 연소
- 표면연소 : 코크스, 금속분, 목탄, 숯 등 공기와 접촉하는 고체표면에서 연소가 일어나는 것
- 분해연소 : 종이, 석탄, 목재, 플라스틱, 섬유, 고무 등 열분해하여 발생한 가연성기체가 공기중에서 연소하는 것
- 증발연소 : 나프탈렌, 황, 파라핀, 왁스, 양초 등 증발에 의해 생긴 증기가 공기중에서 연소하는 것
- 자기연소 : 니트로화합물, 셀룰로이드, TNT 등 물질 내부에 산소공급원을 가진 물질이 연소하는 것

암기하면서 공부 할 문제 ★★★

10 가연물질의 종류에 따라 화재를 분류하였을 때 섬유류 화재가 속하는 것은?

① **A급 화재** ② B급 화재 ③ C급 화재 ④ D급 화재

목재(나무), 종이, 섬유류, 플라스틱(PVC, 폴리염화비닐), 고무, 석탄 등 일반가연물에 대한 화재는 일반화재로서 A급화재 이다.

암기탑! 화재의 종류와 표시색상 : 일 유 전 금 가 주 　 백 황 청 무 황 -

함께공부

화재의 분류

종류	표시	표시색상	일반적 소화방법
일반화재	A급	**백**색	냉각소화
유류화재	B급	**황**색	질식소화
전기화재	C급	**청**색	질식소화
금속화재	D급	**무**색	피복소화
가스화재	E급	**황**색	질식소화
주방화재	K급	-	질식+냉각소화

이해하면서 공부 할 문제

11 위험물안전관리법령상 제6류 위험물을 수납하는 운반용기의 외부에 주의사항을 표시하여야 할 경우, 어떤 내용을 표시하여야 하는가?

① 물기엄금 ② 화기엄금 ③ 화기주의 · 충격주의 ④ **가연물 접촉주의**

제6류 위험물 ⇨ 산화성 액체 [가연물을 산화시키는 액체]
산소를 함유하고 있어 **가연물과 접촉시 산소공급원**의 기능을 하는 액체로서 **질산, 과산화수소, 과염소산, 할로겐화합물** 등이 해당된다. 따라서 "가연물 접촉주의" 표지를 하여야 한다.

암기탑! 제6류 위험물의 종류 ➡ 질 과 염 할

함께공부

수납하는 위험물에 따라 운반용기 외부에 주의사항 표시

위험물	품명	주의사항 표시
제1류 위험물	알칼리금속의 과산화물 또는 이를 함유한 것	화기·충격주의, 물기엄금 및 가연물접촉주의
	그 밖의 것	화기·충격주의 및 가연물접촉주의
제2류 위험물	철분 · 금속분 · 마그네슘 또는 이들 중 어느 하나 이상을 함유한 것	화기주의 및 물기엄금
	인화성고체	화기엄금
	그 밖의 것	화기주의
제3류 위험물	자연발화성물질	화기엄금 및 공기접촉엄금
	금수성물질	물기엄금
제4류 위험물	화기엄금	
제5류 위험물	화기엄금 및 충격주의	
제6류 위험물	가연물 접촉주의	

> 암기하면서 공부 할 문제

12 다음 연소 생성물 중 인체에 독성이 가장 높은 것은?

① 이산화탄소 ② 일산화탄소 ③ 수증기 ④ **포스겐**
　5000 ppm　　　50 ppm　　　　　　　　　　0.1 ppm

연소시 발생하는 유해가스의 위험성 평가방법 중 하나인 **TLV(허용한계농도)**가 **가장 높은 가스**(가장 안전한 가스)는 **이산화탄소(CO_2)** 이며, 허용농도는 5000 [ppm] 정도이다.
반면, **포스겐($COCl_2$)**과 아크롤레인(Acrolein, CH_2CHCHO)이 **가장 낮은 값**(가장 위험한 가스)을 가지며 그 허용농도는 0.1[ppm] 이며, 10[ppm] 이상의 농도를 흡입하면 즉시 사망한다.
※ ppm은 농도의 단위로 사용되며, 영어의 'Part Per Million(파츠 퍼 밀리언)'의 앞 글자를 따서 만든 **100만분의 1**이란 뜻이다. 즉 1ppm은 1/1,000,000로 표현되며, 공기 1,000,000L 중 농도를 표시하는 것이다.

> 이해하면서 공부 할 문제 ★

13 알킬알루미늄 화재에 적합한 소화약제는?

① 물　　② 이산화탄소　　③ **팽창질석**　　④ 할로겐화합물

- 제3류 위험물인 **알킬알루미늄**은 액체금속이므로 **벤젠(C_6H_6), 헥산, 톨루엔** 등의 희석제를 넣어서, 용기는 완전 밀봉하고 용기 상부는 불연성 가스(질소, 아르곤, 이산화탄소 등)로 봉입한 후, 통풍이 잘 되는 건조한 냉암소에 저장한다.
- 알킬알루미늄 등 제3류 위험물인 무기물(금속)화재시 가연물을 **마른모래(건조사), 팽창질석, 팽창진주암**(가열해 부풀려 가볍게 만든 돌가루)으로 덮으면 산소가 차단되어 **질식소화** 된다.

> 함께 공부

제3류 위험물 ⇨ 자연발화성 및 금수성 물질 [황린제외 모두 금속]
황린(P_4)이 대표적인 자연발화성물질이고, 나머지는 모두 물에 급격히 반응하여 열을 발생하는 금속(금수성)으로서 칼륨, 나트륨, 리튬, 알루미늄 등이 해당된다.

위험물	특징	암기법	종류[대분류]
제3류	자연발화성 및 금수성 물질	칼나알알 황린 알칼유 금금칼슘탄	**칼륨, 나트륨, 알킬리튬, 알킬알루미늄** / **황린**(유일하게 금속 아님. 나머지는 모두금속) / **알칼리금속, 알칼토금속, 유기금속 화합물** / **금속**의 인화물, **금속**의 수소화물, **칼슘** 또는 알루미늄의 **탄**화물

> 계산하면서 공부 할 문제

14 프로판 50 vol%, 부탄 40 vol%, 프로필렌 10 vol%로 된 혼합가스의 폭발하한계는 약 몇 vol% 인가? (단, 각 가스의 폭발하한계는 프로판은 2.2 vol%, 부탄은 1.9 vol%, 프로필렌은 2.4 vol%이다.)

① 0.83　　② **2.09**　　③ 5.05　　④ 9.44

혼합가스 연소(폭발)범위(한계) 계산
르샤트리에(Le Chatelier)의 공식 : 2가지 이상의 가연성가스가 혼합되어 있을 때, 그 혼합가스의 연소(폭발)범위(한계)를 구하는데 이용되는 공식

$$\frac{100}{L} = \frac{V_1}{L_1} + \frac{V_2}{L_2} + \frac{V_3}{L_3} + \cdots$$

- L : 혼합가스의 연소(폭발) 하한값 또는 상한값(%)
- V_1, V_2, V_3 : 성분기체 각각의 **부피(%)**
- L_1, L_2, L_3 : 성분기체 각각의 연소(폭발) 하한값 또는 상한값(%)

$$\frac{100\%}{L(혼합가스\ 폭발하한계)} = \frac{프로판\ 50\%}{2.2\%} + \frac{부탄\ 40\%}{1.9\%} + \frac{프로필렌\ 10\%}{2.4\%} \rightarrow \frac{100}{L} = 47.95 \rightarrow L = \frac{100}{47.95} ≒ 2.09\%$$

암기하면서 공부 할 문제

15 위험물안전관리법령상 위험물에 대한 설명으로 옳은 것은?

① 과염소산은 위험물이 아니다.
　　　　제6류 위험물이다
② 황린은 제2류 위험물이다.
　　　　　제3류
③ 황화린의 지정수량은 100kg이다.
④ 산화성고체는 제6류 위험물의 성질이다.
　　산화성 액체

제2류 위험물 ⇨ 가연성 고체[일반 환원성 가연물] 일반적으로 불에 타는 가연성고체 물질 등이 해당된다.

위험물	특징	암기법	종류[대분류]		
제2류	가연성 고체	유황적 철마금 인	유황(황)[S], 황화린(인), 적린(인)[P] / 철분, 마그네슘, 금속분류 / 인화성고체		
지정수량		유황적백 오백철마금 인천	위험등급Ⅱ 지정수량 100kg / 위험등급Ⅲ 지정수량 500kg / Ⅲ 지정수량 1000kg		

※ **지정수량** : 위험물의 종류별로 위험성을 고려하여 대통령령이 정하는 수량으로서 제조소등의 설치허가 등에 있어서 최저의 기준이 되는 수량(지정수량의 단위로 kg을 사용하고, 4류만 L를 사용)

함 께 공 부

위험물
- 인화성(점화원에 의해 불이 붙는) 또는 발화성(스스로 불이 붙는) 등의 성질을 가지는 것으로서 대통령령으로 정하는 물품
- 위험물은 물리적·화학적 성질에 따라 제1류 ~ 제6류 위험물로 구분한다.

① **제1류 위험물** ⇨ **산화성 고체** [가연물을 산화시키는 고체]
산소를 함유하고 있어 가연물과 접촉시 산소공급원의 기능을 하는 고체로서 ~~염류, 무기과산화물 등이 해당된다.

② **제2류 위험물** ⇨ **가연성 고체** [일반 환원성 가연물]
일반적으로 불에 타는 가연성고체 물질로서 황, 인, 금속분류 등이 해당된다.

③ **제3류 위험물** ⇨ **자연발화성 및 금수성 물질** [황린제외 모두 금속]
황린(P_4)이 대표적인 자연발화성물질이고, 나머지는 모두 물에 급격히 반응하여 열을 발생하는 금속(금수성)으로서 칼륨, 나트륨, 리튬, 알루미늄 등이 해당된다.

④ **제4류 위험물** ⇨ **인화성 액체** [유류 등]
인화의 위험성이 높은 기름 등으로서 특수인화물, 제1석유류~제4석유류, 알코올류, 동식물유류 등으로 구분하며, 1석유류~3석유류는 물에녹는 수용성액체와 녹지않는 비수용성 액체로 구분된다.

⑤ **제5류 위험물** ⇨ **자기반응성 물질** [폭발성 물질]
가연물질내에 산소를 함유하고 있어 스스로 폭발적으로 반응하는 물질로서, 질산에스테르류, 유기과산화물, 니트로화합물 등 폭발성 물질이 해당된다.

⑥ **제6류 위험물** ⇨ **산화성 액체** [가연물을 산화시키는 액체]
산소를 함유하고 있어 가연물과 접촉시 산소공급원의 기능을 하는 액체로서 질산, 과산화수소, **과염소산** 등이 해당된다.

이해하면서 공부 할 문제

16 이산화탄소 소화기의 일반적인 성질에서 단점이 아닌 것은?

① 밀폐된 공간에서 사용 시 질식의 위험성이 있다.
② 인체에 직접 방출 시 동상의 위험성이 있다.
③ 소화약제의 방사 시 소음이 크다.
④ **전기가 잘 통하기 때문에 전기설비에 사용할 수 없다.**

이산화탄소 소화약제가 전기를 잘 전달하는 물질인 전기 도체라면, 감전의 우려로 전기화재에 사용할 수 없다. 하지만, 이산화탄소 소화약제는 전기가 잘 통하지 않는 **전기 부도체**이므로 전기설비 화재에 적합한 소화약제이며, 이는 장점에 해당한다.

함 께 공 부

① CO_2 1kg(15℃조건) 방사시 534L 만큼 체적이 팽창하므로, 좁은 공간에서 방사시 방사자의 질식이 우려된다.
② CO_2 방사시 줄-톰슨 효과(관경이 작은 관을 빠른 속도로 통과할 때 온도가 급강하는 현상)에 의해 -78℃의 고체탄산(드라이아이스)이 방출되므로 동상을 조심해야 한다.
③ CO_2 방사시 자체 증기압이 높아 다른 방사압력원이 필요 없으며, 방사시 소음이 매우 심하다.

이해하면서 공부 할 문제

17 열전도도(thermal conductivity)를 표시하는 단위에 해당하는 것은?

① J/㎡·h ② kcal/h·℃² ③ W/m·K ④ J·K/㎡

열전도란 온도가 높은 영역으로부터 낮은 영역으로 에너지가 이송되는 열흐름 메커니즘을 말하며, Fourier(푸리에)의 전도법칙에 따르면 이동열량(=전도열량=열유동율)[°q][단위 시간당 발생되는 열량(W=J/s)]은…

$$°q[W] = kA\frac{T_1 - T_2}{L} = k(열전도도) \times A(단면적, 수열면적)\frac{\Delta T(온도차)}{L(두께)}$$

- 전열체의 단면적(수열면적)[A(㎡)]이 크거나, 열전도도[k(W/m·K)]가 높거나, 내·외부의 온도차[ΔT(K)]가 큰 것 등에 비례하여 이동열량[°q]은 증가한다.
- 하지만 흐름길이가 두꺼우면, 다시말해 전열체의 두께[L(m)]가 두꺼우면 이동열량[°q]이 감소한다.[반비례 한다]

암기하면서 공부 할 문제 ★★★

18 제3종 분말소화약제의 주성분은?

① 인산암모늄 ② 탄산수소칼륨 (제2종 분말) ③ 탄산수소나트륨 (제1종 분말) ④ 탄산수소칼륨과 요소 (제4종 분말)

분말 소화약제의 종류 및 성상

종별	주성분	색상	적응화재
제1종	탄산수소나트륨 ($NaHCO_3$)	백색	B, C
제2종	탄산수소칼륨 ($KHCO_3$)	담자색, 담회색	B, C
제3종	제1인산암모늄 = 인산염 ($NH_4H_2PO_4$)	담홍색, 황색	A, B, C
제4종	탄산수소칼륨 + 요소 ($KHCO_3+(NH_2)_2CO$)	회색	B, C

나의 칼은 인간의 칼이다~ ➡ 나 칼 인 칼

계산하면서 공부 할 문제

19 IG-541이 15℃에서 내용적 50리터 압력용기에 155kgf/㎠으로 충전되어 있다. 온도가 30℃가 되었다면 IG-541 압력은 약 몇 kgf/㎠가 되겠는가? (단, 용기의 팽창은 없다고 가정한다.)

① 78 ② 155 ③ 163 ④ 310

온도(15℃ → 30℃), 압력(155kgf/㎠ → χ kgf/㎠), 체적(내용적 50리터→용기의 팽창은 없다고 가정)의 조건들이 등장하는 문제는 보일-샤를의 법칙을 통해 답을 구할 수 있다.

$$\frac{P(절대압력) \cdot V(체적)}{T(절대온도)} = 일정 \rightarrow \frac{P_1 V_1}{T_1} = \frac{P_2 V_2}{T_2} \rightarrow P_2 = \frac{T_2 V_1}{T_1 V_2} P_1$$

기체의 절대압력은… 절대온도가 상승하면 증가하고, 용기의 체적이 커지면 감소한다.

- 절대온도(T_1) 중 켈빈온도(K) = 15℃ + 273 = 288K
- 절대온도(T_2) 중 켈빈온도(K) = 30℃ + 273 = 303K
- 체적 : 용기의 팽창은 없다고 가정하였으므로 $V_1 = V_2$ 가 성립되어 모두 소거된다.
- 절대압력(P_1) = 155[kgf/㎠](P_1의 단위와 P_2의 단위가 동일하므로 신경쓰지 않아도 된다)
- 절대압력(P_2) = χ [kgf/㎠](P_1의 단위와 P_2의 단위가 동일하므로 신경쓰지 않아도 된다)

$$\therefore P_2 = \frac{T_2}{T_1} P_1 = \frac{303}{288} \times 155 = 163.07 ≒ 163\,kgf/㎠$$

함께공부

"IG-541"은 할로겐화합물 및 불활성기체소화설비에서 사용하는, **불연성·불활성기체혼합가스 소화약제**로서, 질식으로 인해 소화하는 물리적 소화효과를 갖으며, 그 성분비는 N_2(질소):52%, Ar(아르곤):40%, CO_2(이산화탄소):8% 이다.

함께공부

보일-샤를의 법칙
기체의 체적은 절대온도에 비례하고, 절대압력에 반비례한다. 즉, 기체의 체적은 온도가 상승하면 증가하고, 압력이 커지면 감소한다.

$$\frac{PV}{T} = 일정 \qquad \frac{P_1 V_1}{T_1} = \frac{P_2 V_2}{T_2} \qquad \therefore V_2 = \frac{T_2 \cdot P_1}{T_1 \cdot P_2} V_1$$

암기하면서 공부 할 문제
20 소화약제 중 HFC-125의 화학식으로 옳은 것은?

① CHF_2CF_3 ② CHF_3 ③ CF_3CHFCF_3 ④ CF_3I

HFC-125(펜타 플루오로 에탄)의 화학식 = CHF_2CF_3

함께공부
할로겐화합물 및 불활성기체 소화약제종류

소화약제	화학식
퍼플루오로부탄(이하 "FC-3-1-10"이라 한다)	C_4F_{10}
하이드로 클로로 플루오로 카본 혼화제 (이하 "HCFC BLEND A"라 한다)	HCFC-123 ($CHCl_2CF_3$) : 4.75% HCFC-22($CHClF_2$) : 82% HCFC-124 ($CHClFCF_3$) : 9.5% $C_{10}H_{16}$: 3.75%
클로로테트라플루오르에탄(이하 "HCFC-124"라 한다)	$CHClFCF_3$
펜타플루오로에탄(이하 "HFC-125"라 한다)	CHF_2CF_3
헵타플루오로프로판(이하 "HFC-227ea"라 한다)	CF_3CHFCF_3
트리플루오로메탄(이하 "HFC-23"라 한다)	CHF_3
헥사플루오로프로판(이하 "HFC-236fa"라 한다)	$CF_3CH_2CF_3$
트리플루오로이오다이드(이하 "FIC-13I1"라 한다)	CF_3I
불연성·불활성기체혼합가스(이하 "IG-01"이라 한다)	Ar(아르곤)
불연성·불활성기체혼합가스(이하 "IG-100"이라 한다)	N_2(질소)
불연성·불활성기체혼합가스(이하 "IG-541"이라 한다)	N_2(질소) : 52%, Ar(아르곤) : 40%, CO_2(이산화탄소) : 8%
불연성·불활성기체혼합가스(이하 "IG-55"이라 한다)	N_2(질소) : 50%, Ar(아르곤) : 50%
도데카플루오로-2-메틸펜탄-3-원(이하 "FK-5-1-12"이라 한다)	$CF_3CF_2C(O)CF(CF_3)_2$

2과목 소방유체역학

✔ 이것이 혁신이다! 기출문제 + 답이색해설

전반적으로 쉬운 계산형 ★★
21 직경 20㎝의 소화용 호스에 물이 392 N/s 흐른다. 이때의 평균유속(m/s)은?

① 2.96   ② 4.34   ③ 3.68   ④ 1.27

문제 조건에서 물이 초당(sec) 392N[중량]으로 흐른다고 하였으므로, **연속방정식 중 중량유량(W)**의 식을 적용한다.

W(중량유량, N/sec) = A(배관의 단면적, m^2) × V(유속, m/sec) × γ(비중량, N/m^3)   *$A = \dfrac{\pi \cdot D^2}{4}$ D=직경(지름)

$$V = \dfrac{W}{\dfrac{\pi D^2}{4} \times \gamma} = \dfrac{392 N/s}{\dfrac{\pi \times (0.2m)^2}{4} \times 9800 N/m^3} = 1.27 m/s$$

- 직경(지름, D) = 20cm = 0.2m   *1000mm = 100cm = 1m
- 물 비중량(γ) = $1000 kgf/m^3$ = $9800 N/m^3$ = $9.8 kN/m^3$ *$1kgf = 9.8N$ *$1000N = 1kN$

포기해도 되는 계산형 — 포기해도 합격에 전혀 지장없는 문제

22 수은이 채워진 U자관에 수은보다 비중이 작은 어떤 액체를 넣었다. 액체기둥의 높이가 10cm, 수은과 액체의 자유 표면의 높이 차이가 6cm일 때 이 액체의 비중은? (단, 수은의 비중은 13.6이다.)

① 5.44   ② 8.16   ③ 9.63   ④ 10.88

본 문제는 이해과정이 복잡한 계산문제로서... 소방설비기사 실기시험에서 등장하지 않는 개념과 문제이므로, 공부하지 않고 **포기하는 것이 더 현명**합니다. 따라서 지면과 노력낭비를 방지하기 위하여 해설이 없습니다.

함께공부

$P_1 = P_2$ [어떤 액체하단 지점(P_1)과... 수평선을 그은 지점(P_2)의 압력(P)은 동일하다는 전제로 식을 세운다]

S(어떤 액체 비중)$\times 9800\,N/m^3$(물비중량)$\times 0.1\,m = 13.6$(수은비중)$\times 9800\,N/m^3$(물비중량)$\times 0.04\,m$(높이차)

∴ S(어떤 액체 비중) $= 5.44$

전반적으로 쉬운 계산형 ★★

23 수압기에서 피스톤의 반지름이 각각 20cm와 10cm이다. 작은 피스톤에 19.6N의 힘을 가하는 경우 평형을 이루기 위해 큰 피스톤에는 몇 N의 하중을 가하여야 하는가?

① 4.9   ② 9.8   ③ 68.4   ④ 78.4

파스칼의 원리에 의해, 두 피스톤이 평형을 이루는 경우 압력(P)은 동일하므로...

$P_1 = P_2$ $*P = \dfrac{F(힘)}{A(면적)}$ → $\dfrac{F_1}{A_1} = \dfrac{F_2}{A_2}$ $\dfrac{F_1}{\frac{\pi D_1^2}{4}} = \dfrac{F_2}{\frac{\pi D_2^2}{4}}$ $\dfrac{F_1}{D_1^2} = \dfrac{F_2}{D_2^2}$ $*A = \dfrac{\pi \cdot D^2}{4}$ D=직경(지름)

→ $\dfrac{F_1}{40^2} = \dfrac{19.6N}{20^2}$ *반지름×2=지름(D) ∴ $F_1 = \dfrac{19.6N \times 40^2}{20^2} = 78.4N$

함께공부

파스칼의 원리
밀폐된 용기 속에 유체에 가한 압력은 유체내의 모든 부분에 같은 크기로 전달된다. 즉 압력을 가했을 때 한 방향으로만 작용하지 않고 모든 방향으로 작용한다는 원리이며, 이 원리가 수압기에 이용되는 파스칼의 원리라고 한다.

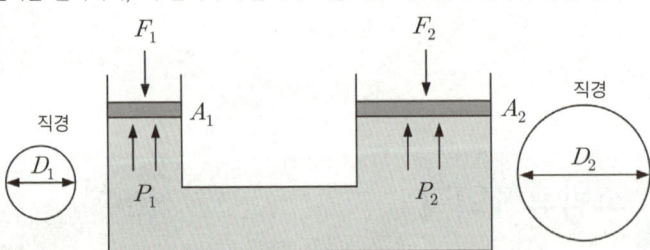

$P_1 = P_2$ (압력이 동일할 때) 👉 현재 패킹높이가 수평인 상태이므로

$\dfrac{F_1}{A_1} = \dfrac{F_2}{A_2}$ $\dfrac{F_1}{\frac{\pi D_1^2}{4}} = \dfrac{F_2}{\frac{\pi D_2^2}{4}}$ $\dfrac{F_1}{D_1^2} = \dfrac{F_2}{D_2^2}$

위 식을 살펴보면 압력이 동일할 때 작용하는 힘은 면적에 비례하고 직경의 제곱에 비례한다.
만일 직경 D_2가 직경 D_1의 2배라면, 위 그림과 같이 평형을 이루기 위해 F_1은 F_2에 비해 4배의 힘이 필요하다.

$\dfrac{F_1}{D_1^2} = \dfrac{F_2}{D_2^2}$ → $\dfrac{F_1}{1^2} = \dfrac{F_2}{2^2}$ → $4F_1 = F_2$

전반적으로 쉬운 계산형 ★★

24 그림과 같이 중앙부분에 구멍이 뚫린 원판에 지름 D의 원형 물제트가 대기압 상태에서 V의 속도로 충돌하여 원판 뒤로 지름 D/2의 원형 물제트가 V의 속도로 흘러나가고 있을 때, 이 원판이 받는 힘을 구하는 계산식으로 옳은 것은? (단, ρ는 물의 밀도이다.)

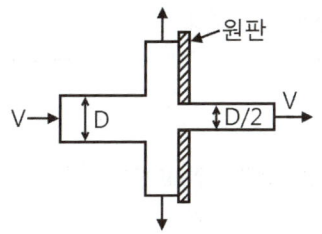

① $\frac{3}{16}\rho\pi V^2 D^2$　　② $\frac{3}{8}\rho\pi V^2 D^2$　　③ $\frac{3}{4}\rho\pi V^2 D^2$　　④ $3\rho\pi V^2 D^2$

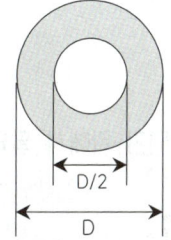

고정평판에 작용하는 힘

$F(N) = \rho(\text{밀도}, kg/m^3) \cdot Q(\text{유량}, m^3/sec) \cdot V(\text{유속}, m/sec)$

　　　　$= \rho \cdot A(\text{단면적}, m^2) \cdot V^2(m/sec)^2$　　＊ $Q = A \cdot V$ 이므로... V가 2개가 되어 V^2

　　　　$= \rho \cdot \frac{\pi D^2}{4}(\text{단면적}, m^2) \cdot V^2(m/sec)^2 = kg \cdot m/sec^2(N)$

구멍이 있는 원판이 받는 힘(F)

= 구멍이 없는 원판이 받는 전체힘(F_1) − 구멍 뚫린 부분으로 빠져나가는 힘(F_2)

1. F_1 (구멍이 없는 원판이 받는 전체힘) $= \rho \frac{\pi D^2}{4} V^2$

2. F_2 (구멍 뚫린 부분으로 빠져나가는 힘) $= \rho \frac{\pi \left(\frac{D}{2}\right)^2}{4} V^2 = \rho \frac{\pi \frac{D^2}{4}}{4} V^2 = \rho \frac{\pi D^2}{4 \times 4} V^2 = \rho \frac{\pi D^2}{16} V^2$

3. F(구멍이 있는 원판이 받는 힘) $= \rho V^2 \left(\frac{\pi D^2}{4} - \frac{\pi D^2}{16}\right) = \rho V^2 \pi D^2 \left(\frac{1}{4} - \frac{1}{16}\right) = \rho V^2 \pi D^2 \left(\frac{4}{16} - \frac{1}{16}\right) = \rho V^2 \pi D^2 \frac{3}{16}$

＊ F_1과 F_2의 밀도(ρ), 속도(V^2), 원주율(π), 직경(D^2)은 서로 동일한 인자이므로 묶을 수 있다.

함께공부

고정평판에 작용하는 힘

$F(N) = \rho(\text{밀도}, kg/m^3) \cdot Q(\text{유량}, m^3/sec) \cdot V(\text{유속}, m/sec) \cdot \sin\theta$ [직각(90°)으로 방사하면 최대값 = 1]

　　　　$= \rho \cdot A(\text{단면적}, m^2) \cdot V^2(m/sec)^2 \cdot \sin\theta$　　＊ $Q = A \cdot V$ 이므로... V가 2개가 되어 V^2

　　　　$= \rho \cdot \frac{\pi D^2}{4}(\text{단면적}, m^2) \cdot V^2(m/sec)^2 \cdot \sin\theta = kg \cdot m/sec^2(N)$

전반적으로 쉬운 계산형 ★★

25 압력 0.1[MPa], 온도 250[℃] 상태인 물의 엔탈피가 2,974.33[kJ/kg]이고 비체적은 2.40604[m³/kg]이다. 이 상태에서 물의 내부 에너지 [kJ/kg]는 얼마인가?

① **2,733.7**　　② 2,974.1　　③ 3,214.9　　④ 3,582.7

엔탈피[H]는... 밀폐계가 가지는 내부에너지(U)에...... 밀폐계에 가해진 압력(P)에 대해, 부피(V)를 확보하기 위하여 밀어 올리면서 외부에 한 일($W = PV$)을...... 더한 값을 말한다.

$$H(\text{엔탈피}) = U + PV = \text{내부에너지} + \text{압력} \times \text{체적(부피)}$$

1. 조건정리
- 압력(P) 0.1MPa $= 0.1 \, MN/m^2 = 100 \, kN/m^2 (= kPa$, 킬로 파스칼)
　- 다른 조건들이 kJ(킬로 주울), kg(킬로 그램) 등의 단위를 사용하고 있으므로, 압력의 단위도 **킬로 파스칼**로 변환해 주어야 한다.
　- 킬로파스칼은 메가파스칼보다 1000배 작은 단위이므로, 메가파스칼 0.1에 1000을 곱해주면 된다.
- 엔탈피(H) = 2974.33 [kJ/kg]
- 비체적(V) = 2.40604 [m³/kg]
　- 비체적은 1kg당 체적(m³)이고, 체적은 계 내의 전체체적을 말하는 것이다.
　- 엔탈피와 내부에너지의 단위를 살펴보면... 모두 **kg당 엔탈피와 내부에너지**이므로, 체적 또한 전체체적이 아닌 **비체적**(kg당 체적)을 대입하여야 한다.
- 내부에너지(U)[kJ/kg] = ?

2. 엔탈피(H)식을 내부에너지(U) 중심으로 전개하여 대입한다.

$$U = H - PV = 2974.33\,kJ/kg - 100kN/m^2 \times 2.40604\,m^3/kg = 2733.726\,kJ/kg$$

* 위 단위를 정리해 보면 $kN/m^2 \times m^3/kg = kN \cdot m(=kJ)/kg = kJ/kg$ 즉, N·m = J(주울)이므로 kN·m = kJ(주울)이다.

함께공부

압력(P)이란 단위 면적당 수직으로 작용하는 힘(전압력, 수직력)이다.

$$P = \frac{F}{A} = \frac{\text{전압력}}{\text{단위면적}} = \frac{N, \ kgf}{m^2, \ cm^2} = kgf/cm^2 = N/m^2 \ (Pa \ \text{파스칼})$$

$1\,atm = 101325\,N/m^2$ (Pa, 파스칼)
$= 101.325\,kN/m^2$ (kPa, 킬로 파스칼) ☞ 파스칼보다 1000배 큰 단위이므로, 파스칼인 101325를 1000으로 나눠주면 된다.
$= 0.101325\,MN/m^2$ (MPa, 메가 파스칼) ☞ 킬로파스칼보다 1000배 큰 단위이므로 킬로파스칼인 101.325를 1000으로 나눠주면 된다.

전반적으로 쉬운 계산형 ★★

26 300K의 저온 열원을 가지고 카르노 사이클로 작동하는 열기관의 효율이 70%가 되기 위해서 필요한 고온 열원의 온도(K)는?

① 800　　　　② 900　　　　③ **1000**　　　　④ 1100

내연기관, 증기기관 등 카르노(Carnot)사이클 열기관(열을 일로 바꾸는 것)의 효율(η)을 대입하여, 열기관 사이클이 외부에 일(W)을 하기 위한, 고온 열원의 온도(K)를 구하는 문제

$$\text{열효율}(\eta) = \frac{\text{출력}}{\text{입력}} = \frac{\text{유효일}(W)}{\text{공급열량}(Q_H)} = \frac{\{T_{H(\text{고온})} - T_{L(\text{저온})}\}}{T_{H(\text{고온})}}$$

1. 조건정리
   • 고온체 절대온도(T_H) = ? K　　• 저온체 절대온도(T_L) = 300K
   • 열기관의 효율(η) 70% = 퍼센트의 단위를 제거하면... 0.7이 된다.
2. 고온 열원의 온도(K) 구하기 → $0.7 = \frac{(T_H - 300K)}{T_H}$ → $0.7 = 1 - \frac{300K}{T_H}$ → ∴ $T_H = 1000K$

함께공부

카르노 사이클의 열효율(η)은 고온측과 저온측의 절대온도만으로 표시된다.

$$\text{열효율}(\eta) = \frac{\text{출력}}{\text{입력}} = \frac{\text{유효일}(W)}{\text{공급열량}(Q_H)} = \frac{(Q_H - Q_L)}{Q_H} = \frac{(T_H - T_L)}{T_H} = 1 - \frac{Q_L}{Q_H} = 1 - \frac{T_L}{T_H}$$

$$\frac{Q_H(\text{고온체의 공급열}) - Q_L(\text{저온체에 방출하는 열})}{Q_H(\text{고온체의 공급열})} = \frac{T_H(\text{고온체의 절대온도}) - T_L(\text{저온체의 절대온도})}{T_H(\text{고온체의 절대온도})}$$

전반적으로 쉬운 계산형 ★★

27 물이 들어 있는 탱크에 수면으로부터 20m 깊이에 지름 50㎜의 오리피스가 있다. 이 오리피스에서 흘러 나오는 유량(㎥/min)은?(단, 탱크의 수면 높이는 일정하고 모든 손실은 무시한다.)

① 1.3　　　　② **2.3**　　　　③ 3.3　　　　④ 4.3

유량을 묻는 문제의 단위가 ㎥/min 즉, 분당(min) **㎥[체적]**으로 흐른다고 하였으므로, 연속방정식 중 **체적유량(Q)**을 적용한다.

$$Q(\text{체적유량}, m^3/\text{sec}) = A(\text{배관의 단면적}, m^2) \times V(\text{유체속도}, m/\text{sec}) \quad *A = \frac{\pi \cdot D^2}{4} \quad D=\text{직경(지름)}$$

또한 **토리첼리의 정리**식을 이용해... 유속을 대입하여 아래와 같이 계산한다.

$$V(\text{유속}) = \sqrt{2gh} = \sqrt{2 \times \text{중력가속도}(9.8m/\text{sec}^2) \times \text{수위차}(m)}$$

1. 조건정리
   • 물이 흘러나오는 오리피스(작은구멍)의 지름(D) = 50㎜ = 0.05m　　*1000㎜ = 100㎝ = 1m
   • 수위차 = 수면으로부터 20m 깊이 = 수면부터 오리피스까지 높이 = 20m
2. 오리피스에서 흘러나오는 유량(㎥/min)의 계산

$$Q\,(m^3/\text{sec}) = \frac{\pi \cdot D^2}{4}(m^2) \times \sqrt{2gh}\,(m/\text{sec}) = \frac{\pi \times (0.05m)^2}{4} \times \sqrt{2 \times 9.8 \times 20} = 0.0388\,m^3/\text{sec}$$

단위의 변환 ➡ $\dfrac{0.0388\,m^3}{1\text{sec}} \times \dfrac{60\text{sec}}{1\text{min}} = \dfrac{0.0388 \times 60\,m^3}{1\text{min}} = 2.328\,m^3/\text{min}$

함께공부

- **연속방정식**
  유체가 한 지점(①지점)에서 다른 지점(②지점)으로 정상유동할 때 ①지점의 질량과 ②지점의 질량은 언제나 동일하다는 방정식이다. 즉, 정상류 상태의 물의 흐름에 질량 보존의 법칙을 적용하여 얻어진 방정식이 연속방정식이다. 따라서 관속을 흐르는 물의 유량은 유입되는 유량과 유출되는 유량이 동일하다는 법칙이 적용된다.

  $Q(\text{체적유량},\,m^3/\text{sec}) = A(\text{배관의 단면적},\,m^2) \times V(\text{유속},\,m/\text{sec})$

  $Q_1 = Q_2$
  $A_1 \cdot V_1 = A_2 \cdot V_2$

- **토리첼리의 정리[Torricelli's theorem]**
  - 수조의 측면 또는 저면의 오리피스(작은구멍)에서 유출하는 물의 유속과 수면까지의 높이와의 관계를 나타내는 정리
  - 수조의 단면이 오리피스에 비해 매우 커서 수위는 거의 변함이 없다(수조의 유속 = "0")고 가정하고 마찰저항을 고려하지 않는다면 수조에서 유출되는 모든 유선상의 입자는 기계적 에너지 h(수위차)를 가지며, 이렇게 정리된 식 $V = \sqrt{2gh}$ 는 물체가 자유 낙하할 때의 낙하속도와 일치한다. $V(\text{유속}) = \sqrt{2gh} = \sqrt{2 \times \text{중력가속도}(m/\text{sec}^2) \times \text{수위차}(m)}$

계산 없는 단순 암기형 ★★★★★

28 다음 중 열전달 매질이 없이도 열이 전달되는 형태는?

① 전도　　　　② 자연대류　　　　③ **복사**　　　　④ 강제대류

복사
- 열원과 수열체 사이에 중간매체(매질)가 필요없는 열이동 현상으로, 절대0도보다 높은 모든 물질은 복사열을 방출한다.
- 매개체(매질)의 이동없이 직접 열을 전달하는 방법으로, 복사는 어떠한 전달물질도 필요하지 않아 진공내부에서도 발생한다. 또한 구획실 내에서 화재의 성장과 확산을 결정한다.
- 물질의 표면에서 방사되는 복사에너지(열복사량)는 **스테판-볼츠만 법칙**(stefan-boltzmann's)에 의해 계산된다.
  Q [단위시간당 복사열(열방출률)] $= F_{12}\,\sigma\,\varepsilon\,A\,(T_1^4 - T_2^4)$
  $=$ 형상(배치)계수 × 스테판-볼츠만 상수 × 표면 방(복)사율 × 수열면적 × (고온체의 절대온도^4 − 저온체의 절대온도^4)

함께공부

- **전도**
  - 고체간의 열전달현상으로 고온체와 저온체의 직접적인 접촉에 의해 열이 이동하는 현상
  - 열전도란 온도가 높은 영역으로부터 낮은 영역으로 에너지가 이송되는 열흐름 메커니즘을 말하며, 금속은 자유전자에 의해 에너지가 이송되는 것이며, 비금속은 분자의 진동(충돌)에 의해 에너지가 이송되는 것이다.
  - **Fourier(푸리에)의 전도법칙**에 따르면 열전달률(=전도열량=열유동율=이동열량) [°q] [단위 시간당 발생되는 열량(W=J/s)]은…
  °$q[W] = kA\dfrac{T_1 - T_2}{L} = k(\text{열전도도, 열전도계수}) \times A(\text{수열면적, 단면적})\dfrac{\Delta T(\text{내·외부의 온도차})}{L(\text{두께})}$

- **대류**
  - 온도변화에 의해 유체의 밀도차이가 생겨나면서, 유체간 상하운동에 의해 열전달이 이루어지는 방식(자연대류)
  - 기체나 액체의 온도변화에 의해, 그 분자가 직접 이동하면서 열을 전달하는 형태
  - 대류는 화재초기의 연소확대에서 주된 열전달 방법으로, 소방설비의 설계 등에서 매우 주요한 개념이다.
  - 강제대류는 유체를 움직이게 하는 외부의 힘(선풍기의 바람)이 발생되어 일어나는 대류 현상으로, 열에 의한 대류가 아니다.
  - **뉴턴(Newton)의 냉각법칙** °$q[W] = h\,A\,\Delta T = h(\text{대류 열전달계수}) \times A(\text{표면적, 수열면적}) \times \Delta T(\text{온도차})$

전반적으로 쉬운 계산형 ★★

29 양정 220m, 유량 0.025m³/s, 회전수 2900rpm인 4단 원심 펌프의 비교회전도(비속도)[m³/min, m, rpm]는 얼마인가?

① 176   ② 167   ③ 45   ④ 23

비속도(비교회전도, Ns) : 토출량 1m³/min, 양정 1m가 발생되도록 설계시 임펠러의 분당회전수(rpm)

$$Ns(rpm) = \frac{N(회전수, rpm)\sqrt{Q(토출량, m^3/min)}}{\left(\frac{H(전양정 m)}{n(단수)}\right)^{\frac{3}{4}}} = \frac{2900rpm \times \sqrt{1.5 m^3/min}}{\left(\frac{220m}{4단}\right)^{\frac{3}{4}}} = 175.86 rpm$$

* 유량단위의 변환 ➡ $\frac{0.025 m^3}{1sec} \times \frac{60sec}{1min} = \frac{0.025 \times 60 m^3}{1min} = 1.5 m^3/min$

함께공부

비속도(비교회전도, Ns) : 토출량 1m³/min, 양정 1m가 발생되도록 설계시 임펠러의 분당회전수(rpm)

$$Ns(rpm) = \frac{N(회전수, rpm)\sqrt{Q(토출량, m^3/min)}}{\left(\frac{H(전양정 m)}{n(단수)}\right)^{\frac{3}{4}}}$$

• 양흡입 펌프는 $= \sqrt{\frac{Q}{2}}$

$\begin{cases} 단(1)단 펌프 : 1단 \\ 다단 펌프 : 2단, 3단 \cdots \end{cases}$

예) 아래와 같이 두 펌프가 있을 때, 어느 펌프가 더 우수한지 비교가 어려움으로 인해... 공통적으로 양정 1m, 토출량 1m³/min이 되도록 계산한 값으로 비교한다.

펌프 ①	분당회전수 2000 rpm	양정 50m	토출량 2 m³/min
펌프 ②	분당회전수 3000 rpm	양정 80m	토출량 2.8 m³/min

펌프 ① $\frac{2000\sqrt{2}}{50^{\frac{3}{4}}} = 150.4 rpm$ ➡ 작은 rpm으로 기준값을 만족하므로 우수한 펌프임

펌프 ② $\frac{3000\sqrt{2.8}}{80^{\frac{3}{4}}} = 187.7 rpm$

계산 없는 단순 암기형 ★★★★★

30 동력(power)의 차원을 MLT(질량 M, 길이 L, 시간 T)계로 바르게 나타낸 것은?

① MLT^{-1}
kg·m/sec (운동량)

② M^2LT^{-2}

③ ML^2T^{-3}
kg·m²/sec³ (동력=일률)

④ MLT^{-2}
kg·m/sec² (힘)

• 차원 : "길이"라는 단어만으로는 그 길이가 얼마나 긴지, 짧은지 알 수 없다. 또 "질량"이라는 단어로는 얼마나 무거운지, 가벼운지 알 수 없다. 이렇게 사물의 크고 작음과 많고 적음을 알 수 없고 그것이 무엇을 나타내는지만 알 수 있는 것을 차원이라 한다.

• 차원의 종류 및 기호
  길이(Length,렝스) → L (m)   질량(Mass,매스) → M(kg)   시간(Time,타임) → T(sec)   중량(Force,포스) → F(kgf)

• 단위를 차원의 기호로 변환[예시]
  - 면적 : m^2 ➡ L^2
  - 속도 : m/sec ➡ $L/T = LT^{-1}$
  - 힘 : $kg \cdot m/sec^2$ ➡ $ML/T^2 = MLT^{-2}$
  - 부피(체적) : m^3 ➡ L^3
  - 가속도 : m/sec^2 ➡ $L/T^2 = LT^{-2}$ (분모는 마이너스로 표현)
  - 밀도 : kg/m^3 ➡ $M/L^3 = ML^{-3}$

함께공부

동력(일률)의 절대단위

* 힘(F) = 질량(kg) × 중력가속도(m/sec^2) = $kg \cdot m/sec^2$ [N(뉴턴, Newton)] = 힘의 국제표준단위
* 일(W) = 힘(N) × 거리(m) = $N \times m$ = $kg \cdot m/sec^2 \times m$ = $kg \cdot m^2/sec^2$ [J(주울, Joule)=일의 국제표준단위]

$P(동력) = \frac{W(일량)}{t(시간)} = \frac{J(N \cdot m)}{sec} = \frac{kg \cdot m^2/sec^2}{sec} = kg \cdot m^2/sec^3$ [ML^2T^{-3}] = $N \cdot m/sec$

= W(와트 = 동력의 국제표준단위)

> **전반적으로 쉬운 계산형** ★★

31 직사각형 단면의 덕트에서 가로와 세로가 각각 a 및 1.5a이고, 길이가 L이며, 이 안에서 공기가 V의 평균속도로 흐르고 있다. 이때 손실수두를 구하는 식으로 옳은 것은? (단, f는 이 수력지름에 기초한 마찰계수이고, g는 중력가속도를 의미 한다.)

① $f \dfrac{L}{a} \dfrac{V^2}{2.4g}$ ② $f \dfrac{L}{a} \dfrac{V^2}{2g}$ ③ $f \dfrac{L}{a} \dfrac{V^2}{1.4g}$ ④ $f \dfrac{L}{a} \dfrac{V^2}{g}$

수력반경(Hydraulic Radius, 수리적 반경, 수력 반지름, r_h, R_h)

1. 원관이외의 관, 덕트 등에서 마찰손실을 구할 때 직경을 구하기 어려움으로 수력반지름을 구한 후, 그 수력반지름에 4배를 곱한다. 그 값이 직경과 같다. 즉 **수력반경(수력반지름)의 4배가 직경과 같다.**

R_h (수력반경, m) $= \dfrac{\text{유동단면적}(m^2)}{\text{접수길이}(m)}$ → 단면이 사각형인관의 수력반경 $R_h(m) = \dfrac{\text{가로} \times \text{세로}\ (m^2)}{(\text{가로}\times 2)m + (\text{세로}\times 2)m}$

* 접수길이 : 물이 접하는 길이(=둘레길이)

$R_h(m) = \dfrac{\text{가로} \times \text{세로}\ (m^2)}{(\text{가로}\times 2)m + (\text{세로}\times 2)m} = \dfrac{a \times 1.5a}{(a\times 2)+(1.5a\times 2)} = \dfrac{1.5a^2}{5a} = 0.3a$

2. 원관이외의 관, 덕트 등에서 수력반경을 구한 후 4배를 곱한 값을 **상당직경(D_e)**이라고 칭하고 **달시-와이스바하 방정식** (Darcy-Weisbach equation)에 대입할 수 있다.

$h_L = f\dfrac{L}{D_e}\dfrac{V^2}{2g} = f\dfrac{L}{4R_h}\dfrac{V^2}{2g} = f\dfrac{L}{4\times 0.3a}\dfrac{V^2}{2g} = f\dfrac{L}{a}\dfrac{V^2}{2.4g}$ *$4 \times 0.3 \times 2 = 2.4$

> **함께공부**

달시-와이스바하 방정식(Darcy-Weisbach equation)
- 마찰손실을 수두(h_L, m, mH_2O)로 구하는 방정식이다.
- 유체의 종류나 층류, 난류를 가리지 않고 모든 유체에 적용이 가능한 식으로서 정확성이 매우 떨어진다.
- Darcy와 Weisbach에 의해 개발된 방정식은 아래와 같다.

마찰손실수두(h_L) $= f\dfrac{L}{D}\dfrac{V^2}{2g}$ *관마찰계수(f) $= \dfrac{64}{ReNo}$

$h_L(mH_2O) = f\dfrac{L(m)}{D(m)}\dfrac{V^2(m/\sec)^2}{2g(m/\sec^2)}$ 마찰손실수두 $=$ 관마찰계수 $\times \dfrac{\text{직관의 길이}}{\text{배관의 직경}} \times \dfrac{\text{유속}^2}{2\times\text{중력가속도}}$

- 결론적으로 배관에서 발생하는 마찰손실수두는 배관길이에 비례하고, 유속의 제곱에 비례하며, **직경에는 반비례**한다. 따라서 마찰손실을 줄이기 위해서는 배관 길이를 줄이고, 유속을 낮추고, **관경은 크게**한다.

> **계산 없는 단순 암기형** ★★★★★

32 무차원수 중 레이놀즈수(Reynolds number)의 물리적인 의미는?

① $\dfrac{\text{관성력}}{\text{중력}}$ 프루드(Froude)수 ② $\dfrac{\text{관성력}}{\text{탄성력}}$ 코우시(Cauchy)수(코시수) ③ $\dfrac{\text{관성력}}{\text{점성력}}$ ④ $\dfrac{\text{관성력}}{\text{음속}}$ 마하(Mach)수

무차원수(물리적인 양 중에서 차원이 없는 양을 말하는 것으로, 그 물리적인 크기가 단위와는 관계없는 무단위의 수치)

명칭	물리적 의미	의미
레이놀즈(Reynolds)수	$ReNo = \dfrac{\text{관성력}}{\text{점성력}}$	관내 유체의 흐름이 층류인지, 난류인지 구분해주는 정량적 수치
프루드(Froude)수	$Fr = \dfrac{\text{관성력}}{\text{중력}}$	중력의 영향에 따른 유동 형태를 관성력과 상대적으로 판별하는 것으로, 개수로에 있어서 흐름의 속도와 수면상을 전파하는 파도의 속도와의 비
마하(Mach)수	$M = \dfrac{\text{유속}}{\text{음속}} = \dfrac{\text{관성력}}{\text{압축력}}$	항공기, 미사일 등 고속으로 비행하는 물체의 속도를 나타낼 때 사용되는 수치
코우시(Cauchy)수(코시수)	$Ca = \dfrac{\text{관성력}}{\text{탄성력}}$	유체의 압축성을 판단하는 기준으로 사용되는 수치로서, 액체의 탄성을 특징짓는 물리적인 양
웨버(Weber)수	$We = \dfrac{\text{관성력}}{\text{표면장력}}$	표면장력과 비교하여 유체의 상대적인 관성력을 나타내는 수로서, 유체 체계에서 표면 장력에 영향을 미치는 것을 분석하는데 사용된다.
오일러(Euler)수	$Eu = \dfrac{\text{압축력}}{\text{관성력}}$	오리피스 통과시 유동현상, 공동현상(cavitation) 판단 등 유체에 의해 생성되는 관성력과 압축력에 관련된 수치

> **암기팁!** 무차원수 명칭 앞자와 물리적의미 앞자 ➡ **레관점**(레고 관점) / **프관중**(프랑스 관중) / **마관압**(마유음) / **코관탄** / **웨관표** / **오압관**

전반적으로 쉬운 계산형 ★★

33 동일한 노즐구경을 갖는 소방차에서 방수압력이 1.5배가 되면 방수량은 몇 배로 되는가?

① **1.22배**　　② 1.41배　　③ 1.52배　　④ 2.25배

일반 노즐에서 유량측정 공식 → Q[방수량, $L/\min$] $= 0.6597 D^2$[노즐구경, mm]$\times \sqrt{10\times P}$[방수압, MPa]

위 식에서 나머지는 관계없고... 방수량(Q)과 방수압력(P)만의 관계를 묻는 것이므로 아래와 같이 식을 변경하여 대입한다.

$$Q(방수량) = \sqrt{10\cdot P}(방수압)$$

- Q(처음 방수량) $= K\sqrt{10\times 1} = \sqrt{10}$
- Q(나중 방수량) $= K\sqrt{10\times 1.5} = \sqrt{15}$

$$\frac{나중\ 방수량}{처음\ 방수량} = \frac{\sqrt{10\times 1.5배}}{\sqrt{10\times 1배}} = 1.22\ 배$$

함께공부

일반 노즐에서 유량측정

1. $Q\,[m^3/\sec] = A\cdot V = \dfrac{\pi\cdot D^2}{4}[m^2]\times 14\sqrt{10\times P}\,[MPa]$　　$<(\pi\div 4)\times 14 = 10.9955>$

2. Q(방수량, $m^3/\sec$) $= 10.9955 D^2$(노즐직경, m)$\times \sqrt{10\times P}$(방수압, MPa)　＊필수암기공식이므로 반드시 외우자~

   - 10.9955를 K값으로 설정한다.
   - 방수량의 단위를 [$\ell/\min$]으로 바꾸기 위해... [$m^3/\sec$] 단위에 ×1000(㎥을 ℓ로), ×60(1분에 60초) 즉 60,000을 곱해준다.
   - 노즐의 직경을 [mm]로 바꾸기 위해... [m] 단위에 $1,000^2$(D^2이므로 1000에 제곱을 해준다)을 곱해준다.
   - 기호를 K 위주로 정리하고 수치를 대입하면...

   $\therefore K = \dfrac{Q}{D^2}\times 10.9955 = \dfrac{60,000}{1,000,000}\times 10.9955 = 0.6597$

3. $Q\,[\ell/\min] = 0.6597 D^2\,[\text{mm}]\times \sqrt{10\times P}\,[MPa]$　　＊필수암기공식이므로 반드시 외우자~

전반적으로 쉬운 계산형 ★★

34 전양정 80m, 토출량 500L/min인 물을 사용하는 소화펌프가 있다. 펌프효율 65%, 전달계수(K) 1.1인 경우 필요한 전동기의 최소동력(kW)은?

① 9　　② **11**　　③ 13　　④ 15

펌프의 **전달**(소요, 모터, 전동기) 동력(P)　☞ 펌프의 구동에 이용되는 동력

$$P(kW) = \frac{H\cdot \gamma\cdot Q}{\eta_p(효율)\times 102}\times K = \frac{H(전양정)[m]\ \times\ \gamma(물\ 비중량)[1000\,kgf/m^3]\ \times\ Q(토출량)[m^3/\sec]}{\eta_p(효율)\times 102}\times 전달계수$$

1. 조건정리
   - 전양정(H) = 80m
   - 토출량(Q) = $500L/\min = \dfrac{500L}{1\min}\times\dfrac{1 m^3}{1000L}\times\dfrac{1\min}{60\sec} = \dfrac{500\,m^3}{1000\times 60\sec} = m^3/\sec$
   - 전달계수(K) = 1.1

   ＊수치를 여기에서 계산하면 매우 복잡하므로, 펌프 동력 공식에 "1000×60"을 분모에 그대로 반영하면 변경된 단위(m^3/s)로 적용된다.
   - 효율(η_p) = 65% = 퍼센트의 단위를 제거하면... 0.65가 된다.

2. 필요한 전동기의 최소 동력(kW, P)

$$P(kW) = \frac{80m\times 1000\,kgf/m^3\times 500\,m^3/\sec}{0.65\times 102\times 1000\times 60}\times 1.1 = 11.06\,kW$$

함께공부

1. 펌프 동력(kW)의 계산
   $= H(전양정)[m]\ \times\ \gamma(물\ 비중량)[1000\,kgf/m^3]\ \times\ Q(토출량)[m^3/\sec] = kW$
   $= kgf\cdot m/\sec$ (힘×속도=중력단위의 동력) $= kW$

2. 펌프의 **전달**(소요, 모터, 전동기) 동력(P) ☞ 펌프의 구동에 이용되는 동력

   $kW = \dfrac{H\cdot \gamma\cdot Q}{\eta_p(효율)\times 102}\times K$　　$HP = \dfrac{H\cdot \gamma\cdot Q}{\eta_p(효율)\times 76}\times K$　　$PS = \dfrac{H\cdot \gamma\cdot Q}{\eta_p(효율)\times 75}\times K$

   ＊ K(전달계수) ① 전동기 : 1.1　② 내연기관 : 1.15 ~ 1.2

3. 펌프의 **축동력** ☞ 펌프의 운전에 필요한 실제동력. 따라서 전달계수를 빼고 계산한다.

   $kW = \dfrac{H\cdot \gamma\cdot Q}{\eta_p(효율)\times 102}$　　$HP = \dfrac{H\cdot \gamma\cdot Q}{\eta_p(효율)\times 76}$　　$PS = \dfrac{H\cdot \gamma\cdot Q}{\eta_p(효율)\times 75}$

4. 펌프의 **수동력** ☞ 펌프에 의해 **물에 공급**되는 동력(유체에 실제로 주어지는 동력). 따라서 펌프효율은 의미가 없다.

$$kW = \frac{H \cdot \gamma \cdot Q}{102} \qquad HP = \frac{H \cdot \gamma \cdot Q}{76} \qquad PS = \frac{H \cdot \gamma \cdot Q}{75}$$

5. 단위의 변환

- 물의 비중량(γ) = $\frac{1000\,kgf/m^3}{102}$ = $\frac{9800\,N/m^3}{102 \times 9.8}$ = $\frac{9800\,N/m^3}{1000}$ = $\frac{\gamma}{1000}$ ＊$1kgf = 9.8N$

- 토출량(Q) = $\frac{1\,m^3}{1\,sec} \times \frac{60\,sec}{1\,min}$ = $60\,[m^3/\min]$ → $\frac{60\,[m^3/\min]}{1}$ = $\frac{m^3/\min}{60}$ = $\frac{Q}{60}$ ＊1분을 60으로 나눠주면 1초가 된다.

$$\therefore P[kW] = \frac{H \cdot \gamma \cdot Q}{1000 \times 60} = \frac{H[m] \times 9800[N/m^3] \times Q[m^3/\min]}{1000 \times 60} = 0.163HQ$$

복잡하고 어려운 계산형 ★

35 안지름 10㎝인 수평 원관의 층류유동으로 4km 떨어진 곳에 원유(점성계수 0.02 N·s/㎡, 비중 0.86)를 0.10 ㎥/min의 유량으로 수송하려 할 때 펌프에 필요한 동력(W)은? (단, 펌프의 효율은 100%로 가정한다.)

① 76 ② 91 ③ 10,900 ④ 9,100

해설

1. 펌프의 수동력 ☞ 펌프에 의해 **물에 공급**되는 동력.(유체에 실제로 주어지는 동력) 문제에서 펌프 효율이 100%(=1)이고, 전달계수가 주어지지 않았으므로 수동력을 묻는 문제로 해석된다.

$$P(kW) = \frac{H \cdot \gamma \cdot Q}{102} = \frac{H(\text{전양정})[m] \times \gamma(\text{비중량})[kgf/m^3] \times Q(\text{토출량})[m^3/\sec]}{102}$$

- 토출량(Q) = 0.10 m³/min = $\frac{0.1\,m^3}{\min} \times \frac{1\,\min}{60\,\sec}$ = $\frac{0.1\,m^3}{60\,\sec}$

2. 비중(무게의 비)

문제 조건인 비중 0.86인 물질의 비중량을 구해 펌프의 수동력 공식에 대입한다.

비교물질이 기준물질보다 무거운지 가벼운지 비교하는 것. 모든 액체는 4℃의 물의 밀도와 그 무게를 비교한다. 만일 중력가속도가 $9.8\,m/\sec^2$이라고 가정한다면 밀도와 비중량은 동일한 값이 된다.

$$S(\text{액체비중}) = \frac{\rho[\text{물질의 밀도}(kg/m^3)]}{\rho_w[\text{물의 밀도}(1000\,kg/m^3)]} = \frac{\gamma[\text{물질의 비중량}(kgf/m^3)]}{\gamma_w[\text{물의 비중량}(1000\,kgf/m^3 = 9800\,N/m^3 = 9.8\,kN/m^3)]}$$

＊$1kgf = 9.8N$ ＊$1000N = 1kN$

$S = \frac{\gamma}{\gamma_w}$ → $\gamma = S \times \gamma_w = 0.86 \times 1000\,kgf/m^3 = 860\,kgf/m^3$, ＊밀도 = $860\,kg/m^3$

3. 전양정(H)

전양정은 단위가 수두(m, mH_2O)이다. 따라서, 마찰손실(h_L)을 수두로 구하는 방정식인 **달시-와이스바하 방정식**을 통해 계산할 수 있다.

$$h_L(mH_2O) = f\frac{L(m)}{D(m)}\frac{V^2(m/\sec)^2}{2g(m/\sec^2)} \qquad \text{마찰손실수두 = 관마찰계수} \times \frac{\text{직관의 길이}}{\text{배관의 직경}} \times \frac{\text{유속}^2}{2 \times \text{중력가속도}}$$

- 직관의 길이(L) = 4km = 4000m
- 배관의 직경(안지름, D) = 10cm = 0.1m ＊1000mm = 100cm = 1m
- 중력가속도(g) = $9.8\,m/s^2$
- 유속(V) = ? m/s
- 관마찰계수(f) = ?

① 유속(V)의 계산

유량의 단위가 m³/min 즉, 분당(min) m³[체적]이므로, 연속방정식 중 **체적유량**(Q)을 적용해... 유체의 속도(V)를 구한다.

연속방정식 중 체적유량(Q) ☞ $Q(\text{체적유량}, m^3/\sec) = A(\text{배관의 단면적}, m^2) \times V(\text{유체속도}, m/\sec)$

$\therefore V = \frac{Q}{A}$ → $A = \frac{\pi \cdot D^2}{4}$ ＊D=직경(지름) → $V = \frac{Q}{\frac{\pi \cdot D^2}{4}}$

$$V = \frac{Q}{\frac{\pi \cdot D^2}{4}} = \frac{\frac{0.1}{60} \, m^3/\sec}{\frac{\pi \times (0.1\,m)^2}{4}} = 0.2122\,m/\sec$$

② 관마찰계수(f)의 계산

아래 ③번에서 구한 레이놀즈수(ReNo)를 대입하여, 관마찰계수를 구한다.

$$관마찰계수(f) = \frac{64}{ReNo(레이놀즈수)}$$

$$f = \frac{64}{ReNo} = \frac{64}{912.46} = 0.0714$$

③ 레이놀즈수(ReNo)

문제 조건에서 주어진 점성계수(= 절대점성계수 = 절대점도) $0.02\,N \cdot s/㎡(= kg/m \cdot s)$를 이용하여 레이놀즈수를 구한다.

$$ReNo(레이놀즈수) = \frac{D(직경) \cdot V(유속) \cdot \rho(밀도)}{\mu(절대점도)}$$

$$ReNo = \frac{0.1\,m \times 0.2122\,m/\sec \times 860\,kg/m^3}{0.02\,N \cdot \sec/m^2 (= kg/m \cdot s)} = 912.46$$

④ 위에서 구한 값들을 대입하여 전양정(H)을 구한다.

$$h_L(m) = f\frac{L}{D}\frac{V^2}{2g} = 0.07014 \times \frac{4000\,m}{0.1\,m} \times \frac{(0.2122\,m/\sec)^2}{2 \times 9.8\,m/\sec^2} = 6.45\,m$$

4. 최종적으로 펌프의 최소 동력(W)을 구한다.

$$P(kW) = \frac{H \cdot \gamma \cdot Q}{102} = \frac{6.45\,m \times 860\,kgf/m^3 \times 0.1\,m^3/\sec}{102 \times 60} = 0.09064\,kW = 90.64\,W ≒ 91\,W$$

전반적으로 쉬운 계산형 ★★

36 유속 6m/s로 정상류의 물이 화살표 방향으로 흐르는 배관에 압력계와 피토계가 설치되어 있다. 이때 압력계의 계기압력이 300kPa 이었다면 피토계의 계기압력은 약 몇 kPa인가?

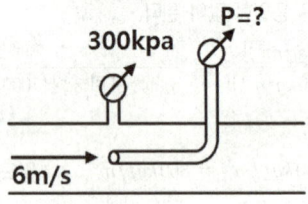

① 180　　② 280　　③ 318　　④ 336

배관 압력계에 측정된 300kPa의 계기압력은… 흐르는 유체에 수직으로 작용하는 압력인 **정압**을 뜻한다. 또한 흐름방향으로 작용하는 피토계의 압력은 **전압**(=정압+동압)을 뜻한다. 따라서 피토계의 계기압력(P)은 **전압(kPa)이 얼마인지 묻는 것**이다.

1. 전압 = 정압 + 동압(유체 유동시 유속에 의해 생성되는 압력)
2. 정압 = 300kPa
3. 동압 = 베르누이 방정식의 속도수두를 통해 동압을 구할 수 있다. 즉 속도수두(mH₂O)를 구한 후, 압력의 단위(kPa=kN/m²)로 변환하면 된다.

　① 속도수두 $= \frac{V^2}{2g} = \frac{유속^2(m/\sec)^2}{2 \times 중력가속도(9.8\,m/\sec^2)} = \frac{(6\,m/\sec)^2}{2 \times 9.8\,m/\sec^2} = 1.8367\,m$

　② 표준대기압을 이용한 단위환산
　　수두단위의 표준대기압은 10.332 mH₂O(=mAq 아쿠아)이고, 킬로파스칼(kPa) 단위의 표준대기압은 101.325 kPa 이다.

$$1.8367\,mH_2O \times \frac{101.325\,kPa}{10.332\,mH_2O} = 18\,kPa$$

4. 전압 = 300kPa(정압) + 18kPa(동압) = 318kPa

함께공부

전압, 정압, 동압의 관계
- 전압 = 정압 + 동압   • 정압 = 전압 - 동압   • 동압 = 전압 - 정압
- 유체 유동시 : 전압 > 정압
- 유체 정지시 : 전압 = 정압, 동압 = 0 ∴ 유속을 측정하려면 동압 필요
- 유속이 빠르면 빠를수록 정압은 작아진다.
- 관 중심의 유속이 가장 빠르고 관벽은 "유속=0"으로 본다. 즉, 관벽은 유체가 흘러가지 않는 것으로 본다.
- 정지 유체시 압력은 정압이라고 해도 되고, 전압이라고 해도 된다. ∵ 전압 = 정압 임으로... 그러나 보통 정지시에는 정압이라고 말한다.
- 유체 유동시 유속에 의해 생성되는 압력이 동압이며 유체가 유동하면 정압이 낮아지고 동압이 발생한다.

필수이론

베르누이 방정식 ☞ 전수두(전양정) = 압력수두 + 속도수두 + 위치수두 = 일정(Constant)

$$H(m) = \frac{P}{\gamma} + \frac{V^2}{2g} + Z = \frac{압력(kN/m^2)}{물비중량(9.8kN/m^3)} + \frac{유속^2(m/\sec)^2}{2 \times 중력가속도(9.8m/\sec^2)} + 높이(m)$$

* 물 비중량(γ) = $1000 kgf/m^3$ = $9800 N/m^3$ = $9.8 kN/m^3$ *$1kgf = 9.8N$ *$1000N = 1kN$

계산 없는 단순 암기형 ★★★★★

37 유체의 압축률에 관한 설명으로 올바른 것은?
① 압축률=밀도×체적탄성계수
② **압축률=1/체적탄성계수**
③ 압축률=밀도/체적탄성계수
④ 압축률=체적탄성계수/밀도

- **압축률 (β, m^2/N, Pa^{-1}, cm^2/kgf)**
  - 체적탄성계수의 역수(β 베타, m^2/N, cm^2/kgf)로서 **압축(P)에 의해 물질의 부피(V)가 변화하기 쉬운 정도**를 나타내는 수치이다.
  - 즉, 압축률이 크다는 의미는... 그 만큼 압축하기 쉽다는 것을 의미한다.

$$\beta = \frac{1}{K(체적탄성계수)} = -\frac{\frac{\Delta V}{V}}{\Delta P} = \frac{\frac{\Delta \rho}{\rho}}{\Delta P} = \frac{\frac{\Delta \gamma}{\gamma}}{\Delta P}$$

- **체적탄성계수 (K, N/m^2, Pa = 압력의 단위)**
  - 체적변화율에 대한 압력의 변화. 즉 압력을 변화시켰을 때 체적이 얼마나 감소하는지를 말하는 것이다.
  - 즉, **체적탄성계수가 크다는 의미는 그 만큼 빡빡하다는 의미**이고 그에 따라 압축하기 어렵다는 의미이다.

　　　　　　　　　　　〈부피〉　　　　〈밀도〉　　〈비중량〉

$$K = -\frac{\Delta P(변화된 압력)}{\frac{\Delta V(변화된 부피)}{V(처음 부피)}} = \frac{\Delta P}{\frac{\Delta \rho}{\rho}} = \frac{\Delta P}{\frac{\Delta \gamma}{\gamma}} = \frac{1}{\beta(압축률)}$$

- 즉, **압축률과 체적탄성계수는 서로 반대의 의미**이다.

함께공부

체적탄성계수 (K, N/m^2, Pa 파스칼, cm^2/kgf)
① 단위 면적당 외력의 강도와 체적의 변형비. 단위는 압력(N/m^2, Pa, kgf/cm^2)의 단위를 사용한다.
② **체적변화율에 대한 압력의 변화.** 즉 압력을 변화시켰을 때 체적이 얼마나 감소하는지를 계수로 나타낸 것. 체적탄성계수가 크다는 의미는 그 만큼 빡빡하다는 의미이고 그에 따라 압축이 잘 되지 않는다는 의미이다.
③ 체적탄성계수는 압축성유체에 적용하는 식이 아니라 **비압축성유체에 적용하는** 식이다. 비압축성인 **액체**에 매우 큰 압력이 가해지면 약간의 체적의 감소가 발생하는데 이의 정도를 체적탄성계수로 표현하였다.
④ 아래 공식에서 체적이 V인 액체에 ΔP 만큼의 압력이 가해지면, 체적이 ΔV 만큼 감소하므로 공식에서는 음(-)을 표현했으나 실제로 체적탄성계수는 음(-)의 수가 될 수 없으므로 **계산시는 적용하지 아니한다.**
⑤ 또한 체적변화율에 대한 압력의 변화뿐만 아니라 **밀도, 비중량의 변화율에 대한 압력의 변화**도 살펴볼 수 있다.

압축률 (β, m^2/N, Pa^{-1}, cm^2/kgf)
① 체적탄성계수의 역수(β 베타, m^2/N, cm^2/kgf)로서 **압축(P)에 의해 물질의 부피(V)가 변화하기 쉬운 정도**를 나타내는 수치이다.
② 즉, 압축률이 크다는 의미는... 그 만큼 압축하기 쉽다는 것을 의미한다.
③ 압축률은 압력(P)에 대한 밀도(ρ)의 변화율과 같다.
④ 유체의 체적(부피)이 감소하면, 부피가 감소한 만큼 공간이 좁아져 유체의 밀도(빡빡한 정도)는 증가한다.

38.
질량이 5kg인 공기(이상기체)가 온도 333K로 일정하게 유지되면서 체적이 10배가 되었다. 이 계(system)가 한 일(kJ)은? (단, 공기의 기체상수는 287 J/kg · K이다.)

① 220 ② 478 ③ 1,100 ④ 4,779

본 문제는 열역학관련 계산문제로서... 소방설비기사 실기시험에서 등장하지 않는 개념과 문제이므로, 공부하지 않고 포기하는 것이 더 현명합니다. 따라서 지면과 노력낭비를 방지하기 위하여 해설이 없습니다.

함께공부

Q(전달된 열량) $= W$(계가 한 일) $= W$(질량) $\times \overline{R}$(기체상수) $\times T$(절대온도) $\times V_1$(처음체적) $\times \ln \dfrac{V_2 (\text{나중체적})}{V_1 (\text{처음체적})}$

$= 5\,kg \times 0.287\,kJ/kg \cdot K \times 333K \times 1배 \times \ln \dfrac{10배}{1배} = 1100.3\,kJ$

39.
무한한 두 평판 사이에 유체가 채워져 있고 한 평판은 정지해 있고 또 다른 평판은 일정한 속도로 움직이는 Couette 유동을 하고 있다. 유체 A만 채워져 있을 때 평판을 움직이기 위한 단위면적당 힘을 τ_1이라 하고 같은 평판 사이에 점성이 다른 유체 B만 채워져 있을 때 필요한 힘을 τ_2라 하면 유체 A와 B가 반반씩 위아래로 채워져 있을 때 평판을 같은 속도로 움직이기 위한 단위면적당 힘에 대한 표현으로 옳은 것은?

① $\dfrac{\tau_1 + \tau_2}{2}$ ② $\sqrt{\tau_1 \tau_2}$ ③ $\dfrac{2\tau_1 \tau_2}{\tau_1 + \tau_2}$ ④ $\tau_1 + \tau_2$

쿠에트(Couette) 유동: 무한한 두 평판 사이에 점성유체가 채워져 있고, 두 평행 판이 평행을 유지하면서 한 평판은 정지해 있고 또 다른 평판은 일정한 속도로 유동할 때의 점성유체의 흐름

$$\tau = \dfrac{2\tau_1 \tau_2}{\tau_1 + \tau_2}$$

τ : 유체 A와 B가 반반씩 위아래로 채워져 있을 때 평판을 같은 속도로 움직이기 위한 단위면적당 힘
τ_1 : 유체 A만 채워져 있을 때 평판을 움직이기 위한 단위면적당 힘
τ_2 : 점성이 다른 유체 B만 채워져 있을 때 필요한 힘

이해하는 것보다 암기하는 것이 더 빠르다 ➡ 쿠에트(Couette) 2곱더 (τ_1, τ_2를 각각 분자는...2곱하기, 분모는...더하기)

40.
2m 깊이로 물이 차 있는 물탱크 바닥에 한 변이 20cm인 정사각형 모양의 관측창이 설치되어 있다. 관측창이 물로 인하여 받는 순 힘(net force)은 몇 N인가? (단, 관측창 밖의 압력은 대기압이다.)

① 784 ② 392 ③ 196 ④ 98

물탱크 내부를 보기 위해, 물탱크 바닥에 설치된 관측창이 받는 수압을 N(뉴턴)으로 계산하는 문제이다. 관측창에 작용하는 힘(N)은... 물의 비중량(무게, γ), 관측창 면적(A), 물의 깊이(h)에 비례하여 커진다.

1. 조건정리
   - 물 비중량(γ) $= 1000\,kgf/m^3 = 9800\,N/m^3$ $\ast 1kgf = 9.8N$
   - 관측창의 면적(A) = 한 변이 20cm(=0.2m)인 정사각형 = 0.2m×0.2m = 0.04m²
   - 관측창이 받는 힘의 깊이(h) = 2m
2. 수직방향으로 작용하는 평균 힘의 크기

$F[N, 힘] = \gamma A h =$ 비중량(N/m^3)×면적(m^2)×깊이(m) $= 9800\,N/m^3 \times 0.04\,m^2 \times 2m = 784N$

함께공부

수평면에 작용하는 전압력 ➡ 수직방향으로 작용하는 평균 힘의 크기

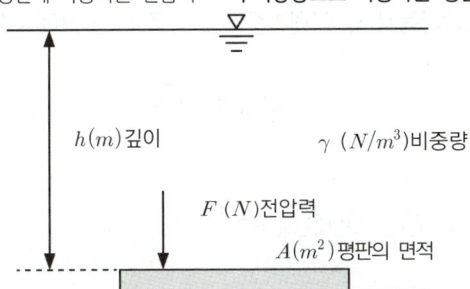

- $h(m)$ 깊이
- $\gamma\ (N/m^3)$ 비중량
- $F\ (N)$ 전압력
- $A(m^2)$ 평판의 면적

$$P = \frac{F}{A} = \frac{\gamma \cdot A \cdot h}{A} = \gamma \cdot h$$

$$\therefore F[N] = \gamma \cdot A \cdot h$$

$$N(뉴턴) = N/m^3 \times m^2 \times m$$

※ 평판이 받는 힘은 면적이 넓을수록, 깊을수록, 비중량이 클수록(무거울수록) 커진다.

A nswer

3과목 소방관계법규

✔ 이것이 혁신이다! 기출문제 + 답이색해설

[단어가 답인 문제] ★

41 소방기본법의 정의상 소방대상물의 관계인이 아닌 자는?
① 감리자　　② 관리자　　③ 점유자　　④ 소유자

관계인 ➔ 소방대상물의 소유자, 관리자, 점유자

 관계인 ➡ 소관점

[단어가 답인 문제] ★

42 화재의 예방 및 안전관리에 관한 법령상 화재 발생 위험이 크거나 소화 활동에 지장을 줄 수 있다고 인정되는 행위를 하는 사람에게 행위의 금지 또는 제한의 명령을 할 수 있는 사람은?
① 소방본부장　　② 시·도지사　　③ 의용소방대원　　④ 소방대상물의 관리자

화재의 예방조치 등
누구든지 화재예방강화지구 및 이에 준하는 대통령령으로 정하는 장소에서는 다음에 해당하는 행위를 하여서는 아니된다.
1. 모닥불, 흡연 등 화기의 취급
2. 풍등 등 소형열기구 날리기
3. 용접·용단 등 불꽃을 발생시키는 행위
4. 그 밖에 대통령령으로 정하는 화재 발생 위험이 있는 행위
➔ **소방관서장**(소방청장, 소방본부장 또는 소방서장)은 위의 행위와, 화재 발생 위험이 크거나 소화 활동에 지장을 줄 수 있다고 인정되는 행위에 대하여 **행위의 금지 또는 제한의 명령**을 할 수 있다.

[숫자가 답인 문제] ★

43 위험물안전관리법령상 취급하는 위험물의 최대수량이 지정수량의 10배 이하인 경우 공지의 너비 기준은?
① 2m 이하　　② 2m 이상　　③ 3m 이하　　④ **3m 이상**

위험물을 취급하는 건축물 그 밖의 **시설의 주위**에는 그 취급하는 **위험물의 최대수량에** 따라 다음 표에 의한 **너비의 공지를 보유**하여야 한다.

취급하는 위험물의 최대수량	공지의 너비
지정수량의 10배 이하	3m 이상
지정수량의 10배 초과	5m 이상

단어가 답인 문제 ★

44 위험물안전관리법령상 제조소 또는 일반취급소에서 취급하는 제4류 위험물의 최대수량의 합이 지정수량의 48만 배 이상인 사업소의 자체소방대에 두는 화학소방자동차 및 인원기준으로 다음 ( ) 안에 알맞은 것은?

화학소방자동차	자체소방대원의 수
(㉠)	(㉡)

① ㉠ 1대, ㉡ 5인   ② ㉠ 2대, ㉡ 10인   ③ ㉠ 3대, ㉡ 15인   ④ ㉠ 4대, ㉡ 20인

자체소방대를 설치하는 사업소의 관계인은 자체소방대에 화학소방자동차 및 자체소방대원을 두어야 한다.

제조소 또는 일반취급소에서 취급하는 제4류 위험물의 최대수량의 합	화학소방자동차	자체소방대원의 수
지정수량의 3천배 이상 ~ 12만배 미만인 사업소	1대	5인
지정수량의 12만배 이상 ~ 24만배 미만인 사업소	2대	10인
지정수량의 24만배 이상 ~ 48만배 미만인 사업소	3대	15인
지정수량의 48만배 이상인 사업소	4대	20인

사업소의 구분	화학소방자동차	자체소방대원의 수
옥외탱크저장소에 저장하는 제4류 위험물의 최대수량이 지정수량의 50만배 이상인 사업소	2대	10인

※ 다량의 위험물을 저장·취급하는 제조소등으로서 대통령령이 정하는 제조소등이 있는 동일한 사업소에서 대통령령이 정하는 수량 이상의 위험물을 저장 또는 취급하는 경우 당해 사업소의 관계인은 대통령령이 정하는 바에 따라 당해 사업소에 자체소방대를 설치하여야 한다.

문장이 답인 문제 ★★★

45 화재의 예방 및 안전관리에 관한 법령상 특수가연물의 저장 및 취급기준으로 틀린 것은? (단, 석탄·목탄류를 발전용으로 저장하는 경우는 제외)
① 품명별로 구분하여 쌓는다.
② 쌓는 높이는 20미터 이하가 되도록 한다.
　　　　　　　10미터
③ 쌓는 부분 바닥면적의 사이는 실내의 경우 1.2미터 또는 쌓는 높이의 1/2 중 큰 값 이상으로 간격을 둘 것
④ 쌓는 부분 바닥면적의 사이는 실외의 경우 3미터 또는 쌓는 높이 중 큰 값 이상으로 간격을 둘 것

1. 화재가 발생하는 경우 불길이 빠르게 번지는 고무류·플라스틱류·석탄 및 목탄 등 대통령령으로 정하는 화재의 확대가 빠른 특수가연물은 품명별로 일정수량 이상의 가연물을 말한다.
2. 특수가연물을 품명별로 구분하여 기준에 맞게 쌓을 것(쌓는 기준)
　① 살수설비를 설치하거나 방사능력 범위에 해당 특수가연물이 포함되도록 대형수동식소화기를 설치하는 경우
　　• 높이 → 15미터 이하
　　• 쌓는 부분의 바닥면적 → 200제곱미터(석탄·목탄류의 경우에는 300제곱미터) 이하
　② 그 밖의 경우
　　• 높이 → 10미터 이하
　　• 쌓는 부분의 바닥면적 → 50제곱미터(석탄·목탄류의 경우에는 200제곱미터) 이하
　③ 쌓는 부분 바닥면적의 사이
　　• 실내 → 1.2미터 또는 쌓는 높이의 1/2 중 큰 값 이상으로 간격을 둘 것
　　• 실외 → 3미터 또는 쌓는 높이 중 큰 값 이상으로 간격을 둘 것

단어가 답인 문제

46 소방시설 설치 및 관리에 관한 법령상 소화설비를 구성하는 제품 또는 기기에 해당하지 않는 것은?
① 가스누설경보기　② 소방호스　③ 스프링클러헤드　④ 분말자동소화장치

소방용품이란 소방시설등을 구성하거나 소방용으로 사용되는 제품 또는 기기로서 대통령령으로 정하는 것을 말한다.
1. 소화설비를 구성하는 제품 또는 기기
　• 소화기구(소화약제 외의 것을 이용한 간이소화용구는 제외)
　• 자동소화장치(주거용·상업용·캐비닛형·가스·분말·고체에어로졸 자동소화장치)

- 소화설비를 구성하는 소화전, 관창, **소방호스**, **스프링클러헤드**, 기동용 수압개폐장치, 유수제어밸브 및 가스관선택밸브
2. 경보설비를 구성하는 제품 또는 기기
   - 누전경보기 및 **가스누설경보기**
   - 경보설비를 구성하는 발신기, 수신기, 중계기, 감지기 및 음향장치(경종만 해당)

함께공부

- **가스누설경보기** : LPG(액화석유가스), LNG(액화천연가스), 일산화탄소 등 가연성가스의 누설로 인한 폭발위험 및 독가스 중독사고 예방을 위해 가스누설을 자동으로 경보하는 장치
- **소방호스** : 호스(hose)는 유체를 한 곳에서 다른 곳으로 옮길 수 있게 천과 고무로 만든 유연한 관을 말한다. 소방호스 끝에 관창(노즐)을 연결하여 방수량과 분사를 조절하면서 화점에 방수한다.(직경 40㎜와 65㎜를 주로 사용한다)
- **스프링클러 헤드** : 스프링클러에서 나오는 물을, 빗방울 형태로 대량으로 뿌리면서 방수하는 역할을 하는 부분을 말한다.
- **분말 자동소화장치** : 열, 연기 또는 불꽃 등을 감지하여 분말의 소화약제를 자동으로 방사하여 소화하는 고정된 소화장치

단어가 답인 문제 ★

47 소방기본법령상 출동한 소방대원에게 폭행 또는 협박을 행사하여 화재진압 인명구조 또는 구급활동을 방해한 사람에 대한 벌칙 기준은?
① 500만원 이하의 과태료
② 1년 이하의 징역 또는 1000만원 이하의 벌금
③ 3년 이하의 징역 또는 3000만원 이하의 벌금
④ 5년 이하의 징역 또는 5000만원 이하의 벌금

출동한 소방대원에게 폭행 또는 협박을 행사하여 화재진압·인명구조 또는 구급활동을 방해하는 행위
→ **5년** 이하의 징역 또는 **5천만원** 이하의 벌금에 처한다.

암기탭! 가장 강력한 벌칙이다.

문장이 답인 문제 ★★★

48 소방시설 설치 및 관리에 관한 법령상 건축허가 등의 동의 대상물의 범위로 틀린 것은?
① 항공기 격납고
② 방송용 송·수신탑
③ 연면적이 400제곱미터 이상인 건축물
④ 지하층 또는 무창층이 있는 건축물로서 바닥면적이 50제곱미터 이상인 층이 있는 것
　　　　　　　　　　　　　　　　　　　　　　　　　　　150제곱미터

건축허가등을 할 때 미리 소방본부장 또는 소방서장의 동의를 받아야 하는 건축물 등의 범위
1. **연면적이 400제곱미터 이상**인 건축물이나 시설 → ③
   다만, 다음의 어느 하나에 해당하는 건축물이나 시설은 **예외적으로** 해당 시설에서 정한 기준 이상인 건축물이나 시설로 한다.
   - 건축등을 하려는 **학교시설** : **100제곱미터**
   - **노유자**시설 및 **수련시설** : **200제곱미터**
   - **정신의료기관**(입원실이 없는 정신건강의학과 의원은 제외) : **300제곱미터**
   - **장애인 의료재활시설**(이하 "의료재활시설"이라 한다) : **300제곱미터**
2. **지하층** 또는 **무창층**이 있는 건축물로서 바닥면적이 **150제곱미터**(공연장의 경우에는 **100제곱미터**) 이상인 층이 있는 것 → ④
3. **차고·주차장**으로 사용되는 바닥면적이 **200제곱미터** 이상인 층이 있는 건축물이나 주차시설
4. 층수가 **6층** 이상인 건축물
5. **항공기 격납고**, 관망탑, 항공관제탑, **방송용 송수신탑** → ①, ②

함께공부

건축허가등의 권한이 있는 행정기관이, 소방본부장이나 소방서장에게 건축허가등의 동의를 받는다.
① 건축물 등의 신축·증축·개축·재축·이전·용도변경 또는 대수선의 허가·협의 및 사용승인(**건축허가등**)의 권한이 있는 행정기관은 건축허가등을 할 때 미리 그 건축물 등의 시공지 또는 소재지를 관할하는 **소방본부장이나 소방서장의 동의를 받아야** 한다.
② 건축물 등의 증축·개축·재축·용도변경 또는 대수선의 **신고를 수리할 권한이 있는 행정기관**은 그 신고를 수리하면 그 건축물 등의 시공지 또는 소재지를 관할하는 소방본부장이나 **소방서장에게 지체 없이 그 사실을 알려야** 한다.

문장이 답인 문제 ★★

49 소방시설공사업법령에 따른 완공검사를 위한 현장확인 대상 특정소방대상물의 범위기준으로 틀린 것은?

① 연면적 1만제곱미터 이상이거나 11층 이상인 특정소방대상물(아파트는 제외)
② 가연성가스를 제조·저장 또는 취급하는 시설 중 지상에 노출된 가연성가스탱크의 저장용량 합계가 1천톤 이상인 시설
③ 호스릴 방식의 소화설비가 설치되는 특정소방대상물
④ 문화 및 집회시설, 종교시설, 판매시설, 노유자시설, 수련시설, 운동시설, 숙박시설, 창고시설, 지하상가

완공검사를 위한 현장확인 대상 특정소방대상물의 범위
: 공사업자는 소방시설공사를 완공하면 소방본부장 또는 소방서장의 완공검사를 받아야 한다.
1. 종교시설, 수련시설, 노유자시설, 숙박시설, 창고시설, 문화 및 집회시설, 판매시설, 지하상가, 운동시설, 다중이용업소
   [암기법] 종수 노숙 창문판 지운다 10개
2. 다음의 어느 하나에 해당하는 설비가 설치되는 특정소방대상물
   가. 스프링클러설비등
   나. 물분무등소화설비(호스릴 방식의 소화설비는 제외)
3. 연면적 1만제곱미터 이상이거나 11층 이상인 특정소방대상물(아파트는 제외)
4. 가연성가스를 제조·저장 또는 취급하는 시설 중 지상에 노출된 가연성가스탱크의 저장용량 합계가 1천톤 이상인 시설

단어가 답인 문제

50 소방시설 설치 및 관리에 관한 법령상 특정소방대상물의 소방시설 설치의 면제기준에 따를 때 스프링클러설비를 설치면제 받을 수 없는 소방시설은?(단, 발전시설 중 전기저장시설이 아니다.)

① 포소화설비 ② 물분무소화설비 ③ 간이스프링클러설비 ④ 이산화탄소소화설비

특정소방대상물의 소방시설 설치의 면제 기준

설치가 면제되는 소방시설	설치가 면제되는 기준
스프링클러설비	• 스프링클러설비를 설치해야 하는 특정소방대상물(발전시설 중 전기저장시설은 제외한다)에 적응성 있는 자동소화장치 또는 물분무등소화설비를 화재안전기준에 적합하게 설치한 경우에는 그 설비의 유효범위에서 설치가 면제된다. • 스프링클러설비를 설치해야 하는 전기저장시설에 소화설비를 소방청장이 정하여 고시하는 방법에 따라 설치한 경우에는 그 설비의 유효범위에서 설치가 면제된다.

※ 물분무 등 소화설비 : ①물분무소화설비 / ②미분무소화설비 / ③포소화설비 / ④이산화탄소소화설비 / ⑤할론소화설비 / ⑥할로겐화합물 및 불활성기체소화설비 / ⑦분말소화설비 / ⑧강화액소화설비 / ⑨고체에어로졸소화설비
※ 자동소화장치 : 소화약제를 자동으로 방사하는 고정된 소화장치로서 그 종류로는... 주거용·상업용 주방자동소화장치, 캐비닛형·가스·분말·고체에어로졸 자동소화장치가 있다.

함 께 공 부

- **포소화설비** : 수조로부터 공급된 물과 포약제 저장탱크에서 공급된 포원액을, 혼합기(프로포셔너)에서 믹싱해 포수용액을 만들어, 포 방출구에서 공기와 섞어진 후 발포되어 거품을 방사하는 형태의 소화설비로서 유류탱크 등 위험물에 주로 사용된다.
- **물분무소화설비** : 물을 안개모양으로 방사해 가스와 비슷한 형태를 가지므로, 전기의 부도체(전기가 통하지 않는 물체 = 비전도성)로서 전기시설물에 설치가 가능한 자동식 수계소화설비
- **간이 스프링클러설비** : 간이스프링클러설비는 스프링클러설비의 간소화 설비로서 다중이용업소 등 비교적 작은 특정소방대상물에 설치되는 자동식 소화설비이다.
- **이산화탄소 소화설비** : 탄산가스(CO_2)를 소화약제로 이용하여 화재를 진압하는 가스계 소화설비로서 CO_2는 화학적으로 안정된 불연성가스이고, 화재실에 CO_2약제를 방출하면 공기중의 산소농도를 떨어트려 소화하는 질식소화가 대표적인 소화효과이다. 약제 저장방식(저장온도)에 따라 고압식설비와 저압식설비(영하 18℃이하)로 구분된다.

단어가 답인 문제 ★★

51 소방시설 설치 및 관리에 관한 법령상 대통령령 또는 화재안전기준이 변경되어 그 기준이 강화되는 경우 기존 특정소방대상물의 소방시설 중 강화된 기준을 적용할 수 있는 소방시설은? (단, 건축물의 신축·개축·재축·이전 및 대수선 중인 특정소방대상물을 포함한다.)

① 제연설비 ② 비상경보설비
③ 옥내소화전설비 ④ 화재조기진압용 스프링클러설비

소방본부장이나 소방서장은 **대통령령 또는 화재안전기준이 변경되어 그 기준이 강화되는 경우** 기존의 특정소방대상물(건축물의 신축·개축·재축·이전 및 대수선 중인 특정소방대상물을 포함)의 소방시설에 대하여는 변경 전의 대통령령 또는 화재안전기준을 적용한다. 다만, **다음에 해당하는 소방시설의 경우에는 대통령령 또는 화재안전기준의 변경으로 강화된 기준을 적용할 수 있다.**
→ 소화기구 / 비상경보설비 / 자동화재탐지설비 / 자동화재속보설비 / 피난구조설비

함께공부

- 제연설비
  - 제연이란 **연기를 제어**한다는 의미로서... 화재실에 **신선한 공기를 급기**하고, **발생된 연기를 배기(배출)**하는 것을 제연이라 한다.
  - 구획(구역)을 나누(가두)어서 연기를 배출(배기)하거나, 신선한 공기를 급기(유입)하여 소화활동 및 피난을 용이하게 만드는 설비
- 비상경보설비 : 화재발생 상황을 발신기의 누름스위치를 눌러서 수동으로 벨(경종) 또는 사이렌으로 경보하는 설비
- 옥내소화전설비 : 화재발생시 옥내소화전함을 개방하여 방수구와 연결된 호스를 전개한 후 앵글밸브를 개방하고, 화점을 향해 노즐을 개방하여 방사하는 형태의 수동식 수계소화설비
- 화재조기진압용 스프링클러설비 : 랙크식창고(천장고가 높고 다량의 가연성 물품을 보관하고 있는 창고)에 설치하는 소화설비로서 화재초기에 헤드의 빠른 동작과, 높은 압력, 큰물방울을 방사해 조기에 진화할 수 있도록 설계된 스프링클러설비이다.

숫자가 답인 문제 ★

52 소방시설 설치 및 관리에 관한 법령상 시·도지사가 소방시설등의 자체점검을 하지 아니한 **관리업자에게 영업정지를 명할 수 있으나, 이로 인해 이용자에게 불편을 줄 때**에는 영업정지처분을 갈음하여 과징금 처분을 한다. **과징금의 기준**은?

① 1000만원 이하 ② 2000만원 이하 ③ **3000만원 이하** ④ 5000만원 이하

- 시·도지사는 **소방시설관리업자가 등록의 취소와 영업정지 사유에 해당하는 경우**에는 행정안전부령으로 정하는 바에 따라 그 **등록을 취소하거나 6개월 이내의 기간을 정하여 이의 시정이나 그 영업의 정지를 명할 수 있다.**
- 시·도지사는 영업정지를 명하는 경우로서 그 영업정지가 이용자에게 **불편을 주거나** 그 밖에 **공익을 해칠 우려가 있을 때에는 영업정지처분을 갈음하여 3천만원 이하의 과징금을 부과할 수 있다.**

단어가 답인 문제 ★

53 위험물안전관리법령상 **위험물별 성질로서 틀린 것**은?

① 제1류 : 산화성 고체 ② 제2류 : 가연성 고체 ③ 제4류 : 인화성 액체 ④ **제6류 : 인화성 고체**
　　　산화성 액체

위험물
- 인화성(점화원에 의해 불이 붙는) 또는 발화성(스스로 불이 붙는) 등의 성질을 가지는 것으로서 대통령령으로 정하는 물품
- 위험물은 물리적·화학적 성질에 따라 제1류 ~ 제6류 위험물로 구분한다.

① **제1류 위험물 ⇨ 산화성 고체** [가연물을 산화시키는 고체]
　산소를 함유하고 있어 가연물과 접촉시 산소공급원의 기능을 하는 고체로서 ~~염류, 무기과산화물 등이 해당된다.

② **제2류 위험물 ⇨ 가연성 고체** [일반 환원성 가연물]
　일반적으로 불에 타는 가연성고체 물질로서 황, 인, 금속분류 등이 해당된다.

③ **제3류 위험물 ⇨ 자연발화성 및 금수성 물질** [황린제외 모두 금속]
　황린(P_4)이 대표적인 자연발화성물질이고, 나머지는 모두 물에 급격히 반응하여 열을 발생하는 금속(금수성)으로서 칼륨, 나트륨, 리튬, 알루미늄 등이 해당된다.

④ **제4류 위험물 ⇨ 인화성 액체** [유류 등]
　인화의 위험성이 높은 기름 등으로서 특수인화물, 제1석유류~제4석유류, 알코올류, 동식물유류 등으로 구분하며, 1석유류~3석유류는 물에녹는 수용성액체와 녹지않는 비수용성 액체로 구분된다.

⑤ **제5류 위험물 ⇨ 자기반응성 물질** [폭발성 물질]
　가연물질내에 산소를 함유하고 있어 스스로 폭발적으로 반응하는 물질로서, 질산에스테르류, 유기과산화물, 니트로화합물 등 폭발성 물질이 해당된다.

⑥ **제6류 위험물 ⇨ 산화성 액체** [가연물을 산화시키는 액체]
　산소를 함유하고 있어 가연물과 접촉시 산소공급원의 기능을 하는 액체로서 질산, 과산화수소, 과염소산 등이 해당된다.

암기팁! 1류 산고 / 2류 가고 / 3류 자금 / 4류 인화 / 5류 자기 / 6류 산화
　　➡ 산고 가고(산에 가고) / 자금 인화(자금을 인화해서) / 자기 산화(자기에게 산화시킨다)

숫자가 답인 문제 ★★★

54 소방시설 설치 및 관리에 관한 법령상 소방시설등의 종합점검 대상기준에 맞게 ( )에 들어갈 내용으로 옳은 것은?

> 물분무등소화설비[호스릴(hose reel) 방식의 물분무등소화설비만을 설치한 경우는 제외한다]가 설치된 연면적 ( ) 이상인 특정소방대상물(제조소등은 제외한다)

① 2000 m² ② 3000 m² ③ 4000 m² ④ 5000 m²

- 스프링클러설비가 설치된 모든 특정소방대상물은 **종합점검 대상**에 해당한다.
- 물분무등소화설비가 설치된 연면적 **5,000㎡ 이상**인 특정소방대상물(제조소등 제외)은 **종합점검 대상**에 해당한다.

함께공부

1. **종합점검**: 소방시설등의 작동점검을 포함하여 소방시설등의 설비별 주요 구성 부품의 구조기준이 화재안전기준과 건축법 등 관련 법령에서 정하는 기준에 적합한 지 여부를 소방청장이 정하여 고시하는 소방시설등 종합점검표에 따라 점검하는 것을 말하며, 다음과 같이 구분한다.
   ① **최초점검**: 특정소방대상물의 소방시설등이 신설되어 소방시설이 새로 설치되는 경우… 건축법에 따라 건축물이 사용승인 되어 건축물을 사용할 수 있게 된 날부터 60일 이내 점검하는 것을 말한다.
   ② **그 밖의 종합점검**: 최초점검을 제외한 종합점검을 말한다.
2. **종합점검 제외 대상**
   - 호스릴방식의 물분무등소화설비만을 설치한 경우는 제외
   - 물분무등소화설비가 설치된 제조소등은 제외
   - 다중이용업의 영업장 중 비디오물소극장업은 제외
   - 공공기관 중 소방대가 근무하는 공공기관은 제외
   - 제연설비가 설치되지 않은 터널

단어가 답인 문제

55 소방시설 설치 및 관리에 관한 법령상 펄프공장의 작업장, 음료수 공장의 충전을 하는 작업장 등과 같이 화재안전기준을 적용하기 어려운 특정소방대상물에 설치하지 않을 수 있는 소방시설의 종류가 아닌 것은?

① 상수도소화용수설비 ② 스프링클러설비 ③ 연결송수관설비 ④ 연결살수설비

소방시설을 설치하지 않을 수 있는 특정소방대상물 및 소방시설의 범위		
구분	특정소방대상물	설치하지 않을 수 있는 소방시설
화재안전기준을 적용하기 어려운 특정소방대상물	펄프공장의 작업장, 음료수 공장의 세정 또는 충전을 하는 작업장, 그 밖에 이와 비슷한 용도로 사용하는 것	스프링클러설비, 상수도소화용수설비 및 연결살수설비

함께공부

- **상수도 소화용수설비**: 화재진압용도의 소방차는 물탱크 내에 물을 저장하고 있으나, 그 물만으로는 부족하기 때문에… 건축물 지하에 매설된 상수도를 이용하여 물을 추가로 공급받아야 한다. 상수도를 이용해 수돗물을 공급받는 방식은… 지상식소화전, 지하식소화전, 급수탑으로 구분된다.
- **스프링클러설비**: 화재발생시 화재를 자동으로 감지하여 피난을 위한 경보를 발하고, 습식 · 건식 · 준비작동식 · 일제살수식 밸브가 개방되면, 유수의 흐름으로 인하여 펌프가 기동되고, 개방된 헤드를 통해 소화수를 방수하여 소화하는 자동식 수계소화설비
- **연결송수관설비**: 소방차에서 연결송수관 송수구에 물을 공급하면 그 공급된 물을, 연결송수관설비 방수구에 호스를 연결하여 옥내소화전처럼 사용하는 소방대 전용 설비로써, 고층부 화재진압에 효과적인 본격 화재진압설비
- **연결살수설비**: 소방대의 진입이 곤란한 지하등의 장소(부분)에, 소방차에서 송수구에 물을 공급하면, 그 공급된 물이 헤드를 통하여 방수되어 화재를 진압하는 설비

단어가 답인 문제 ★★★

56 화재의 예방 및 안전관리에 관한 법령에 따른 특수가연물의 기준 중 다음 ( ) 안에 알맞은 것은?

품명	수량
나무껍질 및 대팻밥	(ⓐ) kg 이상
면화류	(ⓑ) kg 이상

① ⓐ 200, ⓑ 400 ② ⓐ 200, ⓑ 1000 ③ ⓐ 400, ⓑ 200 ④ ⓐ 400, ⓑ 1000

특수가연물 품명별 수량기준 → 나사면이 / 넝볏사천 / 가고삼천 / 석만 / 가이목십 / 합발이십

품명		수량	암기법
나무껍질 및 대팻밥		400 kg 이상	나사
면화류		200 kg 이상	면이
넝마 및 종이부스러기		1,000 kg 이상	넝볏사 천
볏짚류		1,000 kg 이상	
사류(실)		1,000 kg 이상	
가연성 고체류		3,000 kg 이상	가고 삼천
석탄·목탄류		10,000 kg 이상	석만
가연성 액체류		2 m³ 이상	가이
목재가공품 및 나무부스러기		10 m³ 이상	목십
합성수지류	발포시킨 것	20 m³ 이상	합발 이십
	그 밖의 것	3,000 kg 이상	

문장이 답인 문제 ★★

57 화재의 예방 및 안전관리에 관한 법령상 화재안전조사위원회의 위원에 해당하지 아니하는 사람은?

① 소방기술사
② 소방시설관리사
③ 소방 관련 분야의 석사학위 이상을 취득한 사람
④ 소방 관련 법인 또는 단체에서 소방 관련 업무에 3년 이상 종사한 사람
　　　　　　　　　　　　　　　　　　　　　　　　5년

화재안전조사위원회의 구성 : 화재안전조사위원회는 **위원장 1명**을 포함하여 **7명 이내의 위원**으로 성별을 고려하여 구성한다.
• 위원회의 **위원장**은 **소방관서장**이 된다.
• 위원회의 **위원**은 다음에 해당하는 사람 중에서 소방관서장이 임명하거나 위촉한다.
　- **과장급 직위 이상**의 **소방공무원**
　- **소방기술사**
　- 소방시설**관리사**
　- 소방 관련 분야의 **석사 이상** 학위를 취득한 사람
　- **소방 관련 법인 또는 단체**에서 소방 관련 업무에 **5년 이상** 종사한 사람
　- 소방공무원 교육훈련기관, 고등교육법의 학교 또는 연구소에서 소방과 관련한 교육 또는 연구에 5년 이상 종사한 사람

단어가 답인 문제 ★★

58 위험물안전관리법령상 소화 난이도 등급 I 의 **옥내탱크저장소에서 유황만을 저장·취급할 경우** 설치하여야 하는 **소화설비로 옳은 것은?**

① 물분무소화설비　② 스프링클러설비　③ 포소화설비　④ 옥내소화전설비

소화 난이도 등급 I 에 해당하는 제조소등에 설치해야 하는 소화설비

제조소등의 구분	저장·취급 물질	소화설비
옥내탱크저장소	유황만을 저장·취급하는 것	물분무소화설비

함께공부

• **물분무소화설비** : 물을 안개모양으로 방사해 가스와 비슷한 형태를 가지므로, 전기의 부도체(전기가 통하지 않는 물체 = 비전도성)로서 전기시설물에 설치가 가능한 자동식 수계소화설비
• **스프링클러설비** : 화재발생시 화재를 자동으로 감지하여 피난을 위한 경보를 발하고, 습식·건식·준비작동식·일제살수식 밸브가 개방되면, 유수의 흐름으로 인하여 펌프가 기동되고, 개방된 헤드를 통해 소화수를 방수하여 소화하는 자동식 수계소화설비
• **포소화설비** : 수조로부터 공급된 물과 포약제 저장탱크에서 공급된 포원액을, 혼합기(프로포셔너)에서 믹싱해 포수용액을 만들어, 포 방출구에서 공기와 섞어진 후 발포되어 거품을 방사하는 형태의 소화설비로서 유류탱크 등 위험물에 주로 사용된다.
• **옥내소화전설비** : 화재발생시 옥내소화전함을 개방하여 방수구와 연결된 호스를 전개한 후 앵글밸브를 개방하고, 화점을 향해 노즐을 개방하여 방사하는 형태의 수동식 수계소화설비

59 소방시설공사업법령상 하자보수를 하여야 하는 소방시설 중 하자보수 보증기간이 3년이 아닌 것은? ★★

① 자동소화장치　　② 비상방송설비　　③ 스프링클러설비　　④ 상수도소화용수설비

하자보수 대상 소방시설과 하자보수 보증기간
1. 피난기구, 유도등, 유도표지, 비상경보설비, 비상조명등, 비상방송설비 및 무선통신보조설비 : 2년
2. 자동소화장치, 옥내소화전설비, 스프링클러설비, 간이스프링클러설비, 물분무등소화설비, 옥외소화전설비, 자동화재탐지설비, 상수도소화용수설비 및 소화활동설비(무선통신보조설비는 제외) : 3년

암기팁! 피난유도 무선비상 2년

함께공부
- **자동소화장치** : 소화약제를 자동으로 방사하는 고정된 소화장치로서 그 종류로는… 주거용·상업용 주방자동소화장치, 캐비닛형·가스·분말·고체에어로졸 자동소화장치가 있다.
- **비상방송설비** : 화재신호 수신후, 화재상황을 자동 또는 수동으로 방송을 통해 알리는 설비
- **스프링클러설비** : 화재발생시 화재를 자동으로 감지하여 피난을 위한 경보를 발하고, 습식·건식·준비작동식·일제살수식 밸브가 개방되면, 유수의 흐름으로 인하여 펌프가 기동되고, 개방된 헤드를 통해 소화수를 방수하여 소화하는 자동식 수계소화설비
- **상수도 소화용수설비** : 화재진압용도의 소방차는 물탱크 내에 물을 저장하고 있으나, 그 물만으로는 부족하기 때문에… 건축물 지하에 매설된 상수도를 이용하여 물을 추가로 공급받아야 한다. 상수도를 이용해 수돗물을 공급받는 방식은… 지상식소화전, 지하식소화전, 급수탑으로 구분된다.

60 소방기본법령상 소방대장은 화재, 재난·재해 그 밖의 위급한 상황이 발생한 현장에 소방활동구역을 정하여 소방활동에 필요한 자로서 대통령령으로 정하는 사람 외에는 그 구역에의 출입을 제한할 수 있다. 다음 중 소방활동구역에 출입할 수 없는 사람은? ★

① 소방활동구역 안에 있는 소방대상물의 소유자·관리자 또는 점유자
② 전기·가스·수도·통신·교통의 업무에 종사하는 사람으로서 원활한 소방활동을 위하여 필요한 사람
③ 시·도지사가 소방활동을 위하여 출입을 허가한 사람
④ 의사·간호사 그 밖의 구조·구급업무에 종사하는 사람

1. **소방대장** → 소방본부장 또는 소방서장 등 화재, 재난·재해, 그 밖의 위급한 상황이 발생한 현장에서 소방대를 지휘하는 사람
2. 소방대장은 화재, 재난·재해, 그 밖의 위급한 상황이 발생한 현장에 **소방활동구역**을 정하여 소방활동에 필요한 사람으로서 **대통령령으로 정하는 사람** 외에는 그 **구역에 출입하는 것을 제한**할 수 있다.
3. 위에서 "대통령령으로 정하는 사람"이란?
   ① 소방활동구역 안에 있는 소방대상물의 소유자·관리자 또는 **점유자**
   ② 전기·가스·수도·통신·교통의 업무에 종사하는 사람으로서 원활한 소방활동을 위하여 필요한 사람
   ③ 의사·간호사 그 밖의 구조·구급업무에 종사하는 사람
   ④ 취재인력 등 보도업무에 종사하는 사람
   ⑤ 수사업무에 종사하는 사람
   ⑥ 그 밖에 **소방대장이** 소방활동을 위하여 **출입을 허가**한 사람

4과목 소방기계시설의 구조및원리

✔ 이것이 혁신이다! 기출문제 + 답이색해설

숫자가 답인 문제 ★★★

61 화재조기진압용 스프링클러설비의 화재안전기준상 헤드의 설치기준 중 ( ) 안에 알맞은 것은?

헤드 하나의 방호면적은 (ⓐ)㎡ 이상 (ⓑ)㎡ 이하로 할 것

① ⓐ 2.4, ⓑ 3.7   ② ⓐ 3.7, ⓑ 9.1   ③ **ⓐ 6.0, ⓑ 9.3**   ④ ⓐ 9.1, ⓑ 13.7

- **스프링클러설비** : 화재발생시 화재를 자동으로 감지하여 피난을 위한 경보를 발하고, 습식·건식·준비작동식·일제살수식 밸브가 개방되면, 유수의 흐름으로 인하여 펌프가 기동되고, 개방된 헤드를 통해 소화수를 방수하여 소화하는 자동식 수계소화설비
- **스프링클러 헤드** : 스프링클러에서 나오는 물을, 빗방울 형태로 대량으로 뿌리면서 방수하는 역할을 하는 부분을 말한다.
- **화재조기진압용 스프링클러설비** : 랙크식창고(천장고가 높고 다량의 가연성 물품을 보관하고 있는 창고)에 설치하는 소화설비로서 화재초기에 헤드의 빠른 동작과, 높은 압력, 큰물방울을 방사해 조기에 진화할 수 있도록 설계된 스프링클러설비이다.
- **화재조기진압용 스프링클러헤드** : 화재위험이 높은 특정 장소에 대하여 조기에 진화할 수 있도록 설계된 스프링클러헤드를 말한다.
- **배관의 종류** : 배관이란 물이 이송되는 관을 말한다.
  - 주배관 : 각 층을 수직으로 관통하는 수직배관(입상관)
  - 수평주행배관 : 교차배관에 급수하는 배관
  - 교차배관 : 직접 또는 수직배관을 통하여 가지배관에 급수하는 배관
  - 가지배관 : 헤드가 설치되어 있는 배관

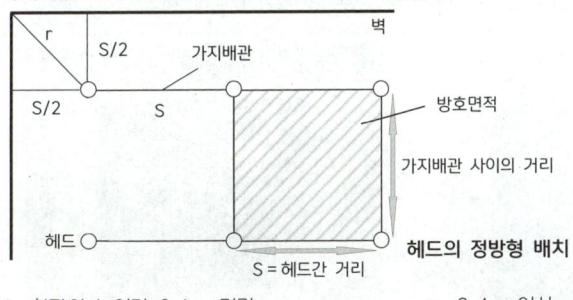

* 헤드 정방형(정사각형) 배치 공식 → S [헤드간 거리(m)]
  = 2 × r [유효반경=수평거리(m)] × cos45°

* 화재조기진압용 스프링클러설비는 가지배관 사이의 거리와 헤드 사이의 거리가 동일하게 규정되어 있다.
  이는 헤드를 정방형으로 설치하라는 의미이다.

1. 천장의 높이가 9.1m 미만 → 2.4m 이상 ~ 3.7m 이하
2. 천장의 높이가 9.1m 이상 ~ 13.7m 이하 → 2.4m 이상 ~ 3.1m 이하 [천장이 높으면 위험하므로... 헤드거리 가깝게]
3. 헤드 하나의 방호면적(S^2) → 6.0㎡(2.4^2=5.76) 이상 ~ 9.3㎡(3.1^2=9.61) 이하

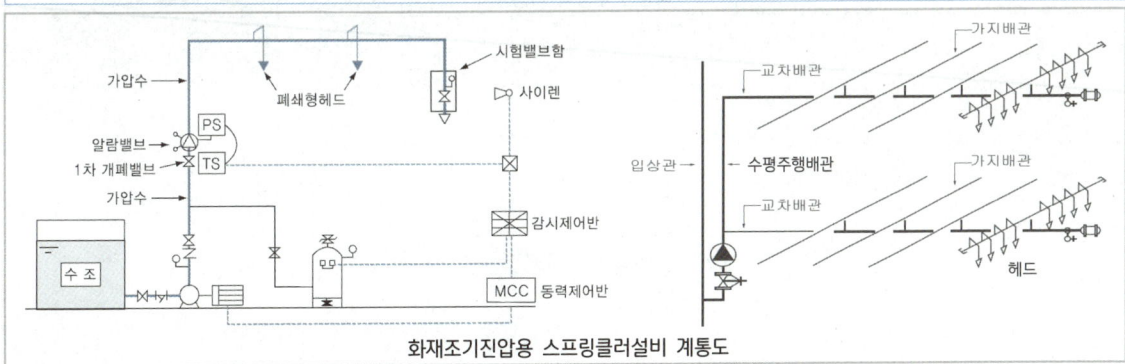

화재조기진압용 스프링클러설비 계통도

문장이 답인 문제 ★

62 분말소화설비의 화재안전기준상 수동식 기동장치의 부근에 설치하는 비상스위치에 대한 설명으로 옳은 것은?

① 자동복귀형 스위치로서 수동식 기동장치의 타이머를 순간정지 시키는 기능의 스위치를 말한다.
② 자동복귀형 스위치로서 수동식 기동장치가 수신기를 순간정지 시키는 기능의 스위치를 말한다.
③ 수동복귀형 스위치로서 수동식 기동장치의 타이머를 순간정지 시키는 기능의 스위치를 말한다.
④ 수동복귀형 스위치로서 수동식 기동장치가 수신기를 순간정지 시키는 기능의 스위치를 말한다.

- **분말소화설비** : 분말소화설비는 미세한 분말입자를 별도 추진가스(질소 또는 이산화탄소)의 압력으로 방사하여 소화하는 설비이다.
- **가압방식**(압력을 가하여 약제를 이송하는 방식)에 따라 축압식설비(추진가스 약제용기내 같이)와 가압식설비(추진가스 별도용기에 따로)로 구분
- **수동식 기동장치** : 자동식인 분말소화설비를... 사람이 수동으로 기동시킬 수 있는 장치
- **수신기** : 감지기나 발신기에서 보내는 화재신호를 직접수신하거나 또는 중계기를 통해 수신하여 화재발생을 표시하고, 경보(주경종 울림)하여 주는 장치

가스계설비의 비상스위치(= 방출지연 비상정지 스위치 = Abort Switch)
- 수동식 기동장치(수동조작함)의 부근에는 소화약제의 방출을 지연시킬 수 있는 비상스위치를 설치하여야 한다. 비상스위치는 **자동복귀형** 스위치로서 수동식 기동장치의 **타이머를 순간 정지**시키는 기능의 스위치이다.
- **설치목적** : 감지기가 화재를 감지하거나, 수동식 기동장치를 조작하였을 경우... 곧 바로 설비가 기동되지 않고, 타이머에 의해 설정된 시간이 흐른 후 설비가 기동된다. 이는 방호구역 내부의 사람들이 안전하게 대피할 시간을 확보해 주기 위함이다. 하지만 미처 대피하지 못한 사람이 있을 때 소화약제가 방사되면 피해가 발생하게 되므로, 비상스위치를 통해 타이머를 정지시켜 소화약제의 방출을 지연시키는 역할을 한다.
- **작동메커니즘** : 비상스위치(Abort S/W)는... 누르고 있으면 설비의 기동이 정지되며, 손을 떼면 자동으로 복귀되는 스위치이다. 즉, 비상스위치를 누르면 타이머 시간이 정지 되었다가, 누르고 있던 손을 떼면 다시 타이머 시간이 진행 된다. 만일 설정된 타이머 시간이 60초인데, 30초가 지난 후 비상스위치를 누르면... 타이머의 시간이 더 이상 흐르지 않는다. 비상스위치를 누르고 있는 상태에서 사람이 모두 대피한 것을 확인한 후, 비상스위치에서 손을 떼면 그 때부터 남아있는 30초가 흐르게 된다.

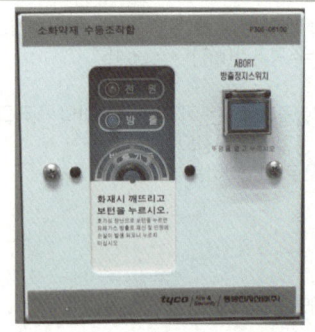  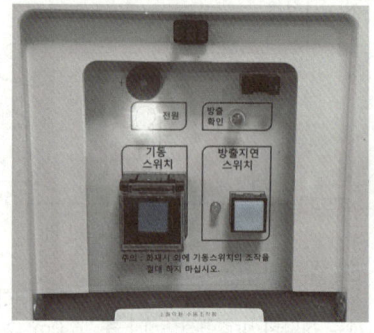

다양한 수동식 기동장치

> 문장이 답인 문제

63 할론소화설비의 화재안전기준상 화재표시반의 설치기준이 아닌 것은?

① 소화약제 방출지연 비상스위치를 설치할 것
② 소화약제의 방출을 명시하는 표시등을 설치할 것
③ 수동식 기동장치는 그 방출용 스위치의 작동을 명시하는 표시등을 설치할 것
④ 자동식 기동장치는 자동·수동의 절환을 명시하는 표시등을 설치할 것

- **할론(Halon)소화설비** : 할론소화설비는 할로겐족원소(F, Cl, Br, I) 중 하나 이상을 포함하고 있는 할론2402($C_2F_4Br_2$), 할론1211(CF_2ClBr), 할론1301(CF_3Br) 소화약제를 이용하여 화재를 진압하는 가스계 소화설비이다.
- **수동식 기동장치** : 자동식인 할론소화설비를… 사람이 수동으로 기동시킬 수 있는 장치
- **자동화재탐지설비** : 화재를 자동으로 감지하여 벨(경종), 사이렌, 섬광으로 경보하여 피난을 유도하는 설비로서, 하나의 건물내에 경계구역(=화재감지구역=화재경보구역)을 여러개 나누어서 화재구역과 비화재구역으로 구분하여 제어하는 설비이다.

1. 소화약제 **방출지연 비상스위치**(자동복귀형 스위치로서 수동식 기동장치의 타이머를 순간정지 시키는 기능의 스위치)는 **수동식 기동장치(수동조작함)에 설치되는 스위치**이다. 따라서 표시등의 점등과 관련된 화재표시반과는 관련이 없다.
2. **화재표시반**(제어반에서의 신호를 수신하여 작동하는 기능을 가진 것)의 표시등
   - 소화약제의 방출을 명시하는 표시등
   - 수동식 기동장치는 그 방출용스위치의 작동을 명시하는 표시등
   - 자동식 기동장치는 자동·수동의 절환(자동과 수동을 바꾸는)을 명시하는 표시등
   ※ 자동화재탐지설비 수신기가 화재표시반의 기능을 가지고 있는 것은 별도로 화재표시반을 설치하지 아니할 수 있다.

> 단어가 답인 문제 ★★★

64 피난기구의 화재안전기준상 노유자시설의 4층 이상 10층 이하에서 적응성이 있는 피난기구가 아닌 것은?

① 피난교 ② 다수인피난장비 ③ 승강식피난기 ④ 미끄럼대

- **피난교** : 2개의 건축물을 연결하여 (옥상층 또는 건축물의 중간 외벽에 설치된 개구부) 화재 발생 시 옆 건축물로 피난하기 위해 설치하는 **피난다리**로서, 구성은 교각·바닥판·난간 등으로 되어 있다.
- **다수인 피난장비** : 2인 이상의 피난자가 동시에 사용할 수 있는 피난기구로서 화재층에서 여러 명이 한꺼번에 탑승한 후 탑승자들의 무게에 의해 무동력으로 서서히 하강할 수 있는 장비로서, 고층건물의 매층마다 서로 교차되지 않게 탑승기를 설치해야 하고 1회만 탑승할 수 있다. 이 장비의 기본원리는 완강기에서 사용하는 것과 같은 로프에 의해 지상층으로 피난장비를 하강시키는 구조이다.
- **승강식피난기** : 대피실 내에 설치되며, 상층부에서 승강식 피난기에 올라서면, 사용자의 몸무게에 의하여 자동으로 아래층으로 하강하고, 내려서면 스스로 상승하여 연속적으로 사용할 수 있는… 최상층에서 피난층까지 엇갈리며 내려가게 설치된 무동력 피난기로서 탑승판(하강구=개구부에 설치), 손잡이 막대, 하강 시 속도를 조절할 몸체의 3부분으로 구성된 간단한 구조이다.
- **미끄럼대** : 미끄럼대는 지붕이 개방되고 난간이 설치된 구조이며… 미끄럼면이 직선으로 구성된 직선형 미끄럼대, 미끄럼면이 나선으로 구성된 나선형 미끄럼대, 미끄럼대의 형상이 반원통으로 둘러싸인 반원통형 미끄럼대로 구분된다.

소방대상물의 설치장소별 피난기구의 적응성 → 4층 이상 부터는 너무 높아서… 노유자가 미끄럼대를 타기 위험하다.

설치장소별 구분	층별	1층	2층	3층	4층 이상 10층 이하
1. 노유자시설		미끄럼대 구조대 피난교 다수인피난장비 승강식피난기	미끄럼대 구조대 피난교 다수인피난장비 승강식피난기	미끄럼대 구조대 피난교 다수인피난장비 승강식피난기	구조대[1] 피난교 다수인피난장비 승강식피난기

※ 비고 : 1)구조대의 적응성은 장애인 관련 시설로서 주된 사용자 중 스스로 피난이 불가한 자가 있는 경우 추가로 설치하는 경우에 한한다.

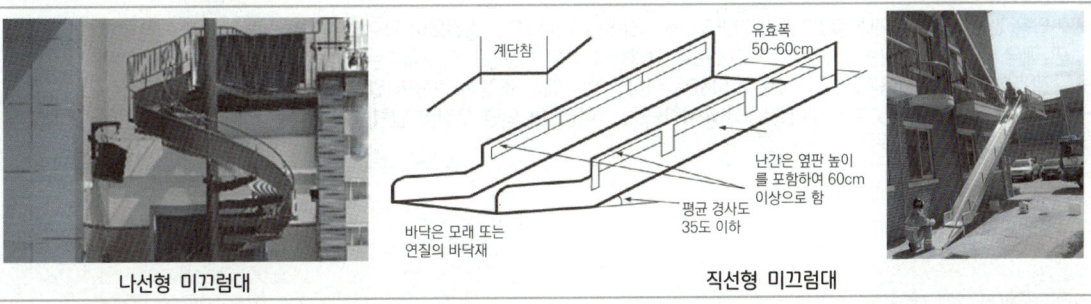

나선형 미끄럼대 / 직선형 미끄럼대

함께공부

소방대상물의 설치장소별 피난기구의 적응성

설치장소별 구분	1층	2층	3층	4층 이상 10층 이하
1. 노유자시설	미끄럼대 구조대 피난교 다수인피난장비 승강식피난기	미끄럼대 구조대 피난교 다수인피난장비 승강식피난기	미끄럼대 구조대 피난교 다수인피난장비 승강식피난기	구조대[1] 피난교 다수인피난장비 승강식피난기
2. 의료시설·근린생활시설 중 입원실이 있는 의원·접골원·조산원			미끄럼대 구조대 피난교 피난용트랩 다수인피난장비 승강식피난기	구조대 피난교 피난용트랩 다수인피난장비 승강식피난기
3. 「다중이용업소의 안전관리에 관한 특별법 시행령」 제2조에 따른 다중이용업소로서 영업장의 위치가 4층 이하인 다중이용업소		미끄럼대 피난사다리 구조대 완강기 다수인피난장비 승강식피난기	미끄럼대 피난사다리 구조대 완강기 다수인피난장비 승강식피난기	미끄럼대 피난사다리 구조대 완강기 다수인피난장비 승강식피난기
4. 그 밖의 것			미끄럼대 피난사다리 구조대 완강기 피난교 피난용트랩 간이완강기[2] 공기안전매트[3] 다수인피난장비 승강식피난기	피난사다리 구조대 완강기 피난교 간이완강기[2] 공기안전매트[3] 다수인피난장비 승강식피난기

※ 비고
1) 구조대의 적응성은 장애인 관련 시설로서 주된 사용자 중 스스로 피난이 불가한 자가 있는 경우 추가로 설치하는 경우에 한한다.
2) 간이완강기의 적응성은 숙박시설의 3층 이상에 있는 객실에 한한다.   3) 공기안전매트의 적응성은 공동주택에 추가로 설치하는 경우에 한한다.

숫자가 답인 문제 ★★

65 분말소화설비의 화재안전기준상 다음 ( ) 안에 알맞은 것은?

> 분말소화약제의 가압용가스 용기에는 ( )의 압력에서 조정이 가능한 압력조정기를 설치하여야 한다.

① 2.5 MPa 이하   ② 2.5 MPa 이상   ③ 25 MPa 이하   ④ 25 MPa 이상

- **분말소화설비** : 분말소화설비는 미세한 분말입자를 별도 추진가스(질소 또는 이산화탄소)의 압력으로 방사하여 소화하는 설비이다.
- **가압방식**(압력을 가하여 약제를 이송하는 방식)에 따라 축압식설비(추진가스 약제용기내 같이)와 가압식설비(추진가스 별도용기에 따로)로 구분
- **가압용가스 용기** : 분말소화약제는 스스로의 압력으로 이송될 수 없으므로, 고압의 가압원이 필요하다. 그에 따라 자체 증기압이 높은 **가압용가스(질소 또는 이산화탄소)**를 이용하여 분말을 이송해야 한다. 이 때 별도의 가압용 가스용기를 부설하여... 분말약제 탱크로 가스를 인입시켜 이송하는 방식을 가압식설비라 한다.

압력조정기
→ 가압용 가스용기의 용기내 질소가스가 일반적으로 15MPa의 고압으로 충전되어 있으므로 이를 그대로 약제 저장용기내로 공급하면 매우 위험하므로 사용압력인 1.5~2MPa로 감압하여 약제 저장용기에 보내주는 역할을 하는 것이 압력조정기이다.
→ 분말소화약제의 가압용가스 용기에는 **2.5MPa 이하**의 압력에서 조정이 가능한 압력조정기를 설치하여야 한다.
→ 압력조정기는 압력을 낮추는 것이 본래의 목적이므로..."이상"이 되면 오히려 압력을 높인다는 의미가 되기 때문에, "이하"가 맞는 말이 된다.

압력조정장치
- 1차는 15MPa, 2차는 2.5MPa용으로 사용하며, 질소 가압용기 1병마다 1개씩 설치한다.
- 약제탱크의 내압이 낮을 때에는 질소가스를 공급하고 소정의 압력이 되면 공급을 정지한다.

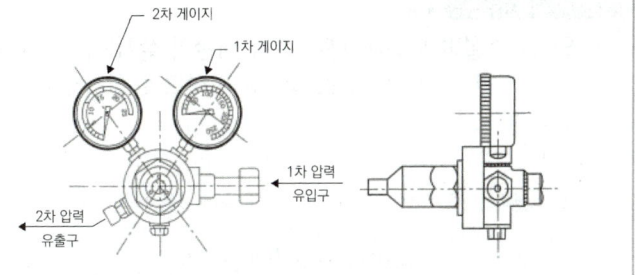

숫자가 답인 문제 ★★★

66 스프링클러설비의 화재안전기준상 개방형스프링클러설비에서 하나의 방수구역을 담당하는 헤드의 개수는 최대 몇 개 이하로 해야 하는가? (단, 방수구역은 나누어져 있지 않고 하나의 구역으로 되어 있다.)

① 50   ② 40   ③ 30   ④ 20

- **스프링클러설비** : 화재발생시 화재를 자동으로 감지하여 피난을 위한 경보를 발하고, 습식·건식·준비작동식·일제살수식 밸브가 개방되면, 유수의 흐름으로 인하여 펌프가 기동되고, 개방된 헤드를 통해 소화수를 방수하여 소화하는 자동식 수계소화설비
- **헤드** : 빗방울 형태로 대량으로 물을 뿌리면서 방수하는 역할을 하는 장치
  - **폐쇄형헤드** : 정상상태에서 방수구를 막고 있는 감열체가 일정온도에서 자동적으로 파괴·용해 또는 이탈됨으로써 방수구가 개방되는 헤드(화재시 개방된 헤드에서만 물이 방수된다)
  - **개방형헤드** : 감열체 없이 방수구가 항상 열려져 있는 헤드(화재시 설치된 모든 헤드에서 물이 방수된다)
- **방수구역(일제개방밸브 사용)**
  - 스프링클러설비 소화범위에 따라... 건물내 층별, 헤드수별(헤드 50개 이하)로 나누어진 하나의 영역을 말한다.
  - 개방형 스프링클러헤드를 사용하는(일제살수식) 설비의 구역을 방수구역이라 한다.
- **일제개방밸브** : 개방형스프링클러헤드를 사용하는 일제살수식 스프링클러설비에 설치하는 밸브로서 화재발생 시 자동 또는 수동식 기동장치에 따라 밸브가 열리는 것을 말한다.
- **일제살수식 스프링클러설비** : 가압송수장치에서 일제개방밸브 1차 측까지 배관 내에 항상 물이 가압되어 있고, 2차 측에서 개방형 스프링클러헤드까지 대기압으로 있다가, 화재발생시 자동감지장치 또는 수동식 기동장치의 작동으로 일제개방밸브가 개방되면, 스프링클러헤드까지 소화용수가 송수되어, 하나의 방수구역 내 전체 헤드에서 일제히 살수하는 방식의 스프링클러설비

하나의 방수구역을 담당하는 헤드의 개수는 **50개 이하**로 할 것.
다만, 2개 이상의 방수구역으로 나눌 경우에는 하나의 방수구역을 담당하는 헤드의 개수는 25개 이상으로 할 것

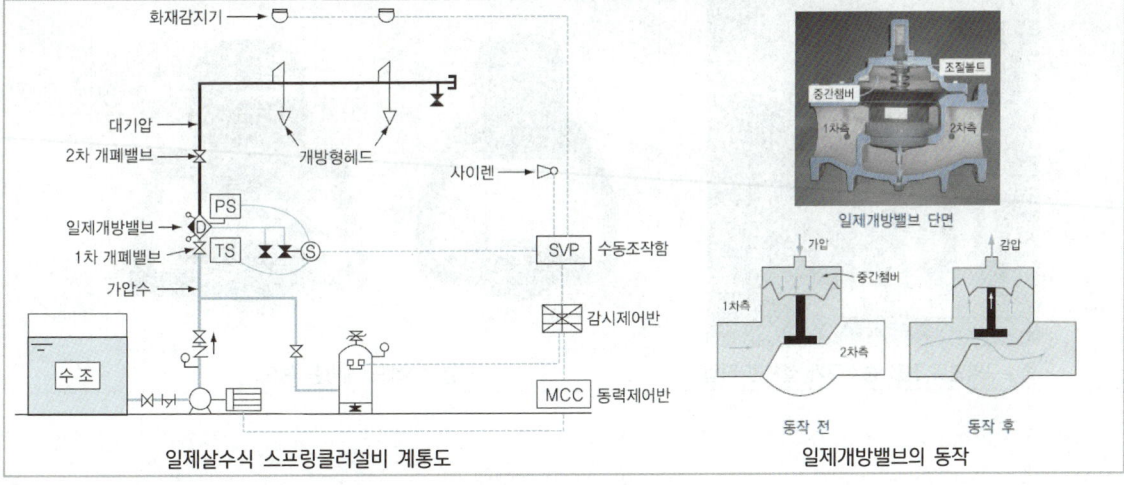

일제살수식 스프링클러설비 계통도 / 일제개방밸브 단면 / 일제개방밸브의 동작

숫자가 답인 문제 ★★

67 연결살수설비의 화재안전기준상 배관의 설치기준 중 하나의 배관에 부착하는 살수헤드의 개수가 3개인 경우 배관의 구경은 최소 몇 mm 이상으로 설치해야 하는가? (단, 연결살수설비 전용 헤드를 사용하는 경우이다.)

① 40　　　② 50　　　③ 65　　　④ 80

- **연결살수설비** : 소방대의 진입이 곤란한 지하등의 장소(부분)에, 소방차에서 송수구에 물을 공급하면, 그 공급된 물이 헤드를 통하여 방수되어 화재를 진압하는 설비(소방대가 도착하여 송수구에 물을 공급하기 전까지는 무용지물인 설비이다)
- **헤드** : 빗방울 형태로 대량으로 물을 뿌리면서 방수하는 역할을 하는 장치
  - **폐쇄형헤드** : 정상상태에서 방수구를 막고 있는 감열체가 일정온도에서 자동적으로 파괴·용해 또는 이탈됨으로써 방수구가 개방되는 헤드(화재시 개방된 헤드에서만 물이 방수된다)
  - **개방형헤드** : 감열체 없이 방수구가 항상 열려져 있는 헤드(화재시 설치된 모든 헤드에서 물이 방수된다)

배관에 부착하는 살수헤드의 개수에 따른 배관의 구경(mm) – 연결살수설비 전용헤드를 사용하는 경우

하나의 배관에 부착하는 살수헤드의 개수	1개	2개	3개	4개 또는 5개	6개 이상 10개 이하
배관의 구경(mm)	32	40	50	65	80

※ 개방형헤드를 사용하는 연결살수설비에 있어서 **하나의 송수구역**에 설치하는 살수헤드의 수는 **10개 이하**가 되도록 한다.

답이담김! 4개 또는 5개 65mm ➡ 456 (사오륙)

선택밸브 타입 연결살수설비

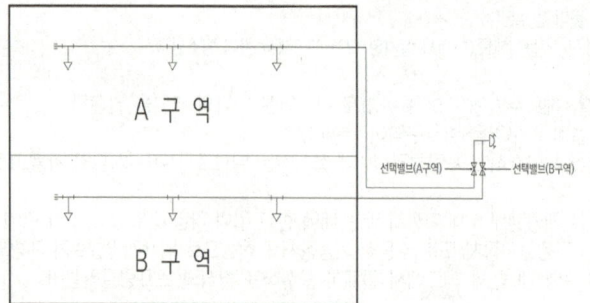

쌍구형 송수구 1개에 선택밸브(개폐밸브) 2개가 연결되어 있음(해당 송수구역만 개방하여 살수)

송수구역별로 전용 송수구가 설치된 타입

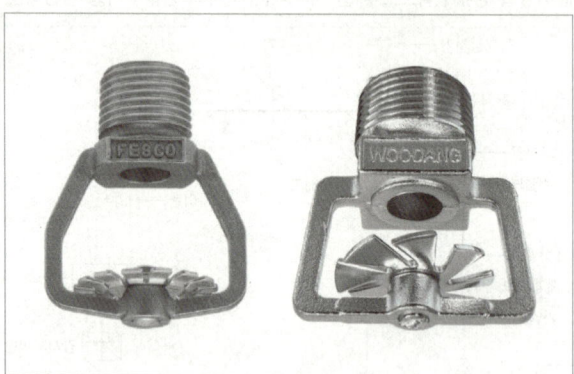

연결살수헤드(개방형 헤드)

문장이 답인 문제 ★★

68 이산화탄소소화설비의 화재안전기준상 수동식 기동장치의 설치기준에 적합하지 않은 것은?

① 전역방출방식에 있어서는 방호대상물마다 설치
　　　　　　　　　　　　　　　　방호구역
② 전기를 사용하는 기동장치에는 전원표시등을 설치할 것
③ 기동장치의 조작부는 바닥으로부터 높이 0.8m 이상 1.5m 이하의 위치에 설치하고, 보호판 등에 따른 보호장치를 설치할 것
④ 기동장치의 방출용 스위치는 음향경보장치와 연동하여 조작될 수 있는 것으로 할 것

- **이산화탄소 소화설비** : 탄산가스(CO_2)를 소화약제로 이용하여 화재를 진압하는 가스계 소화설비로서 CO_2는 화학적으로 안정된 불연성가스이고, 화재실에 CO_2약제를 방출하면 공기중의 산소농도를 떨어트려 소화하는 질식소화가 대표적인 소화효과이다. 약제 저장방식(저장온도)에 따라 고압식설비와 저압식설비(영하 18℃이하)로 구분된다.
- **수동식 기동장치** : 자동식인 이산화탄소 소화설비를... 사람이 수동으로 기동시킬 수 있는 장치
- **전역방출방식** : 고정식 이산화탄소 공급장치에 배관 및 분사헤드를 고정 설치하여, **밀폐 방호구역 전체**에 이산화탄소를 방출하는 설비
- **국소방출방식** : 고정식 이산화탄소 공급장치에 배관 및 분사헤드를 설치하여 **직접 화점**에 이산화탄소를 방출하는 설비로 화재발생 부분에만 집중적으로 소화약제를 방출하도록 설치하는 방식

이산화탄소 소화설비의 수동식 기동장치 설치기준
수동식 기동장치의 부근에는 소화약제의 방출을 지연시킬 수 있는 비상스위치(자동복귀형 스위치로서 수동식 기동장치의 타이머를 순간정지시키는 기능의 스위치)를 설치하여야 한다.
- **전역**(밀폐 방호구역 전체)방출방식 → **방호구역**(소화범위에 따라 나누어진 소화가 필요한 구역)마다... 수동식 기동장치 설치
- **국소**(전체 가운데 어느 한 곳)방출방식 → **방호대상물**(소화가 필요한 하나의 대상물)마다... 수동식 기동장치 설치
- 기동장치의 **조작부**는 바닥으로부터 **높이 0.8m 이상 1.5m 이하의 위치**에 설치하고, 보호판 등에 따른 보호장치를 설치할 것

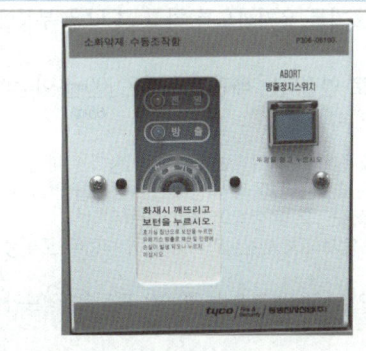

다양한 수동식 기동장치

문장이 답인 문제

69 옥내소화전설비의 화재안전기준상 옥내소화전펌프의 후드밸브를 소방용 설비 외의 다른 설비의 후드밸브보다 낮은 위치에 설치한 경우의 유효수량으로 옳은 것은? (단, 옥내소화전설비와 다른 설비 수원을 저수조로 겸용하여 사용한 경우이다.)

① 저수조의 바닥면과 상단 사이의 전체 수량
② 옥내소화전설비 후드밸브와 소방용 설비 외의 다른 설비의 후드밸브 사이의 수량
③ 옥내소화전설비의 후드밸브와 저수조 상단 사이의 수량
④ 저수조의 바닥면과 소방용 설비 외의 다른 설비의 후드밸브 사이의 수량

- **옥내소화전설비** : 화재발생시 옥내소화전함을 개방하여 방수구와 연결된 호스를 전개한 후 앵글밸브를 개방하고, 화점을 향해 노즐을 개방하여 방사하는 형태의 수동식 수계소화설비
- **수원** : 물이 저장된 곳(**수조에 저장할 물의 양**)
- **후드밸브** : 펌프 정지시 흡입관내에 물을 가두어 두는 체크밸브 기능을 하는 밸브로서... 펌프가 수원보다 높게 설치되어 있을 때, 흡입관내에 물을 가두어 두는 역할을 한다. 반대로 펌프가 수원보다 아래에 있다면... 흡입관은 항상 물이 채워져 있을 수밖에 없기 때문에 후드밸브는 필요치 않다.

후드밸브는 그 위쪽의 물을 흡입하는 것이므로... 소화펌프 후드밸브 아래는 당연히 사용할 수 없다. 또한 다른설비 후드밸브 위쪽 또한 그 설비가 흡입하는 것이므로 사용할 수 없다. 따라서, 유효수량은 아래 그림과 같이 두 후드밸브 사이의 수량이 된다.

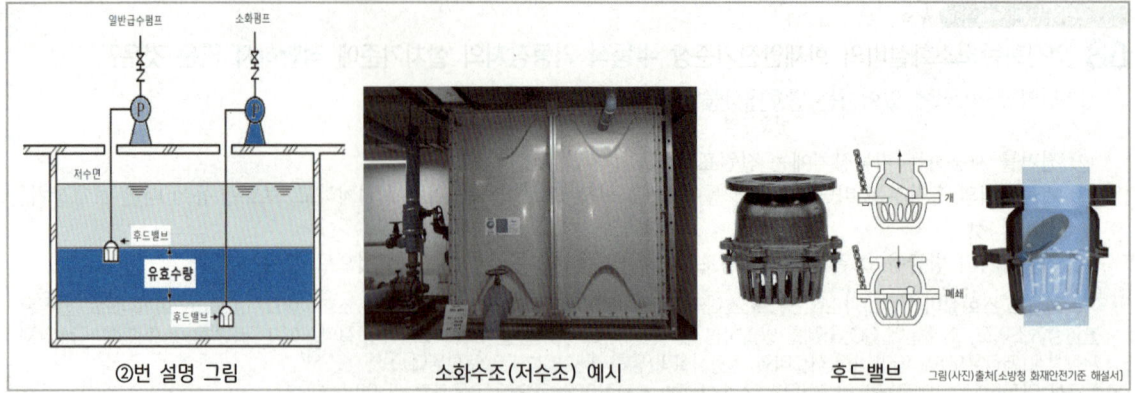

②번 설명 그림   소화수조(저수조) 예시   후드밸브   그림(사진)출처[소방청 화재안전기준 해설서]

문장이 답인 문제 ★

70 포소화설비의 화재안전기준상 포소화설비의 배관 등의 설치기준으로 옳은 것은?

① 포워터스프링클러설비 또는 포헤드설비의 가지배관의 배열은 토너먼트방식으로 한다.
　　　　　　　　　　　　　　　　　　　　　　　　　토너먼트방식이 아니어야

② 송액관은 겸용으로 하여야 한다. 다만, 포소화전의 기동장치의 조작과 동시에 다른 설비의 용도에 사용하는 배관의
　　　　　　전용
　송수를 차단할 수 있거나, 포소화설비의 성능에 지장이 없는 경우에는 전용으로 할 수 있다.
　　　　　　　　　　　　　　　　　　　　　　　　　　　　다른 설비와 겸용

③ **송액관은 포의 방출 종료 후 배관 안의 액을 배출하기 위하여 적당한 기울기를 유지하도록 하고 그 낮은 부분에 배액밸브를 설치하여야 한다.**

④ 연결송수관설비의 배관과 겸용할 경우의 주배관은 구경 65㎜ 이상, 방수구로 연결되는 배관의 구경은 100㎜ 이상의
　　　　　　　　　　　　　　　　　　　　　　　　100㎜　　　　　　　　　　　　　　　　　　　　65㎜
　것으로 하여야 한다.

- **송액관** : 포수용액(물+포원액)을 포방출장치(포헤드, 포워터스프링클러헤드, 고정포방출구, 폼모니터, 포노즐)로 이송하는 배관
- **포소화설비** : 수조로부터 공급된 물과 포약제 저장탱크에서 공급된 포원액을, 혼합기(프로포셔너)에서 믹싱해 포수용액을 만들어, 포 방출구에서 공기와 섞여진 후 발포되어 거품을 방사하는 형태의 소화설비로서 유류탱크 등 위험물에 주로 사용된다.
  - **포워터 스프링클러설비(포워터스프링클러헤드 사용)** : 일제살수식스프링클러설비와 유사하며 포소화약제와 물이 혼합된 포수용액이 헤드를 통해 방사된다.
  - **포헤드 설비(포헤드 사용)** : 포워터스프링클러설비와 유사한 구조이고, 유류화재와 같은 평면화재에 사용되며, 주로 화재강도가 낮은 장소에 설치하는 설비이다.
  - **포소화전설비**
    ◦ 옥내·외 소화전설비와 비슷한 구조이나, 포소화약제가 혼합된 포수용액이… 유입된 공기와 혼합한 후, 특수한 포노즐을 통해 포를 형성하여… 방호대상물을 수동으로 소화하는 방식이다.
    ◦ 포소화약제와 물이 혼합된 포수용액이 포소화전방수구, 호스 및 이동식포노즐을 통해 방사되어 소화한다.
  - **압축공기포소화설비** : 포소화약제와 물이 혼합된 포수용액에 압축공기 또는 압축질소를 일정한 비율로 혼합하여 방출하는 설비
- **연결송수관설비** : 소방차에서 연결송수관 송수구에 물을 공급하면 그 공급된 물을, 연결송수관설비 방수구에 호스를 연결하여 옥내소화전처럼 사용하는 소방대 전용 설비로써, 고층부 화재진압에 효과적인 본격 화재진압설비
  - **방수구** : 소화용수를 방수하기 위하여 건물내 벽 또는 구조물의 벽에 설치하는 관에 연결된 배관구멍
  - **송수구** : 소화용수를 보급하기 위하여 건물 외벽 또는 구조물의 외벽에 설치하는 배관과 연결된 구멍

① 압축공기포소화설비의 배관은 **토너먼트방식**으로 하여야 하고 소화약제가 균일하게 방출되는 등거리 배관구조로 설치하여야 한다.
　→ 압축공기포소화설비의 경우 포수용액에 압축공기를 주입하여 방출 시 급격한 방출이 이루어지므로 방출구에서의 균등한 방사가 되어야만 소방대상물을 적정히 방호할 수 있다. 따라서, 마찰손실이 적은 트리(Tree) 배관방식이 아닌 마찰손실을 감수하더라도 토너먼트방식으로 설계하여 방출하도록 규정하고 있다.

　토너먼트 배관방식

② 송액관은 **전용**으로 하여야 한다.
　다만, 포소화전의 기동장치의 조작과 동시에 다른 설비의 용도에 사용하는 배관의 송수를 차단할 수 있거나, 포소화설비의 **성능에 지장이 없는 경우에는 다른 설비와 겸용**할 수 있다.

④ 연결송수관설비와 배관을 **겸용**할 경우 → 주배관 : **100㎜** 이상
　　　　　　　　　　　　　　　　　　　→ 방수구로 연결되는 배관(가지배관) : **65㎜** 이상

③ **송액관**은 포의 방출 종료후 배관안의 액을 배출하기 위하여 적당한 기울기를 유지하도록 하고 그 낮은 부분에 배액밸브를 설치하여야 한다.

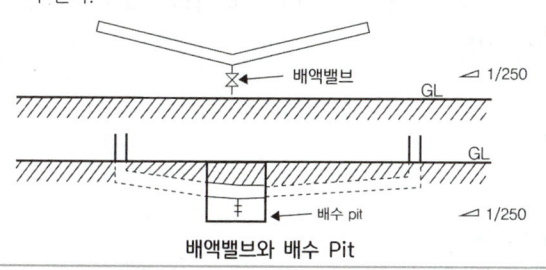

- 배관 내에 포 수용액이 남아 있으면, 강철 등의 배관에 부식이 발생되므로, **배관의 낮은 곳에 배액밸브**를 설치하여 배관 내의 포 수용액을 배수시키도록 하여야 한다.
- 배관내를 청소하거나 배관내의 **잔류액을 배출하기 위하여 설치하는 것이 배액밸브**로서, 배액밸브 아래쪽에는 배수 pit를 설치하여 포 수용액을 배출시키도록 한다.
- 배액이 되도록 하기 위해 **배관의 적당한 기울기**를 주어야 한다.

문장이 답인 문제 ★★

71 물분무소화설비의 화재안전기준상 송수구의 설치기준으로 틀린 것은?

① 구경 65mm의 쌍구형으로 할 것
② 지면으로부터 높이가 0.5m 이상 1m 이하의 위치에 설치할 것
③ 송수구는 하나의 층의 바닥면적이 1500㎡를 넘을 때마다 1개(5개를 넘을 경우에는 5개로 한다) 이상을 설치할 것
　　　　　　　　　　　　　　　3,000㎡
④ 가연성가스의 저장·취급시설에 설치하는 송수구는 그 방호대상물로부터 20m 이상의 거리를 두거나 방호대상물에 면하는 부분이 높이 1.5m 이상, 폭 2.5m 이상의 철근콘크리트 벽으로 가려진 장소에 설치할 것

- **물분무 소화설비** : 물을 안개모양으로 방사해 가스와 비슷한 형태를 가지므로, 전기의 부도체(전기가 통하지 않는 물체 = 비전도성)로서 전기시설물에 설치가 가능한 자동식 수계소화설비
- **송수구** : 소화설비에 소화용수를 보급하기 위하여 건물 외벽 또는 구조물의 외벽에 설치하는 배관과 연결된 구멍
- **자동배수밸브** : 송수구와 연결된 배관에 물이 채워져 있으면, 겨울철에 동결의 우려가 있으므로… 자동배수밸브를 통해 배관내 물을 자동으로 배수한다.
- **체크밸브** : 유체를 한쪽 방향으로만 흐르게 하는 역류방지밸브로서 소방차가 물을 송출할 때… 소방차 쪽으로 물이 역류되면 소방차 펌프에 부담이 갈 수 있기 때문에 체크밸브를 설치하여 소방차 펌프의 부담을 덜어준다.

물분무소화설비 송수구 → 하나의 층의 바닥면적 3,000㎡ 마다 1개 이상 (5개를 넘을 경우에는 5개로 한다)
☞ 스프링클러설비의 방호구역이 3,000㎡로 규정되어 있어… 물분무설비 송수구의 구역 또한 3,000㎡ 로 규정하였다.

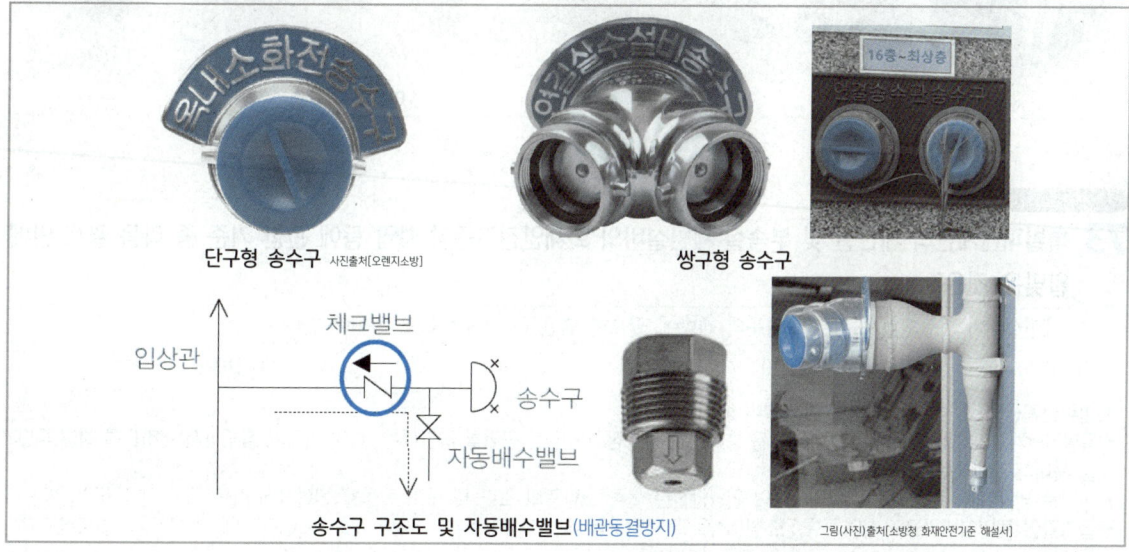

문장이 답인 문제

72 미분무소화설비의 화재안전기준상 미분무소화설비의 성능을 확인하기 위하여 하나의 발화원을 가정한 설계도서 작성 시 고려하여야 할 인자를 모두 고른 것은?

> ㉠ 화재 위치
> ㉡ 점화원의 형태
> ㉢ 시공 유형과 내장재 유형
> ㉣ 초기 점화되는 연료 유형
> ㉤ 공기조화설비, 자연형(문, 창문) 및 기계형 여부
> ㉥ 문과 창문의 초기상태(열림, 닫힘) 및 시간에 따른 변화상태

① ㉠, ㉢, ㉥   ② ㉠, ㉡, ㉢, ㉤   ③ ㉠, ㉡, ㉣, ㉤, ㉥   ④ ㉠, ㉡, ㉢, ㉣, ㉤, ㉥

- **미분무** : 물만을 사용하여 소화하는 방식으로 최소설계압력에서 헤드로부터 방출되는 물 입자 중 99%의 누적체적분포가 400μm 이하로 분무되고 A,B,C급 화재에 적응성을 갖는 것을 말한다.
- **미분무소화설비** : 가스계 소화설비의 대체설비로서 개발된 소화설비이며, ABC급 화재에 적응성이 있고, 가압된 물이 헤드(head) 통과 후 미세한 입자로 분무됨으로써 소화성능을 가지는 설비를 말하며, 소화력을 증가시키기 위해 강화액 등을 첨가할 수 있다.
- **설계도서** : 특정소방대상물의 점화원, 연료의 특성과 형태 등에 따라서 발생할 수 있는 화재의 유형이 고려되어 작성된 것

미분무소화설비의 성능을 확인하기 위하여 하나의 발화원을 가정한 설계도서 작성기준
(설계도서 작성시 고려하여 설계하여야 하는 항목 6가지)
1. 문과 창문의 초기상태(열림, 닫힘) 및 시간에 따른 변화상태 → 도어체크, 자동폐쇄장치
2. 화재 위치 → 실중앙, 벽, 구석
3. 점화원의 형태 → 화학적(분해열), 기계적(마찰열), 전기적(아크열), 열적(복사열)
4. 초기 점화되는 연료 유형 → 고체, 액체, 기체
5. 시공 유형과 내장재 유형 → 내화·목조, 불연·준불연·난연, 방염
6. 공기조화설비, 자연형(문, 창문) 및, 기계형 여부 → 환기장치, 개구부, 환기구 등으로의 누설 및 폐쇄

참고! 문화점 초시공

미분무헤드   미분무수 방출

숫자가 답인 문제 ★★

73 특별피난계단의 계단실 및 부속실 제연설비의 화재안전기준상 차압 등에 관한 기준 중 다음 괄호 안에 알맞은 것은?

> 제연설비가 가동되었을 경우 출입문의 개방에 필요한 힘은 ( )N 이하로 하여야 한다.

① 12.5   ② 40   ③ 70   ④ 110

특별피난계단의 계단실 및 부속실 제연설비
- 특별피난계단의 계단실·부속실 및 비상용 승강기의 승강장에 신선한 공기를 급기(유입)하여 연기가 침투하지 못하도록 하여 피난을 용이하게 만드는 설비
- 피난로 및 피난공간의 안전성을 확보하여 인명안전은 물론 소방관의 소화 및 구조 활동을 원활하게 하는 데에 그 목적이 있다.
- 급기가압 제연설비라고도 하며... 특정소방대상물의 제연구역 내(계단실, 부속실 또는 비상용승강기의 승강장)에 신선한 공기를 주입하여 옥내(화재발생 부분)보다 압력을 높게 하여 화재 시 발생한 연기 또는 열기가 제연구역으로 확산, 침투하지 못하도록 하는 설비이다.

옥내(거실, 통로 등)에서 발생된 화재로 인해, 제연구역(부속실, 계단실 등)으로 연기가 유입되지 못하도록 하는 방법은... **제연구역의 압력을 옥내보다 높게 유지**(차압)하는 방법이다. 그에 따라 아래와 같은 규정들이 필요하게 된다.
1. 제연구역과 옥내와의 사이에 유지하여야 하는 차압(압력의 차이)
   → **최소차압은 40Pa 이상**
   → 옥내에 **스프링클러설비**가 설치된 경우에는 **12.5Pa** 이상(물이 방수되면 온도가 하강하여 옥내 압력도 하강하기 때문)
2. 제연설비가 가동되었을 경우 출입문의 개방에 필요한 힘은 **110N 이하**로 하여야 한다.
   → 최소차압 기준이 40Pa 이상인데... 압력의 차이를 너무 높이게 되면, 옥내에서 부속실로 피난시 출입문 개방이 어려워지기 때문에... 최대압력 기준을 출입문 개방에 필요한 힘인 110N(힘의 단위) 이하로 규정하였다.

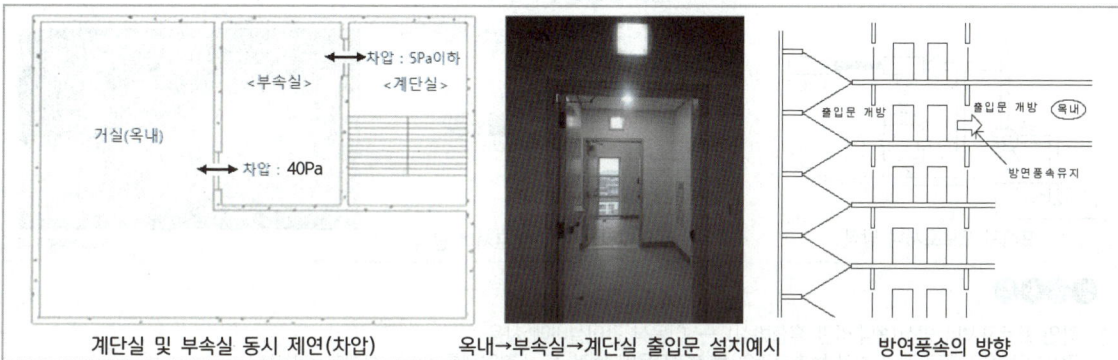

계단실 및 부속실 동시 제연(차압) | 옥내→부속실→계단실 출입문 설치예시 | 방연풍속의 방향

단어가 답인 문제 ★★★

74 포소화설비의 화재안전기준상 펌프의 토출관에 압입기를 설치하여 **포 소화약제 압입용펌프**로 포 소화약제를 압입시켜 **혼합하는 방식**은?

① 라인 푸로포셔너 방식
② 펌프 푸로포셔너 방식
③ 프레져 푸로포셔너 방식
④ **프레져사이드 푸로포셔너 방식**

포소화설비 : 수조로부터 공급된 물과 포약제 저장탱크에서 공급된 포원액을, **혼합기(프로포셔너)**에서 믹싱해 포수용액을 만들어, 포 방출구에서 공기와 섞이진 후 발포되어 거품을 방사하는 형태의 소화설비로서 유류탱크 등 위험물에 주로 사용된다.

포소화설비에서, 포원액(포약제)과 물을 혼합하는 방식이 4가지가 있는데... 그 중 프레져사이드 **프로포셔너**(혼합기) 방식이 어떠한 방식인지 묻는 문제이다.
① 라인 프로포셔너 방식 → **벤추리관** 혼합방식
② 펌프 프로포셔너 방식 → **농도조절밸브** 혼합방식
③ 프레져 프로포셔너 방식 → **벤추리+압력** 혼합방식
④ 프레져사이드 프로포셔너 방식 → **압입용펌프** 혼합방식
   펌프의 토출관에 압입기를 설치하여 포소화약제 압입용펌프로 포 소화약제를 압입시켜 혼합하는 방식
   (펌프2대를 이용해 물과 약제를 별도로 송출해 혼합하는 방식)

💡 프레져 사이드 방식은... 사이드에 압입용펌프가 1대 더 있다.

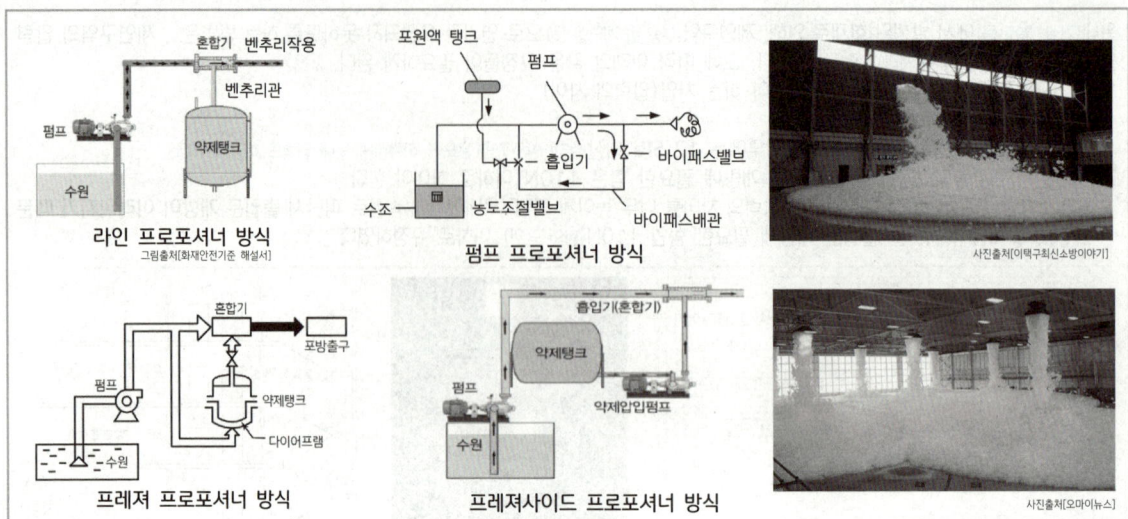

함께공부

1. **라인** 프로포셔너 방식(**벤추리관 혼합방식**) → 이동식 간이설비에 사용
   펌프와 발포기 중간에 설치된 벤추리관의 벤추리작용에 따라 포 소화약제를 흡입·혼합하는 방식
2. **펌프** 프로포셔너 방식(**농도조절밸브 혼합방식**) → 소방자동차에 사용
   펌프의 토출관과 흡입관 사이의 배관 도중에 설치한 흡입기(바이패스 배관상에 설치)에 펌프에서 토출된 물의 일부를 보내고, 농도조절밸브에서 조정된 포 소화약제의 필요량을 포 소화약제 탱크에서 펌프 흡입측으로 보내어 이를 혼합하는 방식
3. **프레져** 프로포셔너 방식(**벤추리+압력 혼합방식**) → 가장 널리 이용됨(주차장 등)
   펌프와 발포기의 중간에 설치된 벤추리관의 벤추리작용과 펌프 가압수의 포 소화약제 저장탱크에 대한 압력(다이아프램)에 따라 포 소화약제를 흡입·혼합하는 방식
4. **프레져사이드** 프로포셔너 방식(**압입용펌프 혼합방식**) → 석유화학공장 등 대단위 설비
   펌프의 토출관에 압입기를 설치하여 포소화약제 압입용펌프로 포 소화약제를 압입시켜 혼합하는 방식
   (펌프2대를 이용해 물과 약제를 별도로 송출해 혼합하는 방식)

숫자가 답인 문제 ★

75 소화기구 및 자동소화장치의 화재안전기준에 따라 다음과 같이 **간이소화용구**를 비치하였을 경우 **능력단위의 합은?**

- 삽을 상비한 마른모래 50L포 2개   - 삽을 상비한 팽창질석 80L포 1개

① 1단위　　　　② 1.5단위　　　　③ 2.5단위　　　　④ 3단위

- **간이소화용구** : 에어로졸식·투척용 소화용구 및 팽창질석·팽창진주암·마른모래 등의 간이소화용구
- **능력단위** : 소화기 및 간이소화용구의 소화능력을 나타내는 수치로서, 법에 따라 형식승인된 수치. 이 능력단위를 산정하기 위해 모형에 의한 소화능력시험을 실시한다.
- **팽창질석, 팽창진주암** : 가열해서 부풀려 가볍게 만든 돌가루

- 소화약제 외의 것을 이용한 간이소화용구의 능력단위

간이소화용구		능력단위
1. 마른모래	삽을 상비한 50 L 이상의 것 1포	0.5단위
2. 팽창질석 또는 팽창진주암	삽을 상비한 80 L 이상의 것 1포	

- 문제의 능력단위 계산
1. 마른모래 50L포 2개 = 0.5단위 × 2 = 1단위
2. 팽창질석 80L포 1개 = 0.5단위 × 1 = 0.5단위
∴ 1단위 + 0.5단위 = 1.5단위

> 마른모래가 더 소화능력이 뛰어나므로... 50리터(더 작은 용량)로 0.5 능력단위를 획득한다.

간이소화용구(에어로졸식)

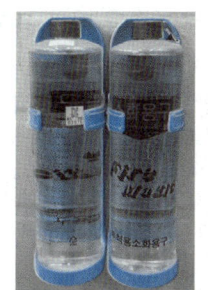
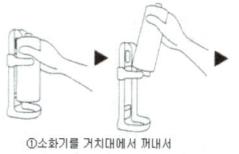
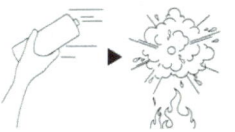
간이소화용구(투척용 소화용구) 그림제공[소방청]

> 숫자가 답인 문제 ★

76 소화수조 및 저수조의 화재안전기준상 연면적이 40,000㎡인 특정소방대상물에 소화용수설비를 설치하는 경우 소화수조의 최소 저수량은 몇 ㎥인가? (단, 지상 1층 및 2층의 바닥면적 합계가 15,000㎡ 이상인 경우이다.)

① 53.3　　　② 60　　　③ 106.7　　　④ 120

- **소화용수설비** : 화재를 진압하는데 필요한 물을 공급하거나 저장하는 설비로서 상수도소화용수설비, 소화수조·저수조 등을 말한다.
  ① **상수도 소화용수설비** : 소방대가 화재진압시 사용하는 소방용수로서, 특정소방대상물의 지하에 지름 75㎜ 이상의 상수도용 배관이 매설된 경우... 그 배관에 지상식소화전, 지하식소화전, 급수탑을 연결하여 소방차에 소화용수를 공급받는 설비이다.
  ② **소화수조 또는 저수조** : 소방대가 화재진압시 사용하는 소방용수가 담긴 수조로서, 소화에 필요한 물을 항시 채워두는 것
- **특정소방대상물** : 소방시설을 설치하여야 하는 소방대상물로서 대통령령으로 정하는 것

소화수조 또는 저수조의 **저수량**은 특정소방대상물의 **연면적**을 다음 표에 따른 **기준면적**으로 나누어 얻은 **수**(소수점이하의 수는 1로 본다)에 **20㎥를 곱한 양 이상**이 되도록 하여야 한다.

소방대상물의 구분	면 적
1층 및 2층의 바닥면적 합계가 15,000㎡ 이상인 소방대상물	7,500㎡
그 밖의 소방대상물	12,500㎡

→ 1층 및 2층의 바닥면적 합계가 15,000㎡ 이상인 소방대상물이므로 기준면적은 7,500㎡ 를 적용한다.

저수량 = $\dfrac{\text{연면적}}{\text{기준면적}}$ = $\dfrac{40,000\,㎡}{7,500\,㎡}$ = 5.33 *소수점이하의 수는 1로 본다 ∴ 6 × 20㎥ = 120㎥

문장이 답인 문제 ★★★

77 소화기구 및 자동소화장치의 화재안전기준에 따른 용어에 대한 정의로 틀린 것은?

① "소화약제"란 소화기구 및 자동소화장치에 사용되는 소화성능이 있는 고체·액체 및 기체의 물질을 말한다.
② "대형소화기"란 화재 시 사람이 운반할 수 있도록 운반대와 바퀴가 설치되어 있고 능력 단위가 A급 20단위 이상, B급 10단위 이상인 소화기를 말한다.
      20단위 → A급 10단위, B급 → 20단위
③ "전기화재(C급 화재)"란 전류가 흐르고 있는 전기기기, 배선과 관련된 화재를 말한다.
④ "능력단위"란 소화기 및 소화약제에 따른 간이소화용구에 있어서는 법 제36조제1항에 따라 형식승인 된 수치를 말한다.

소화기구
- **소화기** : 소화약제를 압력에 따라 방사하는 기구로서, 사람이 수동으로 조작하여 소화약제를 방사하여 소화하는 것 (소형소화기, 대형소화기)
- **간이소화용구** : 에어로졸식·투척용 소화용구 및 팽창질석·팽창진주암·마른모래 등의 간이소화용구
- **자동확산소화기** : 화재를 감지하여 자동으로 소화약제를 방출 확산시켜 국소적으로 소화하는 소화기

- **소형소화기** : 능력단위가 1단위 이상이고 대형소화기의 능력단위 미만인 소화기
- **대형소화기** : 화재 시 사람이 운반할 수 있도록 운반대와 바퀴가 설치되어 있고 능력단위가 A급(일반화재) 10단위 이상, B급(유류화재) 20단위 이상인 소화기
- **능력단위** : 소화기 및 간이소화용구의 소화능력을 나타내는 수치로서, 법에 따라 형식승인된 수치

💡 일반화재(A급)보다 유류화재(B급)가 더 위험하므로... 능력단위가 더 높아야 한다. ➡ A급 10단위 《 B급 20단위

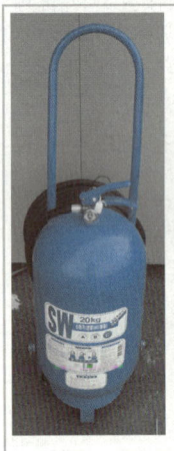 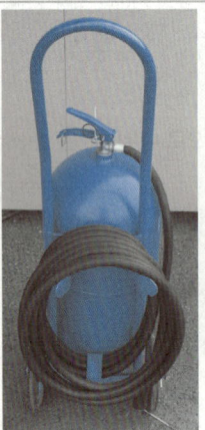 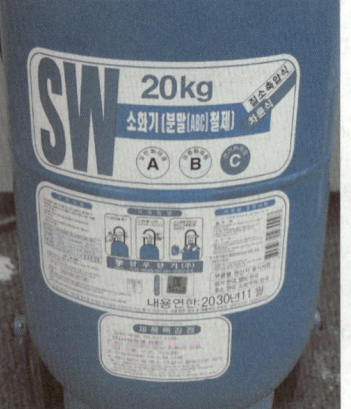 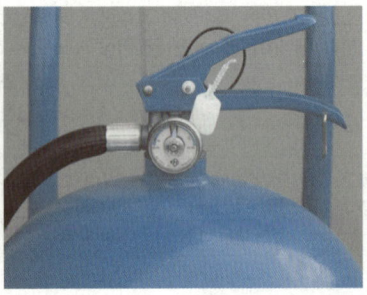

대형소화기

문장이 답인 문제 ★

78 옥내소화전설비의 화재안전기준상 배관 등에 관한 설명으로 옳은 것은?

① 펌프의 토출 측 주배관의 구경은 유속이 초속 5미터 이하가 될 수 있는 크기 이상으로 하여야 한다.
    4미터
② 연결송수관설비의 배관과 겸용할 경우의 주배관은 구경 80밀리미터 이상, 방수구로 연결되는 배관의 구경은 65밀리미터 이상의 것으로 하여야 한다.
    100밀리미터
③ 성능시험배관은 펌프의 토출측에 설치된 개폐밸브 이전에서 분기하여 설치하고, 유량측정장치를 기준으로 전단 직관부에 개폐밸브를 후단 직관부에는 유량조절밸브를 설치하여야 한다.
④ 가압송수장치의 체절운전 시 수온의 상승을 방지하기 위하여 체크밸브와 펌프사이에서 분기한 구경 20밀리미터 이상의 배관에 체절압력 이상에서 개방되는 릴리프밸브를 설치하여야 한다.
                                          미만

- **옥내소화전설비** : 화재발생시 옥내소화전함을 개방하여 방수구와 연결된 호스를 전개한 후 앵글밸브를 개방하고, 화점을 향해 노즐을 개방하여 방사하는 형태의 수동식 수계소화설비
  - 펌프의 토출 측 주배관의 구경 → 유속이 4m/s 이하가 될 수 있는 크기 이상 (유속이 낮을수록 배관의 구경은 커짐)
  - 주배관 중 수직배관 : 각 층을 수직으로 관통하는 수직배관(입상관) → 최소구경 50mm 이상
  - 가지배관 : 옥내소화전 방수구와 연결되어 있는 배관 → 최소구경 40mm 이상
  - 연결송수관설비와 배관을 겸용할 경우
    → 주배관 : 100mm 이상
    → 방수구로 연결되는 배관 : 65mm 이상
- **연결송수관설비** : 소방차에서 연결송수관 송수구에 물을 공급하면 그 공급된 물을, 연결송수관설비 방수구에 호스를 연결하여 옥내소화전처럼 사용하는 소방대 전용 설비로써, 고층부 화재진압에 효과적인 본격 화재진압설비
- **배관** : 물이 이송되는 관

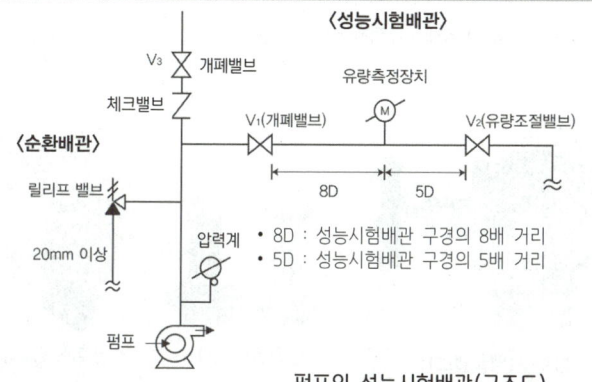

- 성능시험배관은 펌프의 토출측에 설치된 개폐밸브 이전에서 분기하여 설치하고, 유량측정장치를 기준으로 전단 직관부에 개폐밸브를 후단 직관부에는 유량조절밸브를 설치할 것

펌프의 성능시험배관(그림예시)

펌프의 성능시험배관(사진예시)

유량계

함께 공부

가압송수장치의 체절운전시(= 공회전 운전시 = 펌프 테스트운전시) 수온의 상승을 방지하기 위하여... **체크밸브와 펌프사이에서 분기**한 구경 **20밀리미터 이상의 배관**에 **체절압력 미만에서 개방되는 릴리프밸브**를 설치하여야 한다.

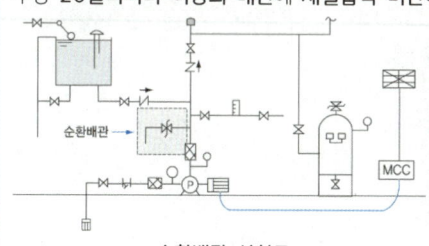

순환배관 설치도

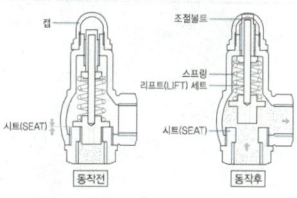

릴리프 밸브 및 구조단면도

- **릴리프밸브**
  - 체절압력 미만의 압력에서 작동하여 소화수를 배출해 펌프를 보호한다.
  - 액체를 방출한다.
  - 소화펌프의 순환배관상에 설치한다.
- **펌프의 체절운전** : 펌프 토출측의 모든 밸브를 폐쇄시킨 상태에서 펌프를 운전하는 것을 체절운전이라 한다. 체절운전시 펌프토출측 압력이 상승하게 되는데 이 때의 압력을 체절압력이라하며 체절압력 미만에서 릴리프밸브가 개방되어 설비를 보호할 수 있어야 한다.

79 소화전함의 성능인증 및 제품검사의 기술기준상 옥내 소화전함의 재질을 합성수지 재료로 할 경우 두께는 최소 몇 mm 이상이어야 하는가?

① 1.5 ② 2.0 ③ 3.0 ④ 4.0

- **옥내소화전설비** : 화재발생시 옥내소화전함을 개방하여 방수구와 연결된 호스를 전개한 후 앵글밸브를 개방하고, 화점을 향해 노즐을 개방하여 방사하는 형태의 수동식 수계소화설비
- **소화전함** : 호스 및 관창(노즐)을 보관하며, 앵글밸브와 연결된 방수구가 있음
- **방수구** : 소화전함 내에 설치되어 있으며, 방수구에 소방호스가 연결되어 있고, 소방호스 끝에 관창(노즐)이 연결되어 있음

소화전함의 재료로 **합성수지**를 사용하는 것 → 두께 **4.0 mm** 이상의 내열성 및 난연성이 있는 것

스테인리스 강판인 소화전함의 두께는 1.5 mm 이상 / 합성수지는 좀 더 약해서 두껍게 4.0 mm 이상

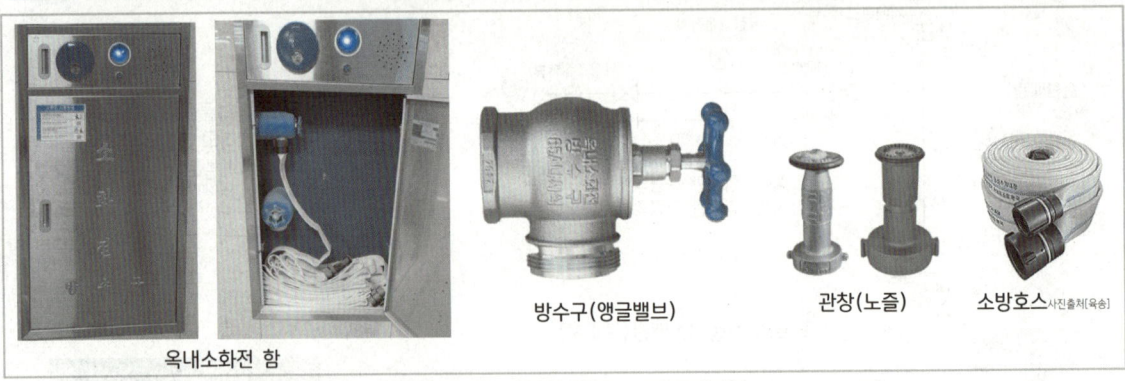

옥내소화전 함 / 방수구(앵글밸브) / 관창(노즐) / 소방호스

단어가 답인 문제 ★

80 소화설비용 헤드의 성능인증 및 제품검사의 기술기준상 소화설비용 헤드의 분류 중 **수류를 살수판에 충돌하여 미세한 물방울을 만드는 물분무헤드** 형식은?

① 디프렉타형 ② 충돌형 ③ 슬리트형 ④ 분사형

문제에서 묻고 있는 것은 **물분무헤드의 종류 5가지**를 묻고 있는 것이다.

물분무헤드의 종류 5가지
① **충돌형** 물분무헤드 : **유수와 유수의 충돌**에 의해 미세한 물방울을 만드는 것으로 작은 오리피스를 통과한 물이 서로 충돌하면서 분무 상태를 형성한다.
② **분사형** 물분무헤드 : **소구경의 오리피스로부터 고압으로 분사**하여 오리피스를 통과하는 순간 미세한 분무형태를 형성하는 것으로 고압분사형 헤드라고도 한다.
③ **선회류형** 물분무헤드 : 선회류에 의해서 확산 방출하거나 **선회류와 직선류의 충돌**에 의해서 확산 방출하여 미세한 물방울을 만드는 것으로 물을 선회시키기 위한 스파이럴이 외부에 노출되어 있는 것과 내부에 내장되어 있는 것이 있다. 그러나 내부에 내장된 것은 공급되는 소화수가 불순물이 많으면 쉽게 헤드가 이물질에 의해서 막히는 단점이 있다.
④ **디플렉터형(디프렉타형)** 물분무헤드 : **수류를 디플렉터**(= 반사판 = 살수판)**에 충돌**시켜 미세한 물방울로 만드는 것으로 외부에 반사판(= 디플렉터 = 살수판)이 설치되어 있다.
⑤ **슬리트형** 물분무헤드 : 수류를 **슬리트**(작고 긴 구멍)에 의해서 **방출**하여 수막상의 분무를 만드는 것으로 이물질에 취약하다.

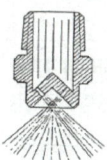 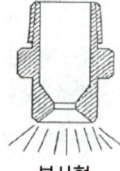   

충돌형   분사형   선회류형   디플렉터형   슬리트형

알기쉬워요 충분선디슬

물분무 소화설비 방수하는 모습의 예

물분무 소화설비 : 물을 안개모양으로 방사해 가스와 비슷한 형태를 가지므로, 전기의 부도체(전기가 통하지 않는 물체 = 비전도성)로서 전기시설물에 설치가 가능한 자동식 수계소화설비

SECTION 18

2021년 제4회 답이색 해설편

A nswer 1과목 소방원론

암기하면서 공부 할 문제

01 소화기구 및 자동소화장치의 화재안전기준에 따르면 소화기구(자동확산소화기는 제외)는 거주자 등이 손쉽게 사용할 수 있는 장소에 바닥으로부터 높이 몇 m 이하의 곳에 비치하여야 하는가?

① 0.5 ② 1.0 ③ **1.5** ④ 2.0

소화기와 간이소화용구는 거주자 등이 손쉽게 사용할 수 있는 장소에 바닥으로부터 높이 **1.5m 이하**의 곳에 비치하여야 한다. 1.5m 보다 높은 곳에 비치하면 여러 가지로 사용하기 불편할 수 있다. 그에 따라 통상적으로 그냥 바닥에 비치하는 경우가 많다.

함께 공부

- **국가화재안전기준**(NFSC, National Fire Safety Code) : 소방청장이 정하여 고시하는 소방시설의 설치 또는 유지·관리 기준
- **소화기구**(자동확산소화기를 제외한다)는 거주자 등이 손쉽게 사용할 수 있는 장소에 바닥으로부터 높이 1.5m 이하의 곳에 비치하고, 소화기에 있어서는 "소화기", 투척용소화용구에 있어서는 "투척용소화용구", 마른모래에 있어서는 "소화용모래", 팽창질석 및 팽창진주암에 있어서는 "소화질석"이라고 표시한 표지를 보기 쉬운 곳에 부착할 것.

소화기구 종류	내 용
소화기	소화약제를 압력에 따라 방사하는 기구로서, 사람이 수동으로 조작하여 소화약제를 방사하여 소화하는 것(소형·대형소화기)
간이소화용구	에어로졸식·투척용 소화용구 및 팽창질석·팽창진주암·마른모래 등의 간이소화용구
자동확산소화기	화재를 감지하여 자동으로 소화약제를 방출 확산시켜 국소적으로 소화하는 소화기

암기하면서 공부 할 문제 ★★★

02 화재의 분류방법 중 유류화재를 나타낸 것은?

① A급 화재 ② **B급 화재** ③ C급 화재 ④ D급 화재

유류화재는 B급 화재로서 황색으로 표시하며, 유류인 가연물을 포(거품)로 덮으면 산소가 차단되어 질식소화 된다.

당가탄! 화재의 종류와 표시색상 : 일 유 전 금 가 주   백 황 청 무 황 -

함께 공부

화재의 분류

종류	표시	표시색상	일반적 소화방법
일반화재	A급	백색	냉각소화
유류화재	B급	황색	질식소화
전기화재	C급	청색	질식소화
금속화재	D급	무색	피복소화
가스화재	E급	황색	질식소화
주방화재	K급	–	질식+냉각소화

> 암기하면서 공부 할 문제 ★★

03 연기감지기가 작동할 정도이고 가시거리가 20 ~ 30m에 해당하는 감광계수는 얼마인가?

① 0.1 m⁻¹   ② 1.0 m⁻¹   ③ 2.0 m⁻¹   ④ 10 m⁻¹

감광계수	가시거리	상황
0.1/m = 0.1m⁻¹ = **0.1**Cs	20 ~ 30 [m]	**연기감지기**가 작동하는(작동하기 직전의) 농도(화재발생 초기의 희미한 연기농도) 건물내부구조에 **익숙하지 않은** 사람이 피난에 지장을 받는 농도
0.3/m = 0.3m⁻¹ = **0.3**Cs	5 [m]	건물내부구조에 **익숙한** 사람이 피난에 지장을 받는 농도
0.5/m = 0.5m⁻¹ = **0.5**Cs	3 [m]	연기로 인해 **어두움**을 느끼는 농도
1.0/m = 1.0m⁻¹ = **1.0**Cs	1 ~ 2 [m]	앞이 거의 **보이지 않을** 정도의 농도
10/m = 10m⁻¹ = **10** Cs	0.2~0.5 [m] 수십cm	화재 **최성기** 때의 연기농도
30/m = 30m⁻¹ = **30** Cs	없음	화재실에서 창문등을 통해 **연기가 분출**될 때의 농도

암기팁! 0.1 ↔ 20~30 / 0.3 ↔ 5 / 0.5 ↔ 3 / 1.0 ↔ 1~2 / 10 ↔ 수십cm ➡ 123 / 35 / 53 / 012 / 10수십

> 함께공부

- **연기감지기**(자동발신) : 화재시 발생하는 연기를 자동으로 감지하여 수신기에 신호를 보내는 장치
- **감광계수**($C_s = m^{-1}$)
  – 연기의 농도에 따른 빛의 투과량을 계산한 농도로, 시야확보가 중요한 화재시에 가장 적절한 연기농도 표현이다.
  – 감광계수로 표시한 연기의 농도와 가시거리(m)는 반비례의 관계(m^{-1})이다.
  – 다시말해, 연기에 빛을 투과하였을 경우, 빛의 감소에 따른 가시거리의 감소를 나타내는 것이 감광계수이다.
- 내화건축물 화재일 경우 **최성기**란 플래쉬오버(실내전체가 폭발적으로 화염에 휩싸이는 화재현상)를 거치면서 실내의 모든 가연물이 화재에 개입되어 연소하는 시기를 말한다.

> 암기하면서 공부 할 문제 ★★

04 소화약제로 사용되는 물에 관한 소화성능 및 물성에 대한 설명으로 틀린 것은?

① 비열과 증발잠열이 커서 냉각소화 효과가 우수하다.
② 물(15℃)의 비열은 약 1 cal/g·℃이다.
③ 물(100℃)의 증발잠열은 439.6 kcal/g이다. 539[kcal/kg]
④ 물의 기화에 의한 팽창된 수증기는 질식소화 작용을 할 수 있다.

① 물의 비열이 1[kcal/kg·℃]로 높고, 증발잠열(기화잠열)이 539[kcal/kg]로 매우 커서, 냉각효과(열을 흡수하는 능력)가 뛰어나다.
② [0℃~100℃ 사이의 온도] 물 1[g]을 1℃ 온도를 올리는데 필요한 에너지(열량)는 1[cal]이다 = 물의 비열은 1[cal/g·℃]이다
③ 100℃의 물 1[kg]을 100℃의 수증기로 변화시키는데 필요한 에너지(열량)는 539 [kcal]가 필요하다.
   = 100℃의 물 1[g]을 100℃의 수증기로 변화시키는데 필요한 에너지(열량)는 539 [cal]가 필요하다.
   = 물의 기화잠열은 539 [kcal/kg (cal/g)]이다.
④ 물이 가열되어 수증기가 되면 **약1700배로 부피가 팽창**되므로, 밀폐된 장소에서 산소의 농도를 희석하는 질식소화 작용을 할 수 있다.
※ [g]은 [cal]로, [kg]은 [kcal]로 단위를 맞춰주어야 한다.

> 함께공부

- **잠열[潛熱, latent heat] – 숨은열**
  – 융해와 기화(증발) 등 상 전이 과정에서 가해진 열은, 물질의 온도변화에는 사용되지 않고, 상태변화에만 사용된다. 이와 같이 상 전이 과정에서 흡수되는 열을 잠열이라 한다.
  – 예를 들면, 물을 가열하면 100℃에서 끓기 시작하지만, 그 이상 아무리 가열해도 완전히 수증기가 될 때까지 100℃를 넘지 않는다. 또한 얼음을 가열해도 완전히 녹을 때까지는 0℃ 이상으로 되지 않는다. 이와 같이 기화 중인 물이나, 융해 중인 얼음에 가해진 숨은 열은, 물(액체)을 수증기(기체)로 바꾸고, 얼음(고체)을 물(액체)로 바꾸기 위해서만 소비되며 온도를 상승시키지는 않는다.
  – 물의 기화잠열 : 539 [kcal/kg (cal/g)]   • 물의 융해잠열 : 80 [kcal/kg (cal/g)]
- **현열(감열)[sensible heat]**
  – 잠열(latent heat)에 대비되는 용어로서, 물질의 상변화는 없이 온도만 올리는데 사용되는 열을 현열이라 한다.
  – 즉 물질의 가열, 냉각에 따라 온도가 변화하는 데 필요한 열량이다. 감열이라고도 하며, 물질의 상태(고체,액체,기체) 변화는 없다.
  – 예를 들면, 0℃의 물이 100℃까지 온도가 올라가는데 필요한 에너지(열량)를 현열(감열)이라고 한다.

계산하면서 공부 할 문제

05 소화에 필요한 CO_2의 이론소화농도가 공기 중에서 37 vol%일 때 한계산소농도는 약 몇 vol%인가?

① 13.2 ② 14.5 ③ 15.5 ④ 16.5

이산화탄소(CO_2) 소화약제의 농도(이론소화농도)를 37[vol%]로 설계하여, 화재실에 방사해 화재를 진압하려고 할 때… 화재실 내의 산소(O_2) 농도(한계산소농도)가 21%에서 몇 [vol%]로 낮아질 것인지의 문제?

CO_2방사 후 실내 CO_2의 이론소화농도(%) $= \dfrac{21 - O_2(농도\%)}{21} \times 100$ → $37[vol\%] = \dfrac{21 - O_2(농도\%)}{21} \times 100$

∴ $O_2[\%] = 21 - \dfrac{37[\%] \times 21}{100} = 13.23 ≒ 13.2[\%]$

이해하면서 공부 할 문제 ★★★

06 물리적 소화방법이 아닌 것은?

① 연쇄반응의 억제에 의한 방법
② 냉각에 의한 방법
③ 공기와의 접촉 차단에 의한 방법
④ 가연물 제거에 의한 방법

화학적 소화의 방법(=억제소화, 부촉매소화)
- 활성라디칼(자유활성기, Free radical)을 흡수하여 연소의 4요소인 순조로운 **연쇄반응을 억제**하여 소화하는 방법으로 정촉매의 반대인 부촉매소화라고도 한다.
- 할론계 소화약제, 분말소화약제 등을 이용하여 소화한다.

함께 공부

물리적 소화의 방법 : 연소의 3요소인 가연성가스(가연물), 산소, 열(점화원)의 양적 변화를 통해 연소를 중단시켜 소화하는 방법
- 냉각소화 : 연소 중인 가연물의 온도를 떨어뜨려 연소반응을 정지시키는 소화의 방법
- 질식소화 : 가연물이 연소할 때 공기 중의 산소농도(일반적으로 21%)를 떨어뜨려(보통 15%이하) 연소를 중단시키는 소화 방법
- 제거소화 : 가연물을 제거하여 소화하는 방법
- 희석소화 : 가연성의 기체, 액체, 고체에서 발생되는 가연성증기(분해가스)의 농도를 희석시켜(농도를 엷게 하여) 연소하한계 이하로 유지시키는 방법(강풍에 의한 희석소화)

이해하면서 공부 할 문제 ★

07 물리적 폭발에 해당하는 것은?

① 분해 폭발 (화학적 폭발)
② 분진 폭발 (화학적 폭발)
③ 중합 폭발 (화학적 폭발)
④ 수증기 폭발

- **물리적 폭발**
  - 화학적 반응을 동반하지 않고, 마찰, 충격, 단열압축 등 상태·물리적 변화에 의해 압력이 발생되는 폭발
  - **수증기폭발**, 보일러폭발(수증기폭발), 고압용기의 파열, 진공용기의 파손 등

함께 공부

화학적 폭발 - 산화, 분해, 중합 등 화학적 반응을 동반하여 많은 에너지를 방출하는 폭발
- **분해폭발** : 아세틸렌, 산화에틸렌, 히드라진, 과산화물 등이 분해하면서 급격한 발열반응을 동반하며 폭발하는 현상
- **가스폭발** : 수소, 메탄 등 가연성가스 또는 가솔린, 알코올 등 인화성액체의 증기가, 공기와의 예혼합상태에서 착화원에 의해 폭발하는 현상
- **분진폭발** : 가연성 분진(입자상태의 미세한 분말)이 부유하면서 주위로부터 흡열한 후 열분해 되어 가연성가스를 방출하게 되고, 그 가스가 폭발범위를 형성하게 되면 폭발하는 현상
- **산화폭발** : 가연성가스, 가연성증기 등이 공기중의 산소와 반응하여 폭발성 혼합가스가 형성되어 폭발하는 것
- **중합폭발** : 시안화수소, 염화비닐 등과 같은 중합물질이 폭발적으로 중합되어, 발열하고 압력이 상승돼 폭발하는 현상
- **증기운폭발** : 다량의 가연성가스가 지표면에 유출된 후, 다량의 가연성 혼합기체가 구름처럼 형성되어, 폭발이 일어난 경우

이해하면서 공부 할 문제 ★★

08 Halon 1211의 화학식에 해당하는 것은?

① CH_2BrCl
할론 1011
② CF_2ClBr
③ CH_2BrF
④ CF_2HBr

할론(Halon) 소화약제 - 분자식(화학기호)은 원자의 순서가 바뀌어도 상관없다.

종류	분자식	상온,상압	원자량	분자량 계산	증기비중 계산
할론 1301	CF_3Br	기체	(C×1개) + (F×3개) + (Br×1개)	12 + (19×3) + 80 = **149**	149/29 = 5.13
할론 1211	**CF_2ClBr**	**기체**	(C×1개) + (F×2개) + (Cl×1개) + (Br×1개)	12 + (19×2) + 35.5 + 80 = **165.5**	165.5/29 = 5.71
할론 2402	$C_2F_4Br_2$	액체	(C×2개) + (F×4개) + (Br×2개)	(12×2) + (19×4) + (80×2) = **260**	260/29 = 8.96
할론 1011	CH_2ClBr	액체	(C×1개) + (H×2개) + (Cl×1개) + (Br×1개)	12 + (1×2) + 35.5 + 80 = **129.5**	129.5/29 = 4.46
할론 104	CCl_4	액체	(C×1개) + (Cl×4개)	12 + (35.5×4) = **154**	154/29 = 5.31

• NTP(자연상태) : 20℃, 1기압(atm) 상태 [상온, 상압 상태] – 국내기준

암기팁! 탄 불 염 브

함께공부

할론명명법 – 아래 그림과 같은 순서와 원자수로 기재된다.

※ 화합물 내부에 존재하지 않는 원소는 숫자 '0'으로 표기(맨끝은 표기하지 않아도 된다)하고 명명하지 않는다.

이해하면서 공부 할 문제 ★

09 마그네슘의 화재에 주수하였을 때 물과 마그네슘의 반응으로 인하여 생성되는 가스는?

① 산소
② **수소**
③ 일산화탄소
④ 이산화탄소

제2류 위험물 중 황화린, 철분, **마그네슘**, 금속분류 등은 **주수소화를 금지**하고 건조사(마른모래), 팽창질석, 팽창진주암(가열해 부풀려 가볍게 만든 돌가루) 등에 의한 질식소화를 한다. (금속은 물, 가스계약제 사용금지)

Mg(마그네슘) + $2H_2O$(물 2몰) → $Mg(OH)_2$(수산화마그네슘) + H_2↑(수소발생)

암기하면서 공부 할 문제 ★★★

10 제2종 분말소화약제의 주성분으로 옳은 것은?

① NaH_2PO_4
② KH_2PO_4
③ $NaHCO_3$
제1종 탄산수소나트륨
④ $KHCO_3$

분말 소화약제의 종류 및 성상

종별	주성분	색상	적응화재
제1종	탄산수소**나**트륨 ($NaHCO_3$)	백색	B, C
제2종	탄산수소**칼**륨 ($KHCO_3$)	담자색, 담회색	B, C
제3종	제1**인**산암모늄 = **인**산염 ($NH_4H_2PO_4$)	담홍색, 황색	A, B, C
제4종	탄산수소**칼**륨 + 요소 ($KHCO_3+(NH_2)_2CO$)	회색	B, C

암기팁! 나의 칼은 인간의 칼이다~ ➡ 나 칼 인 칼

이해하면서 공부 할 문제 ★★

11 조연성가스로만 나열되어 있는 것은?

① 질소, 불소, 수증기
　　불연성·불활성 가스
② 산소, 불소, 염소
③ 산소, 이산화탄소, 오존
　　불연성·불활성 가스
④ 질소, 이산화탄소, 염소
　　불연성·불활성 가스

조연성가스(지연성가스)
자신은 연소하지 않고 연소를 돕는 성질의 가스(일종의 산소공급원)로서 산소(O)를 함유하고 있는 산소(O_2), 공기(O_2함유), 오존(O_3) 가스와 할로겐족 원소 중 전기음성도가 큰(산화력이 큰) 불소(F), 염소(Cl) 가스도 조연성가스로 분류된다.
할로겐족 원소 중 불소(F), 염소(Cl) 가스는 전기음성도가 커서 산소가 수소와 반응하는 연쇄반응을 억제하여, 오히려 화염 주변에 산소를 남겨주게 되어 할로겐족원소 중 불소(F), 염소(Cl)도 조연성가스로 불리운다.

함께 공부

- **전기음성도** : 화학적 반응에서 분자내의 원자가 전자를 끌어 당기는 능력[산소(O)는 전기음성도가 강하다]
  F(불소) > O(산소) > N(질소) > Cl(염소) > Br(브롬) > C(탄소) > S(황) > I(요오드) > H(수소) > …
- 공기중에서 흡열반응을 하는 N_2(질소), 화학적으로 안정되어 소화약제로도 쓰이는 CO_2(이산화탄소), 완전연소 생성물인 H_2O(수증기)는 모두 불연성·불활성 가스이다.

암기하면서 공부 할 문제

12 위험물안전관리법령상 자기반응성물질의 품명에 해당하지 않는 것은?

① 니트로화합물　② **할로겐간화합물**　③ 질산에스테르류　④ 히드록실아민염류
　　　　　　　　　제6류 산화성액체

제5류 위험물 ⇨ 자기반응성 물질 [폭발성 물질]
가연물질내에 산소를 함유하고 있어 스스로 폭발적으로 반응하는 물질로서, 질산에스테르류, 유기과산화물, 니트로화합물 등 폭발성 물질이 해당된다.

위험물	특징	암기법	종류[대분류]
제1류	산화성 고체	3염무 질요브 중과	아염소산염류, 염소산염류, 과염소산염류, 무기과산화물 / 질산염류(질산칼륨=초석), 요오드산염류, 브롬산염류 / 중크롬산염류, 과망간산염류
제2류	가연성 고체	유황적 철마금 인	유황(황)[S], 황화린(인), 적린(인)[P] / 철분, 마그네슘, 금속분류 / 인화성고체
제3류	자연발화성 및 금수성 물질	칼나알알 황린 알칼유 금금칼슘탄	칼륨, 나트륨, 알킬리듐, 알킬알루미늄 / 황린(유일하게 금속 아님. 나머지는 모두금속) / 알칼리금속, 알칼리토금속, 유기금속 화합물 / 금속의 인화물, 금속의 수소화물, 칼슘 또는 알루미늄의 탄화물
제4류	인화성 액체	특아이디 1아휘 알콜 2경등 3클중 4실기 동식물	특수인화물(아세트알데히드, 이황화탄소, 디에틸에테르) / 제1석유류(아세톤, 휘발유=가솔린, 톨루엔), 알코올류 / 제2석유류(경유, 등유) / 제3석유류(클레오소트유, 중유) / 제4석유류(실린더유, 기어유), 동식물유류
제5류	자기반응성 물질	질유 히히 아니니디히	질산에스테르류, 유기과산화물 / 히드록실아민, 히드록실아민염류 / 아조 화합물, 니트로 화합물, 니트로 소화합물, 디아조 화합물, 히드라진 유도체
제6류	산화성 액체	질과염할	질산, 과산화수소, 과염소산, 할로겐간화합물

이해하면서 공부 할 문제

13 소화약제로 사용되는 이산화탄소에 대한 설명으로 옳은 것은?

① 산소와 반응 시 흡열반응을 일으킨다.
② 산소와 반응하여 불연성 물질을 발생시킨다.
③ 산화하지 않으나 산소와는 반응한다.
④ **산소와 반응하지 않는다.**

이산화탄소(탄산가스) = CO_2 = 분자량44 = 불연성 소화약제 = 질식소화 = 고체탄산(드라이아이스)
CO_2는 화학적으로 안정되어 있어, 산소 및 가연성기체와 반응하지 않는 불연성 소화약제이며, 산소농도를 15%이하로 떨어트려 소화하는 질식소화가 주된 소화효과인 약제이다.

> 이해하면서 공부 할 문제 ★

14 건축물 화재에서 플래시 오버(Flash over) 현상이 일어나는 시기는?

① 초기에서 성장기로 넘어가는 시기   **② 성장기에서 최성기로 넘어가는 시기**
③ 최성기에서 감쇠기로 넘어가는 시기   ④ 감쇠기에서 종기로 넘어가는 시기

내화건축물 화재의 진행과정
① 발화(점화) : 가연물이 인화(점화)되어 최초의 화재가 시작되는 순간의 상황
② 초기 : 연소의 4요소들이 서로 결합하여 연소가 진행될 때의 시기로서, 연기가 발생하기도 한다.
③ 성장기 : 점차 다른 가연물을 착화시키며 화재가 확대되는 형태로 변환되는 시기
④ 플래쉬오버(Flash Over) : 화재가 진행되면서... 실내온도 급격히 상승 → 가연물에서 분해된 가연성가스가 실내전체에 축적 → 축적된 가연성가스 착화 → 실내전체가 폭발적으로 화염에 휩싸이는 화재현상
⑤ 최성기 : 플래쉬오버를 거치면서 실내의 모든 가연물이 화재에 개입되어 연소하는 시기. 화염이 창문이나 문을 통해 분출될 정도로 실내에 화염이 가득찬 상태
⑥ 감(쇠)퇴기 : 가연물의 70~80% 정도 소모되었을 때로서, 화재의 쇠퇴가 시작되는 시기
⑦ 종기 : 가연물이 전소되어 화재가 끝나는 시점

> 이해하면서 공부 할 문제

15 물과 반응하였을 때 가연성 가스를 발생하여 화재의 위험성이 증가하는 것은?

① 과산화칼슘   ② 메탄올   **③ 칼륨**   ④ 과산화수소

칼륨[K, 포타시움], 나트륨(Na) 등은 제3류 위험물인 금수성물질이므로 물과 반응하여 **가연성기체인 수소(H_2)**를 만들고 발열한다. (공기 중 수분과도 반응하여 수소를 발생시킨다) 따라서 물에 녹지 않는 기름인 등유, 경유, 유동 파라핀 등의 보호액 속에 누출되지 않도록 저장한다.

> 함 께 공 부

① 과산화칼슘(CaO_2)[제1류 위험물 중 무기과산화물]은 물질내에 산소를 함유하고 있어, 물과 반응시 산소(O_2)를 발생시킨다.
② 메탄올(메틸알코올, CH_3OH)[제4류 위험물]은 물에 녹는 수용성 액체위험물로 물과 반응하여 가연성 가스를 발생시키지 않는다.
④ 과산화수소(H_2O_2)[제6류 위험물]는 물에 녹는 수용성 액체위험물로 물과 반응시 발열하나, 가연성 가스를 발생시키지 않는다.

> 암기하면서 공부 할 문제

16 인화칼슘과 물이 반응할 때 생성되는 가스는?

① 아세틸렌   ② 황화수소   ③ 황산   **④ 포스핀**

포스핀(인화수소, PH_3)이 생성되는 위험물(모두 제3류 위험물이다)
① 황린(P_4)
② **인화칼슘(Ca_3P_2, 인화석회)**
③ 인화알루미늄(AlP)
④ 인화아연(Zn_3P_2)

> 함 께 공 부

① 제3류 위험물 칼슘또는알루미늄의탄화물인 **탄화칼슘(카바이드)**이 물과 반응해 수산화칼슘과 가연성 가스인 아세틸렌을 발생시킨다.
 CaC_2(탄화칼슘) + $2H_2O$(물) → $Ca(OH)_2$(수산화 칼슘) + C_2H_2↑ (아세틸렌 발생)
② 이황화탄소(CS_2) : 연소범위 하한값이 가장 낮고, 위험도가 가장 높다.
  • 연소시 이산화탄소와 유독한 **아황산가스(이산화황)**를 발생시킨다. → $CS_2 + 3O_2 → CO_2 + 2SO_2$↑
  • 고온의 물(150 ℃)과 반응하여 **황화수소**를 발생시킨다. → $CS_2 + 2H_2O → CO_2 + 2H_2S$↑
③ 황산(H_2SO_4)은 강산성의 액체 화합물로서 농도가 높은 황산(질량 퍼센트 약90%이상)을 진한 황산이라고 한다. 많은 물질에 사용되며, 예를들면 제4류 위험물인 톨루엔[$C_6H_5CH_3$ 제1석유류]을 진한 질산과 진한 황산으로 니트로화하면 TNT[제5류 위험물 니트로화합물 중 트리 니트로 톨루엔]가 된다.

암기하면서 공부 할 문제 ★★★

17 다음 중 공기에서의 연소범위를 기준으로 했을 때 위험도(H) 값이 가장 큰 것은?

① 디에틸에테르 ② 수소 ③ 에틸렌 ④ 부탄

주요물질의 연소범위

물질	하한값 (vol%)	상한값 (vol%)	연소범위 넓이	위험도(H)	
아세틸렌(연소범위가 가장 넓다)	2.5	81.0	78.5	31.4	2위
수소(연소범위가 2번째로 넓다)	4.0	75.0	71.0	17.75	4위
일산화탄소	12.5	74.0	61.5	4.92	
에테르	1.9	48.0	46.1	24.26	3위
이황화탄소(하한값이 가장낮고, 위험도가 가장높다)	1.2	44.0	42.8	35.66	1위
황화수소	4.0	44.0	40.0	10.00	
에틸렌	2.7	36.0	33.3	12.33	
메탄	5.0	15.0	10.0	2.00	
에탄	3.0	12.4	9.4	3.13	
프로판	2.1	9.5	7.4	3.52	
부탄	1.8	8.4	6.6	3.66	

암기팁! 연소범위 넓은순서 ➡ 아수일에 이황에 메에프부 이수일(가수)에 이황(퇴계)에 매우 풍년이구나~
위험도 큰 순서 ➡ 이황 아세 에테 수소 이황이 아세아를 여태~~ 수성했다(지켰다).

함께공부

연소범위(=연소한계, 폭발범위, 폭발한계)
1. 연소(폭발)범위(한계)
   - 가연성가스와 산소가 연소를 일으킬 수 있는 증기농도(체적농도 vol%)범위
   - 연소하한계와 연소상한계 사이의 범위
     - 연소하한계 : 그 농도 이하에서는 발화원과 접촉하여도 연소가 일어나지 않는 가스의 최소농도
     - 연소상한계 : 그 농도 이상에서는 발화원과 접촉하여도 연소가 일어나지 않는 가스의 최고농도
2. 위험도(H) : 연소범위를 이용하여 가연물의 농도에 대한 위험성을 갈음할 수 있는 계산값(위험도가 클수록 연소위험성은 크다)

$H = \dfrac{U-L}{L}$ 여기서, H : 위험도, U : 연소상한값, L : 연소하한값

암기하면서 공부 할 문제 ★★

18 다음 중 착화온도가 가장 낮은 것은?

① 아세톤 ② 휘발유 ③ 이황화탄소 ④ 벤젠
                                                                                 발화점 562℃

주요물질의 발화점(= 착화점, 착화온도, 발화온도)

물질	발화점(℃)	물질	발화점(℃)	물질	발화점(℃)	물질	발화점(℃)
황린	34	니트로셀룰로오스, 디에틸에테르	180	적린	260	메틸알코올(메탄올)	464
이황화탄소, 삼황화린	100	아세트알데히드	185	피크린산, 가솔린(휘발유), 트리니트로톨루엔	300	산화프로필렌	465
과산화벤조일	125	유황	225	에틸알코올(에탄올)	423	톨루엔	480
오황화린	142	등유	255	아세트산	427	아세톤	538

※ 발화점은 문제에서 상대적으로 적용됨으로 인해, 아무리 여러 문제를 많이 암기해도, 실제 시험에서 출제되는 문제를 모두 풀 수 있다는 보장이 없습니다. 따라서 발화점 문제는 문제를 암기하지 말고, 반드시 물질별 발화점을 위 표를 통해 비교해서 암기해야 합니다.

암기팁! 황린(P_4)은 제3류 위험물인 자연발화성물질로서, 여름철(34℃) 공기와의 접촉만으로도 자연발화할 정도로 매우 위험하다. 그 다음이 이황(퇴계)인데... 100살까지 살았나?

함께공부

1. **인화점** : 불을 끌어당기는 온도라는 뜻으로 점화원에 의해 불이 붙을 수 있는 최저온도
2. **연소점** : 인화점 이상의 온도에서 점화원을 제거하여도 연소가 지속될 수 있는 온도로써 일반적으로 인화점보다 약 10℃ 높다.
3. **발화점(=착화점, 착화온도, 발화온도)** : 직접적인 점화원을 가하지 않아도 공기중에서 스스로 불이 붙을 수 있는 최저온도

> 이해하면서 공부 할 문제 ★

19 다음 중 피난자의 집중으로 패닉현상이 일어날 우려가 가장 큰 형태는?

① T형　　　　② X형　　　　③ Z형　　　　④ H형

피난로의 구조와 패닉현상

형태	피난로 구조	패닉현상의 발생
T형	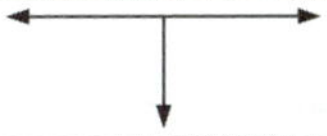	패닉현상 발생가능성 낮다
X형	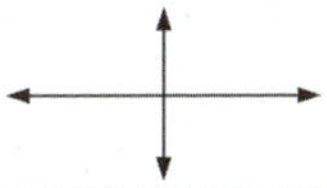	//
Z형	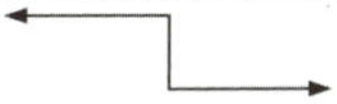	//
H형	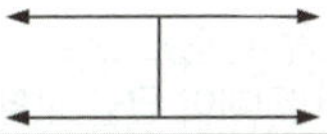	패닉현상 발생가능성 높다

위 그림에서 선은 복도를 의미하며 화살표는 피난구를 의미한다. T형, X형, Z형의 그림은 피난자가 어느방향으로 피난하더라도 피난구가 있는 구조이지만, H형(중앙에 코너가 2개나 집중되어 있는 방식)은 피난자들이 중앙에 집중되어 우왕좌왕 할 수 있는 구조이다. 화재시에는 연기에 의한 시계 제한, 유독가스에 의한 호흡 장애 등으로 인하여, 평소에 잘 구분하여 다니던 복도도 방향을 잃고 길을 헤맬수 있다.

> 함께공부

패닉(panic)현상
- 화재시 건물에 고립됐을 때, 현재 자신이 처한 상황을 파악하는 능력이 일시적으로 마비된 채, 몸을 움직일 수 없거나 본능적으로 움직이기를 거부하는 등 안전한 동작으로 움직일 수 있다는 것을 자각하지 못하는 상태
- 건물화재 시 패닉(panic)의 발생원인으로 연기에 의한 시계 제한, 유독가스에 의한 호흡 장애, 화염에 대한 두려움, 외부와 단절된 고립상태 등이 있다.

> 이해하면서 공부 할 문제 ★

20 건물화재 시 패닉(panic)의 발생원인과 직접적인 관계가 없는 것은?

① 연기에 의한 시계 제한　　　　② 유독가스에 의한 호흡 장애
③ 외부와 단절되어 고립　　　　④ 불연내장재의 사용

건물화재 시 패닉(panic)의 발생원인으로 연기에 의한 시계 제한, 유독가스에 의한 호흡 장애, 화염에 대한 두려움, 외부와 단절된 고립상태 등이 있지만, 불연내장재의 사용은 연소진행과 관련된 것으로 패닉(panic)현상과는 직접적인 관계는 없다.

> 함께공부

패닉(panic)현상 : 화재시 건물에 고립됐을 때, 현재 자신이 처한 상황을 파악하는 능력이 일시적으로 마비된 채, 몸을 움직일 수 없거나 본능적으로 움직이기를 거부하는 등 안전한 동작으로 움직일 수 있다는 것을 자각하지 못하는 상태

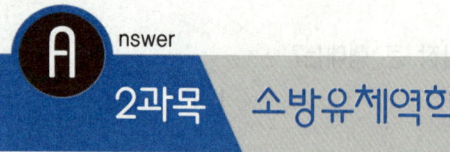

21
지름이 5cm인 원형 관내에 이상기체가 층류로 흐른다. 다음 중 이 기체의 속도가 될 수 있는 것을 모두 고르면? (단, 이 기체의 절대압력은 200kPa, 온도는 27℃, 기체상수는 2080 J/kg·K, 점성계수는 2×10^{-5} N·s/m², 하임계 레이놀즈수는 2200으로 한다.)

| ㄱ. 0.3m/s | ㄴ. 1.5m/s | ㄷ. 8.3m/s | ㄹ. 15.5m/s |

① ㄱ ② ㄱ, ㄴ ③ ㄱ, ㄴ, ㄷ ④ ㄱ, ㄴ, ㄷ, ㄹ

1. 레이놀즈수[Reynolds number]

문제 조건에서 레이놀즈값과 점성계수(절대점성계수의 SI단위)가 주어졌으므로... 절대점도에 의해 레이놀즈값을 구하는 공식에 대입하여, 층류 중 가장 빠른 속도(V)를 계산한 후... 지문과 비교하여 답을 구할 수 있다.

$$ReNo(레이놀즈수) = \frac{D(직경)\cdot V(유속)\cdot \rho(밀도)}{\mu(절대점도)} = \frac{D(직경)\cdot V(유속)}{\nu(동점도)} = \frac{관성력}{점성력}$$

$$ReNo = \frac{D\cdot V\cdot \rho}{\mu} = \frac{m\times m/\sec \times kg/m^3}{kg/m\cdot \sec} = \frac{kg/m\cdot \sec}{kg/m\cdot \sec} = 단위없음$$

2. 특정기체 상태방정식의 밀도(ρ)

레이놀즈수 공식에 의해 속도(V)를 구하는데 있어, 밀도(ρ)가 주어지지 않았으므로... 주어진 조건인 기체상수가 J/(kg·K)의 단위로 주어졌으므로... 특정한 기체에 적용이 가능한 **특정기체 상태방정식**을 통해 밀도(ρ)를 구할 수 있다.

이상기체상태방정식을 특정기체상수($\overline{R}$)의 인자로 전개하여, 밀도(ρ) 중심으로 정리한다.

$$PV = \frac{WRT}{M} \quad *절대압력 \times 체적 = \frac{질량\times기체상수\times절대온도}{분자량} \quad PV = W\frac{R}{M}T \quad PV = W\overline{R}T$$

$$P = \frac{W\overline{R}T}{V} \quad P = \rho\overline{R}T \quad \rho = \frac{P}{\overline{R}T}$$

$$\frac{W(질량)}{V(체적)} = \rho(밀도)$$

① 조건정리
- 절대압력(P) = 200 kPa = 200 kN/m²
- 기체상수는 2080 J(=N·m)/kg·K = 2.08 kJ(=kN·m)/kg·K   *J(주울, Joule) = N·m(힘×거리=일)
- 절대온도(T) = 273+27℃ = 300K

② 밀도(ρ)의 계산

$$\rho = \frac{P}{\overline{R}T} = \frac{200\,kN/m^2}{2.08\,kN\cdot m/kg\cdot K \times 300K} = 0.32\,kg/m^3$$

3. 층류흐름 중 가장 빠른 속도(V)의 계산

$$V = \frac{ReNo\times \mu}{D\times \rho}$$

① 조건정리
- 하임계 레이놀즈 값($ReNo$) = 2,200
- 절대점도(점성계수, μ) = 2×10^{-5} N·s/m² [SI단위] = 2×10^{-5} kg/m·s [절대단위]
  ☞ N을 kgf로 변환하는 과정에서 9.8로 나눠주고, 중력단위를 절대단위로 변환하는 과정에서 9.8로 곱해주니... 위와 같이 단위 변환이 일어나더라도 그 수치는 동일함을 알 수 있습니다. (이 과정을 계산하는 것보다... 그냥 동일하다고 생각하는 것이 편합니다)
- 지름(직경, D) = 5cm = 0.05m   *1000mm = 100cm = 1m
- 밀도(ρ) = 0.32kg/m³

② 속도(V)의 계산

$$V = \frac{ReNo\times \mu}{D\times \rho} = \frac{2200\times 2\times 10^{-5}\,kg/m\cdot s}{0.05\,m\times 0.32\,kg/m^3} = 2.75\,m/s$$

4. 층류흐름과 난류흐름의 구분

계산된 2.75m/s의 속도는 층류흐름 중에서 가장 빠른 속도이다. 따라서 이 속도보다 빠른 속도인 보기 ㉢8.3m/s ㉣15.5m/s 은 층류흐름이 아닌 난류 흐름에 해당한다. 따라서 문제에서 묻고 있는, 이 기체의 속도가 될 수 있는 것을 모두 고르면? 2.75m/s 보다 아래 속도인 ㉠0.3m/s ㉡1.5m/s 에 해당한다.

함께공부

레이놀즈수[Reynolds number]
- 관내 유체의 흐름이 층류(유체의 규칙적인 흐름)인지, 난류(어지럽고 불안정하게 불규칙적으로 흐르는 것)인지 구분해주는 정량적 수치
- 유체의 흐름에 있어서 점성에 의한 힘이 층류가 될 수 있도록 작용하며, 관성에 의한 힘은 난류를 일으키는 원인으로 작용하고 있다. 이 **관성력과 점성력의 비가 레이놀즈수(ReNo)**이다.
- 또한 레이놀즈수는 무단위의 수치, 즉 무차원수이므로, 어떤 단위로부터 계산하여도 동일한 값이 산출된다.

$$ReNo(레이놀즈수) = \frac{D(직경) \cdot V(유속) \cdot \rho(밀도)}{\mu(절대점도)} = \frac{D(직경) \cdot V(유속)}{\nu(동점도)} = \frac{관성력}{점성력}$$

$$ReNo = \frac{D \cdot V \cdot \rho}{\mu} = \frac{m \times m/\sec \times kg/m^3}{kg/m \cdot \sec} = \frac{kg/m \cdot \sec}{kg/m \cdot \sec} = 단위 없음$$

$$= \frac{D \cdot V}{\nu} = \frac{m \times m/\sec}{m^2/\sec} = \frac{m^2/\sec}{m^2/\sec} = 단위 없음$$

- 층류와 난류의 구분
  ① 층류 : ReNo 0 이상 ~ 2100 이하 ⇒ 하임계 레이놀즈수 **2100**(난류에서 층류로 전이되는 레이놀즈수)
  ② 전이(천이, 임계)영역 : ReNo 2101 이상 ~ 3999 이하
  ③ 난류 : ReNo 4000 이상 ~ 끝이 없음 ⇒ 상임계 레이놀즈수 **4000**(층류에서 난류로 전이되는 레이놀즈수)

계산 없는 단순 암기형 ★★★★★

22 표면장력에 관련된 설명 중 옳은 것은?

① 표면장력의 차원은 힘/면적이다. (힘/길이)
② 액체와 공기의 경계면에서 액체분자의 응집력(부착력)보다 공기분자와 액체분자 사이의 부착력(응집력)이 클 때 발생된다.
③ **대기 중의 물방울은 크기가 작을수록 내부압력이 크다.**
④ 모세관현상에 의한 수면 상승 높이는 모세관의 직경에 비례한다. (반비례)

표면장력(σ, N/m)
- 기호는 σ(시그마)를 사용하고 단위는 N/m, kgf/cm... 등의 단위를 사용한다.
- 표면장력이란 액체의 표면에서 그 **표면적을 작게 하도록 작용하는 힘**이며, 물방울 또는 수은방울의 입자가 구형을 이루게 되는 것은 이 힘 때문이다.
- 액체의 표면에는 **분자간에 작용하는 응집력**에 의해 수축하려는 힘이 작용하고 있다. 이 응집력은 온도 상승에 따라 작아지므로 표면장력 또한 작아진다. 또한 표면장력은 액체의 점성이 클수록 작아지는 특성을 가진다.
  즉, 표면장력은 부착력보다 응집력이 클 때 발생된다. **[응집력 > 부착력]**
- 표면장력의 단위인 N/m를 분석해 보면 이것은 단순이 힘이 아니라, 힘을 길이로 나눈 값, 즉 "**단위길이당 액체의 표면을 최소로 하려는 힘**" 임을 알 수 있다.

<평형, 크기유지>

$$F_1(작게하려는힘) = F_2(크게하려는힘)$$

$$\sigma(표면장력) = \frac{F_1}{\pi D(직경)} \qquad P(압력) = \frac{F_2}{\frac{\pi \cdot D^2}{4}(단면적)}$$

$$F_1 = \sigma \cdot \pi \cdot D \qquad F_2 = \frac{\pi \cdot D^2}{4} \times P$$

$$\sigma \cdot \pi \cdot D = \frac{\pi \cdot D^2 \cdot P}{4} \Rightarrow \sigma = \frac{\pi \cdot D^2 \cdot P}{\pi \cdot D \cdot 4} = \boxed{\frac{PD}{4} = \frac{\gamma h D}{4}}$$

* 위 공식에서... 표면장력(σ)이 일정할 때, 내부압력(P)과 물방울의 크기(직경, D)와의 관계는 서로 반비례 관계에 있음을 알 수 있다. 즉 물방울의 크기(직경, D)가 작아지려고 할수록, 내부압력(P)은 커지는 것을 알 수 있다. 상식적인 내용이다.

암기팁! 위 표면장력 식의 유도는 중요하지 않다. 최종식인 **4분의 PD**(방송국 PD?)만 외우자

모세관현상

- 액체 속에 폭이 좁고 긴 관을 넣었을 때, 관 외부의 액체가 관 내부로 유입되어, 관내의 액면이 외부의 액면보다 더 상승하거나 오히려 낮아지는 현상. 식물의 뿌리에서 물을 흡수하는 것이나, 알코올램프의 심지에 알콜이 올라오는 것은 모세관현상에 의한 것이다.
- 물은 응집력보다 **부착력**(서로 다른 분자간에 잡아당기는 힘)이 강해 모세관을 세우면 관내의 액면이 외부의 액면보다 상승하며, **수은은** 부착력보다 **응집력**(같은 분자간에 서로 잡아당기는 힘)이 강해 액면이 오히려 하강한다.

$$h = \frac{4\sigma\cos\theta}{\gamma D} = \frac{4\sigma\cos\theta}{\rho g D} \quad \text{액면상승(강하)높이} = \frac{4 \times \text{표면장력}[N/m] \times \text{접촉각}}{\text{비중량}[N/m^3] \times \text{직경}[m]} \quad *\gamma(\text{비중량}) = \rho(\text{밀도}) \times g(\text{중력가속도})$$

- 표면장력이 **클수록** 높이 올라간다.
- 관의 지름(직경)이 **작을수록** 높이 올라간다.
- 밀도(비중량)가 **작을수록** 높이 올라간다.
- 중력가속도가 **작을수록** 높이 올라간다.

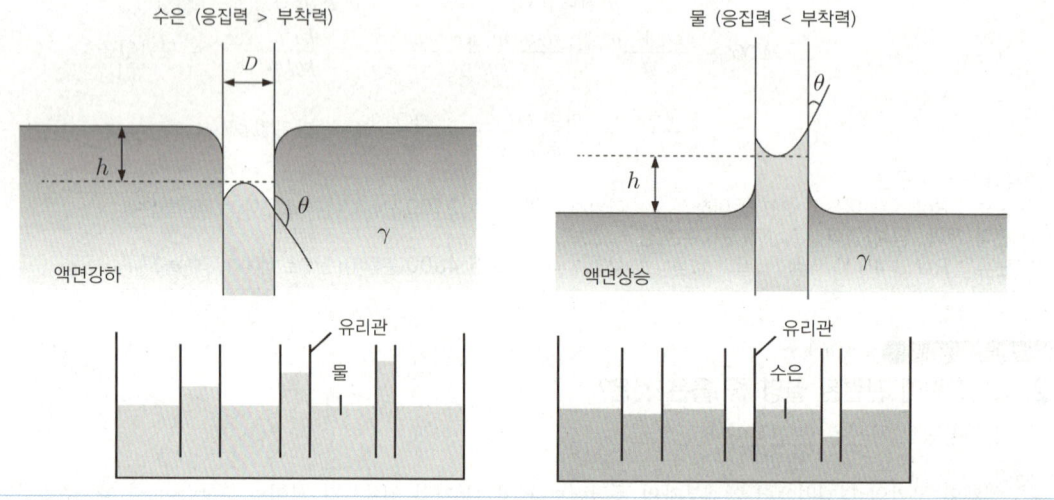

계산 없는 단순 암기형 ★★★★★

23 유체의 점성에 대한 설명으로 틀린 것은?

① 질소 기체의 동점성계수는 온도 증가에 따라 감소한다.
　　　　　　　　　　　　　　　　　증가
② 물(액체)의 점성계수는 온도 증가에 따라 감소한다.
③ 점성은 유동에 대한 유체의 저항을 나타낸다.
④ 뉴턴유체에 작용하는 전단응력은 속도기울기에 비례한다.

액체와 기체를 총칭하여 유체라 하며, 유체의 **끈끈한 정도를 점성**이라 하는데, 점성이 있는 유체는 그 **점성으로 인하여 마찰이 발생함**에 따라, 유동시 **마찰저항(유체의 저항)이 존재**한다. 이 유체의 저항은 점성이 크면 클수록 더 크게 발생한다. (물보다 꿀이 더 큰 유체의 저항을 발생시킨다)

- 점성계수
  - 유체의 흐름에서 어려움의 크기를 나타내는 양. 즉 끈적거림의 정도를 표시하는 것으로서 점도란 결국 유체가 유동하는 경우의 내부저항이다. 일반적으로 액체는 기체보다 점도가 크며, **액체의 점성은 분자간의 응집력(결합력) 때문에 발생되지만, 기체의 점성은 분자간의 운동량 교환에 의해 발생**한다.
  - 액체는 온도상승시 분자간의 응집력이 약해져 점성이 감소하며, 온도하강시에는 분자간의 응집력이 강해져 점성이 증가한다.
  - 기체는 온도상승시 분자운동이 활발해져서 점성이 증가하며, 온도하강에는 분자운동이 감소하여 점성도 감소한다.
  - 점도의 표시법에는 절대점도, 동점도 등이 있다.
- 절대점성계수(μ) : 일반적으로 점도라 하면 절대점성계수(μ, 뮤)를 말하며 점성계수, 절대점도, 역학적 점성계수라고도 불리운다.
- 동점성계수(ν)
  - 절대점성계수를 유체의 밀도로 나눈 것으로서 액체인 경우 온도만의 함수이고, 기체인 경우 온도와 압력의 함수이다.
  - 동점성계수(ν, 뉴)를 동점도 또는 상대점도라고도 한다. 즉 밀도가 변하는 물질은 동점도가 변한다.

함께공부

뉴턴(Newton)유체는 뉴턴의 점성법칙을 만족하는 (아래식을 만족하는) 유체로서 물, 공기 등 점성이 비교적 약한 유체가 해당된다.

$$전단응력(마찰력) \ [\tau] \ = \ \mu \frac{du}{dy}$$

- 전단응력<N/㎡ 단위면적당 마찰력(전단력)> τ(타우)는 점성계수(μ, 뮤)와 속도기울기(=속도구배)($\frac{du}{dy}$)의 곱이다.
- 점성계수(μ, 뮤)가 "0"이면 전단응력도 "0"이다. 따라서 전단응력 τ(타우)와 점성계수(μ, 뮤)는 비례관계에 있다.
- 전단응력 τ(타우)는... 평행한 두 평판 사이에 어떤 유체가 흐를 때, 유체의 이동속도(du)와 평판사이의 거리(dy)와의 관계를 나타내는 속도기울기(=속도구배)[$\frac{du}{dy}$ 고정된 평판의 거리와 속도와의 관계 즉 고정된 평판과의 거리에 따른 마찰력 관계]와 비례해서 커진다.

다소 어려운 계산형 ★

24 회전속도 1000 rpm일 때 송출량 Q ㎥/min, 전양정 H m인 원심펌프가 상사한 조건에서 송출량이 1.1Q ㎥/min 가 되도록 회전속도를 증가시킬 때, 전양정은 어떻게 되는가?

① 0.91 H   ② H   ③ 1.1 H   ④ 1.21 H

문제 조건들이... 회전속도(rpm), 유량(송출량, Q), 양정(전양정, H) 등이 주어졌으므로, **펌프의 상사법칙**을 통해 답을 구할 수 있다. 주어진 조건으로 먼저 변화된 회전속도(N_2)를 구한 후, 전양정[H] 식에 대입하여... 회전속도를 증가시킬 때 변화된 전양정[H_2]을 구한다.

1. 유량[Q]은 펌프 회전수에 **정비례**한다. → $Q_1 : N_1 = Q_2 : N_2$

$$N_2 = \frac{Q_2}{Q_1} \times N_1 = \frac{1.1Q}{Q} \times 1000 \, rpm = 1100 \, rpm$$

- 처음 회전속도(N_1) = 1000rpm
- 변화된 회전속도(N_2) = ?
- 처음 송출량(Q_1) = $Q[m^3/\min]$
- 변화된 송출량(Q_2) = $1.1Q[m^3/\min]$

2. 양정[H]은 펌프 회전수의 **2승**에 비례한다. → $H_1 : N_1^2 = H_2 : N_2^2$

$$H_2 = \left(\frac{N_2}{N_1}\right)^2 \times H_1 = \left(\frac{1100 \, rpm}{1000 \, rpm}\right)^2 \times H = 1.21 \, H$$

- 처음 회전속도(N_1) = 1000rpm
- 변화된 회전속도(N_2) = 1100rpm
- 처음 양정(H_1) = H
- 변화된 양정(H_2) = ?

함께공부

펌프의 상사법칙
- 상사(相似)라는 사전적 의미는 서로 모양이 비슷함, 닮음, 등의 뜻이 있다.
- 펌프의 용량이 다른 경우에도 비속도(비교회전도)가 같으면 이를 상사(相似)라고 한다.
- 유량, 양정, 축동력과의 관계
  ① 유량[Q]은 펌프 회전수에 **정비례**하고, 임펠러 직경의 **3승**에 비례한다.
  ② 양정[H]은 펌프 회전수의 **2승**에 비례하고, 임펠러 직경의 **2승**에 비례한다.
  ③ 축동력[L]은 펌프 회전수의 **3승**에 비례하고, 임펠러 직경의 **5승**에 비례한다.

구분	운전조건	형상조건
유량 Q	회전수 N^1 비례	직경 D^3 비례
양정 H	N^2	D^2
축동력 L	N^3	D^5
비례식 정리		
$Q_1 : N_1 = Q_2 : N_2$		$Q_1 : D_1^3 = Q_2 : D_2^3$
$H_1 : N_1^2 = H_2 : N_2^2$		$H_1 : D_1^2 = H_2 : D_2^2$
$L_1 : N_1^3 = L_2 : N_2^3$		$L_1 : D_1^5 = L_2 : D_2^5$

- $Q_1 = \left(\frac{N_1}{N_2}\right) \times \left(\frac{D_1}{D_2}\right)^3 \times Q_2$
- $H_1 = \left(\frac{N_1}{N_2}\right)^2 \times \left(\frac{D_1}{D_2}\right)^2 \times H_2$
- $L_1 = \left(\frac{N_1}{N_2}\right)^3 \times \left(\frac{D_1}{D_2}\right)^5 \times L_2$

- $Q_2 = \left(\frac{N_2}{N_1}\right) \times \left(\frac{D_2}{D_1}\right)^3 \times Q_1$
- $H_2 = \left(\frac{N_2}{N_1}\right)^2 \times \left(\frac{D_2}{D_1}\right)^2 \times H_1$
- $L_2 = \left(\frac{N_2}{N_1}\right)^3 \times \left(\frac{D_2}{D_1}\right)^5 \times L_1$

암기팁! 유량 양정 축동력 회전수1승2승3승 직경3승2승5승 ➡ 유양축 회123 직325

복잡하고 어려운 계산형 ★

25 그림과 같이 노즐이 달린 수평관에서 계기압력이 0.49MPa이었다. 이 관의 안지름이 6cm이고 관의 끝에 달린 노즐의 지름이 2cm 이라면 노즐의 분출속도는 몇 m/s인가? (단, 노즐에서의 손실은 무시하고, 관마찰계수는 0.025이다.)

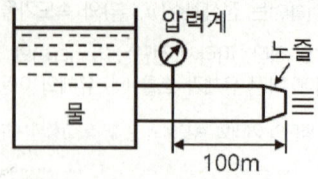

① 16.8   ② 20.4   ③ 25.5   ④ 28.4

해설

1. 수정된 베르누이 방정식(베르누이의 실제 적용)

베르누이 방정식은 유체가 점성이 없다고 가정하였으나, 실제 유체는 점성을 가지고 있어 **마찰손실**(H_L)이 발생된다.
이에 따라 **관마찰계수 0.025**를 이용하여(**달시-와이스바하 방정식**) 마찰손실이 발생된 만큼 베르누이 방정식에 반영하여야 한다.

> 베르누이 방정식 ☞ 전수두(전양정) = 압력수두 + 속도수두 + 위치수두 = 일정(Constant)
> $$H(m) = \frac{P}{\gamma} + \frac{V^2}{2g} + Z = \frac{압력(kN/m^2)}{물비중량(9.8kN/m^3)} + \frac{유속^2(m/sec)^2}{2 \times 중력가속도(9.8m/sec^2)} + 높이(m)$$
>
> 수정된 베르누이 방정식 ☞ $\frac{P_1}{\gamma} + \frac{V_1^2}{2g} + Z_1 = \frac{P_2}{\gamma} + \frac{V_2^2}{2g} + Z_2 + h_L$ (두 지점 사이의 마찰손실수두, m)
>
> 실제로 1지점(배관지점)과 2지점(노즐지점)의 에너지는 1~2 구간에서 발생된 마찰손실(h_L) 때문에 동일하지 않을 것이다. 따라서 1~2 구간에서 발생된 마찰손실(h_L) 만큼 2지점에 더해주어야 1지점과 2지점의 에너지가 동일해질 것이다.

문제에서 묻고 있는 것은 2지점(노즐지점)의 유속인 노즐의 분출속도 V_2를 묻고 있다. V_2를 구하기 위해... 달시-와이스바하 방정식(h_L)과 연속방정식(체적유량, Q)의 유체속도 풀이에서 **변수를 모두 V_2로 맞춰주어야 한다.**

2. 유속(V)의 계산

물과 같은 비압축성 유체가 1지점에서 2지점으로 정상유동할 때 1지점의 체적[m³]과 2지점의 체적[m³]은 언제나 동일하다는 방정식이다. 즉, 관속을 흐르는 물의 유량(Q)은 유입되는 유량(Q₁)과 유출되는 유량(Q₂)이 동일하다는 법칙이 적용된다.

문제 조건에서 주어지지 않은 유속을 계산하기 위해... 연속방정식 중 **체적유량**(Q)을 적용해... 유체의 속도(V)를 구한다.

$$Q(체적유량, m^3/sec) = A(배관의 단면적, m^2) \times V(유속, m/sec) \quad *A = \frac{\pi \cdot D^2}{4} \quad D=직경(지름)$$

$$Q_1 = Q_2$$
$$A_1 \cdot V_1 = A_2 \cdot V_2$$
$$\frac{\pi \times D_1^2}{4} \times V_1 = \frac{\pi \times D_2^2}{4} \times V_2$$
$$D_1^2 \times V_1 = D_2^2 \times V_2$$

- 1지점 안지름(D_1) = 6cm = 0.06m
- 2지점 노즐직경(D_2) = 2cm = 0.02m

$$D_1^2 \times V_1 = D_2^2 \times V_2 \rightarrow V_1 = \frac{D_2^2}{D_1^2} V_2 = \frac{0.02^2}{0.06^2} V_2 = 0.11 V_2$$

3. 달시-와이스바하 방정식(Darcy-Weisbach equation)

마찰손실을 수두(m, mH_2O)로 구하는 방정식이다. 마찰손실수두(h_L)를 구하여 수정된 베르누이 방정식 대입한다.

체적유량(Q) 식에서 계산된 유체의 속도 $V_1 = 0.11 V_2$ 를 달시-와이스바하 방정식에 대입한다.

$$마찰손실수두(h_L) = f \frac{L}{D} \frac{V^2}{2g}$$

$$h_L(mH_2O) = f \frac{L(m)}{D_1(m)} \frac{V_1^2(m/sec)^2}{2g(m/sec^2)} \quad 마찰손실수두 = 관마찰계수 \times \frac{직관의 길이}{배관의 직경} \times \frac{배관의 유속^2}{2 \times 중력가속도}$$

$$h_L(m) = f \frac{L}{D_1} \frac{V_1^2}{2g} = 0.025 \times \frac{100m}{0.06m} \times \frac{(0.11 V_2)^2}{2 \times 9.8 m/s^2} = 0.026 V_2^2$$

4. 노즐의 분출속도(V_2)

> 수정된 베르누이 방정식의 인자 중 소거할 부분을 먼저 소거한 후 위에서 계산된 값을 대입한다.

$$\frac{P_1}{\gamma} + \frac{V_1^2}{2g} + Z_1 = \frac{P_2}{\gamma} + \frac{V_2^2}{2g} + Z_2 + h_L \;\rightarrow\; \frac{P_1}{\gamma} + \frac{V_1^2}{2g} = \frac{V_2^2}{2g} + h_L$$

- 1지점(배관지점)과 2지점(노즐지점)이 수평인 상태이므로 높이가 동일하여… $Z_1 = Z_2$ 이므로 소거된다.
- P_2의 압력은 게이지압인데… P_2는 노즐이어서 대기압 상태이므로 게이지압이 "0"이 되어서, $\frac{P_2}{\gamma}$는 소거된다.
- 수평관에서 계기압력(P_1) = 0.49MPa = 490kPa(=kN/m²)   *1000kPa = 1MPa

$$\frac{490\,kN/m^2}{9.8\,kN/m^3} + \frac{(0.11\,V_2)^2}{2 \times 9.8\,m/s^2} = \frac{V_2^2}{2 \times 9.8\,m/s^2} + 0.026\,V_2^2 \qquad \therefore\; V_2 = 25.58\,m/\sec$$

> 계산기의 SOLVE(솔브) 기능을 활용하여 변수의 답을 구하는 것이 편리하다.
> $\frac{490}{9.8} + \frac{(0.11 \times \rightarrow ALPHA \rightarrow X)^2}{2 \times 9.8}$ ALPHA = $\frac{ALPHA \rightarrow X^2}{2 \times 9.8}$ + 0.026 → ALPHA → X^2 → SHIFT → SOLVE → =

함께공부

베르누이의 정리

유체가 흐름선(유선)을 그리며 흐를 때, 두 지점의 높이[위치수두] 그리고 두 지점에서의 압력[압력수두]과 흐르는 속도[속도수두] 사이의 관계를 두 지점에서 역학적 에너지가 보존됨을 바탕으로 수식으로 나타낸 것.
유체의 흐름에 **에너지보존의 법칙**을 적용시킨 방정식[오일러의 운동방정식을 **적분**하여 얻은 방정식]

전수두(전양정) = 압력수두 + 속도수두 + 위치수두 = 일정(Constant)

$$H(m) = \frac{P}{\gamma} + \frac{V^2}{2g} + Z = \frac{압력(N/m^2)}{비중량(N/m^3)} + \frac{유속^2(m/\sec)^2}{중력가속도(m/\sec^2)} + 높이(m) = C(일정)$$

유체흐름상에 임의의 두 점에서 압력·속도·위치 수두는 각각 다를 수 있으나, 에너지보존의 법칙에 의해 그 **에너지(수두)의 총합은 항상 일정**하다는 방정식이 성립하여 아래식으로 표현할 수 있다.

$$\frac{P_1}{\gamma} + \frac{V_1^2}{2g} + Z_1 = \frac{P_2}{\gamma} + \frac{V_2^2}{2g} + Z_2$$

※ 유속(속도)의 기호를 u나 V 어떤 것을 사용하여도 무방하다.[유속 = 속도 = u = V]

전반적으로 쉬운 계산형 ★★

26 원심펌프가 전양정 120m에 대해 6m³/s의 물을 공급할 때 필요한 축동력이 9530kW이었다. 이때 펌프의 체적효율과 기계효율이 각각 88%, 89%라고 하면, 이 펌프의 수력효율은 약 몇 %인가?

① 74.1   ② 84.2   ③ 88.5   ④ 94.5

펌프의 **축동력** ☞ 펌프의 운전에 필요한 실제동력

$$P(kW) = \frac{H \cdot \gamma \cdot Q}{\eta_p(효율) \times 102} = \frac{H(전양정)[m] \times \gamma(물\,비중량)[1000\,kgf/m^3] \times Q(토출량)[m^3/\sec]}{\eta_p(효율) \times 102}$$

1. 조건정리
   - 전양정(H) = 120m
   - 토출량(Q) = 6m³/s
   - 축동력(P) = 9530kW
   - 체적효율(η_V) = 88% = 퍼센트의 단위를 제거하면… 0.88이 된다.
   - 기계효율(η_m) = 89% = 퍼센트의 단위를 제거하면… 0.89가 된다.

2. 전효율(η_p)의 계산

$$\eta_p(효율) = \frac{H \cdot \gamma \cdot Q}{P(kW) \times 102} = \frac{120\,m \times 1000\,kgf/m^3 \times 6\,m^3/s}{9530\,kW \times 102} = 0.74$$

3. 펌프의 효율(η_p)
   효율이란 기계에 공급된 에너지와 기계가 실제로 행한 일과의 비율이며, 이 값이 1(100%)에 가까울수록 효율이 높다. 좀 더 쉽게 말하면 들인 노력과 얻은 결과의 비율로 표현할 수 있다.
   어떤 펌프도 그 효율이 1(100%) 이기는 어렵다. 따라서 그 떨어진 효율만큼 펌프의 동력을 가산해 주어야 한다.

$$전효율(\eta_p) = 수력효율(\eta_h) \times 체적효율(\eta_V) \times 기계효율(\eta_m) = \frac{수동력}{축동력}$$

$$수력효율(\eta_h) = \frac{전효율(\eta_p)}{체적효율(\eta_V) \times 기계효율(\eta_m)} = \frac{0.74}{0.88 \times 0.89} \times 100 = 94.48\%$$

함께 공부

1. 펌프 동력(kW)의 계산
   $= H(전양정)[m] \times \gamma(물\ 비중량)[1000\,kgf/m^3] \times Q(토출량)[m^3/\sec] = kW$
   $= kgf \cdot m/\sec$ (힘×속도=중력단위의동력) $= kW$
2. 펌프의 **전달**(소요, 모터, 전동기) 동력(P) ☞ 펌프의 구동에 이용되는 동력
   $$kW = \frac{H \cdot \gamma \cdot Q}{\eta_p(효율) \times 102} \times K \qquad HP = \frac{H \cdot \gamma \cdot Q}{\eta_p(효율) \times 76} \times K \qquad PS = \frac{H \cdot \gamma \cdot Q}{\eta_p(효율) \times 75} \times K$$
   * K (전달계수) ① 전동기 : 1.1 ② 내연기관 : 1.15 ~ 1.2
3. 펌프의 **축동력** ☞ 펌프의 운전에 필요한 실제동력. 따라서 전달계수를 빼고 계산한다.
   $$kW = \frac{H \cdot \gamma \cdot Q}{\eta_p(효율) \times 102} \qquad HP = \frac{H \cdot \gamma \cdot Q}{\eta_p(효율) \times 76} \qquad PS = \frac{H \cdot \gamma \cdot Q}{\eta_p(효율) \times 75}$$
4. 펌프의 **수동력** ☞ 펌프에 의해 **물에 공급**되는 동력(유체에 실제로 주어지는 동력). 따라서 펌프효율은 의미가 없다.
   $$kW = \frac{H \cdot \gamma \cdot Q}{102} \qquad HP = \frac{H \cdot \gamma \cdot Q}{76} \qquad PS = \frac{H \cdot \gamma \cdot Q}{75}$$
5. 단위의 변환
   - 물의 비중량(γ) $= \frac{1000\,kgf/m^3}{102} = \frac{9800\,N/m^3}{102 \times 9.8} = \frac{9800\,N/m^3}{1000} = \frac{\gamma}{1000}$ * $1kgf = 9.8N$
   - 토출량(Q) $= \frac{1m^3}{1\sec} \times \frac{60\sec}{1\min} = 60\,[m^3/\min]$ → $\frac{60\,[m^3/\min]}{1} = \frac{m^3/\min}{60} = \frac{Q}{60}$ *1분을 60으로 나눠주면 1초가 된다.
   - $\therefore P[kW] = \frac{H \cdot \gamma \cdot Q}{1000 \times 60} = \frac{H[m] \times 9800[N/m^3] \times Q[m^3/\min]}{1000 \times 60} = 0.163HQ$

전반적으로 쉬운 계산형 ★★

27 안지름 4cm, 바깥지름 6cm인 동심 이중관의 수력직경(hydraulic diameter)은 몇 cm인가?

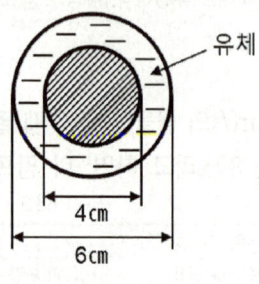

① 2　　　　　② 3　　　　　③ 4　　　　　④ 5

원관이외의 관, 덕트 등에서 마찰손실을 구할 때, 그 직경을 구하기 어려움으로 수력반경(수력반지름)을 구한 후, 그 수력반경에 4배를 곱한다. 그 값이 직경(지름)과 같다. 즉 **수력반경(수력반지름)의 4배가 수력직경과 같다**.

1. 유동단면이 **동심이중관[환형(annular)관]**인 경우 수력반경(R_h, 수력반지름)
   $$R_h(m) = \frac{D(외경) - d(내경)}{4} = \frac{6cm - 4cm}{4} = 0.5cm$$
2. 수력반경(R_h)의 4배가 원형관의 직경과 같다. $= 0.5cm \times 4 = 2cm$
   ※ 결과론적으로 $R_h(m) = \frac{D-d}{4} \times 4$ 이므로... $R_h(m) = D - d = 6cm - 4cm = 2cm$ 와 동일한 값이 된다.

> 계산 없는 단순 암기형 ★★★★★

28 열역학 관련 설명 중 틀린 것은?
① 삼중점에서는 물체의 고상, 액상, 기상이 공존한다.
② 압력이 증가하면 물의 끓는점도 높아진다.
③ 열을 완전히 일로 변환할 수 있는 효율이 100%인 열기관은 만들 수 없다.
④ 기체의 정적비열은 정압비열보다 크다.
　　　　　　　　　　　　　　　　　작다

정압비열(C_P)과 정적비열(C_V)의 관계
- 정압비열(C_P) : 보통의 비열로서 압력을 일정하게 한 상태에서 비열을 측정한 것
- 정적비열(C_V) : 체적을 일정하게 한 상태에서 비열을 측정한 것
- 비열비(k) = $\dfrac{C_P}{C_V}$ > 1 (항상 1보다 크다)　∴ 정압비열(C_P) > 정적비열(C_V)
- **비열**이란 어떤 물질(물) 1kg의 온도를 1℃(K)만큼 올리는 데 필요한 열의 양[1kcal(4.184kJ)]이다. 비열이 크면 그 물질의 온도를 높이기 어렵다. 따라서 물은 비열이 크므로 화염 등의 열을 더 많이 빼앗아 올 수 있어 소화약제로 사용되고 있다.

함께 공부
① 물질의 3중점(triple point)은 고체(고상), 액체(액상), 기체(기상)의 3상이 평형상태로 공존하는 상태의 지점(압력과 온도)을 말한다. 예를 들어, 압력 5.3[kgf/cm²], 온도 -56.7[℃]는 이산화탄소(CO_2)의 삼중점으로 고체, 액체, 기체가 공존한다.
② 압력이 증가한다는 것은… 물이 기화되는 것을 더 큰 압력으로 억압하고 있는 형태이므로, 물은 더 높은 온도에서 끓는다. 예를 들어, 대기압보다 더 큰 압력이 작용하면 물은 100℃보다 높은 온도에서 끓고… 대기압보다 더 작은 압력이 작용하면 물은 100℃보다 낮은 온도에서 끓는다.
③ 열역학 제2법칙(비가역의 법칙, 엔트로피 증가의 법칙, 자발적변화의 방향)에 따르면, 일의 열로의 변환은 쉽게 일어나는 현상이지만, 열이 일로 변환하는 데에는 어떠한 제한이 있으므로… 열을 완전히 일로 변환할 수 있는 효율이 100%인 열기관은 만들 수 없다. 열역학 **제2법칙에 위배되는** 열효율이 100%인 **기관을 제2종 영구기관**이라고 한다.

> 계산 없는 단순 암기형 ★★★★★

29 다음 중 차원이 서로 같은 것을 모두 고르면? (단, P : 압력, ρ : 밀도, V : 속도, h : 높이, F : 힘, m : 질량, g : 중력가속도)

| ㄱ. ρV^2 | ㄴ. ρgh | ㄷ. P | ㄹ. $\dfrac{F}{m}$ |

① ㄱ, ㄴ　　② ㄱ, ㄷ　　③ **ㄱ, ㄴ, ㄷ**　　④ ㄱ, ㄴ, ㄷ, ㄹ

ㄱ. ρV^2(밀도 × 속도²) → $kg/m^3 \times m^2/sec^2 = kg/m \cdot sec^2$ [ML⁻¹T⁻²] ☞ 압력의 절대단위
ㄴ. ρgh(밀도 × 중력가속도 × 높이) → $kg/m^3 \times m/sec^2 \times m = kg/m \cdot sec^2$ [ML⁻¹T⁻²] ☞ 압력의 절대단위
ㄷ. P(압력) → $\dfrac{N}{m^2}$(면적당 작용하는 힘) = $\dfrac{kg \cdot m/sec^2}{m^2} = kg/m \cdot sec^2$ [ML⁻¹T⁻²] ☞ 압력의 절대단위

　＊ 힘(F) = 질량(kg) × 중력가속도(m/sec^2) = $kg \cdot m/sec^2$ [N(뉴턴, Newton)]

ㄹ. $\dfrac{F}{m}\left(\dfrac{힘}{질량}\right)$ → $\dfrac{kg \cdot m/sec^2}{kg} = m/sec^2$ [LT⁻²] ☞ 가속도

함께 공부
- 차원 : "길이"라는 단어만으로는 그 길이가 얼마나 긴지, 짧은지 알 수 없다. 또 "질량"이라는 단어로는 얼마나 무거운지, 가벼운지 알 수 없다. 이렇게 사물의 크고 작음과 많고 적음을 알 수 없고 그것이 무엇을 나타내는지만 알 수 있는 것을 차원이라 한다.
- 차원의 종류 및 기호
　길이(Length, 렝스) → L (m)　　질량(Mass, 매스) → M (kg)　　시간(Time, 타임) → T (sec)　　중량(Force, 포스) → F (kgf)
- 단위를 차원의 기호로 변환[예시]
　- 면적 : m^2 → L^2　　　　　　　　　　　　　　　　　- 부피(체적) : m^3 → L^3
　- 속도 : m/sec → $L/T = LT^{-1}$　　　　　　　　　　- 가속도 : m/sec^2 → $L/T^2 = LT^{-2}$ (분모는 마이너스로 표현)
　- 힘 : $kg \cdot m/sec^2$ → $ML/T^2 = MLT^{-2}$　　　　- 밀도 : kg/m^3 → $M/L^3 = ML^{-3}$

> 전반적으로 쉬운 계산형 ★★

30 밀도가 10kg/m³인 유체가 지름 30cm인 관 내를 1m³/s로 흐른다. 이때의 평균유속은 몇 m/s인가?

① 4.25 ② 14.1 ③ 15.7 ④ 84.9

유량의 단위가 m³/s 즉, 초당(sec) m³[체적=부피]으로 흐른다고 하였으므로, 연속방정식 중 **체적유량(Q)**을 적용한다.
문제에서 제시된 밀도는 체적유량과 관계없고, 질량유량인 경우에 적용하는 인자이다.

Q(체적유량, m^3/sec) = A(배관의 단면적, m^2) × V(유체속도, m/sec) * $A = \dfrac{\pi \cdot D^2}{4}$ D=직경(지름)

$V = \dfrac{Q}{A}$ → $V = \dfrac{Q}{\dfrac{\pi \cdot D^2}{4}} = \dfrac{1 m^3/s}{\dfrac{\pi \times (0.3m)^2}{4}} = 14.15 m/s$

- 지름(직경, D) = 30cm = 0.3m   *1000mm = 100cm = 1m

> 전반적으로 쉬운 계산형 ★★

31 초기 상태에서 압력 100kPa, 온도 15℃인 공기가 있다. 공기의 부피가 초기 부피의 $\dfrac{1}{20}$이 될 때까지 가역 단열압축할 때 압축 후의 온도는 약 몇 ℃인가? (단, 공기의 비열비는 1.4이다.)

① 54 ② 348 ③ 682 ④ 912

열역학적 상태변화 과정에서 단열압축할 때 압축 후의 온도를(℃)를 구하는 문제

$\dfrac{T_2}{T_1} = \left(\dfrac{V_1}{V_2}\right)^{k-1}$ * $\dfrac{T_2(나중절대온도, K)}{T_1(처음절대온도, K)} = \left(\dfrac{V_1(처음체적)}{V_2(나중체적)}\right)^{k(비열비)-1}$

$\dfrac{T_2}{(15℃+273)K} = \left(\dfrac{1}{\frac{1}{20}}\right)^{1.4-1}$ → $\dfrac{T_2}{288K} = 20^{0.4}$ ∴ $T_2 = 954.56 K$

절대온도(켈빈온도)K를 ℃로 바꾸면 = 954.56 - 273 = 681.56℃

> 함께공부

단열변화(=단열과정 =등엔트로피 과정)에서 온도, 압력, 체적의 관계(TPV관계)

$\dfrac{T_2}{T_1} = \left(\dfrac{P_2}{P_1}\right)^{\frac{k-1}{k}} = \left(\dfrac{V_1}{V_2}\right)^{k-1}$

$\dfrac{T_2(나중절대온도, K)}{T_1(처음절대온도, K)} = \left(\dfrac{P_2(나중압력)}{P_1(처음압력)}\right)^{\frac{k-1}{k}} = \left(\dfrac{V_1(처음체적)}{V_2(나중체적)}\right)^{k(비열비)-1}$

> 전반적으로 쉬운 계산형 ★★

32 부피가 240m³인 방 안에 들어 있는 공기의 질량은 약 몇 kg인가? (단, 압력은 100kPa, 온도는 300K 이며, 공기의 기체상수는 0.287 kJ/kg·K이다.)

① 0.279 ② 2.79 ③ 27.9 ④ 279

문제에서 공기의 기체상수가 kJ/(kg·K)의 단위로 주어졌으므로... 특정한 기체에 적용이 가능한 **특정기체 상태방정식**을 통해 답을 구할 수 있다.
문제에서 요구하는 방 안 공기의 질량(kg)을 구하기 위해... 이상기체상태방정식을 전개하여, 특정기체 상태방정식의 질량(W)을 중심으로 정리한다.

이상기체상태방정식 ☞ $PV = \dfrac{WRT}{M}$ *절대압력 × 체적 = $\dfrac{질량 \times 기체정수 \times 절대온도}{분자량}$

특정기체상태방정식 ☞ $PV = W\dfrac{R}{M}T$ *$\bar{R}$(특정 기체상수) = $\dfrac{R(일반 기체상수)}{M(특정기체의 분자량)}$ → $PV = W\bar{R}T$ → $W = \dfrac{PV}{\bar{R}T}$

1. 조건정리
- 압력(P) = 100 kPa = 100 kN/m²
- 체적(V) = 부피가 240m³인 방 안 = 240m³
- 공기의 특정 기체상수($\bar{R}$) = 0.287 kJ/kg·K = 0.287 kN·m/kg·K   *kJ(주울, Joule) = kN·m(힘×거리=일)
- 절대온도(T) = 300K

2. 위 조건들을 대입하여 질량(kg)을 구한다. $W = \dfrac{PV}{RT} = \dfrac{100\,kN/m^2 \times 240\,m^3}{0.287\,kN\cdot m/kg\cdot K \times 300K} = 278.75\,kg$

포기해도 되는 계산형 포기해도 합격에 전혀 지장없는 문제

33 그림의 액주계에서 밀도 ρ₁ = 1000 kg/m³, ρ₂ = 13,600 kg/m³, 높이 h₁ = 500mm, h₂ = 800mm일 때 중심 A의 계기압력은 몇 kPa인가?

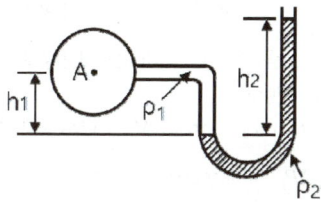

① 101.7　　　② 109.6　　　③ 126.4　　　④ 131.7

본 문제는 이해과정이 복잡한 계산문제로서… 소방설비기사 실기시험에서 등장하지 않는 개념과 문제이므로, 공부하지 않고 **포기하는 것이 더 현명**합니다. 따라서 지면과 노력낭비를 방지하기 위하여 해설이 없습니다.

함께공부

$P_B = P_C$ [물하단 지점(B)과… 수평선을 그은 수은지점(C)의 압력(P)은 동일하다는 전제로 식을 세운다]
$P_A + \gamma_{1(물)}\,h_1 = \gamma_{2(수은)}\,h_2$
$P_A = (\gamma_{2(수은)} \times h_2) - (\gamma_{1(물)} \times h_1) = (13.6 \times 9.8\,kN/m^3 \times 0.8m) - (9.8\,kN/m^3 \times 0.5m) = 101.724\,kPa$

포기해도 되는 계산형 포기해도 합격에 전혀 지장없는 문제

34 그림과 같이 수조의 두 노즐에서 물이 분출하여 한 점(A)에서 만나려고 하면 어떤 관계가 성립되어야 하는가? (단, 공기저항과 노즐의 손실은 무시한다.)

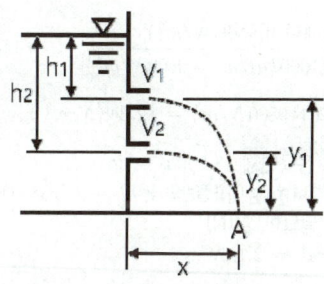

① h₁y₁ = h₂y₂　　② h₁y₂ = h₂y₁　　③ h₁h₂ = y₁y₂　　④ h₁y₁ = 2h₂y₂

본 문제는 이해과정이 복잡한 계산문제로서… 소방설비기사 실기시험에서 등장하지 않는 개념과 문제이므로, 공부하지 않고 **포기하는 것이 더 현명**합니다. 따라서 지면과 노력낭비를 방지하기 위하여 해설이 없습니다.

함께공부

$X_1 = X_2$ → $V_1(속도) \times t_1(시간) = V_2(속도) \times t_2(시간)$
$\sqrt{2gh_1} \times \sqrt{\dfrac{2y_1}{g}} = \sqrt{2gh_2} \times \sqrt{\dfrac{2y_2}{g}}$ → $2gh_1 \times \dfrac{2y_1}{g} = 2gh_2 \times \dfrac{2y_2}{g}$ → $h_1 \times y_1 = h_2 \times y_2$

전반적으로 쉬운 계산형 ★★

35 길이 100m, 직경 50mm, 상대조도 0.01인 원형 수도관 내에 물이 흐르고 있다. 관내 평균유속이 3m/s에서 6m/s로 증가하면 압력손실은 몇 배로 되겠는가? (단, 유동은 마찰계수가 일정한 완전난류로 가정한다.)

① 1.41배　　② 2배　　③ **4배**　　④ 8배

달시-와이스바하 방정식을 통해 마찰손실을 수두(m, mH_2O)로 계산한 후, 수두단위를 압력단위로 변경하면 **압력손실(ΔP)**을 계산할 수 있다.

$$h_L(mH_2O) = f\frac{L(m)}{D(m)}\frac{V^2(m/\sec)^2}{2g(m/\sec^2)} \quad 마찰손실수두 = 관마찰계수 \times \frac{직관의\ 길이}{배관의\ 직경} \times \frac{유속^2}{2\times 중력가속도}$$

하지만… 문제조건 중 유속만 3m/s에서 6m/s로 증가하므로, 나머지는 계산할 필요가 없다. 따라서 **압력손실(=수두손실을 압력으로 변환=ΔP)**과 유속(V^2)과의 관계만 정리하면 된다.

$$\Delta P_1 : V_1^2 = \Delta P_2 : V_2^2 \rightarrow \Delta P_1 : (3m/s)^2 = \Delta P_2 : (6m/s)^2$$

$$\therefore \Delta P_2 = \frac{(6m/s)^2}{(3m/s)^2}\times\Delta P_1 = \frac{36m/s}{9m/s}\times\Delta P_1 = 4\times\Delta P_1$$

* 유속이 6m/s로 증가하면 나중 압력손실(ΔP_2)은 처음 압력손실(ΔP_1)의 4배가 된다.

전반적으로 쉬운 계산형 ★★

36 한 변이 8㎝인 정육면체를 비중이 1.26인 글리세린에 담그니 절반의 부피가 잠겼다. 이때 정육면체를 수직방향으로 눌러 완전히 잠기게 하는데 필요한 힘은 약 몇 N인가?

① 2.56　　② **3.16**　　③ 6.53　　④ 12.5

1. 이 문제는 부력에 관한 문제인데… **부력은 유체 내의 어떤 물체에 대하여 수직 상향으로 작용하는 힘. 쉽게 말해, 유체 내에서 물체를 띄우려는 힘**을 말한다.

   부력(=잠긴 물체의 무게)[N] = 유체의 비중량(=잠긴 물체의 비중량)[N/m^3] × 배제된 유체의 체적(=잠긴 물체의 체적)[m^3]

   $$F(부력) = \gamma \cdot V$$

2. 정육면체가 절반만 잠긴 이유는… 부력이 수직 상향으로 작용하여 정육면체를 띄우고 있기 때문이다. 따라서 정육면체를 완전히 잠기게 하기 위해서는, 부력만큼을 더 눌러 주면 된다. 즉, 부력을 N(뉴턴)으로 구하라는 문제이다.

3. 조건정리
   ① 글리세린 비중량(γ)

   - S(액체비중, 1.26) = $\dfrac{\gamma[글리세린\ 비중량(N/m^3)]}{\gamma_w[물\ 비중량(1000\,kgf/m^3 = 9800 N/m^3)]}$　　*1kgf = 9.8N

   - $S = \dfrac{\gamma}{\gamma_w}$ → $\gamma = S\times\gamma_w = 1.26\times 9800\,N/m^3 = 12,348\,N/m^3$

   ② 정육면체의 체적(V) = 한 변이 8㎝인 정육면체　*100㎝ = 1m
   　　= 0.08m(가로) × 0.08m(세로) × 0.04m(높이)[절반의 높이] = 2.56×10⁻⁴ m³[=넘쳐흐른 물의 체적]

4. 수직방향으로 눌러 완전히 잠기게 하는데 필요한 힘(N)
   　F(부력) = $12,348\,N/m^3 \times 2.56\times 10^{-4}\,m^3 = 3.16N$

함께공부

부력
- 유체 내의 어떤 물체에 대하여 수직 상향으로 작용하는 힘. 쉽게 말해, 유체 내에서 **물체를 띄우려는 힘**을 말한다.
- 어떤 물체의 무게가 부력보다 크다면 그 물체는 가라 앉을 것이다. 반대로 부력이 무게보다 크다면 그 물체는 뜰 것이다. **쇳덩어리는 물에 가라앉지만 나무는 물에 뜨는 이유**는 쇳덩어리의 경우 무게가 부력보다 크고, 나무는 부력이 나무무게보다 크기 때문이다. 쇠로 만든 배가 뜨는 이유는 물에 잠기는 부피를 크게 설계하여 배의 무게보다 더 큰 부력을 만들었기 때문이다.
- 아르키메데스가 발견했기 때문에 여기에 관계된 원리를 **아르키메데스의 원리**라고도 한다.

| 전반적으로 쉬운 계산형 | ★★

37 그림과 같이 반지름 0.8m이고 폭이 2m인 곡면 AB가 수문으로 이용된다. 물에 의한 힘의 수평성분의 크기는 약 몇 kN인가? (단, 수문의 폭은 2m이다.)

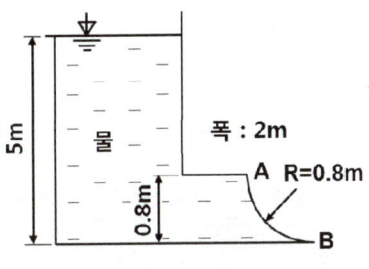

① 72.1　　② 84.7　　③ 90.2　　④ 95.4

곡면AB는 수직으로 세워진 수문이다. 이 수문에 물의 압력이 수평으로 작용하고 있다. 이 때 이 수문이 받는 힘을 kN의 값으로 구하는 문제이다.

1. 조건정리
   - 물 비중량(γ) = $1000 kgf/m^3$ = $9800 N/m^3$ = $9.8 kN/m^3$　　*$1kgf = 9.8N$　　*$1000N = 1kN$
   - 수문의 면적(A) ☞ 그림상에서 측면으로 보면 곡면이지만, 수조의 내부에서 보면 수문이 폭2m 높이0.8m의 직사각형 형태로 힘을 받고 있다. ∴ 폭2m × 높이0.8m = 1.6m²
   - 수문이 받는 힘의 깊이(h)
     = 수면부터 수문A지점까지의 깊이(5m-0.8m) **4.2m** + 수문의 면적중심깊이($\frac{수문수직높이(0.8m)}{2}$) **0.4m** = **4.6m**

2. **수평방향**으로 작용하는 평균 힘의 크기 = 힘의 수평성분의 크기
   $F[kN, 힘]$ = $\gamma A h$ = 비중량(kN/m^3)×면적(m^2)×면적중심까지의 깊이(m) = $9.8 kN/m^3 × 1.6 m^2 × 4.6 m$ = $72.13 kN$

| 함께공부 |

- 수평면에 작용하는 전압력 ➡ 수직방향으로 작용하는 평균 힘의 크기

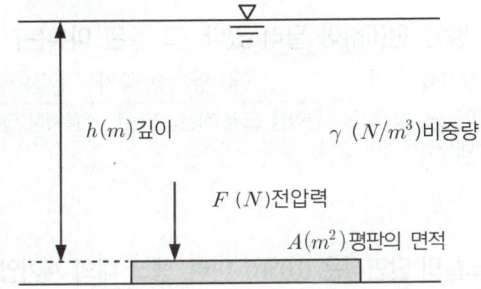

$$P = \frac{F}{A} = \frac{\gamma \cdot A \cdot h}{A} = \gamma \cdot h$$

$$\therefore F[N] = \gamma \cdot A \cdot h$$

$$N(뉴턴) = N/m^3 × m^2 × m$$

※ 평판이 받는 힘은 면적이 넓을수록, 깊을수록, 비중량이 클수록(무거울수록) 커진다.

- 수직면(경사면)에 작용하는 전압력 ➡ 수평방향으로 작용하는 평균 힘의 크기

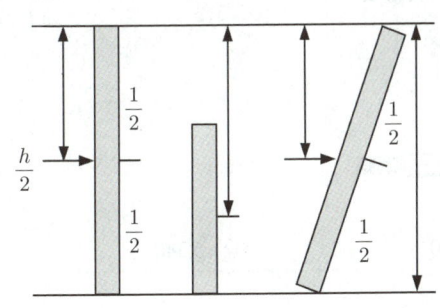 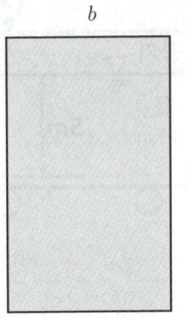

면적중심까지의 깊이 = $\frac{h}{2}$

$$F = \gamma \cdot A \cdot h$$
$$= \gamma \cdot (b × h) \cdot \frac{h}{2}$$
$$= \frac{\gamma \cdot (b × h) \cdot h}{2}$$

계산 없는 단순 암기형 ★★★★★

38 펌프 운전 시 발생하는 캐비테이션의 발생을 예방하는 방법이 아닌 것은?

① 펌프의 회전수를 높여 흡입 비속도를 높게 한다.
                  낮춰   낮게
② 펌프의 설치높이를 될 수 있는 대로 낮춘다.
③ 입형펌프를 사용하고, 회전차를 수중에 완전히 잠기게 한다.
④ 양흡입 펌프를 사용한다.

공동현상(캐비테이션, cavitation) - 공기고임현상(기포 발생)
- 정의
  - 펌프 내부나 흡입측 배관에서 **물의 압력이 포화증기압 이하로 떨어져** 물이 국부적으로 증발하여 증기 공동이 발생하는 현상으로 공기(기포)가 생성되고, 진동(소음)을 수반하며 종단에는 양수불능을 초래할 수 있음
  - 물의 온도에 상응하는 증기압보다 낮은 부분이 발생하면 물은 증발되고 물속에 있던 공기와 물이 분리되어 **기포가 발생**하는 펌프의 현상
  - 물이 배관 내에 유동하고 있을 때 흐르는 물 속 어느 부분의 정압이 그때의 물의 온도에 해당 하는 증기압 이하로 되면 부분적으로 기포가 발생하는 현상
- 원인 및 방지책

원인	방지책
흡입양정(수두) 클 때(흡입측 배관길이 길 때)	펌프 설치높이 낮춘다, 입축(수직회전축)펌프[심정용] 사용, 물올림장치 설치 등 **흡입양정(수두)을 짧게** 한다.
펌프의 설치 위치가 수원보다 높을 때	펌프의 설치 위치를 **수원보다 낮게** 한다.
마찰손실 클 때	배관길이 짧게, 관 부속물 적게 시공, 관경크게, **양흡입 펌프**(또는 2대 이상 펌프) 사용 등 마찰손실 줄인다.
임펠러 속도(펌프회전수)가 너무 빠를 때	임펠러 **속도**(펌프회전수) **낮춰** 유량을 적게 한다.(흡입비속도를 낮게한다)
흡입관경이 작아 유속이 너무 빠른 경우	**흡입관경 크게** 해서 유속을 낮춘다.
수온 높을 때	**수온을 낮게** 유지하여 포화증기압을 줄인다.

계산 없는 단순 암기형 ★★★★★

39 실내의 난방용 방열기(물-공기 열교환기)에는 대부분 방열 핀(fin)이 달려 있다. 그 주된 이유는?

① 열전달 면적 증가   ② 열전달계수 증가   ③ 방사율 증가   ④ 열저항 증가

방열 핀(fin)이란 라디에이터(방열기, radiator)의 구조 중 일부를 말하며, 공기와의 접촉면적을 크게 하는 구조로, 주름처럼 잡혀 있는 금속열판으로서, 열전달 면적을 증가시켜 난방의 효율을 증대시키는데 그 목적이 있다.

전반적으로 쉬운 계산형 ★★

40 그림에서 물 탱크차가 받는 추력은 약 몇 N인가? (단, 노즐의 단면적은 0.03㎡이며, 탱크 내의 계기압력은 40kPa이다. 또한 노즐에서 마찰손실은 무시한다.)

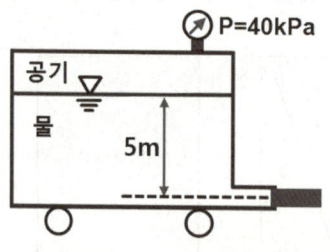

① 812   ② 1,490   ③ 2,710   ④ 5,340

탱크에 연결된 노즐에 의한 추력

$F(N) = \rho(밀도, kg/m^3) \cdot Q(유량, m^3/sec) \cdot V(유속, m/sec)$
$\quad\quad = \rho \cdot A(단면적, m^2) \cdot V^2(m/sec)^2$ *$Q = A \cdot V$ 이므로... V가 2개가 되어 V^2
$\quad\quad = \rho \cdot A \cdot \sqrt{2gh}^2 = \rho \times A \times 2 \times g \times h$ *토리첼리의정리 $V = \sqrt{2gh} = \sqrt{2 \times 중력가속도(9.8 m/sec^2) \times 수두(m)}$

1. 조건정리
   - 물의 밀도(ρ) = $1000\,kg/m^3$
   - 노즐의 단면적(A) = $0.03\,m^2$
   - 수두(h) = 수위차 5m + 물탱크 공기압 $40\,kPa \times \dfrac{10.332\,mH_2O}{101.325\,kPa}$ = 9.08m *킬로 파스칼(kPa)의 표준대기압 = 101.325kPa
     → 표준대기압을 이용하여... 물탱크 공기압(kPa)를 수두(mH₂O)로 단위환산. 수두단위의 표준대기압은 10.332mH₂O 이다.
2. 물 탱크차가 받는 추력(N)
   = $\rho \times A \times 2 \times g \times h = 1000\,kg/m^3 \times 0.03\,m^2 \times 2 \times 9.8\,m/s^2 \times 9.08\,m = 5339.04\,kg \cdot m/s^2 [= N]$

3과목 소방관계법규

✔ 이것이 혁신이다! 기출문제 + 답이색해설

문장이 답인 문제

41 소방기본법 제1장 총칙에서 정하는 목적의 내용으로 거리가 먼 것은?

① 구조, 구급 활동 등을 통하여 공공의 안녕 및 질서 유지
② 풍수해의 예방, 경계, 진압에 관한 계획, 예산 지원 활동
③ 구조, 구급 활동 등을 통하여 국민의 생명, 신체, 재산 보호
④ 화재, 재난, 재해 그 밖의 위급한 상황에서의 구조, 구급 활동

소방기본법 제1장 총칙 / 제1조(목적)
이 법은 화재를 예방·경계하거나 진압하고 화재, 재난·재해, 그 밖의 위급한 상황에서의 구조·구급 활동 등을 통하여 국민의 생명·신체 및 재산을 보호함으로써 공공의 안녕 및 질서 유지와 복리증진에 이바지함을 목적으로 한다.

땅가팁! 풍수해의 대비는 소방의 목적이 아니다.

숫자가 답인 문제 ★

42 화재의 예방 및 안전관리에 관한 법령상 화재 발생 위험이 큰 물건에 대하여 관계인을 알 수 없는 경우 그 물건을 옮기거나 보관하는 등 필요한 조치를 하게 할 수 있다. 이 때 옮긴 물건 등을 보관하는 경우 그날부터 며칠 동안 해당 소방서의 인터넷 홈페이지에 그 사실을 공고해야 하는가?

① 3일　　② 5일　　③ 7일　　④ 14일

- 소방관서장은 화재 발생 위험이 크거나 소화 활동에 지장을 줄 수 있다고 인정되는 물건에 대하여 소유자, 관리자 또는 점유자를 알 수 없는 경우 소속 공무원으로 하여금 그 물건을 옮기거나 보관하는 등 필요한 조치를 하게 할 수 있다.
- 옮긴 물건 등을 보관하는 경우에는 그날부터 14일 동안 해당 소방서의 인터넷 홈페이지에 그 사실을 공고해야 하며, 옮긴물건등의 보관기간은 인터넷 홈페이지에 따른 공고기간의 종료일 다음 날부터 7일까지로 한다.

숫자가 답인 문제

43 소방시설 설치 및 관리에 관한 법령상 자체점검 결과 보고를 마친 관계인은 자체점검과 관련된 사항을 점검기록표에 기록하여 특정소방대상물의 출입자가 쉽게 볼 수 있는 장소에 게시하여야 하나, 이를 위반한 경우 벌칙 기준은?

① 100만원 이하의 벌금　　② 300만원 이하의 벌금　　③ 100만원 이하의 과태료　　④ 300만원 이하의 과태료

- 자체점검 결과 보고를 마친 관계인은 관리업자등, 점검일시, 점검자 등 자체점검과 관련된 사항을 점검기록표에 기록하여 특정소방대상물의 출입자가 쉽게 볼 수 있는 장소에 게시하여야 한다.
- 위를 위반하여 점검기록표를 기록하지 아니하거나 특정소방대상물의 출입자가 쉽게 볼 수 있는 장소에 게시하지 아니한 관계인
  → 300만원 이하의 과태료를 부과한다.

숫자가 답인 문제

44 위험물안전관리법령상 제4류 위험물 중 경유의 지정수량은 몇 리터인가?

① 500　　② 1000　　③ 1500　　④ 2000

1. 제2석유류인 경유나 등유가 물에 녹지 않는(비수용성) 사실은, 기본상식에 해당하므로 별도 암기가 필요치 않을 수 있다.

위험물	특징	암기법	종류[대분류]
제4류	인화성 액체	특아이디 1아휘 알콜 2경등 3클중 4실기 동식물	특수인화물(아세트알데히드, 이황화탄소, 디에틸에테르) / 제1석유류(아세톤, 휘발유=가솔린), 알코올류 / 제2석유류(경유, 등유) / 제3석유류(클레오소트유, 중유) / 제4석유류(실린더유, 기어유), 동식물유류

2. 지정수량 : 위험물의 종류별로 위험성을 고려하여 대통령령이 정하는 수량으로서 제조소등의 설치허가 등에 있어서 최저의 기준이 되는 수량(지정수량의 단위로 kg을 사용하고, 4류만 L를 사용)

위험물	특징	지정수량 암기법	위험등급	지정수량	품명	물에 녹는지 여부
제4류	인화성 액체	특인 50	I	50L	특수인화물	-
		일비 이백	II	200L	제1석유류	비수용성
				400L	제1석유류	수용성
		알콜 사백			알코올류	수용성
		이비 일천	III	1,000L	제2석유류	비수용성
				2,000L	제2석유	수용성
		삼비 이천			제3석유류	비수용성
				4,000L	제3석유류	수용성
		사기 육천		6,000L	제4석유류(기어유)	-
		동식 일만		10,000L	동식물유류	-

암기팁! 수용성이(비수용성에 비해) 위험성이 낮아, 최저허가기준량(지정수량)을 2배로 올렸다. 따라서 수용성 지정수량은 "비수용성×2배" 하면 된다.

숫자가 답인 문제 ★

45 화재의 예방 및 안전관리에 관한 법령상 천재지변이나 그 밖에 대통령령으로 정하는 사유로 화재안전조사를 받기 곤란하여 화재안전조사의 연기를 신청하려는 관계인은 화재안전조사 시작 최대 며칠 전까지 연기신청서 및 증명서류를 제출해야 하는가?

① 3　　② 5　　③ 7　　④ 10

1. 화재안전조사란 소방청장, 소방본부장 또는 소방서장(이하 "소방관서장" 이라 한다)이 소방대상물, 관계지역 또는 관계인에 대하여 소방시설등이 소방 관계 법령에 적합하게 설치·관리되고 있는지, 소방대상물에 화재의 발생 위험이 있는지 등을 확인하기 위하여 실시하는 현장조사·문서열람·보고요구 등을 하는 활동을 말한다.
2. 관계인은 천재지변이나 그 밖에 대통령령으로 정하는 사유로 화재안전조사를 받기 곤란한 경우에는 화재안전조사를 통지한 소방관서장에게 대통령령으로 정하는 바에 따라 화재안전조사를 연기하여 줄 것을 신청할 수 있다.
3. 화재안전조사의 연기를 신청하려는 관계인은 화재안전조사 시작 3일 전까지 화재안전조사 연기신청서에 화재안전조사를 받기 곤란함을 증명할 수 있는 서류를 첨부하여 소방청장, 소방본부장 또는 소방서장에게 제출해야 한다.

함께 공부

화재안전조사를 연기하고자 할 때 대통령령으로 정하는 사유
1. 재난이 발생한 경우
2. 관계인의 질병, 사고, 장기출장의 경우
3. 권한 있는 기관에 자체점검기록부, 교육·훈련일지 등 화재안전조사에 필요한 장부·서류 등이 압수되거나 영치되어 있는 경우
4. 소방대상물의 증축·용도변경 또는 대수선 등의 공사로 화재안전조사를 실시하기 어려운 경우

46 소방시설공사업법령상 소방시설공사업자가 소속 소방기술자를 소방시설공사 현장에 배치하지 않았을 경우의 과태료 기준은?

① 100만원 이하 ② 200만원 이하 ③ 300만원 이하 ④ 400만원 이하

공사업자는 소방시설공사의 책임시공 및 기술관리를 위하여 대통령령으로 정하는 바에 따라 소속 소방기술자를 공사 현장에 배치하여야 한다. 이를 위반하여 **소방기술자를 공사 현장에 배치하지 아니한 자**에게는 **200만원 이하의 과태료**를 부과한다.

47 천재지변이나 그 밖에 대통령령으로 정하는 사유로 화재안전조사를 받기 곤란하여 화재안전조사의 연기를 신청하려는 관계인은 화재안전조사 시작 며칠 전까지 연기신청서 및 증명서류를 제출해야 하는가?

① 3 ② 5 ③ 7 ④ 10

1. **화재안전조사**란 소방청장, 소방본부장 또는 소방서장(이하 "소방관서장"이라 한다)이 소방대상물, 관계지역 또는 관계인에 대하여 소방시설등이 **소방 관계 법령에 적합**하게 설치·관리되고 있는지, 소방대상물에 **화재의 발생 위험**이 있는지 등을 확인하기 위하여 실시하는 현장조사·문서열람·보고요구 등을 하는 활동을 말한다.
2. **관계인은 천재지변**이나 그 밖에 대통령령으로 정하는 사유로 화재안전조사를 받기 곤란한 경우에는 화재안전조사를 통지한 소방관서장에게 대통령령으로 정하는 바에 따라 화재안전조사를 **연기하여 줄 것을 신청**할 수 있다.
3. 화재안전조사의 연기를 신청하려는 관계인은 **화재안전조사 시작 3일 전까지** 화재안전조사 **연기신청서**에 화재안전조사를 받기 **곤란함을 증명할 수 있는 서류**를 첨부하여 소방청장, 소방본부장 또는 소방서장에게 제출해야 한다.

함께공부

화재안전조사를 연기하고자 할 때 대통령령으로 정하는 사유
1. 재난이 발생한 경우
2. 관계인의 질병, 사고, 장기출장의 경우
3. 권한 있는 기관에 자체점검기록부, 교육·훈련일지 등 화재안전조사에 필요한 장부·서류 등이 압수되거나 영치되어 있는 경우
4. 소방대상물의 증축·용도변경 또는 대수선 등의 공사로 화재안전조사를 실시하기 어려운 경우

48 화재의 예방 및 안전관리에 관한 법령상 1급 소방안전관리대상물의 소방안전관리자 선임대상 기준으로 틀린 것은?

① 소방설비기사 또는 소방설비산업기사의 자격이 있는 사람으로서 1급 소방안전관리자 자격증을 발급받은 사람
② 소방공무원으로 5년 이상 근무한 경력이 있는 사람으로서 1급 소방안전관리자 자격증을 발급받은 사람
　　　　　　　　　7년
③ 소방청장이 실시하는 1급 소방안전관리대상물의 소방안전관리에 관한 시험에 합격한 사람으로서 1급 소방안전관리자 자격증을 발급받은 사람
④ 특급 소방안전관리대상물의 소방안전관리자 자격증을 발급받은 사람

1급 소방안전관리대상물에 선임해야 하는 소방안전관리자의 자격
다음의 어느 하나에 해당하는 사람으로서 1급 소방안전관리자 자격증을 발급받은 사람
1. **소방설비기사** 또는 소방설비**산업기사**의 **자격**이 있는 사람
2. **소방공무원**으로 **7년** 이상 근무한 경력이 있는 사람
3. **소방청장**이 실시하는 1급 소방안전관리대상물의 소방안전관리에 관한 **시험에 합격한** 사람
※ 특급 소방안전관리대상물의 **소방안전관리자** 자격증을 발급받은 사람

49 위험물안전관리법령상 제조소등에 설치해야 할 자동화재탐지설비의 설치기준 중 ( ) 안에 알맞은 내용은? (단, 광전식분리형 감지기 설치는 제외한다.)

하나의 **경계구역**의 면적은 (㉠)㎡ 이하로 하고 그 **한 변의 길이**는 (㉡)m 이하로 할 것. 다만, 당해 건축물 그 밖의 공작물의 주요한 출입구에서 그 내부의 전체를 볼 수 있는 경우에 있어서는 그 면적을 1000㎡ 이하로 할 수 있다.

① ㉠ 300, ㉡ 20 ② ㉠ 400, ㉡ 30 ③ ㉠ 500, ㉡ 40 ④ ㉠ 600, ㉡ 50

하나의 **경계구역**의 면적은 **600㎡** 이하로 하고 그 **한변**의 길이는 **50m**(광전식분리형 감지기를 설치할 경우에는 100m)이하로 할 것. 다만, 당해 건축물 그 밖의 공작물의 주요한 출입구에서 그 **내부의 전체를 볼 수 있는 경우**에 있어서는 그 면적을 **1,000㎡** 이하로 할 수 있다.

함께공부

- **자동화재탐지설비** : 화재를 자동으로 감지하여 벨(경종), 사이렌, 섬광으로 경보하여 피난을 유도하는 설비로서, 하나의 건물내에 경계구역(=화재감지구역=화재경보구역)을 여러개 나누어서 화재구역과 비화재구역으로 구분하여 제어하는 설비이다.
  - **음향장치** : 화재의 발생시 관계인 또는 일반인에게 벨, 사이렌 등으로 경보하여 화재발생을 알려주는 장치
  - **화재감지기(자동발신)** : 화재시 발생하는 열, 연기, 불꽃 등을 자동으로 감지하여 수신기에 신호를 보내는 장치
  - **발신기(수동발신)** : 화재발생시 화재신호를 수동(발신기스위치 누름)으로 수신기에 발하는 장치

문장이 답인 문제 ★★

50 화재의 예방 및 안전관리에 관한 법령상 소방안전관리대상물의 관계인은 **소방안전관리자를 기준일로부터 30일 이내에 선임**하여야 한다. 다음 중 기준일로 틀린 것은?

① 소방안전관리자를 해임한 경우 : 소방안전관리자를 해임한 날
② 특정소방대상물을 양수하여 관계인의 권리를 취득한 경우 : 해당 권리를 취득한 날
③ 신축으로 해당 특정소방대상물의 소방안전관리자를 신규로 선임해야 하는 경우 : 해당 특정소방대상물의 사용승인일
④ 증축으로 인하여 특정소방대상물이 소방안전관리대상물로 된 경우 : 증축공사의 <s>개시일</s>
　　　　　　　　　　　　　　　　　　　　　　　　　　　　　사용승인일

소방안전관리자의 선임신고
소방안전관리대상물의 관계인은 소방안전관리자를 다음에서 정하는 날부터 30일 이내에 선임해야 한다.
1. **신축·증축·개축·재축·대수선** 또는 **용도변경**으로 해당 특정소방대상물의 소방안전관리자를 **신규로 선임**해야 하는 경우
   → 해당 특정소방대상물의 **사용승인일**
2. **증축** 또는 **용도변경**으로 인하여 특정소방대상물이 **소방안전관리대상물로 된 경우** 또는 특정소방대상물의 소방안전관리 등급이 변경된 경우 → 증축공사의 **사용승인일** 또는 용도변경 사실을 건축물관리대장에 기재한 날
3. 특정소방대상물을 양수하여 관계인의 권리를 취득한 경우 → 해당 권리를 취득한 날
4. 소방안전관리자의 해임, 퇴직 등으로 해당 소방안전관리자의 업무가 종료된 경우
   → 소방안전관리자가 **해임된 날, 퇴직한 날** 등 근무를 종료한 날

문장이 답인 문제 ★★

51 위험물안전관리법령상 정기점검의 대상인 제조소등의 기준으로 틀린 것은?

① 지하탱크저장소
② 이동탱크저장소
③ 지정수량의 10배 이상의 위험물을 취급하는 제조소
④ 지정수량의 <s>20배</s> 이상의 위험물을 저장하는 옥외탱크저장소
　　　　　　　　200배

1. 대통령령이 정하는 제조소등의 관계인은 그 제조소등에 대하여 행정안전부령이 정하는 바에 따라 기술기준에 적합한지의 여부를 정기적으로 점검하고 점검결과를 기록하여 보존하여야 한다.
2. 정기점검의 대상인 제조소등
   - 관계인이 **예방규정**을 정하여야 하는 제조소등
     - 지정수량의 **10배** 이상의 위험물을 취급하는 제조소
     - 지정수량의 **100배** 이상의 위험물을 저장하는 옥외저장소
     - 지정수량의 **150배** 이상의 위험물을 저장하는 옥내저장소
     - 지정수량의 **200배** 이상의 위험물을 저장하는 옥외탱크저장소
     - 암반탱크저장소
     - 이송취급소
   - **지하탱크저장소**
   - **이동탱크저장소**
   - 위험물을 취급하는 탱크로서 지하에 매설된 탱크가 있는 제조소·주유취급소 또는 일반취급소

숫자가 답인 문제

52 소방시설 설치 및 관리에 관한 법령상 특정소방대상물의 관계인이 특정소방대상물에 설치·관리해야 하는 소방시설의 종류에 대한 기준 중 다음 ( ) 안에 알맞은 것은?

> 화재안전기준에 따라 소화기구를 설치해야 하는 특정소방대상물은 연면적 (㉠)㎡ 이상인 것. 다만, 노유자 시설의 경우에는 투척용 소화용구 등을 화재안전기준에 따라 산정된 소화기 수량의 (㉡) 이상으로 설치할 수 있다.

① ㉠ 33, ㉡ $\frac{1}{2}$ ② ㉠ 33, ㉡ $\frac{1}{5}$ ③ ㉠ 50, ㉡ $\frac{1}{2}$ ④ ㉠ 50, ㉡ $\frac{1}{5}$

화재안전기준에 따라 소화기구를 설치해야 하는 특정소방대상물은 연면적 **33㎡** 이상인 것. 다만, 노유자 시설의 경우에는 투척용 소화용구 등을 화재안전기준에 따라 산정된 소화기 수량의 **2분의 1** 이상으로 설치할 수 있다.

단어가 답인 문제 ★

53 소방시설 설치 및 관리에 관한 법령상 용어의 정의 중 다음 ( ) 안에 알맞은 것은?

> 특정소방대상물이란 건축물 등의 규모·용도 및 수용인원 등을 고려하여 소방시설을 설치하여야 하는 소방대상물로서 ( )으로 정하는 것을 말한다.

① 대통령령   ② 국토교통부령   ③ 행정안전부령   ④ 고용노동부령

특정소방대상물 : 건축물 등의 규모·용도 및 수용인원 등을 고려하여 **소방시설을 설치하여야 하는 소방대상물로서 대통령령**으로 정하는 것

숫자가 답인 문제

54 소방시설 설치 및 관리에 관한 법령상 분말형태의 소화약제를 사용하는 소화기의 내용연수로 옳은 것은? (단, 소방용품의 성능을 확인받아 그 사용기한을 연장하는 경우는 제외한다.)

① 3년   ② 5년   ③ 7년   ④ 10년

내용연수를 설정해야 하는 소방용품인… 분말형태의 소화약제를 사용하는 소화기의 내용연수 → **10년**

문장이 답인 문제 ★

55 소방시설공사업법령상 전문 소방시설공사업의 등록기준 및 영업범위의 기준에 대한 설명으로 틀린 것은?

① 법인인 경우 자본금은 최소 1억 원 이상이다.
② 개인인 경우 자산평가액은 최소 1억 원 이상이다.
③ 주된 기술인력 최소 1명 이상, 보조기술인력 최소 3명 이상을 둔다.
                                               2명
④ 영업범위는 특정소방대상물에 설치되는 기계분야 및 전기분야 소방시설의 공사·개설·이전 및 정비이다.

전문 소방시설공사업의 기술인력
- **주된 기술인력** : 기계분야 및 전기분야의 자격을 **함께 취득한 사람 1명** 이상(또는 각각 1명씩 2명)
- **보조 기술인력** : **2명** 이상
  − 소방기술사, 소방설비기사 또는 소방설비산업기사 자격을 취득한 사람
  − 소방공무원으로 재직한 경력이 3년 이상인 사람으로서 자격수첩을 발급받은 사람
  − 행정안전부령으로 정하는 소방기술과 관련된 자격·경력 및 학력을 갖춘 사람으로서 자격수첩을 발급받은 사람

함께공부

소방시설 공사업의 업종별 등록기준 및 영업범위

업종별		항목	기술인력	자본금 (자산평가액)	영업범위
전문 소방시설 공사업			• 주된 기술인력 : 소방기술사 또는 기계분야와 전기분야의 소방설비기사 각 1명(기계분야 및 전기분야의 자격을 함께 취득한 사람 1명) 이상 • 보조기술인력 : 2명 이상	• 법인 : 1억원 이상 • 개인 : 자산평가액 1억원 이상	특정소방대상물에 설치되는 기계분야 및 전기분야 소방시설의 공사·개설·이전 및 정비
일반 소방시설 공사업	기계 분야		• 주된 기술인력 : 소방기술사 또는 기계분야 소방설비기사 1명 이상 • 보조기술인력 : 1명 이상	• 법인 : 1억원 이상 • 개인 : 자산평가액 1억원 이상	• 연면적 1만제곱미터 미만의 특정소방대상물에 설치되는 기계분야 소방시설의 공사·개설·이전 및 정비 • 위험물제조소등에 설치되는 기계분야 소방시설의 공사·개설·이전 및 정비
	전기 분야		• 주된 기술인력 : 소방기술사 또는 전기분야 소방설비 기사 1명 이상 • 보조기술인력 : 1명 이상	• 법인 : 1억원 이상 • 개인 : 자산평가액 1억원 이상	• 연면적 1만제곱미터 미만의 특정소방대상물에 설치되는 전기분야 소방시설의 공사·개설·이전·정비 • 위험물제조소등에 설치되는 전기분야 소방시설의 공사·개설·이전·정비

문장이 답인 문제 ★

56 다음 위험물안전관리법령의 **자체소방대 기준**에 대한 설명으로 **틀린** 것은?

> 다량의 위험물을 저장·취급하는 제조소등으로서 **대통령이 정하는 제조소등**이 있는 동일한 사업소에서 **대통령이 정하는 수량 이상의 위험물**을 저장 또는 취급하는 경우 당해 사업소의 관계인은 대통령이 정하는 바에 따라 당해 사업소에 **자체소방대를 설치하여야 한다.**

① "대통령이 정하는 제조소등"은 제4류 위험물을 취급하는 제조소를 포함한다.
② "대통령이 정하는 제조소등"은 제4류 위험물을 취급하는 일반취급소를 포함한다.
③ "대통령이 정하는 수량 이상의 위험물"은 제4류 위험물의 최대수량의 합이 지정수량의 3천배 이상인 것을 포함한다.
④ "대통령이 정하는 제조소등"은 보일러로 위험물을 소비하는 일반취급소를 포함한다.

다량의 위험물을 저장·취급하는 제조소등으로서 **제4류 위험물을 취급하는 제조소 또는 일반취급소**[①번, ②번 해당]가 있는 동일한 사업소에서 **제4류 위험물의 최대수량의 합이 지정수량의 3천배 이상의 위험물**[③번 해당]을 저장 또는 취급하는 경우 당해 사업소의 관계인은 대통령이 정하는 바에 따라 당해 사업소에 자체소방대를 설치하여야 한다.

문장이 답인 문제 ★★★

57 소방기본법령상 소방본부 종합상황실의 실장이 서면·팩스 또는 컴퓨터통신 등으로 소방청 **종합상황실**에 보고하여야 하는 화재의 기준이 아닌 것은?

① 이재민이 100인 이상 발생한 화재
② 재산피해액이 50억원 이상 발생한 화재
③ 사망자가 3인 이상 발생하거나 사상자가 5인 이상 발생한 화재
　　　　　5인　　　　　　　　　　　　　　10인
④ 층수가 5층 이상이거나 병상이 30개 이상인 종합병원에서 발생한 화재

- **119 종합상황실의 설치와 운영** : 소방청장, 소방본부장 및 소방서장은 화재, 재난·재해, 그 밖에 구조·구급이 필요한 상황이 발생하였을 때에 신속한 소방활동을 위한 정보의 수집·분석과 판단·전파, 상황관리, 현장 지휘 및 조정·통제 등의 업무를 수행하기 위하여 119종합상황실을 설치·운영하여야 한다.
- **상급(소방서→소방본부→소방청) 종합상황실에 지체없이 보고해야 하는 화재 및 재난상황**
  - 사망자가 5인 이상 발생하거나 사상자가 10인 이상 발생한 화재
  - 재산피해액이 50억원 이상 발생한 화재
  - 이재민이 100인 이상 발생한 화재

암기팁! 사망5인/사상10인, 재산50억, 이재민100인 ➡ 사5/10, 재50, 이100 ➡ 사오십, 재오십, 이백

함께공부

상급(소방서→소방본부→소방청) 종합상황실에 지체없이 보고해야 하는 화재 및 재난상황

- 사람/재산 [암기팁 : 사망5인/사상10인, 재산50억, 이재민100인 ➡ 사5/10, 재50, 이100 ➡ 사오십, 재오십, 이백]
  - **사망**자가 **5인** 이상 발생하거나 **사상**자가 **10인** 이상 발생한 화재
  - **재산**피해액이 **50억**원 이상 발생한 화재
  - **이재민**이 **100인** 이상 발생한 화재
- 규모
  - 층수가 **11층** 이상인 건축물에서 발생한 화재
  - 층수가 **5층** 이상이거나 객실이 **30실** 이상인 **숙박**시설에서 발생한 화재
  - 층수가 **5층** 이상이거나 병상이 **30개** 이상인 종합**병원**·정신병원·한방병원·요양소에서 발생한 화재
  - 항구에 매어둔 총 톤수가 **1천톤** 이상인 **선박**에서 발생한 화재
  - 지정수량의 **3천배** 이상의 위험물의 제조소·저장소·취급소에서 발생한 화재
  - 연면적 **1만5천제곱미터** 이상인 **공장** 또는 화재예방강화지구에서 발생한 화재
- 장소 등
  - **관공서·학교·정부미도정공장**·문화재·지하철 또는 **지하구**의 화재
  - **관광호텔**, **지하상가**, 시장, 백화점에서 발생한 화재
  - **철도차량**, **항공기**, 발전소 또는 변전소에서 발생한 화재
  - 가스 및 화약류의 **폭발**에 의한 화재
  - **다중이용업소**의 화재
- 재난상황
  - 「긴급구조대응활동 및 현장지휘에 관한 규칙」에 의한 **통제단장**의 현장지휘가 필요한 재난상황
  - **언론**에 보도된 재난상황
  - 그 밖에 소방청장이 정하는 재난상황

단어가 답인 문제 ★★★

58 화재의 예방 및 안전관리에 관한 법령상 특수가연물의 수량 기준으로 옳은 것은?

① 면화류 : 200kg 이상
② 가연성고체류 : 500kg 이상
                                     3000kg
③ 나무껍질 및 대팻밥 : 300kg 이상
④ 넝마 및 종이부스러기 : 400kg 이상
             400 kg
                                       1000kg

특수가연물 품명별 수량기준 ➡ 나사면이 / 넝볏사천 / 가고삼천 / 석만 / 가이목십 / 합발이십

품명		수량	암기법
나무껍질 및 대팻밥		400 kg 이상	나사
면화류		200 kg 이상	면이
넝마 및 종이부스러기		1,000 kg 이상	넝볏사 천
볏짚류		1,000 kg 이상	
사류(실)		1,000 kg 이상	
가연성 고체류		3,000 kg 이상	가고 삼천
석탄·목탄류		10,000 kg 이상	석만
가연성 액체류		2 m³ 이상	가이
목재가공품 및 나무부스러기		10 m³ 이상	목십
합성수지류	발포시킨 것	20 m³ 이상	합발 이십
	그 밖의 것	3,000 kg 이상	

문장이 답인 문제

59 위험물안전관리법령상 위험물을 취급함에 있어서 정전기가 발생할 우려가 있는 설비에 설치할 수 있는 정전기 제거설비 방법이 아닌 것은?

① 접지에 의한 방법
② 공기를 이온화하는 방법
③ 자동적으로 압력의 상승을 정지시키는 방법
④ 공기 중의 상대습도를 70% 이상으로 하는 방법

정전기 제거설비 : 위험물을 취급함에 있어서 정전기가 발생할 우려가 있는 설비에는 다음에 해당하는 방법으로 정전기를 유효하게 제거할 수 있는 설비를 설치하여야 한다.
1. 접지에 의한 방법
2. 공기 중의 상대습도를 70% 이상으로 하는 방법
3. 공기를 이온화하는 방법

> 단어가 답인 문제 ★

60 소방기본법령상 소방활동장비와 설비의 구입 및 설치시 국고보조의 대상이 아닌 것은?
① 소방자동차
② 사무용 집기
③ 소방헬리콥터 및 소방정
④ 소방전용통신설비 및 전산설비

- 소방장비 등에 대한 국고보조 : 국가는 소방장비의 구입 등 시·도의 소방업무에 필요한 경비의 일부를 보조하며, 국고보조 대상사업의 범위와 기준보조율은 대통령령으로 정한다.
- 국고보조 대상사업의 범위
  ① 소방활동장비와 설비의 구입 및 설치
     → 소방자동차 / 소방헬리콥터 및 소방정 / 소방전용통신설비 및 전산설비 / 방화복 등 소방활동에 필요한 소방장비
  ② 소방관서용 청사의 건축

4과목 소방기계시설의 구조및원리

✔ 이것이 혁신이다! 기출문제 + 답이색해설

> 문장이 답인 문제 ★

61 특별피난계단의 계단실 및 부속실 제연설비의 화재안전기준상 수직풍도에 따른 배출기준 중 각층의 옥내와 면하는 수직풍도의 관통부에 설치하여야 하는 배출댐퍼 설치기준으로 틀린 것은?
① 화재층의 옥내에 설치된 화재감지기의 동작에 따라 당해층의 댐퍼가 개방될 것
② 풍도의 배출댐퍼는 이·탈착구조가 되지 않도록 설치할 것
　　　　　　　　　이·탈착 구조로 할 것
③ 개폐여부를 당해 장치 및 제어반에서 확인할 수 있는 감지기능을 내장하고 있을 것
④ 배출댐퍼는 두께 1.5㎜ 이상의 강판 또는 이와 동등 이상의 성능이 있는 것으로 설치하여야 하며 비 내식성 재료의 경우에는 부식방지 조치를 할 것

특별피난계단의 계단실 및 부속실 제연설비
- 특별피난계단의 계단실·부속실 및 비상용 승강기의 승강장에 신선한 공기를 급기(유입)하여 연기가 침투하지 못하도록 하여 피난을 용이하게 만드는 설비
- 피난로 및 피난공간의 안전성을 확보하여 인명안전은 물론 소방관의 소화 및 구조 활동을 원활하게 하는 데에 그 목적이 있다.
- 급기가압 제연설비라고도 하며… 특정소방대상물의 제연구역 내(계단실, 부속실 또는 비상용승강기의 승강장)에 신선한 공기를 주입하여 옥내(화재발생 부분)보다 압력을 높게 하여 화재 시 발생한 연기 또는 열기가 제연구역으로 확산, 침투하지 못하도록 하는 설비이다.

제연구역(부속실, 계단실 등)으로 연기가 유입되지 못하도록 하는 방법은… 제연구역의 압력을 옥내(거실, 통로 등)보다 높게 유지(차압)하는 방법이다. 그렇게 압력을 높이다 보면, 제연구역에 과압이 형성될 수 있다. 그 과압을 제연구역에서 옥내로 보내고, 옥내에서 다시 옥외(건물옥상)로 배출되도록 하여야 한다. 이 때 과압배출을 위한 수직풍도(아연도금강판)를, 건물의 층을 관통하여 수직으로 설치한 후… 각층의 수직풍도 관통부에 배출댐퍼를 설치하여, 과압을 아래와 같이 관리하여야 한다.

① 화재층의 옥내에 설치된 화재감지기의 동작에 따라 **당해층의 댐퍼가 개방될 것**
　→ 댐퍼는 평소 폐쇄된 상태를 유지하다가… 화재시 감지기가 동작하면, 화재가 발생된 해당 층만 댐퍼가 개방되도록 하여야 한다.
② 풍도의 내부마감상태에 대한 점검 및 댐퍼의 정비가 가능한 이·탈착 구조로 할 것
　→ 댐퍼를 이·탈착 할 수 없으면, 점검 및 정비가 어려워진다.
③ 개폐여부를 당해 장치 및 제어반에서 확인할 수 있는 감지기능을 내장하고 있을 것
　→ 댐퍼의 개폐여부를 확인할 수 있어야 함은 당연할 것이다.
④ 배출댐퍼는 두께 **1.5㎜ 이상의 강판** 또는 이와 동등 이상의 성능이 있는 것으로 설치하여야 하며 비 내식성 재료의 경우에는 **부식방지 조치를 할 것**

> 문장이 답인 문제 ★

62 포소화설비의 화재안전기준에 따라 포소화설비 송수구의 설치 기준에 대한 설명으로 옳은 것은?

① 구경 65mm의 쌍구형으로 할 것
② 지면으로부터 높이가 0.5m 이상 1.5m 이하의 위치에 설치할 것
                                              1m
③ 하나의 층 바닥면적이 2000㎡를 넘을 때마다 1개 이상을 설치할 것
                  3000㎡
④ 송수구의 가까운 부분에 자동배수밸브(또는 직경 3mm의 배수공) 및 안전밸브를 설치할 것
                                             5mm   체크밸브

- **포소화설비** : 수조로부터 공급된 물과 포약제 저장탱크에서 공급된 포원액을, **혼합기(프로포셔너)**에서 믹싱해 포수용액을 만들어, 포 방출구에서 공기와 섞여진 후 발포되어 거품을 방사하는 형태의 소화설비로서 유류탱크 등 위험물에 주로 사용된다.
- **송수구** : 소화용수를 보급하기 위하여 건물 외벽 또는 구조물의 외벽에 설치하는 배관과 연결된 구멍
- **자동배수밸브** : 송수구와 연결된 배관에 물이 채워져 있으면, 겨울철에 동결의 우려가 있으므로... 자동배수밸브를 통해 배관내 물을 자동으로 배수한다.
- **체크밸브** : 유체를 한쪽 방향으로만 흐르게 하는 역류방지밸브로서 소방차가 물을 송출할 때... 소방차 쪽으로 물이 역류되면 소방차 펌프에 부담이 갈 수 있기 때문에 체크밸브를 설치하여 소방차 펌프의 부담을 덜어준다.

① 구경 65mm(이상 이하 아님에 주의)의 쌍구형으로 할 것
② 송수구의 설치 높이 → 0.5m 이상 1m 이하
   ☞ 소방대가 현장에서 **무릎꿇고** 사용하기 적당한 높이

단구형 송수구

쌍구형 송수구

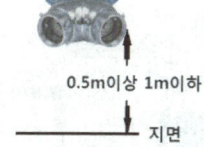
0.5m이상 1m이하
지면

③ 포소화설비 송수구 → 하나의 층의 바닥면적이 **3,000㎡**를 넘을 때마다 1개 이상 (5개를 넘을 경우에는 5개로 한다)
   ☞ 스프링클러설비의 방호구역이 3,000㎡로 규정되어 있어... 포소화설비 송수구의 구역 또한 3,000㎡로 규정하였다.

④ 송수구의 가까운 부분에 자동배수밸브(또는 **직경 5mm의 배수공**) 및 **체크밸브**를 설치할 것

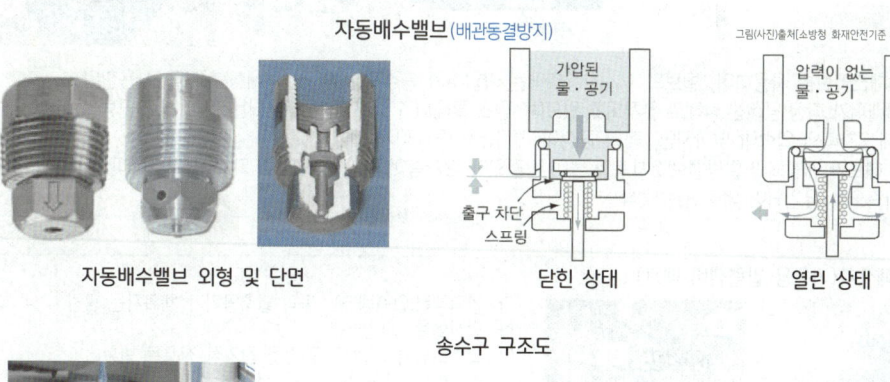
자동배수밸브(배관동결방지)
자동배수밸브 외형 및 단면 / 닫힌 상태 / 열린 상태
그림(사진)출처[소방청 화재안전기준 해설서]

송수구 구조도

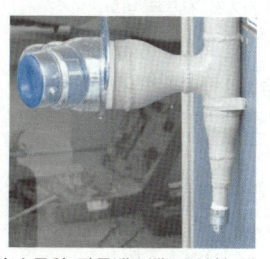
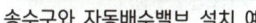
송수구와 자동배수밸브 설치 예

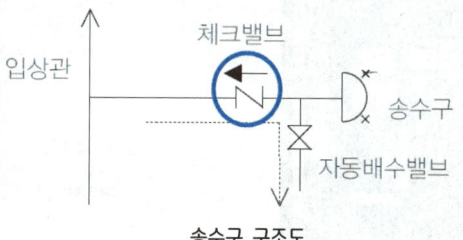
송수구 구조도

체크밸브

단어가 답인 문제

63 스프링클러설비 본체내의 유수현상을 자동적으로 검지하여 신호 또는 경보를 발하는 장치는?

① 수압개폐장치　　② 물올림장치　　③ 일제개방밸브장치　　④ **유수검지장치**

- **스프링클러설비** : 화재발생시 화재를 자동으로 감지하여 피난을 위한 경보를 발하고, 습식·건식·준비작동식·일제살수식 밸브가 개방되면, 유수의 흐름으로 인하여 펌프가 기동되고, 개방된 헤드를 통해 소화수를 방수하여 소화하는 자동식 수계소화설비
- **기동용 수압개폐장치**
  - 배관 내 압력변동을 검지하여 자동적으로 펌프를 기동 및 정지시키는 기능을 하는 것으로서... 체크밸브(또는 개폐밸브) 이후에 설치해야 배관 내 압력변동을 감지할 수 있다.
  - 체크밸브 아래로는 물이 흐를 수 없으므로... 체크밸브 아래 배관의 압력변동 감지는 의미가 없다. 따라서 체크밸브(개폐밸브) 2차 측 배관과 압력챔버를 연결하여... 주배관의 압력변동을 감지한다.
  - 압력챔버 : 내용적 100리터 이상의 물통으로... 압력챔버 내 물을 채우면 상부에 압축공기가 생성된다.
- **물올림장치** : 수조로부터 펌프로 연결된 흡입관내에 항상 물이 채워져 있어야, 수조의 물을 원활히 흡입하여 토출하는데... 어떤 원인(후드밸브 체크기능 불량에 의한 누수)에 의해 누수가 일어나는 경우, 수조의 물을 정상적으로 흡입하기 어렵다. 이 때 펌프와 흡입관에 물을 공급하는 장치가 물올림장치이다.
- **일제개방밸브** : 개방형스프링클러헤드를 사용하는 일제살수식 스프링클러설비에 설치하는 밸브로서 화재발생 시 자동 또는 수동식 기동장치에 따라 밸브가 열리는 것
- **유수검지장치** : 습식유수검지장치, 건식유수검지장치, 준비작동식유수검지장치를 말하며 **본체 내의 유수현상을 자동적으로 검지하여 신호 또는 경보를 발하는 장치**를 말한다.

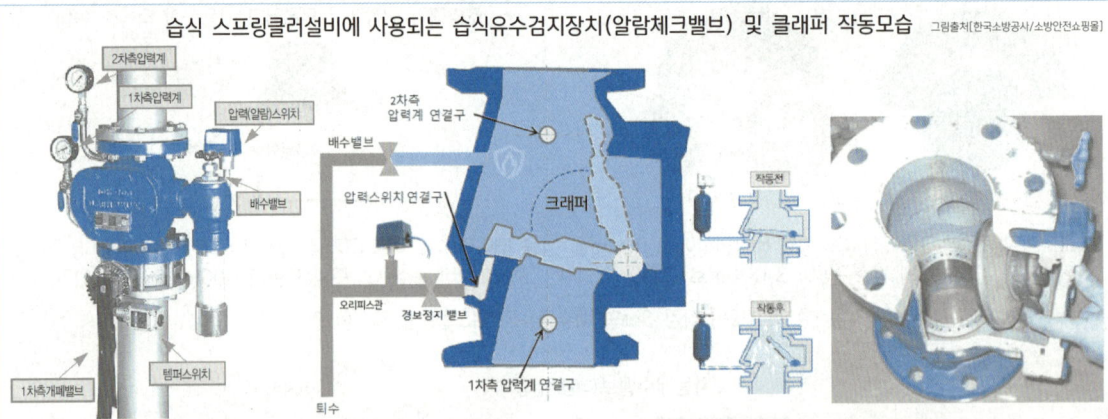

습식 스프링클러설비에 사용되는 습식유수검지장치(알람체크밸브) 및 클래퍼 작동모습

- 유수검지는 알람체크밸브를 사용하며, 밸브의 1·2차 측에는 가압수가 충수되어 있고, 폐쇄형 헤드를 사용한다.
- 본체 내부에는 클래퍼가 항상 닫혀진 상태로 유지되고 있으며, 평소 클래퍼 1·2차측에 작용되는 힘이 서로 균형을 이루다가 헤드에서의 유수에 의해 2차측의 압력이 낮아지면, 힘의 균형이 깨지면서 클래퍼가 개방된다.
- 화재가 발생하여 헤드가 개방되면 알람밸브 2차측의 물이 방출되어, 2차측이 저압이 되고 이 때 클래퍼(크래퍼)가 개방되어 1차측의 가압수가 2차측으로 유입되어 방수되는 방식

① 기동용 수압개폐장치(기동용 압력챔버 배관)

가. 압력챔버(압력탱크) : 물과 압축공기가 채워지는 공간
나. 안전밸브 : 과압방출
다. 압력스위치 : 압력의 증감을 전기적 신호로 변환
라. 배수밸브 : 압력챔버의 물 배수
마. 개폐밸브 : 점검 및 보수시 급수차단
바. 압력계 : 압력챔버 내의 압력표시

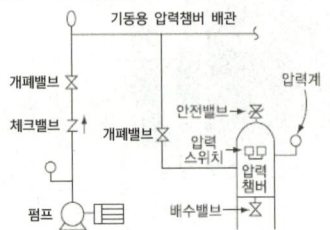

※ 구조도를 살펴보면... 개폐밸브 이후에 기동용 압력챔버 배관이 설치되어 있다.

② 물올림장치 배관

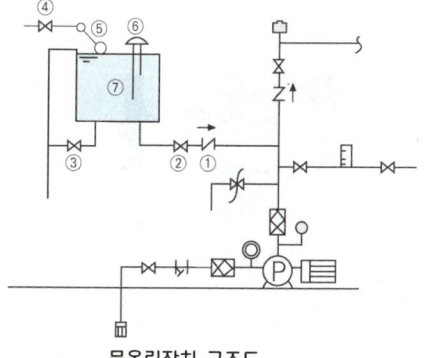

물올림장치 구조도

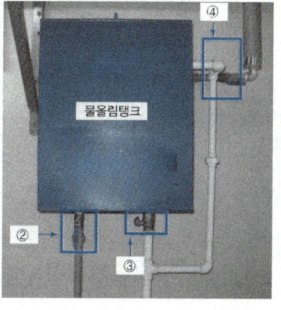

물올림장치 설치도 및 설치사진

① 체크밸브 : 펌프기동 시 가압수가 물올림탱크로 역류되지 않도록 하기 위해서 설치
② 개폐밸브(물올림관) : 물올림관의 체크밸브 고장시, 물올림탱크 내 물을 배수하지 않고 체크밸브를 수리하기 위해 설치
③ 개폐밸브(배수관) : 물올림탱크의 청소, 점검시 배수를 위해 설치
④ 개폐밸브(물보급관) : 볼탑의 수리 및 탱크의 청소시 물공급을 중단하기 위해 설치
⑤ 볼탑 : 물올림탱크 내 물의 자동급수를 위해 설치
⑥ 감수경보장치 : 물올림탱크의 저수량 감소시 경보를 통해 알리는 장치
⑦ 물올림탱크 : 후드밸브~펌프사이에 물을 공급하기 위해, 물을 저장하기 위한 수조

③ 일제개방밸브 장치

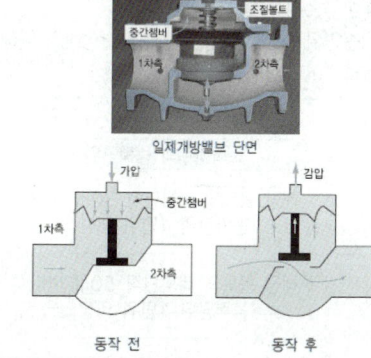

1. 일제개방밸브(델류지밸브, Deluge Valve) : 비교적 단순한 기능의 개폐밸브
   ① 감압 개방방식 : 평소 밸브 상부가 가압상태에서 감압되면서 피스톤이 들어 올려져 개방되는 방식
   ② 가압 개방방식 : 평소 밸브 상부가 감압상태에서 가압되면서 피스톤이 밀려 내려져 개방되는 방식

2. 일제살수식 스프링클러설비
   ① 유수검지는 델류지밸브(Deluge Valve)를 사용하며, 밸브 1차측에는 가압수가 충수되어 있고, 2차측에는 대기압 상태로 개방형헤드가 설치된다.
   ② 화재초기에 연소확대가 빠른 장소에 신속하게 대처하여 다량의 물을 주수하여야 하는 목적으로 설비된다.

문장이 답인 문제

64 옥내소화전설비 화재안전기준에 따라 옥내소화전설비의 표시등 설치기준으로 옳은 것은?

① 가압송수장치의 기동을 표시하는 표시등은 옥내소화전함의 상부 또는 그 직근에 설치한다.
② 가압송수장치의 기동을 표시하는 표시등은 녹색등으로 한다. → 적색등
③ 자체소방대를 구성하여 운영하는 경우 가압송수장치의 기동표시등을 반드시 설치해야 한다. → 설치하지 않을 수 있다.
④ 옥내소화전설비의 위치를 표시하는 표시등은 함의 하부에 설치하되, 소방청장이 고시하는 「표시등의 성능인증 및 제품검사의 기술기준」에 적합한 것으로 할 것 → 상부

- **옥내소화전설비** : 화재발생시 옥내소화전함을 개방하여 방수구와 연결된 호스를 전개한 후 앵글밸브를 개방하고, 화점을 향해 노즐을 개방하여 방사하는 형태의 수동식 수계소화설비
- **표시등**
  - 기동을 표시하는 표시등(기동표시등) : 펌프가 기동되는 것을 알려주는 등
  - 위치를 표시하는 표시등(위치표시등) : 옥내소화전 함의 위치를 알려주는 등

1. 옥내소화전 함의 **위치**를 표시하는 표시등(위치표시등) → 함의 **상부**에 설치
2. 가압송수장치의 **기동**을 표시하는 표시등(기동표시등) → 함의 상부 또는 그 직근에 설치하되 **적색등**
3. **자체소방대**를 구성하여 운영하는 경우 → 가압송수장치의 기동표시등을 설치하지 **않을 수** 있다.

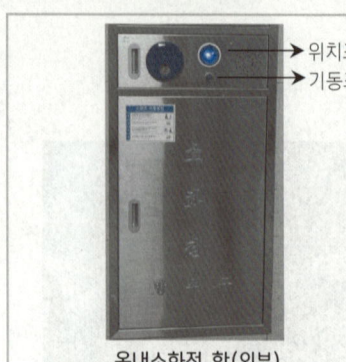
옥내소화전 함(외부)

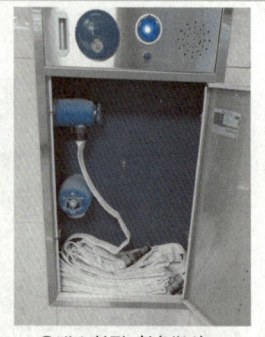
옥내소화전 함(내부)

방수구(앵글밸브)

숫자가 답인 문제 ★★★

65 소화기구 및 자동소화장치의 화재안전기준상 건축물의 주요구조부가 **내화구조**이고, 벽 및 반자의 실내에 면하는 부분이 **불연재료**로 된 바닥면적이 **600㎡**인 **노유자시설**에 필요한 **소화기구의 능력단위**는 최소 얼마 이상으로 하여야 하는가?

① 2단위   ❷ 3단위   ③ 4단위   ④ 6단위

- **특정소방대상물** : 소방시설을 설치하여야 하는 소방대상물로서 대통령령으로 정하는 것
- **소화기** : 소화약제를 압력에 따라 방사하는 기구로서, 사람이 수동으로 조작하여 소화약제를 방사하여 소화하는 것
   (소형소화기, 대형소화기)
- **간이소화용구** : 에어로졸식 · 투척용 소화용구 및 팽창질석 · 팽창진주암 · 마른모래 등의 간이소화용구
- **능력단위** : 소화기 및 간이소화용구의 소화능력을 나타내는 수치로서, 법에 따라 형식승인된 수치. 이 능력단위를 산정하기 위해 모형에 의한 소화능력시험을 실시한다.

특정소방대상물별 소화기구의 능력단위기준

특정소방대상물	암기법	소화기구의 능력단위
1. 위락시설	위락 30	해당 용도의 바닥면적 30㎡ 마다 능력단위 1단위 이상
2. 공연장 · 집회장 · 관람장 · 문화재 · 장례식장 및 의료시설	공집관문의 장 50	해당 용도의 바닥면적 50㎡ 마다 능력단위 1단위 이상
3. 노유자시설 · 숙박시설 · 운수시설 · 전시장 공동주택 · 공장 · 창고시설 · 업무시설 · 방송통신시설 · 관광휴게시설 근린생활시설 · 항공기 및 자동차 관련 시설 · 판매시설	노숙(자) 운전 공공 창업 방관 근항판(근황판) 100	해당 용도의 바닥면적 100㎡ 마다 능력단위 1단위 이상
4. 그 밖의 것	그밖 200	해당 용도의 바닥면적 200㎡ 마다 능력단위 1단위 이상

※ 소화기구의 능력단위를 산출함에 있어서 건축물의 주요구조부가 **내화구조**이고, 벽 및 반자의 실내에 면하는 부분이 **불연재료** · **준불연재료** 또는 **난연재료**로 된 특정소방대상물에 있어서는 위 표의 **기준면적의 2배**를 해당 특정소방대상물의 기준면적으로 한다.

노유자시설에 비치할 소화기구의 능력단위 산정
1. 노유자시설은... 바닥면적 100㎡ 마다 1단위
2. 내화구조 and 불연재료 → 기준면적의 2배 ∴ 100㎡ × 2 = 200㎡
3. 결국 200㎡ 마다 1단위의 소화기구를 설치해야 하므로... $\dfrac{\text{바닥면적}}{\text{기준면적}} = \dfrac{600\,m^2}{200\,m^2} = 3단위$

문장이 답인 문제 ★★★

66 분말소화설비의 화재안전기준에 따라 분말소화설비의 자동식 기동장치의 설치기준으로 틀린 것은? (단, 자동식 기동장치는 자동화재탐지설비의 감지기의 작동과 연동하는 것이다.)
① 기동용 가스용기의 충전비는 1.5 이상으로 할 것
② 자동식 기동장치에는 수동으로도 기동할 수 있는 구조로 할 것
③ 전기식 기동장치로서 3병 이상의 저장용기를 동시에 개방하는 설비는 2병 이상의 저장용기에 전자개방밸브를 부착할 것 (7병)
④ 기동용 가스용기에는 내압시험압력의 0.8배 내지 내압시험압력 이하에서 작동하는 안전장치를 설치할 것

- **분말소화설비** : 분말소화설비는 미세한 분말입자를 별도 추진가스(질소 또는 이산화탄소)의 압력으로 방사하여 소화하는 설비이다.
- **가압방식**(압력을 가하여 약제를 이송하는 방식)에 따라 축압식설비(추진가스 약제용기내 같이)와 가압식설비(추진가스 별도용기에 따로)로 구분
- **화재감지기(자동발신)** : 화재시 발생하는 열, 연기, 불꽃 등을 자동으로 감지하여 자동화재탐지설비 수신기에 신호를 보내는 장치
- **자동화재탐지설비** : 화재를 자동으로 감지하여 벨(경종), 사이렌, 섬광으로 경보하여 피난을 유도하는 설비로서, 하나의 건물내에 경계구역(=화재감지구역=화재경보구역)을 여러개 나누어서 화재구역과 비화재구역으로 구분하여 제어하는 설비이다.
- **충전비(L/kg)** : 충전하는 약제 무게(kg)당 용기체적(L)으로서, 용기내 분말소화약제를 얼마나 채울 수 있는지의 문제이다. 분말소화약제 저장용기의 충전비는 0.8 이상이고 기동용 가스용기의 충전비는 1.5 이상이다. (충전비가 클수록 저장약제량은 감소하고, 충전비가 작을수록 저장약제량은 증가한다.)
- **전기식[전자개방밸브=솔레노이드밸브] 기동장치** : 전기식으로 분말설비를 기동시키는 설비에 사용되며... 솔레노이드밸브를 가압용기밸브에 직접 부착하여 감지기 신호에 의해 솔레노이드의 파괴침이 가압용기밸브의 봉판을 파괴하면 가압가스가 방출된다.
- **가스압력식 기동장치** : 감지기의 신호에 따라 솔레노이드밸브가 작동하여 기동용 가스용기를 개방하면, 기동용 가스가 동관을 따라 배출되어... 가압용 가스용기의 봉판을 파괴해 가압가스가 방출된다.
  - **기동용 가스용기** : 가압용 가스용기를 개방시키기 위해... 기동용 가스를 저장하는 용기
  - **기동용기함** : 기동용 가스용기와 그 용기를 개방시켜 주는 솔레노이드밸브, 그리고 압력스위치(방출표시등을 점등시킨다)가 내장되어 있는 함으로서... 선택밸브와 같이 하나의 방호구역(방호대상물)마다 1개씩 설치된다.
- **안전장치** : 설정압력 초과 시 개방되어 과압을 배출(기체방출)하고, 설정압력 이하로 내려가면 다시 폐쇄되어 압력을 유지하는 밸브장치

분말소화설비의 자동식 기동장치는 자동화재탐지설비 감지기의 작동과 연동하는 것으로 할 것
1. 자동식 기동장치에는 **수동으로도 기동할 수 있는 구조**로 할 것
2. **전기식** 기동장치로서 **7병 이상**의 저장용기를 동시에 개방하는 설비는 **2병 이상**의 저장용기에 **전자개방밸브**를 부착할 것
   [2병의 약제 방출압력으로 다른 저장용기를 개방시키겠다는 의미이다](6병 이하는 1병에만 전자개방밸브 부착)
   ※ 7병 이상의 저장용기 개방시 2병에 전자개방밸브를 부착하라는 조항은 CO₂나 Halon 설비의 조항에 있는 내용을 그대로 준용한 오류로서 삭제되어야 한다.
   가압가스용기 기준에서 "**가압용 가스용기를 3병 이상 설치한 경우에는 2개 이상의 용기에 전자개방밸브를 부착**하여야 한다"라는 조항이 있으므로 이를 적용하는 것이 원칙이다.
   ※ 하지만 위와 같은 문제가 출제되므로... 저장용기를 물으면 7병 중에 2병이고, 가압용기를 물으면 3병 중에 2병으로 답한다.
3. 가스압력식 기동장치
   - 기동용가스용기에는 내압시험압력의 **0.8배 내지 내압시험압력**(얼마의 압력까지 용기가 견딜 수 있는지를 알아보는 시험) 이하에서 작동하는 **안전장치**를 설치할 것
   - 기동용 가스용기의 내용적은 1L 이상으로 하고, 해당 용기에 저장하는 이산화탄소의 양은 0.6kg 이상으로 하며, **충전비는 1.5 이상**으로 할 것

기동용기함과 기동용 가스용기

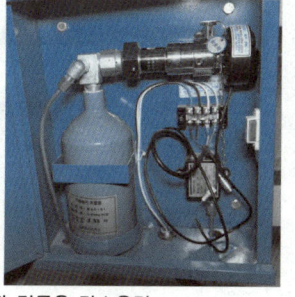

선택밸브마다 기동용기함 설치

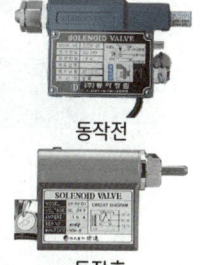
동작전
동작후
전자개방밸브(솔레노이드밸브)

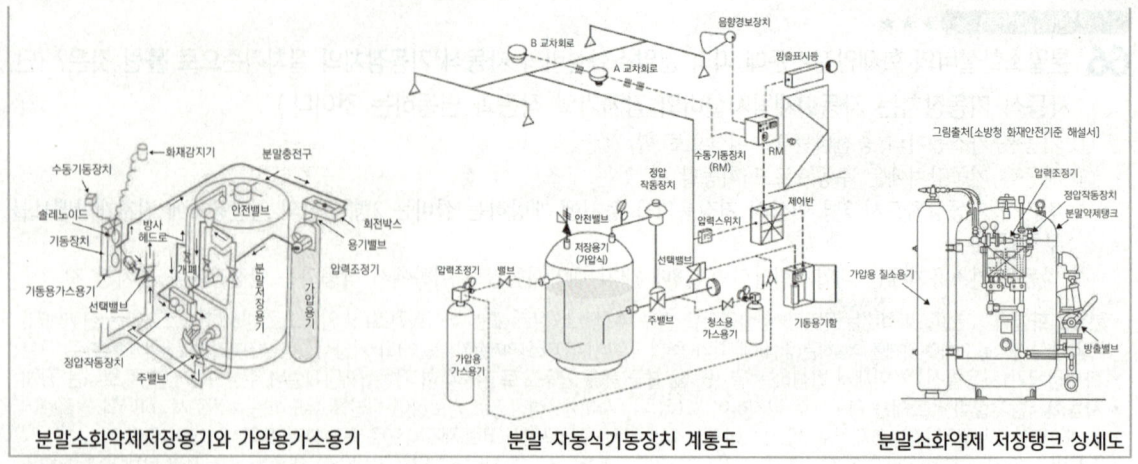

분말소화약제저장용기와 가압용가스용기 | 분말 자동식기동장치 계통도 | 분말소화약제 저장탱크 상세도

67 상수도소화용수설비의 화재안전기준에 따른 설치기준 중 다음 ( ) 안에 알맞은 것은?

호칭 지름 (㉠)mm 이상의 수도배관에 호칭 지름 (㉡)mm 이상의 소화전을 접속하여야 하며, 소화전은 특정소방대상물의 수평투영면의 각 부분으로부터 (㉢)m 이하가 되도록 설치할 것

① ㉠ 65, ㉡ 80, ㉢ 120   ② ㉠ 65, ㉡ 100, ㉢ 140   ③ ㉠ 75, ㉡ 80, ㉢ 120   ④ ㉠ 75, ㉡ 100, ㉢ 140

- **상수도 소화용수설비**: 소방대가 화재진압시 사용하는 소방용수로서, 특정소방대상물의 지하에 지름 75㎜ 이상의 상수도용 배관이 매설된 경우... 그 배관에 지상식소화전, 지하식소화전, 급수탑을 연결하여 소방차에 소방용수를 공급받는 설비이다.
- **소화전**: 소화용수(소화설비용 물) 또는 소방용수(소방대 화재진압용 물)를 공급받기 위한 설비
- **호칭지름**: 일반적으로 표기하는 배관의 직경
- **수평투영면**: 건축물을 수평으로 투영하였을 경우의 면

화재진압용도의 소방차는 물탱크 내에 물을 저장하고 있으나, 그 물만으로는 부족하기 때문에... 건축물 지하에 매설된 상수도를 이용하여 물을 추가로 공급받아야 한다. 상수도를 이용해 수돗물을 공급받는 방식은... 지상식소화전, 지하식소화전, 급수탑으로 구분된다.

상수도 소화용수설비 설치기준
1. 호칭지름 **75㎜** 이상의 수도배관에 호칭지름 **100㎜** 이상의 소화전을 접속할 것
2. 소화전은 소방자동차 등의 진입이 쉬운 도로변 또는 공지에 설치할 것
3. 소화전은 특정소방대상물의 **수평투영면**의 각 부분으로부터 **140m 이하**가 되도록 설치할 것

소화전배관(100㎜)이 수도배관(75㎜) 보다 커야 물을 시원하게 받는다. ➡ 수도배관(75㎜) ≪ 소화전배관(100㎜)

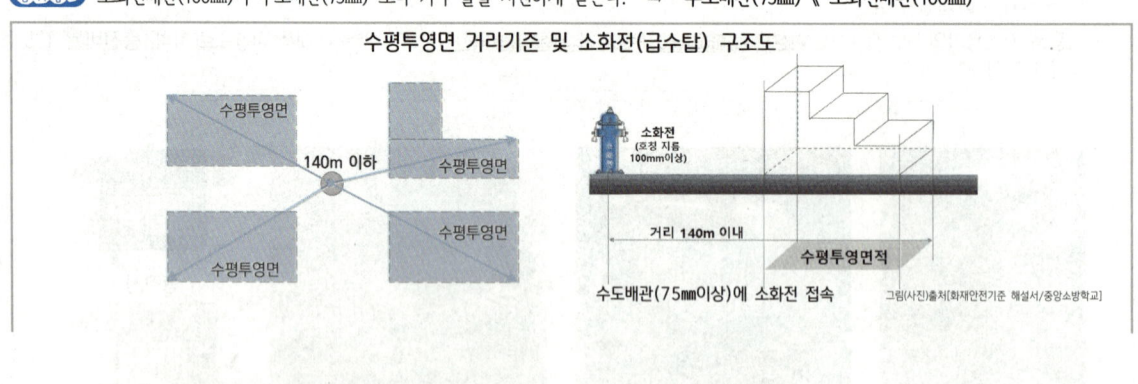

수평투영면 거리기준 및 소화전(급수탑) 구조도

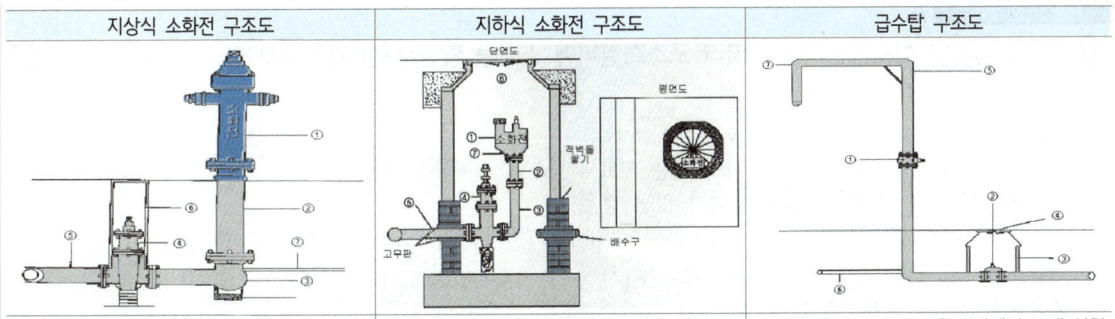

지상식 소화전 구조도	지하식 소화전 구조도	급수탑 구조도
• 지면에 스탠드형으로 노출하여 설치 • 맨 상단의 밸브나사를 스패너를 이용해 회전시켜 개방한다. • 지상으로 돌출되어 있기 때문에, 소화전의 위치를 찾기가 쉬우며, 사용이 간편하다.	• 지하의 전용맨홀에 설치하여 사용 • 지상에서 T자형의 전용파이프를 설치한 후 호스연결하고, 지상에서 밸브 개폐하여 사용 • 지하에 매설되어 있기 때문에 보행 및 교통에 지장이 없지만, 위치를 찾기가 어렵다.	• 급수탑은 상수도 배관을 지상에서 높게 설치하여, 소방차 위쪽에 설치된 물탱크 맨홀을 통해 물을 공급받을 수 있도록 만든 설비이다. • 그림①의 개폐밸브를 열어서 급수 받는다. • 소방차량에 급수시 가장 용이하다.

> 문장이 답인 문제 ★

68 스프링클러설비의 화재안전기준에 따라 스프링클러헤드를 설치하지 않을 수 있는 장소로만 나열된 것은?

① 계단실, 병실, 목욕실, 냉동창고의 냉동실, 아파트(대피공간 제외)
　　　　설치해야함　　　　　　　　　　　　대피공간만 설치제외
② 발전실, 병원의 수술실·응급처치실, 통신기기실, 관람석이 없는 실내 테니스장(실내 바닥·벽 등이 불연재료)
③ 냉동창고의 냉동실, 변전실, 병실, 목욕실, 수영장 관람석
　　　　　　　　　　　설치해야함　　　　관람석부분은 설치해야함
④ 병원의 수술실, 관람석이 없는 실내 테니스장(실내 바닥·벽 등이 불연재료), 변전실, 발전실, 아파트(대피공간 제외)
　　　　　　　　　　　　　　　　　　　　　　　　　　　　　　　　　　　　대피공간만 설치제외

- **스프링클러설비** : 화재발생시 화재를 자동으로 감지하여 피난을 위한 경보를 발하고, 습식·건식·준비작동식·일제살수식 밸브가 개방되면, 유수의 흐름으로 인하여 펌프가 기동되고, 개방된 헤드를 통해 소화수를 방수하여 소화하는 자동식 수계소화설비
- **스프링클러 헤드** : 스프링클러에서 나오는 물을, 빗방울 형태로 대량으로 뿌리면서 방수하는 역할을 하는 부분을 말한다.

스프링클러헤드를 설치하지 않을 수 있는 장소(헤드의 설치제외 장소)
1. 가연물이 없는 공간으로서… 가연물이 없으면 처음부터 화재가 발생될 이유가 없다.
　① **계단실**(부속실 포함) / 경사로 / 승강기의 승강로 / 비상용승강기의 승강장
　② **파이프덕트 및 덕트피트**(파이프·덕트를 통과시키기 위한 구획된 구멍에 한함)
　③ **목욕실** / **수영장**(관람석부분 제외) / 화장실
　④ 직접 외기에 개방되어 있는 복도(복도식 아파트의 복도) / 공동주택 중 **아파트의 대피공간**
2. 물을 뿌리면 심각한 손상이 우려되는 장소
　① **통신기기실** / **전자기기실** / **발전실** / **변전실** / 변압기 등 전기설비가 설치된 장소
　② 병원의 **수술실**·**응급처치실**
3. 온도가 영하이므로 불이 잘 붙지 않는 공간
　→ 영하의 냉장창고의 냉장실 또는 **냉동창고의 냉동실**
4. 운동시설로서 헤드의 파손이 우려되는 장소
　→ **실내에 설치된 테니스장**·게이트볼장·정구장으로서 **실내 바닥·벽·천장이 불연재료** 또는 준불연재료로 구성되어 있고 가연물이 존재하지 않는 장소로서 **관람석이 없는 운동시설**(지하층은 제외한다)

> **암기탑!** 병원의 수술실과 응급처치실은 헤드의 설치가 제외되지만… 병실은 반드시 설치해야 한다. / 아파트는 당연히 헤드가 설치되어야 한다.

> 문장이 답인 문제 ★

69 포소화설비의 화재안전기준에 따라 포소화설비에 소방용 합성수지배관을 설치할 수 있는 경우로 틀린 것은?

① 배관을 지하에 매설하는 경우
② 다른 부분과 내화구조로 구획된 덕트 또는 피트의 내부에 설치하는 경우
③ 동결방지조치를 하거나 동결의 우려가 없는 경우
④ 천장과 반자를 불연재료 또는 준불연재료로 설치하고 그 내부에 습식으로 배관을 설치하는 경우

- **포소화설비** : 수조로부터 공급된 물과 포약제 저장탱크에서 공급된 포원액을, 혼합기(프로포셔너)에서 믹싱해 포수용액을 만들어, 포 방출구에서 공기와 섞어진 후 발포되어 거품을 방사하는 형태의 소화설비로서 유류탱크 등 위험물에 주로 사용된다.
- **소방용 합성수지배관** : PVC의 단점인 내열성·내식성(부식) 등을 향상시킨 합성수지 배관으로, 부식 및 스케일이 발생하지 않는다. 또한 본드접착식이므로 간편한 시공에 의한 높은 경제성을 갖는다.

소방용 합성수지배관으로 설치할 수 있는 경우 3가지
소방용 합성수지배관은 장점도 많은 반면, 화염 등에는 강관보다 약하므로… 아래와 같은 조건 중 하나를 만족하면 설치가 가능하다.
1. 배관을 **지하에 매설**하는 경우
2. 다른 부분과 **내화구조로 구획된 덕트 또는 피트의 내부**에 설치하는 경우
3. 천장과 반자를 불연재료 또는 준불연재료로 설치하고 그 내부에 **습식으로** 배관을 (항상 물이 채워진 상태로) 설치하는 경우

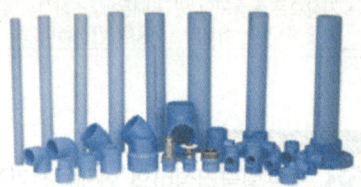
소방용 합성수지배관과 이음관의 예

> 문장이 답인 문제

70 다음 중 피난기구의 화재안전기준에 따라 피난기구를 설치하지 아니하여도 되는 소방대상물로 틀린 것은?

① 갓복도식 아파트 또는 발코니에서 인접(수평 또는 수직)세대로 피난할 수 있는 아파트
② 주요구조부가 내화구조로서 거실의 각 부분으로 직접 복도로 피난할 수 있는 학교(강의실 용도로 사용되는 층에 한한다)
③ 무인공장 또는 자동창고로서 사람의 출입이 금지된 장소
④ 문화집회 및 운동시설·판매시설 및 영업시설 또는 노유자시설의 용도로 사용되는 층으로서 그 층의 바닥면적이 1,000㎡ 이상인 것

피난기구 : 화재가 발생할 경우 피난하기 위하여 사용하는 기구 또는 설비로서… 구조대, 완강기(간이완강기), 공기안전매트, 피난사다리, 하향식 피난구용 내림식사다리, 승강식피난기, 다수인피난장비, 미끄럼대, 피난교, 피난용트랩, 피난밧줄이 있다.

다음의 어느 하나에 해당하는 소방대상물 또는 그 부분에는… 피난기구를 설치하지 아니할 수 있다.
① **갓복도식** 아파트(각 세대로 통하는 복도의 한쪽 면이 외기에 개방된 구조) 또는 발코니에서 **인접**(수평 또는 수직)세대로 피난할 수 있는 **아파트** → 피난기구외에 다른 피난의 방법이 있으므로…
② 주요구조부가 내화구조로서 거실의 각 부분으로 직접 복도로 피난할 수 있는 **학교**(강의실 용도로 사용되는 층에 한한다)
 → 학교는 피난기구를 이용하는 것보다… 넓은 복도와 양방향의 계단을 이용하는 것이 훨씬 피난이 빠르므로…
③ **무인공장** 또는 **자동창고**로서 사람의 출입이 금지된 장소 → 사람이 없으므로…
④ 주요구조부가 내화구조이고 지하층을 제외한 층수가 4층 이하이며 소방사다리차가 쉽게 통행할 수 있는 도로 또는 공지에 면하는 부분에 기준에 적합한 개구부가 2 이상 설치되어 있는 층(피난기구외에 다른 피난의 방법이 있으므로…)
다만, 문화집회 및 운동시설·판매시설 및 영업시설 또는 노유자시설의 용도로 사용되는 층으로서 그 층의 바닥면적이 1,000㎡ 이상인 것은 피난기구를 설치하여야 한다. → 사람이 많이 모이는 곳이거나, 노유자가 있는 곳은 피난기구 설치

> 문장이 답인 문제 ★★★

71 지하구의 화재안전기준에 따라 연소방지설비 헤드의 설치기준으로 옳은 것은?

① 헤드간의 수평거리는 연소방지설비 전용헤드의 경우에는 1.5m 이하로 할 것 (2m 이하)
② 헤드간의 수평거리는 스프링클러헤드의 경우에는 2m 이하로 할 것 (1.5m 이하)
③ 천장 또는 벽면에 설치할 것
④ 한쪽 방향의 살수구역의 길이는 2m 이상으로 할 것 (3m 이상)

- **지하구**
  가. 전력·통신용의 전선이나 가스·냉난방용의 배관 또는 이와 비슷한 것을 집합수용하기 위하여 설치한 지하 인공구조물로서 사람이 점검 또는 보수를 하기 위하여 출입이 가능한 것 중 다음의 어느 하나에 해당하는 것
    ① 전력 또는 통신사업용 지하 인공구조물로서 전력구 또는 통신구 방식으로 설치된 것
    ② 지하 인공구조물로서 폭이 1.8미터 이상이고 높이가 2미터 이상이며 길이가 50미터 이상인 것
  나. 공동구 : 전기·가스·수도 등의 공급설비, 통신시설, 하수도시설 등 지하매설물을 공동 수용함으로써 미관의 개선, 도로구조의 보전 및 교통의 원활한 소통을 위하여 지하에 설치하는 시설물
- **연소방지설비** : 전력 또는 통신사업용 케이블이 설치된 지하구에 헤드를 설치하고, 소방차에서 송수구에 물을 공급해 헤드에서 살수되게 하여, 화재가 더 이상 번지지 않게 차단하는 설비

1. 연소방지설비 헤드의 설치기준
   - 헤드간의 수평거리를... **스프링클러헤드**(개방형)의 경우에는 **1.5m 이하**로 규정하고 있고, 연소방지설비 **전용헤드(살수헤드)**의 경우에는 더 좋은 성능으로 간주되어... 헤드간의 수평거리를 **2m 이하**로 더 넓게 설치하도록 하였다.
   - 연소방지설비 헤드는 지하구의 **천장 또는 벽면**에 설치할 것
   - 소방대원의 출입이 가능한 환기구·작업구마다 지하구의 양쪽방향으로 살수헤드를 설정하되, **한쪽 방향의 살수구역의 길이는 3m 이상**으로 할 것. (양쪽방향은 6m)
2. 지하구에서 화재시... 화재가 발생된 구간은 연소되더라도, 그 구간 양옆으로는 화재가 더 이상 번지지 않도록 차단하는 설비가 연소방지설비이다.

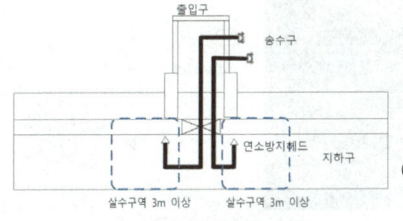

이러한 살수구역을 700m 이내마다 설치하여야 한다.

지하구에 연소방지설비 설치 예

살수구역 3m이상(한쪽) 700m마다 설치하여 연소방지

단어가 답인 문제 ★★★

72 소화기구 및 자동소화장치의 화재안전기준상 소화기구의 소화약제별 적응성 중 C급 화재에 적응성이 없는 소화약제는?

① 마른 모래
② 할로겐화합물 및 불활성기체 소화약제
③ 이산화탄소 소화약제
④ 중탄산염류 소화약제

소화기구
- 소화기 : 소화약제를 압력에 따라 방사하는 기구로서, 사람이 수동으로 조작하여 소화약제를 방사하여 소화하는 것 (소형소화기, 대형소화기)
- 간이소화용구 : 에어로졸식·투척용 소화용구 및 팽창질석·팽창진주암·마른모래 등의 간이소화용구
- 자동확산소화기 : 화재를 감지하여 자동으로 소화약제를 방출 확산시켜 국소적으로 소화하는 소화기

소화기구 및 자동소화장치의 화재안전기준(NFSC 101) [별표 1] 소화기구의 소화약제별 적응성
전기화재(C급 화재)에 적응성이 있는 소화약제는...
이산화탄소, 할론, 할로겐화합물 및 불활성기체, 인산염류(분말), 중탄산염류(분말), 고체에어로졸화합물

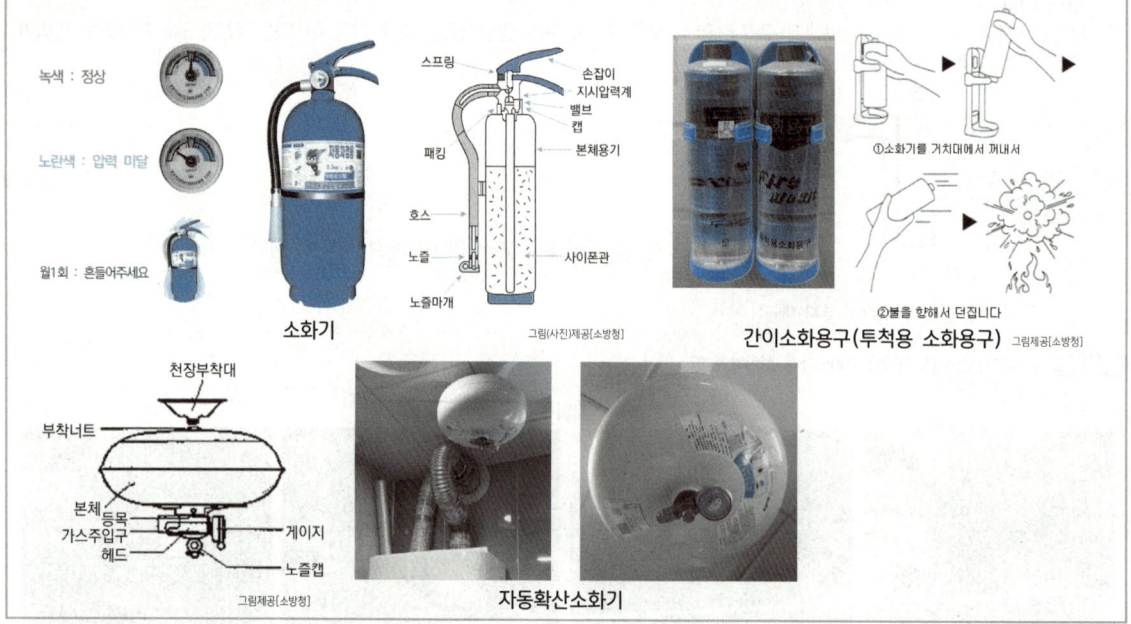

함께 공부

소화기구 및 자동소화장치의 화재안전기준(NFSC 101) [별표 1] 소화기구의 소화약제별 적응성

화재의 종류	구분	소화기구 종류
일반화재(A급 화재)에	적응성이 **없는** 소화약제는...	이산화탄소, 중탄산염류(분말)
전기화재(C급 화재)에	적응성이 **있는** 소화약제는...	이산화탄소, 할론, 할로겐화합물 및 불활성기체, 인산염류(분말), 중탄산염류(분말), 고체에어로졸화합물
일반화재(A급 화재), 유류화재(B급 화재), 전기화재(C급 화재) 모두에	적응성이 **있는** 소화약제는...	할론, 할로겐화합물 및 불활성기체, 인산염류(분말), 고체에어로졸화합물

일 없는 이중 / 전기 있는 이할할 인중고 / 모두 있는 할할인고

문장이 답인 문제

73 이산화탄소소화설비 및 할론소화설비의 국소방출방식에 대한 설명으로 옳은 것은?

① 고정식 소화약제 공급장치에 배관 및 분사헤드를 설치하여 직접 화점에 소화약제를 방출하는 방식이다.
② 고정된 분사헤드에서 밀폐 방호구역 공간 전체로 소화약제를 방출하는 방식이다.
③ 호스 선단에 부착된 노즐을 이동하여 방호대상물에 직접 소화약제를 방출하는 방식이다.
④ 소화약제 용기 노즐 등을 운반기구에 적재하고 방호대상물에 직접 소화약제를 방출하는 방식이다.

- **이산화탄소 소화설비** : 탄산가스(CO_2)를 소화약제로 이용하여 화재를 진압하는 가스계 소화설비로서 CO_2는 화학적으로 안정된 불연성가스이고, 화재실에 CO_2약제를 방출하면 공기중의 산소농도를 떨어트려 소화하는 질식소화가 대표적인 소화효과이다. 약제 저장방식(저장온도)에 따라 고압식설비와 저압식설비(영하 18℃이하)로 구분된다.
- **할론소화설비** : 할론소화설비는 할로겐족원소(F, Cl, Br, I) 중 하나 이상을 포함하고 있는 할론2402($C_2F_4Br_2$), 할론1211(CF_2ClBr), 할론1301(CF_3Br) 소화약제를 이용하여 화재를 진압하는 가스계 소화설비이다.
- **전역방출방식** : 고정식 이산화탄소 공급장치에 배관 및 분사헤드를 고정 설치하여, **밀폐 방호구역 전체**에 이산화탄소를 방출하는 설비
- **국소방출방식** : 고정식 이산화탄소 공급장치에 배관 및 분사헤드를 설치하여 **직접 화점**에 이산화탄소를 방출하는 설비로 화재발생 부분에만 집중적으로 소화약제를 방출하도록 설치하는 방식
- **호스릴방식** : 분사헤드가 배관에 고정되어 있지 않고 소화약제 저장용기에 **호스를 연결하여 사람이** 직접 화점에 소화약제를 방출하는 이동식 소화설비

"국소"의 사전적 의미는 "전체 가운데 어느 한 곳"이라고 되어 있다. 따라서 국소방출방식은 화재실 전체 가운데... 화재가 발생된 어느 한 곳. 즉 화점에 직접 소화약제를 방출하는 방식을 말한다.

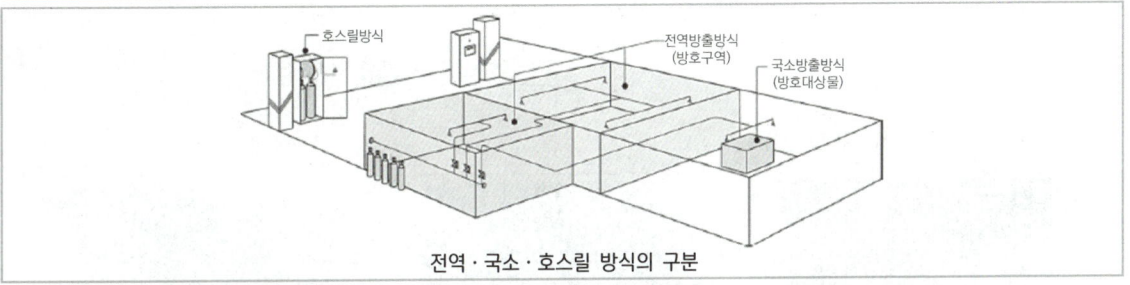

전역·국소·호스릴 방식의 구분

문장이 답인 문제 ★

74 특고압의 **전기시설**을 보호하기 위한 소화설비로 **물분무소화설비를 사용**한다. 그 **주된 이유**로 옳은 것은?

① 물분무 설비는 다른 물 소화설비에 비해서 신속한 소화를 보여주기 때문이다.
② 물분무 설비는 다른 물 소화설비에 비해서 물의 소모량이 적기 때문이다.
③ **분무상태의 물은 전기적으로 비전도성이기 때문이다.**
④ 물분무입자 역시 물이므로 전기전도성이 있으나 전기 시설물을 젖게 하지 않기 때문이다.

물분무 소화설비 : 물을 안개모양으로 방사해 가스와 비슷한 형태를 가지므로, 전기의 부도체(전기가 통하지 않는 물체 = 비전도성)로서 전기시설물에 설치가 가능한 자동식 수계소화설비

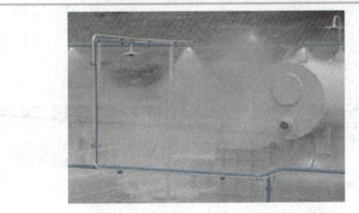  

물분무 소화설비 방수하는 모습의 예

문장이 답인 문제 ★★★

75 물분무소화설비의 화재안전기준에 따라 **물분무소화설비**를 설치하는 차고 또는 주차장의 **배수설비** 설치기준으로 **틀린** 것은?

① 차량이 주차하는 바닥은 배수구를 향해 1/100 이상의 기울기를 유지할 것
   2/100 이상
② 배수구에서 새어나온 기름을 모아 소화할 수 있도록 길이 40m 이하마다 집수관·소화핏트 등 기름분리장치를 설치할 것
③ 차량이 주차하는 장소의 적당한 곳에 높이 10cm 이상의 경계턱으로 배수구를 설치할 것
④ 배수설비는 가압송수장치의 최대송수능력의 수량을 유효하게 배수할 수 있는 크기 및 기울기로 할 것

- 물분무 소화설비 : 물을 안개모양으로 방사해 가스와 비슷한 형태를 가지므로, 전기의 부도체(전기가 통하지 않는 물체=비전도성)로서 전기시설물에 설치가 가능한 자동식 수계소화설비
- 가압송수장치 : 압력을 가해서(가압) 물을 이송하는(송수) 장치로서 그 종류로는 펌프(전동기 또는 내연기관과 연결된 원심펌프), 고가수조(높은 곳에 설치된 수조), 압력수조(강한 공기압 이용), 가압수조(압력수조의 간소화 설비) 등의 방식이 있다.
- 정격토출량(유량) : 시간당 퍼낼 수 있는 물의 양으로서, 통상적으로 펌프 몸체에 분당 토출량[L/min]으로 표시된다.
  <예시> 옥내소화전 2개에서 소화수를 방사하고 있을 때 법정 토출량은 2 × 130L/min(법정방수량) = 260L/min 이 된다.

스프링클러설비는 배수설비 대상이 아니지만, **물분무설비가 배수설비 대상인 이유는...** 물분무설비는 **유류화재에도 적응성**이 있어, 유류화재시 물과 기름이 혼합된 액체가 바닥으로 흐르면서, 연소면 확대우려가 있기 때문에 이를 신속하고 효과적으로 제거하기 위함이며, **국내의 경우는 차고 또는 주차장의 경우에만 배수시설을 요구하고 있다.**

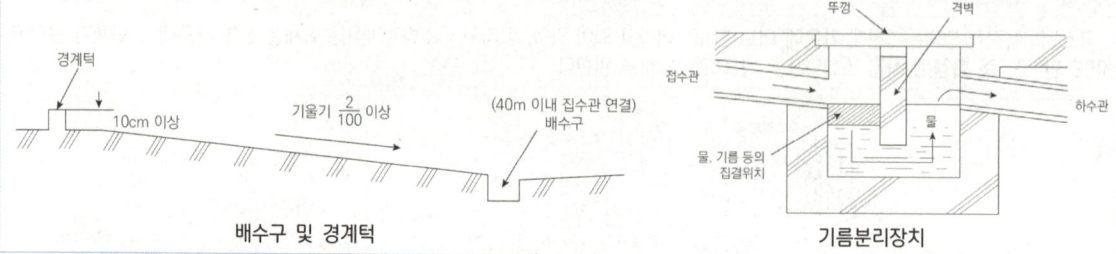

배수구 및 경계턱 / 기름분리장치

물분무 소화설비 방수하는 모습의 예

함께공부

물분무소화설비를 설치하는 차고 또는 주차장의 배수설비
1. 차량이 주차하는 장소의 적당한 곳에 높이 **10㎝ 이상**의 경계턱으로 배수구를 설치할 것
2. 배수구에는 새어나온 기름을 모아 소화할 수 있도록 길이 **40m 이하**마다 집수관·소화핏트 등 기름분리장치를 설치할 것
3. 차량이 주차하는 바닥은 배수구를 향하여 **100분의 2 이상**의 기울기를 유지할 것
4. 배수설비는 가압송수장치의 최대송수능력의 수량을 유효하게 배수할 수 있는 크기 및 기울기로 할 것

숫자가 답인 문제 ★

76 연결송수관설비의 화재안전기준에 따라 송수구가 부설된 옥내소화전을 설치한 특정소방대상물로서 연결송수관설비의 방수구를 설치하지 아니할 수 있는 층의 기준 중 다음 ( ) 안에 알맞은 것은? (단, 집회장·관람장·백화점·도매시장·소매시장·판매시설·공장·창고시설 또는 지하가를 제외한다.)

- 지하층을 제외한 층수가 (㉠)층 이하이고 연면적이 (㉡)㎡ 미만인 특정소방대상물의 지상층
- 지하층의 층수가 (㉢) 이하인 특정소방대상물의 지하층

① ㉠ 3, ㉡ 5000, ㉢ 3   ② ㉠ 4, ㉡ 6000, ㉢ 2   ③ ㉠ 5, ㉡ 3000, ㉢ 3   ④ ㉠ 6, ㉡ 4000, ㉢ 2

- **연결송수관설비** : 소방차에서 연결송수관 송수구에 물을 공급하면 그 공급된 물을, 연결송수관설비 방수구에 호스를 연결하여 옥내소화전처럼 사용하는 소방대 전용 설비로서, 고층부 화재진압에 효과적인 본격 화재진압설비
- **송수구** : 소화설비에 소화용수를 보급하기 위하여 건물 외벽 또는 구조물의 외벽에 설치하는 배관과 연결된 구멍
- **옥내소화전설비** : 화재발생시 옥내소화전함을 개방하여 방수구와 연결된 호스를 전개한 후 앵글밸브를 개방하고, 화점을 향해 노즐을 개방하여 방사하는 형태의 수동식 수계소화설비
- **방수구** : 소화용수를 방수하기 위하여 건물내 벽 또는 구조물의 벽에 설치하는 관에 연결된 배관구멍

연결송수관설비의 방수구는 특정소방대상물의 층마다 설치해야 하지만, **다음에 해당하는 층에는 설치하지 않을 수 있다.**
1. **아파트의 1층 및 2층** → 소방차로부터 호스를 연결하여 진입가능한 층이므로...
2. 소방차의 접근이 가능하고 소방대원이 소방차로부터 각 부분에 쉽게 도달할 수 있는 **피난층**
   → 소방차로부터 호스를 연결하여 진압가능한 층이므로...
3. 송수구가 부설된 **옥내소화전을 설치한 특정소방대상물**(집회장·관람장·백화점·도매시장·소매시장·판매시설·공장·창고시설 또는 지하가를 제외한다)로서 다음의 어느 하나에 해당하는 층 → 옥내소화전설비를 사용하면 되므로...
   ① 지하층을 제외한 층수가 **4층 이하**이고 **연면적이 6000㎡ 미만**인 특정소방대상물의 **지상층**
   ② **지하층의 층수가 2 이하**인 특정소방대상물의 **지하층**

4층이하 6000미만 / 2이하 ➡ 46미 2하

옥내소화전 함(소화전)과 연결송수관 함(방수기구함)의 겸용설비

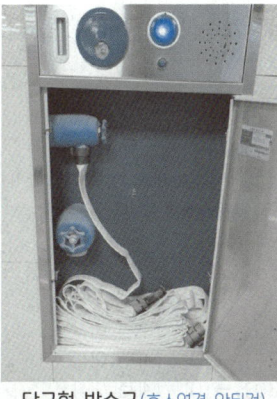
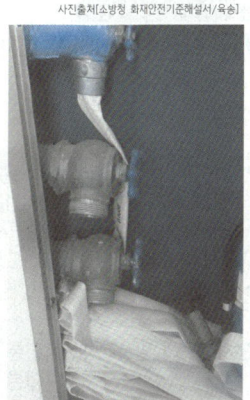

연결송수관설비 방수기구함(전용) 및 송수구

77 스프링클러설비의 화재안전기준에 따라 폐쇄형스프링클러헤드를 최고 주위온도 40℃인 장소(공장 및 창고 제외)에 설치할 경우 표시온도는 몇 ℃의 것을 설치하여야 하는가?
① 79℃ 미만
② 79℃ 이상 121℃ 미만
③ 121℃ 이상 162℃ 미만
④ 162℃ 이상

- **스프링클러설비** : 화재발생시 화재를 자동으로 감지하여 피난을 위한 경보를 발하고, 습식·건식·준비작동식·일제살수식 밸브가 개방되면, 유수의 흐름으로 인하여 펌프가 기동되고, 개방된 헤드를 통해 소화수를 방수하여 소화하는 자동식 수계소화설비
- **헤드** : 빗방울 형태로 대량으로 물을 뿌리면서 방수하는 역할을 하는 장치
  - **폐쇄형헤드** : 정상상태에서 방수구를 막고 있는 감열체가 일정온도에서 자동적으로 파괴·용해 또는 이탈됨으로써 방수구가 개방되는 헤드(화재시 개방된 헤드에서만 물이 방수된다)
  - **개방형헤드** : 감열체 없이 방수구가 항상 열려져 있는 헤드(화재시 설치된 모든 헤드에서 물이 방수된다)
- **표시온도** : 폐쇄형스프링클러헤드에서 감열체가 작동하는 온도로서 미리 헤드에 표시한 온도

설치장소의 평상시 최고 주위온도에 따라 다음 표에 따른 표시온도의 것으로 설치하여야 한다.

설치장소의 최고 주위온도	표시온도
39℃ 미만	79℃ 미만
39℃ 이상 64℃ 미만	79℃ 이상 121℃ 미만
64℃ 이상 106℃ 미만	121℃ 이상 162℃ 미만
106℃ 이상	162℃ 이상

※ 높이가 4m 이상인 공장 및 창고(랙크식창고를 포함한다)에 설치하는 스프링클러헤드는 그 설치장소의 평상시 최고 주위온도에 관계없이 표시온도 121℃ 이상의 것으로 할 수 있다.

〔숫자가 답인 문제〕

78 할론소화설비의 화재안전기준상 할론 1211을 국소방출방식으로 방사할 때 분사헤드의 방사압력 기준은 몇 MPa 이상인가?

① 0.1 ② 0.2 ③ 0.9 ④ 1.05

- 할론(Halon)소화설비 : 할론소화설비는 할로겐족원소(F, Cl, Br, I) 중 하나 이상을 포함하고 있는 할론2402($C_2F_4Br_2$), 할론 1211(CF_2ClBr), 할론1301(CF_3Br) 소화약제를 이용하여 화재를 진압하는 가스계 소화설비이다.
- 국소방출방식 : 고정식 할론 공급장치에 배관 및 분사헤드를 설치하여 직접 화점에 할론을 방출하는 설비로 화재발생부분에만 집중적으로 소화약제를 방출하도록 설치하는 방식
- 전역방출방식 : 고정식 할론 공급장치에 배관 및 분사헤드를 고정 설치하여 밀폐 방호구역 전체에 할론을 방출하는 설비

분사헤드의 방사압력... 할론 2402 → 0.1 MPa 이상
　　　　　　　　　　할론 1211 → 0.2 MPa 이상
　　　　　　　　　　할론 1301 → 0.9 MPa 이상
※ 국소방출방식과 전역방출방식의 방사압력은 동일하다.

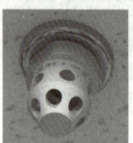
⇦ 가스 방출 헤드(분사헤드)

〔숫자가 답인 문제〕 ★★

79 물분무소화설비의 화재안전기준상 물분무헤드를 설치하지 아니할 수 있는 장소의 기준 중 다음 (　) 안에 알맞은 것은?

운전 시에 표면의 온도가 (　)℃ 이상으로 되는 등 직접 분무를 하는 경우 그 부분에 손상을 입힐 우려가 있는 기계장치 등이 있는 장소

① 160 ② 200 ③ 260 ④ 300

- 물분무 소화설비 : 물을 안개모양으로 방사해 가스와 비슷한 형태를 가지므로, 전기의 부도체(전기가 통하지 않는 물체 = 비전도성)로서 전기시설물에 설치가 가능한 자동식 수계소화설비
- 물분무헤드 : 화재시 직선류 또는 나선류의 물을 충돌·확산시켜 미립상태로 분무함으로서 소화하는 헤드

물분무헤드를 설치하지 않을 수 있는 장소
직접 분무시 손상 입힐 기계장치 있는 장소 → 운전시에 표면의 온도가 260℃ 이상되는 기계장치

〔함께공부〕

물분무헤드를 설치하지 않을 수 있는 장소
1. 물에 심하게 반응하는 물질 또는 물과 반응하여 위험한 물질을 생성하는 물질을 저장 또는 취급하는 장소
2. 고온의 물질 및 증류범위가 넓어 끓어 넘치는 위험이 있는 물질을 저장 또는 취급하는 장소
3. 운전시에 표면의 온도가 260℃ 이상으로 되는 등 직접 분무를 하는 경우 그 부분에 손상을 입힐 우려가 있는 기계장치 등이 있는 장소

> 문장이 답인 문제 ★★

80 인명구조기구의 화재안전기준에 따라 특정소방대상물의 용도 및 장소별로 설치해야 할 인명구조기구의 기준으로 <u>틀린</u> 것은?

① 지하가 중 지하상가는 인공소생기를 층마다 2개 이상 비치할 것
　　　　　　　　　　　 공기호흡기
② 판매시설 중 대규모 점포는 공기호흡기를 층마다 2개 이상 비치할 것
③ 지하층을 포함하는 층수가 7층 이상인 관광호텔은 방열복(또는 방화복), 공기호흡기, 인공소생기를 각 2개 이상 비치할 것
④ 물분무등소화설비 중 이산화탄소 소화설비를 설치해야 하는 특정소방대상물은 공기호흡기를 이산화탄소 소화설비가 설치된 장소의 출입구 외부 인근에 1대 이상 비치할 것

피난구조설비(화재가 발생할 경우 피난하기 위하여 사용하는 기구 또는 설비)
1. 피난기구
2. 인명구조기구
   ① **방열복** : 고온의 복사열에 가까이 접근하여 소방활동이나 피난을 수행할 수 있는 **내열피복**
   ② **방화복**(안전모, 보호장갑 및 안전화 포함) : **화재진압** 등의 소방활동이나 피난을 수행할 수 있는 피복
   ③ **공기호흡기** : 소화활동시 또는 피난시에 화재로 인하여 발생하는 각종 유독가스 중에서 일정시간 사용할 수 있도록 제조된 압축공기식 **개인호흡장비**(보조마스크 포함)
   ④ **인공소생기** : 호흡 부전 상태인 사람에게 **인공호흡**을 시켜 환자를 보호하거나 구급하는 기구

특정소방대상물의 용도 및 장소별로 설치하여야 할 인명구조기구

특정소방대상물	인명구조기구의 종류	설치 수량

• 지하층을 포함하는 층수가 **7층 이상인 관광호텔** 및 **5층 이상인 병원**	• 방열복 또는 방화복
	  (헬멧, 보호장갑 및 안전화를 포함한다)
	• 공기호흡기
	• 인공소생기
		• **각 2개 이상** 비치할 것.
		  다만, 병원의 경우에는 인공소생기를 설치하지 않을 수 있다.

• 문화 및 집회시설 중 수용인원 100명 이상의 영화상영관 • **판매시설 중 대규모 점포** • 운수시설 중 지하역사 • **지하가 중 지하상가**	• 공기호흡기	• **층마다 2개 이상** 비치할 것. 다만, 각 층마다 갖추어 두어야 할 공기호흡기 중 일부를 직원이 상주하는 인근 사무실에 갖추어 둘 수 있다.
• 물분무등소화설비 중 **이산화탄소소화설비**를 설치하여야 하는 특정소방대상물	• 공기호흡기	• 이산화탄소소화설비가 설치된 장소의 **출입구 외부 인근에 1대 이상** 비치할 것

> **당기팁!** 지하상가는 지하이므로 공기가 부족해서 공기호흡기가 필요하지 않을까? 그리고 인공소생기만 비치하는 곳은 없다.

방열복	방화복	공기호흡기	인공소생기(인공호흡기)

사진제공[육송]

방열복은 내열성이 강한 섬유표면에 알루미늄으로 특수코팅 처리한 겉감과 내열섬유가 여러 겹으로 되어 있어 열을 반사 차단하여 준다. | 방화복은 방열복에 비해 내열성 등은 떨어지지만 가볍고 활동성이 좋으므로 일반적인 화재현장에서 주된 활동복으로 사용되고 있다. | 공기호흡기는 건물 내 진입이든 건물 밖에서의 활동이든 화재 또는 유독물질이 존재하는 곳에서는 항상 호흡기를 착용해야 한다. | 호흡곤란 환자에게 자동 및 수동으로 적정량의 산소를 안전하고 효과적으로 공급하여 위급한 환자의 생명을 소생시키는 의료기기다.

2022년 제1회 답이색 해설편

A nswer 1과목 소방원론

✔ 이것이 혁신이다! 기출문제 + 답이색해설

암기하면서 공부 할 문제 ★

01 동식물유류에서 "요오드값이 크다"라는 의미를 옳게 설명한 것은?

① **불포화도가 높다.** ② 불건성유이다. ③ 자연발화성이 낮다. ④ 산소와의 결합이 어렵다.
　　　　　　　　　　건성유　　　　　　　　　　　　높다　　　　　　　　　　쉽다

요오드값은 기름 100g 에 흡수되는 요오드의 g 수를 말하는데, 유지에 함유된 지방산의 **불포화 정도**(클수록 반응성이 크다)를 나타내며, 요오드값이 클수록 불포화도(안정되지 않은 정도)가 높고, 산소와의 결합이 쉬워서, **자연발화**(자연적으로 스스로 발화)의 위험성이 높아진다.

 요오드값 크기 순서 ➡ 건반불

함께 공부

제4류 위험물(인화성 액체)

품명	구분	종류
동식물유류	건 성 유 (요오드값 130 이상)	아마인유, 동유, 들기름, 해바라기유, 정어리유
	반건성유 (요오드값 130 미만)	청어, 쌀겨, 채종유, 옥수수, 콩기름
	불건성유 (요오드값 100 미만)	피마자유, 올리브유, 야자유, 낙화생유

이해하면서 공부 할 문제

02 백열전구가 발열하는 원인이 되는 열은?

① 아크열　　　　② 유도열　　　　③ **저항열**　　　　④ 정전기열

전기적인 발열(전기열)의 종류 중 하나인 **저항열**은...
전하(전기)가 ⊕극에서 출발하여 **백열전구**(저항, 부하)를 만나면 전구의 저항체인 **필라멘트가 전기**(전하)의 흐름을 방해하여 마찰이 일어난다. 이 때 발생되는 **마찰열을 저항열**이라 하며, 백열전구의 필라멘트는 자체의 전기적 역할에 따라 빛과 열을 발산한다.

전기적인 발열(전기열)에는 아크열, 유도열, 저항열, 유전열, 정전기열, 낙뢰열 등이 있으며 모두 가연물에 대하여 점화원으로 작용 할 수 있다.
- **아크(arc)열** : 아크 방전이 일어날 때 발생하는 높은 열로, 차단기(개폐기)에 의해 회로가 개방되는 경우 발생될 수 있다.
  ※ 아크 방전 : 2개의 서로 다른 전극에 강한 전류를 보내면, 전극 재료의 일부가 증발해 기체가 되는데, 그 전극 사이에 있는 기체가 통전 매개체로 전환되어 발생하는 전기적인 방전으로, 통상적으로 온도가 3,000℃에 달하며 금속용접, 플라즈마 절단 등의 산업에 응용되고 있다.
- **유도열** : 도체 주위에 자석의 힘(자속)이 시간적으로 변하면 전압이 발생 또는 유기되는데 이 때 흐르는 전류를 **유도전류**라 하며, 이 유도전류의 흐름에 대한 저항열이 유도열이다.
- **유전열** : 절연된 물질에 **누설전류**(누전)가 흐를 때 발생되는 열을 말한다.
- **정전기열** : 정전기(마찰전기, 마찰대전)에 의해 **스파크 방전**이 일어날 때 발생되는 열로 가연성 기체·분진 등이 점화될 수 있다.
- **낙뢰열** : 번개나 구름에 축적된 전하(전기)가 구름끼리의 충돌이나 지면 등으로 방전이 일어날 때 발생되는 열을 말한다.

암기하면서 공부 할 문제 ★

03 화재에 관련된 국제적인 규정을 제정하는 단체는?

① IMO(International Maritime Organization)
  국제해사기구(항로, 교통규칙, 항만시설의 국제적 통일을 위한 기구)
② SFPE(Society of Fire Protection Engineers)
  미국 소방기술협회
③ NFPA(National Fire Protection Association)
  미국 방화협회로 NFPA Code를 제작한다
④ ISO(International Organization for Standardization) TC 92
  국제표준화기구   화재안전 기술위원회

TC 92는 ISO(국제표준화기구) 산하 기술위원회(TC) 중 "화재안전(Fire safety)"에 관한 국제적인 규정을 제정(개정)하고 있는, 화재안전 분야 기술위원회이다.

암기하면서 공부 할 문제 ★★

04 위험물의 유별에 따른 분류가 잘못된 것은?

① 제1류 위험물: 산화성 고체
② 제3류 위험물: 자연발화성 물질 및 금수성 물질
③ 제4류 위험물: 인화성 액체
④ 제6류 위험물: 가연성 액체
              산화성

- **위험물**
  - 인화성(점화원에 의해 불이 붙는) 또는 발화성(스스로 불이 붙는) 등의 성질을 가지는 것으로서 대통령령으로 정하는 물품
  - 위험물은 물리적·화학적 성질에 따라 제1류 ~ 제6류 위험물로 구분한다.
- **제6류 위험물** ⇨ 산화성 액체 [가연물을 산화시키는 액체]
  산소를 함유하고 있어 가연물과 접촉시 산소공급원의 기능을 하는 액체로서 질산, 과산화수소, 과염소산 등이 해당된다.

암기팁! 1류 산고 / 2류 가고 / 3류 자금 / 4류 인화 / 5류 자기 / 6류 산화
  ➡ 산고 가고(산에 가고) / 자금 인화(자금을 인화해서) / 자기 산화(자기에게 산화시킨다)

함께 공부

① 제1류 위험물 ⇨ 산화성 고체 [가연물을 산화시키는 고체]
  산소를 함유하고 있어 가연물과 접촉시 산소공급원의 기능을 하는 고체로서 ~~염류, 무기과산화물 등이 해당된다.
② 제2류 위험물 ⇨ 가연성 고체 [일반 환원성 가연물]
  일반적으로 불에 타는 가연성고체 물질로서 황, 인, 금속분류 등이 해당된다.
③ 제3류 위험물 ⇨ 자연발화성 및 금수성 물질 [황린제외 모두 금속]
  황린(P_4)이 대표적인 자연발화성물질이고, 나머지는 모두 물에 급격히 반응하여 열을 발생하는 금속(금수성)으로서 칼륨, 나트륨, 리튬, 알루미늄 등이 해당된다.
④ 제4류 위험물 ⇨ 인화성 액체 [유류 등]
  인화의 위험성이 높은 기름 등으로서 특수인화물, 제1석유류~제4석유류, 알코올류, 동식물유류 등으로 구분하며, 1석유류~3석유류는 물에녹는 수용성액체와 녹지않는 비수용성 액체로 구분된다.
⑤ 제5류 위험물 ⇨ 자기반응성 물질 [폭발성 물질]
  가연물질내에 산소를 함유하고 있어 스스로 폭발적으로 반응하는 물질로서, 질산에스테르류, 유기과산화물, 니트로화합물 등 폭발성 물질이 해당된다.

이해하면서 공부 할 문제 ★★

05 이산화탄소 소화약제의 주된 소화효과는?

① 제거소화   ② 억제소화   ③ 질식소화   ④ 냉각소화

이산화탄소(CO_2) 1kg(15℃조건) 방사시 534L 만큼 체적이 팽창하므로, 그 팽창된 체적만큼 산소의 농도를 떨어뜨려 소화하는 질식소화가 대표적인 소화효과이다.

06
상온·상압의 공기중에서 탄화수소류의 가연물을 소화하기 위한 이산화탄소 소화약제의 농도는 약 몇 % 인가? (단, 탄화수소류는 산소농도가 10%일 때 소화된다고 가정한다.)

① 28.57　　② 35.48　　③ 49.56　　④ 52.38

화재실에 이산화탄소(CO_2) 소화약제를 방사하여, 산소(O_2)농도를 10%로 떨어뜨려, 탄화수소류(탄소(C)와 수소(H) 만으로 이루어진 유기화합물)의 가연물을 소화하려고 할 때... 이산화탄소(CO_2)의 농도는 몇 %로 설계되어야 하는지의 문제?

$$CO_2 \text{방사 후 실내의 } CO_2 \text{농도(\%)} = \frac{21 - O_2(\text{농도\%})}{21} \times 100 = \frac{21-10}{21} \times 100 = 52.38\%$$

함께 공부

STP와 NTP
- STP(표준상태) : 0℃, 1기압(atm) 상태 [문제에서 조건이 없다면, 표준상태로 인식한다.]
- NTP(자연상태) : 20℃, 1기압(atm) 상태 [상온, 상압 상태] - 국내기준

07
제연설비의 화재안전기준상 예상제연구역에 공기가 유입되는 순간의 풍속은 몇 m/s 이하가 되도록 하여야 하는가?

① 2　　② 3　　③ 4　　④ 5

예상제연구역(화재실이 예상되는 구역 즉 가연물이 있는 공간)에 **신선한 공기를 급기**하여 피난을 용이하게 하려하는데... 그 공기가 유입되는 순간의 풍속은 5m/s 이하(초당 5m이하)가 되도록... 너무 빠르지 않게 유지하여야 한다. 만일 유입되는 공기가 너무 빠르면... 화재실의 연기가 흩어져서 오히려 피난에 방해가 되기 때문이다.

함께 공부
- 제연이란 **연기를 제어**한다는 의미로서... 화재실에 **신선한 공기를 급기**하고, **발생된 연기를 배기(배출)**하는 것을 제연이라 한다.
- **국가화재안전기준(NFSC**, National Fire Safety Code) : 소방청장이 정하여 고시하는 소방시설의 설치 또는 유지·관리 기준

08
상온에서 무색의 기체로서 암모니아와 유사한 냄새를 가지는 물질은?

① 에틸벤젠　　② 에틸아민　　③ 산화프로필렌　　④ 사이클로프로판

에틸아민 [ethyl amine, $C_2H_5NH_2$]
- 순수한 것은 **암모니아 냄새**가 나는 **무색의 기체**이며, 의약품, 염료중간체, 고무약품, 농약(제초제), 도료 등으로 사용된다.
- 암모니아보다 강한 알칼리성 물질로 위험성을 가진다.

함께 공부
- 제3종 분말소화약제의 열분해시 생성되는 물질 중 하나인 NH_3(암모니아)는 연소(폭발)범위(한계)가 15.8(vol%)~28(vol%)인 가연성 가스이므로 소화약제로 사용할 수 없다. 또한 암모니아와 혼합시 발화하는 위험물이 다수 존재한다.
- 제4류 위험물(인화성 액체) 중 특수인화물인 **산화프로필렌**[CH_3CHCH_2O]은 **수은, 구리, 마그네슘. 은과 반응**하여 폭발성의 아세틸레이트를 생성한다. 따라서 폭발을 방지하기 위하여 불연성의 가스(질소, 이산화탄소 등)로 봉입하여 통풍이 잘 되는 곳에 저장한다.
- 에틸벤젠(Ethylbenzene, $C_6H_5C_2H_5$)은 제4류 위험물중 제1석유류(비수용성)로서, 무색투명한 방향성의 인화성 액체이다.

09
소화약제의 형식승인 및 제품검사의 기술기준상 강화액 소화약제의 응고점은 몇 ℃ 이하이어야 하는가?

① 0　　② -20　　③ -25　　④ -30

강화액 소화약제는 알카리 금속염류 등을 주성분으로 하는 수용액이며, 그 응고점(어는점)은 **-20 ℃ 이하**이어야 한다. 즉 영하 20℃에서도 동결되지 않아 한랭지에서 사용이 가능하다.

참고! 우리나라 겨울철에 -20℃이하로 떨어지는 경우는 드물다.

> **함께공부**
> - 소방용품의 형상·구조·재질·성분·성능 등을 승인받기 위해 만들어 놓은… **"형식승인 및 제품검사의 기술기준"**은 소화약제의 형식승인 및 제품검사의 기술기준을 비롯하여 총 32개의 기준이 제정되어 있다.
> - **강화액(Density Modifier) - 물의 소화력을 증대시키기 위하여 첨가하는 첨가제**
>   - 한랭지에서도 사용할 수 있도록 탄산칼륨(K_2CO_3), 인산암모늄[$(NH)_4H_2PO_4$], 침투제 등을 첨가한 수용액
>   - 물의 밀도를 증가시킨 **밀도개선제**로 속불(심부)화재(송뭉치, 종이뭉치 등)에 효과가 크다.

이해하면서 공부 할 문제

10 소화원리에 대한 설명으로 틀린 것은?

① 억제소화 : 불활성기체를 방출하여 연소범위 이하로 낮추어 소화하는 방법
　희석소화
② 냉각소화 : 물의 증발잠열을 이용하여 가연물의 온도를 낮추는 소화방법
③ 제거소화 : 가연성 가스의 분출화재 시 연료공급을 차단시키는 소화방법
④ 질식소화 : 포소화약제 또는 불연성기체를 이용해서 공기 중의 산소공급을 차단하여 소화하는 방법

화학적 소화의 방법(=억제소화, 부촉매소화)
- **활성라디칼**(자유활성기, Free radical)을 흡수하여 연소의 4요소인 순조로운 연쇄반응을 **억제**하여 소화하는 방법으로 정촉매의 반대인 부촉매소화라고도 한다.
- 할론계 소화약제, 분말소화약제 등을 이용하여 소화한다.

> **함께공부**
> **희석소화**
> - 가연성의 기체, 액체, 고체에서 발생되는 가연성증기(분해가스)의 농도를 희석시켜(농도를 엷게 하여) 연소하한계 이하로 유지시키는 방법(강풍에 의한 희석소화, 불활성기체를 방출하여 희석)
> - 수용성인 가연성 액체(알코올, 아세톤 등)의 화재시 다량의 물을 방사하여, 가연성 액체의 농도를 연소농도 이하가 되도록 하여 소화하는 방법
> - 가연성액체를 불연성의 다른 액체로 희석하여 발생되는 가연성기체의 농도를 감소시켜 소화하는 방법

> **함께공부**
> **연소범위**(=연소한계, 폭발범위, 폭발한계)
> - 가연성가스와 산소가 연소를 일으킬 수 있는 증기농도(체적농도 vol%)범위
> - 연소하한계와 연소상한계 사이의 범위
>   - 연소하한계 : 그 농도 이하에서는 발화원과 접촉하여도 연소가 일어나지 않는 가스의 최소농도
>   - 연소상한계 : 그 농도 이상에서는 발화원과 접촉하여도 연소가 일어나지 않는 가스의 최고농도

암기하면서 공부 할 문제

11 단백포 소화약제의 특징이 아닌 것은?

① 내열성이 우수하다.　　　　　　　　　② 유류에 대한 유동성이 나쁘다.
③ 유류를 오염시킬 수 있다.　　　　　　④ 변질의 우려가 없어 저장 유효기간의 제한이 없다.

단백포 소화약제(**protein** foaming agents)는 영문에서 볼 수 있듯이… **단백질의 가수분해물**을 주성분으로 한 소화약제로서 내열성은 우수하나 **약제의 변질이 쉬워** 빈번한 교체가 요구되는 단점이 있다.(저장수명은 대략 3년 정도지만 저장 환경에 따라 크게 달라질 수 있다)

암기팁! 내 수단으로는 불합격해 ➡ 내 수단 불합

> **함께공부**
> **기계포 소화약제(공기포 소화약제)의 종류**
> ① **내** 알코올포(저팽창포) : **수용성** 액체의 화재 시 적합하다.
> ② **수**성막포(저팽창포)
> ③ **단**백포(저팽창포)
> ④ **불**화 단백포(저팽창포)
> ⑤ **합**성 계면 활성제포(저팽창포, 고팽창포 모두 사용가능)

> 이해하면서 공부 할 문제 ★

12 고층 건축물 내 연기거동 중 굴뚝효과에 영향을 미치는 요소가 아닌 것은?

① 건물 내·외의 온도차 ② 화재실의 온도 ③ 건물의 높이 **④ 층의 면적**

굴뚝효과의 영향인자
- 건물 내·외의 온도차 : 수직공간 내의 온도와 건물외부의 온도차가 클수록 굴뚝효과는 더 잘 일어나며, 화재시 연기확산을 촉진한다.
- 화재실의 온도 : 화재실의 온도가 높을수록 수직공간 내부의 온도가 커지므로, 굴뚝효과가 더 잘 일어난다.
- 건물의 높이 : 초고층일수록(건물이 높을 수록) 고층부와 저층부의 압력차가 커져, 굴뚝효과가 더 잘 일어난다.

함께공부

자연부력에 기인한 압력차(굴뚝효과=연돌효과=Stack Effect=Chimney Effect)
고층건축물의 수직공간 내의 온도와, 건물외부의 온도가 차이가 있을 경우, 부력에 의한 압력차가 발생하여, 연기가 수직공간을 상승하거나 하강하는 현상
- 건물내 **수직공간의 온도**가, 외부의 온도보다 **높은 경우**(화재시 포함)...... 수직공간 상부(고층부)에서 작용하는 실내압력이 실외보다 **더 높아 공기가 실외로 배출된다**. 이에 따라 수직공간 하부(저층부)에서는 공기가 유입되며, 수직공간 내에서 상승기류가 형성되는데 이러한 효과를 굴뚝효과라 한다.
- (반대로)건물외부의 온도가, 건물내 수직공간의 온도보다 **높은 경우**...... 수직공간 상부(고층부)에서 작용하는 실내압력이 실외보다 **더 낮아 공기가 실내로 들어온다**. 이에 따라 수직공간 하부(저층부)에서는 공기가 유출되며, 수직공간 내에서 하향기류가 형성되는데 이러한 효과를 역굴뚝효과라 한다.

> 이해하면서 공부 할 문제 ★

13 전기불꽃, 아크 등이 발생하는 부분을 기름 속에 넣어 폭발을 방지하는 방폭구조는?

① 내압방폭구조 **② 유입방폭구조** ③ 안전증방폭구조 ④ 특수방폭구조

점화원이 될 우려가 있는 부분인 전기기기의 불꽃, 아크가 발생하는 부분을, **기름 속에 넣어서** 기름면 위에 존재하는 폭발성가스나 증기에 점화될 우려가 없도록, 폭발을 방지할 수 있는 구조를 **유입방폭구조**라 한다.

함께공부

- 내압 방폭구조 : 점화원이 될 우려가 있는 불꽃, 아크 또는 과열의 우려가 있는 부분을 전폐구조의 용기 속에 수납하여, 용기내부에서 폭발성가스가 **폭발하여도 용기가 파손되지 않고** 내부의 폭발화염이 외부로 전해지지 않도록 만든 구조
- 안전증 방폭구조 : **정상운전 중** 불꽃이나 아크 과열의 발생을 방지하기 위해 전기적, 기계적, 구조상 그리고 온도상승에 대하여 **안전성을 높인 구조**
- 특수 방폭구조 : 기타 방폭구조로서 폭발성 가스의 인화를 방지할 수 있다는 것이 **시험 또는 기타의 방법에 의해 확인**된 구조

> 암기하면서 공부 할 문제 ★★

14 건축물의 피난·방화구조 등의 기준에 관한 규칙상 방화구획의 설치기준 중 스프링클러를 설치한 10층 이하의 층은 바닥면적 몇 m² 이내마다 방화구획을 구획하여야 하는가?

① 1000 ② 1500 ③ 2000 **④ 3000**

면적별 방화구획
- 10층 이하의 층
  - 바닥면적 1000㎡이내 마다 구획
  - 스프링클러 기타 이와 유사한 자동식 소화설비를 설치한 경우 3000㎡이내 마다 구획
- 11층 이상의 층
  - 바닥면적 200㎡이내 마다 구획
  - 스프링클러 기타 이와 유사한 자동식 소화설비를 설치한 경우 600㎡이내 마다 구획
- 11층 이상의 층인데... 벽 및 반자의 실내에 접하는 부분의 마감을 불연재료로 한 경우
  - 바닥면적 500㎡이내 마다 구획
  - 스프링클러 기타 이와 유사한 자동식 소화설비를 설치한 경우 1500㎡이내 마다 구획

땅~하다! 면적별 방화구획에서 스프링클러(자동식 소화설비) 설치되면 ➡ 원래의 면적보다 3배

함께공부

- **방화구획**은 건물을 일정한 공간으로 구획해 화재강도와 화재하중을 낮추어, 건물내 화재의 전체 확대를 방지하여 건물의 붕괴를 방지하고 피해를 최소화하는데 그 목적에 있다. 이러한 방화구획의 적용은...
- **면적별** 방화구획, **층별** 방화구획(지하층·3층 이상의 층은 층마다), **용도별** 방화구획(비상전원, 방재실, 저장용기실 등), **수직** 방화구획(계단실, 승강로, 파이프피트 등)으로 나누어서 적용한다.
- **방화구획의 구성**은... ①내화구조의 바닥과 벽, ②방화문(자동방화셔터), ③**풍도가** 방화구획 관통시 풍도내 방화댐퍼 설치, ④방화구획 관통부에는 내화채움성능이 인정된 구조로 메울 것 등을 통해 방화구획을 나누게 된다.
- **비상용승강기** 승강장의 창문·출입구·개구부를 제외한 부분은 당해 건축물의 다른 부분과 **내화구조의 바닥 및 벽으로 구획**할 것 일반용승강기의 승강장은 방화구획과 관련된 규정이 없다.

암기하면서 공부 할 문제

15 과산화수소 위험물의 특성이 아닌 것은?

① **비수용성이다.** ② 무기화합물이다. ③ 불연성 물질이다. ④ 비중은 물보다 무겁다.

과산화수소(H_2O_2)[제6류 위험물]는 탄소(C)가 없는 **무기화합물**이며, **산화성 액체** 즉 가연물을 산화시키는 액체(산화제)로서 가연물이 아님으로 불에 타지 않는 **불연성** 물질이다. 또한 물보다 무겁고, 물에 잘 녹는다(= 비중이 1보다 크고, **수용성**이다.
※ 대부분의 위험물은 비중(무게의 비)이 **물보다 무거우면**(1보다 크면) **수용성**이다. (물에 녹는다) 반대로, 비중이 물보다 가벼우면(1보다 작으면) 비수용성이다. (물에 녹지 않는다)

함께공부

- **유기화합물(탄소화합물)**
  - 공유결합(두 원자가 전자를 내어놓고 그 전자쌍을 공유하여 이룬 결합)한 탄소 화합물의 총칭. (탄소화합물이 불에 타면 숯이 된다)
  - 가장 기본적인 구조는 탄화수소로 탄소-탄소, 탄소-수소의 공유결합으로 구성되어 있다.
- **무기화합물(무기물)**
  - 유기화합물을 제외한 모든 화합물로서, 주로 탄소(C) 이외의 원소만으로 이루어지는 화합물을 말한다.
  - 하지만, 탄소를 함유하고 있다고 하여도 모두 유기화합물은 아니다. 따라서 무기화합물이나 유기화합물의 어느 쪽으로도 구별하기 어려운 물질도 있다.
※ 과산화수소(H_2O_2)는 탄소가 없는 무기화합물이며, 과염소산($HClO_4$)은 탄소를 함유하고 있지만 무기화합물이다.

암기하면서 공부 할 문제 ★★

16 이산화탄소 소화약제의 임계온도는 약 몇 ℃ 인가?

① 24.4 ② **31.4** ③ 56.4 ④ 78.4

이산화탄소(탄산가스) = CO_2 = 분자량44 = 불연성 소화약제 = 질식소화 = 고체탄산(드라이아이스)
CO_2는 임계온도가 높아 냉각하면 쉽게 액화된다 : 온도를 **31.25℃(임계온도)** 이하로 낮추고, 그에 상응하는 압력을 가하면 액화가 가능하다. 하지만 임계온도 이상이 되면 모두 기화되어 용기내의 압력이 급격히 상승한다.
※ **임계온도** : 기체를 액화시킬 수 있는 최고온도로서 CO_2를 액체화시키기 위해서는 CO_2를 **31.25℃(임계온도)** 이하로 유지시켜 주어야 한다.

함께공부

이산화탄소(탄산가스, CO_2)는 일반물질과 달리 대기압하에서는 고체와 기체만 존재할 수 있고, NPT상태[상온, 상압 상태]에서는 기체이다. 온도를 31.25℃(임계온도) 이하로 낮추고, 그에 상응하는 임계압력 73 atm을 가하면 액화가 가능하다. 하지만 임계온도 이상이 되거나 그에 상응하는 압력보다 낮으면 모두 기화된다.

이해하면서 공부 할 문제
17 화재의 정의로 옳은 것은?

① 가연성물질과 산소와의 격렬한 산화반응이다.
② 사람의 과실로 인한 실화나 고의에 의한 방화로 발생하는 연소현상으로서 소화할 필요성이 있는 연소현상이다.
③ 가연물과 공기와의 혼합물이 어떤 점화원에 의하여 활성화되어 열과 빛을 발하면서 일으키는 격렬한 발열반응이다.
④ 인류의 문화와 문명의 발달을 가져오게 한 근본 존재로서 인간의 제어수단에 의하여 컨트롤 할 수 있는 연소현상이다.

화재란 인명과 재산의 피해가 발생되며(고의에 의한 방화), 인간이 의도하거나 제어되지 않은(과실로 인한 실화), **소화가 필요한 연소현상**을 말한다. **화재는** 우발적으로 발생하며(우발성), 최초 발화로부터 확대되는 성질(확대성)을 가지며, 불안정하고(불안정성), 정형적으로 진행되지 않는다.(비정형성)

이해하면서 공부 할 문제
18 물에 황산을 넣어 묽은 황산을 만들 때 발생되는 열은?

① 연소열　　② 분해열　　③ 용해열　　④ 자연발열

황산(H_2SO_4)은 강산성의 액체 화합물로서 **농도가 90% 미만**(질량 퍼센트)인 황산을 **묽은 황산**이라고 하며, 농도가 90% 이상인 황산을 진한 황산이라 한다.
물(용매)에 **황산**(용질)을 넣어 묽은 황산을 만들 때 발생되는 **용해열**(용질이 용매에 용해될 때 발생하는 열)은 화학적 점화원에 해당된다.

함께 공부
- **화학적 점화원**
  - **산화열** : 어떤 물질이 산소와 느리게 반응하면서 발생하는 열. 녹스는 현상
  - **중합열** : 단량체(monomer)가 중합체를 형성하여 중합반응을 일으킬 때 발생하는 열
  - **분해열** : 하나의 물질이 분해 반응할 때 발생하는 열
  - **화합열** : 두 물질이 화합 반응할 때 발생하는 열
  - **연소열** : 가연물이 산소와 반응하여 연소되는 과정에서 방출하는 열
  - **용해열** : 용질이 용매에 용해될 때 발생하는 열
  - **자연발열** : 분해, 산화, 미생물, 흡착, 중합 등에 의해 발생되는 열의 축적

이해하면서 공부 할 문제 ★★
19 자연발화의 방지방법이 아닌 것은?

① 통풍이 잘 되도록 한다.　　② 퇴적 및 수납 시 열이 쌓이지 않게 한다.
③ <u>높은</u> 습도를 유지한다.　　④ 저장실의 온도를 낮게 한다.
　낮은

자연발화란 공기 중의 물질이 상온에서, 장기간 **열의 축적**에 의해 별도 점화원 없이 **자연적으로(스스로) 발화**하는 현상으로… 습도가 높으면 **표면에 수분막이 형성**되어 내부 온도를 발산하기 어려워서, 열이 내부에 축적되기 쉽다. 따라서 습도를 낮게 유지하여야 한다.

함께 공부
- **자연발화가 일어나기 좋은 조건**
  - 저장실의(주위의) 온도가 높을 것
  - 발열량이 클 것
  - 환기가(통풍이) 어려워 열의 축적이 잘 될 것
  - 열전도율(성)이 작을(=낮을=나쁠) 것(열전도율이 작아야 열의 축적이 쉽다)
  - 표면적이 클 것(큰덩어리보다 작은덩어리 여러개가 공기와의 접촉면적이 더 크기 때문)
  - 습도가 높을 것(습도가 높으면 표면에 수분막이 형성되어 내부 온도를 발산하기 어려워서, 열이 내부에 축적되기 쉽다)
- **방지대책**
  - 저장실의(주위의) 온도를 낮출 것
  - 열의 축적을 방지할 것
  - 통풍을 잘 시킬 것
  - 열전도율(성)을 크게(=높게=좋게) 할 것(열전도율이 크면 그만큼 열의 축적이 어렵다)
  - 정촉매(반대는 부촉매) 작용 물질(자연발화를 돕는 물질)을 피할 것
  - 산소와의 접촉을 차단할 것
  - 습도를 낮게 유지할 것

> 이해하면서 공부 할 문제 ★

20 다음 중 분진 폭발의 위험성이 가장 낮은 것은?

① 시멘트가루　　　② 알루미늄분　　　③ 석탄분말　　　④ 밀가루

분진폭발이란 가연성 분진(입자상태의 미세한 분말)이 부유하면서 주위로부터 흡열한 후 열분해 되어 가연성가스를 방출하게 되고, 그 가스가 폭발범위를 형성하게 되면 폭발하는 현상
- 원인물질 : **금속분(알루미늄분)**, **밀가루(소맥분)**, **석탄분**, 유황, 목재분, 플라스틱분, 섬유분, 커피분, 먼지 등
- 분진폭발의 위험이 낮은(없는) 것 : **시멘트가루(소석회)**, 생석회(석회석=산화칼슘=CaO), 팽창질석, 탄산칼슘($CaCO_3$) 등

> 함께 공부

화학적 폭발 - 산화, 분해, 중합 등 화학적 반응을 동반하여 많은 에너지를 방출하는 폭발
- **분해폭발** : 아세틸렌, 산화에틸렌, 히드라진, 과산화물 등이 분해하면서 급격한 발열반응을 동반하며 폭발하는 현상
- **가스폭발** : 수소, 메탄 등 가연성가스 또는 가솔린, 알코올 등 인화성액체의 증기가, 공기와의 예혼합상태에서 착화원에 의해 폭발하는 현상
- **분진폭발** : 가연성 분진(입자상태의 미세한 분말)이 부유하면서 주위로부터 흡열한 후 열분해 되어 가연성가스를 방출하게 되고, 그 가스가 폭발범위를 형성하게 되면 폭발하는 현상
- **산화폭발** : 가연성가스, 가연성증기 등이 공기중의 산소와 반응하여 폭발성 혼합가스가 형성되어 폭발하는 것
- **중합폭발** : 시안화수소, 염화비닐 등과 같은 중합물질이 폭발적으로 중합되어, 발열하고 압력이 상승돼 폭발하는 현상
- **증기운폭발** : 다량의 가연성가스가 지표면에 유출된 후, 다량의 가연성 혼합기체가 구름처럼 형성되어, 폭발이 일어난 경우

2과목　소방유체역학

✔ 이것이 혁신이다! 기출문제 + 답이색해설

> 전반적으로 쉬운 계산형 ★★

21 30℃에서 부피가 10L인 이상기체를 일정한 압력으로 0℃로 냉각시키면 부피는 약 몇 L로 변하는가?

① 3　　　② 9　　　③ 12　　　④ 18

샤를의 법칙
압력(P)이 일정할 때, 기체의 체적(V)은 절대온도(T)에 비례한다. 쉽게 말해 압력의 변화가 없을 때 기체의 부피는 온도가 상승하면 커지고, 온도가 하강하면 작아진다는 의미이다.

$$\frac{V(체적)}{T(절대온도)} = 일정$$

절대온도(T)와 체적(V)의 비는 항상 일정하므로 다음과 같은 식이 성립하며, 문제의 조건들을 각각 대입하면…

$$\frac{V_1(처음\ 부피)}{T_1(처음\ 절대온도)} = \frac{V_2(나중\ 부피)}{T_2(나중\ 절대온도)} \rightarrow V_2 = \frac{T_2}{T_1}V_1 = \frac{273K}{303K} \times 10L = 9L$$

- 처음 절대온도(T_1) = 273 + 30℃ = 303K　　　• 나중 절대온도(T_2) = 273 + 0℃ = 273K
- 처음 부피(V_1) = 10L　　　• 나중 부피(V_2) = ? L

> 함께 공부

1. **보일의 법칙**
   온도가 일정할 때 기체의 체적은 절대압력에 반비례한다. 쉽게 말하면 **온도 변화가 없을 때** 기체의 부피는 압력이 커지면 작아지고, 압력이 작아지면 커진다는 의미이다.

   절대압력과(P)과 기체의 체적(V)의 곱은 항상 일정하므로 다음과 같은 식이 성립한다.　$P_1 \cdot V_1 = P_2 \cdot V_2$　$\therefore V_2 = \frac{P_1}{P_2}V_1$

2. **샤를의 법칙**
   압력이 일정할 때 기체의 체적은 절대온도에 비례한다. 쉽게 말해 **압력의 변화가 없을 때** 기체의 부피는 온도가 상승하면 커지고, 온도가 하강하면 작아진다는 의미이다.

   절대온도(T)와 기체의 체적(V)의 비는 항상 일정하므로 다음과 같은 식이 성립한다.　$\frac{V_1}{T_1} = \frac{V_2}{T_2}$　$\therefore V_2 = \frac{T_2}{T_1}V_1$

3. 보일-샤를의 법칙
기체의 체적은 절대온도에 비례하고, 절대압력에 반비례한다. 즉, 기체의 체적은 온도가 상승하면 증가하고, 압력이 커지면 감소한다.

$$\frac{PV}{T} = 일정 \qquad \frac{P_1V_1}{T_1} = \frac{P_2V_2}{T_2} \qquad \therefore V_2 = \frac{T_2 \cdot P_1}{T_1 \cdot P_2}V_1$$

다소 어려운 계산형

22 비중이 0.6이고 길이 20m, 폭 10m, 높이 3m인 직육면체 모양의 소방정 위에 비중이 0.9인 포소화약제 5톤을 실었다. 바닷물의 비중이 1.03일 때 바닷물 속에 잠긴 소방정의 깊이는 몇 m인가?
① 3.54　　② 2.5　　③ 1.77　　④ 0.6

물체(소방정)의 비중이 유체(바닷물)의 비중보다 더 작은 경우, 물체는 유체에 뜨게 되는데... 문제에서는 소방정 총높이 3m 중에 몇 m가 잠겼는지를 계산하는 문제이다.
1. 이 문제는 부력에 관한 문제인데... **부력**은 유체 내의 어떤 물체에 대하여 수직 상향으로 작용하는 힘. 쉽게 말해, 유체 내에서 **물체를 띄우려는 힘**을 말한다.

$$F(부력) = \gamma \cdot V$$

　　부력(=잠긴 물체의 무게)[N] = 유체의 비중량(=잠긴 물체의 비중량)$[N/m^3]$ × 배제된 유체의 체적(=잠긴 물체의 체적)$[m^3]$
2. 아래와 같이 식을 세워서... 잠긴 소방정의 깊이(H)를 구하여야 한다.
　　포소화약제 5톤의 부력(F, 무게) + 소방정 부력(F) = 바닷물의 부력(F)
　　5톤 + {$\gamma_{소방정} \times V(소방정\ 체적)$} = $\gamma_{바닷물} \times${소방정길이×소방정폭×H(잠긴 소방정 깊이)}
3. 포소화약제 5톤의 부력(F, 무게) = $5,000\,kgf = \frac{5,000\,kgf}{1} \times \frac{9.8N}{1\,kgf} = 49,000N$
4. 소방정 부력(F)
　① 소방정 비중량(γ)

　　• $S(액체비중) = \dfrac{\gamma[소방정\ 비중량(N/m^3)]}{\gamma_w[물\ 비중량(1000\,kgf/m^3 = 9800N/m^3)]}$　　＊$1kgf = 9.8N$

　　• $S = \dfrac{\gamma}{\gamma_w}$　→　$\gamma = S \times \gamma_w = 0.6 \times 9800\,N/m^3 = 5880\,N/m^3$

　② 소방정의 체적(V) = 길이 20m, 폭 10m, 높이 3m인 직육면체 = 20m × 10m × 3m = 600m³ [=넘쳐흐른 물의 체적]
　③ $F(부력) = \gamma V = 5,880\,N/m^3 \times 600\,m^3 = 3,528,000\,N$
5. 바닷물의 부력(F)
　① 소방정 비중량(γ)

　　• $S(액체비중) = \dfrac{\gamma[바닷물\ 비중량(N/m^3)]}{\gamma_w[물\ 비중량(1000\,kgf/m^3 = 9800N/m^3)]}$　　＊$1kgf = 9.8N$

　　• $S = \dfrac{\gamma}{\gamma_w}$　→　$\gamma = S \times \gamma_w = 1.03 \times 9800\,N/m^3 = 10,094\,N/m^3$

　② 넘쳐흐른 바닷물의 체적(V) = 소방정이 잠긴 체적
　　= 길이 20m × 폭 10m × 높이 H m [잠긴 소방정의 깊이] = 200H m³
　③ $F(부력) = \gamma V = 10,094\,N/m^3 \times 200\,H\,m^3 = 2,018,800[N] \times H[m]$
6. 잠긴 소방정의 깊이(H)
　$49,000N + 3,528,000N = 2,018,800[N] \times H[m]$　　$\therefore H[m] = \dfrac{49,000N + 3,528,000N}{2,018,800N} = 1.77\,m$

함께공부

부력
• 유체 내의 어떤 물체에 대하여 수직 상향으로 작용하는 힘. 쉽게 말해, 유체 내에서 **물체를 띄우려는 힘**을 말한다.
• 어떤 물체의 무게가 부력보다 크다면 그 물체는 가라 앉을 것이다. 반대로 부력이 무게보다 크다면 그 물체는 뜰 것이다. **쇳덩어리는 물에 가라앉지만 나무는 물에 뜨는 이유**는 쇳덩어리의 경우 무게가 부력보다 크고, 나무는 부력이 나무무게보다 크기 때문이다. 쇠로 만든 배가 뜨는 이유는 물에 잠기는 부피를 크게 설계하여 배의 무게보다 더 큰 부력을 만들었기 때문이다.
• 아르키메데스가 발견했기 때문에 여기에 관계된 원리를 **아르키메데스의 원리**라고도 한다.

> 계산 없는 단순 공식형 ★★★

23 그림과 같이 대기압 상태에서 V의 균일한 속도로 분출된 직경 D의 원형 물제트가 원판에 충돌할 때 원판이 U의 속도로 오른쪽으로 계속 동일한 속도로 이동하려면 외부에서 원판에 가해야 하는 힘 F는? (단, ρ는 물의 밀도, g는 중력가속도이다.)

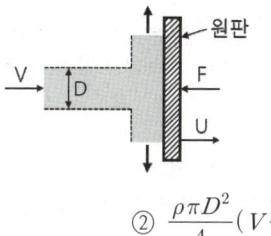

① $\dfrac{\rho\pi D^2}{4}(V-U)^2$

② $\dfrac{\rho\pi D^2}{4}(V+U)^2$

③ $\rho\pi D^2(V-U)(V+U)$

④ $\dfrac{\rho\pi D^2(V-U)(V+U)}{4}$

이동평판(이동원판)에 작용하는 힘 ➡ 평판이 뒤로 이동하는 경우[물제트에 대해 뒤로 이동하는 속도를 빼주면 된다]

$F(N) = \rho(밀도, kg/m^3) \cdot Q(유량, m^3/sec) \cdot V(유속, m/sec)$

$ = \rho \cdot A(단면적, m^2) \cdot V^2(m/sec)^2$ *$Q = A \cdot V$ 이므로… V가 2개가 되어 V^2

$ = \rho\,[kg/m^3] \times \dfrac{\pi D^2}{4}[m^2] \times (V-U)^2[(m/sec)^2] = \dfrac{\rho\pi D^2}{4}(V-U)^2$ *뒤로 이동하는 속도 U를 빼준다.

* V : 방사속도 * U : 원판이 뒤로 이동하는 속도

함께공부

1. 고정평판에 작용하는 힘

$F(N) = \rho(밀도, kg/m^3) \cdot Q(유량, m^3/sec) \cdot V(유속, m/sec) \cdot \sin\theta$ [직각(90°)으로 방사하면 최대값 = 1]

$ = \rho \cdot A(단면적, m^2) \cdot V^2(m/sec)^2 \cdot \sin\theta$ *$Q = A \cdot V$ 이므로… V가 2개가 되어 V^2

$ = \rho \cdot \dfrac{\pi D^2}{4}(단면적, m^2) \cdot V^2(m/sec)^2 \cdot \sin\theta = kg \cdot m/sec^2 (N)$

2. 이동평판에 작용하는 힘

• 평판이 뒤로 이동시 $F = \rho \cdot Q \cdot (V_2 - V_1) \cdot \sin\theta = \rho \cdot A \cdot (V_2 - V_1)^2 \cdot \sin\theta$

* V_2 : 방사속도 * V_1 : 평판이 뒤로 이동하는 속도

• 평판이 노즐쪽으로 이동시 $F = \rho \cdot Q \cdot (V_2 + V_1) \cdot \sin\theta = \rho \cdot A \cdot (V_2 + V_1)^2 \cdot \sin\theta$

* V_2 : 방사속도 * V_1 : 평판이 노즐쪽으로 이동하는 속도

> 포기해도 되는 계산형 포기해도 합격에 전혀 지장없는 문제

24 그림과 같이 폭이 넓은 두 평판 사이를 흐르는 유체의 속도분포 u(y)가 다음과 같을 때, 평판 벽에 작용하는 전단응력은 약 몇 Pa인가? (단, $u_m = 1$ m/s, $h = 0.01$ m, 유체의 점성계수는 0.1 N·s/m²이다.)

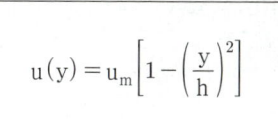 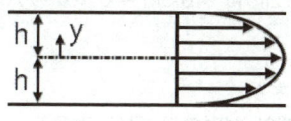

① 1   ② 2   ③ 10   ④ 20

본 문제는 계산과정이 복잡한 계산문제로서… 소방설비기사 실기시험에서 등장하지 않는 개념과 문제이므로, 공부하지 않고 **포기하는 것이 더 현명**합니다. 따라서 지면과 노력낭비를 방지하기 위하여 해설이 없습니다.

전단응력[τ] = $\mu\dfrac{du}{dy}$ ➡ $\mu\dfrac{d}{dy}\left[u_m\left\{1-\left(\dfrac{y}{h}\right)^2\right\}\right]$ ➡ 미분후… $\tau = \mu\times\left(-\dfrac{u_m}{h}\times 2\right) = 0.1\times\left(-\dfrac{1}{0.01}\times 2\right) = -20\,\text{N}(\text{Pa})$

> 전반적으로 쉬운 계산형 ★★

25 -15℃의 얼음 10g을 100℃의 증기로 만드는데 필요한 열량은 약 몇 kJ인가? (단, 얼음의 융해열은 335 kJ/kg, 물의 증발잠열은 2256 kJ/kg, 얼음의 평균 비열은 2.1 kJ/kg·K이고, 물의 평균 비열은 4.18 kJ/kg·K이다.)

① 7.85　　② 27.1　　**③ 30.4**　　④ 35.2

열량이란 열의 많고 적음을 나타내는 양이다. 열량의 단위는 cal(칼로리), kcal(킬로칼로리) 또는 J(주울), kJ(킬로 주울)을 사용한다. 1kcal(4.18kJ)는 물 1kg의 온도를 1℃(K)만큼 올리는 데 필요한 열의 양이다.

$$\text{얼음} \xrightarrow{Q_1} \text{얼음} \xrightarrow{Q_2} \text{물} \xrightarrow{Q_3} \text{물} \xrightarrow{Q_4} \text{수증기}$$
$$-15℃ \quad\quad 0℃ \quad\quad 0℃ \quad\quad 100℃ \quad\quad 100℃$$
$$\text{현열} \quad\quad \text{융해열} \quad\quad \text{현열} \quad\quad \text{증발잠열}$$

1. **현열**(감열)**구간** - 물질의 상태 변화는 없으면서 온도만 올리는데 사용되는 열을 현열이라 하며, 아래식을 이용하여 흡수한 열량을 구할 수 있다.

$$Q[kJ] = mC\Delta T = 질량[kg] \times 비열[kJ/kg \cdot K] \times 온도차[K]$$

Q_1 = 질량(0.01kg) × 얼음의 비열(2.1kJ/kg·K) × 온도차(15K) = 0.315 kJ

* 비열과의 단위를 맞춰주기 위해, 질량 10g을 0.01kg으로 단위를 변경하여 대입한다.
* 온도차(℃) = (-15℃) - (0℃) = 15℃ (서로 동일함을 알 수 있다)
* 온도차(K) = (-15℃+273) - (0℃+273) = 15K (서로 동일함을 알 수 있다)

Q_3 = 질량(0.01kg) × 물의 비열(4.18kJ/kg·K) × 온도차(100K) = 4.18 kJ

2. **잠열**(융해열, 증발잠열)**구간** - 융해와 기화(증발) 등 상 전이 과정에서 가해진 열은, 물질의 **온도변화에는 사용되지 않고, 상태변화에만 사용**된다. 이와 같이 상 전이 과정에서 흡수되는 열을 잠열이라 한다.

$$Q[kJ] = mr = 질량[kg] \times 잠열[kJ/kg]$$

Q_2 = 질량(0.01kg) × 융해열(335kJ/kg) = 3.35 kJ
Q_4 = 질량(0.01kg) × 증발잠열(2256kJ/kg) = 22.56 kJ

3. 필요한(흡수한)열량 $Q[kJ] = Q_1 + Q_2 + Q_3 + Q_4 = 0.315 + 3.35 + 4.18 + 22.56 = 30.405 \, kJ$

> 포기해도 되는 계산형　포기해도 합격에 전혀 지장없는 문제

26 포화액-증기 혼합물 300g이 100kPa의 일정한 압력에서 기화가 일어나서 건도가 10%에서 30%로 높아진다면 혼합물의 체적 증가량은 약 몇 m³인가? (단, 100kPa에서 포화액과 포화증기의 비체적은 각각 0.00104 m³/kg과 1.694 m³/kg이다.)

① 3.386　　② 1.693　　③ 0.508　　**④ 0.102**

본 문제는 소방과 관련 없는 이해과정이 복잡한 계산문제로서… 소방설비기사 실기시험에서 등장하지 않는 개념과 문제이므로, 공부하지 않고 **포기하는 것이 더 현명**합니다. 따라서 지면과 노력낭비를 방지하기 위하여 해설이 없습니다.

> 함께공부

수증기 비체적 = (건도×포화증기 비체적) + 포화액비체적×(1-건도)

1. 건도 10%(=0.1)일 때 비체적 → (0.1×1.694 m³/kg) + 0.00104 m³/kg×(1-0.1) = 0.170336 m³/kg
2. 건도 30%(=0.3)일 때 비체적 → (0.3×1.694 m³/kg) + 0.00104 m³/kg×(1-0.3) = 0.508928 m³/kg
3. 비체적 변화량 = 건도30% - 건도10% = 0.508928 m³/kg - 0.170336 m³/kg = 0.338592 m³/kg
4. 체적 증가량 = 0.338592 m³/kg × 0.3kg = 0.1015776 m³ ≒ 0.102 m³

> 계산 없는 단순 암기형 ★★★★★

27 비중량 및 비중에 대한 설명으로 옳은 것은?

① 비중량은 단위부피당 유체의 질량이다. (중량)
② 비중은 유체의 질량 대 표준상태 유체의 질량비이다. (밀도) (밀도비)
③ 기체인 수소의 비중은 액체인 수은의 비중보다 크다. (작다)
④ 압력의 변화에 대한 액체의 비중량 변화는 기체 비중량 변화보다 작다.

① 비중량(γ) : 단위부피(체적)당 중량(무게). 즉 물질의 중량(무게)을 부피(체적)로 나눈 값이다.
② 비중(무게의 비) : 모든 액체는 4℃의 물의 밀도와 그 무게를 비교하며, 모든 기체는 표준상태의 공기의 밀도와 그 무게를 비교한다.
③ 기체인 **수소의 비중**은 $\dfrac{수소\ 분자량}{공기\ 분자량} = \dfrac{2\,kg}{29\,kg} = 0.069$ 이고,

　 액체인 **수은의 비중**은 $\dfrac{수은의\ 밀도}{4℃\ 물의\ 밀도} = \dfrac{13,600\,kg/m^3}{1,000\,kg/m^3} = 13.6$ 이므로 수은의 비중이 더 크다.
④ **압력이 변화할 때** 액체의 부피는 변화가 거의 없지만, 기체의 부피는 변화가 크다.
　 또한, 비중량은 단위부피당 중량(무게)이므로…부피에 따라 비중량이 변화한다.
　 따라서 압력이 변화할 때… 부피 변화가 거의 없는 액체의 비중량 변화는, 기체 비중량 변화보다 작을 것이다.

함께공부

1. 비중량(γ)
 • 단위부피(체적)당 중량(무게). 즉 물질의 중량(무게)을 부피(체적)로 나눈 값이다. 즉 밀도와 비중량의 차이는 질량(장소나 상태에 따라 달라지지 않는 물질의 고유한 양)을 적용시키냐, 중량(물체에 작용하는 중력의 크기. 즉 중력가속도가 적용된 실제무게)을 적용시키냐의 차이이다.
 • 비중량(γ) = $\dfrac{중량}{부피}$ = $\dfrac{kgf}{m^3}, \dfrac{gf}{\ell}$ = kgf/m^3 = N/m^3

2. 비중 : 무게의 비. 비교물질이 기준물질보다 무거운지, 가벼운지 비교하는 것. 차원(단위)이 없는 무차원수이다.
 • 액체비중 : 모든 액체는 4℃의 물의 밀도와 그 무게를 비교한다. 만일 비교액체 비중이 13.6이 계산되었다면, 이 액체는 물보다 13.6배 무거운 물질이다.

$$액체비중 = \dfrac{물질의\ 밀도}{4℃\ 물의\ 밀도} = \dfrac{13,600\,kg/m^3}{1,000\,kg/m^3} = 13.6$$

 • 기체비중 : 모든 기체는 표준상태의 공기의 밀도와 그 무게를 비교한다. 만일 비교기체 비중이 0.8이 계산되었다면 이 기체는 공기보다 0.8배 가벼운 물질이다.

　－ 표준상태(0℃, 1atm) 일 때 ➜ 기체비중 = $\dfrac{기체의밀도}{표준상태\ 공기밀도} = \dfrac{\frac{분자량[kg]}{22.4m^3}}{\frac{29kg}{22.4m^3}} = \dfrac{분자량[kg]}{29\,kg}$

　－ 표준상태 아닐 때 ➜ 기체비중 = $\dfrac{기체의밀도(\rho)}{표준상태\ 공기밀도} = \dfrac{\rho = \frac{PM}{RT} = \frac{절대압력 \times 분자량}{기체정수 \times 절대온도}}{\frac{29kg}{22.4m^3}}$

전반적으로 쉬운 계산형 ★★

28 물분무 소화설비의 가압송수장치로 전동기 구동형 펌프를 사용하였다. 펌프의 토출량 800L/min, 전양정 50m, 효율 0.65, 전달계수 1.1인 경우 적당한 전동기 용량은 몇 kW인가?

① 4.2　　　② 4.7　　　③ 10.0　　　④ **11.1**

펌프의 **전달(소요, 모터, 전동기) 동력(P)** ☞ 펌프의 구동에 이용되는 동력

$$P(kW) = \dfrac{H \cdot \gamma \cdot Q}{\eta_p(효율) \times 102} \times K = \dfrac{H(전양정)[m] \times \gamma(물\ 비중량)[1000\,kgf/m^3] \times Q(토출량)[m^3/sec]}{\eta_p(효율) \times 102} \times 전달계수$$

1. 조건정리
 • 전양정(H) = 50m
 • 토출량(Q) = 800L/min = $\dfrac{800L}{1min} \times \dfrac{1m^3}{1000L} \times \dfrac{1min}{60sec} = \dfrac{800\,m^3}{1000 \times 60sec} = m^3/sec$

　＊수치를 여기에서 계산하면 매우 복잡하므로, 펌프 동력 공식에 "1000×60"을 분모에 그대로 반영하면 변경된 단위(m³/s)로 적용된다.
 • 효율(η_p) = 65% = 퍼센트의 단위를 제거하면… 0.65가 된다.
 • 전달계수(K) = 1.1

2. 필요한 전동기의 최소 동력(kW, P)

$$P(kW) = \dfrac{50m \times 1000\,kgf/m^3 \times 800\,m^3/sec}{0.65 \times 102 \times 1000 \times 60} \times 1.1 = 11.06\,kW$$

함께공부

1. 펌프 동력(kW)의 계산
   = H(전양정)$[m]$ × γ(물 비중량)$[1000\,kgf/m^3]$ × Q(토출량)$[m^3/sec]$ = kW
   = $kgf \cdot m/sec$ (힘×속도=중력단위의 동력) = kW

2. 펌프의 **전달(소요, 모터, 전동기)** 동력(P) ☞ 펌프의 구동에 이용되는 동력
   $$kW = \frac{H \cdot \gamma \cdot Q}{\eta_p(효율) \times 102} \times K \qquad HP = \frac{H \cdot \gamma \cdot Q}{\eta_p(효율) \times 76} \times K \qquad PS = \frac{H \cdot \gamma \cdot Q}{\eta_p(효율) \times 75} \times K$$
   * K(전달계수) ① 전동기 : 1.1 ② 내연기관 : 1.15 ~ 1.2

3. 펌프의 **축동력** ☞ 펌프의 운전에 필요한 실제동력. 따라서 전달계수를 빼고 계산한다.
   $$kW = \frac{H \cdot \gamma \cdot Q}{\eta_p(효율) \times 102} \qquad HP = \frac{H \cdot \gamma \cdot Q}{\eta_p(효율) \times 76} \qquad PS = \frac{H \cdot \gamma \cdot Q}{\eta_p(효율) \times 75}$$

4. 펌프의 **수동력** ☞ 펌프에 의해 **물에 공급**되는 동력(유체에 실제로 주어지는 동력). 따라서 펌프효율은 의미가 없다.
   $$kW = \frac{H \cdot \gamma \cdot Q}{102} \qquad HP = \frac{H \cdot \gamma \cdot Q}{76} \qquad PS = \frac{H \cdot \gamma \cdot Q}{75}$$

5. 단위의 변환
   - 물의 비중량(γ) = $\frac{1000\,kgf/m^3}{102}$ = $\frac{9800\,N/m^3}{102 \times 9.8}$ = $\frac{9800\,N/m^3}{1000}$ = $\frac{\gamma}{1000}$ * $1kgf = 9.8N$
   - 토출량(Q) = $\frac{1m^3}{1sec} \times \frac{60sec}{1min}$ = $60\,[m^3/min]$ → $\frac{60\,[m^3/min]}{1}$ = $\frac{m^3/min}{60}$ = $\frac{Q}{60}$ * 1분을 60으로 나눠주면 1초가 된다.
   - $\therefore P[kW] = \frac{H \cdot \gamma \cdot Q}{1000 \times 60} = \frac{H[m] \times 9800[N/m^3] \times Q[m^3/min]}{1000 \times 60} = 0.163HQ$

계산 없는 단순 암기형 ★★★★★

29. 수평원관 속을 층류 상태로 흐르는 경우 유량에 대한 설명으로 틀린 것은?

① 점성계수에 반비례한다.
② 관의 길이에 반비례한다.
③ 관 지름의 4제곱에 비례한다.
④ 압력강하량에 반비례한다.
　　　　　　　　　비례

수평원관 속을 층류 상태로 흐르는 경우 유량에 대한... 하겐-포아젤 방정식(Hagen-Poiseuille equation)

최대유속 = $\frac{\Delta P \cdot D^2}{16 \cdot \mu \cdot L}$ = $\frac{압력손실(=압력강하) \times 직경(=관경)^2}{16 \times 절대점도(점성계수) \times 배관길이}$ 　　평균유속 = $\frac{\Delta P \cdot D^2}{32 \cdot \mu \cdot L}$

유량 $Q = \frac{\pi \cdot D^2}{4} \times \frac{\Delta P \cdot D^2}{32 \cdot \mu \cdot L} = \frac{\Delta P \cdot \pi \cdot D^4}{128 \cdot \mu \cdot L}$

☞ 유량(Q)은... ④압력강하량(ΔP)에 비례하고, ③관지름의 4제곱(D^4)에 비례한다.
☞ 유량(Q)은... ①점성계수(μ)에 반비례하고, ②관의 길이(L)에 반비례한다.

압력손실(=압력강하) $\Delta P = \frac{Q \cdot 128 \cdot \mu \cdot L}{\pi \cdot D^4}$

손실수두(H) = $\frac{\Delta P}{\gamma}$ 　$\Delta P = \gamma \cdot H$　 $\therefore H = \frac{Q \cdot 128 \cdot \mu \cdot L}{\gamma \cdot \pi \cdot D^4}$

함께공부

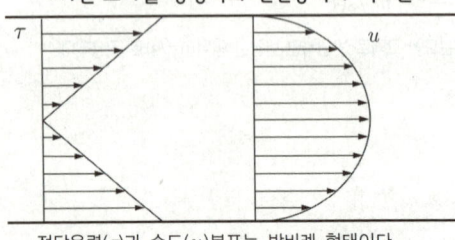

<하겐-포아젤 방정식의 전단응력과 속도분포>

전단응력(τ)과 속도(u)분포는 반비례 형태이다.

전단응력과 속도분포의 관계를 나타내는 하겐-포아젤 방정식 (Hagen-Poiseuille equation)
- 수평인 원형 관속에서 점성유체가 **층류 유동시에만** 적용되는 방정식
- 전단응력은 관 중심에서 "0"이고 반지름에 비례하면서 관벽까지 직선적으로 증가한다.
- 속도분포는 관벽에서 "0"이고 관의 중심에서 최고속도를 나타내는 포물선 형태를 그리면서 증가한다.
- 즉, 전단응력과 속도분포는 반비례 형태이다.
- 유량, 관경, 점성계수(절대점도), 배관길이, 압력강하(=압력손실), 최대유속, 평균유속, 손실수두 등의 관계식

> 전반적으로 쉬운 계산형 ★★

30 부차적 손실계수 K가 2인 관 부속품에서의 손실수두가 2m이라면 이때의 유속은 약 몇 m/s인가?

① 4.43　　② 3.14　　③ 2.21　　④ 2.00

실제 유체는 점성을 가지므로 유체가 유동할 때 배관의 접촉면에 마찰이 발생하고 그에 따라 에너지의 손실이 발생하는데 그 손실이 마찰손실이다.

$$\text{마찰손실}(h_L, m) = \text{주(직관)손실} + \text{부차적(미소)손실}$$

* 주손실 : 직관에서 발생하는 마찰 손실(직선 원관 내의 손실)
* 부차적손실 : 직관 이외에서 발생되는 마찰손실

1. 조건정리
   • 부차적 손실계수(K) = 2　　• 부차적 손실수두(h_L) = 2m　　• 유속(V) = ? m/s
2. 밸브의 부차적 손실수두(h_L) 계산

$$h_L(\text{손실수두}, m) = K\frac{V^2}{2g} = \text{손실계수} \times \frac{\text{유속}^2}{2 \times \text{중력가속도}}$$

$$V^2 = \frac{h_L 2g}{K} \rightarrow V = \sqrt{\frac{h_L 2g}{K}} = \sqrt{\frac{2m \times 2 \times 9.8 m/s^2}{2}} = 4.43 m/s$$

※ 달시-와이스바하 방정식과 비교

$$h_L(m) = f\frac{L}{D}\frac{V^2}{2g} \ast \text{마찰손실수두} = \text{관마찰계수} \times \frac{\text{직관의 길이}}{\text{배관의 직경}} \times \frac{\text{유속}^2}{2 \times \text{중력가속도}} \rightarrow f\frac{L}{D} = K$$

> 계산 없는 단순 암기형 ★★★★★

31 관내에 흐르는 유체의 흐름을 구분하는 데 사용되는 레이놀즈 수의 물리적인 의미는?

① $\dfrac{\text{관성력}}{\text{중력}}$ 　프루드(Froude)수

② $\dfrac{\text{관성력}}{\text{점성력}}$

③ $\dfrac{\text{관성력}}{\text{탄성력}}$ 　코우시(Cauchy)수(코시수)

④ $\dfrac{\text{관성력}}{\text{압축력}}$ 　마하(Mach)수

무차원수(물리적인 양 중에서 차원이 없는 양을 말하는 것으로, 그 물리적인 크기가 단위와는 관계없는 무단위의 수치)

명칭	물리적 의미	의미
레이놀즈(Reynolds)수	$ReNo = \dfrac{\text{관성력}}{\text{점성력}}$	관내 유체의 흐름이 층류인지, 난류인지 구분해주는 정량적 수치
프루드(Froude)수	$Fr = \dfrac{\text{관성력}}{\text{중력}}$	중력의 영향에 따른 유동 형태를 관성력과 상대적으로 판별하는 것으로, 개수로에 있어서 흐름의 속도와 수면상을 전파하는 파도의 속도와의 비
마하(Mach)수	$M = \dfrac{\text{유속}}{\text{음속}} = \dfrac{\text{관성력}}{\text{압축력}}$	항공기, 미사일 등 고속으로 비행하는 물체의 속도를 나타낼 때 사용되는 수치
코우시(Cauchy)수(코시수)	$Ca = \dfrac{\text{관성력}}{\text{탄성력}}$	유체의 압축성을 판단하는 기준으로 사용되는 수치로서, 액체의 탄성을 특징짓는 물리적인 양
웨버(Weber)수	$We = \dfrac{\text{관성력}}{\text{표면장력}}$	표면장력과 비교하여 유체의 상대적인 관성력을 나타내는 수로서, 유체 체계에서 표면 장력에 영향을 미치는 것을 분석하는데 사용된다.
오일러(Euler)수	$Eu = \dfrac{\text{압축력}}{\text{관성력}}$	오리피스 통과시 유동현상, 공동현상(cavitation) 판단 등 유체에 의해 생성되는 관성력과 압축력에 관련된 수치

당이탑! 무차원수 명칭 앞자와 물리적의미 앞자 ➡ 레관점(레고 관점) / 프관중(프랑스 관중) / 마관압(마유음) / 코관탄 / 웨관표 / 오압관

포기해도 되는 계산형 포기해도 합격에 전혀 지장없는 문제

32 그림과 같은 U자관 차압액주계에서 γ_1 = 9.8kN/m³, γ_2 = 133kN/m³, γ_3 = 9.0kN/m³, h_1 = 0.2m, h_3 = 0.1m이고 압력차 $P_A - P_B$ = 30kPa 이다. h_2는 몇 m인가?

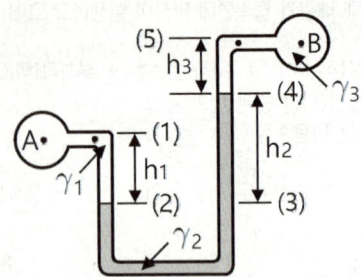

① 0.218 ② 0.226 ③ **0.234** ④ 0.247

본 문제는 이해과정이 복잡한 계산문제로서... 소방설비기사 실기시험에서 등장하지 않는 개념과 문제이므로, 공부하지 않고 **포기하는 것이 더 현명**합니다. 따라서 지면과 노력낭비를 방지하기 위하여 해설이 없습니다.

함께공부

$P_{(2)} = P_{(3)}$ [(2)지점과 (3)지점의 높이가 동일하여 압력(P)도 동일하다] * $P_{(2)} = P_A + \gamma_1 h_1$ * $P_{(3)} = P_B + \gamma_3 h_3 + \gamma_2 h_2$

$P_A + \gamma_1 h_1 = P_B + \gamma_3 h_3 + \gamma_2 h_2$ → $P_A - P_B = \gamma_3 h_3 + \gamma_2 h_2 - \gamma_1 h_1$

$30\,kPa(kN/m^2) = 9.0\,kN/m^3 \times 0.1\,m + 133\,kN/m^3 \times h_2\,[m] - 9.8\,kN/m^3 \times 0.2\,m$ ∴ $h_2[m] = 0.234\,m$

계산 없는 단순 암기형 ★★★★★

33 펌프와 관련된 용어의 설명으로 옳은 것은?

① 캐비테이션 : 송출압력과 송출유량이 주기적으로 변하는 현상
   서징현상(맥동현상)
② 서징 : 액체가 포화 증기압 이하에서 비등하여 기포가 발생하는 현상
   공동현상(캐비테이션)-공기고입현상
③ **수격작용 : 관을 흐르던 물이 갑자기 정지할 때 압력파에 의해 이상음(異常音)이 발생하는 현상**
④ NPSH : 펌프에서 상사법칙을 나타내기 위한 비속도
   펌프의 흡입양정(유효흡입양정과 필요흡입양정)

수격작용(워터 햄머링)은 물의 공격이라는 의미로, **펌프의 급격한 정지 및 밸브의 급격한 폐쇄시** 물의 압력파에 의한 충격파와 이상음(異常音)이 발생하는 현상이다.

함께공부

수격작용(워터 햄머링)
1. 정의
   ① 흐르던 유체가 갑자기 정지하면, 되돌아 나오려는 힘과 계속적으로 흐르는 힘이 맞부딪칠 때 발생하는 **충격파(압력파)**로서 굉음과 커다란 진동을 수반하는 현상
   ② 흐르는 물을 갑자기 정지시킬 때 수압이 급격히 변화하는 현상
   ③ 파이프 속을 유체가 흐를 때 파이프 끝의 밸브를 갑자기 닫으면 유체의 **운동에너지가 압력으로 변환**되면서 밸브 직전에서 높은 압력이 발생하고 상류로 압축파가 전달되는 **수격작용 현상이 발생**한다.
   ④ 관을 흐르던 물이 갑자기 정지할 때 압력파에 의해 **이상음**(異常音)이 발생하는 현상
2. 원인
   ① 펌프의 급격한 정지
   ② 밸브의 급격한 폐쇄
3. 방지책
   ① 밸브를 가능한 펌프 송출구에서 **가깝게 설치**하여, 펌프에서 송출된 물이 충분한 유속이 발생되기 이전에 정지시킨다.
   ② 서지탱크[surge tank, 조압(압력조절)수조](수압조정장치)를 **관로 중간에** 설치한다. 소방적 의미로는 압력챔버[에어(Air)챔버]를 설치하는 것을 말하며, 압력챔버 내의 공기가 수압의 완충작용 역할을 한다.
   ③ 밸브의 조작을 **천천히** 하여, 흐르는 물이 급격하게 정지되지 않도록 한다.

④ 밸브 개폐시간을 가급적 **길게** 하여, 흐르는 물이 급격하게 정지되지 않도록 한다.
⑤ 관경을 **크게**(확대)해서 관 내의 **유속**을 **낮게** 유지해, 압력이 급격히 상승되는 것을 근본적으로 차단한다.
⑥ 펌프의 속도가 급격히 변화하는 것을 방지하기 위해, 펌프에 **플라이휠**(펌프를 정지시켜도 회전 관성력이 유지되도록 하는 바퀴)을 설치해 펌프가 급격하게 멈추는 것을 방지한다.
⑦ **수격방지기**를 설치(유체방향이 변하는 곳)하여 수격작용 발생시 배관을 보호한다.

계산 없는 단순 암기형 ★★★★★

34 베르누이의 정리($\frac{P}{\rho} + \frac{V^2}{2} + gZ$ = constant)가 적용되는 조건이 아닌 것은?

① 압축성의 흐름이다.
  비압축성
② 정상 상태의 흐름이다.
③ 마찰이 없는 흐름이다.
④ 베르누이 정리가 적용되는 임의의 두 점은 같은 유선 상에 있다.

- 베르누이 방정식이란… 유체가 흐름선(유선)을 그리며 흐를 때, 두 지점의 높이[위치수두] 그리고 두 지점에서의 압력[압력수두]과 흐르는 속도[속도수두] 사이의 관계를 두 지점에서 역학적 에너지가 보존됨을 바탕으로 수식으로 나타낸 것.
  유체의 흐름에 **에너지보존의 법칙**을 적용시킨 방정식[오일러의 운동방정식을 **적분**하여 얻은 방정식]
- 베르누이 방정식의 가정조건
  - 정상 상태의 흐름(유동)이다. (**정상류**이다)
  - 점성이 없어(**비점성**), 마찰이 없는 **이상유체**의 흐름이다.
  - 유체입자는 **유선**(흐름선)을 따라 움직인다.(적용되는 임의의 두 점은 **같은 유선상**에 있다)
  - 비압축성 유체(액체)의 흐름이다.
  ※ 정상류 : 임의의 한 점에서 시간(t)의 경과(Δt)에 따라 온도(ΔT), 속도(ΔV), 밀도($\Delta \rho$), 압력(ΔP)이 모두 변하지 않는 (일정한) 유체의 흐름

함께공부

베르누이의 정리

전수두(전양정) = 압력수두 + 속도수두 + 위치수두 = 일정(Constant)

$$H(m) = \frac{P}{\gamma} + \frac{V^2}{2g} + Z = \frac{압력(N/m^2)}{비중량(N/m^3)} + \frac{유속^2(m/\sec)^2}{중력가속도(m/\sec^2)} + 높이(m) = C$$

유체흐름상에 임의의 두 점에서 압력·속도·위치 수두는 각각 다를 수 있으나, 에너지보존의 법칙에 의해 그 **에너지(수두)의 총합은 항상 일정**하다는 방정식이 성립하여 아래식으로 표현할 수 있다.

$$\frac{P_1}{\gamma} + \frac{V_1^2}{2g} + Z_1 = \frac{P_2}{\gamma} + \frac{V_2^2}{2g} + Z_2$$

※ 유속(속도)의 기호를 u나 V 어떤 것을 사용하여도 무방하다.[유속 = 속도 = u = V]

※ $\frac{P}{\rho} + \frac{V^2}{2} + gZ$ 의 식에… 각각 $\frac{1}{g(중력가속도, m/\sec^2)}$ 를 곱해주면, 두 식이 동일함을 알 수 있다.

$\left(\frac{P}{\rho} \times \frac{1}{g}\right) + \left(\frac{V^2}{2} \times \frac{1}{g}\right) + \left(gZ \times \frac{1}{g}\right) = \frac{P}{\gamma} + \frac{V^2}{2g} + Z$ * γ(비중량) = ρ(밀도) × g(중력가속도)

필수이론

베르누이의 정리 → $\frac{P_1}{\gamma} + \frac{V_1^2}{2g} + Z_1 = \frac{P_2}{\gamma} + \frac{V_2^2}{2g} + Z_2$

포기해도 되는 계산형 | 포기해도 합격에 전혀 지장없는 문제

35 그림과 같이 수평과 30° 경사된 폭 50㎝인 수문 AB가 A점에서 힌지(hinge)로 되어있다. 이 문을 열기 위한 최소한의 힘 F(수문에 직각 방향)는 약 몇 kN인가? (단, 수문의 무게는 무시하고, 유체의 비중은 1이다.)

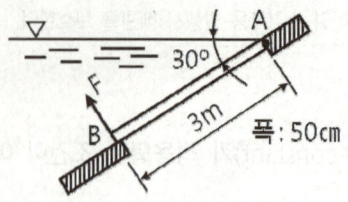

① 11.5　　② 7.35　　③ 5.51　　④ 2.71

본 문제는 이해와 계산과정 모두 매우 복잡한 계산문제로서... 소방설비기사 실기시험에서 등장하지 않는 개념과 문제이므로, 공부하지 않고 **포기**하는 것이 더 **현명**합니다. 따라서 지면과 노력낭비를 방지하기 위하여 해설이 없습니다.

함께공부

1. 경사면에 작용하는 힘

$$F[N, 힘] = \gamma A h = 비중량(N/m^3) \times 면적(m^2) \times 깊이(m) = 9800\,N/m^3 \times (0.5 \times 3)m^2 \times \frac{3m}{2} \times \sin 30 = 11025 N$$

2. 힘의 작용점까지 거리 = $\dfrac{b(폭의 길이) \times H^3(높이)}{12}{y(수문중심까지 경사거리) \times A(수문면적)} + y = \dfrac{\frac{0.5 \times 3^3}{12}}{1.5 \times (0.5 \times 3)} + 1.5 = 2m$

3. B점까지 거리 = 3m

4. B점에서 수문에 직각방향으로 가해야 할 최소 힘(kN)

$$B점의 힘 = \frac{경사면에 작용하는 힘 \times 힘의 작용점까지 거리}{B점까지 거리} = \frac{11025N \times 2m}{3m} = 7350N = 7.35kN$$

계산 없는 단순 암기형 ★★★★★

36 성능이 같은 3대의 펌프를 병렬로 연결하였을 경우 양정과 유량은 얼마인가? (단, 펌프 1대의 유량은 Q, 양정은 H이다.)

① 유량은 3Q, 양정은 H　　② 유량은 3Q, 양정은 3H　　③ 유량은 9Q, 양정은 H　　④ 유량은 9Q, 양정은 3H

- 펌프 3대를 병렬로 연결하였다는 의미는[**병렬운전**]... 펌프 3대에 각각 흡입관 1개씩을(총3개) 연결하여 하나의 수조에서 물을 흡입한다는 의미이다. 그렇게 되면 당연히 유량이 3배로 늘어나기 때문에, **유량3배** = 3Q가 된다.
  하지만, 양정(토출압력)은 전혀 변화가 없다. 따라서 **양정** = 1H가 된다.
- 반대로, 펌프 3대를 직렬로 연결하였다면[**직렬운전**]... 높은 건물의 직상배관에 펌프 3대를 중간 중간 일렬로 배치하여, 아래의 펌프가 올린 물을 이어 받아 다음 펌프가 토출하는 형식이기 때문에, 당연히 양정(토출압력)이 3배로 늘어난다. 따라서 **양정3배** = 3H가 된다.
  하지만, 유량은 전혀 변화가 없다. 따라서 **유량** = 1Q가 된다.

함께공부

1. **직렬연결**(하나의 배관상에 펌프 2대 연결)
   펌프 2대를 직렬 연결시 토출량(유량, Q)은 변하지 않지만 **토출압력(양정, H)은 2배**가 된다. 주로 **높은 건물**에서 활용할 수 있다.
2. **병렬연결**(펌프마다 배관을 연결하여 물을 흡입한 후 다시 하나의 배관으로 합치는 연결)
   펌프 2대를 병렬 연결시 토출압력(양정, H)은 변하지 않지만 **토출량(유량, Q)은 2배**가 된다. 주로 **넓은 건물**에서 활용할 수 있다.
3. 용어의 정의
   - **전양정**(= 총양정 = 양정)의 의미 : 기준에 필요한 압력을 낼 수 있는 값을 높이(m)로 계산한 수치
     * 양정 = 수두 = mH_2O = m
   - **정격토출압력** : 수직으로 물을 올릴 수 있는 능력으로 펌프 몸체에 양정으로 표시된다.
     <예시> 양정 50m이면 정격토출압력은 $5kgf/cm^2(0.5MPa)$가 된다.
   - **정격토출량(유량)** : 시간당 퍼낼 수 있는 물의 양으로서 펌프 몸체에 토출량[ℓ/min(분당 토출량)]으로 표시된다.
     <예시> 옥내소화전 2개에서 소화수를 방사하고 있을 때 법정 토출량은 $2 \times 130\ell/min = 260\ell/min$ 이 된다.

> 전반적으로 쉬운 계산형 ★★

37 수평배관 설비에서 상류지점인 A지점의 배관을 조사해 보니 지름 100mm, 압력 0.45MPa, 평균유속 1m/s 이었다. 또, 하류의 B지점을 조사해 보니 지름 50mm, 압력 0.4MPa이었다면 두 지점 사이의 손실수두는 약 몇 m인가? (단, 배관 내 유체의 비중은 1이다.)

① 4.34 ② 4.95 ③ 5.87 ④ 8.67

[해설]

1. 수정된 베르누이 방정식(베르누이의 실제 적용)

베르누이 방정식은 유체가 점성이 없다고 가정하였으나, 실제 유체는 점성을 가지고 있어 **마찰손실**(H_L)이 발생된다. 이에 따라 마찰손실이 발생된 만큼 베르누이 방정식에 반영하여야 한다.

> 베르누이 방정식 ☞ 전수두(전양정) = 압력수두 + 속도수두 + 위치수두 = 일정(Constant)
>
> $$H(m) = \frac{P}{\gamma} + \frac{V^2}{2g} + Z = \frac{압력(kN/m^2)}{물비중량(9.8kN/m^3)} + \frac{유속^2(m/sec)^2}{2\times중력가속도(9.8m/sec^2)} + 높이(m)$$

> 수정된 베르누이 방정식 ☞ $\frac{P_A}{\gamma} + \frac{V_A^2}{2g} + Z_A = \frac{P_B}{\gamma} + \frac{V_B^2}{2g} + Z_B + H_L$ (두 지점 사이의 마찰손실수두, m)

실제로 A지점과 B지점의 에너지는 A~B 구간에서 발생된 마찰손실(H_L) 때문에 동일하지 않을 것이다. 따라서 A~B 구간에서 발생된 마찰손실(H_L) 만큼 B지점에 더해주어야 A지점과 B지점의 에너지가 동일해질 것이다.

> 즉 문제에서 묻고 있는 "두 지점 사이의 손실수두(m)"는... 상류의 A지점에서 하류의 B지점까지 흐르는 동안의 H_L(마찰손실수두)를 구하는 문제이다. 따라서 아래와 같이 H_L(마찰손실수두) 중심으로 식을 전개한다.

$$H_L = \frac{P_A}{\gamma} - \frac{P_B}{\gamma} + \frac{V_A^2}{2g} - \frac{V_B^2}{2g} + Z_A - Z_B \quad \rightarrow \quad H_L = \frac{P_A - P_B}{\gamma} + \frac{V_A^2 - V_B^2}{2g}$$

*상류의 A지점과 하류의 B지점이 수평배관인 상태이므로 높이가 동일하여... $Z_A = Z_B$ 이므로 소거된다.

2. 유속(V_B)의 계산

물과 같은 비압축성 유체가 A지점에서 B지점으로 정상유동할 때 A지점의 체적[m^3]과 B지점의 체적[m^3]은 언제나 동일하다는 방정식이다. 즉, 관속을 흐르는 물의 유량(Q)은 유입되는 유량(Q_A)과 유출되는 유량(Q_B)이 동일하다는 법칙이 적용된다.

> 문제 조건에서 주어지지 않은 유속을 계산하기 위해... 연속방정식 중 **체적유량**(Q)을 적용해... 유체의 속도(V_B)를 구한다.

$$Q(체적유량, m^3/sec) = A(배관의 단면적, m^2) \times V(유속, m/sec) \quad *A = \frac{\pi \cdot D^2}{4} \quad D=직경(지름)$$

$$Q_A = Q_B$$
$$A_A \cdot V_A = A_B \cdot V_B$$
$$\frac{\pi \times D_A^2}{4} \times V_A = \frac{\pi \times D_B^2}{4} \times V_B$$
$$D_A^2 \times V_A = D_B^2 \times V_B$$

- 1지점 안지름(D_A) = 100mm = 0.1m
- 2지점 노즐직경(D_B) = 50mm = 0.05m
- A지점의 평균유속(V_A) = 1m/s

$$D_A^2 \times V_A = D_B^2 \times V_B \quad \rightarrow \quad V_B = \frac{D_A^2}{D_B^2} V_A = \frac{(0.1m)^2}{(0.05m)^2} \times 1m/s = 4m/s$$

3. A지점에서 B지점까지 흐르는 동안의 손실수두(m)

$$H_L = \frac{P_A - P_B}{\gamma} + \frac{V_A^2 - V_B^2}{2g} = \frac{450 kN/m^2 - 400 kN/m^2}{9.8 kN/m^3} + \frac{(1m/s)^2 - (4m/s)^2}{2 \times 9.8 m/s^2} = 4.34 m$$

- A지점 압력(P_A) = 0.45 MPa = 450 kPa(=kN/m²)   *1000kPa = 1MPa
- B지점 압력(P_B) = 0.4 MPa = 400 kPa(=kN/m²)
- 물 비중량(γ) = 1000 kgf/m^3 = 9800 N/m^3 = 9.8 kN/m^3 *1kgf = 9.8N   *1000N = 1kN

포기해도 되는 계산형 ★ 포기해도 합격에 전혀 지장없는 문제

38 원관 속을 층류상태로 흐르는 유체의 속도분포가 다음과 같을 때 관벽에서 30mm 떨어진 곳에서 유체의 속도기울기(속도구배)는 약 몇 s^{-1} 인가?

$$u = 3y^{\frac{1}{2}}$$
- u : 유속(m/s)
- y : 관벽으로부터의 거리(m)

① 0.87   ② 2.74   ③ 8.66   ④ 27.4

본 문제는 소방설비기사 실기시험에서 등장하지 않는 개념과 문제이므로, 공부하지 않고 **포기하는 것이 더 현명**합니다. 따라서 지면과 노력낭비를 방지하기 위하여 해설이 없습니다.

함께공부

전단응력$[\tau] = \mu \dfrac{du}{dy}$ → 속도구배 $\dfrac{du}{dy} = \dfrac{d}{dy} \times (3y^{\frac{1}{2}})$ → 미분후… $\dfrac{du}{dy} = 3 \times \dfrac{1}{2} \times y^{-\frac{1}{2}} = 3 \times \dfrac{1}{2} \times 0.03^{-\frac{1}{2}} = 8.66$

전반적으로 쉬운 계산형 ★★

39 대기의 압력이 106kPa이라면 게이지 압력이 1226kPa인 용기에서 절대압력은 몇 kPa인가?

① 1120   ② 1125   ③ 1327   ④ **1332**

절대압력은 완전진공을 기준으로 하여 측정한 실제압력이며, 대기압을 고려한(계산한) 압력을 말한다. 따라서 문제 조건상 용기의 절대압력은… 용기내 게이지 압력에… 용기밖 대기의 압력을 합한 압력이… 그 용기의 실제압력인 절대압력에 해당한다.

대기압력 106kPa + 게이지압력 1226kPa = 절대압력 1332kPa

함께공부

절대압, 게이지압, 진공압의 구분

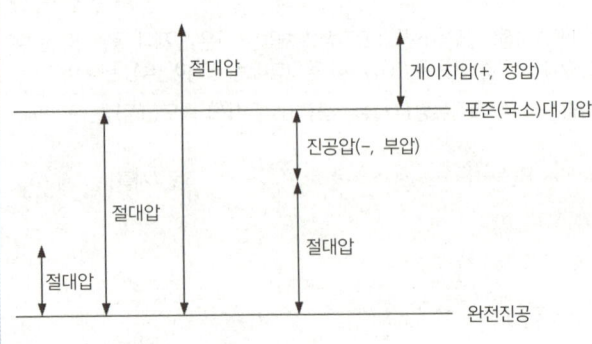

- **절대압력**
  - 완전진공을 기준으로 하여 측정한 압력
  - 완전진공(기압계 "0")으로부터 측정한 실제압력
  - 대기압을 고려한(계산한) 압력
- **게이지(계기)압력**
  - 대기압을 "0"으로 본 압력
  - 완전진공에서 대기압까지를 "0"으로 보고 대기압보다 높은 압력을 측정한 압력
  - 국소대기압을 기준으로 한 압력으로 압력계가 지시하는 압력 [정압, (+)압력]
- **진공압력**
  - 대기압보다 작은(낮은) 압력
  - 진공계가 지시하는 압력 [부압, (-)압력]

전반적으로 쉬운 계산형 ★★

40 표면온도 15℃, 방사율 0.85인 40cm×50cm 직사각형 나무판의 한쪽 면으로부터 방사되는 복사열은 약 몇 W인가? (단 스테판-볼츠만 상수는 5.67×10^{-8} W/m²·K⁴ 이다.)

① 12   ② **66**   ③ 78   ④ 521

물질의 표면에서 방사되는 복사에너지(열복사량=발열량)는 **스테판-볼츠만 법칙**(stefan-boltzmann's)의 아래식에 의해 계산된다.
$$Q(복사에너지, 복사열량)[W] = \sigma \varepsilon A T^4$$

1. 조건정리
   - σ[스테판-볼츠만 상수(시그마)] ⇨ $\sigma = 5.67 \times 10^{-8}$ [W/m²K⁴]
   - ε[표면 방(복)사율(입실론)] : 표면특성에 따라 0~1사이의 방사율(복사율)을 가진다. ⇨ $\varepsilon = 0.85$
   - A[수열면적] : 복사를 받는 물체의 수열면적[m²] ⇨ $0.4m \times 0.5m = 0.2m²$
   - T^4[표면 절대온도, K(켈빈)] ⇨ $15℃ + 273 = 288^4$[K]

2. 직사각형 나무판의 한쪽 면으로부터 방사되는 복사열(W) 계산
$$Q[W] = \sigma \varepsilon A T^4 = 5.67 \times 10^{-8} \times 0.85 \times 0.2 \times 288^4 = 66.31W$$

3과목 소방관계법규

단어가 답인 문제

41 소방시설공사업법령상 소방시설업의 감독을 위하여 필요할 때에 소방시설업자나 관계인에게 필요한 보고나 자료 제출을 명할 수 있는 사람이 아닌 것은?
① 시·도지사　　② 119안전센터장　　③ 소방서장　　④ 소방본부장

시·도지사, 소방본부장 또는 소방서장은 소방시설업의 감독을 위하여 필요할 때에는 소방시설업자나 관계인에게 **필요한 보고나 자료 제출을 명할 수 있고**, 관계 공무원으로 하여금 소방시설업체나 특정소방대상물에 출입하여 관계 서류와 시설 등을 검사하거나 소방시설업자 및 관계인에게 질문하게 할 수 있다.

문장이 답인 문제

42 소방시설공사업법령상 소방시설업자가 소방시설공사 등을 맡긴 특정소방대상물의 관계인에게 지체 없이 그 사실을 알려야 하는 경우가 아닌 것은?
① 소방시설업자의 지위를 승계한 경우
② 소방시설업의 등록취소처분 또는 영업정지처분을 받은 경우
③ 휴업하거나 폐업한 경우
④ **소방시설업의 주소지가 변경된 경우**

소방시설업자는 다음의 어느 하나에 해당하는 경우에는 소방시설공사 등을 맡긴 특정소방대상물의 **관계인에게 지체 없이 그 사실을 알려야 한다.**
1. 소방시설업자의 **지위를 승계**한 경우
2. 소방시설업의 **등록취소처분** 또는 **영업정지처분**을 받은 경우
3. **휴업**하거나 **폐업**한 경우

단어가 답인 문제 ★

43 소방기본법령상 이웃하는 다른 시·도지사와 소방업무에 관하여 시·도지사가 체결할 상호응원협정 사항이 아닌 것은?
① 화재조사 활동　　　　　　　② 응원출동의 요청 방법
③ **소방교육 및 응원출동 훈련**　　④ 응원출동대상지역 및 규모

시·도간 소방업무의 **상호응원협정**을 체결하고자 하는 때, **포함되어야 하는 사항**
1. 소방활동에 관한 사항 → 화재의 경계·진압활동 / 구조·구급업무의 지원 / 화재조사활동
2. 응원출동대상지역 및 규모 / 응원출동의 요청방법 / 응원출동훈련 및 평가
3. 소요경비의 부담에 관한 사항 → 출동대원의 수당·식사 및 의복의 수선 / 소방장비 및 기구의 정비와 연료의 보급
※ **소방본부장이나 소방서장은**… 소방활동을 할 때에 긴급한 경우에는 이웃한 소방본부장 또는 소방서장에게 소방업무의 응원을 요청할 수 있다. (소방대장의 권한이 아닌, 소방본부장이나 소방서장의 권한임)

일반적인 **소방교육은**… 타시도를 도와줘야(응원) 할 만큼 긴급할 때 하는 것이 아니라, **평소**에 하는 것이다.

44 소방시설 설치 및 관리에 관한 법령상 소방시설의 종류에 대한 설명으로 옳은 것은?

① 소화기구, 옥외소화전설비는 소화설비에 해당된다.　② 유도등, 비상조명등은 경보설비에 해당된다.
　　피난구조설비
③ 소화수조, 저수조는 소화활동설비에 해당된다.　④ 연결송수관설비는 소화용수설비에 해당된다.
　　　　　　　　　소화용수설비　　　　　　　　　　　　　　　　　　소화활동설비

소방시설의 종류
1. **소화설비** : 물 또는 그 밖의 소화약제를 사용하여 소화하는 기계·기구 또는 설비
   ①소화기구 / ②자동소화장치 / ③옥내소화전설비 / ④스프링클러설비 / ⑤간이스프링클러설비 / ⑥화재조기진압용스프링클러설비 / ⑦물분무소화설비 / ⑧미분무소화설비 / ⑨포소화설비 / ⑩이산화탄소소화설비 / ⑪할론소화설비 / ⑫할로겐화합물 및 불활성기체 소화설비 / ⑬분말소화설비 / ⑭강화액소화설비 / ⑮고체에어로졸소화설비 / ⑯옥외소화전설비
2. **경보설비** : 화재발생 사실을 통보하는 기계·기구 또는 설비
   ①단독경보형 감지기 / ②비상경보설비 / ③시각경보기 / ④자동화재탐지설비 / ⑤비상방송설비 / ⑥자동화재속보설비 / ⑦통합감시시설 / ⑧누전경보기 / ⑨가스누설경보기 / ⑩화재알림설비
3. **피난구조설비** : 화재가 발생할 경우 피난하기 위하여 사용하는 기구 또는 설비
   ①피난기구 / ②인명구조기구 / ③유도등(유도표지) / ④비상조명등 및 휴대용비상조명등
4. **소화용수설비** : 화재를 진압하는 데 필요한 물을 공급하거나 저장하는 설비
   ①상수도소화용수설비 / ②소화수조·저수조
5. **소화활동설비** : 화재를 진압하거나 인명구조활동을 위하여 사용하는 설비
   ①제연설비 / ②연결송수관설비 / ③연결살수설비 / ④비상콘센트설비 / ⑤무선통신보조설비 / ⑥연소방지설비

함께공부
- **소화기구**
  - **소화기** : 소화약제를 압력에 따라 방사하는 기구로서, 사람이 수동으로 조작하여 소화약제를 방사하여 소화하는 것 (소형소화기, 대형소화기)
  - **간이소화용구** : 에어로졸식·투척용 소화용구 및 팽창질석·팽창진주암·마른모래 등의 간이소화용구
  - **자동확산소화기** : 화재를 감지하여 자동으로 소화약제를 방출 확산시켜 국소적으로 소화하는 소화기
- **옥외소화전설비** : 화재발생시 옥외에 설치된 옥외소화전함을 개방한 후, 호스와 노즐을 꺼내어 주변에 설치된 방수구와 연결해 호스를 전개한 후, 옥외소화전 전용렌치로 소화전을 개방하여 방사하는 형태의 수동식 수계소화설비로서, 저층부(1, 2층) 옥외화재 진압활동용 소화설비이자 주변확대방지용 방호설비 등으로 사용된다.
- **유도등** : 화재발생시 건물 밖으로 긴급대피를 유도하기 위해 사용되는 등
- **비상조명등** : 화재발생 등에 따른 정전시에, 안전하고 원활한 피난활동을 할 수 있도록 거실 및 피난통로 등에 설치되어 자동 점등되는 조명장치
- **소화수조·저수조** : 소방대가 화재진압시 사용하는 소방용수가 담긴 수조로서, 소화에 필요한 물을 항시 채워두는 것
- **연결송수관설비** : 소방차에서 연결송수관 송수구에 물을 공급하면 그 공급된 물을, 연결송수관설비 방수구에 호스를 연결하여 옥내소화전처럼 사용하는 소방대 전용 설비로써, 고층부 화재진압에 효과적인 본격 화재진압설비

45 소방시설 설치 및 관리에 관한 법령상 특정소방대상물의 소방시설 설치의 면제기준에 따라 연결살수설비를 설치면제 받을 수 있는 경우는?

① 송수구를 부설한 간이스프링클러설비를 설치하였을 때
② 송수구를 부설한 옥내소화전설비를 설치하였을 때
③ 송수구를 부설한 옥외소화전설비를 설치하였을 때
④ 송수구를 부설한 연결송수관설비를 설치하였을 때

특정소방대상물의 소방시설 설치의 면제 기준

설치가 면제되는 소방시설	설치가 면제되는 기준
연결살수설비	• 연결살수설비를 설치해야 하는 특정소방대상물에 **송수구를 부설한 스프링클러설비, 간이스프링클러설비, 물분무소화설비 또는 미분무소화설비**를 화재안전기준에 적합하게 설치한 경우에는 그 설비의 유효범위에서 설치가 면제된다. • 가스 관계 법령에 따라 설치되는 물분무장치 등에 소방대가 사용할 수 있는 연결송수구가 설치되거나 물분무장치 등에 6시간 이상 공급할 수 있는 수원이 확보된 경우에는 설치가 면제된다.

> **함께 공부**
> - **연결살수설비** : 소방대의 진입이 곤란한 지하등의 장소(부분)에, 소방차에서 송수구에 물을 공급하면, 그 공급된 물이 헤드를 통하여 방수되어 화재를 진압하는 설비
> - **송수구** : 소화용수를 보급하기 위하여 건물 외벽 또는 구조물의 외벽에 설치하는 배관과 연결된 구멍
> - **간이 스프링클러설비** : 간이스프링클러설비는 스프링클러설비의 간소화 설비로서 다중이용업소 등 비교적 작은 특정소방대상물에 설치되는 자동식 소화설비이다.
> - **옥내소화전설비** : 화재발생시 옥내소화전함을 개방하여 방수구와 연결된 호스를 전개한 후 앵글밸브를 개방하고, 화점을 향해 노즐을 개방하여 방사하는 형태의 수동식 수계소화설비
> - **옥외소화전설비** : 화재발생시 옥외에 설치된 옥외소화전함을 개방한 후, 호스와 노즐을 꺼내어 주변에 설치된 방수구와 연결해 호스를 전개한 후, 옥외소화전 전용렌치로 소화전을 개방하여 방사하는 형태의 수동식 수계소화설비로서, 저층부(1, 2층) 옥외화재 진압활동용 소화설비이자 주변확대방지용 방호설비 등으로 사용된다.
> - **연결송수관설비** : 소방차에서 연결송수관 송수구에 물을 공급하면 그 공급된 물을, 연결송수관설비 방수구에 호스를 연결하여 옥내소화전처럼 사용하는 소방대 전용 설비로써, 고층부 화재진압에 효과적인 본격 화재진압설비

숫자가 답인 문제

46 위험물안전관리법령상 위험물 및 지정수량에 대한 기준 중 다음 ( ) 안에 알맞은 것은?

> 금속분이라 함은 알칼리금속, 알칼리토류금속·철 및 마그네슘외의 금속의 분말을 말하고, 구리분·니켈분 및 (㉠)마이크로미터의 체를 통과하는 것이 (㉡)중량퍼센트 미만인 것은 제외한다.

① ㉠ 150, ㉡ 50 ② ㉠ 53, ㉡ 50 ③ ㉠ 50, ㉡ 150 ④ ㉠ 50, ㉡ 53

제2류 위험물 ⇨ 가연성 고체[일반 환원성 가연물] 일반적으로 불에 타는 가연성고체 물질 등이 해당된다.

위험물	특징	암기법	종류[대분류]		
제2류	가연성 고체	유황적 철마금 인	유황(황)[S], 황화린(인), 적린(인)[P] / 철분, 마그네슘, 금속분류 / 인화성고체
지정수량		유황적백 오백철마금 인천	위험등급Ⅱ 지정수량 100kg / 위험등급Ⅲ 지정수량 500kg / Ⅲ 지정수량 1000kg

※ **금속분** : 알칼리금속·알칼리토류금속·철 및 마그네슘외의 금속의 분말을 말하고, 구리분·니켈분 및 **150마이크로미터**의 체를 통과하는 것이 **50중량퍼센트 미만**인 것은 제외한다.

문장이 답인 문제 ★

47 위험물안전관리법령상 제조소등의 관계인은 위험물의 안전관리에 관한 직무를 수행하게 하기 위하여 제조소등마다 위험물의 취급에 관한 자격이 있는 자를 위험물안전관리자로 선임하여야 한다. 이 경우 제조소등의 관계인이 지켜야 할 기준으로 틀린 것은?

① 제조소등의 관계인은 안전관리자를 해임하거나 안전관리자가 퇴직한 때에는 해임하거나 퇴직한 날부터 15일 이내에 다시 안전관리자를 선임하여야한다. → 30일
② 제조소등의 관계인이 안전관리자를 선임한 경우에는 선임한 날부터 14일 이내에 소방본부장 또는 소방서장에게 신고하여야 한다.
③ 제조소등의 관계인은 안전관리자가 여행·질병 그 밖의 사유로 인하여 일시적으로 직무를 수행할 수 없는 경우에는 국가기술자격법에 따른 위험물의 취급에 관한 자격취득자 또는 위험물 안전에 관한 기본지식과 경험이 있는 자를 대리자로 지정하여 그 직무를 대행하게 하여야 한다. 이 경우 대행하는 기간은 30일을 초과할 수 없다.
④ 안전관리자는 위험물을 취급하는 작업을 하는 때에는 작업자에게 안전관리에 관한 필요한 지시를 하는 등 위험물의 취급에 관한 안전관리와 감독을 하여야 하고, 제조소등의 관계인은 안전관리자의 위험물안전관리에 관한 의견을 존중하고 그 권고에 따라야 한다.

- **제조소등의 관계인**은 위험물의 안전관리에 관한 직무를 수행하게 하기 위하여 제조소등마다 대통령령이 정하는 위험물의 취급에 관한 자격이 있는 자(이하 "**위험물취급자격자**"라 한다)를 **위험물안전관리자**(이하 "안전관리자"라 한다)로 **선임하여야 한다**.
- 안전관리자를 선임한 제조소등의 관계인은... 그 안전관리자를 **해임하거나 안전관리자가 퇴직한 때에는**
  → 해임하거나 퇴직한 **날부터 30일 이내**에 다시 안전관리자를 **선임하여야 한다**.

단어가 답인 문제
48 소방시설공사업법령상 감리업자는 소방시설공사가 설계도서 또는 화재안전기준에 적합하지 아니한 때에는 가장 먼저 누구에게 알려야 하는가?
① 감리업체 대표자　　② 시공자　　③ 관계인　　④ 소방서장

감리업자는 감리를 할 때 소방시설공사가 설계도서나 화재안전기준에 맞지 아니할 때에는 관계인에게 알리고, 공사업자에게 그 공사의 시정 또는 보완 등을 요구하여야 한다.

문장이 답인 문제 ★
49 화재의 예방 및 안전관리에 관한 법령에 따라 2급 소방안전관리대상물의 소방안전관리자 선임 기준으로 틀린 것은?
① 소방청장이 실시하는 2급 소방안전관리대상물의 소방안전관리에 관한 시험에 합격한 사람
② 소방공무원으로 3년 이상 근무한 경력이 있는 사람으로서 2급 소방안전관리자 자격증을 발급받은 사람
③ 의용소방대원으로 5년 이상 근무한 경력이 있는 사람으로서 2급 소방안전관리자 자격증을 발급받은 사람
④ 위험물산업기사 자격이 있는 사람으로서 2급 소방안전관리자 자격증을 발급받은 사람

2급 소방안전관리대상물에 선임해야 하는 소방안전관리자의 자격
다음의 어느 하나에 해당하는 사람으로서 2급 소방안전관리자 자격증을 발급받은 사람
1. **위험물기능장·위험물산업기사 또는 위험물기능사 자격**이 있는 사람
2. **소방공무원으로 3년** 이상 근무한 경력이 있는 사람
3. **소방청장이** 실시하는 2급 소방안전관리대상물의 소방안전관리에 관한 **시험에 합격**한 사람
4. **기업활동 규제완화에 관한 특별조치법**에 따라 소방안전관리자로 선임된 사람(소방안전관리자로 선임된 기간으로 한정)
※ 특급 소방안전관리대상물 또는 1급 소방안전관리대상물의 소방안전관리자 자격증을 발급받은 사람

단어가 답인 문제 ★
50 위험물안전관리 법령상 옥내주유취급소에 있어서 당해 사무소 등의 출입구 및 피난구와 당해 피난구로 통하는 통로·계단 및 출입구에 설치해야 하는 피난설비는?
① 유도등　　② 구조대　　③ 피난사다리　　④ 완강기

위험물안전관리법 시행규칙에 따른 **피난설비** 설치기준
1. **주유취급소** 중 건축물의 2층 이상의 부분을 점포·휴게음식점 또는 전시장의 용도로 사용하는 것에 있어서는 당해 건축물의 2층 이상으로부터 주유취급소의 부지 밖으로 통하는 출입구와 당해 출입구로 통하는 통로·계단 및 출입구에 **유도등을 설치**하여야 한다.
2. **옥내주유취급소**에 있어서는 당해 사무소 등의 출입구 및 피난구와 당해 피난구로 통하는 통로·계단 및 출입구에 **유도등을 설치**하여야 한다.
3. 유도등에는 비상전원을 설치하여야 한다.

함께 공부
- **유도등** : 화재발생시 건물 밖으로 긴급대피를 유도하기 위해 사용되는 등
- **구조대** : 포지 등을 사용하여 자루형태로 만든 것으로서 화재시 사용자가 그 내부에 들어가서 내려옴으로써 대피할 수 있는 것
- **피난사다리** : 화재시 긴급대피에 사용하는 사다리
- **완강기** : 창문이나 발코니 등의 외부로 통하는 개구부 부근에 설치되며, 사용자의 몸무게에 따라 하강속도를 자동적으로 조절[**속도조절기(조속기)**]하면서 내려오는 하강로프장치 피난기구이다. 사용자의 가슴에 안전벨트를 조여 착용하며, 사용자가 교대하여 연속적으로 사용할 수 있다.

문장이 답인 문제 ★
51 소방시설공사업법령상 소방시설업 등록의 결격사유에 해당되지 않는 법인은?
① 법인의 대표자가 피성년후견인인 경우
② 법인의 임원이 피성년후견인인 경우
③ 법인의 대표자가 소방시설공사업법에 따라 소방시설업 등록이 취소된 지 2년이 지나지 아니한 자인 경우
④ 법인의 임원이 소방시설공사업법에 따라 소방시설업 등록이 취소된 지 2년이 지나지 아니한 자인 경우

소방시설업 등록의 결격사유
1. 피성년후견인 [법인의 대표자만 해당]
2. 소방관계법규에 따른 금고 이상의 형의 집행유예를 선고받고 그 유예기간 중에 있는 사람 [법인의 대표자와 임원 모두 해당]
3. 등록하려는 소방시설업 등록이 취소된 날부터 2년이 지나지 아니한 자 [법인의 대표자와 임원 모두 해당]
4. 소방관계법규에 따른 금고 이상의 실형을 선고받고 그 집행이 끝나거나 면제된 날부터 2년이 지나지 아니한 사람
   [법인의 대표자와 임원 모두 해당]
5. 법인의 대표자가… 위1. ~ 4.까지의 규정에 해당하는 경우 그 법인
6. 법인의 임원이…… 위2. ~ 4.까지의 규정에 해당하는 경우 그 법인

함께공부
- **피성년후견인** : 질병, 장애, 노령, 그 밖의 사유로 인한 정신적 제약으로 사무를 처리할 능력이 지속적으로 결여된 사람으로서 일정한 자의 청구에 의하여 가정법원으로부터 성년후견(성인에 대해 후견인을 선임하는 제도) 개시의 심판을 받은 자
- **소방관계법규**[5분법] : [1분법]소방기본법, [2분법]화재의 예방 및 안전관리에 관한 법(화재예방법), [3분법]소방시설 설치 및 관리에 관한 법(소방시설법), [4분법]소방시설공사업법, [5분법]위험물안전관리법

단어가 답인 문제 ★

52 화재의 예방 및 안전관리에 관한 법령상 화재가 발생할 우려가 크거나 화재가 발생할 경우 그로 인하여 피해가 클 것으로 예상되는 지역을 화재예방강화지구로 지정할 수 있는 자는?
① 한국소방안전원장   ② 소방시설관리사   ③ 소방본부장   ④ **시·도지사**

화재예방강화지구 : 특별시장·광역시장·특별자치시장·도지사 또는 특별자치도지사(이하 "**시·도지사**"라 한다)가 화재발생 우려가 크거나 화재가 발생할 경우 피해가 클 것으로 예상되는 지역에 대하여 화재의 예방 및 안전관리를 강화하기 위해 지정·관리하는 지역을 말한다.

문장이 답인 문제 ★★★

53 소방시설 설치 및 관리에 관한 법령상 건축허가 등을 할 때 미리 소방본부장 또는 소방서장의 동의를 받아야 하는 건축물 등의 범위가 아닌 것은?
① 연면적 200㎡ 이상인 노유자시설 및 수련시설
② 항공기격납고, 관망탑
③ 차고·주차장으로 사용되는 바닥면적이 100㎡ 이상인 층이 있는 건축물   200㎡
④ 지하층 또는 무창층이 있는 건축물로서 바닥면적이 150㎡ 이상인 층이 있는 것

건축허가등을 할 때 미리 소방본부장 또는 소방서장의 동의를 받아야 하는 건축물 등의 범위
1. **연면적이 400제곱미터 이상인 건축물이나 시설**
   다만, 다음의 어느 하나에 해당하는 건축물이나 시설은 **예외적으로** 해당 시설에서 정한 기준 이상인 건축물이나 시설로 한다.
   - 건축등을 하려는 학교시설 : 100제곱미터
   - **노유자시설** 및 **수련시설** : 200제곱미터 → ①
   - **정신의료기관**(입원실이 없는 정신건강의학과 의원은 제외) : 300제곱미터
   - 장애인 의료재활시설(이하 "의료재활시설"이라 한다) : 300제곱미터
2. **지하층** 또는 **무창층**이 있는 건축물로서 바닥면적이 150제곱미터(공연장의 경우에는 100제곱미터) 이상인 층이 있는 것 → ④
3. **차고·주차장**으로 사용되는 바닥면적이 200제곱미터 이상인 층이 있는 건축물이나 주차시설 → ③
4. **층수가 6층 이상인 건축물**
5. **항공기 격납고, 관망탑**, 항공관제탑, 방송용 송수신탑 → ②

함께공부

건축허가등의 권한이 있는 행정기관이, 소방본부장이나 소방서장에게 건축허가등의 동의를 받는다.
① 건축물 등의 신축·증축·개축·재축·이전·용도변경 또는 대수선의 허가·협의 및 사용승인(건축허가등)의 권한이 있는 행정기관은 건축허가등을 할 때 미리 그 건축물 등의 시공지 또는 소재지를 관할하는 소방본부장이나 소방서장의 동의를 받아야 한다.
② 건축물 등의 증축·개축·재축·용도변경 또는 대수선의 신고를 수리할 권한이 있는 행정기관은 그 신고를 수리하면 그 건축물 등의 시공지 또는 소재지를 관할하는 소방본부장이나 소방서장에게 지체 없이 그 사실을 알려야 한다.

문장이 답인 문제 ★

54 소방시설 설치 및 관리에 관한 법령상 특정소방대상물의 수용인원 산정방법으로 옳은 것은?

① 침대가 없는 숙박시설은 해당 특정소방대상물의 종사자 수에 숙박시설 바닥면적의 합계를 ~~4.6㎡~~ 로 나누어 얻은 수를 합한 수로 한다. 3㎡
② 강의실로 쓰이는 특정소방대상물은 해당 용도로 사용하는 바닥면적의 합계를 ~~4.6㎡~~ 로 나누어 얻은 수로 한다. 1.9㎡
③ 관람석이 없을 경우 강당, 문화 및 집회시설, 운동시설, 종교시설은 해당 용도로 사용하는 바닥면적의 합계를 4.6㎡로 나누어 얻은 수로 한다.
④ 백화점은 해당 용도로 사용하는 바닥면적의 합계를 ~~4.6㎡~~ 로 나누어 얻은 수로 한다. 3㎡

> ① 침대가 없는 숙박시설 → 해당 특정소방대상물의 종사자 수에 숙박시설 바닥면적의 합계를 **3㎡**로 나누어 얻은 수를 합한 수
> ② 강의실·교무실·상담실·실습실·휴게실 용도 → 해당 용도로 사용하는 바닥면적의 합계를 **1.9㎡**로 나누어 얻은 수
> ③ 강당, 문화 및 집회시설, 운동시설, 종교시설 → 해당 용도로 사용하는 바닥면적의 합계를 **4.6㎡**로 나누어 얻은 수
> (관람석이 있는 경우 고정식 의자를 설치한 부분은 그 부분의 **의자 수**로 하고, 긴 의자의 경우에는 의자의 정면너비를 **0.45m**로 나누어 얻은 수로 한다)
> ④ 그 밖의 특정소방대상물(백화점은 그 밖의 것에 해당) → 해당 용도로 사용하는 바닥면적의 합계를 **3㎡**로 나누어 얻은 수

문장이 답인 문제 ★

55 화재의 예방 및 안전관리에 관한 법령상 일반음식점 주방에서 음식조리를 위해 불을 사용하는 설비를 설치하는 경우 지켜야 하는 사항으로 틀린 것은?

① 주방시설에는 동물 또는 식물의 기름을 제거할 수 있는 필터 등을 설치할 것
② 열을 발생하는 조리기구는 반자 또는 선반으로부터 0.6미터 이상 떨어지게 할 것
③ 주방설비에 부속된 배출덕트는 ~~0.2밀리미터~~ 이상의 아연도금강판으로 설치할 것 0.5밀리미터
④ 열을 발생하는 조리기구로부터 0.15미터 이내의 거리에 있는 가연성 주요구조부는 단열성이 있는 불연재료로 덮어 씌울 것

> 보일러 등의 설비 또는 기구 등의 위치·구조 및 관리와 화재예방을 위하여 불을 사용할 때 지켜야 하는 사항 중 일반음식점 주방에서 조리를 위하여 불을 사용하는 설비를 설치하는 경우
> ① 주방시설에는 동물 또는 식물의 기름을 제거할 수 있는 필터 등을 설치할 것
> ② 열을 발생하는 조리기구는 반자 또는 선반으로부터 0.6미터 이상 떨어지게 할 것
> ③ 주방설비에 부속된 **배출덕트**(공기 배출통로)는 **0.5밀리미터 이상의 아연도금강판** 또는 이와 같거나 그 이상의 내식성 불연재료로 설치할 것
> ④ 열을 발생하는 **조리기구**로부터 **0.15미터 이내의 거리**에 있는 가연성 주요구조부는 단열성이 있는 **불연재료**로 덮어 씌울 것

> 🎯 배출덕트의 강판은 0.5mm [1mm의 절반] / 조리기구 15cm(=0.15m) 이내 [30cm자의 절반] 불연재료

문장이 답인 문제 ★

56 소방기본법령상 소방업무의 응원에 대한 설명 중 틀린 것은?

① 소방본부장이나 소방서장은 소방 활동을 할 때에 긴급한 경우에는 이웃한 소방본부장 또는 소방서장에게 소방업무의 응원을 요청할 수 있다.
② 소방업무의 응원 요청을 받은 소방본부장 또는 소방서장은 정당한 사유 없이 그 요청을 거절하여서는 아니 된다.
③ 소방업무의 응원을 위하여 파견된 소방대원은 응원을 요청한 소방본부장 또는 소방서장의 지휘에 따라야 한다.
④ 시·도지사는 소방업무의 응원을 요청하는 경우를 대비하여 출동 대상지역 및 규모와 필요한 경비의 부담 등에 관하여 필요한 사항을 ~~대통령령~~으로 정하는 바에 따라 이웃하는 시·도지사와 협의하여 미리 규약으로 정하여야 한다. 행정안전부령

> **소방본부장이나 소방서장은**... 소방활동을 할 때에 긴급한 경우에는 이웃한 소방본부장 또는 소방서장에게 소방업무의 응원을 요청할 수 있다. (소방대장의 권한이 아닌, 소방본부장이나 소방서장의 권한임)
> **시·도지사는**... 소방업무의 응원을 요청하는 경우를 대비하여, 출동 대상지역 및 규모와 필요한 경비의 부담 등에 관하여 필요한 사항
> → **행정안전부령**으로 정하는 바에 따라 이웃하는 시·도지사와 협의하여 미리 규약으로 정하여야 한다.

> 🎯 돈(경비부담)에 관한 협의는 행정이니까... 시·도지사가... 행안부령으로...(대통령령으로 하기에는 쪼잔...?)

문장이 답인 문제 ★

57 소방시설공사업법령상 소방공사감리업을 등록한 자가 수행하여야 할 업무가 아닌 것은?

① 완공된 소방시설 등의 성능시험
② 소방시설 등 설계 변경 사항의 적합성 검토
③ 소방시설 등의 설치계획표의 적법성 검토
④ 소방용품 형식승인 및 제품검사의 기술기준에 대한 적합성 검토

소방공사감리업을 등록한 자(이하 "감리업자"라 한다)는 **소방공사를 감리할 때** 다음의 업무를 수행하여야 한다.
1. 소방시설등의 **설치계획표**의 **적법성** 검토
2. 소방시설등 **설계도서**의 **적합성**(적법성과 기술상의 합리성을 말한다) 검토
3. 소방시설등 **설계 변경 사항**의 적합성 검토
4. **소방용품의 위치·규격 및 사용 자재의 적합성 검토**
5. 공사업자가 한 소방시설등의 **시공이 설계도서와 화재안전기준에 맞는지**에 대한 지도·감독
6. 완공된 소방시설 등의 성능시험
7. 공사업자가 작성한 시공 상세 **도면의 적합성** 검토
8. **피난시설 및 방화시설의 적법성** 검토
9. 실내장식물의 불연화와 방염 물품의 적법성 검토

문장이 답인 문제

58 소방시설공사업법령상 소방시설업에 대한 행정처분기준에서 1차 행정처분 사항으로 등록취소에 해당하는 것은?

① 거짓이나 그 밖의 부정한 방법으로 등록한 경우
② 소방시설업자의 지위를 승계한 사실을 소방시설공사 등을 맡긴 특정소방대상물의 관계인에게 통지를 하지 아니한 경우
③ 화재안전기준 등에 적합하게 설계·시공을 하지 아니하거나, 법에 따라 적합하게 감리를 하지 아니한 경우
④ 등록을 한 후 정당한 사유 없이 1년이 지날 때까지 영업을 시작하지 아니하거나 계속하여 1년 이상 휴업한 때

소방시설업에 대한 행정처분 기준

위반사항	행정처분 기준		
	1차	2차	3차
거짓이나 그 밖의 **부정한 방법**으로 등록한 경우	등록취소		
소방시설업자의 **지위를 승계한 사실**을 소방시설공사 등을 맡긴 특정소방대상물의 관계인에게 **통지**를 하지 아니한 경우	경고 (시정명령)	영업정지 1개월	등록취소
화재안전기준 등에 **적합하게 설계·시공**을 하지 아니하거나, 법에 따라 적합하게 **감리를 하지 아니한** 경우	영업정지 1개월	영업정지 3개월	등록취소
등록을 한 후 정당한 사유 없이 **1년이 지날 때까지** 영업을 시작하지 아니하거나 계속하여 **1년 이상 휴업**한 때	경고 (시정명령)	등록취소	

문장이 답인 문제 ★

59 다음 중 소방기본법령상 한국소방안전원의 업무가 아닌 것은?

① 소방기술과 안전관리에 관한 교육 및 조사·연구
② <u>위험물탱크 성능시험</u>
　한국소방산업기술원의 업무
③ 소방기술과 안전관리에 관한 각종 간행물 발간
④ 화재 예방과 안전관리의식 고취를 위한 대국민 홍보

한국소방안전원의 업무
1. 소방기술과 안전관리에 관한 교육 및 조사·연구
2. **소방기술과 안전관리**에 관한 각종 간행물 발간
3. 화재 예방과 안전관리의식 고취를 위한 **대국민 홍보**
4. 소방업무에 관하여 **행정기관이 위탁하는** 업무
5. 소방안전에 관한 **국제협력**
6. 그 밖에 회원에 대한 기술지원 등 정관으로 정하는 사항

60 위험물안전관리법령상 제조소등이 아닌 장소에서 지정수량 이상의 위험물 취급에 대한 설명으로 틀린 것은?

① 임시로 저장 또는 취급하는 장소에서의 저장 또는 취급의 기준은 시·도의 조례로 정한다.
② 필요한 승인을 받아 지정수량 이상의 위험물을 120일 이내의 기간 동안 임시로 저장 또는 취급하는 경우
   90일
   제조소 등이 아닌 장소에서 지정수량 이상의 위험물을 취급할 수 있다.
③ 제조소등이 아닌 장소에서 지정수량 이상의 위험물을 취급할 경우 관할소방서장의 승인을 받아야 한다.
④ 군부대가 지정수량 이상의 위험물을 군사목적으로 임시로 저장 또는 취급하는 경우 제조소등이 아닌 장소에서 지정수량 이상의 위험물을 취급할 수 있다.

1. 지정수량 이상의 위험물을 저장소가 아닌 장소에서 저장하거나 제조소등이 아닌 장소에서 취급하여서는 아니된다.
2. 다음에 해당하는 경우에는 **제조소등이 아닌 장소에서 지정수량 이상의 위험물을 취급할 수 있다.**
   이 경우 임시로 저장 또는 취급하는 장소에서의 저장 또는 취급의 기준과 임시로 저장 또는 취급하는 장소의 위치·구조 및 설비의 **기준은 시·도의 조례로 정한다.**
   • 시·도의 조례가 정하는 바에 따라 **관할소방서장의 승인을 받아** 지정수량 이상의 위험물을 **90일 이내의 기간동안 임시로 저장 또는 취급**하는 경우
   • 군부대가 지정수량 이상의 위험물을 **군사목적으로 임시로 저장 또는 취급**하는 경우

4과목 소방기계시설의 구조및원리

✔ 이것이 혁신이다! 기출문제 + 답이색해설

숫자가 답인 문제 ★★★

61 소화기구 및 자동소화장치의 화재안전기준상 대형소화기의 정의 중 다음 ( ) 안에 알맞은 것은?

화재 시 사람이 운반할 수 있도록 운반대와 바퀴가 설치되어 있고 능력단위가 A급 (㉠)단위 이상, B급 (㉡)단위 이상인 소화기를 말한다.

① ㉠ 20, ㉡ 10   **② ㉠ 10, ㉡ 20**   ③ ㉠ 10, ㉡ 5   ④ ㉠ 5, ㉡ 10

- **소화기** : 소화약제를 압력에 따라 방사하는 기구로서, 사람이 수동으로 조작하여 소화약제를 방사하여 소화하는 것
  (소형소화기, 대형소화기)
- **소형소화기** : 능력단위가 1단위 이상이고 대형소화기의 능력단위 미만인 소화기
- **대형소화기** : 화재 시 사람이 운반할 수 있도록 운반대와 바퀴가 설치되어 있고 능력단위가 A급(일반화재) 10단위 이상, B급(유류화재) 20단위 이상인 소화기
- **능력단위** : 소화기 및 간이소화용구의 소화능력을 나타내는 수치로서, 법에 따라 형식승인된 수치. 이 능력단위를 산정하기 위해 모형에 의한 소화능력시험을 실시한다.

대형소화기는 A급 10단위 이상, B급 20단위 이상의 능력단위를 갖는 소화기를 의미한다.

명이탈! 일반화재(A급)보다 유류화재(B급)가 더 위험하므로... 능력단위가 더 높아야 한다. ➡ A급 10단위 ≪ B급 20단위

 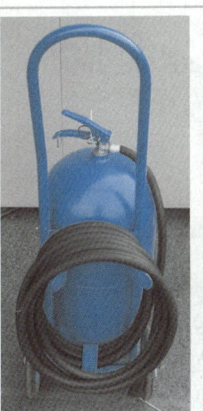 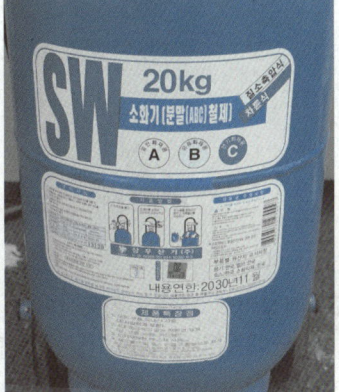 

대형소화기

문장이 답인 문제 ★★★

62 분말소화설비의 화재안전기준상 분말소화약제의 가압용가스 또는 축압용가스의 설치기준으로 틀린 것은?

① 가압용가스에 질소가스를 사용하는 것의 질소가스는 소화약제 1kg마다 40L (35℃에서 1기압의 압력 상태로 환산한 것) 이상으로 할 것
② 가압용가스에 이산화탄소를 사용하는 것의 이산화탄소는 소화약제 1kg에 대하여 20g에 배관의 청소에 필요한 양을 가산한 양 이상으로 할 것
③ 축압용가스에 질소가스를 사용하는 것의 질소가스는 소화약제 1kg에 대하여 <u>40L</u> (35℃에서 1기압의 압력상태로 환산한 것) 이상으로 할 것
　　　　　　　　　　　　　　　　　　　　　　　　　　　　　　　　　10L
④ 축압용가스에 이산화탄소를 사용하는 것의 이산화탄소는 소화약제 1kg에 대하여 20g에 배관의 청소에 필요한 양을 가산한 양 이상으로 할 것

- **분말소화설비** : 분말소화설비는 미세한 분말입자를 별도 추진가스(질소 또는 이산화탄소)의 압력으로 방사하여 소화하는 설비이다.
- **가압방식**(압력을 가하여 약제를 이송하는 방식)에 따라 축압식설비(추진가스 약제용기내 같이)와 가압식설비(추진가스 별도용기에 따로)로 구분
- **가압용 가스용기** : 분말소화약제는 스스로의 압력으로 이송될 수 없으므로, 고압의 가압원이 필요하다. 그에 따라 자체 증기압력이 높은 가압용가스(질소 또는 이산화탄소)를 이용하여 분말을 이송해야 한다. 이 때 별도의 가압용 가스용기를 부설하여... 분말약제 탱크로 가스를 인입시켜 이송하는 방식을 가압식설비라 한다.

분말 1kg당 가압용가스 또는 축압용가스 저장량
1. 가압용가스(별도 용기에 따로)
   ① 질소가스는 소화약제 1kg마다 40L(35℃에서 1기압의 압력상태로 환산한 것) 이상
   ② 이산화탄소는 소화약제 1kg에 대하여 20g에 배관의 청소에 필요한 양을 가산한 양 이상
2. 축압용가스(분말탱크 내 같이)
   ① 질소가스는 소화약제 1kg에 대하여 10L(35℃에서 1기압의 압력상태로 환산한 것) 이상
   ② 이산화탄소는 소화약제 1kg에 대하여 20g에 배관의 청소에 필요한 양을 가산한 양 이상
3. 위의 내용 표로 정리

가스의 종류	질소(N_2) - 압축가스(기체상태)	이산화탄소(CO_2) - 액화가스(액체상태)
가압용 가스	40L	20g
축압용 가스	10L	20g
청소용 가스	규정없음	배관의 청소에 필요한 양을 가산

※ 이산화탄소는 액상에서 기화하여 분말을 이송함으로 인해… 배관내 분말체류 가능성이 높아 청소에 필요한 양을 가산한다.

당가탑! 가압용 40L와 축압용 10L는 질소이다. 이산화탄소와 또 이산화탄소는 20g이다. ➡ 가 40과, 축 10은 질소다. 이이는 20이다.

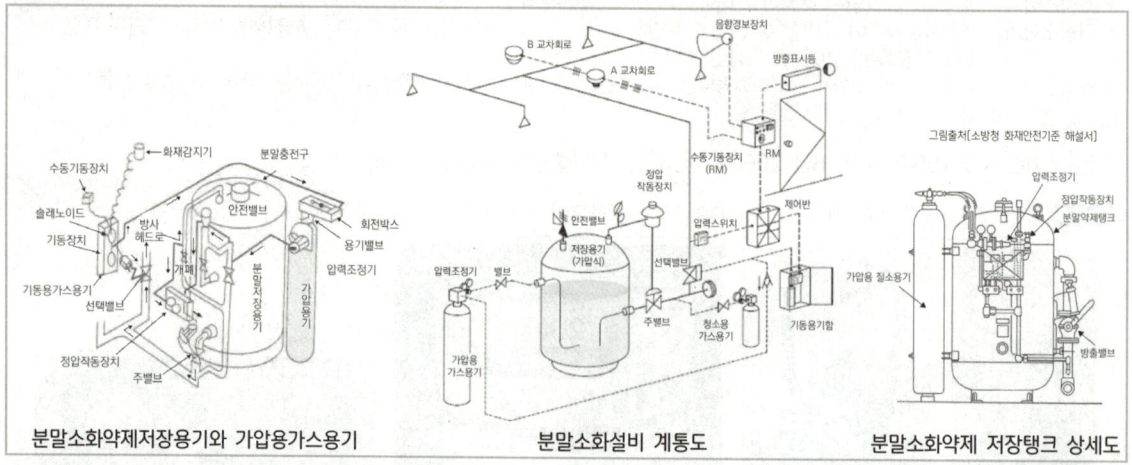

분말소화약제저장용기와 가압용가스용기 　　분말소화설비 계통도 　　분말소화약제 저장탱크 상세도

숫자가 답인 문제 ★

63 포소화설비의 화재안전기준상 포소화설비의 자동식 기동장치에 화재감지기를 사용하는 경우, **화재감지기 회로의 발신기 설치기준** 중 ( ) 안에 알맞은 것은? (단, 자동화재탐지설비의 수신기가 설치된 장소에 상시 사람이 근무하고 있고, 화재 시 즉시 해당 조작부를 작동시킬 수 있는 경우는 제외한다.)

특정소방대상물의 층마다 설치하되, 해당 특정소방대상물의 **각 부분으로부터 수평거리가** (㉠)m **이하**가 되도록 할 것. 다만, 복도 또는 별도로 구획된 실로서 **보행거리가** (㉡)m **이상일 경우에는 추가로 설치**하여야 한다.

① ㉠ 25, ㉡ 30　　② ㉠ 25, ㉡ 40　　③ ㉠ 15, ㉡ 30　　④ ㉠ 15, ㉡ 40

- **포소화설비** : 수조로부터 공급된 물과 포약제 저장탱크에서 공급된 포원액을, 혼합기(프로포셔너)에서 믹싱해 포수용액을 만들어, 포 방출구에서 공기와 섞어진 후 발포되어 거품을 방사하는 형태의 소화설비로서 유류탱크 등 위험물에 주로 사용된다.
- **자동화재탐지설비** : 화재를 자동으로 감지하여 벨(경종), 사이렌, 섬광으로 경보하여 피난을 유도하는 설비로서, 하나의 건물내에 경계구역(=화재감지구역=화재경보구역)을 여러개 나누어서 화재구역과 비화재구역으로 구분하여 제어하는 설비이다.
  - **음향장치** : 화재의 발생시 관계인 또는 일반인에게 벨, 사이렌 등으로 경보하여 화재발생을 알려주는 장치
  - **화재감지기(자동발신)** : 화재시 발생하는 열, 연기, 불꽃 등을 자동으로 감지하여 수신기에 신호를 보내는 장치
  - **발신기(수동발신)** : 화재발생시 화재신호를 수동(발신기스위치 누름)으로 수신기에 발하는 장치

포소화설비 자동식 기동장치의 화재감지기 회로에는 다음 기준에 따른 **발신기를 설치**할 것.
특정소방대상물의 **층마다** 설치하되, 해당 특정소방대상물의 **각 부분으로부터 수평거리가 25m 이하**가 되도록 할 것. 다만, 복도 또는 별도로 구획된 실로서 **보행거리가 40m 이상일 경우에는 추가로 설치**하여야 한다.

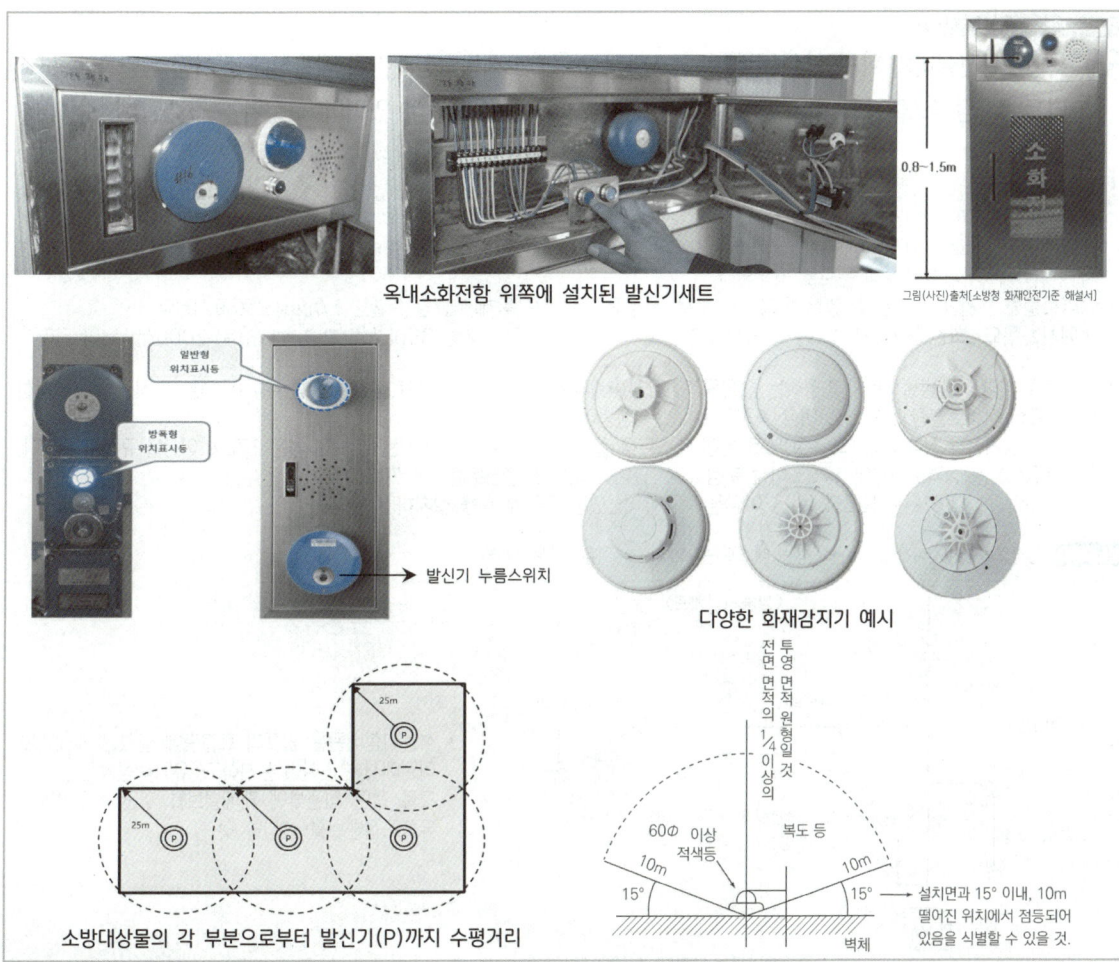

숫자가 답인 문제 ★

64 특별피난계단의 계단실 및 부속실 제연설비의 화재안전기준상 급기풍도 단면의 긴변 길이가 1300mm인 경우, 강판의 두께는 최소 몇 mm 이상이어야 하는가?

① 0.6　　② **0.8**　　③ 1.0　　④ 1.2

특별피난계단의 계단실 및 부속실 제연설비
- 특별피난계단의 **계단실·부속실** 및 비상용 승강기의 승강장에 신선한 공기를 급기(유입)하여 **연기가 침투하지 못하도록** 하여 피난을 용이하게 만드는 설비
- 피난로 및 피난공간의 안전성을 확보하여 인명안전은 물론 소방관의 소화 및 구조 활동을 원활하게 하는 데에 그 목적이 있다.
- **급기가압 제연설비**라고도 하며… 특정소방대상물의 **제연구역 내**(계단실, 부속실 또는 비상용승강기의 승강장)에 신선한 공기를 주입하여 **옥내**(화재발생 부분)보다 압력을 높게 하여 화재 시 발생한 연기 또는 열기가 제연구역으로 확산, 침투하지 못하도록 하는 설비이다.

급기풍도 강판의 두께

풍도단면의 긴변 또는 직경의 크기	450mm 이하	450mm 초과 750mm 이하	750mm 초과 1,500mm 이하	1,500mm 초과 2,250mm 이하	2,250mm 초과
강판두께	0.5mm	0.6mm	**0.8mm**	1.0mm	1.2mm

※ 특별피난계단이나 비상용승강기가 있는 건축물은 일반적으로 고층건축물에 해당하며, 동일 수직선상에 여러 개의 계단 부속실이 있기 마련이다. 이 경우 독립된 각각의 제연구역에 급기경로를 설치하면 이상적이겠지만, 경제성과 효율성을 고려하여 하나의 공통된 수직 급기풍도를 설치하여 신선한 공기를 급기하게 된다.

숫자가 답인 문제 ★

65 옥외소화전설비의 화재안전기준상 옥외소화전설비에서 성능시험배관의 직관부에 설치된 유량측정장치는 펌프 및 정격토출량의 최소 몇 % 이상 측정할 수 있는 성능이 있어야 하는가?

① 175　　② 150　　③ 75　　④ 50

- **옥외소화전설비**
  화재발생시 옥외에 설치된 옥외소화전함을 개방한 후, 호스와 노즐을 꺼내어 주변에 설치된 방수구와 연결해 호스를 전개한 후, 옥외소화전 전용렌치로 소화전을 개방하여 방사하는 형태의 수동식 수계소화설비로서, 저층부(1, 2층) 옥외화재 진압활동용 소화설비이자 주변확대방지용 방호설비 등으로 사용된다.
- **정격토출량** : 시간당 퍼낼 수 있는 물의 양으로서, 통상적으로 펌프 몸체에 분당 토출량[L/min]으로 표시된다.
  〈예시〉 옥외소화전 2개에서 소화수를 방사하고 있을 때 법정 토출량은 2 × 350L/min(법정방수량) = 700L/min 이 된다.

- 정격토출량 이상이 방출되는지 측정하는... 유량측정장치(유량계 등)는, **성능시험배관**(펌프의 성능을 측정하는 배관)의 직관부에 설치하되, 펌프의 정격토출량의 175% 이상 측정할 수 있는 성능이 있을 것
- 펌프의 성능시험시 **정격토출량의 150%로 운전 테스트를 실시**하는바, 유량측정장치는 그 보다 높은 175% 이상을 규정한 것이다.
- 유량측정장치는 정격토출량의 175%이상 측정할 수 있어야 하므로 정격토출량이 700L/min인 경우...
  700L/min × 175% = 1225L/min 이상을 측정할 수 있는 유량계 등을 설치하면 된다.

담기담기! 정격토출량 100%에서... ➡ 성능 테스트는 150% ➡ 유량계는 175%

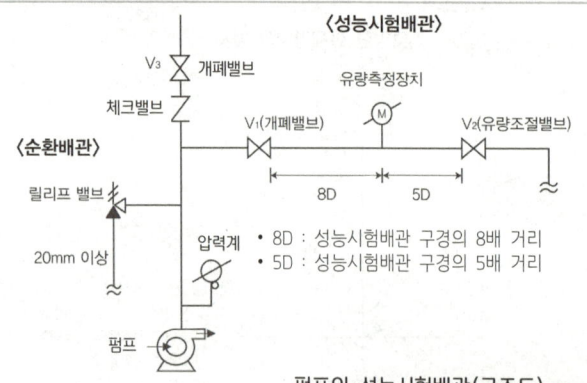

- 성능시험배관은 펌프의 토출측에 설치된 개폐밸브 이전에서 분기하여 설치하고, 유량측정장치를 기준으로 전단 직관부에 개폐밸브를 후단 직관부에는 유량조절밸브를 설치할 것

펌프의 성능시험배관(그림예시)

펌프의 성능시험배관(사진예시)

유량계

함께공부

- **전양정**(= 총양정 = 양정)의 의미 : 기준에 필요한 압력을 낼 수 있는 값을 높이(m)로 계산한 수치
  * 양정 = 수두 = mH₂O = m
- **정격토출압력** : 수직으로 물을 올릴 수 있는 능력으로 펌프 몸체에 양정으로 표시된다.
  〈예시〉 양정 50m이면 정격토출압력은 0.5MPa 이 된다.
- **정격토출량(유량)** : 시간당 퍼낼 수 있는 물의 양으로서, 통상적으로 펌프 몸체에 분당 토출량[L/min]으로 표시된다.
  〈예시〉 옥내소화전 2개에서 소화수를 방사하고 있을 때 법정 토출량은 2 × 130L/min(법정방수량) = 260L/min 이 된다.

숫자가 답인 문제

66 할론소화설비의 화재안전기준상 자동차 차고나 주차장에 할론 1301 소화약제로 전역방출방식의 소화설비를 설치한 경우 방호구역의 체적 1m³당 얼마의 소화약제가 필요한가?

① 0.32kg 이상 0.64kg 이하
② 0.36kg 이상 0.71kg 이하
③ 0.40kg 이상 1.10kg 이하
④ 0.60kg 이상 0.71kg 이하

- **할론(Halon)소화설비** : 할론소화설비는 할로겐족원소(F, Cl, Br, I) 중 하나 이상을 포함하고 있는 할론2402($C_2F_4Br_2$), 할론1211(CF_2ClBr), 할론1301(CF_3Br) 소화약제를 이용하여 화재를 진압하는 가스계 소화설비이다.
- **할론 1301** : Halon 1301(CF_3Br)은 소화력이 가장 우수하여 할론 소화설비 및 할론 소화기에 사용되며, 독성도 다른 할론 약제들에 비해 낮은 편이다. 하지만 오존 파괴 지수(ODP)는 가장 높다.
- **전역방출방식** : 고정식 할론 공급장치에 배관 및 분사헤드를 고정 설치하여 밀폐 방호구역 전체에 할론을 방출하는 설비
- **방호구역** : 소화범위에 따라 나누어진 소화가 필요한 구역

전역방출방식의 할론 1301 소화약제 저장량 → 방호구역의 체적 1m³에 대하여 다음 표에 따른 양

소방대상물 또는 그 부분	방호구역의 체적 1m³당 소화약제의 양
차고·주차장·전기실·통신기기실·전산실 기타 이와 유사한 전기설비가 설치되어 있는 부분	0.32kg 이상 ~ 0.64kg 이하

※ 할론약제는 독성이 있고, 오존파괴지수 또한 높으므로… 최대로 저장 가능한 약제량을 규정하였다. 즉 너무 많이 방사하면 안된다는 의미이다.

최소약제량 0.32에 비교하여… 최대약제량 0.64는 2배이다.

단어가 답인 문제

67 소화기구 및 자동소화장치의 화재안전기준상 타고 나서 재가 남는 일반화재에 해당하는 일반 가연물은?

① 고무
② 타르
③ 솔벤트
④ 유성도료

- **일반화재(A급 화재)** : 나무, 섬유, 종이, **고무**, 플라스틱류와 같은 일반 가연물이 타고 나서 재가 남는 화재. 일반화재에 대한 소화기의 적응 화재별 표시는 'A'로 표시한다.
- **유류화재(B급 화재)** : 인화성 액체, 가연성 액체, 석유 그리스, **타르**, 오일, **유성도료**, **솔벤트**, 래커, 알코올 및 인화성 가스와 같은 유류가 타고 나서 재가 남지 않는 화재. 유류화재에 대한 소화기의 적응 화재별 표시는 'B'로 표시한다.

①고무는 타고 나서 재가 남는 일반화재이고… ②타르, ③솔벤트, ④유성도료는 타고 나서 재가 남지 않는 유류화재이다.

문장이 답인 문제 ★★

68 특별피난계단의 계단실 및 부속실 제연설비의 화재안전기준상 차압 등에 관한 기준으로 옳은 것은?

① 제연설비가 가동되었을 경우 출입문의 개방에 필요한 힘은 <u>150N</u> 이하로 하여야 한다.
　　　　　　　　　　　　　　　　　　　　　　　　　　　　　　　　110N 이하

② 제연구역과 옥내와의 사이에 유지하여야 하는 최소차압은 옥내에 스프링클러설비가 설치된 경우에는 <u>40Pa</u> 이상으로 하여야 한다.
　　12.5 Pa

③ 계단실과 부속실을 동시에 제연하는 경우 부속실의 기압은 계단실과 같게 하거나 계단실의 기압보다 낮게 할 경우에는 부속실과 계단실의 압력 차이는 <u>3Pa</u> 이하가 되도록 하여야 한다.
　　　　　　　　　　　　　　　　　　　　　　　　　　　　　　5 Pa

④ 피난을 위하여 제연구역의 출입문이 일시적으로 개방되는 경우 개방되지 아니하는 제연구역과 옥내와의 차압은 기준에 따른 차압의 70% 미만이 되어서는 아니 된다.

특별피난계단의 계단실 및 부속실 제연설비
- 특별피난계단의 **계단실·부속실** 및 **비상용 승강기의 승강장**에 신선한 공기를 급기(유입)하여 **연기가 침투하지 못하도록** 하여 피난을 용이하게 만드는 설비
- 피난로 및 피난공간의 안전성을 확보하여 인명안전은 물론 소방관의 소화 및 구조 활동을 원활하게 하는 데에 그 목적이 있다.
- **급기가압 제연설비**라고도 하며… 특정소방대상물의 **제연구역 내**(계단실, 부속실 또는 비상용승강기의 승강장)에 신선한 공기를 주입하여 **옥내**(화재발생 부분)보다 압력을 높게 하여 화재 시 발생한 연기 또는 열기가 제연구역으로 확산, 침투하지 못하도록 하는 설비이다.

옥내(거실, 통로 등)에서 발생된 화재로 인해, 제연구역(부속실, 계단실 등)으로 연기가 유입되지 못하도록 하는 방법은... **제연구역의 압력을 옥내보다 높게 유지**(차압)하는 방법이다. 그에 따라 아래와 같은 규정들이 필요하게 된다.
① 제연설비가 가동되었을 경우 출입문의 **개방에 필요한 힘은 110N 이하**로 하여야 한다.
  → 최소차압 기준이 40Pa 이상인데... 압력의 차이를 너무 높이게 되면, 옥내에서 부속실로 피난시 출입문 개방이 어려워지기 때문에... 최대압력 기준을 출입문 개방에 필요한 힘인 110N(힘의 단위) 이하로 규정하였다.
② 제연구역과 옥내와의 사이에 유지하여야 하는 차압(압력의 차이)
  → **최소차압은 40Pa 이상**
  → 옥내에 스프링클러설비가 설치된 경우에는 **12.5Pa 이상**(물이 방수되면 온도가 하강하여 옥내 압력도 하강하기 때문)
③ 계단실과 부속실을 **동시에 제연**하는 경우(동시에 가압하는 경우) **부속실의 기압은 계단실과 같게 하거나**(동일한 압력이거나) 계단실의 기압보다 낮게 할 경우에는 **부속실과 계단실의 압력차이는 5Pa 이하**가(계단실의 압력보다 부속실의 압력을 조금 낮게 설정) 되도록 하여야 한다. → 계단실의 압력이 부속실 보다 너무 낮아서는 곤란하다.(계단실은 최종 피난안전구역에 해당하므로)
④ 피난을 위하여 제연구역의 출입문이 일시적으로 개방되는 경우 개방되지 아니하는 **제연구역과 옥내와의 차압**은 기준에 따른 차압(최소차압 40Pa)의 **70% 미만이 되어서는 아니 된다.**(70% 이상이어야 한다)
  → 부속실 출입문이 개방된 층에서는 압력이 해정되어 옥내와 동일해지더라도... 다른 층에서는 최소차압의 70%이상을 유지하여야 한다.

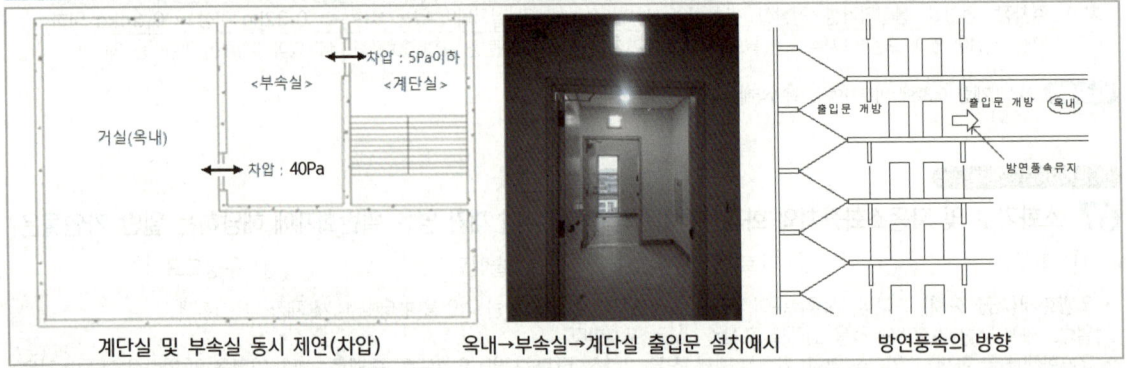

계단실 및 부속실 동시 제연(차압)   옥내→부속실→계단실 출입문 설치예시   방연풍속의 방향

단어가 답인 문제 ★

69 스프링클러설비의 화재안전기준상 고가수조를 이용한 가압송수장치의 설치기준 중 **고가수조에 설치하지 않아도 되는 것은?**

① 수위계   ② 배수관   ③ 압력계   ④ 오버플로우관

- **스프링클러설비** : 화재발생시 화재를 자동으로 감지하여 피난을 위한 경보를 발하고, 습식·건식·준비작동식·일제살수식 밸브가 개방되면, 유수의 흐름으로 인하여 펌프가 기동되고, 개방된 헤드를 통해 소화수를 방수하여 소화하는 자동식 수계소화설비
- **가압송수장치** : 압력을 가해서(가압) 물을 이송하는(송수) 장치로서 그 종류로는 **펌프**(전동기 또는 내연기관과 연결된 원심펌프), **고가수조**(높은 곳에 설치된 수조), **압력수조**(강한 공기압 이용), **가압수조**(압력수조의 간소화 설비) 등의 방식이 있다.
- **고가수조**(높은곳에 설치된 수조) : 구조물 또는 지형지물 등 높은 곳에 설치하여 자연낙차의 압력으로 급수하는 수조

고가수조에는 **오버플로우관**(넘쳐 흐르는 물의 배수관)·**급수관**(물급수)·**수위계**(물 높이 확인)·**배수관**(물배수)·**맨홀**(수조구멍)을 설치할 것
고가수조에 압력이 걸려 있는 것이 아니므로... 압력계는 전혀 필요없다.

암기팁! 고가수조 ➡ 오급 수배맨

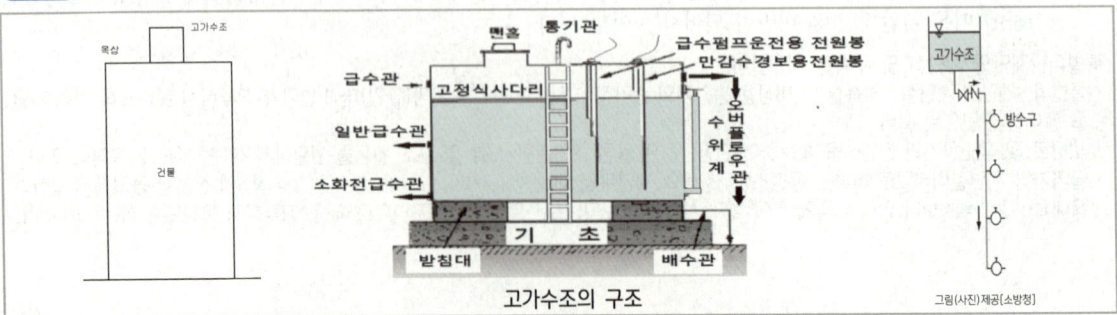

고가수조의 구조

숫자가 답인 문제 ★★★

70 상수도소화용수설비의 화재안전기준상 소화전은 특정소방대상물의 수평투영면의 각 부분으로부터 최대 몇 m 이하가 되도록 설치하여야 하는가?

① 100 ② 120 ③ 140 ④ 150

- **상수도 소화용수설비** : 소방대가 화재진압시 사용하는 소방용수로서, 특정소방대상물의 지하에 지름 75㎜ 이상의 상수도용 배관이 매설된 경우… 그 배관에 지상식소화전, 지하식소화전, 급수탑을 연결하여 소방차에 소방용수를 공급받는 설비이다.
- **소화전** : 소화용수(소화설비용 물) 또는 소방용수(소방대 화재진압용 물)를 공급받기 위한 설비
- **호칭지름** : 일반적으로 표기하는 배관의 직경
- **수평투영면** : 건축물을 수평으로 투영하였을 경우의 면

화재진압용도의 소방차는 물탱크 내에 물을 저장하고 있으나, 그 물만으로는 부족하기 때문에… 건축물 지하에 매설된 상수도를 이용하여 물을 추가로 공급받아야 한다. 상수도를 이용해 수돗물을 공급받는 방식은… 지상식소화전, 지하식소화전, 급수탑으로 구분된다.

상수도 소화용수설비 설치기준
1. 호칭지름 75㎜ 이상의 수도배관에 호칭지름 100㎜ 이상의 소화전을 접속할 것
2. 소화전은 소방자동차 등의 진입이 쉬운 도로변 또는 공지에 설치할 것
3. 소화전은 특정소방대상물의 수평투영면의 각 부분으로부터 140m 이하가 되도록 설치할 것

소화전배관(100㎜)이 수도배관(75㎜) 보다 커야 물을 시원하게 받는다. ➡ 수도배관(75㎜) ≪ 소화전배관(100㎜)

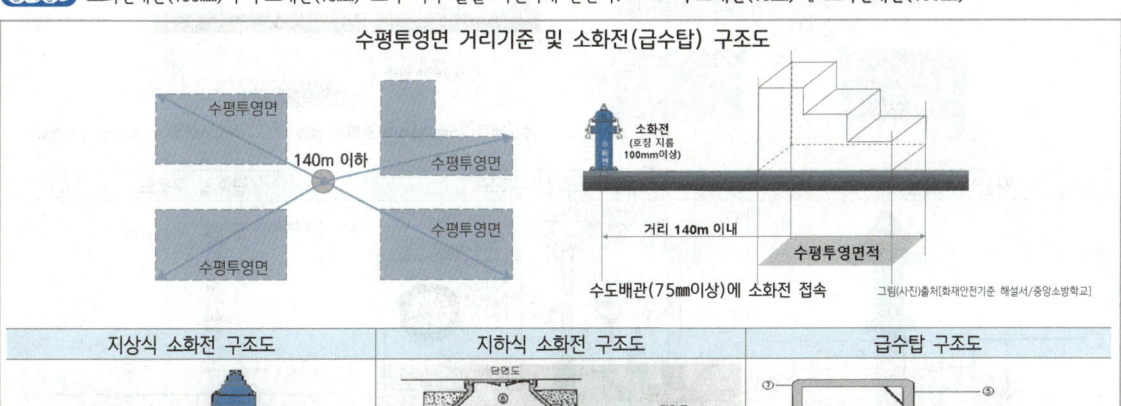

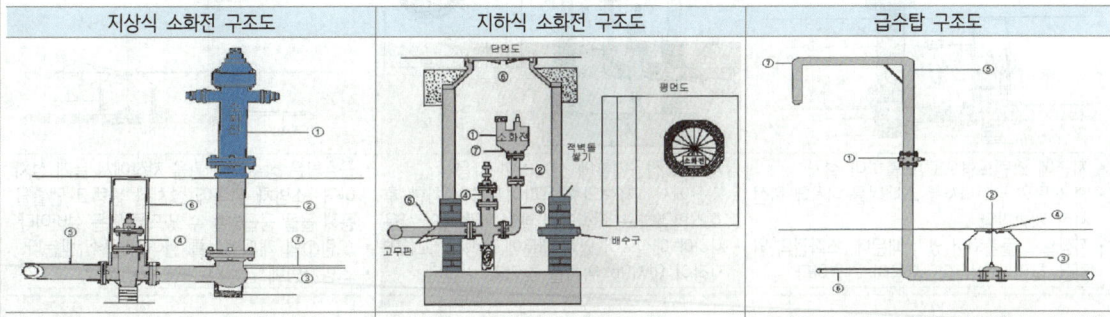

- 지면에 스탠드형으로 노출하여 설치
- 맨 상단의 밸브나사를 스패너를 이용해 회전시켜 개방한다.
- 지상으로 돌출되어 있기 때문에, 소화전의 위치를 찾기가 쉬우며, 사용이 간편하다.

- 지하의 전용맨홀에 설치하여 사용
- 지상에서 T자형의 전용파이프를 설치한 후 호스연결하고, 지상에서 밸브 개폐하여 사용
- 지하에 매설되어 있기 때문에 보행 및 교통에 지장이 없지만, 위치를 찾기가 어렵다.

- 급수탑은 상수도 배관을 지상에서 높게 설치하여, 소방차 위쪽에 설치된 물탱크 맨홀을 통해 물을 공급받을 수 있도록 만든 설비이다.
- 그림①의 개폐밸브를 열어서 급수 받는다.
- 소방차량에 급수시 가장 용이하다.

숫자가 답인 문제 ★★★

71 상수도소화용수설비의 화재안전기준상 상수도소화용수설비 소화전의 설치기준 중 다음 ( ) 안에 알맞은 것은?

호칭지름 (㉠)㎜ 이상의 수도배관에 호칭지름 (㉡)㎜ 이상의 소화전을 접속할 것

① ㉠ 65, ㉡ 120 ② ㉠ 75, ㉡ 100 ③ ㉠ 80, ㉡ 90 ④ ㉠ 100, ㉡ 100

- **상수도 소화용수설비** : 소방대가 화재진압시 사용하는 소방용수로서, 특정소방대상물의 지하에 지름 75mm 이상의 상수도용 배관이 매설된 경우... 그 배관에 지상식소화전, 지하식소화전, 급수탑을 연결하여 소방차에 소방용수를 공급받는 설비이다.
- **소화전** : 소화용수(소화설비용 물) 또는 소방용수(소방대 화재진압용 물)를 공급받기 위한 설비
- **호칭지름** : 일반적으로 표기하는 배관의 직경
- **수평투영면** : 건축물을 수평으로 투영하였을 경우의 면

화재진압용도의 소방차는 물탱크 내에 물을 저장하고 있으나, 그 물만으로는 부족하기 때문에... 건축물 지하에 매설된 상수도를 이용하여 물을 추가로 공급받아야 한다. 상수도를 이용해 수돗물을 공급받는 방식은... 지상식소화전, 지하식소화전, 급수탑으로 구분된다.

상수도 소화용수설비 설치기준
1. 호칭지름 **75mm 이상**의 수도배관에 호칭지름 **100mm 이상**의 소화전을 접속할 것
2. 소화전은 소방자동차 등의 진입이 쉬운 도로변 또는 공지에 설치할 것
3. 소화전은 특정소방대상물의 **수평투영면의 각 부분으로부터 140m 이하**가 되도록 설치할 것

소화전배관(100mm)이 수도배관(75mm)보다 커야 물을 시원하게 받는다. ➡ 수도배관(75mm) 《 소화전배관(100mm)

수평투영면 거리기준 및 소화전(급수탑) 구조도

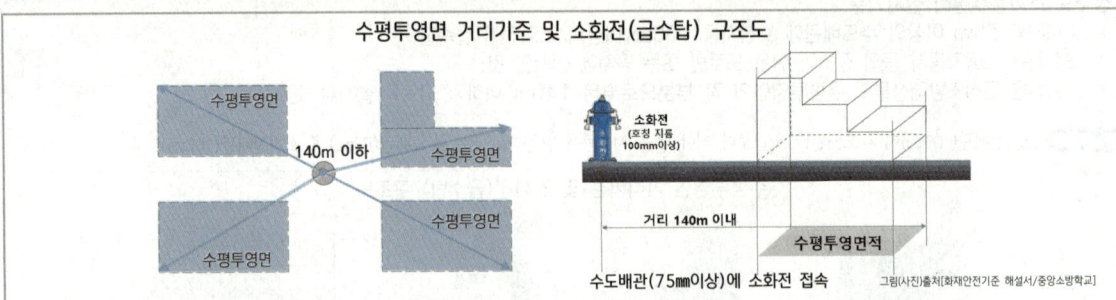

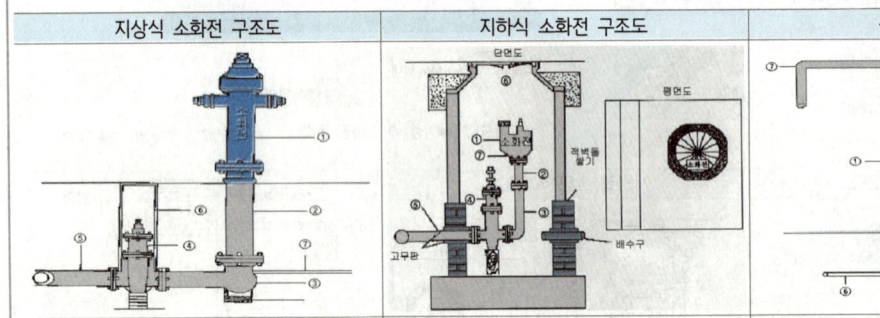

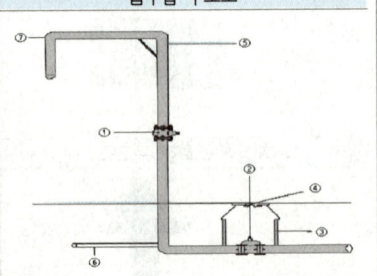

지상식 소화전 구조도	지하식 소화전 구조도	급수탑 구조도
• 지면에 스탠드형으로 노출하여 설치 • 맨 상단의 밸브나사를 스패너를 이용해 회전시켜 개방한다. • 지상으로 돌출되어 있기 때문에, 소화전의 위치를 찾기가 쉬우며, 사용이 간편하다.	• 지하의 전용맨홀에 설치하여 사용 • 지상에서 T자형의 전용파이프를 설치한 후 호스연결하고, 지상에서 밸브 개폐하여 사용 • 지하에 매설되어 있기 때문에 보행 및 교통에 지장이 없지만, 위치를 찾기가 어렵다.	• 급수탑은 상수도 배관을 지상에서 높게 설치하여, 소방차 위쪽에 설치된 물탱크 맨홀을 통해 물을 공급받을 수 있도록 만든 설비이다. • 그림①의 개폐밸브를 열어서 급수 받는다. • 소방차량에 급수시 가장 용이하다.

문장이 답인 문제 ★★★

72 구조대의 형식승인 및 제품검사의 기술기준상 **경사강하식 구조대**의 구조 기준으로 **틀린** 것은?

① 연속하여 활강할 수 있는 구조로 안전하고 쉽게 사용할 수 있어야 한다.
② 구조대 본체는 강하방향으로 봉합부가 설치되지 아니하여야 한다.
③ 입구틀 및 취부틀의 입구는 지름 ~~40cm~~ 이상의 구체가 통할 수 있어야 한다.
　　　　　　　　　　　　　　　　　50cm
④ 본체의 포지는 하부지지장치에 인장력이 균등하게 걸리도록 부착하여야 하며 하부지지장치는 쉽게 조작할 수 있어야 한다.

- **구조대** : 포지 등을 사용하여 자루형태로 만든 것으로서 화재시 사용자가 그 내부에 들어가서 내려옴으로써 대피할 수 있는 것
- **경사강하식 구조대** : 소방대상물에 비스듬하게 고정시키거나 설치하여 사용자가 미끄럼식으로 내려올 수 있는 구조대로서 단시간에 많은 인명을 구조할 수 있도록 설치된다.

② 구조대 본체는 강하방향으로 봉합부가 설치되지 아니하여야 한다.
→ 사람이 타고 내려오는 구조대 본체에... 강하방향(내려오는 방향)으로 봉합부가 설치되어 있다면, **사람이 내려오면서 봉합부가 터질 수 있기 때문**이다.
③ 입구틀 및 취부틀(구조대를 건물에 고정하는 부분)의 입구는 지름 50㎝ 이상의 구체가 통과 할 수 있어야 한다.
→ 대부분의 사람이 들어갈 수 있는 개구부의 크기를 지름 50㎝로 규정하였다.

암기팁! 지름 50㎝ 이상의 구체 / 봉합부가 설치되지 아니하여야 / 구조대기준 ➡ 50cm(지름오공)이상 봉합하면 안됨! 그러면 구조해야 함!

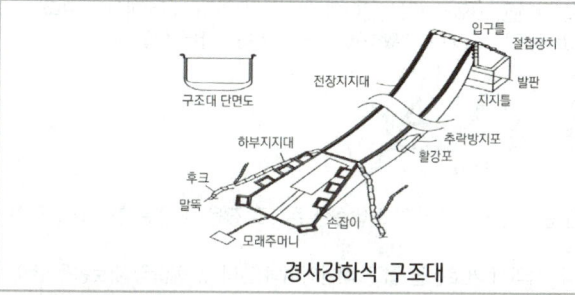 

경사강하식 구조대

단어가 답인 문제 ★★★

73 분말소화설비의 화재안전기준상 **차고 또는 주차장**에 설치하는 **분말소화설비의 소화약제**는?

① 제1종 분말   ② 제2종 분말   ③ **제3종 분말**   ④ 제4종 분말

- **분말소화설비** : 분말소화설비는 미세한 분말입자를 별도 추진가스(질소 또는 이산화탄소)의 압력으로 방사하여 소화하는 설비이다.
- **가압방식**(압력을 가하여 약제를 이송하는 방식)에 따라 축압식설비(추진가스 약제용기내 같이)와 가압식설비(추진가스 별도용기에 따로)로 구분

차고 또는 주차장에 설치하는 분말소화설비 소화약제 → 제3종 분말

함께공부

분말 소화약제의 종류 화학반응식(열분해 반응식)

종별	주성분	색상	적응화재	화학반응식 (열분해 반응식)	암기법
제1종	탄산수소**나**트륨 (NaHCO$_3$)	백색	B, C	2NaHCO$_3$ → Na$_2$CO$_3$ + CO$_2$ + H$_2$O	이수
제2종	탄산수소**칼**륨 (KHCO$_3$)	담자(회)색	B, C	2KHCO$_3$ → K$_2$CO$_3$ + CO$_2$ + H$_2$O	이수
제3종	제1**인**산암모늄 = **인**산염 (NH$_4$H$_2$PO$_4$)	담홍색, 황색	A, B, C	NH$_4$H$_2$PO$_4$ → HPO$_3$ + NH$_3$ + H$_2$O	암수
제4종	탄산수소**칼**륨 + 요소 (KHCO$_3$+(NH$_2$)$_2$CO)	회색	B, C	2KHCO$_3$+(NH$_2$)$_2$CO → K$_2$CO$_3$ + NH$_3$ + CO$_2$	암이

※ 제1종은 탄산나트륨(Na$_2$CO$_3$), 제2종과 제4종은 탄산칼륨(K$_2$CO$_3$), 제3종은 부착력이 우수하여 소화효과가 뛰어난 메타인산(HPO$_3$)이 생성된다.

암기팁! 나의 칼은 인간의 칼이다~ ➡ 나 칼 인 칼

암기팁! 열분해 생성물 암기법 ➡ 제1종 : 이산화탄소(CO$_2$), 물(H$_2$O) (한자 물 수) ➡ 이수 / 제2종 : 제1종과 동일 ➡ 이수
제3종 : 암모니아(NH$_3$), 물(H$_2$O) ➡ 암수 / 제4종 : 암모니아(NH$_3$), 이산화탄소(CO$_2$) ➡ 암이

문장이 답인 문제

74 피난사다리의 형식승인 및 제품검사의 기술기준상 **피난사다리**의 일반구조 기준으로 **옳은 것은?**

① 피난사다리는 2개 이상의 횡봉으로 구성되어야 한다. 다만, 고정식사다리인 경우에는 횡봉의 수를 1개로 할 수 있다.
　　　　　　　　종봉 및 횡봉으로　　　　　　　　　　　　　　　　　　　종봉
② 피난사다리(종봉이 1개인 고정식사다리는 제외)의 종봉의 간격은 최외각 종봉 사이의 안치수가 15㎝ 이상이어야 한다.
　　　　　　　　　　　　　　　　　　　　　　　　　　　　　　　　　　30㎝
③ 피난사다리의 횡봉은 지름 15㎜ 이상 25㎜ 이하의 원형인 단면이거나 또는 이와 비슷한 손으로 잡을 수 있는 형태의
　　　　　　　　　　지름 14㎜ 이상 35㎜ 이하
　　단면이 있는 것이어야 한다.
④ **피난사다리의 횡봉은 종봉에 동일한 간격으로 부착한 것이어야 하며, 그 간격은 25㎝ 이상 35㎝ 이하이어야 한다.**

피난사다리 : 화재시 긴급대피에 사용하는 사다리
- **고정식**(수납식/접는식/신축식) : 건축물의 외·내벽에 고정되어 있어서 피난자가 상시 사용가능한 상태로 고정
- **올림식**(접는식/신축식) : 건물의 한 부분에 기대거나 걸쳐(올려 받쳐) 세워서 사용
- **내림식**(와이어로프식/체인식/하향식 피난구용 내림식사다리) : 복도 끝에 접어둔 상태로 두었다가, 사용시 창틀 등에 걸어 내린 후 사용

① 피난사다리는 **2개 이상의 종봉**(세로봉) **및 횡봉**(가로봉)**으로 구성되어야 한다. 다만**, (벽에 고정된)**고정식사다리**인 경우에는 **종봉의 수를 1개로 할 수 있다.** → 사다리는 2개의 세로봉에 여러개의 가로봉(발로 밟는 부분)으로 구성되는 것이 일반적이다.

② 피난사다리(종봉이 1개인 고정식사다리는 제외한다)의 종봉의 간격은 최외각 종봉 사이의 안치수가 30㎝ 이상이어야 한다.
→ 세로봉과 세로봉 사이의 수치(사실상 횡봉의 가로크기)가 30㎝ 정도는 되어야 원활하게 사용이 가능하다는 의미이다.

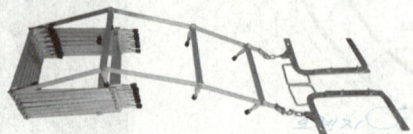

③ 피난사다리의 **횡봉은 지름 14 mm 이상 35 mm 이하의 원형**인 단면이거나 또는 이와 비슷한 손으로 잡을 수 있는 형태의 단면이 있는 것이어야 한다.
→ 사다리로 피난시 세로봉을 잡고 피난하면 추락의 위험이 있다. 따라서 **가로봉을 잡고 피난**하여야 한다. 그에따라 가로봉은 손에 잡기 편한 원형이 좋으며, 그 크기도 지름 14 mm 이상 35 mm 이하가 적당하다는 의미이다.

④ 피난사다리의 **횡봉은 종봉에 동일한 간격**으로 부착한 것이어야 하며, 그 간격은 **25㎝ 이상 35㎝ 이하**이어야 한다.
→ 가로봉 사이의 간격이 동일하지 않다면... 타고 내려갈 때 어려움이 있을 것이다. 또한 그 간격은 25㎝ 이상 35㎝ 이하가 적당하다는 의미이다.

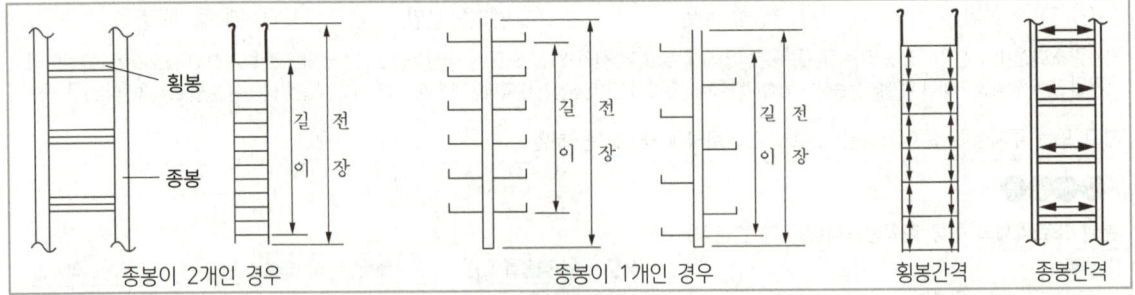

문장이 답인 문제

75 간이스프링클러설비의 화재안전기준상 **간이스프링클러설비의 배관 및 밸브 등의 설치순서로 맞는 것은?**
(단, 수원이 펌프보다 낮은 경우이다.)

① 상수도직결형은 수도용계량기, 급수차단장치, 개폐표시형밸브, 체크밸브, 압력계, 유수검지장치, 2개의 시험밸브 순으로 설치할 것
② 펌프 설치 시에는 수원, 연성계 또는 진공계, 펌프 또는 압력수조, 압력계, 체크밸브, 개폐표시형밸브, 유수검지장치, 2개의 시험밸브 순으로 설치할 것
③ 가압수조 이용 시에는 수원, 가압수조, 압력계, 체크밸브, 개폐표시형밸브, 유수검지장치, 1개의 시험밸브 순으로 설치할 것
④ 캐비닛형인 경우 수원, 펌프 또는 압력수조, 압력계, 체크밸브, 연성계 또는 진공계, 개폐표시형밸브 순으로 설치할 것

- **스프링클러설비** : 화재발생시 화재를 자동으로 감지하여 피난을 위한 경보를 발하고, 습식·건식·준비작동식·일제살수식 밸브가 개방되면, 유수의 흐름으로 인하여 펌프가 기동되고, 개방된 헤드를 통해 소화수를 방수하여 소화하는 자동식 수계소화설비
- **스프링클러 헤드** : 스프링클러에서 나오는 물을, 빗방울 형태로 대량으로 뿌리면서 방수하는 역할을 하는 부분을 말한다.
- **간이 스프링클러설비** : 간이스프링클러설비는 스프링클러설비의 간소화 설비로서 다중이용업소 등 비교적 작은 특정소방대상물에 설치되는 자동식 소화설비이다.
- **간이헤드** : 폐쇄형헤드의 일종으로 간이스프링클러설비를 설치하여야 하는 특정소방대상물의 화재에 적합한 감도·방수량 및 살수분포를 갖는 헤드

간이스프링클러설비의 배관 및 밸브 등의 순서 [상 펌프 가 캐비]
1. **상수도 직결형** → 수급개체 압유시(2)
   수조를 사용하지 않고 상수도에 직접 연결하여 항상 기준 압력 및 방수량 이상을 확보할 수 있는 설비를 말한다. 따라서 반드시 화재 시 간이스프링클러설비 이외의 배관에는 급수차단장치를 설치하여야 한다.

   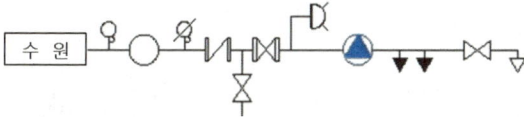

   수도용계량기 → 급수차단장치 → 개폐표시형밸브 → 체크밸브 → 압력계 → 유수검지장치 → 2개의 시험밸브

2. **펌프** → 수진펌 압체성개유시
   일반적인 스프링클러설비와 마찬가지로 수원을 설치하고 펌프 또는 압력수조를 이용하여 기준 방수압력 및 방수량 이상을 확보하는 설비이다.

   수원 → 진공계(연성계) → 펌프(압력수조) → 압력계 → 체크밸브 → 성능시험배관 → 개폐표시형밸브 → 유수검지장치 → 시험밸브

3. **가압수조** → 수가 압체성개유시(2)
   무전원 방식으로 고압의 가스를 가압용기에 충전하고, 화재발생과 동시에 가압용기의 고압가스가 배출되어, 가스의 압력으로 수원을 헤드 쪽으로 이동시켜 기준 방수량 및 방수압력 이상을 확보하는 설비이다.

   수원 → 가압수조 → 압력계 → 체크밸브 → 성능시험배관 → 개폐표시형밸브 → 유수검지장치 → 2개의 시험밸브

4. **캐비닛형** → 수진펌 압체개시(2)
   가압송수장치, 수조 및 유수검지장치 등을 집적화하여 캐비닛형태로 구성시킨 간이형태의 스프링클러설비를 말한다.

   수원 → 진공계(연성계) → 펌프(압력수조) → 압력계 → 체크밸브 → 개폐표시형밸브 → 2개의 시험밸브

암기팁! 상수도 ➡ 수급개체 압유시(2) / 펌프 ➡ 수진펌 압체성개유시 / 가압수조 ➡ 수가 압체성개유시(2) / 캐비닛 ➡ 수진펌 압체개시(2)

가압수조식 캐비닛형 간이스프링클러설비

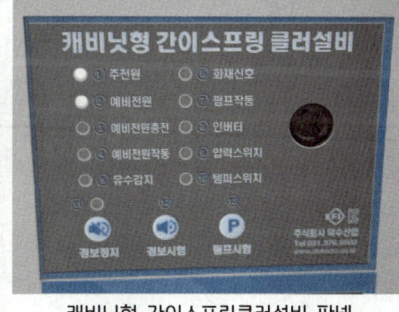
캐비닛형 간이스프링클러설비 판넬

가압용기와 가압수조

간이헤드 예

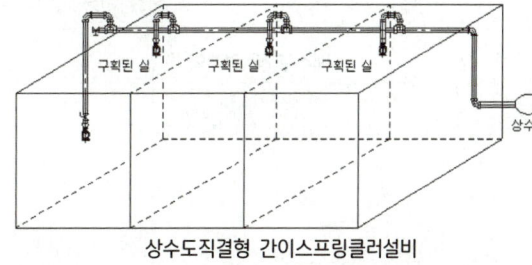
상수도직결형 간이스프링클러설비

숫자가 답인 문제 ★★

76 스프링클러설비의 화재안전기준상 스프링클러헤드 설치 시 살수가 방해되지 아니하도록 벽과 스프링클러헤드 간의 공간은 최소 몇 ㎝ 이상으로 하여야 하는가?

① 60 ② 30 ③ 20 ④ 10

- **스프링클러설비** : 화재발생시 화재를 자동으로 감지하여 피난을 위한 경보를 발하고, 습식·건식·준비작동식·일제살수식 밸브가 개방되면, 유수의 흐름으로 인하여 펌프가 기동되고, 개방된 헤드를 통해 소화수를 방수하여 소화하는 자동식 수계소화설비
- **스프링클러 헤드** : 스프링클러에서 나오는 물을, 빗방울 형태로 대량으로 뿌리면서 방수하는 역할을 하는 부분을 말한다.

살수가 방해되지 아니하도록 헤드로부터 반경 60㎝ 이상의 공간을 보유할 것 (벽과 헤드간의 공간은 10㎝ 이상)

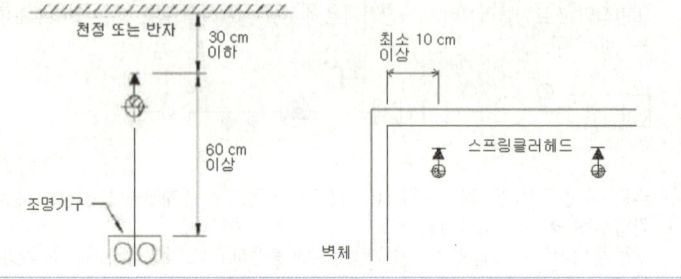

문장이 답인 문제 ★★★

77 물분무소화설비의 화재안전기준상 차고 또는 주차장에 설치하는 물분무소화설비의 배수설비 기준으로 틀린 것은?

① 차량이 주차하는 바닥은 배수구를 향하여 100분의 2 이상의 기울기를 유지할 것
② 차량이 주차하는 장소의 적당한 곳에 높이 5㎝ 이상의 경계턱으로 배수구를 설치할 것 (10㎝ 이상)
③ 배수설비는 가압송수장치의 최대송수능력의 수량을 유효하게 배수할 수 있는 크기 및 기울기로 할 것
④ 배수구에는 새어 나온 기름을 모아 소화할 수 있도록 길이 40m 이하마다 집수관·소화핏트 등 기름분리장치를 설치할 것

- **물분무 소화설비** : 물을 안개모양으로 방사해 가스와 비슷한 형태를 가지므로, 전기의 부도체(전기가 통하지 않는 물체 = 비전도성)로서 전기시설물에 설치가 가능한 자동식 수계소화설비
- **가압송수장치** : 압력을 가해서(가압) 물을 이송하는(송수) 장치로서 그 종류로는 **펌프**(전동기 또는 내연기관과 연결된 원심펌프), **고가수조**(높은 곳에 설치된 수조), **압력수조**(강한 공기압 이용), **가압수조**(압력수조의 간소화 설비) 등의 방식이 있다.
- **정격토출량(유량)** : 시간당 퍼낼 수 있는 물의 양으로서, 통상적으로 펌프 몸체에 분당 토출량[L/min]으로 표시된다.
  〈예시〉 옥내소화전 2개에서 소화수를 방사하고 있을 때 법정 토출량은 2 × 130L/min(법정방수량) = 260L/min 이 된다.

스프링클러설비는 배수설비 대상이 아니지만, **물분무설비가 배수설비 대상인 이유**는… 물분무설비는 유류화재에도 적응성이 있어, 유류화재시 물과 기름이 혼합된 액체가 바닥으로 흐르면서, 연소면 확대우려가 있기 때문에 이를 신속하고 효과적으로 제거하기 위함이며, 국내의 경우는 차고 또는 주차장의 경우에만 배수시설을 요구하고 있다.

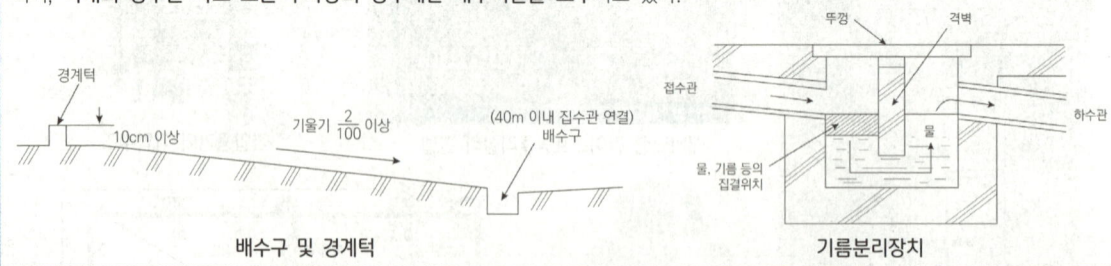

배수구 및 경계턱 / 기름분리장치

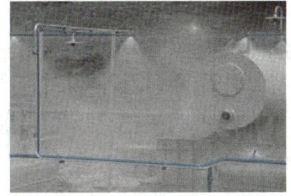

물분무 소화설비 방수하는 모습의 예

함께공부

물분무소화설비를 설치하는 차고 또는 주차장의 배수설비
1. 차량이 주차하는 장소의 적당한 곳에 **높이 10cm 이상의 경계턱**으로 배수구를 설치할 것
2. 배수구에는 새어나온 기름을 모아 소화할 수 있도록 **길이 40m 이하마다** 집수관·소화핏트 등 **기름분리장치**를 설치할 것
3. 차량이 주차하는 바닥은 배수구를 향하여 **100분의 2 이상의 기울기**를 유지할 것
4. 배수설비는 가압송수장치의 최대송수능력의 수량을 유효하게 배수할 수 있는 크기 및 기울기로 할 것

숫자가 답인 문제 ★★

78 미분무소화설비의 화재안전기준상 용어의 정의 중 다음 ( ) 안에 알맞은 것은?

"미분무"란 물만을 사용하여 소화하는 방식으로 최소설계압력에서 헤드로부터 방출되는 물입자 중 99%의 **누적체적분포**가 (㉠)μm **이하**로 분무되고 (㉡)**급 화재에 적응성**을 갖는 것을 말한다.

① ㉠ 400, ㉡ A·B·C   ② ㉠ 400, ㉡ B·C   ③ ㉠ 200, ㉡ A·B·C   ④ ㉠ 200, ㉡ B·C

미분무소화설비 : 가스계 소화설비의 대체설비로서 개발된 소화설비이며, **A급(일반)·B급(유류)·C급(전기) 화재에 적응성**이 있고, 가압된 물이 헤드(head) 통과 후 미세한 입자로 분무됨으로써 소화성능을 가지는 설비를 말하며, 소화력을 증가시키기 위해 강화액 등을 첨가할 수 있다.

- 가압된 물이 헤드통과 후 $400\mu m$이하$(0.4mm$이하$)$의 작은 물방울(Droplet)인 미분무수(Water mist)가 되어 화재를 진압하는 설비이다.
- B급(유류) 화재를 원활히 진압하고, C급(전기) 화재에 안전성을 확보하기 위하여 헤드로부터 방출되는 물입자 중 99%의 누적체적분포(방사된 전체 물방울을 누적시켰을 때의 체적분포)가 $400\mu m$이하가 되어야 한다 $[D_{V0.99} \leq 400\mu m]$.
쉽게말해 미분무수로 인정받으려면 헤드에서 방사된 **물방울의 99%**(누적체적)가 $400\mu m$이하의 크기가 되어야한다.

 미분무헤드   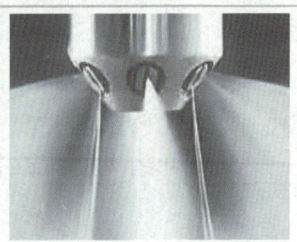 미분무수 방출

함께공부

마이크로미터(micrometer, 단위 : μm)는 미터의 백만분의 일에 해당하는 길이의 단위이다.
미크론(micron, 단위 : )이라고도 하며, 과학적 표기법으로는 $1 \times 10^{-6} m$라 적는다. 1 마이크로미터는 0.000001 미터이며 0.001 밀리미터이다.   예> $400\mu m = 400 \times 0.001mm = 0.4mm$

숫자가 답인 문제 ★★★

79 포소화설비의 화재안전기준상 포소화설비의 자동식 기동장치에 폐쇄형 스프링클러헤드를 사용하는 경우에 대한 설치기준 중 다음 ( ) 안에 알맞은 것은? (단, 자동화재탐지설비의 수신기가 설치된 장소에 상시 사람이 근무하고 있고, 화재 시 즉시 해당 조작부를 작동시킬 수 있는 경우는 제외한다.)

- 표시온도가 (㉠)℃ 미만인 것을 사용하고 1개의 스프링클러헤드의 경계면적은 (㉡)㎡ 이하로 할 것
- 부착면의 높이는 바닥으로부터 (㉢)m 이하로 하고 화재를 유효하게 감지할 수 있도록 할 것

① ㉠ 60, ㉡ 10, ㉢ 7   ② ㉠ 60, ㉡ 20, ㉢ 7   ③ ㉠ 79, ㉡ 10, ㉢ 5   ④ ㉠ 79, ㉡ 20, ㉢ 5

- **포소화설비** : 수조로부터 공급된 물과 포약제 저장탱크에서 공급된 포원액을, **혼합기(프로포셔너)**에서 믹싱해 포수용액을 만들어, 포 방출구에서 공기와 섞어진 후 발포되어 거품을 방사하는 형태의 소화설비로서 유류탱크 등 위험물에 주로 사용된다.
- **헤드** : 빗방울 형태로 대량으로 물을 뿌리면서 방수하는 역할을 하는 장치
  - **폐쇄형헤드** : 정상상태에서 방수구를 막고 있는 감열체가 일정온도에서 자동적으로 파괴·용해 또는 이탈됨으로써 방수구가 개방되는 헤드 (화재시 개방된 헤드에서만 물이 방수된다)
  - **개방형헤드** : 감열체 없이 방수구가 항상 열려져 있는 헤드 (화재시 설치된 모든 헤드에서 물이 방수된다)
- **자동화재탐지설비** : 화재를 자동으로 감지하여 벨(경종), 사이렌, 섬광으로 경보하여 피난을 유도하는 설비로서, 하나의 건물내에 경계구역(=화재감지구역=화재경보구역)을 여러개 나누어서 화재구역과 비화재구역으로 구분하여 제어하는 설비이다.

1. 포소화설비의 자동식 기동장치 방식
   ① 자동화재탐지설비의 감지기가 작동하면... 전기적으로... 포소화설비를 자동으로 기동하는 방식
   ② 폐쇄형 스프링클러헤드의 개방과 연동하여... 포소화설비를 자동으로 기동하는 방식
   → 폐쇄형 스프링클러헤드가 화재에 의해 개방되면... 소량의 물 또는 압축공기가 방출되어... 배관에 걸려있던 압력이 해정되고... 압력으로 누르고 있던, 포소화설비 자동개방밸브를 자동으로 개방시켜... 포소화설비를 작동시킨다.
2. 폐쇄형스프링클러헤드를 사용하는 경우 다음의 기준에 따를 것
   ① **표시온도가 79℃ 미만**인 것을 사용하고, 1개의 스프링클러헤드의 **경계면적은 20㎡** 이하로 할 것
   ② **부착면의 높이는 바닥으로부터 5m 이하**로 하고, 화재를 유효하게 감지할 수 있도록 할 것
   ③ 하나의 감지장치 **경계구역은 하나의 층**이 되도록 할 것
3. 자동화재탐지설비의 수신기가 설치된 장소에 상시 사람이 근무하고 있고, 화재 시 즉시 해당 조작부를 작동시킬 수 있는 경우는...
   → 수동식으로 설비가 가능하다. (자동식 설비 면제)

암기탑! 표시온도 79℃ 미만 / 경계면적 20㎡ 이하 / 부착면높이 5m 이하 ➡ 칠구(79) 미만 / 이(2) / 오(5) ➡ 친구 미안 이요

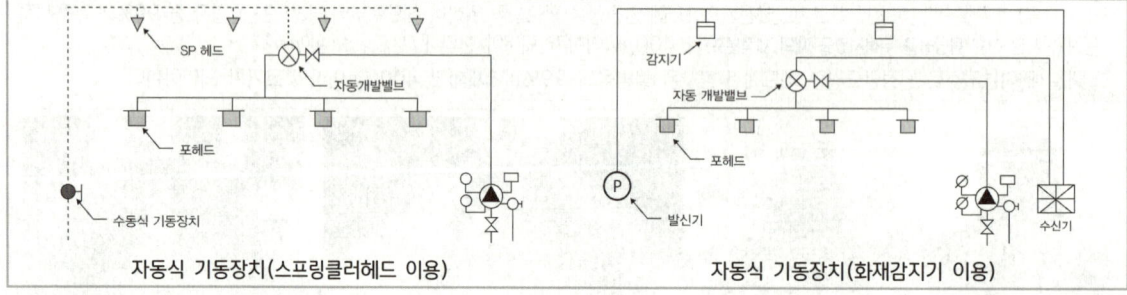

자동식 기동장치(스프링클러헤드 이용)   자동식 기동장치(화재감지기 이용)

> 숫자가 답인 문제 ★

80 할론소화설비의 화재안전기준상 할론소화약제 저장용기의 설치기준 중 다음 (   ) 안에 알맞은 것은?

> 축압식 저장용기의 압력은 온도 20℃에서 할론 1301을 저장하는 것은 (㉠)MPa 또는 (㉡)MPa이 되도록 질소가스로 축압할 것

① ㉠ 2.5, ㉡ 4.2　　② ㉠ 2.0, ㉡ 3.5　　③ ㉠ 1.5, ㉡ 3.0　　④ ㉠ 1.1, ㉡ 2.5

- **할론(Halon)소화설비** : 할론소화설비는 할로겐족원소(F, Cl, Br, I) 중 하나 이상을 포함하고 있는 할론2402($C_2F_4Br_2$), 할론 1211(CF_2ClBr), 할론1301(CF_3Br) 소화약제를 이용하여 화재를 진압하는 가스계 소화설비이다.
- **할론 1301** : Halon 1301(CF_3Br)은 소화력이 가장 우수하여 할론 소화설비 및 할론 소화기에 사용되며, 독성도 다른 할론 약제들에 비해 낮은 편이다. 하지만 오존 파괴 지수(ODP)는 가장 높다.

할론가압방식(압력을 가하여 약제를 이송하는 방식)에 따라 축압식설비(추진가스 약제용기내 같이)와 가압식설비(추진가스 별도용기에 따로)로 구분
→ **축압식** : 할론1301 소화약제는 자체증기압(20℃에서 1.4MPa)이 낮아, 약제의 압력만으로는 분사헤드에서 원하는 방사압(0.9MPa)을 얻기 어렵다. 따라서, 약제저장기 내 **자체증기압이 높은 질소가스로 축압(2.5MPa 또는 4.2MPa의 압력)**하고, 방사시에는 축압된 질소가스의 압력을 이용하여 약제를 방사하는 방식이다.
→ **가압식** : 할론2402(상온에서 액상)에 적용되는 방식으로, 별도의 가압용 **질소탱크를 부설**하여 방사시 가압용기 내의 질소를 이용해 약제를 원활한 방사압력으로 방사하는 방식이다.

SECTION 20

2022년 제2회 답이색 해설편

Answer 1과목 소방원론

이해하면서 공부 할 문제

01 목조건축물의 화재특성으로 틀린 것은?

① 습도가 낮을수록 연소 확대가 빠르다.
② 화재진행속도는 내화건축물보다 빠르다.
③ 화재 최성기의 온도는 내화건축물보다 낮다. → 높다
④ 화재성장속도는 횡방향보다 종방향이 빠르다.

목조건축물은 골조가 목조로 되어 있어 타기 쉽고 개구부 또한 많아져 격렬히 연소하여, 통상적으로 출화 후 4~14분 정도면 최성기에 도달하며, 최대 실내온도는 1,100~1,300[℃]에 달한다. 반면 **내화구조 건축물**은 통상 800~950[℃] 정도에 그친다.
① 골조가 목조이므로 건조될수록 불에 잘 타는 것은 당연한 것이다.
④ 화재가 번지는 방향이 (화재성장속도가) 천장 방향인 세로방향 (종방향) 으로 더 빠르게 번지는 것은 당연한 것이다.

함께 공부

- **내화건축물 화재 - 저온 장기형(장시간형)**
  내화구조 건축물은 철근 콘크리트조, 연와조 기타 이와 유사한 구조로서, 화재 시 쉽게 연소가 되지 않음은 물론 화재에 대하여 상당 시간동안 구조상 내력(구조가 견디는 능력)을 감소시키지 않는다. 또한 방화구획 내에서 진화되어 인접부분에 화기의 전달을 차단할 수 있으며, 내장재가 전소하더라도 수리하여 재사용이 가능한 구조를 말한다.
- **목조건축물 화재 - 고온 단기형(단시간형)**
  목조건축물은 골조가 목조로 되어 있어 타기 쉽고 개구부도 많아져, 화재가 발생하면 공기 유통이 좋아서 격렬히 연소하여 통상적으로 출화 후 4~14분 정도면 최성기에 도달하며, 최성기에서 연소낙하까지 6~19분 정도가 소요된다.

이해하면서 공부 할 문제

02 물이 소화 약제로써 사용되는 장점이 아닌 것은?

① 가격이 저렴하다.
② 많은 양을 구할 수 있다.
③ 증발잠열이 크다.
④ 가연물과 화학반응이 일어나지 않는다.

물이 "④ 가연물과 화학반응이 일어나지 않는다." 라는 지문은 당연히 맞는 말이지만, 그것이 물을 소화약제로 사용하는데 있어 장점이 될 수는 없다.
③ 물의 비열이 1[kcal/kg·℃] 로 높고, 100℃의 물이 100℃의 수증기로 변화하면서, 열기를 흡수하는 **기화(증발)잠열**은 물 1[kg]당 539 [kcal]가 필요할 정도로 매우 높아 냉각효과가 뛰어나다.

함께 공부

잠열[潛熱, latent heat] - 숨은열
- 융해와 기화(증발) 등 상 전이 과정에서 가해진 열은, 물질의 온도변화에는 사용되지 않고, 상태변화에만 사용된다. 이와 같이 상 전이 과정에서 흡수되는 열을 잠열이라 한다.
- 예를 들면, 물을 가열하면 100℃에서 끓기 시작하지만, 그 이상 아무리 가열해도 완전히 수증기가 될 때까지 100℃를 넘지 않는다. 또한 얼음을 가열해도 완전히 녹을 때까지는 0℃ 이상으로 되지 않는다. 이와 같이 기화 중인 물이나, 융해 중인 얼음에 가해진 숨은 열은, 물(액체)을 수증기(기체)로 바꾸고, 얼음(고체)을 물(액체)로 바꾸기 위해서만 소비되며 온도를 상승시키지는 않는다.
- 물의 기화잠열(증발잠열) : 539 [kcal/kg (cal/g)]
- 물의 융해잠열 : 80 [kcal/kg (cal/g)]

이해하면서 공부 할 문제

03 정전기로 인한 화재를 줄이고 방지하기 위한 대책 중 틀린 것은?

① 공기 중 습도를 일정 값 이상으로 유지한다.
② 기기의 전기 절연성을 높이기 위하여 부도체로 차단공사를 한다.
③ 공기 이온화 장치를 설치하여 가동시킨다.
④ 정전기 축적을 막기 위해 접지선을 이용하여 대지로 연결작업을 한다.

- 전하가 이동하는 상태가 아닌, 정지하고 있는 상태. 즉, 전하의 분포가 시간적으로 변화하지 않고 **정지되어 있는 전기를 정전기**라 한다.
- 정전기에 의한 발화과정은… "전하의 **발생** → 전하의 **축적** → **방전** → **발화**"에 따른다. 하지만, ②번은 정전기에 의한 발화과정 과 전혀 무관하다.
- 어떤 기기의 전기 절연성(전기를 통하지 않게 하는 것)을 높이기 위해, 부도체(전기가 통하지 않는 물체)로 차단공사를 하는 것은 **누전** 등으로 인한 감전사고 등을 방지하기 위한 조치라 할 수 있다.

함께공부

- 발생요인 − 접촉, 분리되는 두 물질의 상호작용에 의하여 정전기의 발생이 결정된다.
  - 접촉면적이 클수록 정전기의 발생량은 많아짐
  - 접촉압력이 증가할수록 정전기의 발생량은 많아짐
  - 분리속도가 빠를수록 정전기의 발생량은 많아짐
  - 대전서열에서 두 물질이 먼 위치에 있을수록 정전기 발생량은 많아짐
  - 두 물질이 접촉과 분리가 반복됨에 따라 정전기의 발생량은 감소함 (정전기는 전하가 정지하고 있는 것이므로, 두 물질을 접촉 또는 분리하면 전하가 이동하게 되어 정지(축적)되는 전하량은 감소한다.)
- 방지대책
  - 공기를 이온화하는 방법
  - 접지에 의한 방법
  - 공기 중의 상대습도를 70% 이상으로 하는 방법
  - 제전기를 설치하는 방법
  - 전기의 도체를 사용하는 방법
  - 마찰계수를 작게하는 방법
  - 배관 내 유속을 느리게 하는 방법

암기하면서 공부 할 문제

04 프로판가스의 최소점화에너지는 일반적으로 약 몇 mJ 정도 되는가?

① 0.25　　　　② 2.5　　　　③ 25　　　　④ 250

최소점화에너지 = 최소발화에너지 = 최소착화에너지 = MIE : Minimum Ignition Energy
- MIE는 가연성가스와 공기의 혼합가스에 점화원으로 점화(발화, 착화)시키기 위해 필요한 최소에너지를 말한다.
- 가연성 혼합가스가 체류하고 있는 공간에 일정량의 전기불꽃을 가하면 점화되는데, 이 때 점화가 가능한 가장 적은 양의 전기불꽃을 최소점화에너지라 한다.
- MIE는 매우 작은 값이어서 주울(Joule)의 1/1,000 단위인 [mJ, 밀리주울]을 사용한다.
- 수소의 MIE는 0.02[mJ]=2×10^{-5}[J] 정도이고, **프로판(C_3H_8)** 가스의 MIE는 0.25[mJ]=25×10^{-5}[J] 정도이다.
- MIE 값에 영향을 주는 요소로서… 온도·압력이 상승하거나, 산소농도가 높아지면 MIE 값이 작아진다.

함께공부

- 프로판(C_3H_8) = (12×3) + (1×8) = 44　☞ 공기보다 무겁다.
- **LPG(액화석유가스, Liquefied Petroleum Gas)** : 우리가 사용하는 **LP가스통**(프로판가스), **부탄가스**의 총칭이다.
  - 유전에서 석유와 함께 나오는 **프로판(C_3H_8)**과 **부탄(C_4H_{10})**을 주성분으로 한 가스를 상온에서 압축하여 액체로 만든 연료이다.
  - **공기보다 무거워서**(공기분자량=29, 프로판분자량=44) 유출시 바닥에 가라 앉는다.[**증기비중이 1보다**(공기보다) **크다**(무겁다)]
  - **무색·무취**의 기체로서 냄새가 없음으로, 누출시 쉽게 식별할 수 있도록 냄새를 첨가(부취제 사용)한다.

이해하면서 공부 할 문제 ★★

05 목재 화재 시 다량의 물을 뿌려 소화할 경우 기대되는 주된 소화효과는?

① 제거효과   ② 냉각효과   ③ 부촉매효과   ④ 희석효과

물의 비열이 1[kcal/kg·℃]로 높고, 100℃의 물이 100℃의 수증기로 변화하면서, 열기를 흡수하는 **기화(증발)잠열**은 물 1[kg]당 **539 [kcal]**가 필요할 정도로 매우 높아 냉각효과가 뛰어나다.

암기하면서 공부 할 문제

06 물질의 연소 시 산소 공급원이 될 수 없는 것은?

① <u>탄화칼슘</u>   ② 과산화나트륨   ③ 질산나트륨   ④ 압축공기
제3류 칼슘또는알루미늄의 탄화물   제1류 무기과산화물   제1류 질산염류

탄화칼슘(카바이트, CaC_2)은 **제3류 위험물**[황린제외 모두 금속]로서 물에 급격히 반응하여 열을 발생하는 **금속(금수성)** 물질이다. 따라서 금속 내부에 산소를 함유하고 있지 않으므로 산소공급원이 될 수 없다.
하지만, **제1류** 위험물[산화성 고체(가연물을 산화시키는 고체)], **제6류** 위험물[산화성 액체(가연물을 산화시키는 액체)], **제5류** 위험물[자기반응성 물질(가연물질 내 산소 함유)], 압축공기(공기에는 당연히 산소함유) 등은 화재시 산소를 공급하는 원인 물질이 될 수 있다.

암기팁❶ 제1류 위험물인 과산화나트륨, 질산나트륨 등의 이름을 보면 "산"이 사용되었다. 여기에서, "산"은 산소를 의미한다. 제1류와 제6류(과염소산, 과산화수소, 질산) 위험물을 살펴보면 대부분 "산"자가 들어가 있는 것을 알 수 있다.

함께 공부

위험물	특징	암기법	종류[대분류]		
제3류	자연발화성 및 금수성 물질	칼나알알 황린 알칼유 금금칼슘탄	**칼륨, 나트륨, 알킬리듐, 알킬알루미늄 / 황린**(유일하게 금속 아님. 나머지는 모두금속) / **알칼리금속, 알칼리토금속, 유기금속 화합물** / **금속**의 인화물, **금속**의 수화물, **칼슘** 또는 알루미늄의 **탄화물**		

암기하면서 공부 할 문제 ★★★

07 다음 물질 중 공기 중에서의 연소범위가 가장 넓은 것은?

① 부탄   ② 프로판   ③ 메탄   ④ <u>수소</u>
1.8 ~ 8.4   2.1 ~ 9.5   5 ~ 15   4 ~ 75

주요물질의 연소범위

물질	하한값 (vol%)	상한값 (vol%)	연소범위 넓이	위험도(H)	
아세틸렌(연소범위가 가장 넓다)	2.5	81.0	78.5	31.4	2위
수소(연소범위가 2번째로 넓다)	**4.0**	**75.0**	71.0	17.75	4위
일산화탄소	12.5	74.0	61.5	4.92	
에테르	1.9	48.0	46.1	24.26	3위
이황화탄소(하한값이 가장낮고, 위험도가 가장높다)	1.2	44.0	42.8	35.66	1위
황화수소	4.0	44.0	40.0	10.00	
에틸렌	2.7	36.0	33.3	12.33	
메탄	5.0	15.0	10.0	2.00	
에탄	3.0	12.4	9.4	3.13	
프로판	2.1	9.5	7.4	3.52	
부탄	1.8	8.4	6.6	3.66	

암기팁❶ 연소범위 넓은순서 ➡ 아수일에 이황에 메에프부   이수일(가수)에 이황(퇴계)에 매우 풍년이구나~
위험도 큰 순서 ➡ 이황 아세 에테 수소   이황이 아세아를 여태~~ 수성했다(지켰다).

함께 공부

연소범위(=연소한계, 폭발범위, 폭발한계)
1. 연소(폭발)범위(한계)
   • 가연성가스와 산소가 연소를 일으킬 수 있는 증기농도(체적농도 vol%)범위
   • 연소하한계와 연소상한계 사이의 범위

- 연소하한계 : 그 농도 이하에서는 발화원과 접촉하여도 연소가 일어나지 않는 가스의 최소농도
- 연소상한계 : 그 농도 이상에서는 발화원과 접촉하여도 연소가 일어나지 않는 가스의 최고농도
2. 연소범위와 화재의 위험성
- 연소하한이 낮을수록, 연소상한이 높을수록 위험함
- 온도(압력)가 높아지면 연소범위가 넓어져서 위험함

이해하면서 공부 할 문제

08 이산화탄소 20g은 약 몇 mol 인가?

① 0.23   ② 0.45   ③ 2.2   ④ 4.4

CO_2(이산화탄소) 1몰(mol)의 **분자량**을 계산하면[C=12, O=16] = 12 + (16×2) = **44g** 이다.
그럼 20g 일 때는 ?몰(mol) 인지 비례식을 세워보면... 44g : 1mol = 20g : ?mol

∴ $?\mathrm{mol} = \dfrac{20g}{44g} ≒ 0.45\,\mathrm{mol}$

함께 공부

1. 몰(mol)
- 원자, 분자, 이온 등의 수량을 나타내는 단위
- 1몰(mol)의 질량 : 분자량(=화학식량=몰질량)에 g 또는 kg을 붙인 값
- [mol]은 [L]와 [g]으로, [kmol]은 [㎥]과 [kg]으로 단위를 맞춰주어야 한다.
2. 주요 원소의 원자량

원소명	수소	탄소	질소	산소	불소	나트륨	마그네슘	알루미늄	인	황	염소	아르곤	브롬
기호	H	C	N	O	F	Na	Mg	Al	P	S	Cl	Ar	Br
원자량	1	12	14	16	19	23	24	27	31	32	35.5	40	80

이해하면서 공부 할 문제 ★

09 플래시 오버(flash over)에 대한 설명으로 옳은 것은?

① 도시가스의 폭발적 연소를 말한다.
② 휘발유 등 가연성 액체가 넓게 흘러서 발화한 상태를 말한다.
③ 옥내화재가 서서히 진행하여 열 및 가연성 기체가 축적되었다가 일시에 연소하여 화염이 크게 발생하는 상태를 말한다.
④ 화재층의 불이 상부층으로 올라가는 현상을 말한다.

플래쉬오버(Flash Over) : 구획실에서 화재가 진행되면서... 실내온도 급격히 상승 → 가연물에서 분해된 가연성가스가 실내전체에 축적 → 축적된 가연성가스 착화 → 실내전체가 폭발적으로 화염에 휩싸이는 화재현상

함께 공부

내화건축물 화재의 진행과정
① **발화(점화)** : 가연물이 인화(점화)되어 최초의 화재가 시작되는 순간의 상황
② **초기** : 연소의 4요소들이 서로 결합하여 연소가 진행될 때의 시기로서, 연기가 발생하기도 한다.
③ **성장기** : 점차 다른 가연물을 착화시키며 화재가 확대되는 형태로 변환되는 시기
④ **플래쉬오버(Flash Over)** : 화재가 진행되면서... 실내온도 급격히 상승 → 가연물에서 분해된 가연성가스가 실내전체에 축적 → 축적된 가연성가스 착화 → 실내전체가 폭발적으로 화염에 휩싸이는 화재현상
⑤ **최성기** : 플래쉬오버를 거치면서 실내의 모든 가연물이 화재에 개입되어 연소하는 시기. 화염이 창문이나 문을 통해 분출될 정도로 실내에 화염이 가득찬 상태
⑥ **감(쇠)퇴기** : 가연물의 70~80% 정도 소모되었을 때로서, 화재의 쇠퇴가 시작되는 시기
⑦ **종기** : 가연물이 전소되어 화재가 끝나는 시점

10 제4류 위험물의 성질로 옳은 것은?

① 가연성 고체 ② 산화성 고체 ③ **인화성 액체** ④ 자기반응성물질

제4류 위험물 ⇨ 인화성 액체 [유류 등]
인화의 위험성이 높은 기름 등으로서 특수인화물, 제1석유류~제4석유류, 알코올류, 동식물유류 등으로 구분하며, 1석유류~3석유류는 물에녹는 수용성액체와 녹지않는 비수용성 액체로 구분된다.

함께 공부

위험물
- 인화성(점화원에 의해 불이 붙는) 또는 발화성(스스로 불이 붙는) 등의 성질을 가지는 것으로서 대통령령으로 정하는 물품
- 위험물은 물리적·화학적 성질에 따라 제1류 ~ 제6류 위험물로 구분한다.

① **제1류 위험물 ⇨ 산화성 고체** [가연물을 산화시키는 고체]
산소를 함유하고 있어 가연물과 접촉시 산소공급원의 기능을 하는 고체로서 ~~염류, 무기과산화물 등이 해당된다.

② **제2류 위험물 ⇨ 가연성 고체** [일반 환원성 가연물]
일반적으로 불에 타는 가연성고체 물질로서 황, 인, 금속분류 등이 해당된다.

③ **제3류 위험물 ⇨ 자연발화성 및 금수성 물질** [황린제외 모두 금속]
황린(P_4)이 대표적인 자연발화성물질이고, 나머지는 모두 물에 급격히 반응하여 열을 발생하는 금속(금수성)으로서 칼륨, 나트륨, 리튬, 알루미늄 등이 해당된다.

④ **제4류 위험물 ⇨ 인화성 액체** [유류 등]
인화의 위험성이 높은 기름 등으로서 특수인화물, 제1석유류~제4석유류, 알코올류, 동식물유류 등으로 구분하며, 1석유류~3석유류는 물에녹는 수용성액체와 녹지않는 비수용성 액체로 구분된다.

⑤ **제5류 위험물 ⇨ 자기반응성 물질** [폭발성 물질]
가연물질내에 산소를 함유하고 있어 스스로 폭발적으로 반응하는 물질로서, 질산에스테르류, 유기과산화물, 니트로화합물 등 폭발성 물질이 해당된다.

⑥ **제6류 위험물 ⇨ 산화성 액체** [가연물을 산화시키는 액체]
산소를 함유하고 있어 가연물과 접촉시 산소공급원의 기능을 하는 액체로서 질산, 과산화수소, **과염소산** 등이 해당된다.

11 할론 소화설비에서 Halon 1211 약제의 분자식은?

① CBr_2ClF ② **CF_2BrCl** ③ CCl_2BrF ④ BrC_2ClF

할론(Halon) 소화약제 - 분자식(화학기호)은 원자의 순서가 바뀌어도 상관없다.

종류	분자식	상온,상압	원자량	분자량 계산	증기비중 계산
할론 1301	CF_3Br	기체	(C×1개) + (F×3개) + (Br×1개)	12 + (19×3) + 80 = **149**	149/29 = 5.13
할론 1211	CF_2ClBr	기체	(C×1개) + (F×2개) + (Cl×1개) + (Br×1개)	12 + (19×2) + 35.5 + 80 = **165.5**	165.5/29 = 5.71
할론 2402	$C_2F_4Br_2$	액체	(C×2개) + (F×4개) + (Br×2개)	(12×2) + (19×4) + (80×2) = **260**	260/29 = 8.96
할론 1011	CH_2ClBr	액체	(C×1개) + (H×2개) + (Cl×1개) + (Br×1개)	12 + (1×2) + 35.5 + 80 = **129.5**	129.5/29 = 4.46
할론 104	CCl_4	액체	(C×1개) + (Cl×4개)	12 + (35.5×4) = **154**	154/29 = 5.31

• NTP(자연상태) : 20℃, 1기압(atm) 상태 [상온, 상압 상태] - 국내기준

 탄 불 염 브

함께 공부

할론명명법 - 아래 그림과 같은 순서와 원자수로 기재된다.

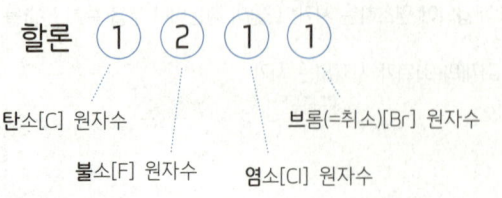

※ 화합물 내부에 존재하지 않는 원소는 숫자 '0'으로 표기(맨끝은 표기하지 않아도 된다)하고 명명하지 않는다.

이해하면서 공부 할 문제 ★★★

12 다음 중 가연물의 제거를 통한 소화 방법과 무관한 것은?

① 산불의 확산방지를 위하여 산림의 일부를 벌채한다.
② 화학반응기의 화재 시 원료 공급관의 밸브를 잠근다.
③ 전기실 화재 시 IG-541 약제를 방출한다.
④ 유류탱크 화재 시 주변에 있는 유류탱크의 유류를 다른 곳으로 이동시킨다.

제거소화란 가연물을 제거하여 소화하는 방법으로서 ①은 가연물인 산림의 일부를 제거하는 것이고, ②는 원료공급관의 밸브를 잠궈서 가연물인 원료를 제거하는 것이며, ④는 유류를 이동시켜 가연물인 유류를 제거하는 것이다.
③은 질식소화(가연물이 연소할 때 공기 중의 산소농도를 15%이하로 떨어뜨려 연소를 중단시키는 소화 방법)의 방법으로서, 전기실에 적응성 있는 "IG-541" 불연성·불활성기체 혼합가스 방출시 산소의 농도를 떨어트려 질식소화 된다.

함 께 공 부

"IG-541"은 할로겐화물 및 불활성기체소화설비에서 사용하는, 불연성·불활성기체혼합가스 소화약제로서, 그 성분비는
N_2(질소):52%, Ar(아르곤):40%, CO_2(이산화탄소):8% 이다.

암기하면서 공부 할 문제 ★

13 건물화재의 표준시간-온도곡선에서 화재발생 후 1시간이 경과할 경우 내부온도는 약 몇 ℃ 정도 되는가?

① 125　　　　　② 325　　　　　③ 640　　　　　④ 925

표준시간-온도곡선이란 실물크기의 모형화재 실험을 여러번 실행하여 얻은 온도 측정 결과를 기초로하여, 보편적시간과 온도변화의 관계를 나타낸 예상곡선을 말한다.
내화구조의 표준시간-온도곡선에 따르면, 30분이 지나면 840℃에 달하며, **1시간이 경과할 경우 925℃에 도달**된다.

함 께 공 부

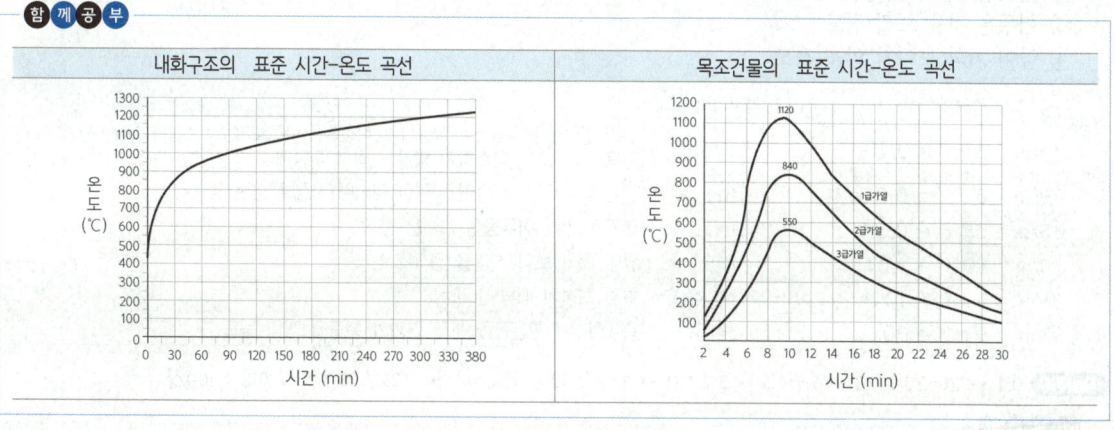

암기하면서 공부 할 문제

14 위험물안전관리법령상 위험물로 분류되는 것은?

① 과산화수소　　② 압축산소　　③ 프로판가스　　④ 포스겐

제6류 위험물 ⇨ 산화성 액체 [가연물을 산화시키는 액체]
산소를 함유하고 있어 가연물과 접촉시 산소공급원의 기능을 하는 액체로서 질산, 과산화수소, 과염소산 등이 해당된다.

함께공부

류별 위험물의 종류

위험물	특징	암기법	종류[대분류]
제1류	산화성 고체	3염무 질요브 중과	아염소산염류, 염소산염류, 과염소산염류, 무기과산화물 / 질산염류(질산칼륨=초석), 요오드산염류, 브롬산염류 / 중크롬산염류, 과망간산염류
제2류	가연성 고체	유황적 철마금 인	유황(황)[S], 황화린(인), 적린(인)[P] / 철분, 마그네슘, 금속분류 / 인화성고체
제3류	자연발화성 및 금수성 물질	칼나알알 황린 알칼유 금금칼슘탄	칼륨, 나트륨, 알킬리듐, 알킬알루미늄 / 황린(유일하게 금속 아님. 나머지는 모두금속) / 알칼리금속, 알칼리토금속, 유기금속 화합물 / 금속의 인화물, 금속의 수소화물, 칼슘 또는 알루미늄의 탄화물
제4류	인화성 액체	특아이디 1아휘 알콜 2경등 3클중 4실기 동식물	특수인화물(아세트알데히드, 이황화탄소, 디에틸에테르) / 제1석유류(아세톤, 휘발유=가솔린, 톨루엔), 알코올류 / 제2석유류(경유, 등유) / 제3석유류(클레오소트유, 중유) / 제4석유류(실린더유, 기어유), 동식물유류
제5류	자기반응성 물질	질유 히히 아니니디히	질산에스테르류, 유기과산화물 / 히드록실아민, 히드록실아민염류 / 아조 화합물, 니트로 화합물, 니트로 소화합물, 디아조 화합물, 히드라진 유도체
제6류	산화성 액체	질과염할	질산, 과산화수소, 과염소산, 할로겐간화합물

암기하면서 공부 할 문제 ★★

15 연기에 의한 감광계수가 0.1m^{-1}, 가시거리가 20~30m 일 때의 상황으로 옳은 것은?

① 건물 내부에 익숙한 사람이 피난에 지장을 느낄 정도
② **연기감지기가 작동할 정도**
③ 어두운 것을 느낄 정도
④ 앞이 거의 보이지 않을 정도

감광계수	가시거리	상황
0.1/m = 0.1m^{-1} = **0.1**Cs	20~30[m]	**연기감지기가** 작동하는(작동하기 직전의) 농도(화재발생 초기의 희미한 연기농도) 건물내부구조에 **익숙하지 않은** 사람이 피난에 지장을 받는 농도
0.3/m = 0.3m^{-1} = **0.3**Cs	5[m]	건물내부구조에 **익숙한** 사람이 피난에 지장을 받는 농도
0.5/m = 0.5m^{-1} = **0.5**Cs	3[m]	연기로 인해 **어두움**을 느끼는 농도
1.0/m = 1.0m^{-1} = **1.0**Cs	1~2[m]	앞이 거의 **보이지 않을** 정도의 농도
10/m = 10m^{-1} = **10**Cs	0.2~0.5[m] 수십cm	화재 **최성기** 때의 연기농도
30/m = 30m^{-1} = **30**Cs	없음	화재실에서 창문등을 통해 **연기가** 분출될 때의 농도

암기팁! 0.1 ↔ 20~30 / 0.3 ↔ 5 / 0.5 ↔ 3 / 1.0 ↔ 1~2 / 10 ↔ 수십cm ➡ 123 / 35 / 53 / 012 / 10수십

함께공부

- **감광계수**(C$_S$ = m^{-1})
  - 연기의 농도에 따른 빛의 투과량을 계산한 농도로, 시야확보가 중요한 화재시에 가장 적절한 연기농도 표현이다.
  - 감광계수로 표시한 연기의 농도와 가시거리(m)는 반비례의 관계(m^{-1})이다.
  - 다시말해, 연기에 빛을 투과하였을 경우, 빛의 감소에 따른 가시거리의 감소를 나타내는 것이 감광계수이다.
- **연기감지기**(자동발신) : 화재시 발생하는 연기를 자동으로 감지하여 수신기에 신호를 보내는 장치
- 내화건축물 화재일 경우 **최성기**란 플래쉬오버(실내전체가 폭발적으로 화염에 휩싸이는 화재현상)를 거치면서 실내의 모든 가연물이 화재에 개입되어 연소하는 시기를 말한다.

이해하면서 공부 할 문제 ★

16 물질의 취급 또는 위험성에 대한 설명 중 틀린 것은?

① 융해열은 점화원이다.
② 질산은 물과 반응 시 발열 반응하므로 주의를 해야 한다.
③ 네온, 이산화탄소, 질소는 불연성 물질로 취급한다.
④ 암모니아를 충전하는 공업용 용기의 색상은 백색이다.

고체(얼음)가 액체(물)로 변화하는 과정에서 **에너지(열기)를 흡수하는 융해잠열(융해열)**은 물 1[kg]당 80[kcal]가 필요할 정도로 높아 냉각효과가 뛰어나다. 따라서 점화원이라기 보다, 오히려 소화약제에 더 가깝다.

함께 공부

점화원이 될 수 없는 것(소화에 이용) : 단열팽창(점화원인 단열압축의 반대), 기화열=증발열, 냉각열, 융해열, 흡착열 등 온도가 하강할 수 있는 요소

이해하면서 공부 할 문제 ★

17 Fourier법칙(전도)에 대한 설명으로 틀린 것은?

① 이동열량은 전열체의 단면적에 비례한다.
② 이동열량은 전열체의 두께에 비례한다. (반비례)
③ 이동열량은 전열체의 열전도도에 비례한다.
④ 이동열량은 전열체 내·외부의 온도차에 비례한다.

열전도란 온도가 높은 영역으로부터 낮은 영역으로 에너지가 이송되는 열흐름 메커니즘을 말하며, Fourier(푸리에)의 전도법칙에 따르면 이동열량(=전도열량=열유동율)[°q][단위 시간당 발생되는 열량(W=J/s)]은...

$$°q[W] = kA\frac{T_1 - T_2}{L} = k(\text{열전도도}) \times A(\text{단면적, 수열면적}) \frac{\Delta T(\text{온도차})}{L(\text{두께})}$$

- 전열체의 단면적(수열면적)[A(㎡)]이 크거나, 열전도도[k(W/m·K)]가 높거나, 내·외부의 온도차[ΔT(K)]가 큰 것 등에 비례하여 이동열량[°q]은 증가한다.
- 하지만 **흐름길이가 두꺼우면**, 다시말해 전열체의 두께[L(m)]가 두꺼우면 이동열량[°q]이 감소한다.[반비례 한다]

이해하면서 공부 할 문제 ★★

18 자연발화가 일어나기 쉬운 조건이 아닌 것은?

① 열전도율이 클 것 (작을 것)
② 적당량의 수분이 존재할 것
③ 주위의 온도가 높을 것
④ 표면적이 넓을 것

자연발화란 공기 중의 물질이 상온에서, 장기간 **열의 축적**에 의해 별도 점화원 없이 **자연적으로(스스로)** 발화하는 현상으로... 열전도율(온도가 높은 곳에서 낮은 곳으로 이동)이 크면(높으면), 열의 축적이 어려워져 자연발화가 일어나기 어렵다.

함께 공부

- 자연발화가 일어나기 좋은 조건
  - 저장실의(주위의) 온도가 높을 것
  - 발열량이 클 것
  - 환기가(통풍이) 어려워 열의 축적이 잘 될 것
  - 열전도율(성)이 작을(=낮을=나쁠) 것 (열전도율이 작아야 열의 축적이 쉽다)
  - 표면적이 클 것 (큰덩어리보다 작은덩어리 여러개가 공기와의 접촉면적이 더 크기 때문)
  - 습도가 높을 것 (습도가 높으면 표면에 수분막이 형성되어 내부 온도를 발산하기 어려워서, 열이 내부에 축적되기 쉽다)
- 방지대책
  - 저장실의(주위의) 온도를 낮출 것
  - 열의 축적을 방지할 것
  - 통풍을 잘 시킬 것
  - 열전도율(성)을 크게(=높게=좋게) 할 것 (열전도율이 크면 그만큼 열의 축적이 어렵다)
  - 정촉매(반대는 부촉매) 작용 물질 (자연발화를 돕는 물질)을 피할 것
  - 산소와의 접촉을 차단할 것
  - 습도를 낮게 유지할 것

19. 분말소화약제 중 탄산수소칼륨($KHCO_3$)과 요소($CO(NH_2)_2$)와의 반응물을 주성분으로 하는 소화약제는?

① 제1종 분말　　② 제2종 분말　　③ 제3종 분말　　**④ 제4종 분말**

분말 소화약제의 종류 화학반응식(열분해 반응식)

종별	주성분	색상	적응화재	화학반응식 (열분해 반응식)	암기법
제1종	탄산수소나트륨 ($NaHCO_3$)	백색	B, C	$2NaHCO_3 \rightarrow Na_2CO_3 + CO_2 + H_2O$	이수
제2종	탄산수소칼륨 ($KHCO_3$)	담자(회)색	B, C	$2KHCO_3 \rightarrow K_2CO_3 + CO_2 + H_2O$	이수
제3종	제1인산암모늄 = 인산염 ($NH_4H_2PO_4$)	담홍색, 황색	A, B, C	$NH_4H_2PO_4 \rightarrow HPO_3 + NH_3 + H_2O$	암수
제4종	탄산수소칼륨 + 요소 ($KHCO_3+(NH_2)_2CO$)	회색	B, C	$2KHCO_3+(NH_2)_2CO \rightarrow K_2CO_3+NH_3+CO_2$	암이

※ 제1종은 탄산나트륨(Na_2CO_3), 제2종과 제4종은 탄산칼륨(K_2CO_3), 제3종은 부착력이 우수하여 소화효과가 뛰어난 메타인산(HPO_3)이 생성된다.

나의 칼은 인간의 칼이다~ ➡ 나 칼 인 칼

20. 폭굉(detonation)에 관한 설명으로 틀린 것은?

① 연소속도가 음속보다 느릴 때 나타난다. (빠를 때)
② 온도의 상승은 충격파의 압력에 기인한다.
③ 압력상승은 폭연의 경우보다 크다.
④ 폭굉의 유도거리는 배관의 지름과 관계가 있다.

① 연소파(화염전파속도)가 미반응 물질속으로 음속보다 낮은 속도로 이동하는 것을 **폭연(Deflagration)**이라 한다.
② **충격파**는 초음속(음속보다 빠른 속도)의 흐름이 갑자기 아음속(음속보다 느린 속도)으로 변할 때 얇은 불연속면이 생기는데 이 불연속면을 말하며, 이 때 압력, 밀도, **온도**, 엔트로피[손실되는(버려지는) 에너지 = 일로 변환시킬 수 없는 에너지] 등이 급격히 증가한다.
③ 폭연의 압력상승은 최고 수기압에 불과하지만, 폭굉의 압력상승은 **폭연의 10배 정도**에 달한다.
④ 폭굉유도거리(DID)가 짧아질 수 있는 요인
　- 연소속도가 큰 가스일수록
　- 관경(배관)이 가늘거나 관속에 이물질이 있는 경우
　- 점화에너지가 강할수록
　- 압력이 높을수록

- 화학적 폭발 중 폭발시 발생하는 **충격파**의 유무에 따라 폭연(충격파 없음)과 폭굉(충격파 있음)으로 구분된다.
- **충격파** : 압축성 유체에서 폭발과 같은 강렬한 압력변화에 의해 음속이상의 속도로 전달되는 파
- **폭발**은 혼합기체가 급격히 또는 현저하게 그 용적을 증가하는 반응이며, 폭음을 수반한다. 이 때 그 용적을 증가시키는 연소파(화염전파속도)가 미반응 물질속으로 음속보다 낮은 속도로 이동하는 것을 **폭연(Deflagration)**이라고, 음속보다 빠른 속도로 이동하는 것을 **폭굉(Detonation)**이라 한다.
- **폭굉유도거리**(DID, Detonation Induced Distance) : 최초의 완만한 연소에서 폭굉까지 발전하는데 필요한 거리

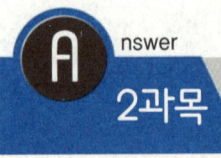

Answer 2과목 소방유체역학

✔ 이것이 혁신이다! 기출문제 + 답이색해설

21. 2 MPa, 400℃의 과열 증기를 단면확대 노즐을 통하여 20kPa로 분출시킬 경우 최대 속도는 약 몇 m/s인가? (단, 노즐입구에서 엔탈피는 3243.3 kJ/kg이고, 출구에서 엔탈피는 2345.8 kJ/kg이며, 입구속도는 무시한다.)

① 1340　　② 1349　　③ 1402　　④ 1412

본 문제는 열역학관련 계산문제로서... 소방설비기사 실기시험에서 등장하지 않는 개념과 문제이므로, 공부하지 않고 **포기하는** 것이 더 현명합니다. 따라서 지면과 노력낭비를 방지하기 위하여 해설이 없습니다.

함께공부

노즐의 출구속도
= $\sqrt{2\times(입구엔탈피-출구엔탈피)+입구속도}$ = $\sqrt{2\times\{3243.3\times10^3[J/kg]-2345.8\times10^3[J/kg]\}+0\,m/s}$ = $1339.78\,m/s$

전반적으로 쉬운 계산형 ★★

22 원형 물탱크의 안지름이 1m이고, 아래쪽 옆면에 안지름 100mm인 송출관을 통해 물을 수송할 때의 순간 유속이 3m/s이었다. 이 때 탱크 내 수면이 내려오는 속도는 몇 m/s인가?

① 0.015 ② 0.02 ③ 0.025 ④ **0.03**

연속방정식 중 체적유량(Q)을 이용한... 물탱크 내 수면이 내려오는 속도(V_1)의 계산

물과 같은 비압축성 유체가 **1지점**(물탱크)에서 **2지점**(송출관)으로 정상유동할 때 1지점의 체적[m³]과 2지점의 체적[m³]은 언제나 동일하다는 방정식이다. 즉, 관속을 흐르는 물의 유량(Q)은 유입되는 유량(Q_1)과 유출되는 유량(Q_2)이 동일하다는 법칙이 적용된다.

$$Q(체적유량, m^3/sec) = A(배관의 단면적, m^2) \times V(유속, m/sec) \quad * A = \frac{\pi \cdot D^2}{4} \quad D=직경(지름)$$

$$Q_1 = Q_2$$
$$A_1 \cdot V_1 = A_2 \cdot V_2$$
$$\frac{\pi \times D_1^2}{4} \times V_1 = \frac{\pi \times D_2^2}{4} \times V_2$$
$$D_1^2 \times V_1 = D_2^2 \times V_2$$

- 1지점 물탱크 안지름(D_1) = 1m
- 2지점 송출관 안지름(D_2) = 100mm = 0.1m
- 2지점 송출관 순간유속(V_2) = 3m/s

$$D_1^2 \times V_1 = D_2^2 \times V_2 \rightarrow V_1 = \frac{D_2^2}{D_1^2} V_2 = \frac{(0.1\,m)^2}{(1\,m)^2} \times 3\,m/s = 0.03\,m/s$$

전반적으로 쉬운 계산형 ★★

23 지름 5cm인 구가 대류에 의해 열을 외부공기로 방출한다. 이 구는 50W의 전기히터에 의해 내부에서 가열되고 있고 구 표면과 공기 사이의 온도차가 30℃라면 공기와 구 사이의 대류 열전달계수는 약 몇 W/m²·℃인가?

① 111 ② **212** ③ 313 ④ 414

뉴턴(Newton)의 냉각법칙

$$°q[W] = h(대류\,열전달계수) \times A(표면적, 수열면적) \times \Delta T(온도차)$$

1. 조건정리
   - 열전달량(°q) = 50W
   - 구의 표면적(A) = $4\pi r^2 = 4\times\pi\times0.025^2 = 7.85\times10^{-3}\,m^2$  = 2.5cm = 0.025m *1000mm = 100cm = 1m
   - 온도차(ΔT) = 30℃
   - 대류 열전달계수(h) = ? W/m²·℃

2. h(대류 열전달계수) = $\dfrac{°q[W]}{A(표면적, 수열면적)\times\Delta T(온도차)}$ = $\dfrac{50\,W}{7.85\times10^{-3}\,m^2 \times 30℃}$ = $212.31\,W/m^2\cdot℃$

함께공부

뉴턴(Newton)의 냉각법칙
$$°q[W] = h\,A\,\Delta T = h(대류\,열전달계수)\times A(표면적, 수열면적)\times\Delta T(온도차)$$

- 전열체의 표면적(수열면적)[A(㎡)]이 크거나, 대류 열전달계수[h(W/㎡·K)]가 높거나, 내·외부의 온도차[ΔT(K)]가 큰 것 등에 비례하여 이동열량[°q]은 증가한다.
- 구의 표면적(A) = $4\pi r^2$ * r = 반지름 = 지름의 절반

전반적으로 쉬운 계산형 ★★

24 소화펌프의 회전수가 1450 rpm일 때 양정이 25m, 유량이 5m³/min이었다. 펌프의 회전수를 1740 rpm으로 높일 경우 양정(m)과 유량(m³/min)은? (단, 완전상사가 유지되고, 회전차의 지름은 일정하다.)

① 양정 : 17, 유량 : 4.2
② 양정 : 21, 유량 : 5
③ 양정 : 30.2, 유량 : 5.2
④ **양정 : 36, 유량 : 6**

문제 조건들이... 회전속도(rpm, N), 유량(송출량, Q), 양정(전양정, H) 등이 주어졌으므로, 펌프의 **상사법칙**을 통해 답을 구할 수 있다. 아래 표를 식으로 정리하여 답을 도출한다.

유량(송출량, Q)	양정(전양정, H)	회전속도(rpm, N)
Q_1(처음 유량) = 5 m³/min	H_1(처음 양정) = 25 m	N_1(처음 회전속도) = 1450 rpm
Q_2(변화된 유량) = ? m³/min	H_2(변화된 양정) = ? m	N_2(변화된 회전속도) = 1740 rpm

1. 유량[Q]은 펌프 회전수에 **정비례**한다. → $Q_1 : N_1 = Q_2 : N_2$

$$Q_2 = \left(\frac{N_2}{N_1}\right) \times Q_1 = \left(\frac{1740\,rpm}{1450\,rpm}\right) \times 5\,m^3/min = 6\,m^3/min \quad [\text{회전수를 1740rpm으로 높여 변화된 유량(m³/min)}]$$

2. 양정[H]은 펌프 회전수의 **2승**에 비례한다. → $H_1 : N_1^2 = H_2 : N_2^2$

$$H_2 = \left(\frac{N_2}{N_1}\right)^2 \times H_1 = \left(\frac{1740\,rpm}{1450\,rpm}\right)^2 \times 25\,m = 36\,m \quad [\text{회전수를 1740rpm으로 높여 변화된 양정(m)}]$$

암기탈이! 유량 양정 축동력 회전수1승2승3승 직경3승2승5승 ➡ 유양축 회123 직325

함께 공부

펌프의 상사법칙
- 상사(相似)라는 사전적 의미는 서로 모양이 비슷함, 닮음. 등의 뜻이 있다.
- 펌프의 용량이 다른 경우에도 비속도(비교회전도)가 같으면 이를 상사(相似)라고 한다.
- 소방에서의 상사법칙은 임펠러의 회전수(rpm) 및 임펠러의 직경을 변화시켰을 때 유량[Q], 전양정(양정)[H], 축동력[L]이 각각 어떻게 변화하겠느냐의 문제이다.
- **유량, 양정, 축동력과의 관계**
  ① 유량[Q]은 펌프 회전수에 **정비례**하고, 임펠러 직경의 **3승**에 비례한다.
  ② 양정[H]은 펌프 회전수의 **2승**에 비례하고, 임펠러 직경의 **2승**에 비례한다.
  ③ 축동력[L]은 펌프 회전수의 **3승**에 비례하고, 임펠러 직경의 **5승**에 비례한다.

구분	운전조건	형상조건
유량 Q	회전수 N^1 비례	직경 D^3 비례
양정 H	N^2	D^2
축동력 L	N^3	D^5
비례식 정리		
$Q_1 : N_1 = Q_2 : N_2$		$Q_1 : D_1^3 = Q_2 : D_2^3$
$H_1 : N_1^2 = H_2 : N_2^2$		$H_1 : D_1^2 = H_2 : D_2^2$
$L_1 : N_1^3 = L_2 : N_2^3$		$L_1 : D_1^5 = L_2 : D_2^5$

- $Q_1 = \left(\dfrac{N_1}{N_2}\right) \times \left(\dfrac{D_1}{D_2}\right)^3 \times Q_2$ • $H_1 = \left(\dfrac{N_1}{N_2}\right)^2 \times \left(\dfrac{D_1}{D_2}\right)^2 \times H_2$ • $L_1 = \left(\dfrac{N_1}{N_2}\right)^3 \times \left(\dfrac{D_1}{D_2}\right)^5 \times L_2$

- $Q_2 = \left(\dfrac{N_2}{N_1}\right) \times \left(\dfrac{D_2}{D_1}\right)^3 \times Q_1$ • $H_2 = \left(\dfrac{N_2}{N_1}\right)^2 \times \left(\dfrac{D_2}{D_1}\right)^2 \times H_1$ • $L_2 = \left(\dfrac{N_2}{N_1}\right)^3 \times \left(\dfrac{D_2}{D_1}\right)^5 \times L_1$

> 계산 없는 단순 암기형 ★★★★★

25 다음 중 이상기체에서 폴리트로픽 지수(n)가 1인 과정은?

① 단열 과정　　② 정압 과정　　③ 등온 과정　　④ 정적 과정

폴리트로픽 과정(변화)
폴리트로픽 지수인 n값을 이용해, **등압**(정압)과정[압력이 일정], **등온**(정온)과정[온도가 일정], **단열**(등엔트로피)과정[열의 출입이 없음], **등적**(정적)과정[체적이 일정]을 포함한, **모든 상태변화**를 나타낼 수 있는 과정을 말한다.
[압력(P) 곱하기 체적(V)에 n승(폴리트로픽 지수)은 항상 일정하다]
$$PV^n = 일정(C)$$

폴리트로픽 지수(n)	n값에 따른 상태변화	비열 C_n	$PV^n = C$
$n = 0$	등압(정압) 과정(변화)	C_P	$PV^0 = C\ (V^0 = 1$이므로$)$　➡　$P = C$(압력이 일정=샤를법칙)
$n = 1$	등온(정온) 과정(변화)	∞	$PV^1 = C\ (V^1 = V$이므로$)$　➡　$PV = C$(온도가 일정=보일법칙)
$-\infty \langle n \langle \infty$	폴리트로픽 과정(변화)	$C_V\left(\dfrac{n-k}{n-1}\right)$	$PV^n = C$
$n = k$ (비열비)	단열(등엔트로피) 과정(변화)	0	$PV^k = C$
$n = \infty$ (무한대)	등적(정적) 과정(변화)	C_V	$PV^\infty = C\ (V^\infty$는 매우큰수 이므로$)$　➡　$V = C$(체적이 일정)

암기법 n=0 등압 / n=1 등온 / n=비열비 단열 / n=무한대 등적 ➡ 공압 / 일온 / 비단 / 무적 (공업이론은 비단과 같이 부드러운 무적이론 이다)

> 포기해도 되는 계산형　포기해도 합격에 전혀 지장없는 문제

26 정수력에 의해 수직평판의 힌지(hinge)점에 작용하는 단위폭 당 모멘트를 바르게 표시한 것은? (단, ρ는 유체의 밀도, g는 중력가속도이다.)

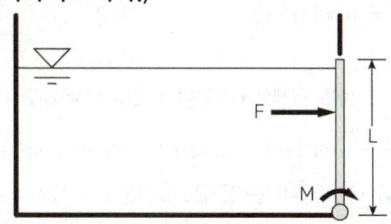

① $\dfrac{1}{6}\rho g L^3$　　② $\dfrac{1}{3}\rho g L^3$　　③ $\dfrac{1}{2}\rho g L^3$　　④ $\dfrac{2}{3}\rho g L^3$

본 문제는 이해와 계산과정 모두 매우 복잡한 계산문제로서... 소방설비기사 실기시험에서 등장하지 않는 개념과 문제이므로, 공부하지 않고 **포기하는 것**이 더 **현명**합니다. 따라서 지면과 노력낭비를 방지하기 위하여 해설이 없습니다.

함 께 공 부

1. $F(힘) = PA = \gamma AH = \rho g \times A(평판면적) \times H(평판높이) = \rho g \times (L \times 1) \times \dfrac{L}{2} = \rho g \dfrac{L^2}{2}$

2. $y_p(힘의 작용점까지 거리) = \dfrac{\dfrac{b(폭의길이) \times H^3(높이)}{12}}{y(평판중심까지 거리) \times A(평판면적)} + y$ [2차 모멘트]

$= \dfrac{\dfrac{1 \times L^3}{12}}{\dfrac{L}{2} \times (1 \times L)} + \dfrac{L}{2} = \dfrac{\dfrac{L^3}{12}}{\dfrac{L^2}{2}} + \dfrac{L}{2} = \dfrac{2L^3}{12L^2} + \dfrac{L}{2} = \dfrac{L}{6} + \dfrac{L}{2} = \dfrac{L}{6} + \dfrac{3L}{6} = \dfrac{4L}{6} = \dfrac{2L}{3}$

3. $M(모멘트) = F \times (L - y_p) = \rho g \dfrac{L^2}{2} \times \left(L - \dfrac{2L}{3}\right) = \rho g \dfrac{L^2}{2} \times \left(\dfrac{3L}{3} - \dfrac{2L}{3}\right) = \rho g \dfrac{L^2}{2} \times \dfrac{L}{3} = \rho g \dfrac{L^3}{6} = \dfrac{1}{6}\rho g L^3$

전반적으로 쉬운 계산형 ★★

27 그림과 같은 중앙부분에 구멍이 뚫린 원판에 지름 20cm의 원형 물제트가 대기압 상태에서 5m/s의 속도로 충돌하여, 원판 뒤로 지름 10cm의 원형 물 제트가 5m/s의 속도로 흘러나가고 있을 때, 원판을 고정하기 위한 힘은 약 몇 N인가?

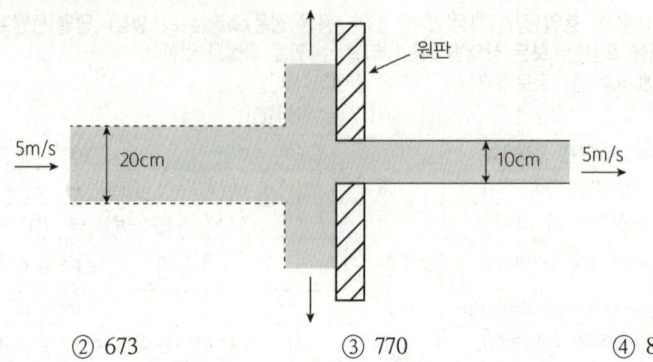

① 589　　② 673　　③ 770　　④ 893

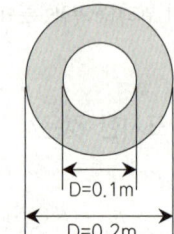

고정평판에 작용하는 힘
$$F(N) = \rho(밀도, kg/m^3) \cdot Q(유량, m^3/sec) \cdot V(유속, m/sec)$$
$$= \rho \cdot A(단면적, m^2) \cdot V^2(m/sec)^2 \quad *Q = A \cdot V \text{ 이므로... } V가 2개가 되어 V^2$$
$$= \rho \cdot \frac{\pi D^2}{4}(단면적, m^2) \cdot V^2(m/sec)^2 = kg \cdot m/sec^2(N)$$

- 물의 밀도 = $1000[kg/m^3]$

1. **구멍이 없는** 원판이 받는 전체힘(F_1) ☞ 충돌 물제트 D(지름) = 20cm = 0.2m
$$= \rho \frac{\pi D^2}{4} V^2 = 1000[kg/m^3] \times \frac{\pi \times 0.2^2}{4}[m^2] \times 5^2[(m/sec)^2] = 785.4 \, kg \cdot m/sec^2[N]$$

2. 구멍 뚫린 부분으로 빠져나가는 힘(F_2) ☞ 빠져나가는 물제트 D(지름) = 10cm = 0.1m
$$= \rho \frac{\pi D^2}{4} V^2 = \frac{1000 \times \pi \times 0.1^2 \times 5^2}{4} = 196.35[N]$$

3. **구멍이 있는** 원판이 받는 힘(F) = 구멍이 없는 원판이 받는 전체힘(F_1) - 구멍 뚫린 부분으로 빠져나가는 힘(F_2)
$$F = 785.4[N] - 196.35[N] = 589.05[N]$$

함께공부

고정평판에 작용하는 힘
$$F(N) = \rho(밀도, kg/m^3) \cdot Q(유량, m^3/sec) \cdot V(유속, m/sec) \cdot \sin\theta \, [직각(90°)으로 방사하면 최대값=1]$$
$$= \rho \cdot A(단면적, m^2) \cdot V^2(m/sec)^2 \cdot \sin\theta \quad *Q = A \cdot V \text{ 이므로... } V가 2개가 되어 V^2$$
$$= \rho \cdot \frac{\pi D^2}{4}(단면적, m^2) \cdot V^2(m/sec)^2 \cdot \sin\theta = kg \cdot m/sec^2(N)$$

계산 없는 단순 암기형 ★★★★★

28 펌프의 공동현상(cavitation)을 방지하기 위한 방법이 아닌 것은?

① 펌프의 설치 위치를 되도록 낮게 하여 흡입 양정을 짧게 한다.
② 펌프의 회전수를 <u>크게</u> 한다.
　　　　　　　　작게
③ 펌프의 흡입 관경을 크게 한다.
④ 단흡입펌프보다는 양흡입펌프를 사용한다.

공동현상(캐비테이션, cavitation) – 공기고임현상(기포 발생)
- **정의**
  - 펌프 내부나 흡입측 배관에서 **물의 압력이 포화증기압 이하로 떨어져** 물이 국부적으로 증발하여 증기 공동이 발생하는 현상으로 공기(기포)가 생성되고, 진동(소음)을 수반하며 종단에는 양수불능을 초래할 수 있음
  - 물의 온도에 상응하는 증기압보다 낮은 부분이 발생하면 물은 증발되고 물속에 있던 공기와 물이 분리되어 **기포가 발생**하는 펌프의 현상
  - 물이 배관 내에 유동하고 있을 때 흐르는 **물 속 어느 부분의 정압이 그때 물의 온도에 해당 하는 증기압 이하로 되면** 부분적으로 기포가 발생하는 현상
- **원인 및 방지책**

원인	방지책
흡입양정(수두) 클 때(흡입측 배관길이 길 때)	펌프 설치높이 낮춘다, 입축(수직회전축)펌프[심정용] 사용, 물올림장치 설치 등 **흡입양정(수두)을 짧게** 한다.
펌프의 설치 위치가 수원보다 높을 때	펌프의 설치 위치를 **수원보다 낮게** 한다.
마찰손실 클 때	배관길이 짧게, 관 부속물 적게 시공, 관경크게, **양흡입 펌프**(또는 2대 이상 펌프) 사용 등 마찰손실 줄인다.
임펠러 속도(펌프회전수)가 너무 빠를 때	임펠러 **속도**(펌프회전수) **낮춰** 유량을 적게 한다.(흡입비속도를 낮게한다)
흡입관경이 작아 유속이 너무 빠른 경우	**흡입관경 크게** 해서 유속을 낮춘다.
수온 높을 때	**수온을 낮게** 유지하여 포화증기압을 줄인다.

전반적으로 쉬운 계산형 ★★

29 물을 송출하는 펌프의 소요축동력이 70kW, 펌프의 효율이 78%, 전양정이 60m일 때, 펌프의 송출유량은 약 몇 m³/min인가?

① 5.57 ② 2.57 ③ 1.09 ④ 0.093

펌프의 **축동력** ☞ 펌프의 운전에 필요한 실제동력. 따라서 전달계수를 빼고 계산한다.

$$P(kW) = \frac{H \cdot \gamma \cdot Q}{\eta_p(효율) \times 102} = \frac{H(전양정)[m] \times \gamma(물\ 비중량)[1000\,kgf/m^3] \times Q(토출량)[m^3/\sec]}{\eta_p(효율) \times 102}$$

1. 조건정리
   - 축동력(P) = 70kW
   - 전양정(H) = 60m
   - 효율(η_p) = 78% = 퍼센트의 단위를 제거하면… 0.78이 된다.
2. 송출유량(토출량, Q)의 계산 = ? m³/min

$$Q(토출량)[m^3/\sec] = \frac{\eta_p \times 102 \times P(kW)}{H \times \gamma} = \frac{0.78 \times 102 \times 70\,kW}{60\,m \times 1000\,kgf/m^3} = 0.09282\,m^3/\sec$$

단위의 변환 ➡ $\dfrac{0.09282\,m^3}{1\sec} \times \dfrac{60\sec}{1\min} = \dfrac{0.09282 \times 60\,m^3}{1\min} = 5.57\,m^3/\min$

함께공부

1. 펌프 동력(kW)의 계산
   = $H(전양정)[m] \times \gamma(물\ 비중량)[1000\,kgf/m^3] \times Q(토출량)[m^3/\sec] = kW$
   = $kgf \cdot m/\sec$ (힘×속도=중력단위의 동력) = kW
2. 펌프의 **전달(소요, 모터, 전동기) 동력**(P) ☞ 펌프의 **구동**에 이용되는 동력

   $kW = \dfrac{H \cdot \gamma \cdot Q}{\eta_p(효율) \times 102} \times K \qquad HP = \dfrac{H \cdot \gamma \cdot Q}{\eta_p(효율) \times 76} \times K \qquad PS = \dfrac{H \cdot \gamma \cdot Q}{\eta_p(효율) \times 75} \times K$

   * K (전달계수) ① 전동기 : 1.1 ② 내연기관 : 1.15 ~ 1.2
3. 펌프의 **축동력** ☞ 펌프의 운전에 필요한 실제동력. 따라서 전달계수를 빼고 계산한다.

   $kW = \dfrac{H \cdot \gamma \cdot Q}{\eta_p(효율) \times 102} \qquad HP = \dfrac{H \cdot \gamma \cdot Q}{\eta_p(효율) \times 76} \qquad PS = \dfrac{H \cdot \gamma \cdot Q}{\eta_p(효율) \times 75}$
4. 펌프의 **수동력** ☞ 펌프에 의해 **물에 공급**되는 동력(유체에 실제로 주어지는 동력). 따라서 펌프효율은 의미가 없다.

   $kW = \dfrac{H \cdot \gamma \cdot Q}{102} \qquad HP = \dfrac{H \cdot \gamma \cdot Q}{76} \qquad PS = \dfrac{H \cdot \gamma \cdot Q}{75}$
5. 단위의 변환
   - 물의 비중량(γ) = $\dfrac{1000\,kgf/m^3}{102} = \dfrac{9800\,N/m^3}{102 \times 9.8} = \dfrac{9800\,N/m^3}{1000} = \dfrac{\gamma}{1000}$ * $1kgf = 9.8N$

- 토출량$(Q) = \dfrac{1m^3}{1\sec} \times \dfrac{60\sec}{1\min} = 60\,[m^3/\min]$ → $\dfrac{60\,[m^3/\min]}{1} = \dfrac{m^3/\min}{60} = \dfrac{Q}{60}$ *1분을 60으로 나눠주면 1초가 된다.

$\therefore P[kW] = \dfrac{H \cdot \gamma \cdot Q}{1000 \times 60} = \dfrac{H[m] \times 9800[N/m^3] \times Q[m^3/\min]}{1000 \times 60} = 0.163HQ$

복잡하고 어려운 계산형

30 그림에 표시된 원형 관로로 비중이 0.8, 점성계수가 0.4 Pa·s인 기름이 층류로 흐른다. ①지점의 압력이 111.8 kPa이고, ②지점의 압력이 206.9 kPa일 때 유체의 유량은 약 몇 L/s인가?

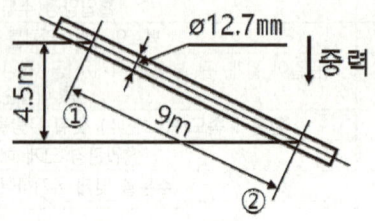

① 0.0149   ② 0.0138   ③ 0.0121   ④ 0.0106

해설

1. **수정된 베르누이 방정식(베르누이의 실제 적용)**
   베르누이 방정식은 유체가 점성이 없다고 가정하였으나, 실제 유체는 점성을 가지고 있어 **마찰손실**(H_L)이 발생된다.
   이에 따라 마찰손실이 발생된 만큼 베르누이 방정식에 반영하여야 한다.

   베르누이 방정식 ☞ 전수두(전양정) = 압력수두 + 속도수두 + 위치수두 = 일정(Constant)

   $H(m) = \dfrac{P}{\gamma} + \dfrac{V^2}{2g} + Z = \dfrac{압력(kN/m^2)}{물비중량(9.8kN/m^3)} + \dfrac{유속^2(m/\sec)^2}{2 \times 중력가속도(9.8m/\sec^2)} + 높이(m)$

   수정된 베르누이 방정식 ☞ $\dfrac{P_1}{\gamma} + \dfrac{V_1^2}{2g} + Z_1 = \dfrac{P_2}{\gamma} + \dfrac{V_2^2}{2g} + Z_2 + H_L$ (두 지점 사이의 마찰손실수두, m)

   실제로 1지점과 2지점의 에너지는 1~2 구간에서 발생된 마찰손실(H_L) 때문에 동일하지 않을 것이다. 따라서 1~2 구간에서 발생된 마찰손실(H_L) 만큼 2지점에 더해주어야 1지점과 2지점의 에너지가 동일해질 것이다. (1지점에서 2지점으로 흐르는 경우)

   문제에서는 1지점에서 2지점으로 흐르는지... 아니면, 2지점에서 1지점으로 흐르는지 조건을 제시하지 않았다. 따라서 어디에서 어디로 흐르는지 먼저 알아보아야 한다.
   알아보는 방법은... 1지점의 전수두와 2지점의 전수두를 계산하여, 그 값이 큰 쪽에서 작은 쪽으로 흐르게 된다. 그러면, 작은쪽에 마찰손실수두를 더해주어야 한다.

2. **기름의 비중량**
   기름의 비중량(γ) = 기름비중(S) × 물의 비중량(γ_w) = 0.8 × 9.8 kN/m³ = 7.84 kN/m³

   $S(액체비중) = \dfrac{\rho\,[기름의 밀도(kg/m^3)]}{\rho_w\,[물의 밀도(1000\,kg/m^3)]} = \dfrac{\gamma\,[기름의 비중량(kN/m^3)]}{\gamma_w\,[물의 비중량(9.8\,kN/m^3)]}$

   - 물 비중량$(\gamma) = 1000\,kgf/m^3 = 9800\,N/m^3 = 9.8\,kN/m^3$ *$1kgf = 9.8N$ *$1000N = 1kN$

3. **마찰손실수두**(H_L)**의 계산**
   베르누이 방정식의 인자 중 소거할 부분을 먼저 소거한 후 계산한다.

   $\dfrac{P_1}{\gamma} + \dfrac{V_1^2}{2g} + Z_1 = \dfrac{P_2}{\gamma} + \dfrac{V_2^2}{2g} + Z_2$ → $\dfrac{P_1}{\gamma} + Z_1 = \dfrac{P_2}{\gamma} + Z_2$

   → $\dfrac{111.8\,kN/m^2}{7.84\,kN/m^3} + 4.5m = \dfrac{206.9\,kN/m^2}{7.84\,kN/m^3} + 0m$ → $18.76m = 26.39m$

   - 1지점과 2지점의 배관구경이 동일하므로... 1지점의 유속(V_1)과 2지점의 유속(V_2)은 동일하여, $\dfrac{V_1^2}{2g}$과 $\dfrac{V_2^2}{2g}$는 소거된다.

   - 1지점 압력(P_1) = 111.8 kPa(=kN/m²)
   - 1지점 높이(Z_1) = 4.5m
   - 2지점 압력(P_2) = 206.9 kPa(=kN/m²)
   - 2지점 높이(Z_2) = 0m

2지점의 전수두가 더 크므로... 기름은 2지점에서 1지점으로 흐르게 된다. 따라서 발생된 마찰손실(H_L) 만큼 1지점에 더해주어야 1지점과 2지점의 에너지가 동일해질 것이다.

$$\frac{P_1}{\gamma} + Z_1 + H_L = \frac{P_2}{\gamma} + Z_2 \quad \rightarrow \quad H_L = \frac{206.9\,kN/m^2 - 111.8\,kN/m^2}{7.84\,kN/m^3} + (0m - 4.5m) = 7.63m$$

4. 전단응력과 속도분포의 관계를 나타내는 하겐-포아젤 방정식을 적용하여 유량(L/s)을 계산

최대유속 $= \frac{\Delta P \cdot D^2}{16 \cdot \mu \cdot L} = \frac{압력손실(=압력강하) \times 직경(=관경)^2}{16 \times 절대점도(점성계수) \times 배관길이}$

평균유속 $= \frac{\Delta P \cdot D^2}{32 \cdot \mu \cdot L}$

유량(Q) $= \frac{\pi \cdot D^2}{4} \times \frac{\Delta P \cdot D^2}{32 \cdot \mu \cdot L} = \frac{\Delta P \cdot \pi \cdot D^4}{128 \cdot \mu \cdot L}$

압력손실(=압력강하) $\Delta P = \frac{Q \cdot 128 \cdot \mu \cdot L}{\pi \cdot D^4}$

손실수두(H_L) $= \frac{\Delta P}{\gamma}$ $\quad \Delta P = \gamma \cdot H_L \quad$ $H_L = \frac{Q \cdot 128 \cdot \mu \cdot L}{\gamma \cdot \pi \cdot D^4}$

$$\therefore Q[m^3/s] = \frac{H_L \cdot \gamma \cdot \pi \cdot D^4}{128 \cdot \mu \cdot L} = \frac{7.63m \times 7840\,N/m^3 \times \pi \times (0.0127m)^4}{128 \times 0.4\,N \cdot s/m^2 \times 9m} = 1.06 \times 10^{-5}\,[m^3/s] = 0.0106\,[L/s]$$

*1m³ = 1000L

- 기름의 비중량(γ) = 기름비중(S) × 물의 비중량(γ_w) = 0.8 × 9800 N/m³ = 7840 N/m³
- 지름(D) = 12.7㎜ = 0.0127m   *1000㎜ = 100㎝ = 1m
- 점성계수(μ) = 0.4 Pa·s = 0.4 N·s/m²
- 관로의 길이 = 9m

계산 없는 단순 암기형 ★★★★★

31 다음 중 점성계수 μ의 차원은 어느 것인가? (단, M : 질량, L : 길이, T : 시간의 차원이다.)

① $ML^{-1}T^{-1}$
  kg / m · sec (절대점성계수)
② $ML^{-1}T^{-2}$
  kg / m · sec² (절대단위 압력)
③ $ML^{-2}T^{-1}$
④ $M^{-1}L^{-1}T$

- 차원 : "길이"라는 단어만으로는 그 길이가 얼마나 긴지, 짧은지 알 수 없다. 또 "질량"이라는 단어로는 얼마나 무거운지, 가벼운지 알 수 없다. 이렇게 사물의 크고 작음과 많고 적음을 알 수 없고 그것이 무엇을 나타내지만 알 수 있는 것을 차원이라 한다.
- 차원의 종류 및 기호
  길이(Length,렝스) → L (m)   질량(Mass,매스) → M(kg)   시간(Time,타임) → T(sec)   중량(Force,포스) → F (kgf)
- 단위를 차원의 기호로 변환[예시]
  - 면적 : m^2 → L^2
  - 속도 : m/sec → $L/T = LT^{-1}$
  - 힘 : $kg \cdot m/sec^2$ → $ML/T^2 = MLT^{-2}$
  - 부피(체적) : m^3 → L^3
  - 가속도 : m/sec^2 → $L/T^2 = LT^{-2}$ (분모는 마이너스로 표현)
  - 밀도 : kg/m^3 → $M/L^3 = ML^{-3}$

함께공부

절대점성계수(μ)
일반적으로 점도라 하면 절대점성계수(μ, 뮤)를 말하며 점성계수, 절대점도, 역학적 점성계수라고도 불리운다.
뉴턴의 점성법칙의 식을 점성계수 중심으로 정리하면

$$\mu(절대점도) = \frac{\frac{F(전단력)}{A(면적)}(=전단응력)}{\frac{du(속도)}{dy(거리)}(=속도구배)} \quad \mu = \frac{\frac{F}{A}(\tau)}{\frac{du}{dy}} = \frac{\frac{kg \cdot m/sec^2}{m^2}}{\frac{m/sec}{m}} = kg/m \cdot sec = N \cdot sec/m^2 = Pa \cdot sec$$

- Poise(푸아즈, P) = 절대점성계수의 CGS계 = $g/cm \cdot sec$ = $dyne \cdot sec/cm^2$
- 1P = 100CP (센티 푸아즈, Centi Poise)
- 물의 점성계수 = 1 CP = $0.01 g/cm \cdot sec$

전반적으로 쉬운 계산형 ★★

32 20°C의 이산화탄소 소화약제가 체적 $4m^3$의 용기 속에 들어있다. 용기 내 압력이 1 MPa일 때 이산화탄소 소화약제의 질량은 약 몇 kg인가?(단, 이산화탄소의 기체상수는 189 J/kg·K이다.)

① 0.069　　② 0.072　　③ 68.9　　④ 72.2

문제에서 공기의 기체상수가 kJ/(kg·K)의 단위로 주어졌으므로… 특정한 기체에 적용이 가능한 **특정기체 상태방정식**을 통해 답을 구할 수 있다.

문제에서 요구하는 방 안 공기의 질량(kg)을 구하기 위해… 이상기체상태방정식을 전개하여, **특정기체 상태방정식**의 질량(W)을 중심으로 정리한다.

이상기체상태방정식 ☞ $PV = \dfrac{WRT}{M}$　＊절대압력 × 체적 = $\dfrac{질량 \times 기체정수 \times 절대온도}{분자량}$

특정기체상태방정식 ☞ $PV = W\dfrac{R}{M}T$　＊$\overline{R}$(특정 기체상수) = $\dfrac{R(일반\ 기체상수)}{M(특정\ 기체의\ 분자량)}$　→　$PV = W\overline{R}T$　→　$W = \dfrac{PV}{\overline{R}T}$

1. 조건정리
    - 압력(P) = 1 MPa = 1000 kPa = 1,000,000 Pa(N/m²)　＊1,000,000Pa = 1000kPa = 1MPa
    - 체적(V) = $4m^3$
    - 이산화탄소의 특정기체상수($\overline{R}$) = 189 J/kg·K = 189 N·m/kg·K　＊J(주울, Joule) = N·m(힘×거리=일)
    - 절대온도(T) = 273+20°C = 293K

2. 위 조건들을 대입하여 질량(kg)을 구한다.　$W = \dfrac{PV}{\overline{R}T} = \dfrac{1,000,000\ N/m^2 \times 4m^3}{189\ N\cdot m/kg\cdot K \times 293K} = 72.2\ kg$

함께공부

이상기체 상태방정식
보일의 법칙, 샤를의 법칙, 아보가드로의 법칙을 하나로 표현한 식이 이상적인 기체의 여러 상태(변수)를 표시하는 방정식인 이상기체 상태방정식이다.

1. PV = nRT 식의 전개

$PV = nRT$　＊n(몰수) = $\dfrac{질량}{분자량} = \dfrac{W}{M}$　→　$PV = \dfrac{W}{M}RT$　→　$PV = \dfrac{WRT}{M}$　절대압력 × 체적 = $\dfrac{질량 \times 기체정수 \times 절대온도}{분자량}$

$PV = \dfrac{WRT}{M}$　→　$P = \dfrac{WRT}{VM}$　→　$P = \dfrac{\rho RT}{M}$　→　$\rho = \dfrac{PM}{RT}$

$\dfrac{W(질량)}{V(체적)} = \rho(밀도)$

2. 압력의 단위에 따른 기체상수(정수) R값

$PV = nRT$　＊절대압력(atm) × 체적(m^3) = 몰수($kmol$) × 기체상수(기체정수) × 절대온도(K)에서…
기체상수(R)를 중심으로 수식을 전개하면 아래와 같다.

$PV = nRT$　$R = \dfrac{PV}{nT}$　기체상수 = $\dfrac{절대압력 \times 체적}{몰수 \times 절대온도}$

여기에서 R로 표시되는 기체상수는 압력(P)의 단위에 따라 그 값이 아래와 같이 달라진다.

- 압력의 단위가 atm인 경우 →　$R = \dfrac{1atm \times 22.4m^3}{1kmol \times 273K} = 0.082\ atm\cdot m^3/kmol\cdot K$

- 압력의 단위가 N/m^2(Pa)인 경우 →　$R = \dfrac{101325\ N/m^2(Pa) \times 22.4m^3}{1kmol \times 273K} = 8313.8\ N\cdot m(=J)/kmol\cdot K$

- 압력의 단위가 kN/m^2(kPa)인 경우 →　$R = \dfrac{101.325\ N/m^2(kPa) \times 22.4m^3}{1kmol \times 273K} = 8.314\ kN\cdot m(=kJ)/kmol\cdot K$

계산 없는 단순 암기형 ★★★★★

33 압축률에 대한 설명으로 틀린 것은?

① 압축률은 체적탄성계수의 역수이다.
② 압축률의 단위는 압력의 단위인 Pa이다.
　　압력 단위의 역수인 ㎡/N, Pa⁻¹ 이다.
③ 밀도와 압축률의 곱은 압력에 대한 밀도의 변화율과 같다.
④ 압축률이 크다는 것은 같은 압력변화를 가할 때 압축하기 쉽다는 것을 의미한다.

- 압축률 (β, ㎡/N, Pa^{-1}, ㎠/kgf)
  - 체적탄성계수의 역수(β 베타, ㎡/N, ㎠/kgf)로서 **압축(P)에 의해 물질의 부피(V)가 변화하기 쉬운 정도**를 나타내는 수치이다.
  - 즉, 압축률이 크다는 의미는... 그 만큼 압축하기 쉽다는 것을 의미한다.

$$\beta = \frac{1}{K(\text{체적탄성계수})} = -\frac{\frac{\Delta V}{V}}{\Delta P} = \frac{\frac{\Delta \rho}{\rho}}{\Delta P} = \frac{\frac{\Delta \gamma}{\gamma}}{\Delta P}$$

- 체적탄성계수(K, N/㎡, Pa = 압력의 단위)
  - 체적변화율에 대한 압력의 변화. 즉 압력을 변화시켰을 때 체적이 얼마나 감소하는지를 말하는 것이다.
  - 즉, **체적탄성계수가 크다는 의미는 그 만큼 빡빡하다는 의미**이고 그에 따라 압축하기 어렵다는 의미이다.

$$K = -\frac{\Delta P(\text{변화된 압력})}{\frac{\Delta V(\text{변화된 부피})}{V(\text{처음부피})}} \overset{\langle\text{부피}\rangle}{=} \frac{\Delta P}{\frac{\Delta \rho}{\rho}} \overset{\langle\text{밀도}\rangle}{=} \frac{\Delta P}{\frac{\Delta \gamma}{\gamma}} \overset{\langle\text{비중량}\rangle}{=} \frac{1}{\beta(\text{압축률})}$$

- 즉, **압축률과 체적탄성계수는 서로 반대의 의미이다.**

함께공부

체적탄성계수 (K, N/㎡, Pa 파스칼, ㎠/kgf)
① 단위 면적당 외력의 강도와 체적의 변형비. 단위는 압력(N/㎡, Pa, kgf/㎠)의 단위를 사용한다.
② **체적변화율에 대한 압력의 변화.** 즉 압력을 변화시켰을 때 체적이 얼마나 감소하는지를 계수로 나타낸 것. 체적탄성계수가 크다는 의미는 그 만큼 빡빡하다는 의미이고 그에 따라 압축이 잘 되지 않는다는 의미이다.
③ 체적탄성계수는 압축성유체에 적용하는 식이 아니라 **비압축성유체에 적용하는 식**이다. 비압축성인 **액체**에 매우 큰 압력이 가해지면 약간의 체적의 감소가 발생하는데 이의 정도를 체적탄성계수로 표현하였다.
④ 아래 공식에서 체적이 V인 액체에 ΔP 만큼의 압력이 가해지면, 체적이 ΔV 만큼 감소하므로 공식에서는 음(-)을 표현했으나 실제로 체적탄성계수는 음(-)의 수가 될 수 없으므로 **계산시는 적용하지 아니한다.**
⑤ 또한 체적변화율에 대한 압력의 변화뿐만 아니라 밀도, 비중량의 변화율에 대한 압력의 변화도 살펴볼 수 있다.

압축률 (β, ㎡/N, Pa^{-1}, ㎠/kgf)
① 체적탄성계수의 역수(β 베타, ㎡/N, ㎠/kgf)로서 **압축(P)에 의해 물질의 부피(V)가 변화하기 쉬운 정도**를 나타내는 수치이다.
② 즉, 압축률이 크다는 의미는... 그 만큼 압축하기 쉽다는 것을 의미한다.
③ 압축률은 압력(P)에 대한 밀도(ρ)의 변화율과 같다.
④ 유체의 체적(부피)이 감소하면, 부피가 감소한 만큼 공간이 좁아져 유체의 밀도(빡빡한 정도)는 증가한다.

전반적으로 쉬운 계산형 ★★

34 밸브가 장치된 지름 10cm인 원관에 비중 0.8인 유체가 2m/s 의 평균속도로 흐르고 있다. 밸브 전후의 압력차이가 4kPa 일 때, 이 밸브의 등가길이는 몇 m인가? (단, 관의 마찰계수는 0.02이다.)

① 10.5   ② 12.5   ③ 14.5   ④ 16.5

마찰손실(h_L)을 수두(m, mH_2O)로 구하는 방정식인 **달시-와이스바하 방정식**을 통해 계산할 수 있다.

$$h_L(mH_2O) = f\frac{L(m)}{D(m)}\frac{V^2(m/\sec)^2}{2g(m/\sec^2)} \quad \text{마찰손실수두} = \text{관마찰계수} \times \frac{\text{직관의 길이}}{\text{배관의 직경}} \times \frac{\text{유속}^2}{2 \times \text{중력가속도}}$$

문제에서 묻고 있는 것은 마찰손실(h_L)이 아니라... 밸브, 엘보, 티 등의 관부속물을 직관길이로 환산한 등가길이(L_e)를 묻고 있다. 등가길이를 알기 위해서는... 압력차이 4kPa을 이용하여 마찰손실(h_L)을 먼저 계산하여야 한다.

1. 압력차이 4kPa을 이용한 마찰손실(h_L) 계산

$$P(\text{압력}) = \gamma(\text{비중량}) \times h_L(\text{수두})$$

$$\text{마찰손실수두}(h_L) = \frac{P}{\gamma} = \frac{4kN/m^2 (=kPa)}{7.84 kN/m^3} = 0.51 m$$

- 비중량(γ) = 비중(S) × 물의 비중량(γ_w) = 0.8 × 9.8 kN/m^3 = 7.84 kN/m^3

$$S(\text{액체비중}) = \frac{\rho[\text{액체의 밀도}(kg/m^3)]}{\rho_w[\text{물의 밀도}(1000\,kg/m^3)]} = \frac{\gamma[\text{액체의 비중량}(kN/m^3)]}{\gamma_w[\text{물의 비중량}(1000kgf/m^3 = 9800N/m^3 = 9.8kN/m^3)]}$$

$*1kgf = 9.8N \quad *1000N = 1kN$

2. 등가길이=상당길이(L_e) 계산

유체가 밸브, 엘보, 티 등의 관부속물을 흐를 때 발생하는 마찰손실과, 동일한 손실을 갖는 동일구경의 직관길이로 환산한 것

$$h_L(m) = f\frac{L_e}{D}\frac{V^2}{2g} \rightarrow L_e = \frac{h_L \times D \times 2 \times g}{f \times V^2} = \frac{0.51m \times 0.1m \times 2 \times 9.8m/s^2}{0.02 \times (2m/s)^2} = 12.5m$$

- 관의 마찰계수(f) = 0.02
- 유속(V) = 2m/s
- 지름(직경, D) = 10cm = 0.1m   *1000mm = 100cm = 1m
- 중력가속도(g) = 9.8m/s²

함께공부

등가길이(L_e)

유체가 밸브, 엘보, 티 등의 관부속물을 흐를 때 발생하는 마찰손실과, 동일한 손실을 갖는 동일구경의 직관길이로 환산한 것. 예를 들어 50A 구경의 직관 $4m$가 갖는 마찰손실 값이 "1"이고, 50A 구경의 체크밸브에 의해 발생하는 마찰손실 값이 "1"이라고 하면, 이 체크밸브의 등가길이는 $4m$가 된다.

전길이(m) = 직관길이(m) + 등가(상당)길이(m)

이렇게 등가(상당)길이를 구해서 직관길이와 합치면 전길이가 되고, 이 전길이를 마찰손실을 구하는 방정식인 달시-와이스바하 방정식에 대입하여 마찰손실 값을 구할 수 있다. 또한, 달시-와이스바하 방정식을 통해 등가길이의 식을 세울 수도 있다.

전반적으로 쉬운 계산형 ★★

35
그림과 같이 물이 수조에 연결된 원형 파이프를 통해 분출하고 있다. 수면과 파이프의 출구사이에 총 손실수두가 200mm이라고 할 때 파이프에서의 방출유량은 약 몇 m³/s인가?
(단, 수면 높이의 변화 속도는 무시한다.)

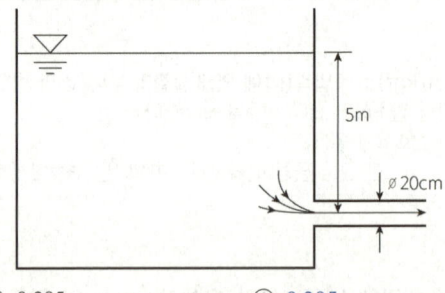

① 0.285   ② 0.295   ③ **0.305**   ④ 0.315

1. 토리첼리의 정리식을 이용하여 파이프에서의 방출속도(m/s)를 계산한다. (문제에서 손실수두가 주어졌으므로... **수위차에서 손실수두 만큼을 빼주어야 한다.**)

$$V(유속) = \sqrt{2gh} = \sqrt{2 \times 중력가속도 \times 수위차(m)} = \sqrt{2 \times 9.8 m/s^2 \times (5m - 0.2m)} = 9.7 m/s$$

- 수조의 수면과 파이프의 출구사이의 수위차 = 5m
- 수면과 파이프 출구사이 총 손실수두 = 200mm = 0.2m   *1000mm = 100cm = 1m
- 지름(직경, D) = 20cm = 0.2m

2. 유량을 묻는 문제의 단위가 m³/s 즉, 초당(sec) m³[체적]으로 물었으므로, 연속방정식 중 **체적유량(Q)**을 적용한다.

$$Q(체적유량, m^3/sec) = A(배관의 단면적, m^2) \times V(유체속도, m/sec) \quad *A = \frac{\pi \cdot D^2}{4} \quad D=직경(지름)$$

$$Q = \frac{\pi \cdot D^2}{4}V = \frac{\pi \times (0.2m)^2}{4} \times 9.7 m/s = 0.3047 m^3/s \fallingdotseq 0.305 m^3/s$$

함께공부

- **토리첼리의 정리[Torricelli's theorem]**
  - 수조의 측면 또는 저면의 오리피스(작은구멍)에서 유출하는 물의 유속과 수면까지의 높이와의 관계를 나타내는 정리
  - 수조의 단면이 오리피스에 비해 매우 커서 수위는 거의 변함이 없다(수조의 유속 = "0")고 가정하고 마찰저항을 고려하지 않는다면 수조에서 유출되는 모든 유선상의 입자는 기계적 에너지 h(수위차)를 가지며, 이렇게 정리된 식 $u = \sqrt{2gh}$ 는 물체가 자유 낙하할 때의 낙하속도와 일치한다. $V(유속) = \sqrt{2gh} = \sqrt{2 \times 중력가속도(m/sec^2) \times 수위차(m)}$

계산 없는 단순 암기형 ★★★★★

36 유체의 흐름에 적용되는 다음과 같은 베르누이 방정식에 관한 설명으로 옳은 것은?

$$\frac{P}{\gamma} + \frac{V^2}{2g} + Z = C \text{(일정)}$$

① 비정상상태의 흐름에 대해 적용된다.
　　정상상태
② 동일한 유선상이 아니더라도 흐름 유체의 임의점에 대해 항상 적용된다.
　　　　유선상에 있어야
③ 흐름 유체의 마찰효과가 충분히 고려된다.
　　　　　　　　마찰이 없어야 한다
④ 압력수두, 속도수두, 위치수두의 합이 일정함을 표시한다.

베르누이의 정리
유체가 흐름선(유선)을 그리며 흐를 때, 두 지점의 높이[위치수두] 그리고 두 지점에서의 압력[압력수두]과 흐르는 속도[속도수두] 사이의 관계를 두 지점에서 역학적 에너지가 보존됨을 바탕으로 수식으로 나타낸 것.
유체의 흐름에 **에너지보존의 법칙**을 적용시킨 방정식[오일러의 운동방정식을 **적분**하여 얻은 방정식]

전수두(전양정) = 압력수두 + 속도수두 + 위치수두 = 일정(Constant)

$$H(m) = \frac{P}{\gamma} + \frac{V^2}{2g} + Z = \frac{\text{압력}(N/m^2)}{\text{비중량}(N/m^3)} + \frac{\text{유속}^2(m/\text{sec})^2}{\text{중력가속도}(m/\text{sec}^2)} + \text{높이}(m) = C$$

유체흐름상에 임의의 두 점에서 압력·속도·위치 수두는 각각 다를 수 있으나, 에너지보존의 법칙에 의해 그 **에너지(수두)**의 총합은 **항상 일정**하다는 방정식이 성립하여 아래식으로 표현할 수 있다.

$$\frac{P_1}{\gamma} + \frac{V_1^2}{2g} + Z_1 = \frac{P_2}{\gamma} + \frac{V_2^2}{2g} + Z_2$$

※ 유속(속도)의 기호를 u나 V 어떤 것을 사용하여도 무방하다.[유속 = 속도 = u = V]

함께공부
- 베르누이 방정식의 가정조건
  - 정상 상태의 흐름(유동)이다. (**정상류**이다)
  - 점성이 없어(**비점성**), 마찰이 없는 **이상유체**의 흐름이다.
  - 유체입자는 **유선**(흐름선)을 따라 움직인다. (적용되는 임의의 두 점은 **같은 유선상**에 있다)
  - **비압축성** 유체(액체)의 흐름이다.
  ※ 정상류 : 임의의 한 점에서 시간(t)의 경과(Δt)에 따라 온도(ΔT), 속도(ΔV), 밀도($\Delta \rho$), 압력(ΔP)이 모두 변하지 않는 (일정한) 유체의 흐름

필수이론

베르누이의 정리 → $\dfrac{P_1}{\gamma} + \dfrac{V_1^2}{2g} + Z_1 = \dfrac{P_2}{\gamma} + \dfrac{V_2^2}{2g} + Z_2$

계산 없는 단순 암기형 ★★★★★

37 유체의 흐름 중 난류 흐름에 대한 설명으로 틀린 것은?

① 원관 내부 유동에서는 레이놀즈수가 약 4000 이상인 경우에 해당한다.
② 유체의 각 입자가 불규칙한 경로를 따라 움직인다.
③ 유체의 입자가 갖는 관성력이 입자에 작용하는 점성력에 비하여 매우 크다.
④ 원관 내 완전 발달 유동에서는 평균속도가 최대속도의 $\dfrac{1}{2}$이다.

① 레이놀즈수(ReNo) 4000 이상(층류에서 난류로 전이되는 레이놀즈수)부터 난류 흐름에 해당한다.
② 유체의 흐름 중 난류는 유체의 **불규칙인 흐름**이고, 어지럽고 불안정하게 흐르는 것을 말한다.
③ 유체의 흐름에 있어서 점성에 의한 힘(**점성력**)이 층류가 될 수 있도록 작용하며, 관성에 의한 힘(**관성력**)은 난류를 일으키는 원인으로 작용하고 있다. 즉 유체가 흐르려고 하는 **관성력이 매우 강하게 작용**하면, 어지럽고 불안정하게 흐르는 난류의 원인이 된다.
④ 유체의 평균적인 속도[평균속도]가 최대속도의 $\dfrac{1}{2}$인 규칙적이고 안정적인 흐름은 **층류흐름**에 대한 설명이다.

함께공부

레이놀즈수[Reynolds number]
- 관내 유체의 흐름이 층류(유체의 규칙적인 흐름)인지, 난류인지 구분해주는 정량적 수치
- 레이놀즈수는 무차원의 수치, 즉 무차원수이므로, 어떤 단위로부터 계산하여도 동일한 값이 산출된다.

$$ReNo(\text{레이놀즈수}) = \frac{D(\text{직경}) \cdot u(\text{유속}) \cdot \rho(\text{밀도})}{\mu(\text{절대점도})} = \frac{D(\text{직경}) \cdot u(\text{유속})}{\nu(\text{동점도})} = \frac{\text{관성력}}{\text{점성력}}$$

$$ReNo = \frac{D \cdot u \cdot \rho}{\mu} = \frac{m \times m/\sec \times kg/m^3}{kg/m \cdot \sec} = \frac{kg/m \cdot \sec}{kg/m \cdot \sec} = \text{단위 없음}$$

$$= \frac{D \cdot u}{\nu} = \frac{m \times m/\sec}{m^2/\sec} = \frac{m^2/\sec}{m^2/\sec} = \text{단위 없음}$$

- 층류와 난류의 구분
  ① **층류** : ReNo 0 이상 ~ 2100 이하 ⇨ 하임계 레이놀즈수 **2100**(난류에서 층류로 전이되는 레이놀즈수)
  ② **전이(천이, 임계)영역** : ReNo 2101 이상 ~ 3999 이하
  ③ **난류** : ReNo 4000 이상 ~ 끝이 없음 ⇨ 상임계 레이놀즈수 **4000**(층류에서 난류로 전이되는 레이놀즈수)

전반적으로 쉬운 계산형 ★★

38 어떤 물체가 공기 중에서 무게는 588N이고, 수중에서 무게는 98N이었다. 이 물체의 체적(V)과 비중(S)은?

① V=0.05m³, S=1.2   ② V=0.05m³, S=1.5   ③ V=0.5m³, S=1.2   ④ V=0.5m³, S=1.5

이 문제는 부력에 관한 문제인데… **부력은** 유체 내의 어떤 물체에 대하여 수직 상향으로 작용하는 힘. 쉽게 말해, 유체 내에서 **물체를 띄우려는 힘**을 말한다.

부력(=잠긴 물체의 무게)[N] = 유체의 비중량(=잠긴 물체의 비중량)[N/m^3] × 배제된 체적(=잠긴 물체의 체적)[m^3]
$$F(\text{부력}) = \gamma \cdot V$$

1. 물체의 체적(V) = ? m³ [=넘쳐흐른 물의 체적]

$$V = \frac{F}{\gamma} = \frac{490N}{9800 N/m^3} = 0.05 m^3 \text{[배제된 유체의 체적]}$$

- 부력[N] = 물체의 공기중 무게 - 물체의 물속 무게 = 588[N] - 98[N] = 490[N][물에서 밀어주는 무게]
- 물 비중량(γ) = $1000 kgf/m^3 = 9800 N/m^3$ *$1 kgf = 9.8 N$

2. 물체의 비중(S)

잠긴 물체의 무게(N) = 잠긴 물체의 비중량[N/m^3] × 잠긴 물체의 체적[m^3]
$588N = \{S(\text{비중}) \times \gamma_{\text{물}}(9800 N/m^3)\} \times 0.05 m^3$ [잠긴 물체의 체적 = 배제된 유체의 체적]

$$\therefore S(\text{비중}) = \frac{588N}{9800 N/m^3 \times 0.05 m^3} = 1.2$$

- $S(\text{비중}) = \dfrac{\gamma [\text{물체 비중량}(N/m^3)]}{\gamma_w [\text{물 비중량}(1000 kgf/m^3 = 9800 N/m^3)]}$ → $S = \dfrac{\gamma}{\gamma_w}$ → $\gamma = S \times \gamma_w$

함께공부

부력
- 유체 내의 어떤 물체에 대하여 수직 상향으로 작용하는 힘. 쉽게 말해, 유체 내에서 **물체를 띄우려는 힘**을 말한다.
- 어떤 물체의 무게가 부력보다 크다면 그 물체는 가라 앉을 것이다. 반대로 부력이 무게보다 크다면 그 물체는 뜰 것이다. **쇳덩어리는 물에 가라앉지만 나무는 물에 뜨는 이유**는 쇳덩어리의 경우 무게가 부력보다 크고, 나무는 부력이 나무무게보다 크기 때문이다. 쇠로 만든 배가 뜨는 이유는 물에 잠기는 부피를 크게 설계하여 배의 무게보다 더 큰 부력을 만들었기 때문이다.
- 아르키메데스가 발견했기 때문에 여기에 관계된 원리를 **아르키메데스의 원리**라고도 한다.

계산 없는 단순 암기형 ★★★★★

39 유체에 관한 설명 중 옳은 것은?

① 실제유체는 유동할 때 마찰손실이 <u>생기지 않는다.</u>

생긴다

② 이상유체는 높은 압력에서 밀도가 변화하는 유체이다.
  변화하지 않는

③ 유체에 압력을 가하면 체적이 줄어드는 유체는 압축성 유체이다.
④ 압력을 가해도 밀도변화가 없으며 점성에 의한 마찰손실만 있는 유체가 이상유체이다.
　　　　　　　　　　　　점성이 없어 마찰손실도 없는

액체와 기체를 총칭하여 유체라 한다.
- **압축성 유체**
  - 주위의 변화(온도, 압력 등)에 따라 **밀도(부피, 체적)가 변하는**(줄어드는) 유체
  - 일반적으로 **기체에 어떤 힘이 작용**하면, 밀도(부피)가 쉽게 변해 압축성 유체로 분류한다.
  - 만약 **액체에 강한 힘이 작용**하여 약간의 밀도(부피)가 변하는 경우라면 그 액체도 압축성 유체로 볼 수 있다.
    예시> 수압철판속의 수격작용, 디젤엔진에 있어서 연료 수송관의 충격파
- **비압축성 유체**
  - 주위의 변화(온도, 압력 등)에도 **밀도(부피, 체적)의 변화가 없는** 유체
  - 일반적으로 액체는 자유롭게 모양을 바꿀 수 있으나, 어떤 힘이 작용하여도 밀도(부피)가 잘 변하지 않아 비압축성 유체로 분류한다.
  - 만약 **기체에 아주 약한 힘이 작용**하여 밀도(부피)의 변화가 없는 경우라면 그 기체도 비압축성 유체로 볼 수 있다.
    예시> 달리는 물체 주위의 기류, 건물 둘레를 흐르는 기류

[함께공부]

- 유체
  - 액체와 기체를 총칭하여 유체라 한다.
  - 일반적으로 형상이 정해져 있지 않으며 변형이 쉽고 흐르는 성질을 갖고 있다.
  - 유체에 외력(전단력)이 작용하면 연속적으로 변형을 일으키는 물질이다.
  - 유체에 외력(전단력)을 제거하여도 곧 바로 평형을 이루지 못하고 계속하여 변형을 일으키는 물질이다.
  ※ **전단력(마찰력)** : 작용하는 면에 대해 평행하게 작용하는 힘이며, 마찰력이라고도 한다.
  ※ **응력** : 유체에 힘(외력)이 가해질 때, 유체 내부에서는 그 형태를 유지하기 위해 저항하려는 힘이 발생한다. 이 저항을 응력이라 한다. 응력은 하중의 종류에 따라서 인장응력, 수직응력, 전단응력 등으로 구분한다.
- **실제유체** : 점성(끈끈한 정도)을 가지는 모든 유체(점성 유체)로서 **마찰손실이 발생**한다. 따라서 실체유체는 유체에 마찰력(전단력)
  　　　　　을 가할 수 있으므로, 그 유체에서는 전단응력이 발생하게 된다.
- 이상유체
  - 점성이 없어 마찰손실이 발생하지 않는 **비점성** 유체
  - 압력이 작용하여도 밀도(부피)의 변화가 없는 **비압축성**(압축되지 않는) 유체
  - 즉 이상유체는 실제 존재하지 않는 가상유체로서, **비점성 · 비압축성** 유체이다.

[포기해도 되는 계산형] 포기해도 합격에 전혀 지장없는 문제

40 그림에서 물과 기름의 표면은 대기에 개방되어 있고, 물과 기름 표면의 높이가 같을 때 h는 약 몇 m인가?
(단, 기름의 비중은 0.8, 액체 A의 비중은 1.6이다.)

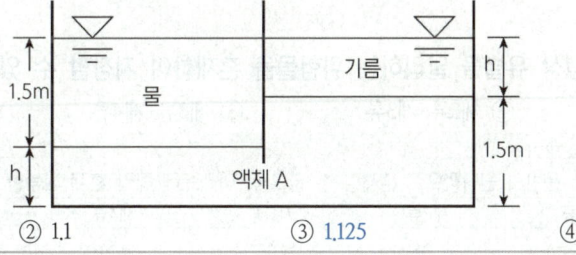

① 1　　　　② 1.1　　　　③ 1.125　　　　④ 1.25

본 문제는 이해과정이 복잡한 계산문제로서... 소방설비기사 실기시험에서 등장하지 않는 개념과 문제이므로, 공부하지 않고 **포기하는 것이 더 현명**합니다. 따라서 지면과 노력낭비를 방지하기 위하여 해설이 없습니다.

$P_C = P_D$ [물 아래 바닥지점(P_C)과 기름 아래 바닥지점(P_D)의 높이가 동일하여 압력(P)도 동일하다]
$(\gamma_물 \times 1.5m) + (S_A \times \gamma_물 \times h) = (S_{기름} \times \gamma_물 \times h) + (S_A \times \gamma_물 \times 1.5m)$
$(9.8kN/m^3 \times 1.5m) + (1.6 \times 9.8kN/m^3 \times h) = (0.8 \times 9.8kN/m^3 \times h) + (1.6 \times 9.8kN/m^3 \times 1.5m)$
$\therefore h[m] = 1.125m$

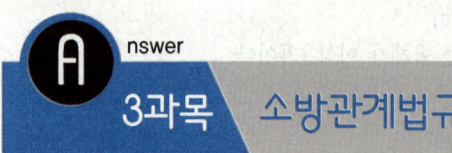

3과목 소방관계법규

41 다음은 소방기본법령상 소방본부에 대한 설명이다. ( )에 알맞은 내용은?

소방업무를 수행하기 위하여 ( ) 직속으로 소방본부를 둔다.

① 경찰서장 ② 시·도지사 ③ 행정안전부장관 ④ 소방청장

- 시·도에서 소방업무를 수행하기 위하여 **시·도지사** 직속으로 **소방본부**를 둔다.
- 시·도는 그 관할구역의 소방업무를 담당하게 하기 위하여 해당 **시·도의 조례**로 정하는 바에 따라 **소방서를 설치**한다.
- 소방업무를 수행하는 **소방본부장** 또는 **소방서장**은 그 소재지를 관할하는 특별시장·광역시장·특별자치시장·도지사 또는 특별자치도지사(이하 "**시·도지사**"라 한다)의 **지휘와 감독**을 받는다.

42 위험물안전관리법령상 제4류 위험물을 저장·취급하는 제조소에 "화기엄금"이란 주의사항을 표시하는 게시판을 설치할 경우 게시판의 색상은?

① 청색바탕에 백색문자 ② 적색바탕에 백색문자 ③ 백색바탕에 적색문자 ④ 백색바탕에 흑색문자

- 제조소에는 보기 쉬운 곳에 방화에 관하여 필요한 사항을 게시한 **게시판을 설치**하여야 한다.
- 제2류 위험물 중 인화성고체, 제3류 위험물 중 자연발화성물질, 제4류 위험물 또는 제5류 위험물 → 화기엄금
- "화기주의" 또는 "화기엄금"을 표시하는 것 → **적색바탕**에 **백색문자**

💡 화기엄금이니까... 바탕이 빨간색이다.

43 소방시설공사업법령상 소방시설업 등록을 하지 아니하고 영업을 한 자에 대한 벌칙기준으로 옳은 것은?

① 1년 이하의 징역 또는 1천만원 이하의 벌금
② 2년 이하의 징역 또는 2천만원 이하의 벌금
③ 3년 이하의 징역 또는 3천만원 이하의 벌금
④ 5년 이하의 징역 또는 5천만원 이하의 벌금

소방시설업 등록을 하지 아니하고 영업을 한 자 → **3년 이하의 징역** 또는 **3천만원** 이하의 벌금에 처한다.

💡 소방시설공사업법상 가장 강력한 벌칙이다.

44 위험물안전관리법령상 유별을 달리하는 위험물을 혼재하여 저장할 수 있는 것으로 짝지어진 것은?

① 제1류-제2류 ② 제2류-제3류 ③ 제3류-제4류 ④ 제5류-제6류

유별을 달리하는 위험물의 혼재기준
유별을 달리하는 위험물 적재 운반시 원칙적으로 혼재할 수 없으나, 아래표에 따라 혼재 가능한 위험물을 유별로 지정하였다.

위험물의 구분	제1류	제2류	제3류	제4류	제5류	제6류
제1류		×	×	×	×	○
제2류	×		×	○	○	×
제3류	×	×		○	×	×
제4류	×	○	○		○	×
제5류	×	○	×	○		×
제6류	○	×	×	×	×	

비고
1. "×"표시는 혼재할 수 없음을 표시한다.
2. "○"표시는 혼재할 수 있음을 표시한다.
3. 이 표는 지정수량의 1/10 이하의 위험물에 대하여는 적용하지 아니한다.

※ **지정수량** : 위험물의 종류별로 위험성을 고려하여 대통령령이 정하는 수량으로서 제조소등의 설치허가 등에 있어서 최저의 기준이 되는 수량(지정수량의 단위로 kg을 사용하고, 4류만 L를 사용)

💡 1류-6류 / 2류-4류-5류 / 3류-4류 ➡ 16 245 34 (여기에서 4류는 245, 34 두곳과 연관되어... 결국 235와 짝지어 진다.)

숫자가 답인 문제 ★★

45 상업지역에 소방용수시설 설치시 소방대상물과의 수평거리 기준은 몇 m 이하인가?

① 100　　② 120　　③ 140　　④ 160

소방용수시설 설치시 수평거리 기준
- 주거지역·상업지역 및 공업지역에 설치하는 경우 : 소방대상물과의 수평거리를 100미터 이하가 되도록 할 것
- 위 외의 지역에 설치하는 경우 : 소방대상물과의 수평거리를 140미터 이하가 되도록 할 것

주거·상업·공업지역은 좀 더 위험한 지역이므로 수평거리가 짧아서 소방용수가 더 많이 설치된다.

22년-2회

숫자가 답인 문제 ★★★

46 소방시설 설치 및 관리에 관한 법령상 종합점검 실시 대상이 되는 특정소방대상물의 기준 중 다음 (　)안에 알맞은 것은?

물분무등소화설비[호스릴(hose reel) 방식의 물분무등소화설비만을 설치한 경우는 제외한다]가 설치된 연면적 (　) 이상인 특정소방대상물(제조소등은 제외한다)

① 2000 m²　　② 3000 m²　　③ 4000 m²　　④ 5000 m²

- 스프링클러설비가 설치된 모든 특정소방대상물은 종합점검 대상에 해당한다.
- 물분무등소화설비가 설치된 연면적 5,000m² 이상인 특정소방대상물(제조소등 제외)은 종합점검 대상에 해당한다.

함께공부

1. 종합점검 : 소방시설등의 작동점검을 포함하여 소방시설등의 설비별 주요 구성 부품의 구조기준이 화재안전기준과 건축법 등 관련 법령에서 정하는 기준에 적합한 지 여부를 소방청장이 정하여 고시하는 소방시설등 종합점검표에 따라 점검하는 것을 말하며, 다음과 같이 구분한다.
   ① 최초점검 : 특정소방대상물의 소방시설등이 신설되어 소방시설이 새로 설치되는 경우... 건축법에 따라 건축물이 사용승인 되어 건축물을 사용할 수 있게 된 날부터 60일 이내 점검하는 것을 말한다.
   ② 그 밖의 종합점검 : 최초점검을 제외한 종합점검을 말한다.
2. 종합점검 제외 대상
   - 호스릴방식의 물분무등소화설비만을 설치한 경우는 제외
   - 물분무등소화설비가 설치된 제조소등은 제외
   - 다중이용업의 영업장 중 비디오물소극장업은 제외
   - 공공기관 중 소방대가 근무하는 공공기관은 제외
   - 제연설비가 설치되지 않은 터널

22년-2회

문장이 답인 문제 ★

47 다음 소방기본법령상 용어의 정의에 대한 설명으로 옳은 것은?

① 소방대상물이란 건축물, 차량, 선박(항구에 매어둔 선박은 제외) 등을 말한다.
　　항구에 매어둔 선박만 해당
② 관계인이란 소방대상물의 점유예정자를 포함한다.
　　소유자, 관리자, 점유자를 말한다
③ 소방대란 소방공무원, 의무소방원, 의용소방대원으로 구성된 조직체이다.
④ 소방대장이란 화재, 재난·재해, 그 밖의 위급한 상황이 발생한 현장에서 소방대를 지휘하는 사람(소방서장은 제외)이다.
　　소방서장 포함

① 소방대상물 → 건축물, 차량, 선박(항구에 매어둔 선박만 해당), 선박 건조 구조물, 산림, 그 밖의 인공 구조물 또는 물건
② 관계인 → 소방대상물의 소유자, 관리자, 점유자
③ 소방대 : 화재를 진압하고 화재, 재난·재해, 그 밖의 위급한 상황에서 구조·구급 활동 등을 하기 위하여 다음의 사람으로 구성된 조직체
　　㉠ 소방공무원법에 따른 소방공무원
　　㉡ 의무소방대설치법에 따라 임용된 의무소방원 (군입대 대체)
　　㉢ 의용소방대 설치 및 운영에 관한 법률에 따른 의용소방대원 (자발적 대원)
④ 소방대장 → 소방본부장 또는 소방서장 등 화재, 재난·재해, 그 밖의 위급한 상황이 발생한 현장에서 소방대를 지휘하는 사람

숫자가 답인 문제 ★★★

48 관리의 권원이 분리되어 있는 특정소방대상물의 관계인은 소유권, 관리권 및 점유권에 따라 각각 소방안전관리자를 선임해야 한다. 이 때 법에서 규정하고 있는 관리의 권원이 분리된 특정소방대상물 중 복합건축물은 연면적 몇 제곱미터 이상인 건축물만 해당되는가?

① 1만 ② 2만 ③ 3만 ④ 5만

관리의 권원이 분리된 특정소방대상물의 기준을 적용받는 특정소방대상물
1. 복합건축물(지하층을 제외한 층수가 11층 이상 또는 연면적 3만제곱미터 이상인 건축물)
2. 지하가(지하의 인공구조물 안에 설치된 상점 및 사무실, 그 밖에 이와 비슷한 시설이 연속하여 지하도에 접하여 설치된 것과 그 지하도를 합한 것)
3. 판매시설 중 도매시장, 소매시장 및 전통시장

숫자가 답인 문제 ★★★

49 화재의 예방 및 안전관리에 관한 법령상 특수가연물의 저장 및 취급의 기준 중 (   )에 들어갈 내용으로 옳은 것은? (단, 석탄·목탄류의 경우는 제외한다.)

쌓는 높이는 (㉠)미터 이하가 되도록 하고, 쌓는 부분의 바닥면적은 (㉡)제곱미터 이하가 되도록 할 것

① ㉠ 15, ㉡ 200 ② ㉠ 15, ㉡ 300 ③ ㉠ 10, ㉡ 30 ④ ㉠ 10, ㉡ 50

1. 화재가 발생하는 경우 불길이 빠르게 번지는 고무류·플라스틱류·석탄 및 목탄 등 대통령령으로 정하는 화재의 확대가 빠른 특수가연물은 품명별로 일정수량 이상의 가연물을 말한다.
2. 특수가연물을 품명별로 구분하여 기준에 맞게 쌓을 것(쌓는 기준)
   ① 살수설비를 설치하거나 방사능력 범위에 해당 특수가연물이 포함되도록 대형수동식소화기를 설치하는 경우
      • 높이 → 15미터 이하
      • 쌓는 부분의 바닥면적 → 200제곱미터(석탄·목탄류의 경우에는 300제곱미터) 이하
   ② 그 밖의 경우
      • 높이 → 10미터 이하
      • 쌓는 부분의 바닥면적 → 50제곱미터(석탄·목탄류의 경우에는 200제곱미터) 이하

문장이 답인 문제 ★★★

50 소방시설 설치 및 관리에 관한 법령상 자동화재탐지설비를 설치하여야 하는 특정소방대상물의 기준으로 틀린 것은?

① 공장 및 창고시설로서 지정수량의 500배 이상의 특수가연물을 저장·취급하는 것
② 지하가(터널은 제외한다)로서 연면적 600m² 이상인 것   1000m²
③ 숙박시설이 있는 수련시설로서 수용인원 100명 이상인 것
④ 장례시설 및 복합건축물로서 연면적 600m² 이상인 것

• 특정소방대상물 : 건축물 등의 규모·용도 및 수용인원 등을 고려하여 소방시설을 설치하여야 하는 소방대상물로서 대통령령으로 정하는 것
• 자동화재탐지설비를 설치하여야 하는 특정소방대상물
   ① 공장 및 창고시설로서 지정수량 500배 이상의 특수가연물을 저장·취급하는 것
   ② 지하가(터널은 제외)로서 연면적 1천m² 이상인 경우에는 모든 층
   ③ 숙박시설이 있는 수련시설로서 수용인원 100명 이상인 경우에는 모든 층
   ④ 장례시설 및 복합건축물로서 연면적 600m² 이상인 경우에는 모든 층

단어가 답인 문제

51 위험물안전관리법령에서 정하는 제3류 위험물에 해당하는 것은?

① 나트륨 ② 염소산염류 ③ 무기과산화물 ④ 유기과산화물

제3류 위험물은 자연발화성 및 금수성 물질로서, 황린(P_4)제외 모두 금속이므로 물에 급격히 반응하여 열을 발생시키고, 가연성기체인 수소(H_2)를 만드는 금속(금수성)으로서 칼륨, 나트륨, 리튬, 알루미늄(트리메틸알루미늄) 등이 해당된다.

함께공부

제3류 위험물 ⇨ 자연발화성 및 금수성 물질 [황린제외 모두 금속]

황린(P_4)이 대표적인 자연발화성물질이고, 나머지는 모두 물에 급격히 반응하여 열을 발생하는 금속(금수성)으로서 칼륨, 나트륨, 리튬, 알루미늄 등이 해당된다.

위험물	특징	암기법	종류[대분류]
제3류	자연발화성 및 금수성 물질	칼나알알 황린 알칼유 금금칼슘탄	**칼**륨, **나**트륨, **알**킬리듐, **알**킬알루미늄 / **황린**(유일하게 금속 아님. 나머지는 모두금속) / **알칼**리금속, 알칼리토금속, **유**기금속 화합물 / **금**속의 인화물, **금**속의 수소화물, **칼슘** 또는 알루미늄의 **탄**화물

단어가 답인 문제 ★★

52 소방시설 설치 및 관리에 관한 법령상 방염성능기준 이상의 실내장식물 등을 설치하여야 하는 특정소방대상물이 아닌 것은?

① 방송국　　② 종합병원　　③ 11층 이상의 아파트　　④ 숙박이 가능한 수련시설

방염성능기준 이상의 실내장식물 등을 설치해야 하는 특정소방대상물
1. 근린생활시설 중 의원, 조산원, 산후조리원, 체력단련장, 공연장 및 종교집회장
2. 건축물의 옥내에 있는 다음의 시설
   ① 문화 및 집회시설
   ② 종교시설
   ③ 운동시설(수영장은 제외)
3. 의료시설(종합병원, 격리병원, 정신의료기관 등등)
4. 교육연구시설 중 합숙소
5. 노유자 시설
6. 숙박이 가능한 수련시설
7. 숙박시설
8. 방송통신시설 중 방송국 및 촬영소
9. 다중이용업의 영업소(다중이용업소)
10. 층수가 11층 이상인 것(아파트 등은 제외)

암기팁! 아파트와 수영장은 제외한다.

문장이 답인 문제

53 소방시설 설치 및 관리에 관한 법령상 무창층으로 판정하기 위한 개구부가 갖추어야 할 요건으로 틀린 것은?

① 크기는 반지름 30cm 이상의 원이 내접할 수 있을 것
　　지름 50cm
② 해당 층의 바닥면으로부터 개구부 밑부분까지의 높이가 1.2m 이내일 것
③ 도로 또는 차량이 진입할 수 있는 빈터를 향할 것
④ 화재 시 건축물로부터 쉽게 피난할 수 있도록 창살이나 그 밖의 장애물이 설치되지 아니할 것

무창층 여부를 판단하는 개구부로서 갖추어야할 조건 (사람이 직접 피난하기 위한 구멍이 갖추어야 되는 조건)
1. 크기는 **지름 50센티미터** 이상의 원이 **내접**(內接)할 수 있는 크기일 것
2. 해당 층의 바닥면으로부터 개구부 밑부분까지의 **높이가 1.2미터** 이내일 것
3. **도로** 또는 차량이 진입할 수 있는 **빈터**를 향할 것
4. 화재 시 건축물로부터 쉽게 피난할 수 있도록 **창살**이나 그 밖의 장애물이 설치되지 아니할 것
5. 내부 또는 외부에서 쉽게 **부수거나 열 수** 있을 것

암기팁! 지름50 바닥1.2 빈터 창살 부수기 ➡ 지름 오공 / 바닥 일이 / 빈터 창살 부수기

함께공부

무창층
지상층 중 다음의 요건을 모두 갖춘 **개구부**(건축물에서 채광·환기·통풍 또는 출입 등을 위하여 만든 창·출입구)의 면적의 합계가 해당 층의 바닥면적의 30분의 1 이하가 되는 층
1. 크기는 **지름 50센티미터** 이상의 원이 내접할 수 있는 크기일 것
2. 해당 층의 바닥면으로부터 개구부 밑부분까지의 **높이가 1.2미터** 이내일 것
3. **도로** 또는 차량이 진입할 수 있는 **빈터**를 향할 것
4. 화재 시 건축물로부터 쉽게 피난할 수 있도록 **창살**이나 그 밖의 장애물이 설치되지 아니할 것
5. 내부 또는 외부에서 쉽게 **부수거나 열 수** 있을 것

숫자가 답인 문제 ★

54 소방시설공사업법령상 일반 소방시설설계업(기계분야)의 영업범위에 대한 기준 중 ( )에 알맞은 내용은? (단, 공장의 경우는 제외한다.)

> 연면적 (   ) ㎡ 미만의 특정소방대상물(제연설비가 설치되는 특정소방대상물은 제외한다)에 설치되는 기계분야 소방시설의 설계

① 10,000　　② 20,000　　③ 30,000　　④ 50,000

일반소방시설설계업의 영업범위 → 아파트 / 연면적 **3만제곱미터**(공장의 경우에는 1만제곱미터) 미만 / 위험물제조소등

함께공부

소방시설 설계업의 업종별 등록기준 및 영업범위

업종별	항목	기술인력	영업범위
전문 소방시설 설계업		• 주된 기술인력 : 소방기술사 1명 이상 • 보조기술인력 : 1명 이상	• 모든 특정소방대상물에 설치되는 소방시설의 설계
일반 소방 시설 설계업	기계 분야	• 주된 기술인력 : 소방기술사 또는 기계분야 소방설비기사 1명 이상 • 보조기술인력 : 1명 이상	• 아파트에 설치되는 기계분야 소방시설(제연설비는 제외한다)의 설계 • 연면적 3만제곱미터(공장의 경우에는 1만제곱미터) 미만의 특정소방대상물(제연설비가 설치되는 특정소방대상물은 제외한다)에 설치되는 기계분야 소방시설의 설계 • 위험물제조소등에 설치되는 기계분야 소방시설의 설계
	전기 분야	• 주된 기술인력 : 소방기술사 또는 전기분야 소방설비기사 1명 이상 • 보조기술인력 : 1명 이상	• 아파트에 설치되는 전기분야 소방시설의 설계 • 연면적 3만제곱미터(공장의 경우에는 1만제곱미터) 미만의 특정소방대상물에 설치되는 전기분야 소방시설의 설계 • 위험물제조소등에 설치되는 전기분야 소방시설의 설계

※ 보조기술인력이란 다음의 어느 하나에 해당하는 사람을 말한다.
　가. 소방기술사, 소방설비기사 또는 소방설비산업기사 자격을 취득한 사람
　나. 소방공무원으로 재직한 경력이 3년 이상인 사람으로서 자격수첩을 발급받은 사람
　다. 행정안전부령으로 정하는 소방기술과 관련된 자격·경력 및 학력을 갖춘 사람으로서 자격수첩을 발급받은 사람

문장이 답인 문제 ★★★

55 소방시설 설치 및 관리에 관한 법령상 건축허가 등을 할 때 미리 소방본부장 또는 소방서장의 동의를 받아야 하는 건축물 등의 범위기준이 아닌 것은?

① 노유자시설 및 수련시설로서 연면적 100㎡ 이상인 건축물 (200㎡)
② 지하층 또는 무창층이 있는 건축물로서 바닥면적 150㎡ 이상인 층이 있는 것
③ 차고·주차장으로 사용되는 바닥면적이 200㎡ 이상인 층이 있는 건축물이나 주차시설
④ 장애인 의료재활시설로서 연면적 300㎡ 이상인 건축물

건축허가등을 할 때 미리 소방본부장 또는 소방서장의 동의를 받아야 하는 건축물 등의 범위
1. 연면적이 400제곱미터 이상인 건축물이나 시설
   다만, 다음의 어느 하나에 해당하는 건축물이나 시설은 **예외적으로** 해당 시설에서 정한 기준 이상인 건축물이나 시설로 한다.
   • 건축등을 하려는 **학교시설** : 100제곱미터
   • **노유자시설** 및 **수련시설** : 200제곱미터 → ① 노유자시설 및 수련시설로서 연면적 100㎡ 이상인 건축물
   • **정신의료기관**(입원실이 없는 정신건강의학과 의원은 제외) : 300제곱미터
   • **장애인 의료재활시설**(이하 "의료재활시설"이라 한다) : 300제곱미터 → ④
2. **지하층** 또는 **무창층**이 있는 건축물로서 바닥면적이 150제곱미터(공연장의 경우에는 100제곱미터) 이상인 층이 있는 것 → ②
3. **차고·주차장**으로 사용되는 바닥면적이 200제곱미터 이상인 층이 있는 건축물이나 주차시설 → ③
4. 층수가 **6층** 이상인 건축물
5. **항공기** 격납고, **관망탑**, 항공관제탑, **방송용** 송수신탑

함께공부
건축허가등의 권한이 있는 행정기관이, 소방본부장이나 소방서장에게 건축허가등의 동의를 받는다.
① 건축물 등의 신축·증축·개축·재축·이전·용도변경 또는 대수선의 허가·협의 및 사용승인(건축허가등)의 권한이 있는 행정기관은 건축허가등을 할 때 미리 그 건축물 등의 시공지 또는 소재지를 관할하는 소방본부장이나 소방서장의 동의를 받아야 한다.
② 건축물 등의 증축·개축·재축·용도변경 또는 대수선의 **신고를 수리할 권한이 있는 행정기관**은 그 신고를 수리하면 그 건축물 등의 시공지 또는 소재지를 관할하는 소방본부장이나 소방서장에게 지체 없이 그 사실을 알려야 한다.

단어가 답인 문제

56 다음 중 소방기본법령에 따라 화재예방상 필요하다고 인정되거나 화재위험경보시 발령하는 소방신호의 종류로 옳은 것은?

① 경계신호   ② 발화신호   ③ 경보신호   ④ 훈련신호

소방신호(화재예방, 소방활동 또는 소방훈련을 위하여 사용되는 신호)의 종류
1. **경계신호** : 화재예방상 필요하다고 인정되거나 화재위험경보시 발령
2. **발화신호** : 화재가 발생한 때 발령
3. **해제신호** : 소화활동이 필요없다고 인정되는 때 발령
4. **훈련신호** : 훈련상 필요하다고 인정되는 때 발령

암기탑! 경 발 해 훈

숫자가 답인 문제 ★

57 화재의 예방 및 안전관리에 관한 법령상 보일러 등의 위치·구조 및 관리와 화재예방을 위하여 불의 사용에 있어서 지켜야 하는 사항 중 보일러에 경유·등유 등 액체연료를 사용하는 경우에 연료탱크는 보일러본체로부터 수평거리 최소 몇 m 이상의 간격을 두어 설치해야 하는가?

① 0.5   ② 0.6   ③ 1   ④ 2

보일러 등의 설비 또는 기구 등의 위치·구조 및 관리와 화재예방을 위하여 불을 사용할 때 지켜야 하는 사항
경유·등유 등 액체연료를 사용할 때 → 연료탱크는 보일러 **본체**로부터 수평거리 **1미터** 이상의 간격을 두어 설치할 것

숫자가 답인 문제

58 다음은 화재의 예방 및 안전관리에 관한 법령상 소방안전관리대상물의 근무자 및 거주자에 대한 소방훈련과 교육에 관련한 내용이다 ( )에 알맞은 내용은?

> 소방안전관리대상물의 관계인은 소방훈련과 교육을 연 (㉠) 이상 실시해야 한다. 다만, 소방본부장 또는 소방서장이 화재예방을 위하여 필요하다고 인정하여 (㉡)의 범위에서 추가로 실시할 것을 요청하는 경우에는 소방훈련과 교육을 추가로 실시해야 한다.

① ㉠ 1회, ㉡ 2회   ② ㉠ 1회, ㉡ 1회   ③ ㉠ 2회, ㉡ 1회   ④ ㉠ 2회, ㉡ 2회

- 소방안전관리대상물의 관계인은 그 장소에 근무하거나 거주하는 사람 등에게 소화·통보·피난 등의 훈련("**소방훈련**"이라 한다)과 소방안전관리에 필요한 교육을 하여야 하고, 피난훈련은 그 소방대상물에 출입하는 사람을 안전한 장소로 대피시키고 유도하는 훈련을 포함하여야 한다.
- 소방안전관리대상물 근무자 및 거주자에 대한 소방훈련과 교육
  소방안전관리대상물의 관계인은 소방훈련과 교육을 연 1회 이상 실시해야 한다. 다만, 소방본부장 또는 소방서장이 화재예방을 위하여 필요하다고 인정하여 2회의 범위에서 추가로 실시할 것을 요청하는 경우에는 소방훈련과 교육을 추가로 실시해야 한다.

단어가 답인 문제 ★

59 소방시설 설치 및 관리에 관한 법령상 제조 또는 가공 공정에서 방염처리를 한 물품 중 방염대상물품이 아닌 것은?

① 카펫   ② 전시용 합판
③ 창문에 설치하는 커튼류   ④ 두께가 2mm 미만인 종이벽지

방염대상물품 : 제조 또는 가공 공정에서 방염처리를 한 다음의 물품
- 창문에 설치하는 **커튼류**(블라인드 포함)
- **카펫**
- **벽지류**(두께가 2밀리미터 미만인 종이벽지는 제외)
- **전시용 합판·목재** 또는 섬유판, **무대용 합판·목재** 또는 섬유판
- **암막·무대막**(스크린 포함)
- 섬유류 또는 합성수지류 등을 원료로 하여 제작된 **소파·의자**(단란주점·유흥주점·노래연습장의 영업장에 설치하는 것으로 한정)

문장이 답인 문제

60 위험물안전관리법령상 관계인이 예방규정을 정하여야 하는 위험물 제조소 등에 해당하지 않는 것은?

① 지정수량 10배의 특수인화물을 취급하는 일반취급소
② 지정수량 20배의 휘발유를 고정된 탱크에 주입하는 일반취급소
③ **지정수량 40배의 제3석유류를 용기에 옮겨 담는 일반취급소**
④ 지정수량 15배의 알코올을 버너에 소비하는 장치로 이루어진 일반취급소

관계인이 **예방규정을 정하여야 하는 제조소등 중에서...** 지정수량의 **10배** 이상의 위험물을 취급하는 **일반취급소** 기준
1. 일반취급소 공통기준
   - 보일러·버너 또는 이와 비슷한 것으로서 위험물을 소비하는 장치로 이루어진 일반취급소
   - 위험물을 용기에 옮겨 담거나 차량에 고정된 탱크에 주입하는 일반취급소
2. 예방규정을 정해야 하는 경우
   - 제4류 위험물 중 특수인화물을 취급하는 일반취급소 → ① 지정수량 10배의 특수인화물을 취급하는 일반취급소
   - 제1석유류(아세톤, 휘발유)·알코올류의 취급량이 **지정수량의 10배 초과**인 일반취급소
     → ② 지정수량 20배의 휘발유를 고정된 탱크에 주입하는 일반취급소
     → ④ 지정수량 15배의 알코올을 버너에 소비하는 장치로 이루어진 일반취급소
3. 예방규정을 정하지 않아도 되는 경우
   - 제4류 위험물(특수인화물은 제외)만을 **지정수량의 50배** 이하로 취급하는 일반취급소
     → ③ 지정수량 40배의 제3석유류를 용기에 옮겨 담는 일반취급소
   - 제1석유류(아세톤, 휘발유)·알코올류의 취급량이 **지정수량의 10배 이하**인 일반취급소

4과목 소방기계시설의 구조및원리

✔ 이것이 혁신이다! 기출문제 + 답이색해설

> 문장이 답인 문제 ★

61 할론소화설비의 화재안전기준에 따른 **할론소화설비**의 **수동식 기동장치**의 설치기준으로 **틀린** 것은?

① 국소방출방식은 방호대상물마다 설치할 것
② 기동장치의 방출용스위치는 음향경보장치와 개별적으로 조작될 수 있는 것으로 할 것
　　　　　　　　　　　　　　　　　　　　연동하여
③ 전기를 사용하는 기동장치에는 전원표시등을 설치할 것
④ 조작부는 바닥으로부터 높이 0.8m 이상 1.5m 이하의 위치에 설치할 것

- **할론(Halon)소화설비** : 할론소화설비는 할로겐족원소(F, Cl, Br, I) 중 하나 이상을 포함하고 있는 할론2402($C_2F_4Br_2$), 할론1211(CF_2ClBr), 할론1301(CF_3Br) 소화약제를 이용하여 화재를 진압하는 가스계 소화설비이다.
- **수동식 기동장치** : 자동식인 할론소화설비를... 사람이 수동으로 기동시킬 수 있는 장치
- **국소방출방식** : 고정식 할론 공급장치에 배관 및 분사헤드를 설치하여 **직접 화점**에 할론을 방출하는 설비로 **화재발생부분에만** 집중적으로 소화약제를 방출하도록 설치하는 방식
- **방호대상물** : 소화가 필요한 하나의 대상물

② 기동장치의 방출용스위치는 음향경보장치와 연동하여 조작될 수 있는 것으로 할 것
→ 화재시 기동장치의 문을 열면 경보가 자동적으로 작동한다. 이 경보는 수동식기동스위치(방출용스위치)를 누르기 전의 예비경보(주의경보)로 사용된다.
→ 수동조작함의 기동스위치를 누르면(기동스위치를 ON으로 하는 것도 있다), 당연히 피난경보를 발하여야 하기 때문에... 음향경보장치와 연동되어야 한다. 이 때의 경보는 본격 경보인 피난(대피)경보이다.

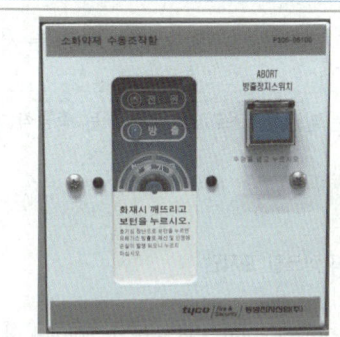 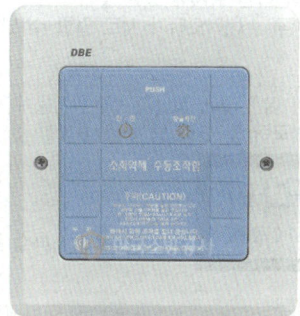 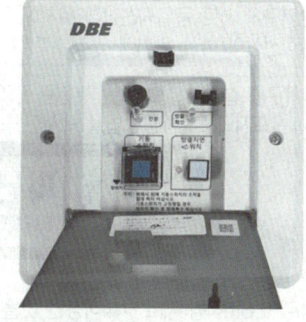

다양한 수동식 기동장치

사진출처[동방전자/소방청/한국소방공사]

> 숫자가 답인 문제 ★

62 미분무소화설비의 화재안전기준에 따라 **최저사용압력이 몇 MPa를 초과할 때 고압 미분무소화설비**로 분류하는가?

① 1.2　　② 2.5　　③ 3.5　　④ 4.2

미분무소화설비 : 가스계 소화설비의 대체설비로서 개발된 소화설비이며, A급(일반)·B급(유류)·C급(전기) 화재에 적응성이 있고, 가압된 물이 헤드(head) 통과 후 미세한 입자로 분무됨으로써 소화성능을 가지는 설비를 말하며, 소화력을 증가시키기 위해 강화액 등을 첨가할 수 있다.

- 저압 미분무소화설비 → 최고사용압력이 **1.2 MPa 이하**
- 중압 미분무소화설비 → 사용압력이 1.2 ㎫을 초과하고 3.5 ㎫ 이하
- 고압 미분무소화설비 → 최저사용압력이 **3.5 MPa 초과**

답이탐! 저압인 1.2 ㎫ × 3배 = 3.6 ㎫ 보다 0.1 작은 수치 ➡ 3.5 ㎫

미분무헤드 　　　　　　　　　　　미분무수 방출

문장이 답인 문제 ★

63 피난기구의 화재안전기준에 따른 피난기구의 설치 및 유지에 관한 사항 중 틀린 것은?

① 피난기구를 설치하는 개구부는 서로 동일직선상의 위치에 있을 것
　　　　　　　　　　　　　동일직선상이 아닌 위치에
② 피난기구를 설치한 장소에는 가까운 곳의 보기 쉬운 곳에 피난기구의 위치를 표시하는 발광식 또는 축광식표지와 그 사용방법을 표시한 표지(외국어 및 그림 병기)를 부착할 것
③ 피난기구는 소방대상물의 기둥·바닥·보 기타 구조상 견고한 부분에 볼트조임·매입·용접 기타의 방법으로 견고하게 부착할 것
④ 피난기구는 계단·피난구 기타 피난시설로부터 적당한 거리에 있는 안전한 구조로 된 피난 또는 소화활동상 유효한 개구부에 고정하여 설치할 것

> **피난기구** : 화재가 발생할 경우 피난하기 위하여 사용하는 기구 또는 설비로서... 구조대, 완강기(간이완강기), 공기안전매트, 피난사다리, 하향식 피난구용 내림식사다리, 승강식피난기, 다수인피난장비, 미끄럼대, 피난교, 피난용트랩, 피난밧줄이 있다.

피난기구를 설치하는 개구부는 서로 동일직선상이 아닌 위치에 있을 것
→ 피난기구가 서로 동일직선상에 위치해 있을 경우... 내려오다가 서로 걸릴 수 있다. 따라서 피난기구를 설치하는 개구부는 서로 동일직선상이 아닌 위치에 있어야 한다.

② 피난기구를 설치한 장소에는 가까운 곳의 보기 쉬운 곳에 피난기구의 위치를 표시하는 **발광식**(스스로 빛을 내는) 또는 **축광식**(빛을 축적하는)표지와 그 **사용방법**을 표시한 표지(**외국어 및 그림 병기**)를 부착할 것

피난사다리 표지판 / 축광식 아크릴 표지판

④ 피난 또는 소화활동상 유효한 개구부
→ 가로 0.5m이상 세로 1m이상인 것을 말한다. 이 경우 개구부 하단이 바닥에서 1.2m 이상이면 발판 등을 설치하여야 하고, 밀폐된 창문은 쉽게 파괴할 수 있는 파괴장치를 비치하여야 한다.

숫자가 답인 문제 ★★

64 이산화탄소소화설비의 화재안전기준에 따라 케이블실에 전역방출방식으로 이산화탄소소화설비를 설치하고자 한다. 방호구역 체적은 750m³, 개구부의 면적은 3m²이고, 개구부에는 자동폐쇄장치가 설치되어 있지 않다. 이때 필요한 소화약제의 양은 최소 몇 kg 이상인가?

① 930　　　　② 1005　　　　③ 1230　　　　④ 1530

> • **이산화탄소 소화설비** : 탄산가스(CO_2)를 소화약제로 이용하여 화재를 진압하는 가스계 소화설비로서 CO_2는 화학적으로 안정된 불연성가스이고, 화재실에 CO_2약제를 방출하면 공기중의 산소농도를 떨어트려 소화하는 질식소화가 대표적인 소화효과이다. 약제저장방식(저장온도)에 따라 고압식설비와 저압식설비(영하 18℃이하)로 구분된다.
> • **전역방출방식** : 고정식 이산화탄소 공급장치에 배관 및 분사헤드를 고정 설치하여, **밀폐 방호구역 전체에** 이산화탄소를 방출하는 설비
> • **방호구역** : 소화범위에 따라 나누어진 소화가 필요한 구역
> • **자동폐쇄장치** : 가스계 소화설비가 정상적으로 작동되어도 배기덕트나 창문, 환기팬 등의 개구부나 통기구를 통해 소화약제가 누출되면 화재를 소화할 수 없게 되므로, 이를 방지하기 위해 소화약제가 방출되기 전 환기장치를 정지하고 개구부를 폐쇄해야한다. 이때 설치되는 설비가 자동폐쇄장치이다.

이산화탄소소화설비 전역방출방식 심부화재(가연물 속으로 깊숙이 타고 들어가는 화재) 약제량 계산

방호구역의 체적(m³) × 약제량(kg/m³)
- 1.3 [유압기 제외 전기설비 55m³이상, 케이블실]   설계농도 50%
- 1.6 [전기설비 55m³ 미만]   50%
- 2.0 [서고, 박물관, 목재가공품창고, 전자제품창고]   65%
- 2.7 [석탄창고, 면화류창고, 고무류창고, 모피창고, 집진설비] 75%

+ [자동폐쇄장치 설치하지 않은 개구부면적(m²) × 10kg/m²] = kg(약제무게)

1. 조건정리
   - 방호구역의 체적(m³) = 750m³
   - 약제량(kg/m³) = 케이블실의 규정된 약제량은 1.3kg/m³ 이다.
   - 자동폐쇄장치 설치하지 않은 개구부면적(m²) = 3m²
2. 이산화탄소 소화약제의 최소 저장량(kg) = (750m³ × 1.3kg/m³) + (3m² × 10kg/m²) = 1005kg

함께공부

이산화탄소 소화설비 심부화재(전역방출방식) 약제량 계산

방호대상물	방호구역의 체적 1m³에 대한 소화약제의 양	설계농도(%)
유압기기를 제외한 전기설비, 케이블실	1.3kg	50
체적 55m³ 미만의 전기설비	1.6kg	50
서고, 전자제품창고, 목재가공품창고, 박물관	2.0kg	65
고무류·면화류창고, 모피창고, 석탄창고, 집진설비	2.7kg	75

숫자가 답인 문제 ★★★

65 다음 중 피난기구의 화재안전기준에 따라 의료시설에 구조대를 설치하여야 할 층은?

① 지상 2층   ② 지하 1층   ③ 지상 1층   ④ 지상 3층

- **피난기구** : 화재가 발생할 경우 피난하기 위하여 사용하는 기구 또는 설비로서... 구조대, 완강기(간이완강기), 공기안전매트, 피난사다리, 하향식 피난구용 내림식사다리, 승강식피난기, 다수인피난장비, 미끄럼대, 피난교, 피난용트랩, 피난밧줄이 있다.
- **구조대** : 포지 등을 사용하여 자루형태로 만든 것으로서 화재시 사용자가 그 내부에 들어가서 내려옴으로써 대피할 수 있는 것
  - **경사강하식 구조대** : 소방대상물에 비스듬하게 고정시키거나 설치하여 사용자가 미끄럼식으로 내려올 수 있는 구조대로서 단시간에 많은 인명을 구조할 수 있도록 설치된다.
  - **수직강하식 구조대** : 소방대상물 주위에 설치 공간이 부족할 때... 수직으로 구조대를 설치하여 타고 내려오는 것으로서, 경사강하식 구조대에 비해 적은 공간을 차지하지만, 어린이 및 노약자 등 체격이 왜소한 사람의 경우 속도감속이 덜하여 손상을 입을 수 있다.

소방대상물의 설치장소별 피난기구의 적응성

설치장소별 구분 \ 층별	1층	2층	3층	4층 이상 10층 이하
2. 의료시설·근린생활시설 중 입원실이 있는 의원·접골원·조산원			미끄럼대 **구조대** 피난교 피난용트랩 다수인피난장비 승강식피난기	구조대 피난교 피난용트랩 다수인피난장비 승강식피난기

→ 의료시설이나 입원실이 있는 장소에서 구조대는 지상 3층 ~ 10층까지 설치할 수 있다.

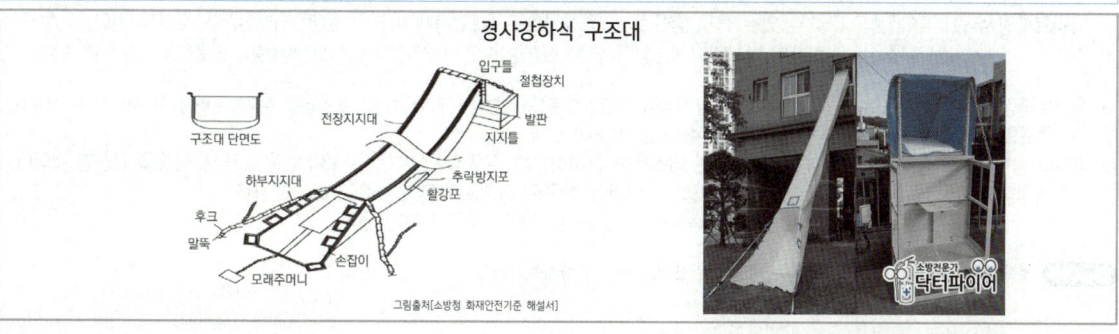

경사강하식 구조대

그림출처[소방청 화재안전기준 해설서]

함께공부

소방대상물의 설치장소별 피난기구의 적응성

설치장소별 구분	층별	1층	2층	3층	4층 이상 10층 이하
1. 노유자시설		미끄럼대 구조대 피난교 다수인피난장비 승강식피난기	미끄럼대 구조대 피난교 다수인피난장비 승강식피난기	미끄럼대 구조대 피난교 다수인피난장비 승강식피난기	구조대[1] 피난교 다수인피난장비 승강식피난기
2. 의료시설·근린생활시설 중 입원실이 있는 의원·접골원·조산원				미끄럼대 구조대 피난교 피난용트랩 다수인피난장비 승강식피난기	구조대 피난교 피난용트랩 다수인피난장비 승강식피난기
3. 「다중이용업소의 안전관리에 관한 특별법 시행령」 제2조에 따른 다중이용업소로서 영업장의 위치가 4층 이하인 다중이용업소			미끄럼대 피난사다리 구조대 완강기 다수인피난장비 승강식피난기	미끄럼대 피난사다리 구조대 완강기 다수인피난장비 승강식피난기	미끄럼대 피난사다리 구조대 완강기 다수인피난장비 승강식피난기
4. 그 밖의 것				미끄럼대 피난사다리 구조대 완강기 피난교 피난용트랩 간이완강기[2] 공기안전매트[3] 다수인피난장비 승강식피난기	피난사다리 구조대 완강기 피난교 간이완강기[2] 공기안전매트[3] 다수인피난장비 승강식피난기

※ 비고
[1] 구조대의 적응성은 장애인 관련 시설로서 주된 사용자 중 스스로 피난이 불가한 자가 있는 경우 추가로 설치하는 경우에 한한다.
[2] 간이완강기의 적응성은 숙박시설의 3층 이상에 있는 객실에 한한다.   [3] 공기안전매트의 적응성은 공동주택에 추가로 설치하는 경우에 한한다.

숫자가 답인 문제 ★

66 화재안전기준상 물계통의 소화설비 중 펌프의 성능시험배관에 사용되는 유량측정장치는 펌프의 정격 토출량의 몇 % 이상 측정할 수 있는 성능이 있어야 하는가?

① 65   ② 100   ③ 120   ④ 175

- **전양정(= 총양정 = 양정)의 의미** : 기준에 필요한 압력을 낼 수 있는 값을 높이(m)로 계산한 수치
  * 양정 = 수두 = mH_2O = m
- **정격토출압력** : 수직으로 물을 올릴 수 있는 능력으로 펌프 몸체에 양정으로 표시된다.
  〈예시〉 양정 50m이면 정격토출압력은 0.5MPa 이 된다.
- **정격토출량(유량)** : 시간당 퍼낼 수 있는 물의 양으로서, 통상적으로 펌프 몸체에 분당 토출량[L/min]으로 표시된다.
  〈예시〉 옥내소화전 2개에서 소화수를 방사하고 있을 때 법정 토출량은 2 × 130L/min(법정방수량) = 260L/min 이 된다.

- 정격토출량 이상이 방출되는지 측정하는... 유량측정장치(유량계 등)는, **성능시험배관**(펌프의 성능을 측정하는 배관)의 직관부에 설치하되, 펌프의 정격토출량의 175% 이상 측정할 수 있는 성능이 있을 것
- 펌프의 성능시험시 **정격토출량의 150%로 운전 테스트를 실시**하는바, 유량측정장치는 그 보다 높은 175% 이상을 규정한 것이다.
- 유량측정장치는 정격토출량의 175%이상 측정할 수 있어야 하므로 정격토출량이 260L/min인 경우...
  260L/min × 175% = 455L/min 이상을 측정할 수 있는 유량계 등을 설치하면 된다.

담기팁! 정격토출량 100%에서... ➡ 성능 테스트는 150% ➡ 유량계는 175%

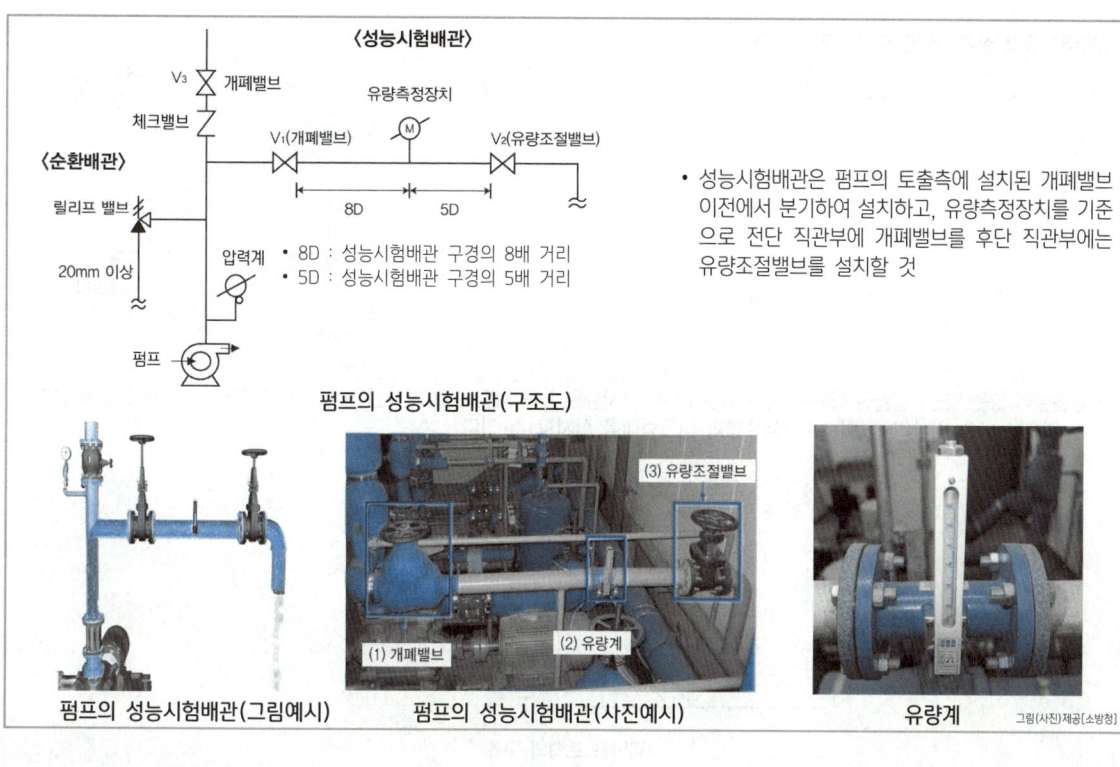

펌프의 성능시험배관(구조도)

단어가 답인 문제 ★★★

67 피난기구의 화재안전기준상 근린생활시설 10층에 적응성이 없는 피난기구는? (단, 근린생활시설 중 입원실이 있는 의원·접골원·조산원은 제외한다.)

① 피난용트랩　② 피난사다리　③ 구조대　④ 완강기

- **피난용 트랩** : 발판(디딤판)과 난간이 있는 계단형태로서 평상시에 고정되어 있는 고정식과 평상시에는 트랩의 하단을 들어 올려놓는 반고정식으로 구분한다. (의료시설 등에는 3층~10층까지 설치가 가능하고, 그 밖의 대상물에는 3층에만 설치할 수 있다.)
- **피난사다리** : 화재시 긴급대피에 사용하는 사다리
  - **고정식**(수납식/접는식/신축식) : 건축물의 외·내벽에 고정되어 있어서 피난자가 상시 사용가능한 상태로 고정
  - **올림식**(접는식/신축식) : 건물의 한 부분에 기대거나 걸쳐(올려 받쳐) 세워서 사용
  - **내림식**(와이어로프식/체인식/하향식 피난구용 내림식사다리) : 복도 끝에 접어둔 상태로 두었다가, 사용시 창틀 등에 걸어 내린 후 사용
- **구조대** : 포지 등을 사용하여 자루형태로 만든 것으로서 화재시 사용자가 그 내부에 들어가서 내려옴으로써 대피할 수 있는 것
  - **경사강하식 구조대** : 소방대상물에 비스듬하게 고정시키거나 설치하여 사용자가 미끄럼식으로 내려올 수 있는 구조대로서 단시간에 많은 인명을 구조할 수 있도록 설치된다.
  - **수직강하식 구조대** : 소방대상물 주위에 설치 공간이 부족할 때... 수직으로 구조대를 설치하여 타고 내려오는 것으로서, 경사강하식 구조대에 비해 적은 공간을 차지하지만, 어린이 및 노약자 등 체격이 왜소한 사람의 경우 속도감속이 덜하여 손상을 입을 수 있다.
- **완강기** : 창문이나 발코니 등의 외부로 통하는 개구부 부근에 설치되며, 사용자의 몸무게에 따라 하강속도를 자동적으로 조절[속도조절기(조속기)]하면서 내려오는 하강로프장치 피난기구이다. 사용자의 가슴에 안전벨트를 조여 착용하며, 사용자가 교대하여 연속적으로 사용할 수 있다.

소방대상물의 설치장소별 피난기구의 적응성

설치장소별 구분 \ 층별	1층	2층	3층	4층 이상 10층 이하
4. 그 밖의 것			미끄럼대 피난사다리 구조대 완강기 피난교 **피난용트랩** 간이완강기 공기안전매트 다수인피난장비 승강식피난기	피난사다리 구조대 완강기 피난교 간이완강기 공기안전매트 다수인피난장비 승강식피난기

→ 입원실이 있는 의원·접골원·조산원이 제외된 근린생활시설은... 그 밖의 것에 해당한다. 따라서 3층에는 피난용 트랩을 설치할 수 있지만, **4층 이상의 층에는 피난용트랩과 미끄럼대를 설치할 수 없다.**

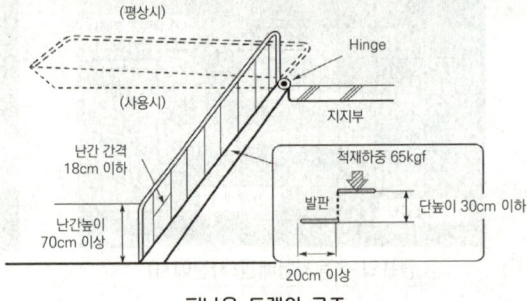

피난용 트랩의 구조

함께공부

소방대상물의 설치장소별 피난기구의 적응성

설치장소별 구분 \ 층별	1층	2층	3층	4층 이상 10층 이하
1. 노유자시설	미끄럼대 구조대 피난교 다수인피난장비 승강식피난기	미끄럼대 구조대 피난교 다수인피난장비 승강식피난기	미끄럼대 구조대 피난교 다수인피난장비 승강식피난기	구조대[1] 피난교 다수인피난장비 승강식피난기
2. 의료시설·근린생활시설 중 입원실이 있는 의원·접골원·조산원			미끄럼대 구조대 피난교 피난용트랩 다수인피난장비 승강식피난기	구조대 피난교 피난용트랩 다수인피난장비 승강식피난기
3. 「다중이용업소의 안전관리에 관한 특별법 시행령」 제조에 따른 다중이용업소로서 영업장의 위치가 4층 이하인 다중이용업소		미끄럼대 피난사다리 구조대 완강기 다수인피난장비 승강식피난기	미끄럼대 피난사다리 구조대 완강기 다수인피난장비 승강식피난기	미끄럼대 피난사다리 구조대 완강기 다수인피난장비 승강식피난기
4. 그 밖의 것			미끄럼대 피난사다리 구조대 완강기 피난교 피난용트랩 간이완강기[2] 공기안전매트[3] 다수인피난장비 승강식피난기	피난사다리 구조대 완강기 피난교 간이완강기[2] 공기안전매트[3] 다수인피난장비 승강식피난기

※ 비고
1) 구조대의 적응성은 장애인 관련 시설로서 주된 사용자 중 스스로 피난이 불가한 자가 있는 경우 추가로 설치하는 경우에 한한다.
2) 간이완강기의 적응성은 숙박시설의 3층 이상에 있는 객실에 한한다.   3) 공기안전매트의 적응성은 공동주택에 추가로 설치하는 경우에 한한다.

숫자가 답인 문제 ★★

68 제연설비의 화재안전기준에 따른 배출풍도의 설치기준 중 다음 ( ) 안에 알맞은 것은?

배출기의 흡입측 풍도 안의 풍속은 (㉠)m/s 이하로 하고 배출측 풍속은 (㉡)m/s 이하로 할 것

① ㉠ 15, ㉡ 10　② ㉠ 10, ㉡ 15　③ ㉠ 20, ㉡ 15　④ ㉠ 15, ㉡ 20

제연이란 **연기를 제어**한다는 의미로서... 화재실에 **신선한 공기**를 급기하고, 발생된 **연기**를 배기(배출)하는 것을 제연이라 한다.
제연설비 : 구획(구역)을 나누(가두)어서 연기를 배출(배기)하거나, 신선한 공기를 급기(유입)하여 소화활동 및 피난을 용이하게 만드는 설비
배출풍도 : 예상 제연구역의 공기(연기)를 외부로 배출하도록 하는 풍도

신선한 공기를 급기하는 유입풍도와 발생된 연기를 배출하는 배출풍도의 설치기준
1. 유입풍도안의 풍속 → 20m/s 이하
2. 배출풍도에 설치된 배출기를 중심으로... ㉠ 흡입측 풍도안의 풍속 → 15m/s 이하 [배출기 흡입측 풍속 → 좀 더 느리게 흡입]
　　　　　　　　　　　　　　　　　　㉡ 배출측 풍도안의 풍속 → 20m/s 이하 [배출기 배출측 풍속 → 좀 더 강하게 배출]

단어가 답인 문제 ★

69 스프링클러헤드에서 이융성 금속으로 융착되거나 이융성 물질에 의하여 조립된 것은?

① 프레임(frame)　② 디플렉터(deflector)　③ 유리벌브(glass bulb)　④ 퓨지블링크(fusible link)

- **스프링클러설비** : 화재발생시 화재를 자동으로 감지하여 피난을 위한 경보를 발하고, 습식·건식·준비작동식·일제살수식 밸브가 개방되면, 유수의 흐름으로 인하여 펌프가 기동되고, 개방된 헤드를 통해 소화수를 방수하여 소화하는 자동식 수계소화설비
- **스프링클러 헤드** : 스프링클러에서 나오는 물을, 빗방울 형태로 대량으로 뿌리면서 방수하는 역할을 하는 부분을 말한다.

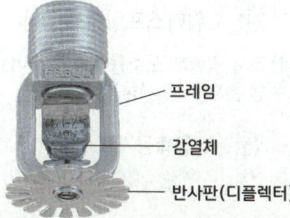
퓨지블링크형 헤드 — 프레임, 감열체, 반사판(디플렉터)

- **프레임(frame)** : 스프링클러헤드의 나사부분과 반사판을 연결하는 이음쇠 부분
- **감열체** : 정상상태에서 스프링클러헤드의 방수구를 막고 있으나, 화재발생시 열에 의하여 일정한 온도에 도달하면 스스로 파괴·용해되어 스프링클러헤드로부터 이탈됨으로써 방수구가 개방되어 방수가 가능하도록 하는 부품
- **디플렉터(deflector, 반사판)** : 스프링클러헤드의 방수구에서 유출되는 물을 세분시키는 작용을 하는 것
- **퓨지블링크(fusible link)형** : 화재시 열에 녹는 이융성 금속으로 융착되거나 이융성물질에 의해 조립된 것을 감열체로 이용한 것
- **유리벌브(glass bulb, 글래스 벌브)형** : 유리구 내에 알코올, 에테르 등의 액체를 봉입하여 밀봉한 것을 감열체로 이용한 것

1. 감열체에 따른 헤드의 분류
　· 감열체 유무에 따라
　　- **폐쇄형** : 감열체가 장치되어 정상상태에서 방수구가 폐쇄되어 있는 스프링클러헤드
　　- **개방형** : 감열체가 장치되지 않고 정상상태에서 방수구가 개방되어 있는 스프링클러헤드
　· 감열체 형태에 따라
　　- **퓨지블링크(fusible link)형** : 화재시 열에 녹는 이융성 금속으로 융착되거나 이융성물질에 의해 조립된 것을 감열체로 이용
　　- **유리벌브(글래스 벌브)형** : 유리구 내에 알코올, 에테르 등의 액체를 봉입하여 밀봉한 것을 감열체로 이용

개방형

퓨지블링크(fusible link) 폐쇄형

유리벌브(글래스 벌브) 폐쇄형

2. 설치형태에 따른 헤드의 분류
- 반매입형(플러쉬=플러시) 헤드 : 천장면과 거의 평탄하게 부착되는 헤드, 미관을 고려한 헤드
- 은폐형(컨실드형) 헤드 : 헤드 몸체가 보호집안에 설치되고, 덮게가 천장면과 동일하게 부착된 헤드로... 덮게 판에 의해 헤드가 은폐되는 제품으로 파손우려가 적다.

플러쉬(조기반응)　플러쉬(표준반응)　플러쉬(주거형)　　　　은폐형(컨실드형)

화재발생　　　　커버플레이트(덮게) 이탈　　　디플렉터 하강/감열체 감열　　　감열체 파괴 및 살수

은폐형(컨실드형) 헤드 작동 메커니즘

그림(사진)출처[욱송]

단어가 답인 문제 ★
70 포소화설비의 화재안전기준상 **특수가연물**을 저장·취급하는 **공장** 또는 **창고**에 **적응성이 없는 포소화설비**는?
　① 고정포방출설비　　② <u>포소화전설비</u>　　③ 압축공기포소화설비　　④ 포워터스프링클러설비

- **포소화설비** : 수조로부터 공급된 물과 포약제 저장탱크에서 공급된 포원액을, **혼합기(프로포셔너)**에서 믹싱해 포수용액을 만들어, 포 방출구에서 공기와 섞어진 후 발포되어 거품을 방사하는 형태의 소화설비로서 유류탱크 등 위험물에 주로 사용된다.
- **포소화설비의 분류**
  ① **고정식 포소화설비** → **포워터스프링클러설비**, **포헤드설비**, **고정포**방출설비(고발포용 고정포 방출구), **압축공기포**소화설비
  ② **이동식 포소화설비** → **호스릴포소화설비**, **포소화전설비**(포소화전 방수구·호스 및 이동식 포노즐을 사용하는 설비)
  ③ **위험물 옥외탱크 저장소** → **고정포**방출구(폼 챔버, 탱크내부), **보조포소화전**(방유제 밖)

특수가연물을 저장·취급하는 공장 또는 창고에는... **고정식 포소화설비**는 모두 **적응성**을 가지며, 이동식 포소화설비의 종류인 **호스릴포소화설비** 또는 **포소화전설비**가 적응성이 없는 설비에 해당한다.
특수가연물을 저장·취급하는 **공장** 또는 **창고** → 포워터스프링클러설비·포헤드설비 또는 고정포방출설비, 압축공기포소화설비

> **답하기!** 이동식 포소화설비의 종류인 호스릴포소화설비 또는 포소화전설비는... ➡ 일반적으로는 적용되기 어렵고 특정한 장소와 상황에만 적용된다.

고정포방출구 방출 예	포헤드 방출 예

사진출처[이택구희신소방이야기]	사진출처[오마이뉴스]

 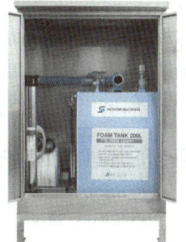  

사진출처[육송]　　　포소화전　　　　　　이동식 포소화장비　　　　　　호스릴포소화설비　　사진출처[소방청]

- **포소화전설비**
  - 옥내·외 소화전설비와 비슷한 구조이나, 포소화약제가 혼합된 포수용액이... 유입된 공기와 혼합한 후, 특수한 포노즐을 통해 포를 형성하여... 방호대상물을 수동으로 소화하는 방식이다.
  - 포소화약제와 물이 혼합된 포수용액이 포소화전방수구, 호스 및 이동식포노즐을 통해 방사되어 소화한다.
- **호스릴포소화설비**
  - 화재 시 쉽게 접근하여 소화 작업이 가능한 장소 또는 고정포 방출설비 또는 포헤드설비 방식으로는 충분한 소화효과를 얻을 수 없는 부분에 설치하는 것으로서... 화재가 발생한 장소까지 호스릴에 감겨있는 호스를 당겨서 화재를 진압하는 설비이다.
  - 포소화약제와 물이 혼합된 포수용액이 호스릴포방수구, 호스릴 및 이동식포노즐을 통하여 방사되는 설비이다.

함께공부

특정소방대상물에 따라 적응하는(설치가능한) 포소화설비
1. **특수가연물을 저장·취급하는 공장 또는 창고** → 포워터스프링클러설비·포헤드설비 또는 고정포방출설비, 압축공기포소화설비
2. **차고 또는 주차장** → 포워터스프링클러설비·포헤드설비 또는 고정포방출설비, 압축공기포소화설비
   다만, 다음의 어느 하나에 해당하는 차고·주차장의 부분에는 호스릴포소화설비 또는 포소화전설비를 설치할 수 있다.
   ① 완전 개방된 옥상주차장 또는 고가 밑의 주차장으로서 주된 벽이 없고 기둥뿐이거나 주위가 위해방지용 철주 등으로 둘러쌓인 부분
   ② 지상 1층으로서 지붕이 없는 부분
3. **항공기격납고** → 포워터스프링클러설비·포헤드설비 또는 고정포방출설비, 압축공기포소화설비
   다만, 바닥면적의 합계가 1,000㎡ 이상이고 항공기의 격납위치가 한정되어 있는 경우에는 그 한정된 장소외의 부분에 대하여는 호스릴포소화설비를 설치할 수 있다.
4. **발전기실, 엔진펌프실, 변압기, 전기케이블실, 유압설비**
   → 바닥면적의 합계가 300㎡미만의 장소에는 고정식 압축공기포소화설비를 설치 할 수 있다.

숫자가 답인 문제 ★★★

71 분말소화설비의 화재안전기준상 자동화재탐지설비의 감지기의 작동과 연동하는 **분말소화설비 자동식 기동장치**의 설치기준 중 다음 ( ) 안에 알맞은 것은?

- 전기식 기동장치로서 (㉠)병 이상의 저장용기를 동시에 개방하는 설비는 2병 이상의 저장용기에 전자개방밸브를 부착할 것
- 가스압력식 기동장치의 기동용 가스용기 및 해당 용기에 사용하는 밸브는 (㉡) MPa 이상의 압력에 견딜 수 있는 것으로 할 것

① ㉠ 3, ㉡ 2.5　　② ㉠ 7, ㉡ 2.5　　③ ㉠ 3, ㉡ 25　　④ ㉠ 7, ㉡ 25

- **분말소화설비** : 분말소화설비는 미세한 분말입자를 별도 추진가스(질소 또는 이산화탄소)의 압력으로 방사하여 소화하는 설비이다.
- **화재감지기(자동발신)** : 화재시 발생하는 열, 연기, 불꽃 등을 자동으로 감지하여 자동화재탐지설비 수신기에 신호를 보내는 장치
- **자동화재탐지설비** : 화재를 자동으로 감지하여 벨(경종), 사이렌, 섬광으로 경보하여 피난을 유도하는 설비로서, 하나의 건물내에 경계구역(=화재감지구역=화재경보구역)을 여러개 나누어서 화재구역과 비화재구역으로 구분하여 제어하는 설비이다.
- **전기식[전자개방밸브=솔레노이드밸브] 기동장치** : 전기식으로 분말설비를 기동시키는 설비에 사용되며... 솔레노이드밸브를 가압용기밸브에 직접 부착하여 감지기 신호에 의해 솔레노이드의 파괴침이 가압용기밸브의 봉판을 파괴하면 가압가스가 방출된다.
- **가스압력식 기동장치** : 감지기의 신호에 따라 솔레노이드밸브가 작동하여 **기동용 가스용기**를 개방하면, 기동용 가스가 동관을 따라 배출되어... 가압용 가스용기의 봉판을 파괴해 가압가스가 방출된다.
  - **기동용 가스용기** : 가압 가스용기를 개방시키기 위해... 기동용 가스를 저장하는 용기
  - **기동용기함** : 기동용 가스용기와 그 용기를 개방시켜 주는 솔레노이드밸브, 그리고 압력스위치(방출표시등을 점등시킨다)가 내장되어 있는 함으로서... 선택밸브와 같이 하나의 방호구역(방호대상물)마다 1개씩 설치된다.

분말소화설비의 **자동식 기동장치**는 자동화재탐지설비 감지기의 작동과 연동하는 것으로 할 것
1. **전기식** 기동장치로서 **7병 이상의 저장용기**를 동시에 개방하는 설비는 **2병 이상의 저장용기**에 **전자개방밸브**를 부착할 것
   [2병의 약제 방출압력으로 다른 저장용기를 개방시키겠다는 의미이다] (6병 이하는 1병에만 전자개방밸브 부착)
   ※ 7병 이상의 저장용기 개방시 2병에 전자개방밸브를 부착하라는 조항은 CO_2나 Halon 설비의 조항에 있는 내용을 그대로 준용한 오류로서 삭제되어야 한다.
   가압용가스용기 기준에 "가압용 가스용기를 3병 이상 설치한 경우에는 2개 이상의 용기에 전자개방밸브를 부착하여야 한다"라는 조항이 있으므로 이를 적용하는 것이 원칙이다.
   ※ 하지만 위와 같은 문제가 출제되므로... 저장용기를 물으면 7병 중에 2병이고, 가압용기를 물으면 3병 중에 2병으로 답한다.
2. **가스압력식** 기동장치
   • 기동용 가스용기 및 해당 용기에 사용하는 밸브는 **25MPa 이상의 압력**에 견딜 수 있는 것으로 할 것

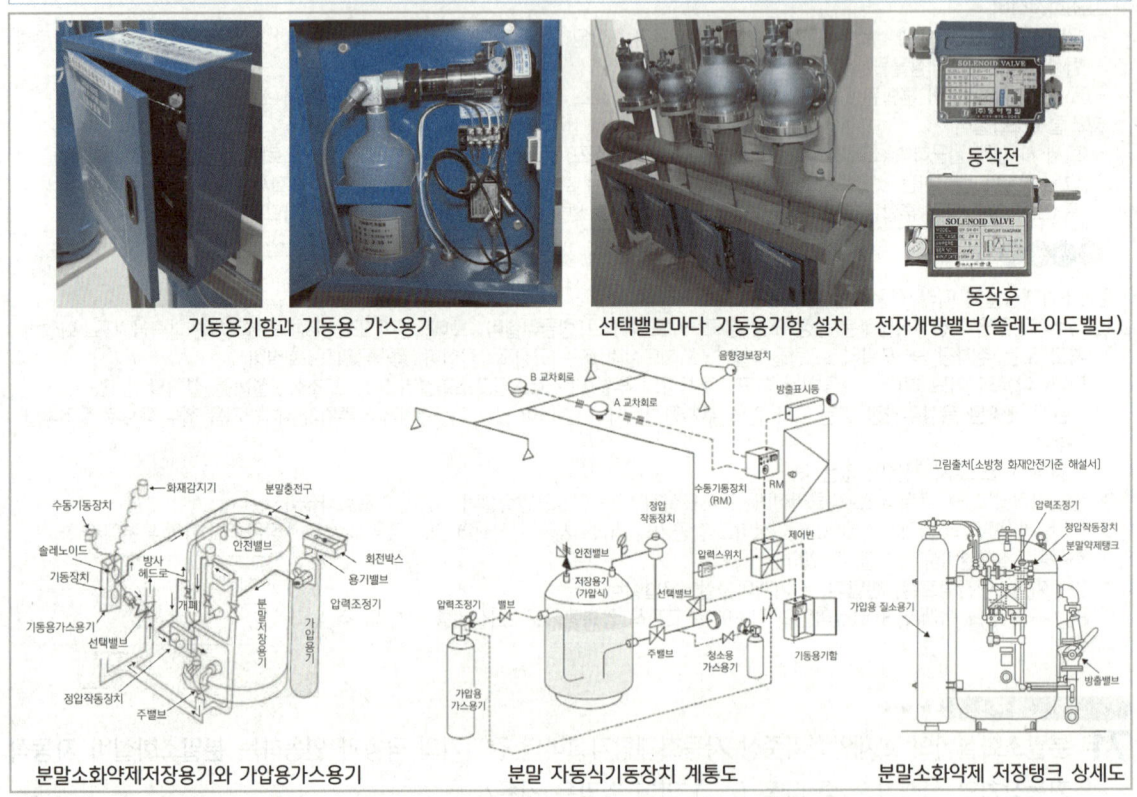

기동용기함과 기동용 가스용기   선택밸브마다 기동용기함 설치   전자개방밸브(솔레노이드밸브)

분말소화약제저장용기와 가압용가스용기   분말 자동식기동장치 계통도   분말소화약제 저장탱크 상세도

72. 분말소화설비의 화재안전기준상 **분말소화약제의 가압용가스 용기**에 대한 설명으로 **틀린** 것은?

① 가압용가스 용기를 3병 이상 설치한 경우에는 2개 이상의 용기에 전자개방밸브를 부착할 것
② 가압용가스 용기에는 2.5MPa 이하의 압력에서 조정이 가능한 압력조정기를 설치할 것
③ 가압용가스에 질소가스를 사용하는 것의 질소가스는 소화약제 1kg마다 20L(35℃에서 1기압의 압력상태로 환산한 것) 이상으로 할 것   40L
④ 축압용가스에 질소가스를 사용하는 것의 질소가스는 소화약제 1kg에 대하여 10L(35℃에서 1기압의 압력상태로 환산한 것) 이상으로 할 것

- **분말소화설비** : 분말소화설비는 미세한 분말입자를 별도 추진가스(질소 또는 이산화탄소)의 압력으로 방사하여 소화하는 설비이다.
- **전자개방밸브(솔레노이드밸브)** : 전기식으로 분말설비를 기동시키는 설비에 사용되며... 솔레노이드밸브를 가압용기밸브에 직접 부착하여 감지기 신호에 의해 솔레노이드의 파괴침이 가압용기밸브의 봉판을 파괴하면 가압가스가 방출된다.
- **압력조정기** : 가압용 가스용기의 용기내 질소가스가 일반적으로 15MPa의 고압으로 충전되어 있으므로 이를 그대로 약제 저장용기 내로 공급하면 매우 위험하므로 사용압력인 1.5~2MPa로 감압하여 약제 저장용기에 보내주는 역할을 하는 것이 압력조정기이다.
- **가압방식**(압력을 가하여 약제를 이송하는 방식)에 따라 축압식설비(추진가스 약제용기내 같이)와 가압식설비(추진가스 별도용기에 따로)로 구분
- **가압용 가스용기** : 분말소화약제는 스스로의 압력으로 이송될 수 없으므로, 고압의 가압원이 필요하다. 그에 따라 자체 증기압력이 높은 **가압용가스(질소 또는 이산화탄소)**를 이용하여 분말을 이송해야 한다. 이 때 별도의 가압용 가스용기를 부설하여... 분말약제 탱크로 가스를 인입시켜 이송하는 방식을 가압식설비라 한다.

분말 1kg당 가압용가스 또는 축압용가스 저장량
1. 가압용가스(별도 용기에 따로)
   ① 질소가스는 소화약제 1kg마다 40L(35℃에서 1기압의 압력상태로 환산한 것) 이상
   ② 이산화탄소는 소화약제 1kg에 대하여 20g에 배관의 청소에 필요한 양을 가산한 양 이상
2. 축압용가스(분말탱크 내 같이)
   ① 질소가스는 소화약제 1kg에 대하여 10L(35℃에서 1기압의 압력상태로 환산한 것) 이상
   ② 이산화탄소는 소화약제 1kg에 대하여 20g에 배관의 청소에 필요한 양을 가산한 양 이상

3. 위의 내용 표로 정리

가스의 종류	질소(N_2) - 압축가스(기체상태)	이산화탄소(CO_2) - 액화가스(액체상태)
가압용 가스	40L	20g
축압용 가스	10L	20g
청소용 가스	규정없음	배관의 청소에 필요한 양을 가산

※ 이산화탄소는 액상에서 기화하여 분말을 이송함으로 인해... 배관내 분말체류 가능성이 높아 청소에 필요한 양을 가산한다.

가압용 40L와 축압용 10L는 질소이다. 이산화탄소와 또 이산화탄소는 20g이다. ➡ 가 40과, 축 10은 질소다. 이이는 20이다.

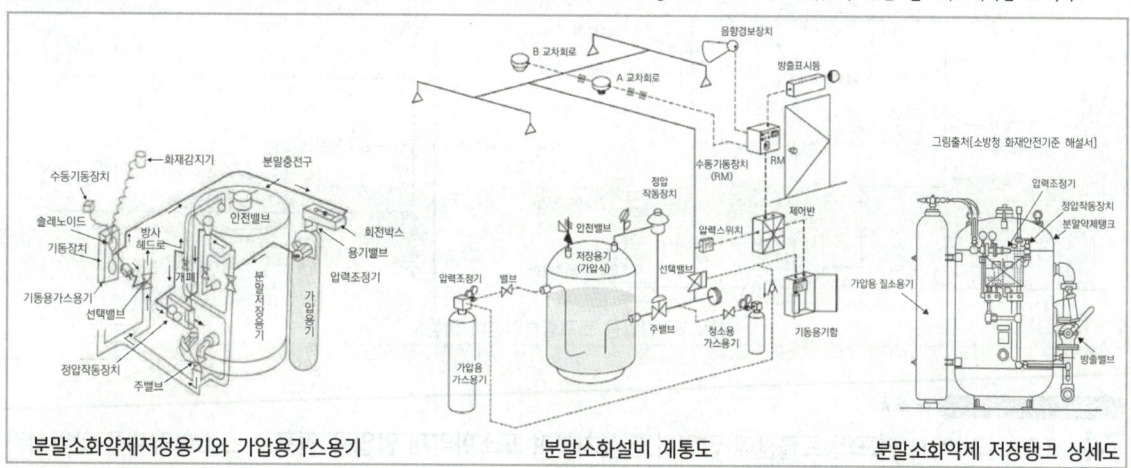

분말소화약제저장용기와 가압용가스용기 / 분말소화설비 계통도 / 분말소화약제 저장탱크 상세도

73 화재조기진압용 스프링클러설비의 화재안전기준상 **화재조기진압용** 스프링클러설비 가지배관의 배열기준 중 **천장의 높이가 9.1m 이상 13.7m 이하**인 경우 **가지배관 사이의 거리** 기준으로 옳은 것은?
① 2.4m 이상 3.1m 이하 ② 2.4m 이상 3.7m 이하 ③ 6.0m 이상 8.5m 이하 ④ 6.0m 이상 9.3m 이하

- **스프링클러설비** : 화재발생시 화재를 자동으로 감지하여 피난을 위한 경보를 발하고, 습식·건식·준비작동식·일제살수식 밸브가 개방되면, 유수의 흐름으로 인하여 펌프가 기동되고, 개방된 헤드를 통해 소화수를 방수하여 소화하는 자동식 수계소화설비
- **스프링클러 헤드** : 스프링클러에서 나오는 물을, 빗방울 형태로 대량으로 뿌리면서 방수하는 역할을 하는 부분을 말한다.
- **화재조기진압용 스프링클러설비** : 랙크식창고(천장고가 높고 다량의 가연성 물품을 보관하고 있는 창고)에 설치하는 소화설비로서 화재초기에 헤드의 빠른 동작과, 높은 압력, 큰물방울을 방사해 조기에 진화할 수 있도록 설계된 스프링클러설비이다.
- **화재조기진압용 스프링클러헤드** : 화재위험이 높은 특정 장소에 대하여 조기에 진화할 수 있도록 설계된 스프링클러헤드를 말한다.
- **배관의 종류** : 배관이란 물이 이송되는 관을 말한다.
  - **주배관** : 각 층을 수직으로 관통하는 수직배관(입상관)
  - **수평주행배관** : 교차배관에 급수하는 배관
  - **교차배관** : 직접 또는 수직배관을 통하여 가지배관에 급수하는 배관
  - **가지배관** : 헤드가 설치되어 있는 배관

가지배관 사이의 거리 = 헤드 사이의 거리(S값)

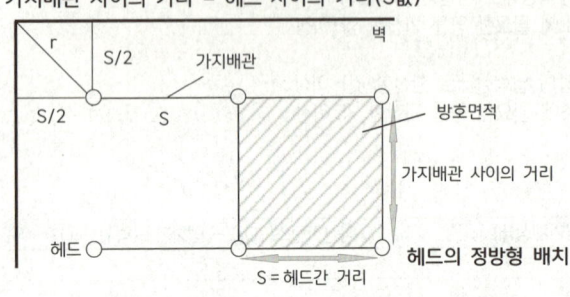

* 헤드 정방형(정사각형) 배치 공식 → S [헤드간 거리(m)]
  = 2 × r [유효반경=수평거리(m)] × cos45°

* 화재조기진압용 스프링클러설비는 가지배관 사이의 거리와 헤드 사이의 거리가 동일하게 규정되어 있다.
  이는 헤드를 정방형으로 설치하라는 의미이다.

1. 천장의 높이가 9.1m 미만 → 2.4m 이상 ~ 3.7m 이하
2. 천장의 높이가 9.1m 이상 ~ 13.7m 이하 → 2.4m 이상 ~ 3.1m 이하 [천장이 높으면 위험하므로... 헤드거리 가깝게]
3. 헤드 하나의 방호면적(S^2) → 6.0m^2(2.4²=5.76) 이상 ~ 9.3m^2(3.1²=9.61) 이하

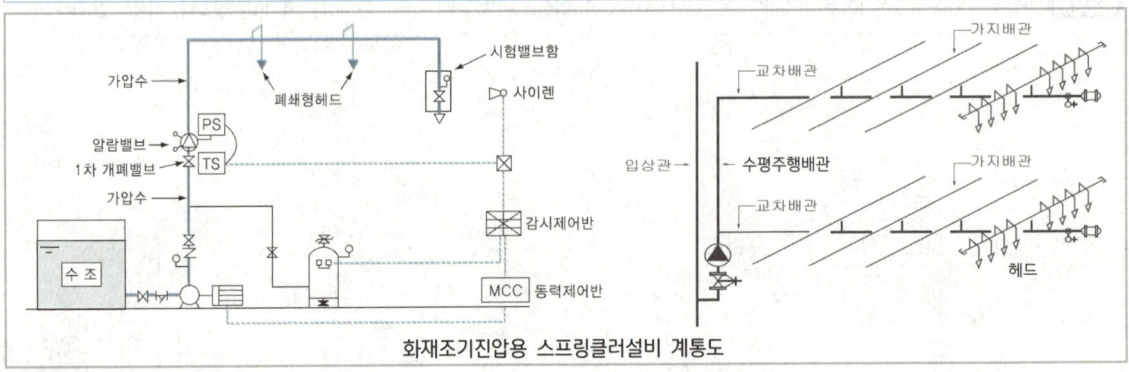

화재조기진압용 스프링클러설비 계통도

단어가 답인 문제 ★★★

74 포소화설비에서 펌프의 토출관에 압입기를 설치하여 포소화약제 압입용 펌프로 포소화약제를 압입시켜 혼합하는 방식은?

① 라인 프로포셔너 ② 펌프 프로포셔너 ③ 프레져 프로포셔너 ④ 프레져사이드 프로포셔너

포소화설비 : 수조로부터 공급된 물과 포약제 저장탱크에서 공급된 포원액을, **혼합기(프로포셔너)**에서 믹싱해 포수용액을 만들어, 포 방출구에서 공기와 섞어진 후 발포되어 거품을 방사하는 형태의 소화설비로서 유류탱크 등 위험물에 주로 사용된다.

포소화설비에서, 포원액(포약제)과 물을 혼합하는 방식이 4가지가 있는데... 그 중 프레져사이드 **프로포셔너**(혼합기) 방식이 어떠한 방식인지 묻는 문제이다.
① 라인 프로포셔너 방식 → **벤추리관** 혼합방식
② 펌프 프로포셔너 방식 → **농도조절밸브** 혼합방식
③ 프레져 프로포셔너 방식 → **벤추리+압력** 혼합방식
④ 프레져사이드 프로포셔너 방식 → **압입용펌프** 혼합방식
  펌프의 토출관에 압입기를 설치하여 포소화약제 압입용펌프로 포 소화약제를 압입시켜 혼합하는 방식
  (펌프2대를 이용해 물과 약제를 별도로 송출해 혼합하는 방식)

> 프레져 사이드 방식은... 사이드에 압입용펌프가 1대 더 있다.

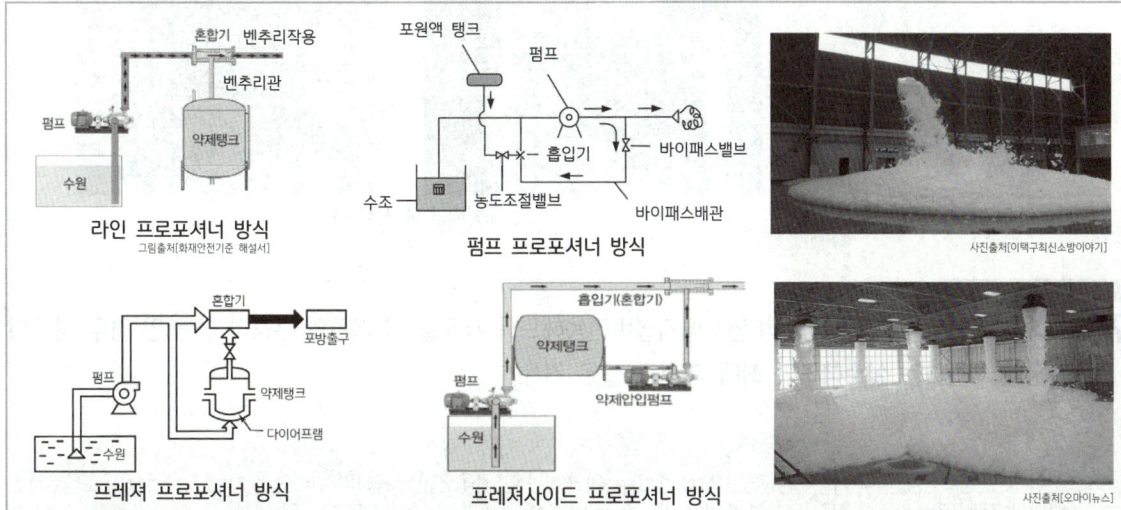

함께공부

1. 라인 프로포셔너 방식(**벤추리관** 혼합방식) → 이동식 간이설비에 사용
   펌프와 발포기 중간에 설치된 벤추리관의 벤추리작용에 따라 포 소화약제를 흡입·혼합하는 방식
2. 펌프 프로포셔너 방식(**농도조절밸브** 혼합방식) → 소방자동차에 사용
   펌프의 토출관과 흡입관 사이의 배관 도중에 설치한 흡입기(바이패스 배관상에 설치)에 펌프에서 토출된 물의 일부를 보내고, 농도조절밸브에서 조정된 포 소화약제의 필요량을 포 소화약제 탱크에서 펌프 흡입측으로 보내어 이를 혼합하는 방식
3. 프레져 프로포셔너 방식(**벤추리+압력** 혼합방식) → 가장 널리 이용됨(주차장 등)
   펌프와 발포기의 중간에 설치된 벤추리관의 벤추리작용과 펌프 가압수의 포 소화약제 저장탱크에 대한 압력(다이아프램)에 따라 포 소화약제를 흡입·혼합하는 방식
4. 프레져사이드 프로포셔너 방식(**압입용펌프** 혼합방식) → 석유화학공장 등 대단위 설비
   펌프의 토출관에 압입기를 설치하여 포소화약제 압입용펌프로 포 소화약제를 압입시켜 혼합하는 방식
   (펌프2대를 이용해 물과 약제를 별도로 송출해 혼합하는 방식)

> 숫자가 답인 문제 ★

75 스프링클러설비의 화재안전기준상 스프링클러설비의 배관 내 사용압력이 몇 MPa 이상일 때 압력배관용 탄소강관을 사용해야 하는가?

① 0.1　　② 0.5　　③ 0.8　　④ 1.2

- **스프링클러설비** : 화재발생시 화재를 자동으로 감지하여 피난을 위한 경보를 발하고, 습식·건식·준비작동식·일제살수식 밸브가 개방되면, 유수의 흐름으로 인하여 펌프가 기동되고, 개방된 헤드를 통해 소화수를 방수하여 소화하는 자동식 수계소화설비
- **배관** : 물이 이송되는 관
- **배관이음쇠** : 배관과 배관을 단순하게 연결시키거나(플랜지), 배관의 방향을 변경하거나(엘보), 배관을 분기시키거나(티), 배관의 지름을 바꾸거나(레듀서), 배관의 끝을 막는(플러그, 캡) 등의 작업을 수행하는 관이음 재료

1. 배관 내 사용압력이 **1.2MPa 미만(1.1MPa 이하)**일 경우 사용가능한 배관
   - 배관용 탄소 강관(KS D 3507)
   - 이음매 없는 구리 및 구리합금 관(KS D 5301). 다만, 습식의 배관에 한한다.
   - 배관용 스테인리스 강관(KS D 3576) 또는 일반배관용 스테인리스 강관(KS D 3595)
   - 덕타일 주철관(KS D 4311)
2. 배관 내 사용압력이 **1.2MPa 이상**일 경우 사용가능한 배관
   - 압력 배관용 탄소 강관(KS D 3562)
   - 배관용 아크 용접 탄소강 강관(KS D 3583)

> 압력배관용과 아크용접을 제외한 나머지는... ⇒ 1.2MPa 미만에 해당

스테인리스 강관 출처[소방방재신문] 소방배관 예시(적색)

숫자가 답인 문제 ★

76 지하구의 화재안전기준에 따라 연소방지설비전용헤드를 사용할 때 배관의 구경이 65mm인 경우 하나의 배관에 부착하는 살수헤드의 최대 개수로 옳은 것은?

① 2 ② 3 ③ 5 ④ 6

- **지하구**
  가. 전력·통신용의 전선이나 가스·냉난방용의 배관 또는 이와 비슷한 것을 집합수용하기 위하여 설치한 지하 인공구조물로서 사람이 점검 또는 보수를 하기 위하여 출입이 가능한 것 중 다음의 어느 하나에 해당하는 것
     ① 전력 또는 통신사업용 지하 인공구조물로서 전력구 또는 통신구 방식으로 설치된 것
     ② 지하 인공구조물로서 폭이 1.8미터 이상이고 높이가 2미터 이상이며 길이가 50미터 이상인 것
  나. 공동구 : 전기·가스·수도 등의 공급설비, 통신시설, 하수도시설 등 지하매설물을 공동 수용함으로써 미관의 개선, 도로구조의 보전 및 교통의 원활한 소통을 위하여 지하에 설치하는 시설물
- **연소방지설비** : 전력 또는 통신사업용 케이블이 설치된 지하구에 헤드를 설치하고, 소방차에서 송수구에 물을 공급해 헤드에서 살수되게 하여, 화재가 더 이상 번지지 않게 차단하는 설비

연소방지설비전용헤드를 사용하는 경우에는 다음 표에 따른 구경 이상으로 할 것

하나의 배관에 부착하는 살수헤드의 개수	1개	2개	3개	4개 또는 5개	6개 이상
배관의 구경(mm)	32	40	50	**65**	80

암기팁! 4개 또는 5개 65mm ➡ 456 (사오륙)

지하구

소방대원의 출입이 가능한 작업구(환기구)   지하구 설치 전   지하구 설치 후

소방대원의 출입이 가능한 경우 / 소방대원의 출입이 불가능한 경우
소방대원의 출입이 가능한 경우 / 내경(內徑) 측정 구간 : D 구간

그림과 사진출처[소방청 화재안전기준 해설서]

> 문장이 답인 문제 ★

77 지하구의 화재안전기준에 따른 지하구의 통합감시시설 설치기준으로 틀린 것은?

① 소방관서와 지하구의 통제실 간에 화재 등 소방활동과 관련된 정보를 상시 교환할 수 있는 정보통신망을 구축할 것
② 수신기는 방재실과 공동구의 입구 및 연소방지설비 송수구가 설치된 장소(지상)에 설치할 것
③ 정보통신망(무선통신망 포함)은 광케이블 또는 이와 유사한 성능을 가진 선로일 것
④ 수신기는 화재신호, 경보, 발화지점 등 수신기에 표시되는 정보가 기준에 적합한 방식으로 119상황실이 있는 관할 소방관서의 정보통신장치에 표시되도록 할 것

- 지하구
  가. 전력·통신용의 전선이나 가스·냉난방용의 배관 또는 이와 비슷한 것을 집합수용하기 위하여 설치한 지하 인공구조물로서 사람이 점검 또는 보수를 하기 위하여 출입이 가능한 것 중 다음의 어느 하나에 해당하는 것
    ① 전력 또는 통신사업용 지하 인공구조물로서 전력구 또는 통신구 방식으로 설치된 것
    ② 지하 인공구조물로서 폭이 1.8미터 이상이고 높이가 2미터 이상이며 길이가 50미터 이상인 것
  나. 공동구 : 전기·가스·수도 등의 공급설비, 통신시설, 하수도시설 등 지하매설물을 공동 수용함으로써 미관의 개선, 도로구조의 보전 및 교통의 원활한 소통을 위하여 지하에 설치하는 시설물
- 연소방지설비 : 전력 또는 통신사업용 케이블이 설치된 지하구에 헤드를 설치하고, 소방차에서 송수구에 물을 공급해 헤드에서 살수 되게 하여, 화재가 더 이상 번지지 않게 차단하는 설비

- 수신기는 → 지하구의 통제실에 설치하되... 119상황실이 있는 관할 소방관서의 정보통신장치에 표시되도록 할 것
- 수신기는 방재실과 공동구의 입구 및 연소방지설비 송수구가 설치된 장소(지상)에 설치할 것 → 없는 규정임

> 함께 공부

통합감시시설 설치기준
1. 소방관서와 지하구의 통제실 간에 화재 등 소방활동과 관련된 정보를 상시 교환할 수 있는 정보통신망을 구축할 것
2. 정보통신망(무선통신망을 포함)은 광케이블 또는 이와 유사한 성능을 가진 선로일 것
3. 수신기는 지하구의 통제실에 설치하되 화재신호, 경보, 발화지점 등 수신기에 표시되는 정보가 별표 1에 적합한 방식으로 119상황실이 있는 관할 소방관서의 정보통신장치에 표시되도록 할 것

> 숫자가 답인 문제 ★

78 소화수조 및 저수조의 화재안전기준에 따라 소화용수설비에 설치하는 채수구의 지면으로부터 설치 높이 기준은?

① 0.3m 이상 1m 이하   ② 0.3m 이상 1.5m 이하   ③ 0.5m 이상 1m 이하   ④ 0.5m 이상 1.5m 이하

- 소화용수설비 : 화재를 진압하는데 필요한 물을 공급하거나 저장하는 설비로서 상수도소화용수설비, 소화수조·저수조 등을 말한다.
  ① 상수도 소화용수설비 : 소방대가 화재진압시 사용하는 소방용수로서, 특정소방대상물의 지하에 지름 75㎜ 이상의 상수도용 배관이 매설된 경우... 그 배관에 지상식소화전, 지하식소화전, 급수탑을 연결하여 소방차에 소방용수를 공급받는 설비이다.
  ② 소화수조 또는 저수조 : 소방대가 화재진압시 사용하는 소방용수가 담긴 수조로서, 소화에 필요한 물을 항시 채워두는 것
- 소화수조(저수조)의 물을 소방차에 공급받는 방법
  ① 흡수관 투입구 : 소방차에는 물을 흡입할 수 있는 흡수관이 있다. 이 흡수관을 지하수조에 직접 담궈서 물을 흡수할 수 있도록 만든 사각형(한 변이 0.6m 이상)이나 원형(직경이 0.6m 이상)의 구멍(맨홀)
  ② 채수구 : 소방차의 소방호스와 접결되는 흡입구(나사식 금속결합구)로서, 채수구를 통해 수화수조의 물을 소방차에 공급 받는다.
    ㉠ 옥상수조 : 옥상 또는 옥탑의 부분에 설치된 경우, 지상에 설치된 채수구에서의 압력이 0.15 MPa 이상이 되면 설치가능
    ㉡ 지하수조 : 소화수조에 별도의 펌프를 설치하여, 지하수조에서 연결된 배관을 통하여 채수구에서 물을 공급 받는다.

채수구의 설치 높이 → 0.5m 이상 1m 이하   ☞ 소방대가 현장에서 무릎꿇고 사용하기 적당한 높이

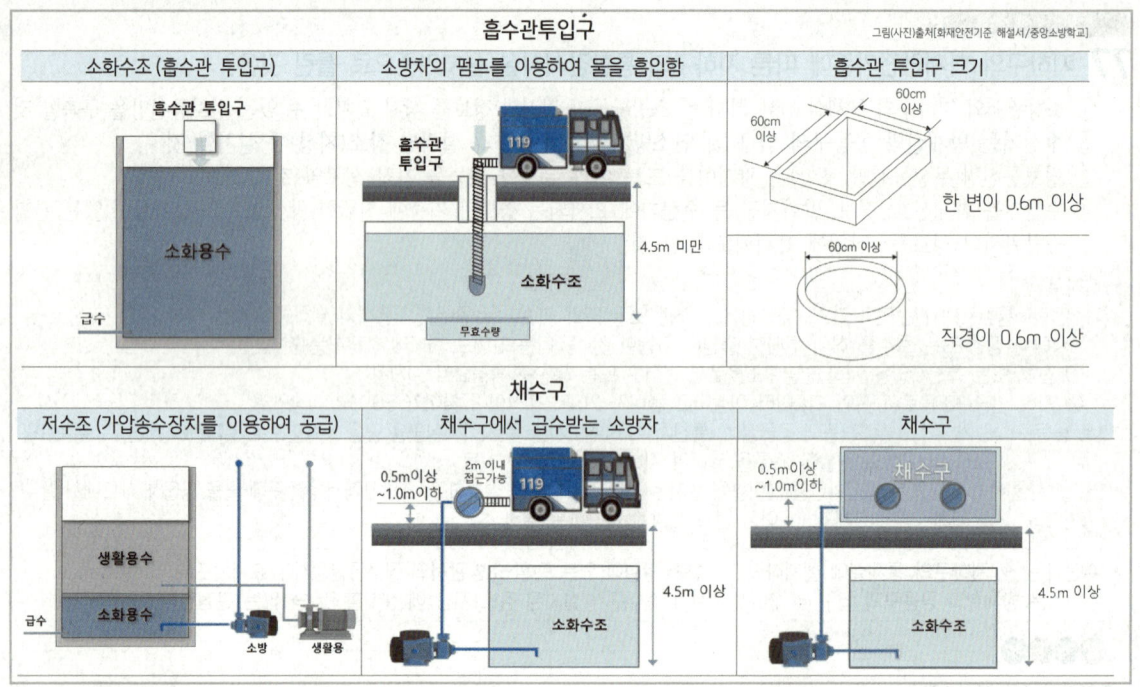

숫자가 답인 문제 ★★★

79 다음은 물분무소화설비의 화재안전기준에 따른 수원의 저수량 기준이다. ( )에 들어갈 내용으로 옳은 것은?

> 특수가연물을 저장 또는 취급하는 특정소방대상물 또는 그 부분에 있어서 수원의 저수량은 그 바닥면적 1㎡에 대하여 ( ) ℓ/min로 20분간 방수할 수 있는 양 이상으로 할 것

① 10　　② 12　　③ 15　　④ 20

- **물분무 소화설비** : 물을 안개모양으로 방사해 가스와 비슷한 형태를 가지므로, 전기의 부도체(전기가 통하지 않는 물체 = 비전도성)로서 전기시설물에 설치가 가능한 자동식 수계소화설비
- **수원** : 물이 저장된 곳(수조에 저장할 물의 양)

특수가연물을 저장 또는 취급하는 대상물에 물분무설비를 설치할 때, 1분당(min) 몇 리터(10L)의 토출량으로, 몇 분(20분) 동안 방수할 수 있도록… 물(수원)을 저장해야 하는가의 문제이다.
특수가연물 → 바닥면적 1㎡에 대하여 **10 ℓ/min**로 **20분간** 방수할 수 있는 양 이상

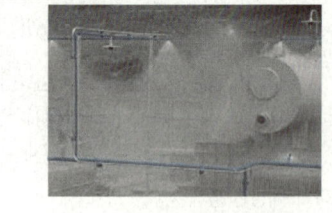  

물분무 소화설비 방수하는 모습의 예

함께공부

물분무설비 대상물	기준면적(㎡)	분당 토출량 (20분간 방수)	암기법
특수가연물	최대 방수구역의 바닥면적 (50㎡ 이하인 경우에는 50㎡)	10 L/min (분당 10L)	나머지 10
차고(주차장)	//	20 L/min (분당 20L)	**차 20** (차는 위험하니까 이십)
절연유 봉입 변압기	바닥부분을 제외한 (변압기의)표면적을 합한 면적	10 L/min (분당 10L)	절표(절마크)십 나머지 10
케이블트레이, 케이블덕트	투영된 바닥면적	12 L/min (분당 12L)	케투 12
컨베이어 벨트	벨트부분의 바닥면적	10 L/min (분당 10L)	나머지 10

땅가팀! 특수 차고 절연 케이컨 ➡ 특수한 차고는 전기적으로 절연해야 한다. 왜냐하면 거기서 베이컨(케이컨)을 먹어야 하니까~

문장이 답인 문제 ★★

80 제연설비의 화재안전기준상 제연설비 설치장소의 제연구역 구획 기준으로 틀린 것은?
① 하나의 제연구역의 면적은 1000㎡ 이내로 할 것
② 하나의 제연구역은 직경 60m 원내에 들어갈 수 있을 것
③ 하나의 제연구역은 <u>3개</u> 이상 층에 미치지 아니하도록 할 것
　　　　　　　　　　　2개
④ 통로상의 제연구역은 보행중심선의 길이가 60m를 초과하지 아니할 것

제연이란 **연기를 제어**한다는 의미로서… 화재실에 **신선한 공기를 급기**하고, 발생된 **연기를 배기(배출)**하는 것을 제연이라 한다.
제연설비 : **구획(구역)을 나누(가두)**어서 연기를 배출(배기)하거나, 신선한 공기를 급기(유입)하여 소화활동 및 피난을 용이하게 만드는 설비

제연설비는 **구획(구역)을 나누(가두)**어서 연기를 배출(배기)하거나, 신선한 공기를 급기(유입)하는 설비이므로… 그 **구획(구역)**을 어떤 기준으로 하는지를 묻는 문제이다. 구획기준은 아래와 같다.
1. 하나의 제연구역의 면적은 **1,000㎡이내**로 할 것
2. **거실과 통로(복도)는 상호 제연구획** 할 것 → 거실에서 배기하고, 통로(복도)에서 급기하는… 상호 제연으로 구성할 것
3. 통로상의 제연구역은 보행중심선의 **길이가 60m**를 초과하지 아니할 것
4. 하나의 제연구역은 **직경 60m 원내**에 들어갈 수 있을 것
5. 하나의 제연구역은 **2개 이상 층에 미치지 아니하도록** 할 것 → 층마다 할 것

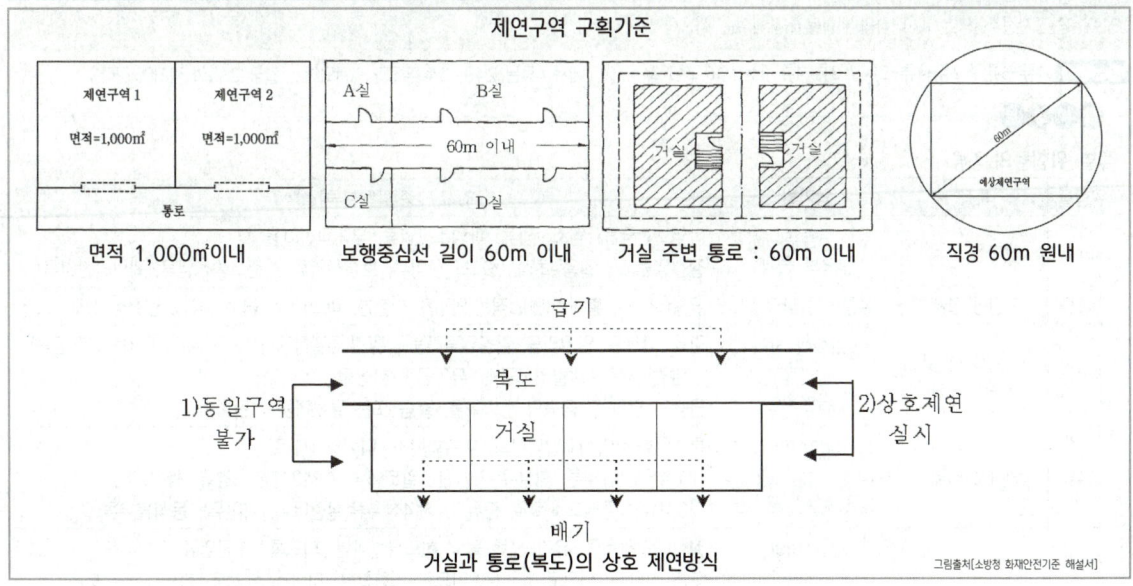

제연구역 구획기준

2022년 제4회 [CBT복원문제] 답이색 해설편

1과목 소방원론

암기하면서 공부 할 문제

01 위험물안전관리법령상 위험물의 적재 시 혼재기준에서 다음 중 혼재가 가능한 위험물로 짝지어진 것은?
(단, 각 위험물은 지정수량의 10배로 가정한다.)

① 질산칼륨과 가솔린
   제1류   제4류
② 과산화수소와 황린
   제6류   제3류
③ **철분과 유기과산화물**
   제2류   제5류
④ 등유와 과염소산
   제4류   제6류

유별을 달리하는 위험물의 혼재기준
유별을 달리하는 위험물 적재 운반시 원칙적으로 혼재할 수 없으나, 아래표에 따라 혼재 가능한 위험물을 유별로 지정하였다.

위험물의 구분	제1류	제2류	제3류	제4류	제5류	제6류
제1류		×	×	×	×	○
제2류	×		×	○	○	×
제3류	×	×		○	×	×
제4류	×	○	○		○	×
제5류	×	○	×	○		×
제6류	○	×	×	×	×	

비고
1. "×"표시는 혼재할 수 없음을 표시한다.
2. "○"표시는 혼재할 수 있음을 표시한다.
3. 이 표는 지정수량의 1/10 이하의 위험물에 대하여는 적용하지 아니한다.

암기팁! 1류-6류 / 2류-4류-5류 / 3류-4류 ➡ 16 245 34 (여기에서 4류는 245, 34 두곳과 연관되어... 결국 235와 짝지어 진다.)

함께공부

류별 위험물의 종류

위험물	특징	암기법	종류[대분류]
제1류	산화성 고체	3염무 질요브 중과	아**염**소산**염류**, **염**소산**염류**, 과**염**소산**염류**, **무**기과산화물 / **질**산염류(질산칼륨=초석), **요**오드산염류, **브**롬산염류 / **중**크롬산염류, **과**망간산염류
제2류	가연성 고체	유황적 철마금 인	**유황**(황)[S], **황화**린(인), **적**린(인)[P] / **철**분, **마**그네슘, **금**속분류 / **인**화성고체
제3류	자연발화성 및 금수성 물질	칼나알알 황린 알칼유 금금칼슘탄	**칼**륨, **나**트륨, **알**킬리듐, **알**킬알루미늄 / **황린**(유일하게 금속 아님. 나머지는 모두금속) / **알칼**리금속, 알칼리토금속, **유**기금속 화합물 / **금**속의 인화물, **금**속의 수소화물, **칼슘** 또는 알루미늄의 **탄**화물
제4류	인화성 액체	특아이디 1아휘 알콜 2경등 3클중 4실기 동식물	**특**수인화물(**아**세트알데히드, **이**황화탄소, **디**에틸에테르) / 제**1**석유류(**아**세톤, **휘**발유=가솔린), **알코**올류 / 제**2**석유류(**경**유, **등**유) / 제**3**석유류(**클**레오소트유, **중**유) / 제**4**석유류(**실**린더유, **기**어유), **동식물**유류
제5류	자기반응성 물질	질유 히히 아니니디히	**질**산에스테르류, **유**기과산화물 / **히**드록실아민, **히**드록실아민염류 / **아**조 화합물, **니**트로 화합물, **니**트로 소화합물, **디아**조 화합물, **히**드라진 유도체
제6류	산화성 액체	질과염할	**질**산, **과**산화수소, **과염**소산, **할**로겐간화합물

> 이해하면서 공부 할 문제 ★

02 칼륨에 화재가 발생할 경우에 주수를 하면 안되는 이유로 가장 옳은 것은?

① 수소가 발생하기 때문에
② 산소가 발생하기 때문에
③ 질소가 발생하기 때문에
④ 수증기가 발생하기 때문에

칼륨[K, 포타시움], 나트륨(Na) 등은 제3류 위험물인 금수성물질이므로 물과 반응하여 가연성기체인 **수소(H_2)**를 만들고 발열한다. 따라서 물에 녹지 않는 기름인 등유, 경유, 유동 파라핀 등의 보호액 속에 누출되지 않도록 저장한다.

> 함께 공부

칼륨[K] - 물과 반응하여 수산화물과 가연성기체인 **수소(H_2)**를 만들고 발열한다. (공기 중 수분과도 반응하여 수소를 발생시킨다)
$2K + 2H_2O \rightarrow 2KOH + H_2\uparrow + 92.8$ kcal

> 암기하면서 공부 할 문제

03 포소화설비의 국가화재안전기준에서 정한 포의 종류 중 저발포라 함은?

① 팽창비가 20 이하인 것
② 팽창비가 120 이하인 것
③ 팽창비가 250 이하인 것
④ 팽창비가 1000 이하인 것

팽창비율에 따른 포의 종류
- 저발포(저팽창포) : 팽창비가 20 이하인 것
- 고발포(고팽창포) : 팽창비가 80 이상 1,000 미만인 것

> 함께 공부

- **국가화재안전기준**(NFSC, National Fire Safety Code) : 소방청장이 정하여 고시하는 소방시설의 설치 또는 유지·관리 기준
- **포소화설비** : 수조로부터 공급된 물과 포약제 저장탱크에서 공급된 포원액을, 혼합기(프로포셔너)에서 믹싱해 포수용액을 만들어, 포 방출구에서 공기와 섞어진 후 발포되어, 거품을 방사하는 형태의 소화설비로서 유류탱크 등 위험물에 주로 사용된다.
- 포 팽창비 = $\dfrac{\text{발포후 포의 부피}}{\text{발포전 포수용액의 부피}}$

> 이해하면서 공부 할 문제

04 점화원으로서 화학적 에너지에 해당되지 않는 것은?

① 연소열
② 분해열
③ 마찰열
④ 용해열

마찰열은 가연물의 마찰에 의해 발생되는 열로서, 기계적(물리적)점화원에 해당한다. 반면 연소열(가연물이 산소와 반응하여 연소되는 과정에서 방출하는 열), 분해열(하나의 물질이 분해 반응할 때 발생하는 열), 용해열(용질이 용매에 용해될 때 발생하는 열)은 화학적 점화원에 해당된다.

> 함께 공부

점화원 : 불을 붙이기 위해 최소한의 에너지를 공급하는 것
① **기계적(물리적) 점화원** : 충격마찰, 단열압축, 고온표면(열면), 나화(노출된 불-보일러, 난로 등)
② **전기적 점화원** : 단락, 누전, 과전류 등으로 인한 전기발열, 전기불꽃(스위치 개폐), 정전기 · 낙뢰에 의한 발열
③ **화학적 점화원** : 산화열, 연소열, 분해열, 화합열, 중합열, 용해열, 자연발열(분해, 산화, 미생물, 흡착, 중합 등에 의해 발생되는 열의 축적)
④ **열적 점화원** : 적외선, 자외선, 복사열

※ **점화원이 될 수 없는 것** : 단열팽창(점화원인 단열압축의 반대), 기화열=증발열(소화에 이용), 융해열 등 온도가 하강할 수 있는 요소

> 암기하면서 공부 할 문제

05 다음 위험물 중 물과 접촉시 위험성이 가장 높은 것은?

① $NaClO_3$
② P
③ TNT
④ Na_2O_2
제1류 염소산염류 중 염소산나트륨
제2류 적린(인)
제5류 니트로화합물 중 트리니트로톨루엔
제1류 무기과산화물 중 과산화나트륨

과산화나트륨(Na_2O_2)이 물(H_2O)과 반응하면 산소(O_2)를 발생시켜, 연소를 지속할 수 있게 돕기 때문에 위험하다.
$2Na_2O_2 + 2H_2O \rightarrow 4NaOH + O_2\uparrow$

이해하면서 공부 할 문제

06 연소에 대한 설명으로 옳은 것은?

① 환원반응이 이루어진다.
    산화반응
② 산소를 발생한다.
③ 빛과 열을 수반한다.
④ 연소생성물은 액체이다.
    화염(불꽃), 열, 연기, 연소가스 등 다양

연소란 가연물이 점화원에 의해 산소와 급격히 반응하여 빛과 열을 동반(수반)하는 산화발열 반응이다. **질소**는 산화반응을 하지만 흡열반응(발열반응과 반대)을 하므로 연소한다고 하지 않는다.
②는 가연물내 산소를 함유하고 있는 물질(제1류·제5류·제6류 위험물 등)이 아니면, 연소하면서 산소를 발생시키지 않는다.

계산하면서 공부 할 문제

07 1기압, 0[℃]의 어느 밀폐된 공간 1[m³] 내에 Halon 1301 약제가 0.32[kg] 방사되었다. 이때 Halon 1301의 농도는 약 몇 [vol%]인가?(단, 원자량은 C : 2, F : 19, Br : 80, Cl : 35.5이다.)

① 4.58[%]　　② 5.52[%]　　③ 8.58[%]　　④ 10.52[%]

1. Halon 1301 분자량 계산
  CF_3Br = 12+(19×3)+80 = 149
2. 할론 기화체적(㎥) 계산 〈문제에서 할론의 농도가 없고, 표준상태(0℃, 1atm)인 경우〉
  "표준상태(0℃, 1atm)에서 모든 기체 1mol(kmol)이 차지하는 부피는 22.4L(㎥)이며 그 속에는 $6.023×10^{23}$ 개의 분자가 존재한다" 는 아보가드로법칙에 의거

  할론1301 분자량(kg) : 표준부피(㎥) = 약제량(kg) : 기화체적(㎥)
  149kg : 22.4㎥ = 0.32kg : x㎥

  $\therefore x = \dfrac{22.4 \times 0.32}{149} = 0.048\,m^3$

3. 할론의 농도 = 할론 방사 후 실내의 할론농도(%) = $\dfrac{할론 기화체적(m^3)}{실체적(m^3) + 할론 기화체적(m^3)} \times 100 = \dfrac{0.048m^3}{1m^3 + 0.048m^3} \times 100 = 4.58\%$

암기하면서 공부 할 문제 ★

08 Twin agent system으로 분말소화약제와 병용하여 소화효과를 증진시킬 수 있는 소화약제로 다음 중 가장 적합한 것은?

① 수성막포　　② 이산화탄소　　③ 단백포　　④ 합성계면활성제포

수성막포(저팽창포, AFFF, Light Water) 소화약제
- 불소계 계면활성제포이며 AFFF(Aqueous Film Forming Foam)라고도 한다. 미국의 3M사가 개발했으며 일명 Light Water (라이트워터)라는 상품명이 있다.
- 연소가 진행중인 인화성액체(유류 등) 위에(유면에) 얇은 **수성의 막(Aqueous film)**을 형성하여 공기를 차단하므로서 질식작용이 우수하고, 많은 거품 또한 생성되어 냉각작용도 우수하다.
- 포(수성막포)와 **분말소화약제(제3종 분말)**를 동시에 사용하는 방식을 Twin Agent System(트윈 에이전트 시스템)이라 한다.
- 분말소화약제의 빠른 소화성과, 포소화약제의 지속안전성을 합쳐 소화효과를 증대시키기 위하여 CDC(Compatible Dry Chemical) **분말소화약제**가 개발되었다.

암기팁! 내 수단으로는 불합격해 ➡ 내 수단 불합

함께 공부

기계포 소화약제(공기포 소화약제)의 종류
① 내 알코올포(저팽창포) : 수용성 액체의 화재 시 적합하다.
② 수성막포(저팽창포)
③ 단백포(저팽창포)
④ 불화 단백포(저팽창포)
⑤ 합성 계면 활성제포(저팽창포, 고팽창포 모두 사용가능)

암기하면서 공부 할 문제

09 화재에 관한 설명으로 옳은 것은?

① PVC 저장창고에서 발생한 화재는 D급 화재이다.
　　　　　　　　　　　　　　　　　　A급
② PVC 저장창고에서 발생한 화재는 B급 화재이다.
③ 연소의 색상과 온도와의 관계를 고려할 때 일반적으로 암적색보다는 휘적색의 온도가 높다.
④ 연소의 색상과 온도와의 관계를 고려할 때 일반적으로 휘백색보다는 휘적색의 온도가 높다.

온도에 따른 고온체의 색상

색 상	온 도(℃)
담암적색	520
암적색(진홍색)	700
적색	850
휘적색(주황색)	950
황적색	1100
백적색(백색)	1300
휘백색	1500 이상

암기탭! 고온체의 색상 순서 ➡ (어두운 쪽은 담, 암) **담 암 적 휘 황 백 휘백** (밝은 쪽은 휘, 백)

함께공부
목재(나무), 종이, 섬유류, 플라스틱(PVC, 폴리염화비닐), 고무, 석탄 등 일반가연물에 대한 화재는 일반화재로서 A급화재 이다.

암기하면서 공부 할 문제

10 물질의 연소시 산소공급원이 될 수 없는 것은?

① **탄화칼슘**　　　　　② 과산화나트륨　　　　　③ 질산나트륨　　　　　④ 압축공기
제3류 칼슘또는알루미늄의 탄화물　제1류 무기과산화물　　　제1류 질산염류

탄화칼슘(카바이트, CaC₂)은 **제3류 위험물**[황린제외 모두 금속]로서 물에 급격히 반응하여 열을 발생하는 금속(금수성) 물질이다. 따라서 금속 내부에 산소를 함유하고 있지 않으므로 산소공급원이 될 수 없다.
하지만, **제1류 위험물**[산화성 고체(가연물을 산화시키는 고체)], **제6류 위험물**[산화성 액체(가연물을 산화시키는 액체)], **제5류 위험물**[자기반응성 물질(가연물질 내 산소 함유)], 압축공기(공기에는 당연히 산소함유) 등은 화재시 산소를 공급하는 원인 물질이 될 수 있다.

암기탭! 제1류 위험물인 과산화나트륨, 질산나트륨 등의 이름을 보면 "산"이 사용되었다. 여기에서, "산"은 산소를 의미한다. 제1류와 제6류(과염소산, 과산화수소, 질산) 위험물을 살펴보면 대부분 "산"자가 들어가 있는 것을 알 수 있다.

함께공부

위험물	특징	암기법	종류[대분류]
제3류	자연발화성 및 금수성 물질	칼나알알 황린 알칼유 금금칼슘탄	**칼륨, 나트륨, 알킬리듐, 알킬알루미늄 / 황린**(유일하게 금속 아님. 나머지는 모두금속) / **알칼리금속, 알칼토금속, 유기금속** 화합물 / **금속의 인화물, 금속의 수소화물, 칼슘** 또는 알루미늄의 **탄화물**

암기하면서 공부 할 문제 ★

11 건물의 주요구조부에 해당되지 않는 것은?

① 바닥　　　　② **천장**　　　　③ 기둥　　　　④ 주계단

주요구조부 : 건축물의 각 부분을 나누어 구분할 때 구조상으로 중요한 부분으로서...
주계단, 지붕틀, 내력벽(견딜 힘이 있는 벽), **기둥, 바닥, 보**

암기탭! 절의 주지는 내기를 좋아하는 바보이다. ➡ 주지 내기 바보

함께공부
주요구조부란 내력벽(耐力壁), 기둥, 바닥, 보, 지붕틀 및 주계단(主階段)을 말한다. 다만, 사이 기둥, 최하층 바닥, 작은 보, 차양, 옥외 계단, 그 밖에 이와 유사한 것으로 건축물의 구조상 중요하지 아니한 부분은 제외한다.

이해하면서 공부 할 문제

12 LNG와 LPG에 대한 설명으로 틀린 것은?

① LNG의 증기비중은 1보다 크기 때문에 유출되면 바닥에 가라앉는다.
　　　　　　　　　　1보다 작아서 유출시 천장에 떠오른다
② LNG의 주성분은 메탄이고, LPG의 주성분은 프로판이다.
③ LPG는 원래 냄새가 없으나 누설시 쉽게 알 수 있도록 부취제를 넣는다.
④ LNG는 Liquefied Natural Gas의 약자이다.

- **LNG(액화천연가스, Liquefied Natural Gas)**: 대기압에서 저온으로 액화된 물질로서, 우리가 사용하는 **도시가스**를 일컫는다.
  - 천연가스를 그 주성분인 **메탄(CH_4)**의 끓는점(-162℃)이하로 냉각하여 액화하는 과정에서 부피가 1/600로 압축된 것.
  - **공기보다 가벼워서**(공기분자량=29, 메탄분자량=16) 유출시 천장에 떠오른다.[증기비중이 **1보다**(공기보다) **작다**(가볍다)]
  - **무색·무취**의 기체로서 냄새가 없음으로, 누출시 쉽게 식별할 수 있도록 냄새를 첨가(부취제 사용)한다.
- **LPG(액화석유가스, Liquefied Petroleum Gas)**: 우리가 사용하는 **LP가스통**(프로판가스), **부탄가스**의 총칭이다.
  - 유전에서 석유와 함께 나오는 **프로판(C_3H_8)**과 **부탄(C_4H_{10})**을 주성분으로 한 가스를 상온에서 압축하여 액체로 만든 연료이다.
  - **공기보다 무거워서**(공기분자량=29, 프로판분자량=44) 유출시 바닥에 가라 앉는다.[증기비중이 **1보다**(공기보다) **크다**(무겁다)]
  - **무색·무취**의 기체로서 냄새가 없음으로, 누출시 쉽게 식별할 수 있도록 냄새를 첨가(부취제 사용)한다.

함께 공부

1. 주요 원소의 원자량

원소명	수소	탄소	질소	산소	불소	나트륨	마그네슘	알루미늄	인	황	염소	아르곤	브롬
기호	H	C	N	O	F	Na	Mg	Al	P	S	Cl	Ar	Br
원자량	1	12	14	16	19	23	24	27	31	32	35.5	40	80

2. 공기의 조성(공기 혼합물의 분자량) → N_2 : 78%, O_2 : 21%, Ar : 1%, CO_2 : 0.03% 네온, 헬륨, 메탄, 크립톤 등등
   ∴ 공기분자량 = (28×0.78) + (32×0.21) + (40×0.01) + (44×0.0003) = 28.9732 ≒ 29

3. 분자량 계산
   - 메탄(CH_4) = (12×1) + (1×4) = 16 ☞ 공기보다 가볍다.
   - 프로판(C_3H_8) = (12×3) + (1×8) = 44 ☞ 공기보다 무겁다.
   - 부탄(C_4H_{10}) = (12×4) + (1×10) = 58 ☞ 공기보다 무겁다.

암기하면서 공부 할 문제 ★★★

13 담홍색으로 착색된 분말소화약제의 주성분은?

① 황산알루미늄　　　　② 탄산수소나트륨　　　　③ 제1인산암모늄　　　　④ 과산화나트륨
　화학포 내약제 주성분　　　제1종 분말 주성분　　　　제3종 분말 주성분　　　제1류 위험물 무기과산화물

분말 소화약제의 종류 및 성상

종별	주성분	색상	적응화재
제1종	탄산수소**나**트륨 ($NaHCO_3$)	백색	B, C
제2종	탄산수소**칼**륨 ($KHCO_3$)	담자색, 담회색	B, C
제3종	제1**인**산암모늄 = 인산염 ($NH_4H_2PO_4$)	**담홍색, 황색**	A, B, C
제4종	탄산수소**칼**륨 + **요**소 ($KHCO_3+(NH_2)_2CO$)	회색	B, C

 나의 **칼**은 **인**간의 **칼**이다~ ➡ 나 칼 인 칼

함께 공부

화학포 소화약제 (현재 사용되지 않는다)
소화기 내에 탄산수소나트륨(외통)과 황산알루미늄 수용액(내통)을 따로 저장하고 있다가, 이 들이 혼합되면 화학반응에 의해 다량의 이산화탄소가 발생하여 그 압력으로 약제를 방사해, 화재를 진압하는 소화약제이다.

> 이해하면서 공부 할 문제

14 다음 중 인화성 액체의 발화원으로 가장 거리가 먼 것은?
① 전기불꽃 ② 냉매 ③ 마찰스파크 ④ 화염

인화성 액체[유류 등]란 인화의 위험성이 높은 제4류 위험물 등이며, 발화원이란 점화원과 같은 용어로 전기불꽃, 마찰스파크, 화염 등등의 점화원이 인화성 액체의 발화원의 역할을 한다.
하지만, **냉매**는 냉장 또는 냉동기기 내부를 냉각시킬 때 사용하는 작동유체이다.

함께공부

점화원 : 불을 붙이기 위해 최소한의 에너지를 공급하는 것
① **기계적(물리적) 점화원** : 충격마찰, 단열압축, 고온표면(열면), 나화(노출된 불-보일러, 난로 등)
② **전기적 점화원** : 단락, 누전, 과전류 등으로 인한 전기발열, 전기불꽃(스위치 개폐), 정전기ㆍ낙뢰에 의한 발열
③ **화학적 점화원** : 산화열, 연소열, 분해열, 화합열, 중합열, 용해열, 자연발화열(분해, 산화, 미생물, 흡착, 중합 등에 의해 발생되는 열의 축적)
④ **열적 점화원** : 적외선, 자외선, 복사열
※ **점화원이 될 수 없는 것** : 단열팽창(점화원인 단열압축의 반대), 기화열=증발열(소화에 이용), 융해열 등 온도가 하강할 수 있는 요소

> 이해하면서 공부 할 문제

15 발화온도 500[℃]에 대한 설명으로 다음 중 가장 옳은 것은?
① 500[℃]로 가열하면 산소 공급없이 인화한다. ② 500[℃]로 가열하면 공기 중에서 스스로 타기 시작한다.
③ 500[℃]로 가열하여도 점화원이 없으면 타지 않는다. ④ 500[℃]로 가열하면 마찰열에 의하여 연소한다.

구획실 내의 화재시 고온가스의 온도가 500℃ ~ 600℃ 정도가 되면, 고온가스에서 나오는 복사에너지가 실내의 모든 가연성물질을 발화시키게 된다. 또한 **목재의 연소과정**에서도 500℃이상이 되면, 목재표면에서 불꽃연소현상이 두드러진다.

함께공부

1. **인화점** : 불을 끌어당기는 온도라는 뜻으로 점화원에 의해 불이 붙을 수 있는 최저온도
2. **연소점** : 인화점 이상의 온도에서 점화원을 제거하여도 연소가 지속될 수 있는 온도로써 일반적으로 인화점보다 약 10℃ 높다.
3. **발화점(=착화점, 착화온도, 발화온도)** : 직접적인 점화원을 가하지 않아도 공기중에서 스스로 불이 붙을 수 있는 최저온도

> 이해하면서 공부 할 문제

16 내화건축물 화재의 진행과정으로 가장 옳은 것은?
① 화원 → 최성기 → 성장기 → 감퇴기 ② 화원 → 감퇴기 → 성장기 → 최성기
③ 초기 → 성장기 → 최성기 → 감퇴기 → 종기 ④ 초기 → 감퇴기 → 최성기 → 성장기 → 종기

내화건축물 화재의 진행과정
① **발화(점화)** : 가연물이 인화(점화)되어 최초의 화재가 시작되는 순간의 상황
② **초기** : 연소의 4요소들이 서로 결합하여 연소가 진행될 때의 시기로서, 연기가 발생하기도 한다.
③ **성장기** : 점차 다른 가연물을 착화시키며 화재가 확대되는 형태로 변환되는 시기
④ **플래쉬오버(Flash Over)** : 화재가 진행되면서... 실내온도 급격히 상승 → 가연물에서 분해된 가연성가스가 실내전체에 축적 → 축적된 가연성가스 착화 → 실내전체가 폭발적으로 화염에 휩싸이는 화재현상
⑤ **최성기** : 플래쉬오버를 거치면서 실내의 모든 가연물이 화재에 개입되어 연소하는 시기. 화염이 창문이나 문을 통해 분출될 정도로 실내에 화염이 가득찬 상태
⑥ **감(쇠)퇴기** : 가연물의 70~80% 정도 소모되었을 때로서, 화재의 쇠퇴가 시작되는 시기
⑦ **종기** : 가연물이 전소되어 화재가 끝나는 시점

함께공부

내화건축물 화재 - 저온 장기형(장시간형)
내화구조 건축물은 철근 콘크리트조, 연와조 기타 이와 유사한 구조로서, 화재 시 쉽게 연소가 되지 않음은 물론 화재에 대하여 상당 시간동안 구조상 내력(구조가 견디는 능력)을 감소시키지 않는다. 또한 방화구획 내에서 진화되어 인접부분에 화기의 전달을 차단할 수 있으며, 내장재가 전소하더라도 수리하여 재사용이 가능한 구조를 말한다.

이해하면서 공부 할 문제 ★

17 건축물에 화재가 발생하여 일정시간이 경과하게 되면 일정공간 안에 열과 가연성가스가 축적되고 한순간에 폭발적으로 화재가 확산되는 현상을 무엇이라 하는가?

① 보일오버현상　　② **플래쉬오버현상**　　③ 패닉현상　　④ 리프팅현상

플래쉬오버(Flash Over) : 구획실에서 화재가 진행되면서... 실내온도 급격히 상승 → 가연물에서 분해된 가연성가스가 실내전체에 축적 → 축적된 가연성가스 착화 → 실내전체가 폭발적으로 화염에 휩싸이는 화재현상

함께 공부

- **보일오버(Boil Over)현상** : 고온층(hot zone)이 형성된 유류화재의 탱크 밑면에 물이 고여 있는 경우, 화재의 진행에 따라 바닥의 물이 급격히 증발하여 불 붙은 기름을 분출시키는 위험현상(화재발생 전 부터 있었던 물에 의해~)
- **패닉(panic)현상** : 화재시 건물에 고립됐을 때, 현재 자신이 처한 상황을 파악하는 능력이 일시적으로 마비된 채, 몸을 움직일 수 없거나 본능적으로 움직이기를 거부하는 등 안전한 동작으로 움직일 수 있다는 것을 자각하지 못하는 상태
- **리프팅(lifting, 선화)현상** : 기체 혼합기의 연소(부탄가스 버너)에 있어서 버너 입구로부터 떨어진 곳에서 연소하는 현상
- **역화(Back Fire)현상** : 기체 혼합기의 연소(부탄가스 버너)에 있어서 버너 내부에서 연소하는 현상

암기하면서 공부 할 문제 ★★★

18 다음 물질 중 공기 중에서의 연소범위가 가장 넓은 것은?

① 부탄　　　　　② 프로판　　　　　③ 메탄　　　　　④ **수소**
　1.8~8.4　　　　　2.1~9.5　　　　　5~15　　　　　4~75

주요물질의 연소범위

물질	하한값 (vol%)	상한값 (vol%)	연소범위 넓이	위험도(H)	
아세틸렌(연소범위가 가장 넓다)	2.5	81.0	78.5	31.4	2위
수소(연소범위가 2번째로 넓다)	**4.0**	**75.0**	71.0	17.75	4위
일산화탄소	12.5	74.0	61.5	4.92	
에테르	1.9	48.0	46.1	24.26	3위
이황화탄소(하한값이 가장낮고, 위험도가 가장높다)	1.2	44.0	42.8	35.66	1위
황화수소	4.0	44.0	40.0	10.00	
에틸렌	2.7	36.0	33.3	12.33	
메탄	5.0	15.0	10.0	2.00	
에탄	3.0	12.4	9.4	3.13	
프로판	2.1	9.5	7.4	3.52	
부탄	1.8	8.4	6.6	3.66	

당가탐미 연소범위 넓은순서 ➡ 아수일에 이황에 메에프부　이수일(가수)에 이황(퇴계)에 매우 풍년이구나~
위험도 큰 순서 ➡ 이황 아세 에테 수소　이황이 아세아를 여태~~ 수성했다(지켰다).

함께 공부

연소범위(=연소한계, 폭발범위, 폭발한계)

1. 연소(폭발)범위(한계)
   - 가연성가스와 산소가 연소를 일으킬 수 있는 증기농도(체적농도 vol%)범위
   - 연소하한계와 연소상한계 사이의 범위
     - 연소하한계 : 그 농도 이하에서는 발화원과 접촉하여도 연소가 일어나지 않는 가스의 최소농도
     - 연소상한계 : 그 농도 이상에서는 발화원과 접촉하여도 연소가 일어나지 않는 가스의 최고농도
2. 연소범위와 화재의 위험성
   - 연소하한이 낮을수록, 연소상한이 높을수록 위험함
   - 온도(압력)가 높아지면 연소범위가 넓어져서 위험함
3. 위험도(H) : 연소범위를 이용하여 가연물의 농도에 대한 위험성을 갈음할 수 있는 계산값(위험도가 클수록 연소위험성은 크다)

$$H = \frac{U-L}{L}$$ 여기서, H : 위험도, U : 연소상한값, L : 연소하한값

계산하면서 공부 할 문제 ★

19 Halon 1301의 증기비중은 약 얼마인가?(단, 원자량은 C 12, F 19, Br 80, Cl 35.5이고, 공기의 평균분자량은 29이다.)

① 4.14 ② 5.14 ③ 6.14 ④ 7.14

할론 1301의 분자식 = CF_3Br
- 원자량 : C(탄소)=12, F(불소)=19, Br(브롬)=80
- 할론 1301의 분자량 계산 = (C×1개) + (F×3개) + (Br×1개) = 12 + (19×3) + 80 = 149

∴ 증기비중 = $\dfrac{\text{할론1301 분자량}}{\text{공기 분자량}}$ = $\dfrac{149}{29}$ = **5.14** [할론 1301 증기비중]

☞ 공기(분자량=29)보다 Halon1301의 증기가 **5.14배 무겁다.**

함께공부
- 비중이란 무게의 비. 즉 비교물질이 기준물질보다 무거운지, 가벼운지 비교하는 것을 말한다. 차원(단위)이 없는 무차원수이다.
- 기체(증기)비중에서 모든 기체는 **표준상태 공기분자량(29)과 비교**한다. 만일 비교기체 비중이 5.14가 계산되었다면 그 기체는 공기보다 5.14배 무거운 물질이다.

이해하면서 공부 할 문제 ★

20 화재의 위험에 대한 설명으로 옳지 않은 것은?
① 인화점 및 착화점이 낮을수록 위험하다. ② 착화에너지가 작을수록 위험하다.
③ 비점 및 융점이 높을수록 위험하다. ④ 연소범위는 넓을수록 위험하다.
   낮을수록

① 인화점 및 착화점이 낮을수록… 낮은 온도에서도 불이 붙을 수 있어… 위험하다.
② 착화에너지가(착화에 필요한 에너지가) 작을수록… 쉽게 착화(발화)되므로… 위험하다.
③ 비점 및 융점이… **낮을수록…** 액체는 빨리 끓고, 고체는 빨리 녹으므로… 위험하다.
④ 연소범위는 넓을수록… 연소(폭발)를 일으킬 수 있는 범위가 넓어져서… 위험하다.

함께공부
- **인화점** : 불을 끌어당기는 온도라는 뜻으로 점화원에 의해 불이 붙을 수 있는 최저온도
- **착화점**(=발화점, 착화온도, 발화온도) : 직접적인 점화원을 가하지 않아도 공기중에서 스스로 불이 붙을 수 있는 최저온도
- **최소 착화**(=점화=발화)**에너지(MIE)** : 가연성가스와 공기의 혼합가스를 발화(착화)시키기 위해 필요한 최소에너지
- **활성화에너지** : 점화에너지로서 반응시 필요한 최소한의 에너지를 의미한다. 어떤 물질을 활성으로 만드는 에너지 즉 활성화에너지가 작아야 반응하기 쉬워지며, 반응하기 쉬워야 연소가 쉽게 된다.
- **비점**(비등점) : 일종의 끓는 점으로, 물질이 액체로부터 기체로 변하는 온도(액체의 증기압이 대기압과 같아지는 온도)
- **융점**(용융점) : 일종의 녹는 점으로, 물질이 고체로부터 액체로 변하는 온도
- **연소(폭발) 범위(한계)**
  - 가연성가스와 산소가 연소(폭발)를 일으킬 수 있는 증기농도(체적농도 vol%)범위(한계)
  - 연소하한계(그 농도 이하에서는 발화원과 접촉하여도 연소가 일어나지 않는 가스의 최소농도)와 연소상한계(그 농도 이상에서는 발화원과 접촉하여도 연소가 일어나지 않는 가스의 최고농도) 사이의 범위

2과목 소방유체역학

계산 없는 단순 암기형 ★★★★★

21 다음 중 열역학 제1, 2법칙과 관련하여 틀린 것을 모두 고른 것은?

㉠ 단열과정에서 시스템의 엔트로피는 변하지 않는다.
㉡ 일을 100% 열로 변환시킬 수 있다.
㉢ 일을 가하면 저온부로부터 고온부로 열을 이동시킬 수 있다.
㉣ 사이클 과정에서 시스템(계)이 한 총 일은 시스템이 받은 총 열량과 같다.

① ㉠   ② ㉠, ㉡   ③ ㉡, ㉣   ④ ㉢, ㉣

- ㉠ 단열과정에서 시스템의 엔트로피는 변하지 않는다. ⇨ 열역학 제2법칙인 엔트로피 증가의 법칙에 위배된다.
  열역학 2법칙에서의 기본개념인 엔트로피의 증가를 살펴보면… 분명히 열을 냈는데도 일을 하지 못하는 에너지가 있다는 것이다. 즉, 버려지는 에너지를 말한다. 예를 들어 뜨거운 커피가 있을 때… 그 커피는 시간이 지날수록 커피의 엔트로피가 증가(버려지는 에너지가 증가)하면서… 차가운 커피가 된다. 하지만 커피를 단열시키면 엔트로피(버려지는 에너지 = 커피가 식는 것)는 변하지 않게 된다. 따라서, ㉠의 내용은 등엔트로피 과정[엔트로피의 변화가 없는 과정($\Delta S = 0$)]에 해당하므로 열역학 제2법칙에 위배된다.
- ㉡ 일을 100% 열로 변환시킬 수 있다. ⇨ 열역학 제1법칙
  열은 본질적으로 에너지의 일종이며, 열과 일은 상호 변환이 가능하다. 즉 일은 열로 변환시킬 수 있고, 열 또한 일로 변환 시킬 수 있다는 법칙
- ㉢ 일을 가하면 저온부로부터 고온부로 열을 이동시킬 수 있다. ⇨ 열역학 제2법칙
  열역학 제2법칙에서는… 자연적인 상태에서 "열은 스스로 저온부에서 고온부로 이동할 수 없다."고 말하는 법칙이다. 하지만, 외부에서 일(에너지)을 가하였을 때는 저온부로부터 고온부로 열을 이동시키는 것이 가능해진다.
- ㉣ 사이클 과정에서 시스템(계)이 한 총 일은 시스템이 받은 총 열량과 같다. ⇨ 열역학 제1법칙
  열역학 제1법칙은… 열은 본질적으로 에너지의 일종이며, **열과 일은 상호 변환이 가능**하다. 즉 일은 열로 변환시킬 수 있고, 열 또한 일로 변환 시킬 수 있다는 법칙 ∴ **계가 한 총 일 = 계가 받은 총 열량**

계산 없는 단순 암기형 ★★★★★

22 단순화된 선형운동량 방정식 $\Sigma \vec{F} = \dot{m}(\vec{V_2} - \vec{V_1})$이 성립되기 위하여 [보기] 중 꼭 필요한 조건을 모두 고른 것은? (단, $\dot{m}$은 질량유량, $\vec{V_1}$는 검사체적 입구평균속도, $\vec{V_2}$는 출구평균속도이다.)

[보기]   (가) 정상상태   (나) 균일유동   (다) 비점성유동

① (가)   ② (가), (나)   ③ (나), (다)   ④ (가), (나), (다)

- 운동량(물체의 운동을 지속시키게 하는 물리량)은 **선**(선형)**운동량**과 각운동량으로 구분되는데, 보통 운동량이라 함은 **선**(선형)**운동량**을 지칭한다. 선운동량이란 직선방향으로 운동하는 움직임의 정도를 나타내는 물리량이며, 각운동량은 회전 운동하는 물체의 운동량(선운동량이 돌고 있는 정도)을 말하는 물리량이다.
- **선**(선형)**운동량 방정식 성립조건**
  - 정상상태 : 검사체적(유동해석을 위해 임의로 설정한 가상체적)내에, 시간에 따라 어떠한 국부적인 변화가 없는 운동상태
  - 균일유동 : 유체의 방향이나 속도가 일정하게 유지되고 있는 운동체의 유동

함 께 공 부

뉴턴(Newton)의 운동 제2법칙 [검사체적(유체의 유동해석을 위해 임의의 한 부분을 설정한 가상체적)을 적용]
F[힘] $= m$[kg, 질량] $\times a$[m/sec^2, 가속도 = 속도의 변화량]을 변형하여 **운동량**방정식을 세워보면…

1. a[m/sec^2] $= m/sec \times \dfrac{1}{\text{sec}} = \dfrac{[\text{m/sec}]\text{속도} = V}{[\text{sec}]\text{시간} = t}$ *가속도(a)는 시간변화에 따른 속도의 변화량을 나타내므로 $a = \dfrac{\vec{V_2} - \vec{V_1} [\text{m/sec, 속도}]}{\Delta t [\text{sec, 시간}]}$

2. $\vec{F} = \dfrac{m(\text{질량}) \times \vec{V}(\text{속도변화})}{\Delta t(\text{시간변화})} = \dfrac{\Delta \vec{P}(\text{선형 운동량})}{\Delta t}$ *질량/시간(kg/sec)을 질량유량 $= \dot{m}$(엠닷)으로 표현하면 $\dfrac{m [\text{kg, 질량}]}{\Delta t [\text{sec, 시간}]} = \dot{m}$

∴ 뉴턴(Newton)의 운동 제2법칙을 단순화된 **선형운동량 방정식**으로 정리하면(힘의 총합)… $\Sigma \vec{F} = \dot{m}(\vec{V_2} - \vec{V_1})$

계산 없는 단순 암기형 ★★★★★

23 이상기체의 운동에 대한 설명으로 옳은 것은?

① 분자 사이에 인력이 항상 작용한다.
　　　　　　　　　　작용하지 않는다
② 분자 사이에 척력이 항상 작용한다.
　　　　　　　　　　작용하지 않는다
③ 분자가 충돌할 때 에너지의 손실이 있다.
　　　　　　　　　　　　　　　없다
④ 분자 자신의 체적은 거의 무시할 수 있다.

이상기체
- 실제 존재하지 않는 이상적인 기체로서 분자간의 인력이나 반발력을 나타내지 않는 **가상적인 기체**이다.
- 실제기체는 변수가 너무 광범위하여 공학에서는 편의상 모든 기체를 이상기체로 본다.
- 이상기체의 가정조건
  - 분자(기체) **자신**의 질량은 있지만, **체적**(부피)은 거의 **무시**한다.
  - 기체의 **인력**(끌어 당기는 힘) 및 **척력**(밀어내는 힘)을 **무시**한다.
  - 이상기체상태방정식을 **만족**한다.
  - 보일-샤를의 법칙을 **만족**한다.
  - 아보가드로의 법칙을 **만족**한다.
  - 혼합기체인 경우 돌턴의 분압법칙, 아마가트의 분용의 법칙을 **만족**한다.
  - 기체내부 에너지는 체적에 무관하고 **온도**에 의해서만 변한다.
  - 분자간의 **상호작용이 일어나지 않는다**.
  - 기체는 **완전탄성체**이므로, 기체분자가 **충돌할 때** 에너지의 **손실이 없다**.
- ※ **완전탄성체** : 기체에 외력을 가해서 변형되어도 외력이 사라지면 곧 원래 상태로 돌아오는 성질인 탄성을, 강하게 갖고 있어서 아무리 큰 외력이 가해져도 원래 상태로 회복되는 물체이다.

계산 없는 단순 공식형 ★★★

24 저수조의 소화수를 빨아올릴 때 펌프의 유효흡입양정(NPSH)으로 적합한 것은? (단, P_a : 흡입수면의 대기압, P_V : 포화증기압, γ : 비중량, H_a : 흡입실양정, H_L : 흡입손실수두)

① $NPSH = P_a/\gamma + P_V/\gamma - H_a - H_L$
② $NPSH = P_a/\gamma - P_V/\gamma + H_a - H_L$
③ $NPSH = P_a/\gamma - P_V/\gamma - H_a - H_L$
④ $NPSH = P_a/\gamma - P_V/\gamma - H_a + H_L$

유효흡입양정 ($NPSH_{av}$)
펌프가 물을 흡입하는 것은 진공도에 따라 대기압에 의해 물이 올라오는 것으로… 절대진공인 경우 이론상 표준대기압 환산수두인 $10.332m$까지 물을 흡입할 수 있으나, 펌프에서는 아래와 같은 손실 등으로 인하여 그 만큼 물이 덜 올라오게 된다.
- 손실1 : 포화증기압(P_V) 환산수두 [m]
- 손실2 : 흡입손실수두(H_L) = 마찰손실압(P_h) 환산수두 [m]
- 손실3 : 흡입실양정(H_a) = 펌프와 수면의 낙차(h) [m] ☞ 수면보다 펌프가 높은 경우만 적용

$$NPSH_{av} = \frac{P_a(\text{대기압})}{\gamma} - \frac{P_V(\text{포화증기압})}{\gamma} - H_a(\text{흡입실양정}) - H_L(\text{흡입손실수두})$$

$$NPSH_{av} = 10.332[m] - \frac{P_V(\text{포화증기압})}{\gamma(\text{물의 비중량})}[m] - H_a(\text{흡입실양정})[m] - H_L(\text{흡입손실수두})[m]$$

$NPSH_{av}$ = 대기압 환산수두[m] − 물의 포화증기압 환산수두[m] − 흡입측배관의 마찰손실압력 환산수두[m]
　　　　　 − 낙차(수면보다 펌프 높은 경우)[m]

계산 없는 단순 암기형 ★★★★★

25 이상적인 열기관 사이클인 카르노사이클(Carnot cycle)의 특징으로 맞는 것은?

① 비가역 사이클이다.
　　가역
② 공급열량과 방출열량의 비는 고온부의 절대온도와 저온부의 절대온도 비와 같지 않다.
　　　　　　　　　　　　　　　　　　　　　　　　　　　　　　　　　　같다
③ 이론 열효율은 고열원 및 저열원의 온도만으로 표시 된다.
④ 두 개의 등압 변화와 두 개의 단열 변화로 둘러싸인 사이클이다.
　　　　등온변화

카르노 사이클의 개념

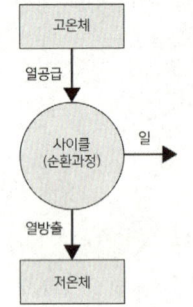

- 고온체에서 열을 공급받아 일로 변환하는 과정에서 에너지손실을 최소화하면서 공급열량을 최대로 유효하게 이용할 수 있는지에 대한 개념이 담긴 이상적인 가상 사이클이다.
- 내연기관, 증기기관 등 열기관(열을 일로 바꾸는 것)이 여기에 해당한다.
- 고온체에서 (+)의 열을 취하여 저온체로 이전한다.
- 주위에 대해 (+)의 일을 한다.
- 카르노 사이클의 공급열량과 방출열량의 비는 고온부의 절대온도와 저온부 절대온도의 비와 같다.
- 카르노 사이클의 열효율(η)은 고온측(고열원)과 저온측(저열원)의 절대온도만으로 표시된다.

$$\text{열효율}(\eta) = \frac{\text{유효일}(W)}{\text{공급열량}(Q_H)} = \frac{(Q_H - Q_L)}{Q_H} = \frac{(T_H - T_L)}{T_H} = 1 - \frac{Q_L}{Q_H} = 1 - \frac{T_L}{T_H}$$

$$\frac{Q_H(\text{고온체의 공급열}) - Q_L(\text{저온체에 방출하는 열})}{Q_H(\text{고온체의 공급열})} = \frac{T_H(\text{고온체의 절대온도}) - T_L(\text{저온체의 절대온도})}{T_H(\text{고온체의 절대온도})}$$

카르노 사이클의 과정

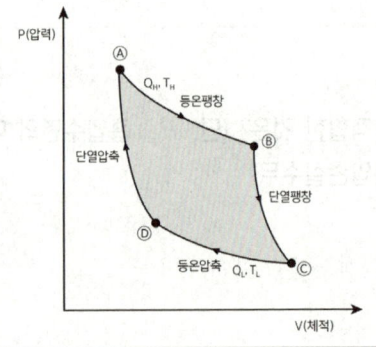

- 프랑스의 물리학자 사디 카르노(Sadi Carnot)가 제안한 이상적인 사이클(순환과정)로서, 등온변화(팽창, 압축) 2개와 단열변화(팽창, 압축) 2개로 이루어진 가역과정(되돌아 갈 수 있는 경우)의 가상 사이클을 말한다.

　💡암기탭💡 등온 단열 등온 단열 / 팽창 팽창 압축 압축 ➡ 등단 등단 / 팽창 압축

전반적으로 쉬운 계산형 ★★

26 길이 1200m, 안지름 100mm인 매끈한 원관을 통해서 0.01m³/s의 유량으로 기름을 수송한다. 이때 관에서 발생하는 압력손실은 약 몇 kPa인가? (단, 기름의 비중은 0.8, 점성계수는 0.06 N·s/m²이다.)

① 163.2　　② 201.5　　③ 293.4　　④ 349.7

문제조건이 매끈한 원관이라고 하였으므로… 원관 속을 층류 상태로 흐르는 경우 적용이 가능한, **하겐-포아젤 방정식**(Hagen-Poiseuille equation)을 활용하여 압력손실(kPa)을 구할 수 있다.

압력손실(= 압력강하) $\Delta P(Pa = N/m^2) = \dfrac{Q \cdot 128 \cdot \mu \cdot L}{\pi \cdot D^4} = \dfrac{0.01\,m^3/s \times 128 \times 0.06\,N \cdot s/m^2 \times 1200\,m}{\pi \times (0.1\,m)^4} = 293354\,N/m^2 (= Pa)$

$= 293.4\,kN/m^2 (= kPa)$　＊$1000N = 1kN$

- 유량(Q) = 0.01m³/s
- 점성계수(μ) = 0.06N·s/m²
- 원관 길이(L) = 1200m
- 안지름(내경, D) = 100mm = 0.1m　＊1000mm = 100cm = 1m

함께공부

수평원관 속을 층류 상태로 흐르는 경우 유량에 대한... 하겐-포아젤 방정식(Hagen-Poiseuille equation)

최대유속 $= \dfrac{\Delta P \cdot D^2}{16 \cdot \mu \cdot L} = \dfrac{\text{압력손실}(=\text{압력강하}) \times \text{직경}(=\text{관경})^2}{16 \times \text{절대점도}(\text{점성계수}) \times \text{배관길이}}$ 평균유속 $= \dfrac{\Delta P \cdot D^2}{32 \cdot \mu \cdot L}$

유량 $Q = \dfrac{\pi \cdot D^2}{4} \times \dfrac{\Delta P \cdot D^2}{32 \cdot \mu \cdot L} = \dfrac{\Delta P \cdot \pi \cdot D^4}{128 \cdot \mu \cdot L}$

압력손실(= 압력강하) $\Delta P = \dfrac{Q \cdot 128 \cdot \mu \cdot L}{\pi \cdot D^4}$

손실수두 $(H) = \dfrac{\Delta P}{\gamma}$ $\Delta P = \gamma \cdot H$ $\therefore H = \dfrac{Q \cdot 128 \cdot \mu \cdot L}{\gamma \cdot \pi \cdot D^4}$

전반적으로 쉬운 계산형 ★★

27 직경 20㎝의 소화용 호스에 물이 392 N/s 흐른다. 이때의 평균유속(m/s)은?

① 2.96   ② 4.34   ③ 3.68   ④ **1.27**

문제 조건에서 물이 초당(sec) 392N[중량]으로 흐른다고 하였으므로, **연속방정식 중 중량유량(W)**의 식을 적용한다.

$W(\text{중량유량}, N/\sec) = A(\text{배관의 단면적}, m^2) \times V(\text{유속}, m/\sec) \times \gamma(\text{비중량}, N/m^3)$ $* A = \dfrac{\pi \cdot D^2}{4}$ D=직경(지름)

$V = \dfrac{W}{\dfrac{\pi D^2}{4} \times \gamma} = \dfrac{392\,N/s}{\dfrac{\pi \times (0.2m)^2}{4} \times 9800\,N/m^3} = 1.27\,m/s$

- 직경(지름, D) = 20cm = 0.2m   *1000mm = 100cm = 1m
- 물 비중량(γ) = $1000\,kgf/m^3$ = $9800\,N/m^3$ = $9.8\,kN/m^3$ *$1kgf = 9.8N$ *$1000N = 1kN$

함께공부

연속방정식 중 중량유량(W, weight flow rate)
①지점과 ②지점의 중력가속도가 동일할 때 중량유량이 동일해지며, 압축성, 비압축성 모든 유체에 적용이 가능하다.

$W(\text{중량유량}, kgf/\sec) = A(\text{배관의 단면적}, m^2) \times V(\text{유속}, m/\sec) \times \gamma(\text{비중량}, kgf/m^3)$

$W_1 = W_2$
$A_1 \cdot V_1 \cdot \gamma_1 = A_2 \cdot V_2 \cdot \gamma_2$

계산 없는 단순 암기형 ★★★★★

28 하겐-포아젤(Hagen-Poiseuille)식에 관한 설명으로 옳은 것은?

① 수평 원관 속의 난류 흐름에 대한 유량을 구하는 식이다.
② 수평 원관 속의 층류 흐름에서 레이놀즈수와 유량과의 관계식이다.
③ 수평 원관 속의 층류 및 난류 흐름에서 마찰손실을 구하는 식이다.
④ **수평 원관 속의 층류 흐름에서 유량, 관경, 점성계수, 길이, 압력강하 등의 관계식이다.**

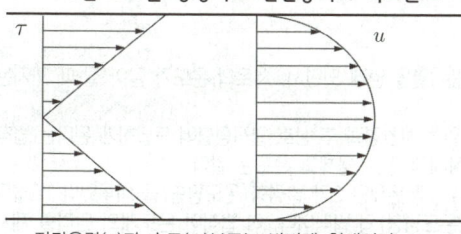

<하겐-포아젤 방정식의 전단응력과 속도분포>

전단응력(τ)과 속도(u)분포는 반비례 형태이다.

전단응력과 속도분포의 관계를 나타내는 하겐-포아젤 방정식 (Hagen-Poiseuille equation)
- 수평인 원형 관속에서 점성유체가 **층류 유동시에만** 적용되는 방정식
- 전단응력은 관 중심에서 "0"이고 반지름에 비례하면서 관벽까지 직선적으로 증가한다.
- 속도분포는 관벽에서 "0"이고 관의 중심에서 최고속도를 나타내는 포물선 형태를 그리면서 증가한다.
- 즉, 전단응력과 속도분포는 반비례 형태이다.
- 유량, 관경, 점성계수(절대점도), 배관길이, 압력강하(=압력손실), 최대유속, 평균유속, 손실수두 등의 관계식

> 계산 없는 단순 암기형 ★★★★★

29 소방펌프의 회전수를 2배로 증가시키면 소방펌프 동력은 몇 배로 증가하는가? (단, 기타 조건은 동일)

① 2　　　　② 4　　　　③ 6　　　　④ 8

소방펌프의 회전수와 소방펌프 동력(축동력)과의 관계를 나타내는 법칙은 "**펌프의 상사법칙**" 이다.
상사법칙은 임펠러의 회전수(N, rpm) 및 임펠러의 직경(D)을 변화시켰을 때 유량[Q], 전양정(양정)[H], 축동력[L]이 각각 어떻게 변화하겠느냐의 문제이다.
펌프 **동력(축동력)**은 펌프 **회전수의 3승(N^3)**에 비례하므로... 회전수가 $1^3 = 1$ 이지만, 회전수를 2배로 늘리면 $2^3 = 8$ 이 된다. 따라서 펌프 임펠러의 회전수를 2배로 늘려 설계하면, 펌프의 동력(축동력)은 8배로 증가하는 것을 알 수 있다.

암기탑! 유량 양정 축동력　회전수1승2승3승　직경3승2승5승 ➡ 유양축 회123 직325

함께 공부

펌프의 상사법칙
- 상사(相似)라는 사전적 의미는 서로 모양이 비슷함. 닮음. 등의 뜻이 있다.
- 펌프의 용량이 다른 경우에도 비속도(비교회전도)가 같으면 이를 상사(相似)라고 한다.
- 소방에서의 상사법칙은 임펠러의 회전수(rpm) 및 임펠러의 직경을 변화시켰을 때 유량[Q], 전양정(양정)[H], 축동력[L]이 각각 어떻게 변화하겠느냐의 문제이다.
- **유량, 양정, 축동력과의 관계**
  ① 유량[Q]은 펌프 회전수에 **정비례**하고, 임펠러 직경의 **3승**에 비례한다.
  ② 양정[H]은 펌프 회전수의 **2승**에 비례하고, 임펠러 직경의 **2승**에 비례한다.
  ③ 축동력[L]은 펌프 회전수의 **3승**에 비례하고, 임펠러 직경의 **5승**에 비례한다.

구분	운전조건	형상조건
유량 Q	회전수 N^1 비례	직경 D^3 비례
양정 H	N^2	D^2
축동력 L	N^3	D^5
비례식 정리		
$Q_1 : N_1 = Q_2 : N_2$		$Q_1 : D_1^3 = Q_2 : D_2^3$
$H_1 : N_1^2 = H_2 : N_2^2$		$H_1 : D_1^2 = H_2 : D_2^2$
$L_1 : N_1^3 = L_2 : N_2^3$		$L_1 : D_1^5 = L_2 : D_2^5$

- $Q_1 = \left(\dfrac{N_1}{N_2}\right) \times \left(\dfrac{D_1}{D_2}\right)^3 \times Q_2$　　・$H_1 = \left(\dfrac{N_1}{N_2}\right)^2 \times \left(\dfrac{D_1}{D_2}\right)^2 \times H_2$　　・$L_1 = \left(\dfrac{N_1}{N_2}\right)^3 \times \left(\dfrac{D_1}{D_2}\right)^5 \times L_2$

- $Q_2 = \left(\dfrac{N_2}{N_1}\right) \times \left(\dfrac{D_2}{D_1}\right)^3 \times Q_1$　　・$H_2 = \left(\dfrac{N_2}{N_1}\right)^2 \times \left(\dfrac{D_2}{D_1}\right)^2 \times H_1$　　・$L_2 = \left(\dfrac{N_2}{N_1}\right)^3 \times \left(\dfrac{D_2}{D_1}\right)^5 \times L_1$

> 계산 없는 단순 암기형 ★★★★★

30 두 물체를 접촉시켰더니 잠시 후 두 물체가 열평형 상태에 도달하였다. 이 열평형 상태는 무엇을 의미하는가?

① 한 물체에서 잃은 열량이 다른 물체에서 얻은 열량과 같은 상태
② 두 물체의 비열은 다르나 열용량이 서로 같아진 상태
③ **두 물체의 온도가 서로 같으며 더 이상 변화하지 않는 상태**
④ 두 물체의 열용량은 다르나 비열이 서로 같아진 상태

열역학 제0법칙 (열평형의 법칙, 온도평형의 법칙)
- 고온에서 저온으로 열이 이동하여 결국 **고온 = 저온** [열평형]
- 열평형을 이룰 때 까지는 열의 이동이 있는데... 고온체는 열을 잃고 저온체는 열을 얻게 되면서, 서로의 온도가 같아 질 때 까지는 열이동이 발생한다.
- 고온의 물체와 저온의 물체를 접촉시키면 고온에서 저온으로 열이 이동하여 일정 시간경과 후 상호 열적평형에 도달하게 된다는 법칙 = 두 물체의 온도가 서로 같으며 더 이상 변화하지 않는 상태 = 열평형 상태에 있는 물체의 온도는 같다.
- 고온체인 A와 저온체인 B가 열평형(온도평형)을 이루었다. 또한 고온체인 A와 저온체인 C가 열평형(온도평형)을 이루었다. 그렇다면, B와 C는 결국 열평형 상태(같은 온도)가 된다는 당연한 이야기가 열평형(온도평형)의 법칙이다. 이 법칙이 **온도계의 원리를 제시하는 법칙**에 해당한다. $T_A = T_B$ 이고　$T_A = T_C$ 이면　$T_B = T_C$ 이다.

> **함께공부**
> - 비열 : 어떤 물질의 단위 질량(kg, g)을 1℃(1℉)만큼 높이는데 필요한 열량
> - 열용량 : 열을 담을 수 있는 크기로서 "비열×질량"을 말한다.

계산 없는 단순 암기형 ★★★★★

31 오일러의 운동방정식은 유체운동에 대하여 어떠한 관계를 표시하는가?
① 유체입자의 운동경로와 힘의 관계를 나타낸다.
② 유선에 따라 유체의 질량이 어떻게 변화하는가를 표시한다.
③ 유체가 가지는 에너지와 이것이 하는 일과의 관계를 표시한다.
④ <u>비점성 유동에서 유선상의 한 점을 통과하는 유체입자의 가속도와 그것에 미치는 힘과의 관계를 표시한다.</u>

유체입자가 유선을 따라 운동하고 있는 비점성 유체의 미소체적에, 뉴턴(Newton)의 운동 제2법칙을 적용하여 얻은 미분방정식으로서 **유체입자의 가속도와 그것에 미치는 힘과의 관계를 표시한 방정식을 오일러의 운동방정식**이라 한다.
- 오일러의 운동방정식(Euler's equations of motion)의 가정조건
  - 정상 상태의 흐름이다. (정상류이다)
  - 점성이 없어(**비점성**), 마찰이 없는 (따라서 전단응력도 발생하지 않는다) 이상유체의 흐름이다.
  - 유체입자는 유선을 따라 움직인다.(적용되는 임의의 두 점은 같은 유선상에 있다)

> **함께공부**
> 오일러의 운동방정식을 아래와 같이 두가지 식으로 표현할 수 있다.
> $$\frac{dP}{\rho} + VdV + gdZ = 0 \quad \text{또는} \quad \frac{dP}{\gamma} + \frac{VdV}{g} + dZ = 0 \quad \rightarrow \text{적분하면}$$
> $$\int \frac{dP}{\gamma} + \int \frac{VdV}{g} + \int dZ = 0 \quad \rightarrow \quad \frac{P}{\gamma} + \frac{V^2}{2g} + Z = constant \text{ (일정)} \quad \text{☞ 베르누이 방정식이 됨}$$

계산 없는 단순 공식형 ★★★

32 그림과 같이 크기가 다른 관이 접속된 수평배관 내에 화살표의 방향으로 정상류의 물이 흐르고 있고 두 개의 압력계 A, B가 각각 설치되어 있다. 압력계 A, B에서 지시하는 압력을 각각 P_A, P_B라고 할 때 P_A와 P_B의 관계로 옳은 것은? (단, A와 B지점 간의 배관 내 마찰손실은 없다고 가정한다.)

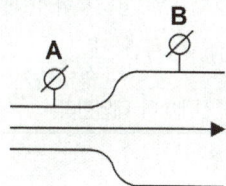

① $P_A > P_B$
② <u>$P_A < P_B$</u>
③ $P_A = P_B$
④ 이 조건만으로는 판단할 수 없다.

1. 연속방정식 중 체적유량(Q)
   A지점에서 B지점으로 정상류 상태의 물이 흐를 때... 관속을 흐르는 물의 유량(Q)은, 유입되는 유량과 유출되는 유량이 언제나 동일하다는 방정식이 연속방정식이다.
   $$Q(\text{체적유량}, m^3/\sec) = A(\text{배관의 단면적}, m^2) \times V(\text{유체속도}, m/\sec)$$
   $$Q_A = Q_B$$
   $$A_A \cdot V_A = A_B \cdot V_B$$
   $$A_A(\text{단면적}=2) \times V_A(\text{유속}=4) = A_B(\text{단면적}=4) \times V_B(\text{유속}=2)$$

   ※ A지점(2)에 비해... B지점의 배관단면적(A_B)이 2배(4)일 경우, 유속(V_B)이 $\frac{1}{2}$배(2)로 줄어듦을 알 수 있다.

   배관의 단면적이 커지면(A_B) 유체속도(V_B)가 느려지는 것은 당연하다.

2. 베르누이 방정식

유체흐름상에 A지점과 B지점에서 압력·속도·위치 수두는 각각 다를 수 있으나, 에너지보존의 법칙에 의해 그 **에너지(수두)의 총합은 항상 일정**하다는 방정식

전수두(전양정) = 압력수두 + 속도수두 + 위치수두 = 일정(Constant)

$$H(m) = \frac{P}{\gamma} + \frac{V^2}{2g} + Z = \frac{압력(N/m^2)}{비중량(N/m^3)} + \frac{유속^2(m/sec)^2}{중력가속도(m/sec^2)} + 높이(m) = C$$

$$\frac{P_A}{\gamma} + \frac{V_A^2}{2g} + Z_A = \frac{P_B}{\gamma} + \frac{V_B^2}{2g} + Z_B$$

- 수평배관이므로 위치수두가 동일하여 $<Z_A = Z_B>$ 이므로... 소거 후 $\frac{P_A}{\gamma} + \frac{V_A^2}{2g} = \frac{P_B}{\gamma} + \frac{V_B^2}{2g}$ 만 남게된다.

- A지점의 유속이 4일 때, 압력은 2이다. 반대로 B지점의 유속이 2로 느려지면, 배관이 받는 압력은 4로 커짐을 알 수 있다. 즉, 유속이 느릴수록 배관이 받는 압력(정압=압력계가 받는 압력)은 높아진다. ∴ $P_A < P_B$

$$\frac{P_A}{\gamma}(압력=2) + \frac{V_A^2}{2g}(유속=4) \;=\; \frac{P_B}{\gamma}(압력=4) + \frac{V_B^2}{2g}(유속=2)$$

복잡하고 어려운 계산형 ★

33 어떤 밸브가 장치된 지름 20cm 인 원관에 4°C의 물이 2m/s 의 평균속도로 흐르고 있다. 밸브의 앞과 뒤에서의 압력차이가 7.6kPa 일 때, 이 밸브의 부차적 손실계수 K와 등가길이 L_e은? (단, 관의 마찰계수는 0.02이다.)

① K = 3.8, L_e = 38m   ② K = 7.6, L_e = 38m   ③ K = 38, L_e = 3.8m   ④ K = 38, L_e = 7.6m

해설

1. 밸브의 부차적 손실계수(K)

밸브의 앞과 뒤에서의 압력차이가 7.6kPa의 압력단위로 주어졌으나... 밸브의 부차적 손실계수(K)를 구하기 위해서는 kPa의 단위를 수두[mH₂O]의 단위로 환산하여 손실수두식에 대입하여야 한다. 수두단위의 표준대기압은 10.332mH₂O 이다.

① 조건정리
- 평균속도(V) = $2 m/sec$
- 표준대기압을 이용하여... 압력차이($\Delta P [kPa]$)를 수두차이($h_L[m]$)로 단위환산

$$= 7.6\,kPa \times \frac{10.332\,mH_2O}{101.325\,kPa} = 0.77\,mH_2O \qquad *킬로 파스칼(kPa)의 표준대기압 = 101.325kPa$$

$$h_L(손실수두, m) = K\frac{V^2}{2g} = 손실계수 \times \frac{유속^2}{2\times중력가속도(9.8)}$$

[달시-와이스바하 방정식과 비교] $h_L(m) = f\frac{L}{D}\frac{V^2}{2g}$ • $f\frac{L}{D} = K$

② 구하려는 조건은 손실계수(K)이므로 손실계수를 중심으로 식을 전개하여 대입한다.

$$K = \frac{h_L \times 2 \times g}{V^2} = \frac{0.77\,m \times 2 \times 9.8\,m/sec^2}{(2\,m/sec)^2} = 3.77 ≒ 3.8$$

2. 등가길이(L_e)

유체가 밸브, 엘보, 티 등의 관부속물을 흐를 때 발생하는 마찰손실과, 동일한 손실을 갖는 동일구경의 직관길이로 환산한 것. 예를 들어 50A 구경의 직관 $4m$가 갖는 마찰손실 값이 "1"이고, 50A 구경의 체크밸브에 의해 발생하는 마찰손실 값이 "1"이라고 하면, 이 체크밸브의 등가길이는 $4m$가 된다.

전길이(m) = 직관길이(m) + 등가(상당)길이(m)

이렇게 등가(상당)길이를 구해서 직관길이와 합치면 전길이가 되고, 이 전길이를 마찰손실을 구하는 방정식인 달시-와이스바하 방정식에 대입하여 마찰손실값을 구할 수 있다. 또한, 달시-와이스바하 방정식을 통해 등가길이의 식을 세울 수 있다.

① 조건정리
- 손실계수(K) = 3.8
- 지름(D, 직경) = 20cm인 원관 = 0.2m
- 관의 마찰계수(f) = 0.02

$$h_L(m) = f\frac{L_e}{D}\frac{V^2}{2g} \quad • f\frac{L_e}{D} = K(손실계수) \quad ∴ L_e(등가길이, m) = \frac{K \cdot D}{f} = \frac{손실계수 \cdot 직경(m)}{관마찰계수}$$

② 조건을 대입하여 등가길이(L_e)를 구한다.

$$L_e = \frac{K \cdot D}{f} = \frac{3.8 \times 0.2m}{0.02} = 38m$$

> **함께공부**

달시-와이스바하 방정식(Darcy-Weisbach equation) ☞ 마찰손실을 수두(h_L, m, mH_2O)로 구하는 방정식이다.
- 유체의 종류나 층류, 난류를 가리지 않고 **모든 유체에 적용이 가능**한 식으로서 정확성이 매우 떨어진다.
- 따라서 마찰손실과 관련된 요소가 어떤 것이고, 그것이 마찰손실에 어떻게 영향을 미치는지를 파악하는 방정식으로 활용될 수 있다.

$$\text{마찰손실수두}(h_L) = f\frac{L}{D}\frac{V^2}{2g} \qquad *\text{관마찰계수}(f) = \frac{64}{ReNo(\text{레이놀즈수})}$$

$$h_L(mH_2O) = f\frac{L(m)}{D(m)}\frac{V^2(m/\sec)^2}{2g(m/\sec^2)} \qquad \text{마찰손실수두} = \text{관마찰계수} \times \frac{\text{직관의 길이}}{\text{배관의 직경}} \times \frac{\text{유속}^2}{2 \times \text{중력가속도}}$$

- 결론적으로 배관에서 발생하는 마찰손실수두는 배관길이에 비례하고, 유속의 제곱에 비례하며, **직경에는 반비례**한다. 따라서 마찰손실을 줄이기 위해서는 배관 길이를 줄이고, 유속을 낮추고, **관경은 크게**한다.

> **계산 없는 단순 암기형** ★★★★★

34 베르누이 방정식을 실제유체에 적용시키려면?

① 손실수두의 항을 삽입시키면 된다.
② 실제 유체에는 적용이 불가능하다.
③ 베르누이 방정식의 위치수두를 수정하여야 한다.
④ 베르누이 방정식은 이상유체와 실제유체에 같이 적용된다.

수정된 베르누이 방정식(베르누이의 실제 적용) 베르누이 방정식은 이상유체에 적용되지만, 아래와 같이 적용시키면 실체유체에도 적용이 가능
1. 베르누이 방정식은 유체가 점성이 없다고 가정하였으나, 실제 유체는 점성을 가지고 있어 **마찰손실**(H_L)=손실수두의항이 발생된다. 이에 따라 마찰손실이 발생된 만큼 베르누이 방정식에 반영하여야 한다.

$$\frac{P_1}{\gamma} + \frac{V_1^2}{2g} + Z_1 = \frac{P_2}{\gamma} + \frac{V_2^2}{2g} + Z_2 + H_L(\text{두 지점 사이의 마찰손실수두, } m)$$

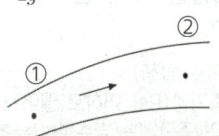

실제로 ①지점과 ②지점의 에너지는 ① ~ ② 구간에서 발생된 마찰손실(H_L)=손실수두의항 때문에 동일하지 않을 것이다. 따라서 ① ~ ② 구간에서 발생된 마찰손실(H_L) 만큼 ②지점에 더해주어야 ①지점과 ②지점의 에너지가 동일해질 것이다.

> **함께공부**

수정된 베르누이 방정식(베르누이의 실제 적용)
2. 소방설비 시스템에서 에너지의 공급은 주로 펌프를 사용하고 있으므로 **펌프가 공급한 에너지**(H_p)만큼 베르누이 방정식에 반영하여야 한다.

$$\frac{P_1}{\gamma} + \frac{V_1^2}{2g} + Z_1 + H_p(\text{펌프의 정격토출양정}) = \frac{P_2}{\gamma} + \frac{V_2^2}{2g} + Z_2$$

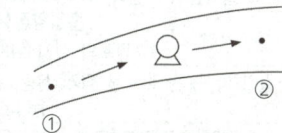

펌프가 중간에 있으면 펌프가 공급한 에너지(압력)만큼 ②지점의 에너지가 커지고 ①지점의 에너지는 작아지므로, ①지점과 ②지점의 에너지가 동일해 지려면 ①지점에 펌프의 **정격토출양정**(H_p)만큼 더해주어야 ①지점과 ②지점의 에너지가 동일해질 것이다.

3. 따라서 최종적으로 다음과 같은 식이 완성된다.

$$\frac{P_1}{\gamma} + \frac{V_1^2}{2g} + Z_1 + H_p(\text{펌프의 정격토출양정}) = \frac{P_2}{\gamma} + \frac{V_2^2}{2g} + Z_2 + H_L(\text{두 지점 사이의 마찰손실수두, } m)$$

계산 없는 단순 암기형 ★★★★★

35 물질의 온도변화 형태로 나타나는 열에너지는 무엇인가?

① 현열　　　　② 잠열　　　　③ 비열　　　　④ 증발열

현열(감열)[sensible heat]
- 물질의 상태 변화는 없으면서 온도만 올리는데 사용되는 열을 현열이라 하며, 아래식을 이용하여 흡수한 열량을 구할 수 있다.
  $$Q[kJ] = mC\Delta T = 질량[kg] \times 비열[kJ/kg \cdot K] \times 온도차[K]$$
- 즉 물질의 가열, 냉각에 따라 온도가 변화하는 데 필요한 열량이다. 감열이라고도 하며, 물질의 **상태**(고체,액체,기체) 변화는 없다.
- 예를 들면, 0℃의 물이 100℃까지 온도가 올라가는데 필요한 에너지(열량)를 현열(감열)이라고 한다.

함께공부

- **열량**이란 열의 많고 적음을 나타내는 양이다. 열량의 단위는 cal(칼로리), kcal(킬로칼로리) 또는 J(주울), kJ(킬로 주울)을 사용한다.
- **비열**이란 어떤 물질(물) 1kg의 온도를 1℃(K)만큼 올리는 데 필요한 열의 양[1kcal(4.184kJ)]이다. 비열이 크면 그 물질의 온도를 높이기 어렵다. 따라서 물은 비열이 크므로 화염 등의 열을 더 많이 빼앗아 올 수 있어 소화약제로 사용되고 있다.
- **잠열**[潛熱, latent heat] – 융해열, 증발열, 기화열
  - 융해와 기화(증발) 등 상 전이 과정에서 가해진 열은, 물질의 **온도변화에는 사용되지 않고, 상태변화에만 사용**된다. 이와 같이 상 전이 과정에서 흡수되는 열을 잠열이라 한다.
    $$Q[kJ] = mr = 질량[kg] \times 잠열[kJ/kg]$$
  - 예를 들면, 물을 가열하면 100℃에서 끓기 시작하지만, 그 이상 아무리 가열해도 완전히 수증기가 될 때까지 100℃를 넘지 않는다. 또한 얼음을 가열해도 완전히 녹을 때까지는 0℃ 이상으로 되지 않는다. 이와 같이 기화 중인 물이나, 융해 중인 얼음에 가해진 숨은 열은, 물(액체)을 수증기(기체)로 바꾸고, 얼음(고체)을 물(액체)로 바꾸기 위해서만 소비되며 온도를 상승시키지는 않는다.

계산 없는 단순 암기형 ★★★★★

36 온도가 T인 유체가 정압이 P인 상태로 관속을 흐를 때 공동현상이 발생하는 조건으로 가장 적절한 것은? (단, 유체 온도 T에 해당하는 포화증기압을 P_S라 한다.)

① $P > P_S$　　　② $P > 2 \times P_S$　　　③ $P < P_S$　　　④ $P < 2 \times P_S$

공동현상(캐비테이션, cavitation) – 공기고임현상(기포 발생)
- 펌프 내부나 흡입측 배관에서 **물의 압력(P)이 포화증기압(Ps) 이하로 떨어져** 물이 국부적으로 증발하여 증기 공동이 발생하는 현상으로 공기(기포)가 생성되고, 진동(소음)을 수반하며 종단에는 양수불능을 초래할 수 있음
- 물의 온도에 상응하는 증기압보다 낮은 부분이 발생하면 물은 증발되고 물속에 있던 공기와 물이 분리되어 **기포가 발생**하는 펌프의 현상
- 물이 배관 내에 유동하고 있을 때 흐르는 **물 속 어느 부분의 정압(P)이, 그때 물의 온도에 해당 하는 포화증기압(Ps) 이하로 되면** (=정압이 작으면 =포화증기압이 더 크면) 부분적으로 기포가 발생하는 현상
- 따라서 P(정압) < P_S(포화증기압) 식이 성립하면, 공동현상이 발생한다.

함께공부

원인 및 방지책

원인	방지책
흡입양정(수두) 클 때(흡입측 배관길이 길 때)	펌프 설치높이 낮춘다, 입축(수직회전축)펌프[심정용] 사용, 물올림장치 설치 등 **흡입양정(수두)을 짧게** 한다.
펌프의 설치 위치가 수원보다 높을 때	펌프의 설치 위치를 **수원보다 낮게** 한다.
마찰손실 클 때	배관길이 짧게, 관 부속물 적게 시공, 관경크게, **양흡입 펌프**(또는 2대 이상 펌프) 사용 등 마찰손실 줄인다.
임펠러 속도(펌프회전수)가 너무 빠를 때	임펠러 **속도**(펌프회전수) **낮춰** 유량을 적게 한다.(흡입비속도를 낮게한다)
흡입관경이 작아 유속이 너무 빠른 경우	**흡입관경 크게** 해서 유속을 낮춘다.
수온 높을 때	**수온을 낮게** 유지하여 포화증기압을 줄인다.

복잡하고 어려운 계산형 ★

37 펌프의 입구 및 출구측에 연결된 진공계와 압력계가 각각 25mmHg 와 260kPa 을 가리켰다. 이 펌프의 배출 유량이 0.15m³/s 가 되려면 펌프의 동력은 약 몇 kW가 되어야 하는가? (단, 펌프의 입구와 출구의 높이 차는 없고, 입구측 관직경은 20cm, 출구측 관직경은 15cm 이다.)

① 3.95 ② 4.32 ③ 39.5 ④ **43.2**

해설

1. **펌프의 수동력(kW)** ➡ 펌프에 의해 **물에 공급되는 동력**(유체에 실제로 주어지는 동력). 따라서 펌프효율은 의미가 없다.

   펌프의 동력(kW)을 묻는 문제로서, 문제에서 전달계수(K)와 펌프효율(η_p)이 모두 주어지지 않았으므로... 펌프의 수동력을 묻는 문제이다.

   $$kW = \frac{H \cdot \gamma \cdot Q}{102}$$

   $H(전양정)[m] \times \gamma(물\ 비중량)[1000\,kgf/m^3] \times Q(토출량)[m^3/sec]$

   - Q(유량) = 0.15m³/s   *시간의 단위인 "초(second)"는 "sec" 또는 "s"로 표시하고, 통상적으로 "섹크"로 읽는다.
   - H(전양정) = ?m

2. **전양정(H)**

   ① 표준대기압을 이용한 진공계 및 압력계의 단위환산

   진공계와 압력계의 수치는 마찰손실과 실양정 그리고 방사압을 합친 값을 나타내므로, 주어진 수치를 수두[m]로 환산하면 된다. 수두단위의 표준대기압은 10.332mH₂O 이다.

   - 진공계 = $25\,mmHg \times \dfrac{10.332\,mH_2O}{760\,mmHg} = 0.34\,mH_2O$ *수은주(mmHg)의 표준대기압 = 760mmHg

   - 압력계 = $260\,kPa \times \dfrac{10.332\,mH_2O}{101.325\,kPa} = 26.51\,mH_2O$ *킬로 파스칼(kPa)의 표준대기압 = 101.325kPa

   ② 펌프의 입구측 관직경(20cm=0.2m)과, 출구측 관직경(15cm=0.15m)의 차이에 의한... 속도 손실수두($\dfrac{V^2}{2g}$)를 구하기 위해... 입구측과 출구측의 유속(V)을 연속방정식에 의하여 구하면

   연속방정식 중 체적유량(Q) ☞ Q(체적유량, m^3/sec) = A(배관의 단면적, m^2) × V(유속도, m/sec)

   $\therefore V = \dfrac{Q}{A} \rightarrow A = \dfrac{\pi \cdot D^2}{4}$ *D=직경(지름) $\rightarrow V = \dfrac{Q}{\dfrac{\pi \cdot D^2}{4}}$

   - 입구측 유속(V_1) = $\dfrac{Q}{\dfrac{\pi \cdot D^2}{4}} = \dfrac{0.15\,m^3/sec}{\dfrac{\pi \times 0.2^2}{4}} = 4.77\,m/sec$

   - 출구측 유속(V_2) = $\dfrac{Q}{\dfrac{\pi \cdot D^2}{4}} = \dfrac{0.15\,m^3/sec}{\dfrac{\pi \times 0.15^2}{4}} = 8.49\,m/sec$

   ③ 입구측과 출구측의 유속(V)을... 베르누이 방정식의 속도수두를 활용한, $\dfrac{V_2^2 - V_1^2}{2g}$에 대입하여, 속도 손실수두를 구한다.

   전수두(전양정) = 압력수두 + 속도수두 + 위치수두 = 일정(Constant)

   $H(m) = \dfrac{P}{\gamma} + \dfrac{V^2}{2g} + Z = \dfrac{압력(kgf/m^2)}{비중량(kgf/m^3)} + \dfrac{유속^2(m/sec)^2}{중력가속도(9.8m/sec^2)} + 높이(m) = C$

   $\dfrac{P_1}{\gamma} + \dfrac{V_1^2}{2g} + Z_1 = \dfrac{P_2}{\gamma} + \dfrac{V_2^2}{2g} + Z_2$

   - $H(m) = \dfrac{V_2^2 - V_1^2}{2g} = \dfrac{8.49^2 - 4.77^2}{2 \times 9.8} = 2.52\,m$

   ③ 진공계 및 압력계, 그리고 속도 손실수두를 반영한 최종적인 전양정은... $H = 0.34 + 26.51 + 2.52 = 29.37\,m$

3. **펌프의 수동력(kW)**

   $kW = \dfrac{H \cdot \gamma \cdot Q}{102} = \dfrac{29.37\,m \times 1000\,kgf/m^3 \times 0.15\,m^3/sec}{102} = 43.19\,kW ≒ 43.2\,kW$

함께공부

표준대기압 단위의 종류

1. 단위면적당 작용하는 힘의 단위에 따라 생성된 표준대기압의 종류 $P = \dfrac{F}{A}$

$$1\,atm = 1.0332\,kgf/cm^2 = 10332\,kgf/m^2$$
$$= 101325\,N/m^2\,(Pa,\text{파스칼}) = 101.325\,kN/m^2\,(kPa,\text{킬로 파스칼}) = 0.101325\,MN/m^2\,(MPa,\text{메가 파스칼})$$
$$= 14.7\,\ell bf/in^2\,(= PSI)$$
$$= 1.01325\,\text{bar (바)} = 1013.25\,\text{mbar (밀리바)} \quad *1\,bar = 10^{-5}\,N/m^2\,(Pa) = 1.01325\,bar$$

2. 유체의 비중량에 따라 생성된 표준대기압의 종류 $P = \gamma \cdot h$

- $h = \dfrac{P}{\gamma} = \dfrac{10332\,kgf/m^2}{\text{물의 비중량}\,1000\,kgf/m^3} = 10.332\,mH_2O\,(mAq) = 10332\,mmH_2O\,(mmAq)$
- $h = \dfrac{P}{\gamma} = \dfrac{10332\,kgf/m^2}{\text{수은의 비중량}\,13,600\,kgf/m^3} = 0.76\,mHg = 760\,mmHg = 29.92\,inHg$

다소 어려운 계산형 ★

38 관로에서 20℃의 물이 수조에 5분 동안 유입되었을 때 유입된 물의 중량이 60kN이라면 이 때 유량은 몇 ㎥/s인가?

① 0.015　　② **0.02**　　③ 0.025　　④ 0.03

문제에서 중량유량이 조건으로 주어지고… 유량을 m³/s의 단위로 물었다. m³/s의 단위는 체적(m³)유량의 단위이다. 따라서 중량유량과 체적유량의 식을 혼합하여 체적유량(Q)을 구하면 된다.

1. 문제 조건에서 5분당(min) **60kN**[중량]으로 흐른다고 하였으므로, 연속방정식 중 **중량유량(W)**의 식을 적용한다.

$$W(\text{중량유량},\,kN/\sec) = A(\text{배관의 단면적},\,m^2) \times V(\text{유속},\,m/\sec) \times \gamma(\text{비중량},\,kN/m^3)$$

* $\dfrac{60\,kN}{5\,\min} \times \dfrac{1\,\min}{60\,\sec} = \dfrac{60\,kN}{300\,\sec} = 0.2\,kN/\sec$

2. 연속방정식 중 **체적유량(Q)** → $Q(\text{체적유량},\,m^3/\sec) = A(\text{배관의 단면적},\,m^2) \times V(\text{유속},\,m/\sec)$
3. 따라서 중량유량식에 체적유량식을 대입하면 → $W = Q \times \gamma$

* 물 비중량(γ) = $1000\,kgf/m^3 = 9800\,N/m^3 = 9.8\,kN/m^3$　　*$1kgf = 9.8N$　*$1000N = 1kN$
* $Q = \dfrac{W}{\gamma} = \dfrac{0.2\,kN/\sec}{9.8\,kN/m^3} = 0.02\,m^3/\sec$

전반적으로 쉬운 계산형 ★★

39 240mmHg의 절대압력은 계기압력으로 약 몇 kPa인가? (단, 대기압은 760mmHg이고, 수은의 비중은 13.6이다.)

① -32.0　　② 32.0　　③ **-69.3**　　④ 69.3

문제의 조건을 살펴보면 대기압[760mmHg] 보다, 절대압력 [240mmHg=그 지점의 실제압력]이 작음(낮음)을 알 수 있다. 따라서 문제에서 묻고 있는 계기압력은 (+)의 게이지압이 아닌 (-)의 진공압이다.

$$\text{절대압력}[240mmHg] - \text{대기압}[760mmHg] = -520mmHg[\text{진공압}] = -69.33\,kPa$$

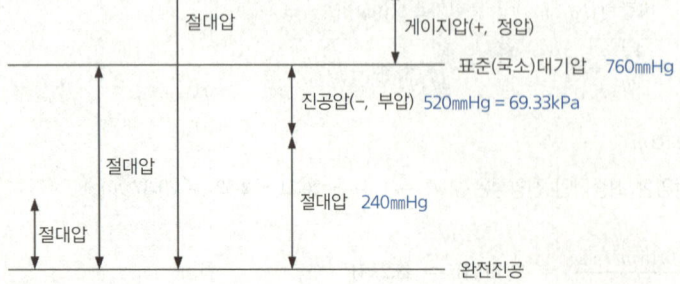

kPa의 계기압력(진공압)으로 맞춰주기 위해 수은주(mmHg)의 표준대기압[760mmHg]을 이용하여 단위환산 한다.

$$520\,mmHg \times \dfrac{101.325\,kPa}{760\,mmHg} = 69.33\,kPa$$

*kPa(킬로 파스칼)의 표준대기압 = 101.325kPa

절대압, 게이지압, 진공압의 구분

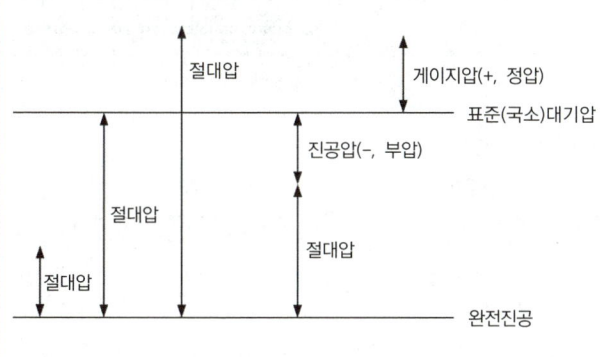

- **절대압력**
  - 완전진공을 기준으로 하여 측정한 압력
  - 완전진공(기계계 "0")으로부터 측정한 실제압력
  - 대기압을 고려한(계산한) 압력
- **게이지(게기)압력**
  - 대기압을 "0"으로 본 압력
  - 완전진공에서 대기압까지를 "0"으로 보고 대기압보다 높은 압력을 측정한 압력
  - 국소대기압을 기준으로 한 압력으로 압력계가 지시하는 압력 [정압, (+)압력]
- **진공압력**
  - 대기압보다 작은(낮은) 압력
  - 진공계가 지시하는 압력 [부압, (-)압력]

계산 없는 단순 암기형 ★★★★★

40 이상기체의 정압과정에 해당하는 것은? (단, P는 압력, T는 절대온도, v는 비체적, k는 비열비를 나타낸다)

① $\dfrac{P}{T}$ = 일정　　② Pv = 일정　　③ Pv^k = 일정　　④ $\dfrac{v}{T}$ = 일정

폴리트로픽 과정(변화)

폴리트로픽 지수인 n값을 이용해, **등압**(정압)과정[압력이 일정], **등온**(정온)과정[온도가 일정], **단열**(등엔트로피)과정[열의 출입이 없음], **등적**(정적)과정[체적이 일정]을 포함한, **모든 상태변화**를 나타낼 수 있는 과정을 말한다.
[압력(P) 곱하기 체적(V)에 n승(폴리트로픽 지수)은 항상 일정하다]

$$PV^n = 일정(C)$$

폴리트로픽 지수(n)	n값에 따른 상태변화	비열(C_n)	$PV^n = C$
$n = 0$	등압(정압) 과정(변화)	C_P	$PV^0 = C(V^0 = 1$ 이므로) → $P = C$(압력이 일정=샤를법칙 $\dfrac{V}{T}$)
$n = 1$	등온(정온) 과정(변화)	∞	$PV^1 = C(V^1 = V$ 이므로) → $PV = C$(온도가 일정=보일법칙)
$-\infty < n < \infty$	폴리트로픽 과정(변화)	$C_V\left(\dfrac{n-k}{n-1}\right)$	$PV^n = C$
$n = k$ (비열비)	단열(등엔트로피) 과정(변화)	0	$PV^k = C$
$n = \infty$ (무한대)	등적(정적) 과정(변화)	C_V	$PV^\infty = C(V^\infty$는 매우큰수 이므로) → $V = C$(체적이 일정 $\dfrac{P}{T}$)

암기팁! n=0 등압 / n=1 등온 / n=비열비 단열 / n=무한대 등적 ➡ 공압 / 일온 / 비단 / 무적 (공업이론은 비단과 같이 부드러운 무적이론 이다)

3과목 소방관계법규

단어가 답인 문제 ★

41 소방기본법의 정의상 소방대상물의 관계인이 아닌 자는?
① 관리자　　② 관계자　　③ 점유자　　④ 소유자

관계인 → 소방대상물의 소유자, 관리자, 점유자

땅이땅! 관계인 ➡ 소관점

문장이 답인 문제 ★★★

42 화재의 예방 및 안전관리에 관한 법령상 특수가연물의 저장 및 취급기준으로 맞는 것은? (단, 살수설비나 대형수동식소화기가 설치되지 않은 석탄·목탄류를 저장하는 경우이다)
① 쌓는 높이는 15미터 이하가 되도록 한다.
　　　　　　10미터
② 쌓는 부분의 바닥면적은 200제곱미터 이하가 되도록 한다.
③ 쌓는 부분 바닥면적의 사이는 실내의 경우 3미터 또는 쌓는 높이의 1/2 중 큰 값 이상으로 간격을 둘 것
　　　　　　　　　　　　　　　　　1.2미터
④ 쌓는 부분 바닥면적의 사이는 실외의 경우 1.2미터 또는 쌓는 높이 중 큰 값 이상으로 간격을 둘 것
　　　　　　　　　　　　　　　　　3미터

1. 화재가 발생하는 경우 불길이 빠르게 번지는 고무류·플라스틱류·석탄 및 목탄 등 대통령령으로 정하는 화재의 확대가 빠른 특수가연물은 품명별로 일정수량 이상의 가연물을 말한다.
2. 특수가연물을 품명별로 구분하여 기준에 맞게 쌓을 것(쌓는 기준)
① 살수설비를 설치하거나 방사능력 범위에 해당 특수가연물이 포함되도록 대형수동식소화기를 설치하는 경우
　• 높이 → 15미터 이하
　• 쌓는 부분의 바닥면적 → 200제곱미터(석탄·목탄류의 경우에는 300제곱미터) 이하
② 그 밖의 경우
　• 높이 → 10미터 이하
　• 쌓는 부분의 바닥면적 → 50제곱미터(석탄·목탄류의 경우에는 200제곱미터) 이하
③ 쌓는 부분 바닥면적의 사이
　• 실내 → 1.2미터 또는 쌓는 높이의 1/2 중 큰 값 이상으로 간격을 둘 것
　• 실외 → 3미터 또는 쌓는 높이 중 큰 값 이상으로 간격을 둘 것

숫자가 답인 문제 ★

43 화재의 예방 및 안전관리에 관한 법령상 화재예방강화지구의 관리 기준 중 다음 ( ) 안에 알맞은 것은?

• 소방관서장은 화재예방강화지구 안의 소방대상물의 위치·구조 및 설비 등에 대한 화재안전조사를 (㉠)회 이상 실시해야 한다.
• 소방관서장은 훈련 및 교육을 실시하려는 경우에는 화재예방강화지구 안의 관계인에게 훈련 또는 교육 (㉡)일 전까지 그 사실을 통보해야 한다.

① ㉠ 월 1, ㉡ 7　　② ㉠ 월 1, ㉡ 10　　③ ㉠ 연 1, ㉡ 7　　④ ㉠ 연 1, ㉡ 10

• 소방관서장은 화재예방강화지구 안의 소방대상물의 위치·구조 및 설비 등에 대한 화재안전조사를 연 1회 이상 실시해야 한다.
• 소방관서장은 화재예방강화지구 안의 관계인에 대하여 소방에 필요한 훈련 및 교육을 연 1회 이상 실시할 수 있다.
• 소방관서장은 훈련 및 교육을 실시하려는 경우에는 화재예방강화지구 안의 관계인에게 훈련 또는 교육 10일 전까지 그 사실을 통보해야 한다.

> 문장이 답인 문제 ★

44 소방안전교육사와 관련된 내용으로 옳지 않은 것은?

① 소방안전교육을 위하여 행정안전부장관이 실시하는 시험에 합격한 사람에게 소방안전교육사 자격을 부여한다.
　　　　　　　　　　　　소방청장
② 소방안전교육사는 소방안전교육의 기획·진행·분석·평가 및 교수업무를 수행한다.
③ 한국소방산업기술원에는 소방안전교육사를 2명이상 배치하여야 한다.
④ 소방본부에는 소방안전교육사를 2명이상 배치하여야 한다.

- 소방청장은 소방안전교육을 위하여 **소방청장이 실시하는 시험**에 합격한 사람에게 소방안전교육사 자격을 부여한다.
- 소방안전교육사는 소방안전교육의 기획·진행·분석·평가 및 교수업무를 수행한다.
- **소방안전교육사의 배치대상별 배치기준** [소방안전교육사는 소방안전교육의 기획·진행·분석·평가 및 교수업무를 수행한다]
  ① 소방청 : 2명 이상
  ② **소방본부 : 2명 이상**
  ③ 소방서 : 1명 이상
  ④ 한국소방안전원 : 본회(2명 이상), 시·도지부(1명 이상)
  ⑤ 한국소방산업기술원 : 2명 이상

> 문장이 답인 문제 ★

45 소방시설공사업법령상 일반 소방시설공사업(기계분야)의 등록기준 및 영업범위의 기준에 대한 설명으로 틀린 것은?

① 위험물제조소등에 설치되는 기계분야 소방시설의 공사·개설·이전 및 정비
② 개인인 경우 자산평가액은 1억원 이상
③ 연면적 3만 제곱미터 미만의 특정소방대상물에 설치되는 기계분야 소방시설의 공사·개설·이전 및 정비
　　　　1만
④ 주된 기술인력은 소방기술사 또는 기계분야 소방설비기사 1명 이상

일반 소방시설공사업의 영업범위 → 연면적 1만제곱미터 미만의 특정소방대상물에 설치되는 소방시설의 공사·개설·이전 및 정비

함께공부

소방시설 공사업의 업종별 등록기준 및 영업범위

업종별	항목	기술인력	자본금 (자산평가액)	영업범위
전문 소방시설 공사업		• **주된 기술인력** : 소방기술사 또는 기계분야와 전기분야의 소방설비기사 각 1명(기계분야 및 전기분야의 자격을 함께 취득한 사람 1명) 이상 • **보조기술인력** : 2명 이상	• 법인 : 1억원 이상 • 개인 : 자산평가액 1억원 이상	특정소방대상물에 설치되는 기계분야 및 전기분야 소방시설의 공사·개설·이전 및 정비
일반 소방시설 공사업	기계 분야	• 주된 기술인력 : 소방기술사 또는 기계분야 소방설비기사 1명 이상 • 보조기술인력 : 1명 이상	• 법인 : 1억원 이상 • 개인 : 자산평가액 1억원 이상	• **연면적 1만제곱미터 미만**의 특정소방대상물에 설치되는 기계분야 소방시설의 공사·개설·이전 및 정비 • **위험물제조소등**에 설치되는 기계분야 소방시설의 공사·개설·이전 및 정비
	전기 분야	• 주된 기술인력 : 소방기술사 또는 전기분야 소방설비기사 1명 이상 • 보조기술인력 : 1명 이상	• 법인 : 1억원 이상 • 개인 : 자산평가액 1억원 이상	• 연면적 1만제곱미터 미만의 특정소방대상물에 설치되는 전기분야 소방시설의 공사·개설·이전·정비 • 위험물제조소등에 설치되는 전기분야 소방시설의 공사·개설·이전·정비

> 단어가 답인 문제 ★

46 방염대상물품에 해당되지 않는 것은?

① 창문에 설치하는 블라인드
② 두께가 2밀리미터 이상인 종이벽지
③ 커피숍에 설치된 합성수지류 등을 원료로 하여 제작된 소파·의자
④ 전시용 합판 또는 섬유판

방염대상물품 : 제조 또는 가공 공정에서 방염처리를 한 다음의 물품
- 창문에 설치하는 커튼류(블라인드 포함)
- 카펫
- 벽지류(두께가 2밀리미터 미만인 종이벽지는 제외)
- 전시용 합판·목재 또는 섬유판, 무대용 합판·목재 또는 섬유판
- 암막·무대막(스크린 포함)
- 섬유류 또는 합성수지류 등을 원료로 하여 제작된 소파·의자(단란주점·유흥주점·노래연습장의 영업장에 설치하는 것으로 한정)

숫자가 답인 문제 ★

47 화재의 예방 및 안전관리에 관한 법령상 화재 발생 위험이 큰 물건에 대하여 관계인을 알 수 없는 경우 그 물건을 옮기거나 보관하는 등 필요한 조치를 하게 할 수 있다. 이 때 옮긴 물건 등을 보관하는 경우 그날부터 며칠 동안 해당 소방관서의 인터넷 홈페이지에 그 사실을 공고해야 하는가?

① 3일　　　② 5일　　　③ 7일　　　④ 14일

- 소방관서장은 화재 발생 위험이 크거나 소화 활동에 지장을 줄 수 있다고 인정되는 물건에 대하여 소유자, 관리자 또는 점유자를 알 수 없는 경우 소속 공무원으로 하여금 그 물건을 옮기거나 보관하는 등 필요한 조치를 하게 할 수 있다.
- 옮긴 물건 등을 보관하는 경우에는 그날부터 **14일** 동안 해당 소방관서의 인터넷 홈페이지에 그 사실을 공고해야 하며, 옮긴물건등의 보관기간은 인터넷 홈페이지에 따른 공고기간의 종료일 다음 날부터 7일까지로 한다.

단어가 답인 문제 ★

48 위험물안전관리법령상 유별을 달리하는 위험물을 혼재하여 저장할 수 있는 것으로 짝지어진 것은?

① 제1류-제6류　　② 제2류-제3류　　③ 제3류-제5류　　④ 제5류-제6류

유별을 달리하는 위험물의 혼재기준
유별을 달리하는 위험물 적재 운반시 원칙적으로 혼재할 수 없으나, 아래표에 따라 혼재 가능한 위험물을 유별로 지정하였다.

위험물의 구분	제1류	제2류	제3류	제4류	제5류	제6류
제1류		×	×	×	×	○
제2류	×		×	○	○	×
제3류	×	×		○	×	×
제4류	×	○	○		○	×
제5류	×	○	×	○		×
제6류	○	×	×	×	×	

비고
1. "×"표시는 혼재할 수 없음을 표시한다.
2. "○"표시는 혼재할 수 있음을 표시한다.
3. 이 표는 지정수량의 1/10 이하의 위험물에 대하여는 적용하지 아니한다.

※ **지정수량** : 위험물의 종류별로 위험성을 고려하여 대통령령이 정하는 수량으로서 제조소등의 설치허가 등에 있어서 최저의 기준이 되는 수량(지정수량의 단위로 kg을 사용하고, 4류만 L를 사용)

당이탐미 1류-6류 / 2류-4류-5류 / 3류-4류 ➡ 16 245 34 (여기에서 4류는 245, 34 두곳과 연관되어... 결국 235와 짝지어 진다.)

문장이 답인 문제 ★

49 소방관서장은 어떤 경우에 해당되면 화재안전조사를 실시할 수 있다. 화재안전조사를 실시할 수 있는 그 어떤 경우가 아닌 것은? (단, 실제 주거용도로 사용되는 개인의 주거가 아니다.)

① 화재예방안전진단이 불성실하거나 불완전하다고 인정되는 경우
② 화재로 인한 인명 또는 재산 피해의 가능성이 있다고 판단되는 경우
③ 화재가 자주 발생하였거나 발생할 우려가 뚜렷한 곳에 대한 조사가 필요한 경우
④ 재난예측정보, 기상예보 등을 분석한 결과 소방대상물에 화재의 발생 위험이 크다고 판단되는 경우

화재안전조사 : 소방관서장은 다음에 해당하는 경우 화재안전조사를 실시할 수 있다. 다만, 개인의 주거(실제 주거용도로 사용되는 경우에 한정)에 대한 화재안전조사는 관계인의 승낙이 있거나 화재발생의 우려가 뚜렷하여 긴급한 필요가 있는 때에 한정한다.
1. 특정소방대상물의 관계인이 실시하는 소방시설등의 **자체점검이 불성실하거나 불완전**하다고 인정되는 경우

2. 화재예방강화지구 등 법령에서 **화재안전조사**를 하도록 규정되어 있는 경우
3. **화재예방안전진단**이 불성실하거나 불완전하다고 인정되는 경우
4. **국가적 행사** 등 주요 행사가 개최되는 장소 및 그 주변의 관계 지역에 대하여 **소방안전관리 실태**를 조사할 필요가 있는 경우
5. **화재가 자주 발생**하였거나 발생할 우려가 뚜렷한 곳에 대한 조사가 필요한 경우
6. **재난예측정보, 기상예보** 등을 분석한 결과 소방대상물에 화재의 발생 위험이 크다고 판단되는 경우
7. 화재, 그 밖의 **긴급한 상황**이 발생할 경우 **인명 또는 재산** 피해의 우려가 **현저**하다고 판단되는 경우

▶ 문장이 답인 문제 ★

50 1급 소방안전관리대상물의 소방안전관리자 선임대상 기준으로 **틀린** 것은?

① 소방설비기사 또는 소방설비산업기사의 자격이 있는 사람으로서 1급 소방안전관리자 자격증을 발급받은 사람
② 소방공무원으로 7년 이상 근무한 경력이 있는 사람으로서 1급 소방안전관리자 자격증을 발급받은 사람
③ <u>시·도지사가</u> 실시하는 1급 소방안전관리대상물의 소방안전관리에 관한 시험에 합격한 사람으로서 1급 소방안전관
   소방청장이
   리자 자격증을 발급받은 사람
④ 특급 소방안전관리대상물의 소방안전관리자 자격증을 발급받은 사람

1급 소방안전관리대상물에 선임해야 하는 소방안전관리자의 자격
다음의 어느 하나에 해당하는 사람으로서 1급 소방안전관리자 자격증을 발급받은 사람
1. **소방설비기사** 또는 **소방설비산업기사**의 **자격**이 있는 사람
2. **소방공무원**으로 **7년** 이상 근무한 경력이 있는 사람
3. **소방청장**이 실시하는 1급 소방안전관리대상물의 소방안전관리에 관한 **시험에 합격**한 사람
※ **특급** 소방안전관리대상물의 **소방안전관리자** 자격증을 발급받은 사람

▶ 단어가 답인 문제 ★

51 소방시설 설치 및 관리에 관한 법령상 대통령령으로 정하는 특정소방대상물의 소방시설 중 **내진설계 대상이 아닌** 것은?

① 옥내소화전설비　　② **연결송수관설비**　　③ 포소화전설비　　④ 스프링클러설비

• 소방시설 중 **내진설계**(지진에 견디는 설계) 대상 → **옥내소화전설비, 스프링클러설비 및 물분무등**소화설비
• 물분무 등 소화설비 : ①물분무소화설비 / ②미분무소화설비 / ③포소화설비 / ④이산화탄소소화설비 / ⑤할론소화설비 / ⑥할로겐화합물 및 불활성기체소화설비 / ⑦분말소화설비 / ⑧강화액소화설비 / ⑨고체에어로졸소화설비

함께공부

• **옥내소화전설비** : 화재발생시 옥내소화전함을 개방하여 방수구와 연결된 호스를 전개한 후 앵글밸브를 개방하고, 화점을 향해 노즐을 개방하여 방사하는 형태의 수동식 수계소화설비
• **연결송수관설비** : 소방차에서 연결송수관 송수구에 물을 공급하면 그 공급된 물을, 연결송수관설비 방수구에 호스를 연결하여 옥내소화전처럼 사용하는 소방대 전용 설비로써, 고층부 화재진압에 효과적인 본격 화재진압설비
• **포소화설비** : 수조로부터 공급된 물과 포약제 저장탱크에서 공급된 포원액을, **혼합기(프로포셔너)**에서 믹싱해 포수용액을 만들어, 포 방출구에서 공기와 섞여진 후 발포되어 거품을 방사하는 형태의 소화설비로서 유류탱크 등 위험물에 주로 사용된다.
• **스프링클러설비** : 화재발생시 화재를 자동으로 감지하여 피난을 위한 경보를 발하고, 습식·건식·준비작동식·일제살수식 밸브가 개방되면, 유수의 흐름으로 인하여 펌프가 기동되고, 개방된 헤드를 통해 소화수를 방수하여 소화하는 자동식 수계소화설비

▶ 단어가 답인 문제 ★

52 건축물의 공사 현장에 설치하여야 하는 임시소방시설과 기능 및 성능이 유사하여 **임시소방시설을 설치한 것으로 보는 소방시설**로 연결이 **틀린** 것은? (단, 임시소방시설 - 임시소방시설을 설치한 것으로 보는 소방시설 순이다.)

① 간이소화장치 - <u>옥외소화전설비</u>　　② 간이피난유도선 - 피난유도선
                 옥내소화전설비
③ 간이피난유도선 - 비상조명등　　　　④ 비상경보장치 - 비상방송설비

임시소방시설과 기능 및 성능이 유사한 소방시설로서 **임시소방시설을 설치한 것으로 보는 소방시설**
- 간이소화장치를 설치한 것으로 보는 소방시설
  → 소방청장이 정하여 고시하는 기준에 맞는 **소화기**(연결송수관설비의 방수구 인근에 설치한 경우로 한정) 또는 **옥내소화전설비**
- 비상경보장치를 설치한 것으로 보는 소방시설 → **비상방송설비** 또는 **자동화재탐지설비**
- 간이피난유도선을 설치한 것으로 보는 소방시설 → **피난유도선, 피난구유도등, 통로유도등** 또는 **비상조명등**

함께공부
- **간이소화장치** : 임시소방시설에 해당되는 소방시설로서, 공사현장에서 화재위험작업 시 신속한 화재 진압이 가능하도록 물을 방수하는 이동식 또는 고정식 형태의 소화장치를 말한다.
- **간이피난유도선** : 임시소방시설에 해당되는 소방시설로서, 화재위험작업 시 작업자의 피난을 유도할 수 있는 케이블형태의 장치
- **비상경보장치** : 임시소방시설에 해당되는 소방시설로서, 화재위험작업 공간 등에서 수동조작에 의해서 화재경보상황을 알려줄 수 있는 설비(비상벨, 사이렌, 휴대용확성기 등)를 말한다.
- **옥외소화전설비** : 화재발생시 옥외에 설치된 옥외소화전함을 개방한 후, 호스와 노즐을 꺼내어 주변에 설치된 방수구와 연결해 호스를 전개한 후, 옥외소화전 전용렌치로 소화전을 개방하여 방사하는 형태의 수동식 수계소화설비로서, 저층부(1, 2층) 옥외화재 진압활동용 소화설비이자 주변확대방지용 방호설비 등으로 사용된다.
- **옥내소화전설비** : 화재발생시 옥내소화전함을 개방하여 방수구와 연결된 호스를 전개한 후 앵글밸브를 개방하고, 화점을 향해 노즐을 개방하여 방사하는 형태의 수동식 수계소화설비
- **피난유도선** : 햇빛이나 전등불에 따라 축광(축광방식)하거나 전류에 따라 빛을 발하는(광원점등방식) 유도체로서 어두운 상태에서 피난을 유도할 수 있도록 띠 형태로 설치되는 피난유도시설을 말한다.
- **비상조명등** : 화재발생 등에 따른 정전시에, 안전하고 원활한 피난활동을 할 수 있도록 거실 및 피난통로 등에 설치되어 자동 점등되는 조명장치
- **비상방송설비** : 화재신호 수신후, 화재상황을 자동 또는 수동으로 방송을 통해 알리는 설비

단어가 답인 문제 ★
53 소방시설공사업법령상 소방시설공사 중 특정소방대상물에 설치된 **소방시설 등을 구성하는 것의 전부 또는 일부를 개설, 이전 또는 정비하는 공사의 착공신고 대상이 아닌 것은?**
① 수신반 ② 소화펌프 ③ 동력(감시)제어반 ④ 제연설비의 제연구역

- 공사업자는 **대통령령으로 정하는 소방시설공사**를 하려면 행정안전부령으로 정하는 바에 따라 그 공사의 내용, 시공 장소, 그 밖에 필요한 사항을 **소방본부장이나 소방서장에게 신고**하여야 한다.
- "**대통령령으로 정하는 소방시설공사**" 중 특정소방대상물에 설치된 소방시설등을 구성하는 다음의 어느 하나에 해당하는 것의 전부 또는 일부를 개설, 이전 또는 정비하는 공사의 착공신고 대상
  → 수신반 / 소화펌프 / 동력(감시)제어반

함께공부
- **수신기** : 감지기나 발신기에서 보내는 화재신호를 직접수신하거나 또는 중계기를 통해 수신하여 화재발생을 표시하고, 경보(주경종 울림)하여 주는 장치
- **소화펌프** : 전동기(모터) 또는 내연기관(엔진)을 이용하여 원심펌프를 가동시켜 그 압력으로 급수하는 것
- **동력제어반** : MCC(Moter Contral Center)판넬로서, 각종 동력장치의 전기적 제어기능이 포함된 주분전반
- **감시제어반** : 소화설비용 전기적 수신반으로 설비의 제어기능이 있는 것
- **제연설비**
  - 제연이란 **연기를 제어**한다는 의미로서... 화재실에 **신선한 공기를 급기**하고, **발생된 연기를 배기**(배출)하는 것을 제연이라 한다.
  - 구획(구역)을 나누(가두)어서 연기를 배출(배기)하거나, 신선한 공기를 급기(유입)하여 소화활동 및 피난을 용이하게 만드는 설비

숫자가 답인 문제
54 소방시설 설치 및 관리에 관한 법령상 **종합점검 중 최초점검**은 건축법에 따라 건축물이 사용승인 되어 **소방시설 완공검사증명서(일반용)를 받은 날로부터 며칠 이내 점검**해야 하는가?
① 10일 ② 20일 ③ 30일 ④ 60일

건축물을 신축 · 증축 · 개축 · 재축 · 이전 · 용도변경 또는 대수선 등으로 **소방시설이 신설되는 경우**에는 건축물의 사용승인을 받은 날 또는 **소방시설 완공검사증명서(일반용)를 받은 날로부터 60일 이내 최초점검**을 실시하고, 다음 연도부터 작동점검과 종합점검을 실시한다.

> **함 께 공 부**
>
> **종합점검** : 소방시설등의 작동점검을 포함하여 소방시설등의 설비별 주요 구성 부품의 구조기준이 화재안전기준과 건축법 등 관련 법령에서 정하는 기준에 적합한 지 여부를 소방청장이 정하여 고시하는 소방시설등 종합점검표에 따라 점검하는 것을 말하며, 다음과 같이 구분한다.
> ① **최초점검** : 특정소방대상물의 소방시설등이 신설되어 소방시설이 새로 설치되는 경우... 건축법에 따라 건축물이 사용승인 되어 건축물을 사용할 수 있게 된 날부터 60일 이내 점검하는 것을 말한다.
> ② **그 밖의 종합점검** : 최초점검을 제외한 종합점검을 말한다.

숫자가 답인 문제 ★

55 소방시설 설치 및 관리에 관한 법령상 둘 이상의 특정소방대상물이 내화구조로 된 연결통로가 벽이 있는 구조로서 그 길이가 몇 [m] 이하인 경우 하나의 소방대상물로 보는가?

① 6   ② 9   ③ 10   ④ 12

- **특정소방대상물** : 건축물 등의 규모·용도 및 수용인원 등을 고려하여 **소방시설을 설치하여야 하는 소방대상물**로서 **대통령령**으로 정하는 것
- 둘 이상의 특정소방대상물이 내화구조로 된 복도 또는 통로(연결통로)로 연결된 경우에는 **이를 하나의 특정소방대상물로 본다.**
  ① 연결통로가 **벽이 없는** 구조로서 그 길이가 **6m 이하**인 경우 [벽이 없으면 6m이하까지 하나의 건축물로 본다 → 무(無)6]
  ② 연결통로가 **벽이 있는** 구조로서 그 길이가 **10m 이하**인 경우 [벽이 있으면 10m까지 하나의 건축물로 본다 → 유(有)10]
  ※ 결론적으로 벽이 있으면 더 멀리 떨어져 있어도 하나의 특정소방대상물이 된다.

단어가 답인 문제 ★

56 건축허가등의 권한이 있는 행정기관이 소방관서에 건축허가 등의 동의를 받을 때 동의요구서에 **첨부하여야** 하는 **설계도서가 아닌 것은**? (단, **소방시설공사 착공신고대상**에 해당하는 경우이다.)

① 실내 전개도   ② 방화구획도   ③ 실내·실외 마감재료표   ④ 소방시설별 층별 평면도

소방시설공사 착공신고 대상에 해당되는 경우에만 제출하는 설계도서
1. 건축물 설계도서
  - 건축물 개요 및 배치도
  - 주단면도 및 입면도(물체를 정면에서 본 대로 그린 그림을 말한다)
  - 층별 평면도(용도별 기준층 평면도를 포함한다)
  - **방화구획도**(창호도를 포함한다)
  - **실내·실외 마감재료표**
  - 소방자동차 진입 동선도 및 부서 공간 위치도(조경계획을 포함한다)
2. 소방시설 설계도서
  - **소방시설별 층별 평면도**
  - 소방시설의 내진설계 계통도 및 기준층 평면도(내진 시방서 및 계산서 등 세부 내용이 포함된 상세 설계도면은 제외한다)

> **함 께 공 부**
>
> 1. 건축허가등의 권한이 있는 행정기관이, 소방본부장이나 소방서장에게 건축허가등의 동의를 받는다.
>   ① 건축물 등의 신축·증축·개축·재축·이전·용도변경 또는 대수선의 허가·협의 및 사용승인(이하 **건축허가등**)의 권한이 있는 행정기관은 건축허가등을 할 때 미리 그 건축물 등의 시공지 또는 소재지를 관할하는 **소방본부장**이나 **소방서장의 동의를 받아야 한다.**
>   ② 건축물 등의 증축·개축·재축·용도변경 또는 대수선의 **신고를 수리할 권한이 있는 행정기관**은 그 신고를 수리하면 그 건축물 등의 시공지 또는 소재지를 관할하는 소방본부장이나 **소방서장에게 지체 없이 그 사실을 알려야** 한다.
> 2. 건축허가등의 동의시 첨부서류
>   ① 건축허가등의 권한이 있는 행정기관이 건축허가등을 하거나 신고를 수리할 때... 건축허가등을 받으려는 자 또는 신고를 한 자가 제출한 설계도서 중, 건축물의 내부구조를 알 수 있는 **설계도면을 관할 소방본부장이나 소방서장에게 제출하여야** 한다.
>   ② 건축허가등의 동의를 요구하는 경우에는 **동의요구서에 규정된 서류를 첨부**해야 한다.

숫자가 답인 문제 ★★★

57 수용인원 산정방법 중 **침대가 없는 숙박시설**로서 해당 특정소방대상물의 **종사자의 수는 5명**, 복도, 계단 및 화장실의 바닥면적을 제외한 **바닥면적이 158㎡**인 경우의 **수용인원은 몇 명인가**?

① 37명　　　② 45명　　　③ 58명　　　④ 84명

숙박시설이 있는 특정소방대상물의 수용인원 산정방법

침대가 없는 경우 = 종사자수 + $\dfrac{\text{숙박시설 바닥면적}(m^2)}{3m^2}$ = 5명 + $\dfrac{158\,m^2}{3\,m^2}$ = 57.67명 = 58명

※ 계산 결과 소수점 이하의 수는 반올림한다.

함께공부

숙박시설이 있는 특정소방대상물의 수용인원 산정방법
- **침대가 있는 숙박시설** : 해당 특정소방대상물의 종사자 수에 침대 수(2인용 침대는 2개로 산정한다)를 합한 수
  = 종사자수 + 침대수(2인용 침대는 2명으로 산정)
- **침대가 없는 숙박시설** : 해당 특정소방대상물의 종사자 수에 숙박시설 바닥면적의 합계를 3㎡로 나누어 얻은 수를 합한 수
  = 종사자수 + $\dfrac{\text{숙박시설 바닥면적}(m^2)}{3m^2}$

문장이 답인 문제 ★

58 다음 위험물안전관리법령의 **자체소방대 기준**에 대한 설명으로 **틀린** 것은?

다량의 위험물을 저장·취급하는 제조소등으로서 **대통령령이 정하는 제조소등**이 있는 동일한 사업소에서 **대통령령이 정하는 수량 이상의 위험물**을 저장 또는 취급하는 경우 당해 사업소의 관계인은 대통령령이 정하는 바에 따라 당해 사업소에 **자체소방대를 설치하여야 한다**.

① "대통령령이 정하는 제조소등"은 제4류 위험물을 취급하는 제조소를 포함한다.
② "대통령령이 정하는 제조소등"은 제4류 위험물을 취급하는 일반취급소를 포함한다.
③ **"대통령령이 정하는 제조소등"은 제4류 위험물을 보일러로 소비하는 일반취급소를 포함한다.**
④ "대통령령이 정하는 수량 이상의 위험물"은 제4류 위험물의 최대수량의 합이 지정수량의 3천배 이상인 것을 포함한다.

다량의 위험물을 저장·취급하는 제조소등으로서 **제4류 위험물을 취급하는 제조소 또는 일반취급소**[①번, ②번 해당]가 있는 동일한 사업소에서 **제4류 위험물의 최대수량의 합이 지정수량의 3천배 이상의 위험물**[③번 해당]을 저장 또는 취급하는 경우 당해 사업소의 관계인은 대통령령이 정하는 바에 따라 당해 사업소에 자체소방대를 설치하여야 한다.

숫자가 답인 문제 ★

59 위험물안전관리법령에 따른 위험물제조소의 옥외에 있는 **위험물취급탱크 용량이 100㎥ 및 180㎥인 2개**의 취급탱크 주위에 하나의 **방유제를 설치**하는 경우 방유제의 **최소 용량은 몇 ㎥** 이어야 하는가?

① 100　　　② 140　　　③ 180　　　④ 280

1. 제조소의 옥외에 있는 위험물취급탱크 방유제의 용량
   ① 취급탱크가 1개인 경우 = 탱크용량 × 50%이상
   ② 2 이상의 취급탱크가 있는 경우 = (최대탱크용량 × 50%) + (나머지 탱크용량합계 × 10%) 이상
2. 문제조건이 "2 이상의 취급탱크가 있는 경우"에 해당하므로…
   방유제의 최소 용량(m³) = (180m³ × 50%) + (100m³ × 10%) = 100m³ 이상

함께공부

- 방유제란 옥외에 위험물 유류탱크를 설치할 때 위험물이 탱크 밖으로 흘러 넘치는 상황을 대비하기 위해, 유류탱크 주위에 뚝을 만드는 것이다.
- 위험물이 흘러 넘쳤을 때, 흘러넘친 위험물을 방유제 내에 가두어 두는 역할을 한다.

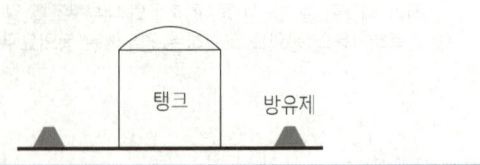

단어가 답인 문제 ★

60 제6류 위험물에 속하는 것은?

① 질산 ② 염소산염류 ③ 질산염류 ④ 과염소산염류
　　　　　　제1류　　　　　　제1류　　　　　　제1류

류별 위험물의 종류

위험물	특징	암기법	종류[대분류]
제1류	산화성 고체	3염무 질요브 중과	아염소산염류, 염소산염류, 과염소산염류, 무기과산화물 / 질산염류(질산칼륨=초석), 요오드산염류, 브롬산염류 / 중크롬산염류, 과망간산염류
제2류	가연성 고체	유황적 철마금 인	유황(황)[S], 황화린(인), 적린(인)[P] / 철분, 마그네슘, 금속분류 / 인화성고체
제3류	자연발화성 및 금수성 물질	칼나알알 황린 알칼유 금금칼슘탄	칼륨, 나트륨, 알킬리튬, 알킬알루미늄 / 황린(유일하게 금속 아님. 나머지는 모두금속) / 알칼리금속, 알칼리토금속, 유기금속 화합물 / 금속의 인화물, 금속의 수소화물, 칼슘 또는 알루미늄의 탄화물
제4류	인화성 액체	특아이디 1아휘 알콜 2경등 3클중 4실기 동식물	특수인화물(아세트알데히드, 이황화탄소, 디에틸에테르) / 제1석유류(아세톤, 휘발유=가솔린, 톨루엔), 알코올류 / 제2석유류(경유, 등유) / 제3석유류(클레오스트유, 중유) / 제4석유류(실린더유, 기어유), 동식물유류
제5류	자기반응성 물질	질유 히히 아니니디히	질산에스테르류, 유기과산화물 / 히드록실아민, 히드록실아민염류 / 아조 화합물, 니트로 화합물, 니트로 소화합물, 디아조 화합물, 히드라진 유도체
제6류	산화성 액체	질과염할	질산, 과산화수소, 과염소산, 할로겐간화합물

> 1류 산고 / 2류 가고 / 3류 자금 / 4류 인화 / 5류 자기 / 6류 산화
> ➡ 산고 가고(산에 가고) / 자금 인화(자금을 인화해서) / 자기 산화(자기에게 산화시킨다)

4과목 소방기계시설의 구조및원리

✔ 이것이 혁신이다! 기출문제 + 답이색해설

단어가 답인 문제 ★

61 소방시설 설치 및 관리에 관한 법률 시행령 상 **자동소화장치를 모두 고른 것은?**

　㉠ 분말자동소화장치　　　　　㉡ 액체자동소화장치　　　　㉢ 고체에어로졸자동소화장치
　㉣ 상업용 주방자동소화장치　　㉤ 캐비닛형 자동소화장치

① ㉠, ㉣　　② ㉡, ㉢, ㉣　　③ ㉠, ㉢, ㉣, ㉤　　④ ㉠, ㉡, ㉢, ㉣, ㉤

자동소화장치 : 소화약제를 자동으로 방사하는 고정된 소화장치로서 그 종류로는... 주거용·상업용 주방자동소화장치, 캐비닛형·가스·분말·고체에어로졸 자동소화장치가 있다.

주거용 주방자동소화장치	주거용 주방에 설치된 열발생 조리기구의 사용으로 인한 화재 발생 시 열원(전기 또는 가스)을 자동으로 차단하며 소화약제를 방출하는 소화장치
상업용 주방자동소화장치	상업용 주방에 설치된 열발생 조리기구의 사용으로 인한 화재 발생 시 열원(전기 또는 가스)을 자동으로 차단하며 소화약제를 방출하는 소화장치
캐비닛형 자동소화장치	열, 연기 또는 불꽃 등을 감지하여 소화약제를 방사하여 소화하는 캐비닛형태의 소화장치
가스 자동소화장치	열, 연기 또는 불꽃 등을 감지하여 가스계 소화약제를 방사하여 소화하는 소화장치
분말 자동소화장치	열, 연기 또는 불꽃 등을 감지하여 분말의 소화약제를 방사하여 소화하는 소화장치
고체에어로졸 자동소화장치	열, 연기 또는 불꽃 등을 감지하여 에어로졸의 소화약제를 방사하여 소화하는 소화장치

> 액체 자동소화장치는 없다.

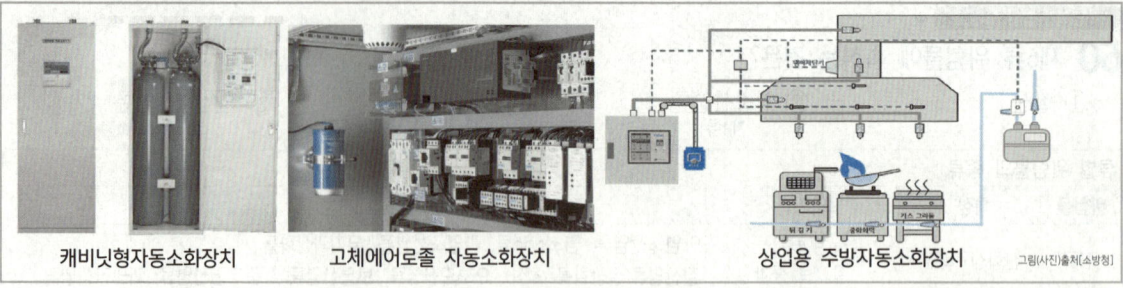

캐비닛형자동소화장치 　　고체에어로졸 자동소화장치 　　상업용 주방자동소화장치

> 단어가 답인 문제 ★

62 옥내소화전설비의 펌프실을 점검하였다. 펌프의 토출측 배관에 설치되는 부속장치 중에서 **펌프와 체크밸브(또는 개폐밸브) 사이에 설치할 필요가 없는 배관**은?

① 기동용 압력챔버 배관　② 성능시험 배관　③ 물올림장치 배관　④ 릴리프밸브 배관

- **스프링클러설비** : 화재발생시 화재를 자동으로 감지하여 피난을 위한 경보를 발하고, 습식·건식·준비작동식·일제살수식 밸브가 개방되면, 유수의 흐름으로 인하여 펌프가 기동되고, 개방된 헤드를 통해 소화수를 방수하여 소화하는 자동식 수계소화설비
- **펌프실** : 전동기(모터) 또는 내연기관(엔진)을 이용하여 물을 이송하는 장치인 소화펌프, 수원이 담긴 저수조, 각종 배관·밸브·장치 등이 있는 공간
- **펌프의 토출측 배관** : 펌프의 흡입측 배관은 수조에서부터 시작되어 펌프까지 연결된 배관을 말하며, 펌프의 토출측 배관은 펌프에 서부터 시작되어 물이 이송되는 전체 배관을 의미한다.
- **체크밸브**는 유체를 한쪽 방향으로만 흐르게 하는 역류방지밸브로서 펌프가 물을 토출할 때… 펌프 쪽으로 물이 역류되면 펌프에 부담이 갈 수 있기 때문에 체크밸브를 설치하여 펌프의 부담을 덜어준다.
- **개폐밸브**는 게이트 밸브라고도 하며, 완전열림, 완전닫힘 용도로 사용하고, 주배관에 주로 이용한다. 개폐밸브의 대표적인 밸브로서 주로 OS&Y 밸브를 이용한다.
- **물올림장치** : 수조로부터 펌프로 연결된 흡입관내에 항상 물이 채워져 있어야, 수조의 물을 원활히 흡입하여 토출하는데… 어떤 원인(후드밸브 체크기능 불량에 의한 누수)에 의해 누수가 일어나는 경우, 수조의 물을 정상적으로 흡입하기 어렵다. 이 때 펌프와 흡입관에 물을 공급하는 장치가 물올림장치이다.

1. **체크밸브(또는 개폐밸브) 이후에 설치해야 하는 배관**
   ① **기동용 압력챔버 배관(기동용 수압개폐장치)**
      - 배관 내 압력변동을 검지하여 자동적으로 펌프를 기동 및 정지시키는 기능을 하는 것으로서… 체크밸브(또는 개폐밸브) 이후에 설치해야 배관 내 압력변동을 감지할 수 있다.
      - 체크밸브 아래로는 물이 흐를 수 없으므로… 체크밸브 아래 배관의 압력변동 감지는 의미가 없다. 따라서 체크밸브(개폐밸브) 2차측 배관과 압력챔버를 연결하여… 주배관의 압력변동을 감지한다.
      - 압력챔버 : 내용적 100리터 이상의 물통으로… 압력챔버 내 물을 채우면 상부에 압축공기가 생성된다.
2. **펌프와 체크밸브(또는 개폐밸브) 사이에 반드시 설치해야 하는 배관**
   ② **성능시험 배관** : 펌프 성능시험을 실시할 때, 펌프 토출측의 개폐밸브를 폐쇄하고 성능시험을 실시해야 한다. 하지만, 성능시험 배관을 개폐밸브 이후에 설치한다면… 성능시험을 실시할 수 없게 된다.
   ③ **물올림장치 배관** : 체크밸브 아래로는 물이 내려갈 수 없으므로, 체크밸브 위쪽에 설치하면… 물올림장치의 물이 펌프까지 도달할 수 없으므로, 물올림장치는 무용지물이 된다.
   ④ **릴리프밸브 배관(=순환배관)** : 펌프 토출측의 개폐밸브를 폐쇄하고 성능시험을 실시할 때, 개폐밸브의 폐쇄로 인해 배관의 압력이 증가하면… 순환배관 상의 릴리프밸브가 개방되어 배관의 압력증가를 해소한다.
   결국, 순환배관은 개폐밸브 이전에 설치하여 펌프 성능시험시 활용되는 배관이다.

① 기동용 수압개폐장치(기동용 압력챔버 배관)

가. 압력챔버(압력탱크) : 물과 압축공기가 채워지는 공간
나. 안전밸브 : 과압방출
다. 압력스위치 : 압력의 증감을 전기적 신호로 변환
라. 배수밸브 : 압력챔버의 물 배수
마. 개폐밸브 : 점검 및 보수시 급수차단
바. 압력계 : 압력챔버 내의 압력표시

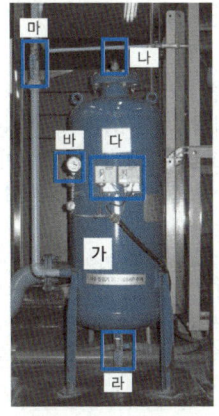
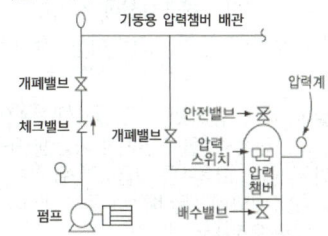

사진(그림)출처[소방청 화재안전기준 해설서]

※ 구조도를 살펴보면... 개폐밸브 이후에 기동용 압력챔버 배관이 설치되어 있다.

② 성능시험배관 및 릴리프밸브배관(순환배관)

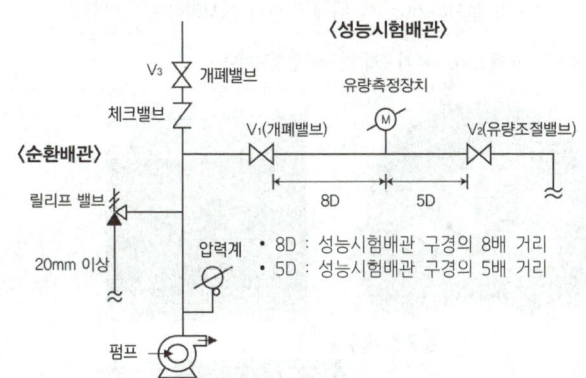
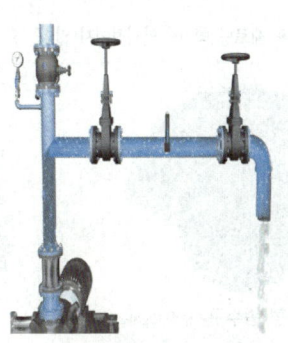

성능시험배관   순환배관 및 릴리프밸브

※ 구조도를 살펴보면... 체크밸브 이전에 순환배관(릴리프밸브)과 성능시험배관이 설치되어 있다.
※ 펌프의 체절운전 : 펌프 토출측의 모든 밸브를 폐쇄시킨 상태에서 펌프를 운전하는 것을 체절운전이라 한다. 체절운전시 펌프토출측 압력이 상승하게 되는데 이 때의 압력을 체절압력이라하며 체절압력 미만에서 릴리프밸브가 개방되어 설비를 보호할 수 있어야 한다.

③ 물올림장치 배관

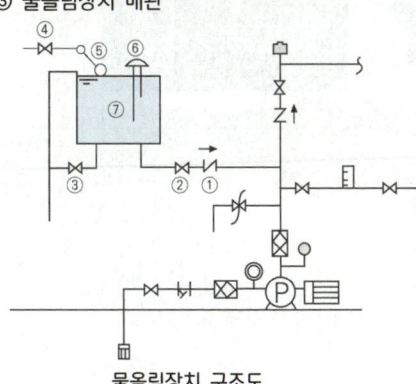
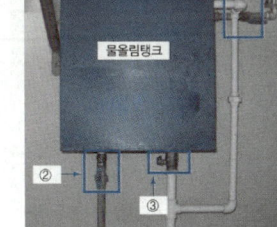
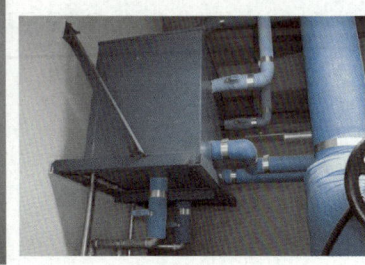

물올림장치 구조도   물올림장치 설치도 및 설치사진

① 체크밸브 : 펌프기동 시 가압수가 물올림탱크로 역류되지 않도록 하기 위해서 설치
② 개폐밸브(물올림관) : 물올림관의 체크밸브 고장시, 물올림탱크 내 물을 배수하지 않고 체크밸브를 수리하기 위해 설치
③ 개폐밸브(배수관) : 물올림탱크의 청소, 점검시 배수를 위해 설치
④ 개폐밸브(물보급관) : 볼탑의 수리 및 탱크의 청소시 물공급을 중단하기 위해 설치
⑤ 볼탑 : 물올림탱크 내 물의 자동급수를 위해 설치
⑥ 감수경보장치 : 물올림탱크의 저수량 감소시 경보를 통해 알리는 장치
⑦ 물올림탱크 : 후드밸브~펌프사이에 물을 공급하기 위해, 물을 저장하기 위한 수조

63 물분무소화설비의 화재안전기준상 송수구의 설치기준으로 틀린 것은?

① 구경 65mm의 쌍구형으로 할 것
② 지면으로부터 높이가 0.5m 이상 1m 이하의 위치에 설치할 것
③ 송수구는 하나의 층의 바닥면적이 3000㎡를 넘을 때마다 1개(5개를 넘을 경우에는 5개로 한다) 이상을 설치할 것
④ 가연성가스의 저장·취급시설에 설치하는 송수구는 그 방호대상물로부터 20m 이상의 거리를 두거나 방호대상물에 면하는 부분이 높이 2.5m 이상, 폭 1.5m 이상의 철근콘크리트 벽으로 가려진 장소에 설치할 것
　　　　　　　　　　　높이 1.5m 이상, 폭 2.5m 이상

- **물분무 소화설비** : 물을 안개모양으로 방사해 가스와 비슷한 형태를 가지므로, 전기의 부도체(전기가 통하지 않는 물체=비전도성)로서 전기시설물에 설치가 가능한 자동식 수계소화설비
- **송수구** : 소화설비에 소화용수를 보급하기 위하여 건물 외벽 또는 구조물의 외벽에 설치하는 배관과 연결된 구멍
- **자동배수밸브** : 송수구와 연결된 배관에 물이 채워져 있으면, 겨울철에 동결의 우려가 있으므로... 자동배수밸브를 통해 배관내 물을 자동으로 배수한다.

가연성가스의 저장·취급시설에 설치하는 송수구 → 방호대상물로부터 **20m 이상의 거리**를 두거나
　　　　　　　　　　　　　　　　　　　→ **높이 1.5m 이상, 폭 2.5m 이상**의 **철근콘크리트 벽**으로 가려진 장소
☞ 화재시 가연성가스의 폭발 우려를 대비하여... 멀리(20m) 떨어트려 설치하거나, 벽 뒤에 가려서 설치하라는 의미이다.

높이2.5m 폭1.5m ➡ 세로형 벽 ➡ 안정적이지 않다 / 높이1.5m 폭2.5m ➡ 가로형 벽 ➡ 안정적이다.

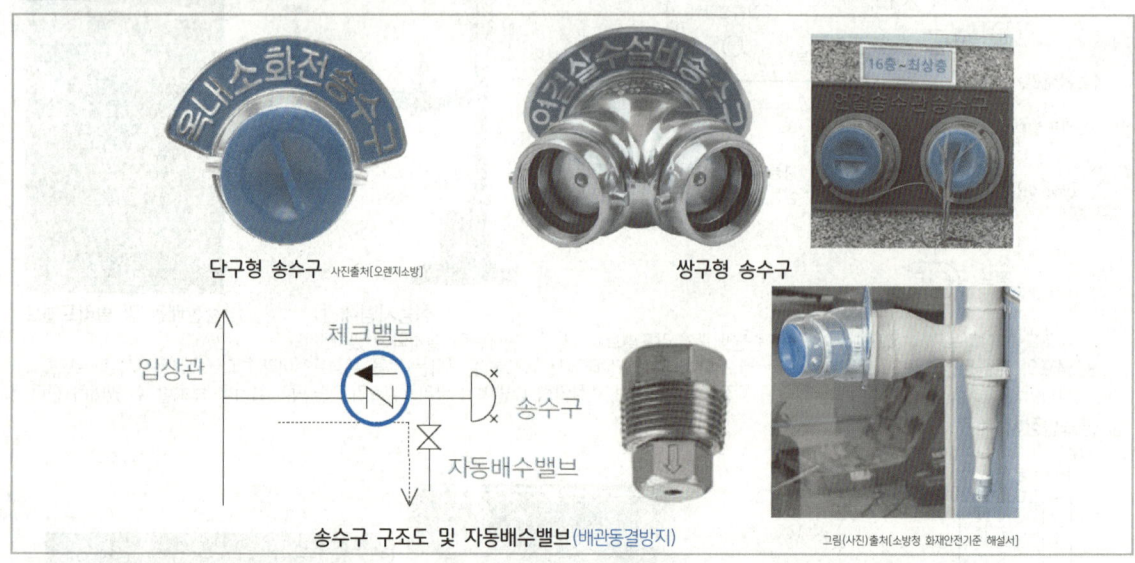

단구형 송수구　　　쌍구형 송수구

송수구 구조도 및 자동배수밸브(배관동결방지)

> 단어가 답인 문제

64 물분무 소화설비에서 소화효과는 무엇인가?

① 냉각작용, 질식작용, 희석작용, 유화작용
② 냉각작용, 응축작용, 희석작용, 유화작용
③ 냉각작용, 질식작용, 희석작용, 기름작용
④ 냉각작용, 질식작용, 분말작용, 응축작용

물분무 소화설비 : 물을 안개모양으로 방사해 가스와 비슷한 형태를 가지므로, 전기의 부도체(전기가 통하지 않는 물체)로서 전기시설물에 설치가 가능한 자동식 수계소화설비

물분무소화설비 소화효과
- 냉각작용 : 물분무소화설비를 통해 무상(안개상)으로 화염주변에 주수하면 **탱크주변의 온도를 떨어트려 냉각효과**가 발생해 유류화재에도 사용할 수 있다.
- 질식작용 : 물분무가 공기중의 산소와 섞이면... 공기중 산소의 농도를 떨어트리는 질식작용을 한다.
- 희석작용 : 물분무는 가스와 비슷한 성질을 가지므로 화재실에 방사시... **가연성증기**(분해가스)**의 농도를 희석**시켜(농도를 엷게 하여) 연소하한계 이하로 떨어뜨려 소화할 수 있다.
- 유화작용 : 중질유(물보다 무거운 유류) 등 인화점이 높은 고비점 유류 등의 화재시, 고압의 분무주수에 의해... 물의 미립자가 연소면을 두드려, 물과 기름이 섞인 유화상태인 불연성의 Emulsion(에멀젼, 유화)층을 형성해, 유면을 덮어 증발능력을 저하시켜 연소성을 상실시킬 수 있다.

> 숫자가 답인 문제 ★

65 미분무소화설비의 화재안전기준에 따라 최고사용압력이 몇 MPa 이하 일 때 저압 미분무소화설비로 분류하는가?

① 1.2　　② 2.5　　③ 3.5　　④ 4.2

미분무소화설비 : 가스계 소화설비의 대체설비로서 개발된 소화설비이며, **A급**(일반)·**B급**(유류)·**C급**(전기) **화재에 적응성**이 있고, 가압된 물이 헤드(head) 통과 후 미세한 입자로 분무됨으로써 소화성능을 가지는 설비를 말하며, 소화력을 증가시키기 위해 강화액 등을 첨가할 수 있다.

- **저압** 미분무소화설비 → 최고사용압력이 **1.2 MPa 이하**
- **중압** 미분무소화설비 → 사용압력이 1.2 MPa을 초과하고 3.5 MPa 이하
- **고압** 미분무소화설비 → 최저사용압력이 3.5 MPa 초과

미분무헤드

미분무수 방출

숫자가 답인 문제

66 소화용수설비에 설치하는 흡수관투입구의 수는 소요수량이 80㎡인 경우 몇 개를 설치해야 하는가?

① 1   ② 2   ③ 3   ④ 4

- **소화용수설비**: 화재를 진압하는데 필요한 물을 공급하거나 저장하는 설비로서 상수도소화용수설비, 소화수조·저수조 등을 말한다.
  ① **상수도 소화용수설비**: 소방대가 화재진압시 사용하는 소방용수로서, 특정소방대상물의 지하에 지름 75㎜ 이상의 상수도용 배관이 매설된 경우… 그 배관에 지상식소화전, 지하식소화전, 급수탑을 연결하여 소방차에 소방용수를 공급받는 설비이다.
  ② **소화수조 또는 저수조**: 소방대가 화재진압시 사용하는 소방용수가 담긴 수조로서, 소화에 필요한 물을 항시 채워두는 것
- **소화수조(저수조)의 물을 소방차에 공급받는 방법**
  ① **흡수관 투입구**: 소방차에는 물을 흡수할 수 있는 흡수관이 있다. 이 흡수관을 지하수조에 직접 담궈서 물을 흡수할 수 있도록 만든 사각형(한 변이 0.6m 이상)이나 원형(직경이 0.6m 이상)의 구멍(맨홀)
  ② **채수구**: 소방차의 소방호스와 접결되는 흡입구(나사식 금속결합구)로서, 채수구를 통해 수화수조의 물을 소방차에 공급 받는다.
  ㉠ **옥상수조**: 옥상 또는 옥탑의 부분에 설치된 경우, 지상에 설치된 채수구에서의 압력이 0.15 MPa 이상이 되면 설치가능
  ㉡ **지하수조**: 소화수조에 별도의 펌프를 설치하여, 지하수조에서 연결된 배관을 통하여 채수구에서 물을 공급 받는다.

지하에 설치하는 소화용수설비의 흡수관투입구는 소요수량이 80㎡ 미만인 것은 1개 이상, **80㎡ 이상인 것은 2개 이상**을 설치하여야 하며, "흡수관투입구"라고 표시한 표지를 할 것

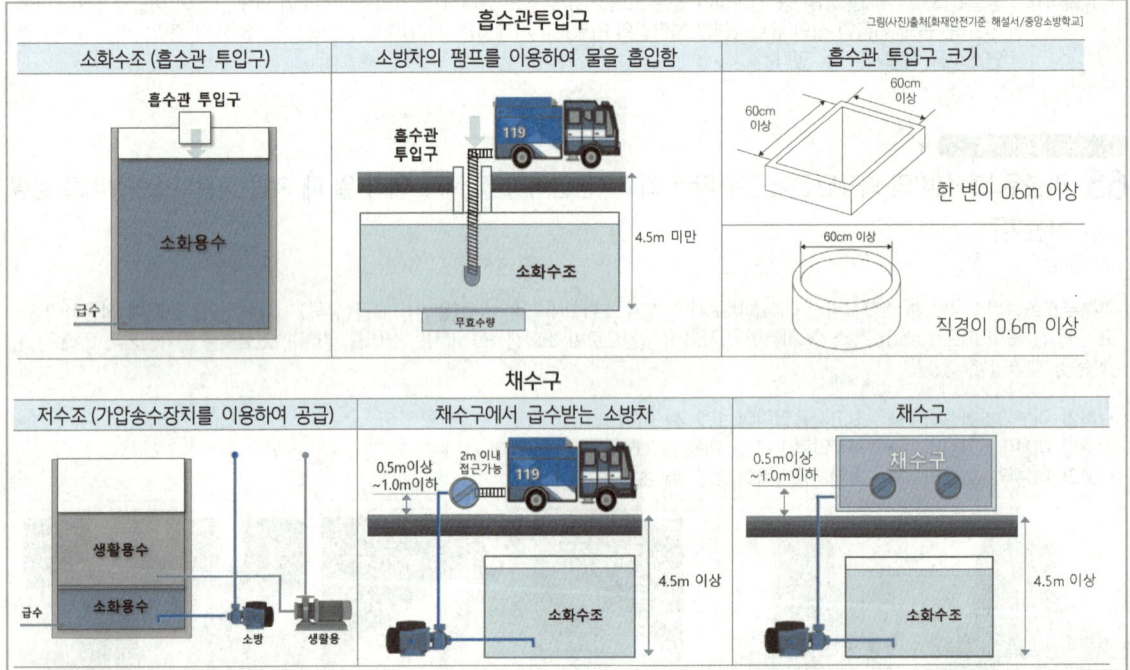

숫자가 답인 문제 ★

67 옥내소화전이 하나의 층에는 1개, 또 다른 층에는 2개, 나머지 모든 층에는 3개씩 설치되어 있다. 수원의 최소 수량(㎥) 기준은?

① 2.6   ② 5.2   ③ 7.8   ④ 10.4

- **옥내소화전설비**: 화재발생시 옥내소화전함을 개방하여 방수구와 연결된 호스를 전개한 후 앵글밸브를 개방하고, 화점을 향해 노즐을 개방하여 방사하는 형태의 수동식 수계소화설비
- **수원**: 물이 저장된 곳(수조에 저장할 물의 양)
- **옥상수조**: 펌프의 고장으로 인하여 지하수원을 사용할 수 없을 때… 옥상에 수조를 설치해, 자연낙차압에 의한 물을 공급하기 위해 산출된 유효수량(수원)의 3분의1 이상을 옥상에 설치한 수원설비

옥내소화전 수원 계산법
① 소화전이 하나의 층에 2개 이상 설치된 경우에는 2개까지만 계산한다.(가장 많은 층 기준)
② 소화전 1개의 방수량은 130L/min (분당 130리터) 이다.
③ 20min (20분)간 방수한다.
∴ $2 \times 130L/min \times 20min = 5200L = 5.2m^3$ 이상

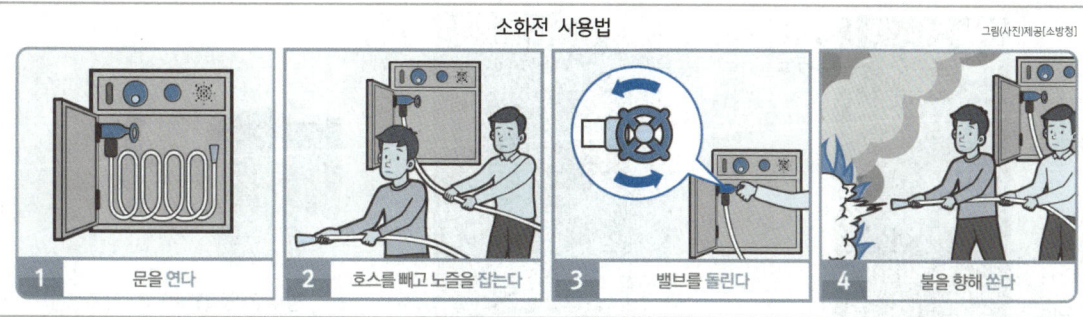

소화전 사용법

1. 문을 연다
2. 호스를 빼고 노즐을 잡는다
3. 밸브를 돌린다
4. 불을 향해 쏜다

옥내소화전 수원 = 2(최대) × 130 L/min × 20 min 이상
→ 2(최대)의 의미 : 옥내소화전의 설치개수가 가장 많은 층의 설치개수(2개 이상 설치된 경우에는 2개) 즉, 1개 ~ 2개

문장이 답인 문제 ★★

68 물분무소화설비 대상 공장에서 물분무헤드의 설치제외 장소로서 틀린 것은?

① 고온의 물질 및 증류범위가 넓어 끓어 넘치는 위험이 있는 물질을 저장하는 장소
② 물에 심하게 반응하여 위험한 물질을 생성하는 물질을 취급하는 장소
③ 운전시에 표면의 온도가 260℃ 이상으로 되는 등 직접분무를 하는 경우 그 부분에 손상을 입힐 우려가 있는 기계장치 등이 있는 장소
④ 표준방사량으로 당해 방호대상물의 화재를 유효하게 소화하는데 필요한 적정한 장소

- 물분무 소화설비 : 물을 안개모양으로 방사해 가스와 비슷한 형태를 가지므로, 전기의 부도체(전기가 통하지 않는 물체 = 비전도성)로서 전기시설물에 설치가 가능한 자동식 수계소화설비
- 물분무헤드 : 화재시 직선류 또는 나선류의 물을 충돌·확산시켜 미립상태로 분무함으로서 소화하는 헤드

물분무헤드를 설치하지 않을 수 있는 장소
1. 물에 심하게 반응하는 물질 또는 물과 반응하여 위험한 물질을 생성하는 물질을 저장 또는 취급하는 장소
2. 고온의 물질 및 증류범위가 넓어 끓어 넘치는 위험이 있는 물질을 저장 또는 취급하는 장소
3. 운전시에 표면의 온도가 260℃ 이상으로 되는 등 직접 분무를 하는 경우 그 부분에 손상을 입힐 우려가 있는 기계장치 등이 있는 장소

물분무헤드를 설치하지 않을 수 있는 장소기준에 없다. → ④ 표준방사량으로 당해 방호대상물의 화재를 유효하게 소화하는데 필요한 적정한 장소

문장이 답인 문제

69 다음은 옥내소화전 함의 표시등에 대한 설명이다. 가장 적합한 것은?

① 위치표시등은 평상시 불이 켜지지 않은 상태로 있어야 한다.
② 기동표시등은 평상시 불이 켜지지 않은 상태로 있어야 한다.
③ 위치표시등 및 기동표시등은 평상시 불이 켜진 상태로 있어야 한다.
④ 위치표시등 및 기동표시등은 평상시 불이 안 켜진 상태로 있어야 한다.

- 옥내소화전설비 : 화재발생시 옥내소화전함을 개방하여 방수구와 연결된 호스를 전개한 후 앵글밸브를 개방하고, 화점을 향해 노즐을 개방하여 방사하는 형태의 수동식 수계소화설비
- 표시등
  – 기동을 표시하는 표시등(기동표시등) : 펌프가 기동되는 것을 알려주는 등(함의 상부 또는 그 직근에 설치하되 적색등)
  – 위치를 표시하는 표시등(위치표시등) : 옥내소화전 함의 위치를 알려주는 등(함의 상부에 설치)
  – 자체소방대를 구성하여 운영하는 경우 → 가압송수장치의 기동표시등을 설치하지 않을 수 있다.

1. 옥내소화전 함의 위치를 표시하는 표시등(위치표시등) → 평상시 불이 켜진 상태로 있어야... 위치를 찾을 수 있다.
2. 가압송수장치의 기동을 표시하는 표시등(기동표시등) → 평상시는 펌프가 정지상태이므로, 불이 켜지지 않은 상태로 있어야 한다.

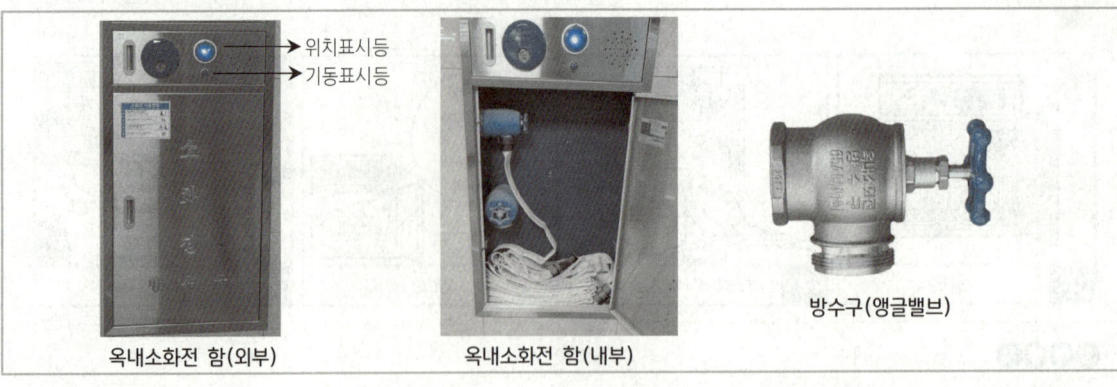

옥내소화전 함(외부)   옥내소화전 함(내부)   방수구(앵글밸브)

문장이 답인 문제

70 연결송수관 설비에서 습식설비로 하여야 하는 건축물 기준은?

① 건축물의 높이가 31m 이상인 것
② 지상 10층 이상의 건축물인 것 → 11층 이상
③ 건축물의 높이가 25m 이상인 것
④ 지상 7층의 이상의 건축물인 것

연결송수관설비: 소방차에서 연결송수관 송수구에 물을 공급하면 그 공급된 물을, 연결송수관설비 방수구에 호스를 연결하여 옥내소화전처럼 사용하는 소방대 전용 설비로써, 고층부 화재진압에 효과적인 본격 화재진압설비

지면으로부터의 **높이가 31m 이상**인 특정소방대상물 또는 지상 **11층 이상**인 특정소방대상물에 있어서는 **습식설비**로 할 것
→ 건축물이 높은 경우... 배관을 비워 놓는 방식인 건식설비는, 마찰손실이 증가할 수 있으므로... 배관을 평소 물로 채워 놓는 습식으로 설계하여 배관의 마찰손실을 줄인다.

11층 이상이 해당 ➡ 일반적 층고 기준 3m ∴ 10층은 30m이므로 해당되지 않는다 ➡ 11층 이상인 31m부터 습식에 해당한다.

옥내소화전 함(소화전)과 연결송수관 함(방수기구함)의 겸용설비

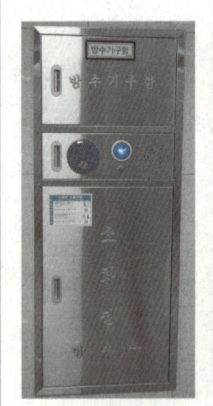  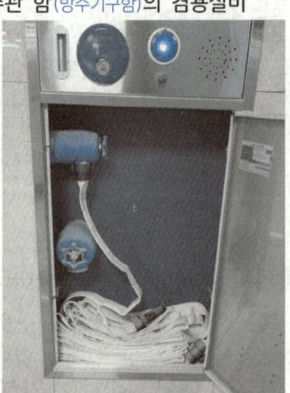 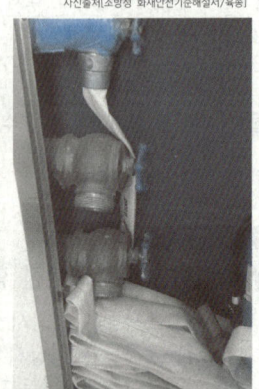

함(외부)   방수기구함(내부-호스,관창)   단구형 방수구(호스연결 안된것)   쌍구형 방수구(65mm)

연결송수관설비 방수기구함(전용) 및 송수구

방수구함(전용)   단구형 방수구   쌍구형방수구   연결송수관 송수구(노출형) 연결송수관 송수구(매립형)

71. 연결살수설비 전용헤드를 사용하는 배관의 구경이 50mm 일 때 하나의 배관에 부착하는 살수헤드는 몇 개인가?

① 1개　　② 2개　　③ 3개　　④ 4개

- **연결살수설비** : 소방대의 진입이 곤란한 지하등의 장소(부분)에, 소방차에서 송수구에 물을 공급하면, 그 공급된 물이 헤드를 통하여 방수되어 화재를 진압하는 설비(소방대가 도착하여 송수구에 물을 공급하기 전까지는 무용지물인 설비이다)
- **헤드** : 빗방울 형태로 대량으로 물을 뿌리면서 방수하는 역할을 하는 장치
  - **폐쇄형헤드** : 정상상태에서 방수구를 막고 있는 감열체가 일정온도에서 자동적으로 파괴·용해 또는 이탈됨으로써 방수구가 개방되는 헤드(화재시 개방된 헤드에서만 물이 방수된다)
  - **개방형헤드** : 감열체 없이 방수구가 항상 열려져 있는 헤드(화재시 설치된 모든 헤드에서 물이 방수된다)

배관에 부착하는 살수헤드의 개수에 따른 배관의 구경(mm) - 연결살수설비 전용헤드를 사용하는 경우

하나의 배관에 부착하는 살수헤드의 개수	1개	2개	3개	4개 또는 5개	6개 이상 10개 이하
배관의 구경(mm)	32	40	50	65	80

※ **개방형헤드**를 사용하는 연결살수설비에 있어서 **하나의 송수구역**에 설치하는 살수헤드의 수는 **10개 이하**가 되도록 한다.

암기법! 4개 또는 5개　65mm ➡ 456 (사오륙)

선택밸브 타입 연결살수설비

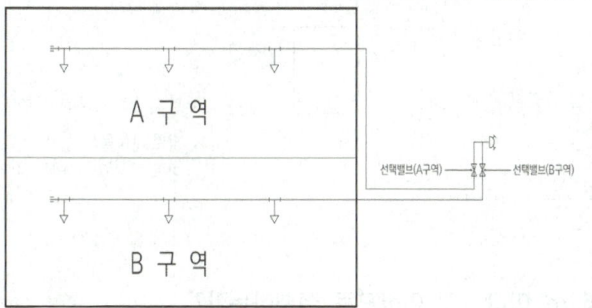

쌍구형 송수구 1개에 선택밸브(개폐밸브) 2개가 연결되어 있음(해당 송수구역만 개방하여 살수)

송수구역별로 전용 송수구가 설치된 타입

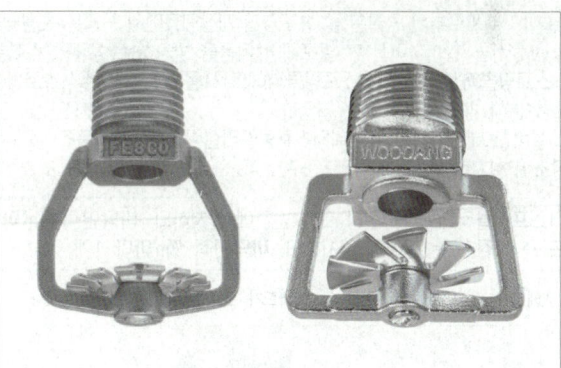

연결살수헤드(개방형 헤드)

문장이 답인 문제

72 국소방출방식의 포소화설비에서 방호면적을 가장 잘 설명한 것은?

① 방호대상물의 각 부분에서 각각 당해방호대상물 높이의 3배(1m 미만인 경우는 1m)의 거리를 수평으로 연장한 선으로 둘러싸인 부분의 면적
② 방호대상물의 각 부분에서 각각 당해 방호대상물 높이의 0.5m를 더한 거리를 수평으로 연장한 선으로 둘러싸인 부분의 면적
③ 방호대상물의 각 부분에서 각각 당해방호대상물 높이의 2배의 거리를 수평으로 연장한 선으로 둘러싸인 부분의 면적
④ 방호대상물의 각 부분에서 각각 당해방호대상물 높이의 0.6m를 더한 거리를 수평으로 연장한 선으로 둘러싸인 부분의 면적

- **포소화설비**: 수조로부터 공급된 물과 포약제 저장탱크에서 공급된 포원액을, **혼합기(프로포셔너)**에서 믹싱해 포수용액을 만들어, 포 방출구에서 공기와 섞어진 후 발포되어 거품을 방사하는 형태의 소화설비로서 유류탱크 등 위험물에 주로 사용된다.
- **전역방출방식**: 고정식 포 발생장치로 구성되어, 포 수용액이 방호대상물 주위가 막혀진 공간이나 밀폐 공간 속으로 방출되도록 된 설비방식(실 전체)
- **국소방출방식**: 고정된 포 발생장치로 구성되어 화점이나 연소 유출물 위에 직접 포를 방출하도록 설치된 설비방식(대상물 만)

국소방출방식의 고발포용 고정포방출구 방출량 기준 중 방호면적의 의미
방호대상물의 **높이의 3배**(3H가 1m 미만의 경우에는 1m로 한다)의 거리를 수평으로 연장한 선으로 둘러쌓인 부분의 면적(㎡)

방호대상물	방호면적 1㎡에 대한 1분당 방출량
특수가연물	3ℓ
기타의 것	2ℓ

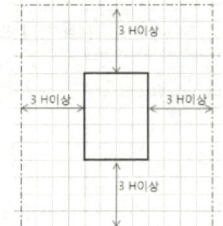

※ H : 방호대상물의 높이(m)
※ 방호대상물의 높이가 0.3m인 경우 3H는 0.9m가 아닌 1m로 한다.

숫자가 답인 문제 ★

73 포워터스프링클러헤드는 바닥면적 몇 ㎡ 마다 1개 이상으로 설치하는가?

① 7㎡   ② 8㎡   ③ 9㎡   ④ 10㎡

- **포소화설비**: 수조로부터 공급된 물과 포약제 저장탱크에서 공급된 포원액을, **혼합기(프로포셔너)**에서 믹싱해 포수용액을 만들어, 포 방출구에서 공기와 섞어진 후 발포되어 거품을 방사하는 형태의 소화설비로서 유류탱크 등 위험물에 주로 사용된다.
- **포워터 스프링클러설비(포워터스프링클러헤드 사용)**: 일제살수식스프링클러설비와 유사하며 포소화약제와 물이 혼합된 포수용액이 헤드를 통해 방사된다.
- **포헤드 설비(포헤드 사용)**: 포워터스프링클러설비와 유사한 구조이고, 유류화재와 같은 평면화재에 사용되며, 주로 화재강도가 낮은 장소에 설치하는 설비이다.

1. 포워터스프링클러헤드 → 천장 또는 반자에 설치하되, **바닥면적 8㎡마다** 1개 이상
2. 포헤드 → 천장 또는 반자에 설치하되, **바닥면적 9㎡마다** 1개 이상

암기팁! 포헤드 9㎡ ➡ 포구(항구) / 포헤드가 포9 이니까... 포워터는 8

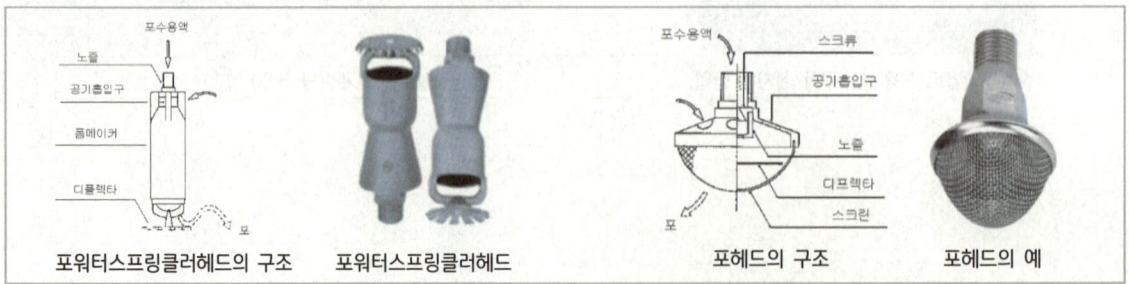

> 숫자가 답인 문제

74 제연설비가 설치된 부분의 거실 바닥면적이 400㎡ 이상이고 수직거리가 2m 이하일 때, 예상제연구역이 직경이 40 m인 원의 범위를 초과한다면 예상 제연구역의 배출량은 얼마 이상이어야 하는가?

① 25,000 ㎥/hr   ② 30,000 ㎥/hr   ③ 40,000 ㎥/hr   ④ 45,000 ㎥/hr

제연이란 **연기를 제어**한다는 의미로서... 화재실에 **신선한 공기를 급기**하고, **발생된 연기를 배기(배출)**하는 것을 제연이라 한다.
- **제연설비** : 구획(구역)을 나누(가두)어서 연기를 배출(배기)하거나, 신선한 공기를 급기(유입)하여 소화활동 및 피난을 용이하게 만드는 설비
- **예상제연구역** : 화재실이 예상되는 구역(가연물이 있는 공간)
- **제연경계의 폭** : 제연경계의 천장 또는 반자로부터 그 하단까지의 거리
- **수직거리** : 제연경계의 하단으로부터 바닥까지의 거리

400㎡ 이상의 거실(대규모 거실) 배출량

① 직경 40m인 원의 범위 안에 있을 경우

수직거리	배출량
2m 이하	40,000㎥/hr 이상
2m 초과 ~ 2.5m 이하	45,000㎥/hr 이상
2.5m 초과 ~ 3m 이하	50,000㎥/hr 이상
3m 초과	60,000㎥/hr 이상

② 직경 40m인 원의 범위를 초과할 경우

수직거리	배출량
2m 이하	45,000㎥/hr 이상
2m 초과 ~ 2.5m 이하	50,000㎥/hr 이상
2.5m 초과 ~ 3m 이하	55,000㎥/hr 이상
3m 초과	65,000㎥/hr 이상

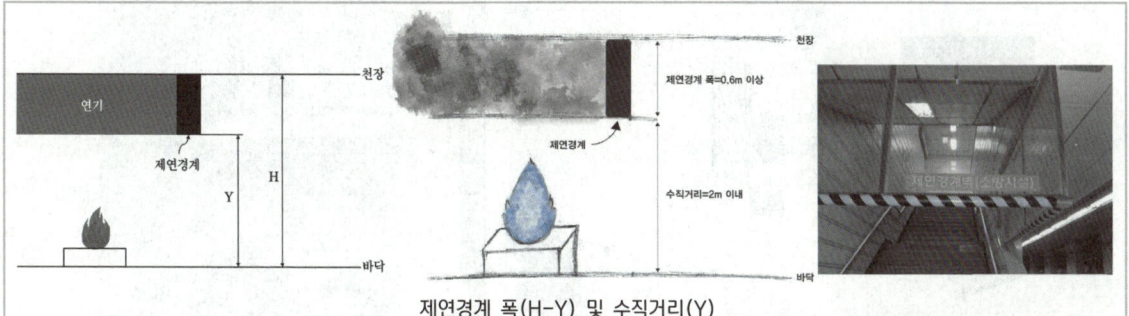

제연경계 폭(H-Y) 및 수직거리(Y)

> 문장이 답인 문제 ★

75 피난기구 설치 기준으로 **틀린** 것은?

① 피난기구는 소방대상물의 기둥·바닥·보 기타 구조상 견고한 부분에 볼트 조임·매입·용접 기타의 방법으로 견고하게 부착할 것
② 4층 이상의 층에 피난사다리(하향식 피난구용 내림식사다리는 제외한다.)를 설치하는 경우에는 금속성 고정사다리를 설치하고, 당해 고정사다리에는 쉽게 피난할 수 있는 구조의 노대를 설치할 것
③ 승강식피난기 및 하향식 피난구용 내림식사다리는 설치경로가 설치층에서 피난층까지 연계될 수 있는 구조로 설치할 것. 다만, 건축물의 구조 및 설치 여건 상 불가피한 경우에는 그러하지 아니한다.
④ 승강식피난기 및 하향식 피난구용 내림식사다리의 하강구 내측에는 기구의 연결 금속구 등이 없어야 하며 전개된 피난기구는 하강구 수평투영면적 공간 내의 범위를 침범하지 않는 구조이어야 할 것. 단, 직경 50cm 크기의 범위를 벗어난 경우이거나, 직하층의 바닥 면으로부터 높이 60cm 이하의 범위는 제외한다.

- **피난기구** : 화재가 발생할 경우 피난하기 위하여 사용하는 기구 또는 설비로서... 구조대, 완강기(간이완강기), 공기안전매트, 피난사다리, 하향식 피난구용 내림식사다리, 승강식피난기, 다수인피난장비, 미끄럼대, 피난교, 피난용트랩, 피난밧줄이 있다.
- **피난사다리** : 화재시 긴급대피에 사용하는 사다리
  - **고정식**(수납식/접는식/신축식) : 건축물의 외·내벽에 고정되어 있어서 피난자가 상시 사용가능한 상태로 고정
  - **올림식**(접는식/신축식) : 건물의 한 부분에 기대거나 걸쳐(올려 받쳐) 세워서 사용
  - **내림식**(와이어로프식/체인식/하향식 피난구용 내림식사다리) : 복도 끝에 접어둔 상태로 두었다가, 사용시 창틀 등에 걸어 내린 후 사용
- **승강식피난기** : 대피실 내에 설치되며, 상층부에서 승강식 피난기에 올라서면, 사용자의 몸무게에 의하여 자동으로 아래층으로 하강하고, 내려서면 스스로 상승하여 연속적으로 사용할 수 있는... 최상층에서 피난층까지 엇갈리며 내려가게 설치된 무동력 피난기로서 탑승판(하강구=개구부에 설치), 손잡이 막대, 하강 시 속도를 조절할 몸체의 3부분으로 구성된 간단한 구조이다.

- **하향식 피난구용 내림식사다리** : 하향식의 피난구(하강구=개구부) 해치(피난사다리를 항상 사용가능한 상태로 넣어 두는 장치)에 격납하여 보관되다가, 해치구 뚜껑을 열면 접어둔 사다리가 펼쳐지고, 펼쳐진 사다리를 통해 아래층으로 피난할 수 있도록 설치되는 장비이다. 내림식사다리는 피난자 스스로 타고 내려가야 하기 때문에, 피난자 몸무게에 따라 약간 흔들리는 경우가 있으며 노약자 등은 사용이 곤란하다. 대피실 내에 설치되며, 최상층에서 피난층까지 엇갈리며 내려가게 설치된 피난기구이다.

승강식피난기 및 하향식 피난구용 내림식사다리 설치기준
③ 설치경로가 설치층에서 피난층까지 **연계될 수 있는 구조**로 설치할 것. 다만, 건축물의 구조 및 설치 여건 상 불가피한 경우에는 그러하지 아니 한다. (건물구조상 방법이 없다면 연계구조가 아니어도 된다)
→ 다른 장소로 이동하지 않고... **최상층에서 피난층까지 한번에 내려갈 수 있도록**, 하나의 수직구조에 설치하라는 의미이다.
④ 하강구 내측에는 기구의 연결 금속구 등이 없어야 하며 전개된 피난기구는 하강구 수평투영면적 공간 내의 범위를 침범하지 않는 구조이어야 할 것. 단, 직경 60㎝ 크기의 범위를 벗어난 경우이거나, 직하층의 바닥 면으로부터 높이 50㎝ 이하의 범위는 제외한다.
→ 타고 내려올 때 **직경 60㎝ 크기의 범위내에 걸리는 것이 없도록** 피난공간을 확보하라는 의미이다.
→ 타고 내려간 아래층 바닥부터 **높이 50㎝ 이하의 범위**는... 시설 등이 설치되는 공간이므로 그 범위는 제외한다는 의미이다.

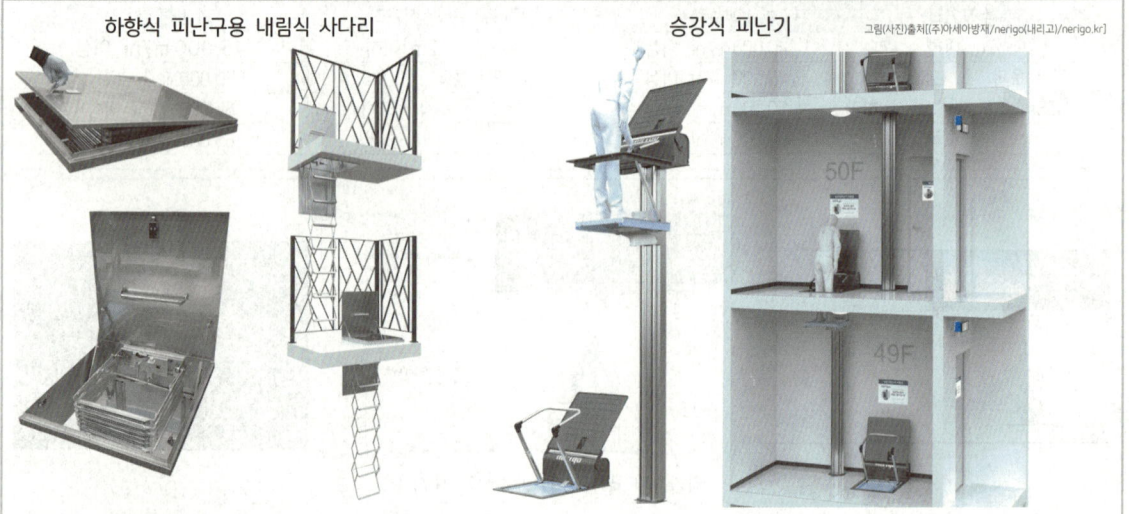

하향식 피난구용 내림식 사다리 / 승강식 피난기

그림(사진)출처[(주)아세아방재/nerigo(내리고)/nerigo.kr]

단어가 답인 문제 ★★★
76 노유자시설의 5층에 적응성을 가진 피난기구는?
① 미끄럼대　　　② **피난교**　　　③ 피난용트랩　　　④ 완강기

- **미끄럼대** : 미끄럼대는 지붕이 개방되고 난간이 설치된 구조이며... 미끄럼면이 직선으로 구성된 직선형 미끄럼대, 미끄럼면이 나선으로 구성된 나선형 미끄럼대, 미끄럼대의 형상이 반원통으로 둘러싸인 반원통형 미끄럼대로 구분된다.
- **피난교** : 2개의 건축물을 연결하여(옥상층 또는 건축물의 중간 외벽에 설치된 개구부) 화재 발생 시 옆 건축물로 피난하기 위해 설치하는 **피난다리**로서, 구성은 교각·바닥판·난간 등으로 되어 있다.
- **피난용 트랩** : 발판(디딤판)과 난간이 있는 계단형태로서 평상시에 고정되어 있는 고정식과 평상시에는 트랩의 하단을 들어 올려놓는 반고정식으로 구분한다. (의료시설 등에는 3층~10층까지 설치가 가능하고, 그 밖의 대상물에는 3층에만 설치할 수 있다)
- **완강기** : 창문이나 발코니 등의 외부로 통하는 개구부 부근에 설치되며, 사용자의 몸무게에 따라 하강속도를 자동적으로 조절[**속도조절기(조속기)**]하면서 내려오는 하강로프장치 피난기구이다. 사용자의 가슴에 안전벨트를 조여 착용하며, 사용자가 교대하여 연속적으로 사용할 수 있다.

소방대상물의 설치장소별 피난기구의 적응성 → 피난교는 1층 ~ 10층까지 전층에 설치 가능한 피난기구이다.

설치장소별 구분	층별	1층	2층	3층	4층 이상 10층 이하
1. 노유자시설		미끄럼대 구조대 **피난교** 다수인피난장비 승강식피난기	미끄럼대 구조대 **피난교** 다수인피난장비 승강식피난기	미끄럼대 구조대 **피난교** 다수인피난장비 승강식피난기	구조대[1)] **피난교** 다수인피난장비 승강식피난기

※ 비고 : 1)구조대의 적응성은 장애인 관련 시설로서 주된 사용자 중 스스로 피난이 불가한 자가 있는 경우 추가로 설치하는 경우에 한한다.

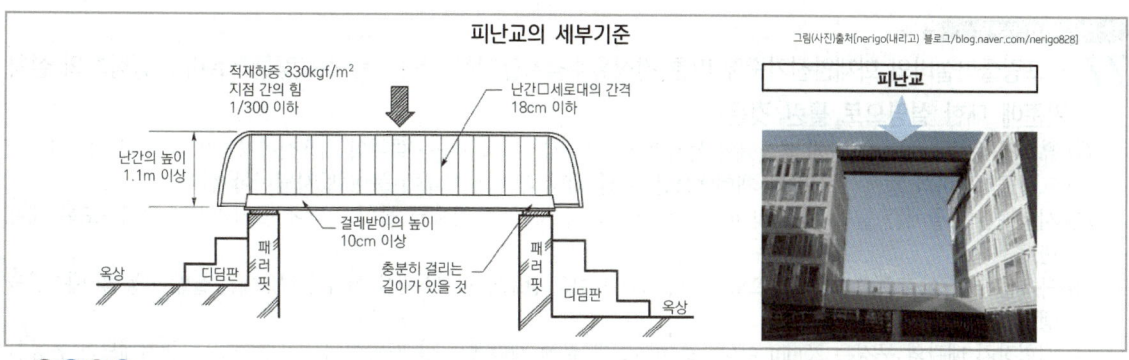

피난교의 세부기준

함께공부

소방대상물의 설치장소별 피난기구의 적응성

설치장소별 구분	층별	1층	2층	3층	4층 이상 10층 이하
1. 노유자시설		미끄럼대 구조대 피난교 다수인피난장비 승강식피난기	미끄럼대 구조대 피난교 다수인피난장비 승강식피난기	미끄럼대 구조대 피난교 다수인피난장비 승강식피난기	구조대[1] 피난교 다수인피난장비 승강식피난기
2. 의료시설·근린생활시설 중 입원실이 있는 의원·접골원·조산원				미끄럼대 구조대 피난교 피난용트랩 다수인피난장비 승강식피난기	구조대 피난교 피난용트랩 다수인피난장비 승강식피난기
3. 「다중이용업소의 안전관리에 관한 특별법 시행령」 제2조에 따른 다중이용업소로서 영업장의 위치가 4층 이하인 다중이용업소			미끄럼대 피난사다리 구조대 완강기 다수인피난장비 승강식피난기	미끄럼대 피난사다리 구조대 완강기 다수인피난장비 승강식피난기	미끄럼대 피난사다리 구조대 완강기 다수인피난장비 승강식피난기
4. 그 밖의 것				미끄럼대 피난사다리 구조대 완강기 피난교 피난용트랩 간이완강기[2] 공기안전매트[3] 다수인피난장비 승강식피난기	피난사다리 구조대 완강기 피난교 간이완강기[2] 공기안전매트[3] 다수인피난장비 승강식피난기

※ 비고
1) 구조대의 적응성은 장애인 관련 시설로서 주된 사용자 중 스스로 피난이 불가한 자가 있는 경우 추가로 설치하는 경우에 한한다.
2) 간이완강기의 적응성은 숙박시설의 3층 이상에 있는 객실에 한한다.   3) 공기안전매트의 적응성은 공동주택에 추가로 설치하는 경우에 한한다.

> 문장이 답인 문제 ★★

77 스프링클러설비의 화재안전기준에 따른 건식유수검지장치를 사용하는 스프링클러설비 시험장치의 설치기준에 대한 설명으로 틀린 것은?

① 유수검지장치 2차측 배관에 연결하여 설치할 것. 유수검지장치 2차측 설비의 내용적이 2,840L를 초과하는 건식스프링클러설비의 경우 시험장치 개폐밸브를 완전 개방 후 1분 이내에 물이 방사되어야 한다.
② 시험배관의 끝에는 물받이 통 및 배수관을 설치하여 시험 중 방사된 물이 바닥에 흘러내리지 아니하도록 해야 한다.
③ 목욕실·화장실 또는 그 밖의 곳으로서 배수처리가 쉬운 장소에 시험배관을 설치한 경우에는 물받이 통 및 배수관을 생략할 수 있다.
④ 시험장치 배관의 구경은 25mm 이상으로 하고, 그 끝에 개폐밸브 및 개방형헤드 또는 스프링클러헤드와 동등한 방수성능을 가진 오리피스를 설치해야 한다.

- **스프링클러설비** : 화재발생시 화재를 자동으로 감지하여 피난을 위한 경보를 발하고, 습식·건식·준비작동식·일제살수식 밸브가 개방되면, 유수의 흐름으로 인하여 펌프가 기동되고, 개방된 헤드를 통해 소화수를 방수하여 소화하는 자동식 수계소화설비
- **유수검지장치** : 습식유수검지장치, 건식유수검지장치, 준비작동식유수검지장치를 말하며 본체 내의 유수현상을 자동적으로 검지하여 신호 또는 경보를 발하는 장치를 말한다.
- **건식 스프링클러설비** : 건식유수검지장치 2차 측에 압축공기 또는 질소 등의 기체로 충전된 배관에 폐쇄형스프링클러헤드가 부착된 스프링클러설비로서, 폐쇄형스프링클러헤드가 개방되어 배관내의 압축공기 등이 방출되면 건식유수검지장치 1차 측의 수압에 의하여 건식유수검지장치가 작동하게 되는 스프링클러설비

배관내에 압축공기가 채워져 있는 건식유수검지장치를... 시험할 수 있는 시험장치의 설치목적 → 시험밸브를 개방할 경우(헤드 1개가 개방된 효과와 동일) 펌프의 자동기동, 경보의 발생유무, 설비의 정상작동여부 등을 확인하기 위한 것

① 건식스프링클러설비인 경우 유수검지장치에서 가장 먼 거리에 위치한 가지배관의 끝으로부터 연결하여 설치할 것. 유수검지장치 2차측 설비의 내용적이 2,840L를 초과하는 건식스프링클러설비의 경우 시험장치 개폐밸브를 완전 개방 후 1분 이내에 물이 방사되어야 한다.
  → 압축공기가 모두 방출된 후 소화수가 방출되는 시간을 체크해야 하기 때문에... 건식의 시험장치는 최상층의 가장 먼 가지배관의 끝에 연결하여야 한다.
②,③ 시험배관의 끝에는 물받이 통 및 배수관을 설치하여 시험 중 방사된 물이 바닥에 흘러내리지 아니하도록 할 것. 다만, 목욕실·화장실 또는 그 밖의 곳으로서 배수처리가 쉬운 장소에 시험배관을 설치한 경우에는 그렇지 않다.
  → 물받이 통 및 배수관을 설치하지 않기 위해, 시험장치는 주로 화장실에 많이 설치된다.
④ 시험장치 배관의 구경은 25mm 이상으로 하고, 그 끝에 개폐밸브(시험밸브) 및 개방형헤드 또는 스프링클러헤드와 동등한 방수성능을 가진 오리피스(물이 나오는 작은 구멍)를 설치할 것. 이 경우 개방형헤드는 반사판 및 프레임을 제거한 오리피스만으로 설치할 수 있다.

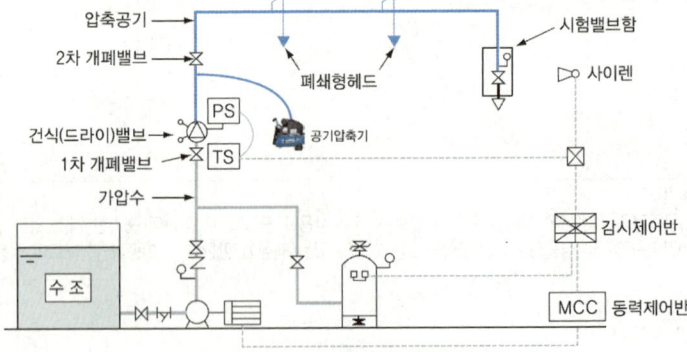

시험밸브함(외부)   시험밸브함(내부)   건식스프링클러설비 계통도

건식 스프링클러설비에 사용되는 건식유수검지장치(건식밸브=드라이밸브)

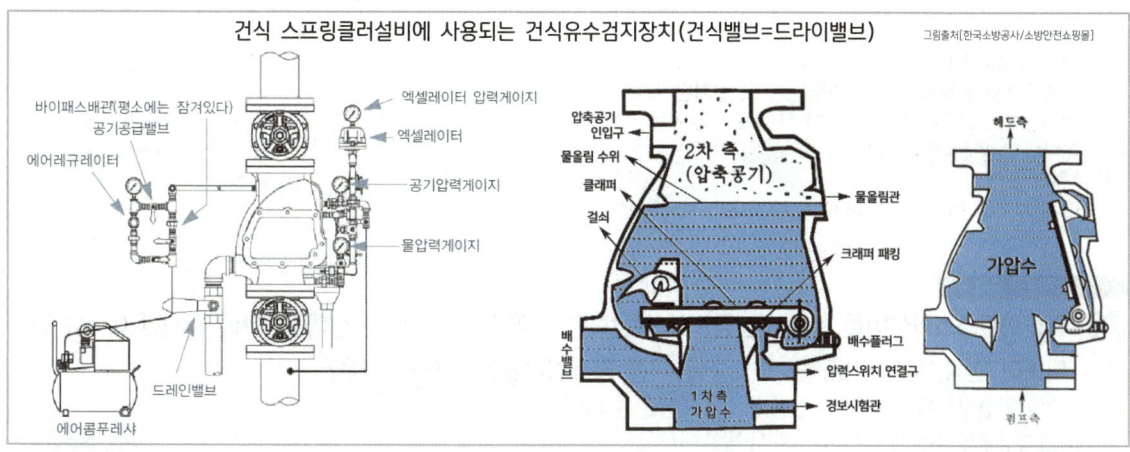

함께 공부

건식 스프링클러설비
- 유수검지는 건식밸브를 사용하며 밸브의 1차측에는 가압수가, 2차측에는 Air 컴프레서(자동식 공기압축기)를 이용한 압축공기가 충전되어 있으며 폐쇄형 헤드를 사용한다.
- 화재가 발생하여 폐쇄형헤드가 감열에 의해 개방되면, 2차측의 압축공기가 방출되며 이때 2차측의 압력이 낮아져 클래퍼(크래퍼)가 개방되고 그에 따라 1차측의 가압수가 2차측으로 유입되어 방수되는 방식
- 습식설비는 1·2차측 압력이 유사하여 고압유지로 인한 누수와 위험이 존재하는 반면, 건식설비는 1·2차측 클래퍼 단면적의 차이(클래퍼 2차측 단면적이 큼), 클래퍼의 무게, 클래퍼 상단에 약간의 물을 채워두는 것 등에 의해 클래퍼 2차측의 압력을 1차측 압력의 1/3 ~ 1/5로 유지할 수 있다.

실제 건식밸브 예

 ★

78 지하가 또는 지하 역사에 설치된 폐쇄형 스프링클러 설비의 수원은 얼마 이상이어야 하는가? (단, 폐쇄형 스프링클러 헤드의 기준개수를 적용한다.)

① 18㎥ ② 32㎥ ③ 24㎥ ④ **48㎥**

- **스프링클러설비** : 화재발생시 화재를 자동으로 감지하여 피난을 위한 경보를 발하고, 습식·건식·준비작동식·일제살수식 밸브가 개방되면, 유수의 흐름으로 인하여 펌프가 기동되고, 개방된 헤드를 통해 소화수를 방수하여 소화하는 자동식 수계소화설비
- **헤드** : 빗방울 형태로 대량으로 물을 뿌리면서 방수하는 역할을 하는 장치
  - **폐쇄형헤드** : 정상상태에서 방수구를 막고 있는 감열체가 일정온도에서 자동적으로 파괴·용해 또는 이탈됨으로써 방수구가 개방되는 헤드 (화재시 개방된 헤드에서만 물이 방수된다)
  - **개방형헤드** : 감열체 없이 방수구가 항상 열려져 있는 헤드 (화재시 설치된 모든 헤드에서 물이 방수된다)
- **수원** : 수조에 저장할 물의 양(물이 저장된 곳)

스프링클러설비 수원의 계산(폐쇄형 헤드-방호구역) → [1층~29층은 20분 / 30층~49층은 40분 / 50층 이상은 60분]
1. 수원(L) = N(기준개수) × 80L/min × 20min 이상
2. 기준개수 조건정리
   폐쇄형스프링클러헤드를 사용하는 경우에는 다음 표의 스프링클러설비 설치장소별 스프링클러헤드의 기준개수를 적용한다.

스프링클러설비 설치장소			기준개수
지하층을 제외한 층수가 10층 이하인 소방대상물	공장 또는 창고 (랙크식 창고를 포함한다)	특수가연물을 저장·취급하는 것	30
		그 밖의 것	20
	근린생활시설·판매시설 ·운수시설 또는 복합건축물	판매시설 또는 복합건축물(판매시설이 설치되는 복합건축물)	30
		그 밖의 것	20
	그 밖의 것	헤드의 부착높이가 8m 이상인 것	20
		헤드의 부착높이가 8m 미만인 것	10
아파트			10
지하층을 제외한 층수가 **11층 이상**인 소방대상물(아파트 제외)·**지하가 또는 지하역사**			**30**

→ 지하가 또는 지하역사는... 기준개수 30개를 적용한다.

3. 기준개수란?
  - 헤드의 설치개수가 가장 많은 층(아파트는 설치개수가 가장 많은 세대)에 설치된 헤드의 개수를 기준으로 위 표에 따른다.
  - **기준개수보다 적게 설치된 경우는...** 그 설치된 개수
  - 폐쇄형 헤드의 기준개수는... 설치된 헤드의 수와는 전혀 무관하다. 화재 발생시 헤드 몇 개만 개방되어 살수되기 때문이다.
  - 하나의 소방대상물이 2이상의 "스프링클러헤드의 기준개수"란에 해당하는 때에는 기준개수가 많은 난을 기준으로 한다.
4. 수원의 계산
  30개 × 80L/min × 20min = 48,000L = 48m³   *1000L = 1m³

문장이 답인 문제

79 이산화탄소소화설비를 설치하는 장소에 이산화탄소 약제의 소요량은 정해진 약제방사시간 이내에 방사되어야 한다. 다음 기준 중 소요량에 대한 약제방사시간이 아닌 것은?

① 전역방출방식에 있어서 표면화재 방호대상물은 1분
② 전역방출방식에 있어서 심부화재 방호대상물은 7분
③ 국소방출방식에 있어서 방호대상물은 10초 → 30초
④ 국소방출방식에 있어서 방호대상물은 30초

- **이산화탄소 소화설비** : 탄산가스(CO_2)를 소화약제로 이용하여 화재를 진압하는 가스계 소화설비로서 CO_2는 화학적으로 안정된 불연성가스이고, 화재실에 CO_2약제를 방출하면 공기중의 산소농도를 떨어트려 소화하는 질식소화가 대표적인 소화효과이다. 약제 저장방식(저장온도)에 따라 고압식설비와 저압식설비(영하 18°C이하)로 구분된다.
- **전역방출방식** : 고정식 이산화탄소 공급장치에 배관 및 분사헤드를 고정 설치하여, **밀폐 방호구역 전체에** 이산화탄소를 방출하는 설비
- **국소방출방식** : 고정식 이산화탄소 공급장치에 배관 및 분사헤드를 설치하여 **직접 화점에** 이산화탄소를 방출하는 설비로 화재발생 부분에만 집중적으로 소화약제를 방출하도록 설치하는 방식

1. 이산화탄소 소화약제를 방사함에 있어, 규정된 방사시간이 없다면... 저장된 약제량을 장시간 방사하는 상황이 발생하고, 그에따라 화재진압이 늦어지는 경우가 발생할 수 있다. 따라서, **가연물의 종류별·소화방식별로 방사시간을 규정**하였다.
   또한, 규정된 방사시간을 맞추기 위한 방법은... 배관의 구경(크기)을 그에 맞게 설계하여 기준시간 내에 방사될 수 있게 하면 된다.
2. **배관의 구경**은 이산화탄소의 소요량(소화에 필요한 양)이 다음 시간 내에 방사될 수 있는 것으로 하여야 한다.
   - **전역방출방식**에 있어서 가연성액체 또는 가연성가스등 **표면화재**(가연물의 표면에서 불꽃 발생하며 연소) 방호대상물은 **1분**
   - **전역방출방식**에 있어서 종이, 목재, 석탄, 섬유류, 합성수지류 등 **심부화재**(가연물 속으로 깊숙이 타고 들어가는 화재) 방호대상물은 **7분** 이 경우 **설계농도가 2분 이내에 30%에 도달**하여야 한다.
   - **국소방출방식은 30초**

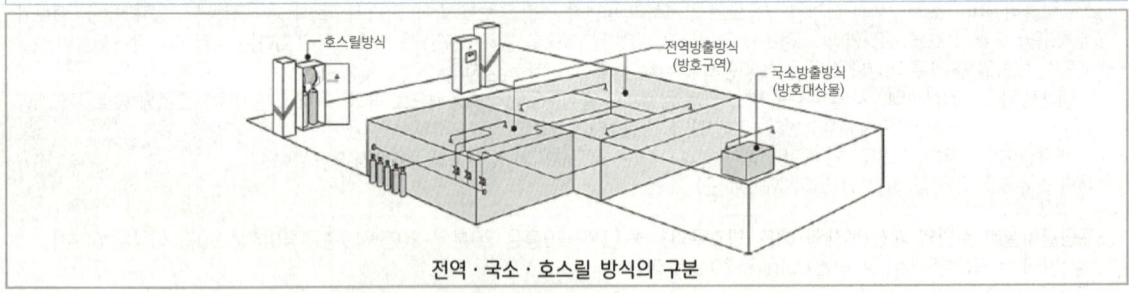

전역·국소·호스릴 방식의 구분

> 숫자가 답인 문제

80 호스릴 분말소화설비 설치시 하나의 노즐이 1분당 방사하는 제4종 분말 소화약제의 기준량은 몇 kg 인가?

① 45 ② 27 ③ 18 ④ 9

- **분말소화설비** : 분말소화설비는 미세한 분말입자를 별도 추진가스(질소 또는 이산화탄소)의 압력으로 방사하여 소화하는 설비이다.
- **전역방출방식** : 고정식 분말약제 공급장치에 배관 및 분사헤드를 고정 설치하여, **밀폐 방호구역 전체**에 분말약제를 방출하는 설비
- **국소방출방식** : 고정식 분말약제 공급장치에 배관 및 분사헤드를 설치하여 **직접 화점**에 분말약제를 방출하는 설비로 화재발생 부분에만 집중적으로 소화약제를 방출하도록 설치하는 방식
- **호스릴방식** : 분사헤드가 배관에 고정되어 있지 않고 소화약제 저장용기에 **호스를 연결하여 사람이** 직접 화점에 소화약제를 방출하는 이동식 소화설비

호스릴분말소화설비 저장량 및 1분당 방사량
→ 하나의 노즐마다 다음 표에 따른 소화약제를 저장하고... 1분당 방사할 수 있는 것으로 할 것(저장량의 90%를 1분당 방사할 것)

소화약제의 종별	저장하는 소화약제의 양	1분당 방사하는 소화약제의 양
제1종 분말	50 kg	45 kg
제2종 분말 또는 제3종 분말	30 kg	27 kg
제4종 분말	20 kg	**18 kg**

> 제2종(제3종)과 제4종의 값을 합하면... 제1종 값이 된다. ➡ 30 + 20 = 50 / 27 + 18 = 45

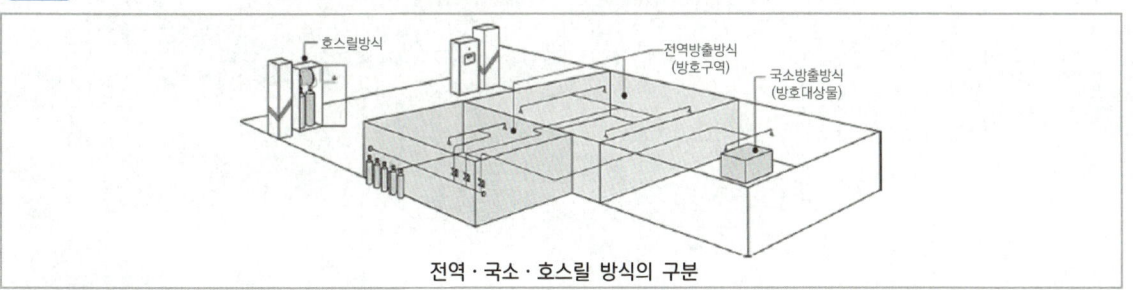

전역·국소·호스릴 방식의 구분

함께공부

분말 소화약제의 종류 및 성상

종별	주성분	색상	적응화재
제1종	탄산수소**나**트륨 ($NaHCO_3$)	백색	B, C
제2종	탄산수소**칼**륨 ($KHCO_3$)	담자색, 담회색	B, C
제3종	제1**인**산암모늄 = **인산염** ($NH_4H_2PO_4$)	담홍색, 황색	A, B, C
제4종	탄산수소**칼**륨 + 요소 ($KHCO_3+(NH_2)_2CO$)	회색	B, C

> 나의 칼은 인간의 칼이다~ ➡ 나 칼 인 칼

저자 | 오철호

소방관련경력 21년
소방시설관리사
소방설비기사 [기계분야, 전기분야]
소방시설관리사 교재 다수 집필

2023 감탄답이색 독학용 시간절약 해법서 소방설비기사 기계필기
[②과년도해설권]

초판발행 2023년 1월 2일
저　자 오철호
발행처 공부한수
디자인·편집 공부한수
이메일 giljobe@naver.com
ISBN 979-11-86028-37-7 14530
정가 26,900원

낙장이나 파본은 구입한 서점에서 바꿔 드립니다.
본 교재의 전부 또는 일부분 등 어떤 부분에 대해서도 저작권자나 공부한수 발행인의 허락없이
인쇄, 동영상촬영, 사진촬영, 복사, 기타 알려지지 않은 어떠한 방법 등을 동원하여 저작권을
침해하는 행위는 저작권법 제136조에 의거하여 처벌을 받게 됩니다.

수험생의 소중한 시간을 아껴주는 공부한수

공부한수 온라인강의 | www.studyskill.kr
유튜브 | 공부한수
다음카페 | 공부한수 다음에서 공부한수를 검색하세요